FRANÇOIS RAMADE

Dictionnaire encyclopédique de l'écologie et des sciences de l'environnement

2e édition

DUNOD

La majorité des clichés illustrant l'ouvrage ont été réalisés avec un équipement photographique HASSELBLAD

ISBN 2 10 006670 6

L'auteur

François Ramade est né à Marseille le 5 juillet 1934. Ingénieur agronome (Montpellier 1957), docteur ès-sciences (Paris, 1968), il est Professeur à l'Université de Paris-Sud (Orsay) dont il dirige le laboratoire d'Écologie et de Zoologie. Il a débuté sa carrière d'enseignant et de chercheur au Laboratoire de Zoologie de l'Institut National Agronomique de Paris où il effectua ses travaux de thèse sur l'écotoxicologie des insecticides et n'a cessé depuis lors de s'intéresser aux problèmes d'environnement liés à l'usage des pesticides et autres produits chimiques en agriculture.

Très préoccupé de la pollution croissante des divers écosystèmes, plus particulièrement aquatiques, par les polluants persistants, il est responsable de divers programmes pluridisciplinaires de recherche sur les effets écologiques de ces substances dans l'environnement. Il consacre aussi depuis plusieurs années une partie de ses activités de recherche à l'étude des modalités d'application des grands concepts écologiques à la mise en œuvre de la conservation de la nature et de sa biodiversité.

François Ramade a occupé diverses responsabilités officielles dans des organismes scientifiques publics ou non gouvernementaux tant en France qu'au niveau international. Il a été membre du Comité National du CNRS (commission d'Écologie) et l'un des experts de la Mission des produits chimiques du Ministère de l'Environnement ainsi que du Comité du programme de Toxicologie Environnementale de la Fondation Européenne pour la Science. Il est actuellement membre du Comité de Programme National de Recherche en Écotoxicologie.

Il exerce aussi des fonctions d'expertise auprès du Programme des Nations unies pour l'environnement en particulier en ce qui concerne la conservation des écosystèmes méditerranéens et de leur biodiversité.

François Ramade a toujours été actif dans diverses Sociétés savantes et dans des ONG travaillant dans le domaine de la protection de la nature et (ou) de l'environnement de l'Homme, plus particulièrement dans sa relation avec le développement durable. Il est membre du *Worldwatch Institute* et du *Population Reference Bureau* de Washington. Il est Président d'Honneur de la Société Française d'Écologie, ainsi que de France Nature-Environnement (ex-Fédération Française des Sociétés de Protection de la Nature).

Il préside depuis plusieurs années la Société Nationale de la Protection de la Nature (SNPN), créée en 1854 et à ce titre doyenne mondiale des Sociétés de protection de la nature. Entre autres réalisations, la SNPN a créé et gère la Réserve Naturelle Nationale de Camargue. La SNPN édite aussi *Le courrier de la nature* et la *Revue d'écologie – Terre et vie*, qui est la revue francophone de recherche en écologie la plus diffusée à l'heure actuelle. La SNPN publie en outre pour le compte du Ministère de l'Environnement « *Zones Humides info* », bulletin qui traite des actions nationales relatives à la conservation des zones humides, écosystèmes de très grande importance écologique et qui figurent aussi, de nos jours, parmi les plus menacés à l'échelle globale.

François Ramade a été aussi pendant de nombreuses années membre du conseil et du bureau de l'Alliance Mondiale pour la Nature, auparavant dénommée Union Internationale pour la Conservation de la Nature et de ses Ressources (UICN), organisation scientifique multilatérale créée par l'UNESCO en 1948. Il en a été élu en 1990 membre d'honneur, distinction peu répandue car elle ne concerne au total qu'environ une soixantaine de scientifiques dans le monde.

Avant-propos

La crise globale de l'environnement constitue de nos jours le défi majeur auquel l'humanité se trouve confrontée en ce début de troisième millénaire. Bien que son émergence remonte selon toute évidence au milieu du XXe siècle, elle a pris une telle ampleur au cours des toutes dernières décennies qu'elle compromet le développement durable de l'ensemble des populations humaines. Par certains de ses effets et de façon plus inquiétante, elle compromet la pérennité même de la biosphère actuelle dont la genèse a nécessité plus de quatre milliards d'années d'évolution.

Parmi les principales causes de cette crise, la démographie galopante, la surexploitation, voire le pillage des ressources naturelles et les pollutions multiformes en constituent les ingrégients majeurs. La contamination de l'eau, de l'air et des sols par une invasion chimique sans précédents, la destruction des écosystèmes et de leur biodiversité atteignent une dimension qui les place au tout premier plan des divers facteurs de cette dégradation généralisée de l'environnement de l'Homme dont découlent de redoutables conséquences non seulement pour la santé humaine mais pis encore pour l'équilibre écologique de la biosphère prise dans son ensemble.

Depuis la première conférence sur l'environnement de l'Homme qui eut lieu à Stockholm en 1972, d'inombrables congrès et colloques traitant des dimensions scientifiques, socio-économiques, juridiques voire politiques de l'impact édcologique de la civilisation humaine sur l'écosphère, se sont tenues au cours du dernier quart de siècle. Celle de Rio, en juin 1992 – où fut promulguée la Convention sur les changements climatiques induits à l'échelle mondiale par la pollution atmosphérique et celle sur la Conservation de la diversité biologique – à laquelle assistèrent les hommes politiques les plus puissants de la planète, fut la plus importante par le nombre de participants. En date encore récente, l'échec de la conférence de La Haye, en novembre 2000, destinée à mettre en œuvre le protocole de Kyoto sur les changements climatiques, a montré les difficultés considérables que revêt la mise en œuvre de mesures destinées à résoudre à l'échelle mondiale cette crise de l'environnement.

Le développement fascinant qu'ont connu au cours du dernier demi-siècle l'Écologie et les Sciences de l'environnement doit être associé à l'immense besoin en recherche généré dans de nombreuses disciplines scientifiques par la montée croissante des problèmes évoqués ci-dessus et des actions de plus en plus pernicieuses qui en résultent pour le bien-être et le développement durable des générations futures.

Un foisonnement de recherches tant fondamentales qu'appliquées en est résulté qui ont conduit à de grands progrès dans la mise en œuvre de la conservation de la nature et de sa biodiversité, dans l'utilisation rationnelle des ressources naturelles dans le génie environnemental, en particulier en ce qui concerne la prévention des pollutions et la lutte contre ces dernières. Cela a également donné lieu à une croissance spectaculaire au plan conceptuel et technologique et une multiplication des termes associés à cette lutte.

Les considérations précédentes nous ont convaincus d'entreprendre la rédaction de cette encyclopédie afin de clarifier ces diverses problématiques et problèmes mais aussi de réaliser un ouvrage académique mettant à la disposition des universitaires, étudiants, ou chercheurs, un document de référence qui synthétise les principales données ne ressortant pas de son strict domaine de spécialité et qui, d'une façon ou d'une autre, peuvent lui être utiles.

Sa rédaction s'est fondée sur les nombreux cours et séminaires que nous donnons en Écologie et en Sciences de l'environnement dans notre Université en DESS et dans des DEA tels celui d'Écotoxicologie de l'Université de Metz ou encore sur invitation dans diverses Institutions Universitaires étrangères d'Europe et d'autres continents....

Introduction

La rédaction d'une Encyclopédie de l'Écologie et des Sciences de l'Environnement nécessite un travail considérable et ne constitue en aucune manière une tâche aisée. Par sa nature même, l'Écologie couvre un domaine immense et représente sans aucun doute l'une des sciences biologiques les plus complexes puisqu'elle étudie le monde vivant au niveau le plus élevé de son organisation.

En outre, cette discipline a connu, au cours des toutes dernières décennies, un développement spectaculaire non seulement par le volume des connaissances nouvelles acquises entre autres parmi les divers types d'habitats concernés – même parmi les plus isolés de l'écosphère – mais surtout par l'émergence de nouveaux concepts et de nouvelles théories qui ont considérablement accru la nature paradigmatique de cette science.

En conséquence, parallèlement au développement de ces nouveaux champs de réflexion, un nombre fort important de nouveaux termes est apparu dont la définition diverge parfois d'une école à l'autre ou d'un pays à l'autre.

Simultanément aux grands progrès et à l'importante évolution qu'a connue l'Écologie, la deuxième partie du XXe siècle a été marquée par une émergence spectaculaire des sciences de l'environnement que non seulement le profane mais aussi bien des biologistes « réductionnistes » confondent souvent à tort avec l'Écologie, alors que la majorité d'entre elles ne ressort même pas du domaine de la biologie!

Ainsi que le titre le précise d'emblée, cet ouvrage constitue tout autre chose qu'un simple lexique. Bien entendu, une définition de chaque terme est donnée. Cependant, l'objectif essentiel, encyclopédique, est de fournir au lecteur, pour chaque entrée correspondant à un concept important d'Écologie ou des Sciences environnementales, une analyse aussi complète que possible des diverses facettes qu'elle comporte.

On trouvera donc par ordre d'approfondissement croissant : de simples définitions, des articles courts, des articles moyens, des articles détaillés, des dossiers (forêts, océan, pollutions, par exemple). Dans chaque cas, des renvois sont faits aux autres entrées constituant des « orthogonalités », c'est-à-dire recoupant certains aspects des termes concernés (***Voir aussi***).

L'ouvrage comporte d'autre part des index spécialisés. En effet, outre les entrées classées par ordre alphabétique, le lecteur pourra rechercher un terme qui n'a pas nécessairement fait l'objet d'une entrée spécifique mais qui est cependant traité dans le texte. Cela est également valable pour la totalité des entrées, le terme « sol » par exemple étant envisagé dans bien d'autres articles que son entrée alphabétique. On trouvera donc en fin d'ouvrage trois index : un index matière, un index taxonomique et un index biogéographique.

À cela a été ajouté un lexique anglais-français pour chaque terme. À l'opposé, la traduction en anglais de chaque entrée ou sous-entrée est présentée en italique après l'entrée correspondante. La justification de ces traductions et de ce lexique est que la terminologie soulève souvent des problèmes complexes à la fois sémantiques et linguistiques. En effet, certains termes ont été parfois traduits en français avec des acceptions différentes du sens attribué par les écologistes anglo-saxons qui les avaient créés !

Au total, cet ouvrage comporte plus de 6 000 entrées et plus de 8 000 termes. Cela pourrait paraître considérable, bien qu'en aucun cas, il puisse prétendre être exhaustif. On peut en réalité aujourd'hui estimer à 15 000, voire même 20 000, le nombre de termes concernant l'Écologie et les Sciences de l'environnement, ces dernières – à l'exception de l'Écologie qui en constitue la pierre de voûte – étant représentées par l'ensemble des disciplines non biologiques qui concerne l'étude aux diverses échelles spatio-temporelles des entités propres à l'écosphère.

Compte tenu des limites en volume qui nous étaient logiquement imposées, sélectionner 6 000 entrées représentait un choix authentiquement cornélien et a conduit nécessairement à certaines options qui pourraient paraître arbitraires.

Outre l'Écologie, qui a été prise ici dans la totalité des sous-disciplines qu'elle comporte y inclus l'Évolution, la Biogéographie et les dimensions écologiques de l'Éthologie, cet ouvrage intègre les aspects physiques, chimiques – entre autres relatifs aux pollutions –, géologiques, voire – bien que de façon moins approfondie – socio-économiques des sciences environnementales.

Au plan biologique, il convient de souligner que les entrées taxonomiques sélectionnées dans l'ouvrage l'ont été en se fondant strictement sur l'importance écologique de l'espèce, de la famille ou de l'unité taxonomique d'ordre supérieur qui est considérée. Les critères de sélection ont été les suivants : d'une part, nous avons retenu en priorité les ordres les plus importants des différents règnes vivants ; de l'autre, nous avons essayé de traiter soit de toute entité taxonomique dominante dans tel ou tel écosystème, sur les continents pris dans leur ensemble ou dans l'océan, soit de toute espèce clef de voûte propre à une communauté écologiquement importante dans la biosphère, soit encore de toute espèce ou de toute entité systématique d'ordre supérieur présentant des particularités exceptionnelles au plan de l'Écologie fondamentale ou appliquée.

De façon générale, nous avons été contraints d'omettre certains termes en procédant de la manière la moins arbitraire possible.

Si le choix des entrées de longueur moyenne – *a fortiori* des articles longs, détaillés et des dossiers – était relativement aisé, il n'en a pas été de même pour les termes très spécialisés. De même, la longueur relative attribuée aux articles s'est parfois avérée difficile à pondérer. Nous sommes en conséquence les premiers convaincus de l'aspect relativement contingent de certains choix bien que nous nous soyons sans cesse efforcés de ne rien négliger d'essentiel.

Cet ouvrage s'adresse en premier lieu aux professionnels des disciplines abordées qui ont un jour ou l'autre éprouvé le besoin de vérifier la signification d'un terme, voire les concepts sous-jacents à ce terme, rencontré dans une publication qui était aux marges de leur propre spécialité. De plus, même dans son propre domaine, il arrive parfois d'hésiter sur la traduction d'un terme, en particulier lorsque l'on rédige un texte en anglais et parfois même quand on lit une publication dans cette langue.

Par ailleurs, cet ouvrage concerne tout naturellement les étudiants de 2e et 3e cycles en Écologie ou en Sciences de l'environnement qui trouveront dans les entrées principales un résumé des caractéristiques essentielles et une explication des mécanismes de fonctionnement propres aux concepts fondamentaux des sciences écologiques.

Enfin, cet ouvrage s'adresse aux ingénieurs, aux professionnels du secteur biomédical et de façon générale à un public cultivé mais non-spécialiste qui s'intéresse à l'écologie et (ou) se sent concerné par la protection de l'environnement de l'Homme.

À Orsay, le 5 juin 2001.

Aapa mires, n. sc. Tourbières situées dans des dépressions de forme allongée voire linéaire, disposées de façon normale à la ligne de pente. Ces biotopes, qui proviennent de dépôts morainiques formant barrage et dans la cavité desquels l'eau s'est accumulée, se rencontrent dans les montagnes fenno-scandinaves. ***(Voir aussi Tourbière)***

Abate®, n. m. Voir Téméphos.

abeille domestique, n. f. (n. sc. *Apis mellifica*). Cette espèce présente une grande importance agronomique en tant qu'insecte pollinisateur, tout autant que pour la production du miel. À ce titre et malgré les précautions d'emploi imposées au plan réglementaire, elle peut être victime de divers traitements pesticides et parfois même de traitements insecticides intempestifs. En effet, de nombreux pesticides et divers autres polluants de l'environnement présentent une toxicité élevée pour les abeilles. Parmi les insecticides, leur sensibilité moyenne est plus particulièrement élevée en ce qui concerne le groupe des organophosphorés, des pyréthroïdes et *a fortiori* des nicotiniques. Par ailleurs, les abeilles présentent aussi une sensibilité particulière aux herbicides auxinomimétiques du type 2,4-D, dalapon et analogues. Enfin, elles sont particulièrement sensibles à la pollution fluorée, ce qui explique l'impossibilité d'entretenir un rucher à proximité d'une usine d'électrochimie de l'alumine ou d'une briqueterie, ces deux types d'installations industrielles provoquant une pollution de l'air par les fluorures. ***(Voir aussi Bioindicateur, Pollinisateur)***

aberration, n. f. (*aberration*). Désigne un processus biologique anormal. ◆ ~ **chromosomique** (*chromosomal aberration*) : voir Mutation.

Abies, n. sc. (*firs*). Nom du genre dans lequel on classe les sapins. ◆ ~ **alba** (n. sc. du sapin blanc) : cette espèce se rencontre dans la partie inférieure de l'étage subalpin (zone altitudinale où croissent les forêts de conifères de montagne). Elle représente l'unique taxon de ce genre propre à l'Europe occidentale. ***(Voir aussi Sapin)***

Abiétacées, n. sc. (syn. Pinacées). Gymnospermes constituant la principale famille de l'ordre des Coniférales. On la subdivise en trois sous-familles : les Abiétoïdés (sapins, épicéas), les Laricoïdés (cèdres et mélèzes) et les Pinoïdés (pins *sensu stricto*). ***(Voir aussi Pinacées)***

abiogenèse, n. f. (*abiogenesis*). Désigne le développement d'êtres vivants à partir de substrats inertes et de processus purement physico-chimiques. C'est sur un tel phénomène que se fonde la théorie abiotique d'apparition de la vie sur notre planète.

abiotique, adj. (*abiotic*). Désigne un facteur écologique, un phénomène ou un processus de nature physicochimique, donc indépendant des êtres vivants, ou qui est entièrement contrôlé par des paramètres non biologiques. La température ou l'hygrométrie sont par exemple des facteurs abiotiques. ***(Voir aussi Biotique, Facteur écologique)***

ablation, n. f. (*ablation*). **1.** Mécanisme physique d'enlèvement de la neige ou de la glace du substrat sur lequel elles sont déposées par le vent ou par sublimation directe dans l'atmosphère. Sur un glacier, la zone d'ablation est celle où les pertes par arrachement ou cassure excèdent les dépôts. **2.** Enlèvement du substrat rocheux en particulier par l'érosion éolienne.

abondance, n. f. (*abundance*). Importance numérique relative d'une espèce dans un peuplement. On peut distinguer une *abondance absolue* mesurée par la densité de la population de l'espèce dans son habitat et une *abondance relative*, encore appelée probabilité d'occurrence de l'espèce, p_i. Si dans un peuplement donné, n_i est le nombre d'individus d'une espèce i et N le nombre total d'individus que comporte le peuplement on aura :

$$p_i = \frac{n_i}{N}$$

L'abondance se mesure à partir de *descripteurs quantitatifs* : dénombrement d'individus, biomasse totale, ou encore fréquence d'occurrence. Elle peut aussi s'estimer à partir de descripteurs semi-quantitatifs mais, dans ce cas, il n'est en général pas possible de les traduire en quantités absolues. ***(Voir aussi Biocœnose, Espèce)***

abrasion, n. f. (*abrasion*). Processus mécanique qui conditionne la taille et la nature des sédiments d'un torrent ou de tout autre biotope lotique comme par exemple le frottement ou le broyage.

abscicine, n. f. (*abscicin*). Auxine qui provoque la chute des feuilles et la dormance des graines et des bourgeons chez les végétaux.

abscission, n. f. (*abscission*). Phénomène par lequel certains organes végétaux se séparent de la plante au niveau d'une zone dite d'abscission comme par exemple la chute des feuilles à l'automne. Provoqué par l'action d'enzyme hydrolytique qui supprime l'adhésion des cellules, il est contrôlé par la proportion et le gradient d'auxines et d'éthylène.

absentéisme, n. m. (*absenteism*). Terme d'écoéthologie désignant des espèces animales qui nichent à l'écart de leur progéniture mais la visitent de temps en temps pour leur apporter de la nourriture et un minimum de soins parentaux.

absolu, adj. ◆ **âge** ~ (*true age*) : voir Datation. ◆ **humidité** ~ (*absolute humidity*) : voir Hygrométrie.

absorbant, adj. ◆ **complexe** ~ (*absorbent complex*) : désigne la fraction de sol constituée par l'association de certaines argiles et de l'humus, qui a pour rôle de retenir les éléments minéraux nutritifs et de les relarguer dans la solution de sol en fonction des besoins des plantes. ***(Voir aussi Humus, Sol)***

absorbée, p. p. ◆ **énergie** ~ : voir Énergie.

absorption, n. f. (*absorption*). Phénomène par lequel une substance est incorporée par un organisme au travers de processus physicochimiques ou biologiques. ◆ **capacité d'~ des sols** (*soils infiltration capacity*) : désigne l'aptitude d'un sol à retenir des éléments minéraux nutritifs. ***(Voir aussi Sol)*** ◆ **coefficient d'~** (*absorption coefficient*) : proportion de radiations lumineuses ou autres absorbée par un gaz ou tout autre état de la matière. ◆ **spectre d'~** (*absorption spectrum*) : diagramme décrivant l'intensité d'absorption d'un rayonnement (par exemple en pourcentage) en fonction de la longueur d'onde. ***(Voir aussi Chlorophylle, Solaire)***

abstraction, n. f. (*abstraction*). Prélèvement artificiel d'eau dans une rivière, une nappe phréatique ou un lac de barrage. ***(Voir aussi Barrage, Phréatique)***

abyssal(e), adj. (*abyssal*). Qui est propre aux abysses océaniques. ◆ **plaine** ~ (*abyssal plain*) : zone benthique des océans quasi horizontale, dont la profondeur moyenne est de 4 000 mètres. Elle constitue, avec 85% de sa surface totale, la majorité de l'étendue couverte par le plancher océanique. ***(Voir aussi Océan)*** ◆ **zone** ~ (*abyssal zone*) : voir Zone.

abysse, n. m. (*abyss*). Région qui constitue le plancher de l'océan mondial dont la profondeur est comprise entre 3 000 m et 6 000 m. ***(Voir aussi Abyssal, Océan)***

abyssobenthique, adj. (*abyssobenthic*). Désigne tout ce qui vit à la surface ou à l'intérieur des sédiments du plancher abyssal.

abyssobenthos, n. m. (*abyssobenthos*). Ensemble des organismes abyssobenthiques.

abyssopélagique, adj. (*abyssopelagic*). Qualifie un organisme marin vivant dans les eaux libres abyssales c'est-à-dire à des profondeurs supérieures à 3 000 m.

Acacia, n. sc. (*Acacia*). Arbres tropicaux et subtropicaux de l'ordre des Fabales inféodés aux écosystèmes de savanes et, pour certaines espèces de ce genre, à des biotopes semi-désertiques. En Afrique, *Acacia senegal* est propre aux savanes sahéliennes et *Acacia tortilis* à des milieux arides où les précipitations sont généralement inférieures à 250 mm par an. Plusieurs espèces de grands herbivores des savanes africaines sont plus particulièrement inféodées à ces arbres en particulier les girafes et le gérénuk. ***(Voir aussi Robinier, Savane)***

acajou(s), n. m. (*mahogany*). Arbres de la famille des Méliacées (Dicotylédones dialypétales voisines des Rutacées). Il en existe dans toutes les forêts pluvieuses tropicales du globe. Les acajous africains (*Kahya senegalensis* et *K. ivorensis*) sont particulièrement surexploités à l'heure actuelle en dépit de la convention sur les bois tropicaux. L'acajou des Antilles (*Swietenia mahogani*), le plus recherché, est devenu très rare. Un autre acajou d'Amérique tropicale, *S. macrophylla*, est toujours exploité de nos jours en dépit de sa raréfaction croissante. ***(Voir aussi Foresterie, Forêt)***

Acacia dans une savane soudanienne d'Afrique de l'Est. Les antilopes visibles au centre du cliché sont des gérénuks (*Litocranius walleri*), adaptés à brouter, grâce à leur long cou, les parties les plus basses du feuillage de ces arbres (parc national de Samburu, Kenya). (Cliché F. Ramade)

Acanthaster planci, n. sc. (*crown of thorns*). Grande étoile de mer vulgairement dénommée « couronne d'épines » car entièrement recouverte à sa face supérieure d'épines venimeuses, qui se nourrit aux dépens des colonies de madrépores dans les récifs coralliens. Les proliférations de cette espèce, dont la cause reste discutée, semblent intervenir dans la dégénérescence des colonies de madrépores observée sur la Grande Barrière australienne et ailleurs dans le monde. Cette dégénérescence paraît liée à la raréfaction des principaux prédateurs, des *Acanthasters*, des gastéropodes géants des récifs, les tritons, qui s'en nourrissent et qui sont victimes de prélèvements excessifs pour leur vente comme ornements. ***(Voir aussi Grande Barrière)***

Acanthocéphales, n. sc. (*spiny-headed worms*). Embranchement de vers parasites proches des Nématodes qui effectuent leur cycle entre des Arthropodes et le tube digestif des Vertébrés.

Acanthuridae, n. sc. Famille de poissons tropicaux inféodée aux récifs coralliens, dénommés poissons-chirurgiens par suite de la présence d'une nageoire acérée à la base de leur queue. Ils sont plus particulièrement abondants dans la région indo-pacifique où ils se rencontrent souvent en bancs importants. De régime herbivore, ils se nourrissent surtout d'algues filamenteuses.

acaricides, n. m. (*acaricides*). Pesticides destinés à détruire les acariens ectoparasites et (ou) ravageurs des plantes cultivées.

Acariens, n. sc. (*mites*). Chélicérates de petite taille dont le corps, généralement ovoïde, ne présente pas de régions distinctes, le céphalothorax étant fusionné à l'abdomen. Parmi les divers groupes majeurs d'Acariens, on peut citer celui des Ixodoides, vulgairement dénommés tiques, vecteurs de graves affections parasitaires ou microbiennes des animaux domestiques ou de l'homme, les Oribatides, très abondants dans la litière des sols et des forêts et dont le rôle est important dans le recyclage de la matière organique, les Thrombidiformes, dont beaucoup sont prédateurs d'autres Acariens, mais incluant aussi les araignées rouges (*Tetranychidae*) qui comptent de nombreuses espèces ravageuses des cultures, enfin les Gamasiformes, également prédateurs. ***(Voir aussi Chélicérates)***

acarophile, adj. (*acarophilous*). Désigne une espèce vivant en étroit contact ou en association avec les Acariens.

acarophilie, n. f. (*acarophily*). Propriété caractérisant les espèces qui vivent en association avec les Acariens.

acarophytisme, n. m. (*acarophytism*). Symbiose entre un acarien et une espèce végétale.

acaule, adj. (*acaulous*). Désigne les plantes dépourvues de tige apparente. Les pissenlits (*Taraxacum*), au port en « rosette », sont un exemple de végétaux acaules.

acaulie, n. f. (*acauly*). Propriété caractéristique des végétaux acaules.

accessoire, adj. (*accessory*). Désigne en phytosociologie une espèce de plante présente dans 25 à 50% des relevés.

accident, n. m. ◆ ~ **technologique** (*technological catastrophy*) : accident ayant pour cause un mauvais fonctionnement dans une installation industrielle, quelle qu'en soit la nature. La catastrophe de Bhopal, ou celle de Tchernobyl, illustrent les dimensions désastreuses pour l'homme et (ou) l'environnement que peuvent prendre de tels événements. ***(Voir aussi Bhopal, Catastrophe, Seveso, Tchernobyl)*** ◆ **scénario d'~** (*technological catastrophy scenario*) : hypothèses de base sur lesquelles est montée la simulation d'un accident technologique afin d'en évaluer les conséquences dans les analyses de sûreté industrielle et d'établir les mesures de prévention et les plans d'intervention afférents. ***(Voir aussi Catastrophe, Installation, Risque, Seveso)***

accidenté, adj. (*hilly*). Désigne un relief ou un territoire constitué de collines dont la pente est supérieure par convention à 15% et où les risques d'érosion hydrique sont donc très importants.

accidentelle, adj. ◆ **espèce** ~ : voir Espèce, Phytosociologie.

acclimatation, n. f. **1.** (*acclimation*). Phénomène par lequel un organisme s'adapte à une variation significative des valeurs des facteurs écologiques abiotiques propres à son biotope. *Exemple* : les poissons, organismes sténothermes, ne supportent pas des variations de température de l'eau supérieures à quelques degrés en quelques heures, un ΔT de 5°C provoquant déjà la mort de nombreuses espèces. Cependant, s'ils sont soumis à une lente élévation de température, ils peuvent s'adapter par exemple à des valeurs supé-

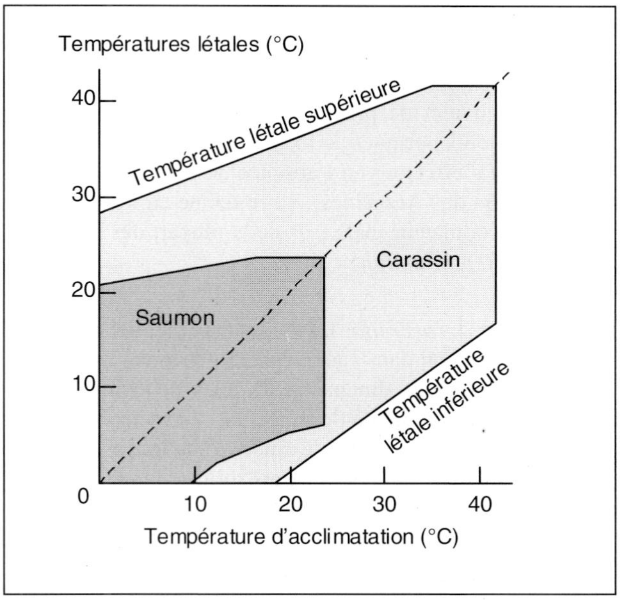

Acclimatation à des températures croissantes de deux poissons, le carassin et le saumon. On constate que, si les poissons sont progressivement amenés à vivre dans des eaux plus chaudes, leur température létale supérieure s'élève et, réciproquement, elle baisse si on les acclimate à des eaux plus froides. (D'après Fry et coll. et Brett, in Ramade F., *Écologie fondamentale*, Ediscience international, 2e ed., 1994, p. 67)

rieures à leur seuil de tolérance initial. La température finale du biotope à laquelle ils ont ainsi été adaptés se dénomme température d'acclimatation. **2.** (*acclimatization*). Changement graduel et réversible de physiologie et de morphologie observé en réaction à des modifications environnementales. Pris à cette acception, le terme est souvent utilisé pour désigner les modifications qui s'observent dans une population au cours des générations successives. **3.** Terme utilisé pour désigner l'introduction d'espèces végétales dans des zones éloignées de leur aire biogéographique d'origine. Les *jardins d'acclimatation*, et autres *arboretums*, très en vogue au XIXe siècle, ont été plantés dans un tel but. ◆ **sociétés d'~** (*acclimation societies*) : associations ayant pour objet de favoriser l'introduction d'espèces exotiques dont la vogue a marqué le XIXe siècle. Ainsi, la SNPN provient de la Société zoologique d'acclimatation, créée en 1854 au Museum de Paris. **(*Voir aussi SNPN*)**

accomodat, n. m. (*non-inherited phenotype*). Désigne en écologie végétale un phénotype dont les caractéristiques traduisent une adaptation non héréditaire à des conditions écologiques particulières, généralement contraignantes par rapport à celles qui caractérisent le domaine optimal de la niche écologique de l'espèce considérée. De façon plus générale, ce terme désigne toute modification morphologique et (ou) physiologique non héréditaire et réversible propre aux individus d'une population donnée se développant dans des conditions environnementales atypiques et situées aux extrémités de l'intervalle de tolérance propre à l'espèce considérée.

accommodation, n. f. (*accomodation*). Capacité propre aux végétaux de s'adapter morphologiquement et (ou) physiologiquement de façon réversible à des changements des conditions écologiques survenant dans leur environnement.

accouplement, n. m. (*mating*). Comportement propre aux espèces gonochoriques et caractérisé par l'union de deux individus de sexe opposé permettant la reproduction sexuée. Il convient de préciser que dans certains groupes d'animaux gonochoriques à fécondation interne, l'accouplement peut s'effectuer en l'absence de pénis (cas des Céphalopodes ou des Aranéides), voire même en l'absence de tout organe copulateur mâle (cas de la plupart des oiseaux). **(*Voir aussi Reproduction*)**

accrétion, n. f. (*accretion*). Processus par lequel des particules en suspension dans l'atmosphère peuvent s'agglutiner jusqu'à atteindre une dimension où elles deviennent sédimentables. Ce phénomène désigne aussi en météorologie le dépôt sous forme de glace de microgouttelettes d'eau en surfusion dans l'air sur des substrats solides donnant lieu au phénomène du givre. **(*Voir aussi Écosphère*)**

accroissement, n. m. ◆ ~ **annuel** (*annual growth, yearly increase*) : croissance annuelle du tronc des arbres, laquelle est marquée par la formation des cernes ou anneaux de croissance. **(*Voir aussi Cernes*)** ◆ ~ **des populations** (*population growth*) : voir Démographie, Taux de croissance. ◆ ~ **moyen annuel** (*mean annual increment*) : moyenne pondérée de la croissance des troncs d'une forêt.

accumulation, n. f. (*accumulation*) **1.** En écologie, en particulier en écotoxicologie, ce terme désigne le processus par lequel des substances présentes dans un biotope sont absorbées par un organisme et sont stockées à l'intérieur de tel ou tel compartiment organique de ce dernier. **(*Voir aussi Bioaccumulation*)** **2.** En géologie, on dénomme zone d'accumulation la partie d'un glacier où l'apport annuel de glace est supérieur aux pertes liées aux processus de fluage ou de fusion de cette dernière. **3.** En hydrogéologie, on désigne ainsi la partie potamique d'un hydrosystème fluvial où s'effectue un stockage partiel de l'eau ainsi que le dépôt des matériaux provenant de l'érosion hydrique et transporté par le courant vers l'aval.

-aceae. Suffixe normalisé utilisé pour désigner une famille de plantes dans la classification du règne végétal.

Acer, n. sc. (*mapple*). Nom de genre des érables. ◆ ~ ***platanifolia*** (*sycamore mapple*) : nom scientifique de l'érable sycomore qui est l'espèce forestière de ce genre la plus abondante en Europe. ◆ ~ ***sacharum*** (*suggar mapple*) : nom scientifique de l'érable à sucre d'Amérique du Nord tempérée.

acervule, n. m. (*acervulus*). Regroupement de sporophores chez les *fungi imperfecti* conduisant à la différenciation d'une structure mycélienne souvent en forme de coupe tapissée de conidies. **(*Voir aussi Fungi imperfecti*)**

acétylcholinestérase(s), n. f. (*acetylcholinesterase*). Enzymes hydrolysant l'acétylcholine qui jouent de ce fait un rôle essentiel dans la physiologie nerveuse car elles contrôlent le transfert de l'influx nerveux au niveau des synapses cholinergiques.

Il en existe plusieurs types que l'on peut répartir en deux groupes :

– les *acétylcholinestérases spécifiques* (ACHE) qui se rencontrent au niveau des synapses dans le système nerveux central des animaux. En outre, chez les Vertébrés, elles se rencontrent dans les synapses du système nerveux parasympathique et au niveau des jonctions motrices neuromusculaires. Leur rôle est d'inactiver l'acétylcholine après le passage de l'influx nerveux. La réaction chimique générale qu'elles catalysent peut s'écrire :

$$\underset{\text{acétylcholine}}{CH_3-C(O)-O-CH_2-CH_2-N_+(CH_3)_3} + H_2O \xrightarrow{\text{ACHE}} \underset{\text{acide acétique}}{CH_3-C(O)-OH} + \underset{\text{choline}}{CH_2OH-CH_2-N_+(CH_3)_3}$$

– les *ali-estérases, ou cholinestérases non spécifiques*, sont des hydrolases ubiquistes qui se rencontrent dans divers organes et tissus des animaux et sont capables d'hydrolyser divers esters entre autres de la choline.

Les acétylcholinestérases constituent d'importants biomarqueurs de la pollution de l'environnement par les composés organophosphorés. Initialement, la mesure du taux d'activité acétylcholinestérasique a été utilisée comme biomarqueur de populations d'oiseaux exposées indirectement à des traitements forestiers par des insecticides organophosphorés effectués en Amérique du Nord. Ultérieurement, cet usage des acétylcholinestérases comme biomarqueur a été étendu à l'ensemble des espèces animales et des substances polluantes douées d'activités anticholinestérasiques. Dans le cas des oiseaux par exemple, il a pu être démontré qu'une diminution de 20% de l'activité de l'ACHE cérébrale est la preuve d'une exposition *in situ* à des insecticides organophosphorés ou du groupe des carbamates, tandis qu'une diminution de 50% correspond à une exposition à des doses létales de ces mêmes substances. **(*Voir aussi Anticholinestérasique, Biomarqueur, Organophosphorés*)**

Aciculignosa, n. sc. Terme désignant les communautés végétales de conifères arborés ou arbustifs propres aux forêts boréales et à celles de l'étage subalpin des montagnes situées aux moyennes latitudes de l'hémisphère Nord.

Aciculisylva, n. sc. Terme général désignant les écosystèmes forestiers de conifères.

acide(s), n. m. et adj. Espèce chimique susceptible de céder un proton H^+ ou plus généralement de protoner le solvant (définition de Brönsted). Si le solvant est l'eau, la réaction de protonation de l'eau s'écrit :

$$HA + H_2O = A^- + H_3O^+ \quad (1)$$

où A^- est la base conjuguée de l'acide HA. Si la réaction (1) est totale, l'acide est dit fort (par exemple acide chlorhydrique HCl). Dans le cas contraire, l'acide est dit faible (exemple des acides organiques).

◆ **bain** ~ (*acid dipping*) : procédé industriel consistant à traiter des surfaces métalliques par immersion dans un acide fort afin de les nettoyer et d'éliminer leurs aspérités. Il représente une source locale de pollution atmosphérique et cause de sérieux problèmes d'hygiène du travail. ◆ **couple ~-base** : couple constitué par un acide et sa base conjuguée.

◆ **réaction ~-base** : encore dénommé réaction acidobasique, c'est un phénomène d'échange de protons H^+ entre deux couples acide-base. On a les réactions :

$$\text{Acide}_1 = \text{base}_1 + H^+ \quad (1)$$

$$\text{Base}_2 + H^+ = \text{Acide}_2 \quad (2)$$

$$\text{Acide}_1 + \text{Base}_2 = \text{Base}_1 + \text{Acide}_2 \quad (3)$$

où (3) est la somme des réactions (1) et (2).

◆ ~ **fulviques** (*fulvic*), ~ **humiques** (*humic*) : acides organiques provenant de la décomposition bactérienne des matières végétales mortes, cellulose et lignine, qui se forment au cours du processus d'humification. **(*Voir aussi Humus, Sol*)** ◆ ~ **gras** (*fatty acids*) : acides organiques aliphatiques saturés (type acide stéarique) ou insaturés (type acide oléique) constituants essentiels de certains lipides (triglycérides). ◆ **pluies** ~ (*acid rains*) : voir Pluies. **(*Voir aussi Précipitations*)** ◆ **prairie** ~ : prairie se développant sur sols acides. Elle résulte très souvent de la conversion de sols forestiers en surfaces herbagères, ainsi que de l'effet prolongé du pâturage et du brûlis. Dans l'ensemble de l'Europe nord occidentale, les graminées dominantes sont des *Festuca* et des *Agrostis*. Ce type de couvert végétal est assez fréquent sur les hauts plateaux et en montagne. **(*Voir aussi Prairie, Steppe*)** ◆ **roches** ~ : roches qui renferment plus de 60% de silice. Quoique la majorité de cette dernière soit sous forme de silicate, au moins 10% est constitué par de la silice pure sous forme de quartz : les granites, les rhyolites mais aussi des roches sédimentaires comme les grès font partie de ce groupe. ◆ **sols** ~ : sols de pH inférieur à 6,5. De tels sols se rencontrent en règle générale sur des roches mères cristallines. **(*Voir aussi Sol*)**

acidification, n. f. (*acidification*). Phénomène par lequel de l'acidité forte est introduite par un processus naturel ou par une cause d'origine anthropique dans un biotope aquatique (ou dans les sols) provoquant une importante baisse du pH. ◆ ~ **des eaux par le drainage de mines** (*acid mines drainage*) : ce phénomène résulte principalement du lessivage des galeries et surtout des stériles de mines abandonnés à l'air libre. L'acidification des eaux provenant des activités minières est un phénomène préoccupant en diverses régions où existent des industries extractives en activité ou abandonnées. Aux seuls États-Unis, on estimait au début des années 1990 que 19 300 km de cours d'eau étaient affectés par ce phénomène qui en outre introduit une sévère pollution par des métaux toxiques (arsenic, cadmium, cuivre, zinc, etc.). Ce problème de l'acidification des eaux due aux mines provient de ce que les pyrites mises à l'air libre subissent une transformation biogéochimique spontanée qui conduit à la formation d'acide sulfurique. ◆ ~ **des sols** : cette acidification peut résulter de processus pédologiques naturels tels la podzolisation ou la formation de tourbe dans certaines successions dans des biotopes lentiques, ou de causes artificielles comme la plantation abusive de conifères en sylviculture intensive et *a fortiori* de la pollution des sols par les pluies acides, en inquiétante extension aujourd'hui à l'échelle globale. **(*Voir aussi Pluies acides, Soufre*)** ◆ ~ **naturelle** (*natural acidification*) : baisse du pH d'un biotope aquatique ou édaphique due à des apports acides d'origine naturelle et exogène. ◆ ~ **par les pluies acides** : voir Pluies acides.

acidité, n. f. (*acidity*). Paramètre qui mesure la capacité de neutralisation des bases (CNB) d'une solution définie par rapport à un point d'équivalence fixé, lequel est établi par rapport à un état de référence. L'état de référence est défini par la somme protonique totale. La CNB mesure la différence entre la concentration de toutes les espèces possédant un excès de protons par rapport à un état de référence et la concentration des espèces ayant un déficit en protons par rapport à l'état de référence.

$$CNB = [HA] = [H^+] + [OH^-]$$

◆ ~ **d'une eau** : somme équivalente de tous les acides présents en solution que l'on titre jusqu'au point d'équivalence.

acidophile(s), adj. (*acidophilous*). Désigne les organismes possédant une affinité pour les milieux acides. ◆ **plantes** ~ : végétaux se développant dans des sols acides, riches en silice. *Exemples* : le châtaignier, le pin maritime, la digitale, de nombreuses bruyères, exigent des sols acides pour croître. L'usage de terre de bruyère en horticulture est ainsi nécessité par l'acidophilie de nombreuses plantes ornementales. **(*Voir aussi Calcifuge, Silicicole*)**

acidophilie, n. f. (*acidophily*). Aptitude de certains organismes à pouvoir se développer dans des sols ou des eaux acides.

acidophobe, adj. (*acidophobic*). Qualifie une espèce intolérante aux milieux acides. ***(Voir aussi Oligocalcique, Silicicole)***

acidophobie, n. f. (*acidophoby*). Phénomène caractérisant la nocivité de l'acidité d'un biotope terrestre ou aquatique pour diverses espèces végétales ou animales qui ne peuvent vivre que dans des sols ou des eaux neutres ou calciques. ***(Voir aussi Calcicole, Eucalcique, Silicicole)***

Acipenseridae, n. sc. (*sturgeons*). Famille de poissons primitifs, de la classe des Ostéichtyens, propre à l'hémisphère boréal. Elle est constituée par les diverses espèces d'esturgeons, toutes de grande taille, exploitées commercialement pour la production de caviar. *Acipenser sturio* est une espèce autrefois commune dans le cours inférieur des fleuves d'Europe occidentale. Ces espèces migratrices, anadromes et inféodées aux cours d'eaux lents, présentent de nos jours une importante régression de leurs populations sous les effets conjugués de la pollution des fleuves, de leur aménagement hydroélectrique et pour beaucoup d'entre elles de la surpêche. ***(Voir aussi Overfishing, Pêcherie)***

acmé, n. m. (*acme*). Désigne en pédologie la phase d'évolution d'un sol où il atteint son développement maximum. ◆ **zone d'~** (*acme zone*) : en paléoécologie, concerne la (ou les) strate(s) d'un ensemble sédimentaire dans lequel un groupe taxonomique donné présente le maximum de diversité de fossiles.

Açores (*Azores*). Archipel situé aux moyennes latitudes de l'Atlantique Nord, au large du Portugal et qui, au plan écologique, fait partie de la province biogéographique macaronésienne. ***(Voir aussi Macaronésie)*** ◆ **anticyclone des ~** (*Azores hight*) : zone de hautes pressions permanentes centrée sur l'archipel des Açores.

acquis, adj. ◆ **hérédité des caractères ~** : voir Caractère.

Acridiens, n. m. (*locusts*). Orthoptères appartenant au sous-ordre des Cœlifères dénommés vulgairement criquets. Il existe dans plusieurs familles des phénomènes de grégarisation dont résulte la formation des essaims de criquets migrateurs. On dénomme aires grégarigènes les régions de l'aire de distribution de chaque espèce d'Acridiens migrateurs où prend lieu leur grégarisation. À titre d'exemple, dans le cas de *Locusta migratoria*, cette aire se situe en Afrique sahélienne dans la boucle du Niger. ***(Voir aussi Criquet)***

acridophage, n. m. et adj. (*acridophagous*). Espèce se nourrissant de criquets.

acridophagie, n. f. (*acridophagy*). Propriété caractérisant les espèces acridophages.

Acritarches, n. sc. (*Acritarchs*). Grandes algues unicellulaires du phytoplancton marin apparues à l'Antécambrien, il y a environ 1,8 milliard d'années et dont la prolifération dans l'océan mondial au cours du Protérozoïque moyen (–1,5 à – 0,9 milliard d'années) a joué un grand rôle paléoécologique. En effet, cette prolifération a accéléré considérablement la vitesse d'accroissement de la concentration en oxygène de l'atmosphère par suite de l'intense activité photosynthétique de ces organismes, ce qui a permis la formation de la couche d'ozone. ***(Voir aussi Biosphère, Oxygène, Phytoplancton)***

acrodendrophile, adj. (*acrodendrophilous*). Désigne le fait que certaines espèces végétales (épiphytes) ou animales sont inféodées à la partie supérieure de la canopée (cime) des arbres.

acrodendrophilie, n. f. (*acrodendrophily*). Propriété caractérisant le fait que certaines espèces végétales (épiphytes) ou animales sont inféodées à la partie supérieure de la canopée (cime) des arbres.

acroléine, n. f. (*acrolein*). Aldéhyde de l'acide acroléique de formule $CH_2 = CH–CH = O$. Elle se forme par oxydation incomplète lorsque des hydrocarbures (lubrifiants en particulier), ou encore des triglycérides (huiles alimentaires) sont portées à haute température. Elle constitue aussi l'un des composés toxiques majeurs de la fumée de tabac. Elle est douée de propriétés mutagènes et elle est très irritante pour les muqueuses à des concentrations dans l'air égales ou supérieures à 20 ppm(v). ***(Voir aussi Combustion, Échappement, Mutagènes)***

acropleustophyte(s), n. m. (*acropleustophytes*). Plantes aquatiques de grande taille, du groupe des hydrophytes, qui flottent librement à la surface de l'eau : les jacinthes d'eau (*Eichornia crassipes*) appartiennent par exemple à cette catégorie écomorphologique. ***(Voir aussi Hydrophyte, Jacinthe d'eau)***

Acropora, n. sc. (*elk horn coral*). Genre de Madréporaires (hexacoralliaires) bâtisseur de récifs qui comporte le plus grand nombre d'espèces vivantes actuelles. La forme branchue que prennent les colonies dans les eaux de surface les ont fait dénommer « cornes de cerf ». Plus de 200 espèces d'*Acropora* ont été décrites dont la majorité se rencontre dans la région pacifique. ***(Voir aussi Madrépores, Récif)***

Acropora émergeant à marée basse dans le récif de Nymph Island (Grande Barrière de Corail, Queensland, Australie). (Cliché M. Pichon)

acryliques, adj. ◆ **résines** ~ (*acrylic resins*) : matières plastiques obtenues par polymérisation de l'acide acrylique (= propénoïque) : $CH_2 = CH{-}C(O)OH$. Transparentes et résistantes à la lumière et à divers agents chimiques, elles sont relativement inaltérables dans l'environnement. ***(Voir aussi Plastique)***

actif(ve), adj. ◆ **calcaire** ~ (*active limestone*) : terme de pédologie désignant la fraction du $CaCO_3$ total d'un sol qui est présente dans les limons et les argiles, par opposition à celle contenue dans les éléments grossiers (cailloux et graviers) qui n'est pas disponible. ◆ **charbon** ~ (*activated carbon, activated charcoal*) : forme de carbone de consistance poreuse utilisée dans divers procédés d'épuration pour adsorber des contaminants présents dans un gaz ou dans l'eau. ◆ **couche** ~ (*active layer*) : couche superficielle du sol des permafrosts qui se rencontrent dans les régions subarctiques, soumise en permanence à l'alternance de gel hivernal et de dégel estival sur une épaisseur variant selon le cas de quelques centimètres à trois mètres. Il en résulte une modification de leur texture avec prédominance des particules fines de la taille des limons ce qui les rend particulièrement vulnérables au tassement et au passage des engins lourds utilisés dans les grands travaux ou l'exploitation des gisements minéraux. ***(Voir aussi Permafrost)*** ◆ **dispersion** ~ (*active dispersion*) : dispersion d'une population d'espèces animales mobiles dans leur habitat ou lors de mouvements migratoires à l'opposé des organismes dépourvus d'appendices locomoteurs qui subissent une dispersion passive. ***(Voir aussi Passive)*** ◆ **glacier** ~ (*active glacier*) : glacier en mouvement c'est-à-dire dont l'accumulation l'emporte sur l'ablation en amont tandis que cette dernière prédomine sur l'accumulation sur son front et de façon plus générale dans sa partie en aval. ◆ **pool** ~ (*active pool*) : fraction du réservoir total d'un élément qui, dans son cycle biogéochimique, circule rapidement entre les compartiments abiotiques et biotiques de ce dernier. ◆ **sol** ~ (*active soil*) : sol dont l'humus et l'ensemble des horizons supérieurs sont le siège d'une intense activité biologique. ◆ **transport** ~ (*active transport*) : désigne un phénomène de transfert d'une substance biochimique dans un système vivant d'une zone de faible concentration vers une autre de forte concentration. Il met en jeu une dépense d'énergie au travers de processus bioénergétique puisqu'il s'oppose à la diffusion passive au travers d'une barrière cellulaire.

Actinaires, n. sc. (*Actiniaria*). Ordre de Cnidaires solitaires (Zoanthaires) se rencontrant dans l'ensemble de l'océan mondial depuis les zones littorales jusqu'au fond des abysses. ***(Voir aussi Actinies)***

actinides, n. m. (*actinides*). Groupe d'éléments radioactifs naturels de numéro atomique égal ou supérieur à celui de l'actinium ($Z = 89$). Ce dernier ainsi que le thorium ($Z = 90$), le protactinium ($Z = 91$) et l'uranium ($Z = 92$) sont naturels, les éléments de numéro atomique supérieur – à partir du neptunium ($Z = 93$) – sont artificiels et constituent le groupe des transuraniens. Parmi ces derniers, le plutonium ($Z = 94$), l'américium ($Z = 95$) et le curium ($Z = 96$) soulèvent de difficiles problèmes dans la gestion des déchets nucléaires car leur période se chiffre, selon le cas, en siècles ou en millénaires. ***(Voir aussi Radioactivité)***

Actinies, n. f. (*actinia, sea-anemone*). Cnidaires, dénommés vulgairement anémones de mer, chez lesquels existent souvent des phénomènes de symbiose avec divers animaux marins. Elles sont pourvues de cnidocystes très vulnérants sur leurs tentacules. C'est d'ailleurs avec leur venin qu'ont été découverts pour la première fois les phénomènes d'anaphylaxie par injection répétée de ce dernier à des chiens. ***(Voir aussi Actinaires)***

actinobiologie, n. f. (*actinobiology*) (syn. de radiobiologie). Discipline qui étudie les effets des radiations sur les êtres vivants. ***(Voir aussi Radioécologie)***

Actinomycètes, n. sc. (*Actinomycetes*). Procaryotes chez lesquels existent d'importants phénomènes d'antibiose ayant conduit à l'isolement dans certains cas de puissants antibiotiques. Certains genres, capables de synthétiser les nitrates à partir de l'azote de l'air, vivent en symbiose avec des végétaux. Tel est par exemple le cas des *Frankia*, associés aux racines d'arbres tropicaux de la famille des Casuarinacées, ou encore des aulnes. ***(Voir aussi Azote, Casuarinales, Nitrification)***

actinotropisme, n. m. (*actinotropism*) (syn. de phototropisme). Voir Phototropisme.

activation, n. f. (*activation*). Phénomène nucléaire se traduisant par l'apparition d'un isotope radioactif par capture neutronique effectuée par un élément de plus faible masse atomique. Les phénomènes d'activation sont à l'origine de la formation de redoutables radioéléments dans les réacteurs nucléaires à partir des matériaux constitutifs de ces installations ou de ceux contenus dans les fluides caloporteurs. On peut aussi rechercher intentionnellement la formation d'un élément par activation dans un réacteur nucléaire. Le cas le plus classique est celui de la formation de plutonium par capture neutronique à partir de l'uranium 238, selon la réaction schématique :

$$^{238}U + n \rightarrow {}^{239}Pu$$

De nombreux produits d'activation particulièrement dangereux se rencontrent dans les déchets de l'industrie nucléaire, en particulier le chrome 51, le manganèse 54, le cobalt 60, ainsi que divers transuraniens de longue période (curium, américium en particulier). Bien que le risque radioécologique associé soit plus faible que pour les radioéléments précédents, les réacteurs de type REP (= PWR) dits à l'eau légère, produisent des quantités importantes d'un autre produit d'activation, le tritium, principalement sous forme d'eau tritiée (HTO).

activées, p. p. Voir Eau, Station d'épuration.

actophile, adj. (*actophilous*). Espèce vivante inféodée aux habitats constitués par les rivages rocheux battus par les vagues.

actualisme, n. m. (*actualism*). Théorie expliquant les phénomènes géomorphologiques du passé par les processus géophysiques et biogéochimiques actuels bien que leur vitesse et leur intensité soit de moindre ampleur qu'aux anciennes époques géologiques. Buffon fut le premier à y recourir afin d'estimer l'âge de la terre qu'il fixa à 75 000 ans, ce qui était tout de même un progrès face aux tenants du créationnisme pour lesquels la Terre se serait formée – selon la bible – depuis seulement 6 000 ans! (***Voir aussi Atmosphère, Biosphère, Écosphère***)

acucifoliées, n. f. (*acucifoliata*). Terme général désignant les formations végétales dans lesquelles prédominent les conifères.

Aculéates, n. sc. (*Aculeata*). Sous-ordre d'Hyménoptères caractérisés par la présence chez les femelles d'un aiguillon venimeux formé par transformation de l'oviscapte. Ils renferment les familles les plus évoluées de cet ordre. On dénombre plus de 60 000 espèces connues dont beaucoup sont sociales, en particulier les fourmis, les guêpes et de nombreuses familles d'Apoïdes – abeilles et bourdons en particulier. (***Voir aussi Hyménoptères***)

adaptabilité, n. f. (*adaptedness*). Aptitude des individus d'une espèce donnée à s'adapter à des modifications de l'environnement ainsi que d'une espèce à présenter des changements évolutifs en relation avec ces modifications. Au niveau de l'espèce, l'adaptabilité dépend à la fois du degré de tolérance des phénotypes aux changements écologiques et de la variabilité génétique des populations qui la composent. (***Voir aussi Évolution***)

adaptatif(ve), adj. (*adaptive*) ◆ **processus** ~ (*adaptive process*) : mécanisme conduisant à une réaction active d'une entité écologique, individu, population ou communauté confrontée à une modification des facteurs de l'environnement. ◆ **radiations** ~ (*adaptive radiations*) : voir Radiation. ◆ **rupture** ~ (*adaptive breakthrough*) : changement évolutif se traduisant par l'acquisition d'une adaptation majeure permettant à une population ou un taxon de vivre dans un environnement profondément différent de celui propre à son (ou à ses) biotope(s) d'origine. Le passage de la vie aquatique à celle en milieu aérien constitue un exemple extrême d'une telle rupture. ◆ **seuil** ~ (*adaptive threshold*) : limite écophysiologique permise par une adaptation à un environnement ou un domaine de niche écologique particulier. Ainsi un poisson volant, quoique capable de planer, ne peut s'affranchir du milieu marin et vivre dans le milieu aérien car il ne peut disposer des dispositifs anatomiques et organiques permettant un vol actif. ◆ **valeur** ~ (*fitness, selective value*) : rapport entre les avantages et les désavantages génétiques qui détermine l'aptitude d'un organisme isolé (ou génotype) à survivre et à se reproduire dans un environnement donné. La valeur des paramètres environnementaux et la compétition pour la survie conditionnent la sélection des individus les mieux adaptés qui produiront de ce fait la descendance la plus importante. (***Voir aussi Adaptation, Évolution, Radiation***)

adaptation, n. f. (*adaptation*). **1.** Phénomène par lequel un individu, une population ou une communauté vivante modifient leurs structures et leurs fonctions pour vivre de façon optimale dans un environnement particulier. **2.** Modifications écophysiologiques et morphologiques d'un organisme en réponse à un changement des caractéristiques écologiques abiotiques ou biotiques survenu dans son environnement, y compris aux perturbations d'origine anthropique telles les pollutions par exemple. ◆ ~ **aux milieux extrêmes** (*adaptation to extreme environment*) : désigne les processus par lesquels des espèces vivantes peuvent vivre dans des conditions abiotiques extrêmement contraignantes situées bien en deçà ou au-delà des limites de l'intervalle de tolérance de la plupart des espèces en milieu continental ou aquatique. (***Voir aussi Shelford, Tolérance***)

Addax nasomaculatus, n. sc. (*addax*). Antilope saharienne menacée d'extinction qui présente une adaptation remarquable à la vie dans les déserts. Cette espèce est capable de se passer de boire pendant une durée prolongée en assurant son apport hydrique à partir de sa seule alimentation.

adelphophagie, n. f. (*adelphophagy*). Type de viviparité propre à divers groupes d'Invertébrés marins dans lesquels un embryon se développe aux dépens du fluide nourricier produit par de nombreux autres embryons abortifs. Chez le Gastéropode Prosobranche, *Volutopsis* par exemple, l'embryon privilégié « consomme » ainsi plusieurs milliers d'autres embryons inclus dans la même ponte. Ce terme désigne aussi la fusion accidentelle de deux gamètes du même sexe.

ADEME. Sigle de l'Agence de l'Environnement et de la Maîtrise de l'Énergie. Cet organisme public a la responsabilité d'assumer le développement des technologies environnementales destinées à économiser l'énergie et de permettre la substitution aux combustibles fossiles d'énergies nouvelles. En outre, elle a la responsabilité de coordonner le développement des techniques de gestion des déchets (hors nucléaires), y compris la récupération et le recyclage. Enfin, une autre mission de l'ADEME tient en une stimulation de la recherche dans le domaine concernant le secteur énergétique, la gestion des déchets chimiques et urbains, la recherche et la mise en œuvre de mesures concrètes destinées à réduire la pollution atmosphérique et celle des sols.

Adesmia metallica, n. sc. Coléoptère Ténébrionide du Sahara présentant une spectaculaire eurythermie : il peut être actif sur des sables atteignant 55°C et supporter des températures inférieures à 0°C.

adiabatique, adj. (*adiabatic*). Caractérise un phénomène thermodynamique s'effectuant sans échange de chaleur avec le milieu extérieur. ◆ **constante** ~ **de l'air** (*air adiabatic constant*) : taux de diminution de la température d'un volume initial d'air à la pression atmosphérique lorsque celui-ci s'élève en altitude sans échange avec le reste de l'atmosphère environnante. Pour une masse d'air insaturée en humidité, celle-ci a pour valeur 9,86 °C/km.

adichogamie, n. f. (*adichogamy*). Maturation simultanée des organes reproducteurs mâle et femelle chez des plantes ou des animaux hermaphrodites. Ce terme est synonyme d'hermaphrodisme simultané.

adoucissement, n. m. (*water softening*). Procédé permettant d'adoucir les eaux dures par élimination de l'excès de charge calcique et de façon plus générale alcalino-terreuse. Il consiste généralement en l'usage de résines échangeuses d'ions mais peut aussi s'effectuer par recours à certaines zéolites. (***Voir aussi Résine***)

adret, n. m. (*adret*). Désigne les pentes orientées vers le sud dans les vallées alpines et, de façon plus générale, dans les montagnes tempérées de l'hémisphère boréal. Par suite de leur microclimat plus chaud et plus sec, elles ont été le site privilégié des implantations humaines et des cultures dès le début du néolithique. (***Voir aussi Ubac***)

adsère, n. m. (*adsere*). Stade d'un sère précédant un stade donné, quel que soit ce dernier, sous réserve qu'il soit antérieur au stade climacique. ***(Voir aussi Succession)***

adsorption, n. f. (*adsorption*). Phénomène physicochimique par lequel une espèce chimique peut se fixer à la surface d'un solide à son interface avec l'air, l'eau et tout autre fluide gazeux ou liquide. Il s'agit d'un processus de la plus grande importance en ce qui concerne le comportement des substances tant inorganiques qu'organiques dans les eaux naturelles car il influe tout autant sur la distribution des substances dissoutes et particulaires que sur les propriétés des particules en suspension – et colloïdes – et sur la réactivité des surfaces. L'adsorption joue également un rôle majeur dans le comportement des polluants dans les sols et dans les biotopes aquatiques.

advection, n. f. (*advection*). Phénomène de transport aérien ou aquatique qui implique des échanges horizontaux entre masses d'air ou d'eau. Il s'agit donc d'un cas particulier de la convection qui joue un rôle important dans la dispersion des polluants.

adventices, n. m. et adj. ◆ **plantes ~ des cultures** (*adventive plants*) : terme agronomique, synonyme de mauvaises herbes, désignant des végétaux annuels ou pérennes qui se développent dans les champs et les vergers, ou les prairies artificielles en concurrençant de ce fait les plantes cultivées. Les chiendents, divers chardons tels les *Cirsium*, des plantes introduites d'autres continents comme les *Ambrosia*, constituent autant d'exemples de plantes adventices. L'usage des herbicides a provoqué une régression considérable de ces dernières, certaines espèces particulièrement sensibles telles le coquelicot, le bleuet ou *l'Adonis* ayant pratiquement disparu des zones cultivées d'Europe occidentale. En revanche, des résistances aux herbicides se sont développées dans les populations de diverses espèces de ces plantes adventices en particulier les *Rumex*, les *Cirsium* et les Chénopodes.

adventif(ve), adj. (*adventive*) ◆ **cratère** ~ (*adventive crater*) : désigne un cratère secondaire se formant dans la caldera ou sur les flancs d'un volcan actif. (***Voir aussi Cratère, Volcan***) ◆ **organe** ~ (*adventitious organ*) : désigne chez les végétaux des organes secondaires qui se forment au cours de la croissance souvent à partir de positions anatomiques insolites. Ainsi, des racines adventices peuvent se former à partir de tiges, voire de feuilles, d'un végétal.

adynamandrique, adj. (*adynamandrous*). Espèce ou individu dont l'appareil reproducteur mâle n'est pas fonctionnel.

adynamogyne, n. m. (*adynamogynous*). Individu dont l'appareil reproducteur femelle n'est pas fonctionnel.

AEC (*Atomic Energy Commission*). Commission fédérale américaine chargée de promouvoir le développement de l'énergie atomique aux États-Unis.

Aepyornithidae, n. sc. (*elephant birds*). Famille fossile d'oiseaux géants, de l'ordre des Ratites, propres à Madagascar, dont certains atteignaient 3,5 m de haut et dont les œufs pouvaient dépasser un volume de 5 l. Il existe des preuves archéologiques que les premiers Malgaches ayant colonisé la Grande Île jouèrent un rôle déterminant dans leur extinction.

Reconstitution d'un ***Aepyornithidae*** (oiseau-éléphant) de Madagascar. Ici est figuré un *Pachyornis elephantopus* qui atteignait 3 m de haut et pouvait peser plus de 400 kg. (D'après Brooke et Birkhead, « The Cambridge Encyclopedia of Ornithology », CUP, 1991, p. 76)

aérateur, n. m. (*aerator*). Dispositif utilisé pour introduire de l'air dans un liquide, en particulier dans une eau que l'on désire oxygéner pour diverses raisons. Il en existe deux grands types : les agitateurs mécaniques et les insufflateurs qui introduisent de l'air (ou de l'oxygène) sous pression.

aération, n. f. (*aeration*). Procédé ayant pour but d'oxygéner un volume d'eau déterminé. Il est très employé dans les aquariums où l'on élève des poissons et autres organismes aérobies, ainsi que dans une phase initiale pour l'épuration des effluents urbains ou industriels pollués par des matières organiques fermentescibles.

aéroallergène(s), n. m. (*aeroallergen*). Allergène présent dans l'atmosphère et agissant au niveau pulmonaire : un grand nombre de polluants atmosphériques de nature chimique très variée constituent autant d'aéroallergènes. Certaines substances naturelles représentent aussi de puissants aéroallergènes, en particulier diverses poussières organiques constituées par des particules de téguments d'Arthropodes – acariens et insectes – ou de Vertébrés (par exemple poils d'animaux domestiques, en particulier de chats). Une autre catégorie importante d'aéroallergènes naturels est représentée par les pollens lesquels sont responsables de fréquentes allergies respiratoires chez les sujets atopiques dont le rhume des foins est la manifestation la plus connue et la plus fréquente. Certaines molécules chimiques volatiles de faible poids moléculaire (haptènes) peuvent être aussi de puissants aéroallergènes. ***(Voir aussi Allergie, Asthme)***

aérobie, adj. (*aerobic*). Être vivant et (ou) processus écologique exigeant la présence d'oxygène afin de produire l'énergie qui est nécessaire à son métabolisme.

aérobiose, n. f. (*aerobiosis*). État caractérisant les processus écophysiologiques exigeant la présence d'oxygène.

La respiration constitue le mécanisme physiologique inhérent à l'aérobiose. Elle consiste en l'oxydation d'un substrat énergétique, généralement le glucose, à partir de l'oxygène prélevé dans l'air ou de celui dissous dans l'eau, dont la réaction exothermique libère l'énergie nécessaire pour le métabolisme des êtres vivants aérobie. ***(Voir aussi Respiration)***

aérochore, adj. (*aerochorous*). Voir Anémochore.

aérogamie, n. f. (*aerogamy*). Mode de pollinisation des végétaux assuré par le vent.

aérogène, adj. (*aerogenenic*). Désigne les bactéries produisant un dégagement gazeux lors de processus métaboliques fermentatifs à partir de certains substrats.

aérogénérateur, n. m. (*aerogenerator*). Voir Éolienne.

aérohygrophile, adj. (*aerohygrophilous*). Espèce végétale croissant dans des biotopes qui présentent une très forte hygrométrie atmosphérique.

aérohygrophilie, n. f. (*aerohygrophily*). Propriété des plantes aérohygrophiles.

aérohygrophobe, adj. (*aerohygrophobous*). Désigne les plantes qui ne peuvent se développer que dans des biotopes ayant une faible hygrométrie atmosphérique.

aérohygrophobie, n. f. (*aerohygrophoby*). Propriété des végétaux aérohygrophobes.

aéromorphose, n. f. (*aeromorphosis*). Modification morphologique des végétaux induite par leur croissance dans des courants d'air permanents ou des vents intenses.

aéronomie, n. f. (*aeronomy*). Discipline dont l'objet est l'étude physico-chimique de l'atmosphère. Elle connaît de nos jours une grande vogue par suite des préoccupations relatives aux sérieux problèmes d'environnement que représentent la destruction de l'ozone stratosphérique ou l'effet de serre.

aéropalynologie, n. f. (*aeropalynology*). Sous-discipline majeure de la palynologie dont l'objet est l'étude des pollens dispersés par la voie atmosphérique. ***(Voir aussi Palynologie)***

aérophile, adj. (*aerophilous*) ◆ **espèce** ~ : espèce inféodée à des biotopes exposés à de forts vents. ◆ **végétal** ~ : plante pollinisée par le vent. ***(Voir aussi Aérogamie, Anémophile)***

aérophyte, n. f. (*aerophyte*). Espèce d'épiphyte croissant sans aucun contact avec le sol ou l'eau, hormis l'eau amenée par les précipitations.

aéroplancton, n. m. (*aeroplankton*). Ensemble des petits organismes vivants qui se trouvent en suspension dans l'atmosphère car entraînés passivement par le vent. De nombreux groupes d'insectes de petite taille, millimétrique ou inframillimétrique, constituent l'essentiel de la biomasse aéroplanctonique.

aéroplanctonique, adj. (*aeroplanktonic*). Désigne ce qui concerne l'aéroplancton.

aéropolluant(s), n. m. (*aeropollutant*). Terme général incluant l'ensemble des polluants atmosphériques présents dans l'air à l'état gazeux, d'aérosol ou particulaire. ***(Voir aussi Aérosol, Particule, Polluants, Qualité de l'air)***

aéroréfrigérant(s), n. m. (*cooling tower, cooling device*). Dispositifs constitués par de gigantesques tours de pulvérisation utilisées pour refroidir le circuit de refroidissement des centrales électriques. Le principe de fonctionnement

Aéroréfrigérants d'une centrale électrique. Le panache de vapeur d'eau peut former un nuage s'étendant sur plusieurs kilomètres. (Cliché F. Ramade)

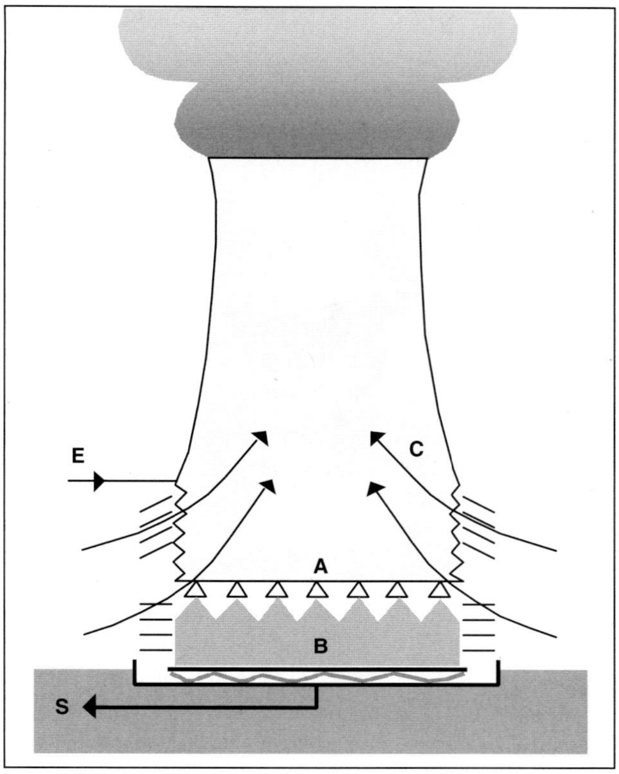

Schéma de fonctionnement d'un **aéroréfrigérant** : le courant d'air (C) qui pénètre par la base de l'orifice provoque l'évaporation de l'eau (E), pulvérisée par les rampes (A), sur la surface des canalisations (B), ce qui refroidit l'eau chaude circulant dans ces dernières. Cette eau retourne ensuite par S vers l'échangeur. (D'après Ramade F., *Dictionnaire encyclopédique des sciences de l'eau*, Ediscience international, 1998, p. 8)

consiste à pulvériser de l'eau sur les tubulures amenant l'eau en sortie des condenseurs de la centrale. L'évaporation absorbe la chaleur résiduelle d'où le dégagement d'importants panaches de vapeur susceptibles de modifier le mésoclimat dans les environs d'une centrale nucléaire. Les aéroréfrigérants sont destinés à éviter une pollution thermique rédhibitoire des rivières et donc utilisés pour établir des centrales électriques là où les cours d'eau n'ont pas un débit suffisant pour assurer le refroidissement de telles installations. Ils sont la cause d'une consommation directe de l'eau qui se trouve évaporée dans l'atmosphère et donc perdue pour le cours d'eau dans laquelle elle est prélevée. La déperdition d'eau est généralement de 1 m^3/sec par tranche de 1 000 MW de puissance électrique installée. Elle peut atteindre jusqu'à 6 m^3/sec dans des cas extrêmes, sous climats secs et chauds. ***(Voir aussi Centrales électriques, Eau)***

aérosol, n. m. (*aerosol*). **1.** Terme d'aéronomie désignant toute substance en suspension dans l'atmosphère sous forme liquide ou particulaire. **2. bombe** ~ : container d'usage domestique renfermant des liquides ou des émulsions à usage externe. Ces derniers ont constitué jusqu'à leur interdiction en date encore récente une source significative de pollution de l'air par les chlorofluoro-carbones (CFC) qui ont connu un large usage comme gaz propulseur dans les bombes aérosol. ***(Voir aussi Chlorofluorocarbones, Particules atmosphériques)***

aérotaxie, n. f. (*aerotaxy*). Mouvement d'un organisme aquatique vers l'interface eau-atmosphère ou vers un gradient d'oxygène dissous.

Aestidurilignosa, n. sc. Écosystème constitué par des forêts mixtes de feuillus et de conifères.

Aestiisylvae, n. sc. Terme de phytogéographie désignant les forêts caducifoliées tempérées, c'est-à-dire constituées d'arbres à feuilles caduques perdant leur feuillage en hiver.

affinité, n. f. (*affinity*). Attraction interspécifique permettant à des individus de sexe séparé et d'espèce voisine mais différente de s'apparier en période reproductive et de donner des individus interféconds. ◆ **indice d'**~ (*affinity index*) : indice permettant d'évaluer la similarité de composition de deux échantillons provenant de communautés ou de peuplements différents. Si a et b correspondent au nombre d'espèces qui n'existent que dans l'un des deux échantillons et c le nombre d'espèces communes aux deux, A, l'indice d'affinité a pour expression :

$$A = \frac{c}{\sqrt{(a+b)}} \qquad (1)$$

La relation inverse :

$$D = \frac{\sqrt{(a+b)}}{c} \qquad (2)$$

mesure la distance écologique et phytosociologique, D, entre les échantillons.

affleurement, n. m. (*outcropping*). Désigne en géographie physique, en géologie et en océanographie ce qui affleure à la surface du sol ou des eaux. On parlera par exemple d'affleurement rocheux lorsque le socle rocheux émerge à la surface du sol.

affluent, n. m. (*tributary*). Cours d'eau qui se déverse dans un autre cours d'eau plus important situé plus en aval. ***(Voir aussi Confluent)***

aflatoxines, n. f. (*aflatoxin*). Toxines naturelles produites par un champignon ascomycète, *Aspergillus flavus*, agent de moisissure des produits alimentaires, en particulier des céréales et des oléagineux entreposés dans des conditions climatiques chaudes et humides. Les aflatoxines sont des substances mutagènes et cancérogènes responsables en particulier d'hépatomes. Ces pathologies apparaissent dans les populations humaines régulièrement exposées à ces substances. C'est en particulier le cas des habitants de certaines régions d'Afrique de l'Ouest qui ingèrent des arachides stockées dans des conditions inadéquates, ce qui favorise le développement d'*A. flavus*. Il a aussi été démontré que ces aflatoxines se rencontrent également dans les huiles extraites d'arachides mal conservées. ***(Voir aussi Cancérogenèse, Mutagenèse)***

africotropical, adj. (*afrotropical*). Région qui couvre l'ensemble de l'Afrique subsaharienne et correspond au domaine de l'empire biogéographique éthiopien.

Afrique (*Africa*). Continent situé à cheval sur l'Équateur et qui renferme la plus grande surface des terres émergées situées dans une zone intertropicale. Par suite de sa position géographique, ce continent possède aussi de très vastes écosystèmes désertiques, en particulier le Sahara qui représente la plus vaste étendue désertique du monde et le Kahalari qui est son homologue austral. La cause majeure de la crise de l'environnement en Afrique, dont les effets immédiats se traduisent par une destruction irréversible des écosystèmes et des ressources naturelles, résulte à l'heure actuelle de l'explosion démographique démentielle de ce continent. Ainsi, en dépit de la surmortalité due à la pandémie de SIDA qui y sévit avec une intensité inégalée partout ailleurs – puisque plus de 70% des cas répertoriés dans l'ensemble du monde concernent ce continent – la plupart des pays d'Afrique subsaharienne présentent, aujourd'hui encore, des taux d'accroissement supérieurs à 2,5% par an, ce qui correspond à un doublement de leur population en moins de 28 ans! ◆ **déforestation et désertification en** ~ : pourvue autrefois d'importantes surfaces de forêts pluvieuses tropicales, comparables en étendue à celles du massif amazonien, ainsi que de vastes surfaces de forêts de mousson, l'Afrique a perdu plus de 60% de ses surfaces forestières au cours du seul XXe siècle. Cette déforestation résulte des effets conjugués de l'exploitation du bois et surtout de leur défriche pour réaliser des cultures d'exportation (cacao, caféier, ananas) ou vivrières (manioc, sorgho par exemple). En outre, les boisements qui subsistent sont en partie dégradés et ne correspondent plus à des forêts fermées. Pis encore, à l'emplacement des anciennes formations végétales constituées par des forêts sèches tropophiles s'est installé un processus de désertification, les savanes secondaires y laissant progressivement place au désert. Ce phénomène a été favorisé

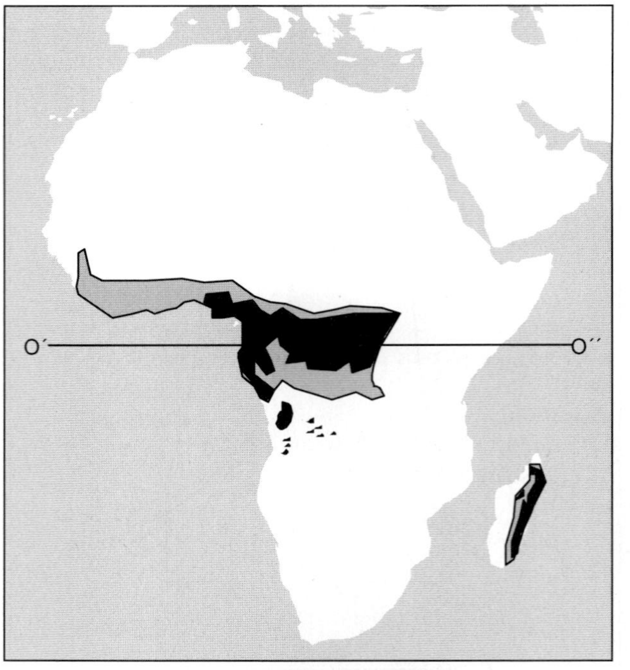

Régression des forêts tropicales en **Afrique** de l'Ouest et Centrale. En noir, l'aire d'extension actuelle. En tramé, les territoires anciennement recouverts par cette formation végétale. (D'après Aubreville, in Ramade F., *Écologie appliquée*, Ediscience international, 5e ed., 1995, p. 377)

par la récurrence de plusieurs épisodes de sécheresse au cours des dernières décennies, eux-mêmes amplifiés par la déforestation antérieure... ◆ **destruction de la faune en** ~ : la destruction des peuplements animaux africains s'est effectuée à un rythme comparable, voire supérieur, à celui de

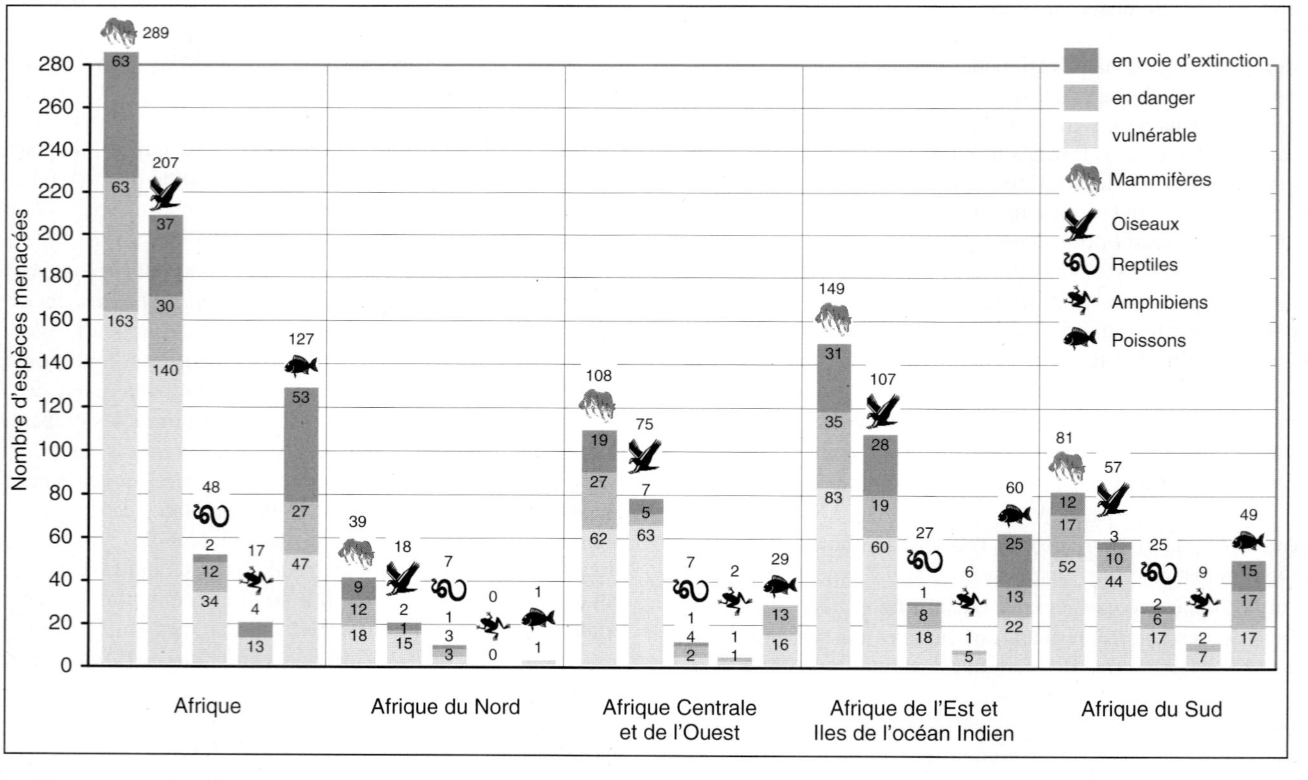

Importance relative des espèces animales menacées dans les diverses régions d'**Afrique**. (D'après PNUE, op. cit., *Environment Global 2000*, p. 79)

la déforestation. Les immenses troupeaux d'Ongulés qui peuplaient les savanes ouest-africaines il y a à peine un demi-siècle ont pour la plupart disparu, victimes d'une chasse et d'un braconnage démentiels. Plusieurs espèces de grands Mammifères se sont éteintes au cours des deux derniers siècles dont le zèbre Quagga et la damalisque bleue d'Afrique australe. Il ne subsiste plus que quelques milliers de rhinocéros alors que les effectifs de ces espèces excédaient la centaine de milliers dans les années 1960. Quant aux éléphants, leur braconnage pour l'ivoire a fait chuter leurs effectifs de 1,5 million à moins de 400 000 entre 1975 et 1995! **(*Voir aussi Éléphant, Quagga, Rhinocéros*)**

afro-alpin, adj. (*african-alpine*). Désigne la zone de végétation située au-delà de la limite supérieure des forêts dans les hautes montagnes d'Afrique.

afro-indien, adj. (*african-indian*). Désigne la zone de végétation commune aux zones désertiques d'Afrique et de l'Est de l'Asie, caractérisée par un petit nombre d'arbres endémiques, le plus connu étant le palmier dattier (*Phœnix dactylifera*).

agame, adj. (*agamic*). **1.** Désigne une espèce végétale ou animale dépourvue de gonades fonctionnelles dans laquelle tous les individus se reproduisent uniquement par reproduction asexuée. **2.** Terme synonyme de parthénogénétique : voir Parthénogenèse.

Agamidae, n. sc. Importante famille de lézards terrestres ou arboricoles qui se rencontre dans tout l'Ancien Monde depuis le Maroc jusqu'à l'Australie.

agamogenèse, n. f. (*agamogenesis*). Désigne le phénomène de multiplication asexuée.

Agaonidae, n. sc. Famille de minuscules Hyménoptères Térébrants, du sous-ordre des Proctotrypoïdes, symbiotiques des arbres du genre *Ficus*. Leurs mâles sont aptères tandis que leurs femelles, ailées, assurent la pollinisation des fleurs de cet arbre qui exigent une fécondation croisée, le pollen produit à l'intérieur des figues en maturation arrivant à maturité après les fleurs femelles qu'elles renferment. **(*Voir aussi Blastophage, Figuier*)**

Agaricales, n. sc. (*Agarics, gill Fungi*). Ordre de Basidiomycètes renfermant l'ensemble des champignons supérieurs (champignons dits à « chapeau »). **(*Voir aussi Champignon*)**

Agassiz, Jean-Louis, Rodolphe (1807-1873). Géologue suisse spécialiste des poissons fossiles. Créationniste et donc partisan du fixisme, il a contribué de façon paradoxale, aux travers des nombreux fossiles qu'il a découverts, tout en cherchant des preuves paléontologiques de créations successives, à apporter des arguments indiscutables à la théorie de l'évolution! Il a également participé à démontrer l'existence d'une période glaciaire en Europe occidentale et centrale et élabora la « théorie glaciaire ». En 1840, il émigra aux États-Unis où il fonda la chaire et le Museum de zoologie comparée de l'Université d'Harvard.

agave(s), n. m. (*agave, American aloe*). Genre de Monocotylédones appartenant à la famille des Amaryllidacées qui compte de nombreux représentants propres aux écosystèmes de type méditerranéen ou désertique, d'Amérique du Nord et Centrale. Une espèce, *Agave sisalana* (dénommée sisal), dont les fibres servent à faire le jute, donne lieu à d'importantes cultures industrielles dans divers pays du Tiers monde.

âge, n. m. (*age*) ◆ ~ **absolu** : âge réel d'une période géologique ou d'un fossile obtenu grâce à des méthodes de datation fondées sur les périodes de divers radioisotopes naturels (ceux de l'uranium, du potassium ou du carbone par exemple) permettant d'obtenir des datations absolues. ◆ ~ **biologique** : évaluation de l'âge réel d'un organisme c'est-à-dire non pas sa valeur absolue mais l'état de développement organique et physiologique et (ou) de dégradation de cet organisme consécutif au vieillissement. ◆ **classes d'~** : décomposition d'une population en groupes d'individus nés à la même date ou dans un même intervalle de temps. **(*Voir aussi Cohorte*)** ◆ ~ **d'un individu** : voir Démographie, Population, Pyramide des âges, Survie. ◆ ~ **stratigraphique** : unité de temps géologique de rang inférieur à l'époque (synonyme d'étage). Le Famènien constitue à titre d'exemple l'un des âges en lesquels on subdivise l'époque du Dévonien supérieur. **(*Voir aussi Époque, Période*)** ◆ **structure d'~** : caractéristique démoécologique fondamentale, elle correspond à la valeur absolue ou à la proportion relative des diverses classes d'âge que comporte une population. La structure d'âge se représente graphiquement de façon générale sous forme de pyramides démographiques, bien que les démoécologues fassent aussi souvent appel aux diagrammes de Lexis et aux courbes de survie. La connaissance de la structure d'âge est utilisée pour calculer les futurs changements de la population concernée ainsi que le devenir de ses effectifs. **(*Voir aussi Lexis, Population, Pyramide des âges, Survie*)**

agence(s), n. f. ◆ ~ **de l'eau** (*water authorities*) : initialement dénommées Agences Financières de Bassin et créées par une loi du 13 juillet 1964, elles correspondent à des Organismes publics nationaux à direction collégiale, composés en part égale de représentants de l'État, des Collectivités publiques et des usagers. Il existe en France six agences de l'eau correspondant à autant de bassins hydrographiques : Seine-Normandie, Artois-Picardie, Rhin-Meuse, Rhône-Méditerranée-Corse, Adour-Garonne, Loire-Bretagne.

Les agences de l'eau sont dotées de moyens importants : plus de 1 200 agents et un budget annuel de plusieurs milliards de francs alimenté principalement par les redevances parafiscales perçues auprès des usagers de l'eau en fonction de l'importance des prélèvements et des rejets d'effluents pollués (principe du pollueur-payeur). Toute collectivité publique, toute entreprise privée utilisant l'eau est taxée en proportion de sa consommation d'eau et de la charge polluante qu'elle rejette. Elles constituent de ce fait le principal organisme de contrôle de la ressource en eau dans notre pays. Elles cofinancent les investissements destinés à améliorer la disponibilité de l'eau pour ses divers usages d'importance économique tant au plan quantitatif (barrages, amélioration des réseaux d'adduction) que qualitatif (investissements dans la construction de stations d'épuration, construction de réseaux de collecte des effluents). Il faut certainement porter au crédit des agences les succès obtenus au cours des dernières décennies dans la lutte contre les pollutions dues à certaines catégories de polluants, et qui s'est traduite en particulier par la réduction de la contamination des eaux continentales résultant d'une diminution significative de la pollution nette rejetée par les industries, alors que la production brute de ces dernières a crû dans le même laps de temps. En revanche, la situation est toujours médiocre au regard des rejets des collectivités locales par suite de l'absence de sanctions réglementaires à leur encontre. ***(Voir aussi Eau, Fleuve, Qualité des eaux)***

agent, n. m. ◆ ~ **mouillant** (*wetting agent*) : substance aux propriétés détersives utilisée pour le traitement des eaux ou encore pour la préparation d'émulsions ou de suspensions (bouillies) des formulations pesticides destinées aux traitement des cultures ou à tout autre application. ***(Voir aussi Détergent, Pesticides)*** ◆ ~ **orange** (*orange agent*) : mélange défoliant constitué en parts égales de 2,4-D et de 2,4,5-T, utilisé par l'armée américaine pendant la Deuxième guerre du Vietnam à des concentrations de l'ordre de 50 kg/ha. Cette substance a été à l'origine d'une destruction quasi irréversible de plusieurs millions d'hectares de forêts pluvieuses tropicales traitées avec ces herbicides ainsi que de la contamination par les dioxines qu'ils renfermaient comme impureté des divers milieux exposés à ces opérations massives de défoliation. ***(Voir aussi Défoliant, Herbicide)*** ◆ ~ **vecteur** : voir Vecteur.

agéotropisme, n. m. (*ageotropism*). Absence de réponse d'une espèce à la gravité.

ager, n. m. Terme ultime d'une série (succession) régressive dans les écosystèmes méditerranéens, caractérisée par le remplacement de la forêt climacique par des cultures. ***(Voir aussi Succession)***

Agnathes, n. sc. (*Agnatha*) (syn. : Cyclostomes). Classe de Vertébrés inférieurs dépourvus de mandibules, apparus au Dévonien. Les lamproies et les myxines en sont les principaux représentants actuels. ***(Voir aussi Grands Lacs, Lamproie, Myxines)***

agonistique, adj. (*agonistic behaviour*). Désigne un comportement territorial dans lequel les individus d'une même espèce s'affrontent au cours de combats simulés pour s'approprier leur territoire. ***(Voir aussi Éthologie)***

Agouti, n. m. Voir *Dasyproctidae*.

AGR (*Advanced Gas Reactor*). Type de réacteur nucléaire à gaz mis au point en Grande-Bretagne dans les années 1960, qui a depuis été abandonné au profit d'autres filières électronucléaires.

agraire, adj. (*agrarian*). Désigne ce qui concerne les modes de culture ou les plantes cultivées. ◆ **réforme** ~ (*agrarian reform*) : mesures administratives visant à démembrer les propriétés latifundiaires, en particulier en Amérique Latine, pour les attribuer aux paysans pauvres. Il s'agit d'un préalable au développement rural, toujours actuel en bien des pays du Tiers monde.

agrégat(s), n. m. ◆ **répartition en** ~ (*aggregative distribution*) : type de répartition spatiale d'une population caractérisée par le rassemblement d'individus en groupes (synonyme de répartition contagieuse). ***(Voir aussi Population, Répartition)*** ◆ **structure en** ~ (*aggregate structure*) : désigne en pédologie l'agglomération de particules minérales et organiques dans un sol. La structure des agrégats est responsable de la porosité des sols. Cette dernière joue un rôle essentiel dans leur aération, la rétention de l'eau et la mise en circulation des éléments minéraux nutritifs. ***(Voir aussi Particule, Pores, Sol)***

agressif, adj. ◆ **mimétisme** ~ (*aggressive mimicry*) : ressemblance d'un prédateur ou d'un parasite à une espèce inoffensive qui lui permet de leurrer une proie ou un hôte potentiel. ***(Voir aussi Mimétisme)***

agriculture, n. f. (*agriculture*). Mode de production alimentaire fondé sur la culture et simultanément l'élevage d'un nombre limité de plantes et d'animaux domestiques (souvent nourris, au moins partiellement, par des cultures fourragères), qui présentent le maximum de productivité utilisable pour la consommation humaine. Inventée au début du Néolithique, voici environ 10 000 ans, l'agriculture a constitué la première révolution technologique de l'humanité, car elle a permis à l'homme de disposer d'une plus grande quantité d'énergie *per capita* que n'en disposaient les chasseurs paléolithiques. L'un des progrès majeurs apporté par l'agriculture tient en ce que, au plan énergétique, elle permet de détourner au bénéfice des populations humaines une fraction du flux d'énergie solaire beaucoup plus importante pour chaque individu que n'en disposait l'homme dans les sociétés primitives, paléolithiques. L'agriculture autorise donc à la fois des effectifs plus nombreux et une élévation du niveau de vie individuel, également permise par la spécialisation des tâches découlant de la plus grande quantité d'énergie disponible. ◆ ~ **itinérante** (*shifting agriculture*) : dans les sociétés rurales primitives, la pratique initiale a été sans doute celle de l'agriculture itinérante (encore dénommée culture sur brûlis). Ici, les agriculteurs – après avoir incendié une aire limitée de forêt – cultivent pendant trois ou quatre ans les sols défrichés, temps au bout duquel leur fertilité devient insuffisante car le stock de nutriments contenus par ces derniers est épuisé. Ils vont alors recommencer ailleurs un nouveau défrichage par brûlis. Après plusieurs décennies d'arrêt de la culture, la forêt se reconstitue sur les sols abandonnés. Cette forme d'agriculture primitive, délaissée en Europe avant même l'époque romaine, est toujours en vigueur dans tous les pays où croissent des forêts pluvieuses tropicales. Le raccourcissement du cycle de jachère-défriche consécutif à l'explosion démographique des populations qui pratiquent la culture sur brûlis a rompu les équilibres anciens de sorte que les boisements n'ont plus le temps de se régénérer. Ainsi l'agriculture itinérante est devenue une cause majeure de déforestation dans diverses régions d'Afrique, d'Amérique tropicale et d'Asie du Sud-Est. Au Vietnam par exemple,

Agriculture itinérante au Vietnam. Cette pratique est la cause d'une importante régression des forêts tropicales lorsque la récurrence de l'incendie est trop fréquente, de sorte que la forêt n'a plus le temps de se regénérer. Tel est le cas de ce cliché où la période de rotation est tombée à une quinzaine d'années. En outre, l'érosion dégrade les sols en forte pente – comme ici – lorsqu'ils sont dénudés. (Cliché F. Ramade)

où les forêts tropicales ont subi des dévastations par suite de l'usage des défoliants par l'armée américaine, cette agriculture présente un impact désastreux sur les forêts restantes.

◆ **bilan énergétique de l'~** : il a connu une évolution inverse de la productivité mesurée en rendement à l'hectare.

Tout au long du progrès technologique de l'agriculture, on a assisté à un accroissement continu du flux d'énergie exogène et artificiel introduit par l'homme dans les cultures. Celui-ci a résulté de l'introduction d'énergie provenant des engrais chimiques, de l'usage des pesticides, de l'irrigation, ainsi que celle nécessaire à la fabrication et au fonctionnement des tracteurs et autres machines agricoles. En effet, la consommation d'énergie par l'agriculture moderne s'est accrue beaucoup plus vite que l'augmentation des rendements. De la sorte, le rapport de la quantité d'énergie alimentaire produite par hectare à la quantité d'énergie artificielle introduite par hectare de culture (au travers du machinisme, de l'usage d'engrais minéraux, de l'irrigation, des pesticides, etc.) a sans cesse décru au cours du siècle, en particulier des dernières décennies (voir figure page suivante).

Ainsi que l'écrivait déjà H.T. Odum en 1971, « aujourd'hui, nous ne mangeons pas des pommes de terre seulement faites d'énergie solaire mais surtout faites de pétrole ».

◆ **impact environnemental de l'~** : de sages pratiques agricoles associées à une défriche progressive des écosystèmes forestiers ou steppiques climaciques ont permis en Eu-

Comparaison du fonctionnement entre civilisation Paléolithique et Néolithique. Ce schéma résume les modifications des rapports entre l'homme et la biosphère à la suite de l'invention de l'**agriculture** au Néolithique. En **A**, les chasseurs paléolithiques utilisaient toute la surface disponible pour la cueillette et la capture du gibier. Ils ne pouvaient survivre qu'à de faibles densités de population. En **B**, la biomasse humaine a présenté une augmentation par suite de l'accroissement des effectifs grâce à la découverte de l'agriculture. Celle-ci a concentré initialement l'activité de production alimentaire sur une faible fraction de la surface des continents émergés où la fertilisation des champs, d'abord avec les fumures organiques (fumier par exemple) puis avec les engrais minéraux, a permis une augmentation très importante de la quantité de nourriture disponible pour les populations humaines, d'où une considérable croissance démographique. (D'après Brown, in Ramade F., *Écologie appliquée*, Ediscience international, 5e ed., 1995, p. 20-21)

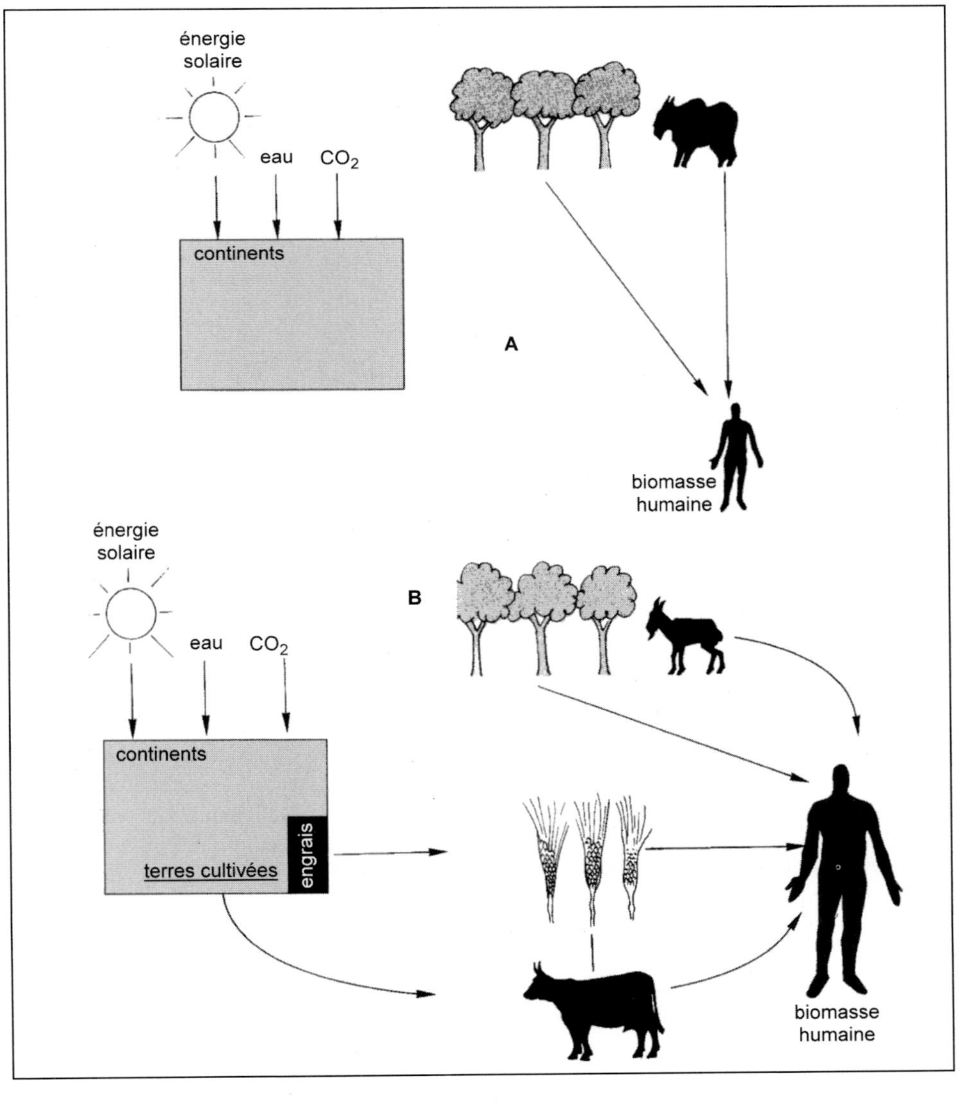

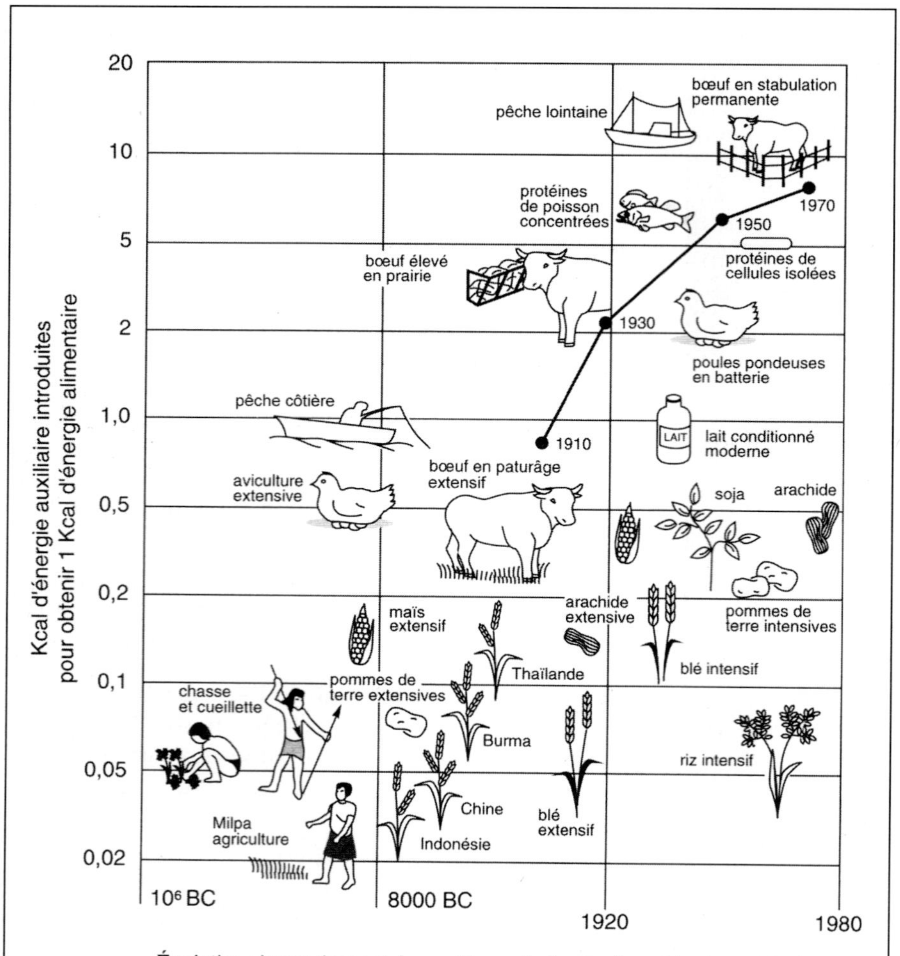

Évolution du rendement énergétique de l'agriculture Nord-américaine

Variation du rendement énergétique de l'**agriculture** depuis le début du Néolithique. On constate qu'à l'opposé de la croissance des rendements à l'hectare, le rapport énergie produite/énergie auxiliaire introduite n'a fait que diminuer au cours du temps, cette décroissance s'étant accélérée depuis le début du XXe siècle. Ainsi, on voit sur ce schéma que le rendement énergétique a décru de 11 fois aux États-Unis entre le début du XXe siècle et celui des années 1970 dans la culture de maïs, ce qui signifie qu'il fallait alors 11 fois plus d'énergie pour produire un quintal de maïs qu'en 1900! (D'après Steinhart et Steinhart, « Energy use in the US food system », *Science*, vol. 184, avril 1974, n° 4 134, p. 312)

rope et dans certaines autres régions surtout tempérées du monde de conserver, voire d'améliorer, le potentiel productif des sols tout en maintenant un espace rural relativement exempt de dommages écologiques. Cependant, il n'en a pas été ainsi partout dans le monde, même si les pays tempérés d'ancienne civilisation connaissent eux aussi de nos jours de graves désordres environnementaux liés à l'extension des méthodes dites « modernes » de production intensive. Outre l'érosion des sols, désastreuse dans les anciennes zones steppiques transformées en monocultures céréalières, l'usage de considérables quantités d'engrais chimiques – en particulier de nitrates et de superphosphates – et de pesticides provoque une grave pollution des sols et des eaux, voire pour ces derniers d'écosystèmes reculés situés à l'écart des zones de culture intensive. Cette pollution résulte de la dérive des brouillards de traitement et du transfert des masses d'air ainsi polluées par les pesticides vers des régions de la biosphère fort éloignées des sites d'émission. Par ailleurs, la défriche de certains sols impropres à l'agriculture, surtout dans les régions tropicales et celles à climat aride, provoque de graves détériorations pédologiques qui rendent ces sols stériles *ad infinitum*. Tel est le cas des cuirasses latéritiques qui sont la conséquence de la défriche de sols forestiers ferralitiques dans les zones intertropicales ou encore celui de la formation de sols salés stériles, les solonetz, par irrigation de terres au drainage insuffisant, en diverses régions d'Asie centrale ex-soviétique, du Pakistan, de l'Irak et de bien d'autres régions arides de l'Ancien et du Nouveau monde. Ces altérations physico-chimiques des sols concernent une fraction sans cesse croissante des terres cultivées et, conjointement à l'érosion provoquent une préoccupante diminution du potentiel de terre cultivable existant à la surface de la planète. Ainsi 40% de leur surface totale pourrait être perdu au rythme actuel de dégradation et d'érosion au cours du prochain demi-siècle alors que la population mondiale pourrait doubler dans le même laps de temps... (***Voir aussi Engrais, Érosion, Pesticides***) ◆ **consommation d'eau par l'**~ : l'agriculture consomme de plus en plus d'eau afin d'accroître les rendements et d'obvier aux années sèches. Ainsi, le développement de l'irrigation s'est effectué non seulement dans les régions du monde à climat naturellement aride mais aussi au cours de ces dernières années dans les pays occidentaux industrialisés à la faveur de quelques étés moins arrosés. En réalité, la quantité d'eau nécessaire pour une culture est considérable (voir Tableau page suivante). Un hectare de maïs exige 20 000 m^3 d'eau d'irrigation au cours de sa saison végétative. Un hectare de rizière nécessite quant à lui quelque 40 000 m^3 ! À l'heure actuelle, le manque absolu d'eau s'étend dans de nombreuses régions du monde. La situation est déjà sérieuse dans certaines provinces de pays développés mais elle est réellement dramatique dans de nombreux pays dits en voie de développement. Il était déjà estimé au début des années 1990 que dans plus de 50 pays du Tiers monde, chaque homme

Consommation d'eau par les principales cultures exprimée en équivalent pluviométrique (100 mm d'eau sont équivalents à 1 000 m^3 par hectare)		
Culture	**Hauteur d'eau nécessaire en mm/saison**	**Volume d'eau nécessaire en m^3/ha/an**
Blé	365 à 750	5 500
Orge	360 à 700	5 000
Agrumes et coton	500 à 600	5 500
Graminées fourragères	550 à 950	8 000
Luzerne	820 à 910	8 500
Maïs	non déterminé	20 000
Riz	non déterminé	40 000

qui naissait en plus de l'effectif présent était déjà de trop car l'eau nécessaire pour irriguer le surcroît de culture indispensable pour le nourrir faisait déjà défaut! ***(Voir aussi Eau, Irrigation, Ressources)***

agroclimatologie, n. f. (*agroclimatology*). Étude du climat en relation avec les conditions qui contrôlent la productivité des cultures et de l'élevage.

agroécosystème, n. m. (*agroecosystem*). Terme désignant l'ensemble des écosystèmes constitués par les divers types de cultures herbacées ou arbustives et, de façon plus générale, des divers milieux naturels modifiés par l'homme pour les utiliser à des fins de culture ou d'élevage intensif. On constate que la création d'agroécosystèmes s'est traduite par une diminution considérable de biodiversité et une modification de la pyramide des biomasses et de l'énergie, l'homme favorisant une seule espèce, celle qui est cultivée, et éliminant toutes les autres. Le développement des agroécosystèmes s'est en définitive accompagné d'une succession allogénique régressive dénommée par Kunholtz-Lordat :

Sylva → Saltus → Ager

(Voir aussi Agriculture, Écologie)

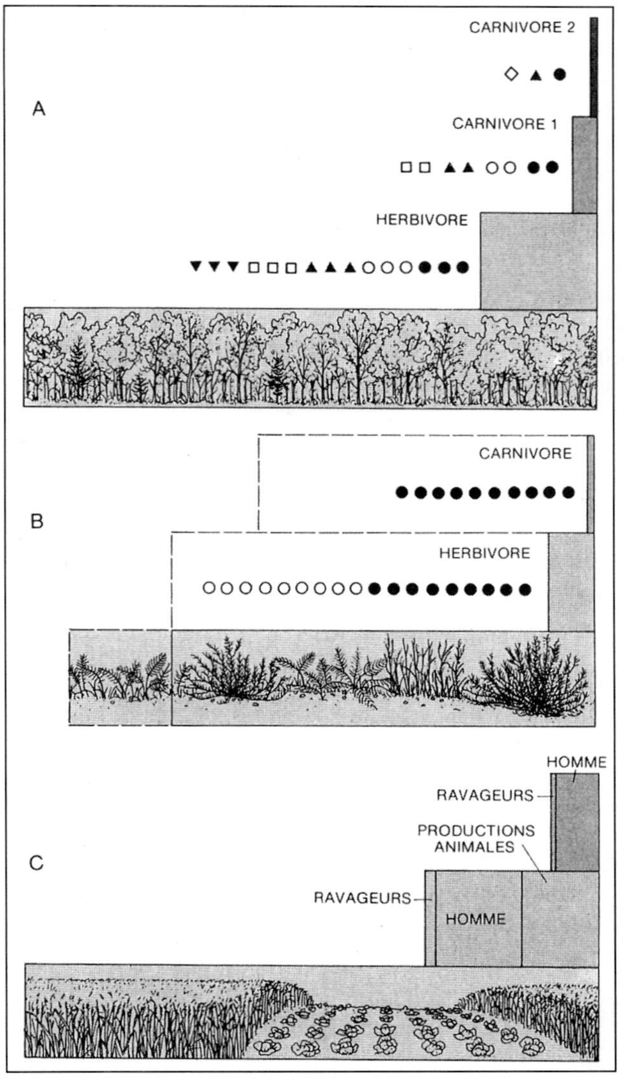

Comparaison de la pyramide des biomasses entre (**A**) un écosystème climacique forestier (*sylva*), (**B**) un boisement ouvert servant de pâturage extensif (*saltus*) et (**C**) un **agroécosystème** (*ager*). (D'après Woodwell, in Ramade F., *Écologie fondamentale*, Ediscience international, 2e ed., 1994, p. 393)

agroforesterie, n. f. (*agroforestry*). Désigne une pratique répandue dans diverses régions tropicales du monde, en particulier en Asie du Sud-Est, consistant à cultiver des plantes alimentaires herbacées, sous forme de haies ou d'espaliers en gardant intacte la strate arborée. Bien que les rendements soient plus faibles qu'après défriche, ce type d'agriculture évite la dégradation physico-chimique et l'érosion des sols, rapides lorsque la terre est mise à nu et labourée après défriche des forêts pluvieuses tropicales. Tombée en désuétude car considérée comme « traditionnelle » par beaucoup d'experts occidentaux en développement rural, ce mode de production agricole, qui combine celle de fruits et de plantes légumières herbacées connaît depuis quelques années un regain d'intérêt.

agrologie, n. f. (*agrology*). Domaine de l'agronomie et de la pédologie qui étudie les sols cultivés.

agronomie, n. f. (*agronomy*). Désigne l'ensemble des sciences qui régissent les modalités rationnelles de production agricole tant au plan fondamental qu'à celui des méthodologies et des applications techniques. Au cours des dernières décennies, l'évolution de l'agronomie a été marquée par la recherche effrénée de l'augmentation des rendements, négligeant de ce fait dans cette démarche productiviste l'impact environnemental négatif des pratiques de production agricole mises en œuvre. Le débat actuel sur l'utilisation des OGM, celui sur la contamination des productions végétales et animales par divers groupes de polluants persistants et ses conséquences pour la santé humaine, ou encore le désastre de la « vache folle », illustrent à bien des égards les dérives auxquelles a conduit l'orientation unidimentionnelle de cette science vers l'accroissement incessant des rendements sans se soucier des effets « collatéraux » qui en résultent tant au plan écologique qu'à celui de l'hygiène publique. ***(Voir aussi OGM, Organochlorés, Pesticides)***

agrostologie, n. f. (*agrostology*). Branche de la botanique qui étudie les graminées.

Agung, mont. Volcan de Bali, en Indonésie, qui a connu en 1963 une éruption cataclysmique causant la mort de plusieurs milliers de personnes.

On constata une chute significative de la température moyenne du globe provoquée par l'injection de plusieurs millions de tonnes de cendres dans la stratosphère.

Cette éruption a permis d'apporter la preuve expérimentale de l'effet des particules et des aérosols introduits par les éruptions volcaniques dans l'atmosphère sur le climat global. Un réseau de ballons-sondes disposé dans le cadre de l'année géophysique internationale de l'UNESCO, dans le Nord-Ouest de l'Australie, près de Port Hedland, permit en effet de mesurer les températures de l'atmosphère à diverses altitudes avant et après l'éruption. Il fut observé une hausse de la température stratosphérique due à l'accroissement d'absorption du rayonnement solaire par les aérosols injectés à haute altitude et de façon concomitante une baisse de la température troposphérique due à l'effet d'écran résultant de cette opacification stratosphérique. **(*Voir aussi Volcanisme*)**

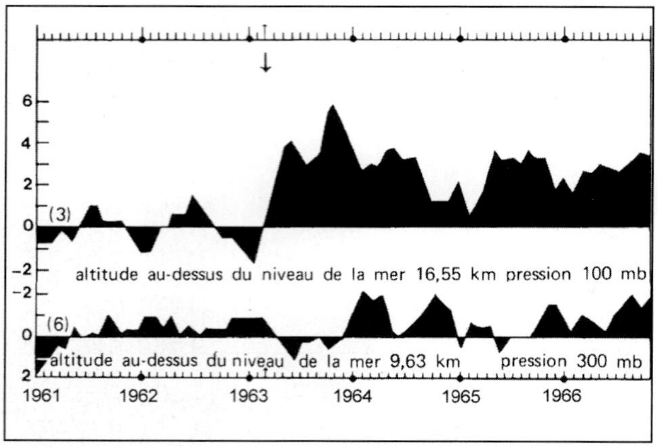

Fluctuations de la température de l'atmosphère à la suite de l'éruption du volcan **Agung**, à Bali, en 1963. Les températures mesurées aux diverses altitudes à la verticale de Port Hedland en Australie, entre 1961 et 1967, présentent simultanément une hausse dans la basse stratosphère (16 km) et une baisse dans la haute troposphère (9,6 km) dans les mois ayant suivi l'éruption. La flèche indique le début de l'éruption. (D'après Newell, in Ramade F., *Écologie appliquée*, Ediscience international, 5e ed., 1995, p. 128)

AIE (*IAE*). Sigle de l'Agence Internationale de l'Énergie. Cette dernière a été créée à la suite du premier « choc » pétrolier de novembre 1973, en conséquence de la crise de l'énergie qui sévissait depuis la fin des années 1960. Son siège est à Vienne. **(*Voir aussi Énergie, Ressources*)**

AIEA (*IAEA*). Sigle de l'Agence Internationale de l'Énergie Atomique, créée à la fin des années 1950, dont le siège est à Vienne. Cette agence a non seulement pour objet de contrôler l'application du Traité de non prolifération des armes nucléaires mais aussi de favoriser le développement des usages civils de l'énergie atomique, en particulier d'apporter un soutien technique pour le contrôle de la sûreté des installations nucléaires civiles. **(*Voir aussi Centrale, Nucléaire*)**

aigicole, adj. (*aigicolous*). Espèce inféodée aux habitats de plages.

aigle(s) n. m. Genre de rapaces Accipitériformes propre à la région biogéographique holarctique. ◆ ~ **royal** (*golden eagle*) (n. sc. : *Aquila chrysaetos*) : cette espèce d'aigle, dont l'aire d'extension est aujourd'hui limitée en Europe aux zones montagneuses, a connu en France une remontée de ses effectifs au cours des dernières décennies grâce aux mesures de conservation prises dans notre pays, en particulier la création des parcs nationaux alpins.

aigu(ë), adj. (*acute*). Désigne un processus pathologique dû à une intoxication ou à une pathologie infectieuse qui se produit à brève échéance (ou après une courte période d'incubation) qui conduit à des troubles graves voire mortels. **(*Voir aussi CL50, DL50*)**

ailé(e), adj. (*alate*). Désigne un organisme pourvu d'ailes ou d'appendices qui y ressemblent. Chez les végétaux, de nombreuses graines telles les samares d'orme ou de frêne sont ailées.

air, n. m. (*air*). Gaz incolore constituant l'atmosphère terrestre, ayant une densité de 1,27 g/l. ◆ **composition de l'~** : l'air est constitué de façon prépondérante par un mélange d'azote et d'oxygène qui représentent respectivement 78% et 21% de sa composition volumétrique.

Composition de l'air

Constituant	Pourcentage	
	en volume	en masse
Azote	78,01	75,53
Oxygène	20,95	23,14
Argon	0,93	1,28
Gaz carbonique (CO_2)	0,036	0,051
Néon	$1{,}8 \cdot 10^{-3}$	$1{,}25 \cdot 10^{-3}$
Hélium	$5{,}24 \cdot 10^{-4}$	$5{,}24 \cdot 10^{-4}$
Méthane	$1{,}7 \cdot 10^{-4}$	$9{,}41 \cdot 10^{-4}$
Krypton	$1{,}14 \cdot 10^{-4}$	$3{,}3 \cdot 10^{-4}$
Protoxyde d'azote (N_2O)	$5 \cdot 10^{-5}$	$7{,}6 \cdot 10^{-5}$

◆ **pollution de l'~** (*air pollution*) : voir Particules, Pluies acides, Pollution de l'atmosphère. ◆ **qualité de l'~** (*air quality*) : déterminée par l'inverse de la mesure de la pollution de l'air. Les normes de qualité sont souvent contingentes car fondées sur des références toxicologiques et (ou) écologiques arbitraires. Ainsi, les seuils de teneur maximale en SO_2 sont fixés par référence à la réponse pathologique d'individus normaux, alors qu'ils sont excessifs si l'on se rapporte aux dommages à la végétation, voire à la référence d'individus « sentinelle » en ce domaine tels les asthmatiques. Il en est de même pour les autres principales catégories d'aéropolluants de référence pour l'Union européenne : particules, ozone et oxydes d'azote. **(*Voir aussi Atmosphère, Pollution atmosphérique, Qualité*)**

aire(s), n. f. (*area*) ◆ ~ **de distribution géographique** (*distribution range*) : zone délimitant la répartition géographique d'une espèce vivante ou de tout autre unité taxonomique qui inclue la totalité de ses populations. ◆ ~ **protégées** (*protected areas*) : terme désignant des territoires d'étendues variables, bénéficiant d'un statut de conservation. Par ordre décroissant de l'importance des mesures de protection, l'UICN distingue six catégories d'aires protégées : les réserves naturelles intégrales, les parcs et les monuments nationaux, les réserves à but spécialisé, les zones de paysages protégés (catégorie dans laquelle se classent les parcs naturels régionaux français) et les aires de gestion des ressources. À ces catégories de l'UICN s'ajoutent deux types d'aires protégées créés par l'UNESCO : les réserves de biosphère et les sites du patrimoine mondial. **(*Voir aussi Biodiversité, Parc National, Protection de la nature, Réserves naturelles, UICN*)** ◆ ~ **tempérées, tropicales** : désigne les zones climatiques correspondantes. **(*Voir aussi Biogéographie*)**

Aitken, noyaux d' (*Aitken nuclei*). Catégorie de particules solides insédimentables en suspension dans l'atmosphère terrestre dont le diamètre est le plus faible. Par définition, il est considéré inférieur à 2 000 Å, la majorité d'entre eux étant d'un diamètre de 500 Å. **(*Voir aussi Particule*)**

Aizoacées, n. f. (*fig marigold, hottentot fig, stone plant*). Famille de plantes succulentes, de l'ordre des Centrospermales, de port bas voire rampant, adaptées à la sécheresse, dont elles constituent la famille la plus abondante avec plus de 2 500 espèces. On y rencontre, d'importants genres multispécifiques comme *Mesanbryanthemum*. Certaines d'entre elles, adaptées aux biotopes hyperarides, telles les *Lithops*, propres à l'Australie et à l'Afrique australe, sont mimétiques de cailloux, vivent enfouies dans le sable et possèdent seulement deux feuilles. **(*Voir aussi Centrospermales, Succulentes*)**

ajonc(s), n. m. (*broom*). Légumineuses arbustives du genre *Ulex*, appartenant à la famille des Fabacées. Souvent très épineux, les ajoncs croissent en abondance dans des formations végétales ligneuses telles les landes ou les garrigues, qui représentent un stade intermédiaire au plan des successions écologiques.

ajustement, n. m. (*adjustment*). Processus par lequel un individu, une population ou une communauté s'adaptent à un changement transitoire des facteurs écologiques caractérisant son biotope. Chez les animaux, le terme est aussi utilisé en éthologie pour désigner une adaptation comportementale à des changements de l'environnement.

akène, n. m. (*aken*). Type de fruit sec non déhiscent ne renfermant qu'une seule graine. Celle-ci est soudée aux parois du fruit (péricarpe). Il se rencontre en particulier chez les Composées mais aussi chez de nombreux autres ordres de spermaphytes.

Alamogordo. Ville du Nouveau Mexique sur le territoire administratif de laquelle fut testée en juillet 1945 la première bombe atomique sur un polygone de tir qui était situé à moins de 80 km de l'agglomération !

alarme, n. f. (*warning*) ◆ **cri d'~** (*alarm call*) : signal sonore émis par un animal en danger souvent dans le but d'avertir ses congénères. ◆ **phéromone d'~** (*alarm pheromon*) : substance chimique produite chez les fourmis et autres Invertébrés sociaux qui provoque un état d'alarme ou de vigilance dans la colonie. ◆ **réaction d'~** (*alarm response*) : ensemble des réponses induites au plan écoéthologique par un état d'alarme.

Alaska Land Bill. Loi fédérale américaine édictée en 1980 qui confère à 42 millions d'hectares de l'État d'Alaska le statut d'aires protégées (parcs nationaux et réserves analogues). De ce fait, toute activité d'exploitation pétrolière, minière et forestière y est interdite.

albatros, n. m. (*albatros*). Oiseaux marins de grande taille, adaptés à la vie pélagique, propres aux mers australes. À l'image de toutes les autres espèces de l'ordre des Procellariiformes, ce sont les seuls oiseaux vraiment adaptés au milieu océanique, car ils peuvent passer leur vie en mer, loin des côtes, en dehors de la période de reproduction. Comme tous les autres Procellariiformes, ils sont en effet capables de boire l'eau de mer, une adaptation écophysiologique leur permettant de la filtrer et d'en rejeter le sel grâce à des glandes nasales spécialisées.

Couple d'**albatros** royaux (*Diomedea epomophora*) au nid. (Réserve de Taiaroa, Ile du Sud, Nouvelle-Zélande). (Cliché F. Ramade)

albedo, n. m. (*albedo*). Mesure du pouvoir de réflexion d'un rayonnement incident par une surface lisse.

Encore dénommé facteur de réflexion, l'albedo correspond au rapport entre les quantités de radiations réfléchies et incidentes. L'albedo de la surface terrestre varie beaucoup en fonction de la nature de la couverture du sol. Les écosystèmes aquatiques et ceux couverts de végétation ont un faible albedo.

À l'opposé, les sols désertiques, ceux dont le couvert végétal a été fortement dégradé voire détruit par l'homme, les nuages et les régions couvertes de neige, ont un albedo élevé. La couverture nuageuse est la cause principale de l'albedo terrestre dont la valeur est égale à la moitié du flux solaire incident hors atmosphère.

albinisme, n. m. (*albinism*). Anomalie génétique due à une mutation qui empêche la formation de mélanine dans les téguments et les phanères des mammifères et les plumes des oiseaux par suite de l'absence d'une enzyme, la tyrosinase.

albumen, n. m. (*albumen*). Tissu de réserve d'une graine qui sera ultérieurement consommé par l'embryon au cours de son développement. L'albumen est en général surtout constitué d'amidon mais dans certains cas (palmiers dattiers par exemple), il est à base d'hémicelluloses (albumen corné).

alcalin, adj. (*alkaline*). Désigne les milieux basiques donc de pH supérieur à la neutralité. ***(Voir aussi pH, Sol)***

alcalinité, n. f. (*alcalinity*). Mesure de la capacité de neutralisation des acides dans un milieu ou un biotope donné. Elle caractérise les eaux naturelles ou les sols basiques qui présentent une forte teneur en bicarbonates alcalino-terreux.

alcaloïde, n. m. (*alcaloid*). Substance organique azotée d'origine végétale douée en général d'une forte toxicité pour les animaux à sang chaud : la nicotine, la digitaline, la solanine par exemple sont des alcaloïdes. La sécrétion d'alcaloïdes par les plantes est considérée comme résultant d'une coévolution destinée à atténuer la pression de broutage par les herbivores.

Alcédinidés, n. sc. (*kingfishers*). Famille d'oiseaux essentiellement tropicale et piscivore, inféodée aux habitats boisés, renfermant les martins-pêcheurs et les martins-chasseurs. Elle ne possède qu'un seul représentant européen, le martin-pêcheur de nos pays, *Alcedo athis*.

Alces alces, n. sc. (*moose*). Nom scientifique de l'élan, le plus grand des Cervidés actuels. Cette espèce d'Eurosibérie et d'Amérique du Nord est inféodée aux zones marécageuses des forêts boréales de conifères et à la frange des toundra. En été, elle se nourrit principalement de plantes aquatiques qu'elle broute dans les marais et les cours d'eau.

Alces alces (élan) mâle dans le parc national de Yellowstone, Wyoming. (Cliché F. Ramade)

Alciformes, n. m. (*Alciforms*). Ordre d'oiseaux marins dont les principaux représentants sont les pingouins, les macareux et les guillemots. Ces espèces qui pêchent en nageant à la surface de l'eau sont particulièrement vulnérables à la pollution des mers par le pétrole.

Colonie de macareux moines (*Fratercula arctica*, **Alciformes**) dans la réserve naturelle nationale de Duncansby Head (Écosse). (Cliché F. Ramade)

alcools, n. m. (*alcohol*). Hydrocarbures dans lesquels un radical oxhydryle est substitué à un hydrogène. On distingue en fonction de la position de ce radical des alcools primaires ($R–CH_2OH$), secondaires ($R_1–CHOH–R_2$) et des alcools tertiaires ($R_1, R_2, R_3–COH$).

aldéhyde(s), n. m. (*aldehydes*). Substances organiques de formule R–CHO. Les aldéhydes sont généralement incolores et volatils. Certains d'entre eux tels le métaldéhyde, l'acétaldéhyde ou l'acroléine sont produits à vaste échelle dans l'industrie chimique. Les aldéhydes se forment spontanément dans de nombreuses combustions incomplètes et représentent des contaminants majeurs des atmosphères polluées. Ils sont doués de propriétés irritantes pour les muqueuses et présentent en général une toxicité assez forte et non spécifique pour les êtres vivants. ***(Voir aussi Acroléine)***

aldicarbe, n. m. (*aldicarb*). Insecticide du groupe des oxime-carbamates connu vulgairement sous le nom de Temik®. Utilisé à vaste échelle comme systémique contre divers pucerons ravageurs des cultures (en particulier ceux de la pomme de terre et de la betterave), l'aldicarbe, avec une DL 50 *per os* pour le rat de l'ordre du mg/kg, est le plus toxique des pesticides aujourd'hui encore autorisés dans les pays développés. Sa relative solubilité dans l'eau est une source de contamination des nappes phréatiques en zone d'agriculture intensive. Aux États-Unis, une enquête effectuée dans les années 1980 a montré qu'il était présent dans environ 10% des nappes, dépassant dans certaines d'entre elles la CMA de cet insecticide dans l'eau de boisson. ***(Voir aussi Carbamate, Insecticide, Pesticide)***

aldrine, n. f. (*aldrin*). Insecticide organo-chloré dérivé du cyclopentadiène. Longtemps utilisé dans la désinsectisation des sols, il a été interdit par suite de ses risques écotoxicologiques liés à sa forte persistance dans les sols contaminés et ses possibilités de bioamplification dans les chaînes alimentaires. Dans les sols, il s'époxyde spontanément en dieldrine. (***Voir aussi Dieldrine, Organochlorés***)

alétophile, adj. (*aletophilous*). Désigne une espèce végétale rudérale inféodée aux bords de chemins ou aux talus de routes et de voies ferrées.

aleurone, n. f. (*aleuron*). Substance de réserve des graines des spermaphytes, qui se présente sous forme de grains provenant de la déshydratation et de la fragmentation de vacuoles qui renferment divers composés protéiques.

alevin, n. m. (*fry*). Écophase larvaire des poissons constituée par les larves venant d'éclore ou situées aux stades les plus juvéniles.

alevinage, n. m. (*fry stocking*). Introduction d'alevins dans un biotope aquatique destiné à le rempoissonner pour diverses activités : le plus souvent pisciculture ou pêche « sportive ».

alfa, n. m. (*alfa*). (n. sc. : *Stipa taenacissima*). Espèce de graminée cespiteuse des hauts plateaux et des steppes d'Afrique du Nord autrefois utilisée pour produire une fibre végétale. Surpâturées, les steppes à alfa dont les touffes de végétation atteignaient autrefois une telle hauteur qu'elles pouvaient masquer un homme à cheval, sont réduites aujourd'hui à des pelouses xériques où de maigres touffes de cette plante subsistent entre de larges plaques de sol dénudé! (***Voir aussi Steppe***)

algal, adj. (*algal*). Désigne ce qui concerne les algues ou est constitué par ces dernières.

algicide, n. m. (*algicide*). Substance utilisée pour éliminer les algues de biotopes aquatiques artificiels ou naturels.

algicole, adj. (*algicolous*). Qualifie une espèce inféodée aux algues.

algivore, adj. (*algivorous*). Qualifie une espèce se nourrissant d'algues.

algologie, n. f. (*algology*). Discipline ayant pour objet l'étude des algues.

algophage, adj. (*algophagous*). Qualifie une espèce herbivore se nourrissant d'algues.

algues, n. f. (*algae*). Végétaux aquatiques chlorophylliens constitués soit par des organismes unicellulaires (algues phytoplanctoniques), soit par des organismes pluricellulaires, souvent de grande taille, aussi dénommés algues macrophytiques (cas des *Fucus*, des Laminaires et des *Macrocystis* par exemple), pourvues de cystes qui interviennent dans leurs divers processus reproducteurs. Au plan morphologique, on distingue les micro-algues, unicellulaires, isolées ou parfois groupées en colonies – filamenteuses ou non – et les macro-algues aussi dénommées algues macrophytiques ou macrophytes. ◆ **classification des** ~ : elles appartiennent à plusieurs entités taxonomiques distinctes. On distingue des procaryotes constituant le phylum des Cyanophytes (anciennement dénommées Cyanophycées ou encore Cyanobactéries), des eucaryotes unicellulaires (*Protoctista*) qui représentent les constituants majeurs du phytoplancton et du périphyton, qui appartiennent soit au phylum des Chromophytes, soit à celui des Chlorophytes (classes des Chlorophycées unicellulaires et des Prasinophycées, Phytoflagellés pourvus de quatre flagelles). Les algues planctoniques constituent la base des réseaux trophiques pélagiques, tant d'eau douce que marins. Les algues macrophytiques inféodées dans leur immense majorité aux biotopes benthiques appartiennent au groupe des Cryptogames Thallophytes, constitué par des espèces chlorophylliennes. Les principaux embranchements d'algues macrophytiques sont les Chlorophytes (algues vertes) subdivisés en trois classes : Chlorophytes, Zygophytes et Charophytes; les Phéophytes (algues brunes) et les Rhodophytes (algues rouges). Dans les eaux de la zone littorale s'observe en milieu benthique une zonation en profondeur de ces dernières, les divers groupes taxonomiques présentant des différences dans leurs exigences écologiques relativement aux facteurs abiotiques, surtout à l'éclairement. ◆ ~ **bleues** (*blue* ~) : voir Cyanophycées. ◆ ~ **brunes** (*brown* ~) : voir Phaeophytes. ◆ ~ **filamenteuses** (*filamentous* ~) : algues d'ori-

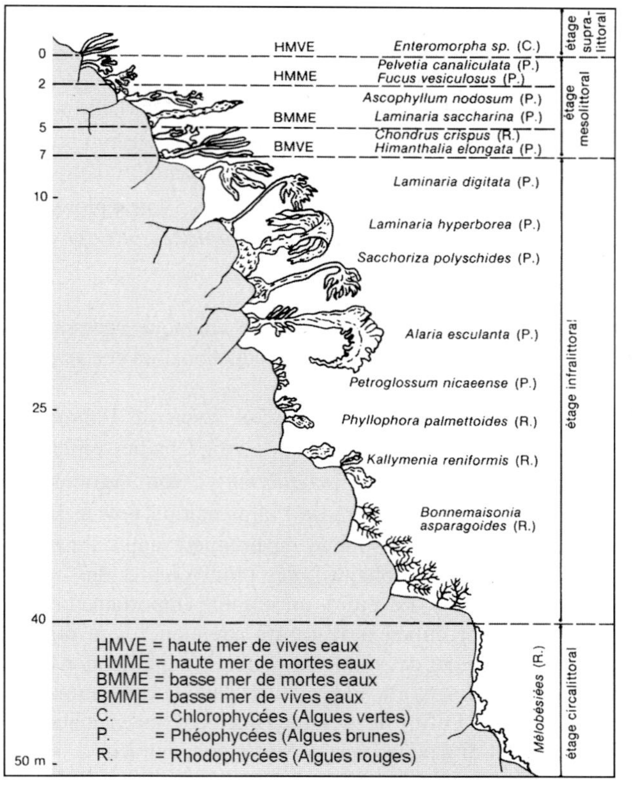

Zonation en profondeur des **algues** macrophytiques sur le littoral de la Manche selon un gradient de sciaphilie de plus en plus accusé. (D'après Ozenda, op. cit., 1982, mais modifié)

gine taxonomique diverse dont les individus, issus d'une cellule fondatrice initiale, se groupent en colonies simples ou ramifiées. Les Oscillatoriales chez les Cyanophycées, de nombreuses Diatomées, diverses Chlorophytes (Cladophorales et Conjugales) produisent des colonies d'algues filamenteuses. ◆ ~ **jaunes** : voir Xanthophycées. ◆ ~ **rouges** : voir Rhodophytes. ◆ ~ **vertes** : voir Chlorophycées. **(*Voir aussi Diatomées, Macrophytes, Périphyton, Phytoplancton*)**

aliment, n. m. (*nutrient*). Composé chimique nécessaire à l'entretien, à la croissance et à la reproduction d'un être vivant.

alimentaire(s), adj. (*dietary*). Qui concerne l'alimentation. ◆ **chaînes** ~ (*food chains*) : voir Chaîne trophique. ◆ **production** ~ (*food production*) : voir Agriculture. ◆ **régime** ~ (*diet*) : nature de l'alimentation propre à une espèce animale. On distingue en première approximation, des herbivores (phytophages), des omnivores et des carnivores (zoophages). En outre, un nombre important d'organismes, tant en milieu terrestre qu'aquatique, sont détritiphages et mangent des matières végétales ou animales mortes, les coprophages étant spécialisés dans la consommation d'excréments. Enfin, de nombreux Invertébrés aquatiques filtreurs sont dits microphages car ils consomment des particules alimentaires de taille inférieure à quelques dixièmes de millimètres. **(*Voir aussi Chaînes, Réseau, Trophique*)** ◆ **sécurité** ~ (*food security*) : aptitude d'un pays ou de l'ensemble du monde à répondre à un déficit temporaire en approvisionnement de son alimentation. L'index de sécurité alimentaire correspond au nombre de jours de consommation que peuvent assurer les stocks mondiaux de céréales. Ces derniers présentent une tendance significative à la décroissance depuis plusieurs décennies surtout par suite de l'explosion démographique qui a doublé en un demi-siècle le nombre d'hommes. Il était de 103 jours en 1960 contre 45 en 1996. Malgré une certaine amélioration survenue depuis lors, due à des conditions météorologiques globalement plus favorables à la fin des années 1990, la situation mondiale demeure précaire.

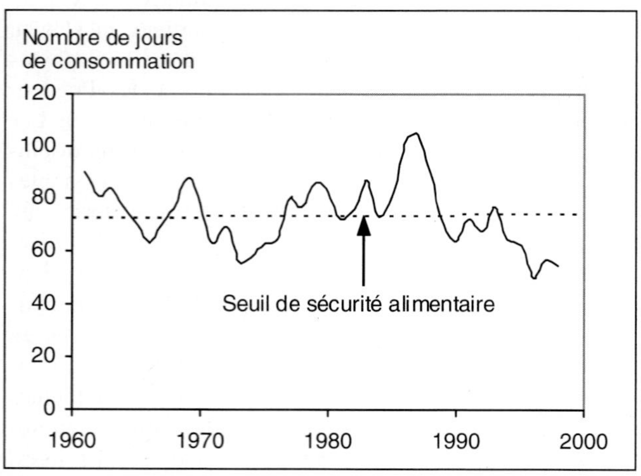

Variation de l'index de sécurité **alimentaire** entre 1960 et 1998. On constate un net déclin au cours des quinze dernières années du stock de réserve mondial. Ce dernier qui atteignait 120 jours par an dans les années 1950 était tombé à une cinquantaine de jours à la fin des années 1990. (D'après *Worldwatch Institute*, op. cit., 1998, p. 16)

◆ **stocks de réserves** ~ (*carryover stocks*) : désigne la quantité des réserves alimentaires prise en valeur absolue.

alimentation, n. f. (*feeding*). Nature des aliments et processus écophysiologiques par lesquels les organismes hétérotrophes ingèrent leur nourriture.

alios, n. m. (*hardpan*). Couche de concrétionnement ferrugineux d'extrême dureté qui se forme dans certaines conditions à la base de l'horizon B de sols podzoliques très lessivés. De tels sols sont incultivables et ne supportent souvent qu'une chétive végétation. **(*Voir aussi Climax, Édaphoclimax*)**

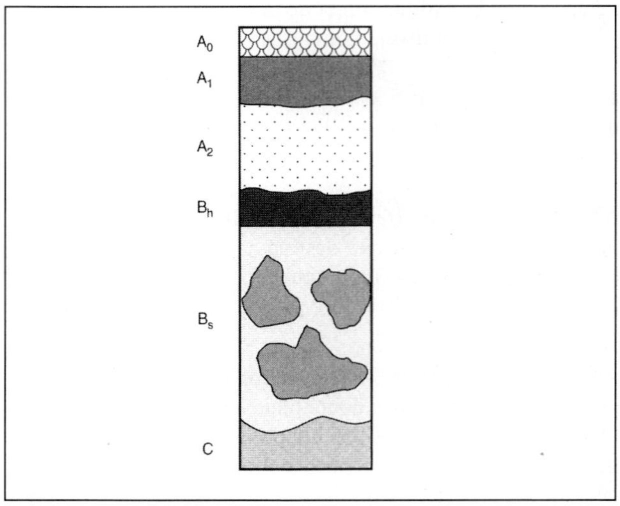

Sol podzolique hydromorphe avec formation d'une couche d'**alios** ferrugineux. (D'après Duchaufour P., *Abrégé de pédologie*, Masson, 1991, p. 201, mais modifié)

alizé, n. m. (*trade wind*). Vent des régions intertropicales soufflant du nord-est vers le sud-ouest dans l'hémisphère Nord et du sud-est vers le nord-ouest dans l'hémisphère austral. **(*Voir aussi Cellule*)**

alkylbenzène sulfonates linéaires, n. m. (*linear alkane benzene sulphonates*) (abrév. : LAS). Détergents dont la molécule comporte une chaîne carbonée linéaire et de ce fait facilement biodégradables. **(*Voir aussi Détergent*)**

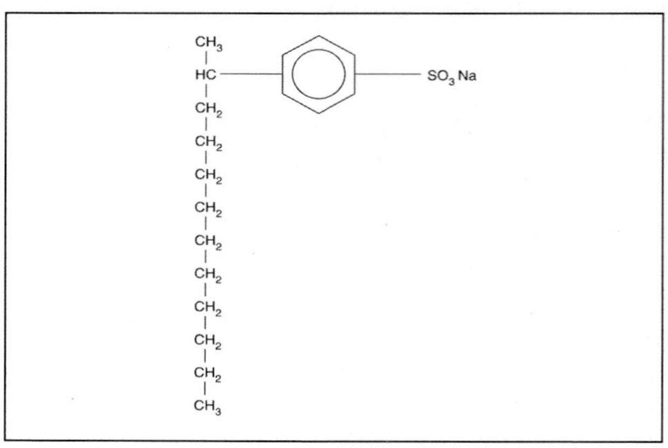

Formule d'un détergent du groupe des **alkylbenzène sulfonates linéaires** (ALS).

alkylmercures, n. m. (*alkylmercury*). Fongicides organomercuriels utilisés dans le traitement des semences. Les plus répandus sont les silicates d'éthoxyéthylHg et de méthoxyméthylHg. (***Voir aussi Mercure***)

alkylplomb(s), n. m. (*alkyl lead*). Dérivés organiques du plomb utilisés dans les essences afin d'en élever l'indice d'octane par suite de leurs propriétés antidétonantes, le plus utilisé étant le plomb tétraéthyle $(C_2H_5)_4Pb$. L'usage des alkylplombs a été introduit en 1924 et a cru considérablement jusqu'au milieu des années 1970, époque à laquelle il a atteint plus de 350 000 t par an. Il a ensuite décru sous l'action conjuguée des chocs pétroliers successifs qui a conduit à un arrêt de la croissance de la consommation de carburants due surtout à une amélioration du rendement des moteurs d'automobile et à une interdiction progressive des essences plombées. Cette dernière a été initialement mise en œuvre aux États-Unis pour limiter la pollution de l'air des villes par le plomb, puis en Europe à partir du milieu des années 1980 à la suite de l'obligation d'installation des pots catalytiques sur les véhicules à essence. Cette mesure a rendu obligatoire l'utilisation d'essences sans plomb car cet élément « empoisonne » le catalyseur de ces pots.
L'usage des alkylplombs a été à l'origine d'une considérable pollution atmosphérique tant à l'échelle régionale que globale. En effet, plus de 70% du plomb contenu dans le carburant est rejeté dans l'air sous forme peu ou pas sédimentable. Environ le quart des rejets est pris dans la circulation atmosphérique générale et peut être transporté à très grande distance. Dès les années 1960, il était démontré que l'usage des alkylplombs dans les carburants s'était traduit par une augmentation de plus de 400 fois de la teneur en plomb des glaces du centre de l'inlandsis du Groenland. Fait intéressant, la teneur de ces dernières a fortement décru depuis la fin des années 1970 à la suite de l'interdiction progressive des supercarburants plombés. Cette mesure est effective en France depuis janvier 2000. (***Voir aussi Carburant, Octane, Plomb***)

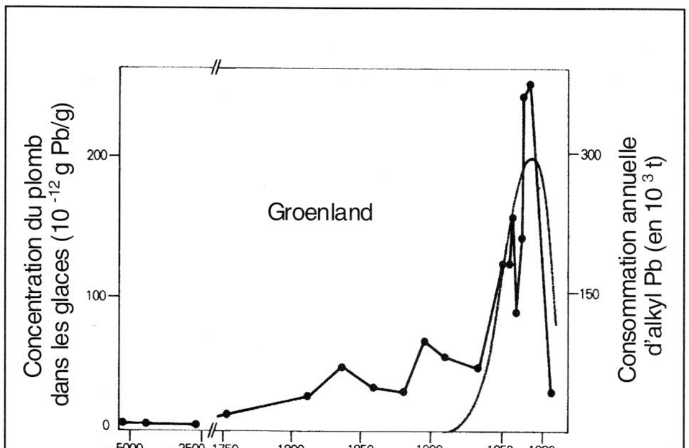

Variation de l'usage des **alkylplombs** comme additif des essences automobiles et de la teneur concomitante en plomb des glaces du Groenland. On remarque une rapide diminution de l'usage de ces derniers à la fin des années 1970, liée à leur interdiction progressive comme additifs dans les essences et corrélativement une baisse de la contamination par le plomb des glaces du Groenland. (D'après divers auteurs, in Ramade F. *Ecologie appliquée*, Ediscience international, 5e ed., 1995, p. 114)

Allee, principe d' (*Allee effect*). Ce principe stipule que la densité constitue un facteur écologique limitant pour une population naturelle tant à ses faibles valeurs qu'à ses fortes valeurs. Ce fait paraît évident pour les fortes densités, le surpeuplement exacerbant la compétition entre individus pour l'accès aux ressources indispensables, en particulier la nourriture. Mais il peut l'être aussi pour ses faibles valeurs ce qui peut sembler *a priori* paradoxal. Un exemple en est donné par la densité de population des abeilles dans une ruche. En hiver, quand la température tombe au-dessous de 3 °C à l'intérieur de la ruche, les ouvrières se mettent toutes à battre des ailes pour produire de la chaleur. Mais lorsqu'elles ne sont pas assez nombreuses, elles succombent de froid car elles ne peuvent produire assez de chaleur métabolique par la contraction rapide de leurs muscles alaires pour éviter qu'il ne gèle à l'intérieur de la ruche. Il existera donc pour de nombreuses espèces animales un optimum de densité pour lequel la réponse écologique de ses populations sera maximale. (***Voir aussi Densité, Effet de groupe, Effet de masse***)

allèle, n. m. (*allele*). Forme quelconque d'un gène occupant le même locus sur les chromosomes homologues.

allélochimique, adj. ◆ **substance** ~ (*allelochemic compound*) : substance secondaire produite par un organisme et douée d'un pouvoir inhibiteur dont l'effet est de modifier le développement ou le comportement des populations d'autres espèces.

allélogénique, adj. (*allelogenic*). Désigne un organisme engendrant une descendance qui, dans une même nichée, est de sexe identique.

allélopathie, n. f. (*allelopathy*). Phénomène par lequel certains végétaux sécrètent des substances inhibant la germination des graines ou la croissance d'autres espèces présentes dans leur voisinage. (***Voir aussi Télétoxie***)

Allen ◆ **règle d'**~ (*Allen's rule*). Cet auteur a mis en évidence une tendance générale dans la plupart des groupes d'animaux à sang chaud – aussi bien d'oiseaux que de mammifères – à la réduction de la taille des appendices par rapport à la taille corporelle totale chez les formes vivant aux plus hautes latitudes donc dans des biotopes plus froids. Un exemple classique est constitué par la longueur des oreilles des renards, celles-ci étant les plus développées chez les fennecs, vivant au Sahara dans un environnement très chaud et, à l'opposé, très courtes chez le renard polaire. Celles du renard d'Europe vivant dans des climats tempérés sont d'une longueur intermédiaire. La règle d'Allen s'applique aussi aux divers groupes humains comme le montre la comparaison de la longueur relative des membres d'un Africain nilotique, longiligne, qui vit dans des milieux très chauds et à l'opposé d'un Esquimau, bréviligne car adapté à des milieux froids, le raccourcissement de ses membres diminuant la perte de chaleur corporelle par radiation (diminution du rapport surface/volume). ◆ **méthode d'**~ : méthode utilisée pour évaluer la productivité secondaire d'une population animale donnée. Très utilisée en halieutique, elle permet d'évaluer cette dernière en connaissant au préalable les variations dans le temps des effectifs et du

Schéma illustrant la règle d'**Allen** chez les espèces de renards vivant à diverses latitudes. En **A**, renard polaire (*Alopex lagopus*), en **B**, renard d'Europe (*Vulpes vulpes*), en **C**, fennec (*Fennecus zerda*). (D'après Clarke, op. cit., in Ramade F., *Écologie fondamentale*, Ediscience international, 2e ed., 1994, p. 88)

poids individuel d'une cohorte donnée d'une espèce de poisson exploitée. La courbe d'Allen décrit la relation inverse existant entre le nombre d'individus d'une cohorte et le poids individuel moyen lequel s'accroît avec l'âge des individus. Il est donc possible de calculer la production nette d'une population animale exploitée (poissons par exemple) entre deux instants non rapprochés. Cette production est l'intégrale de la courbe entre les temps t_1 et t_2 correspondant aux poids W_1 et W_2. La connaissance de ces paramètres permet aussi de déterminer la taille critique, correspondant à W_1, taille à partir de laquelle on peut, par exemple, exploiter un stock de poissons sans compromettre sa reproduction. **(*Voir aussi Pêcherie, Productivité*)**

allergène(s), n. f. (*allergen*). Substances naturelles, souvent d'origine biologique mais aussi minérale, ou encore de synthèse organique, susceptibles d'induire des phénomènes d'allergie chez certains sujets qui leur sont exposés par contact cutané, par inhalation ou par ingestion. On distinguera donc des allergènes respiratoires, digestifs ou cutanés.

allergie(s), n. f. (*allergy*). Réactions physiopathologiques se manifestant après une exposition à des substances variées de durée variable (temps de latence), constituant une période dite de sensibilisation. Ces allergies, liées à un dys-

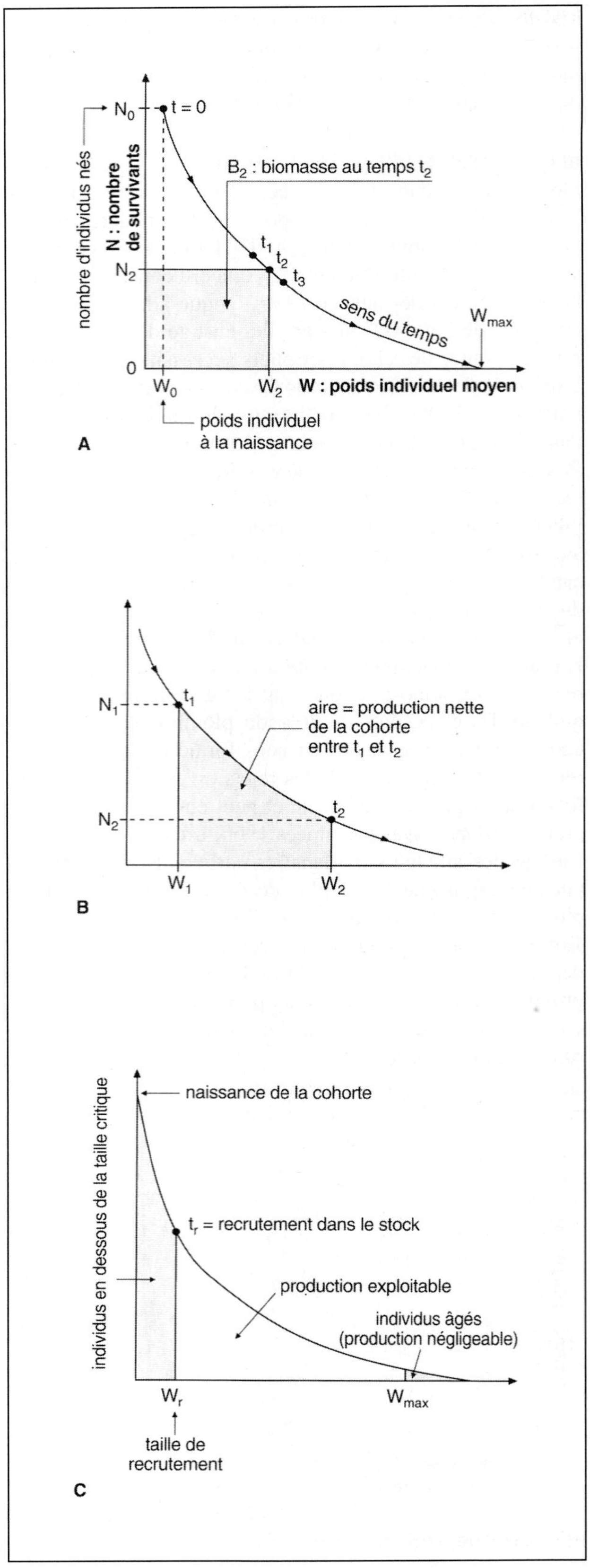

Schéma représentant le principe de la méthode d'**Allen**. **A**. Courbe donnant la variation de poids individuel moyen dans une cohorte; **B**. Calcul de la production dans un intervalle de temps donné séparant deux instants non rapprochés; **C**. Mesure de la biomasse récoltée dans une cohorte entièrement exploitée. (D'après Frontier et Viale, *Écosystèmes*, Masson, 1992, p. 149-150)

fonctionnement du système immunitaire, résultent d'une réaction à des groupes chimiques plus qu'à des produits purs. Elles se traduisent par des réponses cliniques variées, en particulier pulmonaires (asthme), cutanées (eczéma) et aussi viscérales (en particulier intestinales). ***(Voir aussi Allergène, Asthme, Eczéma)***

allergogenèse, n. f. (*allergogenesis*). Ensemble de mécanismes physiopathologiques à l'origine de la genèse des phénomènes d'allergie. L'allergogenèse résulte de la conjonction de phénomènes faisant intervenir des réactions immunitaires – associée à une hypersensibilité individuelle liée à certains caractères génotypiques (atopie) – et de la réaction à des substances chimiques variées parfois inorganiques, mais surtout organiques et (ou) biochimiques qu'elles soient de synthèse ou naturelle. ***(Voir aussi Allergie, Asthme)***

alliance, n. f. (*alliance*). Constitue l'une des unités de classification des associations végétales en phytosociologie. Elle est identifiée par la désinence *-ion*. Ainsi, le *Quercion illicis* est l'ensemble des associations végétales méditerranéennes dans lesquelles le chêne vert est dominant. ***(Voir aussi Phytosociologie)***

allocation, n. f. ◆ ~ **des ressources** (*ressources allocation*) : modalités par lesquelles les ressources alimentaires, celles en espace, etc. se répartissent entre les populations des différentes espèces constituant un même peuplement. ***(Voir aussi Ressources)***

allochorique, adj. (*allochoric*). Désigne les populations d'une même espèce isolées les unes des autres dans une même zone biogéographique.

allochronique, adj. ◆ **spéciation** ~ (*allochronic speciation*) : séparation d'une population en plusieurs sous-unités évolutives en conséquence de leur isolement reproducteur du fait que les sous-populations d'une même zone se reproduisent à des périodes différentes.

allochtone, adj. (*allochtonous*). Désigne une espèce d'origine initialement étrangère à un peuplement donné et introduite par l'homme dans ce dernier, ou encore un matériau d'origine exogène amené dans un biotope terrestre ou aquatique par les processus géodynamiques.

allogamie, n. f. (*allogamy*). Désigne la fécondation croisée chez les végétaux.

allogène, adj. (*allogenous*). Désigne une entité écologique dont les origines sont extérieures à l'écosystème considéré ou agissant de l'extérieur.

allogénique, adj. (*allogenic*). Désigne un matériau ou une substance chimique minérale ou organique constituant un sédiment ou inclus dans ce dernier et qui se sont formés de façon distincte du sédiment lui-même. Ils ont été introduits dyschroniquement dans ce dernier. ◆ **fleuve** ~ (*allogenic river*) : fleuve dont la partie haute du bassin versant est située dans une région écologique totalement différente du reste de son cours. Le Nil, l'Indus, représentent des exemples classiques de tels fleuves car leur débit est suffisant pour que leur cours puisse se poursuivre dans des régions hyperarides. ◆ **processus** ~ (*allogenic process*) : désigne un changement qui est provoqué par des facteurs étrangers à un écosystème et qui modifie la nature des conditions abiotiques et les caractéristiques structurales et (ou) fonctionnelles de la communauté. Ainsi, l'acidification des eaux d'un lac par des pluies acides ou le comblement d'un méandre par un apport d'alluvions constituent de tels processus. Les successions qui en découlent sont dites allogéniques. ***(Voir aussi Autogénique, Succession)*** ◆ **succession** ~ : voir Succession.

allométrie, n. f. (*allometry*). Phénomène par lequel la forme générale d'un individu se modifie en fonction de la taille, soit entre individus de même âge, soit chez un même individu au cours de sa croissance. Dans le premier cas, on parlera d'*allométrie de taille*, dans le second d'*allométrie de croissance*. À l'allométrie s'oppose l'isométrie dans laquelle la proportion relative des diverses parties du corps d'un individu ne change pas quel que soit l'âge.
Longueur et poids étant entre eux dans des rapports de puissance, l'équation générale de l'allométrie est :

$$Y = a \cdot L^k$$

où Y est la taille d'une partie du corps déterminée (tête, appendice par exemple), L, la longueur totale du corps, a un coefficient dit de condition dépendant des individus et k, un coefficient soit > 3 (*allométrie majorante*), soit < 3 (*allométrie minorante*).
Exemples : la dimension relative de la capsule céphalique et des mandibules chez les ouvrières de fourmis correspond à une allométrie de taille majorante, celle-ci étant d'autant plus importante que l'insecte est plus grand. À l'opposé, dans l'espèce humaine, la dimension de la tête par rapport à la taille du corps répond à une allométrie de croissance (et de taille) minorante, les enfants ayant la tête plus développée par rapport à leur taille et les adultes plus petite. Ce rapport diminue au cours de la croissance. On notera aussi qu'il existe une allométrie de taille, les petits sujets ayant une tête proportionnellement plus grande que les grands sujets.

allométrique, adj. (*allometric*) ◆ **croissance** ~ : croissance marquée par une allométrie de taille – majorante ou minorante selon le cas – de certains organismes. ***(Voir aussi Allométrie)***

allopatrie, n. f. (*allopatry*). Désigne deux espèces ou tout autre entité biotique dont les populations sont allopatriques c'est-à-dire ne cohabitent pas dans une même aire de distribution géographique.

allopatrique(s), adj. ◆ **espèces** ~ (*allopatric species*) : espèces qui possèdent des aires de distribution géographique entièrement disjointes et dont les populations ne cohabitent donc pas. ◆ **spéciation** ~ (*allopatric speciation*) : isolement reproducteur et séparation de deux populations conduisant à leur différenciation en deux entités taxonomiques distinctes. ***(Voir aussi Sympatrique)***

allopélagique, adj. (*allopelagic*). Organisme océanique ubiquiste, se rencontrant à toute profondeur en milieu pélagique.

allophane, n. m. (*allophan*). Silicate paracristallin se formant dans les sols par hydratation de minéraux de roches microlithiques ou vitreuses contrôlée par certaines matières organiques des sols.

allophile, adj. (*allophilous*). Désigne une plante dépourvue des adaptations morphologiques nécessaires pour attirer et orienter les insectes pollinisateurs.

alloploïde, adj. (*alloploid*). Désigne un individu ou une cellule dont le génome est constitué par l'appariement de génomes haploïdes d'espèces différentes.

allopolyploïdie, n. f. (*allopolyploidy*). Type de polyploïdie propre aux organismes dont le génome est constitué par la réunion de plusieurs assortiments chromosomiques provenant d'espèces distinctes. Ainsi, chez le blé panifiable (*Triticum aestivum*), qui est triploïde, le génome est constitué par l'association des assortiments chromosomiques de trois espèces différentes.

allosome, n. m. (*allosome*) (syn. : hétérochromosome). Terme désignant tout chromosome ou fragment de chromosome autre que les autosomes. Les chromosomes sexuels (X et Y) sont des allosomes. ***(Voir aussi Autosome)***

allotherme, adj. (*allothermous*) (syn. : poïkilotherme). Désigne un organisme dont la température corporelle est conditionnée par celle du milieu ambiant.

allotrope, adj. (*allotropous*). Espèce d'insectes floricole à régime alimentaire non spécialisé capable de se nourrir sur une grande diversité de fleurs.

allotrophe, adj. (syn. : polyphage). Voir Polyphage.

allotrophie, n. f. (*allotrophy*) (syn. : polyphagie). Type de régime alimentaire fondé sur la consommation d'espèces variées et d'origine diverse. ***(Voir aussi Monophagie, Polyphagie)***

allotrophique, adj. ◆ **lac** ~ (*allotrophic lake*) : lac recevant des matières organiques provenant du drainage de son bassin versant.

allotropie, n. f. (*allotropy*). Propriété qu'ont certains éléments de posséder des formes physiques solides différentes, appelées variétés allotropiques. Ainsi, le carbone peut être à l'état de graphite (système cristallin hexagonal) ou de diamant (système tétragonal). Le phosphore possède deux variétés allotropiques, l'une rouge, l'autre blanche.

alluvial(aux), adj. (*alluvial*). Désigne les matériaux d'origine alluvionnaire. ◆ **sols** ~ (*alluvial grounds*) : sols formés dans la plaine d'inondation des vallées fluviales par dépôt récent d'alluvions, sans cesse rajeunis par des apports de matériaux neufs en période d'inondation. Ils se caractérisent par la proximité d'une nappe phréatique circulante donc non réductrice, peu éloignée de la surface. Ces sols, généralement très fertiles, présentent une grande valeur agricole.

alluvion(s), n. f. (*alluvium*). Matériaux déposés par les cours d'eau lors des crues dans les parties inférieures de leur bassin versant.

alluvionnement, n. m. (*aggradation*). Phénomène caractérisé par le comblement par les sédiments d'une vallée fluviale conduisant à un relèvement du niveau et à l'étalement de la zone inondable ou inondée.

Alnus viridis (*green alder*) (n. sc. de l'aulne vert). Voir Aulne.

Aloeacées, n. sc. (vern. : aloès). Famille de Monocotylédones essentiellement africaine se rencontrant jusqu'en Arabie, dont beaucoup d'espèces sont arborescentes et endémiques d'Afrique australe.

Alopex lagopus (*polar fox*). Nom scientifique du renard polaire. Cette espèce est remarquable par son adaptation écomorphologique aux basses températures en particulier la relative brièveté de ses appendices (oreille par exemple) par rapport aux espèces voisines vivant à plus basses latitudes (règle d'Allen). Elle possède aussi une autre adaptation écophysiologique remarquable aux milieux extrêmes dans lesquels elle vit. Sa femelle n'est fécondable que pendant une période de six jours par an de sorte que les jeunes ne peuvent naître qu'au début de la belle saison. ***(Voir aussi Allen)***

alose(s), n. f. (*shad*). Poissons migrateurs de la famille des Clupéidés du genre *Alosa* dont les adultes viennent pondre dans la zone potamique des cours d'eau. Les jeunes migrent ensuite en mer pour y achever leur développement et atteindre leur maturité sexuelle. *Alosa alosa* est une espèce très appréciée, aujourd'hui encore présente dans divers fleuves d'Europe occidentale. *Alosa sapidissima* est son homologue des côtes du Nord-Est des États-Unis et de l'Est du Canada.

alpestre, adj. (*alpestrine*). Synonyme d'alpin.

alpha, n. m. ◆ **diversité** ~ : voir Diversité. ◆ **particule** ~ : voir Particules. ***(Voir aussi Rayonnements)***

alpin, adj. (*alpine*). Désigne les espèces de montagne propres à l'étage alpin c'est-à-dire inféodées aux biotopes situés au-delà de la limite supérieure des forêts et, de façon plus générale, toute entité écologique propre aux écosystèmes orophiles que comporte cet étage. ***(Voir aussi Étage)***

alsophile, adj. (*alsophilous*). Espèce inféodée aux habitats propres à des bosquets isolés d'arbres.

altéragène, n. m. (*impairment factor*). Facteur ou substance chimique provoquant une perturbation des conditions environnementales dont le résultat est une atteinte à la santé des écosystèmes affectés. ***(Voir aussi Polluants)***

altération, n. f. (*weathering*). Processus biogéochimique ou physique se traduisant par une transformation voire une dégradation des roches superficielles. ***(Voir aussi Pédogenèse, Sol)***

alternance, n. f. ◆ ~ **de générations** (*alternation of generations*) : alternance de générations asexuées et sexuées ou encore gonochoriques et parthénogénétiques (chez certains Invertébrés) au cours du cycle vital d'un organisme. Chez les végétaux, l'alternance de générations *sensu stricto* concerne les espèces qui présentent des phases de génération haploïdes, produisant des gamètes (gamétophytes) alternant avec des phases diploïdes produisant des spores (sporophytes). (***Voir aussi Génération***)

alternatif (ve), adj. (*alternative*). Voir Énergie, Technologie.

Altithermal, n. m. (*Altithermal*). Période de l'Holocène comprise entre – 7 500 et – 4 000 au cours de laquelle la température moyenne terrestre a été légèrement plus élevée que la température actuelle.

altitudinal(e), adj. (*altitudinal*). Désigne tout ce qui se rapporte à l'altitude. ◆ **zones ~ de végétation** : zonation de la végétation conditionnée par la diminution de température et l'accroissement de l'humidité associés à l'augmentation de l'altitude.

altocumulus, n. m. (*altocumulus*). Formation nuageuse constituée par des bancs de petits cumulus situés à de moyennes altitudes (5 000 à 6 000 m) donnant au ciel un aspect moutonné. (***Voir aussi Cumulus, Nuage***)

Vue aérienne d'**altocumulus**. (Cliché F. Ramade)

altostratus n. m. (*altostratus*). Type de nuages stratiformes de haute altitude situés vers la limite supérieure de la troposphère. (***Voir aussi Nuage, Stratus***)

altricial, adj. (*altricial*) (syn. : nidicole). Désigne l'ensemble des jeunes Vertébrés incapables de subvenir spontanément à leurs besoins dans la période postnatale pendant une durée variable selon l'espèce considérée. Ils dépendent donc entièrement des soins de leurs parents. Par exemple, tous les jeunes oiseaux de l'ordre des Passereaux sont altriciaux.

altruisme, n. m. (*altruism*). Comportement par lequel un individu agit de sorte à favoriser l'adaptation au milieu d'un autre individu sans lien de parenté avec lui ou d'un autre membre du groupe en diminuant du même coup sa propre adaptation.

alumine, n. f. (*alumina*). Nom minéralogique de l'oxyde d'aluminium (Al_2O_3). Extraite essentiellement du principal minerai d'aluminium, la bauxite, la production d'alumine est à l'origine d'importantes quantités de déchets riches en oxydes de fer, les boues rouges basiques, souvent éliminées en mer, au-delà du plateau continental. En France, un des anciens centres de production, près de Marseille, a longtemps rejeté ces boues dans les eaux littorales de la Méditerranée au fond du canyon sous-marin de Cassidagne.

aluminium, n. m. (*aluminium*) (Al). Élément de numéro atomique Z = 13, et de masse atomique relative Ar = 27 dont le corps simple est un métal d'importance stratégique par suite de sa faible densité (2,7) et de son excellente conductivité thermique et électrique. L'aluminium est un élément naturellement abondant dans l'écorce terrestre car il est présent dans la lithosphère à raison d'environ 8% de la composition en masse des roches superficielles. C'est en particulier un constituant majeur de divers silicates dont les argiles. La production d'aluminium, effectuée par électrochimie de l'alumine, est extrêmement énergivore et à la source d'une importante pollution potentielle de l'environnement. En effet, elle implique l'usage d'un fondant, la cryolithe ($AlNa_3F_6$), afin d'abaisser le point de fusion de l'alumine. Il en résulte une pollution « secondaire » due à des dégagements de fluor à l'anode et donc une redoutable pollution fluorée de l'environnement. En France, la vallée de la Maurienne et le Plateau de Lannemezan ont été contaminés à vaste échelle par les unités de production d'aluminium autrefois installées par la firme Pechiney dans ces zones, avant que ne soient mis en place des dispositifs antipollution permettant une réduction significative de cette pollution fluorée. (***Voir aussi Fluor***) ◆ **toxicité de l'~ pour les organismes** : malgré sa forte toxicité potentielle, l'aluminium ne soulève cependant aucun problème écotoxicologique dans les conditions naturelles, car il est quasiment insoluble dans l'eau à des pH supérieurs à 6. En revanche, sa solubilité croît rapidement en milieu acide audessous de cette valeur. Il peut donc, dans certaines eaux acides, passer en solution dans des conditions naturelles (tourbières) et surtout artificielles à la suite de l'exposition aux pluies acides de biotopes aquatiques sis sur terrains cristallins, ayant naturellement une certaine acidité et peu tamponnés car oligo-calciques. La chute du pH des eaux à des valeurs inférieures à 5,8 augmente considérablement sa solubilité avec pour conséquence une régression rapide de l'ensemble de la communauté tant pélagique que benthique. Parmi les poissons dulçaquicoles, les salmonides présentent une sensibilité particulière. Les truites commencent à se raréfier dès que le pH devient inférieur à 6 et disparaissent au-dessous de 5,5.

Dans les sols acidifiés par les précipitations acides, sa mise en solution se traduit par une phytotoxicité redoutable car il provoque une nécrose des radicelles des arbres. Il est aussi très toxique pour les animaux. (***Voir aussi Pluies acides***)

amalgame, n. m. (*amalgame*). Alliage du mercure avec un autre métal. L'utilisation de ce procédé pour l'extraction de l'or de ses minerais est à l'origine d'une grave contamination mercurielle des cours d'eau dans les zones d'extraction aurifère.

Amazone (*Amazon river*). Fleuve situé dans la partie équatoriale de l'Amérique du Sud, qui draine le plus vaste bassin versant du monde, ce dernier couvrant une surface de 6,15 millions de km^2. Il possède aussi le plus important débit, estimé à 210 000 m^3/s. Il est également caractérisé par l'extrême étendue de sa zone potamique, sa plaine d'inondation étant de ce fait la plus longue et la plus vaste de la totalité des cours d'eau de la planète. Ainsi, à Iquitos, au Pérou, l'Amazone n'est plus qu'à une centaine de mètres d'altitude alors qu'il est encore à plus de 3 000 km de son embouchure! Cela explique les innombrables méandres de ce fleuve et le caractère palustre permanent de sa plaine d'inondation.

En conséquence, la construction de barrages, compte tenu du très faible dénivelé conduit à l'ennoiement d'immenses surfaces de forêts tropicales! L'Amazone – en tant qu'hydrosystème – se caractérise par une extraordinaire biodiversité. On dénombre dans l'ensemble de son réseau fluvial des milliers d'espèces de plantes vasculaires aquatiques et parmi les poissons par exemple se rencontrent plus de 3 000 espèces de Téléostéens dulçaquicoles. ***(Voir aussi Amazonie, Téléostéens)***

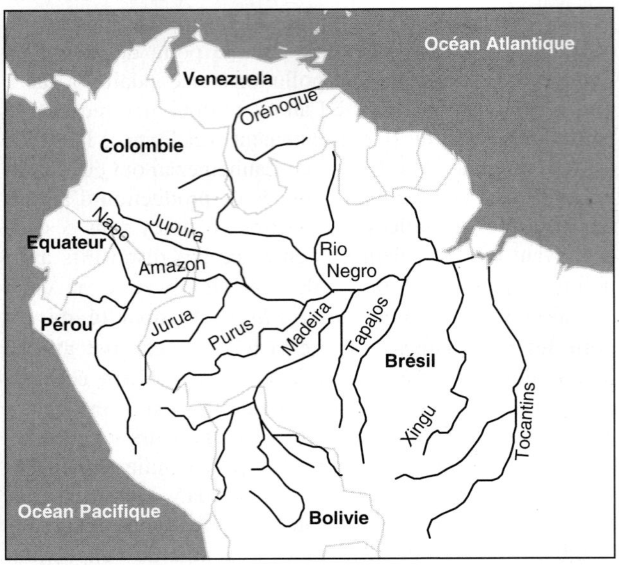

Carte du bassin de l'**Amazone**. Ce bassin comporte, outre le fleuve Amazone, le Rio Tocantins et quelques autres cours d'eau de moindre importance. Il est à noter que le bassin de l'Orénoque est en communication avec le précédent de sorte que, selon la saison, les eaux dans le Nord de l'Amazonie peuvent à certaines saisons se déverser dans l'Orénoque.

Amazonie (*Amazonia*). Région de l'Amérique du Sud, dont la surface est de l'ordre de 7 millions de km^2, constituée par le bassin de l'Amazone et de ses tributaires, ainsi que de quelques zones périphériques comme le plateau des Guyanes.

Situé en zone équatoriale, l'essentiel du bassin amazonien est aujourd'hui encore couvert par des écosystèmes de forêts pluvieuses. L'Amazonie constitue sans doute de ce fait le plus important réservoir de biodiversité de la biosphère, tant au point de vue floristique que faunistique.

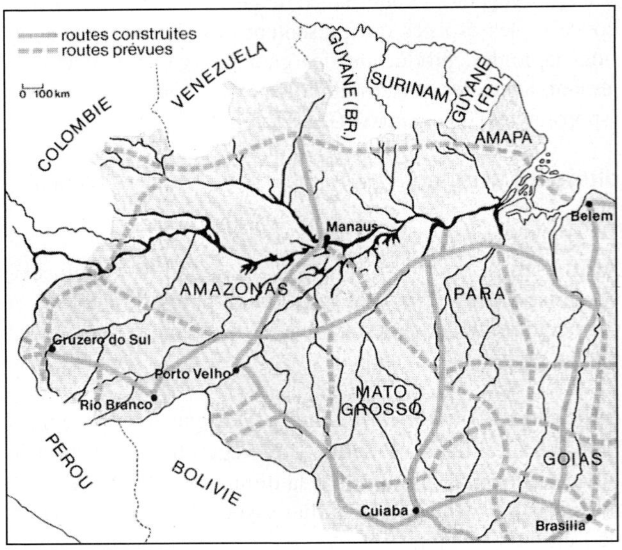

Schéma du réseau autoroutier construit au Brésil à partir de la fin des années 1960 pour « mettre en valeur » l'**Amazonie**. (D'après Goodland et Irwin, in Ramade F., *Les catastrophes écologiques*, McGraw-Hill, 1987, p. 112)

◆ **déforestation de l'~** : l'Amazonie est menacée à terme d'une immense catastrophe écologique due à la déforestation que les autorités politiques des divers pays qui se la partagent justifient par leur « développement économique ». Le Brésil, en particulier, a construit à partir de 1970 un gigantesque réseau autoroutier destiné à permettre sa pénétration et donc sa « mise en valeur ». La destruction des boisements s'effectue par l'incendie, auquel s'ajoute le défrichement direct et aussi l'ennoiement de surfaces de forêts parfois étendues par la construction de barrages. En 1988, certes année record, les feux auraient dévasté quelque 120 000 km^2 d'Amazonie! Le phénomène n'est bien entendu pas le seul fait du Brésil, mais concerne les États de l'ensemble du bassin. En sus des enclaves créées au centre même du massif, une cause silencieuse mais très préoccupante de dégradation des forêts amazoniennes concerne leur grignotage continu à leurs franges, là où la forêt est plus vulnérable. À la saison sèche un nombre immense de feux, allumés parfois par les agriculteurs itinérants, ou tout simplement par désir de détruire la forêt, provoquent une régression continue de cette dernière. Dans le Sud du Venezuela, par exemple, la forêt recule régulièrement vers le sud par le jeu des feux de savane, en fait allumés à même les boisements qui les jouxtent. Cette régression atteint parfois plusieurs kilomètres par an. Le même processus s'observe sur toute la périphérie du bassin, en particulier dans le Sud et l'Est du Brésil, dans les Guyanes, ainsi qu'en Colombie et dans les parties péruviennes et boliviennes de l'Amazonie. Après un net ralentissement observé au cours dans la période 1987-1991, dû à la baisse d'activité économique liée à la crise en Amérique latine, cette déforestation a repris au cours de la dernière décennie. Dans une première phase, les terres ouvertes à la colonisation ont été défrichées

Vue de la frange Nord de la forêt **amazonienne** (Amazonas, Venezuela). Cette dernière est sans cesse dégradée sur sa périphérie par la pratique récurrente d'incendies allumés à l'apogée de la saison sèche par les agriculteurs itinérants et par celle des feux de savane. (Cliché F. Ramade)

pour la mise en culture, essentiellement par des paysans sans terre venus du sud ou de l'est. Cependant, depuis le fin des années 1970, l'essentiel des terres déboisées est converti en pâturage extensif. Les opérations de déboisement suivies de semis de prairies naturelles ont affecté dans certains cas quelque 6 millions d'hectares d'un seul tenant. Elles sont effectuées par traitement aux défoliants des forêts primitives, suivi de l'incendie quand la végétation est desséchée!

Une autre cause de déforestation, moins limitée qu'il n'y paraît, résulte de la prospection puis de l'exploitation de gisements minéraux. Ainsi de nombreuses mines d'or, souvent illégales, ont été ouvertes dans des réserves indiennes, donnant lieu du même coup à un véritable génocide des tribus mises brutalement en contact avec les nouveaux migrants, mais aussi à une importante pollution mercurielle des cours d'eau. C'est par exemple le cas des Yanomamis, importante tribu indienne vivant dans la partie septentrionale du bassin à cheval sur le Brésil et le Venezuela, dans le Roraima, dont le territoire a été en outre dévasté à la fin des années 1990 par d'immenses incendies ou encore de plusieurs tribus de l'état du Rondonia.

Par ailleurs, une importante cause potentielle de destruction de la forêt est liée à l'exploitation du gigantesque gisement de fer de Carajas permise par l'utilisation du charbon de bois comme source d'énergie pour la sidérurgie! En effet, les réserves exploitables nécessiteraient à elles seules pour être converties en fer la destruction d'une surface de forêt équivalente à celle de la France!

Dans certains États tels celui de Tocantins et de Maranhoa, les taux de déforestation atteignent déjà ou dépassent même 40% de la surface. Ils atteignent ou dépassent à l'heure actuelle 20% dans ceux du Rondonia, d'Acre et du Mato Grosso.

Au total, on estime qu'au Brésil, ont déjà été détruits au moins 12% de la surface totale du massif forestier amazonien, de loin le plus important de l'ensemble du bassin avec 4,2 millions de km^2 avant l'arrivée des colons européens depuis la fin des années 1960. En 1996, on estimait que quelque 4 000 ha de forêt disparaissaient chaque jour.

Contrairement à une opinion souvent avancée, l'essentiel de la déforestation n'est pas le fait de paysans pauvres mais est réalisée à plus de 70% par des feizanderos possédant souvent plusieurs dizaines de milliers d'hectares d'un seul tenant. Au rythme actuel, la totalité de la forêt amazonienne pourrait disparaître d'ici le milieu du XXIe siècle si rien n'est fait pour mettre un terme à ces destructions de ressources naturelles biologiques sans précédent dans l'histoire de l'humanité. Fait aggravant, au lieu d'essayer de récupérer les terres déjà déboisées et abandonnées par les éleveurs, l'agriculture s'étend après défriche à de nouvelles aires forestières.

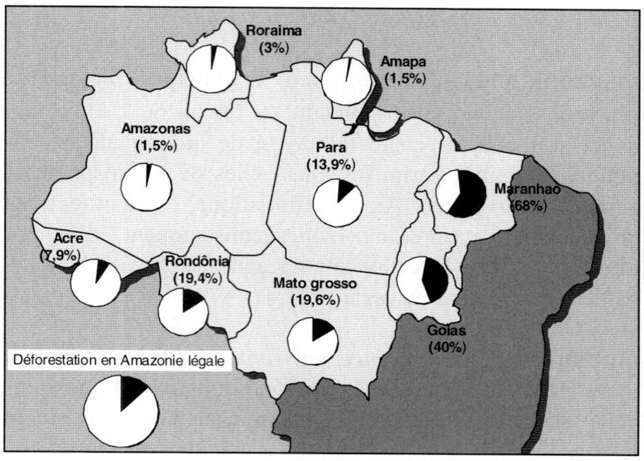

Carte de l'**Amazonie** brézilienne montrant les taux de déforestation entre le XVIe siècle et 1994. On constate que ces derniers atteignaient en 1994 leur valeur maximale dans la partie orientale et sur les franges méridionales du bassin. (D'après Fearnside, *La Recherche*, vol. 294, janvier 1997, p. 45)

◆ **conséquences écologiques de la ~** : la destruction de la forêt s'est déjà traduite par des conséquences écologiques désastreuses pour les sols. En effet, la majorité des sols amazoniens sont ferralitiques. Il ne peuvent donc supporter la mise en culture car ils se transforment en quelques années en une cuirasse latéritique stérile. En réalité, des études pédologiques combinant la télédétection et les recherches au niveau du sol ont montré que seulement 3% des terres peuvent en Amazonie supporter sans dommage une utilisation agricole, la vocation du reste étant la sylviculture extensive ou la collecte des produits de la forêt. Même dans le cas de l'utilisation des sols en pâturages extensifs, prépondérante à l'heure actuelle, les sols déboisés subissent, en huit à dix ans, le processus de latéritisation et sont ainsi définitivement perdus pour tout usage agricole. Aussi, les rancheros, qui vivent surtout d'incitations financières gouvernementales recommencent-ils ailleurs un nouveau cycle de déforestation pratiquant de la sorte une véritable exploitation « minière » des sols amazoniens.

Par ailleurs, la déforestation de l'Amazonie s'accompagne de graves perturbations climatiques. En effet, comme dans tous les écosystèmes forestiers tropicaux, la majorité des précipitations sont provoquées par l'évapotranspiration de la biomasse végétale. Celle-ci représente de 65 à 75% du

total des pluies selon la zone, ce qui signifie que la destruction totale de la forêt amazonienne conduirait à un niveau moyen des précipitations sur le bassin inférieur à 650 mm par an contre une valeur au moins égale à 1,8 m/an et souvent supérieure à l'heure actuelle. Ainsi la destruction de la forêt amazonienne ferait passer cette région de la planète de « l'enfer vert au désert rouge ».
Si les autorités politiques des pays concernés ne prennent pas des mesures radicales relatives à la conservation de l'Amazonie, il est donc à craindre un immense désastre écologique qu'elles auront provoqué par leur irresponsabilité en matière de politique de l'environnement. Ce dernier présentera non seulement pour résultat la dévastation définitive des ressources naturelles amazoniennes en tant que telles mais affectera, au travers des modifications climatiques associées, la productivité agricole des zones en dehors du bassin situées plus au sud ou au nord ! ***(Voir aussi Amazone, Biodiversité, Déforestation, Latéritisation)***

amazonienne, adj. (*amazonian*) ◆ **province biogéographique** ~ : zone correspondant au bassin de l'Amazone, douée d'une biodiversité tant végétale qu'animale exceptionnelle figurant parmi les plus riches de la biosphère et encore mal explorée. Au plan floristique, on distingue les phytocœnoses propres aux zones constamment émergées, dites *terra firma* et celles situées dans les parties les plus basses dites *iguapo* ou *varzea*.

ambiance, n. f. (*ambience, environment*). Terme utilisé en météorologie pour désigner les conditions climatiques prévalant dans un lieu donné. Il désigne également en écologie les conditions abiotiques propres à une station de prélèvement, ou à tout autre site d'étude.

ambiant(e), adj. (*ambient*). Désigne toutes les conditions ou les caractères propres à l'environnement. ◆ **température** ~ (*ambient temperature*) : température propre à une station donnée.

Amboseli, parc national d' (*Amboseli National Park*). Situé au Kenya dans la région située au nord du Kilimandjaro, ce parc, d'une surface de 39 200 ha, possède une faune de savane très diversifiée et d'importantes zones humides. Sa population de rhinocéros noirs, autrefois très abondante, a été en grande partie exterminée au cours de la période 1970-1985 par le braconnage. ***(Voir aussi Rhinocéros)***

ambre, n. m. (*amber*). Résine fossile qui s'est formée à partir du Crétacé mais surtout au cours du Tertiaire, à l'Oligocène, dans les immenses forêts de conifères situées en particulier dans la Baltique. Les grandes quantités d'insectes et autres arthropodes admirablement conservées dans l'ambre ont apporté une précieuse contribution à la connaissance de la paléoécologie de cette ère.

aménagement, n. m. (*management*). Transformation d'un espace naturel ou déjà anthropisé par une modification des écosystèmes préexistants. Cette transformation est liée soit à l'exploitation de leurs ressources naturelles – en particulier biologiques – soit à leur mise en valeur agricole. Elle peut conduire au bouleversement de leur biotope et aller jusqu'à leur éradication pure et simple à la suite de la construction d'infrastructures routières ou industrielles ou encore d'opérations d'urbanisation. ***(Voir aussi Industrialisation, Urbanisation, Ville)***

amendement, n. m. (*soil improvement*). Terme agronomique désignant l'apport de substances diverses aux sols cultivés, destiné à modifier leur structure ou leur composition chimique. Ainsi, le chaulage ou l'apport de calcaire est un amendement destiné à diminuer l'acidité de certains sols sis sur des roches-mères cristallines.

amensalisme, n. m. (*amensalism*). Type d'interaction dans lequel une espèce A élimine l'espèce B quand elles sont en présence l'une de l'autre tandis que l'espèce B n'exerce aucune action favorable ou défavorable sur l'espèce A. Il s'agit d'un cas extrême de compétition interspécifique marqué par une asymétrie totale de l'interaction des espèces en présence.

américium, n. m. (*americium*). Élément transuranien de numéro atomique Z = 95 et de masse atomique Ar = 243, dont les isotopes à période longue soulèvent des problèmes spécifiques pour le stockage des déchets nucléaires. En effet, la période est de 433 ans pour le ^{241}Am et de 7 270 ans pour le ^{243}Am. ***(Voir aussi Nucléaire)***

Amérique (*America*). Constituée par deux masses continentales s'étendant selon un axe nord-sud sur 18 000 km, l'Amérique constitue deux continents jumeaux : l'Amérique du Nord, située dans la partie septentrionale, qui couvre 21,8 millions de km^2 (y compris les états de l'isthme que représente la Mésoamérique) et l'Amérique du Sud qui s'étend sur 17,8 millions de km^2 depuis la Colombie jusqu'à la Terre de Feu.

Depuis leur découverte par les Européens, en 1492, les Amériques ont connu une dégradation de la nature et de ses ressources inégalée sur une telle période de temps partout ailleurs dans le monde. Compte tenu des importants écarts de développement qui séparent les États du Nord et du Sud, les Amériques sont confrontées à l'heure actuelle à la totalité des problèmes qui constituent les ingrédients de la crise écologique globale : pollution de l'eau, de l'air et des sols dans les grandes cités et dans toutes les régions industrialisées, tant aux États-Unis et au Canada que dans les pays d'Amérique latine en voie d'industrialisation (Brésil et Mexique en particulier), déforestation et extermination de la faune dans l'ensemble des pays d'Amérique latine dont la majorité de la population est aujourd'hui encore victime du sous-développement. ◆ **déforestation en** ~ : voir Déforestation.

Ames, test d' (*Ames test*). Test de mutagenèse fondé sur l'induction de la mutation réverse $Trypt_+ \rightarrow Trypt_-$ chez une souche de *Salmonella typhymurium* tryptophane dépendante, par des produits chimiques susceptibles de polluer l'environnement ou de créer des problèmes d'hygiène publique. ***(Voir aussi Mutagenèse)***

amiante (asbeste), n. m. (*asbestos*). Minéral silicaté, caractérisé par de longues fibres cristallines, doué de propriétés ignifuges et d'isolation thermique et électrique. Le chry-

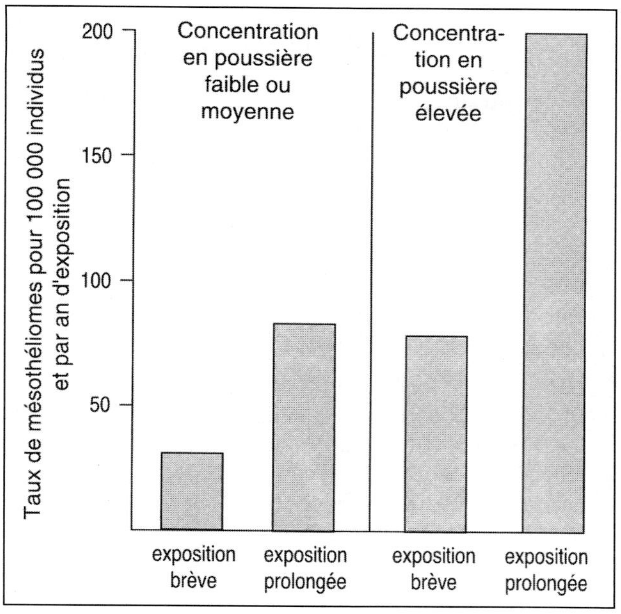

Induction de **mésothéliomes** par l'amiante : incidence en fonction du temps d'exposition. (D'après Newhouse, op. cit., p. 146)

sotile, serpentine fibreuse, représente environ 90% de l'extraction mondiale de ce minéral. L'amiante, par suite de ses propriétés isolantes, a été employé à vaste échelle en construction électrique, en métallurgie, en mécanique (garnitures de freins) et dans le bâtiment. Matériau bon marché, il est utilisé pour fabriquer les fibrociments, de vaste usage. La découverte de graves pathologies liées à son inhalation à conduit à sa quasi-interdiction d'emploi. En effet, les fibres d'amiante en suspension dans l'air induisent une maladie chronique, l'asbestose et même un cancer du poumon particulier (mésothéliome pulmonaire), dont la période d'induction, après exposition, peut excéder trois décennies!

amibe(s), n. f. (*amoeba*). Protozoaires du groupe des Rhizoflagellés vivant dans les sols ou les eaux. Certaines espèces sont à l'origine de sérieuses affections parasitaires. Ainsi, dans les pays tropicaux, l'eau polluée par *Entamoeba histolytica* peut provoquer une amibiase, cause de graves dysenteries, voire d'atteintes hépatiques mortelles.

amictique, adj. (*amictic*). Désigne dans certains Embranchements d'Invertébrés (Rotifères par exemple) les individus se reproduisant par parthénogenèse thélytoque.

amines, n. f. (*amines*). Composés organiques caractérisés par une fonction $-NH_2$ (amines primaires), -NH- (amines secondaires) ou –N< (amines tertiaires). De nombreuses amines sont mutagènes et cancérigènes. La pollution des eaux par les nitrates est suspectée de provoquer la formation dans le tube digestif de nitrosamines. De même, le traitement des eaux d'adduction urbaines par chloration peut engendrer la formation de redoutables chloramines lorsque les eaux d'approvisionnement sont chargées en matières organiques.

amixie, n. f. (*amixy*). Forme de reproduction sans sexualité dans laquelle la descendance est produite par mitoses, recevant automatiquement une copie du génome maternel. Commune à l'ensemble des règnes vivants, l'amixie est dénommée chez les animaux multiplication asexuée. **(*Voir aussi Architomie, Multiplication, Paratomie, Stolonisation*)**

ammocole, adj. (*ammocolous*). Désigne une espèce qui vit ou croît dans le sable.

ammodyte, n. m. (*sand eel*) (n. sc. : *Ammodytes lanceolata*). Encore dénommée équille, cette espèce de poisson littorale joue un rôle essentiel dans l'alimentation du hareng et de nombreux oiseaux marins tels les pingouins, les guillemots et les macareux.

ammoniac, n. m. et adj. (*ammonia*). Composé gazeux (NH_3) qui donne par dissolution dans l'eau une base organique, l'ammoniaque (NH_4OH). Le NH_3 se forme dans les sols et les eaux par les processus naturels d'ammonification et de dénitrification. Toutefois, le rejet de matières organiques fermentescibles, en particulier l'accumulation de lisier dans les zones d'élevage intensif, peuvent être la cause de sérieuses pollutions des nappes phréatiques par ces composés toxiques.

ammonification, n. f. Voir Azote, cycle de.

ammonites, n. f. (*ammonites*). Mollusques Céphalopodes à coquille, du groupe des Décapodes, qui ont occupé une place dominante dans les zones littorales des mers à l'ère secondaire avant de connaître une rapide extinction à la fin du Crétacé.

Ammophila arenaria (*marram grass*). Nom scientifique de l'oyat, graminée arénophile de la famille des Poacées utilisée à vaste échelle pour fixer le sable des dunes mouvantes littorales.

ammophile, adj. (*ammophilous*). (syn. : psammophile). Désigne les espèces adaptées aux biotopes sablonneux.

amnicole, adj. (*amnicolous*). Désigne les organismes inféodés aux rives sablonneuses des cours d'eau. **(*Voir aussi Sabulicole*)**

Amniotes, n. m. (*Amniota*). Groupe de Vertébrés constitué par l'ensemble des Reptiles, des Mammifères et des Oiseaux. Ces trois classes sont caractérisées par la présence d'annexes extra-embryonnaires, en particulier d'un amnios, d'où ce nom. **(*Voir aussi Anamniotes*)**

Amoco-Cadiz. Pétrolier chargé de 220 000 t de naphte dont le naufrage à l'entrée de l'Aber Benoit, près de Portsall dans les Côtes du Nord, le 17 mars 1978, a été à l'origine d'une des plus catastrophiques marées noires de l'histoire du transport maritime.

Quelque 180 km de littoral furent contaminés, les taches d'huile atteignant même les rivages du Sud-Est de l'Angleterre. Les conditions météorologiques et courantologiques prévalant au moment du naufrage, ainsi que les techniques de dispersion des flaques de pétrole utilisées produisirent une contamination des fonds marins par les hydrocarbures à

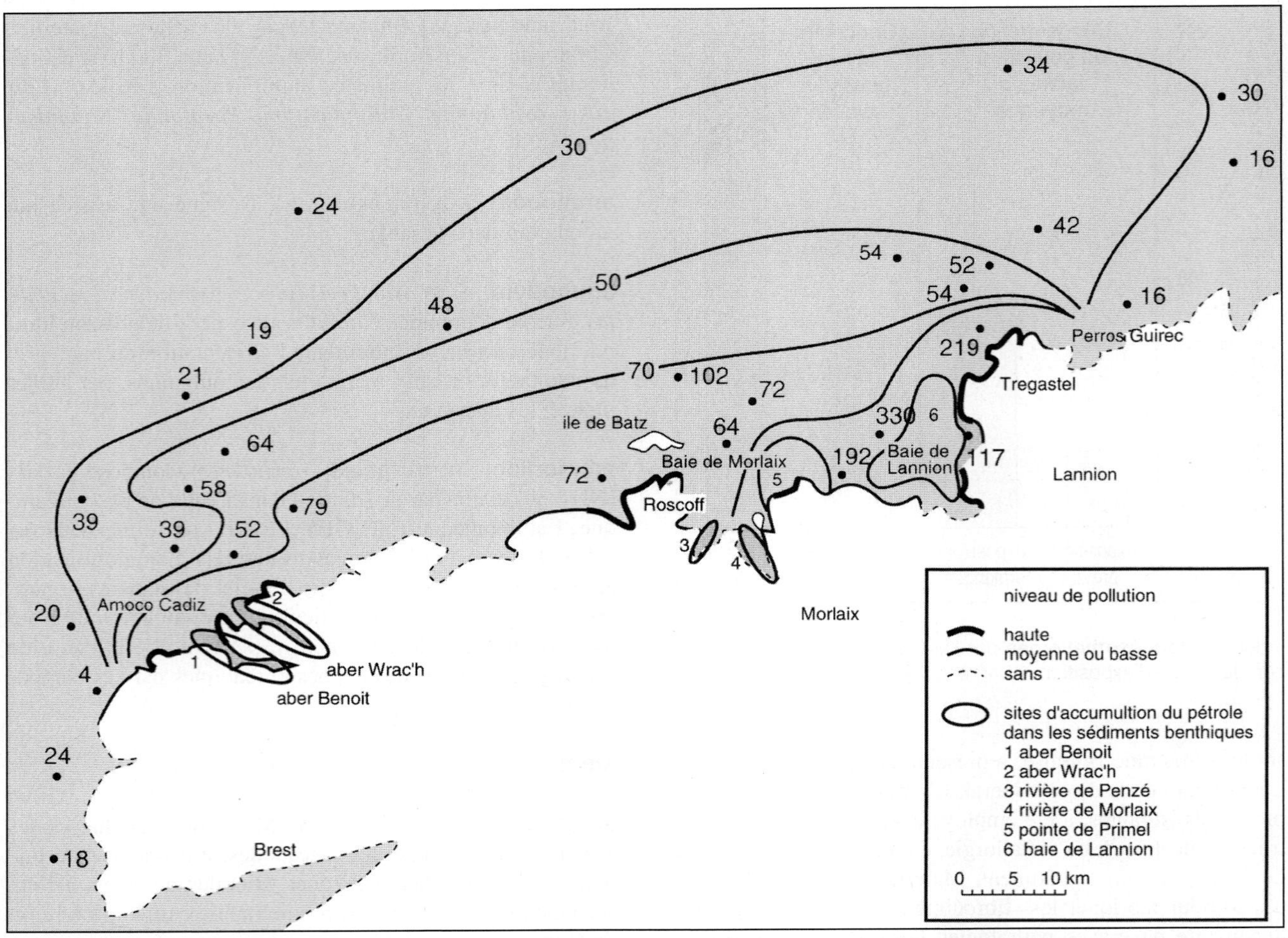

Contamination des fonds marins par les hydrocarbures sur le littoral du nord de la Bretagne à la suite du naufrage de l'***Amoco-Cadiz***. Les nombres figurent des teneurs en hydrocarbures exprimées en mg/kg de sédiments. (D'après Marchand et al., CNEXO, *Rap. Sc. Techn.*, 1979, n° 40)

des profondeurs excédant les 100 m. Dix années après le sinistre, la structure des peuplements benthiques des zones infralittorales et médiolittorales, reconstitués dans leur structure générale, n'avait pas encore entièrement retrouvé sa composition normale. (***Voir aussi Exxon Valdez, Marées noires, Pétrolier, Torrey- Canyon***)

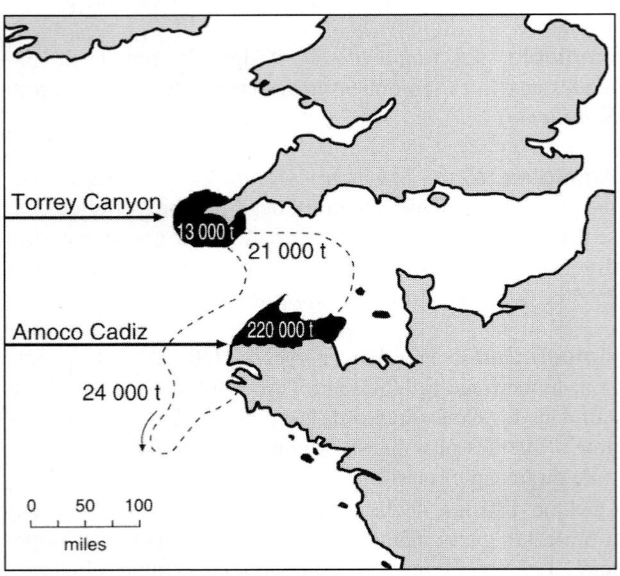

Extension maximale de la pollution pétrolière due aux accidents de l'***Amoco-Cadiz*** et du *Torrey Canyon*. (In Gerlach S., *Marine Pollution*, Springer, Berlin, 1981, p. 85)

amont, n. m. (*upstream*). Partie d'un cours d'eau située entre un point donné de ce dernier et sa source.

Ampélidacées, n. f. Voir Vitacées.

amphibie, adj. (*amphibious*). Désigne un organisme végétal ou animal apte à la fois à la vie en milieu aérien et aquatique.

Amphibiens, n. m. (*Amphibia*). Classe de Vertébrés Tétrapodes, d'écologie amphibie, apparus à la fin du Dévonien, dont sont issus tous les Vertébrés terrestres. On distingue deux classes majeures d'Amphibiens : les Urodèles et les Anoures.

La première renferme les familles des salamandres et des tritons, la seconde celles des grenouilles et des crapauds. Tous les Amphibiens possèdent des glandes cutanées renfermant des substances très toxiques destinées à leur protection contre des prédateurs. La bufotoxine est l'une des plus redoutables toxines naturelles, extraite de certains genres des forêts tropicales d'Amérique centrale et utilisée par les Indiens pour empoisonner leurs flèches. Les Amphibiens sont aquatiques à l'état larvaire et terrestres à l'état adulte. Les larves, dénommées têtards, subissent une métamorphose au moment du passage de la vie aquatique à la vie aérienne. Les tritons sont actuellement utilisés pour les tests d'évaluation des effets potentiels de substances mutagènes en milieu aquatique. ***(Voir aussi Anoures, Urodèles)***

amphibiotique, adj. (*amphibiotic*). Terme synonyme d'amphidrome. Voir Amphidrome.

amphichromatisme, n. m. (*amphichromatism*). Désigne le fait qu'une même plante présente simultanément des fleurs de couleur différente.

amphidrome, adj. (*amphidromous*). **1.** Espèce parcourant à la fois le milieu aérien et la surface du sol. **2.** Insectes dont les larves sont aquatiques respirant avec des trachéobranchies et dont les adultes sont aériens (cas des Odonates, des Éphéméroptères, des moustiques, des simulies et de bien d'autres Diptères par exemple). **3.** Poissons migrant des eaux douces dans l'océan ou inversement.

amphigée, adj. (*amphigean*). Désigne une plante ayant des fructifications à la fois aériennes et souterraines.

amphiœcique, adj. (*amphioecious*) (syn. : euryœcique). Espèce se rencontrant dans une vaste gamme d'habitat et présentant un intervalle de tolérance étendu aux facteurs écologiques.

amphiphyte, n. f. et adj. (*amphiphyte*). Désigne toute espèce végétale amphibie.

Amphipodes, n. sc. (*Amphipoda*, vern. : *sand hoppers*). Ordre de Crustacés Malacostracés de la sous-classe des Pécarides. Il comporte plusieurs importantes familles et de nombreuses espèces, toutes de petite taille, surtout marines, mais aussi d'eau douce, certaines étant cavernicoles. Dans la famille des *Gammaridae*, les Gammares, dénommées puces d'eau, tels *Gammarus pulex* de nos pays, sont des bioindicateurs d'eaux courantes de bonne qualité. ***(Voir aussi Bioindicateur, Crustacé)***

amphithéâtre, n. m. (*amphitheater*). Désigne en géomorphologie des falaises de forme concave ou disposées en fer à cheval au pied desquelles se trouve un terrain en faible pente ou horizontal, rappelant de ce fait l'agencement d'un théâtre de la Grèce antique.

amphitopique, adj. (*amphitopic*). Désigne une espèce possédant un important intervalle de tolérance aux facteurs écologiques abiotiques et autres conditions environnementales et présente de ce fait dans une grande diversité de biotopes. ***(Voir aussi Euryœcique, Eurytope, Sténotope)***

amphitrophe, adj. (*amphitrophic*). Organisme autotrophe fonctionnant à la fois comme phototrophe le jour et chimiotrophe la nuit.

amphogénie, n. f. (*amphogeny*). Type de reproduction sexuée donnant à la fois des mâles et des femelles dans la descendance.

ampholyte, n. m. (*ampholyte*). Substance qui agit tantôt comme un acide tantôt comme une base. Par exemple, l'ion hydrogénocarbonate HCO_3^-, présent dans les eaux naturelles, est un ampholyte.

amphotère, adj. (*amphoteric*). Désigne un composé qui est à la fois un acide et une base.

amplification, n. f. ◆ ~ **biologique** : Voir Bioamplification.

amplitude, n. f. (*width*). Désigne l'importance de l'intervalle de tolérance pour un facteur écologique ou encore l'étendue d'une niche écologique. ***(Voir aussi Niche)***

Anabaena, n. sc. Genre de cyanobactérie propre aux milieux aquatiques, fixatrice de l'azote atmosphérique, formant parfois des associations symbiotiques avec des fougères aquatiques.

anabatique, adj. ◆ **vent** ~ (*anabatic wind*) : vent généré en montagne sur une pente lorsqu'elle s'échauffe sous le rayonnement solaire.

anabionte, n. f. (*anabiont*). Plante pérenne qui fructifie à plusieurs reprises.

anabiose, n. f. (*anabiosis*). Stade d'activité métabolique réduite dans lequel se trouve une espèce pendant une période où les conditions écologiques sont défavorables.

anabolisme, n. f. (*anabolism*). Processus par lesquels s'effectue l'assimilation des nutriments et la synthèse des molécules biogéniques dans un organisme.

Anacardiacées, n. sc. Famille essentiellement tropicale dans laquelle existent des arbres fruitiers donnant lieu à d'importantes cultures tropicales tels l'*Anacardium occidentale* et le manguier (*Mangifera indica*).

anachorique, adj. (*anachoric*). Désigne un organisme qui vit dans un trou ou une cavité.

anaconda, n. m. (n. sc. *Eunectes murinus*) (*anaconda*). Serpent d'Amérique tropicale de la famille des *Boidae* dont il est le plus grand représentant actuel.

anadrome, adj. (*anadromous*). Désigne les poissons qui migrent en rivière pour se reproduire et effectuent l'essentiel de leur croissance en mer (saumons par exemple).

anadromie, n. f. (*anadromy*). Type de cycle migratoire propre aux poissons anadromes.

anaérobie(s), adj. (*anaerobic*). Organismes ou processus qui se développent seulement en l'absence d'oxygène gazeux ou dissous. ◆ **conditions** ~ (*anaerobic conditions*) : conditions propres aux milieux dépourvus d'oxygène. ◆ **micro-organismes** ~ (*anaerobic microorganisms*) : micro-organismes vivant en milieu anaérobie. (***Voir aussi Aérobie***) ◆ **organismes** ~ (*anaerobic organisms*) : organismes se développant seulement en l'absence d'oxygène gazeux ou dissous.

anaérobiose, n. f. (*anaerobiosis*). Vie en milieu anaérobie.

anaérogène, n. m. (*anaerogenic*). Micro-organisme ne produisant pas de catabolite gazeux dans son métabolisme glucidique.

Anagallis arvensis. Nom scientifique du mourron des oiseaux. Plante adventice, bioindicatrice positive de pollution de l'air par le SO_2.

anagenèse, n. f. (*anagenesis*). Processus progressif de variation à l'intérieur de populations d'une même espèce (gradualisme phylétique) qui conduit à l'apparition de nouvelles espèces.

analogie, n. f. (*analogy*). Terme désignant le fait que dans des groupes taxonomiquement éloignés, des organes d'origine ontogénique différente accomplissent les mêmes fonctions. Comme exemples d'organes analogues, on peut citer les trachéobranchies des insectes aquatiques et les branchies des poissons, les ailes des oiseaux et celles des insectes ou encore les cladodes de certaines plantes xérophytiques et les feuilles des autres Phanérogames. (***Voir aussi Homologie***)

analogue, adj. ◆ **organe** ~ (*analogous organ*) : désigne des structures biologiques d'origine embryogénique différente qui accomplissent la même fonction chez des organismes taxonomiquement éloignés, suite à une convergence évolutive. Ainsi, l'aile des Oiseaux et celle des Insectes sont des organes analogues. Le terme s'applique indifféremment, quel que soit le niveau d'organisation considéré. ◆ **comportement** ~ (*analogous behavior*) : comportement se rencontrant chez des organismes n'ayant aucune parenté. ◆ **espèce, organisme** ~ (*analogous organism, species*) : désigne des espèces qui occupent une niche écologique similaire et constituent donc des équivalents écologiques dans des écosystèmes différents et géographiquement séparés. Ainsi, les kangourous dans les savanes australiennes et les antilopes dans les savanes africaines sont des herbivores analogues car ils y accomplissent la même fonction écologique. (***Voir aussi Homologue***)

analyse, n. f. ◆ ~ **de Czekanowski** : voir Czekanowski. ◆ ~ **de la végétation** : voir Végétation. ◆ ~ **factorielle de correspondance** (*correspondance factorial analysis*) : méthode mathématique permettant de regrouper les données numériques recueillies dans des recherches écologiques effectuées à divers niveaux et d'établir dans quelle mesure existent des corrélations entre diverses variables décrivant des caractères quantitatifs ou (et) des facteurs du milieu.

anamniotes, n. m. (*anamniota*). Ensemble des classes de Vertébrés inférieurs dépourvus d'annexes membraneuses extra-embryonnaires.

ananas, n. m. Voir Broméliacées.

Anatidae, n. sc. (*Anatids*). Importante famille d'oiseaux de l'ordre des Ansériformes constituée par les canards, les sarcelles, les tadornes et quelques autres genres moins connus. Inféodés aux zones humides, et donnant lieu à une forte exploitation cynégétique, le statut des populations d'*Anatidae* revêt une importance majeure pour la gestion des ressources naturelles d'une région donnée et représente un indice significatif de l'état de l'environnement. (***Voir aussi Saturnisme***)

anatolo-iranienne, province (*anatolo-iranian*). Province biogéographique constituée par les plateaux d'Anatolie et la partie occidentale de l'Iran.

anchihalin, adj. (*anchialine*). Biotope lagunaire côtier n'ayant pas de liaison directe (par un pertuis par exemple) avec la mer.

anchois, n. m. (*anchovy*). Genre de Clupéidés dont l'exploitation halieuthique est de grande importance économique. ◆ ~ **du Pérou** (*peruvian anchovy*) (n. sc. *Engraulis ringens*) : cette espèce a été la source de pêcheries florissantes sur la côte du Pérou et du Nord du Chili. L'exploitation de cet anchois a connu une période d'expansion considérable entre 1955 et 1970, année où les prises culminèrent avec quelque 13 millions de tonnes, ce qui en faisait au plan mondial la plus importante espèce de poisson marin au plan économique. Les pêcheries s'effondrèrent rapidement ensuite sous l'effet conjugué de la surpêche, déjà manifeste dès la deuxième moitié des années 1960 et du phénomène

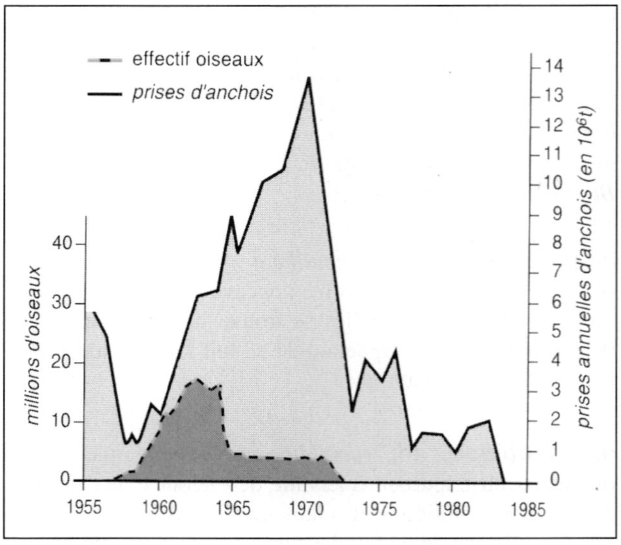

Variation des prises d'**anchois** du Pérou et des effectifs des colonies d'oiseaux à guano dans la période précédant et suivant l'effondrement définitif des stocks. (Diagramme établi à partir des statistiques des pêcheries de la FAO et des données de l'IIED). (In Ramade F., *Écologie appliquée*, Ediscience international, 5e ed., 1995, p. 443)

d'El Niño. Les signes annonciateurs de cette surpêche étaient observables dans la raréfaction des colonies d'oiseaux marins à guano, concurrencés dans leur alimentation par les prises excessives des pêcheries. À cette dernière s'ajoutèrent les effets d'El Niño, qui se sont traduits par une atténuation de l'*upwelling* péruvien résultant de modifications générales dans la circulation atmosphérique dans le Pacifique équatorial. Au cours de la deuxième moitié des années 1970, les prises furent inférieures à 500 000 t par an et ne commencèrent à remonter qu'à la fin des années 1980 s'établissant souvent à des valeurs le plus souvent inférieures à 3 millions de tonnes, bien en deçà des prises effectuées au cours des années 1960. C'est seulement au cours de la dernière décennie que les prises ont pu excéder 5 millions de tonnes par an sans pour autant retrouver leurs valeurs d'avant 1970. **(*Voir aussi El Niño, Overfishing, Pêcherie*)**

Andes. Système montagneux s'étendant depuis la Colombie jusqu'à l'extrémité de la Patagonie et dont l'origine provient de la rencontre de la plaque Pacifique dite de Nazca avec la plaque Sud-américaine. Comportant de nombreux sommets qui dépassent 6 000 m, la Cordillère des Andes qui s'étend en grande partie sous les latitudes intertropicales, comporte une zonation altitudinale complexe de ses écosystèmes orophiles avec un endémisme qui leur confèrent un intérêt écologique exceptionnel. C'est dans cette partie de la chaîne que les écosystèmes forestiers atteignent les plus hautes altitudes de toute la biosphère. Avant qu'elle ne soit complètement détruite à la hache, à la fin des années 1930, la forêt de la Sajama, en Bolivie, constituée de Rosacées géantes du genre *Polylepis*, atteignait 4 400 m d'altitude. De nombreux problèmes d'environnement concernent cette région où le déboisement conjugué au relief a donné lieu à de nombreuses catastrophes écologiques aggravées par la considérable inadéquation démographie-ressources naturelles propre à cette zone.

andin(e), adj. ◆ **province ~** (*andean province*) : désigne la région biogéographique propre aux Andes.

andosols, n. m. (*andosol*). Sols de montagne formés sur des roches volcaniques riches en éléments vitreux dans des régions à forte pluviométrie régulièrement répartie tout au long de l'année. Il s'agit de sols humifères désaturés pourvus d'un épais horizon A et d'un horizon B de développement variable selon la nature précise des roches du substratum.

androchore, adj. (*androchorous*). Espèce végétale dont les graines sont disséminées accidentellement par l'homme.

androdiœcique, adj. (*androdioecious*). Plantes caractérisées par le fait que les fleurs mâles et les fleurs hermaphrodites sont portées par des plants différents. **(*Voir aussi Dioïque*)**

androgènes, n. m. (*androgen*). Ensemble des hormones mâles lesquelles sont élaborées par les testicules ou les surrénales.

androgenèse, n. f. (*androgenesis*). Parthénogenèse mâle résultant par exemple du développement d'une plante haploïde par germination d'un grain de pollen dans une anthère.

androgyne, n. m. et adj. (*androgynous*). Individu hermaphrodite possédant à la fois un appareil reproducteur mâle et femelle.

andromonœcique, adj. (*andromooecious*). Plantes caractérisées par le fait que les fleurs mâles et les fleurs hermaphrodites sont portées par les mêmes plants. **(*Voir aussi Monoïque*)**

andromorphe, adj. (*andromorphic*). Qualifie un individu présentant une ressemblance morphologique avec les mâles.

androœcique, adj. (*androecious*). Désigne des populations de plantes ne comportant que des fleurs mâles.

androphile, adj. Voir Anthropophile.

anémochore, n. f. (*anemochorous*). Espèce végétale dont les graines sont dispersées par le vent.

anémochorie, n. f. (*anemochory*). Phénomène de dispersion des spores ou des graines de certaines espèces végétales par le vent.

anémogame, adj. (*anemogamous*). Espèces végétales dont la dispersion et (ou) la pollinisation est assurée par le vent. **(*Voir aussi Pollinisation*)**

anémomètre, n. m. (*anemometer*). Instrument mesurant la vitesse du vent.

anémoneuston, n. m. (*anemoneuston*). Organismes ou matériaux organiques d'origine tellurique transportés par le vent dans des biotopes aquatiques.

anémophile, adj. (*anemophilous*). Désigne les plantes pollinisées par le vent.

anémophilie, n. f. (*anemophily*). Phénomène de pollinisation par le vent.

anémophyte, n. f. et adj. (*anemophyte*). Plante pollinisée par le vent.

anémotaxie, n. f. (*anemotaxy*). Réaction de déplacement d'un être vivant conditionnée par le vent, soit dans la direction de ce dernier (positive) soit en direction opposée (négative).

anémotropisme, n. m. (*anemotropism*). Réponse de croissance ou de motilité d'un organisme dont l'orientation est déterminée par la direction du vent.

aneuploïde, n. m. (*aneuploid*). Organisme dont la formule chromosomique est déséquilibrée par suite d'un nombre chromosomique qui n'est pas un multiple du nombre haploïde de base.

aneuploïdie, n. f. (*aneuploidy*). Propriété des cellules, des organismes ou de certaines populations de posséder un assortiment chromosomique différent du nombre de base (euploïde), propre à l'espèce considérée.

Angara. Ancien continent existant au Paléozoïque, constitué par l'Asie, y compris la Chine et l'Extrême-Orient, qui s'est ultérieurement fusionné avec l'Euramérique selon une ligne de jonction correspondant actuellement à l'Oural.

Angiospermes, n. f. (*Angiospermae*). Sous-embranchement de plantes à graines (spermatophytes) auquel appartiennent la plupart des espèces de Phanérogames présentes dans la biosphère actuelle. Il renferme la totalité des plantes caractérisées par la présence de fleurs lesquelles correspondent aux organes sexuels. Les ovules deviennent des graines après la fécondation. Elles sont renfermées dans un fruit provenant de la transformation des ovaires. Autre particularité les distinguant des plantes inférieures : les Angiospermes renferment dans leur xylème des vaisseaux du bois différenciés, en particulier des vaisseaux rayés, réticulés et ponctués.

On les divise en deux classes : les Monocotylédones et les Dicotylédones. ***(Voir aussi Règne, Végétal)***

angström, n. m. (symbole : Å). Unité de mesure de longueur valant 10^{-10} m (soit 10^{-7} mm ou $10^{-4}\mu$m).

anguille, n. f. (*eel*). Poisson migrateur catadrome de la famille des *Anguillidae* qui effectue son développement dans les cours d'eau et (ou) les marécages et va se reproduire en mer.

L'anguille d'Europe, *Anguilla anguilla*, va pondre au cours d'une longue migration dans la mer des Sargasses dans l'Atlantique sud-ouest tropical. Les larves leptocéphales, poussées par le *Gulf Stream* et les vents, migrent vers l'est. Elles se métamorphosent en civelles au voisinage des côtes européennes qu'elles atteignent à l'âge d'un an dans le sud et jusqu'à 2 ans en Finlande et pénètrent dans les eaux continentales. Elles remontent ensuite les rivières où elles effectueront leur développement en eau douce, la durée de vie y étant plus brève pour les mâles (6 à 12 ans) que pour les femelles (10 à 30 ans). Après avoir atteint leur maturité sexuelle, les anguilles redescendent les cours d'eau vers la mer et entreprennent leur migration vers leurs zones océaniques de reproduction.

La surexploitation actuelle de cette espèce par les prises abusives de civelles tant en péninsule ibérique qu'en France compromet la pérennité des pêcheries commerciales.

anhydride, n. m. (*anhydride*). Forme peroxydée d'un métalloïde qui donne l'acide correspondant au contact de l'eau. ◆ ~ **carbonique** : voir CO_2. ◆ ~**sulfureux** : voir SO_2.

anhydrobiose, n. f. (*anhydrobiosis*). Phénomène caractérisant la survie d'un organisme en l'état de déshydratation

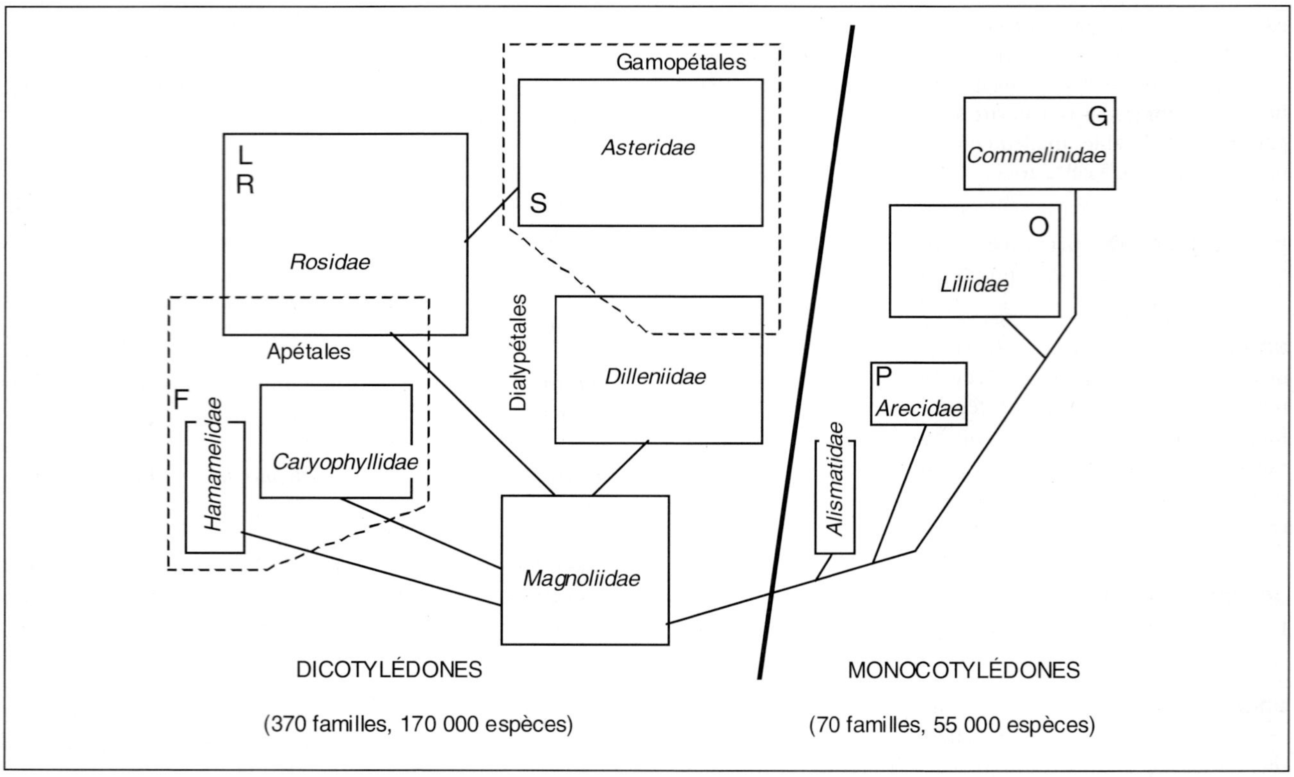

Tableau des principales subdivisions taxonomiques des **Angiospermes** (classes et sous-classes). Pour chaque sous-classe, la largeur du rectangle figuratif correspond à la biodiversité exprimée en nombre total d'espèces et la hauteur est fonction de l'importance des radiations évolutives exprimées par le nombre de familles (en échelle logarithme). Les lettres figurent les principales familles au plan de leur importance écologique dans la biosphère (F = Fagacées et Bétulacées, R = Rosacées, L = Légumineuses, S = Solanacées, P = Palmacées, O = Orchidées, G = Graminées). (D'après Ozenda, *Les Végétaux, organisation et diversité biologique*, op. cit., 2000, p. 405)

totale. Il se rencontre chez certains végétaux primitifs et divers métazoaires inférieurs, en particulier chez les Nématodes, les Tardigrades, mais aussi chez quelques insectes Aptérygotes de l'ordre des Collemboles.

animal(aux), adj. et n. m. (*animal*). Désigne l'ensemble des organismes supérieurs pluricellulaires ayant une nutrition hétérotrophe, dite holozoïque, soit herbivore, soit carnivore, pourvus d'un système nerveux et d'un système musculaire leur conférant l'aptitude à se déplacer et, à tout le moins, quand ils sont sessiles, à mouvoir certaines parties de leur corps de façon spontanée. ◆ ~ **domestiques** (*domestic animals*) : ensemble des espèces animales domestiquées pour la plupart à des fins de production alimentaire. Parmi les mammifères, les principales espèces élevées à vaste échelle sont des herbivores, surtout des Bovidés (bœufs, moutons, chèvres). Chez les oiseaux, la majorité des espèces d'importance en aviculture sont des Galliformes (poules domestiques, faisans) et des Ansériformes (oies et canards). Il est remarquable de constater que la quasi-totalité des animaux domestiques actuels a été domestiquée par l'homme au Néolithique, il y a plus de 6 000 ans, peu d'espèces l'ayant été depuis, et aucune à des fins de production animale. Tout au contraire, certaines autres, élevées dans l'Antiquité, telle l'oryx en Égypte, ou encore la genette qui était un animal de compagnie au Moyen-Age, ont été depuis abandonnées.

Animalia, n. sc. (*Animalia*). Nom du règne vivant constitué par l'ensemble des animaux terrestres et aquatiques. Il correspond aux divers organismes pluricellulaires réunis aussi sous le vocable général de métazoaires, par opposition aux protozoaires, organismes unicellulaires, dont beaucoup sont aussi hétérotrophes, que l'on range aujourd'hui dans un autre règne, celui des *Protoctista*. ***(Voir aussi Protozoaires, Règne)***

anion(s), n. m. (*anion*). Ion chargé négativement. Dans un processus électrolytique, un gradient de potentiel cause la migration des anions vers l'anode. ◆ ~ **majeurs** : anions constituants principaux d'une eau naturelle et intervenant de ce fait de façon déterminante dans ses équilibres chimiques : tel est le cas de l'ion bicarbonate (HCO_3^-) ou encore sulfate (SO_4^{2-}). ***(Voir aussi Cation)***

anionique, adj. (*anionic*). Qui est propre aux anions. ◆ **détergent** ~ (*anionic surfactant*) : agent tensio-actif dont la molécule possède un radical anion doué de propriétés détergentes. ***(Voir aussi Détergent)***

anisogamie, n. f. (*anisogamy*). Production de gamètes de taille différente par un même organisme. En règle générale, ceux de grande taille sont des gamètes femelles et ceux de petite taille sont des gamètes mâles. ***(Voir aussi Reproduction)***

Anisoptères, n. m. (*Anisoptera*, vern. : *dragonflies*). Sous-ordre d'Odonates représentés principalement par les libellules et espèces voisines dont les larves sont inféodées aux eaux calmes de la zone riparienne des biotopes lentiques et de la zone potamique des cours d'eau. ***(Voir aussi Odonates)***

anmoor, n. m. (*anmoor*). Type de sol dont les horizons superficiels ont subi des conditions anaérobies et aérobies cycliques dues à une alternance d'inondation et d'exondation. Le ralentissement de l'humification, laquelle est néanmoins complète, conduit à la formation d'une masse foncée correspondant à une forte association argile-matière organique.

Annélides, n. m. (*Annelida*). Embranchement d'Invertébrés cœlomates constitué par divers groupes de vers ayant la particularité d'avoir un corps dit métamérisé car divisé en segments. On distingue trois classes : les **Polychètes** dont le corps est pourvu de nombreuses soies et chez lesquels existent des espèces libres ou sédentaires, certaines fouisseuses ou encore tubicoles qui vivent dans un tube calcifié qu'elles sécrètent au cours de leur développement ; les **Oligochètes**, constitués essentiellement par les vers de terre, dont les lombrics sont les représentants les plus connus, leur rôle étant essentiel pour l'écologie des sols. Il existe cependant quelques familles d'eau douce telles les *Tubificidae* ou les *Naïdidae*. Les Achètes (**Hirudinés**) ou sangsues, groupe spécialisé et moins important au plan écologique, sont représentés par des espèces d'eau douce – quelques-unes terrestres – prédatrices ou ectoparasites telle la sangsue médicinale (*Hirudo medicinalis*). ***(Voir aussi Lombric, Oligochètes, Polychètes)***

annuel(le), adj. ◆ **cycle** ~ (*yearly cycle*) : voir Cycle. ◆ **plante** ~ (*annual plant*) : plante dont le cycle végétatif se fait dans l'année souvent en seulement quelques mois, voire quelques semaines (thérophytes).

anœcique, adj. (*anoecious*). Désigne les animaux qui vivent dans les horizons superficiels du sol, dans la couche humifère.

Anolis, n. sc. Genre de lézard renfermant de nombreuses espèces inféodées aux forêts pluvieuses d'Amérique tropicale.

Anopheles maculipennis. Nom scientifique de l'espèce de moustique, agent vecteur du paludisme. La lutte contre cette grave parasitose humaine, fondée longtemps sur des tentatives d'éradication de cet insecte par traitements systématiques aux insecticides, a été la cause d'une importante pollution de certains biotopes par ces substances et s'est traduite par un échec, la plupart des populations d'Anophèles étant devenues résistantes aux insecticides.

Anoures, n. sc. (*Anura*). Ordre d'Amphibiens dont les adultes sont généralement amphibies voire terrestres et dépourvus d'appendice caudal. Les principaux sous-ordres sont représentés par les grenouilles et les crapauds. ***(Voir aussi Amphibiens, Grenouilles, Ranidae)***

anoxie, n. f. (*anoxia*). Désigne l'absence d'oxygène dans un milieu.

anoxique, adj. (*anoxic*). Qui caractérise les phénomènes d'anoxie.

ANRED. Ancien sigle de l'Agence Nationale pour la Récupération des Déchets devenue depuis plusieurs années l'ADEME. ***(Voir aussi ADEME)***

Ansériformes, n. sc. (*Anseriforms*). Ordre d'oiseaux aquatiques caractérisés par un bec aplati et des pattes palmées. Il comporte un grand nombre d'espèces appartenant aux familles des *Anseridae* (oies, cygnes), et des *Anatidae* (canards, sarcelles, fuligules, tadornes, etc.). Bien que les flamants (*Phoenicopteridae*) dont les affinités sont discutées aient été longtemps placés dans cet ordre, les classifications récentes en font un ordre séparé. ***(Voir aussi Anatidae)***

antagonisme, n. m. (*antagonism*). **1.** Phénomène démoécologique par lequel les populations d'une espèce s'opposent à l'installation de celles d'une autre espèce dans leur habitat. **2.** Désigne en toxicologie l'existence d'un phénomène de neutralisation d'un effet toxique par un autre toxique lorsqu'un même organisme est contaminé par de telles substances antagonistes.

Antarctique (*Antarctica*). Continent dont le centre géographique est situé assez exactement au pôle Sud. L'Antarctique, dont la surface est équivalente à celle des États-Unis et du tiers du Canada réunis, est entièrement couvert par une calotte de glace dont l'épaisseur moyenne est de 2 100 m. Cet inlandsis s'est formé il y a environ 35 millions d'années à la fin de l'Éocène, marquant l'aboutissement d'une tendance générale à la baisse des températures moyennes terrestres commencée à la fin du Crétacé voici environ 80 millions d'années. Entièrement situé au-delà du cercle polaire austral, à l'exception de l'extrémité de la péninsule antarctique, ce continent ne fait pas partie de la biosphère au sens strict car l'on n'y rencontre aucun écosystème, les températures y étant en permanence inférieures, et de beaucoup, à 0°C à l'heure actuelle, interdisant de ce fait le développement de toute plante. Il constitue donc une zone parabiosphérique où viennent se reproduire, en frange de l'océan, divers oiseaux et mammifères marins qui dépendent de l'écosystème océanique. ◆ **l'environnement** ~ : quoique situé dans la partie la plus reculée du globe, l'Antarctique est aujourd'hui source de graves préoccupations. À une pollution localisée mais croissante due aux stations de recherche de plus en plus nombreuses, installées en toute anarchie par de nombreux pays signataires ou non du traité de l'Antarctique, s'en sont ajoutées d'autres beaucoup plus inquiétantes. Celles-ci résultent de la mise en évidence de la contamination de la stratosphère antarctique par des aéropolluants venus de l'hémisphère Nord dont les redoutables CFC, cause de la formation du « trou d'ozone » apparaissant au-dessus de ce continent au début du printemps austral. De même l'océan Glacial Antarctique est pollué par d'innombrables résidus et cela au niveau même de son plateau continental. Des déchets de matières plastiques et des flaques de pétrole ont par exemple été observés dérivant en pleine mer de Ross. La productivité biologique de l'océan Glacial Antarctique, quoique importante, donne des signes de surexploitation (cas de certains phoques autrefois, des baleines au-

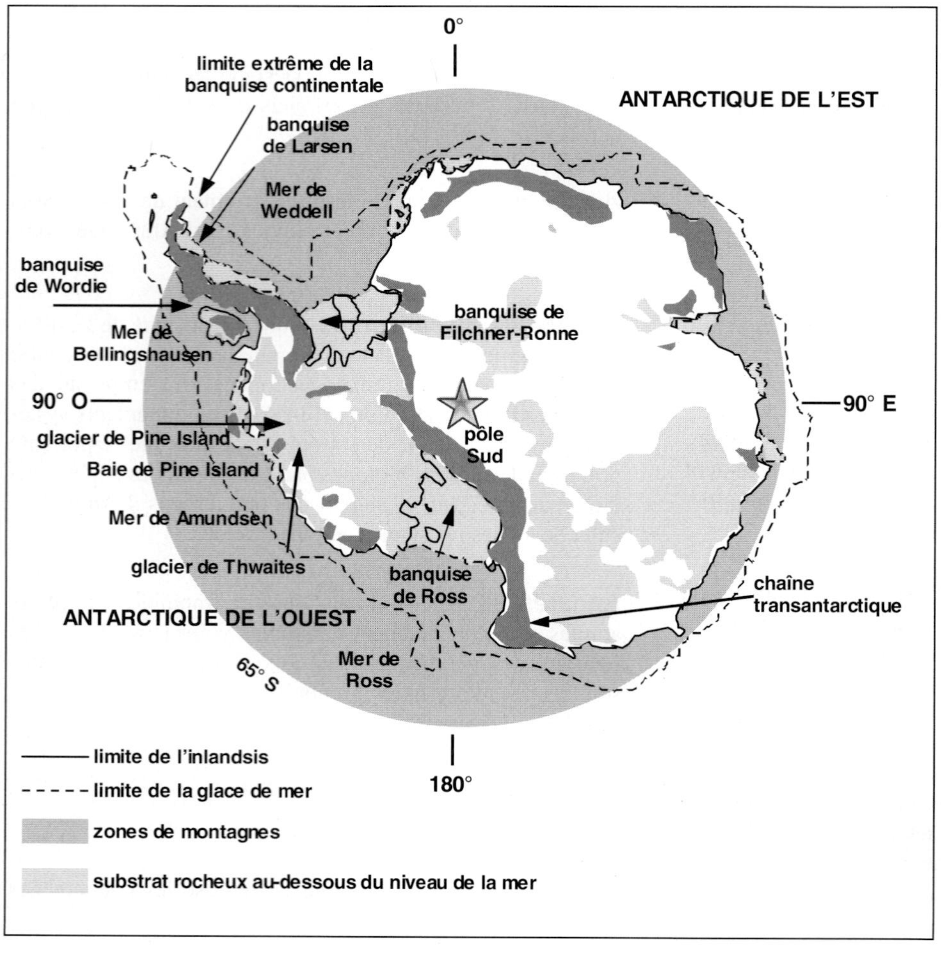

Carte de l'**Antarctique** montrant la limite des glaces permanentes, les régions montagneuses et les principales zones où le pack de glace repose sur le substrat rocheux. Le pack de glace situé sur les fonds marins est susceptible de se désintégrer en premier lieu en cas de réchauffement climatique dû aux conséquences de la pollution atmosphérique sur l'effet de serre. (D'après Oppenheimer, vol. 393, 28 mai 1998, n° 6683, *Nature*, p. 326)

jourd'hui, malgré le moratoire en vigueur depuis 1990 mais pas toujours bien respecté). Certaines autres espèces animales sont indirectement menacées par des activités humaines (construction par exemple voici quelques années d'une piste aérienne en Terre Adélie sur l'emplacement de l'une des plus importantes colonies d'oiseaux de mer du continent). La surpêche de certaines espèces de poissons antarctiques ainsi que le développement de l'exploitation du krill, cette crevette pélagique dont se nourrissent les baleines à fanon, constituent d'autres exemples de mauvaise gestion des ressources naturelles antarctiques. ◆ **traité de l'~** *:* accord international, entré en vigueur en 1961, qui prévoit une démilitarisation de ce continent qui ne doit être utilisé qu'à des fins pacifiques. Il a été signé par la totalité des 16 nations engagées alors dans la recherche antarctique (Afrique du Sud, Argentine, Australie, Belgique, Chili, États-Unis, Danemark, France, Grande-Bretagne, Hollande, Japon, Nouvelle-Zélande, Norvège, Pologne, ex-Tchécoslovaquie, ex-URSS) auxquelles se sont depuis joints d'autres pays. Des compléments ont été apportés relativement à l'utilisation des ressources marines vivantes (en 1980) et sur l'exploitation des ressources minérales (en 1990). Une polémique subsiste entre gouvernements signataires du traité et ONG conservationnistes qui demandent que l'ensemble de l'Antarctique soit transformé en une immense Réserve Naturelle Internationale destinée aux seuls usages de recherche scientifique. ***(Voir aussi Baleine, Krill, Manchot, Ozone)***

Antécambrien, n. m. (*Antecambrian*) (syn. : Précambrien). Voir Précambrien.

anthécologie, n. f. (*anthecology*). Branche de l'écologie qui étudie la pollinisation ainsi que les relations entre les insectes et les fleurs.

anthocyanes, n. m. (*anthocyans*). Colorants naturels végétaux de teintes rouges et violettes, qui se forment souvent à la fin de la période végétative.

anthophile, adj. (*anthophilous*). Désigne les espèces animales attirées par les fleurs et (ou) s'en nourrissant.

Anthozoaires, n. sc. (*Anthozoa*). Classe de Cnidaire de grande importance écologique dans les écosystèmes marins qui renferme en particulier le groupe des Madréporaires, Anthozoaires Hexacoralliaires coloniaux qui représentent la majorité des coraux hermatypiques bâtisseurs des récifs coralliens. ***(Voir aussi Corail, Récif)***

anthracologie, n. f. (*anthracology*). Science dont l'objet est l'étude des charbons de bois fossiles ou préhistoriques. Cette discipline est susceptible d'apporter des informations précieuses sur la structure des peuplements végétaux ligneux aux époques géologiques passées et, en date plus récente, au cours du Paléolithique et du Néolithique. Il a ainsi pu être montré qu'au milieu de l'Holocène, le sommet du Mont Ventoux en Provence était couvert d'une forêt de hêtres.

anthropique(s), adj. (*anthropic*). Qui est propre à l'homme et (ou) résulte de son action. ◆ **effets ~** (*anthropic effects*) : effets qui résultent de l'action de l'homme. ◆ **zone ~** (*anthropic zone*) : région des continents qui a été transformée par l'action de l'homme et dont il s'est assuré l'utilisation exclusive. Les agroécosystèmes et les forêts exploitées constituent avec les pâturages extensifs l'essentiel de cette zone.

anthropisation, n. f. (*anthropisation*). Phénomène de transformation des écosystèmes terrestres ou aquatiques et, de façon plus générale, des conditions environnementales par l'action de l'homme.

anthropocentrisme, n. m. (*anthropocentrism*). Attitude qui consiste à faire de l'homme le centre de l'univers et de ce fait le propriétaire de la biosphère.

anthropochorie, n. f. (*anthropochory*). Dispersion active, due à l'action de l'homme, des graines produites par certaines espèces végétales.

anthropogène, adj. (*anthropogenic*). **1.** Au sens strict, ce terme désigne les mécanismes évolutifs qui ont caractérisé l'apparition et l'évolution de l'espèce humaine (et même du genre *Homo* pris dans son ensemble). **2.** Désigne les substances et les processus qui résultent directement, ou de façon collatérale, de l'activité humaine. Ce terme est alors synonyme d'anthropique.

anthropologie, n. f. (*anthropology*). Science constituant une branche de la zoologie dont l'objet est l'étude de l'homme et des genres d'*Hominidae* voisins de notre espèce. ***(Voir aussi Hominidés)***

anthropomorphie, n. f. (*anthropomorphy*). Similarité morphologique avec l'homme.

anthropophile, adj. (*anthropophilous*) (syn. : androphile). Espèce vivant à proximité de l'homme et profitant de ses activités.

antibiose, n. f. (*antibiosis*). Phénomène par lequel diverses substances sécrétées par un organisme présentent un effet antagoniste sur les individus d'une autre espèce. Un exemple classique d'antibiose tient à la sécrétion par diverses espèces de champignons Ascomycètes (*Penicillium* par exemple) de substances à effet antibiotique contre les bactéries.

antibiotique, n. m. (*antibiotic*). Substance sécrétée par un organisme ayant un effet antagoniste sur les individus d'une autre espèce.

anticholinestérasique(s), adj. (*anticholinesterasic*). Désigne la propriété qu'ont certaines substances, comme les insecticides carbamates, organophosphorés, ou encore les armes chimiques dites innervantes, d'inhiber les cholinestérases et plus particulièrement les acétylcholinestérases propres au système nerveux et à la jonction neuromusculaire des Vertébrés. ***(Voir aussi Acétylcholinestérase, Armements)***

anticoagulants, n. m. (*anticoagulant*). Substances souvent antagonistes de la vitamine K qui bloquent la coagulation du sang et sont susceptibles de provoquer la mort par hémorragie des individus intoxiqués. La plupart des rodonticides modernes sont de ce groupe. **(*Voir aussi Rodonticide*)**

anticyclone, n. m. (*anticyclone*). Désigne en météorologie une zone de haute pression atmosphérique au niveau de la mer.

antidétonants, n. m. et adj. ◆ **additifs** ~ (*antiknock additives*) : composés ajoutés aux essences pour accroître leur indice d'octane. **(*Voir aussi Alkylplomb, Carburants*)**

antifouling, n. m. Voir Peintures antisalissures.

antilopes, n. f. (*antelopes*). Groupe de mammifères *Bovidae* propre à l'Ancien Monde appartenant à la sous-famille des *Antilopinae*. La plupart des espèces d'antilopes se rencontrent en Afrique subsaharienne. Bien qu'également présentes dans les écosystèmes désertiques ou forestiers, elles représentent le groupe animal dominant des savanes tant par le nombre d'espèces que par celui des individus. Elles jouent de ce fait un rôle essentiel dans l'écologie de ces écosystèmes de formation herbacée. **(*Voir aussi Savane*)**

antimoine, n. m. (*antimony*) (Sb). Élément de numéro atomique Z = 51 et de masse atomique Ar = 121,7, du groupe des métalloïdes, dont la toxicité, considérable, est comparable à celle de l'arsenic auquel il est chimiquement apparenté. Il est incorporé dans divers alliages en particulier dans la fabrication des batteries et des plombs de chasse, et intervient comme additif dans certains colorants. Certains de ses dérivés organiques sont de toxicité redoutable. **(*Voir aussi Arsenic*)**

antiparasitaire(s), n. m. et adj. (*antiparasital, pesticide*) (syn. : phytosanitaire). Substances utilisées pour détruire les ravageurs et les agents phytopathogènes parasites des cultures. Les antiparasitaires sont essentiellement représentés par les insecticides, les acaricides, les nématicides et les fongicides. **(*Voir aussi Pesticides*)**

AONB (*Area of Outstanding Natural Beauty*). Zones naturelles bénéficiant d'un statut de protection au Royaume-Uni et dans divers autres pays anglo-saxons.

apatite, n. f. (*apatite*). Minéral phosphaté à partir duquel sont préparés la majorité des phosphates utilisés en agriculture et dans l'industrie.

apériodique, adj. (*aperiodic*). Désigne des phénomènes biologiques qui, tout en pouvant être cycliques, ne présentent pas une récurrence régulière. ◆ **population** ~ : population dont les fluctuations se produisent de façon erratique, aucune périodicité ne se manifestant au cours des gradations successives.

aphicide(s), n. m. (*aphicid*). Substances utilisées pour détruire les pucerons ravageurs de plantes cultivées.

Aphidae, n. sc. (*aphids*). Insectes Homoptères suceurs de sève constituant le groupe de pucerons. On compte parmi eux des espèces ayant causé de redoutables ravages aux cultures telles le phylloxéra de la vigne introduit des États-Unis au XIXe siècle et qui provoqua un quasi-anéantissement du vignoble européen. De nombreux Aphidés disséminent des maladies à virus des plantes cultivées.

aphotique, adj. ◆ **zone** ~ (*aphotic zone*) : zone des écosystèmes aquatique, lacustre ou océanique dans laquelle la lumière ne pénètre pas. Plongées dans une obscurité permanente, ces eaux profondes ne sont le siège d'aucune productivité primaire puisque la photosynthèse y est impossible. **(*Voir aussi Biosphère, Océan*)**

aphylle, adj. (*aphyllic*). Désigne une espèce végétale caractérisée par une absence de feuilles différenciées. Les espèces aphylles sont assez fréquentes dans les peuplements végétaux adaptés aux conditions désertiques.

aphyllie, n. f. (*aphylly*). Caractéristique des espèces végétales dépourvues de feuilles.

apiculture, n. f. (*apiculture*). Discipline dont l'objet est l'étude des méthodes et techniques propres à l'élevage des abeilles domestiques ainsi que de leur mise en œuvre.

apidologie, n. f. (*apidology*). Branche de l'entomologie dont l'objet est l'étude de la biologie des diverses espèces d'abeilles.

apivore, adj. (*apivorous*). Désigne le régime alimentaire de certains prédateurs fondé sur la prédation d'abeilles.

apneustique, adj. (*apneustic*). Désigne des larves d'Invertébrés, en particulier d'insectes, dépourvues de trachées.

Apocynacées, n. sc. Famille de Dicotylédones de l'ordre des Gentianales comportant plus de 2 000 espèces de végétaux variés : arbres, lianes, plantes buissonnantes ou herbacées. Il renferme de nombreuses espèces ayant des propriétés médicamenteuses, *Rauwolfia* (réserpine : neuroleptique), *Strophantus* (glycoside : cardiotonique).

Apodidae, n. sc. Les *Apodidae*, dont les martinets sont les seuls représentants en Europe occidentale, constituent l'une des familles d'oiseaux les mieux adaptées à la vie aérienne : ils ne se posent qu'au moment de la reproduction. Les fameux « nids d'hirondelles » consommés par les chinois sont en fait des nids élaborés par une espèce tropicale de martinet (*Aerodromma fusciphaga*) à partir de sécrétions protéiques des glandes salivaires de cette espèce.

Apodiformes, n. sc. (*Apodiforms*). Ordre d'oiseau caractérisé par des ailes pointues et des doigts disposés tous vers l'avant (pattes pamprodactyles). Les principales familles de cet ordre, essentiellement tropical, sont les *Trochilidae* (colibri) (strictement du Nouveau monde) et les *Apodidae* (martinet). **(*Voir aussi Colibri*)**

apogamie, n. f. (*apogamy*). Forme de reproduction végétale marquée par la formation de graine, sans recours à la fécondation, à partir d'une seule cellule diploïde.

apogynie, n. f. (*apogyny*). Forme d'apogamie dans laquelle les organes femelles ne sont pas fonctionnels.

apomictique, adj. (*apomictic*). Espèce n'ayant pas de reproduction sexuée et se multipliant uniquement par voie parthénogénétique ou végétative.

apomixie, n. f. (*apomixy*). Reproduction sexuée propre à certains végétaux en l'absence de fécondation, donc équivalente à la parthénogenèse dans le règne animal.

aposématique, adj. ◆ **coloration** ~ (*aposematic coloration*) : type de coloration corporelle dont la finalité est d'avertir un prédateur que l'espèce qui la présente est inconsommable, voire toxique. Elle se rencontre par exemple chez les Lépidoptères danaïdes dont les papillons et les chenilles renferment dans leur corps un alcaloïde très amer et dangereux. De la sorte un oiseau en ayant déjà ingéré reconnaîtra très facilement ces insectes aux très vives couleurs et évitera soigneusement de les consommer.

aposématisme, n. m. (*aposematism*). Phénomène par lequel une espèce prend des colorations et un aspect très voyant destiné à avertir un prédateur éventuel qu'il n'est pas comestible et renferme même une substance toxique. De la sorte, l'espèce est protégée contre la prédation. ***(Voir aussi Mimétisme)***

apostatique, adj. (*apostatic*). ◆ **sélection** ~ (*apostatic selection*) : prédation sélective sur les formes les plus abondantes d'une population sans égard à leur apparence, conduisant à un polymorphisme stable, caractérisé par l'existence de plus d'une forme dans la population.

appât, n. m. (*attractant*). Substance ou fragment d'organisme, voire organisme entier, utilisé pour attirer un ravageur de cultures ou encore pour capturer des animaux (chasse) ou des poissons (pêcheries).

Appendiculaires, n. sc. (*Appendicularia*). Classe d'Urocordés pélagiques faisant partie du plancton marin. Phytoplanctonophages, ils se nourrissent surtout de nannoplancton.

Aptenodytes forsteri (*emperor penguin*). Nom scientifique du manchot empereur. Cette espèce, la plus grande de l'ordre des Sphénisciformes, est aussi l'une des mieux adaptées aux conditions thermiques extrêmes de l'Antarctique. Les mâles qui pèsent en moyenne 48 kg couvent pendant deux mois, par des températures atteignant – 70 °C, l'œuf unique posé sur leurs pattes afin qu'il ne gèle pas au contact du sol. ***(Voir aussi Sphénisciformes)***

Aptérygotes, n. sc. (*Apterygota*). Sous-classe d'insectes primitifs dépourvus d'ailes.

aquacole, adj. **1.** (*aquaticolous*). Désigne les organismes vivant dans des biotopes aquatiques. **2.** (*aquacolous*). Qui se rapporte à l'aquaculture.

aquaculture, n. f. (*aquaculture*). Production d'organismes marins, surtout des poissons, effectuée dans des bacs ou des enceintes hermétiques immergés.

aquariophilie, n. f. (*aquariophily*). Désigne la pratique par des amateurs de la culture ou de l'élevage de végétaux et (ou) d'animaux aquatiques à des fins récréatives. Pratiquée sans contrôle et sans discernement, cette vogue très actuelle est à l'origine d'introduction d'espèces de Macrophytes, d'Invertébrés ou de Vertébrés dont la pullulation s'est avérée catastrophique. Ainsi la libération par des aquariophiles de tortues de Floride devenues encombrantes a conduit à l'invasion de la réserve naturelle de Camargue par cette espèce très déprédatrice pour la faune autochtone. Il semblerait aussi que l'invasion des rives de la Méditerranée occidentale par l'algue *Caulerpa taxifolia* provienne de l'évasion inadvertante de cette espèce d'un aquarium de l'Institut océanographique de Monaco bien que cette hypothèse soit contestée par certains spécialistes!

aquarium, n. m. (*aquarium*). Récipient en verre de forme et de dimension variées dans lequel sont élevés divers types d'organismes aquatiques. À l'aquarium sont adjoints divers accessoires permettant d'assurer le renouvellement de l'eau – et parfois le contrôle de sa qualité – son oxygénation et quelquefois, dans le cas de son utilisation à des fins de recherches écologiques, divers capteurs permettant le suivi permanent des paramètres physico-chimiques.

aquiclude, n. f. (*aquiclude*). Roche poreuse pouvant absorber l'eau tout en permettant son écoulement à un débit suffisant pour alimenter un puits ou une source. ***(Voir aussi Aquifère, Nappe)***

aquifère(s), n. m. (*aquifer*). Entité hydrogéologique correspondant à une formation perméable permettant l'écoulement d'une nappe d'eau souterraine qui draine des quantités d'eau importantes. Ce terme est souvent utilisé à tort comme synonyme de nappe alors qu'il recouvre à la fois le concept de stock (contenu dans le réservoir de l'aquifère) et de flux, lié à l'hydrodynamique, auxquels se superposent d'autres mécanismes de nature hydrochimique voire même hydrobiologique.

Un aquifère peut être défini par un ensemble de quatre entités distinctes mesurables : 1) le *réservoir*, qui possède une morphologie et une organisation interne liées au substrat géologique, et qui est défini par une ou plusieurs formations hydrogéologiques caractéristiques ; 2) des *processus* internes de nature *hydrodynamique*, *hydrochimique* et *hydrobiologique*, qui se traduisent par les divers rôles joués par le réservoir quant au stockage et au flux d'eau souterraine ainsi que dans les divers phénomènes biogéochimiques qui s'y déroulent ; 3) une intervention dans le *cycle de l'eau* liée au déroulement dans l'aquifère des divers processus évoqué ci-dessus ; 4) une *variabilité spatio-temporelle* des caractéristiques de l'entité hydrogéologique considérée. ◆ **principaux types d'**~ : on en distingue plusieurs types : continu à nappe libre étendue, discontinu à nappe libre étendue (propre en particulier aux systèmes karstiques), multicouche à nappe supérieure libre, côtiers affluant à la mer, profond à nappe captive ou semi-captive, localisés – de volume limité – dont il existe plusieurs variantes. Enfin, on distingue

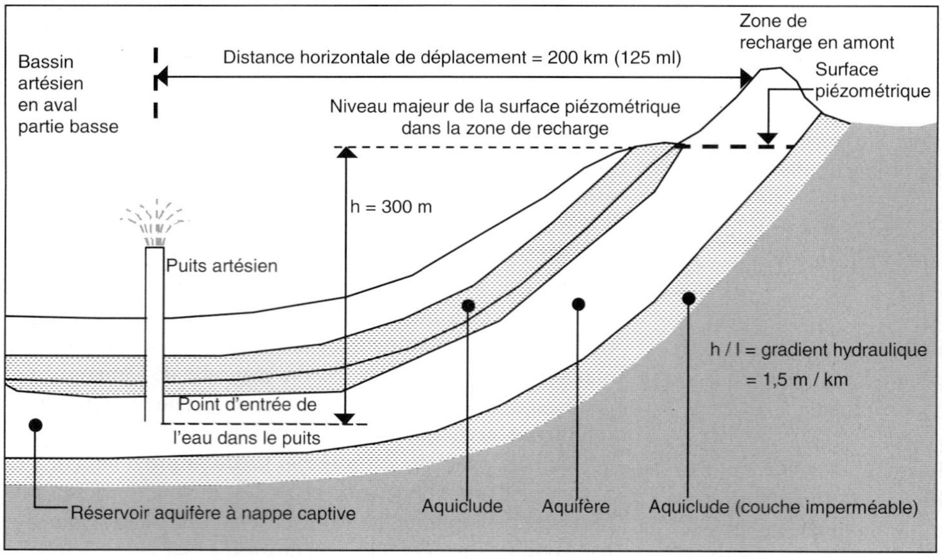

Schéma général d'un système **aquifère**. La surface piézométrique correspond à l'altitude des niveaux de l'eau rencontrée sous la surface du sol dans des puits ou des sondages atteignant l'aquifère le plus près de la surface. (D'après Press et Siever, in Ramade F., *Dictionnaire encyclopédique des sciences de l'eau*, Ediscience international, 1998, p. 26)

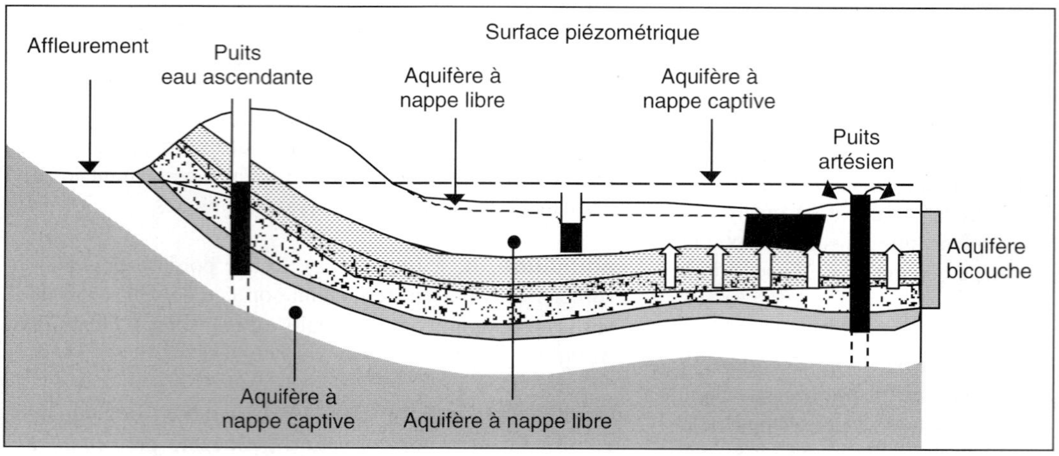

Principaux types hydrodynamiques d'**aquifères**. (D'après Castany, *Principes et méthodes de l'Hydrogéologie*, Dunod, Paris, 1982, p. 50)

des systèmes globaux aquifères-rivières associant des aquifères à nappe libre. ◆ **gîtes** ~ (*groundwater catchment area*) : zone dont la conformation géologique anticlinale favorise la présence de nappes phréatiques. **(*Voir aussi Karst, Nappe, Phréatique*)**

Aquiherbosa, n. sc. Végétation aquatique submergée des eaux continentales.

Aquiprata, n. sc. Communauté végétale propre aux prairies naturelles humides.

arable, adj. (*arable*). Désigne des terres cultivées ou aptes à l'agriculture.

Aracées, n. sc. (*Aroids*). Famille de Monocotylédones d'origine essentiellement tropicale de l'ordre des Arales et de la sous-classe des Arécidées. Elle comporte plus de 1 500 espèces dans lesquelles se rencontrent de nombreuses lianes et épiphytes des forêts pluvieuses telles les *Monstera* ou les *Phyllodendron*. **(*Voir aussi Épiphytes, Forêts tropicales, Lianes*)**

Arachnides, n. sc. (*Arachnida*). Voir Chélicérates.

aragonite, n. f. (*aragonite*). Forme minérale du carbonate de calcium élaborée par les animaux et constituant par exemple la coquille des mollusques.

araignée(s), n. f. (*spider*). Chélicérates de la classe des Arachnides, dont ils constituent un ordre, celui des Aranéides. Les araignées, à régime carnivore, pourvues de glandes

Une **Aracée** épiphyte : *Anthurium hookeri*. Cette espèce est endémique des Petites Antilles (parc national de la Guadeloupe). (Cliché F. Ramade)

Epeire fasciée (*Angiope brünnichi*). Cette **araignée**, surtout Méditerranéenne quoique se rencontrant ailleurs en France, tisse une toile circulaire de grande taille. (Cliché F. Ramade)

séricigènes complexes, jouent un rôle important dans la régulation des entomocœnoses par suite de leur importante pression de prédation sur la plupart des peuplements d'insectes. **(*Voir aussi Aranéides, Chélicérates*)**

Aral, mer d' (*Aral sea*). Mer intérieure sibérienne, située en Asie centrale dans le territoire de l'Ouzbékistan et qui est le site d'une véritable catastrophe écologique due à la perturbation à vaste échelle du cycle de l'eau dans cette région. D'une surface initiale d'environ 60 000 km^2, cette mer a perdu depuis le début des années 1960 quelque 40% de sa surface et s'est enrichie en sel. Cela a résulté de la dérivation d'une partie importante des eaux de l'Amou Daria et du Syr Daria, les deux grands fleuves qui s'y déversent, afin d'irriguer les cultures de coton dans la partie amont de leur bassin versant. Par suite de l'évaporation intense dans ces zones irriguées due aux conditions d'aridité, le déficit d'apport d'eau à la mer d'Aral a atteint plus de 50 km^3 par an, soit la totalité du débit d'écoulement stable des fleuves qui l'alimentent. Aussi ne faut-il pas s'étonner de sa disparition progressive. Il s'agit en réalité d'un désastre écologique d'une considérable ampleur car, par suite de l'augmentation de sa salinité, la faune d'eau douce a disparu dont les 24 espèces de poissons endémiques qui y vivaient. En conséquence, les 11 000 pêcheurs que comptait le port de Mouïnak – aujourd'hui à plus de 70 km des rives actuelles – ont dû cesser toute activité par suite de la disparition des pêcheries! Des dunes aux sables enrichis en sel se sont formées là où la mer s'est retirée. Les tempêtes de sable, signe d'un changement climatique résultant de la baisse de volume du lac, polluent l'air des villes riveraines augmentant la fréquence des maladies respiratoires, tandis que les chaleurs excédant 38 °C sont devenues usuelles pendant les mois d'été. L'arrêt de la régression de l'Aral nécessiterait une injection immédiate de 30 à 35 km^3 d'eau, ce qui est considéré comme impossible à cause des besoins en irrigation des plaines situées en amont où se pratique la culture du coton. Les sols de ces plaines sont tellement pollués par les pesticides que cette plante est souvent la seule culture, pourtant grande consommatrice d'eau, qu'il est possible d'y pratiquer, la contamination des végétaux cultivés résultant de cette pollution les rendant inconsommables par l'homme!

Aranéides, n. m. (n. sc. *Aranea*). Ordre d'Arachnides réunissant les araignées au sens large. Il comporte 35 000 espèces décrites, que l'on subdivise en trois sous-ordres, les Mésothèles, les Orthognathes et les Lapidognathes. La famille des *Araneidae* tisse des toiles circulaires très spectaculaires. D'autres font des toiles en nappe. Cependant, un grand nombre d'espèces d'araignées ne capturent pas leurs proies dans des toiles mais chassent devant elles (Salticides, Lycosides, Mygales par exemple) ou à l'affût sur des plantes (Thomisides). D'autres vivent dans des galeries verticales fermées par un opercule, saisissant par surprise la proie qui s'en approche. **(*Voir aussi Araignée, Chélicérates*)**

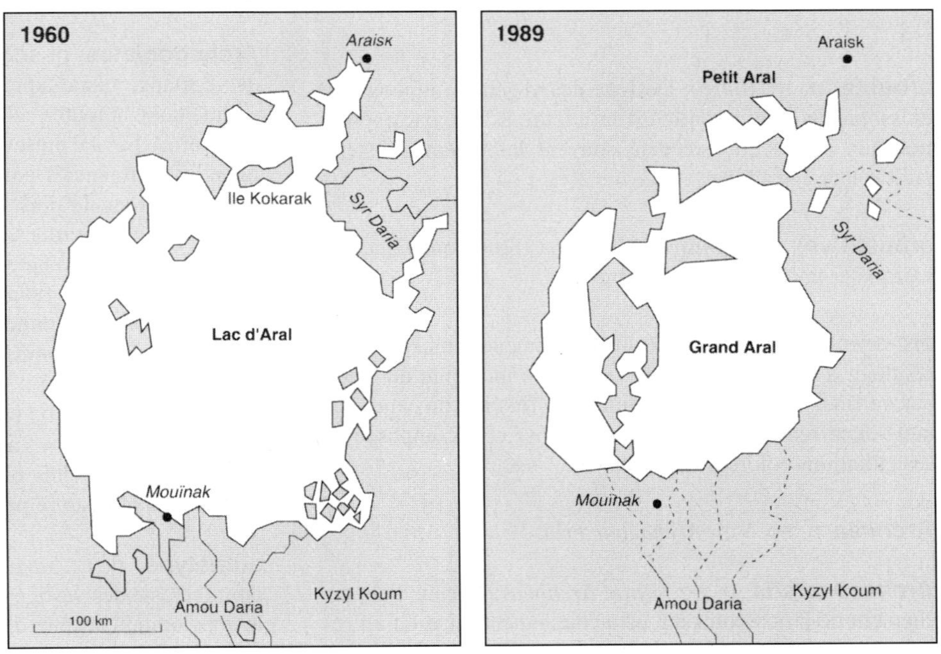

Limites originales de la mer d'**Aral**, antérieures à la mise en œuvre des grands schémas d'irrigation en Ouzbékistan (1960) et celles de 1989. On remarque une régression de 40% de sa surface. (D'après Glazowsky et Mainguet, *Sécheresse*, 1992, 3 (3), p. 149)

Aransas. Réserve naturelle protégeant des zones humides littorales du Texas où hiverne la quasi-totalité de la population mondiale de grues blanches d'Amérique. Cette espèce avienne est en danger, sa population totale ne comptant plus qu'environ 130 couples.

arasement, n. m. (*levelling*). Nivellement du relief par l'érosion. ◆ ~ **des haies** : voir Remembrement.

arborée, p. p. Voir Végétation.

arboretum, n. m. (*arboretum*). Parc destiné à conserver des essences d'arbres (espèces, sous-espèces ou variétés) introduites ou autochtones. Les arboretums ont joué un grand rôle dans le développement de la sylviculture européenne au siècle dernier et gardent aujourd'hui encore un intérêt pour la conservation *ex situ* d'espèces d'arbres menacées dans leur habitat d'origine.

arboricole, adj. (*arboricolous*). Désigne une espèce qui vit sur les arbres ou les arbustes.

arbovirus, n. m. (*arbovirus*). Abréviation d'*Arthropod Borne Virus*. Virus véhiculé par les Arthropodes et transmis à leur hôte vertébré par des piqûres. Le virus de la dengue est par exemple véhiculé par le moustique *Aedes fatigans*, celui de la fièvre jaune par *A. aegypti*, celui de certaines encéphalites par des Cératopogonides.

arbre, n. m. (*tree*). Végétal ligneux d'au moins sept mètres de hauteur à l'état adulte qui comporte un tronc vertical sur lequel s'insèrent des branches ramifiées portant le feuillage dont l'ensemble forme la couronne ou encore houppier.

arbrisseau, n. m. (*shrub*). Végétal ligneux buissonnant, dépourvu de tronc, de taille inférieure à 4 mètres présentant de nombreuses ramifications dès la base de sa tige. Les rhododendrons, certains ajoncs, sont par exemple des arbrisseaux.

arbuste, n. m. (*bush*). Désigne des végétaux ligneux non buissonnants dont la taille est inférieure à 7 m, par opposition aux arbres qui excèdent souvent largement une telle taille à leur âge adulte.

arbustif(ve), adj. (*bushy*). Milieu ou formation végétal(e) marqué(e) par la présence d'arbustes.

arc-en-ciel, n. m. (*rainbow*). Phénomène atmosphérique résultant d'une dispersion de la lumière incidente du soleil par de fines gouttelettes de pluie, une fraction de cette dernière étant renvoyée dans le sens opposé et décomposée en ses radiations colorées constitutives.

Archaea, n. sc. Voir *Archaebacteria*.

Archaebacteria, n. sc. (syn. : *Archaea*). Ancien embranchement de procaryotes qui est actuellement érigé en un règne distinct par les spécialistes des groupes d'êtres vivants les plus primitifs. Ce règne est issu de la division de celui des *Monera* en deux entités, la seconde étant constituée par celui des *Eubacteria*. Les *Archaebacteria* diffèrent des bactéries vraies par la structure de leur ARN ribosomal et par celle de leurs constituants lipidiques. Ce règne, qui correspond aux êtres vivants à la fois les plus primitifs et les plus anciennement apparus au cours de l'évolution biologique, réunit diverses bactéries halophiles, les sulfobactéries dont le métabolisme dépend de la présence dans le biotope de sulfates ou de formes plus réduites du soufre, les bactéries méthanogènes. Diverses autres familles de « bactéries » chimio-autotrophes ou phototrophes appartiennent à ce règne. **(*Voir aussi Eubacteria, Monera, Phototrophie, Procaryotes, Règnes*)**

Archaeophyte, n. f. (*Archeophyte*). Plante dont la mise en culture remonte au début du Néolithique.

Archaeopteryx, n. sc. Oiseaux fossiles très primitifs apparus au Jurassique il y a environ 160 millions d'années, qui présentaient des affinités avec les Dinosauriens à plumes dont ils étaient très vraisemblablement issus. Ils possédaient une denture et une queue pourvue de nombreuses vertèbres non encore transformée en uropyge. **(*Voir aussi Dinosaures, Oiseaux*)**

Archaeozoïque, n. m. Terme synonyme d'Archéen et utilisé aussi parfois au lieu de Précambrien. **(*Voir aussi Précambrien*)**

Archéen, adj. (*Archean*). L'une des subdivisions du Précambrien s'étendant depuis la formation de la terre voici 4,55 milliards d'années jusqu'à la première grande période de glaciation survenue il y a – 2,5 milliards d'années. Certains géologues font débuter l'Archéen il y a – 4 milliards d'années, date approximative de la condensation de l'océan mondial. La période comprise entre la formation de la Terre et cette date et correspondant à la plus ancienne des périodes des temps géologiques est dénommée Hadéen. **(*Voir aussi Biosphère, Hadéen, Précambrien*)**

Archégoniates, n. sc. (*Archegoniatae*). Important groupe de végétaux, auquel appartiennent la plupart des formes de grande taille et toutes celles qui sont les plus évoluées. Il est caractérisé par la présence d'archégones, organes sexuels femelles différenciés correspondant à une gamétange d'un type particulier, le plus souvent en forme de bouteille, qui enferme dans sa partie inférieure le gamète femelle ou oosphère. Les Archégoniates comprennent les Bryophytes, les Ptéridophytes et les plantes supérieures, les Phanérogames, qui produisent des graines. **(*Voir aussi Angiospermes, Cormophytes, Cryptogames, Gymnospermes*)**

Archéocyathes, n. sc. (*Archeocyaths*). Groupe d'éponges calcaires primitives ayant pullulé dans les mers au début du Cambrien où elles ont édifié les premiers écosystèmes coralliens de l'histoire paléoécologique.

archétype, n. m. (*archetype*). Organisme présomptif, ou dont il existe des vestiges fossiles connus, considéré comme le plus lointain ancêtre d'un groupe taxonomique donné.

archibenthique, adj. (*archibenthic*). (syn. : bathyal). Désigne l'interface entre l'eau et le substrat au niveau du talus continental (étage bathyal) ou encore les êtres vivants associés à ce biotope.

archipel, n. m. (*archipelago*). Ensemble insulaire constitué par de nombreuses îles occupant une zone géographique donnée. L'archipel de la Sonde qui s'étend sur près de 5 000 km, constitue le plus vaste du globe. L'étude des communautés vivant dans les îles de divers archipels a permis d'étayer la théorie dynamique des peuplements insulaires de MacArthur et Wilson. Cette dernière se fonde essentiellement sur l'observation faite par ces écologues du fait que le nombre d'espèces peuplant un archipel est proportionnel à sa surface et d'autant plus faible, à surface insulaire équivalente, qu'il est plus éloigné d'un continent. (***Voir aussi MacArthur***) ◆ ~ **d'Eniwetok** : voir Eniwetok.

architomie, n. f. (*architomy*). Mode de multiplication asexuée propre aux Métazoaires primitifs dans lequel un individu se scinde en deux parties distinctes qui régénèrent ultérieurement les parties manquantes de leur organisme. (***Voir aussi Paratomie***)

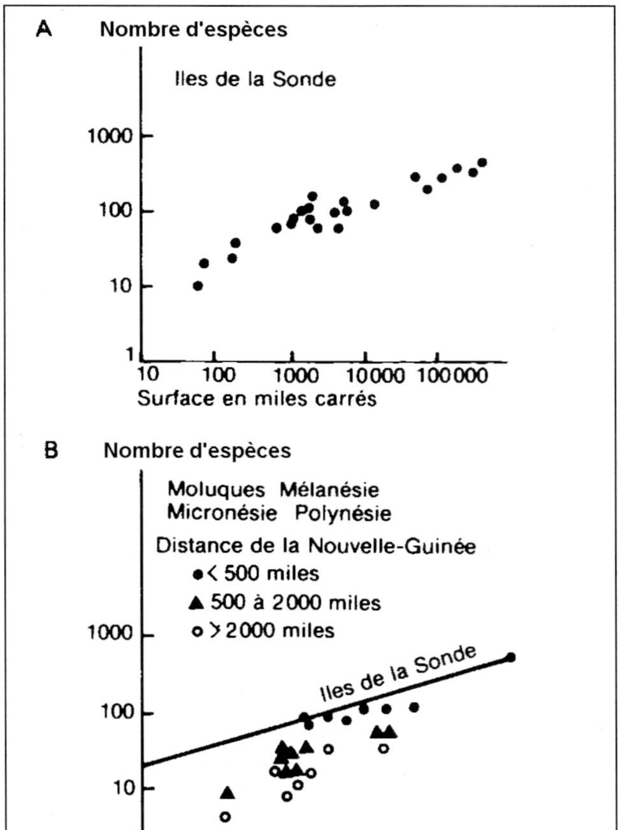

Corrélation entre la surface insulaire, la distance du continent et la richesse spécifique des îles de divers **archipels**. **A**. Archipel de la Sonde; **B**. Ensemble des archipels du Pacifique Ouest et centre tropical. (D'après MacArthur et Wilson, *Evolution*, vol. 17, 1963, p. 380)

« **archives** » **glaciaires**, n. m. (*ice records*). Terme désignant l'accumulation dans les calottes glaciaires de particules atmosphériques ainsi que l'emprisonnement de bulles d'air au moment du dépôt de la neige qui se retrouvent ultérieurement dans les glaces. Les unes et les autres apportent des informations précises sur la composition de l'atmosphère au moment où ces glaces se sont formées.

Arctique, n. m. et adj. (*arctic*). Désigne les régions boréales de hautes latitudes. ◆ **cercle polaire** ~ (*arctic polar circle*) : lieu des points de l'hémisphère Nord où le soleil ne se couche pas le jour du solstice d'été et ne se lève pas celui du solstice d'hiver (latitude 66° 34'). ◆ **peuplements** ~ (*arctic communities*) : désigne les diverses populations d'espèces végétales ou animales propres aux écosystèmes arctiques. ◆ **pollution de l'**~ (*arctic pollution*) : malgré sa position relativement éloignée des zones industrialisées de l'hémisphère Nord, les zones polaires arctiques sont exposées aux polluants atmosphériques qui y sont émis. À la fin des années 1970, a en effet été découvert au-dessus des zones polaires boréales le phénomène du *brouillard arctique*. Celui-ci résulte de l'accumulation dans la haute troposphère de ces régions de nombreux aéropolluants (oxydes de soufre, d'azote, hydrocarbures imbrûlés et particules) émis par l'usage des combustibles fossiles, particulièrement intense pendant la mauvaise saison dans les pays industrialisés de l'hémisphère Nord.

Arctogea. Région biogéographique constituée par l'ensemble des terres émergées de l'hémisphère Nord, y compris l'Afrique subsaharienne boréale.

Arécacées. Nom scientifique de la famille de Monocotylédones qui réunit l'ensemble des palmiers. Celle-ci appartient à l'ordre des Arécales. (***Voir aussi Arécales, Palmier***)

Arécales, n.sc. Ordre de Monocotylédones primitives qui compte, outre la famille des palmiers, les Aracacées (ou Palmacées), deux petites familles voisines de végétaux arbustifs ou arborés strictement tropicaux : les Pandanancées et les Cyclanthacées.

arénacé, adj. (*arenaceous*). Constitué de sable.

arène, n. f. (*arena*). Aire utilisée comme terrain de parade nuptiale collective par les mâles de diverses espèces d'oiseaux. (***Voir aussi Lek***)

arénicole, adj. (*arenicolous*) (syn. : psammophile). Désigne les espèces inféodées aux biotopes sablonneux.

arénivore, adj. (*arenivorous*). (syn. : psammivore). Désigne les organismes qui ingèrent du sable.

argent, n. m. (*silver*). (Ag). Élément de numéro atomique Z = 47 et de masse atomique Ar = 107,8 dont le corps simple est un métal précieux très ductile et malléable qui, outre son usage en orfèvrerie, fait l'objet de très nombreuses applications industrielles en métallurgie, électrotechnique, électronique, chimie et photographie.

Il est de toxicité aiguë peu élevée, sauf pour certains de ses sels, en particulier le nitrate. En milieu aquatique, ce sel et certains autres de ses dérivés sont en revanche très toxiques et présentent une CL 50 inférieure à 0,1 mg/l pour certains Invertébrés et divers microorganismes. En conséquence, les eaux polluées par des composés argentiques peuvent être très nocives pour les communautés aquatiques et inhiber les lits bactériens activés de stations d'épuration.

argiles, n. f. (*clay*). Minéraux secondaires stables provenant de la décomposition des feldspaths, de structure feuilletée, dont la taille moyenne des grains est inférieure à 2 µm. Les argiles représentent les principaux constituants silicatés des couches supérieures de la lithosphère car très abondantes dans de nombreuses roches sédimentaires. Elles jouent un rôle essentiel dans la structure des sols dont elles constituent un des agents majeurs de la fertilité en se combinant aux produits de décomposition de la matière organique sous forme de complexe absorbant argilo-humique. Les principaux types d'argile sont la kaolinite, qui est du silicate d'aluminium pur, les smectites (montmorillonites), l'illite et la chlorite. ***(Voir aussi Pédologie, Sol)***

argilo-humique, adj. ◆ **complexe** ~ (*clay-humus complex*) : agrégat de particules d'argiles et d'acides humiques – lesquels sont eux-mêmes des produits de dégradation des matières organiques végétales dans les sols – sous forme de micelles colloïdales. Le complexe absorbant argilo-humique a la particularité de retenir les éléments minéraux des sols et de les relarguer dans l'eau interstitielle assurant ainsi la nutrition minérale de tous les végétaux terrestres. ***(Voir aussi Porosité, Sol)***

argilophile, adj. (*argillophilous*). Désigne une espèce qui se développe dans un milieu argileux ou boueux.

argon, n. m. (Ar) (*argon*). Élément de numéro atomique Z = 18 et de masse atomique Ar = 40 dont le corps simple est un gaz rare se rencontrant à une concentration proche de 1% dans l'atmosphère terrestre. ◆ ^{41}**Ar** : radio-isotope de période 30 jours qui se forme dans le système de refroidissement des réacteurs nucléaires refroidis au CO_2 : les magnox et les AGR britanniques, ainsi que les anciens UNGG français.

arhéique, adj. ◆ **région** ~ (*arheic region*) : région dans laquelle aucun cours d'eau ne prend naissance.

aride(s), adj. ◆ **zones** ~ (*arid zones*) : régions continentales dont le maximum d'extension est compris entre 15 et 30° de latitude de part et d'autre de l'Équateur, marquées par des précipitations inférieures à 200 mm par an. ***(Voir aussi Désert)***

aridification, n. f. (*aridification*). Phénomène marqué par une tendance dans le plus ou moins long terme à la diminution des précipitations dans une région donnée. ***(Voir aussi Désertification)***

aridité, n. f. (*dryness*). Condition climatique marquée par une insuffisance des précipitations, avec pour corollaire une limitation au développement de la végétation potentielle correspondant aux conditions thermiques de la latitude considérée.

Aristolochiales, n. sc. Ordre de Dicotylédones de la sous-classe des *Magnolidae*. Il ne comporte qu'une famille, celle des Aristolochacées, dont on dénombre environ 600 espèces surtout représentées par des plantes grimpantes, malodorantes, dont les fleurs sont dépourvues de pétales.

Armadillidium, n. sc. Crustacé Isopode terrestre du groupe des cloportes, commun dans l'ensemble de l'Europe.

Armadillo, n. sc. Genre de mammifères xénarthres d'Amérique tropicale, dénommés tatous, dont le corps possède une cuirasse continue constituée d'écailles dermiques.

armements, n. m. (*arms, weapons*). Désigne l'ensemble des armes et autres matériels de combat équipant les armées. Au cours des dernières décennies a émergé une prise de conscience de plus en plus affirmée de la relation entre production d'armements et dégradation de l'environnement même en l'absence de conflit, *a fortiori* des immenses désastres écologiques qui résulteraient de l'usage d'armes nucléaires voire de certaines armes chimiques. ◆ ~ **de destruction massive** (*weapons of mass destruction*) : ces derniers comprennent les armes biologiques, chimiques et nucléaires. Les *armes biologiques* sont constituées par des germes de certaines affections bactériennes ou virales ou encore de diverses toxines (cas de la toxine botulinique ou de certaines mycotoxines par exemple) susceptibles de faire périr en masse les populations exposées de façon directe ou indirecte aux épidémies qu'elles peuvent provoquer. Les *armes chimiques* comportent les gaz de combat et aussi d'autres types d'armes dites écocides, tels les défoliants, dont l'objet est de détruire l'environnement de l'homme, en particulier les ressources naturelles indispensables aux populations affectées. Les plus redoutables gaz de combat sont constitués par les gaz dits *innervants* qui provoquent un blocage de la transmission nerveuse en particulier au niveau des jonctions neuromusculaires entraînant de ce fait une paralysie quasi instantanée (Sarin, Soman, Tabun, VX par exemple). De structure chimique voisine de celle des insecticides organo-phosphorés, il s'agit d'armements particulièrement sensibles car ils peuvent donner lieu à une prolifération par détournement de l'industrie des pesticides comme les affaires de construction d'usines d'« insecticides » en Irak et en Libye en ont apporté la preuve. Les *armes nucléaires* sont constituées par les bombes atomiques (à fission), les bombes H (à fusion), enfin les bombes à rayonnement renforcé (dites à neutron). De nos jours, ce type d'armement constitue la plus grave menace, non seulement pour l'ensemble de l'humanité mais même pour la pérennité de la biosphère en tant que telle. Il a été en effet démontré qu'une guerre nucléaire même « limitée » serait susceptible de provoquer un hiver nucléaire et une destruction de la couche d'ozone, fatals à l'ensemble des écosystèmes exis-

Formule de quelques **armes** chimiques majeures : gaz innervants et défoliants. On remarque la similitude de structure moléculaire respective entre les gaz de combat : Sarin, Soman, Tabun d'une part et les insecticides organophosphorés : dimefox, Tepp et Schradan de l'autre. (D'après Ramade, F., *La Recherche*, vol. 21, 1990, p. 386)

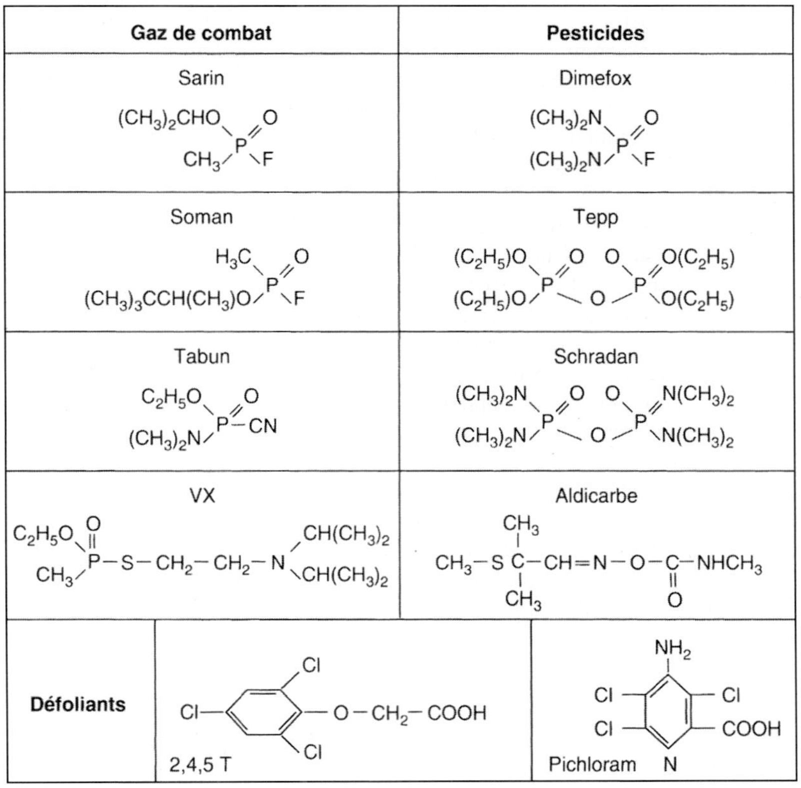

tant à la surface des continents émergés. (***Voir aussi Nucléaire***) ◆ **course aux** ~ (*arms race*) : **1.** au cours des trois dernières décennies, les tensions politiques issues de la guerre froide puis maintenant celles résultant de l'émergence dans certains pays du Tiers monde de régimes totalitaires en faisant souvent de véritables « *rogue countries* » (États parias) contribuent à entretenir une incitation effrénée au développement quantitatif et qualitatif des armements. Le programme de « *Guerre des Étoiles* », lancé sous la présidence Reagan, a représenté dans les années 1980 l'apogée de la course aux armements et en a constitué l'aspect le plus pharaonique avec même des accents de science-fiction. Elle est néanmoins relancée depuis la fin des années 1990 à la suite du développement d'armements nucléaires par certains États « émergents ». À l'heure actuelle, non seulement certains des pays les plus développés de la planète, mais aussi une forte proportion de ceux du Tiers monde, investissent des sommes faramineuses – et pour certains la part la plus importante de leur PNB – dans la production (pour les pays du Nord mais aussi pour certains pays en cours d'industrialisation) ou l'achat (pour ceux du Sud) d'armements vite rendus obsolètes par les progrès technologiques. On estimait au début des années 1990 que la course aux armements engloutissait chaque année quelque 6 000 milliards de dollars dans l'ensemble du monde! À titre de comparaison, on avait évalué à ce même moment qu'une dépense de 1 000 milliards de dollars, étalée entre 1990 et l'an 2000, aurait suffi pour arrêter l'explosion démographique. Que dire alors de ces pays dits en voie de développement où la majorité de la population est illettrée comme au Pakistan ou encore où sévit une famine récurrente affectant des millions de personnes comme en Corée du Nord, mais qui consacrent des sommes colossales en proportion du budget de leur État au développement d'armes nucléaires ? **2.** Terme d'écologie désignant le fait que dans les interactions évolutives incessantes entre deux espèces, les changements se produisant chez l'une d'entre elles induisent une pression de sélection générant des changements dans l'autre espèce. Ces changements apparaissent sur une échelle de temps qui est celle d'un grand nombre de générations. (***Voir aussi Coévolution***) ◆ ~ **et développement** (*arms and development*) : les dépenses d'armements exercent une interaction négative sur le binôme environnement et développement. Le manque à gagner en investissements productifs et en ceux nécessaires à la protection de la nature et de ses ressources est évident, sans omettre les graves pollutions locales, voire régionales, engendrées par l'expérimentation et la production d'armes modernes, et pas seulement nucléaires.

Il est d'usage de stigmatiser, certes à juste titre, les énormes dépenses d'armement des pays occidentaux. Il est cependant regrettable que l'on feigne trop souvent d'ignorer dans le même temps les conséquences encore plus désastreuses des gigantesques dépenses d'armement effectuées dans les pays du Tiers monde. Outre que ces dernières servent essentiellement à maintenir en place des régimes totalitaires, ces dépenses obèrent des budgets dont l'insuffisance d'allocation des ressources aux besoins les plus urgents fait cruellement défaut pour le développement des peuples concernés.

Dans la quasi-totalité des pays du Tiers monde, les achats d'armements atteignent de nos jours des sommes nettement supérieures (souvent cinq à dix fois plus fortes selon les données même des Nations unies!) à celles que ces pays affectent au budget de l'éducation alors que chez beaucoup d'entre eux la majorité de la population, en particulier des femmes, est illettrée et que l'analphabétisme, loin de régresser, y progresse! Les gouvernements de la majorité de ces pays, pourtant exposés à une désastreuse inflation démographique qui constitue l'autre obstacle majeur à leur développement, ne consacrent – dans le même temps où ils engloutissent leurs maigres ressources dans l'achat d'armes lourdes – aucun financement au planning familial! Ainsi, en 1994, le record mondial pour la part du budget de l'armement était détenu respectivement par l'Irak et la Somalie. En proportion de celui dévolu au couple éducation plus santé publique, son rapport était de 8 à 1 pour le premier et de 5 à 1 pour le second. Durant cette même année, les Nations unies ont estimé que les pays en voie de développement ont consacré 125 milliards de $ pour l'armement. Or, toujours selon l'ONU, 12% de cette somme auraient suffi à assurer une couverture minimale de base à tous leurs habitants, à vacciner l'ensemble de la population infantile, à éliminer les troubles bénins de malnutrition et à assurer à tous l'eau potable! Seulement 8% de cette somme, toujours selon les Nations unies, auraient permis d'assurer les services de planification familiale à tous les couples et de stabiliser d'ici 2015 la population de ces mêmes pays. Enfin 4% de cette somme auraient permis de réduire de moitié l'analphabétisme des adultes, de rendre l'enseignement primaire universel et en outre de donner à l'ensemble des femmes de ces pays un niveau d'éducation équivalent à celui des hommes!

En 1997, les pays en voie de développement ont, dans leur ensemble, consacré 3 fois plus à l'achat d'armements qu'il ne suffirait pour garantir l'éducation à l'ensemble de leurs jeunes. Tout cela est d'autant plus insensé que, par suite de leur sous-développement, les pays considérés seraient incapables d'utiliser correctement et efficacement en cas de conflit les armes ainsi acquises en pure perte et à grand frais ainsi que la guerre du Golfe en a apporté une spectaculaire démonstration. Les considérations précédentes n'éludent certes pas la responsabilité des dirigeants des pays développés quels que soient les errements de ceux du Tiers monde ci-dessus évoqués.

En conclusion, dans une perspective du développement durable, se trouve dès à présent posée la question capitale du commerce des armes du Nord vers le Sud mais aussi du problème des sommes affectées par ces derniers pays à des dépenses d'armements alors même qu'ils négocient auprès d'organismes financiers internationaux l'obtention de crédits pour des investissement destinés au développement. Il serait temps que les dirigeants de ces pays comprennent que cette « culture de guerre » doit impérativement céder la place à une « culture de paix ». **(*Voir aussi Développement durable*)**

armoise, n. f. Voir *Artemisia.*

aromatique, adj. (*aromatic*). Voir Hydrocarbures.

arpenteuse, adj. ◆ **chenille** ~ (*looper caterpillar*) : type de chenilles propres aux Lépidoptères Géométrides qui se déplacent en alternant rapprochement et extension des appendices locomoteurs thoraciques et postabdominaux.

arrhénogénie, n. f. (*arrhenogeny*). Type de reproduction sexuée consistant en ce que la descendance produite par les femelles ne comporte que des mâles.

arrhénotoque, adj. (*arrhenotoquous*). Désigne un type de parthénogenèse dans lequel les femelles ne donnent que des mâles haploïdes dans leur descendance.

arrhénotoquie, n. f. (*arrhenotoky*). Type de parthénogenèse dans lequel les femelles non fécondées ne donnent que des mâles haploïdes dans leur descendance. À l'opposé, les œufs fécondés ne produisent que des femelles. C'est par exemple le cas de nombreux Hyménoptères comme l'abeille domestique où la reine – en utilisant ou non la réserve de spermatozoïdes contenus dans son réceptacle séminal – produit à volonté des femelles (ouvrières ou futures reines) et à l'opposé des mâles (faux-bourdons). **(*Voir aussi Deutérotoquie, Parthénogenèse, Thélytoquie*)**

arroyo, n. m. (*arroyo*). Petit ravin creusé par un cours d'eau dans une région aride ou semi-aride, dont les parois sont abruptes voire verticales et constituées par des sédiments à structure fine et compacte. Le lit est plat et usuellement sablonneux. Les arroyos présentent des crues épisodiques et torrentielles. Ils se rencontrent fréquemment dans l'ensemble des régions du monde à climat méditerranéen.

arsenic, n. m. (*arsenic*) (As). Élément de numéro atomique Z = 33 et de masse atomique Ar = 74,9 dont le corps simple est un métalloïde. Cet élément est insoluble, inactif et de ce fait atoxique, en revanche ses dérivés minéraux et certains de ses composés organiques sont des toxiques redoutables parmi lesquels on rencontre divers pesticides (insecticides, fongicides ou herbicides). Ces divers dérivés sont parfois la cause d'une pollution diffuse de l'environnement. Celle-ci est liée en particulier aux activités métallurgiques relatives à la production de métaux non ferreux. Une autre source de contamination par cet élément provient de l'usage de pesticides arséniés en particulier d'herbicides (acide cacodylique et cacodylates par exemple). Au total, les émissions anthropogéniques d'arsenic dans l'atmosphère étaient estimées à 25 000 t/an au début des années 1990. Son temps de demi-vie dans les sols et les biotopes aquatiques est très élevé. Il est estimé respectivement à 350 j dans l'eau et 1500 ans dans les sols et les sédiments !

Artemia salina, n. sc. Crustacé Branchiopode qui pullule dans les lagunes sursalées, *a fortiori* les marais salants, des zones littorales, océaniques et méditerranéennes. Cette espèce constitue un élément important de la nourriture des flamants roses. **(*Voir Camargue, Flamant*)**

Artemisia, n. sc. Genre de plantes vivaces de la famille des Composées. ◆ ***~ lanugilosa*** : espèce de l'Ouest des États-Unis qui présente de grandes variations phénotypiques selon les biotopes où elle est implantée. C'est entre autres à partir des travaux effectués sur cette dernière qu'a été précisée la notion d'écotype en écologie végétale. **(*Voir aussi Écotype*)** ◆ ***~ tridentata*** : autre espèce ligneuse et buissonnante des États de l'Ouest américain qui est dominante dans les phytocœnoses steppiques de ces régions dénommées Sagebrush. **(*Voir aussi Steppe*)**

Sagebrush : steppe à ***Artemisia tridentata*** dans l'Oregon. Cette plante ligneuse, dédaignée par le bétail, constitue l'une des espèces dominantes de ces milieux steppiques, largement utilisés pour le pâturage extensif. (Cliché F. Ramade)

artésien, adj. ◆ **bassin** ~ (*artesian basin*) : bassin sédimentaire synclinal, donc formé de couches empilées les unes sur les autres en forme de cuvette, dont certaines sont étanches, permettant la constitution de nappes phréatiques profondes et captives. ◆ **puits** ~ (*artesian well*) : puits atteignant des nappes phréatiques profondes et étanches, sises dans une structure synclinale et ayant donc une pression hydrostatique (potentiel piézométrique) élevée et qui, de ce fait, jaillissent spontanément lors de son creusement. À titre d'exemple, les couches de sable vert qui se trouvent à 600 m de profondeur sous Paris affleurent dans le Bassin parisien à 200 km de la capitale en Champagne humide et dans l'Argonne à une altitude de + 130 m. Compte tenu du fait que l'altitude au niveau de la Seine est de 25 m, la pression piézométrique correspond à une dénivelée de 105 m soit plus de 10 bars, ce qui explique le jaillissement des puits artésiens dont le plus ancien, celui de Grenelle, fut creusé en 1841 sous la municipalité du célèbre astronome Arago. (***Voir aussi Aquifère, Puits***)

Arthropodes, n. m. (*Arthropoda*). Embranchement de Métazoaires caractérisé par un corps segmenté pourvu d'un exosquelette, ce qui implique une croissance par mues (et éventuellement des métamorphoses pour beaucoup d'entre eux). La majorité des espèces animales connues et estimées de la biosphère appartiennent à ce groupe. On distingue plusieurs classes d'Arthropodes : les **Crustacés**, organismes aquatiques dans la plupart des cas qui présentent le plus de parenté avec une classe primitive disparue au primaire : les Trilobites. Les **Insectes** ou Hexapodes, essentiellement terrestres, dont certains se sont secondairement adaptés à la vie aquatique. Les **Chélicérates**, groupe artificiel comportant en réalité plusieurs classes, tous pourvus d'appendices buccaux venimeux, les Chélicères, dont les plus connus du profane sont les araignées et les scorpions. (***Voir aussi Chélicérates, Crustacés, Insectes***)

Articulés, n. sc. (*Articulata*). Sous-classe d'Échinodermes renfermant les seuls ordres survivants de la classe des Crinoïdes, essentiellement fossiles.

artificiel, adj. ◆ **substrat** ~ (*artificial substratum*) : voir Substrat.

Artiodactyles, n. m. (*Artiodactyla*). Ordre de Mammifères herbivores aux pattes comportant deux ou quatre doigts développés pourvus de sabots cornés dont beaucoup possèdent des cornes – ou des bois – dans la partie frontale du crâne. Les Bovidés en constituent la principale famille. (***Voir aussi Bovidés, Cervidés, Ruminants, Suidae***)

asbeste, n. m. Voir Amiante.

asbestose, n. f. (*asbestosis*). Maladie pulmonaire chronique provoquée par l'inhalation de fibre d'amiante. (***Voir aussi Amiante***)

ascenseur, n. m. ◆ ~ **à poissons** (*fish lifter*) : les échelles à poissons ne permettent pas aux espèces migratrices d'eaux lentes (aloses, esturgeons, lamproies par exemple) de pouvoir regagner leurs frayères car elles sont incapables de remonter des courants intenses. Aussi, depuis quelque temps, a-t-on commencé à installer un type particulier de dispositifs de remontée : les ascenseurs à poissons. Le premier dispositif de ce type a été construit sur la dérivation de la centrale hydroélectrique de Golfech, sur la Garonne. Il a permis de vérifier que chez des espèces comme les aloses, autrefois confinées sur le cours inférieur à la suite de la construction de retenues hydroélectriques, une proportion importante de la population pouvait franchir l'obstacle du barrage grâce à ces installations. (***Voir aussi Échelle***)

ascension, n. f. ◆ ~ **capillaire** (*capillary rise*) : voir Capillaire.

Ascidies, n. f. (*sea squirts*). Animaux marins de la classe des Tuniciers, à régime alimentaire filtreur et microphage, vivant à l'état adulte fixés à demeure sur des substrats minéraux ou biologiques.

Asclépiadacées, n. sc. Famille de Dicotylédones gamopétales de l'ordre des Gentianales. Elle comporte plus de 2 000 espèces, essentiellement herbacées ou buissonnantes propres aux régions tempérées et subtropicales. Le dompte-venin (*Vincetoxicum*) et l'herbe à l'ouate (*Asclepias cornuti*) en sont les représentants les plus connus en Europe occidentale.

Ascomycètes, n. m. (*Ascomyceta, powdery mildew*). Embranchement de champignons dont les formes sexuées sont des asques. Il comporte de nombreuses espèces d'importance économique soit parce qu'elles sont utilisées dans la production agroalimentaire (cas des levures), soit au contraire parce qu'il s'agit d'agents de maladies des végétaux cultivés (oïdium, mildiou, tavelure par exemple). (***Voir aussi Basidiomycètes***)

Asellus aquaticus, n. sc. Crustacé dulçaquicole, de l'ordre des Isopodes, vivant dans des eaux calmes à régime détritivore. Il constitue un bon bioindicateur d'eaux légèrement chargées en matières organiques (mésosaprobie). (***Voir aussi Bioindicateur, Pollution des eaux***)

asexuée, p. p. ◆ **multiplication** ~ (*asexual reproduction*) : voir Multiplication, Reproduction.

Asie (*Asia*). D'une surface de 43,5 millions de km^2 et avec 3,684 milliards d'habitants (en 2000), l'Asie constitue le plus vaste et le plus peuplé des continents. Au plan écologique et donc biogéographique, l'Asie est hétérogène, les parties tempérées et boréales appartiennent à l'empire paléarctique qui inclut aussi l'ensemble de l'Europe et de l'Afrique mineure. À l'opposé, l'Asie du Sud (Indes, Siam, Indochine, Chine tropicale, Malaisie) est tropicale et fait partie de l'empire biogéographique indomalais. Continent où apparurent la plupart des civilisations, l'Asie a été depuis la plus haute antiquité exposée aux dégradations de la nature et de ses ressources par l'homme. Tel est en particulier le cas de la Chine où le pays, originellement couvert de forêts, a perdu la quasi-totalité de ses boisements dans la période historique avec pour conséquence une désastreuse érosion des sols et une désertification catastrophique. Celle-ci a atteint 30% des surfaces antérieurement boisées au début du Néolithique! Ces phénomènes se sont amplifiés avec l'explosion démographique du XXe siècle, en particulier aux Indes où un milliard d'habitants s'entassent déjà sur 3,5 millions de km^2, surface équivalente à celle de l'Union Européenne, mais où les climats sont en général plus arides et les sols plus pauvres. En conséquence, la déforestation, l'érosion des terres cultivées et la désertification représentent des fléaux majeurs pour ce continent. Avec l'Afrique, il figure parmi les régions du monde où l'extension de ces fléaux constitue pour l'instant la plus grande menace pour l'avenir du développement des populations de la plupart des pays qui s'y trouvent. En date plus récente, l'industrialisation effectuée sans aucun souci de protection de l'environnement s'est traduite par une pollution désastreuse des eaux et de l'air comme en atteste l'augmentation des pluies acides constatée depuis le début des années 1980 en Extrême Orient, ou encore les conséquences déjà catastrophiques de la pollution de l'air des villes et des eaux des grands fleuves de Chine et du sous-continent indien.

aspersion, n. f. ◆ **irrigation par** ~ : voir Irrigation.

asphodèles, n. f. (*asphodel*). Plantes herbacées, de la famille des Liliacées, qui se rencontrent dans les landes méditerranéennes dont la végétation a été surpâturée et aux sols squelettisés par le passage récurrent de l'incendie aux stades précédents de la succession régressive.

Lande à **asphodèles** (*Asphodela cerasifer*) sur le causse de Blancas (Hérault). (Cliché F. Ramade)

asphyxie, n. f. ◆ ~ **des sols** (*soils asphyxiation*) : phénomène résultant de la saturation prolongée des sols par l'eau qui conduit à un état anoxique voire à des fermentations anaérobies dans ce dernier.

asque, n. f. (*ascus*). Cellule spécialisée (sporocyste) des champignons Ascomycètes dans laquelle se forment les ascopores haploïdes. **(*Voir aussi Ascomycètes*)**

assèchement, n. m. ◆ ~ **des marais** (*wetlands drainage, drying*) : technique de récupération des terres de culture fondée sur le drainage des zones humides très en vogue en Europe depuis la Renaissance et considéré parfois comme la marque du progrès dans la symbolique des technocrates.

L'assèchement des marais et autres zones humides représente en réalité une opération désastreuse au plan écologique. En effet, cette pratique ne prend pas en considération le fait que les marécages sont des biotopes très importants pour la régulation du cycle de l'eau jouant le rôle d'éponge et restituant ensuite les eaux accumulées au cours des périodes sèches.

D'autre part, les marécages figurent parmi les écosystèmes lentiques ayant la plus haute productivité biologique en particulier piscicole et jouent en outre un rôle essentiel dans le cycle vital de nombreuses espèces de poissons d'eau douce. Malgré cela, la destruction des zones humides s'est accrue au cours des trois dernières décennies, la perte moyenne étant de 185 000 ha/an aux États-Unis où elles ne représentent plus que 45% de leur surface initiale.

En Europe méditerranéenne, les destructions ont été encore pires car les marécages et lagunes littorales y couvrent moins du tiers de leur surface initiale, les assèchements ayant été entrepris dès la période romaine. Certains pays comme l'Italie ont même perdu 90% de leurs marécages au cours des deux derniers millénaires. **(*Voir aussi Eau, Marais, Zones humides*)**

assimilation, n. f. ◆ **coefficient d'**~ (*assimilation coefficient*) : désigne pour chaque espèce de consommateur d'un réseau trophique donné le rapport A_e entre la quantité d'énergie alimentaire assimilée c'est-à-dire disponible pour la croissance et (ou) le métabolisme A_n et la quantité de nourriture ingérée I_n.

On aura :
$$A_e = \frac{100A_n}{I_n}$$

Le rapport A_e correspond aussi à l'efficacité d'assimilation.

association, n. f. ◆ ~ **biotique** (*biotic association*) : groupement de populations d'espèces différentes présentant un caractère non aléatoire mais dont le degré de fidélité est variable selon les cas. ◆ **coefficient d'**~ (*association coefficient*) : il a pour objet de donner une valeur quantitative au degré de fidélité de l'association entre deux espèces. ◆ ~ **végétale** : voir Phytosociologie, Phytocœnoses.

Assouan ◆ barrage d'~ (*Aswan dam*) : barrage construit sur le haut Nil, provoquant en 1962 l'ennoiement du cours égyptien de ce fleuve, en amont, à partir du niveau de ses anciennes cataractes. Les célèbres temples d'Abou Simbel, engloutis sous les eaux d'un immense lac artificiel, le lac Nasser, ont été sauvés grâce à un effort sans précédent de l'UNESCO, la solidarité internationale ayant permis de les reconstruire en aval.
Ce barrage a été à l'origine de graves perturbations écologiques. En particulier, il a mis un terme aux célébres crues du Nil qui fertilisaient sa vallée, les limons étant maintenant bloqués par la retenue. L'arrêt de l'apport des éléments fertilisants qui en est résulté fait que les terres cultivées de son ancienne plaine alluviale ne sont plus fertilisées. En outre, ces sels minéraux nutritifs charriés par les eaux en crue du fleuve n'étant plus déversés dans la Méditerranée au niveau du delta, il s'en est suivi un effondrement des pêcheries côtières égyptiennes dont les captures sur le littoral méditerranéen n'atteignent plus que 5 000 t/an contre 100 000 avant la construction du barrage.
Depuis l'achèvement du barrage, la rétention des sédiments en amont, dans le réservoir constituant le lac Nasser, a eu pour conséquence un comblement accéléré de ce dernier dont la durée de vie est actuellement estimée au siècle contre plus de trois siècles selon les estimations initiales de ses constructeurs.
Autre séquelle désastreuse de cet ouvrage « pharaonique » au sens strict du terme, le delta du Nil n'ayant plus l'apport sédimentaire requis pour assurer l'équilibre entre sédimentation et érosion, est peu à peu englouti dans la Méditerranée, certains villages situés autrefois à plusieurs kilomètres à l'intérieur des terres étant aujourd'hui situés sur la côte ! ***(Voir aussi Barrage, Nil, Retenue, Sédimentation)***

astaciculture, n. f. (*astaciculture*). Forme d'aquaculture qui concerne la multiplication et l'élevage des écrevisses.

Astéracées, n. sc. (syn. : Composées, *Compositae*). Famille de Dicotylédones de l'ordre des Astérales, très évoluée, qui comporte un très grand nombre d'espèces (plus de 20 000). Les fleurs ont fusionné en un capitule constitué par la coalescence d'un grand nombre de très petites fleurs. Cette inflorescence complexe peut atteindre une très grande taille et simule une fleur unique comptant jusqu'à plus d'un millier de fleurs contiguës chez le tournesol (*Helianthus sp.*). ***(Voir aussi Composées)***

Astéracées. Fleur de tournesol (*Helianthus annuus*). (Cliché F. Ramade)

Astérales, n. sc. Ordre de Dicotylédones Astéridées qui renferme deux familles principales : les Campanulacées et les Astéracées.

Astéridées, n. sc. Sous-classe de Dicotylédones gamopétales qui renferme une proportion importante des espèces d'angiospermes modernes. Elle comporte quatre grands ordres : les Tubiflorales, les Gentianales, les Dipsacales et les Astérales. ***(Voir aussi Composées, Lamiacées, Scrophulariacées, Solanacées)***

asthénosphère, n. f. (*asthenosphere*). Couche profonde de la terre dans laquelle les ondes sismiques se transmettent à vitesse réduite.

asthme, n. m. (*asthma*). Affection respiratoire chronique caractérisée par une constriction des muscles bronchiques qui entrave l'expiration de l'air contenu dans les poumons. Provoqué généralement par des aéroallergènes, l'asthme, malgré son origine atopique donc endogène, voit de décennie en décennie l'incidence de ses manifestations affecter une proportion croissante de la population dans l'ensemble des pays industrialisés par suite de la pollution de l'air urbain. ***(Voir aussi Allergie, Qualité de l'air)***

asymétrique, adj. ◆ **compétition** ~ (*asymetric competition*) : compétition dans un couple d'espèces dans laquelle une des deux espèces a un avantage prépondérant voire absolu sur les populations de l'autre espèce. ***(Voir aussi Compétition, Gause, Niche)***

atavique, adj. (*atavic*). Désigne ce qui se rapporte à l'atavisme.

atavisme, n. m. (*atavism*). Phénomène se traduisant par la réapparition d'un caractère après plusieurs générations, conséquence de l'expression d'un gène récessif ou complémentaire.

atéliose, n. f. (*ateliosis*). Phénomène à l'origine de l'apparition de formes naines d'une espèce donnée mais dans laquelle les proportions générales des individus typiques sont conservées. Cette modification phénotypique peut être pathologique mais aussi concerner une population exposée à des conditions écologiques très contraignantes.

Athènes (*Athens*) ◆ **pollution de l'air à** ~ : ville méditerranéenne soumise à de fréquentes inversions de température, Athènes est exposée depuis quelques décennies à des smogs oxydants produits par la conjonction des rejets de combustion des foyers industriels et d'une intense circulation automobile. La catastrophique pollution de l'air qui en résulte se traduit par des effets néfastes sur l'hygiène publique et une dégradation par corrosion des ruines antiques y compris le célèbre Parthénon. Le problème est d'une telle ampleur que la municipalité a dû adopter dès la fin des années 1980 des mesures de restriction de circulation des véhicules à moteur (alternance plaques paires-impaires selon les jours). ***(Voir aussi Smog)***

Atlantique, océan (*Atlantic Ocean*). Océan couvrant les deux hémisphères dont la profondeur moyenne de 3 310 m est relativement faible, dont la température moyenne est de 3,73 °C et dont la salinité de 34,9 pour mille est relativement élevée. L'Atlantique joue un rôle essentiel dans l'ajustement des climats des continents riverains au travers de plusieurs courants chauds comme le *gulf stream* qui confère à l'Europe atlantique son climat très tempéré, ou froids comme celui du Labrador qui longe le Nord-Est de l'Amérique ou encore celui du Benguela sur la côte de l'Afrique australe. En réalité l'océan Atlantique exerce même une action majeure sur l'ensemble du climat global. Cette action météorologique à l'échelle mondiale résulte surtout d'un gigantesque courant, le courant de circulation thermohaline globale (« *great oceanic conveyor* »), qui prend naissance dans l'Atlantique Nord. Découvert dans les années 1980, les changements d'intensité de ce courant dans l'Atlantique Nord semblent conditionner l'apparition, l'intensité et la durée des périodes glaciaires. ***(Voir aussi Courant, Gulf Stream)***

atmosphère, n. f. (*atmosphere*). Couche la plus extérieure de la Terre, de nature gazeuse et constituant donc la partie la plus extérieure de l'écosphère. On appelle *atmosphère réduite* une atmosphère théorique dont la pression serait uniforme et égale à sa valeur normale au niveau du sol. Dans une telle hypothèse, l'atmosphère aurait une épaisseur de seulement 8 km, alors que son épaisseur réelle excède 1 000 km.

◆ **origines de l'~** : l'histoire de l'atmosphère terrestre est complexe et remonte au tout début de la genèse même du système solaire il y a environ 4,7 milliards d'années. Son évolution a joué un rôle essentiel dans celle de la biosphère et, réciproquement, celle-ci a conditionné la formation de l'atmosphère actuelle. À l'origine, la nébuleuse solaire primitive était constituée par un mélange d'hydrogène et d'hélium. Au fur et à mesure de l'accrétion des particules planétésimales ayant donné lieu à la formation des planètes, cette atmosphère s'est accumulée autour de ces dernières. Cette première atmosphère a été « soufflée », comme celles des autres planètes telluriques les plus proches du soleil

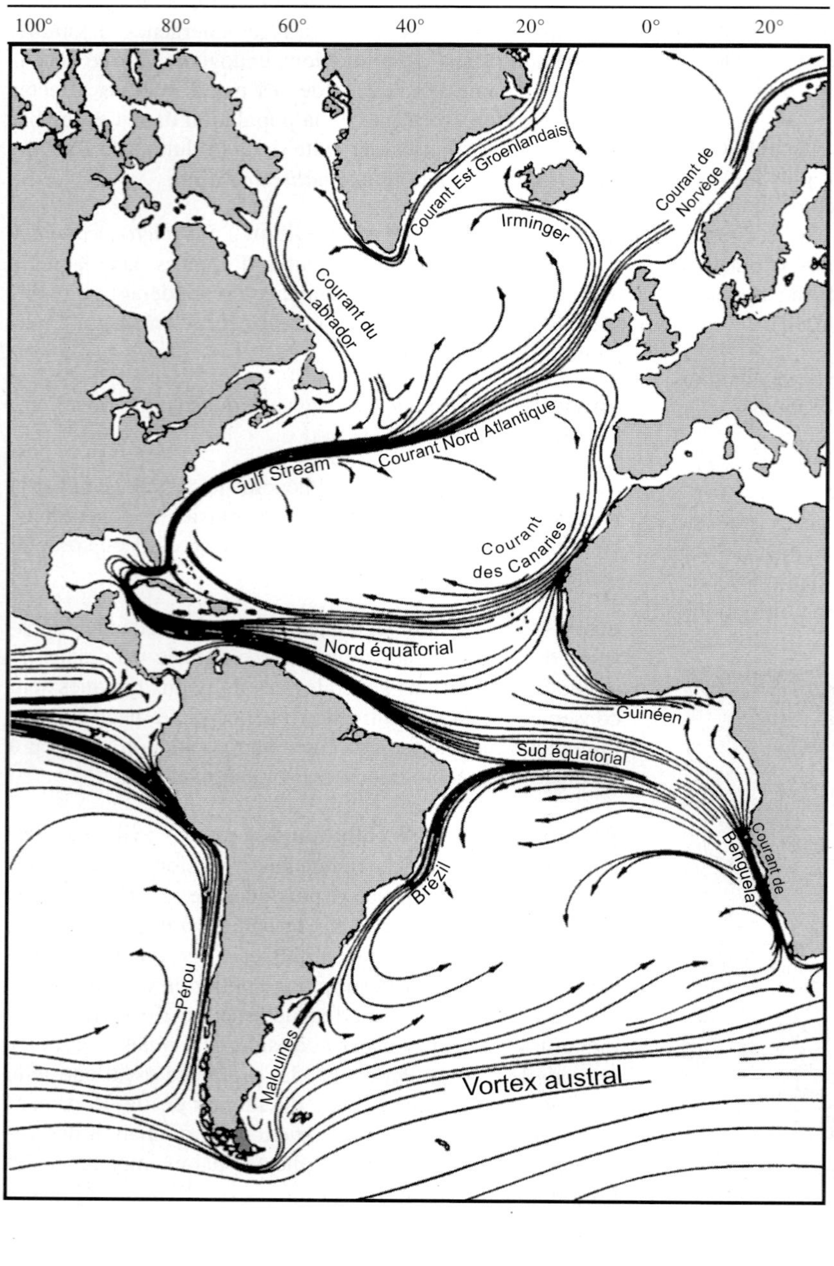

Carte des principaux courants de l'océan **Atlantique**. Parmi ces derniers, le *gulf stream* représente le plus important courant marin superficiel du globe et contribue à modeler le climat d'une partie importante des moyennes et hautes latitudes de l'hémisphère boréal. (D'après Clarke, op. cit., p. 43)

(Mercure, Vénus et Mars), par le flash thermonucléaire produit au moment de l'allumage du soleil, il y a environ 4,6 milliards d'années (stade *t-tauri* de l'évolution d'une étoile).
L'atmosphère primordiale, dénommée *pneumatosphère*, s'est ensuite formée, constituée d'azote, d'hydrogène, de vapeur d'eau, d'acide sulfhydrique et d'oxyde de carbone par dégazage des couches superficielles. Celle-ci a été ensuite remplacée il y a 4 milliards d'années par une *atmosphère secondaire* riche en azote, vapeur d'eau à saturation, CO_2, méthane et SO_2. Cette atmosphère, résultant de l'important épisode de volcanisme hawaïen qui marqua la condensation du noyau planétaire, commencée voici 4,2 milliards d'années, fut responsable d'un important effet de serre qui compensait le flux solaire plus faible qu'aujourd'hui. Le soleil jeune avait en effet une température de 300 K inférieure à la température actuelle. Cet effet de serre a donc empêché que l'océan juvénile ne soit pris en un gigantesque bloc de glace et ceci de façon définitive au moment de sa condensation, il y a environ 3,98 milliards d'années, ce qui aurait arrêté définitivement toute évolution biologique. La diminution progressive de l'effet de serre due à la fixation du CO_2 dans les carbonates sédimentaires et l'oxydation progressive du méthane due à la libération d'oxygène dans l'atmosphère par les procaryotes autotrophes, en particulier les cyanophycées qui pullulaient dans l'océan mondial provoquèrent d'ailleurs, il y a environ 2,5 milliards d'années, une glaciation qui fut la plus intense de toutes celles qu'a connu depuis lors l'écosphère. Cette glaciation a marqué la fin de la première époque précambrienne, l'Archéen.
Ultérieurement et de façon progressive est apparue, voici plus de 2 milliards d'années, l'atmosphère actuelle, dite *atmosphère tertiaire*, d'origine biologique, constituée majoritairement d'azote et d'oxygène produit par la photosynthèse des végétaux autotrophes. En revanche, dans cette atmosphère, le CO_2 et la vapeur d'eau sont des gaz mineurs malgré leur importance écologique essentielle.
Le dernier événement capital qui a caractérisé l'évolution de l'atmosphère est survenu il y a environ 2 milliards d'années, quand s'est formée la couche d'ozone. À cette époque en effet, la teneur en oxygène de l'atmosphère a dépassé 1% de l'actuelle, valeur suffisante pour que la couche d'ozone stratosphérique commence à se former ce qui per-

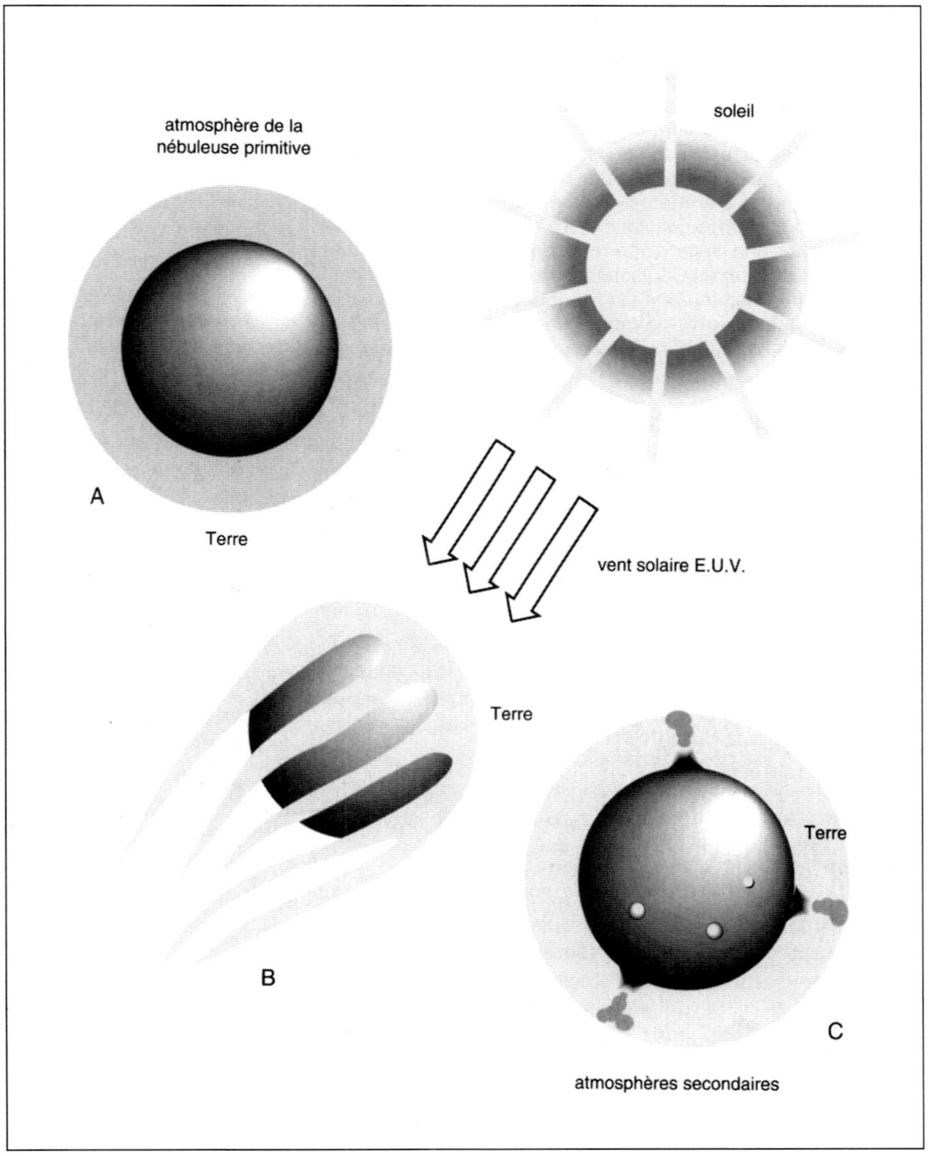

Principales étapes de la formation de l'**atmosphère** primitive et secondaire de la Terre. **A**) Atmosphère primitive ayant la composition gazeuse de la nébuleuse dont est issue notre système planétaire (hydrogène et hélium). **B**) « Soufflage » de l'atmosphère primitive par le flash de vent solaire produit à l'amorçage des réactions de fusion thermonucléaire dans le soleil. **C**) Formation des atmosphères secondaires par dégazage des roches contenues dans les couches superficielles et le manteau. (D'après Ozima et al, *La Recherche*, 14(141), 1983, p. 177)

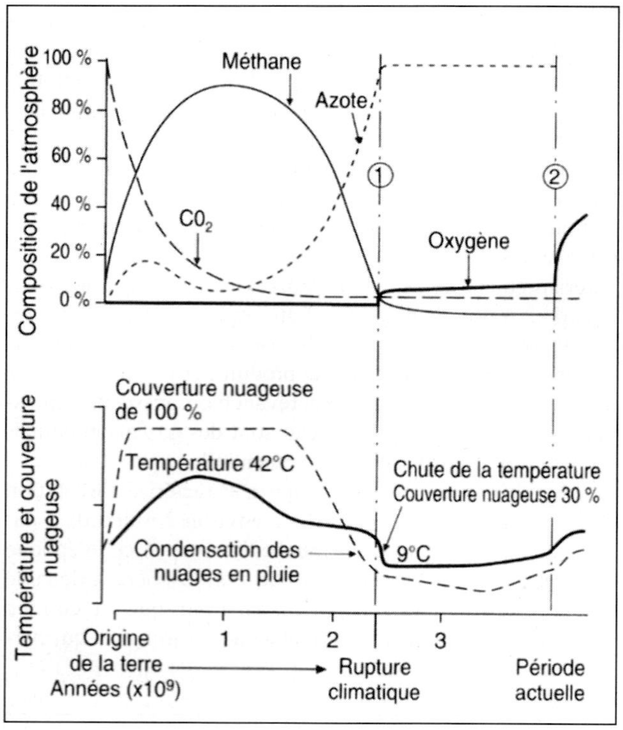

Évolution de l'**atmosphère** terrestre depuis le début de l'ère Protérozoïque. On constate que l'atmosphère terrestre était initialement réductrice et très riche en CO_2 et en méthane, donc le siège d'un très intense effet de serre. La hausse du flux solaire au cours du temps a été compensée par une diminution de cet effet, de sorte que les températures terrestres sont sensiblement restées dans une même gamme, à l'exception de la forte chute du début du Protérozoïque voici – 2,5 milliards d'années. Celle-ci survint à la suite d'une forte baisse de l'effet de serre due à la précipitation du CO_2 sous forme de carbonates et par la diminution du méthane dans l'atmosphère résultant de l'apparition puis de la hausse de sa teneur en oxygène. (D'après Hart, in Breuer, *Contact with stars*, Freeman, 1982, p. 30)

met à l'atmosphère d'arrêter les rayonnements UV qui empêchent le développement de la vie à la surface des continents. Néanmoins, la formation de la couche d'ozone ne se serait achevée que voici environ 800 millions d'années ce qui explique l'absence d'organismes terrestres fossiles identifiés d'un âge supérieur à ce dernier.

Au cours du Primaire et des autres époques phanérozoïques plus récentes, la tendance générale de l'évolution de l'atmosphère a été marquée par une diminution importante de la teneur en CO_2, laquelle est passée de 3 000 ppm au milieu du Crétacé à 280 ppm à l'aube de l'ère industrielle. Parallèlement, s'est observée une croissance de la teneur en oxygène, le carbone prélevé ayant été piégé dans la lithosphère sous forme d'immenses gisements de combustibles fossiles : charbon, pétrole et gaz naturel.

◆ **pollution de l'~** (*atmospheric pollution*) : il existe un grand nombre de polluants atmosphériques. Ces derniers peuvent êtres classés en deux grands groupes, les effluents gazeux et les particules (voir Tableau page ci-contre).
La pollution de l'atmosphère due aux métaux toxiques rejetés par les activités industrielles ou encore par les combustions a eu tendance à décroître au cours des deux dernières décennies, tout au moins dans les pays développés. Un des cas les plus spectaculaires a été celui du plomb à la suite de son interdiction dans les essences. Dans d'autres cas (mercure et cadmium par exemple), la baisse est imputable à des réductions réglementaires de toute une série d'usage de ces substances (abandon de l'usage des pesticides organomercuriels, interdiction des thermomètres au mercure, interdiction de l'emploi du stéarate de cadmium comme stabilisateur de matières plastiques libéré ensuite dans l'atmosphère par la combustion incontrôlée de ces matériaux, etc).
À l'opposé, et en dépit de la réduction des rejets de SO_2 dans l'atmosphère, de nombreux polluants gazeux ont vu leurs émissions se maintenir ou croître, en particulier les oxydes d'azote et toute une série de polluants atmosphériques se formant dans des réactions secondaires, tels l'ozone ou les PAN. Il en est de même des particules carbonées émises par les moteurs diesels dont les effets sont redoutables pour l'hygiène publique dans les atmosphères urbaines contaminées (voir le cas de Paris par exemple).

Parmi les divers aéropolluants dont l'importance tend à croître ou encore dont on a longtemps sous-estimé les effets, il faut citer les HAP, les solvants chlorés et, de façon plus générale, les composés organiques volatils hors méthane (COVHM). Ces derniers, outre les solvants, regroupent une grande variété de composés organiques de faible poids moléculaire : hydrocarbures aliphatiques, benzène, phénols, CFC, certains pesticides, etc. Ces mélanges posent de sérieux problèmes d'hygiène publique. Une convention encore récente, signée à Genève en 1997, se proposait de réduire leurs émissions de 30% au cours des années 1990. On a certes assisté à une diminution significative des COV en France au cours de cette période puisque les émissions avaient décru de 3,05 millions de tonnes en 1990 à 2,89 millions de tonnes en 1995. Toutefois, la réduction observée résulte plus de l'obligation du montage des pots catalytiques sur les véhicules à essence au début de cette décennie que de la mise en œuvre de mesures actives ayant pour objet de réduire les autres sources comme les solvants chlorés ou les pesticides. (***Voir aussi Cadmium, Diesel, Échappements, HAP, Mercure,*** NO_x ***, Ozone, PAN, Plomb***)

◆ **changements globaux induits par la pollution de l'~** : les rejets des divers polluants dans l'atmosphère atteignent une telle ampleur qu'ils compromettent les équilibres écologiques de l'écosphère tout entière. Les flux annuels anthropogènes atteignent en effet de nos jours des valeurs *a minima* analogues et souvent supérieures aux flux naturels. Les modifications de composition chimique de l'atmosphère induites par ces pollutions sont d'une telle ampleur qu'elles provoquent des changements perceptibles dans l'ensemble du globe. Ces derniers sont marqués par des perturbations désastreuses des équilibres écologiques et pour certaines d'entre elles par des changements climatiques dont on commence à peine d'entrevoir en ces débuts de XXIe siècle les dimensions catastrophiques, que certains écologues avaient pourtant déjà prédites.
Les principaux polluants de l'atmosphère dont les effets se manifestent à une échelle globale sont les dérivés gazeux du carbone, de l'azote et du soufre, les CFC ainsi que divers métaux et autres éléments toxiques.
Le CO_2 représente en masse le principal polluant atmosphérique dérivé du Carbone. Il est produit par les combustibles fossiles, les cimenteries et la déforestation, son flux annuel excédant au total quelque 8,5 milliards de tonnes d'équiva-

Nature et origine des principales substances responsables de la pollution de l'atmosphère		
Types de polluants atmosphériques	**Nature du polluant**	**Source d'émission**
Gazeux	CO_2	Volcanisme. Respiration des êtres vivants. Combustibles fossiles. Feux de végétation. Déforestation.
	CO (oxyde de carbone)	Volcanisme. Moteurs à explosion. Combustions incomplètes. Feux de végétation.
	Hydrocarbures	Végétation, bactéries, océan. Moteurs à explosion. Foyers au fuel ou au charbon.
	Composés organiques	Industries chimiques. Incinération d'ordures. Combustions diverses.
	SO_2 et autres dérivés gazeux du soufre	Volcanisme. Embruns marins. Bactéries. Combustions.
	NO_x et autres dérivés gazeux de l'azote	Bactéries. Combustions. Moteurs à explosion.
	Radionucléides	Industrie nucléaire. Essais atmosphériques d'armes atomiques.
Particules	Métaux, composés minéraux	Volcanisme. Météorites. Erosion éolienne. Embruns marins. Combustion. Moteurs à explosion. Métallurgie et diverses industries. Incendies de végétation. Combustion de charbon et fuels. Moteurs diesel.
	Composés organiques naturels et de synthèse	Incendies de végétation. Industrie chimique. Combustion de charbon et fuels. Moteurs diesel. Incinérateurs d'ordures. Solvants. Pesticides.
	Radionucléides	Industrie nucléaire. Essais atmosphériques d'armes atomiques.

lent carbone, soit plus de 13 % des flux naturels de CO_2 à l'atmosphère dus à la respiration de la biomasse terrestre. Ces rejets de CO_2 constituent la principale cause des changements climatiques induits par la pollution croissante de l'atmosphère par des gaz de serre.

Les rejets atmosphériques de NO_x dans l'atmosphère sont à l'origine d'une perturbation globale du cycle de l'azote. Quelque 33.10^6 tonnes par an (en équivalent-azote) de NO_2 générés par les combustions sont rejetés dans l'atmosphère. Par ailleurs, sur un total des sources anthropiques estimé à $8,1.10^6$ tonnes par an (en équivalent-azote) de N_2O, un puissant gaz de serre, l'usage des engrais nitrés dans les cultures en introduit environ 5.10^6 tonnes par an, produits par la dénitrification.

L'autre cycle biogéochimique dont la perturbation atteint une échelle globale est celui du Soufre. L'usage massif des combustibles fossiles et la métallurgie des métaux non ferreux génèrent environ 250 millions de tonnes de SO_2 par an soit plus du double des rejets naturels annuels de ce gaz en milieu continental ! De cette perturbation résultent les redoutables pluies acides qui affectent la totalité des continents émergés.

Enfin, l'introduction de CFC dans la stratosphère peut conduire à terme à la destruction de la couche d'ozone donc de la biosphère. (***Voir aussi Climats, CO_2, Mercure, NO_2, Nitrates, Ozone, Plomb, Pluies acides, Serre, SO_2***)

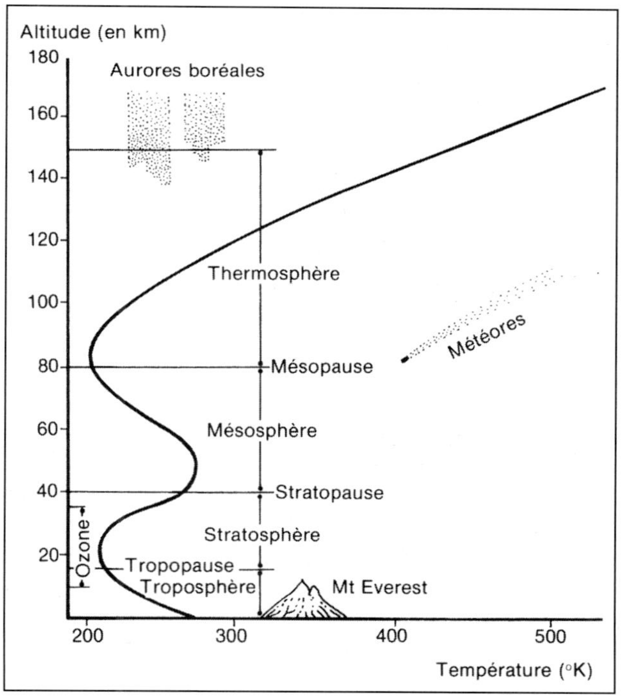

Schéma général de la structure verticale de l'**atmosphère**. (In Ramade F., *Écologie fondamentale*, Ediscience international, 2e éd., 1994, p. 33)

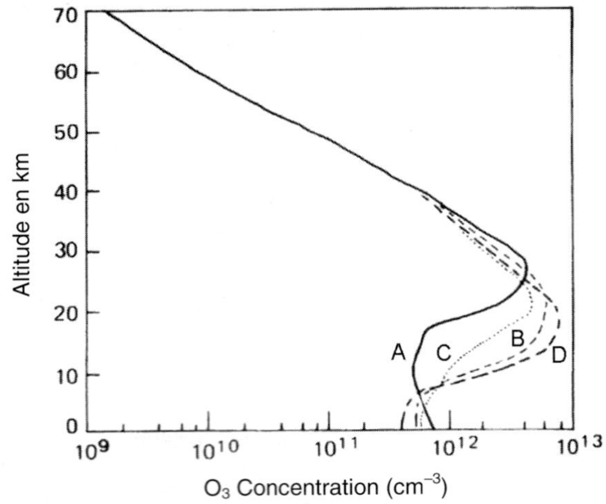

Variation de la teneur en ozone de l'**atmosphère** en fonction de l'altitude. **A**. Sous les tropiques. **B**. Au 45° N. **C**. En été et **D** en hiver sous le cercle polaire arctique. (D'après Mac Clatchey et coll., in Ramade F., *Écologie appliquée*, Ediscience international, 5e ed., 1995, p. 73)

◆ **structure de l'~** : l'atmosphère est constituée par une série de couches superposées de densité décroissante de la surface à sa limite supérieure. On distingue tout d'abord la *troposphère* qui en constitue la partie la plus dense et qui est comprise entre 0 et 12 km d'altitude en moyenne. En réalité, par suite de la rotation de la Terre, son épaisseur décroît avec la latitude, sa limite supérieure étant à 18 km au-dessus de l'Équateur et de seulement 7 km au-dessus des pôles ! La troposphère, qui renferme en masse les neuf dizièmes de l'air contenu au total dans l'atmosphère, est agitée de puissants mouvements horizontaux et verticaux qui sont à l'origine des phénomènes météorologiques. Elle renferme la quasi-totalité des formations nuageuses.

À la limite supérieure de la troposphère existe une zone dénommée tropopause qui marque la transition avec la couche suivante, la *stratosphère*. Cette dernière qui monte jusqu'à une altitude d'environ 40 km est très importante au plan écologique puisqu'elle renferme la fameuse « couche d'ozone » qui en réalité présente sa concentration maximale entre 18 et 30 km d'altitude. À la différence de la troposphère, les couches d'air dans la stratosphère sont stratifiées – d'où son nom – et pauvres en vapeur d'eau.

On rencontre ensuite la stratopause qui marque vers 45 km d'altitude la limite avec la couche suivante, la *mésosphère*, laquelle s'étend jusqu'à 80 km d'altitude, où l'on rencontre la mésopause.

On entre ensuite dans la *thermosphère* qui doit son nom au fait que la température s'y élève rapidement. Celle-ci est subdivisée en *ionosphère*, jusqu'à environ 600 km d'altitude. Au-delà, on entre dans la *magnétosphère* où le champ magnétique terrestre piège les radiations ionisantes émises par le soleil, constituant les fameuses ceintures de radiation de Van Allen.

La température varie de façon complexe depuis le sol jusqu'à la limite supérieure de l'atmosphère, après une décroissance régulière dans la troposphère et la basse stratosphère où elle atteint son minimum vers 17 km à la verticale de l'Équateur avec des valeurs moyennes de – 80 °C. Elle remonte ensuite dans la stratosphère et atteint un nouveau maximum dans la mésosphère vers 50 km d'altitude avec une température de – 20 °C. Elle décroît à nouveau dans la mésosphère supérieure jusqu'à environ – 90 °C au niveau de la mésopause. Elle croît ensuite considérablement dans la thermosphère où elle atteint 1 400 °C vers 1 000 km d'altitude. Ensuite, les températures décroissent par suite du vide de l'espace interplanétaire. ***(Voir aussi Air, Biosphère, Écosphère)***

atmosphérique, adj. (*atmospheric*). Désigne ce qui se rapporte à l'atmosphère. ◆ **circulation ~** : voir Circulation, Cellule. ◆ **pollution ~** : voir Air, Pollution.

atoll, n. m. (*atoll*). Voir Récif corallien.

atomique, adj. ◆ **Agence Internationale de l'Énergie ~** : voir AIEA. ◆ **bombe ~** : voir Armements, Bombe. ◆ **énergie ~** : voir Énergie nucléaire.

atoquie, n. f. (*atoky*). Phénomène marqué par l'apparition au cours du cycle vital de certains Invertébrés d'une forme dite atoque dépourvue d'organes génitaux et se reproduisant uniquement par multiplication asexuée.

ATP (Adénosine-TriPhosphate) n. m. (*Adenosine-TriPhosphate*). Nucléotide jouant un rôle essentiel dans les phénomènes bioénergétiques. La mesure de sa concentration musculaire dans des animaux aquatiques a été utilisée pour évaluer les effets toxicologiques *in situ* d'un polluant déterminé dans un cours d'eau contaminé par ce dernier.

atrazine, n. f. (*atrazin*). Herbicide du groupe des triazines utilisé à vaste échelle en particulier dans les cultures de maïs. Cet herbicide présente un fort impact écotoxicologique en milieu aquatique par suite de sa toxicité relativement élevée pour le phytoplancton et les algues d'eau douce. Douée d'une solubilité dans l'eau relativement élevée, l'atrazine soulève dans plusieurs pays d'Europe occidentale de sérieuses préoccupations en matière de qualité des eaux de boisson. En effet de nombreuses nappes phréatiques sont déjà contaminées par ce pesticide à des concentrations supérieures à 2 µg/l donc excédant la CMA dans l'eau de boisson édictée par l'Union européenne. Elle y a été interdite à partir de 2003. ***(Voir aussi Herbicide, Triazines)***

atténuation, n. f. (*attenuation*). Voir Lumière.

attractif(s), n. m. ◆ ~ **sexuels** (*sexual attractants*) : substances naturelles (phéromones) ou synthétiques susceptibles d'attirer les mâles d'un insecte vers les femelles en période de reproduction. Leur tentative d'utilisation dans la lutte contre les insectes nuisibles a donné des résultats mitigés, malgré quelques succès indéniables tels celui du Giplure contre *Lymantria dispar*, un papillon introduit accidentellement au début du siècle aux États-Unis, dont la chenille, défoliatrice des arbres forestiers, a causé des dévastations dans les forêts de l'Est de ce pays. Ces substances présentent cependant de grands avantages potentiels par rapport à l'usage des insecticides conventionnels car il est possible de les employer dans des pots piège en combinaison avec une substance insecticide puissante, ce qui permet d'éliminer les ravageurs sans contaminer l'environnement. À l'opposé des traitements pesticides dispersifs, la récupération des pièges est en effet possible après usage.

Audubon, John-James. Ornithologiste américain (1785-1851). Originaire de Louisiane, il s'est rendu célèbre par sa magnifique iconographie des oiseaux d'Amérique dans laquelle il a figuré plusieurs espèces aujourd'hui éteintes. Il fut aussi l'un des pionniers du mouvement de conservation de la nature aux États-Unis. ***(Voir aussi National Audubon Society)***

aulne(s), n. m. (*alder*). Arbres de la famille des Bétulacées, répandus dans l'ensemble de la région paléarctique tempérée, dont les racines renferment des microorganismes symbiotiques (streptomycètes) qui fixent l'azote atmosphérique. L'aulne noir (*Alnus glutinosa*) est fréquent au bord des cours d'eau et peut atteindre 40 m de haut. L'aulne vert (*Alnus viridis*) est un arbrisseau de montagne croissant à la limite supérieure de l'étage subalpin c'est-à-dire des forêts de conifères.

aulophyte, n. f. (*aulophyte*). Plante épiphyte non parasite vivant dans une cavité du tronc ou des branches d'un arbre.

auroch, n. m. (*wild ox*). Nom vernaculaire du bœuf sauvage, *Bos primigenius*, ancêtre des bovins domestiques actuels. Le dernier spécimen de cette espèce s'est éteint en Pologne en 1627.

Dessin du dernier **auroch** d'après une iconographie polonaise du XVIe siècle. (D'après Kowalsky, in Ramade F., *Écologie appliquée*, Ediscience international, 5e ed., 1995, p. 417)

aurore(s), n. f. (*aurora, dawn*). Période précédant la levée du soleil marquée par la présence d'une lumière diffuse provenant de la réflexion des rayons incidents du soleil, encore au-dessous de l'horizon, sur les couches supérieures de l'atmosphère. ◆ ~ **australe** (*aurora australis, southern light*) : aurore polaire propre à l'hémisphère Sud. ◆ ~ **boréale** (*aurora borealis, northern light*) : aurore polaire propre à l'hémisphère Nord. ◆ ~ **polaire** (*polarlight*) : flash lumineux, blanc ou coloré, souvent en vert ou en rouge, affectant la haute atmosphère vers 400 km d'altitude dans les zones polaires. Ils sont provoqués par une activité solaire anormalement forte. Celle-ci amène un excès de particules du vent solaire dans l'ionosphère dont l'ionisation accrue induit ce phénomène de fluorescence.

austral, adj. (*austral, southerly*). Désigne tout ce qui concerne l'hémisphère Sud.

Australasie. Voir Notogée.

Australie (*Australia*). Continent ancien constitué en grande partie par un craton isolé de l'ancien Pangea, l'unique continent qui existait au début de l'ère primaire. L'Australie constitue l'une des zones biogéographiques les plus remarquables de la planète au plan écologique.

D'une surface excédant 7,6 millions de km^2 (approximativement celle de États-Unis), l'Australie est caractérisée par des climats semi-arides ou arides. En effet, les précipitations sont inférieures à 500 mm par an sur les 9/10e de sa surface et n'excèdent pas 250 mm sur la moitié de cette surface. En conséquence, les écosystèmes steppiques ou désertiques sont de beaucoup prépondérants, seule la région orientale et l'extrême Sud-Ouest recevant des précipitations suffisantes pour le développement d'écosystèmes forestiers.

Par suite d'une longue adaptation à des conditions écologiques semi-désertiques, il existe des formations végétales arbustives là où seulement des plantes herbacées ou buissonnantes pourraient croître, malgré la faiblesse des précipitations, équivalentes ou inférieures à 300 mm par an. De telles formations, homologues des savanes, dénommées *bush* par les premiers Européens, couvrent de vastes surfaces en Australie centrale de part et d'autre du Tropique.

Dans le Nord et le Nord-Est croissent des forêts pluvieuses tropicales, en particulier dans le Queensland, région considérée comme le site de différenciation des premières Angiospermes qui sont apparues dans la biosphère au début du Crétacé.

Dans le Sud-Ouest et surtout le Sud-Est, il existe des écosystèmes de boisements ouverts qui croissent dans des conditions climatiques de type méditerranéen.

L'essentiel des peuplements arborés des écosystèmes forestiers australiens situés en dehors des parties tropicales les plus humides du continent est constitué par le genre *Eucalyptus*, dont existent plusieurs centaines d'espèces qui appartiennent à la famille Myrtacées, ainsi que quelques genres voisins dont les *Melaleuca.* La flore comporte aussi un grand nombre d'espèces de Protéacées. Isolée du reste des continents vers la fin du Crétacé, depuis environ 80 millions d'années, l'Australie est dépourvue de Mammifères euthériens et peuplée uniquement de marsupiaux qui y ont occupé l'ensemble des niches écologiques disponibles et *ipso facto* les diverses radiations évolutives potentielles.

Bush en **Australie** centrale. Cette formation végétale correspond à des écosystèmes de formations herbacées dans lesquels se rencontrent des végétaux arborescents adaptés à de faibles précipitations, parfois inférieures à 300 mm/an. Ici le *bush* est cliché en lisière du parc national d'Ormiston (territoire du Nord) au centre de l'Australie. (Cliché F. Ramade)

Boisement ouvert *d'Eucalyptus* en **Australie** centrale aux environs d'Alice Springs (Territoire du Nord). (Cliché F. Ramade)

◆ **dégradations écologiques en** ~ : l'introduction par les Européens de nombreuses espèces végétales ou animales absentes des écosystèmes australiens a été la cause de véritables désastres écologiques. Comme avant l'arrivée des Européens, il n'existait aucun Mammifère supérieur en Australie à l'exception du chien dingo amené par les aborigènes au moment de leur peuplement de ce continent, voici au moins 60 000 ans, l'introduction des animaux domestiques a été la cause en bien des cas d'un bouleversement dramatique au plan biocœnotique.

Le cas de l'introduction du lapin est le plus spectaculaire. Quelque 12 couples en provenance d'Angleterre libérés en 1859 avaient déjà produit une population de 800 millions d'individus à la fin du XIXe siècle. Cette prolifération a conduit aux franges de l'extinction les espèces marsupiales d'écologie voisine. L'introduction consécutive du renard pour éliminer les lapins fut tout autant désastreuse, cet animal s'étant attaqué préférentiellement à la faune marsupiale autochtone!

De même l'introduction de deux cactus, *Opuntia inermis* et *O. stricta*, eut au Queensland une conséquence également catastrophique. Au cours des années 1920, l'invasion de ces cactus avait pris une telle ampleur que les surfaces couvertes – plus de 24 millions d'hectares – excédaient celles des emblavures. Le problème fut heureusement résolu par l'introduction d'un papillon dont les chenilles dévorent les pousses de ces cactus.

À l'heure actuelle, l'un des problèmes majeurs d'environnement dont souffre l'Australie tient dans les risques de désertification qui concernent une proportion importante des 700 000 km^2 défrichés et mis en culture dans ce pays, sans omettre les zones semi-arides surpâturées, de surface encore plus considérable, auxquelles il est également confronté. ***(Voir aussi Cactacées, Désertification, Introduction, Kangourou, Opuntia)***

australienne, adj. ◆ **sous-région** ~ (*australian subregion*) : sous-région biogéographique constituant le continent australien, marquée en particulier par la présence d'une faune exclusivement constituée par des Monotrèmes (Echidnés, Ornithorhynches) et des marsupiaux (Métathériens), ces derniers occupant les diverses niches écologiques qui sont celles des Mammifères supérieurs (Euthériens) sur les autres continents.

austroriparienne, adj. ◆ **province** ~ (*austroriparian province*) : province biogéographique correspondant aux zones de forêts de conifères palustres du Sud-Est des États-Unis.

authigène, adj. (*authigenous*) ◆ **constituant** ~ : substance ou particule qui se forment *in situ* dans les sédiments ou dans les eaux des écosystèmes aquatiques.

authigénique, adj. (*authigenic*). Désigne les constituants chimiques d'un compartiment du milieu aquatique qui se sont formés à partir de substances préexistantes *in situ*. Ainsi, dans un sédiment, on opposera les constituants authigéniques aux constituants détritiques amenés de la colonne d'eau par dépôt gravitaire.

autochorie, n. f. (*autochory*). Désigne le phénomène par lequel certaines espèces végétales dispersent par elles-mêmes leurs graines. Tel est le cas par exemple de certaines Balsaminacées dont le fruit aux parois élastiques projette les graines au moindre ébranlement de la tige.

autochtone, adj. et n. m. (*autochtonous*). Désigne une espèce ou une population originaire d'une zone déterminée par opposition aux espèces introduites dites allochtones.

autoécologie, n. f. (*autecology*). Sous-discipline de l'écologie concernant l'étude des individus pris isolément dans leur milieu, en particulier l'action des facteurs écologiques sur les organismes. Ce terme est en grande partie synonyme d'écophysiologie.

autoépurateur(-trice), adj. (*self purificating*) ◆ **activité** ~ (*self purificating activity*) : activité des organismes saprobiontes qui consomment les matières organiques fermentescibles présentes dans un biotope aquatique et provoquent de ce fait une élimination biologique de la charge polluante initiale avec, si les conditions le permettent, restitution des conditions écologiques propres aux eaux naturelles non polluées. ◆ **pouvoir** ~ (*selfpurificating ability*) : aptitude d'un écosystème à éliminer spontanément une pollution organique voire toxique. Le pouvoir autoépurateur atteint en principe sa capacité la plus importante dans le cas de la pollution des eaux par des matières organiques fermentescibles. Lorsque ce dernier a achevé son effet, on retrouve en principe une biocœnose d'eaux pures. Plusieurs coefficients ont été proposés pour mesurer le pouvoir autoépurateur. Nous citerons celui de Wührman (1972) donné par la relation :

$$S_e = \frac{S_m}{G} = \frac{[Q(C_0 - C_u)]}{[t(g'Pv + g''Q)]} (\text{moles}\, g^{-1} \cdot s^{-1})$$

où S_e est le coefficient de pouvoir autoépurateur, S_m le taux d'autoépuration (en $mole^{-1}$); Q le débit en m^3/s ; C_0 et C_u les concentrations en matières organiques au point d'émission et à la fin du processus d'autoépuration; *t* le temps total pendant lequel se déroule le phénomène; *G* la biomasse totale; g′ la biomasse benthique (en g/m^2), *g″* la biomasse en suspension (en g/m^3); *P* la longueur du profil de la section transverse (en m) et *v* la vitesse du courant (en m/s).

autoépuration, n. f. (*selfpurification*). Ensemble des processus biogéochimiques endogènes par lesquels un biotope pollué retrouve sa pureté initiale après l'arrêt des rejets et un laps de temps variable. Ce phénomène est facile à observer dans le cas d'une pollution des eaux par des matières organiques fermentescibles où l'action des microorganismes et autres agents biologiques (animaux saprophages, macrophytes) est particulièrement efficace. **(*Voir aussi Matières organiques fermentescibles, Pollutions*)**

autogamie, n. f. (*autogamy*). **1.** Processus de reproduction sexuée se rencontrant chez certains Protistes par lequel un même individu produit par division deux gamètes qui ensuite se fusionnent. **2.** Chez les végétaux, désigne un mode de reproduction des plantes supérieures caractérisé par une autopollinisation. **(*Voir aussi Pollinisation*)**

autogénique, adj. (*autogenic*). Désigne un processus écologique qui est d'origine endogène au système dans lequel il se déroule et donc de nature spontanée. Il tient en l'action des organismes qui peuplent le système considéré et des interactions qui en résultent avec ce dernier. Ainsi, un exemple de succession autogénique est donné par la régénération d'un climax forestier sur l'emplacement d'un champ abandonné puisque cette dernière se produit sans interventions extérieures. **(*Voir aussi Succession*)**

automixie, n. f. (*automixy*) (syn. : parthénogenèse). Voir Parthénogenèse.

automobile, n. f. (*car*) et adj. (*automotive*). Terme désignant à l'origine les véhicules à moteur destinés au transport terrestre. L'usage l'a restreint depuis plusieurs décennies aux seules voitures particulières bien que l'adjectif continue à s'appliquer à l'acception générale du terme y inclus les transports routiers. ◆ **effet environnemental du transport** ~ (*environmental impact of automotive transportations*) : le développement des transports automobiles constitue un problème majeur d'environnement dans les pays les plus industrialisés tant en ce qui concerne la circulation des personnes que le transport de fret par voie routière. En effet, il est la cause d'une importante pollution atmosphérique et de bien d'autres dégradations écologiques dont l'importance en un temps contestée ne peut plus être négligée étant donné leurs conséquences pour l'environnement de l'homme.

Le devenir des véhicules usagés crée aussi une nuisance considérable au plan esthétique mais est en outre la cause d'une pollution clandestine des eaux par suite de fuites de lubrifiants renfermant des additifs extrêmement toxiques provenant du suintement des carters de divers organes mécaniques des épaves de véhicules. Ce type de dégradation de l'environnement pourrait être évité par la conception de véhicules dont les composants sont recyclables (en cours de mise en œuvre chez diverses marques allemandes voire françaises), ainsi que par un recyclage systématique des huiles usagées, cause de graves pollutions clandestines. Ce recyclage est encore incomplet à l'heure actuelle en dépit des réglementations en vigueur. ◆ **pollution atmosphérique par l'~** : la circulation des véhicules automobiles constitue une source considérable de pollution de l'air par de nombreuses émissions gazeuses et particulaires, très importantes dans le cas des moteurs diesel qui équipent les véhicules de transport routier.

La forte corrélation entre l'intensité de la circulation automobile et celle de la pollution de l'air au cours d'une période circadienne montre le rôle majeur de cette dernière dans la pollution de l'atmosphère des villes. Le dégagement d'oxydes d'azote contribue au phénomène des pluies acides et provoque la formation de polluants secondaires photooxydants (ozone et PAN) par réaction avec les hydrocarbures imbrûlés. La nécessité de limiter, voire de réduire, cette importante source de pollution atmosphérique a conduit à rendre obligatoire le montage des pots catalytiques sur les véhicules à essence. Cette dernière mesure qui implique l'usage de carburants sans plomb a induit corrélativement une forte diminution de la concentration en plomb particulaire de ce métal dans l'atmosphère. Les moteurs diesel rejettent également du SO_2 car le gazole renferme des concentrations non négligeables de soufre. Enfin, les véhicules à moteurs rejettent des hydrocarbures aromatiques polycycliques dans l'atmosphère. Bien que les moteurs à essence puissent en émettre lorsque le moteur est froid, la principale source d'HAP est constituée par les diesels. L'essentiel des rejets d'HAP par ce type de moteur est associé aux fumées noires

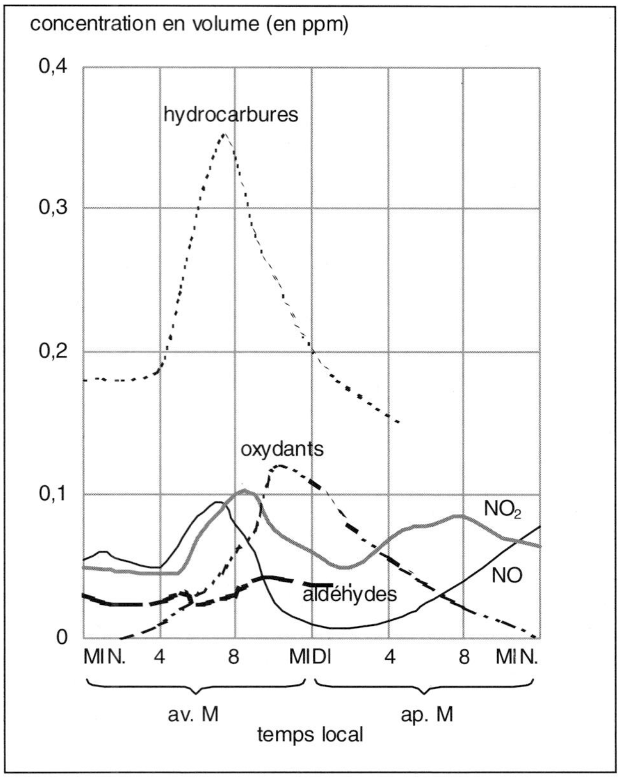

Variation de la teneur de l'air urbain en aéropolluants, due à la circulation **automobile**, au cours du cycle circadien. (D'après Pitts, in Ramade F., *Écologie appliquée*, Ediscience international, 5e ed., 1995, p. 105)

émises par ces derniers, surtout dans la fraction particulaire, la plus fine, dont le diamètre est micronique voire inférieur à cette dimension. **(*Voir aussi Diesel, Énergie, Environnement, Plomb, Pollution atmosphérique*)** ◆ **impact sur l'espace des transports** ~ : ce dernier est considérable dans les grandes agglomérations urbaines mais aussi sur l'ensemble du territoire des pays industrialisés. La consommation d'espace est particulièrement importante dans les agglomérations où plus de 30% de la surface peuvent être occupés par des voies routières (à Los Angeles par exemple). Une autoroute à trois voies de 80 m de large avec ses emprises n'écoule pas plus de marchandises et dix fois moins de voyageurs qu'une voie ferrée de 12 m de large! **(*Voir aussi Énergie, Environnement*)**

autoœcique, adj. (*autooecious*). Espèce animale parasite qui effectue la totalité de son cycle de développement dans un même hôte.

autophagie, n. f. (*autophagy*). Phénomène par lequel un organisme peut, en période de jeune, subvenir à ses besoins métaboliques en consommant certains de ses constituants organiques dont la présence n'est pas vitale afin de survivre. Chez les Mammifères, homme inclus, l'autophagie concernera par exemple la masse musculaire.

autopolyploïde, n. m. (*autopolyploid*). Polyploïde stable résultant de la multiplication d'un stock chromosomique initial.

autosome, n. m. (*autosome*). Terme désignant tout chromosome somatique par opposition aux chromosomes sexuels (allosomes). **(*Voir aussi Allosome*)**

autotomie, n. f. (*autotomy*). Phénomène par lequel certains animaux – essentiellement des Invertébrés – sont capables de s'autoamputer d'un appendice. L'autotomie représente une forme de défense contre la prédation.

autotrophe, n. m. et adj. ◆ **organisme** ~ (*autotrophic organism*) : organisme capable de subvenir à ses besoins métaboliques en utilisant comme seule source de carbone le CO_2 présent dans l'air ou dissous dans l'eau et à partir de matières nutritives exclusivement minérales, enfin et surtout en employant comme source d'énergie soit le rayonnement solaire, ce qui est le cas écologiquement dominant dans la biosphère actuelle (photosynthèse), soit certains composés minéraux par des processus d'oxydation (chimiosynthèse). **(*Voir aussi Hétérotrophe, Phototrophe*)**

autotrophie, n. f. (*autotrophy*). Propriété propre aux organismes autotrophes de subvenir à la totalité de leurs besoins métaboliques par photosynthèse ou chimiosynthèse.

autotrophique, adj. ◆ **lac** ~ (*autotrophic lake*) : lac dont la totalité de la matière organique présente dans l'eau et les sédiments est d'origine endogène et n'a donc pas été amenée par des apports telluriques. ◆ **organisme** ~ (*autotrophic organism*) : synonyme d'organisme autotrophe : voir Autotrophe.

autoxène, adj. (*autoxenous*). Désigne une espèce parasite qui effectue la totalité de son cycle vital à l'intérieur d'un même hôte.

auxiliaire(s), adj. ◆ **énergie** ~ (*auxiliary energy*) : voir Énergie. ◆ **organismes** ~ **des cultures** (*crops auxiliary organisms*) : désigne l'ensemble des êtres vivants animaux (en particulier insectes prédateurs ou parasites), champignons entomophages et micro-organismes qui limitent la prolifération des ravageurs et des maladies dans les cultures. **(*Voir aussi Lutte biologique*)**

auxine, n. f. (*auxin*). Hormones végétales qui conditionnent la croissance et le cycle vital des plantes.

auxotrophe, adj. (*auxotroph*). Souche d'organisme ayant perdu par mutation sublétale la particularité de synthétiser certaines molécules biotiques ce qui rend sa nutrition dépendante de la présence de ces dernières dans le milieu.

aval, n. m. (*downstream*). Partie d'un cours d'eau située au-dessous du niveau d'un point donné, c'est-à-dire comprise entre celui-ci et son embouchure.

avalaison, n. f. (*downstream course*). Phénomène par lequel les poissons diadromes descendent de leur cours d'eau vers la mer soit pour y achever leur développement (espèces anadromes comme les saumons) soit pour aller s'y reproduire (espèces catadromes telles les anguilles). **(*Voir aussi Migration*)**

avalanche, n. f. (*avalanche*). Phénomène provoqué par l'éboulement d'une couverture de neige (ou de glace) instable accumulée sur les pentes en montagne. Le déboisement de pentes supérieures à 8% suffit en montagne pour créer

Avalanche consécutive au déboisement intempestif de fortes pentes (La Clusaz, Hautes Alpes). La forêt visible dans la partie centrale droite du cliché a été coupée au début du XXe siècle provoquant la formation d'un important couloir d'avalanche. (Cliché F. Ramade)

un risque d'avalanche, les forêts constituant un barrage naturel à ces dernières.

averse, n. f. (*shower*). Précipitation violente et de courte durée dont l'occurrence est la plus fréquente dans les pays tempérés en période équinoxiale.

Aves, n. sc. Voir Oiseaux.

Avicennia. Nom scientifique d'un genre d'arbres dominants des écosystèmes de mangroves, dont la distribution est pantropicale. ***(Voir aussi Mangrove, Rhizophora)***

avicide(s), n. m. (*avicide*). Type de pesticide utilisé pour détruire les espèces d'oiseaux nuisibles aux cultures. La chloralose constitue l'une des substances les plus largement employées dans ce but.

avifaune, n. f. (*avifauna*). Désigne l'ensemble des espèces d'oiseaux constituant la faune avienne d'une région donnée.

avion(s), n. m. (*airplane*) ◆ **pollution de l'air par les** ~ : les moteurs d'avions rejettent dans l'atmosphère des hydrocarbures imbrûlés, en particulier au décollage qui, dans la première partie de la phase ascensionnelle du vol, sont la source d'une pollution de l'air significative au voisinage des aéroports. Ils produisent aussi d'importantes quantités d'oxydes d'azote en particulier dans la haute troposphère et la basse stratosphère, où volent la plupart des appareils commerciaux et de nombreux avions militaires. Les traînées de condensation de la vapeur d'eau contenue dans les gaz de combustion, produites par les avions en haute altitude, peuvent modifier les données mésoclimatiques dans les environs de zones aéroportuaires de haut trafic en augmentant la nébulosité régionale. ***(Voir aussi Traînée de condensation)***

a_x. Paramètre désignant dans une table de survie le nombre d'individus existant dans une classe d'âge x, où x indique l'ordre de la classe d'âge ou de la cohorte. ***(Voir aussi Table de Survie)***

axénique, adj. (*axenic*). Souche d'une espèce végétale ou animale élevée en culture pure et de ce fait dépourvue de parasites et non contaminée par des micro-organismes.

axillaire, adj. ◆ **bourgeons** ~ (*axillary buds*) : bourgeons qui se forment à l'aisselle des feuilles au niveau de l'insertion des pétioles sur les tiges des végétaux et qui participent à son développement modulaire en donnant ultérieurement un rameau.

azines, n. f. (*azins*). Molécules de synthèse dans lesquelles on dénombre plusieurs substances douées de propriétés herbicides. ***(Voir aussi Triazines)***

azoïque, adj. ◆ **milieu** ~ (*azoic environment*) : milieu caractérisé par l'absence de vie animale. ◆ **période** ~ (*azoic time*) : période géologique antérieure à l'apparition des êtres vivants. L'Azoïque qui s'est étendu sur environ 500 millions d'années constitue le premier éon du Précambrien (– 4,55 milliards d'années à – 3,95 milliards d'années avant le présent). ***(Voir aussi Biosphère, Hadéen)***

Azolla, n. sc. Fougères aquatiques croissant dans les rizières tropicales capables de fixer l'azote grâce à des cyanobactéries nitrifiantes symbiotiques de ce végétal. Les *Azolla* sont largement utilisées de ce fait en Asie du Sud-Est comme engrais vert dans les rizières.

azote, n. m. (*nitrogen*). Élément de numéro atomique Z = 7 et de masse atomique Ar = 14 dont le corps simple est un gaz dans les conditions ordinaires, qui est le composant majeur de l'air, dans lequel il se rencontre à la concentration de 78% en volume.

L'azote est aussi l'un des éléments biogènes principaux en tant que constituant essentiel des protéines et des acides nucléiques. Il vient au 4e rang par voie d'abondance décroissante des éléments constituant la matière vivante après le carbone, l'oxygène et l'hydrogène. Il est généralement présent dans la biomasse à des taux excédant nettement 1% (voir Tableau). Relativement peu réactif à la température et à la pression ordinaire, l'azote connaît néanmoins dans les conditions atmosphériques normales un certain nombre de transformations géochimiques qui se produisent dans la troposphère. En effet, lors des orages, les éclairs provoquent une formation d'oxydes d'azote et sont à l'origine d'une nitrification abiotique. L'acide nitrique formé se combine ultérieurement à l'ammoniac présent dans l'atmosphère et donne des microcristaux de nitrate d'ammonium qui sont ramenés à la surface du sol par la pluie et la neige.

Abondance relative de l'azote dans divers compartiments de l'écosphère	
Abondance absolue dans l'écosphère	
Lithosphère	$57 \cdot 10^{15}$ t
Hydrosphère	10^{10} t
Atmosphère	$3{,}86 \cdot 10^{15}$ t
Principaux composés dans l'atmosphère (% en masse)	
N_2	75,53
N_2O	2,5 à $6{,}10^{-5}$
NO_2	$< 3 \cdot 10^{-7}$
NH_3	$1{,}9 \cdot 10^{-6}$
Proportion relative dans quelques catégories d'organismes et dans des substances biochimiques (en %)	
Phytoplancton	3
Zooplancton	10
Végétaux terrestres	2,8
Humus	3,5
Bois	1
Lipides	0,6
Protéines	18

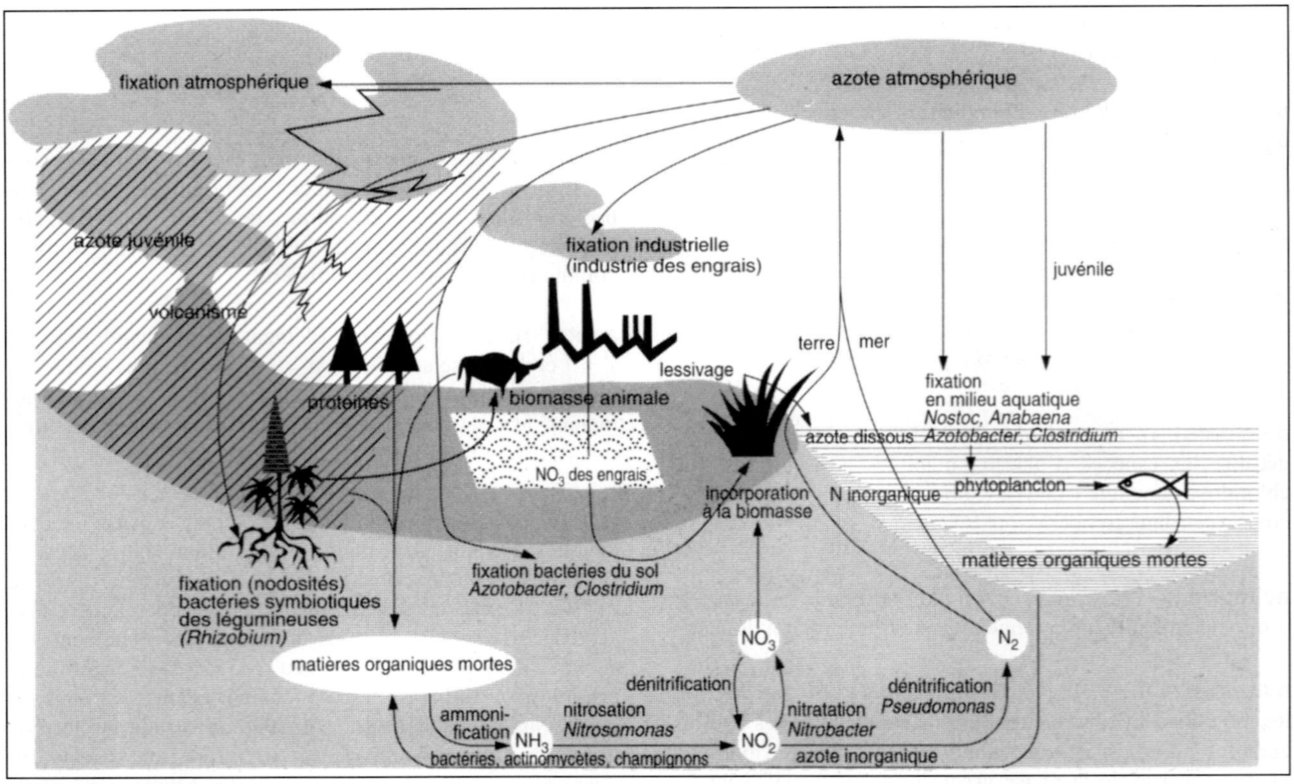

Schéma général du cycle de l'**azote**. (D'après Ramade F., *Écologie fondamentale*, Ediscience international, 2e ed.,1994, p. 339)

◆ **~ nitrique** (*nitric nitrogen*) : désigne l'azote des nitrates. En règle générale, la pollution des eaux par les engrais nitrés se mesure en équivalent azote nitrique c'est-à-dire en masse d'azote correspondant à l'anion NO^-_3. (Ainsi 10 mg d'azote nitrique correspondent à 44,5 mg d'anion nitrique.) Dans l'eau de boisson, la CMA en azote nitrique définie par l'OMS est de 9 mg/l, teneur dépassée dans de nombreuses régions d'agriculture intensive en particulier céréalicoles d'Europe et d'Amérique du Nord. **(*Voir aussi Nitrate*)**

◆ **cycle de l'~** (*nitrogen cycle*) : ce cycle est l'un des plus complexes et des plus parfaits à l'échelle de la biosphère. Dans tout écosystème, la quantité totale d'azote contenue dans la biomasse correspond à un équilibre dynamique entre les processus de nitrification et dénitrification. D'autre part, ce cycle comporte un passage alternatif de l'état inorganique à l'état organique avec un autre processus fondamental, l'ammonification, qui prend lieu lors de la décomposition des matières organiques mortes.

◆ **nitrification de l'~** : elle se produit tant dans les écosystèmes terrestres qu'aquatiques. Elle résulte de l'existence de micro-organismes qui absorbent l'azote atmosphérique et le transforment en nitrates. Elle est le fait des bactéries libres ou symbiotiques, d'actinomycètes, à l'action desquels s'ajoute en milieu aquatique celle de cyanobactéries photosynthétiques (*Nostoc*, *Anabaena*, *Trichodesmum*, par exemple). Dans les biotopes terrestres, les principaux fixateurs de l'azote sont divers *Nitrobacter* et des *Clostridium.* En outre, il existe des bactéries symbiotiques des Légumineuses (*Rhizobium leguminosarum*) qui vivent dans des nodosités situées sur les racines de ces plantes. Chez d'autres végétaux (aulnes, *Casuarina* par exemple), des actinomycètes symbiotiques du genre Streptomyces ou *Frankia* fixent aussi l'azote de l'air. Dans les biotopes aquatiques, en sus des *Nitrobacter* (*Azotobacter*) et des *Clostridium* existent des cyanobactéries nitrifiantes, soit libres, soit symbiotiques, ainsi que des bactéries autotrophes propres au milieu marin telles *Nitrosocystis oceanus* qui se suffit d'ammoniac comme source d'énergie qu'elle transforme en nitrates. La nitrification débute par la fixation de l'azote moléculaire (N_2). Elle exige pour son accomplissement par voie biotique la présence d'une source d'énergie (ATP), d'une substance réductrice (ferredoxine), d'une enzyme, la *nitrogénase* (EzMoFe) constituée par deux protéines renfermant du fer et du molybdène, ainsi que la présence de magnésium. Comme la nitrification est très endergonique, les micro-organismes qui l'effectuent avec le plus d'efficacité sont soit autotrophes soit symbiotiques. La réduction de l'azote par la nitrogénase se traduit par la fixation d'un proton sur le N_2 et s'accomplit en six réactions successives dont l'équation générale peut s'écrire :

$$\text{EzMoFe} + \text{ATPMg} + \text{RFe}^{2+} + N_2 + H^+$$
$$\rightarrow \text{EzMoFe} - N_2H + \text{RFe}^{3+} + \text{ADP} + \text{Mg}^{2+}\ \text{P}$$

L'aptitude de la nitrogénase à réduire un grand nombre de molécules très insaturées, en particulier l'acétylène en éthylène ($CH_2 = CH_2$) a été mise à profit pour doser l'intensité de la nitrification par chromatographie en phase gazeuse de cet hydrocarbure. Comme la nitrogénase est très labile en présence d'oxygène, la fixation du N_2 contenu dans les eaux (ou l'atmosphère) est un processus qui ne peut s'effectuer qu'en conditions strictement anaérobies. Chez les Cyanophycées, la réduction s'effectue dans des cellules particulières, les *hétérocystes*, dans lesquelles ne peut s'effectuer la photolyse de l'eau, première étape de la photosynthèse, et qui ne peuvent donc produire de l'oxygène. Chez les bactéries nitrifiantes, divers mécanismes biochimiques et l'existence de microcompartiments cytoplasmiques (azotophores) assurent les conditions nécessaires à la synthèse et à l'activité de la nitrogénase. À l'opposé, la présence d'NH_4 et celle simultanée de NO_3^- et de nitrate-réductase inhibent la synthèse de nitrogénase.

Diverses bactéries des sols et des eaux peuvent aussi retransformer l'ammoniac provenant de la dégradation des matières organiques mortes en nitrites puis en nitrates. La nitratation s'effectuant selon cette voie comporte deux étapes : la *nitrosation* (qui conduit à la formation de nitrite (NO_2^-) et la *nitratation* qui oxyde l'ion nitrite en nitrate (NO_3^-). La nitrosation est le fait de diverses bactéries (*Nitrosococcus*, *Pseudomonas, Nitrosomonas*). Elle s'effectue selon la réaction :

$$NH_4^+ + \frac{3}{2}O_2 \rightarrow NO_2^- + 2H^+ + H_2O$$

avec Δ G = 276 kJ. (1)

Ultérieurement, les bactéries nitrifiantes transforment les nitrites en nitrates selon la réaction :

$$NO_2^- + \frac{1}{2}O_2 \rightarrow NO_3^- \text{ avec} \Delta G = -75 \text{kJ (1)}$$

(*Voir aussi Rhizobium, Symbiose*)

◆ **dénitrification de l' ~** : les nitrates produits par l'ensemble des micro-organismes responsables de la nitrification sont absorbés par les végétaux et transformés en acides aminés puis en protéines. Après la mort des êtres vivants, les protéines vont être hydrolysées et les acides aminés transformés par diverses bactéries en ammoniac. Celui-ci peut subir ensuite une nitrosation qui l'oxyde en NO_2 lequel peut être à son tour réduit en N_2O et même en N_2 par des bactéries dénitrifiantes, en particulier *Pseudomonas denitrificans*. Cette dernière emploie les nitrates comme source d'oxygène pour oxyder le glucose. Dans les sols, des bactéries telles les *Nitrobacter* peuvent aussi achever la réoxydation de l'azote en NO_3.

◆ **assimilation de l'~** (*nitrogen assimilation*) : l'ammoniac et (ou) les nitrates sont assimilés par les organismes autotrophes à partir desquels ces derniers synthétisent les acides aminés qui leurs sont indispensables. Chez les végétaux supérieurs, l'ammoniac peut être directement assimilé et peut parfois représenter même la partie prépondérante des apports d'azote minéral à l'anabolisme comme par exemple chez les conifères. Dans les écosystèmes aquatiques, alors que les macrophytes, pour lesquels l'ammoniac est toxique à faible concentration, tirent l'essentiel de leur azote minéral de l'ion nitrique, l'ion ammonium assure de 60 à 90% de l'apport total d'azote inorganique au phytoplancton. Les bactéries et autres micro-organismes de même que les champignons préfèrent aussi l'ion NH_4^+. Les plantes vertes et autres organismes autotrophes tirant leur N-minéral des nitrates le convertissent d'abord en ion ammonium grâce à une enzyme, la nitrate-réductase, à partir duquel ils synthétiseront les acides aminés puis les protéines selon la réaction :

$$NO_3^- \rightarrow NH_4^+ \rightarrow R\text{–}CH\begin{cases} NH_2 \\ COOH \end{cases} \rightarrow \text{Protéines}$$

◆ **perturbation du cycle de l'~ par l'action de l'homme** : depuis le milieu du dernier siècle, il apparaît en définitive que les activités industrielles et agricoles humaines provoquent un déséquilibre croissant du cycle biogéochimique de l'azote. Ce dernier résulte des effets conjugués de l'usage des engrais nitrés, du rejet dans l'atmosphère d'oxydes d'azote (NO_x) par les combustions et dans une moindre mesure de la modification de certains écosystèmes terrestres due à l'action de l'homme.

Le tableau ci-dessous figure les diverses sources d'azote (calculées en anion nitrate) dans la biosphère continentale.

Evaluation de la perturbation du cycle de l'azote par apport de nitrates anthropogènes à la biosphère continentale

Sources anthropogéniques	Rejets annuels d'azote nitrique (en 10^6 t)
Engrais	80
Légumineuses et autres végétaux cultivés fixateurs d'azote	40
Usage des combustibles fossiles	20
Incendie de la biomasse végétale	40
Drainage des zones humides	10
Défrichage des terres	20
Total	210
Sources naturelles	
Fixation d'azote dans les sols et les végétaux par les bactéries et par les processus abiotiques	140

En conclusion, l'homme introduit à l'heure actuelle un excès d'azote dans l'ensemble des écosystèmes terrestres et aquatiques continentaux puisque ses apports excèdent de beaucoup ceux des phénomènes naturels dus à la nitrification (210 contre 140 millions de tonnes par an). Ce déséquilibre croissant du cycle de l'azote contribue à la pollution atmosphérique en milieu urbain et au phénomène d'hypereutrophisation des écosystèmes aquatiques car il contamine les eaux superficielles et souterraines par des concentrations de nitrates aux conséquences écotoxicologiques redoutables pour les écosystèmes aquatiques tant continentaux que littoraux. **(*Voir aussi Engrais, Nitrate, Phréatique*)**

Azotobacter, n. sc. (syn. : *Nitrobacter*). Principal genre de bactéries libres des sols fixateurs de l'azote atmosphérique. Ce sont des micro-organismes aérobie qui tirent leur énergie des glucides présents dans le milieu. La fixation d'azote par ces bactéries peut atteindre une vingtaine de kg par ha et par an.

azygospore, n. f. (*azygospore*). Formation atypique résultant d'un phénomène de nature parthénogénétique que l'on rencontre chez certains champignons zygomycètes ou encore chez des Chlorophycées telles les spirogyres et qui consiste en la formation sans fécondation d'un pseudozygote à partir d'un gamétocyste.

azygote, n. m. (*azygote*). Organisme résultant d'une reproduction par parthénogenèse haploïde.

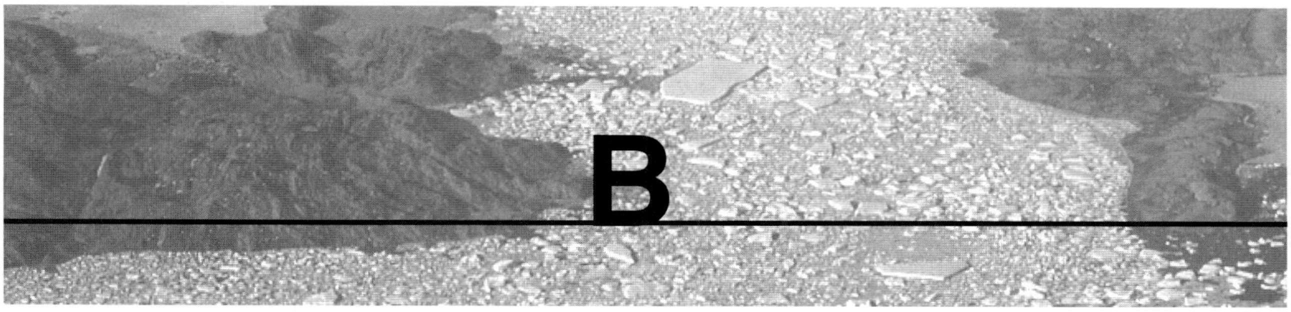

bac, n. m. ◆ ~ **d'alevinage** (*rearing trough*) : dispositif utilisé en pisciculture pour faire frayer les reproducteurs et (ou) écloserie pour les œufs après la fraie. ◆ ~ **de décantation** (*sedimentation tank*) : dispositif situé en amont d'une installation d'épuration d'eaux usées dans laquelle s'effectue le dépôt des matières en suspension. ***(Voir aussi Station d'épuration)***

Bacillariophycées, n. sc. Voir Diatomées.

Bacillus thuringiensis, n. sc. Bactérie pathogène des insectes qui a été la première à avoir été utilisée avec succès dans la lutte biologique contre les insectes nuisibles. Commercialisée en France comme insecticide sous le nom de *Bactospéine*, cette bactérie renferme deux toxines, l'une thermolabile, l'autre thermostable. Cette dernière a été isolée ultérieurement et utilisée contre divers ravageurs. Parmi les diverses applications du *B. thuringiensis*, on peut citer son usage dans la lutte contre certains insectes, en particulier des chenilles phyllophages nuisibles à certaines cultures ou aux arbres forestiers et aussi contre les larves de moustiques et autres Diptères, agents vecteurs d'affections parasitaires de l'homme. ***(Voir aussi OGM)***

bactéricide, n. m. et adj. (*bactericidal*). Désigne une substance chimique naturelle ou de synthèse qui détruit les bactéries.

bactérie(s), n. f. (*bacteria*). Micro-organismes procaryotes appartenant au règne des *Monera* qui a été récemment scindé en deux règnes distincts : les *Archaebacteria* et les *Eubacteria*. Généralement hétérotrophes, les bactéries constituent dans tous les écosystèmes l'un des composants majeurs du groupe écologique des décomposeurs. Présentes de façon ubiquiste dans la totalité des milieux terrestres et aquatiques, les bactéries jouent un rôle essentiel dans le fonctionnement des écosystèmes en tant qu'agents fondamentaux du cycle de la matière dans ces derniers. ◆ ~ **aérobies** (*aerobic bacteria*) : bactéries qui exigent la présence d'oxygène dans le milieu pour pouvoir se développer. ◆ ~ **ammonifiantes** (*ammonificating bacteria*) : bactéries capables de transformer en ammoniac des substances organiques ou minérales nitrées. ◆ ~ **anaérobies** (*anaerobic bacteria*) : bactéries capables de vivre dans un milieu dépourvu d'oxygène, souvent même réducteur. ◆ ~ **benthiques** (*benthic bacteria*) : bactéries qui vivent dans les eaux profondes et dans les sédiments. ◆ ~ **cellulolytiques** (*cellulolytic bacteria*) : bactéries capables de dégrader la cellulose en holosaccharides solubles. ◆ ~ **chimiosynthétiques** (*chimiosynthetic bacteria*) : bactéries capables de faire la synthèse des matières biochimiques à partir de l'énergie chimique contenue dans un substrat énergétique minéral. ◆ ~ **dénitrifiantes** (*denitrificating bacteria*) : bactéries qui dégradent l'azote nitrique des sols ou des eaux et le rejettent sous forme d'ammoniac, d'oxyde nitreux voire d'azote dans l'atmosphère. ◆ ~ **édaphiques** (*edaphic bacteria*) : bactéries des sols. ◆ ~ **nitrifiantes** (*nitrifying bacteria*) : bactéries fabriquant les nitrates à partir d'autres formes d'azote minéral. ***(Voir aussi Azote)*** ◆ ~ **photosynthétiques** (*photosynthetic bacteria*) : bactéries autotrophes capables de photosynthèse. ◆ ~ **symbiotiques** (*symbiotic bacteria*) : bactéries qui vivent en symbiose avec d'autres organismes végétaux ou animaux. ◆ **biomasse ~nne** (*bacterial biomass*) : biomasse bactérienne présente dans un biotope terrestre ou aquatique. ◆ **boucle ~nne** (*bacterial loop*) : voir Boucle. ◆ **production ~nne** (*bacterial production*) : la production bactérienne est la résultante de la production des bactéries hétérotrophes qui provient de la transformation des matières organiques mortes – à laquelle s'ajoute celle des bactéries autotrophes en milieu aquatique. Comme l'activité des bactéries est fortement dépendante de la température, la production bactérienne présente de fortes variations au cours du cycle annuel. Elle est maximale en fin de printemps et pendant la période estivale. ◆ **productivité ~ nne** : voir Productivité.

bactériochlorophylle, n. f. (*bacteriochlorophyll*). Type de chlorophylle propre aux bactéries autotrophes qui, de ce fait, sont capables d'effectuer la photosynthèse. À la différence des végétaux eucaryotes, cette chlorophylle est dispersée dans le cytoplasme bactérien et non incluse dans des chloroplastes.

bactérioneuston, n. m. (*bacterioneuston*). Peuplement bactérien océanique inféodé à la couche superficielle de l'océan.

bactérioplancton, n. m. (*bacterioplankton*). Peuplement bactérien du picoplancton, lequel est constitué par les organismes de taille inférieure au µm, essentiellement bactéries et virus. ***(Voir aussi Plancton)***

bactériostatique, n. m. et adj. (*bactericidal*). Désigne une substance chimique naturelle ou de synthèse qui inhibe la multiplication donc la croissance des colonies bactériennes.

bad lands. Nom donné à certaines terres steppiques de l'Ouest américain situées au-delà du 100° de longitude Ouest. Il s'agit de territoires où les pluies sont inférieures à 300 mm par an, qui présentent une sensibilité particulière à l'érosion éolienne des sols par suite de leur structure constituée d'éléments fins. Inaptes à la mise en culture, de telles terres défrichées donnent lieu au phénomène de *dust bowl*. ***(Voir aussi Dakota, Dust bowl)***

baguage, n. m. ◆ **~ des oiseaux** (*banding*) : technique consistant à capturer les oiseaux à l'aide de filets ou autre instrument adéquat et à les marquer à l'aide de bagues en alliage léger sur lesquelles sont inscrits, en sus de l'institution de référence, les divers paramètres relatifs à la date et au lieu de capture. Le baguage, outre son utilité évidente pour connaître les migrations des oiseaux, constitue une méthode irremplaçable pour la compréhension de la dynamique des populations aviennes.

bague, n. f. (*band*). Anneau aplati d'alliage léger, parfois de matière plastique, que l'on utilise pour marquer des oiseaux à des fins de recherches démoécologiques ou éthologiques.

baie, n. f. (*bight*). Terme de géomorphologie désignant une zone littorale profondément indentée. Celle-ci se caractérise par une courantologie et une sédimentologie spécifique. ◆ **~ de Fundy** : région côtière canadienne située entre la Nouvelle-Écosse et le New-Brunswick qui représente le plus important site potentiel du monde pour l'énergie marémotrice, l'amplitude des marées y dépassant 15 mètres. ◆ **~ d'Hudson** : région du Canada comprise entre le Québec et l'Ontario, célèbre par la Compagnie des fourrures du même nom qui centralisa pendant près de deux siècles les peaux amenées par les trappeurs opérant dans le Grand Nord canadien. ◆ **~ James** : grande baie située au sud de la baie d'Hudson où fut édifié pendant les années 1970 et 1980 par Hydro-Québec un ensemble de grands barrages hydroélectriques qui ont donné lieu à une très importante polémique entre l'administration provinciale et les associations de défense de la nature canadienne. En effet, ces barrages présentent un impact environnemental considérable dont certains effets ont commencé à peine à se manifester plus de 10 ans après leur édification. Outre l'ennoiement de vastes surfaces, une conséquence écotoxicologique inattendue de ces aménagements s'est traduite par la présence de taux élevés de mercure dans la chair des poissons lacustres sans que l'on puisse rapporter cette contamination à une pollution antérieure des eaux, celle-ci résultant, semble-t-il, de modifications biogéochimiques spontanées survenant dans les sédiments des zones inondées.

Baïkal, lac (*Baikal lake*). Situé dans l'Extrême-Orient sibérien, le lac Baïkal est le lac le plus profond du monde et celui qui renferme le plus grand volume, représentant à lui seul avec 23 000 km^3 plus de 10% du total des eaux douces superficielles de la planète. Long de 750 km, avec une largeur moyenne de 70 km et atteignant plus de 1 750 m de profondeur, ce lac est aussi l'un des plus anciens du monde occupant le même emplacement depuis au moins 20 millions d'années. Il compte de ce fait plusieurs familles d'algues, d'invertébrés et de vertébrés et un grand nombre de genres endémiques dont une espèce de phoque qui lui est inféodée : *Phoca sibirica*. Certaines familles de poissons comme les *Cottidae* comptent plus d'espèces dans le Baïkal qu'il n'en existe dans aucun autre lac au monde et une autre famille de téléostéens, les *Commephoridae*, en est endémique. Au total, quelque 627 espèces animales et une cinquantaine d'espèces d'algues et de phanérogames macrophytes sont endémiques du Baïkal! Des inquiétudes sont apparues au cours des dernières décennies dans l'ex-URSS relativement à la situation écologique du Baïkal, par suite de la construction dans le sud de ce lac, près d'Irkoutsk, de plusieurs papeteries, industries très polluantes qui déversent leurs eaux usées dans ce dernier.

Bailey, méthode de. Méthode d'estimation des effectifs d'une population animale dite des triples prises. Celle-ci consiste à capturer et marquer des individus à deux reprises et, lors d'une troisième campagne de recapture, à dénombrer les individus marqués et recapturés. Si n_2 est le nombre d'individus total pris à la 2e capture, a_2 le nombre d'individus marqués et relâchés lors de cette dernière, r_4 le nombre d'individus pris à la 3e capture et marqués lors de la première, r_1 le nombre d'individus marqués à la première et repris à la seconde et r_3 le nombre d'individus repris à la 3e capture et marqués à la seconde, on calcule que le nombre total estimé N d'individus que compte la population est égal à :

$$N = \frac{a_2 n_2 r_4}{r_1 r_3}$$

Si le nombre d'individus de l'échantillon est inférieur à 20, l'estimation est donnée par la relation :

$$N = \frac{[a_2(n_2+1)r_4]}{[(r_1+1)(r_3+1)]}$$

baisse, n. f. ◆ **~ des eaux** (*falling stage*) : baisse du niveau des eaux d'un biotope aquatique correspondant à la décrue ou à la période d'étiage pour un cours d'eau. ◆ **~ d'un aquifère** (*water table decline*) : diminution du niveau de la surface piézométrique d'une nappe phréatique souvent consécutive à un pompage excessif.

bajada, n. m. (*bajada*). Glacis alluvial constitué de matériau non consolidé prolongeant en pente douce les débris d'érosion situés aux pieds d'une falaise (pédiment) en zone aride. ***(Voir aussi Pédiment)***

balai de sorcière, n. m. (*witch broom*). Déformation de pousses ou de branches d'arbres provoquée par des champignons phytopathogènes de l'embranchement des Ascomycètes. Les balais de sorcières causés par *Melampsorella caryophyllaceum* sont très fréquents dans les forêts de résineux d'Europe occidentale.

balane, n. f. (*barnacle*) (n. sc. : *Balanus balanoides*). Crustacé sessile de l'ordre des Cirripèdes qui vit sur les côtes accroché à la surface des rochers dans la zone de balancement des marées (étage médiolittoral).

balbuzard pêcheur, n. m. (*osprey*) (n. sc. *Pandion halietus*). Rapace ichtyophage, surtout inféodé aux biotopes lentiques d'eaux continentales mais pouvant également nidifier le long des côtes. Cette espèce a connu une forte régression dans la période 1945-1975, victime de la pollution des eaux par les composés organochlorés et les métaux lourds. Des efforts considérables effectués en Europe et en Amérique du Nord ont permis, conjointement à l'interdiction des insecticides organochlorés et la diminution de la pollution de l'environnement par le mercure, une reconstitution de ses populations.

baleine(s), n. f. (*whale*). Mammifères marins de l'ordre des Cétacés. Issues d'un genre de mammifères piscivores terrestres apparus au début de l'Éocène, les baleines représentent le groupe de mammifères le mieux adapté à la vie océanique, passant l'ensemble de leur existence dans la zone pélagique des océans. Les baleines au sens strict, ou baleines à fanons, appartiennent au sous-ordre des Mysticètes par opposition aux baleines à dents (Odontocètes). Dans les premières, on distingue comme genres principaux les rorquals (*Baleinoptera sp.*), les baleines franches (*Eubaleina sp.*), les baleines à bosse (*Megaptera sp.*), dans le second les cachalots (*Physeter catodon*) et les orques (*Orcinus orca*). ◆ **pêche à la ~** (*whaling*) : la pêche à la baleine a été traditionnellement pratiquée dans le golfe de Gascogne depuis de lointaines époques aux dépens de la baleine des Basques (*Eubaleina glacialis*), qui présente la particularité de flotter quand elle est tuée grâce à son importante teneur en graisses. De même, la pêche des Mégaptères était pratiquée par les tribus côtières d'Indiens (Ozettes par exemple) des États du Nord-Ouest du Pacifique (Washington et Colombie britannique). Cependant, cette

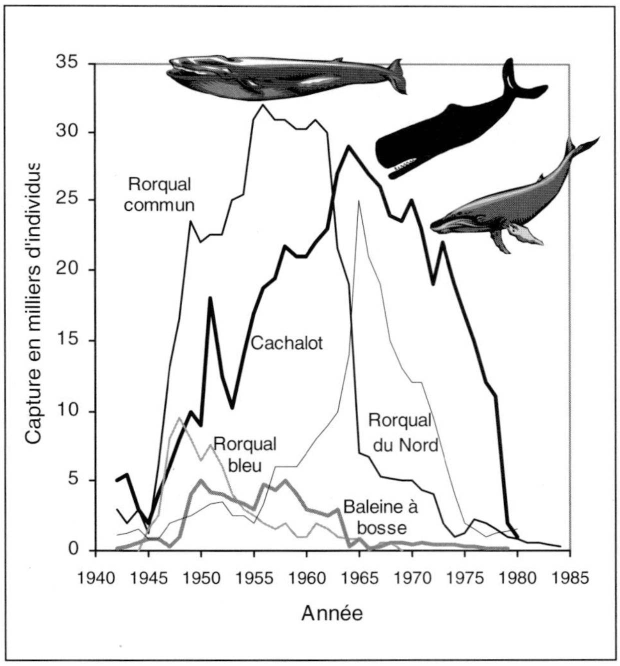

Fluctuation des prises des principales espèces de **baleines** faisant l'objet d'une exploitation commerciale (et de cachalot) dans l'ensemble de l'océan mondial au cours de la période qui a précédé la mise en œuvre de l'embargo sur la chasse à la baleine. Ici sont figurés le rorqual commun, le cachalot et le rorqual du Nord. On voit que les prises de toutes les espèces exploitées depuis 1940 se sont littéralement effondrées. (D'après Miller, in Hunter, *Fundamentals of Conservation Biology*, Blackwell Science, 1996, p. 204)

pêche s'est transformée en une hécatombe au cours du XXe siècle après l'invention du canon à harpon qui permet la capture de toutes les espèces, même des plus grandes, et avec son industrialisation marquée par le développement de flottes baleinières, autour de navires-usines dont certains ont dépassé les 60 000 t !

En conséquence, la pêche à la baleine est devenue l'un des plus spectaculaires exemples de dilapidation des ressources animales marines par la civilisation moderne. On a en effet assisté à un considérable effondrement des effectifs de la quasi-totalité des Mysticètes – et de certains Odontocètes – au cours du dernier demi-siècle.

La plupart des espèces de grands Cétacés sont aujourd'hui considérées comme vulnérables sinon en danger de disparition. Ainsi, il n'existe plus de nos jours dans le monde qu'environ 2 000 individus de grand rorqual bleu, le plus gigantesque des animaux actuels, contre une population estimée à plus de 200 000 pour l'océan austral quand commença sa chasse dans les années 1920. La plupart des autres baleines, telles les baleines franches ou les mégaptères, possèdent de même actuellement un statut précaire sinon préoccupant.

Le moratoire sur la chasse à la baleine, adopté à partir de 1990, reste pour l'instant trop conditionnel et d'application trop incertaine pour assurer la pérennité des espèces considérées. En effet, certains pays ne le respectent pas sous prétexte de la pratique d'une pêche « traditionnelle » et d'autres, tels le Japon, continuent de prélever des baleines sous le prétexte de recherches scientifiques. ***(Voir aussi Cétacés, Cladogramme, Krill)***

ballastières, n. f. (*gravel pits*). Excavations creusées en bordure d'infrastructures routières ou ferroviaires au moment de leur construction afin d'extraire des cailloux destinés au ballast des voies ferrées ou aux fondements autoroutiers. Souvent mises en eau après la construction de l'infrastructure, elles sont transformées en étang et alevinées pour la pêche récréative.

ballon-sonde, n. m. (*pilot-balloon*). Instrument d'exploration de l'atmosphère très utilisé en aéronomie pour étudier les conditions météorologiques ou pour effectuer des prélèvements à haute altitude pour l'analyse des aéropolluants, en particulier pour mesurer *in situ* l'importance de la pollution de la stratosphère. ***(Voir aussi Ozone)***

Baltique, mer (*Baltic sea*). Mer fermée et, de ce fait, de faible taux de salinité (20 p. 1 000), la Baltique, située en Europe du Nord, est entourée de neuf États qui figurent parmi les plus industrialisés de la planète. Elle est donc exposée à une préoccupante pollution organique et chimique.

La première s'est traduite à plusieurs reprises au cours des quarante dernières années par des phénomènes de dystrophisation avec dégagement de gaz sulfureux dans ses zones profondes, en particulier le sud du golfe de Bothnie, qui ont rendu ces dernières azoïques (voir figure page suivante).

Par ailleurs, la mer Baltique présente une importante pollution diffuse par de nombreux polluants organochlorés, en particulier les PCB, qui ont provoqué une baisse de fécondité de ses populations de phoques. ***(Voir aussi Dystrophisation, Organochlorés, Phoque)***

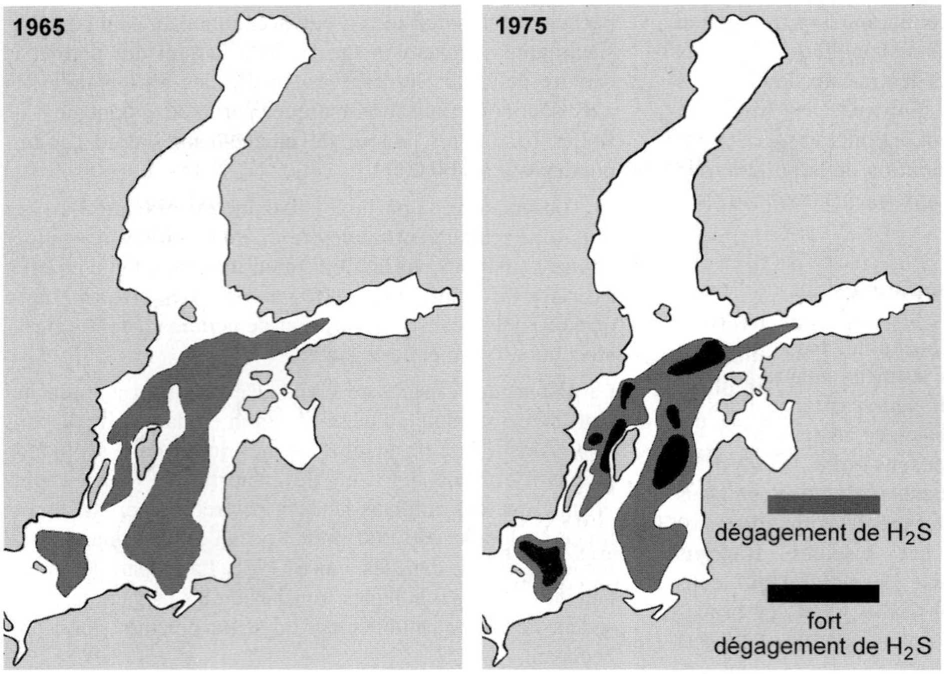

Épisodes de dystrophisation de la mer **Baltique**. On a constaté, depuis la fin des années 60, que des phases extrêmes de dystrophisation marquées par l'apparition de fermentations anaérobies ont affecté cette mer. Sa forte pollution par des apports telluriques de polluants riches en matières organiques fermentescibles s'est traduite à plusieurs reprises par des épisodes de dystrophisation extrême conduisant à l'apparition de fermentations anaérobies qui ont dégagé du H_2S sur de vastes surfaces benthiques. (D'après Andersin et coll., in Ramade F., *Écologie appliquée*, Ediscience international, 5ᵉ ed., 1995, p. 274)

bambou(s), n. m. (*bamboo*). Graminées ligneuses vivaces appartenant au groupe des Bambusoïdées, surtout représentées dans les régions tropicales du monde, dont le centre de diversification est l'Asie du Sud-Est. Les bambous ont la particularité de fleurir une seule fois au cours de leur vie, parfois après plusieurs décennies de croissance puis de périr après l'émission des graines. Ils constituent la source de nourriture quasi unique du grand panda de Chine. (***Voir aussi Panda***)

Touffe de **bambous** (*Bambusa vulgaris*, Bambusoïdées) croissant dans une clairière d'une forêt du parc naturel régional de la Martinique. (Cliché F. Ramade)

Bambusoïdées, n. sc. Sous-famille de Graminées dans laquelle sont classées les diverses espèces de bambous.

bananier(s), n. m. (*banana tree*) (n. sc. *Musa sp.*). Végétaux de la famille des Musacées appartenant à l'ordre des Zingibérales, originaires de la région indo-malaise. Le bananier représente une des principales cultures alimentaires des zones tropicales, avec une production proche de 100 millions de tonnes à la fin des années 1990 – y compris les bananes à cuire. Il s'agit d'une herbe rhizomateuse géante pourvue d'un pseudotronc. Le bananier exige pour sa culture des précipitations au moins égales à 1 250 mm/an et des températures ne tombant jamais au-dessous de 12,5 °C. Il existe plusieurs espèces et sous-espèces cultivées. La principale, le bananier des Sages ou plantain, *Musa sapientum*, produit des bananes douces, les plus cultivées en tonnages produits. La sous-espèce *Musa s. oleracea* (banane à

Champ de **bananiers** en Guadeloupe (Capesterre, Basse-Terre). Originaire d'Asie du Sud-Est, le bananier (*Musa sapientum*) est devenu cosmopolite. Lorsqu'elle est intensive, cette culture est fortement dépendante de produits agrochimiques et représente de ce fait un potentiel significatif de pollution des sols. (Cliché F. Ramade)

cuire), riche en amidon, ne se consomme que cuite. Le bananier de Chine (*Musa nana*) élabore des fruits arqués et très sucrés. Enfin, le faux-bananier ou ensète (*Musa ventricosa*), originaire d'Éthiopie, possède des fruits également riches en amidon, qui se consomment comme la banane à cuire. (***Voir aussi Musacées, Zingibéracées***)

banc, n. m. ◆ ~ **de pêche** (*fisheries bank*) : secteur ou zone marine généralement constitués de hauts fonds favorables à l'exploitation halieuthique. Le grand banc de Terre Neuve pour la morue, ou encore le banc du Dogger en mer du Nord pour le hareng, en sont des exemples classiques. ◆ ~ **de poissons** (*shoal, school*) : rassemblement d'un grand nombre de poissons d'une population donnée généralement constituée d'individus appartenant à une même classe d'âge, consécutif à un phénomène de grégarisme paroxystique. ◆ ~ **de sable** (*sand bank*) : dépôt de sable résultant de la courantologie locale qui s'accumule sur les rives ou au milieu du lit d'un cours d'eau ou encore sur un fond marin.

Banque Mondiale, n. f. (*World Bank*). Organisme financier international spécialisé dans les prêts au développement. Par le passé la Banque Mondiale s'est illustrée par le financement de projets pharaoniques dans divers pays du Tiers monde qui ont donné lieu à de véritables désastres environnementaux. Depuis le milieu des années 1980, cet organisme est devenu plus conscient de la relation environnement-ressources-développement et semble accorder une importance croissante aux dimensions environnementales de ses programmes.

banquise, n. f. (*ice-pack, inlandsis*). Calottes glaciaires qui se forment à la surface de l'océan ou des continents (dénommées alors inlandsis) dont l'épaisseur a pu atteindre plus de 5 km à l'apogée de la dernière glaciation, celle du Würm, voici environ 18 000 ans. Lorsque les banquises marines se réchauffent, elles se disloquent et donnent lieu à la formation des icebergs. La mesure de la vitesse de libération de ces derniers est aujourd'hui utilisée pour évaluer les tendances climatiques à moyen terme. (***Voir aussi Calotte glaciaire, Glaciation***)

Vue aérienne de la **banquise** et d'icebergs en formation dans le Nord du Groenland (terre de Peary). (Cliché F. Ramade)

baobab(s), n. m. (*baobab*) (n. sc. : *Adansonia sp.*). Arbres de la famille des Bombacacées propres à la région éthiopienne. *Adansonia digitata*, assez commun dans les zones de forêts tropophiles et de savane arborée d'Afrique subsaharienne, peut atteindre 25 m de hauteur avec un tronc excédant 7 m de diamètre. (***Voir aussi Bombacacées***)

bar, n. m. **1.** (*sea-bass*) (n. sc. *Dicentrarchus labrax*). Poisson marin de la famille des Serranidés, ayant aussi pour nom vernaculaire celui de loup. Cette espèce, de grande valeur économique, fait l'objet depuis quelques années d'une activité aquacole en forte croissance. **2.** (*bar*) Unité de mesure de la pression atmosphérique qui est égale à 10^5 pascal ou 0,986 atmosphère.

Barcelone, convention de (*Barcelona Convention*). Accord international signé en 1976 par l'ensemble des pays riverains de la Méditerranée afin de lutter contre la pollution de cette mer. De cette convention est issu le Plan d'Action spécial pour la Méditerranée (PAM) du PNUE.

baril, n. m. (*barrel*). Unité de volume anglo-saxonne valant 156 l.

barkhane, n. f. (*barchan*). Dune de sable vif en forme de croissant convexe du côté du vent dominant, qui se déplace activement sous l'effet de l'érosion éolienne.

barochorie, n. f. (*barochory*). Phénomène par lequel diverses familles de plantes dispersent leurs graines par gravité.

barocline, n. f. (*barocline*). Variation de pression avec l'altitude par atmosphère calme, liée à la diminution de densité de l'air.

barophile, adj. (*barophilic*). Se dit d'espèces marines vivant à de grandes profondeurs donc à de hautes pressions hydrostatiques.

barotaxie, n. f. (*barotaxy*). Réaction motrice d'un organisme en réponse au stimulus causé par une variation de pression hydrostatique.

barothermographe, n. m. (*barothermograph*). Instrument de climatologie enregistrant simultanément la température et la pression atmosphérique.

barrage(s), n. m. (*dam*). Construction de terre ou de béton destinée à barrer un cours d'eau afin de constituer une retenue hydraulique destinée à divers usages : régulation des crues afin de prévenir des inondations catastrophiques, production d'hydroélecricité et (ou) irrigation. Depuis la construction des premiers barrages, au début du XIXe siècle, le nombre et la dimension de tels aménagements hydrauliques ont crû sans cesse, tendant même à devenir de plus en plus gigantesques. On comptait au début des années 1990 un nombre total de barrages supérieur à 34 000 dans le monde, la hauteur de la construction barrant le cours d'eau étant certes généralement inférieure ou égale à 30 m. Néanmoins, il existait déjà dans le monde quelque 70 barrages dépassant 100 m de haut et 26 excédant les 200 m.

Barrage de Shipshaw, construit sur la rivière Saguenay, par l'Alcan, au Québec. De tels aménagements ont totalement éliminé le peuplement salmonicole d'une des meilleures rivières à saumons de cette province. (Cliché F. Ramade)

◆ **~ hydroélectriques** (*hydroelectric dams*) : les barrages hydroélectriques se caractérisent par la formation de retenues d'eau dont le volume et la surface qu'ils inondent peuvent être considérables. Ainsi le lac Nasser, en amont du grand barrage d'Assouan, couvre plusieurs milliers de km^2. Celui des Trois Gorges, en Chine, actuellement en construction sur le Yang-Tse-Kiang, créera une retenue de 500 km de long et génèrera une puissance électrique installée de 17 GW(el) soit l'équivalent d'un parc de 12 centrales nucléaires standard de type REP! ◆ **impact environnemental des ~** (*dams environmental impact*) : l'impact sur l'environnement des barrages est en proportion de leur gigantisme. Un des aspects immédiats concerne l'écologie des espèces de poissons des eaux courantes. En effet, même pour les espèces strictement dulçaquicoles, il existe souvent des migrations alternatives entre les parties élevées d'un cours d'eau et son cours inférieur.

Malgré la construction d'échelles à poissons, hélas trop souvent inadaptées, le barrage perturbe le cycle vital des espèces migratrices et conduit à terme à un considérable appauvrissement des peuplements piscicoles des fleuves, en particulier de leur faune salmonicole. Le problème est plus difficile pour les anguilles, les esturgeons, voire les aloses, poissons d'eaux calmes qui de ce fait sont absolument incapables de remonter de tels équipements et nécessitent de véritables « ascenseurs » à poissons.

Par ailleurs, la présence de la retenue bloque les limons et autres sédiments dans le réservoir qui se comble lentement et sûrement. Il en résulte une sérieuse réduction de la durée de vie utile de ces barrages. À titre d'exemple, avec un apport annuel de 139 millions de tonnes de sédiments, le Grand Barrage d'Assouan, sur le Nil, sera comblé en un siècle! Pour certains barrages africains ou d'Asie du Sud, l'érosion des sols dans leur bassin versant due à la déforestation est telle qu'ils seront comblés en moins de 40 ans! En Égypte, le blocage des limons en amont de la retenue a déjà causé un désastre écologique. Les pêcheries du delta du Nil, privées de leurs apports fertilisants, puisque ce fleuve n'a plus de crues, ont vu leur productivité diminuer de vingt fois depuis la mise en eau du barrage. En outre, les sols ne bénéficient plus de l'apport annuel de limons qui étaient à l'origine de la légendaire fertilité de la vallée de ce fleuve! Pis encore, on assiste depuis plusieurs décennies à un recul du delta – lequel représente toujours une structure géomorphologique résultant d'un équilibre dynamique entre l'érosion marine de la côte et la sédimentation. En conséquence, ce delta est peu à peu grignoté par la mer, certains villages qui se trouvaient voici quelques années à plusieurs kilomètres à l'intérieur des terres se trouvant aujourd'hui en zone littorale! **(*Voir aussi Nil, Réservoir, Yang-Tse-Kiang*)**

barre, n. f. **1.** (*bar*). Hauts-fonds sédimentaires ou constitués par la carène récifale d'un récif frangeant. **2.** (*breaker zone*). Zone de déferlement de la houle se traduisant par la présence permanente d'impressionnants « rouleaux » propres aux côtes où existent de tels hauts-fonds. **(*Voir aussi Vague*)**

barrière, n. f. ◆ **~ écologique** (*ecological barrier*) : obstacles de nature topographique ou liés à un gradient subi et très intense d'un facteur écologique abiotique contraignant qui empêche l'extension géographique d'une espèce donnée voire d'une biocœnose toute entière et *a fortiori* l'hybridation entre deux espèces génétiquement voisines mais ainsi physiquement séparées. ◆ **~ génétique** (*genetical barrier*) : obstacle résultant de la stérilité des hybrides qui empêche le croisement entre espèces différentes. ◆ **Grande ~ de corail** (*great barrier reef*) : système de récifs coralliens dont les platiers s'étendent sur environ 2 000 km le long de la côte du Nord-Est de l'Australie dans le Queensland. **(*Voir aussi Grande Barrière*)** ◆ **îles ~** (*barrier islands*) : îles disposées en frange d'un continent parallèlement à la côte. ◆ **récifs ~** (*barrier reefs*) : système de récifs dont les platiers constituent une barrière corallienne. **(*Voir aussi Récif corallien*)**

barycentre, n. m. (*barycentre*). Centre pondéré du gradient de niche. Le barycentre (G) peut se calculer pour toute dimension de la niche écologique d'une espèce dont on dispose une mesure quantitative : si X_1, X_2, ..., X_n sont les abondances relatives d'une espèce dans les classes 1, 2, ..., n considérées, on aura :

$$G = \frac{X_1 + X_2 + \ldots X_{n-1} + X_n}{\Sigma X}$$

(*Voir aussi Niche écologique*)

barymorphose, n. f. (*barymorphosis*). Changement de morphologie des organismes en réponse au facteur écologique constitué par la pression exogène (pression hydrostatique) ou endogène (organismes de grande taille dont les organes de sustentation sont soumis à de fortes pressions).

baryum, n. m. (Ba) (*barium*). Élément de numéro atomique Z = 56 et de masse atomique Ar = 137 dont le corps simple est un métal alcalino-terreux, aux propriétés chimiques voisines du calcium. Il est surtout présent dans l'écorce terrestre sous forme de carbonate (baryte). On l'emploie dans l'industrie photographique, dans celle des peintures et des vernis où il peut, de ce fait, être la cause d'une pollution ponctuelle des eaux. Il est utilisé également comme adjuvant dans les insecticides d'où il résulte aussi une pollution diffuse. C'est un élément toxique susceptible de susciter des problèmes d'hygiène du travail.

basal(e), adj. ◆ **aire** ~ (*basal area*) : **1.** Désigne en écologie forestière soit la surface d'une section de tronc d'un arbre, soit la surface couverte par la projection de la couronne à 1,3 m de hauteur au-dessus du sol. **2.** En phytosociologie, désigne la surface totale de sol couverte par l'ensemble des individus d'une même espèce de plante présente dans une aire échantillonnée. ◆ **métabolisme** ~ (*basal metabolism*) : dépenses énergétiques minimales d'un organisme lorsque celui-ci est au repos et dans un environnement dont la température présente une valeur optimale pour l'espèce considérée.

basalte, n. m. (*basalt*). Roche volcanique basique riche en calcium, dont la décomposition donne des sols très fertiles.

bascule, n. f. ◆ **effet de** ~ (*switching effect*) : voir Effet.

base(s), n. f. (*base*). Espèce chimique susceptible de fixer un proton H^+ ou, plus généralement, de déprotoner un solvant (définition de Bronsted). Si le solvant est l'eau, la réaction de déprotonation par la base B s'écrit :

$$B + H_2O = BH^+ + OH^-$$

Si la réaction est totale, la base est dite forte; si elle est équilibrée, la base est dite faible. Par exemple, la soude (NaOH) est une base forte et l'ammoniac NH_3 est une base faible. ◆ ~ **échangeables** (*exchangeable bases*) : ensemble des cations échangeables entre l'eau interstitielle du sol ou des sédiments et le complexe absorbant argilo-humique, qui élèvent le pH édaphique. Les principaux d'entre eux sont les ions calciques, magnésiques, potassiques et sodiques. L'importance de la concentration en de telles bases joue un rôle essentiel dans la fertilité des sols. ◆ **saturation en** ~ (*base saturation*) : désigne le fait que le complexe absorbant des sols est saturé en bases échangeables de sorte qu'il n'y a plus aucun ion acide dans la solution de sol. On détermine le taux de saturation en « bases », V, par le rapport : $V = S/T$ exprimé en pourcentage où S est la somme des bases échangeables ($S = Ca^{2+} + Mg^{2+} + K^+ + Na^+$) et T la quantité maximale de cations qu'un sol peut absorber. **(*Voir aussi Complexe argilo-humique, Sol*)**

basicité, n. f. (*basicity*). Propriété d'une solution contenant des bases. **(*Voir aussi Basique*)**

baside, n. f. (*basid*). Organe propre à l'hyménium des champignons basidomycètes, qui élabore des spores haploïdes, les basidiospores.

Basidiomycètes, n. sc. (*Basidiomycetes*). Embranchement de champignons réunissant les groupes les plus évolués, dont les formes sexuées sont caractérisées par la présence de carpophores (champignons à chapeau). Beaucoup d'espèces des forêts sont symbiotiques des racines des arbres (mycorhizes). Il existe aussi de nombreuses espèces de Basidiomycètes phytopathogènes, en particulier les agents des rouilles et des charbons qui attaquent les plantes cultivées.

basiphile, adj. (*basiphilous*). Désigne les espèces qui se développent dans les sols ou les eaux basiques. **(*Voir aussi Calcicole*)**

basique, adj. (*basic*). Désigne en chimie un milieu alcalin ou une substance qui réagit avec un acide pour donner un sel. Les eaux naturelles et les sols basiques sont généralement situés sur un substrat rocheux calcaire, en particulier pour les eaux souterraines des réseaux karstiques, saturées en bicarbonate de calcium – plus rarement dolomitiques – et de façon exceptionnelle, magnésiques.

basophile, adj. (*basophilous*). Désigne ce qui est basique.

basophilie, n. f. (*basophily*). Propriété des organismes basophiles.

basophobe, adj. (*basophobous*). Qualifie un organisme qui ne tolère pas un milieu basique. **(*Voir aussi Silicicole*)**

basophobie, n. f. (*basophoby*). Particularité propre aux organismes qui ne peuvent se développer dans un biotope basique. **(*Voir aussi Silicicole*)**

bassin, n. m. ◆ ~ **d'attraction** (*attraction basin*) : notion dérivée de la théorie des catastrophes qui correspond à deux zones situées de part et d'autre d'une « ligne de catastrophe » séparant deux dynamiques qualitativement différentes, dans lesquelles le système évoluera à plus ou moins long terme vers un état d'équilibre dont les coordonnées fixes correspondent à celles de l'attracteur du système. De tels systèmes existent en écologie des populations ou encore dans les écosystèmes exposés à une modification de l'un ou des principaux facteurs écologiques qui provoqueront de façon soudaine un changement brutal dans la composition de sa biocœnose. ◆ ~ **fluvial** (*drainage river basin*) : ensemble de la zone géographique continentale constituant le bassin hydrographique d'un cours d'eau et correspondant à la totalité de l'aire de capture et de drainage des précipitations. ◆ ~ **hydrologique** (*hydrological watershed*) : zone correspondant en surface au bassin hydrographique circonscrite aux lignes de crête qui délimitent le bassin versant d'un cours d'eau et de ses affluents. ◆ ~ **d'oxydation** (*oxidation pond*) : dispositif de traitement des eaux polluées dans lequel on introduit de l'air pour favoriser l'oxydation des matières organiques fermentescibles. ◆ ~ **de refroidissement** (*cooling pond*) : bassin dans lequel sont rejetées des eaux chaudes provenant d'installations industrielles afin qu'elles se refroidissent avant d'être déversées dans le milieu récepteur naturel. Ce dispositif a pour but d'éviter une pollution thermique des eaux de surface aux conséquences désastreuses pour les communautés aquatiques. ◆ ~ **de retenue** (*detention basin*) : bassin artificiel commandé par des vannes, créé afin de régulariser le débit des cours d'eau en particulier de prévenir les inondations, le bassin étant rempli en cas de hautes eaux. ◆ ~ **versant(s)** (*watershed, catchment area*) : synonyme de bassin fluvial. **(*Voir aussi Cours d'eau, Fleuve, Hydrosystème*)**

batésien, adj. (*batesian*) ◆ **mimétisme** ~ (*batesian mimicry*) : ressemblance étroite entre une espèce animale inoffensive et comestible avec une autre espèce inconsommable, voire venimeuse ou toxique, qui conduit à tromper un prédateur, le dissuadant de capturer l'espèce mime. ***(Voir aussi Mimétisme)***

batholithe, n. m. (*batholith*). Intrusion de roches plutoniques couvrant de vastes étendues à la surface de la Terre.

bathyal, adj. ◆ **étage** ~ (*bathyal zone*) : étage océanique correspondant aux zones profondes du talus continental, comprises entre la frange inférieure de la plaque continentale (environ 600 m) et 3 000 m de profondeur là où commence l'étage abyssal.

bathymétrie, n. f. (*bathymetry*). Mesure de la profondeur d'un biotope aquatique, distance séparant le substrat sédimentaire de la surface.

bathymétrique, adj. (*bathymetric*). Désigne ce qui concerne la bathymétrie.

bathypélagique, adj. (*bathypelagic*) ◆ **faune** ~ (*bathypelagic fauna*) : ensemble de la zoocœnose inféodée à la zone bathypélagique. ◆ **zone** ~ (*bathypelagic zone*) : zone océanique correspondant aux eaux libres situées aux profondeurs comprises entre 600 et 3 000 m. ***(Voir aussi Étage)***

bathyplancton, n. m. (*bathyplankton*). Plancton propre aux eaux bathypélagiques.

bauxite, n. f. (*bauxite*). Le plus commun des minerais d'aluminium, déposé essentiellement à la fin du Crétacé et à l'Éocène. Il doit son nom au village des Baux en Provence où ce minéral fut décrit pour la première fois. L'extraction de bauxite s'est effectuée à vaste échelle dans le Var en France où elle a laissé des paysages dévastés par les exploitations à ciel ouvert. L'extraction de l'alumine à partir de la bauxite produit de grandes quantités de boues rouges alcalines qui soulèvent des problèmes de stockage difficiles, résolus dans le Midi de la France, ... par le rejet dans une fosse marine dans le Canyon de Cassidagne au Sud-Est de Marseille.

Carrière de **bauxite** abandonnée dans le Var, près de Brignolles, montrant les biotopes ruinés auxquels laissent place les exploitations à ciel ouvert, quel que soit le type de minerai extrait. (Cliché F. Ramade)

Beaufort, échelle de. Échelle graduée de 1 à 12 mesurant l'intensité du vent, établie par l'Amiral Sir Francis Beaufort en 1806, d'abord adoptée par la *Royal Navy* en 1838 puis par le Comité Météorologique International en 1874. Elle est couramment utilisée de nos jours en météorologie marine pour évaluer la force du vent.

Beauveria. Nom scientifique d'un genre de champignon entomopathogène utilisé avec succès dans la lutte biologique contre toute une série d'insectes nuisibles aux larves terricoles.

becquerel, n. m. (Bq) (*becquerel*). Unité mesurant les faibles radioactivités : 1 becquerel = 27 picocuries=$27 \cdot 10^{-12}$ Curies. Elle correspond à la radioactivité produite par une désintégration par seconde et se substitue à l'ancienne unité de mesure des faibles radioactivités, le picocurie (pCi).

BEE (Bureau Européen de l'Environnement) (*EEB, European Environment Bureau*). Organisation non gouvernementale dont le siège est à Bruxelles, qui fédère la plupart des sociétés de protection de l'environnement des divers pays européens.

Beggiatoa, n. sc. Genre de sulfobactéries nécessitant pour son développement la présence simultanée d'hydrogène sulfuré et d'oxygène. Ces conditions sont réalisées quand des boues anaérobies sont en contact avec une eau pas totalement désoxygénée par la pollution organique.

bel, n. m. Unité d'intensité sonore égale à 10 décibels. ***(Voir aussi Décibel)***

Bélemnites, n. sc. (*Belemnoida*). Décapodes fossiles particulièrement abondants dans les mers à la fin de l'ère Primaire et au début du Mésozoïque.

Benguela, courant de (*Benguela current*). Courant froid situé dans l'Atlantique austral qui longe la face occidentale de l'Afrique du Sud et de la Namibie, exerçant son influence climatique sur les zones continentales riveraines jusqu'au niveau de l'Angola.

bénitier, n. m. (*giant clam*). Énorme Lamellibranche du genre *Tridacna*, inféodé aux récifs coralliens, dont les individus peuvent atteindre une taille excédant 1,3 m et un âge centenaire. À l'image des Madrépores, les bénitiers renferment dans leur manteau des zooxanthelles symbiotiques.

benthique, adj. (*benthic*) ◆ **faune, flore** ~ (*benthic fauna, flora*) : ensemble des végétaux ou des animaux qui sont inféodés au milieu benthique. ◆ **milieu** ~ (*benthic environment*) : désigne les parties d'un écosystème aquatique constituées par la couche d'eau immédiatement en contact avec le substrat, la surface de ce dernier et les sédiments. Ce milieu correspond donc à l'interface eau-lithosphère en milieu océanique ou lacustre. ◆ **zone** ~ (*benthic zone*) : désigne l'interface eau-sédiment d'un écosystème aquatique, quelle que soit la profondeur.

benthophyte, n. f. (*benthophyte*). Plante croissant au fond d'un biotope lentique ou à même le lit d'une rivière.

benthopleustophyte(s), n. f. (*benthopleustophyte*). Plantes vasculaires de grande taille posées à même le fond dans un biotope lentique mais capables de dériver lentement avec le courant. Elles s'opposent aux emménophytes qui croissent aussi entièrement submergées mais sont dépourvues d'organes de fixation. **(*Voir aussi Macrophyte*)**

benthopotamique, adj. (*benthopotamic*). Espèce vivant sur le lit d'un cours d'eau.

benthos, n. m. (*benthos*). Ensemble des organismes benthiques présents dans un biotope aquatique donné. **(*Voir aussi Benthique*)**

bentonite, n. f. (*bentonite*). Roche constituée de silice colloïdale et d'argile résultant de l'altération de cendres volcaniques.

benzanthracène, n. m. (*benzanthracene*). Hydrocarbure aromatique polycyclique produit dans certaines combustions incomplètes, en particulier dans les moteurs à combustion interne.

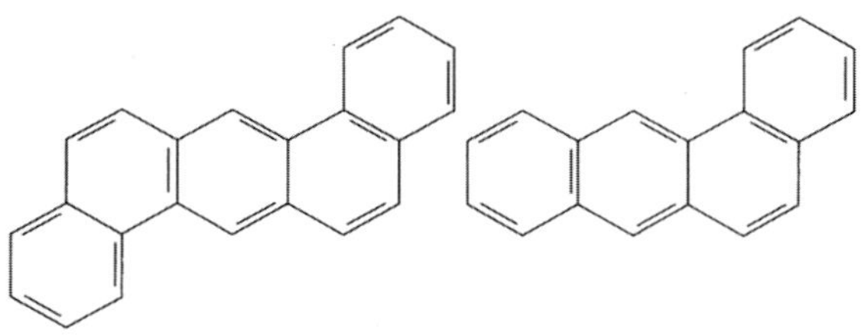

Dibenz (a,h) anthracène   Benzanthracène

Formule du **benzanthracène** et du dibenzanthracène.

benzène, n. m. (*benzene*) (C_6H_6). Le plus simple des hydrocarbures aromatiques très utilisé comme solvant, ainsi que dans la fabrication de peintures, de vernis et de matières plastiques. Il est narcotique et a soulevé de redoutables problèmes d'hygiène du travail par suite de ses dangereuses propriétés cancérogènes.

benzopyrène, n. m. (*benzopyrene*). Hydrocarbure aromatique polycyclique, existant dans les combustibles fossiles et rejeté dans l'atmosphère (de même que les autres HAP) lors de combustions incomplètes, surtout par les moteurs à combustion interne. Il en existe plusieurs isomères, les plus fréquents étant le benzo(a)pyrène et le benzo(e)pyrène : le diesel constitue une source majeure et croissante d'émission de ce redoutable cancérogène polluant de l'air. Le benzopyrène est particulièrement abondant dans les produits d'échappement des moteurs diesels où il se trouve essentiellement fixé sur les particules carbonées (fumées noires), de même que la plupart des autres hydrocarbures de ce groupe.

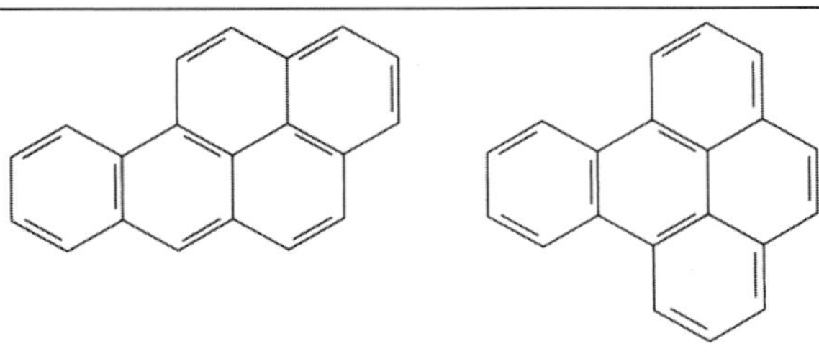

Benzo (a) pyrène   Benzo (e) pyrène

Formule du **benzopyrène**.

Cet hydrocarbure polycyclique se retrouve actuellement dans tous les écosystèmes terrestres et aquatiques, y compris dans la biomasse marine, ce qui atteste du degré important de pollution diffuse atteint par cette classe de contaminants. Bien qu'il existe une source de formation naturelle *in situ* en milieu océanique, l'essentiel de la contamination des biotopes océaniques provient des apports dus à la pollution atmosphérique et à l'industrie pétrolière. **(*Voir aussi HAP*)**

berge(s), n. f. (*steep bank, riverside*). Zone limitant un cours d'eau par rapport aux terres émergées présentant une pente plus ou moins accentuée. Les berges ont la signification écologique d'un écotone, plus particulièrement lorsqu'elles sont en pente modérée, ce qui permet l'existence de peuplements amphibies faisant la transition entre la zone riparienne et ceux des terres émergées limitrophes. **(*Voir aussi Rive*)**

Bergmann, loi de (*Bergmann's rule*). Cette loi stipule que lorsqu'un groupe taxonomique occupe une vaste aire de distribution géographique, la taille des espèces s'accroît au fur et à mesure que la latitude augmente, les plus grandes espèces de ce groupe étant celles qui vivent aux plus hautes latitudes. La loi de Bergmann s'explique par le fait que la résistance au froid implique chez les organismes une minimalisation du rapport surface/volume (*S*/*V*). L'équation aux dimensions de la surface corporelle d'un animal est de la forme :

$$S = k \cdot L^2 \quad (1)$$

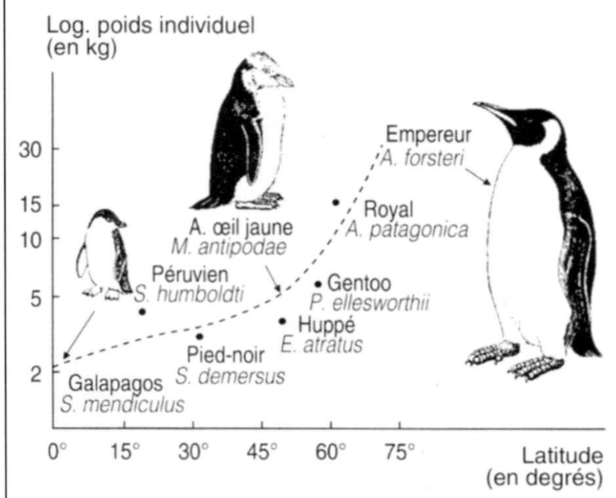

Vérification de la loi de **Bergmann** dans l'ordre des Sphénisciformes. Il existe une corrélation positive entre le poids corporel des manchots et la latitude moyenne de l'aire occupée par l'espèce. (A : *Aptenodytes*, E : *Eudyptes*, M : *Megadyptes*, P : *Pygoscelis*, S : *Spheniscus*.) (D'après Ramade F., *Écologie fondamentale*, Ediscience international, 2e ed., 1994, p. 89)

où L est la longueur de l'animal considéré et son volume est :

$$V = K \cdot L^3 \ (2)$$

On en déduit :

$$S/V = k' \cdot L^{-1} \ (3)$$

Il est évident que ce rapport décroît au fur et à mesure que la taille augmente.

La loi de Bergmann n'est vérifiée que pour les vertébrés homéothermes. Il en existe de nombreux exemples tant chez les mammifères que chez les oiseaux. Ainsi, chez les Cervidés, la plus grande espèce, l'élan, est aussi (avec certes le renne) la plus boréale. À l'opposé, la plus petite, le cerf Muntjac, qui possède la taille d'un chien, vit en Asie du Sud-Est équatoriale. Chez les oiseaux, elle est très bien illustrée par les manchots, l'empereur, le plus grand d'entre eux occupant l'aire la plus australe, tandis que le plus petit, celui des Galapagos, vit à l'équateur.

Beringia. Antique aire continentale qui réunissait l'Extrême-Orient sibérien et l'Alaska par suite de l'assèchement du détroit de Bering permettant de ce fait une connexion entre l'Asie et l'Amérique, par laquelle s'est faite une partie du peuplement mammalien du Nouveau Monde. Cet assèchement a eu lieu à plusieurs reprises au cours du Mésozoïque puis du Cœnozoïque, le dernier ayant coïncidé avec la glaciation würmienne. ***(Voir aussi Glaciation)***

Berlèse (*Berlese's sampler*). Appareil en forme d'entonnoir utilisé en écologie des sols pour prélever la faune de la litière.

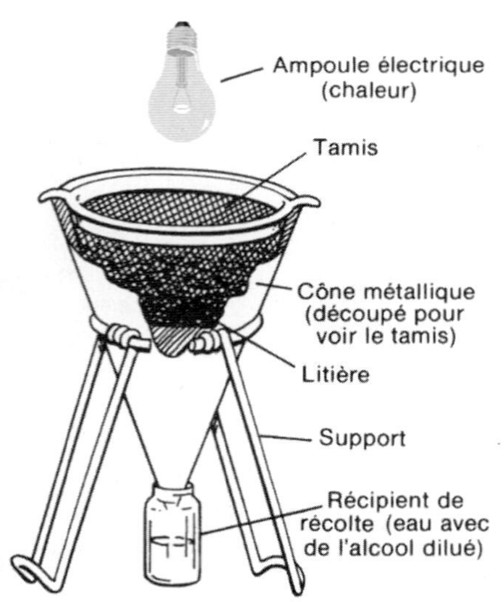

Schéma général d'un appareil de **Berlèse**. Cet instrument permet de prélever les peuplements d'Invertébrés du sol et de la litière. L'échantillon est placé dans l'entonnoir. La lampe placée au-dessus de ce dernier provoque une dessication de sorte que les Invertébrés vivant dans la sapromasse se laissent tomber vers le bas et sont collectés dans le tube renfermant de l'alcool dilué additionné d'un détersif. (D'après Ramade F., *Écologie fondamentale*, Ediscience international, 2e ed., 1994, p. 143)

béryllium, n. m. (Be) (*berillium*). Élément de numéro atomique Z = 4 et de masse atomique Ar = 9 dont le corps simple est un métal de forte dureté, et de faible densité (d = 1,85) résistant à la corrosion. Cet élément toxique a été utilisé sous forme d'alliage dans la fabrication de tubes à rayons X et dans l'industrie nucléaire, comme source de production de neutrons ainsi que pour leur modération. Inhalées, les poussières de béryllium sont susceptibles d'induire à long terme une pneumopathie chronique, la bérylliose. Il est aussi suspecté d'induire des cancers du poumon.

besoins, n. m. ◆ **~ en eau** (*water demand*) : quantité d'eau nécessaire pour répondre à la demande d'une activité industrielle, agricole, urbaine ou à la somme de ces dernières, dans une région déterminée ou à l'échelle d'un pays entier.

Les besoins en eau augmentent depuis plusieurs décennies sous l'effet conjugué de l'explosion démographique et de la multiplication des causes de consommation – en particulier dans les pays développés – (cf. la vogue actuelle des golfs par exemple). Surtout ils augmentent dans le Tiers monde, à cause de l'explosion démographique et aussi par suite de l'accroissement des besoins de l'industrie dans les pays nouvellement industrialisés ou dans ceux où l'industrie connaît un développement significatif de façon telle que dès à présent ils ne peuvent plus être satisfaits dans un nombre croissant de pays du monde.

À l'échelle globale, la moyenne de consommation s'élevait à 1 800 l/jour/personne au milieu des années 1990, tous usages confondus (voir Tableau).

Consommation moyenne en eau dans le monde

Régions du monde	Consommation moyenne en litres / hab / j
Afrique	660
Amérique du Nord	4 635
Amérique Centrale et du Sud	1 304
Asie	1 440
Europe	1 990
Océanie	2 485
Monde	1 808

Aujourd'hui, la forte tendance à l'augmentation de la demande pour l'irrigation est particulièrement préoccupante, l'insuffisance des précipitations constituant de plus en plus le facteur limitant de la production agricole dans un nombre croissant de régions du monde. ***(Voir aussi Agriculture, Consommation, Eau)***

◆ **~ en énergie** (*energy demand*) : voir Énergie. ◆ **~ en sol** (*arable land demand*) : voir Terres cultivables.

bêta, n. m. (*beta*) ◆ **diversité ~** (*beta diversity*) : voir Diversité. ◆ **rayons ~** (*beta rays*) : rayonnement chargé négativement constitué par des électrons accélérés à des vitesses relativistes.

béton, n. m. (*concrete*). Matériau de construction très résistant, constitué par un mélange de ciment, de sable et de gravier, en proportions égales, utilisé souvent renforcé par une armature en fer (béton armé). Les constructions en béton abandonnées – par suite de leur extrême résistance et donc de leur coût élevé de démolition – créent une nuisance considérable dans certaines zones de nature qu'elles enlaidissent. Tel est le cas des anciens ouvrages des murs de l'Atlantique et de la Méditerranée, édifiés par les Hitlériens au cours de la Deuxième Guerre mondiale et qui subsistent depuis lors.

« **bétonnage** », n. m. Locution vulgaire utilisée en France pour désigner la construction anarchique dans des sites présentant souvent une incontestable importance naturelle et (ou) culturelle.

betterave à sucre, n. f. (*sugar beet*) (n. sc. : *Beta vulgaris*). Plante de grande culture faisant l'objet d'un vaste usage de produits chimiques, en particulier de redoutables pesticides tels l'aldicarbe utilisé pour détruire les pucerons agents vecteurs de la flavescence, une redoutable maladie à virus de cette plante. ***(Voir aussi Aldicarbe)***

Bétulaie, n. f. (*birch stand*). Boisement de bouleaux pur ou mixte mais dans lequel cette essence est alors dominante. ***(Voir aussi Grampians)***

bézoard, n. m. (*bezoard*). Nom vernaculaire de la chèvre sauvage. ***(Voir aussi Capra)***

Bhopal, catastrophe de (*Bhopal's disaster*). Ville des Indes située dans l'État du Madhya Pradesh où un accident survenu le 3 décembre 1984 dans une usine de pesticide appartenant à Union Carbide provoqua la mort de 4 000 personnes et en intoxiqua 170 000 autres ; parmi celles-ci beaucoup furent atteintes de lésions irréversibles. Le sinistre fut provoqué par l'explosion, due à une infiltration d'eau, dans un réservoir renfermant du méthyl-iso-cyanate, poison respiratoire qui fut employé comme gaz de combat pendant la Première Guerre mondiale. Celui-ci était utilisé sur le site comme précurseur dans la synthèse des insecticides du groupe des carbamates tels le carbaryl et l'aldicarbe. Une quinzaine de tonnes de ce composé qui est volatil, inflammable et explosif, fut libérée dans l'atmosphère, provoquant de ce fait l'intoxication de la population urbaine se trouvant sous le vent de cette usine. ***(Voir aussi Carbamate, Risque industriel, Seveso)***

Bialowieza, forêt de (*Bielowieza forest*). Forêt située dans l'Est de la Pologne, en réserve naturelle depuis plusieurs siècles, et dans laquelle ont été sauvés les derniers spécimens de bisons d'Europe dont il ne subsistait plus qu'une quinzaine d'individus après la Seconde Guerre mondiale.

bicarbonate(s), n. m. (*bicarbonate*) (syn. : hydrogénocarbonate). Dérivé de l'acide carbonique formé par réaction du CO_2 avec un carbonate en présence d'eau. L'ion bicarbonate a des propriétés amphotères. Le pH va jouer un rôle clef dans la présence des différentes formes sous lesquelles le gaz carbonique est présent dans l'eau.

La première étape est la dissolution du CO_2 :

$$CO_{2\ gaz} \Leftrightarrow CO_{2\ dissous} \quad (1)$$

Le CO_2 est un diacide qui peut donner deux réactions acido-basiques avec l'eau :

$$CO_2 + H_2O \Leftrightarrow HCO_3^- + H^+ \quad (2)$$

(ion bicarbonate)

$$HCO_3^- + H_2O \Leftrightarrow CO_3^{2-} + H^+ \quad (3)$$

(ion carbonate)

Avec le carbonate de calcium, on aura par exemple la réaction suivante :

$$CaCO_3 + CO_2 + H_2O \rightarrow Ca(HCO_3)_2$$

Solubles, les bicarbonates jouent un rôle important dans les cycles biogéochimiques de nombreux éléments, en particulier du carbone. Ils sont également à l'origine du piégeage par les écosystèmes aquatiques de grandes quantités de CO_2. Ainsi, l'eau de mer, grâce aux bicarbonates, renferme à une température donnée 150 fois plus de CO_2 dissous que n'en contient un même volume d'air. Cette particularité des eaux naturelles explique pourquoi la disponibilité du CO_2 ne peut jamais être un facteur limitant de la production primaire dans les écosystèmes aquatiques. ***(Voir aussi Amphotère, Carbonate, Production primaire)***

bicircadien, adj. (*bicircadian*). Désigne un biorythme ou toute autre variation cyclique s'effectuant sur une période de 48 heures.

biflore, adj. (*biflorous*). Désigne une plante qui fleurit à la fois au printemps et à l'automne.

bilan, n. m. (*balance*) ◆ **~ énergétique** : **1. ~ de la surface terrestre** (*earth surface energy balance*) : le bilan énergétique du flux solaire annuel varie beaucoup selon la position géographique. Outre les fluctuations liées à la latitude, il est aussi très dépendant de la couverture nuageuse moyenne. Il est en définitive maximal dans les zones à climat désertique situées à des latitudes subtropicales. À l'opposé, les zones équatoriales présentent une insolation paradoxalement plus faible par suite de l'importance de la nébulosité. Ainsi, le flux solaire annuel moyen n'excède pas à Bornéo, qui pourtant est à cheval sur l'Équateur, la valeur qu'il atteint dans la région lyonnaise par exemple! Le flux solaire moyen annuel a une valeur théorique de l'ordre de 236 watts (th)/m^2 pour l'ensemble de la surface terrestre. Il est de 290 watts/m^2 à l'Équateur et de 93 watts/m^2 au pôle. En France, il est compris entre 220 watts/m^2 au Sud à 150 watts/m^2 au Nord du pays. ***(Voir aussi Solaire)*** **2. ~ de l'agriculture** (*agriculture energy balance*) : voir Agriculture. **3. ~ des écosystèmes** (*ecosystem energy balance*) : voir Écosystèmes.

bilharzioses, n. f. (*bilharziosis*). Affections parasitaires tropicales causées par des Trématodes du genre *Schistosoma* dont les adultes, accouplés en permanence, se localisent dans la veine porte. La bilharziose intestinale, causée par *S. mansoni*, est due à la présence de femelles matures venant pondre dans le plexus vasculaire mésentérique tandis que celles de *S. haematobium*, agent de la bilharziose vésicale, viennent pondre au niveau des vaisseaux sanguins de la vessie.

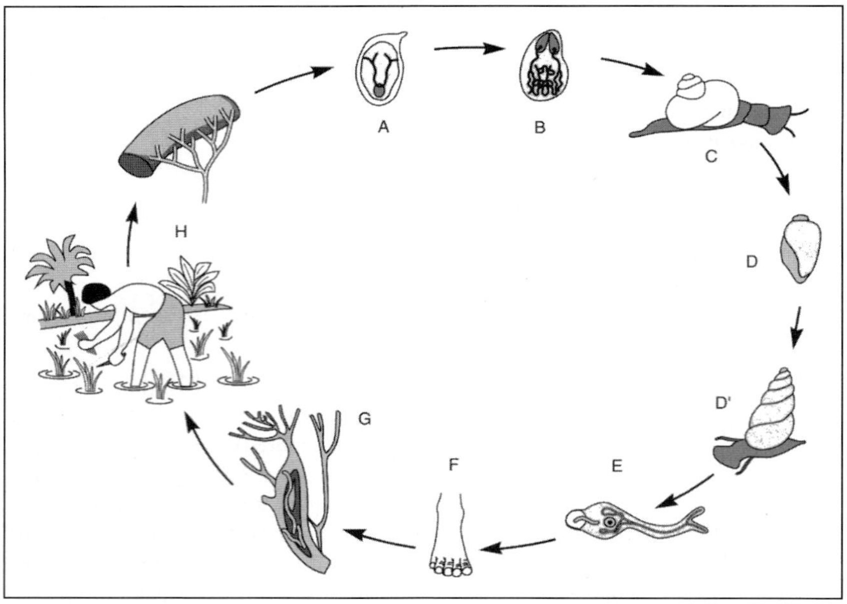

Cycle des *Schistosoma*, agent vecteur des **bilharzioses**. **A**. Œuf. **B**. *Miracidium*. **C** et **D**. Gastéropodes hébergeant les sporocystes. **E**. Furcocercaires. **F**. Infestation au travers de la peau. **G**. Accouplement des vers dans la veine porte. **H**. Émission des œufs au travers de l'intestin (ou de la vessie) et émission à l'extérieur dans l'eau avec les fèces ou l'urine. (D'après Ramade F., in *Les animaux dans la nature*, Hachette, 1973, p. 982)

Les œufs, pourvus d'un éperon pénètrent ensuite dans l'intestin moyen ou dans la vessie provoquant des hémorragies discrètes mais chroniques et très débilitantes. Ils sont introduits par les fèces ou l'urine dans les eaux. Les larves miracidium issues des œufs infestent un hôte secondaire qui est un mollusque aquatique.
Dans un cas comme dans l'autre, ces espèces possèdent comme hôte secondaire un petit gastéropode pulmoné (*Planorbis*, *Bullinus*, *Physopsis*, dans l'Ancien Monde, *Biomphalaria* en Amérique tropicale).
Les miracidium se transforment dans l'hôte secondaire en sporocystes qui donnent des furcocercaires. Ces derniers sortent de leur hôte. Pourvus d'un stylet buccal, ils pénètrent au travers de la peau des individus qui sont au contact de l'eau (travailleurs dans les rizières par exemple). Ils sont alors amenés par le torrent circulatoire dans la veine porte où ils deviennent adultes et le cycle recommence. Les bilharzioses affectent à l'heure actuelle plus de cent millions de personnes dans diverses régions tropicales de l'Ancien et du Nouveau Monde et constituent, après le paludisme, la principale parasitose humaine dans les pays du Tiers monde.

binôme, n. m. ◆ ~ **linnéen** (*linnean binome*) : association dans la nomenclature des espèces vivantes imaginée par Linné, de deux termes latins, le premier désignant le nom de genre et le second celui de l'espèce considérée. Ainsi, à titre d'exemple, le chêne vert est dénommé *Quercus ilex*, l'éléphant d'Afrique, *Loxodonta africana*, l'homme moderne, *Homo sapiens*, etc. (***Voir aussi Linnaeus***)

binomiale, adj. ◆ **classification** ~ (*binomial classification*) : fondements de la taxonomie établis par Linné consistant à désigner chaque espèce vivante par un binôme constitué par le nom de genre suivi du nom d'espèce. ◆ **loi** ~ (*binomial law*) : loi de probabilité se rapportant à de nombreux phénomènes écologiques qui concerne l'occurrence d'un événement possible entre deux alternatives. Elle correspond à une distribution représentée par les termes successifs du développement $(x + y)^n$. (***Voir aussi Nomenclature***)

bioaccumulation, n. f. (*bioaccumulation*). Phénomène par lequel une substance présente dans un biotope pénètre dans un organisme, et s'accumule dans ses tissus, même si elle n'a aucun rôle métabolique, voire si elle est toxique à ce dernier. (***Voir aussi Écotoxicologie***)

bio-aération, n. f. (*bioaeration*). Procédé de traitement des eaux usées consistant en une aération intense de l'effluent destiné à accélérer l'action des micro-organismes aérobies des lits bactériens activés sur les matières organiques fermentescibles.

bioamplification, n. f. (*biomagnification*). Phénomène par lequel une substance naturelle ou un contaminant présent dans un biotope connaît un accroissement de sa concentration au fur et à mesure qu'il circule vers les maillons supérieurs d'un réseau trophique. Ce phénomène de bioamplification a été découvert dès le début des années 1960 par Hunt et Bishoff dans un réseau trophique lacustre contaminé par un insecticide voisin du DDT, le TDE (DDD). Ce dernier était utilisé pour éliminer des moucherons dont les larves se développaient dans les eaux d'un lac californien, le Clear Lake, aux rives très fréquentées par les vacanciers, et qui incommodaient les baigneurs. Il s'accumula dans les réseaux trophiques lacustres selon le schéma :

eau → phytoplancton → zooplancton → poissons microphages → poissons prédateurs → grèbes

Les concentrations en TDE atteignaient de la sorte chez les grèbes (*Aeschmophorus occidentalis*), oiseaux piscivores situés au sommet de la pyramide trophique, un facteur de concentration supérieur à 10^5 par rapport à celle à laquelle il avait été introduit dans les eaux lacustres. Ultérieurement, des facteurs de concentrations concernant le DDT et excédant parfois de beaucoup 10^6 ont été mis en évidence dans le système des Grands Lacs Nord-américains puis dans des biotopes analogues tropicaux comme le lac Kariba en Afrique australe (voir figure page suivante). La bioamplification représente un processus général qui concerne la totalité des substances polluantes persistantes non biogènes. (***Voir aussi Bioconcentration, Phytoextraction***)

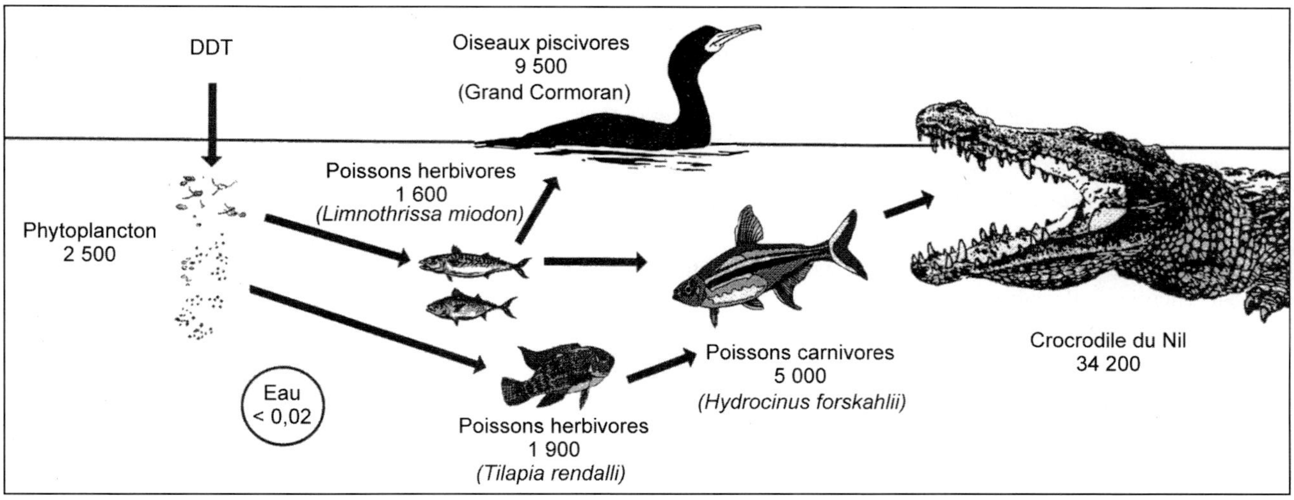

Exemple de **bioamplification** d'un insecticide, le DDT, dans le réseau trophique du lac Kariba au Zimbabwe. Le facteur de concentration atteint plus de 10^6 dans les crocodiles situés au sommet de la pyramide écologique lacustre. Les chiffres indiquent les concentrations de DDT en parties par milliards. (D'après Berg, in Hunter, « Fundamentals of Conservation Biology », Blackwell Science, 1996, p. 157)

biocarburant(s), n. m. (*biofuels*). Carburants d'origine végétale destinés à se substituer aux essences et au gazole. Ces derniers présentent l'avantage d'être non ou peu polluants au niveau des installations industrielles qui les fabriquent et de présenter une moindre pollution de l'air après combustion. On distingue trois filières : celle du biogaz (méthane), celle des alcools (méthanol et éthanol) et celle des esters méthyliques d'huiles végétales (EMHV). Le biogaz peut être obtenu par méthanisation résultant de la fermentation anaérobie de déchets fermentescibles. L'alcool méthylique est produit par pyrogénation du bois et l'éthanol obtenu par fermentation de betteraves, pommes de terre, éventuellement du maïs. Au voisinage de ce dernier, l'éthylbutyléther (ETBE) est produit par réaction de l'éthanol avec de l'isobutène d'origine pétrolière. Enfin, les EMVH sont obtenus à partir de cultures de colza.

biochorie, n. f. (*biochory*). Mode de dispersion des graines qui est assuré par des êtres vivants.

biocide, n. m. et adj. ◆ **substance** ~ (*biocid substance*) : élément ou composé chimique présentant une toxicité plus ou moins marquée mais toujours significative pour une vaste gamme d'êtres vivants.

bioclaste, n. m. (*bioclast*). Élément constituant d'une roche formé par des restes fossiles.

bioclastique, adj. (*bioclastic*). Matériau géologique composé de fragments organiques.

bioclimat, n. m. (*bioclimate*). Ensemble des paramètres climatiques pertinents pour expliquer la nature des communautés présentes dans une aire géographique ou un habitat donné.

bioclimatologie, n. f. (*bioclimatology*). Discipline ayant pour objet l'étude des conditions méso- et microclimatiques propres aux divers types de milieux continentaux et qui contrôlent le développement des êtres vivants qui leur sont inféodés.

biocœnologie, n. f. Voir Biocœnotique.

biocœnomètre, n. m. (*biocoenometer*). Instrument constitué par quatre parois verticales étanches, de surface donnée, permettant de délimiter une aire d'échantillonnage dans l'étude des biocœnoses de formations herbacées (savanes, steppes, prairies naturelles par exemple).

biocœnose, n. f. (*biocoenosis*, aussi *community* quoique ce terme soit également utilisé par les écologues anglo-saxons dans une acception équivalente à peuplement dans d'autres circonstances).

Une biocœnose est constituée par la totalité des êtres vivants qui peuplent un écosystème donné. Le terme de biocœnose, qui est pris souvent par les écologues francophones comme synonyme de communauté, désigne l'ensemble des trois groupes écologiques fondamentaux d'organismes qui peuplent tout écosystème : les producteurs (les végétaux autotrophes), les consommateurs (les animaux), et les décomposeurs (les champignons et les micro-organismes hétérotrophes). ***(Voir aussi Communauté, Écosystème, Peuplement)***

biocœnotique, n. f. et adj. (*biocoenology*). 1. Branche de l'écologie dont l'objet est l'étude des communautés d'êtres vivants c'est-à-dire des biocœnoses. 2. (*biocoenotic*). Désigne ce qui se rapporte aux biocœnoses.

bioconcentration, n. f. (*bioconcentration*). Phénomène par lequel des êtres vivants absorbent des substances naturellement présentes dans leur biotope ou polluantes et les accumulent dans leur organisme à des concentrations supérieures à celles auxquelles elles se rencontrent dans le milieu naturel. Le phénomène de bioconcentration concerne divers éléments qu'il s'agisse de métaux ou de métalloïdes.

L'aptitude à la concentration des halogènes (brome, iode) par les algues brunes (fucus, laminaires) est par exemple bien connue. Ce phénomène concerne aussi un grand nombre de contaminants persistants introduits par l'homme dans les eaux ou les sols qu'il s'agisse de métaux lourds, de radionucléides ou de composés organiques persistants et toxiques. **(*Voir aussi Écotoxicologie*)**

bioconversion, n. f. (*bioconversion*). Transformation du flux de l'énergie ou de substances chimiques qui est le fait d'organismes vivants.

biodégradabilité, n. f. (*biodegradability*). Propriété qu'ont la majorité des composés chimiques de subir une biodégradation sous l'action des organismes décomposeurs présents dans le biotope où ils sont rejetés. La biodégradabilité a été normalisée à l'échelle de plusieurs institutions internationales. À titre d'exemple, la norme de biodégradabilité adoptée par l'Union Européenne pour les molécules commercialisées en Europe par les industries chimiques exige qu'une substance ne puisse être classée comme biodégradable que si elle est dégradée à 80% en 28 jours à la température de 20 °C.

biodégradable, adj. (*biodegradable*). Désigne des substances susceptibles de subir une biodégradation. **(*Voir aussi Biodégradabilité, Biodégradation*)**

biodégradation, n. f. (*biodegradation*). Phénomène généralement lié à l'action de micro-organismes des sols ou des eaux qui permettent la dégradation – et en règle générale – la neutralisation d'agents polluants dans les milieux terrestres ou aquatiques. Il s'agit toutefois d'un phénomène universel, tout être vivant possédant – à des degrés divers – des systèmes métaboliques lui permettant de dégrader et de neutraliser les substances toxiques. Il convient cependant de noter qu'en certain cas, la biodégradation peut conduire – au moins dans une première phase – à la formation de composés intermédiaires de toxicité supérieure au polluant initial. Tel est le cas des phénomènes d'oxydation qui transforment un polluant organique en sa forme époxy toujours plus toxique. Ainsi l'insecticide aldrine s'époxyde dans les sols en un autre composé, la dieldrine, également insecticide, mais qui est plus toxique. De même, le parathion, un insecticide organo-phosphoré, est transformé par divers processus biologiques en para-oxon, nettement plus toxique, par oxydation en phosphate du groupement thiophosphate que comporte sa molécule. **(*Voir aussi Détoxication*)**

biodisponibilité, n. f. (*bioavailability*). État dans lequel un polluant minéral ou organique se trouve, au plan chimique, dans un biotope donné qui conditionne son écotoxicité pour la communauté en général ou pour certaines espèces d'êtres vivants exposés à ce dernier. La biodisponibilité joue un rôle très important dans la nocivité réelle d'un élément – métal ou métalloïde contaminant les eaux ou les sols. À titre d'exemple, l'aluminium, quoique très abondant dans les sols argileux ou les sédiments car il représente un constituant majeur des argiles, n'est généralement pas biodisponible car il est quasi insoluble à des pH égaux ou supérieurs à 6. De même, la biodisponibilité du mercure sera beaucoup plus forte dans des sédiments riches en matières organiques et réducteurs car il sera plus facilement converti dans ces derniers par des bactéries anaérobies en méthylmercure, plus aisément assimilé par les êtres vivants supérieurs et très dangereux pour ceux-ci.

biodiversité, n. f. (*biodiversity*). ◆ **définition de la biodiversité** : le terme de biodiversité (diversité biologique) est un néologisme apparu au début des années 1980 au sein de l'Alliance Mondiale pour la Nature (UICN). Il a fallu toutefois attendre la Conférence de Rio sur l'environnement et le développement, organisée par les Nations unies en 1992, pour que ce terme soit largement vulgarisé. Il désigne tout simplement la variété des espèces vivantes qui peuplent la biosphère.

Prise au sens le plus simple, la biodiversité peut en première approximation être identifiée à la *richesse totale*, nombre total d'espèces vivantes (plantes, animaux, champignons, micro-organismes peuplant un type d'habitat de surface donnée), la totalité d'un écosystème, d'une région (province) biogéographique ou encore de la biosphère toute entière.

La prise en compte des divers niveaux de complexité structurale et fonctionnelle des systèmes écologiques auxquels se manifeste la diversité du vivant a conduit à des définitions plus générales de la biodiversité. Parmi le grand nombre de définitions qui ont été proposées, nous citerons les suivantes :

« *La diversité biologique se rapporte à la variété et à la variabilité parmi les diverses formes de vie et dans les complexes écologiques dans lesquels elles se rencontrent* ». OTA, 1987.

« *La diversité biologique englobe l'ensemble des espèces de plantes, d'animaux et de micro-organismes ainsi que les écosystèmes et les processus écologiques dont ils sont l'un des éléments, c'est un terme général qui désigne le degré de variété naturelle incluant à la fois le nombre et la fréquence des écosystèmes, des espèces et des gènes dans un ensemble donné* ». McNeely (UICN), 1990.

« *La variété structurale et fonctionnelle des diverses formes de vie qui peuplent la biosphère aux niveaux d'organisation et de complexité croissant : génétique, population, espèce, communauté, écosystèmes* ». Sandlund et coll., 1993.

La simple lecture de ces définitions montre que le terme de biodiversité désigne un ensemble d'entités d'importance et de complexité variable et croissante.

◆ **les niveaux de biodiversité** : il existe donc en réalité toute une échelle propre à la biodiversité dans l'ensemble du monde vivant, comportant une série de niveaux de complexité croissante depuis le plus simple, celui de la variabilité génétique existant entre individus issus d'une même femelle, jusqu'à l'infinie complexité constituée par l'assemblage des innombrables communautés qui peuplent la biosphère prise dans sa globalité. Dans une première étape, on peut distinguer quatre niveaux de complexité croissante :

1) Le niveau élémentaire, celui de l'*individu*, isolé qui traduit la diversité morphologique et physiologique (phénotypique) des organismes à laquelle est associée la plupart du temps une variabilité génétique (génotypique), chaque individu ayant un patrimoine génétique qui lui est

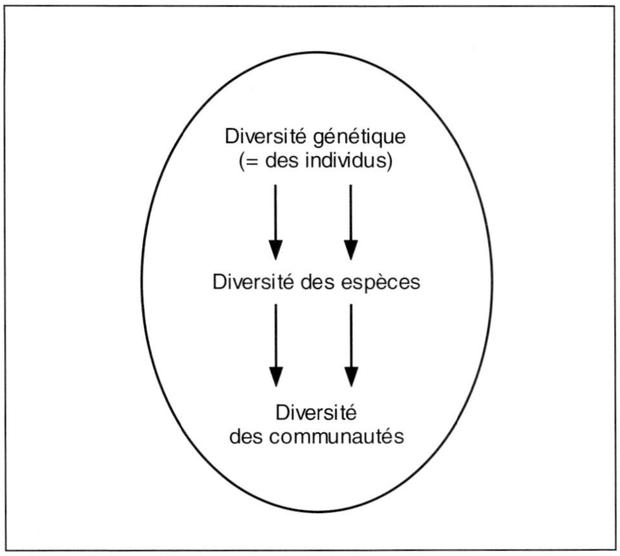

Niveaux de **biodiversité**. La richesse spécifique constitue la forme la plus connue de la diversité du vivant et celle dont l'usage est le plus important pour son évaluation. Toutefois, la biodiversité présente d'autres niveaux situés selon le cas à des degrés inférieurs ou supérieurs dans l'échelle d'organisation biologique.

propre dans la quasi-totalité des cas (sauf chez les jumeaux vrais et chez des groupes d'individus de populations pratiquant la multiplication asexuée). Cette particularité a été mise spectaculairement à profit avec la technique des empreintes génétiques.
Rappelons néanmoins que cette méthode a aussi été employée à vaste échelle dans le domaine de l'étude de la phylogénie, dans celui de la taxonomie et aussi dans l'étude des populations reliques d'espèces menacées.
La marche suivante de l'échelle propre aux niveaux de biodiversité est celle de la *population*, chaque population ayant également des particularités dans son patrimoine génétique qui la différencient des autres populations de la même espèce.

2) Le niveau ultérieur d'importance majeure, puisque ce dernier sert de référence fondamentale dans toutes les actions de conservation de la biodiversité est celui de l'*espèce*. Le nombre d'espèces d'un groupe systématique donné, dans un écosystème donné, revêt en effet une importance majeure en écologie appliquée à la protection de la nature et de ses ressources.

3) Le niveau suivant de l'échelle de la biodiversité est celui de l'*écosystème*. Ce dernier présente des particularités qui lui sont propres. En effet, ce n'est pas seulement le nombre d'espèces qu'il comporte qui le caractérise mais surtout les propriétés découlant de l'assemblage des espèces qui constituent sa communauté prise en tant que telle. En effet, de l'assemblage des espèces interconnectées les unes aux autres et propres à un écosystème déterminé résultent des particularités qui différencient l'écosystème considéré des autres types analogues. En outre, de cet assemblage des espèces constituant une biocœnose donnée découle une caractéristique d'ordre supérieur de sa biodiversité qui représente une autre dimension, fonctionnelle de celle-ci, spécifique du niveau de l'écosystème.

4) Enfin, on peut distinguer au sommet de l'échelle de la biodiversité le niveau le plus élevé qui est celui des *biomes* propres à la biosphère prise dans son ensemble.

◆ **mesure de la biodiversité** : comme la biodiversité traduit l'infinie complexité de la vie et donc des formes d'organismes qui la caractérisent, en réalité il ne peut exister de mesure absolue constituant un étalon unique de cette dernière. Les biologistes ont donc conçu un spectre de mesures adaptées à la dimension particulière de la biodiversité que l'on veut évaluer. De façon générale, la mesure de la biodiversité consiste en celle de différences entre organismes. Ces différences sont évaluées en partant de leur image inverse, ensemble des homologies existant entre des individus ou des systèmes biologiques de complexité variée. On dénomme ces homologies tout simplement caractères ou caractéristiques selon que l'on prend en considération la structure – ou la fonction – des êtres vivants ou de toute autre entité écologique de degré supérieur à la population.
Pris au sens le plus simple, le terme de biodiversité se traduit par le nombre total d'espèces – la *richesse totale* propre à une entité écologique donnée. Cependant, il existe aussi une autre dimension de ce concept, dénommée *diversité écologique*. Celle-ci découle de deux autres caractéristiques des peuplements et des communautés d'êtres vivants qui résultent du fait que les entités taxonomiques – espèce ou autres – vont être d'une abondance très variable. Deux communautés présentant la même biodiversité, mesurée par le nombre d'espèces qu'elles comportent, pourront donc présenter une diversité écologique très différente selon que les populations de ces diverses espèces seront d'une densité similaire (ce que les écologistes dénomment l'équirépartition) ou que, à l'inverse, le peuplement sera marqué par la dominance d'une ou de quelques espèces de forte abondance. La plus ou moins grande abondance des diverses espèces constitue donc un paramètre biologique important car c'est d'elle que dépend la diversité écologique. On comprendra aisément que la diversité d'un peuplement, par exemple d'arbres forestiers comportant dix espèces différentes, sera maximale si les populations de chacune de ces espèces comportent le même nombre d'individus et au contraire la plus faible si l'une de ces espèces est fortement dominante, représentant par exemple à elle seule 91% du nombre total d'individus présents dans ce peuplement et les 9 autres seulement 1% chacune. La mesure de la biodiversité doit donc intégrer à l'échelle de la communauté non seulement le nombre absolu d'espèces constituant celle-ci mais en outre la diversité écologique laquelle est aussi dépendante de leur abondance relative c'est-à-dire de l'importance numérique relative de leur population dont dépend la probabilité de les rencontrer dans une communauté considérée.

Il existera donc en définitive non pas une, mais un ensemble de mesures de la biodiversité, chacune étant adaptée aux degrés de complexité qui caractérisent les niveaux successifs de l'échelle d'organisation des systèmes écologiques auxquels on se place.

Au niveau de la population, la biodiversité s'évaluera par la mesure de la *diversité génétique*. Cette dernière peut se quantifier en particulier par le degré d'hétérozygotie. Au niveau de l'espèce, la biodiversité se mesure de la façon la plus simple par l'estimation de la *richesse spécifique* c'est-

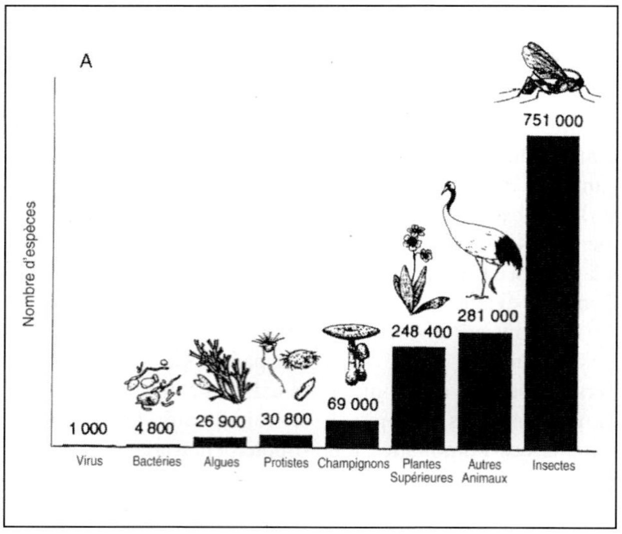

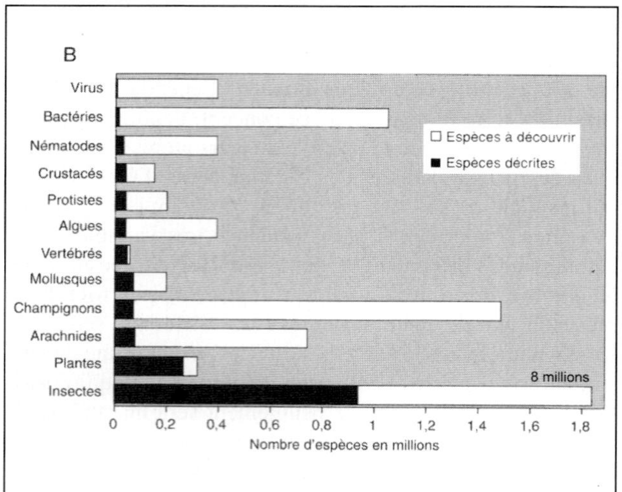

Importance relative de la **biodiversité** dans les divers règnes vivants. Ici est figuré en **A**, le nombre relatif d'espèces connues de la science dans les principaux embranchements ou classes dominantes d'êtres vivants et en **B**, la biodiversité estimée la plus probable des divers groupes majeurs d'organismes peuplant la biosphère. (A, d'après Hunter, op. cit., p. 35; B, d'après Heywood V. et Watson R., *Global Biodiversity Assessment*, Cambridge University Press, 1995, p. 120)

à-dire du nombre d'espèces présentes dans un écosystème, ou tout autre entité écologique, depuis l'habitat jusqu'à la biosphère. De façon générale, la richesse spécifique prise en valeur absolue ne donne qu'une idée sommaire de la biodiversité car cette dernière est mieux évaluée par la diversité écologique. Les écologistes ont donc imaginé de longue date des indices de diversité qui donnent une mesure quantitative de cette diversité écologique. L'un des plus connus est celui de Shannon-Weaver qui tient compte comme tous les indices de diversité, non seulement de l'abondance des espèces par rapport au nombre total d'individus présents dans une communauté, mais aussi de la probabilité de rencontre (dite d'occurrence) de chaque espèce constituant la communauté concernée.

Une autre méthode permettant d'évaluer et de représenter la diversité écologique consiste à établir les *distributions d'abondance*. ***(Voir aussi Diversité, Dominance, Rang-fréquence)***

◆ **évaluation de la biodiversité globale** : à l'heure actuelle, force est de constater que nous n'avons qu'une idée extrêmement approximative au plan quantitatif de la biodiversité à l'échelle globale, c'est-à-dire du nombre total d'espèces qui peuplent la biosphère.

Plusieurs raisons expliquent les difficultés à donner une valeur précise à ce nombre total d'espèces. Les biologistes qui évaluent la biodiversité ont donc dû adopter une position pragmatique en se fondant, selon le groupe considéré, sur la position qui prévaut parmi les spécialistes de sa taxinomie. Cela suppose des compromis présentant une certaine dose d'arbitraire. Ainsi, chez les oiseaux, on pourrait dénombrer à l'échelle mondiale de 8 500 jusqu'à 30 000 unités systématiques, selon les critères adoptés pour faire la coupure espèce/sous-espèce, le nombre d'espèces le plus vraisemblable sur lequel s'entendent les ornithologues étant à l'heure actuelle estimé à 9 600 espèces. Il en est de même bien entendu chez les plantes : ainsi chez les composées du genre *Taraxacum* (dénommées vulgairement pissenlits), il est possible de dénombrer par exemple en Grande-Bretagne de 4 à 132 espèces selon les principes des coupures taxonomiques adoptés!

Enfin, une autre limite majeure à l'évaluation du nombre total d'espèces vivantes qui peuplent la biosphère tient aux lacunes de nos connaissances. L'inventaire au plan taxonomique des divers règnes vivants est loin d'être achevé, il en est même à ses balbutiements pour certains d'entre eux. Il existe donc aujourd'hui un nombre considérable d'espèces inconnues de la science. Cela est valable non seulement pour la biodiversité de certains écosystèmes terrestres, mais *a fortiori* pour divers groupes d'organismes marins et un nombre important d'écosystèmes océaniques aujourd'hui encore mal explorés au plan de leur biodiversité.

De façon générale et bien que le règne végétal soit celui qui soit le mieux connu, on découvre aujourd'hui encore des espèces voire des groupes taxonomiques supérieurs de plantes terrestres nouvelles. À l'opposé d'une opinion répandue, on découvre encore des espèces nouvelles d'arbres voire de vertébrés de grande taille non encore décrites. Même en Australie, pays ultra-développé, où un grand nombre de systématiciens spécialistes des divers groupes d'organismes terrestres sont en activité, il a été découvert à la fin des années 1970 une espèce de palmier pouvant dépasser 25 m de haut (*Normanbia normanbii*)! De même, il a été découvert dans les années 1980 en Amérique centrale trois nouvelles familles de Phanérogames! Cependant, c'est parmi les Invertébrés des forêts pluvieuses tropicales, entre autres les insectes, que les lacunes des connaissances sont les plus importantes. Dans le seul ordre des blattes, pourtant relativement peu diversifié par rapport à d'autres ordres d'insectes, quelque 130 espèces nouvelles ont été découvertes en 1991 pour la seule Guyane française!

En outre, d'autres causes d'incertitude rendent plus imprécise l'estimation du nombre d'espèces vivantes déjà connues de la science. Elles proviennent des écarts existant entre les systématiciens spécialistes des divers règnes vivants et, à l'intérieur de ces derniers, des spécialistes d'une même classe d'organismes relativement au niveau auquel on place la coupure entre espèce et sous-espèce. De plus, il existe de nombreux problèmes de synonymie : plusieurs entomologistes peuvent par exemple avoir décrit une même espèce d'insecte sous un nom différent, espèce qu'ils ont découverte sans se connaître. Ce problème des synonymies complique beaucoup l'estimation en valeur absolue de la biodiversité car la richesse spécifique totale peut en être artificiellement accrue.

Compte tenu de ces diverses sources d'incertitude, le nombre d'espèces vivantes connues est actuellement estimé entre 1,39 et 1,75 million. Sur ce total, les règnes les plus primitifs représentent environ 139 000 espèces : 9 000 Procaryotes (virus et bactéries classés dans le règne des *Monera*), 70 000 champignons (règne des *Fungi*) et 40 000 Protistes (règne des *Protoctista*). Les algues et les autres végétaux inférieurs comptent 40 000 espèces connues. Les plantes supérieures (Cryptogames vasculaires et Phanérogames) qui représentent avec les précédents le règne des *Plantae*, malgré leur rôle écologique majeur dans la biosphère, ne comptent « que » 270 000 espèces! Tout le reste, soit au moins environ 1,25 million d'espèces, appartient au règne des animaux (*Animalia*)! Les insectes, avec 950 000 espèces décrites, constituent de beaucoup le groupe vivant ayant la plus grande richesse spécifique.

Mais en réalité, les recherches modernes destinées à estimer la richesse spécifique réelle de la biosphère suggèrent que le nombre de 1,75 million d'espèces connues ne représenterait que la partie visible de l'iceberg de la biodiversité. Dès les années 1980, plusieurs spécialistes ont par exemple avancé que les seuls écosystèmes terrestres tropicaux renfermeraient une valeur minimale de 3 millions d'espèces vivantes, alors que seulement 750 000 espèces sont actuellement décrites (c'est-à-dire 1 sur 4). Mais en fait, il ne s'agit là que de la valeur inférieure de l'intervalle d'incertitude de l'estimation.

Comme il existe une excellente corrélation entre la diversité spécifique des plantes et celle des animaux, Raven, en se fondant sur un nombre de 10 à 20 espèces d'insectes par espèce de plante supérieure, arrive à une valeur comprise entre 2,4 et 4,8 millions pour le nombre total d'espèces vivantes peuplant les écosystèmes continentaux ce qui serait plutôt un minimum puisque cela n'intègre pas les espèces polyphages c'est-à-dire pouvant vivre aux dépens de plusieurs espèces végétales, omnivores ou carnivores. Cet auteur est également arrivé à des conclusions similaires à partir d'un autre raisonnement indirect. Il est parti du principe que l'on connaît avec le maximum de précision les faunes de vertébrés supérieurs, mammifères et oiseaux, pour lesquels existent en moyenne deux espèces tropicales par espèce connue des moyennes ou des hautes latitudes. À partir du fait que les insectes représentent de fort loin la classe d'animaux la plus abondante, il extrapole cette proportion au nombre d'espèces d'invertébrés tropicales à découvrir à partir du nombre d'espèces connues des régions tempérées et boréales. Il arrive de la sorte à un nombre compris entre 3 et 5 millions d'espèces animales peuplant réellement la biosphère. En réalité, ce nombre représente un minimum si l'on prend en considération le fait que certaines espèces d'insectes sont polyphages donc se développent sur des espèces différentes de plantes, d'autres sont omnivores ou encore saprophages (consommatrices de matières végétales ou animales mortes), d'autres enfin carnivores et généralistes.

À bien des égards, les forêts tropicales représentent le biome le moins connu des diverses communautés peuplant les écosystèmes terrestres au point que certains, tels Wilson, en ont fait « la dernière frontière inexplorée de la biosphère » en particulier ce que l'on dénomme canopée (la partie supérieure de la couronne, c'est-à-dire de la masse de la végétation constituée par le branchage des arbres); ce milieu est en effet difficile à échantillonner car il est situé en moyenne à une quarantaine de mètres de haut, parfois plus et est donc d'accès difficile. Les espèces animales, en particulier les Insectes et autres Invertébrés voire des plantes

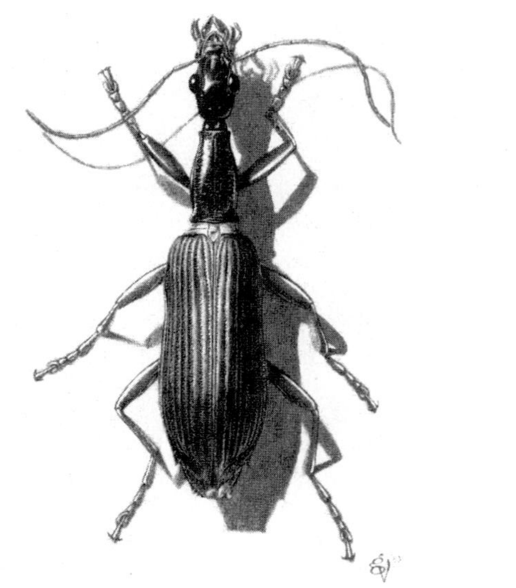

A

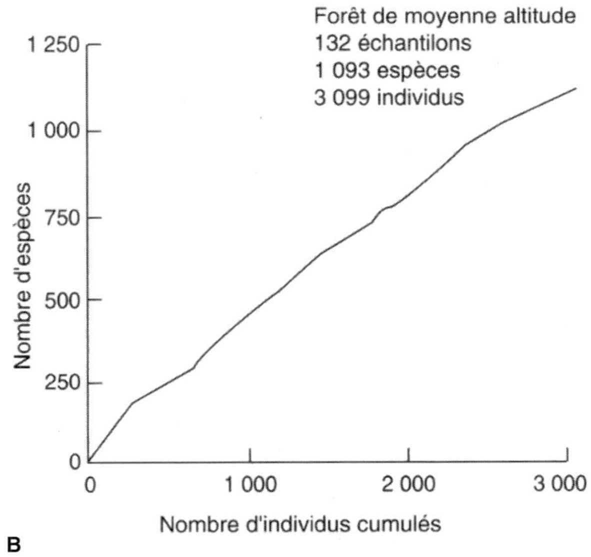

B

La **biodiversité** des insectes est la plus importante et la plus mal connue. Ici est figuré le cas des Coléoptères des forêts pluvieuses tropicales amazoniennes. En **A** est figuré un coléoptère prédateur de la canopée des forêts amazoniennes (*Agra arrowi*), en **B**, la courbe aire-espèce. Celle-ci traduit une croissance linéaire du nombre d'individus en fonction du nombre de prélèvements, ce qui montre que l'on est encore loin de l'estimation de la richesse totale de ces peuplements. (D'après Erwin, in Wilson, *Biodiversity*, National Academy Press, Washington, 1988, p. 128)

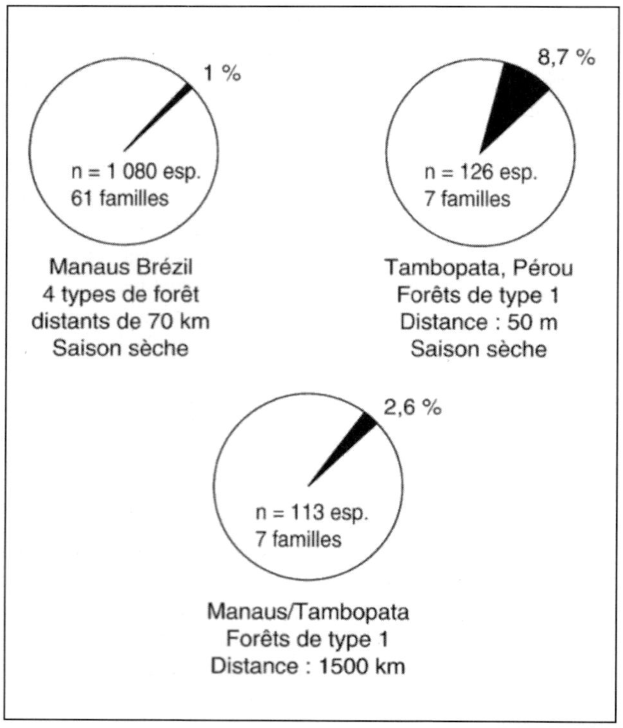

Comparaison des peuplements d'espèces de Coléoptères entre des stations situées à peu de distance les unes des autres en Amazonie. Cette étude révèle qu'à peine quelques pour cent des espèces sont communes entre ces dernières. Ceci montre l'extraordinaire importance de la **biodiversité**, de l'endémisme et de la richesse spécifique propre à ces stations. (D'après Erwin, op. cit., 1988, p. 127)

épiphytes (qui croissent sur les branches et autres parties aériennes des arbres) vivant dans la canopée sont donc aujourd'hui encore très mal inventoriées.

Ainsi, des recherches effectuées en Amérique centrale et au Pérou sur la canopée des forêts pluvieuses ont permis à Erwin d'avancer un nombre de 30 millions d'espèces d'insectes vivantes, par extrapolation des richesses spécifiques relevées sur des surfaces connues de forêt! La méthode consiste à estimer le nombre d'espèces réellement existantes dans ces forêts en capturant à l'aide du traitement d'un arbre par un insecticide foudroyant les individus tombés au sol sur des bâches et en établissant la relation entre le nombre d'espèces nouvelles trouvées en fonction du nombre d'échantillons collectés. Erwin a ainsi estimé, en prenant en considération le fait qu'il existe 50 000 espèces d'arbres connues dans les forêts tropicales, à 8 150 000 espèces de coléoptères dont l'habitat est la frondaison de ces écosystèmes. En supposant que ces derniers représentent 40% du total des espèces d'Invertébrés existant dans les forêts tropicales et que, pour deux espèces d'Invertébrés propres à la frondaison, il existe une espèce au sol, il arrive à 30 millions d'espèces propres aux forêts tropicales.

En réalité, d'autres groupes taxonomiques que les Arthropodes et d'autres types d'écosystèmes présentent une biodiversité présomptive bien supérieure à ce que leur richesse spécifique connue ne le laisserait supposer.

Au nombre d'espèces propres aux forêts pluvieuses tropicales doit être par exemple ajouté celui des bactéries inconnues. Goksoyr et Torsvik, à l'aide des méthodes de biologie moléculaire, ont pu estimer à plusieurs millions le nombre d'espèces de bactéries réellement existantes. Dans seulement un gramme de sol provenant d'une hêtraie norvégienne, ces derniers ont pu identifier 5 000 espèces de bactéries différentes. De même, chez les seuls insectes, un genre de bactéries, les *Spiroplasma* pourrait compter à lui seul près d'un million d'espèces...

D'autres estimations montrent que, à un degré moindre, les milieux océaniques pourraient également héberger une biodiversité bien supérieure à ce que l'on en connaît. La découverte du picoplancton marin constitué d'organismes de taille inférieure à 2 μ, voici une quinzaine d'années, a permis de mettre en évidence un nombre très considérable d'espèces inconnues de la science. Quant à la biodiversité des grands fonds océaniques, quoique vraisemblablement plus faible que celle des forêts tropicales, elle pourrait néanmoins compter plusieurs millions d'espèces encore à décrire par les zoologistes.

En conclusion, à l'heure actuelle, les estimations les plus probables fixent à environ 12,5 millions d'espèces la valeur moyenne de la biodiversité totale de la biosphère. Malgré le caractère contingent de cette estimation, car fondée sur un certain nombre de présupposés et d'extrapolations imprécises, il faut donc bien reconnaître que la richesse spécifique de la biosphère est de beaucoup supérieure au nombre total d'espèces effectivement connues de la science. La marge d'incertitude excède un ordre de grandeur d'un facteur 10 dans le cas de l'estimation la plus élevée.

◆ **distribution de la biodiversité** : la biodiversité, quelle que soit l'échelle à laquelle on l'étudie, présente des varia-

Les forêts pluvieuses tropicales possèdent une **biodiversité** encore mal explorée qui apparaît de beaucoup comme la plus considérable de la biosphère. Ici vue du sous-bois dans le parc national de Corcovado, au Costa Rica. (Cliché F. Ramade)

Nombre total d'espèces existant dans la biosphère. (D'après Hammond, 1995 et May, 1998, op. cit.)

Unité systématique (embranchement ou classe selon le cas)	Nombre d'espèces connues de la science (estimation moyenne : extrêmes)	Nombre estimé d'espèces réellement existantes (valeurs moyennes)	Nombre estimé d'espèces existantes (valeurs maximales)
Virus	5 000	500 000	500 000
Bactéries	4 000	400 000	3 000 000
Champignons	70 000	1 000 000	1 500 000
Protistes	40 000	100 000	200 000
Algues	40 000	200 000	10 000 000
Plantes vasculaires	270 000	300 000	500 000
Vertébrés	45 000	50 000	50 000
Echinodermes	4 000	nd	nd
Spongiaires	10 000	nd	nd
Cnidaires	10 000	nd	nd
Platelminthes	20 000	nd	nd
Nématodes	15 000	500 000	1 000 000
Mollusques	70 000	180 000	200 000
Annélides	12 000	nd	nd
Crustacés	40 000	150 000	150 000
Chélicérates	75 000	750 000	1 000 000
Insectes	950 000	8 000 000	100 000 000
Totaux	1 666 000	> 12 500 000	> 120 000 000

tions considérables. Ces dernières, outre leurs dimensions spatiale et temporelle, vont s'observer à l'intérieur d'un même écosystème aux diverses échelles d'organisation en particulier à celle des populations, de l'espèce, des peuplements et de telle ou telle communauté propre à tout écosystème. Il existe aussi d'importantes variations biogéographiques de la biodiversité selon la région considérée de la biosphère tant sur les continents que les océans.

◆ **relation biodiversité-surface des habitats potentiels** : de nombreuses observations empiriques des naturalistes ont montré voici déjà longtemps qu'il existe une relation entre la surface couverte par un écosystème ou un territoire donné quel qu'il soit et le nombre d'espèces qui le peuplent.
La théorie des peuplements insulaires a permis de proposer une relation entre la surface occupée par un écosystème déterminé et la richesse spécifique de sa biocœnose :

$$S = kA^c$$

où S est le nombre d'espèces peuplant un écosystème ou un habitat donné de surface A, k et c étant des coefficients propres à un type d'écosystème considéré. Pour les forêts pluvieuses tropicales, $C = 0{,}25$. Il est facile de calculer pour ces dernières que le nombre d'espèces diminuerait de moitié si on réduisait de 90% leur surface actuelle.

◆ **répartition géographique de la biodiversité** : la biodiversité est fort inégalement distribuée à la surface de la biosphère, tant dans les écosystèmes continentaux qu'océaniques. La carte de la répartition des grands biomes permet d'appréhender cette hétérogénéité en première approximation. Quand on se déplace à la surface du globe, on constate que la biodiversité à tendance à diminuer quand on se dirige de l'Équateur vers les pôles avec néanmoins quelques exceptions tant en milieu terrestre que marin. En règle générale, dans les écosystèmes terrestres, la biodiversité est d'autant plus élevée que le climat est plus chaud.

Quel que soit le groupe systématique concerné, cette loi générale corrélant la richesse spécifique d'un type de peuplement aux températures est vérifiée de façon universelle. Ainsi, en Amérique du Nord, le nombre d'espèces d'arbres est maximal dans le Sud-Est des États-Unis où les températures moyennes sont les plus élevées et décroît en latitude, passant de 180 espèces dans le Sud de la Caroline à moins de 10 en Alaska, ces derniers végétaux devenant même absents à l'extrême Nord du Canada continental. De même, en Malaisie péninsulaire, qui est située au niveau de l'équateur, on dénombre sur environ 100 000 km^2 plus de 2 300 espèces d'arbres alors que, sur le continent européen, on ne compte en tout et pour tout qu'environ 125 espèces d'arbres autochtones pour une surface totale de 10,5 millions de km^2 de l'Atlantique à l'Oural. On peut ainsi y trouver sur un hectare de forêt tropicale plus de 200 espèces d'arbres soit plus que dans l'Europe tout entière!

Les exemples abondent de la même façon en ce qui concerne les peuplements animaux. Chez les insectes, à l'exception de quelques familles cosmopolites telles celles des fourmis ou des bourdons qui se rencontrent même dans des toundra arctiques (au Spitzberg par exemple), la majorité des familles sont strictement intertropicales ou subtropicales.

Ainsi, les écosystèmes méditerranéens représentent dans la majorité des cas la limite extrême en latitude de la répartition géographique de nombreux groupes d'êtres vivants. Il en est de même chez les vertébrés où la classe des Oiseaux comporte le maximum de biodiversité dans les forêts tropicales. Ainsi, alors que l'avifaune européenne ne comporte en tout et pour tout que 450 espèces, en Équateur, État d'Amérique Latine d'à peine 280 000 km^2 de superficie, on dénombre plus de 1 500 espèces aviennes! On a pu compter 464 espèces d'oiseaux sur 60 ha dans la forêt vierge de Kartabo en Guyane, soit plus que dans la totalité du continent européen!

À la surface des continents, les forêts équatoriales représentent donc le plus riche des biomes continentaux. La biodiversité décroît progressivement quand on s'éloigne en latitude de ces dernières. En effet, outre les températures qui constitue le facteur écologique déterminant pour le développement des communautés terrestres interviennent les précipitations. Celles-ci décroissent dans la ceinture intertropicale quand on s'éloigne de l'Équateur de sorte que les déserts atteignent leur maximum d'extension dans une zone située à cheval sur les tropiques, et constituent de ce fait deux bandes de biodiversité relativement faible faisant le tour de la Terre avec leur maximum d'extension dans les latitudes subtropicales.

Si l'on continue à remonter en latitude, on observe une augmentation de la biodiversité qui va atteindre un nouveau maximum dans les biomes de type méditerranéen. Au-delà, cette dernière diminue inexorablement au fur et à mesure que l'on se dirige vers les hautes latitudes : les toundra qui correspondent aux écosystèmes ultimes situés à la limite des milieux arctiques présentent la plus faible biodiversité de tous les types de biomes terrestres.

On a pu mettre en évidence, au moins pour l'ensemble des groupes et des peuplements animaux, une relation entre la richesse spécifique S d'un peuplement occupant une aire géographique donnée et la variabilité climatique ΔT, exprimée par l'écart entre les températures moyennes du mois le plus froid et le plus chaud de l'année (laquelle s'accroît quand on s'éloigne de l'équateur) :

$$S = A \log\left(1 + \frac{K}{\Delta t}\right)$$

où A et K sont des constantes propres au groupe taxonomique considéré.

Dans l'océan, la distribution en latitude de la biodiversité est en première approximation similaire à celle des biomes terrestres, les récifs coralliens ayant la biodiversité maximale du milieu océanique. Dans ces derniers, il existe ici encore une corrélation linéaire entre l'importance de la température moyenne des eaux océaniques et le nombre total d'espèces de madrépores bâtisseurs des récifs qui y croissent. La biodiversité maximale est atteinte dans la région pacifique ouest équatoriale avec quelque 80 genres, où la température moyenne des eaux de surface est de l'ordre de 29°C! À la différence des communautés terrestres des hautes latitudes, celles des fonds marins du plateau continental antarctique possèdent aussi une très considérable richesse spécifique comparable à celle des fonds propres aux zones océaniques littorales des mers chaudes autres que ceux des récifs coralliens. **(*Voir aussi Madrépores, Récif*)**

◆ **centres majeurs de biodiversité** : l'inégalité de distribution géographique de la biodiversité a conduit au cours des dernières années à définir des « *hot spots* » de biodiversité qui correspondent à des centres de biodiversité maximale pour une surface donnée. En matière de biodiversité végétale, ces zones privilégiées sont caractérisées par le fait qu'elles comptent plus de 1 000 espèces de plantes pour 2 500 km^2. Les *hot spots* se rencontrent en majorité dans certaines zones de forêts pluvieuses tropicales. Ainsi Myers, l'un des pionniers des travaux sur la conservation de la biodiversité, a relevé dix *hot spots* de la biodiversité couvrant à peine 2,7% de la surface restante des forêts tropicales mais qui renferment 44% de leur biodiversité totale! Néanmoins, des centres de biodiversité élevée existent également dans les écosystèmes méditerranéens lesquels se rencontrent sur

Variation de la richesse spécifique de divers peuplements en des zones d'Amérique du Nord de latitude croissante
(D'après Clarke, mais modifié in Ramade, *Ecologie fondamentale*, 1994, Ediscience international)

Localité	**Floride**	**Massachusetts**	**Labrador**	**Ile de Baffin**
Latitude	**26°N**	**42°N**	**55°N**	**66°N**
	Richesse totale des peuplements			
Phanérogames	2 500	1 650	390	218
Cryptogames vasculaires (fougères par exemple)	nd	70	31	11
Mollusques terrestres	250	100	25	0
Mollusques de la zone de balancement des marées	435	175	60	nd
Coléoptères	> 4 000	> 2 000	169	90
Reptiles	107	21	5	0
Amphibiens	50	21	17	0
Poissons d'eau douce	150	75	20	1
Poissons marins littoraux	650	225	75	nd

tous les continents : outre la région méditerranéenne *sensu stricto* existent dans le monde des écosystèmes analogues en Californie, au Chili, en Afrique australe (province du Cap) et dans l'ensemble de l'Australie méridionale. À ce point de vue, la biodiversité de la province méditerranéenne « historique » figure parmi les plus élevées de toute la planète pour les plantes supérieures – en dehors des *hot spots* tropicaux. Elle héberge près de 28 000 espèces de plantes vasculaires sur un total d'environ 270 000 espèces connues pour l'ensemble de la biosphère alors que sa surface n'est égale qu'à 1,2% de celle des terres émergées. (***Voir aussi Forêts tropicales, Hot spots, Méditerranée***)

◆ **endémisme et biodiversité** : une autre composante importante de la biodiversité est constituée par l'endémisme. En écologie, on entend par ce terme le fait qu'une espèce ou un groupe systématique d'ordre supérieur peut être strictement inféodé à une aire de surface restreinte, le cas extrême étant représenté par des espèces inféodées à des îles de faible surface. La notion d'endémisme est essentielle pour tout ce qui se rapporte aux problèmes soulevés par la conservation de la biodiversité. On comprendra bien en effet qu'entre deux écosystèmes de même richesse spécifique, si l'un renferme des espèces banales et l'autre des espèces endémiques, ce dernier présentera une importance majeure au plan de la conservation alors que le premier sera d'un intérêt plus restreint. Les îles constituent souvent des centres d'endémisme privilégiés et de ce fait les flores et les faunes insulaires figurent de longue date parmi les plus menacées. Certaines îles tropicales de l'Ancien Monde présentent un taux d'endémisme exceptionnel et figurent hélas sur la liste des aires biogéographiques où les taux d'espèces en danger, voire d'espèces déjà éteintes, sont déjà les plus élevés de l'ensemble du monde. On connaît aussi des biotopes continentaux où existe une endémicité étonnante. Ainsi, certaines espèces de Broméliacées épiphytes des forêts tropicales propres aux crêtes de certaines montagnes de l'Équateur n'occupent qu'une surface de quelques hectares. (***Voir aussi Endémisme***)

◆ **action de l'homme sur la biodiversité** : elle se traduit par un double effet défavorable. Dans un premier temps, elle augmente considérablement la dominance en raréfiant les populations de la plupart des espèces des communautés anthropisées et en favorisant un tout petit nombre d'espèces opportunistes ou mieux, dont l'homme provoque intentionnellement l'expansion. C'est bien entendu le cas des plantes cultivées et des animaux domestiques. On peut citer comme exemple extrême celui du développement d'une culture d'exportation avec bien entendu une seule espèce (cacaoyer par exemple) après destruction d'une forêt pluvieuse tropicale! Dans une seconde phase, survient l'extinction de certaines espèces de la totalité de leur aire de répartition biogéographique.

◆ **conservation de la biodiversité** : voir Protection de la nature.

◆ **diminution de la biodiversité** : voir Extinction des espèces.

biodynamique, n. f. (*biodynamic*). Étude des processus biologiques caractérisant les interactions entre les êtres vivants.

bioénergétique, n. f. (*bioenergetic*). Domaine de la biologie qui analyse les mécanismes mettant en œuvre l'énergie depuis le niveau biochimique jusqu'à celui des organismes pris dans leur ensemble, ainsi que ceux qui régissent les transferts d'énergie dans les systèmes écologiques.

bioérosion, n. f. (*bioerosion*). Érosion produite par l'action d'êtres vivants.

bioessai(s), n. m. (*bioassay*). Procédures, encore dénommées tests biologiques ou biotests, effectuées en laboratoire. Elles ont pour objet de déterminer les activités biocides et (ou) les particularités toxicologiques de tel ou tel type de substance chimique à l'aide d'expérimentations effectuées sur divers types d'êtres vivants. Les bioessais devraient en principe répondre à un ensemble de critères pour être homologués : simplicité, rapidité d'exécution reproductivité, sensibilité, représentativité des conditions naturelles, enfin coût économique le plus faible possible. En réalité, l'ensemble de ces critères n'est jamais réuni simultanément, en particulier celui de la représentativité – et souvent aussi celui d'un coût minime. Cela tient en ce qu'aucun test, aussi sophistiqué soit-il, ne pourra représenter la réponse à un polluant d'un écosystème pris dans son ensemble. Il y a à cela un obstacle fondamental qui tient à ce que, en aucun cas, les propriétés d'un écosystème ne peuvent être assimilées à la somme de celles de chacun de ses constituants, *a fortiori* d'une seule espèce qui le compose, prise isolément. Néanmoins, les bioessais monospécifiques tels qu'ils sont actuellement homologués par diverses réglementations européennes ou multilatérales, apportent des informations fort utiles pour évaluer l'impact potentiel des polluants sur les divers écosystèmes tant terrestres qu'aquatiques. On peut subdiviser les bioessais en trois grandes catégories : les test de létalité, les tests sublétaux, les tests de toxicité à long terme, dénommée à tort « toxicité chronique », fondés sur l'exposition permanente à de faibles concentrations de polluants. ◆ **~ de toxicité aiguë et subaiguë** : leur détermination se fait par l'estimation de la DL 50 et de la CL 50 sur des organismes de référence (Daphnies par exemple), il constitue un type de bioessai très répandu en toxicologie de l'environnement. (***Voir aussi Test***) ◆ **~ de toxicité à long terme** : on distingue des bioessais : d'*effets mutagènes* (tests d'Ames sur *Salmonella typhi murium* ou encore divers tests d'aberrations chromosomiques sur triton, truites, ombles et autres poissons), d'*effets tératogènes* (sur les alevins de truite ou de carpe), d'*inhibition de croissance* (effets de concentrations sublétales sur la croissance en longueur et pondérale de poissons). (***Voir aussi Cancérogenèse, Létalité, Microtox, Mutagenèse, Tératogenèse***)

biofilm, n. m. (*biofilm*). Dépôt de matières organiques colloïdales et particulaires ainsi que de bactéries et autres micro-organismes qui recouvrent les sédiments et autres substrats en milieu aquatique. (***Voir aussi Film, Périlithon, Périphiton***)

biofiltration, n. f. (*biofiltration*). Procédé d'élimination des MOF par filtration sur un lit bactérien. (***Voir aussi Filtration, Lit***)

biogaz, n. m. (*biogas*). Gaz produit par fermentation de détritus végétaux et surtout des excréments animaux et des litières provenant de l'élevage. La production de biogaz, dont le constituant principal est le méthane, permet à la fois de résoudre le problème de pollution des eaux provenant de l'accumulation de quantités de lisier dont, bien souvent, on ne sait pas se débarrasser et de disposer d'une source d'énergie décentralisée et bon marché. En outre, les matières minérales résiduelles laissées par les produits de fermentation peuvent êtres réutilisées comme fertilisants.

biogène, adj. (*biogenic*) (syn. : biogénique). Qui est produit par les être vivants ou à l'opposé qui est nécessaire à la vie. On parlera par exemple d'une substance biogène ou des éléments biogènes, c'est-à-dire des éléments indispensables à la constitution de la matière vivante. ◆ **tri** ~ (*biogenic sorting*) : modification dans la granulométrie des sédiments résultant de l'activité d'Invertébrés benthiques vasicoles et pélophages, qui se traduit par une homogénéisation de la taille moyenne des particules. ***(Voir aussi Pélophage, Vasicole)***

biogenèse, n. f. (*biogenesis*). Terme désignant l'ensemble des processus cosmologiques et physico-chimiques qui ont permis l'apparition de la vie. ***(Voir aussi Atmosphère, Biosphère)***

biogéochimique, adj. ◆ **cycle** ~ (*biogeochemical cycle*) : processus qui caractérise la transformation de la matière et la circulation des éléments dans les écosystèmes et entre les divers compartiments de la biosphère. Les êtres vivants interviennent de façon déterminante dans ces cycles dont ils sont les agents moteurs, à tout le moins à une phase ou à une autre.

biogéocœnose, n. f. (*biogeocoenosis*). Terme utilisé par les écologues d'Europe centrale et orientale qu'ils prennent à une acception synonyme d'écosystème.

biogéographie, n. f. (*biogeography*). Discipline faisant partie intégrante de l'écologie dont l'objet est l'étude de la répartition des êtres vivants dans les divers écosystèmes continentaux et océaniques. La biogéographie peut se subdiviser en deux sous-disciplines : la ***géonomie***, dont l'objet est de décrire la répartition des êtres vivants, et la ***chorologie*** qui a pour but d'expliquer les causes de la distribution des êtres vivants dans les diverses régions de la biosphère actuelle. L'étude des espèces vivantes, des peuplements et des biocœnoses montre que chacune de ces unités taxonomiques ou écologiques possède une distribution géographique d'étendue variable selon son rang mais bien définie car associée à des biotopes précis. Les écologues ont donc mis très tôt en évidence l'existence de telles zones qui coïncident avec les limites de nombreuses unités taxonomiques, phytocœnotiques ou biocœnotiques. Ces territoires peuvent être réunis en unités chorologiques de rang de plus en plus élevé au fur et à mesure que l'on considère des entités couvrant de plus vastes surfaces. ***(Voir aussi Biogéographique, Biome)***

biogéographique(s), adj. (*biogeographical*) ◆ **classification des grandes zones** ~ : la classification des grandes zones biogéographiques permet de distinguer des unités correspondant à des entités de surface croissante : districts, secteurs, domaines, provinces et empires (ou règnes). ◆ **empires** ~ (*biogeographical regions*) : subdivisions biogéographiques primordiales de la biosphère, correspondant à des sous-continents entiers. On distingue huit empires biogéographiques : le Paléarctique, l'Éthiopien, l'Indomalais, l'Australien (Notogéen), l'Océanien, le Néarctique, le Néotropical et l'Antarctique. ◆ **provinces** ~ (*biogeographical provinces*) : subdivisions des empires biogéographiques qui correspondent en règle générale à autant de macroécosystèmes donc de biomes. Udvardy (1975) distingue dans la biosphère 180 provinces biogéographiques, classification à partir de laquelle l'UICN s'est fondée pour établir la liste des aires protégées du monde.

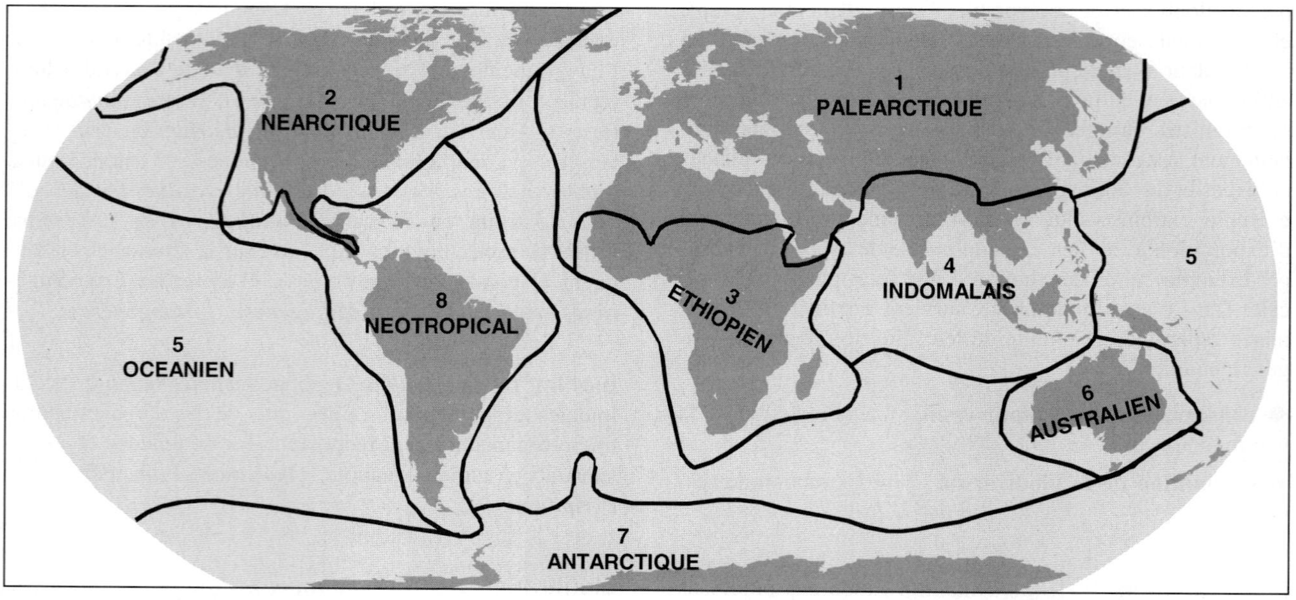

Les empires **biogéographiques**. (D'après Lemée, op. cit., in Ramade F., *Écologie fondamentale*, Ediscience international, 2e ed., 1994, p. 450)

biogéosphère, n. f. (*biogeosphere*). Zone superficielle de la planète où se trouvent tous les êtres vivants. (***Voir aussi Biosphère***)

bioherme, n. m. (*bioherm*). Masse de roches sédimentaires édifiée par des organismes récifaux, plus particulièrement par des coraux hermatypiques.

bioindicateur(s), n. m. (*bioindicator*). Terme synonyme d'indicateurs biologiques, désignant des espèces végétales ou animales qui, par suite de leurs particularités écologiques, sont l'indice précoce (organismes sentinelles) de modifications abiotiques ou biotiques de l'environnement dues à tel ou tel type d'action humaine.

◆ **~ d'anthropisation** : ils correspondent à des espèces qui répondent positivement ou négativement à des modifications physiques de l'environnement dues à l'action de l'homme (remembrement agricole par exemple). Les espèces aviennes, certains peuplements entomologiques, ont été utilisés comme de tels bioindicateurs.

◆ **~ de contamination** : ils représentent une autre catégorie, constituée par certains organismes ayant une forte aptitude à la bioconcentration. Ils sont de ce fait utilisés pour la surveillance permanente de la contamination des milieux terrestres ou aquatiques par les principales catégories de polluants. Ils permettent parfois de déceler des pollutions épisodiques et (ou) discrètes, difficiles à mettre en évidence par analyse directe de l'eau, des sols ou de l'air selon le cas. Le recours à de tels bioindicateurs de pollution dans des systèmes de *monitoring* a été développé dans diverses circonstances pour évaluer les quantités et la distribution de certains polluants à l'intérieur des organismes contaminés en prenant des individus d'espèces choisies pour leurs particularités biologiques. L'avantage d'analyser des êtres vivants plutôt que les composants des biotopes contaminés résulte de plusieurs particularités. Cela tient en l'existence dans les biocœnoses terrestres et aquatiques de certains êtres vivants dit bioconcentreurs, car capables de concentrer les polluants – tant minéraux qu'organiques – dans leur organisme, en particulier ceux qui sont persistants. Les polluants vont donc se rencontrer chez ces bioconcentreurs à des concentrations bien supérieures à celles qu'ils atteignent dans les autres espèces, par suite des phénomènes de bioconcentration, parfois même de bioamplification. L'analyse des organismes mesure la disponibilité réelle des polluants pour la biomasse, ce qui est beaucoup plus significatif en définitive que la connaissance de la concentration d'un polluant dans le milieu inerte.

Dans le règne végétal, diverses plantes sont utilisées comme bio-indicatrices de pollution des sols. Les plantes à bulbes ou à tubercules en particulier constituent d'excellents bioindicateurs de contamination des sols. Les carottes par exemple par suite de la richesse de leur épiderme et du parenchyme racinaire en terpènes accumulent de façon significative les composés organochlorés. Il en est de même des graines d'arachide, par suite de leur grande richesse en lipides.

D'autres phanérogames, dits métallophytes, sont capables de concentrer de nombreux métaux lourds et (ou) toxiques et leur présence indique des concentrations anormales de tels éléments dans les roches superficielles. Ainsi, en Californie, sur les substrats constitués de serpentine – minéral riche en nickel, cuivre et chrome – des plantes endémiques telles *Streptanthus polygaloides* (Crucifères) et la Labiée *Castilleja neglecta* accumulent le nickel, la première en renfermant jusquà 16 400 ppm dans son latex. Jusqu'à 50 000 ppm (ps) de chrome ont été observés dans *Sutera foetida*, un géophyte de Rhodésie. Plus extraordinaire encore, certaines plantes telles *Phacelia sericea* (Hydrophyllacées) de Colombie britannique bioaccumulent l'or et peuvent être utilisées à ce titre comme bioindicateur de la présence de cet élément dans le sous-sol!

Exemple de **bioindicateur** de contamination des sols par des métaux toxiques : la Labiée *Castilleja neglecta* est une métallophyte de Californie capable de concentrer de nombreux métaux présents dans les sols en particulier. (Cliché F. Ramade)

En milieu aquatique, se rencontre un grand nombre de groupes végétaux qui représentent d'excellent bio-indicateurs de contamination : algues, bryophytes, hélophytes, hydrophytes, présentent dans certains cas une forte aptitude à concentrer dans leurs tissus aussi bien des éléments minéraux que des composés organiques. Les mousses aquatiques (genres *Fontinalis*, *Amblystegium*, *Rhynchostegium*, *Platyhypnidium*, *Cinclidotus*, entre autres) constituent par leur fort potentiel de bioaccumulation, d'excellents bioindicateurs en milieux dulçaquicoles. L'aptitude de *Fontinalis antipyretica* à bioconcentrer par exemple le zinc et autres métaux toxiques a été plus particulièrement utilisée dès le milieu des années 1970 de même que celle d'une autre espèce voisine, *Fontinalis squamosa*. Ces deux espèces montrent une bonne corrélation entre la concentration du zinc dans l'eau et les teneurs en ce métal relevées dans leurs tissus. D'autres recherches ont également mis en évidence l'aptitude de *Fontinalis antipyretica* à bioaccumuler les PCB et autres contaminants xénobiotiques.

Les lichens constituent d'excellents bio-indicateurs de contamination de l'atmosphère. Ce sont de puissants bioconcentreurs du fait de leur aptitude à prélever les contaminants présents dans l'air. En effet, ces organismes possèdent une écophysiologie particulière, liée à leur inféodation à des supports inertes ou très pauvres en éléments minéraux nutritifs disponibles (rochers, troncs d'arbres par exemple).

Ils dépendent donc entièrement pour leur nutrition minérale, de l'extraction des nutriments présents dans l'atmosphère, ce qui les conduit à « filtrer » des volumes d'air considérables. Ainsi, par suite de la pollution atmosphérique par le SO_2, il avait été démontré dès les années 1960 qu'il existait chez les lichens une bonne corrélation entre leur teneur en soufre et leur distance d'une source d'émissions industrielles de ce gaz. Ils ont également été utilisés comme bioindicateur de contamination par des métaux radioactifs ou toxiques. Ils absorbent et concentrent le césium 137 et le strontium 90 lesquels sont respectivement voisins au plan chimique et donc métabolique du potassium et du calcium, éléments indispensables aux végétaux. Cette particularité a été mise à profit au cours des années 1960 pour évaluer l'importance de la contamination de la Laponie finnoise par les retombées des expériences nucléaires soviétiques effectuées en Nouvelle Zemble.

D'autres travaux ont eu pour objet d'utiliser les lichens dans le *monitoring* de la pollution atmosphérique par le plomb contenu dans les essences. Ainsi, chez les lichens croissant en forêt de Fontainebleau, la concentration en plomb dans les thalles de trois espèces de lichens corticoles (*Parmelia physodes*, *Parmelia caperata* et *Evernia prunastri*) décroît rapidement en fonction de la distance de l'autoroute A6 dans les 80 premiers mètres puis lentement ensuite. À 15 m de la chaussée, *Parmelia physodes* renferme 1 000 ppm de plomb (par rapport au poids sec), et à 500 m 90 ppm, valeur à comparer aux 50 ppm qui représenteraient la teneur moyenne en plomb des lichens croissant en zone non polluée.

Dans le règne animal, existent aussi de nombreux bioindicateurs. Chez les Invertébrés terrestres, divers groupes taxonomiques possèdent un fort pouvoir de bioconcentration et constituent d'excellents bioindicateurs de contamination des sols. Tel est en particulier le cas des Annélides Oligochètes, en particulier des lombrics, qui figurent au premier rang de ces derniers. En effet, leur écophysiologie particulière les conduit à ingérer chaque jour jusqu'à trois fois leur poids corporel de matière organique végétale morte mélangée à un sol. Ils présentent de ce fait une considérable aptitude à bioconcentrer les éléments toxiques ou les composés organiques de synthèse tels les pesticides organochlorés polluant les sols. Chez les Crustacés Oniscoides, diverses espèces de cloportes se sont également avérées être d'excellents bioindicateurs de pollution des sols par les métaux lourds. *Oniscus asellus* présente par exemple une bonne corrélation entre la concentration en cadmium, cuivre et plomb dans le sol et celle dans son organisme, avec des facteurs de concentration plus élevés que ceux relatifs à ces mêmes éléments mesurés chez d'autres Invertébrés terrestres comme les Gastéropodes pulmonés, par exemple du genre *Helix*, également préconisé comme bioindicateur de contamination des sols.

Dans les milieux aquatiques, les mollusques lamellibranches, tels les moules et les huîtres en milieu marin côtier, les moules zébrées ou les *Unio* dans les eaux douces continentales, sont particulièrement utilisés comme bioindicateurs de contamination car ils peuvent bioconcentrer de nombreux contaminants à des valeurs considérables. Ainsi, le facteur de concentration pour certains composés organochlorés est chez ces mollusques de l'ordre de 10^6 fois par rapport à leur teneur dans l'eau !

Les bioindicateurs de contamination sont de plus en plus utilisés expérimentalement pour évaluer la qualité des eaux voire même de l'air. La méthode consiste à introduire une espèce bioindicatrice préalablement cultivée ou élevée dans un milieu non pollué. Après un certain temps de séjour, les individus sont analysés pour déterminer la concentration du polluant. Cette méthode a donné lieu à de nombreuses applications dans la détection de la pollution chimique ou radioactive des eaux. (***Voir aussi Métallophyte, Organochlorés, PCB, Phytodécontamination***)

◆ **~ d'effets écotoxicologiques** : ils représentent une seconde catégorie de bioindicateurs de pollution qui permettent de mettre en évidence de façon précoce l'existence des effets écotoxicologiques défavorables d'un polluant dans un écosystème contaminé.

On distingue des espèces dites *pollusensibles* car elles présentent une forte sensibilité aux contaminants toxiques. Elles constituent des bioindicateurs dits négatifs de pollution. Ce sont des organismes « sentinelles » qui commencent à réagir à de très faibles contaminations des biotopes par suite de leur hypersensibilité aux polluants. À l'opposé des espèces précédentes, qui se raréfient sous l'effet d'une pollution, existent des espèces dites *pollutolérantes* car résistantes aux polluants, qui constituent des bioindicateurs positifs de pollution car elles se mettent à pulluler dans un milieu pollué.

Les lichens, particulièrement sensibles au SO_2 et à d'autres aéropolluants toxiques, figurent parmi les meilleurs bioindicateurs d'effets dans les biotopes terrestres. Ils ont été utilisés de façon extensive dans les études sur la pollution atmosphérique et ont permis la réalisation de cartes de la qualité de l'air dans les zones urbaines et industrielles. Un indice de pureté de l'air (IPA) a été établi, qui tient compte de l'abondance relative des espèces de lichens sensibles ou au contraire tolérantes à la pollution atmosphérique.

À l'opposé, on peut observer une abondance anormale de certaines plantes adventices des cultures bioindicatrices positives de pollution de l'air comme la stellaire (*Stellaria media*) ou le plantain (*Plantago lanceolata*), dans les friches sises en zones suburbaines où l'air est pollué par le SO_2.

Certaines familles d'Insectes aquatiques sont de même fort utilisées pour déterminer la qualité des eaux. En effet les Éphémères, les Perlides, certains Trichoptères, sont particulièrement sensibles à la pollution organique des eaux. À l'opposé, les Oligochètes Tubificides, les Chironomides du groupe *Chironomus thummi*, les Aselles ou encore les Lamellibranches *Sphaeriidae* sont des bioindicateurs d'eau polluée.

Il est fait depuis plusieurs années un large usage de ces divers bioindicateurs d'effet pour l'évaluation de la qualité des eaux. Cet usage a donné lieu à la création d'indices biotiques, tels l'IBGN, très employé dans la surveillance permanente de la qualité des biotopes dulçaquicoles, en particulier des cours d'eau. (***Voir aussi Indice biotique, IPA, Lichen, MOF, « Mussel Watch », Pollutions, Surveillance permanente***)

Exemples de **bioindicateurs** d'effets des polluants : les macro-invertébrés bioindicateurs de la pollution des eaux par des matières organiques fermentescibles. Les espèces marquées par P sont des bioindicateurs *positifs* de pollution car leur abondance s'accroît dans les eaux polluées. Celles marquées par A sont au contraire des bioindicateurs dits *négatifs* car elles régressent et disparaissent sous l'effet de la pollution. (D'après Hynes H. B. N., *Biology of polluted waters*, Liverpool University Press,1962, p. 37)

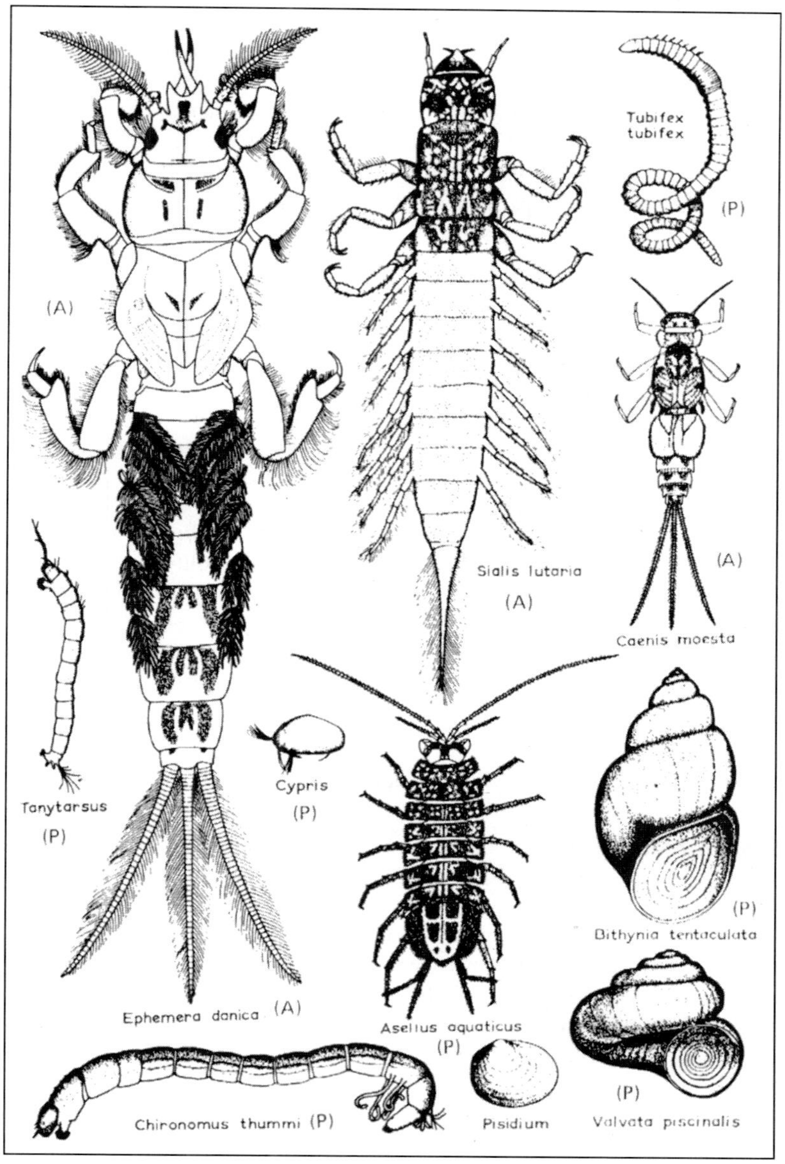

bioindicatrice(s), adj. ◆ **espèces** ~ (*bioindicator species*) : voir Bioindicateurs.

biologique, adj. (*biological*). Qui se rapporte à la vie. ◆ **amplification** ~ : voir Bioamplification. ◆ **lutte** ~ : méthode de lutte contre les ravageurs des cultures et les Invertébrés, agents vecteurs de parasites ou de micro-organismes pathogènes des animaux domestiques ou de l'homme. Elle consiste en l'utilisation des divers agents biologiques susceptibles de limiter les populations des diverses espèces nuisibles.

La lutte biologique a été inventée au siècle dernier par un célèbre entomologiste américain, Riley, qui éradiqua la cochenille australienne des vergers d'agrumes de Californie en introduisant dans cet État son ennemi naturel, une coccinelle, *Rodalia cardinalis*, qu'il avait ramenée d'Australie.

La lutte biologique est fondée sur l'usage de quatre grandes catégories d'êtres vivants : les insectes prédateurs ou parasites, les champignons pathogènes, les bactéries et les virus.

Parmi les parasites, ce sont les Hyménoptères entomophages qui donnent lieu à la plupart des applications en particulier les Chalcidiens, minuscules espèces dont beaucoup sont oophages (*Tichogramma* par exemple). Ils présentent de ce fait l'avantage à la fois de pouvoir être produits en nombre immense dans des élevages d'échelle industrielle et d'attaquer le ravageur à un stade où il n'a pas encore commencé à effectuer des dégâts dans les cultures.

Les champignons entomopathogènes, tels les *Beauveria* et les *Metarhizium,* sont employés avec succès en particulier dans la lutte contre les larves d'insectes terricoles ravageurs de diverses cultures tempérées ou tropicales.

Parmi les bactéries, le *Bacillus thuringiensis* a également donné lieu à de nombreuses applications.

Enfin, plusieurs viroses se sont avérées efficaces contre des chenilles phyllophages défoliatrices de plantes cultivées ou d'arbres forestiers. Tel a été le cas de certains *Bacculovirus* qui ont été employés à vaste échelle contre des invasions de *Lymantria dispar* sur des arbres feuillus.

La lutte biologique a également fait l'objet d'applications contre des plantes envahissantes. En Australie, l'introduction d'un papillon dont la chenille dévore les pousses de cactus a permis d'éliminer entièrement deux espèces d'*Opuntia* qui, dans les années 1920, avaient colonisé de vastes étendues de terres cultivables, surtout dans le Queensland, et recouvraient une surface supérieure à celle des emblavures sur ce continent! ◆ **monitoring** ~ (*biological monitoring*) : voir Surveillance permanente de l'environnement.

bioluminescence, n. f. (*bioluminescence*). Phénomène caractérisé par une production de lumière émise par certains organes chez diverses espèces vivantes. Cette bioluminescence se rencontre de façon erratique dans les principaux règnes vivants, en particulier chez les bactéries, les champignons et les animaux, dans plusieurs classes d'invertébrés et chez certains ordres de poissons. Elle concerne tout autant des organismes continentaux qu'océaniques. Elle est le fait d'une émission d'énergie lumineuse par réaction d'une enzyme, la luciférase, sur une molécule exergonique, la luciférine. Certains insectes tropicaux produisent une bioluminescence suffisante pour permettre de lire une carte par nuit noire! La bioluminescence d'une bactérie, *Photobacterium luciferum*, a été mise à profit dans des bioessais de toxicité comme le microtox. (***Voir aussi Luciférine, Microtox***)

biomagnification, n. f. Voir Bioamplification.

biomarqueur(s), n. m. (*biomarker*). On englobe sous ce terme de nombreuses réactions biologiques d'organismes exposés à un polluant qui permettent d'évaluer qualitativement et (ou) quantitativement si la concentration du contaminant atteint dans les eaux un niveau où commencent à se manifester des effets clandestins de la toxicité sur les populations pollusensibles exposées.

Principaux types de biomarqueurs	
Types de polluants	**Biomarqueurs**
HAP (hydrocarbures aromatiques polycycliques)	Adduits des acides nucléiques
Organochlorés (OC), HAP	Induction de MFO
Composés OC	Induction de GST et de GPX
Métaux toxiques (Cd, Zn, Hg, Cu, etc.)	Induction de métallothionéines
Pesticides, HAP, divers composés organiques	Inhibition ou stimulation de la SOD selon le cas
Insecticides organophosphorés et carbamates	Inhibition de cholinestérases spécifiques
Métaux, composés OC, pesticides, hydrocarbures, etc.	Lésions histologiques, tumeurs
Métaux, composés OC, pesticides, phénols, etc.	Immunodépression
OC	Taux de rétinol et de rétinoïdes
Métaux, pesticides, OC	Protéines de stress
Stress chimique spécifique	Indices morphologiques, facteurs de condition

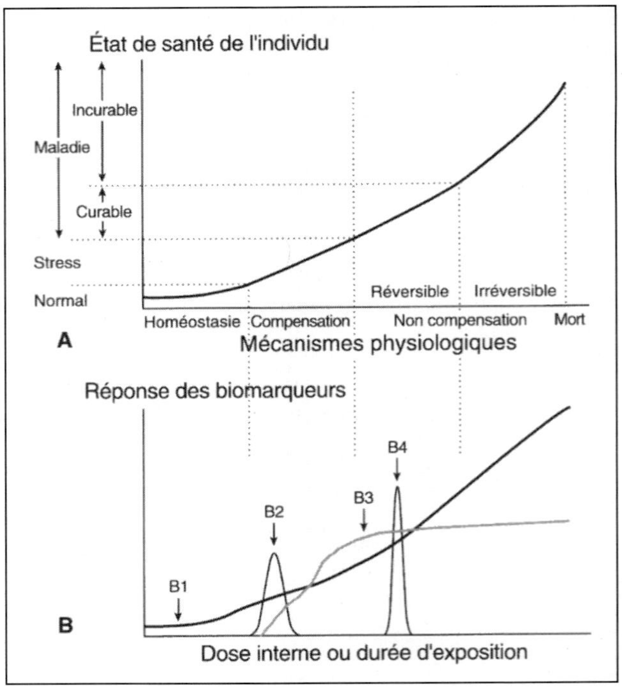

Schéma des diverses étapes des processus d'intoxication des polluants auxquelles se placent les **biomarqueurs**. En **A**) sont figurés les mécanismes physiotoxicologiques concernés par l'intoxication, en **B**) les réponses correspondantes des biomarqueurs à ces diverses étapes. En B1 les biomarqueurs interviennent dans le maintien de l'homéostasie de l'organisme, en « tamponnant » en quelque sorte l'effet du polluant. En B2, les biomarqueurs interviennent en compensant l'action du polluant – en limitant sa toxicité. En B3 et B4, les biomarqueurs ne contribuent pas à cette compensation. En première approximation, en B1 et B2 se rencontrent essentiellement des biomarqueurs d'exposition, en B3 et B4 des biomarqueurs d'effets ainsi que de sensibilité. (D'après Depledge, in Ramade F., *Dictionnaire encyclopédique des pollutions*, Ediscience international, 2000, p. 64)

On peut répartir les biomarqueurs en trois groupes : les biomarqueurs d'exposition, les biomarqueurs d'effets de l'exposition à un polluant toxique et les biomarqueurs de sensibilité aux effets provoqués par l'exposition. Les premiers indiquent que le polluant considéré a bien pénétré dans l'organisme. Les seconds permettent de montrer que les concentrations auxquelles le xénobiotique considéré se rencontre dans les tissus ont produit des effets toxiques ou non sur la cible critique.

Les biomarqueurs de sensibilité ont pour objet de mettre en évidence les variations d'origine génétique de la réponse à la contamination par un polluant xénobiotique ou non. La diminution de sensibilité des acétylcholinestérases aux insecticides organophosphorés constitue un exemple de tels biomarqueurs.

On distinguera aussi (voir Tableau), en fonction de leur nature, des biomarqueurs biochimiques, enzymatiques, histologiques, anatomiques, etc. Les cytochromes P. 450 sont par exemple utilisés à vaste échelle pour évaluer le degré d'exposition des peuplements aquatiques à des contaminants persistants tels que les composés organochlorés. De même, la diéthyléthoxyrésorufine déshydrogénase ou encore la benzopyrène hydroxylase constituent des biomarqueurs d'exposition aux hydrocarbures aromatiques polycycliques. Il existe à titre d'exemple divers biomarqueurs d'effets tels ceux dits de « stress chimique » comme diverses oxydases, par exemple la famille des superoxydes dismutases (SOD). ***(Voir aussi HAP, Organochlorés)***

biomasse, n. f. (*biomass*). Terme désignant la masse totale de matière vivante présente à un niveau trophique donné dans un écosystème ou correspondant à celle de la population d'une espèce donnée dans une communauté. On distingue aussi souvent la biomasse des autotrophes (producteurs primaires), c'est-à-dire des plantes vertes en milieu terrestre et celle des consommateurs (producteurs secondaires), c'est-à-dire des animaux. Dans un écosystème donné, on trouve que la biomasse décroît au fur et à mesure que l'on s'élève dans les niveaux trophiques. En conséquence, la pyramide des biomasses présente un aspect aplati dans la plupart des cas, sauf si le taux de consommation des producteurs primaires par les herbivores est très élevé. ***(Voir aussi Écosystème, Pyramides des biomasses)***

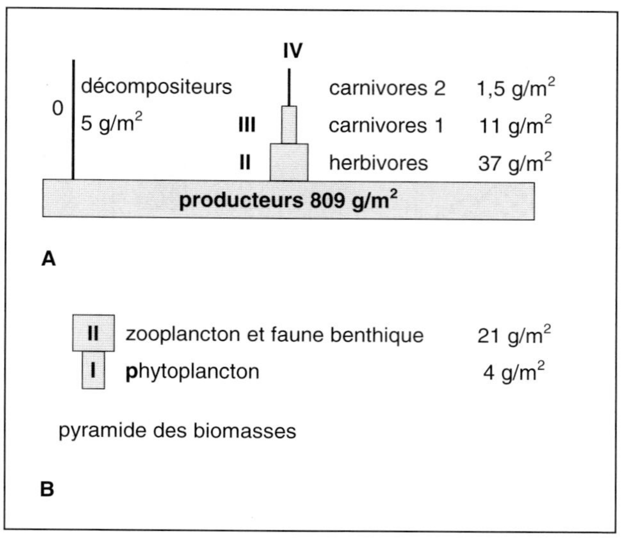

Pyramide des **biomasses** dans un écosystème terrestre (**A**) et dans une communauté du milieu marin néritique (**B**). On constate en (**B**) un aspect inversé de la pyramide lié à la faible longévité du phytoplancton par rapport à celle du zooplancton au niveau trophique supérieur. (D'après Odum H. T., op. cit., in Ramade F., *Écologie fondamentale,* Ediscience international, 2e ed., 1994, p. 357)

biome(s), n. m. (*biome*). Communautés vivantes qui se rencontrent sur de vastes surfaces en milieu continental. Elles correspondent donc à la biocœnose propre à des macro-écosystèmes. Ainsi les taïga, les savanes tropicales, les déserts ou encore les forêts caducifoliées tempérées correspondent à autant de biomes distincts.

La notion de biome est essentiellement du domaine de l'écologie terrestre. En revanche, par suite des conditions particulières propres à l'environnement océanique, sa validité est discutée par les écologistes marins du fait que certaines communautés propres à des macro-écosystèmes océaniques, tels les récifs coralliens, peuvent être parfaitement identifiées à des biomes.

◆ **principaux types de ~** : les biomes présentent une zonation en latitude assez régulière depuis l'Équateur jusqu'à la limite des zones parabiosphériques polaires.

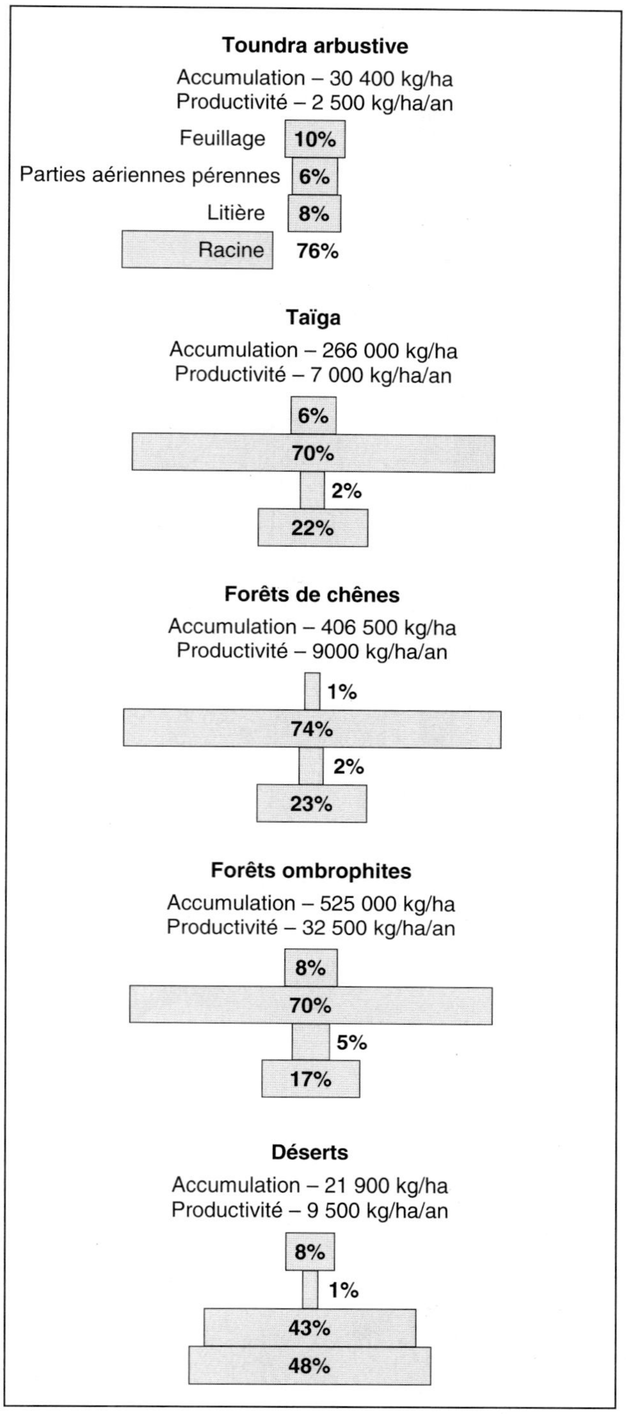

Distribution de la **biomasse** dans les strates de la végétation et productivité primaire des principaux biomes. (D'après Rodin et Basilevitch, in Ramade F., *Écologie fondamentale,* Ediscience international, 2e ed., 1994, p. 487)

– Les *forêts pluvieuses tropicales*, encore dénommées forêts ombrophiles, forment un ruban quasi continu au niveau des zones intertropicales. Elles atteignent leur maximum d'extension dans une zone comprise entre ± 10 ° de latitude et là où les précipitations sont abondantes, supérieures à 1 800 mm par an et réparties régulièrement tout au long de l'année.

– Les *forêts sèches tropicales* (forêts tropophiles) se divisent en forêts tropicales caducifoliées dites aussi de mous-

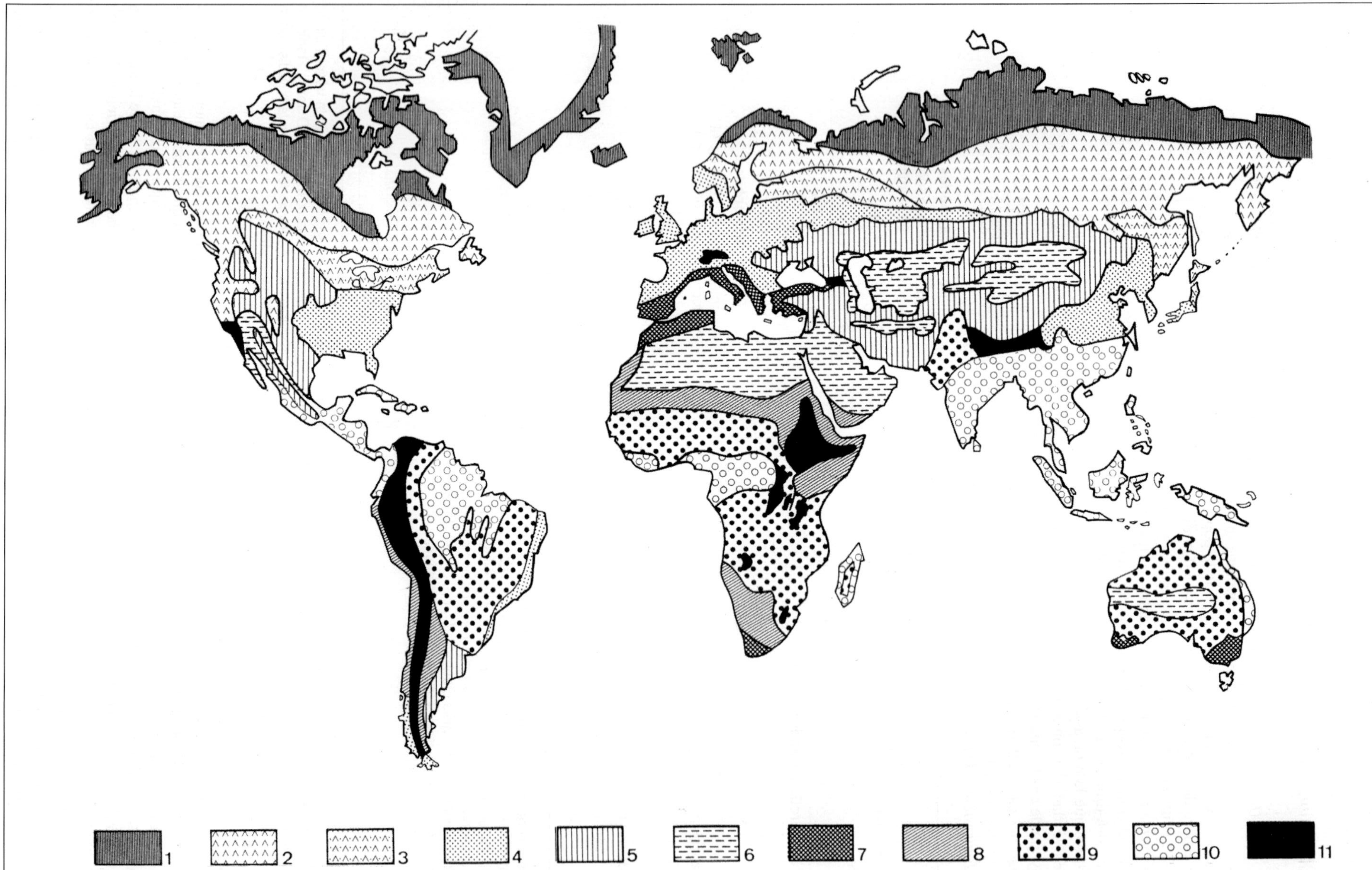

Distribution des **biomes** continentaux présents dans la biosphère. 1. Toundra. 2. Forêt boréale de conifères. 3. Forêt mixte de feuillus et de conifères. 4. Forêt caducifoliée tempérée. 5. Steppe graminéenne. 6. Désert. 7. Forêt sclérophylle méditerranéenne. 8. Semi-désert. 9. Savane et forêt claire caducifoliée tropicale. 10. Forêt ombrophile tropicale. 11. Écosystème montagnard (zone complexe). (D'après Ramade F., *Écologie fondamentale*, Ediscience international, 2e ed., 1994, p. 53)

Représentation diagrammatique des **biomes** en fonction du couple températures-précipitations moyennes. Les traits marquent la limite entre les diverses formations végétales. 1. Toundra. 2. Forêt boréale de conifères. 3. Forêt mixte de feuillus et de conifères. 4. Forêt caducifoliée tempérée. 5. Steppe graminéenne. 6. Désert. 7. Forêt sclérophylle méditerranéenne. 8. Semi-désert. 9. Savane et forêt claire caducifoliée tropicale. 10. Forêt ombrophile tropicale. (D'après Whittaker, op. cit., in Ramade F., *Écologie fondamentale*, Ediscience international, 2e ed., 1994, p. 454)

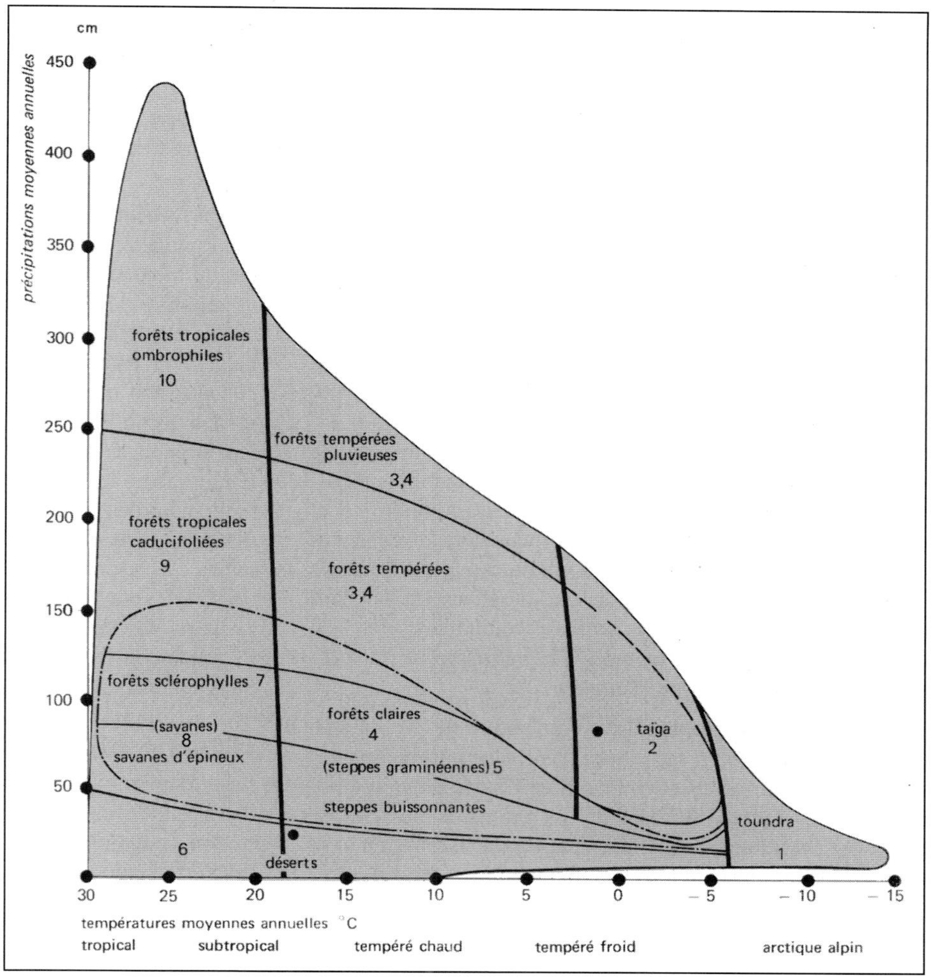

son et en forêts sclérophylles tropicales. Les forêts de mousson perdent leurs feuilles en saison sèche et croissent en règle générale à des latitudes plus élevées et partout où existe une saison sèche marquée.

– Les *savanes tropicales* s'étendent entre les deux tropiques partout où les précipitations deviennent insuffisantes pour permettre un développement des écosystèmes forestiers. Toutefois certaines d'entre elles, à la limite des forêts, sont d'origine anthropique et résultent de la déforestation entreprise souvent depuis des époques reculées. Les savanes se caractérisent par un tapis graminéen dominant parsemé de végétaux ligneux arbustifs ou arborescents dont la densité diminue au fur et à mesure que s'allonge la durée de la saison sèche. On constate donc vers le nord ou le sud selon l'hémisphère une diminution de l'abondance des espèces ligneuses lorsque l'on se dirige vers les écosystèmes désertiques qui leur font suite en latitude.

– Les *déserts*, dont le maximum d'extension se situe au niveau des deux tropiques entre 20° et 30° de latitude, succèdent aux savanes sans transition nette. Ils se caractérisent par la faiblesse des précipitations, inférieures à 200 mm par an et par leur forte irrégularité, plusieurs années pouvant s'écouler sans pluies dans les déserts hyperarides. Le couvert végétal y est discontinu, surtout représenté par des plantes vivaces xérophytiques.

– Les *forêts méditerranéennes* représentent le type dominant de biome présent dans ces zones climatiques. Elles correspondent à des zones tempérées chaudes dont le maximum d'extension se situe entre les 30e et 40e degrés de latitude Nord et Sud, marquées par une période de sécheresse estivale de durée variable mais excédant souvent trois mois. Deux grands types de macroécosystèmes forestiers primitifs caractérisaient le bassin méditerranéen avant l'intervention de l'homme marquée ici dès les plus anciennes époques néolithiques. Le premier était représenté par des forêts sempervirentes de chênes ; le second, dans les plaines des parties magrébines et orientales du bassin, par des forêts mixtes de caroubiers et d'oliviers. Sous l'action conjuguée de la hache et du feu, des formations arbustives dégradées leur ont succédé : maquis, garrigues, chaparral constituent aujourd'hui les formations végétales dominantes actuelles de ces zones tempérées chaudes. En outre se rencontraient en montagne des forêts de conifères (sapins ou cèdres), qui couvraient des surfaces moins étendues par rapport aux deux types précédents et qui ont fortement régressé, elles aussi, par suite de l'exploitation du bois et du surpâturage.

– Les *forêts feuillues caducifoliées* caractérisent les régions de moyenne latitude de l'hémisphère Nord. Ces biomes sont en revanche quasi absents des zones australes par suite de la rareté des terres émergées au niveau des 45° de latitude Sud.

– Les *steppes tempérées*, qui couvrent d'énormes surfaces dans l'hémisphère boréal, se rencontrent partout où les précipitations deviennent insuffisantes pour permettre la croissance des arbres. Plus encore que les savanes, elles sont caractérisées par la prédominance du tapis graminéen, d'où le terme de « prairie » par lequel les qualifièrent les premiers colons européens des grandes plaines nord-américaines.

– La *taïga*, immense forêt boréale de conifères, constitue l'un des biomes majeurs des milieux continentaux. Elles s'étend sans discontinuité dans l'ensemble des zones subarctiques de l'Amérique du Nord et de l'Eurasie, faisant suite vers le nord aux forêts caducifoliées tempérées. Des forêts mixtes de feuillus et de résineux s'intercalent à la limite entre ces deux biomes. La taïga croît sur des sols boréaux pauvres en éléments minéraux nutritifs dans des zones où les précipitations sont assez faibles mais régulièrement réparties tout au long de l'année.

– La *toundra* occupe la région comprise entre la limite naturelle des arbres vers les pôles et les régions parabiosphériques que représentent les calottes glaciaires polaires. Le couvert végétal croît sur des sols perpétuellement gelés en profondeur (permafrosts). Il est constitué par des plantes herbacées (Carex, Graminées), des Cryptogames (lichens) et des arbustes – les uns ou les autres prédominant selon les conditions climatiques régionales. ***(Voir aussi Désert, Forêt, Savane, Steppe, Taïga, Toundra)***

◆ **distribution et classification climatique des ~** : en milieu continental, les biomes sont essentiellement répartis en fonction des climats. Le couple température-pluviométrie représente le facteur limitant dans l'extension des divers biomes. C'est donc de lui que dépend la distribution des biomes. Des représentations diagrammatiques ont été proposées, combinant les températures moyennes et la pluviométrie. En réalité, le couple température-pluviométrie ne suffit pas pour donner une représentation diagrammatique précise de la distribution climatique des biomes. En effet un troisième paramètre très important et lié aux deux premiers est l'évapotranspiration. Holdridge a proposé dans ce but des diagrammes triangulaires qui apportent une meilleure représentation de la classification des biomes. ***(Voir aussi Biocœnose, Biosphère, Holdridge)***

biométhane, n. m. (*biomethane*). Méthane d'origine biologique produit en particulier par les bactéries méthanogéniques.

biométrie, n. f. (*biometry*). Discipline ayant pour objet l'étude des distributions de taille (longueur, poids, etc.) des êtres vivants. La biométrie est en particulier à la base de l'analyse statistique des phénomènes d'allométrie de taille et de croissance. Elle permet aussi de caractériser des espèces différentes sur des critères statistiques fondés sur la comparaison des tailles d'individus de populations et (ou) d'origine biogéographique distinctes. ***(Voir aussi Allométrie)***

Biomphalaria glabrata. Nom scientifique d'un Gastéropode Pulmoné des eaux douces, agent vecteur de bilharziose en Amérique tropicale.

bionomie, n. f. (*bionomy*). Domaine de la biogéographie ayant pour objet la description de la distribution géographique des êtres vivants.

biopesticide, n. m. (*biopesticide*). Pesticide d'origine biologique en particulier bactérienne.

biophage, adj. (*biophagous*). Qui consomme ou détruit d'autres êtres vivants. ***(Voir aussi Saprophage)***

bioremédiation, n. f. (*bioremediation*). Terme désignant l'ensemble des technologies qui permettent de décontaminer un biotope aquatique ou encore un sol pollué par usage de micro-organismes, de végétaux supérieurs voire d'invertébrés présents naturellement ou encore introduits intentionnellement dans le milieu concerné. La bioremédiation consiste soit à extraire le polluant par l'utilisation d'êtres vivants ayant une aptitude particulière à le concentrer dans leur organisme (bioconcentration) et (ou), mieux encore, à le faire dégrader *in situ* par des micro-organismes (ou éventuellement des végétaux supérieurs) pour le neutraliser. On distingue dans la bioremédiation deux groupes de méthodologies : la *biostimulation* qui consiste à favoriser, par addition par exemple de nutriments, le développement d'organismes – susceptibles d'éliminer d'une façon ou d'une autre le polluant et la *bioaugmentation* qui tient en l'introduction dans les eaux ou les sols à dépolluer de bactéries exogènes – ou autres organismes – présentant une aptitude particulière à absorber et (ou) à dégrader le polluant considéré.

Les premières tentatives de bioremédiation ont été effectuées vers le milieu des années 1970 pour traiter des eaux marines contaminées à la suite de « marées noires ». Lors du naufrage de l'*Amoco Cadiz* en 1978, il fut découvert que la biodégradation par des bactéries marines littorales jouait un rôle majeur dans l'élimination des hydrocarbures non volatils du pétrole souillant la frange intertidale. Depuis lors, quelques 30 genres différents de bactéries et de champignons dégradant le pétrole brut ont été identifiés dans les écosystèmes aquatiques et dans les sols. La bioremédiation est utilisée depuis le naufrage de l'*Exxon Valdez* de façon systématique pour traiter les eaux littorales, mais aussi dans certains cas la surface des eaux libres au large contaminée par des nappes de pétrole dérivantes. Elle consiste en l'épandage à la surface des eaux d'un mélange fertilisant comportant des nitrates et des phosphates afin de favoriser la prolifération des bactéries marines aérobies qui dégradent le pétrole.

La bioremédiation est aussi en cours de développement pour la décontamination des sols pollués en particulier dans les zones de friches industrielles contaminées – parfois de longue date – par des déchets chimiques (métaux toxiques et composés organiques persistants). ***(Voir aussi Biodégradation, Phytodécontamination, Phytodégradation, Phytoremédiation, Pétrole)***

biosphère, n. f. (*biosphere*). La notion de biosphère fut dégagée pour la première fois par un biologiste français de génie, Lamarck, qui dans sa « Géochimie » fut le premier à entrevoir l'importance de l'interaction entre les êtres vivants et le milieu physico-chimique dans la genèse des conditions qui caractérisent la surface de la planète actuelle. Cependant, le terme de biosphère fut créé par Vernadsky en 1925 pour désigner le système complexe que constitue l'association à la surface de la planète Terre de milieux présentant des caractéristiques physico-chimiques uniques : océan, atmosphère, couches supérieures de la lithosphère, auxquels est associé l'ensemble des êtres vivants. La biosphère est caractérisée par un état d'équilibre dynamique résultant d'interactions extrêmement complexes entre les processus biologiques et physicochimiques propres aux compartiments dans lesquels la vie a pu se développer au cours des 3,98 milliards d'années qui nous séparent du moment où s'acheva la condensation de l'océan mondial.

La biosphère peut se définir de la façon la plus simple comme *la région de la planète dans laquelle la vie est possible en permanence et qui renferme l'ensemble des êtres vivants.*

En première approximation, la biosphère peut se subdiviser en trois compartiments :

– la *lithosphère*, terme pris au sens restrictif c'est-à-dire limité aux couches les plus superficielles de l'écorce terrestre constituant les roches-mères des sols ou le plancher océanique;

– l'*hydrosphère* constituée essentiellement par l'océan mondial, mais à laquelle se rattachent aussi en principe les eaux continentales;

– *l'atmosphère* qui en est l'enveloppe externe et gazeuse, actuellement d'origine biologique pour une grande part.

◆ **histoire de la biosphère** : les origines de la biosphère remontent aux lointaines époques archéennes et peuvent être datées aux environs de – 3,98 milliards d'années, date où s'est achevée la condensation de l'océan mondial.

Auparavant, même si des molécules prébiotiques avaient pu apparaître dans les collections d'eau temporaires qui se formaient à la surface de la Terre, les conditions de rayonnement intense à la fois UV et radioactifs qui régnaient sur la planète juvénile interdisaient toute évolution ultérieure vers la différenciation de cellules vivantes. Seule la protection contre les radiations grâce à de profondes couches d'eau permit le début de l'évolution biologique. Les premiers fossiles d'organismes cellulaires connus, des protobactéries du genre *Isuasphaera*, isolés dans des déserts du Mont Isua, au Groenland, sont datés de 3,8 milliards d'années.

L'apparition des cyanobactéries photosynthétiques il y a sans doute 3,5 milliards d'années, puis la différenciation d'organismes autotrophes de plus en plus nombreux et évolués fut à l'origine de la production d'oxygène.

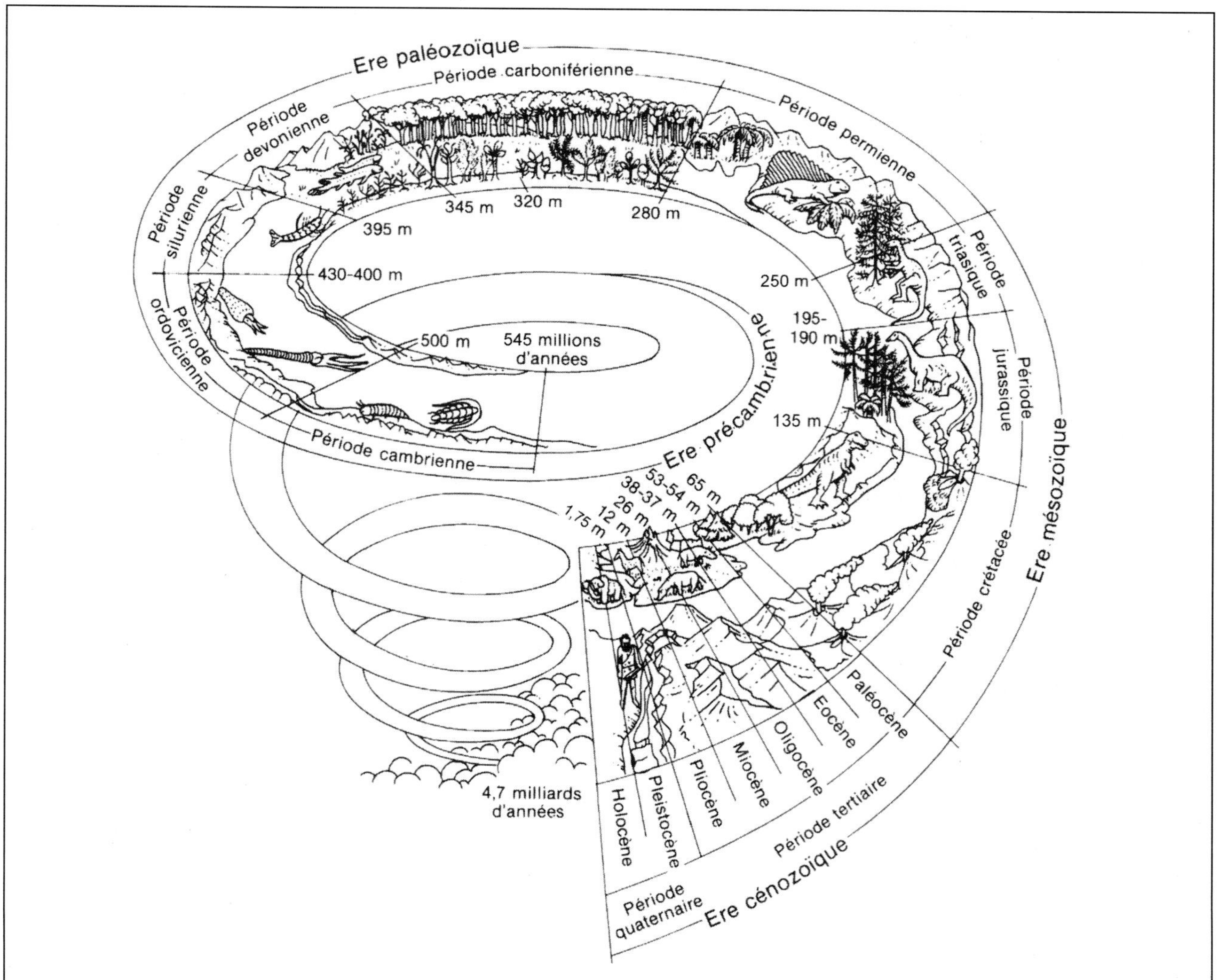

Histoire et évolution de la **biosphère** depuis ses origines. (D'après US Geological Survey mais modifié, in Ramade F., *Écologie fondamentale*, Ediscience international, 2e ed., 1994, p. 17)

Evolution paléoécologique de la biosphère					
Années	**Epoque**	**Biosphère**	**Lithosphère**	**Hydrosphère**	**Atmosphère**
$4{,}6 \cdot 10^9$	*Hadéen*		Condensation des planètes		Atmosphère réductrice (azote, CO_2, méthane, hydrogène)
$4{,}2 \cdot 10^9$			Volcanisme très intense (Hawaïen)	Début de la condensation de l'océan mondial	
$4 \cdot 10^9$			Plus anciennes roches connues	Fin de condensation de l'océan	Atmosphère enrichie en CO_2
$3{,}95 \cdot 10^9$	*Archéen*		Plus anciens sédiments connus		
$3{,}8 \cdot 10^9$		Premiers procaryotes connus : *Isuasphaera*	Stromatolithes		
$3{,}5 \cdot 10^9$			Stromatolithes		
$3{,}4 \cdot 10^9$		Premiers fossiles de bactéries connus (*Eobacterium isolatum*) organismes photosynthétiques (Cyanophycées)	Dépôts stratifiés de fer (formation de Figtree) (Af. du Sud)	Début de formation d'oxygène avec oxydation des sédiments marins	
$2{,}7 \cdot 10^9$		Premiers fossiles d'Eucaryotes (cellules étoilées?)		Fe+ en oxyde de Fe++	Apparition d'oxygène atmosphérique oxydant les gaz réducteurs qu'il renferme
$2{,}5 \cdot 10^9$	*Aphélien*	Premiers Eucaryotes Fossiles connus	Glaciation	Prolifération des Cyanophycées	Oxygène libre dans l'atmosphère
$2 \cdot 10^9$	*Riphéen*	Phytoplancton eucaryote photosynthétique			
$1{,}6 \cdot 10^9$		Accroissement rapide du phytoplancton	Important volcanisme Glaciations		Oxygène entre 1 et 3% du taux actuel. Ecran d'ozone formé
$1{,}5 \cdot 10^9$		Vie du phytoplancton possible à la surface		Prolifération des Acritaches	
10^9		Apparition des Métazoaires			
$0{,}8 \cdot 10^9$					Oxygène entre 3 et 10% du taux actuel. Achèvement de la couche d'ozone
$0{,}7 \cdot 10^9$	*Ediacarien (=Vendien)*	Premières extinctions massives (fin du Précambrien)			
$5{,}45 \cdot 10^8$	*Cambrien*	Explosion évolutive du début du Cambrien			
$5 \cdot 10^8$	*Ordovicien*	Apparition des premières plantes terrestres (embryophytes) Extinction de la fin de l'Ordovicien	Glaciations ordosiluriennes		
$4{,}4 \cdot 10^8$	*Silurien*	Premières traces fossiles de Gamétophytes Extinction de la fin du Silurien		Prolifération des Graptolithes	
$4{,}1 \cdot 10^8$	*Dévonien*	Premières forêts et premiers incendies de forêts à la fin du Dévonien	Glaciation. Extinctions massives de fin du Dévonien		Taux d'oxygène d'au moins 13% à la fin du Dévonien
$3{,}6 \cdot 10^8$	*Carbonifère*		Formation du charbon		
$2{,}9 \cdot 10^8$	*Permien*	Extinctions massives	Dislocation du Pangea Grande glaciation permienne		
$2{,}5 \cdot 10^8$	*Trias*	Apparition des Mammifères	Volcanisme important		
$2{,}2 \cdot 10^8$	*Jurassique*	Extinctions. Dominance des Dinosaures			
$1{,}35 \cdot 10^8$	*Crétacé*	Extinction. Apparition des plantes à fleur	Immenses dépôts de sédiments carbonatés		Forte diminution de CO_2 atmosphérique
10^8			Prolifération des récifs de rudistes et dépôt de sédiments carbonatés (craie)		CO_2 atmosphérique à 3 500 ppm
$6{,}5 \cdot 10^7$	*Paléogène*	Extinction en masse de la jonction K-T	Dépôts de lignite		
$3{,}4 \cdot 10^7$	*Néogène*		Volcanisme important		Oxygène voisin du taux actuel
$1{,}75 \cdot 10^6$	*Pléistocène*	Apparition de l'Homme. Début des extinctions quaternaires	Glaciations quaternaires		
$0{,}8 \cdot 10^6$					CO_2 à 180 ppm
0	*Holocène (période actuelle)*	Extinctions dues à l'homme moderne			CO_2 en croissance par suite de la pollution de l'air

Cette biologisation de l'atmosphère terrestre est démontrée par comparaison avec les atmosphères des deux planètes telluriques dont les orbites nous encerclent : Vénus et Mars. On trouve sur ces dernières une atmosphère réductrice, riche en CO_2, à l'opposé de l'atmosphère terrestre, très oxydante.

Il existe à l'heure actuelle de nombreuses preuves que la production d'oxygène est biogénique : c'est à cause de l'accumulation et de la fossilisation dans les sédiments d'une partie des matières organiques produites par les êtres vivants photosynthétiques que les oxydes ferriques (Fe^{3+}), les sulfates $(SO_4)^{2-}$ et l'oxygène libre O_2 s'accumulèrent dans la croûte terrestre et l'atmosphère.

Ce phénomène s'accéléra avec la différenciation des eucaryotes. On estime que celle-ci débuta peut-être avec les premiers protistes dont on n'a pas jusqu'alors retrouvé les traces fossiles. Ces derniers donnèrent ensuite les protochampignons, dont furent ensuite issus les premiers protolichens par association symbiotique avec des cyanobactéries ou des algues unicellulaires. Leur apparition joua un rôle important dans la biologisation des continents. Les lichens représentent les seuls organismes – hormis certaines Cyanophycées – capables de se développer sur des roches nues et stériles. Il existe des restes fossiles de tels lichens primitifs dans les gisements du Witwatersrand, en Afrique du Sud, qui remonteraient à environ 2,3 milliards d'années.

L'apparition des eucaryotes photosynthétiques, dont les plus anciens vestiges fossiles connus remontent à près de 2,7 milliards d'années, accéléra les processus biogéochimiques qui furent à l'origine de l'atmosphère actuelle, dont la forte proportion d'oxygène atteste de la nature essentiellement biologique.

À partir d'au moins 1,7 milliard d'années, les algues unicellulaires photosynthétiques appartenant au groupe primitif des Acritarches se mirent à pulluler. La croissance progressive du taux d'oxygène atmosphérique au cours du Précambrien, à la période Riphéenne conduisit à la formation de la couche d'ozone. Celle-ci commença à se former voici environ 2 milliards d'années, époque à partir de laquelle le taux d'oxygène dans l'atmosphère dépassa 1% de sa valeur actuelle, seuil nécessaire à la genèse de l'ozone stratosphérique. Il s'écoula cependant plus d'un milliard d'années avant que n'apparaissent les premiers animaux et les premières plantes terrestres. Cela résulte de ce que l'achèvement de la couche d'ozone se situerait voici 800 millions d'années. Ce n'est donc qu'à partir de cette date que la vie devint théoriquement possible à la surface des continents émergés, ce qui expliquerait l'absence de fossiles d'organismes terrestres à l'Antécambrien.

Les premières algues pluricellulaires seraient apparues dans les océans il y a probablement 1,3 milliard d'années et les premiers Métazoaires se seraient différenciés vers la fin du Riphéen. Ils remonteraient donc à environ un milliard d'années.

Une étape importante de l'évolution écologique fut l'apparition des plantes terrestres, probablement au début de l'Ordovicien, voici 500 millions d'années. Cependant, les premiers fossiles bien conservés de plantes terrestres, du genre *Cooksonia*, remontent seulement au Silurien moyen, il y a un peu plus de 421 millions d'années.

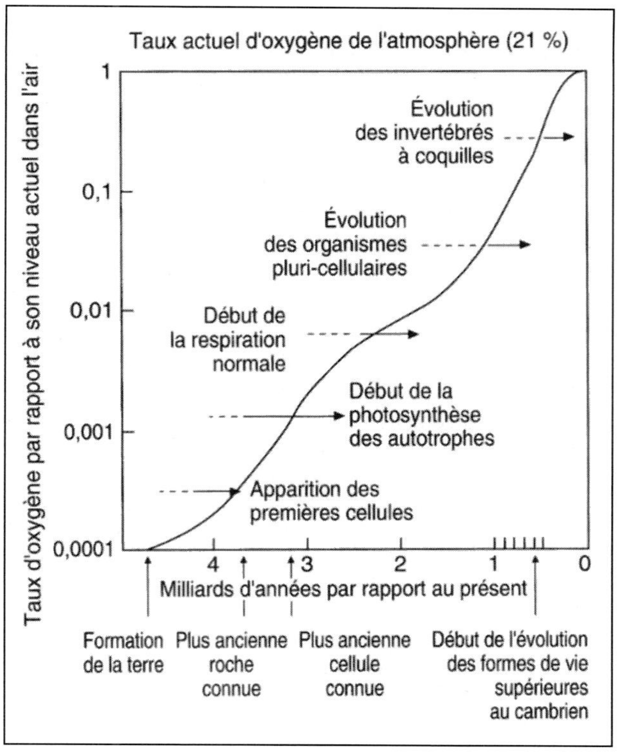

Croissance de la teneur en oxygène atmosphérique dans la **biosphère** au cours des périodes géologiques. (In Press et Siever, *The Earth*, San Francisco, Freeman, 1978, p. 312)

À la fin du Dévonien apparurent les premières forêts. La mise en évidence d'incendies de forêts dès cette période par la découverte de bois carbonisés de *Cyclostigma*, une Cryptogame vasculaire arborescente, apporte la preuve indirecte que la teneur en O_2 de l'atmosphère était alors déjà d'au moins 13% car au-dessous de cette concentration les combustions spontanées ne peuvent s'entretenir.

La diminution du taux de CO_2 atmosphérique s'accéléra au cours du Paléozoïque à la période carboniférienne (entre –350 et – 295 millions d'années), avec l'apparition d'immenses forêts constituées de fougères arborescentes et autres Cryptogames vasculaires (Lycopodes par exemple) de grande taille, ainsi que des Protogymnospermes, les Cordaïtes, considérées comme les ancêtres des conifères. Ces dernières furent à l'origine des immenses dépôts de charbon et autres formes de carbone fossile qui se constituèrent alors et dont la contrepartie fut un accroissement proportionnel – et rapide – de la teneur en oxygène atmosphérique.

L'ère mésosoïque (secondaire) fut également marquée par des périodes d'importance capitale dans l'évolution de la biosphère. Les dinosaures qui marquèrent cette période auraient été indirectement à l'origine des plantes supérieures par l'activité de broutage qu'exerçaient les espèces herbivores de grande taille sur les groupes végétaux plus anciens, diminuant de ce fait la concurrence interspécifique et favorisant la diversification des angiospermes primitives, de faible taille, qui remontent à environ 130 millions d'années.

Une forte diminution de la teneur en CO_2 atmosphérique a marqué la fin du Secondaire, à l'époque du Crétacé (– 135 à – 65 millions d'années), comme en attestent les considérables dépôts de craie et calcaire qui se formèrent alors.

Le Tertiaire a été caractérisé par le développement d'immenses forêts tropicales d'angiospermes et l'apparition des Mammifères qui ont occupé toutes les radiations évolutives correspondant à celles des Reptiles au Secondaire.

À la fin du Tertiaire, il y a environ 1,75 million d'années, l'évolution du genre *Homo* a constitué le dernier facteur biogéochimique de grande ampleur qui a progressivement bouleversé les conditions écologiques de nombreux écosystèmes terrestres aussitôt qu'il a disposé du feu, il y a sans doute plus de 500 000 ans.

L'homme moderne, avec l'explosion technologique contemporaine, est maintenant à même de bouleverser l'écosphère toute entière comme en attestent par exemple les préoccupations actuelles concernant le devenir de la couche d'ozone et représente, par son existence même, un des plus importants facteurs biogéochimiques agissant dans la biosphère actuelle. (***Voir aussi Atmosphère, Gaïa, Sauropodes***)

◆ **structure de la biosphère** : l'étude de la répartition géographique des écosystèmes dans la biosphère ne peut être entreprise qu'au niveau de grandes entités écologiques – les macroécosystèmes – qui s'étendent à l'échelle de sous-continents entiers et donc des biomes, terme qui désigne les communautés d'êtres vivants propres à de telles entités. (***Voir aussi Biome***)

Les divers écosystèmes présents dans la biosphère peuvent se répartir en deux groupes fondamentalement distincts :

– les écosystèmes terrestres, associés aux continents émergés;

– les écosystèmes aquatiques qui, pris dans leur ensemble, constituent l'hydrosphère. Celle-ci peut se subdiviser en écosystèmes limniques (fleuves et lacs), en écosystèmes aquatiques littoraux (lagunes, estuaires, mangroves), enfin et surtout en écosystèmes marins.

On peut distinguer deux types de zonation des macroécosystèmes dans la biosphère : une zonation en latitude qui correspond à la distribution de l'équateur vers les pôles des divers grands biomes et une zonation en altitude qui décrit la distribution verticale des écosystèmes.

Zonation latitudinale. La biosphère comporte une structure spatiale complexe dans son organisation latitudinale, marquée par la plus grande irrégularité dans la répartition des continents et des océans.

En première approximation, l'hémisphère boréal est caractérisé par la prépondérance des écosystèmes continentaux tandis que l'hémisphère austral est essentiellement océanique.

Malgré son organisation latitudinale profondément asymétrique, la biosphère présente une succession assez régulière en fonction de la latitude des macroécosystèmes continentaux. En revanche, en milieu océanique, à quelques exceptions notoires près, une telle zonation est moins apparente.

À l'échelle globale, les écosystèmes marins prédominent largement puisque l'océan mondial couvre à lui seul $362 \cdot 10^6$ km^2 soit plus de 71% de la surface planétaire contre moins de 29% pour les continents.

Biomes continentaux. La répartition en latitude des biomes continentaux est essentiellement conditionnée par les facteurs climatiques, surtout les températures et les pluviométries moyennes, les autres facteurs abiotiques n'interviennent que dans une moindre mesure dans leur distribution. Si l'on chemine ainsi de l'équateur vers les pôles, on trouve une certaine symétrie dans la répartition des divers biomes de chaque hémisphère.

Macroécosystèmes aquatiques. À l'opposé de la zonation en latitude des grands biomes continentaux, qui apparaît de façon très nette, celle des macroécosystèmes océaniques, donc de leurs biomes, est inapparente, à quelques excep-

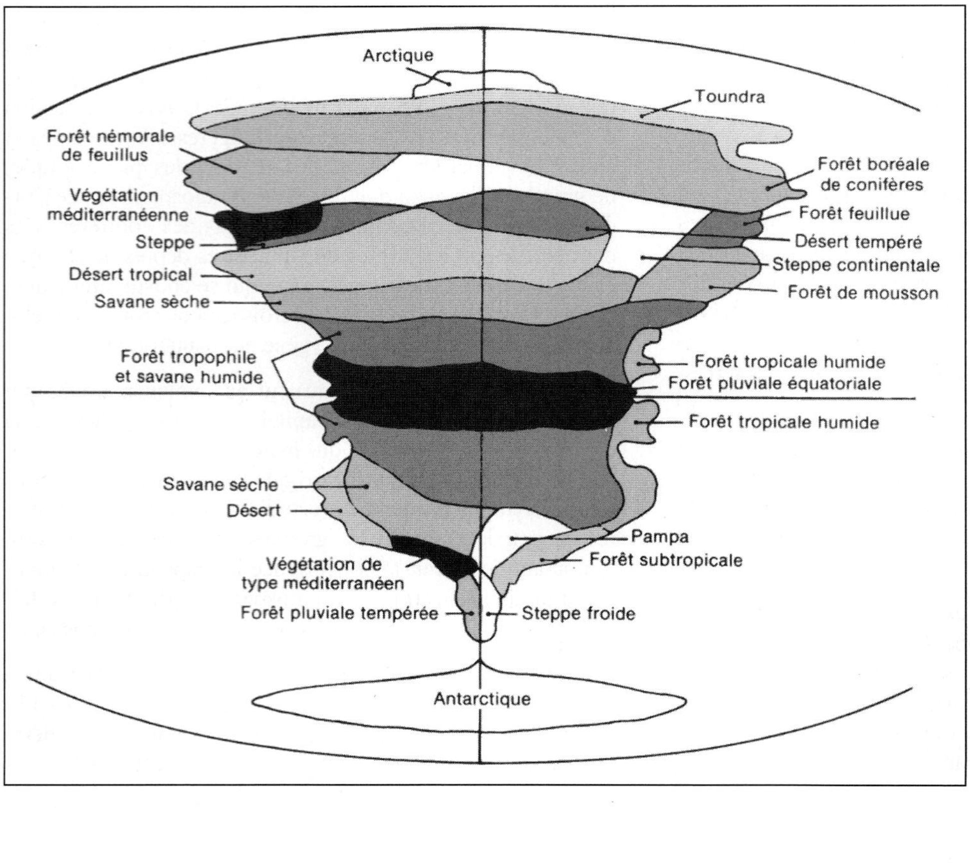

Représentation de la distribution latitudinale des biomes dans la **biosphère**. (D'après Troll, in Ozenda, *Les végétaux dans la biosphère*, Doin, 1982, p. 275)

tions près, la plus notoire étant celle des récifs coralliens. En effet, par suite de l'isotropie importante du milieu aquatique, les facteurs physico-chimiques y varient beaucoup moins et de façon plus lente et progressive qu'en milieu continental. En outre, les phénomènes de convection et de diffusion des substances solubles, les mouvements intenses tant verticaux qu'horizontaux des masses d'eau, assurent une certaine homogénéisation des conditions ambiantes. Enfin, les déplacements des êtres vivants des zones équatoriales vers les hautes latitudes et réciproquement sont très faciles. Ces divers facteurs conjugués rendent difficile la différenciation de grands biomes, terme d'ailleurs inutilisé par les écologistes marins.

En définitive, dans les océans ne peuvent être nettement distingués en fonction de la latitude que quelques types de macroécosystèmes : les récifs coralliens qui sont distribués dans les zones benthiques littorales situées entre les deux tropiques ; en milieu pélagique, au large, le macroécosystème constitué par les eaux bleues tropicales ; enfin, les communautés propres aux océans glaciaux, qui se rencontrent au-delà des cercles polaires arctiques et antarctiques, marquées ici par une adaptation à des eaux très froides.

Zonation verticale des écosystèmes. La zonation de la biosphère en altitude est encore mieux définie que ses subdivisions en latitude. Du fond des grandes fosses océaniques jusqu'au sommet des hautes montagnes, elle présente une succession de milieux très différents.

Zonation en profondeur de l'hydrosphère. Le domaine océanique s'étend des fosses les plus profondes (– 11 000 m environ) au niveau 0 (surface de la mer). Sa profondeur moyenne est de 3 730 m. L'existence du plateau continental, zone marquée par une brusque rupture de pente (talus continental) situé vers – 200 m, permet de distinguer une province néritique et une province océanique.

Dans la première, la teneur des eaux en éléments nutritifs varie beaucoup selon l'importance des apports fluviaux et des autres facteurs. À l'opposé, dans la province océanique, qui s'étend au large des côtes au-delà de – 200 m, les eaux présentent une grande constance physico-chimique. Elle occupe une surface égale aux 9/10e de la surface totale de l'océan.

Plus importante encore au plan écologique est la distinction entre zones euphotique et aphotique.

– La zone dite *euphotique* est celle dans laquelle pénètre la lumière donc où la photosynthèse est possible. Tous les organismes autotrophes (algues macrophytes et phytoplancton) se concentrent dans cette zone euphotique dont la profondeur moyenne est de 100 m.

– Puis s'étend une étroite zone dite dysphotique dans laquelle l'intensité lumineuse est trop faible pour induire la photosynthèse même chez les organismes les plus sciaphiles. On entre au-delà dans la zone *aphotique* qui correspond à la plus grande part du volume de l'hydrosphère.

On y rencontre essentiellement des espèces hétérotrophes détritiphages – surtout des Invertébrés, qui se nourrissent aux dépens de la matière organique morte provenant des zones supérieures. Cette matière est constituée essentiellement par les cadavres et les excrétas des êtres vivants de la zone euphotique et tombent en pluie perpétuelle sur les abysses.

Zonation en altitude de la biosphère continentale. La zonation verticale des communautés terrestres apparaît très nettement dans les régions continentales au relief accusé. À bien des égards, la répartition en altitude des communautés d'êtres vivants s'apparente à la distribution latitudinale des grands biomes.

En un sens, une ascension en montagne aux moyennes latitudes correspond à effectuer en quelques milliers de mètres de dénivelé un voyage de plusieurs milliers de kilomètres en direction du pôle.

L'extension maximale en altitude de la biosphère est atteinte dans les régions équatoriales et diminue progressivement quand on se dirige vers les hautes latitudes pour atteindre le niveau de la mer à la limite des régions polaires dont la bordure des calottes glaciaires constitue la frontière naturelle de régions parabiosphériques.

L'altitude moyenne des continents, qui est de 875 m, correspond à l'extension maximale des forêts ou des formations herbacées (steppes, savanes et cultures).

La limite supérieure théorique des forêts est de l'ordre de 4 500 m, mais elle est en réalité d'environ 4 000 m à

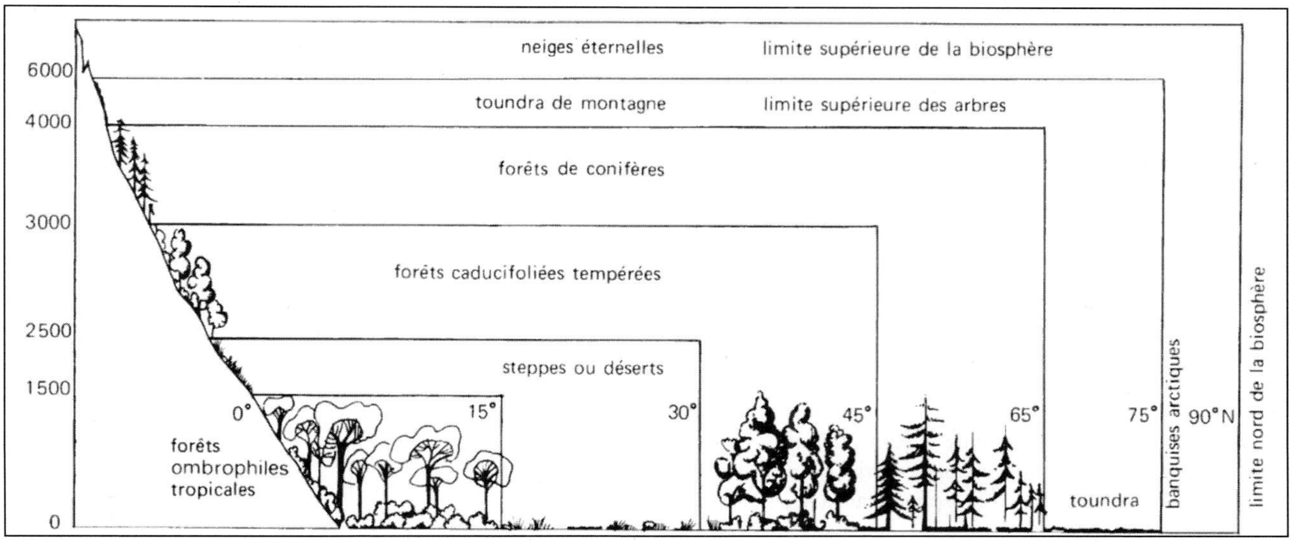

Analogie entre la distribution altitudinale et latitudinale des divers types de biomes propres à la **biosphère** continentale. (D'après Wolcott, mais modifié, in Ramade F., *Écologie fondamentale*, Ediscience international, 2e ed., 1994, p. 57)

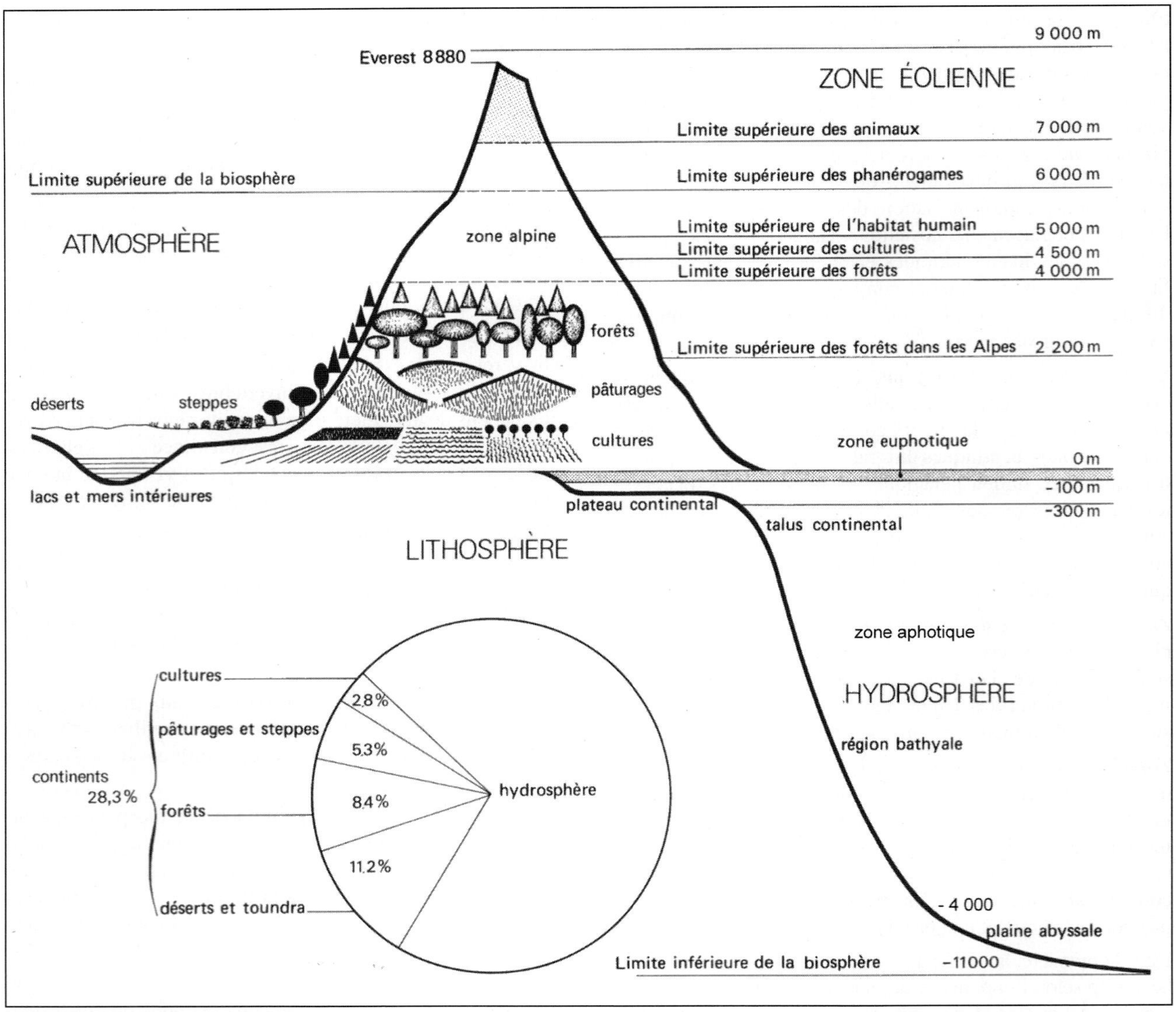

Zonation verticale de la **biosphère** et répartition des surfaces occupées par ses grandes subdivisions continentales (cercle du bas de la figure). (D'après Ramade F., *Écologie fondamentale*, Ediscience international, 2e ed., 1994, p. 56)

l'heure actuelle par suite du déboisement des forêts d'altitude des Andes équatoriales qui atteignaient l'altitude maximale pour ce type d'écosystème. La limite supérieure maximale des végétaux chlorophylliens se situe vers 6 000 m d'altitude dans les montagnes tropicales (5 000 m en moyenne). Au-delà, on entre dans la zone éolienne (ou nivale) qui fait partie des zones parabiosphériques. ***(Voir aussi Biome, Biogéographie)***

◆ **productivité de la biosphère** : la productivité des macroécosystèmes dont l'ensemble constitue la biosphère présente de grandes variations en fonction de leur structure et aussi selon qu'ils sont propres aux milieux continentaux et marins. Les recherches effectuées sur la productivité de la biosphère, qui atteignirent leur maximum d'intensité au cours de la période 1960-1980, ont démontré l'inanité d'une idée couramment répandue auparavant parmi les biologistes selon laquelle l'océan présenterait la plus importante productivité de toute la biosphère car la sécheresse limiterait la productivité des biomes continentaux.

En réalité, bien que l'océan mondial couvre 71% de la surface planétaire, sa production primaire atteint à peine la moitié de celle des écosystèmes terrestres.

De forts écarts existent aussi entre biomes continentaux. Ainsi, alors que les forêts n'occupent qu'une surface inférieure à 8,4% de la surface totale de la Terre (contre une surface originelle excédant 12% au début du Néolithique), elles assurent à elles seules près de la moitié de la productivité primaire de la biosphère!

Le contraste entre biomasse terrestre et marine est encore plus accentué : la biomasse terrestre (dans son immense majorité végétale) est environ 500 fois supérieure à la biomasse océanique et 1 000 fois plus grande que celle du phytoplancton marin. Par ailleurs, 90% de la biomasse terrestre est contenue dans les écosystèmes forestiers.

Quelles sont les causes écologiques de ces considérables différences entre écosystèmes continentaux et océaniques d'une part et entre biomes forestiers et autres biomes terrestres de l'autre? Une raison essentielle tient en ce que la stabilité de la surface terrestre permet une accumulation des éléments minéraux nutritifs dans les sols et dans la biomasse ainsi que leur recyclage *in situ* de sorte que ces derniers sont retenus contre toute perte par émigration.

À l'opposé, la taille microscopique du phytoplancton marin et sa brève durée de vie conduit à une forte dispersion des mêmes sels minéraux nutritifs dans les eaux. En conséquence, ce sont des processus physiques tels les turbulences qui assurent au plancton la disponibilité des nutriments et contrôlent donc la productivité de l'écosystème océanique.

La stabilité des biotopes terrestres a permis, en particulier dans le cas des écosystèmes forestiers, de développer un efficace système biologique contrôlant la circulation des éléments minéraux entre les sols et les plantes et réciproquement. Cela est entre autres permis par de nombreuses symbioses comme celles associant les végétaux ligneux et les mycorhizes, ou encore par le développement d'une rhizosphère, complexe microbiologique de décomposeurs associés au système racinaire de toute plante supérieure.

Cette stabilité des milieux terrestres a permis le développement de phytocœnoses complexes constituées d'individus de très grande taille, les arbres adultes pouvant dépasser 100 m de hauteur dans certaines forêts primitives.

Productivité primaire de la biosphère. L'association à un système racinaire étendu d'un volumineux branchage pourvu d'un feuillage développé, support de la photosynthèse, couvrant des surfaces considérables, assure des productivités élevées. À titre d'exemple, l'index foliaire des communautés végétales, rapport de la surface totale du feuillage à la surface de sol, est en général de l'ordre de 3 à 8 m^2/m^2 de surface terrestre avec une moyenne de 4,4 m^2/m^2 pour l'ensemble des écosystèmes continentaux.

L'efficacité moyenne de la photosynthèse dans les écosystèmes terrestres mesurée par la productivité primaire de matières sèches végétales est de 178 g par m^2 de surface foliaire et par an. Malgré des écarts importants entre écosystèmes terrestres variant de 25 à 400 g/m^2, ces derniers apparaissent faibles par rapport aux différences de productivité entre ces écosystèmes et les écosystèmes marins.

Alors que dans les écosystèmes terrestres, la teneur moyenne en chlorophylle, directement liée à l'index foliaire varie de 1 à 4 g/m^2, en milieu marin, cette teneur est à peine de 0,05 g/m^2 pour les communautés phytoplanctoniques.

Il ne faut pas s'étonner dans de telles conditions si les continents vus de l'espace – à l'exception toutefois des déserts et

Productivité primaire de la biosphère

Type d'écosystème	Surface en 10^6 km^2	Indice foliaire	Productivité primaire en $g/m^2/an$	Productivité primaire en 10^9 t/an	Biomasse végétale en t/ha
Forêts ombrophiles tropicales	17,0	8	2 200	37,4	450
Forêts tropophiles	7,5	5	1 600	12,0	350
Forêts tempérées de Conifères	5,0	12	1 300	6,5	350
Forêts caducifoliées tempérées	7,0	5	1 200	8,4	300
Forêt boréale (taïga)	12,0	12	800	9,6	200
Formations arbustives ou buissonnantes	8,5	4	700	6,0	60
Savanes	15,0	4	900	13,5	40
Steppes tempérées	9,0	3,6	600	5,4	16
Toundra	8,0	2	140	1,1	6
Déserts et semi-déserts	18,0	1	90	1,6	7
Déserts extrêmes, Zones polaires	24,0	0,05	3	0,07	0,2
Agroécosystèmes	14,0	4	650	9,1	10
Marécages	2,0	7	2 000	4,1	150
Lacs et fleuves	2,0	–	250	0,5	0,2
Total (ou moyenne des continents)	*149*	*4,3*	*773*	*115*	*123*
Océan (au large)	332,0		125	41,5	0,03
Océan (zones d'upwellings)	0,4		500	0,2	0,2
Plateau continental	26,6		360	9,6	0,1
Récifs coralliens Herbiers d'algues	0,6		2 500	1,6	20
Estuaires	1,4		1 500	2,1	10
Total (ou moyenne) océanique	*361*		*155*	*55,0*	*0,1*
TOTAL BIOSPHÈRE	510		333	170	36

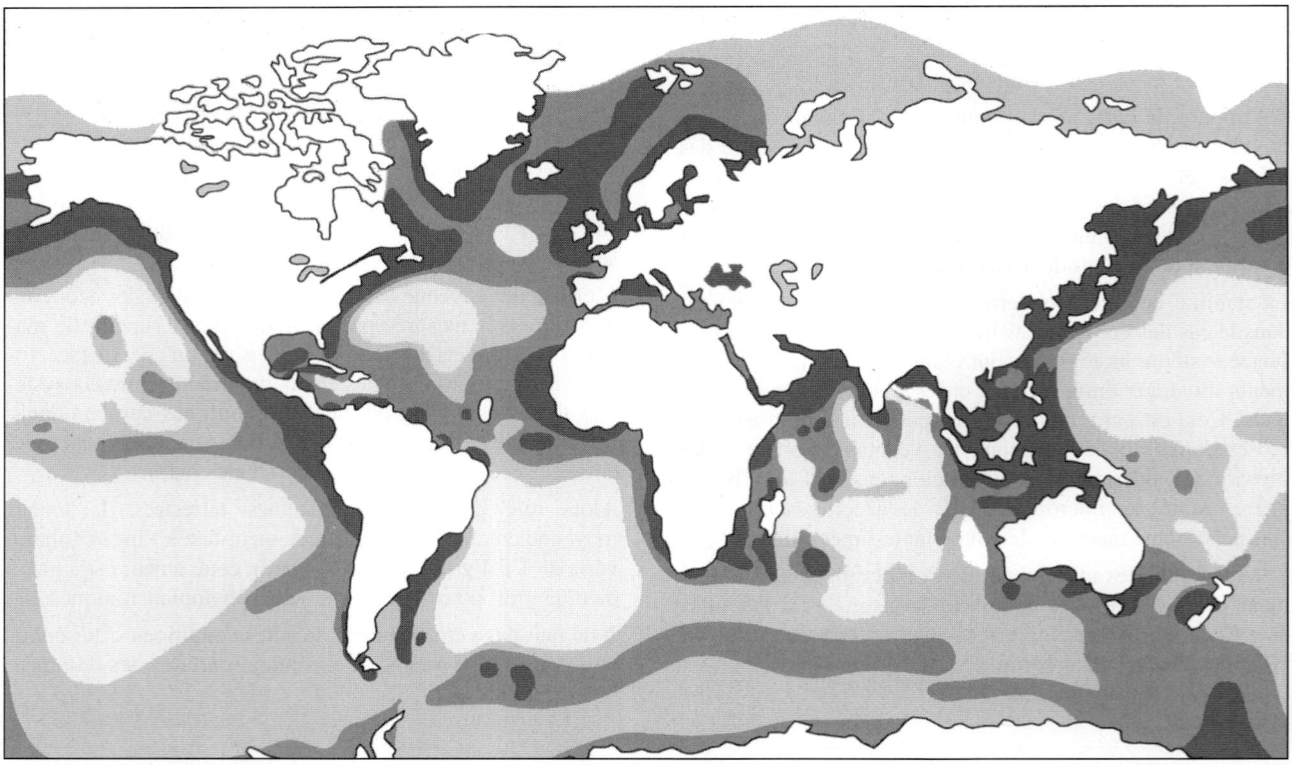

Productivité primaire nette de la **biosphère** océanique exprimée en grammes de carbone/m^2/an. Remarquer la prépondérance des plateaux continentaux et des régions circumpolaires. (D'après Barnes et Mann, op. cit. mais modifié, in Ramade F., *Écologie fondamentale*, Ediscience international, 2e ed., 1994, p. 370)

des zones arctiques – paraissent beaucoup plus verts que les zones océaniques les plus riches en chlorophylle.

La *productivité primaire nette* des écosystèmes terrestres rapportée à la chlorophylle est en moyenne de 510 g de matières sèches par gramme de chlorophylle et par an. Cela correspond à une productivité rapportée à la surface au sol comprise entre 200 à 2 000 g de matières sèches/m^2/an selon le type d'écosystème terrestre considéré (à l'exception des déserts), soit à une moyenne continentale de 773 g de matières sèches/m^2.

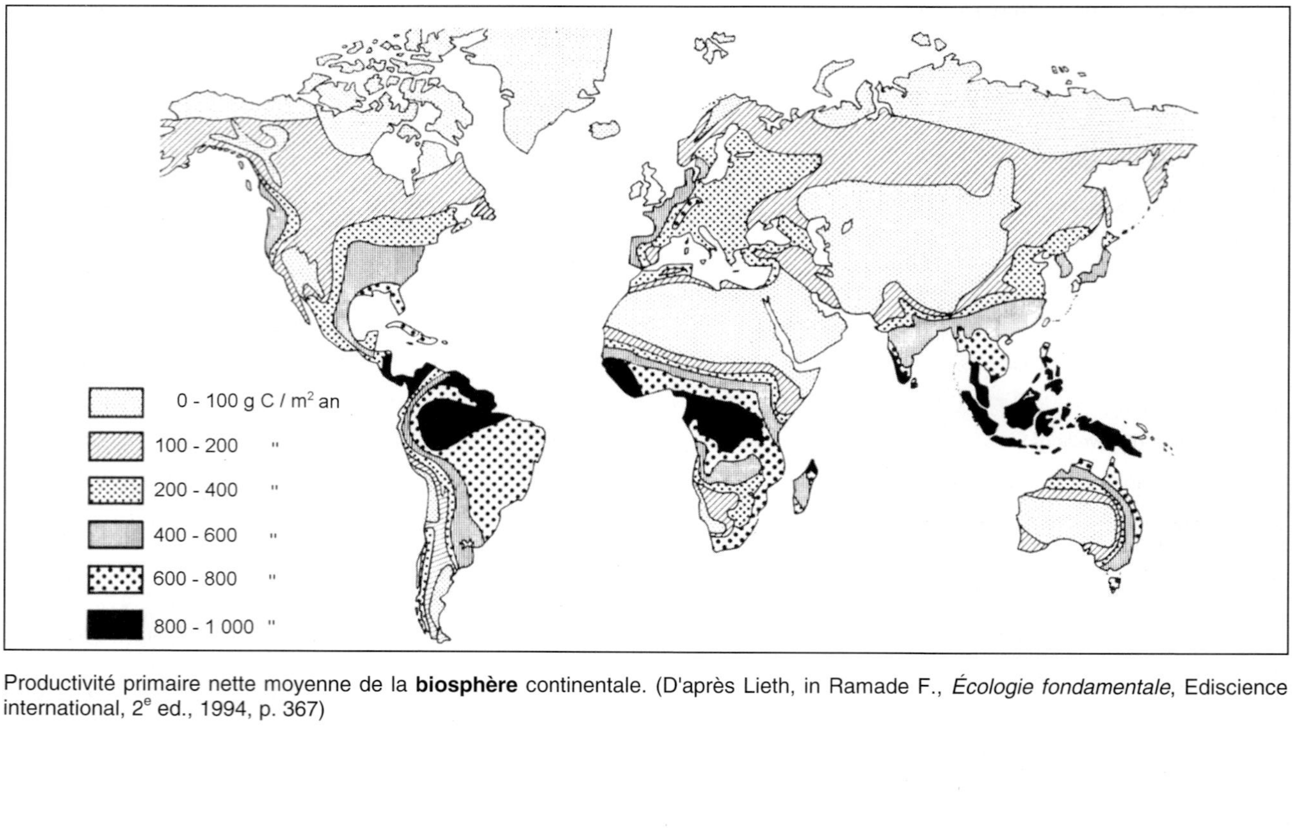

Productivité primaire nette moyenne de la **biosphère** continentale. (D'après Lieth, in Ramade F., *Écologie fondamentale*, Ediscience international, 2e ed., 1994, p. 367)

Dans les biotopes océaniques, malgré le fait que l'efficacité photosynthétique du phytoplancton soit supérieure à celle des phytocœnoses continentales, avec une productivité moyenne de 3 300 g de matières sèches par gramme de chlorophylle et par an, les teneurs en chlorophylle rapportées à la surface, beaucoup plus faibles, conduisent à une productivité primaire nette moyenne de 152 g de matières sèches /m^2/an.

Au total, la production primaire des écosystèmes continentaux s'élève à 115 milliards de tonnes de matières sèches par an alors que celle de l'océan – dont la surface est pourtant bien supérieure à la surface totale de la Terre – n'est que de 55 milliards de tonnes par an.

Productivité secondaire de la biosphère. Bien qu'elle soit avant tout conditionnée par la productivité primaire, la nature des réseaux trophiques propres à tel ou tel écosystème introduit d'importantes variations de sorte que la productivité secondaire c'est-à-dire celle des consommateurs animaux, va beaucoup varier d'un écosystème à l'autre.

La productivité secondaire des écosystèmes continentaux est en moyenne de 61 kg de matières sèches animales par hectare et par an contre environ 84 kg de matières sèches animales par hectare et par an en milieu océanique.

Il existe aussi des différences parfois considérables et apparemment paradoxales entre écosystèmes propres à un même compartiment de la biosphère. Ainsi, les savanes dont la production primaire nette est de beaucoup inférieure à celle des forêts pluvieuses tropicales possèdent une productivité secondaire de 200 kg de matières sèches animales par hectare et par an contre 153 kg/ha/an pour les secondes. Les récifs coralliens produisent en moyenne 600 kg de matières sèches/ha /an contre seulement 73 kg/ha/an pour les eaux océaniques du large.

De même la comparaison océans-continents fait apparaître une production secondaire totale plus importante dans les premiers (donc l'inverse de ce que l'on observe pour la production primaire). En effet, la productivité secondaire des océans s'élèverait à 3 milliards de tonnes par an pour une biomasse océanique animale totale d'environ un milliard de tonnes. À l'opposé, la productivité secondaire des continents est de 900 millions de tonnes par an pour une biomasse animale estimée également à environ un milliard de tonnes.

Production et productivité secondaire de la biosphère
(D'après Whittaker et Likens, in Lieth et Whittaker, 1975)

Type d'écosystème	Surface	Surface foliaire totale	Biomasse de litière	Consommation animale	Production secondaire	Productivité secondaire en kg/ha/an de matière animale	Biomasse animale
	10^6 km^2	10^6 km^2	10^9 t	10^6 t/an	10^6 t/an		10^6 t
Forêts ombrophiles tropicales	17,0	136	3,4	2 600	260	152,9	330
Tropicale caducifoliée	7,5	38	3,8	720	72	96,0	90
Forêt tempérée de conifères	5,0	60	15,0	260	26	52	50
Forêt caducifoliée tempérée	7,0	35	14,0	420	42	60	110
Forêt boréale (taïga)	12,0	144	48,0	380	38	31,7	57
Formations arbustives et buissonnantes	8,5	34	5,1	300	30	35,3	40
Savanes	15,0	60	3,0	2 000	300	200,0	220
Steppes tempérées	9,0	32	3,6	540	80	88,9	60
Toundra	8,0	16	8,0	33	3	3,8	3,5
Déserts et semi-déserts buissonnants	18,0	18	0,36	48	7	3,9	8
Déserts extrêmes, zones polaires	24,0	1,2	0,03	0,2	0,02	0,008	0,02
Agroécosystèmes	14,0	56	1,4	90	9	6,4	6
Marécages	2,0	14	5,0	320	32	160	20
Lacs et fleuves	2,0			100	10	50	10
Total des continents	149	644	111	7 810	909	61	1 005
Océan (au large)	332,0			16 600	2 500	73,3	800
Zones d'upwelling	0,4			70	11	275,0	4
Plateau continental	26,6			3 000	430	161,7	160
Récifs coralliens, herbiers	0,6			240	36	600,0	12
Estuaires	1,4			320	48	342,9	21
Total océanique	361			20 230	3 025	83,80	997
Total général	510			28 040	3 934		2 002

Ces données apparemment favorables à l'océan, en ce qui concerne l'importance relative de sa production secondaire, ne doivent cependant pas faire illusion quand à la part annuellement récupérable par l'homme pour son alimentation grâce à l'exploitation des pêcheries océaniques. La plus grande part de la production secondaire de l'océan est en effet constituée par du zooplancton et des invertébrés inférieurs généralement inconsommables ou techniquement irrécupérables par l'homme. On estime à environ 200 millions de tonnes par an la productivité océanique exploitable en poissons et autres animaux marins comestibles. Sur ce total, environ 100 millions de tonnes par an – au grand maximum – sont réellement prélevables sans épuisement des stocks des pêcheries maritimes. Or les prélèvements actuels des pêcheries océaniques excèdent déjà les 85 millions de tonnes par an. Cela montre que les potentialités de l'océan mondial sont insuffisantes pour répondre aux besoins alimentaires des effectifs actuels de l'humanité, *a fortiori* à ceux d'un nombre croissant d'hommes. ***(Voir aussi Écosystème, Pêcheries, Productivité)*** ◆ **pollution de la ~** : voir Pollution. ◆ **protection de la ~** : voir Protection de la nature. ◆ **réserves de ~** : voir Réserve.

biostasie, n. f. (*biostasy*). Phénomène pédologique consistant en une transformation lente du matériel de la roche-mère survenant lors d'une période de stabilité prolongée du couvert végétal.

biota, n. m. Ensemble des composants de la flore et de la faune d'une région ou d'un type de biotope donné. Ce terme concerne donc la structure qualitative d'une communauté. ***(Voir aussi Biocœnose)***

biotechnologie(s), n. f. (*biotechnology*). Techniques consistant à utiliser divers procédés de production fondés sur l'usage de certains micro-organismes, de substances biochimiques (enzymes par exemple) ou encore des produits de manipulations génétiques, dans diverses activités industrielles allant de l'agroalimentaire aux industries pharmaceutiques et autres activités de chimie organique de synthèse.

biotecton, n. m. (*biotecton*). Couverture biologique des roches ou des feuilles de macrophytes immergées. ***(Voir aussi Périphyton)***

biotest, n. m. (*biotest*). Voir Bioessai.

biotique(s), adj. (*biotic*). Qui est propre à la vie. ◆ **conditions ~** (*biotic conditions*) : ensemble des paramètres propres à l'environnement dans un milieu donné. ◆ **facteurs ~** (*biotic factors*) : ensemble des facteurs écologiques liés aux êtres vivants : la compétition, la prédation, le parasitisme, le mutualisme constituent par exemple autant de facteurs biotiques. ***(Voir aussi Facteur écologique)*** ◆ **milieu ~** (*biotic environment*) : milieu offrant des conditions écologiques propices à la vie. ◆ **potentiel ~** (*biotic potential*) : potentiel maximum d'accroissement démographique d'une espèce. Celui-ci s'exprime si l'ensemble des facteurs écologiques présentent leur valeur optimale pour la population de l'espèce considérée. ***(Voir aussi Croissance exponentielle, Population)***

biotope, n. m. (*biotope*). Composante d'un écosystème constituée par ses dimensions physico-chimiques et spatiales. ***(Voir aussi Écosystème)***

biotransformation, n. f. (*biotransformation*). Désigne l'ensemble des mécanismes métaboliques par lesquels un polluant est chimiquement modifié et généralement dégradé par un organisme. Il ne faut cependant pas confondre biotransformation et biodégradation. En effet, cette dernière constitue un des processus de la biotransformation laquelle comporte une série d'étapes biochimiques pouvant à l'opposé dans certains cas conduire dans les êtres vivants contaminés à la formation de métabolites plus toxiques pour les organismes considérés que le polluant initial. On pourrait citer comme exemple de telles biotransformations exaltant la toxicité d'un polluant la conversion hépatique du chlorure de vinyle en son époxyde qui est un puissant cancérogène. ***(Voir aussi Biomarqueur, Détoxication)***

biotrophe, adj. (*biotrophic*). Qualifie un organisme parasite qui s'alimente au détriment des tissus de son hôte vivant.

bioturbation, n. f. (*bioturbation*). Phénomène par lequel des organismes aquatiques mettent par leur activité mécanique des particules de sédiment en suspension dans l'eau.

biozone, n. f. et adj. (*biozone*). Zone stratigraphique caractérisée par la nature des dépôts fossilifères que l'on y rencontre.

bisannuelle, n. f. (*biennial*). Plante dont le cycle de développement de la graine à la graine s'effectue en deux ans. ***(Voir aussi Pluriannuel, Thérophyte)***

Bisons d'Amérique dans la réserve naturelle de Montana Bison Range. (Cliché F. Ramade)

Distribution géographique initiale et actuelle du **bison** en Amérique du Nord et de quelques autres espèces de Vertébrés vulnérables, disparues ou introduites sur ce continent. (In Ramade F., *Écologie appliquée*, Ediscience international, 5e ed., 1995, p. 410)

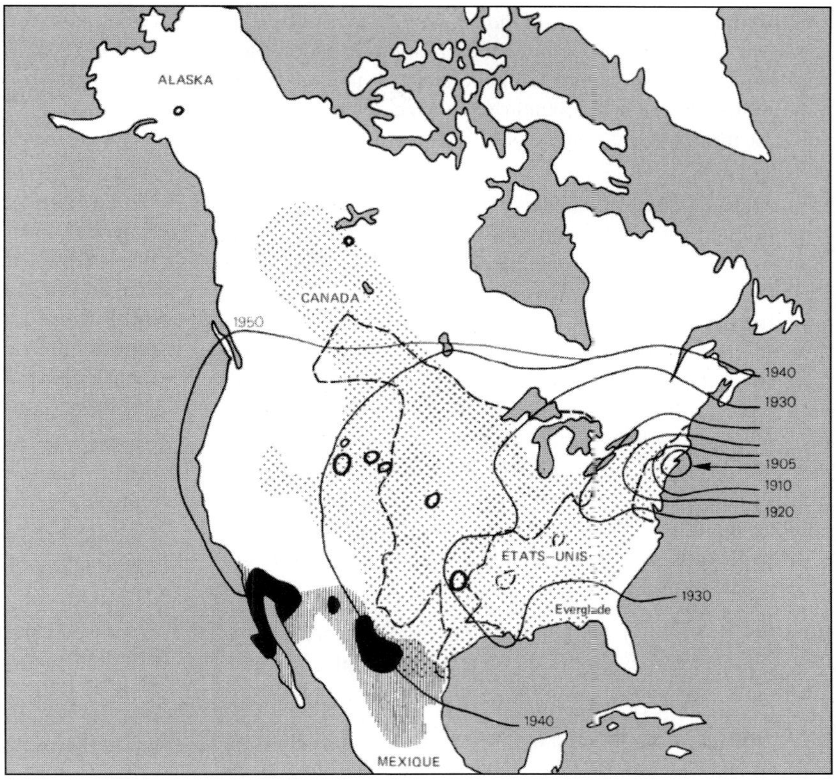

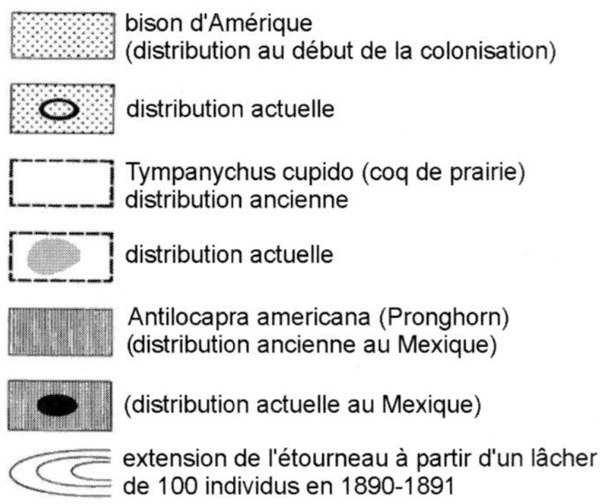

bisexué, adj. (*bisexual*) (syn. : androgyne ou hermaphrodite). Désigne un être vivant possédant des organes reproducteurs des deux sexes.

bismuth, n. m. (Bi). (*bismuth*). Élément de numéro atomique Z = 83 et de masse atomique Ar = 208,9 dont le corps simple est un métalloïde solide à la température ordinaire. Outre ses diverses applications thérapeutiques, contestables pour les troubles gastro-intestinaux et ayant conduit à son interdiction en France dans ses usages pharmaceutiques, le bismuth est utilisé en métallurgie pour la préparation de divers alliages. Il est également employé comme catalyseur en synthèse chimique ainsi que dans l'industrie des semi-conducteurs.

bison(s), n. m. (*bison, buffalo*). Espèces de bovidés sauvages propres à l'ensemble de la région holarctique (Amérique du Nord et Eurosibérie) qui ont subi une dramatique régression au cours de l'époque historique.

Le bison d'Europe (*Bison bonasus*), espèce forestière, a commencé sérieusement à régresser dès l'époque romaine. Celui d'Amérique (*Bison bison*), inféodé aux steppes ou aux forêts boréales, a été exterminé au cours du XIXe siècle aux États-Unis et au Canada.

Dans un cas comme dans l'autre, ces espèces ont été sauvées de la disparition au cours du XXe siècle par la création de réserves. Le bison d'Europe a été littéralement reconstitué par des méthodes de sélection animale à partir d'une quinzaine d'individus qui survivaient en Pologne dans la réserve de Bialowieza à la fin de la Deuxième Guerre mondiale. Le bison de plaine le fut aux États-Unis grâce à la création du Parc National de Yellowstone en 1872, dans lequel ne survivaient plus que 360 individus vers 1880. Alors que l'on estime à plus de 30 millions l'effectif total de bisons qui peuplaient encore la « prairie » américaine au début du XIXe siècle, on n'en comptait plus qu'un millier en 1889, pour l'ensemble de l'Amérique du Nord.

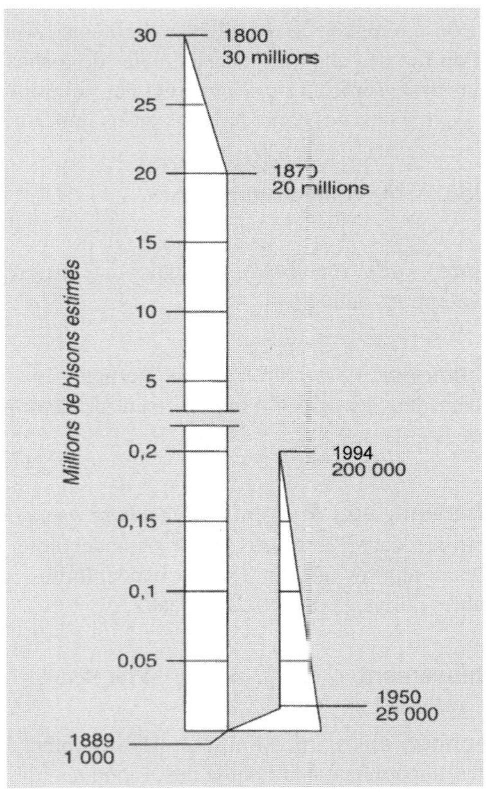

Variation des effectifs de **bisons** en Amérique du Nord au cours des deux derniers siècles. (D'après Hodgson op. cit., in Ramade F., *Écologie appliquée*, Ediscience international, 5e ed., 1995, p. 411)

Biston betularia (*peppered moth*). Nom scientifique d'un papillon, la phalène du bouleau, Lépidoptère géométride, chez lequel a été découvert le phénomène du mélanisme industriel. Cette espèce de couleur grise avec des fascies blanches est mimétique des lichens qui croissent sur les troncs des bouleaux.

Il fut constaté dès les années 1950 que les individus qui se rencontraient dans les forêts des Midlands, en Angleterre, dont les troncs étaient noircis par la pollution de l'air due à l'usage des combustibles fossiles, appartenaient à une nouvelle forme, noirâtre, résultat d'un phénomène que l'on dénomma le mélanisme industriel. Ce dernier traduit une adaptation à la modification de l'habitat de ces phalènes causée par la pollution atmosphérique. Il fut ultérieurement démontré que cette sous-espèce mélanique avait un avantage sélectif sur la sous-espèce typique dans des forêts aux troncs pollués car cela la rendait mimétique de la nouvelle couleur, noirâtre, de leur substrat et leur permettait ainsi d'échapper aux oiseaux prédateurs. ***(Voir aussi Mélanisme)***

bitume, n. m. (*tar*). Carbone organique fossile riche en hydrocarbures hétérocycliques ou de fort poids moléculaire.

bitumineux, adj. ◆ **schistes ~** (*oil shales*) : minéraux riches en bitumes dont l'extraction des hydrocarbures a été envisagée comme substitut aux gisements de pétrole en voie d'épuisement. Des débuts d'exploitation à l'échelle industrielle ont été entrepris à titre expérimental (pilote) dans les gisements de l'Athabasca au Canada et dans la formation de la *Green River* dans le Wyoming aux États-Unis. Le recours à vaste échelle à ce type de combustibles fossiles serait susceptible de provoquer de redoutables problèmes d'environnement du fait des quantités considérables de roches déplacées dans des gisements à ciel ouvert et des pollutions associées à l'extraction des hydrocarbures qu'ils renferment.

Bivalves, n. m. Voir Lamellibranches.

bivoltin(e), adj. (*bivoltine*). Désigne une espèce ayant deux générations annuelles.

black smoker, n. m. Structure géothermale sous-marine se formant dans les zones d'affrontement de deux plaques océaniques.

blanchissant, adj. ◆ **agent ~** (*bleaching agent*) : substance utilisée dans l'industrie textile pour décolorer les fibres. Les composés utilisés, tels les hypochlorites, sont de redoutables polluants potentiels des eaux.

blanchissement, n. m. (*bleaching*). Voir Récif.

blastophage(s), n. m. Minuscule Hyménoptère Proctotrypoïdes, appartenant à la famille des *Agaonidae* qui vivent en symbiose avec les figuiers. Chaque espèce du genre *Ficus*, qui en comporte environ un millier, possède son propre blastophage symbiotique. Les blastophages se développent dans les fleurs du figuier dont elles assurent la pollinisation en se déplaçant d'un arbre à l'autre avec un cycle annuel complexe, lui-même lié au cycle reproducteur de cet arbre, lequel comporte divers types de fleurs. ◆ **~ du caprifiguier** (n. sc. : *Blastophaga psenes*) : cette espèce est l'unique agent de la pollinisation du caprifiguier, le figuier sauvage méditerranéen (*Ficus carica*) dont sont issus tous les figuiers cultivés. Les femelles pondent leurs œufs en enfonçant leur oviscapte dans le style des ovaires de certaines fleurs femelles dont le style est court. La larve se développe dans le fruit. Les blastophages mâles, aptères, arrivent à maturité avant les femelles qu'ils fécondent quand elles sont encore enfermées dans l'ovaire transformé en kyste d'une fleur femelle de caprifiguier.

Cet arbre est dit figuier mâle car il présente un tel taux de parasitisme de ses fleurs femelles par le blastophage que peu d'ovaires mûrissent. Il ne peut donc donner des figues comestibles, et ne produit que peu de graines.

Le figuier cultivé est dit femelle car il produit des fruits comestibles et des graines. En revanche, comme il possède des styles longs, la femelle de blastophage ne peut pondre ses œufs dans ses ovaires de sorte qu'ils ne peuvent se reproduire que dans les figues du caprifiguier dont de nombreuses fleurs femelles possèdent des styles courts. À l'opposé, le figuier cultivé a absolument besoin d'être pollinisé par le blastophage pour que les figues donnent des graines.

Le phénomène de la fécondation des figuiers est rendu encore plus complexe par le fait que les fleurs femelles arrivent à maturité dans une figue avant les fleurs mâles de sorte que l'autofécondation est impossible.

Il existe deux types de figues produites par les caprifiguiers : celles de printemps dites préfigues et celles d'automne qui passeront l'hiver sur l'arbre, dites figues-mères. Comme il n'existe aucune différence morphologique ou chimique entre les fruits du figuier sauvage et cultivé, les femelles de blastophage chargées de pollen, issues de la première génération de figues produites au printemps par le caprifiguier, vont féconder en début d'été, en juillet, les figuiers cultivés. Ces figuiers donneront à l'automne des figues comestibles pourvues de graines.

Les femelles de blastophages issues tardivement des préfigues iront pondre en septembre dans les jeunes figues-mères du caprifiguier dans les ovaires des fleurs femelles à style court. Elles les polliniseront par la même occasion. Ces figues-mères vont produire une deuxième génération de blastophages qui passera l'hiver dans ces dernières et dont les femelles adultes sortiront au printemps suivant bouclant de la sorte le cycle vital de l'espèce. ***(Voir aussi Agaonidae, Figuier)***

blastozoïde(s), n. m. (*blastozoid*). Polypes à fonction végétative propre à certains Cnidères coloniaux.

blé, n. m. (*wheat*). (n. sc. *Triticum sativum*). Graminée cultivée représentant à l'heure actuelle devant le riz la principale culture alimentaire du globe. ***(Voir aussi Céréales, Graminées, Maïs, Riz)***

blizzard, n. m. (*blizzard*). Vent violent venant des zones septentrionales, associé à de fortes chutes de neige, propre au Nord des États-Unis et au Canada.

bloc, n. m. (*boulder*). Désigne en géologie un fragment de roche de taille supérieure à 25 cm de diamètre. ◆ ~ **erratique** (*erratic boulder*) : grosse roche d'origine morainique abandonnée par le retrait des glaciers. ◆ ~ **isolé** (*dropstone*) : roche abandonnée au fond d'un lac – ou de la mer – par la fonte d'un glacier ou d'un iceberg.

bloom, n. m. Au sens strict, ce terme désigne, en anglais, la pruinosité ou l'efflorescence naturelle, de nature cireuse ou résineuse, qui recouvre les feuilles ou les fruits de certains végétaux. Il est devenu d'usage courant en écologie aquatique où il est pris à une autre acception. ◆ ~ **phytoplanctonique** (*phytoplanktonic bloom*) : phénomène de prolifération du plancton en milieu lacustre ou marin, qui survient généralement au début du printemps.

bocage, n. m. (*bocage*). Type de paysage rural créé par l'homme en Europe occidentale aux périodes historiques et constitué par des haies de grands arbres entourant les parcelles cultivées ou en prairies. Les biotopes bocagers présentent l'avantage de diminuer l'impact de facteurs climatiques défavorables sur les cultures ou les prairies, en particulier d'atténuer l'action du vent qui augmente l'évapotranspiration et diminue donc la disponibilité de l'eau pour les cultures. ***(Voir aussi Remembrement)***

bois, n. m. **1.** (*wood, timber*). Terme botanique désignant l'ensemble des tissus de soutien et conducteurs de la sève brute qui constituent l'essentiel des racines, du tronc, des branches des végétaux ligneux. ◆ **utilisation du ~ comme source d'énergie** (*fuelwood*) : l'utilisation du bois comme source d'énergie représente aujourd'hui la principale cause de destruction des forêts tropicales, hormis leur défriche pour leur mise en valeur agricole. Le bois représente en effet aujourd'hui encore la principale source d'énergie dans le Tiers monde. Il s'ensuit une déforestation démentielle des forêts de mousson ou des forêts sèches tropicales. On estime que les usages du bois comme combustible consomment chaque année quelques 3,4 milliards de m^3 dans le monde et contribuent de ce fait de façon significative à l'augmentation du taux de CO_2 atmosphérique. **2.** (*antlers*). Désigne des productions caduques des os de la boîte cranienne, homologues des cornes, propres aux mâles ou aux deux sexes (rennes) des Cervidés.

bœuf, n. m. ◆ ~ **domestique** (*domestic ox*) (n. sc. : *Bos bovis*) : espèce descendant de l'auroch (*Bos primigenius*), dont le dernier spécimen s'est éteint en 1627 en Pologne. Il existe aujourd'hui encore diverses races domestiques « traditionnelles » ayant une ressemblance avec l'auroch, en particulier les taureaux d'Espagne, où des peintures rupestres (Abrigos dos toros, Altamira) faites voici 15 000 à 20 000 ans montrent des aurochs très semblables à la race actuelle de taureaux de combat. Il en est de même de la race de Camargue, dont la forme des cornes est tout à fait semblable à celle de l'auroch des Highlands d'Écosse, de certaines races hongroises ou encore des Longhorns du Texas. D'autres races primitives ont par le passé été dénommées sous des noms d'espèces différents (*Bos brachyceros*, *B. longifrons*). En réalité, les études génotypiques ont montré que toutes les races de bœuf domestique appartiennent à une seule et même espèce dont la domestication remonte au début du Néolithique, il y a probablement 8 000 ans. Le zébu a été introduit en Afrique à partir d'une souche ancestrale de bovins originaires de l'Est du sous-continent indien. ***(Voir aussi Auroch, Bovins, Bos, Buffle)***

bolochorie, n. f. (*bolochory*). Phénomène de dispersion mécanique des graines et autres propagules. La projection des graines par les fruits de balsamines est un exemple classique de bolochorie.

Bombacacées, n. sc. Famille tropicale d'arbres de l'ordre des Malvales, comportant environ 200 espèces arborées, à laquelle appartiennent les baobabs, le balsa et le kapok.

Baobabs – ici *Adansonia madagascariensis* et *A. grandidieri* dans une forêt dégradée par le passage récurrent du feu au sud de Madagascar. Ce micro-continent, où se rencontrent sept espèces de baobabs constitue le centre de diversification de ce genre de **Bombacacées.** (Cliché M. Keraudren-Aymonin)

bombe, n. f. (*bomb*). Engin aux parois rigides enfermant des fluides sous forte pression (et) ou des substances explosives. ◆ ~ **aérosol** (*spray can*) : appareils renfermant un liquide ou un gaz sous pression destiné à pulvériser ou volatiliser diverses préparations à usage domestique, généralement cosmétique. L'usage de chlorofluorocarbones comme gaz propulseur dans ces bombes, encore banal voici quelques années par suite de leur inertie chimique, a été prohibé à cause de leur effet destructeur sur l'ozone stratosphérique. ◆ ~ **A** (*A bomb*) : bombe atomique fonctionnant par fission d'un explosif nucléaire : uranium 235 ou plutonium. ◆ ~ **H** (*H bomb*) : bombes thermonucléaires fonctionnant par fusion de l'hydrogène. En réalité, les plus puissants de ces engins sont dits 3F car ils comportent comme toutes les bombes H une amorce constituée par une bombe à fission, une charge de lithium qui se transmute *in situ* en tritium pour alimenter la fusion H, enfin une enveloppe extérieure en uranium 238 qui se fissionne sous l'effet de la grande quantité de neutrons produite par la fusion. ◆ ~ **à neutrons** (*neutron bomb*) : encore dénommée bombe à rayonnement renforcé. Il s'agit d'une petite bombe H destinée à un usage tactique, conçue pour produire le minimum de chaleur et de dégâts mécaniques et le maximum de rayonnement afin de faire périr le maximum d'adversaires lors d'une offensive de chars, dont le blindage est aisément traversé par les neutrons. ◆ **impact environnemental des ~ nucléaires** : voir Nucléaire. ◆ **~ P** (*P bomb*) : terme créé par le célèbre environnementaliste américain P. Ehrlich pour désigner l'explosion démographique de l'espèce humaine. ***(Voir aussi Explosion démographique)***

Bombyx mori (*silkworm*). Nom scientifique du ver à soie. Cette espèce, importée de Chine en Europe, a connu une période d'élevage florissante jusqu'à la fin du XIXe siècle, en particulier en France dans le Languedoc, ainsi qu'en Italie du Nord. Ces activités ont périclité dès le début du XXe siècle à la suite de la concurrence de soies importées d'Extrême-Orient où la main d'œuvre n'était pas rémunérée.

bor, n. m. (*bor*). Boisement ouvert de pins sylvestres, croissant dans des plaines au sol sablonneux, de la forêt dense boréale de conifères (taïga).

Boraginacées, n. sc. Famille de Dicotylédones gamopétales de l'ordre des Tubiflorales, largement répandues dans l'ensemble du monde et comportant plus de 2 000 espèces de plantes principalement herbacées ou buissonnantes.

bore, n. m. (*boron*) (B). Élément de numéro atomique Z = 5, et de masse atomique Ar = 10,8 dont le corps simple est un métalloïde solide à la température ordinaire. Il s'agit d'un élément biogène, indispensable aux végétaux. Il présente une forte aptitude à absorber les neutrons et représente à ce titre le constituant principal des barres de contrôle des réacteurs nucléaires. Pour la même raison, l'eau du circuit primaire des réacteurs de type REP est enrichie en borates afin de pouvoir modérer les neutrons qui entretiennent les réactions en chaîne. Par suite, ce dernier donne par une réaction secondaire une formation de tritium dans ces réacteurs. ***(Voir aussi Centrales, Nucléaire, Réacteurs)***

boréal(e), adj. (*boreal*). Désigne toute entité écologique située dans les moyennes et hautes latitudes de l'hémisphère Nord. ◆ **forêt ~ de conifères** (*boreal conifer forest*) : cette forêt, encore dénommée taïga, représente le plus septentrional des biomes forestiers. ***(Voir aussi Biogéographie, Biosphère, Forêt, Taïga)***

Bornéo (*Borneo*). La plus importante île de l'archipel indonésien, avec une surface de 750 000 km^2. Bornéo était en date encore récente couverte d'une immense forêt pluvieuse tropicale dont les espèces d'arbres dominants étaient des Diptérocarpacées, familles dont cette île est le centre de diversification. Malheureusement, les effets conjugués de la coupe de bois d'œuvre à fin d'exportation et de la défriche de la forêt pour l'agriculture, a porté un coup fatal à la forêt. Cette conversion de la forêt en culture a été accélérée par la politique indonésienne de transmigration qui consiste à envoyer le surplus d'habitants de Java dans les autres îles, en particulier Bornéo. On peut présager que cette défriche conduira à des dégradations pédologiques irrémédiables et par voie de conséquence à un véritable désastre car compte tenu de la nature de ses sols, à peine 1% de la surface de l'île est considérée comme propice à l'agriculture. ◆ **grand incendie de ~** : cet incendie, allumé par des agriculteurs itinérants à l'automne 1982, a duré 5 mois et détruit une surface de forêt vierge de 37 000 km^2 soit plus que la surface de la Belgique et du Luxembourg réunis. ***(Voir aussi Incendie)***

Bos. Nom scientifique du genre d'Ongulés auxquels appartiennent les bovins. ◆ ***~ bovis*** : nom scientifique du bœuf domestique. ◆ ***~ primigenius*** : nom scientifique de l'auroch, ancêtre du bœuf domestique, espèce qui s'est éteinte au XVIIe siècle.

bosquet, n. m. (*grove*). **1.** Zone boisée isolée, de faible surface, souvent définie comme inférieure à huit hectares. **2.** Désigne en sylviculture une aire forestière distincte du boisement qui l'entoure, caractérisée par une futaie au sous bois dégagés, entourée de boisements pourvus d'une dense strate arbustive herbacée.

botanique, n. f. (*botany*). Discipline de la biologie dont l'objet est l'étude de la morphologie et de la structure des végétaux ainsi que de leur taxonomie.

botulisme, n. m. (*botulism*). Affection pathogène mortelle dont l'agent vecteur *Clostridium botulicum* produit une redoutable neurotoxine. Dans certaines conditions environnementales (hautes températures et eaux anoxiques), l'avifaune des zones humides peut être décimée par des épidémies de botulisme.

bouchon, n. m. ◆ **~ vaseux** (*silt plug*) : accumulation de matières en suspension au niveau de l'embouchure d'un fleuve et migrant vers l'amont ou l'aval en fonction du rythme des marées.

boucle, n. f. ◆ **~ microbienne** (*microbial loop*) : dans tout écosystème et en particulier dans les écosystèmes aquatiques, les bactéries jouent un rôle essentiel dans le recyclage de la matière. Cependant, en sus de leur rôle notoire dans la minéralisation de la matière organique morte et le recyclage des éléments biogènes, les bactéries interviennent aussi dans le transfert de la production primaire vers les niveaux supérieurs de la pyramide trophique des écosystèmes aquatiques. Ainsi dans les écosystèmes aquatiques, tant les bactéries phototrophes, qui interviennent *pro parte* dans la production primaire que les bactéries hétérotrophes, sont également consommées dans la colonne d'eau par des organismes situés à la base du réseau trophique (protozoaires, flagellés, invertébrés du zooplancton). On appelle boucle microbienne la place occupée par les bactéries en ce qui concerne le recyclage de la matière, en particulier organique, vers les consommateurs des réseaux trophiques aquatiques, la majorité de la biomasse bactérienne étant consommée par des Protozoaires et des Flagellés hétérotrophes servant eux-mêmes de nourriture au zooplancton.

boues, n. f. ◆ ~ **activées** (*activated sludges*) : boues constituées par la floculation des bactéries, ainsi que des matières organiques et minérales contenues dans les eaux à l'intérieur du décanteur primaire d'une station d'épuration qui sont en partie réinjectées dans le bioréacteur où se développe la culture bactérienne en suspension qui assure la destruction par voie aérobie des matières organiques. **(*Voir aussi Épuration*)** ◆ ~ **digérées** (*digested sludges*) : boues passées dans un dispositif dénommé bioréacteur ou encore digesteur qui permet de dégrader une partie de la matière organique résiduaire. ◆ ~ **de forage** (*drilling muds*) : boues à base d'argiles destinées à être injectées dans les forages pétroliers pour lubrifier les trains de tiges de forage. ◆ ~ **résiduaires** (*wastewater sludges*) : boues ultimes provenant de l'épuration des eaux urbaines et, dans certains cas, industrielles. Ces boues soulèvent de difficiles problèmes d'élimination. Compte tenu de leur très forte teneur hydrique, il est très coûteux en énergie de les concentrer. Elles renferment une quantité parfois importante de polluants xénobiotiques et soulèvent à l'heure actuelle de graves difficultés dans leur gestion. Les boues d'origine industrielle sont incinérées et les cendres stockées dans des décharges de catégorie I. Les boues résiduaires de retraitement des eaux usées urbaines sont soit stockées en décharge soit utilisées par épandage dans les terres agricoles, procédé considéré comme aléatoire par suite des risques à long terme d'accumulation dans les terres cultivées des polluants xénobiotiques persistants. Elles renferment en particulier des métaux toxiques tels le cadmium ou encore des contaminants organiques stables tels les PCB ou les dioxines. Elles sont aussi parfois incinérées mais elles génèrent alors une pollution atmosphérique secondaire. En France, la proportion de ces divers traitements correspond à 20% pour l'incinération, 60% pour l'épandage agricole et 20% pour le stockage en décharge, ce dernier procédé devant être en principe abandonné à partir de 2002 en application d'une directive européenne. **(*Voir aussi Station d'épuration des eaux*)** ◆ ~ **rouges** (*red muds*) : résidus de la métallurgie de l'aluminium ou du titane. Dans l'un et l'autre cas, la couleur rouge est due aux fortes concentrations de sesquioxyde de fer que renferment ces résidus. Ces boues ont été à l'origine de sérieuses pollutions des eaux marines car, en diverses régions du monde, elles ont fait l'objet de déversement dans les eaux littorales. Tel a par exemple été le cas des rejets d'usines d'oxyde de titane en baie de Seine ou encore dans la mer tyrrhénienne au large de Livourne. Il en a été de même pour les rejets résultant du traitement des bauxites de Provence qui furent déversés en Méditerranée dans le canyon sous-marin de Cassidagne au large de Cassis avant l'arrêt de leur exploitation. Dans un cas comme dans l'autre, les risques environnementaux liés à ce type de pollution sont dus à la contamination des eaux marines par divers métaux toxiques. Dans le cas de leur immersion dans des fosses situées en eaux profondes, il a été néanmoins démontré que le gradient de concentration diminuait rapidement et donc que la diffusion horizontale des polluants était relativement limitée.

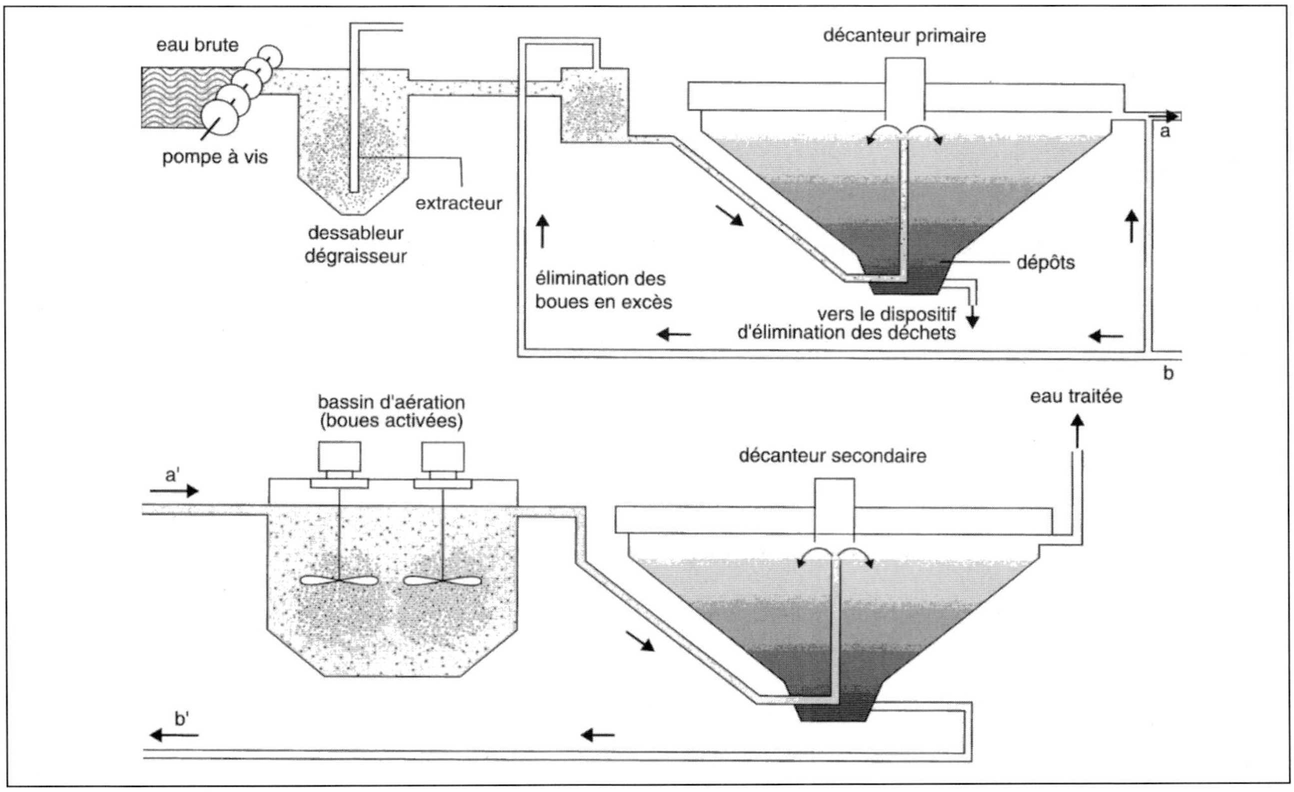

Schéma d'une partie des installations d'une station d'épuration par la méthode des **boues** activées. Les bactéries rassemblées en floc sont brassées et aérées, car elles ont un important besoin d'oxygène. Les bactéries contenues dans les boues activées qui se déposent au fond du décanteur secondaire sont réinjectées dans le bassin d'aération où s'effectue l'essentiel de la dégradation des matières organiques fermentescibles. (D'après Bébin op. cit. mais modifié, in Ramade F., *Dictionnaire encyclopédique des pollutions*, Ediscience international, 2000, p. 69)

bouillie bordelaise, n. f. (*Bordeaux mixture*). Préparation phytosanitaire à base de sulfate de cuivre, utilisée comme fongicide contre le mildiou de la vigne. Son usage systématique a conduit dans certains sols à une accumulation phytotoxique de cuivre dans les couches superficielles, les plus importantes pour leur fertilité.

bouleau(x), n. m. (*birch*). Arbres de la famille des Betulacées, du genre *Betula* qui se rencontrent dans les écosystèmes tempérés froids et boréaux. L'un d'entre eux, *Betula tortuosa,* constitue l'espèce arborée la plus septentrionale d'Euro-Sibérie car elle se développe jusque dans la toundra arbustive en Laponie. ***(Voir aussi Grampians)***

bouquetin, n. m. (*steinbock*) (n. sc. *Capra ibex*). Cette espèce de la famille des *Capridae*, se rencontre dans toutes les montagnes tempérées de l'Ancien Monde. Décimée des Alpes françaises par une chasse effrénée, ses effectifs ont connu un spectaculaire accroissement avec la création du parc national de la Vanoise. Elle a été plus récemment réintroduite dans le Parc National du Mercantour.

bourdons, n. m. (*bumble bees*). Hyménoptères Apoïdes sociaux qui construisent des nids souterrains. Les bourdons pourvus d'une langue glossale très longue sont des pollinisateurs irremplaçables pour diverses espèces de plantes cultivées dont les fleurs présentent des corolles trop profondes pour être visitées par des abeilles domestiques. ***(Voir aussi Abeille, Pollinisateur)***

bourgeon, n. m. (*bud*). Organe de croissance végétal situé à l'extrémité d'une pousse ou à l'aisselle des feuilles.

bourgeonnement, n. m. (*budding*). 1. Botanique : phénomène d'apparition des bourgeons. 2. Zoologie : voir Gemmiparité.

Bovidés, n. m. (*Bovidae*). Mammifères de l'ordre des Artiodactyles dénommés ruminants par suite de l'écophysiologie particulière de leur digestion qui leur permet, combinée à la présence de protozoaires ciliés symbiotiques dans leur panse, de pouvoir assimiler des aliments végétaux à haute teneur cellulosique donc de très faible valeur nutritive. La plupart des herbivores domestiques appartiennent à cette famille.

bovins, n. m. (*cattle*). Terme zootechnique désignant les diverses races de bœufs domestiques élevées dans l'ensemble du monde pour les diverses productions animales. Les buffles domestiques sont assimilés à ces derniers par les zootechniciens.

À l'heure actuelle, l'homme moderne réduit dans des proportions considérables la diversité génétique des races de bovins domestiques. Cela résulte d'une part de la généralisation de la pratique de l'insémination artificielle qui se réalise chez la plupart des espèces importantes pour l'élevage et, pis encore, par l'extinction pure et simple due à l'abandon des races réputées moins rentables pour la production de lait ou de viande ou encore de celles autrefois utilisées comme animaux de trait. Ainsi, plus de 140 races européennes de bovins sont actuellement menacées de disparition. En France, certaines races telles la béarnaise ne comptent plus qu'une centaine d'individus génétiquement « d'origine ».

Bien que les races « traditionnelles » soient considérées comme peu « rentables », elles possèdent une résistance aux épizooties et une rusticité qui leur permet de se développer dans des conditions écologiques difficiles (climatiques par exemple), ce qui les rend indispensables à l'avenir de l'élevage dans le monde. ***(Voir aussi Bœuf)***

Bq. Symbole du becquerel, unité de mesure des faibles radioactivités. 1 Bq = 27 picocuries. ***(Voir aussi Becquerel)***

brachiation, n. f. (*brachiation*). Mode de locomotion pratiqué par les Primates arboricoles en se balançant de branche en branche à l'aide des bras.

Brachiopodes, n. sc. (*Brachiopoda*). Ordre d'Invertébrés marins du phylum des Lophophoriens qui ont été dominants dans les mers du globe à la fin du Primaire et au cours du Mésozoïque mais ne constitue plus de nos jours qu'un groupe mineur.

Brachycères, n. sc. (*Brachycera*). Sous-ordre de Diptères dont les antennes sont courtes, pourvues de seulement trois articles, d'où leur nom. Ce groupe renferme l'ensemble des Diptères supérieurs (les mouches *sensu lato*). Beaucoup d'espèces sont hématophages et vectrices de diverses affections pathogènes : tabanides, muscides, glossinides.

Brachyoures, n. sc. (*Brachyura*). Ordre de Crustacés renfermant l'ensemble des crabes.

Brachypodietum, n. sc. ◆ ~ ***phaenicoidis*** : association végétale méditerranéenne dont l'espèce caractéristique est le *Brachypodium. phaenicoides*. ◆ ~ ***ramosi*** : association végétale méditerranéenne dont l'espèce caractéristique est le *B. ramosus*, propre aux pelouses xériques aux sols squelettisés par le surpâturage et l'incendie.

Brachypodium, n. sc. Genre de Graminées méditerranéennes rudérales ou propres à des formations végétales dégradées.

brachyptérie, n. f. (*brachyptery*). Phénomène fréquent chez divers ordres d'insectes. Il se caractérise par un raccourcissement des ailes propres à certaines espèces et souvent aux écotypes de ces dernières situées dans la partie la plus septentrionale (ou australe) de leur aire de répartition géographique.

Braconidae, n. sc. (*braconides*). Les Braconides sont des Hyménoptères parasites du groupe des *Terebrantia* dont certaines espèces ont été utilisées avec succès dans la lutte biologique.

braconnage, n. m. (*poaching*). Pratique illégale de la chasse. Ce délit est caractérisé par la chasse hors période d'ouverture, par celle d'espèce protégée ou encore dans une réserve de faune, enfin par l'usage de procédés interdits tels les filets, lignes, appâts empoisonnés, etc. ◆ **rôle du ~ dans la disparition de la faune** : le braconnage peut jouer un rôle significatif dans la disparition de la faune lorsqu'il concerne des espèces déjà vulnérables et aux effectifs réduits. Ainsi, c'est par exemple le braconnage qui a conduit de nombreuses espèces de rhinocéros aux limites de l'extinction, par suite des propriétés thérapeutiques attribuées à tort à sa corne en Extrême-Orient. De même le braconnage a provoqué au cours des deux dernières décennies une dramatique réduction des effectifs des éléphants en Afrique, pourchassés pour leurs défenses destinées à alimenter le trafic international frauduleux de l'ivoire. ***(Voir aussi Éléphant, Rhinocéros)***

branchicole, adj. (*banchicolous*). Qualifie une espèce commensale ou parasite vivant fixée aux branchies de poissons et autres organismes aquatiques.

branchies, n. f. (*gills*). Organes respiratoires dont sont pourvus la plupart des animaux aquatiques et par lesquels il absorbent l'oxygène dissous dans l'eau.

Branchiopodes, n. sc. (*Branchiopoda*). Ordre de Crustacés primitifs dont beaucoup d'espèces dulçaquicoles présentent des formes de durée qui leur permettent d'effectuer leur cycle vital dans des collections d'eau soumises à une période d'assèchement annuelle : mares temporaires, lagunes saumâtres, marais salants.

brèche, n. f. (*breccia*). Agglomération de fragments de roches préexistantes unis entre eux par un ciment. Les brèches peuvent être d'origine sédimentaire, tectonique ou volcanique.

bréphique, adj. (*brephic*). ◆ **stade ~** (*brephic stage*) : terme désuet désignant les stades préimaginaux d'un Invertébré.

Brésil (*Brasil*). Pays ayant la plus grande superficie de toute l'Amérique latine (8,51 millions de km^2), le Brésil est confronté de nos jours à d'immenses problèmes d'environnement liés à la destruction de ses ressources naturelles. Bien que l'Amazonie constitue la plus vaste partie du pays et celle dont les altérations écologiques ont été le plus vulgarisées par les médias, la quasi-totalité des autres régions de ce pays est confrontée à des problèmes similaires. Ainsi, il ne subsiste plus que 3% de la surface initiale de la forêt tropicale atlantique, la première détruite par les immigrants européens. De même la quasi-totalité des forêts de conifères primitives de l'État du Rio Grande do Sul ont également été anéanties, les terres défrichées et utilisées pour des cultures industrielles – soja par exemple – étant de nos jours la proie d'une considérable érosion des sols. Par ailleurs, la pollution atmosphérique dans les grandes zones urbaines et industrielles, telles celles de Sao Paulo ou de Rio atteint des niveaux comparables, voire supérieurs, à ceux des pays industrialisés du Nord. Depuis le début des années 1980, la zone atlantique du Brésil est d'ailleurs partiellement affectée par des pluies acides. Enfin, la pollution des eaux marines dans la baie de Rio et dans celle des autres grandes villes littorales figure parmi les plus élevées du monde et se traduit par une baisse de production dramatique des pêcheries côtières. ***(Voir aussi Amazonie)***

brisant, n. m. **1.** (*shoal*). Écueil ou un haut fond situé au voisinage des côtes. **2.** (*breaker, surf*). Déferlement de la mer provoqué par un écueil ou un haut fond.

brise, n. f. (*breeze*). Vent frais et doux provenant d'écarts thermiques, soufflant de direction généralement alternée. ◆ **~ de mer** (*on shore, sea breeze*) : brise qui provient de la mer, se levant en cours de journée.

British Thermal Unit. Voir BTU.

bromadiolone, n. f. (*4 hydroxy coumarine*). L'un des plus puissants rodonticides dont les propriétés anticoagulantes agissent en inhibant l'activité de la vitamine K. Cette substance est utilisée non seulement contre les rats, mais aussi, dans ses applications comme rodonticide, contre les mulots ou les campagnols par exemple. Elle est susceptible de passer dans les réseaux trophiques des rapaces et de les intoxiquer car elle présente une certaine bioamplification dans les chaînes alimentaires. L'utilisation systématique de la bromadiolone contre les campagnols, préconisée par l'INRA dans les zones rurales françaises exposées à des pullulations de ce rongeur, a provoqué de fortes mortalités dans les espèces prédatrices de mammifères et d'oiseaux qui s'en nourrissent. Ce rodonticide menace en particulier les populations nicheuses de divers rapaces diurnes ou nocturnes, plus particulièrement du Milan noir de notre pays, qui ont présenté ces dernières années une baisse d'effectifs de plus de 70%. ***(Voir aussi Coumarine, Rodonticide)***

brome, n. m. (*bromine*) (Br). Élément de numéro atomique Z = 35 et de masse atomique Ar = 79,9 dont le corps simple est un métalloïde liquide à la température ordinaire. Il est utilisé comme catalyseur dans l'industrie chimique et pour la synthèse de diverses molécules organobromées. Il sert en particulier dans la synthèse de divers produits pharmaceutiques, des pesticides ainsi que dans l'industrie photographique où il est l'un des éléments constitutifs des couches photosensibles et dans celle des colorants. Il intervient aussi dans la constitution des halons, ces hydrocarbures bromochlorofluorés très dangereux pour l'ozone stratosphérique. ***(Voir aussi CFC, Halons, Ozone)***

Broméliacées, n. sc. (*bromeliads*). Famille de Phanérogames Monocotylédones, voisine des Zingibérales, de l'ordre des Broméliales, de la sous-classe des Commélinidées. Elle comporte 3 150 espèces et sous-espèces connues dont

Culture d'ananas en Polynésie française. Cette espèce est la seule **Broméliacée** terrestre faisant l'objet d'un usage alimentaire. (Cliché F. Ramade)

Broméliacées épiphytes (*Tillandsia sp.*) dans le parc national d'Avila (Venezuela). (Cliché F. Ramade)

plus de la moitié (51,5%) sont des plantes épiphytes propres aux forêts pluvieuses tropicales. Elles sont essentiellement de distribution néotropicale. Diverses espèces ont été domestiquées (Ananas, *Bilbergia*, *Vriesea*). L'une d'entre elles, l'Ananas (*Ananas sativa*), cultivée pour son fruit, donne lieu à d'importantes cultures industrielles dans les diverses régions tropicales du monde. ***(Voir aussi Commélinidées, Épiphytes, Forêts tropicales, Zingibérales)***

bronchite chronique, n. f. (*chronic bronchitis*). Affection respiratoire chronique pouvant conduire à l'emphysème. Bien qu'elle puisse résulter d'une exposition permanente à une atmosphère polluée, la bronchite chronique est essentiellement provoquée par le tabagisme. Un effet d'addition entre la fumée de tabac et la pollution atmosphérique par le SO_2 a été aussi épidémiologiquement démontré. ***(Voir aussi SO_2)***

broticole, adj. (*broticolous*). Désigne des espèces anthropophiles vivant à proximité ou à l'intérieur des habitations.

brotochore, adj. (*brotochorous*). Désigne une espèce dont les graines et autres propagules sont dispersées directement par l'homme.

brouillard, n. m. (*fog*). Aérosol atmosphérique constitué de micro-gouttelettes d'eau souvent en surfusion, plus rarement de micro-cristaux de glace, se formant par temps calme lorsque l'air est saturé de vapeur d'eau. Ce phénomène présente un maximum de fréquence sur les rivages marins, au bord des lacs et dans les vallées des zones montagneuses. Dans les atmosphères polluées, les gouttelettes de brouillard interfèrent avec les gaz contaminant l'atmosphère qui se dissolvent dans ces dernières. En outre, les particules minérales et (ou) organiques, carbonées en particulier, peuvent servir de centres de condensation à la vapeur d'eau atmosphérique et générer un smog quand les conditions météorologiques sont favorables. ◆ ~ **arctique** (*arctic haze*) : phénomène découvert au début des années 1980 au-dessus de l'Arctique, constitué par un brouillard se formant en haute altitude, lié à la pollution atmosphérique plus importante en période hivernale et dû à l'apport dans l'atmosphère arctique

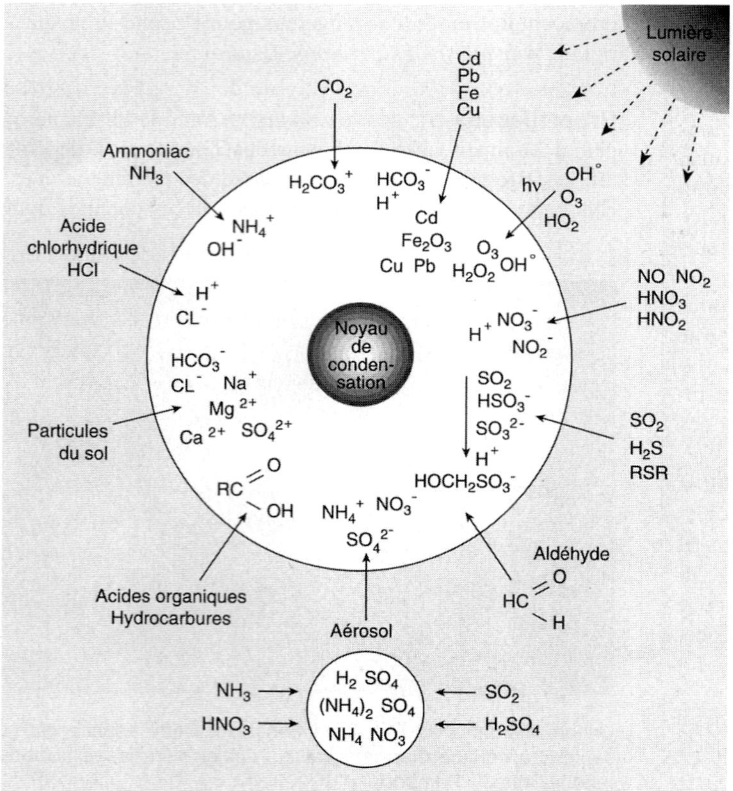

Schéma d'une gouttelette de **brouillard** et des interactions des polluants et des constituants naturels gazeux et particulaires de l'atmosphère avec cette dernière. (D'après Sigg, Stumm et Behra, op. cit., in Ramade F., *Dictionnaire encyclopédique des pollutions,* Ediscience international, 2000, p. 71)

des masses d'air polluées provenant des zones urbaines des moyennes latitudes boréales. ***(Voir aussi Smog)***

broutage, n. m. (*grazing*). Action des herbivores sur le tapis végétal herbacé.

Bruchidae, n. sc. (*pea-weewils*). Famille de Coléoptères séminiphage inféodée aux Légumineuses, dont plusieurs espèces sont des ravageurs des cultures.

bruine, n. f. (*drizzle*). Pluie de faible intensité caractérisée par la chute de fines gouttes de pluie, de diamètre inférieur à 0,5 mm.

bruit, n. m. (*noise*). Nuisance provoquée par des sons d'intensité trop forte dont les effets nocifs peuvent être accrus par des fréquences trop basses ou trop élevées. Dans la gamme des intensités sonores, les plus fortes dépassent le seuil de douleur de l'oreille (120 dB) et au-delà peuvent provoquer des lésions physiologiques. À l'intérieur de la gamme d'intensité réputée tolérable, le bruit excessif, même pendant le sommeil, peut engendrer des effets physiologiques défavorables. ***(Voir aussi Nuisances)***

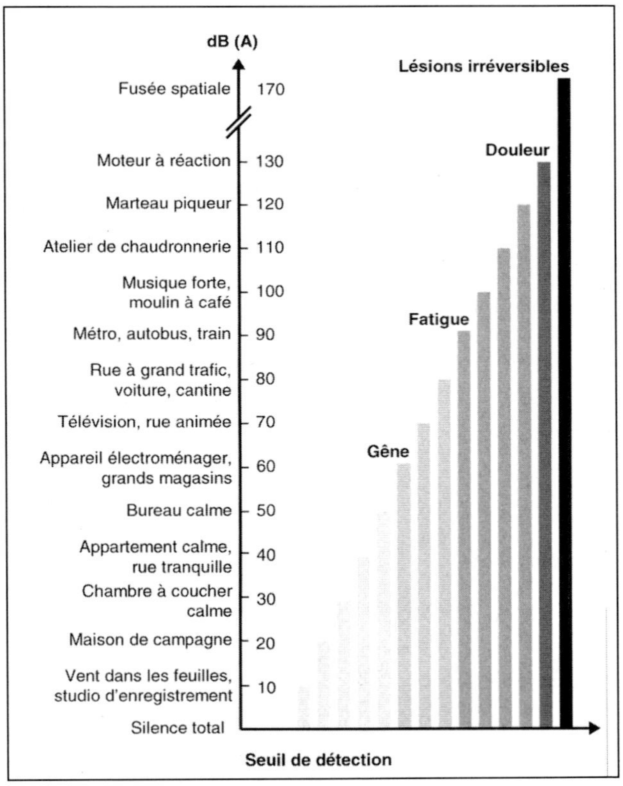

Nuisance sonore (**bruit**) : gamme des fréquences sonores audibles et de leurs effets physiologiques. (D'après ADEME/APIEU, 1992 mais modifié)

brûlis, n. m. (*burns*). Combustion intentionnelle de la couverture végétale, destinée à libérer le sol pour un usage pastoral ou agricole.

brume, n. f. (*mist*). Phénomène météorologique consistant en la formation de brouillards de condensation au voisinage de la surface du sol lorsque celle-ci s'est refroidie.

brun(s), adj. ◆ **sols ~** (*brunizem, prairie soil*) : sols se formant dans les régions de climat tempéré sous végétation herbacée dans des steppes mais aussi dans des forêts caducifoliées sur sol neutre ou basique. Ils se caractérisent par un horizon A_0 marqué par une accumulation normale de litière et un épais horizon A_1 de couleur brune où la matière organique est dispersée de façon homogène grâce à une abondante et active faune de vers de terre, ce qui se traduit par la formation d'un humus de type müll. ***(Voir aussi Humus)***

brunification, n. f. (*brunification*). Terme de pédologie désignant la coloration brune par les oxydes de fer qui s'installe progressivement dans l'horizon B au cours de l'évolution d'un sol non calcaire ou préalablement décarboné. ***(Voir aussi Horizon, Ranker, Sol)***

brunizem, n. m. (*brunizem*). Terme de pédologie désignant des sols bruns qui se forment soit dans certaines zones steppiques, soit dans des zones climatiques plus humides et moins froides que celles qui caractérisent les tchernozems. ***(Voir aussi Brun)***

Bruntland, rapport. Ce rapport, intitulé en réalité « Notre avenir commun » a été préparé par la Commission de l'Environnement et du développement des Nations unies, présidée par Mme G. H. Bruntland, ancien premier Ministre de la Norvège, actuellement directrice de l'OMS. Il a eu pour objet d'attirer l'attention des responsables politiques des divers pays du monde à la fois industrialisés et en voie de développement sur la liaison univoque existant entre protection de la biosphère et développement durable de l'humanité.

Publié en 1987, ce rapport s'inspirait en réalité largement de la « Stratégie Mondiale de la Conservation » réalisée par l'UICN pour diverses agences des Nations unies (UNESCO, FAO, OMS), qui avait été publiée en 1980. Il en a repris les données essentielles au plan écologique qui concernent l'utilisation rationnelle et la conservation des ressources naturelles pour assurer à l'humanité un développement durable – selon le terme même de cette stratégie – auquel il a ajouté un volet économique et social. Une des lacunes majeures de ce rapport, à l'image de ce qu'il est ultérieurement advenu lors de la Conférence de Rio en 1992 sur l'environnement et le développement, tient en ce qu'il évoque à peine l'explosion démographique dont l'effet désastreux sur les possibilités de développement des pays du Tiers monde et sur l'environnement est pourtant à la fois évident et catastrophique. ***(Voir aussi Démographie, Ressources Naturelles, Rio, UICN)***

bruyère(s), n. f. (*heath*). Plantes ligneuses arbustives de la famille des Éricacées, dont certaines espèces donnent des arbres dans les zones de montagne tropicales. ◆ **landes à ~** : voir Lande.

Bryce Canyon, parc national de (*Bryce Canyon National Parc*). Situé dans le Sud de l'Utah, ce parc national est remarquable par la présence de figures d'érosion extrêmement complexes qui se sont constituées dans des marnes colorées en ocre et en vermillon, ainsi que par ses peuplements de *Pinus longivaea*, l'espèce d'arbre vivante ayant actuellement la plus grande longévité, certains sujets ayant plus de 4 600 ans d'âge. (***Voir aussi Pinus***)

bryologie, n. f. (*bryology*). Branche de la botanique concernant l'étude des mousses et autres bryophytes.

bryomadicole, adj. (*bryomadicolous*). Espèce vivant au milieu des touffes de mousses aquatiques.

bryophile, adj. (*bryophilous*). Désigne les organismes inféodés aux bryophytes.

Bryophytes, n. sc. (*Bryophyta*). Groupe de Cryptogames archégoniates comportant deux classes : les mousses et les hépatiques. Les premiers fossiles connus remontent à la fin du Dévonien mais il est vraisemblable que ce phylum soit d'origine plus ancienne, à tout le moins silurienne. (***Voir aussi Hépatiques, Mousse***)

Bryopsides (*Bryopsida*). Nom scientifique de la classe de Cryptogames constituée par l'ensemble des mousses. (***Voir aussi Mousse***)

Bryozoaires, n. sc. (*Bryozoa, moss animals*). Classe d'Invertébrés aquatiques, surtout marins, appartenant au phylum des Lophophoriens, également dénommés Ectoproctes. Ils sont caractérisés par une couronne de tentacules qui entoure l'orifice buccal et un tube digestif en U venant s'ouvrir à proximité de l'orifice oral. Ce sont des organismes coloniaux présentant un polymorphisme, plusieurs types de zooécies différenciées et accomplissant une fonction donnée se rencontrant dans une même colonie. Les Entoproctes autrefois classés dans ce groupe constituent aujourd'hui une autre classe de Lophophoriens, les Kamptozoaires. Les Ectoproctes sont connus depuis l'Ordovicien et ont également constitué au début du Paléozoïque un groupe dominant d'organismes constructeurs des récifs coralliens marins. Ils ont de ce fait joué un rôle important au plan paléoécologique. (***Voir aussi Lophophoriens, Polymorphisme colonial***)

BTU (*British Thermal Unit*). Unité thermique anglo-saxonne correspondant à la quantité d'énergie nécessaire pour élever de 1 °F une masse d'une livre d'eau. Une BTU = 1 059,2 joules.

Bucerotidae, n. sc. (*hornbill*). Famille d'oiseaux tropicaux de grande taille, au bec hyperthélique, surtout forestiers, propres à l'Ancien Monde, dénommés calaos.

budget énergétique, n. m. (*energy budget*). Désigne les diverses affectations des dépenses d'énergie à l'intérieur d'une population ou d'une communauté. On constate de façon générale que le partage de l'énergie s'effectue selon trois postes principaux : la maintenance (entretien), la croissance et la reproduction. Selon le type de stratégie démographique de l'espèce considérée, le coût énergétique de la reproduction est prépondérant ou, au contraire, celui de la maintenance. Ainsi, on distingue dans les populations des stratèges r, qui allouent la majorité de leur budget énergétique à la reproduction, et des stratèges K, qui allouent au contraire la majorité de leur budget énergétique à la croissance des individus et au développement de la biomasse. (***Voir aussi Stratégies adaptatives***)

buffle(s), n. m. (*buffalo*). Bovidés originaires de l'Ancien Monde, inféodés aux biotopes aquatiques (rives des cours d'eau) ou lacustres (étangs et marais). ◆ ~ **d'Afrique** (*African buffalo*) (n. sc. : *Syncerus caffer*) : cette espèce qui ne se rencontre qu'à l'état sauvage en Afrique subsaharienne est de grande taille, certains mâles pouvant peser plus d'une tonne. Elle est actuellement en forte régression dans l'ensemble de son aire de distribution géographique par suite de la forte pression de la chasse et du braconnage

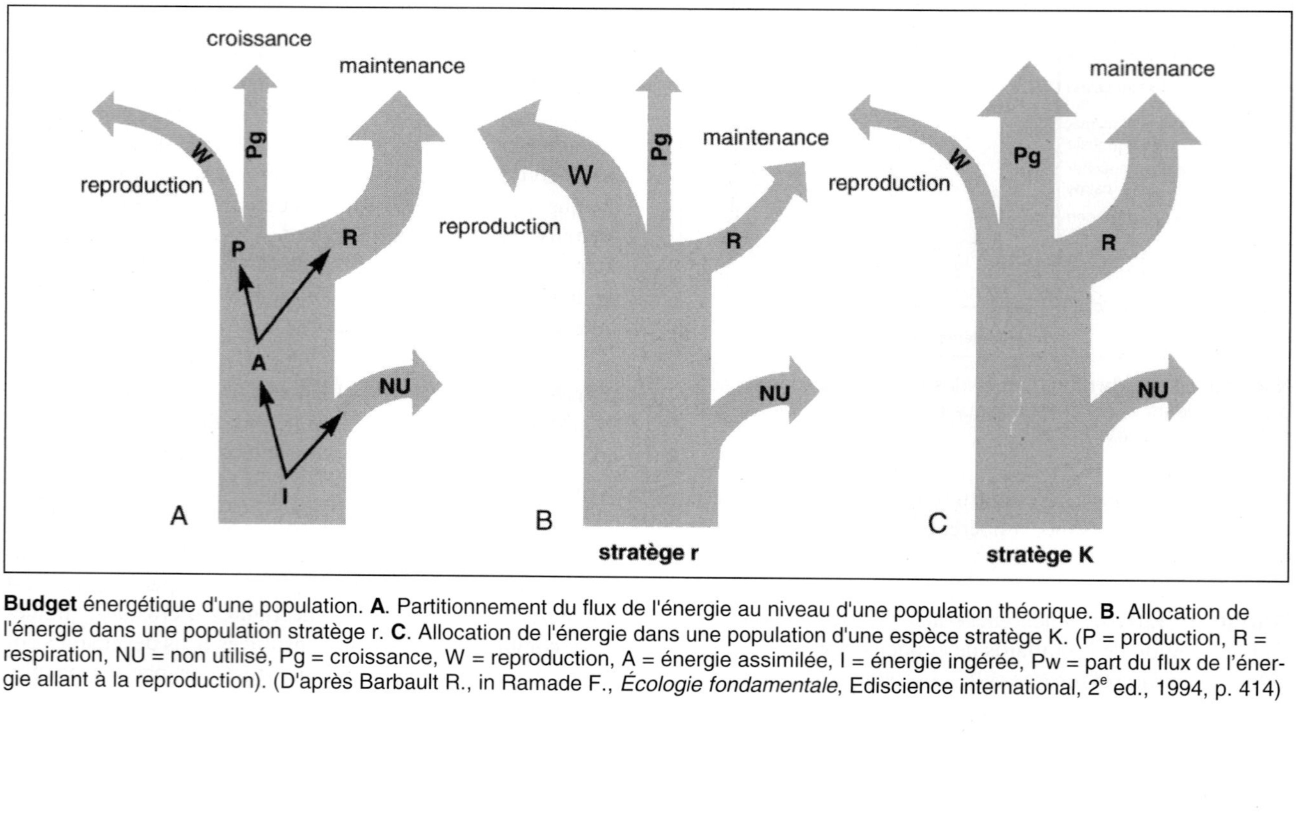

Budget énergétique d'une population. **A**. Partitionnement du flux de l'énergie au niveau d'une population théorique. **B**. Allocation de l'énergie dans une population stratège r. **C**. Allocation de l'énergie dans une population d'une espèce stratège K. (P = production, R = respiration, NU = non utilisé, Pg = croissance, W = reproduction, A = énergie assimilée, I = énergie ingérée, Pw = part du flux de l'énergie allant à la reproduction). (D'après Barbault R., in Ramade F., *Écologie fondamentale*, Ediscience international, 2e ed., 1994, p. 414)

à laquelle elle est soumise suite à l'explosion démographique et aux désordres politiques qui affectent l'ensemble des états africains. ◆ ~ **domestique** (*Asian, domestic buffalo*) (n. sc. : *Bubalus bubalus*) : originaire de l'Inde, cette espèce a été répandue dans l'ensemble de l'Asie tropicale et subtropicale, Chine incluse. Elle a été ultérieurement introduite dans les diverses zones du monde où le climat lui convient, y compris en Europe méditerranéenne.

Buffle d'Asie (*Bubalus bubalus*) dans le parc national de Kakadu où l'espèce a été introduite à partir d'animaux domestiques à la fin du XIXe siècle. (Cliché F. Ramade)

Buffon, Georges, Louis, Leclerc, comte de (1707-1788). Célèbre biologiste français, fondateur du Museum National d'Histoire Naturelle. Il est aussi l'auteur d'une monumentale « Histoire naturelle, générale et particulière » en 44 volumes. Cette dernière représente la première tentative historique de réunir un vaste ensemble de données éparses relatives aux divers règnes d'êtres vivants pour en faire une synthèse cohérente aux travers de considérations procédant en particulier d'une démarche de nature écologique et (ou) éthologique avant même la lettre.

bufotoxine, n. f. (*bufotoxin*). Neurotoxine sécrétée par les glandes tégumentaires de certains Anoures Bufonidés en particulier les Dendrobates des forêts pluvieuses tropicales d'Amérique. Cette toxine est entre autres utilisée par les tribus amérindiennes d'Amérique centrale pour empoisonner leurs pointes de flèches. **(*Voir aussi Neurotoxine*)**

buisson, n. m. (*shrub*). Végétal ligneux de petite taille, égale ou inférieure à 1 m, dépourvu de tronc, correspondant au type adaptatif des Chamaephytes selon la classification de Raunkiaer. **(*Voir aussi Raunkiaer*)**

buissonnant(e), adj. (*shrubby*). Désigne une communauté constituée de buissons ou un végétal de ce type.

bulbe, n. m. (*bulb*). Organe végétal souterrain constituant une forme de durée. Les plantes à bulbe, dont beaucoup d'espèces appartiennent à la famille des Liliacées, font partie de la catégorie de formes adaptatives des végétaux dites des géophytes.

bunodonte, adj. (*bunodonte*). Désigne un type de denture des Mammifères caractérisée par la présence de dents brachiodontes pourvues de quatre tubercules arrondis (cas par exemple des molaires de l'homme). Il s'agit d'une caractéristique d'espèces à régime omnivore.

Buprestidae, n. sc. (*jewel beetles*) (n. vern. : buprestes). Importante famille de Coléoptères xylophages comptant plus de 15 000 espèces connues, de distribution essentiellement holotropicale.

Bureau Européen de l'Environnement. Voir BEE.

Burgess, schistes de (*Burgess shales*). Formation fossilifère d'origine cambrienne (– 540 millions d'années) située en Colombie britannique. Découverte en 1909 par Walcott, elle est caractérisée par un fort endémisme avec de nombreux taxa appartenant à divers embranchements dont certains sont aujourd'hui éteints. La découverte en Chine, en Australie et au Groenland, de faunes cambriennes contemporaines de cette dernière a permis de beaucoup mieux l'interpréter et de comprendre la nature du foisonnement évolutif qui a marqué cette époque paléozoïque.

busard(s), n. m. (*harrier*). Rapaces diurnes du genre *Circus*, dont beaucoup d'espèces qui nichent dans les champs de céréales sont aujourd'hui victimes de la mécanisation de l'agriculture et ont présenté au cours des dernières décennies une forte régression de leurs effectifs en Europe occidentale.

butte, n. f. (*butte*). Relief isolé, constitué par une colline au sommet plat, de hauteur plus importante que la plateforme sommitale, produite par l'érosion des strates horizontales voisines, isolée dans une plaine, que l'on rencontre souvent dans des régions désertiques.

BWR. Voir Centrales nucléaires.

C

C_3 C_4 ◆ **plantes en ~** : voir Plantes.

caatingas, n. m. (*caatingas*). Formations végétales de l'Est du Brésil, équivalentes écologiques des savanes soudaniennes d'Afrique. Elles correspondent à des écosystèmes forestiers tropophiles dégradés par l'incendie, dont les formes arbustives dominantes sont des épineux.

cacaoyer, n. m. (n. sc. : *Theobroma cacao*) (*cacao*). Arbre de la famille des Sterculiacées, originaire d'Amérique tropicale donnant lieu à de vastes cultures industrielles d'exportation dans l'ensemble des zones initialement occupées par des forêts pluvieuses tropicales. Les fruits, dénommés cabosses, se forment directement sur le tronc et les branches maîtresses. Ils renferment une vingtaine de « fèves » dont on extrait le chocolat. L'extension des cultures de cacao a été à l'origine d'une importante déforestation en Afrique de l'Ouest dans la période 1950-1970. Les cacaoyères peuvent être la cause d'une importante pollution de l'environnement par les pesticides dans les régions où existent des plantations industrielles de production intensive.

Cactacées, n. f. (*Cacti*). Dicotylédones dialypétales caliciflores adaptées aux biotopes arides, constituant l'unique famille de l'ordre des Cactales. Encore dénommées cactées, ce sont des xérophytes aphylles dont la tige hypertrophiée, succulente et chlorophylienne est hérissée de poils et (ou) en règle générale d'aiguillons très vulnérants. Les cactées, propres au Nouveau Monde, figurent parmi les plantes supérieures présentant le maximum d'adaptation écologique à la sécheresse. Une proportion importante des espèces dominantes que renferment les communautés végétales des milieux désertiques appartient à cette famille.

Cactacées : *Opuntia bigelovii* dans le désert de Mojave, en Californie. Cette cactée est commune dans les déserts sonoriens du Sud-Est des États-Unis et du Nord du Mexique où elle peut couvrir de vastes surfaces. (Cliché F. Ramade)

Cactoblastis cactorum, n. sc. (*cactus moth*). Petite espèce de Lépidoptère originaire d'Amérique tropicale dont la chenille mineuse attaque les pousses des cactus, qui a été utilisée avec un grand succès dans la lutte biologique contre des cactus du genre *Opuntia,* plantes introduites en Australie au début du siècle, qui avaient envahi plus de 20 millions d'hectares de terres cultivées au début des années 1920. Introduit d'Amérique tropicale, ce Lépidoptère, dont les chenilles dévorent les pousses de cactus, permit en quelques années l'éradication des plantes de ce genre sur la quasi-totalité de l'aire qu'elles avaient colonisée. **(*Voir aussi Australie, Lutte Biologique, Opuntia*)**

cadmium, n. m. (Cd) (*cadmium*). Élément de numéro atomique Z = 48 et de masse Ar = 112, dont le corps simple est un métal. Il fait l'objet d'un important usage dans le traitement des surfaces, dans les industries électriques et électroniques et comme stabilisateur de matières plastiques (stéarate de cadmium). ◆ **état physico-chimique du ~** : il se rencontre sous de nombreuses formes dans l'eau interstitielle de sols et dans les biotopes aquatiques, à l'état d'ions échangeables, dialysables, liés à des composés organiques ou minéraux de PM < 1 000, à des colloïdes organiques ou inorganiques, enfin à l'état particulaire. Il s'associe facilement à des ligands organiques, en particulier aux acides humiques présents dans les sols, les eaux continentales et estuariennes. Parmi les divers agents complexants, les chlorures sont plus sélectifs que la plupart des composés organiques chélatants dans leurs interactions avec ce métal de sorte qu'ils constitueraient le facteur le plus important régissant la distribution de cet élément dans les eaux naturelles (de même d'ailleurs que pour les autres métaux lourds). ◆ **pollution par le ~** : elle résulte de la métallurgie des métaux non ferreux et de la combustion du charbon et du pétrole. Ces dernières réunies représentaient au milieu des années 1980 quelque 95% des émissions totales de cadmium dans l'atmosphère soit 1900 t sur 2 100 t. Enfin, la combustion de déchets renfermant des matières plastiques stabilisées au stéarate de cadmium, pratique aujourd'hui interdite, peut être aussi la source d'une pollution atmosphérique clandestine. Une importante cause de pollution diffuse par le cadmium résulte de sa présence à l'état d'impuretés dans des engrais chimiques, les superphosphates. Il est de ce fait la cause d'une contamination clandestine des terres cultivées et par voie de conséquence des eaux continentales superficielles via le ruissellement et l'érosion hydrique des sols tandis que l'érosion éolienne contribue aux apports atmosphériques de cet élément. Enfin des rejets d'effluents liquides industriels non épurés, en particulier par la galvanoplastie, peuvent être aussi à l'origine d'une pollution des eaux par cet élément. En définitive, la dispersion des composés cadmiés dans l'environnement est la source d'une importante pollution des eaux et des sols car la majorité des usages du cadmium sont dispersifs, seulement 5% des quantités annuellement produites étant recyclés. ◆ **toxicologie du ~** : inhalé, il peut être à l'origine d'une pneumopathie cadmique susceptible d'évoluer vers une alvéolite hémorragique mortelle à brève échéance. L'exposition prolongée au cadmium conduit à long terme à des troubles dyspnéiques, hématologiques (anémie), à une ostéomalacie avec parfois des atteintes hépato-rénales. Le cadmium est aussi un cancérogène. Au Japon, l'irrigation de rizières avec des eaux contaminées par des rejets de cadmium a été la cause d'une très grave intoxication, dénommée maladie d'Itaï Itaï, qui a affecté plusieurs centaines de personnes dans les années 1960. ***(Voir aussi Itaï Itaï)***

caducifolié(e), adj. (*broadleaved*). Désigne un végétal aux feuilles caduques, qui tombent à l'approche de la saison climatique défavorable : hiver dans les pays tempérés, saison sèche dans les zones tropicales. ◆ **forêt ~** : désigne les écosystèmes forestiers tempérés peuplés d'arbres à feuilles caduques.

cæcotrophie, n. f. (*caecotrophy*). Type de nutrition propre aux lapins et autres rongeurs *Duplicidentia*, qui comporte un double transit intestinal, les individus produisant la nuit des boulettes fécales, incomplètement digérées, les cæcotrophes, qu'ils réingèrent ce qui permet la digestion des aliments. La cæcotrophie est indispensable à l'assimilation des nutriments, la mort des individus survenant si on les empêche de réingérer leurs cæcotrophes, même s'ils disposent par ailleurs d'une nourriture abondante.

Cælifères, n. sc. (*Caelifera*, vern. : *hoppers, locusts*). Sous-ordre d'Orthoptères diurnes et phytophages qui compte plus de 11 000 espèces connues, surtout inféodées aux écosystèmes steppiques et aux savanes. Les criquets migrateurs, présents sur tous les continents appartiennent à cet ordre. ***(Voir aussi Criquet)***

cænogénétique, adj. (*caenogenetic*). Désigne toute entité écologique d'origine récente.

caféier(s), n. m. (*coffee tree*). Arbustes du genre *Coffea* (famille des Rubiacées). Il existe plusieurs espèces de caféiers, les principales espèces cultivées étant le *C. arabica* et le *C. canephora*. Le premier est originaire de zones de petite montagne de l'Éthiopie mais il fut introduit dans le Sud du Yémen dont proviennent toutes les variétés d'arabica, les Yéménites ayant été les premiers cofféiculteurs et cela probablement dès le XIIIe siècle. Le *C. canephora* est lui à l'origine des robusta. Le café renferme un puissant alcaloïde, la caféine, dont l'action n'est pas seulement neurotrope mais se traduit par un effet stimulant général sur l'organisme. L'extension de la caféiculture s'est traduite par une importante déforestation dans de nombreuses régions tropicales du monde au relief accentué. Elle s'accompagne dans sa forme intensive d'un usage systématique des pesticides ce qui implique de nombreux problèmes environnementaux dans les régions concernées. ***(Voir aussi Cacaoyer, Théier)***

Champs de **caféier** (*Coffea arabica*) au Kenya. (Cliché F. Ramade)

Calanus, n. sc. Genre de Copépode brouteur, dominant dans le zooplancton des mers tempérées et froides.

calcaire, n. m. (*limestone*). Roche constituée par du carbonate de calcium anhydre. Il s'agit de la plus importante roche sédimentaire présente dans la lithosphère dont le dépôt a joué un rôle essentiel dans l'évolution de l'atmosphère et de la biosphère. La formation du calcaire au cours des diverses époques géologiques, en particulier au Crétacé, s'est en réalité accompagnée d'une forte réduction de la teneur en CO_2 atmosphérique donc de l'effet de serre. En effet, celle-ci a été le résultat de la dissolution dans l'océan du CO_2 initialement contenu dans l'atmosphère puis de sa précipitation sous forme de $CaCO_3$. ◆ **~ actif** (*active limestone*) : particules fines de calcaire formées par les effets des facteurs climatiques – surtout du gel – sur les craies et les calcaires à grains fins ou encore par hydratation des calcaires marneux.

Calcarosponges, n. sc. (*calcarous sponges*). Classe d'éponges primitives, dénommées vulgairement éponges calcaires car leur mésoglée est calcifiée. Abondantes dans le milieu marin, un de leur groupe ancestral, les Archéocyathes, a joué un grand rôle paléoécologique. Il a été en effet à l'origine des premiers récifs coralliens au tout début du Paléozoïque. On compte dans ce groupe plusieurs genres d'eau douce, en particulier en Europe, telles les *Ephydatia*, qui présentent pendant la période hivernale des formes de durée (gemmules) résistantes au froid. ***(Voir aussi Archeocyathes)***

calcicole, adj. ◆ **plante ~** (*calcicolous plant*) : espèce végétale inféodée aux sols neutres ou basiques donc riches en calcaire. Le pin d'Alep en zone méditerranéenne, le hêtre dans l'ensemble de l'Europe, représentent des espèces calcicoles typiques.

calcification, n. f. (*calcification*). Processus propre aux sols de certaines régions arides ou semi-arides qui se caractérise par la formation d'une croûte calcaire plus ou moins durcie.

calcifuge, adj. (*calcifuge*). Qualifie une espèce de plante acidiphile qui évite de ce fait les terrains calcaires. ***(Voir aussi Silicicole)***

calciphile, adj. (*calciphilic*). Synonyme de calcicole.

calciphobe, adj. (*calciphobous*). Voir Calcifuge.

calcium, n. m. (Ca) (*calcium*). Élément de numéro atomique Z = 20 et de masse atomique Ar = 40,1 dont le corps simple est un métal alcalino-terreux. Le calcium constitue l'un des principaux composants de la lithosphère. La teneur en calcium des biotopes terrestres ou limniques présente une importance écologique majeure. Les sols calcaires, neutres ou légèrement alcalins, possèdent un complexe absorbant saturé et sont de ce fait d'une grande fertilité. À l'opposé, les sols acides pauvres en calcium sont infertiles. Dans les eaux continentales, la concentration en calcium conditionne de même la productivité des écosystèmes tant lotiques que lentiques.

Le cycle biogéochimique du calcium est relativement simple. Le calcium passe du sol dans les plantes puis dans les réseaux trophiques, la mort des organismes le restituant aux sols.

Par ailleurs, le lessivage des terres émergées entraîne dans les eaux divers sels de calcium (essentiellement carbonate et sulfate) qui sont introduits dans l'océan par le jeu du cycle de l'eau. Dans les écosystèmes aquatiques (mais aussi dans les eaux interstitielles des sols), le calcium passe alternativement sous forme soluble (bicarbonate) ou insoluble (carbonate) selon la réaction :

$$\underset{\text{carbonate}}{CO_2 + CaCO_3} + H_2O \Leftrightarrow \underset{\text{bicarbonate}}{Ca(HCO_3)_2}$$

Il s'agit donc d'un cycle ouvert, la restitution du calcium aux masses continentales se faisant au travers des phénomènes de subsidence associés à la tectonique des plaques. Le cycle du calcium est couplé à celui du carbone et du silicium car il se trouve essentiellement sous forme de carbonates ou de silicates dans l'écosphère.

calcosaxicole, adj. (*calcosaxicolous*). Plante inféodée aux biotopes calcaires rocheux (falaises, éboulis).

caldera, n. f. (*caldera*). Désigne en vulcanologie une structure large de plusieurs kilomètres voire de plusieurs dizaines de kilomètres, créée par l'effondrement du toit de la partie centrale d'un cône volcanique à l'intérieur de la chambre magmatique consécutive à son explosion. Les lacs de cratère sont constitués par des caldera remplies d'eau par les précipitations au cours des temps.

caléfaction, n. f. ◆ ~ **des eaux** (*waters calefaction*) : terme impropre utilisé parfois pour désigner la pollution thermique des eaux. ***(Voir aussi Thermique)***

Californie (*California*). État de l'Ouest américain présentant un grand nombre de particularités écologiques exceptionnelles. La Californie est caractérisée par son climat méditerranéen dans la partie littorale et la présence d'importantes zones arides dans l'intérieur qui sont rattachées à la province biogéographique des déserts sonoriens.

La biodiversité de la Californie est très considérable pour sa surface d'à peine 360 000 km^2. Celle-ci est favorisée par la grande variété des écosystèmes que l'on y rencontre et par le fait qu'elle est en grande partie située dans une zone climatique méditerranéenne. Sa flore comporte par exemple plus de 6 500 espèces de plantes supérieures!

On y rencontre aussi toute une série d'écosystèmes montagnards en particulier dans la chaîne de la Sierra Nevada où le Mt Whitney, avec 4 417 m d'altitude, représente le plus haut sommet des États-Unis. Ce dernier possède en outre la particularité d'être situé à 151 km à vol d'oiseau du point le plus bas de ce même pays, à – 65 m, dans la Vallée de la Mort.

Par suite de l'afflux de la population vers la « *sun belt* », cet État en voie de surpopulation est confronté à de nombreux problèmes d'environnement. L'agglomération de Los Angeles est depuis longtemps exposée à une grave pollution atmosphérique. Par ailleurs, la pression de l'urbanisation a déjà conduit à la destruction de nombreuses zones humides et au bitumage de vastes surfaces de terres cultivées qui figuraient parmi les plus fertiles de la planète. Enfin, l'aridité du climat soulève dès à présent de redoutables problèmes d'approvisionnement en eau, aggravés par l'assèchement intempestif des nombreuses zones humides que comportait la *Central Valley* qui est aussi la principale zone agricole de cet État. ***(Voir aussi Méditerranéen, Smog)***

calorifique, adj. ◆ **valeur** ~ (*calorific value*) : voir Valeur.

calotte glaciaire, n. f. (*ice cap*). Ce terme désigne les accumulations de glaces qui se sont constituées au cours des périodes glaciaires dans les zones polaires, là où le flux solaire est minimum.

Lorsque ces calottes sont continentales, elles sont dénommées *inlandsis*.

À l'apogée de la dernière glaciation, le Würm, voici 18 000 ans, les calottes arctiques atteignaient jusqu'à 5 km d'épaisseur recouvrant tout le Canada et le Nord-Est des États-Unis, l'ensemble de l'Europe centrale et septentrionale ainsi qu'une bonne partie des Iles britanniques.

À l'heure actuelle, la calotte antarctique, la plus importante du globe, présente une épaisseur moyenne de « seulement » 2 100 m et dépasse localement 3 km. La calotte du Groenland, le principal inlandsis de l'hémisphère Nord, approche 1,9 km dans les carottages effectués à Camp Century.

Les glaces accumulées dans les calottes constituent des « archives glaciaires » car elles renferment des indices biogéochimiques importants concernant la composition atmosphérique des époques quaternaires couvrant les derniers 200 000 ans. (***Voir aussi Banquises, Glaciaire, Glaciations***)

CAM (*Crassulacean Acid Metabolism*). Voir Photosynthèse, Plante.

Camargue (*Camargue*). Région située dans le delta du Rhône dont elle couvre l'essentiel de la surface. Entièrement alluvionnaire, la Camargue est constituée par des basses terres : le point le plus haut du delta, situé sur les dunes littorales, est à moins de 4 m et l'altitude moyenne de la Réserve Naturelle Nationale, qui en occupe la partie centrale, est inférieure à 1 m.

La Camargue comporte essentiellement un ensemble de biotopes aquatiques présentant un gradient de salinité croissante du Nord au Sud du delta ainsi que des basses terres émergées couvertes d'une végétation steppique halophile. Elle représente une zone européenne d'importance exceptionnelle au plan écologique car elle constitue en effet la plus importante étendue de zones humides en réserve d'un seul tenant de toute l'Europe occidentale.

Les écosystèmes terrestres de Camargue – outre les dunes littorales actuelles et leurs vestiges fossiles où se rencontrent quelques espèces végétales ou animales très spécialisées – sont représentés par des steppes sursalées (*sansouïres*) peuplées d'une végétation halophytique où dominent des Chénopodiacées (*Arthrocnemum* et *Salicornia*) et des Plumbaginacées (*Statice*).

On rencontre en Camargue une très grande variété d'écosystèmes dulçaquicoles et paraliques constituant de ce fait un des sites majeurs d'hivernage pour les populations d'oiseaux d'eau migrateurs d'Europe.

◆ **réserve naturelle nationale de ~** : créée en 1927 par la Société Nationale de Protection de la Nature, cette réserve protège 13 000 hectares de sansouïres et d'écosystèmes aquatiques. Elle héberge la plus importante colonie mondiale de la sous-espèce Nord-occidentale du flamant rose (*Phoenicopterus ruber antiquorum*) avec plus de 8 500 couples à la fin de la dernière décennie.

Genévriers de Phénicie (*Juniperus phaenicaea*) arborescents dans le bois des Rièges (réserve naturelle nationale de **Camargue**). (Cliché F. Ramade)

La partie centrale est occupée par l'étang de Vaccarès, aux eaux saumâtres, mais qui a connu au cours des dernières décennies des alternances de salure et de dessalure provoquées par les variations d'activités rizicoles, ainsi que des inondations ayant entraîné des perturbations importantes dans la structure de la végétation riparienne et aquatique.

cambium, n. m. (*cambium*). Terme de botanique désignant l'assise cellulaire présente à l'intérieur des tiges et des racines des végétaux, génératrice du liber (externe) et du bois (interne).

Cambrien, n. m. (*Cambrian*). Période la plus ancienne du Primaire datée entre – 545 et – 500 millions d'années et caractérisée par la prolifération de divers groupes d'Invertébrés marins, en particulier par celle des Trilobites, classe d'Arthropodes primitifs dont sont issus tous les autres représentants de ce phylum.

Flamants roses sur l'étang du Tampan dans la réserve naturelle nationale de **Camargue**. (Cliché F. Ramade)

campagnol(s), n. m. (*voles*). Rongeurs propres aux prairies naturelles et aux terres cultivées appartenant au genre *Microtus*. Ils peuvent provoquer d'importantes déprédations lors de pullulations épisodiques. L'usage systématique de rodonticides dans les régions rurales victimes de leur pullulation soulève de graves problèmes écotoxicologiques, la contamination des réseaux trophiques par ce pesticide ayant conduit à de fortes mortalités chez leurs prédateurs. ***(Voir aussi Bromadiolone)***

Canada. Partie la plus septentrionale de l'Amérique, le Canada, qui couvre quelque 9,98 millions de km^2 correspond au plan géologique en grande partie à des terrains anciens c'est-à-dire à un craton vestige de l'antique continent de Laurasia.

Au plan écologique, le territoire du Canada est constitué par trois grands types de biomes : des forêts boréales de conifères, des steppes graminéennes dans les États centraux (Alberta, Saskatchewan, Manitoba) et des toundra dans le Nord.

Bien que les détériorations environnementales soient moins importantes au Canada qu'aux États-Unis, ce pays est aussi l'objet d'une exploitation irrationnelle de ses ressources naturelles en particulier forestières (industrie de la pâte à papier), la biomasse sur pied de ses forêts étant estimée au mieux égale au tiers de ce qu'elle était avant la colonisation européenne.

Par ailleurs, de nombreux problèmes de pollution des eaux affectent certaines régions du pays, en particulier dans l'Ontario et le Québec, dans tout le système du fleuve Saint-Laurent, l'essentiel des activités industrielles se concentrant dans ces deux États. ***(Voir aussi Papier, Taïga)***

Canaries, îles (*Canaries islands*). Archipel volcanique situé au large de la Mauritanie qui fait partie de la province biogéographique macaronésienne. Les Canaries présentent un endémisme important de sa végétation et de sa faune. On y rencontre en particulier diverses espèces d'Euphorbes arborescentes et de Dracaenacées endémiques de ces îles.

cancer(s), n. m. (*cancer*). Ensemble d'affections d'origine virale ou provoquées par des agents physiques ou chimiques et résultant en règle générale de mutations somatiques. Elles se manifestent chez toutes les espèces animales de vertébrés et sont également connues chez d'importants embranchements d'invertébrés triploblastiques. Dans l'espèce humaine, ils se manifestent à tous les âges et avec une fréquence comparable – dans des conditions environnementales identiques – quelle que soit l'origine ethnique de l'échantillon de population considéré. Ils se caractérisent tous par une dérépression de certains gènes dont la conséquence est une prolifération cellulaire anarchique associée à une migration des cellules anormales dans les diverses régions de l'organisme (métastases). On distingue trois grandes catégories de ces affections selon des critères histopathologiques : les sarcomes qui concernent les tissus conjonctifs, les carcinomes qui sont propres aux tissus épithéliaux et les lymphomes (au sens large) qui affectent les tissus sanguins. ◆ **~ et environnement** : la contamination des milieux inhalés et ingérés par des polluants chimiques, l'exposition à des agents cancérogènes soit en milieu professionnel, domestique ou encore dans l'environnement banal, constituent une cause significative d'induction de cancers. L'exposition prolongée à un grand nombre de polluants de l'air, des eaux ou des sols (via l'alimentation) – et aussi l'irradiation aux rayons UV ou à des rayonnements ionisants – est susceptible d'induire ces affections. Un cas classique en toxicologie de l'environnement est celui des travailleurs de l'industrie des matières plastiques exposés à une substance, le chlorure de vinyle, monomère des PCV. On a relevé dès le début des années 1970 une incidence catastrophique d'un cancer autrefois rarissime, l'angiosarcome hépatique, chez les travailleurs travaillant dans les installations de polymérisation. Il en a été par exemple de même pour le cancer de la vessie dont l'incidence s'est avérée impressionnante chez les travailleurs de l'industrie des colorants exposés à des vapeurs de benzidine. Ainsi, alors que dans l'ensemble de la population américaine, l'incidence de ce type de cancer est inférieure à 15 cas pour 100 000, il atteignait 21% chez les travailleurs affectés à des unités de production de benzidine.

◆ **~ du poumon** (*lung cancer*) : affection dont la prévalence tend à s'accroître de façon préoccupante. La cause quasi unique de ce phénomène tient en la croissance du tabagisme. En outre et par voie de conséquence, la pollution des locaux domestiques et professionnels par la fumée de tabac induit une incidence de cette affection sur la population de non fumeurs exposés de façon passive. D'autres cancers de ce type résultent d'exposition professionnelle à des aéropolluants cancérogènes. Ainsi, on a pu mettre en évidence cette affection dans certaines industries chimiques et chez les mineurs. Un phénomène de potentiation a été démontré chez les mineurs d'uranium américains fumeurs exposés simultanément aux cancérogènes de la fumée de tabac et aux effets carcinogènes de l'irradiation du poumon par le radon lequel se rencontre à des concentrations élevées dans les mines d'uranium. ***(Voir aussi Amiante, Cancérogène, Pollution, effet sur la santé humaine, Radon, Tabagisme)*** ◆ **~ du sein** : cette affection connaît une inquiétante incidence dans les populations des pays développés. Il a été démontré que cette dernière peut s'expliquer *pro parte* par l'exposition aux substances organohalogénées telles le DDT ou les PCB qui sont douées de propriétés œstrogéno-mimétiques. ◆ **~ de la thyroïde** : la prévalence de cette affection s'est également accrue de façon considérable, à tout le moins en ce qui concerne ses formes œstrogéno-dépendantes, au cours des dernières décennies. Il en a été *a fortiori* de même dans les populations exposées à une pollution par l'iode radioactif. Tel a par exemple été le cas des survivants d'Hiroshima et de Nagasaki, et des Américains vivant dans le Nevada, État où se situait le polygone d'essai d'armes nucléaires, établi à l'ouest de sa capitale, la ville de Las Vegas, ou encore des populations exposées accidentellement dans l'archipel d'Eniwetok où furent testées les bombes H américaines, enfin, plus près de nous des habitants du Nord de l'Ukraine et de la Biélorussie exposés aux retombées de l'accident de Tchernobyl. ◆ **~ de la vessie** : l'incidence de cette dernière affection est corrélée au tabagisme ainsi qu'à l'exposition professionnelle à diverses substances cancérogènes, en particulier aux amines aromatiques. ***(Voir aussi Cancérogenèse, Mutagènes)***

Principales classes de cancérogènes chez l'homme (Ici sont figurées à la fois des substances dont la cancérogénicité est épidémiologiquement démontrée chez l'homme et celles présomptivement cancérogènes selon le CIRC car ayant fait preuve de telles potentialités en expérimentation animale)	
Classe ou exemple	**Principales causes de pollution et (ou) d'exposition de l'homme**
Radiations ultraviolettes et radiations ionisantes	Exposition abusive à la lumière solaire. Usages scientifiques, médicaux et industriels des rayons X.
Radionucléides artificiels	Usages scientifiques et médicaux des radioéléments. Pollution de l'environnement due à l'industrie nucléaire.
Radon	Pollution de l'air dans certaines mines, dans les habitations sises sur terrain cristallin, plus rarement pollution des eaux de boisson.
Chrome et chromates	Pigments de peintures, industries chimiques, utilisations scientifiques.
Cadmium	Industries électroniques, traitement de surface, stabilisants de matières plastiques.
Arsenic	Industrie pharmaceutique, pesticides, sols naturellement contaminés.
Amiante	Pollution des locaux d'habitation, exposition dans les industries concernées.
Aflatoxine et autres substances naturelles cancérogènes	Substances naturelles provenant du développement de certains champignons ou de plantes supérieures contaminant les produits alimentaires.
Hormones stéroïdes et substances œstrogénomimétiques	Additifs alimentaires des animaux domestiques (DES = diethylstilbœstrol). DDT et autres insecticides organochlorés donnant des résidus dans l'alimentation, divers autres groupes de composés organiques de synthèse.
Hydrocarbures aromatiques polycycliques (HAP)	Fumée de tabac. Pollution atmosphérique (raffineries de pétrole, cockeries, combustion des charbons et des fuels, échappements des véhicules à moteur surtout des diesels).
Anthracène, benzopyrène, fluoranthène, cholanthrène, etc.	Pollution atmosphérique, tabagisme, pollution des aliments via les sols et certaines pratiques de préparation alimentaire (cuisson au bois, fumage).
Benzène et certains de ses dérivés	Pollution de locaux professionnels.
Monomères de matières plastiques	Pollution de l'air dans les unités de fabrication industrielles, contact cutané avec certains monomères, à l'état de trace provenant de l'utilisation de certains emballages plastiques.
Acrylamide, chlorure de vinyle, résines époxydes, styrène, bi-chlorométhyl-éther	Impuretés dans certaines résines synthétiques.
Insecticides organochlorés : DDT, cyclodiènes chlorés	Exposition en milieu rural, contamination des aliments par des résidus de traitements. Pollution des aliments ou de l'eau de boisson.
Autres pesticides : amitrole, certaines triazines, solvants chlorés, dibrométhane, perchloréthylène, chloroforme, tétrachlorure de carbone	Pollution de l'air en milieu industriel ou artisanal. Pollution diffuse des eaux.
Dioxines	Impuretés de certains pesticides. Combustions incomplètes de composés organochlorés. Contamination des chaînes alimentaires de l'homme via les retombées atmosphériques.
Chlorodibenzofurans	Combustions incomplètes de composés organochlorés.
Amines aromatiques	Caoutchouc synthétique.
Bêta-naphtylamine	Industrie de colorants. Exposition en milieu industriel.
Benzidine	Idem.
Diazoïques	Idem.
Dérivés du triphénylméthane	Idem.
Rhodamine	Idem.
Nitrosamines	Adjuvants du caoutchouc. Production présomptive par métabolisation des nitrites contenus dans les aliments.
Cyclamates, chlorure de carbamoyle, sulfate de diméthyle et de diéthyle	Edulcorants additifs alimentaires. Intermédiaires de synthèse dans l'industrie chimique.
Poussières métalliques, béryllium.	Alliages légers. Pollution de l'air dans les locaux professionnels.

cancérogène(s), n. m. et adj. ◆ **agents ~** (*cancerogenic agents*) : l'exposition des Vertébrés, à de nombreuses substances chimiques, ou encore aux rayonnements ionisants, est susceptible de provoquer des cancers, de façon générale par l'induction de mutations somatiques dans les cellules exposées. Historiquement, l'existence de substances chimiques cancérogènes a été mise en évidence dès la fin du XVIIIe siècle par le médecin britannique Pott, lequel avait observé une incidence élevée du cancer du scrotum chez les ramoneurs. Il avait mis celle-ci en corrélation avec le contact cutané avec la suie. Il fut ultérieurement démontré que l'on devait attribuer cet effet cancérogène aux HAP contenus dans les suies. ◆ **~ en milieu terrestre** : la pollution de l'environnement par de nombreux contaminants des sols est susceptible d'induire de tels effets, car diverses substances chimiques peuvent être absorbées par les plantes cultivées et passer dans l'alimentation de l'homme. ◆ **~ en milieu aquatique** : de nombreux polluants des eaux sont cancérogènes (certains solvants chlorés et autres composés organohalogénés, HAP, dioxines, nitrosamines, certains éléments toxiques comme le cadmium ou l'arsenic). ◆ **principaux groupes de ~** : il existe un nombre considérable de polluants cancérogènes. Le Centre International de Recherche sur le Cancer (CIRC) de Lyon publie des listes de substances dont les effets cancérogènes sont épidémiologiquement prouvés chez l'homme ou considérés comme présomptifs pour notre espèce car leur potentiel de cancérogenèse a été démontré en expérimentation animale. Parmi les composés minéraux, on note l'amiante, l'arsenic, le chrome, le béryllium, le cadmium et leurs composés respectifs ainsi que le nickel et certains de leurs dérivés. Parmi les substances organiques, on a dénombré un très grand nombre de molécules cancérogènes. Parmi ces dernières figurent en particulier les amines aromatiques, les nitrosamines, le benzène et certains de ses dérivés chlorés, les hydrocarbures aromatiques polycycliques, les huiles minérales, le goudron et le bitume. Un grand nombre de composés organochlorés sont des cancérogènes dont le chlorure de méthyle, les chlorométhyléthers, certains solvants chlorés comme le dibrométhane, le perchloréthylène, le chloroforme et le tétrachlorure de carbone, des intermédiaires de synthèse comme le chlorure de carbamoyle, certains insecticides organochlorés, dont le DDT, les dioxines dont la TCDD, ainsi que d'autres pesticides tels l'amitrole et l'aramine. Parmi les colorants, on note les azoïques, et certains diazoïques, certaines phtaléines comme la rhodamine, les dérivés du triphénylméthane. Parmi les monomères de matières plastiques figurent entre autres l'acrylonitrile, le chlorure de vinyle, le styrène, des époxydes, le formaldéhyde. À cela devraient être ajoutés en particulier les PCB et divers autres pesticides comme certaines triazines, également considérées comme potentiellement cancérogènes à partir de certaines données de l'expérimentation animale. Le tableau ci-contre figure les principales classes de cancérogènes et les principales causes d'exposition de l'homme qui leurs sont associées. ***(Voir aussi Cancérogenèse, HAP, Mutagènes)***

cancérogenèse, n. f. (*carcinogenesis*). Processus pathologique induisant la formation de cancers chez de nombreux groupes animaux. Il existe plusieurs modalités de cancérogenèse. Certaines sont associées à l'existence de virus dits oncogènes; d'autres résultent de l'exposition à des substances chimiques dites de ce fait cancérogènes ou encore à des radiations ionisantes. ◆ **~ chimique** : elle est le fait de deux types de substances cancérogènes : des agents *inducteurs* qui, par leur action sur l'ADN cellulaire, provoquent directement la cancérogenèse et les *promoteurs* qui agissent en dérépresseurs, supprimant l'inhibition des effets carcinogènes de certains inducteurs auxquels le sujet est simultanément exposé.

Les cancérogènes chimiques présentent un ensemble de particularités. Leurs effets cancérogénétiques se caractérisent par l'occurrence d'un temps de latence qui sépare le début de l'exposition à un cancérogène et l'apparition des symptômes cliniques de la maladie. De plus il existe toujours une relation inverse entre l'importance des doses reçues et le délai d'apparition des cancers qui découle de l'existence d'une dose totale constante quelle que soit la durée de l'exposition. Une longue durée d'exposition à de faibles concentrations présente un effet équivalent à une durée plus brève mais à une dose plus forte.

Cette propriété du phénomène de carcinogenèse fut mise en évidence en 1949 par les travaux de Druckrey et Kupfmuller sur un colorant alimentaire la paradiméthyl aminoazobenzène, dit « jaune de beurre ». Ces auteurs montrèrent que l'induction expérimentale d'un cancer hépatique chez le rat était le fait d'une dose cumulée de 1g qu'elle soit administrée en 34 ou 350 jours d'exposition donc avec une dose journalière de 30 à 3 mg. Pis encore, d'autres travaux effectués ultérieurement par les mêmes chercheurs sur l'effet de la diéthylnitrosamine montrèrent même que l'exposition échelonnée dans le temps à de très petites doses implique une diminution de la dose totale nécessaire pour l'induction de cancers. En outre, la dose totale inductrice sera d'autant plus faible que la dose journalière est plus réduite.

On peut donc aussi conclure que la cumulation des doses et de la sommation des effets conduit à envisager l'action cumulative des cancérogènes pendant plusieurs générations et implique la nécessité de procéder à des expériences portant au moins sur deux générations consécutives d'animaux de laboratoire afin d'évaluer les effets potentiels des polluants chimiques cancérogènes. ***(Voir aussi Cancer, Cancérogène)***

cancérogénicité, n. f. (*cancerogenicity*). Propriété qu'ont certaines substances chimiques ou facteurs physiques à provoquer le développement de cancers chez les sujets qui leurs sont exposés. Elle constitue l'un des aspects les plus préoccupants de l'exposition des populations humaines aux polluants, beaucoup d'entre eux étant potentiellement cancérogènes. ***(Voir aussi Cancérogène)***

Candolle de, Alphonse, Louis (1806-1896). Professeur de Science Naturelle à l'Université de Genève et lui-même fils de Pyrame de Candolle, célèbre botaniste, auteur de « *Prodromus systematis naturalis regni vegetabilis* » auquel il succéda à cette Université. A. L. de Candolle est considéré comme le fondateur de la biogéographie au travers de deux de ses ouvrages, « La géographie botanique raisonnée » (1855) et « La phytogéographie » (1880).

CANDU (*Canadian Deuterium Uranium Reactors*). Voir Réacteurs nucléaires.

canne à sucre, n. f. (*sugar cane*) (n. sc. *Saccharum officinale*). Graminée faisant l'objet de très importantes cultures d'exportation dans diverses régions tropicales du globe. La production est de l'ordre de 10 à 20 t de sucre brut par hectare. Les variétés actuelles sont hybrides et à croissance rapide. La canne à sucre représente la culture dont le rendement photosynthétique est le plus élevé, excédant 3% du flux solaire incident. Les plantations de canne à sucre provoquent de graves dégradations, souvent irréversibles, de la nature et de l'environnement dans les régions où cette culture est pratiquée. Dans l'ensemble des Antilles – et pas seulement à Cuba –, elle a conduit à la destruction de très vastes surfaces de forêts tropicales riches en espèces endémiques.
Par ailleurs, l'usage des pesticides en particulier du 2,4,5-T, comme désherbants et débroussaillants dans ces cultures provoque des effets indirects sur la végétation primitive d'où la régression des vestiges de forêts qui jouxtent les champs de canne et qui sont atteintes par les dérives d'aérosols. Ce problème est particulièrement préoccupant pour les forêts de la zone littorale du Queensland en Australie où subsiste une forêt pluvieuse tropicale primitive. Enfin, les pesticides utilisés sur les plantations de canne proches des côtes polluent les eaux littorales avec des conséquences écotoxicologiques pour les récifs coralliens. ***(Voir aussi Saccharum)***

Champ de **canne à sucre** (*Saccharum officinale*) à la Guadeloupe près de Sainte-Rose. L'extension de cette culture a été la cause d'une importante perte de biodiversité dans l'ensemble de la région des Antilles car elle s'est effectuée au détriment de forêts pluvieuses tropicales de plaine d'un endémisme et d'une biodiversité considérables. (Cliché F. Ramade)

cannibale, n. m. et adj. (*cannibalistic*). Désigne les animaux chez lesquels une prédation des adultes s'exerce sur les jeunes et (ou) sur les autres individus de la même population. Dans l'espèce humaine, le cannibalisme, très répandu au Paléolithique, a été pratiqué jusqu'à la fin du XIXe siècle dans diverses ethnies, en particulier d'Afrique Centrale et Orientale, chez de nombreux peuples des Iles Pacifiques et chez certains aborigènes d'Asie du Nord-Est. Le dernier peuple cannibale a été celui des Asmats, sur la côte Sud-Ouest d'Irian Jaya (Nouvelle-Guinée occidentale), il aurait abandonné cette pratique seulement à la fin des années 1950.

cannibalisme, n. m. (*cannibalism*). Forme de prédation qui se pratique entre individus d'une même espèce. Le cannibalisme se rencontre dans l'ensemble du règne animal, espèce humaine inclus. Quand il s'exerce au détriment des jeunes, ce qui est souvent le cas en particulier chez diverses espèces d'Arthropodes, il peut représenter une forme de régulation naturelle des populations, très fréquente chez les Arachnides par exemple.
On le rencontre aussi chez des espèces de poissons dulçaquicoles et omnivores, tels les carpes par exemple, ayant un très fort potentiel biotique, lorsque leur habitat est dépourvu de végétation aquatique. Ici s'établit une chaîne trophique de type cannibalistique, les alevins et les jeunes étant planctonophages et les adultes se nourrissant par prédation sur les jeunes. ***(Voir aussi Prédation)***

canopée, n. f. (*canopy*). Partie supérieure de la couronne des arbres. Ce terme s'utilise aussi pour désigner l'ensemble de la limite supérieure de la couverture végétale forestière qui reçoit directement la lumière incidente. L'explora-

Vue de la **canopée** dans une forêt pluvieuse d'Amérique tropicale au parc national de Guadeloupe. La canopée de ces forêts constitue de nos jours encore au plan de sa biodiversité la dernière frontière, encore largement inexplorée, de la biosphère. (Cliché F. Ramade)

tion de la canopée des forêts pluvieuses tropicales a été entreprise avec le « radeau des cimes » du Professeur Hallé. Celui-ci constitue l'instrument le plus performant dont on dispose pour explorer ce type d'habitat très mal connu. La canopée des forêts tropicales constitue en effet la dernière frontière de la biosphère encore à explorer et présente une extraordinaire biodiversité. ***(Voir aussi Biodiversité, Forêts tropicales, Frondaison)***

canyon, n. m. (*canyon*). Voir Colorado.

Canyonland, parc national de (*Canyonland National Park*). Situé dans l'Utah, il couvre 104 000 ha. Ce parc protège un ensemble de gorges profondes correspondant à l'amont du Colorado et à certains de ses affluents ainsi que des écosystèmes semi-arides situés sur les plateaux gréseux dans lesquels sont creusés ces canyons.

capacité, n. f. (*capacity*). ◆ **~ au champ** (*field capacity*) : capacité de rétention d'eau par un sol après écoulement de l'eau d'imbibition excédentaire par gravitation. ◆ **~ d'échange des sols** (*soil exchange capacity*) : voir Complexe absorbant, Sol. ◆ **~ d'un fleuve** (*capacity of stream*) : charge maximale de particules solides en suspension que peut transporter un cours d'eau. Elle dépend, en plus du débit, de la taille des particules, la charge volumique en kilogramme par m^3 d'eau étant d'autant plus grande que les particules sont plus fines. De cette capacité dépend l'importance de la sédimentation dans la zone d'accumulation de l'hydrosystème fluvial. ***(Voir aussi Hydrosystème, Sédimentation)*** ◆ **~ limite du milieu** (*carrying capacity*) : voir Logistique, Population, Stratégies démographiques. ◆ **~ limite des pâturages** (*range carrying capacity*) : voir Surpâturages.

capillaire, adj. ◆ **action ~** (*capillary action*) : processus par lequel l'eau des sols se déplace dans toutes les directions au travers des pores grâce aux forces de tensioactivité. ◆ **eau ~** (*capillary water*) : eau qui est maintenue dans les pores des sols après écoulement total de l'eau de gravité qui est disponible pour les racines. Elle correspond à l'eau contenue dans les pores de diamètre compris entre 10 μ et 0,2 μ. Au-dessous, on a affaire à de l'eau liée qui est inutilisable par les plantes. ***(Voir aussi Sol)***

capillarité, n. f. (*capillarity*). Processus lié à la tensioactivité de l'eau qui se traduit par son ascension dans les pores du sol ou dans les vaisseaux des plantes vasculaires.

capitule, n. m. (*capitulum*). Inflorescence supportée par la partie sommitale d'un pédoncule élargi en plateau constituée par la juxtaposition d'un grand nombre d'éléments floraux. Les fleurs de Composées (tournesol par exemple) sont des capitules.

Capparales, n. sc. Ordre de Dicotylédones dialypétales, de la sous-classe des Dilléniidés. Il comporte plusieurs familles de grande importance botanique : les Capparidacées (capriers), les Crucifères (ou Brassicacées), les Fumariacées, les Papavéracées, les Résédacées. ***(Voir aussi Crucifères)***

Capra, n. sc. ◆ ***~ aegragrus*** (*wild goat*) : espèce de chèvre sauvage dénommée Bézoar propre aux Balkans et à l'Asie mineure. ***(Voir aussi Chèvre)*** ◆ ***~ hircus*** (n. sc. de la chèvre) : voir Chèvre. ◆ ***~ ibex*** : voir Bouquetin.

Capridae, n. sc. Famille de mammifères artiodactyles à laquelle appartiennent en particulier les chèvres.

caprification, n. f. (*caprification*). Pollinisation des figuiers par des insectes de la famille des *Agaonidae*. ***(Voir aussi Agaonidae, Blastophage, Figuier)***

caprin, n. m. (*goat cattle*) et adj. (*caprine*). Désigne l'ensemble des races domestiques de chèvres.

Bien adaptés aux climats chauds et (ou) semi-arides, voire désertiques, la multiplication des caprins exerce dans l'ensemble de la Méditerranée et dans de nombreux pays du Tiers monde une action destructrice préoccupante sur le couvert végétal. À la différence des bovins (mais de même que les ovins), les caprins arrachent l'herbe qu'ils broutent. En outre, ils sont capables d'ingérer des végétaux ligneux de faible capacité nutritive montrant un grand éclectisme alimentaire et accentuant de ce fait l'altération du couvert végétal quand l'ensemble des plantes fourragères sauvages a été déjà pâturé. Leur action dans la déforestation et la désertification est accentuée par le fait qu'ils peuvent grimper aux arbres pour se nourrir de branchage. ***(Voir aussi Chèvre)***

captage, n. m. (*drafting*). Technique consistant à prélever tout ou partie du débit d'écoulement d'un aquifère pour alimenter un réseau d'adduction ou d'irrigation. ◆ **complexe aquifère/ouvrage de ~** (*drafting device*) : ensemble constitué par la partie captante située à la base du puits ou du sondage (crépine et généralement massif filtrant) ainsi que par l'aquifère situé au voisinage immédiat du forage. ***(Voir aussi Aquifère)***

capture(s), n. f. ◆ **~ d'un cours d'eau** (*stream piracy*) : phénomène géodynamique par lequel la section d'un cours d'eau, en général la plus amont, devient l'affluent d'un autre. Cela peut résulter de la confluence de deux fleuves qui se jouxtent, consécutive au méandrage, ou encore du comblement du lit d'un cours d'eau par la sédimentation avec pour conséquence un exhaussement dont a résulté son déversement dans un cours d'eau voisin.

◆ **effort de ~** (*constant effort harvesting*) : voir Effort.

◆ **méthode des ~ et recaptures** (*mark-recapture method*) : méthode d'étude des populations animales qui consiste à capturer un certain nombre d'individus de la population étudiée, à les marquer puis à les relibérer et ensuite à effectuer une nouvelle campagne de captures. On peut de la sorte calculer l'effectif et déterminer la structure d'âge de la population.

En première approximation, si N est l'effectif de la population dont on veut faire l'estimation, T le nombre d'individus capturés et marqués lors de la première campagne de marquage, n le nombre d'individus capturés lors d'une deuxième campagne dans lesquels t sont marqués, dans ces conditions, le nombre d'individus estimé que comporte la population sera donné par la relation :

$$N = \frac{nT}{t}$$

Si le nombre d'individus repris est inférieur à 20, la formule :

$$N = \frac{T(n+1)}{t+1}$$

donne une estimation plus précise de l'effectif. Un perfectionnement de cette méthode mis au point par Bailey consiste à procéder à trois campagnes de capture et marquage successives. (***Voir aussi Bailey***)

caractère(s), n. m. ◆ **hérédité des ~ acquis** (*acquired character heredity*) : désigne dans la théorie néolamarckienne le fait que la réponse adaptative aux facteurs de l'environnement influencerait le génome de sorte que les caractères acquis par les organismes en réaction à une contrainte environnementale deviendraient héréditaires ◆ **~ adaptatifs** (*adaptative characters*) : caractères résultant d'une adaptation physiologique et (ou) morphologique liés à une exposition à des facteurs écologiques contraignants, par exemple la présence d'une livrée blanche en hiver chez les Mammifères vivant dans des régions froides, ou encore l'existence de diapause pendant la mauvaise saison chez beaucoup d'insectes de nos pays. ◆ **convergence de ~** (*character convergence*) : évolution dans le sens d'une similitude de morphologie ou de comportement permettant une interaction plus facile entre individus d'espèces différentes (mimétisme social). ◆ **divergence de ~** (*character divergence*) : évolution des différences entre espèces voisines se rencontrant dans la même aire biogéographique et causée par les effets sélectifs de la compétition à l'intérieur d'une même guilde. Ce phénomène a été observé pour la première fois par Darwin chez les pinsons des Galapagos, en comparant des individus de certaines espèces vivant soit en allopatrie sur certaines îles ou à l'opposé en sympatrie sur d'autres. (***Voir aussi Niche écologique***)

caractéristique, adj. ◆ **espèce ~** (*character species*) : voir Phytosociologie.

Caraïbes ◆ **mer des ~** (*Caribbean sea*) : mer en grande partie fermée, comprise entre le Mexique et le Sud des États-Unis et vers l'ouest par l'Archipel des petites Antilles. ◆ **province des ~** (*Caribbean province*) : province biogéographique constituée par l'ensemble des îles Caraïbes c'est-à-dire les grandes et les petites Antilles ainsi que la Mésoamérique. Elle possède une grande biodiversité même à l'intérieur du règne néotropical. Elle compte par exemple plus de 500 genres de plantes supérieures endémiques. L'île de Cuba compte à elle seule plus de 8 000 espèces de Phanérogames avec un fort taux d'endémicité.

carbamates, n. m. (*carbamates*). Famille d'insecticides de synthèse neurotoxique, doués de propriétés anticholinestérasiques, donnant lieu à un vaste emploi dans la lutte contre les ravageurs des cultures et autres déprédateurs. La

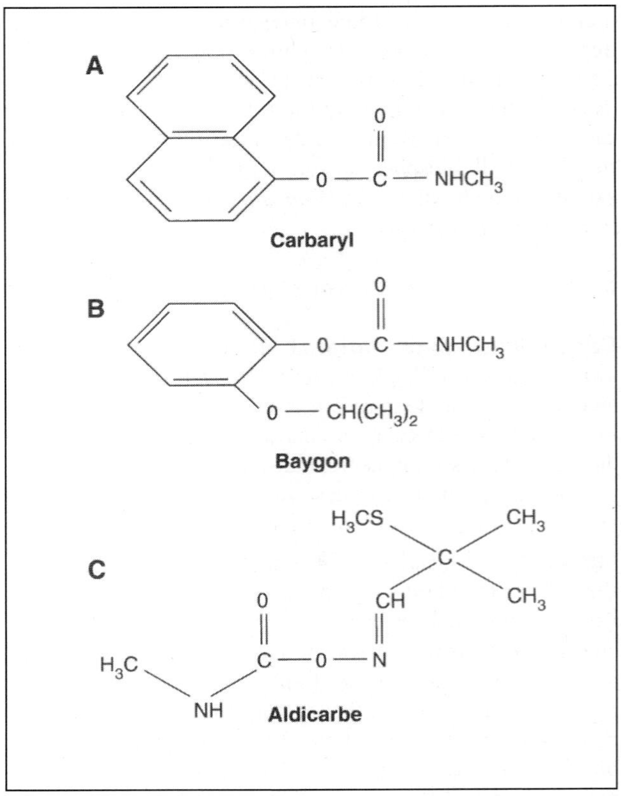

Formule générale de trois insecticides du groupe des N-méthyl-**carbamates** : A) Carbaryl (aussi dénommé Sevin®) ; B) Baygon® (isopropoxyphényl-N-méthyl-carbamate) ; C) Aldicarbe (encore dénommé Temik®).

formule générale des carbamates insecticides les plus utilisés, les N-méthyl carbamates, est la suivante :

$$R - C(O)\text{–}NHCH_3$$

où R est un radical organique.

De ces derniers, on peut citer le carbaryl et l'aldicarbe, qui est une oxime carbamate douée de puissantes propriétés d'insecticides systémiques, très utilisé en grande culture (betterave par exemple). Doué d'une extrême toxicité (DL 50 = 1 mg/kg), cet insecticide soulève de redoutables problèmes d'environnement industriel ainsi que de pollution des eaux car il est relativement hydrosoluble.

La synthèse des carbamates fait appel à un redoutable intermédiaire, le MIC, responsable de la catastrophe de Bhopal. (***Voir aussi Aldicarbe, Bhopal, Méthyl-Iso-Cyanate***)

carbaryl, n. m. (*carbaryl*). Ce carbamate insecticide, plus connu sous son nom commercial de Sevin® est le 1-naphtyl-N-méthyl carbamate. Il présente une faible toxicité pour les vertébrés à sang chaud et donne lieu à diverses applications contre les insectes défoliateurs.

carbonate(s), n. m. (*carbonate*). Sels de l'acide carbonique, les carbonates sont des minéraux contenant l'anion carbonate CO_3^{2-} qui interviennent de façon majeure dans la constitution des roches sédimentaires (calcaires, dolomies en particulier). Ils jouent un rôle important dans l'écologie des milieux aquatiques car ils permettent la mise en solution de quantités considérables de CO_2 utilisées par la photosynthèse des organismes autotrophes aquatiques. En outre, ils jouent un rôle essentiel dans le transfert du calcium vers les animaux aquatiques. ◆ **~ de calcium** : minéral prépondérant parmi les divers minéraux sédimentaires, il se rencontre principalement sous deux formes dans la nature : la calcite qui constitue, dans ses diverses variétés pétrographiques de calcaires, d'immenses dépôts sédimentaires, et l'aragonite produite par les êtres vivants qui se dépose dans la coquille de diverses espèces d'Invertébrés aquatiques. (***Voir aussi Calcaire, Calcium***) ◆ **~ de magnésium** : il forme en mélange avec le calcium une roche carbonatée très répandue dans la nature, la dolomie, selon la réaction :

$$\underset{\text{calcite}}{2\,Ca(CO_3)(s)} + Mg^{2+} = \underset{\text{dolomie}}{Ca\,Mg(CO_3)_2(s)} + Ca^{2+} \qquad (1)$$

◆ **solubilité des ~** : la dissolution d'un carbonate d'un métal divalent M dans de l'eau pure conduit à l'apparition des espèces chimiques dissoutes suivantes : M^{2+}, H_2CO_3, HCO_3^-, CO_3^{2-}, H^+ et OH^-. De façon générale, le produit de solubilité des carbonates est faible, celui des bicarbonates élevé. L'addition d'acide ou de base change le pH et les relations de solubilité. (***Voir aussi Solubilité***)

carbone, n. m. (*carbon*) (C). Élément de numéro atomique Z = 6 et de masse atomique Ar = 12 dont le corps simple à la température ordinaire est un solide (graphite ou diamant selon la forme cristalline). Il s'agit de l'élément biogène majeur dont l'importance écologique résulte à la fois de son rôle essentiel dans la constitution de la matière vivante et de son influence déterminante dans l'ajustement des climats terrestres au travers de certains gaz de serre essentiels, en particulier le CO_2 et le méthane. ◆ **cycle du ~** : le cycle du carbone représente le cycle biogéochimique princeps puisque le carbone constitue l'élément clef de toutes les substances biochimiques et le moteur de tous les autres cycles d'éléments biogènes. Ce cycle est régulé par deux processus antagonistes : la photosynthèse et la respiration. On observe un certain découplage entre le cycle du carbone dans les écosystèmes continentaux et dans l'océan. En effet, les échanges de CO_2 entre l'air et les biocœnoses terrestres sont relativement rapides. Au contraire, ceux qui s'effectuent entre l'hydrosphère et l'atmosphère sont plus lents car l'océan mondial renferme un très important stock de CO_2 dissous (et de carbone particulaire) de sorte que ce gaz y est largement en excès et ne constitue pas un facteur

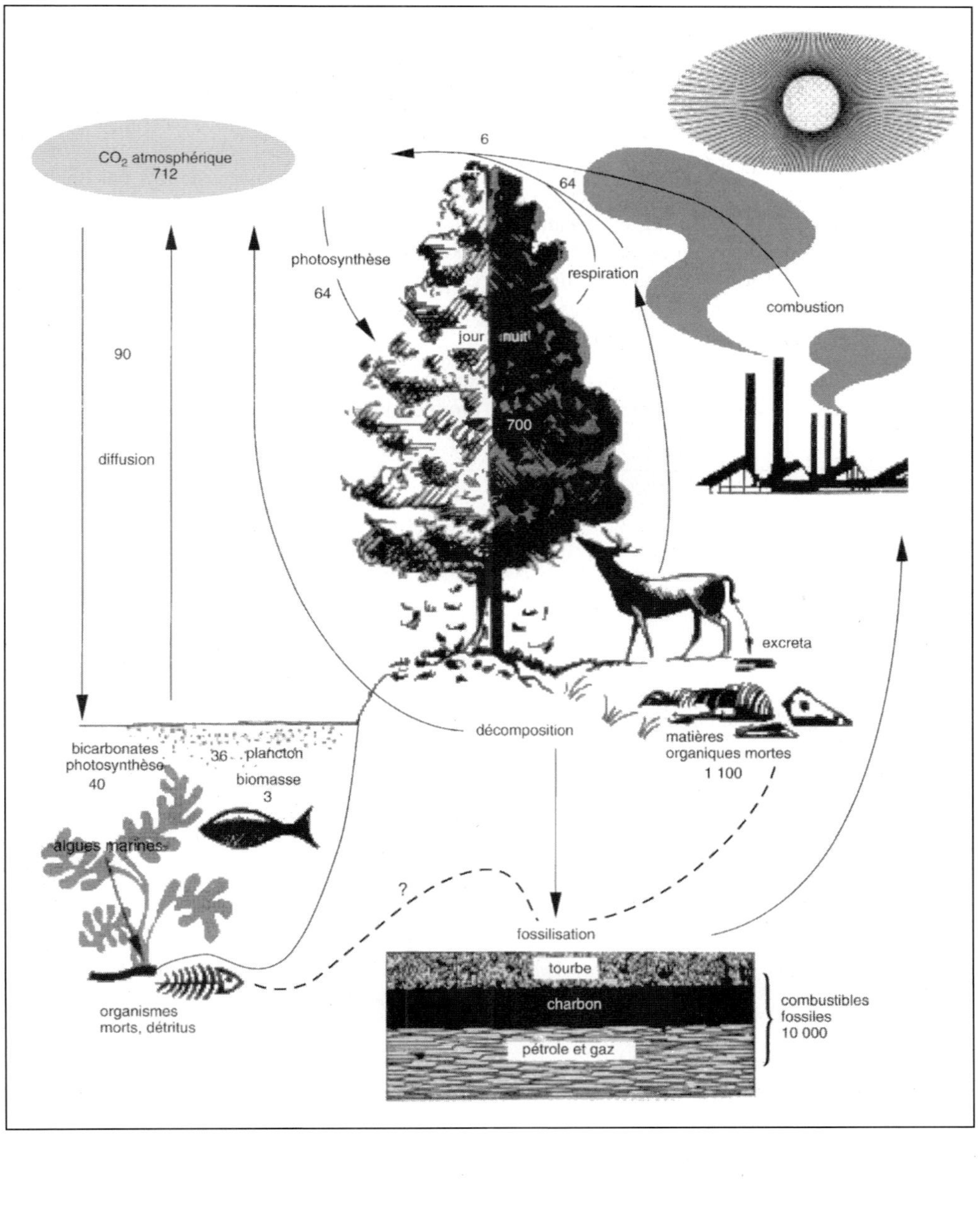

Schéma du cycle du **carbone** dans la biosphère mettant en évidence les effets inverses de la photosynthèse et de la respiration. Les nombres figurent des milliards de tonnes d'équivalent-carbonne. (D'après Ramade F., *Écologie fondamentale*, Ediscience international, 2e ed., 1994, p. 334)

limitant pour la photosynthèse en milieu aquatique. Il existe cependant des échanges abiotiques de carbone entre les trois compartiments de la biosphère par dissolution ou dégazage à l'interface océan-atmosphère, entraînement des bicarbonates des continents vers l'hydrosphère par suite des phénomènes de dissolution et par le jeu du cycle de l'eau, sédimentation de ces carbonates au fond de l'océan. Par suite des déphasages existant entre ces divers processus, ce cycle s'effectue de façon relativement disjointe dans chacun des compartiments biosphériques, tout au moins lorsque l'on se place sur un faible intervalle de temps. ◆ **principaux flux et stocks de ~ dans la biosphère** : on distingue toujours dans le cycle du carbone la biosphère continentale et océanique. Pris sur une faible durée de temps, ce cycle s'effectue de façon distincte, quasi autonome dans chacun de ces compartiments biosphériques. L'atmosphère renferme 712 milliards de tonnes d'équivalent carbone de sorte que le flux photosynthétique annuel des biomes continentaux correspond à environ 8,9% du stock gazeux de CO_2. En milieu terrestre, l'essentiel de la fixation de carbone par la biomasse végétale est le fait des plantes supérieures, en particulier des arbres. Photosynthèse et respiration y sont équilibrées en l'absence d'action de l'homme et donnent un flux de 64 milliards de tonnes d'équivalent carbone par an. Dans l'océan, ce flux est seulement de 40 milliards de tonnes par an. La majorité du stock de carbone organique continental est contenue dans la végétation. On estime à l'heure actuelle à plus de 700 milliards de tonnes la quantité de carbone organique stockée dans la biomasse continentale contre 827 au début du néolithique à laquelle il faut ajouter 1 100 à 1 700 milliards de tonnes contenues dans la matière organique morte des sols. En milieu océanique, et en général dans les biotopes aquatiques, le carbone se présente essentiellement sous forme inorganique dissoute et particulaire (carbonates). La biomasse marine est dérisoire par rapport à la biomasse terrestre (2 milliards de tonnes).

De façon générale, tant dans les écosystèmes aquatiques continentaux qu'océaniques, l'essentiel de la production

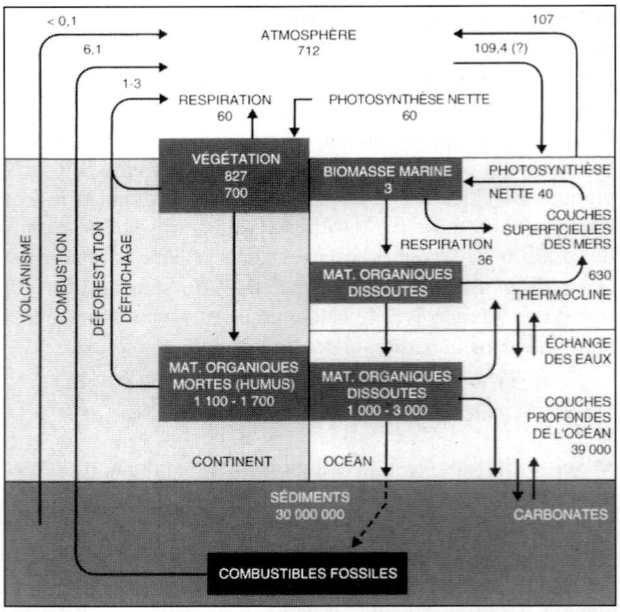

Cycle du **carbone** : flux et stocks dans la biosphère exprimés en milliards de tonnes d'équivalent carbone. On remarque le découpage entre, d'une part, les écosystèmes terrestres et, de l'autre, les écosystèmes océaniques par suite des importantes quantités de CO_2 et de bicarbonates dissous que renferment ces derniers. (D'après Woodwell, 1978, Bolin et al, 1987, mais modifié, in Ramade F., *Écologie appliquée*, Ediscience international, 5e ed. 1995, p. 156)

primaire est non pas le fait de végétaux supérieurs mais d'organismes autotrophes unicellulaires : algues phytoplanctoniques, cyanobactéries et bactéries autotrophes (picoplancton). À cette fixation du carbone s'ajoute dans les écosystèmes aquatiques celle due à l'action des bactéries phototrophes pélagiques (ou benthiques dans les zones littorales), lesquelles contribuent, avec les bactéries chimioautotrophes, au recyclage du carbone organique mais aussi *pro parte* à la fixation autotrophique du carbone minéral

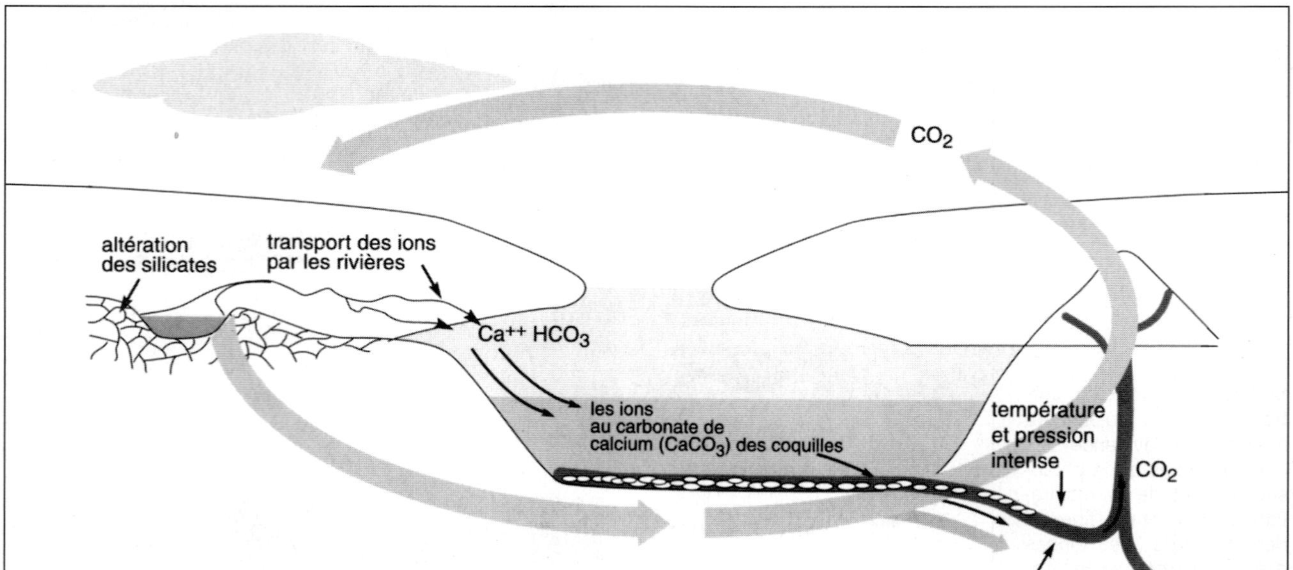

Couplage du cycle du **carbone** et du silicium dans l'écosphère. (D'après Kasting, Toon et Pollack, op. cit. mais modifié in Ramade F., *Écologie fondamentale*, Ediscience international, 2e ed., 1994, p. 332)

dissous dans l'eau. ◆ **rôle des phénomènes abiotiques dans le cycle du ~** : il a été montré que ces phénomènes purement géochimiques sont susceptibles d'expliquer les variations de taux de CO_2 atmosphérique observées sur une longue période de temps. En effet, la dissolution de CO_2 atmosphérique sous forme de bicarbonates diminue sa concentration dans l'air. Ensuite, l'érosion liée au lessivage des roches carbonatées superficielles des continents amène ce carbone dans l'océan, puis il est fixé sous forme de carbonate insoluble dans les exosquelettes de protistes et d'invertébrés marins qui constituent les roches sédimentaires carbonatées. Après un certain temps de séjour dans les couches lithosphériques profondes, les carbonates exposés au métamorphisme se transforment en silicates avec dégagement de CO_2 sous l'effet conjugué du réchauffement et de la compression. Le taux atmosphérique de ce gaz se remet alors à croître via le volcanisme.

Ce phénomène de couplage des cycles du carbone et du silicium, qui correspondrait à un cycle d'une période de 500 000 ans, est susceptible de donner une explication aux fluctuations climatiques observées. En effet, les périodes avec un fort taux de CO_2 atmosphérique induisant un intense effet de serre seraient marquées par un climat chaud et pluvieux qui augmenterait le lessivage et tendrait à diminuer le taux de CO_2 atmosphérique à long terme. À l'opposé, le climat froid et sec qui résulterait de cette diminution concomitante d'effet de serre ralentirait le lessivage, de sorte que le taux de CO_2 dans l'air se remettrait à monter et ainsi de suite alternativement. ***(Voir aussi Cycle biogéochimique)*** ◆ **perturbation du cycle du ~ due à l'action de l'homme** : la teneur en CO_2 de l'atmosphère est restée stable au cours des derniers millénaires jusqu'à ce que l'homme industriel se mette à brûler des quantités croissantes de combustibles fossiles. À cela s'ajoutent les dégagements dus aux cimenteries. Par ailleurs, bien qu'ils aient été longtemps méconnus, les rejets de CO_2 dans l'atmosphère dus à la déforestation doivent être ajoutés à ce bilan. Or la déforestation représente un apport non négligeable de CO_2 d'origine anthropique à l'atmosphère par l'effet conjugué de l'usage du bois comme combustible, de la destruction des forêts par l'incendie et encore plus par suite de la minéralisation par voie aérobie du carbone organique contenu dans les sols forestiers dénudés par le déboisement ou *a fortiori* par la défriche. Au total, il est actuellement estimé que les rejets de CO_2 d'origine industrielle dans l'atmosphère, toutes sources confondues, sont de l'ordre de 25 milliards de tonnes par an soit 6,85 milliards de tonnes par an d'équivalent carbone. Il faut ajouter à ce flux anthropogène les rejets provenant de la déforestation compris entre 1,5 et 3 milliards de tonnes par an d'équivalent carbone. Il résulte de ces effets conjugués une pollution atmosphérique par le gaz carbonique qui n'est plus compensée par les processus homéostasiques naturels régulant le cycle du carbone. En conséquence, la teneur en gaz carbonique de l'atmosphère croît sans cesse. Son accroissement estimé à 0,8 ppm(v) par an dans les années 1960 s'effectue de nos jours à un rythme moyen de 1,5 ppm(v) calculé sur la dernière décennie.

Il est prévu à partir de certains scénarios de consommation d'énergie pour le XXIe siècle effectués par l'Agence Internationale de l'Énergie que, selon l'intensité d'utilisation des combustibles fossiles – et donc la plus ou moins grande rigueur dans la réduction des émissions de CO_2 – la teneur

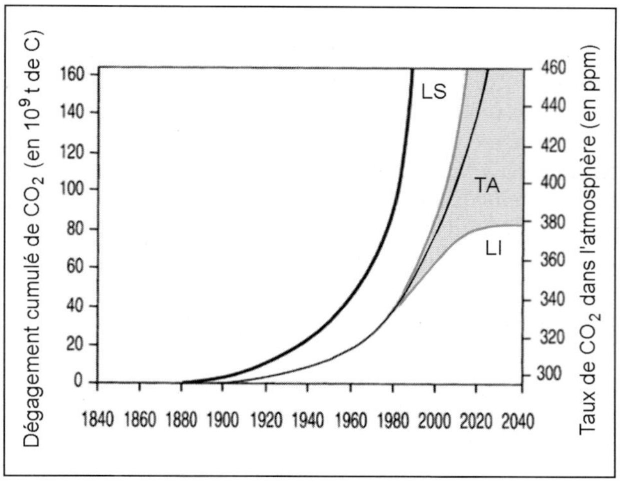

Perturbation par l'homme du cycle du **carbone**. Croissance du taux de CO_2 dans l'atmosphère depuis le début de l'ère industrielle et prévision de ses fluctuations à venir. Celles-ci sont faites en fonction de diverses hypothèses sur la consommation mondiale d'énergie établies dans les années 1980 par l'Agence Internationale de l'Energie (LS = limite supérieure de l'accroissement dans le scénario de croissance maximale de l'usage des combustibles fossiles. TA = extrapolation de la tendance actuelle. LI = limite inférieure de l'accroissement dans un scénario qui suppose un plafonnement de l'usage des combustibles fossiles). La courbe la plus à gauche figure l'évolution du CO_2 atmosphérique – selon la tendance actuelle de consommation de l'énergie – si toutes les quantités rejetées restaient dans l'atmosphère. (D'après diverses sources, in Ramade F., *Écologie appliquée*, Ediscience international, 5e ed., 1995, p. 154)

atmosphérique en ce gaz atteindrait de 450 ppm(v) à 550 ppm(v) d'ici 2050 – contre 370 ppm(v) en 2000 – et pourrait même doubler d'ici la fin du XXIe siècle dans les scénarios de consommation maxima de combustibles fossiles. En conséquence, les experts en climatologie considèrent que l'accroissement de l'effet de serre qui en résultera, joint à celui dû aux autres principaux gaz de serre (méthane, protoxyde d'azote, ozone troposphérique) pourrait conduire d'ici la deuxième moitié de ce siècle à un bouleversement climatique global. ***(Voir aussi Climat, CO_2, Serre)*** ◆ **~ organique total** (*total organic carbon*) (abbrév. : COT) : quantité totale de matières organiques présentes en solution et en suspension dans une eau. Au plan analytique, elle correspond à la différence entre le carbone total et le carbone minéral contenu dans l'échantillon étudié. On la mesure par détection infrarouge de la quantité de CO_2 formée par gazéification de la matière organique portée à 900°C (carbone total), à laquelle on soustrait celle obtenue à 150° C (carbone minéral). Elle peut aussi se mesurer par oxydation chimique (persulfate + UV). ***(Voir aussi DCO)*** ◆ **~ organique dissous** (COD) (*dissolved organic carbon*) : teneur totale d'une eau en les diverses formes organiques du carbone hydrosoluble. Il est mesuré après enlèvement par filtration des matières organiques en suspension. ***(Voir aussi DBO, DCO)*** ◆ **monoxyde de ~** : voir CO. ◆ **carbone 14 (^{14}C)** : isotope naturel radioactif du carbone de période 5 568 ans. Le ^{14}C se forme spontanément dans la haute atmosphère par capture neutronique par l'azote 14. Comme les êtres vivants absorbent des matières carbonées tout au long de leur vie, soit chez les autotrophes, sous forme de CO_2 (photosynthèse végétale), soit par absorption de matières organiques par leur nutrition (hétérotrophes), la teneur en ^{14}C d'un organisme reste constante tant qu'il est en vie. À sa mort, le renouvellement du ^{14}C n'étant plus assuré par le métabolisme, il devient possible, en mesurant la teneur relative de ^{14}C de déterminer l'âge approximatif de l'être vivant considéré. Cette méthode de datation, développée par Libby dans les années 1940, s'est avérée du plus grand intérêt en paléoécologie.

Carbonifère, n. m. (*Carboniferous*). Période de l'ère primaire qui s'est étagée entre – 355 et – 295 millions d'années et au cours de laquelle se sont effectués les plus importants dépôts de charbon. Les conditions paléoécologiques qui prévalaient au Carbonifère ont permis à d'immenses forêts de Lycopodiacées, de Sphénopsides, de fougères arborescentes et de Cordaïtes de constituer de colossaux dépôts de charbon, essentiellement au cours du Carbonifère supérieur entre – 325 et – 295 millions d'années, avec pour contrepartie une importante diminution du taux de CO_2 atmosphérique et une élévation concomitante de celui en oxygène. (***Voir aussi Primaire***)

carburant(s), n. m. (*fuel*). Substances utilisées comme sources d'énergie dans les moteurs à combustion interne. Il existe divers types de carburants extraits généralement des combustibles fossiles et du gaz naturel (méthane) et dans une moindre mesure par pyrogénation du charbon. Tel est en particulier le cas des essences, du gazole et du kérosène, extraits du pétrole. En date récente, divers types de carburants obtenus en partie ou en totalité de la biomasse (alcools : méthanol, éthanol) ont connu un renouveau ou ont été *de novo* inventés. Tel est le cas des esters méthyliques de l'huile de colza proposés comme substitut au gazole pour les moteurs diesels, de l'éthanol obtenu par fermentation de diverses cultures industrielles (betterave, maïs par exemple) ou encore du méthane généré par des digesteurs de déchets domestiques ou agricoles. ◆ **émissions polluantes des ~** : elles varient beaucoup selon la nature du carburant utilisé. Le méthane est de loin le carburant le moins polluant d'où le regain d'intérêt pour le GPL dont on peut aujourd'hui s'étonner qu'il ne soit pas encore systématiquement utilisé par les autobus assurant les transports urbains de passagers! Le gazole qui actionne les moteurs diesel est de loin le plus polluant des divers types de carburants utilisés par les véhicules. Dans les conditions moyennes d'usage en Europe, il produit plus d'oxydes d'azote que les véhicules à essence et cela d'autant plus que le pot catalytique est depuis plusieurs années devenu obligatoire pour ces derniers, ce qui n'est pas encore le cas des moteurs diesels. En outre, il rejette une grande quantité de particules carbonées insédimentables et des hydrocarbures aromatiques polycycliques et des teneurs variables mais toujours significatives de SO_2, le gazole, à la différence des supercarburants renfermant des quantités non négligeables de dérivés soufrés. (***Voir aussi*** NO_x***, Particules, Polluants,*** SO_2)

carcinogène(s), n. m. (*carcinogenic*). Voir Cancérogènes.

carcinogenèse, n. f. (*carcinogenesis*). Voir Cancérogenèse.

carcinologie, n. f. (*carcinology*). Branche de la zoologie ayant pour objet l'étude des crustacés.

carence, n. f. (*deficiency*). Phénomène marqué par le déficit dans la nutrition d'un organisme ou dans le biotope d'un élément nutritif ou d'un composé organique indispensable.

Carex, n. m. (*sedge*). Plantes de la famille des Cypéracées dont plusieurs espèces amphibies se développent dans divers milieux dulçaquicoles. Le *Caricetum fusci* est une association végétale à *Carex fuscus* propre aux prairies humides, en particulier aux marges des tourbières.

caribou, n. m. (*caribou*). Nom donné au Canada au renne sauvage d'Amérique du Nord.

Carnegia gigantea. Voir Saguaro.

carnivore(s), n. m. (*carnivorous, flesh-eating animals*) (syn. : zoophage). Animaux prédateurs qui se comportent donc en consommateurs secondaires dans les réseaux trophiques. On distingue des carnivores primaires (carnivores 1) qui consomment des herbivores, des carnivores secondaires (carnivores 2) qui consomment des carnivores 1, etc. On dénomme souvent superprédateurs les carnivores – de grande taille – occupant le sommet des réseaux trophiques. Pour des raisons thermodynamiques, ces derniers renferment rarement des carnivores d'ordre 4 ou supérieurs. Les faibles rendements de transfert de l'énergie dans les chaînes trophiques ne permettent pas l'entretien d'une biomasse carnivore à un niveau trophique d'ordre supérieur à cinq en règle générale. (***Voir aussi Réseau trophique***)

carnivorisme, n. m. (*carnivorism*). Désigne le mode d'alimentation des organismes carnivores.

caroténoïdes, adj. (*carotenoids*). Qualifie les pigments naturels du groupe des terpènes qui interviennent comme précurseurs de la vitamine A chez les Vertébrés.

carpelle, n. m. (*carpel*). Organe différencié qui correspond à des feuilles spécialisées portant les organes femelles en particulier les ovules des spermaphytes. Chez les Angiospermes, les carpelles soudés constituent le pistil de la fleur. Il comporte l'ovaire qui est basal, le pistil et les stigmates.

carpelotaxie, n. f. (*carpelotaxy*). Disposition des carpelles des plantes en une fleur ou un fruit.

carpophage, adj. (*carpophagous*). Désigne une espèce qui se nourrit de fruits et de graines.

carpophore, n. m. (*carpophore*). Stade morphologique caractéristique du cycle vital des champignons supérieurs marqué par des formations massives constituées par un chapeau (*peridium*) fixé sur un pied très développé (*stipes*) audessus duquel se développe le carpophore. La face inférieure du péridium est pourvue d'un hyménium tubulaire ou lamellaire selon le cas qui élabore les produits de la reproduction sexuée (basidiospores). Les carpophores se forment généralement à l'automne et caractérisent les divers ordres d'Hyménomycètes : Agaricales (Ammanites, Tricholomes, Russules, etc.) et Bolétales. ***(Voir aussi Basidiomycètes)***

Carthagène, convention de (*Cartagena convention*). Convention adoptée en 1983 sous l'égide du PNUE dans cette ville de Colombie et dans le cadre du programme des mers régionales de cet organisme multilatéral qui a pour objet de protéger l'environnement marin des Caraïbes.

cartographie, n. f. ◆ ~ **de la végétation** (*vegetation mapping*) : méthodologie très utilisée en écologie fondamentale et appliquée où elle fournit en particulier les bases rationnelles pour la planification environnementale et l'aménagement du territoire. ◆ ~ **écologique** (*ecological mapping*) : terme général désignant la figuration sous forme de carte de caractéristiques écologiques générales ou spéciales propres à un territoire donné. La carte de la végétation potentielle ou réelle constitue l'un des éléments essentiels de la cartographie écologique. ◆ ~ **des sols** : voir Sol.

Carya, n. sc. (*hickory*). Genre de noyers d'Amérique au bois très dur.

caryier, n. m. (*hickory*). Nom vernaculaire donné au Québec aux noyers du genre *Carya*.

Caryophyllacées, n. sc. Importante famille de Dicotylédones ayant cinq sépales au moins, cinq pétales et un ovaire supère. Les graines sont contenues dans des capsules.

cascade(s), n. f. (*cascade*). Structure hydrogéologique marquée par une subite dénivellation d'origine tectonique ou due à une érosion différentielle des roches ayant amené à un creusement important de l'aval par différence de dureté

Cascade dans le cirque de Salazie (Ile de la Réunion). (Cliché F. Ramade)

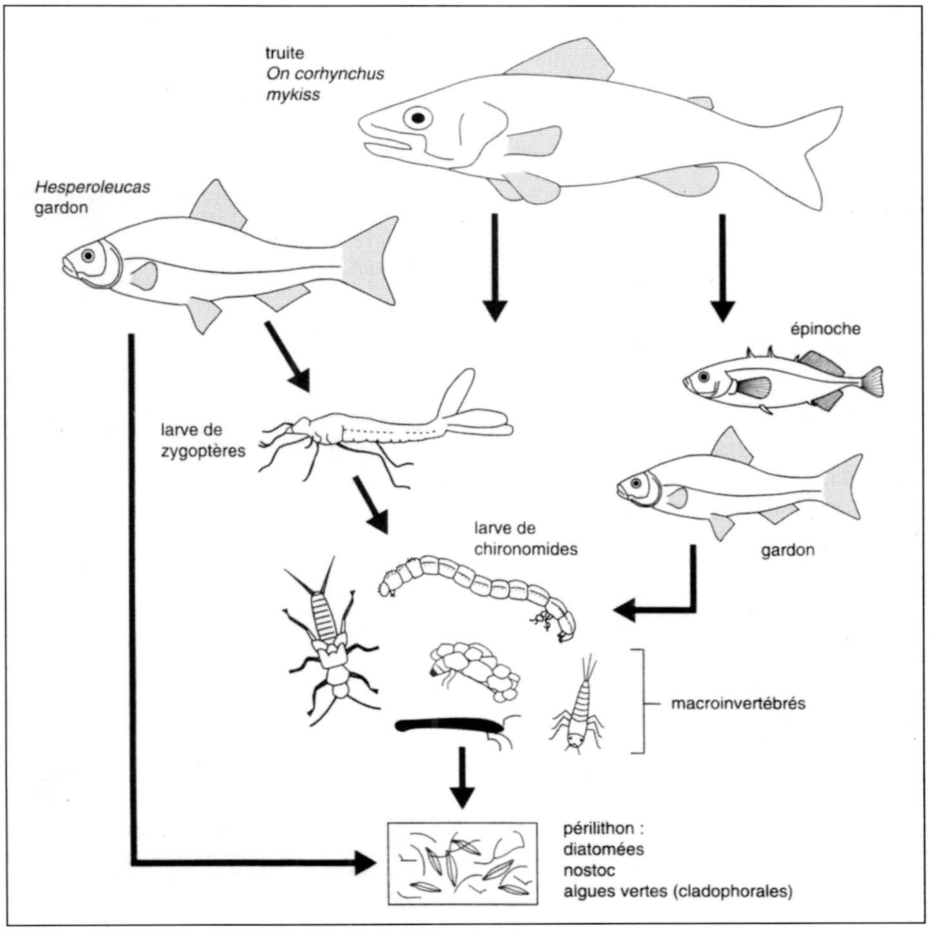

Exemple de **cascade** trophique montrant la relation entre l'abondance des algues du périlithon, et la pression de prédation des carnivores situés au sommet de la pyramide écologique. Ici est figurée l'influence de la consommation de larves de Zygoptères qui se nourrissent de larves de Chironomides et autres macroinvertébrés brouteurs sur l'abondance des Diatomées, algues vertes et Cyanophycées (Nostoc) du périlithon. (D'après Power, in Allan mais modifié, in Ramade F., *Dictionnaire encyclopédique des sciences de l'eau*, Ediscience international, 1998, p. 662)

des minéraux superficiels en une zone de discontinuité. Elles sont le site de microbiotopes très spécifiques en particulier là où existent des vasques naturelles à l'abri du courant ou encore là où des roches ou des accumulations de cailloux émergés permettent la constitution d'îlots de végétation isolés du flot. ◆ ~ **trophique** (*trophic top-down control*) : effets indirects résultant de la prédation sur le zooplancton qui se traduisent par exemple par une augmentation de la pression de prédation sur les daphnies et leur déclin dans les peuplements de zooplancton limnique. À l'opposé, la modification des interactions favorise la croissance des populations de rotifères et de *Chaoborinae*. Un autre effet en cascade de la prédation dans le réseau trophique tient en un accroissement de la biomasse phytoplanctonique consécutif à la consommation du zooplancton brouteur par les poissons et les *chaoborus*. Il en résulte une inhibition du recyclage des nutriments en particulier du phosphore.

Caspienne, mer (*Caspian sea*). Mer fermée située à la limite de l'Europe, au sud-ouest de la Sibérie occidentale. En réalité, comme sa salinité est basse, à peine de 11 pour mille, avec une surface de 380 000 km^2, elle constitue le plus grand lac du monde. ◆ **atteintes environnementales à la ~** (*Caspian sea environmental degradation*) : malgré son volume beaucoup plus important que celui de la mer d'Aral, la mer Caspienne est aussi exposée de nos jours à divers désordres environnementaux. Elle présente une baisse de son niveau qui, sans être alarmante, est significative et liée au prélèvement d'eau de la Volga en amont pour l'irrigation. Elle est aussi exposée à une pollution par les hydrocarbures due aux exploitations de champs pétrolifères, à diverses raffineries et autres industries qui y déversent directement ou indirectement leurs eaux usées. Il en est de même des effluents urbains des villes riveraines dont Bakou.

caste, n. f. (*caste*). Voir Insecte, Social, Société.

Casuariformes, n. sc. (*Casuariforms*). Ordre d'Oiseaux Ratites comportant deux familles : les *Casuariidae* (casoars) et les *Dromiceidae* (émeus). Les casoars sont inféodés aux forêts tropicales du nord de l'Australie et de Nouvelle-Guinée, les émeus sont strictement australiens. **(*Voir aussi Ratites*)**

Casuarinales, n. sc. (*she-oak*). Ordre de Dicotylédones très primitives, ayant des caractères morphologiques aberrants leur donnant une fausse similitude avec des Gymnospermes, d'affinité systématique discutée, actuellement rangé dans la sous-classe des Hamamélidées. Il comporte une seule famille, celle des Casuarinacées, représentée par des arbres et arbustes tropicaux, capables de se développer sur des sols très pauvres voire du sable vif. Le principal genre, *Casuarina*, compte une cinquantaine d'espèces de la région notogéenne et indopacifique dont le maximum de diversification se trouve en Australie. Ces arbres possèdent des microorganismes symbiotiques qui leur permettent de fixer directement l'azote atmosphérique.

catabatique, adj. ◆ **vent ~** (*katabatic wind*) : vent qui souffle en direction descendante sur les pentes d'une montagne.

catabolisme, n. m. (*catabolism*). Processus physiologiques se traduisant par la dégradation des métabolites.

catadrome, adj. (*catadromous*) (syn. : thalassotoque). Espèce de poisson migratrice qui effectue sa reproduction en milieu marin et qui se développe en rivière. L'anguille est un exemple de poisson catadrome.

catalytique, adj. ◆ **pot ~** (*catalytic converter*) : voir Pot.

cataracte, n. f. (*cataract*). Chute d'eau importante située sur le cours d'un fleuve. **(*Voir aussi Chute*)**

catarobique, adj. (*catarobic*). Désigne un biotope aquatique dans lequel se produit une lente décomposition de la matière organique sans que le milieu devienne anaérobie.

Catarhiniens, n. sc. (*Catarrhini*). Sous-ordre de Primates correspondant aux singes de l'Ancien Monde. Ils sont caractérisés par le fait que les orifices de leurs narines sont très rapprochés.

catastrophe, n. f. ◆ ~ **écologique** (*ecological disaster*) : événement désastreux dont les conséquences sont considérables sur la structure et le fonctionnement des écosystèmes affectés et qui provoque de ce fait une dégradation parfois irréversible de ressources naturelles biologiques. L'importance d'une catastrophe écologique n'est absolument pas liée au nombre de victimes humaines qu'elle provoque mais à l'ampleur des dommages qu'elle cause aux écosystèmes affectés et de façon plus générale à la nature et à ses ressources. Ainsi, la marée noire de l'*Erika* qui se manifesta à

Casuarinales : bosquet de *Casuarina* constituant des boisements ouverts dans des zones semi-arides du centre de l'Australie, région d'Alice Springs (territoire du Nord). (Cliché F. Ramade)

Croissance apparente de la fréquence des **catastrophes** réputées « naturelles » dans la période 1960-1985. En réalité, cette dernière résulte entièrement de l'explosion démographique et de l'action défavorable sans cesse accrue de l'homme sur les écosystèmes. Les données des années 1990, non figurées ici, montrent une augmentation spectaculaire de cette fréquence déjà très significative sur ce schéma. (D'après Witjkman et Timberlake op. cit., in Ramade F., *Les catastrophes écologiques*, McGraw-Hill, 1987, p. 7)

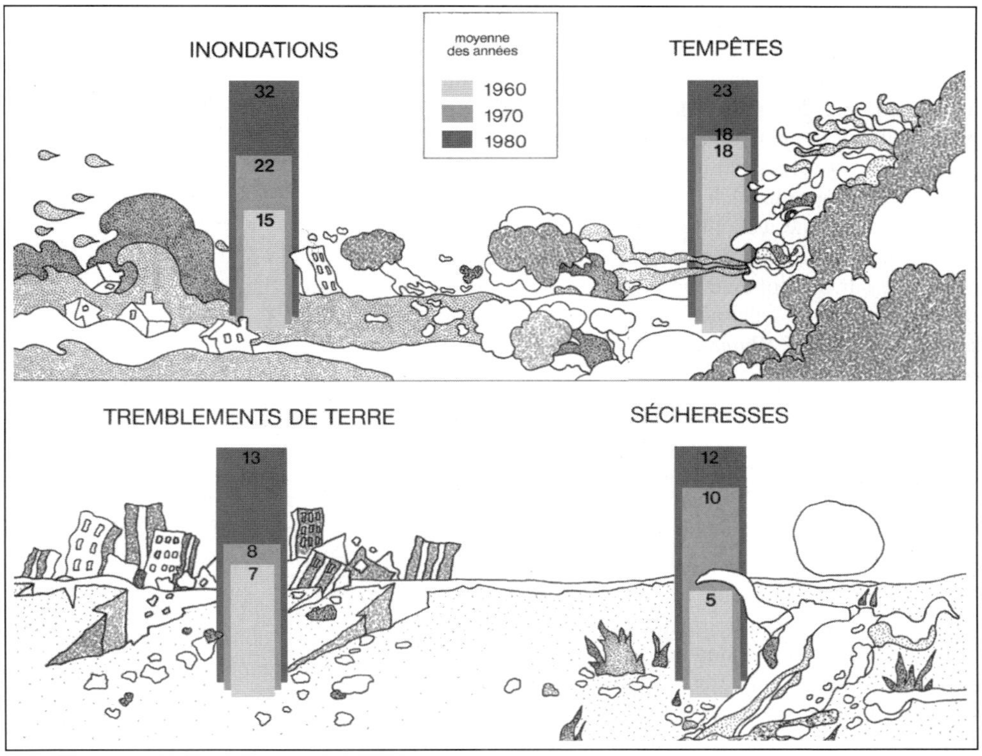

partir du 25 décembre 1999, lorsque les nappes de fuel lourd commencèrent à atteindre les côtes atlantiques de notre pays, provoquant en moins d'un mois la mort de plus de 100 000 oiseaux de mer – sans omettre les redoutables conséquences écotoxicologiques qui en résulteront à plus long terme – constitue un excellent exemple de ce type de catastrophe. De même, la marée noire de l'*Exxon Valdez*, survenue en Alaska en 1989 et qui contamina 1 500 km de côtes dans le sud de l'Alaska a représenté une catastrophe écologique d'ampleur considérable bien qu'elle n'ait fait aucune victime humaine. À l'opposé, la catastrophe de Bhopal, survenue aux Indes en 1984, malgré les 4 000 morts qu'elle causa, ne fut pas une catastrophe écologique car cette dernière n'a présenté aucun impact environnemental, ayant uniquement concerné un milieu urbain de forte densité d'habitations contaminé par une substance extrêmement fugace.

On constate depuis plusieurs décennies une augmentation de la fréquence de telles catastrophes. Ce phénomène résulte à la fois de l'explosion démographique et d'une industrialisation croissante qui s'effectue souvent en quasi-absence de contrôle de l'impact environnemental potentiel de technologies de surcroît pas toujours bien maîtrisées. Au cours des années 1990, la moyenne annuelle des inondations, des cyclones, des séismes et des sécheresses ayant eu des conséquences catastrophiques a atteint une valeur re-

Importance de l'incidence des **catastrophes** dans le monde au cours des années 1990. On constate qu'il existe une corrélation négative significative entre le niveau de développement d'un pays ou d'une « région » (au sens des Nations unies) et la fréquence des catastrophes s'étant traduites par des pertes de vies humaines et (ou) par des dommages écologiques importants, en particulier sur les ressources naturelles. Cette corrélation serait considérablement accrue si l'on représentait non point le nombre d'avènements désastreux mais celui des pertes en vies humaines ou l'importance quantitative des dommages causés. (D'après PNUE, *Global Environment 2000*, op. cit. 1999, p. 31)

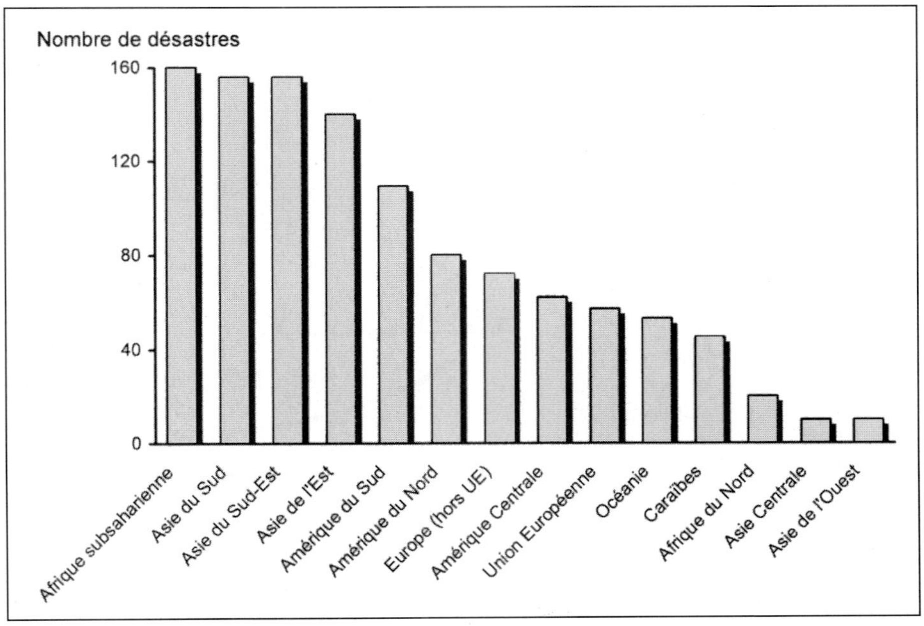

cord depuis que les organisations internationales répertorient ces sinistres, la prévalence de tels désastres ayant, à impact moyen égal, plus que doublé par rapport à la décennie précédente! ◆ ~ **naturelle** (*natural disaster*) : catastrophe résultant de phénomènes naturels d'origine souvent géophysique (séismes, éruptions volcaniques par exemple). ◆ ~ **technologique** (*technological disaster*) : catastrophe provoquée par une technologie mal maîtrisée se traduisant par un impact très lourd en terme de mortalité et (ou) de morbidité sur les populations affectées. La catastrophe de Bhopal ou celle de Tchernobyl illustrent bien ce type de désastres. (***Voir aussi Bhopal, Erika, Exxon Valdez, Risques majeurs***)

catastrophisme, n. m. (*catastrophism*). Théorie de l'évolution selon laquelle l'apparition de nouveaux groupes d'êtres vivants a suivi l'occurrence périodique de cataclysmes ayant atteint une échelle globale, qui ont provoqué la quasi-extinction des flores et des faunes antérieures.

Tombée en désuétude avec le triomphe du néo-darwinisme qui suppose une évolution à un rythme sensiblement uniforme, cette théorie a connu une confirmation partielle avec les récentes découvertes sur les périodes d'extinctions massives et la preuve que ces dernières ont partiellement coïncidé avec des cataclysmes planétaires liés à la percussion de la Terre par des astéroïdes.

catena, n. f. ◆ ~ **de sols** (*soils catena*) : enchaînement de sols provoqué par des migrations obliques dans leur épaisseur, par percolation, de minéraux constitutifs de ces derniers. On observera une succession de sols lessivés ayant perdu leur horizon intermédiaire en haut de pente puis des lithosols ou sols squelettiques à mi-pente là où l'érosion est maximale tandis qu'en bas de pente s'accumulent les alluvions avec parfois formation de sols hydromorphes si la nappe phréatique remonte en surface.

Dans les régions tropicales, le phénomène de latéritisation induit la formation de catenas avec fragmentation et désagrégation de la cuirasse latéritique à la rupture de pente, formation de sols hydromorphes en bas de pente ainsi que d'une cuirasse latéritique secondaire dite illuviale. Celle-ci résulte du pompage de la nappe phréatique sursaturée au bas de la pente par la forêt galerie. ◆ ~ **d'herbivores**

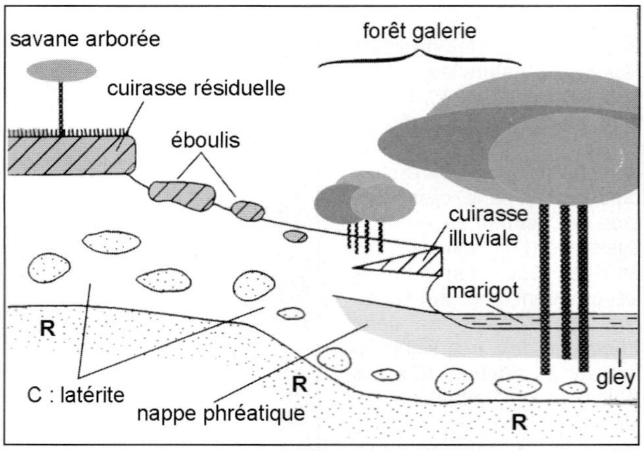

Catena de sols en milieu tropical. On passe successivement de sols ferralitiques à divers types de cuirasses latéritiques puis, dans les fonds de vallées, à des gleys. (D'après Frontier et Pichod-Viale, *Écosystèmes*, Masson, 1992, p. 103)

(*herbivores catena*) : succession de peuplements d'herbivores constituant une chaîne exploitant de façon optimale la production végétale d'un écosystème de formation herbacée en fonction de la nature du peuplement végétal elle-même liée à la catena des sols.

catharobique, adj. (*catharobic*) (syn. : catharobe). Désigne une eau naturelle de surface de bonne qualité c'est-à-dire dont la teneur en oxygène dissous est élevée et celle en MOF faible.

cathéméral, adj. (*cathemeral*). Désigne un être vivant dont l'activité est à la fois diurne et nocturne.

cation, n. m. (*cation*). Ion chargé positivement. Tel est par exemple le cas des métaux mono- ou bivalents (Na^+, Ca^{2+}) ainsi que de nombreux ions moléculaires (divers dérivés organiques dont des molécules biochimiques telles la choline par exemple). (***Voir aussi Anion, Ion, Solubilité***)

Caucase (*Caucasus*). Chaîne montagneuse située à la limite de l'Europe et du Moyen-Orient, qui présente un endémisme remarquable de certains de ses peuplements lié à l'isolement biogéographique de ses diverses vallées.

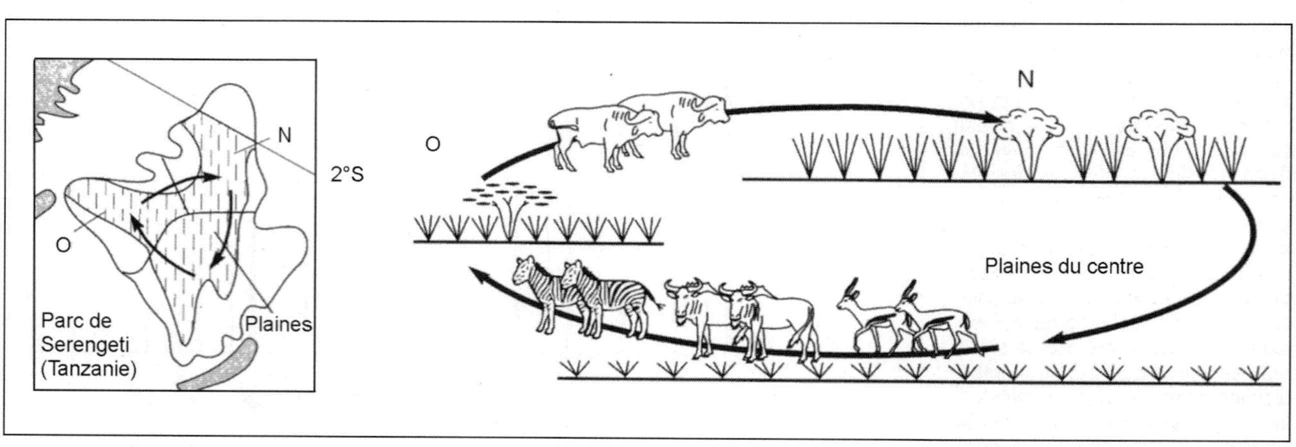

Catena d'herbivores dans le parc national du Serengeti. N = habitats situés au nord de cette aire protégée (savane haute à forte pluviométrie et forte production végétale), plaine du centre (savane basse, faible pluviométrie et productivité); O = habitats de l'ouest du parc (savane à caractères intermédiaires). (D'après Duvigneaud P., *La synthèse écologique*, Doin, 1980, p. 111)

caudal(e), adj. (*caudal*). Désigne ce qui se rapporte à la queue des espèces animales. ◆ **nageoire ~** (*caudal fin*) : nageoire propre à la plupart des ordres de Vertébrés aquatiques qui leur sert à la fois à la locomotion, à l'orientation et à l'équilibre.

Caulerpa taxifolia, n. sc. Algue d'origine tropicale (mer des Caraïbes), introduite en Méditerranée, initialement, semble-t-il, au niveau de l'Institut Océanographique de Monaco, bien que cette question donne toujours lieu à polémique. Elle a envahi de façon incontrôlée au cours des années 1990 le littoral nord-ouest de la Méditerranée jusqu'au niveau des Baléares en Espagne, tandis que vers l'Est, elle a été aussi introduite dans l'Adriatique où elle a été signalée jusqu'au sud de Dubrovnik, en Croatie.

Il semble que l'espèce soit disséminée par les coques des navires qui mouillent dans les zones où elle s'est implantée. Fait surprenant, trois espèces de ce genre avaient été introduites auparavant en Méditerranée sans qu'aucune d'entre elles ne manifeste de tendance invasive. Autre particularité, les individus des populations méditerranéennes de *C. taxifolia* ont pris une taille nettement supérieure à ceux de son aire d'origine et seraient polyploïdes. Cette algue possède une capacité d'extension considérable, les surfaces couvertes dans les zones nouvellement colonisées augmentaient de 600% par an au milieu des années 1990. *C. taxifolia* constitue un redoutable compétiteur pour les *Posidonia* qu'elle tend à éliminer en envahissant leurs herbiers. Capable de se développer dans des eaux marines pauvres en phosphates, elle présente une productivité nette huit fois supérieure à celle des posidonies. En outre, elle sécrète des substances toxiques terpéniques (caulerpine, taxifoline) qui la rendent inconsommable pour la plupart des espèces de poissons, et de nombreux invertébrés algophages. ***(Voir aussi Méditerranée)***

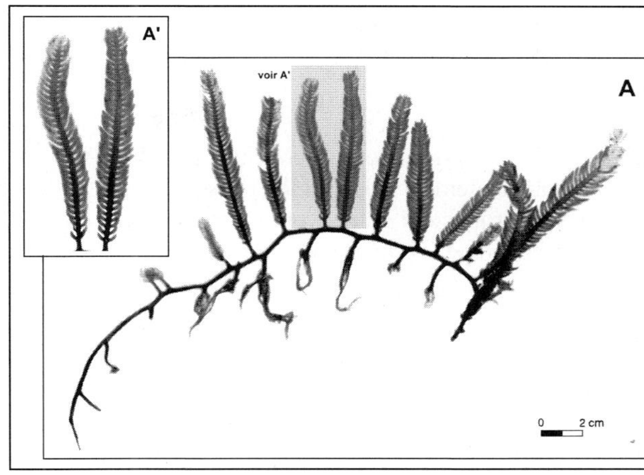

Vue d'un thalle de ***Caulerpa taxifolia***. (D'après Boudouresque et Meinesz, op. cit., 1996, p. 608)

caulescent, adj. (*caulescent*). Désigne les plantes pourvues d'une tige. ***(Voir aussi Acaule)***

cauliflore, adj. (*cauliflorous*). Désigne les plantes dont les fleurs se forment directement sur les troncs ou les branches.

cauliflorie, n. f. (*cauliflory*). Production de fleurs par des tissus végétaux secondairement épaissis des branches et des troncs.

Extension de ***Caulerpa taxifolia*** en Méditerranée. Stations envahies par *Caulerpa taxifolia* (classées par année de découverte) :
1-Zones de Monaco / Menton (84-91) et de Nice à Eze / Mer (92-95-96) ; 2-Toulon, *Anse Méjean* (90) ; 3-Zone de St-Raphaël / Agay (91-94-95) ; 4-Le Lavandou (91) ; 5-Port de St-Cyprien (91) ; 6-Hyères (92-94) ; 7-Impéria, *Porto Maurizio* (92) ; 8-Port des Lecques (92-92)* ; 9-Six-Fours-Les-Plages, *Lagune du Brusc* (92-93)** ; 10-Majorque, *Cala d'Or* (92-94* et 95) ; 11-Livourne (92-93* et 95) ; 12-Diano Marina (93) ; 13-Ile d'Elbe, *Marina di Campo* (93) ; 14-Imperia, Oneglia (93) ; 15-Messine, *Ganziri* (93) ; 16-San Bartolomeo al Mare (93) ; 17-San Remo (93) ; 18-Port de Théoule / Mer (93) ; 19-Cannes, *le Mouré Rouge* (94-95)* ; 20-Andora (94) ; 21-Ventimiglia, *La Mortola* (94) ; 22-Ile de Port-Cros (94)*, *Parc National* ; 23-Stari Grad, *Ile de Hvar* (95) ; 24-Malinska, *Ile de Kirk* (95) ; 25-Ile de Porquerolles (95) ; 26-Antibes, *Ouest** et *Est Cap d'Antibes* (95) ; 27-Vallauris-Golfe Juan (96).
* Stations éradiquées (années de découverte et d'éradication).
** Seule station disparue naturellement (température de la lagune : 6 ° C l'hiver).
(D'après Boudouresque et Meinesz, op. cit., 1996)

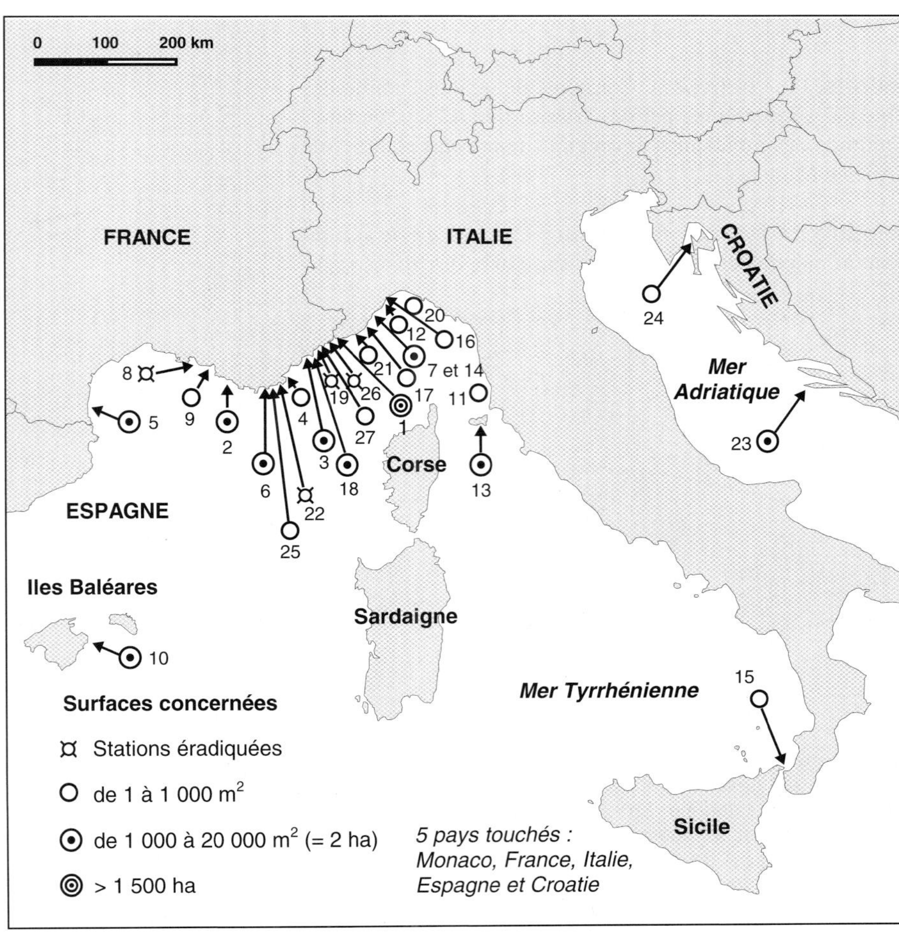

caulocarpe, adj. (*caulocarpous*). Désigne des plantes ne produisant des fruits que tous les deux ans ou à un intervalle de temps supérieur.

caverne, n. f. (*cave*). Grotte débouchant par un orifice horizontal immédiatement à la surface par opposition à d'autres types de grottes qui ne peuvent s'ouvrir en surface que par un étroit orifice, oblique voire vertical (puits d'entrée). ***(Voir aussi Karst, Spéléologie)***

caverneux (euse), adj. (*hollow*). Désigne un milieu pourvu de cavités.

cavernicole, adj. (*cavernicolous*). Désigne tout ce qui concerne les habitats souterrains : grottes, gouffres, rivières souterraines, etc.

cécidie, n. f. (*cecidium, gall*). Réaction tumorale des plantes, résultant de l'action d'organismes animaux ou végétaux parasitaires, qui se traduit par la formation de renflements ou d'excroissances en forme de galle, consécutifs à la prolifération des tissus foliaires, ou des pousses.

cécidogène, adj. (*cecidogenous*) (syn. : galligène). Désigne tout agent générant des cécidies.

Cecidomyiidae, n. sc. (*Cecidomyiids*). Famille de Diptères Nématocères dont les larves, phytophages, se développent à l'intérieur de cécidies. De nombreuses espèces sont des ravageurs des plantes cultivées ou d'arbres importants au plan sylvicole.

cèdre(s), n. m. (*cedar*). Conifères de la sous-famille des Abiétinées représentée par des arbres inféodés aux biotopes d'altitude des montagnes des régions tempérées chaudes de l'Ancien Monde.

ceinture, n. f. ◆ **« ~ de la faim »** (« *hunger belt* ») : région du monde correspondant à l'ensemble des zones intertropicales, avec quelques expansions vers de plus hautes latitudes, qui englobe l'ensemble des pays où les populations sont exposées à des carences alimentaires temporaires ou permanentes tant au plan quantitatif que qualitatif. ◆ **~ de feu du Pacifique** (*Pacific fire belt*) : zone de contact entre plaques continentales et océaniques délimitant la périphérie de cet océan et marquée par la fréquence des zones volcaniques et sismiques. ***(Voir aussi Plaque, Tectonique)*** ◆ **~ de Van Hallen** (*Van Hallen radiation belt*) : zone de la magnétosphère terrestre qui piège la plupart des radiations élevées d'énergie émises par le soleil.

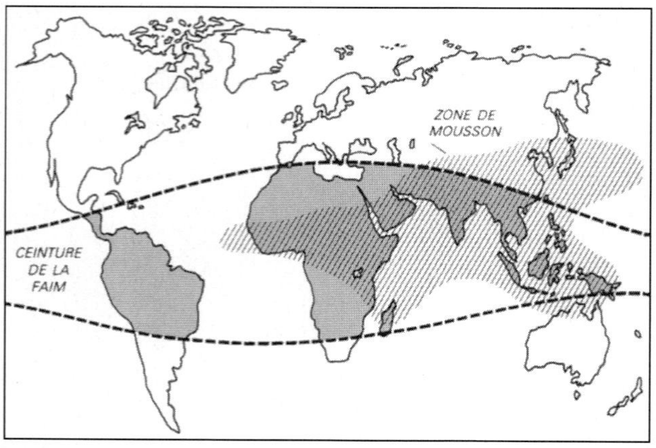

La **Ceinture de la faim**. Sont figurées ici les régions où la ration alimentaire est déficiente épisodiquement ou en permanence, quant à l'apport calorique. En hachuré, est figurée l'expression de zones de climat de mousson dans le monde ; en grisé, celles où l'alimentation est déficiente. (D'après Falkenmark, op. cit., in Ramade F., *Écologie appliquée*, Ediscience international, 5e ed., 1995, p. 474)

cellule(s), n. f. ◆ **~ à combustible** (*fuel cells*) : dispositif électrogénérateur comportant une anode et une cathode dans lequel s'effectuent des réactions chimiques exergoniques (réaction de l'hydrogène avec l'oxygène par exemple) dont l'énergie libérée sert pour produire de l'électricité. ◆ **~ atmosphériques** (*atmospheric cells*) : systèmes dynamiques qui animent les échanges des masses d'air entre les diverses altitudes et latitudes de la troposphère. Il existe trois grandes cellules de circulation atmosphérique de l'équateur aux pôles dans chaque hémisphère : la cellule de Hadley, celle de Ferrel, enfin la cellule polaire. On distingue des cellules directes, dont la direction générale des vents au niveau du sol va des pôles vers l'équateur et des cellules indirectes où les vents soufflent en direction des pôles. La zone de rencontre des cellules de Hadley est dénommée front intertropical de convergence. Les alizés soufflent en direction de ce front dans le sens sud-ouest dans l'hémisphère Nord et nord-ouest dans l'hémisphère Sud. ***(Voir aussi Circulation, Convergence, Ferrel, Hadley)***

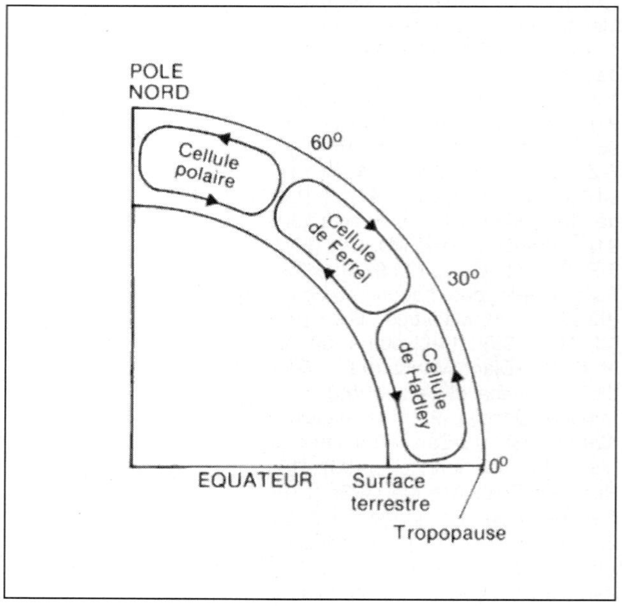

Schéma général de la circulation en **cellules** de l'atmosphère. (D'après Ramade F., *Écologie fondamentale*, Ediscience international, 2e ed., 1994, p. 35)

cellulose, n. f. (*cellulose*). Polymère constitué par un polyholoside linéaire qui résulte de la condensation de glycopyranoses. La cellulose est le composant de base des fibres végétales, qui se dépose au niveau des parois des végétaux supérieurs.

Celsius, degré (*Celsius degree*). Unité de mesure des températures dans laquelle le 0° est pris arbitrairement comme la température du point de congélation de l'eau et 100° celui de son point d'ébullition à la pression normale.

cendre(s), n. f. (*ash*). **1.** Produits de combustion du bois ou de combustibles fossiles. Les cendres de charbon ou de fuels industriels renferment des métaux lourds de forte toxicité, tel le cadmium ou le vanadium, et même des traces d'actinides. **2.** ~ **volcaniques** (*volcanic ashes*) : matériaux pyroclastiques pulvérulents produits par les éruptions volcaniques dont les plus fines particules peuvent atteindre la haute stratosphère absorbant de ce fait une fraction du rayonnement solaire.

Cénozoïque, n. m. (*Coenozoic*). Période géologique correspondant à l'intervalle compris entre le début de l'ère tertiaire et l'époque actuelle.

centrale(s), n. f. ◆ ~ **électriques** (*power plants*) : installations industrielles générant le courant électrique soit par des procédés thermodynamiques, soit dans des usines hydroélectriques qui transforment directement l'énergie mécanique des chutes d'eau en électricité. ◆ ~ **nucléaires** (*nuclear power plants*) : centrales utilisant l'énergie de fission de l'uranium (et accessoirement du plutonium formé par réaction secondaire dans les réacteurs) pour produire de l'électricité.

Il existe actuellement trois principaux types de centrales nucléaires d'usage courant :

– la filière UNGG. Appartiennent à cette catégorie les réacteurs de l'ancienne filière française à l'uranium naturel-graphite-gaz et les magnox britanniques. Ici le fluide caloporteur des réacteurs est un gaz, le CO_2 et le *graphite* est utilisé comme ralentisseur de neutrons.

– la filière canadienne CANDU, utilisant l'*eau lourde* comme ralentisseur de neutrons. Il convient de rappeler à ce propos que le premier brevet de réacteur nucléaire destiné à la production pacifique d'énergie atomique jamais déposé concernait précisément des réacteurs de ce type et le fut par F. Joliot, prix Nobel, peu avant la Deuxième Guerre mondiale.

– les filières de réacteurs utilisant l'*eau légère* qui sert à la fois comme ralentisseur de neutrons et fluide caloporteur. Il en existe deux variantes : *1.* Les réacteurs à l'eau légère pressurisée (REP = PWR), de loin les plus répandus actuellement. Ces réacteurs fonctionnent avec comme combustible de l'uranium faiblement enrichi et dans lequel existent deux circuits caloporteurs. L'eau du circuit primaire est pressurisée à 150 bars, la vapeur produite au niveau d'un échangeur de chaleur, circule dans un circuit secondaire et actionne le turbogénérateur qui n'est donc pas contaminé

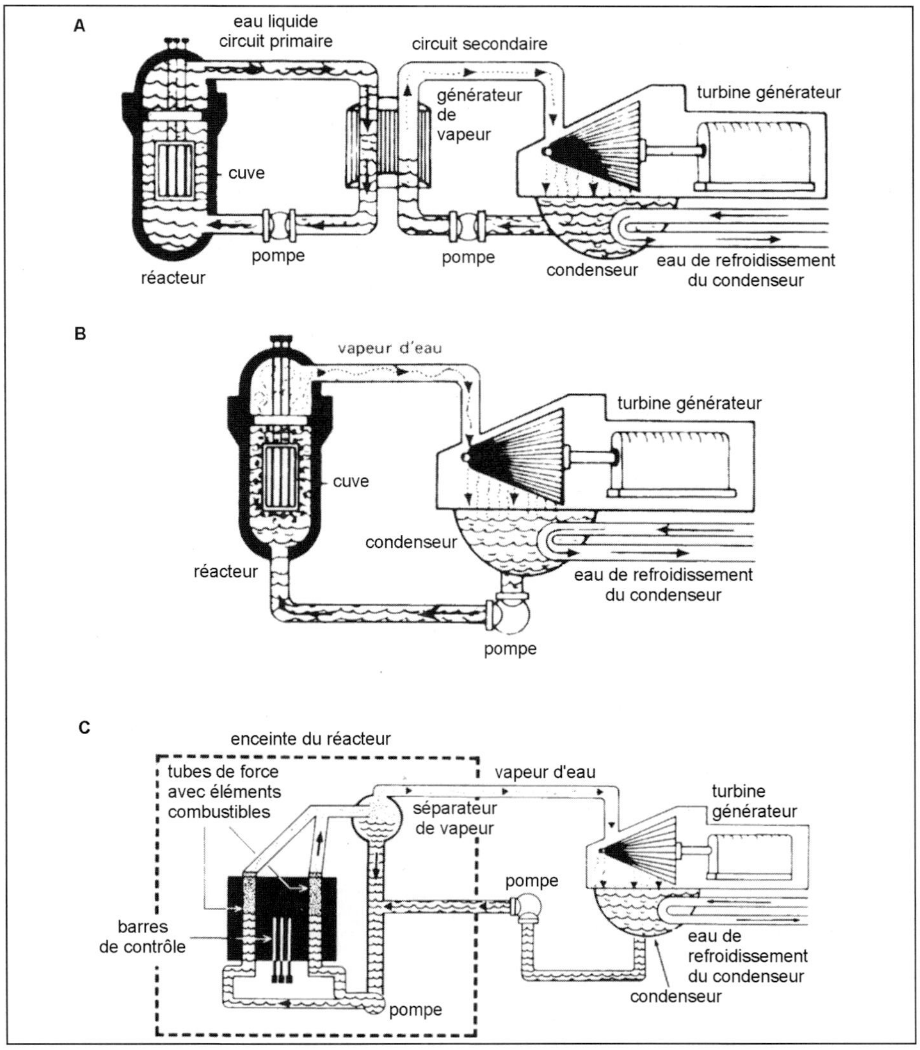

Schéma des principaux types de **centrales** nucléaires ayant été construits dans le monde. Sur ce schéma sont figurés à partir du haut, en **A** les réacteurs REP (*PWR*) actuellement utilisés par l'EDF, en **B** les BWR et en **C** ceux de type RBMK (Tchernobyl par exemple). (D'après Ramade F., *Écologie appliquée*, Ediscience international, 5e ed., 1995, p. 349)

Centrale nucléaire EDF de Cruas, dans la vallée du Rhône. On distingue nettement sur ce cliché les quatre réacteurs et les gigantesques aéroréfrigérants destinés à évacuer la chaleur résiduelle du circuit de refroidissement. (Cliché F. Ramade)

radioactivement. *2.* Les BWR, réacteurs dits à l'eau bouillante, dans lesquels il n'existe qu'un circuit primaire de refroidissement qui produit directement la vapeur actionnant les turbogénérateurs.

Les réacteurs de type RBMK (type Tchernobyl) constituent une filière d'un type particulier, hybride entre les réacteurs précédents puisqu'ils fonctionnent à la fois avec de l'eau légère et du graphite comme modérateur. Ici l'eau légère intervient comme fluide caloporteur.

En fonctionnement normal, seules les centrales REP, les plus répandues néanmoins, sont susceptibles de produire une pollution des eaux, certes limitée, par rejet d'effluents dilués. Cependant en cas d'accident majeur, tous les types de réacteurs sont capables d'engendrer une importante pollution des écosystèmes aquatiques comme l'a montré celui de Tchernobyl. Un autre type de réacteur nucléaire destiné à la production électrique est représenté par les surrégénérateurs. Ces derniers sont susceptibles de surrégénérer de la matière fissile. Tel est le cas en France de Phénix (250 MW) et de Superphénix (1 300 MW), le premier ayant été en un temps arrêté après 17 années de service sans défaillance. Il a été remis récemment en service à la suite de l'arrêt définitif de Superphénix à Creys-Malville, décidé par le gouvernement français en 1998. Au total, on dénombrait en 2000 quelque 443 unités électronucléaires en fonctionnement dans l'ensemble du monde, ce qui correspondait déjà à une puissance installée de 357 GW(el) soit environ cinq fois celle d'EDF. ***(Voir aussi Déchets nucléaires, Réacteur, Surrégénérateur, Tchernobyl)*** ◆ **~ thermiques classiques** (*thermal power plants*) : centrales électriques fonctionnant par usage de fuels lourds ou de charbon. Comme ces combustibles renferment des teneurs variables mais toujours importantes de dérivés soufrés, ces centrales dégagent d'importantes quantités de SO_2 responsables du phénomène des pluies acides et des volumes considérables de CO_2, le principal gaz de serre, ainsi que des quantités non moins considérables d'oxydes d'azote. Faut-il rappeler qu'une centrale thermique classique de 1 000 MW (el) consomme annuellement quelque 1,5 million de tonnes d'équivalent pétrole, soit le même tonnage de fuels lourds ou encore 2,25 millions de tonnes de charbon ? À cela s'ajoutent des rejets importants d'hydrocarbures imbrûlés constitués en particulier par des hydrocarbures polycycliques cancérogènes (benzo-pyrènes par exemple), ainsi que des métaux toxiques : mercure, cadmium, vanadium et même... des actinides. Ces diverses considérations permettent d'affirmer que, en conditions normales, la production d'électricité par de telles centrales présente par kW/h produit un risque pour l'hygiène publique bien plus considérable que dans le cas de l'électronucléaire. Des comparaisons faites voici déjà plusieurs années sur le danger potentiel de cancérogenèse, en comparant les niveaux d'irradiation des populations exposées induits par l'industrie nucléaire civile et la cancérogenèse chimique liée aux centrales thermiques classiques,

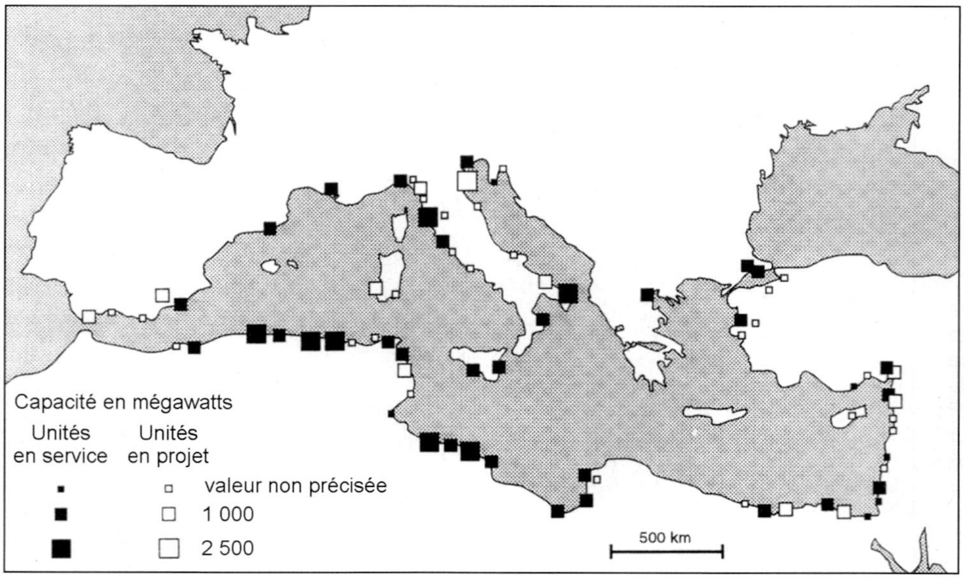

Implantation des **centrales** thermiques classiques en Méditerranée. La plupart d'entre elles fonctionnent au fuel lourd n°2. Il faut souligner que le chargement du tristement célèbre tanker *Erika*, responsable de la plus désastreuse des marées noires ayant souillé les rivages de l'Europe occidentale était destiné à alimenter la centrale thermique de Civitavecchia, sur la côte du Latium au nord de Rome qui est l'une des plus puissantes installations de ce type pour tout le Bassin méditerranéen. (D'après Grenon, in Batisse, PNUE, op. cit., 1994, mais modifié)

estimaient que ce risque, par kW/h produit, était de plusieurs dizaines de fois supérieur à celui de l'électronucléaire. (***Voir aussi Cancérogenèse, Combustibles fossiles, HAP***)

centre(s), n. m. ◆ ~ **de biodiversité** (*biodiversity center, biodiversity hot spot*) : régions biogéographiques dans lesquelles existe une richesse spécifique très élevée en espèces d'un groupe taxonomique donné. Ces centres concernent essentiellement des zones situées dans les écosystèmes de forêts pluvieuses tropicales mais aussi les divers écosystèmes méditerranéens de la biosphère. Pour les végétaux, de tels centres sont définis par des densités en richesse spécifique au moins égales à 2 000 espèces de phanérogames pour une surface de 15 000 km^2. (***Voir aussi Biodiversité***) ◆ ~ **d'endémisme** (*endemism center*) : région biogéographique dans laquelle existe un nombre important d'espèces endémiques dont l'aire de répartition géographique est réduite à cette zone. Ces centres d'endémisme, associés à une grande biodiversité, sont particulièrement nombreux dans les forêts pluvieuses tropicales. (***Voir aussi Endémisme, Protection de la nature***)

Vue de la végétation dans la péninsule d'Akamas, au Nord-Ouest de Chypre. A l'image des autres écosystèmes insulaires méditerranéens, cette île représente l'un des plus importants **centres** d'endémisme et de biodiversité – tant végétale qu'animale – de cette zone biogéographique. (Cliché F. Ramade)

Centrospermales, n. sc. Ordre de Dicotylédones, de la sous-classe des Caryophillidées renfermant plusieurs familles importantes de plantes. Elles sont représentées par des familles où dominent les espèces herbacées : Caryophyllacées, Aizoacées remarquables par leur adaptation à la sécheresse, Chénopodiacées adaptées aux terrains salés, ou encore ligneuses (Phytolaccacées).

céphalophe(s), n. f. (*duiker*). Antilopes de très petite taille inféodées aux écosystèmes de forêts tropicales d'Afrique. Dans cette sous-famille, les *Neotragus,* avec un poids inférieur à 3 kg chez les adultes, représentent les plus petits des ruminants existant dans la biosphère actuelle.

Céphalopodes, n. sc. (*Cephalopoda*). Classe de mollusques caractérisés par une tête bien développée pourvue d'yeux complexes et dont l'orifice oral est entouré de longs tentacules munis de ventouses. Leurs principaux représentants actuels sont les pieuvres, les seiches et les calmars.

CEQ (*Council on Environmental Quality*). Comité d'experts, créé en 1965, destiné à conseiller la Maison Blanche sur les problèmes d'environnement.

Cerambycidae, n. sc. (*Cerambycids*) (nom vern. : longicornes). Coléoptères xylophages dont les larves se développent dans le bois de végétaux morts ou décrépis, pourvus de très longues antennes et dénommés vulgairement de ce fait longicornes. Il existe un grand nombre d'espèces, essentiellement inféodées aux forêts ombrophiles tropicales.

Ceratostomella ulmi, n. sc. (*dutch elm disease*). Champignon phytopathogène du groupe des Ascomycètes, agent vecteur de la dégénérescence de l'orme.

cercle polaire, n. m. (*polar circle*). Lieu géométrique des points de latitude 66° 34', marqué par le fait que le soleil ne s'y couche pas au solstice d'été et ne s'y lève pas au solstice d'hiver.

céréales, n. f. (*grains, cereals crops*). Plantes cultivées de la famille des Graminées qui constituent l'essentiel de la production alimentaire mondiale, le blé et le riz se classant respectivement au premier et deuxième rang en volume annuel de récolte. (***Voir aussi Agriculture, Graminées***)

cernes, n. m. ◆ ~ **de croissance** (*growth ring*) : structures anatomiques correspondant chez les végétaux ligneux au dépôt concentrique de bois dans l'aubier au cours du cycle de croissance annuel. Encore dénommés anneaux de croissance, ces cernes permettent d'évaluer l'âge absolu d'un arbre. Ils traduisent aussi dans leur structure les variations naturelles ou anthropiques des conditions écologiques apparues dans le biotope considéré au cours de la vie de l'arbre.

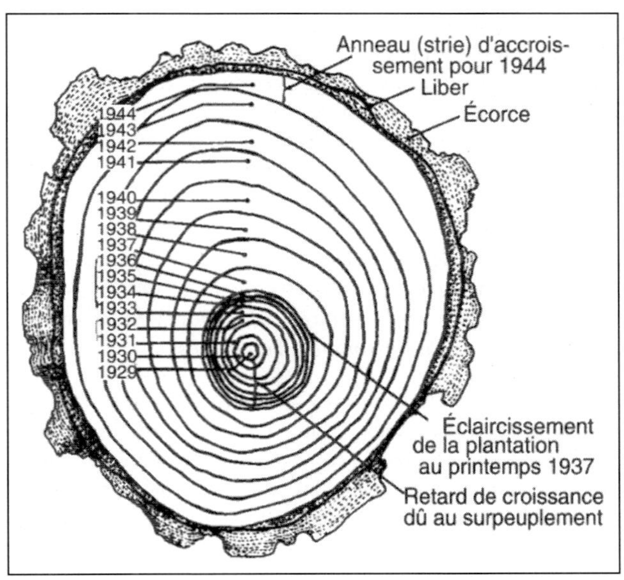

Cernes de croissance du tronc d'un arbre. On distingue nettement sur ce schéma les deux périodes qui précèdent et suivent une coupe d'éclaircissement. On constate que les anneaux de lignine déposés avant cette coupe sont beaucoup moins larges par suite de l'entrave à la croissance que représente la compétition intraspécifique pour la lumière entre plants voisins. (D'après Clarke, in Ramade F., *Écologie fondamentale*, Ediscience international, 2e ed., 1994, p. 188)

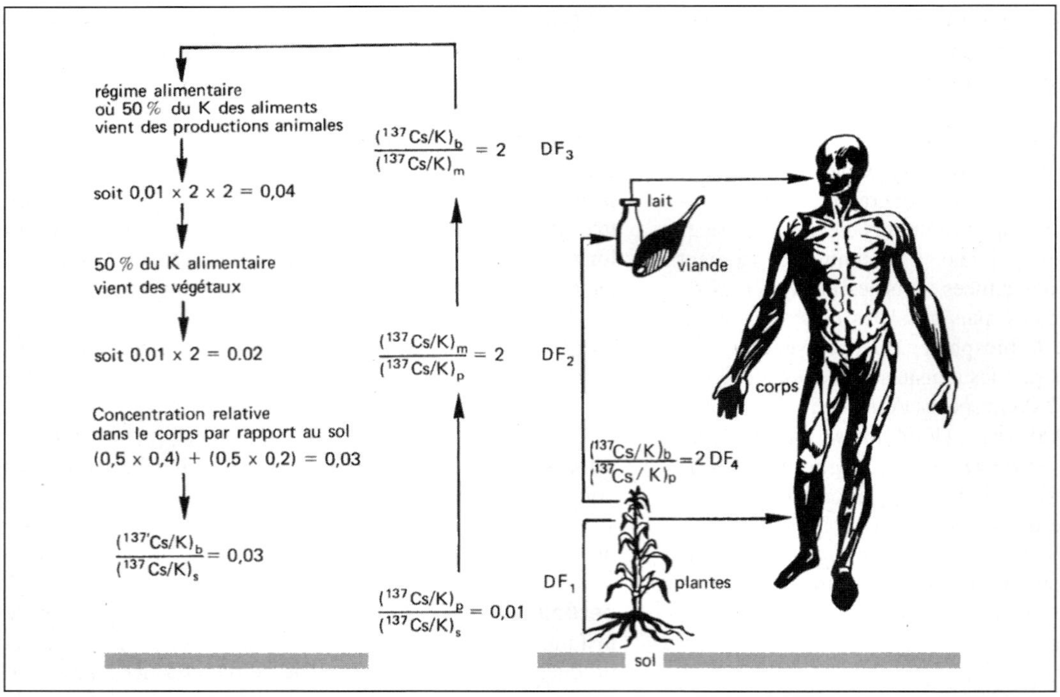

Schéma de la radiocontamination des chaînes trophiques de l'homme par le **césium** 137. Par suite de ses affinités avec le potassium, le radiocésium suit cet élément biogène et s'accumule dans le lait et la viande, aliments riches en potassium. b symbolyse les concentrations dans l'organisme ; m celles dans les aliments (viande et lait) ; p, celles dans les plantes ; s, celles dans les sols ; DF est le facteur de transfert. (D'après Langham et Fowler, in Ramade F., *Écologie appliquée*, Ediscience international, 5e ed., 1995, p. 324)

Cervidés, n. m. (*deers*). Famille de Mammifères aux vertèbres caudales réduites et dont les mâles ou les deux sexes possèdent des bois déhiscents. Les Cervidés sont surtout inféodés aux écosystèmes tempérés et subarctiques.

césium, n. m. (*caesium*) (Cs). Élément de numéro atomique Z = 55 et de masse atomique Ar = 133 dont le corps simple est un métal chimiquement voisin du potassium. ◆ **~ 137 (^{137}Cs)** : radioisotope constituant l'un des principaux et des plus redoutables produits de fission de l'uranium. Il possède une importante affinité pour les organes riches en potassium ayant un comportement homologue dans les êtres vivants et s'accumule de la sorte préférentiellement dans le muscle – donc la viande – et le lait. Il est aussi à l'origine d'une contamination persistante de certains écosystèmes terrestres et aquatiques, en particulier de divers fleuves d'Amérique du Nord et de l'ex-URSS par suite du développement de l'énergie nucléaire civile mais surtout militaire. L'accident de Tchernobyl a libéré plusieurs dizaines de millions de curies de ^{137}Cs dans l'environnement ce qui a provoqué une contamination étendue de diverses régions d'Europe centrale voire occidentale. ***(Voir aussi Nucléaire, déchets, Radioisotopes, Tchernobyl)***

cespiteux, adj. (*caespitose*). Désigne des plantes acaules poussant en touffes denses car pourvues de multiples tiges confluentes à leur base. Il s'agit de végétaux pérennes, pourvus d'un bourgeon situé au niveau du sol sous la masse de feuilles mortes (hémicryptophytes) et qui permet la survie du plant pendant la mauvaise saison. Diverses graminées cespiteuses représentent les espèces dominantes du tapis herbacé des steppes ou des savanes. ***(Voir aussi Graminées, Hémicryptophytes, Steppes)***

Cestodes, n. sc. (*Cestoda*). Classe de Métazoaires acœlomates du Phylum des Plathelminthes. Ce sont des parasites stricts du tube digestif de Vertébrés à l'état adulte dont les ténia sont les représentants les plus connus. ***(Voir aussi Ténia)***

Cétacés, n. m. (*Cetacea*). Ordre de Mammifères présentant le plus haut degré d'adaptation à la vie océanique. Ils comportent deux groupes : les *Odontocètes*, qui possèdent un seul évent et dont la mâchoire est pourvue de dents et les *Mysticètes*, ou baleines vraies, qui possèdent deux évents et dont les mâchoires sont pourvues d'expansions latérales, les fanons, leur permettant de filtrer le plancton ou les petits poissons dont elles se nourrissent. Les populations de Cétacés ont été victimes d'une exploitation effrénée qui a conduit de nombreuses espèces aux franges de l'extinction. Malgré le maintien du moratoire adopté en 1990 concernant leur chasse industrielle, la poursuite d'activités baleinières plus ou moins licites et l'usage intensif des filets dérivants continue à menacer les divers peuplements de Cétacés dans l'ensemble de l'océan mondial. ***(Voir aussi Baleine, Cladogramme, Dauphin)***

Ceterach, n. sc. (*Ceterach*). Nom de genre d'une fougère rupicole commune en Europe occidentale qui se développe sur des falaises ou dans les vieux murs.

CFC. Abréviation de chlorofluorocarbones. Voir Chlorofluorocarbones.

chablis, n. m. (*windfall*). Phénomène de chute des arbres âgés provoqué dans une forêt par un orage ou des vents violents.

Les chablis jouent un grand rôle dans la régénération spontanée des écosystèmes forestiers, les clairières qu'ils créent permettant la pousse de jeunes arbres. Lors d'ouragans et *a fortiori* de cyclones, les chablis peuvent prendre une dimension désastreuse. Ainsi les deux ouragans qui ont balayé à 48 heures d'intervalle la France à la fin décembre 1999 ont provoqué la chute et (ou) le bris de 240 millions d'arbres ce qui équivaut à la perte d'une surface forestière de 500 000 ha!

Chaenichtyiidae, n. sc. (*ice fishes*). Famille de poissons propres à l'océan Glacial Antarctique dits poissons de glace car leur corps translucide est dépigmenté et ils ne possèdent pas d'hémoglobine.

Chaetodontidae, n. sc. (*butterfly fishes*). Famille de poissons propres aux récifs coralliens, au corps aplati, dénommés « poissons papillons », dont les mâchoires allongées leur permettent de brouter les polypes des madrépores. ***(Voir aussi Récif)***

Chaetognathes, n. sc. (*Chaetognatha*). Groupe de vers marins propres au zooplancton des mers tempérées et froides, surtout représentés par le genre *Sagitta*.

chaîne trophique, n. f. (syn. : chaîne alimentaire) (*food chain, trophic chain*). Terme désignant les relations trophiques qui unissent les organismes de niveau trophique différent à l'intérieur d'une même communauté. ◆ ~ **de consommateurs** (*consumers food chain*) : désigne les relations trophiques liant un prédateur situé au sommet de la pyramide trophique aux organismes des niveaux trophiques inférieurs :

– en milieu terrestre elles répondent au schéma général :

Plante → Herbivore → Carnivore 1 → Carnivore 2

Schéma général des **chaînes trophiques** terrestres et aquatiques. I : producteurs. II : herbivores. III, IV et V : carnivores. O : décomposeurs. (D'après Cole, in Ramade F., *Écologie fondamentale*, Ediscience international, 1984, p. 233)

– en milieu aquatique :

Phytoplancton → Zooplancton → Prédateur microphage → Prédateur macrophage → Superprédateur

◆ ~ **parasitaire** (*parasitic food chain*) : type de chaîne trophique caractérisé par la présence d'hyperparasites parasitant une première espèce de parasite dans son hôte. ◆ ~ **saprophytique** (*saprophytic food chain*) : relations alimentaires entre des consommateurs se nourrissant de matières organiques mortes ; tel est le cas des organismes saprophages des sols. ***(Voir aussi Écosystèmes, Réseaux trophiques)***

Chalcidiens, n. m. (*chalcid wasps*). Super-famille d'Hyménoptères parasites présentant une grande importance pour la lutte biologique. Beaucoup d'espèces de Chalcidiens sont en effet des endoparasites oophages, polyembryonniques et donc à très grand potentiel biotique, ce qui accroît leur efficacité contre les ravageurs des cultures.

Chalcidien adulte émergeant d'un œuf parasité. Ces Hyménoptères parasitoïdes, souvent oophages, constituent un important groupe d'auxiliaires des cultures car ils détruisent de nombreuses espèces d'insectes ravageurs. (Cliché F. Ramade)

chaleur, n. f. ◆ **échangeur de ~** (*heat exchanger*) : dispositif destiné à transférer la chaleur d'un corps ou appareil dans un autre. ◆ ~ **de fusion** (*fusion heat*) : quantité d'énergie calorifique nécessaire pour faire passer une masse déterminée d'un solide à l'état liquide. À titre d'exemple, la chaleur de fusion de la glace est de 75 cal/g. ◆ ~ **d'évaporation** (*evaporation heat*) : quantité de chaleur nécessaire pour faire passer un liquide à l'état gazeux. Celle de l'eau est de 573 cal/g.

chameau, n. m. (*camel*) (n. sc. : *Camelus bactrianus*). Espèce de mammifères de l'ordre des Tylopodes, pourvue de deux bosses, originaire des zones arides d'Asie centrale. Il n'existe plus qu'un nombre très faible d'individus sauvages de cette espèce qui se rencontre dans les déserts d'Asie centrale.

chaméphyte, n. f. et adj. (*chamaephyte*). Forme végétale caractérisée par des plantes buissonnantes qui sont adaptées à passer la mauvaise saison grâce à des bourgeons situés à moins de 25 cm au-dessus du sol, ce qui leur permet d'être protégés par la neige pendant la saison hivernale. **(*Voir aussi Raunkiaer*)**

champ, n. m. ◆ **capacité au ~** (*field capacity*) : désigne la capacité maximale de rétention d'eau dans un sol après écoulement gravitaire de l'eau d'imbibition non retenue par la porosité édaphique.

champignon(s), n. m. (terme général : *Fungi*, champignons à chapeau : *mushrooms*, champignons filamenteux : *molds*). Les champignons représentent un règne vivant, celui des *Fungi*. Ils constituent un ensemble d'organismes hétérotrophes capables de se nourrir à partir de molécules biochimiques simples, qui jouent un rôle important comme décomposeurs dans les écosystèmes terrestres et aquatiques. À l'état végétatif, les champignons sont généralement des organismes pluricellulaires constitués par un mycélium filamenteux sur lequel peuvent apparaître au cours du cycle vital diverses formes sexuées, en particulier les carpophores, constitués par un péridium (chapeau) supporté par un pied (stipes) chez les champignons supérieurs du groupe des Basidiomycètes-Hyménomycètes.

On distingue dans les champignons trois grands embranchements : les Ascomycètes, les Basidiomycètes et les Deutéromycètes (*Fungi imperfecti*), groupe artificiel qui réunit toutes les espèces dont on ne connaît pas les formes sexuées, constitué par un ensemble d'espèces parasites de végétaux ou de certains d'animaux. **(*Voir aussi Carpophore, Mycélium*)** ◆ **~ saprophytes** (*saprophytic fungi*) : espèces de champignons se développant sur les matières végétales mortes. Beaucoup d'entre eux jouent un grand rôle dans l'écologie des sols en dégradant la cellulose (ou) la lignine des arbres morts. ◆ **~ symbiotiques** (*symbiotic fungi*) : champignons associés par des relations mutualistiques obligatoires avec des espèces végétales ou animales. Les champignons du groupe des mycorhizes jouent un rôle essentiel dans l'écologie des écosystèmes forestiers car leur association symbiotique avec les diverses espèces d'arbres facilitent l'absorption des éléments minéraux nutritifs par les racines de ces derniers. Les champignons constituant le thalle des lichens représentent un autre groupe de champignons symbiotiques d'origine taxonomique très hétérogène.

Champignons basidiomycètes : cliché de bolets des mélèzes (*Suillus grevillei*, Bolétales). (Cliché F. Ramade)

champignonnistes, adj. ◆ **insectes ~** (*Fungi cultivating insects*) : insectes sociaux ou solitaires qui se nourrissent de mycélium de champignons qu'ils cultivent dans des chambres souterraines de leurs colonies. Les fourmis champignonnistes (genre *Atta*, *Acromyrmex* par exemple) cultivent des champignons du Genre *Leucocoprinus* dont elles se nourrissent des filaments mycéliens épaissis dénommés mycotêtes. Il existe aussi plusieurs genres de termites champignonnistes réunis dans la famille des *Macrotermitidae*.

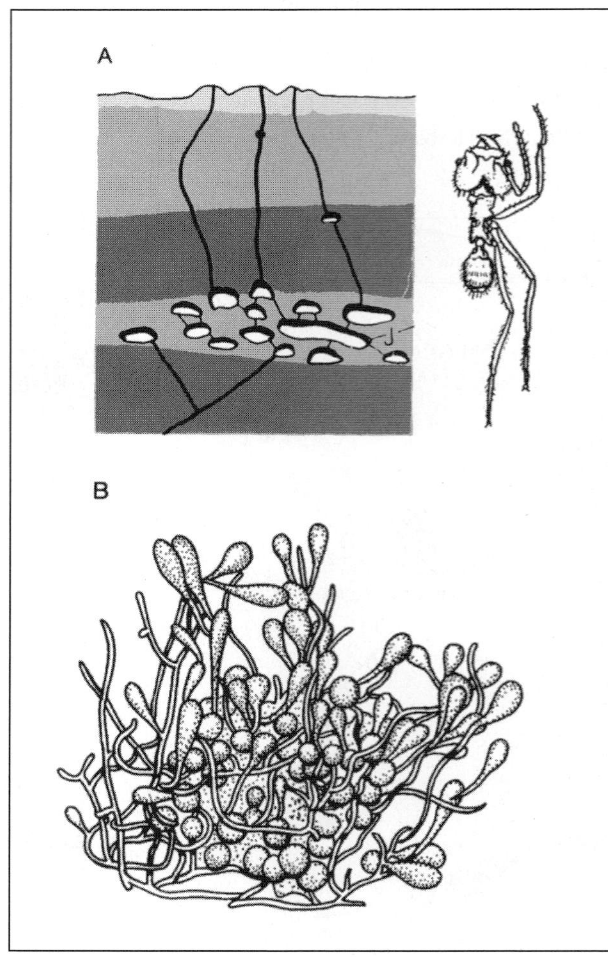

Coupe dans une fourmilière de fourmis **champignonnistes** du genre *Atta*, montrant les chambres de culture des champignons symbiotiques (**A**) et le mycélium (**B**) dont elles se nourrissent. (D'après Wheeler, in Ramade F., *Le peuple des fourmis*, PUF, Coll. « Que sais-je ? », 1965, p. 61 et 62, mais modifié)

changements climatiques, n. m. (*climatic changes*). Voir Climats, CO_2, Effet de serre, Récif corallien.

chaos, n. m. (*chaos*). État dynamique d'un système écologique dans lequel aucun état d'équilibre ne peut être prévu mais qui toutefois a tendance à basculer d'un état déterminé à un autre de façon imprévisible quoique le système obéisse à une espèce de semi-déterminisme.

chaparral, n. m. (*chaparral*). Formation végétale dégradée homologue des garrigues méditerranéennes, constituée d'arbustes au feuillage sempervirent, qui se rencontre dans les zones de Californie dont la végétation forestière climacique a été détruite par l'incendie.

Chara (*stoneworts*). Nom scientifique de plantes aquatiques appartenant à un groupe primitif de végétaux, les Charophycées, dont le thalle se calcifie au cours de son développement.

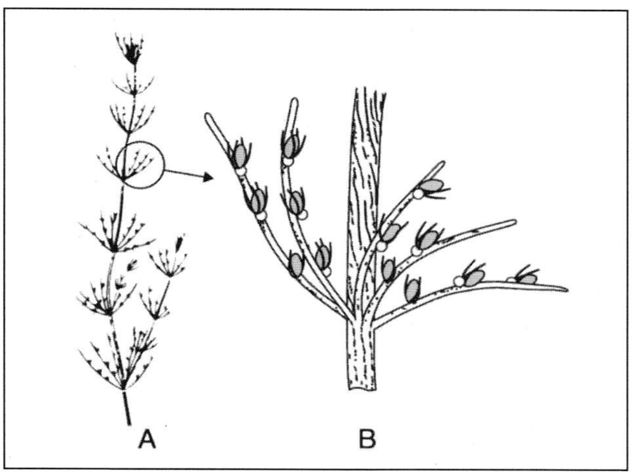

Vue d'une tige complète de ***Chara sp.*** (**A**) et vue de détail de ses fructifications (**B**).

Charadriiformes, n. m. (*Charadriiforms*). Oiseaux limicoles comportant de nombreux groupes, en particulier celui des bécasses, des pluviers, des chevaliers et des bécasseaux. (***Voir aussi Limicoles***)

charbon, n. m. (*coal*). Combustible fossile solide dont la constitution des dépôts s'est surtout effectuée pendant la période carboniférienne et aussi à la fin du Secondaire (lignites). Les réserves mondiales en charbon, très considérables, sont estimées de l'ordre de 12 500 milliards de tonnes. Combustibles riches en nombreuses impuretés, en particulier en divers métaux toxiques et dérivés du soufre, les charbons sont source d'une importante pollution atmosphérique. ◆ ~ **actif** (*activated carbon*) : forme de charbon très poreux, capable d'adsorber efficacement divers composés organiques et employé de ce fait dans les installations d'épuration des eaux. ◆ ~ **de bois** (*charcoal*) : forme de charbon obtenu par pyrogénation du bois de diverses essences d'arbres, en particulier de chênes. (***Voir aussi Combustibles fossiles***)

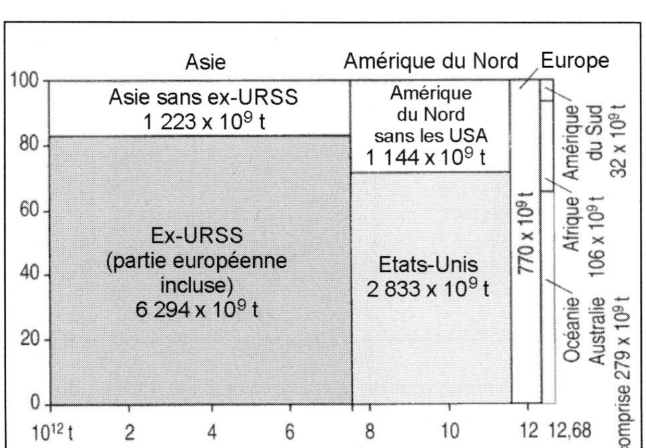

Réserves mondiales de **charbon**. (D'après *Global 2000 Report* US Dep. State, 1980, p. 193, in Ramade F., *Écologie appliquée*, Ediscience international, 5e ed., 1995, p. 462)

charognard, n. m. (*carrion feeder*). Voir Nécrophage, Saprophage.

Charophycées, n. sc. (*Charophyta*). Classe de végétaux primitifs appartenant à l'embranchement des Chlorophytes (algues vertes), présentant des caractères intermédiaires entres les Chlorophycées et les Phanérogames, qui se développent dans les écosystèmes lentiques qu'il s'agisse d'eaux douces ou saumâtres. (***Voir aussi Chara***)

chasmophile, adj. (*chasmophilous*). Désigne un organisme qui est inféodé aux crevasses des parois rocheuses.

chasmophytes, n. f. (*chasmophytes*). Espèces végétales qui croissent dans les falaises en développant leurs système racinaire dans les anfractuosités des rochers.

chasse, n. f. (*hunting*). Activité consistant à prélever la faune sauvage, en général à des fins alimentaires, parfois pour se procurer des matières animales pour l'artisanat (ivoire, plumes par exemple). Dans les pays développés, la seule justification donnée à la chasse, dans la plupart des cas, est le « sport » (?). En réalité, compte tenu de l'impact de plus en plus important de cette chasse dite « sportive » aux effets démoécologiques incontrôlés, on peut conclure que cette dernière constitue dans l'ensemble du monde une cause primordiale de raréfaction de la faune et donc de destruction d'une composante importante de la diversité biologique. Il est évident à tout écologue que le 1,5 million de porteurs de fusils français exerce une pression de prélèvement sans aucun rapport avec le maximum supportable par la plupart des populations des espèces concernées tant de mammifères que d'oiseaux. En outre, diverses espèces de ces animaux sont abattues en début de période de reproduction, ce qui diminue d'autant la reconstitution des effectifs. Ainsi la France se distingue en Europe en ce domaine par ses réglementations laxistes dont la seule finalité est de répondre démagogiquement aux revendications les plus irrationnelles des chasseurs. Ainsi, les pouvoirs publics de notre pays refusent toujours au travers d'une grotesque loi sur la chasse, d'ajuster les dates d'ouverture à la directive européenne afférente. De même ils font figurer sur la liste des oiseaux chassables des espèces classées comme vulnérables au niveau européen voire mondial par l'UICN, sans omettre le fait qu'ils persévèrent, au travers de diverses dérogations, à ne pas appliquer des conventions internationales protégeant de grands mammifères en danger d'extinction dans notre pays comme le loup et l'ours. ◆ ~ **à la baleine** (*whaling*) : voir Baleine.

châtaignier, n. m. (*chestnut tree*) (n. sc. *Castanea sativa*). Arbre de l'ordre des Cupulifères, qui se rencontre dans la quasi-totalité de la zone paléarctique tempérée. Il constitue en France, où il couvre plus de 600 000 ha, la troisième essence forestière feuillue.

chaulage, n. m. (*liming*). Procédé utilisé de longue date pour bonifier et augmenter la productivité de terres cultivées situées sur des terrains cristallins donc acides.

chauve-souris, n. f. (*bat*). Voir Cheiroptères.

Cheiroptères, n. m. (*Cheiroptera*). Ordre de Mammifères volants dénommés vulgairement chauve-souris. Les Cheiroptères sont de mœurs grégaires et capables pour certains d'entre eux de migrations importantes. Ils ont tous la particularité de posséder une capacité d'écholocation leur permettant de voler dans l'obscurité grâce à un organe qui correspond à l'équivalent d'un radar ultra-sonore. Bien que la plupart des espèces tempérées soient de régime insectivore, une proportion importante de Cheiroptères est nectarivore, butinant les fleurs des arbres et autres végétaux des écosystèmes tropicaux dont ils sont d'actifs, et parfois exclusifs, pollinisateurs. Certains d'entre eux comme les roussettes (genre *Pteropus*) sont frugivores. Enfin les vampires (genre *Desmodus*) sont hématophages. Les espèces nectarivores sont souvent en association mutualistique avec diverses espèces d'arbres des forêts tropicales (ou autres espèces végétales tropicales) dont elles assurent la pollinisation.

chélate(s), n. m. (*chelates*). Composé chimique résultant de la formation d'un complexe, de structure cyclique, entre un métal et une substance organique liée au métal par une ou deux liaisons de coordination.

chélation, n. m. (*chelation*). Réaction d'équilibre entre un ion métallique et une molécule organique dans laquelle ces deux composants sont associés par une ou plusieurs liaisons de coordination. Ce phénomène présente une grande importance dans la pollution des eaux par des métaux toxiques car la chélation inactive en général les polluants inorganiques. Elle se traduit donc par une forte réduction de la toxicité du métal concerné.

Chélicérates, n. sc. (*Chelicerata*). Sous-embranchement d'Arthropodes qui doit son nom au fait que ces derniers possèdent des appendices céphaliques dont la première paire, dénommée chélicères, est souvent pourvue de glandes à venin. La seconde, dénommée pédipalpes, peut servir d'organes reproducteurs accessoires aux mâles. Enfin, tous les Chélicérates possèdent huit paires de pattes thoraciques.

Les Chélicérates actuels se répartissent en trois classes (plusieurs autres classes fossiles se sont éteintes dès le Paléozoïque). Ces classes sont les Xiphosures (ou Mérostomes), dont les Limules sont les seuls représentants actuels ; les Arachnides qui se subdivisent eux-mêmes en plusieurs sous-classes : Aranéides – araignées, Scorpionides – scorpions, les Acarina – acariens et quelques autres sous-classes mineures telles les Solifuges et les Pédipalpes ; enfin les Pycnogonides (ou Pantopodes). Le corps des Chélicérates présente en règle générale deux seuls tagmes apparents : le céphalothorax (prosoma) et l'abdomen (opisthosoma). Dans certains groupes comme les Scorpionides (mais aussi les Uropyges), l'opisthosoma est subdivisé en mésoma et métasoma, l'appendice « caudal » des scorpions qui porte à son extrémité le crochet et la glande à venin. À l'opposé, certains Chélicérates tels les Acariens présentent un « tronc » globuleux, les deux tagmes ayant fusionné ; d'autres tels les Pycnogonides possèdent un abdomen abortif, les organes étant logés dans le prosoma et dans les fémurs de leurs pattes de longueur extraordinaire.

Au plan écologique, les Xiphosures et les Pantopodes sont uniquement marins. À l'opposé, les Arachnides sont quasi exclusivement terrestres avec quelques formes dulçaquicoles (certaines araignées et l'ordre des Hydracariens).

Les Chélicérates, dont près de 80 000 espèces sont connues, possèdent en grande majorité un régime prédateur. Cependant, un nombre important d'acariens sont phytophages et d'autres parasites (tiques par exemple). ***(Voir aussi Acariens, Araignée, Arthropodes, Scorpion)***

Chéloniens, n. m. (*Chelonia*). Ordre de reptiles constitué par l'ensemble des tortues terrestres et marines. ***(Voir aussi Tortue)***

cheminée, n. f. ◆ ~ **d'usine** (*factory stack*) : dispositif destiné à rejeter dans l'air des effluents gazeux provenant des combustions dans des foyers industriels et d'installations métallurgiques ou chimiques afin que les gaz et les particules contenues dans les fumées ne provoquent pas une pollution atmosphérique intolérable dans les agglomérations où sont implantées les industries considérées. Depuis une trentaine d'années, la tendance à la construction de cheminées de plus en plus élevées a été une conséquence de la recherche d'une dispersion du panache renfermant les ef-

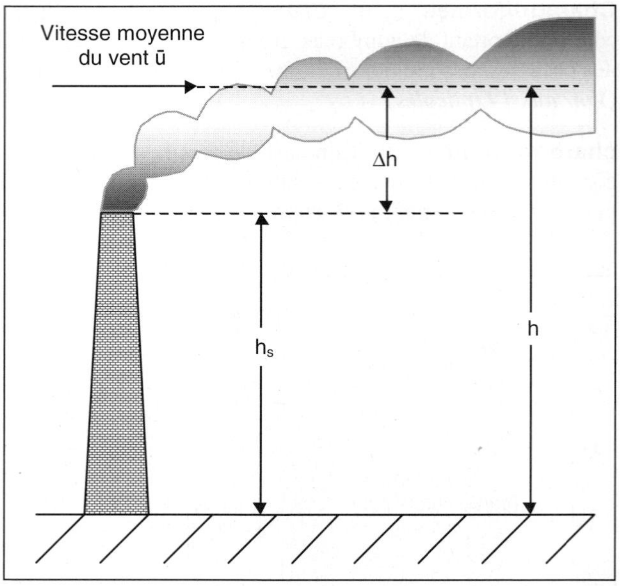

Schéma montrant le rôle de la hauteur et de la vitesse du vent dans la dispersion et la dilution des effluents émis par une **cheminée**. (h_s = hauteur de la cheminée, h = altitude moyenne du panache, Δh = différence d'altitude entre celle du panache et celle du sommet de la cheminée. (D'après Shaw et Munn, op. cit., in Ramade F., *Dictionnaire encyclopédique des pollutions*, Ediscience international, 2000, p. 94)

fluents gazeux industriels à des hauteurs de plus en plus importantes donc à des distances de plus en plus grandes afin d'éviter des retombées de proximité. Cela a contribué à transformer un problème de pollution local ou régional en des problèmes d'échelle internationale comme en atteste par exemple le phénomène des pluies acides. **(*Voir aussi Panache*)**

chêne(s), n. m. (*oak*) (n. sc. : *Quercus sp.).* Genre d'arbres appartenant à l'ordre des Cupulifères constituant les espèces dominantes de nombreuses forêts tempérées, caducifoliées ou sempervirentes. De nombreuses espèces de *Quercus* se rencontrent aussi dans les forêts d'altitude (laurisylves) des régions tropicales de l'Asie et de l'Amérique centrale. ◆ ~ **kermes** (n. sc. : *Quercus coccifera*) : arbuste des garrigues méditerranéennes, dépassant rarement 2 m de haut, qui est un pyrophyte car adapté à une repousse rapide après le passage de l'incendie. ◆ ~ **liège** (n. sc. : *Quercus suber*) : arbre méditerranéen qui croît sur les sols siliceux, adapté au passage de l'incendie grâce à son écorce épaisse qui est exploitée pour la production de liège. ◆ ~ **pédonculé** (syn. : rouvre) (n. sc. : *Quercus robur*) : espèce de chêne propre aux écosystèmes forestiers caducifoliés d'Europe atlantique. Cette espèce à feuilles caduques croît sur les sols profonds bénéficiant d'une pluviométrie satisfaisante. ◆ ~ **pubescent** (n. sc. *Quercus pubescens*) : espèce de chêne méditerranéen à feuilles caduques qui croît sur les sols profonds et relativement riches en eau. ◆ ~ **vert** (n. sc. : *Quercus ilex*) : chêne méditerranéen sclérophylle constituant initialement les forêts climaciques de Méditerranée occidentale. Cette espèce surexploitée depuis la plus haute antiquité pour la production de bois d'œuvre et de charbon n'occupe plus aujourd'hui qu'une faible partie de sa surface initiale.

Chêne pédonculé pluriséculaire (*Quercus robur*) (Boult aux bois, Ardennes). (Cliché F. Ramade)

chenille(s), n. f. (*caterpillar*). Écophase larvaire des insectes de l'ordre des Lépidoptères (papillons) caractérisée par un corps allongé, pourvu de plusieurs paires de fausses-pattes. Les chenilles sont très généralement de régime phytophage, et se nourrissent le plus souvent des feuilles des espèces végétales auxquelles elles sont inféodées.

Chenille d'*Actias selene* (Lépidoptère *Attacidae*). (Cliché F. Ramade)

Un petit nombre d'entre elles sont xylophages (cossus gâte-bois d'Europe par exemple). Enfin elles sont très rarement saprophages ou carnivores. ◆ ~ **mineuse** (*leaf miner caterpillar*) : larves de papillons qui se développent à l'intérieur des feuilles des végétaux en creusant des galeries entre les faces supérieure et inférieure de l'épiderme. ◆ ~ **tordeuses** (*budworms*) : larves de papillons qui se développent à l'intérieur des pousses des végétaux dont elles se nourrissent. **(*Voir aussi Choristoneura, Galerie*)** ◆ **fausses** ~ (*false caterpillars*) : larves d'Hyménoptères de la super-famille des Tenthrédinoïdes, généralement phyllophages comme leurs homologues Lépidoptères, qui diffèrent des précédentes principalement par un nombre plus élevé de fausses pattes et une tête pourvue d'une seule paire d'ommatidies. **(*Voir aussi Hyménoptères*)**

Chénopodiacées, n. sc. Famille de Dicotylédones comportant de nombreuses espèces adaptées aux zones arides et (ou) aux sols salés. On distingue dans cet ordre de nombreuses espèces halophiles en particulier les *Salicornia* et les *Arthrocnemum* propres aux steppes salées méditerranéennes et sahariennes. Les betteraves cultivées appartiennent à cet ordre.

chernozem, n. m. (*black earth*). Voir Tchernozem.

chersophyte, n. f. (*chersophyte*). Plante croissant sur des sols squelettiques pauvres et (ou) peu profonds.

cheval sauvage, n. m. (*wild horse*) (n. sc. *Equus prjewalskii*). Il n'existe plus de cette espèce qu'un tout petit nombre d'individus dans son aire d'origine biogéographique, les steppes de Mongolie, si elle n'en a pas disparu. Elle a cependant pu être sauvée de l'extinction grâce à un plus grand nombre d'individus dispersés dans les zoos.

chevauchement, n. m. (*overlapping*). Voir Niche écologique.

chèvre, n. f. (*goat*) ◆ ~ **domestique** (n. sc. *Capra hircus*) : espèce originaire de Méditerranée orientale existant encore à l'état sauvage dans certaines îles, en particulier dans les Cyclades et l'archipel crétois, ces dernières étant parfois considérées comme appartenant à une sous-espèce particulière (*Capra hircus cretensis*). Des chèvres domestiques retournées à l'état sauvage existent aussi sur l'île de Montecristo, en Sardaigne, dans l'archipel dalmate et dans diverses régions des îles britanniques. ◆ ~ **sauvage** (n. sc. *Capra hircus aegagrus*) (*wild goat*) : sous-espèce de chèvre dénommée bézoard, propre aux Balkans et à l'Asie mineure. ***(Voir aussi Capra)***

Chèvre domestique dans un alpage (haute vallée de l'Ubaye, Alpes de Haute Provence). (Cliché F. Ramade)

chevreuil, n. m. (*roe deer*) (n. sc. *Capreolus capreolus*). Espèce de Cervidé de petite taille commune dans les forêts d'Eurosibérie. Généralement solitaire, la sous-espèce de Sibérie peut néanmoins effectuer des migrations en grandes bandes.

chevrotain aquatique, n. m. (*water chevrotain*) (n. sc. : *Hyemoschus aquaticus*). Antilope africaine aux mœurs amphibies qui vit sur les rives des cours d'eau. Cette espèce est pourvue de canines développées, fait très rare chez un herbivore.

Chezy, formule de. Relation donnant le débit (Q) d'une rivière en fonction de ses paramètres principaux, la section transverse A, le rayon hydraulique r, la pente S et un coefficient d'écoulement C : $Q = AC\sqrt{rS}$. ***(Voir aussi Darcy, Hydrosystème)***

Chilopodes, n. sc. (*Chilopoda, Centipetes*). Ordre de Chélicérates constitué par les milles-pattes et espèces affines. ***(Voir aussi Chélicérates)***

chimioautotrophe, adj. (*chemoautotroph*). Propriété dont sont douées diverses familles de micro-organismes capables de produire des matières biochimiques par chimiosynthèse. Les sulfatobactéries, certaines bactéries dénitrifiantes qui tirent leur énergie à partir de substrats minéraux, appartiennent à cette catégorie.

chimiocline, n. f. (*chemocline*). Zone de discontinuité observée dans un biotope aquatique au niveau de laquelle s'observe une rapide variation de la concentration d'un élément ou d'un composé minéral. Par exemple dans les lacs eutrophisés, existe à une profondeur variable une chimiocline de part et d'autre de laquelle on passe en quelques mètres – voire quelques décimètres – d'une sursaturation de l'eau en oxygène dissous à une zone désoxygénée. ***(Voir aussi Dystrophisation)***

chimiolithotrophes, n. m. (*chemolithotrophic*). Organismes qui tirent leur énergie métabolique de phénomènes d'oxydoréduction à partir de substrats inorganiques.

chimiostérilisant, n. m. (*chemosterilant*). Substance de propriétés pesticides provoquant la stérilité des Insectes et autres Invertébrés nuisibles qui leurs sont exposés. Divers composés (Apholate, TEPA, Metepa) furent préconisés voici environ trois décennies pour des applications agricoles ou vétérinaires mais ne furent pas homologués par suite de leur forte toxicité (mutagénicité et cancérogénicité) pour les Mammifères.

chimiosynthèse, n. f. (*chemosynthesis*). Propriété par laquelle certains organismes primitifs, essentiellement des bactéries, sont capables de synthétiser les matières vivantes en tirant leur énergie de l'oxydation de molécules inorganiques simples présentes dans les sols et les eaux.

chimiotaxie, n. f. (*chemotaxy*). Déplacement d'un animal induit par la présence d'une substance chimique. L'attraction des mâles d'insectes par les femelles est une chimiotaxie quand elle est induite par la sécrétion de phéromones sexuelles par les femelles.

chimiotropisme, n. m. (*chemotropism*). Attirance présentée par un organisme vers une direction présentant un gradient croissant en une substance chimique déterminée.

chimiotype, n. m. (*chemotype*). Lignée ou variété d'une espèce végétale donnée caractérisée par une composition chimique particulière.

chimonophile, adj. (*chimonophilous*). Qualifie une espèce qui se développe pendant la saison hivernale.

chimpanzé, n. m. (*chimpanzee*). Voir Hominidés.

Chine (*China*). Quatrième pays du monde par sa surface et premier par sa population (1,26 milliard d'hommes en 2000). La Chine est aussi l'un des pays du monde qui est victime des plus graves problèmes environnementaux. Du fait même de sa surpopulation, ses ressources naturelles ont été surexploitées depuis des millénaires. ◆ **déforestation en ~** : alors que la Chine était boisée à 90% de sa surface au début du Néolithique, elle ne l'est plus que de 7% à l'heure actuelle. Loin d'avoir inversé cette tendance catastrophique, le régime maoïste a incité à un déboisement accru lors de sa campagne sur la construction de bas-fourneaux dans les tristement célèbres communes populaires. Le résultat a été un dénudement des sols de montagne dans des provinces montagneuses comme le Sichuan, avec pour conséquence une catastrophique érosion des sols.

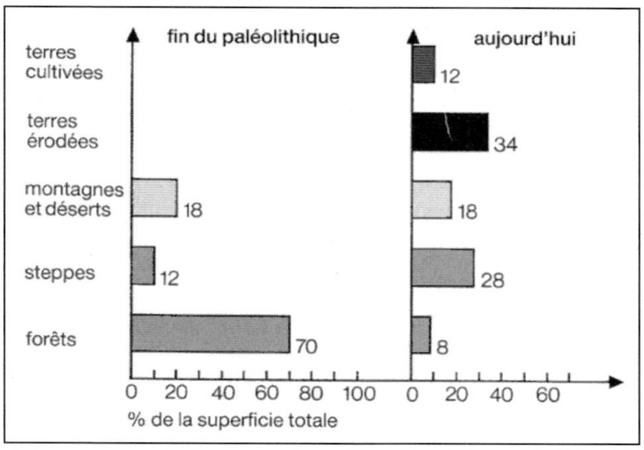

La déforestation en **Chine** au cours de la période historique. (D'après Ramade F., *Les catastrophes écologiques*, McGraw-Hill, 1987, p. 101)

◆ **pollution en ~** : le développement accéléré de cet immense pays, sans mise en œuvre de mesures de protection environnementales adaptées à la réalité de la situation, place la Chine parmi le peloton des pays exposés aux pires intensités de dégradations écologiques. Ainsi, la Chine détient le record mondial de pollution atmosphérique en importance, étendue et nombre de personnes affectées. On estime que 320 millions de personnes vivant en milieu urbain présentent des symptômes pathologiques induits par les aéropolluants. La pollution de l'air y provoque quelque 178 000 décès par an soit 11% de la mortalité des citadins recensés dans ce pays! Celle des eaux tant urbaine, qu'industrielle et d'origine agricole y croît également sans cesse et atteint dans certaines régions des niveaux désastreux, plus particulièrement au travers des processus de dystrophisations liés en grande partie à l'usage croissant d'engrais chimiques sans omettre l'ubicité de leur pollution par des MOF. La situation de la majorité des cours d'eau du pays, malgré l'im-

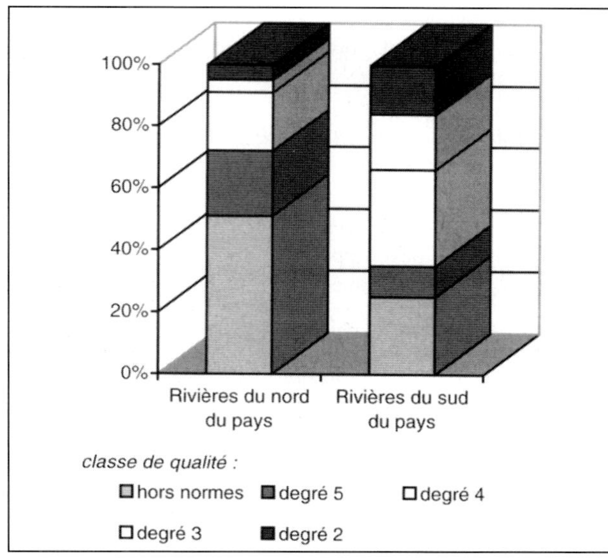

Qualité des eaux fluviales en **Chine**, déterminée par leur charge polluante sur des sites d'échantillonnage urbains concernant 135 rivières. Les classes de qualité 4 et 5 sont les plus basses et ne permettent plus les usages domestiques – ni même industriels ou agricoles pour la classe 5. (D'après *Clear water and blue skies: China environment in the new century*, World Bank, Washington, 1997, p. 14)

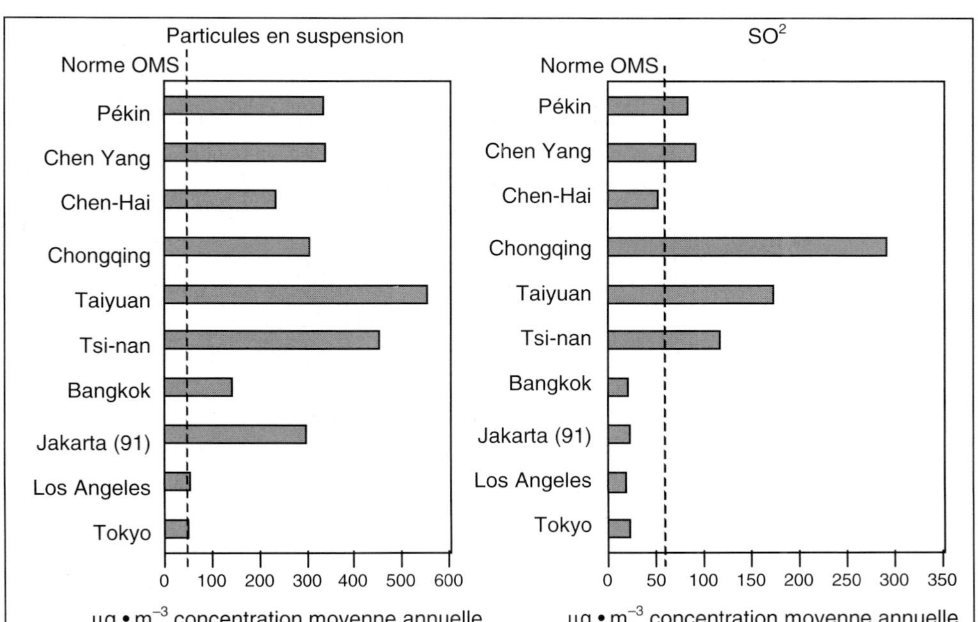

Comparaison de la qualité de l'air dans les grandes villes de **Chine** avec celle de quelques autres grandes métropoles industrielles d'Asie et de l'ouest des États-Unis, estimée par la teneur en SO_2 et en particules. (D'après World Bank, op. cit., in Ramade F., *Dictionnaire encyclopédique des pollutions*, Ediscience international, 2000, p. 451)

mensité du débit de certains d'entre eux, est déjà désastreuse par suite du nombre et de la concentration des polluants qu'ils charrient. En 1997, on évaluait déjà que la concentration en divers polluants des fleuves de ce pays était telle que les eaux de 40% d'entre eux ne convenaient plus non seulement aux usages domestiques mais même pour l'industrie ou l'agriculture. Quant aux pluies acides, elles atteignent dans de nombreuses provinces une intensité égale ou supérieure aux maxima enregistrés dans les divers pays de l'OCDE à l'apogée de ce phénomène, au début des années 1980. **(*Voir aussi Pluies acides*)**

chinois, adj. ◆ **syndrome ~** (*chinese syndrome*) : terme créé pour désigner le risque de fusion du béton de l'enceinte de confinement et la perte de sa radioactivité à l'extérieur en cas d'accident grave survenant à un réacteur nucléaire en fonctionnement.

chionophile, adj. (*chionophilous*). Désigne une espèce vivante adaptée à la neige.

chionophilie, n. f. (*chionophily*). Propriété des espèces qui sont aptes à se développer dans les environnements enneigés de façon périodique et pour une durée prolongée.

chionophobe, adj. (*chionophobous*). Qualifie une espèce qui ne peut vivre dans les biotopes exposés à la présence de neige.

chionophobie, n. f. (*chionophoby*). Propriété des espèces qui ne peuvent se développer dans les biotopes exposés à un enneigement même temporaire.

chironomides, n. m. (*midgets*). Sous-ordre de Diptères renfermant un grand nombre d'espèces dont les larves sont aquatiques. Beaucoup de Chironomides jouent un rôle important dans la nutrition des écophases juvéniles de diverses espèces de poissons dulçaquicoles.

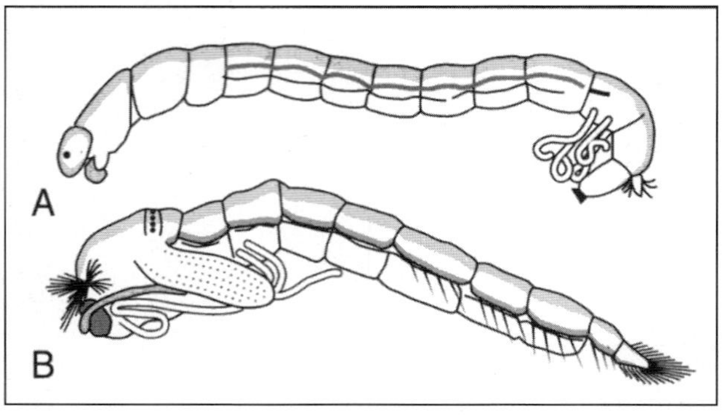

Larve (**A**) et nymphe (**B**) de **chironomide**. (In Ramade F., *Dictionnaire encyclopédique des sciences de l'eau*, Ediscience international, 1998, p. 101)

Chironomus thummi, n. sc. Espèce de Chironomides bioindicatrice de pollution des eaux douces par des matières organiques fermentescibles. **(*Voir aussi Bioindicateur*)**

chloration, n. f. (*chlorination*). Procédé de potabilisation des eaux par destruction des agents pathogènes qui peuvent les contaminer par dissolution de chlore gazeux. Bien que cette méthode soit d'une efficacité indiscutée, elle est susceptible d'induire la formation de chloramines, composés cancérogènes, dans les eaux d'adduction ainsi chlorées. ◆ **~ intermittente** (*intermittent chlorination*) : procédé consistant à libérer de façon intermittente et irrégulière du chlore dans les circuits de refroidissement des centrales électriques pour éviter que les moules susceptibles de se développer et d'obturer ces circuits ne s'adaptent au biorythme et ne se ferment avant l'arrivée de la solution toxique. **(*Voir aussi Haloformes*)**

chlordane, n. m. (*chlordane*). Insecticide du groupe des dérivés chlorés du cyclopentadiène qui a été longtemps utilisé contre les termites et les fourmis; il est doué d'une grande persistance dans les sols et les eaux et, de ce fait, présente d'importants risques écotoxicologiques. **(*Voir aussi Organochlorés*)**

chlore, n. m. (*chlorine*) (Cl). Élément du groupe des halogènes de numéro atomique Z = 17 et de masse atomique Ar = 35,5 dont le corps simple est un gaz de couleur verdâtre. Il est utilisé dans un grand nombre de synthèses organiques. Il est aussi employé comme agent blanchissant, en particulier en papeterie et pour aseptiser les eaux d'alimentation des réseaux de distribution. Il est très irritant pour les muqueuses et d'une grande toxicité. Son inhalation accidentelle peut induire un œdème pulmonaire aigu, parfois retardé et mortel. Il a d'ailleurs été utilisé comme gaz de combat pendant la Première Guerre mondiale. Les dérivés gazeux du chlore sont en revanche fort rares dans l'atmosphère puisque les seuls gaz chlorés naturels sont le chlorure de méthyle et de diméthyle qui se forment spontanément, en très faibles quantités, par fermentation anaérobie dans les vases marines.

Chlorella, n. sc. Algues vertes unicellulaires, de la classe des Chlorococcales, abondantes dans les eaux riches en matières organiques et en particulier en glucides solubles. Elles sont utilisées dans les biotests de létalité pour évaluer la toxicité de diverses substances ou d'effluents pollués par suite de la facilité avec laquelle elles peuvent être cultivées en laboratoire. **(*Voir aussi Chlorophycées*)**

chlorofluorocarbones, n. m. (*chlorofluorocarbons*) (abrév. : CFC). Dérivés chlorofluorés fort utilisés dans les bombes aérosols, dans l'industrie des matières plastiques ainsi que comme liquide cryogène dans l'industrie du froid. Les CFC sont généralement connus sous le nom de Fréons® qui est en fait un nom commercial (Dupont de Nemours) ou de Foranes® (Atochem). Les plus courants sont les Fréons 11 et 12 ainsi que le Fréon 114. Ils sont susceptibles de s'accumuler par suite de leur inertie chimique dans la haute stratosphère où ils sont ensuite dégradés par le rayonnement UV en libérant du chlore atomique.

Avec le fréon 11 nous aurons par exemple la réaction :

$$CFCl_3 + h\nu \rightarrow CFCl_2 + Cl^{\cdot}$$

Ultérieurement, le chlore atomique décompose la molécule d'ozone :

$$Cl^{\cdot} + O_3 \rightarrow ClO + O_2$$

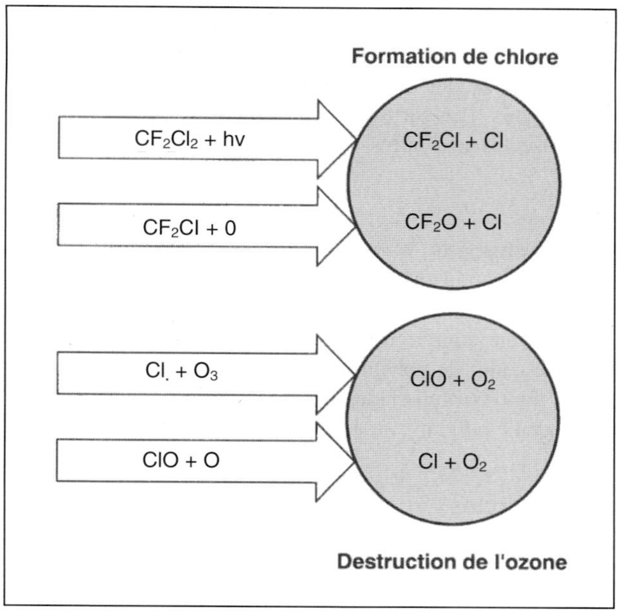

Cycle de dégradation de l'ozone stratosphérique par les **chlorofluorocarbones**. (D'après Ramade F., *Les catastrophes écologiques*, McGraw-Hill, 1987, p. 239)

Cette réaction, qui a lieu dans la stratosphère, est responsable de la dégradation de la dite couche d'ozone. **(*Voir aussi Halons, Ozone*)**

Chlorophycées, n. f. (*Chlorophyta*). Nom scientifique de la classe dans laquelle on réunit les divers groupes d'algues vertes. On dénombre plus de 10 000 espèces connues de Chlorophycées. Quoique la grande majorité des Chlorophycées soit dulçaquicole, elles se rencontrent tant dans les eaux douces que marines. Les espèces marines dominent dans l'ordre des Siphonales (*Caulerpa* par exemple) et sont abondantes dans les Ulotrichiales (*Ulva, Enteromorpha*) et les Cladophorales. On rencontre chez ces dernières des espèces unicellulaires ou encore filamenteuses (*Ulothrix*) et d'autres à thalles élargis (*Ulva* par exemple). Beaucoup de Chlorophycées se développent dans les eaux eutrophisées.

chlorophylle, n. f. (*chlorophyll*). Molécule présente dans les chloroplastes des végétaux autotrophes, qui est à la base des réactions photosynthétiques. Pourvue d'un squelette tétrapyrolique auquel est associé un atome de magnésium, la chlorophylle est responsable de la capture de l'énergie contenue dans les radiations rouges qu'elle transfère ensuite vers d'autres systèmes enzymatiques responsables de la formation de l'ATP nécessaire aux diverses réactions photosynthétiques. **(*Voir aussi Photosynthèse*)**

chlorose, n. f. (*chlorosis*). Maladie des végétaux résultant généralement d'une carence en fer des sols et qui se caractérise par la teinte jaune prise par le feuillage des plantes qui en sont atteintes.

chlorure de vinyle, n. m. (*vinyl chloride*). Molécule organique insaturée de formule : CH_2=CHCl, qui est le monomère des PCV, matières plastiques d'usage très répandu. Le chlorure de vinyle est mutagène et cancérigène et soulève de ce fait de redoutables problèmes d'hygiène du travail dans les installations spécialisées où sont synthétisés les PCV car il provoque chez les travailleurs, exposés à une fréquence élevée, l'apparition d'angiosarcomes hépatiques.

chondrychtiens, n. m. (*Chondrychtia*). Voir Sélaciens.

Choristoneura fumiferana, n. sc. (*spruce budworm*). Nom scientifique de la tordeuse de l'épinette. Les chenilles de cette espèce de Lépidoptère attaquent de façon récurrente les conifères de l'Amérique du Nord tempérée et boréale causant des dommages parfois très importants aux forêts atteintes. L'introduction d'insecticides pour lutter contre ce ravageur, loin de résoudre ce problème, l'a amplifié en provoquant de très graves déséquilibres biologiques dans les écosystèmes ainsi traités. En outre, les peuplements de vertébrés terrestres et aquatiques exposés aux traitements insecticides effectués par voie aérienne furent dramatiquement réduits. Les rivières à saumon du New Brunswick, au Canada, furent ainsi dépeuplées au cours des années 1960 et 1970, ce qui causa des pertes irréparables aux pêcheries commerciales de cette espèce.

chorologie, n. f. (*chorology*). Discipline de la biogéographie qui a pour objet d'expliquer les raisons de la répartition géographique des espèces vivantes, par opposition à la géonémie qui consiste en la description de la répartition géographique de ces espèces. **(*Voir aussi Biogéographie*)**

chott, n. m. (*chott*). Lagunes salées sahariennes, s'asséchant temporairement, situées dans l'Est algérien et le Sud de la Tunisie.

chromatographie, n. f. (*chromatography*). Méthode d'analyse chimique permettant d'isoler les molécules présentes dans un échantillon à analyser en se fondant sur leur adsorption différentielle sur un substrat solide ou sur leur caractéristique de diffusion au travers de colonnes poreuses en phase gazeuse.

chromatophore(s), n. m. (*chromatophore*). Organe tégumentaire renfermant des pigments de couleur constante ou que les animaux peuvent faire varier afin de présenter le maximum d'homochromie avec le substrat. Les Céphalopodes chez les Invertébrés, certains poissons et les caméléons chez les Vertébrés possèdent de tels chromatophores permettant une adaptation chromatique quasi immédiate à la couleur dominante de l'environnement dans lequel ils vivent. Les chromatophores existent aussi chez bien d'autres reptiles.

chrome, n. m. (*chromium*) (Cr). Élément de numéro atomique Z = 24 et de masse atomique Ar = 52 dont le corps simple est un métal. Il existe deux formes du chrome (trivalent et hexavalent). Les sels de la seconde sont de toxicité importante et peuvent soulever localement de redoutables problèmes écotoxicologiques lors du rejet d'effluents pollués par ces derniers, plus particulièrement en milieu aquatique. Le chrome et ses composés inorganiques sont allergènes. On cite le cas d'allergies cutanées professionnelles invalidantes contractées par l'usage d'instrument en acier au chrome (ciseaux chez les coiffeurs par exemple). Il est susceptible d'induire une sensibilisation allergique polymétallique. Le chrome et ses dérivés sont en outre cancérogènes. (***Voir aussi Allergogenèse, Cancérogène, Cancérogenèse***)

chronique, adj. ◆ **toxicité ~** (*chronic toxicity*) : voir Toxicité.

chronobiologie, n. f. (*chronobiology*). Discipline des sciences biologiques qui a pour objet d'étudier les adaptations écophysiologiques au cycle circadien. À titre d'exemple, les variations d'excrétion urinaire des métabolites des hormones surrénaliennes, ou encore l'étude des migrations verticales du plancton marin en fonction de la période du jour constituent autant de problématiques propres à la chronobiologie.

chronoséquence, n. f. (*chronosequence*). Séquence de sols apparentés qui diffèrent dans leur degré de développement à cause de différences d'âge. De telles chronoséquences s'observent dans des écosystèmes en évolution tels ceux dont les biotopes résultent du recul d'un glacier, de l'activité volcanique ou encore de la sédimentation.

chrymosymphilie, n. f. (*chrymosymphily*). Relations positives s'établissant entre des fourmis et des chenilles de Lépidoptères grâce à des sécrétions odoriférantes produites par ces larves.

chrysalide, n. f. (*chrysalis*). Écophase propre au développement post-embryonnaire des Lépidoptères. La chrysalide correspond à une phase de « repos » intermédiaire entre la chenille et le papillon adulte. Elle représente la période de nymphose au cours de laquelle s'effectuent les bouleversements morphologiques et physiologiques qui permettent le passage des Lépidoptères à la forme adulte, floricole.

chrysope(s), n. m. (*golden eye*). Insectes de l'ordre des Planipennes dont les œufs pédonculés sont déposés à la face inférieure des feuilles et dont les larves se nourrissent de pucerons. Les chrysopes constituent de ce fait d'importants insectes auxiliaires des cultures. (***Voir aussi Planipennes***)

Chrysophycées, n. f. (*Chrysophyta*). Algues unicellulaires parfois filamenteuses qui doivent leur nom au fait qu'elles renferment dans leur cytoplasme un (ou deux) plaste(s) coloré(s) en jaune doré par un pigment jaune : la fucoxanthine. Il s'agit de constituants du plancton d'eau douce ou marin dont la plupart des espèces sont très sensibles à la présence de polluants.

Chrysophytes, n. m. (*chrysophyta*). Embranchement d'algues dans lequel on distingue les classes des Diatomées (Baccilariophycées), des Chrysophycées et des Xanthophycées.

chrysotile, n. m. (*chrysotile*). Variété minéralogique de l'amiante dont les fibres, lorsqu'elles sont inhalées, sont particulièrement dangereuses pour la santé humaine.

Chthamalus, n. sc. Genre de Crustacés Cirripèdes qui vivent fixés sur les rochers dans la zone de balancement des marées dans la partie supérieure de l'étage médiolittoral.

chute(s), n. f. (*fall*). Désigne en botanique la perte des feuilles, la libération des spores ou encore celle des graines à maturité. (***Voir aussi Abciscine***). ◆ **~ d'eau** (*waterfall*) : masse d'eau se déversant d'une grande hauteur soit du haut d'une falaise ou sur une forte pente, dans une section d'un cours d'eau. Certaines chutes concernent de grands fleuves, tels le Saint-Laurent (chutes du Niagara), du Zambèse (chutes de Victoria) ou encore du Paraná (chutes de l'Igua-

Vue des **chutes** du Niagara prises de la rive canadienne. (Cliché F. Ramade)

çu). ***(Voir aussi Cascade, Cataracte)*** ◆ **~ de neige** (*snowfall*) : précipitation de neige ou accumulation de cette dernière à la surface du sol. ***(Voir aussi Neige)***

chylophyte, n. f. et adj. (*chylophyte*). Végétal croissant sur un substrat dur (roche) et sec.

Cichlidae, n. sc. Famille de poissons dulçaquicoles de l'ordre des Perciformes, renfermant de nombreuses espèces d'Afrique et d'Amérique du Sud tropicales qui présente un haut degré d'endémisme. Les *Cichlidae* présentent une extraordinaire importance de leurs radiations évolutives dans les grands lacs africains et en Amérique tropicale. Ainsi le lac Victoria comptait à lui seul, avant l'introduction de la perche du Nil, environ 300 espèces de *Cichlidae* endémiques. Ils figurent aussi parmi les poissons les plus utilisés en aquariophilie en en aquaculture tropicale. ***(Voir aussi Tilapia)***

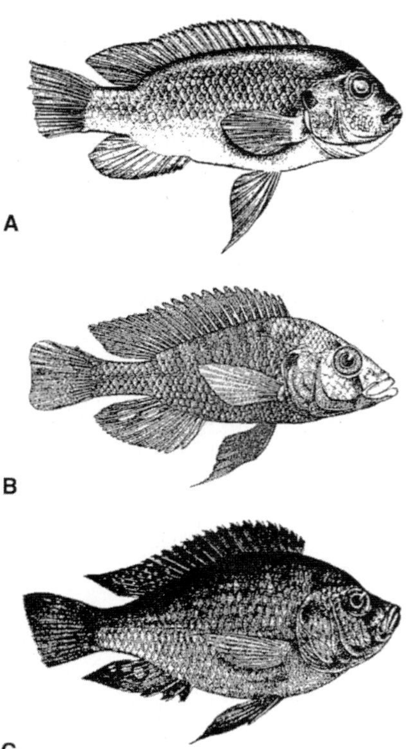

A

B

C

Exemples de types morphologiques de Téléostéens de la famille des ***Cichlidae***. **A**. *Pseudotropheus xanstomachus* du lac Malawi. **B**. *Haplochromis adolphifrederici* du lac Kivu. **C**. *Ptyochromis sauvagei* du Lac Victoria. (A, d'après Staufter et Boltz, *Proc. Biol. Soc.*, Wash., 1989, 102, n°1, p. 9; B, d'après Snoeck et al., *Rev. Zool. Afr.*, vol. 101, 1987, p. 294. ; C, d'après Avise, *Nature*, vol. 347,1990, p. 512)

Ciconiiformes, n. m. (*storks*). Ordre d'oiseaux Carinates dans lesquels on regroupe les hérons, les cigognes, les spatules et les ibis.

cigale(s), n. f. (*cicada*). Insectes de l'ordre des Homoptères, généralement de grande taille, dont les larves vivent dans le sol en se nourrissant de la sève qu'elles sucent sur les racines des végétaux. Les larves de cigales, à la différence des adultes, présentent une grande longévité, généralement supérieure à trois ans. Le record est détenu par une cigale américaine, *Cicada septemdecim*, qui passe en moyenne dix-sept ans à l'état larvaire. Les adultes arboricoles possèdent des organes sonores avec lesquels ils produisent des stridulations caractéristiques.

ciguatera, n. f. (*ciguatera*). Intoxication causée par la consommation de poissons tropicaux contaminés par une toxine produite par certaines Dinophycées phytoplanctoniques. Cette toxine est apparemment transférée voire bioamplifiée, dans le réseau trophique des poissons, contaminant en particulier les espèces situées au sommet de chaînes alimentaires, les plus consommées par les populations humaines.

Ciliés, n. m. (*Ciliata*). Embranchement de *Protoctista* caractérisé par un corps pourvu d'une ciliature complexe et dont la cellule est pourvue de deux noyaux, le micronucleus (dont le rôle est génétique) et d'un ou plusieurs macronucleus dont les fonctions sont somatiques.

ciment, n. m. (*cement*). Minéral constitué par du silicate de calcium anhydre.

cimenterie, n. f. (*cement factory*). Installation industrielle destinée à la fabrication du ciment. Ce dernier, qui est un silicate de calcium anhydre se forme avec rejet de CO_2 dans l'atmosphère selon la réaction générale suivante :

$$CaCO_3 + SiO_2 \rightarrow CaSiO_3 + CO_2$$

En l'absence d'équipement adéquat, les cimenteries sont la cause d'une source considérable de pollution atmosphérique à la fois par des produits de combustion car elles consomment des quantités importantes de fuels lourds ou de charbon et par des particules minérales qu'elles rejettent dans l'atmosphère. La pollution provoquée par le dépôt de ces particules sur la végétation située aux alentours de ces installations exerce des effets très défavorables sur cette dernière. Les cimenteries constituent aussi, après l'usage de combustibles fossiles, la principale source de libération industrielle de CO_2 dans l'atmosphère par la civilisation moderne. ***(Voir aussi*** CO_2***, Atmosphère)***

cinèse, n. f. (*kinesis*). Mouvement d'un organisme provoqué par un facteur abiotique prépondérant. On dénommera par exemple photocinèse le déplacement d'un insecte vers une source lumineuse.

cinétique, n. f. (*kinetics*). Étude des variations en fonction du temps d'un facteur physique, chimique ou biologique. ◆ **~ des populations** (*population kinetics*). Description des variations d'abondance dans le temps d'une population végétale ou animale. ***(Voir aussi Dynamique des populations)***

cinnabre, n. m. (*cinnabar*). Forme minéralogique du sulfure de mercure qui constitue le principal minerai de ce métal.

circadien, adj. Voir Rythme.

circaète, n. m. (*short-toed eagle*) (n. sc. : *Circaetus gallicus*). Espèce d'aigle surtout méditerranéenne à régime ophidiphage. Malgré un faible potentiel biotique et des exigences alimentaires considérables (un jeune nécessite trois serpents par jour en moyenne pendant sa croissance), cette espèce maintient relativement bien ses effectifs dans la région méditerranéenne à l'opposé des autres grands rapaces.

circalittoral, n. m. (*circalittoral*). Étage du domaine benthique néritique constitué par la zone qui s'étend depuis 40 m de profondeur jusqu'à la limite inférieure de la zone euphotique laquelle dépend de la plus ou moins grande transparence des eaux (en général une centaine de mètres).

circalunaire, adj. (*circalunadian*). Désigne un rythme biologique dont la période est de l'ordre de 30 jours.

circulation, n. f. ◆ ~ **atmosphérique** (*atmospheric circulation*) : désigne l'ensemble des phénomènes qui caractérisent les échanges de masses d'air entre les diverses altitudes et latitudes, soit lents et progressifs, soit rapides sous l'influence de vents violents tels les *jet-streams* qui soufflent en permanence à la limite de la troposphère et de la stratosphère. La circulation atmosphérique repose à l'échelle globale sur l'existence d'un certain nombre de cellules, situées entre des latitudes données dans les deux hémisphères, au niveau desquelles se combinent des mouvements ascendants et horizontaux des masses d'air. La connaissance des processus de circulation atmosphérique est essentielle pour la compréhension des mécanismes de dispersion des polluants dans la biosphère. ***(Voir aussi Cellule, Climat, Perturbation, Pollutions)***

circumaustral(e), adj. (*circumaustral*). Qui est propre aux hautes latitudes de l'hémisphère Sud. ◆ **distribution** ~ : répartition géographique des espèces vivant à proximité de la zone antarctique. Celle du crustacé *Euphausia superba*, constituant le krill, organisme dominant du zooplancton marin de l'océan austral ou encore les graminées du genre *Danthonia*, constituent des exemples classiques de cette distribution.

circumboréal(e), adj. (*circumboreal*). Qui est propre aux hautes latitudes de l'hémisphère Nord. ◆ **distribution** ~ : répartition géographique des espèces vivant à proximité de la zone arctique. Le renne (*Rangifer tarandus*) ou encore certaines plantes boréales comme le *Betula tortuosa* en constituent des exemples classiques.

circumpolaire, adj. (*circumpolar*). Qualifie une région entourant les pôles, comprise par convention entre les 75 ° et 90 ° de latitude. ◆ **distribution** ~ : répartition géographique des espèces vivant à proximité des pôles. On peut citer par exemple l'ours blanc dans l'hémisphère boréal ou encore le manchot empereur dans l'antarctique comme type d'une telle distribution. ◆ **vortex** ~ (*circumpolar vortex*) : mouvements circumterrestres des masses d'air dans un sens opposé à celui de la rotation de la Terre au niveau des latitudes subpolaires. Le vortex antarctique, particulièrement intense par suite de l'absence de continent donc de relief au niveau des 50-60e degrés Sud, est la cause des vents très violents qui soufflent au niveau de ces latitudes.

circumtropical, adj. (*circumtropical*). Qui se rencontre dans l'ensemble des zones tropicales du globe.

cirque, n. m. (*cirque*). Structure géomorphologique consistant en une dépression en forme d'arc de cercle, délimitée par des versants abrupts, formée soit par l'action glaciaire, soit par l'érosion hydrique dans des formations calcaires, soit encore plus rarement par des mouvements tectoniques.

Cirripèdes, n. m. (*Cirripedia*). Ordre de Crustacés marins sessiles vivant accrochés à des substrats immergés (rochers, coques des navires). Les genres les plus communs sont les Balanes et les anatifes.

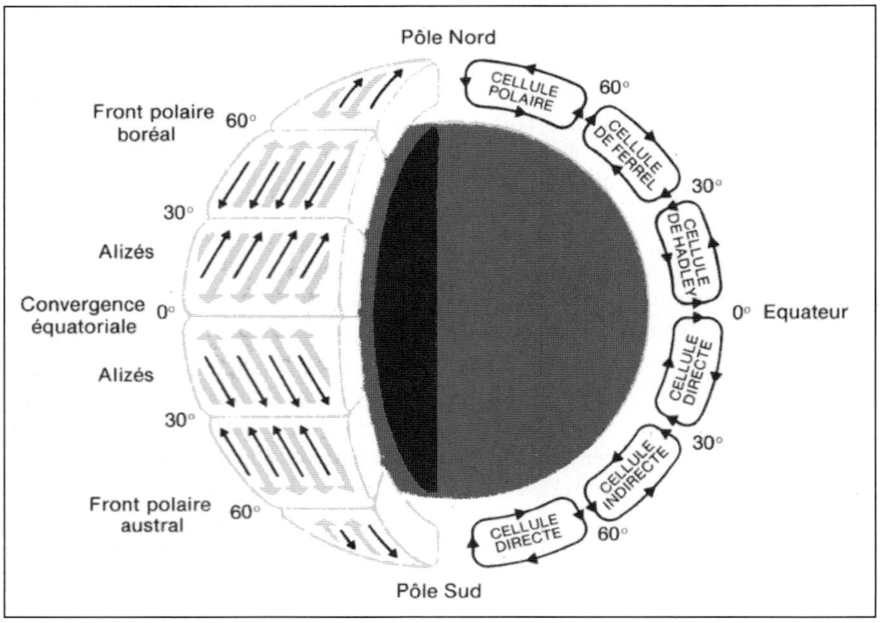

Schéma général de la **circulation** atmosphérique globale. On distingue la direction générale des courants au voisinage du sol et à la limite de la troposphère (*jet streams*). (D'après Ramade F., *Écologie fondamentale*, Ediscience international, 2e ed., 1994, p. 36)

cirrocumulus, n. m. (*cirrocumulus*). Type de nuages consistant en des bancs de cumulus de petite taille situés vers 6 000 m d'altitude. Ce type de nuage est annonciateur de l'arrivée d'une dépression océanique.

Cirrocumulus. (Cliché F. Ramade)

cirrostratus, n. m. (*cirrostratus*). Type de nuages consistant en des couches de cirrus stratiformes, constitués par des cristaux de glace, situés à de hautes altitudes, à la limite supérieure de la troposphère, voire dans la stratosphère. Ils prennent souvent un aspect filamenteux par suite de vents violents qui soufflent fréquemment à ces altitudes.

Cirrostratus. (Cliché F. Ramade)

cirrus, n. m. (*cirrus*). Un des types de base des diverses formations nuageuses. Il s'agit de nuages en forme de voile.

Cirsium, n. sc. Chardons de la famille des Composées, dont plusieurs espèces constituent d'importantes plantes adventices des cultures, d'autant plus envahissantes que certaines souches sont devenues résistantes aux herbicides. **(*Voir aussi Résistance*)**

cisaillement, n. m. ◆ **turbulence de ~** (*shearing turbulence*) : phénomène résultant de la rencontre entre deux masses de fluides s'écoulant dans une direction différente. En milieu aquatique, ces turbulences favorisent le brassage des masses d'eau d'origine différente.

ciste(s), n. m. (*cistus*). Plantes herbacées ou buissonnantes de la famille des Cistacées dont plusieurs espèces sont abondantes dans les formations végétales méditerranéennes. Le ciste blanc – ou encore ciste cotonneux (*Cistus albidus*) – constitue une espèce dominante des garrigues à leur stade de transition préforestière (succession progressive).

Citellus, n. sc. (*chipmunk*). Rongeurs terricoles dénommés spermophiles, essentiellement inféodés aux écosystèmes steppiques de l'hémisphère Nord tempéré. ◆ ***~ citellus*** : nom scientifique du souslik, espèce de spermophile qui se rencontre depuis l'est de l'Europe à partir de la Hongrie jusqu'en Sibérie. Il vit essentiellement dans les steppes et dans les plaines sèches à sol calcaire ou argileux mais peut se trouver localement en montagne dans les Tatras par exemple.

CITES (*Convention on the International Trade in Endangered Species of Wild Fauna and Flora*). La Convention internationale sur le commerce des espèces en danger, dénommée également Convention de Washington, a pour objet de contrôler le commerce des espèces tant végétales qu'animales qui sont vulnérables et *a fortiori* en danger d'extinction.

Bien qu'elle doive connaître un renforcement dans ses modalités d'applications à la suite de l'adoption de la Convention sur la diversité biologique à la Conférence de Rio, elle se heurte à de nombreuses difficultés pratiques. Celles-ci résultent de la mauvaise formation des services des douanes des pays importateurs d'espèces rares et menacées, ainsi que du manque de volonté politique tant des pays exportateurs (généralement du sud) que des pays industrialisés (du nord), de l'appliquer avec toute la rigueur requise. **(*Voir aussi Biodiversité, Extinctions*)**

Citrus, n. sc. (*citrus fruit*). Nom de genre des arbres de la famille des Rutacées, à laquelle appartiennent les diverses espèces d'agrumes cultivées, orangers, citronniers, cédrats, etc., toutes originaires d'Asie, surtout de Chine où elles ont été pour la plupart domestiquées.

civelle, n. f. (*glass-eel, elver*). Larve d'anguille, aux tissus encore transparents lui donnant un aspect translucide. Elle correspond au stade de migration juvénile où elle aborde les côtes et remonte les cours d'eau pour rejoindre son lieu de croissance, où elle atteindra le stade adulte. Soumises à une importante surpêche, les civelles se raréfient sur les côtes atlantiques de la France et de la péninsule ibérique avec pour conséquence l'effondrement des stocks d'anguilles adultes. **(*Voir aussi Anguille*)**

civilisation technologique, n. f. (*technological civilization*). Voir Environnement.

CL₅₀. Abréviation de concentration létale 50%. Voir Concentration.

clade, n. m. (*clade*). Désigne en cladistique une branche d'un arbre phylétique provenant d'une division dichotomique d'une branche plus précoce de cet arbre.

cladistique, n. f. (*cladistic, phylogenic, systematics*). Branche de la taxonomie, fondée en 1966 par W. Hennig, dont l'objet est d'établir les relations évolutives dans un groupe d'êtres vivants, l'arbre généalogique d'un groupe systématique à partir des relations évolutives et donc la phylogenèse des diverses entités systématiques qu'il comporte. Elle propose que la communauté d'origine entre deux taxa peut être démontrée par la mise en évidence de caractères dérivés, les caractères biologiques de toute entité taxinomique pouvant êtres primitifs ou dérivés. Elle se fonde sur l'établissement d'une dichotomie en créant à partir d'un taxon parental deux groupes de taxa fils égaux. De la sorte, chaque élément de la paire constitue un groupe monophylétique, avec un unique taxon souche commun et deux taxa fils auxquels on donne un nom différent de celui du parent et entre eux. **(*Voir aussi Phylogénie*)**

Cladocères, n. m. (*Cladoceran*, vern. : *water fleas*). Crustacés branchiopodes de l'ordre des Diplostracés, dont les représentants les plus communs sont les daphnies. Ils constituent les espèces dominantes du zooplancton d'eau douce.

cladogenèse, n. f. (*cladogenesis*). Désigne en cladistique l'apparition d'un nouveau taxon résultant de la coupure d'une lignée ancestrale commune avec formation de deux groupes frères égaux, séparés taxonomiquement du taxon ancestral.

cladogramme, n. m. (*cladogram*). Diagramme qui délimite les séquences de divergence qui confèrent sa forme à un arbre généalogique. Le cladogramme établit la séquence évolutive d'un groupe taxonomique donné, mettant ainsi en évidence le degré de parenté des divers taxa issus d'un ancêtre commun. L'utilisation des techniques de taxonomie moléculaire, fondées sur l'établissement du degré de filiation à partir de l'ADN, a permis de pouvoir établir des cladogrammes ayant une meilleure signification phylétique donc plus proches des réalités de l'évolution. Le cladogramme des embranchements de métazoaires et, en date plus récente, celui reliant les divers règnes vivants, ont été modifiés de façon importante par recours à ces méthodes modernes. **(*Voir aussi Métazoaires, Règne*)**

Cladonia (*reindeer lichen*). Nom scientifique d'un genre de lichens qui croissent à la surface du sol dans la toundra et la taïga et jouent un rôle important dans la nutrition des rennes.

Cladophorales, n. sc. Ordre de Chlorophycées inféodées aux eaux riches en matières organiques, qui vivent surtout dans la zone riparienne à des profondeurs généralement inférieures à une trentaine de centimètres. Elles peuvent pulluler dans les cours d'eau présentant une pollution par des matières organiques fermentescibles sous forme de filaments ramifiés pouvant dépasser deux mètres de longueur et constituent des masses flottantes vert sombre qui se rencontrent sur des kilomètres vers l'aval d'un émissaire d'égout. **(*Voir aussi Algues*)**

classe, n. f. ◆ ~ **d'âge** (*age class*) : ensemble des individus d'une population nés au même moment ou pendant un intervalle de temps déterminé. ◆ ~ **de qualité** (*quality ranking*) : voir Indices biotiques, Qualité des eaux.

classification, n. f. Voir Taxonomie.

Claviceps purpurea (*ergot of rye*). Nom scientifique de l'ergot de seigle. Il s'agit d'un Ascomycète de l'ordre des Pyrénomycétales qui est l'agent d'une maladie cryptogamique des céréales. Celle-ci affecte les épis dont certains

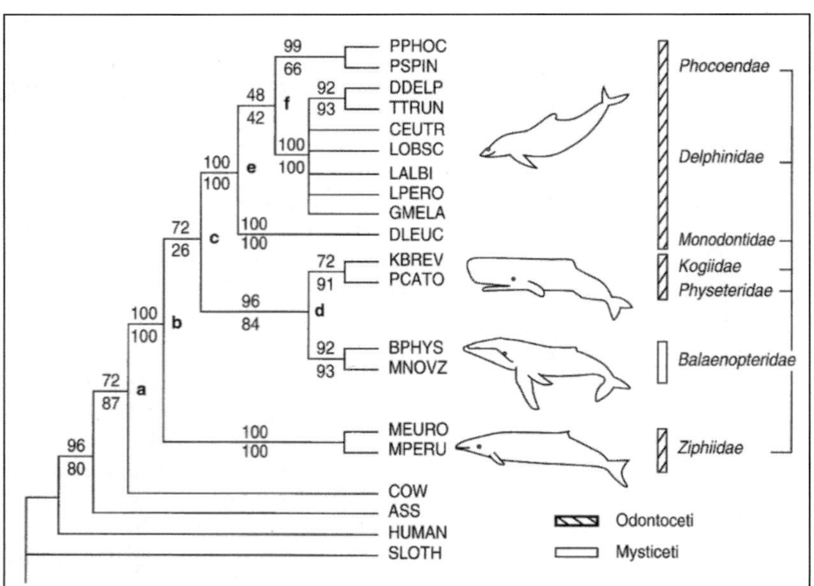

Exemple de détermination du **cladogramme** des Cétacés par l'établissement des degrés de parenté de l'ADN mitochondrial. PPHOC = *Phocoena phocoena*, PSPIN = *P. spinipinnis*, DDELP = *Delphinus delphis*, TTRUN = *Tursiops truncatus*, CEUTR = *Cephalorhynchus eutropia*, LOBSC = *Lagenorhynchus obscurus*, LALBI = *L. albirostris*, LPERO = *Lissodelphis peronii*, GMELA = *Globicephala melas*, DLEUC = *Delphinapterus leucas*, KBREV = *Kogia breviceps*, PCATO = *Physeter catodon* (cachalot), BPHYS = *Baleinoptera physalus* (rorqual commun), MNOVA = *Megaptera novaeangliae*, MEURO = *Mesoplodon europaeus*, MPERU = *M. peruvianus*. À titre de comparaison sont figurés d'autres Mammifères : COW = *Bos bovis* (bœuf domestique), ASS = *Equus hemionus* (âne sauvage), HUMAN = homme, SLOTH = *Choelepus didactylus* (paresseux). L'arbre est établi grâce à un programme fondé sur la méthode d'analyse de parcimonie. (D'après Milinkovitch, Ortio et Mayer, in *Nature*, vol. 361,1993, n° 6410, p. 347)

grains sont transformés en sclérotes en forme d'ergot. Elle s'accompagne de la sécrétion d'une toxine pouvant rendre mortelle la consommation des farines faites avec des grains attaqués. (***Voir aussi Ascomycètes, Ergot***)

cléistogamie, n. f. (*cleistogamy*). Type de reproduction végétale caractérisée par des fleurs petites et peu distinctes dont la corolle est indéhiscente et à l'intérieur desquelles s'effectue une auto-pollinisation.

clématite, n. f. (*old man's beard*) (n. sc. *Clematis vitalba*). Plante grimpante de la famille des Renonculacées qui constitue une des rares espèces de lianes propres aux forêts tempérées.

Clements, Frederic, Edward (1874-1945). Écologue et botaniste américain qui est à l'origine du concept de succession et d'équilibre dynamique des communautés. Son ouvrage « *Research Methods in Ecology* », publié en 1905, est le premier qui traite les questions relatives à l'expérimentation *in situ* dans les systèmes biologiques naturels. Il a également élaboré la notion de climax, terme sous lequel il désigne le stade optimal d'évolution d'une succession. Il fut aussi à l'origine de l'idée selon laquelle une communauté doit être considérée comme un superorganisme. Clements a été le titulaire à partir de 1904 de la première chaire d'Écologie jamais créée dans une Université, celle du Nebraska.

cleptoparasitisme, n. m. (*cleptoparasitism*). Forme de parasitisme qui se caractérise par le vol de la nourriture accumulée dans son nid par l'espèce hôte. Les colonies d'insectes sociaux sont par exemple les hôtes de nombreuses espèces de cleptoparasites.

climacique, adj. (*climacic*). Désigne une entité écologique d'ordre varié qui est caractéristique de l'état de climax. (***Voir aussi Succession, Végétation***)

climat(s), n. m. (*climate*). Ensemble des caractéristiques météorologiques d'une région donnée intégrées dans le long terme. La nature des climats joue un rôle essentiel pour ajuster les caractéristiques écologiques des écosystèmes continentaux. En réalité, il existe une interférence entre climats, composition des communautés – en particulier végétales – propres à un écosystème donné et nature des sols, d'où le tryptique « climat, sol, végétation ».

◆ **les ~ dans la biosphère** : de façon générale, les climats terrestres sont chauds et humides à l'Équateur et tendent à devenir froids et secs quand on se dirige vers les pôles. Malgré la variété de situations régionales que l'on observe dans la réalité, les climats obéissent à des critères généraux de répartition bien définis à la surface du globe. Ils dépendent en effet des phénomènes généraux de circulation atmosphérique marqués par la circulation en cellule des masses d'air dans la troposphère.

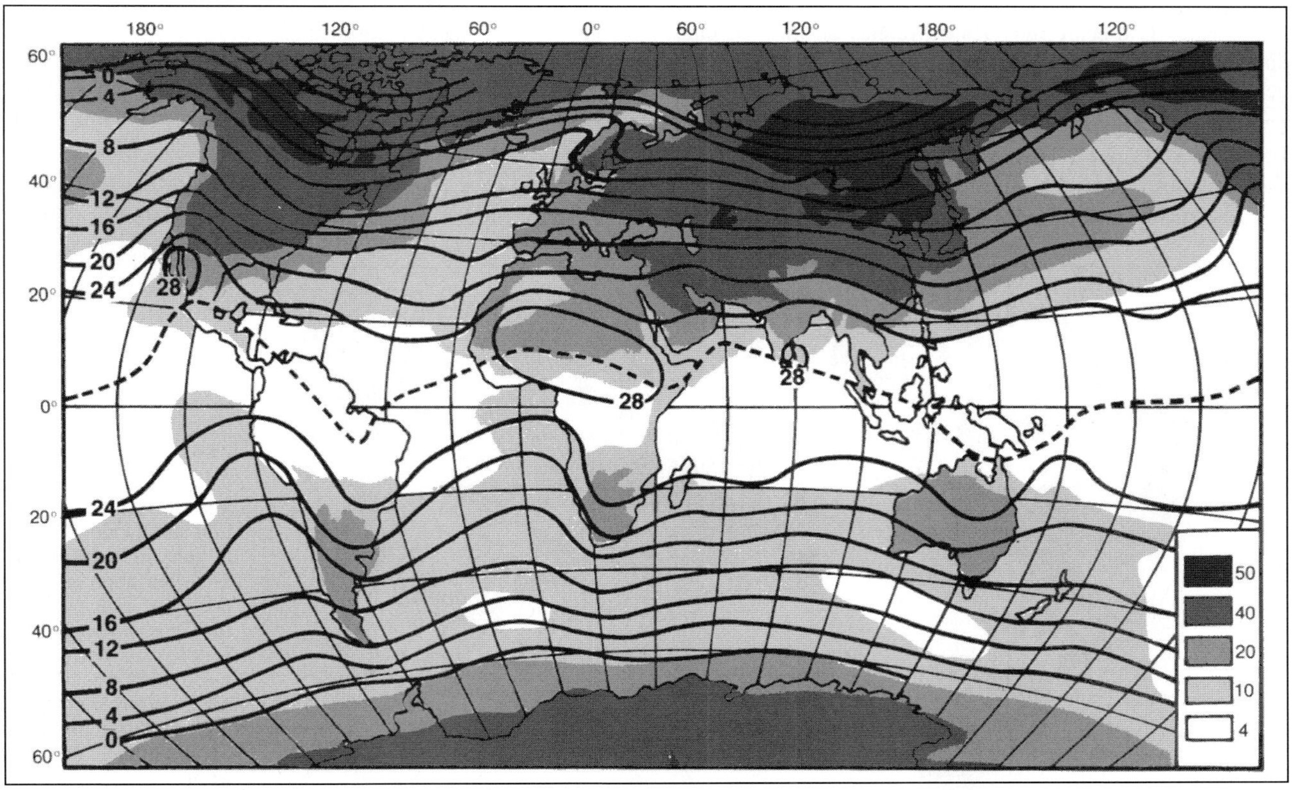

Distribution des températures moyennes annuelles à la surface du globe. Les nombres dans l'encadré en bas à droite représentent les écarts en degrés Celsius observés entre les températures moyennes mensuelles extrêmes (amplitude climatique mesurée par la différence entre les températures du mois le plus chaud et le plus froid). On constate que ces écarts sont minima pour les **climats** équatoriaux et maxima pour les climats continentaux. Le pointillé représente l'équateur thermique, courbe qui réunit les points de la surface du globe ayant la température moyenne annuelle la plus élevée. (D'après OMM, in Ramade F., *Écologie fondamentale*, Ediscience international, 2e ed., 1994, p. 39)

Les fortes précipitations des régions équatoriales et subtropicales proviennent de l'élévation des masses d'air au niveau des cellules de Hadley dans la zone du front de convergence intertropicale où elles perdent toute leur humidité. Quand ces masses d'air desséchées redescendent au niveau du 25e degré de latitude, elles provoquent une forte évaporation, ce qui explique l'extension des zones désertiques à partir de ces latitudes. Par ailleurs, la descente vers les basses latitudes des masses d'air froid et sec polaire, marquée par l'avancée en coin du front polaire sous la cellule de Ferrel, provoque la condensation des masses d'air tièdes et humides des moyennes latitudes.

◆ **caractéristiques thermiques des ~** : l'étude des isothermes moyennes annuelles à la surface du globe montre que la tendance à la décroissance des températures de l'équateur aux pôles n'est pas un fait général et que l'équateur thermique a tendance à se localiser entre 5 et 15 ° de latitude Nord à la surface des continents.

Par ailleurs, les façades occidentales des continents sont plus chaudes que les façades orientales dans l'hémisphère Nord. Ainsi l'isotherme 4 °C remonte au cercle polaire sur la côte de Norvège alors qu'il atteint à peine 44 ° Nord dans l'estuaire du Saint Laurent. Ces anomalies sont en rapport avec les modalités de circulation des courants océaniques.

Les écarts thermiques annuels sont aussi beaucoup plus forts en milieu continental que dans les zones littorales qui subissent l'influence adoucissante des masses d'eau océaniques. En effet, ces dernières ne présentent que des variations de température annuelle de faible amplitude et jouent de ce fait le rôle de volant thermique. Ainsi en France, il n'y a que 10,2 °C d'écart entre les moyennes du mois le plus chaud et le plus froid dans le golfe du Morbihan alors que cet écart atteint 30,7 °C à Embrun dans les Hautes Alpes.

C'est dans les zones continentales de latitude élevée que l'on trouve à l'opposé les plus forts écarts annuels. En Sibérie, de vastes zones de Yakoutie ou encore dans le Nord du Canada peuvent atteindre 50 °C d'écart.

On constate aussi qu'il existe également une corrélation entre la répartition des zones désertiques et celle des courants marins froids.

À l'opposé, des écarts beaucoup plus faibles, de l'ordre de quelques degrés C, s'observent dans les milieux équatoriaux. À Java par exemple, il n'existe qu'un degré d'écart entre les moyennes des mois de janvier et de juillet!

◆ **les précipitations** : leur importance et leur répartition représentent aussi l'une des caractéristiques essentielles des climats. Elles revêtent en effet de fortes variations dans leur répartition à la surface des continents. Toutes choses égales par ailleurs, on relève des précipitations annuelles maximales dans les zones équatoriales et subéquatoriales ainsi que dans les régions montagneuses.

Il convient de noter que le paramètre majeur au plan écologique n'est point la valeur absolue des précipitations mais tient principalement en la différence entre le volume des pluies et l'importance de l'évapotranspiration. La répartition de cette différence, mesure de la disponibilité potentielle en eau, indique les zones excédentaires ou déficitaires au plan du bilan hydrique (voir figure ci-dessous).

L'effet des mouvements orogéniques des masses d'air chargées d'humidité qui s'élèvent au contact des chaînes de montagne provoque leur condensation. Ainsi lorsqu'une chaîne montagneuse se trouve disposée obliquement, voire perpendiculairement, à la trajectoire des dépressions océaniques, elle collecte toutes les précipitations de sorte que le versant maritime est très arrosé tandis que le versant continental est semi-aride, les masses d'air perdant toute leur humidité en abordant le versant des chaînes de montagnes situées du côté de l'océan.

Cela explique par exemple l'opposition entre le versant pacifique des États-Unis, qui reçoit dans l'État de Washington

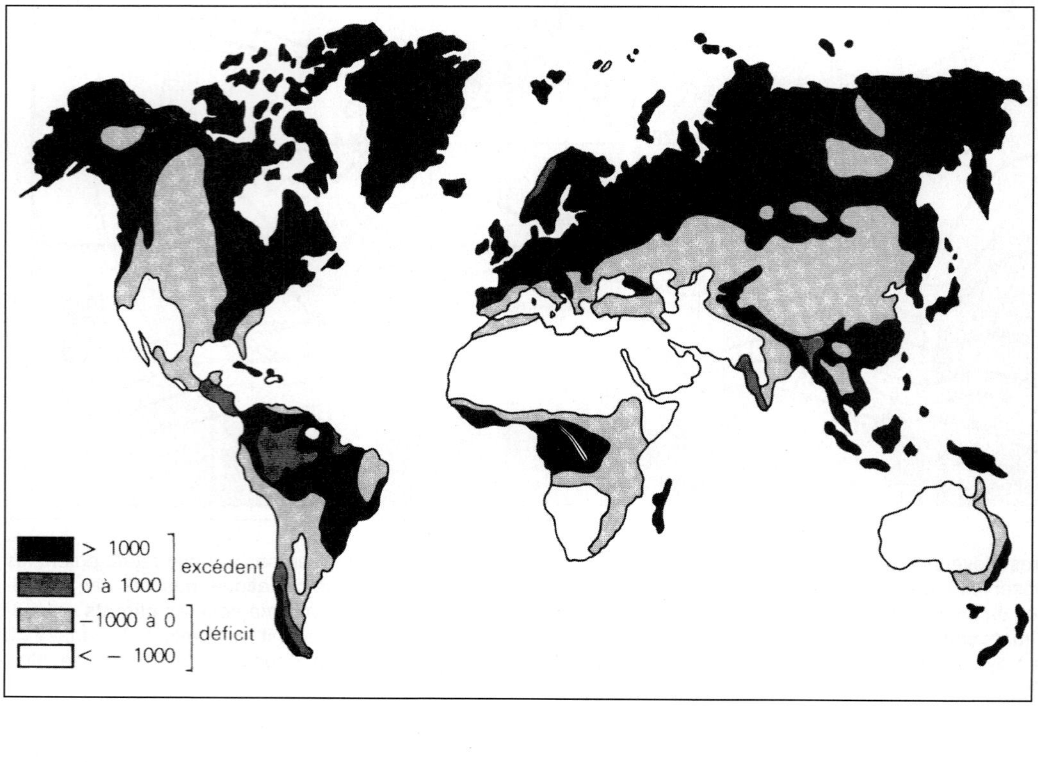

Carte du rôle de la pluviométrie efficace dans les **climats** régionaux. Le bilan hydrique effectif tient en la différence entre les apports d'eau dus aux précipitations et l'évapotranspiration. Selon que cette dernière sera positive ou au contraire négative, les climats, au plan écologique, permettront l'existence de biotopes hygrophiles (ΔP > 1 000 mm), mésophiles (0 mm < ΔP < 1 000 mm), semi-arides (– 1 000 mm < ΔP < 0 mm) ou arides (ΔP < – 1 000 mm).

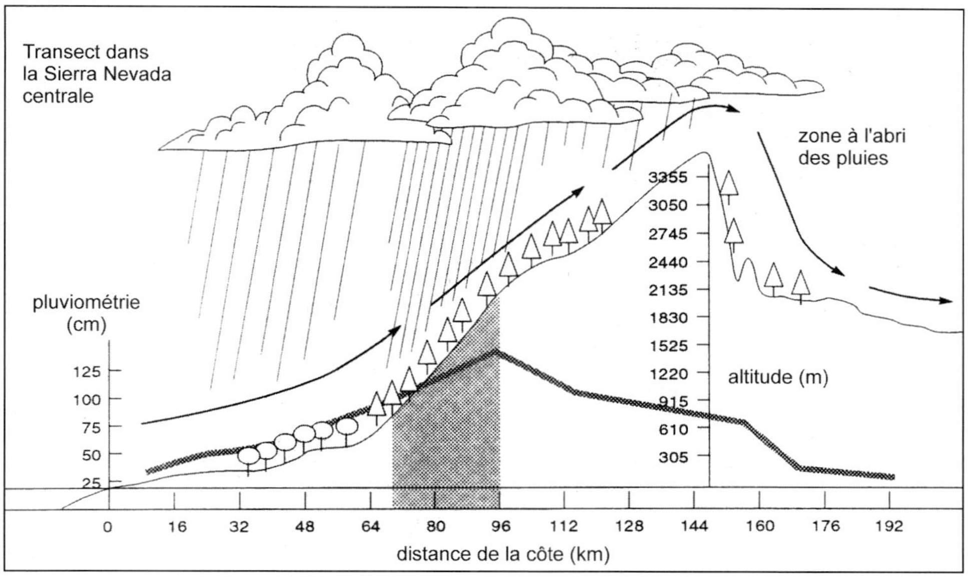

Rôle du relief dans la répartition des précipitations et dans la genèse de topo**climats**. L'air océanique humide monte sur les flancs de la Sierra Nevada en Californie, se refroidit et se condense donnant des pluies abondantes. Il redescend ensuite en se réchauffant le long du versant opposé continental où il devient très sec par suite de la perte d'humidité qu'il a subie. La figure indique aussi la corrélation entre l'importance des précipitations et le développement des écosystèmes forestiers orophiles. La zone en tramé figure celle où la productivité des forêts permet leur exploitation commerciale. (D'après Chiras, *Environmental Science*, Cummins Publ., 1991, p. 212)

ou en Californie sur les flancs de la Sierra Nevada plus de 3 m d'eau et les zones intérieures de ces mêmes États qui sont de climat aride. On observe la même chose entre le versant sud de l'Himalaya et les plateaux désertiques du Takla-Makan et du Gobi situés au nord de cette chaîne.

La distribution des précipitations en fonction de la latitude présente une allure bimodale avec deux maxima. Le premier est situé à cheval sur l'équateur, le second aux latitudes comprises entre 50 ° et 60 ° Nord. À l'opposé, on relève un maximum d'extension des zones arides au niveau des 30° de latitude dans les deux hémisphères.

On constate aussi que les zones arctiques et antarctiques constituent de véritables déserts froids, les précipitations y étant aussi faibles que dans les déserts chauds des basses latitudes.

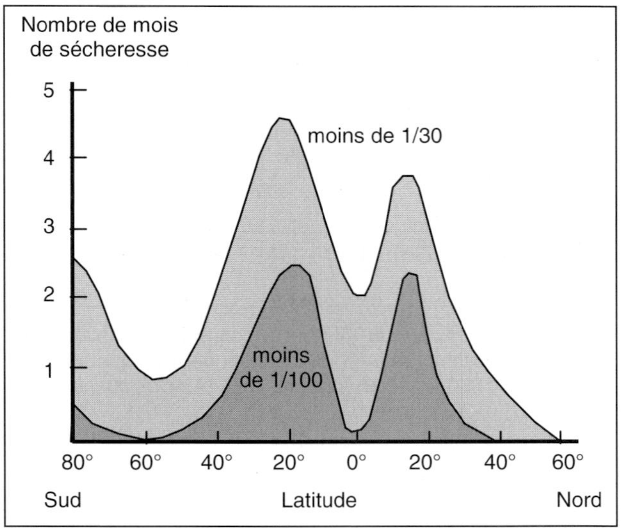

Rôle des précipitations dans les **climats** : répartition des périodes de sécheresse annuelle et en contrepartie des précipitations en fonction de la latitude. La courbe supérieure correspond à la durée en mois des périodes où les précipitations sont inférieures au trentième du total annuel et la courbe du bas à celles où elles sont inférieures au centième du total annuel. (D'après Clayton et Clayton, in Rickleffs, « Ecology », Freeman Publ., 3e ed., 1990, p. 144)

◆ **représentation diaphragmatique des ~** : les températures et les précipitations constituent les deux principaux paramètres des climats car l'ensoleillement est de façon générale bien corrélé avec la température.

On a imaginé divers types de **diagrammes climatiques** destinés à donner une représentation graphique des paramètres majeurs du climat propre à une région donnée.

Les principaux sont les climatogrammes et les diagrammes ombrothermiques de Gaussen.

– Le *climatogramme* constitue un type de représentation très souvent utilisé pour comparer les climats. Il consiste à figurer les températures moyennes mensuelles en ordonnée et les précipitations moyennes mensuelles en abscisse et de joindre les points ainsi obtenus.

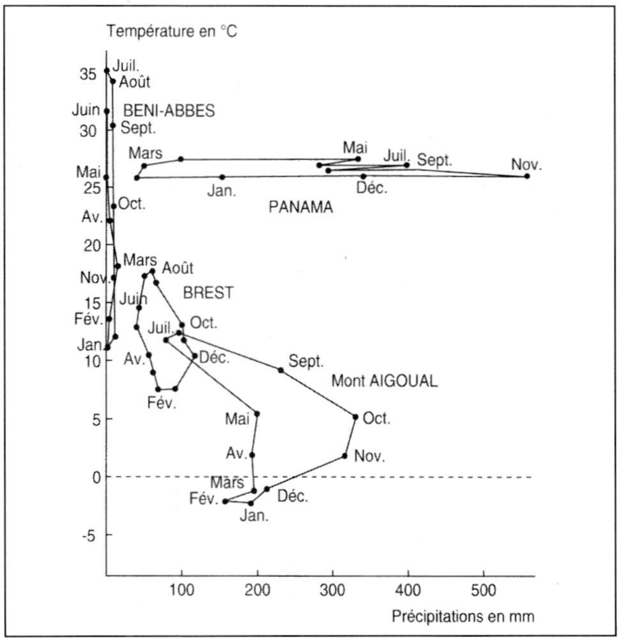

Exemples de climatogrammes correspondant à quatre grands types de **climats** terrestres : équatorial humide (Panama), désertique (Béni-Abbes, Sahara), tempéré océanique (Brest), tempéré froid (Mont Aigoual). (In Ramade F., *Écologie fondamentale*, Ediscience international, 1984, p. 31)

On constate de façon générale que les climats équatoriaux sont représentés par une courbe aplatie perpendiculaire aux ordonnées et, à l'opposé, les climats désertiques par une courbe parallèle à l'axe des ordonnées et proches de l'origine en abscisse puisque les précipitations moyennes mensuelles sont très faibles, voire nulles.

Il en est de même des climats tempérés dont les précipitations moyennes mensuelles sont assez constantes tout au long de l'année mais dont les températures peuvent présenter des écarts plus importants.

– Le *diagramme ombrothermique*, imaginé par Gaussen, consiste à placer en abscisse les mois de l'année et en ordonnée les températures à droite et les précipitations à gauche avec pour échelle 1 °C = 2 mm de précipitations.

On obtient ainsi deux courbes superposées : l'une donnant les variations thermiques, l'autre les variations des précipitations. Les périodes d'aridité sont marquées sur ces diagrammes par les régions du graphique où la courbe pluviométrique est au-dessous de la courbe thermique.

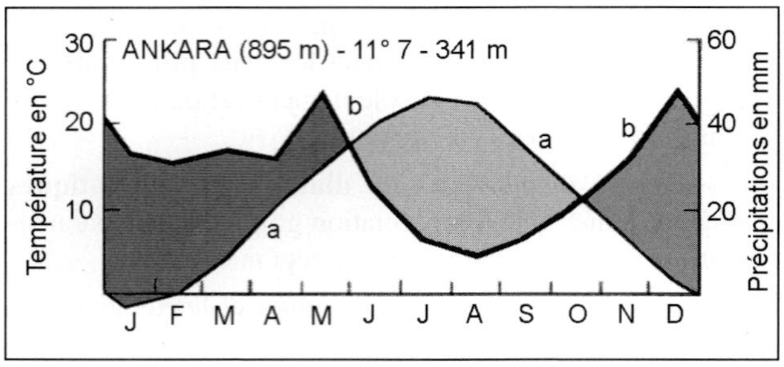

Climat. Exemple de diagramme ombrothermique de Gaussen, cas de la région d'Ankara. (a = moyenne mensuelle des températures, b = moyenne mensuelle des précipitations). (D'après Ozenda, *Les végétaux dans la biosphère*, Doin, 1982, p. 188, in Ramade F. *Écologie fondamentale*, Ediscience international, 1984, p. 32)

◆ **principaux types de ~** : il existe un grand nombre de types climatiques à la surface des continents. On distingue en première approximation :

– des *climats équatoriaux*, marqués par la régularité des températures et des précipitations abondantes, avec seulement une brève saison sèche;

– des *climats tropicaux* de mousson, où l'alternance entre saison sèche et saison des pluies est très marquée;

– des *climats désertiques* où les précipitations peuvent être occasionnelles et parfois faire totalement défaut pendant plusieurs années;

– des *climats méditerranéens*, qui sont des climats tempérés chauds où existe une période d'aridité estivale plus ou moins prolongée;

– des *climats tempérés humides*, qui concernent les façades maritimes des continents aux moyennes latitudes;

– des *climats continentaux* où les fortes températures de l'été contrastent avec des périodes de gel intense et prolongé pendant l'hiver;

– des *climats subarctiques* où les températures moyennes mensuelles sont inférieures à 0 °C à l'exception d'un ou deux mois d'été;

– des *climats polaires* où il gèle en permanence.

◆ **effets de la pollution atmosphérique sur les ~** : l'augmentation actuelle et future de l'effet de serre liée à la pollution atmosphérique par le CO_2 et les autres gaz de serre soulève dès à présent de redoutables questions pour les activités humaines. Seuls les modèles informatiques de climats permettent de quantifier des phénomènes aussi complexes et cela d'autant plus que des boucles de contre-réaction interviennent, du fait que l'accroissement de la teneur en vapeur d'eau dans l'atmosphère augmente la nébulosité, laquelle a tendance à l'inverse à diminuer les températures au niveau du sol. D'autre part, les quantités d'énergie contenues dans l'océan sont considérables et jouent un rôle essentiel sur les climats en milieu continental. Les phénomènes récurrents d'El Niño ont montré au cours des deux dernières décennies l'impact majeur de l'océan sur les climats continentaux. Le phénomène est par ailleurs d'autant plus complexe que les temps de réponse thermique dans l'atmosphère sont beaucoup plus courts que dans l'océan. Par ailleurs la question à laquelle sont confrontés les modélisateurs est de prévoir à l'échelle régionale – et pas seulement globale – les changements climatiques dus à l'accroissement de l'effet de serre. Ces derniers concernent non seulement les températures mais aussi les précipitations. Il existe de nos jours de nombreux modèles essayant de prévoir les conséquences climatiques de la pollution de l'atmosphère par ces gaz de serre. Selon le cas, pour un doublement de la concentration atmosphérique de ces derniers, ils prévoient une augmentation de la température moyenne globale de 1,5 °C à 4,5 °C. Dans tous les cas, il s'agit d'un accroissement conséquent si l'on songe que la température moyenne superficielle de la terre est de 15 °C et que cette dernière était de l'ordre de 19 °C au Crétacé supérieur, voici 80 millions d'années, à l'époque des dinosaures!

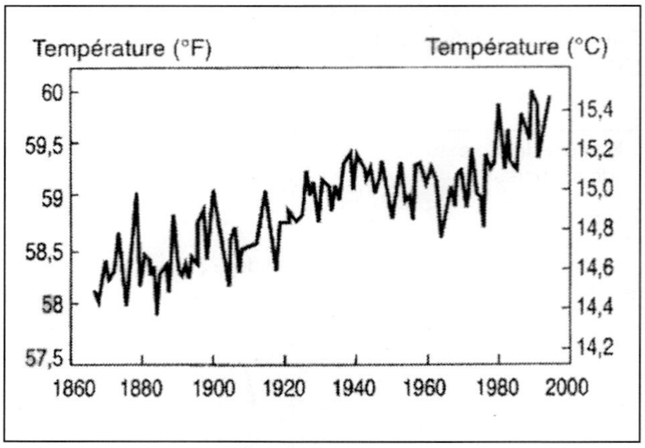

Réchauffement du **climat** mis en évidence par la hausse tendancielle de la température moyenne annuelle de la surface du globe entre 1860 et 1996. (D'après NOAA, *Our changing climate*, 1997, p. 20)

Malgré les divergences existant entre les modèles actuels, un ensemble de conclusions peuvent être tirées. Le réchauffement serait maximum aux hautes et moyennes latitudes. Par ailleurs, le régime des précipitations serait modifié. En particulier, il se manifesterait par une aridification du climat entre 30 et 50 ° de latitude Nord et dans les régions tropicales de l'hémisphère austral, cela dans un contexte de pluviométrie moyenne globale accrue. À l'opposé, l'importance et la récurrence des pluies diluviennes s'accroîtrait en particu-

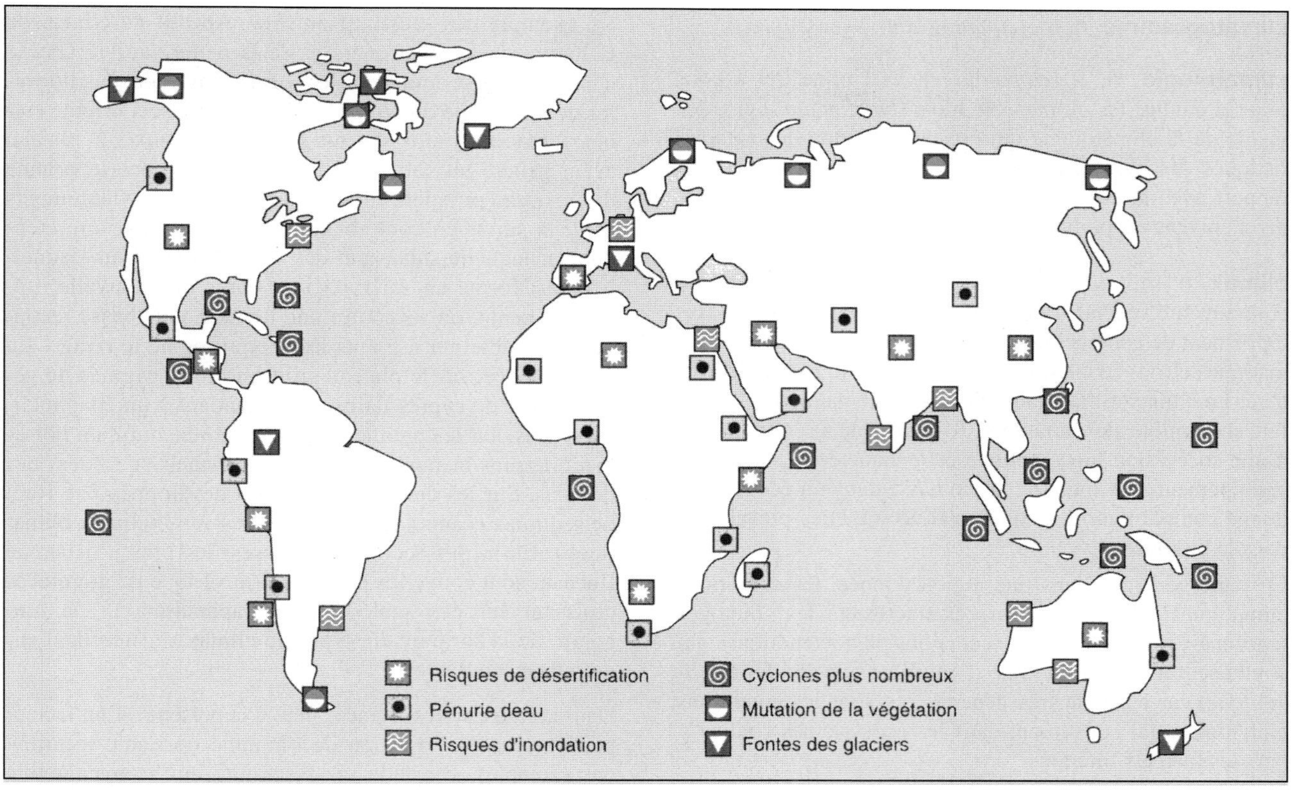

Conséquences pour les **climats** en diverses régions du monde de la hausse des températures terrestres dues à l'accroissement de l'effet de serre. (D'après IFEN, in Ramade F., *Dictionnaire encyclopédique des pollutions*, Ediscience international, 2000, p. 103)

lier sur les zones côtières des continents. Enfin, l'intensité et la fréquence des cyclones tropicaux augmenteraient de même que celle des tempêtes affectant les moyennes latitudes. Les conséquences de ces changements climatiques seraient très nombreuses. On assisterait à un bouleversement des climats en Amérique du Nord et en Europe tempérée, la Suède pouvant par exemple connaître à la fin du XXIe siècle un climat méditerranéen... Les effets sur la biodiversité seraient considérables car rien ne prouve que les communautés tant végétales qu'animales pourraient s'adapter à des changements aussi rapides.

Les conséquences pour la production agricole seraient contradictoires car si la hausse de température permettait de repousser vers le nord la limite des cultures, et accélérait la croissance des végétaux cultivés, à l'opposé l'aridification des zones de l'hémisphère boréal où les sols sont les plus favorables à la culture de céréales aurait un impact désastreux sur leur rendement. Une autre conséquence, automatiquement négative, des effets sur les climats de la pollution atmosphérique, tient en la hausse prévisible et déjà en cours du niveau des océans. Dans un premier temps, cette hausse sera limitée à la dilatation thermique de l'eau, encore que cette dernière pourrait approcher voire dépasser le mètre. Faut-il rappeler que des pays comme la Hollande ont déjà 40% de leur surface au-dessous du niveau de la mer? De même d'immenses deltas, comme celui du Gange ou du Mékong, possèdent une altitude moyenne inférieure à 3 m sur la majorité de leur surface. En Europe, la partie inférieure du delta du Rhône, au niveau de la Réserve Naturelle de Camargue est à une altitude moyenne de 60 cm! Cependant, si la tendance au réchauffement climatique persistait dans les prochains siècles, le phénomène de hausse du niveau de la mer prendrait une amplitude cataclysmique à cause de la fonte des banquises continentales (inlandsis) arctique et surtout antarctique. Dès à présent, le phénomène est considéré comme amorcé. Ainsi dans l'été antarctique 1997 a été observé en terre de Larsen la formation de deux icebergs monstrueux, le plus grand dépassant 5 000 km^2, qui après s'être détaché de la banquise s'est fragmenté en une multitude d'icebergs plus petits! La fusion du tiers du volume des inlandsis provoquerait une hausse du niveau de la mer qui serait de l'ordre d'une trentaine de mètres. Faut-il rappeler par exemple qu'à Paris, l'île de la Cité n'est qu'à 25 m d'altitude? ***(Voir aussi CO_2, Serre, effet de)***

climatiques, adj. (*climatic*). Qui se rapporte aux climats.
◆ **changements ~** : voir Climat, CO_2, Glaciation, Serre.
◆ **diagrammes ~** : voir Climat.

climatisation, n. f. (*air conditioning*). Système permettant d'ajuster l'ambiance de locaux d'habitation ou de travail à une température et éventuellement une hygrométrie constante. Ces dispositifs ont été la cause de pathologies « environnementales » en introduisant et recyclant dans les locaux ainsi équipés divers agents allergènes ou pathogènes. Les climatisations ont en particulier été un agent vecteur d'une grave pneumopathie, la légionellose. Il s'agit d'une pneumonie qui peut être mortelle, causée par une bactérie du genre *Legionella*. Celle-ci fit de nombreuses victimes aux États-Unis dans les années 1970 à la suite de la contamination de l'air par le système de climatisation d'un hôtel où se tenait un congrès des vétérans de l'US Army.

climatogramme, n. m. (*climatogram*). Voir Climat.

climatologie, n. f. (*climatology*). Discipline qui a pour objet d'étudier les climats. ◆ **bio~** (*bioclimatology*) : domaine de la climatologie qui concerne l'étude des caractéristiques des climats ayant une importance particulière en rapport avec le développement des êtres vivants et sur les divers niveaux d'organisation des systèmes écologiques.

climax, n. m. (*climax*). Terme ultime de l'évolution d'une communauté végétale qui correspond à l'optimum de développement de cette dernière compte tenu des conditions climatiques et(ou) édaphiques prévalant dans le biotope considéré. Le climax est un stade d'équilibre dynamique et de ce fait susceptible de variations. Il représente la culmination d'une succession biocœnotique et se caractérise par un développement maximum de la biomasse dans un écosystème donné compte tenu des conditions écologiques prévalentes dans le biotope.

En règle générale, dans une région donnée, les conditions climatiques moyennes qui caractérisent les biotopes « normaux » induisent des successions phytocœnotiques qui conduisent à un stade ultime d'équilibre appelé *climax climatique*, car en règle très générale, ce sont les conditions climatiques qui constituent dans les écosystèmes continentaux les facteurs limitants.

Ainsi, dans les régions méditerranéennes, sur sol calcaire, le climax climatique est une forêt de chênes verts ou de chênes pubescents ; en France Atlantique une hêtraie ou une forêt mixte de chênes et de hêtres.

Cependant, dans certaines circonstances, beaucoup moins fréquentes, ce sont les conditions édaphiques qui vont conditionner le développement du climax. Ainsi, sur les terrains dont la roche-mère est de la serpentine, riche en divers métaux toxiques, seuls certains végétaux toxico-tolérants pourront se développer. De même sur terrain sablonneux, ou encore en présence d'une cuirasse d'alios, la phytocœnose climacique ne sera pas déterminée par le climat local mais par la constitution du sol. On parlera alors de *climax édaphique* (édaphoclimax). Dans des cas plus rares, le relief, conjuguant l'effet de la pente et la modification du drainage qui en résulte, avec éventuellement l'émergence d'eaux souterraines, prendra l'ascendant sur les conditions climatiques, engendrant un climax topographique (topoclimax).

Un exemple très illustratif du rôle respectif du climat, de la nature de la roche-mère et de la pente dans la genèse d'un climax est donné par les formations végétales littorales de Californie du Nord. Ici dans un transect orienté est-ouest, on rencontre sur un substrat gréseux un plateau ayant généré un sol podzolique avec une épaisse couche d'alios, une première rupture de pente avec affleurements gréseux suivis en contrebas d'une terrasse glaciaire étendue sur laquelle subsistent des dunes fossiles sur lesquelles s'est formé un sol forestier. Après une nouvelle rupture de pente, on rencontre une terrasse plus basse recouverte de sable pur à grains lâches qui jouxte le rivage. En conséquence, sur le plateau croît une forêt pygmée de genévriers et de cyprès nains correspondant à un édaphoclimax, puis, sur les premières pentes, se rencontre un boisement de pins bishop (topoclimax) auxquels succèdent des douglas. Sur les dunes fossiles s'est développée une forêt de séquoias géants (*Sequoia sempervirens*) (climax climatique). Enfin, les secondes terrasses, les plus proches de l'océan, sont couvertes d'une prairie xérique de graminées croissant sur des sables purs (édaphoclimax). On rencontre de la sorte quatre types de climax se succédant sur un même écocline.

Dans certaines circonstances liées à la présence d'un facteur perturbateur dû à l'action de l'homme (incendie récurrent par exemple), s'installe un dysclimax qui se maintiendra aussi longtemps que le facteur perturbateur exercera son effet. **(*Voir aussi Dysclimax, Édaphoclimax, Successions*)**

climoséquence, n. f. (*climosequence*). Succession de sols présentant des variations de structure pédologique liées au climat.

cline, n. m. (*cline*). Gradation dans les différences morphologiques existant entre diverses populations d'une espèce à l'intérieur de son aire de distribution géographique et corrélée avec les variations de conditions écologiques propres aux différents biotopes auxquels chacune de ces populations est inféodée.

clinoséquence, n. f. (*clinosequence*). Succession de sols présentant des variations de structure pédologique liées à la pente du terrain.

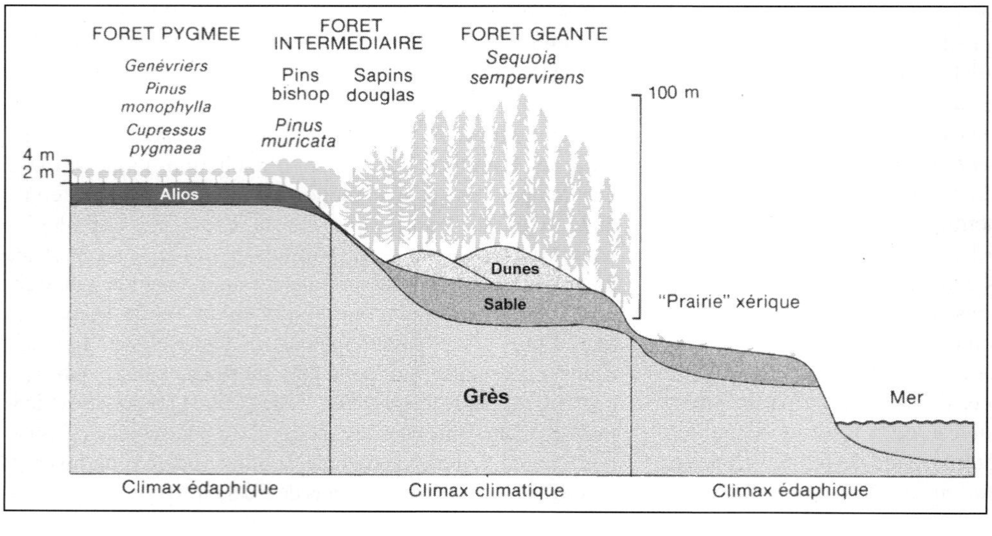

Transect dans la région côtière du Nord de la Californie mettant en évidence la coexistence d'un **climax** climatique : la forêt de séquoias géants et de deux climax édaphiques : la forêt pygmée et les pelouses xériques littorales. Ces climax édaphiques résultent de conditions pédologiques particulières : sols aliosiques pour la première et sables dunaires pour les secondes. (D'après Odum mais modifié, in Ramade F., *Écologie fondamentale*, Ediscience international, 2e ed., 1994, p. 398)

clisère, n. f. (*clisere*). Séquence de climax provoquée par un changement climatique majeur (par exemple glaciations).

clitochore, adj. (*clitochorous*). Désigne une espèce végétale dont les graines sont dispersées par gravité.

clonage, n. m. (*cloning*). Action consistant en l'isolement de clones.

clone, n. m. (*clone*). Groupe d'organismes ayant la même constitution génétique car obtenus d'un même individu par multiplication asexuée, parthénogenèse ou apomixie.

cloportes, n. m. (*woodlouse*). Crustacés isopodes, à régime saprophage, adaptés au milieu terrestre grâce à une transformation de leur cavité branchiale en organe respiratoire aérien. Les cloportes constituent de bons bioindicateurs de la pollution des sols par des métaux toxiques.

Clostridium, n. sc. Bactéries anaérobies des sols et des eaux dont certaines espèces sont fixatrices de l'azote atmosphérique. ◆ ~ ***botulinicum*** : redoutable agent pathogène qui provoque le botulisme, intoxication mortelle provoquée par une neurotoxine qu'il sécrète, dont la toxicité est telle que son usage a été envisagé comme arme biologique. De façon épisodique, cette bactérie peut pulluler lors d'étés chauds et quand existent dans les sédiments des zones humides de grandes quantités de matières organiques fermentescibles, provoquant une intoxication mortelle dans les populations de la plupart des espèces de Vertébrés dulçaquicoles et chez les oiseaux d'eau.

Club de Rome (*Club of Rome*). Organisme informel créé en avril 1968 à l'initiative de diverses personnalités ayant des responsabilités dans des organisations multilatérales et destiné a jouer le rôle de groupe de réflexion sur les relations entre la civilisation industrielle moderne et l'environnement global. Présidé par l'italien Aurelio Pecei, le Club comptait initialement une trentaine de membres provenant de dix pays, qui étaient de hauts fonctionnaires internationaux, des économistes, des scientifiques, des pédagogues, etc.

Son rôle était d'informer les décideurs nationaux et internationaux des conséquences de l'action de la civilisation humaine contemporaine pour l'avenir de l'économie mondiale, des sociétés et de l'environnement à l'échelle planétaire. Le projet qu'ils avaient initié avait pour objet de modéliser les interactions entre l'homme et l'écosphère en tenant compte de variables fondamentales (énergie, ressources naturelles, démographie, économie, pollution) afin de prévoir l'avenir de l'humanité. Il fut réalisé au MIT par l'équipe de Forester et Meadows.

Il servit de base à leur fameux ouvrage « Les limites de la croissance » qui souleva une considérable polémique à une époque où les technocrates et décideurs de tout bord considéraient comme tout naturel d'établir leurs prospectives sur des taux de croissance approchant les 10% par an, sans trop s'interroger sur la signification de ces derniers pour l'équilibre mondial dans le long terme.

L'ouvrage du Club de Rome prédisait, lui, que le maintien indéfini de la tendance des principaux indicateurs du début des années 70 conduirait inexorablement à une crise écologique globale et à un effondrement de la civilisation humaine d'ici le milieu du prochain siècle, propos sacrilèges en des temps où la croissance quantitative était considérée comme synonyme de progrès. Un second ouvrage, « *Mankind at a turning point* », fut publié en 1975.

Les deux chocs pétroliers des années 1970, mais aussi le succès de la Conférence de Stockholm sur l'Avenir de l'Homme de 1972, qui confirmèrent la justesse des vues et la pertinence des approches des problèmes de la civilisation contemporaine, contribuèrent de façon paradoxale à diminuer dans les années qui suivirent l'audience dont bénéficiait le Club de Rome. ***(Voir aussi Brundtland, Rio, Stockholm)***

Clupéidés, n. m. (*Clupeids*). Famille de poissons marins de grande importance économique à laquelle appartiennent en particulier les harengs, les sardines et les anchois. ***(Voir aussi Pêcheries)***

CMA (Concentration Maximale Admissible) (*MAC*). Il s'agit de la concentration maximale admissible dans l'air, l'eau ou les aliments d'un composé toxique. La CMA est déterminée par des études toxicologiques sur divers animaux de laboratoire en les exposant à une gamme de concentrations nettement supérieures à celles auxquelles la substance polluante peut normalement se trouver dans l'environnement. On détermine de la sorte la plus faible concentration donnant un effet physiotoxicologique décelable. La CMA est ensuite déterminée en divisant cette concentration minimale active par un coefficient de sécurité généralement égal à 100 et au minimum à 10.

Cnidaires, n. m. (*Cnidaria*). Embranchement d'Invertébrés marins primitifs, diploblastiques, c'est-à-dire dont l'organisme comporte seulement deux feuillets, et à symétrie radiaire. Les principales classes de Cnidaires sont les Hydrozoaires, les Scyphozoaires (grandes méduses acalèphes) et les Anthozoaires (gorgones, actinies, et madrépores qui constituent actuellement les plus importants coraux bâtisseurs de récifs coralliens). La multiplication asexuée et la vie coloniale sont très répandues dans cet embranchement. ***(Voir aussi Récif)***

CO, n. m. (*carbon monoxide*). Formule du monoxyde de carbone. Le CO est un gaz incolore présent à l'état de traces dans l'atmosphère dont il est un constituant naturel. Il y est produit soit par dissociation du CO_2 dans la stratosphère par voie abiotique soit par divers êtres vivants marins tels des algues brunes ou des méduses. Une autre source naturelle importante de CO est l'oxydation des terpènes produits par les arbres, essentiellement en zones tropicales. Sa concentration moyenne dans les atmosphères non polluées est de l'ordre de 0,1 ppm.

Le CO est formé en quantités importantes par diverses activités humaines. On estimait dans les années 1980 que les principales sources anthropogéniques de ce gaz étaient constituées par les incendies de forêts et les feux de savane ($750 \cdot 10^6$ t/an) suivis par la combustion des hydrocarbures (environ $200 \cdot 10^6$ t/an).

Comme ce gaz a la propriété de se combiner à l'hémoglobine, donnant alors de la carboxyhémoglobine incapable de fixer l'oxygène de l'air, il en résulte une moindre oxygénation des individus exposés de façon chronique à une atmosphère polluée par celui-ci. À concentrations supérieures dans l'air, le CO provoque la mort par anoxie. Celle-ci survient en une quinzaine de minutes pour une exposition à 6 400 ppm.

La fumée de cigarette constitue une cause majeure d'exposition de l'homme au CO. Alors que la proportion moyenne de saturation de l'hémoglobine par le CO chez un non fumeur est de 0,5%, celle-ci s'élève à 6% en moyenne chez les fumeurs et peut même atteindre 10% chez les « *chain smokers* ». Bien que cela ne soit pas une cause directe de pathologie, le déficit d'oxygénation induit peut conduire à des troubles cardiovasculaires graves chez les fumeurs souffrant par ailleurs de déficience coronaire.

CO_2 (*carbon dioxide*). Formule du gaz carbonique également dénommé dioxyde de carbone. Constituant normal de l'atmosphère dans laquelle il se trouve à une concentration de 370 ppm(v) (en 2000) le CO_2 joue un rôle essentiel dans la biosphère. C'est à partir de cette seule source de carbone présente dans l'air à faible concentration que toutes les plantes terrestres effectuent leur photosynthèse!

Les sources naturelles de ce gaz sont essentiellement biotiques et constituées par la respiration des êtres vivants. Cependant le volcanisme représente un autre apport, certes faible, de CO_2 dit juvénile à l'atmosphère. Il n'en a pas toujours été ainsi au cours de l'histoire de l'écosphère : la phase d'intense volcanisme hawaïen qu'a connu la Terre voici 4 milliards d'années a injecté des quantités colossales de CO_2 dans l'atmosphère primitive.

Au cours de la période phanérozoïque, c'est-à-dire depuis le début de l'ère primaire, la teneur atmosphérique en CO_2 a connu d'importantes variations mais sa tendance générale a été à la décroissance. Ainsi, l'atmosphère terrestre renfermait environ 3 500 ppm de CO_2 au milieu du Crétacé, soit environ 10 fois plus qu'aujourd'hui.

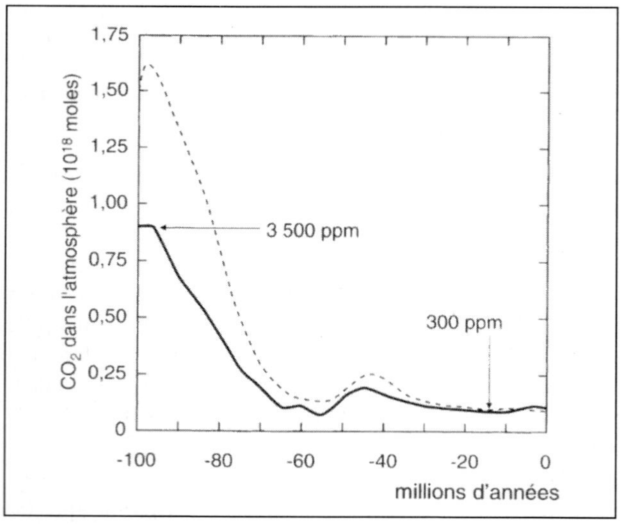

Variation de la teneur de l'atmosphère en **CO_2** depuis le Crétacé moyen (de –100 millions d'années à nos jours). (D'après Barner et al, 1985 – trait pointillé – et Lassaga et al. – trait plein) (In Trabalka Ed., « The global atmospheric Carbon Cycle », *Amer. Geoph. Union Monog.*, 1985)

De plus, pendant les périodes glaciaires s'observe une décroissance de la teneur en CO_2 atmosphérique qui était d'à peine 180 ppm à l'apogée du Würm, voici 20 000 ans!

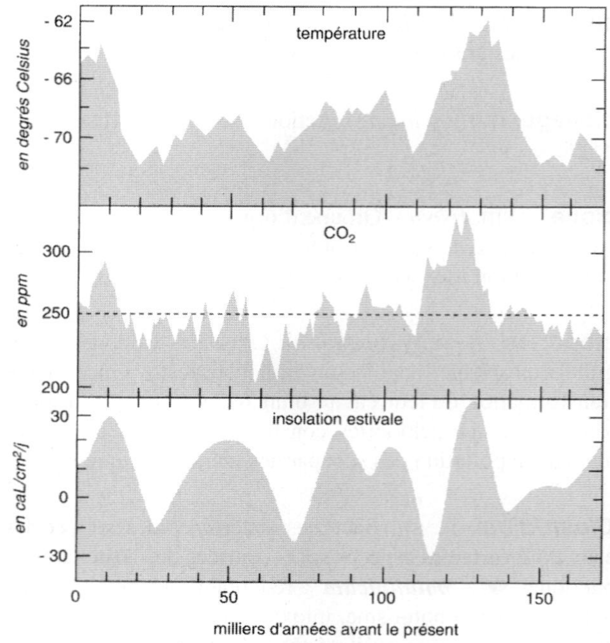

Corrélations entre les fluctuations de la teneur en **CO_2** atmosphérique, les variations d'ensoleillement aux hautes latitudes pendant les 150 000 dernières années et les variations concomitantes des températures. On constate une excellente corrélation entre les périodes où le taux de CO_2 est faible, l'ensoleillement réduit et les épisodes glaciaires. (D'après *Nature*, in Ramade F., *Écologie appliquée*, Ediscience international, 5e ed., 1995, p. 134)

À l'heure actuelle, le taux atmosphérique de CO_2 qui était resté stable depuis la fin de la dernière glaciation s'est mis à croître de façon continue. Cette croissance a été en moyenne de l'ordre de 1,5 ppm/an au cours de la dernière décennie.

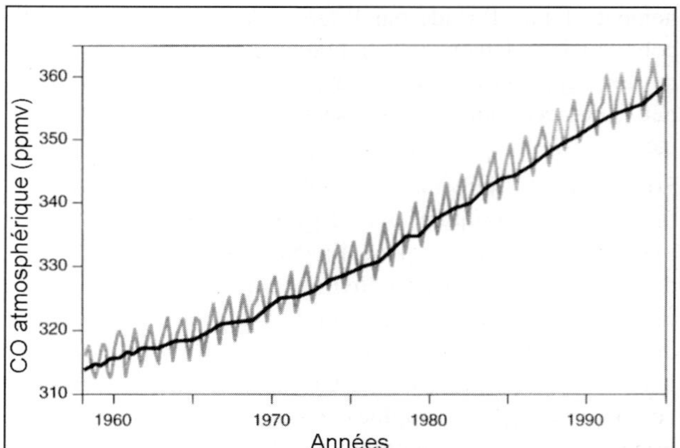

Croissance de la teneur atmosphérique en **CO_2** au cours des dernières décennies selon les données de l'observatoire de Mauna Loa (Hawaï). (D'après Keeling et al., op. cit., 2000, p. 667)

La croissance de la teneur de l'air en gaz carbonique résulte de l'usage des combustibles fossiles par la civilisation moderne qui est responsable de nos jours d'un rejet annuel de l'ordre de 6,5 · 10^9 t d'équivalent carbone sous forme de CO_2.

La destruction des forêts tropicales injecterait en outre entre 1,5 et 3 · 10^9 t d'équivalent carbone par an dans l'atmosphère. Au total l'homme introduirait à l'heure actuelle de l'ordre de 25 · 10^9 t/an de CO_2 dans l'atmosphère terrestre soit environ 15% des émissions naturelles. (***Voir aussi Carbone, perturbations du cycle du***) ◆ ~ **et changements climatiques globaux** : le CO_2 est un puissant gaz de serre qui, avec la vapeur d'eau, joue un rôle majeur dans l'ajustement des températures à la surface du globe.

Les études paléoclimatiques ont mis en évidence une remarquable corrélation entre l'intensité de l'effet de serre lié aux teneurs en CO_2 atmosphérique et les températures moyennes globales. On constate une tendance continue à la décroissance des températures terrestres depuis le Crétacé, période où la température moyenne globale était de l'ordre de 20 °C contre 15 °C aujourd'hui et le déclin de la concentration en CO_2 atmosphérique depuis cette époque. De même, il existe une relation directe entre les teneurs relevées au cours des 150 000 dernières années et les fluctuations cycliques du climat, les concentrations les plus basses (190 ppm) étant observées à l'apogée des épisodes glaciaires.

À l'opposé, on peut dès à présent prévoir qu'au cours des prochaines décennies, cette hausse de la teneur en CO_2 atmosphérique va jouer un rôle important dans l'augmentation des températures globales, la croissance des teneurs atmosphériques en ce gaz pouvant provoquer un bouleversement climatique planétaire.

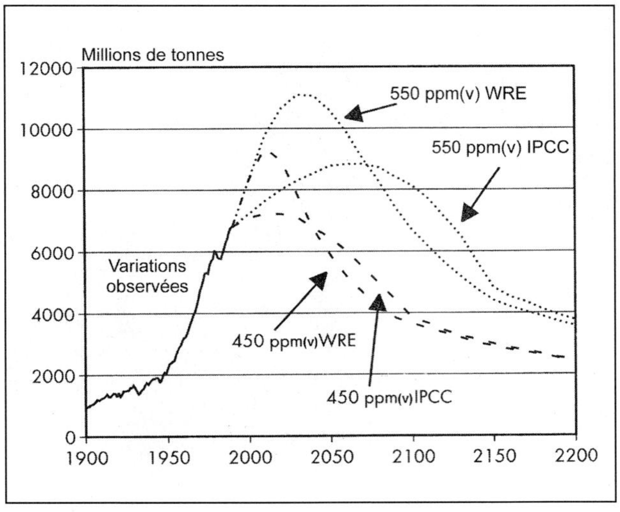

Variation future des rejets annuels de CO_2 établie par l'IPCC et le WRE à partir de divers scénarios de consommation d'énergie au cours du XXIᵉ siècle afin de stabiliser la teneur atmosphérique en ce gaz. Le premier scénario correspond à une stabilisation au niveau de 550 ppm(v), considéré comme le maximum tolérable pour confiner la hausse d'effet de serre dans des limites climatiques acceptables, le second au niveau de 450 ppm(v) pour lequel les modifications climatiques seraient de moindre ampleur. Ne pas dépasser la limite des 450 ppm impliquerait de diminuer de moitié les rejets de CO_2 à la fin du XXIᵉ siècle. (D'après Wigley et al. mais modifié par Flavin et Dunali, in *Worldwatch Paper*, n° 130, 1996, p. 45)

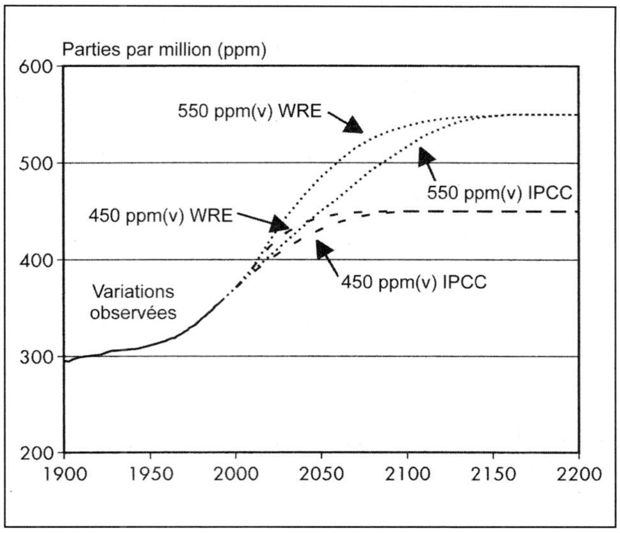

Variation future de la teneur atmosphérique en CO_2 exprimée en parties par million en volume (= ppm (v)) correspondant aux scénarios précités de l'IPCC et planifiant la stabilisation des rejets globaux de ce gaz au niveau de 550 ppm(v) et à celui de 450 ppm(v). (D'après Wigley et al., *Nature*, 18 janvier 1996)

Il est en effet estimé qu'un doublement de la teneur de CO_2 atmosphérique qui est présumé survenir au cours du prochain demi-siècle, si se maintenait la tendance actuelle à son accroissement, augmenterait la température moyenne terrestre de l'ordre de 2 à 3 °C selon les modèles. À cet accroissement de température devrait être ajouté celui produit par les autres gaz de serre dont l'effet serait équivalent à 50% de celui du doublement du CO_2. Un tel réchauffement nous rapprocherait des conditions climatiques qui prévalaient à la fin de l'ère secondaire. En réalité, un ralentissement puis une stabilisation des émissions à l'échelle globale sont prévus à la suite de la mise en œuvre de la Convention de Rio sur les climats. Les réunions de Kyoto et, plus récemment, de La Haye ont eu pour objet de préciser l'importance et l'échéancier des réductions des rejets de CO_2 dans l'atmosphère par les pays industrialisés. La prise en considération de ces objectifs de réduction des émissions a conduit des comités d'experts tels l'IPCC ou le WRE à édifier des scénarios concernant l'évolution de la teneur atmosphérique en CO_2 au cours du XXIᵉ et XXIIᵉ siècle. Ces scénarios conduisent à une stabilisation à une valeur minimale de 500 ppm(v) en 2100. Cette concentration serait susceptible selon toute vraisemblance de provoquer une hausse de la température moyenne d'au moins 1,8°C. (***Voir aussi Atmosphère, Climat, Serre***)

coadaptation, n. f. (*coadaptation*). Phénomène par lequel deux espèces s'adaptent de façon réciproque l'une à la présence de l'autre.

coalescence, n. f. (*coalescence*). Phénomène par lequel des organes ou des sclérites de l'exosquelette peuvent fusionner chez certains Invertébrés au cours du développement ou ont fusionné au cours de l'évolution du groupe considéré.

cobalt, n. m. (*cobalt*). Élément de numéro atomique Z = 27 et de masse atomique Ar = 58,9 dont le corps simple est un métal. Il s'agit d'un oligoélément indispensable aux êtres vivants. Il intervient en particulier dans la constitution de la molécule cobalamine (vitamine B12), laquelle est elle-même indispensable à la synthèse de l'hémoglobine. ◆ ~ **60** (*cobalt 60*) : radio-isotope du cobalt utilisé comme source de rayonnement γ, mais qui se forme aussi comme produit d'activation dans certaines parties des réacteurs nucléaires.

Cocciferetum, n. sc. Association végétale méditerranéenne caractérisée par la présence de chênes kermès.

coccinelle(s), n. f. (*lady bird*). Coléoptères de forme hémisphérique de régime prédateur tant à l'état larvaire qu'adulte. Les coccinelles, qui se nourrissent de pucerons ou de cochenilles, sont d'importants auxiliaires des cultures et ont servi avec succès, en certains cas, dans la lutte biologique contre de redoutables ravageurs des cultures. **(*Voir aussi Rodalia cardinalis*)**

coccolithes, n. f. (*coccoliths*). Formations minérales de taille inframillimétrique constituées par les tests fossiles de Coccolithophorides.

Coccolithophorides, n. m. (*Coccolithophorids*). Algues unicellulaires à test calcaire, constituant dominant du phytoplancton marin dans les eaux bleues tropicales, qui ont pullulé dans les mers à l'époque du Crétacé où ils ont donné d'immenses dépôts sédimentaires de craie. **(*Voir aussi Océan*)**

cochenille(s), n. f. (*scale insects*). Insectes Homoptères dont les femelles possèdent généralement un corps en forme de bouclier aplati. Elles vivent sur de nombreuses espèces végétales dont elles sucent la sève élaborée grâce à des stylets buccaux extrêmement longs. Certaines cochenilles, en particulier celles du groupe des Diaspines, sont de redoutables ravageurs des arbres cultivés. ◆ ~ **australienne** (n. sc. : *Pericerya purchasi*) : introduite d'Australie en Californie au milieu du siècle dernier, cette espèce fit des dégâts considérables aux cultures d'agrumes dans cet État avant d'envahir quelques années plus tard l'ensemble du Bassin méditerranéen.

Elle fut l'objet de la première tentative de lutte biologique réussie grâce à l'introduction d'une coccinelle, *Rodalia cardinalis*, qui est l'un de ses prédateurs naturels dans les régions d'Australie d'où elle fut introduite. **(*Voir aussi Lutte biologique, Rodalia*)**

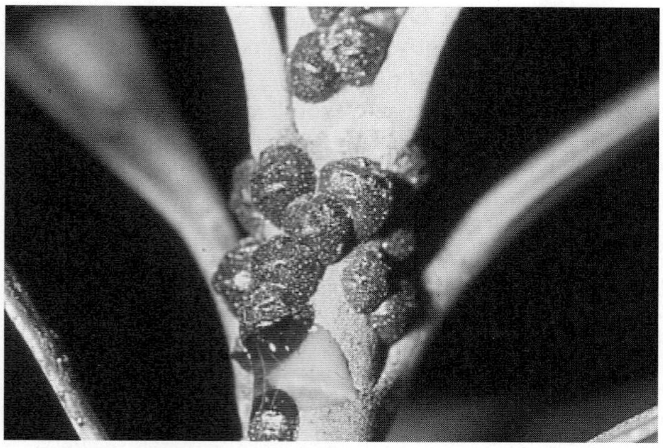

Cochenille (*Sessetia oleae*), *Lecanidae*. Cette espèce, polyphage, attaque diverses espèces cultivées de la famille des Oléacées, en particulier l'olivier. (Cliché F. Ramade)

Cochliomyia hominivorax (*Curaçao fly*). Nom scientifique d'une espèce de Diptère, la lucilie bouchère, également dénommée mouche de Curaçao. Originaire de la région des Caraïbes, en Amérique tropicale, elle cause de redoutables dommages à l'élevage des bovins. Les larves se développent en effet sous la peau des jeunes animaux où elles donnent des abcès sous-cutanés qui ralentissent la croissance des individus et affectent leur production laitière.

cocotier, n. m. (*coconut tree*). (n. sc. : *Cocos nucifera*). Espèce de Palmacée initialement originaire des îles équatoriales de la région indo-pacifique qui fait l'objet de cultures importantes pour la production d'huile et de tourteaux destinés à l'alimentation animale. La noix de coco est aussi très utilisée pour l'alimentation humaine dans de nombreuses régions tropicales. Il s'agit d'une espèce très sténotherme qui ne peut croître où les températures minimales peuvent tomber au-dessous de 12 °C.

Cocotier (*Cocos nucifera*). (Moorea, Polynésie française). (Cliché F. Ramade)

codominance, n. f. (*codominance*). Fait par lequel plusieurs espèces peuvent être simultanément prépondérantes par leur abondance et leur biomasse dans un même peuplement.

codominant, adj. (*codominant*). Désigne des espèces qui sont simultanément prépondérantes dans un même peuplement.

coefficient, n. m. ◆ **~ d'association** : voir Cole. ◆ **~ de communauté** : voir Czekanowski, Jaccard. ◆ **~ de condition** (*condition coefficient*) : coefficient utilisé en halieutique et qui caractérise quantitativement l'état physiologique (« embonpoint ») d'un poisson. Si L est la longueur d'un poisson, son poids P varie comme le cube de cette dernière :

$$P = A \cdot L^3$$

où A est le coefficient de condition dont la valeur est d'autant plus élevée que le poisson est en meilleure condition. ◆ **~ de dominance** : voir Dominance, Simpson. ◆ **~ intrinsèque d'accroissement naturel** : voir Démoécologie.

Cœlentérés, n. m. Voir Cnidaires.

cœnocline, n. f. (*coenocline*). Séquence de biocœnoses que l'on peut observer au long d'un transect correspondant à un gradient d'un facteur écologique (température ou précipitations par exemple). Ainsi, un transect Est-Ouest réalisé en Amérique du Nord au niveau des Appalaches permet d'observer une succession de formations forestières puis de steppes et enfin de communautés subdésertiques, liée à une variation progressive d'un climat humide vers un climat d'aridité croissante.

coévolution, n. f. (*coevolution*). Phénomène d'évolution interdépendante observé entre deux ou plusieurs espèces présentant une étroite relation écologique. Le terme est parfois restreint au cas où l'association des espèces est mutuellement bénéfique, mais il s'applique aussi aux relations hôte et parasite l'un et l'autre devenant de mieux en mieux adaptés en fonction du degré de coévolution qu'ils présen-

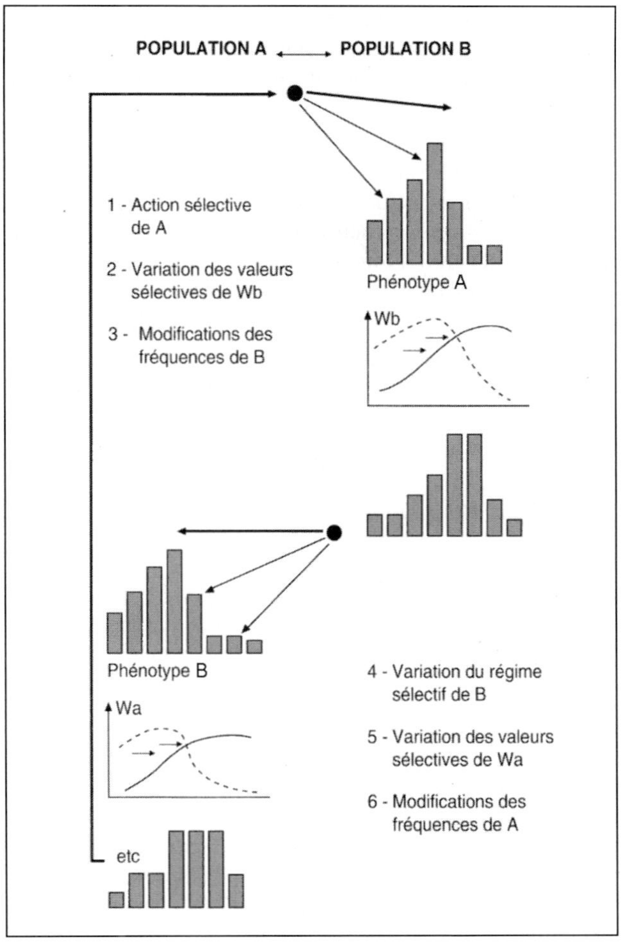

Schéma du principe de la dynamique conduisant à une **coévolution** entre deux espèces. La population A exerce une pression sélective sur les phénotypes de la population B (1) dont la valeur sélective Wb des phénotypes est ainsi affectée (2) d'où modification de la fréquence des phénotypes de B (3). L'influence exercée par B sur A se trouve à son tour modifiée (4). La valeur sélective des phénotypes de A s'en trouve changée (5), leur fréquence dans A va varier. En conséquence (6), il s'ensuit une contre-réaction sur B, etc. (D'après Barbault, op. cit., in Ramade F., *Écologie fondamentale*, Ediscience international, 2e ed., 1994, p. 424)

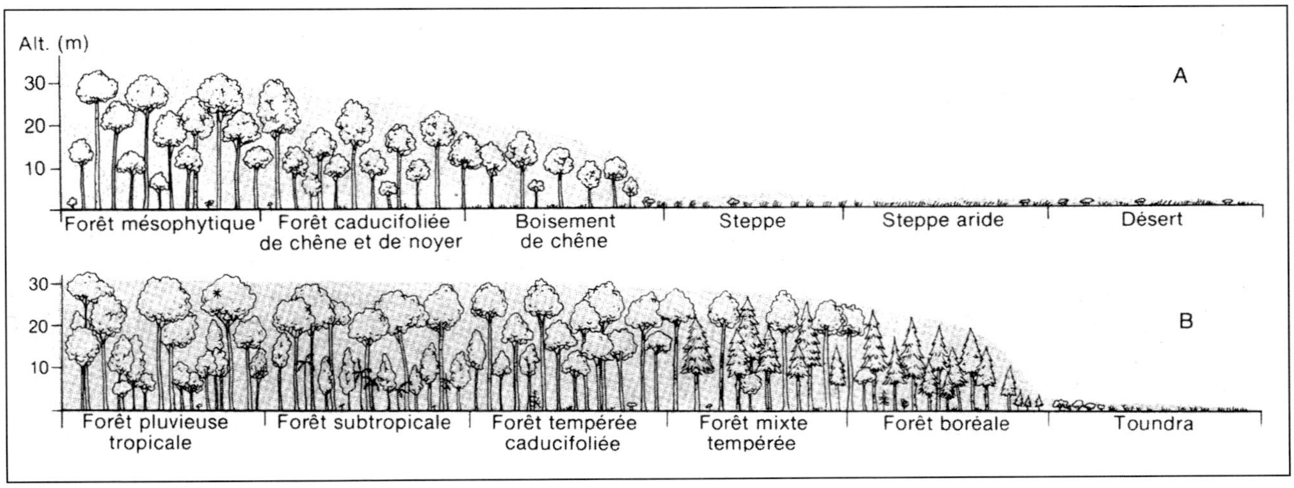

Cœnocline induite par un gradient climatique. En **A** est figuré le cas d'un gradient d'aridité croissante qui s'observe selon un transect est-ouest effectué dans la partie orientale des États-Unis au niveau des 35° de latitude. En **B**, un gradient de température croissante selon un transect sud-nord depuis l'Amérique centrale jusqu'au Nord-Est du Canada. (In Whittaker, *Communities and ecosystems*, Mac Millan, 1975, in Ramade F., *Écologie fondamentale*, Ediscience international, 2e ed., 1994, p. 400)

tent. Il est aussi employé pour désigner les transformations adaptatives qui se produisent dans des peuplements constitués par des espèces exploitant par exemple le même type de ressource alimentaire.

Les pressions sélectives susceptibles de modifier la structure génétique des populations et d'orienter leur adaptation en fonction des particularités écologiques propres à chaque époque et à chaque milieu ont souvent été à l'origine de processus coévolutifs tout au long de la genèse et de la maturation des biocœnoses aquatiques ou terrestres.

Les phénomènes coévolutifs se manifestent de façon particulièrement nette dans le cas des interactions biotiques : compétition, prédation, parasitisme, symbiose.

Chaque fois qu'une espèce A exerce une pression sélective sur l'espèce B, laquelle influence en retour l'espèce A par sa propre pression de sélection, une possibilité de coévolution apparaît. ***(Voir aussi Évolution)***

coexistence, n. f. (*coexistence*). Désigne le fait que deux populations de deux espèces différentes aux niches écologiques très voisines puissent coexister dans le même habitat.

cohorte, n. f. (*cohort*). Terme de démoécologie désignant un ensemble d'individus d'âge différent mais qui ont vécu un même événement d'origine. Ainsi un ensemble de papillons adultes qui ont éclos en même temps constitue une cohorte bien que les nymphes dont ils sont issus puissent avoir été d'âge différent. L'ensemble des personnes qui se sont mariées le même jour constitue aussi, dans une population humaine, un bon exemple de cohorte.

coke, n. m. (*coke*). Forme industrielle du carbone obtenue par pyrogénation du charbon.

cokerie, n. f. (*coking plant*). Installation dans laquelle est fabriqué le coke nécessaire à la sidérurgie. Les cokeries sont la source d'importantes pollutions tant par leurs émissions gazeuses que par la pollution des eaux qu'elles sont susceptibles de provoquer, en particulier par de l'ammoniaque, des phénols et divers hydrocarbures polycycliques cancérogènes.

Cole, coefficient d'association de (*Cole Associative coefficient*). Ce coefficient permet d'établir le degré d'association entre deux espèces A et B. La fréquence relative des présences et absences dans 100 relevés de même surface permettent de la calculer à partir du tableau de contingence suivant.

Présence ou absence de deux espèces A et B dans un ensemble de relevés imprimés en fréquence relative pour 100

		Espèce B	
		présente	*absente*
Espèce A	présente	a	b
	absente	c	d

a, *b*, *c* et *d* étant exprimés en pourcentage dans ce tableau.

Dans ces conditions le coefficient de Cole a pour expression :

$$C_a = \frac{(ad - bc)}{(a+b)(c+d)}$$

Lorsque $C_a = 1$, les espèces A et B sont entièrement *associées*. Lorsque $C_a = 0$, les espèces sont *indépendantes*. Lorsque $C_a = -1$, les Espèces sont *antagonistes*.

L'application de ce coefficient permet d'évaluer le degré d'association d'espèces prises deux à deux.

Coléoptères, n. m. (*Coleoptera, beetles*). Ordre d'Insectes holométaboles, aux pièces buccales broyeuses caractérisés par une paire antérieure d'ailes transformées en élytres tegminisées et parfois très dures. Cet ordre renferme un grand nombre d'espèces et présente même la plus grande biodiversité de tous les groupes taxonomiques existant dans la biosphère. On estime qu'environ 40% du total des espèces d'insectes vivant actuellement appartiennent à l'ordre des Coléoptères.

colibacille, n. m. (*coliform bacteria*). Nom commun d'*Escherichia coli*. ***(Voir aussi Coliformes)***

colibri(s), n. m. (*hummingbird*) (n. sc. : *Trochilidae*). Famille d'oiseaux entièrement néotropicale. On trouve chez les colibris les plus petites espèces d'oiseaux existantes à l'heure actuelle, d'où le nom vernaculaire d'oiseaux-mouches qui leur est attribué. Le Calypte (*Mellisuga helenae*) de Cuba, le plus petit des colibris vivants, mesure au plus 5 cm de long de la pointe du bec à l'extrémité de la queue, soit à peine la taille moyenne d'un papillon. Il s'agit d'espèces floricoles pourvues d'un long bec qui butinent le nectar des fleurs en pratiquant un vol stationnaire à la manière des Lépidoptères *Sphingidae* avec lesquels ils présentent une convergence écomorphologique. ***(Voir aussi Convergence)***

Convergence écomorphologique entre un **colibri** et un Lépidoptère sphingide. (D'après Smith, *Ecology and field biology*, Harper and Row, 1966, p. 471, in Ramade F., *Écologie fondamentale*, Ediscience international,1984, p. 204)

coliformes, n. m. (*coliforms*). Bactéries Gram négatives du groupe d'*Escherichia coli*, les coliformes appartiennent à la famille des *Enterobacteriaceae* et sont surtout représentées par quatre genres dans les échantillons naturels : *Citrobacter*, *Escherichia*, *Enterobacter* et *Klebsiella*. Dans l'analyse des eaux, on distingue deux groupes au plan nosologique : les coliformes thermotolérants, capables de croître à 44 °C, d'origine humaine et souvent pathogènes, et les coliformes totaux (qui croissent à 37°C) dont certains ne sont pas liés aux matières fécales. Par suite de leur ubiquité dans les eaux continentales et littorales et des risques qu'ils représentent pour l'hygiène publique, des seuils de potabilité (ou d'acceptabilité pour les eaux de baignade) ont été établis pour ce type de bactéries. Ils fixent des valeurs maximales de la densité en coliformes au-delà desquelles une eau naturelle est réputée insalubre. Pour les eaux d'approvisionnement des réseaux d'adduction, la norme stipule que la contamination bactériologique doit rester inférieure à 20 000 coliformes thermotolérants par 100 cm^3. En ce qui concerne l'eau du réseau d'adduction proprement dite, les coliformes totaux doivent être absents dans 95% des échantillons et les coliformes pathogènes de la totalité de ces derniers. En ce qui concerne les eaux de baignade, une directive européenne précise qu'elles ne doivent pas renfermer plus de 10 000 coliformes par 100 cm^3 dont 2 000 thermotolérants. ***(Voir aussi Escherichia, Potabilité, Qualité)***

colimétrie, n. f. (*Coli test*). Mesure destinée à déterminer la densité en coliformes d'un échantillon d'eau, naturelle ou traitée.

colin de Virginie, n. m. (*bobwhite*) (n. sc. : *Colinus virginianus*). Espèce de Galliforme proche des cailles, commun en Amérique du Nord tempérée.

Collembole(s), n. m. (*Collembola*). Insectes primitifs de la sous-classe des Aptérygotes. Les Collemboles vivent principalement dans la litière des forêts où ils présentent un régime saprophage.

colloïdal, adj. (*colloidal*). État physico-chimique particulier aux macromolécules qui ne sont pas à proprement parler dissoutes mais se trouvent en suspension dans l'eau, généralement sous forme de molécules isolées.

colloïde, n. m. (*colloid*). Terme désignant de grosses molécules organiques ou des microparticules d'argiles associées en micelles, généralement neutres ou chargées électronégativement, que l'on rencontre dans les sols. Les micelles neutres floculent et donnent dans les sols des agrégats.

colluvionnement, n. m. (*colluvioning*). Accumulation de matériaux par érosion au bas d'une pente.

colluvium, n. m. (*colluvium*). Dépôt de matériaux alluviaux ou éoliens.

colmatation, n. f. (*colmatation*). Phénomène d'imperméabilisation du sol par le gonflement des argiles qu'il renferme qui finissent par obturer la porosité de ce dernier lorsqu'il est imbibé d'eau.

colonie, n. f. (*colony*). Terme général désignant un groupe d'animaux sociaux, souvent issu d'une même femelle fondatrice et constituant une unité fonctionnelle.

colonisation, n. f. (*colonization*). Phénomène par lequel une propagule d'une espèce introduite dans un nouveau biotope, voire dans une province biogéographique dont elle n'est pas originaire s'y installe et finit par en coloniser tous les habitats qui lui sont favorables. Cette colonisation s'effectue souvent au détriment des populations des espèces autochtones présentant des exigences écologiques similaires à celles de l'espèce introduite et occupant de ce fait des niches écologiques très voisines.

Colorado. Fleuve du Sud-Ouest des États-Unis qui débouche au Mexique dans l'océan Pacifique au fond du golfe de Valdez. À l'heure actuelle, les nombreux barrages et canaux d'irrigation construits sur le Colorado font que ce fleuve n'a pratiquement plus aucun débit quand il arrive à la mer. En revanche, par suite de l'importante sécheresse propre aux régions irriguées, il a acquis une forte salinité qui rend ses eaux résiduelles impropres à de nombreux usages. ◆ **Grand Canyon du ~** : creusé dans le plateau de Kaibab, en Arizona, le Grand Canyon du Colorado qui s'étend sur plus de 100 km présente une profondeur moyenne de 1 500 mètres. Il possède un ensemble de caractéristiques écologiques exceptionnelles. On y rencontre en particulier un gradient vertical d'écosystèmes. De la sorte, quelques dizaines de km de descente dans ce canyon représentent l'équivalent d'un voyage en latitude de plusieurs milliers de kilomètres, depuis les taïgas de conifères homologues de celles du Grand Nord canadien croissant à sa partie supérieure sur le plateau dans lequel est creusé le canyon, jusqu'aux déserts sonoriens propres au nord du Mexique situés dans sa partie la plus profonde. ◆ **parc national du Grand Canyon du ~** : ce parc, créé en 1919, s'étend sur quelque 285 000 ha et s'étage entre des altitudes de 650 m à 2 750 m. Il protège à la fois le Grand Canyon proprement dit et de vastes surfaces du plateau de Kaibab qui s'étend à la fois au nord et au sud du Colorado.

Le parc national du Grand Canyon du **Colorado**, vu de South Rim. Outre son intérêt géologique exceptionnel, ce parc national est caractérisé par une extraordinaire séquence altitudinale de biocœnoses depuis les forêts boréales de conifères qui croissent sur le plateau dans lequel est creusé le canyon jusqu'à celles des déserts sonoriens chauds qui caractérisent les biotopes situés dans la partie la plus profonde de celui-ci. (Cliché F. Ramade)

coloration, n. f. ◆ ~ **des eaux** (*water tinting*) : phénomène pouvant résulter de plusieurs causes distinctes abiotiques et (ou) biotiques. En période d'inondation, la coloration des eaux résulte de la charge en sédiment. En région tropicale par exemple, les cours d'eau présentent souvent en saison des pluies une couleur rougeâtre due à l'érosion hydrique des latosols du bassin versant. Très souvent, elle résulte de la prolifération d'organismes phytoplanctoniques, cyanobactéries colorant les eaux lacustres en rouge, « marées jaunes » des eaux côtières dues à la multiplication de chrysomonadines ou encore « marées vertes » dues à la prolifération de chlorophycées phytoplanctoniques. Les unes et les autres résultent de l'enrichissement des eaux littorales en nutriments dû aux apports de polluants telluriques générés par l'agriculture ou l'élevage intensifs en zones côtières. (***Voir aussi Marées, Océan***)

Columbiformes, n. m. (*Columbiforms*). Ordre d'oiseaux granivores ou frugivores auquel appartiennent les diverses familles de pigeons, tourterelles et espèces apparentées.

columnaire, adj. (*columnar*) ◆ **port** ~ : désigne des arbres dont le port est en forme de colonne. Il s'agit en règle générale d'arbres de forêts boréales qui croissent dans des zones fortement enneigées, ce port conférant le maximum de résistance aux branches quand elles sont chargées de neige. (***Voir aussi Taïga***)

columniforme, adj. (*columniform*). Désigne des arbres dont le port est en pinceau très étroit, avec un tronc massif par rapport à la largeur de la couronne, ce qui leur confère une allure rappelant l'aspect d'une colonne. Une telle morphologie traduit une adaptation à des zones exposées à de fortes chutes de neige, la brièveté des branches empêchant l'accumulation de cette dernière et leur conférant une plus grande résistance à la rupture.

combat, n. m. (*contest*). Voir Compétition.

combustible(s), n. m. (*fuel*). Source d'énergie consistant en matières végétales (bois par exemple) ou en dérivés de ces dernières (alcool), en minéraux carbonés solides, liquides ou gazeux ou encore en matière nucléaire fissile. ◆ ~ **fossiles** (*fossil fuels*) : ensemble des sources d'énergie constitué par les diverses formes de carbone fossile : houille, pétrole, gaz naturel. (***Voir aussi Combustion***) ◆ ~ **irradiés** (*spent fuels*) : éléments combustibles ayant séjourné dans un réacteur nucléaire et dont la matière fissile a été en grande partie « brûlée » avec formation de produits de fission et d'activation, en particulier de redoutables transuraniens. Ces éléments combustibles sont en conséquence extrêmement radioactifs et nécessitent pour leur manipulation et leur transport de très strictes conditions de radioprotection. ◆ ~ **nucléaires** (*nuclear fuels*) : on désigne sous ce terme les matières fissiles utilisées dans l'industrie nucléaire (actuellement l'uranium 235 et le plutonium 239) conditionnées sous diverses formes, essentiellement des pastilles d'oxyde. ◆ **élément** ~ (*fuel rod*) : container renfermant les matériaux nucléaires fissiles qui se présentent sous forme de « baguettes » ou de « crayons » de plusieurs mè-

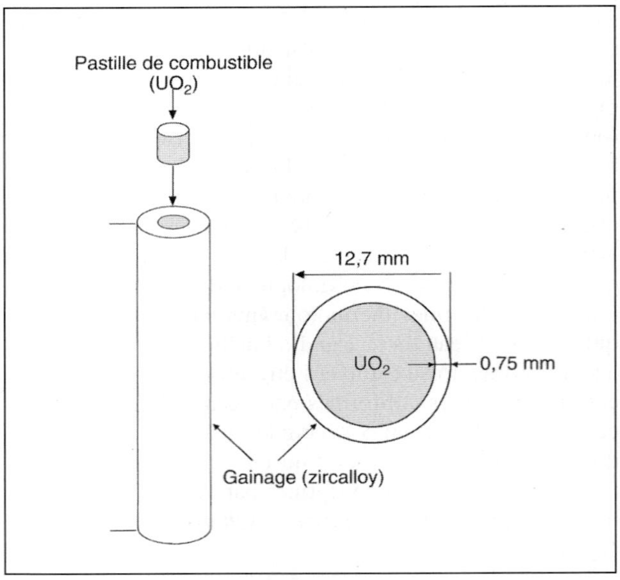

Schéma d'un élément **combustible** de réacteur nucléaire. Le gainage est en zircalloy, alliage de zirconium et d'étain perméable aux neutrons. (Document EDF)

Phases du cycle du combustible	*Milieux exposés aux rejets d'effluents en fonctionnement normal*	*Importance du risque en cas d'accident*
Mines d'uranium	eaux, air	+ +
Métallurgie de l'uranium	air	+
Enrichissement isotopique	néant	+
Fabrication des éléments combustibles	néant	0
Réacteur en fonctionnement	eaux, air	+ + + + +
Transport des éléments combustibles irradiés	néant	+ + +
Retraitement des combustibles irradiés	eaux, air, sol	+ + + +
Stockage des déchets	néant	+ + + +

O : Risque nul - + négligeable - ++ faible - +++ assez important - ++++ important - +++++ très important.

Cycle du **combustible** nucléaire depuis l'extraction du minerai jusqu'au stockage des déchets avec, figuré sous forme d'un nombre proportionnel de croix, le degré de risque d'accident associé à chaque étape de celui-ci. (D'après Ramade F., *Écologie appliquée*, Ediscience international, 5e ed., 1995, p. 359)

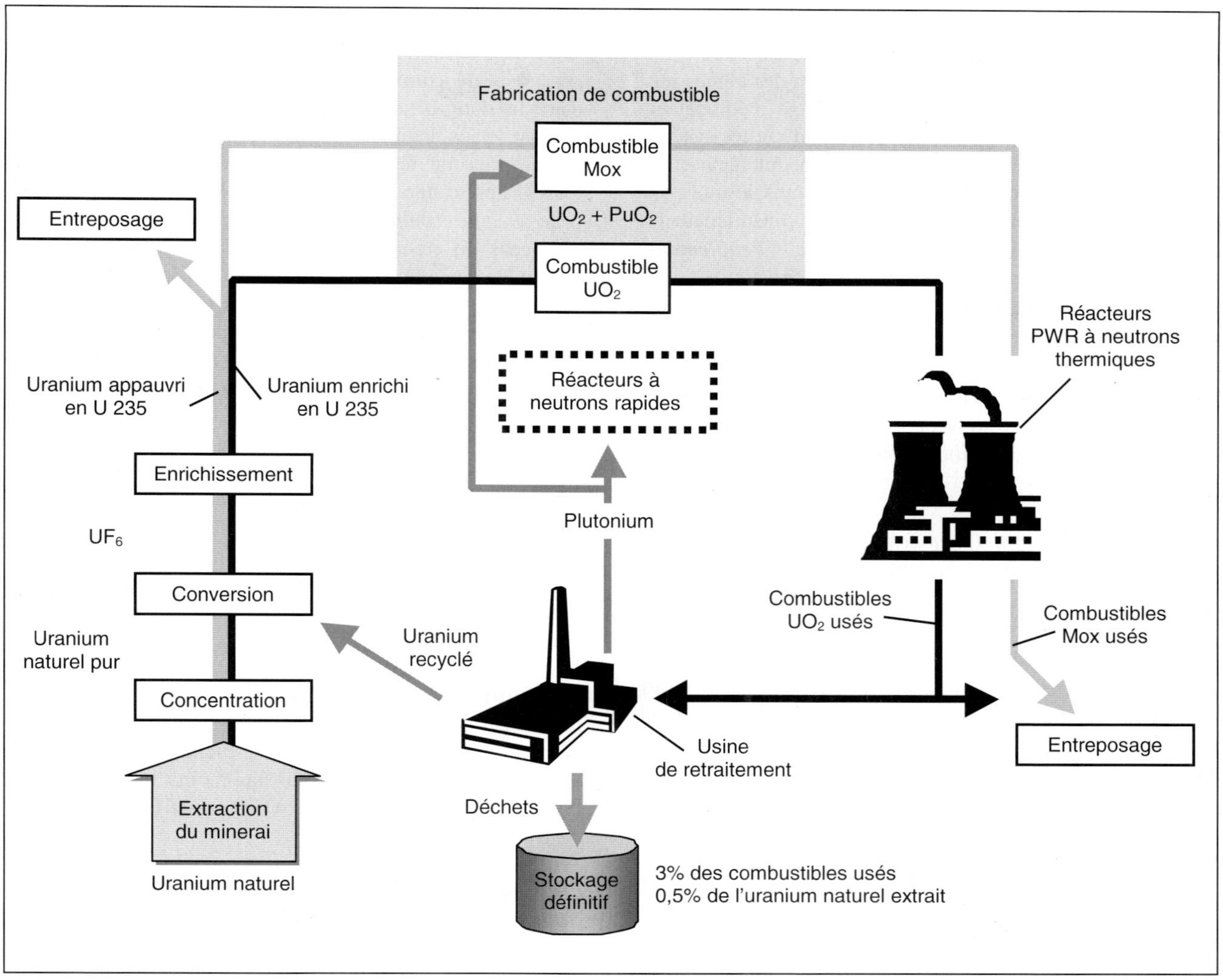

Cycle simplifié du **combustible** utilisé en France pour le fonctionnement des centrales nucléaires. (CEA info, op. cit., 1998, p. 31)

tres de long et qui constituent, assemblés en « grappes », le « cœur » des réacteurs nucléaires. Ces éléments renferment une radioactivité très considérable constituée par la somme des produits de fission et de ceux d'activation neutronique des matériaux qu'ils comportent et de la matière fissile. Ils doivent être extraits du réacteur quand ils sont usagés et stockés dans des piscines pour protéger les personnels de l'important flux de radiation qu'ils produisent ou être retraités dans une usine spécialisée de retraitement des combustibles nucléaires (type La Hague par exemple) : le retraitement a pour objet de récupérer l'uranium 235 non consommé et le plutonium qui s'est formé au cours du séjour en pile afin de les recycler dans les réacteurs. ◆ **cycle du ~** (*fuel cycle*) : différentes phases relatives à l'utilisation des matières fissiles dans l'industrie nucléaire depuis l'extraction des minerais jusqu'au stockage des déchets. (***Voir aussi Centrale, Déchet, Nucléaire, Transuraniens***)

combustion, n. f. (*combustion*). Phénomène d'oxydation d'un combustible. Les combustions incomplètes de dérivés organiques du carbone sont la source d'une forte pollution atmosphérique en libérant des hydrocarbures imbrûlés, du CO et des aldéhydes (acroléine par exemple).

Commelinidées, n. sc. Sous-classe de Monocotylédones qui renferme deux ordres de plantes essentiellement tropicales, les Broméliales et les Zingibérales. (***Voir aussi Broméliacées, Musacées, Zingibérales***)

commensalisme, n. m. (*commensalism*). Exploitation non parasitaire d'une espèce vivante par une autre espèce. Dans les colonies d'insectes sociaux existent de nombreuses espèces commensales qui vivent souvent des résidus de la nourriture de ces derniers. Ainsi dans les nids de guêpes se rencontrent des larves de diverses espèces de Diptères Syrphides qui se nourrissent en saprophage des détritus de la colonie tombée à la base de cette dernière. De même certaines espèces de crabes vivent à la base de la couronne de tentacules des Anémones de mer.

communauté, n. f. (*community*). Au sens strict, ce terme est synonyme de biocœnose. Cependant, dans la pratique, les écologues, plus particulièrement anglo-saxons, l'utilisent dans une acception plus restreinte pour désigner des entités constituant des sous-ensembles de la biocœnose au plan structural et (ou) fonctionnel. Ainsi, les vocables de communauté des saprophages, des herbivores, des organismes plantoniques autotrophes sont-ils d'usage banal, de même que ceux de communauté des insectes (encore dénommée entomocœnose) ou encore de celle des algues macrophytiques peuplant un biotope de l'étage médiopélagique. Il s'agit dans chacun des cas précités d'entités synécologiques de nature intermédiaire entre le peuplement et un des grands sous-ensembles fonctionnels dans lesquels on subdivise les biocœnoses : producteurs, consommateurs, décomposeurs. ***(Voir aussi Biocœnose, Peuplement)*** ◆ ~ **animale** (*animal community*) (syn. : zoocœnose) : voir Zoocœnose. ◆ ~ **végétale** (*plant community*) (syn. : phytocœnose) : voir Phytocœnose.

commune, adj. ◆ **terre** ~ (*commons*) : terre d'usage communautaire. C'est souvent le cas des terrains de parcours utilisés comme pâturage pour le bétail dans les pays d'agriculture traditionnelle.

compactage, n. m. (*compacting*). Altération des sols dans laquelle la porosité structurale, dont dépend la capacité en air, a été détruite par le passage d'engins de labour ou autre machine agricole de poids élevé.

Les terres cultivées dites « battantes » car riches en limons argileux ou argiles, dont la teneur superficielle en matières organiques est faible, sont sensibles au compactage. À la perte de porosité est généralement associée la formation d'une « sole de labour » qui supprime la perméabilité et l'aération à son niveau de sorte que les racines ne peuvent descendre au-dessous. Outre la forte réduction de profondeur du sol, les risques d'érosion sont considérablement accrus par ces diverses conséquences du compactage.

compagne, adj. ◆ **espèce** ~ (*companion species*) : désigne dans une phytocœnose les plantes qui accompagnent les Espèces caractéristiques.

compensation, n. f. (*compensation*) ◆ ~ **par la densité** (*density compensation*) : phénomène par lequel les populations des espèces insulaires présentent une densité supérieure à celle des populations continentales des mêmes espèces. Ce phénomène est expliqué par la plus faible richesse spécifique des peuplements insulaires ce qui diminue la compétition interspécifique. ◆ **point de** ~ (syn. : niveau de ~) (*compensation point*) : valeur du flux lumineux à laquelle l'intensité de la photosynthèse devient égale à celle de la respiration. Le point de compensation est d'une valeur très variable selon l'écophysiologie des espèces végétales. Il peut être compris entre à peine quelques dizaines de lux pour des végétaux sciaphiles et plusieurs centaines, voire plus de 1 000 lux, pour les espèces héliophiles. ***(Voir aussi Héliophile, Photosynthèse, Respiration, Sciaphile)*** ◆ **profondeur de** ~ (*compensation depth*) : profondeur d'un écosystème aquatique à laquelle la photosynthèse s'est atténuée par suite de l'absorption par l'eau des radiations lumineuses de sorte que la respiration devient égale en intensité à cette dernière avec pour conséquence une production primaire nette qui devient nulle. ***(Voir aussi Lac, Océan)***

compétition, n. f. (*competition*). Désigne en écologie des populations le fait que des individus d'une même espèce (intraspécifique) ou d'espèces différentes (interspécifique) se concurrencent pour l'accès à une ressource naturelle présente dans le milieu et qu'elles exploitent de façon simultanée. ◆ ~ **de combat** (*contest competition*) : on distingue dans la compétition intraspécifique une compétition de combat, dans laquelle les individus s'affrontent afin de s'approprier un territoire qu'ils défendent ensuite contre tout intrus d'une même espèce. ◆ ~ **interspécifique** (*interspecific competition*) : compétition entre individus d'espèces différentes à l'intérieur d'une même guilde ou d'un même peuplement. ***(Voir aussi Guilde, Niche, Peuplement)*** ◆ ~ **intraspécifique** (*intraspecific competition*) : compétition entre individus d'une même espèce et appartenant en général à une même population. ◆ ~ **en mêlée** (*scramble competition*) : elle s'oppose à la compétition de combat. Ici les individus s'efforcent d'accéder de façon anarchique à une même ressource (alimentaire, par exemple). ***(Voir aussi Niche écologique)*** ◆ ~ **par interférence** (*interference competition*) : type de compétition directe ou agressive dans lequel les individus interagissent directement entre eux d'une façon telle qu'il en résulte une diminution de *fitness* même si les ressources nécessaires pour la croissance et la reproduction ne sont pas limitées, voire pléthoriques.

compétitive, adj. ◆ **exclusion** ~ (*competitive exclusion*) : phénomène qui interdit la possibilité de coexistence de deux espèces possédant une même niche écologique, l'une d'elle éliminant l'autre à plus ou moins brève échéance lorsqu'elles sont en sympatrie. ***(Voir aussi Gause, principe de, Sympatrie)***

complexation, n. f. (*complexation*). Phénomène par lesquels des cations de métaux toxiques peuvent être associés à des dérivés organiques, ce qui atténue leur nocivité.

complexe, n. m. ◆ ~ **argilo-humique** (*clay-humus complex*) : encore dénommé complexe absorbant, il s'agit de la fraction des sols représentée par l'ensemble des micelles colloïdales qu'ils renferment et dont le rôle est de retenir les cations (NH_4^+, K^+, Ca^{2+}, Mg^{2+}, etc.) présents dans les sols. Ces micelles sont constituées par une association d'argiles du groupe des smectites et de divers acides humiques qui proviennent de la dégradation de la matière organique morte des sols. ***(Voir aussi Base, Micelles, Sol)***

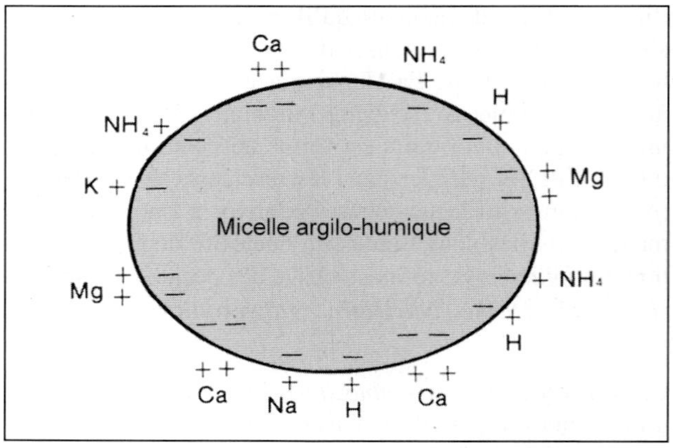

Schéma d'une micelle du **complexe** argilo-humique. (D'après Ramade F., *Écologie fondamentale*, Ediscience international, 1984, p. 90)

complexité, n. f. ◆ ~ **des écosystèmes** (*ecosystems complexity*) : la complexité d'un écosystème est considérée comme essentiellement liée à celle de sa biodiversité laquelle est *pro parte* le reflet de celle du biotope. ◆ ~ **stabilité** (*complexity-stability*) : il a longtemps été considéré que la complexité d'une communauté était un facteur de stabilité des écosystèmes. La modélisation de ces dernières et des processus écologiques fondamentaux afférents a montré que la stabilité avait plutôt tendance à décroître avec une biodiversité croissante. Cependant, l'observation des écosystèmes réels montre que, dans une certaine mesure, la résistance d'un écosystème à une perturbation pouvait être plus importante dans ceux dont les biocœnoses sont plus complexes et que la situation réelle montrait que cette stabilité dépendait aussi du type de perturbation subie par l'écosystème. **(*Voir aussi Homéostasie, Résilience*)**

complexolyse, n. f. (*complexolysis*). Phénomène survenant dans des sols très acides où l'action conjointe des ions H^+ et de divers acides organiques aliphatiques et des précurseurs des acides fulviques attaquent les matériaux du sol – minéraux de la roche mère et argiles – qu'ils détruisent en libérant leurs constituants en particulier SiO_2 et $Al_2 O_3$.

comportement, n. m. (*behaviour*). Voir Éthologie.

composé(s), n. m. ◆ **corps** ~ (*compound*) : substance moléculaire constituée par l'agencement de plusieurs atomes différents par opposition aux corps simples qui sont constitués par un seul élément. ◆ ~ **nitré** (*nitrogen compound*) : voir Azote.

Composées, n. f. (syn. : Astéracées). Voir Astéracées.

compost, n. m. (*compost*). Fumure organique très utilisée en horticulture et destinée, de façon plus générale, à amender la structure des sols cultivés. Le compost est obtenu par la décomposition de feuillage et autres détritus végétaux qui ont été entassés dans une fosse ou un container destiné à l'opération dite du compostage.

compostage, n. m. (*composting*). Procédé de base en agriculture biologique qui consiste à provoquer la transformation de déchets organiques, le plus souvent végétaux, par dégradation bactérienne anaérobie afin d'obtenir un engrais biologique riche en matières organiques et minérales.

concentration, n. f. (*concentration*). Mesure de la teneur d'une substance chimique en suspension, diluée ou dissoute selon le cas, dans un gaz ou un liquide ou encore dispersée parmi les autres constituants d'un solide. ◆ ~ **d'une solution aqueuse** (*concentration of an aquous solution*) : mesure en g/l ou en molarité la teneur d'une solution d'une substance minérale ou organique dans l'eau. ◆ ~ **létale 50%** (abréviation : CL 50) (*LC50*) : concentration dans l'air ou dans l'eau d'un polluant ou de tout autre toxique provoquant la mort de la moitié des individus d'un échantillon de population d'une espèce donnée après un temps déterminé d'exposition. Pour les Invertébrés aquatiques ou terrestres, la CL 50 mesurant la toxicité aiguë est généralement évaluée après 24 h à 48 h, pour les Vertébrés, après une durée d'exposition de 48 h ou 96 h.

conchyliculture, n. f. (*shellfish culture*). Ensemble des procédés d'élevage de mollusques lamellibranches – moules et huîtres dans des parcs établis dans des lagunes côtières ou dans les eaux littorales marines.

concrétionnement, n. m. (*concretions formation*). Phénomène par lequel des sels minéraux dissous dans l'eau (carbonate de calcium, plus rarement silicates) se déposent sous forme cristalline à la surface de rochers ou sur les voûtes d'une grotte donnant alors lieu à la formation de stalactites et de stalagmites.

condensation, n. f. ◆ **noyau de** ~ (*condensation nuclei*) : terme désignant des particules minérales ou organiques microscopiques présentes dans l'air qui servent de germes pour la condensation de la vapeur d'eau dans les nuages. ◆ **traînées de** ~ (*contrails*) : voir Traînée.

condition, n. f. ◆ **indice de** ~ (*condition index*) : ensemble d'indices qui décrivent l'état écophysiologique d'un animal. Le plus utilisé est le rapport entre la masse corporelle et la longueur totale. D'autres indices prennent en considération la teneur en lipides par rapport au poids corporel (indice liposomatique), d'autres le rapport entre la masse du foie (indice hépatosomatique) ou des gonades (indice gonado-somatique) avec ce dernier, etc.

conditionnement, n. m. (*conditioning*). Forme d'apprentissage par laquelle on associe chez un animal un stimulus inconditionnel (par exemple l'odeur d'un aliment) et un stimulus conditionnel tel un son de musique choisi arbitrairement. On constate que l'animal ainsi stimulé est capable de réagir au stimulus inconditionnel à la seule émission de ce dernier. Ainsi, un chien va saliver avant même qu'il n'ait vu sa nourriture, manifestation d'un tel réflexe conditionné.

confluence, n. f. (*confluence*). Phénomène géomorphologique et (ou) purement hydrologique conduisant à la jonction de deux cours d'eau, de deux glaciers ou de deux courants océaniques.

confluent, n. m. (*confluence*). Point de rencontre d'un cours d'eau avec son émissaire ou de glaciers au point de jonction de deux vallées glaciaires. Le terme s'applique aussi à la conflence de courants océaniques.

conduction thermique, n. f. (*thermal conduction*). Phénomène physique par lequel un corps transmet la chaleur.

cône, n. m. ◆ ~ **d'éboulis** (*debris fan*) : accumulation de matériaux détritiques provenant de l'érosion hydrique dans des falaises ou autres structures géomorphologiques rocheuses au relief accentué. ◆ ~ **de déjection** (*alluvial cone*) : zone de dépôt des matériaux solides entraînés par un torrent en montagne. ◆ ~ **de dépression** (*depression fan*) : solide en forme d'entonnoir constitué autour de la partie captante située à la base d'un puits de forage, dans un aquifère dont la surface piézométrique est horizontale. La mesure des dimensions de ce cône réalisée à débit constant et à un instant donné, ainsi que celle de son effacement dit remontée, après arrêt du pompage, sont extrêmement importantes dans l'évaluation de la capacité d'un aquifère relativement aux ressources en eau disponible qu'il représente.

congénérique, adj. (*congeneric*). Désigne des espèces appartenant à un même genre.

Congo. Situé en Afrique équatoriale, le Congo représente le second fleuve du monde par son débit moyen qui est de l'ordre de 39 200 $m^3 \cdot sec^{-1}$. Son bassin versant s'étend sur plus de 4 millions de km^2 de part et d'autre de l'Équateur et son cours dépasse 4 370 km. Aujourd'hui encore, il demeure l'un des hydrosystèmes fluviaux les moins perturbés de la planète, malgré quelques aménagements.

Conifères, n. m. (*Conifers, Evergreens*). Végétaux appartenant à la classe des Gymnospermes, qui renferment de nombreuses espèces d'arbres dont les feuilles sont en forme d'aiguilles et généralement persistantes. On distingue parmi les Conifères de nombreuses familles, en particulier celles des pins, des genévriers, des sapins et épicéas, des cèdres, des séquoias, etc.

Les Conifères constituent les espèces dominantes de nombreux écosystèmes forestiers et possèdent de ce fait une grande importance écologique. Ils représentent les uniques espèces d'arbres des écosystèmes de taïga (forêts boréales de Conifères). Ils se rencontrent également dans les forêts mixtes tempérées ainsi que dans les forêts tempérées de conifères de l'étage subalpin. Par ailleurs, il existe d'importantes forêts climaciques ou subspontanées de Conifères dans toutes les régions méditerranéennes du monde.

Enfin, on rencontre aussi des boisements de Conifères dans diverses régions de montagnes tropicales, en particulier un étage à *Podocarpus* est présent dans la quasi totalité des montagnes tropicales de l'Ancien et du Nouveau Monde. ***(Voir aussi Abiétacées, Junipéracées, Pinacées, Taxodiacées)***

conjugales, n. sc. (syn. : Zygnématales, Desmidiacées). Ordre de Chlorophycées inféodées aux eaux riches en acides humiques et, de façon plus générale, en matières organiques. Parmi les genres plus particulièrement dominants, on peut citer *Cosmarium* et *Closterium*. ***(Voir aussi Chlorophycées, Eutrophisation)***

connectance, n. f. (*connectance*). Le fait que dans une biocœnose un ensemble d'espèces est en relation (trophique par exemple) est exprimé en écologie numérique par la notion de connectance, elle-même utilisée en analyse des systèmes. La connectance s'exprime par le rapport entre le nombre total de liaisons entre espèces existant effectivement et le nombre total de liaisons mathématiquement possibles. Dans une communauté comportant S espèces la connectance aura pour valeur :

$$C_n = \frac{S(S-1)}{2}$$

connectivité, n. f. (*connectivity*). Concept initialement élaboré par les démoécologues afin de mesurer le degré de liaison (interconnection) entre sous-populations occupant des territoires disjoints dans un écosystème donné dont l'ensemble constitue une métapopulation. La stabilité démoécologique d'une population est d'autant plus grande que sa connectivité est plus élevée. À l'opposé, la probabilité d'extinction d'une sous-population sera d'autant plus élevée que sa ségrégation spatiale sera plus importante (faible connectivité). La notion de connectivité peut s'étendre à l'organisation fonctionnelle qui associe des habitats et même une mosaïque d'écosystèmes lorsque l'on prend en considération le paysage. Prise à cette échelle, la connectivité doit être disjointe de la notion de connexion structurale. Elle concerne des flux et non des liaisons spatiales : ainsi le transfert de propagules ou encore les apports dus aux déplacements des animaux font partie de la connectivité à l'opposé d'une liaison physique spatiale telle un corridor qui lui est une connexion. La connectivité constitue par ailleurs un paramètre caractéristique de l'hétérogénéité des systèmes écologiques complexes. ***(Voir aussi Connexion, Hétérogénéité, Métapopulation, Ségrégation)***

connexion, n. f. (*connection*). Liaison entre habitats, voire entre biotopes différents, lorsque l'on considère une

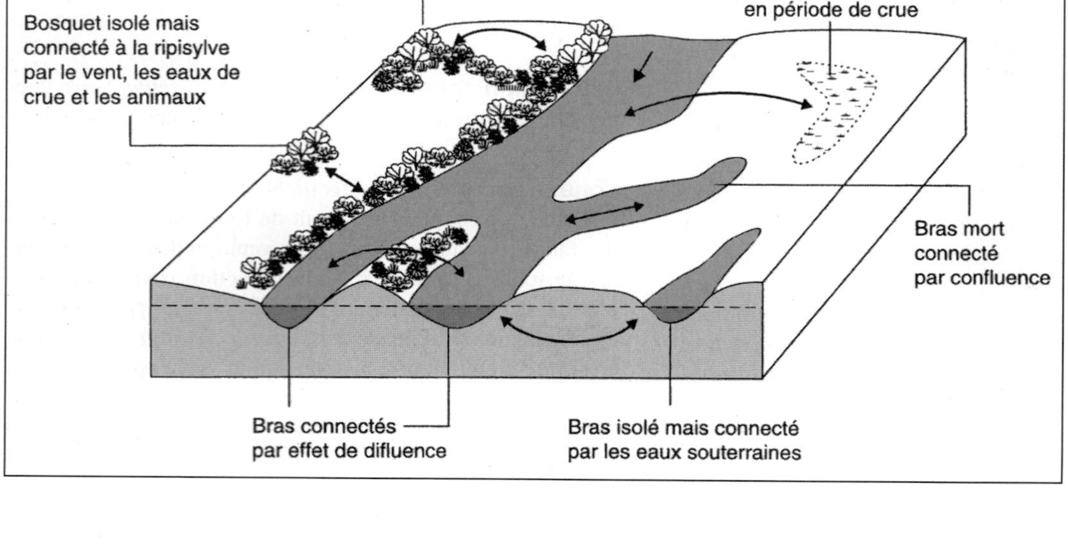

Exemple de **connexions** dans un hydrosystème fluvial entre les différents types d'écosystèmes présents au niveau d'un secteur de la zone d'inondation avec les divers écotones qui les caractérisent. (D'après Amoros, Gibert et Greenwood, op. cit., in Ramade F., *Dictionnaire encyclopédique des sciences de l'eau*, Ediscience international, 1998, p. 119)

mosaïque d'écosystèmes. Ainsi l'existence de corridors, ou d'interliaisons entre les divers types de biotopes aquatiques dans une plaine d'inondation d'un hydrosystème fluvial, constituent autant d'exemples de connections. Au niveau d'une plaine d'inondation, il existe en effet un nombre important de connexions structurales établissant des possibilités physiques d'échanges entre le cours d'eau proprement dit et les autres biotopes (bras morts, nappe alluviale, zones palustres de la plaine d'inondation, etc.) lesquels sont alimentés soit directement par les eaux fluviales – de façon permanente ou épisodique lors des crues – soit par la nappe alluviale. Les divers habitats aquatiques d'un hydrosystème fluvial présentent un gradient de connexion par rapport au cours d'eau actif qui va en décroissant en fonction de leur éloignement du lit de ce dernier. ***(Voir aussi Corridor, Hétérogénéité, Mosaïque, Paysage)***

connurbation, n. f. (*connurbation*). Terme désignant un ensemble d'agglomérations contiguëes entre lesquelles n'existe aucune zone rurale créant une discontinuité dans le tissu urbain.

consanguinité, n. f. (*inbreeding*). Propriété propre aux êtres vivants dont les ascendants présentent une parenté plus ou moins importante entre eux. Le degré de consanguinité est généralement élevé dans les races d'animaux domestiques. Cela résulte de la pratique outrancière de la sélection génétique qui conduit souvent à faire inséminer un grand nombre de femelles par le même mâle reproducteur dont la mère présente une haute productivité.

conservation, n. f. (*conservation*). Protection contre la dégradation ou la destruction de toute entité écologique dont il est souhaitable d'éviter la perte. ◆ **~ de la nature** (*nature conservancy*) : voir Biodiversité, Protection de la nature. ◆ **biologie de la ~** (*conservation biology*) : science qui associe diverses disciplines de la biologie afin d'établir les bases tant au plan fondamental qu'à celui des applications concernant la protection et la gestion rationnelle des écosystèmes et de leur biodiversité. En conséquence, la biologie de la conservation peut être considérée comme à l'interface entre l'écologie et les autres domaines de la biologie. ***(Voir aussi Protection de la nature)*** ◆ **sociétés de ~** (*conservation organizations*) : associations à but non lucratif dont les membres sont soit des scientifiques, en particulier des écologues, soit des « citoyens concernés » qui ont pour objet de protéger la nature et (ou) l'environnement de l'homme. En France, la Société Nationale de Protection de la Nature (SNPN), fondée en 1854 sous le nom de Société d'Acclimatation, dont le premier Président fut le célèbre Geoffroy Saint Hilaire, Professeur d'Anatomie comparée au Museum et constructeur de la Grande Galerie, est la doyenne de ce type de société dans le monde. En Grande-Bretagne, la *Royal Society for the Preservation of Birds* (RSPB), fondée en 1889, constitue sans doute la plus ancienne société du monde, spécialisée dans la conservation de la biodiversité. ◆ **stratégie mondiale de la ~ de l'UICN** (*world conservation strategy*) : voir UICN.

conservatoire(s), n. m. Lieux destinés à assurer la conservation *ex situ* d'espèces vivantes rares ou menacées. ◆ **~ botaniques** (*botanical gardens*) : jardins ou arboretums destinés à la préservation d'espèces végétales d'intérêt exceptionnel. En France, le conservatoire de Porquerolles pour les plantes méditerranéennes, ou celui de Charances près de Gap pour la flore alpine, créés en date encore récente, constituent d'excellents exemples de telles institutions. ◆ **~ du littoral et de rivages lacustres** : organisation gouvernementale créée en France en 1976 dont la mission est d'acquérir des avoirs fonciers en zone côtière ou lacustre : zones humides, dunes, falaises littorales et autres habitats fragiles, afin de les soustraire à la promotion immobilière et toute autre action d'aménagement qui conduirait à leur disparition pure et simple.

consociation, n. f. (*consociation*). Phytocœnose climacique dominée par une espèce particulière. Les forêts méditerranéennes de chênes verts peuvent être considérées par exemple comme une consociation.

consolidation, n. f. (*consolidation*). Édification de structures animales : termitières en milieu terrestre, feutrages de tubes d'animaux sédentaires (Annélides polychètes) dans des sédiments marins qui renforcent la cohésion du substrat.

consommateur, n. m. (*consumer*). Désigne en synécologie le groupe d'êtres vivants formé par les animaux qui constituent de ce fait le réseau trophique et qui dépendent soit directement (herbivores) soit indirectement (carnivores) de la production végétale.

consommation, n. f. (*consumption*). Utilisation d'une ressource naturelle par l'homme. De façon très générale, on a assisté au cours des dernières décennies à une croissance de la consommation des ressources naturelles tant non renouvelables (énergie fossile, matières premières minérales) que renouvelables (eau, ressources biologiques), en proportion du degré de développement d'un pays donné. Il en est quasiment résulté un dogme selon lequel le développement économique implique un accroissement de la consommation *per capita* de ressources naturelles. En réalité à la suite des deux chocs pétroliers, on a pu constater par exemple que la densité énergétique d'un pays industrialisé n'était pas proportionnelle – tant s'en faut – à sa production *per capita* ni *a fortiori* à son niveau de vie. Ainsi la production industrielle et de façon plus générale l'activité économique des États-Unis s'accompagnent, si on les rapporte à l'unité de PNB, d'une consommation d'énergie trois fois plus forte que pour le Japon ou la France. ◆ **société de ~** (*consumering society*) : désigne les conditions et les manières de vivre qui prévalent dans les pays industrialisés les plus avancés où la consommation d'objets s'accompagne en général d'un gaspillage des ressources naturelles, le remplacement des biens de consommation s'y effectuant bien souvent non pas parce qu'ils sont usagés mais parce qu'ils sont passés de mode. Pis encore, l'usure est incorporée dès le stade de la production, obligeant au remplacement des objets entiers. Il est en effet impossible au consommateur réfractaire à l'action des médias publicitaires de trouver la pièce détachée permettant la réparation par suite des changements fréquents de modèle!

Bien que certains économistes y voient une stimulation de l'activité de production, ces principes de fonctionnement de la civilisation industrielle sont par essence opposés à ceux d'un développement durable et nous rapprochent de plus en plus vite du jour où notre civilisation sera confrontée à une crise insurmontable, résultant de la déplétion absolue des ressources en énergie et en matières premières indispensables à son fonctionnement. ***(Voir aussi Développement durable)***

conspécifique, adj. (*conspecific*). Désigne les diverses particularités écologiques propres à une même espèce. On parlera effectivement des habitats conspécifiques d'une espèce avienne.

constance, n. f. (*constancy*). Désigne en écologie le degré de fréquence avec lequel une espèce propre à un type de communauté donné se rencontre dans les échantillons de l'écosystème étudié.

constante, n. f. (*constant*). Désigne un paramètre caractérisant un facteur environnemental ou tout autre caractéristique quantitative du milieu ambiant qui possède une valeur déterminée et invariable. ◆ **~ solaire** (*solar constant*) : valeur du flux solaire à la limite supérieure de l'atmosphère. Celle-ci, constante en première approximation, a pour valeur 2 $cal/cm^{-2}/min^{-1}$, avec ± 3% de variation soit 1,396 kW · m^{-2} de surface normale aux rayons. ◆ **~ thermale de développement** (*thermal constant of development*) : correspond à la valeur minimale de l'exposition au froid (ou à tout autre facteur climatique défavorable) permettant la levée de la diapause. On a :

$$K = y\,(\theta_0 - \theta)$$

où K est la *constante thermale de développement*, y la durée d'exposition au facteur climatique défavorable, θ_0 la température correspondant au zéro de développement de l'espèce considérée, θ la température effective d'exposition au froid ou à la chaleur. ◆ **effort de capture ~** (*constant effort harvesting*) : voir Effort. ◆ **rendement final ~** (*constant final yield*) : voir Rendement.

contact, n. m. (*contact*) ◆ **insecticides de ~** : voir Insecticide. ◆ **toxicité de ~** : voir Toxicité.

contaminant, n. m. (*contaminant*). Se dit d'un polluant présent à des quantités décelables dans l'environnement ou dans un organisme. ***(Voir aussi Polluant)***

contamination, n. f. (*contamination*). Désigne le fait qu'un biotope ou un ensemble d'êtres vivants, voire une communauté toute entière, renferment une concentration analytiquement décelable d'un polluant donné. On distingue chez les êtres vivants une contamination externe lorsque seul l'épiderme est contaminé, et une contamination interne lorsque le polluant a été absorbé par voie transfoliaire ou par translocation radiculaire chez les plantes ou encore par inhalation, par ingestion, ou par voie transcutanée chez les animaux. ***(Voir aussi Pollution)*** ◆ **~ des chaînes trophiques, des aliments** : voir Bioconcentration, Écotoxicologie.

contenu calorique, n. m. (*caloric content*). Quantité d'énergie mesurée au calorimètre renfermée par un organisme ou l'ensemble des individus appartenant à un niveau trophique considéré d'une biocœnose.

continent, n. m. (*continent*). Partie de la lithosphère située au-dessus du niveau de la mer. Les continents constituent au plan géomorphologique des plaques de roches d'origine diverse flottant comme des radeaux sur l'asthénosphère qui est la partie interne de la croûte terrestre.

continental, adj. ◆ **climat ~** (*continental climate*) : climat caractérisé en règle générale par d'importants écarts de températures et (ou) de pluviométrie (étés torrides, hivers très froids, saisons de transition très brèves). De façon générale, le climat continental est marqué par des phénomènes météorologiques beaucoup plus accentués que ceux des climats océaniques des mêmes latitudes avec une récurrence régulière de tornades, sécheresses accentuées par exemple. ***(Voir aussi Climat, Sécheresse, Tornade)*** ◆ **plateau ~** (*continental shelf*) : zone littorale des océans (correspondant au domaine néritique), qui est comprise entre le rivage et la profondeur d'environ 120 m en moyenne, s'étendant en pente douce (environ 0,1%) vers le large. Au-delà de cette dernière, on rencontre une zone de rupture de pente au-delà de laquelle s'étend le talus continental.

Le plateau continental représente la région de l'océan possédant la plus forte productivité biologique. En conséquence, le Traité International de la Mer a établi, dans les années 1970, des Zones d'Exclusivité Économique (ZEE) dans lesquelles les États riverains se réservent la possibilité d'exploiter pour eux seuls les ressources naturelles marines, en particulier les pêcheries. ***(Voir aussi Océan, ZEE)*** ◆ **pont ~** (*land bridge*) : bande de terre relativement étroite reliant des continents entre eux et permettant de ce fait les migrations actives ou passives d'êtres vivants incapables de voler. L'existence de tels ponts continentaux a joué un grand rôle au plan biogéographique et évolutif au cours des périodes géologiques passées. Ainsi, la liaison entre le Gondwana et la Laurasia a joué un rôle important dans la répartition des flores et des faunes mésozoïques. De même, la Behringia, bande de terre réunissant l'Asie et l'Amérique du Nord au cours des glaciations quaternaires a permis le peuplement par l'homme et des échanges de faunes mammaliennes entre ces deux continents. ***(Voir aussi Gondwana)***

contingence, n. f. (*contingency*). Désigne en écologie numérique le degré de dépendance ou d'indépendance entre des variables ou d'autres paramètres de nature abiotique ou biotique.

continuum, n. m. (*continuum*). Gradation continue des valeurs prises par un facteur écologique entre deux bornes extrêmes. ◆ **~ fluvial** (*river continuum*) : gradient longitudinal des conditions écologiques, tant au plan structural que fonctionnel, qui caractérise un cours d'eau depuis la zone des sources jusqu'à son embouchure. En matière de flux de l'énergie et de cycle de la matière, ce gradient est marqué par le passage d'un fonctionnement allogénique en amont où les entrées de matière et d'énergie dépendent essentiellement de la végétation terrestre riveraine vers un fonctionnement autogénique vers l'aval où les apports dus à la production primaire de la végétation aquatique et du plancton (dans la zone potamique) deviennent de plus en plus prépondérants.

Le concept de continuum fluvial est fondé sur la prise en considération de deux types de processus fondamentaux. Le

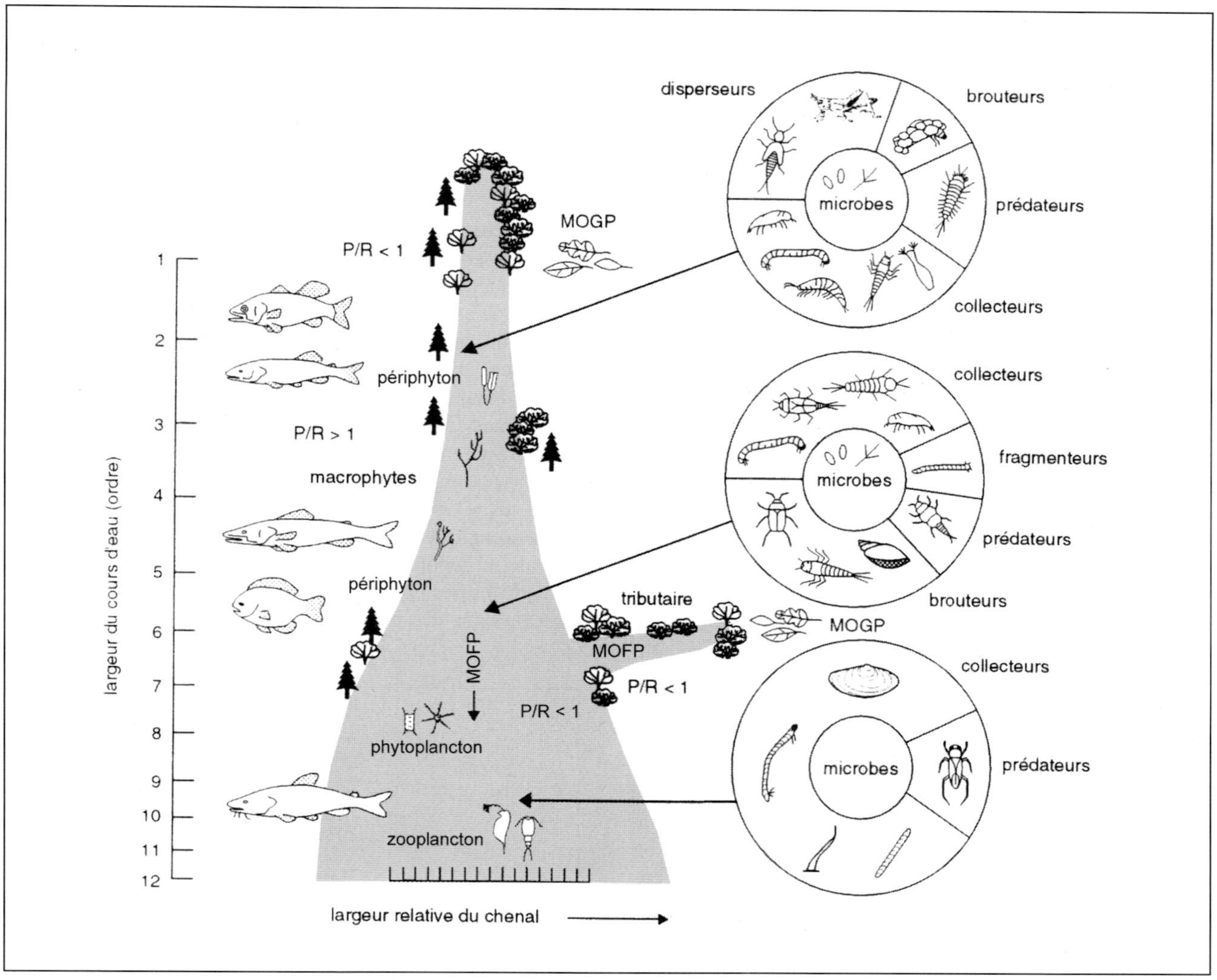

Schéma général mettant en évidence la relation entre l'ordre d'un cours d'eau, dépendant de sa dimension, les entrées d'énergie et le fonctionnement de l'écosystème dans le cadre du concept de **continuum** fluvial. Les particules organiques grossières (MOGP) prédominent en amont et les fines (MOFP) en aval. (D'après Vanotte et al., op. cit., in Ramade F., *Dictionnaire encyclopédique des sciences de l'eau*, Ediscience international, 1998, p. 120)

premier résulte de l'existence du courant qui transfère des nutriments à la fois inorganiques et organiques – et dans ce dernier cas également de l'énergie – de l'amont vers l'aval, le second à l'importance relative des apports de matière végétale allochtone et autochtone selon la position du biotope considéré sur l'écosystème. Dans les cours d'eau d'ordre inférieur situés dans la partie amont du bassin versant, *P*/*R* < 1 car les apports d'énergie allochtones dominent sous forme de particules organiques grossières. Dans les sections d'ordre moyen d'un écosystème lotique, *P*/*R* > 1 car ici ce sont les apports autochtones d'énergie dus à la végétation macrophytique aquatique qui sont dominants. Enfin *P*/*R* < 1 dans les cours d'eau d'ordre supérieur et en particulier dans les sections fluviales sises à la partie la plus basse du bassin versant dans la plaine alluviale et dans la zone deltaïque. En effet, dans ces sections des écosystèmes lotiques dominent comme source d'énergie pour les hétérotrophes les apports par le courant de particules fines de matières organiques provenant de l'amont et aussi de la plaine d'inondation (transferts latéraux) l'essentiel de la production primaire autochtone étant assuré par le phytoplancton.

En corollaire de ces variations des sources d'énergie dans le continuum fluvial, on observe d'importantes fluctuations dans la composition des peuplements d'animaux consommateurs. Les herbivores sont prédominants dans les sections d'ordre moyen des cours d'eau tandis que l'abondance des espèces de détritivores est prépondérante dans les sections d'ordre supérieur – et au contraire inférieure – dans celles où l'hétérotrophie domine. ***(Voir aussi Fleuve, Hydrosystème, Lotique, P/R)***

contour, n. m. ◆ **cultures en ~** (*contour cultivation*) : système de culture consistant à labourer et à planter les champs selon des sillons qui suivent les courbes de niveau afin de réduire au maximum les risques d'érosion hydrique. Ce type de culture a été développé dans les années 1930 aux États-Unis à l'initiative du *Soil Conservation Service* afin de lutter contre l'érosion hydrique des sols qui faisait des ravages dans diverses régions de ce pays même là où le relief était peu accentué. ***(Voir aussi Érosion)***

contraception, n. f. (*contraception*). Méthode de prévention et de contrôle des naissances fondée en règle générale à l'heure actuelle sur la prise de contraceptifs oraux et, dans une moindre mesure, sur la pose de dispositifs empêchant l'implantation de l'œuf fécondé sur la muqueuse utérine (stérilet). Toutefois le développement de la pandémie de sida pourrait indirectement accroître l'usage des préservatifs dans la contraception, à tout le moins dans les pays les moins développés du Tiers monde où l'accès aux contraceptifs oraux est aujourd'hui encore très limité. ***(Voir aussi Démographie)***

contrainte, n. f. (*constraint*). Particularités biologiques d'une espèce qui se traduisent par une limitation des options qui lui sont possibles dans son inféodation à une niche écologique à l'intérieur du peuplement auquel elle appartient.

contrôle, n. m. ◆ **~ démographique** (*demographic control*) : mise en œuvre des divers moyens de limitation des naissances afin de stabiliser les effectifs de la population d'un pays. ◆ **barres de ~** (*control rods*) : dispositifs constitués de longues tiges de bore que l'on introduit dans les réacteurs nucléaires pour absorber les neutrons afin de moduler l'intensité de la puissance produite ou de les arrêter si nécessaire. ***(Voir aussi Centrale nucléaire)***

convectif(ve), adj. (*convective*). Désigne le processus par lequel un réchauffement local provoque dans un fluide une tendance des masses réchauffées à monter et des masses refroidies à s'enfoncer dans ce dernier. ◆ **cellules ~ atmosphériques** (*atmospheric convective cells*) : structures dynamiques propres à la troposphère consistant en la constitution de systèmes de circulation verticaux et horizontaux des masses d'air. Ces derniers assurent le transfert des masses d'air chaudes intertropicales vers les hautes latitudes et à l'opposé des masses d'air polaires froides vers les basses latitudes. ***(Voir aussi Cellules, Ferrel, Hadley)*** ◆ **refroidissement ~** (*convective cooling*) : phénomène survenant à l'interface entre deux masses de fluides de température différente. Il survient par exemple à la surface d'un lac lorsque le flux thermique net devient négatif. Le biotope lacustre perd alors de la chaleur par dissipation radiative dans l'atmosphère ce qui engendre une baisse de température des couches d'eau superficielles qui deviendra plus faible que celle des eaux plus profondes. L'augmentation concomitante de densité des eaux de surface va les faire couler ce qui rompra la stratification, les volumes d'eau refroidie, proche de la surface, s'enfonçant jusqu'à ce qu'ils atteignent les couches profondes, de densité identique. Le phénomène sera autoentretenu car la descente d'importants volumes d'eau engendrera un contre-courant qui produira un nouveau mélange vertical.

convection, n. f. (*convection*). Transfert de chaleur dans un fluide provoqué par le mouvement de ce dernier.

conventions internationales (relatives à l'environnement), n. f. (*international conventions*). Accords internationaux ayant pour but de résoudre un problème d'environnement et (ou) de protection de la nature d'importance régionale ou mondiale. Les conventions de Barcelone, de Berne, de Bonn, de Ramsar ou encore de Washington, constituent autant d'exemples majeurs de telles conventions.

convergence(s), n. f. ◆ **~ de caractères** : voir Caractère. ◆ **~ écologique** (*ecological convergence*) : homologie fonctionnelle et structurale entre des communautés vivantes existant dans des régions biogéographiques distinctes. Elle se traduit souvent par une similitude au plan taxonomique entre les principaux groupes fonctionnels d'organismes qu'elle comporte et même dans la morphologie entre divers constituants homologues de la biocœnose. Cette convergence résulte de l'identité ou à tout le moins de la similitude des conditions écologiques prévalant dans ces régions distinctes. ***(Voir aussi Équivalent écologique)*** ◆ **~ écomorphologique** (*ecomorphological convergence*) : similitude de morphologie présentée par des organismes taxonomiquement très éloignés mais qui vivent dans un même habitat ou dans des biotopes analogues et (ou) dans lesquels

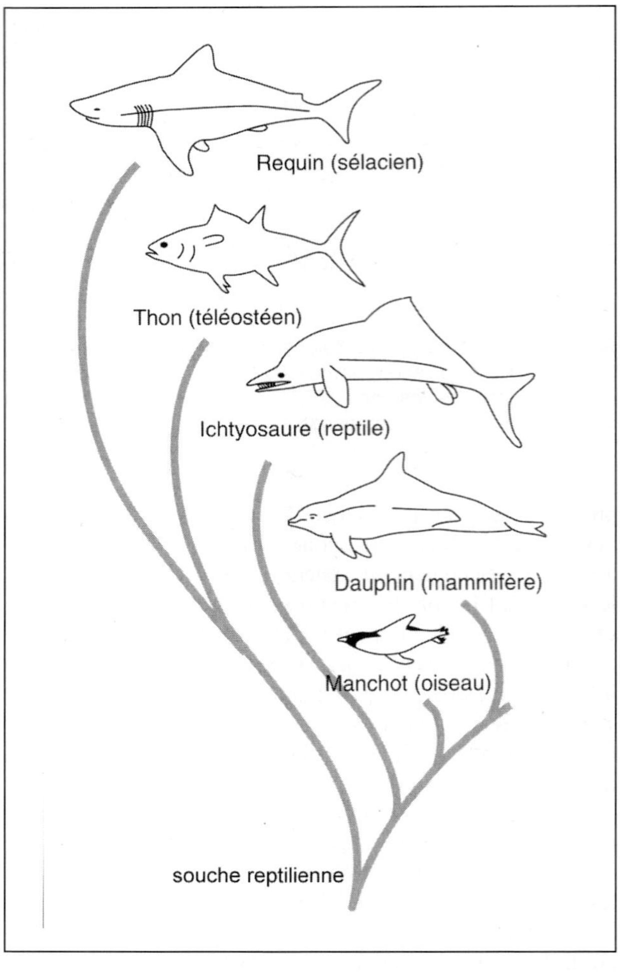

Similitude d'aspect morphologique entre espèces de Vertébrés nageant rapidement, montrant la **convergence** d'adaptation à de fortes contraintes hydrodynamiques : thon (téléostéen), requin (sélacien), ichtyosaure (reptile fossile du Secondaire), dauphin (mammifère), manchot (oiseau). (D'après Begon, Harper et Townsend, *Ecology*, Blackwell, Oxford, 1986 mais modifié)

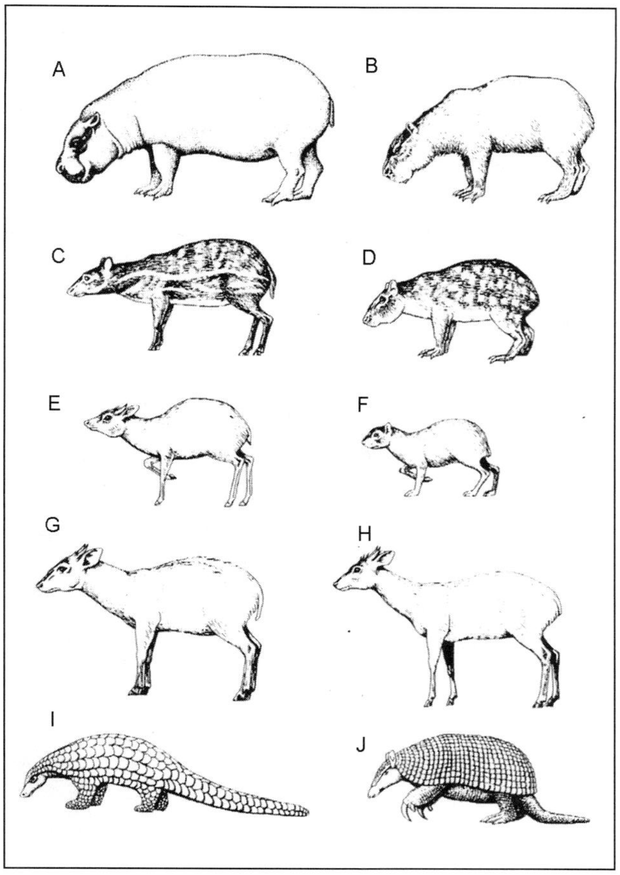

Convergence écomorphologique entre peuplements de Mammifères forestiers d'Amazonie et d'Afrique de l'Ouest. A : hippopotame nain du Liberia. B : cappybara (*Hydrochaerus hydrochaeris*), rongeur géant d'Amazonie. C : chevrotain d'Afrique. D : *Cuniculus paca*. E : antilope royale. F : agouti. G : *Cephalophus sylvicultor*. H : *Mazama gouazoubra*. I : pangolin. J : tatou géant. (D'après Bourlière, in Meggers et al., *Tropical forest ecosystems in Africa and South America*, Smithsonian Institution Press, Washington, 1973, p. 283)

existe le même facteur écologique contraignant. Un bon exemple de convergence écomorphologique est fourni par divers animaux marins capables de nager très rapidement dans l'eau et dont le corps présente de ce fait une très grande similarité par suite de l'identité de la contrainte hydrodynamique. Les convergences écomorphologiques peuvent s'étendre à des peuplements entiers. Ainsi Bourlière et al. ont mis en évidence une convergence impressionnante entre les peuplements mammaliens dominants des forêts pluvieuses Ouest africaines et amazoniennes. Chaque espèce occupant une niche écologique donnée dans l'une de ces régions correspond dans l'autre continent à une autre espèce qui est son équivalent écomorphologique – bien qu'elle puisse être taxonomiquement très éloignée de son homologue. ◆ **~ équatoriale** (*equatorial convergence*) : voir Front, Hadley. ◆ **~ évolutive** (*evolutionary convergence*) : similitude morphologique prise au cours de l'évolution par des groupes taxonomiquement éloignés en rapport avec l'adaptation à un facteur commun et contraignant du milieu. Outre les exemples précédents, on pourrait citer le thylacine (loup marsupial) et le loup (qui est son homologue chez les Mammifères euthériens), ou encore le tamanoir d'Amérique du Sud qui appartient à l'ordre des Xénarthres et le fourmilier marsupial (*Myrmecobius*) d'Australie. ◆ **zone de ~ atmosphérique** (*atmospheric convergence zone*) : zone de l'atmosphère dans laquelle viennent s'affronter des masses d'air de températures différentes. **(*Voir aussi Front, Perturbation*)** ◆ **zone de ~ océanique** (*oceanic region of convergence*) : désigne soit le centre d'une masse d'eau animée d'un mouvement tourbillonnaire d'origine cyclonique, soit le point, la ligne ou la zone où deux masses d'eaux différentes, ou encore deux courants s'affrontent. Il en résulte que les eaux denses situées d'un coté s'enfoncent sous la masse d'eaux plus légères situées de l'autre.

Cooksonia, n. sc. Plante archaïque qui constitue jusqu'à présent le plus ancien végétal vasculaire terrestre dont un fossile complet est connu. Cette espèce a été découverte dans des terrains remontant au Silurien moyen (– 420 millions d'années).

Cope, loi de. Voir Évolutives, tendances.

Copépodes, n. m. (*Copepoda*). Crustacés primitifs constituants dominants du zooplancton tant en milieu limnique qu'océanique. Les Copépodes font partie du zooplancton brouteur car la majorité des espèces sont herbivores et consomment du phytoplancton. Cependant, on compte aussi de nombreuses familles carnivores et zooplanctonophages, ainsi que d'assez nombreux cas de parasitisme. Les principales familles de Copépodes sont les *Calanidae*, *Cyclopidae*, *Centropagidae* et les *Harpacticidae*. **(*Voir aussi Zooplancton*)**

coprobionte, n. m. (*coprobiont*). Organisme végétal ou animal se développant dans les excréments. On distingue des coprophytes (plantes) et des coprozoïtes (animaux coprophiles). Parmi ces derniers, les coprophages, en particulier des Coléoptères scarabaeides, les bousiers, jouent un rôle essentiel dans les réseaux trophiques de décomposeurs en facilitant l'incorporation de la scatomasse dans les sols et son humification.

coprolithe(s), n. m. (*coprolite*). Excréments fossilisés (par exemple bouses ou boulettes fécales) de grande importance écologique et zoologique car leur étude apporte des informations sur la structure du tractus digestif et aussi sur les modalités de prise de l'aliment ainsi que sur la nature du régime alimentaire.

coprophage(s), n. m. et adj. (*coprophagous*). Animaux qui se nourrissent d'excréments. Parmi ces derniers, les Insectes Coléoptères de la famille des Scarabaeides jouent un rôle écologique important dans les écosystèmes terrestres en enfouissant les déjections des grands herbivores. Chaque espèce de Mammifère ongulé ou omnivore possède une entomocœnose spécifique de coprophages qui est inféodée à ses faeces. On distingue des bousiers pilulaires (genre *Ateuchus*, le Scarabée sacré des anciens égyptiens et genre *Copris* par exemple), qui confectionnent une boule d'excréments qu'ils enfouissent ensuite dans le sol et des bousiers non pilulaires (genre *Aphodius*) qui creusent des galeries sous la bouse et enfouissent directement des fragments de cette dernière sur lesquels se développent leurs larves. Il existe aussi plusieurs familles de Diptères Brachycères dont les asticots sont également coprophages.

coprophagie, n. f. (*coprophagy*). Alimentation par des ingestions de boulettes fécales enrichies par l'activité bactérienne au cours de l'exposition des excréments aux conditions extérieures.

coprophile, adj. (*coprophilous*). Qualifie une espèce vivante inféodée aux excréments.

coprophyte, n. f. (*coprophyte*). Espèce végétale croissant sur les matières fécales.

coquille, n. f. ◆ **~ des œufs** (*eggshell*) : enveloppe calcifiée ou non qui entoure les œufs des Métazoaires. Chez les Vertébrés ovipares terrestres, les œufs sont pourvus d'une membrane chorionique recouverte par une enveloppe calcifiée pourvue de pores ce qui permet à l'embryon de respirer. La calcification des œufs peut être affectée par divers polluants de l'environnement. En particulier, il a été montré que la régression de nombreux oiseaux rapaces ou piscivores dans la période 1950-1975 résultait de la pollution par les insecticides organochlorés.

corail(aux), n. m. (*coral*). Animaux coloniaux primitifs de l'embranchement des Cnidaires, appartenant dans leur majorité à la classe des Anthozoaires, qui comporte deux sous-classes : les Octocoralliaires et les Hexacoralliaires. Cette dernière renferme les Madréporaires, principal groupe d'organismes bâtisseurs de récifs, dominant à l'heure actuelle dans les mers chaudes du globe, dont les colonies sont constituées de polypes identiques. Cependant les récifs coralliens comportent aussi des colonies d'Hydrocoralliaires (classe des Hydrozoaires), caractérisées par un fort polymorphisme polypaire. ***(Voir aussi Récif)*** ◆ **blanchissement des ~** (*reef bleaching*) : voir Récif. ◆ **~ hermatypiques** (*hermatypic corals*) : terme général désignant les coraux bâtisseurs de récifs. ***(Voir aussi Récif)*** ◆ **~ rouge** (n. sc. : *Corallium rubrum*) (*red coral*) : espèce d'octocoralliaire vivant en Méditerranée dans l'étage circalittoral qui fait l'objet de prélèvements excessifs liés à son utilisation en joaillerie.

corallien, adj. (*corallian*). Qui se rapporte aux coraux. ***(Voir aussi Corail, Récif)***

cordon littoral (*barrier beach*). Désigne l'accumulation de matériaux détritiques apportés par les marées dans l'étage supralittoral, à la limite supérieure de la zone intertidale.

corises, n. f. (*water bug*) (n. sc. : *Corixa sp.*). Insectes Hétéroptères Cryptocérates qui vivent dans les écosystèmes limniques, constituants importants du necton, dont le régime alimentaire est mixte, à la fois herbivore et détritiphage. *Corixa punctata* est une espèce de corise très commune dans les biotopes lentiques : mares, étangs, rives des lacs d'Europe occidentale.

Cormophytes, n. m. (*Cormophyta*). Groupe qui rassemble l'ensemble du règne des *Plantae* à peu d'exceptions près. Il s'agit de végétaux qui possèdent une tige bien différenciée et qui sont réunis dans le groupe des Archégoniates.

cormoran(s), n. m. (*shag*) (n. sc. *Phalacrocorax sp.*). Oiseaux plongeurs à régime ichtyophage qui nichent dans des falaises maritimes. ◆ **grand ~** (*cormorant*) (*P. carbo*) : cette espèce consomme principalement des gobies, des crevettes et des poissons plats. Protégé dans l'Union européenne, le grand cormoran colonise de plus en plus les eaux intérieures et suscite de vifs débats entre les responsables de la protection de la nature et les pisciculteurs qui le considèrent comme néfaste à leurs activités. ◆ **~ huppé** (*shag*) (*P. aristotelis*) : vivant en sympatrie avec le précédent, le cormoran huppé se nourrit des lançons et des Clupéidés.

Vue d'un couple de **cormorans** huppés nichant sur une falaise (réserve naturelle du Cap Sizun). (Cliché I. Földi)

correction, n. f. ◆ **~ des cours d'eau** (*river regulation*) : procédé consistant à aménager les rivières ou les fleuves, en général par creusement et par rectification des bords, parfois avec endiguement. Destiné en général à prévenir les inondations, ces travaux de génie civil sont à l'origine de désastreuses perturbations écologiques dans les hydrosystèmes ainsi aménagés. Outre un appauvrissement considérable de la richesse et de la productivité piscicole, entre autres par destruction de frayères, leur efficacité dans la protection contre les inondations est souvent douteuse. En effet, en cas de crues exceptionnelles, ils ne font que reporter l'excès du flux soit vers l'aval, soit vers l'amont – ce qui s'est observé à plusieurs reprises en Europe et aux États-Unis depuis quelques décennies – en provoquant le débordement lorsque le débit du cours d'eau canalisé atteint sa capacité maximale. (***Voir aussi Inondation, Rectification***) ◆ **~ des torrents** (*stream regulation*) : réalisation d'aménagements du lit d'un torrent en montagne consistant en la construction de murets et de replats afin d'atténuer la force du courant et donc d'enrayer l'érosion des rives en périodes de fortes pluies. ***(Voir aussi Érosion, Sédimentation)***

corridor, n. m. (*corridor*). Étroite bande, parfois relictuelle, d'un type donné d'habitat, mettant en relation des zones fragmentées d'un type d'écosystème donné. Dans certains cas, les corridors sont de structure écologique naturelle comme par exemple les forêts galeries tempérées ou tropicales qui jouxtent les cours d'eau. Le plus souvent, comme la fragmentation des habitats résulte de l'action de l'homme, ces habitats, lorsqu'ils subsistent, représentent des vestiges de l'ancienne extension des écosystèmes considérés (cas de la déforestation ou de l'assèchement partiel de zones humides). Le rôle des corridors est essentiel dans la conservation de la biodiversité car ils augmentent la connectivité et constituent un facteur de stabilité des métapopulations. Le programme Natura 2 000 de l'Union européenne, outre son but de préservation d'espèces en régression, a pour objet de créer des corridors entre les aires protégées permettant la sauvegarde de la biodiversité en évitant la fragmentation des habitats les plus critiques.

corrosion, n. f. (*corrosion*). Phénomène par lequel la surface de matériaux métalliques se dégrade sous l'effet de divers agents physico-chimiques (éventuellement polluants) contenus dans l'air ou les eaux.

corticole, adj. (*corticolous*). Qualifie les espèces végétales ou animales vivant sur ou sous les écorces des arbres. On parlera par exemple de lichens ou encore d'insectes corticoles.

Corvidés, n. m. Oiseaux de l'ordre des Passériformes de comportement généralement grégaire, présents dans les divers continents. Ils constituent souvent un groupe dominant dans les peuplements aviens tempérés propres aux biotopes de boisements ouverts.

cosmopolite, adj. (*cosmopolitan*). Désigne des espèces ubiquistes dont l'aire de répartition couvre tous les continents ou se rencontre à tout le moins dans les divers types d'écosystèmes propres à une entière zone climatique, tropicale par exemple. **(*Voir aussi Biogéographie*)**

cospéciation, n. f. (*cospeciation*). Type de spéciation concernant simultanément deux ou plusieurs espèces et qui implique une association écologique entre clades différents en sympatrie. Ainsi, l'assocation entre plantes et insectes dans la pollinisation, entre prédateur et proie dans la prédation, entre hôte et parasite dans le parasitisme, ou encore d'un peuplement d'herbivores avec la végétation dont ils se nourrissent constituent autant de cas de cospéciation. **(*Voir aussi Coévolution, Parasitisme, Pollinisation, Prédation, Symbiose*)**

côte(s), n. f. (*coast*). Zone géomorphologique marquant la limite entre les continents et les océans. Les lignes de côtes ne sont pas permanentes mais marquent des variations même à une faible échelle de temps, par suite des phénomènes d'érosion ou d'alluvionnement. Sur des échelles de temps géologiques, les lignes de côtes se modifient par suite des phénomènes de régression ou de transgression marines, eux-mêmes liés à la tectonique des plaques. ◆ **perturbations des ~ dues aux aménagements** (*costal environmental degradation*) : divers aménagements faits par l'homme tels le creusement de ports et la construction de barrages sur les fleuves, ou encore de digues maritimes, provoquent d'importantes modifications de l'hydrodynamique locale ou régionale des eaux côtières. Il en résulte une érosion accélérée de falaises littorales ou au contraire un ensablement ou un envasement d'autres zones côtières limitrophes. ◆ **perturbations des ~ dues aux changements climatiques** : au cours des décennies à venir, la hausse du niveau de la mer consécutive à l'augmentation des températures résultant de la pollution atmosphérique par les gaz de serre, pourrait considérablement modifier la ligne de côte dans les zones deltaïques. **(*Voir aussi Climat, Serre*)**

côtier(ère), adj. (*coastal*). Désigne ce qui concerne la partie la plus proche du rivage de la zone néritique des océans. **(*Voir aussi Côte, Océan*)**

Coto Doñana, parc national du (*Coto Doñana National Park*). Situé en Andalousie dans le Sud-Ouest de l'Espagne, dans le delta du Guadalquivir, ce parc national protège de vastes espaces dunaires, un matorral d'une grande richesse botanique et d'importantes zones humides constituées par des marais d'eaux douces et des lagunes salées. Créé en 1969, il protège 50 700 ha qui auparavant constituaient une ancienne réserve de chasse royale. Parmi les espèces animales rares ou menacées qu'il renferme, on notera, le lynx pardelle, le daim d'Europe, l'aigle impérial, l'érismature à tête blanche, la pie bleue, ainsi qu'une importante colonie de spatules.

Bovins d'une race « traditionnelle », de morphologie voisine de celle de la souche sauvage – l'auroch – vus ici dans une formation steppique peuplée de chênes lièges épars, le Jarguazal, qui couvre de vastes surfaces dans le parc national du **Coto Doñana** (Andalousie, Espagne). (Cliché F. Ramade)

Ce parc national est actuellement menacé en permanence par la pollution due aux pesticides provenant des terres cultivées qui l'entourent et surtout par les prélèvements excessifs d'eau pour l'irrigation des terres en amont qui ont fait disparaître au cours des deux dernières décennies plus de la moitié des surfaces en zones humides qu'il est censé protéger. Il a fait l'objet en date encore récente de plusieurs épisodes de graves pollutions accidentelles. Il a été partiellement contaminé en mai 1998, sur environ 10 000 ha, par la rupture d'un barrage retenant les eaux d'exhaure acides d'une mine de cuivre située en amont qui ont déposé des millions de tonnes de boues chargées de métaux toxiques dans certains marais de ce parc.

cotonnier, n. m. (n. sc. : *Gossypium herbaceum*) (*cotton*). Végétal de la famille des Malvacées qui donne lieu à d'importantes cultures industrielles dans les régions subtropicales et tropicales. Comme le cotonnier n'est pas une plante alimentaire et que cette espèce est attaquée par de nombreux ravageurs, il donne lieu à d'intenses traitements pesticides, source d'une considérable pollution des sols dans les zones où elle est cultivée avec pour conséquence de catastrophiques déséquilibres biologiques. Il en est résulté une fréquence aberrante des traitements phytosanitaires comme dans l'*Imperial Valley* en Californie – mais aussi en bien d'autres régions du monde – où l'on a pratiqué jusqu'à 50 traitements insecticides par an sur cette culture. **(*Voir aussi Lutte biologique, Pesticide*)**

couche, n. f. (*layer*). ◆ ~ **de végétation** (*vegetation layer*) : voir Stratification. ◆ ~ **d'ozone** (*ozone layer*) : voir Ozone.

coumarine, n. f. (*coumarine*). Substance hétérocyclique se présentant comme un composé cristallin odoriférant présent dans divers végétaux. Elle confère au foin son odeur caractéristique. Elle est utilisée comme additif alimentaire et en parfumerie (odeur de vanille). ◆ **rodonticides dérivés de la ~** : toute une série de molécules analogues structurelles de la coumarine et douées de propriétés rodonticides ont été synthétisées à partir du 4-hydroxycoumarol. Elles présentent comme propriété commune le fait qu'elles agissent comme anti-coagulant et provoquent en outre une fragilité vasculaire. Elles sont en conséquence la cause d'hémorragies internes mortelles chez les rongeurs intoxiqués. **(*Voir aussi Bromadiolone, Rodonticides, Warfarine*)**

Council on Environmental Quality (*CEQ*). Organisme fédéral américain fondé en 1969 au terme du *National Environmental Policy Act*, dont la mission est de mettre en œuvre les mesures nécessaires à la protection de l'environnement aux États-Unis. Il a aussi pour rôle d'améliorer la compréhension des systèmes écologiques et de l'état des ressources naturelles les plus importantes pour le pays. Le CEQ rédige aussi chaque année pour la Maison Blanche un ouvrage sur l'état de l'environnement.

Countryside Commission. Organisme public britannique dont le rôle est de surveiller l'impact des aménagements et des pratiques agricoles sur les zones rurales ainsi que de prendre les mesures nécessaires pour préserver les paysages de valeur esthétique, artistique ou culturelle remarquable du Royaume-Uni.

coupe, n. f. ◆ ~ **feu** (*firebreak*) : bande totalement déboisée, voire dénudée de toute végétation, combinée ou non à des obstacles physiques tels des fossés, destinée à empêcher la propagation d'un incendie dans une forêt. ◆ ~ **des forêts** : voir Déforestation. ◆ ~ **rase** (*clearcut*) (syn. : coupe à blanc) : coupe totale des arbres constituant un peuplement forestier ◆ ~ **de régénération** (*regeneration felling*) : coupe d'un boisement ayant atteint l'âge d'exploitabilité destinée à faciliter sa régénération.

courant(s), n. m. (*current*). Mouvements de masse d'eau ou d'air engendrés par des différences de températures (et) de pression, ou encore par une différence d'altitude pour les eaux courantes continentales. Dans les écosystèmes lotiques, le courant parfois violent provoqué par la différence de niveau confère aux biotopes torrenticoles des particularités écologiques. Les animaux qui y vivent sont dits rhéophiles car ils doivent pouvoir s'accrocher au substrat et résister au courant pour ne pas être entraînés. En outre, les milieux torrenticoles par suite de l'agitation bénéficient d'une suroxygénation des eaux. ◆ ~ **ascendant** (*upwelling*) : voir Upwelling. ◆ ~ **global de circulation thermo-haline** (*great oceanic conveyor belt*) : découvert au début des années 1980, ce courant réunit les trois grands océans du globe et détient la clef de la régulation thermique de la planète. Il a été longtemps méconnu car il s'agit d'un courant profond. Sa genèse provient de ce que l'évaporation dans les parties tropicales des océans fait couler des eaux chaudes superficielles qui deviennent plus denses car sursalées. Fait important, il va amener ces eaux chaudes et salées de l'Atlantique tropical vers les hautes latitudes, en circulant à une profondeur intermédiaire de 800 m. Il atteint la surface au voisinage du Sud-Est de l'Islande principalement du fait de l'action des vents (cependant une branche mineure de ce courant irait au-delà du Cap Nord jusqu'à la mer de Barents). À cette latitude, il dégage sur une « fenêtre » d'une surface d'environ 200 000 km^2 de grandes quantités de chaleur induisant un climat beaucoup plus chaud en Europe du Nord-Ouest qu'il ne devrait l'être compte tenu de sa latitude. Le refroidissement des eaux marines consécutif à ce phénomène, joint à la forte salinité de ce courant, le fait couler définitivement, de sorte qu'il ne refait surface nulle part ailleurs dans le monde. Il va atteindre le plancher de l'Atlantique en se dirigeant vers le sud et franchit la pointe Sud de l'Afrique où il se divise en deux branches. L'une australe atteint le Pacifique au sud de la Nouvelle-Zélande, l'autre se dirige vers l'équateur dans l'océan Indien. Le retour se fait initialement dans les zones océaniques équatoriales du Pacifique et de l'océan Indien où les eaux chaudes et salées se rapprochent de la surface tout en demeurant à des profondeurs moyennes et le *Great Oceanic Conveyor* rentre à nouveau dans l'Atlantique pour recommencer un nouveau cycle. ◆ ~ **marins** (*sea currents*) : déplacements des masses d'eau provoqués par les différences thermiques existant entre les latitudes ou la profondeur, ainsi que par l'existence de vents soufflant en permanence dans une direction donnée. On constate que dans les océans boréaux, les courants chauds se déplacent de l'Équateur vers le nord-est et dans les océans austraux de l'Équateur vers le sud-est.

Schéma général du **courant** global de circulation thermo-haline (*Great oceanic conveyor*). Ce courant interocéanique situé en général en profondeur réunit les grands océans du globe, faisant circuler les eaux de l'Atlantique vers l'Indien puis le Pacifique. Il remonte en surface dans l'Atlantique Nord où il libère dans l'atmosphère une grande partie de la chaleur qu'il a accumulée dans une « fenêtre » d'environ 200 000 km^2. (D'après Broecker, in *Global Climate Change Linkages*, Elsevier, 1989, p. 14, mais modifié)

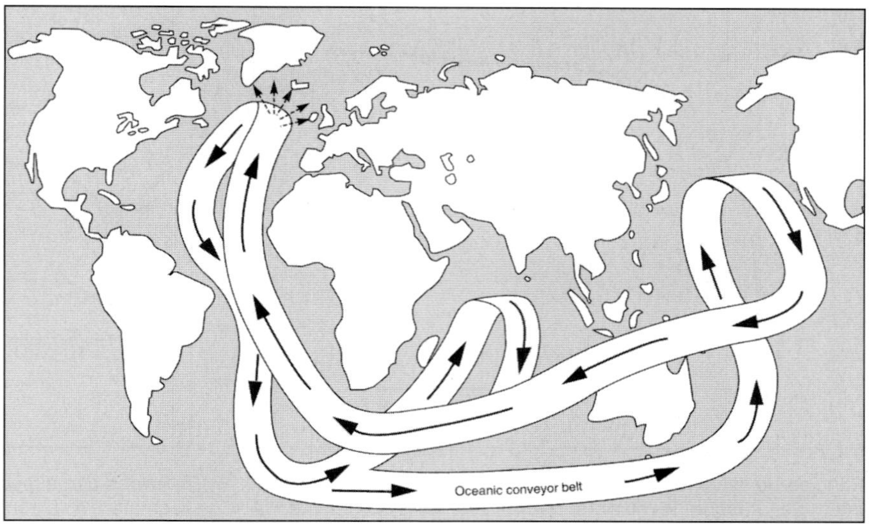

À l'opposé, les courants froids se déplacent des pôles vers l'équateur en longeant les façades occidentales des continents dans l'hémisphère Sud et les façades orientales des continents dans l'hémisphère Nord. Les courants verticaux jouent un rôle important en écologie marine car ils amènent des éléments minéraux nutritifs dans les couches superficielles de l'océan là où peut s'effectuer la photosynthèse.

Les courants jouent un rôle important dans les transferts de chaleur entre l'atmosphère et l'océan et donc dans l'ajustement des climats des zones continentales qu'ils longent. Ainsi l'Europe occidentale bénéficie d'un climat très tempéré malgré sa latitude grâce à l'influence du *Gulf stream*, et en outre du courant global de circulation thermo-haline, dont l'influence se fait sentir au-delà de la Norvège et même jusqu'au Spitzberg. À l'opposé le courant du Labrador refroidit toute la façade orientale du Canada et des États-Unis et l'Oya-Shivo celle de la Sibérie, de la Mandchourie et du Japon.

Par ailleurs, la présence de courants froids côtiers est corrélée à la présence de zones désertiques.

Les courants jouent un rôle essentiel dans le fonctionnement des écosystèmes océaniques. En sus de leur influence dans l'ajustement des températures marines et dans la circulation des éléments minéraux nutritifs, ils contrôlent le cycle vital de nombreuses espèces d'animaux pélagiques et benthiques.

Ainsi les larves planctoniques de nombreuses espèces de poissons d'importance économique sont transportées par les masses d'eau en mouvement vers les zones où elles se fixeront en milieu littoral ou dans les zones benthiques du plateau continental pour atteindre le stade adulte (cas de la morue et de l'aiglefin par exemple). Par ailleurs, le déplacement des masses d'eau à une échelle plus restreinte permet le développement de nombreuses espèces d'animaux marins (ou limniques) sessiles : éponges, Cnidaires, Bryozoaires, Ascidies, Mollusques bivalves, etc. Ces organismes à régime microphage dépendent des mouvements d'eau pour leur nourriture. La plupart d'entre eux possèdent une symétrie radiaire car les particules alimentaires leurs sont apportées dans toutes les directions. ***(Voir aussi Océan, Upwelling)***

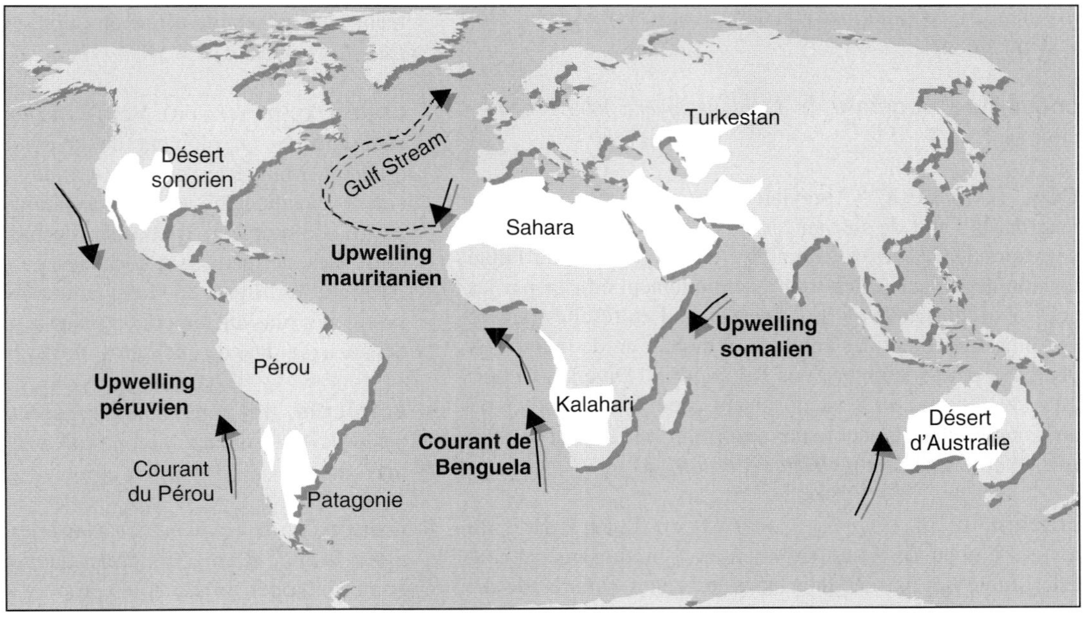

Corrélation entre la distribution des **courants** marins et l'emplacement des zones désertiques. (In Frontier et Pichod-Viale, *Ecosystèmes*, Masson, 1992, p. 77)

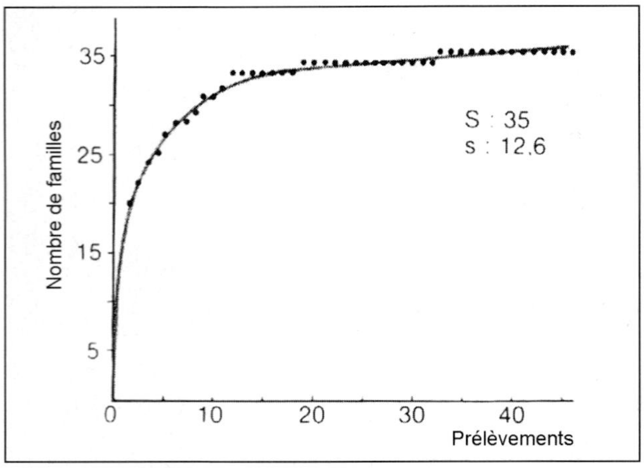

Principe de représentation de la **courbe** aire-espèce. On constate que, lorsque le nombre de prélèvements augmente, la courbe devient asymptotique à une valeur qui correspond à la richesse totale. (D'après Ramade F., *Écologie fondamentale*, Ediscience international, 1984, p. 186)

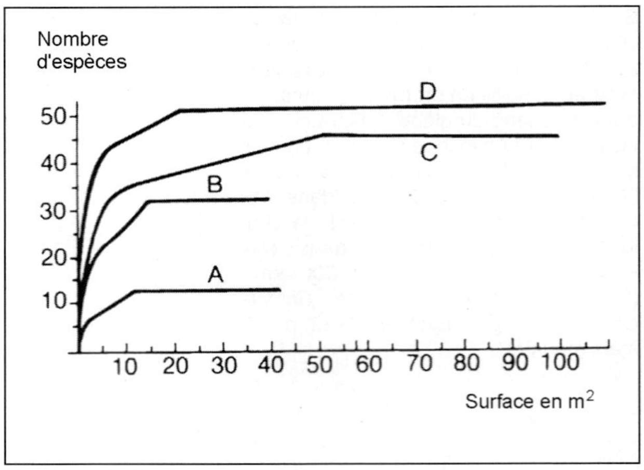

Courbes aire-espèce et aire minimale de quelques associations végétales. **A**. *Eleocharetum acicularis*. **B**. *Illecebretum verticillia-ti*, **C**. Association à *Nardus fusca*. **D**. *Kolerieto-gentienetum ciliatae.* (D'après Tüxen, *Gesellschaft Morphologie*, 1970, Junk, La Haye, p. 80)

courbe, n. f. ◆ ~ **aire-espèce** (*species-area curve*) : courbe représentant l'accroissement du nombre d'espèces relevées dans un biotope en fonction du nombre d'échantillons prélevés (ou de la surface). Cette courbe est très utile en biocœnotique pour déterminer le nombre d'échantillons nécessaire pour connaître avec une précision statistique donnée la richesse totale du prélèvement. Elle permet en phytosociologie de déterminer l'aire minimale indispensable à l'étude de la composition floristique, étape préliminaire dans l'analyse de la végétation. ◆ ~ **exponentielle** : voir Exponentielle. ◆ ~ **logistique** : voir Logistique. ◆ ~ **de survie** : voir Survie.

cours d'eau, n. m. (*watercourse*). Ensemble des eaux courantes désigné en écologie limnique sous le terme général d'écosystèmes lotiques. (***Voir aussi Fleuves, Hydrosystème, Lotique***)

coût énergétique, n. m. (*energetic cost*). Désigne la quantité d'énergie que doit attribuer une espèce à chacune de ses activités écophysiologiques fondamentales pour maintenir ses populations à la densité observée dans un écosystème donné.

couverture végétale, n. f. (*plant cover*). Voir Phytosociologie.

COV, n. m. (*VOC*). Abréviation de composés organiques volatils. Il s'agit de substances de faible masse moléculaire correspondant à des solvants et à divers liquides de faible tension de vapeur. Elles sont essentiellement émises par les activités industrielles et pour certaines d'entre elles par les gaz d'échappement des véhicules à moteur et, de façon plus générale, par les combustions incomplètes. Diverses techniques de dépollution existent faisant appel à des zéolites ou aux membranes ou encore par adsorption sur du carbone activé. (***Voir aussi Atmosphérique, pollution***)

crachin, n. m. (*drizzle*). Condensation d'eau à partir de nuages bas ou de brouillards denses se traduisant par une fine bruine qui se rencontre dans les zones côtières de diverses régions du monde. Dans diverses régions tropicales comme en Chine méridionale ou au Nord du Vietnam, il résulte de l'advection de masses d'air marines chaudes et humides sur des masses continentales froides.

Crassulacées, n. sc. Famille de l'ordre des Saxifragales renfermant un grand nombre d'espèces de végétaux succulents dont beaucoup sont orophiles ou inféodés à des milieux désertiques. Ils possèdent de nombreuses adaptations écophysiologiques en particulier à la chaleur et à la sécheresse.

Les Crassulacées possèdent une photosynthèse particulière dont la phase lumineuse et la phase obscure sont découplées dans le temps. En effet l'assimilation du CO_2 et le cycle de Calvin se font la nuit, au moment où les températures sont les moins fortes, ce qui diminue les pertes d'eau par évapotranspiration. (***Voir aussi CAM, Plante***)

cratère, n. m. (*crater*). Dépression de section approximativement circulaire, située au sommet d'un volcan, qui correspond à l'orifice de la cheminée magmatique partiellement vidée à la suite d'une éruption. (***Voir aussi Krakatoa, Lac, Lave, Océan***)

craton, n. m. (*craton*). Vestige de continents primitifs qui sont apparus au moment de la condensation de l'océan mondial. Malgré les nombreux mouvements tectoniques et autres remaniements et transformations géomorphologiques de grande ampleur, il subsiste de nos jours quelques cratons. Ces derniers sont localisés en Afrique australe, en Australie, au Brésil, au Groenland, ainsi qu'au Canada où le vestige du plus ancien craton jusqu'à présent identifié, celui de l'*Acasta*, date de quelque 4 milliards d'années.

crénicole, adj. (*crenicolous*). Espèce inféodée aux biotopes de sources ou aux biotopes d'eaux agitées alimentés par une chute.

crenon, n. m. (*crenon*). Ce terme désigne en écologie limnique la zone d'un cours d'eau qui correspond à sa source et aux biotopes torrenticoles propres à la partie supérieure

Planche I

1

2

3

4

Planche I

1. Éléphant d'**Afrique** (*Loxodonta africana*) dans le parc national de Samburu, Kenya. Parmi les nombreuses espèces les plus spectaculaires des représentants de la biodiversité de ce continent, *L. africana*, autrefois présente dans l'ensemble de l'Afrique subsaharienne, symbolise par sa vulnérabilité les immenses menaces d'extinction auxquelles un nombre croissant d'espèces propres à ce continent sont confrontées (voir figure p. 12). (Cliché F. Ramade)

2. Vue aérienne des Grandes Plaines des États-Unis, au-dessus de l'Iowa. Le maillage régulier des exploitations, correspondant à un carroyage d'un mile carré (225 ha) symbolise mieux que tout autre ce type d'**agriculture** industrialisée grande consommatrice d'énergie et de produits agrochimiques (engrais et pesticides). (Cliché F. Ramade)

3. Vue de grandes cultures de céréales dans l'est du Bassin parisien près de Savigny-sur-Aisne (région Champagne-Ardenne près de Vouziers). Ce type d'**agriculture** intensive, grande utilisatrice d'engrais chimiques et de pesticides, génère une pollution chronique et souvent clandestine des sols et des eaux. (Cliché F. Ramade)

4. Limite septentrionale de la forêt tropicale dans le nord de l'**Amazonie** près de Puerto Ayacucho (Amazonas, Venezuela). Le bassin amazonien, qui constitue la plus vaste étendue de forêt ombrophile de la biosphère, est sans cesse érodé, en particulier sur sa périphérie, par des feux allumés intentionnellement au cours de la saison sèche, qui convertissent ces écosystèmes en savanes. (Cliché F. Ramade)

Planche II

1. Vue d'un glacier **antarctique** se fragmentant dans la mer sous forme d'iceberg près de Terre Adélie. (Cliché P. Jouventin)

2. Vue aérienne des *Ribbon reefs* dans la Grande Barrière de corail sur la côte orientale de l'**Australie**. (Cliché F. Ramade)

3. Bosquet de *Casuarina* en **Australie** centrale, au sud d'Alice Springs (Territoire du Nord). Ces végétaux arborescents fixent l'azote atmosphérique, grâce à des actinomycètes symbiotiques de leur système racinaire, et sont adaptés à des conditions de sécheresse prolongée ce qui leur permet de croître dans des régions où les précipitations sont inférieures à 250 mm par an. (Cliché F. Ramade)

4. Forêt pluvieuse tropicale de Beatrice creek dans le parc national de Palmerston (Queensland). Les forêts pluvieuses tropicales du nord-est de l'**Australie**, outre leur remarquable biodiversité, sont considérées comme la zone relique de différenciation des Angiospermes au début du Crétacé. (Cliché F. Ramade)

Planche II

1

2

3

4

Planche III

1. Forêt ombrophile tropicale dans le parc national de Palmerston. Ce type d'écosystèmes est considéré comme renfermant la majorité de la **biodiversité** de l'ensemble des écosystèmes continentaux (Queensland).

2. Les forêts tropicales présentent une grande **biodiversité** végétale caractérisée par de nombreuses familles de phanérogames endémiques. Ici, hampes florales d'*Heliconia caribaea* (parc national de Guadeloupe). Les Héliconiacées constituent une famille de plantes herbacées géantes voisines de celle des bananiers (Musacées), endémique des forêts tropicales de l'Amérique. (Cliché F. Ramade)

3. Propres aux **forêts pluvieuses tropicales** du Nouveau Monde, les *Anolis* constituent un genre de Lacertiens qui représente un exemple démonstratif de la biodiversité animale propre à ces écosystèmes. L'étroite spécialisation de la niche écologique de ces lézards permet corrélativement une grande richesse spécifique de leurs peuplements, qui sur une surface limitée à quelques hectares peuvent compter jusqu'à une dizaine d'espèces (parc national de Guadeloupe). (Cliché F. Ramade)

4. *Licuala ramsayi*, Palmacée arborescente propre aux forêts pluvieuses tropicales du nord-est de l'Australie. Cette région du monde a joué un rôle clé dans la genèse de la **biodiversité** de l'ensemble de la biosphère car elle est considérée comme la zone d'apparition et de différenciation des Angiospermes (parc national de Thornton peak, Queensland). (Cliché F. Ramade)

Planche III

1

2

3

4

Planche IV

1. Le Kilimandjaro vu de la plaine de Logyniya dans le parc national d'Amboseli (Kenya). À l'image des autres montagnes équatoriales d'Afrique ou d'Amérique, le Kilimandjaro présente la zonation altitudinale la plus complexe de tous les macroécosystèmes de la **biosphère** puisque l'on rencontre une succession de biomes s'étageant depuis les plus basses latitudes tropicales jusqu'à la limite des neiges éternelles située à plus de 5 000 m d'altitude. (Cliché F. Ramade)

2. Limite supérieure de la végétation alpine dans le parc national de la Vanoise, sur les flancs du sommet de la Grande Casse, visible au second plan. Les taches sombres visibles à la surface du sol sur ce cliché correspondent à des plantes herbacées ayant colonisé un pierrier situé à la limite de l'étage alpin, auquel fait suite l'étage nival, qui, lui, est dans la zone parabiosphérique. (Cliché F. Ramade)

3. Étagement de la végétation dans la réserve naturelle du Val d'Escreins (Vars, Hautes-Alpes). On distingue sur ce cliché les forêts de conifères de l'étage subalpin et au-dessus les pelouses de l'étage alpin. (Cliché F. Ramade)

4. Limite supérieure de la forêt dans l'étage subalpin vers 2 400 m d'altitude dans la réserve naturelle du Val d'Escreins (Vars, Hautes-Alpes). Ici des pins à crochets (*Pinus uncinata*) et des mélèzes (*Larix decidua*) pluricentenaires ont réussi à coloniser des éboulis malgré la sévérité des conditions écologiques qui règnent à ces altitudes. (Cliché F. Ramade)

5. Vue agrandie des arbres situés à la limite du boisement sur le cliché. La cime de nombre d'entre eux a été brûlée par la foudre lors des violents orages qui surviennent à ces altitudes. (Cliché F. Ramade)

Planche IV

1

2

3

4

5

Planche V

1. Vue de la côte des Calanques, près de Marseille. Cette dernière constitue une remarquable entité géomorphologique due à l'érosion marine de vastes dépôts de **calcaire** compact résultant de l'accumulation d'immenses quantités de carbonate de calcium au cours de la période Crétacé. (Cliché F. Ramade)

2. Coléoptère buprestide (*Anthaxia hungarica*). Les **Coléoptères** constituent l'ordre présentant la plus grande biodiversité connue parmi les insectes et même la totalité des règnes vivants puisque 40 % des espèces d'insectes connues de la science appartiennent à ce dernier (Sainte-Baume, Var). (Cliché F. Ramade)

3. Araignée errante (*Pisaura mirabilis*). Les aranéides constituent la plus importante sous-classe des **Chélicérates** par suite de leur richesse spécifique et de leur important rôle écologique, en tant que prédateurs dans les communautés d'Invertébrés propres à l'ensemble des écosystèmes terrestres. (Cliché F. Ramade)

4. **Centrale** thermique au fuel dans la baie de Hong-Kong. Ces installations sont à l'origine d'une désastreuse pollution atmosphérique, en particulier par du dioxyde de soufre et des NOx ainsi que par les HAP, de redoutables hydrocarbures cancérogènes. (Cliché F. Ramade)

5. **Centrale** thermique au charbon d'Abingdon près d'Oxford (Angleterre). Le panache s'échappant des six énormes tours de refroidissement est de la vapeur d'eau à la différence des émissions de SO_2, invisibles, émises par les cheminées à gauche du cliché. (Cliché F. Ramade)

Planche V

1

2

3

4

5

Planche VI

1. **Déforestation** provoquée par l'agriculture itinérante, avec pour conséquence une exposition à l'érosion hydrique des sols en pente sur les flancs de montagne ainsi dénudés (col de Ngoan Mu près de Dalat, Vietnam). (Cliché F. Ramade)

2. Le massif de l'Étoile vu de la montagne de la Sainte-Baume (Bouches-du-Rhône). On constate l'impact désastreux des incendies ayant conduit à une **déforestation** quasi complète de pentes autrefois recouvertes de denses boisements de conifères et (ou) de chênes verts. (Cliché F. Ramade)

3. **Décharge** sauvage en un site touristique du littoral dans le Midi de la France.

4. **Déforestation** due au passage récurrent de l'incendie. Ici boisement ouvert de pins d'Alep en Provence peu après le passage du feu. (Cliché F. Ramade)

Planche VI

1

2

3

4

Planche VII

1. *Fouquiera arizonica*, végétal érémophile des **déserts** sonoriens chauds propres au sud-ouest des États-Unis et du nord du Mexique (Mojave county, Arizona). (Cliché F. Ramade)

2. Étendue de sables vifs dans la vallée de la Mort, expansion septentrionale du **désert** de Mojave (Californie). Les végétaux buissonnants visibles au second plan sont des *Creosote-bush* (*Larraea divaricata*, Zygophylacées) et des Chénopodiacées halophiles qui croissent dans les dépressions grâce à l'apport d'eau phréatique qui permet un certain édaphisme. (Cliché F. Ramade)

3. Dunes actives près de Stove Pipe well, dans la vallée de la Mort, la partie la plus aride du **désert** de Mojave (Californie).

4. Formation végétale érémophile dans le **désert** de Mojave (Californie). On distingue sur ce cliché des Cactacées (*Opuntia bigelovii*), des *Larraea divaricata* et, au second plan, des yuccas (Liliacées). (Cliché F. Ramade)

5. **Dune** littorale dans la réserve naturelle nationale de Camargue. Souvent d'origine périglaciaire, les dunes représentent un type de structure géomorphologique peu étendu sur le littoral méditerranéen et en outre particulièrement dégradé à la suite de l'urbanisation touristique anarchique de ce dernier. (Cliché F. Ramade)

Planche VII

1

2

3

4

5

Planche VIII

1. Vue aérienne de glaces flottantes et d'icebergs en début de l'été arctique dans le nord de la mer de Baffin (Canada). L'essentiel des **eaux** douces présentes à la surface de l'écosphère – près de 70 % – est inutilisable par l'homme car sous forme de glaces contenues dans les neiges éternelles, les glaciers et les calottes polaires. (Cliché F. Ramade)

2. La rivière Yellowstone, dans le parc national du même nom, est l'un des rares cours d'**eau** des pays industrialisés qui a gardé sa pureté originale. (Cliché F. Ramade)

3. L'albatros d'Amsterdam (*Diomedea amsterdamensis*) décrit par Jouventin constitue un exemple d'**endémisme** insulaire, car il est inféodé à une petite île d'une cinquantaine de kilomètres carrés située dans une zone reculée de l'océan austral. Cette espèce, dont la population mondiale ne comporte qu'une quinzaine de couples, est en outre en danger immédiat d'extinction. (Cliché P. Jouventin)

4. Fougères arborescentes (*Cyathea borbonica*) dans la forêt de Bébour. Cette espèce est une des nombreuses plantes vasculaires **endémiques** de l'île de la Réunion. (Cliché F. Ramade)

Planche VIII

1

2

3

4

Vue de l'Ayers Rock dans le parc national d'Uluru. Située dans la partie centrale du continent australien, cette aire protégée est constituée d'habitats semi-désertiques. (Cliché F. Ramade)

des écosystèmes lotiques, aux eaux fraîches et sursaturées en oxygène dissous.

crénophile, adj. (*crenophilous*). Désigne les espèces aquatiques inféodées au crenon.

crépuscule, n. m. (*twilight*). Période du jour qui suit le passage du soleil au-dessous de l'horizon. Il existe ainsi, après le coucher, une période de durée variable où la lumière solaire est encore perceptible voire assez intense, par suite de la réflexion des rayons par la haute atmosphère. La durée du crépuscule s'accroît avec la latitude puisque, en fonction de cette dernière, la trajectoire du soleil est de plus en plus oblique par rapport à l'horizon. Ceci augmente la durée pendant laquelle les rayons peuvent être réfléchis. À l'opposé, le crépuscule est très bref à l'Équateur et ne dure qu'un quart d'heure environ car le soleil se déplace perpendiculairement à l'horizon.

Crétacé, n. m. (*Cretaceous*). Période du Secondaire qui s'est étagée de – 135 millions à – 65 millions d'années. Le Crétacé a été caractérisé par la formation d'immenses dépôts de roches calcaires, en particulier de craie, liés à la prolifération dans l'océan mondial d'organismes planctoniques du groupe des Coccolithophorides ainsi que de nombreuses espèces de Foraminifères. Cette période a aussi été marquée par l'apogée des dinosaures et, fait encore plus important au plan écologique, par l'apparition et la diversification des Angiospermes à partir d'environ –130 millions d'années. À partir du milieu du Crétacé (–100 millions d'années), la teneur en CO_2 de l'atmosphère, qui était alors de 3 900 ppm, ainsi que les températures terrestres moyennes ont présenté une tendance quasi continue à la baisse jusqu'au début du Quaternaire.

La fin du Crétacé constitue une période d'extinctions de masse, d'importants groupes d'êtres vivants s'étant éteints vers cette époque, en particulier les Ammonites et les Rudistes. Elle a aussi été marquée par la quasi-disparition des dinosaures dont quelques espèces seulement ont pu survivre au cours du Paléocène qui est le premier étage du Tertiaire, à la fin duquel ils ont totalement disparu.

Le Crétacé s'est achevé par une catastrophe cosmique dont la signature est marquée par la présence d'une strate sédimentaire riche en iridium à sa jonction avec le Tertiaire, datée de – 65 millions d'années. Bien qu'une discussion subsiste sur la nature exacte de l'événement, un faisceau de données géologiques suggère que la Terre a été heurtée à cette époque par un astéroïde, dont le point d'impact se situerait dans la zone des Caraïbes. Ce dernier correspondrait au cratère de Chixulub, situé dans le Yucatan, dont le diamètre est de l'ordre de 200 km, qui a été mis à jour dans les années 1990. ***(Voir aussi Calcaire, Extinctions, Sauropodes)***

crête, n. f. (*ridge*). Désigne en géomorphologie la zone sommitale d'une montagne.

crevasse, n. f. (*crevasse*). Fissure profonde à la surface d'un glacier due aux forces de tension qui se manifestent dans les zones de rupture de pente. ◆ **dépôt de ~** (*crevasse deposit*) : dépôt de sédiments sablonneux ou graveleux d'origine glaciaire remplissant une crevasse. ***(Voir aussi Moraine)***

crevette(s), n. f. (*shrimp ou prawn*, selon qu'il s'agit de petites ou de grandes espèces). Crustacés Décapodes à vie pélagique, en règle générale, appartenant à diverses familles en particulier les *Crangonidae* (crevettes grises) et les *Penaeidae* (crevettes roses). Dans les mers australes croît en abondance une Euphausiacée de grande taille (*Euphausia superba*) qui constitue le krill dont se nourrissent les grandes baleines. ***(Voir aussi Krill)***

Crinoïdes, n. m. (*Crinoids*). Groupe d'Échinodermes sessiles dont le corps est fixé à l'extrémité d'un long pédoncule. Abondants au début du primaire, les Crinoïdes, inféodés aux zones bathyales constituent aujourd'hui un groupe de fossiles vivants.

criquet(s), n. m. (*locust*). Orthoptères appartenant au sous-ordre des Cœlifères, de régime alimentaire phytophage. ◆ **~ migrateurs** (*migratory locusts*) : espèces de criquets pouvant donner lieu à des phénomènes de grégarisation conduisant à la formation d'immenses essaims capables de franchir des distances considérables, qui causent de véritables ravages à la végétation là où ils atterrissent.

Les deux principales espèces de l'Ancien Monde, la locuste (*Locusta migratoria*) et le criquet pélerin (*Schistocerca gregaria*), se perpétuent à l'état solitaire dans des aires dites grégarigènes, situées respectivement dans la boucle du Niger pour la première et dans la corne de l'Afrique ainsi que dans le sud de la péninsule arabique pour la seconde. D'autres espèces existent en Amérique du Sud et en Australie.

Quand les conditions écologiques sont favorables, les populations s'accroissent et les individus entrent en forme *transiens congregans* passant d'un comportement solitaire à un comportement grégaire marqué par une tendance à l'agrégation ainsi que le déplacement de tous les individus d'une bande dans le même sens. Cela s'accompagne de modifications morphologiques se traduisant de génération en génération par un allongement des ailes, ainsi que par un changement de pigmentation corporelle avec une tendance à la mélanisation.

Lorsque la phase grégaire est atteinte, les essaims décollent et vont se poser pour pondre à des distances éloignées de l'aire grégarigène, un nouveau cycle vital commence jusqu'à ce que les conditions devenant défavorables provoquent la diminution de fécondité des individus et donc de la densité des populations. Celle-ci se traduit par l'apparition d'individus *transiens dissocians* qui font retour à la phase solitaire et par la dispersion des essaims.

À la suite de la sécheresse qui a sévi dans les zones sahéliennes au début des années 1980, sécheresse suivie d'un épisode plus humide, les conditions favorables à la grégarisation se sont trouvées réunies dans les aires grégarigènes.

En conséquence, d'importantes invasions de criquets migrateurs ont eu lieu dans toute l'Afrique boréale à partir de 1986. Celles-ci ont pris fin en 1988 grâce à des vents favorables qui ont entraîné ces derniers au large de l'océan Atlantique. Mais depuis lors, de nouveaux épisodes invasifs, quoique d'ampleur moindre, se sont reproduits au cours des années 1990 (voir figure page suivante). ***(Voir aussi Effets, Grégarisme, Orthoptères)***

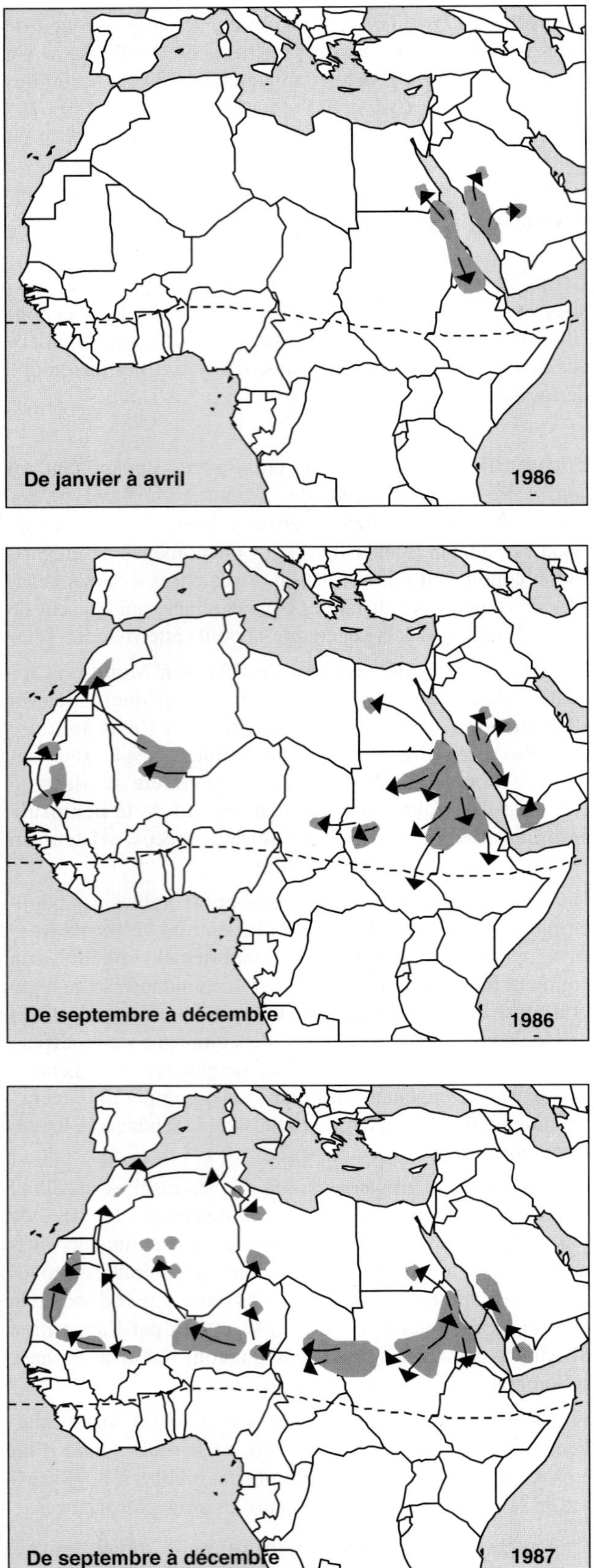

Extension des essaims de **criquets** pèlerins au Moyen-Orient où se situe l'aire grégarigène (Sud de la péninsule arabique) et en Afrique entre 1986 et 1988, apogée de la dernière grande invasion. (D'après PRIFAS, Lettre d'information, n° 9 et 10, juillet-août 1990)

critique, adj. (*critical*). ◆ **charge** ~ (*critical load*) : concentration d'un polluant au-dessus de laquelle des dommages aux constituants pollusensibles d'une biocœnose commencent à se manifester. **(*Voir aussi CMA*)** ◆ **masse** ~ (*critical mass*) : masse de matière fissile à partir de laquelle se déclenche une réaction en chaîne. ◆ **organe** ~ (*critical organ*) : organe pris comme référence dans l'exposition à un polluant de l'environnement car présentant la sensibilité maximale à l'exposition à une substance contaminante chimique ou radioactive. Ainsi, dans le cas de l'exposition au plutonium, l'organe critique est le poumon, dans celui de l'exposition à un insecticide organochloré, le foie, etc. ◆ **taille** ~ (*critical size*) : désigne en théorie des pêches la taille minimale d'une espèce de poisson à partir de laquelle on peut procéder à son exploitation halieutique sans risquer d'épuiser le stock. **(*Voir aussi Halieutique, Pêcherie*)**

crocodile(s), n. m. (*crocodile*). Ordre de Reptiles diapsides inféodés aux cours d'eau et aux estuaires des régions tropicales. On distingue trois familles : les *Crocodilidae*, les *Gavialidae* (parfois réunis avec les précédents) et les *Alligatoridae* (alligators). Les *Crocodilidae* sont surtout inféodés aux écosystèmes aquatiques tropicaux de l'Ancien monde quoique certaines espèces se rencontrent aussi en Amérique. Les *Alligatoridae* eux sont strictement néotropicaux, certaines espèces se rencontrant néanmoins dans les parties du sud-est des États-Unis jouxtant le golfe du Mexique. Les *Gavialidae* sont eux strictement inféodés au Gange et à quelques autres grands fleuves du sous-continent indien. Les crocodiles sont essentiellement de régime piscivore. Ils présentent une vie grégaire, les mâles intervenant de façon active dans les soins aux œufs et aux jeunes. *Crocodilus niloticus*, le crocodile d'Afrique, est présent dans l'ensemble des écosystèmes aquatiques tropicaux de ce continent. *Crocodilus porosus*, le géant de cette famille, est inféodé aux eaux douces et littorales des zones côtières d'Australie du Nord. Conduite aux franges de l'extinction, cette espèce a été sauvée – elle fait même l'objet aujourd'hui d'un élevage intensif – grâce à de sévères mesures de protection prises par le gouvernement fédéral de ce pays dès la fin des années 1960. La plupart des espèces d'alligators sont aujourd'hui considérées comme vulnérables ou menacées de disparition à cause du braconnage effréné auquel elles sont soumises par suite de la demande de la pelleterie.

croisée, adj. ◆ **fécondation** ~ (*cross fecondation*) : transfert réciproque de pollen ou de gamètes entre les fleurs de deux plantes ou des individus différents d'une même espèce animale. ◆ **résistance** ~ (*cross resistance*) : voir Résistance.

croisement, n. m. (*cross-breeding*). Reproduction naturelle ou artificielle par appariement d'individus de sexe opposé qui appartiennent à des entités n'étant pas génétiquement apparentées. Il concerne donc des Espèces végétales ou animales appartenant à des populations, à des écotypes voire à des espèces différentes.

croissance, n. f. (*growth*) ◆ ~ **démographique** (*demographic growth*) : désigne la croissance des effectifs d'une population en fonction du temps. (***Voir aussi Explosion démographique***) ◆ ~ **exponentielle** (*exponential growth*) : croissance caractérisée par une loi mathématique exponentielle et s'effectuant en conséquence à un taux constant. (***Voir aussi Démographie, Exponentielle***) ◆ ~ **industrielle** (*industrial growth*) : croissance de l'économie des pays industrialisés. Cette dernière a été marquée par des taux excédant les 5% annuels pendant la période 1945-1975 dénommée celle des « trente glorieuses » par les économistes. Cette croissance « sauvage » a été aussi marquée par des détériorations environnementales sans précédent dans l'histoire de l'humanité qui ont conduit à la prise de conscience de la crise environnementale globale à la fin des années 1960. ◆ **halte à la ~** : titre donné en 1970 par les auteurs du fameux rapport du Club de Rome dans lequel les auteurs prédisaient un effondrement de la civilisation contemporaine au milieu du XXIe siècle si la croissance quantitative, démographique, économique, de la consommation des ressources naturelles, des pollutions, etc. était maintenue inchangée dans les décennies à venir. (***Voir aussi Club de Rome***) ◆ ~ **postembryonnaire** (*post-embryonic growth*) : concerne la croissance des organismes après la naissance (croissance larvaire pour les Invertébrés), des juvéniles chez les Vertébrés. ◆ **taux relatif de ~** (*relative growth rate*) : paramètre noté T_{cr} mesurant le changement instantané de biomasse chez un individu, une population ou une communauté donnée. Si B_M est la biomasse à un instant t, on aura la relation :

$$T_{cr} = \frac{1}{B_M}\frac{\mathrm{d}B_M}{\mathrm{d}t}$$

La connaissance du taux relatif de croissance est une donnée fondamentale en écologie appliquée pour l'évaluation de la productivité des écosystèmes et pour l'optimalisation de la gestion des stocks dans des populations animales exploitées par les pêcheries ou la chasse commerciale. (***Voir aussi Allen, Productivité***)

croissant, n. m. ◆ ~ **fertile** (*Fertile Crescent*) : région du Moyen-Orient en forme de croissant comprise entre les bouches du Tigre et de l'Euphrate et le sud de l'ancienne Palestine où est apparue, pour la première fois dans l'histoire de l'humanité, la civilisation néolithique. Les deux sites les plus anciens d'habitats sédentaires et où existent des silos à céréales, ceux de Jéricho 2 en Galilée et de Zawi Shemi en Irak, sont tous deux vieux d'environ 10 000 ans. ◆ ~ **de plage** (*beach cusps*) : succession de crêtes et de dépressions de forme concave dans la direction de la mer, formée par le mouvement de va et vient des vagues sur les côtes sableuses.

crotovina, n. sc. (*crotovina*). Désigne en pédologie des terriers fossiles d'animaux endogés remplis de matières organiques qui se rencontrent dans les sols d'écosystèmes steppiques.

croûte, n. f. (*crust*). Terme de géologie et de pédologie désignant une formation superficielle dure, qu'il s'agisse de roches ou de sol. ◆ ~ **continentale** (*continental crust*) : partie de la croûte terrestre située à la surface des continents. ◆ ~ **désertique** (*desert crust*) : encroûtement superficiel, de nature ferromanganique, de couleur noir luisant, qui recouvre les pierres exposées au soleil dans les regs sahariens par exemple. ◆ ~ **terrestre** (*terrestrial crust*) : partie superficielle du globe terrestre située au-dessus du manteau, également dénommée lithosphère.

Crucifères, n. f. (*Cruciferae*) (syn. : Brassicacées). Famille de plantes Dicotylédones de l'ordre des Capparales qui doit son nom au fait que les fleurs sont caractérisées par quatre sépales et quatre pétales disposés en croix. Elle comporte plus de 3 000 espèces, en général de plantes herbacées. La plupart sécrètent des hétérosides odoriférants. Elle comporte de nombreuses plantes cultivées dont les divers *Brassica sp.* (choux, navets, colza), radis (*Raphanus*), etc.

crue, n. f. (*flood*). Phénomène naturel et récurrent dans les hydrosystèmes fluviaux, de nature périodique et cyclique, sauf en ce qui concerne les crues exceptionnelles dont la fréquence est aléatoire. Une crue correspond à une période de montée du niveau d'eau au-dessus de son niveau moyen, pendant laquelle un cours d'eau sort de son lit et envahit sa plaine d'inondation. Lorsqu'un fleuve n'a pas été endigué pour protéger les terres riveraines, la plaine d'inondation joue un double rôle assurant une régulation du débit : elle stocke l'eau en période de crue et la restitue à l'écosystème lotique en alimentant son ou ses chenaux le reste du temps. ◆ ~ **annuelle** (*annual flood*) : période pendant laquelle un cours d'eau atteint son débit annuel maximum. ◆ **débit de ~** : voir Débit. ◆ **onde de ~** (*flood wave*) : dans les conditions météorologiques moyennes, le débit d'un chenal dans un cours d'eau est stable dans le temps et correspond aux conditions où infiltration et exfiltration de la nappe alluviale s'équilibrent. À une longueur donnée de chenal correspond une capacité de stockage maximale et un débit d'écoulement stable déterminé par la section mouillée maximale. Au-delà de cette dernière, une vague de crue se forme car la quantité d'eau qui entre dans la section considérée du biotope lotique est inférieure à celle qui sort. Cette vague est précédée d'une onde de crue, laquelle se produit en un point donné du cours avant le débit maximum, qui lui-même sera atteint avant la hauteur d'eau maximale. ◆ **pic de ~** (*peak flow*) : correspond à la hauteur et au débit maximal atteint par un cours d'eau en période de crue. Le pic de débit Q_{max} dépend de la géomorphologie du bassin versant et des crêtes de précipitations. (***Voir aussi Débit, Inondation***)

Crustacé(s) 1. n. m. (*Crustacea*). Classe d'Arthropodes essentiellement aquatiques d'importance écologique majeure tant dans les milieux pélagiques que benthiques. Les Crustacés constituent en particulier les organismes dominants du plancton marin et d'eaux douces. Les Crustacés sont caractérisés par un exosquelette chitineux calcifié – à la différence des insectes – et un corps comportant deux tagmes : un céphalothorax et un abdomen, le squelette thoracique étant pourvu de nombreuses pattes-mâchoires. Ils représentent les constituants dominants du zooplancton, tant dans les eaux douces qu'océaniques. Il existe aussi de nombreuses familles benthiques. Les Crustacés se divisent en une dizaine d'ordres et environ 40 000 espèces ont été décrites, essentiellement marines. Dans les eaux continentales, les principaux ordres sont les Branchiopodes, les Copépodes, les Ostracodes et divers Malacostracés, dont des Amphipodes. En milieu océanique, les Copépodes constituent le groupe dominant du zooplancton auquel appartiennent aussi divers Malacostracés adultes ainsi que des larves zoe de Décapodes dont les autres écophases ne sont pas pélagiques. De nombreux Isopodes, Amphipodes et Décapodes (crabes, langoustes, homards) inféodés au milieu marin sont benthiques. **2.** adj. (*crustaceous*). Désigne des végétaux adhérant très étroitement à leur support de sorte qu'il est difficile de les en détacher. Les *Rhizocarpon* par exemple sont des lichens crustacés qui sont fixés intimement à la surface des pierres.

crymnion, n. m. (*crymnion*). Plancton des mers polaires associé à des eaux en contact perpétuel avec la banquise.

crymnophile, adj. (*crymnophilous*). Désigne une espèce inféodée aux biotopes polaires.

crymophyte, n. f. et adj. (*crymnophyte*). Plante inféodée aux biotopes arctiques ou nivaux.

cryolithe, n. f. (*cryolithe*). Fluorure double d'aluminium et de sodium (F_6AlNa_3). Ce minéral est indispensable à l'électrochimie de l'alumine dont il sert de fondant pour la préparation électrolytique de l'aluminium. Son usage est la cause de la grave pollution fluorée de l'environnement propre aux usines fabriquant ce métal quand elles sont dépourvues d'équipements antipollution adéquats. ***(Voir aussi Aluminium, Fluor)***

cryopédologie, n. f. (*cryopedology*). Branche de la pédologie qui a pour objet l'étude des sols gelés (gélisols, pergélisols, millisols) et des phénomènes géomorphologiques et biogéochimiques qui leurs sont associés et (ou) qui conduisent à leur formation. ***(Voir aussi Pédologie)***

cryophile, adj. (*cryophilic*). Désigne une espèce inféodée aux biotopes très froids, dont le thermopréférendum se situe près de zéro degré.

cryophyte, n. f. et adj. (*cryophyte*). Plante poussant à même la neige en début de belle saison. Les soldanelles représentent dans les Alpes un exemple de tels végétaux.

cryoplancton, n. m. (*cryoplankton*). Plancton prospérant dans les lacs directement alimentés par les eaux de fonte des neiges ou des glaciers.

cryosol, n. m. (*cryosoil*). Sols caractéristiques des biotopes des régions arctiques. On distingue dans les toundra plusieurs types de ces sols qui présentent en commun le fait que leurs horizons profonds demeurent gelés en permanence (permafrost). Les sols polygonaux de l'Arctique en constituent des exemples connus. Ici un phénomène de cryoturbation a provoqué un arrangement périphérique, polygonal des éléments grossiers.

cryosphère, n. f. (*cryosphere*). Région de l'écosphère qui est constituée par les calottes polaires et les glaciers.

cryoturbation, n. f. (*cryoturbation*). Mécanisme pédologique de brassage des sols dû à l'alternance du gel et du dégel.

crypsis, n. m. (*crypsis*). Phénomène par lequel une espèce au travers de sa morphologie et (ou) de sa coloration se dissimule sur le substrat. Il s'agit d'une forme de mimétisme assez commune chez les espèces comestibles, potentiellement exposées à une forte pression de prédation.

cryptique, adj. (*cryptic*). Forme corporelle et (ou) coloration permettant à un animal de se camoufler sur le substrat.

cryptobionte, n. m. (*cryptobiont*). Signifie étymologiquement organisme caché. Être vivant présentant un état de cryptobiose pendant une durée prolongée et aléatoire avant de reprendre son activité. ***(Voir aussi Anhydrobiose, Dormance)***

cryptobiose, n. f. (*cryptobiosis*). État physiologique caractérisant un organisme en dormance dans lequel ne peut être observé aucun des signes extérieurs caractérisant une activité métabolique.

cryptobiotique, adj. (*cryptobiotic*). Organisme vivant caché dans les crevasses des rochers ou dans les anfractuosités du sol ou de la végétation.

cryptofaune, n. f. (*cryptofauna*). Faune dissimulée dans des anfractuosités de son microbiotope.

Cryptogames, n. m. (*Cryptogams*). Groupe réunissant les divers embranchements de végétaux primitifs dépourvus d'organes floraux. Il s'agit en réalité d'une entité artificielle sans réelle valeur taxonomique que l'on opposait autrefois aux plantes à fleurs, les Phanérogames. Il a été depuis divisé en plusieurs embranchements distincts.

cryptonéphridisme, n. m. (*cryptonephridism*). Dispositif anatomique couplant chez certains insectes leurs organes excréteurs – les tubes de Malpighi – et l'intestin postérieur, aux parois duquel ils sont étroitement coalescents au niveau du rectum.

cryptophyte, n. f. et adj. (*cryptophyte*). Plante pérenne dont les organes de survie sont dissimulés dans le sol ou sous la surface de l'eau (ensemble des géophytes, des hélophytes et des hydrophytes). ***(Voir aussi Raunkiaer)***

cryptoprocte, n. m. (*cryptoproct, fossa*) (n. sc. : *Cryptoprocta ferox*). Mammifère fissipède qui est le seul genre de Carnivore endémique de Madagascar. Il y représente le principal prédateur des Lémuriens. ***(Voir aussi Madagascar, Lémuriens)***

Cryptozoïque, n. m. (*Cryptozoic*). Subdivision de l'ère précambrienne ayant précédé le Protérozoïque, également dénommée Archéen (– 3,9 à – 2,5 milliards d'années).

cuesta, n. f. (*cuesta*). Structure géomorphologique marquée par un relief asymétrique, les strates rocheuses les plus dures surmontant des dépôts sédimentaires constitués de roches meubles.

cuirasse latéritique, n. f. Voir Latérite.

cuivre, n. m. (*copper*). Élément de numéro atomique Z = 29 et de masse atomique Ar = 63,5 dont le corps simple est un métal. Le cuivre est un élément biogène intervenant dans la constitution du groupement prosthétique de divers enzymes végétaux ou animaux (hémocyanines des Mollusques et de certains Arthropodes par exemple). Il présente néanmoins une toxicité assez importante pour les êtres vivants à des concentrations relativement faibles, en particulier pour les algues, ce qui conduit à utiliser divers de ses sels comme algicide. Certains de ces sels ont été utilisés à vaste échelle comme fongicides (« bouillie bordelaise » par exemple) et sont localement à l'origine d'une contamination de sols cultivés. Son usage systématique en viticulture soulève localement le problème de son accumulation dans les sols de certains vignobles à des concentrations qui approchent les seuils de phytotoxicité. ***(Voir aussi Fongicide)***

cultivar, n. m. (*cultivar*). Terme agronomique désignant une variété sélectionnée de plante cultivée. ***(Voir aussi Variété)***

culture(s), n. f. (*crops*). Désigne les activités de production végétale en agriculture. ◆ **~ industrielles** (*industrial crops*) : désigne les pratiques d'agriculture intensive ultramécanisées et faisant appel à un usage massif de pesticides et de fertilisants chimiques afin d'obtenir les rendements maximum. Ce terme concerne aussi diverses cultures tropicales destinées à l'exportation (café, cacao, ananas ou encore de plantes à fibres textiles telles le cotonnier ou le sisal).

Vue d'un champ de colza. Cette plante figure au premier rang des espèces symbolisant de nos jours les critiques faites relativement à l'impact environnemental de plus en plus négatif des **cultures** industrielles. Elle a de plus récemment soulevé une polémique concernant l'usage des OGM en France suite à la découverte de parcelles ensemencées en cultivars transgéniques de cette plante. (Cliché F. Ramade)

◆ **~ itinérante (dite encore sur brûlis)** (*shifting agriculture*) : voir Agriculture. ◆ **ravageurs des ~** (*pests*) : espèces animales qui détruisent divers organes aériens ou souterrains des plantes cultivées. ◆ **effets des ~ sur les sols** : voir Érosion des sols.

cumulé(es), adj. ◆ **températures ~** (*accumulated temperatures*) : désigne la somme des températures subies par un organisme pendant par exemple sa période de dormance ou de diapause hivernale. En écologie, les températures cumulées se comptent en degrés-jours.

cumulonimbus, n. m. (*cumulonimbus, thunderstorm*). Nuages d'orage de grand développement dont la partie supérieure est constituée par un voile de cirrus en forme d'enclume due aux vents ascendants très violents qui le parcourent. Les cumulonimbus peuvent atteindre la limite inférieure de la stratosphère, en zone tropicale certains d'entre eux s'étagent jusqu'à 18 km d'altitude!

Vue aérienne de **cumulonimbus**, nuages à l'origine des précipitations orageuses. On distingue nettement l'« enclume », formation caractéristique de ce type de nuage, constituée par un voile de cirrus situé à son sommet et déformé par les vents intenses propres à la limite supérieure de la troposphère. (Cliché F. Ramade)

cumulus, n. m. (*cumulus*). Type de nuage de forme hémisphérique aplati à sa partie inférieure.

Cumulus, ici de type congestus, lequel est en règle générale annonciateur de beau temps. (Cliché F. Ramade)

Cupressacées, n. sc. (*cypress*). Famille de Conifères réunissant les cyprès, les genévriers et les autres espèces d'arbres taxonomiquement voisines de ces derniers comme les *Callitris* ou les *Tetraclinis*.

cuprophyte, n. f. (*cuprophyte*). Végétal capable de se développer sur des sols riches en cuivre, bien que ce métal soit phytotoxique à des concentrations relativement faibles.

Cupulifères, n. m. (*Cupulifera*). Ordre de Dicotylédones – également dénommé Fagales – réunissant un ensemble de végétaux arborescents qui doivent leur nom au fait que les fleurs femelles sont entourées d'un involucre, souvent induré, appelé cupule. Les Cupulifères renferment un grand nombre d'espèces d'arbres dominantes propres aux forêts caducifoliées des régions tempérés : les chênes ou les hêtres, ou encore les châtaigniers, sont par exemple des Cupulifères.

curage, n. m. ◆ ~ **des égouts** (*sewer cleaning*) : opération consistant à éliminer des conduites d'égout les boues anoxiques et fortement polluées au plan microbiologique et (ou) chimique qui s'y sont déposées. ◆ ~ **des fossés** (*ditch scraping*) : opération destinée à éliminer les sédiments qui comblent progressivement les fossés de drainage.

curare, n. m. (*curare*). Alcaloïde extrait de certaines plantes des forêts pluvieuses tropicales d'Amérique, utilisé par les tribus amazoniennes pour empoisonner leurs flèches. Il s'agit d'un puissant anicholinestérasique qui provoque de ce fait une paralysie consécutive à son action sur les jonctions synaptiques neuromusculaires.

curie, n. m. (*curie*). Unité de radioactivité (symbole = Ci) équivalente à celle émise par un gramme de radium soit 37×10^9 désintégrations par seconde. Comme il s'agit d'une unité de grande dimension, on a recours à ses sous-multiples : microcurie (µCi) soit 10^{-6} Ci, nanocurie (nCi) soit 10^{-9} Ci et picocurie (pCi) soit 10^{-12} Ci. (***Voir aussi Becquerel***)

cuscute, n. f. (*dodder*). Plante parasite de la famille des Cuscutacées, proche des Convolvulacées, dépourvue de chlorophylle qui se développe sur les parties aériennes d'autres végétaux. La cuscute de la luzerne est assez fréquente en Europe occidentale.

cuvette, n. f. (*basin*). Dépression située au fond d'un bassin souvent sédimentaire et remplie d'eau.

Cuvier, Georges, Léopold, Chrétien (1769-1832). Un des pionniers de l'anatomie et de la paléontologie comparée. Il s'est intéressé à la classification des Mollusques et à l'anatomie des poissons. Il considérait que chaque organe et chaque espèce étaient créés pour accomplir une fonction particulière et que des catastrophes récurrentes avaient été la cause de l'évolution au cours des périodes géologiques.

Cyanobactéries, n. f. (syn. : Cyanophytes) (*Cyanophyta*, vern. : *blue algae*). Vulgairement dénommés algues bleues. Ce groupe est en réalité constitué d'organismes procaryotes, constituant l'embranchement des Cyanophytes encore dénommé Cyanobactéries. Beaucoup d'entre elles sont coloniales et présentent en général un aspect filamenteux, renfermant des vacuoles gazeuses dans leur cytoplasme, ce qui provoque leur accumulation à la surface des eaux lors de pullulation (phénomène de la fleur d'eau). On les divise en deux classes : les Chlorococcales, qui se présentent sous forme de cellules isolées ou de colonies non linéaires (genres *Aphanocapsa*, *Gomphosphaeria*, *Microcystis* par exemple) et les Nostocales qui sont toutes filamenteuses (genres *Anabaena*, *Aphanizomenon*, *Gleotrichia*, *Oscillatoria* par exemple).

Elles peuvent être très abondantes dans le plancton des eaux douces et pulluler dans les écosystèmes limniques eutrophes donnant lieu quelquefois au phénomène des « eaux rouges » dans des lacs dystrophisés. Elles se rencontrent également dans les écosystèmes lagunaires et dans les mers chaudes en particulier les genres *Nostoc*, *Anabaena* et même *Oscillatoria* (en Mer Rouge).

Il s'agit d'organismes pour la plupart photosynthétiques donc autotrophes, beaucoup d'entre elles présentant aussi une aptitude à la nitrification à partir de l'azote dissous dans les eaux. Cependant, certaines espèces peuvent être hétérotrophes. Les Cyanobactéries figurent parmi les plus anciens et les plus primitifs des êtres vivants : en effet, on connaît des restes fossiles vieux de 3,5 milliards d'années. (***Voir aussi Biosphère, Phytoplancton***)

cyanogène, adj. (*cyanogenic*). Désigne des espèces végétales qui produisent de l'acide cyanhydrique. Il s'agit d'une adaptation de toute évidence destinée à protéger les plantes contre les herbivores.

cyanogenèse, n. f. (*cyanogenesis*). Particularité physiologique, propre à certaines plantes, par laquelle elles génèrent un dégagement d'acide cyanhydrique lorsque l'on froisse leurs feuilles.

Elle se rencontre par exemple chez des Légumineuses comme *Trifolium repens* (trèfle blanc) ou *Lotus corniculatus* (lotier corniculé).

Cyanophycées, n. f. (*blue algae, cyanophyta*). Ancien nom des Cyanobactéries, autrefois également dénommées algues bleues. Il s'agit en réalité de Procaryotes actuellement classés dans le règne des *Eubacteria*. (***Voir aussi Cyanobactéries***)

cyanure(s), n. m. (*cyanid*). Sels de l'acide cyanhydrique, utilisés en métallurgie dans les traitements de surface électrolytique, susceptibles de provoquer de redoutables épisodes de pollution des eaux par suite de leur très haute toxicité pour les animaux.

Cycadales, n. m. (*Cycads*). Ordre de Spermaphytes, voisins des Gymnospermes, apparus au début de l'ère secondaire, au Trias, constituant les plus primitives des plantes ligneuses à graines survivant à l'heure actuelle.

Ils sont représentés par diverses espèces de Cycas croissant strictement dans les régions tropicales et subtropicales. Ils comportent une tige ayant l'allure du tronc d'où part une couronne non diverticulée de frondes, les feuilles ressemblant à celles des fougères.

Cycas, n. sc. (*Cycad*). Voir Cycadales.

Les Cycas représentent de véritables fossiles vivants. De façon générale, les **Cycadales** représentent les plus anciennes plantes à fleur existantes dans la biosphère contemporaine (jardin botanique de Kyoto). (Cliché F. Ramade)

cycle(s), n. m. ◆ ~ **annuel** (*yearly cycle*) : durée de cycle vital la plus fréquente pour les végétaux supérieurs et les animaux. ◆ ~ **biogéochimiques** (*biogeochemical cycles*) : cycles qu'effectuent les éléments biogènes – ou tout autre élément naturel ou d'origine technologique libéré dans l'environnement – entre les divers compartiments de la biosphère et la biomasse continentale et (ou) océanique. Tout cycle biogéochimique comporte une phase d'incorporation de l'élément ou du composé considéré dans la biomasse par les végétaux autotrophes et sa circulation dans les réseaux trophiques de consommateurs : herbivores puis carnivores. À une phase ultérieure, les organismes vivants périssent. La matière organique morte – tant végétale qu'animale – est alors reprise par des animaux saprophages et finit par être totalement minéralisée par les champignons, bactéries et autres décomposeurs présents dans les sols et les eaux. Les cycles biogéochimiques peuvent être étudiés à l'échelle stationnelle, régionale (au niveau d'un écosystème donné) ou à celle de la biosphère toute entière. Parmi les principaux cycles biogéochimiques d'importance écologique majeure, il faut citer les cycles de l'eau, du carbone, de l'azote, du phosphore et du soufre. On peut les classer en trois groupes au plan des modalités de circulation des éléments en question :

1) Le *cycle de l'eau* qui occupe une place à part parmi les divers cycles biogéochimiques. En effet, à la différence de tous les autres cycles, seule une fraction minoritaire de l'eau circulant dans les écosystèmes est incorporée dans la biomasse via la photosynthèse. Par exemple, pour 2 000 tonnes d'eau évaporée par une culture produisant 5 tonnes de matière végétale sèche par hectare, seulement 3 tonnes d'eau seront nécessaires pour apporter l'hydrogène servant à la constitution de la biomasse des plantes soit à peine 0,15% de la masse totale d'eau ayant circulé dans la culture !
2) Les *cycles biogéochimiques à phase gazeuse*. Ce sont les cycles dont une partie du stock inorganique de l'élément considéré est atmosphérique et dont la circulation implique obligatoirement le passage par l'atmosphère. Tel est le cas des principaux éléments biogènes majeurs (carbone, oxygène, azote, soufre, etc.)
3) Les *cycles biogéochimiques dits sédimentaires*. Ce sont des éléments biogènes peu ou pas volatils qui circulent essentiellement sinon uniquement entre les compartiments terrestres et aquatiques (continental et océanique) de la biosphère (phosphore, calcium, fer, magnésium, etc.). Les divers cycles biogéochimiques sont bien évidemment interconnectés, celui du carbone étant considéré comme la courroie d'entraînement de celui des autres éléments biogènes.

◆ ~ **de l'azote** : voir Azote. ◆ ~ **de Calvin** : voir Photosynthèse. ◆ ~ **du carbone** : voir Carbone. ◆ ~ **du combustible nucléaire** : voir Combustibles, Nucléaire. ◆ ~ **de l'eau** : voir Eau. ◆ ~ **de la matière** : voir Écosystèmes. ◆ ~ **du phosphore** : voir Phosphore. ◆ ~ **du soufre** : voir Soufre. ◆ ~ **vital** : cycle qui caractérise l'ensemble des phases de la vie d'un organisme : de spore à spore pour un végétal inférieur, de la graine à la graine pour les spermaphytes ou encore de l'œuf à l'œuf pour les animaux.

Les cycles vitaux se caractérisent, au plan biologique, chez les organismes pluricellulaires par une succession de phases (ou stades) : embryogenèse, puis après la germination ou la naissance, phase juvénile où s'effectue la croissance; phase adulte marquée par la maturité sexuelle et donc la période de reproduction; enfin, phase sénile où les individus âgés ne se reproduisent plus et deviennent stériles.

Il faut noter que chez les plantes et certains Métazoaires, la croissance ne s'arrête jamais, elle continue jusqu'à la mort, avec une vitesse certes de plus en plus lente (cas des végétaux, des crustacés, des poissons, des reptiles).

De même chez certaines espèces tant végétales qu'animales, il n'existe pas de phase sénile, les organismes se reproduisant jusqu'à leur mort.

On distingue des cycles vitaux *semelpares* marqués par une seule période de reproduction au cours de la vie de l'individu et des cycles *itéropares* où un même individu se reproduit à plusieurs reprises au cours de sa vie. Les premiers sont le fait d'espèces ayant une stratégie démographique de type r et les seconds une stratégie de type K.

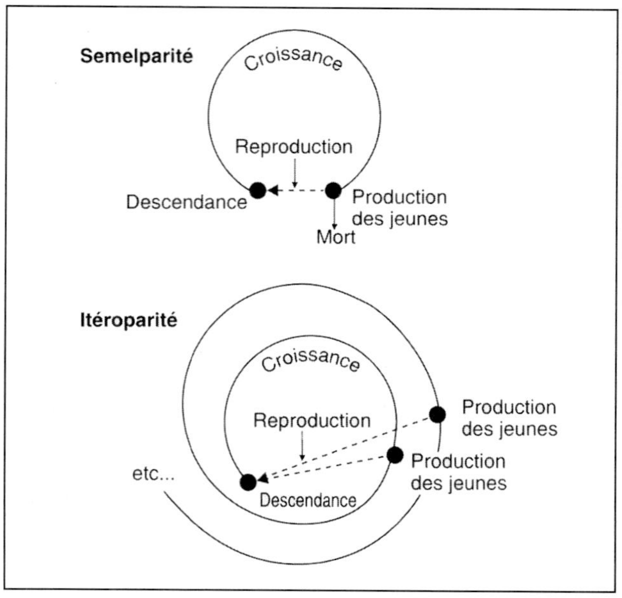

Cycles vitaux semelpares et itéropares. (D'après Calow R., *Life cycles*, Chapman and Hall, 1978, p. 90)

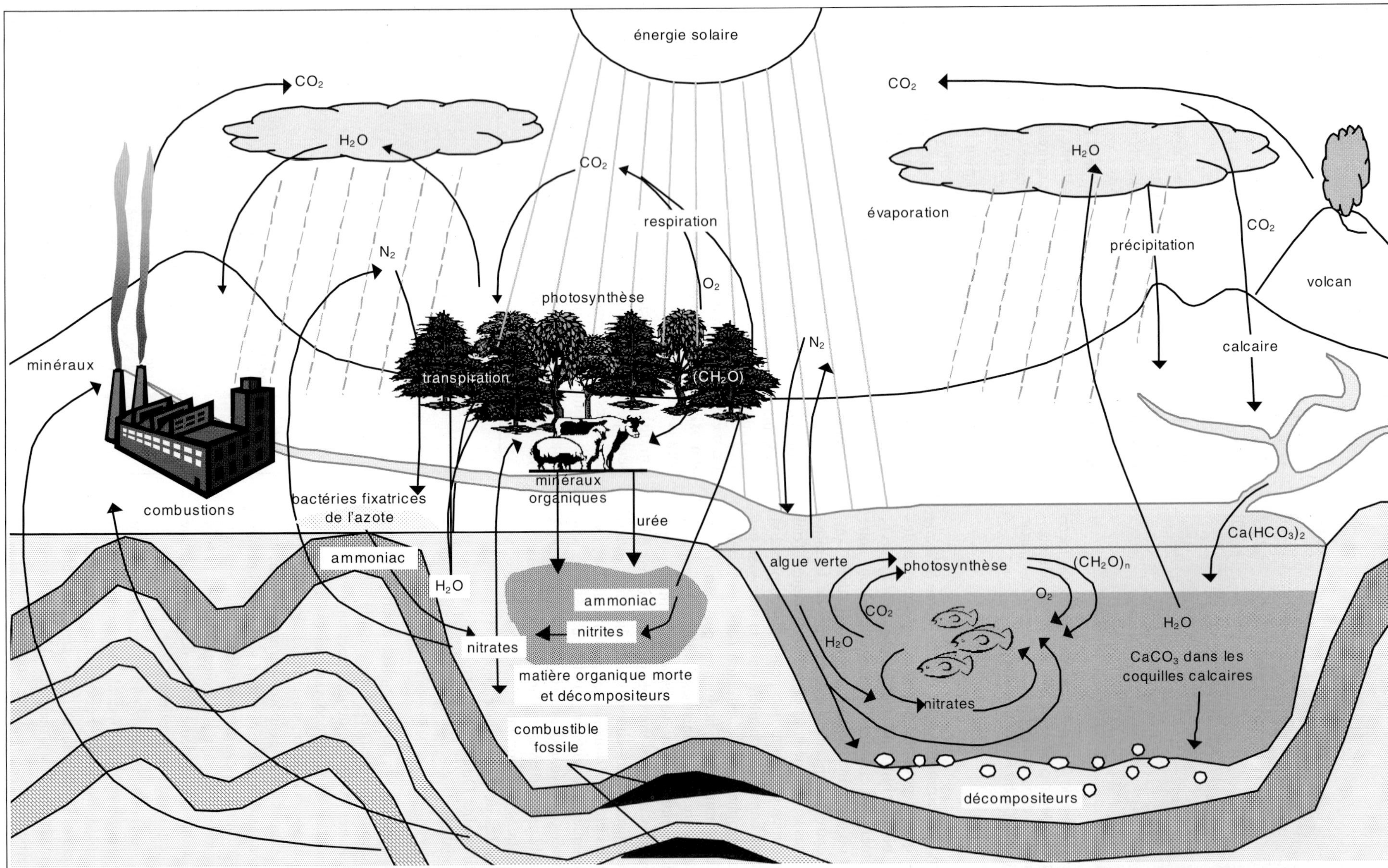

Schéma général des **cycles** biogéochimiques. Ici sont figurés le cycle de l'eau, du carbone et de l'azote (cycles comportant une phase gazeuse, ainsi qu'un cycle dit sédimentaire, celui du calcium). On constate que, dans chaque cas, il existe une intervention simultanée de facteurs abiotiques et biotiques ainsi qu'un couplage entre les cycles en milieu continental et océanique. (D'après Hutchinson, *Sc. Amer.*, « The Biosphere », septembre 1970, p. 8-9 mais adapté)

Au cours du cycle vital, chez la plupart des organismes, existent aussi des alternances de phases de multiplication asexuée et de reproduction sexuée (à l'exception des Vertébrés et de certains Invertébrés comme les Arthropodes).

Enfin le cycle vital est marqué au plan cytogénétique par une alternance de phases où les cellules de l'organisme sont haploïdes et diploïdes.

Chez les êtres vivants inférieurs, le cycle vital est à prédominance haploïde ou de durée à peu près égale entre les phases haploïdes et diploïdes (cycles haplobiontique ou haplo-diplobiontique). Au contraire, chez les plantes à graine et chez les métazoaires supérieurs, le cycle est à prédominance diploïde (cycle diplobiontique), la seule phase haploïde étant celle des gamètes dont la durée est très réduite par rapport à celle du reste du cycle vital.

La durée des cycles vitaux dépend essentiellement de la taille des organismes. Elle peut être de quelques jours à quelques semaines chez les Métazoaires de petite taille et certains végétaux inférieurs, annuelle pour la plupart des végétaux et animaux supérieurs, pluriannuelle voire pluridécennale, chez les plus grandes espèces. ***(Voir aussi Génération, Phénologie, Stratégies démographiques)***

cyclique, adj. (*cyclic*) ◆ **fluctuations ~ des populations** (*cyclic populations fluctuations*) : phénomène caractérisé par une variation régulière des effectifs d'une population.

On distingue deux types de fluctuations cycliques, périodiques et apériodiques :

– les *fluctuations périodiques* sont à l'échelle saisonnière et plus généralement de période annuelle tant dans les pays tempérés (alternance hiver-été) que dans les régions tropicales (alternance saison sèche-saison des pluies). Il arrive toutefois que certaines fluctuations s'établissent sur une période plus longue : sur une base de trois ans (triannuelle), de 4 ans (cas des lemmings dans les toundra de la région holarctique), voire décennale (cas du lièvre variable et du lynx dans le grand nord canadien) ou undécinnale (cas de la tordeuse du mélèze dans les Alpes par exemple).

– Les *fluctuations apériodiques* se manifestent de façon erratique. Ainsi, les grandes pullulations de tordeuses des Conifères en Amérique, celle des lemmings dans l'ensemble de la région holarctique, ont lieu une à deux fois par siècle de façon apparemment aléatoire. Il en est de même des invasions de certains oiseaux ou encore des pullulations de criquets migrateurs. ***(Voir aussi Population, Successions)***

cyclodiènes, n. m. (*cyclodiens*). Composés organiques de synthèse obtenus par réaction de Diels et Alders qui consiste en la condensation d'un diène avec un dérivé éthylénique. Ces substances sont à l'origine d'une importante famille d'insecticides organochlorés. ***(Voir aussi Organochlorés)***

cyclomorphose, n. f. (*cyclomorphosis*). Phénomène de parthénogenèse cyclique caractérisé par des changements de morphologie des individus constituant les générations successives en fonction du rythme des saisons. Elle se rencontre dans deux groupes importants d'Invertébrés constituant le zooplancton d'eau douce : les Rotifères et les Cladocères qui présentent une parthénogenèse cyclique, avec alternance de générations parthénogénétiques et bisexuées au cours du cycle annuel. Chez les Cladocères du genre *Daphnia* par exemple, on observe une alternance d'individus dont la tête est de forme arrondie depuis le milieu de l'été jusqu'au printemps suivant puis d'individus à tête en forme de casque du printemps jusqu'au milieu de l'été. ***(Voir aussi Cladocères, Rotifères)***

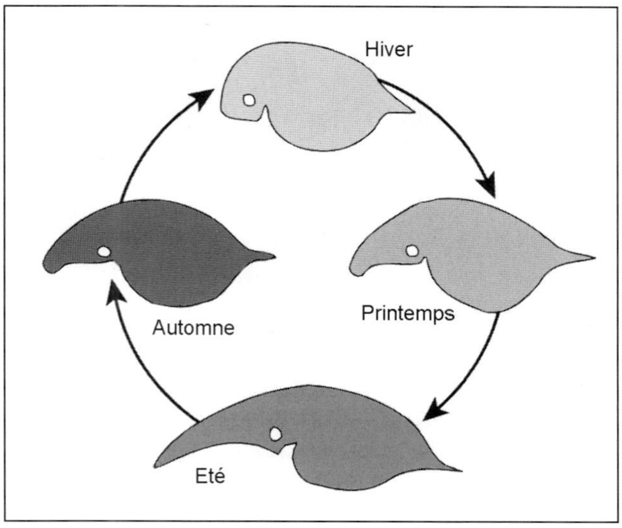

Schéma montrant les principales formes saisonnières caractéristiques de la **cyclomorphose** dans le genre *Daphnia.* (D'après Hutchinson, « *A Treatise of Limnology* », John Wiley & Sons ed., 1967, vol. II, p. 814 et suiv., mais modifié)

cyclone(s), n. m. (*cyclone*). Système de circulation atmosphérique dans lequel le sens de rotation du vent autour de la verticale locale est le même que celui de la Terre. Ainsi, les cyclones tournent dans le sens inverse des aiguilles d'une montre dans l'hémisphère Nord et dans le sens direct dans l'hémisphère Sud. En météorologie, le terme est réservé aux systèmes de circulation atmosphérique dont la dimension est de l'ordre de la centaine de kilomètres pour les cyclones tropicaux et du millier de kilomètres pour les extratropicaux. Alors que ces derniers prennent naissance par suite d'une instabilité de la partie supérieure de l'atmosphère au niveau des jet-streams, les cyclones tropicaux dérivent leur énergie de la chaleur latente de condensation due aux précipitations dans les cumulus d'orage. ***(Voir aussi Fronts, Perturbations atmosphériques)*** ◆ **~ tropical** (*hurricane*) : phénomène météorologique caractérisé par une gigantesque dépression prenant naissance au-dessus des mers tropicales, où la vapeur d'eau est abondante. Les cyclones peuvent développer des vortex monstrueux, ayant un considérable gradient barométrique et marqués sur leur périphérie par des vents extrêmement violents, pouvant atteindre, voire dépasser dans certains cas, les 300 km/h. Ces redoutables ouragans tropicaux provoquent de ce fait des destructions considérables sur leur passage. À l'opposé, on considère actuellement que les chablis provoqués par les cyclones constituent un processus naturel important de régénération des forêts vierges tropicales. Les cyclones tropicaux – et de façon générale tous les cyclones – prennent naissance dans des zones déterminées et se déplacent selon des trajectoires bien définies dans chacun des hémisphères. ***(Voir aussi Dépression, Perturbations atmosphériques)***

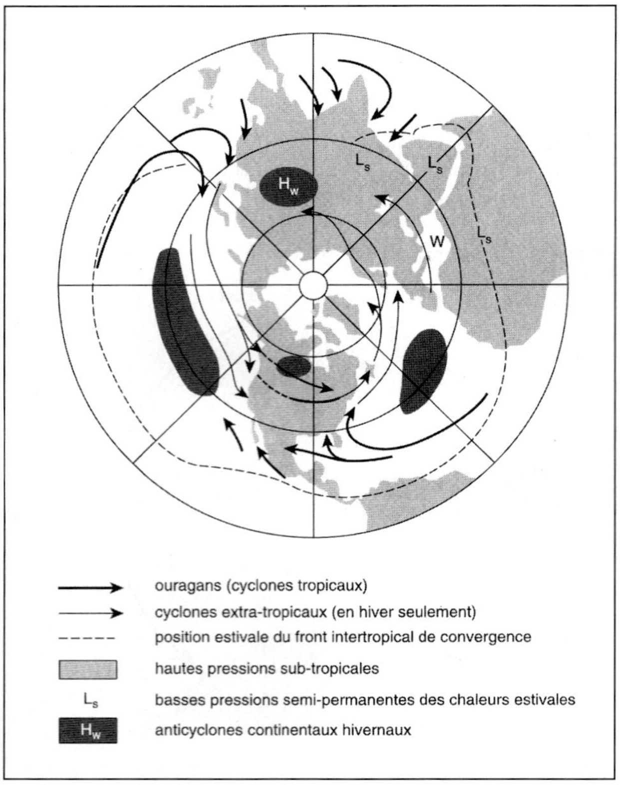

Schéma montrant les zones de genèse et les trajectoires générales propres à la circulation des **cyclones** tropicaux et extratropicaux dans l'hémisphère boréal. (D'après Parker, *Meteorological Source Book*, McGraw-Hill, 1988, p. 179)

Cyclopoïdes, n. sc. (*Cyclopoids*). Famille de Copépodes dominante parmi les micro-crustacés du zooplancton. On en dénombre environ 500 espèces, surtout marines, mais aussi dulçaquicoles. Elle doit son nom au fait que les individus présentent une seule tache oculaire située dans la partie médiane du vertex céphalique. Les femelles ont la particularité de posséder deux sacs ovigères situés de part et d'autre de l'abdomen tandis que les mâles sont pourvus d'antennes préhensives. Les Cyclopoïdes comportent des genres d'écologie variée : phytoplanctonophages, prédateurs, et certains même parasites. **(*Voir aussi Zooplancton*)**

Cyclotella, n. sc. Genre de Diatomées bio-indicatrices d'acidification des eaux continentales.

Cyperacées, n. sc. (*sedge*). Famille de Monocotylédones de distribution cosmopolite, comportant de nombreuses espèces essentiellement herbacées, croissant dans les prairies humides, les tourbières et autres zones palustres. On en dénombre environ 4 000 espèces qui ont la particularité d'accumuler de la silice dans leurs feuilles effilées et souvent coupantes. **(*Voir aussi Carex, Papyrus*)**

cyprès, n. m. (*cypress*). Conifères de la Famille des Cupressacées dont une espèce, *Cupressus sempervirens*, utilisée pour planter des haies dans le midi de la France a été introduite en Méditerranée occidentale depuis l'époque romaine.

Cyprinidae. Nom scientifique des Cyprinidés, famille de Téléostéens d'eau douce qui renferme de nombreuses espèces surtout inféodées aux eaux calmes et caractérisée en particulier par la présence d'une seule nageoire dorsale. Les Cyprinidés (carpes, ablettes, gardons, barbeaux par exemple), dénommés « poissons blancs » par les pêcheurs en eau douce, constituent une famille essentiellement herbivore qui a donné lieu de longue date à un exploitation piscicole, celle des carpes étant pratiquée en Chine depuis plusieurs millénaires.

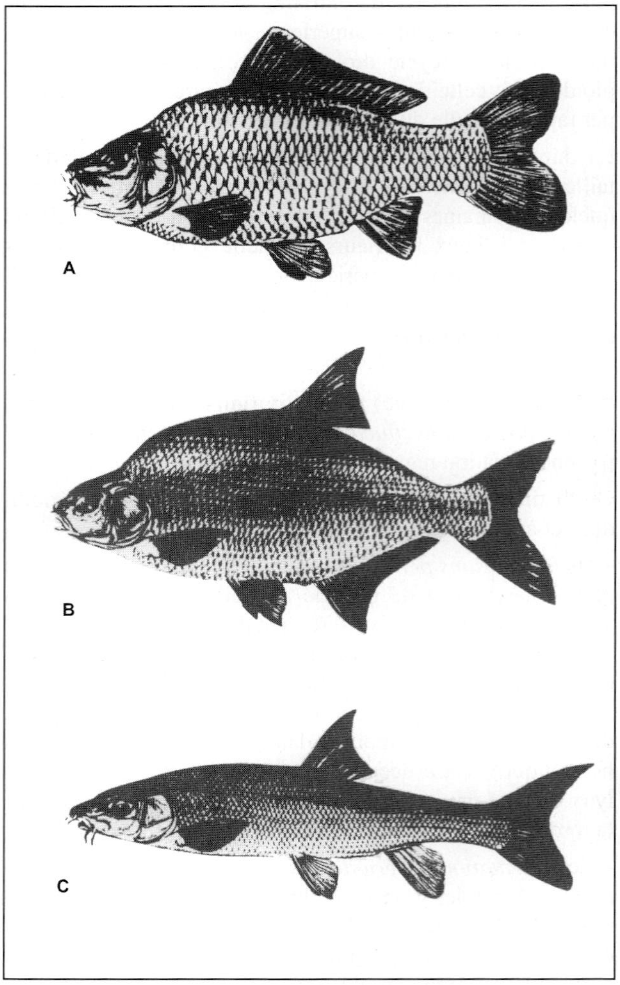

Exemples de ***Cyprinidae***. Carpe (A). Brème (B). Barbeau (C). Les deux premières espèces, inféodées et peu exigentes relativement à l'oxygénation des eaux se rencontrent indifféremment dans des biotopes lentiques ou lotiques. Le barbeau lui est inféodé aux eaux courantes et se rencontre dans la partie supérieure de la zone potamique des cours d'eau.

Cyprinodontidae, n. sc. Famille de Téléostéens d'eau douce, surtout abondante dans le Nouveau Monde, à laquelle appartient le genre *Gambusia*, introduit en Europe méridionale pour lutter contre les larves de moustiques. Dans les lagunes méditerranéennes se rencontrent diverses espèces de cette famille des genres *Aphanius* et *Valencia*, actuellement en danger, par suite des diverses agressions auxquelles ses milieux littoraux sont exposés, entre autres du fait de leur développement touristique.

Czekanowski, analyse de (*Czekanowski's analysis*). Méthode d'analyse statistique fondée sur l'évaluation du degré de corrélation, utilisée en écologie pour établir le degré de similitude entre des peuplements végétaux.

Elle se fonde sur l'usage d'un coefficient de communauté floristique qui peut être celui de Jaccard ou d'expression plus simple tel

$$C = \frac{N_{xy}}{N} \times 100$$

où N_{xy} est le nombre d'espèces communes aux deux relevés et $N = N_x + N_y$ soit le nombre total d'espèces présentes dans les deux relevés phytocœnotiques.

On subdivise en classes de 1 à 5 les valeurs obtenues pour les coefficients de communautés correspondant à l'ensemble des relevés pris deux à deux.

Avec le coefficient (1), on aura les classes I pour C compris entre 10 et 20%, II pour C compris entre 21 et 30%, etc. On construit ensuite un tableau à double entrée où chaque relevé est figuré deux fois, l'intersection entre ligne et colonne figure la valeur du coefficient pour les deux communautés considérées que l'on matérialise par un symbole ou une couleur conventionnelle correspondant à la classe de valeur. Par permutations successives, on s'arrange pour grouper sur une diagonale les couples de valeurs les plus élevées, donc présentant le maximum de parenté floristique. Les taches sombres visualisées sur le diagramme permettent alors de déterminer s'il n'y a qu'un seul ou plusieurs groupements distincts dans les relevés.

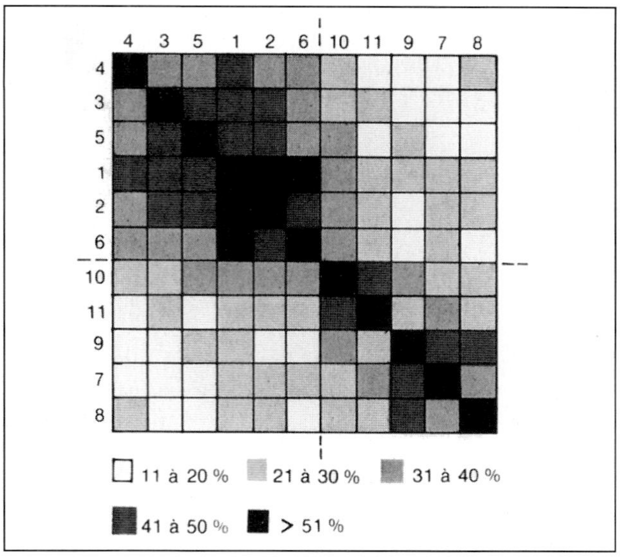

Exemple d'application de l'analyse de **Czekanowski** à la comparaison de deux peuplements végétaux. (D'après Guinochet et Casal, in Ramade F., *Écologie fondamentale*, Ediscience international, 2e ed., 1994, p. 288)

D

2,4-D, n. m. Nom commun de l'acide 2,4-dichlorophénoxyacétique (*2,4-dichlorophenoxyacetic acid*). Cet herbicide du groupe des dérivés de l'acide phénoxyacétique agit sur les végétaux supérieurs, essentiellement les dicotylédones, par suite de ses propriétés auxinomimétiques. Il a été utilisé à vaste échelle comme désherbant dans les cultures de céréales à partir de la fin de la Deuxième Guerre mondiale. Il présente néanmoins des propriétés biocides assez étendues. Il est même toxique pour certains groupes d'insectes utiles tels les coccinelles ou les abeilles domestiques. La combustion des détritus végétaux provenant de cultures ayant été traitées au 2,4-D conduit à la formation de dioxines. ***(Voir aussi Défoliant, Dioxine, Herbicide, 2,4,5-T)***

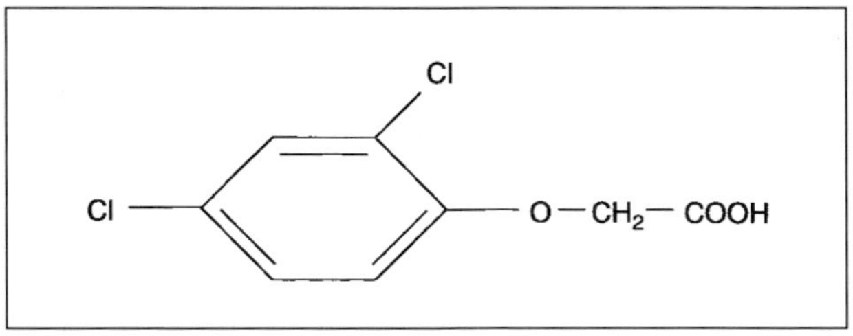

Formule de l'acide dichlorophénoxyacétique (nom commun : **2,4-D**).

Dactylis glomerata, n. sc. Espèce de graminée fourragère dont le pollen constitue un aéroallergène puissant. ***(Voir aussi Graminées)***

daim, n. m. (*deer*). Mammifère de la famille des Cervidés dont l'espèce européenne, *Dama dama,* est originaire de la région méditerranéenne mais a été répandue dans le reste de l'Europe par l'homme.

Dakotas. États du Nord des États-Unis, caractérisés par la présence de la fameuse « prairie », terme créé par les pionniers nord-américains pour désigner la steppe tempérée. Le Dakota du Nord est d'un grand intérêt écologique par suite du grand nombre de *poth-holes*, étangs d'étendue variable et d'origine glaciaire qui le parsèment et servent de relais et (ou) de refuge pour l'avifaune hivernante peuplant les parties septentrionales du continent nord-américain. Le Dakota du Sud présente de vastes zones au sol dénudé exposées à une érosion naturelle, les *bad lands*. Le parc national de Winds Cave renferme l'un des plus grands troupeaux de bisons de l'ensemble de l'Amérique du Nord. ***(Voir aussi Bison, Steppe)***

dalapon, n. m. (*dalapon*). Herbicide dont il a été fait un large usage pour la destruction des plantes aquatiques indésirables.

dallage, n. m. (*pavement*). Dalles rocheuses dénudées, couvrant la surface du sol, constituées de plaques sédimentaires souvent calcaires, ou encore parfois métamorphiques (gneiss, schistes). Elles proviennent de l'arrachage des couches superficielles constituées de minéraux friables, par le jeu de l'érosion.

damier, n. m. ◆ **répartition en** ~ (*checkerboard distribution*) : voir Répartition.

Danaidae, n. sc. (*monarch butterflies*). Famille de Lépidoptères dont les chenilles se développent sur des plantes riches en alcaloïdes. Les *Danaidae* servent de ce fait de mimes à diverses autres espèces de Lépidoptères. Cette famille est aussi remarquable par les importantes migrations que peuvent accomplir les papillons.

Danube (*Danube*). Le plus grand fleuve européen avec un cours de longueur supérieure à 3 000 km. Son bassin versant occupe une surface de 800 000 km^2, et son débit moyen est de 6 500 m^3 • sec^{-1}. Le Danube se jette dans la mer Noire en Roumanie au niveau d'un vaste delta qui couvre une surface d'environ 10^6 ha. Il s'agit d'une des plus grandes phragmitaies d'Europe, hélas en partie surexploitée, et l'une des zones humides les plus importantes pour l'avifaune aquatique de l'ensemble de ce continent. ◆ **aménagement du ~** : l'écologie de cet hydrosystème fluvial a été fortement perturbée au cours du temps par de nombreux aménagements successifs : dérivation, endiguement, canalisation, qui eurent en particulier pour résultat de raccourcir le fleuve en coupant les méandres – avec pour conséquence un enfoncement du lit dû à l'augmentation de la pente et donc de l'érosion et un alluvionnement consécutif provoqué par ces modifications. En outre, l'écologie de ce cours d'eau a été bouleversée par la construction en date encore récente de plusieurs barrages, en particulier celui des portes de fer en Roumanie et, au milieu des années 1990, celui de Gabcikovo en Slovaquie, source d'un sévère conflit frontalier avec la Hongrie. Ces derniers barrages ont été fatals aux principaux tronçons de ripisylve danubienne qui étaient restés jusqu'à présent préservés de l'action de l'homme. ◆ **pollution du ~** : outre une pollution chronique consécutive aux rejets urbains et industriels des nombreuses agglomérations riveraines, ce fleuve a été l'objet en date récente de nombreuses pollutions aiguës plus ou moins accidentelles. Il a subi le déversement de diverses substances très toxiques lors des bombardements effectués par l'OTAN sur la Serbie en 1999 et, en février 2000, par la contamination en Roumanie de l'un de ses affluents, la Save, par des cyanures et des métaux toxiques libérés par la rupture d'une digue retenant les effluents toxiques dus aux traitements de minerais aurifères.

daphnie(s), n. f. (*water fleas*). Crustacés Cladocères du genre *Daphnia* qui constituent le groupe dominant du zooplancton des eaux douces. ◆ **test ~** (*Daphnia toxicity test*) : ce test dit d'écotoxicité a été normalisé sur l'espèce *Daphnia magna* afin d'évaluer la toxicité potentielle d'un polluant des eaux sur les organismes aquatiques.

Darcy ◆ **loi de ~** (*Darcy's law*) : loi décrivant la vitesse d'écoulement dans une nappe d'aquifère entre deux points de niveau piézométrique H_A et H_B séparés par la distance d :

$$V = \frac{[K(H_A - H_B)]}{d} \qquad (1)$$

où K est un coefficient lié aux caractéristiques physiques des roches réservoirs dans lesquelles se trouve la nappe et le terme $(H_A - H_B)/d$ représente le gradient hydraulique. La vitesse de l'eau dans les sols est donc en première approximation proportionnelle au gradient hydraulique, donc à la pente.

Darwin, Charles, Robert (1809-1882). Auteur de « *The origin of species by means of natural selection* » qui révolutionna les vues de l'époque sur l'évolution, puis de l'ouvrage « *The descent of Man* » dans lequel il démontra les origines animales de l'homme. Darwin a apporté par ses travaux une contribution importante à l'écologie en sus de ceux concernant l'évolution sur lesquels se fonda la rédaction de ses deux ouvrages princeps. Les innombrables observations qu'il fit au cours de son voyage circumterrestre à bord du *Beagle* donnèrent lieu à de nombreuses réflexions sur l'équilibre des populations naturelles et les phénomènes de radiation évolutive caractérisant l'adaptation des espèces aux niches écologiques disponibles (étude des *Geopsizidae* des Galapagos par exemple).

Darwinisme, n. m. (*Darwinism*). Théorie de l'évolution par la sélection naturelle, fondée sur l'idée de l'interaction des espèces vivantes due à la compétition pour la vie, élaborée par Darwin dans son ouvrage « *On the Origin of Species* », publié en 1859.

dasmatrophie, n. f. (*dasmatrophy*). Mode de nutrition dans lequel un organisme hétérotrophe sécrète des substances enzymatiques qui lysent les parois cellulaires des proies provoquant la libération du contenu des cellules qui est alors absorbé par cet organisme.

Dasyproctidae, n. sc. (*Agouti, Paca*). Famille de Rongeurs hystricomorphes néotropicaux, qui vivent au sol des forêts pluvieuses tropicales d'Amérique où ils creusent un nid souterrain. Il en existe une dizaine d'espèces de régime herbivore. Ils se nourrissent surtout de fruits, de graines de tubercules, voire de racines. Les Agoutis en sont avec les Pacas les espèces les plus ubiquistes et les plus abondantes.

datation, n. f. (*dating*) ◆ **méthodes de ~** (*dating methods*) : techniques permettant d'évaluer l'âge d'un échantillon minéral ou biologique. Les anciennes méthodes stratigraphiques utilisées par les paléontologues fournissaient des datations relatives. Les méthodes modernes fondées sur la présence de radio-isotopes et d'autres techniques physiques – telles la thermoluminescence – conduisent, elles, à l'obtention de l'âge absolu d'une roche ou d'un fossile. **(*Voir aussi Carbone 14*)** ◆ **~ des nappes captives** (*aquifer dating*) : les nappes captives renferment des eaux d'âge variable parfois fossiles. Ces dernières sont datées à l'aide de diverses techniques radiométriques, l'usage du radionucléide de référence étant ajusté en fonction de l'ancienneté présumée de la nappe. ◆ **~ des sédiments** (*sediments dating*) : technique fondée généralement sur l'usage de radio-isotopes permettant de déterminer l'âge de dépôt et éventuellement la vitesse de sédimentation. Le ^{137}Cs (période 30 ans) et le ^{210}Pb (produit de désintégration du radon) qui est adéquat pour les événements remontant aux derniers 100 à 200 ans – sont très utilisés pour dater des pollutions anthropogéniques dans les sédiments.

dauphin(s), n. m. (*porpoise*). Cétacés Odontocètes présentant une adaptation écomorphologique à la nage rapide. Les dauphins sont de nos jours victimes d'un véritable massacre lié à la fois à leur capture volontaire par les flottes de pêche japonaises qui les prélèvent en substitution aux baleines – dont la pêche est en principe interdite – et à l'usage des filets pélagiques dérivants, dits coréens. Ces derniers, longs de plusieurs dizaines de kilomètres, les piègent involontairement et causent ainsi la mort de dizaines de milliers de ces Cétacés chaque année. Ces massacres de dauphins justifient les arguments avancés pour l'interdiction de ces engins dévastateurs dans les campagnes internationales menées par les organisations de conservation de la nature. **(*Voir aussi Cétacés, Pêcheries*)**

DBO (demande biochimique d'oxygène) (*BOD*). Quantité d'oxygène nécessaire pour oxyder les matières organiques fermentescibles par voie biologique (action des bactéries aérobies).

La DBO constitue une mesure de la pollution des eaux par les matières organiques. En effet, le rejet de matières organiques fermentescibles par un émissaire d'égout par exemple provoque immédiatement une déplétion de la teneur en oxygène dissous par dégradation sous l'action des bactéries aérobies qui va s'atténuer dans le sens du courant. Il en résulte que la teneur en oxygène dissous, mesurée vers l'aval en fonction de la distance du point d'émission, présente l'aspect d'une courbe dite « en sac », la DBO variant en sens inverse au fur et à mesure que s'effectuent les processus d'autoépuration.

La DBO s'exprime en grammes d'oxygène par jour et par habitant. On la mesure dans des tests normalisés après 5 jours d'oxydation des matières organiques d'où le terme de DBO_5. Celle-ci varie beaucoup en fonction de l'origine des effluents : urbain (domestique), industriel ou agricole et,

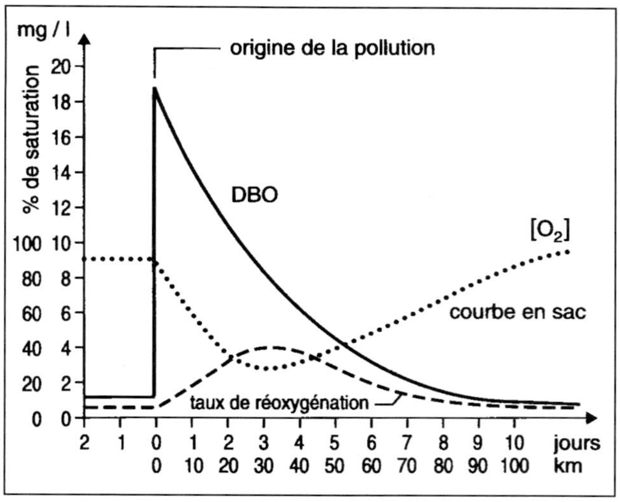

Schéma montrant la variation de **DBO** dans un cours d'eau ainsi que celle en oxygène dissous (courbe en sac) en aval d'un point de rejet de pollution par des matières organiques fermentescibles. (D'après Bartsh et Ingram, in Ramade F., *Dictionnaire encyclopédique des pollutions*, Ediscience international, 2000, p. 122)

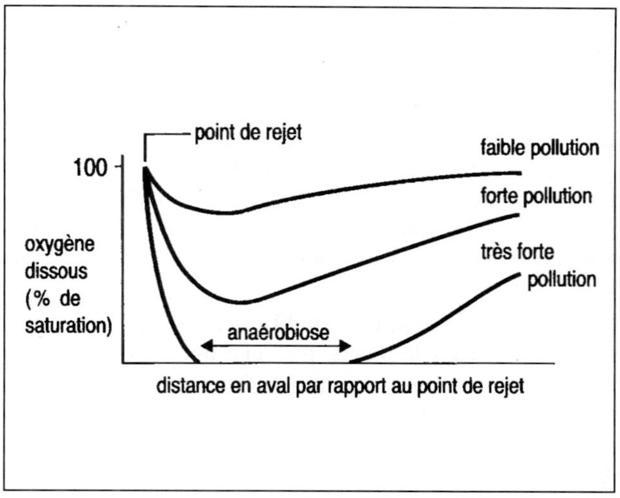

Courbes de variation de la teneur en oxygène dissous en aval d'un point de rejet d'un effluent pollué par des matières organiques fermentescibles en fonction de l'importance de sa **DBO**, elle-même conditionnée par l'intensité de la pollution. (D'après Klein op. cit., in Ramade F., *Dictionnaire encyclopédique des pollutions*, Ediscience international, 2000, p. 122)

dans ces derniers cas, en fonction du type d'activité concernée (voir Tableau). Les records de rejet de DBO sont détenus par certaines industries agro-alimentaires (distilleries, fromageries) et par l'industrie de la pâte à papier.

En France, la valeur moyenne de la DBO des effluents urbains était de l'ordre de 75 g/j/habitant au cours des années 1990. Comme la teneur en oxygène dissous est seulement de quelques milligrammes par litre en règle générale dans la plupart de nos cours d'eau, une telle valeur provoquerait une désoxygénation considérable si les effluents urbains étaient rejetés directement sans traitement. Notons cependant que moins de 50% de la pollution organique des eaux est actuellement traitée dans notre pays ce qui permet de mesurer les progrès qui restent à faire pour rejoindre les pays européens les plus avancés en ce domaine comme l'Allemagne (plus de 80%) et la Suède (plus de 99%)! ***(Voir aussi MOF, Pollution)***

DCO (demande chimique d'oxygène) (*COD*). Désigne la quantité d'oxygène exprimée en mg/l nécessaire pour oxyder les substances organiques à la fois non biodégradables et biodégradables – présentes dans les eaux naturelles ou polluées. Elle se mesure par oxydation de l'échantillon au bichromate de potassium porté entre 140 à 150 ° pendant 2 heures. Comme cette réaction est perturbée par les chlorures à partir d'une concentration en chlore de l'ordre de 3 g/l ainsi que par les autres halogénures, elle ne peut être appliquée aux eaux marines. La DCO peut être importante dans les effluents de certaines industries (papeteries, fabricants de divers types de produits chimiques). Dans les eaux usées d'origine urbaine, le rapport DCO/DBO5 est généralement de l'ordre de deux. ***(Voir aussi DBO, DTO)***

DDA, n. m. Symbole d'un métabolite du DDT, l'acide dichloro-diphényl-acétique, qui se forme par réaction catabolique dans l'organisme des animaux à sang chaud.

Variation de DBO et de matières en suspension (MES) pour divers types d'effluents d'origine industrielle ou agricole pollués par des matières organiques fermentescibles

Nature de l'effluent	DBO5 (en mg d'O_2 par litre)	Matières en suspension (en mg/l)
Eaux usées urbaines	150 – 350	100 – 300
Abattoir	1 000 – 5 000	500 – 1 500
Conserverie de légumes	200 –1 500	200 – 1 000
Laiterie-fromagerie	1 000 –5 000	100 – 500
Brasserie	500 – 1 500	500 – 1 000
Distillerie	15 000 – 40 000	1 500 – 5 000
Papeterie	100 – 1 500	200 – 3 000
Cockerie	1 500 – 2 500	500 – 1 500
Raffinerie de pétrole	150 – 500	50 – 100
Sidérurgie	50 – 150	1 000 – 3 000

DDE, n. m. Symbole du dichloro-diphényl-dichloréthylène, métabolite provenant de la déchlorination du DDT par les organismes animaux intoxiqués par cet insecticide.

DDT, n. m. (*DDT*). Insecticide organochloré dont le nom chimique est dichloro-diphényl-trichloréthane. Les propriétés insecticides du DDT furent mises en évidence en 1941 par Müller qui travaillait dans la firme Geigy. Celui-ci obtint ultérieurement le prix Nobel de médecine pour cette découverte.

Le DDT a sans doute constitué l'insecticide le plus utilisé (en tonnage) dans le monde par suite de son vaste spectre d'action, de sa rémanence qui rend un traitement efficace pendant des semaines voire des mois après sa dispersion et par suite de sa toxicité aiguë pour les Arthropodes. Quelque 3 millions de tonnes en auraient été déjà synthétisées entre 1943 et 1980.

Les conséquences écotoxicologiques de l'usage du DDT, liées à son absence de biodégradabilité, à sa forte capacité de bioamplification dans les réseaux trophiques et à sa forte toxicité à long terme, ont conduit à son interdiction dans la plupart des pays industrialisés dès le début des années 1970. Après l'interdiction de cet insecticide dans les pays de l'OCDE, et le passage de son brevet dans le domaine public, l'Inde est devenue dans les années 1990, avec une production supérieure à 50 000 t/an, le principal fabriquant mondial de ce pesticide.

◆ **bioamplification du ~ dans les réseaux trophiques** : le DDT présente toujours une concentration dans la biomasse suivie d'une bioamplification dans les chaînes trophiques. Des facteurs de concentration supérieurs au million ont par exemple été observés en diverses circonstances dans des populations naturelles propres aux écosystèmes limniques en particulier chez des ombles (*Salvelinus nayamacush*) des Grands lacs Nord-américains ou encore chez des crocodiles (*Crocodilus niloticus*) du lac Kariba en Afrique australe. ***(Voir aussi Bioamplification)***

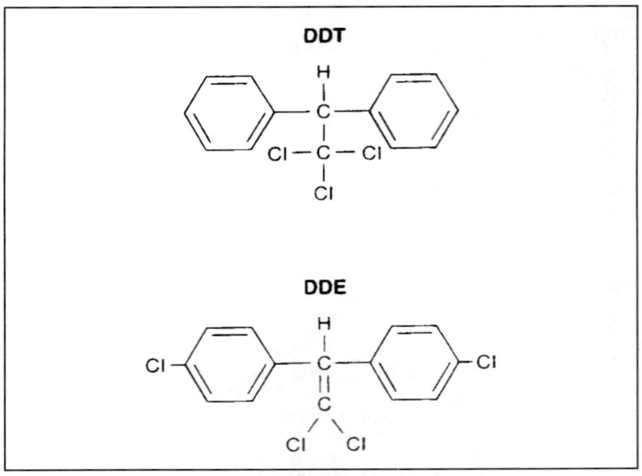

Formules chimiques du **DDT** et de son métabolite, le DDE.

◆ **effets du ~ sur la reproduction des animaux** : dès 1956, des recherches avaient mis en évidence que le DDT exerçait un effet stérilisant chez les oiseaux. Ultérieurement, il a été montré que, en sus d'un effet direct sur la fécondité des femelles, cet insecticide, de même que son métabolite le DDE, provoque un amincissement de la coquille des œufs d'oiseaux qui les fragilise. Ainsi les populations de rapaces et d'oiseaux ichtyophages ont subi une forte régression pendant la période 1950-1980 par suite des échecs de reproduction dus en grande partie au fait que les œufs étaient brisés dans leur nid pendant la couvaison. Le faucon pélerin avait ainsi quasiment disparu de nombreuses régions de l'hémisphère Nord. Il fut alors démontré que la coquille des œufs présentait chez cette espèce un brusque amincissement à partir du moment où le DDT fut utilisé à vaste échelle dans l'environnement, en Grande-Bretagne par exemple. De même, le DDT provoque une stérilisation partielle des mâles d'oiseaux. De tels effets stérilisants ont été également mis en évidence chez les Mammifères.

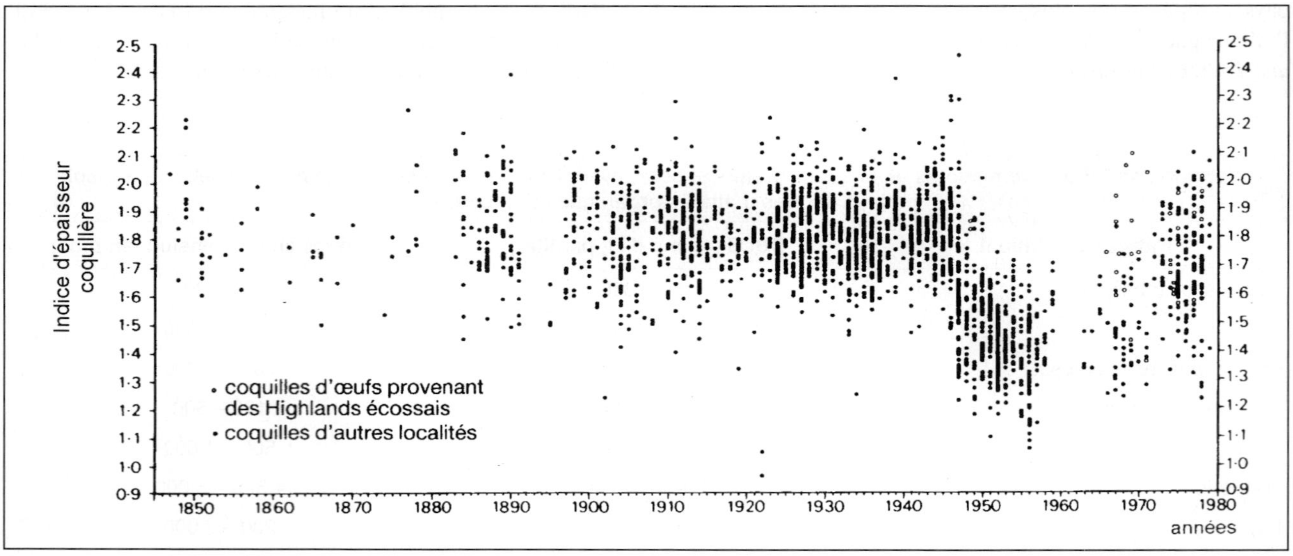

Corrélation entre les variations de l'épaisseur de la coquille des œufs des faucons pélerins et le début de l'usage puis l'interdiction du **DDT** et des autres insecticides organochlorés en Grande-Bretagne. On remarque le brutal amincissement de la coquille observé à partir de 1946, date du début de l'usage du DDT dans les Iles Britanniques et la récupération après son interdiction. (D'après Ratcliffe, *The Peregrine Falcon*, Poyser, 1980, p. 212, in Ramade F., *Les catastrophes écologiques*, McGraw-Hill, 1987, p. 228)

◆ **risques toxicologiques du ~** : la concentration du DDT dans les chaînes trophiques humaines conduit aussi à une contamination des aliments. Une des conséquences de cette pollution s'est traduite par la présence de teneurs excessives de DDT dans les lipides du lait de femme dans la plupart des pays du monde. Il s'agit d'une substance neurotoxique qui perturbe la conduction nerveuse axonique aux fortes concentrations.

Par ailleurs, il est potentiellement cancérogène. Ainsi, il a été trouvé que le taux moyen de DDT chez les sujets souffrant de cancer avancé et qui présentaient dans leur tissu adipeux une teneur en DDE, principal métabolite du DDT, était significativement supérieur à celui de la population normale. Le DDT possède une action œstrogénomimétique chez l'ensemble des animaux à sang chaud, y compris l'espèce humaine, voire chez les autres classes de Vertébrés. ***(Voir aussi Bioamplification, Insecticide, Lait, Œstrogénomimétique)***

DDVP, n. m. (*dichlorvos*). Insecticide organophosphoré, dont le nom commun est dichlorvos, qui a donné lieu à un large usage sous forme de plaquettes insecticides dans les habitations. Cette substance est susceptible de provoquer une diminution du taux de cholinestérase sérique des sujets exposés en permanence à ses vapeurs dans des locaux de faible volume.

débâcle, n. f. (*ice break up*). Phénomène de fonte massive des glaces survenant au printemps. Il peut concerner la glace de mer ou celle obstruant un cours d'eau avec ici rupture suivie d'entraînement par le courant. Dans certains fleuves coulant en direction du nord, la débâcle s'accompagne d'un écoulement massif et brutal provoquant une onde de crue accompagnée d'une importante inondation des plaines alluviales.

débit, n. m. (*flow*). Volume d'eau écoulé par unité de temps dans un système fluvial ou un aquifère. Il se mesure en général en $m^3 \cdot s^{-1}$ ◆ **~ des cours d'eau** (*discharge*) : mesure de l'écoulement d'une rivière ou d'un fleuve. ◆ **~ de crue** (*flood discharge*) : voir Crue. ◆ **~ disponible** (*net inflow*) (syn. : débit d'écoulement stable) : volume d'eau utilisable en moyenne dans une aire donnée, donc hors période de crue. ◆ **~ maximum** (= de pointe) (*peak flow*) : mesure de l'écoulement maximum d'une rivière ou d'un fleuve. Le terme de débit de pointe est utilisé pour les canalisations destinées à évacuer les eaux pluviales en milieu urbain ou au niveau de diverses infrastructures de transport, ou encore d'un réseau d'assainissement ***(Voir aussi Crue, Inondation)*** ◆ **~ moyen** (*mean discharge*) : valeur moyenne du débit d'un cours d'eau hors crues exceptionnelles. ◆ **~ normal** (*normal flood discharge*) : mesure de l'écoulement moyen d'un cours d'eau en période de crue normale. ◆ **~ d'une nappe** (*aquifer average discharge*) : débit d'écoulement stable d'un aquifère. ◆ **~ solide** (*sediment discharge*) : apport moyen annuel (ou quotidien) de sédiments par un cours d'eau. ◆ **~ total** (*total discharge*) : valeur annuelle moyenne du débit d'un cours d'eau y inclus les crues même exceptionnelles. À titre d'exemple, ce débit est de l'ordre de 40 000 km^3 par an pour l'ensemble des continents alors que leur débit d'écoulement stable n'est que de 14 000 km^3 par an à l'échelle mondiale! ***(Voir aussi Aquifère, Eau, Fleuve, Ressources)***

déboisement, n. m. (*deforestation*). Pratique consistant en la coupe de la végétation arborée qu'il s'agisse de forêts ou de boisements ouverts, voire de formations ligneuses, dégradées où ne subsistent plus que des arbustes et des arbres isolés. Le déboisement est généralement justifié par la défriche des terres ainsi récupérées. Il peut aussi résulter du surpâturage ou encore de la surexploitation du bois de chauffe. ***(Voir aussi Déforestation)***

débourrement, n. m. (*bud burst*). Phénomène d'éclatement des bourgeons et de croissance rapide des pousses survenant au printemps chez les végétaux pérennes.

débris, n. m. (*detritus*). Désigne en géomorphologie des matériaux détritiques constitués de fragments de roches produits par l'érosion ou l'action du gel et qui s'accumulent sur le substrat. ◆ **coulée de ~** (*debris flow*) : coulée de sédiments composés de débris clastiques mêlés à un mélange d'eau et de boue qui se déplace lentement sur une pente en fonction de la gravité et peut couler dans les eaux profondes d'un lac de montagne. ◆ **glissement de ~** (*debris slide*) : glissement de terrain de faible épaisseur constitué par des débris de roche à la suite de fortes précipitations et affectant une faible surface.

débroussaillant, n. m. (*brush killer*). Herbicide utilisé pour détruire la végétation ligneuse buissonnante ou arbustive considérée comme indésirable. Le 2,4,5-T a été par exemple largement utilisé à ce titre en sylviculture. ***(Voir aussi Herbicides, 2,4,5-T)***

décantable, adj. (*setteable*). Désigne les matières en suspension contenues dans une eau susceptible de subir la décantation.

décantation, n. f. (*settling*). Phénomène consistant en un dépôt par le jeu de la gravité des particules contenues dans un liquide qui se sédimentent en conséquence au fond d'un récipient. Il est mis à profit dans une phase initiale du traitement des eaux résiduaires.

décanteur, n. m. (*settling tank*). Appareil dans lequel s'effectue la sédimentation des boues activées dans une station d'épuration biologique. Ces boues sont ensuite en partie recyclées dans le bioréacteur dans lequel s'effectue la dégradation par voie bactérienne des matières organiques fermentescibles. ***(Voir aussi Boues activées, Stations d'épuration)***

Décapodes, n. m. (*Decapoda*). Ordre le plus évolué des Crustacés, pourvus de cinq paires de pattes. Les crevettes, les crabes, les homards et les langoustes constituent les groupes les plus connus de cet ordre. Les Décapodes possèdent en général des larves pélagiques qui viennent ensuite se fixer sur le fond pour achever leur développement. Selon le cas, les adultes se reproduisent en milieu benthique ou redeviennent pélagiques (cas des crevettes Pénaeides par exemple).

décharge(s), n. f. (*dumping site*, *landfill*). Zones dans lesquelles sont déposés des déchets domestiques ou industriels. En principe, de telles installations sont localisées, tout au moins en ce qui concerne les décharges dites contrôlées, là où le substrat géologique est imperméable afin d'éviter de polluer les nappes phréatiques. ◆ **~ contrôlée** (*sanitary landfill*) : décharge faisant l'objet d'une surveillance régulière afin d'éviter une pollution de l'environnement par les déchets qui y sont stockés.

Dans l'Union européenne, une directive prévoyait la fermeture de toutes les décharges dites « contrôlées » en 2002, les déchets urbains devant alors être traités par des méthodes plus efficaces de neutralisation. Seuls les déchets chimiques ultimes peuvent depuis lors être stockés dans des décharges de catégorie I qui feront l'objet d'une surveillance accrue. En l'absence de solutions alternatives prévues en temps utile, cette directive n'a pas été mise en œuvre en France, tant s'en faut, dès cette date. En outre, le grand nombre de décharges anciennes, plus ou moins inventoriées présentes dans notre pays – plus de 3 000 *a minima* – continuera à être la cause d'une contamination pernicieuse des eaux souterraines, voire de surface, à une échelle de temps à tout le moins séculaire. (***Voir aussi Déchets, Pollution des eaux***) ◆ **pollutions par les ~ d'ordures ménagères** : en pratique, outre que les décharges dites contrôlées ont souvent été implantées de façon anarchique et sans souci réel de la protection des eaux et des sols, de nombreuses décharges dites « sauvages » se sont multipliées jusqu'à une période récente de sorte que la plupart des pays industrialisés sont aujourd'hui confrontés à des situations ingérables.

Les dépôts d'ordures « sauvages » et aussi les dites décharges « contrôlées », sont la source d'une grave pollution de l'air, des eaux et des sols. Les feux mis à ces décharges dégagent, par suite de combustions incomplètes, d'importantes quantités de gaz et de particules toxiques (dioxines, PCB, mercure, cadmium, etc.). De plus, le ruissellement et le lessivage de ces décharges sont la source de « lixiviats » toujours fortement pollués et qui renferment parfois de redoutables contaminants. Ces lixiviats peuvent provoquer occasionnellement une forte pollution des eaux continentales, en particulier des nappes phréatiques, contraignant à entreprendre de coûteux travaux de confinement et parfois de décontamination des aquifères qu'ils polluent. Ces décharges de déchets urbains dites « contrôlées », en réalité pendant longtemps effectuées de façon anarchique – même pour les ordures de grandes cités – constituent donc une menace permanente pour les sols et les eaux superficielles et souterraines.

Un autre effet secondaire de ce genre de mise en décharge est la prolifération spectaculaire de certains animaux anthropophiles : goélands, mouettes rieuses, corvidés, rats qui se sont mis à pulluler en tirant partie de cette immense manne de nourriture. Les animaux concernés concurrencent ensuite la faune endémique constituée d'espèces d'oiseaux d'eau et de rivage parfois rares comme on a pu le voir en France avec les goélands dans la Réserve Naturelle de Camargue ou encore en Bretagne ou en Normandie.

Au cours des deux dernières décennies s'est peu à peu imposée une gestion plus cohérente de ces décharges, concentrées dans un nombre plus limité de sites avec un minimum de surveillance environnementale, en particulier des lixiviats dus à l'infiltration des eaux de pluie qui sont susceptibles de contaminer les nappes phréatiques. Toutefois, la mise en œuvre de la directive européenne prévoyant l'interdiction totale de la mise en décharge (sauf pour les déchets chimiques dits ultimes) soulèvera de difficiles problèmes quand on songe par exemple que la deuxième communauté urbaine de France, celle de Marseille, met encore en décharge en plein air ses ordures municipales dans la plaine de la Crau, sur un immense site situé à quelques dizaines de kilomètres vers l'ouest de cette ville.

◆ **~ de déchets chimiques dangereux** : le problème des décharges de déchets chimiques dangereux est encore plus redoutable et soulève depuis deux décennies de graves préoccupations dans les pays industrialisés. Beaucoup de ces décharges, dites de classe 1, qui renferment ces déchets combinant souvent forte toxicité et grande persistance, constituent de nos jours de véritables bombes à retardement chimiques. En effet, jusqu'à présent, la façon dont on s'est débarrassé des déchets urbains et industriels s'est faite de

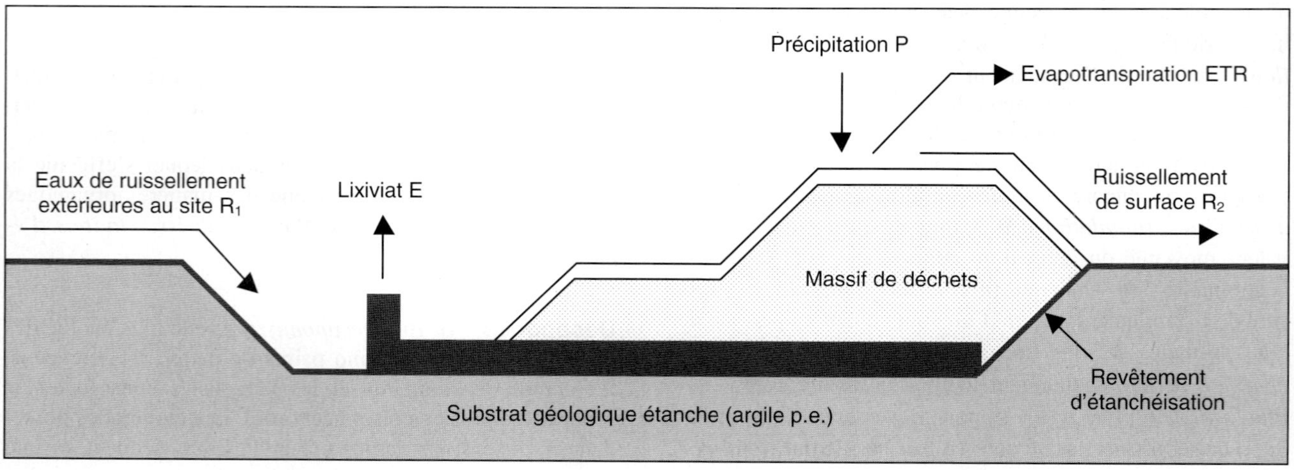

Schéma d'une coupe de **décharge** contrôlée montrant les diverses sources de contamination des eaux et les dispositifs destinés à éviter une pollution des nappes phréatiques. Les lixiviats du massif de déchets doivent être récupérés et épurés ou, à tout le moins, neutralisés pour éviter une contamination des eaux superficielles ou, pis encore, celle des nappes phréatiques. (In Ramade F., *Dictionnaire encyclopédique des pollutions*, Ediscience international, 2000, p. 126)

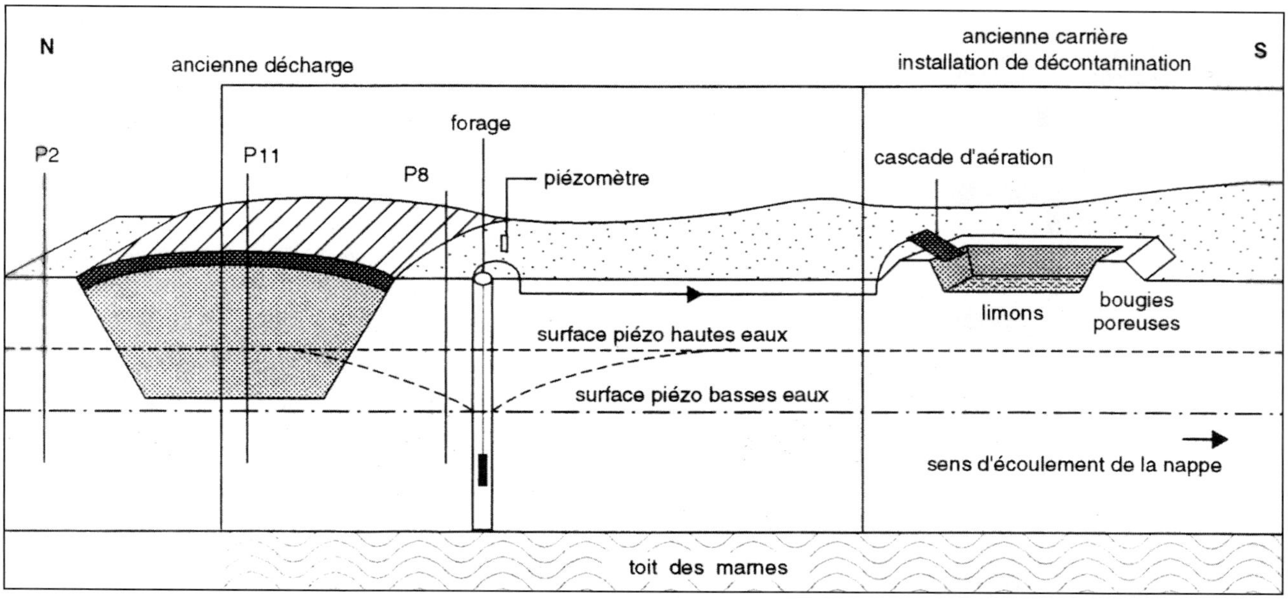

Exemple de pollution des eaux souterraines par une **décharge** et dispositif de décontamination de la nappe polluée. Il s'agit ici d'une ancienne décharge d'ordures ménagères de la communauté lilloise située dans une carrière de craie perméable et dans laquelle ont été entassés quelque 3,5 millions de tonnes d'ordures ménagères. La manipulation a consisté à recouvrir la décharge qui contaminait la nappe par lessivage des déchets enfouis. Un puits de pompage achemine les eaux de la nappe dans un bassin de lagunage où les eaux polluées sont réinfiltrées après aération (dispositif à droite du dessin). (D'après BRGM, in Guillemin et Roux, *Pollution des eaux souterraines en France*, Ed. du BRGM, 1994, p. 208)

manière irresponsable et a déjà conduit à de véritables catastrophes écologiques.

Le PNUE estimait déjà à la fin des années 1980 que 50% des déchets chimiques dangereux étaient entassés dans des décharges inadéquates, voire même 70% d'entre eux dans le cas des États-Unis ! Dans ce même pays, le coût de la décontamination des décharges chimiques dangereuses se chiffrerait en centaines de milliards de dollars. La seule dépollution des décharges du site de l'arsenal des Montagnes Rocheuses – une des anciennes installations de production des armes chimiques aux USA – est estimée à 30 milliards de dollars! ***(Voir aussi Déchet, Lixiviat, Lixiviation)***

déchets, n. m. (*wastes*). Ensemble des résidus se présentant sous forme solide, voire liquide, lorsqu'ils sont contenus dans des récipients réputés étanches qui résultent des diverses activités humaines : domestiques, industrielles et agricoles. En revanche, on parle d'effluents pour désigner les eaux usées domestiques ou industrielles rejetées dans les émissaires d'égouts, les cours d'eau ou la mer. ◆ ~ **dangereux** (*hazardous wastes*) : désigne l'ensemble des déchets chimiques présentant un fort pouvoir de pollution toxique et ceux de l'industrie nucléaire. ◆ ~ **industriels** (*industrial wastes*) : de nature très variée, on les divise en deux groupes : les déchets industriels dits banals (DIB) collectés soit avec les ordures ménagères mais pour la majorité d'entre eux (94 %) par une collecte spécifique et les déchets industriels dits spéciaux (DIS) non compris les déchets sidérurgiques et miniers, qui sont constitués en grande partie de substances polluantes potentiellement très toxiques; ces déchets devraient faire l'objet d'un stockage en décharges spécialisées (leur mode de gestion et leur existence dans des décharges internes aux entreprises est à la source de préoc-

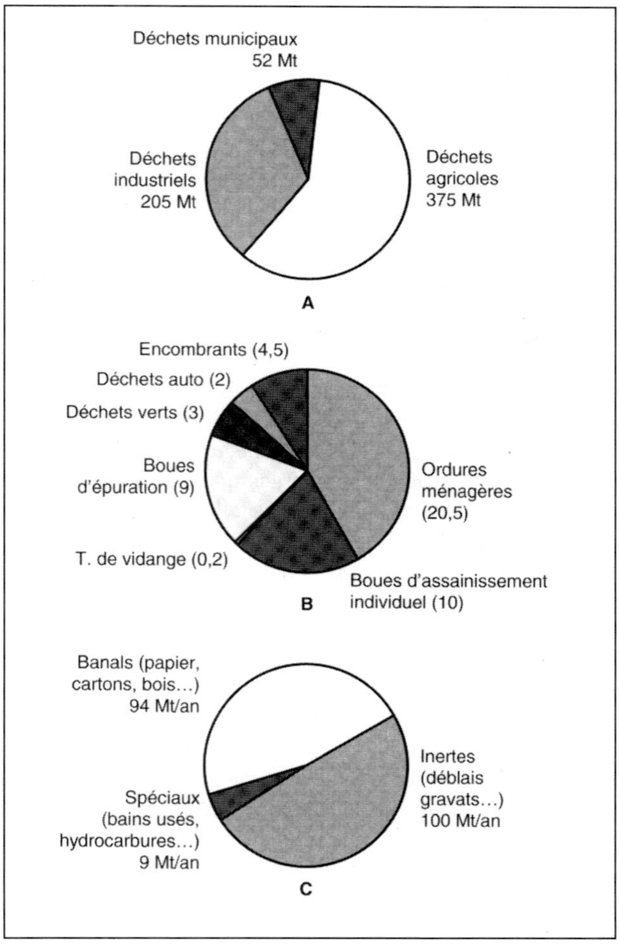

Répartition des diverses catégories de **déchets** produits en France. **A**. Total. **B**. Ordures ménagères. **C**. Déchets industriels. (D'après IFEN, op. cit, 1998, p. 184, mais modifié)

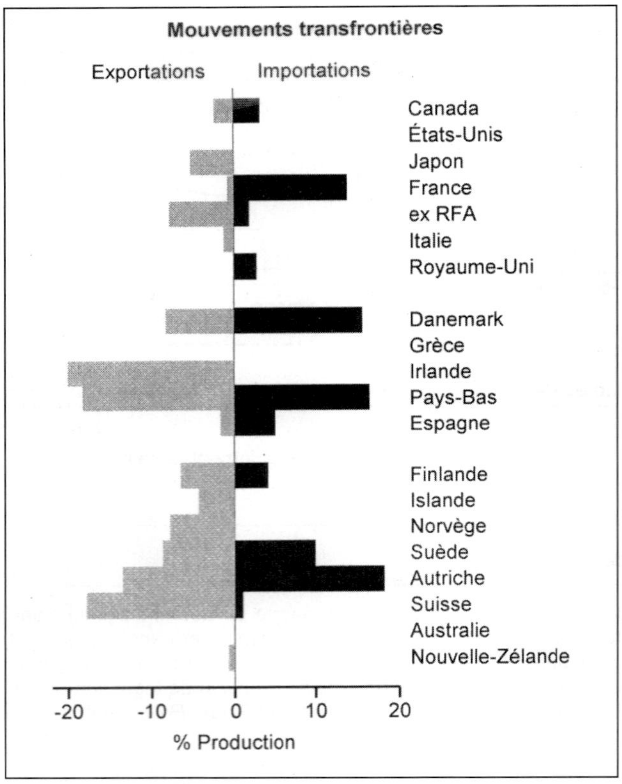

Bilan des mouvements transfrontières de **déchets** chimiques dangereux dans les principaux pays de l'OCDE exprimés en pourcentage par rapport à la production nationale. (D'après OCDE, in Ramade F., *Écologie appliquée*, Ediscience international, 5e ed., 1995, p. 232)

cupantes incertitudes). ◆ ~ **nucléaires** : voir Nucléaire. ◆ **nature et volumes des ~** : **1. Nature**. La civilisation technologique contemporaine génère une quantité croissante de déchets dont certains sont quasi inaltérables et (ou) possèdent une forte toxicité ou un risque de transmission d'affection microbienne donc un potentiel de pollution considérable.

On distingue trois catégories de déchets : *domestiques* (ordures ménagères par exemple), *agricoles* et *industriels*. Les deux premiers types sont biodégradables car ils sont surtout constitués de matières organiques. En revanche, les déchets des industries minières, métallurgiques, chimiques et *a fortiori* nucléaires renferment des résidus non biodégradables voire inaltérables, dont la toxicité peut être catastrophique. Certains composés, tels les dioxines, cumulent même les particularités d'être non dégradables et extrêmement toxiques! **2. Volume**. Les déchets domestiques et agricoles représentent des volumes considérables. Ainsi la production de déchets de l'agriculture américaine excédait à elle seule 1,4 milliard de tonnes par an au début des années 1990. Les déchets urbains soulèvent aussi des problèmes spécifiques car leur « production » se concentre sur de faibles surfaces. En outre, les ordures ménagères constituent par leur volume considérable une préoccupation majeure pour la protection de l'environnement. Aux États-Unis, par exemple, au début des années 1990, la production totale de déchets solides s'élevait à 3,5 milliards de tonnes par an dont 208 millions de tonnes/an d'ordures ménagères soit 1,8 kg/personne/jour.

En France, la production annuelle de déchets s'élevait en 1998 à quelque 375 millions de tonnes de déchets agricoles, 105×10^6 t de déchets industriels, auxquels il faudrait ajouter 100 millions de tonnes de déchets inertes du BTP et des industries extractives (mines par exemple), $22{,}5 \times 10^6$ t de déchets des collectivités, et quelque $24{,}5 \times 10^6$ t d'ordures ménagères !

◆ ~ **toxiques** (*toxic wastes*) : les plus redoutables des divers déchets produits résultent des industries chimiques et éventuellement métallurgiques – en dehors des résidus nucléaires qui font l'objet de traitements spécifiques dans les pays de l'OCDE. Parmi les plus toxiques des déchets chimiques dits « spéciaux » figurent les huiles usées, les déchets solides et liquides contenant des PCB, ceux provenant de la production et de l'utilisation de résines et de latex, de peintures et de pigments, de solvants organiques, de matériaux photographiques, les déchets de traitement des métaux et des plastiques, ceux des hôpitaux et des activités pharmaceutiques, enfin et non des moindres, les résidus de fabrication de molécules biocides en particulier de pesticides (insecticides, herbicides, fongicides, etc.).

La production de déchets industriels, quoiqu'aujourd'hui encore mal évaluée, est considérable. Elle excédait 2,1 milliards de tonnes par an pour l'ensemble du monde au début des années 1990, dont 340 millions de tonnes de déchets chimiques dangereux. Sur ce total, les pays de l'OCDE « généraient » 1,43 milliard de tonnes dont 309×10^6 t de déchets chimiques dangereux, l'Europe de l'Est 560×10^6 t, dont 19×10^6 t de déchets chimiques. Cette production de déchets industriels s'est accrue de 50% entre 1980 et 1990 ! D'autres estimations avancent des quantités encore supérieures, excédant 2,6 milliards de tonnes par an ! Ainsi, au milieu des années 1980, les déchets dangereux produits par la seule industrie américaine étaient de l'ordre de 265×10^6 t par an, ils s'élevaient à plus de 300×10^6 t/an au tout début des années 1990! Au cours des années 1980, la production allemande de déchets chimiques toxiques était de 5 millions de tonnes par an et celle de la France de 2 millions de tonnes. Notre pays en exportait 50 000 t/an mais en importait dans le même temps 250 000 t ce qui faisait de la France l'un des plus grands importateurs nets de déchets chimiques toxiques, avec une balance des flux largement excédentaire. De même, l'OCDE estimait en 1980 que les déchets produits par l'industrie nucléaire s'élevaient à 10 milliards de curies par an. Cette valeur pourrait dépasser 50 milliards de curies d'ici 2010!

◆ **gestion et traitement des ~** (*wastes management and processing*) : les déchets soulèvent des problèmes de plus en plus considérables par suite de leur masse cumulée nécessairement croissante et de la redoutable toxicité de certains d'entre eux.

Les *rejets en mer*, auxquels certains pays ont eu recours à vaste échelle sont de nos jours interdits par les conventions internationales. Cependant, de nombreux pays déchargent actuellement toujours dans les océans leurs déchets industriels ou encore urbains – en particulier sous forme de boues contaminées – et certains déchets nucléaires de basse activité. Ces pratiques sont même le fait d'États signataires de la Convention d'Oslo qui prohibe le rejet de déchets chimiques dans le milieu marin. En conséquence on n'a pas

Schéma général des diverses modalités de mise en décharge et de stockage des **déchets** chimiques dangereux. De (1) à (5), les modalités de décharge sont dangereuses pour l'environnement; au contraire de (6) à (9), elles présentent des garanties de protection des sols et des eaux (les chiffres renvoient aux explications fournies dans le texte). (D'après Boraiko, *Nat. Geog.*, vol. 167, 1985, n° 55, p. 322)

observé de baisse des quantités de certains polluants déchargés dans l'océan depuis une quinzaine d'années.

On a aussi constaté une tendance à l'*exportation des déchets*, chimiques en particulier, vers des pays tiers plus complaisants en matière d'environnement. Notons toutefois que la France reste un importateur net de déchets. Cependant, la *mise en décharge* systématique a prévalu largement jusqu'à présent pour les ordures ménagères et les déchets industriels.

L'*incinération* des ordures ménagères et des déchets chimiques dangereux constitue une alternative à la mise en décharge de plus en plus employée. Elle présente l'avantage de consommer peu d'espace et de permettre, dans le cas des ordures ménagères, de récupérer l'énergie générée par les combustions. Toutefois, elle entraîne une incontournable pollution atmosphérique car la combustion ne peut détruire des molécules simples, telles l'acide chlorhydrique, produites par pyrogénation incomplète de certaines matières plastiques. En outre, de redoutables contaminants tels les dioxines ou les dibenzofurans peuvent être générés lors de combustions incomplètes dans des incinérateurs mal réglés. Il s'ensuit une contamination des écosystèmes terrestres et aquatiques induite par les précipitations qui ramènent des polluants en surface. Enfin, l'incinération engendre des déchets dits fatals (cendres, mâchefers renfermant des métaux très toxiques), qui doivent être stockés dans des décharges adaptées.

L'utilisation des mâchefers produits par les incinérateurs pour la construction de remblais routiers constitue par ailleurs une menace pour les cours d'eaux et les nappes phréatiques.

La meilleure solution au problème des ordures ménagères tient en la pratique du *compostage* associée au *tri sélectif* et au *recyclage*. Celui-ci constitue en effet la meilleure forme d'élimination des déchets. Il est déjà mis en œuvre dans un certain nombre de pays réputés les plus avancés et concerne en particulier les papiers, les emballages, certaines matières plastiques, le verre et divers métaux non ferreux tel l'aluminium utilisé comme emballage de boissons et autres produits alimentaires. Cependant, cela exige un tri préalable des matériaux non biodégradables et (ou) toxiques : matières plastiques, verres, emballages métalliques, piles électriques, etc. ◆ **gestion des ~ chimiques dangereux** : elle soulève d'inquiétants problèmes de contamination : le stockage en surface de déchets liquides ou solides, leur injection dans des couches géologiques profondes réalisée en l'absence d'étude sérieuse de sûreté, de même qu'une incinération mal effectuée, peuvent contaminer voire détruire des récoltes, polluer les nappes phréatiques, les eaux superficielles et les sols par le jeu des précipitations, du lessivage et de l'infiltration.

Les solutions résident dans la destruction des déchets chimiques les plus redoutables et leur injection, ou mieux leur stockage en containers dans des couches géologiques imperméables, avec contrôle permanent pour déceler une éventuelle pollution due à une fuite. ***(Voir aussi Décharges, Incinérateur, Phréatique, Pollution atmosphérique, Pollution des eaux)*** ◆ **~ liquides** (*liquid wastes*) : il s'agit d'effluents industriels extrêmement toxiques, essentiellement produits par l'industrie chimique qui ne peuvent être déversés, même après dilution, dans les eaux superficielles. De tels déchets doivent être nécessairement neutralisés dans des stations d'épuration spécialement conçues en fonction de la nature chimique des déchets concernés. Il est toujours préférable et parfois nécessaire d'effectuer le traitement sur le site même où de tels déchets sont produits. ***(Voir aussi Décharge, Dioxine, Incinérateur, Lixiviation)***

déchetterie, n. f. (*recycling warehouse*). Installation de caractère professionnel qui a pour objet la collecte des déchets d'origine domestique ou industrielle à des fins de recyclage.

décibel, n. m. (*decibel*). Unité d'intensité sonore qui a pour valeur le dixième d'un bel. L'intensité I d'un son dépend de sa pression sonore p :

$$I = k\,p^2 \qquad (1)$$

Le niveau d'un son Y correspond au rapport de son intensité I_y à la valeur I_1 qui représente la plus faible pression sonore perçue p_1. On aura donc :

$$Y = I_y / I_1$$

sachant que pour l'oreille humaine $p_1 = 10^{-3}$ bar et que la plus forte pression audible $p_2 = 10^3$ bars, on calcule avec (1) que $I_2 / I_1 = 10^{12}$.

Comme il s'agit d'un nombre énorme, on prend le Log_{10} de cette valeur soit 12 qui traduit en bels la différence de niveau physique de ces sons extrêmes. En pratique, on prend comme unité un sous-multiple, le décibel (dB), qui est le dixième du bel. Il existe donc un écart de 120 décibels à la fréquence de 1 000 hertz (valeur moyenne des sons audibles entre la pression sonore la plus forte (p_2) et la plus faible (p_1) qui soit perceptible par l'oreille humaine).

Le niveau physique d'un son se mesure en décibels en le rapportant à la valeur minimale de l'intensité sonore perceptible prise par convention de valeur 1 (intensité sonore $I_1 = 1$).

Si p est la valeur de la pression sonore d'un son d'intensité I_y, le niveau sonore Y de ce son exprimé en décibel sera : $Y = 10\ \text{Log}_{10}(I_y / I_1)$. Comme par convention $I_1 = 1$, on déduira de (1) :

$$Y = 10\ \text{Log}_{10}\ p^2 = 20\ \text{Log}_{10}\ p \qquad (2)$$

(Voir aussi Bel, Bruit)

décidue, adj. (*deciduous*). Désigne une espèce ou une communauté végétale aux feuilles caduques qui perd son feuillage pendant la saison hivernale ou en saison sèche pour les biotopes tropicaux. ***(Voir aussi Caducifolié, Forêt)***

Déclaration de Fontainebleau (*Fontainebleau Declaration*). Déclaration faite par l'UICN à Fontainebleau en 1998 à l'occasion de son 50e anniversaire, dans laquelle sont rappelés les grands principes qui justifient l'importance de la conservation de la nature et de sa mise en œuvre pour l'avenir de l'humanité.

décomposeurs, n. m. (*decomposers*). Groupe d'êtres vivants constitué par l'ensemble des champignons et des micro-organismes des sols ou des biotopes aquatiques qui décomposent et minéralisent les fragments végétaux morts : bois et litière, excrétas et cadavres des animaux. L'ensemble est désigné sous le terme général de matière organique morte.

décomposition, n. f. (*decomposition*). Processus par lequel s'effectue la dégradation et la minéralisation des matières organiques mortes dans les écosystèmes terrestres ou aquatiques, leur transformation en molécules plus simples et cela jusqu'à leur minéralisation complète.

décontamination, n. f. (*decontamination*). Procédure consistant à éliminer un polluant d'un biotope ou d'un habitat ou encore de locaux individuels ou collectifs. La décontamination des écosystèmes aquatiques est une opération difficile. Il a parfois été entrepris de curer les sédiments d'une section de cours d'eau ou d'un lac présentant une forte contamination par des composés chimiques persistants. Malgré les résultats positifs obtenus, ce type de mesure curative devient économiquement impossible voire techniquement irréalisable dès lors que l'étendue des milieux contaminés devient trop importante. ◆ **~ des aquifères pollués** : voir Dépollution.

défaunation, n. f. (*defaunation, fauna removal*). Élimination totale de la faune sur une aire ou un territoire donné. Cette dernière peut être intentionnelle dans certaines recherches d'écologie. Ainsi, les études sur la biodiversité des forêts pluvieuses tropicales sont réalisées par traitement d'un arbre isolé avec un insecticide total.

défens, n. m. (*exclosure*). Aire parfois étendue de forêt ou de prairie naturelle protégée par une clôture ou tout autre obstacle infranchissable par le bétail afin que les herbivores domestiques ne dégradent pas ces habitats par surpâturage. ***(Voir aussi Surpâturage)*** ◆ **mettre en ~** (*fencing*) : construction d'une clôture destinée à empêcher la pénétration du bétail dans une zone à préserver du broutage de ce dernier.

défenses, n. f. (*tusks*). Incisives très développées de divers Mammifères, en particulier des Proboscidiens. Elles peuvent faire défaut chez les femelles de l'éléphant de l'Inde.

déferlement, n. m. (*surf*). Phénomène se traduisant par le basculement des vagues au niveau d'une rupture de pente au voisinage des côtes ou sur des hauts fonds.

défeuillaison, n. f. (*leaves fall*). Chute des feuilles qui survient chez les arbres à feuillage caduc à l'approche de la saison défavorable : hiver dans les pays tempérés, saison sèche dans les zones où croissent les forêts tropophiles. La défeuillaison des arbres qui croissent aux moyennes latitudes n'est pas commandée par la venue du froid. Elle dépend de la photopériode et survient à l'automne sous l'influence du raccourcissement de la durée du jour qui induit chez les végétaux la sécrétion d'une substance, l'abscissine, qui provoque l'étiolement des feuilles.

déficit, n. m. (*deficit*). Désigne le fait qu'un paramètre ou un facteur environnemental présente une valeur insuffisante par rapport à celle qui permet un déroulement normal d'un processus écologique fondamental. ◆ **~ de saturation** : désigne en climatologie la différence entre la valeur de saturation de l'hygrométrie atmosphérique et celle effectivement observée ◆ **~ hydrique d'un sol** : mesure de la différence entre la capacité au champ et la valeur effective de l'humidité présente.

défoliants, n. m. (*defoliants*). Groupe d'herbicides utilisés pour détruire le feuillage des arbres forestiers. Parmi ces derniers, les herbicides dérivés de l'acide phénoxyacétique et autres mimétiques d'auxines tels le 2,4,5-T et le pichloram occupent une place privilégiée. En effet le premier fut utilisé pendant la guerre du Vietnam à raison de plus de 20 000 t sous le nom d'agent orange, mélange de 2,4,5-T et de 2,4-D dans les proportions 60-40.

Le pichloram, quant à lui, est le plus puissant des défoliants agissant à des concentrations aussi faibles que 6 g/ha!

L'usage des défoliants dans les écosystèmes forestiers tropicaux présente des conséquences catastrophiques : érosion des sols dénudés et transformation de ces derniers en une cuirasse latéritique stérile qui ne peut être recolonisée dans un intervalle de temps prévisible par la végétation forestière. ***(Voir aussi Déforestation, Herbicides, Mangrove, 2,4,5-T)***

défoliateur(-trice), n. m. (*defoliator*). **1.** Désigne une substance défoliante (syn. de défoliant). **2.** Désigne des insectes phytophages dont la prolifération est susceptible d'éliminer le feuillage d'un arbre ou de tout autre végétal.

défoliation, n. f. (*defoliation*). Phénomène se traduisant par la perte partielle ou totale du feuillage chez une plante.

déforestation, n. f. (*deforestation*). Ce terme désigne l'ensemble des processus par lesquels l'homme détruit les écosystèmes forestiers. Elle a commencé dès les époques les plus anciennes de la période historique, affectant la Chine et le Bassin méditerranéen, puis l'Europe tout entière et ultérieurement l'Amérique du Nord tempérée – dès les débuts de la colonisation européenne au commencement du XVIIe siècle.

La déforestation s'effectue de nos jours à un rythme soutenu dans l'ensemble du monde et atteint par ses conséquences les dimensions d'une catastrophe écologique globale. Selon des données recueillies par satellite au cours de la dernière décennie, la déforestation affectait en moyenne plus de 100 000 km^2 par an dans le monde de sorte que 90% des forêts tropicales existant encore de nos jours pourraient à ce rythme disparaître d'ici le milieu du XXIe siècle. Dans la seule année 1998, certes exceptionnelle, les incendies ont détruit 90 000 km^2 de forêts pluvieuses tropicales dans la seule Indonésie. De même, après un relatif répit, la déforestation a repris en Amazonie vers la fin des années 1990. À l'échelle globale, on estimait en 1997 que 80% de la surface totale de forêts que comptait initialement la biosphère aux débuts de la civilisation humaine ont été soit détruits soit dégradés soit au minimum fragmentés!

◆ **principales causes de ~** : ces dernières tiennent en la surexploitation des forêts, l'incendie et (ou) la mise en culture.

– La *surexploitation des forêts* a pour cause à la fois la coupe pour la consommation de bois comme combustible et la production de bois à des fins industrielles, celle-ci constituant la cause quasi unique de déforestation dans les pays développés.

La consommation de bois de chauffe, seule source d'énergie pour de nombreux habitants du Tiers monde, atteignait à la fin des années 1990 environ 2 milliards de m^3 par an soit plus de 50% de la consommation mondiale totale de bois! En 1999, la demande mondiale de bois était estimée *a minima* supérieure de 36% à ce qu'elle était en 1970.

Dans de nombreux pays du Tiers monde autrefois couverts de forêts tropophiles, la quête incessante de bois de chauffe constitue une cause essentielle de déforestation et ultérieurement de désertification, le prélèvement de bois s'effectuant à un taux nettement supérieur à la croissance des forêts c'est-à-dire qu'il excède largement la productivité nette ligneuse. Tel est le cas de très vastes contrées en Afrique et

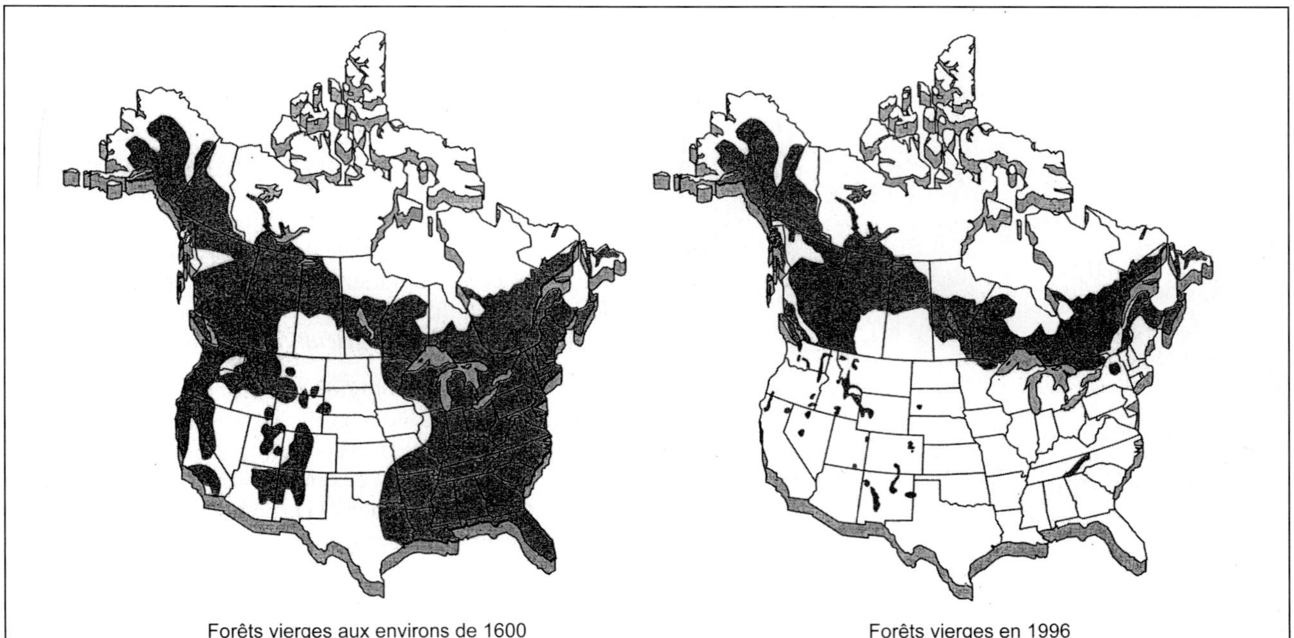

La **déforestation** en Amérique du Nord tempérée : comparaison de la surface couverte par des forêts à l'arrivée des Européens et de nos jours. On constate que les États-Unis ont perdu en quatre siècles la majorité de leur surface forestière primitive. Bien que celle-ci ait été mieux conservée au Canada, la biomasse sur pied actuelle n'y est plus que d'environ le tiers de ce qu'elle était à l'origine de la colonisation. (In Miller, *Living in the environment*, op. cit., 1998, p. 282)

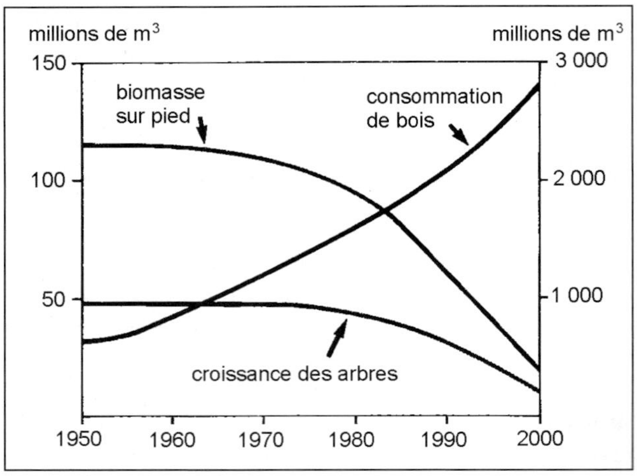

Déforestation due à la surexploitation de la forêt pour le bois de chauffe au Soudan. Depuis la fin des années 1960, la coupe excède nettement la productivité annuelle. (D'après Brown et Wolff, in Ramade F., Les *catastrophes écologiques*, McGraw-Hill, 1987, p. 98)

dans le sous-continent indien où la destruction totale des forêts de certains États conduit les populations locales à utiliser les bouses d'animaux domestiques comme combustible... ce qui contribue à appauvrir progressivement les sols cultivés.

À cela s'ajoute l'abattage des forêts pour la production de bois d'œuvre et de pâte à papier, cause d'une surexploitation des forêts boréales de conifères.

– L'*incendie et (ou) la mise en culture*. L'incendie suivi ou non de défriche pour la mise en valeur agricole ou pour la transformation des zones boisées en pâturages représente une cause majeure de déforestation.

Déforestation due aux incendies de forêts dans le midi de la France. Allumés en général à l'apogée de l'été, les incendies de forêts méditerranéennes détruisent non seulement l'humus mais la totalité de la matière organique présente dans les couches superficielles des sols. Il en résulte une profonde altération de la structure physico-chimique édaphique voire une squelettisation des sols, avec pour conséquence une diminution considérable de leur aptitude à regénérer les boisements détruits. (Cliché F. Ramade)

Dans les forêts méditerranéennes par exemple, la pratique des feux allumés par les pasteurs à la fin de l'été pour favoriser la repousse des plantes herbacées joue un rôle majeur dans la régression de ces boisements. S'y ajoutent maintenant les incendies liés à la surfréquentation touristique.

L'usage intentionnel du feu pour détruire la forêt s'observe systématiquement dans les zones de forêts tropicales.

L'incendie constitue de nos jours une cause majeure de **déforestation** dans les forêts tropicales. Ici est figurée une vue aérienne d'un secteur de l'Est de Bornéo détruit par le grand incendie de 1983. (Cliché E. Dutrieux)

En Amazonie, des surfaces pouvant atteindre voire excéder 100 000 km^2 par an de forêts et au total quelque 620 000 km^2 dans la période 1980-1990, ont été détruites au cours des dernières décennies pour une « mise en valeur » agricole ou pour les transformer en pâturages extensifs, surfaces rapidement transformées en cuirasse latéritique stérile dans la plupart des cas.

Un autre facteur important de destruction des forêts tropicales résulte de l'extension de la culture itinérante, encore dénommée culture sur brûlis, pratiquée par les populations aborigènes dont les effectifs s'accroissent au rythme de l'explosion démographique du Tiers monde. Le PNUE estimait à la fin de la dernière décennie qu'entre 1980 et 1995 l'ensemble des pays en voie de développement avaient perdu, toutes causes de destruction confondues, près de 10% de leur surface forestière, entièrement constituée de forêts tropicales. ***(Voir aussi Agriculture, Savane)***

◆ **conséquences écologiques de la ~** : la déforestation provoque de profondes perturbations du cycle de l'eau car les forêts, par leur évapotranspiration, jouent un rôle majeur dans le régime des pluies. Ce phénomène est extrêmement important dans les forêts tropicales où la majorité des précipitations proviennent de l'évapotranspiration des arbres. On a pu par exemple démontrer que dans le bassin du Congo, sur 1 510 mm de précipitations annuelles moyennes, 1 173 mm proviennent de la recondensation de l'eau évapotranspirée par les arbres et seulement 337 mm des dépressions océaniques. On trouve des proportions comparables pour le bassin amazonien ce qui a fait dire que la destruction de ses forêts

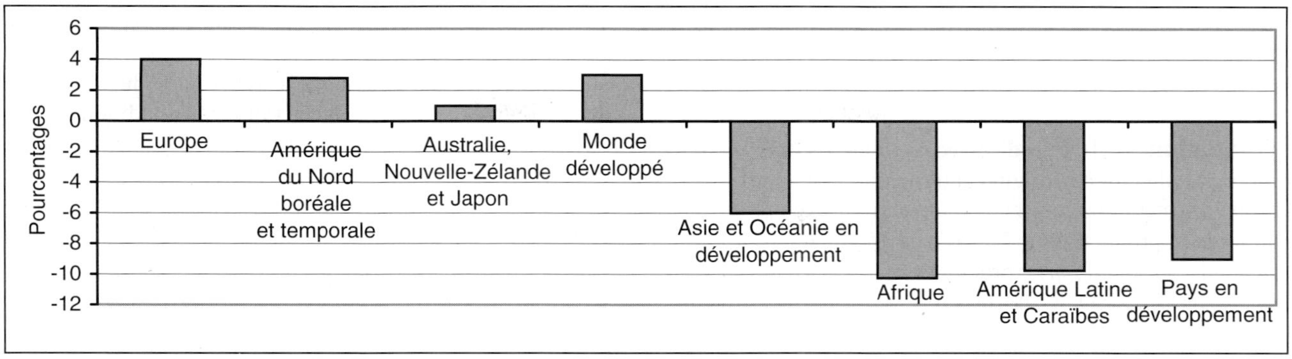

Fluctuation des surfaces forestières entre 1980 et 1995 dans les différentes régions du monde. On constate le niveau catastrophique atteint par la **déforestation** dans l'ensemble des pays réputés en voie de développement. 10% des surfaces couvertes de forêts ont disparu en à peine quinze années en Afrique et en Amérique latine. Quant aux pays développés, les statistiques font illustion car l'accroissement des surfaces forestières par des plantations masque en fait la diminution de biomasse sur pied due à l'exploitation intensive du bois, en particulier des forêts boréales climaciques, pour la production de papier. (D'après World Resources Institute, op. cit., septembre 2000, p. 91)

ferait passer l'Amazonie « de l'enfer vert au désert rouge ».

La déforestation accroît beaucoup le ruissellement, d'où une considérable érosion des sols. Elle provoque aussi une perte importante d'éléments minéraux nutritifs dissous et lessivés dès les premières pluies. La déforestation est en outre toujours la cause d'une forte érosion des sols quel que soit le biome forestier considéré, aussitôt que les pentes excèdent 5%.

Enfin, dans les pays tropicaux, les sols forestiers dénudés par la coupe de la forêt se transforment rapidement en une

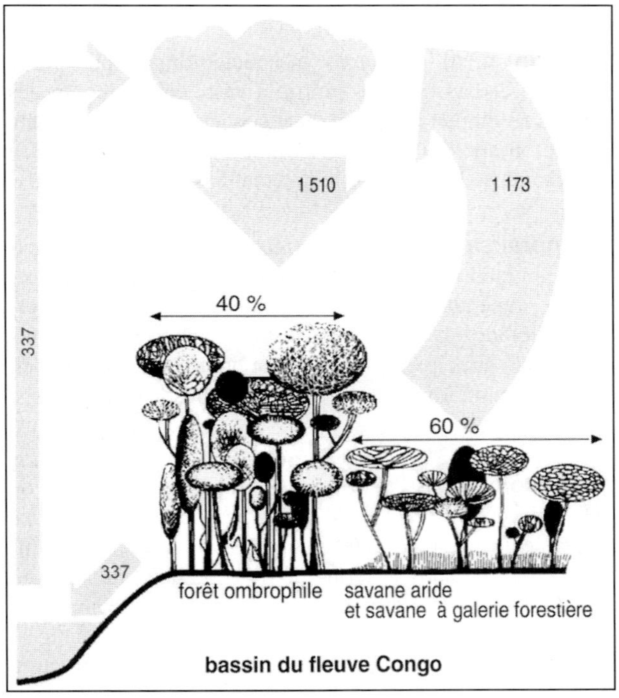

Cycle de l'eau dans le bassin du Congo. On constate que, sur une hauteur d'eau moyenne annuelle de 1 510 mm, quelque 1 173 mm, soit environ 77%, proviennent de l'évapotranspiration de la biomasse ligneuse. En conséquence, la **déforestation** totale de ce bassin conduirait à une baisse de précipitation qui rendrait les conditions climatiques comparables à celles qui prévalent en zone sahélienne. (D'après Duvigneaud, in Ramade F., *Écologie fondamentale*, Ediscience international, 2e ed., 1994, p. 329)

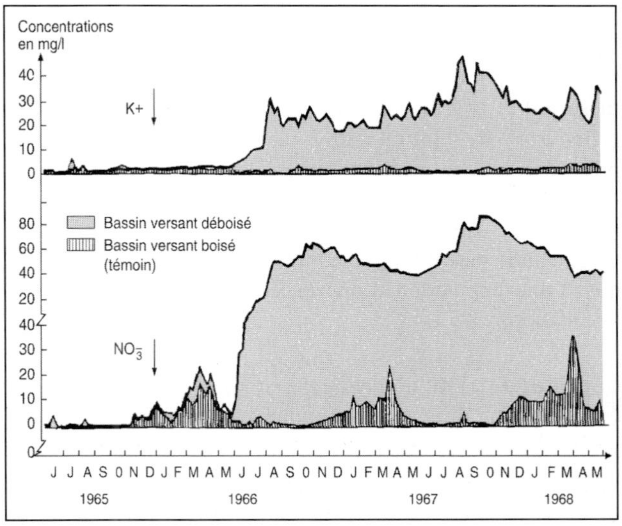

Perte d'éléments minéraux provoquée par la **déforestation** totale d'un bassin versant. La flèche indique la date de la coupe. (D'après Likens et al., in Ramade F., *Dictionnaire encyclopédique des sciences de l'eau*, Ediscience international, 1998, p. 150)

cuirasse de latérite stérile. Par suite de cette dégradation pédologique quasi incontournable, la grande majorité des forêts pluvieuses tropicales – environ 90 % – qui croît sur des sols ferralitiques ne peut supporter la défriche pour une utilisation agricole à l'exception des pratiques agroforestières qui ne peuvent s'accommoder de rendements intensifs. ***(Voir aussi Forêt)***

défrichement, n. m. (*land clearing*). Opération consistant à enlever la végétation spontanée couvrant un biotope donné pour mettre en culture la surface concernée. ***(Voir aussi Agriculture, Déforestation, Savane, Steppes, défrichement des)***

dégazage, n. m. (*degazification*). Opération consistant à éliminer les gaz dissous dans l'eau ou dans tout autre liquide par voie mécanique ou chimique. ◆ **~ d'un pétrolier** (syn. : ballastage) (*tanker degazification*) : opération consistant à remplir les réservoirs du navire, après déchargement de la cargaison de pétrole brut – ou éventuellement de produits raffinés – afin d'en chasser le mélange air-hydrocarbures gazeux, puissamment explosif, qui remplit les soutes. (*Voir aussi Pétroliers*)

dégradation, n. f. ◆ **~ d'un écosystème** (*ecosystem dereliction*) : altération d'origine anthropique, qui en affecte à la fois la structure et le fonctionnement (par exemple diminution de la productivité). ◆ **~ d'une phytocœnose** (*plant community degradation*) : processus qui, dans une succession régressive, transforme progressivement une communauté végétale climacique en une formation végétale appauvrie à la fois au plan de la biodiversité et de la biomasse subsistante. ◆ **~ d'un sol** (*soil degradation*) : en pédologie, altération physico-chimique d'un sol pouvant conduire à une acidification, à la perte de nutriments.

dégraissage, n. m. (*degreasing*). Technique utilisée dans les industries mécaniques pour la préparation des surfaces métalliques qui provoque une importante pollution.

degré, n. m. ◆ **~ hygrométrique** (*hygrometric degree*) : mesure de l'hygrométrie relative de l'air. (*Voir aussi Hygrométrie*) ◆ **~ jour** (*degree-day*) : unité utilisée en écophysiologie pour mesurer l'intensité de l'exposition d'un organisme au froid ou à la chaleur. ◆ **~ de recouvrement** (*coverage*) : surface de sol couverte par la projection des parties aériennes d'une plante ou de l'ensemble des individus d'une population d'une espèce végétale donnée dans une station.

dégrillage, n. m. (*degritting, grit removal*). Phase initiale de l'épuration d'un effluent pollué consistant à éliminer les déchets solides et les particules de fort diamètre. (*Voir aussi Épuration, Station*)

déhiscence, n. f. (*dehiscence*). Phénomène par lequel des fruits pourvus d'une enveloppe rigide s'ouvrent spontanément pour libérer leurs graines.

déimatique, adj. ◆ **comportement ~** (*deimatic behavior*) : comportement d'intimidation de certains animaux qui a pour objet d'éloigner ou de dissuader un prédateur potentiel.

delta, n. m. (*delta*). Partie inférieure du cours d'un fleuve au niveau de laquelle il se jette dans la mer – ou dans un lac. Celle-ci est caractérisée par de multiples diverticules – à la différence des estuaires où le cours d'eau reste indivis. Cette zone est caractérisée de façon générale par une accumulation de sédiments sur de vastes surfaces mais avec une très faible dénivelée, l'altitude des deltas excédant rarement quelques mètres. Ces sédiments présentent un gradient de texture, leur granulométrie décroissant de l'amont vers l'aval. Leur géomorphologie (forme, nombre et géométrie des bras fluviaux) dépend de nombreux facteurs : climat, débit et vitesse des eaux, charge en sédiments, vitesse de subsidence du fond marin ou lacustre, et dynamique de l'embouchure fluviale liée à l'énergie des vagues, à la courantologie et aux marées. Les deltas constituent des biotopes aquatiques de très haute productivité biologique. ◆ **classification des ~** : en fonction de ces divers paramètres, on divise les deltas en trois catégories : 1) ceux dont la géomorphologie est dominée par la dynamique fluviale (cas du Pô ou du Mississippi par exemple); 2) ceux qui sont conditionnés par la nature des vagues et des courants côtiers (cas du Nil ou encore du Rhône en Méditerranée); 3) ceux qui sont contrôlés par les marées (cas du Gange ou du Mékong). (*Voir aussi Camargue, Estuaire, Mississippi, Nil, Océan, Productivité, Rhône, Zones humides littorales*)

deltaïque, adj. (*deltaic*). Désigne les caractéristiques propres aux milieux et aux êtres vivants des zones de delta.

deltaméthrine, n. f. (*deltamethrin*). Insecticide du groupe des pyréthroïdes de synthèse. Il constitue à l'heure actuelle le plus puissant et le plus spécifique (ou plutôt le moins non spécifique) des insecticides modernes: les concentrations préconisées en agriculture sont à peine de l'ordre de 5 à 15 g/ha! (*Voir aussi Pyréthroïdes*)

demande, n. f. ◆ **~ biochimique d'oxygène** (*Biological Oxygen Demand*) : voir DBO. ◆ **~ chimique d'oxygène** (*Chemical Oxygen Demand*) : voir DCO. ◆ **~ totale en oxygène** (*Total Oxygen Demand*) : voir DTO.

dème, n. m. (*deme*). Groupe local d'individus d'une espèce donnée qui se reproduisent entre eux, constituant de ce fait une sous-population.

démersal, adj. (*demersal*). Désigne une espèce aquatique qui vit dans les eaux libres mais au voisinage du fond.

déméton, n. m. (*demeton*). Insecticide organo-phosphoré doué d'effets systémiques, utilisé à vaste échelle contre les Insectes Homoptères (pucerons et cochenilles). Il représente l'un des pesticides les plus toxiques pour les vertébrés à sang chaud, sa DL 50 pour le rat étant à peine de 1 mg/kg.

déminéralisation, n. f. (*deionisation*). Procédé permettant l'élimination de la plupart, voire de la totalité, des électrolytes contenus dans une eau naturelle ou dans tout effluent liquide. L'usage des résines échangeuses d'ions constitue le principal procédé utilisé pour cette opération et, dans une moindre mesure, celui de tamis moléculaires à base de zéolites.

démoécologie, n. f. (*demoecology*). Sous-discipline de l'écologie dont l'objet est l'étude des populations et des peuplements naturels. Elle comporte un aspect descriptif, parfois désigné sous le terme de démographie, dont le but est d'analyser quantitativement la structure et la dynamique d'une population en évaluant ses principaux paramètres : effectifs, densité, natalité, mortalité, sex-ratio, structure d'âge, etc.

La démoécologie présente aussi une dimension explicative. Elle a pour but d'interpréter les fluctuations temporelles et spatiales des effectifs observés dans les populations naturelles végétales ou animales, en particulier au travers de l'analyse du rôle de facteurs abiotiques et biotiques tels que la compétition, la prédation et les maladies. (*Voir aussi Population, Stratégies adaptatives*)

démographie, n. f. (*demography*). Discipline dont l'objet est l'étude de la structure instantanée et de la dynamique des populations au plan quantitatif aussi bien dans sa dimension spatiale que temporelle. Souvent pris au sens restrictif c'est-à-dire concernant uniquement les populations humaines, la démographie a pour objet, en toute logique, d'étudier les populations des espèces végétales et animales quelles qu'elles soient. En ce sens, la démographie constitue une subdivision importante de la démoécologie. ◆ **histoire de la démographie humaine** : il y a plus de 2,5 millions d'années, les premiers représentants du genre *Homo* apparurent en Afrique orientale. Au Paléolithique inférieur, les effectifs de nos lointains ancêtres paléanthropiens qui avaient déjà envahi tout l'Ancien Monde comportaient une centaine de milliers d'individus. Il y a cent mille ans, au Paléolithique moyen, le premier million d'hommes fut atteint. Au début du Néolithique, on passait à 25 millions d'habitants et à 133 millions à l'époque romaine. Le premier milliard fut atteint vers 1810, le second en 1930, le quatrième en 1975. L'humanité comptait 6 milliards d'habitants en 1999 et atteindra selon toute vraisemblance, 8 milliards en 2025!

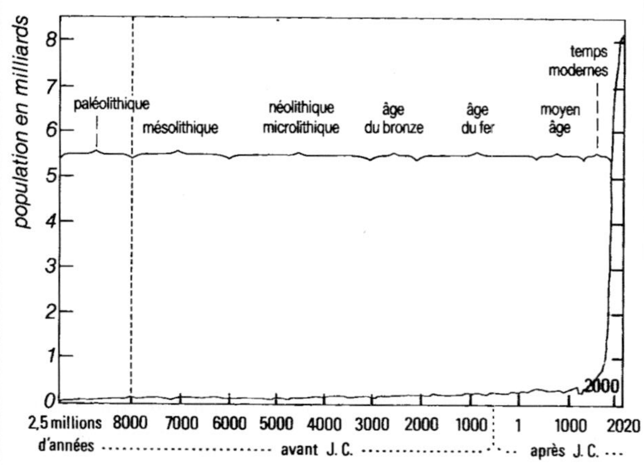

Évolution de la **démographie** mondiale. Accroissement des effectifs des populations humaines de l'Antiquité à nos jours. (D'après *Population Reference Bureau*, op. cit., in Ramade F., *Les catastrophes écologiques*, McGraw-Hill, 1987, p. 23)

La figure ci-dessus représente cette croissance des effectifs humains au cours de la période historique. La lecture du tableau ci-après met en évidence un fait remarquable, qui mieux que tout autre illustre les dimensions littéralement effrayantes de l'explosion démographique contemporaine : notre espèce a mis 2 millions d'années pour arriver à un effectif d'un milliard d'individus, nombre qu'elle a atteint au début du XIXe siècle. À peine 110 années supplémentaires furent nécessaires pour atteindre le deuxième milliard, mais seulement 12 ans ont été nécessaires pour passer du 5e au 6e milliard ! Douze années auront donc suffi pour ajouter ce dernier milliard à la population humaine, durée infime en comparaison des deux millions d'années, sans doute plus, qui s'écoulèrent pour arriver au premier milliard!

Le tableau ci-après montre que le taux de croissance de la population humaine a eu tendance à augmenter de façon irrégulière, certes, mais continue tout au long de l'histoire de l'humanité, induisant de façon concomitante une réduction du temps de doublement de ses effectifs. Cette augmentation s'est même spectaculairement accélérée dans la période 1925-1975, le déclin des taux d'accroissement des pays développés étant plus que largement compensé par la croissance des taux dans le Tiers monde. Aussi, l'arrêt de cette tendance à l'augmentation du taux de croissance démographique de l'humanité ne s'est manifesté qu'en date récente et c'est seulement dans les décennies à venir que le temps de doublement des effectifs commencera à s'accroître de façon significative.

Variation du temps de dédoublement de la population mondiale depuis le Paléolithique supérieur jusqu'à nos jours

Date	Population estimée	Temps de doublement
– 35 000	2,5 millions	
– 10 000	5,3 millions	env. 25 000 ans
– 2 000	133 millions	env. 2 000 ans
– 380 (1620)	500 millions	env. 800 ans
– 180 (1820)	1 milliard	env. 200 ans
– 70 (1930)	2 milliards	env. 110 ans
– 25 (1975)	4 milliards	env. 45 ans
0 (2000)	6,1 milliards	env. 41 ans
+ 25 (2025)	7,8 milliards	env. 50 ans

◆ **état actuel de la démographie mondiale** : la situation démographique mondiale se caractérise à l'heure actuelle par une extrême hétérogénéité. Les quelque 6 milliards d'hommes qui peuplent la biosphère sont répartis de façon fort irrégulière à la surface des continents, encore qu'il n'y ait plus guère de région « sous-peuplée », contrairement à cette opinion insensée, aujourd'hui encore trop répandue chez bien des économistes, des démographes ou encore des

Etat de la démographie mondiale à la mi-2000
(D'après C. Haub et D. Cornelius, *Population Reference Bureau*, Washington, juin 2000)

Région	Population en 10^6 habitants	Taux de croissance en % / an	Temps de doublement en années	Effectifs prévus en 2025 en 10^6 habitants
Afrique	800	2,4	29	1 258
Asie (sauf Chine)	2 420	1,7	40	3 292
Chine	1 264	0,9	79	1 431
Europe	728	– 0,1	–	714
Amérique du Nord	306	0,6	124	374
Amérique latine	518	1,8	39	703
Océanie	31	1,1	65	39
Total mondial	6 067	1,4	51	7 810

sociologues, persistant à ignorer les contraintes écologiques incontournables du développement humain. Il suffit pour cela de songer simplement à la grave crise qui sévit déjà pour deux types de ressources naturelles pourtant indispensables à la survie de l'humanité : l'eau et les terres cultivables. En effet ces dernières ne sont déjà plus disponibles à la hauteur des effectifs démographiques présents dans bien des pays (et plus seulement dans ceux dits en voie de développement – ensemble hétéroclite recouvrant des réalités fort différentes).

De la même façon, le taux de croissance annuel moyen de l'ensemble de l'humanité, soit 1,4% en 2000, recouvre des écarts considérables lorsque l'on examine la réalité propre à chaque continent et *a fortiori*, au niveau régional, celle de tel ou tel pays.

Alors que, dans les pays industrialisés, ce taux est quasi nul parfois même légèrement négatif, il approche, voire excède encore, 3% dans de nombreuses régions du Tiers monde, essentiellement en Afrique subsaharienne (où, en dépit de la pandémie sidaïque, la natalité est encore considérable, le recours à la contraception n'étant le fait que d'une minorité de femmes en âge reproductif), et dans de nombreux pays du monde musulman.

◆ **croissance démographique et dégradation de la biosphère** : la multiplication anarchique de l'espèce humaine constitue, au même titre que son développement technologique, un facteur primordial de dégradation de la biosphère. Bien que le surpeuplement sévisse depuis plusieurs siècles de façon chronique dans certaines régions du continent asiatique, l'accroissement sans cesse accéléré d'une population mondiale déjà trop nombreuse, si l'on prend en considération son impact écologique à long terme sur l'ensemble de la biosphère, représente un fait essentiel, spécifique de notre époque, que l'on a dénommé l'explosion démographique du XXe siècle.

Cette dégradation dépasse déjà par son effet environnemental celui de technologies telles que les usages pacifiques de l'énergie nucléaire.

En 1999, l'humanité a atteint le chiffre fatidique des 6 milliards soit 6 fois plus qu'au début du XIXe siècle et comptait un effectif de 6,1 milliards d'individus à la fin de l'an 2000!

La surpopulation de la biosphère apparaît dans toute son ampleur si l'on songe qu'une densité de 40 habitants par km^2 est déjà atteinte voire dépassée pour l'ensemble des continents émergés, déserts et calottes glaciaires inclus!

À l'action dégradante de multiples technologies mal maîtrisées, aujourd'hui utilisées à vaste échelle tant dans les pays réputés développés que dans le Tiers monde, se surajoute une pression exagérée sur l'espace disponible pour l'agriculture et donc pour la production alimentaire. En outre cette masse humaine d'importance sans cesse accrue surexploite les ressources naturelles renouvelables : pêcheries océaniques, eau douce, terres cultivées, et biomasse ligneuse, la quête incessante de bois pour le chauffage, qui représente la seule source d'énergie dans bien des pays du Tiers monde, et comme matériau de construction, constituant une cause importante de déforestation.

En définitive, l'accroissement démographique de l'humanité exerce une pression de dégradation excessive sur l'ensemble des écosystèmes présents dans la biosphère qui sont « exploités » d'une façon anarchique, voire même détruits, de sorte que l'on observe, parallèlement à l'augmentation du nombre d'hommes, une diminution incessante de la quantité de ressources naturelles disponibles pour notre espèce. Il est donc possible d'affirmer, à l'aube du XXIe siècle, que tous les indicateurs de la situation écologique mondiale sont déjà dans le rouge sans que pour autant le problème de la croissance démographique humaine ne soit traité avec toute l'énergie que requiert la situation catastrophique présente. Actuellement, il existe dans le Tiers monde une seule exception, certes de taille, celle de la Chine qui tire déjà les bénéfices pour son développement économique de la ferme politique qu'elle a menée depuis un quart de siècle pour stabiliser sa population.

Dans les pays industrialisés de l'hémisphère Nord et dans les zones tempérées australes, la transition démographique, processus au cours duquel une population passe d'une phase de croissance à la phase ultime de stabilisation, est achevée.

À l'opposé, dans les pays du Tiers monde, Chine exclue, sévit toujours une explosion démographique anarchique, voire « suicidaire », lorsque l'on prend en considération les densités de population déjà atteintes dans certaines zones et les gigantesques problèmes de dégradation de l'environnement, de pénurie alimentaire et autres ressources naturelles auxquels ils sont déjà confrontés.

On constate à l'heure actuelle que certains pays possèdent encore des taux d'accroissement de leurs effectifs plus élevés qu'ils ne l'ont jamais été dans l'histoire de l'humanité. Ces taux pouvant excéder 3% par an – soit des temps de doublement inférieurs à 23 ans – se rencontrent surtout en Afrique subsaharienne dans laquelle un ralentissement s'est certes observé au cours de la dernière décennie. Il faut néanmoins souligner que cette inflexion de la croissance démographique en Afrique noire résulte essentiellement à l'heure actuelle de l'impact croissant de la pandémie du sida et non d'une réduction délibérée et significative de la natalité. Rappelons qu'à l'heure où ces lignes sont écrites, la plupart des États africains sont dotés d'un budget militaire dépassant nettement celui de l'éducation mais en revanche ne dégagent aucun financement pour celui du planning familial lequel, lorsqu'il existe, est laissé aux bons soins d'organisations internationales philanthropiques...

◆ **causes de l'explosion démographique** : l'étude de l'évolution des populations des pays développés et de ceux réputés en voie de développement montre que la baisse du taux de mortalité permise par les progrès de la médecine a été accompagnée dans les pays industrialisés d'une diminution concomitante du taux de natalité. De la sorte, non seulement le taux d'accroissement naturel n'a pas crû malgré l'amélioration de l'hygiène publique, mais il a au contraire diminué. Ce taux d'accroissement s'est même tellement réduit qu'il a des valeurs voisines de zéro, voire négatives, dans de nombreux pays développés par suite de la vulgarisation de la contraception.

À l'opposé, dans le Tiers monde, la baisse de la mortalité n'a nullement été accompagnée d'une baisse de la natalité. Cela résulte essentiellement des attitudes ataviques rétrogra-

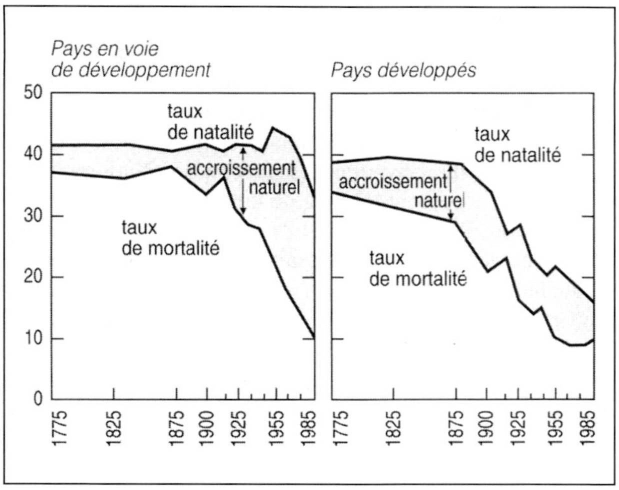

Comparaison de la **démographie** des pays développés et de ceux du Tiers monde. Évolution comparée des taux de natalité et de mortalité au cours des deux derniers siècles. (D'après *Population today*, Population Reference Bureau, Washington, vol. 13, 1985, n°1, p. 3). (In Ramade F., *Les catastrophes écologiques*, McGraw-Hill, 1987, p. 30)

des, hostiles à la limitation des naissances, qui prévalent dans ces pays, dues aux tabous religieux et aux mentalités arriérées concernant tout ce qui se rapporte à la place de la femme dans la société. Faut-il par exemple rappeler que le taux de scolarisation réel des filles dans divers pays de religion musulmane est souvent inférieur à 20 % dans chaque classe d'âge – contre 70% pour les garçons, selon le *Population Reference Bureau* de Washington?

De façon générale dans la majorité des pays du Tiers monde, sauf en Chine populaire (mais en fait-elle vraiment encore partie?), le taux de scolarisation des filles dans le secondaire est souvent deux à trois fois plus faible que celui des garçons et concerne parfois moins de 25% d'entre elles même au niveau de l'enseignement primaire. Malgré les grandes campagnes d'alphabétisation lancée par l'UNESCO, celle-ci a eu tendance à reculer au cours des années 1990 dans l'ensemble du monde.

En conséquence, les taux de natalité n'ont que peu ou pas décru et sont même restés immuablement fixés dans les pays les moins développés au niveau de 45 à 50 p. 1 000, ce qui correspond à l'expression du potentiel biotique de l'espèce humaine.

Ainsi, non seulement en Afrique noire mais dans de nombreux pays musulmans, et en Amérique centrale, les taux d'accroissement excèdent souvent à l'heure actuelle 2,5% voire même 3% par an et ont même eu tendance à augmenter jusqu'au début des années 1990!

En définitive, les taux d'accroissement démographique dans les pays du Tiers monde sont à l'heure actuelle deux à trois fois supérieurs aux taux maxima de croissance démographique qu'ont connu les populations des pays industrialisés au cours de la période historique, chez lesquels – rappelons-le – ils ont toujours été inférieurs à 1% par an avec quelques rares pointes exceptionnelles n'ayant jamais excédé 1,3% par an!

◆ **prospectives démographiques** : une donnée moins négative peut être apportée à ce tableau extrêmement inquiétant de la démographie mondiale précédemment évoqué, dont le type de croissance fait parfois songer à la dynamique des populations authentiquement suicidaires des lemmings.

En effet, l'évolution des taux de mortalité et de natalité observée dans plusieurs continents au cours de la dernière décennie fait conclure que leurs populations sont entrées dans la phase de *transition démographique* préalable à sa *stabilisation démographique* définitive. Un infléchissement de la natalité s'est en effet manifesté dans de nombreux pays en voie de développement ce qui permet d'affirmer que l'ensemble des continents, à l'exception de l'Afrique subsaharienne et de quelques pays déjà très peuplés comme le Pakistan, est entré dans la phase de transition démographique.

Cependant, étant donné les valeurs extrêmement élevées des taux de croissance – les plus fortes jamais relevées au cours de la longue histoire de l'humanité – que l'on a observées dans de nombreuses régions du globe, au cours des deux dernières décennies, il n'est pas possible de prévoir une stabilisation de la population mondiale dans un proche avenir, d'autant plus qu'existe un moment d'inertie des populations dû aux structures déséquilibrées des pyramides démographiques. Le très grand nombre de jeunes existant dans ces pays renferme un énorme potentiel d'accroissement, même si lorsque ces classes d'âges juvéniles entreront dans leur période reproductive, leur taux de fertilité totale (TFT) sera plus faible.

Si le TFT moyen actuel de l'humanité (2,7 enfants par femme) ne diminuait pas au cours du prochain siècle, la population mondiale atteindrait près de 50 milliards d'hommes en 2100! Cet effectif ne s'élèverait « que » de 21 milliards à cette date, si ce TFT diminuait à peine à 3 enfants par couple. Elle se serait stabilisée à environ 6 milliards s'il était tombé à 2 au milieu des années 1980.

Les prévisions démographiques les plus optimistes prévoient que la population humaine se stabiliserait à environ 10 milliards d'hommes à la fin du prochain siècle, cependant, certaines vont jusqu'à 15 milliards, la valeur la plus probable pouvant être estimée à 12 milliards selon les tendances actuelles.

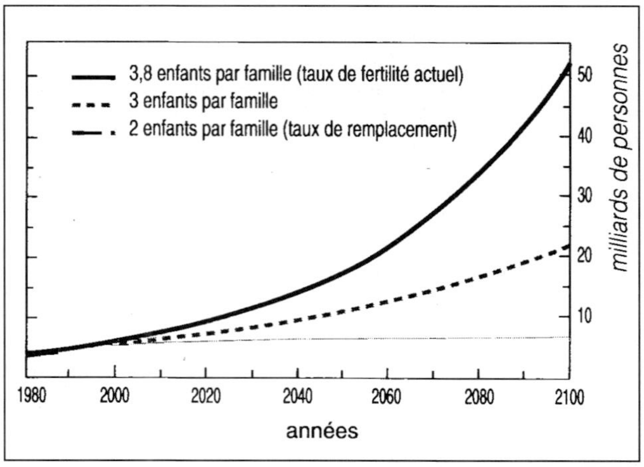

Évolution de la **démographie** humaine. Prévision de l'accroissement des effectifs au cours du prochain siècle en fonction de diverses hypothèses de valeur du TFT. (D'après Kent, Population Reference Bureau, 1984, op. cit., in Ramade F., *Les catastrophes écologiques*, McGraw-Hill, 1987, p. 31)

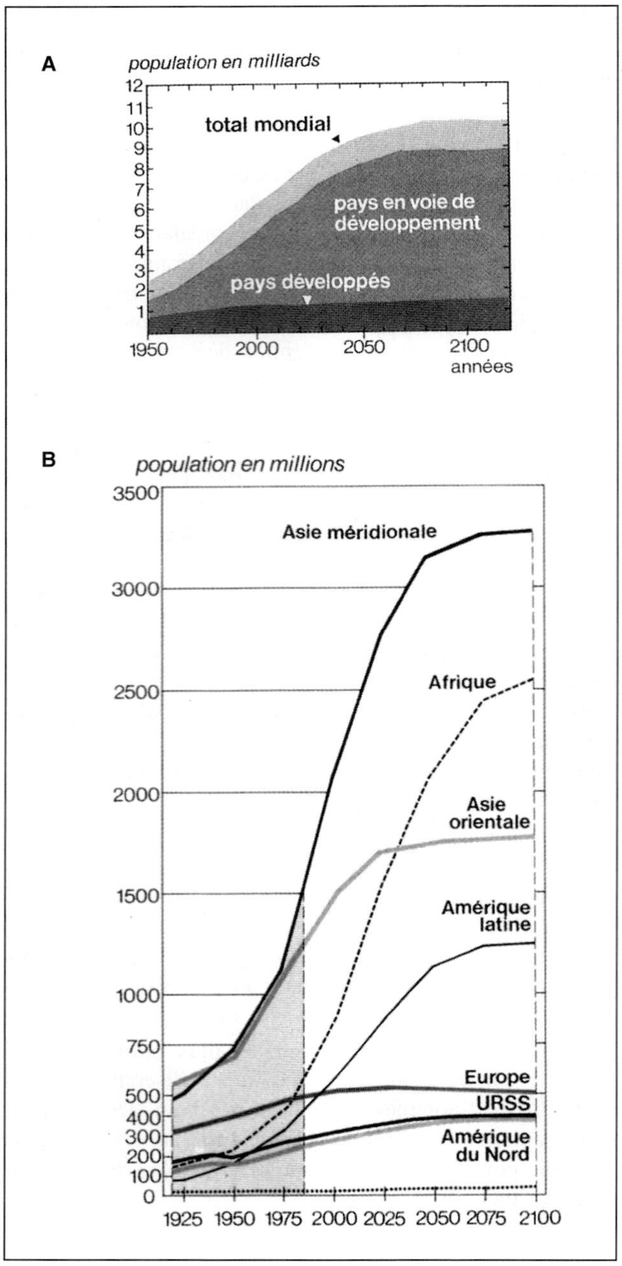

Évolution de la **démographie** humaine. Prévision de l'effectif total de l'humanité en fonction de l'évolution future du TFT. **A**. Variation de l'effectif de la population mondiale dans l'hypothèse moyenne des Nations unies. **B**. Croissance dans les différents continents. On constate que les populations des différents continents connaîtront une stabilisation plus ou moins tardive selon la date à laquelle le TFT atteindra la valeur 2 qui permet la stabilisation des effectifs. (D'après Nations Unies, op. cit., in Ramade F., *Les catastrophes écologiques*, McGraw-Hill, 1987, p. 41)

Cette croissance concernera essentiellement les pays du Tiers monde qui atteindraient 8,7 milliards en 2100. Entre 1980 et 2100, l'Amérique latine passerait de 0,6 à 1,2 milliard, l'Asie de 2,5 à 5,1, l'Afrique de 0,47 à 2,6 !

L'irréalisme de telles prévisions démographiques – étant donné les densités excessives déjà atteintes en bien des régions de la planète – apparaît encore plus évident lorsque l'on examine ce qu'elles impliquent au niveau régional.

En réalité, les organismes internationaux se fondent sur des prévisions de croissance des populations à des niveaux tout à fait catastrophiques. Ainsi, la Banque mondiale prend pour acquis le fait que l'Inde stabiliserait ses effectifs à 1,84 milliard d'habitants, le Pakistan à 400 millions ! Quant à l'Afrique, dans l'hypothèse moyenne des Nations unies, sa population croîtrait de plus de cinq fois, se stabilisant à 2,6 milliards d'hommes, alors qu'elle n'arrive pas à nourrir correctement ses 800 millions d'habitants à l'heure actuelle et que la famine y sévirait déjà de façon chronique en divers pays en l'absence de l'aide alimentaire internationale!

Nous croyons pouvoir affirmer que les douze milliards d'hommes avancés comme effectif moyen le plus probable de l'humanité pour la fin du prochain siècle a peu de chances d'être atteint. S'il l'était, ce serait au détriment d'un développement durable de la civilisation humaine car cela impliquerait une dégradation irréversible des ressources naturelles indispensables à la survie de l'humanité voire de la biosphère toute entière.

En effet, compte-tenu des contraintes écologiques associées à une telle population, de l'impact à l'échelle globale de cette multitude sur les ressources naturelles et sur les processus biologiques fondamentaux assurant la pérennité de la biosphère, il est probable que cela amplifierait la crise déjà globale de l'environnement au point de provoquer un désastre écologique irréversible à l'échelle de la planète toute entière. (***Voir aussi Développement, Eau, Océan, Pêcherie, Pollution, Ressources naturelles, Sol***)

démographique, adj. (*demographic*). Désigne tout ce qui se rapporte à l'évaluation des effectifs d'une population et à l'étude des variations spatiales et temporelles de ces derniers ainsi qu'en l'analyse de leurs causes. ◆ **explosion ~** : voir Démographie. ◆ **transition ~** : processus par lequel une population humaine passe d'une phase de croissance à la stabilisation ultime de ses effectifs grâce à une phase dite néomalthusienne où s'effectue une réduction volontaire des taux de natalité destinée à atteindre un TFT de deux enfants par couple. (***Voir aussi Démographie***)

démoustication, n. f. (*mosquitoes eradication*). Traitements insecticides entrepris à vaste échelle pour éliminer les moustiques. De façon générale, si des campagnes de tels traitements ont pu donner localement des résultats là où elles étaient associées à une modification, voire en certains cas une élimination, des gîtes larvaires, elles ont conduit à des échecs répétés. Le cas le plus démonstratif a été celui de l'éradication du paludisme par des traitements systématiques au DDT entreprise par l'OMS dans les années 1950 et 1960 et qui a finalement été abandonnée.

dendritique, adj. (*dendritic*). Désigne un hydrosystème fluvial présentant une arborisation, développée de façon régulière et simulant de ce fait celle des branches d'un arbre.

dendrochronologie, n. f. (*dendrochronology*). Science dont l'objet est d'effectuer des datations absolues de la période holocène à partir des cernes d'accroissement des arbres ainsi que d'étudier les phénomènes paléoécologiques que l'on peut déduire de leur analyse.

dendroclimatologie, n. f. (*dendroclimatology*). Discipline ayant pour objet de reconstituer les climats du passé par l'étude des cernes d'accroissement des arbres qui permettent à la fois une datation absolue et une identification des principaux paramètres des climats (températures et pluviométrie) par leur aspect et leur structure physique. ***(Voir aussi Cernes, Paléoécologie)***

dendrocole, adj. (*dendrocolous*). Désigne une espèce qui vit dans un arbre ou croît sur un arbre.

dendroécologie, n. f. (*dendroecology*). Branche de la paléoécologie qui fait recours à la dendrochronologie mais également à d'autres disciplines telles l'anthracologie, pour reconstituer les variations environnementales, entre autres climatiques, des périodes passées non seulement à l'échelle protohistorique mais aussi géologique.

dendrogramme, n. m. (*dendrogram*). Diagramme représentant les relations existant entre groupes taxonomiques avec le taxon ancestral situé à la base d'une ligne verticale à partir de laquelle se diverticulisent les taxa inférieurs et ainsi de suite en remontant aux divers niveaux successifs. On en distingue deux types : les phénogrammes qui sont fondés uniquement sur une parenté établie à partir de critères de ressemblance morphologique et anatomique et les cladogrammes qui reconstituent réellement la phylogenèse puisqu'ils sont établis à partir de seuls critères génétiques. ***(Voir aussi Cladogramme)***

dendrographe, n. m. (*dendrograph*). Appareil permettant d'enregistrer en continu la croissance du tronc d'un arbre par mesure de sa circonférence.

dendrohydrologie, n. f. (*dendrohydrology*). Utilisation des cernes d'accroissement des arbres pour dater les périodes de crues et d'inondations.

dendroïde, adj. (*dendroid*). Désigne les colonies de madrépores où les polypes sont individualisés mais réunis entre eux par des tubules donnant une forme d'arborescence irrégulière à la branche de corail ainsi constituée.

Dendrolimus, n. sc. Genre de Lépidoptères phyllophages dont une espèce *D. pini* (*pine moth*) est un ravageur des Conifères susceptibles de causer d'importants dommages aux boisements de pins lors de ses pullulations épisodiques.

dendrologie, n. f. (*dendrology*). Branche de la botanique et de l'écologie qui concerne les arbres.

dendrophile, adj. (*dendrophilous*). Espèce vivant dans des arbres.

dénitrifiant, adj. (*denitrificating*). Désigne des micro-organismes qui réduisent les nitrates en N_2O et en azote.

dénitrification, n. f. (*denitrification*). Processus biogéochimique par lequel certaines bactéries telles *Pseudomonas denitrificans* transforment l'azote nitrique en N_2O ou en azote gazeux.

dense, adj. (*close*). Désigne en écologie un habitat constitué par une formation végétale fermée. On parlera par exemple de forêt dense, dans laquelle les couronnes des arbres qui se jouxtent viennent en contact, par opposition aux boisements ouverts où les arbres sont dispersés et ne constituent pas une canopée continue. ***(Voir aussi Forêt)***

densité, n. f. ◆ ~ **brute** (*gross density*) : désigne le rapport entre l'effectif d'une population N et la surface qu'elle occupe, S. On aura :

$$d_b = \frac{N}{S}$$

◆ ~ **dépendance** (*density dependance*) : facteur ou variable écologique dont les effets ou les valeurs dépendent de la densité des effectifs écologiques. La nourriture constitue un facteur trophique dont les effets dépendent de la densité car la quantité de nourriture disponible pour chaque individu d'une même population va elle-même varier avec cette dernière. ***(Voir aussi Facteur écologique)***

◆ ~ **écologique** (*ecological density*) : rapport entre l'effectif d'une population et la surface utilisable de l'écosystème S_u, par exemple la surface où la population trouve les ressources qui lui sont nécessaires :

$$d_e = \frac{N}{S_u}$$

◆ ~ **des populations humaines** (*human populations density*) : voir Démographie.

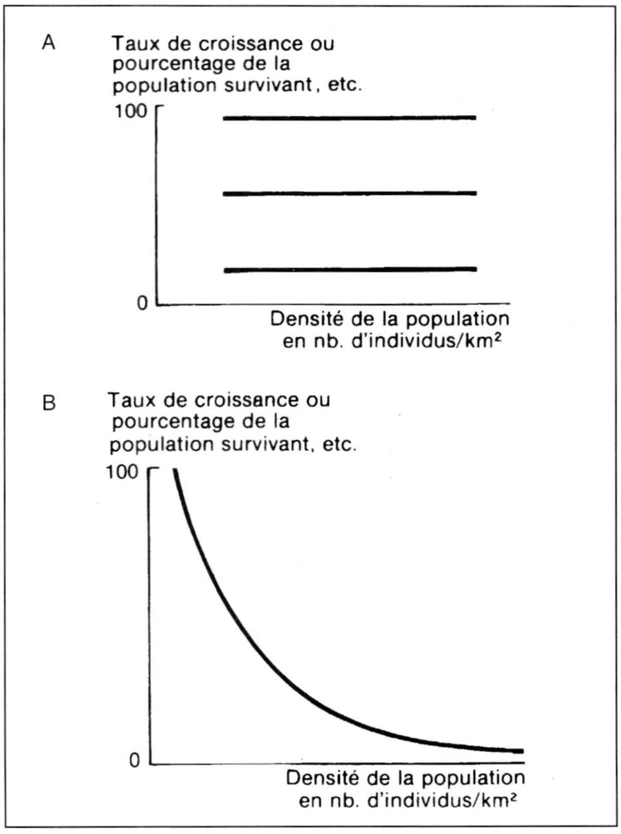

Comparaison de deux processus écologiques, l'un dépendant, l'autre indépendant de la **densité**. (D'après Ramade F., *Écologie fondamentale*, Ediscience international, 1994, p. 71)

dentaire, adj. ◆ **formule ~** (*dental formula*) : la formule dentaire symbolise les divers types et le nombre de dents constituant la denture d'un Mammifère. Elle est donnée par convention pour une demi-machoire, les chiffres représentant sous forme de fraction le nombre de dents supérieur et inférieur de chaque catégorie suivi d'une lettre symbolisant cette dernière.

Chez les Mammifères primitifs la formule de base est :

$$\frac{3}{3}I + \frac{1}{1}C + \frac{4}{4}PM + \frac{3}{3}M = 44$$

où I = incisive, C = canine, PM = prémolaire et M = molaire.

On observe que cette formule présente de profondes modifications liées à la réduction voire la disparition d'une catégorie de dents. ***(Voir aussi Denture)***

denture, n. f. (*dentition*). Désigne les divers types et le nombre de dents caractérisant un individu ou une famille de Mammifères. On distingue des dentures homodontes ou hétérodontes selon qu'elles sont constituées par des dents de même type ou de type différent. Les dentures sécodontes sont constituées de dents destinées à couper les aliments, les bunodontes à les broyer. Les herbivores présentent par ailleurs des dents à croissance continue de type hypsodonte.

dénudation, n. f. (*denudation*). **1.** En écologie, ce terme désigne le fait que l'ensemble de la couverture végétale d'un sol a été éliminé. Cela peut résulter de l'impact négatif du surpâturage sur un écosystème de formation herbacée (steppe, prairie naturelle par exemple) ou encore d'une intervention intentionnelle et systématique soit précédant la défriche soit dans certains cas à des fins expérimentales. **2.** En géologie, ce terme concerne le phénomène généralement dû à l'érosion hydrique qui met à nu les roches sous-jacentes.

dépérissement, n. m. (*withering*). Processus d'affaiblissement d'un être vivant conduisant à une perturbation et à une régression progressive des activités physiologiques augmentant sa sensibilité aux agents pathogènes et conduisant progressivement à sa mort. Par exemple, l'exposition des bovins à des plantes croissant sur des sols contaminés par du fluor (fluorose) se traduit par un dépérissement. Il en est de même pour les arbres des forêts exposées à ce même polluant ou encore aux pluies acides. ***(Voir aussi Pluies acides)*** ◆ **~ terminal** (*top drying*) : forme de dépérissement affectant les arbres et les autres végétaux ligneux qui se traduit par un dessèchement progressif des parties aériennes commençant par la cime et descendant progressivement vers les parties basses du branchage et procédant de l'extérieur vers l'intérieur.

déphosphatation, n. f. (*dephosphatation*). Élimination des phosphates obtenue dans le traitement tertiaire des eaux par divers procédés. Le plus ancien est représenté par la méthode du lagunage. Dans les stations d'épuration, elle repose sur la combinaison de méthodes microbiologiques et physico-chimiques. La déphosphatation biologique repose sur l'emploi de certaines bactéries comme *Acinetobacter* ou *Moraxella*, communes dans les boues activées. Le traitement chimique le plus utilisé consiste à précipiter les phosphates par l'adjonction de précipitants et de floculants (Fe^{3+} ou d'Al^{3+}). ***(Voir aussi Phosphates)***

déplacement, n. m. (*displacement*). Désigne l'aptitude de la plupart des espèces animales à circuler dans leur habitat ou entre les biotopes distincts souvent fort éloignés qui leur sont favorables lors des migrations.

On distingue en milieu aquatique des déplacements verticaux et horizontaux. En milieu terrestre, de tels déplacements dits altitudinaux, de rythme saisonnier, peuvent aussi s'observer chez les espèces animales orophiles.

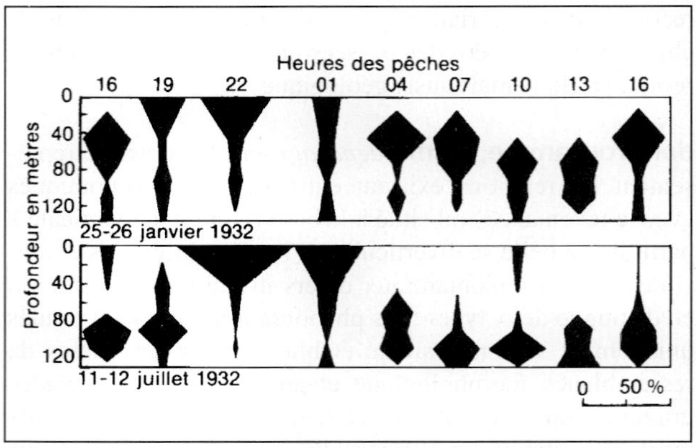

Déplacements verticaux selon un rythme circadien d'un Copépode planctonique (*Calanus finmarchicus*) en mer du Nord. (D'après Nichols, in Ramade F., *Écologie fondamentale,* Ediscience international, 2e ed., 1994, p. 79)

Le rythme des déplacements est en général circadien et concerne le trajet des lieux de repos et (ou) de nidification aux lieux d'alimentation.

Il existe cependant des déplacements plus importants qui s'effectuent sur un rythme saisonnier ou annuel et qui correspondent aux migrations souvent en rapport avec les activités reproductrices de l'espèce considérée. ***(Voir aussi Migration)*** ◆ **~ de caractères** (*character displacement*) : la comparaison de populations de mêmes espèces appartenant à un même peuplement (sympatrie) ou au contraire vivant isolées montre que des changements phénotypiques vont apparaître. Les individus des populations sympatriques présentent toujours de plus grandes différences entre espèces voisines que celles des populations allopatriques.

Ce phénomène – qui accompagne celui de glissement des niches des populations en sympatrie – a été pour la première fois mis en évidence sur les pinsons de Darwin, aux Iles Galapagos. Ainsi la taille du bec est très voisine entre *Geopsiza fuliginosa* et *G. fortis* lorsque ces derniers vivent en allopatrie.

En revanche, chez les mêmes espèces en sympatrie, on constate ce déplacement de caractères. Le bec des *G. fuliginosa* est plus petit et celui de *G. fortis* plus massif dans les oiseaux de ces espèces qui cohabitent dans un même peuplement. ***(Voir aussi Caractères, divergence de, Geopsizidae)***

◆ **~ des masses d'air** : voir Climatologie. ◆ **~ des masses d'eau** : voir Courants, Upwelling.

dépolluant, n. m. (*depollutant*). Substance ajoutée à un milieu pollué permettant d'en assurer la décontamination. (***Voir aussi Dépollution***)

dépollution, n. f. (*depollution*). Procédé consistant à épurer un milieu naturel ayant été exposé à une pollution chronique ou récurrente qui l'a rendu inutilisable pour des activités domestiques, agricoles ou industrielles. ◆ **~ des écosystèmes limniques** (*depollution of limnetic ecosystems*) : les principales réalisations en matière de pollution ont concerné le traitement de biotopes aquatiques dystrophisés. Ces derniers, dans la mesure où ils sont de dimensions limitées, peuvent être traités de façon curative par aération de surface ou de fond afin de restaurer la teneur en oxygène des couches profondes au-dessous de l'oxycline. Des traitements des sédiments ont été également effectués pour éviter que les boues réductrices n'entretiennent le processus de dystrophisation par relarguage de phosphate ferrique. D'autres traitements chimiques ont pour but d'atténuer les effets de la dystrophisation en stabilisant les sédiments par apport de chaux, de chlorure ferrique ou encore en oxydant *in situ* les vases anoxiques par injection de nitrate de calcium. ◆ **~ des nappes phréatiques** (*aquifers depollution*) : il s'agit d'un problème d'autant plus actuel que l'on constate de nos jours un accroissement incessant du nombre d'aquifères présentant une contamination chimique permanente. De nombreuses techniques peuvent être mises en œuvre pour dépolluer une nappe d'eau souterraine. La première consiste en une neutralisation du risque. Elle a pour objet d'éliminer totalement la source de pollution. Lorsque le renouvellement d'une nappe polluée est trop lent pour être suffisant, la dépollution des nappes implique une intervention directe sur l'aquifère. L'utilisation de pièges hydrauliques permet par création de cônes de dépression, par pompage dans la nappe, de récupérer les polluants. Elle est très utilisée pour les hydrocarbures mais est aussi efficace pour des produits organiques (chloronitrobenzène, solvants chlorés) ou miné-

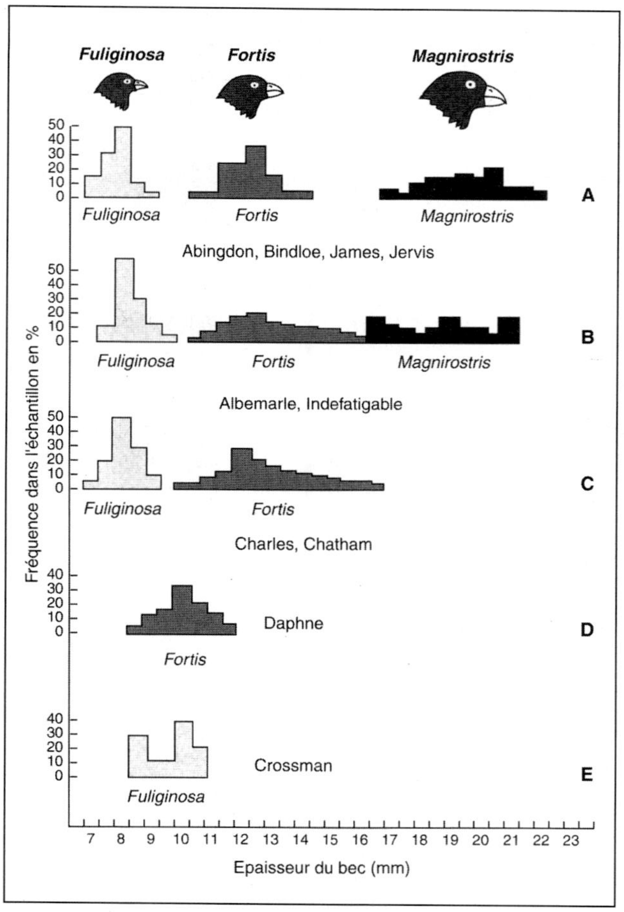

Déplacements de caractères chez les pinsons de Darwin, aux Iles Galapagos. Comparaison de la taille du bec entre *Geopsiza fuliginosa* et *G. fortis*. Selon que l'on a affaire à des populations en allopatrie ou en sympatrie, on constate ce déplacement de caractères. Le bec des *G. fuliginosa* est plus petit et celui de *G. fortis* plus massif dans les populations sympatriques de ces espèces. (D'après Lack, in Piankia, op. cit., 1978, p. 323.)

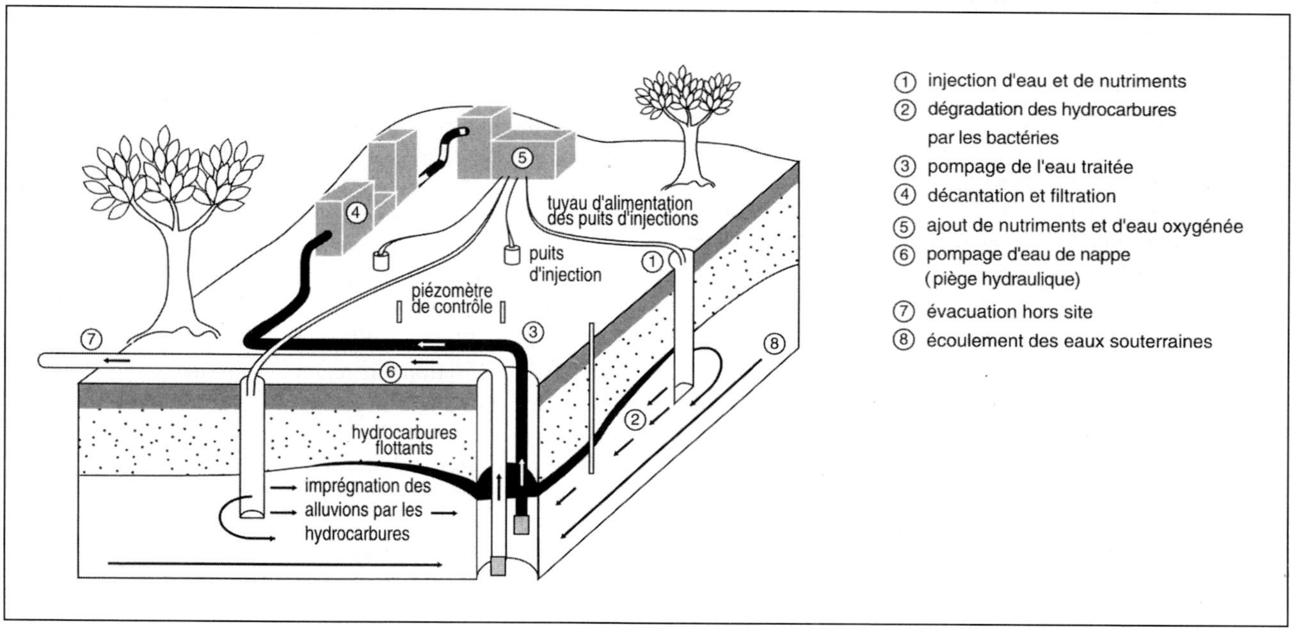

Dépollution des nappes contaminées par des hydrocarbures. Dispositif de traitement *in situ* d'une nappe polluée par les hydrocarbures par biodégradation accélérée. (D'après Guillemin et Roux, *Pollution des eaux souterraines en France*, Ed. du BRGM, 1994, p. 120)

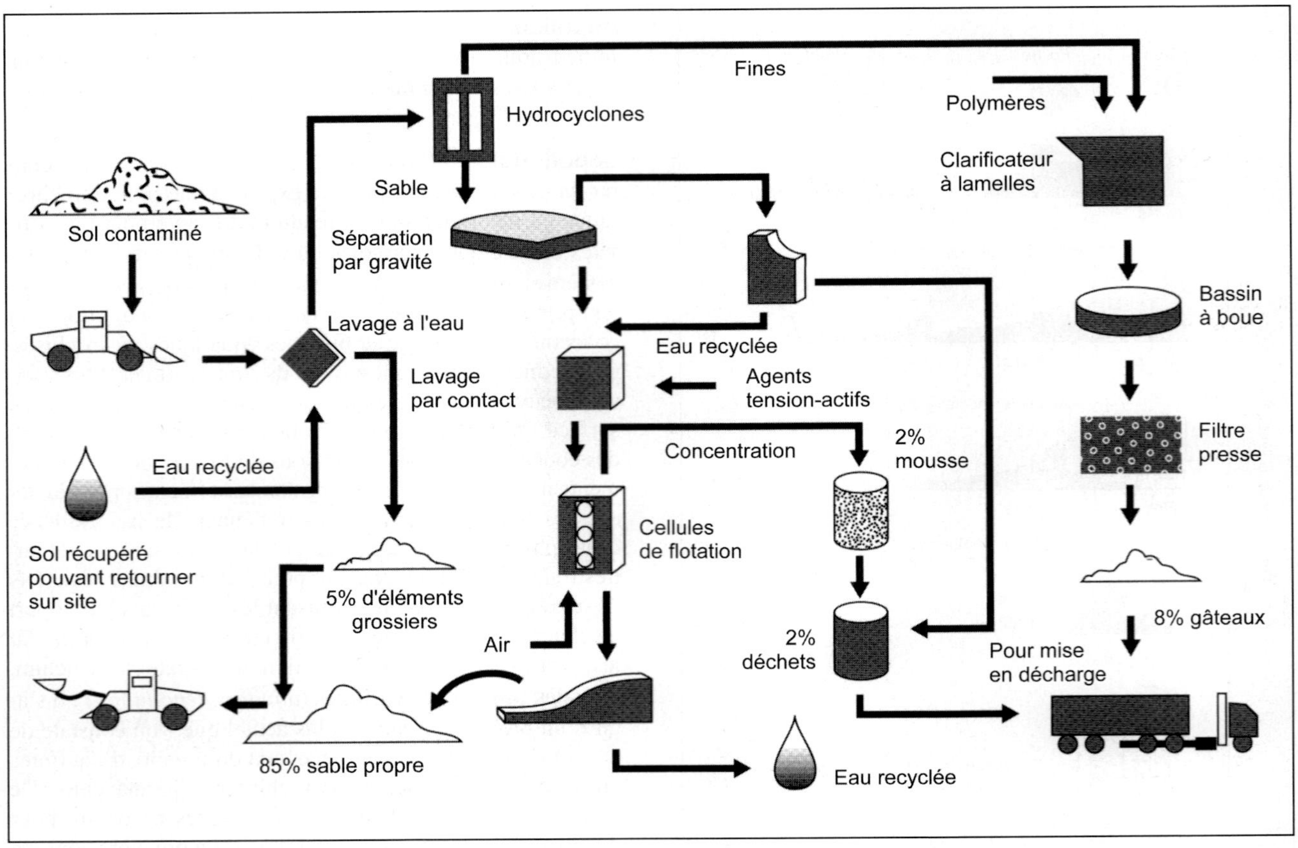

Schéma général du procédé de **dépollution** des sols contaminés par des substances chimiques dangereuses par la technique du *soil washing* qui consiste à lessiver avec de l'eau, ou éventuellement un autre solvant, le sol contaminé. (In Ramade F., *Dictionnaire encyclopédique des pollutions*, Ediscience international, 2000, p. 136)

raux. Ces techniques peuvent impliquer un traitement des eaux polluées en surface par aération, filtration ou par ventilation (*stripping*), ce qui permet l'élimination de contaminants volatils. Le traitement dans l'aquifère a été expérimenté par exemple pour éliminer les nitrates d'une nappe en injectant un agent réducteur. Enfin une autre technique d'intervention *in situ* très prometteuse est la biodégradation qui permet l'élimination des hydrocarbures ou des nitrates présents dans une nappe par utilisation de souches bactériennes adéquates. ◆ ~ **des sols** (*soils depollution*) : il s'agit d'opérations difficiles et généralement coûteuses. Il existe plusieurs procédés dont la mise en œuvre est liée à la nature du contaminant : *stripping*, isolement par un bâchage, traitement de la couche de sol contaminée *ex situ* par la technique du *soil washing* par exemple. **(*Voir aussi Décontamination*)**

déposivore, n. m. (*deposit feeder*) et adj. (*deposivorous*). Organisme aquatique qui se nourrit des particules de matières organiques mortes qui se sont déposées à la surface des sédiments. Divers Invertébrés vasicoles ou qui vivent à l'interface eau-sédiments sont dans ce cas. Ils s'opposent aux suspensivores, qui, eux, captent les particules alimentaires en suspension dans l'eau. **(*Voir aussi Détritivore, Suspensivore*)**

dépôt(s), n. m. Accumulation de substances minérales et (ou) organiques qui se sédimentent dans un écosystème aquatique, ou encore à la surface d'un biotope terrestre, par suite du phénomène du retour vers le sol de particules atmosphériques. ◆ ~ **continental** (*land sediment*) : sédiments qui se déposent dans des cuvettes endorhéiques, qui proviennent de l'érosion des parties élevées de leur bassin. ◆ ~ **côtier** (*coastal deposit*) : apport de matériaux et de déchets solides par le jeu de l'hydrodynamique littorale. ◆ ~ **éolien** (*eolian deposit*) : dépôt de matériaux minéraux entraînés par l'érosion éolienne. ◆ ~ **humide** (*wet deposit*) : dépôt de polluants amenés à la surface par les pluies et les autres précipitations (neige en particulier). Ils jouent un rôle majeur dans le phénomène des précipitations acides et résultent de la dissolution de l'acidité forte dans les gouttes de pluie ou de leur filtrage par la neige ou encore de leur dilution dans les aérosols de brouillard. **(*Voir aussi Pluies acides*)** ◆ ~ **marin** (*marine deposit*) : sédimentation de matériaux minéraux ou organiques sur le fond océanique. ◆ ~ **occulte** (*occult deposition*) : apport aux sols et aux eaux superficielles de polluants par l'intermédiaire de la végétation par suite de la capture des dépôts secs et par les condensations de brumes et de brouillards qui peuvent renfermer de fortes concentrations de contaminants. ◆ ~ **sec** (*dry deposit*) : dépôt de particules chargées de polluants; ces dernières peuvent être de taille suffisante pour les rendre sédimentables ou provenir de l'accrétion d'aérosols insédimentables. **(*Voir aussi Sédimentation*)**

dépredateur, n. m. (*pest*). (syn. : ravageur). Désigne une espèce animale qui ravage des cultures. Il s'agit le plus souvent d'insectes mais aussi parfois de vertébrés à sang chaud. (***Voir aussi Pesticides, Ravageurs***)

dépression, n. f. ◆ ~ **géomorphologique** (*basin*) : cuvette plus ou moins fermée, due à l'érosion ou à des phénomènes tectoniques dans laquelle peuvent s'accumuler les eaux provenant du ruissellement du bassin versant dans lequel elle est située. ◆ ~ **endorhéique** (*endorheic basin*) : dépression fermée située dans une région désertique. L'absence d'exutoire s'y traduit par la présence de lacs salés temporaires généralement désséchés. ◆ ~ **barométriques** (*low*) : en météorologie, correspond à des zones de faibles pressions de nature cyclonique. (***Voir aussi Cyclone, Perturbation atmosphérique***)

dérive, n. f. (*drift*). Déplacements horizontaux de particules en suspension, de corps flottants, associés aux courants dans un cours d'eau ou en mer ou encore de la biomasse planctonique en milieu océanique. ◆ ~ **des continents** (*continental drift*) : phénomène par lequel le continent unique (*Pangea*) qui existait au Permien s'est fragmenté en plusieurs continents distincts qui se sont écartés et continuent à se déplacer les uns par rapport aux autres. Imaginée par l'Allemand Wegener, en comparant les contours des côtes de continents qui se font face, cette théorie a eu de nombreuses confirmations et une explication des phénomènes qui en sont à l'origine au travers de la tectonique des plaques. ◆ ~ **de la faune limnique** (*fresh water invertebrate drift*) : déplacement vers l'aval des Invertébrés aquatiques benthiques d'un cours d'eau qui se laissent entraîner par le courant au lieu de rester accrochés au fond sur le substrat. La dérive est souvent associée à une perturbation du biotope. ◆ ~ **des brouillards de traitements** (*spraying drift*) : entraînement par les mouvements atmosphériques (convection, vent) des brouillards formés par les appareils utilisés pour effectuer – par pulvérisation ou poudrage – les traitements pesticides. Ces derniers peuvent ainsi contaminer des biotopes terrestres ou aquatiques situés parfois à grande distance des cultures exposées à ces traitements phytosanitaires. (***Voir aussi Pesticides***) ◆ ~ **génétique** : voir Génétique.

dérivé(s), n. m. ◆ ~ **de l'azote** (syn. : nitrés) (*nitrogen compounds*) : voir Azote, NO_x, PAN. ◆ ~ **halogénés** (*halogen compounds*) : dérivés organiques renfermant un ou des atomes d'halogène (fluor, chlore, brome, iode) généralement utilisés pour stabiliser la molécule de ces composés. ◆ ~ **du soufre** (*sulfur compounds*) : voir SO_2, Soufre.

Dermaptères, n. m. (*Dermaptera*, vern. : *earthwig*). Ordre d'Insectes hétérométaboles dénommés vulgairement forficules.

Dermoptères, n. m. (*flying lemurs*). Ordre de Mammifères voisins des primates pourvus d'une membrane entre les pattes antérieures et postérieures qui leur permet de planer d'un arbre à l'autre.

Derris elliptica, n. sc. Plante de la famille des Légumineuses originaire d'Amazonie dont les racines renferment un très puissant insecticide naturel : la roténone.

désapparié, p. p. ◆ **accouplement** ~ (*disassortive mating*) : accouplement entre individus dont le phénotype est très différent.

descendance, n. f. (*progeny*). Ensemble des individus issus d'une même femelle ou d'un même couple.

descripteur écologique, n. m. (*ecological describer*). Paramètre critique qui permet de caractériser une entité écologique d'ordre varié. La richesse spécifique d'une communauté ou encore la densité d'une population constituent autant d'exemples de tels descripteurs.

désert(s), n. m. (*desert*). Écosystèmes caractérisés par un fort déficit des précipitations. Les biogéographes et les climatologues ont essayé de définir les déserts à l'aide de descripteurs plus ou moins complexes.

Les plus simples se rapportent à la valeur moyenne des précipitations annuelles. Les semi-déserts sont des écosystèmes dont les précipitations sont inférieures à 250 mm par an. Les déserts vrais ont des précipitations inférieures à 100 mm/an. Dans certaines régions, cette valeur tombe à moins de 50 mm/an et les pluies sont en général occasionnelles, plusieurs années pouvant s'écouler sans aucune précipitation (déserts hyperarides). Il existe même certains déserts où les pluies sont exceptionnelles plusieurs décennies pouvant s'écouler sans la moindre précipitation (désert de l'Atacama au Chili par exemple).

Une difficulté supplémentaire pour caractériser au plan bioclimatologique les déserts tient en ce que l'évapotranspiration (ETp) qui conditionne les quantités d'eau réellement disponibles dépend de la température.

Aussi d'autres critères quantitatifs plus précis que la hauteur annuelle des précipitations ont été proposés, qui tiennent compte de l'ETp, pour définir les zones arides, en particulier celui de *Thornwaite*. Les vrais déserts correspondent à des indices de Thornwaite inférieurs à – 40 et les déserts hyperarides à – 57.

Les vrais déserts se rencontrent essentiellement dans les zones intertropicales. En effet, ils ont leur maximum d'extension entre les 20ᵉ et les 30ᵉ degrés de latitude. Ils se caractérisent par une biomasse totale fort réduite généralement inférieure à 20 t/ha et une productivité primaire inférieure ou égale à 10 g/m^2 et par an. Entre 20 et 50 mm par an, la végétation est très clairsemée et la vie animale faible.

Lorsque l'indice de Thornwaite s'approche de – 40, la richesse floristique et faunistique s'élève rapidement de sorte que dans les semi-déserts peut s'observer une richesse spécifique assez élevée et ceci d'autant plus que les conditions d'aridité y existent depuis de longues périodes à l'échelle géologique – cas des déserts Sonoriens du sud-ouest de l'Amérique du Nord ou de ceux de l'Australie par exemple. À l'opposé au Sahara où l'alternance des périodes arides et humides a été importante et à faible intervalle, la biodiversité est plus faible dans les zones semi-arides de ses franges.

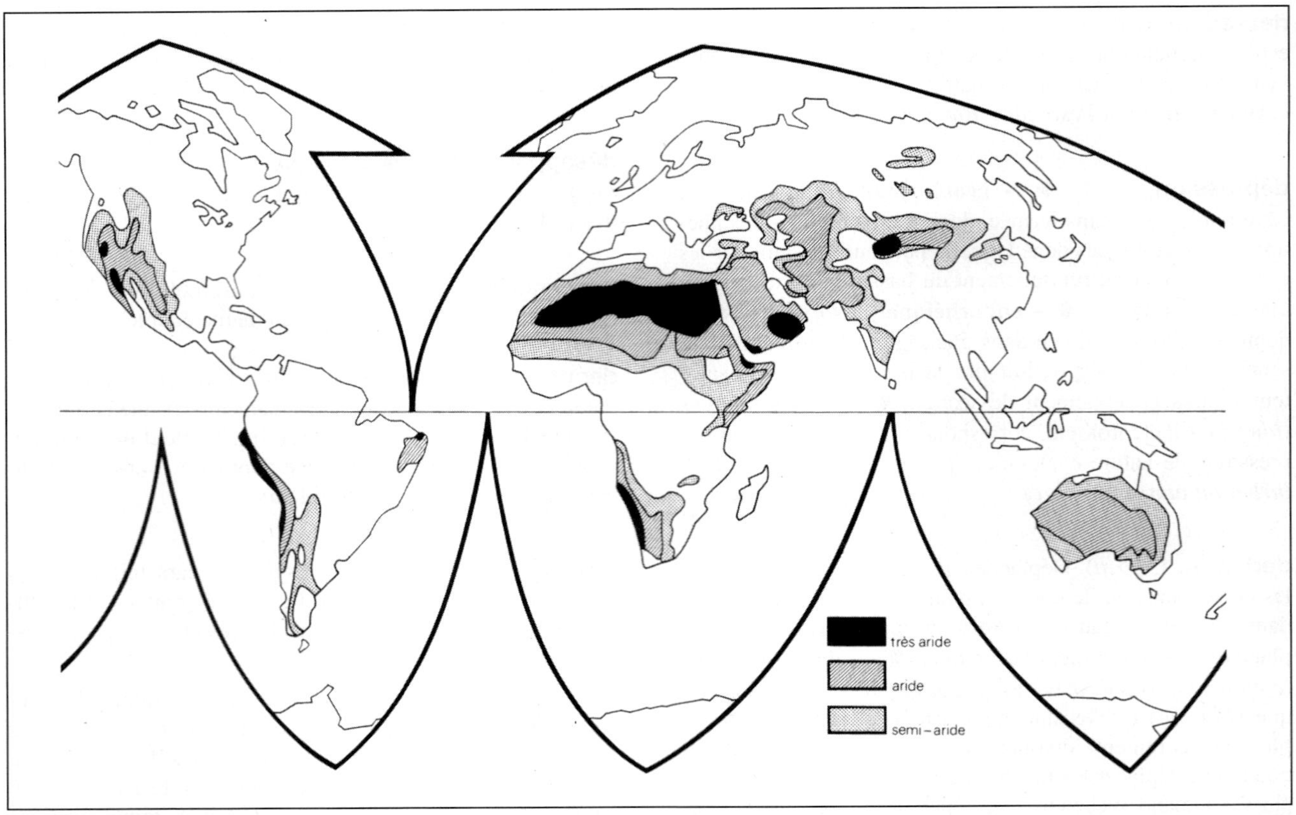

Carte des **déserts** et des autres zones arides dans le monde. (D'après UNESCO in Ramade F., *Écologie fondamentale*, Ediscience international, 1984, p. 331)

Au contraire, dans la plus grande partie des déserts sonoriens chauds d'Amérique du Nord où les conditions arides prévalent depuis longtemps, on rencontre un tapis végétal caractérisé par la prédominance d'espèces ligneuses : *Laraea divaricata* (*creosote bush*), Liliacées arbustives : *Yucca*, *Dasylirion* et une grande abondance de Cactées.

De même dans les semi-déserts australiens également très anciens, on est surpris par l'importance et la diversité de la végétation en particulier ligneuse, y inclus arborescente là où les précipitations sont de l'ordre, voire inférieure, à 200 mm/an.

Les phytocœnoses végétales qui peuplent les déserts sont constituées de végétaux dénommés érémophytes qui présentent une adaptation considérable à la sécheresse.

Ce sont soit des thérophytes, Graminées en particulier, ayant un très bref cycle végétatif de la graine à la graine après une période de pluie, mais aussi – et surtout – des plantes vivaces xérophiles, généralement des succulentes : Cactacées, Crassulacées, Euphorbiacées.

Les animaux des déserts sont généralement adaptés à de hautes températures et présentent une résistance à la sécheresse permise par des adaptations écophysiologiques qui limitent la déperdition d'eau et recyclent l'eau des aliments.

Cependant, les grandes espèces de Mammifères, antilopes, camélidés, ne peuvent se passer de boire à la différence des rongeurs et des reptiles.

Le record de résistance à la soif est sans doute détenu par l'antilope saharienne *Addax nasomaculatus*, qui peut se contenter de nourriture sèche pendant une durée supérieure à celle du dromadaire.

Formation végétale érémophile croissant dans une dépression permettant l'édaphisme dans le **désert** de Mojave (Californie). On distingue au premier plan un buisson de créosote (*Larraea divaricata*) et au second plan des Chénopodiacées halophiles inféodées aux dépressions qui favorisent un certain édaphisme. (Cliché F. Ramade)

Les invertébrés déserticoles présentent aussi une remarquable adaptation aux conditions désertiques. Outre leur résistance au manque d'eau, ils présentent un degré d'eurythermie considérable.

Ainsi, le Coléoptère Ténébrionide *Adesmia metallica* du Sahara présente un intervalle de tolérance compris entre – 5 °C et + 55 °C. ***(Voir aussi Désertification, Érémophile, Sahara, Sécheresse, Sonoriens, Thar, Thornwaite)***

déserticole, adj. *(deserticolous)*. Désigne toute espèce vivant à la surface des étendues dénudées propres aux biotopes désertiques. *(**Voir aussi Érémophile, Sécheresse**)*

désertification, n. f. *(desertification)*. On désigne par désertification les conséquences écologiques d'une aridification du climat. On dénomme sécheresse l'occurrence en un lieu donné d'un déficit pluviométrique temporaire ou permanent. L'aridification du climat désigne les conséquences de la répétition de périodes de sécheresse qui se traduisent par une diminution de la fréquence et (ou) de l'intensité des périodes de précipitation.

La désertification est le résultat à terme des effets de l'aridification. Elle provoque de profondes modifications écologiques affectant le couvert végétal et l'ensemble des communautés vivantes des zones concernées. Elle a pour effet de rendre inutilisables non seulement pour l'agriculture mais même pour le pâturage extensif des régions autrefois fertiles. Dans les cas extrêmes, des dunes de sables vifs se forment là où croissaient des boisements quelques siècles voire seulement quelques décennies auparavant!

Au début des années 1980, les Nations unies évaluaient déjà à 32 millions de km^2 la surface totale exposée à la désertification dans le monde, 60% de cette surface étaient déjà désertifiés et la situation ne s'est pas améliorée depuis lors, tant s'en faut.

Les régions les plus sensibles à ce phénomène sont celles où les précipitations sont comprises entre 350 et 200 mm par an et qui sont localisées sur les franges des déserts. De nos jours la désertification transforme en biotopes désertiques quelque 6 millions d'hectares par an dans le monde!

◆ **causes de la ~** : la désertification est en fait le résultat de la combinaison de facteurs naturels et de facteurs dus à l'action de l'homme.

Il est bien connu que dans les zones à climat semi-aride existe une grande variabilité naturelle du régime des précipitations. Les recherches effectuées en région sahélienne montrent par exemple que cette région a connu entre le début du XXe siècle et 1984 quelque 24 épisodes de sécheresse, c'est-à-dire quand il y a eu un déficit de précipitations.

Mais aux facteurs naturels de désertification s'ajoutent en réalité des causes dues à l'homme qui jouent un rôle déterminant dans les processus observés aujourd'hui.

Le surpâturage dans les zones de steppe ou de savane intervient de même que le déboisement pour aridifier le climat. Or ces dernières causes de dégradation se sont accrues au cours des dernières décennies au rythme de l'explosion démographique des populations vivant dans les zones concernées.

Pire encore, cette croissance démographique a contraint les habitants de ces régions à défricher des terres marginales pour les mettre en culture. Sous l'effet conjugué de la sécheresse et de la fragilité des sols concernés, ces terres sont vite la proie de l'érosion et sont transformées peu à peu en dunes de sable. Ce phénomène a été particulièrement marqué en Afrique au cours des dernières décennies aux franges nord et sud du Sahara. Mais il s'observe aussi en d'au-

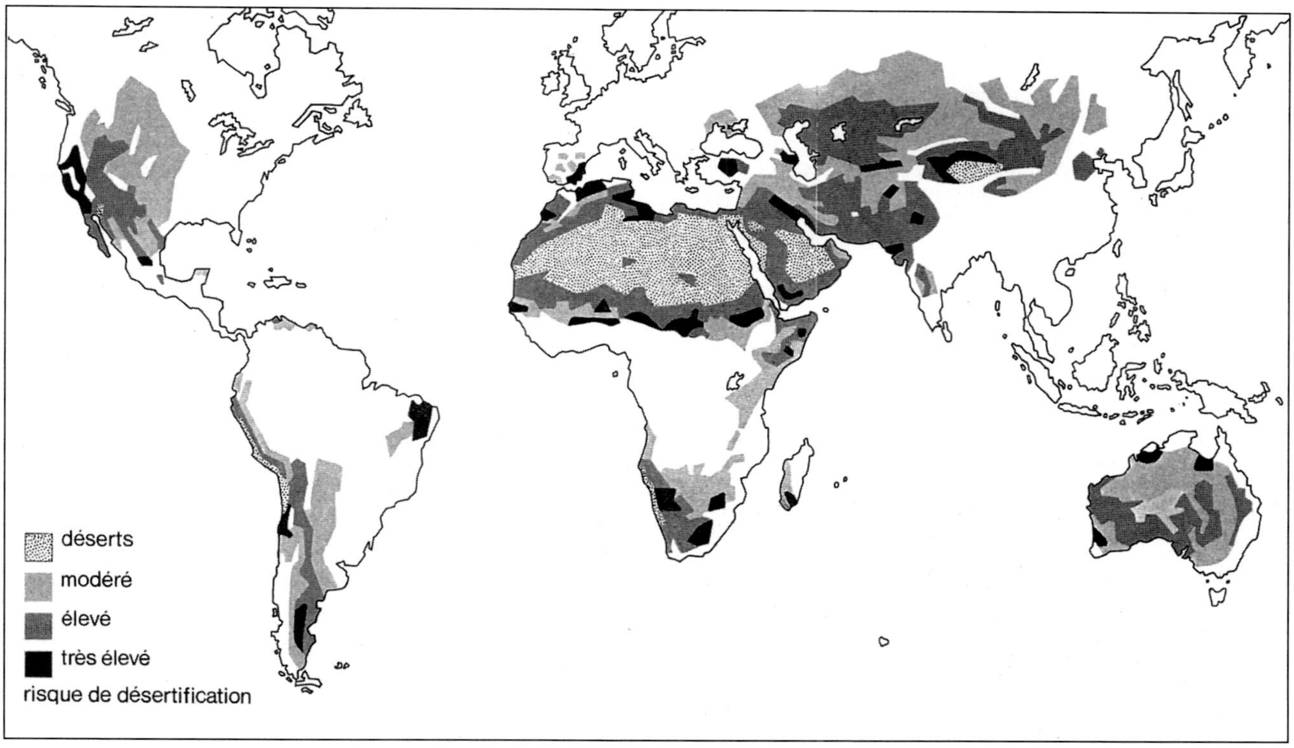

Carte de la **désertification** dans le monde. De vastes surfaces sont en danger de désertification. Fait paradoxal – mais seulement en apparence – le risque de désertification est beaucoup moins élevé dans les semi-déserts que dans les zones semi-arides, *a fortiori* dans celles marquées par une saison sèche prolongée où la pluviométrie est pourtant supérieure à celle relevée dans les semi-déserts. (D'après PNUE, in Ramade F., *Les catastrophes écologiques*, McGraw-Hill, 1987, p. 156)

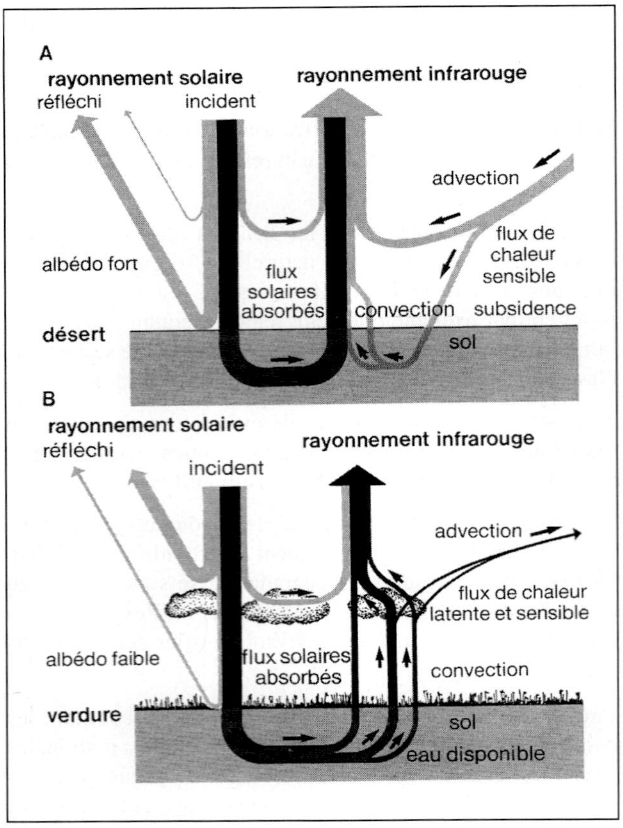

Rôle de la destruction du couvert végétal dans la **désertification**. Comparaison du bilan énergétique de la surface du sol d'une zone désertique (**A**) et de celui d'une zone couverte par la végétation (**B**). Dans le premier cas, le sol nu et sec d'une zone désertifiée présente un albedo élevé, de 45%, et ne peut perdre de chaleur par évaporation. Chaud, il reémet dans l'infrarouge plus d'énergie qu'il n'en absorbe du flux solaire incident, déficit comblé par l'advection horizontale de masses d'air venues d'ailleurs, qui finissent par descendre sans apporter de pluies. En B, la surface couverte de végétation a un albedo plus faible de 15%. La surface du sol garde une valeur modérée car l'évapotranspiration transfère de l'énergie absorbée vers l'atmosphère. Le bilan de chaleur restant positif, il n'y a pas d'apport d'énergie de l'extérieur et, à l'opposé du cas A, les mouvements de convection permettent une élévation des masses d'air chargées d'humidité et la condensation se produit amenant les précipitations. On constate que l'éradication de la végétation exerce une influence climatique dont la conséquence majeure est un accroissement des températures et une diminution des précipitations. (D'après Kandel et Courel, op. cit., p. 165)

tres régions, en particulier en Asie centrale, au Moyen-Orient et aux Indes où le désert de Thar s'étend sans cesse.

◆ **accroissement de la fréquence des sécheresses** : depuis le début des années 1960, on assiste à un accroissement spectaculaire des périodes de sécheresse. À l'échelle mondiale, on en dénombrait cinq par an dans les années 1960, dix par an dans les années 1970 et quinze par an dans les années 1980. Au cours des années 1990, ce rythme s'est ralenti mais la fréquence annuelle des sécheresses s'est maintenue à un niveau comparable à celui de la décennie précédente.

Le plus grand épisode de sécheresse du XXe siècle a été celui qui a affecté l'Afrique, mais aussi l'Amérique latine et les autres régions de l'hémisphère austral dans la première moitié des années 1980. Elle est apparue comme la conséquence d'un phénomène d'El niño particulièrement intense. Au cours de cette période, plusieurs centaines de millions de personnes vivant dans les zones concernées ont été affectées par la carence des précipitations en particulier en Afrique, où 24 pays furent sévèrement touchés.

La région sahélienne et l'Éthiopie pâtirent particulièrement de cette catastrophe, ayant souffert de famines qui firent périr plusieurs centaines de milliers de personnes. L'Eurosibérie et l'Amérique du Nord ont aussi été victimes d'importantes sécheresses dans la période 1987-1990. Dans les grandes plaines des États-Unis se manifesta à nouveau le phénomène des *dust-bowl*, prodrome de la désertification, dont les conséquences furent catastrophiques dans les années 1930, caractérisé par l'entraînement dans l'atmosphère de millions de tonnes de sol du fait de l'érosion éolienne.

Cette croissance des sécheresses explique en partie l'importante extension qu'a connu la désertification au cours des trente dernières années. ***(Voir aussi Désert, Sahel, Sécheresse, Thar)***

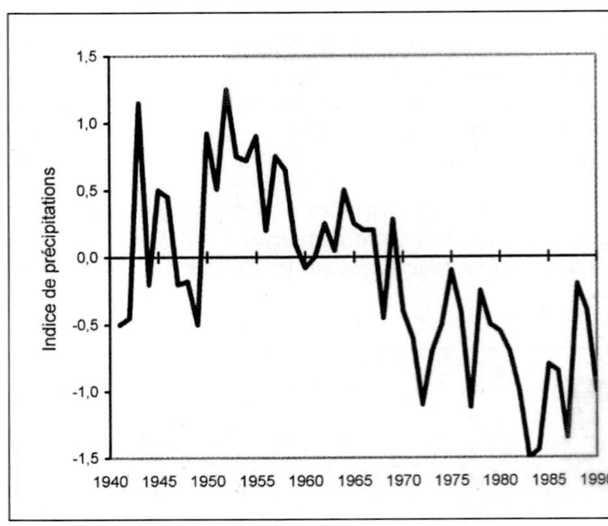

Fluctuation de l'indice de précipitations au Sahel et relation avec la récurrence des épisodes de sécheresse – et le progrès de la **désertification** – entre 1940 et 1990. On constate que la tendance à l'aridification s'est amplifiée à partir du début des années 1960 et qu'elle s'est poursuivie depuis lors malgré une récurrence éphémère des précipitations, observée depuis la publication dont est extraite cette figure, au cours des années 1990. (Le trait horizontal représente la moyenne de la pluviométrie annuelle dans la période 1941-1990). (D'après Lamb et Peppler, in World Resources, op. cit., 1992, p. 160)

désertion, n. f. (*desertion*). Type de comportement qui se caractérise par l'abandon du partenaire et (ou) de la couvée (ou de la portée chez les Mammifères) par l'un des deux membres d'un couple. Bien qu'il soit le plus souvent le fait du mâle, ce type de comportement peut être celui de la femelle. Ainsi, chez les phalaropes, après la ponte des œufs, la femelle abandonne le mâle auquel échoit la couvaison et les soins aux jeunes. ***(Voir aussi Nidification)***

déshuilage, n. m. (*oil separation*). Procédé permettant d'éliminer les hydrocarbures liquides, en particulier les lubrifiants d'un effluent liquide pollué.

déshumification, n. f. (*deshumification*). Phénomène par lequel l'humus d'un sol est détruit. Ce processus peut être endogène ou causé par le mauvais usage agricole des sols.

déshydratation, n. f. (*deshydration*). Phénomène caractérisé par la perte d'eau qu'il soit le fait d'un organisme isolé ou encore d'un biotope : sol, litière, etc. ◆ ~ **des boues** (*muds dessication*) : voir Stations d'épuration.

désintégration, n. f. ◆ ~ **radioactive** (*radioactive decay*) : phénomène physique par lequel les isotopes instables se transmutent en d'autres éléments de masse atomique plus faible avec émission de rayonnements α, β et (ou) γ. ***(Voir aussi Radiation, Radioactivité)***

Desmidiales, n. sc. Ordre d'algues vertes (Chlorophycées) encore dénommé Conjugales, pullulant dans les eaux riches en matières organiques, en particulier en substances humiques. ***(Voir aussi Chlorophycées, Conjugales, MOF, Pollution)***

désorption, n. f. (*desorption*). Phénomène par lequel une substance adsorbée sur un substrat solide est relarguée dans le milieu par passage en phase aqueuse ou gazeuse.

désoxygénation, n. f. (*deoxygenation*). Phénomène par lequel un biotope aquatique ou un sol hydromorphe ou temporairement inondé subit une perte partielle ou totale de sa teneur en oxygène. La désoxygénation des écosystèmes aquatiques peut résulter de processus naturels mais résulte le plus souvent de diverses causes de pollution.

dessalement, n. m. (*desalination, desalting*). Procédé permettant de produire de l'eau douce à partir de l'eau de mer. La désalinisation s'effectue selon divers procédés (distillation, osmose inverse, électrofiltration, ultrafiltration), dont la consommation d'énergie est variable mais toujours considérable, ce qui rend utopique toute idée de cultiver les déserts grâce à l'eau obtenue par de tels procédés. ***(Voir aussi Eau)***

dessalure, n. f. (*desalinization*). Phénomène d'élimination du sel. Ce dernier survient naturellement dans un biotope terrestre par lessivage des sols salés (ou artificiellement dans le cas de la réalisation de polders). En milieu aquatique, il résulte d'un apport d'eau douce à des biotopes lentiques aux eaux initialement saumâtres. ***(Voir aussi Irrigation, Polder, Sols salés)***

dessèchement, n. m. ◆ ~ **sur pied** (*die back, drying out*) : phénomène de dépérissement d'un végétal caractérisé par la mort progressive des rameaux avec de façon corrélative leur dessication.

dessication, n. f. (*dessication*). Perte d'eau contenue dans un organisme ou dans un milieu donné. On parlera par exemple de la dessication d'un sol ou de la tourbe.

destruction, n. f. ◆ ~ **des écosystèmes** : (*ecosystems destruction*) : ensemble des actions anthropiques qui conduisent à la disparition d'un type d'écosystème sur une partie ou sur la totalité de la surface qu'il occupait initialement. La mise en culture de biotopes encore vierges constitue de nos jours la principale cause de destruction des écosystèmes. Ainsi certains types de forêts pluvieuses tropicales, en particulier insulaires, ont été entièrement détruites par suite de leur défrichage.

Exemples : les forêts pluvieuses littorales de Hawaï ont été entièrement converties en cultures d'ananas; il en est de même des forêts homologues des plaines de Cuba que le régime castriste a entièrement converties en champs de canne à sucre, de même que l'a été la quasi-totalité des autres forêts pluvieuses tropicales de plaine de l'ensemble des Caraïbes, en particulier de celles des petites Antilles.

Il n'existe plus aucun vestige dans le Bassin méditerranéen des anciennes forêts naturelles de caroubiers et d'oliviers constituant l'association végétale de l'*Oléo-ceratonion*, ou encore des steppes tempérées d'Europe centrale et orientale défrichées depuis longtemps pour la culture des céréales. Ainsi, en Russie, la Réserve de Tsentralno-tchernoziemy, dernier vestige de steppe vierge, au sud de Koursk couvre à peine 1 400 ha, à comparer aux millions de km^2 qu'occupait initialement cet écosystème en Eurosibérie. Les pollutions peuvent aussi affecter de vastes surfaces et exercer une action désastreuse sur les écosystèmes exposés. Ainsi, les pluies acides ont parfois rendu azoïques d'importantes étendues d'écosystèmes lacustres en Amérique du Nord et en Scandinavie et menacent des forêts boréales ou subalpines de Conifères. ***(Voir aussi Déforestation, Pollution)***

Desulfovibrio, n. sc. Bactéries des eaux continentales jouant un rôle important dans le cycle biogéochimique du soufre.

désulfuration, n. f. (*desulphurization*). Procédé destiné à éliminer le soufre des combustibles fossiles en particulier des fuels.

détergent(s), n. m. (*detergent*). Substances douées de propriétés tensio-actives grâce auxquelles elles éliminent facilement les graisses et autres salissures à la surface de matériaux divers.

On distingue trois grandes catégories : les détergents anioniques, non ioniques et cationiques selon la partie de la molécule (il s'agit d'esters) douée de propriétés détergentes.

Les détergents anioniques sont représentés essentiellement par des alkylsulfonates ramifiés (TBS par exemple) ou linéaires (ASL), les seconds d'usage surtout domestique étant biodégradables. Dans les non ioniques, on citera les dérivés du polyéthylène glycol ou les nonylphénols, ces derniers étant aujourd'hui interdits d'usage dans l'Union européenne – de même que le TBS – par suite de leur fort impact écotoxicologique. Enfin, les cathioniques, comme divers dérivés d'ammonium quaternaire d'usage essentiellement industriel ou médical, sont utilisés en milieu clos car ils possèdent une forte toxicité.

Depuis le début des années 1970, les réglementations nationales puis européennes ont exigé un taux de biodégradabilité d'au moins 80% afin d'obvier aux graves problèmes de pollution des eaux inhérents à l'usage à vaste échelle de ces substances, tant en milieu domestique qu'industriel.

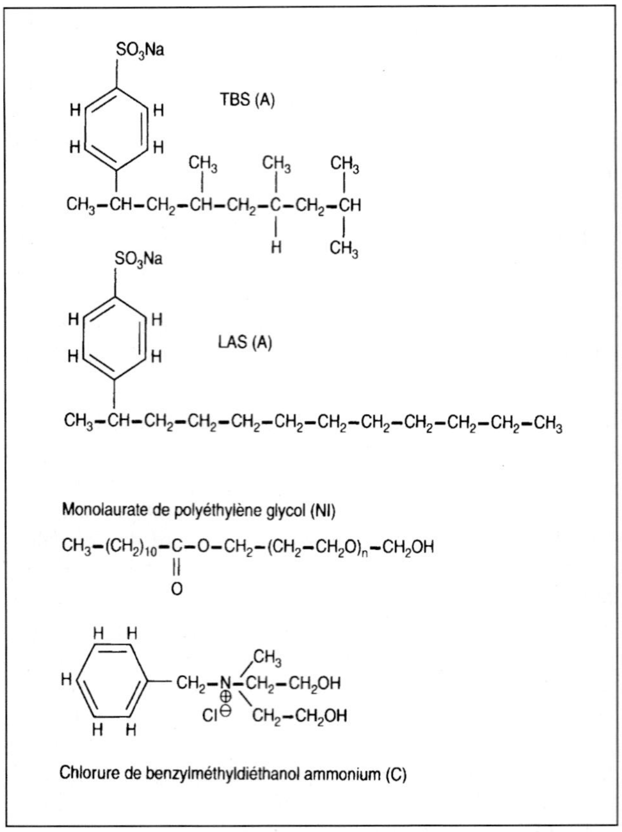

Structure moléculaire des principaux types de **détergents**. TBS = anioniques ramifiés, LAS = anioniques linéaires, NI = non ioniques, C = cationiques. (D'après Ramade F., *Dictionnaire encyclopédique des pollutions*, Ediscience international, 2000, p. 138)

Les détergents sont également destinés à éliminer en tant qu'agents dispersants le pétrole lors des « marées noires ». Bien que de grands progrès aient été accomplis pour réduire leurs effets non intentionnels et nocifs sur les communautés vivantes aquatiques, les détergents présentent un risque éventuel pour les Invertébrés dulçaquicoles. **(*Voir aussi Marées noires*)**

détersif, n. m. Voir Détergent.

détoxication, n. f. (*detoxication*). Phénomène par lequel un organisme peut neutraliser et éliminer un polluant toxique. La détoxication s'inscrit en règle générale dans les activités cataboliques normales des organismes. Néanmoins il peut advenir, lors d'expositions prolongées à un polluant conduisant à des phénomènes de tolérance voire de résistance, que des systèmes enzymatiques soient induits et présentent de ce fait une activité beaucoup plus intense que chez les souches normales sensibles au polluant considéré. **(*Voir aussi Dégradation, Photodégradation*)**

détriticole, adj. (*detriticolous*). Désigne un être vivant dont le microhabitat est constitué par des débris de matières organiques.

détritiphage, adj. (*detritiphagous*) (syn. : détritivore). Voir Détritivore.

détritique, adj. **1.** (*bed material*) : désigne en océanographie des dépôts sédimentaires de matériels provenant de la dégradation de divers matériaux minéraux ou biogéniques. Ces dépôts résultent soit de l'action des vagues sur le littoral ou encore des formations néritiques (par exemple sur le horst des récifs coralliens) soit de l'apport d'alluvions fluviales dans les zones deltaïques. **2.** (*detrital*) : en sciences de la terre, désigne des dépôts ou des roches constitués de débris inorganiques ou biogéniques.

détritivore(s), n. m. et adj. (*detritivorous*). Catégorie d'êtres vivants qui se nourrissent de détritus d'origine végétale ou animale constituant la matière organique morte. Les détritivores se rencontrent dans tous les biotopes terrestres ou aquatiques. On distingue plusieurs catégories de détritivores selon qu'ils consomment de la matière organique en voie de décomposition (saprophages), des excréments (coprophages), des cadavres (nécrophages), ou encore de la matière organique en voie d'humification (géophages) (vers de terre par exemple). Dans les sols, ces derniers constituent une catégorie dominante de détritivores qui jouent un rôle majeur dans le processus de l'humification en favorisant la transformation des matières végétales mortes en humus grâce aux bactéries qui vivent dans leur tube digestif. En milieu aquatique, les détritivores se répartissent entre les diverses catégories citées plus haut l'équivalent écologique des géophages étant ici constitué par les organismes mangeurs de sédiments meubles dits limophages. Une catégorie particulière de détritivores propre au milieu aquatique est constituée par ceux qui se nourrissent de fines particules de matière organique morte soit en suspension dans l'eau (suspensivores) soit qui se sont déposées à la surface des sédiments (déposivores). **(*Voir aussi Déposivore, Suspensivore*)**

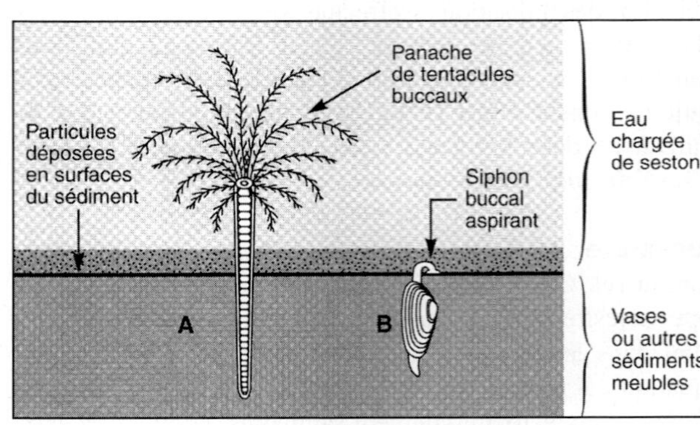

Représentation de deux importantes catégories d'organismes **détritivores** propres au milieu marin. En **A**) est figuré un Annélide polychète sédentaire, *Sabella pavonina*, de régime suspensivore (filtreur de particules en suspension dans l'eau), en **B**), le Mollusque lamellibranche déposivore, *Donax vittatus*, lequel se nourrit en aspirant avec son siphon buccal les fines particules qui se déposent à la surface des sédiments. (D'après Frontier et Viale in Ramade F., *Écologie fondamentale*, Ediscience international, 2e ed., 1994, p. 311)

détritus, n. m. (*detritus*). Matière organique morte de date récente ou partiellement décomposée. Ce terme est parfois utilisé à une acception plus restrictive pour désigner la matière organique déjà fragmentée par les organismes saprophages. **(*Voir aussi Sol*)**

deutérotoque, adj. (*deuterotokous*). Désigne un type de parthénogenèse dans lequel les femelles non fécondées donnent autant de mâles que de femelles dans leur descendance.

deutérotoquie, n. f. (*deuterotoquy*). Type de parthénogenèse dans lequel les femelles non fécondées donnent autant de mâles que de femelles. ***(Voir aussi Arhénotoquie, Thélytoquie)***

développement, n. m. (*development*). Processus d'acculturation éducatif, en particulier scientifique et technologique, par lequel un peuple accède à un niveau élevé de bien-être au plan matériel grâce aux progrès de l'économie qu'autorise cette évolution culturelle. ◆ **~ durable** (*sustainable development*) : terme créé par l'UICN dans sa stratégie mondiale de la conservation (1980) pour désigner une forme de développement qui respecte l'environnement et en fait un usage prudent, fondé sur une exploitation rationnelle et modérée de la nature et de ses ressources, afin d'assurer le maintien indéfini de la productivité biologique de la biosphère dans l'intérêt des générations futures. Le terme de développement durable a été ensuite repris et largement vulgarisé par le Rapport Bruntland. Il est devenu – à tout le moins dans les propos des hommes politiques – une des préoccupations majeures des organisations internationales et des pouvoirs publics de la plupart des pays développés. Il a constitué le thème central de la Conférence des Nations unies sur l'Environnement et le Développement qui s'est tenue à Rio, en juin 1992. ***(Voir aussi Environnement, Tiers monde)*** ◆ **~ des écosystèmes** (*ecosystems development*) : voir Écosystème, Succession. ◆ **indices de ~ humain** (*human development index*) : indices créés au début des années 1990 par diverses agences ou organisations internationales gouvernementales ainsi que par diverses associations indépendantes des États (ONG) pour évaluer le degré de développement d'une région ou d'un pays déterminé. Ces indices, outre le traditionnel PNB par habitant, intègrent l'espérance moyenne de vie et la plus ou moins grande facilité d'accès pour les populations à un système de santé, le niveau moyen d'éducation et les possibilités données à chacun de suivre des études jusqu'au degré le plus élevé, la qualité des systèmes de transports publics et de communication, le niveau de protection de l'environnement (qualité des eaux et de l'air) et l'avancement de la lutte contre les pollutions, etc. Jaugé à cette aune, l'une des surprises des derniers classements établis par référence à un indice établi à partir de tels critères a été de montrer que la France se situait dans le peloton de tête dans le monde et que plusieurs pays européens distançaient largement les États-Unis. ***(Voir aussi Bruntland, Environnement)***

déversoir, n. m. ◆ **~ d'orage** (*storm overflow*) : dispositif destiné à récupérer les eaux pluviales afin de protéger diverses installations en particulier les stations d'épuration qui seraient saturées par un afflux considérable d'eaux polluées excédant leur capacité nominale. En outre, ces déversoirs permettent de retenir des effluents de toxicité non négligeable résultant du lessivage des chaussées contaminées par les rejets des véhicules à moteur et par certains produits de combustion. ◆ **~ d'un lac** (*lake outlet*) (syn. : émissaire) : cours d'eau évacuant les eaux lacustres vers l'aval du bassin versant.

Dévonien, n. m. (*Devonian*). Étage de l'ère primaire qui a commencé il y a 408 millions d'années et s'est terminé il y environ 355 millions d'années. La fin du Dévonien a été marquée par une période de glaciation qui s'est accompagnée d'une extinction massive des espèces vivantes.

diachronique, adj. (*diachronous*). Désigne des dépôts sédimentaires dont l'âge varie selon la localisation.

diaclase, n. f. (*diaclasis*). Fissures dans des strates de calcaire compact par lesquelles l'eau s'infiltre dans les systèmes karstiques.

diadrome, adj. (*diadromous*). Désigne une espèce de poisson migratrice qui effectue une partie de son cycle vital en rivière et le reste en mer ou inversement. ***(Voir aussi Anadrome, Catadrome)***

diagenèse, n. f. (*diagenesis*). Processus se produisant à l'intérieur de sédiments à faible pression et à faible température.

diagramme(s), n. m. (*diagram*). Représentation graphique de divers phénomènes bioclimatiques et (ou) écologi-

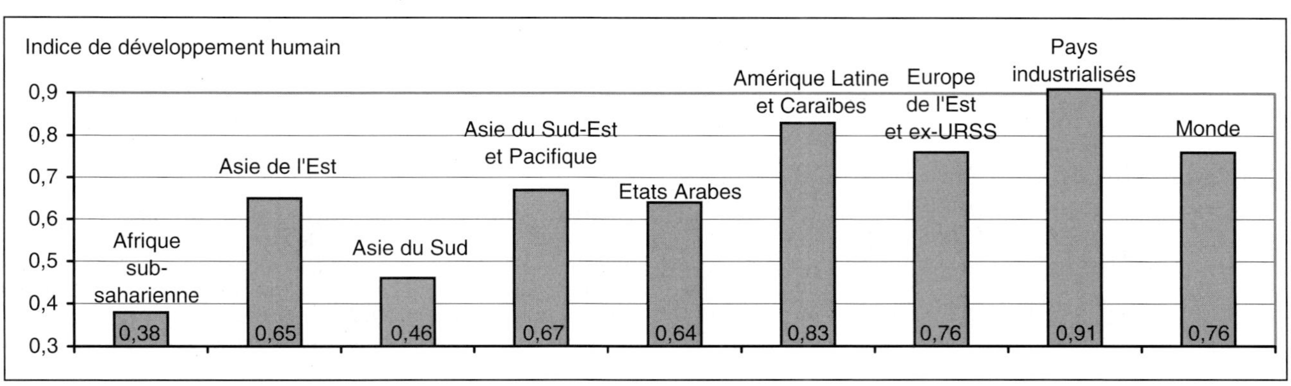

Valeur respective de l'indice de **développement** humain pour les différentes régions du monde et en moyenne globale. (D'après PNUE, 1999, op. cit. p. 15)

ques. ◆ ~ **de Lexis** : diagrammes utilisés en démoécologie consistant à figurer l'évolution du nombre d'individus d'une classe d'âge d'une population en fonction du temps. ◆ ~ **ombrothermiques** : voir Climat, Gaussen. ◆ ~ **pollinique** : voir Pollen. ◆ ~ **rang-fréquence** : voir Distribution d'abondance.

dialyse, n. f. (*dialysis*). Procédé de séparation d'électrolytes en mélange avec des macromolécules à l'aide d'une membrane hémiperméable qui laisse passer les premières mais pas les secondes.

diapause, n. f. (*diapause*). Phénomène caractérisé par un arrêt de développement obligatoire chez un Invertébré. Celui-ci survient alors que les conditions écologiques sont encore favorables et ne s'arrêtera que si l'organisme a été exposé à une intensité suffisante au facteur défavorable auquel la diapause permet de résister. ***(Voir aussi Quiescence)***

diaspore, n. f. (*diaspore*). Désigne tout stade végétatif d'une plante qui permet sa dispersion (spore, graine) et peut donner naissance à un nouvel individu.

Diatomées, n. f. (*Diatoms*). Algues unicellulaires ou coloniales de couleur jaune-brun appartenant à l'Embranchement des Chromophytes, qui constituent la classe des Diatomophycées (Bacillariophycées), dont les parois cellulaires sont doublées d'une enveloppe siliceuse dénommée frustule. On les divise en deux groupes : les Centrales, unicellulaires ou se présentant en colonies filamenteuses (genres *Cyclotella* et *Melosira* en particulier) et les Pennales, unicellulaires ou à l'état de colonies non filamenteuses (genres *Asterionella, Diatoma, Navicula, Nitzschia* par exemple). Les Diatomées constituent l'un des groupes dominants du phytoplancton, tant des eaux continentales qu'océaniques. Cependant certaines d'entre elles sont benthiques et vivent fixées à la surface de substrats solides immergés (rochers, feuilles d'algues ou d'autres végétaux aquatiques) et constituent une partie du périphyton. ***(Voir aussi Phytoplancton)***

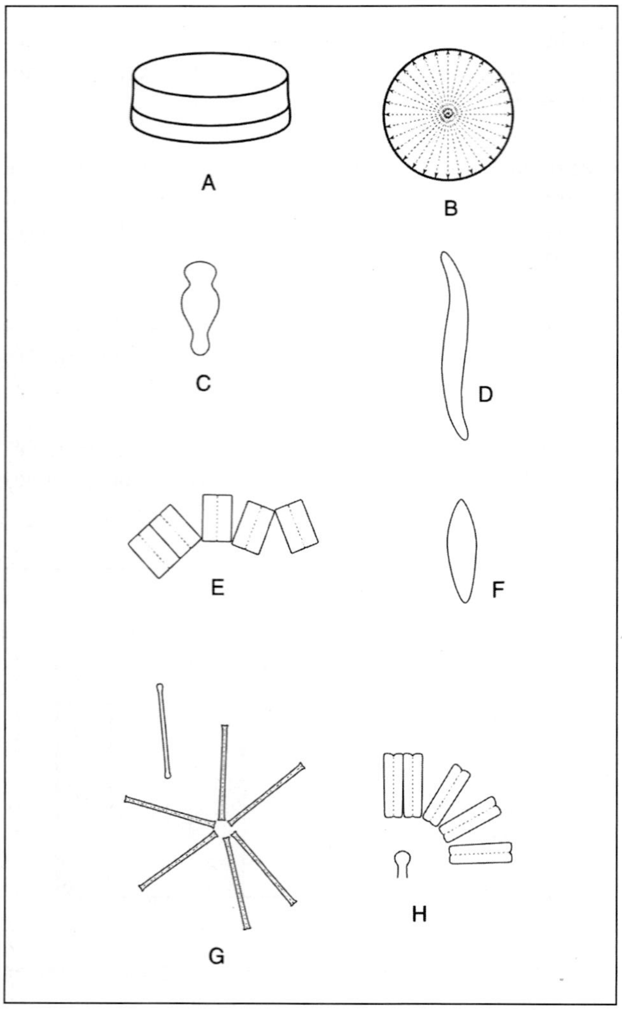

Principaux types de **Diatomées**. **A**) Schéma général. Toutes les Diatomées sont constituées par une petite « boîte » de silice, la frustule, dans laquelle se trouve la cellule proprement dite. La forme et l'ornementation de cette dernière permettent leur identification. **B**) *Stephanodiscus* (planctonique); **C**) *Gomphonema* (périphyton) ; **D**) *Gyrostigma* (benthique) ; **E**) *Diatoma* (planctonique ou benthique) ; **F**) *Nitzschia* (très ubiquiste selon les espèces); **G**) *Asterionella* (planctonique) ; **H**) *Synedra* (très commune et ubiquiste) (toutes les espèces ici figurées sont propres aux eaux douces continentales. (D'après Fitter et Manuel, op. cit., in Ramade F., *Dictionnaire encyclopédique des sciences de l'eau*, Ediscience international, 1998, p. 160)

diatomite, n. f. (*diatomite*). Roche sédimentaire riche en Diatomées qui s'est formée au fond d'un lac ou des abysses.

dibenzofurane(s), n. m. (*dibenzofuran*). Molécule hétérocyclique formée par des réactions d'oxydations incomplètes de composés organiques et dont la toxicité et le potentiel de pollution sont très considérables. Leurs dérivés polychlorés sont produits essentiellement lors de combustions incomplètes de substances organiques de synthèse, en particulier dans les incinérateurs de déchets domestiques et industriels. Ils se rencontrent dans des organismes aquatiques même éloignés de toute zone où existe une présence humaine car on en a décelés dans l'organisme de cétacés capturés au centre du Pacifique, témoins d'une pollution globale par ces substances.

dichloro-diphényl-trichloréthane, n. m. Voir DDT.

dichlorvos, n. m. Voir DDVP.

dichogamie, n. f. (*dichogamy*). Particularité de certaines plantes monoïques chez lesquelles les fleurs mâles et femelles ne sont pas simultanément à maturité ou encore chez lesquelles il existe une incompatibilité de leur propre pollen avec la surface stigmatique des fleurs femelles du même pied, ce qui interdit l'autofécondation.

dicline, adj. (*diclinous*). Désigne une plante dont les fleurs ne sont pas hermaphrodites.

Dicotylédones, n. f. (*Dicotyledons*). Classe constituée par tous les végétaux dont l'embryon est pourvu de deux cotylédons. En outre, les nervures des feuilles des Dicotylédones sont fasciées alors qu'elles sont parallèles au pétiole chez les Monocotylédones.

dieldrine, n. f. (*dieldrin*). Insecticide du groupe des cyclodiènes chlorés aujourd'hui interdit dans la plupart des pays développés à cause à la fois de son importante écotoxicité et de sa forte toxicité à long terme pour les populations humaines.
La dieldrine présente une très grande stabilité moléculaire. Très persistant dans les sols et les eaux où son temps de demi-vie peut atteindre plusieurs décennies, cet insecticide présente un considérable potentiel de bioamplification dans les chaînes trophiques.
Dès la fin des années 1960, il avait ainsi été montré qu'il avait contaminé les réseaux trophiques marins de la mer du Nord polluée par les rejets d'une usine fabriquant ce pesticide près de Rotterdam. ***(Voir aussi Organochlorés, Pollution)***

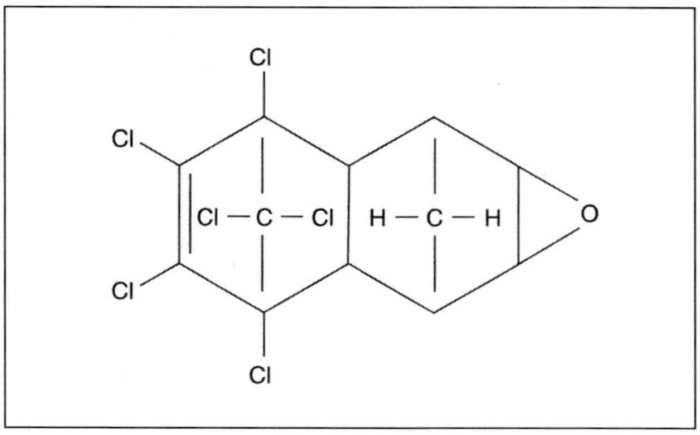

Formule de la **dieldrine**. (In Ramade F., *Dictionnaire encyclopédique des pollutions*, Ediscience international, 2000, p. 142)

diesel, n. m. (*diesel*). Moteur à combustion interne qui possède un très bon rendement thermodynamique. Le diesel présente malheureusement un potentiel de pollution important, nettement supérieur à celui des autres types de moteurs à piston. Ceci provient essentiellement de la plus forte proportion de particules et d'imbrûlés, en particulier d'hydrocarbures aromatiques polycycliques, associés aux fumées noires qu'il rejette sous forte charge, de la production d'une plus grande quantité d'oxyde d'azote et dans une moindre mesure de SO_2 lié au soufre présent dans son combustible, le gazole. De grands efforts restent donc à accomplir afin d'obtenir des moteurs diesels en service des normes de pollution voisines, sinon égales, à celles que l'on impose aujourd'hui au moteur à essence au travers de l'usage des pots catalytiques.
Parmi les méthodes préconisées pour diminuer les émissions d'oxyde d'azote, il faut citer l'incorporation d'eau au carburant, ce qui abaisse la température de fonctionnement du moteur, le recyclage partiel des gaz d'échappement dans les cylindres, et surtout le montage de pot catalytique associé à un filtre à particules pour éliminer les émissions de fumées noires. ***(Voir aussi Automobile, Effluents gazeux, Hydrocarbures polycycliques, Polluants atmosphériques, Pots catalytiques)***

différé(e), adj. (*delayed*) ◆ **densité dépendance ~** (*delayed density dependance*) : modification du taux de croissance d'une population provoquée par un changement dans sa densité ayant eu lieu antérieurement. ◆ **sémelparité ~** (*delayed semelparity*) : voir Sémelparité.

différentielle, adj. ◆ **espèce ~** (*differential species*) : désigne en phytosociologie une espèce indiquant des conditions écologiques particulières à tel ou tel type de groupement végétal à partir desquelles on caractérise des sous-associations. Ces dernières sont désignées par le nom de l'association végétale auquel est accolé celui de l'espèce différentielle suivi du suffixe *-etosum*. Ainsi, dans les garrigues méditerranéennes, il existe des groupements végétaux appartenant à l'association du *Rosmarineto-Lithospermum* dans lesquels le chêne kermès (*Quercus coccifera*) est abondant voire dominant. Dans ces conditions cet arbuste représente l'espèce différentielle, une sous-association dénommée *Rosmarineto-Lithospermum- quercetosum cocciferae*.

diffluence, n. f. (*diffluence*). Subdivision d'un cours d'eau ou d'un glacier en deux branches qui ne confluent pas vers l'aval.

diffuse, adj. ◆ **compétition ~** (*diffuse competition*) : somme des interactions compétitives de faible intensité s'exerçant entre espèces d'un même peuplement associées de façon lâche au plan écologique. ◆ **pollution ~** (*non point source pollution*) : pollution n'étant pas due à un rejet d'eau contaminée par émissaire urbain ou industriel ou encore à des fumées par une cheminée d'usine mais émise en de multiples sources dispersées dans l'environnement. La contamination des sols par les pesticides ou encore celle de l'atmosphère par des photo-oxydants constituent des exemples classiques de pollution diffuse. ***(Voir aussi Pollution)***

diffusion, n. f. (*diffusion*). Phénomène par lequel un fluide se diffuse ou se répand dans un milieu différent par le jeu de l'agitation thermique des molécules. ◆ **~ gazeuse** (*gas diffusion*) : procédé utilisé pour enrichir l'uranium en uranium 235, qui est le seul isotope fissile naturel de cet élément présent à seulement 0,7 % dans l'uranium naturel.

Le procédé de diffusion gazeuse consiste à faire passer un composé gazeux de l'uranium l'hexafluorure d'uranium (UF_6), au travers de membranes poreuses disposées en batteries.

Comme l'$^{235}UF_6$ diffuse plus vite, on obtient un enrichissement en cet isotope dans une cascade ascendante de barrières poreuses. Initialement mis au point à des fins militaires, le procédé de diffusion gazeuse a ensuite été utilisé pour fabriquer de l'uranium enrichi pour les centrales électronucléaires.

En France, l'usine de Tricastin répond largement à la demande du programme de l'EDF. Il faut toutefois souligner que la construction d'une usine de diffusion gazeuse civile pose des problèmes de génie industriel spécifiques. En effet, il s'agit dans ce cas de produire de très grandes quantités d'uranium faiblement enrichi (généralement à un peu plus de 3 % d'uranium 235) alors que les usines militaires sont conçues pour fabriquer relativement peu d'uranium très enrichi. Il n'est donc pas possible au plan économique et même technique, de reconvertir une usine d'enrichissement militaire en usine civile. ***(Voir aussi Cycle du combustible nucléaire, Uranium)***

digesteur, n. m. (*digestor*). Équipement utilisé dans les stations d'épuration des eaux consistant en un bioréacteur qui dégrade les matières organiques fermentescibles par action de bactéries spécialisées.

digestion, n. f. ◆ **~ des boues** (*sludges digestion*) : voir Boues, Stations d'épuration.

dilution, n. f. (*dilution*) ◆ **effet de ~** (*dilution effect*) : phénomène de diminution de la probabilité de capture d'une proie par un prédateur par suite du fait qu'elle ne vit pas isolée mais dans un groupe, ce qui la rend individuellement moins vulnérable à la prédation. ***(Voir aussi Prédation)***

diméthoate, n. m. (*dimethoate*). Insecticide organophosphoré doué de propriétés systémiques, largement utilisé en grande culture, en particulier dans la lutte contre les pucerons des céréales. Il est très peu toxique pour les vertébrés à sang chaud.

dimictique, adj. (*dimictic*). Désigne un lac présentant au cours du cycle annuel deux périodes de stratification des eaux alternantes et séparées par deux phases d'homogénéisation, printanière et automnale. ***(Voir aussi Lac, Stratification)***

dimorphisme, n. m. ◆ **~ sexuel** (*sexual dimorphism*) : particularité propre à de nombreuses espèces animales de présenter des différences morphologiques entre les sexes. Ce dimorphisme concerne la taille, les mâles pouvant être plus grands (cas des vertébrés) ou plus petits (cas des insectes en règle générale) que les femelles, et (ou) la coloration des différentes parties du corps, ainsi que la morphologie générale des individus.
Dans certains groupes d'invertébrés, le dimorphisme sexuel atteint une telle ampleur qu'il est impossible – en l'absence de connaissance préalable de leur similitude taxonomique – d'imaginer que les mâles et les femelles observés isolément appartiennent à la même espèce.
Le cas extrême de dimorphisme sexuel est donné par les *Bonellia* (Echiurides), invertébrés marins dont les femelles, pourvues d'une longue trompe avec laquelle elles se fixent aux rochers, mesurent une dizaine de cm de longueur, tandis que les mâles dont la taille est inférieure au mm et qui ont l'aspect d'une paramécie vivent en parasites internes des femelles dans la néphridie de ces dernières!

dinitroorthocrésols, n. m. Voir DNOC.

Dinoflagellés. n. m. Voir Dinophycées.

Dinophycées, n. f. (*Dinoflagellata*). Groupe de phytoflagellés pourvus de deux flagelles, encore dénommé Péridiniens, de grande importance dans le phytoplancton marin. On compte plus de 1 000 espèces dans cet embranchement qui présente des affinités avec les protozoaires car elles peuvent avoir un métabolisme hétérotrophe bien qu'elles possèdent de la chlorophylle. De nombreuses espèces, telles par exemple les Noctiluques, peuvent émettre de la lumière et rendent la mer phosphorescente. Les Zooxanthelles symbiotiques des Madrépores bâtisseurs de récifs coralliens sont aussi des Dinophycées.
Certaines d'entre elles, comme les *Gonyaulax*, sécrètent une toxine qui peut se bioamplifier dans la chaîne alimentaire des Mollusques donnant lieu à de graves toxicoses lors de la consommation d'huîtres ou de moules contaminées ***(Voir aussi Phycotoxine)***

Dinornithidae, n. sc. (*elephants birds*). Famille de Ratites, fossiles de grande taille qui se sont éteints au cours du Paléocène. La dernière espèce, le Moa de Nouvelle-Zélande, vivait encore au temps historique et aurait été exterminée par les Maoris peu après leur arrivée dans cette île au XIIe siècle. Les kiwis sont parfois considérés comme les derniers représentants vivants descendants de ce groupe avien.

dinosaures, n. m. (*dinosaurs*). Groupe hétérogène de Reptiles Diaspides principalement constitué par deux lignées d'Archéosauriens : les *Ornitischia* et les *Saurischia* auxquels les oiseaux et les crocodiles sont apparentés. On considère que la pression de broutage des Sauropodes sur les Gymnospermes et autres végétaux ligneux représentant les premières flores mésosoïques a favorisé au début du Crétacé l'émergence des Angiospermes. Les dinosaures furent le groupe dominant de Vertébrés terrestres pendant le Mésosoïque et s'éteignirent à la fin du Crétacé. ***(Voir aussi Paléogéographie, Sauropodes)***

dioécie, n. f. (*dioeocy*). Caractère propre aux plantes dioïques.

dioïque, adj. (*dioecious*). Désigne les espèces végétales dont les individus différencient soit des gamètes mâles soit des gamètes femelles (ou des gamétocystes) de sorte que les organes reproducteurs de chaque sexe seront portés par des plants distincts (cas des saules, des palmiers dattiers ou de l'if par exemple).

Diomedea epomophora (*king albatross*). Nom scientifique de l'Albatros royal. Il s'agit de l'une des plus grandes espèces d'oiseaux de mer atteignant 3,4 m d'envergure. Cet albatros se reproduit dans le sud de la Nouvelle-Zélande et les archipels voisins et passe l'essentiel de sa vie dans l'Antarctique. Cette espèce, de grande longévité, atteint sa maturité sexuelle seulement à l'âge de 10 ans et présente donc toutes les caractéristiques d'un stratège K. ***(Voir aussi Albatros, Stratégies démographiques)***

Diomedeidae, n. sc. Voir Albatros.

dioxines, n. f. (*dioxin*). Composés organochlorés formés par oxydation lors de combustion incomplète de divers dérivés organochlorés, comme par exemple les PCB, ou encore dans des réactions secondaires qui apparaissent lors de la synthèse de chlorophénols. Il existe un nombre important de dioxines que l'on désigne sous le sigle général de PCDD (polychlorodibenzodioxines).

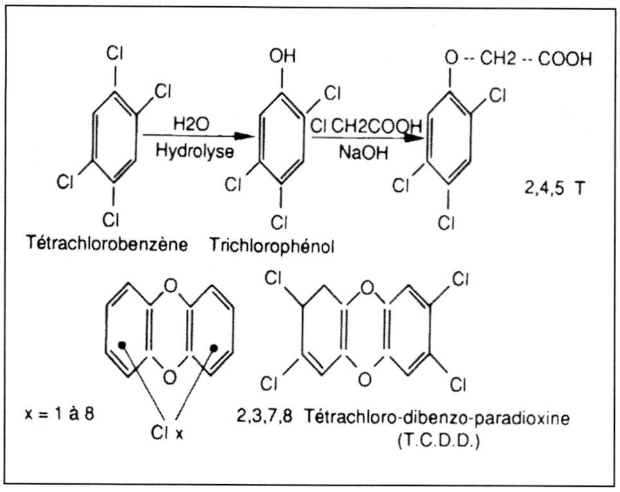

Synthèse du trichlorophénol et formation de tétrachlorodibenzopara**dioxine** (TCDD) par réaction secondaire. (D'après Ramade F., *Dictionnaire encyclopédique des pollutions*, Ediscience international, 2000, p. 144)

◆ **contamination de l'environnement par les dioxines** : la connaissance des problèmes écotoxicologiques liés à la pollution de l'environnement par les dioxines est apparue à la suite de l'usage de défoliants (2,4,5-T) souillés par ces substances au cours de la guerre du Vietnam. Ultérieurement, on a pu observer à la suite d'accidents une pollution diffuse par ces substances liée à leur formation lors de combustions incomplètes (incendie de transformateurs électriques renfermant des PCB par exemple) ou encore lors de l'incinération délibérée d'ordures ménagères dans des décharges dites contrôlées et surtout à la suite de la mise en service d'un nombre croissant d'incinérateurs d'ordures au cours des deux dernières décennies.

L'affaire de Seveso, en 1976, due à un accident dans une usine fabriquant du trichlorophénol, mit en évidence le considérable potentiel de pollution de ces substances quand on sait que tout au plus 2 kg de dioxine furent dispersés sur plusieurs milliers d'hectares, ce qui nécessita tout de même l'évacuation de 15 000 personnes! Aux États-Unis, un ensemble important de maisons individuelles dut aussi être évacué à Love Canal près de Buffalo, au début des années 1980, lorsqu'il fut découvert que ces maisons avaient été construites sur une ancienne décharge chimique renfermant des dioxines à des concentrations telles que l'atmosphère renfermait plus de 1 000 fois la CMA pour cette substance.

Un des problèmes très actuels dans l'Union Européenne, plus particulièrement en France, est apparu vers la fin des années 1990, à la suite de la découverte d'une contamination clandestine étendue par les PCDD liée au mauvais fonctionnement d'incinérateurs d'ordures de conception obsolète ou mal réglés. Il en résulte une contamination de l'atmosphère par les rejets de dioxines produits par ces incinérateurs, très en vogue dans notre pays. De façon générale, il apparaissait en 1998 que sur 71 installations de grosse capacité installées en France, six seulement respectaient la norme européenne de rejet de PCDD dans l'atmosphère soit une CMA de 0,1 ng/m^3 d'air! Certaines installations d'incinération, telles celles de Villejust dans l'Essonne, présentaient alors des rejets de PCDD excédant d'un millier de fois les normes admises en matière de pollution de l'air dans l'Union européenne!

◆ **écotoxicité des dioxines** : il existe plus de 200 molécules différentes de PCDD. Quoique de toxicité variable, elles sont toutes dangereuses pour les êtres vivants. La plus redoutable est la tétrachlorodibenzodioxine (TCDD). Cette substance possède une considérable toxicité aiguë. Ainsi, sa DL 50 pour le cobaye n'est par exemple que de 2 μg/kg. Chez les organismes aquatiques, la toxicité des PCDD est comparable, voire supérieure, à celle observée chez les organismes terrestres. La sensibilité des jeunes stades des poissons est considérable. Chez le brochet, des concentrations aussi faibles que 0,1 ng/l de TCDD induisent un retard dans le développement des œufs et la croissance des larves, et provoquent 50% de mortalité chez les alevins venant d'éclore. Une concentration de 10 ng/l cause chez ces derniers 100% de mortalité en 96 h.

À doses sublétales, les PCDD affectent de nombreuses activités physiologiques et provoquent des lésions histopathologiques dans divers organes des Vertébrés. La TCDD présente en particulier une forte hépatotoxicité. L'exposition prolongée de rongeurs de laboratoire à doses sublétales se traduit par une hyperplasie du parenchyme hépatique associée à des nécroses cellulaires. Des effets similaires s'observent chez les poissons et autres animaux aquatiques exposés.

Chez les rongeurs, 0,5 ppb de TCDD dans l'alimentation provoquent une leucopénie généralisée. En outre, il a été démontré sur des animaux de laboratoire que les dioxines altèrent le système immunitaire et provoquent une immunodépression accroissant la sensibilité aux virus et autres agents infectieux.

La TCDD est également présumée mutagène. En effet des mutations chromosomiques ont été décelées chez des plantes supérieures telles *Haenanthus catarinae* et chez des animaux, en particulier chez des rats exposés à 2μg/kg, deux fois par semaine pendant 13 semaines. En outre, les dioxines, en particulier la TCDD, sont cancérogènes, à des concentrations de l'ordre de la partie par milliard (soit un μg/ kg) voire au-dessous selon les espèces chez cette dernière.

Enfin, la TCDD est également tératogène ainsi que cela a pu être expérimentalement démontré chez le rat, l'exposition de femelles gestantes entre la 10e et la 13e semaine à des concentrations égales ou inférieures à 3 μg/kg provoque des anomalies de la morphogenèse embryonnaire. De même elle provoque chez la truite arc-en-ciel des anomalies du développement embryonnaire à des concentrations dans l'eau égales ou inférieures à la ppb!

◆ **contamination de la biomasse par les dioxines** : par suite de leur forte persistance dans l'environnement, car elles sont peu ou pas biodégradables, les PCDD sont susceptibles, tant dans les milieux aquatiques que terrestres, de contaminer les chaînes alimentaires où elles subissent des phénomènes de bioconcentration et de bioamplification.

Dans les sols en particulier, les dioxines peuvent passer dans les plantes cultivées par translocation radiculaire – en sus de la contamination directe des parties aériennes des cultures par les retombées atmosphériques – et ultérieurement dans les productions animales.

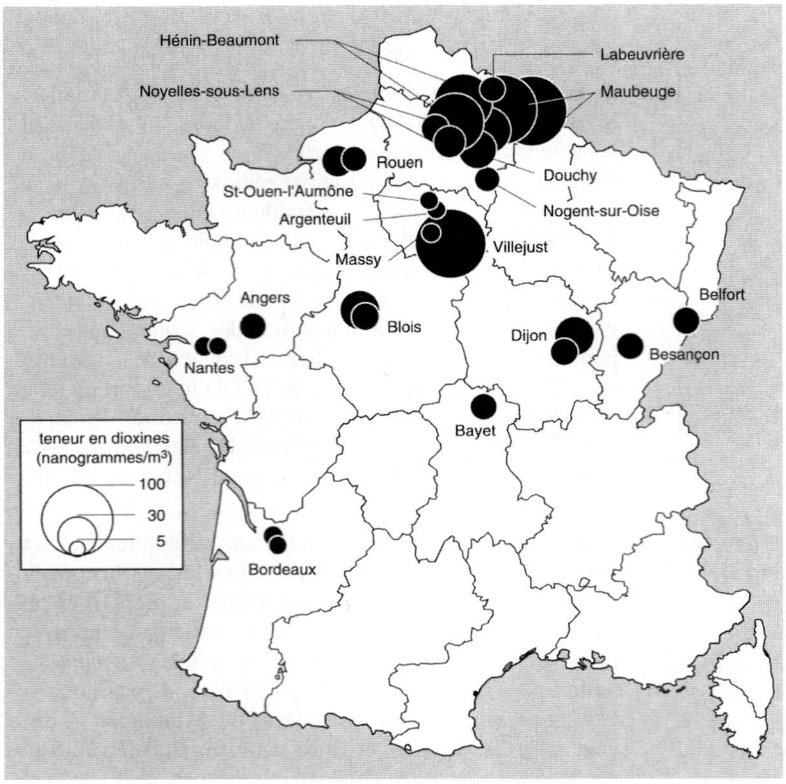

Carte de France des incinérateurs d'ordures ménagères de capacité supérieure à 6 t/h montrant les installations en conformité ou non avec les normes européennes de rejets de **dioxines**. On constate que, en 1998, la majorité des installations de grosse capacité (plus de 6 t/h) rejetaient nettement plus de dioxines que la réglementation ne l'autorise, celle de Villejust dans l'Essonne dépassant les normes d'un facteur 1000! (D'après des données IFEN, 1998, mais modifié, in Ramade F., *Dictionnaire encyclopédique des pollutions*, Ediscience international, 2000, p. 146)

La bioconcentration des PCDD dans les organismes exposés est importante et comparable à celle observée avec les insecticides organochlorés ou les PCB. Dans les réseaux trophiques aquatiques, on mesure par exemple des facteurs de concentration compris entre 5 400 et 35 500, valeurs comparables à celles observées pour la plupart des pesticides persistants.

En conséquence, les dioxines contaminent le réseau trophique de l'homme :

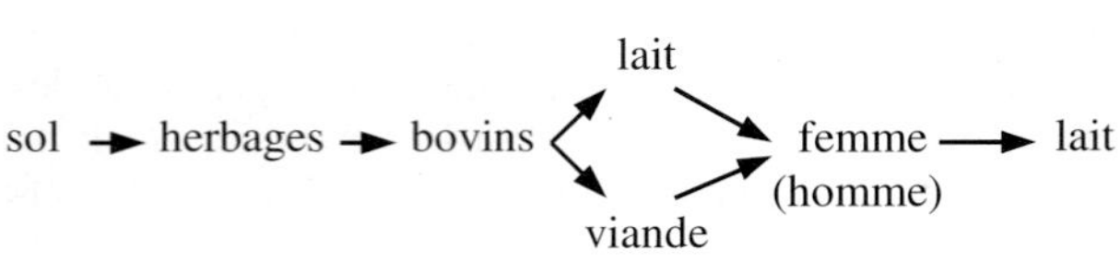

Récemment, ce phénomène a suscité de sérieuses préoccupations dans diverses régions françaises par suite de la pollution des sols cultivés et des herbages par les dioxines rejetées par des incinérateurs d'ordure provoquant une contamination du lait et de la viande des animaux domestiques à des niveaux pouvant excéder les CMA.

Aussi, du fait de la très grande toxicité de la TCDD, les normes internationales adoptées en matière de protection des populations sont particulièrement sévères. Ainsi, la CMA dans l'alimentation humaine édictée par l'OMS est à peine de 5 ng/kg dans les lipides et la dose journalière maximale admissible pour l'homme est de 2 ng par kg de poids corporel !

◆ **pollution des écosystèmes aquatiques par les dioxines** : dès le début des années 1980, a été mise en évidence une pollution diffuse par les dioxines du système des Grands Lacs Nord-américains et une bioamplification de ces dernières dans leurs réseaux trophiques. De façon générale, on a observé dans les Grands Lacs, plus particulièrement dans les zones où existent des industries chimiques rejetant des PCDD dans leurs effluents, la contamination significative de l'ensemble de leurs réseaux trophiques avec pour conséquence une bioconcentration de ces toxiques dans les poissons et dans les oiseaux piscivores. Ainsi, on a trouvé chez des goélands (*Larus argentatus*), oiseaux situés au sommet de la pyramide trophique propre à la biocœnose aquatique du lac Huron, une concentration de TCDD comprise entre 70 et 170 ng/kg, contre 15 à 50 ng/kg pour les salmonides (carnivores) et moins de 10 ng/kg pour les poissons omnivores. La charge en dioxine de certaines espèces de poissons atteignait voire dépassait les CMA dans l'alimentation humaine. ***(Voir aussi Organochlorés, PCB)***

diphyodonte(s), adj. (*diphyodont*). Désigne les mammifères qui possèdent deux dentitions successives.

diploïde, adj. (*diploid*). Désigne le noyau cellulaire, les cellules, les phases du cycle vital d'un organisme qui possède un double assortiment chromosomique. Celui-ci est symbolisé par 2 pour le distinguer de l'état haploïde n où n est le nombre de base caractérisant l'assortiment chromosomique de l'espèce ou de la sous-unité taxonomique considérée. ***(Voir aussi Haploïde)***

diploïdie, n. f. (*diploidy*). Caractère des cellules qui possèdent un double assortiment chromosomique, à l'exclusion des chromosomes sexuels qui peuvent ou non être représentés par une paire de chromosomes homologues selon le sexe.

Diplopodes, n. sc. (*Diplopoda, millipèdes*). Ordre de Chélicérates à régime saprophage constitués par les Iules et autres espèces affines.

Dipodomys meriami (*kangaroo rat*). Nom scientifique du rat kangourou, espèce de rongeur terricole des déserts de l'Ouest américain.

Diptères, n. m. (*Diptera*). Ordre d'Insectes holométaboles dont les adultes possèdent une seule paire d'ailes. Les Diptères présentent une grande importance écologique car leurs diverses écophases jouent un rôle majeur dans le fonctionnement des réseaux trophiques aquatiques et parfois terrestres. Par ailleurs, diverses familles de Diptères de régime alimentaire hématophage sont d'importants agents vecteurs de diverses affections parasitaires ou microbiennes de l'homme et des animaux domestiques.

Diptérocarpacées, n. f. (*Dipterocarps*). Famille d'arbres tropicaux de grande taille à racines pivotantes, ce qui est rare chez les arbres des forêts pluvieuses tropicales, qui constituent les espèces dominantes des forêts du Sud-Est asiatique et d'Indonésie. Bornéo avec plus de cinq cents espèces de Diptérocarpacées représente l'aire biogéographique de dispersion de cette famille.

diquat, n. m. (*diquat*). Herbicide du groupe des Bipyridilium présentant une forte toxicité à long terme pour les animaux à sang chaud. Ingéré accidentellement, il peut être à l'origine de graves néphropathies et d'alvéolites pulmonaires. **(*Voir aussi Herbicides, Paraquat*)**

directe, adj. ◆ **circulation** ~ : type de circulation atmosphérique dans lequel l'air chaud, moins dense, a tendance à monter tandis que l'air froid, plus dense, descend, ce qui conduit à convertir son énergie potentielle en énergie cinétique. La brise de mer constitue un exemple de ce phénomène.

dirigé(e), adj. ◆ **sélection** ~ (*directed selection*) : voir Sélection.

discontinue, adj. Voir Distribution.

disjointe, adj. ◆ **distribution** ~ (*disjunct distribution*) (syn. : distribution discontinue) : voir Distribution. ◆ **population** ~ (*disjunct population*) : population qui est isolée géographiquement des autres populations du même taxon.

disparition, n. f. ◆ ~ **d'espèces** : voir Biodiversité, Espèce, Extinction, Protection de la nature.

dispersant, n. m. Voir Détergent.

dispersion, n. f. ◆ ~ **des argiles** (*clay dispersion*) : phénomène d'entraînement des argiles par lessivage en profondeur des sols. ◆ ~ **de la matière organique morte** (*organic matter dispersion*) : désigne l'état dans lequel la nécromasse se trouve diluée dans le sol ou les eaux par le jeu des agents biogéochimiques. ◆ ~ **des individus d'une population** (*population dispersion*) : modalités selon lesquelles les individus d'une même population occupent l'espace dans leur habitat naturel. **(*Voir aussi Distribution spatiale*)** ◆ ~ **d'une espèce** (*species dispersal*) : extension de l'aire occupée par une espèce due généralement à des changements fortuits d'origine naturelle ou anthropique (introduction accidentelle par exemple). ◆ ~ **passive** (*passive dispersal*) : voir Passive.

disponibilité, n. f. (*availability*). Propriété par laquelle l'eau ou les nutriments présents dans un sol peuvent être absorbés par la végétation existante.

disponible, adj. ◆ **débit** ~ (*net inflow*) (syn. : débit d'écoulement stable) : volume d'eau utilisable en moyenne dans une aire donnée, donc hors période de crue. ◆ **eau** ~ (*available water*) : pourcentage d'eau contenue dans les sols qui peut être absorbée par les radicelles des plantes. Elle est égale à la fraction comprise entre la capacité au champ et celle correspondant aux tensions capillaires inférieures au point de flétrissement rapporté à la teneur totale en eau d'inhibition. En règle générale, elle représente l'eau contenue dans les sols à des pressions capillaires comprises entre 0,3 bar et 15 bars. **(*Voir aussi Capillarité, Pores, Sol*)** ◆ **nutriment** ~ (*available nutrient*) : désigne tout élément ou composé inorganique indispensable au développement des plantes qui est présent à l'état dissous dans l'eau contenue dans les pores des sols et peut donc être facilement absorbé par leurs racines. **(*Voir aussi Nutriment, Sol*)** ◆ **relief** ~ (*available relief*) : désigne en géomorphologie la surface relative d'une région accidentée qui se situe à une altitude supérieure au niveau de la (ou des) vallée(s) fluviale(s) et qui est donc exposée par suite de la pente à subir les phénomènes d'érosion hydrique. **(*Voir aussi Érosion*)**

disque, n. m. ◆ ~ **de Secchi** (*Secchi's disk*) : dispositif expérimental destiné à mesurer la profondeur à laquelle la lumière pénètre à l'intérieur d'un biotope aquatique. Il consiste en un disque de 30 cm environ, pendu à un filin et

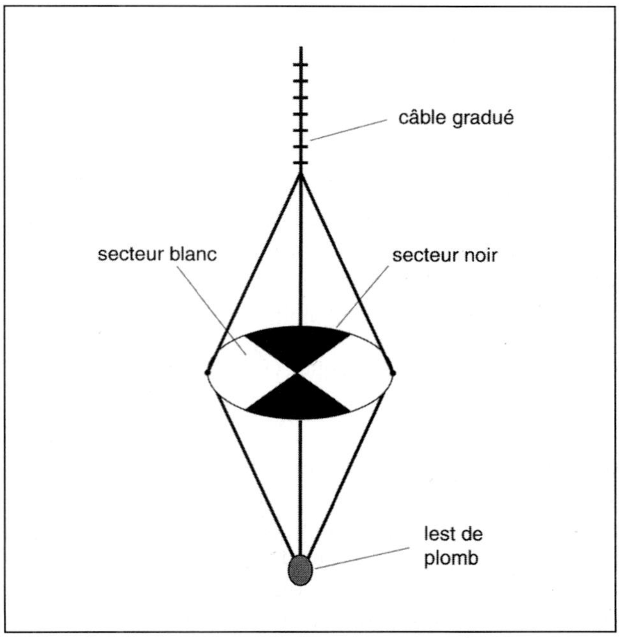

Représentation d'un **disque** de Secchi pour la mesure de la transparence des eaux. (In Ramade F., *Dictionnaire encyclopédique des sciences de l'eau*, Ediscience international, 1998, p. 163)

lesté. La mesure à partir de la surface de la longueur de filin à laquelle le disque disparaît de la vue, correspond à la transparence des eaux. ◆ **cultivateur à ~** (*cover crop*) : instrument agricole utilisé pour travailler le sol sans le retourner. Dans certaines conditions, les cultivateurs à disque permettent d'atténuer les risques d'érosion éolienne dans la culture de sols fragiles.

disruptif(-ve), adj. ◆ **coloration ~** (*disruptive coloration*) : désigne la coloration du corps d'un animal qui brouille l'apparence des contours de son corps et le fait confondre avec son substrat, ce qui le rend beaucoup plus difficilement reconnaissable par les prédateurs qui chassent à vue. La coloration disruptive représente l'un des processus du mimétisme. **(*Voir aussi Mimétisme*)** ◆ **sélection ~** : type de sélection qui change la fréquence des allèles de façon divergente. Elle conduit à une fixation des allèles opposés dans des membres différents de la population. Après plusieurs générations de cette sélection, il se produit l'apparition de deux phénotypes extrêmes et divergents dans la population concernée.

dissémination, n. f. ◆ **~ des semences** (*seeds dispersal*) : processus par lequel les graines d'un végétal sont répandues dans le biotope. Le vent (anémochorie) et le transport par les animaux, passif ou actif (zoochorie), représentent les deux principales modalités de dissémination des semences.

dissipatif(s), adj. ◆ **systèmes ~** (*dissipative systems*) : les systèmes écologiques – depuis la population jusqu'à la biosphère prise dans son ensemble – nécessitent pour se différencier l'existence d'un flux d'énergie. La thermodynamique applicable à ces systèmes comme à toute forme de vie est très différente de la thermodynamique classique qui concerne des systèmes énergétiques isolés et clos dits « à l'équilibre ».

On dénomme thermodynamique des systèmes dissipatifs la thermodynamique applicable aux systèmes écologiques qui ne sont jamais isolés ou clos mais au contraire ouverts et traversés par un flux d'énergie qui les maintient loin de l'équilibre.

Il a été démontré par Prigogine que de tels systèmes énergétiques caractérisés par une association flux de l'énergie et cycle de la matière – la biomasse étant dans de tels systèmes une forme de stockage de l'énergie – génèrent des structures différenciées, loin de l'équilibre thermodynamique. Le degré de différenciation (négentropie) de telles structures est d'autant plus important que ces systèmes sont plus éloignés de l'équilibre.

dissipation, n. f. ◆ **~ du brouillard** (*fog dispersal*) : désigne en météorologie le phénomène par lequel le brouillard se dissipe soit par évaporation, souvent après le lever du jour, par suite de phénomènes de réchauffement, soit sous l'action du vent. ◆ **~ des nuages** (*cloud dispersion*) : désigne les processus naturels ou provoqués entraînant la disparition de la couverture nuageuse. La dissipation des nuages peut avoir plusieurs causes : précipitation, vent en altitude ou phénomènes thermiques en particulier de nature orogénique.

dissous(-te), adj. ◆ **charge ~** (*dissolved load*) : désigne la quantité totale de substances (minérales et organiques) que charrient les eaux d'un fleuve à l'état dissous. ◆ **matières organiques ~** (*dissolved organic matter*) : voir Matières organiques. ◆ **oxygène ~** (*dissolved oxygen*) : voir Oxygène. **(*Voir aussi DBO, DCO, MOF*)**

distance génétique, n. f. (*genetic distance*). Divergence exprimée en pourcentage de la composition en triplet de bases d'ADN extrait de diverses populations d'une même espèce ou d'entités systématiques plus ou moins éloignées. L'étude de l'ADN mitochondrial de l'espèce humaine a par exemple pu montrer que la distance génétique des divers groupes ethniques n'excédait pas 1%.

distribution, n. f. ◆ **~ d'abondance relative** (*abundance distribution*) : il existe plusieurs modèles mathématiques de distribution d'abondance qui décrivent divers types de structure d'un peuplement, les plus fréquents sont les modèles de MacArthur, Motomura et Preston. **(*Voir aussi MacArthur, Motomura, Preston, Rang, diagramme*)** ◆ **~ de Gauss** : désigne en statistique la courbe de densité de variable normale (ou courbe normale) dénommée vulgairement « courbe en cloche de Gauss ». ◆ **~ discontinue** (*disjunct distribution*) : désigne une aire de distribution géographique qui est fragmentée en plusieurs aires dites secondaires. Ainsi, les Protéacées constituent une famille de Phanérogames propre à l'Australie et l'Afrique du Sud. ◆ **~ des populations** : voir Population. ◆ **~ spatiale** : modalité de répartition à l'intérieur d'un biotope des individus constituant une population d'une espèce déterminée. **(*Voir aussi Population, Répartition*)**

diurne, adj. (*diurnal*). Désigne une espèce animale dont l'activité s'effectue pendant le jour par opposition aux espèces crépusculaires ou nocturnes.

diuron, n. m. (*diuron*). Herbicide du groupe des urées substituées qui présente une forte toxicité pour les algues phytoplanctoniques – chez lesquelles sa CL 50 est inférieure parfois nettement au $\mu g \cdot l^{-1}$ – et pour divers Invertébrés aquatiques. Il a aussi été démontré qu'il possède un certain pouvoir de bioamplification dans les chaînes trophiques des poissons. En revanche, il est d'une toxicité aiguë quasi nulle pour les Vertébrés à sang chaud.

divergence, n. f. ◆ **~ de caractères** (*characters divergence*) : phénomène par lequel les populations de deux espèces sympatriques congénériques ayant des niches écologiques voisines présentent des caractères morphologiques externes qui sont plus éloignés que ceux de leurs populations allopatriques. **(*Voir aussi Caractères, Glissement de niche*)** ◆ **~ de courants marins** (*current divergence*) : phénomène se manifestant dans les zones océaniques où des upwellings atteignent la surface avec écartement des lignes de flux de ce courant dans un plan horizontal. **(*Voir aussi Courant, Océan, Upwelling*)**

diversité, n. f. ◆ **~ biologique** : voir Biodiversité. ◆ **~ écologique** (*ecological diversity*) : ce concept est très important en synécologie. Il comporte deux notions qui doivent être considérées de façon simultanée : la première concerne le nombre d'unités systématiques présentes dans un écosystème donné ; la seconde se rapporte à la façon dont les individus des diverses espèces se répartissent, c'est-à-dire à la plus ou moins grande abondance relative des espèces présentes dans un échantillon d'un peuplement ou d'un écosystème donné.

Une confusion est souvent faite entre richesse spécifique et diversité. La richesse spécifique désigne le nombre total d'espèces présent dans un peuplement ou une communauté considérée et correspond à la première notion précitée. La diversité spécifique, elle, intègre en outre la fréquence relative des espèces présentes dans une communauté qui représente la plus ou moins grande régularité avec laquelle les individus des diverses espèces peuvent se rencontrer.

On peut imaginer deux communautés distinctes ayant la même richesse spécifique mais dans lesquelles s'observent des différences dans la fréquence relative des espèces.

Dans l'exemple ci-contre, on compare deux peuplements forestiers ayant la même richesse totale de dix espèces d'arbres. Cependant, dans le premier cas, la diversité du peuplement sera maximale puisque chaque espèce se rencontrera avec la même abondance relative. Dans le second cas au contraire, la diversité écologique du peuplement sera minimale car une seule espèce représentera 50% des individus constituant le peuplement, tandis que les neuf autres espèces ne représenteront chacune qu'une faible proportion des individus.

La signification écologique de la diversité peut être perçue en analysant la circulation du flux d'énergie dans un réseau trophique. Celle-ci présente une analogie avec la circulation de l'information dans un réseau informatique, à ceci près que l'information circulera dans les deux sens.

Il a été démontré en cybernétique que pour qu'un système soit homéostasique c'est-à-dire puisse s'autoréguler, il faut que la quantité d'information en retour du système soit au moins égale à celle apportée par la perturbation. Cette capacité est mesurée par la quantité moyenne d'information portée par un signal qui circule dans un canal du système.

Plus grande sera la diversité d'un cheminement d'énergie dans un réseau trophique, plus importante sera la quantité d'« information » apportée et plus forte la capacité de régulation du système écologique considéré. Si l'on considère par exemple un peuplement d'herbivores qui consomment diverses espèces végétales, la diversité de ces dernières assurera la stabilité de la biomasse des herbivores. Mais à l'opposé la stabilité de la biomasse de plantes sera assurée par le broutage des herbivores.

On peut faire la même constatation aux échelons trophiques supérieurs avec les prédateurs, la diversité des populations de proies assurant celle des prédateurs et réciproquement.

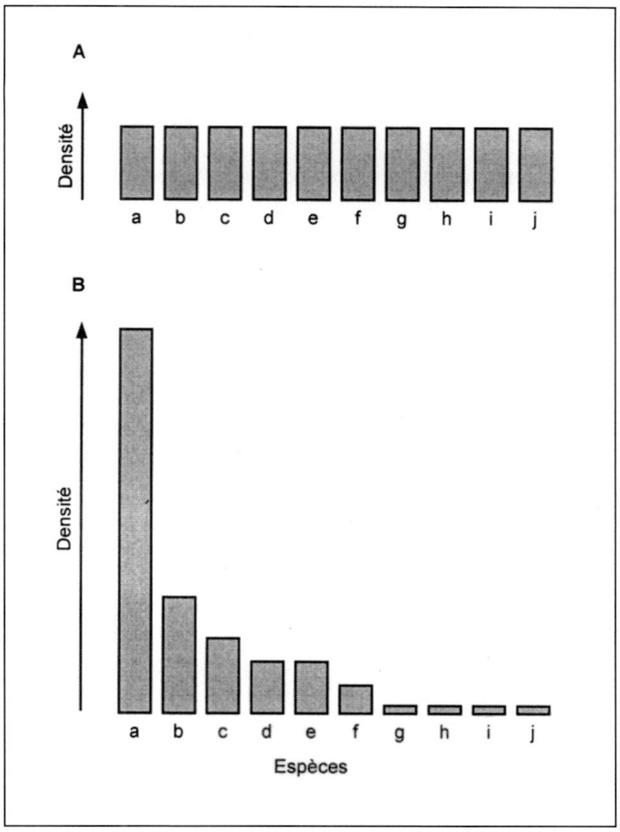

Comparaison de la **diversité** de deux peuplements (**A** et **B**) comportant le même nombre d'espèces mais ayant une abondance relative différente. Dans le cas du premier peuplement (**A**), on a affaire à une équitabilité maximale car chaque espèce est représentée par le même nombre d'individus. (D'après Ramade F., *Écologie fondamentale*, Ediscience international, 2e ed., 1994, p. 246)

En définitive, la diversité des cheminements de l'énergie dans un réseau trophique assure la stabilité des effectifs des diverses espèces qu'il comporte et par conséquent la stabilité de la biomasse sur pied de l'écosystème considéré. ◆ **indices de ~** (*diversity index*) : divers indices ont été proposés pour mesurer la diversité d'un peuplement ou d'une communauté : les premiers en date ont été fondés sur des modèles de distribution des individus en espèces.

Par exemple, l'indice de diversité de Sorenson est fondé sur

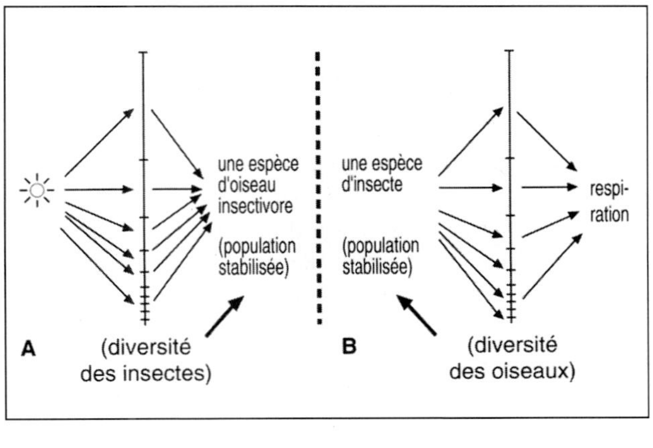

Effet de la **diversité** des proies potentielles sur la population d'un prédateur (**A**) et de la diversité des prédateurs potentiels sur la population d'une proie (**B**). On constate que, dans chaque cas, plus grande sera la diversité du cheminement de l'énergie, plus forte sera la capacité d'homéostasie donc la stabilité du réseau trophique considéré. **A**. La diversité des proies (insectes) conforte la stabilité de la population de l'espèce prédatrice. **B**. La diversité des prédateurs assure la stabilité de la population de la proie. (D'après Frontier et Viale, op. cit., 1991, p. 322)

une croissance logarithmique du nombre d'espèces recensées en fonction du nombre N d'individus observés :

$$d = \frac{(S-1)}{\text{Log } N} \qquad (1)$$

Ultérieurement ont été développés des indices de diversité indépendants d'une hypothèse de distribution et fondés sur la théorie de l'information.

Le premier qui a été imaginé à partir de ce concept est celui de Margaleff :

$$H = \log_2 N! - \sum_{i=1}^{S} \log_2 n_i! \qquad (2)$$

L'indice de Shannon-Weaver, le plus utilisé, a pour expression :

$$H' = -\sum_{i=1}^{S} \frac{n_i}{N} \log_2 \frac{n_i}{N} \qquad (3)$$

(Voir aussi Biodiversité, Espèce)

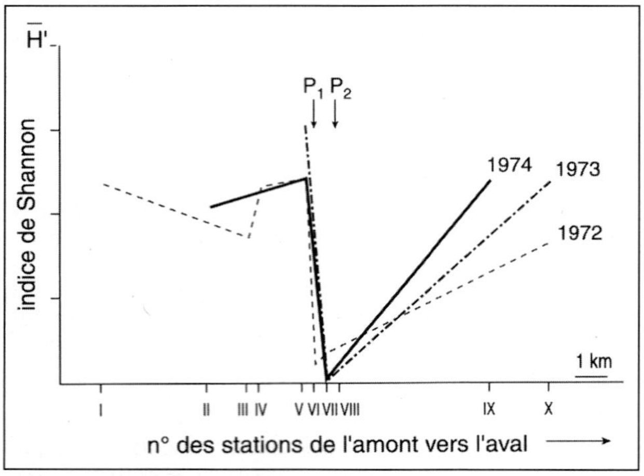

Application de l'indice de Shannon à l'évaluation de l'impact d'une pollution par un effluent chargé en matières organiques fermentescibles provenant d'une laiterie sur la **diversité** du peuplement d'Invertébrés benthiques d'une rivière, la Couze Pavin dans le Puy de Dôme. (D'après Echaubard et Neveu, op. cit., in Ramade F., *Dictionnaire encyclopédique des sciences de l'eau*, Ediscience international, 1998, p. 600)

◆ ~ **interbiotope** (*interbiotopic diversity*) (syn. : diversité bêta) : symbolisée par H'_β , elle représente un indice de diversité commune à deux biotopes analogues a et b. Elle se calcule selon la relation :

$$H'_\beta = H_{\alpha_{ab}} - 0{,}5(H_{\alpha_a} + H_{\alpha_b}) \qquad (4)$$

où $H_{\alpha_{ab}}$ est la diversité commune aux deux biotopes, H_{α_a} est la diversité du biotope a et H_{α_b} est celle du biotope b.

◆ ~ **génétique** : voir Génétique. ◆ ~ **intrabiotope** (*intrabiotopic diversity*) (syn. : diversité alpha) : diversité des espèces mesurée au niveau d'un biotope déterminé, de surface généralement limitée; elle est aussi dénommée de ce fait diversité microcosmique. Elle s'applique en calculant par exemple l'indice de Shannon correspondant. ◆ ~ **sectorielle** (*macrocosmic diversity*) : symbolisée par H'_γ elle est aussi dénommée diversité macrocosmique car elle mesure cette dernière pour un ensemble de biotopes analogues confondus. ◆ ~ **spécifique (taxonomique)** (*specific diversity*) : désigne l'ensemble des espèces d'un groupe taxonomique donné ou la totalité des espèces présentes dans une biocœnose, ou dans une région biogéographique donnée. À ce titre, le terme de diversité spécifique est synonyme de biodiversité ou encore de richesse totale. ◆ **conservation de la ~** (*diversity conservation*) : voir Protection de la nature. ◆ **effet des pollutions sur la ~** : en modifiant dans un sens ou dans l'autre l'abondance des espèces qui constituent un peuplement ou une communauté, les pollutions perturbent la diversité écologique des écosystèmes. En conséquence, les indices de diversité et d'autres indices qui leur sont dérivés ont été utilisés très fréquemment en écotoxicologie pour évaluer l'importance et les effets de la pollution de l'air ou des eaux. On peut citer par exemple l'application de ces indices à l'évaluation de la qualité de l'air par le calcul de la diversité des peuplements lichéniques (IPA) ou encore les nombreuses applications de l'indice de Shannon – et autres formulations de la diversité écologique – aux peuplements diatoméens ou de macro-invertébrés benthiques pour la mesure de la qualité des eaux. Parmi de nombreux exemples existant dans les publications écotoxicologiques, on pourra citer les travaux pionniers effectués sur l'évaluation de la diversité des peuplements de macroinvertébrés benthiques effectués au début des années 1970 sur une rivière du Massif Central, la Couze Pavin, polluée par les effluents d'une industrie agroalimentaire. Ici, avait été relevée une brutale diminution de l'indice de Shannon en aval des rejets d'effluents. ***(Voir aussi Eau, MOF, Polusensibilité)***

division, n. f. ◆ **du travail** (*division of labour*) : voir Social, Société.

DL 50, n. f. (*LD_{50}*). Dose d'un toxique qui cause 50% de mortalité dans la population exposée au bout d'un temps donné. ***(Voir aussi CL 50, Concentration, Dose létale, Toxicité)***

DNOC (dinitro-ortho-crésol) (*DNOC*). Composé organique doué de propriétés herbicides qui fut utilisé pendant plusieurs décennies dans les cultures de céréales. Il est d'une toxicité élevée pour diverses espèces de Vertébrés et a souvent été la cause de fortes mortalités, en particulier de lapins et de lièvres.

dodo, n. m. Voir Dronte.

Dokoutchaev, Vassily, Vassilievitch (1840-1903). Savant russe que l'on considère comme le fondateur de la pédologie. Il fut le premier à développer l'influence du climat dans la genèse des sols et le rôle des facteurs atmosphériques dans la transformation des roches-mères. Il étudia plus particulièrement la formation des tchernozems. Il développa également la classification et la cartographie des sols.

doldrum(s), n. m. Région océanique équatoriale correspondant à la zone de contact entre les cellules de Hadley boréales et australes. Cette zone, qui correspond au front intertropical de convergence, se déplace avec ce dernier en fonction du cycle saisonnier alternativement vers le nord et le sud de l'équateur. Elle se caractérise par de basses pressions et par des vents faibles et variables. **(*Voir aussi Front*)**

doline, n. f. (*doline*). Cavité creusée par l'érosion dans des reliefs karstiques dans lesquelles s'accumulent des argiles de décalcification. Les dolines constituent dans de telles régions les seules zones où existent des sols susceptibles d'être mis en culture.

Dollo, Louis, Antoine, Marie (1857-1931). Paléontologue français qui a grandement contribué à la connaissance des Reptiles fossiles. Il fit l'essentiel de sa carrière à l'Université de Bruxelles. Il est connu pour sa « loi ». Cette dernière stipule que, au fur et à mesure qu'une lignée phylétique se spécialise au cours de l'évolution, elle perd son aptitude à présenter de nouvelles mutations qui permettraient de prolonger son évolution à l'intérieur de sa niche devenue de plus en plus étroite. Il s'agit en réalité d'une constatation sans preuves biologiques qui correspond en première approximation à des espèces ultra spécialisées.

dolomie, n. f. (*dolomite*). Roche sédimentaire constituée par un carbonate double de calcium et de magnésium.

domaine, n. m. ◆ **~ benthique, néritique, pélagique** (*benthic, neritic, pelagic zone*) : voir Océan. ◆ **~ vital** (*home range*) : désigne l'ensemble des habitats dans lesquels se rencontre une espèce donnée de Mammifères. Ainsi, le domaine vital du chamois est constitué par les prairies alpines et les forêts des étages subalpins et montagnards dans lesquelles il se réfugie pendant la mauvaise saison.

dôme, n. m. ◆ **~ de pollution** (*urban dust dome*) : désigne la coupole hémisphérique constituée par les masses d'air polluées au-dessus d'une ville par temps calme. Ce dôme s'élève pendant la journée pour atteindre la limite de la stratosphère. Il peut se produire pendant cette ascendance, selon les conditions météorologiques, formation de nuages et même condensation d'orages favorisés par la présence dans les masses d'air polluées de particules de condensation. Ce processus explique la plus grande fréquence et la plus forte intensité des orages qui affectent les grandes villes industrielles par rapport à la campagne environnante. **(*Voir aussi Urbain, Ville*)** ◆ **~ d'eaux froides** : voir Océan.

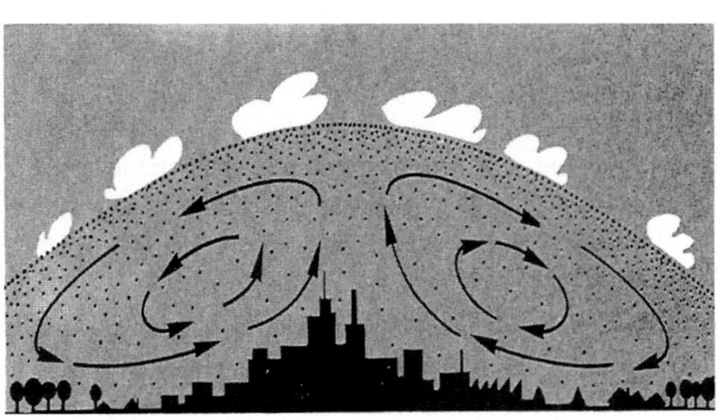

Dôme urbain de pollution atmosphérique. (In Ramade F., *Écologie appliquée*, Ediscience international, 5e ed., 1995, p. 151)

domestication, n. f. (*domestication*). Processus par lequel l'homme a mis en élevage au début du Néolithique diverses espèces d'oiseaux et de mammifères afin d'en disposer plus facilement pour son alimentation ou encore afin de les utiliser comme animaux de trait ou pour tout autre usage. Le terme est aussi utilisé pour les plantes, quoique de façon impropre, celui d'acclimatation convenant sans doute mieux car la plupart des variétés de plantes cultivées à l'heure actuelle dérivent de plants importés de régions parfois éloignées de celles dont est originaire l'espèce sauvage. **(*Voir aussi Plantes*)**

domicole, adj. (*domicolous*). Désigne une espèce qui vit dans un tube, ou tout autre abri solide, généralement construit par elle-même. **(*Voir aussi Tubicole*)**

dominance, n. f. (*dominance*). Situation écologique dans laquelle une espèce constitue une part prépondérante de la totalité des populations présentes dans un peuplement ou une communauté.
Le coefficient de dominance de Simpson est d'emploi fréquent en écologie. Il a pour expression :

$$D = \sum_{i=1}^{S} \left(\frac{n_i}{N} \right)^2$$

où S est le nombre total d'espèces, n_i le nombre d'individus de l'espèce de rang i et N, le nombre total d'individus présents dans le peuplement ou la communauté étudiés. ◆ **hiérarchie de ~** (*dominance hierarchy*) : hiérarchie établie par un comportement agressif ou tout autre processus éthologique assurant à un individu l'ascendance sur les autres individus du groupe dans les espèces animales grégaires. **(*Voir aussi Incomplète*)**

dominante, adj. Voir Dominance, Espèce.

dormance, n. f. (*dormancy*). Stade de repos végétatif des plantes destiné à passer la période de l'année climatiquement défavorable. La dormance est induite non pas par la baisse des températures mais par celle de la photopériode.

dorsale médio-océanique, n. f. (*mid-ocean ridge*). Zone des fonds marins marqués par une ligne d'élévation correspondant au rift qui est une zone de rencontre des plaques océaniques.

doryphore, n. m. (*Colorado beetle*) (n. sc. : *Leptinotarsa decemlineata*). Coléoptère de la famille des Chrysomélides, originaire des montagnes du Colorado qui est devenu un des pires ravageurs des cultures de pommes de terre après l'introduction de cette plante dans cet état au milieu du XIXe siècle. Amenée accidentellement en Europe, au début des années 1920, cette espèce a progressivement envahi la quasi-totalité de l'aire biogéographique de l'Ancien Monde où les conditions écologiques lui sont favorables.

dose, n. f. ◆ **~ létale** (*lethal dose*) : dose d'un polluant toxique provoquant la mort d'une partie ou de la totalité des individus exposés. **(*Voir aussi DL 50*)** ◆ **~ réponse** (*dose reponse*) : voir Probit.

douglas, n. m. (*douglas*) (n. sc. : *Pseudotsuga menziezii*). Conifère d'Amérique du Nord introduit en Europe sous le nom de sapin Douglas où il est largement utilisé pour l'enrésinement en sylviculture « industrielle ».

douves, n. f. (*flukes*). Trématodes distomiens parasites comportant plusieurs espèces, certaines parasites de l'homme. La grande douve du foie de mouton (*Fasciola hepatica*) fait son cycle vital entre le mouton où les adultes vivent dans les canaux biliaires et un Gastéropode d'eau douce, la lymnée (*Lymnea palustris*). L'homme peut être contaminé par ce parasite en ingérant du cresson sur lequel se sont enkystés des métacercaires, forme larvaire infestante de cette espèce. (***Voir aussi Trématodes***)

drainage, n. m. (*drainage*). **1.** Caractérise la façon dont sont évacuées plus ou moins vite les eaux de gravitation d'un sol après une précipitation. **2.** Désigne l'action par laquelle on élimine l'eau d'une zone inondable et parfois de marécages naturels par des techniques d'assèchement appropriées. (***Voir aussi Assèchement, Bassin, Zones humides***)

Drepanididae, n. sc. (*Hawaian honeycreepers*). Famille d'oiseaux endémique d'Hawaï dans laquelle on a observé un grand nombre de radiations évolutives. L'absence de compétition interspécifique due à d'autres espèces taxonomiquement différentes leur a permis de s'adapter aux divers types de niches écologiques disponibles. (***Voir aussi Radiation***)

dromadaire, n. m. (*dromedary*). (n. sc. : *Camelus dromadarius*). Mammifère de l'ordre des Tylopodes inféodé aux déserts occidentaux de l'Ancien Monde. À la différence des chameaux, cette espèce ne possède qu'une bosse. Le dromadaire présente une adaptation écophysiologique très remarquable à la sécheresse qui lui permet de rester jusqu'à trois semaines sans boire.
Il obvie à la déshydratation en utilisant l'eau métabolique produite par les lipides contenus dans sa bosse. En outre, le dromadaire est capable de supporter une certaine concentration de son sérum en cas de diète hydrique et une variation assez importante de sa température corporelle (de 33 à 40 °C)!

Dromadaire (*Camelus dromadarius*). (Cliché F. Ramade)

dronte(s), n. m. (*dodo*) Énormes oiseaux terrestres pesant plus de 20 kg, de la famille des *Raphidae* (ordre des Columbiformes) endémiques des îles Mascareignes. Les drontes furent dénommés vulgairement dodos à cause de leur absence de réaction de fuite devant les voyageurs qui débarquèrent sur ces îles alors désertes et où ils ne connaissaient aucun prédateur. Massacré par les navigateurs qui le capturaient pour s'en nourrir, le dodo de l'île Maurice (*Raphus cucullatus*) disparut vers 1680. Les autres espèces de la même famille habitaient les autres îles Mascareignes et s'éteignirent pour les mêmes raisons au cours du XVIIIe siècle. Celui de la Réunion (*R. borbonicus*) disparaît vers 1750 suivi de peu par le Solitaire (*Pezopaphs solitaria*), endémique de l'île de Rodriguez.

Dessin du XVIIe siècle représentant le **dronte** (dodo) de l'Ile Maurice. (In Dorst J., *Avant que nature ne meure*, Delachaux et Niestlé, 1965, p. 88)

Droséracées, n. f. (*sundews, Venus Fly Trap*). Plantes carnivores de petite taille de l'ordre des Népenthales qui croissent dans les tourbières.

drumlin, n. m. Butte de forme elliptique constituée de matériaux morainiques, de versants convexes. Il s'agit de structures relictuelles périglaciaires résultant du retrait des glaciers de zones qu'ils occupaient autrefois, et qui sont allongées dans le sens du mouvement des glaces.

drupe, n. f. (*drupe*). Type de fruits pourvus d'une graine unique dont le péricarpe possède un tégument dur, ligneux au-dessous duquel existe un mésocarpe charnu tandis que l'endocarpe, qui est d'aspect pierreux renferme la graine. La noix de coco par exemple est une drupe.

dry farming, n. m. Mode de culture utilisé pour cultiver des zones semi-arides et qui consiste à recourir à diverses techniques ayant pour objet d'assurer au maximum la rétention d'eau par les sols en facilitant son infiltration au moment des pluies et en limitant son évaporation.

Dryas, n. m. Période géologique marquant la fin de la glaciation würmienne, qui se situe il y a environ 10 000 ans. Après une phase initiale de réchauffement, elle a pris naissance au moment où l'énorme banquise laurentienne, en voie de dégel, a déversé ses eaux de fonte dans la vallée du

Saint-Laurent et ensuite dans l'Atlantique, provoquant la récurrence d'une période froide qui a duré environ un millénaire. ◆ ~ ***octopetala*** (n. sc.) : renonculacée des régions alpines capable de fixer l'azote atmosphérique grâce à des micro-organismes symbiotiques situés dans leur système racinaire.

DTO (Demande Totale d'oxygène) (*TOD*). Totalité de la demande en oxygène engendrée par l'ensemble des substances réductrices présentes dans une eau naturelle ou polluée. Elle se mesure par oxydation des matières organiques dans un four porté à 800°C en présence d'oxygène.

Ducula, n. sc. Genre de pigeon propre à la région notogéenne vivant dans les forêts pluvieuses tropicales de Nouvelle-Guinée et du Nord-Est de l'Australie. Les recherches de Diamond sur la structure de peuplement plurispécifique comportant plusieurs espèces de ces pigeons ont apporté une contribution essentielle à la théorie de la niche écologique. ***(Voir aussi Niche écologique)***

dulçaquicole, adj. (*freshwater*). Désigne tout ce qui se rapporte aux écosystèmes d'eaux douces continentales.

dulçaquiculture, n. f. (*freshwater fishery*). Voir Pisciculture.

dunaire(s), adj. Qui se rapporte aux dunes. ◆ **écosystèmes** ~ (*dune ecosystems*) : les biotopes dunaires, même dans des zones à pluviométrie normale, présentent des caractéristiques spéciales liées à l'inaptitude du sable à retenir l'eau, qui confèrent à la végétation climacique se développant sur de telles formations des caractères xéromorphiques. Les biotopes dunaires sont le lieu d'un phénomène de succession écologique xérarchique.

dunes, n. f. (*sand dunes*). Formations géomorphologiques littorales ou continentales constituées par un amoncellement de sables dû à l'action du vent haut de quelques mètres à plus de cent mètres. Les dunes juvéniles sont constituées de sable vif et se déplacent sous l'action du vent. Au cours de la succession écologique, elles se fixent par suite de l'action de la végétation. Une graminée pionnière, l'oyat (*Ammophila arenaria*) a été utilisée pour la fixation artificielle de dunes mobiles dès le XIXe siècle.

Duplicidentés, n. m. (*Duplicidenta*). Sous-ordre de Rongeurs dans lequel se rangent en particulier les lapins et les lièvres.

duramen, n. m. (*duramen*). Partie centrale du bois qui est morte et se distingue de l'aubier par sa couleur et sa dureté.

durée, n. f. Voir Génération.

dureté des eaux, n. f. (*water hardness*). Paramètre caractérisant la teneur d'une eau en calcium et, de façon plus générale, en éléments alcalino-terreux. ***(Voir aussi Eau, Eucalcique)***

duripan, n. m. (*hardpan*). Formation pédologique généralement située en profondeur, au niveau de la partie inférieure de l'horizon B, mais qui peut aussi se rencontrer en surface. Elle correspond à une plaque de grande dureté, cimentée par des précipitations de silice, ce qui lui confère une étanchéité et une résistance aux acides. Les duripans renferment aussi souvent des dépôts d'oxydes de fer et de carbonate constituant un ciment secondaire. L'alios, qui se forme dans certains sols podzoliques, constitue un exemple de duripan.

Durisylvae, n. sc. Ensemble des forêts sclérophylles méditerranéennes (au sens climatologique du terme). Ces dernières sont caractérisées par des arbres aux feuilles pourvues d'un limbe épais, rigide (sclérophyllie). ***(Voir aussi Forêt, Sclérophylle)***

Dunes littorales dans la réserve naturelle de Camargue. On remarque les obstacles installés pour arrêter l'érosion de ces dunes due à la surfréquentation touristique. Les biotopes dunaires sont en effet très vulnérables au piètement et *a fortiori* au passage de véhicules à moteurs tout terrain qui leur causent des dommages souvent irréversibles à l'échelle humaine. (Cliché F. Ramade)

« ***dust bowl*** ». Région des grandes plaines de l'Ouest américain située à cheval sur le 100e degré de longitude et s'étendant du Dakota du Sud jusqu'au Nord du Texas.

La pratique de l'agriculture dans ces zones a provoqué une érosion éolienne catastrophique au cours des années 1930 puis à nouveau dans les années 1980, due à la défriche de sols fragiles dont la texture dépourvue d'éléments grossiers et les conditions climatiques semi-arides interdisaient la mise en culture. A l'apogée du phénomène, plusieurs millions de tonnes de sols pouvaient être entraînées dans l'atmosphère lors d'une seule journée de tempête. John Steinbeck, dans son célèbre livre « *Les raisins de la colère* », a très bien décrit les désastreuses conséquences sociales que revêtit ce phénomène pour les agriculteurs de l'Oklahoma.

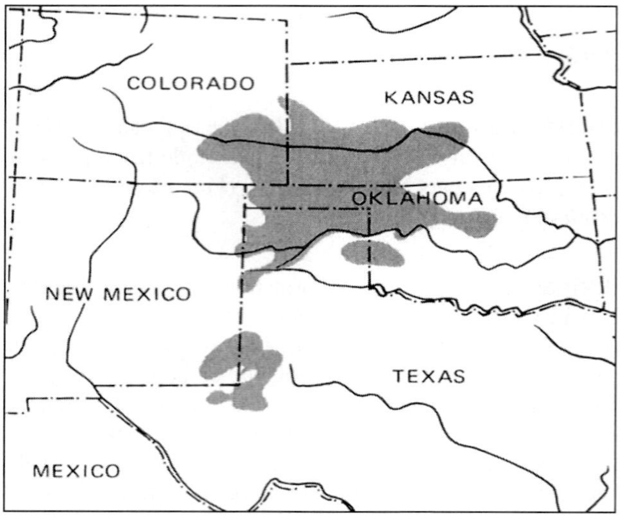

Carte des zones de ***dust bowl*** aux États-Unis. (In Ramade F., *Écologie appliquée*, Ediscience international, 5e ed., 1995, p. 396)

d_x. Symbole dans une table de survie des individus qui meurent au cours d'un intervalle correspondant à une classe d'âge. Si l_x est le nombre d'individus existant au temps x et 1_{x+1} le nombre de ceux qui survivent à la fin de l'intervalle (temps $x + 1$), on aura :

$$d_x = l_x - 1_{x+1}$$

On peut connaître la valeur totale de la mortalité au cours d'une période de temps déterminée car les mortalités au cours des intervalles sont additives. Ainsi, par exemple, entre les classes d'âge compris entre 2 et 7 ans, on aura :

$$d_x = d_{x2} + d_{x3} + \ldots d_{x7}$$

(***Voir aussi Tables de survie***)

dyke, n. f. (*dyke*). Désigne en géologie une inclusion tubulaire de roches ignées, d'origine volcanique, traversant des roches sédimentaires ou métamorphiques.

dynamique, n. f. (*dynamics*). Terme désignant une transformation endogène ou exogène qui provoque des modifications adaptatives dans un système écologique. ◆ ~ **coévolutive** (*coevolutive dynamics*) : processus par lequel deux espèces présentant des liens trophiques ou au contraire une interaction négative (hôte-parasite ou proie-prédateur) évoluent de façon à avoir une meilleure adaptation réciproque à l'action que les populations d'une espèce exercent sur l'autre. ◆ ~ **des biocœnoses** (*communities dynamics*) : évolution dans le temps de la structure d'une communauté induite par une variation de certains facteurs écologiques ou encore par une perturbation endogène ou exogène provoquant l'apparition d'une succession régressive ou progressive à partir du climax ou vers ce dernier selon la période à laquelle on examine la communauté à partir du temps initial. ◆ ~ **des populations** (*populations dynamics*) : processus qui caractérise les fluctuations dans les effectifs et la structure d'une population en fonction du temps ou encore leur répartition dans l'espace.

dysclimax, n. m. (*dysclimax*). Communauté qui atteint un état d'équilibre sous l'effet d'un facteur perturbateur dont l'action est récurrente. Ainsi dans les écosystèmes forestiers méditerranéens, les boisements de pins d'Alep sont des dysclimax dus à l'action récurrente du feu alors que, dans les conditions naturelles, le climax est représenté par des forêts de chênes verts ou de chênes pubescents selon les conditions locales. (***Voir aussi Climax, Succession***)

dysgénique, adj. (*dysgenic*). Désigne un facteur susceptible d'altérer le génome d'une population et donc la qualité génétique de cette dernière.

dysphotique, adj. ◆ **zone** ~ (*dysphotic zone*) : zone profonde des écosystèmes aquatiques dans laquelle la lumière n'est plus d'une intensité suffisante de sorte que son flux est au-dessous de la valeur du point de compensation pour la photosynthèse même pour les algues les plus sciaphiles. En général, cette zone est située en milieu océanique au-delà de profondeurs d'une centaine de mètres. Mais sa li-

La Tour du Diable est un spectaculaire **dyke** de rhyolithe résultant de l'érosion des parois de la cheminée d'un volcan éteint. (Devil's Tower National Monument, Wyoming, États-Unis). (Cliché F. Ramade)

mite varie beaucoup selon la transparence du biotope aquatique considéré, allant de quelques dizaines de mètres à près de 300 m dans les cas extrêmes qui correspondent à des lacs hyperoligotrophes. La zone aphotique lui fait suite. ***(Voir aussi Aphotique)***

dystrophie, n. f. (*dystrophy*). État d'un milieu dulçaquicole caractérisé par un apport excessif d'éléments minéraux nutritifs dû à diverses causes de pollutions qui provoquent une eutrophisation accélérée des eaux.

dystrophique, adj. (*dystrophic*). Désigne l'état d'un biotope dulçaquicole atteint de dystrophie. Pour les hydrobiologistes anglo-saxons, ce terme qualifie au contraire des biotopes lentiques pauvres en éléments minéraux nutritifs et en calcium dans lesquels les matières organiques s'accumulent dans le fond sans se décomposer et dont la biocœnose est particulièrement appauvrie en espèces animales par suite de l'acidité.

dystrophisation, n. f. (*dystrophication*) (syn. : hypereutrophisation). Phénomène résultant d'un enrichissement artificiel et excessif en éléments minéraux nutritifs des eaux d'un lac ou même d'un biotope lotique dont le cours est lent. Cet enrichissement résulte de diverses causes de pollution dues au rejet d'effluents pollués par des matières organiques fermentescibles et par des détergents phosphatés, et (ou) de pollutions diffuses liées à l'usage excessif d'engrais chimiques dans les terres cultivées du bassin versant.

La dystrophisation se traduit dans un premier stade par une augmentation de la teneur des eaux en nutriments, conséquence directe de leur pollution mais provoquée aussi par la biodégradation des matières organiques fermentescibles rejetées par les effluents urbains dans le lac. Cette dernière provoque l'apparition d'une DBO dite primaire résultant de la consommation de ces MOF par les bactéries aérobies présentes dans les eaux du lac (*stade I*).

L'apport de nutriments va avoir pour conséquence de déclencher une prolifération massive du phytoplancton et de la végétation aquatique (*stade II*).

De ce dysfonctionnement de l'écosystème va résulter en particulier une diminution de la teneur en oxygène dissous dans les eaux profondes due à la dégradation aérobie de la matière organique correspondant à la biomasse alguale morte (= DBO secondaire) qui va se déposer à la surface des sédiments (*stade III*).

Il en résulte à terme l'apparition d'un oxycline (chimiocline) qui séparera les eaux superficielles bien oxygénées des eaux profondes dépourvues d'oxygène dissous →

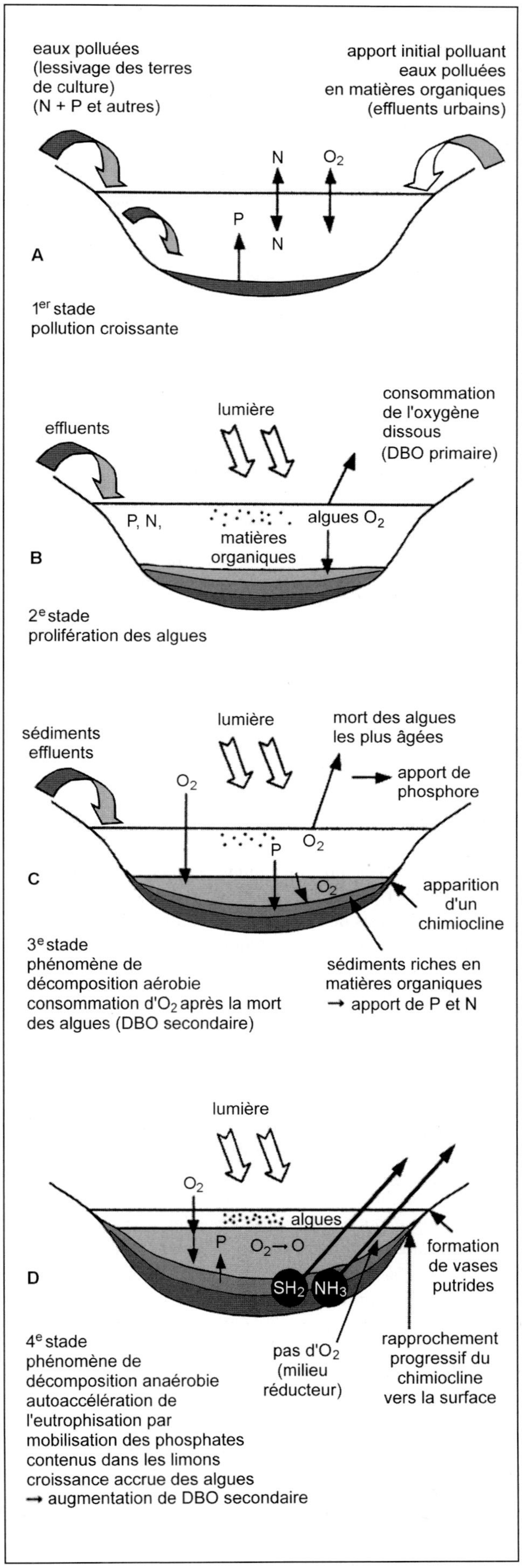

Principales étapes de la **dystrophisation** d'un lac. On remarque l'apparition successive d'une demande biochimique d'oxygène (DBO) primaire due à la décomposition aérobie des matières organiques fermentescibles de l'effluent (stade II), puis d'une DBO secondaire due à la mort massive des algues (stade III) qui ont proliféré par suite de l'enrichissement excessif en nutriments. Au dernier stade (IV), la déplétion totale en oxygène au-dessous de la chimiocline conduit à l'apparition de fermentations anaérobies qui dégagent des composés toxiques : H_2S et ammoniac. (D'après Ramade F., *Écologie appliquée*, Ediscience international, 5e ed., 1995, p. 267)

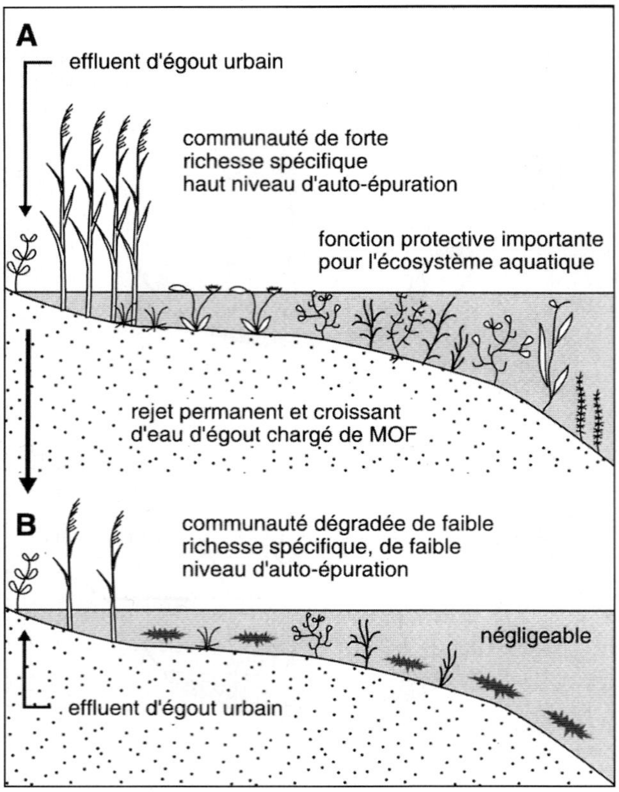

Influence de la **dystrophisation** accélérée des eaux d'un lac par le rejet d'effluents domestiques pollués par des matières organiques fermentescibles sur les macrophytes de sa zone littorale. **A**. État initial. **B**. État après exposition prolongée d'un effluent chargé de MOF. (D'après Pieczynska, in Naiman et Décamps, op. cit., 1990, p. 111)

et des sédiments qui deviennent réducteurs. En conséquence, s'observera une disparition progressive de toute vie animale en dessous de la zone euphotique par suite de la désoxygénation des eaux. Au dernier stade de la dystrophisation, les couches profondes deviendront le siège de fermentations anaérobies qui dégageront du méthane et surtout du NH_3 et du H_2S tandis que le chimiocline remontera vers la surface, rendant azoïque l'essentiel du volume d'eau lacustre (*stade IV*). ◆ **effets de la ~ sur la productivité des écosystèmes limniques** : la productivité des lacs dystrophisés va présenter de profonds bouleversements. La productivité primaire augmentera considérablement. Néanmoins, cette augmentation sera essentiellement le fait de la prolifération du phytoplancton et des algues filamenteuses ainsi qu'à un moindre degré des hydrophytes. En effet, à la différence de l'eutrophisation naturelle, qui agit favorablement sur l'ensemble des macrophytes aquatiques, le rejet dans la zone riparienne d'un biotope lentique d'eaux usées d'origine urbaine, fortement chargées de matières organiques fermentescibles, et cause d'une rapide dystrophisation peut présenter des conséquences négatives sur ces peuplements de végétaux macrophytiques. Dans une première phase, si les quantités rejetées sont modérées, les macrophytes exerceront pleinement leur activité autoépuratrice et tireront bénéfice de l'accroissement de la quantité de nutriments disponibles. Cependant, si les rejets se prolongent et deviennent excessifs, la capacité d'autoépuration sera inhibée par la dystrophisation des eaux et l'on assistera à une régression du peuplement d'hélophytes. On observera une nette dégradation de l'hydrophytocœnose caractérisée par une forte diminution de la richesse spécifique et de l'abondance des espèces subsistantes.

Si la dystrophisation augmente de même significativement, la productivité secondaire, en particulier celle du peuplement de poissons lacustres, elle a néanmoins à plus long terme des effets négatifs sur cette dernière en éliminant les espèces prédatrices, Percides et Salmonides. En effet, au moins dans les premiers temps, prolifèrent les Cyprinides herbivores ; les poissons carnivores ne vont bénéficier que de façon très transitoire de l'accroissement de l'abondance de leurs proies.

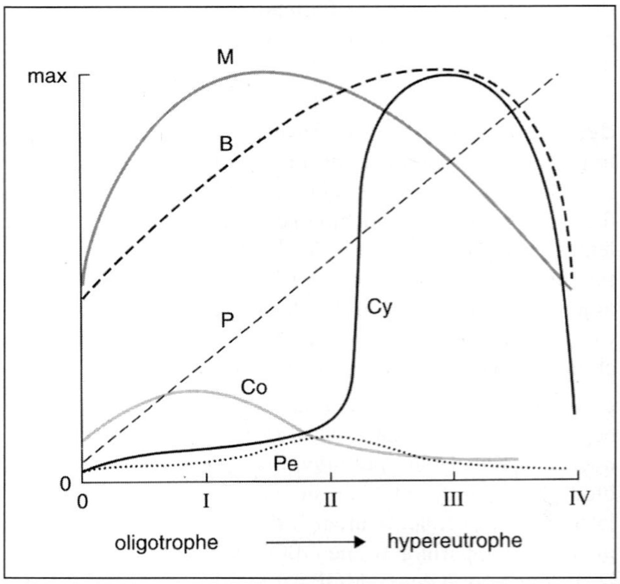

Variation de productivité biologique d'un écosystème lacustre au cours des étapes successives de sa **dystrophisation**. B, densité du benthos ; Co, rendement en Corégonides ; Cy, rendement en Cyprinidés ; M, macrophytes submergés ; P, contenu en phosphore de l'eau, densité en plancton et turbidité ; Pe : rendement en Percidés. (D'après Hartman, in Mason, *Biology of Freshwater Pollution*, Longman, 1996, p. 112)

Les Percides vont s'accroître au cours du stade II, mais vont ensuite diminuer par suite de la désoxygénation progressive des eaux. L'effet de la dystrophisation est très défavorable pour les poissons nobles (Salmonides), tels les ombles ou les Corégones, lesquels, après une brève augmentation transitoire de densité au tout début du processus, vont disparaître car ils exigent des eaux bien oxygénées. ***(Voir aussi Eutrophisation, Lac, Oxycline)***

dytique(s), n. m. (*diving beetle*) (n. sc. : *Dytiscus sp.).* Genre de Coléoptères aquatiques de grande taille propres aux milieux lentiques de faible étendue ou encore à la zone littorale des lacs. Les dytiques sont de voraces prédateurs capables tant à l'état larvaire qu'adulte d'attaquer des alevins voire de jeunes larves de poissons. ***(Voir aussi Macroinvertébrés)***

Earthscan. Organisation non gouvernementale affiliée au programme des Nations unies pour l'environnement, en liaison avec l'Institut International pour l'Environnement et le Développement, dont le siège est à Londres.

Earthwatch. Organisme dépendant du PNUE qui s'occupe de la surveillance de l'état écologique global au travers d'un réseau de stations spécialisées dans la surveillance permanente de l'environnement. ***(Voir aussi PNUE)***

eau(x), n. f. (*water*). L'eau par ses propriétés physicochimiques constitue un liquide à bien des égards anormal dans le domaine de température qui caractérise la biosphère. Cela résulte de sa structure physique. Une molécule d'eau peut être figurée dans l'espace sous l'aspect d'un tétraèdre dans lequel les liaisons H–O–H forment un angle de 104,5 degrés. Elle représente donc un dipôle car les charges négatives de l'oxygène, qui possède deux électrons libres, sont situées à l'opposé des deux atomes d'hydrogène qui constituent les charges positives du dipôle. Il en résulte la formation de dimères et de trimères grâce à des ponts hydrogène qui confèrent à l'eau des propriétés particulières, en particulier une viscosité anormalement élevée et un maximum de densité atteint non pas au voisinage du point de congélation, comme pour les liquides « normaux », mais à 4 °C. L'eau possède aussi du fait de sa structure une aptitude considérable à dissoudre peu ou prou la plupart des substances chimiques dont la solubilité dans l'eau est maximale – celles dont la molécule est polaire. Cependant, même des composés lipophiles, apolaires, présentent une faible solubilité dans l'eau, parfois à l'état de traces inférieures à la ppb. Par ailleurs, son aptitude à dissoudre les gaz permet le développement des êtres vivants dans des milieux aquatiques. Enfin, une autre propriété physique importante de l'eau tient en sa forte capacité thermique qui confère une faible sensibilité des biotopes aquatiques aux fluctuations climatiques en comparaison des milieux terrestres situés aux mêmes latitudes.

Au plan de ses propriétés chimiques, outre sa remarquable stabilité moléculaire, l'eau est néanmoins une molécule réactive qui présente des propriétés réductrices ou oxydantes selon la nature du couple redox considéré. Le tableau cidessous décrit les principales propriétés physiques de l'eau et leur signification au plan écologique pour les écosystèmes aquatiques et pour l'ensemble de la biosphère.

◆ ~ **adoucie** (*softened water*) : eau qui a été désionisée essentiellement pour éliminer sa charge excessive en calcaire.
◆ ~ **calcaire** (*hard water*) : eau présentant une teneur élevée, voire saturée en bicarbonate de calcium (eau dure) et qui présente de ce fait une forte capacité d'entartrage des canalisations. ***(Voir aussi Calcaire, Dureté, Karst)*** ◆ ~ **capillaire** : voir Sol. ◆ ~ **claires** (*clear waters*) : phénomène caractérisé par un accroissement considérable de la transparence des eaux lacustres, plus rarement fluviales, à certaines périodes de l'année et qui résulte d'une diminution de la densité en phytoplancton due à diverses causes abiotiques ou biotiques (essentiellement broutage par le zooplancton).
◆ ~ **courantes** (*running waters*) : désigne l'ensemble des eaux de surface et souterraines propres aux hydrosystèmes fluviaux. Leur composition ionique varie beaucoup en fonction de la nature du substrat géologique. En première ap-

Propriétés physiques de l'eau et leur signification au plan écologique

Propriétés écologiques	Comparaison avec les autres liquides	Signification physique pour la biosphère
Capacité calorifique	La plus élevée de tous les liquides	Volant thermique face aux températures extrêmes
Points de fusion et d'ébullition	Elevés	Possibilité d'être à l'état liquide à la surface de la Terre
Tension superficielle	Elevée	Favorise la formation d'aérosols dans les nuages, de condensation et de précipitations
Densité	Maximale à 4°C	Stratification dans les lacs et les océans
Absorption lumineuse	Forte, en particulier dans l'UV et l'IR	Effet de serre et rôle important au plan biologique
Propriétés de solvant	Structure dipolaire favorisant la dissolution des sels et des molécules polaires	Transport aisé de substances dissoutes dans la biomasse et les cycles biochimiques

proximation, on distingue des eaux eucalciques et oligocalciques en fonction de leur teneur en calcium. De façon générale, les eaux situées sur des roches-mères cristallines sont nettement plus pauvres en minéraux dissous que celles situées sur des roches sédimentaires carbonatées. **(*Voir aussi Cours d'eau, Fleuve, Hydrosystème, Lotique*)** ◆ ~ **de constitution** (*structural, combined water*) : eau présente dans les molécules de substances minérales ou organiques constituant les sols ou les sédiments. ◆ ~ **d'égout** : voir Égout, Station d'épuration, Traitement. ◆ ~ **douce** (*freshwater*) : eau de teneur en sel inférieure à 3%. ◆ ~ **des pores** (*pore water*) : eau interstitielle qui est contenue dans les pores des sols ou des sédiments. **(*Voir aussi Porosité, Sédiment, Sol*)** ◆ ~ **naturelles** (*natural waters*) : eaux présentes dans les biotopes aquatiques naturels. **(*Voir aussi Eaux courantes, Fleuve, Lac, Lagune*)** ◆ ~ **de mer** (*sea water*) : eau propre aux divers biotopes océaniques. En surface, l'eau de mer renferme environ 35 pour mille de sels dissous. ◆ ~ **de pluie** : voir Précipitations. ◆ ~ **potable** : voir Potabilité, Potabilisation. ◆ ~ **rouges** (*red tide*) : phénomène épisodique de coloration des eaux dans des biotopes lacustres ou lagunaires dû à une prolifération de Cyanophycées (*Oscillatoria* en particulier) ou encore de Péridiniens. ◆ ~ **saumâtre** (*brackish water*) : eau dont la teneur en sel est comprise entre 5 et 20%. ◆ ~ **souterraines** (*ground water*) : eaux contenues dans les nappes phréatiques. **(*Voir aussi Nappes*)**

◆ **l'eau dans la biosphère** : depuis qu'il a été possible de la photographier de l'espace, la Terre a été dénommée la *planète bleue* par suite de la prépondérance de l'eau à sa surface.

L'hydrosphère, c'est-à-dire la partie de la biosphère occupée par les eaux océaniques et continentales en constitue de beaucoup le principal compartiment.

L'océan mondial couvre en effet à lui seul environ 360 millions de km^2, soit plus de 71% de la surface du globe! Avec un volume de 1 340 millions de km^3, il renferme, avec 96,5% du volume total de l'hydrosphère, la quasi-totalité de l'eau existant dans la biosphère. Compte tenu de l'énorme volume qu'il représente, il joue un rôle majeur dans l'ajustement et l'homogénéisation des climats terrestres amenant par le jeu des courants marins, comme par exemple le *gulf stream* et autres courants associés dans l'Atlantique Nord, des masses d'eaux chaudes aux hautes latitudes qu'il réchauffe, tandis que les courants froids, comme par exemple le courant de Benguela en Afrique australe, modèrent les températures de zones côtières équatoriales.

En milieu continental, les eaux douces superficielles, cours d'eau, lacs, zones humides et autres milieux aquatiques lentiques, peuvent occuper une proportion importante des terres émergées. Ils jouent avec les précipitations et les eaux souterraines un rôle majeur dans le cycle de l'eau et interviennent donc de façon indirecte, voire directe, dans le fonctionnement des écosystèmes terrestres.

L'eau dans la biosphère
(D'après Shiklomanov in Gleick, *A Guide to the world's freshwater resources*, Oxford, U.P., 1993, p. 13)

	Surface (en 10^3 km^2)	Volume (en 10^3 km^3)	Profondeur ou épaisseur (en m)	Pourcentage par rapport au volume hydrosphérique	
				/ eau totale	/ eau douce
Océan mondial	361 300	1 338 000	3 700	96,5	
Eaux souterraines	134 800	23 400	174	1,7	
– eau douce		10 530	78	0,76	30,1
– humidité des sols		16,5	0,2	0,001	0,05
Glaciers et névés	16 232	24 064	1 463	1,74	68,7
dont :					
– Antarctique	13 980	21 600	1 546	1,56	61,7
– Groenland	1 802	2 340	1 298	0,17	6,68
– îles arctiques	226	83,5	369	0,006	0,24
– glaciers de montagnes	224	40,6	181	0,003	0,12
Sols gelés	21 000	300	14	0,022	0,86
Eau des lacs	2 058,7	176,4	85,7	0,013	–
– douce	1 236,4	91	73,6	0,007	0,26
– salée	822,3	85,4	103,8	0,006	–
Marécages	2 682,6	11,47	4,28	0,0008	0,03
Cours d'eau	148 800	2,12	0,014	0,0002	0,006
Eau de la biomasse	510 000	1,12	0,002	0,0001	0,003
Vapeur d'eau atmosphérique	510 000	12,9	0,025	0,001	0,04
Réserves hydriques totales	510 000	1 385 984	2 718	100	–
Réserves totales d'eau douce	148 800	35 029	235	2,53	100

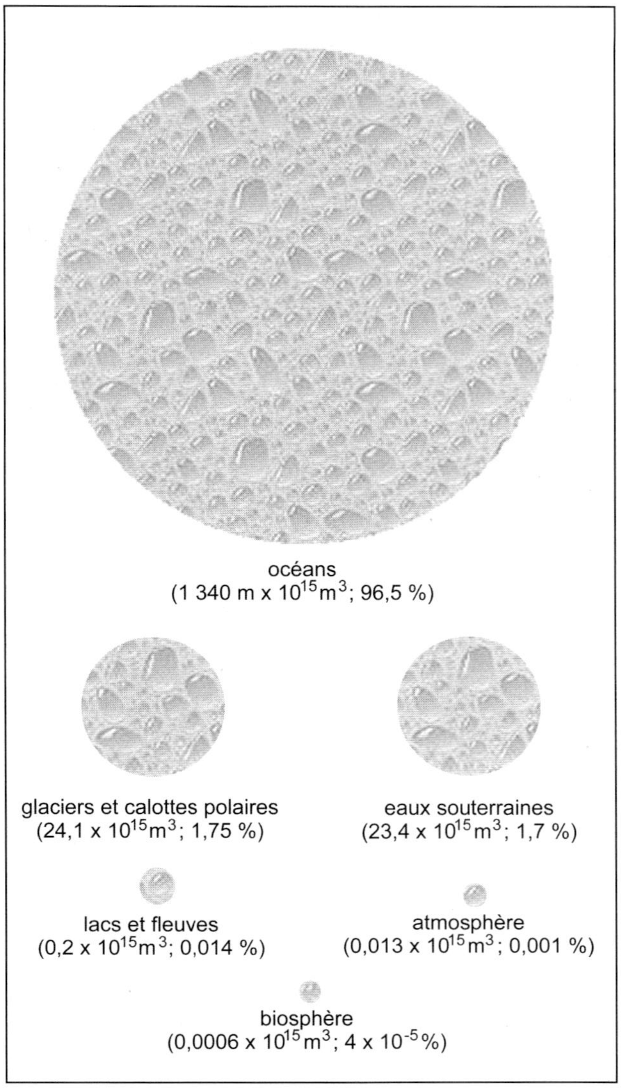

Abondance relative des diverses formes de l'**eau** dans la biosphère. (D'après Press et Siever, op. cit. mais modifié, in Ramade F., *Dictionnaire encyclopédique des sciences de l'eau*, Ediscience international, 1998, p. 174)

Le rôle biologique de l'eau est essentiel car l'eau représente un constituant majeur de la matière vivante. Chez la plupart des êtres vivants, la teneur en eau est de l'ordre de 70% ou plus. Elle peut même dépasser 95% chez certains Cnidaires marins tels des méduses acalèphes. À l'opposé, certaines espèces végétales ou des animaux primitifs (Nématodes, Rotifères, Tardigrades, mais aussi des insectes Collemboles) peuvent survivre à l'état d'anhydrobiose c'est-à-dire de déshydratation totale pendant la saison défavorable. Dans de telles conditions, ils peuvent supporter des températures inférieures à – 200 °C. Toutefois, il faut remarquer qu'ils sont dans cet état en vie ralentie, donc incapables de toute activité métabolique ce qui démontre la nécessité de la présence d'eau cellulaire liquide pour toute forme de vie active. Dans l'univers, la vie n'est possible qu'à la surface d'objets célestes possédant de l'eau à l'état liquide donc dans un domaine de température tout au plus égal à celui compris entre 0 °C et 100 °C. En pratique, cet intervalle est compris entre 0 °C et 60 °C pour la majorité des végétaux et la plupart des animaux peuplant la biosphère terrestre. L'étude des planètes telluriques montre que par excès de chaleur (Vénus) ou de froid (Mars) la vie n'a pu évoluer à la surface de ces objets célestes, l'eau n'y étant pas liquide.

◆ **cycle biogéochimique de l'eau** : la vapeur d'eau constitue la forme à partir de laquelle s'effectue le cycle de ce composé. Pourtant la quantité de vapeur d'eau contenue dans l'atmosphère est dérisoire : si elle était condensée, elle occuperait une hauteur moyenne d'à peine 3 cm à la surface de la Terre! Le déplacement des masses d'air chargées de vapeur d'eau assure la distribution des précipitations. Leur refroidissement ramène l'eau à la surface sous la forme de pluie, neige ou grêle. Cependant la majorité des précipitations retombent sur l'océan, seulement 22,8% atteignant la surface des continents qui occupent pourtant 29% de la surface totale de la planète. À la surface des continents, l'eau subit trois phénomènes différents (voir figure page suivante).

L'*évaporation* et l'*évapotranspiration* par les plantes. Ce dernier phénomène est très important, une forêt pouvant dégager dans l'air de 20 à 50 t d'eau par hectare et par jour selon les conditions météorologiques locales et la nature du sol. L'évapotranspiration joue un rôle particulièrement important dans les écosystèmes forestiers tempérés et tropicaux. Ainsi la reprécipitation sur place de l'eau évapotranspirée par les arbres représente en général plus de 75% des précipitations totales dans les forêts pluvieuses tropicales et excède même 80% dans le bassin du Congo. On comprendra bien dans ces conditions que la déforestation peut exercer un effet catastrophique sur les climats en les aridifiant de façon considérable. On a pu par exemple estimer par des modèles climatiques que la déforestation totale du bassin de l'Amazonie ferait passer les précipitations moyennes de plus de 1 800 mm/an à moins de 600 mm/an, le transformant en un nouveau Sahel. L'*infiltration* est un autre phénomène très important car c'est d'elle que dépend la réhydratation des sols et l'approvisionnement des nappes phréatiques, des rivières souterraines et des résurgences.

Enfin, le *ruissellement* assure l'alimentation des cours d'eau et donc boucle le cycle par retour des fleuves à l'océan. ***(Voir aussi Déforestation, Évapotranspiration, Précipitations)***

◆ **pH des eaux** : voir pH.

◆ **quantités d'eau disponibles** : la majorité de l'eau existant à la surface du globe est soit inaccessible car située dans des zones peu peuplées ou sous une forme inutilisable pour les activités humaines (glaciers et calottes glaciaires polaires) (voir Tableau). En définitive, non seulement les eaux douces ne représentent que 2,6% de l'hydrosphère, mais seule une faible fraction de ce total est réellement accessible, l'essentiel étant piégé dans les calottes glaciaires arctiques et antarctiques. La seule fraction disponible pour les activités humaines correspond au débit d'écoulement stable estimé à 14 000 km^3 par an – c'est-à-dire au débit des fleuves hors crue – soit moins de 0,01% du total! De plus, la masse hydrique réellement utilisable est encore plus faible, évaluée à 9 000 km^3 par an, et correspond aux cours d'eau traversant des zones habitées.

Les *précipitations* ne sont pas également réparties à la surface des continents. En effet, sur environ 150 millions de km^2 que couvrent les terres émergées, 40 millions sont désertiques. Comme 37 millions de km^2 situés aux hautes lati-

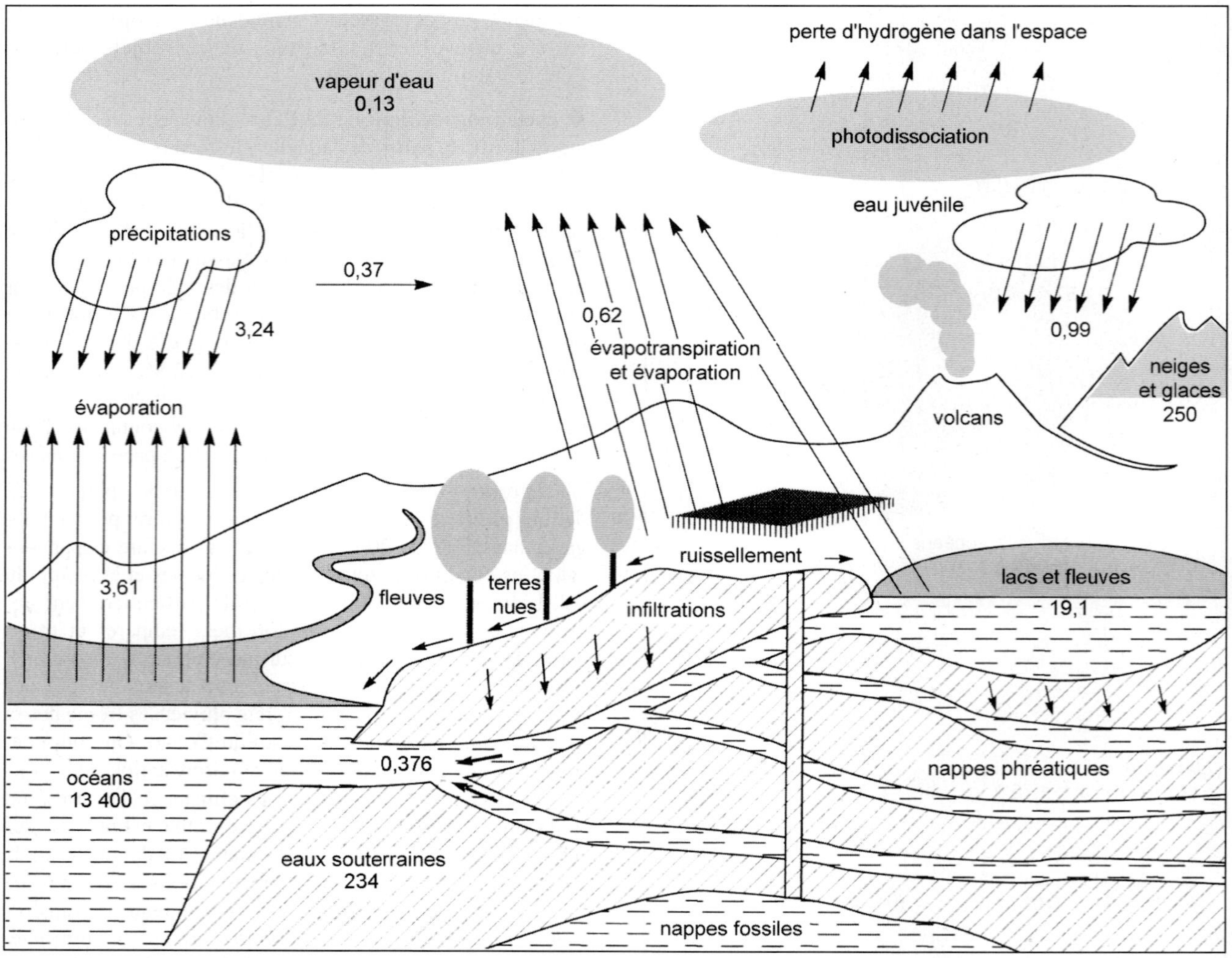

Cycle biogéochimique de l'**eau**. Les nombres figurent les stocks et les flux entre les divers compartiments de la biosphère, exprimés en 10^{14} m^3. (D'après Ramade F., *Écologie fondamentale*, Ediscience international, 2e ed., 1994, p. 330)

tudes sont perpétuellement gelés, l'eau fait défaut au total sur la moitié de la surface continentale. Les précipitations sont maximales dans les zones équatoriales et sur les façades occidentales des continents aux moyennes latitudes. À l'opposé, les zones désertiques sont situées à cheval sur les zones intertropicales des deux hémisphères. Comme la majorité des terres émergées sont situées aux latitudes moyennes de l'hémisphère nord, c'est aux mois de mars-avril que la quantité d'eau retenue par les continents sous forme de neige et de glace est la plus importante.

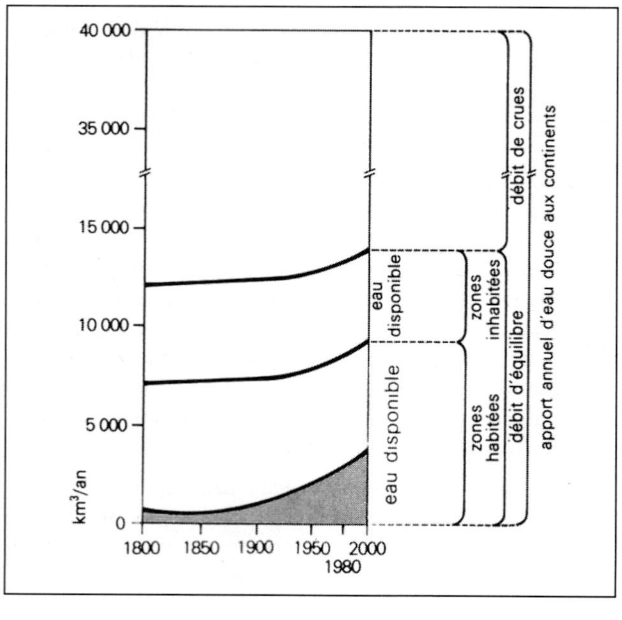

La *disponibilité de l'eau* pour les écosystèmes terrestres – et donc pour l'agriculture – n'est pas seulement conditionnée par l'abondance des précipitations mais aussi par l'*évapotranspiration*. Cette dernière est directement liée aux conditions climatiques locales : température et vent. De la sorte, 600 mm/an correspondent à un apport d'eau de pluie très satisfaisant pour l'agriculture en Europe atlantique alors qu'il marque un climat présentant une saison aride dans les régions sahéliennes de l'Afrique subsaharienne. En France

Masses d'**eau** douce existant et disponibles à la surface des continents. La croissance des volumes d'eau réellement disponibles, telle qu'on peut l'observer depuis la fin du siècle dernier (courbe du bas), provient de la construction de barrages de retenues qui permettent d'accumuler une fraction du débit de crue autrefois perdue. (D'après Ambroggi, op. cit., in Ramade F., *Écologie appliquée*, Ediscience international, 5e ed., 1995, p. 470)

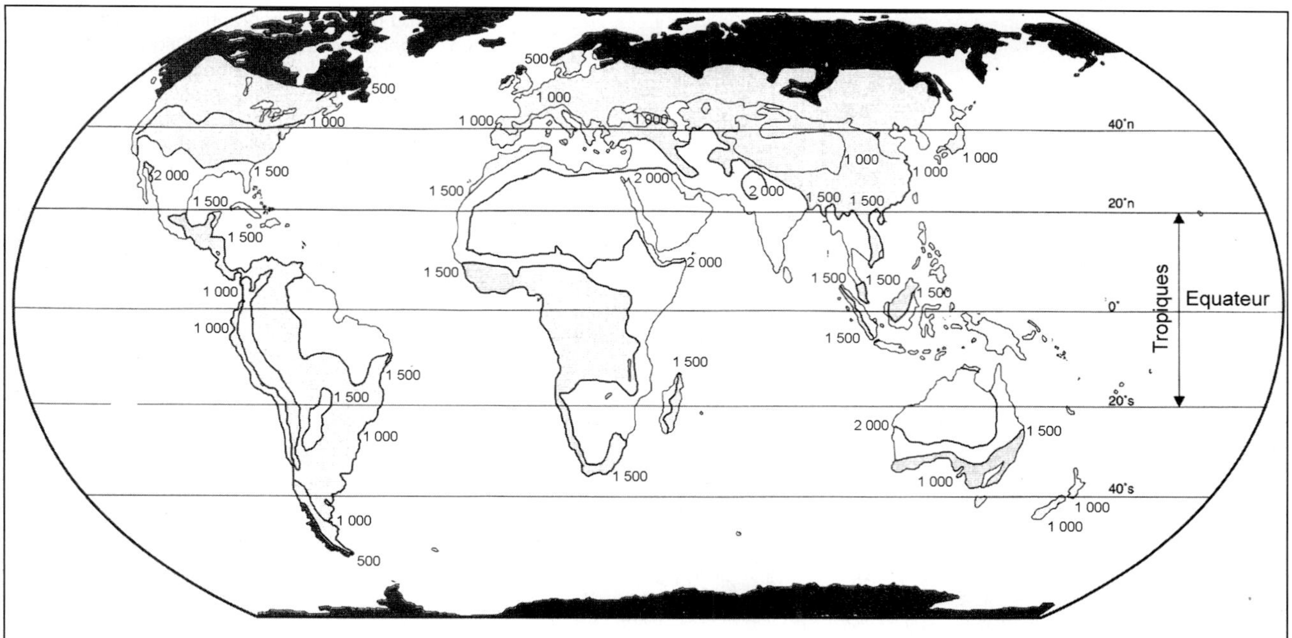

Carte de l'évapotranspiration potentielle à la surface des continents. Les quantités réelles d'**eau** disponible par unité de surface sont conditionnées par la valeur relative de ces deux paramètres. (D'après Falkenmark et al., op. cit., 1992, in Ramade F., *Dictionnaire encyclopédique des sciences de l'eau*, Ediscience international, 1998, p. 495)

par exemple, alors que les précipitations sont de l'ordre de 500 mm/an en Camargue, l'évapotranspiration est de l'ordre de 1 600 mm/an, ce qui marque un déficit hydrique très fort pendant la période estivale.

En définitive, mieux que la carte des précipitations, celle de la répartition de l'excédent ou du déficit de ces dernières par rapport à l'évapotranspiration, permet de connaître la distribution géographique de la disponibilité de l'eau douce à la surface des continents.

À l'image de ces dernières, la distribution des eaux superficielles et souterraines est aussi fort inégale. Les zones humides (lacs, étangs, marais, lagunes) sont aussi distribuées de façon très irrégulière à la surface du globe. Leur maximum d'extension se situe dans la zone intertropicale et aux latitudes tempérées et subarctiques de l'hémisphère Nord. Ainsi, le lac Baïkal, situé en Sibérie orientale, long de 700 km et profond de plus de 1 700 m, renferme à lui seul 23 000 km^3 soit 10,2% du volume total des eaux douces superficielles de la planète! (***Voir aussi Baïkal, Zones humides***)

◆ **pollution des eaux** : **1. Nature et importance de la pollution des eaux**. Le problème de la pollution des eaux représente sans aucun doute un des aspects les plus inquiétants de la crise globale de l'environnement. En effet, à la différence de divers phénomènes de pollution qui ne constituent qu'une menace potentielle susceptible d'affecter à l'avenir les activités humaines, la crise de l'eau sévit déjà depuis longtemps et avec une gravité sans cesse accrue, affectant aussi bien les pays industrialisés que ceux du Tiers monde.

La pollution des eaux se traduit par des effets très spécifiques dus aux particularités écologiques propres aux milieux aquatiques. L'eau est capable de dissoudre peu ou prou, mais souvent avec facilité, la plupart des substances chimiques minérales ou organiques ; de plus elle met en suspension les matières insolubles et les déchets solides. De la sorte, tout polluant de l'eau va se trouver entraîné par le jeu du cycle hydrologique fort loin en aval de la source de contamination !

À l'opposé, comme les gaz, entre autres l'oxygène – élément indispensable à la respiration des animaux – sont peu solubles dans l'eau, les milieux aquatiques sont pauvres en oxygène dissous. Leur pollution par des matières organiques fermentescibles, grosses consommatrices d'oxygène dissous pour leur biodégradation, va donc se traduire rapidement par une anoxie de leurs eaux ainsi polluées. Les conséquences s'avèrent catastrophiques pour leur faune qui sera asphyxiée lors des périodes les plus défavorables, en particulier en été au moment où leur teneur en oxygène est naturellement la plus faible.

Une dernière particularité des habitats aquatiques résulte de la forte chaleur spécifique de l'eau qui leur confère une grande inertie thermique. En conséquence, les variations de température des biotopes lacustres ou des cours d'eau, *a fortiori* des mers, sont beaucoup plus faibles qu'en milieu terrestre. Il en résulte que les poissons et autres organismes aquatiques sont beaucoup plus sensibles à une variation rapide – même de faible amplitude – de la température des eaux où ils vivent que les êtres vivants terrestres. Ils peuvent donc être localement victimes d'une *pollution thermique* des eaux due au rejet d'eaux chaudes par des centrales électriques ou des chaufferies industrielles.

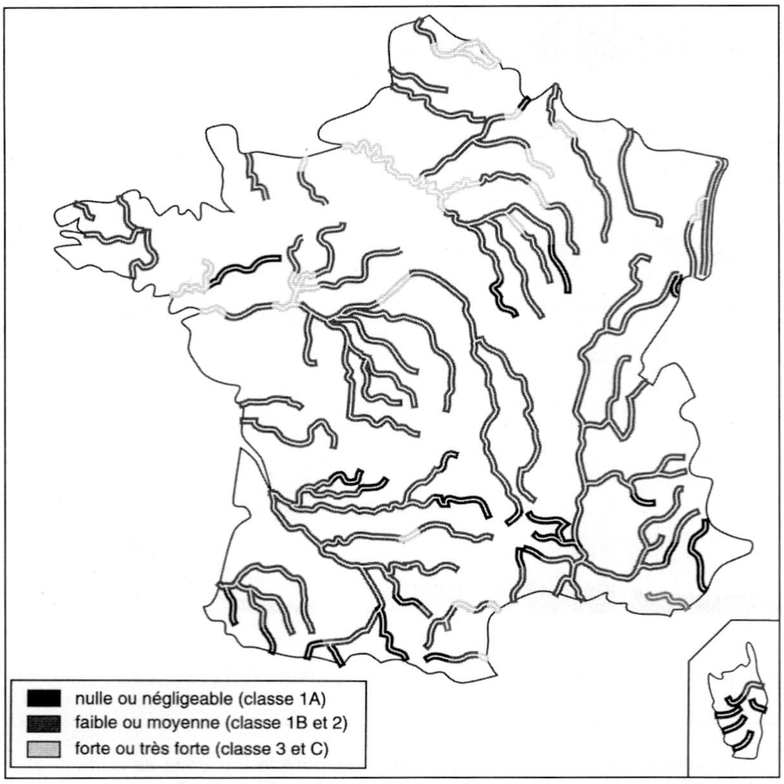

Carte du réseau hydrographique français mettant en évidence le degré de pollution des **eaux** de surface à partir duquel est établie une échelle de qualité, dans les diverses sections des rivières et autres cours d'eau. Les classes de qualité sont normalisées en : 1A) bonne qualité, pollution nulle ou négligeable ; 1B et 2, pollution faible ou moyenne ; 3 et C, pollution forte ou très forte. (D'après un document Agences de l'eau, 1997 mais très modifié, in Ramade F., *Dictionnaire encyclopédique des sciences de l'eau*, Ediscience international, 1998, p. 519)

2. Principaux types de polluants des eaux. On peut distinguer plusieurs catégories de polluants des eaux selon leur nature. Tout en soulignant le caractère arbitraire de toute typologie, nous proposons dans le tableau ci-contre une classification des diverses causes de pollution des eaux.

L'importance de la pollution des eaux a crû considérablement depuis le début des années 1960 dans l'ensemble du monde.

Certes, dans les pays industrialisés, de vastes programmes de lutte contre cette dernière ont permis de ralentir la progression de la contamination des eaux continentales par le rejet d'effluents domestiques et industriels chargés de matières organiques fermentescibles, voire même de la faire significativement régresser chez certains d'entre eux.

Toutefois à la progression de la pollution par les MOF s'est substituée celle des pollutions chimiques, en particulier des métaux toxiques et des composés organiques dits xénobiotiques, présents à l'état de traces, mais de toxicité aiguë ou (et) chronique très élevée.

Cette pollution est certes le fait d'émissaires urbains et industriels, mais aussi de sources de contamination diffuses dispersées sur de vastes territoires. Elle concerne non seulement les eaux superficielles mais de plus en plus les nappes phréatiques.

Comme la France dispose d'un territoire plus étendu que les autres pays européens les plus industrialisés, d'une industrie plus dispersée et de vastes cours d'eau, l'acuité du problème a longtemps été moindre qu'ailleurs en Europe. Cependant le temps est loin où les Parisiens utilisaient comme eau de boisson celle puisée dans la Seine, pratique qui dura jusqu'à la fin du XVIIIe siècle – voire même celui où l'on pêchait des esturgeons sur le cours inférieur de celle-ci, le dernier spécimen de cette espèce ayant été capturé au tout début du XXe siècle! Actuellement, la pollution des eaux de surface atteint des niveaux considérables dans l'ensemble du monde. A titre d'exemple, les rejets industriels et urbains s'élevaient en France au milieu des années 1980 à quelque 8 800 tonnes par jour de matières oxydables soit 154 millions d'équivalent-habitant.

Aux États-Unis, la situation est comparable à celle de l'Europe dans la partie orientale du pays, la plus peuplée. La situation des grands lacs est particulièrement catastrophique car leur état de pollution est estimé actuellement irréversible à l'échelle humaine, en ce qui concerne l'Ontario et l'Érié. À titre d'exemple, la rivière Cuyahoga, qui déverse ses effluents dans ce lac près de Cleveland rejetait chaque jour, en 1987, 333 tonnes de métaux lourds et 43 tonnes de PCB et autres redoutables contaminants organiques de synthèse. Dans ce même pays, l'EPA (l'*Environmental Protection Agency*, l'équivalent du Ministère de l'Environnement aux États-Unis) estimait au début des années 1980 que sur quelque 10 000 sites de décharges industrielles recensés renfermant des produits chimiques dangereux, plus de 2 000 d'entre eux contaminaient directement les eaux souterraines!

◆ **conséquences écologiques de la pollution des eaux** : le rejet d'un effluent urbain pollué par des matières organiques fermentescibles constitue la cause la plus répandue et prépondérante de dégradation de la qualité des eaux de surface. Un rejet d'égout induit une dégradation considérable tant de la qualité physico-chimique des eaux que de la biocœnose aquatique. Ce rejet se manifeste en effet au plan écologique par l'apparition d'espèces bioindicatrices positives de pollution et par l'élimination des populations des espèces bioindicatrices négatives.

Classification des diverses sources de pollution des eaux		
Type de pollution	**Nature**	**Source ou agent causal**
I. Physique	– Rejet d'eaux chaudes – Radio-isotopes	– Centrales électriques – Installations nucléaires
II. Chimique		
Pollution par les fertilisants	– Nitrates – Phosphates	– Agriculture (lessives)
Pollution par des métaux et métalloïdes toxiques	– Mercure, cadmium, plomb, aluminium, arsenic, etc.	– Métallurgie, industries chimiques, combustions – Agriculture – Pluies acides
Pollution par les pesticides	– Insecticides – Fongicides – Herbicides	– Agriculture, traitement des talus d'infrastructures routières ou ferroviaires
Pollution par les composés organochlorés	– PCB – Chlorophénols – Solvants chlorés	– Industrie, usages domestiques
Pollution par les hydrocarbures	– Benzène, HAP, hydrocarbures hétérocycliques, naphténiques	– Industries du pétrole, transports, combustions incomplètes
Pollution par les phénols et dérivés	– Chlorophénols, crésols, etc.	– Industries, protection du bois, etc.
III. Organique	– Effluents chargés de matières organiques fermentescibles (glucides, lipides, protides, etc.)	– Effluents urbains et industriels
IV. Microbiologique	– Bactéries, virus	– Effluents domestiques ou d'industries agroalimentaires (abattoirs par exemple)

Le déversement dans une rivière par un émissaire d'égout d'un effluent domestique se traduira par une dégradation de la qualité des eaux caractérisée d'amont en aval par un ensemble de perturbations chimiques et biologiques. En conséquence, cette pollution va se traduire d'amont en aval par une succession de zones dont les eaux présenteront des niveaux d'altération différents.

Après le rejet, on observe un accroissement considérable de la DBO et de façon corrélative un effondrement de la concentration en oxygène dissous, ainsi qu'une très forte augmentation de la teneur en matières en suspension conférant aux eaux s'écoulant en aval de l'émissaire un aspect turbide (voir Figure A, page suivante). La teneur en nutriments va présenter également d'importantes variations le long de la rivière (voir Figure B). Alors qu'elle était assez faible en amont, elle devient importante à partir d'une certaine distance après le point de rejet tant pour les nitrates que pour les phosphates. Dans la zone située au niveau du rejet de l'effluent et après dilution de ce dernier, les conditions, devenues anoxiques, rendent le milieu réducteur avec pour conséquence la conversion de l'azote inorganique en ammoniaque. L'augmentation de la concentration en azote inorganique s'effectue à quelque distance en aval car ces composés sont libérés par la dégradation microbienne d'abord aérobie puis anaérobie des matières organiques fermentescibles. On constate donc que dans la section où l'oxygène dissous a été consommé s'installent des conditions anaérobies avec pour conséquence la formation de nitrites. Plus en aval, avec la réoxygénation des eaux, ces derniers sont transformés en nitrates par les bactéries nitrifiantes. De même, le pic de concentration en phosphates minéraux est décalé vers l'aval compte tenu du temps nécessaire pour la minéralisation par voie bactérienne des composés nucléiques. En définitive, la pollution des eaux d'une rivière par un effluent chargé de MOF va se traduire d'amont en aval par une succession de zones de qualité des eaux différentes. Immédiatement en aval du point de rejet, après dilution de l'effluent, se trouve la *zone de dégradation* dont les eaux présentent un état de pollution maximale par les MOF. Puis vient une *zone de décomposition active*, dans laquelle l'action bactérienne se traduit par une dégradation progressive de la matière organique. Plus en aval, s'observe une *zone de restauration* où la teneur en nutriments diminue par suite de la dilution et de l'activité biologique de la végétation aquatique, puis vient une *zone subnormale* où la composition chimique des eaux se rapproche des conditions naturelles. Enfin, plus en aval, les eaux ont retrouvé par le jeu des processus naturels d'auto-épuration leur composition normale. La distance sur laquelle s'observe ces variations de qualité dépend à la fois du débit relatif du cours d'eau et de l'émissaire (facteur de dilution).

De ces modifications de composition chimique engendrées par la pollution organique résultent de profonds bouleversements biocœnotiques. En aval du point de rejet, la concentration bactérienne est maximale, suivie d'une spectaculaire augmentation de celle en champignons saprophytes. Les protozoaires se mettent à pulluler dans la zone de décomposition active profitant de la prolifération bactérienne dont ils se nourrissent. À l'opposé, les algues disparaissent quasi complètement de la zone de dégradation et en revanche prolifèrent en aval dans la zone de restauration par suite de

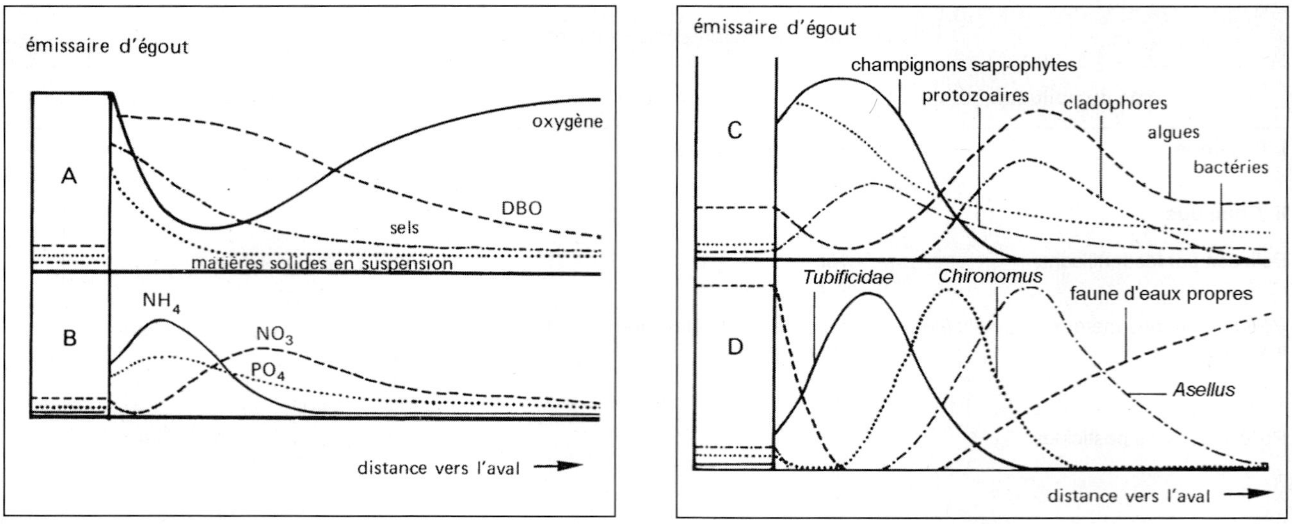

Schéma figurant la modification consécutive à la pollution des **eaux** d'une rivière dans la structure des communautés aquatiques en aval du point de rejet de matières organiques fermentescibles par un émissaire d'égout. **A**) Variation en fonction de la distance vers l'aval des paramètres relatifs à l'oxygène et des MES ; **B**) Variation vers l'aval de la teneur en sels minéraux dissous ; **C**) Fluctuation de l'abondance en décomposeurs, protozoaires et de la flore alguale ; **D**) Variation vers l'aval de l'abondance des peuplements animaux benthiques. (D'après Hynes, in Ramade F., *Écologie appliquée*, Ediscience international, 5e ed., 1995, p. 256)

l'augmentation de la teneur en nutriments (eutrophisation). On observe dans cette zone une multiplication d'un groupe de Chlorophycées, les Cladophorales, qui sont favorisées et une teneur relativement élevée en nitrates et phosphates elle-même corrélée à la présence de matières organiques fermentescibles en concentration assez importante. À l'opposé, à partir de la zone de restauration, on observe une décroissance importante des bactéries et des champignons saprophytes.

Les peuplements animaux sont également très affectés par la forte baisse de qualité des eaux provoquée par une pollution par des matières organiques fermentescibles. La faune d'eaux propres disparaît entièrement au niveau de la zone de dégradation et de celle de décomposition active. En particulier, tous les poissons peuvent être éliminés par suite de la désoxygénation quasi totale, voire de l'anoxie, de ces zones. À l'opposé, au niveau de la zone de décomposition active apparaissent et pullulent des oligochètes tubificides, qui sont capables de vivre dans des eaux ayant un très faible taux d'oxygène dissous et représentent à ce titre d'intéressants bioindicateurs de pollution des eaux par des MOF. Plus en aval dans la zone de décomposition, s'observent des Chironomides du groupe *Chironomus thummi* qui sont également des bioindicateurs de ce type de pollution. Au-delà pullulent des *Asellus aquaticus*, crustacés isopodes affectionnant les eaux douces ayant une légère charge en MOF. Leur zone optimale correspond à celle des Cladophorales. Enfin, plus en aval, la faune des eaux pures réapparaît et se reconstitue progressivement à partir de la zone subnormale parallèlement à l'accroissement progressif de la qualité des eaux.

Ces perturbations biocœnotiques produites par la pollution des eaux s'observent même lorsque le polluant n'est pas toxique de façon directe ou même indirecte : le cas le plus remarquable est constitué par la dystrophisation des lacs, voire des fleuves, qui résulte d'un enrichissement des eaux superficielles par des éléments minéraux nutritifs indispensables à la vie : phosphates et nitrates. Cette eutrophisation excessive des eaux continentales provoque une prolifération des algues et un bouleversement de la communauté phytoplanctonique. De nombreuses espèces se raréfient considérablement ou disparaissent alors que d'autres, rares ou absentes dans les eaux pures, comme la Cyanophycée *Oscillatoria rubescens*, se mettent à pulluler dans ces lacs dystrophisés.

Un autre exemple de perturbations biocœnotiques de dimensions catastrophiques est fourni par la pollution des eaux, en particulier marines, par le pétrole. Les marées noires conduisent en effet a une mortalité importante du plancton, des nombreuses espèces d'invertébrés marins et des communautés algales qui vivent dans les zones benthiques littorales. Par ailleurs, la pollution chronique de l'océan par les hydrocarbures provoque chaque année la mort de plusieurs millions d'oiseaux de mer. Cette pollution diminue aussi de façon clandestine en bien des cas la qualité des eaux continentales.

Le dernier type de pollution des eaux dont les conséquences écotoxicologiques peuvent être redoutables est lié à la présence de plus en plus ubiquiste de contaminants xénobiotiques présents à l'état de trace mais exposant en permanence à leurs effets les biocœnoses aquatiques. Les principales catégories de ces substances sont représentées par les métaux toxiques et diverses familles chimiques de composés organiques persistants : HAP, dioxines, PCB, insecticides organochlorés et divers autres pesticides. De façon générale, ces substances perturbent, voire bouleversent, les communautés en interférant de façon négative avec la croissance et la reproduction des populations des espèces – et souvent pour les autotrophes la production primaire des espèces les plus pollusensibles. ***(Voir aussi Bioindicateur, Dystrophisation, Eutrophisation, HAP, Indices biotiques, Océan, Pesticides, Pétrole, Thermique, Xénobiotique)***

◆ **épuration des eaux polluées** (*waste waters processing*) : l'importance de la pollution des eaux exige de nos jours une épuration de ces dernières non seulement pour l'approvisionnement en eau potable des agglomérations

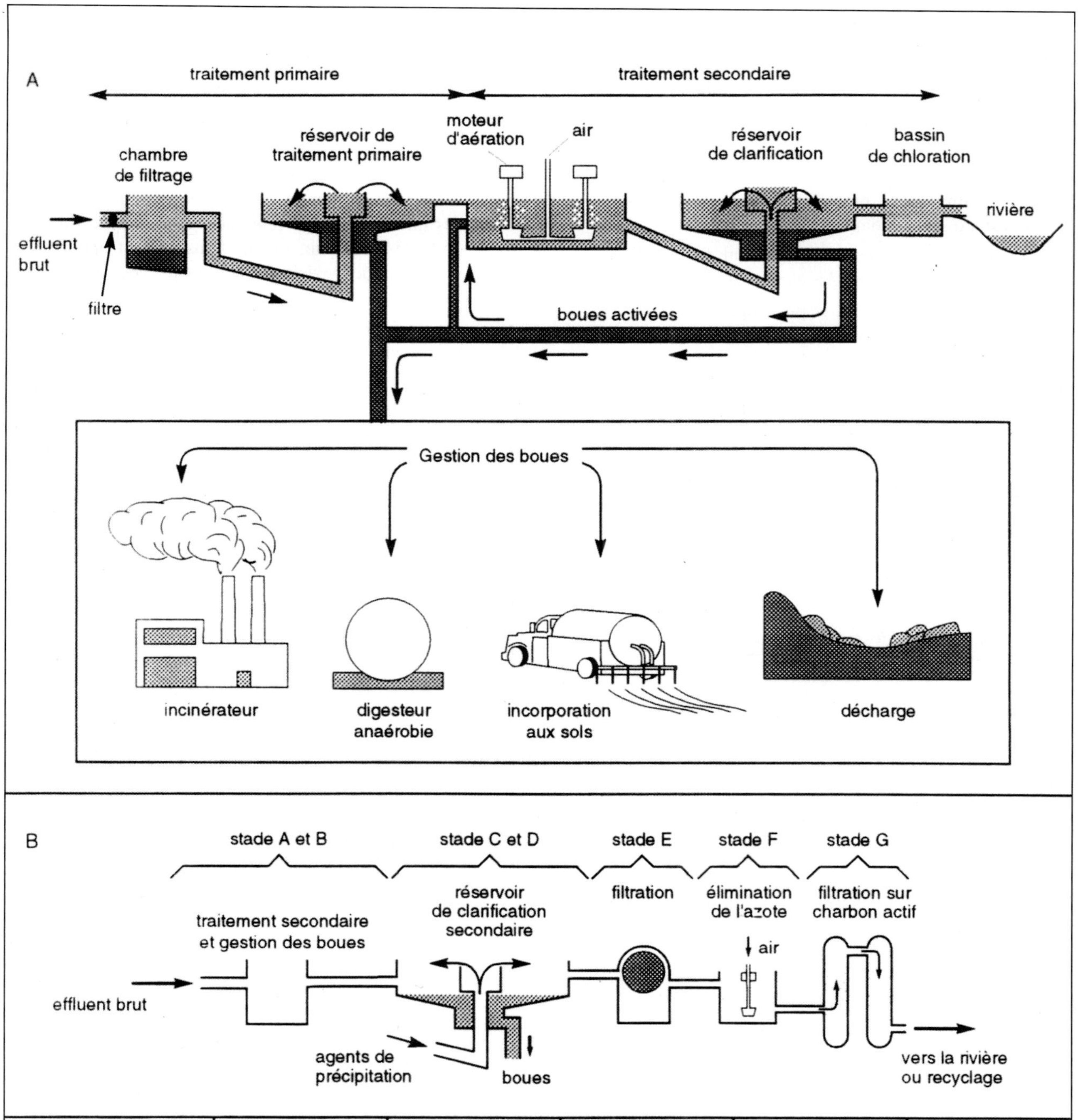

Substance éliminée	Pourcentage d'élimination après A et B	Pourcentage d'élimination après C et D	Pourcentage d'élimination après E	Pourcentage d'élimination après F	Pourcentage d'élimination après G
Substances consommatrices d'oxygène	90	98	99	99	99,5
Matières en suspension	90	98	100	100	100
Composés azotés	10	10	10	90	92,5
Composés phosphorés	10	10	99	99	99

Schéma général de fonctionnement d'une station d'épuration des eaux usées par traitement tertiaire, permettant en particulier l'élimination des principaux nutriments (nitrates et phosphates). (D'après Moran, Morgan, Wirsma, op. cit., in Ramade F., *Dictionnaire encyclopédique des pollutions*, Ediscience international, 2000, p. 535 et 536) mais aussi pour éviter que les effluents pollués des égouts urbains et industriels ne provoquent une destruction totale des écosystèmes aquatiques. Cette épuration est réalisée dans des installations industrielles dénommées stations de traitement des eaux résiduaires (voir figure page précédente).

Ces dernières peuvent comporter divers degrés d'épuration. On peut distinguer en première approximation des traitements primaires, secondaires et tertiaires.

– Le *traitement primaire* consiste en un simple filtrage et décantation des déchets solides et en suspension.

– Le *traitement secondaire*, le plus répandu, consiste en la réalisation d'une *épuration biologique des eaux*. Celle-ci a pour objet principal d'éliminer la pollution par des matières organiques fermentescibles en faisant appel à l'activité bactérienne aérobie qui dégrade rapidement par voie oxydative l'ensemble des composés organiques (glucides, lipides, protides) contaminant les eaux. Ce procédé permet d'éliminer la demande biologique d'oxygène, cause de l'asphyxie des rivières polluées par des effluents organiques. La méthode consiste à oxygéner au maximum les effluents et à les faire passer sur des lits activés renfermant un « floc » bactérien, mélange d'espèces de microorganismes sélectionnés pour leur pouvoir biodégradant.

– Le *traitement tertiaire* a pour objet d'éliminer les sels minéraux nutritifs, agents de dystrophisation et des contaminants résiduels, micropolluants (certains métaux lourds, composés organiques de synthèse). Il fait appel à des techniques variées, microbiologiques, chimiques et (ou) biologiques.

Ce traitement n'est généralement utilisé que dans des stations d'épuration spécialisées pour traiter des effluents industriels. Ainsi, l'on peut éliminer les phénols des eaux usées des raffineries de pétrole par passage sur des lits bactériens adaptés. Souvent, ces traitements font appel à des réactions chimiques spécifiques selon le type de contaminant à éliminer.

Cependant, un type de traitement tertiaire de plus en plus répandu dans les grandes stations urbaines est celui qui a pour objet d'éliminer les sels minéraux nutritifs fatals de l'épuration des eaux polluées par des matières organiques (nitrates et phosphates), cause de la dystrophisation des milieux aquatiques. Cela s'effectue par divers procédés chimiques ou biologiques tels en particulier le lagunage. Celui-ci, selon des recherches en cours, permettrait également d'éliminer les métaux toxiques en faisant appel à des végétaux aquatiques adaptés qui les concentrent dans leurs tissus (jacinthes d'eau par exemple). ***(Voir aussi Épuration, Stations)***

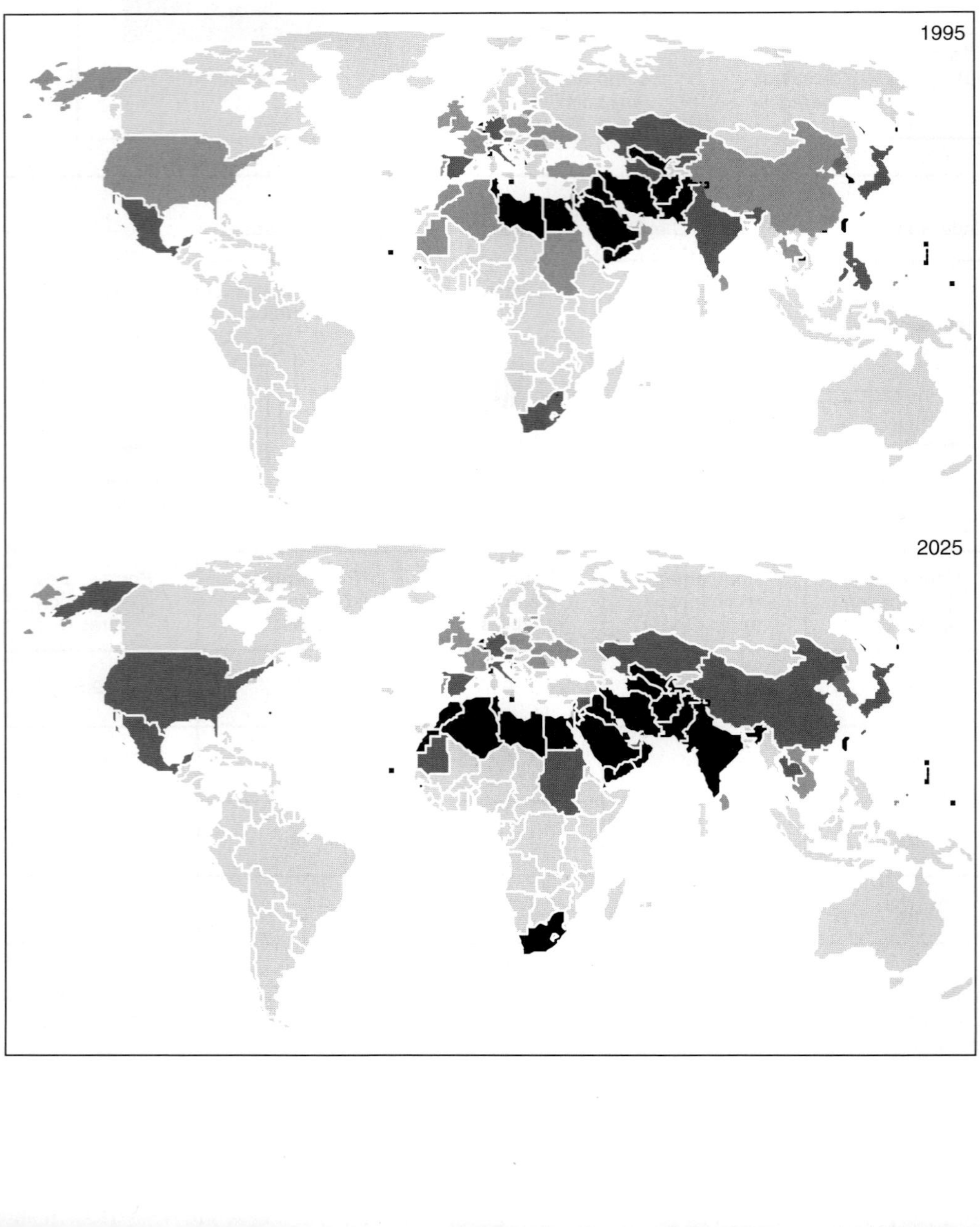

Accroissement de la consommation d'**eau** dans les diverses régions du monde entre 1995 et 2025. On constate que, sous l'action conjuguée de la croissance démographique et de celle des besoins liés au développement économique, on assistera à une augmentation considérable de la proportion des ressources totales en eau disponibles prélevées pour les divers usages des populations humaines. Il est en outre à noter qu'un nombre important de régions du monde prélèveront en 2025 plus de 40% du volume total de leurs ressources en eau, certaines d'entre elles consommant d'ailleurs dès à présent la quasi-totalité de ce dernier. (D'après PNUE, *Global environment 2000*, 1999, p. 42)

Eau prélevée par rapport au volume total des réserves :

- moins de 10%
- 10% à 20%
- 20% à 40%
- plus de 40%

◆ **production d'~ potable** : voir Potabilisation. ◆ **qualité des ~** : voir Qualité. ◆ **traitement des ~ polluées** (*waste water processing*) : voir Épuration, Potabilisation, Stations. ◆ **usages de l'~** (*water uses*) : la plus forte consommation d'eau provient des usages industriels et agricoles. Certaines industries consomment des quantités considérables d'eau. Il en faut par exemple 300 m^3 pour fabriquer une tonne de pâte à papier et 6 000 m^3 pour produire une tonne d'engrais azotés dans les procédés en circuit ouvert. En agriculture, l'irrigation nécessite des volumes très importants : un hectare de maïs consomme 20 000 m^3 d'eau pendant sa période végétative et un hectare de riz 40 000 m^3 en moyenne. La consommation d'eau varie par habitant dans des proportions considérables d'un pays à l'autre. Le record est détenu par les États-Unis avec 4 800 litres par jour et par habitant, tous usages confondus, répartie également entre les emplois domestiques et industriels. En France, elle est de l'ordre de 1 700 l/h/j. À l'opposé, dans les pays du Tiers monde les plus démunis, cette consommation est à peine de l'ordre d'une centaine de litres par jour et par habitant, usages agricoles inclus! Un autre aspect préoccupant est la croissance de la consommation d'eau *per capita*. Celle-ci est passée entre 1950 et 1990 de 300 à 900 m^3/habitant/an en moyenne mondiale. Malgré cela, de graves problèmes qualitatifs se posent en ce qui concerne l'approvisionnement des populations en eau potable. Dans les pays du Tiers monde, on estime que 1,2 milliard de personnes, soit près du quart de la population mondiale, ne disposent pas d'un accès à l'eau potable. Même en Russie, à peine 50% de la population dispose à l'heure actuelle de l'eau courante! Une autre préoccupation majeure tient en la pénurie croissante d'eau nécessaire pour l'irrigation des cultures. Le déficit est de plus en plus considérable pour certains pays. Ainsi, au milieu des années 1990, il s'élevait déjà à 163 milliards de m^3 par an à l'échelle globale dont 104 milliards de m^3 par an pour les Indes, 30 pour la Chine et 13,6 pour les Etats-Unis. Pis encore, les prévisions font apparaître un accroissement spectaculaire de la consommation d'ici 2025 où elle excèdera alors plus de 40% des réserves totales en de nombreuses régions du monde (voir figure page ci-contre). ***(Voir aussi Agriculture, Besoins en eau, Irrigation, Potabilité)***

Éburonien, n. m. (*Eburonian*). Stade géologique du début du Quaternaire caractéristique en Europe septentrionale, qui se situe entre – 1,6 et – 1,4 million d'années et correspond à la première période de glaciation de cette ère. Il est à ce titre l'équivalent de celle dite du Nébraskéen en Amérique du Nord.

eccritique, adj. ◆ **température ~** (*eccritic temperature*) : valeur optimale de la température ambiante pour un animal poïkilotherme.

ecdyèse, n. f. (*ecdyesis*). Voir Mue.

ecdysone, n. f. (*ecdysone*). Hormone sécrétée par la glande prothoracique des insectes dont le rôle est de contrôler le phénomène des mues et métamorphoses. ***(Voir aussi Exsuviation, Mue, Nymphose)***

écèse, n. f. (*ecesis*). Aptitude de certaines espèces végétales introduites dans un environnement exotique à s'y installer et à s'y reproduire aisément. Elles sont de la sorte à l'origine d'une invasion biologique alors que la plupart des plantes introduites échouent dans la colonisation d'un nouveau biotope éloigné de leur aire biogéographique d'origine.

échange d'ions. Voir Ion.

échangeables, adj. Voir Bases échangeables.

échantillonnage, n. m. (*sampling*). Technique destinée à effectuer un prélèvement de matériel biologique ou minéral en particulier dans le cadre de recherches écologiques. L'échantillonnage nécessite à la fois le recours à une méthode et à un matériel convenablement conçus et standardisés.
La procédure doit être établie de sorte que les prélèvements conduisent au maximum de représentativité statistique et à éviter tout biais d'expérimentation afin que les résultats obtenus puissent conduire à des conclusions significatives.

échappement(s), n. m. (*exhaust*). Désigne le dispositif par lequel sont évacués les effluents d'un moteur à combustion interne – à essence, au GPL ou au diesel. ◆ **gaz d'~** (*exhaust gas*) : effluents produits par la combustion du carburant dans un moteur. Les gaz d'échappement sont essentiellement constitués de CO_2 et de vapeur d'eau, avec aussi – quoiqu'en moindre proportion – du monoxyde de carbone, des hydrocarbures imbrûlés, ainsi que des oxydes d'azote (NO_X) et, dans le cas des diesels, du SO_2. La teneur des gaz en ces derniers peut s'élever en certaines circonstances dans de fortes proportions, en particulier dans le cas des moteurs non catalysés. Outre la phase gazeuse dominante, les gaz d'échappement comportent de plus des particules carbonées, en grande partie insédimentables, en proportion variable selon le type de moteur et les conditions de fonctionnement, qui peuvent constituer une fraction non négligeable de la masse totale de l'effluent. C'est le cas des échappements des moteurs diesel, plus particulièrement quand ils fonctionnent en forte charge ou lorsqu'ils sont mal réglés. Les moteurs fonctionnant à l'essence plombée rejettent en outre des particules de plomb. ◆ **réduction des émissions de gaz d'~** : par suite de la contribution importante des émissions de gaz d'échappement à la pollution atmosphérique générale et en particulier à celle de l'air des villes, d'importantes réductions de ces rejets par les véhicules à moteur ont été planifiées tant en Amérique du Nord que dans l'Union européenne (voir Tableau).

Réduction des émissions contenues dans les gaz d'échappement des véhicules à moteur dans l'Union européenne d'ici 2005

	Années		
	1996	2000	2005
Moteur à essence CO	2,7	2,3	1
Hydrocarbures imbrûlés	0,34	0,20	0,1
NO_X	0,25	0,15	0,08
Moteur diesel CO	1,06	0,64	0,53
Hydrocarbures imbrûlés	0,71	0,50	0,33
NO_X	0,56	0,37	0,28
Particules	0,8	0,005	0,004

La lecture de ce tableau montre la pollution beaucoup plus importante des échappements de diesel – exception faite du CO – ainsi que la plus grande bienveillance des normes actuelles et futures pour ce type de moteur, sans doute pas étrangère à la « pression » des organisations corporatives du lobby routier sur les pouvoirs publics compétents... On notera aussi l'absence d'émission de particules par les moteurs à essence fonctionnant au super sans plomb depuis l'obligation de montage du pot catalytique. (***Voir aussi CO, NO_x, Particules, Pot catalytique***)

échelle, n. f. (*scale*). Terme désignant la dimension spatiale ou temporelle à laquelle se produit un phénomène écologique ou encore s'effectue la perception des paramètres par lequel on caractérise ce phénomène.

– Au *plan temporel,* cette échelle peut désigner des phénomènes quotidiens, saisonniers, annuels ou pluriannuels. L'échelle des temps paléoécologiques est constituée par la durée des diverses périodes qui se sont succédées au cours de l'histoire géologique de la Terre ; elle est donnée par les diverses divisions stratigraphiques telles que les adoptent les paléontologues.

– Au *plan spatial,* on parlera par exemple d'échelle de perception de la diversité selon qu'elle est mesurée au niveau du biotope, entre des biotopes différents mais voisins ou encore à celle d'un biome tout entier c'est-à-dire à l'échelle géographique correspondant à des fractions de continents. ◆ **~ à poissons** (*fish ladder*) : dispositif destiné à permettre aux poissons migrateurs la remontée des cours d'eau. En réalité, ce dispositif ne permet pas aux espèces d'eaux lentes de pouvoir regagner leurs frayères ; aussi depuis quelques temps, on a commencé à installer un type particulier de dispositifs de remontée : les ascenseurs à poissons. En France, le premier dispositif de ce type a été construit sur la dérivation de la centrale hydroélectrique de Golfech, sur la Garonne. (***Voir aussi Ascenseur***) ◆ **~ de Beaufort** : voir Beaufort. ◆ **~ de recouvrement** : voir Recouvrement. ◆ **~ des temps géologiques** : voir Géologique. ◆ **notion d'~ en écologie** : cette notion constitue un concept absolument fondamental. En effet la recherche écologique est souvent confrontée à l'extrapolation de résultats obtenus à un niveau stationnel ou régional à des entités beaucoup plus étendues : écosystèmes, paysages, « régions » ou biosphère dans sa totalité.

À l'opposé, des données obtenues à l'aide de méthodes d'investigation à vaste échelle peuvent ou non être intrapolables à des unités spatiales moins vastes. En effet, bien que la nature spatiale de certains éléments de la structure des systèmes écologiques soit fréquente, elle n'est pas, tant s'en faut, systématique.

Le problème d'échelle en écologie se rencontre de la même façon quand on considère l'évolution dans le temps de certains phénomènes, la durée relative se traduisant par des différences radicales selon sa valeur dans le comportement et le fonctionnement des systèmes écologiques.

Échinodermes, n. m. (*Echinodermata*). Phylum de Métazoaires entièrement marins, caractérisés par une symétrie radiaire d'ordre 5. Les oursins, astéries, ophiures, holothuries et crinoïdes constituent les représentants des principales classes actuelles d'Échinodermes.

écholocation, n. f. (*echolocation*). Fonction physiologique par laquelle divers Vertébrés : chauve-souris, Cétacés et même certains oiseaux cavernicoles peuvent repérer des objets ou obstacles et donc se diriger dans l'obscurité ou en l'absence de contrôle visuel du mouvement. L'écholocation est permise par l'existence d'organes des sens constituant l'équivalent d'un « radar » à ultrasons.

éclair, n. m. (*lightning*). Décharges électrostatiques de très fort voltage s'établissant entre les nuages et le sol lors des orages. Les éclairs interviennent dans le cycle biogéochimique de l'azote en produisant des peroxydes d'azote qui donnent ultérieurement de l'ion nitrate par un processus entièrement abiotique.

éclaircie, n. f. (*clearing*). Terme de météorologie désignant la réduction voire la dispersion de la couverture nuageuse.

éclaircissement, n. m. (*thinning*). Terme de sylviculture désignant la coupe des sujets en excès dans un taillis puis dans une futaie, afin d'obtenir une croissance maximale des sujets sélectionnés.

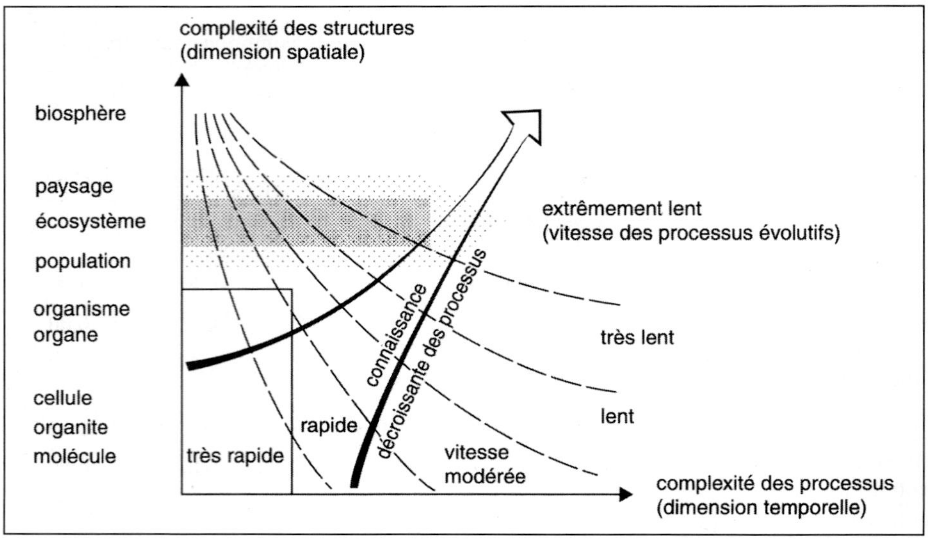

Échelle spatio-temporelle des phénomènes biologiques depuis le niveau moléculaire jusqu'à la biosphère prise dans son ensemble. Le domaine tramé figure la gamme d'échelle correspondant aux processus qui s'effectuent au niveau des populations et des écosystèmes et qui est pertinent pour la compréhension de l'action de l'homme sur les écosystèmes. (D'après Hansen, in Rapport et al., *Evaluating and monitoring the health of large scale ecosystems,* Springer Verlag, New York, 1995, p. 196)

éclairement, n. m. (*illumination*). Entité correspondant au facteur lumière dans un écosystème. L'éclairement comporte deux variables fondamentales : son intensité et sa durée.

L'intensité instantanée de l'éclairement dépend de la position du soleil sur la voûte céleste, laquelle est elle-même liée à la période du jour, à la saison et à la latitude. Elle est maximale, toutes choses égales par ailleurs, lorsque le soleil est au zénith, position qu'il ne peut atteindre que dans les zones comprises entre les tropiques. Cependant, la quantité quotidienne d'énergie amenée par le flux solaire est relativement indépendante de la latitude – du moins en été – car la durée du jour s'accroît avec la latitude, ce qui compense la baisse de flux.

La photopériode est la seconde variable fondamentale de l'éclairement. Elle varie selon la latitude. À l'équateur, il y a constamment une durée égale du jour et de la nuit. À l'opposé, la durée de l'une et de l'autre vont varier en fonction du cycle des saisons dans les autres régions du globe. (***Voir aussi Luminosité, Photopériode***)

écloserie, n. f. (*hatchery*). Désigne en aquaculture un équipement destiné à la reproduction des poissons, à l'incubation des œufs, à leur éclosion ainsi qu'à la stabulation des alevins et des jeunes larves.

écocatastrophe, n. f. Voir Catastrophe écologique.

écochronologie, n. f. (*ecochronology*). Méthode de datation fondée sur des indices paléoécologiques.

écocide, n. m. (*ecocide*). Phénomène par lequel une substance chimique provoque la destruction totale d'une communauté voire d'un écosystème. Le terme a été utilisé pour la première fois à la suite de l'usage extensif par l'armée américaine de défoliants sur les formations de forêts tropicales lors de la guerre du Vietnam, au cours de la période 1965-1972.

écoclimat, n. m. (*ecoclimate*). Climat d'un type de biotope donné ou spécifique d'une station particulière.

écocline, n. f. (*ecocline*). Gradient marqué par la variation continue d'un facteur écologique (température ou précipitations par exemple) selon un transect géographique. (***Voir aussi Cœnocline, Succession***)

écocomplexe, n. m. (*ecocomplex*). Concept d'écologie du paysage désignant un ensemble d'habitats modifiés par l'homme, ayant une dimension spatiale se chiffrant en kilomètres et qui présentent une certaine répétitivité. Une fraction de bocage donne un bon exemple de telles structures.

écoénergétique, adj. Voir Énergétique.

écoespèce, n. f. (*ecospecies*). Ensemble des populations ou des écotypes d'une même espèce entièrement interféconds c'est-à-dire capables d'échanger librement leurs gènes sans perte de fertilité de la descendance. (***Voir aussi Écotype, Espèce***)

écoéthologie, n. f. (*ecoethology*). Branche de l'éthologie qui prend en considération le rôle des facteurs écologiques tant abiotiques que biotiques dans la détermination et l'ajustement des comportements. (***Voir aussi Éthologie***)

écologie, n. f. (*ecology*). Ce terme a été créé par Haeckel en 1866. Composé de deux mots grecs οικωσ et λογϖσ, il signifie étymologiquement « science de l'habitat ».
Selon la définition même qu'en donnait Haeckel, ce terme désigne la *science globale* dont l'objet est l'étude des interrelations des êtres vivants avec leur environnement.

L'écologie occupe une place particulière dans l'ensemble des sciences biologiques. En effet, c'est une discipline de nature holistique. Elle place son objet au sommet de l'échelle organisationnelle des êtres vivants et étudie les processus biologiques au niveau de complexité maximal.

Si l'on schématise sous forme d'un « gâteau feuilleté » l'ensemble des sciences biologiques, on constate que celui-ci peut être considéré de deux façons différentes. La première consiste à découper ce gâteau en tranches qui correspondent chacune à une division traditionnelle de la biologie : bactériologie, cryptogamie, botanique, zoologie, etc.

La seconde consiste à considérer l'empilement des feuillets successifs du gâteau. Dans ces conditions, on rencontre tout à fait en bas, à l'échelon le plus réductionniste de l'organisation des êtres vivants, la biologie moléculaire, puis la biologie cellulaire, au-dessus de laquelle on entre au niveau des organes pris isolément (physiologie des organes – des fonctions), ensuite on rencontre l'individu entier, au-delà, le niveau de la population, ensuite celui de l'écosystème, enfin celui de la biosphère toute entière. Dans ce gâteau, l'écologie occupe tous les feuillets supérieurs à partir de l'individu pris en entier.

L'objet le plus réductionniste du champ d'étude écologique correspond au niveau de l'individu.

Historiquement, le développement de cette discipline a en fait débuté par l'étude de l'action des facteurs écologiques sur des végétaux ou animaux isolés. On a dénommé ce domaine de la discipline *autoécologie* (ou encore *écophysiologie*). Ultérieurement, les recherches ont porté sur les populations (*démoécologie*). Pour beaucoup d'écoles de pensée écologiques, en particulier l'école anglo-saxonne, le niveau d'organisation minimal faisant l'objet de l'écologie est la population. Cependant la partie la plus spécifique de cette dernière correspond aux feuillets supérieurs du gâteau, il s'agit de l'étude des écosystèmes que l'on dénomme *synécologie*.

Le concept et le terme d'*écosystème* ont été créés par Tansley, en 1935. Ce dernier distingue deux entités : le *biotope*, constitué par l'ensemble des paramètres physico-chimiques propres au milieu et la *biocœnose* constituée par la communauté de l'ensemble des êtres vivants inféodés au biotope considéré. Une partie majeure de l'écologie moderne a pour objet d'étudier la structure et le fonctionnement des écosystèmes.

À une échelle spatiotemporelle plus étendue, on rencontre des systèmes complexes constitués par plusieurs écosystèmes qui se jouxtent ou par des éléments d'un écosystème profondément modifié par l'action de l'homme.

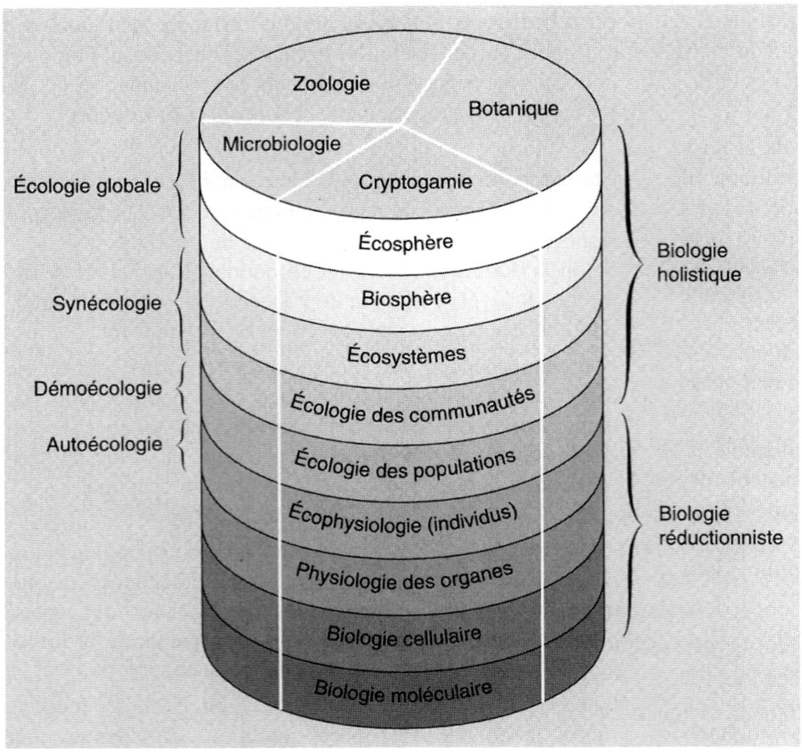

Représentation sous forme de gâteau feuilleté de la hiérarchie des sciences biologiques par ordre de complexité croissante. Si l'on figure sous forme d'un gâteau l'ensemble des sciences biologiques, les tranches verticales du gâteau représentent les subdivisions traditionnelles (botanique, cryptogamie, zoologie, etc.) tandis que les coupes selon des plans horizontaux parallèles figurant depuis la base des degrés d'organisation de plus en plus complexes, le haut du feuilleté représentera les diverses subdivisions de l'**écologie** du niveau le plus simple (population), jusqu'au plus complexe (biosphère).

Ces systèmes dénommés *paysages* constituent une entité d'ordre supérieur qui fait l'objet depuis quelques décennies de développements spécifiques sous le terme d'écologie du paysage.

En date plus récente, les environnementalistes ont distingué à une échelle spatiale supérieure une nouvelle entité, la *région*, qui peut être constituée par un ensemble de paysages ou d'écosystèmes qui se jouxtent.

Enfin, le niveau le plus complexe d'organisation biologique étudié par l'écologie est constitué par la *biosphère* toute entière, terme qui désigne la partie de la planète où la vie est possible en permanence et qui renferme l'ensemble des êtres vivants. En date récente, ce domaine de la discipline a été dénommé écologie globale.

Parmi les sujets majeurs d'investigation effectués au niveau de la biosphère, l'écologie s'intéresse au flux de l'énergie et aux cycles des éléments.

Deux concepts essentiels sont à l'origine de la pensée écologique contemporaine : celui d'*interaction* entre les organismes et leur milieu et celui d'*adaptation* des espèces, des populations et des communautés à leur environnement. La notion d'interaction est des plus importantes. Elle entend que les êtres vivants subissent l'influence des facteurs écologiques, qu'ils soient climatiques, chimiques ou encore biotiques (compétition entre individus de même espèce ou d'espèces voisines exploitant en commun certaines ressources du milieu).

À l'opposé, les êtres vivants modifient par leur activité leur habitat, même à l'échelle biosphérique. L'oxygène même de l'atmosphère actuelle a été produit par la photosynthèse du phytoplancton puis des végétaux terrestres depuis les lointaines époques antécambriennes permettant ainsi, grâce à la formation de la couche d'ozone, l'installation de la vie à la surface des continents. ***(Voir aussi Biosphère, Écosystème)***

écologique(s), adj. (*ecological*). Désigne tout se qui se rapporte à l'écologie. Parfois et de façon abusive, ce qualificatif est aussi utilisé pour désigner des entités qui sont du domaine de l'environnement abiotique. Cette ambiguïté mérite d'être levée car un grand nombre de problèmes environnementaux ne ressortent pas de l'écologie. Ainsi, les questions relatives à la dégradation de l'ozone stratosphérique par certains aéropolluants émis par l'homme ne sont pas un problème écologique mais concernent une autre science de l'environnement, l'aéronomie, qui traite des questions relatives à la physico-chimie de l'atmosphère. ◆ **catastrophes** ~ : voir Catastrophes. ◆ **efficience** ~ : voir Efficience. ◆ **équilibres** ~ (*ecological balance*) : désigne l'ensemble des processus qui assurent l'homéostasie de systèmes écologiques de complexité croissante. La régulation réciproque des populations de proies par leurs prédateurs, la minimalisation de la compétition interspécifique par divers processus adaptatifs dans les communautés de grande richesse spécifique, ou encore les processus qui ajustent l'homéostasie des cycles biogéochimiques à l'échelle de l'écosphère toute entière, constituent autant d'exemples d'équilibres écologiques. ***(Voir Biosphère, Écosystème, Population)*** ◆ **facteurs** ~ : voir Facteur. ◆ **indicateurs** ~ : voir Bioindicateurs. ◆ **isolement** ~ : voir Barrière, Isolement. ◆ **pyramides** ~ : voir Pyramides.

écologiste, adj. (*ecologist*). Terme qui désignait initialement les scientifiques travaillant dans le domaine de l'écologie, aujourd'hui utilisé par un néologisme extensif pour désigner les « Verts ». ***(Voir aussi Écologue)***

écologue, n. m. (*ecologist*). Néologisme désignant, dans l'ensemble des sciences biologiques, les spécialistes de l'Écologie. L'émergence de ce terme est liée à l'« exception française », celle-ci tient en ce que les « Verts », ainsi qu'ils se font appeler dans les autres pays développés du monde, se sont en France dénommés « écologistes ». Ceci entraîne une fâcheuse confusion dans l'esprit des décideurs, des technocrates et des hommes politiques au pouvoir dans notre pays et bien sûr dans l'esprit du profane, entre écologie et environnement (notons que pour nos « écologistes politiques », il s'agit surtout d'environnement urbain) ce qui – à tout le moins – n'est pas la même chose. Un des aspects les plus pernicieux de ce dévoiement du terme d' « Écologie » tient en ce que la plupart des hommes politiques français – tous courants de pensée confondus – voyant dans les « écologistes » de redoutables concurrents électoraux, ont adopté face aux écologues une attitude négative et irresponsable quant aux enjeux de la discipline, classant la France dans l'ensemble de l'Union Européenne au dernier rang quant à sa création de postes de jeunes chercheurs en écologie par rapport à sa population (*a fortiori* à son niveau de PNB *per capita*) ainsi que pour le financement des recherches dans ce domaine. En outre, un véritable ostracisme a frappé le terme même d'Écologie dans les Institutions tutélaires de la Recherche publique. Ainsi, aucune commission nationale, tant au CNRS qu'au Comité National des Universités n'est dénommée à l'heure actuelle Commission d'Écologie, cette discipline étant diluée dans une espèce de fourre-tout dans lequel les responsables « *ad hoc* » du Ministère concerné ont relégué tout ce qui n'était pas biologie moléculaire ou cellulaire. Faut-il aussi rappeler, à l'heure où sont écrites ces lignes, que les crédits de fonctionnement et d'équipement affectés à la recherche en écologie par la commission compétente du CNRS sont à peine équivalents – tous domaines confondus – au budget du seul Institut Australien de Biologie Marine – pays qui ne compte pourtant que 19 millions d'habitants!

écomone, n. f. (*ecomone*). Substance secrétée dans le milieu par une espèce donnée et qui agit comme une molécule-signal (= messager chimique) sur une autre espèce. *Exemples* : la germination des graines d'Orobanchacées, plantes parasites dépourvues de chlorophylle, est déclenchée par des sécrétions d'écomones par les racines de leur plante-hôte. On a ici affaire à un processus de facilitation. À l'opposé, la sécrétion de juglone par les noyers inhibe la germination des plantes herbacées au pied de cet arbre (phénomène d'allélopathie). ***(Voir aussi Amensalisme, Allélopathie)***

écomorphologique, adj. (*ecomorphological*). Désigne les caractères morphologiques d'un organisme qui sont conditionnés par ses adaptations écologiques. ◆ **convergence** ~ : voir Convergence.

écon, n. m. (*econ*). Terme désignant une unité de végétation à une échelle locale.

économique, adj. ◆ **croissance** ~ (*economic growth*) : phénomène marqué par une augmentation des activités productives ou de services en valeur absolue et surtout *per capita,* qui se traduit par une augmentation du produit national brut (PNB). Celui-ci constitue une notion complexe qui tient compte non seulement des productions industrielles et agricoles mais aussi des activités tertiaires. Jusqu'à l'époque présente, les économistes n'ont pas réussi à intégrer dans le concept de croissance économique les effets secondaires négatifs, voire pervers, qu'elle entraîne au travers de la consommation accrue et exagérée de ressources naturelles, ou encore de pollutions supplémentaires. Il s'agit là de l'un des problèmes majeurs de notre civilisation. En effet, des comptes créditeurs de la croissance économique devraient être débités, au moins au niveau national, les externalités que représentent les pertes de ressources naturelles biologiques et non renouvelables (minerais, énergie) ou encore les dommages causés par la consommation d'espace, mais aussi les pertes induites par la pollution de l'air, des eaux et des sols, que provoque cette croissance calculée de façon unidimensionnelle par les économistes. ◆ **développement** ~ : voir Développement.

écophase, n. f. (*ecophase*). Stade du développement d'un organisme animal caractérisé par une adaptation à des conditions écologiques particulières pour l'ensemble des facteurs qui la caractérisent ou pour certains d'entre eux, l'habitat d'une écophase larvaire pouvant même être distinct de celui de l'organisme adulte correspondant. Un exemple est donné par les écophases successives du cycle vital des insectes : l'œuf, les larves, les nymphes et les adultes correspondent à autant d'écophases distinctes.

Les différences morphologiques et écologiques entre écophases d'une même espèce peuvent être telles qu'il est difficile d'imaginer en l'absence de suivi du développement qu'il s'agit d'un même organisme.

Il est aisé de percevoir les énormes différences morphologiques et écologiques entre chenille, chrysalide, et papillon adulte ou encore celles qui séparent, dans de nombreuses familles de Diptères, un asticot qui vit par exemple dans de la matière organique en putréfaction et la mouche adulte de la même espèce aux mœurs héliophiles et floricoles.

écophysiologie, n. f. (*ecophysiology*) (syn. : autoécologie). Domaine de l'écologie qui étudie au plan qualitatif et quantitatif les adaptations fonctionnelles des organismes aux facteurs écologiques propres à leur environnement. ***(Voir aussi Écologie)***

écosphère, n. f. (*ecosphere*). Région de la planète représentée par la biosphère et son environnement atmosphérique et lithosphérique. Ainsi, l'ensemble des couches géologiques sédimentaires susceptibles d'être ramenées en surface par les mouvements tectoniques ainsi que les parties supérieures de l'atmosphère (stratosphère, en particulier couche d'ozone, mésosphère et ionosphère) font partie de l'écosphère.

Pour les astrophysiciens, le terme d'écosphère est d'une acception différente. Il désigne l'enveloppe sphérique imaginaire comprise entre la distance minimale et maximale séparant la planète d'une étoile et dans laquelle on reste dans le domaine de température où l'eau est liquide à sa surface, donc qui permet la présence d'une biosphère. Dans le cas de la Terre, elle se trouve à la limite du quart le plus éloigné, donc dans la zone froide de l'écosphère planétaire. ***(Voir aussi Biosphère)***

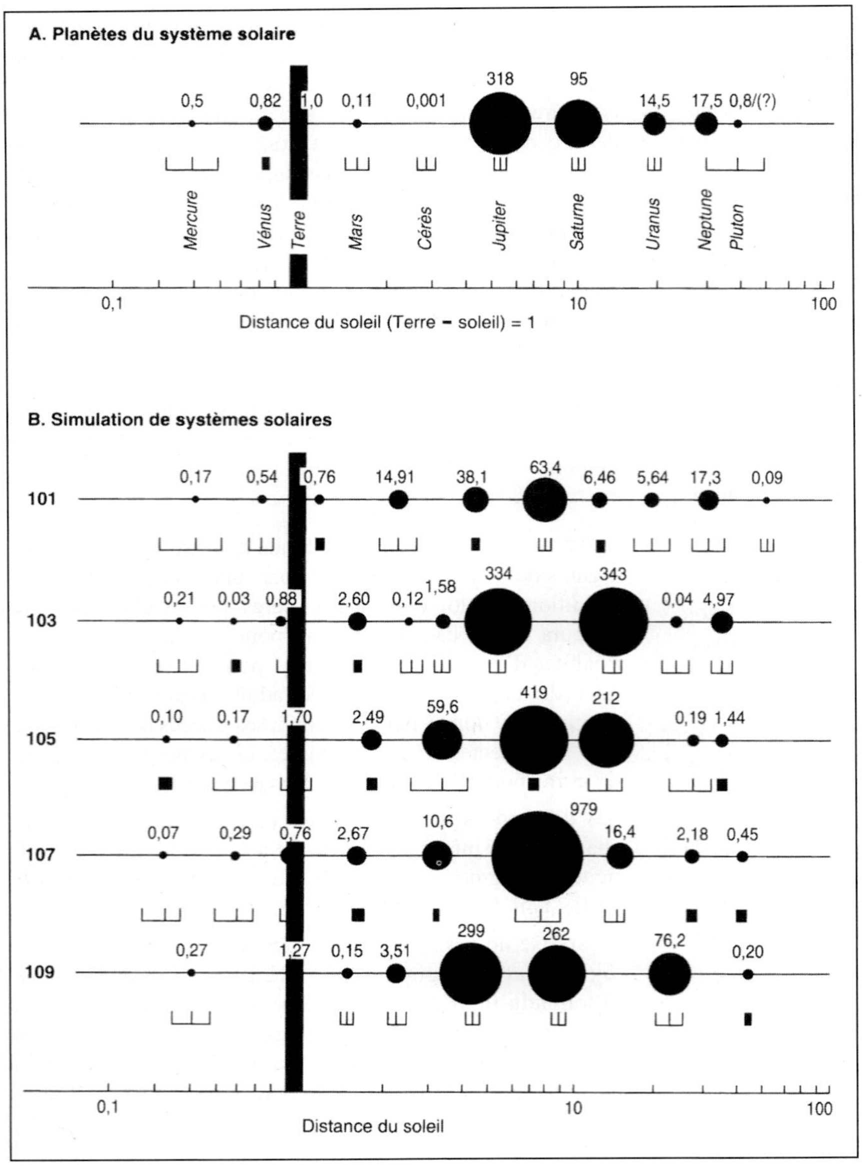

Modélisation de la formation d'une planète située à la distance permettant l'existence d'une **écosphère** dans le cas d'un système planétaire gravitant autour d'une étoile de même masse que le soleil. **A**. Système solaire réel. On remarque que la Terre est située dans la partie « froide » de l'écosphère. **B**. Simulation de la condensation d'un système solaire. On trouve que, dans un cas sur cent, il existe une planète de caractéristiques comparables à celle de la Terre et se situant à la distance correspondant à l'écosphère. La bande verticale en noir figure l'enveloppe à l'intérieur de laquelle une écosphère planétaire peut se différencier. (D'après Hart M. H., *Contact with stars*, Freeman, 1982, p. 23)

écosystème(s), n. m. (*ecosystem*). Le terme d'écosystème désigne l'unité écologique de base en laquelle peuvent se réduire les systèmes écologiques plus complexes. La notion d'écosystème représente un concept clef en écologie. Elle concerne en effet l'unité structurale et fonctionnelle en laquelle on peut subdiviser la biosphère toute entière, et *a fortiori* les ensembles hétérogènes d'un degré de complexité inférieur qu'elle renferme : « régions », biomes ou paysages par exemple.

Un écosystème ne constitue pas une entité figée mais au contraire une structure biologique dont le fonctionnement implique sans cesse l'existence de déplacements à l'intérieur de ses composants et entre ces derniers.

Tout écosystème est traversé en permanence par un flux d'énergie qui actionne des transferts de matière entre le milieu physico-chimique et la biomasse, celle-ci représentant également une forme transitoire de stockage de l'énergie.

Les écosystèmes constituent des entités en équilibre dynamique susceptibles d'évoluer en fonction de variations spontanées ou provoquées par des facteurs extrinsèques, climatiques ou autres.

◆ **définition d'un écosystème** : un écosystème est constitué au plan structural par l'association de deux composantes en constante interaction l'une avec l'autre : un environnement physico-chimique, abiotique, spécifique, ayant une dimension spatiotemporelle bien définie, dénommé *biotope*, associé à une communauté vivante, caractéristique de ce dernier, la *biocœnose*, d'où la relation (Tansley, 1935) :

écosystème = biotope + biocœnose

L'écosystème représente une unité fonctionnelle qui se perpétue de façon autonome au travers du flux de l'énergie et du cycle de la matière entre ses différentes composantes inertes et vivantes lesquelles sont en constante interaction.

Un lac constitue un exemple fort illustratif d'écosystème : le biotope lacustre est la résultante de sa localisation géographique, des conditions climatiques propres à ce dernier, de la nature géologique de son substrat, enfin des caractéristiques physico-chimiques de ses eaux.

La biocœnose lacustre correspond à l'ensemble de la communauté vivante aquatique : plantes *macrophytes* (roseaux, nénuphars, par exemple), algues microscopiques du phytoplancton; microcrustacés (daphnies, Copépodes par exem-

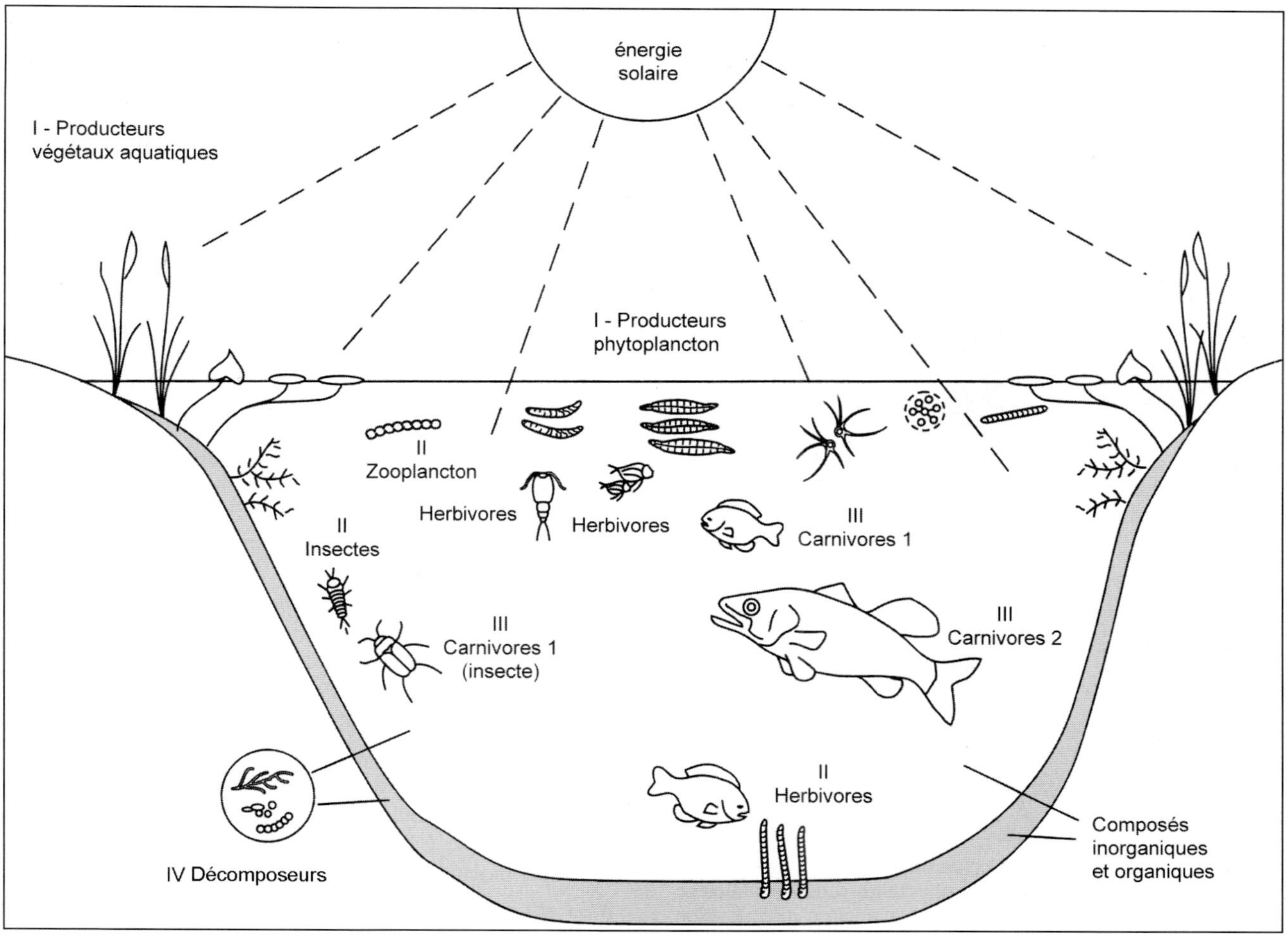

Exemple d'**écosystème** : un lac. Le biotope est représenté par le milieu inerte : sédiments, eau et leurs caractéristiques physico-chimiques ; la communauté (= biocœnose) par le réseau trophique des producteurs (I) (plantes aquatiques et phytoplancton), les consommateurs herbivores (II) et carnivores (III), enfin par les micro-organismes décomposeurs (IV). (D'après Odum, op. cit., 1971, p. 13)

ple) et Rotifères du zooplancton, poissons herbivores et carnivores, bactéries et champignons saprophytes des eaux et des sédiments.

Le seul flux d'énergie entrant est constitué par le rayonnement solaire qui est converti en matière vivante et donc en énergie biochimique par le phytoplancton et les macrophytes aquatiques grâce aux sels minéraux dissous dans l'eau. Cette matière vivante et l'énergie qu'elle renferme est ensuite incorporée dans le réseau trophique des consommateurs : plancton, poissons herbivores et prédateurs.

Enfin, les micro-organismes (bactéries et champignons) contenus dans les eaux et les couches superficielles des sédiments décomposent et minéralisent la matière organique après la mort des végétaux et des animaux aquatiques.

◆ **organisation fonctionnelle d'un écosystème** : on peut donc distinguer à partir de l'exemple précédent trois catégories fonctionnelles dans les écosystèmes :

– La première, celle des *producteurs*, est constituée par l'ensemble des végétaux *autotrophes* c'est-à-dire capables de réaliser la photosynthèse, processus écophysiologique fondamental par lequel ils transforment l'énergie solaire en énergie biochimique, en particulier en glucides et lipides, véritable « carburant » des cellules vivantes.

– La seconde catégorie est composée par les animaux *consommateurs* (herbivores et carnivores), dits *hétérotrophes* car nécessitant une source d'énergie biochimique, donc issue des matières végétales, pour répondre à leurs besoins métaboliques. Les carnivores dépendent aussi des plantes pour leur alimentation puisqu'ils consomment directement ou indirectement des herbivores dont ils se nourrissent.

– La troisième catégorie, celle des *décomposeurs*, également hétérotrophes, est représentée par les champignons et les bactéries des sols ou des eaux qui dégradent l'ensemble des détritus végétaux, des excrétas et cadavres animaux qu'ils finissent par minéraliser entièrement, bouclant ainsi le cycle de la matière.

Une considération importante relative à la structure de l'écosystème tient en la multiplication des contacts entre les diverses catégories de composants biotiques de ce dernier et le biotope qui assure l'interaction et accélère les échanges entre ses divers constituants.

Cette dernière est assurée par la prolifération des surfaces de contact qui présentent une géométrie fractale : répétition systématique d'organes de taille de plus en plus faible. Le chevelu racinaire, le feuillage d'un arbre, illustrent bien une telle géométrie fractale. De même, on peut retrouver une telle organisation fractale dans l'agencement spatial des masses d'organismes planctoniques dans les écosystèmes aquatiques.

Multiplication des contacts de géométrie fractale entre les êtres vivants et le biotope dans un **écosystème**. Les végétaux en constituent un remarquable exemple à travers la diverticulisation extrême par répétition d'un même motif de leurs parties aériennes et souterraines. (D'après Frontier et Viale, op. cit., 1991, mais modifié)

Enfin, les contacts entre les divers éléments qui constituent un écosystème sont aussi assurés par les mouvements incessants de ses composants qui s'effectuent à toutes les échelles spatiales, depuis le niveau microscopique jusqu'à celui de fractions de continents.

Ces mouvements correspondent en grande partie à l'énergie auxiliaire.

◆ **l'énergie auxiliaire dans les écosystèmes** : bien qu'il ne soit pas toujours pris en considération, au flux d'énergie « biologique » constitué par l'énergie biochimique qui circule dans la biomasse se surajoute un apport considérable d'*énergie « auxiliaire »* qui est indispensable au fonctionnement de tout écosystème. Celle-ci assure le transfert des nutriments et les échanges de matière – et de l'énergie stockée dans la biomasse – entre constituants de l'écosystème. Il s'agit ici, en règle générale, d'une énergie purement physique qui permet la circulation des fluides (air, eaux continentales et océaniques) directement liée au rayonnement solaire, qui assure les échanges d'énergie et de matière entre les constituants inertes de l'écosystème et la biomasse.

Ainsi, la circulation de l'eau dans les plantes, provoquée par l'évapotranspiration, met en jeu des quantités d'énergie considérables. On peut calculer en tenant compte de la chaleur d'évaporation qu'une plante consomme plusieurs dizaines de fois plus d'énergie entièrement abiotique pour transpirer – c'est-à-dire pour amener l'eau du sol vers son feuillage – que ce qu'elle n'en consomme au niveau de la conversion photosynthétique de l'énergie solaire en énergie biochimique.

De la même façon, l'énergie thermique qui met en circulation les courants ascendants océaniques (*upwellings*) qui amènent en surface les nutriments indispensables au phytoplancton marin représente un autre exemple d'énergie auxiliaire.

On dénomme *énergie auxiliaire primaire* celle due au rayonnement solaire qui est l'agent des mouvements de l'atmosphère et des masses d'eau océaniques. À l'opposé, l'*énergie auxiliaire secondaire* est représentée par la part d'énergie biochimique divertie pour assurer les échanges entre êtres vivants et milieu inerte.

Elle correspond par exemple à celle utilisée par la croissance des végétaux afin de capter le maximum de lumière ou encore aux déplacements des organismes animaux et à leur action sur le biotope grâce à une partie de leur énergie biochimique qui est utilisée pour ces mouvements de la biomasse ou à des transferts de matière effectués grâce à elle. Ainsi les volumes considérables de terre remués chaque année par les lombrics dans les sols correspondent à une telle énergie auxiliaire secondaire. Ici encore, on peut montrer que ces divers déplacements de matière correspondent à une géométrie fractale.

◆ **le flux de l'énergie et le cycle de la matière dans les écosystèmes** : le seul entrant énergétique des écosystèmes est constitué par l'énergie solaire qui est fixée sous forme d'énergie biochimique par les végétaux autotrophes.

Flux d'énergie dans la biocœnose. À chaque étape de sa circulation dans les écosystèmes, une partie de l'énergie est transformée en travail cellulaire grâce à la respiration. Cela s'effectue avec une perte car les rendements énergétiques ne sont jamais de 100%, conformément au second principe de la thermodynamique (entropisation).

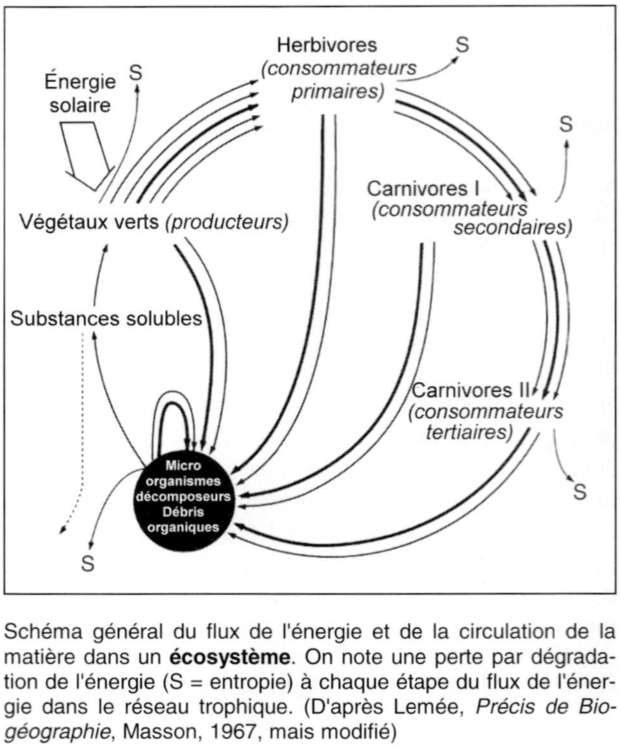

Schéma général du flux de l'énergie et de la circulation de la matière dans un **écosystème**. On note une perte par dégradation de l'énergie (S = entropie) à chaque étape du flux de l'énergie dans le réseau trophique. (D'après Lemée, *Précis de Biogéographie*, Masson, 1967, mais modifié)

Les systèmes écologiques, comme toute autre entité physique, répondent aux lois de la thermodynamique, en particulier au second principe.

Ce dernier stipule que l'évolution spontanée, à température et à pression constante, d'un système couplé à un milieu extérieur (cas des systèmes écologiques, en particulier des écosystèmes) s'accompagne d'une diminution de son enthalpie libre G(ΔG < 0). La variation d'enthalpie libre ΔG s'écrit :

$$\Delta G = \Delta H - T\,\Delta S$$

où ΔH est la variation de l'enthalpie et ΔS celle de l'entropie, T étant la température absolue à laquelle s'effectue la réaction.

La circulation de l'énergie et *ipso facto* celle de la matière s'effectuent dans les écosystèmes au travers des chaînes trophiques (alimentaires), elles-mêmes réunies et interconnectées sous forme de réseaux.

Le transfert de matière organique tout au long d'une chaîne trophique correspond en réalité à un double flux d'énergie et de matière, la première étant stockée dans la biomasse vivante sous forme de composés endergoniques.

Si l'on examine ce flux dans une chaîne trophique simplifiée (voir figure page 258), on constate que l'énergie primaire, celle contenue dans la fraction du spectre solaire fixée par photosynthèse, est transformée en énergie végétale secondaire : les diverses molécules biochimiques fixées par l'assimilation chlorophyllienne en biomasse végétale, en particulier sous forme de glucides et de lipides, fournissent ensuite de l'énergie cellulaire par respiration.

La photosynthèse nette (PN_1) (production primaire nette) correspond à la différence entre photosynthèse brute (P_B) et la respiration R :

$$PN_1 = P_B - R$$

Une fraction seulement de cette production est disponible pour les herbivores et donc pour la chaîne trophique de consommateurs, le reste non consommé correspond à l'accroissement de la biomasse végétale stockée b_1. La production disponible Pd sera liée aux autres paramètres par la relation :

$$Pd_1 = PN_1 - b_1$$

Les herbivores (consommateurs primaires) utilisent une partie de la productivité primaire disponible qui leur sert d'aliment (A_1). Le reste, non utilisé par les consommateurs de l'écosystème, sera dégradé par les décomposeurs après être tombé au sol (NU_1). On aura :

$$A_1 = Pd_1 - NU_1$$

La production nette des herbivores (PS_1), dénommée *production secondaire*, correspond à la contrepartie en biomasse de l'énergie contenue dans les aliments absorbés par ces derniers.

Cette production sera égale à la différence entre les aliments absorbés (A_1) et les pertes par respiration R_2 et par excrétion E_2. On désigne par E tous les produits du catabolisme et les aliments non assimilés dont l'ensemble est parfois dénommé *rejecta*.

On aura donc :

$$PS_1 = A_1 - (R_2 + E_2)$$

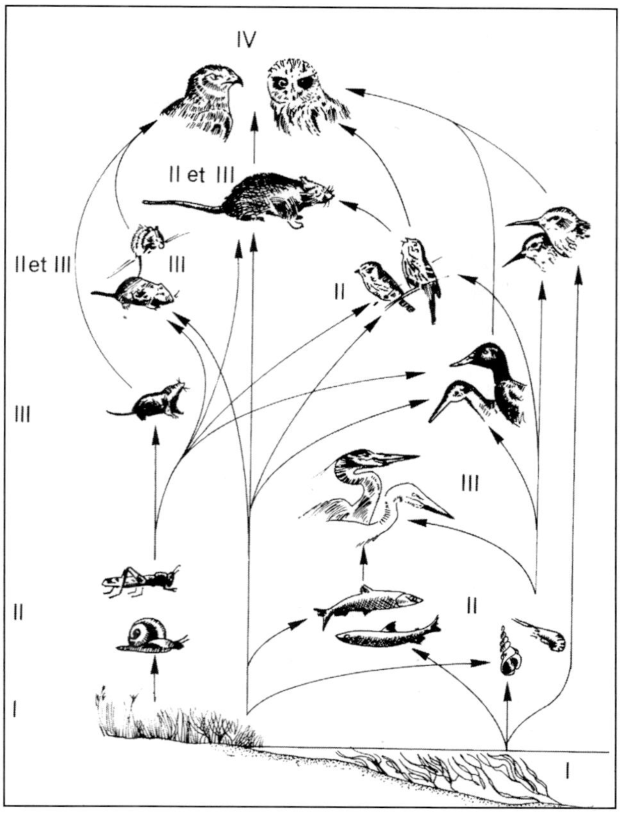

Schéma d'un réseau trophique dans un **écosystème** côtier. Cas de la communauté de lagunes littorales de la côte Est des États-Unis. (D'après Smith, in Ramade F., *Écologie fondamentale*, Ediscience international, 2e ed., 1994, p. 314)

Une partie de cette production secondaire ira à l'accroissement de biomasse des herbivores, (b_2), le reste étant disponible pour les niveaux trophiques supérieurs Pd_2.

On peut donc écrire la relation suivante :

$$Pd_2 = PS_1 - b_2$$

Les carnivores (consommateurs secondaires), situés au 3e niveau trophique vont à leur tour utiliser comme aliment une part de la production secondaire disponible (A_2), le reste non utilisé (NU_2) correspond aux cadavres des herbivores qui vont aux décomposeurs. Soit b_3, l'énergie fixée dans la biomasse des carnivores, R_3 celle consommée par leur respiration et E_3 celle perdue par excrétion, la production nette des carnivores (PS_2) aura pour expression :

$$PS_2 = A_2 - (R_3 + E_3)$$

et

$$Pd_3 = PS_2 - b_3$$

On peut ainsi de suite étendre le raisonnement à l'ensemble de la chaîne alimentaire jusqu'au n[ième] et dernier niveau trophique.

Si l'on examine le cas idéal d'un écosystème à maturité, dont la biomasse ne s'accroît plus et dans lequel n'existe ni importation ni exportation de matière (recyclage parfait des éléments), on constate dans ces conditions que :

$$Pd = PN$$

En effet, il n'y a plus accroissement de la biomasse de chaque niveau trophique et la totalité de la production est

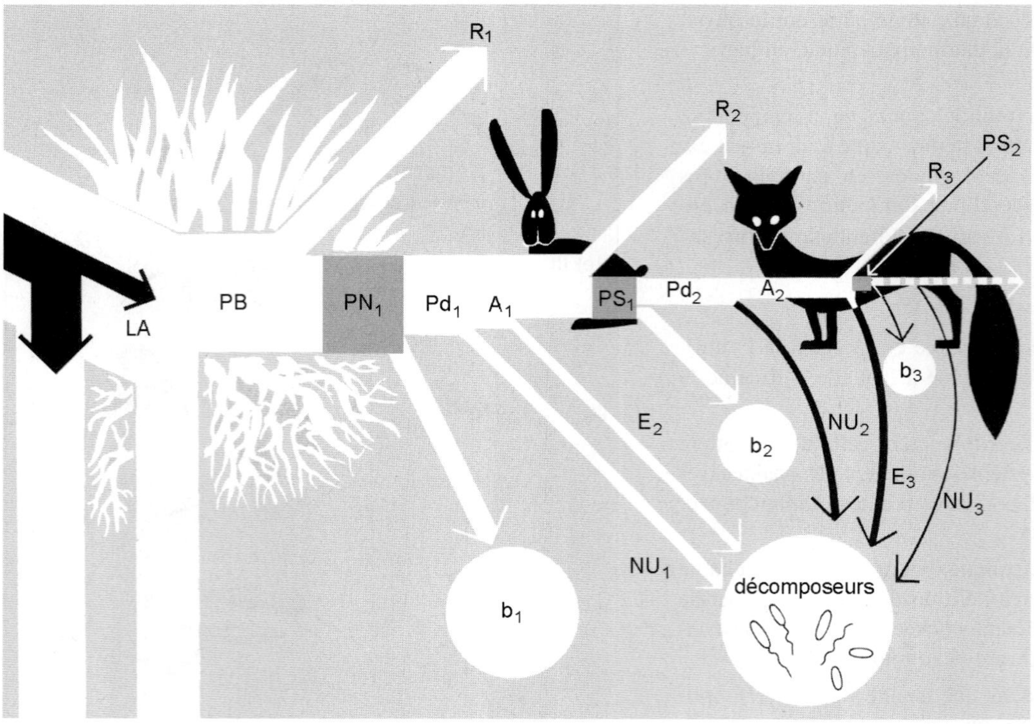

Flux de l'énergie dans les **écosystèmes** : cas théorique dans une chaîne trophique simplifiée. (In Ramade F., *Écologie fondamentale*, Ediscience international, 2e ed., 1994, p. 359)

consommée par les dépenses d'entretien de la communauté d'hétérotrophes.

Dans tous les cas, lorsque les organismes vivants périssent, la matière organique morte est consommée par les microorganismes décomposeurs hétérotrophes et le cycle de la matière est bouclé.

Loi du transfert de l'énergie dans les écosystèmes : on constate que, si l'on superpose les diverses dépenses d'énergie effectuées à chacun des niveaux trophiques, on obtient une figuration plus complète de la pyramide des énergies de l'écosystème.

Lindeman (1942), considérant ces pertes inéluctables d'énergie dont les causes découlent intrinsèquement du 2e principe de la thermodynamique, a proposé pour la première fois une loi du transfert d'énergie dans les écosystèmes dénommée souvent loi des 10% dans les ouvrages élémentaires car c'est en règle générale et dans une première approximation la proportion d'énergie accédant à un niveau trophique donné qui passe au niveau immédiatement supérieur.

De façon plus générale, celle-ci stipule que seule une fraction de l'énergie qui pénètre à un niveau trophique donné d'une biocœnose est transmise aux organismes situés à des niveaux trophiques supérieurs.

Diagramme général du flux de l'énergie dans un écosystème : les considérations précédentes nous permettent d'établir un tel diagramme qui associe flux de l'énergie et cycle de la matière puisque, dans les réseaux trophiques, l'une et l'autre sont associées à l'état de biomasse consommée ou non par les hétérotrophes. (***Voir aussi Biocœnose, Chaîne et Réseaux trophiques, Cycle du carbone***)

◆ **homéostasie des écosystèmes** : l'existence de catégories fonctionnelles complémentaires et de leurs inéluctables interactions à la fois au plan biocœnotique et avec les composantes du biotope assurent une homéostasie de l'écosystème.

Cet état d'équilibre autorégulé de l'écosystème mis en évidence de façon spectaculaire par les cycles des éléments biogènes qui constituent la matière vivante est la résultante d'un système thermodynamique dissipatif.

C'est le flux permanent de l'énergie qui assure l'entretien et la structuration de l'écosystème qui n'est ni isolé ni entièrement clos – à la différence des entités fermées et proches de l'équilibre thermodynamique étudiées par les physiciens. En conséquence, un écosystème est régi par les lois de la

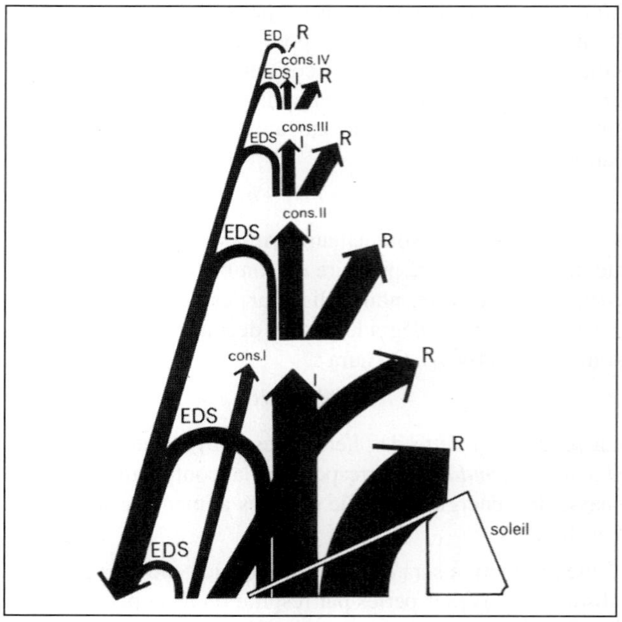

Pyramide des énergies dans un **écosystème**. I = ingestion, R = respiration, Cons = consommateurs, E = excrétion, D = matière organique morte. À gauche, en bas du schéma, sont figurés les décomposeurs. (D'après Kendeigh, *Animal Ecology*, 1963, in Ramade F., *Écologie fondamentale*, Ediscience international, 2e ed., 1994, p. 360)

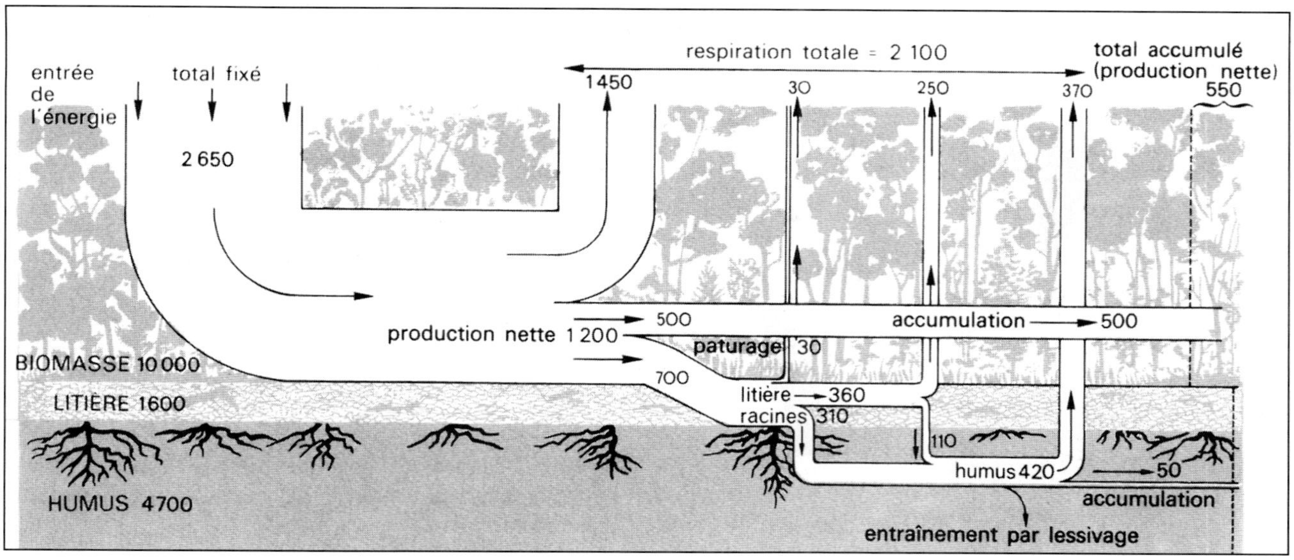

Schéma général du flux de l'énergie et du cycle de la matière dans un **écosystème** forestier tempéré. Les nombres figurent des stocks (exprimés en gramme de carbone/m²) ou des flux (en gramme de carbone/m²/an). On remarque que la part de productivité primaire nette utilisée par les herbivores (pâturage) est dérisoire par rapport à celle incorporée à la litière et à l'humus. En effet, les chaînes trophiques de type détritiphage prédominent dans de tels écosystèmes. (D'après Woodwell, op. cit., 1970 in Ramade F., *Écologie fondamentale*, Ediscience international, 2e ed., 1994, p. 364)

thermodynamique des systèmes dissipatifs. Le flux de l'énergie assure l'émergence et l'entretien des structures de plus en plus complexes (négentropie) qui se maintiennent loin de l'équilibre thermodynamique.

En revanche, ce flux de l'énergie permanent assure l'existence de processus homéostasiques qui permettent le maintien d'une quantité maximale de biomasse (qui n'est ellemême qu'une forme de stockage transitoire de l'énergie) et une structuration spatiotemporelle complexe de cette dernière.

On peut donc comparer un écosystème à un système cybernétique : à l'image de ce dernier, il a pour objet la création et le stockage d'information. L'analyse des réseaux d'interactions entre ses différents composants peut elle-même être assimilée à celle de la gestion de l'information dans un écosystème.

◆ **productivité des écosystèmes** : voir Biome, Productivité.

◆ **santé des écosystèmes** (*ecosystems health*) : néologisme utilisé pour désigner l'état structural et fonctionnel des écosystèmes en conséquence des divers types de perturbations auxquels ils sont exposés par les activités humaines.

écotone(s), n. m. (*ecotone*). Ils correspondent à la limite et à la zone de transition située à la frontière entre deux écosystèmes.

Les écotones sont caractérisés par une diversité et une richesse spécifique plus importantes que celles de chacune des communautés qu'ils séparent car on y rencontre à la fois des constituants des biocœnoses situées de part et d'autre de ces derniers.

Ils possèdent de ce fait des caractéristiques écologiques spécifiques qui les différencient de l'un et de l'autre des écosystèmes dont ils marquent la limite. En particulier, leur communauté possède une richesse spécifique supérieure à celle des deux écosystèmes qui s'y affrontent car elle est constituée à la fois par les composantes des deux biocœnoses auxquelles peuvent s'ajouter des espèces inféodées au biotope particulier que représente l'écotone.

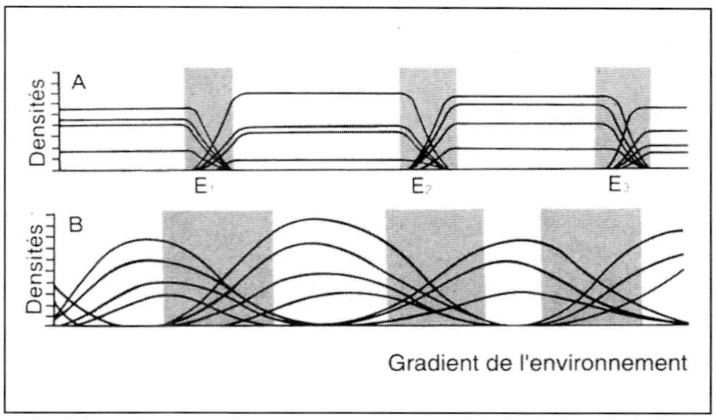

Fluctuation de diversité spécifique dans un modèle théorique d'**écotones** marqué par une alternance d'écosystèmes identiques comportant chacun quatre espèces. Les courbes figurent les variations de densité de chacune d'entre elles. En **A**, le gradient de l'environnement provoque la formation d'écotones plus étroits qu'en **B**. On remarque la plus grande richesse spécifique des zones d'écotones. (D'après Whittaker, *Communities and Ecosystems*, McMillan, 1975, p. 114)

On constate que les écotones constituent aussi une zone de transition fonctionnelle au travers de laquelle l'écosystème situé au stade successionnel le plus avancé exploite l'écosystème juvénile qui le jouxte.

Ainsi à la jonction forêt-savane tropicale, les espèces animales de la forêt vont se nourrir dans la savane limitrophe.

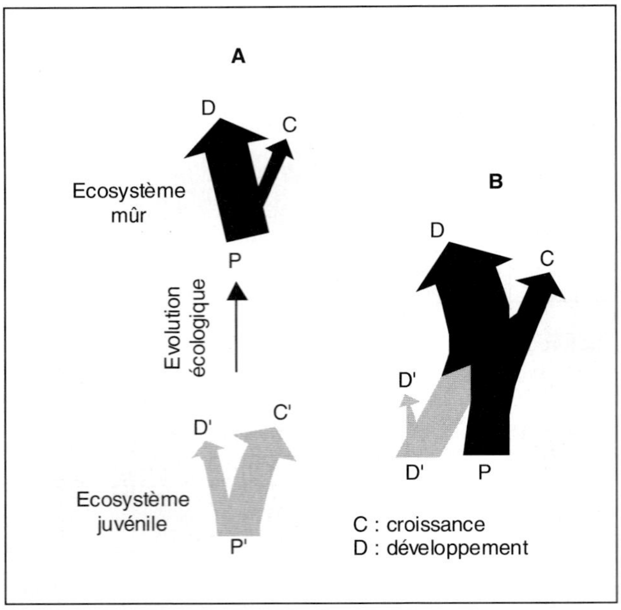

Comparaison du flux de l'énergie dans un écosystème juvénile et un écosystème à maturité dans le cas où ils sont isolés (**A**) et dans celui où ils sont en contact (**B**). On constate que l'**écotone** sert de zone de transfert de l'énergie de l'écosystème juvénile vers celui à maturité qui maintient de ce fait le précédent dans un état peu différencié. (D'après Frontier, *Ann. Inst. Océanog.*, 1978, vol 54 n° 2)

De la sorte, l'écosystème le plus évolué va accroître son développement en prélevant l'essentiel de la productivité de l'écosystème juvénile voisin. À l'opposé, ce dernier est maintenu dans un état successionnel peu différencié par suite de cette exploitation par la communauté de l'écosystème climacique voisin.

écotope, n. m. (*ecotope*). Habitat d'un type particulier inclus dans un biotope couvrant une vaste zone géographique.

écotoxicologie, n. f. (*ecotoxicology*). Discipline dont l'objet est l'étude des polluants dans les écosystèmes. L'écotoxicologie comporte un aspect descriptif qui consiste en l'analyse de la circulation des polluants entre les biotopes et les communautés vivantes.

Elle possède aussi un aspect causal, dont le but est de comprendre les conséquences écologiques de l'action des polluants sur la structure et le fonctionnement des systèmes écologiques naturels, l'échelle la plus réductionniste de l'approche se situant au minimum au niveau de la population.

L'un des domaines les plus spécifiques de l'écotoxicologie est constitué en particulier par l'étude des modalités d'action des polluants sur les processus écologiques fondamentaux tels la productivité des écosystèmes et sur les mécanismes caractérisant leur action sur les communautés de décomposeurs ou encore sur le cycle des éléments dans les écosystèmes.

Le monitoring des polluants dans l'environnement fait aussi partie des domaines majeurs de l'écotoxicologie. Tout autant que les méthodes de microanalyse chimique, celui-ci fait appel à l'usage de bioindicateurs d'accumulation ainsi que d'espèces indicatrices ayant une sensibilité particulière à tel ou tel polluant des écosystèmes terrestres ou aquatiques et qui de ce fait jouent le rôle d'organismes sentinelles vis-à-vis de la contamination de leur habitat. Enfin, en date plus récente, une part prépondérante des recherches en écotoxicologie a été consacrée à la mise en évidence de biomarqueurs d'exposition et d'effets des polluants sur les populations naturelles exposées en permanence dans leur biotope à une contamination par de faibles concentrations de polluants. ◆ **échelles de l'organisation biologique concernées par les études en ~** : évaluer les effets et les mécanismes d'action d'un polluant sur un écosystème implique une série de démarches allant du niveau le plus réductionniste vers celui qui est le plus holistique, à la limite, l'écosystème pris dans son intégralité. Certaines recherches se placent même au-delà du niveau écosystémique lorsqu'elles concernent les modifications d'un cycle biogéochimique induites par certains polluants à l'échelle de la biosphère toute entière.

Initialement, les polluants agissent sur des individus modifiant leurs performances physiologiques. Il convient de souligner en effet que la mortalité par intoxication aiguë est un phénomène exceptionnel en écotoxicologie, les écosystèmes étant à l'opposé contaminés en permanence par des traces de polluants xénobiotiques.

Les altérations des performances relatives à la croissance et (ou) à la reproduction vont ensuite agir sur les populations critiques. En conséquence, l'abondance et la dominance des espèces constituant les communautés vont être modifiées, les espèces pollutolérantes s'accroissant tandis que les polusensibles vont se raréfier, voire disparaître. Ces modifications structurales de l'écosystème vont s'accompagner de perturbations fonctionnelles affectant leur productivité, la circulation des éléments, l'activité des décomposeurs et donc le recyclage de la matière. Bien que les écosystèmes présentent une homéostasie et une résilience qui leur permet de retourner à l'état antérieur si cesse le stress chimique auquel ils sont exposés, on a pu observer en divers cas, si les limites de leur élasticité sont dépassées, un effondrement total de l'écosystème contaminé. ◆ **la prévision des effets en ~** : une des finalités actuelles de l'écotoxicologie qui connaît les développements les plus importants est la prévision des effets potentiels de la pollution d'un écosystème donné par un produit chimique nouveau ou encore par un effluent complexe d'origine industrielle. À cette fin, ont été développées des installations telles que les mésocosmes dont l'objet est de pouvoir expérimenter sur les polluants dans des conditions proches de celles propres aux communautés et aux écosystèmes naturels. De façon générale, on constate que les recherches expérimentales effectuées en microcosmes au niveau d'organisations moins complexes (populations et *a fortiori* individus isolés) donnent les résultats présentant à la fois le plus de précision et de reproductibilité.

À l'opposé, les travaux effectués sur des mésocosmes et mieux encore sur des fragments d'écosystèmes, voire des écosystèmes entiers, sont beaucoup plus représentatifs et permettent de tirer des conclusions beaucoup plus significatives quant aux conséquences de la contamination d'un biotope donné par un polluant. (***Voir aussi Bioindicateur, Biomarqueur, Mésocosme, Toxicologie de l'environnement***)

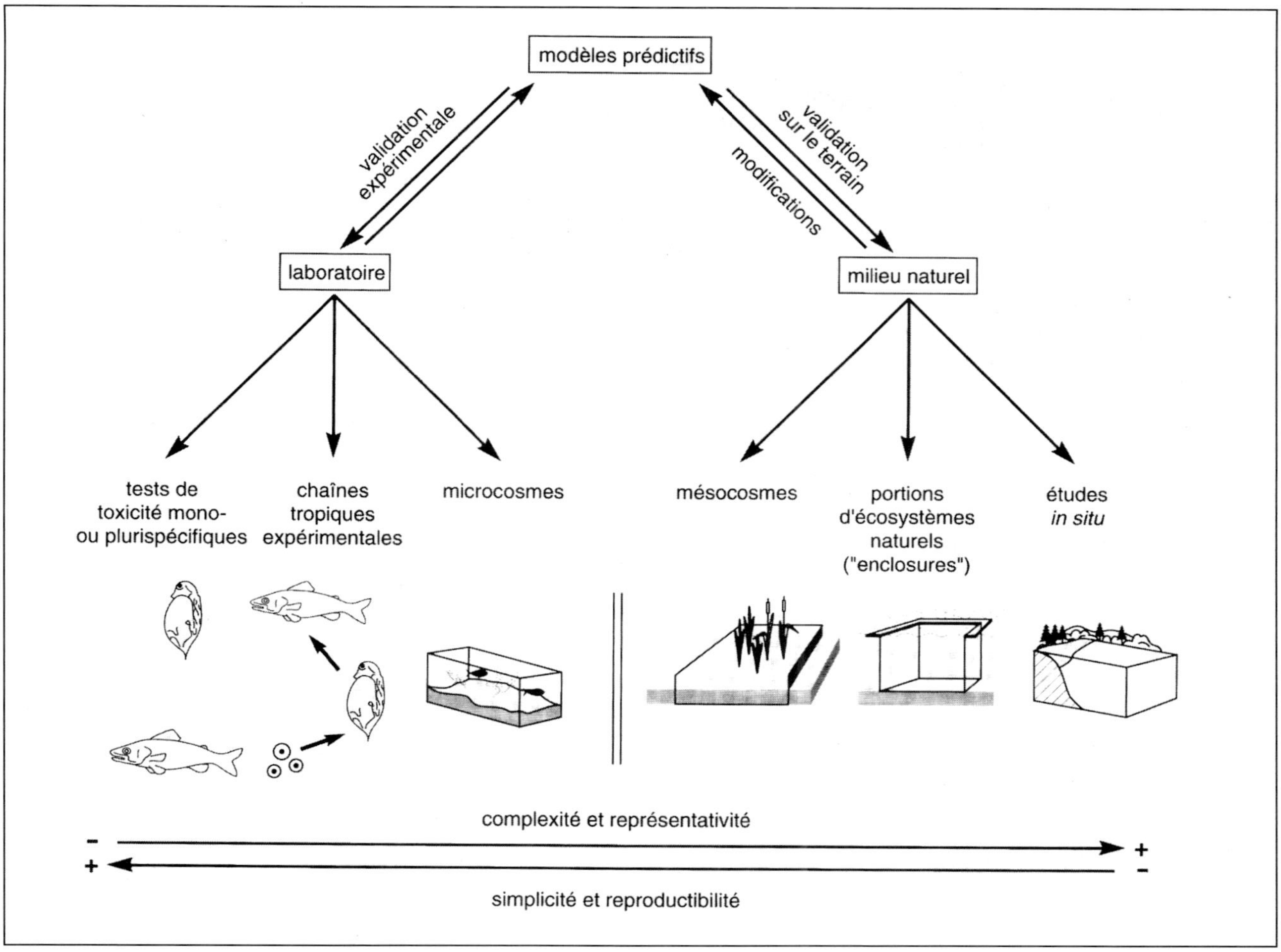

Dimensions spatiotemporelles des échelles d'étude en **écotoxicologie**. À gauche sont figurées les approches « réductionnistes » correspondant aux recherches sur les polluants toxiques effectuées *in vitro*, au laboratoire. À droite, les recherches réalisées *in situ*, soit sur des dispositifs expérimentaux (mésocosmes), soit sur des écosystèmes naturels, enclos, et *a fortiori* investigations concernant la structure et (ou) le fonctionnement d'écosystèmes aquatiques lentiques sur ce schéma (ou lotiques) pollués. À l'extrémité gauche de l'échelle se place le maximum de reproductibilité et de simplicité ; à l'extrême droite le maximum de représentativité et de complexité. (D'après Caquet, Thybaud, Le Bras, op. cit. in Ramade F., *Dictionnaire encyclopédique de l'écologie et des sciences de l'environnement*, Ediscience international, 1993, p. 395)

écotype, n. m. (*ecotype*). Désigne des populations adaptées génétiquement à des conditions écologiques particulières, constituant une sous-espèce. Elles présentent souvent, de ce fait, des particularités morphologiques plus ou moins accentuées par rapport à l'espèce typique mais peuvent se croiser sans perte de fertilité avec elle ainsi qu'avec les autres écotypes de la même espèce. ***(Voir aussi Espèce)***

écoulement, n. m. (*flow*). Phénomène caractérisant la circulation de l'eau. Dans un cours d'eau, l'écoulement est la résultante de deux types de forces : la gravitation qui évacue l'eau vers l'aval et la rugosité qui constitue la résistance des parois à son avancement. Dans un écosystème lotique, on peut distinguer deux modalités distinctes d'écoulement : l'écoulement *fluvial*, propre à la circulation des eaux de surface et l'écoulement *parafluvial*, qui caractérise la circulation de l'eau dans les terrains détritiques (galets, sables) qui constituent usuellement le lit d'un cours d'eau. ◆ **types d'~** : il existe en réalité plusieurs types propres à ce phénomène au plan de l'hydrodynamique : irrégulier, laminaire, turbulent, tranquille, uniforme. ◆ ~ **souterrain** (*underground flow*) : désigne la circulation des masses d'eau à l'intérieur d'un aquifère. ◆ ~ **superficiel** (*run off*) (syn. de ruissellement) : désigne l'écoulement des eaux de précipitation (ou de crue) à la surface des biotopes terrestres. ◆ ~ **total** (*average annual discharge*) : mesure le débit de l'écoulement naturel moyen (sur la base annuelle) propre à un bassin hydrologique donné. ◆ ~ **turbulent** (*turbulent flow*) : lorsqu'une masse d'eau (lacustre par exemple) est exposée au forçage par le vent, on constate qu'il s'établit une circulation de cette dernière caractérisée par l'existence de courants convectifs descendants à une extrémité (*down welling*) qui engendrent par contre une réaction de courants convectifs ascendants (*upwelling*) dans la partie opposée (sous réserve que le lac ne soit pas stratifié). Les mouvements des masses d'eau qui en résultent ne sont pas réguliers mais turbulents et constitués par des courants tourbillonnaires.

écrêtement, n. m. ◆ ~ **des crues** (*flood regulation*) : processus naturel ou anthropique par lequel l'amplitude maximale des crues est diminuée par des dispositifs de rétention.

Vue d'un bassin de retenue en eau, ici dans la vallée de l'Yvette au sud-ouest de Paris. Ces équipements, dont le nombre s'est multiplié au cours des dernières décennies, ont pour objet l'**écrêtement** des crues afin de limiter les risques d'inondations. Ils ont également pour objet de rendre constructibles des terrains sis dans la plaine alluviale qui seraient inutilisables pour la construction résidentielle en leur absence. En revanche, ils accroissent l'impact potentiel des inondations en amont lors de crues exceptionnelles. (Cliché F. Ramade)

La plaine d'inondation (alluviale) joue naturellement ce rôle, ce qui explique la gravité des inondations lorsque l'endiguement d'un fleuve a conduit à son isolement total de sa plaine alluviale. La construction de barrages ou de bassins de retenue correspond aussi à des aménagements destinés à écrêter les crues. ***(Voir aussi Barrage, Bassin)***

écrevisse(s), n. f. (*crayfish*). Crustacés Décapodes inféodés aux cours d'eau et autres habitats dulçaquicoles. L'écrevisse d'Europe, *Astacus fluviatilis*, a considérablement régressé dans l'ensemble des eaux continentales de notre continent sous l'effet conjugué de la pollution des eaux, d'affections pathogènes parasitaires et virales qui ont décimé ses populations et de la compétition interspécifique résultant de l'introduction de diverses espèces américaines en particulier des genres *Cambarus* et *Orconectes*.

ectogène, adj. (*ectogenous*). Désigne les facteurs extérieurs aux individus ou aux systèmes écologiques (synonyme d'extrinsèques) par opposition aux facteurs endogènes (intrinsèques).

ectoparasites, n. m. (*ectoparasites*). Parasites qui se développent à la surface extérieure du corps de leur hôte : cuticule des Arthropodes, peau des vertébrés. Beaucoup d'entre eux sont pourvus de pièces buccales piqueuses car de régime hématophage. Les poux et les puces des mammifères constituent d'excellents exemples d'ectoparasites. ***(Voir aussi Parasitisme)***

ectoparasitisme, n. m. (*ectoparasitism*). Forme de parasitisme se traduisant par le développement des parasites à la surface du corps de leur hôte. ***(Voir aussi Endoparasitisme)***

ectophyte, adj. (*ectophytic*). Désigne un organisme (protiste, champignon, animal) vivant à la surface d'un végétal.

ectoproctes, n. m. (*ectoprocta*). Phylum d'invertébrés aquatiques autrefois dénommés Bryozoaires. Il s'agit d'organismes triploblastiques pourvus d'un cœlome. Les ectoproctes constituent des colonies polymorphes présentant des zoïdes spécialisés. Ils sont surtout représentés par des espèces marines qui vivent en milieu benthique fixées sur des substrats minéraux ou biologiques (coquilles de Lamellibranches, par exemple).

ectotherme, adj. (*ectothermic*) (syn. : poïkilotherme). Voir Poïkilotherme.

eczéma, n. m. (*eczema*). Affection cutanée de caractère inflammatoire qui est de nature allergique. Il existe de nombreux cas d'eczéma induits par contact avec des allergènes associés à une exposition professionnelle à certaines substances chimiques. Les cas les plus fréquents résultent du contact avec des métaux du groupe intermédiaire (nickel, chrome, cobalt), qui forment facilement des complexes, ainsi qu'avec le mercure. Parmi les composés organiques, l'exposition dans l'industrie des matières plastiques à des contacts massifs et répétés avec certaines de ces substances sensibilisantes, en particulier les résines époxy, est une cause fréquente d'eczémas professionnels. ***(Voir aussi Allergène, Allergie)***

édaphique(s), adj. (*edaphic*). Désigne ce qui se rapporte aux sols. Ainsi la microflore édaphique ou la faune édaphique correspondent respectivement aux champignons et aux animaux des sols. ◆ **climax** ~ (*edaphic climax*) (syn. : édaphoclimax) : voir Édaphoclimax. ◆ **facteurs** ~ : facteurs physico-chimiques et biotiques qui caractérisent les sols.

édaphoclimax, n. m. (*edaphoclimax*). État climacique déterminé non pas par les conditions climatiques propre à un milieu mais par la nature géologique du sol.

Ainsi, sur des terrains serpentiniques, par nature riches en métaux toxiques, la végétation ne correspond pas à celle qui prévaut sous le climat considéré mais est constituée par un nombre plus réduit d'espèces présentant une tolérance à ces métaux. Ce type de climax se rencontre de façon générale lorsque le substrat est constitué de roches de nature minéralogique ou de texture particulière. Outre les roches-mères serpentiniques évoquées ci-dessus, un édaphoclimax peut se former sur les terrains excessivement sablonneux, sur les roches très acides qui ne sont tolérées que par des plantes extrêmement silicicoles, et sur certains autres affleurements métallifères renfermant une concentration anormale de métaux toxiques.

Enfin, l'existence dans les horizons profonds d'une formation pédologique (alios) ou d'une roche-mère imperméable empêchant le drainage normal sont à l'origine d'autant de climax édaphiques. ***(Voir aussi Climax)***

édaphologie, n. f. (*edaphology*). Science qui étudie les sols en particulier en rapport avec leur usage agricole.

édaphon, n. m. (*edaphon*). Ensemble de la flore microbienne et de la faune vivant dans l'eau interstitielle des sols.

Édiacarien, n. m. (*Ediacarian*). Période géologique située à la fin du Précambrien, antérieurement dénommée Vandien, et qui correspond à l'intervalle compris entre – 700 et – 545 millions d'années. Cette période est caractérisée par une importante différenciation des principaux *phyla* d'Invertébrés. (***Voir aussi Précambrien, Protérozoïque, Vendien***)

effectif, n. m. ◆ ~ **démographique** (*demographical number*) : nombre d'individus que comporte une population prise dans son ensemble ou d'une fraction de cette dernière occupant un territoire délimité. (***Voir aussi Démographique***)

effet, n. m. (*effect*) ◆ ~ **de bascule** (*switching effect*) : désigne un processus de réponse fonctionnelle non linéaire qui se manifeste lorsque plusieurs espèces de proies interviennent de façon significative dans la nourriture d'un prédateur.

Il est certes assez fréquent que le taux de prédation d'une espèce de proie par un prédateur reste constant. Si P_1 est le taux de prédation d'une espèce de proie d'effectif N_1 par un prédateur donné et P_2 celui d'une autre proie d'effectif N_2, on aura alors :

$$\frac{P_1}{P_2} = \frac{N_1}{N_2} \qquad (1)$$

Cependant, il peut arriver que le taux de capture d'une espèce de proie varie en fonction des fluctuations de son abondance relative par rapport à l'autre ou aux autres espèces de proies consommées.

Lorsque les effectifs d'une espèce de proie vont varier, *a fortiori* lorsqu'existe une préférence, P_1/P_2 va varier ce qui justifie l'introduction d'un coefficient de préférence p.

L'équation (1) devient alors :

$$\frac{P_1}{P_2} = p\frac{N_1}{N_2} \qquad (2)$$

Le coefficient p varie en fonction des changements d'abondance relative d'une proie. Faible pour ses basses densités, ce taux se met à augmenter rapidement lorsque celle-ci devient assez abondante puis diminue relativement aux très fortes densités sous réserve qu'une autre proie soit disponible en quantité suffisante, phénomène caractéristique d'un effet de bascule.

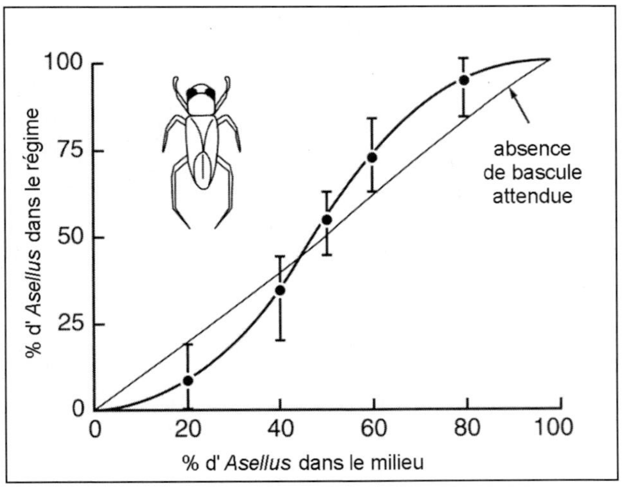

Schéma de l'**effet** de bascule dans la prédation d'Aselle par le Notonecte. (D'après Lawton, in Begon et Mortimer, *Population Ecology*, Blackwell, Oxford, 1991, p. 109)

Un tel effet a par exemple été décrit dans le cas d'un Hémiptère aquatique, le Notonecte, dont le régime alimentaire est constitué d'un Crustacé Isopode, l'aselle, et de larves d'Éphémères. Le *switching effect* est apparent aux faibles et aux fortes abondances de l'une ou de l'autre proie. La ligne droite sur la figure représente une réponse fonctionnelle linéaire telle qu'elle est décrite par l'équation (1). ◆ ~ **de fondation** : voir Fondation. ◆ ~ **de groupe** (*group effect*) : phénomène caractérisé par une stimulation des performances écophysiologiques des individus d'une population lorsque la taille des groupes d'individus qui la composent s'accroît. (***Voir aussi Allee***)

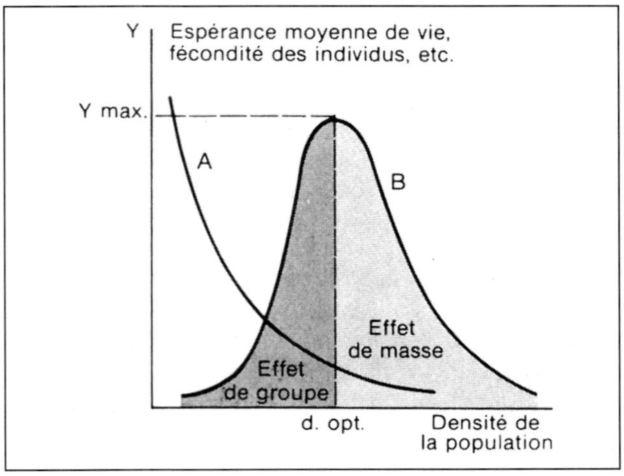

Variation de la réponse écologique d'une population en fonction de sa densité. La courbe A correspond aux cas où n'existe pas d'**effet** de groupe. La partie gauche de la courbe B correspond au domaine de l'effet de groupe, celle de droite à celui de l'effet de masse. (D'après Ramade F., *Écologie fondamentale*, Ediscience international, 2e éd., 1994, p. 176)

◆ ~ **de lisière** (*edge effect*) : voir Écotone, Lisière. ◆ ~ **de masse** (*mass effect*) : effets défavorables résultant du surpeuplement sur les performances écophysiologiques et démoécologiques d'une population. L'effet de masse se traduit par un ralentissement de la vitesse de croissance des juvéniles, une diminution de la fertilité des femelles, ainsi que par une augmentation du taux de mortalité. C'est à l'effet de masse qu'il faut attribuer la disparition des essaims de criquets migrateurs, la baisse de fécondité et l'accroissement de la mortalité conduisant à la raréfaction de ces animaux en fin de période migratoire. ◆ ~ **de péninsule** (*peninsula effect*) : désigne le phénomène caractérisé par une diminution du nombre d'espèces végétales et animales à mesure que l'on s'éloigne de la racine d'une péninsule vers son extrémité. Il a été décrit sur de nombreux exemples en particulier celui des Rongeurs et Reptiles de la péninsule de Basse-Californie au Mexique ou encore sur les Vertébrés de l'Italie péninsulaire. On l'interprète comme le résultat d'une diminution des flux migratoires conjuguée à une baisse de diversité des biotopes propres aux milieux péninsulaires. ◆ ~ **de serre** (*greenhouse effect*) : voir Climat, Pollution, Serre.

efficace, adj. ◆ **taille de la population** ~ (*effective population size*) : nombre moyen d'individus d'une population qui participent réellement à la reproduction. ◆ **porosité** ~ (*effective porosity*) : **1.** Proportion de spores d'un sol capables de libérer leur eau interstitielle. **2.** Désigne en hydrogéologie la proportion de pores d'une roche réservoir au travers de laquelle circule le flux d'eau souterraine. ◆ **précipitations** ~ (*effective precipitations*) : désigne la différence entre les précipitations totales et l'eau perdue par évapotranspiration. (***Voir aussi Évapotranspiration, Précipitations***) ◆ **taille de l'écosystème** ~ (*effective ecosystem size*) : voir Taille. ◆ **taille de la population** ~ (*effective population size*) : nombre moyen d'individus génétiquement distincts d'une population qui participent réellement à la reproduction. (***Voir aussi Taille***)

efficacité, n. f. ◆ ~ **écologique** (*ecological efficiency*) : dans les chaînes trophiques de consommateurs, l'efficacité écologique se traduit par le rapport entre la biomasse produite par le consommateur (croissance plus reproduction) et la quantité d'aliments ingérés c'est-à-dire la production nette de la biomasse consommée. En ce qui concerne les végétaux autotrophes, l'efficacité écologique se confond avec l'efficacité photosynthétique, rapport de la quantité d'énergie lumineuse convertie en tissus végétaux par rapport au flux lumineux incident dans les longueurs d'onde captées par les plantes. (***Voir Écosystème, Productivité***)

efficience, n. f. ◆ ~ **d'assimilation** (*assimilation efficiency*) : rapport entre les quantités d'aliments assimilées et celles ingérées. ◆ ~ **énergétique** (*energy efficiency*) (syn. : efficience écologique) : rapport entre la quantité d'énergie produite sous forme de matière vivante à un niveau trophique donné et celle entrante au même niveau trophique pour produire cette biomasse. Le *rapport de consommation* est celui entre la quantité de proie (ou de son équivalent énergétique) ingérée par un prédateur par rapport à la production nette de la proie. Ce dernier varie beaucoup entre écosystèmes terrestres et aquatiques. Dans les réseaux trophiques terrestres, la quantité de production primaire nette consommée par les herbivores – ou encore d'herbivores consommés par les carnivores – est faible (en général, en moyenne 20 à 25% de la production végétale sont consommés par les herbivores et moins de 5% de la biomasse d'herbivores par les carnivores). À l'opposé, la plus grande partie de la production phytoplanctonique – généralement de l'ordre de 90% – est consommée par le zooplancton dans les écosystèmes aquatiques. (***Voir aussi Productivité***)

effluent, n. m. (*effluent*). Désigne de façon générale tout fluide émis par une source de pollution, qu'il soit le fait de zones d'habitations ou d'installations industrielles. On distingue des effluents gazeux (produits des combustions ou rejets de gaz toxiques par des industries chimiques) et des effluents liquides qui peuvent être de nature domestique ou industrielle.

effort, n. m. ◆ ~ **de capture** (*constant effort harvesting*) : méthode de prélèvement d'une ressource naturelle vivante (pêcherie par exemple) fondée sur le maintien d'un taux de mortalité constant dans la population – ou le stock de poisson – exploité. Cela conduit à définir des quotas ou à limiter le nombre et la capacité de prise des flottes de pêche prélevant l'espèce considérée. (***Voir aussi Pêche, Pêcherie***) ◆ ~ **de reproduction** : voir Reproduction, Stratégies.

égout, n. m. (*sewer*). Dispositifs destinés à évacuer des effluents liquides pollués par des rejets industriels ou urbains.

Eichornia, n. sc. Voir Jacinthe d'eau.

Ekofisk. Accident survenu à un puits de pétrole *off shore* en mer du Nord, le 22 avril 1977 qui libéra 20 000 t de pétrole provoquant des dommages importants aux pêcheries norvégiennes.

ELA. Abréviation d'*Experimental Lake Area*. Zone lacustre située dans le Nord-Ouest de l'Ontario, où des équipes pluridisciplinaires canadiennes, composées d'hydrochimistes, d'hydrobiologistes, de limnologues et autres spécialistes des sciences de l'eau ont étudié en dimensions réelles sur des écosystèmes lacustres les effets de l'enrichissement en nutriments sur le processus de l'eutrophisation. Cette zone a aussi servi à étudier les effets de l'acidification artificielle et d'autres causes de pollution des eaux naturelles.

Élaeocarpacées, n. sc. Importante famille d'arbres inféodés aux forêts pluvieuses tropicales tant d'Amérique que de l'Ancien monde. Dans ce dernier, ils sont plus particulièrement localisés sur le pourtour de l'Océan indien, à l'ensemble de l'Empire Indo-Malais et se rencontrent jusqu'en Nouvelle-Calédonie. Les Élaeocarpacées possèdent des troncs pourvus de puissants contreforts, en particulier dans les genres *Elaeocarpus* et *Sloanea*. De nombreuses espèces de cette famille, en particulier d'*Elaeocarpus* (cinquante pour ce seul genre) sont en danger d'extinction à la suite de la disparition des forêts pluvieuses tropicales. Ainsi, douze espèces d'*Elaeocarpus* sont menacées de disparition en Malaisie péninsulaire, cinq dans la seule île de Ceylan, et trois en Nouvelle-Calédonie. (***Voir aussi Déforestation, Extinction, Fôrets pluvieuses tropicales***)

Tronc à contrefort d'une **Élaeocarpacée** (*Sloanea caribaea*) dans une forêt pluvieuse d'Amérique tropicale (parc national de la Guadeloupe). (Cliché F. Ramade)

élagage, n. m. (*pruning*). Pratique sylvicole consistant à éclaircir la couronne d'un jeune arbre en enlevant les rameaux excédentaires.

élan, n. m. (*moose*) (n. sc. *Alces alces*). Espèce de Cervidés dénommée orignal au Canada, propre aux régions boréales d'Eurasie et d'Amérique, dont l'habitat est constitué par des forêts marécageuses et des cours d'eau lents dans lesquels il se nourrit de plantes aquatiques pendant la belle saison. ***(Voir aussi Alces, Taïga)***

éland(s), n. m. (*eland*). (n. sc. *Taurotragus sp.*). Genre de Bovidés qui comporte les plus grandes espèces d'Antilopes (*T. derbianus*, l'éland de Derby et *T. capensis*, l'éland du Cap) caractérisées par des cornes torsadées. Ils vivent dans les savanes africaines et se nourrissent de végétation arbustive et arborée. Leur croissance rapide, des aptitudes laitières supérieures à la moyenne des zébus en élevage extensif, leur résistance naturelle à diverses épizooties dont la maladie du sommeil des ongulés, les ont fait envisager comme un substitut avantageux en Afrique subsaharienne à l'élevage des bovins, au plan zootechnique.

élasticité, n. f. (*elasticity*). Capacité qu'a un peuplement végétal de reconstituer rapidement sa biomasse à sa valeur initiale à la suite d'une perturbation, incendie par exemple. Cette propriété est le fait de peuplements pionniers « permanents » propres à des biotopes dont l'instabilité et la variabilité empêchent l'établissement d'une succession écologique. Tel est le cas des dunes de sable vif ou encore de garrigues méditerranéennes à ciste régulièrement parcourues par l'incendie.

El Chichon. Volcan mexicain dont l'éruption en 1983 a introduit de grandes quantités d'aérosols sulfuriques dans l'atmosphère avec pour conséquence un effet défavorable sur les températures moyennes à certaines latitudes.

électivité, n. f. (*electivity*) ◆ **indice d'~** (*electivity index*) : indice variant entre + 1 et – 1 qui marque le degré de préférence ou de répulsion d'une espèce animale pour un aliment donné.

électrochimie, n. f. (*electrochemistry*). Technique industrielle par laquelle sont produits en particulier divers métaux non ferreux, le plus important d'entre eux étant l'aluminium. ◆ **pollution par l'~** (*electrochemical pollution*) : diverses activités électrochimiques sont la source d'importantes pollutions des eaux et de l'air. L'électrochimie de l'alumine est en particulier la cause d'une importante pollution fluorée de l'atmosphère en l'absence d'installations d'épuration adéquates. Celle de la soude peut libérer dans les effluents des quantités importantes de mercure. Enfin, les traitements électrolytiques de surface sont la cause de rejets dans les eaux de cadmium et de chrome.

électrolocation, n. f. (*electrolocation*). Propriété électrophysiologique propre à certaines familles de poissons comme les Mormyridés, douées d'organes électriques caudaux et de détecteurs situés sur leur ligne latérale, qui leur permet de localiser un obstacle ou un animal, en particulier une proie, à partir des perturbations de leur champ électrique qu'ils provoquent.

électronucléaire, adj. Voir Centrales, Nucléaire.

éléments, n. m. ◆ ~ **biogènes** (*biogenic elements*) : on désigne sous ce terme les corps simples qui entrent dans la constitution de la matière vivante. Les principaux éléments biogènes sont par ordre d'abondance décroissante : le carbone, l'oxygène, l'hydrogène, l'azote, le phosphore, le soufre, le calcium, le magnésium, le fer, etc. Lorsque ces derniers ne sont nécessaires qu'en très faible concentration (zinc, cobalt ou encore silicium), on les dénomme oligoéléments. En sus des divers éléments biogènes indispensables à tous les organismes, il existe d'autres corps simples qui ne sont nécessaires qu'à certains d'entre eux. Ainsi, le molybdène est indispensable aux végétaux mais pas aux animaux. À l'opposé, le fluor, biogène chez les animaux ne l'est pas chez les végétaux. Parmi les éléments biogènes existe toute une série de corps simples dits hormétiques tels le fluor, car ils sont indispensables aux faibles doses et toxiques aux plus fortes concentrations. ***(Voir aussi Cycles biogéochimiques, Hormétique)*** ◆ ~ **essentiels** (*essential elements*) (syn. : élément biogène, nutriment) : désigne l'ensemble des corps simples indispensables aux êtres vivants. On les divise en macro-nutriments (carbone, hydrogène, azote, phosphore, soufre, etc.) nécessaires en quantités importantes pour répondre aux besoins de la nutrition des organismes, et en micronutriments (fer, manganèse, zinc, cuivre, bore, etc.) qui sont également classés dans les éléments trace bien que ces derniers comportent aussi beaucoup d'éléments qui ne sont pas biogènes. ◆ ~ **minéraux nutritifs** (*nutrients*) : éléments biogènes dont les sels sont indispensables pour assurer la nutrition minérale des végétaux. Tel est le cas de l'azote, assimilé par les végétaux autotrophes sous forme de nitrates ou de sels d'ammonium, du phosphore, sous forme d'orthophosphates solubles, du potassium sous forme de chlorures, etc. ***(Voir aussi Cycles biogéochimiques, Nitrate, Phosphates)*** ◆ ~ **trace** (*trace elements*) : terme utilisé en écologie et en géologie pour désigner des éléments présents dans un biotope à des concentrations inférieures à la centaine de ppm. Les oligoéléments et de façon plus générale la plupart des corps simples doués de propriétés hormétiques (fluor, cobalt, molybdène, vanadium par exemple) sont des éléments trace. ***(Voir aussi Hormétique, Nutriment)***

éléphant(s), n. m. (*elephant*). La famille des *Elephantidae* renferme les plus grands vertébrés terrestres existant dans la biosphère à l'heure actuelle. Il existe de nos jours deux espèces d'éléphants :

– l'éléphant d'Asie (*Elephas indicus*), possède 5 doigts aux pattes et de courtes oreilles, sa taille au garrot atteint au maximum 3 mètres et son aire d'extension biogéographique concerne toute l'Asie tropicale ;

– l'éléphant d'Afrique (*Loxodonta africana*), avec seulement quatre doigts aux pattes et de grandes oreilles, constitue la plus grande des deux espèces, le mâle pouvant atteindre 3,5 m au garrot et peser près de 7 tonnes. Son aire actuelle d'extension géographique, quoique fragmentée, occupe diverses régions de l'Afrique subsaharienne.

Éléphants (*Loxodonta africana*) dans le parc national d'Amboseli (Kenya). Le braconnage de cette espèce, lié à la contrebande de l'ivoire, a provoqué une inquiétante régression de ses effectifs depuis la fin des années 1970. La décision récente de la rétrograder dans l'Annexe II de la Cites n'est pas faite pour favoriser la reconstitution des effectifs de cette espèce. (Cliché F. Ramade)

Les deux espèces d'éléphants sont considérées actuellement comme vulnérables. Il n'existerait plus qu'environ 30 000 individus de l'éléphant d'Asie, menacé par la disparition des forêts primaires tropicales auxquelles il est inféodé et aussi par une demande accrue de sujets utilisés comme animal de trait dans les chantiers forestiers.

Quant à l'éléphant d'Afrique, ses effectifs sont passés de plus d'un million et demi d'individus en 1975 à moins de 400 000 à la fin des années 1990 par suite du braconnage effréné auquel cette espèce a été exposée pour son ivoire au cours des années 1980.

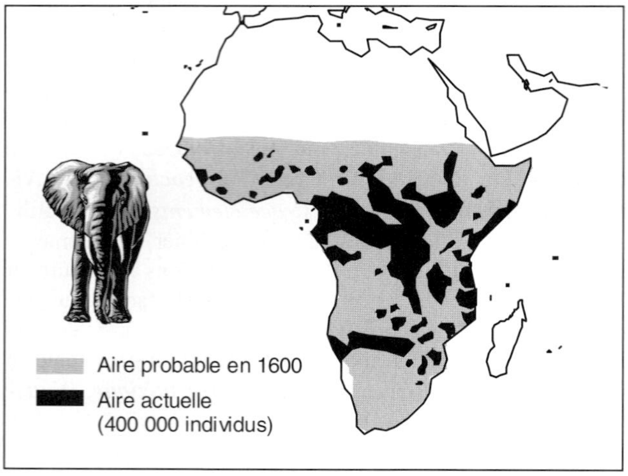

Aire biogéographique originale (aux alentours de 1 600) et aire actuelle (2 000) de l'**éléphant** d'Afrique. (In Miller, *Living in the Environment*, Wadsworth ed., Belmont, Californie, 1998, p. 422, mais modifié)

La décision de la CITES de placer l'éléphant sur la liste des espèces dont le commerce est interdit a permis d'arrêter le massacre de cette espèce en un temps mais sa décision en 1998, d'autoriser certains pays réputés excédentaires à reprendre sous certaines conditions le commerce de l'ivoire compromet à nouveau son avenir. ***(Voir aussi CITES)***

éléphantiasis, n. m. (*elephantiasis*). Affection parasitaire de l'homme causée par une microfilaire, *Wucheria bancrofti* dont l'agent vecteur est un moustique, *Culex fatigans*. Elle provoque un engorgement des vaisseaux lymphatiques qui se traduit par un œdème permanent et invalidant des membres inférieurs.

élevage, n. m. (*breeding*). Ensemble des activités qui concernent les productions animales liées à l'utilisation des animaux domestiques. Apparu au début du Néolithique à la suite de la domestication de plusieurs espèces animales, en particulier des ongulés, mais aussi du porc et de plusieurs espèces aviennes, l'élevage a constitué initialement une action anthropique peu perturbatrice pour les écosystèmes naturels – aussi longtemps que la charge pastorale a été en équilibre avec la productivité des écosystèmes herbacés. Il est hélas devenu, au cours des dernières décennies, tant dans les pays développés que dans le Tiers monde, la source de nombreuses dégradations environnementales, voire la cause de véritables catastrophes écologiques.

Nous citerons la désertification des zones semi-arides exploitées par un pastoralisme extensif mais qui a causé une dégradation de la végétation à l'origine d'une désertification sans cesse accrue. Le phénomène a été largement documenté au Sahel mais concerne aussi d'immenses surfaces à Madagascar, aux Indes, en Chine, en Eurasie et en Amérique latine.

De même, dans les pays industrialisés, la pratique d'un élevage industriel en « batterie » pour les volailles ou en stabulation permanente sous forme de « *feedlots* » pour les bovins est à l'origine de graves problèmes de pollution des eaux. Le lisier entassé dans des réservoirs ou épandu sur des terrains non cultivés donc sans être recyclé, est la cause de contaminations quasi irréversibles à l'échelle humaine des nappes phréatiques par les nitrates et l'ammoniaque dans certaines régions d'Europe. ***(Voir aussi Domestication, Nitrate, Pastoralisme, Steppe)***

elfe(s), n. m. ◆ **forêt des** ~ (*elfinwoodland*) : écosystème forestier propre aux montagnes tropicales de l'Ancien Monde. L'*elfinwoodland* est constitué par une forêt rabougrie d'Éricacées arborescentes couvertes de lichens et autres végétaux épiphytes qui est située à la limite supérieure de la forêt.

El Niño. Phénomène d'inversion des courants du Pacifique équatorial qui apparaît à l'approche de la Noël (d'où le terme d'El Niño, qui signifie en espagnol l'enfant).

Le phénomène d'El Niño se rencontre en réalité dans l'ensemble du monde. Il se traduit par un blocage de l'*upwelling* équatorial de l'Est-Pacifique, avec pour conséquence un effondrement de la productivité des pêcheries de la côte du Pérou.

Il provoque par ailleurs de graves perturbations climatiques, sécheresses anormales ou au contraire cyclones et pluies diluviennes, dans des régions usuellement exemptes de tels phénomènes, qui se manifestent bien au-delà de la zone pacifique, ce qui atteste de son impact global.

Ainsi lors de l'important El Niño de 1982-1983, l'Australie, l'Indonésie et aussi l'Afrique australe et sahélienne connurent une sécheresse extrême tandis que des trombes d'eau s'abattaient sur les côtes orientales du Pacifique (jusqu'en Californie) et que des cyclones ravageaient la Polynésie française.

Ces phénomènes météorologiques catastrophiques se sont reproduits lors du désastreux El Niño de 1997-1998 (voir figure page suivante). L'intense sécheresse qu'il a provoqué dans l'Ouest du Pacifique tropical a contribué alors à la genèse d'immenses incendies de forêts en Indonésie, en particulier à Sumatra, à Kalimantan et à Célèbes, détruisant plus de 9 millions d'hectares de forêts pluvieuses tropicales. ***(Voir aussi Pérou)***

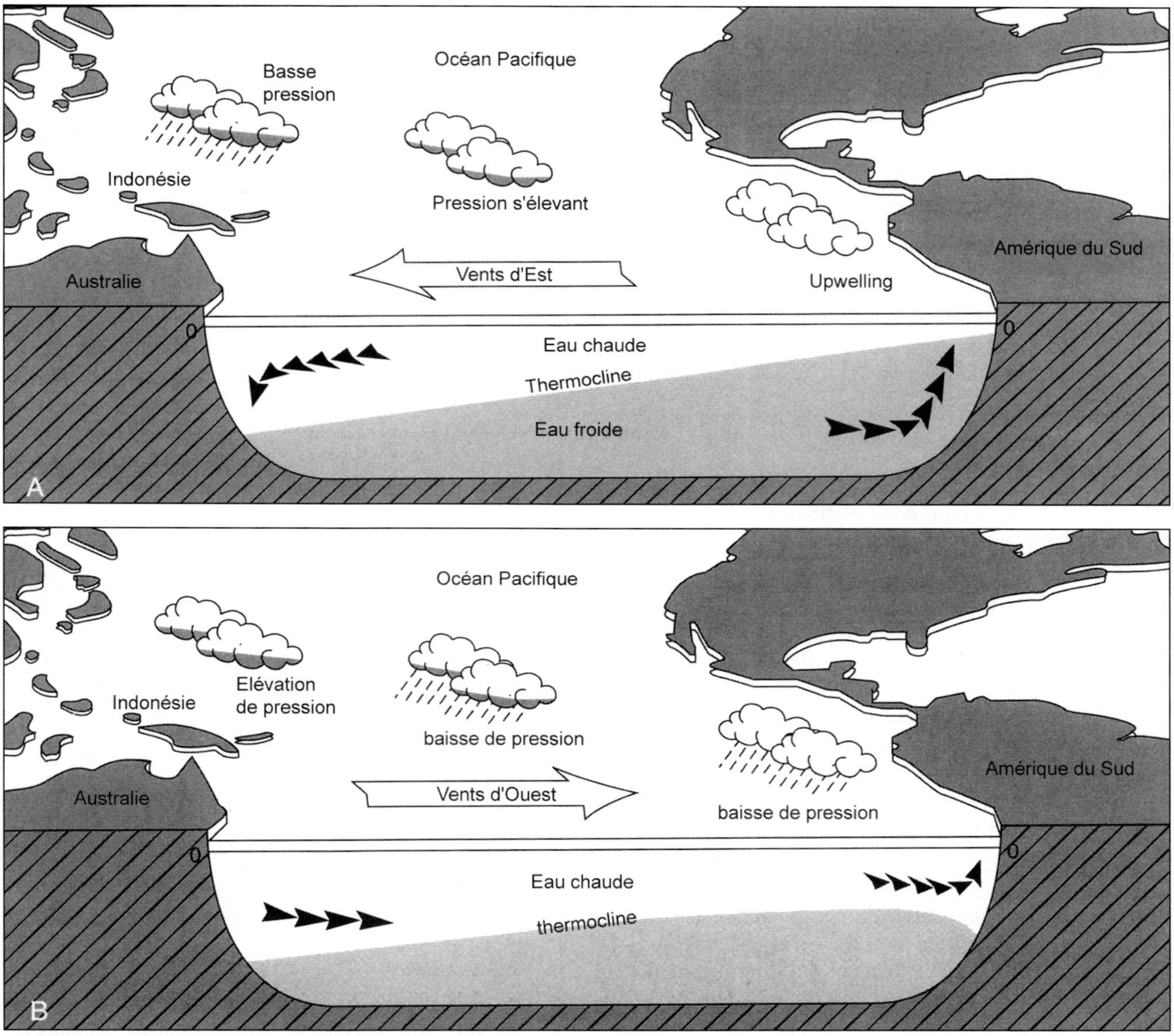

Schéma général du phénomène d'**El Niño**. Dans les conditions normales (**A**), les vents soufflent de l'est vers l'ouest du Pacifique équatorial, engendrant de la sorte un courant superficiel de même sens, lequel induit un contre-courant froid profond. Ce dernier fait remonter les éléments minéraux nutritifs dans les couches littorales superficielles. Ce puissant *upwelling* péruvien est à l'origine des pêcheries côtières très productives de ce pays (et du nord du Chili). Dans certaines conditions, liées à une hausse considérable des températures des eaux de surface du Pacifique (**B**), il se produit une inversion de ce courant qui circule d'ouest vers l'est. Il en résulte un considérable affaiblissement de l'*upwelling* avec effondrement de la productivité océanique sur les côtes péruviennes. (*The El Niño Phenomenon*, Document PNUE, Genève, 1992, p. 6-7)

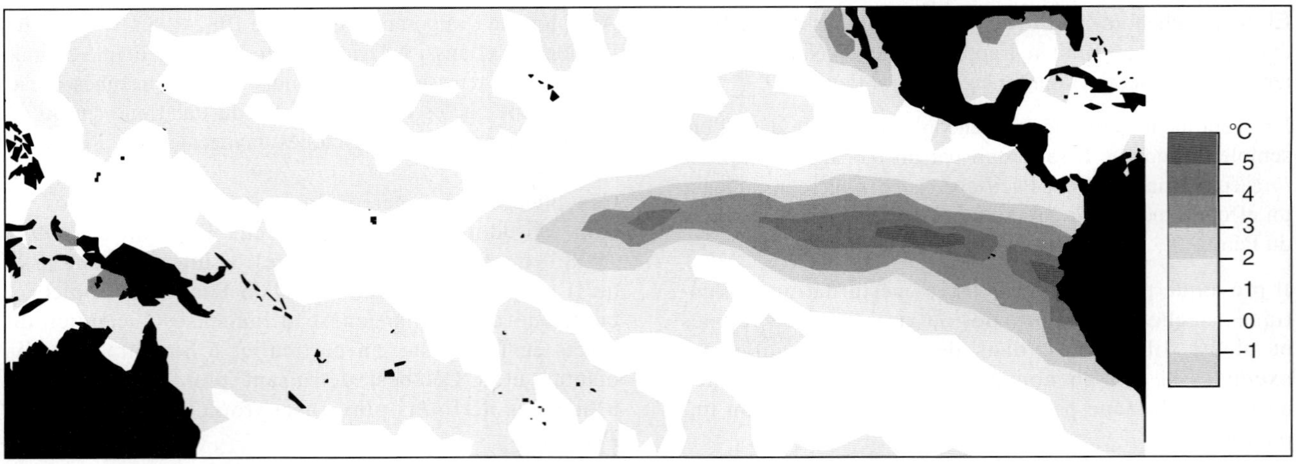

Anomalies des températures superficielles du Pacifique équatorial en janvier 1998 lors de l'apogée d'**El Niño** de 1997-98. (In PNUE, Environment Global 2000, 1999, p. 33)

Elodea canadensis, n. sc. Phanérogame aquatique introduite d'Amérique du Nord tempérée dans les cours d'eaux d'Europe occidentale. Elle est aussi très utilisée en aquariologie car elle s'adapte très facilement à des conditions environnementales très variées.

élutriation, n. f. (*elutriation*). Procédé utilisé en écologie aquatique pour extraire la faune interstitielle d'un sédiment par lavage continu de ce dernier.

éluviation, n. f. (*eluviation*). Phénomène pédologique caractérisé par le fait qu'un horizon du sol s'appauvrit en éléments minéraux du fait du lessivage et de la lixiviation.

éluvion, n. m. (*eluvium*). Ensemble des résidus rocheux, issus d'une désintégration de la roche-mère par les agents atmosphériques qui sont restés en place.

embâcle, n. m. **1.** (*gravel bar*). Dépôts transversaux formés lors de crues barrant de façon plus ou moins complète le cours des rivières. Ils sont constitués de matériaux biologiques essentiellement ligneux (branches et troncs) auxquels s'ajoutent des matériaux grossiers de taille variable allant des graviers à des blocs de roches ainsi que des sédiments fins. **2. ~ de glace** (*ice jam*). Accumulation de glaces sur un fleuve aux passages les plus étroits de son cours ou dans un canal se formant à l'automne et – le plus souvent – au printemps, au moment du dégel.

Emberger, quotient pluviothermique d' (*Emberger's coefficient*). Établi initialement pour les régions méditerranéennes, le quotient pluviothermique d'Emberger a pour objet de donner un descripteur quantitatif du climat d'un biotope donné plus précis que les moyennes pluviométriques et thermiques. Il prend en considération le fait que l'évaporation annuelle est d'autant plus élevée, toutes choses égales par ailleurs, que l'amplitude thermique est plus grande.

Si M est la moyenne des maxima de température du mois le plus chaud et m la moyenne des minima des températures du mois le plus froid de l'année, P représentant les précipitations annuelles exprimées en mm, le quotient pluviothermique a pour expression :

$$Q_p = \frac{2P}{(M+m)(M-m)} \times 1000$$

soit encore :

$$Q_p = \frac{2000P}{M^2 - m^2}$$

Le coefficient d'Emberger permet de classifier les climats méditerranéens et de déterminer le préférendum de diverses espèces végétales de cette région biogéographique.

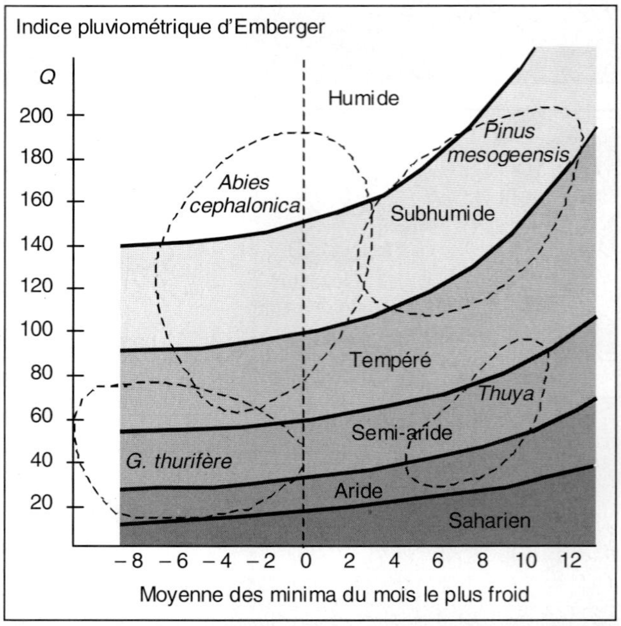

Classification des climats méditerranéens d'après le coefficient d'**Emberger** et place relative de diverses espèces de Conifères. (D'après Quezel, in Pesson, *Écologie forestière*, Gauthier-Villars, 1980, p. 230)

embouchure, n. f. (*river mouth*). Zone où un cours d'eau se déverse dans la mer ou dans un lac en ce qui concerne un tributaire.

embranchement, n. m. (*phylum*). Grande unité taxonomique en laquelle sont subdivisés les divers règnes vivants. (***Voir aussi Phylum***)

embruns marins, n. m. (*sea sprays*). Microgouttelettes d'eau pulvérisées dans l'atmosphère par la mer lors de violentes tempêtes. Après évaporation de l'eau, les embruns introduisent dans l'atmosphère terrestre des particules microscopiques de divers sels minéraux. Ces dernières interviennent de façon importante dans le cycle biogéochimique des divers éléments biogènes. Ils jouent aussi le rôle de centres de condensation pour les précipitations. (***Voir aussi Cycle du soufre***)

embryogenèse, n. f. (*embryogenesis*). Période du développement embryonnaire au cours de laquelle se fait la différenciation des diverses régions du corps et des organes de l'embryon.

émergent, adj. (*emergent*). **1.** Désigne un arbre de grande taille qui dépasse la hauteur moyenne de la canopée dans une forêt primaire. **2.** Désigne une plante aquatique ayant la plupart de ses parties végétatives hors de l'eau.

émigration, n. f. (*emigration*). Phénomène caractérisé par le fait qu'un fragment de population, parfois dénommé propagule, quitte son biotope d'origine et se fixe définitivement dans une autre zone de l'écosystème auquel il est inféodé, dans une autre aire biogéographique. (***Voir aussi Immigration***)

émissaire, n. m. (*outlet*). Effluent qui déverse vers l'aval les eaux d'un lac, ou d'une rivière souterraine dans le cas d'un réseau karstique. ◆ ~ **d'égout** (*sewer*) : désigne la canalisation collectrice d'un égout qui se déverse dans le milieu récepteur : rivière, lac ou eaux marines littorales selon le cas. (***Voir aussi Égout, Pollution des eaux***)

émission(s), n. f. (*emission*). Terme désignant les rejets dans l'atmosphère terrestre de substances à l'état gazeux ou particulaires provenant de la surface des continents et des océans; ces émissions peuvent être d'origine naturelle ou anthropique et sont alors la source de pollution atmosphérique. ◆ ~ **globales** (*global emissions*) : ensemble des matières à l'état de gaz, d'aérosols et de particules émises dans l'atmosphère par les diverses sources d'origine naturelle ou anthropique. ◆ ~ **polluantes** (*polluting emissions*) : ensemble des émissions de polluants rejetées dans l'atmosphère par les activités humaines : gaz de serre, CO, dioxydes d'azote et de soufre, un nombre considérable d'hydrocarbures et autres substances organiques provenant des combustions incomplètes, d'innombrables composés de synthèse volatils, les particules carbonées, les particules de métaux toxiques ou autres substances minérales, constituent autant d'émissions polluantes majeures provenant des activités humaines. (***Voir aussi CO, Combustion, Échappements, Polluants***)

emmenophyte, n. m. (*emmenophyte*). Plante aquatique dépourvue d'organes de flottation. Les *Myriophylum* ou les *Potamogeton* en sont des représentants communs dans les biotopes aquatiques continentaux propres à l'ensemble de l'empire holarctique.

emphysème, n. m. (*emphysema*). Maladie pulmonaire souvent provoquée par la fumée de tabac, mais qui, dans certains cas, peut aussi atteindre des non fumeurs par l'exposition permanente à une très forte pollution atmosphérique. L'emphysème se caractérise par une dilatation des bronchioles et des alvéoles pulmonaires conduisant à une insuffisance respiratoire chronique.

empire biogéographique, n. m. (*biogeographical empire*). Entité biogéographique la plus étendue, utilisée en géonémie, qui correspond à d'importantes fractions de continents, voire à des continents entiers. (***Voir aussi Biogéographie***)

empoissonnement, n. m. (*fish stocking*). Déversement d'alevins ou de jeunes poissons dans un biotope lentique ou un cours d'eau ou encore dans des bassins de pisciculture.

empreinte, n. f. (*imprinting*). Terme d'éthologie qui désigne un processus d'apprentissage intervenant dans une phase sensible de développement d'un individu où la réceptivité est élevée.

émulsion, n. f. (*emulsion*). Phénomène de dispersion d'un liquide insoluble dans l'eau dans une phase aqueuse, sous forme de fine gouttelettes insédimentables. L'émulsion revêt une importance particulière lors de la pollution des eaux par des hydrocarbures à longues chaînes (huiles par exemple), ou par du pétrole brut.

enaulofaune, n. f. (*enaulofauna*). Ensemble des peuplements animaux qui sont inféodés aux biotopes dunaires.

énaulophile, adj. (*enaulophilous*). Désigne toute entité écologique propre aux dunes de sable.

énaulophyte, n. f. (*enaulophyte*). Végétal qui croît sur les dunes de sable. (***Voir aussi Érémophyte***)

encéphalopathie, n. f. Voir ESB.

Enchytraeidae, n. sc. Annélides Oligochètes terricoles de petite taille très communs dans les sols forestiers, en particulier si l'humus est acide.

enclos, n. m. (*enclosure*). Dispositif expérimental destiné à isoler un fragment d'écosystème terrestre ou aquatique afin d'étudier un phénomène écologique déterminé. Les enclos sont très employés en écotoxicologie aquatique pour déterminer les effets d'un polluant sur une communauté. (***Voir aussi Mésocosme***)

encroûtement, n. m. (*encrestment*). Phénomène de formation d'une croûte calcaire, encore dénommée horizon pétrocalcique, dans les parties supérieures de certains sols propres aux zones arides.

endémicité, n. f. ◆ **taux d'~** (*endemicity ratio*) : rapport du nombre d'espèces endémiques au nombre total d'espèces constituant une communauté déterminée ou se rencontrant dans une aire biogéographique donnée.

endémique. **1.** adj. (*endemic*). Qualifie le fait qu'une espèce vivante soit exclusivement inféodée à une aire biogéographique donnée, en général de faible étendue. **2.** n. m. : voir Endémisme.

endémisme, n. m. (*endemism*). Phénomène par lequel une espèce ou un groupe taxonomique est strictement inféodé à une aire biogéographique donnée, généralement de surface restreinte, dans laquelle il s'est différencié par suite de l'existence de conditions écologiques spéciales propres à l'aire considérée. Il existe une certaine proportionnalité entre la surface couverte par un taxon endémique et son rang systématique. Ainsi, une famille endémique couvrira une aire de distribution plus vaste que celle d'un genre, lequel aura lui-même une aire de distribution plus étendue qu'une espèce endémique. On dénomme endémique étroit un taxon dont l'aire de répartition est très petite, parfois quelques hectares dans les cas extrêmes. Certaines espèces endémiques sont des reliques évolutives. Ainsi, le *Gingko biloba*, un véritable fossile vivant chez les plantes puisqu'il remonte au début du Secondaire, est endémique d'une province de Chine, le Chekiang où il fut découvert au XVIIIe siècle. De même, l'*Hatteria*, un reptile sphénodonte, relique triasique, est restreint à l'Ile du Sud de la Nouvelle-Zélande.

L'endémisme est particulièrement important dans les flores et les faunes insulaires. Les îles représentent de façon générale des centres privilégiés d'endémisme et de ce fait les flores et les faunes insulaires se rangent de longue date parmi les plus menacées. Certaines îles tropicales de l'Ancien Monde possèdent un taux d'endémisme exceptionnel et figurent, hélas, sur la liste des aires biogéographiques où les taux d'espèces en danger, voire déjà éteintes, sont les plus élevés de l'ensemble du monde. Madagascar par exemple, avec une surface d'environ 590 000 km^2, représente un des hauts lieux de la biodiversité et de l'endémisme planétaire. On y dénombre 80% d'espèces végétales endémiques sur plus de 11 000 espèces de plantes supérieures peuplant ce micro-continent (dont environ un millier d'espèces d'Orchidées). De même, 90% des espèces de reptiles sont propres à cette île. Non seulement des genres mais des familles voire des sous-ordres d'organismes vivants lui sont propres et les taux d'endémisme y atteignent souvent des niveaux records. Il y existe par exemple sept espèces de baobabs alors qu'une seule espèce est connue du continent africain. Les Lémuriens, sous-ordre de Primates correspondant à des singes primitifs y comptent quelque 28 espèces sur un total de 30 connues dans le monde et 4 familles sur 5 de ces Mammifères lui sont inféodées.

De même, 89% des 1 575 espèces que compte la flore de Nouvelle-Calédonie sont endémiques et subsistent sur une superficie résiduelle correspondant à environ 9% de la surface initiale de forêts tropicales. Le reste de cette surface a été éliminé par la défriche des terres et les nombreuses mines à ciel ouvert qui exploitent les gisements nickelifères très abondants dans cette île.

L'endémisme est encore plus important dans de petits archipels éloignés des continents (les Galapagos par exemple). Il est aussi très élevé dans les biotopes d'altitude des hautes montagnes tropicales qui constituent de véritables îles continentales de climat froid, isolées dans une région climatiquement très différente, ce qui empêche la migration de leurs espèces vers d'autres montagnes voisines aux biotopes analogues.

◆ **centres d'~** (*endemism centers*) : régions biogéographiques marquées par un nombre important d'espèces endémiques. En Europe, la péninsule ibérique ou la Grèce, *a for-*

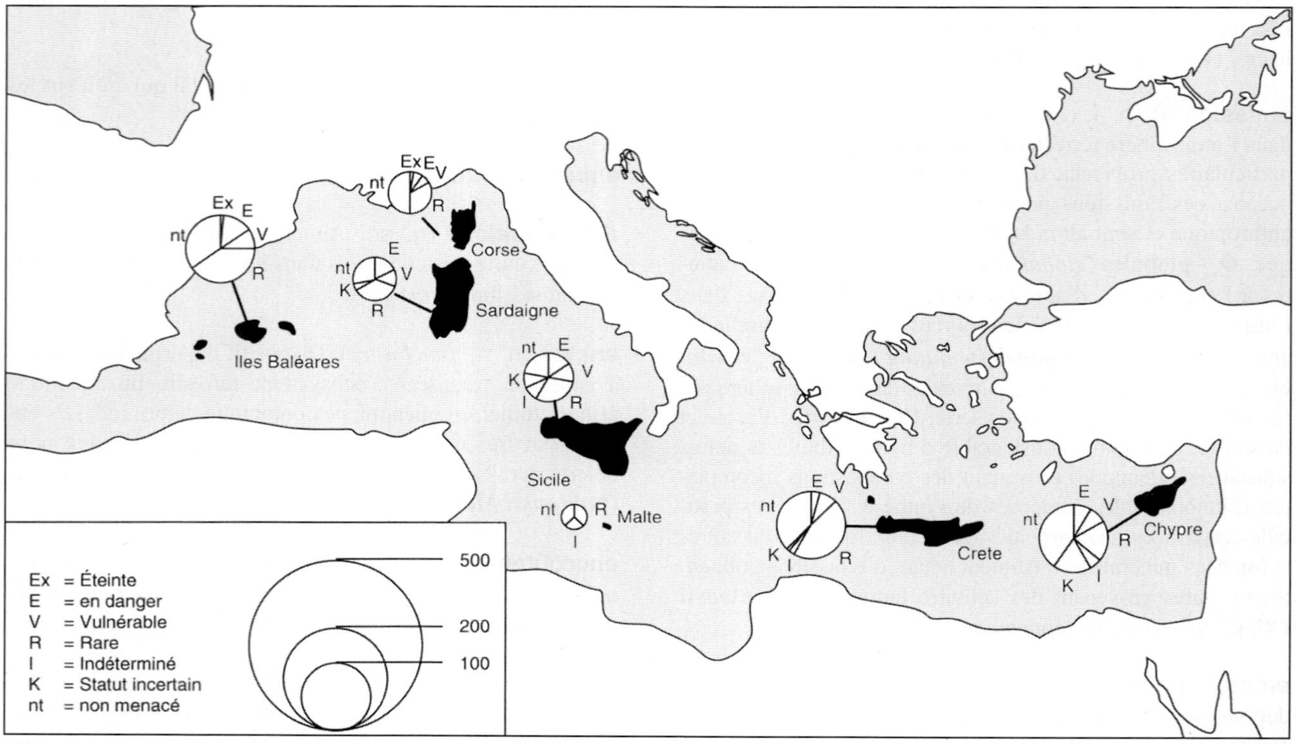

Endémisme chez les peuplements végétaux des îles méditerranéennes. On constate qu'entre le quart et le tiers des espèces de plantes propres aux divers archipels méditerranéens sont actuellement en danger. Le diamètre des cercles est proportionnel au nombre d'espèces endémiques présentes dans la flore. (D'après UICN, *Plants in danger*, WCMC, Cambridge, 1986, pl. XXVI)

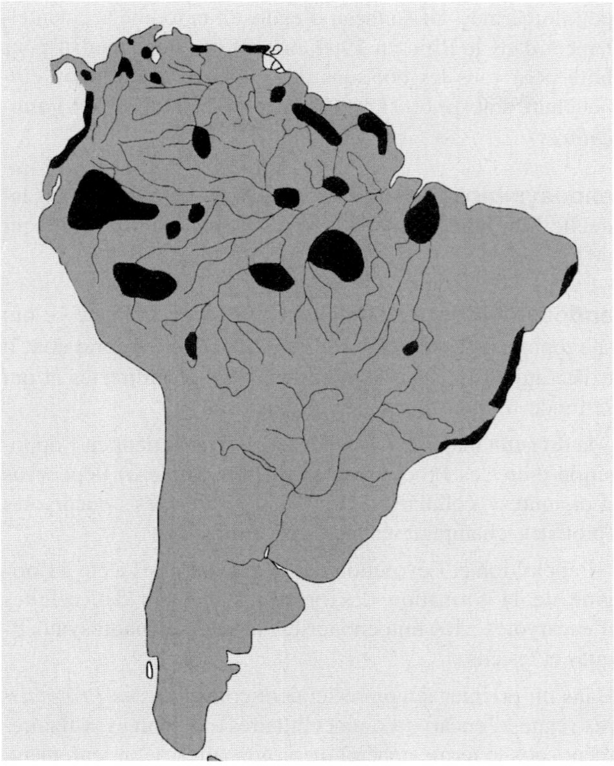

Carte des centres d'**endémisme** maximum en Amérique du Sud tropicale. On a identifié une trentaine de tels centres présentant une richesse spécifique et un taux d'endémisme exceptionnels. (D'après Prance, in Soulé, *Conservation Biology*, Sinauer, 1986, p. 398)

tiori les nombreuses îles propres aux archipels méditerranéens constituent d'importants centres d'endémisme, en particulier pour les végétaux. Les zones protégées destinées à conserver la biodiversité doivent être établies dans les régions comportant le plus grand nombre de centres d'endémisme. Ainsi, plusieurs dizaines de tels centres ont été détectés en Amazonie. Il existe cependant un biais dans l'estimation des grands centres d'endémisme du monde qui doit être souligné et entache cette estimation d'une certaine marge d'erreur. En effet, c'est essentiellement à partir des peuplements végétaux et des grandes espèces de Vertébrés que ces centres ont été identifiés. ***(Voir aussi Biodiversité, Protection de la nature)***

endergonique, adj. (*endergonic*). Désigne des réactions chimiques qui nécessitent un apport d'énergie extérieure pour s'effectuer.

endiguement, n. m. (*embanking*). Édification de levées et de digues constituées par l'apport de blocs et de matériaux destinés à étanchéiser les parois latérales d'un chenal fluvial, souvent même bétonnées, afin de protéger des inondations les terres voisines et d'assurer une régulation des crues.

La construction de digues présente un impact considérable et généralement désastreux sur l'écologie des cours d'eau. Elle provoque un abaissement du niveau de la nappe phréatique ce qui a des conséquences néfastes pour la végétation de la ripisylve et de la plaine d'inondation qui ne sera plus en outre immergée épisodiquement en période de crue. Faite sans précaution, elle élimine la zone riparienne du fleuve et donc la plupart des frayères. Elle empêche le développement des macrophytes qui constituent l'élément essentiel de la production primaire de la zone potamique. La plupart des grands fleuves sont aujourd'hui endigués sur la majorité de leurs cours : tel est par exemple le cas du Rhin ou du Rhône en France. Pour ce dernier, seuls 5% (soit 25 km) sur les 522 km qu'il franchit dans notre pays avant d'atteindre la mer restent de nos jours indemnes d'aménagement. ***(Voir aussi Barrage, Rectification)***

endobionte, n. m. (*endobiont*). Organismes, tels des bactéries ou certaines algues symbiotiques unicellulaires, qui vivent à l'intérieur d'un autre être vivant de taille supérieure. ***(Voir aussi Symbiose)***

endocrine, adj. (*endocrinal, endocrine*). Désigne ce qui se rapporte à la sécrétion des hormones et à la physiologie hormonale chez les animaux tant Invertébrés que Vertébrés. Le fonctionnement endocrinien est perturbé par l'intoxication de l'organisme par divers groupes de substances toxiques. Bien que la perturbation des hormones sexuelles intervienne souvent dans l'exposition permanente clandestine à de nombreux polluants de l'environnement, d'autres systèmes endocriniens peuvent être souvent affectés. C'est en particulier le cas des glandes surrénaliennes dont l'activité est rapidement perturbée par le stress chimique induit par des polluants toxiques. ***(Voir aussi Hormone, Reproduction, Surrénales)***

endofaune, n. f. (*endofauna*). Ensemble de la zoocœnose benthique inféodée aux substrats meubles.

endogamie, n. f. (*endogamy*). Phénomène par lequel un groupe d'individus d'une espèce donnée se reproduit de façon strictement endogène sans appel à des géniteurs extérieurs au groupe.

endogée, adj. (*endogeous*). Qualifie une espèce qui effectue son cycle vital à l'intérieur du sol sans jamais remonter à la surface de ce dernier. ***(Voir aussi Sol)***

endogène, adj. (*endogenous*). Désigne un caractère propre à l'organisme ou originaire du système écologique considéré. Ce terme est synonyme d'intrinsèque quand il s'applique à un facteur écologique.

endolithique, adj. (*endolithic*). Désigne un organisme qui vit à l'intérieur d'anfractuosités ou de galeries creusées dans des roches.

endomycorhize, n. f. (*endomycorrhiza*). Mycorhize dont les hyphes pénètrent à l'intérieur des racines de la plante hôte. ***(Voir aussi Mycorhizes)***

endoparasite, n. m. (*endoparasite*). Organisme vivant en parasite interne de son hôte. Les *Tenia* par exemple sont des endoparasites.

endoparasitisme, n. m. (*endoparasitism*). Forme de parasitisme se traduisant par le développement des parasites à l'intérieur de leur hôte. ***(Voir aussi Ectoparasitisme)***

endophage, adj. (*endophagous*) (syn. : entophage). Caractérise le mode d'alimentation d'un animal qui se nourrit en dévorant son hôte de l'intérieur, qu'il s'agisse d'une plante ou d'un métazoaire (cas des parasitoïdes). Les chenilles mineuses qui creusent des galeries dans le parenchyme foliaire en le dévorant constituent un exemple d'insecte endophage.

endophagie, n. f. (*endophagy*). Modalité de l'alimentation propre aux animaux endophages.

endophlœdique, adj. (*endophloedic*). Qualifie une espèce xylophage vivant à l'intérieur de l'écorce des arbres.

endophylle, adj. (*endophyllous*). Qualifie une espèce vivant dans des galeries qu'elle creuse à l'intérieur du limbe foliaire. Les chenilles mineuses de nombreuses espèces de lépidoptères sont endophylles.

endophyte, n. m. (*endophyte*). Organisme vivant à l'intérieur des organes ou des tissus végétaux (champignon ou insecte par exemple).

Galerie de chenille mineuse vivant en **endophyte**, à l'intérieur des feuilles. (Cliché F. Ramade)

endoptérygotes, n. m. (*endopterygota*). Ensemble des insectes dont les ébauches alaires sont internes chez les larves.

endorhéique, adj. (*endorheic*). Désigne un bassin versant situé généralement dans une vaste étendue continentale dans laquelle les cours d'eau se perdent et s'évaporent sans atteindre la mer. Le plus souvent, ceci provient du fait qu'il s'agit d'une cuvette de climat désertique dont le confinement et (ou) l'aridité empêchent les cours d'eau de se déverser dans la mer.

endorhéisme, n. m. (*endorheism*). Propriété des cuvettes endorhéiques.

endosulfan, n. m. (*endosulfan*). Insecticide acaricide du groupe des cyclodiènes chlorés ayant un atome de soufre dans sa molécule. Quoique de plus faible toxicité pour les vertébrés que les autres diènes chlorés insecticides, l'endosulfan présente une très grande nocivité pour les vertébrés poïkilothermes. Un tonneau d'endosulfan tombé accidentellement dans le Rhin en 1969 en aval de Bingen suffit pour faire périr tous les poissons de ce fleuve jusqu'à son embouchure soit sur 600 km! **(*Voir aussi Insecticide, Organochlorés*)**

endosymbiose, n. f. (*endosymbiosis*). Symbiose dans laquelle l'un des deux êtres vivants associés vit à l'intérieur de l'autre.

endosymbiotique, adj. (*endosymbiotic*). Désigne ce qui se rapporte à l'endosymbiose. ◆ **théorie** ~ : théorie dont il existe aujourd'hui de nombreuses preuves indirectes et qui se fonde sur deux concepts fondamentaux :

– la division majeure parmi les êtres vivants tient en l'opposition entre les Procaryotes (ordre des *Monera*) dépourvus d'organites cellulaires et les organismes eucaryotes (protistes, champignons plantes et animaux) ;

– l'apparition et l'évolution des endosymbioses a été à l'origine de la formation des organites majeurs des cellules d'eucaryotes : les mitochondries, les plastes photosynthétiques et les cils.

Dans un premier temps se seraient constitués les *Protoctista*, règne d'eucaryotes unicellulaires dénommés vulgairement sous le terme général de protozoaires. Ultérieurement, l'apparition des eucaryotes photosynthétiques se serait faite par l'association :

eucaryote + procaryote photosynthétique = algue ou plante

Les complexes symbiotiques qui sont devenus des cellules végétales ou animales n'ont jamais cessé d'évoluer. Les innovations métaboliques et celles relatives au développement ont créé de nouveaux niveaux d'organisation impossibles à atteindre pour les divers partenaires pris isolément.

Les symbioses sont devenues de plus en plus intégrées au cours de l'évolution de la biosphère au point que la dépendance entre chaque organite cellulaire d'eucaryote et des produits métaboliques de ses voisins est si complète que les voies métaboliques des partenaires originaux de ces symbioses ne peuvent être détectées qu'à l'aide des techniques les plus modernes de biochimie *in situ* et d'analyse ultrastructurale. **(*Voir aussi Règne, Symbiose*)**

endotherme, adj. (*endothermic*) (syn. : homéotherme). Voir Homéotherme.

Endothia parasitica (*chestnut blight*) (n. sc. de la maladie de l'encre du châtaignier). Introduite en Europe au début de ce siècle, cette maladie a causé une régression importante des étendues couvertes par cet arbre, phénomène également lié il est vrai avec la déprise agricole des zones marginales. **(*Voir aussi Châtaignier*)**

endotoxine, n. f. (*endotoxin*). Constituant des parois de certaines bactéries gram-négatives, toxiques pour les animaux et l'homme.

endotrophe, n. m. Voir Mycorhizes.

endoxylique, adj. (*endoxylic*). Désigne un être vivant qui se développe à l'intérieur du bois.

endozoochorie, n. f. (*endozoochory*). Phénomène de coévolution par lequel les graines d'une espèce végétale doivent obligatoirement être absorbées par voie buccale par un Vertébré et transiter dans son tube digestif afin de pouvoir germer. Diverses espèces de Mammifères et d'Oiseaux sont ainsi associées à telle ou telle plante ligneuse, arbustive ou arborée. Il existe aussi une endozoochorie facultative, certaines graines ayant leur dissémination facilitée par la consommation des fruits par un Vertébré. Ainsi, il a été montré que les éléphants forestiers jouent en Afrique un rôle important dans la dispersion des graines de diverses espèces d'arbres des forêts tropicales.

endrine, n. f. (*endrin*). Insecticide du groupe des cyclopentadiènes chlorés qui combine une haute toxicité (DL50 inférieure à 10 mg/kg pour le rat) et une absence quasi totale de biodégradabilité à l'échelle humaine, son temps de demi-vie dans les écosystèmes étant supérieur à une vingtaine d'années! Il est de ce fait interdit d'usage dans la plupart des pays industrialisés depuis le début des années 1970. ***(Voir aussi Organochlorés)***

énergétique, adj. (*energetic*). Désigne tout phénomène écologique dans lequel sont pris en considération les flux d'énergie. ◆ **bio** ~ (*bioenergetic*) : discipline de la biologie qui étudie le métabolisme des êtres vivants au plan de la mise en œuvre des diverses formes d'énergie (chimique, calorifique, mécanique, électrique) et des transferts d'énergie à divers niveaux d'intégration : moléculaire, cellulaire, ainsi qu'à celui de l'organisme pris dans son ensemble. ◆ **budget** ~ (*energy budget*) : désigne en écologie la quantification du flux de l'énergie à travers un système de complexité variable – depuis la population jusqu'à la biosphère prise dans son ensemble. Initialement appliqué aux seuls écosystèmes naturels, ce type d'analyse est également utilisé dans le domaine des processus industriels afin de mesurer l'efficacité de l'utilisation de l'énergie dans ces derniers et d'éviter les gaspillages donc d'abaisser les coûts de fabrication. ◆ **éco** ~ (*ecoenergetic*) : l'analyse écoénergétique a pour objet d'établir le budget énergétique d'un système écologique – généralement au niveau d'un écosystème déterminé. Initialement utilisée par Odum et Odum pour évaluer le flux de l'énergie dans les divers types d'écosystème, elle a été largement employée en écologie appliquée, en particulier par Pimentel pour faire le bilan énergétique de l'agriculture au travers de l'analyse des agroécosystèmes. ***(Voir aussi Énergie, Ressources)***

énergie(s), n. f. (*energy*) ◆ ~ **absorbée** (*absorbed energy*) : désigne dans un réseau trophique la part d'énergie retenue à un niveau trophique donné, par un organisme, déduction faite de celle non assimilée et contenue dans les fèces. ◆ ~ **auxiliaire** (*auxiliary energy*) : énergie d'origine non biogène qui intervient dans le fonctionnement des écosystèmes. Par exemple, l'énergie calorifique apportée par le rayonnement solaire qui provoque l'évapotranspiration chez les plantes correspond à une telle énergie. ◆ ~ **éolienne** : voir Éolienne. ◆ ~ **géothermique** : voir Géothermie. ◆ ~ **hydraulique** : voir Barrage. ◆ ~ **marémotrice** : voir Marée. ◆ ~ **naturelles** (« nouvelles ») (*natural energies*) : terme désignant les diverses sources d'énergie provenant de phénomènes naturels. Il s'agit de l'énergie solaire et ses dérivés (hydraulique, éolienne), de la géothermie et de l'énergie marémotrice. À l'exception de l'énergie marémotrice dont les sites où elle est réellement exploitable sont rares, les disponibilités en ces diverses énergies sont considérables. C'est en particulier le cas de l'énergie solaire dont le flux est environ 10^4 fois supérieur à celui produit par l'usage des combustibles fossiles et du nucléaire par la civilisation technologique.

Exprimé en puissance, le flux des principales sources d'énergies naturelles mesuré au niveau de l'ensemble du globe est le suivant :

– énergie solaire : $178\ 000 \cdot 10^9$ kW,

– géothermie : $32 \cdot 10^9$ kW,

– énergie marémotrice : $3 \cdot 10^9$ kW.

Bien que l'énergie solaire directe constitue l'essentiel du flux de l'énergie provenant du soleil, l'hydroélectricité, qui est loin d'être entièrement exploitée dans de nombreuses régions du monde et surtout l'énergie éolienne offrent des potentialités considérables. Même l'énergie des vagues, qui en est aussi une forme dérivée, présenterait des potentialités bien supérieures à l'énergie marémotrice. ◆ ~ **nucléaire** : voir Nucléaire. ◆ ~ **solaire** : voir Solaire. ◆ **consommation d'~** (*energy consumption*) : l'histoire de l'humanité a été marquée par une croissance continue de la consommation d'énergie. Celle-ci est passée de quelques milliers de

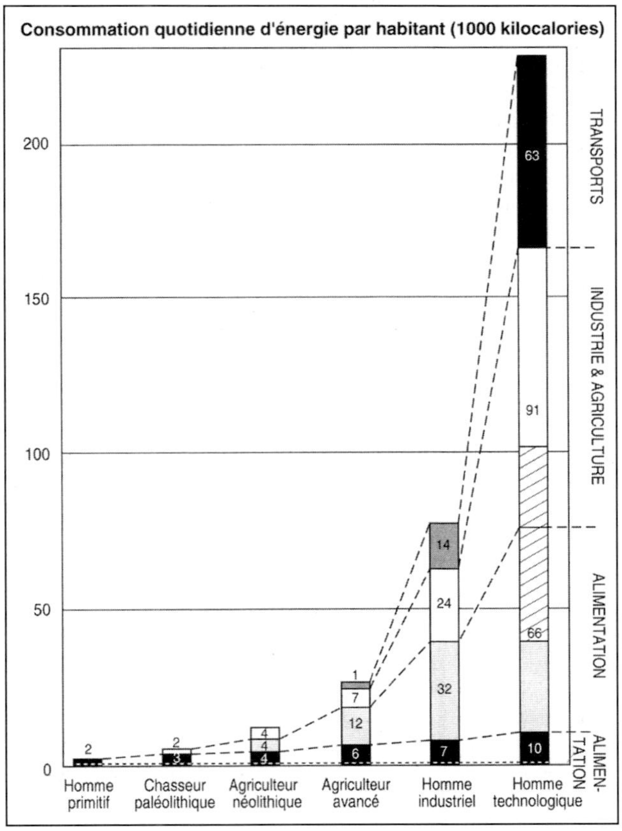

Variation de la quantité d'**énergie** disponible *per capita* depuis le Paléolithique. On constate que cette dernière a crû de quelques milliers de kcal par personne et par jour à plus de 200 000 entre la fin du Paléolithique et l'époque actuelle. (D'après Cook E., in « Energy and power », *Scient. Amer.*, 1971, Freeman, p. 84, mais modifié)

Kcal/pers/jour au Paléolithique à plus de 250 000 Kcal/pers/jour dans la civilisation technologique moderne.

Les quantités totales d'énergie utilisées par les divers blocs économiques du monde et les différents pays qui les composent ont crû de façon spectaculaire depuis l'aube de la civilisation technologique moderne que l'on peut situer dans la seconde moitié du XIXe siècle (voir figure ci-contre). Estimé à 3% par an vers 1860, le taux de croissance de la consommation mondiale d'énergie s'élevait à 5,6% par an au cours des années 1960, et approchait les 7,5% par an à la veille du « choc pétrolier » d'octobre 1973. Il s'est depuis ralenti tout en étant estimé de l'ordre de 1 à 2% par an dans les années 1990. En effet, à une réduction de la croissance, voire à une stagnation de la demande dans les pays les plus avancés, s'associe une tendance à l'accroissement dans de nombreux pays du Tiers monde en voie d'industrialisation.

En valeur absolue, la consommation mondiale d'énergie atteignait en 1998 quelque $8{,}7 \cdot 10^9$ tep (tonnes d'équivalent pétrole) soit encore $12{,}59 \cdot 10^9$ tec (tonnes d'équivalent charbon).

Sur ce total, le charbon représentait $2{,}23 \cdot 10^9$ tep, le pétrole $3{,}53 \cdot 10^9$ t, le gaz naturel $2{,}05 \cdot 10^9$ tep, l'hydroélectricité (plus la géothermie) $0{,}25 \cdot 10^9$ tep, enfin le nucléaire $0{,}65 \cdot 10^9$ tep.

Pendant longtemps, cette consommation a été associée de façon univoque au niveau de l'activité économique d'un pays et considérée comme l'indicateur par excellence de son niveau de « développement ».

Aujourd'hui encore, les pays les plus développés viennent largement en tête pour leur consommation *per capita*, celle de l'Amérique du Nord étant supérieure de plus de deux fois à celle de l'Europe occidentale. À l'opposé, l'Afrique vient au dernier rang avec une consommation par personne 28 fois plus faible qu'aux États-Unis ! La réalité est toutefois plus nuancée qu'il n'y paraît.

À la suite de la crise de l'énergie des années 1970, on a pu constater que la densité énergétique, c'est-à-dire le rapport entre la consommation moyenne d'énergie et le PNB individuel, n'était pas strictement corrélée avec le niveau de développement industriel, des pays comme la France et le Japon présentant par exemple une densité énergétique par unité de PNB deux fois plus faible que celle des États-Unis! Cela donne une idée de l'énorme « gisement » que représentent les économies d'énergie potentielles quand on prend la mesure de tout ce qui reste à faire dans notre propre pays dans ce secteur!

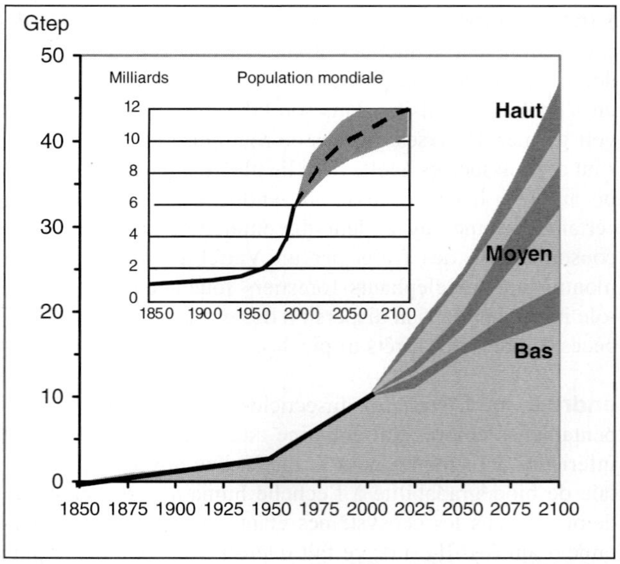

Croissance de la consommation d'**énergie** depuis le début de l'ère industrielle jusqu'à la période actuelle et prévisions jusqu'en 2100. La courbe en cartouche figure la croissance démographique de l'humanité dans le même intervalle selon les scénarios du Fond pour la population des Nations unies. (D'après PNUE, op. cit., 1997 et 1999, p. 5)

◆ **crise de l'~** (*energy crisis*) : terme utilisé pour désigner les conséquences des deux chocs pétroliers des années 1970 et la période qui les a précédés marquée par un gaspillage considérable des produits pétroliers, source d'une considérable pollution atmosphérique.

Après un quintuplement du prix du pétrole en 1973 qui l'a fait passer de 2 à 10 $ le baril, suivi d'un triplement en

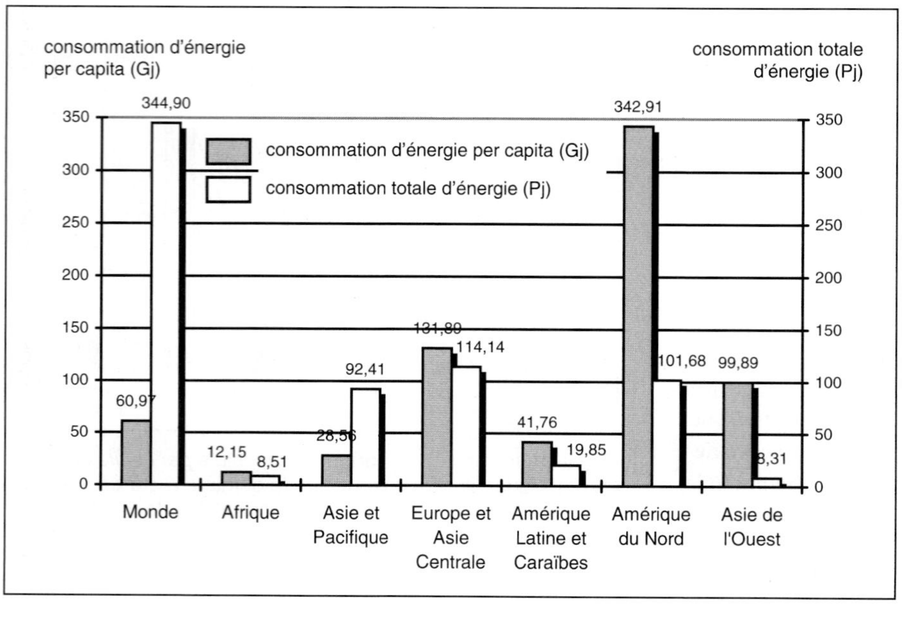

Consommation d'**énergie** *per capita* et totale dans les diverses régions du monde en 1995 exprimée respectivement en Giga joules (Gj) et Peta joules (Pj). (D'après PNUE, op. cit., 1997)

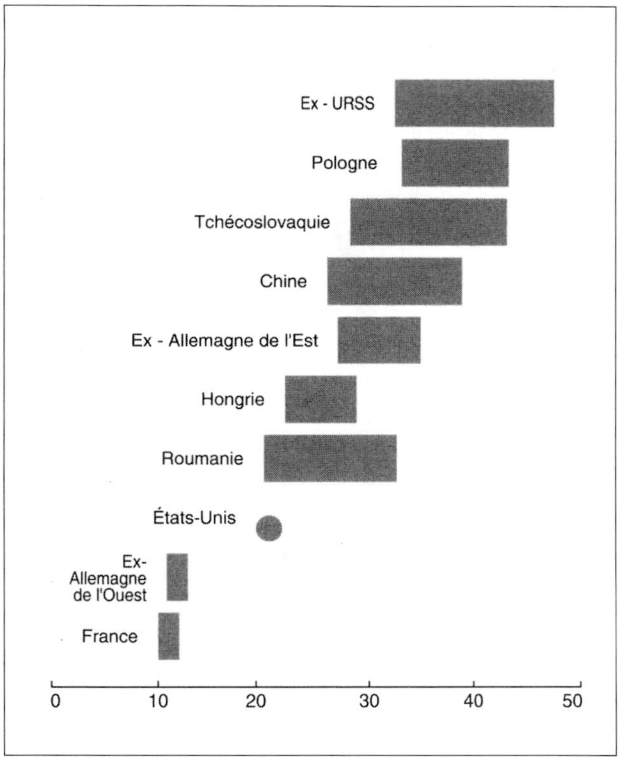

Relation entre densité énergétique (kg/hab/an) et le PNB ($/hab/an) au début des années 1990. On voit que, par unité de PNB, la consommation spécifique d'**énergie primaire** est assez variable, allant du simple à plus du double selon les pays. (D'après *World Resources Institute*, op. cit., 1992)

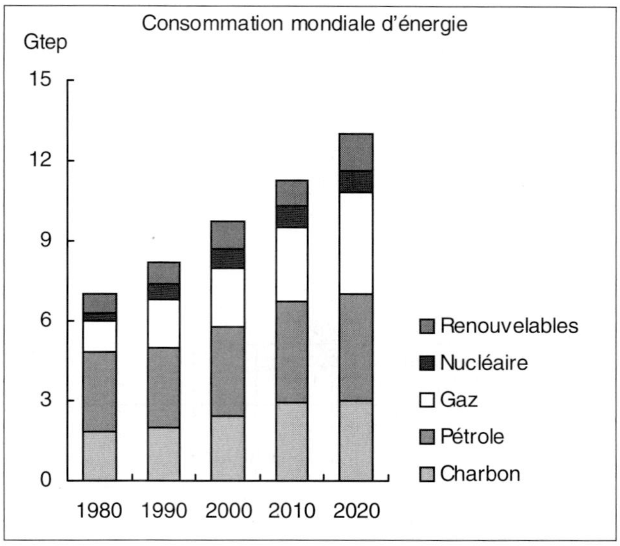

Prévision de croissance de la consommation des diverses sources d'**énergie** primaire entre 1980 et 2020. On constate l'accroissement de la demande en combustibles fossiles, en particulier en pétrole et plus encore en charbon et en gaz naturel – en dépit de la convention de Rio et des agréments afférents ayant pour objet une réduction des émissions de CO_2. Selon ces prévisions, la consommation de combustibles fossiles devrait croître de plus de 40% au cours de cette période. (D'après doc CEA, op. cit., 1998, p. 17)

1979, les prix se sont effondrés au milieu des années 1980 sous l'effet conjugué du développement de diverses sources de substitution, en particulier d'un retour au charbon et au développement de l'électronucléaire. Après une légère ascension au moment de la guerre du Golfe, ils sont tombés à nouveau jusqu'à peine 10 $ le baril en 1998, valeur très inférieure à celle de 1974 en $ constants! Néanmoins, des tensions sur le marché sont de nouveau apparues fin 1999, certes conjoncturelles mais dues aussi à ce que la demande s'accroît avec l'émergence de pays nouvellement industrialisés, de sorte que le prix du brut de référence a bondi en 2000 au-delà de 30 $ le baril.

En réalité, dans le long terme, la pression de la demande sur les sources d'énergie commerciale les plus facilement accessibles (pétrole et gaz naturel) ne peut que s'accroître compte tenu de la croissance démographique et de l'industrialisation des pays en voie de développement. De ce fait, dès à présent, tous les ingrédients d'un nouveau choc pétrolier sont réunis pour ce début de XXIe siècle! Ces inquiétudes sont d'autant plus justifiées que, à l'image du processus que l'on a connu au début des années 1970, le taux de découverte de gisements de pétrole est inférieur au taux d'extraction.

Fait méconnu, l'intensification de l'agriculture représente un poste important de consommation d'énergie. Il a pu être calculé que, si l'ensemble des pays du monde adopte un type de production agricole fondé sur le modèle américain, l'ensemble des réserves de pétrole du globe seraient épuisées en 140 ans!

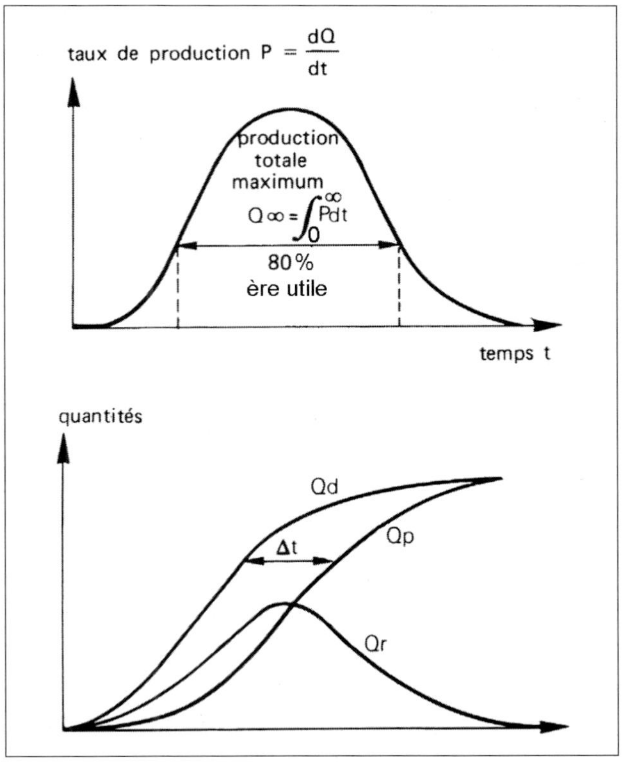

Théorie du cycle de production d'un combustible fossile permettant de déterminer les réserves potentielles en **énergie** de diverses sources fossiles utilisées (Qd = quantités de réserves découvertes, Qp = quantités produites, Qr = quantités de réserves disponibles (= restantes)). Ces dernières vont présenter une durée de vie utile estimée à 80% du Q_∞ et le taux d'utilisation (quantité utilisée en un temps donné) est séparé d'un intervalle de temps donné du taux de découverte d'une quantité équivalente de la quantité utilisée. (D'après Hubbert, in Ramade F. *Écologie appliquée*, Ediscience international, 5e ed., 1995, p. 461)

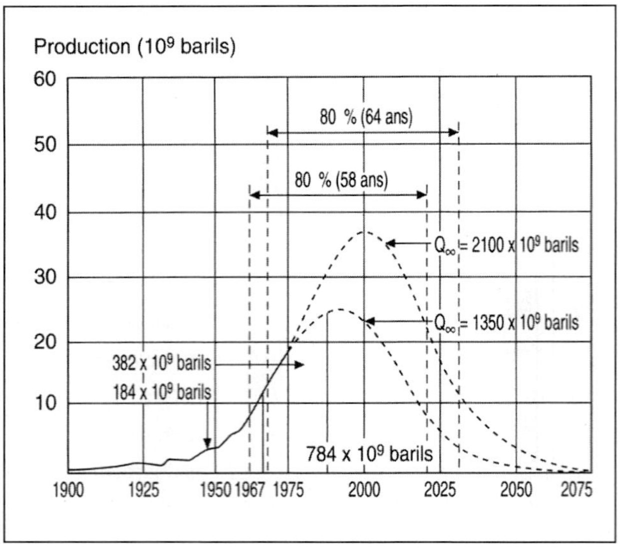

Application de la théorie du cycle de production d'un combustible à l'estimation des réserves totales de pétrole disponibles dans le monde. Ici sont figurées les réserves potentielles (c'est-à-dire la totalité des réserves supposées exister dans la lithosphère). On voit que, dans la meilleure hypothèse, il avait été estimé par Hubbert que l'ère utile du pétrole s'achèverait vers le milieu du XXIe siècle. (D'après Hubbert, in Ramade F., *Écologie appliquée*, Ediscience international, 5e éd., 1995, p. 460)

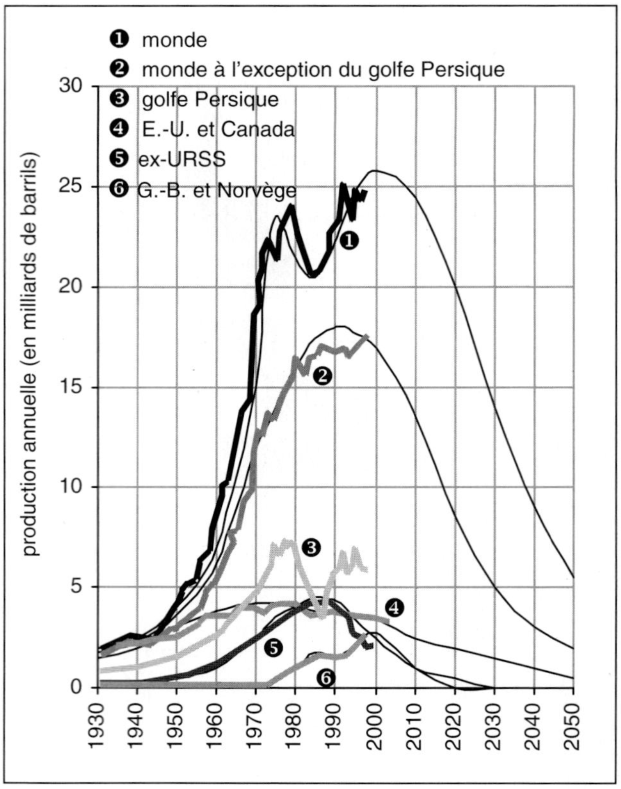

Variation de la production annuelle totale de pétrole (conventionnelle et non conventionnelle) et de celle des principaux gisements du monde depuis le début de son ère utile et prévisions pour le XXIe siècle. On constate sur ce diagramme que l'extraction culminera dans la période 2000-2010 puis décroîtra au cours des prochaines décennies, en relation avec l'épuisement progressif des gisements, la fin de son ère utile étant programmée dans la deuxième moitié du XXIe siècle. Cela montre la gravité de la crise de l'**énergie** à laquelle l'humanité sera confrontée si des mesures rigoureuses à la fois d'économie et de réduction de la dépendance aux hydrocarbures n'étaient pas dès à présent et progressivement mises en œuvre. (D'après Campbell et Laherrère, *Scient. Amer.*, mars 1998, p. 63)

◆ **réserves en** ~ (*energy reserves*) : la théorie du cycle de production d'un combustible permet de déterminer quelles sont les réserves potentielles en énergie des diverses sources fossiles auxquelles appartiennent à la fois les divers dérivés du carbone et les ressources en uranium. La connaissance de la courbe d'exploration (des réserves découvertes) qui anticipe avec un pas de temps de quelques années ou de quelques décennies l'exploitation, et le début de la courbe d'extraction permettent d'estimer avec une marge d'erreur tolérable l'histoire de l'utilisation du combustible considéré (voir figure page précédente).

On peut de la sorte prévoir la durée de l'ère utile d'un combustible (à partir de certaines hypothèses de taux de consommation), c'est-à-dire le temps nécessaire pour que 80% des réserves totales (Q_∞) soient exploitées ainsi que l'année où culminera l'extraction à l'échelle régionale ou mondiale.

Ainsi, il a pu être calculé au début des années 1970 que le Q_∞ du pétrole c'est-à-dire que la quantité totale de réserves de pétrole extractible de la croûte terrestre sur les bases économiques du prix du baril d'alors était de l'ordre de $400 \cdot 10^9$ t dont actuellement $124 \cdot 10^9$ t de réserves ont déjà été découvertes, le pic d'extraction étant atteint vers 2005.

Le tableau ci-dessous résume l'état des réserves prouvées et estimées dans les diverses sources d'énergie fossile.

◆ **flux de l'**~ : voir Biosphère, Écosystèmes. ◆ **perturbation de l'**~ : voir Pollutions. ◆ ~ **solaire** : voir Solaire.

Réserves mondiales en énergie fossile

Combustibles	Réserves prouvées en 10^9 tep	Réserves estimées (Q)		
		Quantités en tep	Energie totale en 10^{21} joules	% du total
Charbon	5 770	7×10^{12}	320	87,43
Gaz naturel	94	$3{,}4 \times 10^{11}$	13,1	3,58
Pétrole	124	4×10^{11}	14,8	4,04
Uranium	57	$4{,}9 \times 10^{11}$	18,1	4,95

engrais, n. m. ◆ ~ **azotés** (*nitrogenous fertilizers*) : engrais constitués par des nitrates, l'ammoniaque, les sels d'ammonium ou encore par l'urée et ses dérivés. ◆ ~ **chimiques** (*fertilizers*) : sels minéraux épandus dans les terres cultivées pour maintenir leur fertilité. Il s'agit principalement de phosphates, nitrates et sels d'ammonium et potassiques. Dans certains types de sols peuvent être ajoutés des oligoéléments.

La consommation mondiale d'engrais a crû au cours des dernières décennies dans des proportions spectaculaires, par suite de la nécessité d'intensifier la productivité agricole afin de répondre à l'explosion démographique.

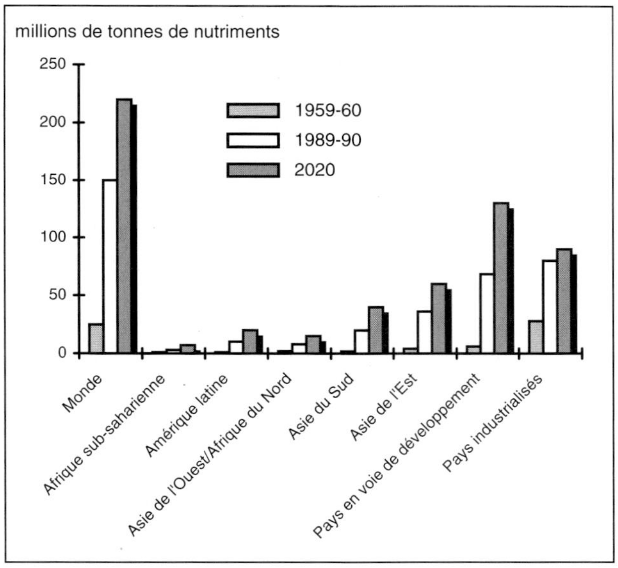

Croissance de la consommation mondiale d'**engrais** dans les diverses régions du monde et prévisions pour 2020. (D'après World Resources Institute, *State of the World 1998*, Oxford Unversity Press, 1998, p. 46)

La surfertilisation de certaines régions d'Europe et d'Amérique du Nord, due à l'abus d'engrais nitrés et phosphatés, est devenue une cause préoccupante de pollution des sols et des eaux.

La loi des rendements décroissants explique que l'accroissement des rendements ne suit pas de façon linéaire l'ajout d'engrais aux terres cultivées. En conséquence, leur abus se traduit par une contamination des sols par diverses impuretés toxiques dans le cas des phosphates et dans le cas des engrais azotés par une pollution croissante des nappes phréatiques par les nitrates. Par ailleurs, le lessivage des phosphates et nitrates contenus dans les terres cultivées enrichit les eaux des lacs qu'elles entourent ce qui induit une dystrophisation de ces écosystèmes et parfois même des rivières. (***Voir aussi Dystrophisation, Nitrate, Phosphates, Rendements décroissants***) ◆ ~ **verts** (*green manure*) : procédé cultural consistant à planter une légumineuse fourragère fixatrice d'azote (luzerne, trèfle) et à l'enfouir après la fenaison.

Engraulis. Nom scientifique du genre auquel appartiennent les anchois. ◆ ~ ***mordax*** (vern. : anchois de Californie) (*Californian anchovy*) : cette espèce s'est mise à pulluler sur le littoral ouest américain à la suite de l'effondrement des populations de la sardine du Pacifique, au début des années 1950, provoqué par l'effet conjugué de la surpêche et d'un abaissement de la température du courant de Californie qui est devenue proche de l'optimum thermique de cet anchois. ◆ ~ ***ringens*** : voir Anchois du Pérou.

Eniwetok. Nom d'un archipel du Pacifique central où sont situés les atolls de Bikini et Rongelap, sites des tests nucléaires américains de bombes A et H dans la période 1946-1962. C'est en particulier sur ce site que fut effectué le test de la première bombe à hydrogène (test Bravo) le 1er mars 1954. Celui-ci provoqua des retombées nucléaires considérables, la DL 50 pour l'homme due à ces dernières ayant été atteinte à plusieurs centaines de km du point zéro. Il en résulta une irradiation accidentelle de plusieurs milliers de personnes tant dans les personnels participant à l'expérimentation (marines en particulier) que dans les populations locales.

enlèvement, n. m. ◆ ~ **des boues** (*sludge removal*) : procédé destiné à retirer des bacs les boues formées dans une station d'épuration au cours du traitement biologique des effluents.

enneigement, n. m. (*snow cover*). Hauteur de neige accumulée en un lieu donné.

ennoyage, n. m. (*submergence*). Envahissement par les eaux d'un biotope ou d'une zone antérieurement émergée. Il peut provenir en zone littorale d'une transgression marine et en milieu continental d'une crue exceptionnelle ou encore de la mise en eau d'un réservoir artificiel.

enrésinement, n. m. (*conifers afforestation*). Procédé de sylviculture très en vogue depuis quelques décennies dans divers pays d'Europe occidentale qui consiste à remplacer les boisements climaciques ou subclimaciques de feuillus

Plantation de pins sylvestres en forêt de Rambouillet. Les boisements de conifères (naturels et *a fortiori* artificiels) conduisent en règle générale à la formation d'un humus brut de type mor. Les espèces résineuses dont les débris sont très lignifiés et riches en matières organiques peu biodégradables exercent une action très acidifiante sur les sols. L'**enrésinement** entraîne donc inéluctablement une acidification et à plus long terme une podzolisation des sols. (Cliché F. Ramade)

par des essences résineuses, en particulier épicéas ou sapins douglas et autres espèces de Conifères exotiques.

La justification de l'enrésinement est économique, ces espèces à croissance rapide étant réputées plus « rentables ». L'ONF en France et la *Forestry Commission* en Grande-Bretagne se sont particulièrement distinguées jusqu'à une date récente par une politique d'enrésinement littéralement frénétique dont l'impact écologique s'avèrera très défavorable dans le long terme par suite de ses conséquences écologiques – surtout pédologiques.

enrichissement, n. m. (*enrichment*). Désigne les méthodes de sylviculture ayant pour objet d'accroître à l'intérieur d'un peuplement forestier la densité des espèces les plus rentables au plan économique. ◆ ~ **isotopique** (*isotopic enrichment*) : procédé propre à l'industrie nucléaire ayant pour objet d'accroître la teneur de l'uranium destiné aux éléments combustibles – ou aux armements nucléaires – en uranium 235.

enrobage, n. m. (*seed dressing*). Procédé utilisé en agriculture et consistant à entourer les semences d'un revêtement adhérent renfermant un mélange de fongicide et d'insecticide destiné à protéger la jeune plantule contre les attaques de champignons phytopathogènes ou d'insectes déprédateurs.

Ensifères, n. m. (*Ensifera*, vern. : *grasshoppers*). Sous-ordre d'Orthoptères, composé essentiellement des sauterelles et des grillons, qui comporte de nombreuses espèces prédatrices, essentiellement tropicales.

ENSO. Abréviation d'*El Niño Southern Oscillation*. Voir El Niño.

ensoleillement, n. m. (*sunshine*). Désigne en bioclimatologie la durée pendant laquelle le soleil brille ; celle-ci est exprimée soit en moyenne quotidienne soit en nombre d'heures totales par an.

À peine supérieure à 1 000 h par an dans les zones océaniques subpolaires, elle atteint environ 3 000 h par an dans les régions à climat méditerranéen et dépasse 3 500 h par an dans les déserts subtropicaux. En France, les valeurs s'étagent entre 1 500 heures dans le Nord et 3 000 heures sur la Côte d'Azur.

En moyenne quotidienne, on relève moins de trois heures pour les régions océaniques des hautes latitudes (2,6 h/j au Spitzberg!), entre 4 et 5 heures en Europe du Nord-Ouest, 5 à 6 heures dans les régions équatoriales, entre 7 et 8 heures dans les biotopes méditerranéens, enfin environ 10 h dans les déserts chauds.

Pour favoriser les comparaisons, on parle aussi de fraction d'insolation, rapport du nombre total d'heures où le soleil brille à 4 400 heures, durée totale pendant laquelle le soleil est au-dessus de l'horizon au cours d'une année.

Enfin, un autre paramètre important est le nombre moyen de jours d'insolation continue (c'est-à-dire où le ciel est entièrement découvert). Celui ci est supérieur à 75 dans la région méditerranéenne, et compris entre 20 et 40 pour le reste de la France.

Enteromorpha, n. sc. Algues vertes se développant dans des eaux marines polluées par des matières organiques fermentescibles.

entérotoxine, n. f. (*enterotoxin*). Toxines bactériennes affectant la muqueuse intestinale et susceptible de provoquer de graves diarrhées comme dans le cas de l'entérotoxine cholérique.

entomogame, adj. (*entomogamous*). Désigne une espèce végétale dans laquelle la pollinisation des organes femelles est assurée par des insectes.

entomogamie, n. f. (*entomogamy*). Mode de reproduction propre aux espèces entomogames. ***(Voir aussi Pollinisation)***

entomophage, adj. (*entomophagous*). Désigne des espèces vivantes dont le régime alimentaire est strictement fondé sur la consommation d'insectes.

entomophile, adj. (*entomophilous*). Désigne les espèces végétales qui dépendent des insectes pour leur pollinisation.

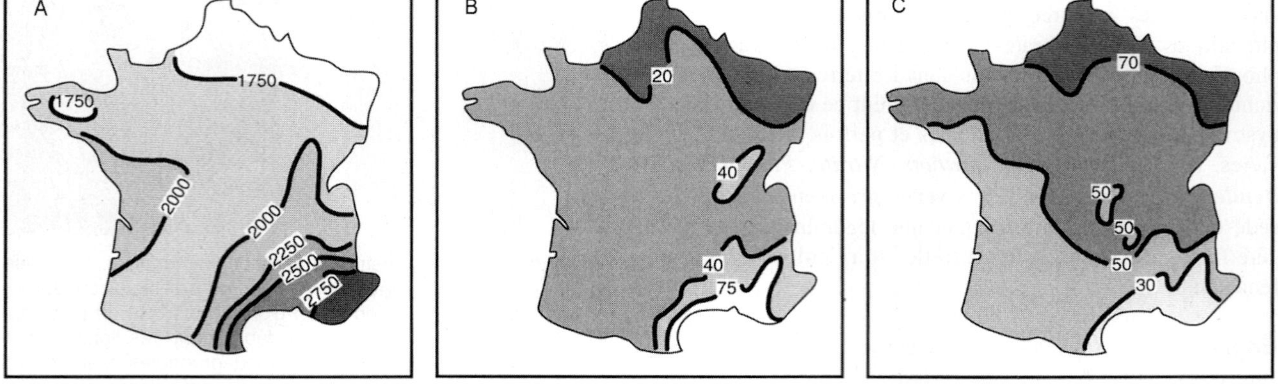

Carte de l'**ensoleillement** moyen en France. **A**. Ensoleillement moyen annuel en heures. **B**. Nombre de jours par an de ciel entièrement découvert. **C**. Nombre de jours de ciel entièrement couvert. (In Estienne et Godart, *Climatologie*, Armand Colin, 1970, p. 31)

entomophilie, n. f. (*entomophily*). Caractéristiques des espèces végétales entomophiles.

entropie, n. f. (*entropy*). **1.** En écologie, ce terme désigne un concept dérivé de la théorie de l'information. Supposons que N événements dont la probabilité d'occurrence p_i non corrélée entre eux se réalisent en séquence, la quantité totale d'informations qu'ils apportent sera la somme des quantités ($-\text{Log}_2\, p_i$), somme étendue à tous les termes de la séquence.

Si l'on considère S catégories d'événements de probabilité p_i (de $i = 1$ à S), la quantité moyenne d'information par événement sera :

$$I_{\text{moy}} = -\Sigma\, p_i \cdot I_i$$

somme étendue aux S catégories d'éléments. On note H cette moyenne et la dénomme entropie de l'ensemble des événements :

$$H = -\sum_{i=1}^{S} p_i \log_2 p_i$$

On remarque que cette formulation est aussi celle de l'indice de diversité de Shannon-Weaver. ***(Voir aussi Diversité)***

2. En thermodynamique, l'entropie S caractérise un état dégradé de l'énergie propre à un ensemble de microétats réalisant un macroétat. On aura l'expression :

$$S = k \cdot \text{Log}\, \Omega$$

où Ω est le nombre de micro-états réalisant un macroétat et k la constante de Boltzmann. ***(Voir aussi Écosystème, Énergie)***

envahissant(e), adj. ◆ **espèce** ~ (*invasive species*) : désigne une espèce susceptible de donner lieu à une invasion quand elle est introduite sur un nouveau continent dans un type d'écosystème dont les caractéristiques écologiques sont analogues à celui auquel elle est inféodée dans son aire d'origine. Parmi un nombre important d'espèces qui se sont avérées hautement envahissantes, on peut citer par exemple chez les Mammifères, le lapin, le surmulot ou le ragondin, chez les Oiseaux, le moineau et l'étourneau, chez les Insectes, un grand nombre de ravageurs des cultures dont le phylloxéra de la vigne, le doryphore de la pomme de terre ou encore la cochenille australienne. De nombreux végétaux se sont avérés envahissants, provoquant des dommages considérables dans les écosystèmes où ils ont été introduits. On citera, parmi bien d'autres, la jacinthe d'eau et le lantanier dans diverses zones tropicales, des cactées du genre *Opuntia* en Australie, ou encore en milieu marin, en date récente, l'algue *Caulerpa taxifolia* en Méditerranée. ***(Voir aussi Caulerpa, Doryphore, Introduction, Invasion, Jacinthe d'eau, Lapin, Phylloxéra)***

envahisseur(se), adj. ◆ **plante** ~ (*increaser plant*) : plante qui envahit les terrains de parcours du bétail à la suite du surpâturage. De telles espèces végétales bénéficient de la compétition avec les plantes fourragères naturelles car elles sont, à la différence de ces dernières, inconsommables pour les herbivores car généralement épineuses, ligneuses ou encore toxiques au travers de la sécrétion de diverses substances naturelles vénéneuses (alcaloïdes par exemple). En outre, elles possèdent un avantage compétitif sur les plantes consommées par le bétail car elles croissent plus rapidement que ces dernières sur des sols partiellement dénudés, ce qui advient le plus souvent dans le cas de surpâturage. ***(Voir aussi Surpâturage)***

envasement, n. m. (*siltation*). Phénomène de haussement d'un cours d'eau ou de comblement d'un lac ou d'un réservoir de barrage lié à la sédimentation. De façon générale, ce phénomène résulte de processus d'érosion du bassin versant provoqué par une exploitation intempestive de la végétation (déforestation, surpâturage), de la mauvaise gestion des terres cultivées et autres causes de dégradation de biotopes situés en amont. L'érosion des sols provenant de la coupe des forêts conjointement à la charge excessive en animaux domestiques des pâturages naturels, de mauvaises pratiques culturales dans le bassin versant sont souvent à l'origine d'une considérable érosion des sols, cause d'un envasement accéléré des lacs de retenue de barrages. Dans le cas du lac Nasser créé par le barrage d'Assouan, sa durée de vie utile sera trois fois plus brève que celle pour laquelle il avait été prévu. De façon générale, l'envasement constitue une véritable catastrophe pour de nombreux réservoirs artificiels dont la durée de vie utile pour certains ne dépasse pas quelques décennies ! ***(Voir aussi Érosion, Retenue, Sédimentation)***

environnement, n. m. (*environment*). Désigne tout ce qui entoure une entité spatiale abiotique ou vivante. Depuis la fin des années 1960, le terme a pris une acception plus spécifique et désigne la composante écologique du cadre de vie de l'homme. De façon sous-jacente, le terme d'environnement est associé aux problèmes de dégradation de la biosphère toute entière par suite de l'action de la civilisation technologique sur la totalité des milieux naturels.

◆ **principaux problèmes d'environnement** : au cours des dernières décennies se sont développées diverses préoccupations concernant l'environnement. Celles-ci sont liées à la dégradation croissante de la nature et de ses ressources. Elles résultent d'une part de l'explosion démographique, de l'autre des perturbations du flux de l'énergie et du cycle de la matière dans la biosphère engendrées par la civilisation technologique contemporaine dont les pollutions constituent l'un des aspects les plus spectaculaires.

L'explosion démographique du Tiers monde représente aujourd'hui le plus grave problème d'environnement auquel l'espèce humaine est confrontée et la cause de nombreux autres. En effet, si la population mondiale gardait son taux de croissance actuel (1,4% par an en 2000), elle doublerait son effectif d'ici 50 ans soit le milieu du XXIe siècle, alors qu'il a fallu à l'humanité quelque 2 millions d'années pour atteindre son effectif présent.

Dans le même temps, dans les pays du Tiers monde, où la population double tous les 25 ans voire moins, cette explosion démographique provoque une déforestation irréversible, une destruction des sols cultivés et des milieux steppiques, cause de désertification. L'érosion des sols, dans les pays dits en voie de développement, pourrait y faire dispa-

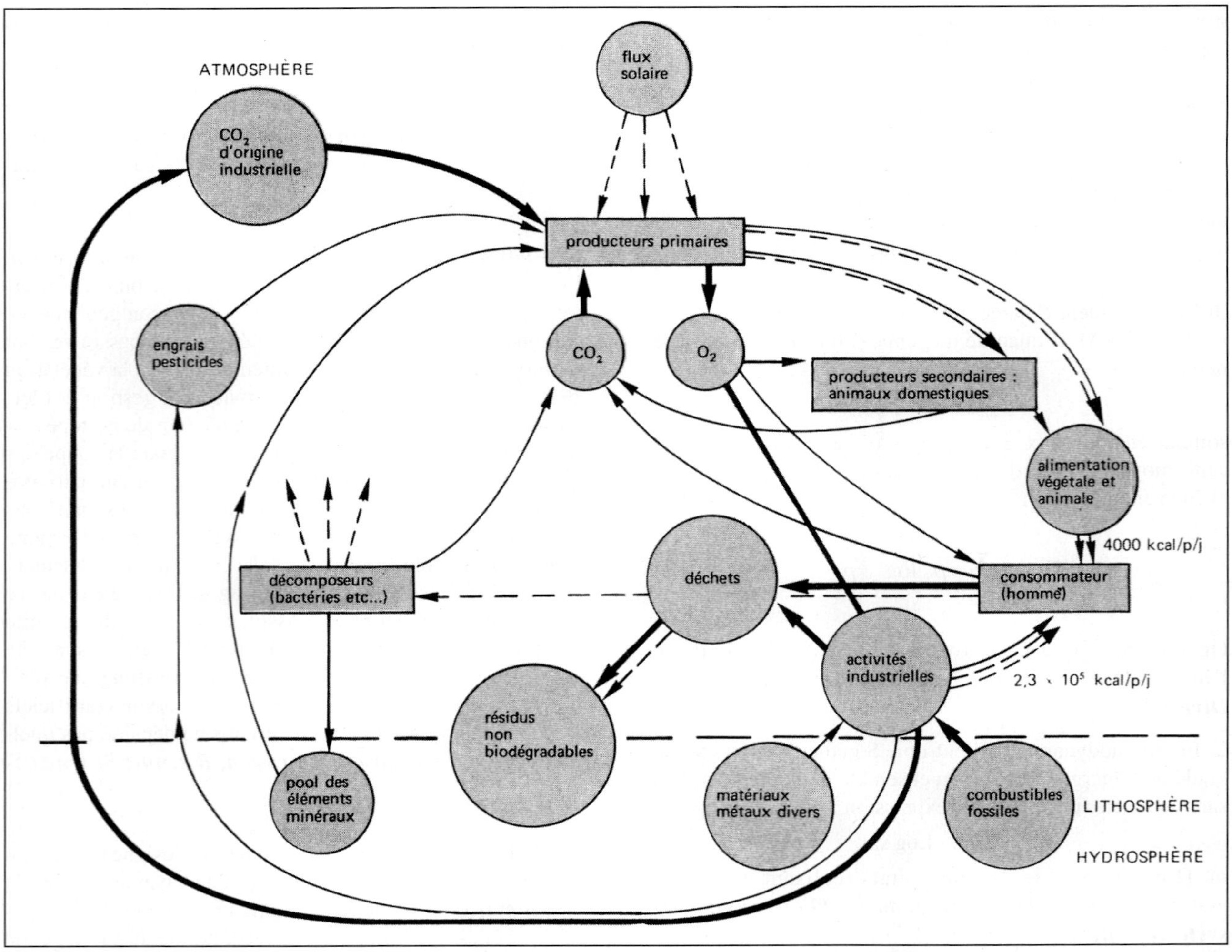

Principales causes de perturbation de l'**environnement** d'origine industrielle : la modification du flux de l'énergie et du cycle de la matière dans la civilisation technologique moderne. L'énormité de l'entrée d'énergie provient des combustibles fossiles et maintenant du nucléaire, ainsi que des quantités considérables de déchets et donc de polluants rejetés dans les divers milieux, conséquence de la rupture du cycle de la matière. (D'après Ramade F., *Écologie appliquée*, Ediscience international, 5e éd., 1995, p. 25)

raître 30% des terres cultivables d'ici 2040 alors que la pénurie alimentaire sévit déjà dans beaucoup d'entre eux! (***Voir aussi Déforestation, Démographie, Désertification***)

L'invasion chimique de la biosphère. L'impact des pollutions d'origine technologique est la source de graves préoccupations par suite de ses effets potentiels à l'échelle globale.

Le rejet de CO_2 et autres polluants de l'air doués d'un effet de serre pourraient provoquer un réchauffement climatique aux effets désastreux tant dans les zones tempérées que tropicales du monde. De même, l'usage des CFC serait capable de détruire la couche d'ozone stratosphérique rendant les continents impropres à toute vie.

En outre, nous sommes déjà confrontés à la catastrophe écologique due aux *pluies acides* qui dévaste les forêts et stérilise les lacs sur d'importantes surfaces de l'hémisphère Nord.

Moins spectaculaire car généralement clandestine, l'invasion chimique des divers écosystèmes terrestres et aquatiques par des polluants toxiques et parfois aussi très persistants soulève des problèmes écotoxicologiques redoutables, sans omettre la bombe à retardement que représente les innombrables décharges mal inventoriées de déchets chimiques.

À titre d'exemple, la pollution ubiquiste des eaux continentales, due à la fois à des rejets « ponctuels » d'effluents urbains ou industriels et à des sources diffuses, compromet l'approvisionnement en eau, en des temps où cette ressource vitale commence déjà à faire défaut dans de nombreux pays.

La crise de l'énergie. Le gaspillage des combustibles fossiles représente l'un des aspects majeurs de la crise contemporaine de l'environnement. Il est en effet la cause de considérables pollutions de l'air, mais aussi de l'eau et des sols provoquées par la combustion de plus de 12 milliards de TEC (tonnes équivalent charbon) par an. En outre, la recherche d'énergies de substitution a conduit au développement du nucléaire, dont on ne sait pas encore éliminer de façon définitive les déchets radioactifs, même si les méthodes actuelles de stockage permettent de neutraliser efficacement leur potentiel immédiat de pollution.

En définitive, les problèmes actuels de l'environnement interpellent l'ensemble de l'humanité qui doit cesser de s'accroître et arrêter au plus tôt la dilapidation de la nature et de ses ressources si elle souhaite connaître un développement durable.

Centrale thermique au charbon. De telles unités qui consomment plus de deux millions de tonnes par an de combustibles pour une puissance nominale de 1 000 MW (el) sont à l'origine d'une considérable pollution de l'air par des oxydes d'azote, du SO_2, des hydrocarbures polycycliques cancérogènes ainsi que par un grand nombre d'autres polluants xénobiotiques organiques ou minéraux. (Cliché F. Ramade)

◆ **politiques de l'environnement** (*environmental policies*) : politiques ayant pour objet d'intégrer les mesures de protection de l'environnement dans l'ensemble des activités socio-économiques. La création de Ministères de l'Environnement (1971 en France), qui a commencé dans les années 1960 pour les pays les plus avancés dans ce domaine, avait surtout pour objet initial de contrôler les pollutions et nuisances résultant d'un développement anarchique des activités industrielles sans aucun souci de protection des écosystèmes terrestres et aquatiques.

Certains pays précurseurs, comme la Suède, avaient dès cette époque une approche plus systémique englobant le contrôle de tout ce qui se rapporte à la protection de la nature et de ses ressources. Ultérieurement, au cours des années 1980, a émergé à l'échelle mondiale un concept liant les politiques de l'environnement à la poursuite de cet objectif majeur que constitue le concept de protection de la nature et de ses ressources pour un développement durable. ***(Voir aussi Bruntland, Rio, UICN)***

environnemental, adj. (*environmental*). Désigne tout ce qui se rapporte à l'environnement. ◆ ~ ***Protection Agency*** : voir EPA. ◆ **études d'impact** ~ (*environmental impact assessment*) : voir Impact.

environnementaliste, adj. (*environmentalist*). Scientifique ou autre expert spécialisé dans l'étude des questions relatives à l'environnement.

environnique, adj. (*environic*). Néologisme désignant l'ensemble des sciences appliquées appartenant au domaine des disciplines concernées par le génie de l'environnement.

Eobacterium, n. sc. Bactérie antécambrienne des dépôts archéens de Figtree en Afrique australe qui représente l'un des plus anciens êtres vivants connus, son âge étant estimé à 3,5 milliards d'années. ***(Voir aussi Biosphère, Précambrien)***

éobiogenèse, n. f. (*eobiogenesis*). Désigne en paléoécologie les phénomènes par lesquels des matériaux macromoléculaires prébiotiques ont donné les premiers êtres vivants (éobiontes).

éobiontes, n. m. (*eobiont*). Êtres vivants primitifs apparus dans l'océan mondial au tout début de l'Archéen à partir des matériaux prébiotiques.

Éocène, n. m. (*Eocene*). Étage du début de l'ère tertiaire qui a succédé au Paléocène et correspond à la période comprise entre – 58 et – 37 millions d'années par rapport aux temps présents.
Cet étage a été caractérisé par un climat nettement plus chaud que l'actuel avec une température globale moyenne de l'ordre de 20 °C. Cependant la fin de l'Éocène a été marquée par un important refroidissement qui a conduit à la constitution de la psychrosphère, couche d'eau océanique profonde de basse température (4 à 5 °C) qui constitue en volume la plus grande part de l'océan mondial.

éolien, adj. (*eolian*). Désigne les organismes qui peuvent faire des incursions dans la région de l'écosphère dite zone éolienne ou encore parabiosphérique (inlandsis polaires ou névés et glaciers dans les hautes montagnes).

éolienne, n. f. et adj. (*aerogenerator, windmill*). Engins permettant de produire de l'énergie à partir du vent. Encore dénommées *aérogénérateurs*, les éoliennes sont actuellement conçues pour produire de l'électricité. Certains engins pourvus de pâles de plusieurs dizaines de mètres de diamètre peuvent atteindre des puissances de l'ordre de plusieurs centaines de kW voire du MW électrique. La plus grande centrale électrique éolienne du monde située à Altamonte en Californie, qui comporte plusieurs milliers d'éoliennes, développe une puissance totale de l'ordre du gigawatt! ◆ **énergie** ~ (*wind energy*) : énergie véhiculée par les vents. Il s'agit en réalité d'une forme indirecte d'énergie solaire puisque le soleil provoque les vents par suite des gradients de température existant entre régions chaudes et froides de l'écosphère. La puissance moyenne développée par cette énergie dans les couches de la troposphère voisines du sol est estimée à 10^{11} kW. L'énergie éolienne dénommée à tort « nouvelle » est une énergie naturelle dont l'usage par l'homme remonte à la plus haute antiquité. Les navires à voile existaient déjà au début du Néolithique et les moulins à vent étaient utilisés par les Perses il y a plus de 4 000 ans! ◆ **érosion** ~ : voir Érosion. ◆ **zone** ~ (*wind zone*) : zone

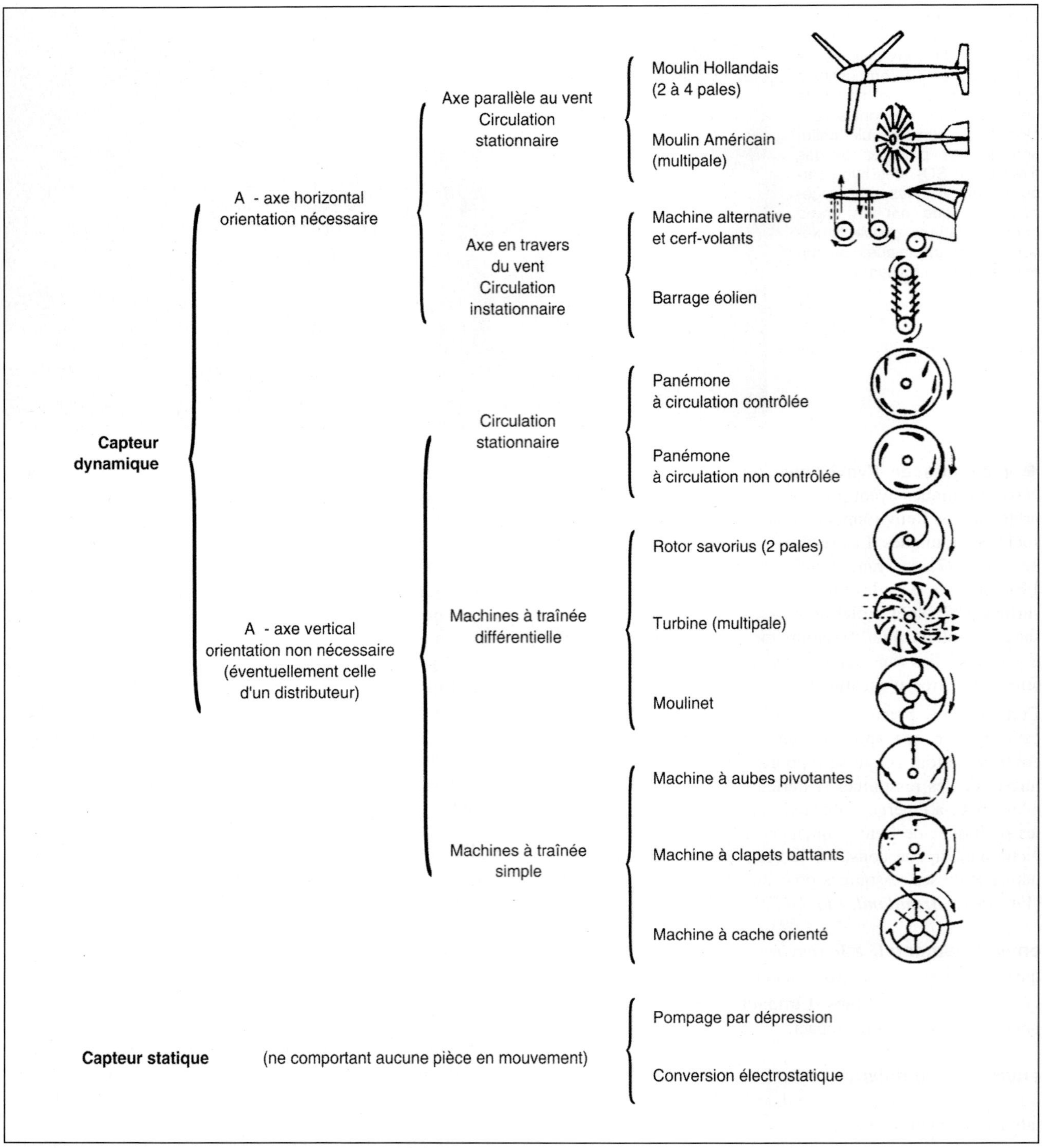

Principaux types d'**éoliennes**. (D'après Ramade F., *Écologie des ressources naturelles*, Masson, 1981, p. 80)

des montagnes située aux plus hautes altitudes, occupée par les neiges éternelles donc au-dessus de la limite supérieure de la végétation. Elle constitue de ce fait une zone dite parabiosphérique car aux frontières extrêmes de la biosphère. (***Voir aussi Biosphère, zonation altitudinale de la***)

éon, n. m. (*eon*). La plus grande unité de temps utilisée en géologie, en paléoécologie et en astrophysique. Les géologues de langue anglaise utilisent ce terme, qui peut englober plusieurs ères successives, pour désigner l'une des fractions majeures en lesquelles on peut diviser l'histoire de la Terre. Un éon correspond à une durée qui peut atteindre voire dépasser le milliard d'années. On distingue l'éon cryptozoïque qui correspond à la première moitié du Précambrien, l'éon protérozoïque (de – 2,5 milliards d'années à – 0,54 milliard d'années) et l'éon phanérozoïque qui s'étend du début de l'ère primaire jusqu'au Quaternaire, y compris l'époque actuelle. Certains géologues font de la première période du Précambrien, l'Hadéen, un éon particulier, dénommé Azoïque, qui a duré environ 0,5 milliard d'années depuis la fin de la condensation de la Terre (– 4,55 milliards d'années jusqu'à – 4 milliards d'années). (***Voir aussi Géologique***)

éosère, n. m. (*eosere*). **1.** Phase précoce d'une succession écologique. **2.** Succession écologique qui s'est effectuée sur des durées de temps considérables correspondant à celles des étages géologiques.

Eotetranychus. Nom scientifique d'un genre d'Acariens appartenant à la famille des *Tetranychidae*.

éozoïque, adj. (*eozoic*). Désigne la période initiale du Précambrien marquée par l'apparition de la vie et les tout premiers stades de son évolution.

EPA (*Environmental Protection Agency*). Agence Nord-américaine équivalente aux ministères de l'Environnement des pays d'Europe occidentale.

épandage, n. m. (*sewage farm*, Am. : *landfill*). Technique de fertilisation fondée sur la dispersion des eaux usées d'origine domestique sur des terres cultivées. Elle a été fort employée jusqu'au milieu du XXe siècle pour traiter des effluents urbains. Dans la région parisienne, au XIXe siècle, elle était à l'origine d'une florissante horticulture dans la région d'Achères.

éperlan, n. m. (*smelt*). Poisson de la famille des *Osmeridae* qui vit sur les côtes du Nord-Ouest de l'Europe ainsi que dans les estuaires des fleuves non pollués.

épervier(s), n. m. (*sparrow hawk*) (n. sc. *Accipiter sp.*). Genre de rapaces diurnes de l'ordre des Accipitériformes, inféodés aux habitats forestiers. Les éperviers présentent un fort dimorphisme sexuel, les femelles étant nettement plus grandes que les mâles, ce qui est inusuel chez les Vertébrés homéothermes.

éphémères, **1.** n. f. (*mayflies*). Insectes de l'ordre des Éphéméroptères. Voir Éphéméroptères. **2.** adj. (*ephemeral*). Désigne une espèce végétale ou animale dont la longévité potentielle et (ou) l'espérance moyenne de vie des adultes est faible. Le terme vient d'ailleurs des Éphéméroptères dont l'espérance moyenne de vie des imagos de certaines espèces n'est que de quelques jours. Certains d'entre eux sont en fait capables de vivre en dormance pendant des durées considérables, de reprendre leur activité et d'achever leur cycle vital en un très bref intervalle de temps – le mois voire la semaine – quand les conditions environnementales deviennent favorables. Le terme est parfois pris à un sens très large et désigne toutes les espèces vivantes ayant une ou plusieurs générations par an. ***(Voir aussi Cycle)***

éphémérophyte, n. f. (*ephemerophyte*). Espèce végétale faisant partie du groupe adaptatif des thérophytes, inféodée aux biotopes désertiques, capable de boucler son cycle biologique après une pluie en quelques jours ou quelques semaines. ***(Voir aussi Thérophyte)***

Éphéméroptères, n. sc. Ordre d'insectes hétérométaboles, dont les formes larvaires, entièrement inféodées aux écosystèmes limniques, nécessitent en général pour leur développement deux à trois années, parfois plus. À l'opposé, les adultes ne vivent que pendant une brève période reproductive – dont la durée est de tout au plus trois semaines,

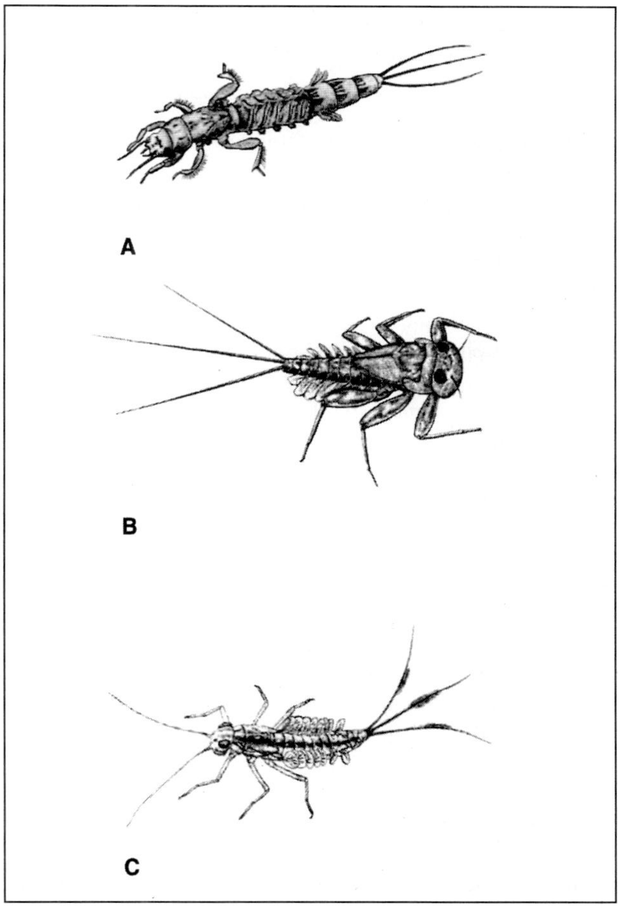

Représentation de quelques groupes dominants d'**éphéméroptères** : **A**. *Coenidae*. **B**. *Ecdyonuridae*. **C**. *Baetidae* (*Cloeon dipteron*). (D'après Elliott et al., *Larvae of British Ephemeroptera*, Freshwater Biol. Ass., Windermere, Scient. Pub., n° 49, 1988, p. 24 et 26)

mais souvent à peine quelques jours, d'où leur nom vernaculaire d'éphémères.

Les Éphéméroptères constituent un groupe dominant dans les communautés dulçaquicoles. Ils jouent un rôle essentiel dans l'alimentation de nombreuses espèces de poissons à régime prédateur.

Très sensibles à la pollution des eaux tant par des matières organiques fermentescibles – car très exigeantes en oxygène dissous – que par des composés chimiques toxiques, les éphémères constituent d'excellents bioindicateurs de pollution. Leur raréfaction ou *a fortiori* leur absence indique une nette diminution de qualité des eaux continentales (bioindicateurs dits négatifs). ***(Voir aussi Bioindicateur)***

Éphydrides, n. m. (*brine flies*) (n. sc. *Ephydridae*). Famille de Diptères propre aux milieux aquatiques. Certaines espèces vivant dans l'eau des sources thermales, figurent parmi les animaux les plus sténothermes des milieux chauds. Les larves d'un Éphydride de Java peuvent croître dans des eaux dont la température moyenne est de 57 °C!

épibenthique, adj. (*epibenthic*). Désigne un organisme vivant à la surface du substrat meuble ou rocheux au fond d'un biotope limnique ou de l'océan.

épibenthos, n. m. (*epibenthos*). Communautés des organismes vivant fixés à la surface du fond d'un lac ou des mers.

épibionte, n. m. (*epibiont*). Organisme vivant fixé sur un substrat aérien ou aquatique de nature minérale ou vivante sans interaction positive ou négative avec ce dernier.

épibiontique, adj. (*epibiontic*). Désigne des taxa endémiques anciens qui ont eu par le passé une vaste aire de distribution géographique et qui occupent à l'époque actuelle une aire restreinte. **(*Voir aussi Endémisme*)**

épibiose, n. f. (*epibiosis*). Propriété caractérisant au plan écologique les épibiontes.

épibiotique, adj. (*epibiotic*). Désigne des espèces se développant à la surface d'organismes vivants.

épicéa(s), n. m. (*spruce*) (n. sc. *Picea sp.*). Genre de Conifère, de la famille des Pinacées, de distribution géographique holarctique, qui se développe dans les montagnes d'Eurosibérie et d'Amérique du Nord ainsi que dans les forêts boréales (taïga) sur ces deux continents. En Europe, *Picea excelsa* constitue l'espèce dominante des forêts de l'étage subalpin. **(*Voir aussi Picea*)**

épicole, adj. (*epicolous*). Désigne un organisme qui vit fixé à la surface d'un végétal ou d'un animal en utilisant ce dernier comme substrat inerte et n'ayant de ce fait avec lui qu'une liaison mécanique de type neutralistique.

épidémie(s), n. f. (*epidemic*). Affections contagieuses microbiennes ou virales susceptibles de se répandre rapidement dans une population animale et d'y provoquer une forte mortalité. Les épidémies constituent des facteurs biotiques catastrophiques de régulation des effectifs des espèces animales. **(*Voir aussi Démoécologie*)**

épidémiologie, n. f. (*epidemiology*). Discipline dont l'objet est l'étude des caractère propres aux épidémies, à leur distribution et à leur évolution ainsi que l'étude des facteurs qui sont à l'origine de l'apparition de la maladie.

épidémique, adj. (*epidemical*). Qui se rapporte aux épidémies. ◆ **développement** ~ (*gradation*) : phase d'expansion d'une épidémie dans les populations contaminées qui est également dénommée gradation. ◆ **explosion** ~ (*outbreak*) : développement soudain et explosif, dans une population, d'une épidémie localisée à la fois dans l'espace et dans le temps.

épifaune, n. f. (*epifauna*). Faune adaptée à vivre en surface de substrats vivants.

épigame, adj. (*epigamous*). Voir Épitoque.

épigamie, n. f. (*epigamy*). Voir Épitoquie.

épigamique, adj. (*epigamic*). **1.** Désigne un caractère déterminé par des facteurs extrinsèques, donc non génétiques, dont l'action se manifeste au cours du développement embryonnaire ou post-embryonnaire. Le déterminisme du sexe dans les colonies d'Hyménoptères sociaux est par exemple épigamique, les individus devenant des ouvrières ou des femelles fécondes (= reines) selon la nature de l'alimentation reçue au cours de leur vie larvaire. **2.** Caractère qui sert à attirer l'individu du sexe opposé au cours des phénomènes écoéthologiques caractérisant la parade nuptiale et l'accouplement chez les animaux.

épigée, adj. (*epigean*). Désigne un être vivant ou un processus écologique se développant au-dessus de la surface du sol. **(*Voir aussi Organisme*)**

épigène, adj. (*epigenic*). Processus qui s'effectue à la surface ou à l'intérieur du sol.

épilimnion, n. m. (*epilimnion*). Zone d'un biotope limnique (lac par exemple) constituée par la couche superficielle des eaux, située au-dessus de la thermocline.

epilimnique, adj. (*epilimnic*). Désigne ce qui se rapporte à l'épilimnion.

épilithique, adj. (*epilithic*). Qui croît à la surface de roches et autres substrats durs.

épinastie, n. f. (*epinasty*). Phénomène de croissance des végétaux caractérisé par le fait que certains organes se courbent vers le bas par suite de la croissance plus rapide de la face supérieure par rapport à la face inférieure.

épinecton, n. m. (*epinekton*). Animal attaché à des organismes nectoniques mais qui garde son autonomie de mouvements.

épinectonique, n. m. (*epinectonic*). Désigne les particules organiques présentes dans les eaux superficielles océaniques.

épineuston, n. m. (*epineuston*). **1.** Organismes qui vivent à l'air à la surface du film marquant la limite entre l'atmosphère et l'eau. Tel est par exemple le cas de punaises aquatiques comme les Gerridés. **2.** Particules organiques présentes à la surface des eaux superficielles océaniques.

épineustonique, adj. (*epineustonic*). Désigne ce qui concerne l'épineuston.

épineux, n. m. (*spinose*, *thornshrubs*). Végétaux ligneux pourvus d'épines généralement adaptés à des milieux arides.

épipedon, n. m. Couche supérieure du sol, lessivée, et la plus riche en matières organiques.

épipélagique, adj. ◆ **zone** ~ (*epipelagic zone*) : désigne les eaux libres marines constituant la couche la plus superficielle de l'océan mondial.

épipélique, adj. (*epipelic*). Désigne les organismes qui vivent à la surface des sédiments meubles ou à l'interface eau-sédiments.

épiphytes, n. f. (*epiphytes*). Plantes cryptogames (fougères, mousses, lichens) ou phanérogames se développant sur les parties aériennes (troncs, branches) de végétaux ligneux, en particulier des arbres. Dans les forêts tropicales voire pluvieuses tempérées, il se constitue souvent de minuscules poches de sols dits suspendus dans lesquels les épiphytes vasculaires (fougères, phanérogames) fixent leurs racines. Certaines familles de plantes supérieures (Broméliacées, Loranthacées, Orchidées) sont représentées essentiellement par des espèces épiphytes.

Épiphytes (Broméliacées et Filicophytes) dans une forêt du parc naturel régional de la Martinique. (Cliché F. Ramade)

épiphytie, n. f. **1.** Mode de vie des espèces épiphytes. **2.** Maladie des parties aériennes des plantes transmise essentiellement par des champignons phytopathogènes.

épiplancton, n. m. (*epiplankton*). Organisme planctonique propre à la zone épipélagique c'est-à-dire aux premiers 200 m de profondeur.

épipleuston, n. m. (*epipleuston*). Organisme qui vit sur le film superficiel d'un biotope aquatique, la plupart de son corps étant hors de l'eau.

épipotamon, n. m. (*epipotamon*). Ensemble des animaux vivant à la surface des cours d'eau caractérisés par un faible courant.

épipsamon, n. m. (*epipsamon*). Communauté vivante se développant à la surface des biotopes sablonneux.

épirhize, adj. (*epirhizous*). Désigne un organisme vivant à la surface des racines des végétaux.

épirithron, n. m. (*epirithron*). Ensemble des animaux vivant à la surface des biotopes lotiques caractérisés par des eaux fraîches et rapides.

épisodique, adj. (*episodic*). **1.** Désigne un écoulement fluvial transitoire, ne durant qu'une période limitée dans le temps. **2.** Vision théorique de l'évolution considérant qu'elle ne se fait pas de façon continue mais comporte des périodes de calme alternant avec d'autres périodes de radiations évolutives accélérées.

épistasie, n. f. (*epistasy*). **1.** En hydrologie, désigne un écoulement fluvial transitoire, ne durant qu'une période limitée dans le temps. **2.** En génétique, mesure le degré de dominance d'un gène sur un autre gène non allélique.

épitoque, adj. (*epitokous*). Phase du cycle vital d'un Invertébré caractérisée par la maturation des gonades. Ce terme s'oppose aux formes atoques qui sont asexuées et est utilisé pour désigner chez les Annélides polychètes les individus dont l'appareil reproducteur est développé.

épitoquie, n. f. (*epitoky*). Métamorphose au cours de laquelle la forme atoque, asexuée, d'un Invertébré se transforme en forme épitoque. Chez les Annélides polychètes, elle se caractérise par d'importantes transformations morphologiques en particulier au niveau de l'appareil sensoriel prostomial et des parapodes natatoires.

Chez certaines familles (*Eunicidae*), la souche atoque bourgeonne un stolon qui correspond aux formes épitoques dont les individus se détachent pour gagner les eaux superficielles où s'effectue l'essaimage.

épizoïque, adj. (*epizoic*). Animal appartenant à une espèce non parasite vivant fixé sur un autre animal.

épizoïte, n. m. (*epizoite*) (syn. épizoaire). Animal appartenant à une espèce non parasite vivant fixé sur un autre animal qui constitue son substrat (cas des balanes qui vivent fixées sur la tête de certains Cétacés par exemple).

épizoochorie, n. f. (*epizoochory*). Phénomène de dispersion des graines par attachement à la surface du corps d'un Vertébré.

éponge(s), n. f. (*sponge*). Métazoaires diploblastiques constituant l'embranchement le plus primitif des animaux (Spongiaires). La plupart des éponges sont marines ; cependant il existe quelques genres d'eau douce (spongilles d'Europe par exemple) qui constituent des bioindicateurs de la qualité des eaux, les éponges ne pouvant se développer que dans des eaux très pures, exemptes de pollution chimique. (***Voir aussi Spongiaires***)

époque, n. f. (*epoch*). Unité des temps géologiques comprise entre la période et l'âge. Ainsi le Dévonien supérieur est une époque de l'ère Paléozoïque constituant une sous-unité de la période du Dévonien. **(*Voir aussi Age, Période*)**

épuration, n. f. ◆ ~ **des eaux** : voir Eau, Station d'épuration.

équateur, n. m. (*equator*). Lieu géométrique des points situés à la surface de la Terre qui correspond à l'intersection avec cette dernière d'un grand cercle perpendiculaire à l'axe des pôles. Au plan cosmographique, l'équateur se caractérise par une durée constante du jour et de la nuit égale à 12 heures quelle que soit la période de l'année. ◆ ~ **thermique** (*thermal equator*) : lieu géométrique des points où la température moyenne annuelle est la plus élevée du globe. L'équateur thermique est situé très majoritairement au nord de l'équateur. Il frôle même dans le sud du Mexique le tropique du Cancer. **(*Voir aussi Climat*)**

Équidés, n. m. (n. sc. *Equidae*). Famille de Mammifères de l'ordre des Périssodactyles auquel appartiennent le cheval, l'âne, l'hémione, l'onagre et les zèbres.

équienne, adj. (*even-aged*). Désigne en sylviculture un boisement constitué d'arbres ayant le même âge – par opposition aux populations pluriennes dont la structure d'âge est diversifiée. **(*Voir aussi Forêt, Sylviculture*)**

équilibre, n. m. ◆ ~ **biologique** (*biological balance*) : processus par lequel les populations des diverses espèces constituant un peuplement ou une communauté ne présentent pas d'importantes fluctuations de leurs effectifs dans le temps. Cette relative constance de densité résulte de la compétition interspécifique ainsi que des phénomènes de prédation et de parasitisme. **(*Voir aussi Nature*)** ◆ ~ **des communautés** (*communities equilibrium*) : ce concept comporte deux acceptions distinctes. La première désigne le fait que les diverses espèces et peuplements que comporte une communauté présentent une stabilité qui permet à ces entités de coexister indéfiniment dans les mêmes habitats. La seconde désigne l'aptitude de toute biocœnose, du fait de ses capacités intrinsèques d'homéostasie, à retourner à l'état d'équilibre antérieur lorsqu'elle subit une perturbation. Cette dernière est l'expression d'une propriété générale des écosystèmes dénommée résilience. **(*Voir aussi Homéostasie, Résilience*)** ◆ ~ **de la nature** : voir Nature. ◆ **espèce à l'~** (*equilibrium species*) : espèce dont les populations fondent leur stratégie de survie non point sur la dispersion ou le potentiel biotique mais sur leur aptitude à la compétition interspécifique, par exemple dans leur efficacité relative d'utilisation des ressources par rapport aux autres espèces d'une même communauté. ◆ **isocline d'~** (*equilibrium isocline*) : courbe figurée dans un plan euclidien dans lequel est représenté la variation d'effectifs de deux populations en compétition ou de celle d'une proie et de son prédateur dans laquelle la population d'une des deux espèces considérées présente un taux de croissance nul. **(*Voir aussi Isocline*)** ◆ **modèle à l'~** (*equilibrium model*) : modèle donnant une représentation hypothétique ou réelle d'un système écologique dans lequel les divers facteurs critiques agissent de sorte à maintenir la stabilité du système. ◆ **population en ~** (*equilibrium population*) : population dont les effectifs sont stables. **(*Voir aussi Fluctuations, Population*)**

équinoxe, n. m. (*equinox*). Phase du cycle annuel où la durée du jour et de la nuit est égale à toutes les latitudes. Il correspond au moment où le plan formé par l'axe des pôles et sa projection sur l'écliptique est parallèle à celui constitué par un plan perpendiculaire au plan de l'écliptique passant par son grand axe. L'équinoxe de printemps a lieu le 20 ou 21 mars et celui d'automne le 22 ou 23 septembre selon les années. À l'équinoxe, la latitude L d'un lieu donné est le complément de la hauteur h du soleil quand il passe au méridien ($L = 90° - h$).

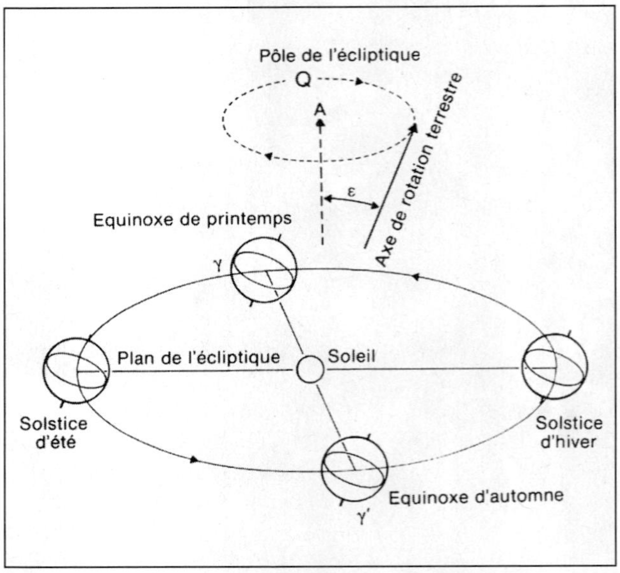

Schéma du cycle de rotation de la Terre autour du soleil avec la position des **équinoxes** et des solstices. γ = point vernal, intersection de l'équateur avec le plan de l'écliptique à l'équinoxe de printemps, ε = angle de l'axe des pôles avec la normale au plan de l'écliptique (ε valait 23°26' en 2001), A = pôle de l'écliptique, Q = cercle de précession des pôles terrestres. (In Ramade F., op. cit., 2e éd., 1994, p. 26)

équirépartition, n. f. (*equirepartition*). Terme parfois utilisé au même sens que celui d'équitabilité.

Équisetales n. f. (*Equisetale*). Ordre de Ptéridophytes, appartenant à la classe des Sphénopsidés, dont les prêles sont les principaux représentants actuels. Au Carbonifère, les forêts de cette époque géologique renfermaient un grand nombre de calamites, arbres d'une dizaine de mètres de haut appartenant à cet ordre, dont la fossilisation a contribué de façon majeure à la formation des dépôts de charbon.

Equisetum (*horsetail*). Nom scientifique des prêles. Cryptogames vasculaires qui se développent dans les sols humides ou temporairement inondés.

équitabilité, n. f. (*equitability*, syn. : *evenness*). Dans tout peuplement ou communauté les diverses espèces ne présentent jamais la même abondance. On dénomme en conséquence par équitabilité *e* la mesure du degré de régularité dans l'abondance relative des effectifs des diverses espèces d'un peuplement. L'équitabilité maximale H'_{max}, aussi dénommée équirépartition, est la diversité observée dans le cas théorique où toutes les espèces d'un peuplement présentent le même nombre d'individus.

On a :

$$e = \frac{H'_{obs}}{H'_{max}} \quad \text{avec } H'_{max} = \log_2 S$$

où H'_{obs} est la diversité observée et S est le nombre total d'espèces présentes dans l'échantillon ou le biotope étudiés. **(*Voir aussi Diversité*)**

équitox, n. m. (*equitox*). Mesure arbitraire du degré de toxicité d'une pollution chimique des eaux consistant à déterminer chez un Crustacé Cladocère, *Daphnia magna*, par dilutions successives, la quantité d'effluent qui provoque l'inhibition de 50 % d'une population de daphnies.

équivalent, n. m. ◆ ~ **écologique** (*ecological equivalent*) : terme désignant des espèces qui se rencontrent dans deux écosystèmes analogues distincts au plan biogéographique mais comparables quant à leur structure et y occupant des niches écologiques identiques. Les bisons dans les steppes d'Amérique du Nord, les hémiones et les antilopes saïga dans celles d'Asie centrale, les nombreuses espèces d'antilopes et les buffles des savanes africaines représentent autant d'équivalents écologiques propres aux écosystèmes de formation herbacée de ces différents continents. ◆ ~ **habitant** (*population equivalent*) : unité arbitraire de mesure de la pollution organique des eaux fondée sur une estimation des quantités moyennes de matières organiques fermentescibles rejetées chaque jour par habitant. Selon la norme européenne, un équivalent habitant correspond à une DBO_5 de 60 g/j/h, à une DCO de 90 g/j/h, à un rejet de MES de 80 g/j/h, à celui de 15 g/j/h en N total et de 4 g/j/h en P total. **(*Voir aussi DBO, DCO, MES*)**

érable(s), n. m. (*mapple*) (n. sc. *Acer sp.*). Arbres paléarctiques dont certaines espèces sont d'un grand intérêt économique. En Europe, le sycomore est très apprécié en ébénisterie pour la qualité de son bois. L'érable à sucre (*sugar mapple*) (*Acer saccharum*), espèce inféodée aux forêts mixtes de conifères et de feuillus du Nord-Est des États-Unis et du Sud-Est du Canada, en particulier au Québec, est cultivé pour la production de sucre obtenu à partir de sa sève élaborée recueillie par saignée au début du printemps.

éradication, n. f. (*eradication*). Action consistant à éliminer totalement d'un territoire donné une espèce considérée comme indésirable. Les tentatives d'éradication des moustiques (Anophèles), vecteurs du paludisme, ou celles de la mouche de Curaçao dans la région des Caraïbes constituent deux exemples, l'un d'échec, l'autre de succès, de campagnes entreprises au cours des dernières années pour éliminer des agents vecteurs de graves affections parasitaires de l'homme et (ou) des animaux domestiques.

ère, n. f. (*era*). **1.** Unité de temps géologique majeure, correspondant, au plan chronologique, aux grandes subdivisions stratigraphiques de l'histoire de la Terre. On distingue cinq ères : l'Antécambrien (– 4,6 milliards d'années à – 545 millions d'années), le Paléozoïque, qui correspond *de facto* au Primaire (– 545 millions d'années à – 250 millions d'années), le Mésozoïque, recouvrant tout le Secondaire (– 250 millions d'années à – 65 millions d'années), et le Cenozoïque qui recouvre le Tertiaire (– 65 millions d'années à – 1,75 million d'années) et le Quaternaire (– 1,75 million d'années à nos jours). Chaque ère est divisée en périodes. Ainsi, le Crétacé représente l'une des trois périodes de l'ère Mésozoïque. **2.** ~ **utile d'un combustible** : période qui sépare la mise en valeur d'un gisement de combustible fossile ou de toute autre ressource minérale et la fin de son exploitation. On considère que l'ère utile de l'utilisation d'un combustible au plan économique commence quand 10% de la ressource a été extraite et finit quand 90% de la totalité des réserves ont été épuisés. **(*Voir aussi Combustibles fossiles, Énergie*)**

érémobionte, n. m. (*eremobiont*). Organisme inféodé aux biotopes désertiques.

érémologie, n. f. (*eremology*). Science ayant pour objet l'étude des déserts aux plans climatologique, géomorphologique et biologique.

érémophile, adj. (*eremophilous*). Qui est propre aux déserts.

érémophilie, n. f. (*eremophily*). Caractéristique des espèces inféodées aux déserts.

érémophyte, n. f. (*eremophyte*). Végétal inféodé aux biotopes désertiques.

erg, n. m. (*erg*). **1.** Terme originaire du Sahara qui désigne un type de formation géomorphologique propre aux déserts chauds, constitué par des étendues de sable vif qui s'accumulent dans des dépressions de faible dénivelée et donnant lieu à la constitution d'immenses champs de dunes actives. À titre d'exemple, le grand erg oriental couvre aux confins du Sud algérien et tunisien une surface proche de 200 000 km^2 ! **2.** Unité de travail dans le système c.g.s et correspondant à une énergie de 10^{-7} Joule.

ergates, n. m. (*ergates*). Désigne la caste des ouvriers dans les diverses familles d'insectes sociaux. Elle est constituée uniquement de femelles stériles dans le cas des colonies d'Hyménoptères sociaux : fourmis, guêpes et abeilles.

ergatogyne, n. et adj. (*ergatogyne*). Individu présentant une morphologie intermédiaire entre les ouvrières et les femelles fécondes dans les sociétés de fourmis, qui peut devenir fonctionnel si la reine vient à disparaître.

ergatomorphe, adj. (*ergatomorphic*). Individu présentant la morphologie des ouvrières chez les Hyménoptères sociaux.

ergot de seigle, n. m. (*ergot*) (n. sc. *Claviceps purpurea*). Affection phytopathogène des céréales qui attaque les épillets et transforme le grain en un sclérote renfermant divers toxiques dont l'ergotamine, substance vasoconstrictrice, pouvant provoquer la mort chez les personnes ayant ingéré des aliments provenant de farines contaminées.

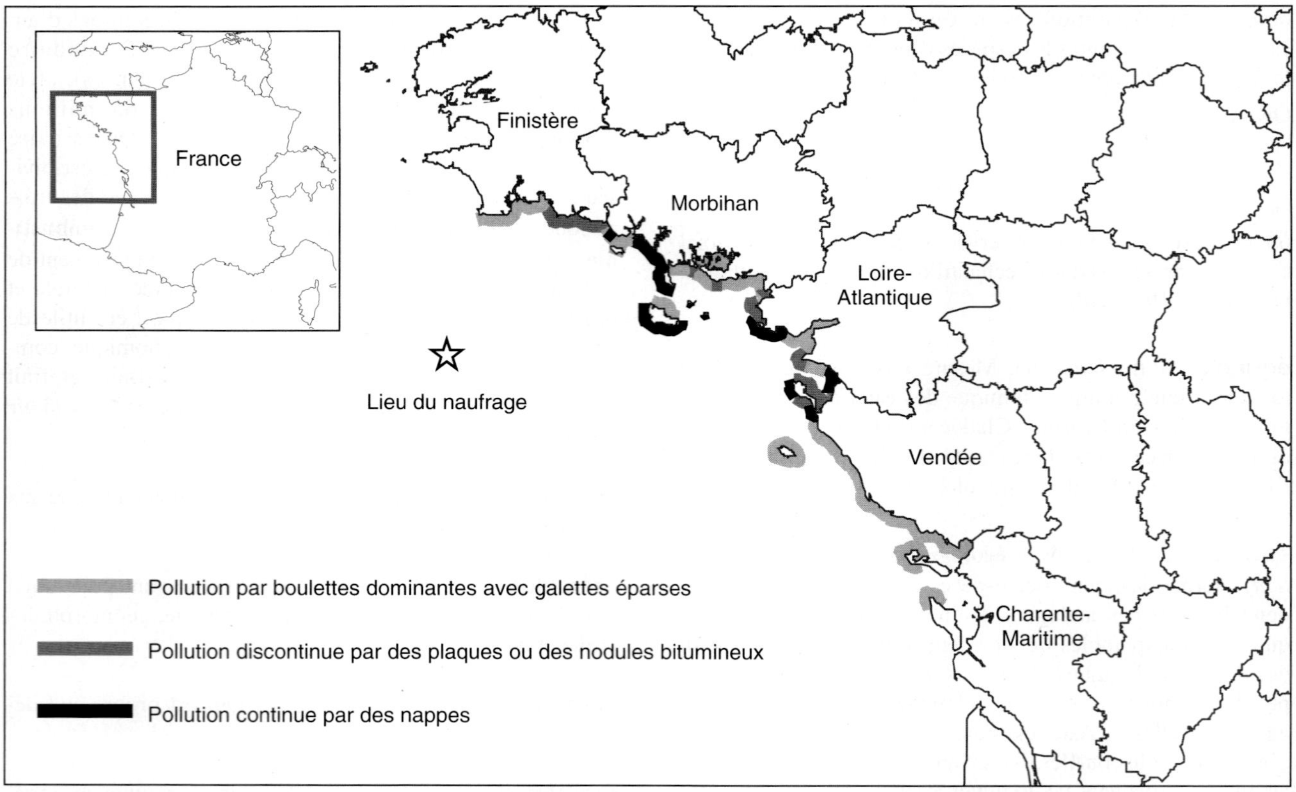

Carte du littoral atlantique montrant l'extension maximale de la pollution provoquée par le naufrage de l'***Erika***. (D'après un document Cedre-IGN, juillet 2000)

Erica arborea. Nom scientifique de la bruyère arborescente, espèce silicicole propre aux maquis méditerranéens.

Éricacées, n. sc. (*Ericaceae*). Famille de végétaux angiospermes à laquelle appartiennent en particulier les bruyères, généralement adaptée à des sols acides. Certaines espèces arborées constituent des écosystèmes forestiers orophiles propres aux montagnes tropicales (*elfinwoodland*).

Ericetum, n. sc. Associations végétales méditerranéennes observées sur sols siliceux.

Erika. Pétrolier sous pavillon de complaisance maltais mais affrêté par Total Fina sans aucun contrôle sérieux de l'état de navigabilité du bâtiment et qui a sombré au large du Morbihan, le 12 décembre 1999, rejetant dans les eaux océaniques quelque 15 000 t de fuel lourd n°2. Ce naufrage a été de ce fait la cause d'une désastreuse marée noire, la côte Atlantique ayant été souillée sur environ 500 km entre Guilvinec au Nord et l'Ile d'Oléron au Sud. Plus de 200 000 oiseaux de mer furent victimes de cette catastrophe écologique. En outre, les parcs à huîtres de certaines zones réputées de conchyliculture telles Marennes-Oléron furent contaminés par ces hydrocarbures, sans omettre les ravages faits par ce types de fuel, d'écotoxicité particulièrement redoutable, liée en particulier à une teneur en HAP très élevée, sur l'ensemble des peuplements benthiques littoraux. **(*Voir aussi Pétrole, Pétroliers*)**

Eriosoma lanigera. Nom scientifique du puceron lanigère du pommier. Introduite d'Amérique du Nord en Europe au siècle dernier, cette espèce a provoqué d'importants dommages dans les vergers de notre continent avant d'être contrôlée par une méthode de lutte biologique.

érodé, adj. (*eroded*). Qui a subit une érosion.

érosif, adj. (*erosive*). Désigne tout facteur qui est susceptible de produire une érosion.

érosion, n. f. (*erosion*). Phénomène résultant de l'action de l'eau ou des vents qui provoque l'enlèvement des couches supérieures des sols, et la dégradation des roches

Photo aérienne de figures d'**érosion** éolienne dans le Colorado. Les bandes diagonales sont constituées par des microdunes qui se sont formées dans les champs exposés à l'érosion. (Cliché F. Ramade)

Photographie aérienne de figures d'**érosion** hydrique des sols dans les grandes plaines de l'Ouest américain (Nebraska). On constate sur ce cliché que la majorité des terres arables a été décapée par l'érosion hydrique. Seules quelques zones visibles, en particulier dans la partie inférieure gauche du cliché, sont épargnées grâce aux cultures en contour, entreprises hélas bien tardivement. (Cliché F. Ramade)

quand le sous-sol affleure, ce qui est par exemple le cas dans les zones de fort relief. ◆ ~ **éolienne** (*wind erosion*) : érosion provoquée par le vent (voir figures p. 288 et 290). Elle atteint son maximum d'intensité dans les régions au climat semi-aride dont les sols de consistance sablonneuse ou limono-sablonneuse sont dépourvus d'éléments grossiers.

La mise en culture de telles terres, qui correspondent à des steppes tempérées ou tropicales (zone sahélienne par exemple), engendre le phénomène des *dust-bowl* décrit aux États-Unis dans les années 1930. La défriche des terres vierges d'Asie centrale dans l'ancienne Union soviétique au cours des années 1950 a conduit également à l'apparition de tels phénomènes d'érosion éolienne sur de vastes surfaces. ◆ ~ **hydrique** (*water erosion*) : érosion des sols provoquée par l'action des précipitations. On en distingue deux variantes : par ruissellement et par lixivation. La première provient de l'arrachage en surface des particules de sol par suite du ruissellement intense des précipitations. La seconde résulte de l'écoulement semi-horizontal de l'eau à l'intérieur des horizons les plus superficiels qui entraîne les particules édaphiques les plus fines. L'érosion hydrique résulte généralement de la mise en culture de sols en pente, mais aussi du surpâturage (qui dénude la végétation, laquelle fixe le sol par ses racines) et *a fortiori* de la déforestation. Le couvert végétal, en particulier celui des forêts, annule par l'action du feuillage l'énergie cinétique des pluies, donc empêche le ruissellement et par conséquent l'érosion hydrique. La strate muscinale qui couvre le sol des forêts ainsi que la litière et l'humus facilitent l'infiltration de l'eau et contribuent aussi à la supprimer.

La destruction du couvert végétal provoque au contraire un ruissellement catastrophique d'où l'érosion des sols. *A fortiori,* la mise en culture de terres dans les régions au relief accusé et les mauvaises pratiques agricoles qui laissent le sol à nu sur de vastes surfaces après la récolte ou qui consistent à labourer dans le sens de la pente, engendrent une désastreuse érosion des sols. On a pu montrer que, même dans des régions tempérées comme les plaines céréalicoles du Bassin parisien, l'érosion hydrique par lixivation peut parfois s'installer sur des terres cultivées dont la pente est inférieure à 1%. ◆ ~ **des sols** (*soil erosion*) : destruction des sols résultant de l'érosion éolienne ou hydrique. À l'heure actuelle, celle-ci constitue un fléau dans l'ensemble du monde. Elle affecte avec une intensité variable mais partout préoccupante tant les pays développés que ceux réputés en voie de développement. L'érosion des sols est maximale dans les régions à climat semi-aride et dans les zones tropicales où la pluviométrie est élevée. Toutefois, elle peut aussi être importante dans des zones tempérées. Ainsi on relève en moyenne dans les plaines du Middle-West américain une perte de sol de l'ordre de 40 t/ha/an sous culture de maïs laquelle, il est vrai, laisse le sol entièrement dénudé après la récolte.

Dans certains pays du monde, la totalité des terres cultivées est vulnérable à l'érosion des sols. Celle-ci détruit au total quelque 29,2 milliards de tonnes de terres cultivables par an dans le monde.

Au rythme actuel, on estime que 30% des terres cultivables de la planète pourraient disparaître dans les prochaines 40 années. ***(Voir aussi Barrage, Eau, Réservoir, Sol)***

Importance de l'érosion des sols dans le monde

Pays	**Surfaces de terres cultivées** (en million d'hectares)	**Pertes totales de sols par érosion** (en millions de t/an)
Etats-Unis	172,6	1 700
Ex-URSS	254,2	2 500
Inde	142,0	4 700
Chine	100,5	4 300
Sous-total	*669,3*	*13 200*
Reste du monde	811	16 030
Total	**1 480,30**	**29 230**

erratique, adj. (*erratic*). **1.** Espèce qui se rencontre de façon très irrégulière, voire aléatoire, à l'intérieur de son aire de distribution. **2.** Bloc de rochers transporté loin de la formation géologique dont il provient généralement à la suite des périodes glaciaires.

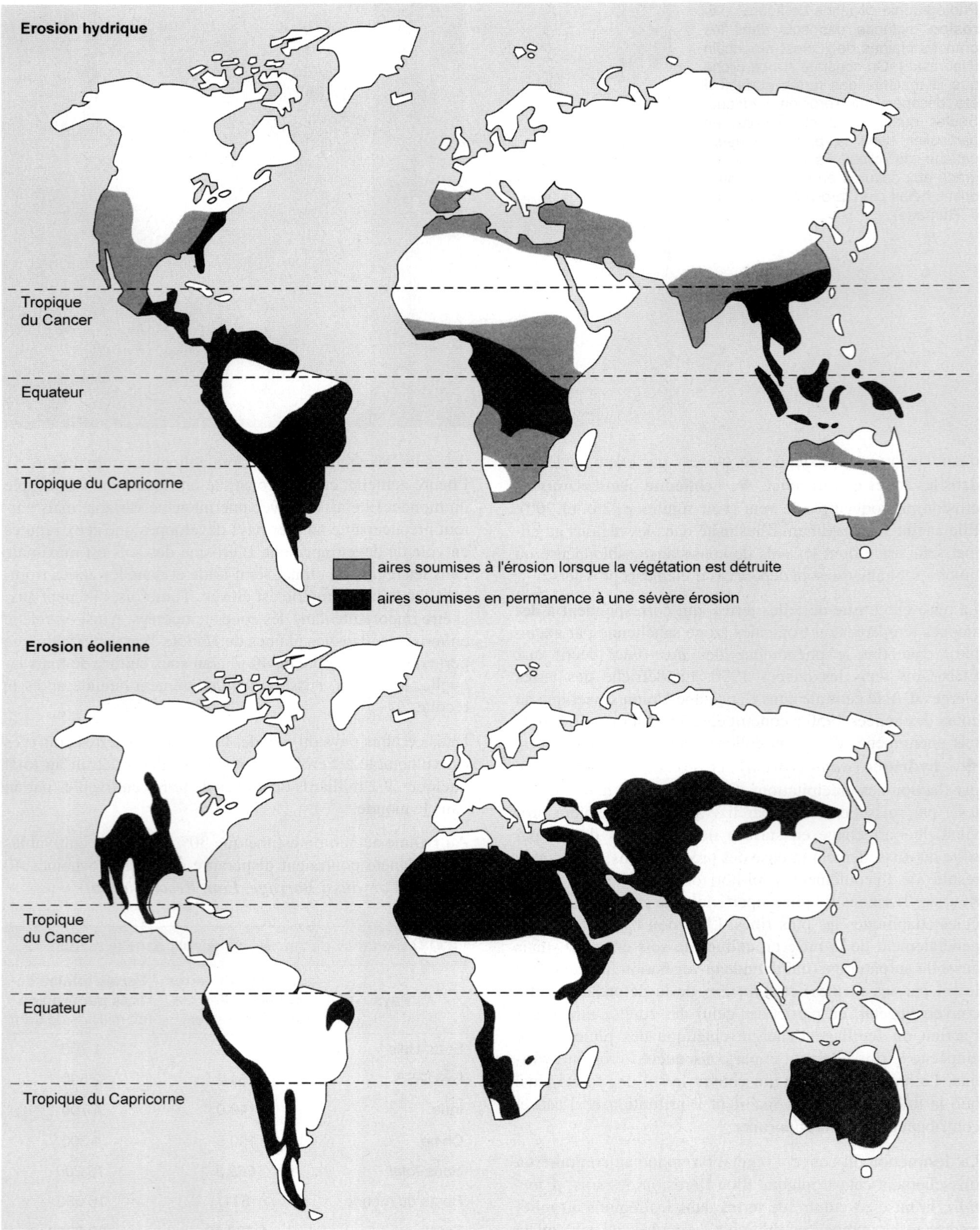

Carte de répartition de la sensibilité des sols à l'**érosion** éolienne et hydrique. (D'après Tivy, in Ramade F., *Écologie des ressources naturelles*, Masson, 1981, p. 209)

éruciforme, adj. (*eruciform*). Désigne tout Invertébré dont le corps a la forme d'une chenille.

érucivore, adj. (*erucivorous*). Désigne un animal prédateur se nourrissant de chenilles.

érucivorie, n. f. (*erucivory*). Type d'alimentation fondé sur la consommation de chenilles.

éruption, n. f. ◆ ~ **volcanique** (*volcanic eruption*) : phénomène généralement catastrophique lié au caractère explosif de l'activité volcanique. Les éruptions s'accompagnent de la projection dans l'atmosphère de quantités considérables de gaz et de particules, qui se chiffrent en millions voire en dizaines de milliards de tonnes pour les plus importantes. Ainsi, l'explosion du Mt Tambora à Sumbawa, dans l'Archipel de la Sonde, en 1815, rejeta 150 km^3 de cendres et autres ignimbrites dans l'atmosphère.

La formation de nuées ardentes, mélange de gaz et de poussières projetés latéralement, qui atteignent 500 km/h sont particulièrement dangereuses. Une d'entre elles fit périr 29 000 personnes à la Martinique lors de l'éruption de la Montagne Pelée en 1902.

L'injection dans la stratosphère de gaz et de cendres par les éruptions volcaniques cataclysmiques interfère avec les climats globaux, chaque grande éruption provoquant une diminution perceptible du flux solaire et des températures moyennes terrestres. Il a été aussi montré, lors de l'éruption du Pinatubo en 1990 aux Philippines que les grandes quantités de SO_2 introduites dans la stratosphère provoquaient la formation de grandes quantités de sulfates dont les cristaux contribuaient – plus encore que les cendres – à la baisse des températures terrestres. En outre, il en résultait une diminution de la teneur en ozone stratosphérique. (***Voir aussi Krakatoa, Tambora, Volcan, Volcanisme***)

Erythroxylon coca. Nom scientifique du coca, arbuste de l'ordre des Linales, originaire des Andes tropicales, qui renferme plusieurs alcaloïdes du groupe du tropane dont la cocaïne. Sa culture est devenue une importante cause de destruction de forêts tropicales de montagne (laurisylves) dans divers états d'Amérique Centrale et du Sud.

ESB. Abréviation d'encéphalopathie spongiforme bovine (*Bovine Spongiform Encephalopathy*). Affection dénommée vulgairement « maladie de la vache folle », apparue pour la première fois en Grande-Bretagne en 1985.

Cette pathologie, qui fait partie des maladies à prions, résulte d'une atteinte dégénérative du système nerveux central, en particulier du cerveau, chez les sujets infestés. Elle se traduit par une dégénérescence des neurones, marquée par une vacuolisation très caractéristique, « en marguerite », du cytoplasme de leur périkaryon, le grand nombre de neurones détruits conférant au stade ultime de l'affection un aspect spongiforme aux cerveaux atteints. De caractère épidémique, l'ESB a été la conséquence de l'alimentation des bovins en élevage intensif avec des farines animales préparées à partir de carcasses de moutons morts d'une autre maladie neurodégénérative à prion, la tremblante. Les spécialistes ont en effet montré que l'ESB est provoquée par un prion qui provient du transfert aux bovins de celui impliqué dans la tremblante du mouton. Selon l'hypothèse de Stanley Prusiner, étayée par de nombreux résultats expérimentaux, le prion est une simple protéine, dont il existe une conformation (structure spatiale) naturelle non pathogène, nommée « PrP-c ». Cette protéine normale est présente à la surface des membranes neuroniques et participe aux processus métaboliques qui interviennent dans la conduction nerveuse. Pour des raisons encore mystérieuses, il est apparu une conformation anormale de cette même protéine (nommée « PrP-res »), le prion

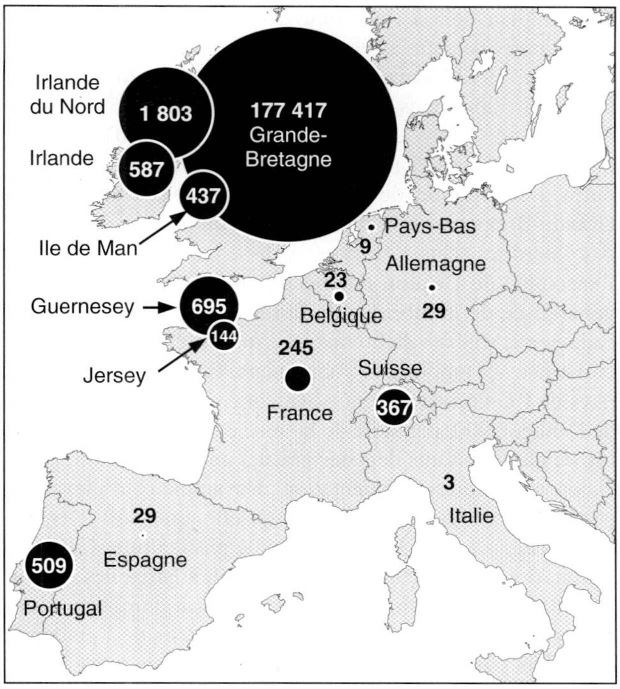

Nombre de cas d'**ESB** recensés à fin février 2001 en Europe occidentale. (D'après Office international des épizooties, in *Le Monde*, 27.02.01)

qui est l'agent causal de l'ESB. Le prion est susceptible d'induire un changement de conformation de la protéine membranaire normale, transmettant son anomalie en quelque sorte de façon analogue à celle d'un agent infectieux. Le prion est non dégradable par les protéases, ce qui explique *pro parte* son aptitude à passer au travers de la barrière intestinale, puis après avoir transité dans le système lymphatique, son accumulation dans les neurones dont il provoque la dégénérescence.

Les maladies à prions sont la cause d'affections neurodégénératives variées chez diverses espèces de Mammifères, en particulier chez l'homme, de la maladie de Creutzfeld-Jacob et du kourou des Papous anthropophages de Nouvelle-Guinée. Outre les bovins, le prion de l'ESB est susceptible de contaminer également de nombreuses espèces de Mammifères (en particulier, les antilopes), la plupart des Rongeurs (sauf le hamster et le lapin), la plupart des Fissipèdes (les chats lui étant notoirement sensibles) mais à l'exception notable du chien, … et l'homme où il provoque une nouvelle variante, atypique, de la maladie de Creutzfeld-Jacob, dont 84 personnes avaient déjà péri en Grande-Bretagne à la fin 2000. ◆ **causes de l' ~** : l'utilisation de farines animales pour l'alimentation du bétail, sans mesures appropriées pour éliminer du circuit de fabrication les cadavres de moutons morts de tremblante puis de bovins morts d'ESB, et préparées sans être chauffées de façon suffisante pour éliminer le risque d'épidémie est l'unique cause de son développement cataclysmique dans le cheptel bovin du Royaume-Uni. Ces comportements irresponsables, voire criminels, ont conduit en 1989 au développement d'une épidémie d'une telle gravité qu'elle a contraint le Ministère de l'agriculture britannique à prendre en catastrophe des mesures drastiques concernant l'alimentation des bovins avec interdiction totale des farines animales dans l'élevage.

On comptait déjà à l'automne 2000 plus de 178 000 animaux morts de cette affection dans ce pays, le pic ayant été atteint en 1992. Mais on dénombrait encore en l'an 2000 plus de 1 500 bovins atteints dans la même année, bien au-delà des prévisions des épidémiologistes qui considéraient que cette épidémie aurait quasiment disparu à cette date. En outre, l'exportation de farines contaminées, à partir de la Grande-Bretagne vers des pays du continent ne les ayant pas interdites dans l'élevage, a disséminé l'affection dans l'ensemble de l'Union européenne où, de plus, la pratique généralisée de la fabrique de farines de viandes à partir de cadavres et d'abats de bovins – ce qui est entre autres le cas en France – a amplifié le phénomène. Pratiquement tous les pays de l'Union européenne avaient finalement pris à la fin de l'année 2000, par suite de la mise en évidence d'un nombre de cas croissants dépistés grâce à un test du prion, la décision d'interdire l'alimentation des animaux d'élevage à partir de farines de viande – qu'elle que soit l'espèce concernée, y compris les poissons de pisciculture. Cette décision, dont il est actuellement question à Bruxelles... pour savoir si elle doit être définitive au niveau européen, s'imposait pourtant dès 1989, date où l'ampleur de l'épidémie avait déjà contraint la Grande-Bretagne à prendre une telle mesure. Prise dès cette époque, cette décision aurait certainement conduit à limiter considérablement l'extension de l'affection, donc l'impact économique désastreux qu'il présente déjà pour l'élevage européen, sans parler des conséquences sanitaires pour l'homme, présentes et à venir. L'affaire de l'ESB, survenant après le scandale de l'antibiosupplémentation systématique de la nourriture des animaux d'élevage, celui des « veaux aux hormones » œstrogènes, des porcs aux tranquilisants, des dindes aux sulfamides, des poulets aux dioxines, etc. , illustre de façon spectaculaire et dramatique, étant donné les conséquences prévisibles pour l'hygiène publique, à quelles aberrations conduit depuis plusieurs décennies le développement de pratiques agricoles ultra-industrialisées, anti-écologiques par essence, dont la seule motivation est la recherche des rendements et des profits maximaux quels qu'en soient les coûts environnementaux et humains. **(*Voir aussi Agriculture, OGM*)**

escarpement, n. m. (*scarp*). Terme de géomorphologie désignant une pente très abrupte supérieure à 45°. ◆ ~ **de faille** (*fault-line scarp*) : versant à pente très abrupte situé sur une zone de faille.

Escherichia coli. Nom scientifique du colibacille. Bactérie coliforme thermorésistante, capable de croître à 44 °C, qui est commune dans le tube digestif de l'homme mais aussi dans les eaux présentant une pollution microbiologique. Elle constitue un indice de contamination des eaux par des matières fécales. De nombreux sérotypes et souches de cette bactérie sont pathogènes. Ils causent des colibacilloses, affections du tube digestif (gastro-entérites) et des voies urinaires, dont certaines sont récidivantes et particulièrement rebelles aux traitements antibiotiques. Assez souvent, les colibacilloses urinaires ne sont pas dues à l'eau de boisson mais à une invasion du système urogénital par des bactéries provenant de la propre flore intestinale du patient. **(*Voir aussi Colibacille*)**

esclavagisme, n. m. (*esclavagism*). Forme d'interaction entre espèces différentes se traduisant chez certaines espèces de fourmis par le pillage des nids d'une autre espèce afin de capturer des larves qui seront ensuite utilisées comme ouvrières dans la colonie de l'espèce dominante.

Ésocidés, n. m. (*pikes*). Poissons prédateurs propres aux écosystèmes limniques dont les brochets sont les représentants les plus connus de la famille.

Esox lucius. Nom scientifique du brochet d'Europe. Cette espèce peut atteindre 1,5 m de long. Superprédateur situé au sommet de longues chaînes trophiques, le brochet est un important bioaccumulateur de pollution des eaux. En Suède, les brochets provenant des 80 districts du Sud du pays, les plus pollués renfermaient en moyenne 4 ppm de mercure par exemple au cours de la dernière décennie. **(*Voir aussi Mercure*)**

espace, n. m. ◆ ~ **écologique** (*ecological space*) : concept théorique relatif à la théorie de la niche écologique. Celui-ci est constitué par un espace à *N* dimensions qui correspondent à la totalités des diverses ressources susceptibles d'être utilisées par l'ensemble des espèces d'un peuplement ou d'une communauté. **(*Voir aussi Hypervolume, Niche écologique*)** ◆ ~ **rural** (*rural habitat*) : ensemble des biotopes situés dans les régions où se pratique l'agriculture ou l'élevage. Ils englobent donc non seulement les prairies et les champs mais aussi tous les milieux interstitiels y compris les bosquets et les bois ainsi que les friches incluses dans les zones d'agriculture. ◆ ~ **sensible** (*sensitive area*) : terme utilisé en planification environnementale pour désigner une aire donnée renfermant des habitats fragiles devant bénéficier de mesure de préservation et (ou) d'une protection contre les pollutions allochtones. Une zone humide, un boisement relique constituent par exemple des espaces sensibles. Il en est *a fortiori* de même de l'ensemble des zones présentant une biodiversité exceptionnelle et répertoriées dans l'Union européenne dans le cadre du réseau Natura 2000.

espèce(s), n. f. (*species*). Unité taxonomique fondamentale dans la classification du monde vivant. La définition la plus simple d'une espèce est à la fois démoécologique et génétique : une espèce est constituée par l'ensemble des individus appartenant à des populations interfécondes échangeant librement leur pool de gènes mais qui, à l'opposé, ne se reproduisent pas avec les individus constituant les populations d'autres taxa voisins qui appartiennent au même peuplement. ◆ ~ **clef-de-voûte** (*keystone species*) : à l'intérieur d'une communauté existent des espèces qui, sans être nécessairement les plus abondantes – ou les plus spectaculaires par leur taille – jouent un rôle essentiel car elles assurent la structuration de la communauté et en conditionnent même la richesse spécifique.

Un exemple de cette notion d'espèce clef peut être donné dans une biocœnose lacustre par les salmonidés (truites, ombles, etc.) qui en constituent l'un des éléments importants. En l'absence de prédation par les truites, la communauté planctonique est peu diversifiée ; elle est constituée

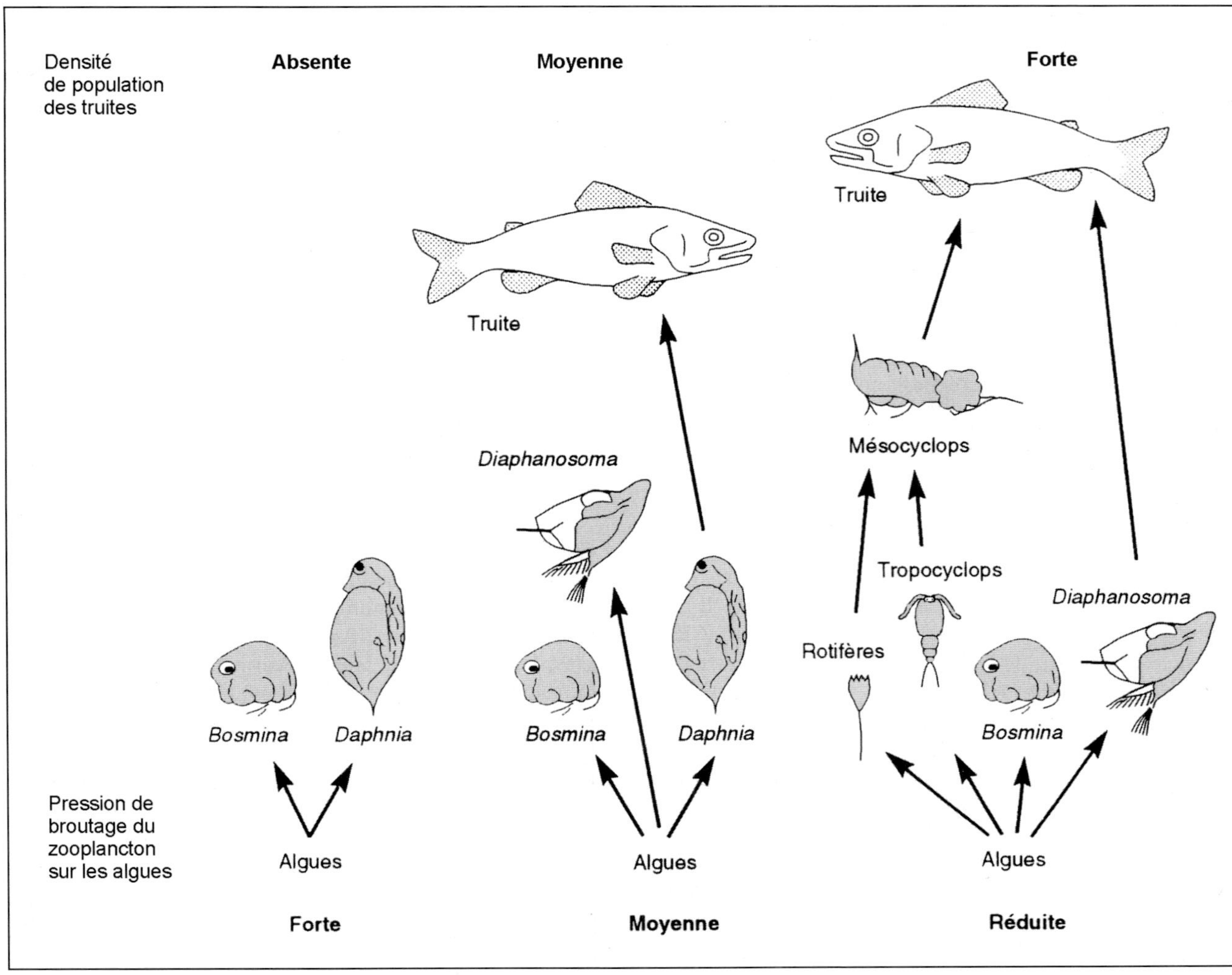

Notion d'**espèces**-clef de voûte. Schéma montrant le rôle des truites comme espèce-clef dans la structuration de la communauté zooplanctonique d'un lac. Plus la pression de prédation des truites est forte, plus le zooplancton se diversifie car cette prédation diminue l'influence dominante des Cladocères *Daphniidae* dans la compétition interspécifique des espèces du zooplancton herbivore. (D'après Kerfoot et De Moott, 1985 in Ramade F., *Précis d'écotoxicologie*, Masson, 1992, p. 95)

de façon monotone par des Cladocères, essentiellement des daphnies qui excluent les autres espèces écologiquement voisines. Si la densité de truites est moyenne, leur prédation sur les daphnies, principaux zooplanctontes brouteurs du phytoplancton, diminue l'intensité de cette compétition interspécifique et permet une diversification de la communauté zooplanctonique avec multiplication d'autres espèces de Cladocères moins consommées par les truites et de Copépodes.

Pour une forte intensité de prédation, cette diversification devient maximale avec apparition d'espèces de Crustacés prédatrices du zooplancton.

Les Salmonidés, même s'ils sont loin d'être dominants en biomasse dans un lac, sont donc bien les espèces clef-devoûte qui structurent les peuplements zooplanctoniques de ce dernier.

Les animaux pollinisateurs des plantes constituent de la même façon des espèces clefs pour la structuration des peuplements végétaux. Dans les forêts pluvieuses tropicales, on a pu montrer que les chauve-souris nectarivores sont aussi des espèces clefs de certains peuplements car elles seules peuvent assurer la pollinisation de diverses espèces d'arbres. ◆ ~ **dominante** (*dominant species*) : espèce dont l'abondance est prépondérante dans un peuplement ou une communauté. Ainsi, dans une forêt caducifoliée tempérée, on dira du hêtre ou encore des gnous dans un peuplement d'ongulés des savanes de l'Est africain qu'ils sont dans leur communauté respective l'espèce dominante. **(*Voir aussi Dominance*)** ◆ ~ **en danger** (*endangered species*) : voir Extinctions. ◆ ~ **endémique** : espèce qui ne se rencontre que dans une aire biogéographique de surface limitée. Les îles tropicales sont particulièrement riches en espèces endémiques. ◆ ~ **exotiques** (*exotic species*) : espèces dont l'aire d'origine est généralement très éloignée, située sur un autre continent, par rapport à un biotope où elle se retrouve accidentellement. Ces espèces sont donc totalement étrangères au nouvel environnement dans lequel elles ont généralement été introduites par l'action de l'homme. Les espèces introduites peuvent devenir envahissantes, provoquant en certains cas de véritables catastrophes écologiques dans les écosystèmes où elles se sont acclimatées. **(*Voir aussi Envahissante, Introduction, Invasion*)** ◆ ~ **menacée** (*threatened species*) : espèce dont les populations sont en déclin sur l'ensemble de son aire de distribution géographi-

Bases quantitatives de la classification des espèces menacées de disparition en fonction du degré de danger d'extinction (D'après UICN, 1994)			
	Catégorie de risque		
Etat de la population	**Critique (CR)**	**En danger (EN)**	**Vulnérable (VU)**
Probabilité d'extinction	> 50% en 5 ans ou 2 générations	> 20% en 20 ans ou 10 générations	> 10% en 100 ans
Effectif de la population totale	< 250	< 2 500	< 10 000
Nombre et effectif des sous populations	≤ 2 et > 125	≤ 2 et > 1 250	≤ 2 et > 5 000
Déclin observé	> 20% par an ou 50% en une génération	> 5% par an ou 10% par génération	> 1% par an au cours des 10 dernières années
Déclin prévisible	> 20% en 3 ans	> 20% en 5 ans	> 10% en un siècle
Effet de catastrophe démographique donnant un « crash » des effectifs	> 50% chaque 5 à 10 ans ou 2 à 4 générations	> 20% chaque 5 à 10 ans ou 2 à 4 générations	> 10% chaque 5 à 10 ans ou 2 à 4 générations (ou 50% en 50 ans)

que et qui est de ce fait en danger de disparition. L'UICN classe ces espèces en trois catégories principales en fonction du degré de la menace (voir tableau ci-dessus). Il distingue des espèces en danger immédiat de disparition (CR = *critical rarefaction*), des espèces menacées d'extinction à brève échéance (EN = *endangered*), et des espèces vulnérables (VU) pour lesquelles la menace, quoique réelle, est moindre. Une quatrième catégorie (LR = *lower risk*) concerne les espèces peu menacées pour lesquelles le risque de disparition est plus faible. À l'opposé, les espèces les plus menacées sont celles déjà éteintes dans la nature (EW = extinct in the wild), dont la survie dépend de leur préservation dans les jardins botaniques ou zoologiques selon le cas. ***(Voir aussi Biodiversité, Extinctions, Protection de la Nature)*** ◆ ~ **occasionelle** (*casual species*) : espèce se rencontrant épisodiquement dans un biotope donné mais qui ne se reproduit pas et s'y maintient uniquement au travers de recolonisations périodiques. ◆ ~ **paravent** (*umbrella species*) : espèce dont le domaine vital est assez large pour que sa protection assure celle des autres espèces appartenant à la même communauté. ◆ **conservation des** ~ (*species conservation*) : voir Protection de la nature. ◆ **extinction des** ~ (*species extinction*) : voir Extinction. ◆ **nombre d'~ vivantes** (*living species*) : voir Biodiversité. ◆ **sauvegarde des** ~ (*species survival*) : voir Protection de la nature.

Espeletia. Nom scientifique de Composées arbustives pouvant atteindre 3 m de haut qui croissent dans les paramos, écosystèmes d'altitude des hautes montagnes d'Amérique tropicale situés au-dessus de la limite supérieure des forêts. Les *Espeletia* sont homologues au plan phytoécologique des *Senecio* et des *Lobelia* des hautes montagnes d'Afrique.

espérance moyenne, n. f. ◆ ~ **de vie** (*average life expectancy*) : notion statistique qui correspond à la probabilité de durée de vie dans une population. En général, ce terme désigne l'espérance moyenne de vie à la naissance. Cependant, on peut aussi calculer ce paramètre pour la durée de vie restante des individus d'une population ayant un âge donné. ◆ ~ **de reproduction** : paramètre mesurant la proportion d'individus d'une classe d'âge donnée qui produisent une descendance. ***(Voir aussi Populations, Tables de survie)***

Esquimau(x), n. m. (*Eskimo*). Peuple aborigène de l'Arctique qui se dénomme lui-même *Inuits*. Les Esquimaux appartiennent au plan anthropologique à la grand-race mongoloïde. Ils ont colonisé l'Amérique du Nord et le Groenland sans doute pendant la période würmienne à un moment où le passage entre l'Asie et l'Amérique était possible au niveau du Détroit de Bering.

essaim, n. m. (*swarm*). Groupe compact d'individus d'une même population d'insectes en déplacement. On parlera par exemple d'un essaim d'abeilles ou de criquets migrateurs.

essaimage, n. m. (*swarming*). **1.** Phénomène propre aux insectes – surtout sociaux – et de façon plus générale aux divers groupes d'Invertébrés grégaires, qui marque la période de reproduction et de dispersion des individus sexués. Ainsi, chez les Hyménoptères sociaux, l'essaimage des

Espeletia dans le Paramo de la Sierrra Nevada de Morena (Venezuela). (Cliché I. Garay)

fourmis et de certains Apoïdes, ou encore celui des termites est suivi de la fondation – réussie ou non – par les jeunes reines d'une nouvelle colonie. Chez les Annélides Polychètes, des phénomènes spectaculaires d'essaimage caractérisent le rapprochement des formes sexuées tels celui des palolos dans le Sud-Ouest du Pacifique tropical. (***Voir aussi Palolo***) **2.** Émigration d'une fraction de la population constituée par un nombre variable d'ouvrières et une jeune reine qui s'observe dans certaines espèces d'insectes sociaux présentant des colonies pérennes. Tel est par exemple le cas des abeilles.

essence(s), n. f. (*gasoline*) **1.** Carburant constitué par un mélange d'hydrocarbures liquides de faible poids moléculaire, essentiellement en C_7, C_8, C_9 et C_{10}. ◆ ~ **sans plomb** (*unleaded*) : essence dépourvue d'antidétonants à base d'alkylplomb, lesquels sont remplacés par certains alcools, des traces de benzène et (ou) une forte proportion d'hydrocarbures ramifiés, ainsi que des esters comme l'ÉthylButylÉther Tertiaire (EBET) qui permet d'éviter la démixion des alcools ajoutés à ce type de carburant. ◆ ~ **avec formulation recherchée** : afin de diminuer encore les émissions de polluants en particulier celle d'oxydes d'azote, de nouveaux carburants ayant un taux plus élevé de composés oxygénés (éthanol, EBTT) et moins de benzène, ainsi qu'une plus faible volatilité sont actuellement à l'étude. **2.** En sylviculture, espèce d'arbre présentant un intérêt sylvicole et peuplant les forêts tempérées et tropicales.

essentiel, adj. (*essential*). Voir Éléments.

ester(s), n. m. (*ester*). Composés organiques résultant de la réaction d'un acide et d'un alcool de formule générale : R_1–CO–O–R_2. Dans les eaux naturelles, on rencontre à l'état dissous divers esters correspondant à l'acide tannique ou encore résultant de la dissolution des matières humiques présentes dans les matières en suspension et dans les sédiments. ◆ ~ **phosphoriques** (*phosphorous esters*) : dérivés obtenus par réaction de l'acide orthophosphorique avec divers composés aliphatiques, aromatiques ou hétérocycliques. (***Voir aussi Insecticides, Organophosphorés***)

estimation, n. f. ◆ ~ **des effectifs d'une population** (*assessment of individuals numbers*) : méthodes permettant d'évaluer l'effectif d'une population d'une espèce dont on ne peut procéder au comptage direct des individus qui la composent pour des raisons de taille ou encore parce qu'ils ne sont pas directement visibles. Dans ces cas, après avoir choisi une technique d'échantillonnage adaptée, on procède par diverses méthodes à l'estimation des effectifs, les plus utilisées étant celles des piégeages et celles des captures et recaptures. Dans des cas plus complexes, on peut utiliser des méthodes indirectes fondées par exemple sur le dénombrement des excréments, les traces laissées sur le sable lors des déplacements nocturnes, ou encore sur le comptage des trous de sortie laissés sur les troncs par des insectes xylophages. (***Voir Méthode, Population***)

estival, adj. (*aestival*). Désigne tout ce qui se rapporte à la période d'été.

estivation, n. f. (*estivation, summer dormancy*). Phénomène de repos estival observé chez diverses espèces d'Invertébrés et caractérisé par un arrêt temporaire d'activité et de développement. Chez les Vertébrés sédentaires, l'estivation désigne des déplacements à l'intérieur de leur domaine vital qui les conduisent à chercher des habitats aux conditions climatiques plus favorables. Cela s'observe par exemple chez des Vertébrés de montagne qui se localisent en altitude pendant la période estivale.

estran, n. m. (*strand, intertidal zone*). Étendue correspondant à la zone de balancement des marées, c'est-à-dire celle comprise entre les plus hautes mers et les plus basses mers de vives eaux. En écologie marine, l'estran correspond aux étages supra-littoral, médio-littoral ainsi qu'à la partie supérieure de l'étage infralittoral situé entre le niveau moyen et le niveau extrême des marées basses. (***Voir aussi Marée***)

Vue de l'**estran** ici constitué de vasières partiellement découvertes à marée basse près de Glannaig (île de Skye, Écosse). (Cliché F. Ramade)

estuaire, n. m. (*estuary*). Zone extrême du cours inférieur d'un fleuve dans laquelle ce dernier se jette dans la mer. En règle générale, un estuaire correspond à un écotone car on y rencontre des espèces pouvant appartenir à l'un ou à l'autre des écosystèmes aquatiques concernés.

Assez restreintes dans les mers aux marées faibles, les zones d'estuaire sont beaucoup plus étendues là où les marées sont importantes, la zone d'eau saumâtre pouvant remonter à plusieurs dizaines de km vers l'amont.

Les estuaires sont des biotopes ayant une forte productivité biologique ; leurs eaux, chargées d'éléments minéraux nutritifs, ayant donc un caractère d'eutrophie marquée. Les estuaires jouent aussi un rôle important pour l'écologie de nombreuses espèces de poissons migrateurs anadromes (saumons, esturgeons par exemple) ou catadromes (anguilles par exemple). ***(Voir aussi Delta)***

esturgeon(s), n. m. (*sturgeon*). Poissons de la famille des *Acipenseridae*, souvent de très grande taille (jusqu'à 5 m) qui viennent se reproduire dans les fleuves aux eaux lentes. La construction de barrages hydroélectriques a été fatale aux populations des diverses espèces d'esturgeons d'Eurasie et d'Amérique du Nord. ***(Voir aussi Acipenseridae)***

établissements industriels classés, n. m. (*inspected polluting industries*). Voir Installation classée.

étage, n. m. ◆ ~ **dominant** (*overstory*) : désigne en écologie forestière les arbres de la strate supérieure, dont le sommet de la frondaison constitue la canopée. ***(Voir aussi Canopée, Stratification)*** ◆ ~ **géologique** (*geological stage*) : ensemble chronostratigraphique constituant une séquence particulière de couches. L'ensemble formé par des étages contigus correspond à une série laquelle équivaut au plan des unités géochronologiques à un âge. ***(Voir aussi Âge stratigraphique)*** ◆ ~ **de végétation** (*vegetation story*) : communauté végétale propre à une gamme d'altitude donnée dans une zone montagneuse. ◆ ~ **de zonation en profondeur** : voir Océan.

étagement, n. m. (*altitudinal succession*). Désigne la zonation en altitude de la végétation et des sols. Le terme est aussi utilisé pour désigner la répartition en profondeur de la flore et de la faune littorale marine. ***(Voir aussi Biosphère, Végétation, Zonation)***

étain, n. m. (*tin*). Élément de numéro atomique Z = 50 et de masse atomique Ar = 118,7 dont le corps simple est un métal de couleur blanc vif, très malléable et fondant à basse température (230 °C). Il existe de nombreux dérivés organiques de l'étain doués de propriétés pesticides qui présentent une redoutable écotoxicité. Tel est en particulier le cas des agents antifouling tels le TBT ou le TPT qui sont à l'origine d'une grave pollution des eaux marines littorales dans certaines zones côtières. ***(Voir aussi Peintures anti-salissure, TBT)***

-etalia. Désinence dénommant en phytosociologie le niveau taxonomique dénommé Alliance.

étang, n. m. (*pond, pool*). Écosystème lentique artificiel créé par endigage. En règle générale, les étangs sont créés en barrant l'émissaire d'une rivière ou d'un marécage palustre préexistant ce qui accroît la superficie de la zone humide considérée. ◆ ~ **d'alevinage** (*fry pond*) : étang utilisé en pisciculture pour y effectuer la fraie et l'incubation des œufs. ◆ ~ **artificiel** (*impounded pond*) : étang créé par construction d'un barrage, contrôlé par des vannes au niveau de l'émissaire d'une petite zone humide. Les étangs sont souvent installés en barrant le déversoir d'un système de marécages. Certains étangs artificiels sont parfois créés *de novo* par creusement puis mise en eau. ◆ ~ **de décantation** (*siltation tank*) : dispositif dans lequel se sédimentent les matières solides en suspension contenues dans un effluent liquide pollué. ◆ ~ **d'oxydation** : voir Bassin, Station d'épuration. ◆ ~ **de stabilisation** (syn. : bassin de ~) : désigne dans une station d'épuration un bassin dans lequel on procède à une oxygénation des eaux usées.

Canards se reposant sur la glace d'un **étang** dans la réserve naturelle de Saclay (Essonne). À la différence de la majorité des écosystèmes lentiques, les étangs sont des biotopes aquatiques artificialisés et parfois même créés par l'homme, essentiellement au travers de l'aménagement de digues et d'un système de vannes permettant à volonté leur vidange ou leur mise en eau. Très utilisés pour les activités piscicoles, ils constituent des habitats de grande importance pour la conservation des Anatidés. (Cliché F. Ramade)

États-Unis (*United States of America*). En tant que plus grande puissance industrielle du monde, les États-Unis sont confrontés à un nombre considérable de problèmes d'environnement souvent de très grande ampleur. Parmi ces derniers, il faut citer la pollution de l'air urbain qui y atteint une importance considérable car elle est accentuée par la déficience chronique des transports en commun et un usage très important des combustibles fossiles pour le chauffage et dans l'industrie.

De façon générale, après une période marquée dans les années 1960 par la création de l'EPA et d'autres organisations gouvernementales chargées de traiter les problèmes d'environnement, la politique américaine de l'environnement s'est beaucoup affaiblie, en corollaire du libéralisme économique sauvage et du désengagement concomitant de l'état depuis la fin des années 1970.

Cela s'est traduit par la poursuite effrénée de la consommation de pétrole et de charbon, une baisse du contrôle gouvernemental sur l'impact environnemental des industries polluantes ou encore sur celui de l'agriculture, ainsi que par une plus faible protection des espèces et des espaces menacés.

Par exemple, il a été tout à fait symptomatique que les États-Unis se soient opposés lors de la conférence du PNUE à Rio en 1992 à la convention sur la protection de la biodiversité et à celle sur les changements climatiques, bien qu'ils les aient certes signées ultérieurement. Cependant, à tout le moins surprenante à été leur position à la conférence de Kyoto de décembre 1997, portant sur la mise en œuvre de la convention relative aux changements climatiques où ils ont proposé l'acquisition de « droits à polluer », en ce qui concerne les émissions de CO_2 aux pays gros pollueurs auprès de ceux qui resteraient au-dessous du quota qui leur serait attribué... Plus récemment, ils ont consacré l'échec de la Conférence de la Haye en décembre 2000, destinée à mettre en œuvre le protocole de Kyoto sur la réduction programmée des émissions globales des gaz de serre. En effet, l'intransigeance de leur position sur ce point s'est avérée désastreuse. Alors que les États-Unis sont responsables du quart des émissions de tels gaz à l'échelle globale, la seule réponse que les délégués de cette nation ont été capables de donner a été la proposition grotesque de compenser une éventuelle augmentation de leurs émissions de CO_2 dans le futur par des plantations d'arbres. Or les écologues forestiers ont déjà montré que ces plantations ne pourraient recycler qu'une fraction très minoritaire des émissions américaines de CO_2 et encore de façon provisoire à l'échelle de quelques décennies, car ces plantations pourraient au bout d'une cinquantaine d'années devenir même des productrices nettes de ce gaz. ***(Voir aussi Climat, CO_2, Serre)***

éteint(e) adj. (*extinct*). Désigne une espèce ou tout autre unité systématique qui a disparu au cours des temps géologiques ou même en période récente. ***(Voir aussi Extinction)***

éthanol, n. m. (*ethyl alcool*). Alcool éthylique (C_2H_5OH). L'éthanol est produit par la fermentation de divers liquides naturels renfermant du glucose. Il est fabriqué par distillation de diverses productions agricoles (mélasses de céréales, de betteraves ou de pommes de terre fermentées, vin), mais aussi par synthèse à partir des hydrocarbures fossiles. L'éthanol est utilisé comme carburant à l'heure actuelle dans certains pays surproducteurs de ce dernier. Il est aussi ajouté aux essences pour fabriquer des essences sans plomb. Depuis le milieu des années 90, l'Union européenne a mis en œuvre un programme de jachères énergétiques destinées à produire des biocarburants, en particulier de l'éthanol, à partir de cultures non alimentaires. ***(Voir aussi Biocarburant, Jachère)***

Éthiopie (*Ethiopia*). Au cours des années 1980, ce pays qui est l'un des plus pauvres en ressources naturelles et des plus surpeuplés d'Afrique a connu à la fois une extension de la désertification et des famines récurrentes qui en furent la conséquence. Ces catastrophes écologiques ont résulté de la conjonction d'une considérable croissance démographique et d'une déforestation démentielle qui a provoqué une dramatique érosion des sols et une extension des déserts. Les provinces du Welo, du Tigré et du Gonder, boisées à 70% au début du siècle ne le sont plus aujourd'hui qu'à 3%. Il en est résulté une désastreuse érosion des sols, avec une perte annuelle de terres arables excédant le milliard de tonnes!

éthiopien, adj. (*ethiopian*) ◆ **empire** ~ : une des zones biogéographiques majeures de la biosphère, l'empire éthiopien correspond à l'ensemble de l'Afrique subsaharienne. ***(Voir aussi Biogéographie)***

ethnobotanique, n. f. (*ethnobotany*). Discipline des sciences naturelles qui étudie l'usage que font de la flore locale les divers groupes humains.

ethnozoologie, n. f. (*ethnozoology*). Discipline des sciences naturelles qui étudie l'usage de la faune locale que font les divers groupes humains aborigènes.

éthocline, n. m. (*ethocline*). Changement progressif dans les caractéristiques comportementales propres à un groupe d'animaux étroitement apparentés – par exemple à l'intérieur d'un même genre.

éthologie, n. f. (*ethology*). Discipline aux frontières de l'écologie qui étudie le comportement des espèces animales et en particulier sa signification et ses réponses adaptatives aux conditions de milieu.

éthologique, adj. (*ethological*). Désigne ce qui concerne l'éthologie.

éthylène, n. m. (*ethylene*). Hydrocarbure insaturé de formule C_2H_4. L'éthylène est utilisé dans la synthèse de nombreux produits chimiques d'usage courant en particulier pour les matières plastiques.

étiage, n. m. **1.** En écologie limnique (*low water*), ce terme désigne le niveau des basses eaux d'un écosystème tant lotique que lentique. **2.** En océanologie (*low tide*), il désigne le niveau le plus bas de la marée.

-etosum. Désinence par laquelle on dénomme en phytosociologie la sous-association.

étourneau, n. m. (*starling*) (n. sc. : *Sturnus vulgaris*). Oiseau de la famille des Sturnidés au comportement anthropophile, ce qui l'a conduit à tirer profit des décharges d'ordures ménagères. Constituant de grandes bandes au moment de la migration, les étourneaux peuvent causer des dommages aux cultures (vignobles, oliveraies pendant la période automnale).

Introduit aux États-Unis au début du siècle, l'étourneau y a envahi tous les habitats qui lui sont favorables, ayant atteint la côte pacifique dès les années 1940. Également introduit en Nouvelle-Zélande, il s'y est comporté comme un redoutable compétiteur par rapport aux espèces aviennes endémiques de ces Iles qui ont été repoussées dans les zones les plus marginales. ***(Voir aussi Introduction)***

étude d'impact sur l'environnement (*environmental impact assessment*). Ensemble des études ayant pour objet d'évaluer l'effet général, tant au plan écologique que sur l'environnement de l'homme, de tout aménagement ayant une importance minimale. Ces études concernent autant les conséquences écologiques de la consommation d'espace et des destructions afférentes liées à ces aménagements que les effets défavorables induits de façon directe sur les biocœnoses voisines ou par le gradient de pollution prévisible lorsqu'il s'agit d'installations à caractère industriel ou agricole (élevages intensifs) ou encore d'infrastructures de transport.

-etum. Désinence utilisée dans la terminologie phytosociologique pour dénommer le niveau taxonomique de l'association végétale. Ainsi, le *Quercetum ilicis* sera l'association végétale du chêne vert dans la province méditerranéenne.

Eubacteria, n. sc. Règne vivant constitué par l'ensemble des Procaryotes à l'exception des *Archaeobacteria*, aujourd'hui classés dans un règne différent par suite de la singularité de leur ARN et de leurs lipides. ***(Voir aussi Archeobacteria, Règne)***

eucalcique, adj. (*eucalcic*). Désigne une eau naturelle neutre ou basique, riche en bicarbonate de calcium et autres éléments alcalino-terreux.

Eucalyptus, n. sc. (*Eucalyptus*). Arbres de la famille des Myrtacés originaires d'Australie où l'on dénombre plusieurs centaines d'espèces de ce genre.

Plusieurs espèces d'*Eucalyptus* adaptées aux climats semi-arides ont été introduites dans de nombreuses régions du monde où elles posent de sérieux problèmes écologiques.

En effet beaucoup d'espèces d'*Eucalyptus* doivent leur résistance à la sécheresse à leur aptitude à aller chercher l'eau avec leurs racines à des dizaines de mètres de profondeur, de sorte que leur action est négative sur la disponibilité de l'eau puisqu'elle assèche les nappes phréatiques.

En outre, leurs feuilles riches en terpènes et tanins sont très difficilement biodégradables et ne donnent pas un humus favorable aux autres espèces arborées.

Obnubilés de nos jours par la recherche inconditionnelle des rendements maximaux à court terme, les forestiers, tant dans les régions tempérées que tropicales du monde, pratiquent un reboisement intensif à l'aide d'*Eucalyptus* dont les conséquences écologiques défavorables seront hélas perçues par les générations qui nous suivront! ***(Voir aussi Reboisement)***

Eucaryotes, n. m. et adj. (*Eukaryotae*). Organismes vivants qui constituent un superrègne vivant par opposition aux Procaryotes (*Monera*). Les Eucaryotes se caractérisent par des cellules possédant un noyau différencié dont l'ADN est inclus dans des chromosomes, par la présence de divers organites bimembranaires (mitochondries par exemple) ainsi que par des filaments inclus dans leur cytoplasme, caractères absents chez les Procaryotes. ***(Voir aussi Monera, Procaryotes, Règnes)***

eugénique, n. f. (*eugenics*). Discipline dont l'objet est d'améliorer par sélection les caractères génétiques d'une population animale dans un but de sélection des caractères présentant un intérêt économique particulier.

euglènes, n. f. (n. sc. *Euglena*). Protozoaires du groupe des Phytoflagellés très abondants dans les eaux douces eutrophes.

eulittorale, adj. (*eulittoral*). ◆ **zone** ~ (*eulittoral zone*) **1.** En limnologie, ce terme est parfois utilisé comme synonyme de l'étage limosal, qui est la partie la plus élevée de la zone riparienne. **2.** En écologie marine, il est synonyme de zone intertidale, encore dénommée zone de balancement des marées.

Eunice fuscata, n. sc. Annélide Polychète du Sud-Ouest du Pacifique tropical qui donne lieu à une période très précise de l'année à des essaimages spectaculaires rassemblant des milliards d'individus. ***(Voir aussi Palolo)***

Euphausia superba, n. sc. Espèce d'Euphausiacées de grande taille, mesurant 5 cm de longueur en moyenne, et représentant le constituant essentiel du krill qui pullule dans l'Océan glacial antarctique et constitue la nourriture principale des grandes baleines à fanons.

Eucalyptus miniatus (parc national de Kakadu, Territoire du Nord, Australie). (Cliché F. Ramade)

Euphausiaceae, n. sc. Famille de crevettes cosmopolites relativement primitives, qui peuvent constituer dans les mers australes les organismes dominants du zooplancton.

euphorbe(s), n. m. (*spurge*) (n. sc. *Euphorbia sp.*). Genre de plantes herbacées et dans les milieux tropicaux souvent arborescentes, de la famille des Euphorbiacées.

Euphorbiacées, n. sc. Famille de végétaux angiospermes aux individus dioïques, la plupart des nombreuses espèces qu'il comporte sont tropicales et certaines sont des Xérophytes donc adaptées à la sécheresse. La majorité des Euphorbiacées sont ligneuses, arborescentes ou arbustives.
Le latex des Euphorbiacées renferme des hydrocarbures du groupe des diènes qui servent de produit de base pour la fabrication du caoutchouc.
Plusieurs espèces, outre l'hévéa, sont d'une grande importance économique, en particulier le ricin (*Ricinus*) et le manioc (*Manihot sativus*). **(*Voir aussi Hevea, Manioc, Sécheresse*)**

Euphorbia characias. Cette **Euphorbiacée** buissonnante et pérenne est abondante dans les garrigues méditerranéennes. (Cliché F. Ramade)

euphotique, adj. ◆ **zone** ~ (*euphotic zone*) : région de l'océan mondial correspondant aux couches les plus superficielles dans lesquelles pénètre la lumière solaire. La zone euphotique présente une profondeur moyenne d'une centaine de mètres mais celle-ci peut ne pas excéder 50 m dans les eaux côtières turbides. **(*Voir aussi Hydrosphère, Lac, Océan*)**

euploïde, adj. (*euploid*). Désigne les organismes ou les cellules qui renferment dans leur noyau l'assortiment normal de chromosomes qui est diploïde (2n) dans l'ensemble des Eucaryotes.

Eurasie (*Eurasia*). Supercontinent constitué par l'ensemble de l'Europe et de l'Asie, entre lesquels n'existe aucune solution de continuité au sens écologique à tout le moins dans le sens est-ouest.

Europe (*Europe*). Continent s'étendant de l'Atlantique au flanc occidental de l'Oural, sur environ 10,5 millions de km^2, l'Europe présente une assez grande variété de types d'écosystèmes allant des toundra boréales au nord aux matorrals semi-arides méditerranéens au sud. L'Europe est le continent où est née et s'est développée l'industrie moderne. En conséquence, il a subi le premier l'impact environnemental des pollutions, à l'action croissante desquelles il est exposé depuis la fin de la Renaissance, l'importance de ces dernières ayant cru depuis cette époque de façon exponentielle jusqu'à une date très récente. **(*Voir aussi Pollutions*)**

Eurosibérie (*Eurosiberia*). Région biogéographique constituée par l'ensemble de l'Europe et des zones tempérées et boréales de l'Asie.

eurosibérien, adj. (*eurosiberian*). Désigne ce qui se rapporte à la région biogéographique de l'Eurosibérie.

eurybathe, adj. (*eurybathic*). Espèce aquatique capable de s'adapter à un fort intervalle de valeur de la pression hydrostatique.

eurybionte, n. m. (*eurybiont*). Organisme tolérant des conditions environnementales très variées.

eurybiontique, adj. (*eurybiontic*). Désigne un organisme présentant une tolérance à un gradient de valeur étendu des facteurs écologiques.

euryhalin, adj. (*euryhaline*). Désigne un organisme aquatique ayant un grand intervalle de tolérance pour le degré de salinité des eaux. Les poissons d'estuaire sont en général des espèces euryhalines, capables de supporter une grande amplitude de salinité comprise entre celle de l'eau de mer et celle de l'eau douce.

euryhalinité, n.f. (*euryhalinity*). Propriété des organismes capables de tolérer de fortes variations de la salinité.

euryhygre, adj. (*euryhygric*) (syn. : euryhygrique). Espèce végétale ou animale pouvant vivre dans un important domaine de variation de l'hygrométrie atmosphérique. Les *Platycerium*, fougères tropicales du Nord-Ouest de l'Australie, constituent un exemple de tels végétaux. Ce sont des espèces épiphytes capables de survivre à la dessication pendant la saison sèche et de reprendre leur développement aux premières pluies.

euryionique, adj. (*euryionic*). Organisme aquatique qui tolère une vaste gamme de pH.

euryœcique, adj. (*euryoecious*). Désigne les êtres vivants présentant une niche écologique très étendue et en conséquence capables de s'adapter à des changements de grande amplitude des facteurs du milieu tant abiotiques que biotiques. S'oppose à sténœcique. **(*Voir aussi Sténœcique*)**

euryoxique, n. m. (*euryoxic*). Organisme aquatique possédant un grand intervalle de tolérance relatif à la concentration en oxygène dissous.

euryphage, adj. (*euryphagous*). Animal ayant un vaste spectre alimentaire.

euryphagie, n. f. (syn. : polyphagie). Voir Polyphagie.

euryphote, adj. (*euryphotic*). Espèce capable de s'adapter à une gamme étendue de variations d'intensité lumineuse dans son biotope naturel.

eurytherme, adj. (*eurythermous*). Être vivant présentant un intervalle de tolérance étendu pour le facteur température. Certaines espèces de plantes ou d'animaux adaptés aux climats à forte amplitude thermique – continentaux et (ou) désertiques – comme le pin sylvestre ou, chez les Insectes, le Ténébrionide du Sahara, *Adesmia metallica*, sont des eurythermes extrêmes capables de vivre dans un intervalle de température excédant 70 °C!

eurythermie, n. f. (*eurythermy*). Désigne des organismes présentant un grand intervalle de tolérance au facteur température c'est-à-dire dont l'amplitude thermique qu'ils présentent entre leur température minimale et maximale d'activité est très élevée.

eurytope, adj. (*eurytopic*). Désigne des organismes capables de vivre dans des milieux marqués par une importante amplitude de variation de leurs facteurs écologiques abiotiques.

euryxène, adj. (*euryxenous*). Terme désignant les espèces de parasites capables d'infester un grand nombre d'hôtes potentiels et de se développer normalement sur ou dans ces derniers.

eusaprobe, adj. (*eusaprobic*). Désigne les eaux présentant une DBO élevée, supérieure à 40 mg/l.

eusocialité, n. f. (*eusociality*). Propriétés caractérisant l'écologie des espèces d'insectes ayant une vie sociale : termites, fourmis, abeilles, etc. Ces sociétés d'insectes sont caractérisées par une organisation en castes dont le déterminisme est à la fois génétique et épigamique ce qui permet la régulation des effectifs de telle ou telle caste dans la colonie en fonction de ses besoins.

eustatiques, adj. (*eustatic*) ◆ **changements ~** (*eustatic changes*) : modifications globales et simultanées du niveau moyen des océans lié à une augmentation de volume ou à l'opposé à une fusion des calottes glaciaires polaires.

Euthériens, n. m. (*Eutheria*). Désigne les Mammifères supérieurs possédant un placenta développé par opposition aux Métathériens (marsupiaux) dont le placenta, primitif, ne permet pas une longue durée de gestation.

eutrophe, adj. (*eutrophic*). Désigne l'état d'un milieu aquatique dans lequel il existe une concentration naturellement élevée des éléments minéraux nutritifs, ce qui entraîne une importante production primaire liée à la prolifération des algues et autres végétaux autotrophes. (***Voir aussi Dystrophie***)

eutrophie, n. f. (*eutrophy*). État caractérisant les écosystèmes aquatiques dont la forte teneur des eaux et des sédiments en éléments minéraux nutritifs assure une très forte productivité biologique et qui sont aussi en conséquence très riches en matières organiques mortes.

eutrophisation, n. f. (*eutrophication*). Phénomène d'enrichissement des eaux continentales ou littorales en sels minéraux nutritifs (phosphates, nitrates, etc.) résultant de phénomènes naturels mais qui peut aussi être induit par une pollution des eaux par des nutriments résultant du rejet d'effluents d'origine urbaine ou des activités agricoles. Les limnologues, en particulier anglo-saxons, différencient souvent l'eutrophisation prise au sens strict, sous le terme de dystrophisation, encore dénommée hypereutrophisation, les conséquences de cette pollution des eaux.

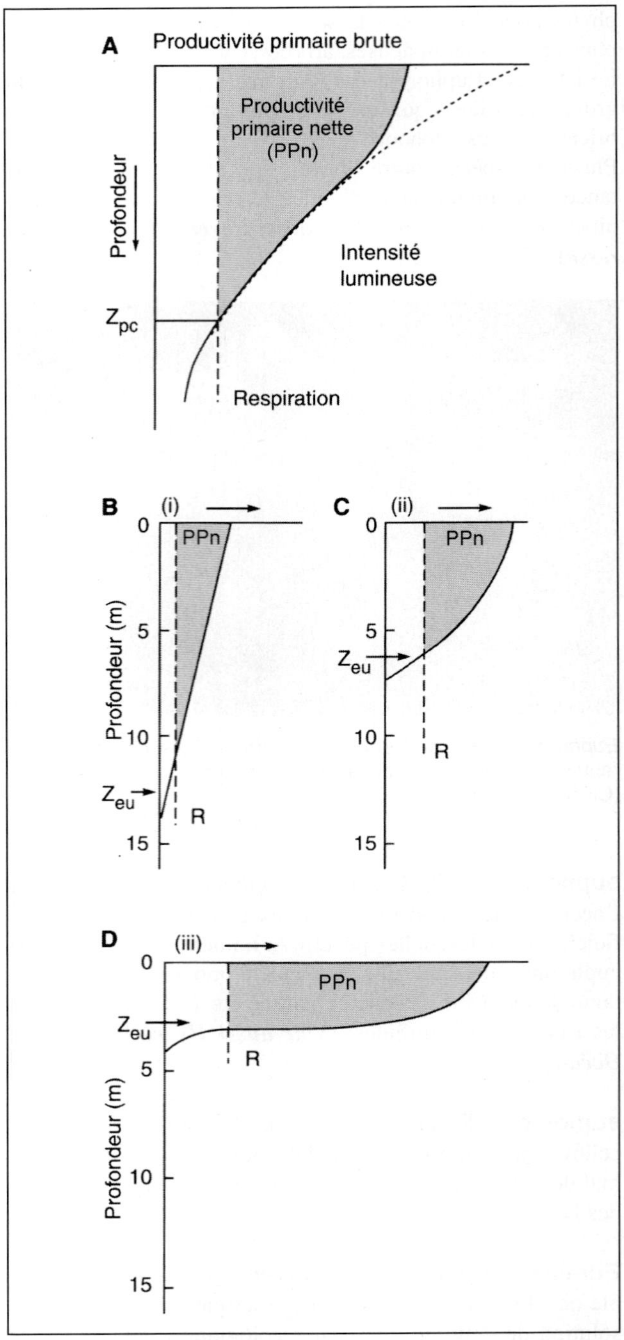

Relation entre le degré trophique et la productivité limnique. Variation de la productivité primaire nette en fonction de la profondeur dans un biotope lacustre au cours du processus d'**eutrophisation**. **A**. Allure générale de la courbe. **B**. Lac oligotrophe. **C**. Lac mésotrophe. **D**. Lac eutrophe. (D'après Ramade F., *Écologie fondamentale*, Ediscience international, 1994, 2e ed., p. 377)

Les principales différences entre les deux processus proviennent de ce que le degré d'enrichissement des eaux en nutriment est en règle générale nettement plus faible et s'effectue à un rythme beaucoup plus lent dans l'eutrophisation que dans la dystrophisation. À l'opposé, la transformation des conditions écologiques propres aux eaux lacustres qui en découle s'effectue à une vitesse bien plus considérable dans la dystrophisation.

L'eutrophisation, prise ici au sens large, c'est-à-dire qu'elle soit d'origine naturelle ou qu'elle provienne d'une pollution des eaux, se caractérise par une prolifération d'algues et autres végétaux aquatiques, donc par une augmentation spectaculaire de la production primaire de l'écosystème limnique considéré.

Au cours du temps, le processus d'eutrophisation va donc faire passer un lac d'un état oligotrophe, où la productivité primaire est faible, à un état mésotrophe où la productivité augmente corrélativement à l'enrichissement des eaux en éléments minéraux nutritifs, enfin à un état ultime eutrophe, caractérisé par une forte productivité primaire des eaux induite par leur forte teneur en nutriments.

Corrélativement, la turbidité des eaux, liée à la richesse en plancton et en particules de matières plastiques s'accroît, ce qui modifie considérablement le profil photosynthétique en fonction de la profondeur.

L'eutrophisation a aussi pour conséquence une accélération du dépôt de matières végétales mortes dans les sédiments, qui conduit à une désoxygénation des couches profondes

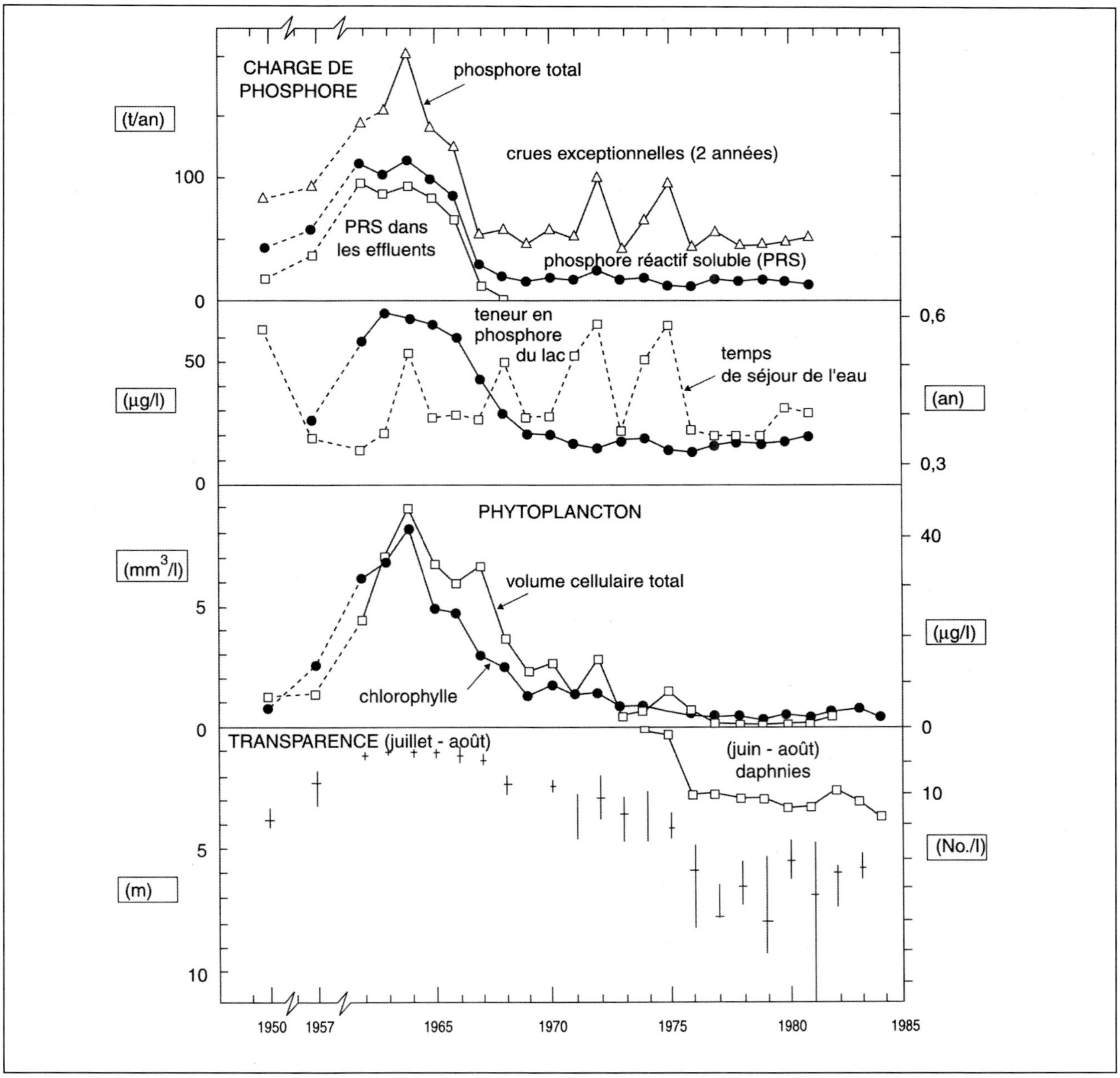

Restauration du lac Washington consécutive à la mise en œuvre de mesures destinées à supprimer les rejets d'effluents et donc de phosphore dans les eaux de ce lac pour mettre un terme à son **eutrophisation**. On constate à partir de 1975 une nette amélioration se traduisant par une diminution considérable de la densité phytoplanctonique et parallèlement une augmentation de la transparence des eaux. (D'après Edmondson, in Ryding et Rast, op. cit., 1989, p. 72)

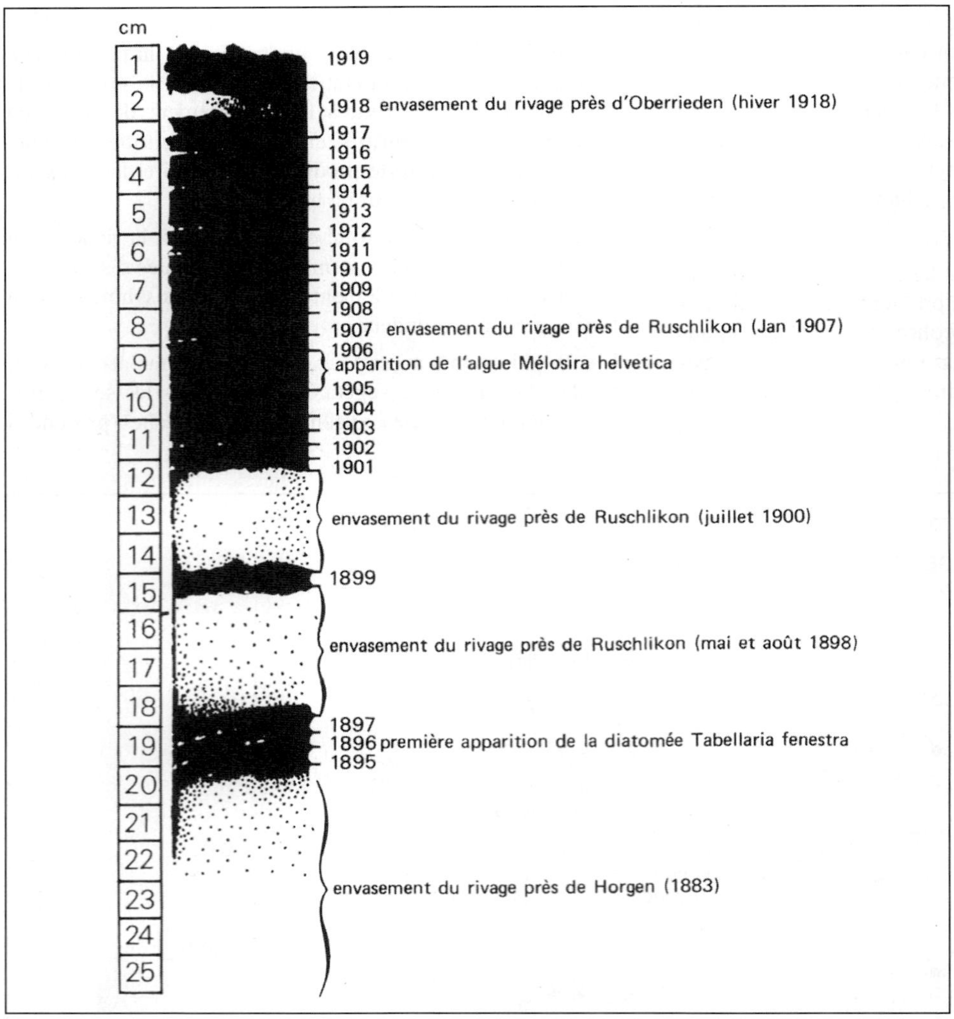

Formation de dépôts noirâtres de sulfure de fer dans les sédiments du lac de Zürich. À partir de 1895, l'**eutrophisation** de ce lac a eu pour conséquence l'apparition de conditions anaérobies qui se sont traduites par des dégagements putrides de H_2S et dépôt consécutif de SFe dans les vases benthiques. En été, les sédiments sont plus clairs à la suite du dépôt de CO_3Ca qui précipite suite à l'élévation du pH des eaux due à l'intense élévation de l'activité photosynthétique provoquée par l'état dystrophique. (D'après Nipkow, in *Minder Geologie der Meere und Binnengewasser*, vol. 2 , 1938, p. 293)

des eaux lacustres exposées. Elle peut conduire, même dans des conditions naturelles, *a fortiori* dans les cas de dystrophisation, à l'apparition d'une oxycline dans le biotope aquatique eutrophisé, caractérisée par une discontinuité brutale de la teneur en oxygène dissous, les eaux situées audessous de l'oxycline pouvant être totalement désoxygénées, voire même réductrices, les épisodes de crises de dystrophisation étant marqués par la formation de dépôts de sulfure ferreux noirâtre dans les sédiments (voir figure cidessus). Enfin, l'eutrophisation est la cause dans le long terme du comblement des biotopes lacustres, résultat ultime de leur inéluctable vieillissement. ***(Voir aussi Dystrophisation, Oxycline)*** ◆ **lutte contre l'hyper ~** : cette lutte est préventive et passe par une réduction des pollutions par des effluents urbains et autres causes des rejets de nutriments dans les eaux continentales.

En Amérique du Nord où le plus grand système lacustre du monde, celui des Grands Lacs, présentait un état d'eutrophisation avancée, des mesures ont été prises par les États-Unis et le Canada en 1978 pour réduire les rejets dans ces derniers d'effluents riches en phosphore et autres nutriments (ainsi que de polluants xénobiotoques). De même, un système de dérivation mis en place dès 1963 et achevé à la fin des années 1970 a permis une restauration du lac Washington, près de Seattle, qui avait atteint un grave degré de dystrophie. On a assisté de la sorte à une diminution spectaculaire de la teneur en phosphore total des eaux de ce lac asso-

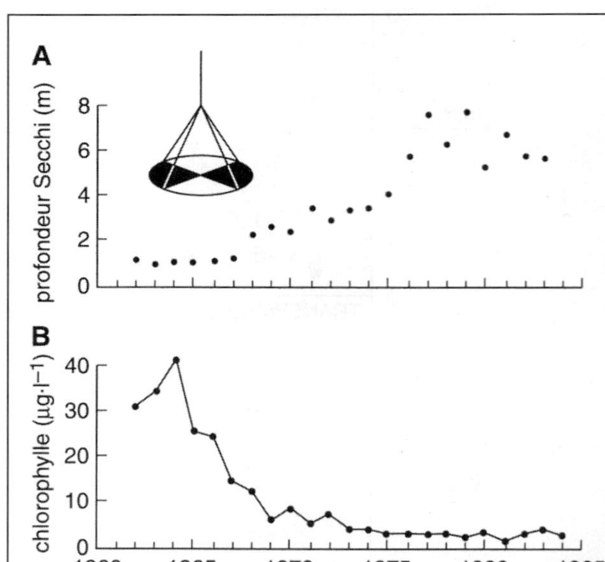

Accroissement de la transparence des eaux corrélativement à la diminution de la teneur en chlorophylle à la suite de la mise en œuvre de mesures destinées à réduire l'**eutrophisation** du lac Washington. **A**. Variation de transparence mesurée par le disque de Secchi. **B**. Diminution de la teneur en chlorophylle dans l'eau à partir du milieu des années 60. (D'après Gulati, in Mason, *Biology of freshwater pollution*, Longman, 1996, p. 99)

ciée à un accroissement corrélatif de la transparence des eaux mesurée à l'aide du disque de Secchi. En Europe où plusieurs des grands lacs subalpins sont plus ou moins eutrophisés, des mesures ont été prises pour assurer la restauration du lac Léman.

Quoique créée en 1962, la Commission Internationale pour la Protection des eaux du Léman (CIPEL) n'a commencé à donner lieu à des mesures significatives qu'au milieu des années 1970, avec en particulier l'accélération de la construction de stations d'épuration des eaux usées urbaines et la mise en œuvre de procédés de déphosphatation des effluents.

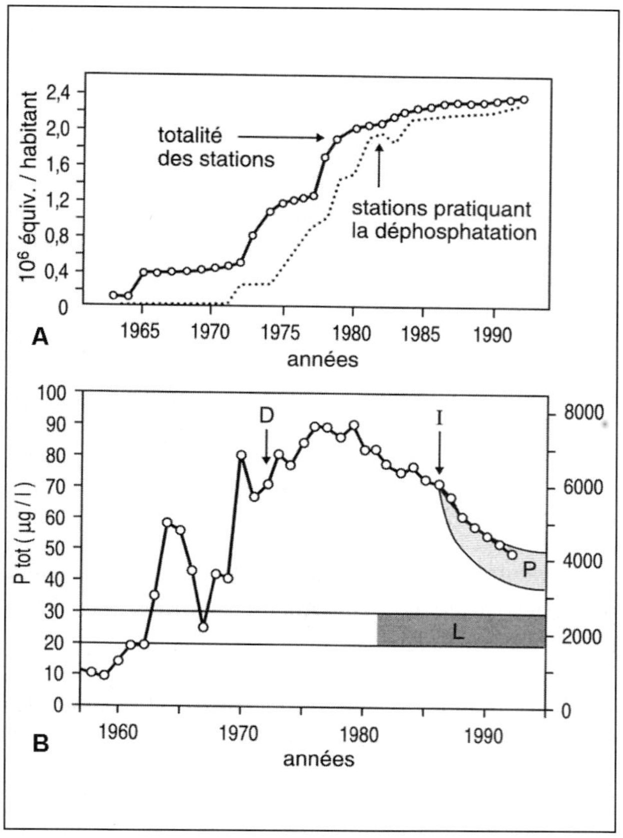

Évolution de l'**eutrophisation** du lac Léman entre 1960 et 1995 ainsi que des mesures mises en œuvre pour y remédier. **A.** Croissance des capacités d'épuration des stations de traitement riveraines et de celles équipées pour la déphosphatation depuis 1964 (exprimées en millions d'équivalents-habitants). **B.** Variation de la teneur en phosphore des eaux au cours du temps en comparaison de l'objectif à atteindre relatif à la limite de concentration en phosphore nécessaire pour enrayer la prolifération du phytoplancton. D = démarrage de la déphosphatation, I = interdiction des phosphates dans les lessives, P = prévision de l'effet d'interdiction. (D'après Rapin et al. mais modifié, in Pourriot et Meybeck, *Limnologie générale*, Masson, 1995, p. 814-16)

Ces mesures se sont traduites par une baisse de la teneur en phosphore total, laquelle est actuellement encore supérieure à la concentration maximale au-dessous de laquelle il serait indispensable qu'on la maintienne pour limiter la prolifération du phytoplancton et *a fortiori* à celle nécessaire pour faire retourner le biotope lacustre vers son état mésomorphe antérieur. (***Voir aussi Dystrophisation, Grands Lacs, Léman, Secchi, Succession***)

euxinique, adj. (*euxinic*). Désigne en océanographie un phénomène résultant de l'absence de circulation verticale des eaux et qui conduit à une désoxygénation des couches profondes avec pour corollaire une accumulation des matières organiques dans les sédiments. (***Voir aussi Oxycline***)

évacuation, n. f. ◆ ~ **des eaux d'égout** (*sewage disposal*) : terme général relatif à l'élimination des eaux d'égout quel que soit le procédé utilisé. ◆ ~ **des eaux usées** (*waste water disposal*) : voir Stations d'épuration.

évaporation, n. f. (*evaporation*). Phénomène par lequel l'eau apportée à un sol dépourvu de végétation par les précipitations s'évapore dans l'atmosphère. Maximale dans les déserts, l'évaporation existe aussi dans les écosystèmes continentaux pourvus d'une forte biomasse végétale, par passage direct dans l'air de l'eau déposée par la pluie à la surface du feuillage qui ne s'est pas ressuyée et qui s'évapore sans avoir été absorbée par la végétation. (***Voir aussi Évapotranspiration***)

évaporimètre, n. m. (*vaporimeter*). Instrument destiné à mesurer l'évaporation moyenne en un lieu donné et à une heure donnée.

évaporite, n. f. (*evaporite*). Roches formées sous des climats arides dans des milieux lagunaires par des minéraux en solution dans l'eau ayant précipité par suite de l'évaporation.

évapotranspiration, n. f. (*evapotranspiration*). Phénomène qui est à l'origine chez les végétaux vasculaires de la pression capillaire permettant l'ascension de la sève dans les vaisseaux du bois et qui seule est nécessaire pour assurer la circulation de l'eau dans la plante.

Au plan écologique, il s'agit d'un phénomène très important qui conditionne le cycle de l'eau dont il constitue l'un des processus régulateurs essentiels dans les écosystèmes terrestres.

En un lieu donné, si P représente les précipitations annuelles et ET_P l'évapotranspiration, l'eau disponible E_d sera liée par la relation :

$$E_d = P - ET_p$$

L'évapotranspiration joue un rôle essentiel dans le cycle de l'eau de la plupart des écosystèmes terrestres tempérés ou tropicaux et plus particulièrement dans les forêts pluvieuses tropicales où elle constitue le maximum de l'apport dû aux pluies. Ainsi, elle représente plus de 70% du total des précipitations dans le bassin amazonien et plus de 80% dans celui du Congo.

C'est à cause de l'évapotranspiration et, dans une moindre mesure, de l'évaporation que les précipitations qui tombent pendant la belle saison dans les régions tempérées ne peuvent recharger les nappes phréatiques car la majorité de l'apport dû à une pluie est évapotranspirée par la végétation en période d'activité du couvert végétal.

L'évapotranspiration se mesure avec des appareillages dénommés cases lysimétriques ou lysimètres. Elle est maximale dans les zones à climat aride et *a fortiori* venté. En France, elle atteint son maximum en Camargue avec 1 600 mm/an alors que les précipitations moyennes y sont inférieures à 500 mm. Le record mondial est détenu par l'écosystème des marais à papyrus du Nil Bleu, au Soudan, où elle s'élève à 2 400 mm/an alors que, dans cette zone aride, les précipitations sont inférieures à 200 mm/an. Cependant, outre la nature du climat, la végétation hélophytique constituée par les papyrus intervient dans des proportions considérables dans cette perte d'eau par suite de l'importante évapotranspiration qu'elle engendre. En région tempérée, cette dernière est déjà au minimum 2 à 3 fois plus grande que l'évaporation d'une surface identique d'eaux libres et il a été déterminé en Allemagne, en période estivale, qu'une roselière de Phragmites présentait une évapotranspiration 7 fois plus importante que l'évaporation! ***(Voir aussi Climat, Eau, évapotranspiration de, Lysimètre, Précipitations)***

Everglades, parc national des (*Everglades National Park*). Zone humide tropicale du Sud de la Floride constituée par une mosaïque de milieux d'eaux douces et saumâtres. On y rencontre aussi des biotopes terrestres dénommés *hummocks* émergeant au milieu des marais et sur lesquels croissent des bosquets de palmiers ainsi que des prairies palustres.

La faune de ce parc est d'une grande richesse. On y trouve la plus importante population d'alligators d'Amérique, et diverses autres espèces animales et végétales rares ou menacées en particulier le milan des Everglades ainsi que le rarissime puma occidental d'Amérique (*Felis concolor correyi*) qui est une sous-espèce en danger.

Le parc national des Everglades est aujourd'hui menacé par les prélèvements d'eau effectués dans la partie Nord de cette aire protégée destinés à irriguer les vastes zones de vergers qui y ont été plantées au cours des dernières décennies. ***(Voir aussi Parc national)***

évitement, n. m. (*avoidance*). Comportement par lequel un animal se protège en réduisant son exposition à un risque, en particulier de prédation. Ce comportement peut être, selon les cas, inné ou appris.

évolutif(ve), adj. (*evolutionary*) ◆ **biologie** ~ (*evolutionary biology*) : domaine de la biologie intégrative qui associe l'évolution, l'écologie au sens strict, la génétique, la taxonomie et, pour certains groupes animaux, l'éthologie. ◆ **processus** ~ (*evolutionary process*) : mécanisme qui est propre à tel ou tel aspect des phénomènes biologiques qui sont à la base de l'évolution. ◆ **taux de changements** ~ (*evolutionary rate*) : mesure de la vitesse des changements résultant de l'évolution. Si un caractère X a changé quantitativement de x_1 à x_2 dans l'intervalle de temps Δt qui peut se mesurer en années, millénaires ou en millions d'années, le taux de changement évolutif C_{ev} sera donné par la relation :

$$C_{ev} = \frac{\log x_1 - \log x_2}{\Delta t}$$

◆ **tendances** ~ (*evolutionary trends*) : changements évolutifs qui s'effectuent dans une direction constante sur des durées de temps prolongées. Dans la quasi-totalité des groupes taxonomiques, une tendance générale à l'accroissement de la taille des individus s'observe dans les séries chronologiques de fossiles (loi de Cope). Ainsi, les premiers équidés étaient de la taille d'un petit chien donc sans comparaison avec celle des chevaux actuels, on retrouve la même chose chez les Proboscidiens et autres ordres de Mammifères. L'hypertélie est dans le même sens une tendance évolutive qui conduit au développement exagéré d'un organe ou d'un appendice : cas des bois gigantesques des cerfs des tourbières (*Megaceros sp.*) par exemple.

évolution, n. f. (*evolution*). Ensemble des transformations biologiques, tant structurales que fonctionnelles, qu'ont subi les êtres vivants depuis les origines de la biosphère et qui se sont traduites par l'apparition foisonnante de nouvelles formes d'organismes. L'évolution se caractérise par des changements cumulés se produisant de génération en génération, induits dans des populations par une adaptation aux variations des facteurs du milieu. Ces derniers provoquent dans ces populations des changements progressifs par le jeu des mutations et de la sélection naturelle qui conduisent au développement de sous-espèces ou d'espèces vivantes à partir d'une souche ancestrale commune. ***(Voir aussi Darwin, Sélection)*** ◆ ~ **convergente** (*converging evolution*) : phénomène par lequel deux espèces n'ayant aucune parenté taxonomique mais étant dans les mêmes conditions de milieu et occupant des niches écologiques équivalentes, évoluent de façon à présenter une grande similitude tant au plan morphologique que physiologique. ***(Voir aussi Convergence écomorphologique)*** ◆ ~ **parallèle** (*parallel evolution*) : évolution conduisant à l'apparition de caractères identiques ou convergents (phénomène d'homoplasie) dans des lignées paraphylétiques. ◆ ~ **des écosystèmes** (*ecosystem evolution*) : voir Atmosphère, Biosphère, Écosphère, Successions.

évolutionnisme, n. m. (*evolutionism*). Ensemble des théories biologiques ayant pour objet d'expliquer les processus de l'évolution.

évortion, n. f. (*evortion*). Processus de creusement de roches résistantes provoqué par l'érosion hydrique, qui conduit à la formation de marmites de géants.

exclusion, n. f. ◆ ~ **compétitive** (*competitive exclusion*) : phénomène par lequel une population d'une espèce sympatrique présentant un avantage compétitif dans l'appropriation d'une ressource, s'en assure le contrôle de la plus grande part, voire élimine de l'accès à cette dernière les populations de la ou des autres espèces écologiquement voisines qui appartiennent au même peuplement. ◆ **principe d'~ réciproque** : voir Gause.

exclusive, adj. (*exclusive*). Désigne en phytosociologie une espèce de plante strictement inféodée à un type donné de phytocœnose.

excreta, n. m. (*excreta*). Désigne tout les produits de l'excrétion des animaux. Chez les Mammifères, par exemple, sueur, urine et fèces représentent autant d'excretas différents. Ils correspondent en grande partie à la fraction de l'énergie alimentaire non assimilée ainsi qu'aux produits du catabolisme.

exobiologie, n. f. (*exobiology*). Discipline dont l'objet est l'étude des conditions ayant permis l'apparition de la vie dans d'autres systèmes planétaires que le nôtre ainsi que la mise en évidence d'une éventuelle existence de formes de vie sur d'autres objets célestes, éventuellement dans d'autres galaxies.
Le développement des sciences spatiales, conjugué à divers progrès en astrophysique, a permis depuis le début des années 1970 de faire sortir de telles préoccupations du domaine de la science fiction.

exocet, n. m. (n. sc. *Exocoetus*). Poisson des mers tropicales qui peut bondir hors de l'eau et planer au-dessus des vagues pendant des centaines de mètres.

exogamie, n. f. (*exogamy*). Mode de reproduction sexuée d'une espèce vivante conduisant au croisement d'individus dépourvus de liens de parenté même lointains, donc appartenant à des sous-populations distinctes, ce qui donne le maximum de chance de maintien de l'hétérozygotie. L'exogamie, lorsqu'elle concerne des individus appartenant à des lignées absolument distinctes au plan génétique, conduit en général au phénomène d'hétérosis encore dénommé vigueur hybride. **(*Voir aussi Endogamie*)**

exogène, adj. (*exogenous*). Facteur originaire de l'extérieur d'un organisme (alors synonyme d'extrinsèque) ou encore extérieur à un système écologique considéré.

Exoptérygotes, n. m. (*Exopterygota*). Groupe d'Insectes dont les larves possèdent des ébauches alaires externes. Cette subdivision sans valeur taxonomique regroupe les Insectes Ptérygotes les plus primitifs (Dictyoptères, Isoptères, Orthoptères, Rhynchotes, etc.)

exorhéique, adj. (*exorheic*). Zone continentale dans laquelle se forment des cours d'eau qui atteignent l'océan et s'y déversent dans une zone estuarienne.

exosphère, n. f. (*exosphere*). Région la plus lointaine de l'atmosphère située au-delà de l'ionosphère, dans laquelle une molécule a autant de chance de s'échapper de l'attraction terrestre que d'entrer en collision avec une autre molécule.

exosquelette, n. m. (*exoskeleton*). Squelette constitué par le tégument sclérifié propre à divers embranchements d'Invertébrés en particulier celui des Arthropodes. Chez ces derniers, il y est le plus téguminisé grâce à une sécrétion de chitine, parfois renforcée de dépôts minéraux de carbonate de calcium (cas des Crustacés).

exotherme, adj. et n. m. (*exotherm*). Organisme capable de réguler sa température interne. **(*Voir aussi Homéotherme*)**

exotique, adj. (*exotic*). Espèce étrangère à une région biogéographique donnée dans laquelle elle a été accidentellement ou volontairement introduite par l'homme. Initialement, le terme a été utilisé pour des espèces d'origine tropicale amenées dans des écosystèmes tempérés mais il est pris actuellement à une acception globale.

expansion, n. f. ◆ **~ de la niche** (*niche extension*) : phénomène par lequel la niche écologique s'étend à des habitats plus variés que dans une situation moyenne par suite d'un allègement de la compétition interspécifique. Ce phénomène se produit fréquemment dans les îles dont les peuplements sont toujours de richesse spécifique plus faible que sur une égale surface d'habitat continental. **(*Voir aussi Niche écologique*)** ◆ **population en ~** : voir Démoécologie, Fluctuation.

expérimental, adj. (*experimental*). Désigne tout ce qui se rapporte aux expériences. **(*Voir aussi ELA*)**

exploitation, n. f. ◆ **~ d'un écosystème par un autre** : voir Succession. ◆ **~ des ressources naturelles** : voir Ressources.

explosif (-ve), adj. ◆ **reproduction ~** (*explosive breeding*) : phénomène propre à diverses espèces animales chez lesquelles le rapprochement des sexes, l'accouplement et la ponte s'effectuent simultanément chez l'ensemble des individus de la population, tout cela en un bref intervalle de temps: moins de deux jours, voire en certains cas quelques heures seulement. Il se rencontre chez de nombreux Amphibiens et dans divers ordres d'insectes (Éphéméroptères par exemple).

explosion, n. f. ◆ **~ démographique** (*demographic explosion*) : terme désignant le développement anarchique de caractère exponentiel de certaines populations animales dont celle de l'espèce humaine.

Une figuration suggestive de l'explosion démographique contemporaine est représentée par les données suivantes : avec un taux d'accroissement actuel de 1,4% par an soit un temps de doublement de l'ordre de 50 ans, l'humanité va voir ses effectifs augmenter dans ce laps de temps de la même valeur qu'elle ne l'a fait depuis que notre espèce existe soit au cours des derniers 2,5 millions d'années!
Dès à présent, plusieurs pays du globe comptent plus de 1 000 habitants au km^2 et certains pourraient décupler leurs effectifs dans le prochain demi-siècle sur les bases de leur croissance présente. Depuis plusieurs décennies, le problème de l'adéquation des termes du tétranome populations-ressources-environnement et développement se pose avec une terrible acuité.

Malheureusement, les mentalités arriérées, les positions irrationnelles sur ce sujet des hommes politiques au pouvoir, celles en outre dogmatiques de trop d'économistes ou de socio-démographes ignorant les contraintes écologiques, qui en sont resté au « croissez et multipliez » biblique propre aux débuts du Néolithique, ont jusqu'à présent empêché l'adoption et la mise en œuvre par les instances internationales compétentes d'un programme de limitation drastique des naissances à l'échelle de l'ensemble de l'espèce humaine, qui seul permettrait de répondre à la catastrophique situation présente. Cette attitude authentiquement réactionnaire est d'autant plus paradoxale que cette baisse conditionne le progrès de la place de la femme dans la société, sujet pourtant essentiel car, sans ce

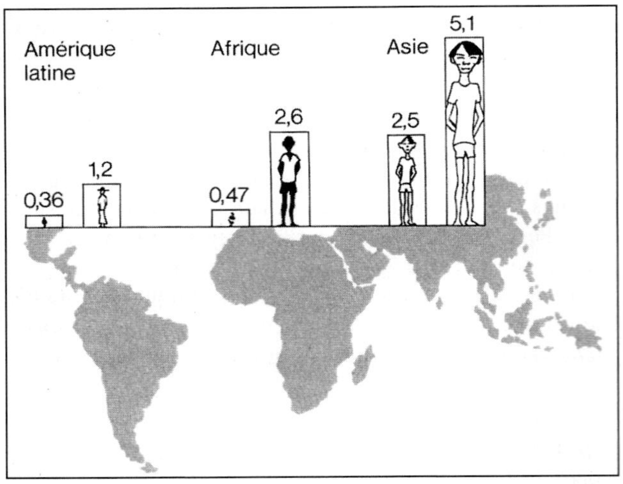

Croissance prévisible des effectifs entre 1980 et le début du XXIIe siècle, montrant l'ampleur de l'**explosion démographique** dans les pays en voie de développement, selon le scénario démographique de référence des Nations unies. On constate que des continents comme l'Asie, déjà surpeuplée dans son intégralité avec un milliard d'habitants dans la seule République des Indes et 1,25 milliard en Chine, verrait ses effectifs doubler avant sa stabilisation ultime. Quant à l'Afrique, en dépit du funeste triptyque, guerres, famines, épidémies, évoqué autrefois par Malthus et de la présente pandémie du SIDA, ses effectifs pourraient quadrupler au cours du XXIe siècle. Cette pression humaine hallucinante sera la cause d'une catastrophe environnementale sans précédent dans l'histoire de l'humanité. (D'après Earthwatch, op. cit., in Ramade F., *Les catastrophes écologiques*, McGraw-Hill, 1987, p. 42)

progrès, les pays du Tiers monde seront condamnés à stagner dans le sous-développement. En outre, de la baisse de la natalité dépend l'avenir de la civilisation humaine – tant dans les pays développés que dans le Tiers monde – car sans stabilisation rapide de ses effectifs, on dispose dès à présent des preuves écologiques que l'humanité ne pourra connaître un développement durable. ***(Voir aussi Démographie, Développement durable)*** ◆ ~ **nucléaire** (*nuclear explosion*) : voir Armements, Nucléaire.

exponentielle, adj. (*exponential*). Fonction de grande importance en écologie car elle permet la prévision de processus de croissance qui s'effectuent à un taux constant. ◆ **croissance démographique** ~ (*exponential demographic growth*) : une population exponentielle est une population dont le taux d'accroissement R ne varie pas dans le temps.

Si N_0 est l'effectif au temps t_0, R le taux d'accroissement en fonction du temps, on aura la relation :

$$R = \frac{(N - N_0)}{N(t - t_0)} \qquad (1)$$

si $(t - t_0) \to 0$ cette expression devient :

$$\frac{dN}{dt} = rdt \qquad (2)$$

où r, dénommé *taux intrinsèque d'accroissement naturel*, est la limite de R lorsque $t \to t_0$.

La solution de l'équation (2) donne l'expression de N en fonction du temps qui est de nature exponentielle :

$$N = N_0\, e^{rt} \quad (3)$$

◆ **courbe** ~ (*exponential curve*) : courbe représentative de la fonction exponentielle, souvent dénommée courbe en J à cause de son allure. ***(Voir aussi Démographie, Logistique)***

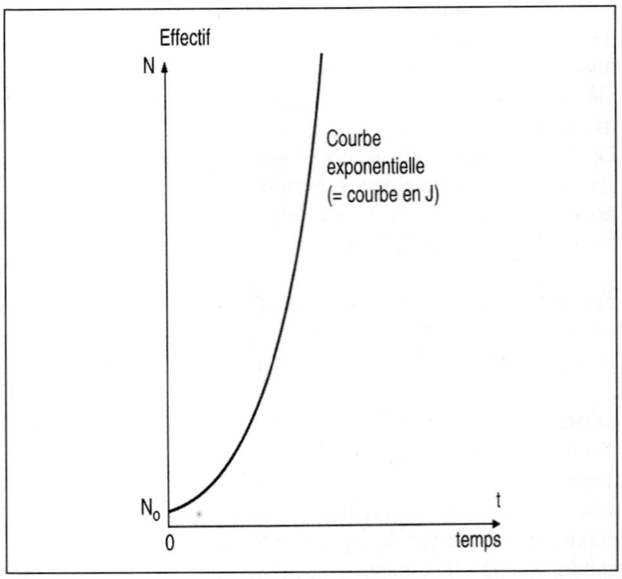

Représentation graphique de la courbe **exponentielle**. N_0 est l'effectif initial (courbe en J).

exportation, n. f. ◆ ~ **de biomasse** (*biomass exportation*) : phénomène caractérisant le transfert de la biomasse produite dans un écosystème donné dans un écosystème qui le jouxte et parfois à des distances importantes du biotope où cette biomasse a été produite. C'est par exemple le cas des saumons et autres poissons migrateurs qui font leur croissance en mer et viennent se reproduire en rivière, ou encore celui d'espèces d'herbivores à l'écotone forêt-savane qui peuvent être capturés par des prédateurs appartenant à l'un de ces écosystèmes.

ex situ ◆ **conservation** ~ : voir Protection de la nature.

exsudation, n. f. (*exsudation*). Sécrétion de gomme ou de résine par un végétal ligneux. Ce phénomène a souvent lieu à la suite de l'attaque de ce dernier par des ravageurs ou par des agents phytopathogènes.

exsuviation, n. f. (*exsuviation, molt*) (syn. : mue). Phénomène propre à la physiologie des Arthropodes et de quelques autres phyla d'Invertébrés par lequel s'effectue le renouvellement de leur exosquelette. ***(Voir aussi Mue)***

extermination, n. f. ◆ ~ **de la faune** : voir Biodiversité, Faune, Extinction.

externalité, n. f. (*externality*). Désigne en économie des facteurs coûts ou bénéfices qui ne sont pas pris en considération dans l'évaluation des prix des biens ou des services. Un exemple d'externalité concernant les conséquences environnementales d'une activité économique est donné par les transports routiers de fret qui ne prennent pas en considération dans le calcul des coûts de la tonne-km les pollutions de l'air et des eaux engendrées par les camions, les dommages causés par les poids lourds aux infrastructures routières, le coût des sinistres, en particulier des personnes victimes d'accident, le rail à la différence du transport routier étant son propre assureur... (*Voir aussi Transport*)

extérorécepteur(s), n. m. (*exteroreceptor*). Organes des sens situés sur la partie externe du corps des animaux qui jouent un rôle essentiel dans la perception de l'environnement extérieur. Les yeux, les organes mécanorécepteurs (organes tactiles ou auditifs) représentent autant d'exemples d'extérorécepteurs.

extinction(s), n. f. (*extinction*) ◆ **~ des espèces vivantes** (*species extinction*) : processus conduisant à la disparition des espèces vivantes au cours des périodes géologiques. ◆ **~ de masse** (*mass extinction*) : les phénomènes d'extinction font partie des processus naturels qui ont marqué l'évolution de la biosphère. Bien que la tendance générale évolutive ait été celle d'un considérable accroissement de la biodiversité depuis les origines même de la vie dans l'écosphère, cet accroissement ne s'est pas effectué selon un processus continu. En effet, bien que les espèces vivantes soient produites en permanence par les processus évolutifs, se perpétuent dans la biosphère pendant une durée se chiffrant en règle générale en millions d'années, puis disparaissent, on connaît au plan paléoécologique des phases de foisonnement évolutif qui ont alterné avec des périodes d'extinction en masse.

Depuis la dernière période de l'Antécambrien, l'Édiacarien, voici 650 millions d'années, on a pu dénombrer un nombre total de 17 périodes d'extinctions massives suivies de phases d'accroissement de la diversité spécifique.

Certaines d'entre elles furent marquées par un véritable holocauste d'espèces vivantes, en particulier celles qui survinrent à la fin de l'Ordovicien (– 430 millions d'années), à la fin du Dévonien (– 355 millions d'années), à la fin du Permien (– 250 millions d'années), à la jonction Trias-Jurassique (– 203 millions d'années) et à la fin du Mésozoïque (jonction Tertiaire-Crétacé) voici 65 millions d'années.

La dernière période d'extinction, l'actuelle, commencée au cours du Quaternaire, s'est considérablement accélérée au Pléistocène avec les grandes glaciations, en particulier à la fin du Würm, voici 11 000 ans. Elle s'est accompagnée de la disparition de la quasi-totalité de la grande faune de Mammifères terrestres, à l'exception de celle d'Afrique, laquelle paraît maintenant à son tour bien engagée!

La grande crise du Permien qui marqua l'achèvement de l'ère primaire fut la pire de tous les temps paléontologiques, elle aurait provoqué la disparition de 77% à 96% des espèces qui peuplaient alors la biosphère!

Cependant, quelle que soit l'ampleur de ces extinctions, elles se sont effectuées à un rythme d'une lenteur dérisoire par rapport à celui qui caractérise l'action de l'homme moderne dont on a pu dire sans aucune exagération qu'elle représente la sixième période d'extinction de masse depuis les débuts des temps géologiques.

◆ **les extinctions depuis la préhistoire humaine** : la dernière période d'extinction est apparue avec la présente époque glaciaire qui a débuté il y a environ un million d'années. Cette dernière n'est d'ailleurs pas achevée. Les spécialistes considèrent que nous sommes dans une période de réchauffement provisoire dite interglaciaire.

Depuis le début de la préhistoire humaine jusqu'à la fin du Néolithique existent de nombreuses preuves montrant que les glaciations quaternaires sont à l'origine de la disparition de divers groupes d'êtres vivants, surtout de Vertébrés.

Néanmoins, ces extinctions ont été relativement mineures par rapport aux cinq épisodes cataclysmiques décrits précédemment jusqu'à ce que l'espèce humaine ne devienne un facteur majeur d'extinction en masse. L'ère quaternaire, surtout au cours des derniers 100 000 ans a été marquée par l'accroissement démographique initialement lent mais

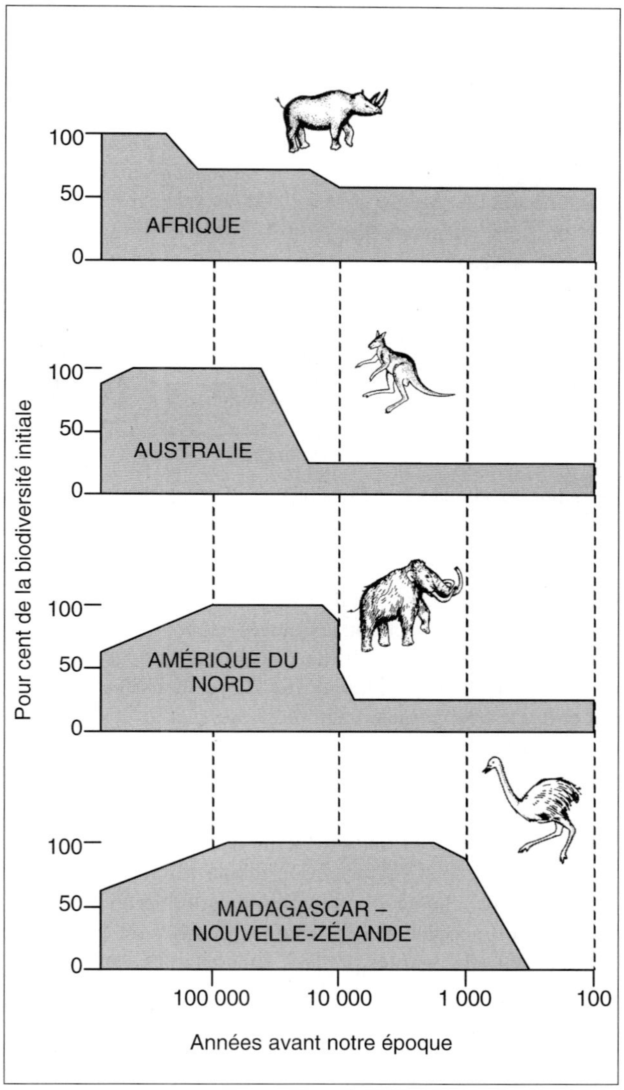

Durée relative de la période de déclin et d'**extinction** des grandes faunes de Vertébrés terrestres dans les principaux continents ou régions insulaires du monde au cours du Pléistocène. On constate une forte corrélation entre l'importance de ces dernières, le rapprochement de la date à laquelle elles ont eu lieu et leur faible durée. Ainsi, en Afrique où la présence humaine est très ancienne, les pertes ont été proportionnellement faibles et le déclin lent, à l'opposé à Madagascar et en Nouvelle-Zélande où l'arrivée de l'homme est récente, l'extinction de la grande faune de Ratites a été très rapide et totale. (D'après Wilson, op. cit., 1992, p. 252)

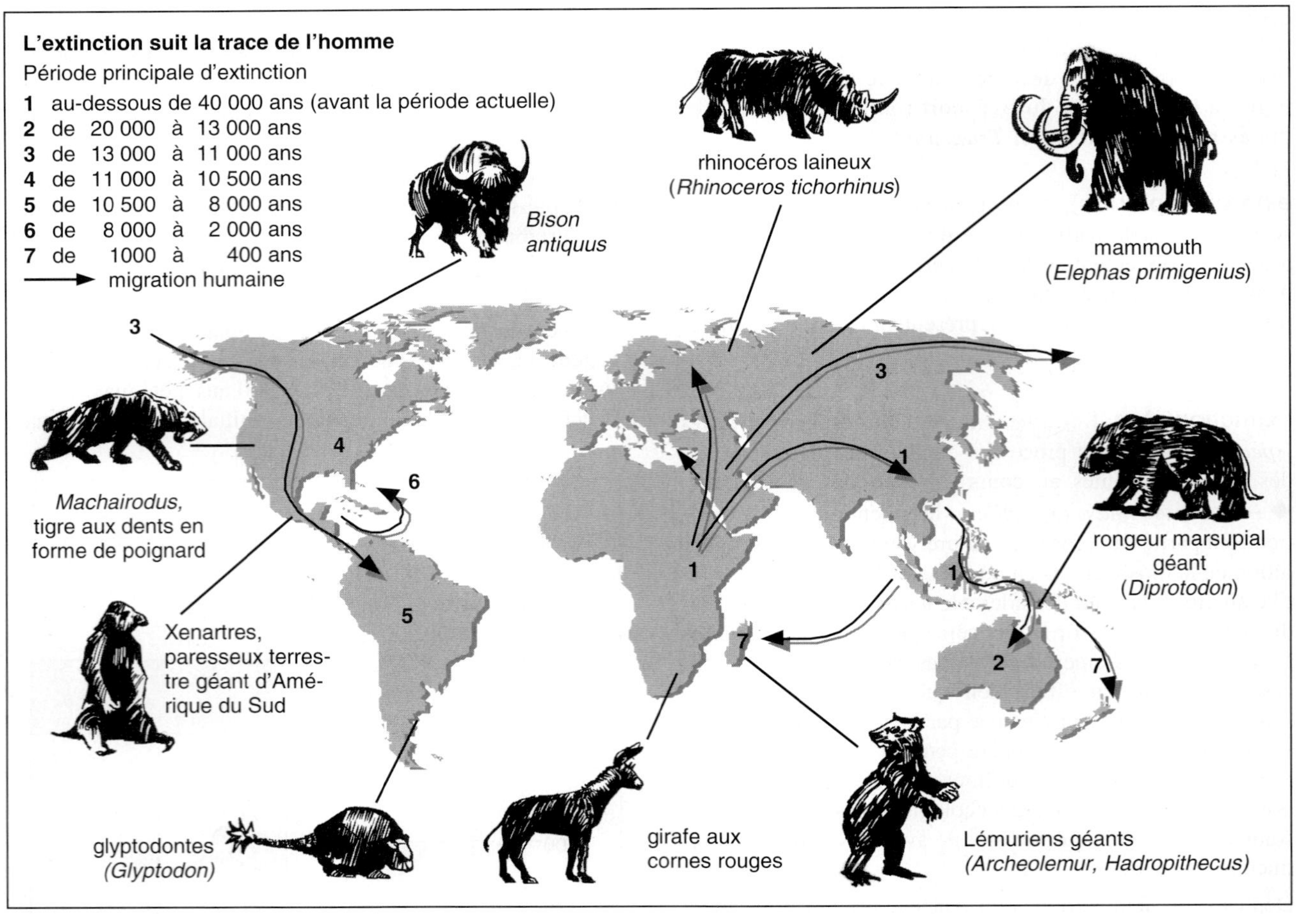

Les massacres de la grande faune Pléistocène. On constate que les **extinctions** suivent le rythme de colonisation des Terres émergées par les chasseurs paléolithiques. (D'après Martin, in Ramade F., *Écologie appliquée*, Ediscience international, 5e ed., 1995, p. 406-407)

continu d'une espèce à bien des égards particulière, l'*Homo sapiens*, dont l'impact sur les autres espèces vivantes puis sur la biosphère toute entière a pris des dimensions sans cesse accrues sous le double effet de ses activités prédatrices et du développement technologique.

Avec le feu, les hommes primitifs, il y a de cela au moins 700 000 ans, ont commencé à exercer une action perturbatrice profonde sur certains écosystèmes terrestres sans aucun rapport avec les faibles effectifs des populations humaines de ces époques reculées. De même le raffinement des techniques de chasse des peuples paléolithiques a exercé une action draconienne sur certaines familles de Vertébrés. Il existe actuellement les preuves indiscutables que l'extinction de la plupart des grandes espèces de Mammifères et d'Oiseaux disparues au cours du Quaternaire s'est produite à la fin du Pléistocène.

À cette période, qui est aussi celle des stades terminaux du Paléolithique, ces extinctions se sont progressivement étendues à tous les continents au fur et à mesure que l'homme effectuait la colonisation de régions de la planète jusqu'alors inhabitées. Il est donc possible d'affirmer depuis maintenant plusieurs décennies, en particulier à la suite des travaux de Martin, que les grandes disparitions du Quaternaire ont suivi la trace de l'homme.

Cependant, le rythme des extinctions s'est considérablement accéléré au cours de la période historique, la pression destructrice exercée par l'homme à la fois sur les espèces vivantes et sur les écosystèmes pris dans leur ensemble s'accroissant sans cesse.

◆ **les extinctions depuis le début de la période historique** : la perte de biodiversité a pris une ampleur sans cesse accrue depuis les débuts même du Néolithique voici environ 10 000 ans du fait de la dégradation progressive de vastes surfaces d'écosystèmes forestiers voire de leur destruction totale et leur remplacement par des pâturages extensifs et par des terres cultivées.

La régression de ces écosystèmes a été particulièrement drastique dans les pays d'anciennes civilisations : Méditerranée et Extrême-Orient, tant les peuples méditerranéens que chinois se sont comportés comme les pires ennemis de l'arbre. Il en fut de même de la faune comme en atteste les mosaïques des époques helléniques et romaines ou encore les laques de la Chine antique dont les figurations révèlent des milieux naturels peuplés d'une faune extrêmement abondante et diversifiée.

Tel était le cas de l'Afrique du Nord où les Romains capturaient les animaux sauvages pour les jeux du cirque. Il est aussi bien connu qu'Hannibal prenait ses éléphants non pas en Afrique subsaharienne mais dans le Sud tunisien. Les dessins qu'ils en ont donnés sont assez fidèles pour qu'ils soient identifiés à la sous-espèce *Loxodonta africana cyclotis* inféodée aux milieux forestiers. Cela atteste donc en outre de l'existence dans le Sud de la Tunisie de forêts en cette région aujourd'hui désertifiée!

Toutefois, c'est depuis le début des temps modernes que les extinctions ont pris une proportion sans cesse plus désastreuse. On estime au total que 21 espèces de Vertébrés disparurent au cours du XVIIe siècle, 38 au XVIIIe, 84 au cours du XIXe. Pendant le XXe siècle, le bilan global des pertes réelles est d'une centaine mais pourrait largement dépasser cette valeur selon certains experts, les pertes potentielles ayant même été estimées jusqu'à 270 espèces.

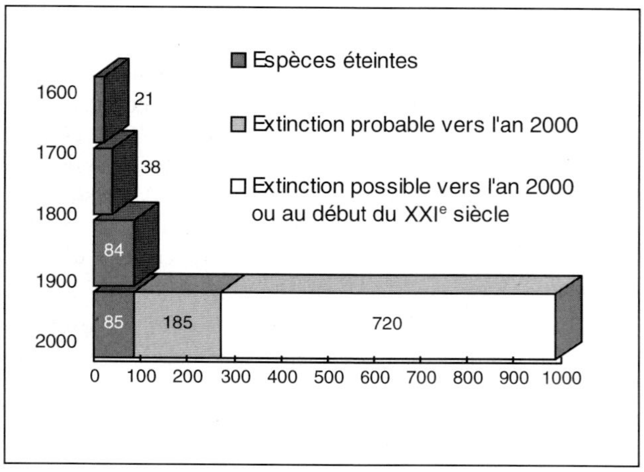

Accroissement du nombre d'espèces de Vertébrés éteintes ou en danger d'**extinction** du fait de l'homme depuis les débuts des temps modernes jusqu'en 2000. (In Chiras, *Environmental Science*, Cummins, 1991, p. 172)

La Liste Rouge des espèces de plantes et d'animaux menacés d'extinction établie par le *World Conservation Monitoring Centre* de Cambridge (WCMC) et l'UICN comporte un nombre plus considérable d'espèces terrestres ou marines originaires tant de biomes tempérés que de biomes tropicaux considérées comme en danger de disparition. Ainsi, dans les seules régions méditerranéennes du monde, plus de 8 500 espèces sont menacées de disparition. En réalité, ces listes sous-estiment *a priori* l'importance des disparitions.

De nombreux exemples suggèrent que le nombre d'espèces éteintes, en particulier au cours de ce siècle, est sans aucun doute supérieur. Ainsi un célèbre ornithologue, Diamond, a étudié les oiseaux des Iles Salomon. 164 espèces en étaient connues dont 12 n'ont plus été revues depuis 1953, cependant la liste de l'UICN ne comporte qu'une espèce disparue. De même, alors que sur 226 espèces de poissons d'eau douce de Malaisie péninsulaire, seules 122 survivent actuellement, la liste internationale du WCMC ne fait état en tout et pour tout que de 33 espèces de poissons éteintes depuis 1 600 pour l'ensemble du monde! La sous-estimation est encore plus nette pour les Invertébrés en particulier pour les Insectes dont une infime fraction est considérée comme ayant disparu (moins de 1 pour 1 000)!

À l'heure actuelle, l'étude des groupes d'êtres vivants les mieux connus montre que les taux d'espèces en danger excèdent dans ces groupes en moyenne 10% de leur richesse spécifique totale comme pour les Oiseaux ou les Mammifères par exemple. Malgré la faiblesse des taux généralement avancés dans les Listes Rouges pour d'autres groupes, en particulier pour les Invertébrés, tout laisse à penser que les risques sont identiques pour ces derniers. C'est ce qu'enseigne l'étude des peuplements d'Invertébrés qui sont les mieux connus. Ainsi il a été possible de vérifier que les taux d'extinction prévisibles dans les décennies à venir sont les mêmes pour les Oiseaux et pour les Insectes de Grande-Bretagne, après une étude approfondie des 22 000 espèces que comporte la faune entomologique de ce pays.

Il existe aussi une différence dans l'origine biogéographique des groupes en danger. Jusqu'à présent, le maximum de disparitions répertoriées concerne les petites Iles tropicales situées généralement dans des zones reculées des océans dont la biodiversité est d'autant plus vulnérable qu'il s'agit de populations peu nombreuses.

◆ **ampleur des extinctions actuelles et à venir** : cependant l'ampleur réelle des disparitions déjà en cours et futures est d'une tout autre dimension et soulève depuis quelques années de graves et légitimes inquiétudes.

Nombre d'espèces vivantes en danger d'extinction ou ayant disparu depuis le début du XVIIe siècle (D'après UICN)

Végétaux				**Animaux**			
Groupes taxonomiques	**Nombre d'espèces éteintes**	**Nombre d'espèces en danger de disparition**	**Taux d'espèces menacées d'extinction**	**Groupes taxinomiques**	**Nombre d'espèces éteintes**	**Nombre d'espèces en danger de disparition**	**Taux d'espèces menacées d'extinction**
Fougères	4			Mollusques	202	354	0,4
Autres cryptogames	12			Crustacés	4	126	0,3
Gymnospermes	2	242	30	Insectes	61	873	0,09
Angiospermes dont :				Poissons	33	452	2
Monocotylédones	458	5 346	9	Amphibiens	2	59	2
Dicotylédones	120	17 474	9	Reptiles	23	167	3
				Oiseaux	117	1 029	11
				Mammifères	62	505	11
Total	596	23 062			504	3 565	0,3

En effet, dans un passé encore récent, les disparitions ont surtout concerné des espèces endémiques, inféodées à des îles tropicales, aux populations vulnérables et qui appartenaient à des peuplements d'assez faible biodiversité. À l'heure actuelle, il n'en est plus de même car de vastes étendues d'écosystèmes continentaux, en particulier de forêts pluvieuses tropicales, sont sans cesse éradiquées par l'homme. Ces destructions recèlent en elles un potentiel de disparition effroyable par rapport à toutes celles que l'on a pu répertorier par le passé.

Il existe diverses manières indirectes pour estimer les taux d'extinction. Une méthode élégante, fondée sur la théorie des peuplements insulaires, consiste à utiliser la règle de Darlington, laquelle permet de calculer que la diminution de 90% de la surface des forêts tropicales s'accompagnerait de la disparition de 50% des espèces qu'elles renferment.

Cette méthode a permis de chiffrer en première approximation à des valeurs égales ou supérieures au million d'espèces les extinctions futures si l'on part de l'estimation conservative que ces forêts renferment 3 millions d'espèces vivantes et que les 9/10e de leur surface pourraient disparaître d'ici 2050. À partir de considérations analogues fondées sur la théorie des peuplements insulaires, il est possible d'estimer que les extinctions pourraient même affecter 4 millions d'espèces vivantes si l'on présuppose que la biodiversité réelle et totale de la biosphère est de l'ordre de 12 millions d'espèces (dont 80% vivraient dans les forêts pluvieuses tropicales).

Une autre façon d'évaluer le nombre d'espèces susceptibles de disparaître des écosystèmes terrestres se fonde sur le nombre d'espèces de plantes qui pourraient s'éteindre en un laps de temps donné. Selon Peter Raven du *Missouri Botanical Garden* on peut prévoir que 60 000 espèces végétales pourraient disparaître dans les forêts pluvieuses tropicales d'ici le milieu du prochain siècle. Compte tenu du fait qu'il existe en moyenne 18 espèces d'insectes par espèce de plante, cela conduirait à la disparition d'au moins 1,1 million d'espèces d'insectes auxquelles il conviendrait d'ajouter les espèces de régime polyphage, c'est-à-dire qui consomment des végétaux et ou des proies différentes et celles appartenant à divers groupes d'autres Invertébrés!

L'endémisme de nombreux peuplements végétaux ou animaux rend en effet particulièrement vulnérables les populations des espèces propres aux écosystèmes tropicaux en général et plus particulièrement à ceux de forêts humides. Bien évidemment, les écosystèmes tropicaux insulaires présentent le maximum de vulnérabilité à la disparition de leurs espèces endémiques et cela d'autant plus que leur surface est plus faible et donc leurs populations peu nombreuses.

L'estimation de l'ampleur prévisible des extinctions doit aussi tenir compte d'un paramètre majeur, celui que représente la distribution des centres d'endémisme et de richesse spécifique maximale (les deux sont corrélés). Celle-ci n'est pas uniforme il s'en faut de beaucoup, ni à l'échelle globale ni même à l'échelle régionale. C'est en Indo-Malaisie et en Amérique tropicale que l'on rencontre à la fois le plus grand nombre d'espèces vivantes et de centres d'endémisme.

Les études effectuées en Amazonie montrent par exemple que le taux d'endémisme est en réalité très élevé malgré l'impression d'apparente similarité de ces habitats forestiers. Les proportions maximales d'endémisme s'observent dans les écosystèmes propres aux Iles tropicales. Ainsi 80% de la flore néocalédonienne et malgache sont endémiques et l'on dénombre à Ceylan, sur à peine 2 500 km^{2} de forêts pluvieuses primitives subsistantes, environ 800 espèces de plantes endémiques.

Il existe néanmoins d'importants centres d'endémisme dans d'autres régions continentales tropicales voire tempérées (zone méditerranéenne par exemple).

La conjonction de cet extraordinaire endémisme et de la faible abondance des espèces constituant les communautés des forêts tropicales explique leur grande vulnérabilité à la destruction – même de portions limitées – de ces habitats.

À l'échelle globale, Lucas et Synge estimaient déjà en 1978 à 25 000 espèces le nombre de plantes supérieures qui dis-

Vue d'une forêt pluvieuse tropicale ici dans le parc national de la Guadeloupe (montée au col des Mamelles). En l'absence de mesures strictes de conservation, les écosystèmes de forêt pluvieuse tropicale insulaire figurent parmi ceux dans lesquels s'observe le plus fort taux d'**extinctions** par suite de la faible surface occupée et corrélativement de l'endémisme généralement important de leur peuplement. (Cliché F. Ramade)

paraîtraient du fait de l'homme d'ici 2025 dont les 9/10e sont propres aux forêts tropicales. De la même façon, les 3/4 des 505 espèces de Mammifères et 1 029 espèces d'oiseaux en danger de disparition selon le Livre Rouge des espèces en danger de l'UICN sont inféodés aux forêts tropicales.

À la différence des régions tempérées où la déforestation s'est produite à un rythme lent, millénaire, permettant à de nombreuses espèces de s'adapter et donc de survivre, celle des écosystèmes tropicaux s'effectue actuellement à un rythme frénétique. Cela conduit à l'éradication d'immenses surfaces forestières en un intervalle de temps souvent de l'ordre de la décennie, voire inférieur à celui-ci. Ainsi, en Amazonie brésilienne, l'État du Rondonia, qui était boisé à 100% en 1973, a perdu en une quinzaine d'années plus de 40% de sa surface forestière totale!

Par ailleurs, un grand nombre d'espèces d'autres types d'écosystèmes sont également vulnérables. C'est plus particulièrement le cas de certaines espèces des savanes tropicales telles les Rhinocéros africains ou encore propres aux écosystèmes méditerranéens dont la biodiversité tant végétale qu'animale figure parmi la plus menacée de toute la planète. (***Voir aussi Biodiversité, Déforestation, Destruction des écosystèmes, Endémisme***)

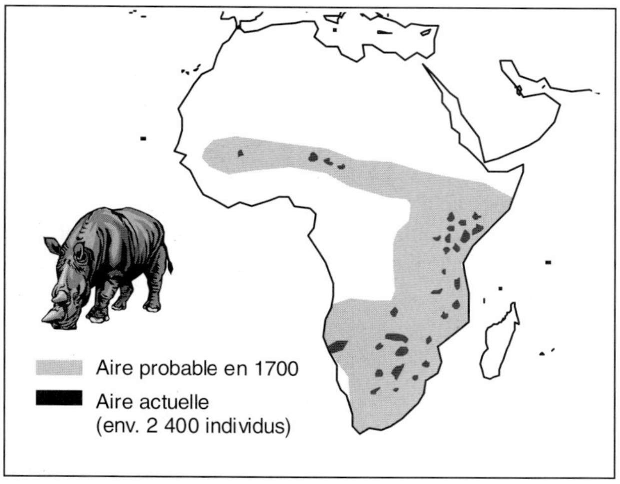

Aire initiale et actuelle du rhinocéros noir d'Afrique (*Diceros bicornis*). Autrefois abondante, cette espèce menacée d'**extinction** ne compte plus de nos jours qu'environ 2 000 individus pour l'ensemble de sa population mondiale. (In Miller, op. cit., 1988, p. 422, mais modifié)

◆ **variations de la vitesse d'extinction** : quelle que soit l'ampleur des extinctions des périodes géologiques passées qui ont marqué depuis les époques les plus anciennes l'histoire de la biosphère, ces extinctions se sont effectuées à un rythme dérisoire par sa lenteur par rapport à celui qui caractérise l'action de l'homme moderne.

De façon générale, les plus brutales des périodes d'extinction de masse se sont étalées sur des durées qui se comptent plus en millions qu'en centaines de milliers d'années.

Les spécialistes de l'évolution considèrent qu'au cours des temps phanérozoïques, c'est-à-dire depuis le début de l'ère primaire, la durée de « vie » moyenne d'une espèce vivante a été comprise entre un et dix millions d'années selon le groupe systématique considéré. Il a été aussi estimé que le taux de disparition a été de l'ordre d'une espèce tous les 200 ans en moyenne pour les Vertébrés supérieurs pendant l'ère Cenozoïque (période géologique actuelle qui a commencé au début de l'ère tertiaire).

Le rythme des extinctions a connu une accélération sans précédent avec le développement de la « civilisation » humaine. Notre espèce a fait disparaître 179 espèces de Vertébrés supérieurs au cours des derniers 400 ans soit une moyenne d'environ une espèce tous les deux ans. Bien que cette vitesse apparente soit déjà de 100 fois supérieure à celle des rythmes d'extinction des Vertébrés au cours du Tertiaire, elle est encore dérisoire par rapport à la vitesse effective telle que les écologistes ont pu récemment l'évaluer pour les dernières décennies. On estime par exemple que plusieurs centaines d'espèces de plantes disparaissent chaque année. La destruction des forêts tropicales, dont la majorité des espèces vit dans la canopée, c'est-à-dire la partie sommitale de la frondaison des arbres, constitue la cause majeure de disparition due à l'action de l'homme moderne.

Il existe toutefois d'importantes divergences sur l'évaluation du rythme annuel de disparition d'espèces qui résulte de la régression des forêts pluvieuses tropicales. En effet, l'estimation du nombre total d'espèces disparaissant annuellement est extrapolée à partir de diverses hypothèses fondées sur une valeur présomptive à la fois de la biodiversité et du taux de déforestation.

Wilson, en se fondant sur la vitesse d'extinction connue pour les faunes marines de l'ère secondaire, estime que, s'il existe 10 millions d'espèces vivantes dans la biosphère actuelle, la vitesse d'extinction, liée à la destruction des forêts tropicales, correspondrait à un rythme de 1 000 à 10 000 fois supérieur à celui qui a caractérisé les périodes d'« extinction de masse » géologiques!

Enfin une autre estimation a été faite par May et coll. à partir de la théorie des peuplements insulaires, en se fondant sur la relation qui lie le nombre d'espèces à la surface. En partant d'un taux de déforestation moyen annuel estimé entre 0,8 et 2% pour les dernières années, ils ont pu fixer le taux de disparition des espèces propres aux forêts pluvieuses tropicales à une valeur moyenne allant de 0,2% à 0,5% par an pour leur biodiversité totale.

En tout état de cause, peu d'experts contestent le fait que la moitié des espèces vivantes terrestres pourraient disparaître si rien n'est fait au cours du XXIe siècle. En conclusion, on peut affirmer dès à présent que l'impact de l'homme moderne sur la biodiversité globale représente un sixième épisode majeur d'extinction de masse. Son ampleur est certainement encore plus catastrophique que celle des cinq grands épisodes antérieurs d'extinction qui ont marqué les époques géologiques passées et résultaient de causes naturelles. (***Voir aussi Déforestation***)

◆ **les mécanismes des extinctions** : dans tout écosystème, certaines espèces sont extraordinairement banales d'autres rares, ces dernières étant *a priori* plus vulnérables à un risque d'extinction que celles dont les populations sont abondantes.

La caractéristique écologique primordiale qui confère à une espèce son aptitude à la survie, tient en son potentiel biotique – mesure de son aptitude à se reproduire. Une population a d'autant plus de chances de se perpétuer que la fécondité intrinsèque des individus qui la constituent est plus grande. À cela s'ajoute un autre paramètre de nature génétique, la consanguinité qui rend aléatoire la survie de petites populations. Elle se manifeste en général par une diminution de la fécondité voire par une stérilité des individus ainsi que par un accroissement de la fréquence des tares qui peuvent les affecter, en particulier des déficiences physiologiques dont la conséquence immédiate se traduit par une augmentation importante de la mortalité des individus qui en sont atteints. En outre, l'augmentation de la vulnérabilité au moindre accident environnemental de telles populations isolées, généralement très peu nombreuses, constitue un autre facteur qui rend problématique leur possibilité de perdurer.

Selon les caractéristiques écologiques des espèces, il est en définitive possible de considérer qu'il existe un effectif théorique minimal nécessaire à la pérennité de leurs populations, dont est issu le concept de la population minimale viable (PMV).

Toutes choses égales par ailleurs, la probabilité de survie d'une population est d'autant plus élevée que son effectif est plus important et, pour un effectif donné, que son potentiel biotique est plus grand.

À partir de considérations purement génétiques, liées au déclin résultant de la consanguinité, on a pu par exemple calculer la PMV pour les Vertébrés à sang chaud. Celle-ci est généralement comprise dans un intervalle de 50 à 500 individus selon les cas pour que la probabilité de survie de la population concernée soit supérieure au siècle. De la même façon, il est possible de considérer en première approximation, toujours chez les Vertébrés, qu'il faut que l'effectif démographique minimal de sa population relictuelle soit d'un millier d'individus pour qu'une espèce présente 95% de chance de ne pas disparaître au cours d'un millénaire. ***(Voir aussi Population)***

◆ **causes anthropiques des extinctions actuelles** : l'action de l'homme sur les espèces vivantes s'exerce selon plusieurs modalités directes et indirectes au plan de l'écologie des populations.

La *fragmentation des habitats* représente l'une des caractéristiques majeures de son action sur les écosystèmes naturels. Elle conduit à diminuer la taille des subpopulations par suite de la diminution des surfaces de milieu favorable à l'espèce considérée et par suite de l'éloignement croissant des habitats qu'elle colonise. Cela réduit d'une part leurs possibilités d'émigration, ce qui a pour conséquence d'empêcher la colonisation d'autres milieux favorables.

D'autre part, la fragmentation des habitats rend aléatoire la survie des subpopulations dont les effectifs sont réduits et cela en proportion directe de la diminution de surface des habitats résiduels qui en résulte. Cette réduction d'effectif provoque un affaiblissement génétique des subpopulations dû, entre autres, à la consanguinité.

Par ailleurs, la fragmentation des habitats conduit à favoriser l'installation d'espèces concurrentes ou de prédateurs par suite de l'accroissement de la longueur des lisières par rapport à la surface d'habitat résiduel. Ces espèces n'auraient pu faire intrusion dans les habitats non fragmentés. Le cumul de ces divers obstacles à la survie des petites subpopulations fait que la fragmentation des habitats conduit à rendre problématique la pérennité d'une métapopulation prise dans son ensemble.

Un autre facteur d'extinction qui contribue fortement à la réduction des populations naturelles et dont l'importance s'est considérablement accrue au cours des dernières décen-

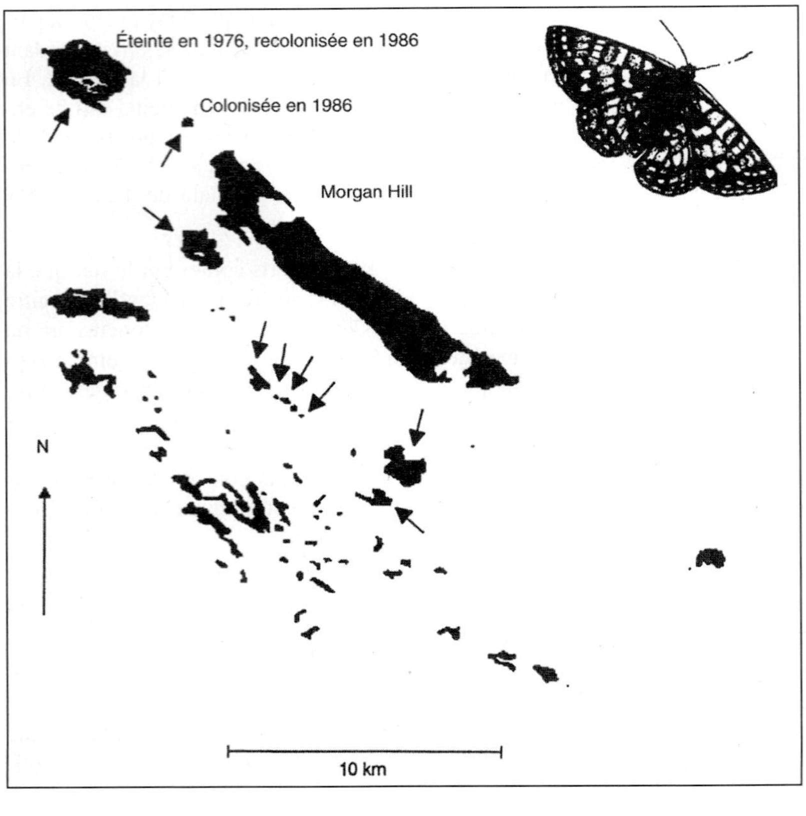

Exemple du rôle de la fragmentation de l'habitat dans l'**extinction** des populations. Ici est figurée la répartition des diverses sous-populations d'un Lépidoptère Satyride nord-américain, *Ephydrias edita bayiensis*. On constate que les possibilités de pérennité des sous-populations sont liées à leur importance et pour celle de petite taille à leur éloignement des autres sous-populations et donc des possibilités de recolonisation des habitats qu'elles occupent. Les flèches indiquent les recolonisations par migration de certains habitats ayant eu lieu en 1986. (D'après Harrison et al., *American Naturalist*, vol. 138, 1988, p. 370, mais modifié)

nies tient en l'*accroissement de mortalité* dans un grand nombre d'espèces constituant les communautés terrestres et aquatiques. Cette mortalité résulte de prélèvements excessifs des populations végétales et animales sauvages par la collecte et (ou) l'exploitation forestière pour les premières et par la chasse et la pêche excessives pour les secondes. Le déclin de ces espèces sera inéluctable à partir du moment où le taux de prélèvement excèdera celui de la fertilité de la population exploitée.

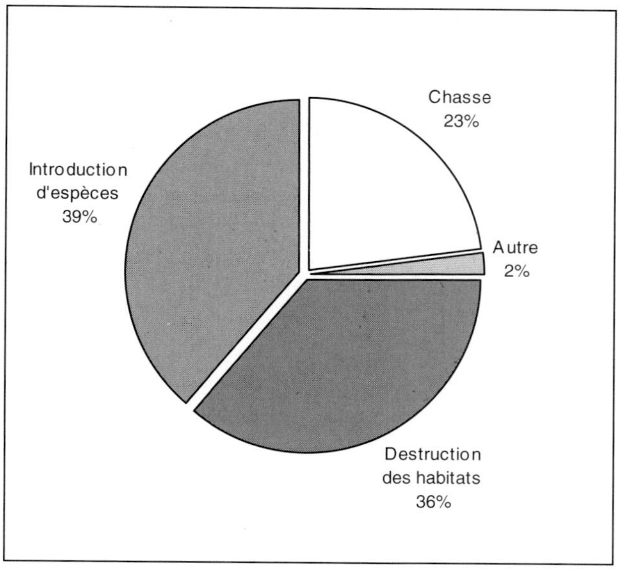

Principales causes d'**extinction** des espèces animales depuis 1960. (D'après *Global Biodiversity, Status of the Earth Living Resources*, WCMC, Chapman and Hall, Londres, 1992, p. 199)

L'homme augmente aussi la *vulnérabilité* des populations d'un grand nombre d'espèces et met en danger la pérennité de ces dernières en compromettant la « santé » des divers écosystèmes tant terrestres qu'aquatiques auxquels elles sont inféodées. La pollution des divers milieux constitue l'une des causes indirectes majeures provoquant une mortalité des populations contaminées. Par ailleurs, dans certains cas, la pollution environnementale due à l'homme provoque une baisse de fécondité donc une réduction de la natalité chez certaines espèces exposées. Cela s'est par exemple observé chez de nombreuses populations d'oiseaux, en particulier de rapaces, exposées à la pollution de l'environnement par divers pesticides.

Il est bien connu que les *changements climatiques* ont joué un rôle déterminant dans les crises d'extinction des périodes géologiques du passé. Aussi, de graves préoccupations concernent les prochaines décennies en rapport avec le réchauffement global induit par la pollution croissante de l'atmosphère par les gaz de serre.

Enfin, les *introductions d'espèces* peuvent constituer un autre facteur important d'extinction dû à l'action de l'homme. En effet les espèces introduites représentent souvent de puissants compétiteurs pour les espèces autochtones d'écologie analogue.

Tel a par exemple été le cas de l'introduction du lapin en Australie dont la fécondité intrinsèque est supérieure à celle des espèces de marsupiaux qui possèdent une niche écologique voisine. Le lapin y a de la sorte relégué les espèces concurrentes dans quelques zones reculées correspondant aux parties les plus marginales de leur propre niche écologique. Cela a constitué la première étape de l'extinction de ces marsupiaux endémiques.

Il en a été de même pour l'introduction du chien Dingo, importé par les aborigènes australiens, qui causa l'extinction du loup marsupial, le thylacine. En effet ce dernier occupait une niche écologique identique à celle du Dingo mais il était désavantagé dans la compétition interspécifique avec ce mammifère supérieur. ***(Voir aussi Chasse, Fragmentation, Introduction, Métapopulation, Pêche, Protection de la nature)***

◆ **évaluation du risque d'extinction des espèces menacées** : compte tenu de l'ampleur actuelle et *a fortiori* future de la fréquence de la disparition des espèces vivantes, l'UICN a entrepris de publier depuis la fin des années 1960 des « Livres rouges » des espèces végétales et animales menacées afin que toutes les parties prenantes concernant la conservation de la biodiversité puissent disposer d'informations précises permettant d'orienter leurs actions prioritaires (voir figure page suivante).

Dans ces Livres Rouges, les espèces considérées comme en danger sont réparties selon une échelle des risques établie en fonction du degré d'importance de la menace d'extinction à laquelle elles sont exposées. Cette échelle distingue : espèces éteintes (Ex), éteintes à l'état sauvage (Ew), dont la raréfaction est critique (= en danger immédiat d'extinction) (CR), en danger d'extinction (EN), vulnérables (VU), espèces dont le risque d'extinction est plus faible (LR) (cette catégorie correspondant aux espèces antérieurement classées comme rares), manque de données (DD), risque non évalué (NE).

Dans ces catégories, les espèces considérées en danger de disparition sont donc celles classifiées CR, EN et VU. En ce qui concerne la catégorie LR, il est en outre distingué trois sous-catégories : dépendant des mesures de conservation (cd), potentiellement menacée (nt) et de statut encore peu préoccupant (lc).

Le classement d'une espèce menacée dans l'une ou l'autre de ces catégories est lié à la taille des populations relictuelles donc du niveau de la probabilité de survie ou d'extinction. ***(Voir aussi Espèces menacées)***

◆ **coefficient d'extinction** (*extinction coefficient*) : désigne l'absorption des radiations lumineuses par un gaz ou un liquide. En milieu aquatique, l'absorption des radiations lumineuses en fonction de la profondeur est donnée par la relation :

$$\Phi_p = \Phi_0 \, e^{-kp}$$

où Φ_0 représente le flux lumineux en surface, Φ_p le flux à la profondeur p et k le coefficient d'extinction lequel dépend de la longueur d'onde de la radiation lumineuse considérée et du type de milieu. Dans une eau pure, k est minimal pour les radiations lumineuses bleues d'où la couleur d'un bleu profond des lacs oligotrophes ou des mers tropicales au large.

extrinsèque, adj. ◆ **facteur** ~ (*extrinsic factor*) : désigne un facteur écologique extérieur aux organismes. Les facteurs climatiques constituent par exemple des facteurs extrinsèques.

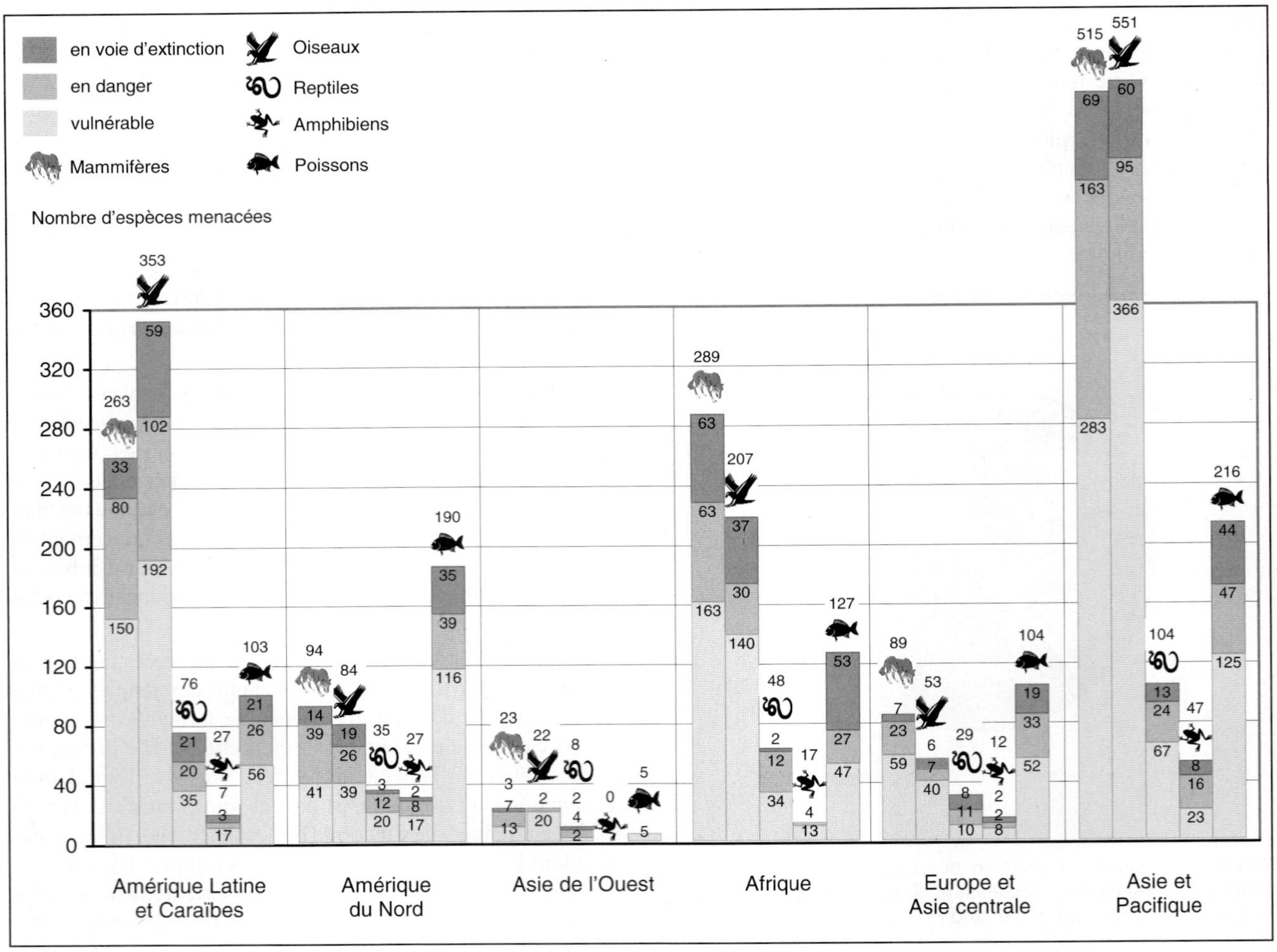

Statut des espèces animales menacées d'**extinction** dans les divers continents et importance des extinctions d'espèces animales au cours des prochaines décennies. (D'après UICN, 1998, in PNUE, « Global Environment Outlook 2000 », 1999, p. 41)

exurgence, n. f. (*exurgence*). Émergence d'eaux souterraines à la sortie au jour d'un réseau karstique alimenté uniquement par percolation. ***(Voir aussi Percolation, Phréatique, Résurgence)***

exutoire, n. m. (*outlet*) (syn. : émissaire). Cours d'eau par lequel se déversent vers la partie aval d'un bassin fluvial les eaux d'un lac ou de toute autre zone humide continentale.

exuvie, n. f. (*exsuvium*). Reste d'exosquelette, surtout de nature scléroprotéique, laissé par un Arthropode après la mue. En effet, la plupart des constituants de la cuticule, en particulier la chitine, sont lysés par des enzymes adéquates et recyclés au cours du processus de la mue.

Exxon Valdez. Marée noire catastrophique survenue en Alaska en 1989, au cours de laquelle environ 35 000 tonnes de pétrole furent perdues dans le détroit de Valdez et contaminèrent plusieurs centaines de km de littoral en particulier celui du parc national de Kluane et autres fameuses réserves naturelles de cet État.

Outre un nombre considérable d'oiseaux de mer qui périrent mazoutés, estimés à plus d'un million, cette catastrophe écologique causa la mort de nombreux phoques et surtout une hécatombe dans les populations locales de la rare loutre de mer (*Enhydra lutris*). Elle fit aussi des ravages dans les pêcheries tant des eaux marines littorales que continentales. En effet, le désastre advint au moment où les saumons entamaient leur migration de printemps vers les lieux de fraie et se rassemblaient à l'entrée des estuaires des nombreuses rivières qui débouchaient sur les côtes affectées par cette marée noire.

La Société Exxon fut condamnée à verser plus de deux milliards de dollars américains en réparation des dommages causés aux populations locales et aux organisations non gouvernementales de protection de la nature américaines, ce qui a constitué un précédent dans le cas des contestations entre pollueurs et protecteurs de l'environnement. En effet, les autorités judiciaires américaines s'étaient jusqu'alors montrées très « compréhensives » pour les grandes firmes pétrolières dans les pays développés, lorsqu'elles étaient opposées aux associations dans de grandes affaires de pollution dont ces firmes s'étaient rendues responsables. N'a-t-il pas fallu attendre douze années pour que les victimes de l'*Amoco Cadiz* commencent à être indemnisées, et cela de façon bien insuffisante étant donné le préjudice subi? À la suite du désastre de l'*Exxon Valdez*, les pouvoirs publics fédéraux américains – et canadiens – ont pris des mesures drastiques pour contrôler les navires pétroliers circulant

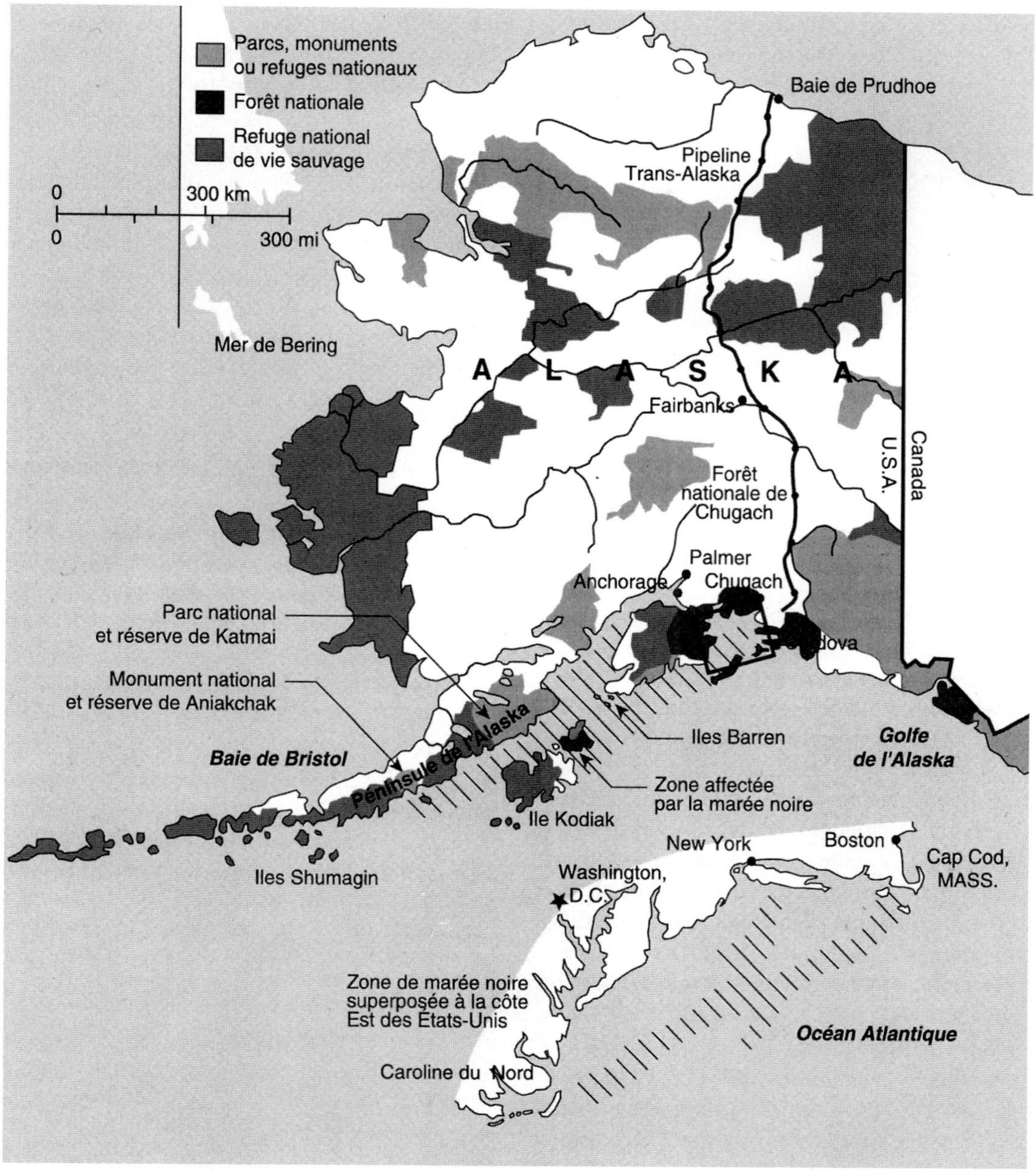

Carte de l'Alaska montrant l'extension de la marée noire de l'***Exxon Valdez***. Les hachures figurent la surface de zones marines côtières contaminées par le pétrole et la carte en bas de la figure l'étendue équivalente qui aurait été affectée par cette « marée noire » si elle avait eu lieu sur la côte Est des États-Unis. (D'après Hodgson, *Nat. Geogr.*, vol. 177, 1990, n° 1, p. 13)

dans leurs eaux, interdisant l'accès portuaire aux bâtiments vétustes ou mal entretenus, ou encore bloquant ces derniers à quai tant que la réparation qui s'impose n'est pas effectuée. Cela explique la faible probabilité qu'advienne de nos jours une catastrophe – type naufrage de l'*Erika* – sur les côtes Nord américaines.

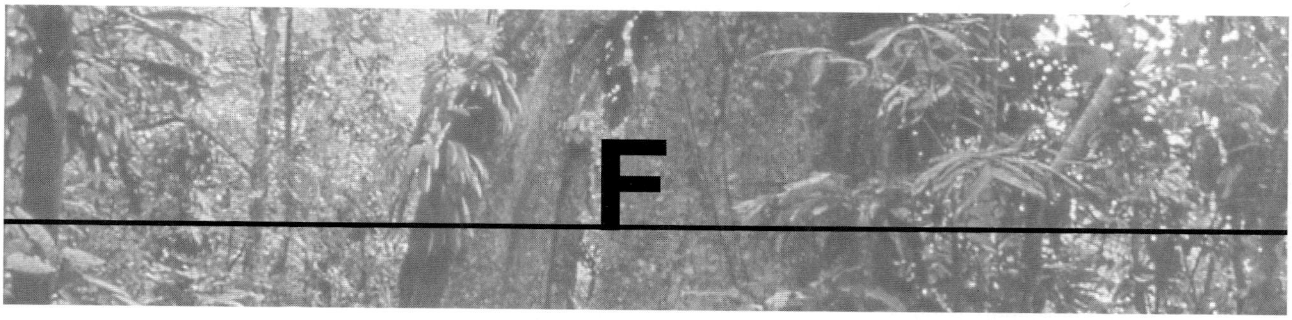

Fabacées, n. f. (*Fabales*, vern : *legumes*). Famille de Dicotylédones, de la sous-classe des Rosidées, autrefois dénommée Légumineuses, très importante à la fois par le nombre d'espèces qu'elle renferme, plus de 13 000 actuellement décrites, ainsi qu'au plan écologique. (***Voir aussi Légumineuses***)

faciès, n. m. (*facies*). **1. Écologie** : ce terme désigne les caractéristiques abiotiques propres à un habitat particulier d'un écosystème donné qui créent des conditions environnementales spéciales, différentes de celles propres aux autres habitats de l'écosystème considéré. On distingue, par exemple dans les écosystèmes dulçaquicoles d'eaux courantes, des faciès lentiques dans lesquels le courant est faible ou nul et des faciès lotiques dans lesquels le courant est important. **2. Géologie** : ensemble des caractéristiques d'une roche à partir desquelles les conditions environnementales qui ont conditionné son dépôt et son histoire ultérieure peuvent être déterminées.

facilitation, n. f. ◆ **phénomène de** ~ (*facilitation process*) : processus par lequel une espèce, par son action sur l'écosystème dans une phase initiale d'une succession, facilite l'installation et le développement ultérieur d'espèces d'écologie analogue.

facteur(s), n. m. (*factor*) ◆ ~ **de concentration** (*concentration factor*) : désigne le rapport F_c entre la concentration d'un polluant donné dans un être vivant et sa concentration dans le biotope (eau par exemple pour un écosystème aquatique ou sol pour un écosystème terrestre) :

$$F_c = \frac{[\text{organisme}]}{[\text{eau}]} \qquad (1)$$

Pour beaucoup de contaminants xénobiotiques, tant minéraux qu'organiques, F_c est supérieur à 1 et peut être souvent supérieur à 100 voire avec certaines catégories de polluants non biodégradables excéder 10^6 pour divers contaminants des milieux aquatiques chez des poissons prédateurs. (***Voir aussi Bioconcentration***) ◆ ~ **écologique** (*ecological factor*) : désigne tout paramètre physicochimique ou biologique propre au milieu susceptible d'agir directement sur les êtres vivants et qui par ses valeurs conditionne le développement de toute entité écologique depuis l'individu jusqu'à l'écosystème tout entier.

◆ **classification des ~ écologiques** (*ecological factors classification*) : on distingue plusieurs types de classifications des facteurs écologiques. La distinction la plus commune consiste à séparer les facteurs *abiotiques*, qui réunissent l'ensemble des facteurs physicochimiques du milieu et les facteurs *biotiques* qui eux correspondent à tout ce qui dépend des êtres vivants. On peut aussi réunir les facteurs dépendants et indépendants de la densité, les premiers étant essentiellement des facteurs abiotiques, les autres biotiques. Une autre classification, intégrant la dimension temporelle des processus écologiques, consiste à distinguer les facteurs *périodiques*, conditionnés par la cyclicité nycthémérale, saisonnière et annuelle et des facteurs *apériodiques* indépendants des rythmes liés au mouvement de la Terre sur son orbite. On distingue ainsi des facteurs périodiques primaires – conditionnés directement par les rythmes précités (température par exemple directement liée à la saison) et les facteurs périodiques secondaires qui sont la conséquence de ces fluctuations cycliques (par exemple la plus ou moins grande abondance de la nourriture végétale selon la saison). À l'opposé, la constitution chimique de l'eau de mer est par exemple un facteur apériodique. (***Voir aussi Densité***)

– ***Facteurs abiotiques*** : on distingue parmi ces derniers des *facteurs climatiques* (température, éclairement, pluviométrie, hygrométrie, vent, etc.); des *facteurs édaphiques*, spécifiques des sols (texture, structure, éléments minéraux présents dans les sols); des *facteurs topographiques*, liés au relief; des *facteurs hydrologiques* (courant, pH des eaux, teneur en oxygène et autres gaz essentiels dissous, teneur en sels minéraux, etc.).

– ***Facteurs trophiques*** : ces facteurs sont intermédiaires entre les facteurs abiotiques et biotiques. En effet, ces derniers sont strictement minéraux donc abiotiques pour les nutriments des plantes, et organiques donc d'origine biotique en ce qui concerne l'alimentation des animaux.

– *Facteurs biotiques* : ils se répartissent en deux groupes : ceux qui ressortent d'interactions positives et à l'opposé ceux qui appartiennent aux interactions négatives : les *interactions positives* qui comportent le commensalisme, le mutualisme et la symbiose; les *interactions négatives* qui comprennent les réactions télotoxiques (allélopathiques), la compétition intraspécifique et interspécifique, la prédation, le parasitisme et les maladies. (***Voir aussi Écologie***)

◆ ~ **de transfert** (*transfer factor*) : rapport (F_t) de la concentration [Nt_{n+1}] d'un polluant dans un (ou des) organisme(s) occupant un niveau trophique donné par rapport à la concentration de ce dernier [$Nt_{(n)}$] dans le (ou les) organisme(s) occupant le niveau trophique immédiatement inférieur (F_t) :

$$F_t = \frac{[Nt_{n+1}]}{[Nt_{(n)}]} \qquad (2)$$

Si le $F_t > 1$ on aura bioamplification, si $F_t = 1$ il y aura un simple transfert et si $F_t < 1$ on observera une diminution de la concentration du polluant considéré au fur et à mesure que l'on s'élèvera dans la pyramide écologique. **(*Voir aussi Bioamplification, Bioconcentration*)**

facultatif, adj. (*facultative*). Facteur ou phénomène biologique qui se rencontre de façon contingente, lié à certaines conditions environnementales mais qui n'est pas obligatoire. Ainsi, on parlera pour certains micro-organismes décomposeurs d'anaérobiose facultative ou encore chez certains Invertébrés de parthénogenèse facultative.

faeces, n. m. (*faeces*). Voir Fèces.

Fagales, n. sc. Ordre d'Angiospermes, encore dénommés Cupulifères à cause de l'involucre induré, appelé cupule qui entoure les fleurs femelles. Les Fagales, que l'on divise en deux familles, les Fagacées et les Bétulacées, renferment la plupart des espèces d'arbres qui constituent les forêts caducifoliées tempérées. Elles se rencontrent aussi dans les forêts orophiles tropicales, diverses espèces de chênes représentant en effet les espèces dominantes des écosystèmes forestiers d'altitude en Asie et en Amérique tropicales.

Fagus. Nom scientifique du genre des hêtres. Voir Hêtre. ◆ ~ ***sylvatica*** : nom d'espèce du hêtre propre aux forêts d'Europe occidentale.

Fahrenholz ◆ **règle de** ~ (*Fahrenholz's rule*) : principe qui stipule que la phylogénie des parasites et de leur hôte évoluent parallèlement.

faille, n. f. (*fault*). Fracture verticale de l'écorce terrestre dans laquelle le déplacement a été parallèle à un plan dénommé plan de faille. Les failles sont souvent localisées au niveau de zones sismiques actives. Une des plus célèbres et dangereuses est la grande faille de San Andreas en Californie, qui fut responsable en 1906 de la destruction de San Francisco. Cette dernière a donné, au cours des dernières décennies, quelques séismes de moindre importance, dont celui de 1989 qui a provoqué à nouveau de graves dommages en Californie centrale.

faisan, n. m. (*pheasant*). Oiseau galliforme de la famille des Phasianidés, dont le centre de radiation évolutive est situé dans la partie orientale de l'Himalaya et dans le Sud-Ouest de la Chine. ◆ ~ **de chasse** (n. sc. *Phasianus colchicus*) : aujourd'hui commun dans toute l'Europe, il a été introduit de la Colchide (versant occidental du Caucase) en Europe occidentale par les Romains.

falaise(s), n. f. (*cliff*). Formations rocheuses escarpées continentales ou littorales ou dominant parfois des rives lacustres. Les falaises présentent une grande importance écologique car elles constituent des habitats où existent des conditions écologiques très spéciales. Il se développe sur ces dernières une végétation spécifique, accrochée à des fentes ou des vires dans un milieu vertical, constituée de plantes dénommées chasmophytes. Par ailleurs, les falaises littorales servent de lieu de nidification à d'importantes colonies d'oiseaux d'eau ou de rivages. **(*Voir aussi Chasmophytes, Escarpement*)**

Falco, n. sc. ◆ ~ ***peregrinus*** (n. sc. du faucon pèlerin) (*peregrine falcon*) : cette espèce a failli disparaître de son aire biogéographique dans les pays industrialisés dans la période 1955-1975 par suite de la pollution de l'environnement par les insecticides organochlorés. On ne comptait plus par exemple, au début des années 1970, qu'une vingtaine de couples de cette espèce pour tous les États-Unis (Alaska exclu). ◆ ~ ***sparverius*** (*American kestrel*) : espèce Nord-américaine qui occupe une niche écologique comparable au faucon crécerelle européen. ◆ ~ ***tinunculus*** (n. sc. du faucon crécerelle) (*kestrel*) : espèce très répandue en Europe, essentiellement prédatrice de rongeurs. **(*Voir aussi Faucon*)**

Adulte et jeunes de faucon pèlerin (***Falco peregrinus***) au nid. Cette espèce a failli être éradiquée des États-Unis et de vastes régions d'Europe à la suite de la pollution de l'environnement par le DDT et autres composés organochlorés à effet œstrogénomimétique. (Cliché M. Brosselin)

Falconidae, n. sc. Famille qui réunit l'ensemble des rapaces diurnes : aigles, buses, busards, milans, éperviers et faucons.

Falconiformes, n. m. (*Falconiforms*) (syn. : Accipitériformes). Ordre d'Oiseaux dans lequel sont regroupés les rapaces diurnes prédateurs ou nécrophages : *Falconidae* (faucons), *Accipitridae* (aigles, buses, éperviers, milans et vautours vrais), *Sagittariidae* (secrétaire) et *Pandionidae* (balbuzard). Bien que classé dans cet ordre, les vautours du Nouveau Monde tels les condors (famille des *Cathartidae*), se sont avérés être apparentés aux Gruiformes et constituent en réalité une convergence écomorphologique avec les vautours vrais, ceux de l'Ancien Monde qui appartiennent, eux, à la famille des *Accipitridae*.

famille, n. f. (*family*). Désigne en taxonomie un rang hiérarchique correspondant à un ensemble homogène, constitué par plusieurs tribus d'origine évolutive commune, elles-mêmes regroupant des genres distincts. La famille, comme tout autre groupe systématique, est séparée des autres unités de même rang par une discontinuité des caractères servant de référence taxonomique.

famine(s), n. f. (*famine*). Épisodes marqués par des pénuries alimentaires dont l'ampleur est si considérable qu'ils s'accompagnent d'une mortalité importante dans les populations humaines affectées.

Les famines, quoique déclenchées par des périodes climatiquement défavorables et (ou) des désordres socio-économiques eux-mêmes souvent engendrés par des guerres, ont pour cause initiale la surpopulation.

Elles se sont manifestées, dans la quasi-totalité des cas, à des périodes historiques où les densités de population humaine étaient trop élevées dans certains territoires par rapport aux possibilités des terres de culture de produire assez de nourriture pour répondre aux besoins alimentaires locaux ou régionaux.

À titre d'exemple, on a beaucoup insisté lors des dernières sécheresses du Sahel, dans les années 1970 et 1980, sur les causes climatologiques. En revanche, on n'a presque jamais évoqué, dans les nombreuses publications sur ce problème, le fait que les populations locales avaient quadruplé leurs effectifs en 40 ans. Aussi des épisodes de sécheresses antérieurs qui n'avaient pas eu de conséquences sévères pour les populations concernées ont pris des dimensions catastrophiques lors de ces dernières périodes climatiques défavorables. ***(Voir aussi Démographie, Sahel, Sécheresses).***

fanaison, n. f. (*withering*). Phénomène de ramolissement des parties aériennes d'un végétal induit par la perte de turgescence des tissus, elle-même résultant d'un déficit hydrique. (***Voir aussi Flétrissement, Sols, eau dans les***)

fanon(s), n. m. (*baleen*). Lames de kératine qui pendent des bords latéraux de la voûte buccale chez les baleines (cétacés mysticètes). Ces lames sont frangées de soies dans leur partie inférieure qui confèrent à ces structures anatomiques un rôle de peigne leur permettant de filtrer le plancton.

FAO (*Food and Agricultural Organization*). Agence des Nations unies spécialisée dans les problèmes alimentaires et agricoles mondiaux. La FAO, dont le siège est à Rome, interfère de façon importante avec les problèmes écologiques et d'environnement globaux. Cela résulte du rôle important qu'elle joue dans les politiques et même le financement d'actions concernant le développement de la production agricole à l'échelle mondiale, en particulier dans les PVD.

fasciation, n. f. (*fasciation*). Anomalie de développement de certaines parties aériennes des végétaux due à la coalescence de leurs tissus et souvent à des affections phytopathogènes.

fastigié, adj. (*fastigiated*). Désigne un type de port propre à diverses espèces ou variétés cultivées d'arbres, caractérisé par le fait que les branches font un angle aigu avec le tronc. Les peupliers, les charmes, certaines espèces et variétés de cyprès sont fastigiées. De tels arbres sont utilisés pour l'aménagement des espaces verts ou pour la plantation de haies par suite de leur faible encombrement horizontal.

faucardage, n. m. (*weeds cutting*). Opération consistant à couper la végétation amphibie ou aquatique située dans la zone riparienne à proximité de la rive.

fauchage, n. m. (*mowing*). Pratique agricole consistant en la coupe des céréales ou des plantes fourragères avant la récolte. Réalisé avec des engins mécaniques, le fauchage a été la cause de la régression de nombreuses espèces aviennes des plaines steppiques. Ainsi, plusieurs espèces de busards, les râles des genêts et les cailles ont connu une réduction importante de leurs effectifs qui résulte pour une part de ces pratiques.

faucon(s), n. m. (*hawk*). (n. sc. *Falco sp.*). Oiseaux prédateurs de l'ordre des Accipitériformes. Beaucoup d'espèces de faucons, dont le faucon crécerelle européen, jouent un rôle important dans la régulation des effectifs des populations de rongeurs terricoles (campagnols par exemple), qui constituent une fraction dominante de leur régime alimentaire. (***Voir aussi Falco, Rapace***)

faune, n. f. (*fauna*). Terme désignant l'ensemble des espèces animales constituant un peuplement ou une zoocœnose, c'est-à-dire la totalité des unités systématiques présentes dans de telles entités. Il désigne aussi l'ensemble des animaux propres à une région ou à une époque géologique donnée. ◆ ~ **interstitielle** : voir Méiofaune. ◆ **succession de** ~ (*faunal succession*) : assemblages de fossiles occupant des strates successives qui se retrouvent dans divers dépôts sédimentaires parfois éloignés et qui permettent de dater l'âge relatif des roches à partir de leur contenu fossilifère.

faunistique, adj. **1.** (*faunistic*). Qui est propre à la vie animale d'une région zoogéographique ou d'une période géologique donnée. **2. région** ~ (*faunal zone*) : zone biogéographique caractérisée par une faune spécifique séparée des autres régions par des barrières qui empêchent ou limitent les migrations. Ces régions correspondent en règle très générale aux diverses unités biogéographiques : empires, provinces, etc. (***Voir aussi Biogéographie***)

faunule, n. f. (*faunula*). Communauté animale qui peuple un microhabitat. On parlera par exemple de la faunule corticole, ensemble des divers groupes d'Invertébrés qui peuplent les anfractuosités présentes entre l'écorce et le tronc de certains arbres.

Photographie en **fausses-couleurs** de végétation arborescente (film Ektachrome infrarouge avec filtre R60). Le feuillage et de façon plus générale la végétation apparaissent beaucoup plus clair qu'avec un film normal panchromatique dans le visible (Cliché F. Ramade).

fausses-couleurs, n. f. (*false colours*). Clichés obtenus par exemple en télédétection à partir d'émulsions photographiques sensibles à des longueurs d'ondes extérieures au spectre du visible. Les photographies usuelles sont réalisées en infrarouge de sorte que la végétation qui est très réfléchissante en infrarouge apparaît en rouge sur l'image en fausses couleurs.

fauvette(s), n. f. (*warbler*) (n. sc. *Sylvia sp.*). Passereaux de l'Ancien Monde de régime insectivore appartenant à la famille des *Sylviidae*.

faux-bourdon, n. m. (*drone*). Nom vernaculaire du mâle de l'abeille domestique.

favorisation, n. f. (*facilitation*). Phénomène par lequel une fonction écologique se trouve permise par suite de synergie avec d'autres facteurs. ***(Voir aussi Facilitation)***

FDA (*Food and Drugs Administration*). Organisme fédéral américain chargé de l'homologation des médicaments, des cosmétiques, des additifs alimentaires et, de façon plus générale, du contrôle de toute substance chimique fabriquée par l'industrie susceptible d'être présente dans les milieux inhalés ou ingérée par l'homme.

fécal(-ales, aux), adj. (*fecal*) ◆ **boulettes** ~ (*fecal pellets*) : fèces rejetés par le zooplancton herbivore qui sont à l'origine d'un réseau trophique coprophagique dans les eaux profondes. ***(Voir aussi Zooplanton)*** ◆ **matières** ~ : terme général désignant les excréments des animaux. ***(Voir aussi Faeces)*** ◆ **streptocoques** ~ : bactéries contenues usuellement dans les excréments de l'homme et des animaux domestiques.

fèces, n. m. (*faeces*). Excrétas provenant des produits de digestion éliminés par l'anus chez les espèces animales. Les fèces sont essentiellement constitués par les résidus alimentaires non digérés et des bactéries. Les fientes des oiseaux renferment en outre des substances blanchâtres qui sont des produits de dégradation du métabolisme azoté consistant essentiellement en cristaux d'urates éliminés par la voie urinaire dans le cloaque.

fécondation, n. f. (*fertilization*). Phénomène caractérisé par la genèse d'un œuf consécutive à la fusion des gamètes mâles et femelles : anthérozoïde et oosphère chez les végétaux, spermatozoïde et ovule chez les animaux.

fécondité, n. f. (*fecundity*). Paramètre de la reproduction qui mesure, en démoécologie, le nombre de jeunes néonates ou d'œufs pondus par une femelle par saison de reproduction ou pour l'ensemble de la période de sa vie où elle se reproduit.

feed-back, n. m. Phénomène de rétroaction biologique dans un système, homologue des circuits de contre-réaction électroniques, qui a pour conséquence de réguler un processus physiologique ou écologique. Il peut s'agir d'une sécrétion hormonale au niveau d'un individu ou encore de processus concernant une population, voire une communauté toute entière, enfin d'un cycle biogéochimique si l'on se place à l'échelle d'un écosystème et même à celle de la biosphère dans son ensemble. ◆ ~ **négatif** (*negative feed-back*) : réaction provoquant une inhibition du processus biologique concerné. À titre d'exemple, la haute teneur en œstrogène du sang circulant se traduit par une diminution de la sécrétion de gonado-stimuline hypophysaire qui stimule la production d'œstrogène par les gonades. ◆ ~ **positif** (*positive feed-back*) : réaction se traduisant par une stimulation d'une activité. Un exemple de *feed-back* positif est constitué par la réponse des végétaux à l'augmentation de la teneur en CO_2 de l'atmosphère qui avec un temps de latence plus ou moins long, se traduit par une absorption partielle de ce dernier résultant d'une intensification des rendements photosynthétiques, ce qui tend à ralentir l'accroissement de cette teneur. ***(Voir aussi Cycles biogéochimiques, Reproduction)***

feldspaths, n. m. (*feldspar*). Minéraux silicatés caractéristiques des roches cristallines, dont la résistance à l'altération au cours des processus pédogénétiques dépend de la teneur en silice. L'orthose et la microcline, riches en silice, sont peu altérables. Le plagioclase, plus pauvre en silice et riche en calcium et métaux alcalins, s'altère dans les climats tempérés en libérant des substances solubles ou amorphes tandis qu'il produit des argiles dites de néoformation dans les zones tropicales humides.

Felis concolor, n. sc. Voir Puma.

femelle, n. f. ◆ **préférence des** ~ (*female preference*) : phénomène par lequel une femelle préfère s'accoupler à un type de mâle plutôt qu'à d'autres sur la base de certains caractères phénotypiques de sorte que l'échange de gènes ne se fait pas au hasard dans la population. En conséquence, s'il existe des variations génétiques pour le caractère considéré dans la population, la préférence des femelles favorisera ce dernier au détriment des autres, introduisant une sélection sexuelle dans le sens de cette préférence.

fenitrothion, n. m. (*fenitrothion*). Insecticide organophosphoré qui a été largement utilisé dans la lutte contre les chenilles et les pucerons ravageurs des arbres fruitiers ainsi que contre les moustiques, à cause de sa faible persistance à la surface des végétaux et dans les eaux ce qui atténue les effets nocifs non intentionnels de ce pesticide.

fennec, n. m. (*fennec*) (n. sc. *Fennecus zerda*). Petit renard déserticole du Sahara caractérisé par de très grandes oreilles. Celles-ci jouent au plan physiologique le rôle de régulateur thermique traduisant une adaptation écomorphologique dans sa résistance à la chaleur.

fenthion, n. m. (*fenthion*). Insecticide organophosphoré très utilisé en horticulture contre une série de ravageurs phyllophages.

fer, n. m. (*iron*). Corps simple biogène de numéro atomique Z = 26, de masse atomique Ar = 55,85 dont le corps simple est un métal. Le fer est un oligoélément indispensable à tous les êtres vivants. Associé à un noyau tétrapyrrolique, il intervient dans la constitution des molécules de plusieurs enzymes en particulier des cytochromes, dont le rôle est essentiel tant dans la respiration que dans la photosynthèse ainsi que dans l'hémoglobine. ◆ **cycle du** ~ : le fer est en règle très générale en quantité suffisante dans les sols pour répondre aux besoins des végétaux et de l'ensemble de la biomasse. Son cycle est ouvert à l'échelle des phénomènes biologiques car il n'est pas volatil de sorte que le seul apport au sol provient des roches-mères via la pédogenèse. Il présente donc un cycle sédimentaire. Bien qu'il soit en grande partie recyclé dans les sols, une fraction, soluble, est entraînée par le cycle de l'eau vers l'océan.

Le fer joue un rôle majeur dans le fonctionnement des écosystèmes aquatiques et interfère de ce fait de façon déterminante avec les polluants de ces derniers, en particulier dans les biotopes lentiques. Dans un lac, il va circuler entre l'eau, les matières en suspension et les sédiments en passant

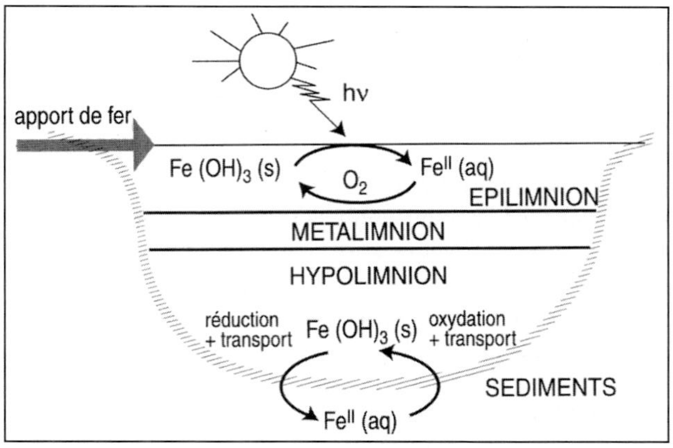

Circulation du **fer** dans un écosystème limnique de part et d'autre de la chimiocline. Le fer est stocké dans les sédiments et passe alternativement sous forme soluble ou insoluble selon que le milieu est réducteur ou oxydant. En conséquence, l'hypolimnion qui est souvent en condition de déficit en oxygène, voire anoxique, renferme au-dessous de la chimiocline une plus forte concentration en fer inorganique dissous que les couches d'eau superficielles. (D'après Sigg, Stumm et Behra, op. cit., in Ramade F., *Dictionnaire encyclopédique des sciences de l'eau*, Ediscience international, 1998, p. 230)

alternativement sous forme dissoute et précipitée, insoluble. En période de stratification estivale, l'existence d'une oxycline va diviser le biotope limnique en deux zones en fonction de la profondeur. Dans la couche profonde, les oxydes de fer présents dans les sédiments anoxiques (de faibles valeurs Redox) vont être solubilisés par réduction des matières organiques subissant une fermentation anaérobie. Dans la partie superficielle des eaux lacustres (épilimnion), le Fe^{2+} est au contraire oxydé et va donc passer sous forme insoluble : il précipitera dans la colonne d'eau et se sédimentera.

Il existe aussi par ailleurs dans les biotopes aquatiques un certain couplage des cycles du fer et du soufre essentiellement au niveau des sédiments. En période de crise anoxique ou de façon permanente dans les biotopes méromictiques, une fraction du fer réagit avec les dégagements de H_2S provoqués par certaines fermentations anaérobies dues à des Thiobactériacées sulfatoréductrices et produit un précipité de SFe. Celui-ci donne une coloration noire aux sédiments caractéristique des lacs eutrophes et *a fortiori* dystrophisés par un apport excessif de nutriments ou par des rejets d'effluents urbains chargés de matières organiques fermentescibles.

Dans les zones marines côtières – vasières et autres formations sédimentaires – la circulation du fer entre le substrat et la colonne d'eau s'effectue de façon analogue à celle décrite ci-dessus pour les biotopes lentiques d'eaux continentales. Il a été démontré en date très récente que le fer pouvait constituer dans les eaux du grand large des océans (province océanique), sur de vastes surfaces pélagiques, le facteur limitant de la production primaire, car il s'y rencontre à de faibles concentrations, en particulier dans les eaux froides, subantarctiques, de l'océan austral. ***(Voir aussi Dystrophisation, Metallogenium, MOF, Oxycline, Soufre)***

Ferae, n. sc. Groupe systématique de Mammifères correspondant à l'ordre des Fissipèdes (carnivores) actuels mais auquel appartient aussi celui des Créodontes, lui fossile.

fermé(e), adj. Désigne un habitat caractérisé par une végétation ligneuse dont la frondaison des végétaux voisins est jointive. ◆ **communauté** ~ (*closed community*) : communauté constituée par un assemblage d'espèces occupant toutes les niches écologiques disponibles ce qui interdit de ce fait l'installation d'une nouvelle espèce dans l'écosystème concerné. (***Voir aussi Niche***) ◆ **forêt** ~ (*closed forest*) : forêt dont la couronne des arbres est contiguë.

fermentation, n. f. (*fermentation*). Phénomène par lequel des micro-organismes produisent l'énergie dont ils ont besoin par voie anaérobie. Pour cela, ils réduisent un substrat biochimique. Un cas très classique est celui de la fermentation éthylique qui transforme le glucose en éthanol.

ferralite, n. f. (*ferralite*). Terme de la nomenclature pédologique désignant les sols ferralitiques.

ferralitique, adj. ◆ **sol** ~ (*ferralitic soil*) : sol tropical de couleur rouge par suite de la présence d'oxyde de fer dans son horizon B, altéré par les facteurs climatiques. Après destruction de la végétation forestière, il donne des cuirasses latéritiques. (***Voir aussi Latérite***)

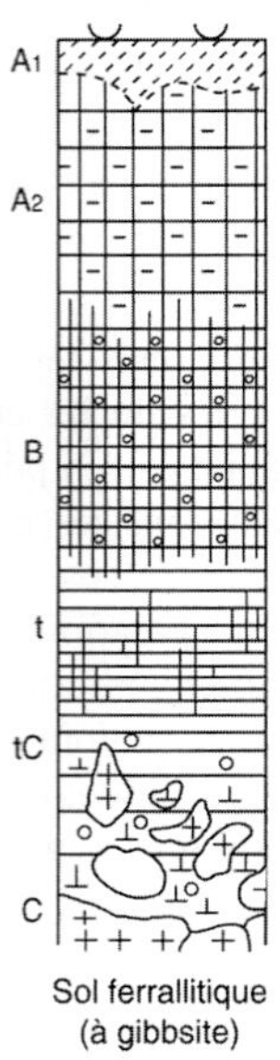

Coupe dans un sol **ferralitique**. (D'après Duchaufour, *Abrégé de pédologie*, Masson, 1992, p. 219 mais modifié)

ferralitisation, n. f. (*ferralitization*). Altération complète des minéraux primaires constituant la roche-mère d'un sol – à l'exception du quartz – sous climat tropical humide. Les argiles néoformées sont de la kaolinite avec cristallisation d'une partie de l'alumine libérée sous forme de gibbsite. Il se forme usuellement au cours de ce processus des agrégats provenant de l'association kaolinite-oxyde ferrique, rouges, très stables, qui empêchent le lessivage. (***Voir aussi Latéritisation***)

Ferrel, cellule de (*Ferrel's cell*). Cellule de circulation de l'atmosphère située au niveau des moyennes latitudes et occupant une position intermédiaire entre la cellule de Hadley et la cellule polaire. (***Voir aussi Cellule, Climat***)

ferrobactériales, adj. (*ferrobacteria*). Bactéries autotrophes qui obtiennent leur énergie en utilisant les divers sels de fer ayant un degré d'oxydation élevé.

fersiallitisation, n. f. (*fersiallitization*). Processus de formation des sols sous climats tropicaux à alternance de saison sèche et humide, qui se traduit par une décomposition des argiles et leur néoformation et la formation d'oxydes de fer de couleur brun rouge (rubéfaction). Le phénomène qui donne lieu à cette dernière est lié à la formation d'hématite. Il résulte de la recristallisation des oxydes de fer libérés par altération et qui subissent une alternance d'humectation et de dessication en milieu neutre ou alcalin.

fertile, adj. (*fertile*) ◆ **Croissant** ~ : zone du Proche et du Moyen-Orient, en forme de croissant, qui s'étend depuis l'ancienne Palestine hébraïque jusqu'en Mésopotamie et où est apparue, il y a environ 10 000 ans, la civilisation néolithique. Entre le Tigre et l'Euphrate s'est développée par la même occasion l'une des premières civilisations hydrauliques de l'humanité simultanément ou un peu avant celle d'Extrême-Orient.

fertilisants, n. m. (*fertilizers*). Composés chimiques, généralement minéraux, consistant en sels de phosphore, d'azote, de potassium, de calcium ou de tout autre élément indispensable aux plantes, incorporés aux sols cultivés pour maintenir ou en accroître la fertilité. (***Voir aussi Engrais***)

fertilisation, n. f. (*fertilization*). Opération ayant pour but d'améliorer la fertilité d'un sol par l'apport d'engrais ou par celui d'amendements.

fertilité, n. f. (*fertility*). Aptitude d'un sol à permettre de hauts rendements quand il est mis en culture.

feu, n. m. ◆ ~ **de brousse** (*bush fire*) : incendie annuel de la végétation herbacée allumé par les populations locales dans les savanes africaines. Cette pratique existe en réalité dans toutes les régions tropicales du monde couvertes par des écosystèmes de savanes ou homologues : caatingas d'Amérique latine, *bush* australien, etc. ◆ ~ **de forêts** : voir Incendie.

feuillaison, n. f. (*foliation*). Phénomène de développement du feuillage de la végétation arborée et arbustive au début de la belle saison.

feuillu(s), n. m. (*broadleaved tree*). Arbres dont les feuilles souvent caduques sont pourvues d'un large limbe, par opposition aux conifères dont les feuilles sont toujours étroites et généralement en forme d'aiguille. (***Voir aussi Forêt***)

fibratus, adj. Désigne un type de nuage en forme de voile fibreux et dont les éléments sont incurvés.

fibre, n. f. (*fiber*). Matériau constitué de macromolécules allongées qui confèrent une grande résistance mécanique à l'étirement ou la section. ◆ ~ **végétale** (*vegetal fiber*) : désigne l'ensemble des matériaux de ce type d'origine végétale : lin, coton, chanvre, etc. ◆ ~ **de verre** (*glass fiber*) : matériau isolant formé de verre étiré à l'extrême, très utilisé dans la construction pour l'isolation thermique des locaux d'habitation.

fibrocytose, n. f. Voir Silicose.

Ficus. Nom scientifique de genre des figuiers dont il existe environ mille espèces dans le monde, en quasi-totalité tropicales. Les fleurs petites et nombreuses sont fixées sur la paroi interne de l'inflorescence en forme de poire et charnue dénommée sycone. Au plan écologique, les figuiers présentent un cas extrême de coévolution plante-insecte. Chaque espèce du genre *Ficus*, dont tous les représentants sont entomogames, dépend pour sa fécondation d'une espèce d'Hyménoptère Proctotrypoïde de la famille des *Agaonidae* qui lui est strictement inféodée. **(*Voir aussi Agaonidae, Blastophage*)** ◆ ~ ***carica*** : nom scientifique du figuier sauvage d'Europe méditerranéenne, dont sont issues les diverses variétés cultivées de figuier. Beaucoup d'entre elles sont actuellement parthénocarpiques, c'est-à-dire peuvent fructifier sans fécondation.

Figuier étrangleur (***Ficus virens***) (Curtain Fig National Forest, Queensland, Australie). (Cliché F. Ramade)

fidélité, n. f. (*fidelity*). Terme de phytosociologie désignant l'importance de l'intensité de l'association d'une espèce de plante à tel ou tel groupement végétal voire strictement à l'un d'entre eux. On distingue par ordre de fidélité décroissante des espèces : 1. exclusives, 2. sélectives, 3. préférentielles, 4. indifférentes ou 5. accidentelles.

figuier(s), n. m. (*fig tree*). Arbres de la famille des Moracées, dans laquelle on distingue un grand nombre d'espèces pour la plupart tropicales. La seule espèce européenne est le caprifiguier (*Ficus carica*) dont dérive le figuier cultivé. **(*Voir aussi Blastophage, Ficus*)**

filaires, n. f. (*filaria*). Nématodes parasites responsables de graves parasitoses des animaux domestiques et de l'homme. **(*Voir aussi Filarioses*)**

filamenteux(-es), adj. (*filamentous*) ◆ **algues** ~ (*filamentous algae*) : désigne des algues pluricellulaires dont les individus se présentent sous forme de filaments. ◆ **bactéries** ~ (*filamentous bacteria*) : bactéries fréquentes dans les eaux polluées par des matières organiques fermentescibles qui donnent des colonies en forme de chaînes ou de « pompons ».

filao(s), n. m. (*she-oak*) (n. sc. *Casuarina sp.*). Angiospermes très primitifs de la famille des Casuarinacées, propres aux régions intertropicales, qui ne comporte qu'un seul genre d'une cinquantaine d'espèces. Les filaos sont localisés à l'Asie du Sud-Est, à la Polynésie et à l'Australie. Ils sont capables de se développer dans des sols très pauvres par exemple dans les sables d'une plage grâce à une symbiose avec des micro-organismes – des Actinomycètes – capables de fixer l'azote atmosphérique. **(*Voir aussi Casuarinales*)**

Filaria, **1.** Nom vernaculaire du *Phyllirea angustifolia*, espèce arbustive méditerranéenne, inféodée aux garrigues et aux forêts de pins d'Alep. **2.** Nom scientifique d'un genre de Filaires.

filarioses, n. f. (*filariasis*). Affections parasitaires causées par des filaires. En règle très générale le cycle des filarioses s'effectue entre deux hôtes : un Vertébré à sang chaud – éventuellement l'homme – et un Invertébré dans l'organisme duquel s'effectue une partie du développement des larves dénommées microfilaires. La filaire de Bancroft cause l'éléphantiasis, dont l'agent vecteur est un moustique (*Culex fatigans*). L'oncocercose oculaire dont les agents vecteurs sont d'autres insectes hématophages d'Afrique subsahélienne (*Simulium damnosum* et espèces affines) résulte de l'infestation de l'homme par une autre espèce de filaire (*Oncocerca volvulus*). **(*Voir aussi Onchocercose*)**

filet(s), n. m. ◆ ~ **dérivant** (*drifting net*) : engin de pêche dont l'usage s'est considérablement développé au cours des deux dernières décennies. Ces filets, largement utilisés par les flottilles de pêche japonaises et coréennes, dont la longueur peut excéder 100 km et la profondeur 20 m, sont la cause de véritables hécatombes dans la faune marine et contribuent de façon déterminante à l'épuisement des ressources halieutiques de l'océan mondial, en particulier les thons et espèces apparentées, requins, petits Cétacés et tortues marines. D'importantes campagnes ont été entreprises depuis le début des années 1990 par diverses organisations internationales de protection de la nature afin d'obtenir l'interdiction de ces engins destructeurs. **(*Voir aussi Dauphin*)**

Filicopsidés, n. sc. (*Filicophyta*, vern. : *ferns*). (syn. : Ptérophytes) (vern. : Fougères). Classe de Ptéridophytes dans laquelle on distingue 15 000 espèces réparties en trois ordres : les Filicopsides, les Ophioglossopsides et les Marratiopsides. Ils se caractérisent par un système racinaire et un appareil vasculaire mais qui sont dépourvus de fleurs et chez lesquels la fécondation se fait entre un archégone et un gamète mâle flagellé, libre et mobile. La multiplication asexuée se fait par des spores inclus dans des sporanges situés à la face inférieure des feuilles. Beaucoup d'espèces sont herbacées pérennes, d'autres, strictement tropicales, sont arborescentes (famille des Cyathéacées) et pourvues d'un tronc parfois de grande taille. **(*Voir aussi Ptéridophytes*)**

film, n. m. (*film*). Mince couche de matériel minéral ou organique qui recouvre une interface dans un biotope donné. ◆ ~ **bactérien** (*bacterial film*) : désigne le voile formé par des colonies bactériennes à la surface de l'eau, des sédiments ou de substrats immergés dans des biotopes aquatiques. ◆ ~ **de sédiment** (*sediment film*) : mince dépôt de sédiments présentant une constitution physico-chimique particulière par rapport au substratum.

filtre(s), n. m. (*filter*). Instrument utilisé dans l'épuration d'effluents liquides pour séparer des substances minérales ou plus généralement des matières organiques indécantables en suspension. ◆ ~ **à bougie** (*filtering candle*) : filtre en porcelaine poreuse utilisé aujourd'hui encore dans les pays en voie de développement pour épurer bactériologiquement l'eau de boisson. Ce dispositif ne peut cependant filtrer la majorité des virus pathogènes. ◆ ~ **à charbon** (*carbon filter*) : filtre constitué de carbone pulvérulent dont le rôle est d'adsorber de nombreux polluants organiques xénobiotiques. ◆ ~ **à Diatomées** (*diatomaceous earth filter*) : système de filtration faisant appel à de la diatomite (terre de Diatomées) comme matériau filtrant. **(*Voir aussi Kieselguhr*)** ◆ ~ **à sable** (*sand filter*) : dispositif très utilisé dans les stations d'épuration consistant à faire passer dans de grands bacs sur un épais lit de sable les eaux polluées qui ont été au préalable dégrillées et décantées. ◆ **effet de** ~ (*filter effect*) : les interfaces qui au niveau des écotones constituent la limite physique entre les deux écosystèmes qui se jouxtent jouent le rôle de filtres physico-chimiques et biologiques. Ils représentent une barrière susceptible de réduire voire d'arrêter les flux d'énergie, les matières minérales et organiques ou encore le passage des organismes de l'un vers l'autre des biotopes situés de part et d'autre de l'écotone.

filtreurs, n. m. et adj. ◆ **organismes** ~ (*filter feeders organisms*) : êtres vivants aquatiques qui se nourrissent d'organismes de très petite taille (minuscules zooplanctontes et souvent espèces unicellulaires, généralement phytoplanctoniques ou bactériennes) ou encore de particules alimentaires constituées par des matières organiques mortes en suspension dans l'eau (seston).

fissile, adj. ◆ **matière** ~ (*fissile material*) : terme désignant en ingénierie nucléaire les atomes d'éléments capables de subir la fission. Dans la nature, le seul radionucléide doué de cette propriété est l'uranium 235. L'uranium 233 et le plutonium, qui se forment dans divers types de réacteurs nucléaires, sont aussi des matières fissiles, mais d'origine artificielle.

fission, n. f. (*fission*) **1.** Processus de division d'un organisme en deux individus distincts à l'origine de la multiplication asexuée. **(*Voir aussi Scissiparité*) 2.** ~ **nucléaire** (*nuclear fission*) : processus physique par lequel un noyau d'uranium se fissionne en libérant de l'énergie sous l'effet d'un choc neutronique en deux fragments nucléaires. Ces derniers, dénommés produits de fission, appartiennent à divers éléments dont la masse atomique moyenne est distribuée autour de deux pics de masse 90 et 130. La fission d'un gramme d'uranium 235 fournit autant d'énergie thermique que la combustion de 3 tonnes de charbon. **(*Voir aussi Nucléaire*)**

Fissipèdes, n. m (*Fissipeda*). Ordre de Mammifères dénommés vulgairement Carnivores. Les principales familles sont celles des *Felidae*, des *Canidae*, des *Viverridae* et des *Mustelidae*.

fitness, n. f. Degré d'adaptation d'une population d'une espèce donnée à sa niche écologique. Les espèces jeunes et ayant évolué dans un environnement récent présentent en général un degré beaucoup plus faible d'adaptation que celles propres à des écosystèmes anciens de caractères climaciques. En effet, un changement génétique qui influence la fécondité et l'aptitude à la survie modifie la *fitness* des individus qui portent la mutation. Le degré de *fitness* est une conséquence directe de la sélection compétitive qui conduit au succès évolutif d'un trait génétique en relation avec la valeur adaptative qu'il représente pour la survie de l'espèce. La mesure de la *fitness* correspond en conséquence à l'importance de la contribution génétique des descendants des individus aux générations futures de la population considérée.

fixation, n. f. ◆ ~ **des éléments** (*elements fixation*) : processus biogéochimique par lequel des dérivés gazeux des éléments sont transformés en sels minéraux et (ou) en substances biochimiques. La formation de nitrates par les bactéries du sol ou encore l'absorption du CO_2 par les végétaux constituent autant de procédés de fixation des éléments.

fjord(s), n. m. (*fjord*). Profondes vallées glaciaires débouchant dans la mer qui se sont formées dans diverses régions du monde et qui ont été recouvertes par une banquise au cours des dernières glaciations.
Les eaux des fjords présentent une écologie particulière liée à une stratification complexe au plan thermique.
Par suite de l'existence d'une moraine frontale submergée lors de la remontée des eaux marines à la fin de la dernière glaciation, on peut distinguer trois couches de la surface vers le fond :
– en surface, une couche dessalée animée d'un courant dans le sens du large par suite du déversement des rivières dans les eaux du fjord,
– puis une couche d'eau salée profonde constituant un contre-courant allant dans le sens de la côte,
– enfin, les eaux les plus profondes formant une couche immobile et à renouvellement très lent.

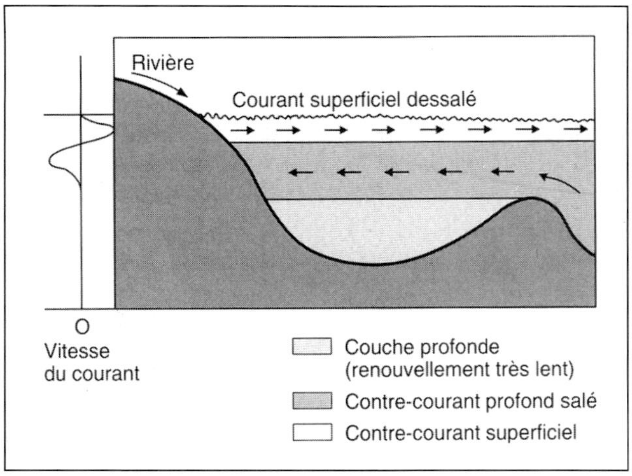

Stratification thermique des eaux d'un **fjord**.

Fjordland, parc national de (*Fjordland National Park*). Parc situé dans la région Sud-Ouest de l'île du Sud en Nouvelle Zélande. D'une surface supérieure à 10 000 km^2, ce parc national protège d'immenses forêts pluvieuses tempérées de hêtres austraux (*Notofagus*) et diverses colonies de manchots et d'otaries. On y rencontre aussi le rare *Notornis,* espèce de Ralliforme aptère endémique de ces îles.

Vue du fjord de Millford Sound, dans le parc national de **Fjordland** en Nouvelle-Zélande. (Cliché F. Ramade)

Flagellés, n. m. (*Flagellata*). Embranchement de Protistes primitifs dans lesquels on rencontre des familles autotrophes, pourvues de chloroplastes (*Phytoflagellés*) et des hétérotrophes stricts (*Zooflagellés*) libres ou parasites ainsi que des espèces ambivalentes capables à la fois d'autotrophie et d'hétérotrophie.

Certains groupes de Phytoflagellés, tels les Dinophycées, sont des constituants importants du phytoplancton dulçaquicole ou marin.

Les Flagellés symbiotiques de la panse rectale des termites jouent un rôle indirect essentiel dans l'écologie des sols tropicaux car c'est par suite de leur présence que ces insectes peuvent digérer le bois mort. Ils constituent de ce fait un agent majeur du fonctionnement des chaînes trophiques de décomposeurs dans les écosystèmes tropicaux. **(*Voir aussi Joenia, Termites*)**

flamant rose, n. m. (*greater flamingo*) (n. sc. *Phoenicopterus ruber*). Espèce appartenant aux *Phoenicopteridae* qui est l'unique famille de l'ordre des Phænicoptériformes, lequel présente des affinités avec les Ciconiformes.

Les flamants roses nichent en grandes colonies dans les écosystèmes lagunaires des régions méditerranéennes et tropicales du globe. La plus grande population européenne et méditerranéenne de flamants se reproduit dans la Réserve Naturelle Nationale de Camargue où l'on pouvait dénombrer à la fin des années 1990 environ 12 000 couples nicheurs.

Vol de **flamants** roses (*Phoenicopterus ruber*) en Camargue. (Cliché F. Ramade)

Flandrien, n. m. (*Flandrian*). Désigne en Europe l'Holocène qui est l'époque correspondant à l'actuel interglaciaire. **(*Voir aussi Glaciation, Quaternaire*)**

flétrissement, n. m. (*withering*). Fanaison prématurée due à une déficience physiologique qui apparaît chez les végétaux lorsque l'absorption d'eau par les racines est insuffisante. Le flétrissement peut être induit par un déficit hydrique des sols, par des agents pathogènes ou des ravageurs des plantes ou encore par des polluants phytotoxiques. Il est réversible pendant une certaine durée au-delà de laquelle il devient permanent. **(*Voir aussi Fanaison*)**

fleur d'eau, n. f. (*water bloom*). Phénomène caractérisé par une prolifération de phytoplancton qui confère aux eaux une coloration particulière que même le profane remarque au premier coup d'œil dans les milieux limniques (lacs, étangs) eutrophes ou *a fortiori* dystrophisés. Dans certains cas, elle se produit en profondeur et ne peut être perçue que par des prélèvements effectués dans la colonne d'eau.

Cette multiplication anarchique du phytoplancton résulte elle-même d'un apport excessif d'éléments minéraux nutritifs d'origine tellurique (rejets d'égout urbain, lessivage des engrais chimiques épandus en excès dans les terres de culture du bassin versant).

En ce qui concerne les écosystèmes lotiques, l'équivalent des fleurs d'eau est le fait de Macrophytes. Ainsi dans les eaux courantes enrichies en nutriments minéraux, on constate généralement des pullulations d'algues vertes (Cladophorales en particulier) ainsi que de certains macrophytes comme les renoncules d'eau ou encore dans les biotopes lotiques tropicaux d'autres Angiospermes tels les jacinthes d'eau. (***Voir aussi Dystrophisation, Eutrophisation, Jacinthe d'eau***)

fleuve(s), n. m. (*river*). Cours d'eau caractérisés par l'importance de leur débit et une faible pente. Pris au sens large, le terme de fleuve est synonyme d'*écosystème lotique*, dénommé parfois écosystème fluvial. Celui-ci est constitué par l'ensemble d'un cours d'eau proprement dit (biotopes aquatiques d'eau courante) qui s'étale depuis la zone des sources jusqu'au débouché de l'estuaire dans la mer. Ici le facteur écologique déterminant est le courant, dont le flux, essentiellement unidirectionnel, entraîne l'eau vers l'aval. Au sens strict, le terme de fleuve désigne le dernier tronçon d'un écosystème lotique, dénommé zone potamique, où la pente est inférieure à 2 p. 1 000. L'ensemble d'un cours d'eau et *a fortiori* sa partie fluviale représente l'élément essentiel, déterminant, d'une mosaïque d'écosystèmes, dénommée hydrosystème fluvial qui, considéré dans sa totalité, constitue le paysage d'une vallée fluviale. Ce dernier est marqué par un grand nombre d'écotones dont les limites varient dans leurs dimensions spatio-temporelles. (***Voir aussi Hydrosystème***)

◆ **organisation du réseau fluvial** : pris dans leur ensemble, les divers biotopes que comporte un fleuve présentent une organisation spatiale particulière. Celle-ci se caractérise par une structure en arborescence dont les éléments sont des chenaux élémentaires, des confluents et des affluents qui, de l'amont vers l'aval, sont les tributaires successifs d'autres composants du réseau hydrographique de débit de plus en plus important. L'ordre d'un tributaire correspond au niveau de l'arborescence où il se situe. Ainsi, on distinguera les torrents et ruisseaux qui sont d'ordre 1, les petites rivières d'ordre 2, les rivières représentant des affluents d'ordre 3 et supérieurs jusqu'à la partie inférieure de la zone de stockage des fleuves qui présente l'ordre de degré le plus élevé.

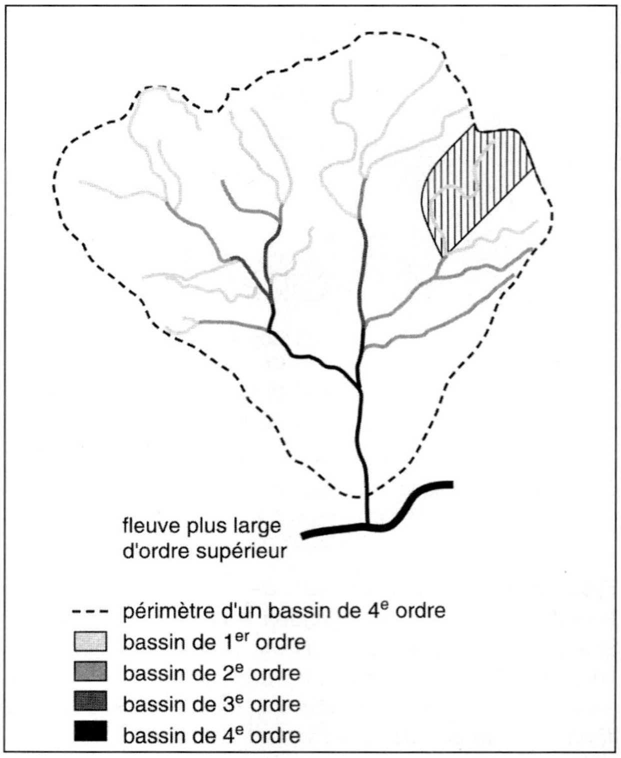

Ordination du réseau fluvial. Il existe une ordination des divers tributaires d'un **fleuve** à l'intérieur d'un bassin versant, depuis les cours d'eau de la zone des sources (zone de production) jusqu'à la plaine alluviale débouchant sur l'estuaire (ou le delta) qui correspond au cours inférieur du fleuve dont le rang est le plus élevé. En hachuré est figurée, à titre d'exemple, l'aire occupée par un bassin de premier ordre.

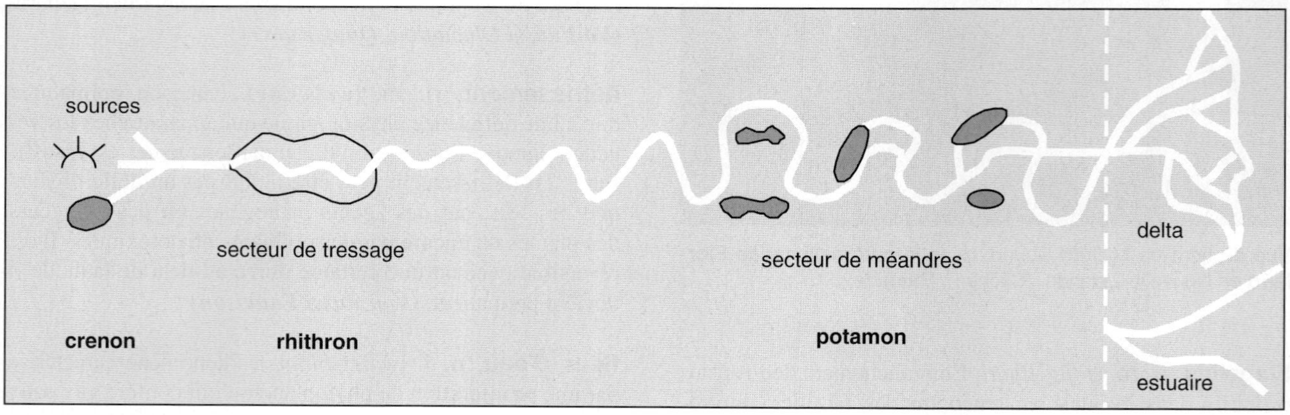

Organisation d'un écosystème fluvial. On distingue trois zones majeures dans un écosystème lotique : la zone de production (sources et torrents) dénommée crenon, où la pente est la plus forte, sise dans les parties les plus élevées du bassin versant, la zone de transfert qui correspond aux rivières, où la pente est moindre et dans laquelle le lit est souvent caractérisé par des chenaux entrelacés (en l'absence d'aménagements) dit de ce fait secteur de tressage ; enfin plus en aval, le cours d'eau entre dans la zone de stockage et devient un **fleuve**. Cette section de l'écosystème fluvial dénommée potamon, marquée par de nombreux méandres (par suite de la pente faible, voire négligeable, parfois inférieure à 0,1 pour mille) se déroule dans la plaine d'inondation. Le fleuve finit par se déverser dans la mer au niveau soit d'un estuaire, soit d'un delta (constitué par un système complexe de bras anastomosés). (D'après Statzner et Highler, op. cit., in Ramade F., *Dictionnaire encyclopédique des sciences de l'eau*, Ediscience international, 1998, p. 234)

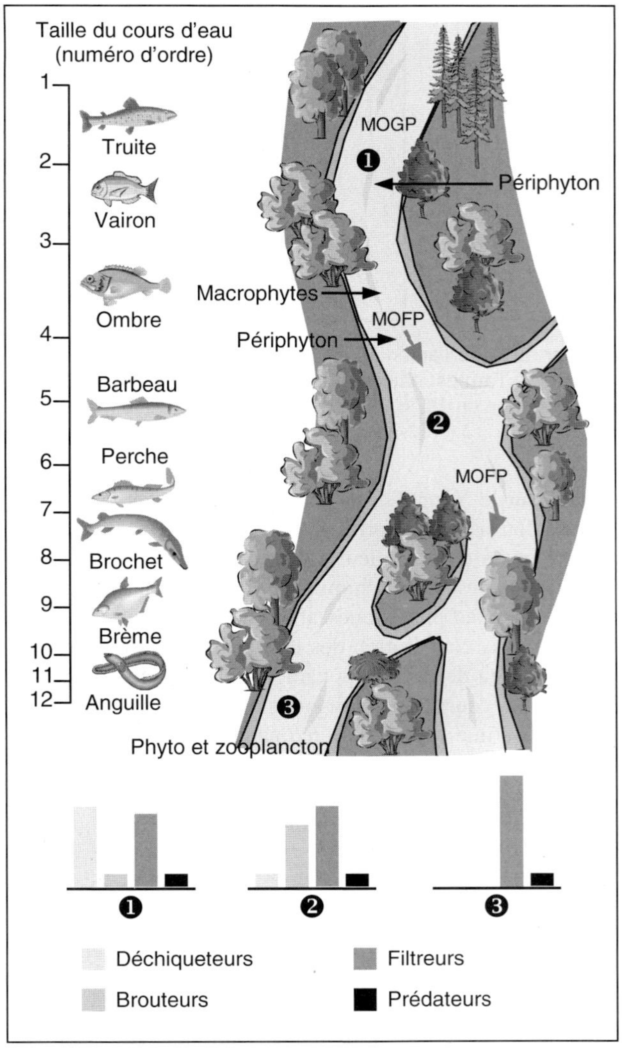

Circulation des particules de matières organiques dans un écosystème lotique et son rôle dans la distribution des divers types trophiques dans le peuplement de poissons d'un cours d'eau. Un changement de nature physique des particules transportées s'effectue tout au long du cours des **fleuves**. Dans le crenon, l'apport tellurique de fragments végétaux est prépondérant. Les détritiphages (filtreurs, déchiqueteurs) sont donc abondants. Les particules de grande taille (MOPG) dominent dans le crenon en amont du rhithron tandis que celles de petite taille (MOFP) deviennent prépondérantes en aval. La taille des particules organiques transportées conditionne la proportion relative des divers régimes alimentaires du peuplement piscicole figurés en bas sous forme d'histogrammes. (D'après Décamps et Naiman, *La Recherche*, mars 1989, n° 208, p. 316)

◆ **structure d'un écosystème fluvial** : on distingue plusieurs zones d'amont en aval dans un écosystème lotique. La partie en amont, celle des sources et des torrents, dénommée *crenon*, qui correspond à la zone de production de l'hydrosystème fluvial, dans laquelle est collecté l'essentiel de l'eau qui alimente les tronçons inférieurs tandis que l'érosion hydrique du bassin versant est la cause de la production de sédiments. Vient ensuite une zone intermédiaire dénommée *rhitron* (zone des rivières) qui correspond à la zone de production de l'hydrosystème fluvial, et dans laquelle existent, en l'absence d'aménagements, de nombreux chenaux anastomosés (tresses) et où le dépôt de matériaux arrachés par l'érosion est intense. Enfin, la dernière zone propre à l'écosystème fluvial, dénommée *potamon*, située dans la plaine d'inondation, encore dénommée plaine alluviale, correspond à la zone d'accumulation de l'hydrosystème fluvial. Elle est de pente faible voire dérisoire (ainsi l'Amazone est seulement à 80 m d'altitude à Iquitos alors qu'il a encore à parcourir 3 000 km pour atteindre son embouchure). Cette zone se caractérise par une faible vitesse du courant, d'où la formation de nombreux méandres ainsi que par le dépôt des alluvions – et l'accumulation de l'eau tant en surface que dans la nappe sous-alluviale. Enfin, la zone estuarienne ou deltaïque (selon les cas) qui fait transition avec la mer correspond à un écotone – même s'il peut être très large. Dans cette dernière, les eaux fluviales deviennent saumâtres et elles présentent un gradient de salinité croissant au fur et à mesure que l'on se rapproche de la mer. ***(Voir aussi Fluvial, Hydrosystème, Lotique)***

◆ **fonctionnement des fleuves** : il est marqué par l'importance des interactions entre l'écosystème lotique proprement dit et les parties émergées du bassin versant. Une notion essentielle au plan de l'écologie des fleuves est celle de continuum fluvial. Il existe un flux d'énergie et de matière qui entre dans cet écosystème et se distribue selon un gradient longitudinal de l'amont vers l'aval (voir figure ci-contre). Dans la partie amont, la végétation riveraine – et le courant dans la zone des sources – empêche le développement d'une végétation aquatique importante et *a fortiori* celui du phytoplancton qui serait balayé par le flux intense. Plus en aval, le périphyton peut se développer car la végétation riveraine ne fait plus une ombre suffisante pour empêcher le développement d'organismes autotrophes aquatiques. Dans les rivières, qui correspondent à la zone de transfert, peuvent s'installer des macrophytes. À l'opposé, la turbidité gène le périphyton. Enfin en plaine, le phytoplancton peut se développer compte tenu de la lenteur du cours et devient prépondérant dans la production primaire endogène. ***(Voir aussi Continuum, Fluvial)***

◆ **grands fleuves** : il existe un nombre important de fleuves sur les cinq continents. Certains sont d'une telle dimension qu'ils occupent des bassins versants dont l'étendue est

Les plus grands fleuves du monde (par débit moyen décroissant)
(D'après Meybeck in Gleick, op. cit., 1993, mais modifié)

Fleuve	Surface du bassin versant (en 10^3 km^2)	Débit moyen (en m^3/sec)	Longueur du cours (en km)
Amazone	6 915	210 000	6 280
Congo	4 000	39 200	4 370
Orénoque	1 000	30 000	3 000
Yang-Tse-Kiang	1 950	28 000	5 520
Brahmapoutre	580	19 300	3 000
Mississippi	3 267	18 400	5 985
Mékong	810	18 300	4 500
Parana	2 800	18 000	4 700
Yenesei	2 600	17 200	3 490
Lena	2 430	16 300	4 400

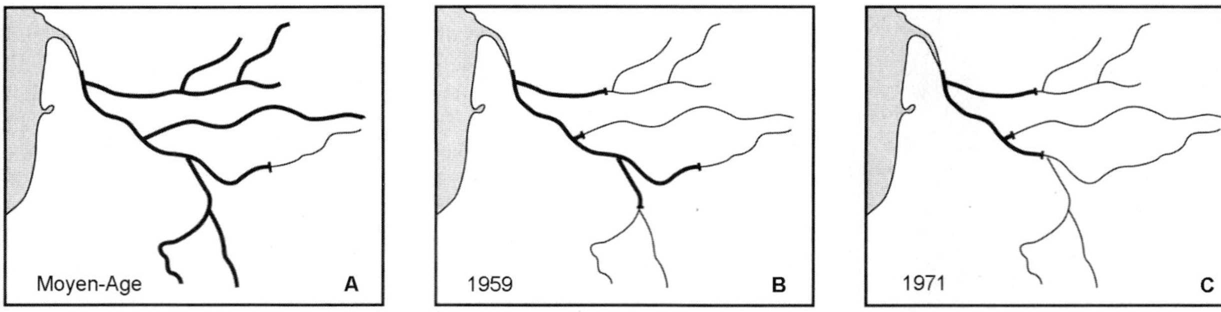

Régression du cours de la Garonne accessible aux poissons migrateurs par suite de l'aménagement hydroélectrique de ce **fleuve**. **A**. Cours initial avant les aménagements hydroélectriques. L'obstacle figuré sur le Tarn est naturel, il s'agit du saut du sabot qui interdisait l'accès de son cours supérieur aux migrateurs. **B**. Situation en 1959. **C**. Situation en 1971. (D'après Décamps et Fortuné, in Risser, *Long Term Ecological Research*, John Wiley & Sons, 1991, p. 145)

celle de vastes fractions de continents voire de sous-continents entiers (voir Tableau page précédente). En réalité, un fleuve sera d'autant plus important que son bassin versant est plus étendu et que les précipitations y sont importantes. En débit, le plus grand fleuve du monde est l'Amazone avec un flux moyen de 210 000 m^3/sec. Le Nil est le plus long fleuve avec plus de 6 600 km.

◆ **fleuves aménagés** (*regulated rivers*) : les fleuves sont de plus en plus l'objet de divers aménagements qui bouleversent leur écologie et conduisent à de graves dégradations environnementales pour l'ensemble du bassin versant. La construction de barrages, la rectification et l'endiguement des rives, puis la canalisation des fleuves, l'extraction de matériaux dans leur lit, représentent les principaux types d'altérations auxquelles ils sont exposés. De nos jours, les projets de barrages sur la Loire, qui est le dernier cours d'eau encore non entièrement domestiqué d'Europe occidentale, ou encore la construction du barrage sur le Danube ont soulevé, voici quelque temps, des protestations unanimes des associations de conservation de la nature. Depuis le milieu des années 1990 est actuellement en cours en Chine la construction du plus vaste système de barrages hydroélectriques jamais entrepris par l'homme, celui des Trois Gorges sur le Yang-Tse-Kiang. Les « aménagements » des fleuves détruisent les forêts riveraines (ripisylves), ils séparent les cours d'eau de leur plaine d'inondation ce qui perturbe les cycles biogéochimiques et entrave la réalimentation des nappes phréatiques alluviales. La construction de barrages et la constitution des lacs artificiels qui en résulte bouleverse en définitive les caractéristiques écologiques de la partie des cours d'eau tant en amont qu'en aval de la retenue et constitue un obstacle redoutable, parfois infranchissable, à la remontée des poissons migrateurs vers leurs zones de frayères situées en amont. (***Voir aussi Aménagement, Barrage, Danube, Endiguement, Ripisylve, Yang-Tse-Kiang***)

floc, n. m. (*floc*). Matériau colloïdal produit par la floculation de macromolécules biochimiques complexes enserrant dans leur réseau des bactéries. Les flocs bactériens constituent un élément majeur dans les installations des stations d'épuration procédant au traitement biologique des eaux urbaines polluées. Ils se forment dans les bioréacteurs constitués par des bassins d'aération dans lesquels se développe une culture bactérienne en suspension. Les bactéries y sont rassemblées en flocons d'où le terme de « flocs ». Elles y

Boucle de l'Orénoque près de Puerto Ayacucho (Amazonas, Venezuela). Ce **fleuve**, le troisième du monde par son débit, partage une part de son bassin versant avec celui de l'Amazone, les eaux coulant vers l'un ou l'autre fleuve selon la saison. Sa biocœnose lotique y est d'une très grande biodiversité renfermant de nombreuses espèces endémiques, en particulier de poissons et même un plataniste, le dauphin de l'Amazone (*Inia geoffrensis*) qui est commun à ces deux cours d'eau. (Cliché F. Ramade)

sont maintenues en suspension grâce à des systèmes de brassage et nécessitent une aération intense car il s'agit de germes hétérotrophes qui effectuent une dégradation aérobie des matières organiques fermentescibles. ***(Voir aussi Boues activées, Stations d'épuration)***

floculation, n. f. (*flocculation*). Phénomène par lequel un colloïde précipite sous forme d'hydrogel. Dans certaines conditions pédologiques, les argiles à l'état colloïdal peuvent présenter un tel phénomène de floculation.

floraison, n. f. (*blossoming, blooming*). Phase du cycle vital des Phanérogames qui marque le début de la période reproductive.

florale, adj. ◆ **formule** ~ (*floral formula*) : symbolisation chiffrée de la composition d'une fleur. Les lettres capitales S, P, E, C, symbolisent respectivement les sépales, les pétales, les étamines et les carpelles des fleurs.

Exemples : pour les Crucifères, cette formule est généralement du type :

(2 + 2) S + (2 + 2) P + (4 + 2) E + 2 C.

Pour les Liliacées :

3 S + 3 P + (3 + 3) E +3 C.

flore, n. f. (*flora*). Ensemble d'espèces de plantes constituant une communauté végétale propre à un habitat ou à un écosystème donné. ***(Voir aussi Botanique, Végétation)***

Floride (*Florida*). État du Sud-Est des États-Unis présentant un ensemble de particularités écologiques remarquables. Il possède dans sa partie Sud de vastes écosystèmes palustres de type subtropical. Une bonne partie de ce qu'il en subsiste après les nombreux drainages effectués pour leur mise en valeur agricole est localisée dans le parc national des Everglades.

Outre le problème de la gestion des eaux, la Floride connaît d'autres graves problèmes écologiques. Parmi ces derniers, il faut citer la construction de marinas qui s'est faite par destruction d'étendues considérables de ses mangroves littorales ainsi que celle de ses *Cypres swamps*, forêts amphibies peuplées de Conifères du genre *Taxodium* dont l'éradication a été justifiée, là encore, par une aberrante politique d'aménagement. ***(Voir aussi Everglades)***

floristique, adj. (*floristic*). Étude de la composition spécifique de la flore d'une aire géographique donnée et (ou) des associations végétales afférentes. ◆ **province** ~ (*floral province*) : région caractérisée par une composition spécifique de ses phytocœnoses.

flottage, n. m. ◆ ~ **du bois** (*timber rafting*) : procédé utilisé depuis des périodes immémoriales pour transporter le bois des chantiers d'abattage vers les scieries ou les papeteries. Le recours intensif à ce procédé de transport est à l'origine d'une sérieuse pollution des cours d'eau par des matières en suspension ainsi que d'une considérable élévation de leur DBO et de leur DCO. Il en résulte, outre une considérable diminution de la qualité piscicole des cours d'eau, une destruction des frayères. ***(Voir aussi Taïga)***

Flottage du bois en Laponie finnoise dans le district d'Ivalo. (Cliché F. Ramade)

flottation, n. f. (*flotation*). Désigne l'aptitude des organismes planctoniques à flotter dans l'eau. Il s'agit d'un facteur très important car il conditionne la flottabilité et représente l'antagoniste de la sédimentation. Comme dans l'ensemble des organismes du phytoplancton, la densité cellulaire, quoique proche de l'eau, est néanmoins généralement supérieure à 1, les cellules auraient tendance à couler. Divers processus dynamiques contrariant la sédimentation comme les mouvements de convection de l'eau ou encore l'existence d'organites conférant aux cellules une motricité comme chez les Phytoflagellés permettent leur flottation. ***(Voir aussi Flagellés, Phytoplancton)***

fluage, n. m. (*creeping*). Déformation visqueuse de matériaux géologiques plastiques. Le fluage peut être à l'origine d'importants glissements de terrain dans les zones de relief fortement déboisées, aux sols gorgés d'eau.

fluctuation(s), n. f. ◆ ~ **des populations** (*populations oscillations*). Désigne les variations des effectifs d'une population au cours du temps. Bien que diverses espèces végétales ou animales possèdent des populations stables, la majorité des espèces vivantes ont des populations fluctuantes au cours du temps. ◆ ~ **cycliques** (*cyclical oscillations*) : les populations de ce type présentent des fluctuations qui se caractérisent par une alternance de maxima et de minima dont l'amplitude peut être considérable. Les populations cycliques peuvent être périodiques ou apériodiques.

Parmi les *populations périodiques*, le cas général correspond à des fluctuations annuelles, avec un maximum de densité atteint en fin de période reproductive et un minimum en fin de la mauvaise saison. Tel est le cas de toutes les populations aviennes et de Mammifères sédentaires dans les pays tempérés et boréaux.

Il existe aussi des fluctuations *pluriannuelles*. On connaît des espèces ayant un rythme trisannuel (hannetons) ou quadriennale (lemmings des toundras arctiques). Il existe aussi des rythmes de plus grande durée, décennaux par exemple. De telles fluctuations cycliques sur une période longue ont ainsi été mises en évidence chez le lynx et le lièvre variable du Grand Nord canadien.

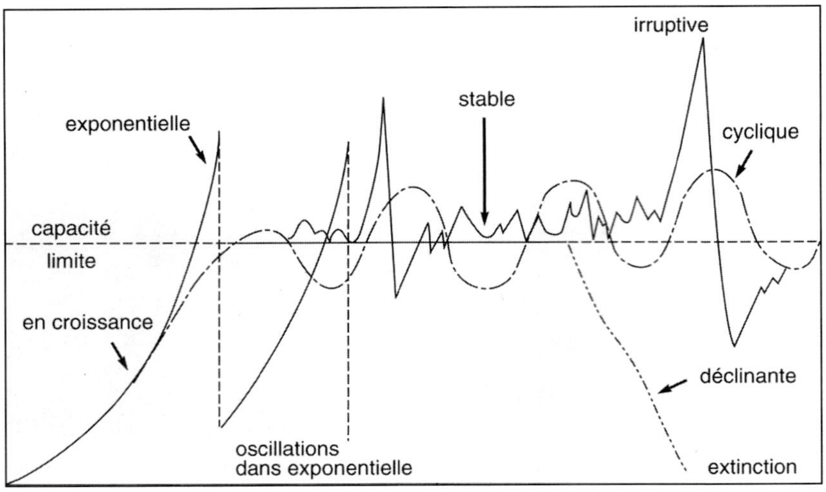

Représentation sous forme de diagramme des principaux types de **fluctuation** des populations en fonction du temps. (D'après Smith, *Ecology and Field Biology*, Harper and Row, New York, 1966)

L'étude des variations de population de cette espèce en fonction de sa proie a joué un rôle important dans la compréhension des phénomènes de prédation au plan démoécologique. Se fondant sur les statistiques des achats de la Compagnie des fourrures de la baie d'Hudson, Mc Lulich a pu montrer que, sur une période excédant un siècle, les variations d'effectifs du lynx sont cycliques et régulières – avec une période de 10 ans – et suivent avec une remarquable constance celles du lièvre variable. Il apparaît en conséquence que ce sont les fluctuations de la proie qui commandent celles du prédateur et non l'inverse.

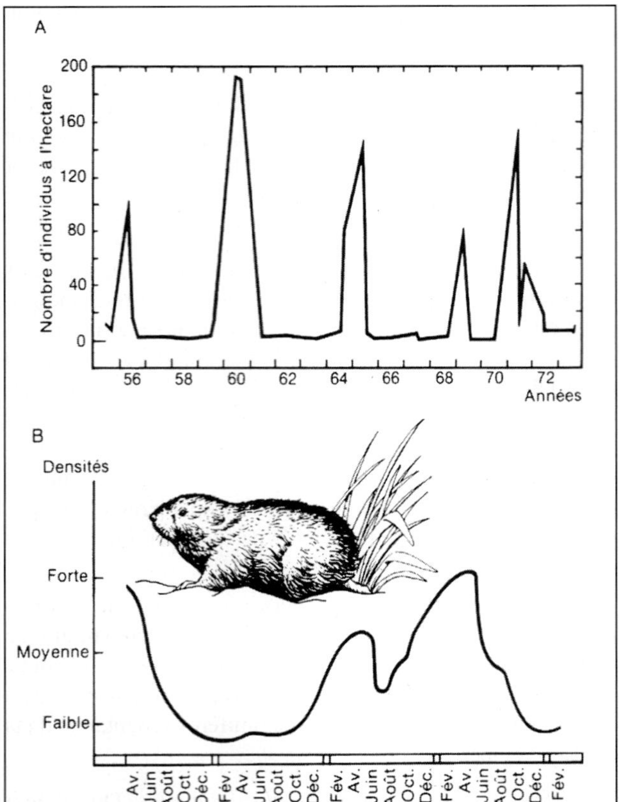

Fluctuations cycliques à rythme quadri-annuel des populations de lemmings (*Lemmus trimucronatus*) à Point Barrow, Alaska. **A**. Variation des effectifs sur une période de 18 ans. **B**. Fluctuation analysée en détail au cours d'un cycle. (D'après Pitelka, in Ramade F., *Écologie fondamentale*, Ediscience international, 2e ed., 1994, p. 172)

Populations apériodiques : on connaît certaines espèces animales qui peuvent présenter des fluctuations aléatoires marquées par de subites pullulations, plusieurs décennies pouvant s'écouler entre deux pics. Ainsi, en Amérique du Nord, la tordeuse des Conifères, *Choristoneura fumiferana*, a présenté des explosions de ses populations en 1710, 1760, 1802, 1877, 1909, 1943!

Enfin, il existe d'autres types de fluctuations de nature *éruptive* : ainsi certains oiseaux comme le jaseur de Bohème (*Bombycilla garrulus*) ou le martin roselin (*Pastor roseus*) envahissent en grand nombre diverses régions d'Europe occidentale de façon occasionnelle et très irrégulière. ***(Voir aussi Isocline, Réponse)***

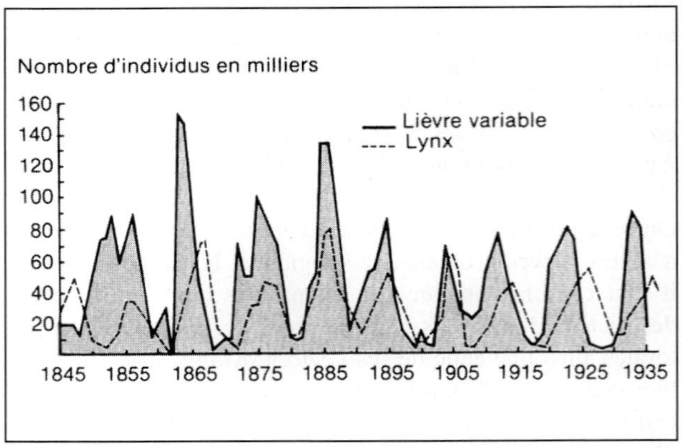

Fluctuation de rythme décennal du lièvre variable et du lynx dans le Grand Nord canadien. (D'après McLulich, in Odum, *Fundamentals of Ecology*, 1959, p. 193)

fluidisé, adj. Voir Lit fluidisé.

fluor, n. m. (*fluorine*). Élément du groupe des halogènes de numéro atomique Z = 9 et de masse atomique Ar = 18,98 dont le corps simple est un gaz présentant une très forte réactivité chimique. Le fluor est un élément biogène indispensable aux Vertébrés, en particulier à la denture des Mammifères, le fluorure de calcium représentant une partie significative de la constitution minérale de l'os. Certaines eaux de boisson sont déficientes en fluor ce qui oblige à les supplémenter en cet élément. Le fluor peut être à l'origine d'une importante pollution atmosphérique et donc des sols dans les environs d'usines d'électrochimie de l'alumine et, à un degré moindre, autour des cimenteries. Il contamine les parties aériennes des végétaux et les sols. Il pénètre par translocation foliaire ou radiculaire dans les plantes et s'accumule dans divers tissus en particulier le feuillage. Il contamine aussi les chaînes alimentaires des animaux domestiques via les herbages pollués causant une grave maladie, la fluorose des ongulés.

En France, compte tenu de sa haute toxicité pour les végétaux, la pollution fluorée a causé des dommages importants aux forêts de conifères de la Vallée de la Maurienne dans les Alpes où plusieurs milliers d'hectares de peuplements résineux d'altitude périrent dans la période 1950-1980. La pollution des sols situés dans les environs d'une usine d'électrochimie de l'alumine, sur le plateau de Lannemezan, a également provoqué de graves dégâts aux cultures et aux élevages voisins. De vastes surfaces de forêts ont de la même façon été détruites dans l'État de Washington par suite de la pollution de l'atmosphère par des usines d'aluminium. **(*Voir aussi Aluminium, Cryolithe*)**

fluoranthène, n. m. (*fluoranthene*). Hydrocarbure aromatique polycyclique présent dans les gaz d'échappement des moteurs à combustion interne et plus particulièrement dans les fumées noires des moteurs diesels.

fluoration, n. f. (*fluoridation*). Procédé destiné à enrichir en fluor des eaux potables initialement trop pauvres en cet élément.

fluorescence, n. f. (*fluorescence*). Phénomène de réémission de lumière par un minéral stimulée par un rayonnement de plus courte longueur d'onde (ultraviolet par exemple).

fluorose, n. f. (*fluorosis*). Redoutable maladie due à l'excès d'ingestion de fluor dans l'alimentation. Celle-ci se manifeste dans les populations d'animaux domestiques vivant à proximité des usines dégageant du fluor. Elle est caractérisée par l'apparition de marbrures aux dents, et par un amaigrissement des animaux qui finissent par périr de cachexie.

fluorures, n. m. (*fluorides*). Sels de l'acide fluorhydrique. Les fluorures sont souvent très toxiques pour les insectes ce qui explique l'impossibilité de maintenir des ruchers au voisinage de briqueteries et, *a fortiori*, d'unité de production d'aluminium qui créent une importante pollution de l'environnement par ces substances.

fluvial, adj. (*fluvial*). Qui se rapporte aux fleuves et autres cours d'eau. ◆ **écosystème** ~ (*fluvial ecosystem*) : voir Fleuve, Hydrosystème, Lotique.

fluvioglaciaire, adj. (*fluvioglacial*) ◆ **dépôts** ~ : sédiments d'origine morainique amenés par les fleuves formés par la fusion des glaciers au début des diverses périodes interglaciaires qui ont pris place au cours du Quaternaire. ◆ **érosion** ~ **:** formes érosives résultant de l'action de torrents et autres cours d'eau alimentés par l'eau de fusion des glaciers.

flux, n. m. Taux de circulation (débit) d'un fluide ou d'une radiation au travers d'une surface donnée. ◆ ~ **de l'énergie** (*energy flow*) : voir Biosphère, Écosystème, Énergie. ◆ ~ **solaire** (*solar flux*) : voir Solaire.

foehn, n. m. (*foehn*). Vent chaud et sec qui souffle sur le versant situé sous le vent des chaînes de montagne.

foisonnement, n. m. ◆ ~ **des boues** (*sludges bulking*) : gonflement des boues activées se produisant au cours de l'épuration des eaux usées dans une station de traitement biologique, dû à un déséquilibre entre les quantités de matières en suspension et la DBO. ◆ ~ **par le gel** (*frost heaving*) : accroissement du volume d'un sol dû à l'alternance du gel et du dégel dans ses couches superficielles.

foliation, n. f. (*foliation*). **1.** Disposition de feuilles sur l'axe des tiges. **2.** Développement du feuillage au début de la belle saison (syn. : feuillaison).

Fomes. Nom scientifique d'un genre de champignon lignivore dont l'espèce la plus connue, *Fomes fomentarius* (dénommée vulgairement pourridié), attaque les racines des arbres fruitiers et forestiers.

fonctionnel(le), adj. (*functional*) ◆ **groupe** ~ (*functional group*) : système écologique constitué en général par un ensemble d'espèces présentant un rôle analogue sinon identique dans l'écosystème par exemple en exploitant le même type de ressources (cas d'une guilde à l'intérieur d'un peuplement) ou de l'ensemble des producteurs primaires dans une biocœnose qui utilisent toutes les radiations photosynthétiquement actives de la lumière incidente. ◆ **réponse** ~ (*functional response*) : augmentation de la consommation de proies par une population de prédateurs en réponse à la croissance du nombre des proies. **(*Voir aussi Réponse*)**

fond, n. m. (*bottom*). Interface eau-substrat dans un écosystème aquatique. ◆ ~ **océanique** (*ocean floor*) (syn. : plancher océanique) : zone constituée par l'interface eau-sédiments au niveau de la plaine abyssale.

fondation, n. f. (*foundation*). Phénomène par lequel une jeune femelle d'insectes sociaux établit une nouvelle colonie. On distingue plusieurs types de fondation, essentiellement l'haplométrose et la pléométrose. Dans le premier cas, la femelle s'isole après le vol nuptial, édifie un nid, pond et commence à élever sa descendance, jusqu'à ce que les premières ouvrières puissent prendre le relais. Dans le second cas, la jeune reine essaime avec un grand nombre d'ouvrières (cas des abeilles par exemple) et va établir une nouvelle colonie dans un site adéquat.

fondatrice, n. f. et adj. (*founder*). Désigne chez les insectes sociaux une jeune reine qui fonde une nouvelle colonie. ◆ **effet** ~ (*founder effect*) : désigne en génétique des populations le fait que les individus d'une colonie, qui descendent d'une seule reine ou d'un nombre limité de reines immigrantes, vont constituer un très petit échantillon du pool de gènes propres à la population initiale. La propagule ainsi constituée va rapidement présenter sous l'effet de la sélection naturelle une combinaison de gènes très différente de la population ancestrale dont elle provient.

fongicide(s), n. m. (*fungicide*). Groupe de pesticides, encore dénommés anti-cryptogamiques ou anti-mycosiques (en parasitologie), utilisés contre les champignons phytopathogènes ravageurs des cultures s'attaquant aux bois d'œuvre ou encore agents de mycoses des animaux domestiques et de l'homme.

Il en existe de nombreuses catégories. Les principales sont les dérivés de l'acide carbamique et les benzimidazoles, les dérivés de l'acide dithiocarbamique, les dérivés des phénols ou des quinones, les dérivés des carboximides, ceux des amines et amides, diverses diazines et triazines, divers dérivés hétérocycliques soufrés ou non, les dérivés de la quinoléine, les dérivés des triazoles, enfin les organomercuriels.

Les organomercuriels sont avec, à un moindre degré, les carbamates et les dérivés de l'isopronazole, les fongicides qui soulèvent les plus importants problèmes écotoxicologiques. Ils ont été à l'origine d'une considérable pollution des eaux en particulier par suite de leur usage dans l'industrie papetière. Bien qu'interdits dans la plupart des pays de l'OCDE, leur usage persiste en agriculture – riziculture en particulier – et dans certaines papeteries d'autres pays. (***Voir aussi Mercure, Pesticides***)

fongicole, adj. (*fungicolous*). Espèce qui vit dans un champignon.

fongivore, adj. (*fungivorous*). Espèce qui se nourrit de champignons.

fonte, n. f. ◆ ~ **des glaces** (*ice thawing*) : phénomène de fusion des glaces à la surface des sols ainsi que des eaux continentales ou littorales qui se produit au printemps aux moyennes et hautes latitudes. ◆ ~ **des semis** (*damping off*) : destruction lytique des jeunes plantules peu après leur germination provoquée par des attaques de champignons phytopathogènes tels les *Botrytis* ou les *Fusarium*.

forage, n. m. ◆ ~ **dans un aquifère** : voir Captage, Puits. ◆ ~ **pétrolier** (*oil drilling*) : technique consistant à creuser des puits à grande profondeur pour accéder à des poches réservoirs d'hydrocarbures. Les forages pétroliers sont source d'une pollution localisée en milieu terrestre : les pertes de pétrole brut autour de l'installation constituent des flaques dans lesquelles des oiseaux peuvent se trouver englués en grand nombre et périr. Les forages marins présentent un risque écologique considérable. Les plus importantes marées noires résultent d'accidents survenus à des têtes de puits sous-marins. En dehors de la plus désastreuse marée noire provoquée délibérément par la destruction des têtes de puits du gisement de Nowruz par l'Irak pendant la guerre avec l'Iran, l'accident d'*Ixtoc one*, survenu en 1979, provoqua en quelques mois la perte de l'équivalent de trois *Amoco-Cadiz* dans les eaux du golfe du Mexique.

Foraminifères, n. m. (*Foraminifera*). Classe de Protozoaires au test calcaire qui ont joué un rôle important au cours des périodes géologiques dans le cycle biogéochimique du carbone en accélérant les transferts de cet élément de l'atmosphère vers la lithosphère, en édifiant des couches d'épaisseur considérable de calcaire compact et de craie. (***Voir aussi Calcaire, Carbone***)

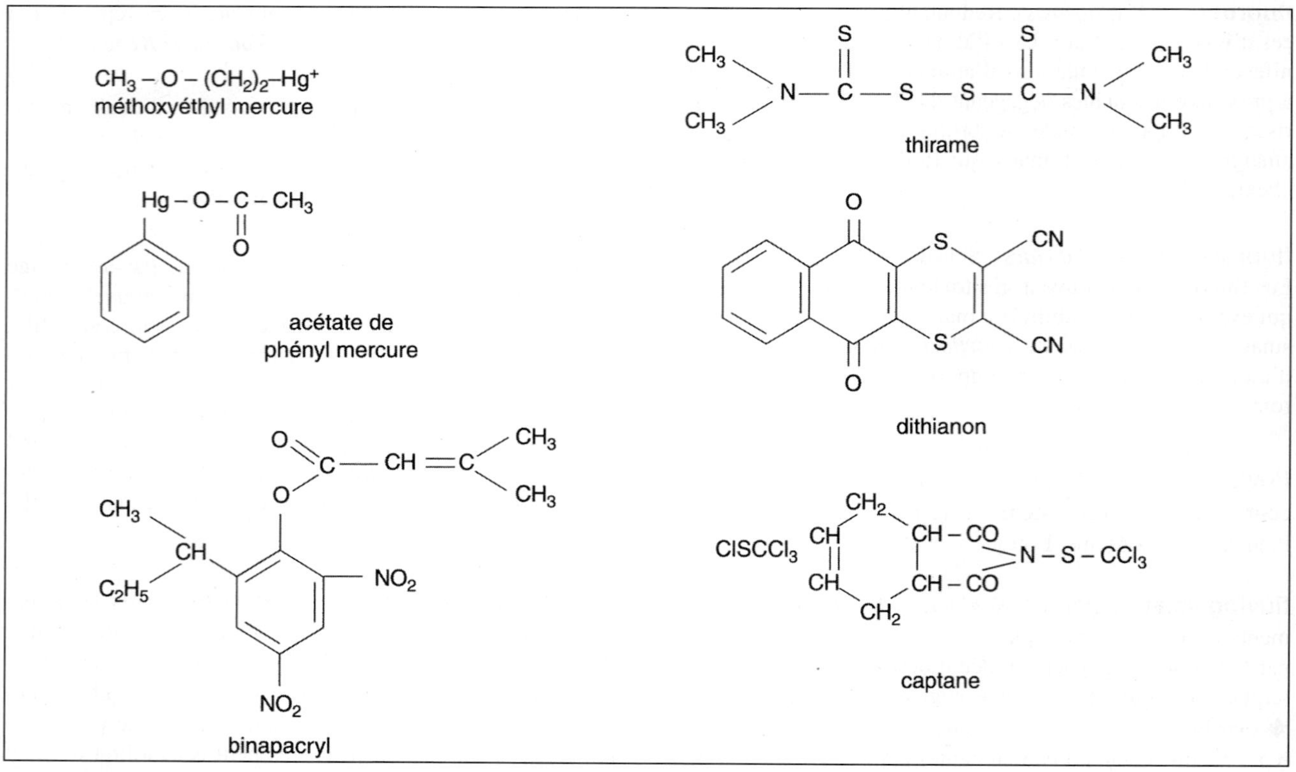

Formule chimique des principaux types de **fongicides**.

foresterie, n. f. (*forestry*). Voir Sylviculture.

forestier, adj. (*sylvestral*). Désigne un habitat ou une espèce ou encore toute autre entité propre aux écosystèmes de forêts.

forêt(s), n. f. (*forest*). Ensemble de types d'écosystèmes dont le rôle est primordial pour l'ensemble de la biosphère terrestre. Les forêts se définissent comme des écosystèmes dont la couverture végétale dominante est constituée par des arbres.

En écologie, le terme de forêt concerne des formations végétales dont la frondaison est continue (forêt fermée). Lorsque la couverture est discontinue, on parle de boisements ouverts. Ces derniers, même s'ils sont d'origine anthropique – ce qui est souvent le cas – correspondent souvent à une phase de transition vers les savanes arborées dans les pays tropicaux, ou à des garrigues, maquis, ou landes selon la physionomie de leur végétation, et leur localisation géographique, dans les pays tempérés.

Les forêts couvrent actuellement environ 27% de la surface des continents émergés. Toutefois leur rôle écologique est beaucoup plus important que ne le laisserait supposer leur superficie relative par rapport aux autres principaux écosystèmes de la biosphère. En effet, les forêts représentent les écosystèmes terrestres ayant la plus forte biomasse sur pied et la plus forte productivité primaire. Elles interfèrent en outre de façon déterminante avec le cycle de l'eau et avec celui de divers éléments biogènes. (***Voir aussi Biome***)

◆ ~ **fermée** (*closed forest*) : type de forêt dans laquelle la couronne des arbres est contiguë de sorte que le rayonnement solaire direct n'accède pas au sol. Il caractérise en particulier les stades avancés de la succession forestière – *a fortiori* les forêts climaciques ou subclimaciques, dont les arbres ont atteint leur plein développement. ◆ ~ **de nuages** (*cloud forest*) : type de forêt pluvieuse tropicale couvert en quasi-permanence de nuages, à partir du milieu de la matinée, par suite de l'importance de l'évapotranspiration. Ce type de forêt se rencontre sur les flancs de montagnes où les mouvements orogéniques favorisent la formation de nuages. ◆ ~ **ouverte** (*open forest*) (syn. : boisement ouvert) : type de forêt dans lequel la couverture foliaire due à la végétation arborée est discontinue, la couronne des arbres n'étant pas contiguë mais présentant au contraire des lacunes. Ce type de boisement peut se rencontrer spontanément aux limites des conditions pluviométriques permettant le développement d'écosystèmes forestiers, mais résulte souvent de la surexploitation de ces écosystèmes par la coupe abusive ou tout autre cause de déforestation.

◆ ~ **principaux types d'écosystèmes forestiers** : de l'Équateur vers les pôles se succèdent plusieurs types d'écosystèmes forestiers.

Les forêts pluvieuses tropicales (***Pluviisylvae***) : ces forêts encore dénommées forêts ombrophiles (ce qui signifie en grec « qui aime la pluie »), croissent dans la zone intertropicale comprise entre ± 20° de latitude avec un maximum d'extension de part et d'autre de l'Équateur dans une bande s'étendant entre ± 10° de latitude. Elles exigent en règle gé-

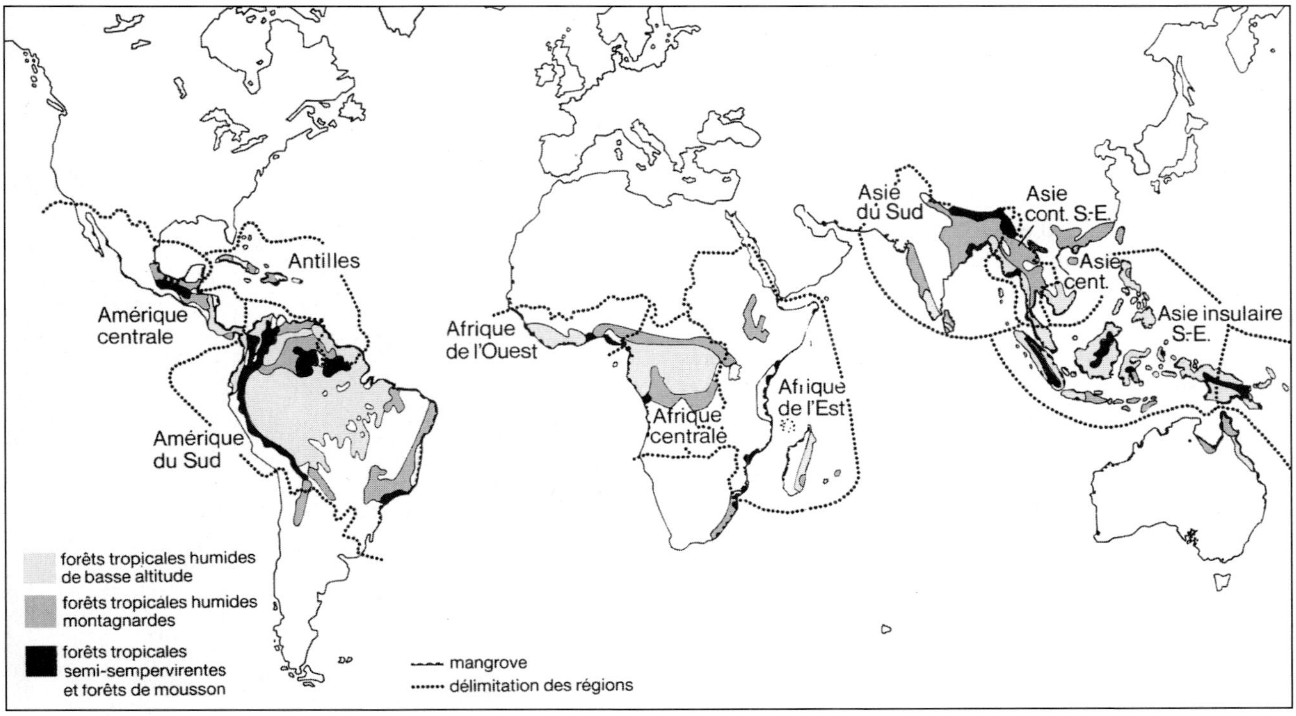

Carte de distribution géographique des **forêts** pluvieuses tropicales. Les forêts tropicales occupent une bande continue de part et d'autre de l'Équateur sur les continents avec leur maximum d'extension entre les 10° Nord et Sud. Leur superficie s'est considérablement réduite au cours du dernier demi-siècle car elles sont particulièrement affectées par les diverses causes de déforestation. Les pointillés délimitent les principales aires biogéographiques où se rencontrent des écosystèmes de forêts tropicales. Les côtes où les mangroves sont présentes sont figurées par un trait irrégulier et renforcé. (D'après UICN in Ramade, *Les catastrophes écologiques*, McGraw-Hill, 1987, p. 90-91)

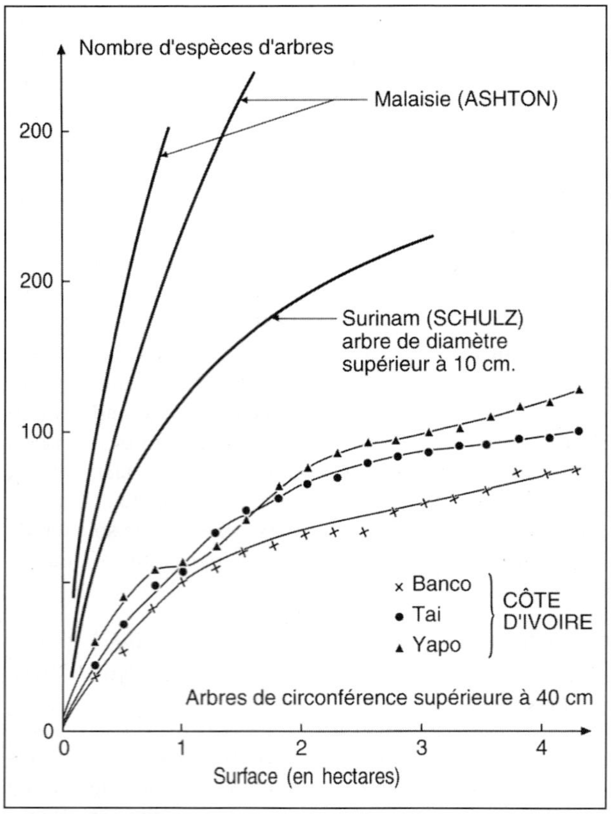

Richesse spécifique (courbes aire-espèce) de quelques types de **forêts** pluvieuses tropicales. On constate que le nombre d'espèces d'arbres peut largement excéder les 200 par hectare en Malaisie. (D'après Bernhard-Reversat, Huttel et Lemée, in Lamotte et Bourlière, *Problèmes d'écologie*, Masson, 1978)

nérale des pluies supérieures à 1 800 mm par an et au minimum de 1 500 mm.

Ces forêts présentent une biodiversité, en particulier une richesse spécifique, tout à fait extraordinaire. On estime que le nombre moyen d'espèces d'arbres par hectare est souvent de plusieurs dizaines et peut atteindre plus de 200. Au total on trouve plus de 2 200 espèces d'arbres sur 100 000 km^2 en Malaisie, contre environ 120 espèces autochtones pour toute l'Europe, c'est-à-dire sur plus de 10 millions de km^2.

Outre leur considérable richesse spécifique, les forêts ombrophiles tropicales possèdent un ensemble de caractères qui leur sont propres. Leur stratification est complexe et marquée par son importante densité à tous les niveaux, à l'exception de la strate herbacée.

Une autre particularité tient en l'abondance des lianes qui grimpent dans la frondaison et peuvent dépasser 100 m de longueur ainsi que des épiphytes (Aracées, Orchidées, Apocynacées, Broméliacées – dans les forêts d'Amérique tropicale – Filicophytes, Bryophytes, Lichens, etc.).

L'aspect des arbres est assez homogène, les espèces arborescentes qui constituent les forêts ombrophiles ayant de façon prépondérante des troncs de couleur claire, et des feuilles de grande taille, rigides, lauriformes, non dentées et caduques, la sempervirence du feuillage étant la conséquence de l'absence de saisons marquées.

En règle générale, aussi, les troncs sont pourvus à la base de contreforts, une exception notable étant constituée cependant par les Diptérocarpacées du Sud-Est asiatique qui représentent les espèces dominantes des forêts ombrophiles d'Indonésie et de l'Indomalaisie.

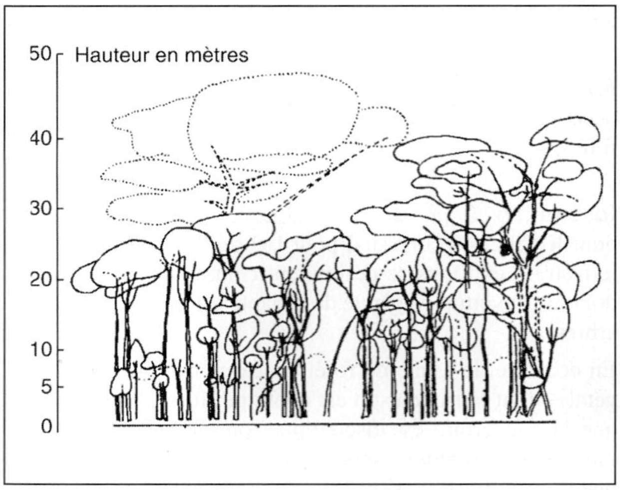

Schéma de la stratification de la végétation dans une **forêt** pluvieuse tropicale. Ici, forêt de Banco en Côte d'Ivoire. (D'après Huttel et Bernhard-Reversat, in Ramade F., *Écologie fondamentale*, Ediscience international, 1984, p. 327)

De telles structures sont une adaptation à l'enracinement sur des sols de faible profondeur. En effet les forêts tropicales – et pas seulement les Pluviisylves – croissent en règle très générale sur des sols qui figurent parmi les plus pauvres de la planète. En conséquence, 90% de la biomasse racinaire est situé dans le premier mètre de profondeur là où se

Tronc à contreforts d'un *Gyranthera caribensis* (Bombacacées), espèce d'arbre dominante dans une **forêt** pluvieuse tropicale de type laurisylve (parc national Henri Pittier, Venezuela, vers 1 100 m d'altitude). (Cliché F. Ramade)

concentrent les éléments minéraux nutritifs assimilables, ce qui rend les arbres sensibles au déracinement en l'absence d'adaptations particulières augmentant leur stabilité.

Dans les mêmes zones climatiques et en altitude, en règle générale au-delà de 800 mètres, croissent des *Laurisilvae,* biocœnoses homologues mais adaptées à des températures plus basses. Ici, le nombre d'espèces d'arbres est plus faible, une seule ou quelques espèces seulement étant dominantes.

Au total, les pluviisylves et les laurisylves couvraient environ 15 millions de km^2 à la fin des années 1990 dont une dizaine de millions encore vierges ou peu perturbés par l'homme (forêts fermées).

Les forêts tropophiles : aussi dénommées forêts de mousson (*Hiemisylvae*), elles se rencontrent là où existe en zone tropicale une saison sèche prolongée. Elles s'étendent en général entre les 10° et 20° de latitude et couvrent une surface estimée à environ 7 millions de km^2. Les arbres de ces forêts perdent souvent leurs feuilles pendant la saison défavorable. Fait paradoxal, la floraison a souvent lieu en saison sèche au moment où l'arbre est dépourvu de feuilles.

Ces forêts sont exposées à une dégradation encore plus intense que les pluviisylves par suite de leur plus faible croissance et de l'exploitation très intense pour le bois de chauffe à laquelle elles sont exposées tant en Amérique qu'en Afrique et en Asie tropicale. Elles sont aussi exposées à une lente régression par le feu qui les grignote peu à peu dans leur zone de transition avec les savanes tropicales.

La plupart des hiémisylves d'Afrique de l'Est mais aussi d'Afrique occidentale ont ainsi été transformées en savanes arborées au cours du dernier siècle.

À la limite des zones arides existent aussi, dans certaines zones tropicales ou subtropicales, des forêts sèches constituées d'espèces épineuses ou xérophylles (*Spinisylvae*). Tel est le cas par exemple des forêts de Didiéracées du Sud-Est de Madagascar mais aussi du Nord-Est brésilien. ***(Voir aussi Biodiversité, Endémisme, Extinctions)***

Les forêts sclérophylles méditerranéennes : à partir de 30° de latitude se rencontrent les forêts méditerranéennes constituées essentiellement de chênes sclérophylles (*Durisylvae*) dont les feuilles sont épaisses et à la cuticule vernissée – forme de résistance à la sécheresse.

En altitude, ou dans les zones subarides, croissent aussi sous les climats méditerranéens des forêts de conifères dont l'extension actuelle a été favorisée par le passage récurrent des incendies.

Les forêts primitives méditerranéennes ont été en grande partie détruites depuis le Néolithique et ne couvrent plus qu'une fraction de leur ancienne aire d'extension estimée à moins de 10% de leur surface initiale.

Il en est d'ailleurs de même partout où les conditions climatologiques permettent le développement d'écosystèmes de ce type en dehors de la région géographique méditerranéenne.

Tant en Californie qu'en Afrique australe et en Australie, les écosystèmes forestiers méditerranéens ont aussi été dégradés par les incendies depuis la plus haute antiquité et remplacés par des boisements ouverts : garrigues et maquis dans la région circaméditerranéenne, chaparral en Californie, *bush* en Afrique du Sud et en Australie. ***(Voir aussi Garrigues, Méditerranée, Pin, Quercus)***

Les forêts caducifoliées tempérées : leur maximum d'extension se situe entre les 40° et 50° de latitude Nord et elles couvrent environ 7 millions de km^2.

Ces écosystèmes se caractérisent par une communauté d'arbres feuillus dont le feuillage tombe pendant la saison hivernale, la période végétative durant 3 à 6 mois selon la latitude et les conditions météorologiques régionales, d'où le nom d'*Aestiisylvae* donné à ces écosystèmes.

À maturité, les arbres des forêts tempérées peuvent excéder 40 m de haut s'ils ne sont pas exploités – cas exceptionnel de nos jours. Ces forêts présentent une nette stratification, avec une importante strate arbustive et herbacée. Les plantes de cette dernière, qui comportent une forte proportion de géophytes, sont vernales. Elles possèdent une brève saison végétative, se développant rapidement au printemps avant que la feuillaison de la strate arborescente ne capture la majorité du flux lumineux. La stratification exerce en effet une influence déterminante sur l'intensité lumineuse selon la hauteur par rapport à la surface du sol.

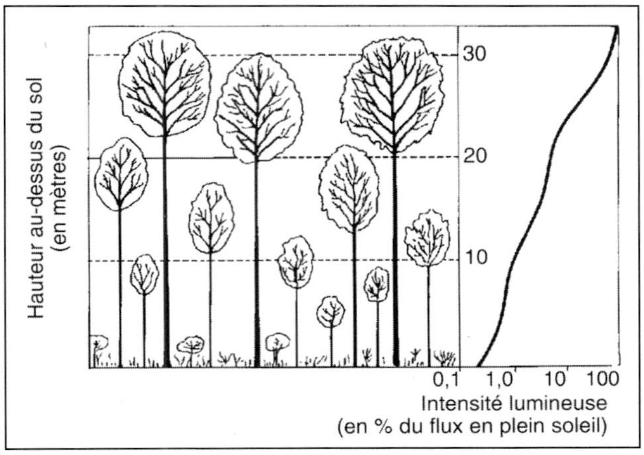

Absorption de la lumière en fonction de la stratification dans une **forêt** caducifoliée tempérée. (D'après Whittaker, *Communities and ecosystems*, MacMillan, 1975, p. 66)

Les peuplements d'arbres des forêts tempérées caducifoliées sont essentiellement constitués par des espèces de l'ordre des Fagales. En Europe, les chênes et les hêtres sont dominants, auxquels se mêlent d'autres espèces arborescentes plus rares : tilleuls, érables par exemple. En Amérique du Nord, leur diversité spécifique est plus importante : forêts de hêtres et d'érables à sucre à sa limite septentrionale, de hêtres et de châtaigniers dans l'Est et le Sud-Est, de chênes et de noyers d'Amérique (genre *Carya*) dans le Sud-Ouest et l'Ouest des Appalaches. À coté de ces espèces dominantes croissent divers autres arbres : *Liquidambar sp.*, tulipiers (*Liriodendron sp.*), etc.

Des forêts mixtes de feuillus et de conifères font transition vers les plus hautes latitudes.

Les forêts pluvieuses tempérées : dans certaines régions tempérées présentant des précipitations exceptionnellement élevées se rencontrent des *forêts pluvieuses*.

Vue du sous-bois dans une **forêt** pluvieuse tempérée de conifères, la forêt de Hoh dans le parc national d'Olympic (Washington, Etats-Unis). Par suite de la très forte hygrométrie ambiante, les troncs et branches des arbres de ce type de biome forestier sont entièrement recouverts de végétaux épiphytes (mousses, lichens, fougères, hépatiques, etc.). (Cliché F. Ramade)

Ce sont souvent des forêts de séquoias ou d'autres conifères géants qui croissent sur la côte Pacifique du Nord-Ouest des États-Unis et du Sud-Ouest du Canada, ainsi que sur celle du Chili tempéré.

En Nouvelle-Zélande se rencontrent aussi des forêts de conifères subtropicaux, de la famille des Podocarpacées, et aussi des forêts de *Nothofagus* (hêtres austraux). Ces dernières croissent surtout sur les côtes occidentales de l'Ile du Sud en des zones où les précipitations peuvent dépasser 8 m/an.

Il en est de même des forêts pluvieuses d'*Eucalyptus regnans* du Sud-Est de l'Australie, qui constituent avec les *Sequoia sempervirens* du Nord de la Californie, les géants des arbres actuels, certains sujets dépassant 125 m.

Les forêts pluvieuses tempérées de conifères présentent les biomasses sur pied maximales qui s'observent dans la biosphère avec plus de 2 000 t/ha. Elles possèdent aussi la plus grande richesse spécifique de tous les écosystèmes forestiers tempérés. Ainsi, on dénombre dans les forêts côtières de conifères qui s'étendent du Nord de la Californie au Sud de la Colombie britannique pas moins de 53 espèces de conifères!

Les arbres sont couverts de nombreux cryptogames épiphytes : lichens, bryophytes, fougères qui forment un manchon continu à la surface des branches. Il en est de même du sol où se développent de grandes Filicales, et aussi un épais tapis de mousse de lycopodes et de sélaginelles.

Les forêts mixtes de conifères et de feuillus : à la limite septentrionale des forêts caducifoliées tempérées succède un biome forestier constitué par une forêt mixte de conifères et de feuillus. Ce biome couvre de vastes surfaces en Amérique du Nord où il constitue ce que l'on dénomme la forêt laurentienne. Cette dernière s'étend vers l'est depuis le versant oriental des Rocheuses jusqu'à la Nouvelle-Écosse au Canada. Elle se rencontre dans le nord-est des États-Unis en particulier dans la région des Grands lacs et elle est très étendue au Canada, entre autre au Québec dans les Laurentides. Elle se rencontre aussi sur de vastes surfaces en Eurasie depuis la péninsule fenno-scandinave jusqu'à la province maritime de Sibérie, dans l'Extrême-Orient russe ainsi que dans le nord de la Mandchourie. Sa productivité moyenne est comprise entre 600 et 1 200 g de matières sèches par m^2 et par an.

Les forêts boréales de conifères : encore dénommées taïgas en Eurosibérie, ces forêts sont classées comme les précédentes dans le groupe des *Aciculisylvae*. Ce biome doit son nom au fait qu'il est inexistant dans l'hémisphère austral par suite de la quasi-absence de terres émergées aux latitudes sous lesquelles il se développe.

La forêt boréale de conifères présente son maximum d'extension entre 45 et 57° de latitude Nord mais elle dépasse localement le cercle polaire en Scandinavie, en Sibérie et en Alaska. Elle constitue le biome forestier croissant aux plus hautes latitudes. Elle exige pour se développer un minimum d'un mois où les températures moyennes sont supérieures à 10 °C et de deux mois consécutifs sans gelée. Elle se développe dans des zones où les précipitations sont relativement faibles, comprises entre 250 mm dans les plaines continentales et 700 mm dans les zones montagneuses.

La taïga représente, avec les forêts pluvieuses tropicales, le plus vaste biome forestier existant dans la biosphère car elle couvre au total plus de 12 millions de km^2.

Vue de la **forêt** boréale de conifères en Laponie finnoise dans le parc national de Pallas-Ounas, au nord du cercle polaire. On distingue sur ce cliché la « *tree line* » qui marque sans transition la limite entre la taïga et la toundra qui croît là où les conditions climatiques deviennent trop rigoureuses. (Cliché F. Ramade)

La diversité, toujours faible, est constituée essentiellement en Eurosibérie par des épicéas, des sapins, des pins et parfois des mélèzes qui peuvent devenir localement dominants en Sibérie orientale. En Amérique du Nord, la forêt boréale de conifères comporte surtout des pins et des épicéas, de l'Alaska à la Colombie britannique, des sapins, des épicéas et des mélèzes depuis l'Est des Rocheuses jusqu'au Labrador, des pins et des hemlocks (*Tsuga sp.*) autour des Grands Lacs.

La croissance de la taïga est lente et sa productivité faible, de l'ordre de 8 t/ha/an, par suite des conditions très défavorables dans lesquelles elle se développe. Elle est en effet installée sur des sols glaciaires peu épais et très lessivés, de type podzolique, pauvres en nutriments, et sous un climat marqué par une brève saison végétative comptant souvent à peine deux à trois mois sans gelée.

◆ **flux de l'énergie et cycle des éléments dans les écosystèmes forestiers** : les écosystèmes forestiers présentent une biomasse et une productivité primaire nette maximale par rapport à tous les autres écosystèmes terrestres.

Les *éléments biogènes* sont recyclés de façon optimale dans les écosystèmes forestiers. Il existe cependant d'importantes différences dans la répartition de la minéralomasse entre les divers niveaux des habitats forestiers (sol, biomasse souterraine, biomasse aérienne).

Alors que dans les forêts de conifères et les forêts tempérées, l'essentiel des éléments minéraux est dans les sols, ces derniers se trouvent au contraire essentiellement dans la biomasse dans les forêts pluvieuses tropicales.

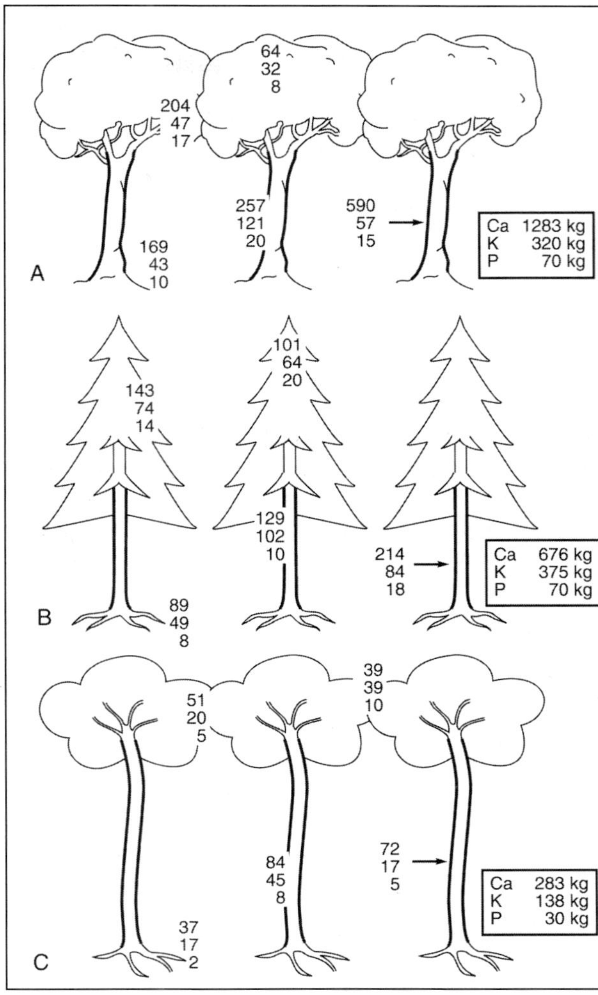

Distribution des éléments minéraux dans divers écosystèmes forestiers. En **A**, **forêt** caducifoliée ; en **B**, forêt de conifères autres que des pins ; en **C**, forêt de pins. Les chiffres indiquent les teneurs exprimées en kg/ha de calcium, de potassium et de phosphore. Les valeurs portées à diverses hauteurs des silhouettes d'arbres figurent des teneurs dans le feuillage (nombres du haut), les branches, l'écorce (chiffres empiétant sur le bord du tronc), dans le tronc, enfin dans les racines (nombre le plus bas). L'encadré figure les valeurs totales de Ca, K et P dans la biomasse des arbres par hectare. (D'après Duvigneaud, *La synthèse écologique*, Doin, 1974, p. 54)

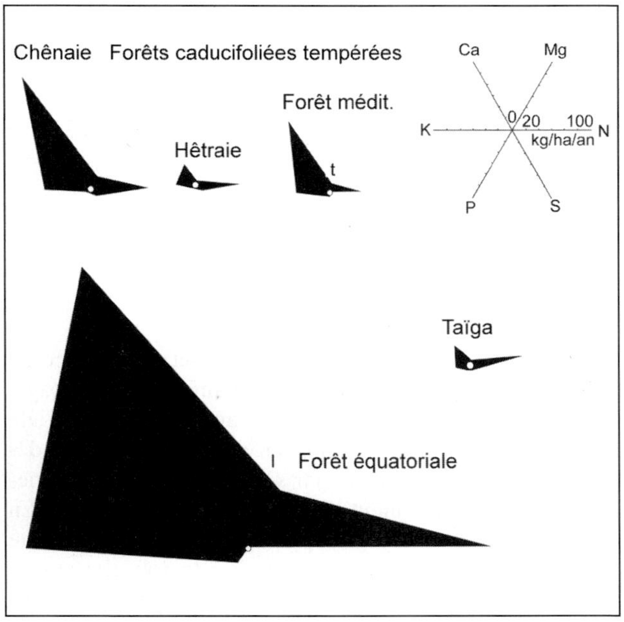

Variation de l'absorption des éléments minéraux nutritifs par divers types d'écosystèmes forestiers. Ce schéma met en évidence que les valeurs du flux de nutriments sont minimales dans les **forêts** méditerranéennes et boréales de conifères alors qu'à l'opposé elles atteignent un maximum dans les pluviisylves tropicales où l'on constate que, à la différence des autres types de forêts, celles-ci renferment l'essentiel du pool d'éléments minéraux dans leur biomasse. (D'après Duvigneaud, *La synthèse écologique*, Doin, 1974, p. 56)

Cela explique l'appauvrissement rapide des sols forestiers par suite de l'incendie de ces écosystèmes, les sels minéraux nutritifs contenus dans les cendres sont rapidement emportés par le lessivage et le ruissellement lors des pluies, très violentes sous ces latitudes.

Par ailleurs, l'absorption des éléments est nettement plus importante dans les forêts pluvieuses tropicales par suite de leur plus forte productivité et aussi du fait que la litière est vite minéralisée et les éléments biogènes réabsorbés par la biomasse.

Dans les forêts tempérées, on trouve que le flux est nettement plus important dans les forêts de chênes que dans celles de hêtres.

Il est plus faible dans les forêts de pins méditerranéennes, le record de frugalité étant détenu par les forêts boréales de conifères.

Temps de recyclage du calcium dans divers écosystèmes forestiers (D'après Jordan et Kline in Ramade, « Ecologie des ressources naturelles », Masson, 1981)						
Localité	Type d'écosystème	Temps de recyclage (années)				Total
		Sol	Bois	Litière	Frondaison	
Porto-Rico	Laurisylve	3,0	6,4	0,9	0,2	10,5
Ghana	Pluviisylve	8,2	6,8	1,5	0,2	16,7
Belgique	Forêt de chênes	184,9	21,5	0,4	0,6	207,4
Washington	Forêt tempérée de sapins Douglas	57,4	20,2	5,5	10,2	93,3
Sibérie centrale	Taïga d'épicéas	7,6	18,3	3,2	13,6	42,7

◆ **productivité des forêts** : la productivité brute des écosystèmes forestiers est considérable mais leur productivité nette à maturité est nulle, la totalité de la production primaire nette étant employée par les hétérotrophes. Elle dépend de plusieurs facteurs écologiques et d'autres paramètres majeurs : superficie relative des divers types de biomes forestiers, précipitations, températures moyennes et aussi, à l'échelle stationnelle, âge du peuplement arborescent.

La productivité est directement corrélée à l'abondance des pluies et aux températures. Cependant, dans les biomes de forêts tropicales, elle ne s'accroît plus quand la température moyenne excède 28 à 30 °C car au-delà, la respiration l'emporte sur la photosynthèse. En outre, un autre facteur limitant de la productivité de forêts tropicales tient en l'existence fréquente d'une saison sèche de durée variable mais parfois longue là où croissent les forêts tropophiles et les forêts xérophiles tropicales.

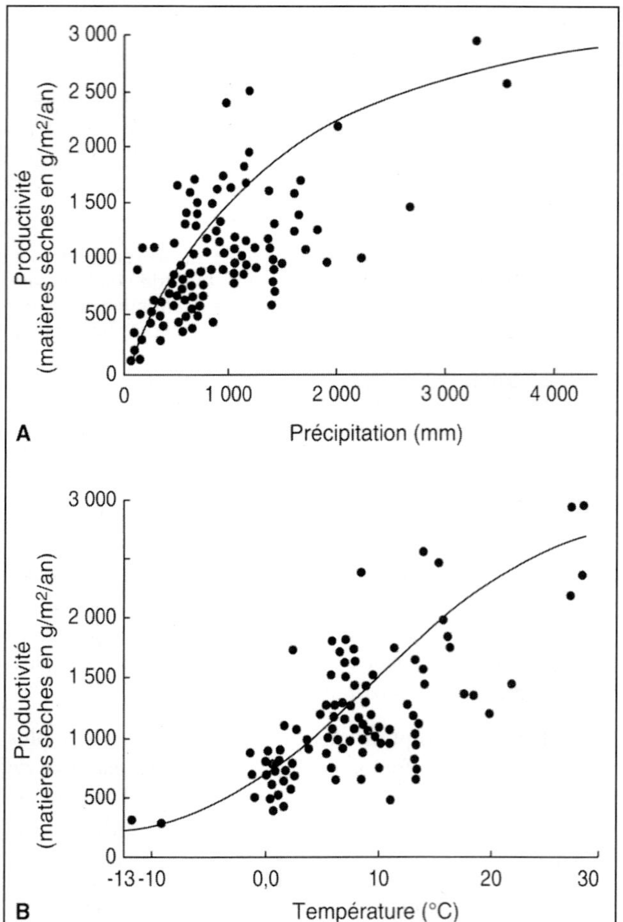

Variation de la productivité primaire des divers types de **forêts** exprimée en grammes de matière sèche par m^2 et par an en fonction des précipitations (**A**) et des températures moyennes (**B**). (D'après Reichle, in Begon et al., *Ecology*, Blackwell, Oxford, 1986, p. 641)

Comme le soulignait déjà Duvigneaud, la productivité des pluviisylves n'excède pas, dans le meilleur des cas, deux fois à deux fois et demi celle des forêts tempérées, ce qui ne permet pas de maintenir « ce sentiment de pays de cocagne pour les forêts ombrophiles tropicales ».

Productivité primaire nette des principaux écosystèmes forestiers (D'après Whittaker, 1975)			
Type d'écosystème	Biomasse en t/ms/ha	Productivité en g/m²/an	Production de bois mort en t/ha/an
Forêt pluvieuse tropicale	450	2 200	13,1
Forêt caducifoliée tempérée	300	1 200	5,1
Forêt de conifères tempérée	350	1 300	5,3
Forêt de conifères boréale	200	800	2,8

La productivité d'une forêt varie en fonction de l'âge du peuplement. On constate que la dynamique de l'écosystème des forêts se traduit par une augmentation initiale rapide de la production nette suivie après quelques décennies, au plus un siècle, par son déclin au fur et à mesure que le peuplement approche de sa maturité. En conséquence, les forestiers pratiquent la coupe lorsque la biomasse est optimale, c'est-à-dire lorsqu'elle atteint la valeur pour laquelle s'obtient le maximum de productivité en bois. ***(Voir aussi Déforestation, Écosystèmes, Incendie, Productivité)***

foreur, adj. ◆ **animal** ~ (*boring animal*) : Invertébré qui creuse des galeries dans un substrat solide minéral ou biologique (bois dans le cas des animaux xylophages) par abrasion mécanique – ou par sécrétion de substances qui dissolvent le matériau. ***(Voir aussi Xylophages)***

formation, n. f. ◆ ~ **géologique** (*geological formation*) : désigne, en sciences de la Terre, des couches d'un même type de roches qui couvrent de vastes surfaces. La formation constitue l'unité de base en cartographie géologique. Elle est subdivisée en lits et un ensemble de formations constitue un groupe. ◆ ~ **végétale** : voir Biome, Phytosociologie, Végétation.

forme(s), n. f. ◆ ~ **adaptatives (de croissance)** (*life forms*) : désigne l'aspect morphologique des végétaux dans ses rapports avec les conditions climatiques locales. Il est en effet évident que la disposition et la nature des organes végétatifs assurant le développement des plantes seront conditionnés par leur signification adaptative face aux conditions climatiques. On dénomme *formes de durée* les diverses formes végétales adaptatives en rapport avec la disposition des organes destinés à assurer le développement pendant la saison végétative. Il existe plusieurs types de formes adaptatives, certaines consistent en bourgeons placés à l'extrémité des branches ; dans d'autres cas, les bourgeons peuvent être disposés à moins de 25 cm du sol qui est la hauteur « moyenne » de la couche de neige. Dans d'autres espèces, les formes de durée sont souterraines, enfin pour les espèces végétales annuelles, la seule forme adaptative est constituée par la graine. **(*Voir aussi Raunkiaer*)** ◆ ~ **biologiques** (*biological forms*) : morphologie prise par un être vivant sous l'effet de facteurs écologiques d'une intensité particulière qui caractérise son habitat. Le terme s'utilise en général pour qualifier des végétaux ou des animaux exposés à des conditions de milieu contraignantes. ◆ ~ **stationnelles** (*stational forms*) : désigne les divers types morphologiques que peuvent prendre des écotypes d'une espèce végétale en rapport avec les conditions abiotiques (climatiques, édaphiques) locales.

Formica, n. sc. Dans les forêts de conifères de l'étage subalpin existent en Europe diverses espèces de *Formica* qui constituent avec des brindilles d'énormes nids en forme de dôme sous lequel s'étend en profondeur dans le sol un vaste réseau de galeries.

Les colonies de *Formica rufa* (fourmis rousses) peuvent compter des millions d'individus et nécessitent pour leur nourriture la capture quotidienne de deux kilogrammes d'insectes! Elles jouent de ce fait un rôle important comme insectes auxiliaires des arbres forestiers qu'elles protègent des ravageurs. On a même envisagé leur usage dans la lutte biologique contre les ravageurs des forêts voici quelques décennies en important des fourmilières de *Formica* dans des forêts d'épicéas d'Italie où cette espèce était peu nombreuse. **(*Voir aussi Fourmi*)**

formol, n. m. (*formalin*). Nom commun du formaldéhyde (méthanal). Ce composé, incolore et irritant, est mutagène et suspecté d'être carcinogène. Il peut être émis dans les locaux d'habitation par dégazage des matériaux isolants à base d'une matière plastique, la formylurée, utilisée pour l'isolation thermique des murs des immeubles. **(*Voir aussi Pollution à l'intérieur des locaux*)**

formule, n. f. (*formula*) ◆ ~ **dentaire** : voir Denture. ◆ ~ **florale** : voir Florale.

fosse(s), n. f. ◆ ~ **océanique** (*deep sea trench*) : zone du plancher océanique située dans la plaine abyssale, souvent à la limite de deux plaques, qui atteint de grandes profondeurs, en général supérieures à 7 000 m. La plus profonde, celle des Mariannes, dépasse 11 000 m. **(*Voir aussi Hadal, Océan*)** ◆ ~ **septique** (*septic tank*) : dispositif permettant une épuration individuelle des eaux au niveau domestique par recours à des bacs de fermentation dans lesquels les effluents pollués subissent une transformation biologique.

fossile(s), n. m. (*fossil*). Restes d'êtres vivants ou traces de leur activité qui se sont conservés en milieu marin, et parfois terrestre, au cours des périodes géologiques. Dans certains cas, l'animal ou le végétal entier a été conservé avec ses parties non minérales. Tel est le cas des mammouths de Sibérie et de la flore des tourbières qui existait à l'époque du Würm. L'étude des fossiles présente la plus grande importance pour la compréhension de la paléoécologie et de façon plus générale pour celle de la formation et de l'évolution de la biosphère. ◆ ~ **vivant** (*living fossil, relict*) : espèce appartenant à un groupe végétal ou animal fort ancien, dont la plupart des représentants ont disparu, qui subsistent à l'heure actuelle en certains biotopes généralement limités ou sur des zones biogéographiques fort étendues. Les cycas chez les végétaux, les nautiles et les cœlacanthes chez les animaux, constituent des exemples bien connus de fossiles vivants. ◆ **combustible** ~ : voir Combustible, Énergie.

fossilifère, adj. (*fossiliferous*). Désigne des strates sédimentaires ou d'autres types de dépôts géologiques qui renferment des fossiles.

fossilisation, n. f. (*fossilization*). Phénomène par lequel un être vivant, au lieu de voir ses tissus décomposés et(ou) dispersés après sa mort, est minéralisé à l'emplacement où il est mort ou à proximité. Il existe plusieurs processus biogéochimiques de minéralisation. À l'exception des coquilles calcifiées de divers Invertébrés qui se conservent spontanément, les parties de l'organisme fossilisé le sont par remplacement des constituants minéraux ou organiques par des sels minéraux provenant du milieu extérieur.

On connaît par exemple des fossiles pyriteux dont les parties molles ont été remplacées par un dépôt de pyrite. Dans d'autres cas, l'organisme sera silicifié (cas de troncs d'arbres en de nombreuses régions du monde).

En règle générale, les fossiles sont les plus abondants dans les terrains sédimentaires. On peut cependant en rencontrer dans des roches métamorphiques dans la mesure où elles n'ont pas été exposées à des compressions excessives. **(*Voir aussi Paléoécologie*)**

fou de Bassan, n. m. (*gannet*). (n. sc. *Sula bassana*). Oiseau de mer de l'ordre des Pélécaniformes qui niche en de grandes colonies sur les falaises maritimes d'Europe occidentale, la plus importante étant celle de Rock Bass en Écosse dont cette espèce tire son nom. Les fous ont été ainsi dénommés par les marins parce qu'ils plongent de grande hauteur (plus de 30 m) dans les eaux pour capturer leurs proies.

fougère(s), n. f. (*fern*). Cryptogames vasculaires herbacés ou ligneux, appartenant à la classe des Filicopsidés encore dénommés Ptérophytes. Les fougères ont constitué un groupe dominant des forêts carbonifères.

Aujourd'hui encore existent plusieurs genres arborescents (famille des Cyathéacées) dont certains peuvent atteindre une vingtaine de mètres de haut dans des forêts tropicales, voire tempérées chaudes (Nouvelle-Zélande). Ce groupe renferme aussi de nombreuses espèces épiphytes propres aux forêts pluvieuses.

Dans les pays tempérés, la fougère aigle envahit les pâturages exposés à une pression excessive par les Ongulés domestiques. L'usage de phytocide pour éliminer cette végétation inutilisable par les troupeaux conduit à épandre des pesticides dans des pâturages naturels jusque-là exempts de traitements chimiques.

fouisseur, adj. ◆ **animal** ~ (*burrowing animal*) : organisme qui fore des terriers dans le sol ou dans les sédiments des milieux aquatiques.

Fouquiera arizonica, n. sc. (vern. : *ocotillo*). Espèce d'arbustes des déserts sonoriens d'Amérique du Nord marquée par une aphyllie, la photosynthèse se faisant par les chloroplastes présents dans le parenchyme des tiges. ***(Voir aussi Succulente)***

fourmi(s), n. f. (*ant*) (n. sc. *Formicoidea*). Super-famille d'Hyménoptères sociaux qui constitue un groupe d'organismes dominant dans les écosystèmes terrestres. Comme toutes les espèces sociales de cet ordre, les colonies ne comportent que des femelles : reines qui assurent la reproduction et ouvrières, stériles, qui construisent le nid, l'entretiennent, récoltent la nourriture et donnent les soins aux jeunes et aux reines. Les mâles adultes dont la durée de vie est brève, n'apparaissent qu'à la phase du cycle annuel où a lieu l'essaimage au cours duquel s'effectue la fécondation des jeunes reines.

Foumilière de *Formica rufa*. Ces immenses colonies de **fourmis** comportent plusieurs millions d'individus. La partie épigée du nid édifiée par un entassement de fragments de ligneux (brindilles, aiguilles de conifères) peut constituer des tumulus hauts de près de 2 m. (Cliché F. Ramade)

Les colonies comportent un nombre d'individus très variable, quelques dizaines à peine chez certains genres aux populations peu nombreuses, plusieurs millions chez les plus grandes colonies de *Formica rufa* en Europe occidentale et centrale.

Les fourmis se rencontrent depuis les forêts équatoriales où elles abondent jusqu'aux toundra arctiques (il en existe même au Spitzberg). Elles possèdent une écologie très variée. Beaucoup sont terricoles, en particulier la quasi-totalité des espèces des pays tempérés. Cependant il existe de nombreuses espèces arboricoles, dont certaines tissent leur nid en rassemblant les feuilles des arbres dans les pays tropicaux (*Oecophylla* d'Afrique tropicale humide par exemple).

Dans les forêts équatoriales se rencontrent également des espèces nomades qui ne font pas de nid. Ce sont les fourmis légionnaires d'Amérique et d'Afrique tropicale qui se déplacent en grandes colonnes à la recherche de leur proie. Enfin diverses espèces sont endophytes et vivent à l'intérieur d'organes végétaux. On connaît en particulier des espèces qui font leur nid à l'intérieur des grandes aiguilles des acacias.

La plupart des fourmis sont prédatrices et peuvent constituer des insectes auxiliaires utiles, en particulier pour la sylviculture, en diminuant la densité des ravageurs du feuillage des essences forestières. Cependant, il existe des espèces granivores (fourmis moissonneuses) ou à régime alimentaire plus spécialisé, fourmis éleveuses de pucerons dont elles « traient » le miellat. ◆ ~ **champignonnistes** : les fourmis champignonnistes (*Attinae*) des régions néotropicales peuvent à l'opposé causer des dommages aux arbres cultivés car elles récoltent de grandes quantités de limbe foliaire qu'elles entassent sous forme de meules dans leurs nids souterrains. Elles les ensemencent ensuite avec des spores de champignon du genre *Leucocoprinus*, à partir desquelles se développe un abondant feutrage mycélien dont elles se nourrissent ainsi que leurs larves. ***(Voir aussi Champignonniste)***

fourmilière(s), n. f. (*ant nest*). Désigne les nids construits par les fourmis. Il en existe plusieurs types. Les principaux sont des nids terricoles souterrains. D'autres, constituant des tumulus à la surface du sol, sont dits épigés (cas des espèces du genre *Formica* par exemple). D'autres encore, épiphytes, car construits sur des végétaux, sont dits arboricoles quand ils sont édifiés sur les parties élevées des troncs ou dans le branchage. Enfin, certains nids sont endophytes, construits dans le bois ou dans des organes aériens des végétaux tels les aiguilles des acacias par exemple.

fourrage, n. m. (*fodder*). Désigne les divers végétaux cultivés ou provenant de prairies naturelles qui servent de nourriture aux herbivores domestiques. ◆ **poissons** ~ (*fodder fish*) : terme de pisciculture désignant de petits poissons herbivores qui sont élevés pour servir de nourriture aux prédateurs tels le brochet par exemple.

fourré, n. m. (*thicket*). Massif dense de jeunes arbres ou de végétaux ligneux arbustifs dont le branchage des individus qui se jouxtent est enchevêtré rendant sa pénétration difficile.

fourreau, n. m. (*case*). Enveloppe de nature protéique à laquelle sont agglomérées des particules végétales ou minérales dont s'entourent certains Invertébrés, en particulier des insectes. Ainsi, les femelles pédogénétiques de Lépidoptères *Psychidae* fabriquent un fourreau tubulaire en agglomérant à une trame de soie des fragments de tiges de petites plantes. Les phryganes fabriquent selon le cas des fourreaux uniquement en soie ou revêtus de fragments végétaux ou de petits cailloux. (***Voir aussi Trichoptères***)

fractal, adj. (*fractal*). Désigne des phénomènes dont la représentation spatiale se caractérise par une structure qui se répète à l'infini donc quel que soit le niveau hiérarchique considéré. Une des conséquences les plus évidentes de la structure fractale de la nature tient en ce que la dimension d'une limite spatiale entre deux systèmes écologiques (ligne de rivage qui est l'écotone séparant les écosystèmes marins et continentaux par exemple), aura une longueur dépendante de l'échelle à laquelle on la mesure. Ainsi, la différence sera très importante selon que l'on se place à un pas kilométrique ou centimétrique. La dimension fractale D d'une telle structure écologique sera telle que la longueur apparente L (λ) dépendra du pas λ, pris comme référence pour la longueur dans la mesure en question. De la sorte :

$$L(\lambda) = C\,\lambda^{1-D}$$

Dans cette équation, C est une constante. Dans le cas où $D = 1$, on se retrouve dans la situation euclidienne classique dans laquelle L est indépendante de l'échelle de mesure.

Plusieurs caractères structuraux et fonctionnels des systèmes écologiques sont de nature fractale. L'assemblage du couvert végétal, la dispersion hiérarchisée des animaux dans leur biotope, l'organisation spatiale du feuillage d'un végétal, l'itinéraire des prédateurs à la recherche de leur proie, constituent autant d'exemples de géométrie fractale. Ils traduisent en réalité un phénomène écologique général : la tendance des systèmes vivants à accroître les surfaces de contact donc d'échange avec le milieu ce qui accélère la vitesse de transfert de l'énergie et de circulation de la matière.

fractionnement, n. m. ◆ ~ **isotopique** : voir Isotope, Isotopique.

fracture, n. f. (*fracture*). Désigne en géologie une cassure d'origine tectonique, sans déplacement des deux parties qui s'affrontent. (***Voir aussi Zone***)

fractus, n. m. Type de nuages aux formes irrégulières. Le terme s'applique aux cumulus et nimbus. (***Voir aussi Nuage***)

fragmentation, n. f. ◆ ~ **des habitats** (*habitat fragmentation*) : action par laquelle des phénomènes d'origine naturelle ou anthropique fractionnent les habitats d'un écosystème qui étaient jointifs dans les conditions initiales.

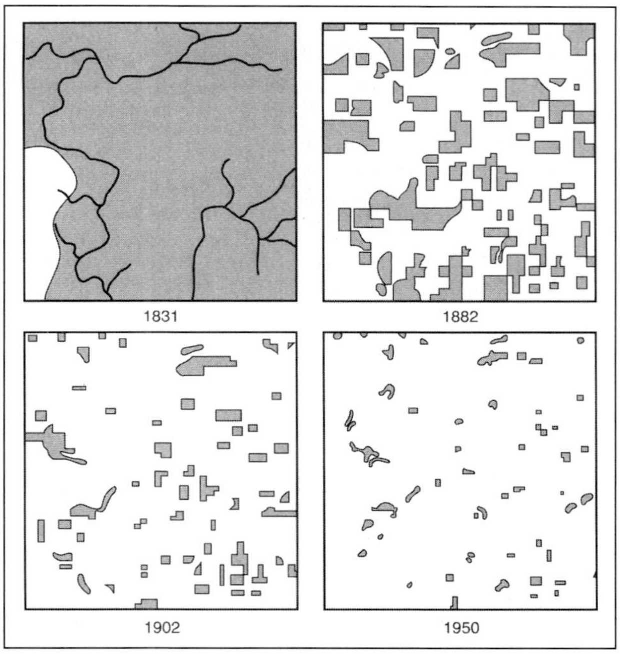

Fragmentation des habitats forestiers aux États-Unis dans le Wisconsin depuis le siècle dernier. À une couverture forestière continue s'est substitué un système marqué par des lambeaux forestiers résiduels de faible surface. (D'après Curtis, in Pianka, *Evolutionary ecology*, Harper and Row, 1978, p. 329)

La déforestation due à l'homme, la sécheresse accrue au cours de la dernière glaciation, représentent des exemples classiques et une cause majeure historique ou actuelle de fragmentation des habitats de forêts pluvieuses d'Afrique et d'Amérique tropicale.

La fragmentation des habitats provoque des effets défavorables pour les espèces strictement inféodées aux habitats forestiers. Ces dernières ont été étudiées en détail dans le cas des peuplements aviens. Il a été montré que 90% des espèces des forêts profondes sont affectées par la fragmentation des habitats forestiers, et 10% seulement en bénéficient.

Les espèces rares et disséminées sont particulièrement affectées par la fragmentation de leur habitat, la probabilité d'extinction d'une subpopulation étant d'autant plus grande que l'habitat est plus morcelé et le groupe plus petit.

On peut aussi mettre en évidence que cette fragmentation facilite aussi l'impact des populations de parasites et de prédateurs sur les espèces forestières nicheuses.

En outre, beaucoup d'espèces de forêts profondes ne colonisent pas les bosquets ou les bois de faible surface éloignés des massifs forestiers (pics, rapaces sylvatiques, certains Passériformes).

Les espèces d'oiseaux migratrices qui nichent dans les forêts caducifoliées d'Amérique du Nord-Est (*Parulidae*, *Vireonidae*, *Tyrannidae*, certains *Fringillidae*) ont connu une régression importante à la suite de la fragmentation considérable de leur habitat forestier au cours du dernier siècle.

◆ ~ **de la matière** (*litter fragmentation*) : processus par lequel la pédofaune dissocie les détritus végétaux ce qui favorise l'action ultérieure des micro-organismes décomposeurs : champignons et bactéries édaphiques.

frai, n. m. (*spawn*). **1.** Désigne le rapprochement des sexes chez les poissons, caractérisé par le rassemblement en grand nombre des individus adultes au cours duquel se produit l'émission de laitance par les mâles et de la ponte par les femelles, ces Vertébrés étant à fécondation externe. **2.** Œufs de poissons ou d'Amphibiens fécondés. **3.** (*spawning period*). Période de ponte des poissons. **(*Voir aussi Frayère*)**

frange, n. f. ◆ ~ **capillaire** (*capillary fringe*) : région du sous-sol qui marque la limite de la zone d'imbibition par les eaux souterraines et la partie la plus proche de la surface qui se trouve déshydratée en période de sécheresse. **(*Voir aussi Capillaire*)**

Fraxinus excelcior. Nom scientifique du frêne d'Europe. Arbre des forêts caducifoliées d'Eurasie très apprécié en sylviculture pour la dureté de son bois.

frayère, n. f. (*spawning ground*). Zone d'un biotope aquatique d'eau douce ou marin qui constitue le lieu de reproduction (fécondation et ponte) de telle ou telle espèce de poisson. En rivière, il s'agit généralement de milieux profonds, aux eaux pures et bien oxygénées, en particulier en ce qui concerne les Salmonidés.

frêne(s), n. m. (*ash tree*). Genre d'arbres de la famille des Oléacées, propres aux forêts caducifoliées paléarctiques.

Fréon(s)®, n. m. Nom commercial (Dupont de Nemours), devenu d'usage courant pour désigner les CFC, composés organiques chlorofluorés, de formule générale $C_aH_bCl_cF_d$.

La nomenclature des CFC est fondée sur la règle suivante : on désigne par le premier chiffre à droite le nombre d'atomes de fluor, le second le nombre d'atomes d'hydrogène augmenté d'une unité, et le troisième le nombre d'atomes de carbone diminué d'une unité et donc pas mentionné s'il s'agit de dérivés du méthane. Le nombre d'atomes de chlore se déduit des précédents à partir de la formule générale des alcanes : C_nH_{2n+2}. Par exemple, le CFC 114 aura pour formule $C_2F_4Cl_2$.

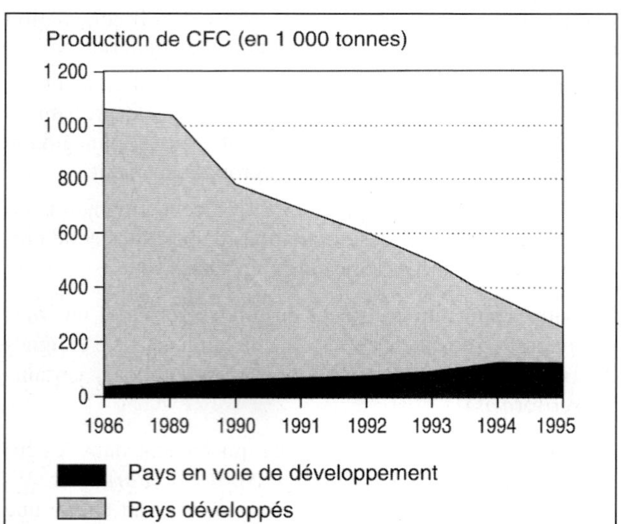

Variation de la production mondiale de CFC, communément dénommés **fréons**, à la suite de l'adoption du protocole de Montréal. On constate une diminution très importante de la production dans les pays développés qui ont massivement appliqué le protocole tandis que cette dernière a cru dans divers pays en voie d'industrialisation, en particulier la Chine et l'Inde. (D'après *World Resources Institute*, op. cit., 1998, p. 177)

Au milieu des années 1980, les Fréons 11 et 12 avec respectivement 320 000 t et 380 000 t arrivaient en tête de la production mondiale qui s'élevait alors à 1,15 million de tonnes. Depuis 1987, la production mondiale a fortement décru à la suite de leur interdiction dans les pays développés, conséquence de la mise en œuvre du « protocole » de Montréal, tombant à quelque 20 000 t par an à la fin des années 1990.

L'emploi des CFC est assez diversifié, ils servent en particulier dans les bombes aérosol comme liquides propulseurs, comme fluide caloporteur dans les machines frigorifiques, comme solvant, liquide extincteur, enfin une proportion importante (environ 40%) est aussi utilisée en usage dispersif, dans l'industrie, dans la fabrication de mousses plastiques.

Les CFC présentent un impact environnemental considérable en dégradant l'ozone stratosphérique. En effet, ils se dissocient dans la haute atmosphère sous l'effet des rayonnement UV.

Par exemple, avec le Fréon 11, nous aurons la réaction :

$$CFC\ l_3 \xrightarrow{hv} CFC\ l_2 + Cl$$

Le chlore atomique (Cl.) formé va ensuite décomposer une molécule d'ozone selon la réaction :

$$O_3 + Cl. \rightarrow ClO + O_2$$

Un des problèmes majeurs de ces substances est leur stabilité dans l'atmosphère ce qui signifie que les quantités libérées actuellement continueront à dégrader l'ozone atmosphérique pendant des siècles.

Ainsi, le CFC 11 a un temps de demi-vie de 58 ans dans l'atmosphère, le CFC 12 de 100 ans, le CFC 114 de 250 ans! **(*Voir aussi Chlorofluorocarbones, Ozone*)**

fréquence(s), n. f. (*frequency*) ◆ ~ **cumulées** (*cumulative frequencies*) : désigne en statistique la somme des fréquences d'un phénomène calculée en fonction du temps ou d'une autre variable comme la concentration dans le cas de l'exposition à un toxique. En règle générale, la mortalité d'une population en fonction du temps, qu'elle soit naturelle ou causée par l'exposition à un polluant, s'ajuste sur une courbe sigmoïde, ce qui traduit le fait que la sensibilité individuelle aux facteurs défavorables de l'environnement suit une loi normale (ou plus souvent log-normale). ◆ ~ **génique** (*gene frequency*) (syn. : fréquence allélique) : désigne dans une population possédant un polymorphisme génétique la fréquence des allèles qui peuvent occuper un locus donné. ◆ **diagrammes rang** ~ : voir Distributions d'abondance, MacArthur, Motomura, Preston, Rang-fréquence.

friche, n. f. (*fallow*). Parcelle abandonnée par la culture afin de laisser le temps de se régénérer au sol appauvri en éléments minéraux nutritifs par les récoltes répétées qui exportent les éléments biogènes.

frigide, adj. (*frigid zone*). Terme parfois utilisé pour désigner les zones parabiosphériques circumpolaires, toujours recouvertes de glaces.

Frigideserta, n. sc. Écosystèmes correspondant aux toundras boréales.

Fringillidés, n. m. (*finches*). Famille de Passereaux présente sur tous les continents, qui comporte de nombreuses espèces à régime granivore. Les pinsons et les bruants constituent d'importants genres de ce groupe.

froid, n. m. ◆ **adaptation au** ~ (*adaptation to cold*) : on dénomme psychrophiles les végétaux et les animaux capables de vivre à basse température. De nombreuses espèces sont des sténothermes des milieux froids (sténothermes oligothermes). Ainsi le Collembole *Isotoma nivalis,* qui vit à la limite des névés, possède un intervalle de tolérance compris entre – 9 et + 12 °C, son thermopréférendum étant 4 °C.
De même, les poissons de la famille des *Nototheniidae*, de l'océan Antarctique, présentent des records d'adaptation au froid. Ils vivent dans un intervalle de température compris entre – 2,5 et + 2,5 °C, leur thermopréférendum est de 0,1 °C, et leur intervalle de tolérance à peine de 8,5 °C! **(*Voir aussi Shelford, Sténotherme, Température*)**

frondaison, n. f. (*canopy*). Partie la plus élevée du feuillage des arbres. **(*Voir aussi Canopée*)**

front, n. m. (*front*). **1. En météorologie** : désigne la partie antérieure d'une masse d'air en mouvement. On distingue des fronts chauds, froids et occlus. On dénomme front froid l'avancée d'une masse d'air polaire et front chaud celle d'une masse d'air chaude, tropicale. Une perturbation atmosphérique est constituée par l'association de ces deux fronts dont la zone de rencontre constitue le centre de la zone dépressionnaire atmosphérique. Les fronts occlus résultent de la rencontre entre deux zones frontales des deux types précédents. Quand une perturbation atmosphérique prend de l'âge, et évolue en se déplaçant, le front froid se rapproche du front chaud donnant lieu à un phénomène d'occlusion par suite d'un repliement de cette zone frontale. Le front froid finit par englober un secteur chaud, constituant de la sorte un front occlus dont le passage s'accompagne généralement de violents orages. La combinaison front froid–front chaud constitue une perturbation atmosphérique. L'avancée des fronts de même que le passage et le sens de circulation des dépressions jouent un rôle important dans la dispersion des polluants lors de graves accidents. Ainsi, les conditions météorologiques qui prévalaient lors de la catastrophe de Tchernobyl ont considérablement aggravé son impact en dispersant le panache sur les zones peuplées de l'Ouest de l'ex-URSS ainsi que sur l'Europe du Nord et centrale.

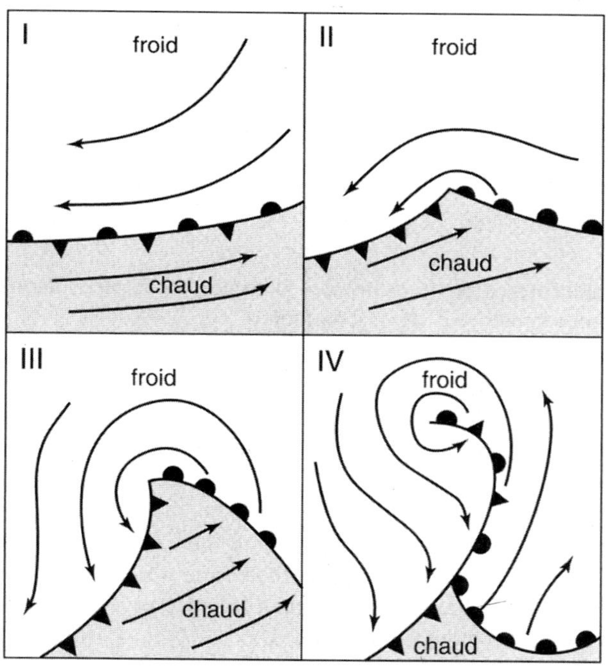

Mécanismes d'une ondulation cyclonique, phénomène à l'origine de la formation d'un **front** chaud (et d'un front froid). Les flèches indiquent le sens de déplacement des masses d'air. Au dernier stade (IV en bas à droite), une partie des masses d'air du front chaud est emprisonnée par le front froid donnant un front occlus. (D'après Parker, *Meteorological source book*, McGraw-Hill, 1988, p. 173)

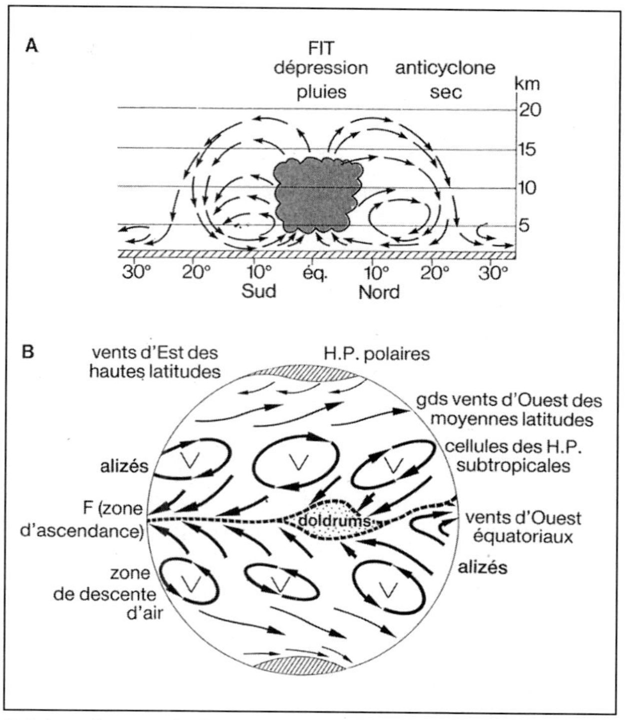

Schéma figurant le **front** intertropical de convergence. **A**. Représentation altitudinale. (D'après Labeyrie J., *L'homme et le climat,* Denoel, 1985). **B**. Représentation latitudinale. (D'après Etienne et Godard, *Climatologie*, Armand Colin, 1970, p. 155)

◆ ~ **intertropical de convergence** (FIT) (*intertropical convergence front*) : zone de rencontre des cellules de Hadley des deux hémisphères. Ses déplacements alternatifs en fonction du cycle annuel jouent un rôle majeur dans l'ajustement des conditions météorologiques globales et contrôlent *a fortiori* les variations climatiques dans les régions tropicales des deux hémisphères. La confrontation des cellules de Hadley au niveau du FIT joue un rôle essentiel dans le transfert des polluants atmosphériques de l'hémisphère boréal vers l'austral et inversement, comme cela a été bien

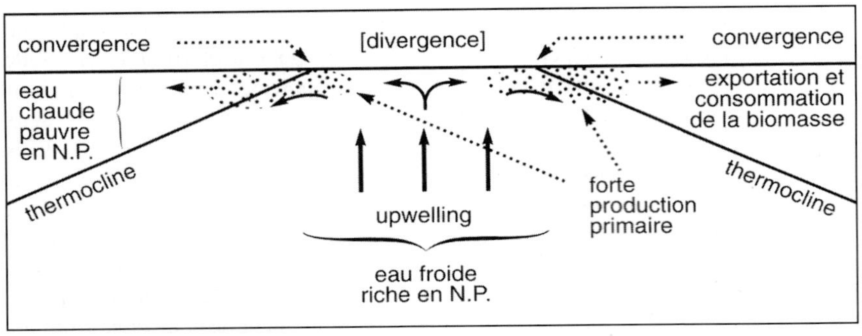

Schéma d'un **front** en océanographie. (D'après Frontier et Viale, *Écosystèmes*, Masson, 1992, p. 52-53)

décrit lors des expériences d'armes nucléaires dans l'atmosphère au cours des années 1950 et ultérieurement. ***(Voir aussi Cyclone, Perturbation, Polluants)***

2. En océanographie : discontinuité dans la structure thermique des eaux superficielles, résultant de la remontée d'eaux profondes froides sous forme d'un dôme engendrée par des mouvements cycloniques des masses d'air. Celle-ci, dénommée *upwelling*, peut amener la thermocline en surface.

Les eaux froides profondes divergent à partir de la zone de remontée et replongent ensuite en biseau, quand elles atteignent la surface, sous les eaux chaudes situées en limitante du front par suite de la différence de densité.

Le front ainsi constitué se traduit par une prolifération planctonique car les eaux profondes sont riches en sels minéraux nutritifs (nitrates et phosphates), l'interface entre les eaux de température contrastée ayant une productivité biologique maximale.

À partir du front s'établit en conséquence un réseau trophique de prédateurs, la biomasse animale étant située du côté des eaux chaudes. Les espèces zooplanctonophages se multiplient et alimentent des prédateurs puis des superprédateurs (thons, espadons, marlins, cétacés).

Les zones de front permanent situées à la limite des grands courants marins et en bordure des plateaux continentaux sont bien connues et exploitées par les flottilles de pêche professionnelle. Parfois se constituent des méandres d'eau chaude à l'intérieur de la zone d'*upwelling* où se concentrent les grandes espèces d'animaux marins, que les pêcheurs recherchent activement. ***(Voir aussi Océan, Upwelling)***

frontogenèse, n. f. (*frontogenenesis*). Processus conduisant à la formation d'un front météorologique.

frontolyse, n. f. (*frontolysis*). Processus conduisant à l'affaiblissement puis à l'involution d'un front.

Froude ◆ nombre de ~ (*Froude number*) : nombre sans dimension conçu par un ingénieur britannique, William Froude (1810-1879). Il est égal au rapport entre la vitesse de l'eau dans un canal ouvert à celle d'une vague gravitationnelle. Si $Fr < 1$, l'écoulement est dit tranquille ce qui est le cas général des rivières et des fleuves ; si $Fr = 1$, il est dit critique et quand $Fr > 1$, il est dit supercritique.

fructicole, adj. (*fructicolous*). Désigne un organisme vivant en surface ou à l'intérieur des fruits.

fructification, n. f. (*fructification*). Concerne en écophysiologie végétale soit le développement des organes portant les fruits soit la période à laquelle prend place ce phénomène.

frugivore, adj. (*frugivorous*). Espèce se nourrissant de fruits.

frustration, n. f. (*frustration*). État émotionnel d'un animal qui apparaît lorsqu'un comportement donné n'a pas produit le résultat attendu. Ainsi, lorsqu'un adversaire fuit au cours d'un affrontement entre mâles rivaux, le mâle demeurant maître du terrain peut attaquer un buisson ou une touffe d'herbes en signe de frustration.

frustule, n. f. (*frustule*). Capsule de silice qui enveloppe les parois cellulaires des Diatomées.

fruticée, n. f. (*fruticeta*). Stade de la succession d'un écosystème forestier marqué par la transition des stades pionniers herbacés vers la recolonisation du biotope par les espèces arborées.

fruticuleux, adj. (*fruticose*). Désigne des organismes ayant la forme d'un arbrisseau miniature – cas de certains lichens par exemple.

Fucales, n. sc. Ordre d'algues brunes auquel appartiennent entre autres les *Fucus*.

fucivore, adj. (*fucivorous*). Désigne une espèce marine consommatrice d'algues benthiques.

Fucus, n. sc. Genre d'algues brunes pourvues de flotteurs, croissant à la limite supérieure de l'étage médio-littoral. ◆ ~ ***vesicolus*** : espèce de ce genre commune sur les côtes atlantiques.

fuel(s), n. m. (*fuel, oil*). Carburants lourds utilisés dans les foyers domestiques et industriels, source d'une importante pollution de l'air, plus particulièrement lorsque leur combustion est incomplète.

On distingue plusieurs types de fuels en fonction de leur teneur en soufre : fuels domestiques (< 0,5%), fuels moyens (de 0,5% à 2%) et fuels lourds industriels (dont les plus utilisés sont les fuels lourds n°2) (> 2%). Les fuels lourds sont particulièrement toxiques car ils concentrent les hydrocarbures aromatiques polycycliques, divers autres composants peu ou pas volatils qui figurent parmi les plus nocifs du pé-

trole et les impuretés les plus toxiques contenues dans ce dernier (métaux lourds en particulier). En ce sens, il est possible d'affirmer que les quelque 15 000 tonnes de fuels lourds libérées dans l'océan lors du naufrage de l'*Erika* qui a sombré le 12 décembre 1999 au large du Morbihan sont l'équivalent en potentiel écotoxicologique d'une marée noire de plus de 300 000 t de pétrole brut!
De façon générale, la plus grande capacité de pollution des fuels est liée non seulement à leur teneur plus élevée en soufre que les autres carburants, mais aussi à la présence de diverses impuretés minérales (y compris cadmium, mercure, et bien d'autres métaux toxiques), enfin à leur teneur relativement élevée en HAP et en hydrocarbures hétérocycliques. (***Voir aussi HAP, Marées noires, Pétrole***)

fugitive, adj. ◆ **espèce** ~ (*fugitive species*) : espèce en position d'infériorité dans la compétition avec une autre espèce d'un même peuplement mais qui arrive à maintenir sa population en adoptant une stratégie de dispersion. Ainsi elle colonisera la première les habitats favorables à sa reproduction et aura quitté ces derniers avant que l'espèce ayant l'avantage compétitif ne vienne s'établir. (***Voir aussi Compétition, Niche***)

fulvique(s), adj. ◆ **acides** ~ (*fulvic acids*) : acides organiques solubles dans l'eau, de couleur ferrugineuse, formés par la décomposition en milieu acide de la cellulose et de la lignine provenant des végétaux morts.
Les acides fulviques sont produits en abondance dans les humus acides de type moder et surtout mor, provenant de litières dites acidifiantes (de résineux et d'Éricacées), et dans les tourbes. Ils traduisent un ralentissement de l'humification résultant d'une faible teneur en azote, d'un rapport C/N élevé et de l'existence de tanins condensés qui bloquent la minéralisation des protides. (***Voir aussi Humus, Tourbe***)

fumée(s), n. f., (*smoke*). Rejets de masses d'air renfermant en suspension des particules ou des aérosols – polluants émis par des combustions et (ou) diverses sources industrielles chimiques ou métallurgiques. ◆ ~ **noires** (*black smoke*) : fumées produites par les échappements des moteurs diesels et par les unités de cracking catalytique lorsque leurs effluents gazeux sont soumis à un refroidissement brutal. ◆ ~ **de tabac** (*tobacco smoke*) : mélange complexe de substances organiques et minérales renfermant en particulier des hydrocarbures polycycliques carcinogènes (goudrons) et des aldéhydes irritants, en particulier de l'acroléine. On trouve aussi dans la fumée de cigarette des traces de divers métaux lourds toxiques, en particulier de plomb, ce qui explique l'importante plombémie des gros fumeurs. Au total on a pu dénombrer environ 3 800 composés chimiques toxiques dans la fumée de tabac. (***Voir aussi Tabac, Tabagisme***)

fumerolle, n. f. (*fumarole*). Phénomène lié au volcanisme qui se traduit par des dégagements de vapeur d'eau et de gaz toxiques, en particulier sulfureux et de chlorure d'ammonium, émis à une température supérieure à celle de l'air ambiant. (***Voir aussi Volcanisme***)

fumeur, n. m. (*smoker*). Personne s'adonnant au tabagisme.

fumigation, n. f. (*fumigation*). Procédé utilisé dans la lutte contre les insectes ravageurs des cultures et certains agents phytopathogènes. Elle est surtout utilisée en serre ainsi que dans les silos où sont stockées les céréales pour prévenir la prolifération d'insectes granivores. Les fumigations autrefois effectuées en arboriculture avec du CNH ou de la nicotine ont été remplacées par le recours à des insecticides systémiques moins dangereux d'emploi. (***Voir aussi Insecticides***)

fumure, n. f. ◆ ~ **minérale** (*mineral fertilization*) : procédé consistant à fertiliser les champs en leur ajoutant divers engrais chimiques essentiellement des phosphates, des nitrates et des sels de potassium. Toutefois, l'apport d'azote se fait également par épandage d'ammoniaque, d'urée ou de cyanamide.

Fumées noires, riches en particules carbonées émises par un incendie sauvage de pneus usagés. De telles pratiques illicites perdurent aujourd'hui encore et peuvent contribuer localement de façon significative à la pollution atmosphérique particulaire. (Cliché F. Ramade)

L'usage de la fumure minérale, aujourd'hui systématique dans l'ensemble du monde, est cause d'une pollution diffuse parfois importante quoique clandestine des sols et des eaux.
Le cas de la pollution des eaux par les nitrates est bien documenté. Moins connue est la pollution des sols par des métalloïdes (arsenic, antimoine) et des métaux toxiques (cadmium, chrome, cuivre, vanadium, zinc) liés à l'usage des superphosphates. **(*Voir aussi Engrais chimiques, Nitrate*)**

Fungi, n. sc. Règne vivant qui réunit l'ensemble des champignons. Ces derniers constituent un ensemble vivant bien individualisé. Leur organotrophie et un ensemble d'autres caractères qui leur sont propres les séparent incontestablement du règne des plantes auquel ils étaient – à tort – autrefois rattachés. De récents travaux de phylogénie moléculaire ont montré à partir de la nature de leur ARN mitochondrial que les *Animalia* constituent le règne auquel ils sont le plus apparentés. ◆ ~ ***imperfecti*** (n. sc.) : terme désignant les champignons dont les formes de reproduction sexuée ne sont pas connues de sorte qu'il se reproduisent uniquement par dissémination de leur mycélium par voie végétative.

Fungia, n. sc. Genre de Madrépores bâtisseurs de récifs coralliens dont la forme de la colonie rappelle vaguement celle du peridium d'un champignon à chapeau. **(*Voir aussi Récif*)**

fungicole, adj. (*fungicolous*). Désigne une espèce qui vit dans un champignon.

fungivore, adj. (*fungivorous*). Désigne une espèce qui se nourrit de champignons.

furanne, n. m. (C_4H_4O) (*furan*). Composé d'origine naturelle se rencontrant dans les goudrons de bois, l'enveloppe de certaines graines et autres matériaux biologiques. Il en existe de nombreux dérivés dont le plus important, au plan industriel, le furfural (C_4H_4OCHO), est utilisé comme bactéricide dans les industries de fibres synthétiques et en cosmétologie dans les parfums. Les substances du groupe du furanne présentent une nette toxicité pour les Mammifères. Certains dérivés de ce dernier tels les polychlorodibenzofurannes sont hautement toxiques et fortement persistants dans l'environnement. **(*Voir aussi Dioxine, PCDF*)**

fusion, n. f. ◆ ~ **thermonucléaire** (*thermonuclear fusion*) : processus physique au cours duquel des atomes d'hydrogène ou de ses isotopes lourds (deutérium, tritium) fusionnent pour donner un atome d'hélium en libérant une grande quantité d'énergie. C'est la fusion dans le noyau des étoiles qui est responsable de la production d'énergie par ces objets célestes. De même, la fusion est utilisée dans les armes nucléaires du même nom (bombes dites H). ◆ **réacteurs de** ~ : voir Réacteurs nucléaires.

fût, n. m. (*bole*). Partie du tronc d'un arbre comprise entre la base de la souche et la couronne.

futaie, n. f. (*grove*). Terme désignant une forêt dont les arbres sont tous à l'état adulte et donc en période de reproduction. ◆ ~ **jardinée** (*uneven aged high forest*) : type de sylviculture consistant à garder les arbres pendant au moins trois révolutions constitutives en ne coupant que les plus âgés. **(*Voir aussi Sylviculture*)**

FWS (*Fish and Wildlife Service*). Département du Ministère de l'Intérieur des États-Unis qui est responsable de la conservation et de la gestion de la faune sauvage aquatique et terrestre.

fynboss, n. m. Nom sud-africain dénommant la formation végétale sclérophylle, propre à la province du Cap, qui est physionomiquement apparentée au chaparral californien.

Gaïa, hypothèse de (*Gaia's hypothesis*). Hypothèse formulée par Lovelock et Margulis selon laquelle la biosphère se comporterait au travers de ses propriétés homéostasiques comme un être vivant, adaptant la composition de son atmosphère à une valeur qui permet de maintenir le climat global dans la gamme de température compatible avec l'existence de la vie. Malgré le paradoxe contenu dans cette affirmation avancée voici près de 30 ans par Lovelock, – puisque la biosphère ne peut se reproduire – l'idée que la biosphère, au travers d'un contrôle biologique de la composition de l'atmosphère, maintient à sa surface les conditions les plus favorables au développement des êtres vivants, a reçu depuis un nombre important d'arguments expérimentaux en sa faveur. En effet, des recherches ultérieures ont montré que le taux de CO_2 atmosphérique a progressivement décru au cours de l'histoire de la biosphère tandis que le flux solaire devenait progressivement plus intense. La baisse d'effet de serre qui en est résulté a compensé la hausse de température due à cet accroissement progressif du flux solaire.

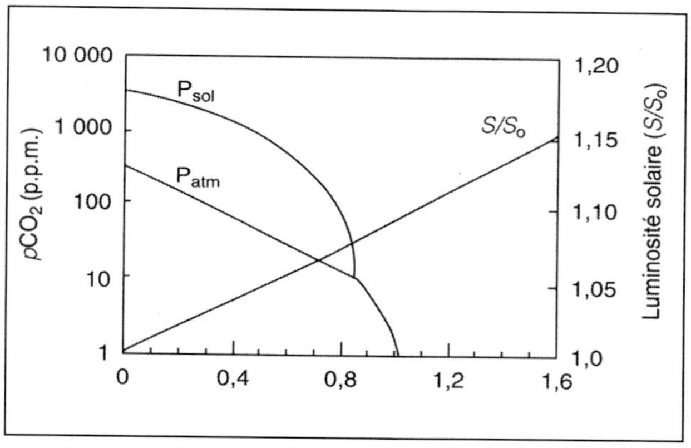

Hypothèse de **Gaïa**. Variations de la teneur atmosphérique en CO_2 et du flux solaire au cours de l'histoire de la biosphère (temps en 10^9 ans par rapport au présent). (D'après Caldeira et Kasting, *Nature*, vol. 360, décembre 1992, p. 723)

Par ailleurs, la particularité de l'atmosphère terrestre tient en effet à ce que la concentration, voire la présence de nombreux gaz, est liée aux êtres vivants et régulée par ces derniers. En l'absence de l'activité biologique, la composition de l'atmosphère serait très différente et voisine de celle des deux autres planètes telluriques les plus proches, Vénus et Mars. Si l'on compare la composition de l'atmosphère terrestre à celle des deux planètes telluriques qui l'entourent, Mars et Vénus, on constate la grande similarité de composition atmosphérique des deux planètes qui l'une et l'autre sont abiotiques par rapport à celle de la Terre dont la nature biogénique de l'atmosphère est manifeste. ***(Voir aussi Atmosphère, Biosphère)***

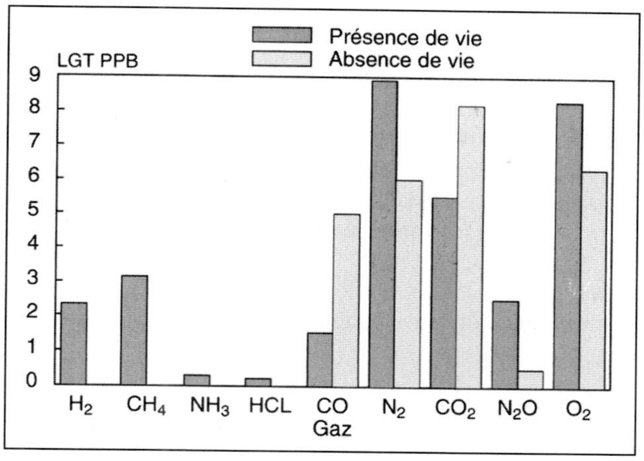

Composition comparée de l'atmosphère en présence ou en l'absence de vie. (D'après Margulis et Lovelock, *Global Ecology*, Academic Press, 1989, p. 18)

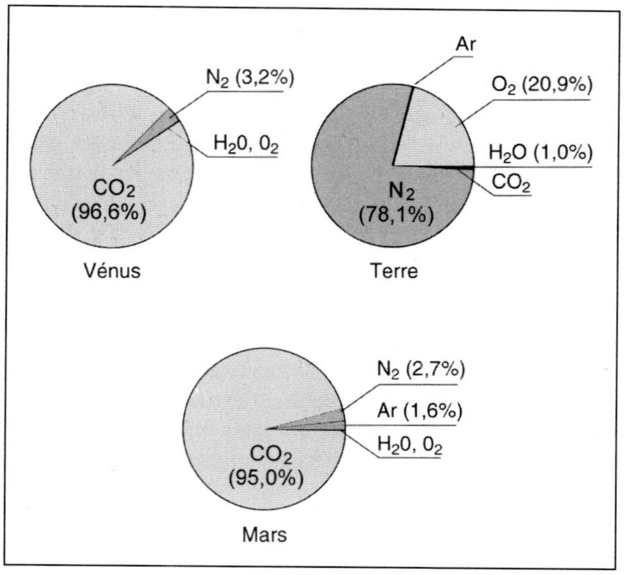

Comparaison des atmosphères de Mars et Vénus d'une part et de la Terre de l'autre. (D'après Margulis et Lovelock, *Global Ecology*, Academic Press, 1989, p. 20)

Galápagos, archipel des (*Galápagos Archipelago*). Situées à environ 1 200 km des côtes de l'Équateur, les Iles Galápagos, présentent un intérêt biologique exceptionnel. Leur visite inspira en partie à Darwin sa fameuse théorie de l'évolution. La flore et la faune des Galápagos présentent un endémisme considérable. Outre les tortues terrestres géantes, on y rencontre les célèbres iguanes marins et une famille de Passériformes, les *Geopsizidae*, ou pinsons de Darwin qui, en l'absence d'autres compétiteurs, ont occupé la plupart des niches écologiques disponibles.

Malheureusement, les introductions d'animaux domestiques, chèvres, porcs et aussi rats, puis ultérieurement de chiens pour contrôler les chèvres ont fortement réduit à la fois le couvert végétal et l'abondance des populations de bien des espèces animales endémiques, en particulier des Reptiles.

Un parc national (766 000 ha) a été créé dès 1936, il protège les zones ayant le plus grand intérêt écologique de diverses îles de l'Archipel. Il a été étendu à 7 999 000 hectares du domaine marin mis en réserve en 1986. ***(Voir aussi Geopsizidae, Pinson)***

galène, n. f. (*galena*). Sulfure de plomb. Ce minéral constitue le principal minerai de ce métal.

galerie, n. f. ◆ **forêt ~** : (*riverine forest*) : type de ripisylve constitué par une étroite bande forestière croissant sur les rives des fleuves dans les pays tropicaux à climat sec, en particulier dans les zones de savanes. ***(Voir aussi Ripisylve)***

galet, n. m. (*pebble*). Caillou de plusieurs centimètres dans sa plus grande dimension, aplati et arrondi par l'érosion hydrique.

galle, n. f. (*gall*). Déformation d'un organe végétal provoquée par une prolifération tumorale des tissus, elle-même engendrée en règle générale par des organismes pathogènes ou ravageurs des plantes : Invertébrés, en particulier Insectes, mais aussi agents phytopathogènes, champignons ou micro-organismes.

gallicole, adj. (*gallicolae*). Désigne un organisme (écophase d'un Insecte ou d'autre Invertébré terrestre) endophyte vivant dans des galles. À titre d'exemple, les gallicoles de phylloxéra de la vigne sont des femelles parthénogénétiques aptères de ce puceron qui vivent dans des galles foliaires. Ces dernières se développent sous l'effet des piqûres de ce puceron à la face inférieure des feuilles des vignes américaines.

Galliformes, n. m. Ordre d'Oiseaux auquel appartiennent en particulier les tétras, les perdrix, les faisans et le coq domestique. Il s'agit d'espèces à régime omnivore, vivant en règle générale dans des habitats steppiques ou forestiers.

galligène, adj. (*galligenous*) (syn. : cécidogène). Désigne les Insectes et autres Arthropodes phytophages, provoquant la formation de galles par leur attaque sur les feuilles ou les pousses des végétaux aux dépens desquels ils se développent. ***(Voir aussi Cécidie, Galle)***

gallium, n. m. (*gallium*). Élément de numéro atomique Z = 31 et de masse atomique Ar = 69,7 dont le corps simple est un métal. Il est utilisé dans les industries électroniques en chimie minérale et pour certaines préparations pesticides. Il s'est révélé fortement neurotoxique en cas d'intoxications accidentelles et aiguës, et provoque des irritations cutanées par contact.

gamètes, n. m. (*gametes*). Cellules sexuelles mâles et femelles dont la fusion conduit à la formation de l'œuf.

gamétophyte, n. m. (*gametophyte*). Forme haploïde du cycle vital propre aux végétaux, qui produit les gamètes. Chez les Cryptogames, le gamétophyte est bien développé. Chez les plantes supérieures, il est de faible taille : les grains de pollen représentent le gamétophyte mâle, et le sac embryonnaire le gamétophyte femelle des Phanérogames.

gamma, n. m. ◆ **rayons ~** (*gamma rays*) : radiations électromagnétiques de longueur d'onde inférieure à 10^{-4} µm donc plus courte que celle des rayons X. Les rayons gamma sont émis par la désintégration de nombreux radio-isotopes. ***(Voir aussi Radioactivité, Rayonnement)***

Gammarus, n. sc. Genre de Crustacés Amphipodes très communs dans les eaux douces et littorales d'Europe occidentale. Cette espèce est bioindicatrice d'eaux peu polluées ou marquées par une très faible pollution organique.

Ganga(s), n. m. (*sand grouse*). Genre d'Oiseau de l'ordre des Ptéroclidiformes, de la famille des *Pterochlidae* ayant une ressemblance superficielle avec les Columbidés, qui vivent dans les biotopes semi-arides ou désertiques. Une espèce, le *Ganga cata,* aujourd'hui très rare en France, niche en Provence dans la Crau.

gangue, n. f. (*gangue*). Enveloppe minérale stérile d'un minerai.

garrigue, n. f. (*garrigue*). Formation végétale dégradée résultant de la destruction des forêts méditerranéennes poussant sur sols calcaires. Les garrigues résultent de suc-

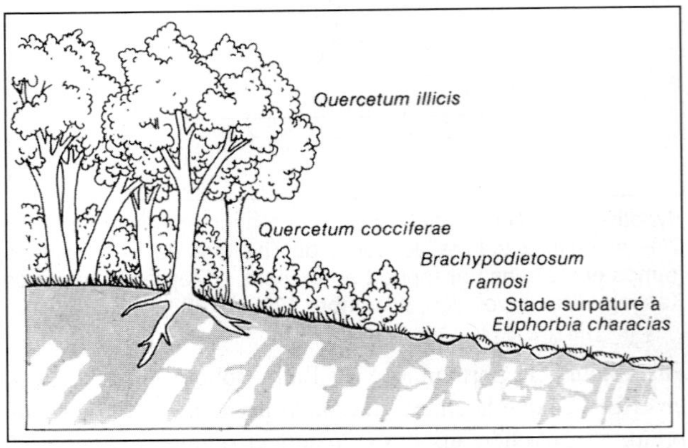

Schéma d'une succession régressive et progressive sur sol calcaire en région méditerranéenne mettant en évidence la conversion progressive de la forêt de chênes climacique en **garrigue** et le retour vers la forêt quand cesse l'action de facteurs de régression. (D'après Braun-Blanquet, in Lamotte et Bourlière, *Écosystèmes terrestres*, Masson, 1978, p. 130)

Photographie d'une **garrigue** à chênes kermès en Provence. Celle-ci s'est reconstituée après un incendie ayant eu lieu cinq ans avant la prise de ce cliché. On distingue au second plan une forêt secondaire reconstituée une trentaine d'années après un incendie antérieur. Le pin centenaire visible dans l'arrière plan a survécu à plusieurs feux jouant le rôle de porte-graine après chacun d'eux. (Cliché F. Ramade)

cessions régressives engendrées par le passage récurrent du feu et aussi, aux époques passées, par la coupe et le surpâturage en forêt. Après l'incendie d'une forêt de pins d'Alep se constitue en général une garrigue à chênes kermès, elle-même remplacée par une garrigue à romarin si l'incendie la parcourt à nouveau. En l'absence d'incendie, les garrigues font retour à un climax forestier d'abord de pins, puis à plus long terme de chênes. ***(Voir aussi Forêt, Maquis, Méditerranéen)***

Gastéromycètes, n. sc. Classe de Champignons Basidiomycètes dont les basides sont enfermées dans une enveloppe sphéroïdale. Les Lycoperdales, les Phallales, ou encore les Sclérodermatales, figurent parmi les ordres majeurs de Gastéromycètes dont environ 800 espèces sont actuellement décrites.

Les Vesces de Loup (*Scleroderma sp.*) sont des champignons de la classe des **Gastéromycètes** communs dans les prairies. (Cliché F. Ramade)

Gastéropodes, n. m. (*Gastropoda*). Classe de Mollusques pourvus d'une coquille spiralée et dont le corps possède une sole pédieuse grâce à laquelle ces animaux se déplacent sur leur substrat. Elle comporte environ 35 000 espèces en majorité aquatiques, de régime herbivore ou détritivore. On rencontre cependant des familles carnivores, voire même quelques cas de parasitisme. On distingue trois grandes sous-classes : les Prosobranches (surtout marins, *Littorina* par exemple), les Opisthobranches, également marins chez lesquels la coquille est réduite ou absente, et les Pulmonés, essentiellement terrestres ou d'eau douce.

gaulis, n. m. (*sapling stand*). Peuplement sylvicole constitué de baliveaux et de jeunes arbres de diamètre inférieur ou égal au centimètre.

Gause, principe de (*Gause's principle*). Encore dénommé *principe d'exclusion réciproque,* cette loi écologique a été découverte par Gause en 1934 lors de ses expérimentations sur des paramécies. Cet auteur a élevé de façon simultanée dans le même milieu de culture ou de façon séparée deux espèces de ces ciliés : *Paramecium caudatum* et *P. aurelia*. L'une et l'autre se nourrissent de levure et présentent les mêmes exigences quant aux facteurs abiotiques propres au milieu d'élévage.

Gause observa de la sorte que si *P. caudatum* et *P. aurelia* sont élevées en culture mixte, elles entrent nécessairement en compétition interspécifique, *P. aurelia* éliminant *P. caudatum.* Il en a donc déduit son principe qui stipule que « deux espèces ayant des exigences écologiques voisines ne peuvent coexister, la population de l'une d'entre elles éliminant obligatoirement celle de l'autre ».

Ce principe a pour corollaire que deux espèces sympatriques c'est-à-dire qui se rencontrent simultanément dans un même habitat ne peuvent occuper une même niche écologique ce que Gause exprimait par l'égalité :

une espèce = une niche écologique.

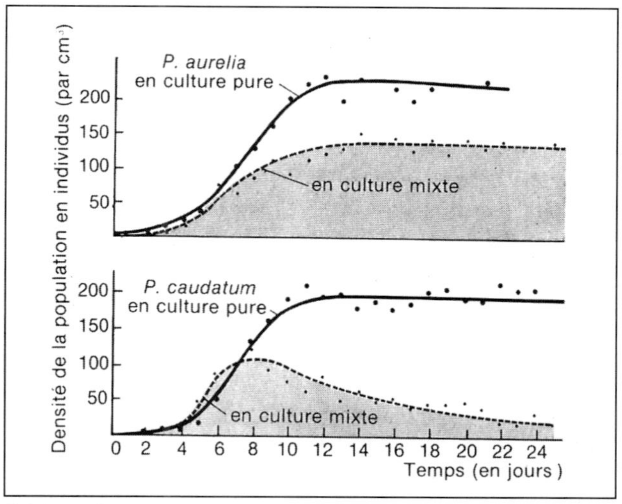

Schéma figurant les fluctuations d'effectifs des populations de *Paramecium aurelia* et de *P. caudatum* obtenues par **Gause** en cultures isolées et en culture mixte. (In Ramade F., *Ecologie fondamentale*, Ediscience international, 2e ed., 1994, p. 192)

Gaussen, diagrammes ombrothermiques de (*Gaussen, ombrothermal diagram*). Diagramme consistant à représenter en abscisse les mois de l'année et en ordonnée à droite la température et à gauche les précipitations moyennes mensuelles à raison de l'équivalence d'échelle 1°C = 2 mm de précipitation. ***(Voir aussi Climat)***

Gaviidae, n. sc. (*Divers*). Nom scientifique des plongeons. Famille d'Oiseaux de l'ordre des Gaviiformes qui réunit les diverses espèces de plongeons. Ces oiseaux piscivores, surtout des eaux marines littorales, présentent une aire de nidification essentiellement subarctique.

gaz, n. m. ◆ ~ **carbonique** : voir CO_2. ◆ ~ **d'échappement** (*exhaust gas*) : voir Échappement. ◆ ~ **de fumier** (*manure gaz*) : également appelé biogaz, il est produit par fermentation méthanogène à partir du fumier. ◆ ~ **naturel** (*natural gas*) : combustible fossile constitué de méthane formé simultanément à la genèse des gisements pétroliers auxquels les grands gisements de gaz sont généralement associés. ◆ ~ **rares** (*noble gas*) : corps simples dépourvus de toute réactivité chimique. L'hélium est celui d'entre eux de plus faible masse atomique et le plus lourd d'entre eux est le radon. ◆ ~ **de serre** : voir Serre. ◆ ~ **trace** (*trace gas*) : gaz présents en faible concentration dans l'atmosphère mais qui jouent un rôle écologique important car ils conditionnent les climats et d'autres paramètres caractéristiques au niveau du sol qui présente une grande influence écologique. Parmi les gaz trace majeurs, on peut citer le CO_2, l'ozone, le méthane, le SO_2, divers oxydes d'azote, etc.

gazéification, n. f. (*gasification*). Procédé ayant pour objet de produire du gaz combustible à partir d'une source de matière organique. La gazéification est par exemple utilisée comme alternative à la mise en décharge des boues de stations d'épuration des eaux usées.

gazelle(s), n. f. (*gazella*). Petites espèces de Ruminants appartenant à la sous-famille des *Antilopinae* propres aux savanes et aux déserts des régions tropicales de l'Ancien Monde.

gazeux, adj. ◆ **échanges** ~ (*gaseous exchanges*) : échanges de gaz entre les organismes et l'environnement. Ils concernent en premier lieu la photosynthèse et la respiration. ◆ **effluent** ~ (*gaseous effluent*) : désigne tout rejet gazeux polluant produit par des activités industrielles, de transport, agro-alimentaires ou encore agricoles.

Geiger, compteur (*Geiger counter*). Instrument permettant de mesurer le degré de radioactivité de l'air ou d'un substrat solide en un lieu déterminé.

gelée, n. f. ◆ ~ **blanche** (*frost*) : phénomène météorologique caractérisé par la formation de glace sur les végétaux et les objets exposés à l'air libre, par suite d'un phénomène de perte calorifique de la surface du sol par rayonnement lors de nuits froides par temps calme et lorsque le ciel est découvert. ◆ ~ **royale** (*royal jelly*) : substance produite par les glandes pharyngiennes des ouvrières d'abeilles par laquelle elles contrôlent le sexe du couvain, n'alimentant avec cette gelée que les larves destinées à donner des sexués : reines et faux-bourdons.

gélifluxion, n. f. (*gelifluxion*). Forme de solifluxion provoquée par la fonte de la couverture neigeuse ou de la glace.

gélisol, n. m. (*gelisol*). Sol gelé propre aux toundra arctiques, constitué par une couche superficielle de quelques décimètres, rarement plus du mètre, dégelant pendant la brève période estivale (mollissol) et une couche plus profonde, perpétuellement gelée (pergélissol). ***(Voir aussi Permafrost)***

géliturbation, n. f. (*congeliturbation*) (syn. : cryoturbation). Voir Cryoturbation.

gemmiparité, n. f. (*gemmiparity*). Propriété qu'ont divers *phyla* d'animaux primitifs de bourgeonner des individus identiques à eux-mêmes par un phénomène de multiplication asexuée.

gemmule, n. f. (*gemmule*). Forme de durée et de dispersion produites par gemmiparité, propre à la plupart des éponges.

GEMS (*Global Environmental Monitoring System*). Programme développé par le PNUE pour évaluer la nature et l'importance des principales perturbations provoquées à l'échelle globale par la civilisation technologique moderne.

gène, n. m. (*gene*). Ce terme désigne l'unité de base de l'hérédité. Elle se réfère, au niveau moléculaire, à la partie d'un brin d'ADN qui code une molécule protéique douée ou non de propriétés enzymatiques. ***(Voir aussi Génétique)*** ◆ **flux de** ~ (*gene flux*) : échange de traits génétiques entre populations lié au mouvement d'individus, de gamètes et de spores. ***(Voir aussi Hardy-Weinberg)*** ◆ ~ **homologue** (*homologous gene*) : gène situé sur le même locus de deux chromosomes homologues. ◆ ~ **létal** (*lethal gene*) : gène déficient, en général récessif, dont la présence provoque à un stade ou à un autre du cycle vital la mort de l'individu qui le porte. Certains gènes létaux s'expriment dès le développement embryonnaire, d'autres chez les jeunes voire seulement au stade adulte chez les individus concernés. ◆ **locus d'un** ~ (*gene locus*) : segment d'un chromosome sur lequel est situé un gène.

génécologie, n. f. (*genetic ecology*). Discipline qui a pour objet l'étude des dimensions génétiques des phénomènes d'adaptation écologique et de spéciation.

généraliste, adj. (*generalist*). Espèces n'ayant pas d'exigences écologiques précises donc disposant d'une niche écologique potentielle étendue. On distinguera par exemple des prédateurs « généralistes », capables de prélever divers types de proies qui s'opposent aux carnivores spécialistes qui ne consommeront qu'un nombre d'espèces limité, une seule dans les cas extrêmes.

génération, n. f. (*generation*). Ensemble des individus d'une population qui se reproduisent au cours d'une même période de temps donnant naissance à une descendance et assurant de la sorte la perpétuation de la population considérée.

On dénomme *génération parentale* celle qui est en âge de se reproduire et *génération juvénile* la nouvelle cohorte constituée par les descendants de la précédente.

Les phénomènes de reproduction sexuée (ou de multiplication asexuée) sont à l'origine de la genèse des générations successives et se caractérisent par une transmission par réplication conforme du génotype – sauf mutation, *crossing over* ou recombinaison – caractérisant l'espèce et la population considérées.

Chez de nombreux Invertébrés, les générations adultes et juvéniles ne se chevauchent pas, les individus de la génération parentale périssant après la ponte, de sorte que la pérennité de la population est uniquement assurée par les œufs ou toute autre forme de durée (kystes, gemmules) qui permet de survivre à la saison défavorable. ***(Voir aussi Descendance)*** ◆ **durée d'une ~** (*generation time*) : âge moyen auquel une femelle produit sa descendance. C'est aussi la durée moyenne nécessaire pour qu'une population accroisse ses effectifs d'un facteur égal au taux net de reproduction (TNR). ***(Voir Cycles, Population, Reproduction, TNR)***

génétique, n. f. et adj. (*genetics*). Science dont l'objet est l'étude des gènes et de l'hérédité. ***(Voir aussi Patrimoine)*** ◆ **~ écologique** : voir Génécologie. ◆ **~ évolutive** (*evolutionary genetics*) : domaine de cette discipline dont l'objet est d'expliquer les mécanismes génétiques de l'évolution. ◆ **~ des populations** (*population genetics*) : branche de la génétique qui étudie les lois propres aux variations de caractères héréditaires à l'intérieur des populations c'est-à-dire celles du polymorphisme (généralement dues à des couples ou des séries d'allèles). La génétique des populations au travers de la compréhension des phénomènes de sélection s'intéresse aussi aux mécanismes de spéciation et à ceux de l'évolution des espèces vivantes. ◆ **dérive ~** (*genetic drift*) : changement dans la fréquence des allèles dû à des variations aléatoires de la mortalité et de la fécondité dans une population. ◆ **distance ~** (*genetic distance*) : mesure de la parenté génétique et des relations évolutives basée sur la détection et le comptage des gènes similaires entre populations ou espèces distinctes. ◆ **équilibre ~** (*genetic equilibrium*) : équilibre dans lequel les fréquences de deux allèles d'un locus donné sont maintenues à la même valeur de génération en génération. ◆ **érosion ~** (*genetic erosion*) : élimination des variétés locales de plantes cultivées ou des races traditionnelles d'animaux domestiques au profit de souches modernes, hautement sélectionnées. Ainsi, le développement des cultivars de maïs hybride avait au début des années 1970 virtuellement éliminé les variétés traditionnelles de cette plante en Europe et aux États-Unis – où plus de 80% des surfaces cultivées en maïs étaient plantées en une unique variété de ces hybrides! La disparition dans de telles conditions des cultivars traditionnels fait perdre une part importante d'un patrimoine génétique porteur des gènes de rusticité conférant une résistance aux aléas climatiques ou encore à des maladies, avec pour conséquence une possibilité de désastre agricole si une souche très virulente venait à se répandre, ce qui a d'ailleurs déjà eu lieu avec l'helminthosporiose du maïs ou diverses maladies cryptogamiques du manioc par exemple. ◆ **fardeau ~** (*genetic load*) : nombre moyen de mutations létales

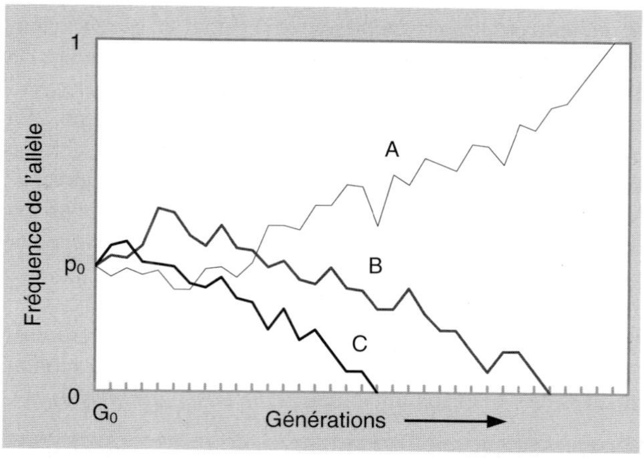

Au cours du temps, le phénomène de dérive **génétique** provoque des variations aléatoires de la fréquence des allèles au sein d'une population, pour chaque locus. La dérive ne s'arrête qu'au moment où soit le gène reste seul, soit il disparaît. Ici sont représentées trois simulations de la dérive d'un allèle dans une population de faible effectif au cours des générations successives à partir d'une fréquence initiale $p_0 = 1/3$. On constate dans cet exemple que l'allèle disparaît dans les deux simulations inférieures (**B** et **C**) et subsiste dans la première (**A**). (D'après Gouyon, in Gouyon, Henry, Arnould, *La théorie néodarwinienne de l'évolution*, Belin, 1997, p. 110)

existant par individu dans une population. Il en résulte une mortalité sélective due aux génotypes porteurs des mutations délétères qui dérivent du génotype présentant la *fitness* optimale. Ce terme présente de nos jours une autre acception, plus générale, qui en fait une mesure du taux de sélection naturelle associé à un certain taux de variabilité génétique dont dépend la sélection naturelle et l'adaptation. ◆ ***feedback* ~** : réponse évolutive d'une population aux adaptations des espèces avec lesquelles elle est en compétition, aux prédateurs, ou aux proies. ◆ **génie ~** (*genetic engineering*) : apparu au début des années 1970, cette branche appliquée de la génétique consiste principalement en la manipulation de l'ADN avec des enzymes de restriction. Celle-ci est suivie de la réassociation des brins afin d'obtenir des ADN hybrides, recombinaison de ce dernier avec un ADN non homologue, dit de ce fait ADN recombinant. Cette technique permet d'éluder toute barrière biologique *a fortiori* celle d'espèce et d'associer de la sorte le patrimoine génétique d'organismes extrêmement éloignés : gènes de poissons introduits dans des plantes, voire de Mammifères, dans des bactéries par exemple. Dénommée transgenèse, cette technique est, entre autres, à l'origine de la production des variétés de plantes cultivées génétiquement modifiées et autres OGM. ***(Voir aussi OGM, Transgenèse)*** ◆ **homéostasie ~** (*genetic homeostasy*) : aptitude d'une population à maintenir sa composition génétique quand elle est exposée à de brutales modifications environnementales. ◆ **polymorphisme ~** (*genetic polymorphism*) : existence à l'intérieur d'une même population de plusieurs génotypes dont l'existence ne peut pas être attribuée aux mutations récurrentes. Ce polymorphisme peut être stabilisé et se maintenir de génération en génération ou être seulement transitoire de sorte qu'une mutation peut se répandre de façon univoque dans une population. ***(Voir aussi Polymorphisme)***

◆ **ressources** ~ (*genetic resources*) : pool de gènes disponibles dans les diverses espèces et populations naturelles ou artificielles d'organismes tant végétaux qu'animaux qui sont disponibles pour l'exploitation par l'homme. La conservation des ressources génétiques apparaît comme l'un des aspects majeurs qui justifient celle de la biodiversité globale compte tenu de son caractère stratégique pour des activités aussi essentielles que l'agriculture ou l'élevage par exemple. **(*Voir aussi Patrimoine*)**

genévrier(s), n. m. (*juniper*). (n. sc. *Juniperus*). Conifères arbustifs et arborés propres aux zones tempérées ou montagneuses de l'hémisphère boréal. **(*Voir aussi Juniperus*)**

Genévrier nain (*Juniperus nana*). Cette espèce buissonnante, au port étalé voire rampant, se rencontre dans l'étage sub-alpin des montagnes d'Europe (Réserve naturelle du Val d'Escreins, Vars, Hautes Alpes). (Cliché F. Ramade)

génie écologique, n. m. (*ecological engineering*). Discipline de l'écologie constituée par les diverses applications de cette science à l'étude de l'impact environnemental des aménagements urbains et industriels et à sa prévention.

Genista lobelii, n. sc. Petite espèce de genêt épineux au port en coussinet propre aux crêtes ventées des montagnes méditerranéennes.

génome, n. m. (*genome*). Totalité du complément génétique d'un individu d'une espèce donnée.

génotoxicité, n. f. (*genotoxicity*). Forme de toxicité propre à certains polluants ou autres substances toxiques qui se traduit par une altération de l'ADN provoquant des mutations géniques et (ou) des altérations de la structure des chromosomes (mutations chromosomiques).

génotype, n. m. (*genotype*). Caractéristiques du patrimoine génétique propres à un individu donné.

génotypique, adj. (*genotypic*). Qui se rapporte au génotype.

genre, n. m. (*genus*). Unité taxonomique qui se situe au niveau intermédiaire entre la famille et l'espèce. Elle réunit l'ensemble des espèces les plus voisines au plan phylétique, morphologique et écologique.

Gentianacées, n. sc. (*gentians*). Famille de l'ordre des Gentianales représentée principalement par des plantes herbacées propres aux pelouses des montagnes tempérées et subtropicales, en particulier par les gentianes (genre *Gentiana*, lequel compte plus de 300 espèces).

Gentianales, n. sc. Ordre de Dicotylédones gamopétales, de la sous-classe des Astéridées, dont les familles principales sont les Gentianacées, les Apocynacées et les Asclépiadacées. **(*Voir aussi Apocynacées, Asclépiadacées*)**

géobiocœnose, n. f. (*geobiocoenosis*). Terme synonyme d'écosystème créé par Vernadsky, l'inventeur du concept de biosphère.

géobionte, n. m. (*geobiont*). Être vivant qui se développe dans le sol.

géobotanique, n. f. (*geobotany*) (syn. : phytogéographie). Voir Phytogéographie.

géochimie, n. f. (*geochemistry*). Science dont l'objet est l'étude de la constitution chimique de l'écosphère, plus particulièrement des couches supérieures de cette dernière ainsi que la nature des stocks de minéraux et de leur circulation.

géochronologie, n. f. (*geochronology*). Discipline dont l'objet est de déterminer l'âge absolu et relatif des temps géologiques. Les méthodes de détermination absolue permettent de dater des roches sous des fossiles par l'usage de certains radio-isotopes et de leurs produits de désintégration. Les méthodes relatives permettent, par recours aux fossiles et par l'étude des sédiments, de replacer une séquence géologique dans son ordre de succession chronologique.

géodynamique, n. f. (*geodynamics*). Branche de la géologie qui étudie les phénomènes propres aux mouvements du globe, plus particulièrement de la lithosphère.

géographique, adj. (*geographic*) ◆ **barrière** ~ (*geographic barrier*) : obstacle physique lié par exemple à la présence d'une mer ou de chaînes de montagnes continues ou de tout autre structure géomorphologique. Une telle barrière empêche le croisement entre populations différentes d'une même espèce et constitue une entrave quasi absolue à l'expansion de l'aire de distribution géographique d'une espèce vivante. ◆ **distribution** ~ (*geographic distribution*) : voir Biogéographie. ◆ **isolement** ~ (*geographic isolation*) : séparation de populations d'une même espèce ou d'espèces voisines par une barrière géographique qui bloque le flux de gène par suite de l'isolement reproductif qui en résulte. **(*Voir aussi Allopatrie, Isolement, Reproductif, Spéciation*)**

géologie, n. f. (*geology*). Terme général désignant l'ensemble des sciences de la Terre, auquel on préfère aujourd'hui ce dernier vocable. La minéralogie, la pétrographie, la

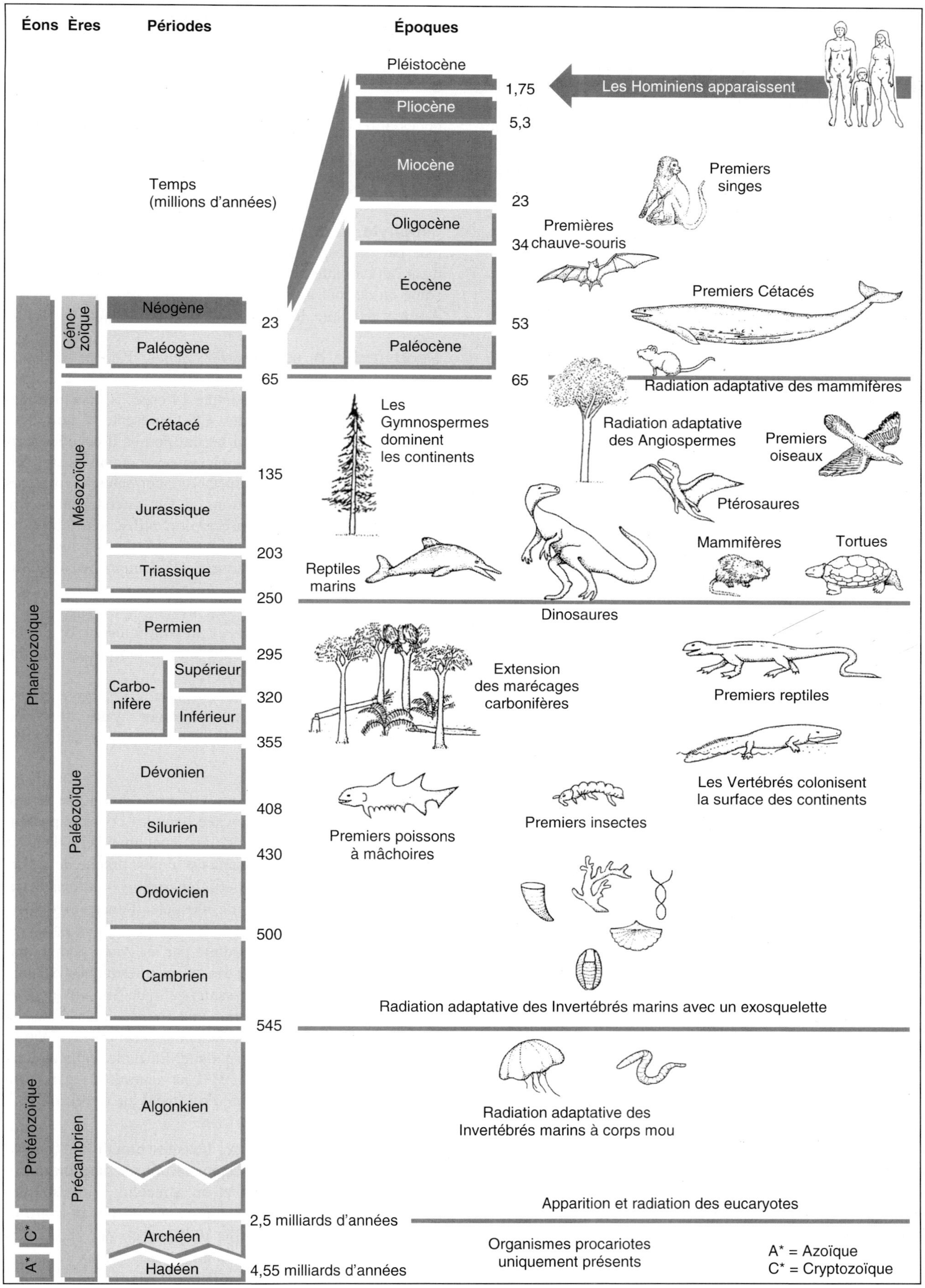

Schéma figurant l'échelle des temps **géologiques**. Les éons sont indiqués dans la colonne de gauche. (A = Azoïque, C = Cryptozoïque). (D'après Stanley, op. cit., 1986, mais modifié d'après données d'Odin, Thierry et Babin in Brahic et al. op. cit., 1999, p. 226)

tectonique, la stratigraphie et la paléontologie en constituent les principaux sous-ensembles.

géologique, adj. (*geological*). Désigne tout ce qui se rapporte aux couches supérieures de l'écosphère. ◆ **échelle des temps ~** (*geological time scale*) : désigne au sens large les diverses périodes qui ont marqué l'histoire de la Terre. Cette dernière s'étage de – 4,7 milliards d'années qui marque le début de la condensation du système planétaire à l'époque présente. La condensation de la Terre est considérée comme s'étant achevée il y a – 4,55 milliards d'années. Cette immense durée est subdivisée en éons, périodes qui se chiffrent en centaines de millions voire en milliards d'années. On distingue 4 éons : l'Azoïque (de – 4,55 à – 4 milliards d'années), le Cryptozoïque (de – 4 milliards d'années, époque où s'est effectuée la condensation de l'océan mondial à – 2,5 milliards d'années), le Protérozoïque (de – 2,5 milliards d'années à – 545 millions d'années) et le Phanérozoïque (de – 545 millions d'années à l'époque présente) (voir figure page précédente).

À ces éons se superposent *pro parte* la subdivision classique en Ères qui elles se rapportent aux données stratigraphiques et paléoécologiques : le *Précambrien* souvent référencé de la condensation de la Terre à – 545 millions d'années ; le *Paléozoïque*, qui correspond dans la terminologie courante à l'ère Primaire (de – 545 à – 250 millions d'années), l'ère *Mésozoïque* ou *Secondaire* (de – 250 à – 65 millions d'années), l'ère *Cenozoïque* qui englobe le Tertiaire (de – 65 à – 1,75 million d'années) et le Quaternaire (de – 1,75 million d'années à nos jours). Les ères sont elles-mêmes subdivisées en périodes (par exemple le Dévonien). Les périodes sont subdivisées en époques (par exemple le Dévonien final) et les époques en étages ou âges (par exemple le Faménien). (***Voir aussi Biosphère, Ères, Primaire, Quaternaire, Secondaire, Tertiaire***) ◆ **ères ~** (*geological eras*) : principales subdivisions de l'histoire planétaire. (***Voir aussi Ères***)

Geometridae, n. m. (*carpet moth, loopers, inch worms*). Importante famille de Lépidoptères Hétérocères comportant plus de 20 000 espèces connues de la science, présente dans l'ensemble des continents depuis l'équateur jusqu'aux toundra arctiques dont certaines espèces peuvent causer des ravages aux cultures ou dans les forêts. Leurs chenilles sont dites arpenteuses par suite de leur façon de se déplacer en ramenant la partie postérieure de leur corps vers le thorax.

géomorphologie, n. f. (*geomorphology*). Branche de la géologie dont l'objet est l'étude des formes du relief terrestre.

géomorphologique, adj. (*geomorphologic*). Désigne ce qui se rapporte à la géomorphologie.

géonémie, n. f. (*geonemy*). Discipline biogéographique dont l'objet est de décrire la répartition actuelle des diverses espèces et communautés d'êtres vivants terrestres et marins. (***Voir aussi Biogéographie***)

géophage, adj. (*geophagous*). Désigne une espèce animale qui se nourrit de sol. Les Oligochètes sont pour la plupart des géophages.

géophagie, n. f. (*geophagy*). Propriété des animaux qui se nourrissent de sol.

géophile. **1.** adj. (*geophilous*). Qui se développe dans le sol. **2.** n. m. (*geophile*) : Chélicérates de l'ordre des Chilopodes, inféodés à la litière des forêts et aux sols humifères, caractérisés par un corps très allongé, filiforme et un grand nombre de segments, chacun étant pourvu d'appendices ambulatoires, de l'ordre de la centaine.

géophyte, n. m. (*geophyte*). Forme de vie végétale constituée par des espèces qui survivent à la saison climatiquement défavorable grâce à l'existence d'un bulbe, d'un rhizome ou de tout autre type d'organe de réserve souterrain. À titre d'exemple, les Liliacées sont toutes des géophytes.

Geopsizidae, n. sc. (*Darwin Finches*). Famille de Passériformes, dénommés Pinsons de Darwin, inféodée à l'Archipel des Galapagos, qui compte 14 espèces systématiquement dérivées des Fringillides. Elle a présenté de nombreuses radiations évolutives qui lui ont permis d'occuper dans ces îles un grand nombre de niches écologiques laissées libres en l'absence d'autres espèces concurrentes. Parmi leurs plus extraordinaires adaptations, il faut citer le pinson-pic (*Geopsiza pallidus*) qui, insectivore, utilise une épine de cactus ou une brindille pour extraire de leurs galeries les larves d'insectes dont il se nourrit. (***Voir aussi Darwin, Radiation***)

géosphère, n. f. (*geosphere*). Région minérale de la planète par opposition à l'écosphère et la biosphère qui sont liées à la vie.

géotaxie, n. f. (*geotaxis*). Déplacement d'un être vivant dans le sens ou à l'opposé du champ gravitationnel terrestre.

géothermie, n. f. (*geothermy*). Énergie thermique fossile constituée par la chaleur stockée dans les couches profondes de la terre et qui est particulièrement abondante dans les zones volcaniques où le magma est le plus proche de la surface. ◆ **exploitation de la ~** (*geothermy use*) : il existe plusieurs procédés permettant de récupérer l'énergie géothermique. Le premier consiste à capter les geysers et autres sources de vapeur d'eau produite par les zones géothermales. Plusieurs centrales électriques géothermiques existent dans le monde. La plus puissante, celle de Sonoma dans le Nord de la Californie, atteint une puissance installée de 1 000 MW (el). En Nouvelle-Zélande, la centrale de Wairakai atteint 440 MW sur un seul site. En Italie, celle de Lardarello approche les 300 MW. Une centrale de puissance analogue a été installée plus récemment en Guadeloupe, à Bouillante, au pied de la soufrière.

Cependant, en règle générale, les sites produisant une vapeur sèche pouvant être directement utilisée dans un turbogénérateur sont assez rares et on a recours à des sources géothermiques à plus basse température. Celles-ci sont mises en valeur par exploitation de l'eau chaude de nappes phréatiques profondes pour chauffer des locaux d'habitation, des bureaux, etc. Ainsi à Paris, la Maison de la Radiotélévision est chauffée par exploitation des eaux profondes de la nappe du Dogger.

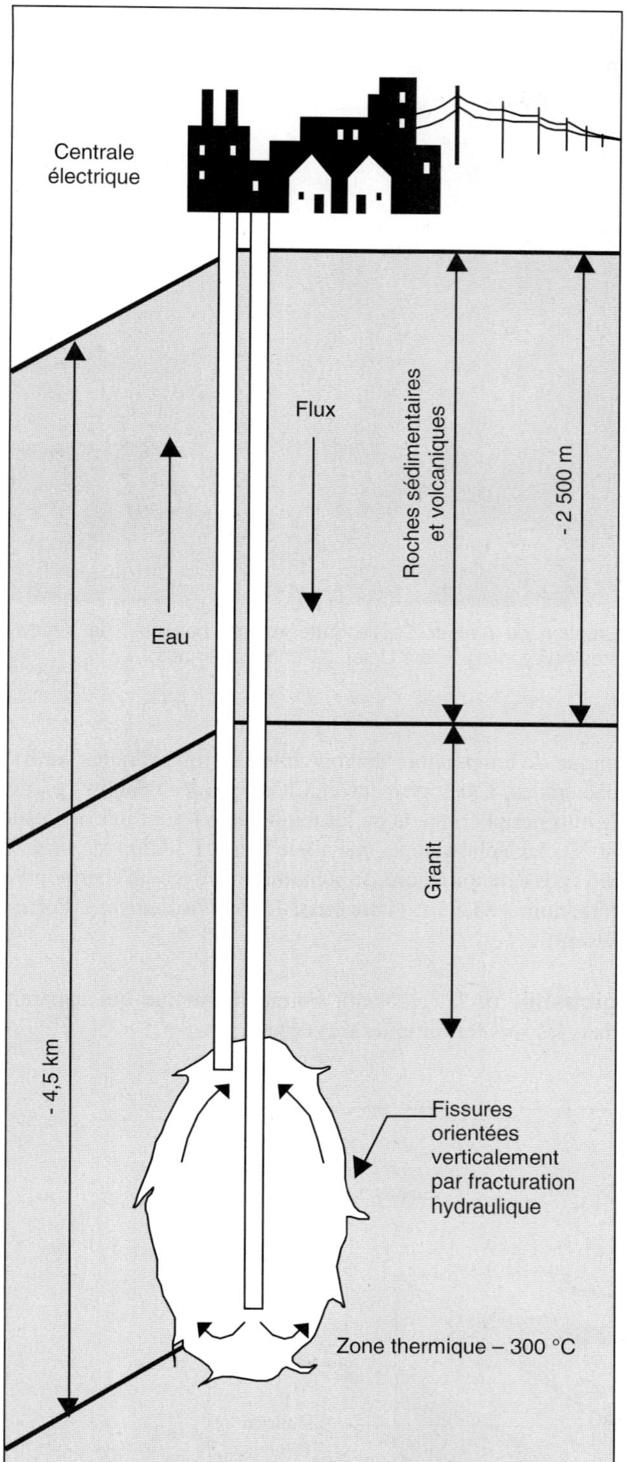

Système proposé pour l'exploitation de la **géothermie** sèche. (In Ramade F., *Écologie des ressources naturelles*, Masson, 1981, p. 70)

Le troisième procédé, qui lui est encore du domaine de la prospective, est dénommé géothermie « sèche ». Il consisterait à fracturer des roches situées dans des zones non hydrothermales où le magma est superficiel, à injecter de l'eau dans celles-ci et à la repomper pour alimenter un réseau de chauffage urbain quand elle est à la température requise. ***(Voir aussi Geyser)***

Utilisation de la **géothermie** pour la production d'électricité. Vue de la centrale de Wairakai, en Nouvelle-Zélande, Ile du Nord. (Cliché F. Ramade)

géothermique, adj. ◆ **énergie ~** (*geothermal energy*) : voir Géothermie. ◆ **gradient ~** (*geothermal gradient*) : désigne l'augmentation de la température en fonction de la profondeur en un lieu donné. Il est compris dans les zones continentales entre 2 et 4 °C par 100 m avec une moyenne de 2,4 °C par 100 m. Le gradient géothermique est maximum là où le magma est le plus proche de la surface ce qui est le cas dans les zones de volcanisme c'est-à-dire à la jonction de plaques. En revanche, il est le plus faible au milieu des plaques continentales.

géotropisme, n. m. (*geotropism*). Particularité propre aux organes végétaux de se développer dans le sens ou à l'opposé de celui de la gravitation terrestre. Ainsi, les racines ont un géotropisme positif tandis que les tiges ont un géotropisme négatif.

Géraniacées, n. sc. (*cranesbill, geranium*). Famille de Géraniales, de distribution cosmopolite, qui compte plus de 1 000 espèces de plantes herbacées, propres aux régions tempérées et aux montagnes tropicales, dont beaucoup produisent des huiles essentielles. Les *Pelargonium*, à tort dénommés géranium, originaires d'Afrique australe, font l'objet d'importantes cultures dont certaines pour la production d'huiles destinées à la parfumerie.

Géraniales, n. sc. Ordre de Dicotylédones dialypétales, disciflores, appartenant à la sous-classe des Rosidées. Les principales familles sont celles des Oxalidacées et des Géraniacées.

germe, n. m. (*germ*). Terme de microbiologie désignant les formes sporulées ou actives de bactéries ou tout autre micro-organisme pathogène. ***(Voir aussi Actinomycètes, Bactérie, Virus)***

germination, n. f. (*germination*). Phénomène par lequel les graines entrent en vie végétative.

Gerridae, n. m. (*pondskaters*). Famille d'Hétéroptères Cryptocérates faisant partie du neuston des eaux douces continentales. Ces espèces pourvues de longues pattes munies de soies « marchent » à la surface des eaux grâce à un phénomène de tensio-activité qui leur permet de flotter.

gestion, n. f. (*management*) ◆ ~ **l'eau** (*water management*) : ensemble des actions politiques, socio-économiques, administratives et techniques dont l'objet est d'optimaliser l'utilisation des ressources en eau. La gestion implique la maîtrise des deux grands domaines propres à cette ressource naturelle. Le premier, quantitatif, concerne la disponibilité de la ressource c'est-à-dire la maîtrise des flux. Ceci implique le contrôle de l'utilisation des sols dans le bassin versant, compte tenu de son rôle dans l'approvisionnement des nappes phréatiques, dans la régularisation du débit des rivières, et dans la prévention des inondations. La seconde, qualitative, concerne l'utilisation faite de l'eau et donc la maîtrise de sa pollution. En France, les Agences de l'eau constituent les gestionnaires privilégiés de cette ressource naturelle majeure. **(*Voir Agences de l'eau, Déboisement, Inondation, Pollution*)** ◆ ~ **des ressources naturelles** : voir Ressources.

geyser, n. m. (*geyser*). Phénomène géophysique lié au thermalisme et de façon plus générale au volcanisme. Il résulte de l'accumulation d'eau dans un réservoir souterrain qui est portée à son point d'ébullition par la chaleur géothermique, provoquant son irruption en surface. Quand un débit constant de l'écoulement phréatique existe dans le réservoir, les éruptions présentent un caractère cyclique. Un des exemples les plus célèbres est le geyser *Old Faithfull* dans le parc national du Yellowstone, dans le Wyoming, aux États-Unis, qui fait éruption toutes les 65 minutes. Les eaux des vasques naturelles situées autour de la bouche d'éruption des geysers renferment de nombreux micro-organismes thermophiles chacun adapté à un gradient thermique de température décroissante : ferrobactériales, sulfobactériales, Cyanophycées et Chlorophycées dans la partie la plus périphérique là où les températures sont inférieures à 70°C. Au Yellowstone, une algue bleue, *Oscillatoria filiformis*, possède un record de sténothermie avec un thermopréférendum à 83,5 °C. **(*Voir aussi Hydrothermalisme, Volcanisme*)**

Éruption du **geyser** Castle dans le parc national de Yellowstone (Wyoming, États-Unis). (Cliché F. Ramade)

gibbsite, n. f. (*gibbsite*). Forme d'alumine qui apparaît dans les sols ferralitiques très érodés.

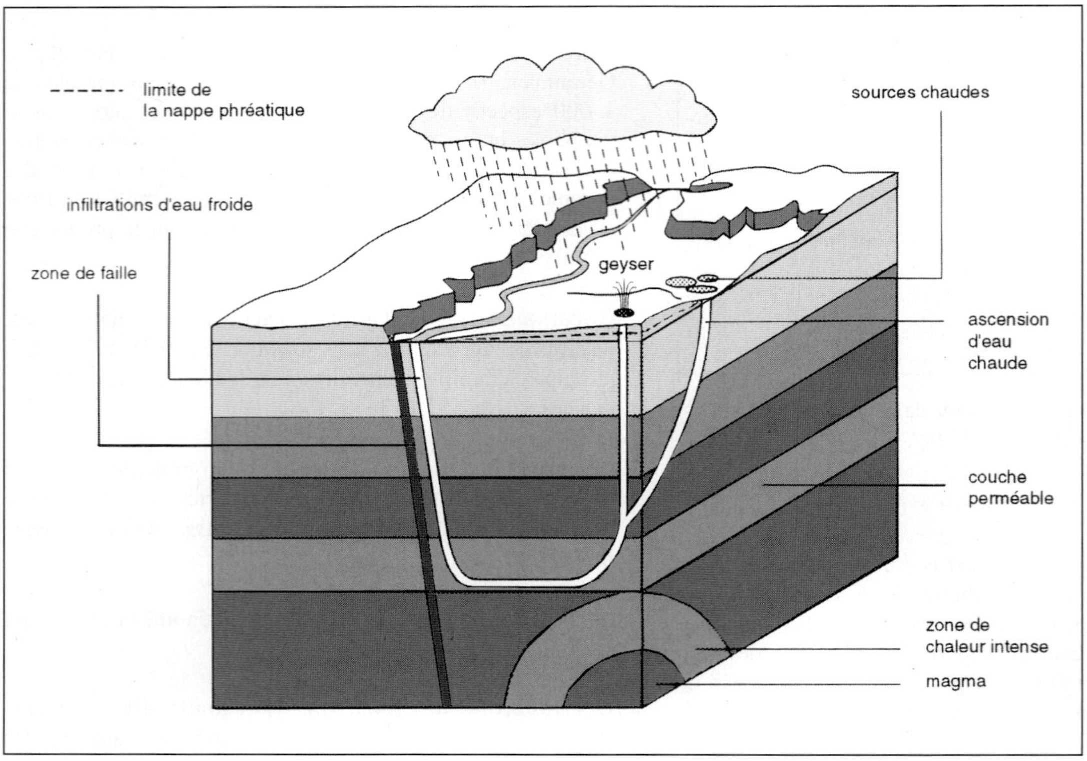

Schéma montrant les processus hydrogéologiques qui conduisent à la formation d'un **geyser**. (D'après Press et Siever, *Earth*, Freeman, 1978, p. 374)

gibier, n. m. (*game*). Terme par lequel on désigne les espèces de Mammifères ou d'Oiseaux chassées.

Gingkoales, n. f. (*Gingkoale*). Ordre de plantes arborées constituant d'authentiques fossiles vivants, voisins des Conifères, représentés de nos jours par une seule espèce : *Gingko biloba* (l'« arbre aux Mille-Écus ») introduit de Chine dans la plupart des pays tempérés du monde.

Le *Gingko biloba* (« arbre aux mille-écus ») est un véritable fossile vivant, seul représentant actuel de l'ordre des **Gingkoales** (jardin botanique de l'université de Padoue). (Cliché F. Ramade)

girafe(s), n. f. (*giraffe*) (n. sc. *Giraffa camelopardis*) Espèces de grands Mammifères herbivores des savanes africaines qui se nourrissent surtout de pousses d'Acacia que la grande taille de leur cou leur permet de brouter.

Il existe actuellement plusieurs sous-espèces de girafes. Il s'agit de la girafe commune (n. sc. : *Giraffa c. camelopardis*) qui se rencontrait autrefois dans toutes les savanes africaines depuis le Sahel jusqu'en Afrique australe et de la girafe réticulée (n. sc. *G. c. reticulata*), dont l'aire de répartition géographique beaucoup plus réduite, se limite au centre et au Nord du Kenya. Une autre espèce, la girafe aux cornes rouges, a disparu de l'Est africain au Paléocène sans doute par suite d'une chasse excessive. **(*Voir aussi Extinction*)**

Giraffidae, n. sc. Famille de Mammifères ongulés, de l'ordre des Artiodactyles. Ce sont des ruminants au long cou adaptés à brouter le feuillage de branches éloignées du sol. Cette famille ne comporte que deux genres actuels : les girafes (*Giraffa sp.*) et l'okapi (*Okapia johnstoni*), inféodé aux forêts pluvieuses tropicales du nord du Congo. **(*Voir aussi Girafe*)**

gisement, n. m. (*deposit*). Formation géologique qui renferme de fortes concentrations de minéraux rares ou de minerais de métaux.

gîte, n. m. ◆ ~ **aquifère** (*aquifer deposit*) : site géologique constitué par des couches imperméables séparant des roches poreuses dans lesquelles sont emmagasinés des volumes d'eaux souterraines d'importance variable selon la nature et l'étendue des structures géologiques. **(*Voir aussi Aquifère, Nappes phréatiques*)** ◆ ~ **métallifère** (*ore deposit*) : site géologique constitué par des roches présentant des concentrations anormalement élevées de certains métaux ou encore des dépôts sédimentaires ou hydrothermaux de ces derniers.

givre, n. m. (*frost, heavy frost*). Phénomène de condensation survenant par temps de gel lorsque l'air est sursaturé en vapeur d'eau. Ce phénomène est particulièrement marqué au voisinage des cours d'eau et des zones humides mais se manifeste également partout ailleurs par froid intense. **(*Voir aussi Gelée*)**

Arbres couverts de **givre** (réserve naturelle des Étangs de Saclay, Essonne). (Cliché F. Ramade)

glabre, adj. (*glabrous*). Organisme dont les téguments sont lisses, dépourvus de poils.

glace(s), n. f. (*ice pack*). Étendues d'eau solide présentes à la surface de certaines régions océaniques et continentales. ◆ ~ **antarctiques** (*antarctic ices*) : elles constituent la plus vaste zone glaciaire de l'écosphère actuelle. L'inlandsis antarctique mesure en moyenne 2 100 m d'épaisseur mais excède par endroits trois kilomètres. ◆ **carottes de ~** (*ice cores*) : technique permettant de prélever en profondeur les glaces d'un glacier ou des inlandsis arctiques et antarctiques. Elle a permis de faire des progrès remarquables dans la connaissance des paléoclimats pour les derniers 200 000 ans grâce aux méthodes isotopiques de détermination des températures par le rapport $^{18}O/^{16}O$. ◆ **dôme de** ~ (*ice dome*) : gigantesque masse de glace convexe qui se rencontre dans les inlandsis polaires et dont l'épaisseur peut dépasser 3 000 m. ◆ **pollution des** ~ (*ice pollution*) : la pollution atmosphérique croissante propre à l'époque actuelle se traduit par une contamination des glaces polaires par divers polluants minéraux et organiques.

Ainsi, il a pu être montré, dès la fin des années 1960, que les glaces du Groenland déposées récemment présentaient des concentrations de plomb plusieurs milliers de fois supérieures à celles qui étaient les leurs avant le début de l'usage du plomb tétraéthyle comme additif des essences. Fait intéressant, cette concentration a nettement diminué depuis l'interdiction d'usage de ces additifs qui a commencé à être mise en vigueur aux États-Unis dès le milieu des années 1970 puis dans l'ensemble des pays de l'OCDE. (***Voir aussi Plomb***)

glaciaire(s), adj. ◆ **calottes** ~ (*ice caps*) : structures géomorphologiques résultant de l'accumulation de volumes de glaces variables mais toujours considérables au niveau des plus hautes latitudes arctiques et antarctiques.

De nos jours, la calotte glaciaire boréale couvre l'ensemble des zones arctiques au-delà de 80° de latitude Nord, celle de l'Antarctique recouvre l'ensemble de ce continent au-delà de 65° de latitude Sud.

À l'apogée des glaciations quaternaires, au Würm par exemple, l'indlandsis boréal descendait jusqu'au 40° Nord, dans l'Est du continent américain et atteignait une épaisseur excédant 5 km contre un maximum d'environ 3 km pour la calotte antarctique, la plus épaisse du globe à l'heure actuelle. ◆ **diversion** ~ (*glacial diversion*) : déplacement d'un cours d'eau par suite de l'avancée d'un glacier. ◆ **époques** ~ (*ice ages*) : époques qui se manifestent de façon récurrente dans l'histoire de la Terre. Elles se caractérisent par la formation de gigantesques calottes glaciaires dans les zones polaires des deux hémisphères par suite d'une diminution sensible du flux solaire plus particulièrement marquée aux hautes latitudes de l'hémisphère boréal et qui se traduit par un refroidissement généralisé de la surface terrestre. On considère qu'une chute d'environ 4 °C de la température moyenne terrestre est nécessaire pour qu'apparaisse une nouvelle période glaciaire. (***Voir aussi Milankovitch***) ◆ **limite** ~ (*glacial limit*) : avancée maximale des glaciers que l'on peut déterminer par l'emplacement des anciens dépôts morainiques et des lacs périglaciaires. ◆ **période** ~ (*glacial period*) : terme général utilisé pour désigner soit un stade glaciaire (le Würm par exemple), soit une période indéterminée de glaciation. ◆ **vallée** ~ (*glacial trough*) : vallée relativement rectiligne et en forme de U résultant de l'érosion glaciaire. Le profil de ces dernières est approximativement parabolique tandis que le profil longitudinal est irrégulier avec des étendues de roches polies par l'action de la glace alternant avec des zones profondément creusées par l'érosion.

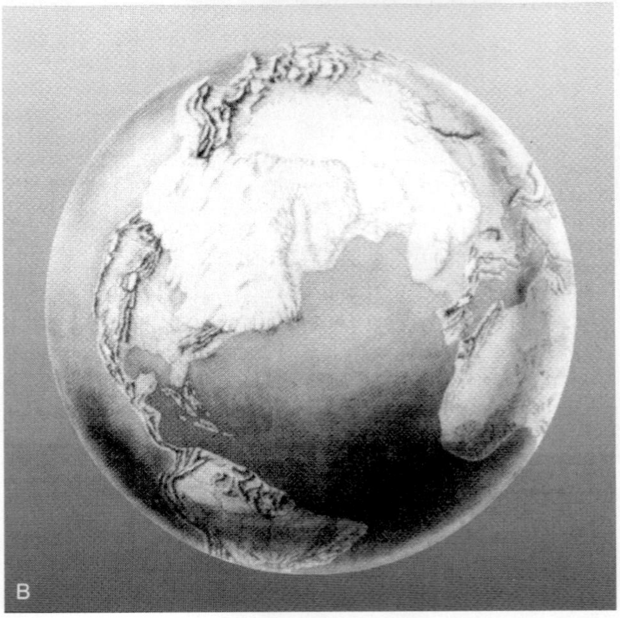

Comparaison de l'étendue sur la surface terrestre des calottes **glaciaires** de l'hémisphère boréal au cours de la période interglaciaire à la période actuelle (**A**) et au cours d'une phase de glaciation, ici représentée à l'apogée du Würm, il y a 18 000 ans (**B**). (D'après Imbrie et Palmer-Imbrie, op. cit., 1979, p. 13)

glaciation(s), n. f. (*ice age*). Terme synonyme de période glaciaire. Les plus anciennes glaciations se sont produites il y a environ 2,5 milliards d'années. D'autres glaciations importantes ont eu lieu au début et à la fin de l'Ère Primaire. Celle du Permo-Trias a provoqué l'extinction d'au moins 80% des espèces vivantes qui peuplaient la biosphère à cette époque. Pendant le Quaternaire qui constitue le dernier épisode, les géologues ont identifié à l'aide de méthodes stratigraphiques quatre périodes majeures de glaciation au cours du dernier million d'années : le Gunz, le Mindle, le Riss et le Würm. Toutefois, la méthode des thermomètres isotopiques a mis en évidence une quinzaine d'épisodes froid alternant avec des réchauffements pendant le Pléistocène. ◆ ~ **würmienne** (*würmian ice age*) : elle représente

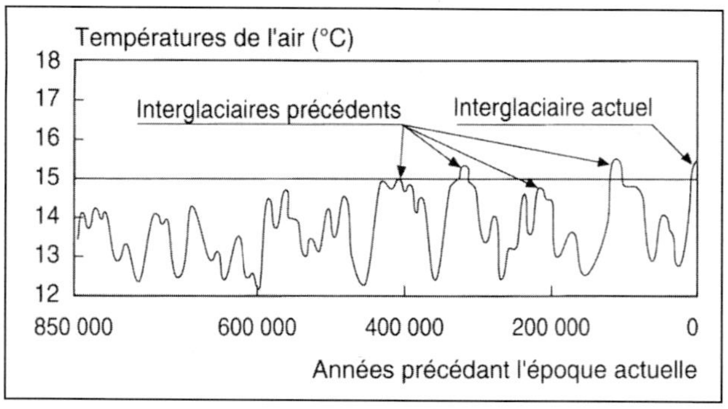

Variation de la température de la surface terrestre déterminée par la méthode du profil isotopique de l'oxygène ($\Delta^{18}O$) dans les foraminifères contenus dans des sédiments marins mettant en évidence l'occurrence d'une quinzaine d'épisodes glaciaires au cours de la phase de **glaciation** du Pléistocène. (In Lorius et Duplessy, *La Recherche*, vol. 83, 1977, mais modifié).

la dernière glaciation du quaternaire. Elle a commencé il y a environ 70 000 ans et s'est achevée voici 12 000 ans. Le Würm a atteint son apogée il y a environ 18 000 ans. À cette époque, la calotte glaciaire boréale laurasienne dépassait 5 km d'épaisseur.

glacier(s), n. m. (*glacier*). Entités géologiques résultant de l'accumulation de glaces dans une vallée. Les glaciers sont des structures dynamiques, puissants agents d'érosion. Les matériaux rocheux enlevés, dénommés moraines, sont de dimensions variables. Leur état de décomposition minéralogique peut aller jusqu'au stade des argiles. Ils se déposent sur les côtés et sur le front de marche du glacier.
L'avance et le recul des glaciers sont évidemment de bons indicateurs climatiques. L'étude des glaciers alpins atteste du réchauffement climatique important qu'a connu la Terre depuis le milieu du dernier siècle.
Ainsi, alors qu'en 1840 la mer de glace arrivait à quelques centaines de mètres de Chamonix, il faut maintenant marcher environ 5 km avant d'atteindre le front de ce glacier. Le glacier du Rhône en Suisse a connu un recul encore plus important de même que les glaciers de l'île du sud de Nouvelle-Zélande qui atteignaient autrefois la mer mais ont maintenant nettement reculé vers le haut de leur vallée.

Vue de la partie inférieure de la mer de Glace. On constate que ce **glacier** a connu une importante régression au cours du dernier siècle. Les rives du glacier sont actuellement près de 100 m au-dessous du niveau atteint au milieu du XIXe siècle, les anciennes moraines latérales, très apparentes sur ce cliché, attestant de ce recul. (Cliché F. Ramade)

Quant aux glaciers des hautes montagnes d'Afrique, ils ont connu un recul spectaculaire. Trois des douze glaciers du Kilimandjaro ont disparu et la limite inférieure des autres a remonté de 300 m d'altitude au cours du dernier demi-siècle!

◆ **parc national de ~** (*Glacier National Park*) : ce parc situé dans le Montana aux États-Unis est limitrophe du parc national de Waterton Lakes, au Canada, dont l'ensemble constitue actuellement un parc international.

glacière, n. f. (*ice cave*). Cavité karstique se remplissant de neige pendant l'hiver. La glace qui s'accumulait ainsi dans ces cavités était autrefois exploitée pour en alimenter les villes pendant l'été.

glacio-eustasie, n. f. (*glacioeustatism*). (syn. : glacio-eustatisme). Phénomène conduisant à une hausse ou à une baisse du niveau de la mer en fonction de la fonte des glaciers ou au contraire de leur croissance selon l'alternance des périodes glaciaires.

glacio-isostasie, n. f. (*glacioisostasy*) (syn. : glacio-isostatisme). Phénomène localisé d'enfoncement ou d'élévation de la croûte terrestre lié à l'accumulation ou au contraire à la fonte des inlandsis. Il est par exemple très décelable dans les montagnes scandinaves par suite de l'inertie résiduelle liée à la fusion de l'énorme calotte glaciaire fennoscandienne qui recouvrait cette région au cours du Würm.

glaciolacustre, adj. (*glaciolacustrine*). Désigne les caractères géomorphologiques propres aux lacs périglaciaires. On parlera par exemple de sédiments glaciolacustres.

glaciologie, n. f. (*glaciology*). Branche des sciences de la Terre ayant pour objet l'étude des glaces et des glaciers.

gley, n. m. (*gley*). Type de sol hydromorphe, c'est-à-dire caractérisé par un ennoyage permanent dû à la présence d'une nappe phréatique qui affleure. On observe aussi des gleys sur des sols mal drainés car installés sur une couche de terrain imperméable proche de la surface. Les gleys sont des sols anoxiques car l'oxygène, dont la concentration est très faible dans l'eau, est rapidement consommé par la matière organique morte.

L'absence de lessivage résultant de l'ennoyage empêche la différenciation en horizon A et B. L'alternance de niveau de la nappe peut s'accompagner d'une oxydation des dérivés réduits du fer présents dans la partie supérieure d'un gley lui conférant un aspect marbré caractéristique.

L'humification ne pouvant s'effectuer dans des conditions normales, la matière organique s'y transforme en tourbe ou en anmoor.

Les gleys constituent les sols d'écosystèmes de toundra ainsi que de ceux des mangroves.

Les pseudogleys résultent de l'accumulation d'argile dense due au lessivage de couches supérieures dans la partie profonde d'un sol avec pour conséquence l'ennoyage des cou-

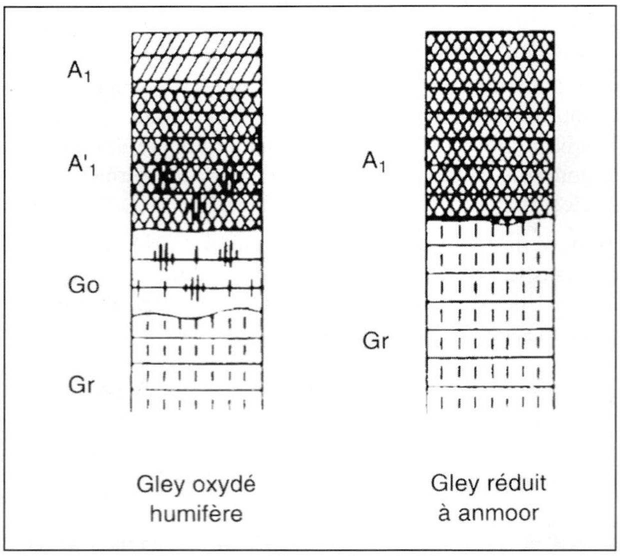

Schéma de la structure pédologique d'un **gley**. (D'après Duchaufour P., *Abrégé de pédologie*, Masson, 1991, p. 224)

ches inférieures. Il en résulte un aspect « marbré » de ces dernières qui deviennent comparables à la partie supérieure d'un gley.

gleyification, n. f. (*gleying*). Processus pédologique propre aux sols gorgés d'eau stagnante dans lesquels le lessivage des sels et autres composés du fer et du manganèse les entraîne des couches supérieures anoxiques du sol vers les couches plus profondes. Ils peuvent alors être précipités s'il apparaît des conditions oxydantes donnant un aspect rubané au profil du sol, les couches superficielles présentant des bandes grises et sombres tandis que les plus profondes prennent un aspect marbré.

glissement, n. m. ◆ ~ **de faille** (*fault slipage*) : déplacement relatif d'un miroir de faille et de l'autre face de cette dernière. ◆ ~ **de niche** (*niche displacement*) : voir Niche. ◆ ~ **de terrain** (*landslide*) : déplacement de matériaux meubles provenant de la décomposition des roches et accumulés sur une pente provoquée en règle générale par l'accumulation excessive d'eau au cours d'une période de fortes précipitations.

Global change. Programme de recherche international lancé par l'ICSU au milieu des années 1980 et qui a pour objet d'étudier les principales perturbations provoquées par l'homme à l'échelle planétaire. Au cours des dernières années, les principales activités de ce programme ont concerné l'étude des changements climatiques dus à l'augmentation de l'effet de serre et aux effets de certains composés organohalogénés sur l'ozone stratosphérique.

Global 2000 Report. Rapport effectué pour la Maison Blanche à la demande du président J. Carter à la fin des années 1970 dont l'objet était d'évaluer la nature et les conséquences des principaux problèmes d'environnement existant à une échelle globale à la fin de ce siècle, en particulier ceux résultant des principales pollutions et du gaspillage des ressources naturelles.

Ce rapport avait pour but de déterminer les stratégies géopolitiques des États-Unis qu'impliqueraient, au début du XXIe siècle, la réponse à ces problèmes au niveau planétaire. Les modifications défavorables de l'environnement global qu'il prévoyait et sur lesquelles était fondé ce plan d'action ont été dans l'ensemble largement confirmées au cours des deux dernières décennies, la réalité ayant parfois dépassé les hypothèses les plus pessimistes de ce rapport.

Global Environmental Monitoring System. Voir GEMS.

Global Resource Information Data Base. Voir GRID.

Global Warming. Programme de recherche ayant pour objet de déterminer la nature et les conséquences du réchauffement climatique dû à la pollution atmosphérique par les gaz de serre. (***Voir aussi Effet, Réchauffement, Serre***)

globigérine(s), n. f. Voir Rhizopodes.

glossine(s), n. f. Voir Tse Tse, Trypanosomiase.

glouton, n. m. (*wolverine*) (n. sc. *Gulo gulo*). Espèce de Fissipède propre aux forêts boréales de Conifères de la région paléarctique.

Glycine maxima, n. sc. Voir Soja.

glycophyte, n. f. (*glycophyte*). Plante ne pouvant croître que dans les sols pauvres en ClNa, par définition moins de 3 p. 1 000. S'oppose aux halophytes, plantes adaptées à des sols salés. (***Voir aussi Halophyte***)

glyphosate, n. m. (*glyphosate*). Acide (phosphosométhyl amino) 2 acétique. Herbicide agissant par contact foliaire, de très faible toxicité pour les animaux à sang chaud. Il est rapidement dégradé dans le sol. De ce fait il est de plus en plus utilisé comme substitut pour éliminer la végétation indésirable dans des milieux fragiles compte tenu de son très faible potentiel de pollution.

La création d'OGMs renfermant le gène de résistance à cet herbicide a donné lieu à une vive polémique. (***Voir aussi Herbicide, OGM***)

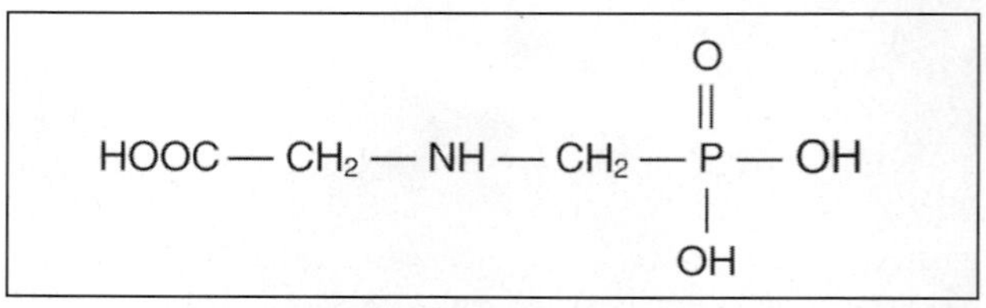

Formule du **glyphosate.**

Gnétales, n. f. (*Gnetales*). Ordre de Gymnospermes présentant des affinités avec les Angiospermes, par exemple par la possession de vaisseaux du bois. On n'en connaît que trois genres actuels. Ce sont les *Ephedra*, des régions tempérées chaudes, pourvus de feuilles en forme d'écaille, les *Gnetum*, arbustes sempervirents tropicaux et les fameux

Welwitschia mirabilis de déserts d'Afrique australe pourvus uniquement de deux feuilles à croissance continue tout au long de leur vie. **(*Voir aussi Welwitschia*)**

gnou, n. m. (*wildebeest*) (n. sc. *Connochaetes taurinus*). Antilope d'assez grande taille qui vit en très grands troupeaux dans les steppes et les savanes de l'Afrique de l'Est. Chaque année plus d'un million de gnous effectuent une importante migration entre la réserve de Masaï Mara au Kenya et le parc national de Serengeti en Tanzanie. **(*Voir aussi Migration*)**

gobe-mouches, n. m. (*flycatchers*). Oiseaux de l'Ancien Monde de la famille des *Muscicapidae*. Les gobe-mouches américains, malgré leur convergence écomorphologique avec les précédents, appartiennent à une famille taxonomiquement très différente, spéciale au Nouveau-Monde, celle des *Tyrannidae*.

Gobiidae, n. sc. (*gobby*). Famille de poissons marins Perciformes renfermant plus de 1 000 espèces benthiques dont la plupart sont inféodées aux eaux littorales.

goéland(s), n. m. (*gull*). Espèces de Lariformes de régime opportuniste à la fois saprophages et prédateurs, nichant en grandes colonies sur les falaises littorales. Le goéland cendré (n. sc. *Larus argentatus*) est une espèce commune en Europe occidentale qui a connu une importante prolifération de ses populations car, anthropophile, elle se nourrit sur les dépôts d'ordures et d'autres reliefs des activités humaines. À l'opposé le goéland d'Audouin, de Méditerranée, est une espèce considérée comme vulnérable ou menacée.

Goéland argenté (*Larus argentatus*) dans la réserve naturelle de Storrs, Ile de Skye (Écosse). (Cliché F. Ramade)

goethite, n. f. (*goethite*). Oxyhydrate de fer (FeOOH) se formant dans des sédiments bien oxygénés et très pauvres en matières organiques propres par exemple aux lacs oligotrophes.

golfe, n. m. (*gulf*). Entité géomorphologique constituée par une indentation profonde de la mer dans un continent. ◆ ~ **du Mexique** (*gulf of Mexico*) : mer fermée qui borde tout le Sud-Est des États-Unis et la côte Est du Mexique. Elle a été exposée à plusieurs pollutions importantes dues soit à des fuites de puits *off shore*, soit à des marées noires dues à des accidents de tankers ou de navires transportant des produits chimiques dangereux. ◆ ~ **persique** (*The Persian Gulf*) : mer fermée et peu profonde, de grande importance écologique car elle abrite des effectifs encore importants d'espèces vulnérables comme le lamantin et la tortue verte. En outre, le Golfe persique joue un rôle important comme site d'hivernage de nombreuses espèces d'oiseaux d'eau et de rivage de l'ensemble de l'Eurasie.

Par suite de l'état de guerre permanent que connaît cette région depuis le début des années 1980, le Golfe persique a subi d'importants dommages écologiques.

En particulier, doivent être cités l'incendie des puits de pétrole du Koweït (qui a duré près d'un an et contaminé par ses retombées les zones arides riveraines), surtout les marées noires dues à la destruction des puits iraniens *off shore* de Nowruz provoquée par l'Irak en 1983 et qui libéra plus d'un million de tonnes de pétrole dans les eaux du Golfe.

Ultérieurement, la marée noire provoquée par Saddam Hussein au Koweït en février 1991 libéra aussi plusieurs centaines de milliers de tonnes de brut avec des dommages extensifs dans l'avifaune hivernante et sur les sites de reproduction des tortues. En outre, l'incendie des puits du Koweït a provoqué pendant plusieurs mois une considérable pollution atmosphérique sur l'ensemble du Proche-Orient avec une baisse significative des températures, jusqu'à 20 °C dans les maxima relevés, consécutive à la forte opacité induite par les immenses quantités de particules carbonées rejetées dans la troposphère par ces incendies.

gonade, n. f. (*gonad*). Terme désignant les organes reproducteurs des animaux.

Gondwana. Nom d'un continent disparu qui réunissait à la fin de l'ère primaire l'Afrique, le sous-continent indien, l'Australie, l'Amérique du Sud et l'Antarctique.

gonflement, n. m. ◆ ~ **des argiles** (*clay swelling*) : capacité qu'ont les argiles, en particulier les smectites, qui composent les constituants minéraux du complexe argilo-humique, d'absorber des volumes considérables d'eau – jusqu'à dix fois leur volume dans le cas des smectites.

gonochorique, adj. (*gonochoristic*). Désigne une espèce dont les sexes sont séparés, certains individus étant mâles d'autres femelles. **(*Voir aussi Hermaphrodisme*)**

gonochorisme, n. m. (*gonochorism*). Type de reproduction sexuée le plus fréquent qui implique l'existence d'individus de sexe séparé, mâles ou femelles, par opposition à l'hermaphrodisme où tous les individus d'une même population possèdent les gonades des deux sexes. **(*Voir aussi Hermaphrodisme*)**

Gonyaulax, n. sc. Dinophycées du groupe des Péridiniens qui peuvent pulluler sur les côtes d'Europe atlantique et donner le phénomène des eaux décolorées. Les *Gonyaulax* peuvent également rendre toxiques les moules ou les huîtres car ils sécrètent une toxine très dangereuse, la saxitoxine.

gorge, n. f. (*gorge*). Terme de géomorphologie désignant une vallée encaissée souvent créée par l'érosion hydrique.

gorgone(s), n. f. (*sea fans*). Animaux marins du phylum des Cnidaires. Il s'agit d'un ordre d'Octocoralliaires coloniaux dont le tégument est constitué par une matière organique cornée. Les gorgones sont particulièrement abondantes dans les mers chaudes en particulier dans certains récifs coralliens comme ceux de la mer des Caraïbes. Elles se rencontrent aussi en Méditerranée dans la partie profonde de l'étage médio-littoral et dans le circalittoral.

gorille, n. m. (*gorilla*). (n. sc. *Gorilla gorilla*). Le plus grand *Hominidae*. Certains mâles peuvent atteindre 200 kg. Il existe deux sous-espèces de gorilles : la forme typique propre aux forêts de plaines de l'Afrique équatoriale et le gorille de montagne (*G. g. Berenguei*), qui vit dans les forêts d'altitude d'Afrique centrale : est du Congo, Rwanda, et dans celles du Parc National du Ruwenzori en Ouganda. Cette sous-espèce est actuellement en danger d'extinction, victime d'un braconnage continu, amplifié par les troubles dramatiques qui affectent la région des grands lacs depuis maintenant plus d'une décennie, et de la destruction progressive des laurisylves qui constituent l'habitat auquel elle est inféodée.

Gorleben. Site de l'ex-RFA ayant donné lieu à des protestations violentes en 1979 par des groupes de « Verts » allemands à la suite d'une décision des autorités fédérales d'y implanter un site de stockage de déchets nucléaires provenant du retraitement de combustibles irradiés.

Gossypium herbaceum. Nom scientifique du cotonnier. Voir Cotonnier.

gossypol, n. m. (*gossypol*). Substance toxique du groupe des polyphénols, contenue dans les graines de cotonnier qui, par suite de sa toxicité, empêche de les utiliser dans l'alimentation humaine. Cependant, les graines de cotonnier sont riches en protéines et en lipides et offrent donc d'importantes potentialités nutritionnelles, étant donné les énormes tonnages produits dans le monde. Quelques variétés sans gossypol ont été sélectionnées au cours des dernières décennies, permettant en particulier d'en extraire une huile comestible. (***Voir aussi Cotonnier***)

gouttelettes, n. f. (*droplets*). Sphérules d'eau liquides qui sont à l'origine de la formation des brouillards quand elles deviennent insédimentables (aérosols). (***Voir aussi Smog***)

graben, n. m. Terme de géomorphologie synonyme de rift. Voir Rift.

gradation, n. f. (*gradation*). Voir Épidémique.

gradient, n. m. (*gradient*). Désigne une variation continue d'un facteur écologique limitant dans l'espace ou le temps. Un gradient thermique correspondra par exemple à une variation continue de température le long d'un transect géographique. Les gradients climatiques dus par exemple à des variations thermiques et (ou) pluviométriques se traduisent par des changements dans la composition spécifique des communautés. Ainsi s'observe en Amérique du Nord une fluctuation de richesse spécifique en végétaux ligneux lorsque l'on passe des déserts aux steppes puis aux boisements ouverts, enfin aux forêts de conifères. On dénomme clines de telles variations biocœnotiques induites par un gradient climatique ou édaphique. (***Voir aussi Cœnocline, Écocline***)

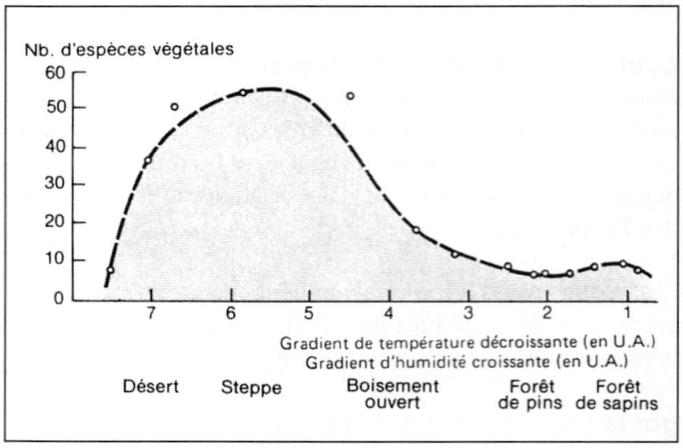

Influence d'un **gradient** de température et d'hygrométrie sur la richesse spécifique des communautés végétales propres aux biotopes de l'Ouest américain. (D'après Whittaker, in Ramade F., *Écologie fondamentale*, Ediscience international, 2e ed., 1994, p. 253)

◆ ~ **barométrique** (*barometric gradient*) : variation de pression atmosphérique s'observant dans une zone donnée en rapport avec une situation cyclonique ou anticyclonique. ◆ ~ **de diversité** : variation de la biodiversité, selon un transect latitudinal ou altitudinal par exemple. ◆ ~ **géothermique** (*geothermal gradient*) : désigne la variation de température du sous-sol, mesurée en fonction de la profondeur. (***Voir aussi Géothermique***) ◆ ~ **de niche** : voir Niche.

gradin(s), n. m. ◆ ~ **à blocs** (*boulder berms*) : flancs de terrasses fluviatiles constitués par des blocs morainiques ou abandonnés par des paléocrues, qui se rencontrent dans la partie inférieure de la zone de production sur les rivières du secteur montagnard d'un écosystème lotique.

graine, n. f. (*seed*). Produit de l'évolution d'un ovule fécondé chez les Spermaphytes. Chez les Gymnospermes, la graine renferme outre l'embryon un important endosperme, tissu de réserve haploïde. Chez les Angiospermes où existe une double fécondation, la graine jeune renferme l'embryon, l'albumen et du périsperme, les deux derniers pouvant connaître une involution au cours de la maturation de la graine selon le groupe taxonomique auquel elle appartient. ◆ **banque de ~** (*seed bank*) (syn. : banque de germoplasmes) : local renfermant une collection de graines destiné à conserver les semences d'espèces de plantes sauvages ou de diverses variétés cultivées menacées. Conservées à une température proche de 0 °C et à une teneur en eau inférieure à 5%, certaines graines peuvent garder leur pouvoir de germination plus de 20 ans. (***Voir aussi Biodiversité, Protection de la nature***)

Graminées, n. f. (*grasses*) (syn. : Graminacées, Poacées). Famille de plantes Monocotylédones, la plus importante de l'ordre des Poales (ou encore Cypérales), qui comporte un grand nombre d'espèces – plus de 8 000 ont été décrites – et représente au plan écologique l'un des groupes majeurs du règne végétal. En effet, elle constitue la base de la structure des communautés végétales propres à plusieurs types majeurs d'écosystèmes (savanes et steppes par exemple). Par ailleurs, elles présentent une importance agricole capitale, la culture des céréales occupant une part prépondérante des terres cultivées dans le monde. Les Graminées représentent les espèces végétales dominantes des écosystèmes de formation herbacées : steppes tempérées et savanes tropicales. De nombreuses espèces de Graminées sont adaptées à croître sous de fortes insolations. Aussi, plus de la moitié des plantes en C_4 connues appartiennent à cette famille. On compte parmi les graminées les principales espèces cultivées servant à l'alimentation humaine : cinq d'entre elles (blé, riz, maïs, sorgho, canne à sucre) représentent à elles seules plus de la moitié de la production agricole mondiale. Le caractère thérophytique de beaucoup d'espèces explique sans doute l'intérêt porté à leur culture par les hommes au Néolithique car leur développement s'effectue en une brève saison végétative. On distingue six principales sous-familles de Graminées : les Bambusoïdées (bambous), les Orysoïdées (riz), les Maydioïdées (maïs), les Andropogonoïdées (canne à sucre, sorgho), les Panicoïdées (*Panicum*, *Sertaria*), les Poïdées (= Festucoïdées) (blé, nombreuses plantes fourragères : ray-grass (*Lolium*), fétuque (*Festuca*), paturin (*Poa*). Les roseaux (*Phragmites*) font aussi partie de cette sous-famille.

Holcus lanatus, une **graminée** commune dans les pelouses xériques. (Cliché F. Ramade)

Grampians (*Grampians*). Chaîne de Montagne située dans la partie centrale et orientale de l'Écosse caractérisée par des conditions écologiques subarctiques en altitude.
Il subsiste encore dans les Grampians quelques vestiges de la végétation forestière primitive de l'Écosse, en particulier des lambeaux de la forêt primaire de pins d'Écosse dans le parc national de Cairngorm et un boisement climacique de bouleaux (*Betula verrucosa*) dans la réserve naturelle de Craigellachie près d'Aviemore. Le reste des Grampians est couvert de vastes landes à bruyères, formations anthropi-

Boisement climacique de *Betula verrucosa* dans la réserve naturelle de Craigellachie, près d'Aviemore dans les **Grampians**, en Écosse. (Cliché F. Ramade)

ques qui se sont étendues après leur déforestation. ***(Voir aussi Lande)***

Grand Téton, parc national de (*Grand Teton*). Parc national situé dans le Wyoming qui a été considérablement étendu en 1955 pour y protéger le plus important site de reproduction du cygne trompette (*Olor Columbanus*) de l'ensemble de l'Amérique du Nord. Cette espèce ne comptait plus alors qu'une centaine de couples pour tout le continent américain.

Vue du parc national de **Grand Téton** avec le Jackson Lake, l'un des sites de reproduction du cygne trompette en Amérique du Nord. (Cliché F. Ramade)

Grande Barrière de Corail (*Great Barrier Reef*). Le plus étendu des écosystèmes coralliens du monde, la Grande Barrière de Corail s'étend sur la côte du Queensland dans le Nord-Est de l'Australie sur environ 1 800 km et une largeur

Vue aérienne des récifs de Ribbons Reefs près de Cairns, dans le parc national de la **Grande Barrière de Corail** (Queensland, Australie). (Cliché F. Ramade)

moyenne d'environ 70 km, représentant de ce fait le plus grand écosystème récifal du monde. Elle est constituée comme son nom l'indique par des récifs barrières c'est-à-dire de vastes platiers coralliens qui s'étendent au large des côtes.

La Grande Barrière possède une très grande richesse spécifique en espèces tant d'Invertébrés que de Vertébrés marins. Malgré son étendue considérable, la Grande Barrière est soumise à diverses dégradations du fait de l'homme. Elle est malheureusement menacée par endroits par la pollution tellurique due entre autres à l'agriculture industrielle (canne à sucre et ananas) sur la côte du Queensland qui rejette des pesticides et des engrais dans les eaux marines. Elle est aussi localement victime d'une surexploitation par la pêche. La *Great Barrier Rief Authority* a été constituée à la fin des années 70 afin d'assurer sa protection et son utilisation rationnelle. **(*Voir aussi Récif*) ◆ parc national de la ~ australienne** (*Great Barrier Reef National Park*) : ce parc a été créé par le gouvernement fédéral australien en 1979, par suite de son intérêt écologique exceptionnel, pour protéger diverses sections de la Grande Barrière afin d'assurer la conservation des principaux types écologiques de récifs que comporte cet écosystème corallien ainsi que son intégrité générale. Malheureusement, seule une partie minoritaire de la surface des récifs a été entièrement mise en réserve, ce qui limite l'efficacité de cette zone protégée.

Grands Lacs (*Great Lakes*). Système lacustre d'Amérique du Nord, le plus étendu du monde. Créé il y a environ 10 000 ans à la fin de la glaciation du Würm, il est constitué par l'ensemble des lacs Ontario, Érié, Huron, Michigan et Supérieur. Ce dernier est le plus étendu du monde avec une surface de 81 300 km^2 et une profondeur excédant 400 mètres.

◆ perturbations écologiques du système des ~ : ce dernier a subi un véritable bouleversement, commencé dès la fin du siècle dernier à la suite de l'urbanisation et de l'industrialisation croissante de leurs rives, plus particulièrement sur l'Ontario et l'Érié ainsi que sur le Michigan avec le développement de la mégalopole de Chicago. Ces altérations se sont considérablement amplifiées au cours du dernier demi-siècle à la suite de leur pollution croissante par les effluents urbains et industriels rejetés par les agglomérations riveraines. Cette pollution a été à l'origine de leur eutrophisation, plus particulièrement de celle des lacs Érié, Ontario et dans une moindre mesure du lac Michigan.

Une cause majeure des perturbations biocœnotiques de cet écosystème lacustre tient en outre en certaines invasions accidentelles d'espèces, en particulier de l'alose gaspareau et surtout de la lamproie marine (*Petromyzon marinum*) apparue dans le lac Érié en 1921. Cette dernière constitue un redoutable prédateur de l'ensemble des poissons lacustres autochtones ou encore introduits par les Européens, comme la carpe, les truites fario et arc-en-ciel ou l'éperlan, et a été à l'origine de graves perturbations dans leurs peuplements.

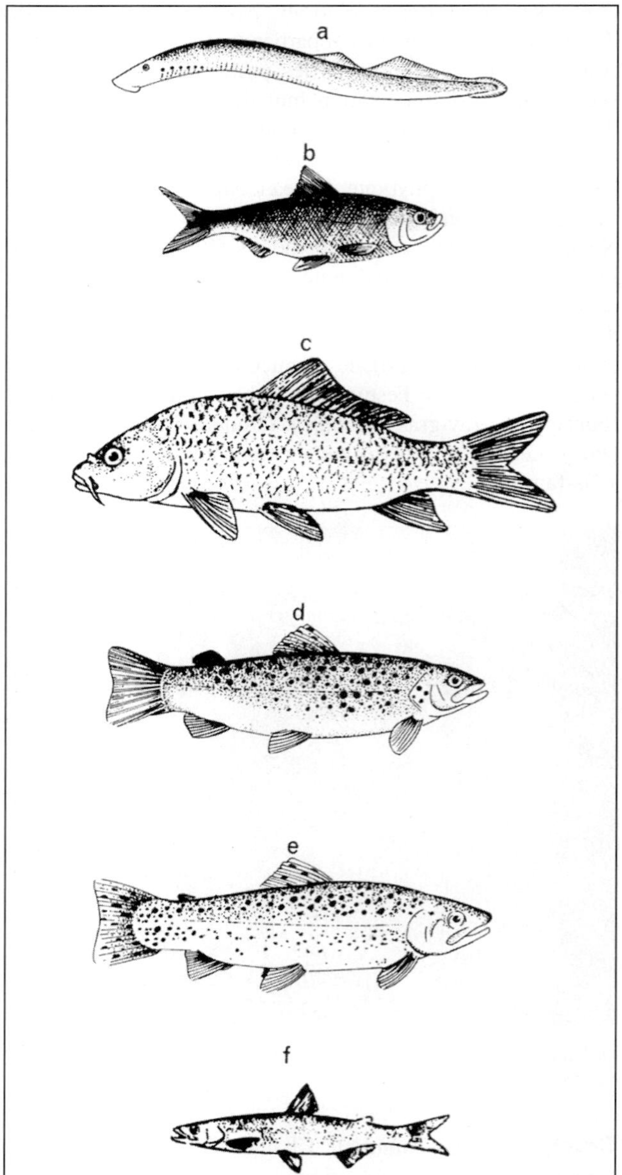

Principales espèces de poissons allochtones dont l'irruption dans l'écosystème des **Grands Lacs** a été accidentelle ou résulte d'introductions par l'homme. Envahisseurs accidentels : a) lamproie marine ; b) alose. Espèces introduites : c) carpe ; d) truite fario ; e) truite arc-en-ciel ; f) éperlan. (D'après Powers et Robertson, in Ramade F., *Écologie appliquée*, Ediscience international, 1995, 5e ed., p. 272)

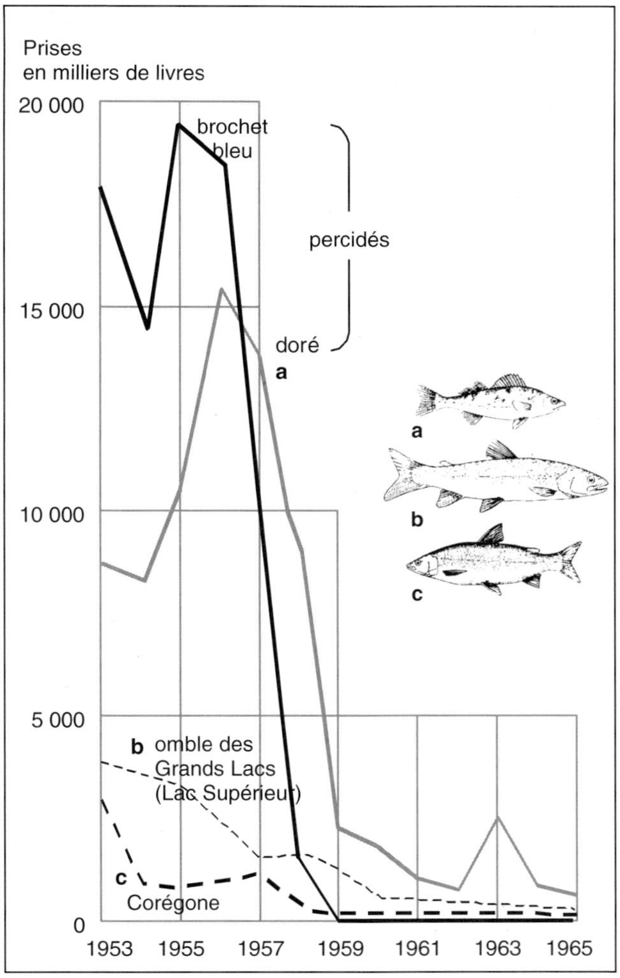

Chute des prises de poissons par les pêcheries commerciales des **Grands Lacs**. Ici sont figurées selon les espèces les prises totales ou celles faites dans l'un des lacs, Erié, Michigan et Supérieur entre 1953 et 1965. La diminution observée résulte des effets conjugués de l'eutrophisation des Grands Lacs et des diverses invasions et introductions de poissons allochtones tels la lamproie marine qui ont exercé une compétition et une prédation excessives sur les espèces indigènes. Le doré (Walleye) (a) (*Stizostoedion vitreum*) et le brochet bleu (*Stizostœdion glaucum*), non figuré ici, sont des Percidés ; la truite de lac (b) est un omble (*Salvelinus namayacush*) et le Whitefish (c) (*Coregonus clupeaformis*) est un corégone. Les valeurs (en livres) des prises concernent ici le seul lac Érié. (D'après Powers et Robertson, in Ramade F., *Écologie appliquée*, Ediscience international, 1995, 5e ed., p. 271)

Les conséquences de l'introduction de la lamproie, s'ajoutant à celles de l'eutrophisation, ont provoqué une forte raréfaction de certaines espèces autrefois abondantes.

Tel fut le cas de la truite de lac (*Salvelinus namayaccush*), du doré (*Walleye = Stizostœdion vitreum*) ou encore du cisco de lac (*Coregonus artedii*), encore dénommé *White fish* ou *Lake herring*, un corégone qui pullulait autrefois en quantités incroyables dans les lacs Érié et Ontario, les prises ayant atteint pour ce poisson quelques 50 millions de livres en 1918! Le cas du « brochet bleu » (*blue pike*; n. sc. : *Stizostaedion glaucum*) est encore plus désastreux, cette espèce étant aujourd'hui placée sur la liste rouge des poissons d'Amérique du Nord en danger d'extinction! L'effondrement des prises des pêcheries commerciales des Grands Lacs dès la fin des années 1950-1960 a été en définitive la conséquence des effets conjugués de leur eutrophisation, de ces invasions d'espèces étrangères et de la surpêche pour certains poissons de grande importance économique. **(*Voir aussi Eutrophisation, Extinction, Lac, Lamproie*)** ◆ **pollution des ~** : en sus des rejets de matières organiques fermentescibles et de nutriments, plus de 800 contaminants toxiques ont été décelés dans les Grands Lacs et dans les eaux qui s'y rejettent en particulier de nombreux polluants cancérogènes tels les hydrocarbures aromatiques polycycliques, les dioxines, le mirex. Ainsi la rivière de Détroit qui alimente le lac Érié y déverse de façon quotidienne ses eaux et ses sédiments chargés de centaines de substances chimiques hautement toxiques et persistantes. Un cas extrême est celui de la rivière Cuyahoga qui se déverse dans ce même lac près de Cleveland. On a pu estimer qu'elle a rejeté au cours des seules années 1980 quelque 333 tonnes par an de métaux toxiques (cadmium, mercure, etc.) et 43 tonnes par an de composés organiques hautement mutagènes! Les organismes aquatiques des Grands Lacs sont donc exposés à une forte contamination directe dans des eaux renfermant de nombreuses substances xénobiotiques. Le cas des PCB dans les Grands Lacs est particulièrement édifiant, les facteurs de bioconcentration ayant atteint plus de 10^6 dans les réseaux trophiques d'oiseaux piscivores de ces lacs tels les goélands. Cette contamination par les PCB continue à exercer ses effets écotoxicologiques malgré l'interdiction de ces substances depuis une vingtaine d'années en Amérique du Nord, par suite de l'apport éolien et par les précipitations résultant de l'imprégnation permanente de l'environnement par ces substances très persistantes – il en est d'ailleurs de même pour les autres organochlorés. Ce phénomène de bioamplification s'est manifesté pour toutes les autres familles chimiques de polluants persistants. Ainsi, dès le début des années 80 a été mise en évidence une contamination des réseaux trophiques aquatiques (dont dépendent des oiseaux d'eau comme les mouettes) par les dioxines. **(*Voir aussi***

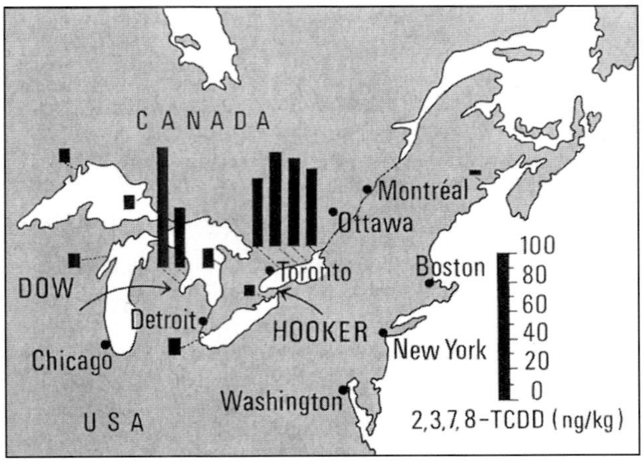

Contamination du réseau trophique des mouettes dans la région des **Grands Lacs** par les dioxines dues aux rejets de diverses usines chimiques. Les nombres figurent les concentrations de la TCDD en nd/kg dans les œufs de mouettes. Dow et Hooker indiquent les implantations industrielles des firmes chimiques correspondantes. (D'après Ogilvie, op. cit., in Ramade F., *Les catastrophes écologiques*, McGraw-Hill, 1987, p. 235)

Dioxine, Organochlorés, PCB, Pollution) ◆ **commission mixte internationale des ~** : établie par une convention entre les États-Unis et le Canada en 1972, puis renforcée en 1978, cette commission a pour objectif d'assurer une gestion rationnelle de l'environnement des Grands Lacs, en particulier d'améliorer la qualité de leurs eaux par un contrôle de plus en plus strict des rejets de polluants et de mettre un terme à leur processus d'eutrophisation. Grâce à cette commission, la charge en phosphore annuellement rejetée a par exemple été réduite de 80% entre 1972 et 1986. ◆ ~ **salé** (*Great Salt Lake*) : lac du Grand Bassin de l'Ouest des États-Unis dans l'Utah. Situé au fond d'une cuvette endorhéique où l'évaporation est très intense par suite d'un climat aride, il présente une salinité variable et forte (3 850 meq/l) dont 90% sont représentés par l'anion chlorure. ***(Voir aussi Lac, Lagune, Sel)***

granivore, adj. et n. m. (*granivore*). Désigne des animaux dont le régime alimentaire est à base de graines.

granulométrie, n. f. (*particule composition*). Mesure des caractéristiques physiques propres à la texture et à la structure minérale d'un sédiment, d'un sol ou d'une roche meuble. Ces divers types de matériaux géologiques présentent une propriété commune, celle de constituer un milieu poreux par assemblage de particules solides dénommées grains délimitant des cavités (pores). L'analyse granulométrique de la texture de ces matériaux permet de distinguer cinq types de constituants : des éléments grossiers (cailloux et graviers) et des éléments fins (sables, limons et argiles). La proportion relative des éléments fins constituant la fraction minérale permet de classer selon leur texture les différents types de roches, de sédiments ou de sols (voir Tableau). ***(Voir aussi Pores, Porosité, Sédiment, Sol, Texture)***

Classification granulométrique des roches meubles, des sédiments et des sols

Eléments	Classification hydrogéologique	Classification pédologique
Cailloux	> 16 mm	> 20 mm
Graviers	2 à 16 mm	2 à 20 mm
Sables		
– grossiers	0,5 à 2 mm	0,5 à 2 mm
– moyens	0,25 à 0,5	50 μ à 0,5 mm
– fins	0,06 à 0,25	20 μ à 50 μ
Limons	2 μ à 60 μ	2 à 20 μ
Argiles	< 2 μ	< 2 μ

granulose, n. f. (*granulosis*). Affections des insectes causées par des virus à ADN, dont certaines ont fait l'objet de tentatives de lutte biologique contre des espèces de chenilles défoliatrices.

graphite, n. m. (*graphite*). Forme cristalline du carbone appartenant au système cubique. Le graphite est utilisé dans l'industrie nucléaire comme ralentisseur de neutrons.

Graptolithes, n. m. (*Graptolithina*). Classe d'Hémichordés coloniaux et pélagiques, éteints au Carbonifère, vivant dans des tubes, qui a constitué un groupe dominant du plancton dans les mers siluriennes. On les connaît du Cambrien au Silurien.

gravier(s), n. m. (*gravel*). Particule constituant les sols, de diamètre compris entre 2 mm et 2,5 cm. ***(Voir aussi Sol)***

gravières, n. f. (*gravel pit*). Cavités creusées par les entreprises de travaux publics afin d'extraire des matériaux pour la construction et l'entretien des chaussées. Lors de la construction du réseau routier, certaines d'entre elles ont été mises en eau et transformées en étang et empoissonnées pour la pêche récréative.

gray, n. m. (Gy) (*gray*). Unité de radiobiologie désignant une dose d'irradiation égale à une quantité d'énergie reçue de 1 joule par kilogramme de tissus vivants (1 gray = 100 rads).

grazing. Terme anglais désignant la consommation du phytoplancton par le zooplancton herbivore dans les écosystèmes limniques et marins. ***(Voir aussi Broutage)***

Greenpeace. Organisation non gouvernementale internationale connue pour ses actions « militantes » dans le domaine de la protection de l'environnement à l'échelle globale. Ses interventions contre les essais d'engins nucléaires français dans le Pacifique furent à l'origine en 1984 de la triste affaire du sabotage de son navire, le *Rainbow Warrior*, par les services français dans le Port d'Auckland, en Nouvelle-Zélande.
Greenpeace a consacré également une partie importante de son action à la protection des baleines et à celle de certaines populations de phoques à fourrure. Elle a aussi organisé en date plus récente une campagne mondiale contre les filets dérivants pélagiques responsables de véritables hécatombes dans la faune marine. Enfin, elle milite en permanence contre les pollutions posant des problèmes à l'échelle globale : composés insecticides organochlorés, dioxines, marées noires, etc.

grégaire, adj. (*gregarious*). Désigne les espèces animales dont les individus tendent à se rassembler en groupes et non à se disperser isolément dans leur habitat. S'oppose à solitaire qui qualifie les espèces dont les individus vivent isolés ou en couple.

grégarisme, n. m. (*gregariousness*). Caractéristique propre à certaines espèces animales dont les individus vivent en groupe (comportement d'agrégation). Le grégarisme est généralement agent d'un effet de groupe qui exerce une action favorable sur les individus qui le pratiquent. Toutefois, au-delà d'une certaine densité, l'effet de groupe est remplacé par un effet de masse, lui, défavorable. ***(Voir aussi Allee, Effet de groupe, de masse)***

grêle, n. f. (*hail*). Précipitations caractérisées par l'agglomération de cristaux de glace autour d'un noyau de condensation pouvant atteindre plusieurs centimètres de diamètre dans des cas extrêmes.

grenouille(s), n. f. (*frog*). Amphibiens de la famille des *Ranidae* en voie de raréfaction dans de nombreuses régions d'Europe et ailleurs dans le monde, à l'image des autres groupes d'Amphibiens. Les causes de leur régression sont multiples. En France, outre l'action éventuelle de la pollution de l'espace rural et des pesticides, les excessifs prélèvements effectués sur les populations de grenouilles pour la consommation ont joué certainement un rôle dans cette régression. (***Voir aussi Amphibiens***)

grès, n. m. (*sandstone*). Roche sédimentaire diagénétique constituée par des sables agglomérés par un cément de silice hydratée à l'état colloïdal qui s'est ensuite précipitée au cours de la formation de cette dernière.

grève, n. f. (*shore*). Zone du rivage marin ou lacustre limitant le biotope aquatique des terres riveraines, dans les zones au relief peu accentué et consistant en matériaux sablonneux ou encore en gravier, plus rarement en roches de faible pente.

GRID (*Global Resources Information Data Base*). Système d'informations établi par le Programme des Nations Unies pour l'Environnement sur l'état des ressources naturelles et leur intensité d'utilisation dans les divers pays.

grimpereau(x), n. m. (*tree creeper*). Oiseaux insectivores de la famille des *Certhiidae* propres à la région paléarctique.

grizzly, n. m. (*grizzly bear*) (n. sc. *Ursus arctos horribilis*). Sous-espèce d'ours propre à l'Amérique du Nord tempérée et subarctique. Les populations de cette espèce sont aujourd'hui très raréfiées aux États-Unis à la suite de la chasse effrénée qui leur fut livrée jusqu'au milieu du siècle. On en compte à peine quelques centaines pour tout le territoire continental de ce pays.

Groenland (*Greenland*). Ile située au Nord-Est de l'Amérique du Nord, s'étendant sur plus de 2 millions de km^2, actuellement couverte par la plus importante banquise de toute la zone arctique. L'épaisseur moyenne de cet inlandsis est de l'ordre de 1 450 m.

grotte(s), n. f. (*cave*). Milieu souterrain endogé naturel ou artificiel correspondant à des cavités naturelles accessibles à l'homme. Les grottes constituent le type de cavité le plus fréquent du domaine souterrain terrestre. On distingue, selon l'orientation des galeries, des grottes à galeries horizontales ou subhorizontales (ascendantes ou descendantes), creusées dans leur très grande majorité dans des calcaires surtout de l'ère Secondaire. Elles sont souvent parcourues

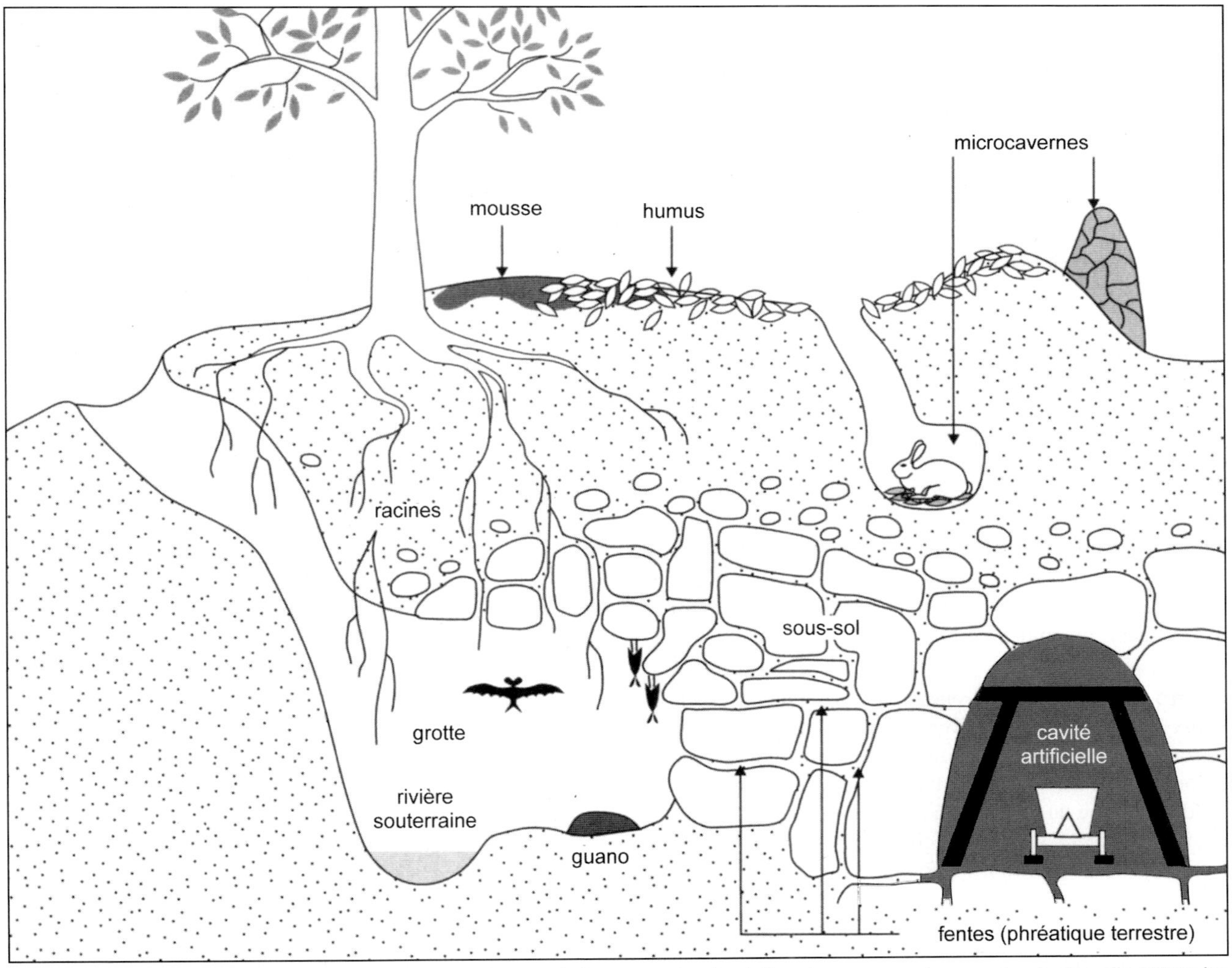

Schéma général des divers types de **grottes** et de leurs relations avec la circulation des eaux au travers des fentes alimentant les phréatiques du réseau karstique terrestre. (D'après Ginet et Decou, *Initiation à la biologie et à l'écologie des eaux souterraines*, Delarge, 1977, p. 45)

par un cours d'eau qui constitue le réseau hydrographique karstique. ◆ ~ **artificielles** (*artificial caves*) : cavités souterraines aménagées par l'homme à diverses fins : habitations troglodytiques, caves de maturation vinicoles ou fromagères et, bien entendu, les galeries de mine. **(*Voir aussi Karst, Karstique*)**

groupement, n. m. ◆ ~ **végétal** (*plant community*) : voir Phytosociologie.

grue(s), n. f. (*crane*). Grands oiseaux échassiers de l'ordre des Gruiformes comportant une quinzaine d'espèces dans le monde, inféodés aux zones humides et aux lagunes, marais, prairies palustres. Les grues sont grégaires, monogames et capables de longues migrations. Elles nichent dans la végétation propre aux biotopes palustres croissant dans des eaux peu profondes. On les rencontre sur tous les continents sauf l'Amérique du Sud.

La plupart des espèces de grues sont menacées voire en danger d'extinction. C'est en particulier le cas de la grue de Sibérie (*Grus leucogeranus*) se rencontrant depuis la Russie jusqu'à la Chine et l'Asie du Sud (Pakistan) ou encore la grande grue blanche d'Amérique, *Grus americana*, dont il n'existe plus qu'une centaine de couples qui hivernent tous dans les lagunes de la réserve d'Aransas au Texas. Il en est de même de la grue de Numidie (*Anthropoides virgo*) autrefois relativement fréquente en Méditerranée et dans le Proche-Orient. La création de réserves sur leur route migratoire et leurs zones d'hivernage est un objectif prioritaire. En France par exemple, les réserves de la forêt d'Orient et du lac du Der ont contribué à améliorer le statut de la grue cendrée d'Europe.

Gruiformes, n. m. (*Gruiforms*). Ordre d'Oiseaux Carinates, dont les grues et les outardes sont les principaux représentants.

Grus americana, n. sc. (*whooping crane*). Nom scientifique de la grue blanche américaine. Cette espèce aujourd'hui menacée d'extinction car il n'en existe qu'environ une centaine de couples dans le monde se reproduit essentiellement dans le parc national de Wood Buffalo dans le grand Nord Canadien et hiverne dans les lagunes de la réserve d'Aransas au Texas. Outre le braconnage, certains animaux étant tués par des chasseurs irresponsables lors de sa longue migration, cette espèce est de nos jours également menacée par la contamination de son réseau trophique par des polluants organiques persistants.

guano, n. m. (*guano*). Accumulation des excréments d'oiseaux de mer. Ceux-ci peuvent ultérieurement se fossiliser lorsque les conditions géochimiques et climatologiques sont favorables. Ainsi, les gisements de guano des côtes tropicales d'Amérique du Sud ont pu se fossiliser sous des climats de déserts extrêmes où les précipitations sont exceptionnelles. Ils ont été exploités par l'homme au cours du siècle dernier et sont aujourd'hui quasi épuisés.

Dans certaines conditions climatologiques, les nitrates peuvent en être extraits par des processus géochimiques et donner ultérieurement des dépôts fossiles exploitables, comme ceux de la côte du Chili.

Les dépôts de guano résultent de l'existence d'immenses colonies d'oiseaux de mer qui ont compté des dizaines de millions d'individus et dont l'existence est permise par l'existence d'un puissant *upwelling* côtier. Celui-ci confère aux eaux marines du Chili et du Pérou une productivité biologique exceptionnelle qui a permis le développement des gigantesques colonies d'oiseaux à guano des côtes du Pérou et du nord du Chili constituées de pélicans, de fous et de cormorans de Bougainville. **(*Voir aussi El niño, Upwelling*)**

guépard, n. m. (*cheetah*) (n. sc. *Acinonyx jubatus*). Espèce de Mammifère Fissipède propre aux savanes tropicales de l'Ancien Monde, capable de dépasser la vitesse de 100 km/h lors de la capture de ses proies. Le guépard a connu une importante régression dans l'ensemble du monde. L'espèce présente un potentiel biotique faible associé à une incidence importante de la stérilité des mâles dont la cause reste discutée.

Couple de **guépards** en chasse (parc national d'Amboseli au Kenya). (Cliché F. Ramade)

gui, n. m. (*mistletoe*). Voir *Viscum*.

guilde, n. f. (*guild*). Terme désignant un groupe d'espèces animales écologiquement voisines qui occupent un même habitat dont elles exploitent en commun les ressources disponibles. L'ensemble des populations de mésanges d'une forêt de conifères ou celles de fourmis granivores d'une garrigue méditerranéenne constituent autant d'exemples de guildes. ◆ ~ **clef** (*key guild*) : extension au niveau des guildes du concept d'espèces-clef de voûte. **(*Voir aussi Niche, Peuplement*)**

guillemot(s), n. m. (*guillemot*) (n. sc. *Uria sp.*). Genre d'oiseaux de mer de l'ordre des Alciformes, proches des pingouins, qui vivent en grandes colonies sur les falaises littorales. Les populations propres à l'Atlantique Nord des diverses espèces de ce genre ont été fortement affectées en décembre 1999 par la marée noire de l'*Erika* car elles hivernaient alors dans les eaux littorales de la façade occidentale de la France au moment où eut lieu ce naufrage, certaines appartenant à des colonies du grand Nord européen et même du Groenland! On estime à environ 200 000 le nom-

Guillemots de Troïl nichant dans des falaises marines de la réserve naturelle de Duncansby Head (Écosse). (Cliché F. Ramade)

bre d'oiseaux qui ont péri mazoutés lors de ce sinistre. ***(Voir aussi Erika, Marées Noires, Pétrole)***

guinéenne(s), adj. (*guinean*) ◆ **savanes ~** : savanes dites préforestières situées à la limite nord des forêts tropicales en Afrique de l'Ouest. Elles constituent de tous les écosystèmes de ce type celui dans lequel le couvert arboré est le plus dense. Ces savanes sont actuellement considérées à juste titre comme étant en grande partie d'origine anthropique, elles résultent de la destruction par le feu des franges forestières. Des expériences de mise hors feu prolongée, au site du LAMTO en Côte d'Ivoire, ont montré en effet un retour progressif vers une communauté forestière. ***(Voir aussi Savane)*** ◆ **zone ~** : désigne la zone géographique correspondant en Afrique de l'Ouest à des écosystèmes de savanes humides recevant des précipitations abondantes supérieures à 1 200 mm/an.

Gulf Stream. Le plus important courant océanique superficiel du globe par son étendue et son débit. Il est constitué par la confluence du courant de Floride avec le *Gulf Stream* proprement dit qui lui se forme dans l'Atlantique Ouest tropical au large des petites Antilles. Il remonte vers le nord-est où il donne plusieurs méandres, amenant vers les moyennes latitudes d'importantes masses d'eaux chaudes (20 °C), dont la température est indépendante de la saison, qui tempérent de façon spectaculaire le climat d'Europe occidentale. ***(Voir aussi Courant)***

Gymnarchidae, n. sc. Famille monotypique de poissons des eaux douces d'Afrique tropicale. Ils produisent un fort champ électrique dont les décharges paralysent leurs proies, proies qu'ils détectent aussi par les perturbations de ce champ.

Gymnodinium microadriaticum, n. sc. Espèce de Dinoflagellés de l'ordre des Péridiniens ayant une très grande importance écologique. Elle correspond en effet aux algues unicellulaires (Zooxanthelles) symbiotiques des tissus des Madrépores et autres Cnidaires du groupe des coraux bâtisseurs des récifs coralliens.

Les *G. microadriaticum* vivent en symbiotes endocellulaires dans le cytoplasme des cellules endodermiques des polypes de ces coraux.

Il a été démontré que les Zooxanthelles interviennent non seulement en apportant à la colonie des substances nutritives qu'elles fabriquent par photosynthèse mais qu'elles accélèrent en outre le dépôt de l'exosquelette calcaire du polypier au travers de leur propre métabolisme carboné. ***(Voir aussi Récifs coralliens, Zooxanthelle)***

Gymnospermes, n. m. (*Gymnosperms*). Embranchement primitif de plantes à fleurs dont les graines sont nues dans les fruits. On en distingue quatre classes : les Gingkophytes, les Cycadophytes, les Coniférophytes (vulgairement dénommés Conifères) et les Gnétophytes. Les Conifères représentent la plus importante classe de Gymnospermes.

Les Araucariacées sont des **Gymnospermes** qui constituent une famille primitive de Conifères propres à l'hémisphère austral. Ici des *Araucaria cunhinghami* dans le parc national de Magnetic Island (Queensland, Australie). (Cliché F. Ramade)

Gymnotidae, n. sc. (*knifefishes*) (vern. : gymnotes). Famille de poissons dulçaquicoles Siluriformes, inféodés à l'Amérique du Sud et Centrale, au corps allongé, comprimé bilatéralement, de régime prédateur, qui produisent un champ électrique leur permettant de repérer leur proies.

gynandromorphe, n. m. (*gynandromorph*). Organisme dont un même individu présente à la fois des caractères de type mâle et femelle. On distingue deux types de gynandromorphes. Certains sont symétriques, chaque moitié du corps ayant les caractères morphologiques propre à l'un des deux sexes. D'autres gynandromorphes sont dits en mosaïque car leur corps présente une mosaïque de caractères mâles et femelles.

gynodioœcique, adj. (*gynodiooecious*). Désigne une plante ayant soit des fleurs hermaphrodites soit des fleurs femelles sur des pieds distincts.

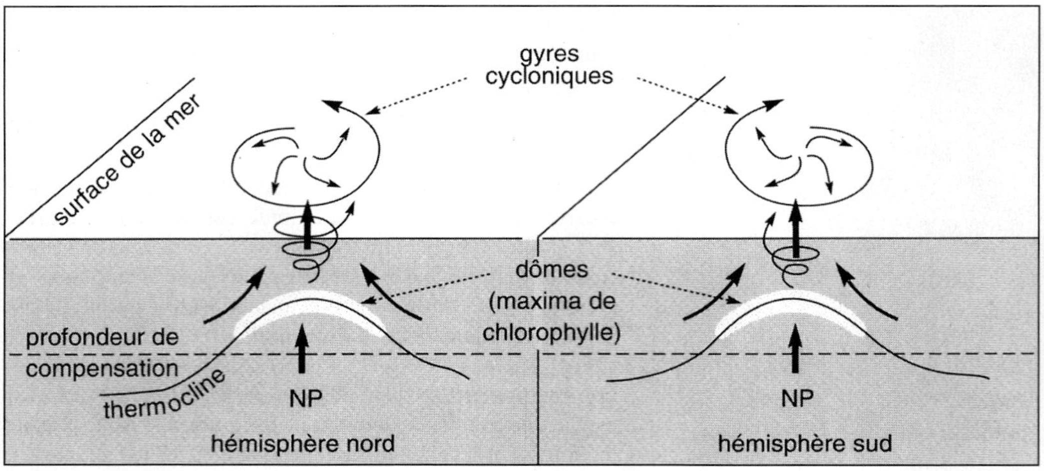

Schéma général de formation de l'action des tourbillons cycloniques (**gyres**) sur la circulation verticale des masses d'eau océaniques dans les deux hémisphères. N = azote, P = phosphore. (D'après Frontier et Viale, *Écosystèmes*, Masson, 1992, p. 51)

gynogenèse, n. f. (*gynogenesis*). Forme de reproduction préfigurant la parthénogenèse, qui s'observe par exemple chez certains nématodes du genre *Rhabditis*. Ici, la pénétration du spermatozoïde est nécessaire pour assurer le développement de l'ovule mais il n'y a pas d'amphimixie. (***Voir aussi Parthénogenèse***)

gynomono-œcique, adj. (*gynomonooecious*). Désigne des plantes qui portent à la fois des fleurs femelles et des fleurs hermaphrodites.

gynoœcique, adj. (*gynoecious*). Désigne une plante n'ayant que des fleurs femelles.

gypse, n. m. (*gypsum*). Minéral constitué par des cristaux de sulfate de calcium hydraté, utilisé pour préparer le plâtre. Les biotopes aquatiques installés sur substrat gypseux présentent des eaux saturées en sulfate de calcium, dites séléniteuses. On y rencontre des peuplements végétaux et animaux renfermant des espèces inféodées à de tels habitats.

gyre, n. m. (*gyre*). Tourbillon océanique qui caractérise la remontée d'eaux froides et profondes induites par des mouvements cycloniques.

Les gyres induisent des mouvements spiraux ascendants des masses d'eau qui génèrent la constitution d'un dôme. Ce dernier amène en surface des eaux froides profondes chargées de nutriments, constituant de la sorte un *upwelling* dit cyclonique par suite de son origine. (***Voir aussi Océan, Upwelling***)

Gyrinidae, n. sc. (*whirligig beetle*). Nom scientifique de la famille des Gyrins. Il s'agit de Coléoptères aquatiques comportant plusieurs centaines d'espèces, communs à la surface des biotopes dulçaquicoles : mares, rives des étangs et autres étendues d'eaux calmes.

gyttja, n. f. (*gyttja*). Forme de tourbe sédimentaire, constituée par l'accumulation de détritus de plantes et de détritus animaux aquatiques à la surface de sédiments anoxiques.

H

habitat, n. m. (*habitat*). Entité écologique souvent confondue par erreur avec le biotope. L'habitat correspond de façon plus précise au lieu où vit l'espèce et à son environnement immédiat à la fois abiotique et biotique. Ainsi l'habitat du pic noir est constitué par les vieilles hêtraies, y compris les grands arbres vermoulus dans le tronc desquels ce pic creuse son nid.

Il peut arriver à l'intérieur d'un peuplement déterminé que la distribution des espèces qu'il comporte soit très localisée par suite de faibles différences par exemple dans les conditions d'éclairement, d'humidité ou de tout autre facteur écologique. Il existera de la sorte dans un même biotope un nombre d'autant plus important de *microhabitats* que celui-ci sera plus hétérogène. Ainsi, dans une forêt, les pousses des arbres, le feuillage, les branches basses, les écorces et la canopée, constituent autant de microhabitats distincts. Sous l'écorce des arbres vivants ou sous celle des arbres morts s'observent des peuplements complexes et spécifiques d'Arthropodes strictement inféodés à ces microhabitats distincts.

De même en milieu marin, les anfractuosités des rochers de la zone intertidale, les thalles des algues brunes de grande taille (Laminaires, *Fucus*), les coquilles de Mollusques morts constituent autant de microhabitats qui hébergent une faunule spécialisée.

À l'opposé, les *macrohabitats* désignent l'habitat d'espèces qui vivent dans des biotopes homogènes et sont de ce fait très étendus. Ainsi, les Tétras centrocerques des steppes à *Artemisia tridentata* de l'Ouest américain ou encore les grandes outardes des steppes semi-arides d'Eurasie occupent des macrohabitats. ◆ **~ en damier** (*patchy habitat*) : habitat dont les ressources sont disposées de façon hétérogène, en agrégat, de sorte qu'il subsiste entre les zones très favorables pour l'alimentation de certains peuplements des espaces totalement dépourvus de ressources. ◆ **classification des ~** (*habitats classification*) : Grime a proposé une classification des habitats fondée sur le niveau de contrainte (plus ou moins grande sévérité des conditions de milieu) et le niveau de perturbation ou de disponibilité des ressources naturelles. Les peuplements propres à ces habitats auront selon le cas trois stratégies possibles : une *stratégie compétitive* quand les perturbations sont rares et les ressources abondantes; une *stratégie de tolérance* quand les ressources sont rares, les conditions sévères mais les perturbations faibles; enfin une *stratégie rudérale* quand les ressources sont abondantes, les conditions favorables mais les perturbations importantes. ***(Voir aussi Biotope, Écosystème, Milieu naturel)*** ◆ **sélection de l'~** (*habitat selection*) : processus par lequel une espèce donnée va choisir les microbiotopes auxquels elle est inféodée pour s'installer dans un habitat déterminé. On peut citer comme exemple le cas des Éphémères crénicoles qui vont se placer à la face inférieure des rochers immergés d'un torrent.

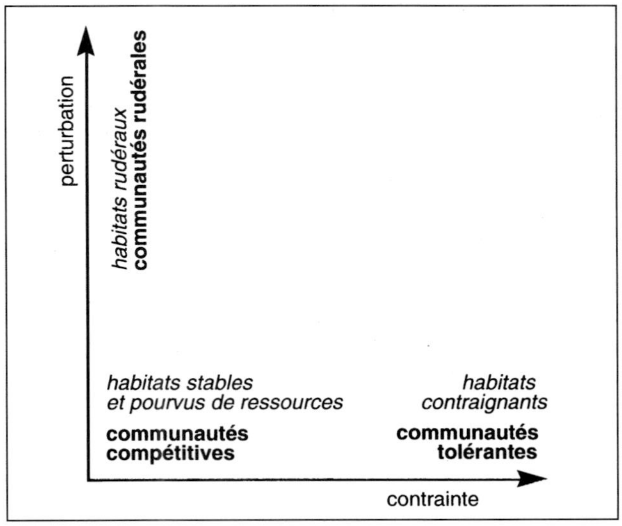

Classification des **habitats** de Grime. (D'après Begon, Harper et Townsend, *Ecology*, Blackwell, Oxford, 1986, p. 528)

habituation, n. f. (*habituation*). Comportement qui se traduit par une diminution de la réponse à un stimulus quand ce dernier est répété régulièrement sans qu'un avantage ou une sanction n'en résulte.

habitus, n. m. (*habitus*). Terme de zoologie désignant l'aspect morphologique général d'un organisme animal. ***(Voir aussi Physionomie)***

hadal, adj. (*hadal*). Désigne une subdivision écologique de l'océan correspondant aux biotopes les plus profonds, ceux des grandes fosses marines, dont la profondeur varie de 8 000 m à 11 020 m, pour la plus profonde, celle des Iles Mariannes dans le Pacifique occidental. ***(Voir aussi Étage)***

hadéen, n. m. (*hadean*). Période de l'échelle des temps géologiques, aussi dénommée azoïque, qui se place au début de l'ère antécambrienne ayant duré depuis la condensation de la Terre (– 4,55 milliards d'années) jusqu'à la condensation de l'océan mondial (– 3,98 milliards d'années). ***(Voir aussi Azoïque, Géologique)***

Hadley, cellule de (*Hadley's cell*). Système de circulation atmosphérique situé entre l'Équateur et les tropiques qui transfère les masses d'air de l'Équateur vers les moyennes et hautes latitudes, contribuant à rendre le climat moins froid au niveau de ces dernières. Sur la zone de confrontation des cellules de Hadley boréales et australes se constitue le front de convergence intertropical qui joue un rôle majeur dans l'ajustement des climats des régions intertropicales et, bien sûr, équatoriales que ce front franchit alternativement dans un sens et dans l'autre deux fois par an. ***(Voir aussi Front intertropical de convergence)***

hadopélagique, adj. (*hadopelagic*). Désigne l'étage océanique constitué par les eaux libres des grandes fosses marines et les espèces qui y vivent.

Haeckel, Ernst, Heinrich (1834-1919). Célèbre zoologiste allemand qui apporta une contribution fondamentale à la compréhension du développement embryonnaire et postembryonnaire des animaux ainsi qu'à leur phylogénie. Il a ainsi construit l'un des premiers dendrogrammes du règne animal qu'il a divisé en Protozoaires et Métazoaires. Il a de plus créé le célèbre adage « l'Ontogénie récapitule la phylogénie ». C'est enfin Haeckel qui créa en 1866 le terme d'*écologie* dans son célèbre ouvrage « *Generelle Morphologie der Organismen* » qu'il définissait comme la « science qui étudie les relations unissant les êtres vivants avec leur milieu et entre eux et cela jusqu'à l'échelle globale ». ***(Voir aussi Écologie)***

haie, n. f. (*hedgerow*). Plantation linéaire d'arbres utilisée dans les régions au climat venté pour protéger les cultures et les prairies des variations thermiques et hygrométriques induites par le vent. Par suite de l'important ralentissement de la vitesse du vent qu'elles induisent, les haies maintiennent un microclimat plus humide et facilitent la rétention de l'eau par les sols. Il a été de plus démontré qu'en pays bocager ou en zone d'agriculture aux champs entourés de haies, les écarts thermiques entre le jour et la nuit relevés dans les parcelles sont plus faibles et la teneur moyenne hygrométrique de l'air est plus élevée que là où le champ n'est pas protégé par un brise-vent. ***(Voir aussi Écotone)***

halicole, adj. (*halicolous*). Désigne un organisme vivant dans des sols ayant une forte teneur en sel.

halieutique, adj. (*halieutic*). Terme désignant la science des pêcheries et tout ce qui se rapporte aux pêches océaniques et continentales. ***(Voir aussi Pêcherie)***

haliplancton, n. m. (*haliplankton*). Plancton propre aux eaux marines et aux lagunes salées continentales.

Halobatidae, n. sc. Famille d'Hétéroptères. Les Halobatides représentent la seule famille d'insectes réellement adaptée au milieu océanique. Ils marchent à la surface de la mer dans les zones pélagiques de l'océan au large. Ce sont les seuls organismes constituant l'épineuston marin.

halobionte, n. m. (*halobiont*). Organisme adapté aux eaux salées.

Halobios, n. m. (*Halobios*). Ensemble des êtres vivants présents dans le milieu océanique.

halocline, n. f. (*halocline*). Zone d'un écosystème aquatique au niveau de laquelle s'observe une rapide variation de la teneur en sel dissous.

haloformes, n. m. (*haloforms*). Dérivés du méthane, dont un certain nombre des hydrogènes ont été remplacés par un halogène.

Les trihalométhanes (THM) sont les haloformes les plus fréquemment rencontrés dans les eaux continentales avec le chlorobromométhane (CH_2ClBr). Les principaux trihaloformes identifiés dans les eaux d'adduction sont :

- le chloroforme ($CHCl_3$),
- le bromodichlorométhane ($CHBrCl_2$),
- le chlorodibromométhane ($CHBr_2Cl$).

Les haloformes peuvent être rejetés dans des eaux naturelles par des effluents d'installations de l'industrie chimique mais leur source principale tient en la chloration qui est réalisée dans les usines d'eau potable. ***(Voir aussi Eau, Potabilisation)***

halomorphe, adj. (*halomorphic*). Désigne, en pédologie, les sols dont la structure a été conditionnée par leur forte teneur en sel. ***(Voir aussi Sol)***

halons, n. m. (*halons*). Composés du groupe des chlorofluorocarbones (CFC) mais chlorobromofluorés. Utilisés essentiellement comme agents retardants de feu et d'extincteurs dans les installations spéciales (salle d'ordinateur par exemple), ils ont été interdits d'usage car ils sont encore plus efficaces – si l'on peut dire – que les CFC classiques dans la destruction de l'ozone stratosphérique! À masse égale, ils détruisent de 3 à 10 fois plus d'ozone. Ils possèdent en outre un temps de demi-vie plus important, se chiffrant en siècles, voire au-delà du millénaire pour certains d'entre eux. Malgré l'adoption du protocole de Montréal, la production d'halons augmente dans certains pays du Tiers monde de sorte que depuis le début de 1994, la production mondiale qui avait été fortement réduite s'est remise à croître. ***(Voir aussi Chlorofluorocarbone, Montréal, Ozone)***

halophile, adj. ◆ **espèce ~** (*halophile, halophilous species*) : espèce végétale ou animale qui se développe dans des eaux ou des sols sursalés.

halophobe, adj. (*halophobic*). Désigne une espèce intolérante au sel.

halophréatophyte, n. f. et adj. (*halophreatophyte*). Désigne une plante se développant aux dépens d'affleurements d'eau saline souterraine.

halophytes, n. f. (*halophytes*). Végétaux adaptés à un milieu sursalé. Les espèces des mangroves tropicales ou encore les plantes des sansouïres méditerranéennes, ou encore les Salsolacées des dépressions lagunaires désertiques, représentent autant d'exemples d'halophytes.

Les végétaux halophytes possèdent diverses adaptations leur permettant de pallier les concentrations excessives en sodium et autres métaux alcalins et alcalino-terreux.

Diverses Chénopodiacées halophiles (*Salicornia, Arthrocnemum sp.*), des Plumbaginacées (*Statice limonium* par exemple), sont susceptibles de croître dans des sols dont la teneur en sodium peut excéder 5% en période de sécheresse estivale pour les plus halophiles d'entre elles!

Les arbres des mangroves tropicales constituent aussi un groupe important d'halophytes. L'adaptation des palétuviers au sel implique divers processus de neutralisation du sodium par l'organisme végétal afin de diminuer la teneur interne en sel.

Certaines espèces dites halophobes se protègent du sel en ralentissant son absorption racinaire et en l'accumulant dans les feuilles âgées. C'est par exemple le cas des Palétuviers au sens strict (*Rhizophora sp.*) ou encore des *Sonneretia*. D'autres, qui sont capables de vivre dans les biotopes ayant les plus fortes concentrations sodiques, sont excrétrices de sels (*Avicennia* par exemple). Elles résistent par des processus actifs d'exclusion et de sécrétion au niveau des feuilles.

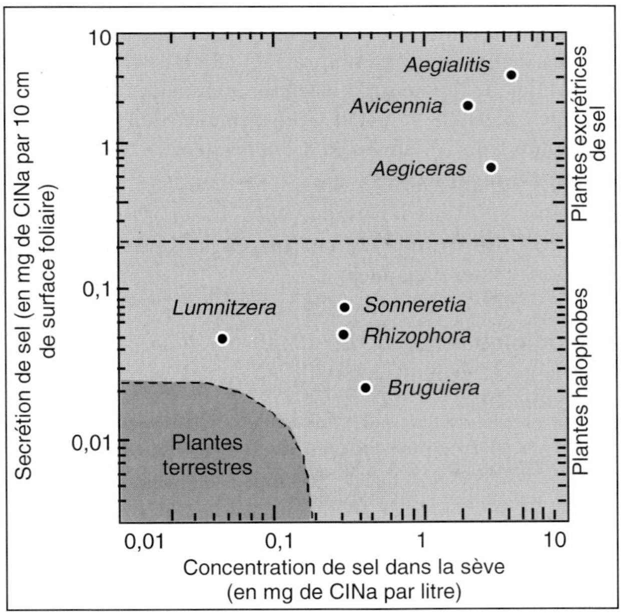

Mécanismes de résistance au sel chez des végétaux **halophytes**. On distingue deux groupes : les végétaux dits halophobes, qui empêchent l'entrée de sodium dans leurs tissus et ceux qui l'excrètent par leurs parties aériennes. Ce dernier groupe correspond aux plantes pouvant supporter les plus fortes concentrations en sel. (D'après Lear et Turner, op. cit., in Ramade F., *Écologie fondamentale*, Ediscience international, 2e ed., 1994, p. 122)

haloplancton, n. m. (*haloplankton*) (syn. : haliplancton). Ensemble des organismes constituant les communautés planctoniques propres aux eaux marines ou saumâtres.

Peuplement **d'halophytes** dans une sansouïre camarguaise. *Arthrocnemum glaucum* au premier et second plan et *Salicornia fruticosa* dans le fond. (Cliché F. Ramade)

hamada. n. f. (*hammada*). Vaste plateau propre aux zones désertiques, caractérisé par de vastes étendues où affleure le substrat rocheux et couvert de blocs de roches épars.

Hamamélidées, n. sc. Sous-classe de Dicotylédones renfermant un grand nombre de familles de plantes ligneuses souvent arborescentes. Les principaux ordres appartenant à ce groupe taxinomique les Fagales, les Salicales (saules et peupliers) et les Urticales (dont les familles des Moracées et des Ulmacées) sont d'une grande importance écologique car ils comprennent de nombreuses espèces d'arbres dominantes des forêts tempérées ou tropicales.

HAP, n. m. (*PAH*). Abréviation d'hydrocarbures aromatiques polycycliques (*polycyclic aromatic hydrocarbons*). Famille d'hydrocarbures dont la molécule est constituée par la fusion d'un nombre variable de cycles benzéniques. Le plus simple d'entre eux est le naphtalène ($C_{10}H_8$), le plus complexe le coronène ($C_{24}H_{12}$). Il s'agit de produits de sources à la fois naturelles et anthropogéniques. Ils se rencontrent tant dans les biotopes terrestres qu'aquatiques, aussi bien continentaux qu'océaniques. ◆ **cycle biogéochimique des ~** : il a été réalisé en date encore récente une évaluation à la fois qualitative et quantitative de leur cycle biogéochimique. Les HAP, bien qu'il en existe des sources naturelles aquatiques, sont essentiellement d'origine anthropogène et liés aux combustions de charbons et de divers carburants, surtout du gazole. Ils sont émis en grande partie dans l'atmosphère, mais il existe aussi des déversements dans les eaux continentales et littorales à partir de rejets d'émissaires d'égouts industriels et urbains. Ils retournent à la surface des continents et de l'océan via les dépôts secs et les précipitations qui transfèrent ces polluants de l'atmosphère vers la surface des sols et les eaux superficielles continentales ou marines. Cela explique en partie leur présence dans des zones marines reculées telles celles du littoral du Groenland ou de l'Antarctique. Par suite de leur faible hydrosolubilité, les HAP sont ensuite adsorbés par les matières organiques particulaires et colloïdales et incorporés dans les sédiments où ils peuvent s'accumuler à de fortes concentrations. Ainsi, on a pu en déceler jusqu'à 33mg/kg en mer du Nord à

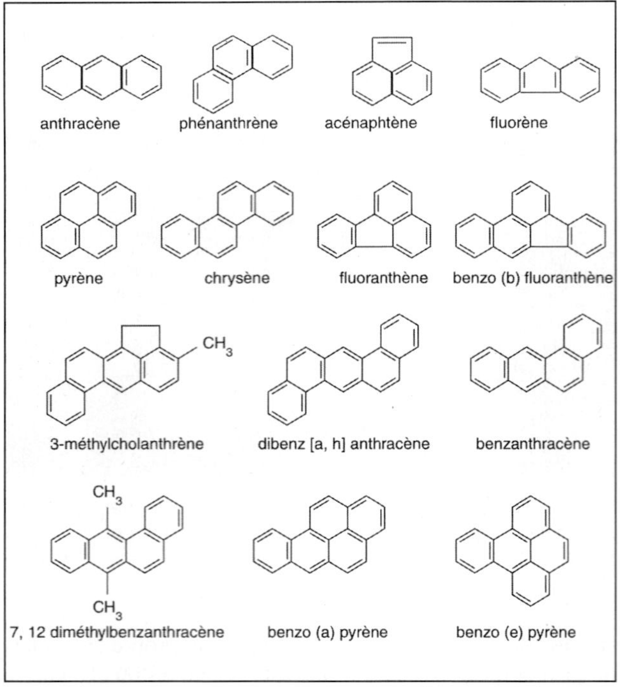

Formule chimique des principaux **HAP** présents dans l'environnement. (In Ramade F., *Dictionnaire encyclopédique des pollutions*, Ediscience international, 2000, p. 218)

proximité d'une plate-forme de forage. Les phénomènes de bioturbation, de resuspension et de diffusion remettent ensuite en circulation les HAP dans les eaux lacustres ou marines. Puis ils sont ingérés ou absorbés par les organismes benthiques et pélagiques. On a ainsi pu par exemple montrer que le benzopyrène, le pyrène et le fluoranthène sont prépondérants dans la biomasse benthique des eaux marines côtières. Bien que les HAP puissent être partiellement métabolisés par les animaux terrestres et aquatiques, ils sont en grande partie rejetés par les fèces et les excrétas ou libérés par la décomposition des organismes morts et recyclés à nouveau dans les sédiments. ◆ **pollution par les ~** : la cause principale de pollution par les hydrocarbures dans les milieux continentaux provient des combustions incomplètes des charbons et des fuels. Les moteurs diesels représentent aussi une cause majeure de pollution atmosphérique par ces HAP. Ils sont émis par ces derniers et par les chaufferies industrielles (ou domestiques) sous une forme gazeuse par suite des hautes températures atteintes par les gaz de combustion mais surtout fixés sur les suies ainsi que sur les fumées noires rejetées par les moteurs diesels. L'extraction et le transport du pétrole, les activités des raffineries, constituent une autre cause importante de pollution des eaux continentales et de l'océan par les HAP. De façon générale, le pyrène, le benzopyrène et le fluranthène sont les HAP prépondérants dans la biomasse benthique. On en retrouve des traces dans la plupart des organismes terrestres et dans la quasi-totalité des organismes aquatiques en particulier dans les poissons. Des recherches ont aussi mis en évidence une pollution des eaux et des réseaux trophiques de la Réserve Naturelle Nationale de Camargue, en particulier les poissons par ces contaminants persistants. ◆ **toxicologie environnementale des ~** : bien que les HAP soient d'une faible toxicité aiguë pour les animaux homéothermes, les plus volatils d'entre eux (naphtalène par exemple) sont néanmoins irritants pour les muqueuses et au niveau pulmonaire, voire aussi sensibilisants donc allergènes dans les expositions professionnelles. À l'opposé, les principaux HAP sont pour la plupart des cancérogènes, dont l'un des représentants les plus communs et les plus redoutables est le benzo(a)pyrène (voir tableau).

Activité cancérogène de quelques HAP

Molécule	Activité (en UA)
Fluoranthène	–
Pyrène	–
Chrysène	+
Benzanthracène	+
Benzofluoranthène	++
Indo (1,2,3cd) pyrène	++
Benzo(a)pyrène	+++++

Ces derniers sont tellement cancérogènes qu'ils servent d'étalon du pouvoir de cancérogénicité des substances chimiques! De façon générale, le pouvoir cancérogène est maximum pour les molécules comptant quatre ou cinq cycles aromatiques. À cause du puissant pouvoir cancérogène de plusieurs d'entre eux, des listes prioritaires comportant 16 de ces molécules ont été édictées par les institutions internationales (PNUE, OMS) et européennes de même qu'à l'échelle nationale dans la plupart des pays de l'OCDE – en premier lieu par l'EPA aux États-Unis. (***Voir aussi Cancérogenèse, Cancérogénicité, Mutagenèse***)

haplobionte, n. m. (*haplobiont*). Organisme dont les cellules sont toutes haploïdes.

haplodiplobionte, n. m. (*haplodiplobiont*). Organisme dont le cycle évolutif comporte une phase haploïde et une phase diploïde.

haplodiploïdie, n. f. Désigne un système génétique dans lequel les mâles sont haploïdes et les femelles diploïdes. (***Voir aussi Diploïdie***)

haploïde, adj. (*haploid*). Désigne le nombre de chromosomes présents dans un gamète, conventionnellement symbolisé par n, qui caractérisent l'assortiment chromosomique de base d'une espèce ou de toute sous-unité taxonomique considérée. Le terme s'applique de façon plus générale à un noyau cellulaire, à des cellules, ou aux phases du cycle vital d'un organisme, qui possèdent ce simple assortiment chromosomique, n. Dans les cellules somatiques, et à l'exception des gamètes, le nombre de chromosomes est usuellement un multiple de n (généralement 2 n, caractéristique des cellules diploïdes). Il existe aussi des cellules polyploïdes dont l'assortiment chromosomique comporte plusieurs multiples du nombre haploïde : 3 n (triploïde), 4 n (tétraploïde), etc. (***Voir aussi Diploïde***)

Planche IX

1

2

3

4

Planche IX

1. **Érosion** des sols sur des flancs de colline dénudés par le déboisement dans les Nyambeni Hills (Kenya). (Cliché F. Ramade)

2. **Énergies** renouvelables : ferme d'**éoliennes** à Sidi Daoud près du cap Bon (Tunisie). (Cliché F. Ramade)

3. **Étangs** dans le Dombes. (Cliché F. Ramade)

4. **Érosion** des sols dans les Alpes de Haute-Provence : stigmate de l'érosion hydrique sur des flancs de la montagne de Blayeul, anciennement dévastée par la déforestation et le surpâturage. La forêt de pins au second plan résulte de plantations effectuées au début du XXe siècle pour fixer les sols. (Cliché F. Ramade)

Planche X

1. Vue d'une **forêt pluvieuse tropicale** d'Amérique centrale. La stratification complexe de ce biome, quoique partiellement masquée par l'abondance des lianes, est apparente sur ce cliché grâce à l'existence d'une clairière artificielle créée par une coupe expérimentale (station biologique de Marenco, parc national de Corcovado, Costa Rica). (Cliché F. Ramade)

2. Vue d'un arbre émergent et de la canopée d'une **forêt pluvieuse tropicale** dans le parc national de Corcovado (Costa Rica). On remarque la présence de nombreuses lianes et d'épiphytes sur le tronc et les branches, en particulier Broméliacées et Aracées, bien visibles sur le cliché. (Cliché F. Ramade)

3. Tronc à contrefort de *Sloanea massoni*. Cette espèce d'Elaeocarpacée arborée est propre aux **forêts pluvieuses tropicales** des Antilles (parc national de Guadeloupe). (Cliché F. Ramade)

4. La biodiversité des communautés animales propres aux **forêts pluvieuses tropicales** est tout aussi importante que celle de leurs phytocœnoses. Ainsi, les peuplements aviens d'un tel écosystème peuvent compter sur quelques dizaines de kilomètres carrés autant d'espèces d'oiseaux qu'il en existe sur l'ensemble du continent européen. Ici, un *Ara* dans une forêt de la province des Amazonas (Venezuela). Les *Ara* constituent un genre de grands Psittaciformes propres aux forêts tropicales d'Amérique. (Cliché F. Ramade)

5. Colubridé arboricole de la forêt guyanaise. À l'image des autres classes de Vertébrés, l'herpétofaune des **forêts pluvieuses tropicales** présente une biodiversité exceptionnelle (réserve naturelle des Nouriagues). (Cliché F. Charles-Dominique)

Planche X

1

2

3

4

5

Planche XI

1. Vue d'une **forêt tempérée** caducifoliée dans la hêtraie de Dourdan (Essonne). La strate herbacée du sous-bois est ici relativement peu diversifiée car envahie de fougères aigles. (Cliché F. Ramade)

2. **Forêt méditerranéenne** de conifères (*Pinus brutia*) dans le parc national des Gorges de Samaria, en Crête. (Cliché F. Ramade)

3. **Forêt pluvieuse tempérée** de *Notofagus solieri* dans le parc national de Fjördland (Nouvelle-Zélande, île du Sud). (Cliché F. Ramade)

4. **Forêt mixte** de conifères et de feuillus au Québec dans les Laurentides. (Cliché F. Ramade)

5. **Forêt boréale** de Conifères (taïga) dans le parc national de Pallas-Ounas en Laponie finnoise. (Cliché F. Ramade)

Planche XI

1

2

3

4

5

Planche XII

1. **Garrigue** à chênes kermès marquée par l'affleurement de plaques de sols dénudés près d'Allauch (Bouches-du-Rhône).

2. Vue d'une **garrigue** au printemps dans la région de Marseille. On distingue sur ce cliché des cistes et des ajoncs en fleur. (Cliché F. Ramade)

3. Pollution des **Grands Lacs**. Vue aérienne du lac Érié. On distingue nettement ici l'intrusion dans le lac d'une masse d'eaux polluées provenant d'une zone humide adjacente entourée d'installations industrielles qui y déversent leurs effluents. (Cliché F. Ramade)

4. Vue aérienne du **glacier** de Muldrow, en Alaska dans le massif du mont McKinley. (Cliché F. Ramade)

Planche XII

1

2

3

4

Planche XIII

1. Vue du **glacier** du Rutor dans le parc national du Gran Paradiso en Italie. On distingue le torrent du même nom alimenté par l'eau de fusion des glaces. (Cliché F. Ramade)

2. **Hélophytes** (*Iris pseudacorus*) dans un marais de la réserve naturelle nationale de Camargue. Les diverses plantes amphibies, dont les plus connues sont les roseaux et les papyrus, sont de loin les producteurs primaires majeurs des biotopes lentiques non lacustres. (Cliché F. Ramade)

3. Vue de la première cascade du torrent du Rutor, l'un des tributaires de la Maurienne, pris en bordure du parc national du Gran Paradiso en Italie. La zone des torrents représente celle du crenon pour un écosystème lotique et la zone dite de production pour l'**hydrosystème** fluvial correspondant. (Cliché F. Ramade)

4. Le gardon de Saint-Jean en amont d'Anduze (Gard). La zone des rivières représente celle du rhithron pour un écosystème lotique et la zone dite de production pour l'**hydrosystème** fluvial correspondant. (Cliché F. Ramade)

5. Une boucle de l'Orénoque en aval des rapides de Puerto Ayacucho (Amazonas, Venezuela). L'Orénoque constitue l'un des **hydrosystèmes** fluviaux les plus complexes existant dans la biosphère et ce d'autant plus qu'il communique avec celui de l'Amazone de sorte que, selon la saison, les eaux des bassins versants impliqués se déversent dans l'un ou l'autre de ces fleuves. La zone du cours d'eau concernée est dite de stockage et correspond à la plaine d'inondation. Elle représente dans l'écosystème lotique le potamon qui en constitue la partie la plus en aval – le fleuve proprement dit. (Cliché F. Ramade)

Planche XIII

1

2

3

4

5

Planche XIV

1. Vue nocturne d'un **incendie** de forêt dans le Midi de la France, près de Marseille. Allumées en général à l'apogée de l'été, les incendies de forêts méditerranéennes jouent un rôle majeur dans la déforestation de tels écosystèmes car elles détruisent non seulement l'humus mais la totalité de la matière organique présente dans les couches superficielles des sols. Ces derniers sont en conséquence profondément altérés, voire squelettisés, avec pour conséquence une diminution de leur aptitude à régénérer les boisements détruits. (Cliché F. Ramade)

2. Végétation arbustive de Pandanus de la plaine de Kapalga dans le parc national de **Kakadu** près de Darwin. Les nombreuses buttes visibles sur ce cliché sont des termitières (Territoire du Nord, Australie). (Cliché F. Ramade)

3. Garrigue provençale ravagée par un **incendie** (col de l'Espigoullier, massif de la Sainte-Baume). (Cliché F. Ramade)

4. Buisson d'*Opuntia inermis*. L'introduction de cette espèce de Cactacée originaire d'Amérique tropicale s'est souvent traduite par l'**invasion** de vastes surfaces par cette plante, là où les conditions climatiques lui sont optimales. De la sorte, elle couvrait avec une espèce voisine, *O. stricta*, des millions d'hectares dans le Queensland, en Australie, au début des années 1920. (Cliché F. Ramade)

Planche XIV

1

2

3

4

Planche XV

1. **Lac** Louise dans les rocheuses canadiennes (parc national de Banff, Alberta). Ce type de lac oligotrophe est alimenté par les eaux de fonte des glaciers situés plus en amont. (Cliché F. Ramade)

2. Le *Crater lake*, dans l'Oregon, est un immense **lac** de cratère formé par l'effondrement de la caldera du volcan Montezuma à la suite de son explosion cataclysmique voici plusieurs millénaires. L'extrême transparence des eaux de ce lac, révélée par leur couleur d'un bleu profond, résulte de leur hyperoligotrophie. On distingue, au second plan, le cône de son cratère secondaire qui s'est constitué lors d'une reprise transitoire d'activité volcanique et, en arrière-plan, les parois de la caldera. (Cliché F. Ramade)

3. Vue d'une **lagune** littorale : l'étang de la Dame dans la réserve naturelle nationale de Camargue.

4. Le **lac** de Wastewater dans le parc national du Lake District en Angleterre, de type oligomésotrophe, résulte, comme les nombreux écosystèmes limniques que comporte cette aire protégée, de la fusion des glaciers würmiens qui recouvraient la chaîne du Cumberland à la fin du Paléocène. (Cliché F. Ramade)

Planche XV

1

2

3

4

Planche XVI

1. Inflorescence de palétuvier (*Rhizophora mangle*). (Cliché F. Ramade)

2. Vue aérienne de **mangroves** en Australie du nord à l'est de Darwin. On distingue ici, depuis la mer vers l'intérieur, une frange d'*Avicennia* puis des *Ceriops* suivis de palétuviers (*Rhizophora apiculata*). Le symétrique de cette zonation se retrouve en bordure de la lagune située au-delà du cordon littoral vers l'intérieur des terres. (Cliché F. Ramade)

3. Vue aérienne d'une zone d'estuaire bordée de **mangroves** dans le golfe de Carpentarie (Territoire du Nord, Australie). (Cliché F. Ramade)

4. **Mangrove** à palétuvier rouge (*Rhizophora mangle*) près du Moule (Grande-Terre, Guadeloupe). (Cliché F. Ramade)

Planche XVI

1

2

3

4

Vue des chutes du Carbet dans le parc national de la Guadeloupe. Ce parc est couvert en grande partie de forêts ombrophiles tropicales, les précipitations étant de plusieurs mètres par an dans la zone du parc correspondant à ce cliché. (Cliché F. Ramade)

haploïdie, n. f. (*haploidy*). Propriété des cellules et des organismes qui sont haploïdes.

haplométrose, n. f. (*haplometrosis*). Type de fondation d'une colonie d'insectes sociaux par une femelle fertile (Reine) isolée.

haplonte, n. m. (*haplobion*). Phase haploïde du cycle vital d'une espèce végétale ou animale.

Hardy-Weinberg, loi de. Découverte simultanément par ses deux auteurs (1908), cette loi constitue le principe fondamental à partir duquel s'est édifiée la génétique des populations. Elle stipule que dans une population panmictique, c'est-à-dire dans laquelle tous les individus se croisent entre eux au hasard – en outre dont l'effectif est important, sédentaire et exempt de mutation ou de sélection – la proportion des allèles et des génotypes reste constante au cours du temps.

harem, n. m. (*harem*). Groupe de femelles associées à un seul mâle, que ce dernier s'approprie au moment de la période de reproduction et qu'il défend contre les sollicitations des autres mâles de la même population.

hareng, n. m. (*herring*). (n. sc. *Arengus arengus*). Clupéidé de grande importance pour les pêcheries commerciales de l'Atlantique Nord. Cette espèce effectue son cycle vital entre les zones d'estuaire où se situent les nurseries et les eaux du large où vivent les adultes.

Les harengs constituent en mer du Nord trois stocks distincts : celui des Downs, du Dogger et de Buchan.

Les femelles produisent à l'automne plusieurs dizaines de milliers d'œufs démersaux en zone littorale, à une cinquantaine de mètres de profondeur ; les alevins entraînés par les courants atteignent à l'âge de six mois les zones d'estuaires où se situent leurs nurseries et où ils séjournent environ un an. Ils vont ensuite quitter ces zones à l'approche de la maturité sexuelle, atteinte vers 2 ou 3 ans et rejoignent les zones de pleine mer situées dans la partie centrale de la mer du Nord.

Le hareng, qui a fait la fortune de la Hollande et la prospérité de nombreux ports de la mer du Nord et de la Baltique au début des temps modernes, a été l'objet d'une surexploitation au cours des années 1960 et 1970. Celle-ci a provoqué l'effondrement de ses stocks en mer du Nord et dans l'Atlantique du Nord-Est où la première classe d'âge reproductive, celle des poissons de 3 ans a représenté jusqu'à 70% de l'effectif total d'adultes. Autre indice de surpêche, la taille moyenne des prises a régulièrement baissé dans la période 1950-1980. Après un maximum de prise qui a excédé un million de tonnes en 1968, celles-ci se sont effondrées dans les années 1970.

Une politique de quota assez strictement appliquée a permis en date plus récente une tendance à la reconstitution des stocks en mer du Nord et dans l'Atlantique du Nord-Est. (***Voir aussi Pêcheries***)

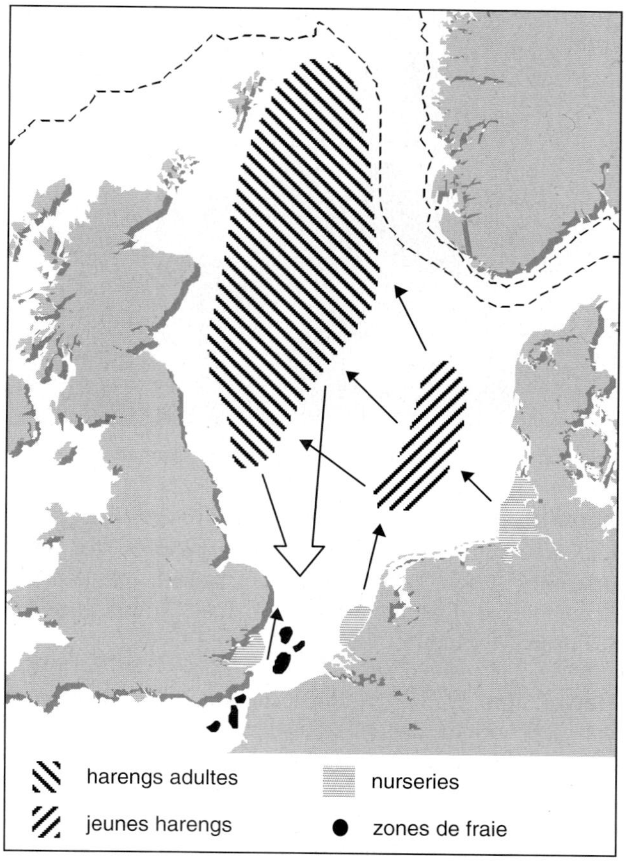

Répartition des principaux stocks de **harengs** en mer du Nord. On distingue trois stocks principaux : celui des Downs, du Dogger et de Buchan. La flèche descendante indique la migration des harengs adultes vers les zones de fraie. Les flèches montantes indiquent les migrations des larves vers les zones de croissance des juvéniles puis le sens des migrations des jeunes vers les aires occupées par les adultes. (D'après Tett, in Lenihan et Fletcher, *The marine environment*, Blackie, Londres, 1977, p. 28)

harfang des neiges, n. m. (*snow owl*). (n. sc. *Nyctea scandica*). Grand hibou propre à l'ensemble des toundra holarctiques qui se rencontre en Europe en Laponie et dans les îles du Nord-Est de l'Atlantique (Féroé, Shetland, Islande). Les harfangs pullulent les années d'invasion des lemmings dont ils constituent le principal prédateur avec la buse pattue. (***Voir aussi Nocturne***)

Harpacticoides, n. m. Ordre de Copépodes comportant plus de 3 000 espèces tant marines que des eaux continentales. Il s'agit d'espèces épibenthiques, certaines fouisseuses ou interstitielles.

haut(e), adj. ◆ ~ **eaux** (*high water*) : niveau le plus élevé atteint par la marée haute. ◆ ~-**fourneau** (*blast furnace*) : équipement industriel de très grande taille, destiné à réduire l'oxyde de fer pour produire de la fonte, première étape nécessaire à la production de l'acier. Les haut-fourneaux sont la source d'une importante pollution atmosphérique lorsqu'ils ne sont pas équipés de dispositifs anti-poussière. On a pu évaluer à 300 t/ha/an la retombée de particules autour de telles installations en l'absence d'équipements anti-pollution. ◆ ~ **mer** (*high sea*) : partie de la mer située au large des côtes.

Vue générale d'un **haut-fourneau**. (Cliché F. Ramade)

hauteur, n. f. ◆ ~ **de la couronne** (*crown height*) : hauteur du sommet de la canopée par rapport au sol. ◆ ~ **d'homme** (*breast height*) : hauteur à laquelle on mesure la circonférence d'un arbre sur pied, fixée arbitrairement à 1,3 m en sylviculture.

Hawaï, îles (*Hawaï*). Archipel situé au niveau du tropique dans le Pacifique central. De nature volcanique, il possède aussi d'importantes flores et faunes endémiques, hélas menacées par les nombreuses introductions d'espèces exotiques et aussi par la défriche quasi totale des plaines côtières pour y effectuer des plantations industrielles de canne à sucre et d'ananas. (***Voir aussi Drepanididae***)

hawaïen(ne), adj. ◆ **province biogéographique** ~ (*hawaian province*) : constituant un sous-ensemble du sous-règne polynésien, elle est la plus isolée des diverses provinces biogéographiques de l'Ancien Monde avec 20% des genres et 80% des espèces de plantes endémiques.

HCB, n. m. (*HCB*). Abréviation de hexachlorobenzène. Composé organochloré longtemps utilisé comme fongicide et interdit d'usage à cause de sa très forte persistance dans l'environnement.

HCH, n. m. (*BHC*). Abréviation de hexachlorocyclohexane. Molécule douée de propriétés insecticides découverte par Faraday au siècle dernier, de formule brute $C_6H_6Cl_6$, qui résulte de la chloration du benzène. En réalité, l'HCH technique est un mélange de cinq isomères dont deux seulement, l'α et surtout le γ, possèdent des propriétés insecticides. Seul le γ HCH, dénommé lindane, donne lieu à une utilisation comme pesticide. (***Voir aussi Lindane***)

hékistotherme, n. m. (*hekistotherme*). **1.** Espèce végétale adaptée aux climats froids, propre aux biotopes de toundra, où la température moyenne annuelle est inférieure à 0 °C et qui exige, pour se développer, des températures n'excédant pas 10 °C au cours du mois le plus chaud. **2.** Désigne aussi toute espèce se développant au-delà de la ligne des arbres, dans des zones où l'enneigement est très important.

héléoplancton, n. m. (*heleoplankton*). Plancton inféodé aux mares de faible surface et aux petites étendues marécageuses temporaires.

héliciculture, n. f. (*snail production*). Élevage en masse des escargots.

Héliconiacées, n. sc. (*lobster claw*). Famille de plantes herbacées appartenant à l'ordre des Zingibérales. Elle est constituée d'espèces de grande taille, jusqu'à 3 m de haut, de distribution géographique essentiellement néotropicale, propres aux régions tropicales et subtropicales d'Amérique centrale et du Sud. Elles présentent des affinités avec les bananiers qui appartiennent à une famille voisine du même ordre, celle des Musacées. (***Voir aussi Musacées, Zingibérales***)

héliofuge, adj. (*heliofugous*) (syn. : lucifuge, photophobe). Désigne une espèce animale qui présente un phototropisme négatif, en particulier à l'égard de la lumière solaire et qui, de ce fait, se développe dans l'obscurité. Tel est le cas des animaux cavernicoles ou encore des termites, parmi de nombreux autres exemples. (***Voir aussi Héliophile, Sciaphile***)

hélio-ombrogramme, n. m. (*helio-ombrogram*). Courbes représentant la relation ensoleillement-précipitations en un biotope donné. Ce couple de facteurs climatiques peut en effet présenter un facteur limitant dans le développement de certaines espèces. Ainsi on a pu mettre en évidence que l'importance relative des précipitations et de l'ensoleillement pendant le début de la belle saison intervenait de façon déterminante dans le succès de reproduction de nombreuses espèces d'Oiseaux.

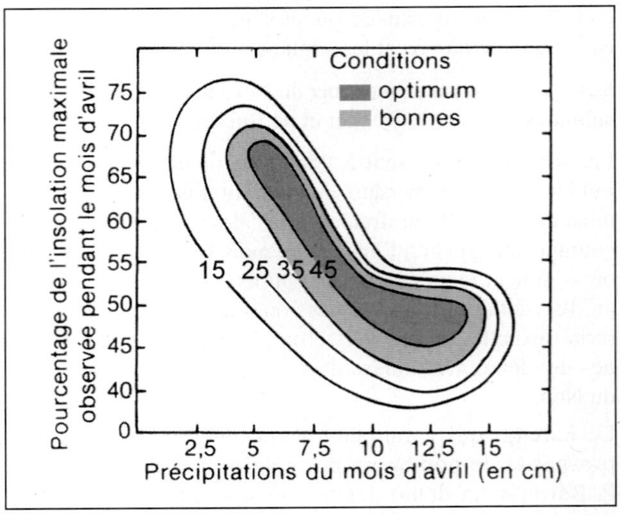

Hélio-ombrogramme des conditions de reproduction du faisan dans l'Ohio. (D'après Shelford op. cit., in Ramade F., *Écologie fondamentale*, Ediscience international, 1994, 2e ed., p. 103)

héliophile, adj. (*heliophilous*). Espèce vivante qui exige un fort ensoleillement pour se développer ou présenter une activité normale. On distingue des végétaux héliophiles qui croissent dans des conditions de fort ensoleillement – plantes en C_4 en particulier – qui s'opposent aux végétaux sciaphiles qui fuient la pleine lumière.

La plupart des plantes méditerranéennes (prises au sens écologique et non géographique) et des végétaux des écosystèmes désertiques sont héliophiles. Il en est de même de nombreuses espèces animales, en particulier de nombreux groupes d'insectes tels les papillons diurnes, ou encore de la plupart des Hyménoptères Aculéates. Les Vespides chasseurs et des Apoides floricoles et pollinisateurs des végétaux sont des espèces très héliophiles, certaines d'entre elles suspendant toute activité de chasse, de butinement ou de nidification dès que la moindre couverture nuageuse voile le soleil. **(*Voir aussi Lumière, Photosynthèse, Sciaphile*)**

héliophilie, n. f. (*heliophily*). Propriété de diverses espèces végétales et animales de présenter un préférendum pour les flux solaires intenses. **(*Voir aussi Lumière, Sciaphilie*)**

héliophyte, n. m. (*heliophyte*). Espèce végétale héliophile.

héliotaxie, n. f. (*heliotaxy*). Réaction d'orientation ou locomotrice provoquée par la lumière solaire.

héliotherme, adj. (*heliothermic*). Désigne une espèce animale maintenant une température corporelle élevée en s'exposant au soleil.

héliotropisme, n. m. (*heliotropism*). Voir Phototropisme.

hélioxérophile, adj. (*helioxerophilous*). Désigne un organisme inféodé aux biotopes désertiques capables de se développer à la fois dans des conditions de fort ensoleillement et d'aridité extrême.

Helix. Nom scientifique du genre qui regroupe les escargots terrestres au sens strict. ◆ ***~ desertorum*** : espèce d'escargot du Sahara septentrional présentant une extraordinaire résistance à la sécheresse. Elle est capable de rester plus de quatre années en état de quiescence en attendant la venue d'une période de précipitations.

helminthe(s), n. m. (*helmintha*). Terme général désignant les divers animaux généralement parasites du groupe des vers.

helminthologie, n. f. (*helminthology*). Branche de la zoologie dont l'objet est l'étude des vers.

hélobios, n. m. (*helobios*). Ensemble des organismes constituant la biocœnose propre aux écosystèmes marécageux.

hélocrène, adj. (*helocrene*). Désigne ce qui se rapporte aux peuplements amphibies propres à la zone de niveau variable et partiellement inondée des microcriques et bras « morts » des rives d'un torrent ou d'un ruisseau à forte pente.

hélohylophile, adj. (*helohylophilous*). Désigne une espèce se développant dans des biotopes forestiers humides ou marécageux.

hélophile, adj. (*helophilous*). Désigne une espèce inféodée à des biotopes marécageux.

hélophyte, n. m. (*helophyte*). **1.** Plante adaptée aux biotopes marécageux y compris les tourbières. **2.** Plante amphibie, pérenne, dont les formes de durée sont constituées par des rhizomes enfouis dans la vase au-dessous du niveau de l'eau. Les roseaux (Phragmites, *Typha*) sont des représentants très communs dans les zones humides tempérées de ce type de forme végétale adaptative propre à la zone riparienne des écosystèmes limniques. Ils constituent une ceinture dans la zone riparienne comprise entre la zone des hydrophytes qui vivent dans la zone constamment en eau et l'étage supralittoral qui est exondé sauf en période de crue ou de hautes eaux pour un lac. **(*Voir aussi Macrophytes, Roseau*)**

héloplancton, n. m. (*heloplankton*). Ensemble de la communauté planctonique propre aux biotopes marécageux.

hématite, n. f. (*haematite*). Minéral constitué par du sesquioxyde de fer (Fe_2O_3) qui peut se rencontrer dans certains sols tropicaux soumis à des processus d'altération pédologique.

hématophage, adj. (*haemophagous*). Désigne une espèce qui se nourrit de sang.

héméropériodique, adj. (*hemeroperiodic*). Désigne l'ensemble des espèces végétales qui exigent une photopériode de jours longs, c'est-à-dire un rythme nycthéméral où la durée du jour excède celle de la nuit pour fleurir, conditions propres à la fin du printemps et au début de l'été.

hémicryptophyte(s), n. f. (*hemicryptophyte*). Type de plantes herbacées vivaces, correspondant aux espèces dont les parties bourgeonnantes qui permettent la survie pendant la mauvaise saison sont disposées à la surface du sol, à la limite inférieure de la tige (ou de la touffe pour les Graminées cespiteuses). **(*Voir aussi Raunkiaer*)**

hémiédaphon, n. m. (*hemiedaphon*). Ensemble des organismes édaphiques vivant de façon seulement temporaire dans le sol ou à sa surface.

hémiépiphyte, n. f. (*hemiepiphyte*). Plante ne passant qu'une partie de son cycle vital à l'état d'épiphyte. La germination et le début du développement s'effectuent sur les branches d'un végétal hôte mais les racines atteignent ensuite le sol pour donner une liane.

hémimétabole, (*hemimetabolous*). Désigne un mode de développement larvaire de divers ordres d'Invertébrés, caractérisé par une transformation progressive vers l'état adulte.

hémione, n. f. (*hemiona*) (n. sc. : *Equus hemionus*). Espèce d'Équidé des steppes et des semi-déserts d'Asie centrale.

hémiparasite, n. m. (*hemiparasitic*). Végétal chlorophyllien dont l'activité photosynthétique n'est pas suffisante pour couvrir la totalité des besoins métaboliques de l'individu. Le gui est un exemple de telle plante hémiparasite.

Hémiptères, n. m. Voir Hétéroptères.

hémisaprophyte, n. f. (*hemisaprophyte*). Plante chlorophyllienne à physiologie saprophyte.

hemlock, n. m. (*hemlock*) (n. sc. : *Tsuga sp.*). Genre de Conifères d'Amérique du Nord tempérée et boréale dont diverses espèces constituent des végétaux dominants des forêts de résineux propres à ces régions. ***(Voir aussi Pruche)***

hémocyanine, n. f. (*hemocyanin*). Enzyme respiratoire des Mollusques et de certains Arthropodes qui renferme du cuivre dans son groupement prosthétique.

Hépatiques, n. f. (*Liverworts*). Classe de Bryophytes caractérisée par des rhizoïdes cellulaires situés à la face inférieure du gamétophyte thalloïde ou foliacé ainsi qu'une capsule s'ouvrant par des valves. Elle compte environ 10 000 espèces essentiellement épiphytes et tropicales.

heptachlore, n. m. (*heptachlor*). Insecticide organochloré du groupe des cyclopentadiènes, aujourd'hui interdit dans les pays industrialisés, qui a été utilisé à très vaste échelle en agriculture dans la période 1950-1975, en particulier sur le maïs. Doué d'une forte stabilité chimique, l'heptachlore se transforme lentement en époxyde qui peut persister des décennies dans les sols qu'il a contaminés. ***(Voir aussi Organochlorés)***

herbage, n. m. (*grassland, pasture*). Terme agronomique désignant les prairies naturelles ou artificielles. La tendance à l'intensification de la production animale qui a marqué les quatre dernières décennies s'est traduite dans de nombreuses régions du monde par une substitution des prairies naturelles par des prairies temporaires et artificielles obtenues en semant un mélange de Graminées fourragères et de Légumineuses. L'usage de fertilisants et parfois de pesticides a accentué l'artificialisation des zones herbagères autrefois marquées par une grande diversité de leurs peuplements végétaux et animaux.

herbicide(s), n. m. (*herbicide*). Pesticides utilisés pour la destruction des adventices des cultures ou comme défoliants en sylviculture et, de façon plus générale, pour éliminer toute végétation considérée comme indésirable y compris des plantes aquatiques.

Les principaux groupes d'herbicides actuellement utilisés sont :

– les dérivés de l'acide phénoxyacétique, mimétiques des auxines végétales (2,4-D ; 2,4,5-T; MCPA par exemple),

– les dérivés des urées substituées (monuron, linuron, chlortoluron, etc.),

– les dérivés des triazines (atrazine, simazine, prométryne),

– les dérivés de l'acide carbamique,

– le glyphosate, un herbicide de contact dont l'usage se répand car il ne présente quasiment aucune toxicité pour les animaux.

Divers herbicides, en particulier ceux du groupe des triazines ou encore des urées substituées, relativement solubles dans l'eau et persistants, constituent de redoutables polluants des eaux continentales. Ainsi, en Europe occidentale, aucune eau d'adduction ne peut être considérée comme potable en de nombreuses régions rurales par suite de sa haute teneur en herbicides, en particulier en dérivés des triazines, la concentration maximale admissible (CMA) pour l'atrazine dans l'eau de boisson étant par exemple dans l'Union européenne aussi basse que 2 µg/l. ◆ **effets des ~ sur les écosystèmes aquatiques** : la pollution des eaux par les herbicides se traduit par un impact clandestin sur les écosystèmes aquatiques. Leur toxicité sur le phytoplancton étant considérable, ils provoquent une diminution de l'abondance des algues planctoniques unicellulaires, coloniales et filamenteuses. Des travaux effectués par le laboratoire d'écologie et de zoologie de l'Université Paris-Sud ont montré qu'il survenait une importante baisse de la production primaire de milieux lentiques contaminés par les herbicides

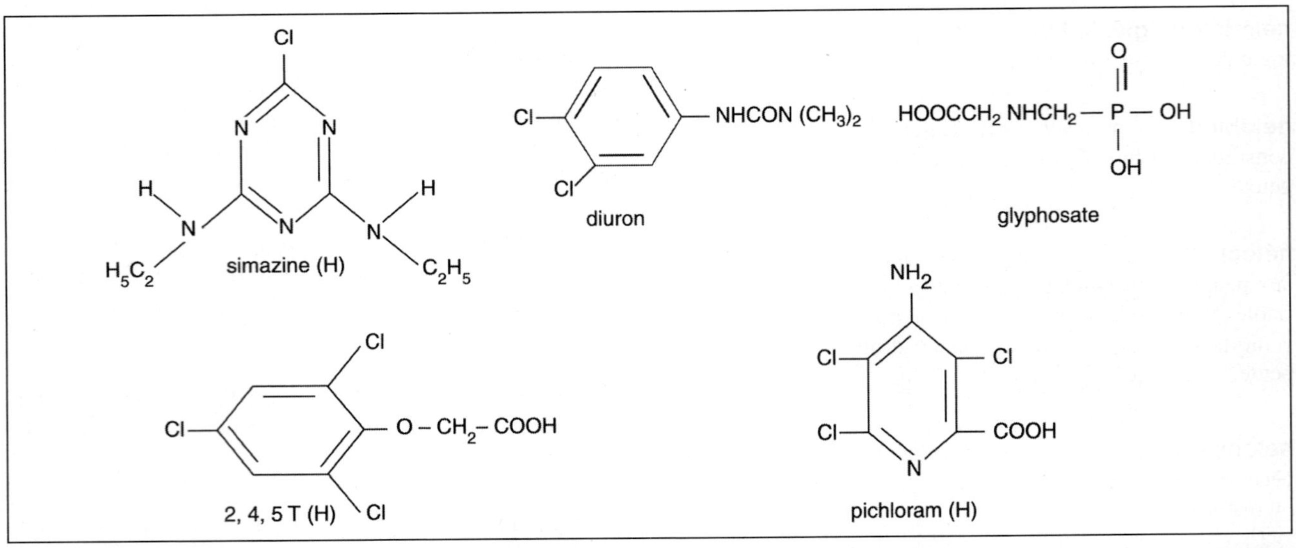

Formule de quelques molécules d'usage courant appartenant aux principales familles chimiques d'**herbicides**. Dérivés de l'acide chlorophénoxyacétique et apparenté (2,4-D, 2,4,5-T et simazine), de la triazine (simazine), des urées substituées (diuron), et du glyphosate. (D'après Ramade F., *Dictionnaire encyclopédique des pollutions*, Ediscience international, 2000, p. 225)

utilisés en agriculture industrielle. Certains experts ont suggéré que la dégénérescence des madrépores observée dans certaines zones de la grande barrière de corail en Australie, sur la côte du Queensland, résultait du lessivage dans les eaux marines littorales du 2,4,5-T utilisé à vaste échelle dans les immenses plantations de canne à sucre propres à l'étroite plaine côtière de cet État. ◆ **effets des ~ sur les écosystèmes terrestres** : la plupart des herbicides employés en agriculture sont peu, voire pas toxiques, pour les animaux. Il existe néanmoins quelques exceptions : les herbicides mimétiques des auxines sont par exemple toxiques pour les abeilles et les coccinelles, d'autres groupes sont aussi assez toxiques pour les Arthropodes terrestres voire pour des Vertébrés à sang froid. Ainsi, il a été démontré que les traitements herbicides diminuent de façon significative l'abondance des insectes dont les jeunes perdrix se nourrissent dans les zones de céréaliculture intensive du sud de l'Angleterre.

Abondance des insectes servant de nourriture aux oisillons de perdrix grise (*Perdrix perdrix*) en bordure de champs de céréales traités ou non traités aux herbicides
(D'après Rands, 1985)

Espèce proie	Nombre moyen de proies par échantillon	
	Champ traité	Champ témoin
Hétéroptères*	1,36 ± 0,13	1,9 ± 0,15
Chenilles	0,51 ± 0,015	0,61 ± 0,08
Chrysomelidae et *Curculionidae*	0,74 ± 0,03	0,98 ± 0,09
Total insectes-proie	1,53 ± 0,1	2,06 ± 0,10

* significatifs à p < 0,05.

Cependant leur profond impact sur la végétation adventice et rudérale provoque des perturbations parfois spectaculaires. Certains herbicides, tels par exemple le pichloram, présentent une action puissante et prolongée sur la végétation. On avait donné par inadvertance à des mules du foin accidentellement traité au pichloram. Après épandage du fumier produit par ces animaux, aucun plante n'a poussé dans le champ ainsi pollué pendant les trois années qui suivirent cet épandage intempestif!

De nos jours, il est quasi impossible d'observer des bleuets, des *Delphinium*, ou des *Adonis* dans les champs du Bassin parisien, démentiellement traités aux herbicides. Comme le soulignait déjà Aymonin au début des années 1970, des plantes autrefois très banales comme les *Lichnis githago* ou les coquelicots sont devenues très rares. Il est ainsi possible de parcourir des centaines d'hectares sans trouver une seule des plantes précitées.

Cette disparition de la flore adventice a pour conséquence la raréfaction de nombreuses espèces d'oiseaux sédentaires qui ne peuvent plus, la récolte faite, trouver un complément de nourriture dans la végétation rudérale qui subsistait dans les champs et en bordure de ces derniers. ***(Voir aussi Atrazine, 2,4-D, Défoliants, Glyphosate, Pesticides, Urée substituée, 2,4,5-T, Triazines)***

herbicole, adj. (*herbicolous*). Désigne les espèces inféodées à la strate herbacée des forêts ou aux habitats de formations herbeuses (prairies, steppes par exemple).

herbier(s), n. m. **1.** (*seagrass bed*). En Écologie marine, désigne des communautés de macrophytes constituées d'algues de grande taille mais aussi plus souvent de grandes

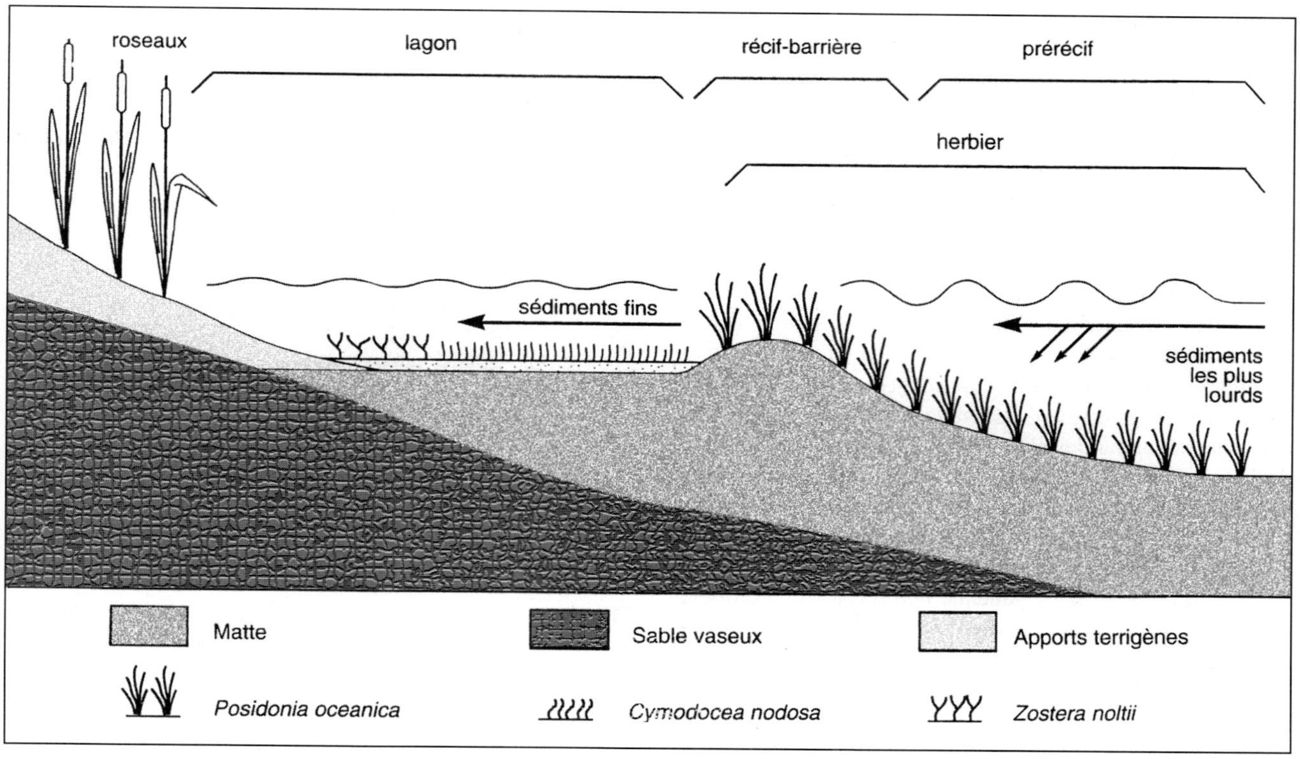

Coupe d'un récif barrière de *Posidonia oceanica* dans le parc national de Port-Cros mettant en évidence les **herbiers** de Phanérogames marines : zostères, Cymodocées et posidonies. (D'après Augier et Boudouresque, *Bull. Mus. Hist. Nat.* Marseille, 1970, vol. 30)

Phanérogames marines de l'ordre des Hélobiales (Monocotylédones) telles les *Posidonia* ou les *Zostera*. Ces herbiers qui croissent dans la zone néritique, prés du littoral, possèdent aussi des zoocœnoses d'une grande richesse et diversité spécifiques. Leur productivité biologique est extrêmement élevée.

En Méditerranée, par exemple, les herbiers de *Posidonia oceanica* possèdent une très grande richesse spécifique de leur peuplement de poissons, supérieure même à celle de leurs homologues tropicaux. Ils peuvent présenter en saison estivale une productivité primaire comparable à celle d'écosystèmes forestiers. Ils sont de ce fait également la source d'une importante productivité secondaire en particulier en espèces de poissons exploitées par les pêcheries littorales. ***(Voir aussi Posidonia)***. **2.** (*herbarium*). Terme de botanique désignant une collection de plantes conservées, séchées et collées sur un support rigide, destinée à servir de référence pour des études taxonomiques et (ou) écologiques en particulier biogéographiques. ***(Voir aussi Arboretum, Jardin botanique)***

herbivore(s), n. m. et adj. (*herbivorous*) (syn. : phytophage). Espèce animale dont l'alimentation est strictement fondée sur la consommation de végétaux et donc située au second niveau dans les réseaux trophiques de consommateurs.

Il existe divers types d'herbivores. La majorité sont phyllophages et mangent les feuilles et les pousses des végétaux, d'autres espèces sont xylophages et consomment les parties ligneuses. Une troisième catégorie d'herbivores est constituée par les suceurs de sève, une autre est représentée par les espèces floricoles butineuses de nectar et (ou) qui consomment le pollen ; enfin la dernière catégorie est représentée par les espèces frugivores. ***(Voir aussi Phytophages, Réseaux trophiques)***

hérédité, n. f. (*heredity*). Transmission génétique de traits des parents à leur descendance.

héritabilité, n. f. (*heritability*). Proportion de variance dans un phénotype due à l'effet de facteurs génétiques additifs.

hermaphrodisme, n. m. (*hermaphroditism*). Mode de reproduction dans lequel tous les individus sont à la fois mâle et femelle. Il existe en réalité plusieurs types d'hermaphrodisme. ◆ ~ **alternatif** (*alternative hermaphroditism*) : type d'hermaphrodisme dans lequel les organismes passent alternativement par des phases mâles puis femelles au cours de leur vie (cas des moules ou des huîtres par exemple). ◆ ~ **simultané** (*simultaneous hermaphroditism*) : désigne le fait que des espèces animales peuvent être simultanément mâles et femelles (cas des escargots terrestres par exemple). Ici, il se produit en règle générale une fécondation croisée, quoique dans certains cas puisse advenir une autofécondation, comme chez les *Planorbis* et autres espèces de Gastéropodes aphalliques c'est-à-dire dépourvus de pénis. ◆ ~ **successif** (*successive hermaphroditism*) : le plus fréquent des types d'hermaphrodisme. Il est caractérisé par le fait que les organismes qui en sont doués sont successivement de l'un puis de l'autre sexe au cours de leur vie. En règle générale, il est protérandrique, les jeunes individus étant mâles et devenant ensuite femelles. Il existe cependant des cas, moins fréquents, d'hermaphrodisme protérogyne, les individus étant d'abord femelles puis mâles. Dans ce cas, l'accouplement est obligatoire.

hermaphrodite, adj. (*hermaphroditic*). Se dit d'un individu ou d'une espèce présentant un hermaphrodisme.

hermatypique, adj. (*hermatypic*). On dénomme coraux hermatypiques les diverses espèces de Cnidaires coloniaux qui bâtissent les récifs coralliens. Il s'agit essentiellement d'Hexacoralliaires de l'ordre des Madréporaires dans les récifs actuels bien que des espèces appartenant à d'autres groupes taxonomiques (Hydrocoralliaires par exemple) soient aussi présentes parmi les divers bâtisseurs de récifs. ***(Voir aussi Coraux, Récifs coralliens)***

herpétofaune, n. f. (*herpetofauna*). Ensemble des peuplements reptiliens présents dans un écosystème ou une région donnée.

herpétologie, n. f. (*herpetology*). Branche de la zoologie dont l'objet est l'étude des Reptiles.

hétérodonte, adj. (*heterodont*). Désigne un animal dont la denture est constituée par des dents de forme et de structure différentes. Les Mammifères avec leurs incisives, canines, et molaires sont hétérodontes par opposition aux Reptiles actuels qui sont homodontes.

hétérodyname, adj. (*hetereodynamic*). Se dit d'une espèce dont le développement n'est pas continu mais passe par une phase d'arrêt obligatoire destinée à surmonter une période du cycle annuel écologiquement défavorable, dénommée diapause.

hétérogamétique, adj. (*heterogametic*). **1.** Désigne le sexe qui, dans une espèce donnée, possède l'hétérochromosome. **2.** Désigne les organismes qui produisent deux types de gamètes.

hétérogamie, n. f. (*heterogamy*). Type de reproduction caractérisé par la présence de gamètes de taille et de morphologie différentes. En écologie végétale, désigne l'existence de fleurs de type différent sur une même inflorescence. On trouve par exemple chez certaines Composées, sur un même capitule, des fleurs bisexuées et d'autres uniquement femelles.

hétérogénéité, n. f. (*heterogeneity*) ◆ ~ **du milieu** (*habitat heterogeneity*) : désigne l'existence dans un biotope d'une irrégularité dans la structure physique du milieu ou encore dans les conditions microclimatiques locales.

L'hétérogénéité spatio-temporelle constitue un paramètre de toute première importance dans la distribution des populations et aussi dans la structure et le fonctionnement des écosystèmes.

L'hétérogénéité exerce en effet une influence homéostasique à des niveaux variés d'organisation des systèmes écologiques. Elle intervient par exemple dans la régulation des effectifs des populations de proies et de prédateurs, l'hétérogénéité du milieu permettant à une plus forte proportion des premières d'échapper aux seconds. On peut aussi montrer que l'hétérogénéité du milieu joue un rôle important dans la régulation du flux de l'énergie et de la circulation de la matière dans les écosystèmes. ◆ **~ des ressources** (*resources heterogeneity*) : distribution irrégulière et aléatoire des ressources alimentaires par exemple dans un biotope donné.

hétérogyne, adj. (*heterogynous*). Désigne les espèces chez lesquelles le cycle vital comporte une alternance de générations dont les femelles sont parthénogénétiques et à reproduction gonochorique.

hétérométabole, adj. (*heterometabolous*). Désigne un Arthropode dont le développement est dit à métamorphose incomplète, larves et adultes étant de morphologie voisine.

hétéromorphie, n. f. (*heteromorphy*). Phénomène caractérisant les espèces vivantes dont les formes haploïdes et diploïdes du cycle vital présentent une morphologie distincte. L'hétéromorphie est par exemple très marquée chez les végétaux inférieurs.

hétéro-œcique, adj. (*heteroecious*) (syn. : hétéroxène). Désigne un parasite effectuant son cycle dans deux ou plusieurs hôtes à divers stades de son cycle vital.

hétérophage, adj. (*heterophagous*). Désigne les animaux ayant un vaste spectre alimentaire. ***(Voir aussi Omnivore)***

hétérophyllie, n. f. (*heterophylly*). Propriété des végétaux possédant des feuilles morphologiquement et (ou) physiologiquement différentes.

hétérophyte, n. f. (*heterophyte*). Espèce végétale se rencontrant dans des habitats très variés.

Hétéroptères, n. m. (*Heteroptera*, vern. : *bugs*). Ordre d'Insectes renfermant un grand nombre d'espèces, surtout tropicales, aux pièces buccales de type piqueur-suceur, et dont les ailes antérieures sont transformées en hémélytres, d'où leur nom. La majorité des Hétéroptères sont phytophages mais il existe de nombreuses espèces et même des familles entières strictement prédatrices. L'hématophagie est rare, strictement limitée aux Cimicidés et à certains Réduviidés.

hétérosis, n. m. (*heterosis*). Accroissement de vigueur de croissance, de survie et de fécondité observé chez les hybrides. ***(Voir aussi Hybride, vigueur)***

hétérosporie, n. f. (*heterospory*). Existence simultanée dans un même taxon de Cryptogames de deux types de spores.

hétérostylie, n. f. (*heterostyly*). Variation dans la longueur du style entre les différentes fleurs d'une même espèce de plantes qui assure la fécondation croisée par les insectes car les anthères d'un type de fleur sont à la même hauteur que les stigmates d'une autre.

hétérothallisme, n. m. (*heterothallism*). Particularité propre à certains végétaux primitifs d'avoir deux thalles haploïdes autostériles qui peuvent être physiologiquement ou morphologiquement distincts. De ce fait, qu'il y ait production de gamètes identiques (isogamie) ou morphologiquement distincts (anisogamie), les gamètes mâles sont plus petits que les gamètes femelles. L'hétérothallie implique la rencontre de thalles différents.

hétérotrophe(s), adj. et n. m. (*heterotrophic*). Désigne un organisme qui a besoin de substances biochimiques dans son alimentation pour produire son énergie cellulaire et assurer l'édification de sa propre substance vivante (par opposition aux végétaux dont la nutrition est strictement minérale). Les hétérotrophes sont aussi dénommés de ce fait chimio-organotrophes. L'ensemble des animaux et des micro-organismes décomposeurs des sols et des eaux sont des hétérotrophes. ***(Voir aussi Autotrophe, Écosystème, Photolithotrophe)***

hétérotrophie, n. f. (*heterotrophy*). État fonctionnel caractérisant les organismes hétérotrophes, c'est-à-dire ceux chez lesquels prévaut au plan métabolique l'utilisation, le réarrangement et la décomposition de substances chimiques complexes donc une alimentation impliquant l'ingestion de substances biochimiques. ◆ **degré d'~** : il peut arriver, dans une biocœnose, que l'activité des hétérotrophes excède celle des autotrophes, compte tenu des conditions d'évolution de l'écosystème, en fonction de la période du cycle annuel, ou encore lorsqu'intervient un facteur perturbateur. Cela signifie que la respiration de la communauté devient supérieure à celle de sa photosynthèse. Le degré d'hétérotrophie caractérise de telles biocœnoses et se mesure par le rapport R/P. Celui-ci devient supérieur à 1 lorsqu'apparaissent des conditions favorisant l'hétérotrophie. Cet état se rencontre dans de nombreux écosystèmes dulçaquicoles de type lentique où existe une forte importation de matières organiques provenant du bassin versant ou encore d'une production primaire excessive due à un état d'eutrophie suivi d'une mort massive des plantes. Il existe aussi souvent dans les zones littorales deltaïques bénéficiant d'un apport tellu-

←

Vue d'un **Hétéroptère**, *Palomena prasina*, de la famille des Pentamonidés. Les insectes de cette famille, vulgairement dénommés « punaises des bois », sont pour la plupart phytophages et se nourissent de la sève de diverses plantes herbacées ou ligneuses. (Cliché F. Ramade)

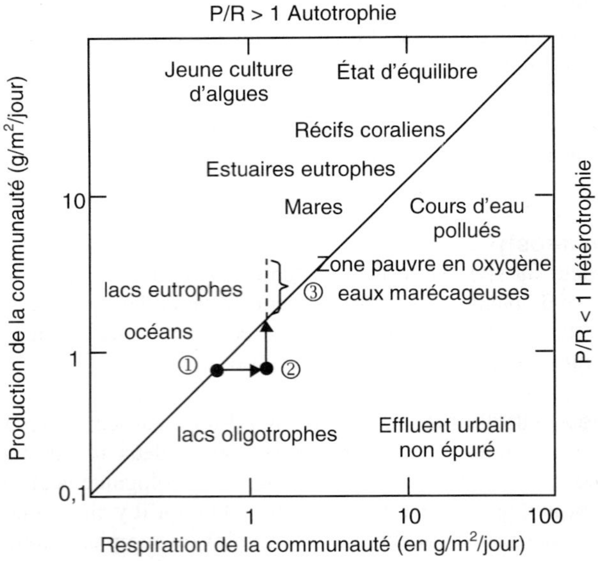

Classification des systèmes aquatiques selon leur métabolisme à prépondérance autotrophe ou hétérotrophe. Les communautés de degré d'**hétérotrophie** croissant sont situées vers le bas et la droite du diagramme. (D'après Wright et coll., op. cit. in Ramade F., *Écologie appliquée*, Ediscience international, 5e ed., 1995, p. 306)

rique de matières organiques. Le degré d'hétérotrophie comparé à celui d'autotrophie permet par exemple de classer les divers écosystèmes limniques.

hétéroxène, adj. (*heteroxenous*). Désigne un parasite qui effectue son cycle vital entre des hôtes différents.

hétérozygote(s), adj. (*heterozygous*). Désigne des individus diploïdes formés par la fusion de gamètes portant des allèles différents sur un locus chromosomique donné et qui produisent des gamètes qui diffèrent par les allèles de ces locus. ***(Voir aussi Homozygote)***

hétérozygotie, n. f. (*heterozygosis*). Présence de différents allèles à un locus donné. L'hétérozygotie donne une mesure de la variabilité génétique au niveau de l'individu et de la population.

hêtraie(s), n. f. (*beech grove*). Forêts de hêtres. Les hêtraies qui constituaient une vaste partie des forêts hercyniennes au début du Néolithique ont connu une forte régression au cours du dernier millénaire avec le déboisement de vastes surfaces d'Eurasie tempérée. Au cours des dernières décennies, elles ont connu à nouveau une régression par suite de la politique d'enrésinement menée par les services forestiers de divers pays d'Europe occidentale, dont le nôtre, les conifères étant réputés plus rentables. ***(Voir aussi Forêt)***

hêtre, n. m. (*beech)* (n. sc. *Fagus sylvatica*). Arbre de la famille des Cupulifères qui constitue avec le chêne la principale essence feuillue des forêts caducifoliées d'Europe tempérée. Elle présente une vaste aire de distribution géographique. Celle-ci s'étend à l'ensemble des régions paléarctiques qui lui sont climatiquement favorables depuis le Portugal jusqu'à l'Asie orientale.

Hevea brasiliensis, n. sc. Arbre de la famille des Euphorbiacées qui a été introduit du Brésil en Asie du Sud pour y donner de vastes plantations destinées à la production de caoutchouc.

Plantation d'***Hevea brasiliensis*** à Java. Le caoutchouc est tiré du latex de cette Euphorbiacée arborescente. (Cliché F. Ramade)

hexachlorocyclohexane. Voir HCH.

Hexacoralliaires, n. m. (*Hexacorallia*). Sous-classe de Cnidaires sessiles caractérisés par des polypes dont les parois sont cloisonnées par des septa dont le nombre est un multiple de six. Les actinies sont des Hexacoralliaires solitaires de grande taille. Les Madréporaires constituent au contraire des colonies parfois d'énorme taille et de très forte longévité. Ils représentent dans les mers chaudes du globe le groupe dominant parmi les coraux bâtisseurs de récifs. ***(Voir aussi Récifs coralliens)***

Vue d'une **hêtraie** subclimacique : la forêt d'Hayra dans les Pyrénées Atlantiques. (Cliché F. Ramade)

Hexactinellides, n. sc. (*Hexactinellida*). Classe de Spongiaires réunissant l'ensemble des espèces pourvues de spicules siliceux, lesquels sont pourvus de six axes, d'où le nom de ces éponges. Les Hexactinellides sont strictement marines. ***(Voir aussi Spongiaires)***

hibernaculum, n. m. (*hibernaculum*). Emplacement (cavité dans les écorces par exemple) où un animal de petite taille, généralement un Invertébré, se réfugie pour passer la période hivernale.

hibernal(e), adj. (*hibernal*). Désigne en biologie ce qui se produit en hiver et pour les animaux ce qui concerne l'hibernation.

hibernation, n. f. (*hibernation*). État de dormance dans lequel un Vertébré passe la saison froide en état de vie ralentie. Chez les Mammifères, l'hibernation est caractérisée par un état léthargique au cours duquel la température corporelle des animaux à sang chaud peut descendre à seulement 4,5 °C, c'est-à-dire proche de celle de l'ambiance, tandis que les pulsations cardiaques tombent à un rythme de deux à trois par minute et les inspirations à une par minute. Au printemps, quand la température du terrier remonte, l'animal reprend son activité en quelques heures. ***(Voir aussi Hivernage)***

hibou(x), n. m. (*owl*). Oiseaux rapaces nocturnes de la famille des *Strigidae* dont de nombreuses espèces constituent d'efficaces prédateurs des rongeurs terrestres. ***(Voir aussi Strigiformes)***

Hiemisylvae, n. sc. Écosystèmes forestiers tropophiles croissant dans des zones tropicales à saisons très marquées et avec une saison sèche prolongée. ***(Voir aussi Forêts)***

hiérarchie, n. f. (*hierarchy*). **1.** Classement intervenant dans une communauté et qui concerne l'importance relative de l'abondance des espèces. Désigne aussi le niveau d'organisation ou encore d'intégration d'un système écologique. **2.** Caractérise, en éthologie, les degrés de dominance décroissante qui s'établissent entre les individus d'un même groupe.

hiérarchique, adj. (*hierarchical*) ◆ **classification ~** (*hierarchical classification*) : type de classification rassemblant les individus en une série de subdivisions ou d'agglomérats afin de constituer un arbre généalogique (dendrogramme). ◆ **théorie ~** (*hierarchical theory*) : théorie apportant un cadre général concernant la réflexion relative et la compréhension des processus écologiques qui s'effectuent à diverses échelles spatio-temporelles. Cette théorie estime qu'il existe un continuum dans l'échelle des différents processus. Certains qui se situent à un niveau d'organisation élémentaire et à une petite échelle spatio-temporelle s'effectuent rapidement, d'autres à des échelles beaucoup plus étendues concernant des sous-continents entiers peuvent nécessiter des durées géologiques. Néanmoins, cette théorie considère qu'il existe un continuum et que l'on peut subdiviser l'échelle prise dans sa totalité en des entités discrètes semi-autonomes dénommées « holons » qui peuvent être intégrées dans une hiérarchie organisationnelle. Cette théorie insiste sur le fait que des propriétés spécifiques apparaissent à chaque niveau supérieur d'organisation et que les propriétés qui émergent à divers niveaux de la hiérarchie ne peuvent être en aucun cas identifiées à la somme des propriétés propres aux holons des niveaux inférieurs pris isolément. ***(Voir aussi Échelle, Écosystème)***

Himalaya (*Himalaya*). Chaîne de montagnes située à la limite du sous-continent indien qui comporte les sommets les plus élevés de la Terre. Quatorze d'entre eux excèdent 8 000 m dont l'Everest au Népal (8 848 m). La région dans laquelle est située ce sommet a été transformée en 1976 en un Parc National, celui du Sagarmatha.

L'Himalaya présente un ensemble de caractéristiques écologiques remarquables, en particulier liées à la présence de biotopes de haute altitude, et à son rôle de barrière entre les écosystèmes de steppes orophiles d'Asie centrale et les écosystèmes subtropicaux de l'Inde.

L'Himalaya autrefois couvert de vastes forêts caducifoliées de chênes et de forêts de conifères dans l'étage subalpin est depuis plusieurs décennies l'objet d'une déforestation démentielle, entre autres au Népal. De nos jours, sa déforestation est telle qu'il est quasiment dénudé de son couvert forestier au-dessous de 2 000 m d'altitude.

Cette destruction des forêts est la cause de véritables catastrophes écologiques liées à l'érosion des sols de montagne et aux inondations. La fréquence des inondations qui en résulte dans les vallées indiennes est aujourd'hui dix fois supérieure à celle d'il y a quelques décennies.

himalayenne, adj. (*himalayan*). Désigne les conditions écologiques qui caractérisent les milieux d'altitudes propres à la chaîne de l'Himalaya. Désigne aussi la province biogéographique correspondante.

hippopotame(s), n. m. (*hippopotamus*). (n. sc. : *Hippopotamus*). ◆ **~ amphibie** (*Hippopotamus amphibious*) : mammifères aquatiques propres aux cours d'eau et aux zones lacustres d'Afrique tropicale. ◆ **~ nain** (*dwarf hippopotamus*) (n. sc. *Hippopotamus liberiensis*) : espèce d'hippopotame inféodée aux forêts pluvieuses tropicales d'Afrique occidentale.

Hirudinées, n. sc. (*Hirudina*, vern. : *leeches*) (vern. : sangsues). Sous-classe d'Annélides dont la plupart des espèces sont inféodées aux eaux continentales. Les sangsues sont des prédateurs de petits Invertébrés aquatiques et pour les plus grandes espèces des ectoparasites hématophages de poissons et de Vertébrés à sang chaud.

hiver, n. m. ◆ **~ nucléaire** (*nuclear winter*) : voir Nucléaire.

hivernage, n. m. (*overwintering*). Phénomène par lequel une population animale survit grâce à diverses adaptations écophysiologiques et démoécologiques à la saison froide. Ces dernières impliquent chez les Invertébrés, très souvent, des phénomènes de diapause. Chez les Vertébrés, l'hivernage s'effectue souvent par séjour dans une tanière ou un terrier avec ou non véritable hibernation. De nombreuses espèces de Vertébrés effectuent d'importantes migrations afin de rejoindre des aires d'hivernage situées à de plus basses latitudes, au climat donc plus clément, où elles séjournent pendant la mauvaise saison. ◆ **aires d'~** (*overwintering areas*) : les populations de nombreuses espèces d'Oiseaux et de certaines espèces de Mammifères, effectuent d'importantes migrations qui les conduisent dans des zones géographiques méridionales dans lesquelles elles séjournent pendant la période de l'hiver boréal. Il en est de même dans l'hémisphère austral où de nombreuses populations aviennes rejoignent des zones d'hivernage situées dans les régions intertropicales. ***(Voir aussi Hibernation, Migration)***

holarctique, adj. (*holarctic*). Désigne une vaste zone biogéographique qui réunit les empires Paléarctique et Néarctique, englobant toutes les zones continentales situées dans l'hémisphère boréal aux moyennes et hautes latitudes.

Holdridge, classification d'. Classification climatique des principaux types de biomes terrestres, fondée sur une représentation diagrammatique triangulaire de trois paramètres essentiels des climats propres aux biotopes continentaux : les précipitations, les températures moyennes annuelles et l'évapotranspiration potentielle.

holisme, n. m. (*holism*). Concept selon lequel le fonctionnement des systèmes biologiques complexes, *a fortiori* des écosystèmes, ne peut être compris en l'identifiant à la somme des propriétés fonctionnelles de leurs éléments et aux lois qui les gouvernent prises isolément. Au niveau d'une entité telle une population, il est très évident que des paramètres fondamentaux comme le taux de natalité, le coefficient intrinsèque d'accroissement ou encore le sex-ratio ne concernent en aucun cas les individus qui la composent pris isolément. En réalité émergent, à chaque niveau d'un système écologique complexe, des propriétés nouvelles propres à l'ensemble que représentent les divers éléments qui le constituent et en aucun cas à ces éléments pris isolément. ***(Voir aussi Écosystèmes, Holistique)***

holistique, adj. (*holistic*). Désigne en biologie et plus particulièrement en écologie les recherches qui ont pour objet de comprendre le fonctionnement d'entités complexes prises dans leur ensemble telles les écosystèmes. En conséquence, à l'opposé de la biologie moléculaire et cellulaire qui sont dites réductionnistes, l'écologie est dite holistique car son objet est de comprendre les modalités de fonctionnement de systèmes biologiques complexes dont les propriétés ne peuvent être identifiées à la somme de celles des constituants en lesquels on peut les subdiviser.

Holocène, n. m. (*Holocene*). Subdivision de l'ère quaternaire qui correspond à la période géologique actuelle. L'holocène a commencé il y a environ 12 000 ans à la fin de la glaciation würmienne.

Holométaboles, n. m. (*Holometabola*). Subdivision de la classe des Insectes réunissant tous les ordres à métamorphoses complètes : Coléoptères, Lépidoptères, Hyménoptères, Diptères, etc.

holométabolie, n. f. (*holometaboly*). Propriété commune aux Invertébrés dont le développement implique l'existence d'écophases larvaires très différentes au plan morphologique et écophysiologique des imago. La métamorphose qui caractérise le passage de l'un à l'autre stade est marquée par la formation d'une nymphe puis sa transformation en adulte.

holomictique, adj. (*holomictic*). Désigne un lac qui présente une inversion saisonnière de la stratification de ses eaux. ***(Voir aussi Lacs, Méromictique, Stratification)***

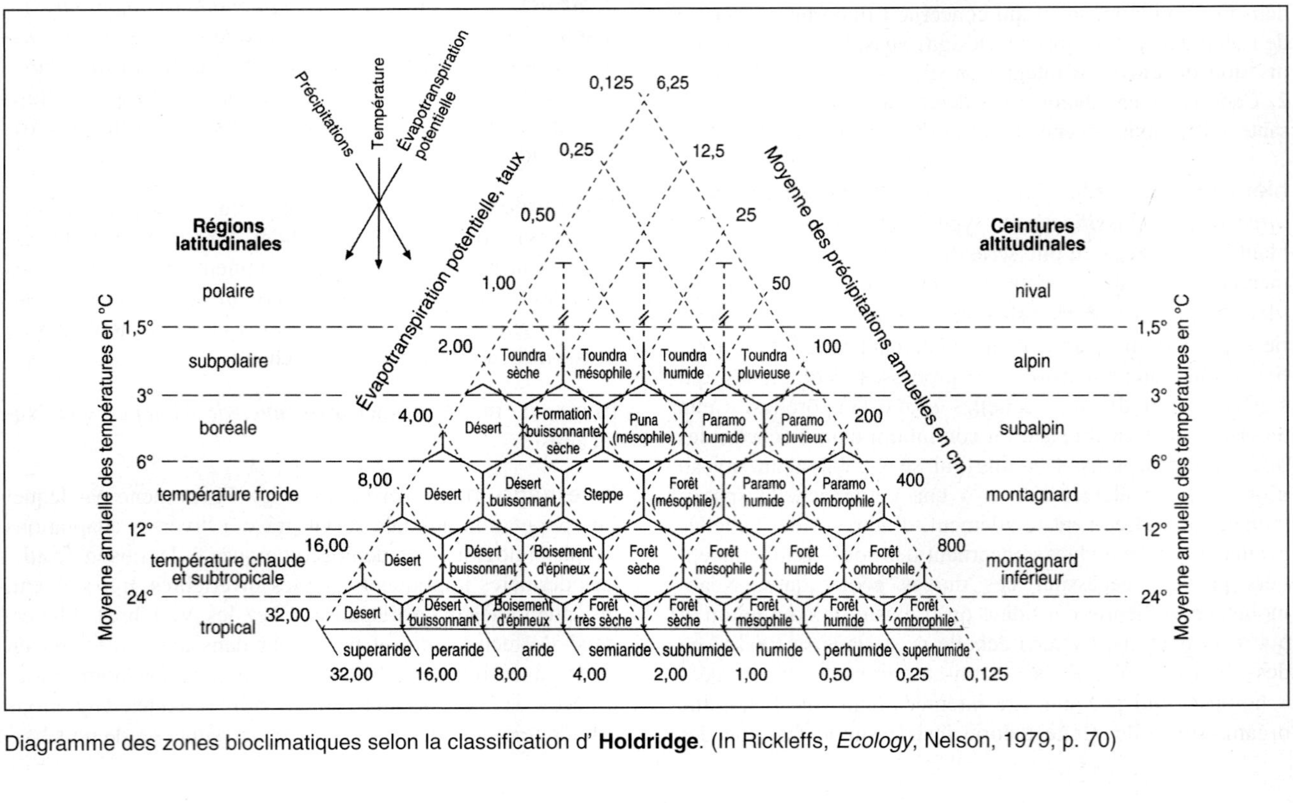

Diagramme des zones bioclimatiques selon la classification d' **Holdridge**. (In Rickleffs, *Ecology*, Nelson, 1979, p. 70)

holoparasite, n. m. (*holoparasite*). Parasite obligatoire qui ne peut survivre à l'extérieur de son hôte. **(*Voir aussi Parasitisme*)**

holopélagique, adj. (*holopelagic*). Désigne une espèce océanique demeurant pélagique pendant tout son cycle vital.

holoplancton, n. m. (*holoplankton*). Espèce restant planctonique toute sa vie, par opposition au méroplancton qui ne l'est en général que pendant une partie du développement larvaire.

holothurie(s), n. f. (*sea-cucumber*). Animaux benthiques du phylum des Échinodermes, au corps de forme allongée, dénommés vulgairement concombres de mer.

holotype, n. m. (*holotype*). Individu, généralement conservé dans une collection de Museum, constituant le spécimen sur lequel une espèce nouvelle a été décrite. **(*Voir aussi Type*)**

holozoïque, adj. ◆ **nutrition ~** (*holozoic nutrition*) : mode de nutrition propre aux animaux, de type hétérotrophe et caractérisé par une consommation de végétaux (régime herbivore) ou d'autres animaux (régime carnivore).

homéostasie, n. f. (*homeostasis*). Phénomène par lequel un système biologique est capable de maintenir spontanément son équilibre interne en cas de variations des conditions propres à son environnement. Cette aptitude générale à tous les êtres vivants, est aussi propre à tous les systèmes écologiques en particulier aux populations, aux communautés et aux écosystèmes. Elle est aussi caractéristique de l'entité écologique la plus importante : la biosphère prise dans son ensemble. **(*Voir aussi Écosystème, Gaïa*)**

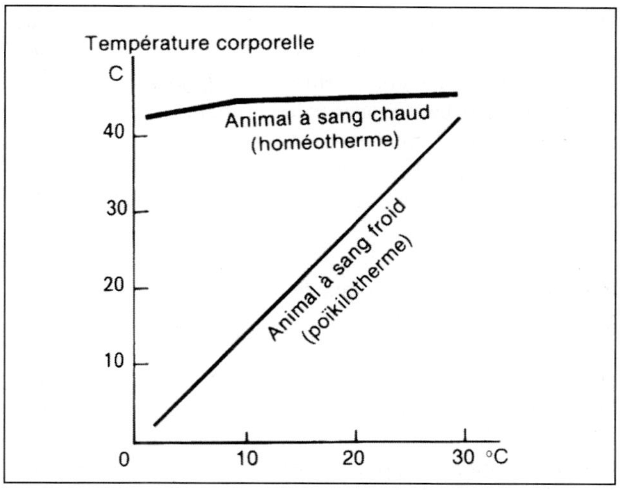

Comparaison de la variation de la température corporelle d'un Vertébré **homéotherme** et poïkilotherme en fonction de celle de la température ambiante. (D'après Ramade F., *Écologie fondamentale*, Ediscience international, 2e ed., 1994, p. 67)

homéotherme(s), adj. (*homeotherm*). Désigne un organisme, dit à sang chaud, capable de maintenir constante sa température corporelle, quelles que soient les conditions de température de l'environnement.

Parmi les Vertébrés, les Oiseaux et les Mammifères sont les seuls homéothermes dans la biosphère actuelle, quoique certains arguments suggèrent que les dinosaures auraient aussi été doués de ce type de métabolisme, ce qui expliquerait leur présence à de hautes latitudes dès le milieu du Crétacé, dans des zones déjà climatiquement froides situées au-delà du cercle polaire. **(*Voir aussi Poïkilotherme*)**

homéothermie, n. f. (*homeothermy*). Propriété par laquelle certains Vertébrés (Oiseaux et Mammifères) maintiennent constante leur température corporelle.

Hominidés, n. m. (*Hominids*). Familles de Mammifères à laquelle appartient l'espèce humaine. À l'heure actuelle, outre l'homme, les Hominidés comprennent les gorilles, les chimpanzés, l'orang-outang et les gibbons.

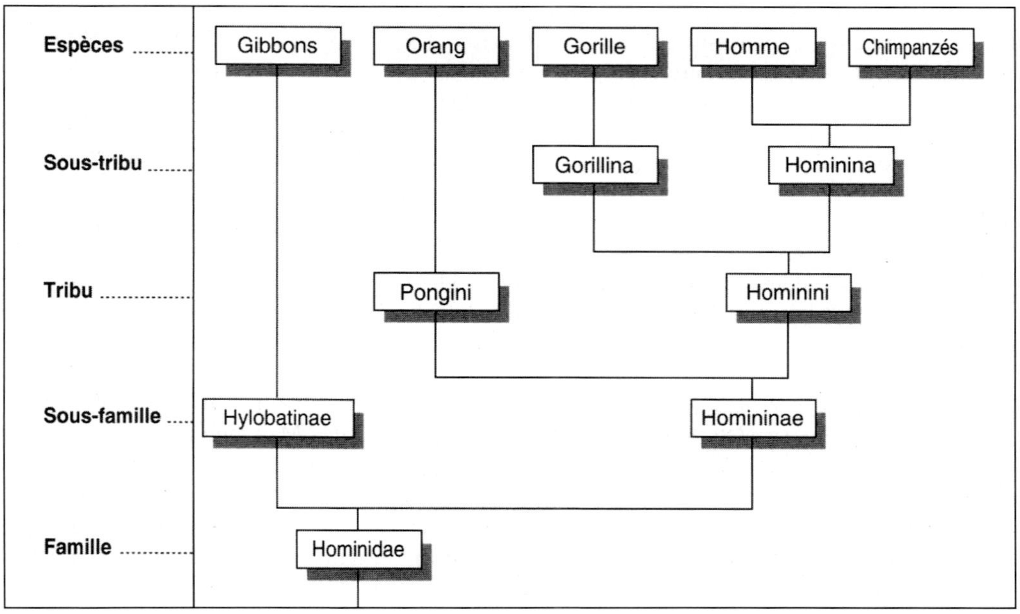

Cladogramme mettant en évidence les filiations évolutives entre les **Hominidés** : singes anthropomorphes et Homme. (D'après diverses sources)

Hominiens, n. m. (*Hominians*). Ensemble des espèces actuelles et fossiles du genre *Homo* et des autres taxa apparentés. La divergence entre les Hominiens et les autres *Homininae,* établie par les données paléontologiques et la méthode des horloges moléculaires, serait apparue il y a environ 4 millions d'années. Les Australopithèques présentent un ancêtre commun, aujourd'hui encore non identifié, avec le genre *Homo*.

Homme, n. m. Voir Homo. ◆ **action de l'~ sur la biosphère** : voir Biosphère.

Homo, n. sc. Genre de la famille des *Hominidae* qui inclut les Hommes modernes (*Homo sapiens sapiens*) et les Hommes fossiles.
L'*Homo rudolfiensis*, qui se tenait déjà en station debout et fabriquait des outils de pierre est la plus ancienne des espèces connues du genre *Homo*. Son âge remonte à plus de 2,5 millions d'années.
L'*Homo habilis* est apparu peu après, voici environ 2 millions d'années.
L'*Homo erectus* est plus récent, mais il est considéré actuellement comme remontant au dernier million d'années.
Enfin, l'*Homo sapiens neanderthalis* s'est éteint il y a environ 25 000 ans et on discute aujourd'hui encore du degré de filiation avec lui des hommes actuels.

homochrome, adj. (*homochrome*). Qualifie un animal qui présente une coloration similaire à celle du substrat sur lequel il vit.

homochromie, n. f. (*homochromy*). Propriété des animaux homochromes de se confondre avec la couleur du substrat. L'homochromie est l'une des caractéristiques indispensables au mimétisme.
Au plan écophysiologique, l'homochromie peut apparaître chez un animal grâce à des migrations et des changements de couleur des chromatophores ou par suite de l'existence de ces pigments préadaptés. Elle peut aussi se manifester par transformation au cours du développement et nécessite alors une génération pour se manifester. L'homochromie existe chez de nombreux groupes d'Invertébrés et chez beaucoup de Vertébrés y compris homéothermes. Chez des Poissons, certains Amphibiens et Reptiles, il existe des chromatophores capables de faire changer la couleur de la peau en fonction de celle du substrat. Cette capacité d'adaptation est particulièrement développée chez les caméléons mais se rencontre aussi chez divers autres Lacertiens. ***(Voir aussi Mimétisme)***

homodonte, adj. (*homodont*). Désigne le fait qu'une espèce animale possède une denture constituée de dents identiques – ce qui est le cas de la plupart des reptiles actuels par exemple.

homodyname, adj. (*homodyname*). Désigne un animal dont le développement se fait de façon continue. Les espèces homodynames peuvent donc avoir plusieurs générations par an si leur développement est assez rapide. C'est le cas de nombreuses espèces d'insectes comme la mouche méditerranéenne des fruits qui, dans les conditions les plus favorables, peut avoir jusqu'à 12 générations par an en zone tropicale. Lorsque les conditions deviennent défavorables, les espèces homodynames présentent un arrêt temporaire d'activité physiologique dénommé quiescence.

homogamétique, adj. ◆ **sexe ~** (*homogametic sex*) : désigne le sexe dont les chromosomes sexuels sont identiques. Dans la majorité des cas, les femelles sont homogamétiques (XX) et les mâles hétérogamétiques (XY). Il existe cependant des exceptions, la classe des Oiseaux et l'ordre des Lépidoptères (papillons) étant les plus notoires, les mâles de ces groupes systématiques étant toujours XX et les femelles portant le chromosome Y! ***(Voir aussi Sexe)***

homogamie, n. f. (*homogamy*) (syn. : diœcie). Propriété des plantes dont les individus ne possèdent que des fleurs d'un seul sexe.

homogénéisation, n. f. (*overturn*). Phénomène au cours duquel des couches d'eau de différente profondeur, initialement de température et de densité différentes, parviennent à se mélanger dans un écosystème limnique supprimant ainsi toute stratification. ◆ **~ automnale** (*autumn overturn*) : homogénéisation due au refroidissement des couches superficielles d'un biotope lacustre. ***(Voir aussi Lac, Stratification)*** ◆ **~ printanière** (*spring overturn*) : homogénéisation des eaux d'un lac qui survient au début du printemps avec le début du phénomène d'inversion de température des couches d'eau dû à la fusion de la glace et donc au réchauffement des eaux superficielles.

homoiohalin, adj. (*homoiohaline*). Désigne des eaux naturelles présentant une composition ionique stable dans le temps. ***(Voir aussi Poïkilohalin)***

homologie, n. f. (*homology*). Similarité fondamentale entre des structures particulières propres à des organismes différents. Les caractères propres à ces structures résultent généralement du fait que les espèces qui les possèdent descendent d'un ancêtre commun au plan évolutif. Deux organes possédant la même position anatomique, une structure histologique similaire et une même origine embryologique sont dits homologues quelle que soit leur apparence morphologique et leur fonction chez l'organisme adulte. En définitive, on parle d'homologie lorsque la similarité ou l'identité des caractères provient d'un ancêtre commun et résulte donc d'une cause génétique. ***(Voir aussi Analogie, Convergence écomorphologique)***

homologue(s), adj. (*homologous*) **1.** Désigne un caractère qui est transmis génétiquement d'une espèce ancestrale à la (ou aux) espèce(s) qui en descend(ent). **2.** Désigne des organes d'origine embryogénique identique, mais qui peuvent avoir une apparence différente et (ou) accomplir une fonction distincte chez des espèces possédant un ancêtre commun. Ainsi, l'aile des oiseaux et le membre antérieur des Mammifères sont des organes homologues. ◆ **chromosomes ~** (*homologous chromosomes*) : chromosomes structurellement similaires (ayant des loci génétiques identiques dans la même séquence), correspondant aux parents mâle et femelle, qui s'apparient au cours de la division nucléaire.

homoplasie, n. f. (*homoplasy*). Existence de caractères identiques qui sont apparus indépendamment dans des taxa paraphylétiques par suite d'un phénomène d'évolution parallèle. (***Voir aussi Évolution***)

Homoptères, n. sc. (*Homoptera*). Ordre d'insectes aux pièces buccales suceuses (Rhynchotes), pourvus de deux paires d'ailes membraneuses de longueur égale.
Ils comportent plus de 45 000 espèces réparties entre de nombreux sous-ordres dont les principaux sont représentés par les cigales, les cicadelles, les psylles, les aleurodes, les pucerons et les cochenilles.

Les Homoptères sont tous de régime phytophage et suceurs de sève.

Les cicadelles et surtout les pucerons et les cochenilles comptent de nombreuses espèces ravageant les cultures de plantes herbacées et celle des arbres fruitiers. Plusieurs espèces figurent au plan historique parmi les ravageurs ayant causé par le passé les pires dommages aux cultures concernées.

Pericerya purchasi (femelle), vulgairement dénommée cochenille australienne. Cet **Homoptère** introduit au milieu du XIXe siècle en Californie a causé des ravages dans les vergers d'agrumes de ce pays avant d'être éliminé par la lutte biologique avec l'un de ses ennemis naturels, la coccinelle *Rodalia* (= *novius cardinalis*). (Cliché F. Ramade)

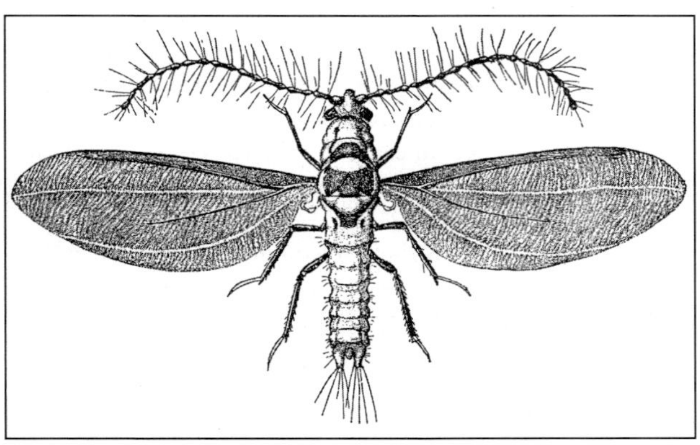

Mâle de *Pericerya purchasi*. Les cochenilles sont des **Homoptères** présentant un fort dimorphisme sexuel, les femelles ayant une morphologie dégradée par la vie parasitaire se fixent définitivement sur les plantes dont elles vivent tandis que les mâles ailés ressemblent superficiellement à un autre groupe d'Homoptères, les pucerons.

On citera parmi bien d'autres la cicadelle de la canne à sucre (*Perkinsiella saccharicida*), la cochenille australienne (*Pericerya purchasi*) ou encore un puceron, le phylloxera de la vigne (*Phylloxera vastatrix*).

En outre, par suite de leur écophysiologie alimentaire, les Homoptères sont vecteurs de maladies virales des plantes cultivées qu'ils injectent avec leur salive au moment où ils piquent leur plante-hôte (cas du court-noué ou de la flavescence de la vigne par exemple). (***Voir aussi Cochenilles, Hétéroptères, Phylloxera, Puceron***)

homosphère, n. f. (*homosphere*). Couche de l'atmosphère comprise entre 0 et 80 km d'altitude et ayant une composition relativement homogène.

homosporie, n. f. (*homospory*). Désigne des organismes qui ne produisent qu'un type de spores (cas de nombreux Ptéridophytes par exemple). Ces spores donnent des gamétophytes qui vont produire à la fois des organes reproducteurs mâles et femelles. Il peut arriver occasionnellement que les conditions du milieu conduisent à des mâles et des femelles formés par des gamétophytes différents.

homostylie, n. f. (*homostyly*). Conditions dans lesquelles les fleurs d'une même espèce végétale ont toutes la même longueur de style. (***Voir aussi Hétérostylie***)

homosymbiose, n. f. (*homosymbiosis*). Type de symbiose associant des individus de la même espèce.

homothallique, adj. (*homothallous*). Conditions dans lesquelles le thalle d'un champignon ou d'une algue est autofertile, produisant à la fois des gamètes mâles et femelles.

homothermie, n. f. (*homothermy*). Désigne un biotope aquatique dont les couches d'eau sont dépourvues de stratification.

homotypie, n. f. (*homotypy*). Propriété des organes présentant une structure et une taille similaires.

homozygote(s), adj. (*homozygous*). Désigne des organismes dont les allèles situés sur les deux loci homologues d'une paire chromosomique sont identiques.

homozygotie, n.f. (*homozygosis*). Propriété des organismes homozygotes. (***Voir aussi Hétérozygotie***)

horizon(s), n. m. (*horizons*). Désigne en pédologie les diverses strates de couleur, texture et structure différentes dont l'ensemble constitue le profil d'un sol mis à jour par une coupe verticale.

De façon générale, les sols évolués comportent trois horizons majeurs :

– l'horizon A dans lequel existe l'essentiel de la matière organique,

– l'horizon B qui est une zone de concentration et d'accumulation des colloïdes, particules et cations,

– l'horizon C qui correspond aux couches les plus superficielles de la roche-mère intacte et celle qui est érodée et en voie de dissociation. (***Voir aussi Pédologie***)

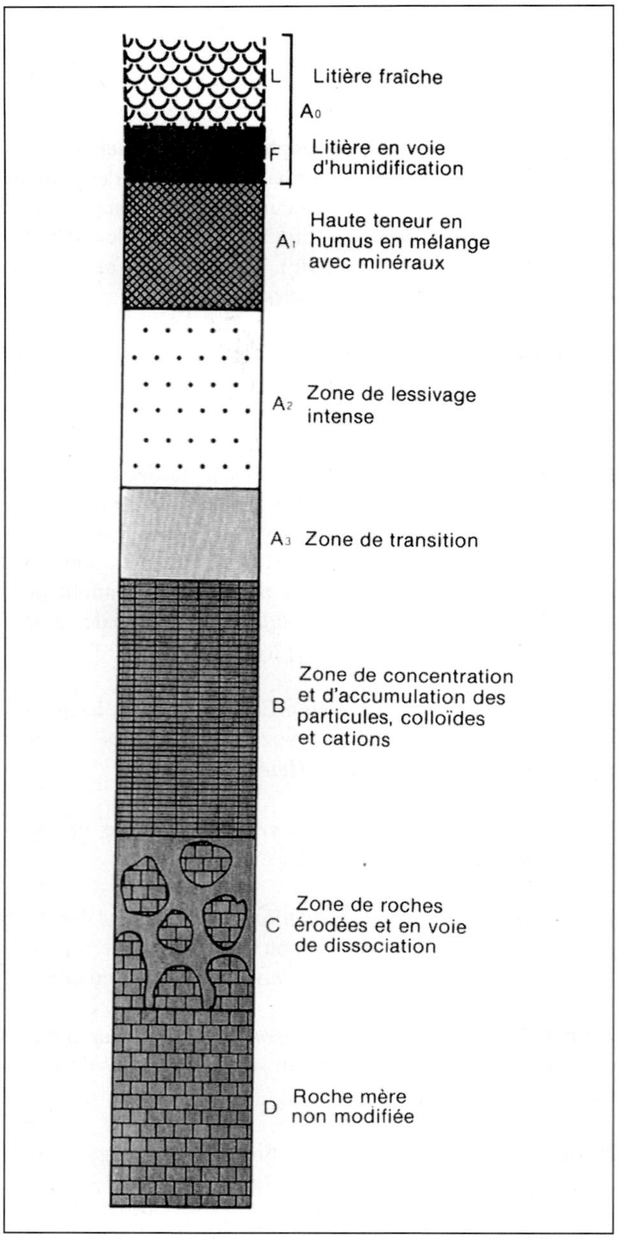

Coupe théorique dans un sol schématisant les principaux **horizons** pédologiques. (D'après Ramade F., *Écologie fondamentale*, Ediscience international, 2e ed., 1994, p. 136)

hormèse, n. f. (*hormesis*). Propriété désignant l'action sur les êtres vivants des substances hormétiques. ***(Voir aussi Hormétique)***

hormétique, adj. (*hormetic*). Désigne une substance, élément trace ou un composé organique, indispensable à faible concentration à un groupe d'êtres vivants ou à la totalité d'entre eux. Ces substances ont la particularité d'être indispensables pour l'accomplissement de diverses fonctions physiologiques à de faibles concentrations et deviennent toxiques voire mortelles au-delà d'une concentration plus élevée.

On distingue en conséquence trois domaines dans la courbe dose (ou concentration) – réponse propre à ces substances. Le domaine des faibles valeurs correspond aux doses ou aux concentrations insuffisantes (I) où advient la mort par carence des organismes concernés. On entre ensuite, au-delà d'un seuil d'effets favorables (S_f), dans le domaine des doses ou concentrations permettant une réponse physiologique (II) puis dans un intervalle où la réponse est optimale (III). À partir d'une certaine valeur, correspondant au seuil de toxicité (S_t), se produit une diminution de la réponse écophysiologique (IV). Au-delà d'une valeur seuil S_l, on entre dans le troisième domaine, celui de la mortalité par toxicité (V).

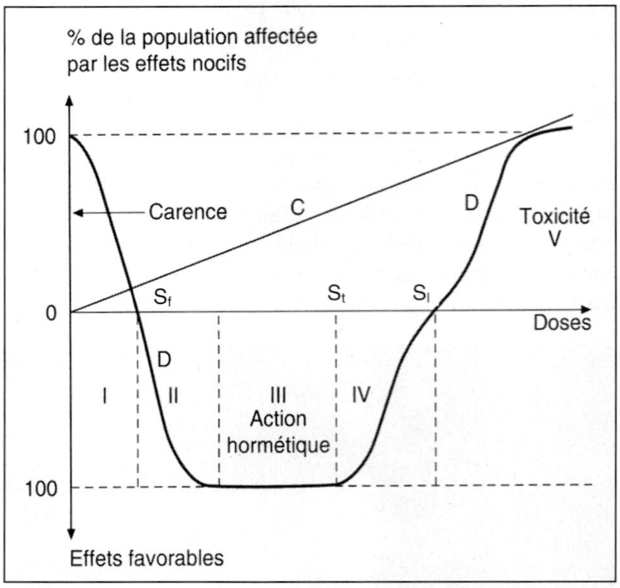

Courbe dose-réponse pour une substance **hormétique**. On remarque un domaine inférieur où se produisent des troubles dus à la carence de la substance considérée et à partir d'une concentration, souvent peu élevée, on entre dans celui de la toxicité (S_f = seuil d'effets favorables, S_t = seuil de toxicité, S_l = seuil de létalité). (D'après Ramade F., *Ecotoxicologie*, Masson, 1979, p. 33)

Le fluor constitue un bon exemple d'un élément hormétique pour les animaux à sang chaud : la concentration minimale de fluor dans l'eau de boisson et l'alimentation qui leur est nécessaire étant à peine quelques dizaines de fois plus faible que celle à partir de laquelle cet élément provoque l'apparition de symptômes d'intoxication.

hormone(s), n. f. (*hormone*). Substance biochimique de nature variée synthétisée dans une glande endocrine d'un animal et transportée par voie sanguine dans une autre région du corps où elle va exercer à de très faibles concentrations une régulation de fonctions métaboliques spécifiques.

horst, n. m. (*horst*). Structure tectonique surélevée et limitée par des failles. ◆ **~ corallien** (*coral horst*) : désigne une zone située en arrière du platier récifal constituée de colonies mortes de madrépores. ***(Voir aussi Madrépores)***

horticulture, n. f. (*horticulture*). Branche de l'agriculture qui concerne les cultures légumières, fruitières, florales et de plantes ornementales.

hot spot, n. m. ◆ **~ de biodiversité** (*biodiversity hot spot*) : néologisme créé par N. Myers et passé dans le lan-

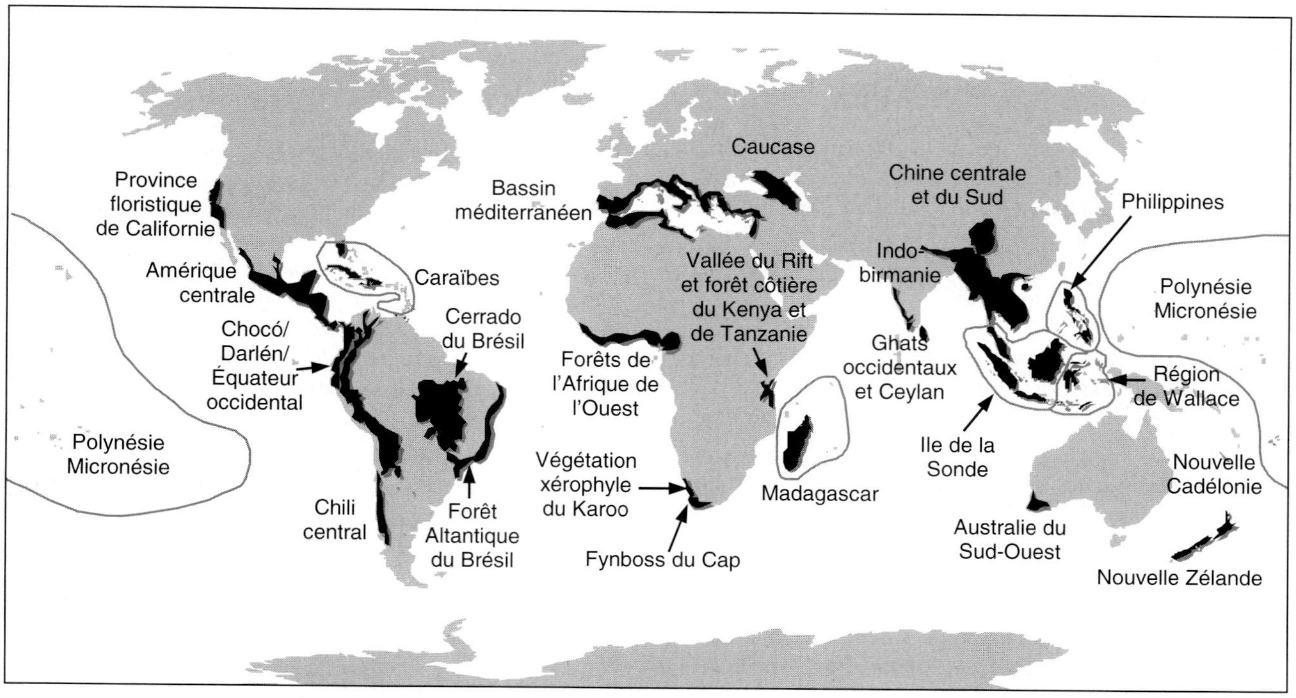

Représentation des principaux **hot spots**, c'est-à-dire des centres de la plus haute biodiversité du globe. Bien que la surface de ces derniers ne corresponde qu'à 1,5% de celle des continents, ils renferment plus de 40% de la biodiversité totale de l'ensemble des écosystèmes terrestres. (D'après Myers et al., *Nature*, 24 février 2000, p. 253)

gage commun des écologues spécialisés dans l'étude de la biodiversité et de sa conservation. Il désigne des aires géographiques essentiellement localisées dans les régions tropicales où la richesse spécifique végétale et (ou) animale est très élevée. On distingue aujourd'hui à l'échelle de la biosphère 25 *hot spots* majeurs de biodiversité. Ils correspondent pour 18 d'entre eux à des écosystèmes de forêts tropicales, les autres à des zones sises dans divers écosystèmes méditerranéens. Un seul d'entre eux, dans la région caucasienne, est situé dans des biotopes tempérés froids. À titre d'exemple, ces 25 *hot spots* bien qu'ils ne couvrent au total que 1,5% de la surface des continents renferment 44% de la biodiversité totale en plantes vasculaires et 33% des espèces de Mammifères. ***(Voir aussi Biodiversité, Protection de la Nature)***

hôte, n. m. (*host*). Organisme qui héberge un parasite ou un commensal.

HTR, n. m. (*High Temperature Reactor*). Réacteur nucléaire à haute température fonctionnant avec des éléments combustibles préparés sous forme de sphérules et qui peuvent être utilisés comme surrégénérateurs. Ces réacteurs n'ont jamais dépassé le stade expérimental.

huître(s), n. f. (*oyster*). Mollusques Lamellibranches, présents dans toutes les mers du globe. Les espèces des genres *Ostrea* et *Crassotrea*, objets d'une activité conchylicole intense, sont depuis plusieurs décennies victimes en Europe occidentale de la pollution des eaux littorales. L'usage des peintures *antifouling* sur les coques des navires a été en particulier la cause de véritables désastres dans les populations de ces espèces sur le littoral atlantique français. ***(Voir aussi Peinture)*** ◆ **~ perlières** (n. sc. *Pinctada margaritifera*) : espèce cultivée dans diverses eaux côtières surtout dans le Pacifique tropical, pour la production de perles destinées à la bijouterie. Ces dernières résultent d'une réaction inflammatoire du pallium à la suite de l'introduction artificielle d'un corps étranger dans ce dernier. Elles sont souvent d'origine parasitaire dans les conditions naturelles.

Humboldt, Friedrich, Heinrich, Alexander Von (1769-1859). Savant allemand qui fut à la fois géographe, physicien, biogéographe, géologue, vulcanologue, et naturaliste. Il figure aussi au tout premier rang des pionniers de l'écologie moderne. Lors de ses impressionnants voyages d'exploration en Amérique centrale et tropicale, il explora en particulier les bassins de l'Amazone et de l'Orénoque et de nombreuses régions des Andes. Au cours de ces derniers, il décrivit la flore et la faune des forêts et des savanes qu'il explora et fonda la biogéographie dont il est à l'origine même du concept. Il eut en outre l'idée de l'interdépendance existant en un lieu donné entre le climat, les sols et la nature du couvert végétal, idée dont la portée s'avéra paradigmatique pour la compréhension de l'évolution des écosystèmes et de leurs phytocœnoses. ◆ **courant de ~** (*Humboldt's current*) : courant froid, découvert par Von Humboldt, qui longe les côtes Pacifiques de l'Amérique du sud en direction de l'Équateur.

humicole, adj. (*humicolous*). Désigne une espèce qui se développe sur ou dans les sols riches en humus.

humidificateur, n. m. (*humidifier*). Dispositif destiné à augmenter l'humidité de l'air d'une serre ou de toute autre enceinte.

humidification, n. f. (*humidification*). Accroissement de l'humidité atmosphérique dans un local d'habitation ou dans un dispositif expérimental clos. La teneur en hygrométrie de l'atmosphère constitue en effet un facteur écologique important pour la plupart des espèces végétales et des Invertébrés.

humidité, n. f. (*humidity, moisture*). Désigne la teneur en eau d'un biotope, de constituants organiques d'un habitat ou même d'un organisme. Ainsi, l'humidité des sols, celle de la litière ou de la strate muscinale dans un écosystème forestier, constitue un facteur écologique essentiel. ◆ **~ atmosphérique** : voir Hygrométrie.

humification, n. f. (*humification*). Ensemble des phénomènes d'origine essentiellement bactérienne, caractérisant la transformation en humus de la matière organique morte d'un sol.

Le rythme de l'humification dépend de l'activité microbiologique du milieu. Il est rapide dans les sols dont l'horizon supérieur est un mull et lent au contraire lorsqu'il s'agir d'un mor.

L'humification comporte à la fois une décomposition microbiologique des matières organiques mortes de la litière et leur transformation en de nouvelles molécules (néoformation) qui constituent l'humus proprement dit.

Dans la première phase de l'humification, marquée par la décomposition des macromolécules : cellulose, protéines puis lignine dont la décomposition est plus lente, le rapport C/N décroît rapidement. Il se stabilise ensuite à une valeur constante.

Les molécules constitutives de l'humus (*humines*) sont d'origine différente. Certaines proviennent de la *néoformation* de molécules nouvelles à partir de précurseurs solubles qui se sont formés pendant la phase initiale de décomposition des matières organiques mortes. D'autres (*humine « héritée »*) proviennent de la transformation incomplète de ces matières organiques. ***(Voir aussi Sol)***

humifié, adj. (*humified*). Désigne un horizon d'un sol dans lequel la matière organique a subi une humification.

humine, n. f. (*humin*). Stade de décomposition et de transformation de la matière organique morte d'un sol à partir duquel se forment les acides humiques et autres constituants de l'humus.

L'*humine héritée* est proche par sa structure chimique de certains composés présents dans la matière organique fraîche (lignine, cutine). Elle correspond à une oxydation de ces composés donnant des carboxyles (COOH).

À l'opposé, l'*humine de néoformation* correspond à l'humine microbienne, composés aliphatiques à longue chaîne, dont le *turn over* est rapide ainsi qu'aux composés humiques à noyau aromatique. Ces derniers proviennent d'une transformation des tanins et aussi de néoformation par cyclisation de composés aliphatiques, dont certains sont azotés (formation d'azote humique par intégration de l'azote α-aminée). Cette humine est progressivement insolubilisée et s'associe aux argiles formant le complexe argilo-humique. ***(Voir aussi Humus)***

hummock, n. m. (*hummock*). **1.** Entassement de glaces marines brisées formant un monticule. **2.** Formation particulière aux zones subarctiques, caractérisée par la constitution de buttes liée au foisonnement des couches superficielles des sols dû à l'alternance de gel et de dégel.

humus, n. m. (*humus*). Mélange complexe de composés organiques provenant de la dégradation microbiologique de la matière organique morte des sols. L'humus associé aux argiles des horizons supérieurs des sols confère à ces derniers leur fertilité en conditionnant la rétention des éléments minéraux nutritifs et leur disponibilité pour les plantes. ◆ **formation de l'~** (*humus formation*) : elle dépend en premier lieu de l'activité biologique des sols et des facteurs physico-chimiques tels l'aération et la teneur en eau édaphique (drainage), du pH, de la nature du substratum rocheux.

Ainsi, le type d'humus formé constitue-t-il une caractéristique essentielle car il intègre l'influence de l'ensemble des facteurs écologiques propres au biotope considéré.

On distingue quatre types d'humus en fonction de la rapidité de la dégradation de la litière et de la décomposition des matières organiques qui en dérivent : le mull, le moder, le mor et la tourbe.

– La formation du *mull* se produit sur les sols riches et profonds, frais, bien drainés, donc bien aérés. La décomposition de la litière y est très rapide par suite de la grande abondance de la pédofaune en particulier des vers de terre dont l'activité assure une excellente dispersion de l'humus formé dans l'horizon supérieur des sols (A).

Les lombriciens ingèrent en effet de grandes quantités de fragments de litière et de terre. Ils rejettent chaque année en moyenne une quarantaine de tonnes de déjections par hectare. En outre les vers de terre, par leurs sécrétions muqueuses, favorisent les bactéries du sol qui reprennent la matière organique incomplètement digérée et achèvent sa transformation en acides humiques, par suite de l'intense activité des lombrics et des autres animaux saprophages. L'horizon A_1 des mulls forestiers est caractérisé par une excellente homogénéisation des matières organiques en décomposition.

Dans les écosystèmes steppiques formés sur sols calcaires se constituent des mulls carbonatés dans lesquels la décomposition de la litière, un peu plus lente, provoque la formation d'un horizon A_1 épais et foncé (terres noires).

– Le ***moder*** correspond à un humus très répandu sur les sols pauvres. Comme dans le cas du mull, il s'agit d'un humus dit *coprogène* car constitué d'une poudre brune provenant des déjections globuleuses de divers Invertébrés saprophages dont le rôle consiste à fragmenter la litière et les autres débris végétaux dont ils se nourrissent. Ici les Arthropodes sont prédominants tandis que les lombrics sont bien moins abondants que dans les mulls. La décomposition plus lente de la litière s'accompagne de la formation d'un compost (horizon A_0), siège d'un intense développement fongique, un abondant feutrage mycélien envahissant la matière organique en voie d'humification.

– Le ***mor*** constitue un autre type d'humus dit *mycogène*, qui se forme sur des sols très pauvres, en particulier sur terrain acide, sur des terres à bruyère ou sous toute autre formation végétale acidifiante (conifères par exemple). Ils sont la conséquence d'une faible activité biologique due à la ra-

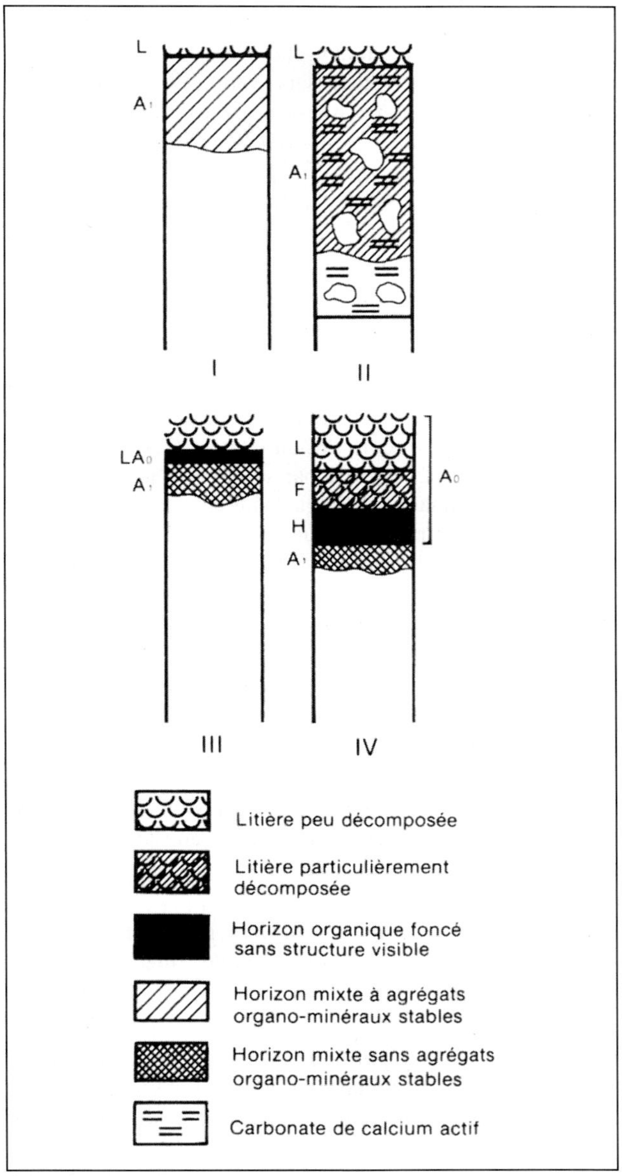

Divers types d'**humus**. I : mull forestier. II : mull carbonaté. III. moder. IV : mor. (D'après Duchaufour P., op. cit., 1991, in Ramade F., *Écologie fondamentale*, Ediscience international, 2e ed., 1994, p. 129)

reté de la pédofaune saprophage (lombrics et myriapodes en particulier). Ici ce sont les champignons saprophytes qui prédominent, dans un très épais horizon A_0. À la base de cet horizon s'accumule un « humus brut », de couleur noire, superposé directement au sol minéral. L'acidité du mor défavorise l'activité bactérienne de sorte que la matière organique est mal décomposée, l'humification n'étant pas menée à son terme. Il se forme surtout des acides fulviques, composés phénoliques partiellement solubles qui, entraînés par l'eau de filtration, altèrent les colloïdes des argiles et empêchent la formation des agrégats propres au complexe argilo-humique.

– La ***tourbe*** résulte d'une accumulation de grandes quantités de matériaux organiques incomplètement décomposés, caractérisés par un taux d'humification en général assez faible qui conduit à une stagnation du cycle du carbone. On en distingue deux types : les *tourbes acides* (tourbes à sphaignes) dites supra-aquatiques, de pH 4, qui se forment dans les tourbières de montagne, et (ou) sur terrains acides; les *tourbes eutrophes* (dites infra-aquatiques), de pH 6–7, qui apparaissent dans les tourbières de fond de vallées, là où la nappe affleure en permanence et dont les eaux sont eucalciques. **(*Voir aussi Sol, Tourbe, Tourbière*)**

hybridation, n. f. (*hybridization*). Action consistant à créer des hybrides. Cette méthode est très utilisée en amélioration des plantes pour obtenir des variétés plus résistantes aux maladies et aux conditions climatiques et donc plus productives. Elle se fonde sur un fait d'observation qui montre que les hybrides végétaux présentent une vigueur supérieure à celle des lignées monospécifiques ou, *a fortiori*, à celle des sujets homozygotes (phénomène d'hétérosis).

hybride(s), n. m. et adj. (*hybrid*). Organismes obtenus par croisement de parents provenant de taxa différents ou de populations génétiquement distinctes d'une même espèce. ◆ **vigueur ~** (*hybrid vigour*) : encore dénommé hétérosis, cette expression désigne le fait que les hybrides sont généralement plus résistants, de croissance plus rapide et plus féconds que les individus provenant de lignées pures. Cette propriété est mise à profit en amélioration des plantes et en zootechnie.

hydrarchique, adj. (*hydrarch*) ◆ **succession ~** : désigne une succession écologique concernant des communautés propres à des biotopes aquatiques. **(*Voir aussi Succession*)**

hydrobionte, n. m. (*hydrobiont*). Organisme qui vit dans l'eau.

hydrobios, n. m. (*hydrobios*). Ensemble des organismes vivants présents dans l'hydrosphère.

hydrocarbure(s), n. m. (*hydrocarbon*). Groupe de composés organiques constitués par des dérivés hydrogénés du carbone. Les hydrocarbures – exception faite du plus léger d'entre eux le méthane qui constitue le gaz naturel – se rencontrent essentiellement dans le pétrole, roche liquide qui est un mélange complexe de ces composés.

Il existe aussi des hydrocarbures, certes en moindre proportion, dans la houille, en particulier dans les charbons bitumineux.

On distingue trois grandes catégories d'hydrocarbures : les hydrocarbures *aliphatiques*, molécules linéaires ou ramifiées en longues chaînes, les *aromatiques* (benzène et homologues supérieurs), qui sont constitués de cycles dont le squelette moléculaire renferme six carbones, enfin les *hétérocycliques* dont les cycles renferment un nombre différent de carbone et peuvent être très complexes. ◆ **~ aromatiques polycycliques (HAP)** (*polycyclic aromatic hydrocarbons*) : hydrocarbures aromatiques dont la molécule comporte de 2 cycles (naphtalène) à 6 cycles (coronène). Les HAP, bien qu'ils puissent être d'origine naturelle, constituent une redoutable catégorie de polluants atmosphériques dont les rejets croissent sans cesse par suite de la combustion de certains produits pétroliers (gazole, fuels) et des charbons. **(*Voir aussi HAP*)**

◆ ~ **cancérogènes** (*carcenogenic hydrocarbons*) : hydrocarbures susceptibles d'induire l'apparition de cancers chez les organismes qui leurs sont exposés par inhalation, par ingestion ou par contact. Les principaux hydrocarbures carcinogènes sont les HAP dont les représentants les plus communs sont le benzanthracène, les benzopyrènes, et les fluoranthènes. ***(Voir aussi Cancérogène, HAP)*** ◆ **pollution par les ~** (*hydrocarbons pollution*) : la cause principale de pollution par les hydrocarbures dans les milieux continentaux provient des combustions incomplètes des charbons et des fuels. Les moteurs diesels représentent une cause majeure de pollution atmosphérique par ces HAP. L'extraction et le transport du pétrole, les activités des raffineries, constituent une autre cause importante de pollution des eaux continentales et de l'océan par les HAP. ***(Voir aussi HAP, Pétrole)***

hydrochore, adj. (*hydrochoric*). Désigne un végétal dont les fruits, les graines ou toute autre diaspore sont dispersés dans l'environnement par les eaux.

hydrochorie, n. f. (*hydrochory*). Phénomène de dissémination des graines, des turions et autres structures de multiplication des végétaux, par voie aquatique.

hydroclimat, n. m. (*hydroclimate*). Désigne le climat en milieu aquatique, en particulier les variations saisonnières d'éclairement et de température et celles de la composition chimique des eaux qui leurs sont associées.

hydroélectricité, n. f. (*hydroelectricity*). Production de l'électricité par voie hydraulique. Celle-ci consiste à barrer un cours d'eau et à profiter de la dénivelée ainsi produite pour actionner des turbogénérateurs.

Dans quelques cas, l'usine est alimentée par des conduites forcées amenant les eaux prélevées par captages d'un lac de montagne situé à haute altitude. On estime que le « gisement » hydroélectrique, forme indirectement dérivée du flux solaire, est au total d'environ 3 000 GW à l'échelle mondiale dont environ 6% sont équipés (mais plus de 35% en Europe). En réalité, une partie de ce potentiel est située dans des zones peu habitées ou nécessiterait pour son équipement des dommages environnementaux considérables liés à l'ennoiement de vastes surfaces de terres cultivables. En réalité, malgré l'absence totale de pollution liée à son usage, l'hydroélectricité présente l'inconvénient de bouleverser les réseaux hydrographiques et de perdre de vastes surfaces ennoyées par les retenues d'eau qui perturbent en outre les migrations de poissons dulçaquicoles. ***(Voir aussi Assouan, Barrage, Yang-Tse-Kiang)***

hydroélectrique, adj. Voir Barrage.

hydrogène, n. m. (*hydrogen*). Élément de numéro atomique Z = 1 et de masse atomique Ar = 1 dont le corps simple représente le plus léger des gaz. Il est largement utilisé comme source de nombreuses synthèses dans l'industrie chimique. Il constitue aussi un carburant dont l'usage est actuellement limité aux applications aérospatiales mais il représente aussi un important vecteur d'énergie potentiel, soit sous forme d'hydrures, soit dans des piles à combustibles. ◆ **bombe à ~** (*hydrogen bomb*) : voir Armements, Nucléaire. ◆ **peroxyde d'~** (H_2O_2) (*hydrogen peroxide*) : substance active de l'eau oxygénée. Puissant oxydant, il est utilisé comme agent blanchissant, antiseptique et carburant des moteurs de fusée fonctionnant à l'hydrazine. ◆ **~ sulfuré** (*hydrogen sulfide*) : terme synonyme d'acide sulfhydrique, gaz à odeur d'œuf pourri qui se forme spontanément par fermentation anaérobie dans les sols gorgés d'eau et riches en matière organique, dans les vases benthiques des lagunes littorales, des marécages et des lacs eutrophes.

Il interfère en milieu aquatique avec le cycle biogéochimique de divers cations métalliques en particulier avec celui du fer. Le dégagement d'importantes quantités de H_2S dans les biotopes lentiques à un stade avancé d'eutrophisation ou dystrophes conduit à la formation de dépôts noirâtres de FeS qui marquent les épisodes anoxiques. Ces derniers surviennent en période estivale par suite de la mortalité massive de grandes quantités d'algues qui ont proliféré par suite de la forte concentration de nutriments dans les eaux et qui tombent au fond du lac provoquant par leur dégradation bactérienne une déplétion de l'oxygène dissous qui conduit à l'apparition de fermentations anaérobies.

Certains gaz naturels renferment aussi d'importantes concentrations de ce composé lequel est également utilisé pour diverses synthèses dans l'industrie chimique. ***(Voir aussi Dystrophisation, Sédiment, Soufre)***

hydrogéologie, n. f. (*hydrogeology*). Branche de la géologie qui étudie le comportement de l'eau dans les strates superficielles de la lithosphère.

hydrogéophyte, n. m. (*hydrogeophyte*). Plante aquatique se reproduisant par des bourgeons ou des rhizomes enfouis dans les sédiments.

hydrologie, n. f. (*hydrology*). Discipline aux frontières des sciences de la Terre, de la chimie de l'environnement et de l'écologie limnique, qui étudie les caractéristiques biogéochimiques des eaux tant de surface que celles des nappes phréatiques, y inclus les applications concernant leurs usages (irrigation, adduction) ainsi que le contrôle de l'érosion et des inondations par exemple.

hydrologique, adj. (*hydrologic*). Se rapporte aux phénomènes de circulation de l'eau dans l'hydrosphère. ◆ **cycle ~** : voir Eau, cycle.

hydromégatherme, n. m. et adj. (*hydromegathermic*). Êtres vivants se développant dans des milieux chauds et saturés en hygrométrie atmosphérique des forêts pluvieuses tropicales.

hydrophile, adj. **1.** (*hydrophilic*). Désigne une espèce chimique qui présente une affinité pour l'eau. En conséquence, les espèces hydrophiles se dissolvent facilement dans l'eau. **2.** (*hydrophilous*) : désigne les espèces vivantes propres aux habitats humides et (ou) aquatiques. ***(Voir aussi Eau, Hydrophobe, Xérophile)***

hydrophilie, n.f. (*hydrophily*). Propriété des ions et des molécules polaires, ou de celles susceptibles de former des ponts hydrogène avec les molécules d'eau, et qui se traduit par une hydrosolubilité.

hydrophobe, adj. (*hydrophobic*). Terme qualifiant les substances insolubles dans l'eau. Beaucoup de polluants organiques sont hydrophobes. **(*Voir aussi Lipophile*)**

hydrophobie, n. f. (*hydrophoby*). Propriété qu'ont les substances apolaires d'être insolubles dans l'eau et à l'opposé généralement très solubles dans les lipides. **(*Voir aussi Lipophilie*)**

hydrophyte, n. f. (*hydrophyte*). Plante strictement inféodée aux biotopes aquatiques car elle se développe en pleine eau. Les nénuphars, ou encore les *Potamogeton* sont par exemple des hydrophytes. **(*Voir aussi Hélophyte*)**

hydroponique, adj. (*hydroponic*). Désigne la culture des plantes dans des solutions nutritives artificielles.

hydropsammon, n. m. (*hydropsammon*). Ensemble de la faune interstitielle vivant dans le fond sableux d'un cours d'eau ou d'un biotope lentique.

hydrosère, n. m. (*hydrosere*). Succession se rencontrant en milieu aquatique qui part d'un biotope aux eaux libres et conduit à une tourbière voire à une forêt mésophile.

hydrosolubilité, n. f. (*hydrosolubility*). Aptitude d'une substance à se dissoudre dans l'eau. **(*Voir aussi Liposolubilité, Solubilité*)**

hydrosphère, n. f. (*hydrosphere*). Compartiment de la biosphère formé par l'ensemble des milieux aquatiques. En réalité, l'hydrosphère est constituée en majorité par l'océan mondial qui représente à lui seul 96,5% de l'eau existant dans l'écosphère, les banquises arctiques et antarctiques 1,75%, les eaux douces superficielles ou souterraines le 1,75% restant. **(*Voir aussi Biosphère, Eau*)**

hydrosystème(s), n. m. (*hydrosystem*). Système écologique complexe associant un (ou des) écosystème(s) aquatique(s) à des écosystèmes terrestres contigus constituant une mosaïque d'écosystèmes dénommée *paysages*.

◆ ~ **fluviaux** (*fluvial hydrosystems*) : à la différence des lacs et autres biotopes d'eaux stagnantes, les cours d'eau présentent une importante interaction avec les biotopes terrestres émergés de leur bassin versant, mais aussi avec les nappes sous-alluviales. Il est donc difficile de traiter isolément au plan structural comme au plan fonctionnel les écosystèmes lotiques car ils dépendent au premier chef des divers habitats terrestres et palustres qui les jouxtent tant au niveau du flux de l'énergie qu'à celui des apports d'éléments minéraux nutritifs et de matières organiques servant à la nutrition de nombreuses populations d'animaux aquatiques. Au concept de continuum fluvial caractérisant les diverses zones d'un fleuve dans le sens longitudinal, doit être ajouté celui de flux bidirectionnel qui prend aussi en compte d'autres processus correspondant aux échanges transversaux entre les parties émergées du bassin fluvial, plus particulièrement la plaine d'inondation dans son secteur potamique ainsi que dans la zone deltaïque. La complexité structurale d'un hydrosystème fluvial sera donc bien supérieure à celle d'un écosystème lentique et sera marquée par la multiplication des écotones entre écosystèmes aquatiques (cours d'eau proprement dit) mais aussi milieux palustres et biotopes lentiques des méandres, biotopes lotiques et nappe sous-alluviale, ainsi qu'entre les écosystèmes aquatiques-écosystèmes terrestres du bassin versant et biotopes aquatiques. **(*Voir aussi Écotones, Fleuves*)**

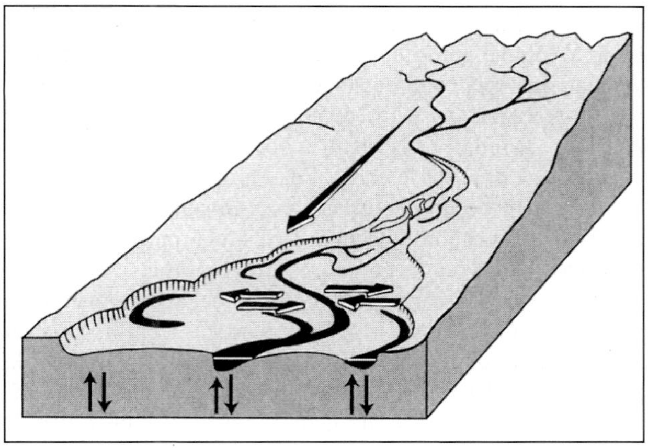

Schématisation des flux bidirectionnels dans un **hydrosystème** fluvial. En sus du flux longitudinal correspondant au sens général d'écoulement dans le gradient d'altitude décroissante, on distingue deux flux transversaux : ceux entre l'écosystème lotique et les autres écosystèmes de la plaine d'inondation et des flux verticaux correspondant aux échanges entre les eaux de surface et le domaine souterrain correspondant à la nappe alluviale. (D'après Amoros et Petts, op. cit., in Ramade F., *Dictionnaire encyclopédique des sciences de l'eau*, Ediscience international, 1998, p. 291)

◆ **structure d'un ~** : elle dépend de la nature géomorphologique du bassin versant qui va conditionner la dynamique fluviale. La pente et le débit sont les paramètres majeurs d'un hydrosystème fluvial auxquels il faut adjoindre la plus ou moins grande régularité qui s'évalue par la variation de fréquence et d'amplitude des périodes de hautes eaux et d'étiage.

Un hydrosystème fluvial est une entité écologique caractérisée par une mosaïque d'écosystèmes, constituant un système écologique complexe (paysage). L'unité structurelle de base est le cours d'eau proprement dit (écosystème lotique) auquel s'ajoutent d'autres écosystèmes qui le jouxtent et (ou) qui lui sont connectés. Ces derniers correspondent à des biotopes lentiques (bras morts, marécages riverains), amphibies (ripisylve) ainsi qu'à divers biotopes de la plaine d'inondation temporairement, voire exceptionnellement, immergés par les crues (prairies palustres par exemple).

On peut toujours diviser en trois zones (ou secteurs) un hydrosystème fluvial pris au sens large, c'est-à-dire englobant la totalité de l'écosystème lotique proprement dit, ainsi que les autres écosystèmes qui lui sont associés, dont l'ensemble constitue l'hydrosystème fluvial. Aux zones précédentes s'ajoute une quatrième, celle de l'estuaire ou du delta, selon la nature géomorphologique de la région côtière où le fleuve se déverse dans la mer.

La zone la plus en amont, dite *de production*, est celle des sources et des torrents qui correspond au crenon pour l'écosystème lotique concerné. Il s'y effectue l'apport d'eau au biotope lotique par drainage des parties émergées du bassin versant ainsi que celui des matériaux telluriques. Cet apport y est très intense par suite du fort ruissellement et de l'érosion liés au relief. Puis vient la zone *de transfert*, dite encore *de tressage*, car le cours d'eau proprement dit présente généralement de nombreux chenaux divaguants et entrelacés propres au rhithron. Cette zone est marquée à la fois par un cours encore rapide et par un important transit de charge grossière, et aussi par un dépôt et un stockage de matériaux grossiers qui peuvent être très importants. Enfin, plus en aval, on entre dans la zone *de stockage* qui correspond à la plaine d'inondation, dite encore plaine alluviale, caractérisée par l'existence de nombreux méandres faits par le fleuve – bien que ces derniers puissent aussi se former occasionnellement dans le secteur de transit.

L'hydrosystème fluvial consiste donc en une succession de secteurs fonctionnels, tous marqués par l'existence de nombreux écotones. Ces secteurs dépendent de la géomorphologie de la vallée fluviale et de la nature du cours (pente, débit, variabilité). Cette géomorphologie est elle-même contrôlée par des processus interactifs qui élaborent la mosaïque d'habitats que comporte l'hydrosystème.

Le secteur de transfert présente une grande complexité structurelle résultant, entre autres, de l'existence d'une bande active pouvant atteindre plusieurs centaines de mètres et qui est très instable car sans cesse remaniée par les inondations. Il en résulte une mosaïque d'habitats marqués par une végétation complexe portant même des peuplements forestiers marqués par des déplacements chroniques liés au rythme des perturbations du lit. La zone de stockage correspond en ce qui concerne l'écosystème lotique à celle du potamon, c'est-à-dire à la section inférieure du cours d'eau qui est celle du fleuve proprement dit. Ce secteur se caractérise sur ses rives par un développement maximum de la ripisylve – si elle n'a pas été dégradée ou éliminée par l'action de l'homme. Sa géomorphologie est conditionnée

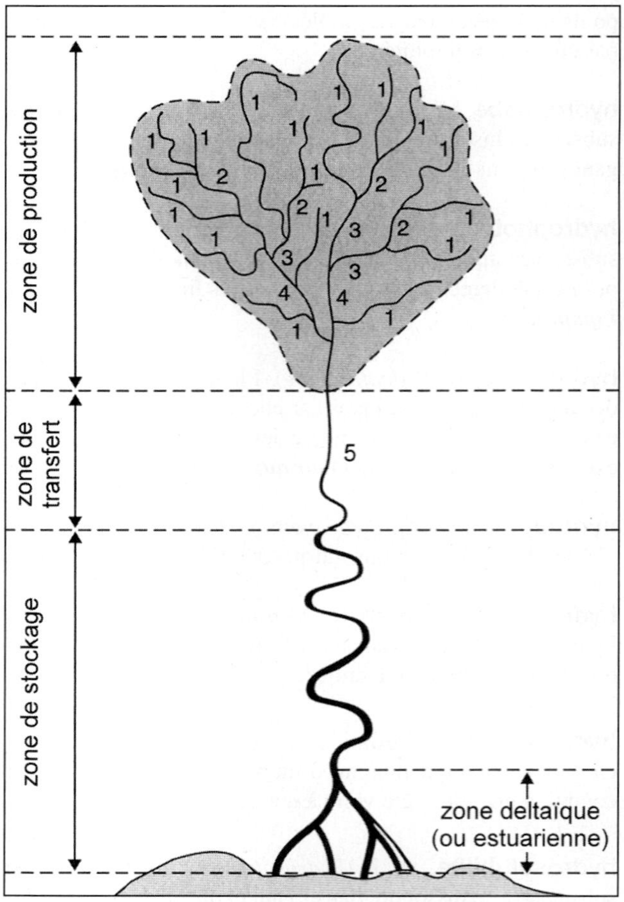

Zonation d'un **hydrosystème** fluvial. La zone de production correspond en première approximation au crenon, la zone de transfert au rhithron et la zone de stockage au potamon avec sa plaine d'inondation ; plus en aval, l'estuaire (ou le delta) fait la transition avec la mer. Les chiffres correspondent à l'ordre des affluents. (D'après Amoros et Petts, op. cit., Ramade F., *Dictionnaire encyclopédique des sciences de l'eau*, Ediscience international, 1998, p. 291)

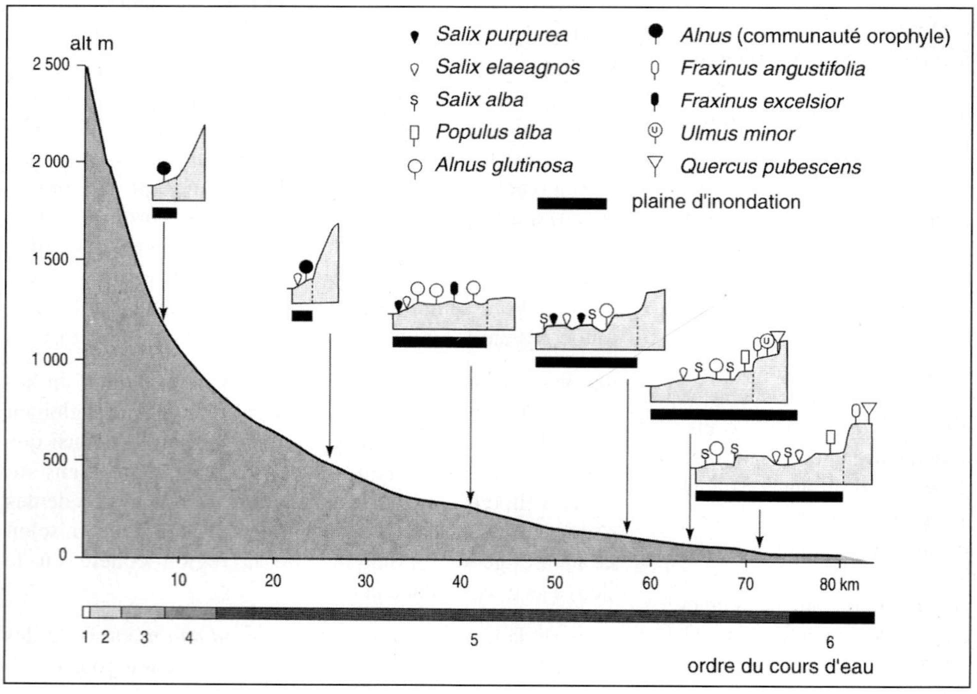

Succession spatiale dans un **hydrosystème** fluvial : zonation longitudinale de la forêt riparienne de la Tech dans les Pyrénées orientales. (D'après Izard in Pinay et al, op. cit., in Ramade F., *Dictionnaire encyclopédique des sciences de l'eau*, Ediscience international, 1998, p. 297)

par la double action de l'alluvionnement qui concerne à la fois le lit proprement dit, la plaine d'inondation lors des crues et celle de l'érosion des rives concaves par surcreusement qui conduit au recoupement des méandres et de la formation de bras morts.

Cette dynamique fluviale dans le secteur à méandres est à l'origine de la genèse d'une mosaïque de biotopes aquatiques. Cette dernière est caractérisée par la présence des bras morts, anciens méandres générant des milieux lacustres (dénommés par les écologues anglo-saxons *Oxbow lakes* par suite de leur forme étroite et arquée) auxquels s'ajoutent des zones palustres là où les rives sont très plates. À cette mosaïque s'ajoutent dans le fleuve proprement dit des types de biotopes ceux dits à faciès lotique, là ou le cours est plus rapide, et ceux à faciès lentique là où le cours est très lent. ***(Voir aussi Écotone, Fleuve, Méandre, Ripisylve)***

◆ **fonctionnement des ~** : le flux de l'énergie et le cycle de la matière dans un hydrosystème fluvial se caractérise par une dynamique bidirectionnelle marquée simultanément par des transferts de matière et d'énergie d'amont vers l'aval et bilatéraux dans une direction en première approximation orthogonale au sens du courant.

La mosaïque d'écosystèmes dont l'ensemble constitue l'hydrosystème fluvial, avec ses divers écotones, se caractérise par de nombreux flux marqués par d'importants transferts de matière et d'énergie – soit du bassin versant et des écosystèmes aquatiques de la plaine d'inondation vers le cours d'eau soit de ce dernier vers les biotopes amphibies ou terrestres limitrophes du bassin versant lors des crues. Ces flux se traduisent donc par d'incessantes importations et exportations de matières organiques ou minérales (surtout sous forme particulaire) et d'éléments biogènes. En première approximation, le concept de continuum fluvial, qui se présente à l'origine comme une particularité fonctionnelle de l'écosystème lotique, s'applique à l'hydrosystème pris dans son ensemble donc à la mosaïque d'habitats qu'il comporte.

L'étude de la circulation de la matière dans l'ensemble d'un hydrosystème fluvial montre que cette dernière s'effectue – conséquence des processus évoqués dans ce qui précède – sous l'aspect d'une trajectoire doublement spiralée. Dans l'écosystème lotique proprement dit, la matière présente, d'amont vers l'aval, des passages alternatifs de l'état minéral à l'état organique. Dans le même temps, par le jeu des transferts bilatéraux liés aux cycles périodiques inondations-étiages, tant les matières organiques mortes que les éléments minéraux transitent du biotope lotique vers la plaine d'inondation et inversement en fonction du niveau des eaux. En conséquence, les cycles biogéochimiques des principaux éléments minéraux nutritifs, en particulier de l'azote et du phosphore, s'effectuent dans un hydrosystème fluvial selon un flux doublement hélicoïdal. La première hélice prend place à l'intérieur du cours d'eau proprement dit et la seconde dans sa plaine d'inondation, l'une et l'autre étant connectées (voir Figure ci-contre).

Tant dans la zone de transfert que dans la zone de production d'un fleuve, la ripisylve qui constitue un écotone d'une part avec le biotope lotique proprement dit et de l'autre avec les écosystèmes connexes de ce dernier, joue un rôle moteur essentiel dans ces cycles biogéochimiques. ***(Voir aussi Continuum, Fleuve, Ripisylve)***

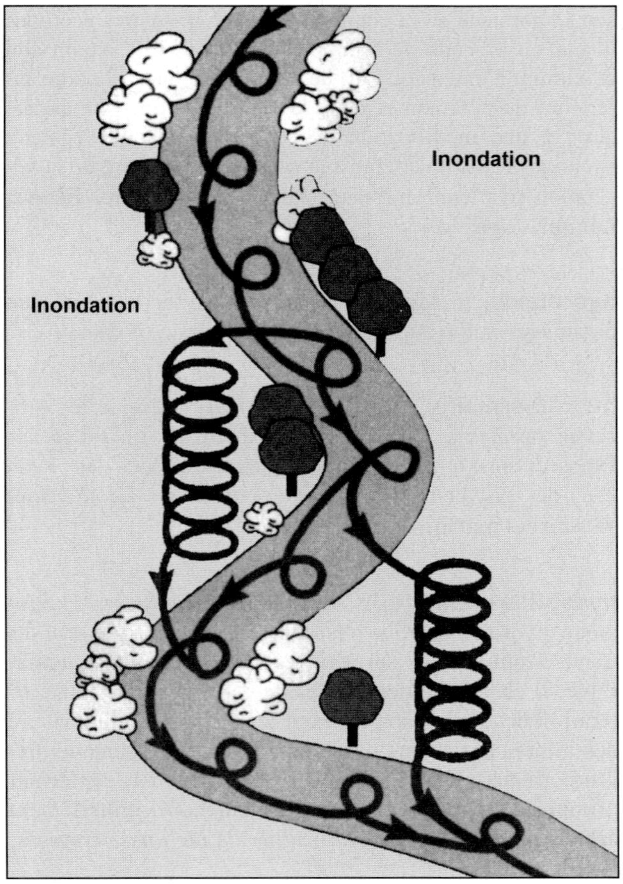

Modalité de fonctionnement du cycle de la matière dans un **hydrosystème** fluvial. Les cycles biogéochimiques des principaux éléments biogènes sont marqués par une considérable et permanente interaction entre la plaine d'inondation et l'écosystème lotique. Les éléments décrivent une trajectoire spiralée avec passage alternatif du cours d'eau vers la plaine d'inondation et réciproquement. (D'après Décamps et Naiman, *La Recherche*, mars 1989, n° 208, p. 317)

◆ **succession des communautés dans les ~** : elle présente une dimension spatiale et temporelle elle-même liée au changement de nature des habitats lesquels présentent une hiérarchisation spatio-temporelle.

Il existe un pas de temps caractérisant la durée nécessaire pour que s'effectue l'évolution des habitats et par voie de conséquence des communautés concernées – jusqu'à un état d'équilibre.

Au plan de l'organisation spatiale, chacun des secteurs d'un hydrosystème fluvial présente un ensemble de communautés qui lui sont propres et qui se jouxtent, voire s'interpénètrent au niveau des divers écotones respectifs. Il s'agit d'une mosaïque dont la complexité découle directement de celle que présentent les diverses biocœnoses respectivement inféodées à chacun des types de biotopes présents à tel ou tel niveau de l'hydrosystème.

Par ailleurs, il existe une succession structurale en composition, diversité et abondance des divers peuplements qui se succèdent d'amont vers l'aval constituant un ensemble d'écoclines selon que l'on considère tel ou tel composant d'un hydrosystème fluvial. La ripisylve a tendance à accroître son importance et sa connectivité avec les autres écotones quand on procède de l'amont vers l'aval. Elle atteint son maximum d'extension – et de complexité dans la partie inférieure du potamon et dans la zone deltaïque. On assiste aussi à une modification des communautés de végétaux aquatiques et d'Invertébrés, le courant et la nature de la végétation riparienne influant. ***(Voir aussi Écotone, Fleuve, Lotique, Ripisylve)***

hydrotaxie, n. f. (*hydrotaxis*). Réponse locomotrice d'un organisme motile au stimulus dû à la présence d'eau.

hydrothermal(e), adj. (*hydrothermal*). Désigne les processus propres à l'action des eaux thermales sur les roches exposées ainsi que le dépôt des minéraux dissous dans l'eau dans des gisements particuliers. ***(Voir aussi Géothermie)*** ◆ **sources marines ~** : voir Source.

hydrothermalisme, n. m. (*hydrothermalism*). Phénomène hydrogéologique résultant de l'action de masses d'eaux souterraines surchauffées par la chaleur magmatique. Il en résulte deux types de conséquences : une altération des roches exposées et une déposition ultérieure des minéraux dissous dans l'eau dans des gisements hydrothermaux. Ces derniers peuvent ainsi renfermer d'importantes concentrations d'éléments originellement dilués dans leur minerai d'origine. ***(Voir aussi Geysers, Source)***

hydrotitrimétrie, n. f. (*hydrotitrimetry, hardness determination*). Détermination titrimétrique de la dureté des eaux. ***(Voir aussi Dureté)***

Hydrozoaires, n. sc. (*Hydrozoa*). Classe de Cnidaires caractérisés au cours de leur cycle vital par une alternance de phases polype et méduse d'importance sensiblement équivalente. Elle renferme en particulier l'ordre des Siphonophores dont certaines méduses comme les Physalies peuvent pulluler dans les eaux côtières de l'Atlantique du Nord.

hyène(s), n. f. (*hyena*). Mammifère fissipède de la famille des *Hyenidae* dont il existe deux espèces, toutes inféodées aux savanes d'Afrique tropicale : la hyène tachetée (*Crocuta crocuta*) et la hyène rayée (*Hyena hyena*). À régime sarcophage, elles exercent aussi une action prédatrice sur les animaux jeunes ou malades.

hygrométrie, n. f. **1.** Teneur en eau ou en vapeur d'eau d'un biotope. **2.** Ensemble des méthodes et techniques permettant de déterminer la teneur en eau d'un corps solide ou d'un gaz. ◆ **~ atmosphérique** (*atmospheric hygrometry*) (syn. : humidité) : désigne la teneur de l'air en vapeur d'eau. On distingue *l'hygrométrie absolue*, mesure de la quantité de vapeur d'eau exprimée en g/m^3 et *l'hygrométrie relative* qui est le rapport exprimé en pourcentage entre la teneur réelle de l'air en vapeur d'eau à la température à laquelle il se trouve et celle que l'on relèverait s'il était à saturation à la même température.

hygropétrique, adj. (*hygropetric*). Désigne un organisme qui vit dans le film superficiel recouvrant les roches immergées dans un biotope aquatique.

hygrophile(s), adj. ◆ **organismes ~** (*hygrophilic organisms*) : organismes inféodés à des biotopes caractérisés par une forte hygrométrie atmosphérique.

hygrophyte, n. f. (*hygrophyte*) (syn. : hydrophyte). Désigne une espèce végétale vivant dans des biotopes dont le sol et (ou) l'atmosphère sont saturés d'eau.

Hylidae, n. sc. Famille d'Amphibiens anoures, comportant plus de 400 espèces surtout arboricoles et néotropicales. En Europe, les rainettes (*Hyla arborea* et *H. meridionalis*) figurent parmi les rares représentants situés aux limites septentrionales de son aire de répartition géographique. ***(Voir aussi Anoures, Ranidae)***

hylophile, adj. (*hylophilous*). Terme parfois employé pour désigner les organismes inféodés à des écosystèmes forestiers.

Hyménoptères, n. m. (*Hymenoptera*). Ordre d'Insectes holométaboles dont les adultes sont pourvus de deux paires d'ailes membraneuses et de pièces buccales broyeuses ou lécheuses.

Hyménoptère Apoïde du genre *Halictus* butinant une fleur de chicorée. Les Apoïdes constituent une superfamille importante de cet ordre d'Insectes ainsi que le groupe majeur d'Insectes mellifères car ils assurent une part essentielle de la pollinisation des Végétaux en général et des plantes cultivées en particulier. (Cliché F. Ramade)

Il figure avec les Diptères parmi les plus évolués de cette classe d'Arthropodes. L'ordre des Hyménoptères renferme plus de 130 000 espèces connues réparties en deux sous-ordres : les Symphytes et les Apocrites. Le premier est composé de diverses familles à régime herbivore, en particulier celle des Tenthrédinides. Les Apocrites comportent un grand nombre de familles, majoritairement carnivores et prédatrices, ou encore endoparasites d'insectes (guêpes au sens large).

D'autres Apocrites sont endophytes en particulier gallicoles (Cynipoïdes). La superfamille des *Apoidea* est, elle, nectarivore et melliffère. Les *Apoidea* présentent une grande importance écologique car ils pollinisent de nombreuses familles de plantes à fleurs tant dans les écosystèmes tempérés que tropicaux. Certains, par suite d'un phénomène de coévolution complexe, possèdent une association mutualistique avec une espèce de plante dont ils sont les pollinisateurs exclusifs.

Les Hyménoptères comptent de nombreux groupes d'insectes sociaux en particulier les guêpes (*Vespidae*), les fourmis (superfamille des *Formicoidea*) et plusieurs familles *d'Apoidea* (diverses abeilles *sensu lato*, bourdons). ***(Voir aussi Bourdons, Fourmi, Pollinisation, Social, insecte)***

hyperaride, adj. ◆ **zone** ~ (*hyperarid zone*) : zone désertique où les précipitations sont inférieures à 50 mm par an et occasionnelles, c'est-à-dire où plusieurs années sans pluie peuvent s'écouler.

hypermétamorphose, n. f. (*hypermetamorphosis*). Phénomène propre au développement post-embryonnaire de certains Insectes par lequel prennent place plusieurs métamorphoses successives avant que ne soit atteint le stade imaginal.

hyperparasite(s), n. m. (*hyperparasite*). Animaux qui vivent en endoparasites d'autres parasites. Il s'agit donc d'un parasitisme au second degré. Les cas d'hyperparasitisme ne sont pas rares chez les Insectes où l'on a signalé des cas où trois degrés de parasitisme pouvaient se trouver imbriqués les uns dans les autres. ***(Voir aussi Parasitisme)***

hypersalin, adj. (*hypersaline*). Désigne des milieux paraliques (= lagunaires) caractérisés par une salinité nettement supérieure à celle de l'eau de mer.

hypersaprobe, adj. (*hypersabropic*). Désigne des milieux aquatiques renfermant de fortes teneurs en MOF et dont la DBO varie de 500 à 2 000 mg/l.

hyperthélie, n. f. (*hyperthely*). Phénomène évolutif marqué par un développement excessif de certaines parties ou appendices corporels n'ayant aucun rôle physiologique important. Les bois des Cervidés constituent chez certaines espèces comme l'élan de bons exemples d'hyperthélie.

hypervolume niche, n. m. Voir Niche écologique.

hyphe(s), n. f. (*hypha*). Filaments d'un champignon constituant l'unité élémentaire du mycélium, ce dernier étant constitué par un réseau d'hyphes enchevêtrées.

hyphydrogame, adj. (*hyphydrogamous*). Désigne une plante hydrophyte dont le pollen est transporté sous les eaux et dont la pollinisation s'effectue donc en milieu aquatique.

hypobiose, n. f. (*hypobiosis*). État écophysiologique propre aux organismes en dormance ou en état de vie ralentie.

hypogé(e), adj. Désigne en biologie tout ce qui se produit dans la terre. ◆ **germination** ~ (*hypogeous germination*) : désigne en botanique la germination d'une graine au cours de laquelle les cotylédons ne sont pas soulevés au-dessus de la surface du sol. ◆ **organisme** ~ (*hypogeal organism*) : être vivant dont le microhabitat est situé au-dessous de la surface du sol.

hypolimnion, n. m. (*hypolimnion*). Désigne dans un lac la couche profonde, située au-dessous de la thermocline, constituée d'eaux plus froides, ne circulant pas verticalement. ***(Voir aussi Lac)***

hyponeuston, n. m. (*hyponeuston*). Fraction des communautés propres aux écosystèmes aquatiques tant des eaux continentales qu'océaniques qui vit à l'interface eau-atmosphère dans les premiers centimètres d'eau situés au-dessous de la surface. ***(Voir aussi Épineuston)***

hypophloédal, adj. (*hypophloedal*). Désigne un organisme qui se développe sous l'écorce des arbres.

hypophyle, adj. (*hypophyllous*). Désigne une espèce qui se développe à la face inférieure des feuilles.

hypoploïdie, n. f. (*hypoploidy*). Forme d'aneuploïdie dans laquelle un ou plusieurs chromosomes manquent par rapport au nombre de chromosomes que compte l'assortiment chromosomique normal.

hypopycnal, adj. ◆ **flux** ~ (*hypopycnal flow*) : flux d'eau douce superficielle s'écoulant dans la partie marine d'un estuaire ou d'un delta au-dessus des eaux salées, plus denses. De la sorte, il s'établit une stratification entre les apports d'eaux continentales superficielles qui s'étendent au large et les eaux marines qu'elles surmontent, la mixion se faisant de façon très progressive.

hyporhéique, adj. (*hyporheic*). Désigne toute entité abiotique ou biotique propre aux sédiments saturés d'eau situés au-dessous du lit ou en bordure des cours d'eau.

hypothermie, n. f. (*hypothermy*). Condition dans laquelle la température corporelle d'un animal à sang chaud tombe au-dessous du domaine dans lequel l'activité physiologique est normale.

hypothèse, n. f. (*hypothesis*) ◆ ~ **individualiste** (*individualistic hypothesis*) : théorie stipulant que les espèces composant un peuplement végétal ou animal existent dans ce dernier par suite de l'action individuelle sur ces espèces des facteurs écologiques abiotiques et biotiques – et non en raison de l'action de ces derniers sur la biocœnose ou la communauté prise dans son ensemble.

hypoxie, n. f. (*hypoxia*). État de sous-oxygénation d'un organisme ou d'un biotope.

hypoxique(s), adj. ◆ **conditions ~** (*hypoxic conditions*) : caractérise des conditions écologiques propres à un biotope aquatique ou terrestre dans lequel la teneur en oxygène est réduite pour des raisons naturelles ou par suite d'une pollution.

Hypsithermale, adj. (*Hypsithermal*). Période de l'Holocène (– 9 000 à – 2 500) marquée par un climat plus chaud que celui qui caractérise les temps présents. L'optimum thermique a été atteint il y a environ 6 500 ans avec une température moyenne globale supérieure de 2 °C à l'actuelle.

hypsodonte, adj. (*hypsodont*). Désigne un type de dents à croissance continue propres à la plupart des Mammifères herbivores.

Hyracoïdes, n. m. (*Hyracoidea*). Ordre de Mammifères propres à l'Afrique subsaharienne, caractérisé par des espèces de petite taille, dénommées vulgairement damans, à régime herbivore, qui présentent des caractères zoologiques intermédiaires entre les rongeurs et les éléphants.

Hystricomorphes, n. sc. Sous-ordre de Rongeurs renfermant quelques 17 familles dont celles des porcs-épics, des cobayes ou encore des chinchillas. Essentiellement néotropicaux, ils se rencontrent aussi dans l'Ancien Monde.

IBGN, n. m. Voir Indice biotique.

iceberg, n. m. (*iceberg*). Énorme masse d'eau douce dérivant à la surface de la mer, dont la partie émergée, qui représente 10% de la hauteur totale, peut excéder 50 m.

Ichneumonidae n. sc. (*Ichneumonids*). Famille d'Hyménoptères Térébrants comportant plus de 15 000 espèces déjà décrites dont les larves vivent en endoparasites stricts de nombreuses espèces d'Insectes. Certaines d'entre elles constituent d'efficaces auxiliaires des cultures car elles parasitent divers ravageurs des plantes cultivées.

ichtyofaune, n. f. (*ichtyofauna*). Ensemble des peuplements de poissons propres à un écosystème aquatique, à un lac ou à une région continentale ou océanique donnée. ***(Voir aussi Poisson, Téléostéens)***

ichtyologie, n. f. (*ichtyology*). Branche de la zoologie dont l'objet est l'étude des poissons.

ICSU (*International Council of Scientific Unions*). Organisation non gouvernementale fédérant les principales Sociétés savantes du monde. Son siège est à Paris.

-idae. Suffixe désignant le niveau taxonomique de la famille dans le code international de la nomenclature systématique en zoologie.

idiobiologie, n. f. (*idiobiology*). Étude de la biologie des individus en tant qu'organismes isolés. Ce terme inclut au plan écologique l'autécologie qui constitue une part importante du domaine qu'il recouvre.

idiosyncrasie, n. f. (*idiosyncrasy*). Phénomène d'intolérance à une substance chimique, naturelle ou synthétique. On connaît par exemple des idiosyncrasies au lactose ou à diverses substances médicamenteuses pouvant induire de graves troubles physiotoxicologiques. ***(Voir aussi Lactose)***

-iforme. Désinence d'usage courant, quoique non recommandée par la Convention Internationale de Nomenclature Zoologique, qui désigne le niveau systématique de l'ordre dans un groupe animal.

igné(e), adj. (*igneous*). Désigne des roches d'origine plutonique ayant cristallisé à partir d'un magma. Elles représentent avec les roches métamorphiques et sédimentaires, l'un des trois groupes de base sur lesquels se fonde la classification pétrographique.

ignimbrite, n. f. (*ignimbrite*). Ensemble des matériaux solides rejetés dans l'atmosphère par les éruptions volcaniques catastrophiques (nuées ardentes) constitué par accumulation de débris de laves (rhyolites, dacites), ayant l'aspect de ponces et (ou) de fragments vitreux aplatis et soudés.

iguane(s), n. m. (*iguana*). Reptiles de la famille des *Iguanidae*. Très chassés pour leur chair, beaucoup d'entre eux ont connu une forte régression dans les dernières décennies. Même l'iguane commun ou iguane vert (*Iguana iguana*), dénommé par les Indiens d'Amazonie « poulet des arbres », présente une baisse de ses effectifs. L'iguane des Antilles (*Iguana delicatissima*) autrefois présent dans toutes les îles de la mer des Caraïbes est aujourd'hui en grande partie confiné dans le micro-archipel de la Guadeloupe qui héberge 90% de la population mondiale rélictuelle dont la majorité dans la Réserve naturelle de Petite terre couvrant à peine une centaine d'hectares.

Iguane des Antilles (*Iguana delicatissima*) dans la réserve naturelle de Petite Terre en Guadeloupe. (Cliché F. Ramade)

Iguanidae, n. sc. Famille de Reptiles Lacertiens comportant plus de 600 espèces d'écologie variée mais essentiellement arboricoles. Ils sont de distribution néotropicale, bien que quelques espèces se rencontrent dans la région Pacifique et à Madagascar. Ce sont des animaux herbivores et (ou) insectivores. Certains peuvent atteindre 2 m de long.

Aux Galapagos, il existe deux espèces dont l'extraordinaire iguane marin.

IIED (*International Institute for Environment and Development*). Organisation internationale non gouvernementale qui œuvre dans le domaine de la conservation des ressources naturelles pour assurer un développement durable. Son siège est à Washington.

île, n. f. (*island*). Entité géomorphologique constituée par des terres émergées au milieu d'une mer. ◆ **~ continentale** (*continental island*) : on désigne en biogéographie sous ce terme un type de biotope de surface plus ou moins étendue, entouré par une « mer continentale » constituée par un écosystème de nature tout à fait différente. Les hautes montagnes d'Afrique équatoriale en sont d'excellents exemples. En effet, elles représentent l'homologue d'îles constituées par des écosystèmes orophiles (diverses forêts d'altitude et prairies alpines adaptées à de faibles températures) au milieu d'un « océan » de savanes ou de forêts tropicales de basse altitude. De même des écosystèmes lacustres distants, *a fortiori* isolés dans des zones arhéiques, constituent un autre type d'île continentale.

Il en sera de même de réserves forestières, parcs nationaux ou autres aires protégées analogues situés dans les pays développés. Ces dernières apparaissent de plus en plus comme des îles continentales situées au milieu d'immenses zones de cultures artificialisées par la pratique systématique de l'agriculture industrielle. ***(Voir aussi Archipel, Écosystème, MacArthur, Peuplement)***

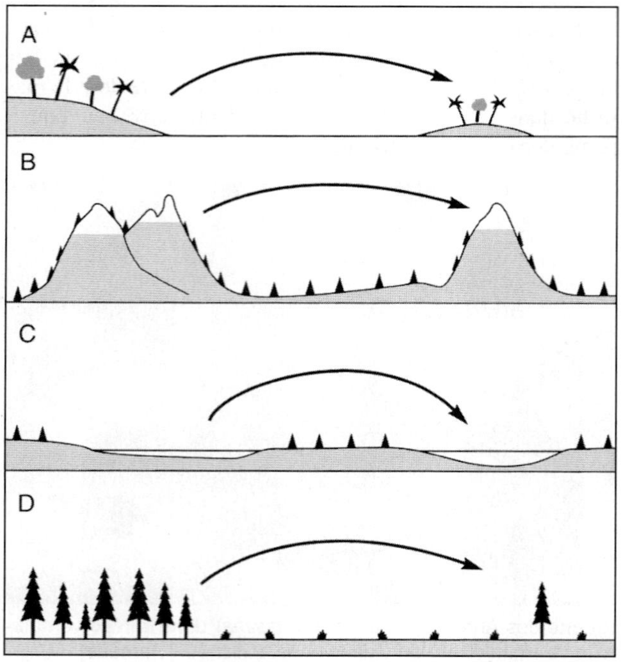

Schéma montrant l'homologie du critère d'insularité entre **îles** vraies (**A**) et îles continentales (**B**, **C**, **D**). **B** : hautes montagnes isolées; **C** : lacs isolés; **D** : réserves forestières ou parcs nationaux séparés par de vastes étendues d'agriculture intensive. Dans chaque cas, la possibilité d'échange d'espèces entre peuplements est d'autant plus faible qu'ils sont plus éloignés. (D'après Blondel, *Biogéographie évolutive*, Masson, 1986, p. 136)

illuvial, adj. (*illuvial*). Désigne un sol ou un horizon pédologique ayant été exposé à une illuviation.

illuviation, n. f. (*illuviation*). Désigne en pédologie le processus de transfert en profondeur de diverses matières minérales des sols situés dans les horizons supérieurs, par suite du lessivage (dispersion et entraînement des argiles) et de la lixiviation (entraînement des sels solubles provoqué par la décarbonatation). L'illuviation se traduit par la déposition et la précipitation de matériaux dans l'horizon B qui est, de ce fait, dénommé horizon illuvial.

imago, n. m. (*imago*). Écophase correspondant au stade adulte dans le cycle vital des Insectes. ***(Voir aussi Homodyname)***

imbibition, n. f. (*imbibition*). Imprégnation par de l'eau d'une substance d'origine biologique.

imbrûlés, adj. (*unburnt*). Désigne les résidus de combustion d'un carburant ou ceux produits par une incinération de déchets domestiques ou industriels rejetés sous forme particulaire ou gazeuse dans l'atmosphère. ◆ **hydrocarbures ~** (*unburnt hydrocarbons*) : hydrocarbures rejetés lors de la combustion incomplète de carburants automobiles ou de fuels. Ils interviennent dans la genèse de l'ozone troposphérique présent dans les atmosphères urbaines polluées ou encore des PAN. ***(Voir aussi Ozone, PAN)***

immature, adj. ◆ **individu ~** (*immature individual*) : désigne les stades du cycle vital d'un individu antérieurs à celui où est atteinte la maturité sexuelle (stade adulte). ◆ **sol ~** (*immature soil*) : en pédologie, ce terme s'applique à un sol récent dont le profil est incomplet compte tenu des conditions bioclimatiques propres au biotope où il se rencontre.

immigration, n. f. (*immigration*). Déplacement univoque d'une population de son aire d'origine vers un autre écosystème qu'elle colonise. Celui-ci correspond à un processus d'invasion d'un milieu naturel par une population d'une espèce qui lui est étrangère.

immunodépression, n. f. (*immunodepression*). Phénomène affectant l'immunité et pouvant résulter de l'exposition à divers polluants qui se traduit par une baisse de résistance aux affections microbiennes et virales ainsi que par l'augmentation de l'incidence des cancers. Par ailleurs, l'interaction entre les polluants et autres toxiques et le système immunitaire avec les réactions cataboliques de biotransformation et de détoxication de ces substances xénobiotiques entraîne une réduction des capacités d'élimination chez les individus affectés par cette immunodépression. Il a par exemple été mis en évidence de longue date que certains composés organochlorés comme le DDT, et diverses autres familles chimiques de polluants, provoquent une diminution de la résistance à certaines affections virales. ***(Voir aussi Biotransformation, Cancérogène, Détoxication)***

immunosuppression, n. f. (*immunosuppression*). Cas extrême d'immunodépression conduisant à la disparition totale des réactions immunitaires chez certains individus. Outre des cas d'affections microbiologiques ou virales bien connues comme le sida, cet état pathologique gravissime peut résulter de l'exposition à certaines substances chimiques polluantes.

immunotoxicité, n. f. (*immunotoxicity*). De nombreux polluants toxiques diffus ou présents en milieu industriel, des médicaments et autres xénobiotiques interfèrent avec les réactions immunitaires des êtres vivants. Ils provoquent selon le cas une immunodépression ou au contraire une stimulation anormale du système immunitaire conduisant à des manifestations allergiques cutanées, pulmonaires voire digestives et même, dans certains cas, à de graves maladies auto-immunes. Parmi les réactions d'hypersensibilité les plus fréquentes liées à l'exposition aux polluants figure l'accroissement de fréquence des phénomènes allergiques en particulier d'eczéma et d'asthme.

Les effets immunotoxiques des polluants se manifestent au niveau des cellules et des organes du système immunitaire : cellules sanguines de la lignée lymphocytaire mais aussi leucocytaire et histiocytaire (phagocytose), organes lymphoïdes (rate, thymus, amygdales chez les Mammifères). Parmi les polluants xénobiotiques présentant la plus fréquente immunotoxicité, on citera les dioxines, des composés organochlorés tels les PCB et certains insecticides tels le DDT et ses dérivés et la famille des cyclodiènes chlorés, les HAP. Les métaux lourds sont aussi généralement considérés comme immunotoxiques. ◆ **biomarqueurs d'~** (*immunotoxicity biomarkers*) : au plan cytopathologique, les altérations des organes immunitaires et des leucocytes circulants constituent des biomarqueurs d'effets immunotoxiques, de même que la présence de réactions inflammatoires ou encore de cellules tueuses. Au niveau de l'immunité spécifique, on peut citer la mesure du taux d'anticorps circulants (IgE et IgG) ainsi que certaines réponses cellulaires telles les rejets de greffes. Enfin, la sensibilité aux infections constitue un indice de dépression des fonctions régulées par le système immunitaire. **(*Voir aussi Asthme, Biomarqueur, Cancérogenèse, HAP, PCB*)**

impact, n. m. ◆ **~ environnemental** (*environmental impact*) : conséquences d'une dégradation des conditions écologiques sur le milieu naturel ou l'environnement de l'homme. ◆ **études d'~ sur l'environnement** (*environmental impact assessment*) : étude effectuée de façon impérative en préalable à tout aménagement d'une certaine importance. Elle a pour objet de faire le « point zéro » du milieu et d'évaluer les conséquences écologiques ainsi que celles pour l'environnement de l'homme qui résulteraient des aménagements prévus. La loi sur la Protection de la Nature de 1976 prévoit que tout aménagement d'un coût supérieur à 6 MF doit faire obligatoirement l'objet d'une étude d'impact sur l'environnement.

Impennés, n. m. (*Impennata*). Voir Manchots, Sphénisciformes.

Imperata, n. sc. Genre de Graminées propre aux steppes d'Amérique du Nord et aux savanes tropicales.

imperméabilisation, n. f. (*sealing*). Action volontaire – ou non intentionnelle – se traduisant par l'étanchéisation d'un substrat ou d'une surface. Les constructions et les aménagements de voiries, routiers ou autres, conduisent à l'imperméabilisation de vastes surfaces, ce qui provoque une forte perturbation du cycle de l'eau à une échelle locale voire générale. En effet, de telles surfaces imperméabilisées par le béton et le bitume augmentent dans des proportions considérables le ruissellement favorisant les inondations lors des périodes de fortes précipitations. En outre, l'infiltration étant annulée, il s'ensuit un déficit d'alimentation en eau des nappes phréatiques. **(*Voir aussi Infiltration, Nappe phréatique*)**

imperméabilité, n. f. (*impermeability*). Propriété de la structure d'un sol dont les pores ne permettent pas la circulation de l'eau.

impluvium, n. m. (*impluvium*). Terme de géomorphologie désignant des surfaces rocheuses dénudées sur le relief qui favorisent le ruissellement lors des précipitations.

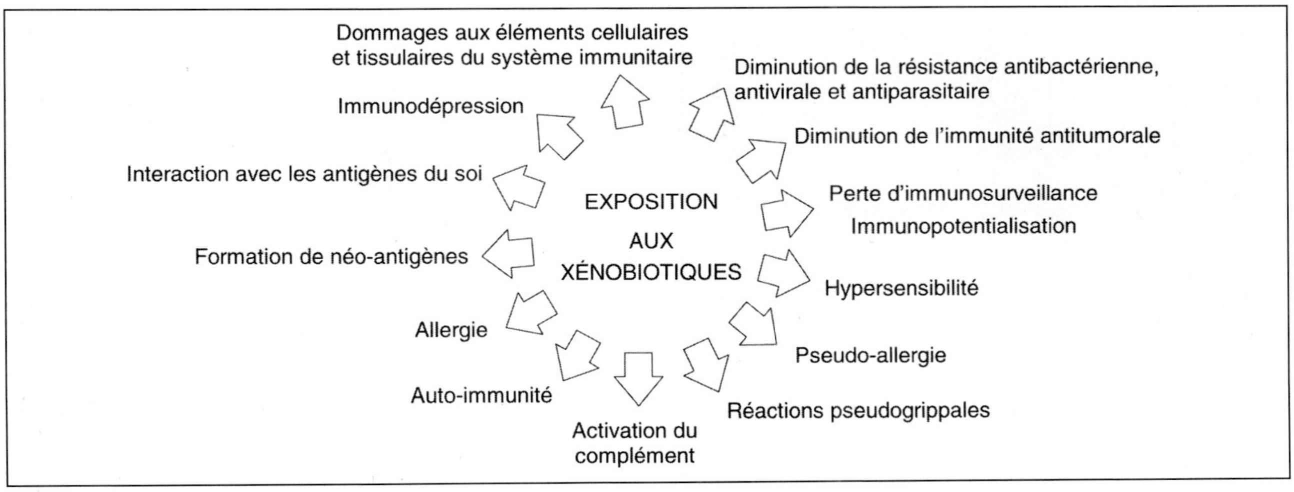

Schéma des principaux effets pathologiques résultant de l'**immunotoxicité** de certains polluants xénobiotiques. (D'après Brousseau, Dunier, Deschaux et al. op. cit., in Ramade F., *Dictionnaire encyclopédique des pollutions*, Ediscience international, 2000, p. 237)

imprégnation, n. f. (*imprinting*). Terme d'éthologie se rapportant à une forme d'apprentissage qui ne s'acquiert qu'au jeune stade de la vie d'un animal.

-inae. Suffixe désignant le niveau taxonomique de la sous-famille dans le code international de la nomenclature systématique en zoologie.

inbreeding, n. m. (syn. : consanguinité). Reproduction entre individus présentant un degré de parenté plus ou moins élevé. Il a pour conséquence une diminution de fitness qui résulte de l'accroissement d'homozygotie qui en découle inéluctablement, avec de façon corrélative, manifestation de caractères récessifs sublétaux ou létaux. Outre une moins grande résistance aux facteurs environnementaux défavorables, l'*inbreeding* entraîne une diminution de fécondité des individus ou de la population concernée. (***Voir aussi Fitness***)

incendie, n. m. ◆ **~ de forêts** (*forest fires*) : processus de destruction des forêts par l'action du feu. L'incendie est devenu un facteur important de déforestation dès que l'espèce humaine a commencé à maîtriser le feu. Il est actuellement certain que de vastes surfaces de forêts sèches tropophiles d'Afrique et d'Asie ont été converties en savanes depuis près de 500 000 ans par l'action de l'homme.

À l'heure actuelle, le feu représente la principale cause de destruction des écosystèmes forestiers dans l'ensemble du monde, plus particulièrement des forêts pluvieuses tropicales.

Le grand incendie de Bornéo qui affecta l'Est de Kalimantan dans la partie indonésienne de cette île, fut l'incendie le plus important historiquement provoqué par l'homme. Il a détruit en 1982-1983 une surface de forêts tropicales d'un seul tenant de 50 000 km^2 soit l'équivalent de celle de la

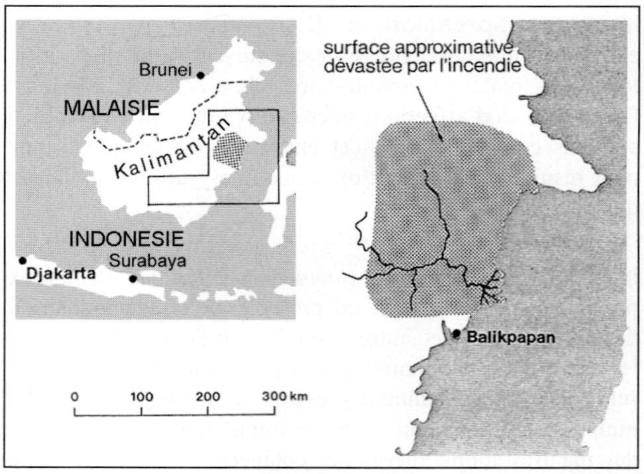

Territoire détruit par le grand **incendie** de Bornéo en 1983. (D'après Johnston, in Ramade F., *Les catastrophes écologiques*, McGraw-Hill, 1987, p. 120)

Belgique, du Luxembourg et d'une partie de la Hollande réunis. Plus récemment, au cours du El Niño de 1997-1998, quelque 9 millions d'hectares ont été détruits en Indonésie principalement à Sumatra, Kalimantan et aux Célèbes. L'incendie se classe aussi au premier rang des facteurs de déboisement de l'Amazonie où plusieurs dizaines de milliers de km^2 ont été détruits chaque année par le feu au cours de la dernière décennie.

De même, dans les pays méditerranéens, les incendies de forêts représentent la cause majeure de régression des boisements. On estimait en moyenne au cours des années 1990 que 400 000 ha par an de forêt étaient détruits par les flammes dans le pourtour méditerranéen. (***Voir aussi Amazonie, Déforestation, Feu***)

Incendie de forêts en Amazonie (Amazonas, Venezuela). Une des causes, moins spectaculaire mais très importante de régression des forêts tropicales tient en leur « grignotage » incessant à leur périphérie par suite de la pratique des feux de savanes allumés à la saison sèche. Les boisements dégradés chaque année ne peuvent pas se reconstituer de sorte que la savane peut, par exemple, gagner dans ce pays plusieurs kilomètres par an vers le sud au détriment de ces derniers. (Cliché F. Ramade)

incinérateur(s), n. m. (*incinerator*). Appareil destiné à détruire des déchets par incinération.

Les incinérateurs, dont l'usage s'est largement vulgarisé au cours des trois dernières décennies pour éliminer les déchets urbains ne constituent pas une solution réellement satisfaisante à la destruction des ordures et *a fortiori* des déchets chimiques, tout au moins dans les conditions techniques prévalant dans les incinérateurs qui sont actuellement en service.

Les incinérateurs d'ordures ménagères provoquent une pollution atmosphérique importante par des gaz toxiques et même par des particules lorsqu'ils sont mal réglés, ce qui est hélas souvent le cas. En outre, ils génèrent des quantités non négligeables de cendres et d'imbrûlés solides dans lesquels se trouvent concentrés des métaux lourds et autres éléments toxiques que l'on est contraint de stocker dans des décharges de catégorie 1, celles qui correspondent aux déchets chimiques hautement toxiques.

Les incinérateurs de déchets chimiques ne sont pas également exempts de dangers pour l'environnement. Les températures atteintes ne sont pas toujours suffisantes pour détruire effectivement les composés organiques qu'ils renferment. De la sorte, les PCB et autres composés relativement thermostables ne sont pas pyrolisés et se transforment en polychlorodibenzodioxines (PCDD) et en polychlorodibenzofurans (PCDF) hautement toxiques.

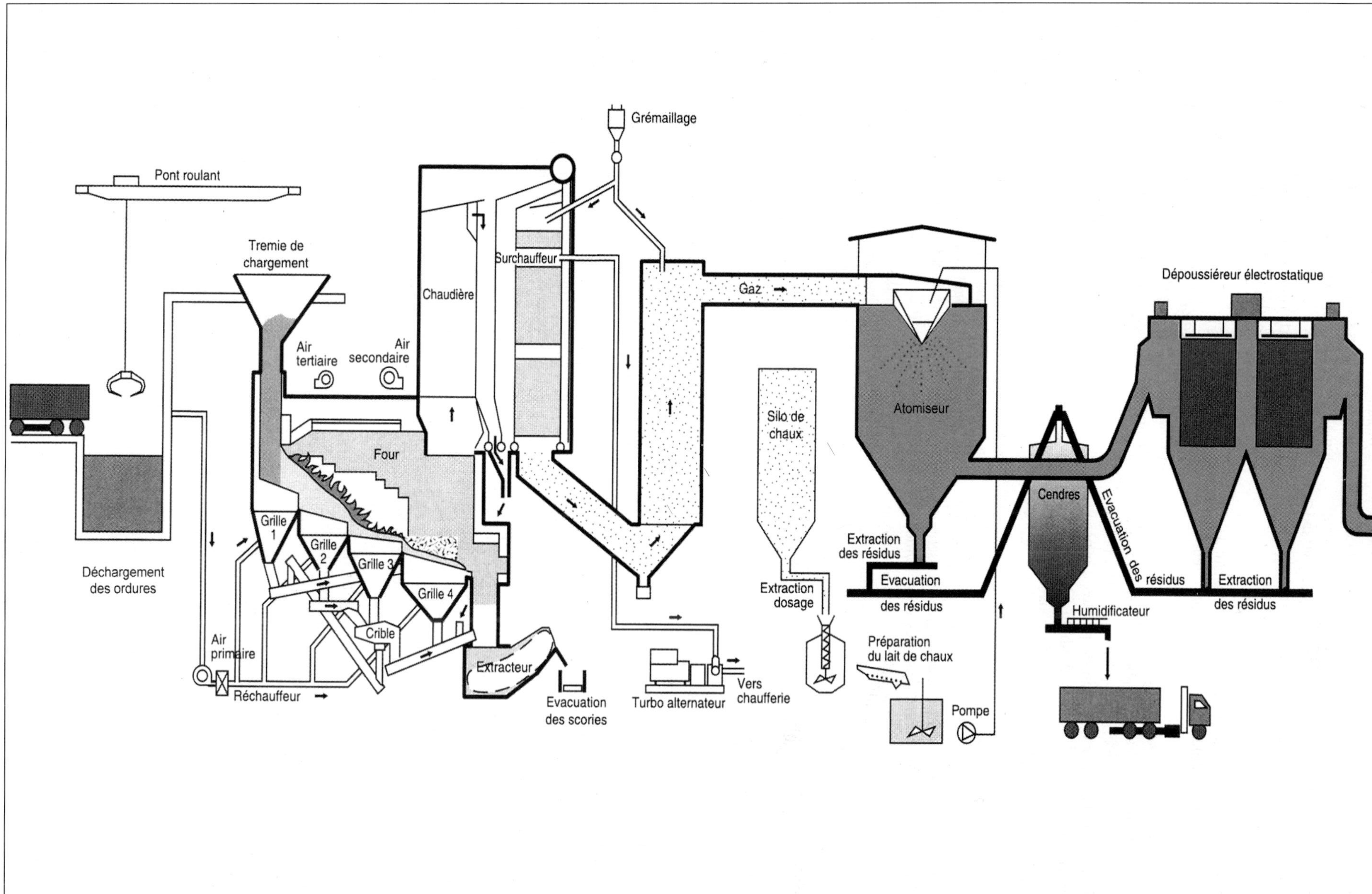

Schéma général d'un **incinérateur** d'ordures ménagères équipé de dispositif d'épuration des fumées. (In Ramade F., *Dictionnaire encyclopédique des pollutions*, Ediscience international, 2000, p. 239)

Les déficiences du navire incinérateur « Vulcain », installé en Mer du Nord, ont conduit à l'interruption de l'activité de ce dernier. Actuellement, la destruction des déchets chimiques s'effectue dans des installations de pyrogénation spécialisées, dont l'une est installée en région lyonnaise dans la plaine de l'Ain. **(*Voir aussi Déchet, Dioxine*)**

incinération, n. f. (*incineration*). Procédé consistant à éliminer les déchets domestiques ou industriels par le feu.

incompatibilité, n. f. (*incompatibility*). **1.** Désigne en écophysiologie végétale le cas de plantes dont les fleurs ne peuvent être autofécondées par leur propre pollen (autostérilité) ou encore par le pollen de plantes d'espèces différentes (interstérilité). **2.** Terme d'éthologie qualifiant des comportements contradictoires qui ne peuvent être réalisés simultanément par un même individu.

incomplète, adj. ◆ **dominance ~** (*incomplete dominance*) : expression partielle des allèles propres à un locus de sorte que les phénotypes des hétérozygotes présentent des caractères intermédiaires entre ceux des deux homozygotes. ◆ **fleur ~** (*incomplete flower*) : désigne en botanique une fleur dont il manque certains organes fondamentaux (pistil, étamines, pétales ou sépales).

incubation, n. f. (*incubation*). Phénomène par lequel les œufs des animaux ovipares sont maintenus dans des conditions favorables à leur développement et à l'éclosion des jeunes. L'incubation implique souvent une participation active des parents, quasi systématique chez les oiseaux, mais aussi assez fréquente chez de nombreux Vertébrés à sang froid. Elle est contrôlée de ce fait par des processus écoéthologiques souvent très complexes.

Inde (*India*). Pays le plus peuplé du monde après la Chine, l'Inde est l'une des régions du monde dont la dégradation de l'environnement a atteint sans doute les dimensions les plus inquiétantes sur une aussi vaste échelle.

Contrairement à une idée souvent répandue dans les pays occidentaux, le développement industriel de ce pays concomitant à celui de sa démographie, conduit déjà à des problèmes de pollution de l'air dans les cités et des eaux continentales absolument désastreux. Le Gange, fleuve sacré par excellence, est en réalité un égout à ciel ouvert depuis plusieurs décennies.

Par ailleurs, l'explosion démographique de l'Inde où plus d'un milliard d'habitants s'entassaient déjà en 2000 sur 3,5 millions de km^2 s'accompagne d'une dégradation irréversible absolument catastrophique des ressources naturelles.

La déforestation liée à la fois à la défriche pour mettre en valeur de nouvelles terres cultivables, mais provoquée surtout par le surpâturage en particulier en forêt, et la coupe pour obtenir du bois de chauffe, ont transformé de vastes surfaces en semi-déserts.

L'extension du désert de Thar au Pendjab est l'un des indices les plus spectaculaires de cette désertification due à la surpopulation du sous-continent.

En maints endroits des Indes, la destruction absolue de toute végétation ligneuse conduit les habitants à utiliser les bouses d'animaux domestiques comme combustible accroissant de ce fait la perte de fertilité puis induisant la squelettisation des sols, enfin la destruction des agroécosystèmes. **(*Voir aussi Désertification, Inondation, Thar*)**

indéhiscent, adj. (*undehiscent*). Fruit qui ne peut s'ouvrir spontanément quand il atteint sa maturité.

indicateur(trice), n. m. et adj. ◆ **~ biologique** (*biological indicator*) : voir Bioindicateur. ◆ **espèces ~** (*indicator species*) : voir Bioindicateur, Écotoxicologie. ◆ **oiseaux ~** (*indicator birds*) : oiseaux melliphages de la famille des *Indicatoridae*, à mœurs parasites, propres aux régions tropicales de l'Ancien Monde.

indice(s), n. m. (*index*). Valeur numérique constante caractéristique d'un système écologique donné, obtenue en appliquant à un algorithme déterminé, choisi en fonction de la nature du phénomène étudié, les valeurs quantitatives de certains facteurs ou paramètres écologiques propres selon le cas à un biotope, une population ou une communauté toute entière. ◆ **~ biotique** (*biotic index*) : indice permettant de déterminer la qualité des eaux à partir de critères de présence-absence de diverses espèces d'Invertébrés d'eaux douces bio-indicatrices de qualité (Éphémères Ecdyonurides, Plécoptères) ou au contraire de pollution des eaux. En France, l'indice de loin le plus utilisé est celui de Verneaux et Tuffery (1967) ultérieurement normalisé par Verneaux, selon les normes de l'AFNOR (1992) sous le terme d'IBGN (Indice Biotique Global Normalisé). Cet indice a pour objet d'évaluer la tendance d'évolution de la qualité des eaux des écosystèmes lotiques à partir d'un indice fondé sur l'étude des indicateurs biologiques négatifs (eaux pures) ou positifs (eaux polluées) existant dans la macrofaune benthique. Le principe consiste à échantillonner la macrofaune d'Invertébrés benthiques avec des appareils de surbers – eux-mêmes normalisés – dans des stations, prises sur certains secteurs d'un cours d'eau. L'étude des échantillons permet d'établir une liste de taxons en éliminant les espèces et les groupes occasionnels. Le répertoire de ces derniers, pour les écosystèmes lotiques tempérés, comporte 138 taxa dont 38 sont retenus comme bio-indicateurs – dans un sens ou dans l'autre – de qualité des eaux (voir Tableau ci-après). Les 38 taxa bioindicateurs sont regroupés en 9 groupes indicateurs Gi. Ces derniers sont classés par ordre de tolérance croissante à la pollution organique des eaux répartis du plus pollusensible (les *Chloroperlidae*) au plus pollutolérant (les Oligochètes, plus particulièrement les *Tubificidae*).

Le calcul de l'IBGN se fait en tenant compte de la variété taxinomique de l'échantillon Σt égale à la somme des taxa prélevés même s'ils sont représentés par un seul individu par échantillon (figurée dans la 2e ligne du tableau ci-joint) et par le calcul du paramètre de classe faunistique indicatrice (Gi) qui est établi en ne prenant en considération que les taxa bio-indicateurs comportant au moins trois ou dix individus dans l'échantillon (selon la nature du taxon considéré) figuré dans la 2e colonne du tableau. Ainsi par exemple pour un $\Sigma t = 33$ et $Gi = 8$, $IBGN = 17$. L'amplitude de la gamme des valeurs de l'IBGN varie de 20 pour les eaux très pures à 1 pour les eaux très polluées par des matières organiques fermentescibles. **(*Voir aussi Bioindicateur, Indice biotique*)** ◆ **~ d'aridité** (*aridity index*) : voir Aridité.

Table de calcul des valeurs de l'IBGN à partir des paramètres représentés par la variété taxonomique Σt et du groupe indicateur Gi. (D'après Verneaux, 1995)

Classes de variété		14	13	12	11	10	9	8	7	6	5	4	3	2	1
Taxa	Σt	> 50	49	44	40	36	32	28	24	20	16	12	9	6	3
	Gi	50	45	41	37	33	29	25	21	17	13	12	11	10	9
Chloroperlidae *Perlidae* *Perlodidae* *Toeniopterygidae*	9	20	20	20	19	18	17	16	15	14	13	12	11	10	9
Capnidae *Brachycentridae* *Odontoderidae* *Philopotamidae*	8	20	20	19	18	17	16	15	14	13	12	11	10	9	8
Leuctriidae *Glossomatidae* *Beraeidae* *Goeridae* *Leptophlebiidae*	7	20	19	18	17	16	15	14	13	12	11	10	9	8	7
Nemouridae *Lepidostomatidae* *Sericostomatidae* *Ephemeridae*	6	19	18	17	16	15	14	13	12	11	10	9	8	7	6
Hydroptilidae *Heptageniidae* *Polymitarcidae* *Potamanthidae*	5	18	17	16	15	14	13	12	11	10	9	8	7	6	5
Leptoceridae *Polycentropodidae* *Psychomyidae* *Rhyacophilidae*	4	17	16	15	14	13	12	11	10	9	8	7	6	5	4
*Limnephilidae** *Hydropsychidae* *Ephemerellidae** *Aphelocheiridae*	3	16	15	14	13	12	11	10	9	8	7	6	5	4	3
*Baetidae** *Caenidae** *Elmidae** *Gammaridae** *Mollusques*	2	15	14	13	12	11	10	9	8	7	6	5	4	3	2
*Chironomidae** *Asellidae* *Hirudinés* *Oligochètes**	1	14	13	12	11	10	9	8	7	6	5	4	3	2	1

*Taxa représentés par au moins dix individus dans l'échantillon, les autres par au moins trois individus.

◆ ~ **de condition** (*condition index*) : voir Condition. ◆ ~ **de diversité** (*diversity index*) : voir Diversité. ◆ ~ **de Thornwaite** : voir Thornwaite. ◆ ~ **xérothermique** (*xerothermic index*) : voir Xérothermique.

indifférente, adj. ◆ **espèce** ~ (*indifferent species*) : désigne en phytosociologie une espèce ubiquiste, assez commune, n'ayant pas une affinité particulière pour quelque communauté que ce soit.

indirect(e), adj. ◆ **compétition** ~ (*indirect competition*) : compétition due au fait qu'un individu ou une population, en exploitant une ressource de façon intensive, en prive les autres individus ou les populations d'espèces concurrentes par diminution des quantités disponibles. (***Voir aussi Compétition***)

individualisme, n. m. (*individualism*). Type de symbiose dans lequel les deux espèces de symbiotes sont si étroitement associées qu'elles constituent un individu d'aspect fondamentalement différent de l'un ou de l'autre des partenaires. (***Voir aussi Symbiose***)

individuel(-le), adj. ◆ **distance** ~ (*individual distance*) : distance à laquelle un individu prendra la fuite ou attaquera un autre individu de la même espèce.

indomalais(e), adj. ◆ **empire** ~ (*Indomalesian empire*) : vaste zone biogéographique correspondant à l'ensemble de l'Asie tropicale et de l'Indonésie. ◆ **forêt pluvieuse tropicale** ~ (*Indomalesian tropical rain forest*) : type de forêts pluvieuses tropicales propre au Sud et au Sud-Est de l'Asie, qui se rencontre depuis le Sud de l'Inde jusqu'aux Philippines. Même les forêts pluvieuses tropicales de Nouvelle-Guinée et du nord du Queensland en Australie, bien qu'appartenant à un autre empire biogéographique, présentent des affinités avec ce type d'écosystème.

industrialisation, n. f. (*industrialization*). Processus d'évolution économique d'un pays conduisant à développer les activités industrielles. Ces dernières prennent peu à peu l'ascendant sur l'agriculture qui, à l'opposé, emploie la majorité de la population active dans les pays sous-développés. ***(Voir aussi Développement)***

industrie, n. f. (*industry*). Ensemble des activités économiques autrefois dites manufacturières, dont le développement est allé de pair avec celui de la civilisation technologique moderne et qui résulte des innombrables applications des découvertes scientifiques. Les diverses industries, en particulier celles qui concernent l'énergie, la métallurgie et la chimie, constituent autant de sources potentielles – et hélas bien souvent effectives – de pollution de l'environnement, mis à part les accidents technologiques majeurs. Il importe d'ailleurs d'intégrer aux pollutions industrielles celles de nature diffuse qui apparaissent en aval des sites de fabrication par suite de l'usage des biens de consommation, de leur abandon quand ils sont usagés, de la dispersion de certains produits toxiques mis à la disposition des consommateurs, enfin de l'utilisation dispersive de certaines substances chimiques (cas des pesticides par exemple). ◆ **~ nucléaire** (*nuclear industry*) : on désigne sous ce terme tout ce qui se rapporte au cycle du combustible nucléaire depuis la mine d'uranium jusqu'au retraitement des combustibles irradiés et la gestion des déchets. ***(Voir aussi Combustible, Nucléaire)***

industriel(-le), adj. (*industrial*). Qui se rapporte à l'industrie. ◆ **déchets ~** (*industrial waste*) : voir Déchets. ◆ **mélanisme ~** (*industrial melanism*) : voir Mélanisme. ◆ **pollution ~** (*industrial pollution*) : pollution causée par les divers types d'activités industrielles.

inertie, n. f. ◆ **~ phylétique** (*phyletic inertia*) : persistance des caractéristiques du cycle reproducteur d'une espèce qui remontent à des époques passées dont les conditions paléoécologiques étaient différentes de celles qui caractérisent leurs biotopes actuels.

infiltration, n. f. (*infiltration*). Processus physique par lequel l'eau pénètre dans les sols. L'infiltration représente une composante importante du cycle de l'eau. En effet c'est l'infiltration qui assure le réapprovisionnement des nappes phréatiques. Elle régularise de ce fait le débit des cours d'eau, absorbant dans les couches profondes des sols l'excédent d'eau pluviale et le restituant en période de sécheresse. ◆ **taux d'~** (*infiltration rate*) : vitesse avec laquelle l'eau pénètre dans les sols. Celle-ci dépend de la nature et de la densité du couvert végétal, de la pente et de la porosité des sols, enfin de leur degré d'humidité initial. ***(Voir aussi Cycle de l'eau, Sol)***

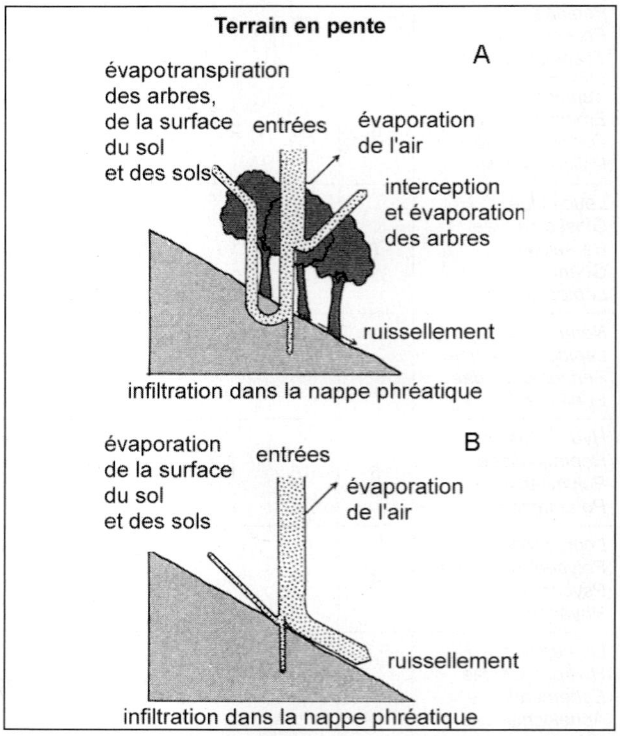

Schéma des composantes du cycle de l'eau. On constate que l'**infiltration** est considérablement réduite en cas de déforestation dans les zones de relief. (A : sol recouvert de végétation. B : sol sans végétation). (D'après Falkenmark, op. cit., 1984, p. 154 mais modifié.

infralétal(e), adj. ◆ **concentration ~** (*infralethal concentration*) : désigne des concentrations de polluants situées au-dessous du seuil provoquant une mortalité dans les populations d'espèces sensibles qui leur sont exposées mais qui néanmoins provoquent des troubles physiologiques présentant des conséquences écotoxicologiques.

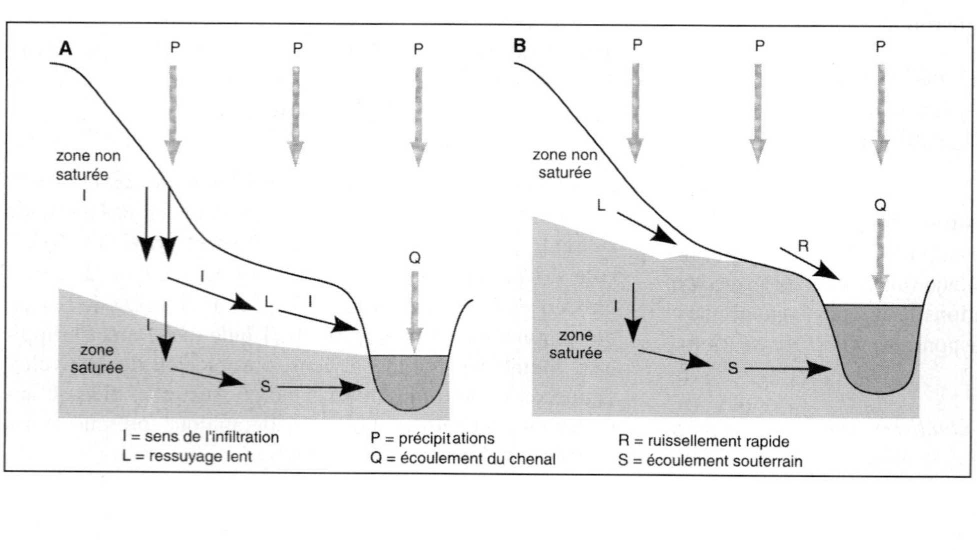

Relations entre l'**infiltration** et le mécanisme de saturation de la nappe. (**A**) Les précipitations (P) alimentent la zone saturée provoquant par infiltration une remontée de la surface piézométrique. (**B**) L'accroissement de la zone saturée provoque l'élévation du niveau piézométrique au-dessus du niveau du cours d'eau provoquant le ruissellement rapide de l'eau dans ce dernier. (D'après Wilby et Gilbert, op. cit. in Ramade F., *Dictionnaire encyclopédique des sciences de l'eau*, Ediscience international, 1998, p. 308)

infralittoral, adj. (*infratidal*). Étage de la zone néritique qui s'étend depuis la limite inférieure du niveau moyen des marées basses jusqu'à une profondeur d'environ 40 m.

infrarouge, adj. (*infrared*). Rayonnement de longueur d'onde supérieure à 700 mμ qui transporte l'essentiel de l'énergie calorifique rerayonnée par la surface terrestre. **(*Voir aussi Serre*)**

ingesta, n. m. (*ingesta*). Quantité totale de nutriments absorbée par ingestion.

ingestion, n. f. (*ingestion*). Processus physiologique d'absorption de liquides ou de solides par voie buccale. ◆ **toxicité par ~** (*oral toxicity*) : toxicité des substances qui se manifeste par suite de leur absorption par voie buccale.

inhibition, n. f. (*inhibition*). Phénomène par lequel le développement d'un organe, d'un individu ou d'une entité écologique d'ordre varié (depuis la population jusqu'au paysage) est empêché ou ralenti par un facteur intrinsèque généralement abiotique ou parfois biotique. ◆ **~ d'une succession** (*succession inhibition*) : blocage d'une succession à un stade intermédiaire par divers facteurs abiotiques ou biotiques. Ainsi, le passage récurrent de l'incendie empêche le retour à un climax de chêne en maintenant la succession à une formation végétale intermédiaire telle la garrigue, ou à un dysclimax de pins d'Alep. Un autre exemple relatif à un facteur biotique est l'inhibition de la régénération d'une forêt dans un pâturage gagné sur ce type d'écosystème à la suite de son envahissement par une espèce de plante qui empêche l'établissement d'autres espèces situées à un sère plus avancé. **(*Voir aussi Sère, Succession*)**

-ini. Suffixe désignant le rang taxonomique de la tribu dans le code international de nomenclature zoologique.

inlandsis, n. m. (*inlandsis*). Désigne les calottes glaciaires à l'intérieur des terres émergées formées par accumulation de glaces et constituant de la sorte des banquises continentales.

Les plus grands inlandsis actuels sont ceux du Groenland et de l'Antarctique. Ce dernier atteint une épaisseur moyenne de 2 100 m et localement de plus de 3 km ! **(*Voir aussi Glaciaire, Glaciation*)**

inné, adj. (*innate*). Désigne en écoéthologie un comportement présent dès la naissance, donc instinctif et non acquis.

inondation(s), n. f. (*flood*). Phénomène résultant du débordement des cours d'eau en période de crue.

◆ **causes des ~** : elles résultent essentiellement de l'existence d'une ou plusieurs périodes annuelles de fortes précipitations avec saturation des possibilités d'infiltration du bassin versant. Le régime des précipitations varie selon les climats, certains fleuves ont des crues hivernales, d'autres équinoxiales. Enfin, il existe des cours d'eau alimentés essentiellement par l'eau de fonte des glaciers qui peuvent présenter des crues en début de période estivale.

Bien que d'origine naturelle, la fréquence des inondations et les surfaces qu'elles affectent ont eu tendance à croître à l'échelle mondiale au cours des cinq dernières décennies. Malgré le qualificatif de catastrophes « naturelles » souvent attribué à l'occurrence de ces périodes d'inondations désastreuses qui se sont multipliées dans la deuxième moitié de ce siècle, cet état de fait ne doit rien à la fatalité. Il résulte – ou à tout le moins a été fortement amplifié – par diverses interventions humaines intempestives sur les bassins versants et les hydrosystèmes fluviaux eux-mêmes.

En réalité, la rectification et l'endiguement des cours d'eau, commencés dès le XVIIIe siècle en Europe, ont contribué à accroître le phénomène en déplaçant vers l'aval – ou vers l'amont selon le cas – les conséquences des crues. Depuis la fin de la Seconde Guerre mondiale, l'accélération considérable de la réalisation de diverses opérations d'aménagement des hydrosystèmes fluviaux a singulièrement accru l'importance et la fréquence des inondations tant dans les pays industrialisés que dans le Tiers monde. Ces opérations, telles l'endiguement, ont par exemple été à l'origine des désastreuses crues du Mississippi, aux États-Unis en 1993. En outre, dans les pays dits en voie de développement, la croissance démographique a amplifié les phénomènes de dégradation des écosystèmes propres aux parties terrestres des bassins versants.

Les considérables perturbations environnementales qui en ont résulté ont contribué à accroître de façon déterminante les causes d'inondation. Le déboisement a joué un rôle majeur dans l'amplification des dommages dus aux inondations dans l'ensemble du monde mais revêt l'aspect de dé-

Vue aérienne de l'**inondation** catastrophique de la Camargue par le Rhône en novembre 1993. Ce fleuve avait alors atteint en Arles le débit monstrueux de 12 000 $m^3 \cdot sec^{-1}$ soit 8 fois sa valeur moyenne. (Cliché J. Guillemin/PNRC)

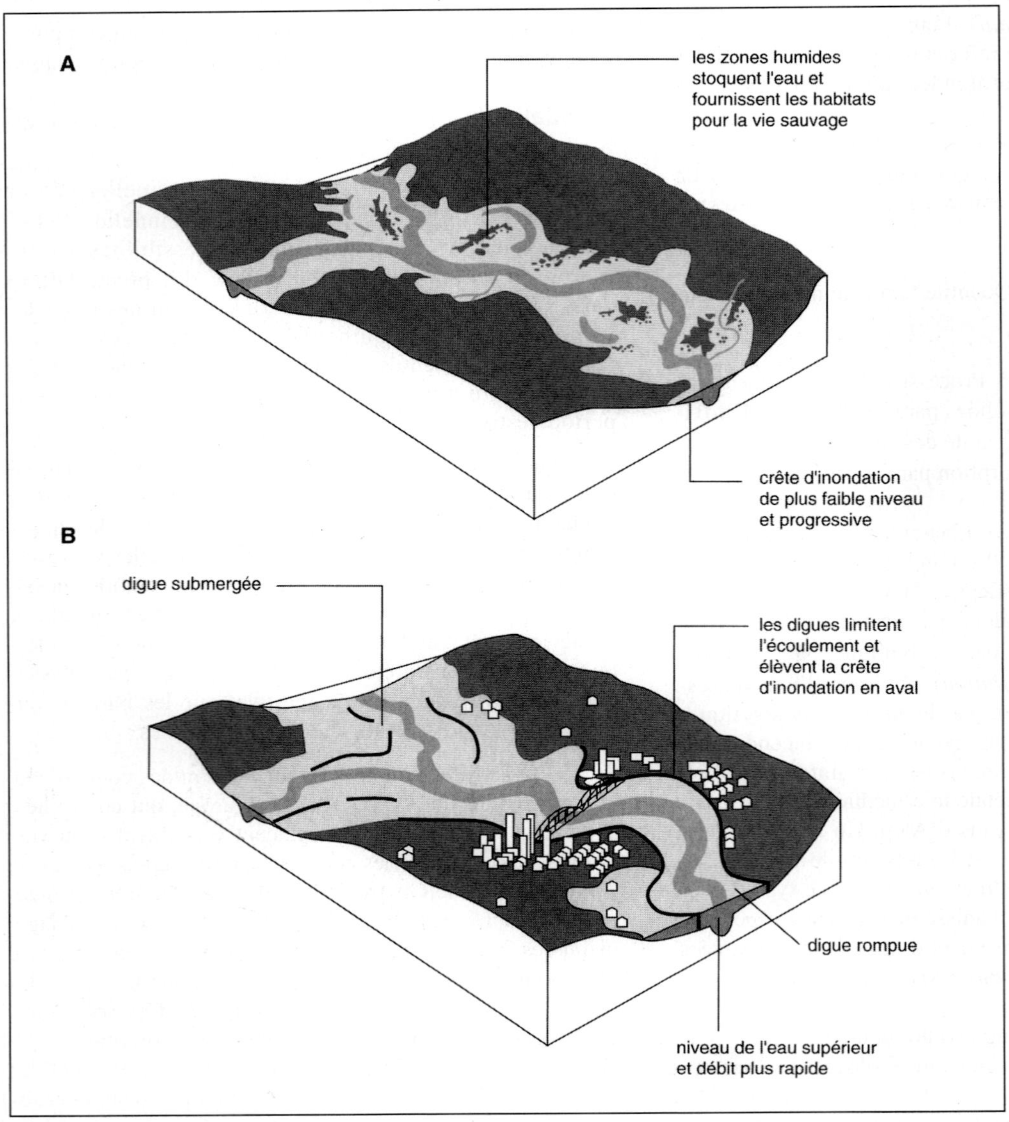

Effets des aménagements du Mississippi sur l'ampleur et les conséquences des **inondations** de ce fleuve. (**A**) Situation à l'origine avec la plaine d'inondation tamponnant les effets des crues. (**B**) Situation actuelle avec les conséquences de l'endiguement qui se traduisent par un accroissement de la hauteur des eaux et de leur force pendant toute la période de hautes eaux et, plus particulièrement, lors du passage de l'onde de crue. (D'après Mairson, *Nat. Geogr.*, vol. 185, 1994, n°1, p. 54)

sastres de plus en plus récurrents dans les pays en voie de développement comme l'ont encore montré par exemple les inondations du Venezuela qui ont provoqué la mort d'environ 50 000 personnes en décembre 1999. À l'heure actuelle, les 200 millions d'hectares annuellement détruits dans le monde par la déforestation concernent essentiellement les forêts tropicales. Ainsi aux Indes, il n'existe plus aucune forêt dans l'Himalaya au-dessous de 2 000 m d'altitude alors que cette chaîne était couverte d'immenses forêts dès son piémont à la fin des années 1940. Rien d'étonnant si dans ce pays le coût annuel des dommages actuellement causés par les inondations soit 25 fois supérieur à celui de cette époque.

Dans les pays industrialisés, les aménagements des cours d'eau, en particulier leur endiguement et l'isolement, voire l'imperméabilisation de la plaine d'inondation, le remembrement agricole et la destruction des haies constituent une des causes essentielles de l'augmentation de la fréquence et de l'ampleur des inondations observées au cours de la dernière décennie.

◆ **lutte contre les ~** (*flood control*) : jusqu'à présent, la principale méthode de lutte contre les inondations a consisté dans l'ensemble du monde en la création de barrages qui, outre l'écrêtement des crues, permettent de retenir de considérables volumes d'eau et ainsi d'accroître les moyens d'irrigation en période d'étiage.

Les conséquences écologiques négatives de ces aménagements, dont le rythme de construction est d'environ 500 par an dans le monde à l'heure actuelle, sont en particulier l'isolement du fleuve de sa plaine d'inondation ce qui, outre la rupture du cycle des nutriments dans l'hydrosystème fluvial, a pour conséquence d'isoler de la plaine d'inondation de nombreuses espèces de poissons qui y trouvent un refuge en période de crues et dans laquelle ils effectuent une partie de leur cycle vital.

À l'heure actuelle en divers pays développés des travaux sont réalisés pour permettre à nouveau l'accès des eaux fluviales à la plaine d'inondation en période de crue, dont divers aménagements les avaient isolées. Tel est le cas de la partie allemande du Rhin dans la plaine d'Alsace.

◆ **plaine d'~** (*floodplain*) : encore dénommée plaine alluviale, elle est située dans le secteur inférieur d'un hydrosystème fluvial et jouxte la zone potamique de l'écosystème lotique correspondant. C'est bien évidemment à son niveau que les inondations influent de la façon la plus importante au plan écologique dans la réalisation de la structure et dans le fonctionnement des diverses communautés que comporte un hydrosystème fluvial. Les inondations interviennent de façon déterminante pour ajuster la composition spécifique et la structure des biocœnoses peuplant les divers habitats de la plaine alluviale. Elles contrôlent à la fois leur distribution spatiale et leurs fluctuations temporelles. Leur influence est maximale sur la structure des communautés ripariennes.

De façon générale, les inondations contribuent de façon déterminante dans la plaine alluviale à la productivité primaire des hydrosystèmes fluviaux à la fois par exportation de débris végétaux et par importation de nutriments intervenant de façon corrélative sur la structure des réseaux trophiques de la plaine alluviale. Cependant, la productivité des groupements forestiers ripariens est maximale non dans les groupements inondés en permanence mais dans ceux qui présentent une inondation saisonnière. Les inondations sont aussi à l'origine de la circulation très particulière des nutriments dans les écosystèmes lotiques qui s'y déplacent de façon spiralée de l'amont vers l'aval mais aussi en passant alternativement du cours d'eau dans la plaine alluviale et réciproquement. **(*Voir aussi Fleuve, Hydrosystème*)**
◆ **laisses d'~** (*flood marks*) : dépôts de matériaux d'origine surtout végétale (feuilles, branches) et parfois minérale amenés par les inondations dans les branchages des arbres ou arbustes de la zone riparienne – ou abandonnés à la décrue sur les parties les plus élevées des rives. Elles permettent d'estimer la hauteur maximale que peuvent atteindre historiquement les crues dans un secteur donné d'un cours d'eau. **(*Voir aussi Crue, Hydrosystème*)**

inquilinisme, n. m. (*inquilinism*). Type d'interaction positive entre espèces différentes dans laquelle une espèce se fait héberger et utilise les déchets alimentaires ou autres présents dans le nid de l'espèce hôte sans que cette dernière ne tire un bénéfice particulier de sa présence, à la différence d'une relation symbiotique. **(*Voir aussi Symbiose*)**

Insectes, n. m. (*Insecta, Insects*). Classe d'Arthropodes, en majorité terrestres, qui compte le plus grand nombre d'espèces vivantes connues et *a fortiori* à décrire.

On dénombre à l'heure actuelle environ 950 000 espèces d'Insectes sur 1 700 000 espèces vivantes connues au total dans l'ensemble de la biosphère ; mais selon plusieurs spécialistes de la biodiversité, ce nombre pourrait excéder plusieurs millions, même si le nombre de 30 millions d'espèces avancé par Erwin paraît surestimé.

On répartit les insectes en deux sous-classes : les Apérygotes, très primitifs et dépourvus d'ailes et les Ptérygotes, ailés, qui représentent l'immense majorité des espèces existantes. Ces derniers se subdivisent en deux groupes, les hétérométaboles, à métamorphose incomplète et les holométaboles qui présentent une métamorphose, les larves étant de morphologie et d'écologie souvent très différentes de celles des adultes.

On distingue une vingtaine d'ordres d'Insectes : les Odonates, les Orthoptères (criquets et sauterelles au sens large), les Blattoptères (blattes), les Isoptères (termites), les Hétéroptères (punaises) et les Homoptères (cigales, pucerons, cochenilles) sont les principaux Hétérométaboles. Les Coléoptères, Mécoptères, Lépidoptères, Planipennes, Trichoptères, Diptères et Hyménoptères représentent eux l'essentiel des Holométaboles.

Les insectes ont colonisé tous les compartiments de la biosphère, y compris le milieu aquatique. Néanmoins, peu d'entre eux sont inféodés au milieu marin, principalement à la zone intertidale – encore qu'une famille d'Hétéroptères pleustoniques, les *Halobatidae*, se rencontrent à la surface des eaux dans l'océan au large. Ils jouent un rôle écologique majeur dans les écosystèmes terrestres. Certaines espèces, par suite d'une longue coévolution avec les Phanérogames, assurent de façon exclusive la fécondation de nombreuses espèces de plantes auxquelles elles sont strictement liées. D'autres, faisant partie de la pédofaune, figurent parmi les facteurs essentiels de la genèse des sols dont elles maintiennent en outre la fertilité.

Un certain nombre d'espèces d'Insectes sont nuisibles car elles provoquent des dommages aux cultures ou encore sont des agents vecteurs de maladies parasitaires de l'homme ou des animaux domestiques. Toutefois ces dernières ne représentent qu'une faible minorité, de l'ordre de 1% par rapport à la biodiversité totale de cette classe. À l'opposé, la plupart d'entre elles sont indifférentes ou au contraire utiles à l'homme comme prédateurs ou parasites de ravageurs des cultures, certaines d'entre elles ayant déjà permis des applications efficaces à la lutte biologique. **(*Voir aussi Biodiversité, Lutte biologique, Pédofaune, Sol*)**

insecticide(s), n. m (*insecticide*). Pesticide utilisé pour détruire les insectes nuisibles. Un insecticide est en principe un composé chimique capable d'agir par contact, en traversant la cuticule des insectes et présentant de ce fait une toxicité relativement sélective pour ces organismes.
En réalité, cette définition ne s'applique qu'à un tout petit nombre de composés de ce groupe à l'heure actuelle. L'immense majorité des matières actives et des quantités utilisées est dépourvue de spécificité et présente des propriétés biocides qui concernent non seulement la quasi-totalité des Invertébrés mais également les Vertébrés à sang froid voire homéothermes. Certains d'entre eux sont même phytotoxiques.
Cependant la tendance générale de la recherche chimique dans ce domaine a été de mettre au point des composés ayant un spectre d'action de moins en moins large donc présentant une plus grande spécificité ainsi qu'en atteste l'histoire de la lutte chimique contre les insectes nuisibles.
Les premiers insecticides employés à vaste échelle pendant la première moitié de ce siècle étaient d'origine végétale (nicotine, roténone, pyrèthre) ou encore minérale (arséniate, acide cyanhydrique). Avec la Deuxième Guerre mondiale apparurent les premiers insecticides organiques de synthèse : organochlorés (DDT, lindane, aldrine, dieldrine, heptachlore par exemple), suivis peu après par les esters phosphoriques (parathion par exemple), puis les carbamates.

Les graves problèmes écotoxicologiques soulevés par les insecticides organochlorés, et les sérieuses intoxications aiguës, parfois mortelles, observées chez les exploitants agricoles avec certains insecticides organophosphorés, incitèrent à la recherche de nouvelles familles, plus spécifiques, peu ou pas toxiques pour les animaux à sang chaud et ayant

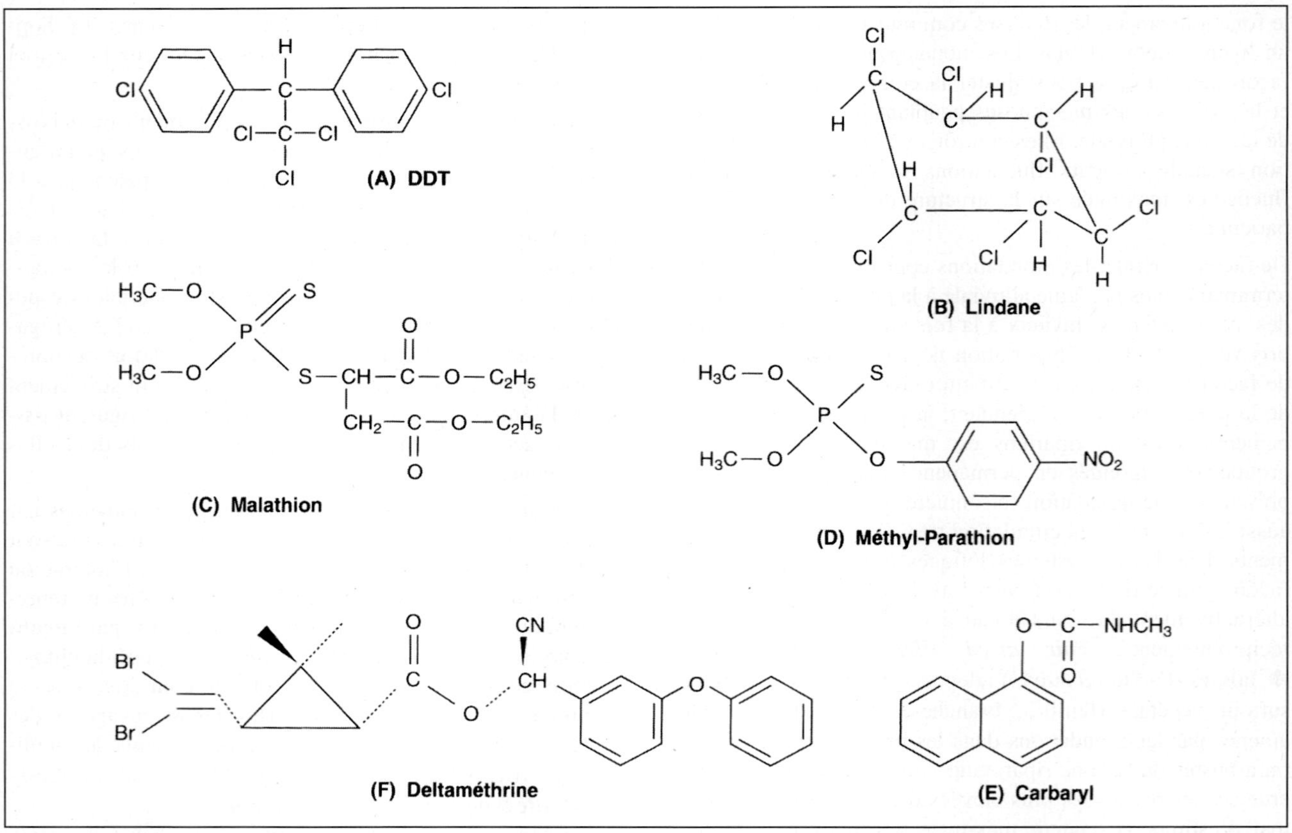

Formules chimiques des principales familles d'**insecticides**. A et B = organochlorés. C et D = esters phosphoriques. E = carbamate. F = pyréthroïde.

un moindre impact sur l'environnement. C'est ainsi que furent découverts les N-méthylcarbamates insecticides (carbaryl par exemple) et, surtout dans les années 1970, les pyréthroïdes de synthèse (deltaméthrine par exemple) qui sont de loin les moins toxiques pour les Vertébrés homéothermes.

Plus récemment, est apparue une nouvelle classe, celle des dérivés nicotiniques de synthèse, qui présentent une toxicité éventuelle pour les abeilles butineuses qui ne retrouvent pas leur ruche quand elles sont exposées dans des cultures traitées à cette substance.

Dans le même temps, les organochlorés furent progressivement interdits dans les pays développés, la France se distinguant par la lenteur avec laquelle elle a mis un terme à l'usage des composés de ce groupe, certains d'entre eux étant encore utilisés de nos jours, pour des applications certes restreintes. Cependant, la production de ces derniers continue dans ou à destination du Tiers monde. Ainsi, depuis que le brevet du DDT est passé dans le domaine public, l'Inde est devenue le premier producteur mondial de cette substance pourtant si redoutable pour l'environnement, sa production dépassant 50 000 t/an à la fin des années 1990.

◆ **pollution par les ~** : l'usage des insecticides soulève des problèmes de pollution des sols, des eaux et de l'atmosphère. La pollution de l'air est à l'origine de la contamination de milieux initialement non exposés par suite de la vaporisation de certains insecticides et surtout de la dérive d'aérosols lors des traitements aériens.

La pollution des eaux par les insecticides est particulièrement préoccupante avec les organochlorés dont le temps de demi-vie en milieu aquatique se chiffre en années, voire en décennies. Ils peuvent aussi être redoutables pour les communautés aquatiques; beaucoup d'entre eux présentant un impact écotoxicologique considérable pour les organismes propres aux eaux continentales ou littorales. Certains, tels les pyréthroïdes de synthèse, présentent une toxicité considérable pour les Invertébrés et les Vertébrés à sang froid. Ainsi la CL 50 de la deltaméthrine pour les téléostéens d'eau douce est généralement de l'ordre de 0,1 ppb.

Les insecticides, à l'image des autres pesticides soulèvent de plus en plus de sérieuses préoccupations relativement à la contamination des réseaux d'adduction. Ils se rencontrent de façon croissante dans les nappes phréatiques, de sorte qu'un nombre croissant d'entre elles dépassent les normes relatives à leur utilisation pour l'adduction d'eau potable dans les agglomérations. Ce problème concerne tous les pays développés. Ainsi, aux États-Unis, au début des années 1980, on détectait de l'Aldicarbe dans 100 000 puits dispersés dans les divers états de ce pays faisant usage de cet insecticide. Dans 8% d'entre eux, il dépassait les CMA dans l'eau de boisson! En France, bien que les concentrations observées dans les eaux souterraines voire de surface ne soulèvent pas – en règle très générale – de réels problèmes d'hygiène publique, on constate que le nombre de cas de non conformité pour les réseaux d'adduction est supérieur à ceux dus aux nitrates. En réalité, bien que seulement 1% des insecticides utilisés s'infiltre dans l'eau des aquifères à nappe libre, cela suffit dans les zones de grandes cultures pour excéder rapidement les valeurs limites tolérées pour l'eau de boisson. La réglementation stipule qu'une eau est non conforme pour un réseau d'adduction lorsque les concentrations excèdent 0,1 µg/l par substance et 0,5 µg/l pour la totalité des pesticides présents. En dépit de leur moindre fréquence et d'une plus faible concentration dans les eaux d'adduction – en règle générale – que les herbicides, les insecticides soulèvent des problèmes plus sérieux car la plupart d'entre eux sont beaucoup plus toxiques pour les animaux que les autres pesticides. **(*Voir aussi Carbamates, Phréatique, Organochlorés, Organophosphorés, Pesticide, Pollution, Pyréthroïdes*)**

insectivore(s), adj. (*insectivorous*) et n. m. **1.** Caractérise un régime alimentaire constitué d'insectes. Outre de nombreux ordres d'Oiseaux, diverses familles de Mammifères et de Vertébrés poïkilothermes sont insectivores. C'est en particulier le cas de tous les Amphibiens adultes et de nombreuses espèces de Reptiles. **2.** Zoologie : ordre de Mammifères primitifs caractérisé par une denture formée de nombreuses dents tricuspides de formule dentaire 3/3 I + 1/1 C + 2/2 PM +3/3 M. Le hérisson ou les musaraignes sont par exemple des Insectivores. **(*Voir aussi Entomophage*)**

inselberg, n. m. (*inselberg*). Butte de roches plutoniques émergeant au milieu d'une pénéplaine et produite par un processus d'érosion par exfoliation.

Inselberg granitique précambrien d'Ayers Rock. Daté du Vandien, cet inselberg, ancien d'environ 650 millions d'années, est un site rituel des aborigènes de cette région semi-aride située au centre de l'Australie. Il constitue l'une des curiosités géologiques et écologiques les plus remarquables du parc national d'Uluru, une faune de Crustacés endémiques croissant dans les collections d'eaux temporaires, situées dans des dépressions creusées dans le rocher à son sommet. (Territoire du Nord, Australie). (Cliché F. Ramade)

in situ ◆ **conservation ~** : voir Protection de la nature.

installation(s), n. f. ◆ **~ classées** (*inspected polluting industries*) : ce terme désigne l'ensemble des usines et autres installations industrielles qui constituent d'importantes sources de pollution pour l'atmosphère, les eaux, voire les sols, ainsi que de nuisances et auxquelles sont associés des risques pour la santé aussi bien des personnels qui y travaillent que pour les populations vivant dans leur voisinage. Appartiennent aussi aux installations classées les établissements qui présentent un danger d'accident grave (risques d'incendie ou d'explosion) pour leurs personnels et pour les populations environnantes. Une législation complexe (qui remonte à la Convention) a été établie pour ce type d'établissement et concerne tant l'autorisation ou l'extension d'installations déjà existantes que les diverses mesures techniques requises pour atténuer leur dangerosité pour l'homme et leur impact sur les milieux naturels susceptibles de recevoir leurs effluents. ◆ **inspection des ~** (*polluting industries inspectorate*) : service administratif destiné à contrôler la mise en œuvre des mesures de protection de l'environnement réglementaires dans les diverses installations classées. Les installations nucléaires, qui ressortent d'une législation particulière, ne sont pas administrativement assujetties au régime des installations classées.

insularité, n. f. (*insularity*). Caractéristique des êtres vivants et des systèmes écologiques propres aux Iles. Elle s'accompagne de nombreuses particularités spécifiques. Ainsi, chez les animaux, les formes insulaires sont souvent plus petites avec un plus faible potentiel biotique et une tendance au mélanisme. **(*Voir aussi Ile, Syndrome d'insularité*)**

intégrée, adj. ◆ **lutte ~** (*integrated pest control*) : voir Lutte.

interaction, n. f. (*interaction*). Action réciproque qui s'exerce entre des espèces vivantes et leur biotope ou entre elles (dans ce dernier cas, on parle d'interactions biotiques).

L'action des êtres vivants sur le milieu est un des aspects les plus évidents des phénomènes écologiques : la genèse des sols, celle de l'atmosphère, les climats eux-mêmes sont *pro parte* le résultat de l'action des êtres vivants sur leur environnement abiotique.

Le tryptique climat-sol-végétation constitue le fondement même de la formation et de l'évolution des écosystèmes continentaux.

◆ **~ biotique** (*biotic interaction*) : on en distingue deux types principaux :

– les ***interactions intraspécifiques*** qui s'effectuent entre individus d'une population d'une même espèce ;

– les ***interactions interspécifiques*** qui concernent les individus d'espèces différentes. On peut distinguer deux grands types d'interactions entre espèces différentes : les *interactions « négatives »* provoquent une influence défavorable au moins chez les individus d'une des deux espèces qui lui sont exposées : la compétition interspécifique, la prédation, le parasitisme et les maladies, l'antibiose et l'allélopathie chez les plantes en sont les principaux exemples.

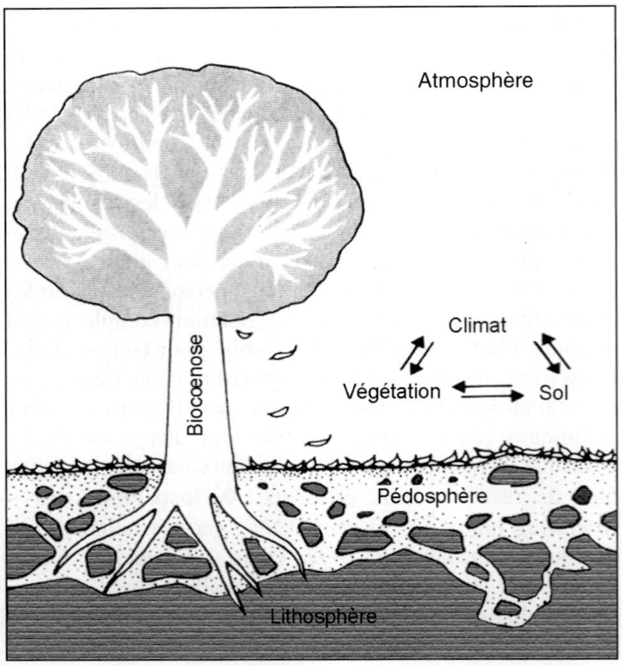

Schéma du tryptique climat-sol-végétation. On constate que, dans les milieux continentaux, il existe une très forte **interaction** entre les climats, la genèse et l'évolution des sols ainsi qu'avec la nature de la végétation (et au sens large des communautés qui y croissent). Il est bien connu que le climat conditionne la nature des sols et celle des communautés vivantes d'une région donnée. Réciproquement, les formations végétales agissent sur les climats (précipitations) et conditionnent aussi la nature des sols. De même, les sols par leur structure vont agir sur la nature des végétaux qui y croissent et même sur le climat. (D'après Ramade F., *Écologie fondamentale*, Ediscience international, 2e ed., 1994, p. 124)

Les *interactions « positives »* sont les interactions favorables aux individus de l'une ou *a fortiori* des deux espèces : le commensalisme, l'inquilinisme, le mutualisme et la symbiose sont les principaux types de ces interactions.

interception, n. f. (*interception*). Capture des précipitations par le feuillage des arbres.

interférence, n. f. Voir Compétition.

interglaciaire, adj. (*interglacial*). Période de réchauffement séparant deux périodes glaciaires. On parlera par exemple de l'interglaciaire Riss-Würm.

intermittent, adj. ◆ **cours d'eau ~** (*intermittent stream*) : torrent ou autre type de biotope lotique étant en eau seulement en saison des pluies.

interspécifique, adj. (*interspecific*). Désigne tout ce qui se rapporte aux relations entre individus d'espèces différentes appartenant à une même biocœnose. **(*Voir aussi Compétition interspécifique, Interaction*)**

interstice, n. m. (*interstice*). **1.** Géologie. Espace microscopique compris entre les cristaux d'une roche. **2.** Pédologie. Espace de dimensions réduites existant dans les argiles qui retiennent l'eau capillaire des sols.

interstitiel, adj. (*interstitial*). Désigne ce qui est contenu dans la zone constituée par les pores compris entre les particules constituant un sédiment de sables. On parlera par exemple de faune interstitielle.

intertidal, adj. (*intertidal*). Désigne ce qui appartient aux étages constituant la zone de balancement des marées, laquelle correspond à l'écotone océan-continent. **(*Voir aussi Médiolittoral, Océan, Supralittoral*)**

intertropical(e), adj. (*intertropical*). Désigne ce qui se rapporte aux régions situées aux latitudes comprises entre les deux tropiques. ◆ **front de convergence ~** (*intertropical convergence front*) : zone située aux basses latitudes où s'affrontent les masses d'air des deux hémisphères. **(*Voir aussi Front*)**

intervalle, n. m. ◆ **~ de tolérance** : voir Shelford, Tolérance.

intraspécifique, adj. (*intraspecific*). Désigne tout ce qui se rapporte aux relations entre individus d'une même espèce. **(*Voir aussi Compétition intraspécifique, Interaction*)**

intrazonal, adj. (*intrazonal*). On dénomme ainsi en pédologie un sol évolué, analogue aux sols qui se développent sous le même climat mais qui présente un profil particulier lié aux conditions locales du biotope et dit aussi de ce fait sol stationnel. **(*Voir aussi Sol*)**

intrinsèque(s), adj. (*intrinsic*). Désigne tout ce qui dépend chez les êtres vivants de caractères endogènes, souvent sous contrôle génétique telles les particularités physiologiques et du métabolisme, la sensibilité aux parasites ou aux maladies, etc. ◆ **facteurs ~** (*intrinsic factors*) : désigne les facteurs biotiques propres à une espèce vivante donnée qui caractérisent ses exigences biologiques. ◆ **mortalité ~** (*intrinsic mortality*) : mortalité résultant de caractéristiques endogènes propres aux organismes. Elle s'oppose à celle qui résulte de l'exposition à des facteurs abiotiques extrêmes ou à la prédation qui, elle, est dite extrinsèque. **(*Voir aussi Extrinsèque*)** ◆ **coefficient ~ d'accroissement naturel** (*intrinsic rate of natural increase*) (r_m) : taux d'accroissement d'une population exponentielle avec une structure d'âge stable. **(*Voir aussi Démographie, Exponentielle, Population*)**

introduction(s), n. f. ◆ **~ d'espèces** (*species introduction*) : désigne le fait d'amener une espèce quelconque, qu'il s'agisse de micro-organisme, de champignon, de plante ou d'animal, dans une région biogéographique éloignée de son aire d'origine et dont elle est totalement étrangère.

L'introduction des jacinthes d'eau en Afrique et en Asie, celle des cactus et des lapins en Australie, ou encore du doryphore de la pomme de terre et du phylloxera de la vigne en Europe, ont illustré par le passé les dimensions catastrophiques que peuvent prendre les introductions d'espèces lorsque ces dernières deviennent invasives.

Il en est de même de nombreuses affections pathogènes qui ont au premier chef, faut-il le rappeler, concerné l'espèce humaine. Ainsi, l'introduction du virus de la grippe fut la cause essentielle de l'effondrement des populations amérindiennes après l'arrivée des conquistadors en Amérique. De même le paludisme n'existait pas dans le Nouveau monde. En date récente, l'extension de la pandémie du sida proviendrait, selon toute vraisemblance, de son introduction à Haïti puis aux États-Unis à partir de l'Afrique centrale. D'autres introductions de maladies ont été fatales à de nombreuses populations animales, telles la peste bovine en Afrique qui fit une hécatombe au cours des années 1920 et 1930 dans les populations d'Ongulés de toute l'Afrique de l'Est. Récemment, celle de la bursite aviaire (avec des poulets congelés amenés pour nourrir les expéditions antarctiques) menacerait les populations de manchots empereurs et royaux de tout ce continent austral !

Les introductions s'accompagnent très souvent d'une dégradation des biotopes surexploités par les individus de la population allogène qui se multiplient sans entrave. Elles sont aussi la cause de la régression, voire de la disparition, de nombreuses espèces autochtones occupant des niches écologiques voisines de l'espèce introduite et exposées de ce fait à une intense compétition interspécifique.

L'introduction de diverses espèces européennes d'Oiseaux et de Mammifères en Nouvelle-Zélande ont par exemple présenté un effet désastreux sur l'avifaune endémique de cette île. Celle du furet y a joué un grand rôle dans l'extinction ou la considérable raréfaction de diverses espèces endémiques d'oiseaux aptères comme par exemple le *Notornis mantelli* aujourd'hui restreint à quelques zones du parc national de Fjordland dans l'Ile du Sud.

Il en a été de même pour l'Australie où l'introduction de diverses espèces mammaliennes a provoqué l'extrême raréfaction, voire la disparition, de plusieurs espèces de marsupiaux. Le cas du lapin fut particulièrement catastrophique. Au total, sur neuf espèces de marsupiaux australiens aujourd'hui disparues, l'extinction de la plupart d'entre elles a été sinon causée du moins favorisée par l'introduction des lapins et de prédateurs (chats, chiens) redevenus sauvages ou encore de renards amenés sur ce continent dans le vain espoir de contrôler la population de lapins mais qui s'attaquèrent aux peuplements de marsupiaux endémiques ! En outre, une vingtaine d'autres espèces marsupiales ont été considérablement raréfiées par ces introductions.

Doryphores adultes (*Leptinotarsa decemlineata*) sur une feuille de pomme de terre. Cette espèce **introduite** des États-Unis en Gironde en 1924 a envahi progressivement en une cinquantaine d'années toutes les zones d'Europe et de Sibérie occidentale où les conditions climatiques permettent son développement. (Cliché A. Louveaux)

Pâturage néozélandais (Île du Sud, péninsule de Banks) envahi par l'ajonc d'Europe (*Ulex europeus*). L'**introduction** de cette espèce dans cet archipel où il n'existe aucun insecte ni aucune maladie phytopathogène qui lui est inféodée s'est traduite par un envahissement de la plupart des terrains de parcours et, de façon plus générale, de tous les biotopes ouverts. (Cliché F. Ramade)

L'introduction des rats aux Iles Hawaï a de même contribué à la disparition de divers Drépanidides, famille d'oiseaux propres à ces îles, bien que la déforestation soit aussi intervenue de façon déterminante dans cette raréfaction. Au total, une quarantaine d'espèces d'oiseaux sur les 68 que comptait cet archipel doivent être considérées comme éteintes aujourd'hui. Tel est en particulier le cas du *Drepanis pacifica* dont le dernier spécimen fut observé en 1908. Les introductions exercent de même un effet dévastateur sur la biodiversité des communautés aquatiques. Ainsi, celle de la perche du Nil dans le lac Victoria a déjà provoqué l'extinction de plus de 200 espèces de poissons endémiques de la famille des *Cichlidae* sur les 350 que comptait ce lac et la biomasse d'espèces ichtyennes introduites y représente actuellement plus de 95% du total. ***(Voir aussi Australie, Extinction, Invasion, Réintroduction)***

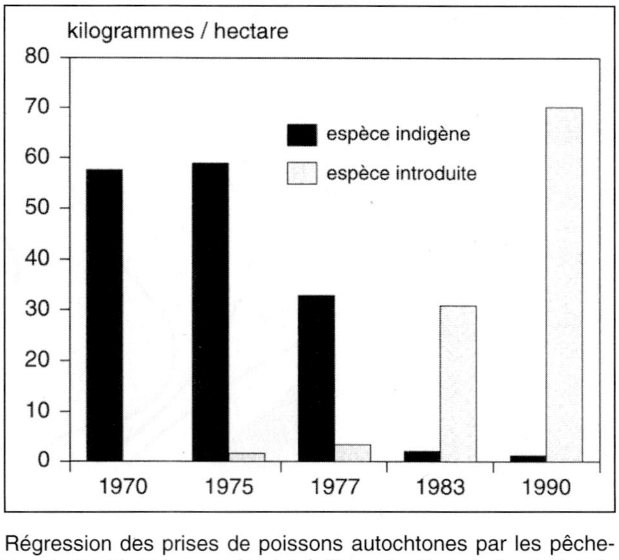

Régression des prises de poissons autochtones par les pêcheries du lac Victoria consécutive à l'**introduction** de la perche du Nil dans ce lac et accroissement concomitant de cette dernière. (D'après Kaufman, *in* Abramovitz, *Worldwatch Paper*, n° 128, 1996, p. 49)

introgression, n. f. (*introgression*). Infiltration de gènes d'une espèce en nombre croissant à l'intérieur de la population d'une autre espèce qui lui est étroitement apparentée. Elle résulte d'une hybridation interspécifique doublée de croisements en retour répétés.

intrusion, n. f. (*intrusion*). Terme de géologie désignant la pénétration d'une masse de roches ignées à l'intérieur de souches préexistantes. ***(Voir aussi Batholithe, Dyke, Laccolithe)*** ◆ **~ d'eau de mer** (*seawater intrusion*) : pénétration d'une lame d'eau marine dans un aquifère côtier d'eau douce. Il s'ensuit à terme une salure de la nappe aux conséquences désastreuses. Ce phénomène résulte de façon très générale d'un pompage excessif de la nappe d'eau douce pour l'adduction ou l'irrigation.

invasif(-ve), adj. Voir Envahissante.

invasion(s), n. f. (*invasion*) ◆ **~ d'espèces** (*species invasion*) : phénomène par lequel une espèce étend spontanément son aire d'expansion, mais de façon plus générale à la suite d'une introduction par l'homme, et se met à pulluler dans des zones qu'elle a nouvellement colonisées.

Les invasions d'espèces « exotiques » ne constituent fort heureusement qu'un cas exceptionnel et ne concernent en règle générale qu'une faible fraction du nombre total d'espèces introduites. Elles s'observent lorsqu'elles trouvent dans le nouveau biotope où elles sont introduites des conditions écologiques très favorables au plan des facteurs abiotiques, en particulier climatiques, associées à une absence de prédateurs, de maladies et d'espèces autochtones pouvant leur faire une sévère concurrence interspécifique. Dans de telles conditions, l'espèce introduite, qui présente alors un avantage écrasant comme compétiteur, va occuper progressivement tous les biotopes qui lui sont favorables dans le continent ou *a fortiori* sur l'île où elle a été introduite. Ainsi, on a pu suivre l'invasion progressive de l'Amérique du Nord tempérée par l'étourneau amené intentionnellement aux États-Unis en 1890 où 60 individus furent lâchés dans Central Park à New York et qui atteignit la côte pacifique de ce continent dès la fin des années 1950.

Il en fut de même en Australie dans le cas du lapin où l'introduction en 1859 de 12 couples s'était traduite à la fin du XIXe siècle par l'extension à tous les biotopes qui lui étaient favorables d'une population proliférante de cette espèce dont les effectifs étaient alors estimés à 900 millions d'individus! L'invasion de ce continent par le lapin se traduisit par la destruction de nombreux biotopes due à l'érosion des sols résultant de l'éradication du couvert végétal par ce rongeur. Elle fut aussi la cause directe de l'extinction de certaines espèces de marsupiaux tels des *bandicoots* dont le lapin est l'équivalent écologique mais qui présente un considérable avantage compétitif sur ces espèces.

On dénombre aussi de nombreuses invasions catastrophiques dans le règne végétal. Parmi les plantes invasives ayant soulevé les plus redoutables problèmes, on peut citer deux espèces de cactus, *Opuntia inermis* et *O. stricta* introduites au Queensland, en Australie, à la fin du XIXe siècle et qui y occupaient 24 millions d'hectares au début des années 1920, soit plus que le total des surfaces emblavées sur ce continent.

Un problème de plus en plus préoccupant, bien qu'il ne soit pas nouveau, est lié à l'invasion des lacs et autres écosystèmes lentiques de l'Ancien Monde tropical par les jacinthes d'eau introduites d'Amazonie en Asie du Sud-Est puis en Afrique. On peut encore citer la prolifération sur ce continent d'un arbuste ornemental, *Lantana camara*, introduit de la Méso-Amérique tropicale.

En date plus récente, l'invasion de la Polynésie française par un petit arbre d'Amérique tropicale, *Miconia calvescens*, menace d'extinction tous les peuplements forestiers endémiques situés au-dessous de 1 500 m d'altitude à Tahiti et sur la plupart des autres îles de l'archipel de la Société. À une échelle plus réduite, l'introduction à La Réunion d'une ronce originaire d'Indonésie, *Rubus molucensis*, dénommée localement « vigne marron », s'est traduite par l'invasion de toute l'île par cette espèce, qui y pullule dans tous les habitats depuis le niveau de la mer jusqu'à 2 600 m d'altitude – où elle menace la régénération de la forêt de Bellouve peuplée d'un arbre endémique, le Tamarin (*Acacia heterophylla*) et de façon plus générale celle de tous les boisements de cette espèce.

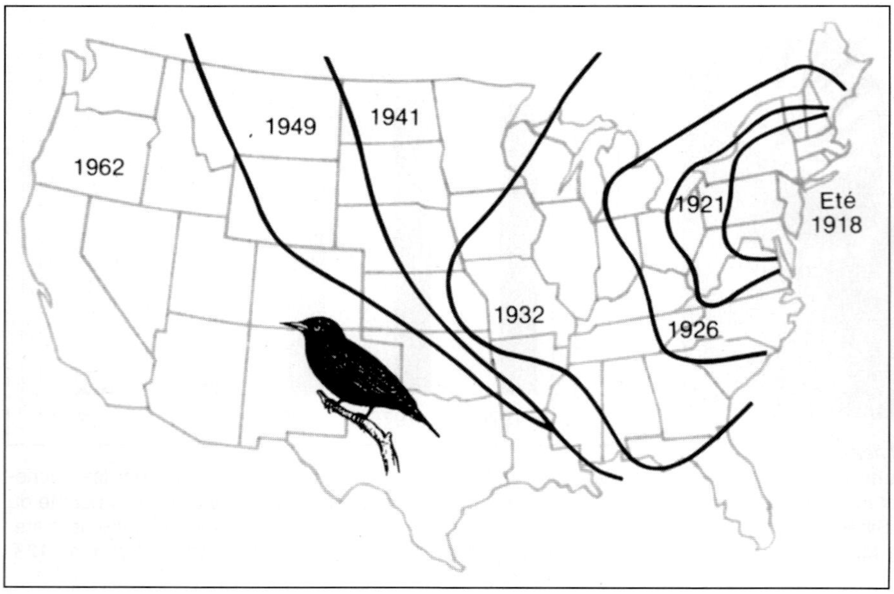

Invasion progressive du territoire des États-Unis par l'étourneau d'Europe à la suite de son introduction accidentelle à New York en 1890. (D'après Kessel, op. cit., mais modifié in Ramade F., *Écologie fondamentale*, Ediscience international, 2e ed., 1994, p. 174)

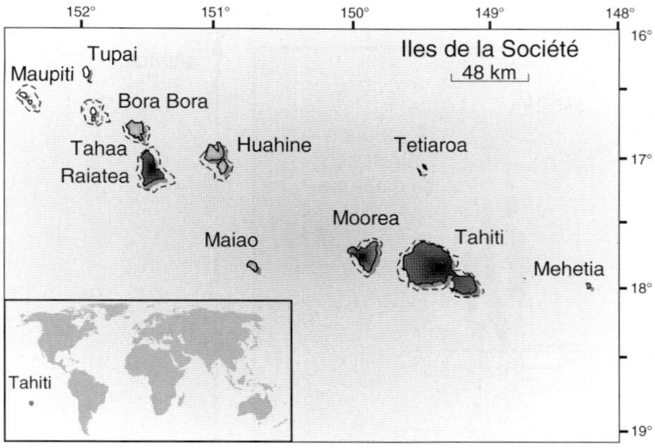

Carte des Iles de la Société en Polynésie française mettant en évidence l'importance de leur **invasion** par *Miconia calvescens*. (D'après Meyer, *Pacific Sci.*, vol. 50, 1996, n°1, p. 67)

Dans les régions tempérées, de nombreuses invasions de plantes introduites ont également eu lieu. Ainsi, l'on peut citer celle des pâturages néo-zélandais par l'ajonc d'Europe, du *Mesanbrianthemum* dans la région méditerranéenne, de *l'Ambrosia artemisaefolia*, espèce hautement allergisante originaire des États-Unis, introduite en 1945 dans la région de Lyon, où elle s'étend depuis lors en France moyenne.

Les invasions d'espèces concernent aussi les habitats marins. Outre l'aquariophilie et le transport par les coques des navires, les autres causes majeures d'introductions d'espèces marines tiennent au déballastage des bâtiments de transport, à l'aquaculture, ainsi qu'au percement de canaux mettant en communication des bassins océaniques différents.

La Méditerranée représente à cet égard un véritable cas d'école. Depuis le milieu du XIXe siècle jusqu'aux années 1960, on a assisté à une considérable accélération des introductions d'espèces, ainsi d'ailleurs que dans les autres mers du monde. De façon générale, on constate que plus de 70% de toutes les introductions de végétaux marins en Europe sont postérieures à 1960. En Méditerranée, environ 50%

Introduite à la Réunion voici quelques années, la vigne marron (*Rubus molucensis*) a donné lieu à une **invasion** progressive de toute cette île. Elle se rencontre de nos jours du niveau de la mer à plus de 2 500 m d'altitude. (Cliché F. Ramade)

Bosquet de *Miconia calvescens*. Cet arbre ornemental, de la famille des Mélostomatacées, originaire d'Amérique tropicale (Colombie), a été introduit à Tahiti en 1937 où il s'est propagé à partir de jardins d'agrément, causant l'**invasion** progressive de la quasi-totalité des forêts de cette île où il peut croître jusqu'à 1 500 m d'altitude. (Cliché F. Ramade)

des macro-algues marines introduites et 60% des Invertébrés (à l'exclusion des migrations lessepsiennes) ont été introduits après 1970.

En première approximation, selon Boudouresque et Ribeira, on peut actuellement estimer qu'environ 4% de la faune et des macro-algues marines méditerranéennes sont le fait d'espèces introduites. Si l'on extrapole la tendance actuelle à l'accélération des introductions d'espèces invasives, ces auteurs considèrent qu'en 2050, le nombre d'espèces de macro-algues marines introduites pourrait être compris entre 250 et 1 000, atteignant un ordre de grandeur identique à celui des espèces indigènes.

Un cas encore récent et prenant les dimensions d'une catastrophe écologique majeure est constitué par l'introduction de *Caulerpa taxifolia* en Méditerranée. ***(Voir aussi Caulerpa, Introduction)*** ◆ ~ **lessepsiennes** (*lessepsian invasions*) : type d'invasion spécifique de la Méditerranée, par des végétaux ou des animaux provenant de la Mer Rouge et prenant son origine dans le percement du canal de Suez par F. de Lesseps. L'ouverture de ce canal, en 1869, a introduit 200 à 300 espèces qui se sont essentiellement confinées au bassin oriental de cette mer. Ces introductions, d'origine subspontanée car résultant de l'emprunt de cette voie d'eau, constituent un cas particulier de ces phénomènes aussi dénommés migrations lessepsiennes.

inventaire, n. m. ◆ ~ **floristique** (*floristic inventory*) : relevé phytosociologique des diverses espèces végétales présentes sur un quadrat ou sur toute autre surface étudiée. ◆ ~ **forestier** (*timber cruise*) : inventaire des arbres présents dans un secteur donné d'une forêt destiné par exemple à l'abattage.

inversion, n. f. ◆ ~ **thermique (= de température)** (*thermal inversion*) : phénomène par lequel la température des couches d'air situées en altitude est supérieure à celle des couches d'air proches de la surface du sol.

Une inversion de température survient par temps calme dans des conditions météorologiques particulières résultant

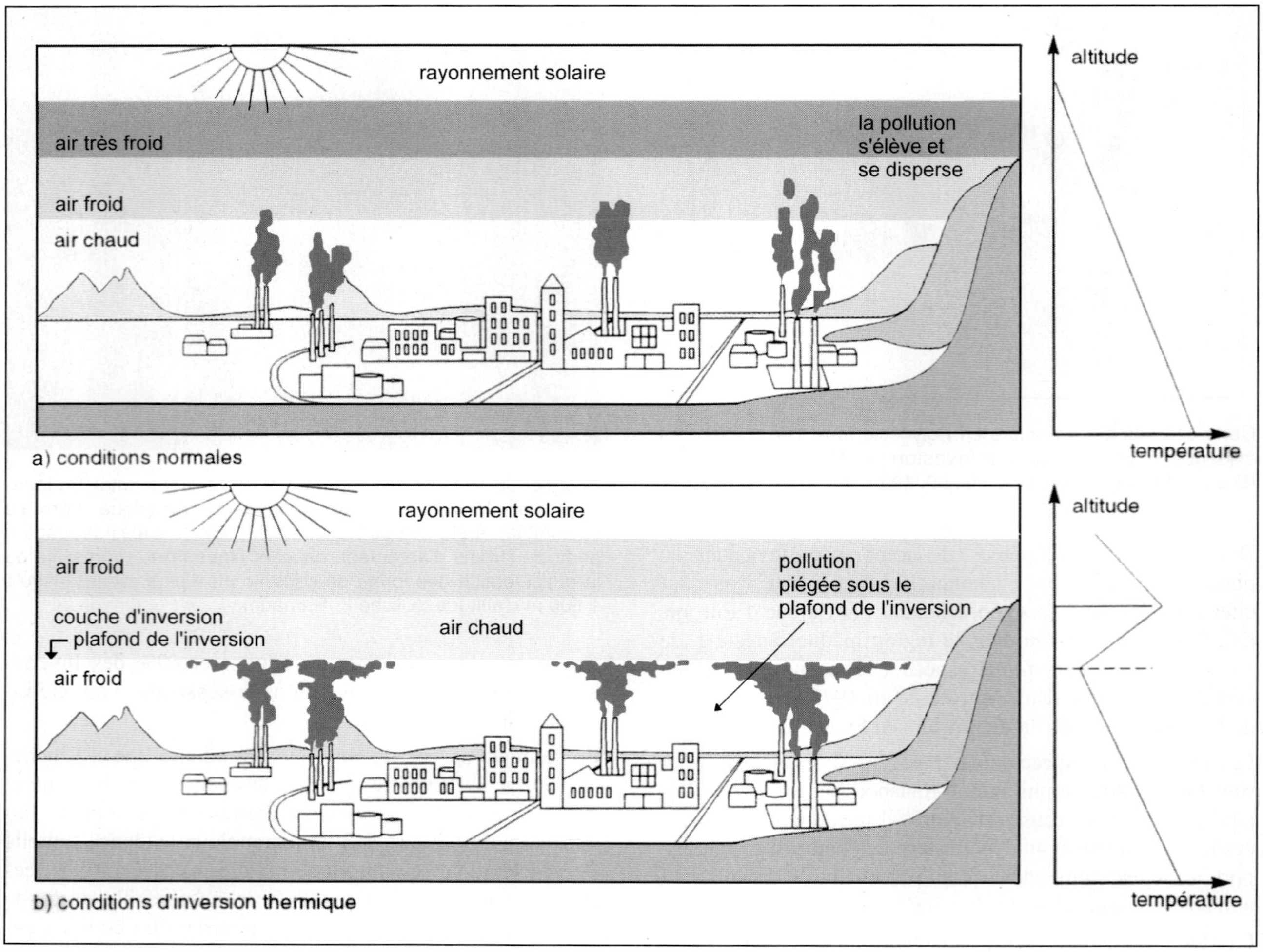

Schéma du mécanisme de l'**inversion** thermique et de son rôle dans le déclenchement des épisodes de pollution aiguë de l'air urbain. (D'après Chiras, *Environmental Science*, Cummings, 1991, mais modifié)

de la rencontre entre un front froid et des masses d'air à plus haute température. Ces dernières remontent alors au-dessus de la lame d'air froid qui s'enfonce en coin sous l'air chaud de sorte que la température augmente lorsque l'on s'élève, jusqu'à une altitude dénommée plafond de l'inversion. Au-delà de celui-ci, le profil thermique de l'atmosphère devient normal, la température de l'air diminuant lorsque l'on s'élève. Dans les conditions météorologiques normales, la température de l'air décroît avec l'altitude de sorte que les fumées émises par les chaufferies ou encore les gaz d'échappement des véhicules à moteurs s'élèvent et se dispersent dans l'air.

En situation d'inversion, la température va croître avec l'altitude jusqu'au point dénommé le plafond de l'inversion où l'on rencontre les masses d'air chaudes. Dans ce cas, les effluents gazeux pollués ne pourront pas se disperser en altitude. L'inversion favorise l'accumulation de polluants dans l'air urbain. Les émissions de fumées et les diverses autres sources d'aéropolluants émis dans l'air des villes ne peuvent pas monter en altitude mais stagnent au-dessous du plafond de l'inversion.

Il en résulte une accumulation de polluants gazeux et de poussières au voisinage du sol qui provoque la formation de brouillards chargés d'aérosols pollués nommés *smogs*.

Ce phénomène d'inversion de température a provoqué dans certaines circonstances de graves épisodes de pollution atmosphérique ayant de sérieuses conséquences sur la santé des populations urbaines exposées. Ainsi, le grand smog de Londres fut la cause de la mort de plusieurs milliers de personnes en quelques jours en décembre 1952. **(*Voir aussi Smog, Stratification*)**

iode, n. m. (*iodine*). Élément de numéro atomique Z = 53 et de masse atomique Ar = 127 dont le corps simple est un solide d'éclat métallique se sublimant à la température ordinaire. L'iode est doué de propriétés biogéniques car il est indispensable à la synthèse de l'hormone thyroïdienne par les Vertébrés. ◆ **radio** ~ (*radioiodine*) : radioisotopes de l'iode dont le plus dangereux est l'iode 131. Sa période est d'à peine une semaine et il se fixe électivement dans la thyroïde à l'image de l'iode normal. **(*Voir aussi Nucléaire, Radionucléaire, Tchernobyl*)**

ion(s), n. m. (*ion*). Atome ou molécule ayant gagné (= ion négatif) ou perdu (= ion positif) un ou plusieurs électrons. On peut citer comme exemple d'anion Cl^-, SO_4^{2-} et comme exemple de cation Na^+, H_3O^+. ◆ ~ **échangeables** (*exchangeable ions*) : ensemble des ions fixés sur le complexe absorbant argilo-humique qui sont capables de s'échanger avec ceux de la solution de sol c'est-à-dire l'eau liquide contenue dans les pores des sols.

Il existe plusieurs catégories d'ions échangeables : les ions générant l'acidité, H^+ et Al^{3+} (lequel fonctionne de façon indirecte en libérant des ions H^+ par décomposition de l'eau), ainsi que les ions basiques échangeables Ca^{2+}, Mg^{2+}, Na^+ et K^+. Bien qu'il s'agisse donc en général de cations, on connaît aussi quelques anions échangeables dans les sols en particulier les anions sulfate (SO_4^{2-}) et phosphate (PO_4^{3-}). La notion de bases échangeables joue aussi un rôle important dans le domaine de la dépollution par exemple au travers de l'usage des résines échangeuses d'ions. **(*Voir aussi Absorbant, Bases échangeables, Complexe, Résine*)** ◆ **échange d'~** (*ion exchange*) : dans de nombreux biotopes – sol et sédiments voire dans les couches géologiques sous-jacentes et poreuses en rapport avec les réservoirs aquifères – il existe des substances à la fois minérales ou organiques dont la surface est légèrement chargée électriquement et qui, de ce fait, attirent les ions contenus dans la colonne d'eau ou l'eau interstitielle des sols. Les forces qui lient les ions sont très variables allant des forces de van der Waals à l'adsorption chimique due à des liaisons de valence. On appelle échange d'ions les processus stœchiométriques d'adsorption-désorption de ces ions liés ou dissous dans l'eau. Ces processus peuvent jouer un rôle majeur dans la circulation de certains polluants xénobiotiques dans les biotopes terrestres ou aquatiques, en particulier en ce qui concerne les métaux lourds et autres éléments toxiques. **(*Voir aussi Résines échangeuses d'ions*)**

ionosphère, n. f. (*ionosphere*). Haute couche de l'atmosphère comprise entre 80 et 600 km d'altitude dans laquelle les gaz sont ionisés.

IPA (Indice de Pureté Atmosphérique) (*Index of Atmospheric Purity*). Indice établi par les Belges Iserantant et Margot dans les années 1960 pour évaluer le degré de pureté de l'atmosphère à l'aide d'une méthode quantitative fondée sur l'usage de bio-indicateurs de pollution atmosphérique, les lichens.

Comme le degré de sensibilité des lichens aux aéropolluants, en particulier au SO_2, décroît des espèces de lichens fruticuleux aux foliacés puis aux crustacés, il est possible d'affecter à chaque espèce un indice de toxiphobie, variant de 10 à 1 du plus sensible au moins sensible, aux polluants atmosphériques.

En se fondant sur une échelle préétablie de sensibilité des lichens à la pollution de l'air, ces auteurs ont pu élaborer un indice de pureté atmosphérique (IPA) qui peut se calculer en un lieu donné en effectuant des relevés standardisés d'abondance numérique de la flore lichénale sur les troncs des arbres. Cet indice a pour expression :

$$IPA = \frac{S}{100}\left(\sum_{i=1}^{S} Q_i \cdot f\right)$$

où S est le nombre total d'espèces de lichens relevées dans le biotope étudié, $f = n_i/N$ la fréquence de chaque espèce, n_i étant le nombre d'individus de l'espèce i et N le nombre total d'individus, Q_i l'index de toxiphobie de chaque espèce présente dans les échantillons. **(*Voir aussi Lichen, SO_2*)**

IPPF (*International Planned Parenthood Federation*). Organisation internationale du planning familial. Il s'agit d'une organisation non gouvernementale dont le siège est à Londres et qui joue un rôle important pour le développement de la contraception, en particulier dans le Tiers monde.

Iridacées, n. sc. Famille de Liliales comportant plus de 1 500 espèces herbacées géophytiques parmi lesquelles de nombreuses espèces ornementales, par exemple les iris, crocus, glaïeuls, freesia, etc.

iridium, n. m. (*iridium*). Métal de la mine du platine, qui est très rare dans la croûte terrestre. ◆ **anomalie en ~** (*iridium anomaly*) : désigne l'existence d'une couche anormalement riche en iridium (environ 50 ppb) située à la jonction du Crétacé et du Tertiaire (– 65 millions d'années). La découverte de cette couche a fait émettre l'hypothèse qu'une catastrophe cosmique liée à la rencontre d'un astéroïde avec la Terre aurait eu lieu à cette époque car les météorites présentent une teneur moyenne en iridium nettement supérieure à celle de la croûte terrestre. Une confirmation de l'existence d'une telle collision datée de – 65 millions d'années a été faite avec la découverte du cratère de Chixculub, dans la péninsule du Yucatan au Mexique, dont le diamètre est de 200 km et qui résulte de l'impact d'un astéroïde de 10 km de diamètre ayant eu lieu à cette époque précise.

irradiateur, n. m. (*irradiator*). Appareil utilisé en radioécologie expérimentale afin d'irradier des organismes ou un habitat donné avec des doses connues de rayonnement. L'irradiateur de *Brookhaven National Forest* et, un peu plus tard, celui de Cadarache en France ont été utilisés pour irradier des portions d'écosystèmes forestiers afin de déterminer les effets d'une irradiation chronique sur la structure des communautés exposées.

Ces travaux ont permis de déterminer en particulier la radiosensibilité de la végétation ligneuse mais aussi les effets de l'irradiation sur les décomposeurs de la faune du sol. Il fut par exemple montré, par ces expérimentations, que les bruyères et les carex présentaient une radiorésistance supérieure à celle des autres Phanérogames présents dans le biotope. Il en fut de même de toute une série d'espèces d'insectes et autres Arthropodes décomposeurs saprophages, fungivores, voire xylophages. En revanche, les herbivores et les prédateurs présentèrent une plus nette radiosensibilité. **(*Voir aussi Radioécologie, Radiosensibilité*)**

irradiation, n. f. (*irradiation*). Désigne l'exposition d'un matériau ou d'un être vivant aux radiations ionisantes. L'irradiation des matériaux métalliques dans les réacteurs nucléaires provoque des phénomènes de fluage des éléments combustibles et de fragilisation des structures qui impliquent une surveillance très rigoureuse par suite des risques d'accidents gravissimes que ces phénomènes sont susceptibles d'entraîner. ◆ **doses d'~** (*irradiation dose*) : voir Radiobiologie, Radioécologie.

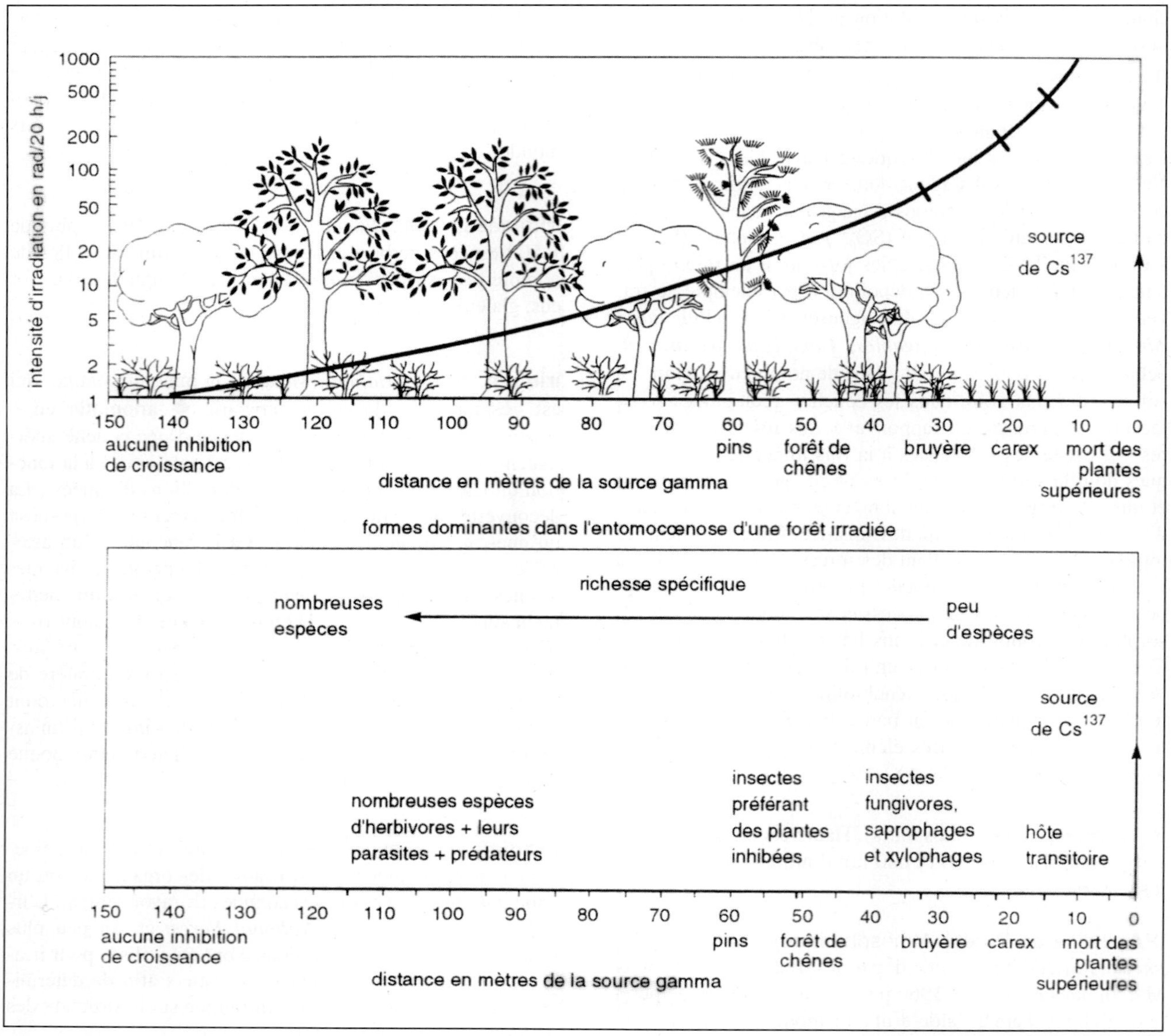

Expérience d'irradiation de la forêt de Brookhaven avec un **irradiateur** au cobalt 60. (D'après Odum, op. cit., in Ramade F., *Précis d'Écotoxicologie*, Masson, 1992, p. 249)

irrigation, n. f. (*irrigation*). Procédé consistant à répandre de l'eau dans les cultures pour obvier à une période de sécheresse survenant pendant la saison végétative des plantes cultivées. L'irrigation pratiquée en Mésopotamie et en Extrême-Orient dès la plus haute antiquité a connu une considérable expansion depuis le début du XIXe siècle, mettant à profit les progrès de la science de l'hydraulique pour la maîtrise des eaux. Au tout début du XXe siècle par exemple, dans le seul sous-continent indien, quelque 4,8 millions d'hectares étaient déjà irrigués contre 8 millions pour l'ensemble du monde 100 ans auparavant. Depuis lors, les surfaces irriguées dans le monde ont connu un accroissement continu, par suite des besoins alimentaires sans cesse accrus d'une humanité confrontée à l'explosion démographique. Cependant, depuis la seconde moitié des années 1970, on assiste à une diminution continue des surfaces nouvelles ouvertes à l'irrigation. À l'heure actuelle, la Chine et l'Inde possèdent les plus fortes surfaces agricoles irriguées avec l'une et l'autre environ 45 millions d'hectares sur un total mondial estimé à 236 millions d'hectares.

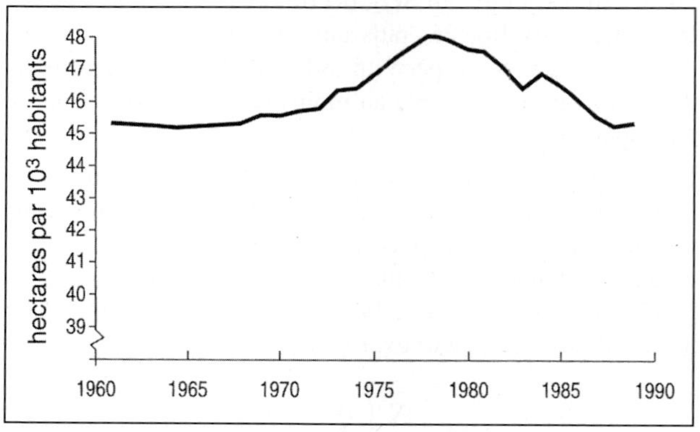

Variation des surfaces agricoles bénéficiant de l'**irrigation** *per capita* depuis 1960. On constate qu'à partir du milieu des années 1970 s'est amorcé un déclin des surfaces irriguées par habitant, conséquence de l'explosion démographique du Tiers monde et des problèmes liés à la disponibilité de l'eau et des altérations physico-chimiques des sols irrigués. (D'après Postel, op. cit., in Ramade F., *Dictionnaire encyclopédique des sciences de l'eau*, Ediscience international, 1998, p. 317)

◆ **techniques d'~** : il existe diverses techniques d'irrigation, plus ou moins dispendieuses d'eau et dont les effets pédologiques ne sont pas identiques, certaines pouvant être néfastes pour les sols en induisant leur salinisation.

Celle en ***raie ou rigoles*** (*ditch irrigation*) (dite aussi par gravité) constitue le procédé le plus ancien et le plus primitif. L'arrosage en rigoles, animé par la gravité, est la cause d'une forte déperdition d'eau, d'une certaine érosion des sols et peut conduire à une stagnation de l'eau dans les zones de faible dénivelée provoquant la salinisation.

L'irrigation par ***aspersion*** (*sprinkling irrigation*), beaucoup plus efficace que l'irrigation par gravité, est largement utilisée à l'heure actuelle en agriculture, en particulier dans les pays industrialisés. Elle présente l'avantage de ne pas provoquer de lessivage ou d'érosion des sols.

Vue aérienne d'Installation d'**irrigation** par aspersion (dispositif de rotation autour d'un pivot central) dans les grandes plaines de l'Ouest des Etats-Unis (Nebraska). (Cliché F. Ramade)

Une de ses variantes encore récente tient en l'irrigation par ***pivot central*** (*central pivot irrigation system*), très utilisée en Amérique du Nord. Ce procédé consiste à monter des rampes d'aspersion sur des trains de roulement qui tournent autour d'un axe central. Il irrigue en moyenne une cinquantaine d'hectares quoique ce dispositif puisse comporter dans certaines installations de très grande dimension, des rampes ayant jusqu'à 800 m de rayon! Il a pris une extension considérable dans le monde au cours des deux dernières décennies. Ainsi, plus de 12 000 installations de ce type étaient déjà en service dans les zones arides d'Arabie Saoudite en 1995 pour irriguer des cultures de céréales à partir de l'eau d'aquifères profonds souvent fossiles.

Le procédé le plus récent d'irrigation est celui du ***goutte à goutte*** (*drip irrigation*). Encore dénommé micro-irrigation ou irrigation capillaire, il constitue aujourd'hui la technique la plus efficace pour l'économie de l'eau, pour la protection des sols et au plan physiologique. Malheureusement encore peu répandue, quoique en très forte expansion. dans le monde, cette technique concerne environ deux millions d'hectares. **(*Voir aussi Agriculture, Besoins en eau*)**

L'irrigation par ***submersion*** (*flood irrigation*) est un procédé consistant à inonder une culture entourée par une levée de terre. Cette méthode permet un moindre gaspillage d'eau que par l'arrosage en rigole. ◆ **dégradation environnementale dues à l'~** : longtemps ignoré, l'impact environnemental de l'irrigation s'est avéré de plus en plus lourd. La principale conséquence est la destruction de certains sols par salinisation. Cette altération pédologique consiste en la transformation des sols mal drainés en solonetz ou sol à alcali qui deviennent totalement stériles. Dans certains pays à climat aride, en particulier au Moyen Orient ou encore au Pakistan, plus de la moitié des périmètres irrigués ont actuellement leurs sols dégradés par la salinisation. **(*Voir aussi Salinisation, Solonetz*)**

irruption, n. f. (*irruption*). Désigne des invasions explosives d'une aire géographique donnée par des populations animales qui lui sont extérieures par suite d'un changement subit des conditions écologiques qui rend cette aire favorable à l'espèce animale considérée. Les irruptions résultent aussi de déplacements massifs des populations. En Europe occidentale, des espèces aviennes telles le jaseur de Bohème ou le martin roselin sont connues pour donner de façon erratique des invasions irruptives. **(*Voir aussi Fluctuations de populations, Migration*)**

Ischkeul. Réserve de biosphère du lac du Nord de la Tunisie, faisant partie du réseau de réserves de biosphère de l'UNESCO, qui présente un grand intérêt écologique en particulier en tant que zone d'hivernage de grande importance internationale pour les oiseaux migrateurs.

Vue de la réserve de biosphère d'**Ischkeul** (Tunisie). (Cliché F. Ramade)

Ce lac est l'un des derniers vestiges d'un ensemble de lacs d'eau douce, aujourd'hui en grande partie asséchés, qui s'étendaient en chapelet d'est en ouest au travers de toute l'Afrique mineure à l'époque romaine. Il est aussi inclus dans la convention de RAMSAR comme zone humide d'importance internationale.

La partie terrestre de la réserve, malheureusement surpâturée, présente aussi des communautés végétales et une avifaune d'une grande diversité.

Cette réserve est aujourd'hui compromise par des projets d'utilisation de ses eaux douces pour l'irrigation. La rentrée d'eaux marines qui se produirait en contrepartie modifierait totalement les conditions écologiques de ce biotope remarquable.

isobares, n. f. (*isobars*). Désigne en météorologie les courbes d'égale pression.

isobathe, n. f. (*isobath*). Désigne en limnologie ou en océanographie la courbe unissant les points d'égale profondeur par rapport à la surface.

isoclines, n. f. (*isoclines*). Représente en démoécologie théorique l'ensemble des points d'un espace cartésien pour les valeurs desquels les effectifs de la population d'une proie et ceux de son prédateur sont en équilibre, donc stables en fonction du temps, quels que soient les effectifs considérés. Les courbes correspondantes délimitent des zones de la représentation des variations des effectifs du prédateur en fonction de ceux de la proie dans lesquelles la population de chacune de ces espèces connaît une variation monotone de ses effectifs.

Dans le cas simplifié du modèle de prédation de Lotka et Volterra, les isoclines sont des droites qui délimitent quatre quadrants dans lesquels les trajectoires des populations de proies et de prédateurs varient en oscillant de façon continue par suite du déphasage entre les effectifs des populations des deux espèces. Le point d'équilibre entre les populations de proies et de prédateurs se trouve à l'intersection des deux droites isoclines. Ses coordonnées seront :

$$x = r_2/k_2 \quad \text{et} \quad y = r_1/k_1$$

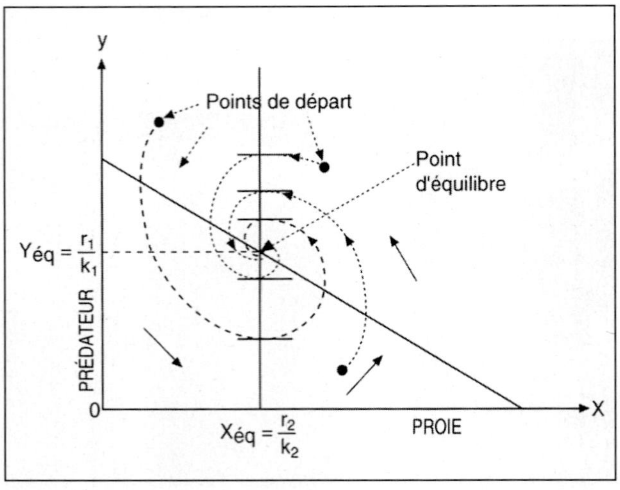

Allure des trajectoires dans le cas du modèle de prédation de Lotka et Volterra où l'**isocline** de la proie est une droite décroissante. (D'après Frontier et Viale, op. cit., p. 263)

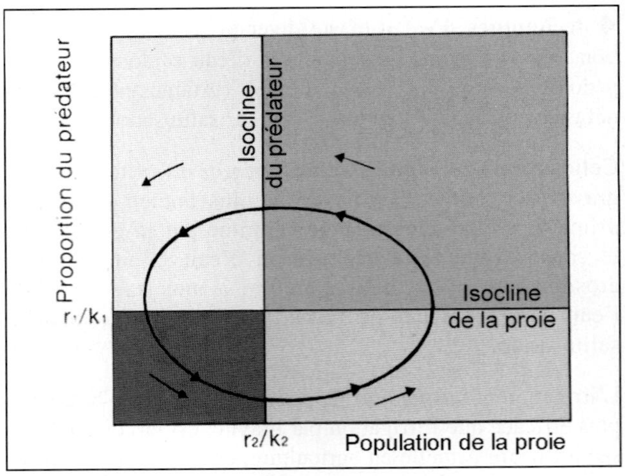

Représentation des **isoclines** des effectifs d'une proie et de son prédateur dans le cas simplifié du modèle de Lotka et Volterra. Les isoclines sont des droites qui délimitent quatre quadrants dans lesquels les trajectoires des populations de proies et de prédateurs varient en oscillant de façon continue par suite du déphasage entre les effectifs des populations des deux espèces. (In Ramade F., *Écologie fondamentale*, Ediscience International, 2e ed., 1994, p. 214)

Les oscillations des effectifs (ou des densités) de la proie et du prédateur seront décalées dans le temps et entretenues. On peut imaginer d'autres cas de prédation où les isoclines ne seront pas deux droites perpendiculaires, mais obliques, voire des courbes plus ou moins complexes.

Un exemple est donné par le cas où le prédateur exploite une population de proies qui est proche de la capacité limite du milieu. Ici, la trajectoire des couples de valeur proies-prédateurs sera une spirale qui s'enroulera autour d'un point d'équilibre, les oscillations seront décalées dans le temps et amorties. Pour d'autres paramétrisations, au contraire, la spirale se déroulera, le système évoluant vers la rupture en fonction des paramètres propres aux modèles.

Compte tenu des diverses caractéristiques écologiques propres aux proies ou aux prédateurs, les isoclines réelles ne

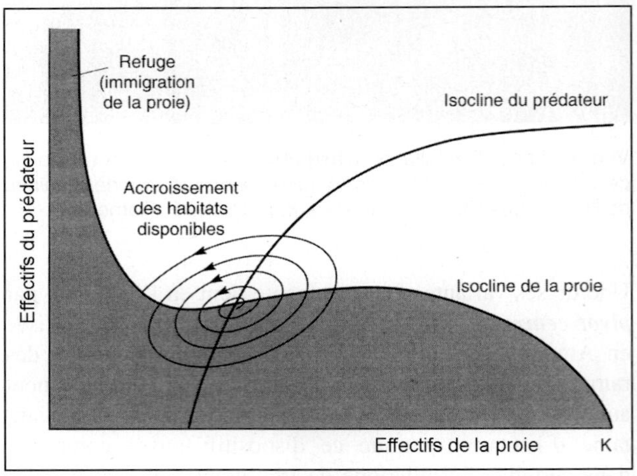

Exemple d'**isoclines** non linéaires correspondant à un modèle où existe une possibilité de refuge pour la proie, auquel ont été superposées les variations des effectifs des prédateurs en fonction de ceux de la proie. On constate que ces dernières s'inscrivent sur une trajectoire en forme spiralisée, le point d'équilibre se trouvant à l'intersection des isoclines de la proie et du prédateur. (D'après Rickleffs, mais modifié, in Ramade F., *Écologie fondamentale*, Ediscience international, 2e ed., 1994, p. 220)

Exemples d'**isoclines** non linéaires de populations de proies et de prédateurs superposées pour montrer les relations de stabilité et les variations des effectifs. En **A**), le prédateur n'exploite efficacement sa proie que lorsqu'elle est proche de sa capacité limite K. Les trajectoires s'enroulent en spirale vers l'intérieur, les oscillations dans le temps des effectifs sont amorties jusqu'au point d'équilibre. En **B**), le prédateur présente une prédation efficace à de faibles densités de la proie, les trajectoires se déroulent vers l'extérieur. Les oscillations s'amplifient conduisant à l'extinction de la population de la proie (et éventuellement du prédateur). En **C**) l'exploitation de la proie s'effectue à des densités moyennes, les tangentes aux isoclines de la proie et du prédateur situées à leur point d'intersection sont perpendiculaires. La trajectoire est alors circulaire. On se retrouve dans le cas des isoclines simplifiées de la première figure. Les oscillations d'effectifs sont régulières et entretenues. (In Pianka E. R., *Evolutionary Ecology*, Harper and Row, 1979, p. 209)

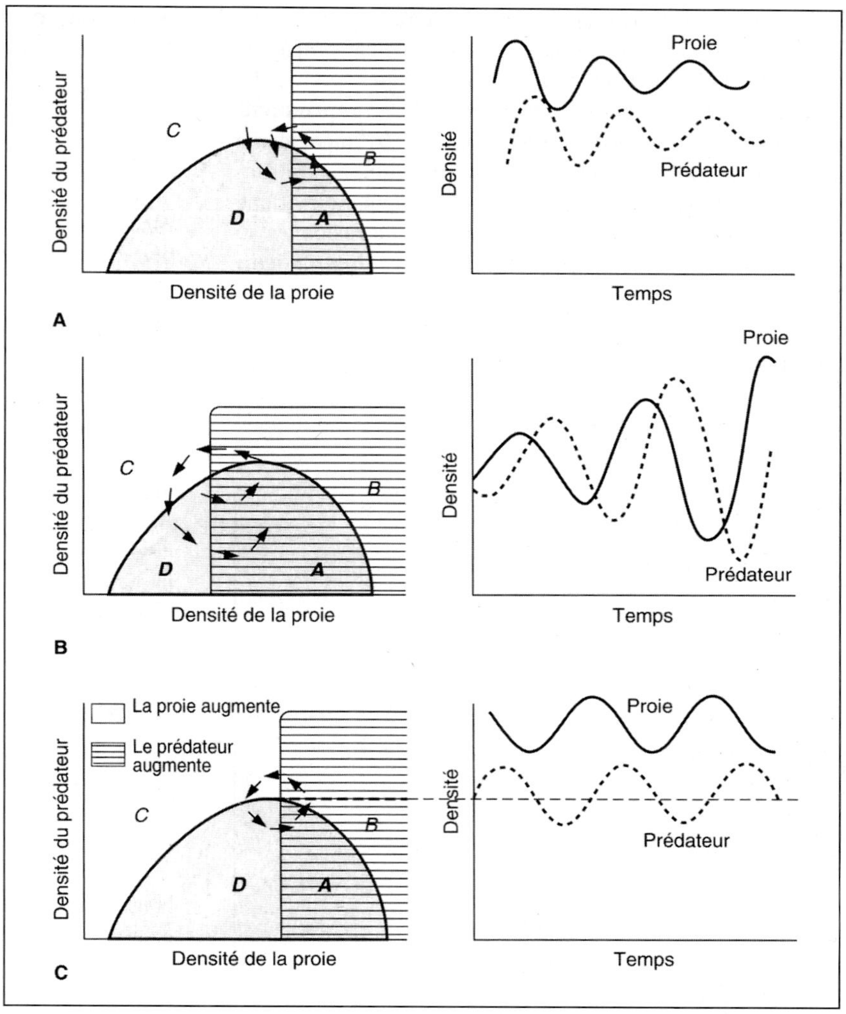

sont jamais des droites. En ce qui concerne les proies, souvent, la diminution de l'effet de groupe aux faibles densités conduit à une décroissance de la productivité des populations. D'autre part, aux fortes densités, les limitations dues par exemple au manque de nourriture conduisent à une décroissance de l'isocline jusqu'à la capacité limite K. À l'opposé, l'isocline du prédateur demeurera sensiblement proportionnelle à ces effectifs jusqu'à une densité critique au-delà de laquelle se manifesteront les limites imposées par les sites de reproduction et celles de la disponibilité de proies alternatives pour les fortes densités.

Dans un cas comme dans l'autre, on retrouve dans ces divers cas de figure les trois situations possibles :

– oscillations tamponnées, les effectifs des deux populations s'enroulant en spirale autour d'un point d'équilibre,

– oscillations amplifiées conduisant à l'extinction du système (extermination de la proie puis éventuellement disparition du prédateur),

– oscillations entretenues lorsque les effectifs de départ correspondent à un point d'équilibre situé là où les tangentes à l'intersection des isoclines sont perpendiculaires.
(Voir aussi Lotka et Volterra, Prédation)

isogamie, n. f. (*isogamy*). Type de fécondation propre à certains champignons et thallophytes dans lequel l'œuf se forme par fusion de deux gamètes morphologiquement identiques.

isogénique(s), adj. (*isogenic*). Désigne des organismes qui possèdent le même génotype.

isohaline, adj. et n. f. ◆ **courbe** ~ (*isohaline curve*) : lieu géométrique des points de même salinité dans un biotope aquatique.

isohyète, adj. et n. m. (*isohyet*). Courbes d'égale pluviométrie. ***(Voir aussi Pluviométrie, Précipitations)***

isohypse, adj. (*isohypsal*) et n. f. (*isohypse*) ◆ **courbe** ~ (*isohypsal curve*) (syn. : courbe de niveau) : lieu géométrique des points d'égale altitude.

isolat, n. m. (*isolate*). Population séparée des autres populations de la même espèce par une barrière géographique et (ou) écologique et dont, de ce fait, les individus se reproduisent entre eux.

isolation, n. f. (*insulation*). Dispositif ou technique destinée à isoler les locaux d'habitation ou d'activités consistant en l'utilisation de matériaux ayant une très faible conductivité thermique.

isolement, n. m. (*isolation*). Désigne le fait qu'un groupe d'individus d'une population sédentaire ou une propagule se trouve génétiquement isolé de la population principale, ce qui favorise sa dérive génétique. ◆ ~ **reproductif** (*reproductive isolation*) : voir Reproductif. ◆ **mécanisme d'~** (*isolating mechanism*) : processus d'origine tant intrinsèque qu'extrinsèque qui empêchent des populations d'une même espèce ou de deux espèces voisines de fusionner au plan génétique. (***Voir aussi Métapopulation, Reproductif, Spéciation***)

isopiptèse, n. f. (*isopiptesis*). Ligne réunissant les lieux (en latitude et longitude) atteints à la même date par le front de migration des oiseaux ou de toute autre espèce animale migratrice.

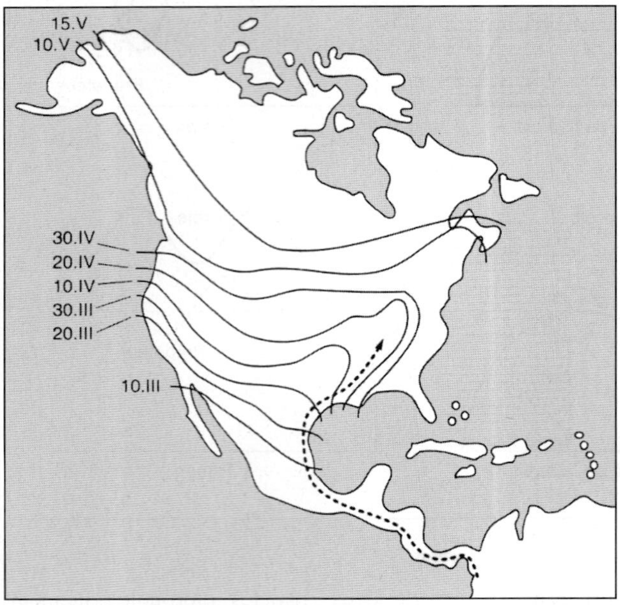

Lignes d'**isopiptèse**. Ici sont figurées les lignes d'isopiptèse relatives à la migration de printemps de l'hirondelle à front blanc (*Petrochelidon albifrons*) en Amérique du Nord. (D'après Dorst, *Les migrations des oiseaux*, Payot, 1962, p. 112)

isoplèthe, n. f. (*isopleth*). Désigne en écologie et dans d'autres disciplines environnementales – climatologie par exemple – les courbes joignant sur une carte les localités pour lesquelles la mesure d'un paramètre physico-chimique donné est d'égale valeur. Ainsi les isohyètes correspondent à l'isoplèthe des précipitations. (***Voir aussi Pluviométrie***)

Isopodes, n. sc. (*Isopoda*). Ordre de Crustacés Péracarides dont certains parasites qui comporte 9 sous-ordres, certains étant terrestres comme les Oniscoides. (***Voir aussi Asellus, Oniscoidea***)

Isoptères, n. m. (*Isoptera*). Voir Termite.

isopycne, adj. et n. f. (*isopycnic*). ◆ **courbe** ~ (*isopycnic curve*) : courbe réunissant les points de même densité de l'eau en milieu limnique ou océanique.

isostasie, n. f. (*isostasy*). Théorie géodynamique selon laquelle les plaques lithosphériques flotteraient comme un radeau à la surface de la couche sous-jacente, constituée par un liquide de forte viscosité, correspondant au manteau.

isotherme, n. f. (*isotherm*). Courbe d'égale température.

Isotoma, n. sc. Genre de Collemboles fréquent dans la litière des forêts tempérées.

isotope(s), n. m. (*isotope*). Éléments ayant le même nombre de protons mais différant par leur nombre de neutrons et donc par leur masse atomique. Les isotopes d'un élément donné possèdent les mêmes propriétés chimiques mais diffèrent par leurs propriétés physiques par suite de la différence de masse du noyau de ses atomes. On compte au total dans la nature 300 isotopes pour 92 éléments. ◆ ~ **radioactif** (*radioisotope*) : isotope instable d'un élément donné et de ce fait se désintégrant spontanément. Il se caractérise en particulier par sa période, temps nécessaire pour que la moitié d'une masse initiale du radioisotope donné disparaisse.
On distingue des *isotopes naturels* qui se rencontrent en mélange avec les isotopes stables des divers éléments. (C'est le cas par exemple du carbone 12, du carbone 13, dit carbone « lourd » et du carbone 14, carbone radioactif) et des *isotopes artificiels* produits par irradiation neutronique de divers corps simples (tels le cobalt 60), ou par fission nucléaire (strontium 90 ou césium 137 par exemple). (***Voir aussi Activation, Nucléaire, Radionucléides***)

isotopique, adj. (*isotopic*). Désigne ce qui se rapporte aux isotopes. ◆ **fractionnement** ~ (*isotopic fractioning*) : désigne les processus écologiques abiotiques et biotiques susceptibles de modifier la proportion isotopique de plusieurs corps simples entre les divers compartiments de la biosphère ou encore entre les biotopes et les organismes ou les communautés d'êtres vivants.

Un exemple de fractionnement isotopique chez les végétaux est donné par le rapport $^{13}C/^{12}C$ qui est modifié par l'activité photosynthétique, ce rapport étant plus élevé dans le CO_2 atmosphérique que dans les composés organiques produits par la photosynthèse.

À l'opposé, les phénomènes de nitrification dans les sols se traduisent par un fractionnement isotopique qui accroît la proportion d'azote lourd ($^{15}N/^{14}N$) par rapport à celle qui caractérise l'azote atmosphérique. Cette particularité permet de déterminer par exemple la proportion de nitrates dus à l'usage des engrais présente dans un cours d'eau ou dans une nappe phréatique donnée.

◆ **hydrologie** ~ (*isotopic hydrology*) : discipline de l'hydrologie qui étudie l'usage des isotopes pour dater les eaux superficielles et souterraines. Les principaux isotopes utilisés à cette fin sont le tritium, le carbone 14 et le chlore 36.

◆ **thermomètre** ~ (*isotopic thermometer*) : la proportion $^{18}O/^{16}O$ varie dans divers processus biogéochimiques avec la température du milieu ambiant. La connaissance de ce rapport permet ainsi de connaître la température à laquelle un processus écophysiologique s'est effectué.

Un des thermomètres isotopiques les plus utilisés consiste à déterminer la température des eaux marines superficielles ou profondes (dont la profondeur est estimée en fonction de

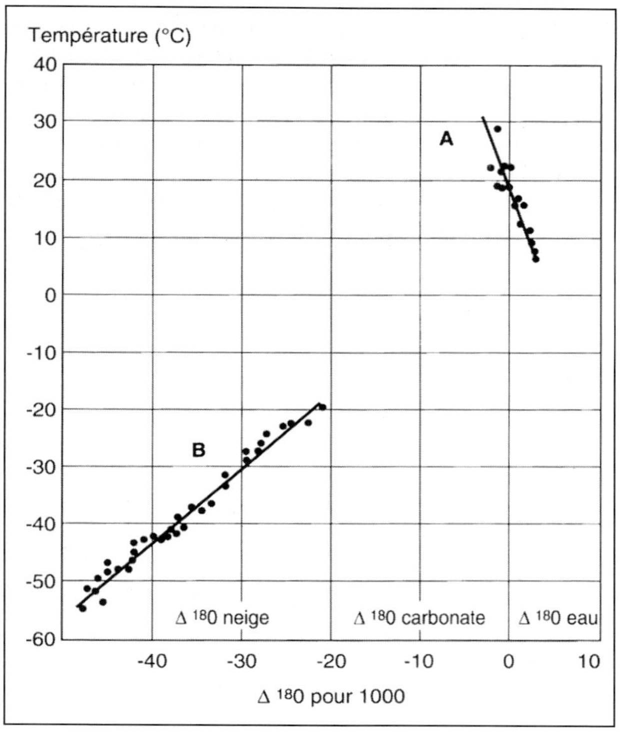

Usage du rapport $^{18}O/^{16}O$ comme thermomètre **isotopique**. **A**) Schéma figurant les variations du rapport $^{18}O/^{16}O$ en fonction de la température de l'eau : diagramme représentant les courbes de calibrages des thermomètres isotopiques pour le couple eau-carbonate. **B**) Détermination de la température de l'air au niveau du sol à partir de la valeur de ce rapport dans la neige. (D'après Lorius et Duplessy J. C., « Les grands changements climatiques », *La Recherche*, vol. 83, 1977, p. 951)

l'espèce à laquelle appartient la coquille ou le test d'un fossile considéré).

Les phénomènes de dépôt de calcium dans la coquille modifient en effet le $\Delta^{18}O$ (paramètre calculé en pour mille à partir du rapport $^{18}O/^{16}O$) en fonction de θ, température de l'eau dans laquelle le dépôt s'effectue.

On a pu déterminer de la sorte la formule des paléotempératures obtenues par l'analyse du fractionnement isotopique de l'oxygène entre l'eau et le carbonate de calcium de la coquille ou du test des fossiles considérés. Celle-ci a pour expression :

$$\theta = 16{,}9 - 4{,}2\ (\Delta^{18}O_{\text{Carbonate}} - \Delta^{18}O_{\text{eau}})$$

Une autre méthode qui permet de déterminer les caractéristiques des climats plus récents, ceux des périodes glaciaires, est fondée sur l'usage du $\Delta^{18}O$ de la glace dans des carottes prélevées dans l'inlandsis du Groenland ou de l'Antarctique.

On a pu en effet montrer qu'il existe un fractionnement isotopique abiotique entre l'oxygène de la vapeur d'eau et celui de la neige qui se dépose, celle-ci étant d'autant plus riche en oxygène 18 que la température de l'air au moment de sa précipitation est plus élevée. ***(Voir aussi Climat, Climatique, Glaciation, Serre)***

Istiophoridae, n. sc. Famille de grands poissons prédateurs des mers tropicales dont les marlins et les voiliers sont les représentants les plus connus.

Itaï Itaï, maladie d'. Intoxication ayant provoqué une soixantaine de morts qui s'est observée au Japon lors d'un grave épisode de pollution des eaux de rizières et de boisson par du cadmium rejeté par des effluents d'industries électroniques. Cet élément s'était localement concentré par translocation radiculaire dans les grains de riz consommés par les paysans locaux.

itéropare, adj. (*iteroparous*). Qualifie une espèce animale dont les femelles se reproduisent plusieurs fois au cours de leur vie. ***(Voir aussi Cycle)***

itéroparité, n. f. (*iteroparity*). Propriété des animaux itéropares. Elle est le fait de la plupart des espèces vivant plusieurs années en particulier de celles longévives qui sont des stratèges de type K. ***(Voir aussi Semelparité, Stratégies adaptatives)***

iule, n. m. (*millipede*). Chélicérate appartenant à l'ordre des Diplopodes et donc caractérisé par la présence de deux paires de pattes par segments.

Les iules sont essentiellement inféodés à la litière forestière et sont de régime alimentaire saprophage. Dans les pays tempérés, ils constituent un apport significatif au régime alimentaire de divers oiseaux sylvestres tels les bécasses.

ivoire, n. m. (*ebony*). Matériel biologique constituant la partie essentielle des dents de Mammifères. Certaines familles de ces derniers possèdent des dents de très grande taille (canines des morses par exemple, ou incisives telles les défenses d'éléphants) dont l'ivoire est très recherché pour l'orfèvrerie et la joaillerie. ◆ **trafic de l'~** (*ebony traffic*) : la hausse considérable des cours de l'ivoire commencée au milieu des années 1970 a joué un rôle majeur comme incitation au braconnage des éléphants dans les Parcs Nationaux et autres aires protégées d'Afrique. Il s'en est suivi un trafic illicite considérable de l'ivoire à destination essentiellement des marchés d'Extrême-Orient, les Chinois mais aussi les Japonais étant des artisans traditionnels de cette matière noble. On a ainsi assisté au cours des années 1980 à l'exportation par certains pays d'Afrique (Rwanda, RSA par exemple) de quantités d'ivoire supérieures à leur stock national d'éléphants!

Provisoirement, ce trafic a été stoppé avec le boycottage du commerce de l'ivoire par les pays occidentaux industrialisés, suivi de la décision de la CITES, en 1991, de faire inscrire l'éléphant sur la liste I des espèces animales vulnérables – dont le commerce est donc interdit. Un des effet pervers qui en est hélas résulté tient en une contrebande des défenses fossiles de mammouths de Sibérie vers le Japon. Cependant, cette mesure a été remise en cause en 1998, la CITES ayant autorisé à nouveau certains pays ayant un effectif d'éléphants jugé important (Zimbabwe par exemple) a reprendre le commerce de l'ivoire. ***(Voir aussi Éléphant)***

l_x. Désigne dans une table de survie le rapport entre le nombre d'individus survivant à l'âge $x + 1$, a_{x+1} et le nombre d'individus existant à l'âge x, a_x. On aura :

$$l_x = \frac{a_{x+1}}{a_x}$$

Ixodides, n. m. (*Ixodida*, vern. : *ticks*). Chélicérates constituant un ordre d'Acariens dont la totalité des espèces qu'il comporte sont hématophages et vectrices de graves affections parasitaires ou virales telles les babésioses, les piroplasmoses et diverses rickettsioses des animaux domestiques ou de l'homme. Ainsi les *Dermacentor* sont les agents vecteurs de la fièvre pourprée des Montagnes Rocheuses dont l'agent vecteur est une rickettsie.

Ixtoc-One. L'un des plus graves accidents ayant concerné un puits sous-marin de pétrole. Survenu en 1979, celui-ci pollua pendant plusieurs mois les eaux du Golfe du Mexique, rejetant au total plus de 500 000 tonnes de pétrole brut ce qui causa *ipso facto* une gigantesque marée noire. Outre une hécatombe des oiseaux de mer et de rivage, cet accident *off-shore* causa de graves dommages aux pêcheries de crevettes du Nord du Mexique et du Texas.

J

J ◆ courbe en ~ : voir Exponentielle.

Jaccard, coefficient de. Ce coefficient est utilisé en phytosociologie pour établir les similitudes floristiques entre relevés. Il établit le rapport entre le nombre d'espèces communes à deux relevés effectués dans deux stations différentes :

$$S_{xy} = \frac{N_{xy}}{N_x + N_y - N_{xy}}$$

où N_x et N_y représentent le nombre d'espèces présentes dans les relevés X et Y, N_{xy} le nombre d'espèces communes aux deux relevés.

jachère(s), n. f. (*fallow*). Pratique qui consiste à arrêter toute culture sur un sol pendant deux ou plusieurs années afin de permettre au tapis végétal naturel de reconstituer les sols lorsqu'ils ont été épuisés par la succession des cultures. **(*Voir aussi Agriculture*)** ◆ **~ énergétiques** (*energetic fallows*) : terme créé par la Direction de l'Union Européenne dans le cadre de la réforme de la PAC en 1992 et désignant les surfaces interdites de cultures par Bruxelles par suite des excédents agroalimentaires européens mais qui peuvent être cultivées pour des cultures énergétiques destinées à produire des biocarburants comme le colza (esters méthyliques d'huiles végétales) ou encore pour la filière éthanol (blé et betteraves). Dans ce dernier cas, l'usage de la production peut être aussi destiné à des fins non énergétiques (industrie chimique, pharmaceutique ou encore des cosmétiques). ◆ **~ industrielles** (*industrial fallows*) : terres qui dans le cadre de la PAC de l'Union Européenne ne peuvent être utilisées que pour des cultures destinées à fournir des matières premières d'usage industriel pour la production soit de biocarburants soit de produits destinés aux industries chimiques, pharmaceutiques ou encore des cosmétiques. **(*Voir aussi Biocarburant, Éthanol*)**

jacinthe d'eau, n. f. (*water hyacinth*). (n. sc. *Eichhornia crassipes*). Espèce introduite d'Amérique tropicale dans les écosystèmes dulçaquicoles tropicaux du monde entier qu'elle a envahis. On la rencontre de nos jours dans l'ensemble de l'Afrique sub-saharienne, en particulier dans le bassin du Congo où elle pullule. Introduite à Hanoï au début du XXe siècle, elle a envahi toute l'Asie du Sud-Est y inclus l'Indonésie. Elle cause de la sorte de graves dommages aux espèces hydrophytiques autochtones en couvrant lacs et cours d'eau d'un épais tapis végétal parfois impénétrable qui constitue une gêne à la navigation fluviale. Il en résulte aussi des perturbations pour les populations de poissons autochtones qui peuvent être affectées par les modifications écologiques induites dans leurs biotopes par la prolifération de ces plantes ainsi que pour les populations d'oiseaux piscivores.

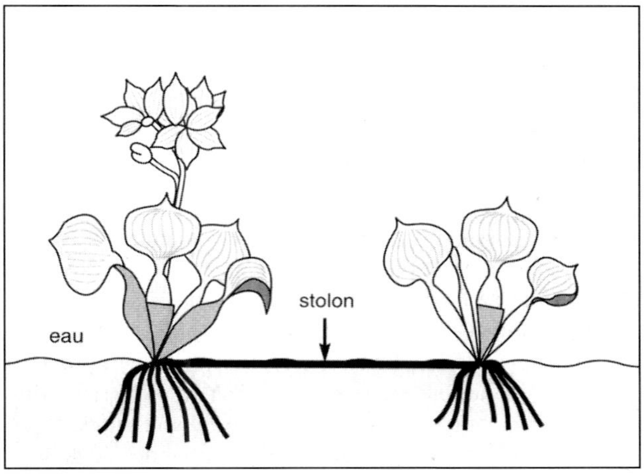

Jacinthe d'eau (*Eichhornia crassipes*). (D'après Dorst, *Avant que nature ne meure*, Delachaux et Niestlé, 1965, p. 271)

Japetus, n. m. (*Iapetus*) (syn. : Proto-Atlantique). Nom de l'océan primitif qui existait à la fin de l'Antécambrien à l'emplacement de l'Atlantique actuel c'est-à-dire entre le continent de Laurentia et Baltica provenant de la fragmentation du craton de Laurasia.

Japon (*Japan*). Pays tempéré et subtropical d'Asie du Nord-Est dont l'impact de l'économie sur l'environnement global va bien au-delà de sa surface territoriale.

Le Japon possède par exemple une surface « fantôme » d'environ 1,8 million de km^2 soit environ 3,5 fois la France, qui contribue à lui fournir l'alimentation et les autres ressources naturelles renouvelables dont il a besoin. Grand importateur d'espèces végétales et animales menacées (cas des baleines ou des éléphants avec l'ivoire), le Japon a refusé de signer la Convention sur la biodiversité à la Conférence du CNUED à Rio en juin 1992.

jardin, n. m. (*garden*). La pratique des jardins destinés à l'acclimatation d'espèces végétales et animales a commencé dès le XVIIIe siècle en Europe. Elle a joué depuis le début

Harde de cerfs du Père David dans le parc de Wobburn Abbey (Angleterre). Les **jardins** zoologiques ont parfois joué un rôle important dans la sauvegarde d'espèces menacées d'extinction. Ici, le cerf du Père David amené de Chine – d'où il a depuis disparu – en Europe a été ainsi sauvé. À la fin des années 1980, des animaux provenant de ce parc ont été réintroduits en Chine du Nord afin d'y réinstaller l'espèce. (Cliché F. Ramade)

du XXe siècle un rôle important dans la préservation d'espèces végétales menacées de disparition dans leurs écosystèmes d'origine.

Il faut néanmoins souligner que les effets pervers de ce système de préservation *ex situ* des espèces en danger d'extinction se sont amplifiés dans la deuxième moitié du XXe siècle par suite de la prolifération des zoos privés et des nombreuses entorses à la convention de Washington auquel ce phénomène a donné lieu. ◆ ~ **alpin** (*alpine garden*) : conservatoire botanique ayant pour objet de présenter à titre pédagogique et de préserver des espèces alpines et, de façon plus générale, propres aux écosystèmes orophiles de la biosphère. ◆ ~ **botanique** (*botanical garden*) : jardin dans lequel sont conservés les représentants les plus importants au plan écologique et taxonomique de la flore d'une aire biogéographique donnée et (ou) d'espèces exotiques acclimatées. Les arboretums constituent une variété des jardins botaniques destinée à la conservation des arbres. ◆ ~ **zoologique** (*zoological garden*) : lieu conçu pour présenter au public des spécimens d'espèces animales généralement spectaculaires ou (et) connues du grand public. Les zoos ont toutefois joué un rôle certain dans la préservation *ex situ* d'espèces animales menacées d'extinction. Les cas du cerf du père David et du cheval de Prjevalski sont notoires. À l'heure actuelle, le grand panda menacé dans son aire de distribution originelle sera sans doute sauvé grâce à sa reproduction en zoo.

jaseur de Bohème, n. m. (*waxwing*) (n. sc. *Bombycilla garrulus*). Espèce de Passereau inféodée à l'étage subalpin propre à l'Europe centrale et orientale qui donne de façon occasionnelle des phénomènes d'invasion en Europe atlantique. ***(Voir aussi Invasion, Irruption)***

Jasper, parc national de (*Jasper National Park*). Parc situé dans le Nord des Rocheuses canadiennes dans l'Alberta. Créé en 1907, il couvre 1 087 000 ha. Il est célèbre par la présence d'un très grand glacier, celui de Columbia.

Vue du **jardin** alpin du Lautaret. Cet établissement réunit un grand nombre d'espèces végétales provenant des principaux grands massifs montagneux du globe. Les jardins botaniques contribuent de façon générale à la conservation *ex situ* de nombreuses espèces végétales menacées. (Cliché F. Ramade)

Le front du glacier Columbia dans le parc national de **Jasper** (Alberta, Canada). (Cliché F. Ramade)

Java (*Java*). Ile d'Indonésie caractérisée par des sols volcaniques de haute fertilité. Il s'agit aussi de l'une des régions les plus surpeuplées du monde avec une population qui excédait 125 millions d'habitants en 2000, en majorité musulmans, pour une surface d'à peine 140 000 km^2.

De nombreuses espèces animales et végétales y ont déjà disparu ou sont en voie de disparition par suite de l'éradication de la quasi-totalité des forêts pluvieuses tropicales qui couvraient encore une grande partie de cette île à la fin du XIXe siècle. Tel est en particulier le cas du célèbre rhinocéros de Java cantonné aujourd'hui dans la réserve d'Ujung-Kulon, en face du détroit de la Sonde où il ne subsiste qu'une centaine d'individus.

jet stream, n. m. Vents très intenses qui soufflent toujours dans le même sens d'ouest en est dans l'hémisphère Nord à la limite supérieure de la troposphère, entre 10 et 15 km d'altitude selon la latitude, à une vitesse pouvant atteindre voire dépasser 350 km/h. Il en existe deux principaux groupes : les *jet streams* du front polaire, situés entre 10 et 12 km d'altitude et les *jet streams* subtropicaux qui sont compris entre 12 et 15 km. Ils doivent leur nom au fait que les aéronefs utilisent ces vents pour gagner en temps de trajet sur les grandes voies de transport aérien intercontinentales.

Joenia annectens, n. sc. Flagellé symbiotique de la panse rectale du termite *Callotermes flavicollis* propre au Sud de la France. À l'image des autres espèces de ce groupe, il est capable de digérer la cellulose et la lignine ce qui confère aux insectes de ce groupe la propriété de contribuer à la minéralisation du bois mort dans les écosystèmes forestiers auxquels ils sont inféodés.

Joenia annectens. Flagellé symbiotique de la panse rectale du termite *Callotermes flavicollis*. (D'après Grassé, in Ramade F., *Écologie fondamentale*, Ediscience international, 2e ed., 1994, p. 228)

Joint European Torus (*JET*). Laboratoire de l'Euratom, situé à Sutton Courtney près d'Oxford, destiné à étudier les applications des appareils de type Tokamak dans les recherches sur la fusion nucléaire contrôlée.

Joule (J), n. m. Unité de travail du système international qui est égale à un Newton-mètre. La calorie, son équivalent thermique, a pour valeur 4,182 J. L'unité de travail de l'ancien système CGS, l'Erg, a pour valeur 10^{-7} J.

Juan Fernadez, province biogéographique de. Archipel situé au large du Chili, faisant partie du règne néotropical caractérisé par un grand endémisme incluant par exemple une famille, 18 genres et 170 espèces de Phanérogames.

Juglandaceae, n. sc. (*hickory, walnut*). Famille d'arbres appartenant à l'ordre des Juglandales, propres aux zones tempérées et subtropicales de l'hémisphère boréal.

Juglandales, n. sc. Ordre d'arbres appartenant à la sous-classe des Hamamaélidées dont la principale famille est les Juglandacées.

Juglans nigra, (*black walnut*). Nom scientifique du noyer noir d'Amérique, espèce de la famille des Juglandacées, dont l'aire potentielle de distribution couvre l'emplacement des anciennes forêts caducifoliées d'Amérique tempérée c'est-à-dire les territoires des États-Unis situés à l'est du Mississippi.

Juncacées, n. sc. Famille de Monocotylédones inféodée aux prairies marécageuses et à la zone littorale des écosystèmes d'eaux stagnantes.

Juniperus (*junipers*). Nom scientifique des genévriers. Genre de Conifères, surtout holarctique, constitué par des arbustes et des arbres dont certains de grande taille propres aux écosystèmes tempérés, aux montagnes et aux déserts d'Eurasie et d'Amérique du Nord. ***(Voir aussi Genévriers)***

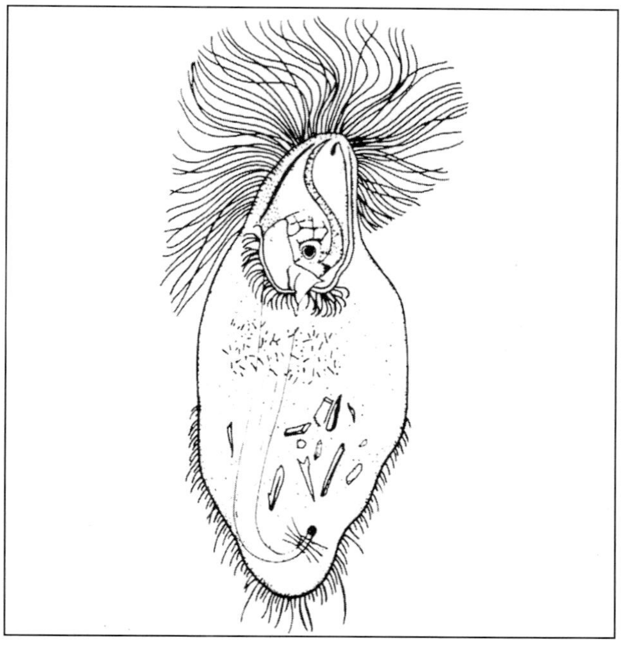

Jurassique, n. m. (*Jurassic*). Période géologique qui a occupé le milieu de l'ère secondaire et qui doit son nom au Jura, où ses divers étages furent décrits pour la première fois.

Le Jurassique qui s'est écoulé entre – 203 et – 135 millions d'années a été marqué par la diversification des Ammonites et des Dinosaures et, à la fin, par les prémices de l'apparition des Angiospermes dans les communautés végétales des écosystèmes continentaux. **(*Voir aussi Secondaire*)**

jusant, n. m. (*ebb, falling tide*). (syn. : marée descendante). Désigne en océanographie le reflux de la marée.

juvénile, adj. (*juvenile*). Ce terme désigne en écologie animale les jeunes stades de développement d'une espèce. **(*Voir aussi Écophase*)** ◆ **eau ~** (*juvenile water*) : eau dégagée par les volcans actifs provenant donc du dégazage encore inachevé du manteau de la Terre.

K

K ◆ sélection ~ (*K-selection*) : type de sélection qui privilégie la taille maximale de la population et en conséquence les classes d'âge adultes et post-reproductives au détriment des juvéniles. Le terme provient du symbole de la capacité limite du milieu, K. En effet, dans une population logistique, les effectifs varient dans le temps selon la réaction :

$$N_t = \frac{K}{1+ce^{-rt}}$$

où N_t est l'effectif au temps t, r le taux intrinsèque d'accroissement naturel et c est une constante d'intégration. (***Voir aussi Logistique, Stratèges de type K, Stratégies adaptatives***)

Kaibab, plateau de (*Kaibab plateau*). Plateau situé dans l'Arizona dans lequel s'est creusé au cours des périodes géologiques le Grand Canyon du Colorado.

Kakadu, parc national de (*Kakadu National Park*). Situé dans le Nord de l'Australie, sur la frange occidentale de la Terre d'Arnhem, ce parc couvre plus de 20 000 km^2 et figure parmi les plus vastes du monde. Il héberge des vestiges de forêts pluvieuses tropicales dans les vallées creusées dans un plateau cristallin, des plaines d'inondation avec de nombreux marais et lagunes où vit une importante avifaune et des mangroves littorales. Dans ces dernières, ainsi que dans les *Alligator rivers* qui les traversent, vit la plus importante population mondiale de *Crocodilus porosus*, espèce capable de vivre dans les eaux saumâtres et marines, un temps menacée d'extinction et qui a été sauvée grâce aux mesures de conservation, dont la création de ce parc. Il renferme aussi de très nombreuses peintures aborigènes en particulier dans les abris sous roche d'Obiri Rock dont certaines ont plus de 20 000 ans. Leur présence a amplement

Peintures aborigènes de Nourlangie, dans le parc national de **Kakadu** (territoire du Nord, Australie). (Cliché F. Ramade)

Site aborigène d'Obiri Rock dans le parc national de **Kakadu** (territoire du Nord, Australie). (Cliché F. Ramade)

justifié l'inscription de ce parc sur la liste des sites du patrimoine mondial de l'Unesco.

Kalahari, désert de (*Kalahari desert*). Désert d'Afrique australe dans lequel se rencontre un grand nombre d'espèces végétales présentant des adaptations remarquables aux conditions érémophiles, en particulier de nombreuses plantes succulentes, dont diverses Aizoacées.

kangourou, n. m. (*kangaroo*) (n. sc. *Macropus sp.*). Genre de Marsupiaux dominant dans les peuplements des écosystèmes de formation herbacée d'Australie. Les kangourous représentent dans ces derniers les équivalents écologiques des grands herbivores dans les steppes et les savanes de l'Ancien et du Nouveau Monde.

Grands **kangourous** (*Macropus rufus*) (réserve de Tidbinbilla, ACT, Australie). Les kangourous occupent dans les écosystèmes de formations herbacées australiennes la niche écologique des Ongulés dans le reste du monde. (Cliché F. Ramade)

kaolin, n. m. (*kaolin*). Roche argileuse de couleur blanche, essentiellement constituée de silicate d'aluminium, exploitée pour la production de faïence.

kaolinite, n. f. (*kaolinite*). Variété minéralogique représentant l'un des plus communs minéraux constitutifs des argiles. Elle se forme par dégradation de minéraux cristallins (*feldspaths*) sous des climats tropicaux humides. Elle se rencontre dans divers types pédologiques, en particulier dans les sols tropicaux ferralitiques.

karst, n. m. (*karst*). Terme originaire d'une zone de Croatie, située dans le Nord des Alpes dinariques, dont le substrat géologique, constitué de calcaires compacts profondément fissurés, présente un réseau étendu de rivières souterraines. Par extension, il s'applique à toutes les régions où affleurent des formations rocheuses calcaires, dans lesquelles la fissuration préexistante, due à la nature géologique du substrat, se traduit par une considérable érosion provoquée par la dissolution du calcaire compact sous forme de bicarbonate soluble.

Vue d'une zone de **karst** dans le parc national des Pyrénées occidentales, près de la Pierre Saint-Martin. (Cliché F. Ramade)

Cette forme d'érosion conduit, au travers des diaclases et de cavités de plus grande dimension, à la formation d'un karst, type de structure géomorphologique auquel est associé un important réseau aquifère souterrain (réseau karstique). Le karst résulte de l'existence préalable de fissurations dans des roches compactes qui sont progressivement agrandies par le jeu de la circulation de l'eau qui s'infiltre dans ces cavités et les élargit par suite de la réaction sur le calcaire du CO_2 dissous dans l'eau. Par suite de la formation de bicarbonate soluble qui en résulte se constitue peu à peu au cours des périodes géologiques un ensemble de cavités sou-

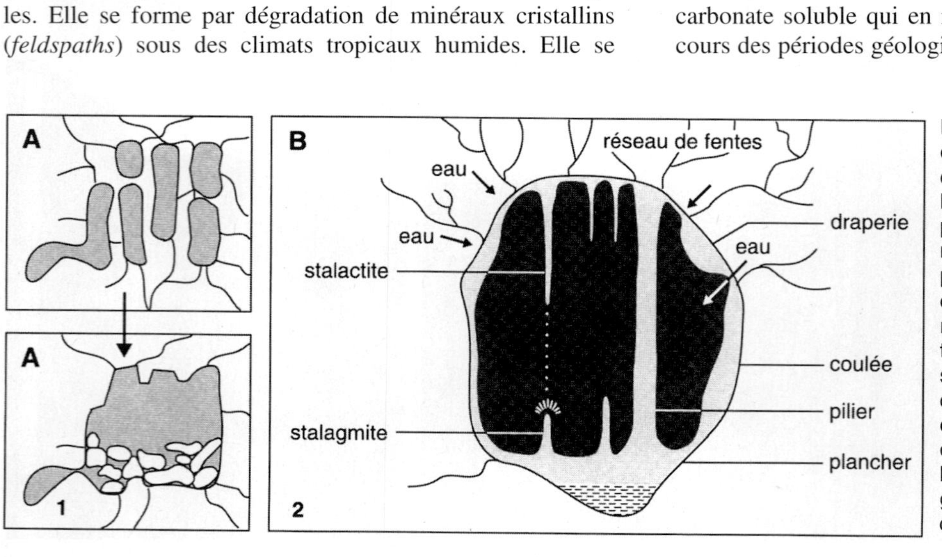

Formation et évolution des cavités dans un **karst**. En **A** est figuré le creusement sous l'effet de la dissolution par les eaux souterraines, puis celles-ci s'obturent progressivement par effondrement ou par apport de matériaux qui conduit au comblement karstique. En **B**, est représentée une forme concomitante de comblement karstique résultant lui du concrétionnement de calcite, à l'origine de la formation des stalactites et des stalagmites, qui tend progressivement à obturer le vide initial de la galerie ou de la grotte. (D'après Ginet et Decou, op. cit. p. 35)

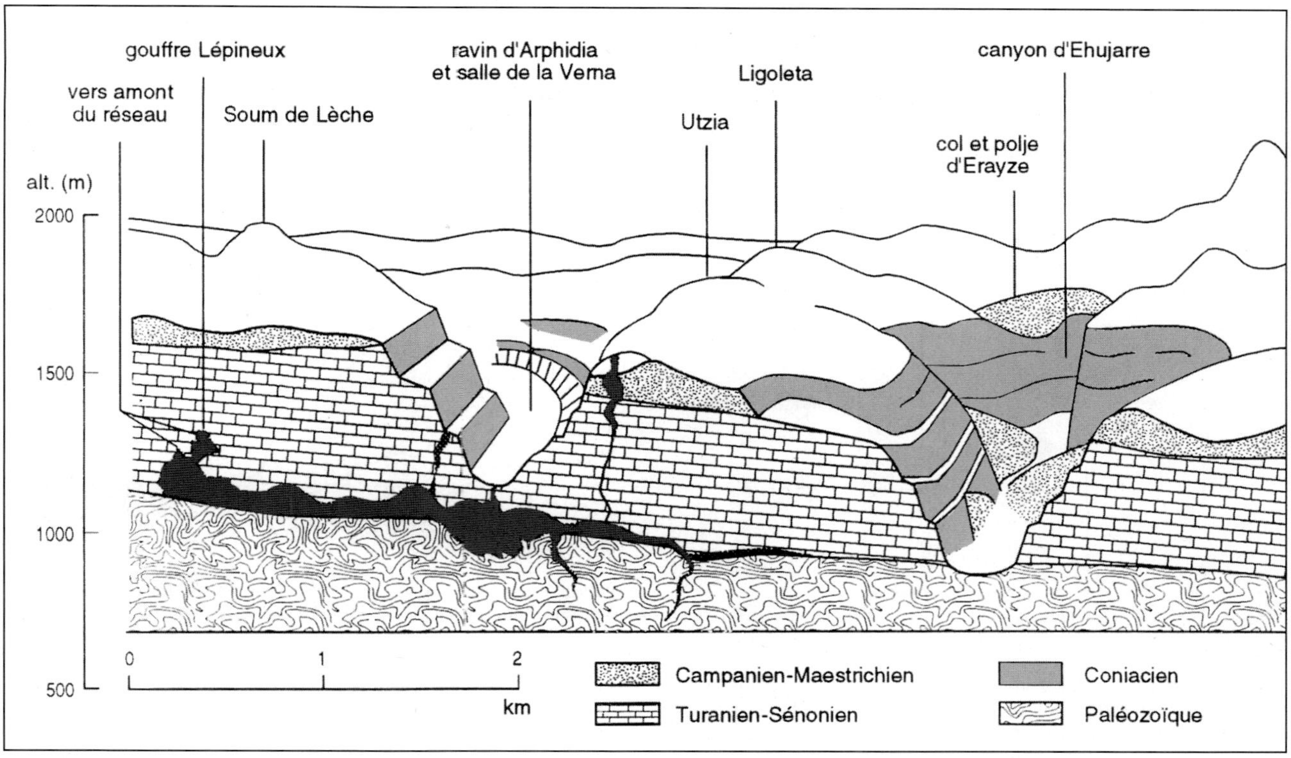

Coupe géologique dans un **karst** : le plateau de la Pierre Saint-Martin. Les étages du Turanien, Campanien et Coniacien sont représentés par des formations de calcaires compacts. (D'après Ginet et Decou, op. cit., in Ramade F., *Dictionnaire encyclopédique des sciences de l'eau*, Ediscience international, 1998, p. 323)

terraines, incluant de vastes grottes, soit verticales, soit transverses, soit horizontales, des gouffres ainsi qu'un réseau de galeries dont les parties les plus basses sont ennoyées temporairement ou en permanence. Par ailleurs, l'évaporation de l'eau qui suinte sur les parois ou tombe du plafond des cavités au sol conduit à divers types de constructions minérales de calcite, draperies, stalactites et stalagmites. ***(Voir aussi Karstique)***

karstique, adj. (*karstic*). Désigne ce qui se rapporte au karst. ◆ **circulation** ~ (*karstic flow*) : circulation des eaux souterraines propre aux zones de karst. Il existe en réalité

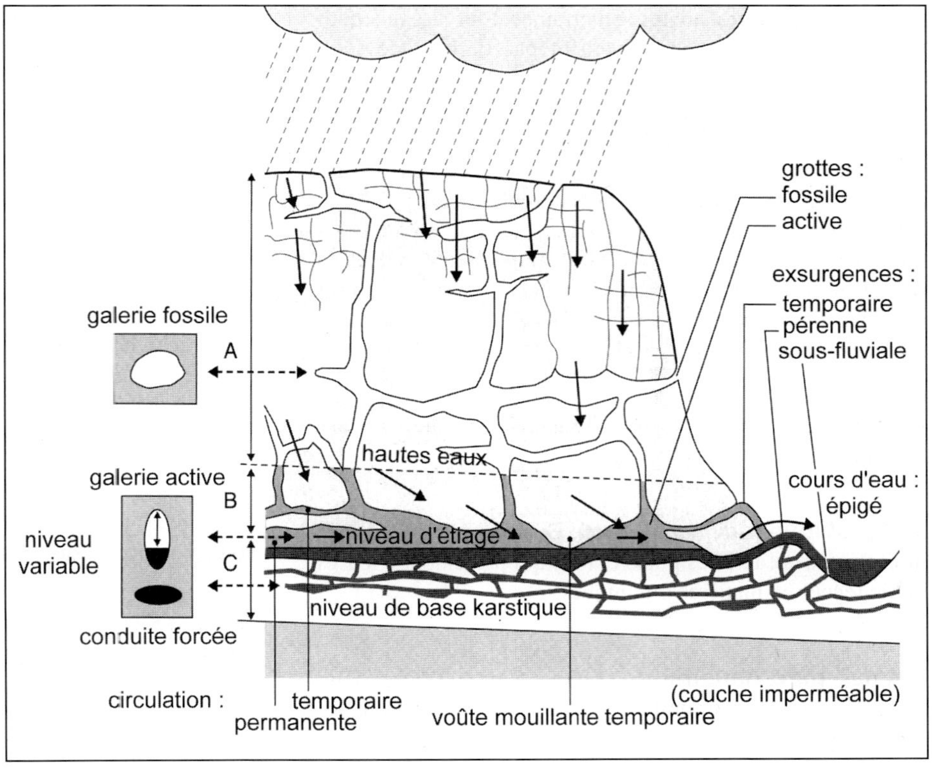

Schéma en coupe des structures hydrogéologiques propres à la circulation **karstique**. On distingue en (**A**) des gouffres, grottes et galeries horizontales et verticales, sèches à la partie supérieure (galeries fossiles), inondées temporairement et donc de niveau variable en (**B**) ou en permanence dans la partie inférieure, en (**C**), constituant le réseau karstique noyé (galeries actives). La rivière souterraine débouche à l'extérieur au niveau d'exurgences temporaires, permanentes ou sous-fluviales selon leur niveau. (D'après Ginet et Decou, op. cit., p. 28)

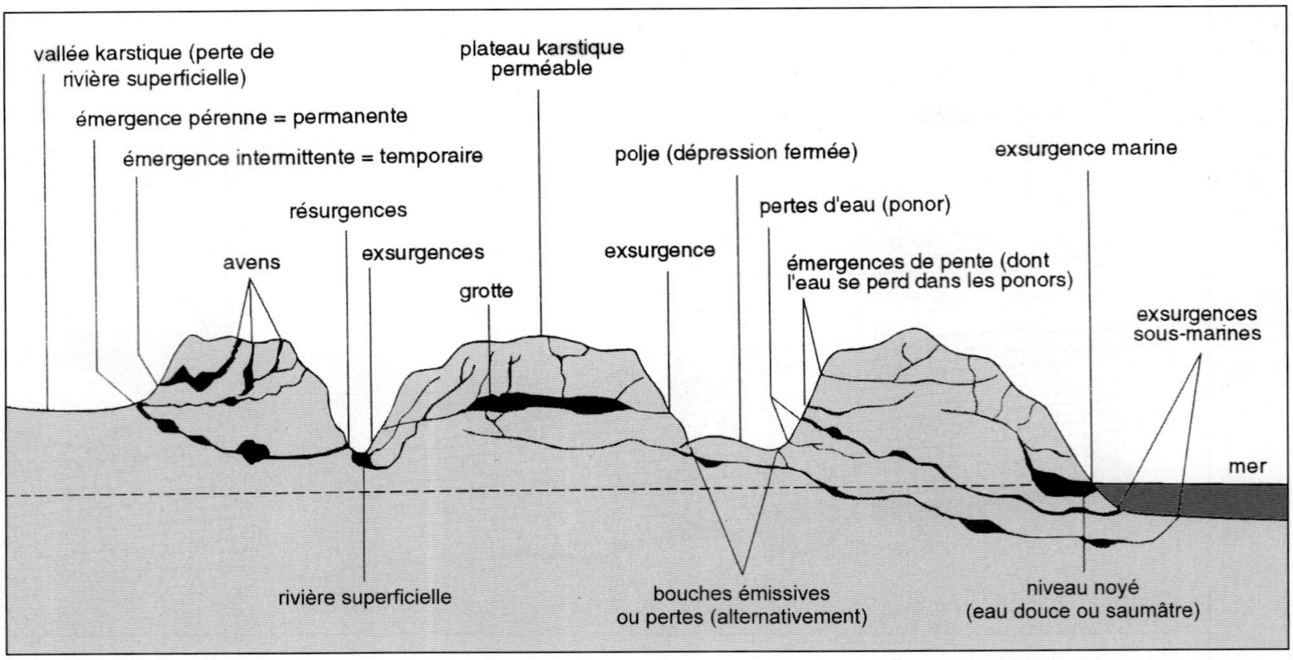

Schéma général en coupe verticale des structures hydrogéologiques propres à un réseau **karstique** mettant en évidence les divers types de communication des eaux souterraines avec la surface : avens, pertes, plateau de roches perméables (poreuses ou fracturées) pour les apports d'eau et les diverses émergences (pour les sources assurant l'écoulement des nappes phréatiques vers l'extérieur). On distingue deux types d'émergences : les exurgences (sortie au jour d'un réseau souterrain uniquement alimenté par percolation) et les résurgences (eau provenant d'une perte d'une rivière superficielle en amont). (D'après Ginet et Decou, op. cit., p. 33)

une continuité entre la circulation superficielle et karstique. Les eaux de pluie et éventuellement les cours d'eau (au travers des pertes) situés au niveau d'un plateau calcaire, s'infiltrent ou se déversent à l'intérieur du réseau – lequel alimente à nouveau l'hydrosystème fluvial d'un bassin versant au niveau des sources (exurgences). Éventuellement, un réseau karstique littoral déversera directement ses eaux dans la mer. ◆ **remplissage** ~ : phénomène par lequel les galeries, grottes et autres cavités souterraines d'un réseau karstique sont comblées progressivement par l'apport de sédiments. ◆ **réseau** ~ (*karstic network*) : système complexe constitué par l'ensemble de failles, de puits, de diaclases, de grottes et de galeries dans lesquelles circulent les eaux d'infiltration constituant des nappes phréatiques et parfois des rivières souterraines qui se déversent en surface au niveau d'émergences ou de résurgences. Le réseau karstique communique à la surface avec tout un système d'émergences en rapport avec les diverses caractéristiques propres à la morphologie des terrains karstiques. ***(Voir aussi Phréatique, Résurgence, Rivière souterraine)***

katharobe, n. m. (*katharobe*). Organisme vivant dans des eaux pures.

katharobique, adj. (*katharobic*). Désigne des organismes inféodés à des eaux très pures et (ou) qui présentent une très faible teneur en matières organiques.

Katmai, parc national de (*Katmai National Park*). Parc national situé sur le littoral Sud-Est de l'Alaska, dans le détroit de Valdez, dont la partie marine fut fortement affectée par la pollution provoquée en 1989 lors de la marée noire de l'*Exxon Valdez* au cours de laquelle une proportion importante des loutres de mer fut tuée.

kauri, n. m. Nom vernaculaire maori de Conifères du genre *Agathis* qui sont des Podocarpacées endémiques de Nouvelle-Zélande. *A. australis* (Ile du Nord) et *A. robusta* (Ile du Sud) figurent parmi les plus grandes espèces d'arbres vivants, certains sujets atteignant 5 m de diamètre et 80 m de haut. Ce terme désigne aussi en Maori la résine des Conifères de cette île. En date récente, l'administration en charge des forêts a décidé la création d'une importante plantation de ces espèces afin d'assurer leur conservation car les boisements naturels de kauri ont été quasiment éradiqués par une exploitation effrénée de ces essences.

Kazakhstan (*Kazakhstan*). État d'Asie centrale de caractère aride couvert de steppes et de semi-déserts. Ce pays a été littéralement sinistré au plan écologique par suite de diverses activités et initiatives d'utilisation de ses espaces naturels par l'ancien régime soviétique. Le défrichage de ses terres vierges entrepris dans la période khrouchtchevienne a engendré une immense érosion des sols. Les parties plus désertiques situées à l'ouest de cet État servirent d'implantation pour le polygone de tir des armes nucléaires soviétiques, dans la région de Semipalatinsk, provoquant une contamination désastreuse de l'environnement.

Kenya (*Kenya*). Pays d'Afrique de l'Est où existent plusieurs massifs montagneux constitués par des volcans éteints (Monts Kenya, Aberdare, Elgon) dont la partie Sud est couverte par des savanes soudaniennes et les deux tiers Nord correspondent à des écosystèmes désertiques.

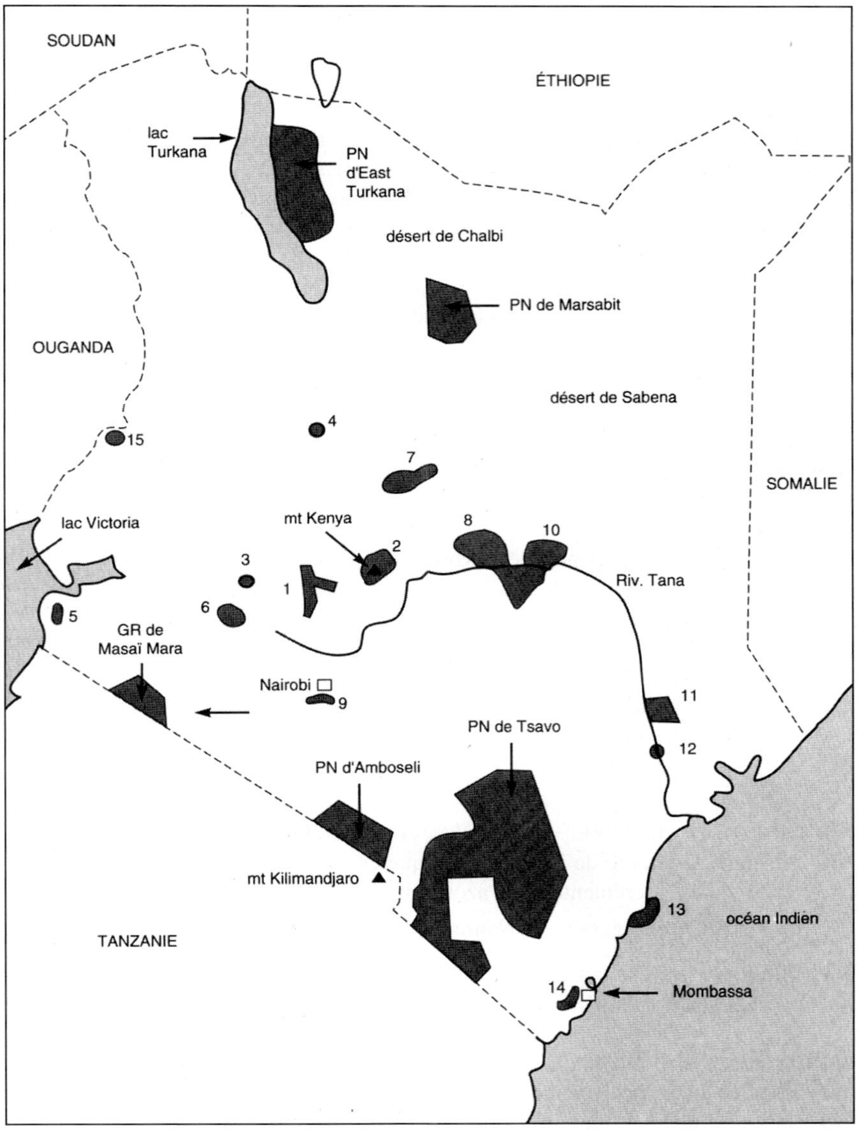

Réseau de parcs nationaux et d'autres aires protégées analogues au **Kenya**. (D'après Ramade F., *Le Courrier de la Nature*, 1979, n° 64, p. 3)
1) Parc national d'Aberdare. 2) Parc national du Mont Kenya. 3) Parc national du lac Nakuru. 4) Maralai game sanctuary. 5) G. R. de Lambwe Valley. 6) Réserve naturelle intégrale de S. W. Mau escarpment. 7) Parc national de Samburu. 8) Parc natioanal de Meru. 9) Parc national de Nairobi. 10) G. R. de Kora et Raholé. 11) G. R. d'Arawale. 12) Réserve de Primates de la rivière Tana. 13) Parcs nationaux marins de Malindi et Watamu. 14) Réserve nationale de Shimba Hills. 15) Parc national du Mont Elgon. (P. N. = parc national, G. R. = « Game Reserve »).

Le Kenya a figuré, jusqu'à une date récente, parmi les pays d'Afrique dotés du meilleur réseau de parcs et réserves naturelles de tout ce continent. Le tourisme dans ses parcs nationaux, où existe toujours une faune de Vertébrés d'une grande diversité spécifique représentée encore par d'importantes populations, contribue de façon significative à l'économie du pays en tant qu'importante source de devises.

Malheureusement, l'explosion démographique record dont il est victime compromet de plus en plus l'efficacité de son système d'aires protégées menacées par le braconnage, le pâturage, voire le défrichage illicite.

Kerguelen (*Kerguelen*). Archipel subantarctique situé dans l'océan Indien et qui présente un grand intérêt écologique. Outre une végétation originale, il héberge d'importantes colonies d'oiseaux et d'éléphants de mer (*Mirounga leonina*).

Malheureusement, l'introduction des lapins puis des chats a provoqué une véritable catastrophe par suite de la dégradation de la flore et de la raréfaction des espèces animales autochtones qui en ont résulté. Le chou des Kerguelen (*Pringlea antiscorbutica*) ne subsiste plus que sur d'étroites rives et sur des falaises inaccessibles aux lapins. Les chats redevenus sauvages exterminent diverses espèces rares d'oiseaux marins en attaquant les jeunes au nid.

kermès, n. m. (n. sc. *Quercus coccifera*). Chêne calcicole dépassant rarement deux mètres de haut, qui peuple les garrigues méditerranéennes. Le chêne kermès est un arbuste pyrophytique dont le développement est favorisé par le passage récurrent de l'incendie.

kérogène, n. m. (*kerogen*). Matière organique fossilisée, donnant des dépôts carbonés, très fréquents dans les terrains sédimentaires. Le kérogène est plus particulièrement concentré dans certaines roches tels les schistes bitumineux dont il est possible d'extraire du pétrole. Il en existe de très grands gisements en Amérique, au Canada, dans l'Athabasca, aux États-Unis (gisements de la *Green River* dans le Wyoming) et au Venezuela dans les Llanos.

Des tentatives d'exploitation ont déjà été entreprises au Canada, mais il apparaît que l'impact environnemental est très considérable tant au plan de la consommation d'espace que par suite des pollutions générées par l'extraction des hydrocarbures de ces roches.

kieselguhr, n. m. (*kieselguhr*). Roche pulvérulente, de nature siliceuse, constituée par des frustules de Diatomées fossiles, appartenant donc au groupe des Diatomites (terres de Diatomées). Le kieselguhr possède de nombreuses applications industrielles et est en particulier utilisé comme matériau filtrant. Il sert aussi à conditionner des explosifs dont la matière active est à l'état liquide à la température ordinaire. La dynamite est ainsi fabriquée en adsorbant de la trinitrine sur du kieselguhr.

kiwi, n. m. (*kiwi*) (n. sc. *Apteryx sp*). Oiseaux aptères de Nouvelle-Zélande constituant un ordre primitif, celui des Aptérygiformes, de mœurs nocturnes, possédant une olfaction très développée, fait rare chez les Oiseaux, qui leur permet de repérer leurs proies. Ils pondent des œufs de très grande taille sur la signification écoévolutive desquels subsiste une discussion. Les zoologistes considèrent que les kiwis présenteraient une parenté avec une famille d'Oiseaux géants, les Dinornithides, dont certains représentants tels le moa, ont disparu en date relativement récente exterminés au début du second millénaire quand un peuple venu du Nord-Est du Pacifique, les Maoris, colonisèrent la Nouvelle-Zélande.

Kjeldahl, n. m. ◆ **azote** ~ (*Kjeldahl nitrogen*) (abrév. : NK) : désigne la totalité de l'azote organique contenu dans une eau ou un sol, incrémentée de l'azote ammoniacal.

NK = N organique + N ammoniacal

Il se mesure en effectuant une minéralisation préalable de l'azote organique total. **(*Voir aussi Ammoniac, Azote*)**

kleptobiose, n. f. (*kleptobiosis*). Association interspécifique observée chez des organismes sociaux dans laquelle une espèce dérobe les aliments collectés par une autre espèce sans vivre en commensale dans son nid.

kleptoparasitisme, n. m. (*kleptoparasitism*). Forme de commensalisme propre à certaines sociétés animales dans lesquelles une espèce vole la nourriture à une autre espèce afin de nourrir sa propre progéniture.

Komodo ◆ **varan de** ~ : voir Varan.

Köppen. Classification des climats. Cette classification, achevée en 1936, distingue six grands types désignés par des lettres et déterminés par le type de végétation et la saisonnalité des précipitations : A) les climats tropicaux avec la température du mois le moins chaud supérieure à 18 °C; B) les climats arides; C) les climats tempérés chauds où les températures du mois le plus froid sont comprises entre 3 °C et 18 °C; D) les climats propres aux forêts boréales où les températures du mois le plus froid sont inférieures à –3 °C; E) les toundra où les températures du mois le plus chaud sont comprises entre 0 et 10 °C; F) les zones de froid permanent et les calottes glaciaires où les températures sont toujours inférieures à 0 °C même au mois le moins froid de l'année. Cette classification a de nos jours surtout une signification historique car elle ne tient pas compte de l'évapotranspiration et parce que les limites de température choisies sont arbitraires. **(*Voir aussi Climat, Holdridge, Thornwaite*)**

kouprey, n. m. (n. sc. *Bos sauveli*). Espèce de Bovidé originaire du Cambodge où il fut découvert en 1938, représentant la dernière grande espèce de Mammifère décrite par les taxonomistes. Elle est actuellement menacée d'extinction car seulement quelques dizaines d'individus survivaient à la fin des années 1980 dans la partie Nord de ce pays et vers la frontière thaïlandaise dans des régions en proie à la guerre civile, contrôlées jusqu'à une date récente par les Khmers rouges.

Kouro Shivo. Courant océanique qui circule depuis le large des Philippines jusqu'au Nord du Pacifique en longeant la côte du Japon. C'est un courant étroit (moins de 80 km) et assez rapide, environ 3 km/h, qui est le second courant chaud de l'océan mondial en débit après le *gulf stream*. **(*Voir aussi Courant, Gulf Stream*)**

K_{ow} (K_{ow}). Coefficient de partage n-octanol-eau pour un composé organique. Il correspond au rapport de concentration d'une molécule donnée, dissoute à saturation dans le n-octanol et dans l'eau. On le figure usuellement sous forme logarithmique ($\log_{10} K_{ow}$). La mise en évidence d'une corrélation entre la liposolubilité ou encore l'hydrophobie d'une molécule donnée et les aptitudes à sa bioconcentration et éventuellement à sa bioamplification dans les écosystèmes réels a donné une importance majeure à l'estimation du K_{ow} pour la prévision des effets écotoxicologiques potentiels d'une substance chimique, polluant éventuel de l'environnement. **(*Voir aussi Bioamplification, DDT, Écotoxicologie, Octanol-eau*)**

Krakatoa. Volcan indonésien situé dans le détroit de la Sonde entre Java et Sumatra, dont l'explosion cataclysmique en 1883 fut la cause d'une des plus graves catastrophes volcaniques de l'histoire (40 000 victimes) et provoqua un refroidissement climatique perceptible à l'échelle globale dans les années suivantes.

L'éruption du Krakatoa est certainement la plus célèbre de l'histoire, bien que quelques autres éruptions ayant eu lieu depuis le début de notre ère aient été encore plus cataclysmiques, en particulier celle du Tambora en 1815.

L'île de Krakatoa qui culminait avant son éruption à 813 m d'altitude était alors couverte d'une forêt pluvieuse tropicale. À cette époque et après plus de deux siècles de repos, sa nature volcanique était méconnue des populations locales. Le 20 mai de cette année-là, une première éruption eut lieu (voir Figure page ci-contre, A) et cette reprise d'activité alla en s'amplifiant jusqu'au 27 août suivant, où à 1 h du matin l'île explosa de façon cataclysmique. Cette explosion demeure « le plus grand bruit jamais entendu sur terre » puisqu'il fut entendu dans l'île Rodriguez située dans l'océan Indien à quelque 5 000 km du détroit de la Sonde (cf. Camus et Vincent, op. cit.) ! L'ébranlement du sol dû à la déflagration fut si intense que des témoins vivant à 200 km du volcan crurent à un tremblement de terre. L'effondrement de la caldera consécutif à l'explosion s'accompagna de la formation d'un immense fossé sous-marin de 6 km de diamètre (voir Figure ci-contre, B). Cela déclencha un gi-

Principales étapes de l'histoire du **Krakatoa** depuis son éruption cataclysmique. En **A**) est figurée l'entrée en éruption du volcan sur l'île de Krakatoa en mai 1883; en **B**) l'écroulement de l'ancienne caldera après l'explosion du 23 août 1883. À l'emplacement des anciens volcans disparus, en particulier du Rakata, s'est formée une seconde caldera dite d'avalanche; en **C**) est figuré l'effondrement de la caldera de type Krakatoa qui s'est produit peu après l'éruption sous-marine du 27 août 1883. Un nouveau volcan, l'Anak Krakatoa (le fils du Krakatoa en javanais), qui atteint aujourd'hui 300 m de haut, a refait surface à partir de 1927 sur les bords de la caldera de 1889 et a peu à peu reconstruit cette île surtout par l'apport de matériaux téphritiques. (D'après Camus et Vincent, *La Recherche*, vol. 14, novembre 1983, p. 1 453)

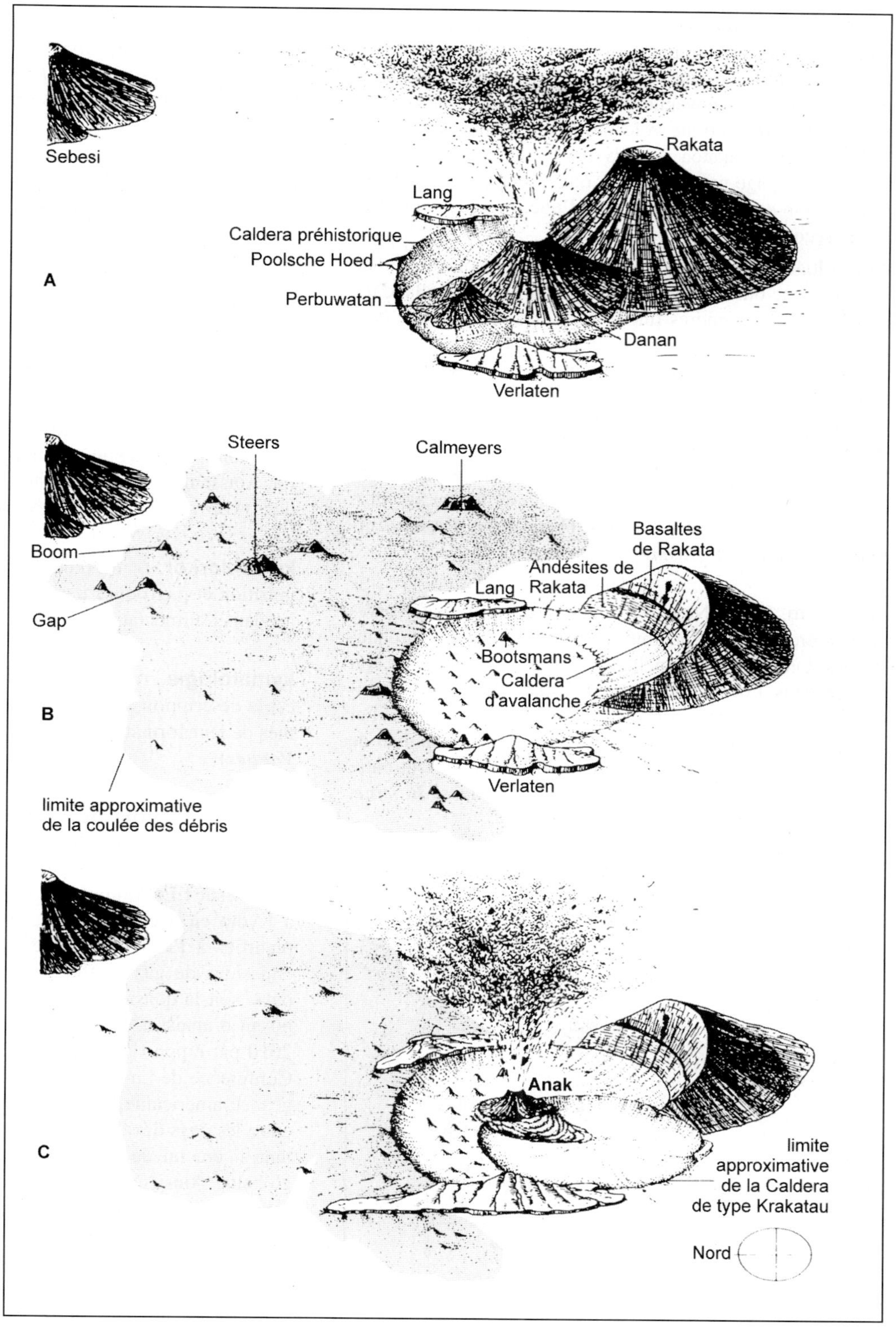

gantesque tsunami avec une vague de 36 m de haut. Celui-ci se déplaçant à la vitesse de 800 km à l'heure fut détecté même en Europe où l'on enregistra dans divers ports de la Manche une vague de 90 cm de haut. Ce raz de marée détruisit 297 villages et fit périr plusieurs dizaines de milliers de personnes. La nuée ardente qui précéda l'effondrement du volcan le 27 août 1883 fit périr plusieurs centaines de personnes brûlées vives sur la côte de Sumatra en une zone située pourtant à 40 km du point zéro ! Le volume total de matériaux volcaniques produits fut estimé à 20 km^3. Cette éruption provoqua des retombées de matériaux téphritiques (ponces et cendres) sur une surface de 800 000 km^2. La quantité totale de produits pyroclastiques injectée dans l'atmosphère est estimée à dix milliards de tonnes dont cinquante millions atteignirent la stratosphère. Cette quantité colossale de poussières volcaniques provoqua pendant 24 heures une obscurité totale jusqu'à 200 km du volcan et pendant 57 heures jusqu'à 8 km de celui-ci.

Les cendres impalpables et les matières gazeuses injectées dans la haute atmosphère firent le tour de la Terre donnant lieu dès la fin novembre 1883 à des illuminations crépusculaires et aurorales à Paris se manifestant jusqu'à une heure après le coucher du soleil ou précédant son lever. Ces phénomènes optiques durèrent jusqu'en 1885. On estime que cette éruption provoqua dans l'année qui suivit une baisse de la température moyenne du globe de l'ordre de 0,5 °C. La reprise d'une activité volcanique secondaire donnera en 1927 l'Anak Krakatoa (le fils du Krakatoa en javanais) (voir Figure page précédente C), qui atteint aujourd'hui environ 300 m de haut et est couvert d'une forêt pluvieuse tropicale secondaire.

La recolonisation de l'île de Krakatoa et la reconstitution de la biocœnose ont été étudiées avec soin par les Hollandais. Dès lors que les cendres furent refroidies, elles étaient déjà colonisées par des lichens et autres cryptogames puis par des graminées pionnières. Trois ans après l'éruption, une quarantaine de plantes vasculaires s'y étaient déjà réinstallées et 25 ans plus tard on ne comptait pas moins de 100 espèces de Phanérogames et déjà 13 espèces d'oiseaux. Soixante années plus tard, la forêt présentait une structure cœnotique comparable à celle des forêts du même âge propres aux villages d'îles voisines. ***(Voir aussi Recolonisation, Tsunami, Volcanisme)***

krill, n. m. (*krill*). Nom vernaculaire donné par les Norvégiens à un crustacé planctonique de la famille des Euphausiacées dont une espèce pélagique, *Euphausia superba*, qui pullule dans l'océan Antarctique, constitue la part dominante de l'alimentation des baleines à fanons, en particulier des grands rorquals. Quoiqu'incertaines, les estimations de la productivité en krill de l'océan Antarctique varient entre 25 et 100 millions de tonnes par an. ***(Voir aussi Baleine, Euphausiaceae)***

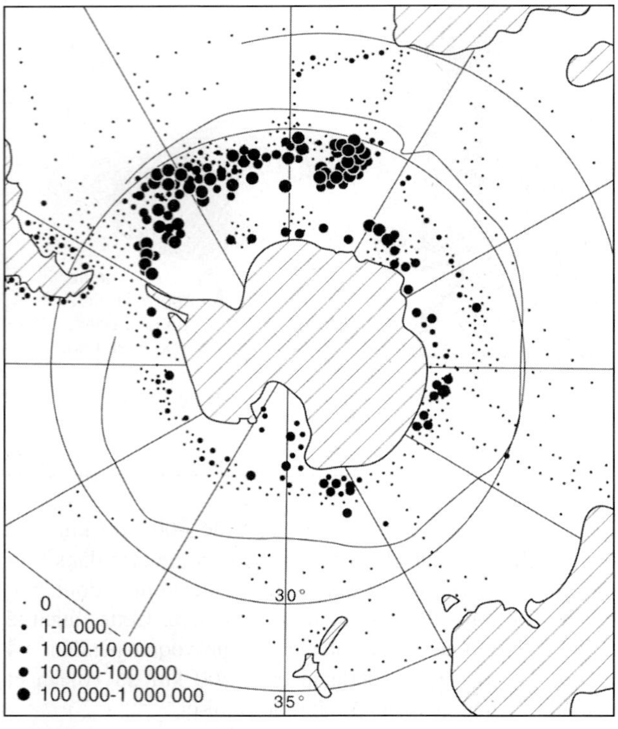

Répartition des zones productives en **krill** dans l'Océan Glacial Antarctique. Les nombres figurent les biomasses de krill dans les diverses zones exprimées en tonnes. (In *Antarctic Science*, Walton ed., Cambridge University Press, 1987, p. 50)

krumholz, n. m. Formation végétale ligneuse croissant en montagne à la limite supérieure de la forêt dans des biotopes exposés à des vents intenses. Elle est constituée par des Conifères rabougris, de très petite taille, au port buissonnant.

krypton, n. m. (*krypton*). Gaz rare dont un radio-isotope, le ^{85}Kr, constitue l'un des produits de fission majeurs de l'uranium 235. Il est actuellement libéré dans l'atmosphère par l'industrie nucléaire dont il accroît la radioactivité β. ***(Voir aussi Nucléaire)***

K-sélection, n. f. Mode de sélection qui prédomine dans les écosystèmes à maturité et dans lequel les espèces qui prennent l'avantage dans la compétition interspécifique sont celles de grande longévité et de faible fécondité. La K-sélection privilégie le développement de la biomasse et l'accroissement de la diversité au détriment de la reproduction. ***(Voir aussi Stratégies évolutives)***

kwashiorkor, n. m. (*kwashiorkor*). Maladie due à la malnutrition et provoquée par une carence en protéines animales dans l'alimentation des jeunes enfants.

kymatologie, n. f. (*kymatology*). Discipline dont l'objet est la description des vagues ainsi que l'étude des mécanismes de leur formation et de leurs mouvements. ***(Voir aussi Vagues)***

Kyoto, protocole de. Protocole ayant pour objet de mettre en œuvre la convention des Nations unies sur les changements climatiques, adoptée en 1992 lors de la Conférence de Rio sur l'Environnement et le Développement. Entériné à Kyoto en décembre 1997, ce protocole a pour objet de planifier à l'échelle globale l'arrêt puis la réduction des émissions de gaz à effet de serre. Il a été ratifié par 180 pays, soit la quasi-totalité des nations du monde. Il se proposait d'abaisser de 5% les émissions globales de CO_2 en 2010 par rapport à celles de 1990. En réalité, l'échec de la Conférence de La Haye en novembre 2000, dû à l'intransigeance américaine, montre les difficultés d'entente, même entre les pays développés, relativement à ce problème pourtant si crucial de la protection des équilibres climatiques globaux. Ainsi, les États-Unis qui, des pays industrialisés, sont le plus gros producteur de CO_2 et alors même qu'ils s'étaient engagés à Kyoto à réduire leurs rejets de CO_2 de 7% en 2010 par rapport au niveau de 1990, avaient déjà dépassé de 11% ce niveau en 2000 et le dépasseront de 28% en 2010 si la tendance actuelle se maintient. De même, bien que la France ait un niveau relativement modéré de ses émissions de CO_2 compte tenu du niveau de son développement économique grâce à son parc de centrales nucléaires, notre pays fait aussi figure de mauvais élève de la classe européenne. Ainsi, les émissions de CO_2 étaient en 2000 de 4% supérieures à celles de 1990 alors que notre pays s'était engagé à Kyoto à réduire ses émissions en 2010 de 8% par rapport à leur niveau de 1990. Il est vrai que la croissance incontrôlée voire anarchique des transports routiers de fret et même de voyageurs (autocars) par rapport au fer électrifié ne peut qu'empirer cette situation, quand on songe que ce type de transport consomme à lui seul plus de pétrole dans notre pays que l'ensemble des 30 millions de voitures particulières qu'il comptait en 1999. En outre, entre 1973, date du premier choc pétrolier, et l'an 2000, la part relative du rail et de la route dans le transport de fret est passée de respectivement 70% pour le premier et 30% pour la seconde en 1973, à plus de 80% pour la route et moins de 20% pour le fer en 2000. Il s'agit là d'une bien curieuse façon de la part des pouvoirs publics français, en particulier, et européens, en général, de réduire les émissions de CO_2 et d'économiser l'énergie quand on sait que le fer électrifié consomme 7 fois moins d'énergie que la route par tonne-km de fret acheminé. ***(Voir aussi Climat, États-Unis, Rio, Serre, Transport)***

kyste, n. m. (*kyst*). Forme de durée que peuvent prendre de nombreuses espèces animales appartenant à divers phyla d'Invertébrés, pourvue d'une épaisse enveloppe membranaire, leur permettant de résister à une période écologiquement défavorable.

labbe(s), n. m. (*skua*) (n. sc. *Stercorarius sp.*). Genre d'Oiseaux lariformes appartenant à une famille voisine des mouettes, au régime alimentaire prédateur et saprophage. ◆ **grand** ~ (*skua*) (n. sc. : *Stercorarius skua*) : espèce qui nidifie dans les toundra arctiques, au régime à la fois prédateur et saprophage. Elle occupe une aire de distribution géographique qui couvre toutes les régions septentrionales de l'hémisphère boréal. Il a pu être montré que cette espèce, comme la chouette Harfang et le renard polaire, présente des fluctuations cycliques de ses populations liées à celle des lemmings. **(*Voir aussi Fluctuation*)**

Labiées, n. sc. Voir Lamiacées.

Labridae (*wrass*). Nom scientifique des labres. Famille de poissons littoraux inféodés aux côtes rocheuses des mers tempérées et chaudes.

lac(s), n. m. (*lake*). On désigne sous ce terme un ensemble d'écosystèmes aquatiques, généralement d'eau douce, occupant le fond d'une dépression ou d'un bassin géologique sans communication directe avec la mer (à la différence des lagunes). Les lacs sont caractérisés par l'absence de courant gravitaire (écosystèmes dits de ce fait lentiques), et donc d'un renouvellement lent, le temps moyen de séjour des eaux ayant tendance à augmenter avec le volume du lac. Ainsi il faut plus d'une décennie pour que se renouvellent les eaux du lac Léman. La différence entre les lacs et d'autres types d'écosystèmes lentiques similaires tels les étangs tient moins à leur surface qu'en leur profondeur relative, les seconds étant peu profonds de sorte qu'il n'existe pas à proprement parler de zonation verticale des couches d'eau. À l'opposé, les lacs possèdent une profondeur suffisante pour présenter une zonation verticale. Celle-ci est marquée par une stratification thermique qui se traduit par la présence d'une région superficielle dite épilimnétique et d'une zone profonde (hypolimnétique). Cette zonation verticale concerne aussi la pénétration de la lumière, laquelle n'atteint généralement pas les couches profondes qui sont de ce fait dépourvues de végétaux autotrophes. **(*Voir aussi Étang, Lagune, Limnique, Stratification*)**

◆ **acidification des** ~ : voir Pluies acides.

◆ **caractéristiques morphologiques des** ~ : les contours, la profondeur, la superficie et le volume des lacs sont des plus variables. Le plus vaste d'entre eux – mais la distinction est contingente – est la mer Caspienne qui s'étend sur 380 000 km² et qui est en fait un biotope d'eaux saumâtres. Cependant, pris au sens strict, le plus grand lac actuel d'eau douce est le Lac Supérieur aux États-Unis qui couvre 82 680 km², suivi du lac Victoria en Afrique centrale (69 000km²). À certaines périodes géologiques passées ont existé des lacs de surface bien plus grande. Ainsi, à la fin du Würm, au moment où a commencé à fondre le colossal inlandsis nord américain, s'est formé dans la partie centrale des grandes plaines, à la limite des États-Unis et du Canada, le lac Agassiz qui couvrait 350 000 km² et s'écoulait dans la mer des Caraïbes par la vallée du Mississippi. Ultérieurement, il a fusionné avec le lac Ojibway, sis plus au nord, formé également par le retrait de la calotte glaciaire laurentienne et a constitué un ensemble lacustre qui s'est étendu

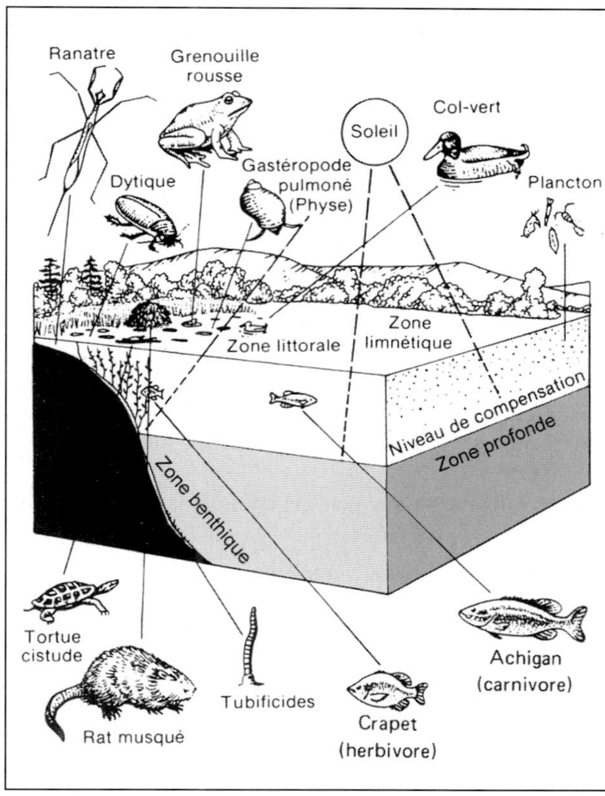

Schéma général de la structure d'un **lac** figuré ici en période estivale. On distingue une zone littorale, une zone profonde et une zone limnétique qui correspond aux eaux superficielles où pénètre la lumière solaire. (In Ramade F., *Écologie fondamentale*, Ediscience international, 2e ed., 1994, p. 489)

Les principaux écosystèmes lacustres du monde par ordre de surface décroissante				
Nom du lac	Surface (en km²)	Volume (en km³)	Profondeur maximale (en m)	Superficie du bassin versant (en km²)
Supérieur	82 260	11 600	406	127 000
Victoria	69 000	2 700	92	184 000
Huron	59 800	3 580	299	133 000
Michigan	58 100	4 680	281	118 000
Tanganyika	32 900	18 900	1 435	263 000
Baïkal	31 500	23 000	1 741	560 000
Nyassa (= Malawi)	30 900	7 725	706	65 000
Grand Lac de l'Ours	30 200	1 010	137	146 000
Grand Lac des Esclaves	27 200	1 070	156	971 000
Erié	25 700	545	64	58 800

sur 500 000 km^2. Ce dernier qui s'écoulait vers l'Atlantique par la vallée de l'actuel Saint-Laurent s'asséchа progressivement il y a environ 8 500 ans.

La profondeur des lacs est très variable, de quelques mètres à peine pour les moins creux d'entre eux jusqu'à quelques centaines de mètres en général pour les plus profonds. Le record de profondeur pour l'ensemble des lacs du monde est l'apanage du lac Baïkal, avec 1 741 m (il renferme aussi le plus fort volume d'eau douce liquide de la planète avec 23 000 km^3). Il est suivi par le lac Tanganyika, avec 1 435 m de profondeur maximale et un volume de 18 900 km^3.

◆ **dystrophisation des ~** : voir Dystrophisation, Eutrophisation.

◆ **eutrophisation des ~** : voir Eutrophisation.

◆ **principaux types de ~** : il existe plusieurs classifications des lacs selon le type de critère auquel on se réfère pour procéder à cette dernière. Les deux classifications les plus utilisées sont relatives l'une à l'origine géologique des lacs et l'autre à leur statut trophique directement conditionné par la teneur de leurs eaux en sels minéraux nutritifs.

Au plan géomorphologique, on distingue des *lacs tectoniques*, dont l'ancienneté atteint les durées des périodes géologiques. Ils sont représentés par exemple par les grands lacs du rift africain : Victoria, Tanganyika, Malawi (ou Nyassa), etc., par le Baïkal, qui est le plus ancien des lacs actuels car il remonterait *a minima* au milieu du Tertiaire au Miocène soit à plus de 20 millions d'années. L'ancienneté de ces lacs provient de ce que le comblement par des sédiments est compensé par les mouvements des failles entre lesquels se situe leur bassin d'effondrement.

Les *lacs glaciaires*, dont certains peuvent couvrir de très vastes surfaces (cas des grands lacs nord-américains par exemple), proviennent de l'effet conjugué du surcreusement puis ensuite de la fusion des glaciers.

Les *lacs volcaniques* ou *de cratère*, de forme généralement circulaire, occupent soit le fond d'une cheminée soit la caldera de volcans « éteints ».

Les *lacs fluviaux*, dont le plus vaste est le Tonlé Sap au Cambodge, sont généralement très plats. À ces biotopes naturels doivent être ajoutés les lacs artificiels constitués en amont d'un barrage de retenue, dont le nombre est sans

Le **lac** Batur (Bali), vu du Mont Batur. Il s'agit d'un lac de cratère, occupant l'immense cuvette formée par la caldera résultant de l'effondrement du volcan. Elle est le siège d'un volcanisme secondaire qui a généré le Mont Abang, volcan qui s'est constitué latéralement au niveau de la paroi de cette caldera. (Cliché F. Ramade)

Relation entre la profondeur, la richesse en nutriments et l'état trophique des eaux lacustres				
Profondeur \ Richesse en nutriments	**Oligotrophie**	**Mésotrophie**	**Eutrophie**	**Dystrophie (=hypereutrophie)**
faible	eutrophie morphométrique ↑	dystrophie ↑	dystrophie ↑	dystrophie ↑
moyenne	mésotrophie ↑	mésotrophie ↑	eutrophie ↑	dystrophie ↑
forte	oligotrophie	oligotrophie morphométrique	mésotrophie	eutrophie

cesse croissant et la capacité parfois gigantesque. (*Voir aussi **Barrage, Irrigation, Réservoir***).

La seconde classification des lacs est de ***nature trophique***. Il est en effet possible de différencier les lacs, au plan des facteurs chimiques, par la teneur de leurs eaux en éléments minéraux nutritifs, laquelle est aussi corrélée, toutes choses égales par ailleurs, à leur âge. On distingue usuellement en fonction de leur teneur relative en nutriments et plus particulièrement en ion orthophosphate ($PO_4^{3}-$) et nitrate (NO_3) des lacs *oligotrophes*, *mésotrophes* et *eutrophes*. Les premiers sont des lacs aux eaux pures et transparentes, pauvres, voire très pauvres en nutriments. Les seconds ont une teneur moyenne en éléments minéraux nutritifs. Enfin les lacs eutrophes possèdent des eaux enrichies en nutriments minéraux, naturellement ou artificiellement (rejets d'eaux polluées ou autre action d'origine anthropique conduisant à un apport important de phosphore et (ou) d'azote). Dans ce dernier cas, les lacs sont dits hypereutrophes (ou encore dystrophes).

On observe donc un gradient dans la teneur en substances minérales dissoutes indispensables aux producteurs primaires auxquels correspondent les états successifs d'oligotrophie, de mésotrophie puis d'eutrophie. Comme les nutriments provoquent une forte croissance de la biomasse autotrophique, il existe aussi une relation directe entre ces états, la teneur en chlorophylle des eaux ainsi que la turbidité mesurée au disque de Secchi, lesquelles sont directement liées à l'intensité de la prolifération du phytoplancton. En réalité, ces états vont se succéder lors de l'évolution d'un lac en fonction du temps.

Il existe aussi une relation directe entre le statut trophique d'un lac et sa profondeur. On constate que cette dernière augmente le degré d'oligotrophie (oligotrophie dite morphométrique) tandis que la faible profondeur, toutes choses égales par ailleurs, favorise l'eutrophie (eutrophie morphométrique). La raison en est que, lorsque les sédiments sont près de la surface, les nutriments peuvent passer par diffusion rapidement dans la partie superficielle de la colonne d'eau là où se fait la photosynthèse. En revanche, dans les

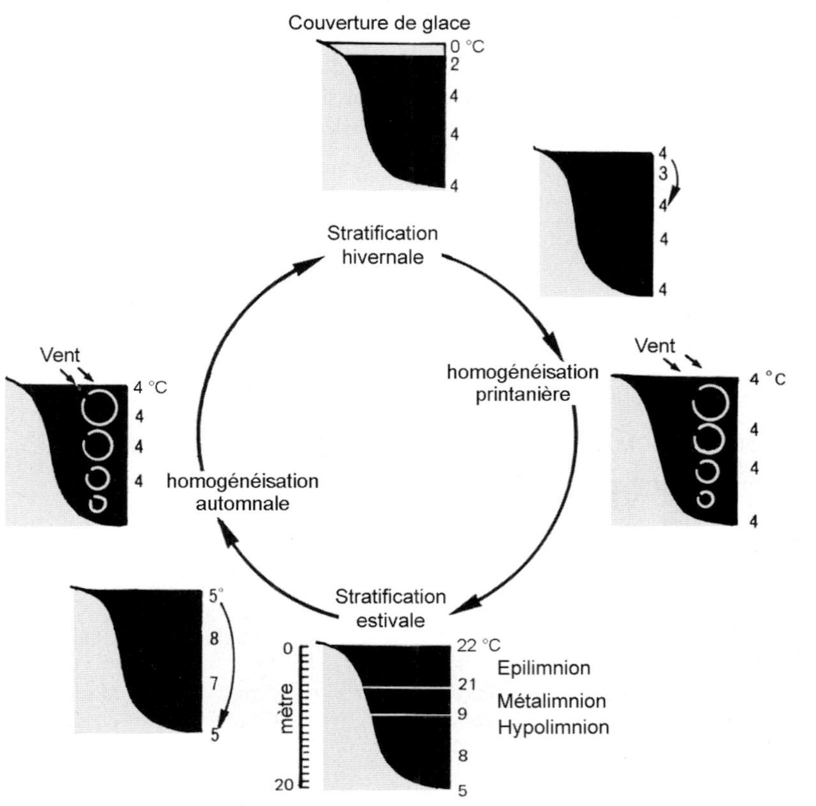

Schéma du cycle thermique annuel dans un **lac**. On constate l'inversion thermique entre hiver et été, saisons pendant lesquelles prend place une période de stratification des eaux, séparée par les deux phases d'homogénéisation équinoxiale (au printemps et à l'automne). (D'après Welch, op. cit., mais modifié, in Ramade F., *Écologie appliquée*, Ediscience international, 5e éd., 1995, p. 265)

lacs profonds, et de fort volume, l'existence fréquente d'une chimiocline, dont le niveau est plus ou moins corrélé avec celui du métalimnion, se traduit par une relative pauvreté en nutriment de la zone épilimnétique. **(*Voir aussi Eutrophisation, Vieillissement*)**

◆ **stratification des ~** : une première zonation verticale résulte de la stratification des couches d'eau de température différente, les eaux chaudes superficielles constituant l'épilimnion et les eaux froides s'accumulant dans le fond puisqu'elles ont le maximum de densité à 4 °C et constituent *ipso facto* la zone profonde (hypolimnion). Cette stratification estivale et hivernale se traduit par l'existence d'une thermocline séparant deux domaines thermiques dans le lac (voir figure p. 441). Une homogénéisation automnale et printanière a lieu dans les pays tempérés ou à climat froid. On dénomme de ce fait *dimictiques* de tels lacs. Dans de nombreux lacs, la profondeur est suffisante pour que la lumière ne puisse traverser entièrement la colonne d'eau et que l'on atteigne le point de compensation de la photosynthèse. On peut donc distinguer, quand la profondeur est suffisante, les couches superficielles des eaux constituant une zone euphotique (parfois également appelée épilimnétique) et une zone profonde aphotique où la lumière ne pénètre pas. La limite inférieure de la zone euphotique est souvent bien moins profonde que dans les eaux marines par suite d'une plus grande turbidité et ce d'autant plus que beaucoup de lacs présentent un état mésotrophe voire eutrophe, l'abondance du plancton et des matières en suspension absorbant rapidement la lumière. En règle générale, il existe en première approximation une certaine superposition entre zones épilimnétique et euphotique. **(*Voir aussi Stratification, Successions lacustres*)**

◆ **structure biocœnotique des ~** : au plan horizontal, les écosystèmes lacustres se divisent en deux régions bien distinctes : une zone *littorale* (encore dénommée *riparienne*), marquée par la présence d'une végétation amphibie puis de végétaux qui poussent en pleine eau (hydrophytes) et une zone d'eaux libres située « au large » dite *limnétique*. On observe aussi une zonation verticale des eaux marquée par le gradient de deux facteurs écologiques : la température et la lumière.

La zone *riparienne* est caractérisée par un gradient de végétaux macrophytes qui s'établit depuis la limite supérieure de cette zone constituant l'écotone avec les écosystèmes terrestres jouxtant le lac. Dans les régions européennes tempérées, la zone riparienne comportera donc plusieurs ceintures concentriques constituées par des commmunautés végétales propres aux prairies marécageuses (*Molinietum, Cladietum*), puis hélophytiques, comportant des roseaux comme espèces dominantes (*Scirpeto-Phragmicetum*), enfin dans les zones immergées en permanence une communauté d'hydrophytes (*Myriophylleto-Nupharetum*). Dans cette zone se rencontrent également comme espèces dominantes des Characées, des Renoncules aquatiques, etc. Les eaux libres renferment de nombreuses espèces phytoplanctoniques (Diatomées en particulier) et des algues filamenteuses (Spirogyres, *Oedogonium*) ainsi que des Cyanophytes. Sur les feuilles des macrophytes immergées se développe un abondant périphyton. À cela doivent être ajoutées de nombreuses espèces de Gastéropodes pulmonés d'eau douce qui se déplacent sur les feuilles de ces macrophytes. Enfin, le benthos comporte de nombreuses espèces de macroinvertébrés : Lamellibranches, Crustacés (écrevisses), diverses espèces d'insectes soit à la surface des sédiments soit enfouis en profondeur, ainsi que des oligochètes *Tubificidae*. De nombreuses espèces de Vertébrés vivent dans la zone riparienne : amphibiens, tortues, serpents aquatiques (couleuvre à collier et vipérine). Le necton est représenté par des insectes de grande taille : Hétéroptères Corixides et Notonectides, Coléoptères *Dytiscidae*, *Hydrophilidae*, etc. et par un peuplement ichtyologique diversifié surtout constitué de *Cyprinidae*, d'*Esocidae* (brochet), de *Percidae*, auxquels s'ajoutent en Amérique du Nord des *Centrarchidae* et des *Peocilidae*.

La zone *limnétique* est marquée par la prééminence des communautés pélagiques. Ici l'essentiel de la production primaire est le fait du phytoplancton. Ce dernier est surtout constitué par des Diatomées, des Phytoflagellés (Péridiniens), des Chlorophycées (Eugléniens, Volvocales), et des Cyanophycées. Le zooplancton est constitué de façon dominante par trois groupes de micro-invertébrés : des

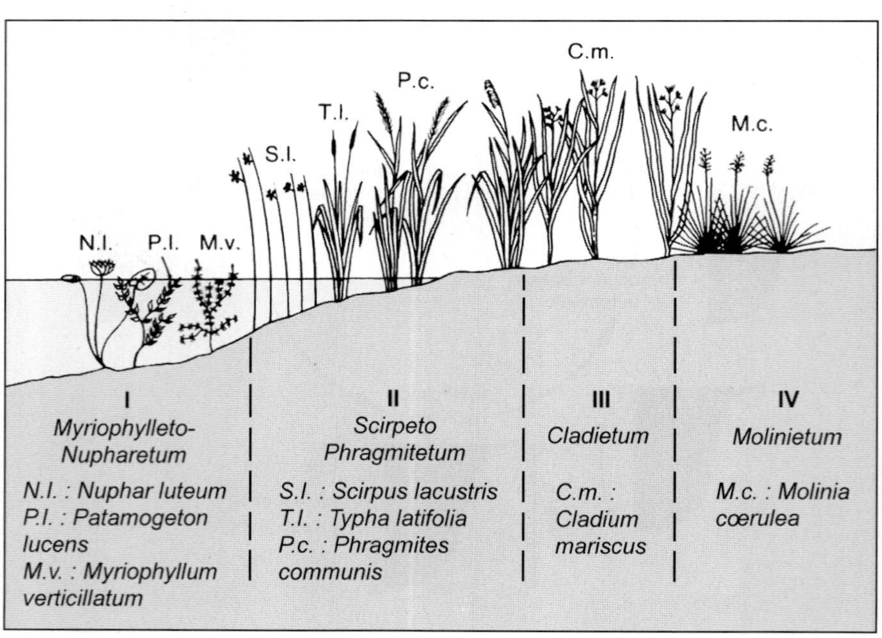

Distribution des végétaux macrophytes dans les zones littorales et riveraines d'un **lac**. En I) existe un groupement végétal de pleine eau constitué d'hydrophytes totalement immergées (Potamogeton, par exemple) ou dont les feuilles supérieures sont flottantes donc à l'interface eau-atmosphère (nénuphars), les uns et les autres croissant dans des eaux dont la profondeur est comprise entre 1 et 3 m. En II) se développe un groupement constitué par des hélophytes (plantes amphibies) dont seule la base est immergée, représentées par des scirpes et des roseaux (*typha* et Phragmites). En III) se rencontre un groupement immergé seulement en période de hautes eaux, dominé par des Cypéracées de grande taille (*Cladium*). En IV), croît une prairie marécageuse à *Molinia* souvent envahie par des taillis de saules. (D'après Lacoste et Salanon, op. cit., in Ramade F., *Écologie fondamentale,* Ediscience international, 2e ed., 1994, p. 490)

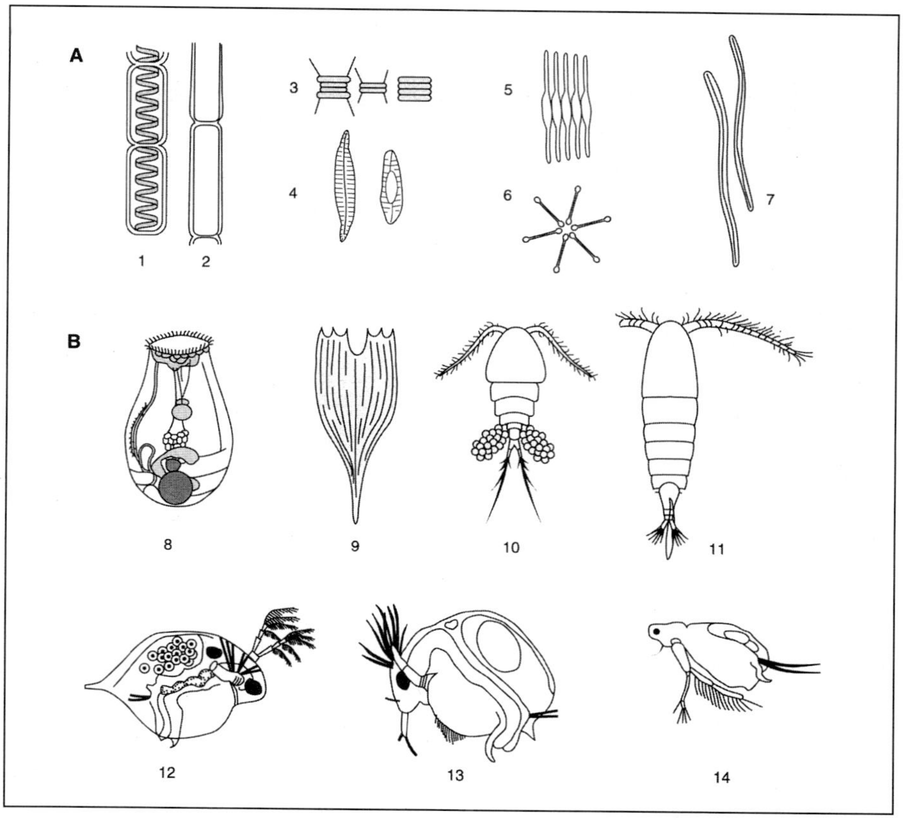

Plancton des **lacs**. **A**) Phytoplancton : 1) *Spirogyra*, 2) *Zygnema*, 3) *Scenedesmus* (Chlorophycées), 4) *Navicula*, 5) *Fragillaria*, 6) *Asterionella*, 7) *Nitzschia* (Diatomées), **B**) Zooplancton : 8) *Asplanchnopus*, 9) *Keratella* (Rotifères), 10) *Macrocyclops*, 11) *Senecella* (Copépodes), 12) *Daphnia*, 13) *Bosmina*, 14) *Diaphanosoma* (Cladocères). (D'après Odum et Dussart, op. cit., mais modifié)

Crustacés cladocères, des Copépodes et des Rotifères. Enfin, le necton est constitué par divers poissons lacustres. Ces derniers appartiennent surtout aux familles des *Percidae* et *Salmonidae*, également *Centrachidae* en Amérique du Nord lesquels sont – de même que les *Cyprinidae* – surtout inféodés à la zone riparienne. Parmi les Salmonidés propres aux lacs de la zone boréale dominent les ombles (genre *Salvelinus*) et les corégones (*Coregonus*).

Dans la zone profonde vivent à la surface ou enfouis dans les sédiments diverses espèces d'invertébrés : insectes (Éphémères, *Hexagenia*, *Ephemera* par exemple) et larves de Diptères Chironomides, des mollusques lamellibranches (*Sphaeriidae*). Parmi les poissons, un gadiforme, la lotte (*Lota lota*), est aussi inféodé à ces biotopes. ***(Voir aussi Macro-invertébrés, Macrophytes, Périphyton, Phytoplancton, Zooplancton)***

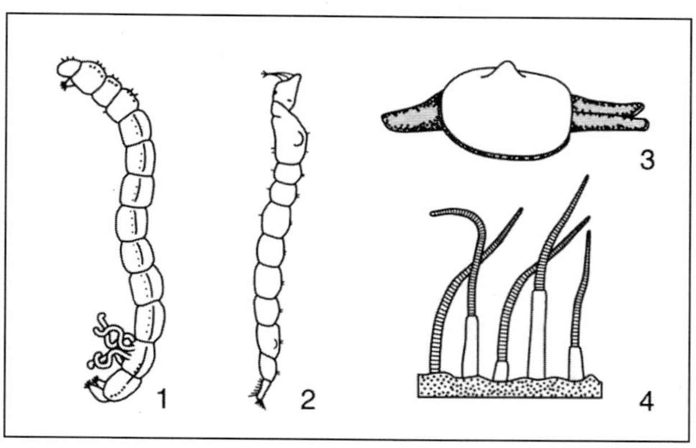

Invertébrés benthiques peuplant la zone profonde des **lacs**. **1**) Larve de Chironomide (*Chironomus riparius*). **2**) Larve de *Chaoborus* vivant dans les eaux libres démersales. **3**) Lamellibranche *Sphaeriidae*. **4**) Oligochète (*Tubifex*). (D'après Odum E. P., *Fundamentals of Ecology*, Saunders, 1971, 3e ed., p. 305)

◆ **productivité primaire des ~** : dans la zone riparienne, la productivité primaire de l'écosystème lacustre est assurée par les macrophytes et aussi, quoiqu'à un moindre degré par le périphyton qui se développe sur les organes immergés de ces derniers. Elle peut atteindre pour des hélophytes (Phragmites) et dans des biotopes tempérés une valeur considérable correspondant à une croissance estimée à 900 g (ms) $\cdot$ m^{-2} $\cdot$ j^{-1}.

Dans le milieu pélagique de la zone limnétique, la productivité est strictement le fait du phytoplancton (y compris les algues filamenteuses). Elle varie dans son importance et dans sa répartition en fonction du temps, de la profondeur dans la masse d'eau, et de l'état trophique du lac. Au cours du cycle annuel, il existe une corrélation entre la période de l'année, l'abondance du phytoplancton, la teneur en nutriments des eaux et aussi celle du zooplancton.

Les lacs oligotrophes possèdent des eaux transparentes qui permettent une photosynthèse également répartie en profondeur dans la zone euphotique sur plusieurs dizaines de mètres de profondeur. Leur productivité primaire est faible, au mieux de l'ordre d'une vingtaine de mg de $C \cdot m^{-3} \cdot jour^{-1}$. Les lacs mésotrophes atteignent une productivité maximale d'une quarantaine de mg de $C \cdot m^{-3} \cdot jour^{-1}$. Dans ces derniers, elle s'étage sur une vingtaine de mètres mais peut être encore significative bien au-delà de cette profondeur. Enfin dans les lacs eutrophes elle se concentre dans la première dizaine de mètres et son maximum atteint, voire dépasse, 100 mg de $C \cdot m^{-3} \cdot jour^{-1}$. Elle approche voire dépasse 200 mg de $C \cdot m^{-3} \cdot jour^{-1}$ dans les lacs dystrophisés par des rejets excessifs de nutriments où elle se concentre dans les tout premiers mètres (voir figure page suivante).

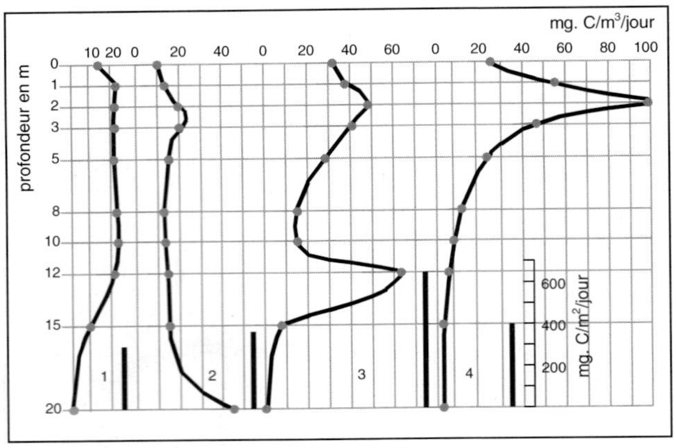

Distribution de l'activité photosynthétique dans un **lac** en fonction de la profondeur. De gauche à droite : lac oligotrophe (1 et 2), mésotrophe (3) et eutrophe (4). Les traits noirs verticaux figurent la productivité primaire totale par m^2 de surface lacustre. (D'après Hasler, in Ramade F., *Écologie appliquée*, Ediscience international, 1995, p. 270)

◆ **productivité secondaire des ~** : la productivité des eaux libres de la zone limnétique est le fait du zooplancton. Elle dépendra initialement du taux de consommation du phytoplancton par le zooplancton herbivore (broutage), dont dépend le zooplancton carnivore et les prédateurs du necton, poissons en particulier, situés aux niveaux supérieurs du réseau trophique. Ce taux de broutage varie beaucoup selon le type trophique du lac. Il est quasiment de 100% dans des lacs oligo-mésotrophes mais tombe à quelques % dans les lacs eutrophes.

La production piscicole des lacs est liée à leur degré d'évolution trophique. Ainsi les lacs oligotrophes sont peu productifs car pauvres en éléments minéraux nutritifs. Cependant leurs eaux froides et bien oxygénées les rendent favorables aux Salmonidés, poissons nobles par excellence : ombles, corégones, truites de lacs. À l'opposé, les lacs eutrophes ont une forte productivité primaire ce qui favorise la production piscicole. Cependant, cette eutrophie provoque un accroissement des Percidés et surtout des Cyprinidés de moindre valeur commerciale.

La productivité des peuplements de poissons dépend par ailleurs du niveau trophique de ces derniers. Il n'est pas fortuit que l'homme ait tout d'abord développé la pisciculture d'espèces herbivores présentant un meilleur coefficient de conversion et de plus faciles à nourrir (carpes et autres *Cyprinidae*, *Cichlidae* herbivores. ***(Voir aussi Eutrophisation, Productivité)***

◆ **vieillissement des ~** : les seuls lacs dont l'ancienneté atteint les durées des périodes géologiques sont les grands lacs tectoniques : lacs du rift africain (Victoria, Tanganyika, Malawi), lac Baïkal par exemple dont le comblement par des sédiments est compensé par les mouvements des failles entre lesquels se situe leur bassin d'effondrement.

À ces rares exceptions près, un lac constitue généralement un biotope éphémère à l'échelle des temps géolo-

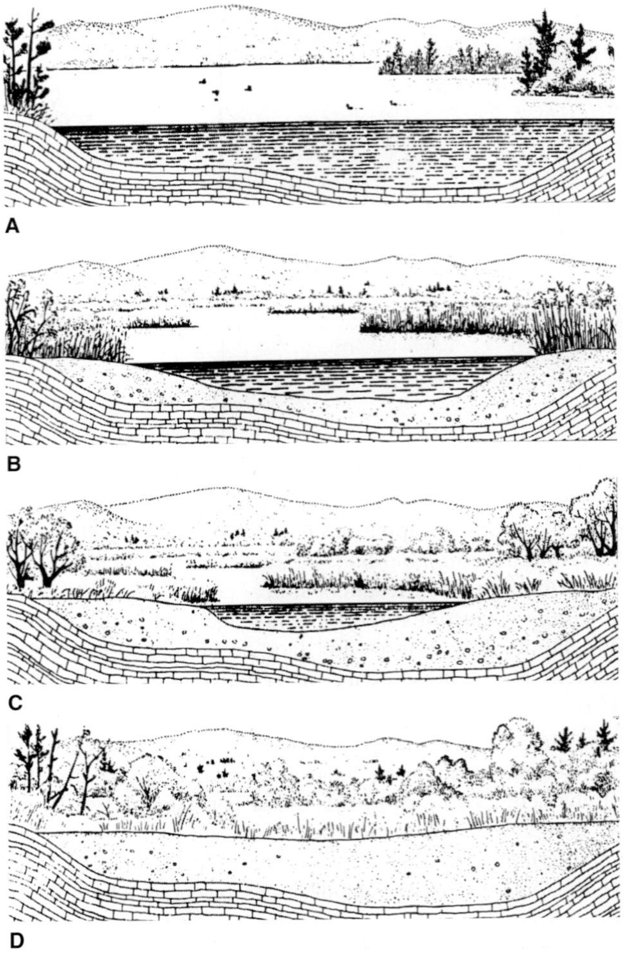

Évolution d'un **lac** au cours du temps. **A**) Lac jeune oligotrophe. **B**) Lac d'âge moyen, mésotrophe. **C**) Lac âgé eutrophe. **D**) Marécage caractéristique du stade de comblement final. (D'après Powers et Robertson, op. cit., in Ramade F., *Écologie appliquée*, Ediscience international, 5e ed., 1995, p. 264)

Productivité piscicole des lacs et autres écosystèmes lentiques naturels ou contrôlés par l'homme

Type de biotope	Régime des espèces de poissons	Productivité secondaire (en g · m^{-2} · an^{-1})
Grands lacs africains	Herbivores + carnivores	de 0,09 à 0,82
Grands lacs nord-américains	Herbivores + carnivores	de 0,16 à 25,2
Petits lacs eutrophes d'Europe	Carnivores	de 4,5 à 16,8
Mares d'Europe centrale	Herbivores (carpes)	de 11,5 à 39
Mares piscicoles (Chine) avec fertilisation	Herbivores	de 11,0 à 154

giques. La plupart des lacs sont destinés à se combler progressivement sur des échelles de temps dont la durée sera d'abord liée à la profondeur et au volume du biotope lacustre et variera d'une échelle séculaire à celle de la dizaine voire de la centaine de milliers d'années. La sédimentation intervient de façon déterminante dans ce processus de vieillissement et constitue l'agent moteur de la succession en milieu lacustre.

Les lacs vont donc connaître une double évolution dans le temps : la première au plan géochimique, la seconde se caractérise par des changements biologiques. Cette évolution correspond à un processus *d'eutrophisation* naturelle. Au fur et à mesure qu'ils vieillissent, les lacs vont se combler par un apport de matériaux sédimentaires. Dans le même temps, la multiplication des végétaux aquatiques et de la zone littorale va enrichir les eaux et les sédiments en matières organiques. Par conséquent, les lacs jeunes seront dits oligotrophes. Ils sont profonds – tant en valeur absolue qu'en proportion de leur surface – et pauvres en éléments minéraux nutritifs.

Au fur et à mesure que le lac vieillit, l'apport de matériaux telluriques l'enrichit en éléments minéraux nutritifs, en conséquence la productivité primaire va augmenter et donc la teneur du biotope en matières organiques fermentescibles, le lac sera dit *mésotrophe*. À un stade ultérieur du vieillissement, l'apport de sédiments aura diminué significativement la profondeur du lac. À ce stade, le lac sera dit *eutrophe* : sa zone littorale sera étendue vers le centre tandis que ses eaux et ses sédiments seront très enrichis en matières organiques. La diminution de transparence des eaux qui en résultera fait que l'activité photosynthétique, beaucoup plus intense que dans les lacs plus jeunes aux eaux nettement moins riches en éléments minéraux nutritifs, sera localisée uniquement dans les tout premiers mètres. Enfin, au stade ultime de l'évolution de l'écosystème lentique, le lac est pratiquement comblé, il cède la place à un marécage et plus tard encore à une prairie palustre.

◆ **~ de barrage** : voir Barrage, Réservoir. ◆ **~ collinaire** (*compounded lake*) : lac constitué par une retenue créée par l'édification d'un barrage coupant une petite vallée. ◆ **~ de cratère** (*crater lake*) : lac constitué par l'accumulation des précipitations dans le fond d'une caldera ou d'une cheminée volcanique. Certains d'entre eux occupent une surface considérable. Ainsi, le lac de Yellowstone couvre par exemple une surface comparable à celle du lac Léman. Leurs eaux pauvres en minéraux dissous et particules en suspension sont généralement très transparentes. L'un des plus remarquables d'entre eux est le *Crater Lake* dans l'Oregon, profond de 589 m, situé au centre d'une caldera quasi circulaire. Il est caractérisé par des eaux d'une très grande pureté, dont la transparence est telle que la lumière y atteint plus de 270 m de profondeur. ***(Voir aussi Cratère)***

laccolithe, n. f. (*laccolith*). Masse de roches volcaniques à base aplatie et dont la limite supérieure est en forme de dôme, qui est en concordance avec la strate dans laquelle elle a fait intrusion.

Lacertiens, n. sc. (*lizzards*). Important groupe de Reptiles sauriens qui réunit l'ensemble des lézards.

lactation, n. f. (*lactation*). Phénomène de sécrétion du lait par les femelles de Mammifères ainsi que période pendant laquelle s'effectue l'allaitement du jeune. L'ovulation est suspendue pendant cette dernière chez les Primates de sorte que la lactation prolongée constitue dans les populations aborigènes un procédé naturel d'espacement des naissances.

lactose, n. m. (*lactose*). Diholoside propre au lait des Mammifères. Des phénomènes d'intolérance au lactose (idiosyncrasies) existent dans diverses populations humaines, essentiellement en Afrique. Il en est résulté voici quelques années une polémique entre les ONG travaillant sur le terrain et des firmes agroalimentaires à la suite des campagnes d'information en faveur de l'allaitement au lait en poudre entreprises voici quelques années dans certains pays du Tiers monde par ces dernières.

lacustre, adj. (*lacustrine*). Qui est propre aux lacs. ◆ **écosystèmes ~** (*lacustrine ecosystem*) : désigne le type d'écosystème constitué par les lacs. ◆ **succession ~** (*lacustrine succession*) : voir Succession.

Lagomorphes, n. m. (*Lagomorpha*). Ordre de Rongeurs auquel appartiennent en particulier les lapins et les lièvres.

lagon, n. m. (*lagoon*). Partie centrale d'un atoll corallien constituée par une étendue d'eau calme mais qui est cependant reliée à la mer par des chenaux qui traversent la barrière récifale. ***(Voir aussi Récif)***

lagopède(s), n. m. (*ptarmigan*) (n. sc. *Lagopus sp.)*. Oiseaux de la famille des *Tetraonidae*, dénommés vulgairement perdrix des neiges, propres aux écosystèmes montagneux et boréaux. Les lagopèdes possèdent un plumage hivernal de couleur blanche qui leur assure à la fois une meilleure protection contre les prédateurs et une plus grande résistance aux basses températures.

lagunage, n. m. (*lagooning*). Méthode d'épuration des eaux usées consistant à les épandre dans des cuvettes de faible profondeur dans lesquelles croît une végétation aquatique et (ou) amphibie. Ce procédé permet d'éliminer la ma-

Vue d'une installation de **lagunage** destinée à épurer les eaux de ruissellement de l'autoroute Liège-Bastogne en Belgique. Les macrophytes assurant le fonctionnement du système auto-épurateur sont ici des *Typha*. (Cliché F. Ramade)

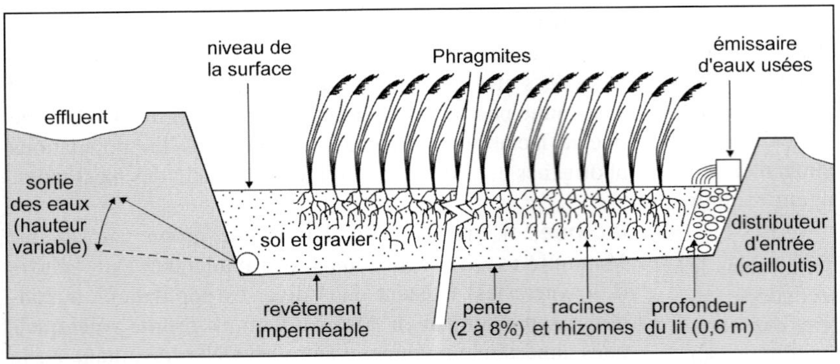

Schéma d'une installation de **lagunage** à base de roseaux (*Phragmites occidentalis*) comme épurateur biologique. (D'après Cooper et al., Journ. IWEM, 3, 1989, p. 65)

tière organique par décomposition bactérienne, la faible profondeur favorisant la réoxygénation des eaux tandis que la végétation absorbe l'excès de phosphates et de nitrates contenus dans les eaux en voie d'épuration.

Les installations de lagunage (voir Figure ci-dessus) sont construites sur un substrat argileux, imperméable, afin d'éviter la contamination bactériologique et (ou) chimique des aquifères. Elles comportent un lit de profondeur comprise entre 50 cm et 1 m (60 cm sur la figure ci-dessus) avec une pente de 6 à 8%, constituée par un mélange de sols et de graviers. Les végétaux aquatiques, ici des roseaux, sont implantés sur ce dernier. Les eaux de l'effluent urbain pollué arrivent en amont de l'installation et sont collectées après traitement à l'extrémité, dans la partie la plus profonde. Les macrophytes éliminent l'excès de nutriments tandis que les bactéries – en particulier celles de la rhizosphère – contribuent à l'élimination aérobie (et anaérobie) des matières organiques fermentescibles.

Le lagunage peut aussi être utilisé en aval d'une station d'épuration biologique afin d'éliminer l'excès de ces sels minéraux nutritifs et éventuellement de certains xénobiotiques dont la biodégradation est favorisée par des bactéries présentes dans les sols inondés. Ainsi, les lagunes à Phragmites sont capables d'extraire efficacement les nutriments et donnent le plus souvent d'excellents résultats dans la réduction de la pollution résiduaire par les phosphates et nitrates. L'usage de certaines plantes hydrophytes (telles les jacinthes d'eau) ou amphiphytes (*Typha* par exemple) a été envisagé pour extraire les métaux toxiques et les composés organiques persistants que renfermeraient les eaux résiduaires après leur traitement secondaire voire même tertiaire. **(*Voir aussi Eau, Épuration, Phosphates, Pollution*)**

lagunaire, adj. (*lagoonal*). Désigne ce qui se rapporte aux lagunes.

lagune, n. f. (*lagoon*). Terme général désignant des écosystèmes aquatiques situés en zone littorale. De tels écosystèmes sont aussi dénommés paraliques car ils sont caractérisés par un faible renouvellement de leurs eaux, lié au confinement. Ce dernier favorise l'évaporation et donc une salinité dont le taux est variable (euryhalinité) mais souvent important. Le phénomène peut conduire en saison estivale à la formation de dépôts de sels par évaporation totale des eaux (phénomène du salant). Les marais salants ne sont d'ailleurs rien d'autre que des lagunes artificielles conçues afin d'accélérer la formation de sel par dépôt évaporitique. Les lagunes littorales jouent un rôle très important au plan halieutique car elles servent de frayères et (ou) de nurseries pour de nombreuses espèces de poissons marins de grande importance économique. ◆ **cycle de la matière dans les ~** : en général les lagunes, plus particulièrement celles situées en zone littorale, reçoivent des quantités importantes de nutri-

Une **lagune** littorale dans la réserve nationale de Camargue. Ces biotopes paraliques jouent un rôle important dans le cycle vital de diverses espèces de poissons d'intérêt halieutique. (Cliché F. Ramade)

ments et de matières organiques d'origine tellurique ce qui favorise une dystrophisation intense de leurs eaux qui s'exacerbe en période estivale. Ces biotopes deviennent donc rapidement anoxiques et leurs vases réductrices. Comme ils sont par ailleurs enrichis en sulfates par les apports marins, il en résulte une formation d'épais dépôts noirâtres de sulfure de fer dans leurs sédiments qui en font l'un des sites privilégiés de certaines phases du cycle du soufre. Comme les eaux des lagunes sont généralement très peu profondes, donc entièrement traversées par la lumière, elles permettent une prolifération de bactéries phototrophes sulfo-oxydantes (surtout des *Chromatiaceae*) donnant lieu au phénomène des eaux rouges. Dans les milieux lagunaires littoraux hypersalés, tels les marais salants, des archéobactéries (*Archeobacteriaceae*) thio-oxydantes sont responsables du phénomène des eaux rouges en période estivale. Un phénomène analogue dû à d'autres bactéries phototrophes, des *Ectothiorhodospiraceae,* s'observe dans les lagunes continentales qui se forment dans les bassins endoréiques sous climats arides. **(*Voir Cycle du Soufre, Marais salants, Paralique*)**

La Hague. Usine de retraitement de combustibles nucléaires située dans le Cotentin. Mise en service dans les années 1970, cette usine traite à la fois les éléments combustibles des anciennes centrales de type uranium naturel-graphite-gaz et aussi ceux provenant des centrales à l'eau légère pressurisée (unités UP_2 et UP_3).

Ce type d'usine constitue le maillon potentiellement le plus polluant et donc le plus dangereux pour l'environnement du cycle du combustible nucléaire.

En effet, on retrouve tous les produits de fission, ainsi que les produits d'activation (^{60}Co ou ^{54}Mn par exemple) et des matières fissiles non consommées ou produites (plutonium par exemple) dans les effluents de telles unités de retraitement. Les rejets d'effluents dilués en mer se traduisent par une contamination à des concentrations certes inférieures aux CMA édictées par le Commission Internationale de radioprotection mais détectable bien au-delà de la zone côtière où sont déversés ces effluents dilués.

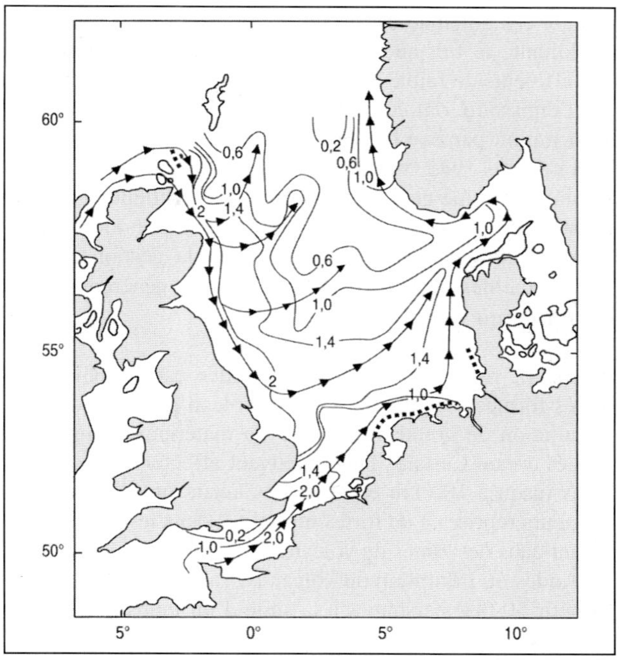

Contamination de la Manche et de la mer du Nord par les effluents de l'usine de retraitement de combustibles irradiés de **La Hague**. Les nombres figurent les activités exprimées en picocuries par litre d'eau de mer. (D'après Kautsky, in Gerlach, *Marine Pollution*, Springer, 1981, p. 111)

Gérées par la COGEMA, les installations de la Hague ont donné lieu depuis plus de deux décennies à diverses polémiques relatives à leur potentiel de pollution radioactive de l'environnement et par voie de conséquence des risques qu'elles pourraient présenter pour les populations voisines de telles installations. Ces dernières se sont fondées sur le fait que cette installation nucléaire, à l'image de toutes les autres du même type, rejette des quantités importantes d'effluents radioactifs dilués dans l'environnement, essentiellement dans le milieu marin. Les études de courantologie ont d'ailleurs montré que ces rejets dépassaient largement les limites du bassin occidental de la Manche et avaient même atteint des zones septentrionales de la mer du Nord.

Variation des rejets annuels d'effluents dilués dans la Manche par l'usine de **La Hague** depuis 1976 (activités α, β, γ exprimées en TBq). On constate une diminution très significative des activités rejetées en dépit d'un accroissement considérable des tonnages de combustibles irradiés retraités. (D'après document CEA, op. cit., 1998, p. 43)

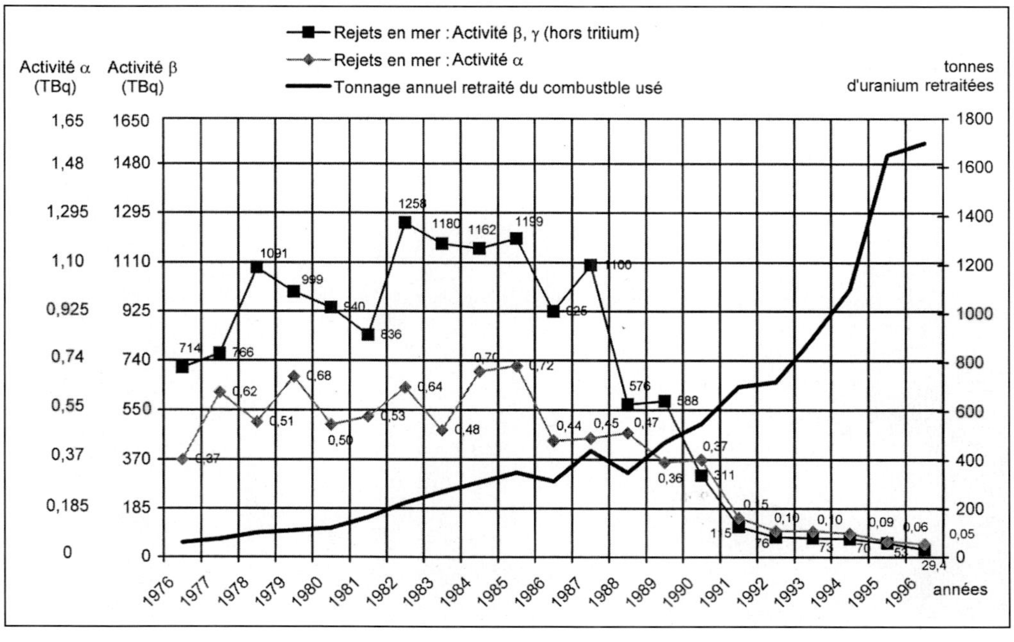

Malgré ces polémiques, il faut porter au crédit de l'autorité exploitante le fait que les coefficients de décontamination des effluents de faible activité rejetés dans les eaux marines par l'émissaire, ont été accrus de façon considérable ce qui s'est traduit par une baisse très importante des activités rejetées depuis 1985 (voir Figure page précédente). En réalité, le seul problème concret de pollution potentielle – et pour l'instant non résolu – que soulèvent les usines de retraitement de combustibles irradiés tient en la gestion dans le long terme des déchets nucléaires qu'elles génèrent. ***(Voir aussi Énergie nucléaire)***

lahar, n. m. (*lahar, mudflow*). Coulée catastrophique de boues formées sur les flancs d'un volcan par suite de l'accumulation de grandes quantités de matériaux téphritiques gorgés d'eau. Certains lahars peuvent affecter des zones situées jusqu'à 100 km en aval. Les lahars ont donné lieu à plusieurs reprises à de fortes mortalités dans les populations vivant dans des zones de volcans actifs en Indonésie et dans les Andes où l'éruption du volcan Nevado del Ruiz en 1985 fit périr 50 000 personnes à la suite d'un monstrueux lahar qu'elle provoqua. ***(Voir aussi Volcan, Volcanisme)***

laisse, n. f. (*tide mark*). Ligne sinueuse de débris abandonnés par la mer. ◆ **~ de basse mer** (*low water line*) : débris abandonnés à la limite supérieure de la zone infralittorale par les basses mers moyennes. ◆ **~ de haute mer** (*high water line*) : débris abandonnés dans la zone supralittorale par les hautes mers de vives eaux. ◆ **~ de crue** (*flood mark*) (syn. : laisse d'inondation) : ligne de débris abandonnée au moment de la décrue dans les parties les plus élevées du lit d'un fleuve ou dans les arbres de la forêt riveraine lors des crues exceptionnelles.

lait, n. m. (*milk*). ◆ **sucres du ~** : voir Lactose. ◆ **pollution du ~ par des polluants persistants** : la pollution des agroécosystèmes par divers pesticides et autres contaminants persistants provoque une contamination des chaînes alimentaires des animaux domestiques et donc de l'homme. En conséquence, les graisses du lait de femme renfermaient

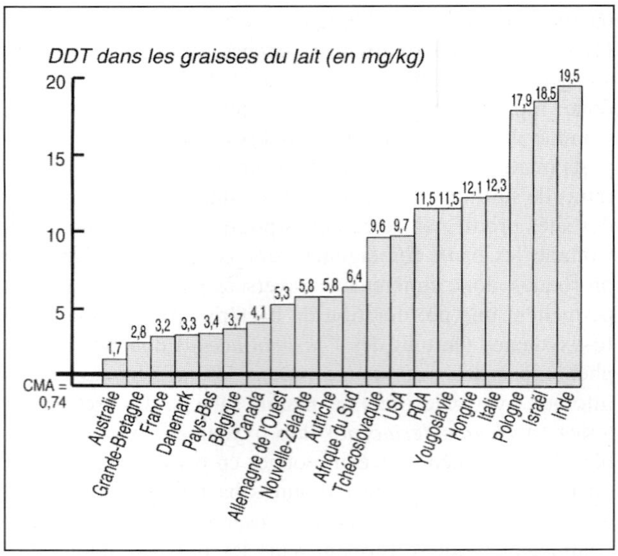

Contamination du **lait** de femme par le DDT. Dans cet histogramme est représentée la teneur en DDT des lipides du lait de femme, dans divers pays développés et du Tiers monde. Le trait horizontal correspond à la CMA définie par l'OMS, soit 0,7 ppm dans les graisses. (In Ramade F., *Les catastrophes écologiques*, McGraw-Hill, 1987, p. 229)

dans les années 1990 des concentrations en insecticides organochlorés et en PCB qui l'aurait rendu non commercialisable en de nombreux pays s'il s'était agi de lait de vache, les CMA dans l'alimentation humaine établies par l'OMS pour ces polluants étant en effet souvent dépassées, parfois de beaucoup. Ainsi, la teneur en DDT des lipides du lait maternel excédait encore la CMA de 0,74 ppm dans le Tiers monde et même dans diverses nations de l'OCDE. ***(Voir aussi Pollution, Réseau trophique)***

Lake District. Région du Nord-Est de l'Angleterre (Cumberland) où est situé un parc national du même nom qui protège une des plus remarquables régions de paysages anthropisés de toute l'Europe et d'une exceptionnelle beauté. Cette région est constituée de terrains anciens

Le lac d'Ullswater dans le parc national du **Lake District** (Cumberland, Angleterre). (Cliché F. Ramade)

(Cambrien) marquée au plan géomorphologique par une importante érosion glaciaire ayant laissé à la fin du Würm de nombreux lacs provenant de la fusion d'anciens glaciers.

Elle a été historiquement déboisée dès le premier millénaire, les anciennes forêts de hêtres ayant laissé place à des landes à bruyères sur de vastes étendues. Elle présente néanmoins un grand intérêt botanique et limnologique par suite de l'abondance des lacs qui s'y rencontrent, le plus grand, celui de Windermere, s'étendant sur plus de 30 km. **(*Voir aussi Parc national, Protection de la nature*)**

lamantin(s), n. m. (*sea cow*). (n. sc. *Trichechus sp.*). Mammifères marins Siréniens, de la famille des *Trichechidae*, de régime herbivore, qui vivent dans les eaux côtières de la mer des Caraïbes (*T. manatus*), du littoral d'Afrique de l'Ouest (*T. senegalensis*) et certains cours d'eaux tropicaux comme l'Amazone (*T. inunguis*). Les trois espèces de lamantins, actuellement vivantes, sont représentées par des animaux peu méfiants et lents dans leur déplacement donc exposés à une forte pression de chasse, quand ils ne sont pas victimes des hélices des bateaux de plaisance comme en Floride. Ces espèces sont donc menacées de disparition et sont actuellement classées comme vulnérables par l'UICN. **(*Voir aussi Siréniens*)**

Lamarck, Jean-Baptiste, Pierre Antoine de (1744-1829). Célèbre savant français à l'esprit universel qui figure parmi les pionniers de l'écologie moderne. En réalité, l'un de ses ouvrages « Philosophie zoologique » présente en bien des chapitres une argumentation qui ressort authentiquement de la discipline écologique, en particulier dans son approche de la notion d'espèce qu'il ne conçoit pas comme une entité figée mais résultant de l'interaction entre un groupe d'êtres vivants et son milieu. Quoique fort décriée en un temps, l'idée majeure de sa théorie de l'évolution avait le mérite de mettre en évidence le rôle des facteurs du milieu comme moteur des phénomènes adaptatifs et sélectifs qui conduisent à la spéciation, fait qui est largement reconnu aujourd'hui.

Par ailleurs, Lamarck, esprit universel, fut un pionnier de la météorologie. On lui doit en particulier la dénomination des diverses formations nuageuses utilisée de nos jours. Enfin, il fut le premier à formuler le concept de biosphère, sans en utiliser le terme, définissant une entité réunissant l'ensemble des êtres vivants et l'environnement géochimique.

lamarckisme, n. m. (*lamarckism*). Nom donné à la théorie de l'évolution proposée par Lamarck.

Lamellibranches, n. m. (*Lamellibranchia*). Encore dénommés Bivalves, cette classe de Mollusques, abondante à la fois dans les écosystèmes océaniques et dulçaquicoles, est représentée par des espèces sessiles qui vivent fixées sur des substrats durs ou meubles, à régime alimentaire microphage.

Par suite même de leur écologie alimentaire, qui les conduit à filtrer de grands volumes d'eau par rapport à leur propre poids corporel pour prélever leur nourriture, les Lamellibranches présentent une grande aptitude à bioaccumuler les polluants des eaux. Ils constituent de ce fait d'excellents bioindicateurs de pollution des écosystèmes limniques ou marins. **(*Voir aussi Bioindicateurs, Huîtres, Moules*)**

Lamiacées, n. sc. (syn. : Labiacées). Famille de Dicotylédones gamopétales, de l'ordre des Tubiflorales, caractérisée par des fleurs aux pétales soudés et à deux lèvres, par des fruits tétrakènes et des tiges de section carrée. Beaucoup de genres de Labiées, telle les lavandes ou le romarin, sécrètent des essences volatiles très odoriférantes. En Provence et en Languedoc, on a pu recenser une trentaine d'espèces de Labiées qui sont utilisées comme épices ou en parfumerie, en particulier la lavande encore cultivée à vaste échelle sur le plateau de Valensole par exemple. **(*Voir aussi Tubiflorales*)**

laminaires, n. f. (*kelp*) (n. sc. *Laminaria*). Grandes algues de l'ordre des Phéophycées (ou *Phaeophyceae*) fréquentes sur les côtes de l'Atlantique et exploitées en Bretagne par les goémoniers.

Lamniformes, n. sc. Ordre de Sélaciens qui renferme l'ensemble des requins. Il comporte sept familles dont celle des *Lamnidae* qui est celle du grand requin blanc (*Carcharodon carcharias*). **(*Voir aussi Requin, Sélaciens*)**

lamproie(s), n. f. (*lamprey*). Genre de poissons très primitifs, de la famille des *Lampridae*, appartenant à l'embranchement des Agnathes. ◆ ~ **marine** (*Petromyzon marinum*) : cette espèce possède un cycle vital de type anadrome, dont les migrations s'effectuent entre les eaux douces et marines, les adultes venant pondre dans les cours d'eau ou les lacs et retournant en mer pour achever leur développement.

L'introduction des lamproies dans les Grands Lacs Nord-américains a provoqué au cours des années 1950 de profondes perturbations dans la structure des peuplements de poissons de ces écosystèmes par suite de l'action de prédation exercée par cette espèce. **(*Voir aussi Grands Lacs*)**

Lamto. Centre de recherche écologique situé en Côte d'Ivoire à la limite entre savane et forêt, créé par Lamotte et Touret au début des années 1960, dans lequel a été effectuée une étude approfondie au plan à la fois structural et fonctionnel, de l'écosystème de savane guinéenne propre à de nombreux pays d'Afrique de l'Ouest.

lande, n. f. (*moor*). Écosystème continental artificiel propre aux pays tempérés, en particulier à l'Europe atlantique, créé par la destruction de la forêt au cours du Néolithique. Les landes d'Europe occidentale s'étendent depuis la Galice jusqu'au Danemark.

Elles résultent en règle très générale de la destruction des forêts de feuillus, essentiellement hêtres et chênes, qui s'étaient développées dans cette région au début de la période post-würmienne.

Il existe plusieurs types de landes conditionnés surtout par les facteurs édaphiques. Selon la nature des sols, on distingue des landes à ajoncs et genêts surtout présentes sur sols sédimentaires neutres ou basiques et des landes à bruyères inféodées aux terrains cristallins.

Landes à bruyères dans les Grampians près de Tomintoul (Écosse). (Cliché F. Ramade)

Les highlands écossais constituent une des zones d'Europe pourvues des plus vastes étendues de landes à bruyères. Il ne s'agit pas d'une formation végétale spontanée mais du résultat de l'éradication systématique de la forêt de pins d'Écosse qui couvrait encore en grande partie ces zones il y a moins d'un millénaire.

Les landes ne se maintiennent que grâce à un phénomène de succession cyclique. En effet, si l'action du feu et des troupeaux cesse, elles reviennent spontanément vers le climax forestier caducifolié. ◆ ~ **mésophiles** (*mesophilic moors*) : landes situées au milieu de leur stade d'évolution au cours d'une succession cyclique. ◆ ~ **pionnières** (*pioneer moors*) : stade initial de la succession caractérisant les biocœnoses de landes. ***(Voir aussi Successions écologiques)***

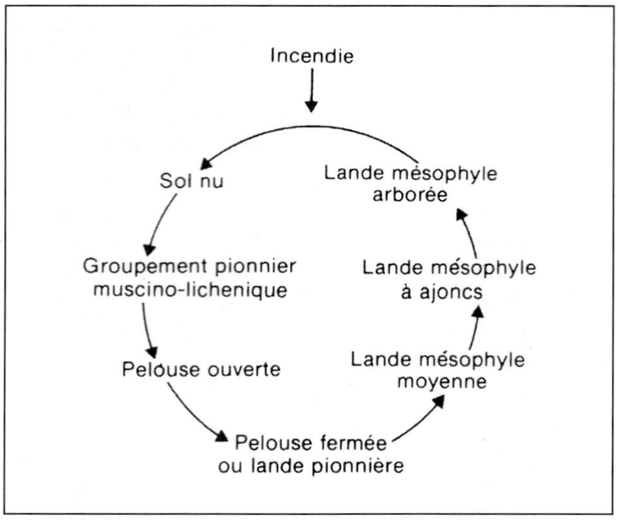

Succession cyclique dans une **lande** bretonne. (D'après Lefeuvre et al., in Ramade F., *Écologie fondamentale*, Ediscience international, 1994, 2e éd., p. 399)

landsat. Nom d'une série de satellites lancés par la NASA dont la mission est de suivre en télédétection des objectifs d'importance écologique et (ou) environnementale.

langley, n. m. (abrev. ly) Unité de mesure d'intensité d'un flux lumineux. Elle est égale à une calorie par cm^2.

Laniidae, n. sc. Famille de Passereaux prédateurs de l'Ancien Monde, dénommés vulgairement pies-grièches.

Lanius collurio (*red-backed shrike*). Nom scientifique de la pie-grièche écorcheur, l'espèce de *Laniidae* la plus commune d'Europe de l'Ouest.

Lantana, n. sc. Genre de plantes de la famille des Lantanacées, originaires d'Amérique tropicale, dont certaines espèces sont cultivées comme plantes d'ornement dans de nombreux pays tropicaux et tempérés. ◆ ~ ***camara*** : a été introduite aux Indes et dans de nombreuses autres régions de l'Ancien Monde ainsi que dans diverses Iles du Pacifique tropical (Hawaï, Nouvelle-Calédonie par exemple). Elle s'y comporte comme une plante invasive par rapport à la végétation autochtone causant des dommages écologiques tellement importants que l'on a dû recourir à diverses méthodes de lutte pour limiter sa pullulation.

lapidicole, adj. (*lapidicolous*). Désigne une espèce vivant parmi les pierres, dans des éboulis et chaos rocheux.

lapin, n. m. (*rabbit*) (n. sc. *Oryctolagus cuniculus*). Rongeur d'Europe méridionale et atlantique qui, par sa pullulation, a parfois profondément modifié la physionomie des formations végétales maintenant parfois sous forme de fruticées des zones qui seraient spontanément retournées vers le stade forestier.

L'introduction de cette espèce de très fort potentiel biotique dans diverses régions du monde s'est traduite par des dommages écologiques catastrophiques. Le cas le plus connu est celui de son introduction en Australie où les 12 couples amenés en 1859 avaient déjà donné une population de près d'un milliard d'individus à la fin du XIXe siècle!

La myxomatose a profondément modifié la situation de cette espèce en réduisant de façon parfois très considérable ses effectifs. Malgré l'apparition d'une immunité dans les populations, elles ne sont pas – heureusement – reconstituées jusqu'à présent à leurs niveaux antérieurs. ***(Voir aussi Australie, Introduction, Myxomatose)***

Lapon(s) (*Lapp*). Ethnie d'origine finno-ougrienne qui constitue le peuplement original de la Laponie. Les Lapons sont aujourd'hui le dernier des peuples aborigènes européens pratiquant le nomadisme, fondé ici sur l'élevage du renne et aussi pour certains groupes sur une pêche lacustre traditionnelle. Ces derniers font une transhumance qui les emmène en été dans les zones de toundra et en hiver dans les taïga situées plus au sud.

Laponie (*Lapland*). Région de l'extrême nord européen à cheval sur le cercle polaire arctique qui recouvre une partie des territoires de Norvège, Suède, Finlande et Russie. La Laponie correspond au plan écologique à des écosystèmes de taïga (forêt boréale de Conifères) et de toundra. Elle comporte aussi un grand nombre de lacs glaciaires et de tourbières. ***(Voir aussi Lapon, Taïga)***

Larix decidua, n. sc. Voir Mélèze.

laro-limicoles, n. m. (*waders*). Groupe d'oiseaux de rivage ne correspondant pas à une unité taxonomique et cons-

Lac d'Inari, au centre de la **Laponie** finnoise. Situé à 300 km au nord du cercle polaire, ce lac est un site important pour la nidification de diverses espèces d'oiseaux migrateurs d'Europe occidentale. (Cliché F. Ramade)

titué par l'ensemble des mouettes et des échassiers littoraux.

Larraea divaricata. Cette zygophyllacée arbustive constitue une espèce dominante d'érémophyte propre aux déserts sonoriens chauds du Sud-Ouest des États-Unis. (Cliché F. Ramade)

Larraea divaricata, n. sc. (*Creosote bush*). Nom scientifique d'une espèce de zygophyllacée arbustive adaptée aux climats arides propres aux déserts Nord-américains. Dénommée *Creosote bush* aux États-Unis, elle constitue l'espèce dominante des déserts chauds du Sud-Ouest où elle est très abondante, dans le désert de Mojave et au Sud de l'Arizona.

larvaire, adj. (*larval*). Qui se rapporte aux larves. ◆ **mue ~** (*larval molt*) : mue affectant un stade larvaire.

larve, n. f. (*larva*). Écophase propre au développement des divers embranchements d'Invertébrés située entre les stades embryonnaire et adulte, ou nymphal, lorsqu'un tel stade existe.

larviforme, adj. (*larviform*). Désigne un organisme ayant la forme d'une larve d'Insecte.

larvipare, adj. (*larviparous*). Désigne une forme de viviparité qui se rencontre chez divers Invertébrés dont les femelles produisent directement des larves. La mouche Tsé Tsé, par exemple, est une espèce larvipare.

larvivore, adj. (*larvivorous*). Désigne une espèce se nourrissant de larves.

larvivorie, n. f. (*larvivory*). Forme d'alimentation caractérisée par la consommation de larves.

latent(e), adj. ◆ **chaleur ~ de transition** (*latent heat of transition*) : quantité de chaleur nécessaire pour le changement de phase d'une substance : fusion ou évaporation. À titre d'exemple, la chaleur latente de vaporisation de l'eau est sous pression normale de 573 calories par gramme.

latérite(s), n. f. (*laterite*). Encore dénommées ferralites, les latérites apparaissent dans des sols tropicaux dégradés, la latérite représentant la phase terminale de l'évolution des sols dans les zones équatoriales humides.

Les matériaux sont entièrement décomposés en oxydes libres : gibbsite (alumine) et oxydes de fer (hématite et-ou gœthite) qui colorent le sol en ocre vif ou en rouge.

Carte de la répartition mondiale des forêts tropicales ombrophiles et des **latérites**. On constate une superposition de ces biomes avec l'extension des sols ferralitiques qui se transforment en latérite lorsque la forêt est détruite. (D'après O'Neil, in Ramade F., *Écologie appliquée*, Ediscience international, 5e ed., 1995, p. 394)

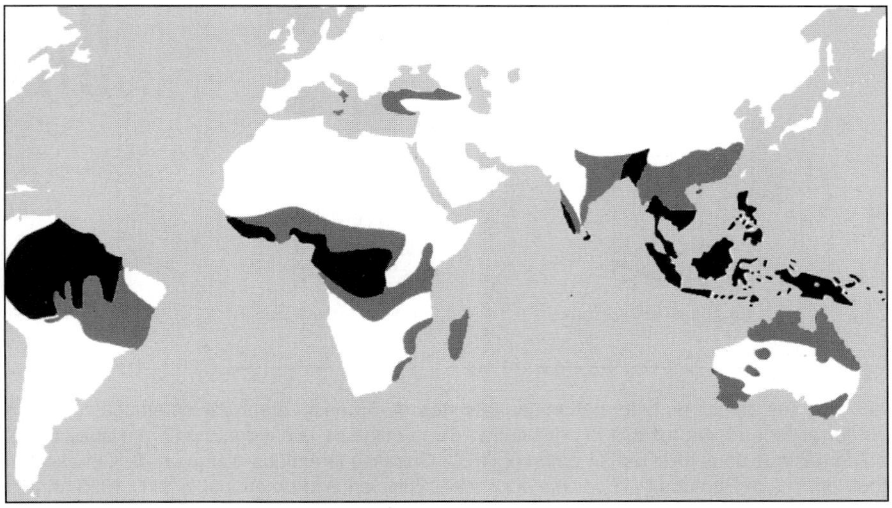

Extension des sols ferralitiques

Aire actuelle des forêts ombrophiles

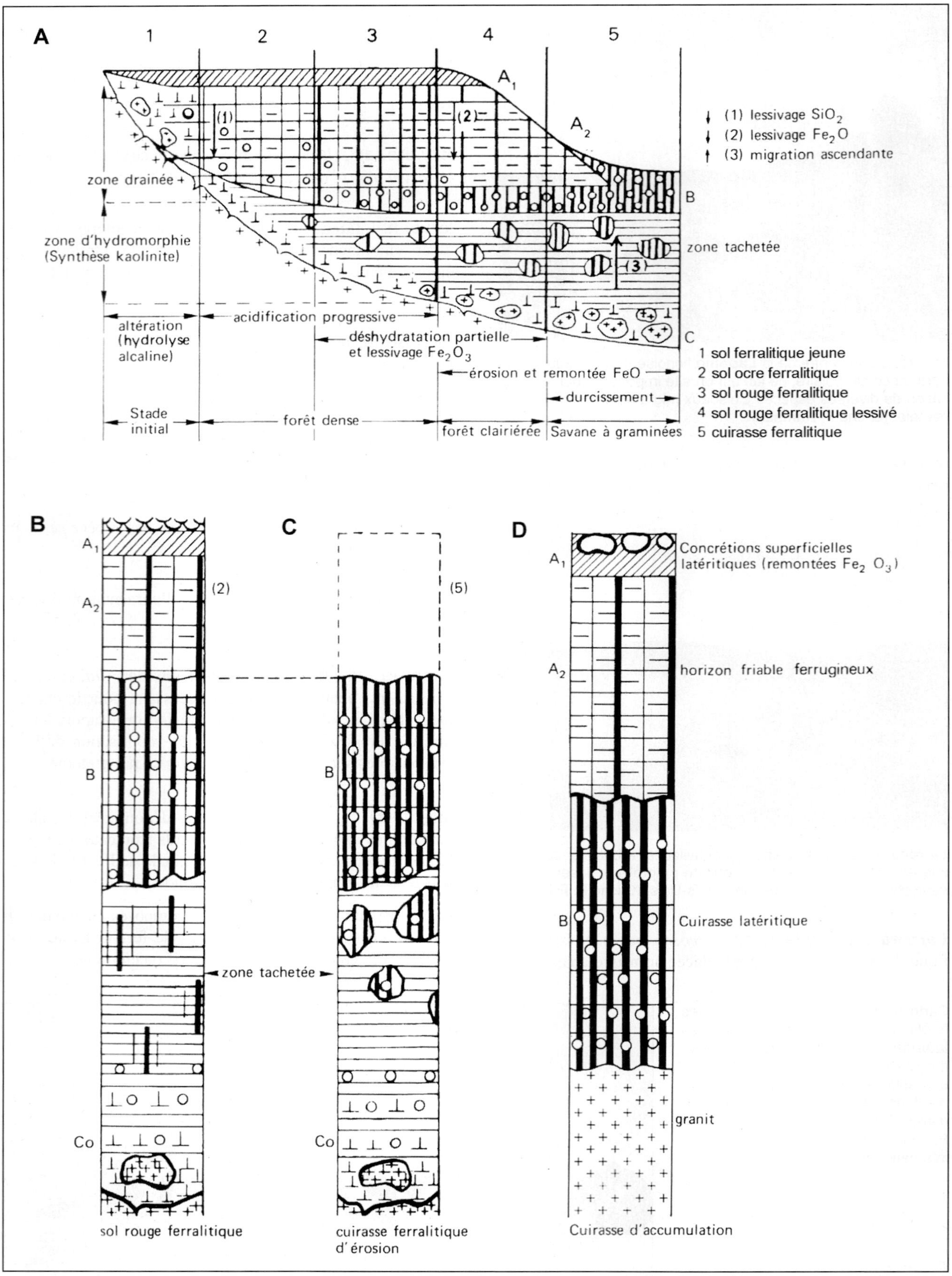

Les diverses étapes de la formation des **latérites**. **A**. Transect montrant les stades successifs qui marquent le cheminement depuis un sol ferralitique récent jusqu'à la constitution d'une cuirasse latéritique stérile par suite du déboisement. **B**. Structure pédologique d'un sol ferralitique sous forêt dense ombrophile. **C**. Cuirasse latéritique d'érosion. **D**. Cuirasse latéritique d'accumulation. (D'après Duchaufour, op. cit., in Ramade F., *Écologie appliquée,* Ediscience international, 5e ed., 1995, p. 393)

Formation de **latérites** dans les sols au Vietnam à la suite de la déforestation par les défoliants. (Cliché F. Ramade)

Quand le lessivage est très important, il se produit une importante accumulation d'oxyde de fer dans l'horizon B sous forme de nodules et souvent de cuirasse.

Dans les cas extrêmes, les horizons superficiels ont été décapés tandis que le lessivage des sols dénudés a conduit à la formation d'un horizon d'accumulation dans lequel la silice, l'alumine et le sesquioxyde de fer produisent par concrétionnement une cuirasse dont la couleur et la dureté rappellent celles de la brique.

La déforestation accompagnée d'érosion des horizons superficiels peut aussi mettre à nu cette cuirasse là où elle n'affleurerait pas en l'absence d'action humaine.

La déforestation des forêts pluvieuses installées sur sols ferralitiques conduit inéluctablement en quelques années, tout au plus une décennie – lorsque la forêt est remplacée par des formations graminéennes destinées au pâturage – à la formation de telles cuirasses qui stérilisent définitivement les sols à l'échelle humaine.

latéritique(s), adj. ◆ **sols ~** (*lateritic soils*) : encore dénommés sols ferralitiques, ces derniers représentent la phase ultime de l'évolution pédologique dans les zones tropicales humides. Les sols latéritiques présentent un complexe adsorbant désaturé lié à la très grande pauvreté en cations basiques, ce qui explique l'extrême pauvreté de ces sols qui les rend inaptes à toute forme d'agriculture.

latéritisation, n. f. (*lateritization*). Phénomène pédologique par lequel des sols tropicaux ferralitiques sont transformés en latérite.

latosol, n. m. (*latosol*). Terme synonyme de sol latéritique (ferralitique).

Lauracées, n. sc. Famille de Dicotylédones de l'ordre des Laurales dont l'avocat (*Persea americana*) et le laurier noble méditerranéen (*Laurus nobilis*) figurent parmi les représentants les plus connus du profane.

Laurales, n. sc. Ordre de Dicotylédones archaïques de la sous-classe des Magnolidées comportant plus de 2 500 espèces essentiellement ligneuses et propres aux forêts pluvieuse tropicales, dont la principale famille est celle des *Lauraceae*.

Laurasia (*Laurasia*). Ancien continent mésozoïque qui s'est formé au début du Trias à la suite du fractionnement du Pangea, qui réunissait le Nord de l'Amérique septentrionale, le Groenland et l'Eurasie exception faite de l'Indomalaisie – à l'exception de sa partie située à l'Ouest de Célèbes.

Laurentia. Ancien continent antécambrien formé en première approximation par le Canada et la partie la plus Nord-Est des États-Unis. Constitué de gneiss, de granites et de métasédiments remontant à l'éon Hadéen, il représente les vestiges d'un craton. Des zircons contenus dans certaines de ses roches affleurant dans l'Acasta, au Labrador, sont âgés de plus de 4 milliards d'années. Il s'agit donc actuellement des plus anciennes formations géologiques connues se rencontrant à la surface de la Terre. ***(Voir aussi Craton, Hadéen)***

Laurisylve d'Oléacées géantes dépassant 40 m de haut (parc national du Mont Kenya, vers environ 2 100 m d'altitude). (Cliché F. Ramade)

Laurisylvae, n. sc. Terme désignant les forêts ombrophiles qui croissent dans les régions tropicales à des altitudes excédant en général environ 800 à 1 000 m, donc au-delà de la limite supérieure des forêts basses pluvieuses.

lavande, n. f. (*lavander*). (n. sc. *Lavandula*). Genre de Labiées méditerranéennes produisant une essence odorante très utilisée en cosmétique. Le lavandin qui est la plante la plus cultivée de ce genre pour la production de parfum est en réalité un hybride entre *Lavandula latifolia* et *L. vera*. Aujourd'hui encore, plusieurs milliers d'hectares sont cultivés en France, essentiellement dans le Var, le Vaucluse et les Alpes de Haute Provence.

Lavandula. Nom scientifique de genre des diverses lavandes : *L. latifolia, L. stoechas, L. vera.*

lave(s), n. f. (*lava*). Roches d'origine magmatique, constituées normalement de silicates qui fondent à d'assez basses températures (de 700 °C à 1 200 °C), émises en fusion lors des éruptions volcaniques. Leur fluidité, qui conditionne le type des éruptions et la morphologie du relief qu'elles for-

Champs de **laves** cordées dans la caldera de la Fournaise (Ile de La Réunion). (Cliché F. Ramade)

ment après solidification, dépend de leur constitution chimique en particulier de leur teneur en silicates et en gaz dissous. Les éruptions seront d'autant moins dangereuses qu'elles sont plus chaudes donc plus fluides (volcans rouges). À l'opposé, les laves à plus basse température, très visqueuses (volcans gris) provoquent des éruptions explosives souvent accompagnées de la formation de nuées ardentes. ◆ ~ **en coussinet** (*pillow lava*) : laves émises en milieu aquatique présentant des ondulations rappelant un empilement de coussins.

lectotype, n. m. (*lectotype*). Spécimen choisi dans une collection de Muséum en remplacement de l'individu original (holotype) sur lequel la description d'une espèce a été faite. (***Voir aussi Holotype, Type***)

légionnaires, adj. ◆ **fourmis** ~ (*legionary ants*) : fourmis tropicales, de la famille des *Poneridae*, qui ne construisent pas de nid mais nomadisent en permanence. Il s'agit de prédateurs redoutables, constituant d'immenses colonnes en quête de proies, capables de capturer de petits Mammifères surpris au fond de leur galerie souterraine. (***Voir aussi Fourmi***)

Légumineuses, n. f. (*legumes*). Ordre d'Angiospermes, actuellement dénommé Fabales, caractérisé par des feuilles pourvues de nombreuses folioles et une corolle soudée possédant un étendard qui recouvre les pièces inférieures dérivées des pétales. De nombreuses espèces de Légumineuses, souvent arborescentes, présentent une grande importance écologique. Tel est par exemple le cas de diverses espèces d'*Acacia* dans les écosystèmes de savanes ou dans les zones semi-arides tropicales.

Capables de croître sur des sols pauvres par suite de leur aptitude à fixer l'azote atmosphérique grâce à leur symbiose avec les *Rhizobium*, diverses espèces de Légumineuses jouent le rôle d'espèces pionnières tant dans les biotopes tempérés que tropicaux. (***Voir aussi Acacia, Fabales***)

Lek, système de (*Lek system*). Système de reproduction se rencontrant essentiellement dans divers groupes d'oiseaux, caractérisé par l'existence d'un territoire bien délimité et de surface souvent étendue sur lequel de nombreux individus, voire même la totalité de la population présente sur un territoire donné, se rassemble pour la parade nuptiale et l'accouplement.

Ce système comporte toujours une partie centrale dans laquelle se rassemblent toutes les femelles (centre d'accouplement) et autour de laquelle les mâles délimitent des territoires de parade disposés de façon concentrique en fonction d'une hiérarchie de dominance décroissante du centre vers la périphérie.

Chez le Tétras centrocerque des grandes plaines nord-américaines, un territoire de Lek couvre plusieurs hectares au milieu duquel est situé un centre d'accouplement d'une centaine de m^2 et tout au plus de quelques ares dans lequel se rassemblent les femelles.

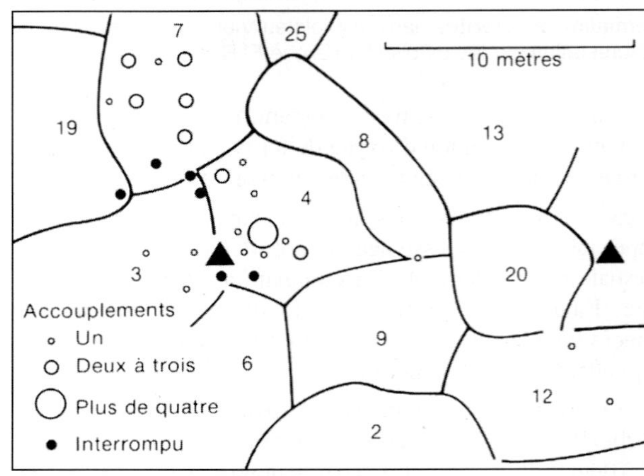

Schéma de l'organisation spatiale d'un **lek** dans une population de tétras centrocerques du Montana. À chaque numéro correspond le territoire d'un mâle. On constate que les mâles 4 et 7 assurent la majorité des accouplements. Les triangles figurent l'emplacement de drapeaux balisant le territoire du lek étudié. (D'après Wiley, in *Scient. Am.*, vol. 238, 1978, p. 117)

Les mâles établissent leur territoire de parade concentriquement autour de ce centre. Celui du (ou des) mâles dominants (*master cocks*) jouxte le centre d'accouplement, les « compagnons » (*subcocks*) étant situés à proximité, et les individus situés au bas de la hiérarchie, souvent des jeunes, les « valets » (*guardcocks*), étant en périphérie. Ce type de comportement de parade nuptiale, fortement hiérarchisé, a pour conséquence qu'un tout petit nombre de mâles assure la fécondation de la quasi-totalité des femelles de la population, les mâles dominés n'ayant en effet à peu prés aucune chance de s'accoupler. (***Voir aussi Territoire***)

Léman ◆ **lac** ~ (*Leman Lake*) : encore dénommé lac de Genève, il constitue le plus grand lac alpin d'Europe avec une surface de 582 km^2 et une longueur des rives de 157 km. Sa profondeur moyenne est de 152 m avec un maximum de 309 m. Ce lac possède un renouvellement lent de ses eaux, leur temps moyen de résidence étant d'une douzaine d'années. Le Léman, lac alpin oligo-mésotrophe, est depuis plusieurs décennies en voie d'eutrophisation, voire menacé de dystrophisation. Dès 1968, la pullulation de la cyanophycée *Oscillatoria rubescens*, bioindicateur d'état eutrophe, montra que la côte d'alerte était déjà atteinte. Fort heureusement, les mesures prises depuis 1962 par la signa-

Vue générale du lac **Léman** prise de sa rive Nord près de Nyon. (Cliché F. Ramade)

ture de la convention CIPEL (Convention internationale pour la protection des eaux du Léman), lentement mises en œuvre, surtout depuis la fin des années 1970, ont commencé à porter leurs fruits. La situation reste cependant préoccupante car la teneur moyenne de ses eaux en phosphates demeure au-dessus de la valeur maximale admise pour éviter la prolifération des algues et du phytoplancton.

La pollution chimique des eaux du Léman est aussi préoccupante. Divers travaux ont montré que des concentrations excessives des diverses substances minérales (métaux toxiques en particulier) et de composés organiques persistants se traduisait par une contamination de la biomasse aquatique, en particulier de ses peuplements de poissons. Certaines recherches ont montré que la présence permanente de composés organochlorés affectait la reproduction de ses populations d'omble chevalier (*Salvelinus alpinus*). Par ailleurs, il a aussi était mis en évidence que même si l'interdiction des PCB avait été entièrement effective à partir de 1980, la charge en PCB des poissons de ce lac aurait atteint son maximum dans leurs tissus en 2010. La situation réelle est encore plus défavorable car la France n'a procédé qu'en 1990 à l'interdiction des PCB. **(*Voir aussi Dytrophisation, Eutrophisation, Phosphates*)**

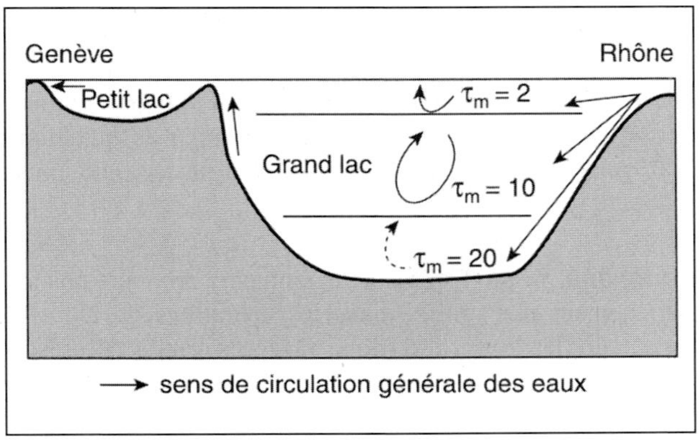

Figuration verticale d'une coupe dans le lac **Léman** avec la valeur du temps moyen de résidence τ_m (temps moyen pour que se renouvelle la totalité du volume d'eau contenu dans un lac exprimé en années) pour les principales couches des eaux de ce lac. (D'après Hubert et al., op. cit., in Ramade F., *Dictionnaire encyclopédique des sciences de l'eau*, Ediscience international, 1998, p. 347)

lemming(s), n. m. (*lemming*). (n. sc. *Lemmus sp.*). Rongeurs herbivores des zones arctiques présentant d'importantes fluctuations cycliques de leurs pullulations. **(*Voir aussi Fluctuation des populations*)**

Lemna, n. sc. (*duckweed*). Nom scientifique des lentilles d'eau. Genre de petites plantes hydrophytiques d'aspect thalloïde propres aux eaux douces stagnantes qui pullulent souvent dans les biotopes eutrophes.

Lemnacées, n. sc. Famille de Dicotylédones hydrophytiques de l'ordre des Arales, auquel appartient le genre *Lemna*.

Lémuriens, n. m. (*Lemurians*). Groupe de Primates primitifs, aujourd'hui endémique de Madagascar. Il comporte 4 familles dont beaucoup d'espèces sont actuellement menacées d'extinction par suite de la destruction des habitats forestiers auxquels elles sont inféodées. En effet, les forêts de ce microcontinent ont perdu les deux tiers de leur surface depuis le début du siècle.

La colonisation de Madagascar par l'homme a été à l'origine de l'extinction d'une part importante de sa faune de Lémuriens qui comportait initialement quelque 45 espèces, en particulier des espèces géantes comme l'*Archeoindris* qui pesait près de 200 kg et le *Megaladapis* d'environ 80 kg.

À l'heure actuelle, les 25 espèces de Lémuriens de Madagascar sont toutes considérées comme menacées. Parmi celles qui sont en danger immédiat d'extinction figurent le *Daubentonia madagascariensis* (aye aye), l'indri (*Indri indri*) , le lémur chauve (*Alocebus trichotis*), l'*Hapalemur simus* et le *Lemur macao flavifrons*. **(*Voir aussi Madagascar*)**

lenticulaire, adj. (*lenticular*). Désigne une structure ou un corps en forme de lentille. **(*Voir aussi Lenticularis*)**

lenticularis, adj. Désigne dans la classification météorologique internationale des nuages (cirrus, stratus ou cumulus) de forme aplatie, lenticulaire (par exemple cirrus lenticularis).

lentille d'eau, n. f. Voir *Lemna*.

lentique, adj. (*lentic*). Désigne les biotopes et les êtres vivants propres aux écosystèmes d'eaux calmes à renouvellement lent (lacs, marécages, étangs, etc.) par opposition aux milieux d'eaux courantes qui correspondent aux écosystèmes lotiques.

lentisque, n. m. (*mastic tree, lentisc*) (n. sc. *Pistacia lentiscus*). Le pistachier lentisque est un arbuste fréquent dans les garrigues méditerranéennes, appartenant à la famille des Anacardiacées.

Lépidoptères, n. m. (*Lepidoptera*). Ordre d'Insectes holométaboles dont les larves sont dans leur immense majorité phytophages et se développent en consommant le feuillage des végétaux (phyllophagie). Les adultes sont floricoles et butinent le nectar de fleurs grâce à une trompe allongée, formée par coalescence des maxilles et du labium.

Parnassius apollo (*Papilionidae*). Ce **Lépidoptère**, inféodé à la zone sub-alpine des montagnes euro-sibériennes, est actuellement menacé par les prélèvements excessifs des entomologistes. (Cliché F. Ramade)

Le développement postembryonnaire des Lépidoptères est marqué par l'existence d'un stade de repos dénommé chrysalide pendant lequel s'effectuent les transformations caractéristiques de la métamorphose au cours de laquelle la chrysalide se transforme en papillon adulte.
Il existe deux grands sous-ordres de Lépidoptères, les Rhopalocères, dont les adultes sont diurnes, et les Hétérocères, ou papillons de nuit, dont les adultes sont en règle générale nocturnes, mais avec toutefois diverses exceptions chez les Sphingidés ou chez certaines Noctuelles par exemple.

leptocéphale, n. m. (*leptocephalus*). Type de stade larvaire propre à de nombreux poissons osseux entre autres aux anguilles dont le corps est foliacé et souvent transparent.

Leslie, matrices de (*Leslie matrix*). Représentation mathématique sous forme d'un modèle matriciel des principales variables décrivant l'état et la dynamique d'une population.

À chaque instant, cet état est d'abord décrit par une colonne vecteur n_i dont chaque élément correspond aux effectifs d'une classe d'âge. La transition du vecteur n_i au vecteur n_{i+1} s'effectue par une matrice de transition M, dite matrice de Leslie, selon la relation

$$n_{i+1} = n_i \cdot M$$

Dans la matrice M, sont figurées pour chaque classe d'âge les fécondités $f_1, f_2, \ldots f_k$ et les probabilités p_x pour un individu de la classe x au temps t de passer dans $x + 1$ au temps $t + 1$. Cette probabilité est directement liée à la mortalité dans la classe considérée.

$$n_1 = \begin{bmatrix} n_0,t \\ n_1,t \\ n_2,t \\ n_k,t \end{bmatrix} \quad M = \begin{bmatrix} f_0 & f_1 & f_2 & \cdots & f_{k-1} & f_k \\ P_0 & 0 & 0 & \cdots & 0 & 0 \\ 0 & P_1 & 0 & \cdots & 0 & 0 \\ \cdots & \cdots & \cdots & \cdots & \cdots & \cdots \\ 0 & 0 & 0 & \cdots & P_{k-1} & 0 \end{bmatrix}$$

Exemple de matrice de **Leslie** (explication dans le texte). (D'après Barbault, 1981, op. cit., p. 35)

lessepsienne(s), adj. ◆ **migrations** ~ (*lessepsian migrations*) : type d'invasion spécifique de la Méditerranée par des végétaux ou des animaux marins provenant de la Mer Rouge, et prenant son origine dans le percement du canal de Suez par F. de Lesseps en 1869 qui a mis en communication ces deux mers. L'ouverture de ce canal a introduit 200 à 300 espèces qui se sont essentiellement confinées au bassin oriental de cette mer. Il s'agit là d'une migration car ces introductions, d'origine subspontanée, résultent de l'emprunt de cette voie d'eau, de façon passive ou active selon le type d'organisme invasif considéré. (***Voir aussi Introduction, Invasion***)

lessivage, n. m. (*leaching*). **1.** Phénomène de dissolution et d'entraînement des particules insolubles propres aux dépôts foliaires ou sur les autres parties aériennes des végétaux. **2.** Désigne en pédologie un phénomène d'entraînement mécanique des fines particules d'argile et d'hydroxyde de fer par les eaux de gravité vers les horizons profonds d'un sol accompagné de la dissolution des fractions solubles sises dans les horizons supérieurs.
On distinguera de la sorte des horizons supérieurs (A) dits éluviaux, appauvris et décolorés et des horizons profonds (B), dits illuviaux, enrichis et partant colorés. (***Voir aussi Pédogenèse, Sol***)

lessivat, n. m. (*leachate*). Produit du lessivage des parties aériennes de la végétation ou des sols.

lessivé, adj. (*leached*). Qui a subi un lessivage. ◆ **sol** ~ (*leached soil*) : sol dont les horizons supérieurs ont subi un lessivage et qui est donc appauvri en nutriments minéraux. Les podzols constituent un exemple classique de tels sols.

lestobiose, n. f. (*lestobiosis*). Forme de vie parasitaire propre à des insectes sociaux dans laquelle une colonie d'une espèce de petite taille vit en commensale de celle de son hôte ou en prédatrice de ses larves.

létal(e), adj. (*lethal*). Qui est mortel. ◆ **concentration** ~ (*lethal concentration*) : désigne en toxicologie de l'environnement une concentration d'un polluant dans l'eau ou dans l'air qui provoque la mortalité de la population de l'espèce exposée. ◆ **dose** ~ (*lethal dose*) : dose mortelle d'un polluant ou d'un composé toxique volontairement ingéré (ou injecté). (***Voir aussi DL 50***) ◆ **gène** ~ (*lethal gene*) : gène qui provoque la mort des individus. Il s'agit de mutations d'un gène correspondant à une fonction physiologique essentielle.

Leucaena. n. sc. Espèce de légumineuse arborée tropicale actuellement très utilisée dans les opérations de reboisement dans les zones d'Afrique ravagées par la déforestation.

Leucocoprinus, n. sc. Genre de champignons Basidiomycètes symbiotes stricts de fourmis champignonnistes qui les cultivent dans des salles souterraines de leur colonie.

levée, n. f. (*levee*). Bancs surélevés d'origine naturelle ou digue artificielle construite sur les rives d'un fleuve.

◆ ~ **alluviale** (*natural levee*) : accumulation d'alluvions et parfois de matériaux plus grossiers, amenés sur les bords du lit majeur d'un fleuve par les crues exceptionnelles. Ce phénomène, lorsqu'il concerne des plaines d'inondation de faible dénivelée, conjugué à une forte charge sédimentaire, peut rehausser le lit de sorte que le fleuve finit par couler à un niveau supérieur à celui de la plaine d'inondation.

levure(s), n. f. (*yeast*). Ascomycètes unicellulaires, agents de nombreuses fermentations utilisées dans les industries agro-alimentaires.

Lexis, diagrammes de (*Lexis diagrams*). Diagrammes représentant la structure d'âge d'une population. On en distingue deux types.

– Le premier type correspond à une *analyse longitudinale* : celle-ci consiste à suivre une classe d'âge comptant arbitrairement à la naissance 1 000 individus. On figure, dans un système de coordonnées rectangulaires, en abscisse les dates anniversaires où sont effectués les dénombrements et en ordonnée les intervalles de durée constante correspondant à ces dates. On figure ensuite en abscisse le nombre d'individus existant à une date donnée et en ordonnée le nombre de morts pendant l'intervalle. Les intervalles correspondent à une période de durée choisie en fonction de la longévité potentielle de l'espèce.

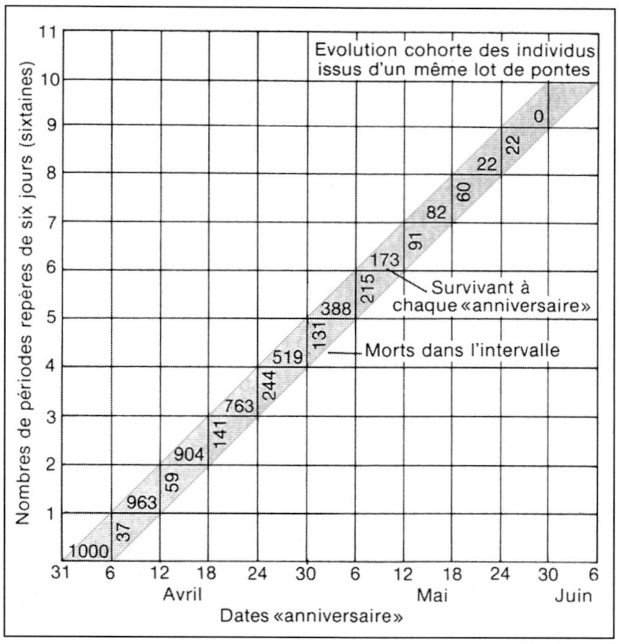

Diagramme de **Lexis** représentant l'analyse longitudinale d'une population de mouches domestiques. (D'après Ramade F., *Écologie fondamentale*, Ediscience international, 2e ed., 1994, p. 152)

– Le second type correspond à l'*analyse transversale* : celle-ci est pratiquée sur les espèces de grande longévité pour lesquelles il est impossible de suivre une classe d'âge de la naissance à la mort. Ici on prend un effectif déterminé et on représente verticalement le nombre d'individus de chaque classe d'âge et la mortalité pendant l'intervalle où ils sont suivis. (***Voir aussi Population***)

lézard(s), n. m. (*lizard*). Ordre de reptiles dénommés aussi sauriens dans lequel existe un grand nombre d'espèces, pour la plupart insectivores, et surtout propres aux régions tropicales du monde. (***Voir aussi Lacertiens***)

lianes, n. f. (*liana*). Végétaux ligneux grimpants qui jouent un rôle important dans la structuration verticale des écosystèmes de forêts pluvieuses tropicales. (***Voir aussi Forêts tropicales***)

Lias, n. m. Époque inférieure du Jurassique. Il s'étage entre – 203 et – 175 millions d'années.

liber, n. m. (*phloem*) (syn. : phloème). Tissu conducteur de la sève élaborée (celle qui renferme les produits de la photosynthèse) chez les végétaux vasculaires.

lichen(s), n. m. (*lichen*). Organismes primitifs résultant de la symbiose d'un champignon constituant le thalle de l'indi-

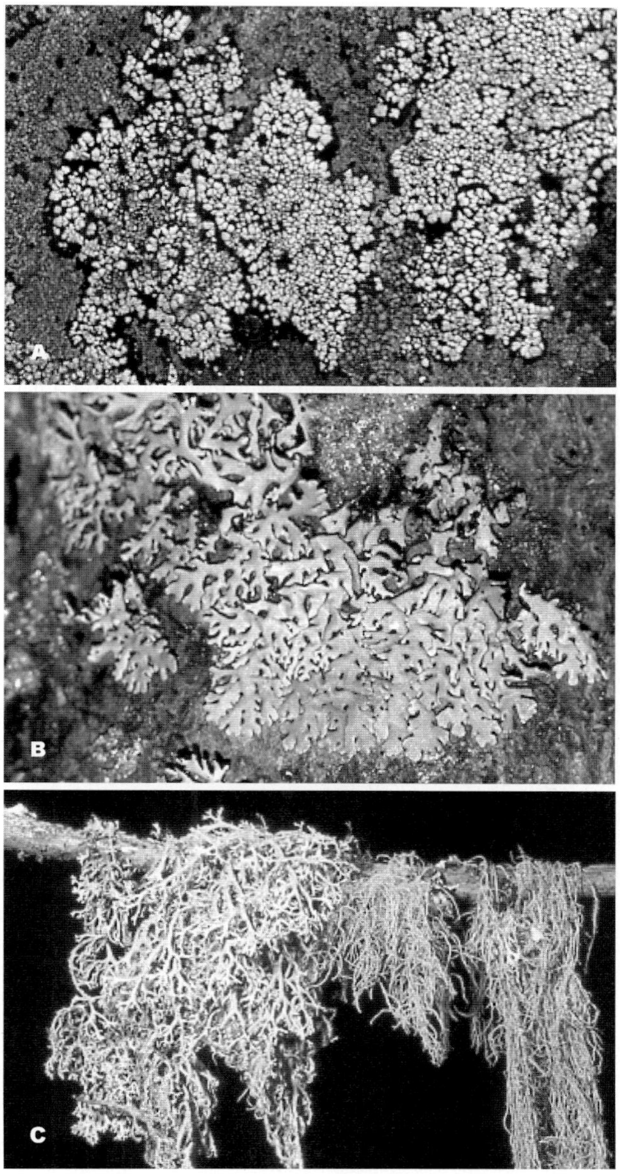

Principaux groupes de **lichens**. **A**. Crustacé (*Rhizocarpon sp.*). **B**. Foliacé (*Parmelia sp.*). **C**. Fruticuleux (*Usnea sp.*). (Cliché F. Ramade)

vidu, avec une espèce d'algue dénommée *Gonidie*, qui est soit une Cyanophycée (lichens gélatineux) soit une algue verte (Chlorophycée) pour les autres types lichénaux.

On distingue des lichens *crustacés*, au thalle aplati, des lichens *foliacés*, au thalle ayant l'aspect de feuilles, ces deux groupes comptant des espèces rupicoles ou corticoles, et des lichens *fruticuleux*, épiphytes, en touffes pendant aux troncs ou aux branches. D'autres espèces se présentent sous forme de touffes d'aspect dressé (*podetion*), telles les *Cladonia* qui croissent au sol. Plus de 20 000 espèces de lichens ont été déjà décrites.

Capables de se développer sur des substrats stériles grâce à une écophysiologie particulière qui ne les fait dépendre que des substances minérales nutritives présentes dans l'air et les précipitations, les lichens sont souvent des espèces pionnières des successions écologiques dans les biotopes terrestres. Ils constituent aussi du fait de cette écophysiologie particulière d'excellents bioindicateurs de pollution atmosphérique. **(*Voir aussi Bioindicateurs, Pollution,* SO_2)**

lichénicole, adj. (*lichenicolous*). Qui vit dans les lichens.

lichénique, adj. (*lichenose*). Désigne ce qui est relatif aux lichens.

lichénologie, n. f. (*lichenology*). Discipline dont l'objet est l'étude des lichens.

lichénométrie, n. f. (*lichenometry*). Méthode de datation des roches erratiques basée sur l'évaluation de la croissance des lichens crustacés qui les recouvrent.

lidar, n. m. (*lidar*). Instrument permettant d'analyser à partir du sol grâce à une technique de spectrométrie laser, la composition en gaz trace de la haute atmosphère.

lido, n. m. (*lido*). Bande sablonneuse émergée en permanence et quasi rectiligne qui se rencontre sur les côtes plates, en particulier en Méditerranée. Le lido est constitué par les dépôts sédimentaires apportés par des courants qui circulent en direction parallèle à la ligne des côtes. Il constitue souvent une barrière permettant l'établissement de lagunes littorales. **(*Voir Lagune, Littoral*)**

Liebig, loi de (*Liebig's law*). Dénommée encore *loi des facteurs limitants*, celle-ci stipule que la manifestation de tout processus écologique est conditionnée dans sa rapidité et son ampleur par celui des facteurs qui est le plus faiblement représenté dans le milieu.

Il s'agit en réalité d'une extrapolation de la loi du minimum, découverte par ce même auteur, qui avait démontré que la croissance d'un végétal n'est possible que si tous les éléments indispensables pour l'assurer sont présents en quantité suffisante dans les sols. **(*Voir aussi Facteur écologique*)**

lièvre, n. m. (*hare*) (n. sc. *Lepus sp.*) ◆ **~ variable** (*mountain hare*) (n. sc. *Lepus timidus*) : espèce de Rongeur lagomorphe propre aux zones arctiques et aux montagnes tempérées de la zone holarctique.

ligand, n. m. (*ligand*). Molécule ayant la propriété de fixer des cations métalliques. Dans les eaux naturelles, les ligands sont constitués à la fois par des molécules minérales et organiques, certaines de nature anthropogène. Alors que les ligands inorganiques sont relativement bien connus, les ligands organiques le sont seulement comme paramètres synthétiques. Cependant ces derniers jouent aussi un rôle important dans la complexation des cations métalliques dans les biotopes aquatiques. Ainsi, un acide aminé, le glycocolle peut s'associer avec le Fe^{3+} avec un maximum à pH 3,5, lequel correspond à celui de nombreuses tourbières acides.

ligne, n. f. ◆ **~ des arbres** (*tree line*) : limite septentrionale de la forêt boréale de Conifères. Les arbres y font brusquement place à la toundra, sans transition progressive, d'où le terme. La ligne des arbres marque aussi en montagne la limite supérieure de l'étage subalpin où les conifères disparaissent dans une zone marquée seulement par quelques dizaines de mètres, voire seulement quelques mètres de dénivelée. **(*Voir aussi Forêt, Taïga*)** ◆ **~ de côte** (*coastline*) (syn. : trait de côte) : limite supérieure de l'étage supra-littoral définie par le niveau extrême d'humectation atteint par les plus fortes marées de vives-eaux. Elle correspond donc à la ligne de démarcation entre les biotopes terrestres proprement dits et l'écotone continents-océans. ◆ **~ cotidale** (*cotidal line*) : lieu des points atteints au même moment à marée haute. ◆ **~ de crêtes** (*crest, ridge line*) : désigne en géographie physique les lignes reliant les points les plus élevés d'un massif montagneux ou d'un relief. ◆ **~ de partage des eaux** (*continental divide*) : ligne séparant deux bassins versants contigus. ◆ **~ électriques** (*power lines*) : le réseau de lignes électriques à haute tension (400 kV) soulève divers problèmes d'environnement. Les premiers tiennent en une possibilité de pollution physique liée à une éventuelle influence sur la santé des populations exposées aux champs électromagnétiques intenses émis par de telles installations. Jusqu'à présent, les recherches biologiques effectuées ne paraissent pas avoir mis en évidence d'effets significatifs. Néanmoins, la législation sur la distance des habitations à ces lignes – qui ne présente aucune contrainte en France sur ce point – est plus stricte dans d'autres pays, comme aux États-Unis par exemple.

Couloir de **lignes** à très haute tension (440 kV) près du poste de transformation de Villejust en région parisienne. (Cliché F. Ramade)

Le second problème environnemental lié à la présence de ces lignes n'est pas du domaine des pollutions mais de celui des nuisances esthétiques.

Enfin, un autre problème, lui de protection des espèces, tient en ce qu'elles provoquent une mortalité non négligeable dans les populations aviennes par suite de l'électrocution (malgré les progrès de conception récents des pylônes installés par EDF qui ont permis de diminuer l'incidence de ces accidents) ainsi que des collisions de grands oiseaux en migration (cigognes par exemple) lorsque la visibilité est réduite. (***Voir aussi Centrale***) ◆ ~ **de rivage** (*shoreline*) : ligne marquant la limite entre les eaux marines ou lacustre et les terres émergées de la zone riveraine. Elle fluctue en fonction du niveau des eaux.

lignée, n. f. (*lineage*). Série d'individus descendants par reproduction sexuée d'un ancêtre commun.

ligneux, adj. (*woody*). Désigne une plante qui renferme du bois dans ses organes. (***Voir aussi Végétation***)

lignicole, adj. (*lignicolous*). Désigne une espèce qui vit en surface ou à l'intérieur du bois.

lignification, n. f. (*lignification*). Dépôt de lignine dans les parois cellulaires de certains tissus végétaux.

lignifié, adj. (*lignificated*). Désigne des structures végétales ayant subi la lignification.

lignine, n. f. (*lignin*). Glucide de haut poids moléculaire qui est la substance constituant le bois.

lignite, n. f. (*lignite*). Dérivé fossile constitué par un mélange de carbone et d'hydrocarbures de haut poids moléculaire. Les dépôts de lignite se sont surtout formés à la fin du Secondaire et au début du Tertiaire. Il s'agit d'un combustible très polluant à cause de sa haute teneur à la fois en soufre et en hydrocarbures polyaromatiques hétérocycliques volatils.

lignivore, adj. (*lignivorous*) (syn. : xylophage). Espèce se nourrissant de bois.

Liliacées, n. sc. (*lilies*). Importante famille de Monocotylédones de l'ordre des Liliales comportant plus de 4 000 espèces de plantes herbacées vivaces, parfois arbustives (yuccas). Il s'agit en règle très générale de géophytes pourvues d'un bulbe ou d'un rhizome, particulièrement nombreuses dans les écosystèmes subtropicaux ou désertiques. On compte parmi les Liliacées de nombreuses plantes de cultures florales, lis, tulipes, jacinthes, muguet, parfois maraîchères (asperge).

Liliales, n. sc. Ordre de Monocotylédones de la sous-classe des Liliidées, comportant plus de 8 000 espèces de plantes pérennes, bulbeuses ou rhizomateuses, réparties en 15 familles de distribution cosmopolite.

Liliopsides, n. sc. (*Lliopsida*) (syn. : Monocotylédones). Classe d'Angiospermes réunissant l'ensemble des Monocotylédones. On la subdivise en 65 familles réparties en 5 sous-classes : les Alismatidées, les Arécidées, les Commélinidées, les Liliidées, et les Zingibéridées.

limicole(s). **1.** adj. (*limicolous*). Désigne une espèce inféodée aux biotopes sédimentaires vaseux propres aux milieux littoraux ou limniques. **2.** n. m. (*limicole*). Oiseaux des rivages autrefois incorporés dans l'ensemble hétéroclite des échassiers, qui appartiennent pour la plupart à l'ordre des Charadriiformes. Les chevaliers, les gravelots, les pluviers, les courlis, les bécasses par exemple sont des limicoles.

Barges à queue noire (*Limosa limosa*) dans un étang de la réserve naturelle de Camargue. Ces oiseaux, autrefois regroupés dans l'ensemble artificiel des échassiers, sont inféodés aux vasières propres aux eaux continentales ou littorales, d'où le terme général de **limicoles** par lequel on désigne les diverses espèces inféodées à de tels biotopes. (Cliché F. Ramade)

limimadicole, adj. (*limimadicolous*). Désigne des organismes vivant à la surface des limons d'un biotope aquatique dans une très faible épaisseur d'eau.

limitant(s), adj. **facteurs** ~ (*limiting factors*) : voir Facteurs écologiques, Liebig.

limite, n. f. ◆ ~ **des arbres** (*tree line*) : altitude ou latitude maximale au-delà de laquelle les arbres ne peuvent plus croître. On constate que cette dernière est généralement très brutale d'où le terme de ligne des arbres parfois utilisé par les écologues. ◆ ~ **de la croissance** (*limit to growth*) : voir Club de Rome. ◆ ~ **de concentration tolérable**: voir CMA. ◆ ~ **de tolérance** (*tolerance limit*) : limite de l'intervalle de tolérance pour un facteur écologique donné. (***Voir aussi Shelford***) ◆ **capacité** ~ **du milieu** (*carrying capacity*) : désigne l'effectif maximum atteint par une population connaissant une croissance de type logistique. (***Voir aussi Logistique***)

limivore, adj. (*limivorous*). Désigne une espèce d'Invertébrés aquatiques se nourrissant de limons.

limnétique, adj. (*limnetic*). Désigne ce qui se rapporte à la zone d'eaux libres propres à un lac ou à tout autre biotope limnique. ◆ **zone** ~ (*limnetic zone*) : région superficielle d'un biotope lacustre située au-dessus du seuil de compensation de la photosynthèse.

limnicole, adj. (*limnicolous*). Désigne une espèce vivant dans un lac.

limniculture, n. f. (*limniculture*). Aquaculture pratiquée dans des lacs ou des étangs naturels par opposition à celle pratiquée dans des bassins artificiels et d'eau courante. La limniculture du saumon est actuellement pratiquée à vaste échelle en Écosse et en Europe du Nord. ***(Voir aussi Aquaculture, Pisciculture)***

limnion, n. m. (*limnion*). Terme désignant l'ensemble des écosystèmes aquatiques d'eaux calmes continentales : lacs, étangs, marécages, etc.

limnique, adj. (*limnetic, limnic*). Désigne tout ce qui appartient aux milieux lacustres et autres biotopes lentiques d'eaux douces continentales.

limnobionte, n. m. (*limnobiont*). Organisme inféodé à des biotopes d'eau douce.

limnobios, n. m. (*limnobios*). Ensemble de la communauté peuplant un biotope limnique.

limnocrène, n. f. (*limnocrene*). Petite vasque sans déversoir formée par l'eau de débordement d'un torrent. Désigne aussi les sections du crenon pourvues de ces microbiotopes.

limnodophile, n. sc. (*limnodophilous*). Désigne toute espèce qui prospère dans des marais salants.

limnodophyte, n. f. (*limnodophyte*). Végétaux inféodés aux biotopes de marais salants. ***(Voir aussi Marais, Salant)***

limnologie, n. f. (*limnology*). Terme venant du grec limnos qui signifie lac, marais, et désignait initialement la science dont l'objet est l'étude de l'écologie des eaux lentiques, plus particulièrement lacustres. Le domaine couvert par la limnologie a été rapidement étendu à l'ensemble des eaux continentales, tant stagnantes que courantes. On considère qu'elle fut fondée au XIXe siècle par la magistrale monographie sur le lac Léman réalisée par le célèbre naturaliste et écologue suisse, F.A. Forel, qu'il publia entre 1892 et 1904. Cette discipline a pris au cours des dernières décennies une importance considérable par suite des problèmes croissants de dégradation des eaux et des ressources naturelles propres aux écosystèmes aquatiques continentaux.

limnologique, adj. (*limnological*). Qui se rapporte à la limnologie.

limnoneuston, n. m. (*limnoneuston*). Neuston propre aux biotopes limniques.

limnophile, adj. (*limnophilous*). Espèce qui se développe dans les biotopes lentiques d'eau douce : mares, étangs, lacs.

limnophilie, n. f. (*limnophily*). Propriété des espèces limnophiles.

limnophyte, n. f. (*limnophyte*). Plante aquatique propre aux eaux continentales dont les racines sont fixées dans la vase et les parties végétatives entièrement submergées (Characées, *Potamogeton*, *Myriophyllum*) ou encore dont les feuilles flottent à la surface (nénuphars, renoncules d'eau par exemple).

limnoplancton, n. m. (*limnoplankton*). Plancton inféodé aux lacs et autres écosystèmes lentiques.

limnopsammon, n. m. (*limnopsammon*). Psammon propre aux milieux benthiques des biotopes limniques. ***(Voir aussi Psammon)***

limon, n. m. (*loam*). Élément de base constituant la texture d'un sol ou d'un sédiment. Les limons sont des particules minérales dont la taille est comprise entre 2 μ et 20 μ. ***(Voir aussi Sol, texture des)***

limophage, adj. (*limophagous*). Espèce qui se nourrit de limons.

Linacées, n. sc. (*flax*). Dicotylédones Linales de la sous-classe des Rosidées, renfermant quelques centaines d'espèces surtout herbacées, souvent cyanogènes (par exemple le lin commun utilisé depuis longtemps en Europe pour ses fibres).

Lincoln, indice de (*Lincoln index*). Indice proposé par cet ornithologue pour avoir une évaluation de la densité d'une population d'oiseaux. Cet indice P est une estimation de l'effectif d'une population, dont le calcul est fondé sur la méthode des captures et recaptures. Si A est le nombre d'individus marqués lors d'une première campagne de capture, n le nombre d'individus capturés lors d'une seconde campagne dont a sont marqués, cet indice aura pour expression :

$$P = \frac{nA}{a}$$

(Voir aussi Bailey, Capture, Estimation)

lindane, n. m. (*lindane*). Composé organochloré doué des plus puissantes propriétés insecticides, isomère γ de l'HCH. Il représente en moyenne 16% en masse des isomères constituant l'HCH. Ceci conduit l'industrie du lindane à la production de quantités considérables de déchets chimiques qui soulèvent de graves problèmes d'élimination. Diverses affaires de pollutions clandestines par ces déchets ont été révélées en Europe au cours des dernières décennies.

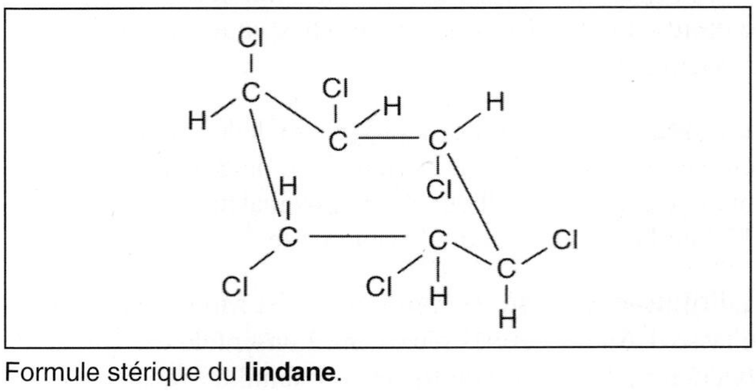

Formule stérique du **lindane**.

CL 50 du lindane pour divers organismes constituant les zoocoenoses aquatiques		
Position taxonomique (classe ou ordre)	**Espèce**	**CL 50 après 96 heures en mg/l**
Protozoaires ciliés	*Colpidium campylum*	10[(1)]
Crustacés cladocères	*Daphnia magna* *D. pulex*	1,25 0,46[(1)]
Crustacés décapodes	*Penaeus duorarum*	< 0,1
Insectes plécoptères	*Pteronarcys california*	0,005
Poissons	*Pimephales promelas* *Lepomis macrochirus* *Carassius auratus* *Lebistes reticulatus* *Oncorhynchus coho*	0,06 0,08 0,15 0,02 0,009

(1) CL 50 après 48 heures.

Le lindane a donné lieu à un vaste usage en tant qu'insecticide de contact en agriculture pour la désinsectisation des sols mais aussi pour la lutte contre les insectes phytophages en particulier en arboriculture et en céréaliculture, en riziculture et dans d'autres cultures industrielles. En France, les usages agricoles ont longtemps été de l'ordre de 15 000 t/an. Le lindane est aussi très utilisé dans la protection des bois ouvrés et dans la lutte contre divers vecteurs d'affections parasitaires des animaux domestiques (tiques par exemple).

Il est d'une toxicité aiguë moyenne, voire assez faible en comparaison d'autres insecticides faisant également l'objet d'un large usage. Sa DL 50 *per os* pour le rat est de 150 mg/kg. Il est doué de propriétés neurotoxiques. Il interfère avec la conduction synaptique en empêchant la libération des médiateurs de la conduction nerveuse par les vésicules présynaptiques, ainsi qu'avec la conduction axonique, en inhibant la synthèse des ATPases $Ca^{2+} - Mg^{2+}$.

Il a enfin été démontré que bien qu'à un moindre degré que d'autres isomères de l'HCH tels l'α et le β, le lindane possède des propriétés cancérogènes.

Malgré une persistance relativement faible pour un composé de ce groupe, son temps de demi-vie dans les sols étant compris en règle générale entre 6 et 18 mois selon la nature de ces derniers, il soulève quelques problèmes de toxicologie de l'environnement car il présente souvent une forte toxicité pour les Invertébrés aquatiques, voire pour les poissons (voir Tableau ci-dessus).

À des concentrations infralétales, il a été montré qu'il perturbe la croissance et la fécondité chez les Invertébrés. Il inhibe par exemple la transformation en adultes des nauplius de Crustacés Copépodes à des concentrations inférieures à 0,1 ppb.

Le lindane constitue un polluant très ubiquiste des sols et des eaux tant continentales que littorales. Il se détecte même dans des biotopes terrestres ou aquatiques fort reculés des hautes montagnes ou des zones subarctiques. À l'image d'autres composés organochlorés, il a même été détecté dans les neiges éternelles des zones polaires arctiques et antarctiques.

Certains aspects de sa toxicité à long terme pour l'homme ont été jugés assez sérieux pour qu'il ait été interdit en Amérique du Nord dès le milieu des années 1980 et en France... depuis seulement juillet 1998. (***Voir aussi HCH, Insecticides, Organochlorés***)

Lindeman, loi de (*Lindeman's law*). Cette loi décrit les mécanismes et le bilan du transfert d'énergie dans les chaînes et les réseaux trophiques. Elle a été dénommée quelque peu abusivement loi des 10% car, en règle générale, environ 10% de l'énergie accédant à un niveau trophique est disponible pour le niveau immédiatement supérieur dans un réseau trophique de consommateurs. (***Voir aussi Écosystème, Production, Respiration***)

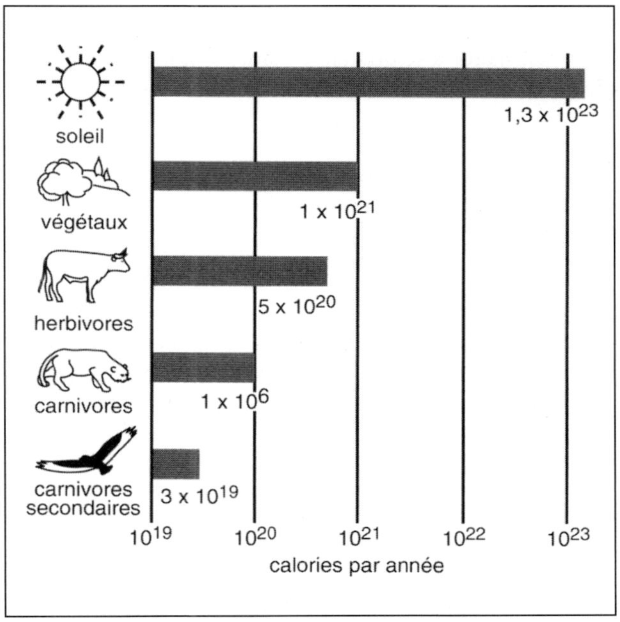

Représentation de la pyramide des énergies dans la biosphère illustrant la loi de **Lindeman**. Ce schéma figure la quantité totale d'énergie annuellement reçue par la biosphère et les quantités fixées par la biomasse aux divers niveaux trophiques : celui des producteurs (végétaux autotrophes), des herbivores, des carnivores de premier ordre et des carnivores secondaires. (D'après Cole, in *Man and the Ecosphere, Scient. Amer.*, Freeman, 1971, p. 14)

Linnaeus Carolus, Carl von (Linné, 1707-1778). Célèbre biologiste suédois qui inventa dans son *Systema Naturae* (1735), la nomenclature binomiale aujourd'hui encore utilisée en biologie pour désigner les espèces vivantes. Outre de considérables collections, il fut l'auteur de plusieurs ouvrages de taxonomie, dont il fit un grand nombre de rééditions très remaniées. Ainsi, la dixième édition de son

Systema Naturae (1758) a jeté les fondements de la nomenclature zoologique. De même, son *Genera Plantarum* (1735) donne les détails de son système de classification des plantes qu'il a parachevé en 1753 dans son *Species Plantarum* qui est son plus important ouvrage relatif à la systématique des plantes et dans lequel il a jeté les fondements de la nomenclature botanique. Ses collections et sa bibliothèque furent achetées après sa mort en 1788 par Sir James Smith, premier président de la *Linnean Society of London* à laquelle il les revendit en 1828.

linuron, n. m. (*linuron*). Herbicide du groupe des urées substituées très utilisé en céréaliculture.

lipophile, adj. (*lipophilous*). Désigne toute substance présentant une affinité pour les lipides et facilement soluble dans ces derniers.

lipophilie, n. f. (*lipophilicity*). Propriété caractérisant l'affinité d'un composé pour les lipides. On constate que, de façon générale, les substances organiques polluant les eaux présenteront une plus forte lipophilie et une plus faible hydrosolubilité. (***Voir aussi Hydrophobie,*** K_{ow})

liposolubilité, n. f. (*liposolubility*). Désigne l'aptitude d'une substance à se dissoudre dans les lipides. (***Voir aussi Hydrosolubilité,*** K_{ow}, ***Solubilité***)

Liquidambar. Nom scientifique d'un genre d'arbres de la famille des Hamamélidacées dont une espèce *L. styraciflua*, propre aux forêts orientales tempérées et chaudes des États-Unis, a été largement introduite dans de nombreuses régions du monde comme espèce ornementale.

Liriodendron, n. m. (*yellow poplar*) (n. sc. *Liriodendron tulipifera*). Dénommé tulipier, cet arbre de la famille des Magnoliacées constitue une espèce dominante des forêts tempérées chaudes de l'Est des États-Unis. Cette espèce représente avec les magnolias une relique des flores arcto-tertiaires qui remontaient à l'Oligocène jusqu'au Groenland et au Spitzberg.

lisier, n. m. (*manure*). Terme désignant plus particulièrement le fumier de porc mais parfois utilisé pour nommer les rejecta de l'ensemble des animaux domestiques. L'accumulation de lisier sur les aires d'élevages industriels (plusieurs milliers de porcs dans certaines installations par exemple) soulève de sérieux problèmes de qualité des eaux. Les élevages contribuent fortement à la pollution des eaux de surface et des nappes. Les fermentations anaérobies, en particulier lors du stockage du lisier, contribuent à la formation d'importantes quantités d'ammonium. L'oxydation ultérieure de ce cation dans les eaux polluées par le lisier conduit souvent à leur forte surcharge en nitrates et corrélativement en nitrites. De même, leur épandage sur les terres agricoles a atteint dans les zones d'élevage les limites de leur capacité d'absorption et soulève de redoutables problèmes de contamination des sols cultivés. (***Voir aussi Ammoniac, Azote, Nitrate***)

lisière, n. f. (*edge*). Frontière entre un écosystème forestier et un autre type d'écosystème terrestre. Il ne s'agit en réalité que d'une forme particulière d'écotone.

Une lisière crée une modification de biotopes qui prennent des caractères distincts à la fois de la forêt et de la prairie, par exemple, ou *a fortiori* du champ qu'elle limite. La lisière correspond en définitive à une clairière continue.

L'abaissement de la taille des arbres et leur espacement permet à la lumière d'atteindre les couches plus proches du sol d'où un développement de buissons et autres végétaux du sous-bois. (***Voir aussi Écotone***) ◆ **effet de ~** (*edge effect*) : ce terme désigne les particularités biocœnotiques propres à la zone limite entre deux écosystèmes dénommée écotone. Cet effet est marqué par l'existence d'une plus grande densité des populations et une plus grande richesse spécifique que celle propre à l'un ou à l'autre type des écosystèmes contigus. On peut distinguer un effet de lisière *direct* et un effet dit *indirect*.

Le premier est caractérisé par le fait que toute une série d'espèces utilisent les deux types de milieux que sépare la lisière, certaines pour nicher, d'autres pour se nourrir.

Le second résulte des particularités propres au biotope caractéristique que représente la modification de la forêt au voisinage de la lisière, la fragmentation de l'habitat forestier créé par la lisière devenant plus favorable à certaines espèces qui y trouvent une protection contre les prédateurs supérieure à celle qu'offre le milieu forestier. (***Voir aussi Écotone***)

lit, n. m. (*bed*). Terme désignant un dépôt stratifié de roches sédimentaires ayant une épaisseur supérieure à un centimètre et se distinguant des couches adjacentes par sa composition, sa structure et (ou) sa texture. (***Voir aussi Strate***) ◆ **~ bactérien activé** (*activated bacterial bed*) : substrat constitué par une couche de matériaux de forte granulométrie utilisé dans les méthodes de traitement biologique des eaux usées urbaines ou de tout autre effluent riche en MOF. Cette méthode consiste à oxygéner au maximum les effluents et à les faire écouler au travers de ces lits activés renfermant un « floc » bactérien, mélange d'espèces de micro-organismes sélectionnés pour leur pouvoir biodégradant des MOF et d'autres substances chimiques polluantes. ◆ **~ d'inondation** (syn. de plaine alluviale) : voir Hydrosystème, Inondation. ◆ **~ filtrant** (*filtering bed*) : dispositif d'épuration des eaux usées constitué par un matériau inerte perméable, graviers ou sables selon le cas. ◆ **~ fluidisé** (*fluidized bed*) : système de préparation des combustibles utilisé dans les centrales électriques fonctionnant au charbon. Il consiste à les pulvériser sous forme de fines particules que l'on mélange parfois à une poudre de dolomie ou de calcaire afin d'empêcher les émissions de SO_2. Les tubulures des générateurs de vapeur installées au centre des chambres de combustion abaissent la température de combustion. Ce procédé permet de réduire la pollution de l'air en permettant une meilleure combustion, ce qui diminue beaucoup l'émission de polluants en particulier d'hydrocarbures imbrûlés, les températures de combustion relativement basses réduisant par ailleurs celle d'oxydes d'azote. (***Voir aussi Pollution atmosphérique***) ◆ **~ glaciaire** (*glacier bed*) : fond de vallée occupé ou ayant été occupé par un glacier. ◆ **~ majeur** (*flood plain*) : ensemble de la surface d'un hydrosystème fluvial couverte par les eaux en période de crue. Elle correspond en fait, en sus du lit fluvial proprement dit, à l'ensemble de la plaine d'inondation et des autres biotopes connexes constituant l'hydrosystème fluvial. ◆ ~ **mineur** (*low water channel, stream channel*) : lit occupé en permanence par un cours d'eau.

lithification, n. f. (*lithification*). Processus biogéochimique conduisant à la formation de roches sédimentaires.

lithium, n. m. (*lithium*). Élément de numéro atomique Z = 3, de masse atomique Ar = 6,94. C'est le solide de plus faible densité connu. Il est susceptible d'être utilisé dans l'industrie nucléaire comme source d'énergie de fusion selon les réactions :

$$^{3}_{1}T + ^{2}_{1}D \rightarrow ^{4}_{2}He + \text{neutron} + 17{,}6\ \text{Mev} \qquad (1)$$

$$^{6}_{3}Li + \text{neutron} \rightarrow ^{4}_{2}He + ^{3}_{1}T + 4{,}8\ \text{Mev} \qquad (2)$$

(1) et (2), on obtient :

$$^{6}_{3}Li + ^{2}_{1}D + \text{neutron} \rightarrow ^{4}_{2}He + 22{,}4\ \text{Mev} \qquad (3)$$

lithodome, adj. (*lithodomous*). Désigne un organisme qui vit dans des cavités creusées dans des roches.

lithogenèse, n. f. (*lithogenesis*). Processus physicochimique conduisant à la formation des roches.

lithologie, n. f. (*lithology*) (syn. : pétrographie). Discipline qui étudie les roches.

lithophage, adj. (*litophagic*). Désigne des organismes qui érodent ou creusent des galeries dans les roches.

lithophile, adj. (*lithophilous*). Qui se développe dans des habitats rocheux.

Lithophyllum lichenoides, n. sc. Algue calcaire encroûtante qui forme en Méditerranée, sur les côtes rocheuses, des encorbellements naturels blanchâtres, dénommés « trottoirs », à la base des falaises marines abruptes, au niveau exposé aux vagues (mode dit « battu »). Seule la partie supérieure est constituée par les thalles de l'algue vivante, l'intérieur est fait des débris constituant une roche très résistante. Ces trottoirs sont très vulnérables à la pollution marine et régressent à l'heure actuelle sur la totalité du bassin.

lithophyte, n. f. (*lithophyte*). Plante croissant sur des roches.

Lithops, n. sc. (*stone-plant*). Genre de plantes succulentes appartenant à la famille des Aizoacées (ordre des Centrospermales) qui sont mimétiques de pierres, ce qui leur permet d'échapper à d'éventuels herbivores. Elles sont africaines pour la plupart et plus notablement inféodées aux déserts d'Afrique australe. **(*Voir aussi Aizoacées*)**

lithosère, n. m. (*lithosere*). Phase d'une succession commençant par la colonisation d'une roche-mère nue.

lithosol, n. m. (*litosoil*). Sol azonal squelettique dont les horizons supérieurs sont caillouteux et correspondent à une roche-mère à peine dégradée.

lithosphère, n. f. (*lithosphere*). Région superficielle de la croûte terrestre d'une vingtaine de kilomètres d'épaisseur constituée de roches solidifiées, sauf dans les zones d'intrusion du magma de l'asthénosphère. **(*Voir aussi Biosphère, Écosphère*)**

lithosphérique, adj. (*lithospheral*). Désigne ce qui se rapporte à la lithosphère.

Lithothamnion, n. sc. Algues encroûtantes calcaires se rencontrant dans l'étage infralittoral, par des fonds allant au-delà de 20 m. Elles constituent des microrécifs visibles à basses eaux, qui représentent des biotopes auxquels est associée une communauté particulière d'Invertébrés marins.

lithotrophe, adj. (*lithotrophic*). (syn. : minéralotrophe). Désigne les organismes capables de produire des substances biochimiques en tirant leur énergie de l'oxydation de substances minérales.

litière, n. f. (*litter*). Couche superficielle des sols des écosystèmes forestiers constituée par les feuilles mortes et autres fragments végétaux tombés au sol mais non encore décomposés par les micro-organismes. **(*Voir aussi Humus, Sol*)**

littoral, adj. et n. m. (*coastal zone*). Zone marquant la limite entre les biotopes continentaux et marins. La zone littorale est plus particulièrement soumise aux diverses causes

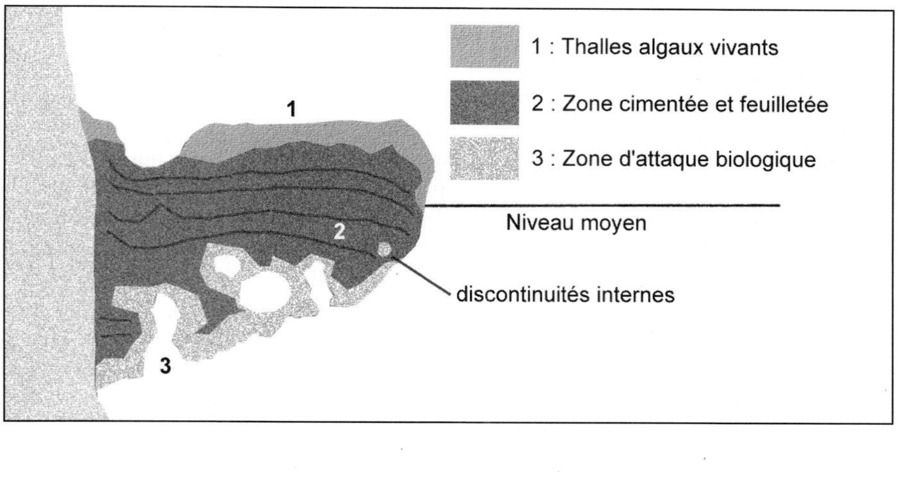

Schéma d'un « trottoir » d'algues à ***Lithophyllum lichenoides*** sur une côte rocheuse méditerranéenne. (D'après Laborel et al., op. cit., in Bellan-Santini, « Les biocœnoses marines littorales de la Méditerranée », Museum national ed., 1994, p. 91)

de dégradations anthropiques car de longue date industrie et habitats se concentrent en front de mer. ◆ **cordon ~** (*barrier beach*) : accumulation de matériaux détritiques à la partie supérieure de la zone de balancement des marées, dans l'étage supralittoral. **(*Voir aussi Marée*)** ◆ **conservatoire du ~ et des rivages lacustres** : organisation semi-publique française ayant pour mission d'acquérir des terrains littoraux ou riverains de biotopes aquatiques continentaux, présentant un intérêt écologique exceptionnel afin de les préserver de la promotion immobilière ou d'autres types d'aménagements destructeurs.

littorine(s), n. f. (n. sc. *Littorina*) (*periwinkle*). Genre de Mollusques pulmonés, dénommés vulgairement bigorneaux, propres à la zone de balancement des marées (étages supra- et médiolittoraux).

Livre(s) Rouge(s), n. m. (*Red Books*). Documents établis par des institutions internationales ou nationales spécialisées dans la conservation de la nature et de ses ressources dont l'objet est de recenser les espèces végétales et animales en danger.

Les premiers Livres Rouges ont été établis par l'UICN à partir des années 1960. Ultérieurement, cet organisme scientifique multilatéral a créé à Cambridge le CMC (*Conservation Monotoring Centre*) dont le rôle est entièrement consacré à l'évaluation du statut écologique des espèces vivantes menacées.

Les Livres Rouges distinguent en première approximation quatre états principaux dans le statut d'une espèce vivante. Le premier concerne les espèces non évaluées (NE) quant à la « santé » de leurs diverses populations ou pour lesquelles les données sont à ce sujet insuffisantes (DD = *deficient datas*). Le second concerne des espèces rares mais considérées comme exposées à un faible risque de régression (LR = *lower risk*). Un troisième groupe est constitué par les espèces menacées d'extinction que l'on peut subdiviser en trois sous-groupes : les espèces *vulnérables* (VU), dont les populations, même si elles peuvent être localement abondantes, sont déclinantes dans l'ensemble, les espèces *en danger d'extinction* (EN) et celles en danger immédiat d'extinction (CR = *critically endangered*) ; enfin, le quatrième groupe est constitué par les espèces éteintes – soit dans leurs habitats d'origine (EW = *extinct in the wild*) soit définitivement éteintes (Ex).

◆ **~ des animaux menacés** (*Red Book of Threatened Animals*) : ces livres rouges des domaines géographiques globaux et régionaux furent les premiers à être publiés. Ils ont initialement concerné les Vertébrés. Cependant depuis le début des années 1990, les Invertébrés en particulier les Arthropodes, font l'objet d'une plus grande attention. On sait en effet que c'est dans ces groupes qu'existent le plus grand nombre d'espèces vivantes appelées à disparaître au cours des prochaines décennies essentiellement par suite de la destruction des forêts pluvieuses tropicales. ◆ **~ des paysages** (*Red Book of Threatened Landscapes*) : au cours des années 1980, la prise de conscience de la vulnérabilité des paysages, systèmes complexes associant plusieurs écosystèmes modifiés par l'homme, s'est faite en région méditerranéenne. Cela a conduit Z. Naveh, un pionnier de l'écologie du paysage a créer un livre rouge des paysages méditerranéens en danger. ◆ **~ des plantes** (*Red Book of Threatened Plants*) : dès la deuxième moitié des années 1970, l'UICN a lancé un programme de recherche sur les plantes en danger. Cela s'est traduit par la publication en 1986 d'un premier ouvrage sur les plantes en danger. Dans sa « *Red list of Threatened Plants* » publiée en 1997, l'UICN inventorie 33 800 espèces sur un total de 270 000 plantes vasculaires connues actuellement de la science. De même, sur les 100 000 espèces d'arbres et d'arbustes décrites par la science, 21 000 sont considérées comme menacées dans sa « *World list of Threatened Trees* » publiée en 1998 **(*Voir aussi Biodiversité, Parc national, Protection de la nature*)**

livrée, n. f. (*livery*). Couleur du pelage d'un Mammifère, et éventuellement ornementation, du plumage d'un Oiseau ou encore pigmentation des téguments d'un Invertébré. ◆ **~ nuptiale** (*courtship livery*) : parure nuptiale des oiseaux que revêtent les mâles de nombreuses espèces au début de la période de reproduction. Cette dernière accentue le dimorphisme sexuel comme dans le cas des Chevaliers combattants.

lixiviat, n. m. (*lixiviates*). Effluent provenant du lessivage de matériaux naturels ou artificiels contenus dans les sols ou dans des décharges. Dans ce dernier cas, ils soulèvent de redoutables problèmes de contamination des nappes phréatiques tant au plan bactériologique qu'en ce qui concerne les pollutions chimiques.

lixiviation, n. f. (*leaching*). Phénomène pédologique qui résulte de la percolation des sols par l'eau. Au cours de son mouvement descendant, l'eau interstitielle des sols se charge d'éléments dissous de sorte que le lessivage provoque une perte d'éléments minéraux nutritifs dans les horizons supérieurs. Il s'ensuit à la fois une déperdition de cations et d'anions indispensables à la fertilité des sols et une décarbonatation.

Phénomène naturel, la lixiviation peut être par exemple accélérée par celui des pluies acides. Les sols dits lessivés (podzols par exemple) sont de ce fait généralement infertiles. **(*Voir aussi Sol*)**

Llanos, n. m. Type d'écosystème de formations herbacées propres à l'Amérique tropicale, couvrant d'importantes surfaces au Brésil et surtout au Venezuela, dans le bassin de l'Orénoque – où il donne son nom à une vaste province de ce pays. Les llanos correspondent à des savanes arbustives où le tapis graminéen couvre l'essentiel de la surface, la végétation ligneuse y étant peu abondante.

load on top, n. m. Procédé de nettoyage des cuves des pétroliers permettant d'éviter la pollution de l'océan par les tankers. Celui-ci consiste en une récupération des hydrocarbures qui flottent à la surface de l'eau de lavage en les stockant dans une cuve ainsi que l'eau souillée de pétrole en émulsion dans cette dernière. Ces résidus sont récupérés dans une station de dégazage située au port. **(*Voir aussi Pétrole*)**

loch, n. m. Nom écossais désignant un lac ou un fjord profond dans lequel pénètrent les eaux marines. Il s'agit, dans les deux cas, de structures géologiques résultant des glaciations.

lochmophile, adj. (*lochmophilous*). Qui vit dans des bosquets.

lochmophyte, n. f. (*lochmophyte*). Espèce végétale inféodée à des bosquets d'arbres.

locus, n. m. Emplacement précis où est localisé un gène donné sur un chromosome.

locuste, n. f. (*locust*). Nom vernaculaire aujourd'hui désuet d'un criquet migrateur, *Locusta migratoria*, qui représente une des plus redoutables espèces de ces insectes dans l'Ancien Monde. Le terme est aussi parfois utilisé au sens large pour dénommer tous les acridiens migrateurs.

loess, n. m. (*loess*). Sédiment périglaciaire constitué par des particules de limons et d'argiles morainiques apportées par le vent qui constituent des sols d'une très grande fertilité. Les loess se rencontrent en particulier de façon fréquente dans les plaines d'Europe atlantique et centrale ainsi que sur les plateaux du Nord-Est de la Chine.

loge, n. f. (*loculus*). Cavité presque fermée, naturelle ou creusée activement dans le substrat, dans laquelle se développe un Invertébré.

logette, n. f. (*loculus*). Enveloppe constituée en matériaux protéiques auxquels sont associées ou non des particules végétales ou minérales et dans laquelle s'abritent certains Invertébrés. Ainsi, chez les Insectes xylophages, on appelle logette de nymphose la cavité sphéroïdale creusée dans le bois qui renferme la nymphe. ***(Voir aussi Fourreau, Tube)***

logistique, adj. (*logistic*). ◆ **fonction** ~ (*logistic function*) : fonction mathématique qui décrit en particulier l'évolution dans le temps de la population d'une espèce vivante exposée à des facteurs limitants.

L'hypothèse logistique de croissance des populations suppose l'existence de facteurs limitants qui exercent une résistance réduisant son accroissement de façon proportionnelle à l'effectif.

Dans de telles hypothèses, on aura :

$$\mathrm{d}N = rN\left[\frac{(K-N)}{K}\right]\mathrm{d}t \qquad (1)$$

où K est l'effectif maximum que peuvent atteindre les effectifs de la population considérée compte tenu des ressources disponibles dans le milieu.

La solution de cette équation différentielle est l'équation de la fonction logistique :

$$N = \frac{K}{1+Ce^{-rt}} \qquad (2)$$

où :

$$C = \frac{K-N_0}{N_0} \qquad (3)$$

N_0 étant l'effectif initial, K, asymptote de la courbe, correspond à une valeur dénommée capacité limite du milieu.

La courbe représentative est dénommée *sigmoïde*. ***(Voir aussi Capacité limite, Population)***

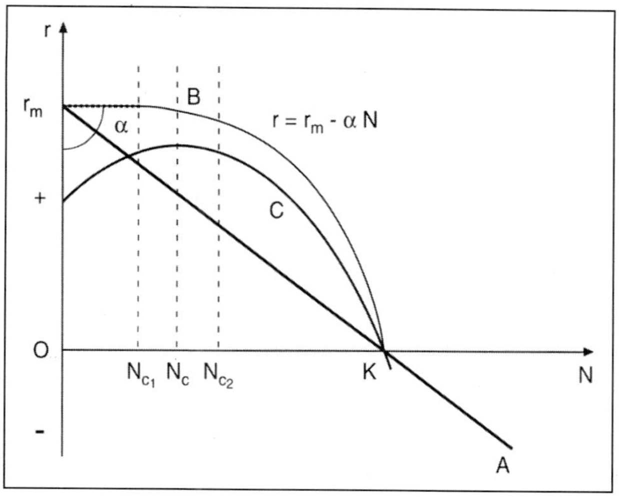

Hypothèses de base concernant les variations de la résistance du milieu en fonction du temps dans le cas d'une fonction **logistique** (A) et d'autres fonctions décrivant la variation des effectifs d'une population en fonction du temps et en présence de facteurs limitants. **A**. Hypothèse linéaire. **B**. La densité exerce un effet dépresseur croissant au-delà d'un effectif correspondant à une densité critique N_C. **C**. Cas où s'exerce un effet de groupe. Ici existe un effectif optimum N_{C2} au-delà duquel l'accroissement de densité présente un effet défavorable accentué (effet de masse classique). En revanche, en deçà de N_{C1}, l'effet de groupe stimule la croissance des effectifs.

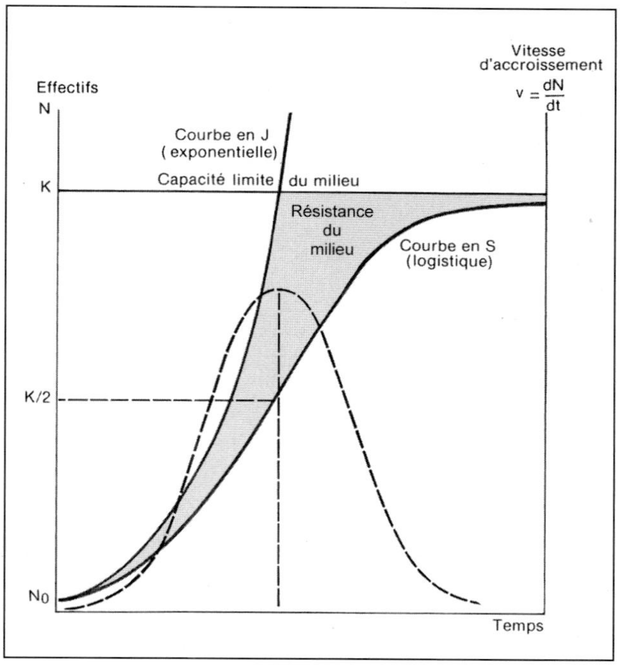

Courbe sigmoïde représentative de la fonction **logistique** et de sa dérivée (courbe en tirets). (K = capacité limite du milieu). (D'après Ramade F., *Écologie fondamentale*, Ediscience international, 2e ed., 1994, p. 163)

loi(s), n. f. ◆ ~ **écologiques** (*ecological laws*) : terme désignant des propriétés générales auxquelles répondent de façon obligatoire des entités biologiques de degré de complexité varié, depuis l'individu isolé jusqu'à la biosphère prise dans son ensemble. ***(Voir aussi l'entrée correspondante au nom de leur auteur ou du domaine concerné)***

Loire (*Loire*). Fleuve dont le cours est le plus long du système hydrographique français. Célèbre par la grande irrégularité de son débit, la Loire est depuis une trentaine d'années l'objet de divers projets d'aménagements technocratiques dont la conséquence serait de bouleverser totalement l'écologie de ce fleuve qui demeure aujourd'hui encore le moins perturbé de toute l'Europe occidentale. Les projets qui ont vu le jour dans les années 1980 impliqueraient en effet, s'ils étaient réalisés, de noyer entièrement les gorges de la Loire et de détruire quelques autres segments qui figurent parmi les rares vestiges d'écosystème fluvial non modifié par l'homme subsistant encore en Europe. ***(Voir aussi Fleuve)***

lombric(s), n. m. (*earthworm*). Annélides Oligochètes terricoles, dénommés vulgairement vers de terre, qui jouent un rôle primordial dans l'écologie des sols. Les lombrics interviennent de façon essentielle dans la transformation des matières organiques végétales mortes en humus. En effet, il s'agit d'organismes qui se nourrissent soit directement de litière (lombrics dits *anœciques*) ou de matière organique morte déjà fragmentée et mélangée au sol. Dans ce cas, les espèces qui la consomment doivent ingérer de grandes quantités de terre pour en tirer leur nourriture (lombric géophage).

Comme la biomasse de lombrics dans les sols est considérable, souvent supérieure à 500 kg/ha dans les pays tempérés, leur activité de brassage des sols est un processus écologique essentiel, les lombrics produisant en moyenne par hectare et par an une quarantaine de tonnes d'excréments. Ces derniers renferment de la matière organique non digérée mais qui se trouve sous un état très fragmenté favorisant l'action des bactéries humifiantes. Il a d'ailleurs été montré que les bactéries symbiotiques du tube digestif des lombrics jouent déjà un rôle important dans l'humification.

L'importance relative de l'activité des lombrics dans les sols va donc conditionner leur fertilité. Lorsque l'oligodrilofaune des sols est peu abondante (cas des sols acides), l'humus est mal dispersé et souvent non évolué, prenant une structure de moder ou de mor de fertilité plus faible ou négligeable.

La pollution des sols, en particulier par les pesticides, se traduit par une raréfaction des lombrics aux conséquences défavorables à leur productivité dans le long terme. ***(Voir aussi Sol)***

Lombricides, n. m. (*Lumbricida, earthworms*). Sous-ordre d'Annélides Oligochètes appartenant à l'ordre des *Haplotaxiana*, majoritairement terricoles, dénommés vers de terre, dont les lombrics sont les représentants les plus communs. Ils se différencient des autres Oligochètes par la présence de testicules portés par les Xe et XIe segments. On distingue une quinzaine de familles et plus de 3 000 espèces de Lombricides. Ils constituent les organismes édaphiques dominants. Leur biomasse est considérable tant dans les sols tempérés que tropicaux se chiffrant en centaines de kilos voire en tonnes par hectare. Il existe aussi des familles dulçaquicoles. ***(Voir aussi Lombric, Oligochètes, Vers)***

***Long Term Ecological Research Program* (*LTER*)**. Programme de recherche à long terme lancé par la *National Science Fondation*, fondation américaine ayant pour objet

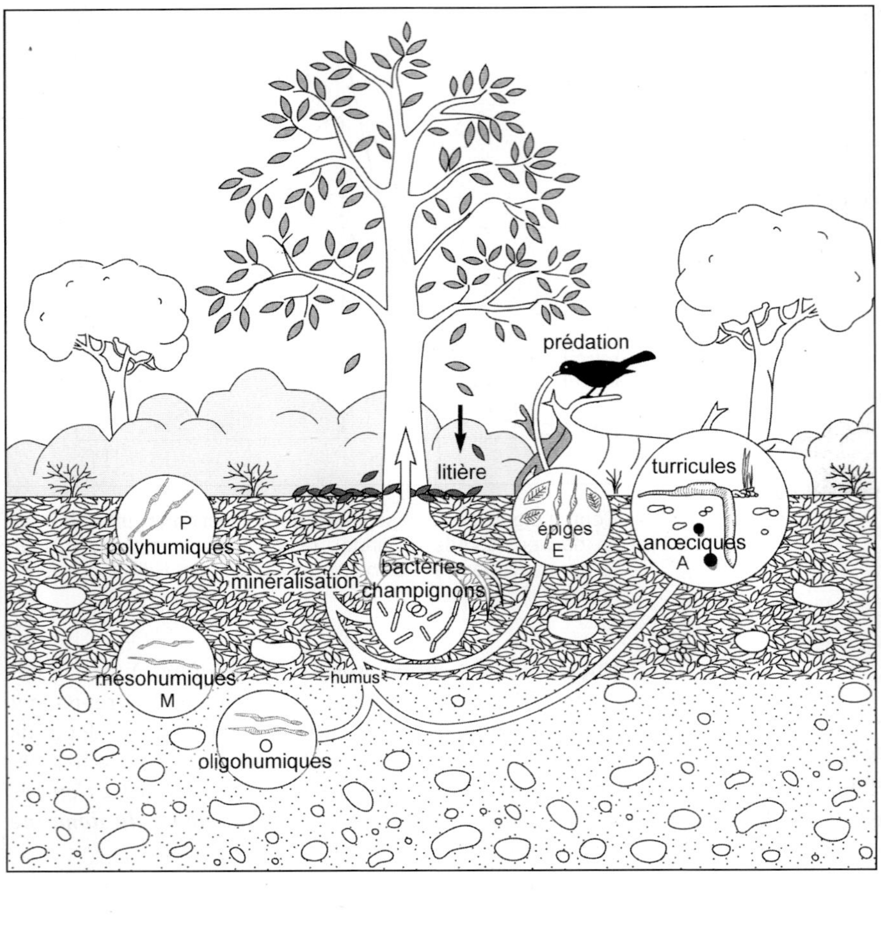

Rôle des divers types de **lombrics** dans la vie des sols. On distingue en particulier des espèces épigées (E) qui vivent près de la surface ; des espèces anœciques (A) qui amènent la matière organique de la surface dans les galeries profondes ; enfin des espèces endogées subdivisées en polyhumiques (P), mésohumiques (M), oligohumiques (O) qui vivent en permanence dans les couches du sol. (D'après Bouché M., in *La Recherche*, vol. 15, juin 1984, p. 800)

d'étudier sur une échelle spatio-temporelle étendue des phénomènes et des processus écologiques fondamentaux qui ne peuvent l'être dans les programmes usuels toujours limités dans l'espace et dans le temps (généralement à trois ou quatre ans). Le LTER comporte quelque 18 sites étagés entre l'Arctique et l'Antarctique dont plusieurs sites d'étude néotropicaux.

longévité, n. f. (*longevity*). Paramètre démoécologique qui caractérise la durée de vie d'un être vivant. La longévité potentielle est la durée de vie maximale que peut présenter une espèce. Celle-ci ne doit pas être confondue avec l'espérance moyenne de vie, notion statistique qui désigne la durée moyenne de vie que présentent à la naissance les individus de la population considérée. ***(Voir aussi Démoécologie)***

Lophodonte, adj. (*Lophodont*). Désigne un type de dents jugales, propres à des Mammifères herbivores, caractérisées par des tables d'usure allongées en forme de crêtes, qui se rencontre par exemple chez les tapirs ou les éléphants. ***(Voir aussi Bunodonte, Hypsodonte, Sécodonte, Sélénodonte)***

Lophophoriens, n. sc. (*Lophophorata*). Embranchement d'Invertébrés aquatiques réunissant un ensemble de cœlomates comportant deux cavités cœlomiques longitudinales et cloisonnées par des septa. On le divise en trois classes (parfois considérées comme des sous-phyla : les Bryozoaires Ectoproctes, les Brachiopodes et les Phoronidiens. ***(Voir aussi Bryozoaires)***

Loranthacées, n. sc. (*showy mistletoe*). Famille de Dicotylédones appartenant à l'ordre des Santalales comptant environ un millier d'espèces de plantes généralement épiphytes et semi-parasites, à feuilles persistantes. Trois espèces, dont le gui, en sont les seules représentantes en Europe occidentale. ***(Voir aussi Viscum)***

lotique(s), adj. (*lotic*) ◆ **écosystème ~** (*lotic ecosystem*) : désigne l'écosystème que constitue un cours d'eau pris dans son ensemble depuis les sources jusqu'à son embouchure. Ce type d'écosystème représente l'élément essentiel d'un ensemble plus complexe, comportant une mosaïque d'écosystèmes (= paysage) dénommé hydrosystème fluvial. ◆ **zonation des écosystèmes ~** : on peut distinguer quatre zones successives dans un écosystème lotique. La partie située en amont correspond à la zone de sources, et des torrents. La partie intermédiaire, celle des rivières, est de pente plus faible mais encore suffisante pour présenter des chenaux entrelacés divaguant au gré des crues en l'absence d'endiguement. La partie située en aval correspond au fleuve au sens strict, de pente faible, où se forment de nombreux méandres par suite de la lenteur du cours ; enfin, l'*estuaire* (ou le *delta*) constitue la zone d'écotone faisant la transition entre les écosystèmes lotique et océanique.

Au plan écologique, aux quatre zones hydrographiques précédentes correspondent en première approximation quatre types de biotopes auxquels sont associés divers habitats avec chacun une communauté particulière qui leur est strictement inféodée. Ces quatre types se caractérisent chacun au premier abord par la pente moyenne et la largeur du

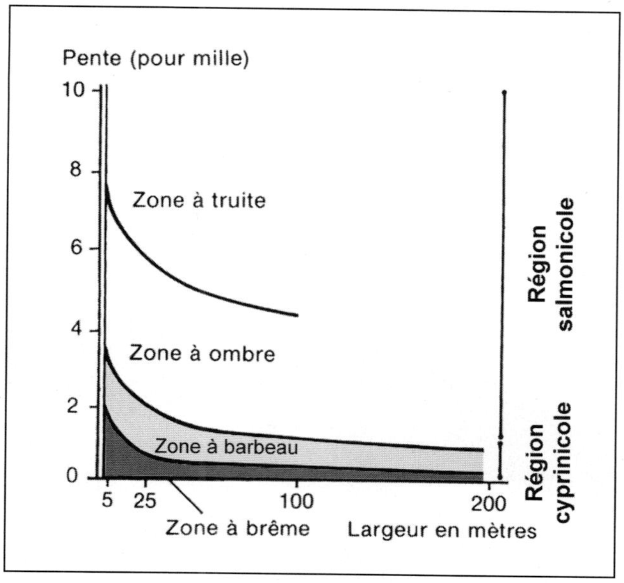

Diagramme de la zonation d'un écosystème **lotique** et des zones piscicoles afférentes. La zone à truites caractérise le crenon et une grande partie du rhithron, la zone à ombre la partie inférieure du rhithron et la partie supérieure du potamon, la zone à brème le potamon. (D'après Huet, in Décamps, *La vie dans les cours d'eau*, Coll. Que Sais-je ? PUF, 1971, p. 50)

cours d'eau, la première diminuant tandis que la seconde s'accroît en direction de l'aval. La partie située en amont du bassin versant, qui correspond à la zone de production, est dénommée *crenon*. Celui-ci constitue la zone de sources, de forte pente et de caractère torrenticole, dont les eaux sont sursaturées d'oxygène par suite de l'agitation. Cette zone est dite à truites au plan de sa faune piscicole spécifique, sa zoocœnose présente une rhéophilie, c'est-à-dire qu'elle possède une nette adaptation à la vie dans un courant intense. Sa limite inférieure correspond à des pentes de 8 à 5 ‰ selon la plus ou moins grande largeur du cours d'eau. Vient ensuite le *rhithron*, de pente plus faible, comprise entre 5 et 2 ‰ en fonction de la largeur, mais aux eaux encore bien oxygénées, qui correspond à la zone des rivières. Au plan piscicole, il comporte la partie inférieure de région salmonicole et à la limite supérieure de la zone à barbeau. Puis vient la zone du fleuve au sens strict, dénommée *potamon*, de pente faible, inférieure à 2 ‰ et dont les eaux sont moins oxygénées et souvent chargées en matières en suspension (limons et matière organique particulaire). Le potamon correspond à la région cyprinicole (zones à barbeau et à brème). On entre ensuite dans la section inférieure du cours d'eau, dite esturienne (ou deltaïque selon le cas) qui fait transition progressive avec le milieu marin. ◆ **fonctionnement des écosystèmes ~** : le fonctionnement des écosystèmes lotiques est fortement marqué par leurs échanges avec leur bassin versant. Ces derniers sont beaucoup plus intenses que dans les écosystèmes lacustres. Cela provient de l'aspect arborescent du réseau hydrographique qui augmente considérablement la surface des écotones situés à la limite entre biotopes aquatiques et terres émergées du bassin versant. Il en résulte d'importants échanges de nutriments minéraux et de matières organiques par suite de l'existence de flux bidirectionnels et transversaux en période d'inondation ou au contraire d'étiage. Bien que, dans l'ensemble, les apports trophiques soient positifs au niveau

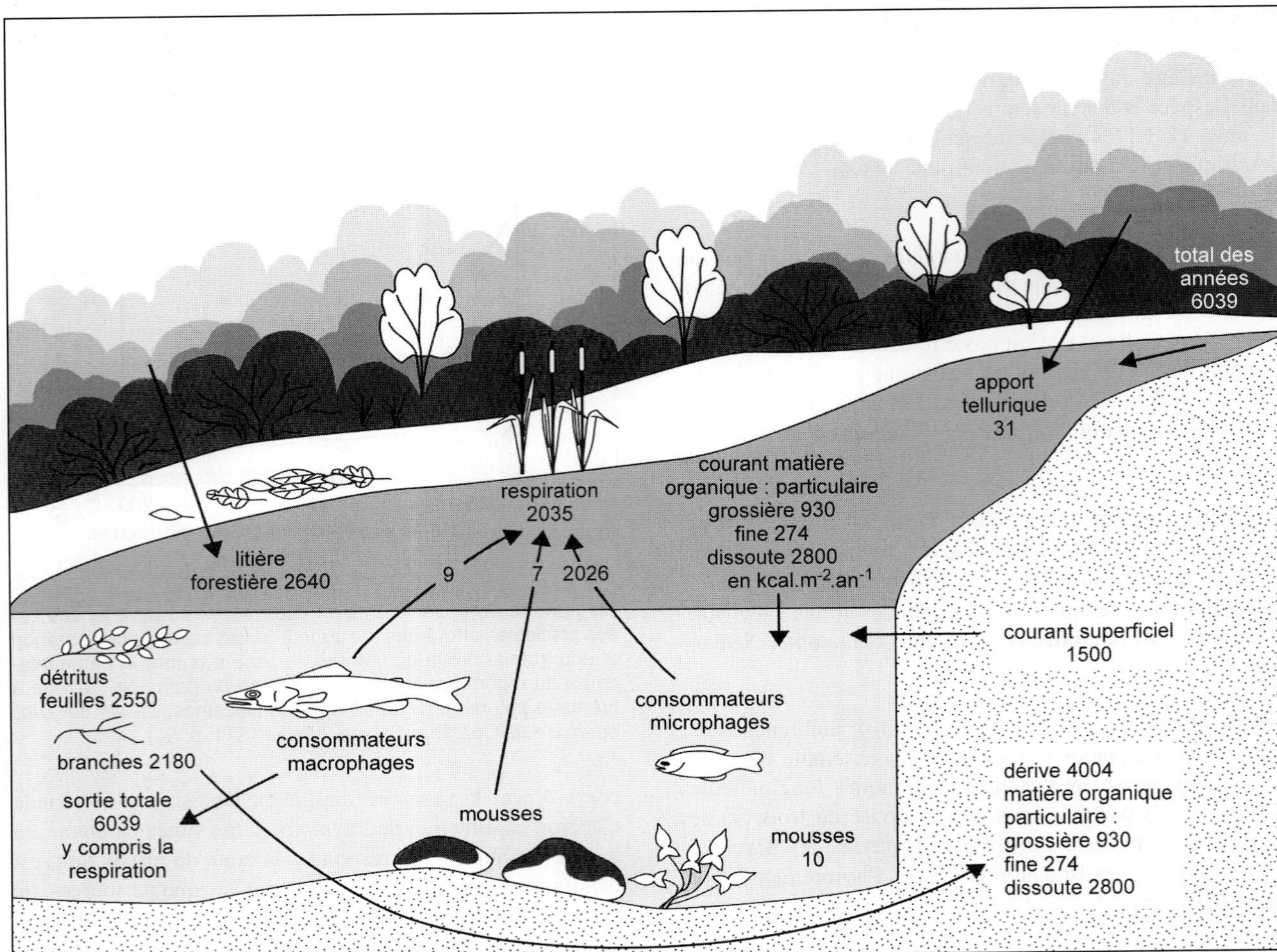

Flux de l'énergie dans un écosystème **lotique**. Les nombres figurent des kcal · m^2 · an^{-1} dans les principaux composants de la biocœnose du fleuve. (D'après Smith, *Ecology and Field Biology*, Harper Collins, 1996, p. 306)

du fleuve, ce dernier au moment des inondations transfère à l'opposé des matières minérales et organiques dans la plaine alluviale. Il en résulte, entre autres choses, l'existence de cycles biogéochimiques qui s'effectuent entre les écosystèmes lotiques et des écosystèmes terrestres qui les jouxtent, en particulier la forêt riveraine – mais aussi les biotopes situés au-delà de cette dernière dans la plaine d'inondation. Cela explique l'aspect spiralé du cycle de la matière qui passe alternativement de l'état minéral à l'état organique dans le sens du courant car les organismes morts libèrent des nutriments emportés par le courant sous l'action des décomposeurs. Mais par ailleurs, les liaisons entre le fleuve proprement dit et les zones riveraines de rétention (accumulation de sédiments lors des inondations, d'arbres et autres résidus, dans les bras morts, les diverticules et diverses autres zones de rétention sises dans la plaine d'inondation) accroissent le temps de résidence des nutriments. Tout ceci contribue finalement à fortement augmenter la productivité biologique de l'écosystème lotique au niveau de la zone potamique. En définitive, le bilan du flux de l'énergie dans un écosystème lotique va faire apparaître que l'essentiel de la production primaire est importé au travers des transferts de matières organiques des autres composantes du bassin versant vers l'eau fluviale. ***(Voir aussi Delta, Estuaire, Fleuve, Hydrosystème)*** ◆ **milieu, communauté** ~ (*lotic habitat, community*) : qualifie toute entité qui se rapporte aux eaux courantes. Les cours d'eau sont des écosystèmes lotiques par opposition aux eaux stagnantes qui, elles, correspondent à des écosystèmes lentiques. ***(Voir aussi Lentique)***

Lotka et Volterra, modèle de (*Lotka and Voltera model*). Modèle mathématique d'interaction entre les populations de prédateur et de proie qui fut historiquement le premier à être proposé de façon indépendante par ces deux mathématiciens.

Il est fondé sur des considérations simples, en particulier que le taux de prédation est constant quels que soient les effectifs.

Dans de telles conditions, si H est l'effectif de la proie et P celui du prédateur, il est possible d'écrire qu'en présence de proie, ou de prédateurs, les variations en fonction du temps seront du type :

$$\frac{dH}{dt} = (r_1 - k_1 P)H \qquad (1)$$

$$\frac{dP}{dt} = (-r_2 + k_2 H)P \qquad (1')$$

où k_1 mesure l'aptitude du prédateur à capturer la proie et k_2 l'efficacité de la prédation sur la croissance des effectifs du prédateur, r_1 et r_2 étant les taux intrinsèques d'accroissement de H et de P.

On déduit de ce système d'équations différentielles la relation suivante :

$$\frac{dH}{dP} = \frac{(r_1 - k_1 P)H}{(k_2 H - r_2)P} \qquad (2)$$

soit

$$r_2 \frac{dH}{H} - k_2 dH + r_1 \frac{dP}{P} - k_1 dP = 0 \qquad (3)$$

On trouve comme solution de l'équation différentielle (3) :

$$r_2 \log H - k_2 H + r_1 \log P - k_1 P = C \quad (4)$$

où C est une constante d'intégration.

La représentation graphique de cette expression est une famille de courbes elliptiques « concentriques », chacune correspondant à une valeur donnée de la constante C.

À chacune correspond un « centre » ou point d'équilibre de coordonnées : $H = r_2/k_2$ et $P = r_1/k_1$ valeurs obtenues en prenant (1) et (1') égales à 0.

Les droites d'abscisse r_2/k_2, parallèle aux ordonnées, et celle d'ordonnée r_1/k_1, parallèle aux abcisses, représentent respectivement l'isocline du prédateur et celui de la proie. La population de la proie augmente au-dessous de l'isocline et diminue au-dessus, celle du prédateur augmente dans le domaine situé à droite de la droite correspondante et diminue dans celui de gauche.

Le déplacement de l'équilibre se fait dans le sens des aiguilles d'une montre.

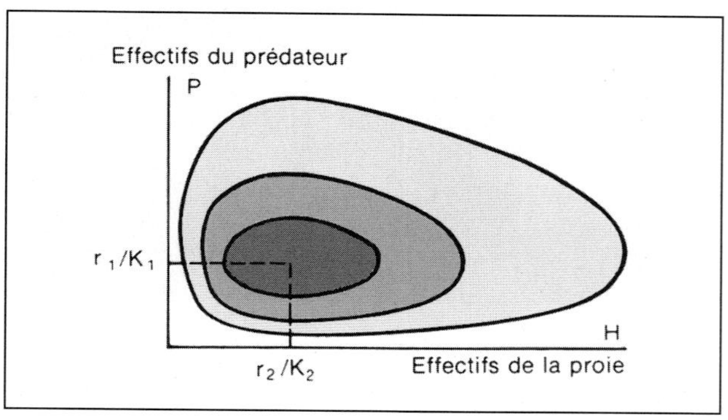

Courbes représentatives des équations de **Lotka et Volterra**. (In Ramade F., *Écologie fondamentale*, Ediscience international, 2e ed., 1994, p. 213)

Il est possible de calculer à partir de (1) et (1') les fluctuations des effectifs en fonction du temps. On trouve qu'elles sont cycliques et périodiques l'abondance de H et de P sont décalées en fonction du temps et correspondent à des oscillations entretenues.

Plusieurs lois peuvent être déduites de l'étude des équations de Lotka et Volterra :

– *Loi du cycle périodique* : elle stipule que les oscillations sont périodiques et décalées d'un quart de cycle, leur période a pour valeur :

$$T = \frac{2\pi}{\sqrt{r_1 r_2}}$$

– *Loi de conservation des moyennes* : elle précise que tant que les coefficients r_1, r_2, k_1, k_2 ne changent pas, les moyennes des effectifs restent constantes.

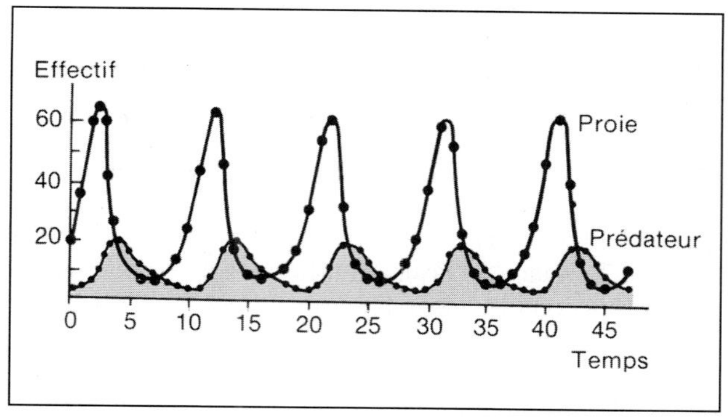

Fluctuation des effectifs en fonction du temps dans les équations de **Lotka et Volterra**. (In Ramade F., *Écologie fondamentale*, Ediscience international, 2e ed., 1994, p. 214)

– *Loi de perturbation des moyennes* : l'élimination en d'égales proportions de la proie et du prédateur favorise une augmentation de la moyenne du nombre d'individus de la population de la proie et une diminution de celle du prédateur.

Malgré ses nombreuses limitations (taux de prédation constant, absence de temps de latence qui rendent instables les oscillations), le modèle de Lotka et Volterra a eu le mérite de rendre compte quantitativement d'un certain nombre d'observations empiriques sur la dynamique de la relation prédateur-proie. (***Voir aussi Isocline, Prédation***)

loup, n. m. (*wolf*) (n. sc. : *Canis lupus*). Mammifère Fissipède, de distribution holarctique, qui est actuellement menacé dans la plupart de son aire de répartition géographique. Après avoir été éradiqué de France par l'usage d'appâts empoisonnés, cette espèce, protégée au niveau européen ainsi que par les conventions internationales de Berne et de Bonn, s'est réinstallée en France depuis le début des années 1990, à partir d'individus venus d'Italie, qui se sont initialement implantés dans le parc national du Mercantour. On estimait en 2001 sa population totale française à quelques dizaines d'individus dont à peine treize dans ce parc. On est donc en droit de s'interroger sur la polémique soulevée par la réinstallation de cette espèce dans notre pays quand on songe qu'il existe plus d'un millier de loups en Italie, près de 3 000 en Espagne et environ 400 au Portugal dont la surface est le 1/6e de celle de la France... Il est vrai que les comportements ataviques et les mentalités arriérées, propres à bien des groupes d'activité ou d'« intérêt » dont certains chasseurs constituent l'archétype – pour bien des domaines concernant le progrès de notre société, comme par exemple les injures « sexistes » à une Ministre –, font que notre pays s'est placé au banc de l'Europe pour tout ce qui concerne la protection de la nature... Cela s'est traduit récemment par une décision inscrite dans la récente loi sur la chasse (juillet 2000) prescrivant la destruction des loups pratiquement sur tout le territoire national à l'exception des parc nationaux... et encore. Cette décision conduira inéluctablement à la condamnation de notre pays par les instances européennes.

loutre(s), n. f. (*otter*). Mammifères aquatiques ichtyophages appartenant à la famille des *Lutridae*. Les loutres sont particulièrement vulnérables à la pollution des eaux comme en atteste leur considérable raréfaction en Europe occidentale où elles ont disparu de la totalité des cours d'eau, sitôt que leurs rives présentaient un début d'industrialisation. ◆ ~ **géante d'Amazonie** (*amazonian giant otter*) (n. sc. : *Pteronura brasiliensis*) : cette espèce qui peut atteindre 2,4 m de longueur est inféodée aux petites rivières du bassin amazonien, y compris celles du plateau des Guyanes (Guyana, Surinam et Guyane française). Elle est considérée aujourd'hui comme vulnérable malgré l'étendue de son aire d'extension.

Love Canal. Affaire de pollution ayant soulevé une grande émotion aux États-Unis au début des années 1980, quand il fallut évacuer dans l'état de New York près de Niagara, un important lotissement de maisons individuelles qui avaient été construites sur une ancienne décharge de déchets chimiques renfermant de fortes concentrations de dioxine. Il fut aussi montré que les poissons du lac Ontario et *a fortiori* du canal en question qui s'y déversait renfermaient de très considérables concentrations de TCDD.

Loxodonta africana, n. sc. Voir Éléphant.

lucicole, adj. (*lucicolous*). (syn. d'héliophile). Désigne une espèce croissant dans des habitats ouverts très ensoleillés.

lucifère, adj. (*luciferous*). Désigne une espèce vivante qui produit de la lumière (bioluminescente).

lucifuge, adj. (*lucifugous*) (syn. : photophobe). Désigne une espèce intolérante à la lumière, et se développant seulement à l'obscurité. Parmi les Insectes, l'ordre des Isoptères (termites) est entièrement constitué d'espèces lucifuges.

lucifugie, n. f. (*lucifugy*). Propriété des espèces lucifuges.

luciphile, adj. (*luciphilous*) (syn. : héliophile, photophile). Espèce exigeant un fort éclairement pour se développer. **(*Voir aussi Sciaphile*)**

luciphilie, adj. (*luciphily*). Propriété des espèces luciphiles.

Lumbricus terrestris. Nom scientifique du lombric commun. **(*Voir aussi Lombric*)**

lumen, n. m. (*lumen*). Ancienne unité de puissance lumineuse correspondant à la quantité de lumière émise par seconde et par unité d'angle solide d'un stéradiant par une source d'intensité lumineuse uniforme valant une bougie.

lumière, n. f. (*light*) ◆ ~ **solaire** : voir Solaire. ◆ **atténuation de la** ~ (*light attenuation*) : absorption de la lumière par le fluide qu'elle traverse. Ce phénomène est particulièrement important dans les biotopes aquatiques car l'eau absorbe fortement les radiations lumineuses. **(*Voir aussi Océan*)** ◆ **facteur** ~ : la lumière représente un facteur écologique essentiel puisqu'elle constitue la source même du flux d'énergie dans l'écosphère. Elle peut se diviser elle-même en deux composantes : son intensité et sa durée.
L'*intensité* de la lumière (luminosité) contrôle l'activité photosynthétique, laquelle représente un mécanisme fondamental qui assure la production de biomasse dans chaque écosystème continental ou marin.
La *durée* de l'éclairement au cours du cycle nycthéméral (photopériode) contrôle la croissance des plantes, leur floraison et aussi l'ensemble du cycle vital des espèces animales (maturation sexuelle, hibernation, diapause). **(*Voir aussi Éclairement, Flux solaire, Luminosité, Photopériode, Photosynthèse*)**

luminomètre, n. m. (*luminometer*). Voir Luxmètre.

luminosité, n. f. (*luminosity*). Désigne l'importance du flux lumineux dans une zone de l'écosphère ou dans un biotope donné. La luminosité, autrefois mesurée en lux, l'est actuellement en langley par minute. **(*Voir aussi Flux solaire, Lumière, Photosynthèse*)**

lupin(s), n. m. (*lupine*). Légumineuse qui croît en diverses zones de plaine ou des montagnes tempérées ayant une forte intensité de fixation de l'azote atmosphérique sous forme de nitrates.

Lupins (*Lupinus sericeus*) croissant sur des éboulis dans le parc national de Rocky Mountains au Colorado (États-Unis). (Cliché F. Ramade)

lusitanienne, adj. ◆ **province biogéographique** ~ (*lusitanian biogeographical province*) : province correspondant à la partie nord occidentale de la péninsule ibérique : partie centrale et septentrionale du Portugal et Galice en Espagne.

lutte, n. f. ◆ ~ **autocide** (*sterile male control*) : lutte consistant à libérer dans la nature des mâles stériles, ce qui empêche les femelles de produire des œufs fécondés. Cette méthode a été appliquée dans quelques cas avec succès en particulier contre la mouche de Curaçao, espèce qui cause une grave maladie parasitaire des bovins en Amérique. **(*Voir aussi Mouche*)** ◆ ~ **biologique** (*biological control*) : méthode de lutte contre les ravageurs des cultures ou des espèces vectrices d'affections pathogènes fondée sur l'usage d'espèces prédatrices ou parasites du ravageur considéré, ou encore de micro-organismes agents d'épidémies fatales à l'espèce considérée. Historiquement, le premier cas réussi de lutte biologique fut celui de l'introduction en

Californie, à la fin du siècle dernier, d'une coccinelle (*Rodalia cardinalis*) qui mit un terme à l'invasion des vergers d'agrumes par la cochenille australienne qui les ravageait. ◆ ~ **chimique** (*chemical control*) : terme désignant l'usage des pesticides dans la lutte contre les insectes ravageurs des plantes cultivées, les champignons vecteurs d'affections phytopathogènes ou encore les mauvaises herbes adventices des cultures. ◆ ~ **contre les ravageurs** (*pest control*) : procédé consistant à chercher à éliminer des espèces végétales ou animales provoquant des dommages économiques à l'agriculture ou l'élevage ou encore transmettant des affections parasitaires ou microbiologiques à l'homme. ◆ ~ **intégrée** (*integrated pest control*) : méthode de lutte permettant l'élimination des ravageurs dans les zones cultivées en ayant recours aux plus faibles quantités de pesticides. ***(Voir aussi Cochenille, Pesticides)***

lux, n. m. (*lux*). Ancienne unité de flux lumineux dont l'usage est aujourd'hui abandonné en climatologie, qui correspond à une intensité lumineuse d'un lumen par m^2.

luxmètre, n. m. (*luxmeter*). Instrument de mesure du flux lumineux.

luzerne, n. f. (*alfafa*) (n. sc. *Medicago sativa*). Légumineuse fourragère de très grande qualité nutritionnelle pour les animaux domestiques. La luzerne présente la particularité écologique de ne pouvoir être pollinisée par les abeilles. Seuls les bourdons et quelques autres espèces d'Hyménoptères pollinisateurs sauvages peuvent le faire, ce qui soulève le problème des traitements pesticides intempestifs. Ces derniers provoquent en effet une raréfaction de ces pollinisateurs. On est donc actuellement contraint dans certaines régions d'importer des bourdons afin de permettre la fécondation de cette plante! ***(Voir aussi Hyménoptères)***

Lycaenidae, n. sc. Famille de Lépidoptères Rhopalocères comportant de nombreuses espèces de papillons de taille petite ou moyenne, surtout inféodés aux écosystèmes tropicaux.

Les ***Lycaenidae*** peuvent pulluler en été dans certaines prairies alpines. Ici un *Agrodiaetus* (= *Lycaena*) *damon* (Pelvoux, parc national des Écrins, Hautes Alpes). (Cliché F. Ramade)

En zone tempérée, les *Lycaenidae* sont particulièrement abondants dans les clairières de l'étage subalpin et dans les prairies alpines. Beaucoup de *Lycaenidae* sont myrmécophiles, leurs larves se développant dans les colonies de fourmis où elles reçoivent des soins des ouvrières qui les alimentent. ***(Voir aussi Myrmécophilie, Rhopalocères)***

lycophytes, n. f. (*Lycophyta*). Végétaux de la classe des Lycopodes.

lycopodes, n. m. (*club mosses*). Cryptogames vasculaires primitifs, de port herbacé et souvent rampant, surtout abondants dans les régions tropicales orophiles. Les principaux groupes actuels sont représentés par les *Lycopodium*, et les Sélaginelles. Les forêts carbonifères étaient constituées d'arbres de grande taille de l'ordre des Lycopodes comme les *Lepidodendron*.

Lycopode (*Lycopodium clavatum*) croissant sur des laves encore récentes au sommet de la Soufrière (parc national de la Guadeloupe). (Cliché F. Ramade)

lycose(s), n. f. (*spider wolf*). Araignées errantes fréquentes en particulier en zone méditerranéenne, qui appartiennent à l'ordre des Mygales.

lygophile, n. m. et adj. (*lygophile, lygophilous*). Désigne une espèce animale qui vit dans des habitats ombragés ou encore dans la pénombre des biotopes obscurs – cavités par exemple. ***(Voir aussi Sciaphile)***

Lymantria dispar, n. sc. (*gipsy moth*). Espèce de Lépidoptères d'Europe tempérée, de la famille des *Lymantriidae*, dont les chenilles dévorent le feuillage de diverses espèces d'arbres à feuilles caduques et qui sont susceptibles de ce fait de causer des dommages à la sylviculture. Introduite de façon intempestive dans l'Est des États-Unis, cette espèce a provoqué une véritable catastrophe au début du XXe siècle dans les forêts de feuillus des États atlantiques de ce pays.

Lymantriidae, n. sc. Famille de Lépidoptères Hétérocères comportant plus de 2 000 espèces dont certaines sont de redoutables défoliatrices des forêts tempérées.

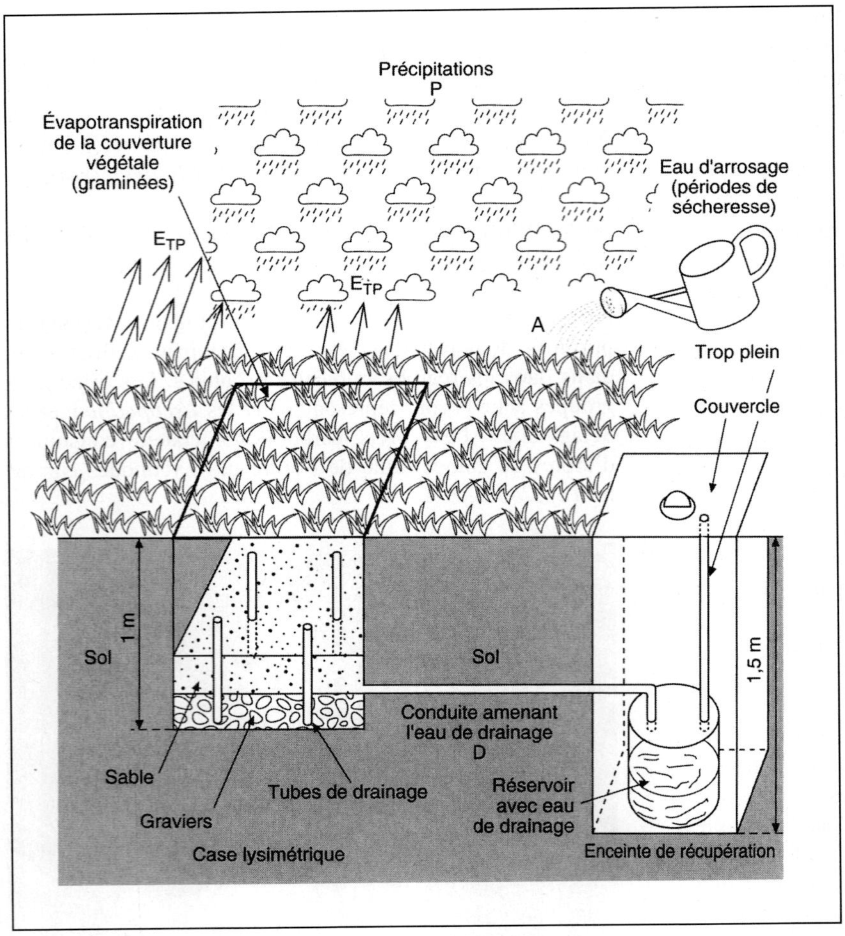

Schéma d'un dispositif de cases **lysimétriques** pour la mesure de l'évapotranspiration potentielle (E_{TP}) en un lieu donné. P = précipitation, D = drainage, A = quantité d'eau ajoutée par arrosage.

lynx, n. m. (*lynx*). Genre de Carnivores fissipèdes dont l'espèce européenne était dénommée loup cervier au Moyen-âge. Exterminé dans une grande partie de l'Europe, le lynx a fait l'objet de mesures de réintroduction en France depuis la fin des années 1970, mesures bien entendu contestées par les associations de chasse alors que l'espèce, dont les effectifs sont beaucoup plus importants en Suisse, ne semble y créer aucune difficulté autant pour l'élevage que pour la faune sauvage. ◆ **fluctuations des populations de ~ et de lièvre variable** : voir Fluctuation.

lysimètre, n. m. (*lysimeter*). Dispositif destiné à évaluer l'évapotranspiration. Il est constitué par des bacs renfermant plusieurs m^3 de sols plantés en une végétation herbacée, généralement de Graminées.

On arrose régulièrement la case en dehors des périodes de précipitations afin de maintenir les sols à la limite de la capacité de rétention hydrique (capacité au champ). Un dispositif étanche situé à la base des bacs recueille l'eau drainée. Connaissant l'apport d'eau par les précipitation P, la quantité d'eau ajoutée A et celle drainée, D, on obtient la quantité évapotranspirée Etp selon la formule :

$$Etp = (P + A) - D$$

Les lysimètres permettent aussi d'évaluer le comportement des polluants introduits par voie atmosphérique dans les sols.

lysimétrique, adj. ◆ **case ~** : voir Lysimètre.

lysocline, n. f. (*lysocline*). Zone océanique comprise entre 4 000 et 5 000 m de profondeur qui marque la limite entre les eaux où le carbonate de calcium est encore soluble et celles, plus profondes, où il est à saturation et précipite sous forme de calcaire.

MAB (*Man and Biosphere*). Programme scientifique d'échelle globale, développé par l'UNESCO à partir de 1973, dont l'objet a été d'étudier de façon plus précise les multiples modalités par lesquelles l'action de l'homme interfère avec la structure et le fonctionnement des divers compartiments de la biosphère. Dans le cadre du MAB, un réseau mondial de réserves de biosphère a été créé. Il a pour objet de conserver des échantillons représentatifs de la totalité des divers types d'écosystèmes existant tant en milieu terrestre que marin à la surface du globe. ***(Voir aussi Protection de la nature, Réserve)***

macareux moine, n. m. (*puffin*) (n. sc. *Fratercula arctica*). Oiseau de la famille des *Alcidae* qui vit en colonie sur les côtes maritimes où il nidifie en creusant des nids souterrains dans des sols en forte pente. ***(Voir aussi Alciformes)***

Macaronésie (*Macaronesia*). Région biogéographique constituée par un ensemble d'archipels de l'Atlantique Nord représenté par les Açores, Madère et les Canaries.

MacArthur ◆ distribution de ~ : type de distribution d'abondance qui suppose que la densité relative des effectifs de chaque espèce d'un peuplement est régie par une appropriation aléatoire des ressources, donc que celles-ci sont réparties au hasard dans l'espace.

Dans une telle hypothèse, si N est le nombre total d'individus de la communauté, S, la richesse spécifique totale, N_r, le nombre d'individus de l'espèce de rang r, les espèces étant classées par ordre d'abondance de la moins fréquente ($i = 1$) à la plus fréquente ($i = S$), dans ces conditions, la loi de distribution aura pour expression :

$$N_r = \frac{N}{S} \sum_{i=1}^{r} \frac{1}{(S - i + 1)}$$

Une représentation géométrique classique du modèle de MacArthur est celle du « bâton brisé ».

Elle suppose que l'hypervolume niche est symbolisé par une droite sur laquelle on projette les diverses espèces selon un segment dont la longueur sera proportionnelle à l'étendue relative de la niche écologique de chaque espèce. On fragmentera de la sorte l'axe ressources de la niche en répartissant les segments de façon jointive, en fonction de l'abondance relative décroissante des espèces qu'ils représentent.

Le modèle de MacArthur est caractéristique des peuplements dans lesquels toutes les espèces sont en compétition chacune excluant toutes les autres de la fraction de ressources qu'elle exploite, l'aptitude à la compétition de ces espèces étant elle-même distribuée de façon aléatoire.

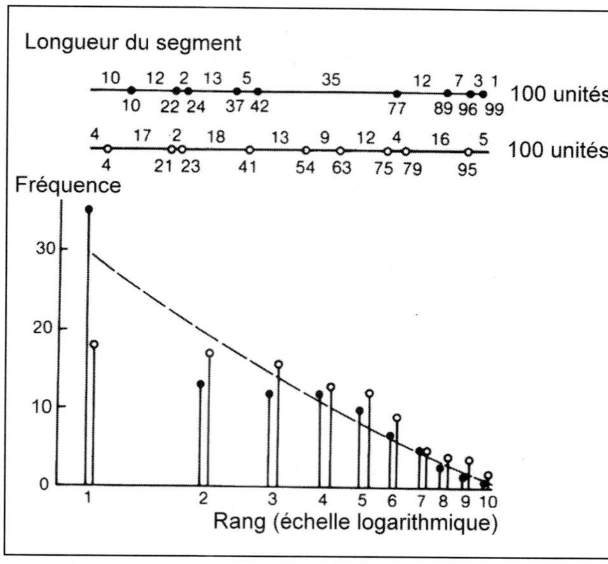

Schéma du modèle du bâton brisé de distribution d'abondance de **MacArthur**. L'utilisation de la ressource par *n* espèces est déterminée par *n* – 1 points situés au hasard sur la ligne. La longueur de chaque segment est proportionnelle à l'abondance de l'espèce concernée. Ici sont représentés deux exemples différents de modèles d'abondance relative (exprimée en pourcentage) de deux peuplements théoriques comptant chacun dix espèces (cercles noirs et cercles blancs). (D'après Rickleffs, op. cit., Ramade F., *Écologie fondamentale,* Ediscience international, 2e ed., 1994, p. 273)

◆ théorie des peuplements insulaires de ~ et Wilson : cette théorie des équilibres dynamiques des peuplements insulaires est fondée sur deux idées essentielles. La première postule que le peuplement des îles se fait par immigration en provenance du continent voisin, la seconde que les populations insulaires isolées connaissent un taux d'extinction important qui les conduit à disparaître en l'absence de renouvellement par émigration de propagules.

R. H. MacArthur et E. O. Wilson décrivent de la sorte la composition spécifique des peuplements insulaires comme

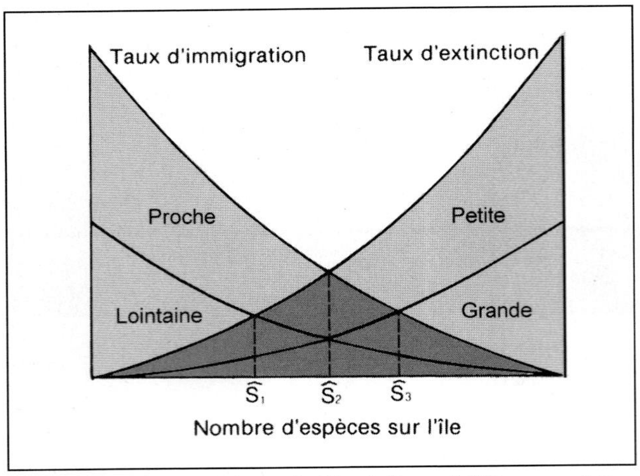

Courbe illustrant la théorie de **MacArthur** et Wilson : relation entre richesse spécifique (S) d'un peuplement insulaire, taux d'émigration et taux d'extinction. Le nombre des espèces peuplant une petite île proche d'un continent et de celles d'une île de grande taille qui en est éloignée sont équivalents et de valeur intermédiaire (S_2). (D'après MacArthur et Wilson, *Evolution*, vol. 17, 1963, p. 377)

le point d'équilibre des processus d'immigration et d'extinction.

Le taux d'émigration *I*, lié à la surface et à la proximité du continent va diminuer au fur et à mesure que de nouvelles espèces coloniseront l'île, saturant les niches écologiques disponibles :

$$I = \mu\ (S - S_T) \qquad (1)$$

où *S* est le nombre d'espèces déjà installées, S_T celui des espèces potentiellement migrantes et μ une constante.

Le taux d'extinction *E* sera d'autant plus important que la surface *S* de l'île sera plus faible. Il est contrôlé par un coefficient λ :

$$E = \lambda\, S \qquad (2)$$

Le nombre d'espèces constituant le peuplement de l'île à l'équilibre S_e déduit des relations (1) et (2) aura pour expression :

$$S_e \left[\frac{\omega}{(\lambda + \mu)} \right] S_T \qquad (3)$$

La théorie de MacArthur et Wilson rend compte également de la vitesse à laquelle s'effectue le peuplement des espèces insulaires. Elle donne une explication de l'augmentation de la richesse spécifique à proximité d'un continent ou en fonction de la surface d'une île.

Enfin, cette théorie s'applique aux îles continentales en remplaçant la courbe d'émigration par celle de spéciation, l'apparition de nouvelles espèces dans une communauté isolée diminuant au fur et à mesure que la richesse spécifique de la biocœnose s'élève. Le point d'équilibre sera atteint quand vitesses de spéciation et d'extinction seront égales.

Malgré toute la valeur de cette théorie et les apports qu'elle a pu faire à l'explication de l'origine des peuplements, elle présente un certain nombre de points contestables, essentiellement liés au fait qu'elle est fondée sur des hypothèses par trop simplificatrices et trop générales.

Ses principales imperfections tiennent aux points suivants :

– elle ne prend pas en considération les densités respectives des espèces,

– elle met toutes les espèces à égalité quant à leur probabilité de colonisation,

– elle ne tient pas compte de l'histoire des peuplements au sens paléoécologique,

– enfin, elle ne tient pas compte des particularités du milieu insulaire dans leur influence sur l'évolution des populations qu'il abrite.

Néanmoins, elle peut être acceptée comme valide en première approximation et peut donner des indications intéressantes dans le domaine de la mise en œuvre de la conservation de la biodiversité.

mâchefer(s), n. m. (*slag, clinker*). Résidus provenant de diverses activités métallurgiques ou de chimie lourde produits alors par pyrolyse de diverses substances. Selon leur composition chimique en éléments toxiques, certains mâchefers doivent être gérés comme des déchets chimiques et ne peuvent être utilisés dans les travaux publics comme cela s'est hélas observé par le passé en France où des mâchefers renfermant des concentrations non négligeables de chrome hexavalent ont été par exemple utilisés pour la construction de remblais d'autoroutes. ◆ **~ d'incinération d'ordures ménagères** : voir MIOM.

maçonne(s), adj. ◆ **abeilles ~** (*mason bees*) : Hyménoptères *Apoidea*, appartenant surtout aux familles des *Osmiidae* et des *Megachilidae*, qui construisent un nid avec de la boue séchée constitué de cellules juxtaposées dans lesquelles ces insectes déposent un œuf sur une réserve de miel et de pollen. En Europe occidentale, le Chalicodome (*Chalicodoma muraria*) en est un représentant très répandu. ◆ **guêpes ~** (*mason wasps*) : Hyménoptères Vespiformes, appartenant à plusieurs familles en particulier à celle des *Sphegidae* (pélopées par exemple) et surtout des *Eumenidae*, qui construisent un nid analogue à celui des abeilles maçonnes. Chez les *Eumenidae*, le nid est de forme sphéroïdale et attaché par un pédoncule au substrat. Ici, les proies paralysées sont disposées dans une loge dans laquelle la femelle pond un œuf; la larve s'y développera en dévorant l'une après l'autre les proies.

macrobenthos, n. m. (*macrobenthos*). Organismes de taille supérieure à 2 mm qui constituent le benthos dans les écosystèmes aquatiques.

macroclimat, n. m. (*macroclimate*). Climat propre à de vastes régions correspondant à l'échelle des sous-continents et définissant donc les conditions météorologiques générales qui caractérisent les grandes zones climatiques du globe.

macrocosme, n. m. (*macrocosm*). Dispositif de grande dimension spatiale, pouvant correspondre à un fragment étendu d'un écosystème naturel, utilisé en écologie et écotoxicologie expérimentales. En réalité, l'échelle spatiale des macrocosmes utilisés par les divers laboratoires ou équipes entreprenant ce type est assez étendue de sorte que la distinction entre ces derniers et les mésocosmes par essence plus réduits est difficile à établir. (***Voir aussi Échelle, Mésocosme, Microcosme***)

Macrocystis pyrifera, n. sc. (*giant kelp*). Algue brune géante, dont les thalles peuvent avoir plusieurs dizaines de mètres de long, qui croît sur les côtes des zones tempérées de la totalité du pourtour de l'océan Pacifique.

Thalles de ***Macrocystis pyrifera*** émergeant sur la côte de l'Ile du Sud, réserve de Kuma Kuma, près de Dunedin, en Nouvelle-Zélande. (Cliché F. Ramade)

macroécosystème(s), n. m. (*macroecosystem*). Types d'écosystèmes occupant de vastes étendues géographiques, à l'échelle de sous-continents, voire de continents entiers : le Sahara, la « prairie » nord-américaine correspondent à des macroécosystèmes. Les biomes représentent les communautés d'êtres vivants inféodées à ces macroécosystèmes. (***Voir aussi Biome, Biosphère, Forêt, Savane, Steppe, Toundra***)

macroévolution, n. f. (*macroevolution*). Évolution à l'origine de l'apparition des embranchements et des groupes taxonomiques majeurs, par opposition à la microévolution qui conduit à l'apparition des espèces.

macrofaune, n. f. (*macrofauna*). Ensemble des animaux de taille supérieure au millimètre existant dans une biocœnose ou une aire géographique déterminée. (***Voir aussi Microfaune***)

macroflore n. f. (*macroflora*). Ensemble des végétaux de taille supérieure au centimètre existant dans une phytocœnose ou une aire géographique déterminée. (***Voir aussi Microflore***)

macro-invertébrés, n. m. (*macroinvertebrates*). Terme utilisé par les écologues terrestres et surtout par les limnologues pour désigner la faune d'invertébrés de grande taille présents selon le cas dans les sols ou dans les eaux continentales. Les peuplements de macro-invertébrés sont utilisés pour évaluer la qualité des eaux superficielles par suite de leurs propriétés bio-indicatrices plus particulièrement au travers de l'évaluation des indices biotiques. (***Voir aussi Bioindicateurs, Indice biotique***)

macronutriment, n. m. (*macronutrient*). Élément ou sel minéral nutritif constituant une proportion importante de la nutrition minérale des végétaux.

macrophage, adj. (*macrophagous*). Qualifie un organisme dont le régime alimentaire est constitué par des particules de grande taille.

macrophagie, n. f. (*macrophagy*). Alimentation de type macrophage.

macrophylle, adj. (*macrophyll*). Désigne une plante dont les feuilles ont plus de 25 cm de long et une surface comprise entre 18 cm^2 et 164 cm^2.

macrophytes, n. m. (*macrophytes*). Végétaux de grande taille, tant cryptogames que phanérogames, qui croissent dans la zone littorale des écosystèmes aquatiques.

Dans les eaux marines de la zone néritique, les macrophytes sont essentiellement représentés par des Thallophytes, Chlorophytes (algues vertes), Rhodophytes (algues rouges) et surtout par de grandes algues brunes (Phéophytes). Cependant, on rencontre aussi en milieu marin côtier d'autres macrophytes qui sont des phanérogames monocotylédones appartenant à l'ordre des Hélobiales, dont plusieurs familles sont marines, telles les Zostéracées (*Posidonia, Zostera*).

Écotopes et formes dominantes de **macrophytes** qui leur sont associées dans la zone riparienne d'étangs tempérés. (E = emménophytes, H = hélophytes, P = pleustophytes, R = rhizophytes). (D'après Henjy et Husak, in Pieczynska, op. cit., 1990, p. 108)

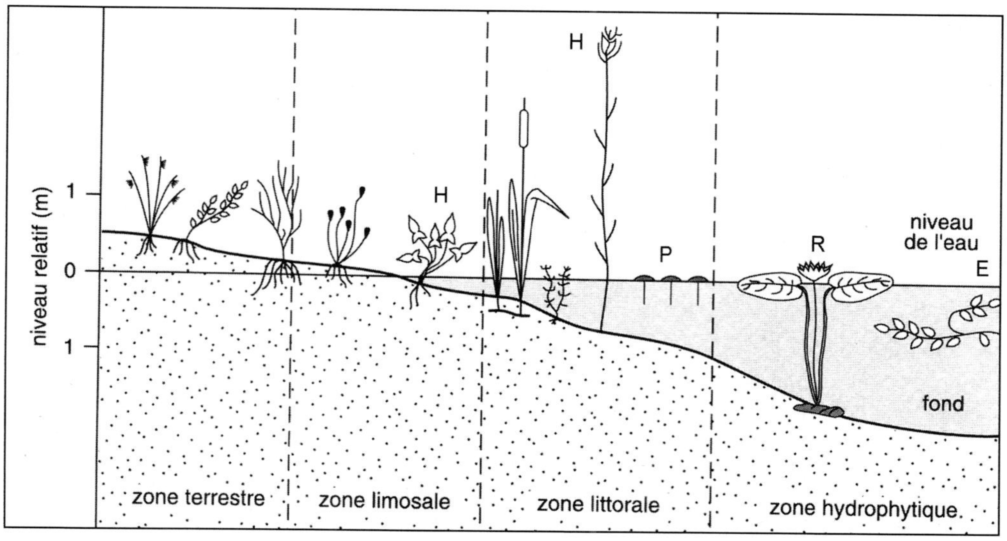

Dans les écosystèmes limniques continentaux, il existe une importante diversité de macrophytes appartenant à des groupes systématiques variés : Thallophytes, Bryophytes, Characées et Angiospermes aquatiques, auxquelles s'ajoutent dans les écosystèmes limniques tropicaux certains Filicophytes. Dans les régions tempérées de l'hémisphère boréal, les roseaux (Phragmites, *Typha*), les scirpes, les nénuphars, les renoncules d'eau, ou encore les cératophylles constituent quelques exemples de macrophytes communs et dominants des hydrophytocœnoses de ces biotopes limniques.

◆ **principaux types de ~** : dans les écosystèmes limniques, on distingue plusieurs types de macrophytes en fonction de leur adaptation à un type d'écotope donné. Si l'on considère leur position dans la zone riparienne, en se déplaçant des parties les plus élevées vers les eaux libres, on rencontre successivement deux grandes catégories de macrophytes : les amphiphytes, également dénommés hélophytes, qui englobent l'ensemble des plantes amphibies et les hydrophytes regroupant les espèces qui croissent en pleine eau.

Parmi les principaux ***amphiphytes***, on peut citer les *Typha*, *Phragmites* (roseaux), les scirpes, les papyrus, les prêles aquatiques, les joncs, les sagittaires, etc.

Parmi les ***hydrophytes***, on distingue :

– les rhizophytes, plantes fixées au substrat (sédiment ou fond d'une autre nature minéralogique), à feuilles flottantes avec ou non présence de feuilles submergées : lotus, nénuphars, *Nymphea*, *Potamogeton natans, Victoria* par exemple.

– les emménophytes, plantes intra-aquatiques, entièrement submergées, dépourvues d'organes de flottaison, comme les *Myriophyllum*, *Najas*, et divers *Potamogeton*, etc.

– les pleustophytes, plantes libres, non enracinées, flottantes à la surface de l'eau, parmi lesquelles on peut citer les lentilles d'eau (Lemnacées), les jacinthes d'eau (*Eichornia*), les *Salvinia*, etc. ou encore entièrement immergées : *Ceratophyllum*, par exemple.

◆ **productivité des ~** : les formations végétales macrophytiques présentent en règle générale une productivité primaire élevée atteignant dans certains cas des valeurs record pour toutes catégories d'écosystèmes confondues. Ainsi certains marais à papyrus peuvent approcher les valeurs record de 90 t de matières sèches par ha et par an! Elle est comprise en règle générale de quelques tonnes par hectare et par an pour les hydrophytes submergés tempérés à plusieurs dizaines de tonnes par hectare et par an pour les amphiphytes de ces mêmes écosystèmes lentiques.

Les communautés macrophytiques marines, en particulier celles des herbiers de Zostéracées et d'autres espèces d'Hélobiales peuvent aussi présenter des productivités primaires élevées excédant 20 tonnes de matières sèches par hectare et par an.

◆ **zonation des ~** : les diverses formes adaptatives de macrophytes vont toujours présenter une distribution régulière dans la zone littorale où ils constituent une écocline dans un gradient de profondeur croissante.

Dans les eaux marines, on distingue en fonction de la profondeur, en règle très générale, l'étagement suivant : Chlorophytes et Phanérogames marines, Phaeophytes, Rhodophytes.

En milieu limnique, on distingue quatre types d'écotopes peuplés chacun par certaines de ces formes adaptatives (voir figure page précédente). Dans la zone riparienne des lacs tropicaux, la zonation est plus complexe, marquée par la présence de végétation flottante qui correspond à des amphiphytes croissants sur des radeaux de matière végétale morte. ***(Voir aussi Fleuve, Lac)***

macroplancton, n. m. (*macroplankton*). Désigne le plancton de grande taille, de dimension millimétrique ou centimétrique, par opposition au microplancton dont la taille est inférieure à une centaine de µ.

Macropodidae, n. sc. (*kangaroos, wallabies*). Famille de Marsupiaux Diprotodontes, comportant une cinquantaine d'espèces dont la taille va de quelques dm à 2,5 m (*Macropus giganteus*). Ces espèces sont toutes herbivores (arboricoles pour certains wallabies), inféodées aux savanes, aux boisements ouverts ou encore aux forêts. Elles occupent en Australie la niche écologique des Ongulés sur les autres continents. ***(Voir aussi Kangourou)***

Macropus rufus. Nom scientifique de l'une des espèces de kangourous les plus communs d'Australie.

Madagascar. Ile de l'océan indien située à cheval sur le tropique du Capricorne qui présente un haut taux d'endémisme. ◆ **déforestation de ~** (*Madagascar deforestation*) : elle constitue un phénomène qui a pris des proportions désastreuses au cours des dernières décennies. Il y a un siècle les trois quarts de cette île étaient couverts de forêts continues, soit pluvieuses tropicales soit sclérophylles, soit encore caducifoliées (forêts tropicales dites saisonnières ou de mousson). Aujourd'hui les deux tiers de son territoire sont subarides et seulement 30% présentent encore une couverture ligneuse. En réalité, la majorité des forêts subsistantes sont constituées de boisements « ouverts » très dégradés. Sur 200 000 km^2 de forêts pluvieuses tropicales qui couvraient initialement le pays, il n'en subsiste plus qu'environ 35 000 km^2 exposés à une pression de déforestation catastrophique. ◆ **espèces endémiques de ~** (*Madagascar endemic species*) : celles-ci représentent plus de 80% de la totalité de la biodiversité malgache. Ainsi, alors qu'il n'existe qu'une espèce de baobab pour toute l'Afrique, on en dénombre 7 à Madagascar. Les familles entières telles les Didiéracées du Sud-Est sont entièrement endémiques de l'île. Il en est de même pour de nombreuses familles tant d'Invertébrés que de Vertébrés, telles les Lémuriens qui constituent un sous-ordre de Primates inféodés à cette île. ***(Voir aussi Lémuriens)***

Madère, île de (*Madeira Island*). Archipel de l'Atlantique situé à une trentaine de degrés Nord, au large des côtes marocaines. Cette île présente un important endémisme, en particulier de sa flore, et fait partie au point de vue biogéographique de la région macaronésienne.

madicole, adj. (*madicolous*). Désigne les organismes aquatiques qui sont inféodés à des biotopes caractérisés par

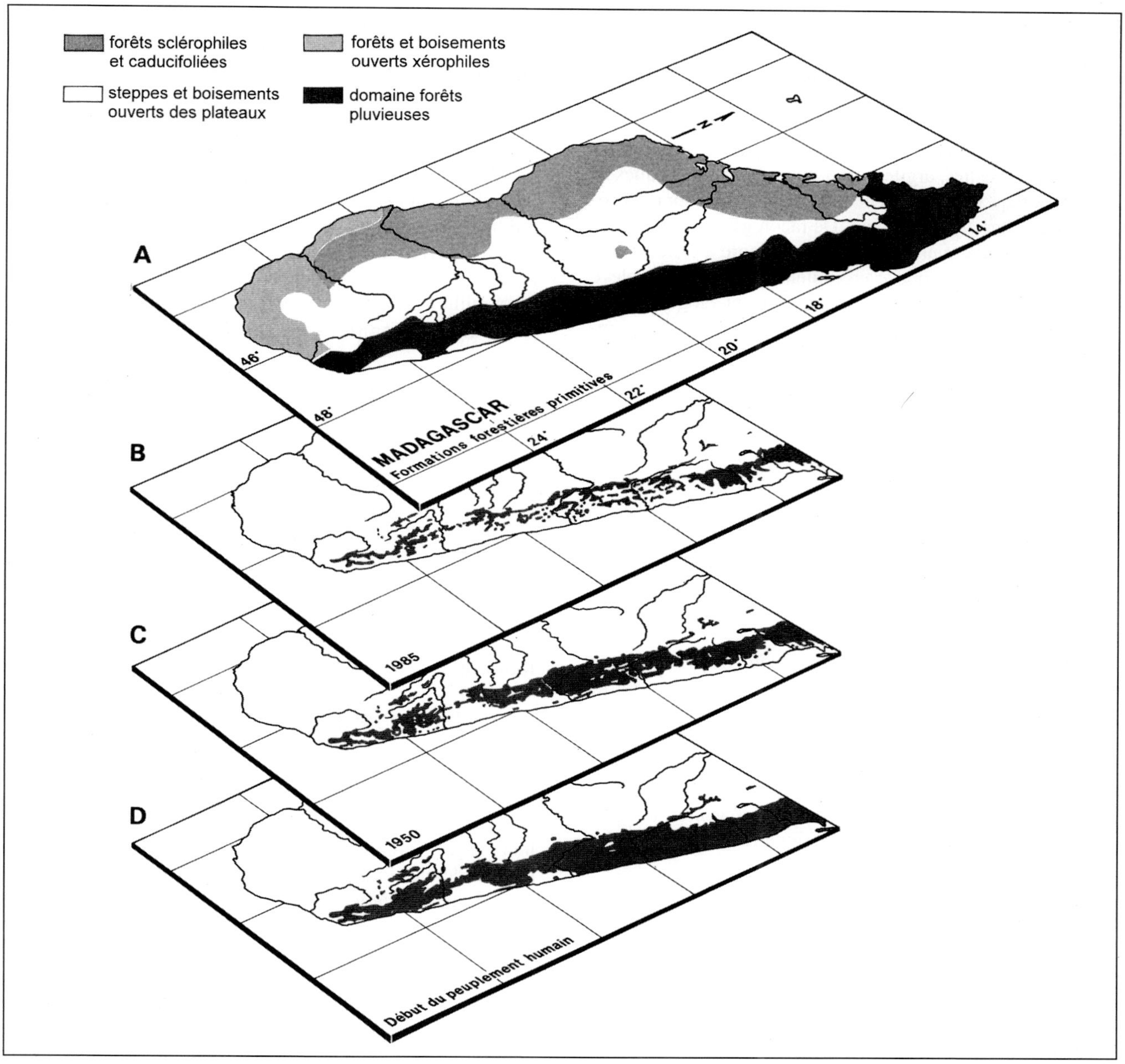

Progression de la déforestation de **Madagascar** entre le début de son peuplement humain et l'époque actuelle. **A** = couvert végétal primitif (A d'après Chauvet, B, C et D d'après Joly, op. cit., 1987)

une lame d'eau de très faible épaisseur, millimétrique, qui recouvre le substrat.

madrépores, n. m. (*Madreporaria*). Nom commun donné aux Cnidaires Hexacoralliaires coloniaux bâtisseurs de récifs coralliens. ***(Voir aussi Récif)***

maërl, n. m. (*maerl*). Nom donné en Bretagne à un sédiment fin constitué par les débris de colonies d'algues calcaires du genre *Lithotamnion* qui est utilisé par les maraîchers locaux comme amendement dans les terres horticoles.

mafique, adj. (*mafic*). Désigne une roche magmatique riche en fer et en magnésium.

magma, n. m. (*magma*). Matériau igné, issu de la partie profonde de la croûte terrestre ou du manteau, constitué de silicates fondus dans lequel sont dissous des composés volatils.

Lorsque le magma atteint la surface, il donne des laves dont la température usuelle est de l'ordre de 1 000 °C.

magmatique, adj. (*magmatic*). Désigne ce qui provient du magma. ◆ **chambre** ~ (*magma chamber*) : cavité située près de la surface terrestre, au pied d'un volcan, dans laquelle s'accumulent les laves qui proviennent de l'asthénosphère ou des couches superficielles du manteau. Lorsque la pression est trop forte, le magma remonte dans la cheminée volcanique et donne une éruption. Si la remontée est trop rapide, le toit de cette chambre s'effondre provoquant la formation d'une caldera. ◆ **roche** ~ (*magmatic rock*) : synonyme de roche ignée. Les basaltes, les andésites ou encore les rhyolites constituent des exemples de telles roches.

magnésium, n. m. (*magnesium*) (Mg). Élément de numéro atomique Z = 12 et de masse atomique Ar = 24,3 dont le corps simple est un métal. Il est un constituant de nombreux minéraux et roches, en particulier la dolomie (carbonate double de calcium et de magnésium). Il provient également de la dissolution d'autres roches dans les eaux continentales (basalte, magnésites, argiles, etc.). Les eaux magnésiques se forment lorsqu'elles circulent sur des substrats dont les roches sont riches en cet élément. De façon générale, la teneur en magnésium des eaux douces est inférieure à celle en calcium. On observe l'opposé en milieu marin où l'on relève environ 1,3 g/l de magnésium. Cet élément biogène intervient de façon fondamentale dans l'ensemble du fonctionnement de la biosphère car il est l'un des constituants de la molécule de chlorophylle. La teneur en magnésium dans les réseaux d'alimentation en eau potable ne peut excéder 50 mg/l. Il donne en effet un goût amer à l'eau et présente un effet laxatif. ***(Voir aussi Calcium, Dolomie)***

magnétosphère, n. f. (*magnetosphere*). Région de l'espace entourant la Terre ou tout autre corps céleste à laquelle est associé son champ magnétique.

Magnolia, n. sc. Voir Magnoliacées.

Magnoliacées, n. sc. (*magnolia, tulip tree*). Famille de Dicotylédones appartenant à l'ordre des Magnoliales. considérée comme le plus archaïque des angiospermes. Elle est composée d'espèces arborescentes, dont certaines de très grande taille, surtout inféodées aux écosystèmes forestiers tropicaux et subtropicaux d'Asie et d'Amérique du Nord tempérée chaude. Outre les *Magnolia*, les genres les plus communs sont les tulipiers d'Amérique (*Liriodendron*), les *Drymis* et les *Ilicium*.

Magnoliales, n. sc. Ordre de Dicotylédones gamopétales thalamniflores appartenant à la sous-classe des Magnoliidées, entomogames et souvent pollinisées par des Coléoptères.

magnox, n. m. Nom d'une filière britannique de réacteurs nucléaires fonctionnant à l'uranium naturel et refroidis par voie gazeuse (CO_2), abandonnée par la suite au profit des réacteurs AGR. ***(Voir aussi AGR, Centrale, Nucléaire, Réacteur)***

maïs, n. m. (*corn*) (n. sc. *Zea mais*). Graminée originaire de Mésoamérique et domestiquée au Mexique par les ancêtres des Mayas. Cette plante constitue actuellement la troisième culture du monde par les tonnages produits. Elle présente un impact important sur les terres agricoles car elle laisse le sol dénudé après la récolte. En outre, par suite de sa très grande résistance aux herbicides du groupe des azines, utilisés pour éliminer les plantes adventices, le maïs constitue l'une des cultures industrielles ayant un impact écologique et écotoxicologique des plus négatifs dans les agroécosystèmes. Il est la cause d'une érosion des sols et d'une pollution par les pesticides supérieure à celle provoquée par la plupart des autres grandes cultures.

malacologie, n. f. (*malacology*). Discipline dont l'objet est l'étude des Mollusques.

Malacostracés, n. m. (*Malacostraca*). Sous-classe de Crustacés dans laquelle se rencontrent les espèces les plus évoluées.

maladie(s), n. f. ◆ **~ cryptogamiques** (*fungus diseases*) : affections des plantes cultivées provoquées par des champignons phytopathogènes. Certaines d'entre elles furent par le passé la cause de véritables catastrophes. Tel fut le cas du mildiou de la pomme de terre qui provoqua en Irlande, au milieu du XIXe siècle, entre 1845 et 1850 une famine qui causa la mort de près d'un million de personnes et força deux millions d'autres personnes à émigrer aux États-Unis! ◆ **~ parasitaires** : voir Parasitoses.

Malaisie (*Malaysia*). Région péninsulaire située entre l'Asie du Sud et l'Indonésie, caractérisée par une considérable richesse spécifique de ses forêts pluvieuses tropicales (plus de 2 000 espèces d'arbres pour environ 100 000 km^2).

malaisienne, adj. ◆ **région biogéographique ~** (*Malaysian biogeographical region*) : fraction de l'Empire biogéographique indomalais constituée par la péninsule malaise et les archipels de l'Asie du Sud-Est : Philippines, Indonésie jusqu'à la Nouvelle Guinée.

malaria, n. f. Voir Paludisme.

malgache, adj. ◆ **province ~** (*Madagascan province*) : désigne l'ensemble des peuplements végétaux et animaux hautement endémiques, propres à l'île de Madagascar. Des familles comme les Didiéracées chez les phanérogames, ou encore cinq ordres d'animaux et les quatre familles de Lémuriens existant de nos jours dans le monde sont strictement endémiques de cette île. ◆ **région biogéographique ~** (*Madagascan biogeographical region*) : fraction de l'Empire biogéographique éthiopien constituée par Madagascar, les Seychelles et les Mascareignes.

mallee, n. f. (*mallee*). Formation végétale du Sud de l'Australie constituée par une phytocœnose où dominent de petits arbustes sclérophylles de 2 à 3 m de haut dont la plupart des espèces sont des eucalyptus.

Malthus, Thomas, Robert (1766-1834). Pasteur et économiste anglais. Auteur du célèbre ouvrage « *Essay on the Principles of Populations* » (1798), dans lequel il formula pour la première fois l'idée selon laquelle la croissance démographique de l'humanité, si elle n'était pas définitivement enrayée et la population mondiale stabilisée par une pratique volontaire de la limitation des naissances, conduirait à des famines, des guerres ou (et) des épidémies, généralisées à l'ensemble du monde.

Malthus constatait en effet dans cet ouvrage que les effectifs humains avaient la potentialité de croître exponentiellement alors que la production alimentaire ne pouvait qu'augmenter en proportion arithmétique, et encore dans certaines limites, car la surface de terres disponibles est nécessairement finie.

Les idées de Malthus furent et sont aujourd'hui encore combattues par de nombreux courants de pensée confessionnels ou appartenant à des idéologies fort diverses, parfois même antagonistes, mais qui présentent tous en commun d'être dogmatiques et sectaires. Ces idéologues accolent volontiers l'épithète, dans leur esprit péjorative, de « malthusien » à quiconque ose affirmer qu'il faut au plus vite stabiliser voire faire décroître le nombre d'hommes si l'on souhaite que l'humanité non seulement connaisse un développement durable mais ait tout simplement un avenir...

Toutefois, diverses conférences organisées sous l'égide des Nations unies et d'autres organismes internationaux où ont été abordés les problèmes de population-environnement-développement montrent que les idées de Malthus sont en train d'être reconnues par un nombre croissant d'experts, spécialisés dans le développement et qui prennent peu à peu conscience de l'immense catastrophe écologique – et pour l'ensemble des Nations – que constitue l'explosion démographique du Tiers monde. ***(Voir aussi Démographie, Développement, Environnement)***

malthusianisme, n. m. (*malthusianism*). Théorie modernisée des vues de Malthus qui considère que le sous-développement et la pauvreté qu'il génère sont en premier lieu une conséquence de la croissance démographique. Par suite, la solution à ces problèmes implique comme condition nécessaire et préalable (mais en aucun cas suffisante) une stricte limitation des naissances permettant une stabilisation de la démographie des pays concernés.

malthusien, adj. (*malthusian*). Qui se rapporte au malthusianisme. ◆ **paramètre ~** (*malthusian parameter*) : terme parfois utilisé pour désigner le taux intrinsèque d'accroissement naturel d'une population en expansion. Il correspond à une population dont le taux de natalité et de mortalité sont constants, le premier excédant le second. ***(Voir aussi Démographie, Exponentielle, Population)***

Malvacées, n. sc. (*cotton, mallow*). Famille de Malvales renfermant plus de 1 500 espèces herbacées et arbustives surtout tropicales. Les mauves (*Malva*), le coton (*Gossypium*), les *Hibiscus*, les *Althaea* (rose-trémière), les *Lavatera*, sont par exemple des Malvacées.

Malvales, n. sc. Ordre de Dicotylédones appartenant à la sous-classe des Dilleniidées, probablement dérivées des Théales. Les Malvales comportent cinq familles constituées principalement d'espèces arborescentes ou arbustives. Les Bombacacées (baobabs) de même que les Malvacées appartiennent à cet ordre.

mammalien, adj. (*mammalian*). Qui se rapporte aux Mammifères.

Mammifères, n. m. (*Mammals*). Classe de Vertébrés homéothermes caractérisés par la présence d'une fourrure faite de poils, la présence de glandes mammaires chez les femelles, l'existence d'un cerveau pourvu d'un télencéphale très développé et par l'existence d'une viviparité vraie, permise par la présence d'un utérus développé chez la plupart des familles, à l'exception du groupe le plus primitif d'entre eux, les Monotrèmes.

On divise les Mammifères en trois sous-classes. Les Prothériens, très primitifs, sont ovipares et ne comptent qu'un seul ordre, celui des Monotrèmes. Les Métathériens ou Marsupiaux doivent leur nom à la présence chez les femelles d'une poche marsupiale où s'achève le développement embryonnaire. Chez les Euthériens, ce dernier s'effectue entièrement dans l'utérus.

On dénombre au total environ 4 000 espèces vivantes de Mammifères, dont plusieurs centaines sont aujourd'hui menacées de disparition.

mammouth, n. m. (*mammoth*). (n. sc. *Mammuthus primigenius*). Éléphants pourvus de défenses allongées et recourbées et de longs poils, adaptés à des climats périglaciaires qui peuplaient au Pléistocène les steppes et les toundra holarctiques. Les chasseurs paléolithiques semblent avoir joué un rôle déterminant dans leur extinction. Les derniers spécimens auraient disparu il y a moins de 6 000 ans.

manchot(s), n. m. (*penguin*). Oiseaux marins de l'ordre des Sphénisciformes, les seuls à être réellement adaptés à la vie en milieu océanique car leurs ailes antérieures sont transformées en nageoires avec un corps de forme hydrodynamique. Il existe une vingtaine d'espèces appartenant à trois genres, inféodés à l'hémisphère austral et plus particulièrement aux zones subantarctiques et antarctiques. ***(Voir aussi Sphénisciformes)***

Mandelbrojdt, distribution de (*Mandelbrojdt's distribution*). Type de distribution d'abondance fondé sur la théorie de la communication inventée par cet auteur. Dans ce type de distribution, la fréquence d'une espèce P_n est liée à son rang d'abondance relative dans le peuplement n par la relation :

$$P_n = \text{Log}\, P - \gamma\, \text{Log}\, (n + \beta)$$

où γ et β sont des constantes. ***(Voir aussi Distribution, Rang-fréquence)***

manèbe, n. m. (*manebe*). Nom commun d'un fongicide très utilisé en horticulture et en arboriculture dont la matière active est le dithiocarbamate de manganèse.

manganèse, n. m. (*manganese*) (Mn). Élément de numéro atomique Z = 25 et de masse atomique Ar = 54,9 dont le corps simple est un métal dur et cassant. Il intervient dans la constitution d'alliages, de colorants, de catalyseurs dans l'industrie chimique, dans celle d'électrodes, de fongicides et comme agent antioxydant. ◆ **cycle biogéochimique du ~** : au plan biogéochimique, cet élément joue un rôle important dans la minéralisation de la matière organique en milieu aquatique. En particulier, avec l'oxygène dissous et les hydroxydes de fer, le manganèse intervient de façon déterminante dans le cycle de la matière dans les écosystèmes. limniques. De façon générale, un ensemble de mécanismes complexes régissent la teneur et la circulation du manganèse dans les biotopes lentiques ainsi que la nature de ses diverses formes. Il apparaît que les bactéries et les algues, en particulier celles du phytoplancton, interviennent dans ce cycle en adsorbant le manganèse de même que les composés réducteurs présents à la surface des sédiments jouent un rôle important dans le cycle d'oxydoréduction de cet élément. On note aussi que les bactéries interviennent à la fois tant pour réduire et solubiliser les oxydes de manganèse que pour catalyser l'oxydation du Mn^{2+}. Par ailleurs, les fractions de cet élément dont le réservoir est constitué par les sédiments qui passent dans les couches supérieures des eaux au-dessus de l'oxycline sont incorporées dans des processus biogéniques le faisant intervenir à la fois à l'état particulaire et dissous avec passage alternatif à une forme inorganique ou organique. Il existe aussi un couplage du cycle de cet élément avec celui du fer. (***Voir aussi Anoxie, Fer, Redox***)

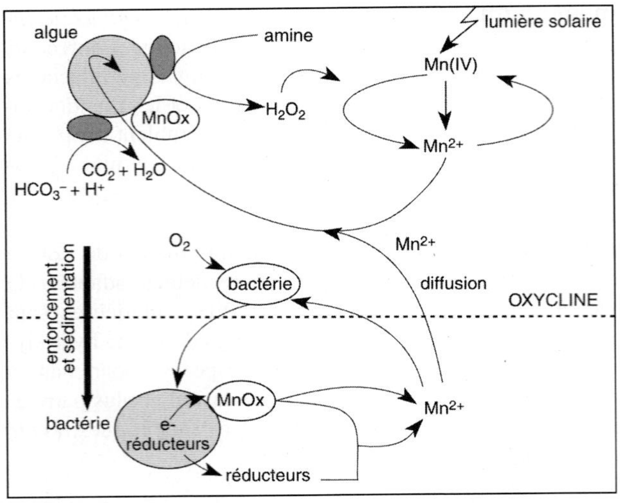

Cycle du **manganèse** avec rôle des micro-organismes situés soit à l'interface eau-sédiments soit dans la colonne d'eau mettant en évidence le rôle des processus enzymatiques ayant lieu à la surface des cellules des algues autotrophes situées dans la zone épilimnétique et des bactéries dans le cycle d'oxydo-réduction de cet élément. (D'après Price et Morel, in Stumm, *Aquatic chemicals kinetics*, Wiley Interscience, New York, 1990, p. 253 mais modifié)

◆ **nodules de ~** (*manganese nodules*) : formations minérales polymétalliques mais dans lesquelles le manganèse prédomine, présentes à la surface des sédiments dans la plaine abyssale de diverses régions de l'océan mondial.

Composition des nodules de manganèse provenant de diverses régions du Pacifique			
Métal	**Pacifique**		
	du NE	**central**	**du Sud**
Manganèse (en %)	22,3	15,71	16,6
Fer (en %)	9,4	9,06	13,9
Nickel (en ppm)	10 800	9 560	4 330
Cobalt (en ppm)	1 920	2 130	5 960
Cuivre (en ppm)	6 970	7 110	1 850
Titane (en ppm)	4 250	5 610	10 007
Molybdène (en ppm)	471	470	350

mangrove(s), n. f. (*mangrove*). Écosystèmes constitués par des forêts amphibies qui croissent dans les zones d'estuaires et sur les côtes tropicales situées sur des fonds meubles dont les arbres dominants sont des palétuviers (famille des Rhizophoracées).

Il existe une zonation des diverses espèces d'arbres allant de la partie la plus marine vers l'écotone, limitant cet écosystème avec les biotopes strictement terrestres, à la limite supérieure de la zone supralittorale.

En règle générale, on trouve dans les eaux les plus profondes des *Avicennia*, des *Rhizophora* (palétuviers *sensu stricto*), puis des espèces vivant vers les zones partiellement émergées telles par exemple les *Sonneretia* ou les *Xylocarpus*. Les arbres des mangroves sont des halophytes : ils présentent en effet une adaptation à la forte salinité de l'eau.

Les mangroves constituent des écosystèmes très productifs. La productivité primaire de la composante aérienne ligneuse est très importante, estimée de l'ordre de 2 500 g/m^2/an de matières végétales sèches. Les feuilles mortes qui tombent dans l'eau sont à la base d'un réseau trophique de décomposeurs très complexe, conduisant à une forte production secondaire. Une partie des constituants de ce réseau trophique sont des saprophages consommateurs des fragments de ces feuilles (crabes, certaines crevettes et poissons déchiqueteurs). À partir des substances organiques et minérales relarguées par la décomposition de ces fragments végétaux se développe soit dans l'eau, soit à l'interface eau-

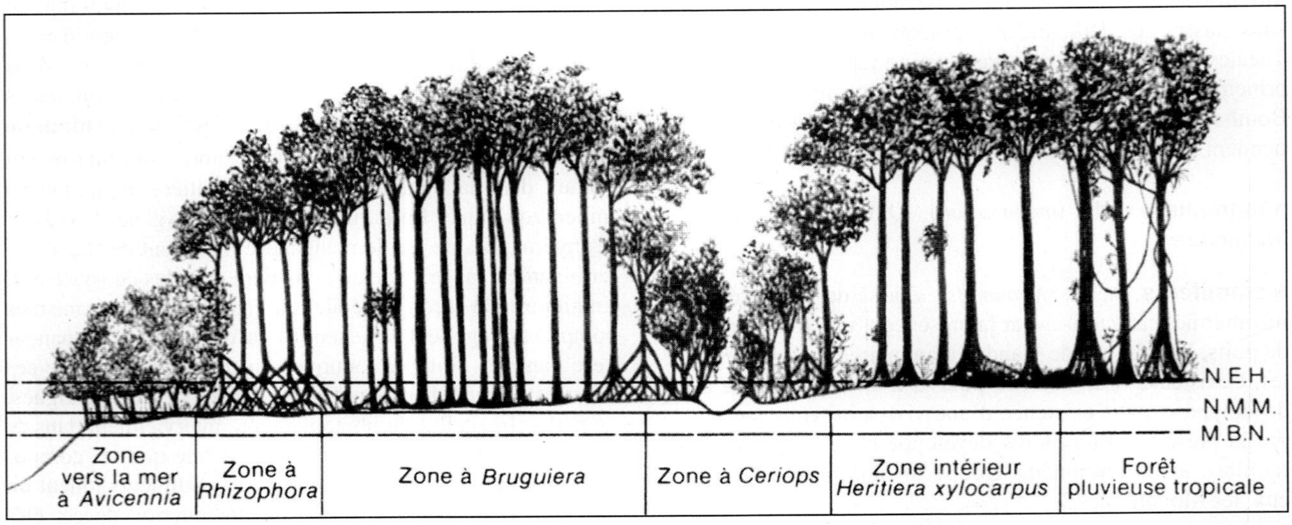

Transect dans une **mangrove** d'Asie du Sud-Est. NEH = niveau extrême d'humectation, NMM = niveau moyen de la mer, MBN = marées basses normales. (D'après Lear et Turner, in Ramade F., *Écologie fondamentale*, Ediscience, 2e ed., 1994, p. 496)

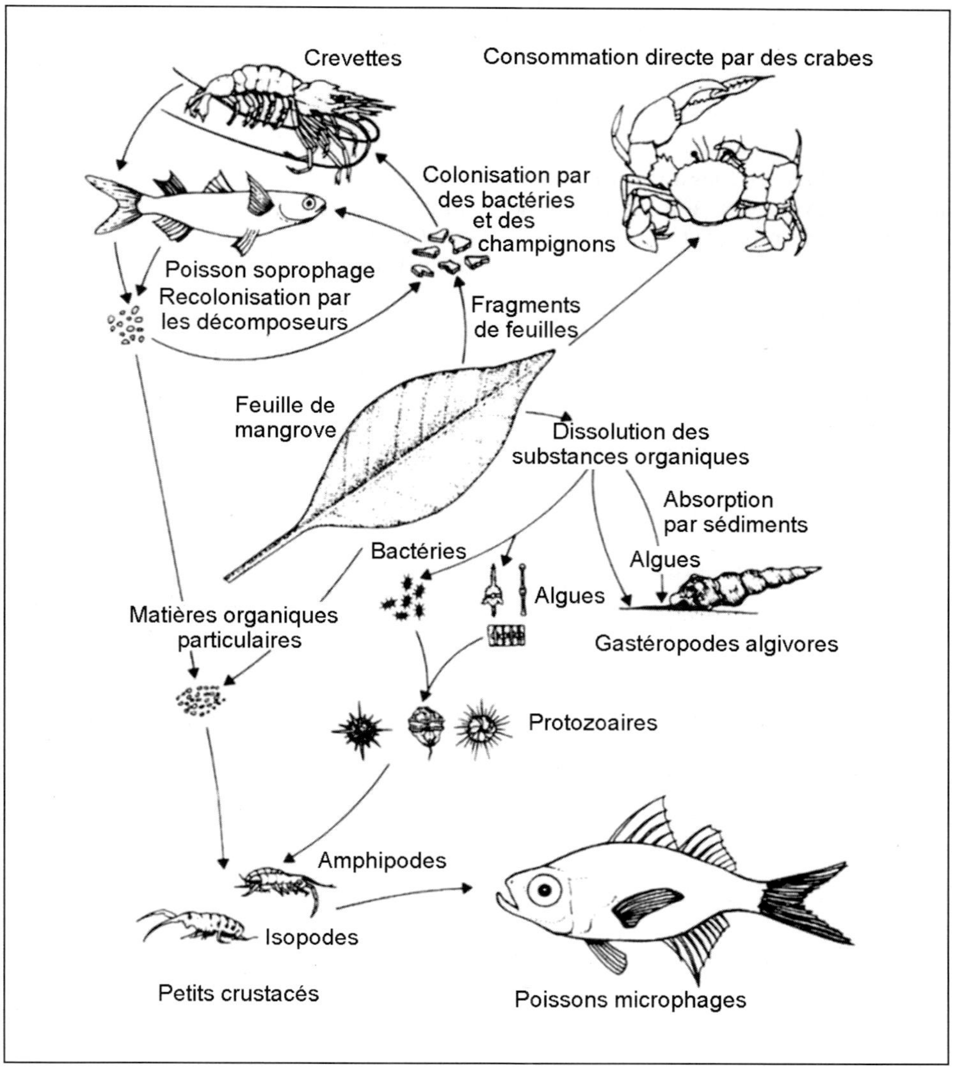

Cycle trophique dans une **mangrove**. Les feuilles tombées à l'eau sont à la base d'un réseau trophique saprophage très complexe. (D'après Lear et Turner, in Ramade F., *Écologie fondamentale*, Ediscience international, 2e ed., 1994, p. 498)

sédiments, tout un peuplement d'algues et de bactéries. Ces dernières servent de nourriture à des Mollusques Gastéropodes déposivores qui râclent la surface du substrat. Ces substances sont par ailleurs à l'origine d'une boucle bactérienne dont les Protozoaires – mais aussi des matières organiques en suspension provenant de la décomposition des feuilles de mangrove – alimentent de nombreuses espèces de Crustacés Isopodes et Amphipodes eux-mêmes consommés par des poissons microphages.

Les mangroves jouent un rôle essentiel dans la productivité des pêcheries côtières et même pélagiques dans les régions tropicales.

De nombreuses espèces d'Invertébrés, en particulier de crevettes et de poissons, effectuent au moins une partie de leur cycle vital dans les mangroves. Le reste du cycle est bouclé dans les eaux du large. De même, certaines espèces de Clupéidés de grande importance économique, car elles servent de nourriture à des superprédateurs (espadons, marlins), utilisent les mangroves comme nurseries.

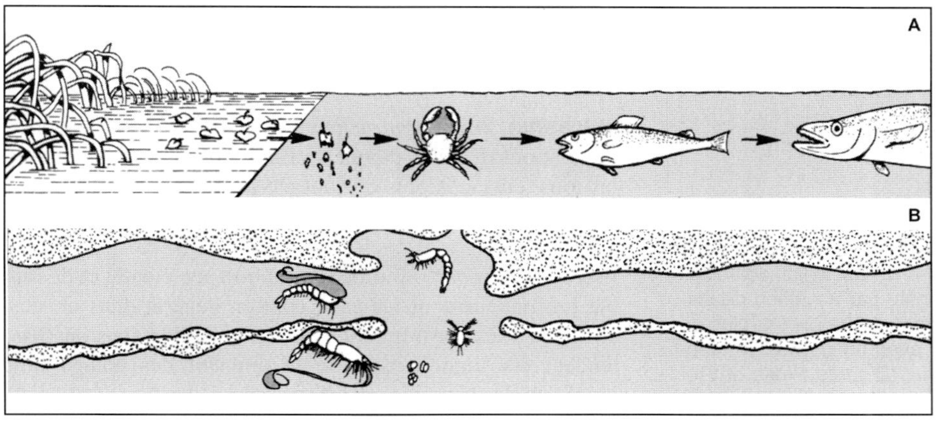

Rôle des **mangroves** dans la production secondaire des eaux marines pélagiques du large. En **A** est figuré le réseau trophique de poissons superprédateurs qui se nourrissent aux dépens de *Clupeidae* dont les jeunes stades se développent dans les mangroves, en **B** est figuré le cycle vital des crevettes *Penaeidae*. (D'après UICN, in Ramade F., *Écologie appliquée*, Ediscience international, 5e ed., 1995, p. 447)

Manihot sativa, n. sc. (*manioc, mandioca*). (n. sc. du manioc, famille des Euphorbiacées). Cette espèce donne lieu à une culture à vaste échelle dans les régions tropicales où elle représente une des plantes vivrières majeures.

L'irruption en Afrique, voici quelques années, de graves affections phytopathogènes a menacé gravement cette culture qui a été sauvée grâce à la création de nouvelles variétés cultivées par recroisement avec une espèce voisine et sauvage, *Manihot glaziovii*, qui existait à l'état relictuel dans certaines zones reculées. **(*Voir aussi Biodiversité, Conservation de la nature*)**

manteau, n. m. (*mantle*). **1. En géologie**, désigne la région de la planète située entre la croûte terrestre ou lithosphère et le noyau. On distingue à la limite supérieure de cette dernière, située vers 60 km de profondeur, une discontinuité dans la transmission des ondes dite de Mohorovičić. Sa limite inférieure, vers 2 900 km, est marquée par la discontinuité de Gutemberg. Les roches du manteau sont généralement à l'origine des magmas basiques ou ultrabasiques. **2. En zoologie**, (syn. : pallium), désigne chez les Mollusques et les Brachiopodes une partie du corps qui est un repli de la paroi ectodermique dorsale formant une cavité contenant les branchies.

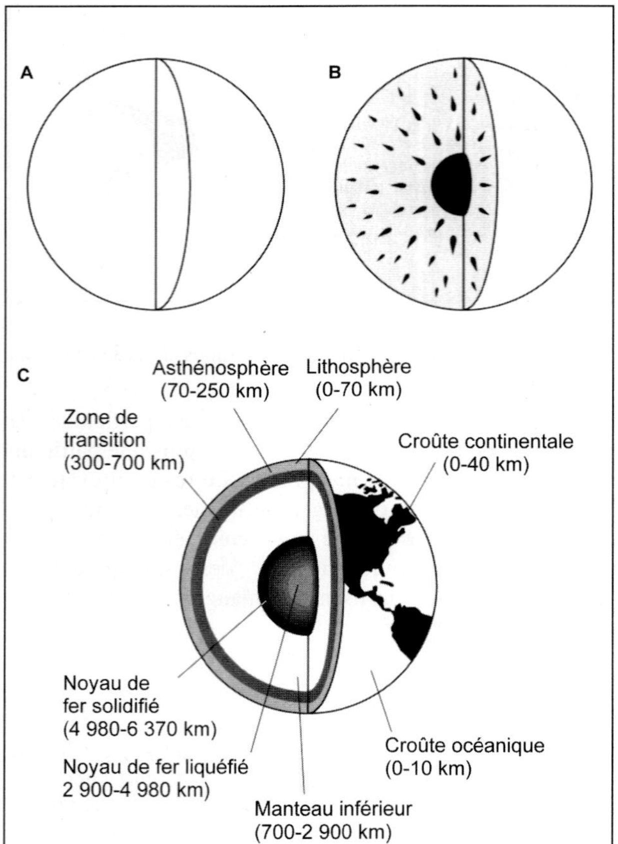

Différenciation du noyau et du **manteau** terrestre au cours de la genèse de la Terre et structure actuelle. **A**. État initial indifférencié au début de la formation de la planète par accrétion de planétésimaux. **B**. Stade de différenciation du noyau, il y a plus de 4,1 milliards d'années. **C**. État actuel avec un noyau, un manteau et une asthénosphère différenciés. (D'après Press et Siever et Press, op. cit., p. 13)

maquis, n. m. (*maquis*). Communauté végétale dégradée marquée par la prédominance d'arbustes pyrophytes qui se forme après la destruction de la forêt sur terrains acides dans les régions méditerranéennes. Le maquis est marqué par la présence d'espèces ligneuses silicicoles comme les bruyères et les euphorbes arborescentes. **(*Voir aussi Écosystèmes, Incendie, Méditerranéens*)**

marais, n. m. (*marsh, swamp*). Écosystème limnique dans lequel la profondeur d'eau est faible, de sorte qu'il n'existe pas de zone épilimnétique mais seulement une zone littorale, laquelle s'étend jusqu'aux parties centrales de ces biotopes lentiques.

Vue d'un **marais** dont la surface est envahie par une végétation alguale et macrophytique Des Hélophytes, roseaux, hydrophytes, nénuphars, ainsi qu'un feutrage d'algues filamenteuses flottant en surface sont bien visibles au premier plan (région de Neuchâtel, Suisse). (Cliché F. Ramade)

À la différence des tourbières, les marais en dépit de la présence d'eau stagnante ne donnent que rarement lieu à une formation de tourbe (cas des tourbières basiques) et leurs sols, hydromorphes, sont constitués par des gleys.

Drainés depuis l'époque romaine, les marais représentent cependant en tant que tels des milieux de la plus grande importance écologique. Ils jouent en particulier le rôle de régulateur du cycle de l'eau, retenant les volumes en excès lors des précipitations et les restituant ensuite lentement aux cours d'eau et aux nappes phréatiques.

Par ailleurs, les marais présentent une productivité primaire et secondaire considérable et revêtent souvent de ce fait un grand intérêt pour l'exploitation des pêcheries continentales. **(*Voir aussi Eau, Marécage, Tourbière, Zones humides*)** ◆ ~ **salants** (*salt marshes*) : voir Paralique, Salant, Sel.

marasme, n. m. (*marasmus*). Maladie fréquente dans les populations du Tiers monde victimes de disette. Elle affecte les tous jeunes enfants qui ont été prématurément sevrés et résulte d'une carence en divers nutriments indispensables.

mare, n. f. (*pond*). Biotope aquatique peu étendu et de faible profondeur dont les eaux sont en général dans un état eutrophe voire dystrophe. Les mares prises au sens où l'entendent les limnologistes se distinguent des étangs non point tant par leurs dimensions que par la surface relative de leur zone littorale par rapport à celle en eaux libres. Elles représentent en fait un stade intermédiaire entre les marécages dans lesquels ne subsiste plus qu'une zone littorale et les étangs dans lesquels la zone limnétique est proportionnellement plus étendue que dans les mares. ***(Voir aussi Marais)***

marécage(s), n. m. (*swamp*). Terme d'écologie limnique pris souvent comme synonyme de marais. Ils correspondent comme les précédents à des biotopes lentiques de faible profondeur, donc dépourvus de zone limnétique, présentant une zone limosale étendue pouvant s'assécher temporairement. Néanmoins, les marécages pris au sens strict diffèrent des marais par la présence d'une végétation ligneuse, parfois arborescente. Par ailleurs, il résulte de l'alternance de périodes d'inondation et d'exondation une mosaïque complexe d'écotopes et d'écotones propre tant aux marécages qu'aux marais (voir Figure ci-dessous). ***(Voir aussi Marais)***

marée(s), n. f. (*tide*). Phénomène caractérisé par une fluctuation cyclique quotidienne du niveau de la mer entre des basses eaux et des hautes eaux, lié à l'effet gravitationnel conjugué du soleil et de la lune sur l'océan mondial. Les marées constituent un paramètre écologique de très grande importance pour les écosystèmes littoraux. ***(Voir aussi Océan, Pétrole)*** ◆ **~ noires** (*black tides*) : terme désignant les catastrophes écologiques provoquées par la décharge sur le littoral de volumes considérables de pétrole lors d'accidents survenus à des puits *off shore* ou à des tankers. ◆ **~ rouges** (*red tides*) : phénomène observé dans les eaux marines littorales ou parfois lagunaires dit aussi « eaux décolorées » provenant de la pullulation de Péridiniens, due soit à une remontée d'eaux marines riches en phosphates ou à un phénomène de dystrophisation d'origine anthropique résultant d'une pollution par des nutriments. Cette pollution est due à des apports telluriques dans des zones où les terres littorales font l'objet d'une agriculture intensive (maraîchage par exemple comme en certaines régions de Bretagne). ***(Voir aussi Péridiniens, Phycotoxine)*** ◆ **~ vertes** (*green tides*) : phénomène observé en Europe dans des zones d'estuaire et dans les eaux littorales de l'Atlantique et de la mer du Nord ainsi qu'en Amérique du Nord tant sur les rives Atlantique que Pacifique des États-Unis. Il provient de la pullulation de Chlorophycées macrophytes (*Ulva*, *Enteromorpha*) ou phytoplanctoniques. Il résulte de l'eutrophisation des eaux côtières par les apports de nutriments provenant de l'agriculture (engrais) ou de l'élevage (lisiers et autres rejecta des animaux domestiques). ***(Voir***

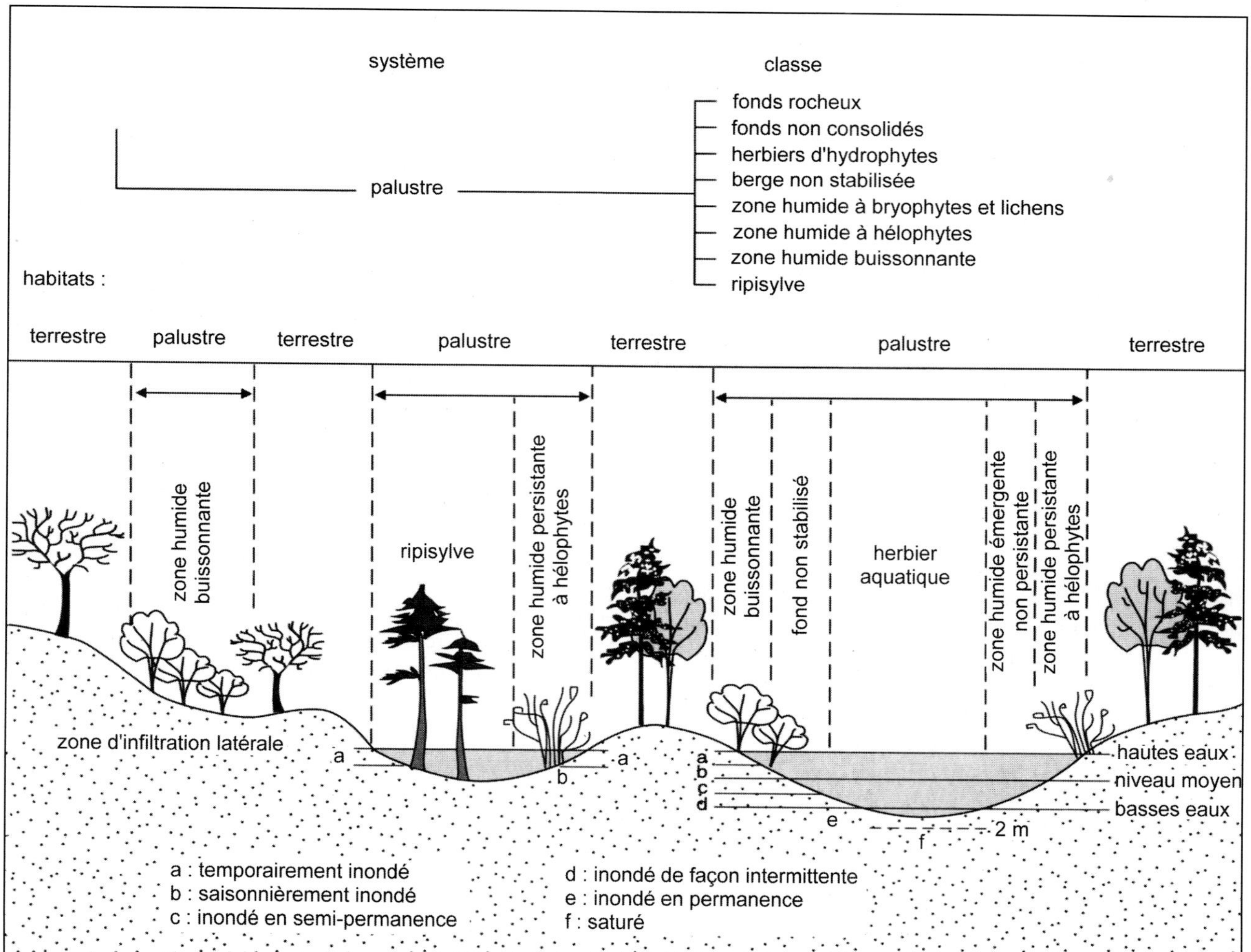

Transect schématique d'un **marécage** mettant en évidence les principaux types d'habitats correspondant aux divers écotopes et écotones propres aux écosystèmes palustres. (D'après Cowardin, op. cit., in Ramade F., *Dictionnaire encyclopédique des sciences de l'eau*, Ediscience international, 1998, p. 367)

aussi Dystrophisation, Nitrate, Phosphates, Phycotoxine) ◆ **zone de balancement des ~** (*intertidal zone*) : zone comprise entre le point le plus haut et le plus bas atteint par la mer lors des marées de hautes eaux exceptionnelles. On appelle étage *supralittoral* l'étage de l'écosystème océanique compris entre la limite supérieure de la zone de balancement des marées et la limite supérieure des marées normales. L'étage *médiolittoral* est constitué par l'intervalle compris entre les hautes eaux et basses eaux des marées normales.

La zone de balancement des marées est située de façon égale de part et d'autre du niveau moyen de la mer. L'amplitude des marées est très variable sur les côtes océaniques. Les mers fermées ont de faibles marées, de l'ordre de 50 cm à 80 cm en moyenne en Méditerranée par exemple. Dans certaines régions océaniques (Baie du mont St Michel en France, Baie de Fundy au Canada, des phénomènes de résonance avec les côtes confèrent aux marées des amplitudes considérables pouvant approcher ou excéder 20 m. ***(Voir aussi Infralittoral, Médiolittoral, Supralittoral)***

Margalef, indice de (*Margalef diversity index*). Indice de diversité fondé sur la théorie de l'information. Proposé par cet écologiste en 1956, celui-ci a pour expression :

$$D = \frac{1}{N}\left[Log_2 N! - \sum_{i=1}^{S} Log_2 n_i!\right]$$

où N est le nombre total d'individus, n_i le nombre d'individus de l'espèce de rang i et S la richesse totale. ***(Voir aussi Diversité)***

Marianes ◆ **fosse des ~** (*Mariana's trench*) : située à la zone de confrontation des plaques pacifiques et de celle des Philippines, elle constitue la plus importante des grandes fosses océaniques, atteignant une profondeur de 11 005 mètres.

mariculture, n. f. (*mariculture*). Culture et élevage d'organismes marins dans leur propre habitat, à l'intérieur d'enclos spécialement conçus dans ce but. La mariculture constitue l'homologue de la pisciculture en rivière. Toutefois, la culture de certaines algues utilisées dans l'alimentation humaine est aussi pratiquée en Extrême-Orient, en particulier au Japon.

maritime, adj. (*maritime*). Désigne tout ce qui se rapporte au domaine littoral tant dans sa partie terrestre que dans sa zone côtière marine. ◆ **air ~** (*maritime air*) : désigne en météorologie une masse d'air provenant d'une zone océanique, qui est de ce fait de température voisine de celle des eaux superficielles et chargée d'humidité. ◆ **climat ~** (*maritime climate*) : climat propre aux régions littorales, caractérisé par l'influence océanique qui se marque en particulier par des températures beaucoup plus modérées (écrêtement des minima et des maxima) et des précipitations supérieures à celles des régions continentales adjacentes sises aux mêmes latitudes.

Marmotta marmotta, n. sc. (*marmot*) (n. sc. de la marmotte des Alpes). Rongeurs terricoles de grande taille propre aux écosystèmes de prairies alpines, qui s'installent sur des terrains sédimentaires affectionnant de façon plus particulière les terrains gypseux et les dolomies. Dans les Alpes, les marmottes constituent l'alimentation de base de l'aigle royal.

marnage, n. m. **1.** En limnologie et en océanologie (*tide range*) : désigne l'amplitude de variation du niveau comprise entre les hautes eaux et les basses eaux. **2.** En agriculture (*marling*) : pratique consistant à apporter dans des champs des marnes utilisées comme amendement afin de suppléer un déficit en calcium.

Marsupiaux, n. m. (*Marsupial*). Sous-classe de Mammifères (Métathériens) caractérisée par une viviparité primitive : l'embryon n'effectue qu'une partie de son développement dans l'utérus. La parturition a lieu en cours de développement embryonnaire qui s'achève dans la poche marsupiale où sont situées les mamelles. ***(Voir aussi Australie, Kangourou)***

mascaret, n. m. (*tidal bore*). Phénomène hydrologique provoqué par la remontée de la marée au niveau d'un estuaire et dans le cours inférieur d'un fleuve et se traduisant par la formation d'une vague souvent déferlante. Celle-ci se propage sur plusieurs kilomètres souvent au-delà de la zone estuarienne proprement dite pénétrant parfois très en amont dans la zone potamique.

matière(s), n. f. (*matter*) ◆ **~ dissoutes** (*dissolved solids*) : ensemble des électrolytes et des composés organiques hydrophiles qui se dissolvent dans les eaux naturelles. ◆ **premières ~** (*raw materials*) : voir Ressources. ◆ **~ en suspension** (*suspended matter*) : voir MOF. ◆ **~ organiques** (*organic matter*) : ensemble des substances organiques existant dans les sols, essentiellement associées au complexe argilo-humique ou encore à l'état dissous ou particulaire dans les biotopes aquatiques dans lesquels elles sont à la fois présentes dans les eaux et les sédiments. ◆ **~ organiques dissoutes** (*dissolved organic matter*) : désigne l'ensemble de composés organiques hydrophiles, provenant de la décomposition des organismes morts, des excrétas et des sécrétions de diverses espèces aquatiques qui se dissolvent dans les eaux naturelles. ◆ **~ organiques fermentescibles** (*biodegradable organic matter*) : voir MOF. ◆ **~ sèches** (*dry matter*) : **1.** Désigne la quantité de matières dissoutes ou en suspension non volatiles présentes dans les eaux naturelles et qui subsistent après évaporation. **2.** En écologie, mesure de la quantité de matière vivante correspondant à une espèce ou à un constituant d'une biocœnose présent dans un écosystème.

maturation, n. f. ◆ **~ des boues** (*sludge ripening*) : voir Boues activées.

méandre(s), n. m. (*meander*). Formation géomorphologique due à l'action d'incision d'un cours d'eau dans sa plaine d'inondation.

On distingue plusieurs étapes dans la formation des méandres et ces derniers ne constituent pas des structures géologiques permanentes. En réalité, ils présentent une succession de phases depuis leur genèse jusqu'à leur isolement du

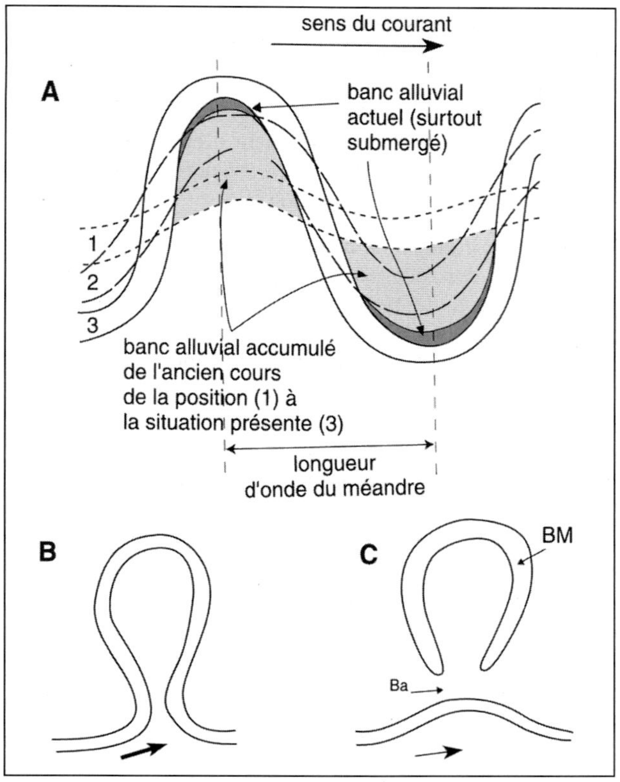

Étapes successives de la formation de **méandres**. En **A**), l'érosion du côté concave de la berge creuse le méandre, tandis que la formation d'un banc alluvial sédimentaire conduit à un phénomène auto-entretenu qui accentue l'érosion du côté concave et les dépôts alluviaux du coté convexe. En **B**), le jeu de l'incision conduit à un rapprochement progressif des bords du pédoncule. En **C**), stade ultime du méandrage avec formation d'un bras mort. (In Ramade F., *Dictionnaire encyclopédique des sciences de l'eau*, Ediscience international, 1998, p. 370)

lit principal du cours d'eau et la formation de bras morts. Les divers phénomènes d'alluvionnement et de comblement d'une partie du méandre finissent par créer des biotopes lentiques particuliers, temporairement isolés de l'écosystème lotique dont ils proviennent. ***(Voir aussi Fleuve, Hydrosystème, Lotique)***

médio-, adj. ◆ **dorsale ~océanique** (*medio-oceanic ridge*) : chaîne de montagnes sous-marines qui s'étend au centre d'un océan au niveau de la zone de divergence des plaques océaniques parfois sur plusieurs milliers de kilomètres voire au-delà de 10 000 km. Ainsi la dorsale médio-Atlantique occupe toute la partie centrale du plancher de cet océan sur une longueur excédant 15 000 km. ***(Voir aussi Plaque, Tectonique)*** ◆ **~ littoral** (*intertidal zone*) : partie de la zone de balancement des marées comprise entre le niveau moyen des hautes mers jusqu'à la limite inférieure des basses mers exceptionnelles. ***(Voir aussi Océan)***

Méditerranée, n. f. (*Mediterranean sea*). La mer Méditerranée s'étend sur une fraction de l'emplacement de l'ancienne mer mésogéenne (encore dénommée *Thetys*) qui s'est formée au début de l'ère Mésozoïque, au Trias inférieur, il y a environ 220 millions d'années. Cependant, elle n'occupe ses limites approximatives actuelles que depuis la fin du Miocène au Tertiaire quand s'est fermée la branche septentrionale de la Thetys. Celle-ci, beaucoup plus vaste, s'étendait encore, au milieu du Tertiaire jusqu'à l'emplacement de l'actuel lac Balkach en Asie centrale.

La Méditerranée est située entre 5° 20″ Ouest (détroit de Gibraltar) et 36° 20″ Est (golfe d'Alexandrette en Turquie). Elle couvre donc près de 42 degrés de longitude, soit quelque 3 000 km et au Sud depuis 30° 15″ de latitude Nord (golfe des Syrtes en Libye) jusqu'à 45° 50″ Nord à l'extrémité du golfe de Venise dans l'Adriatique.

Avec une surface excédant 3 millions de km^2, elle représente donc la plus vaste mer fermée du monde. De contours très sinueux, ses côtes s'étendent sur plus de 40 000 km.

On rencontre en Méditerranée de nombreuses îles qui en font aussi le deuxième archipel du monde.

La Méditerranée comporte deux bassins :

– le bassin occidental, aussi dénommé mer Bétique, dont la limite est marquée par la dorsale comprise entre la Sicile et la Tunisie et qui débouche dans l'Atlantique par l'étroit détroit de Gibraltar (16 km) ;

– le bassin oriental qui englobe toute la partie située à

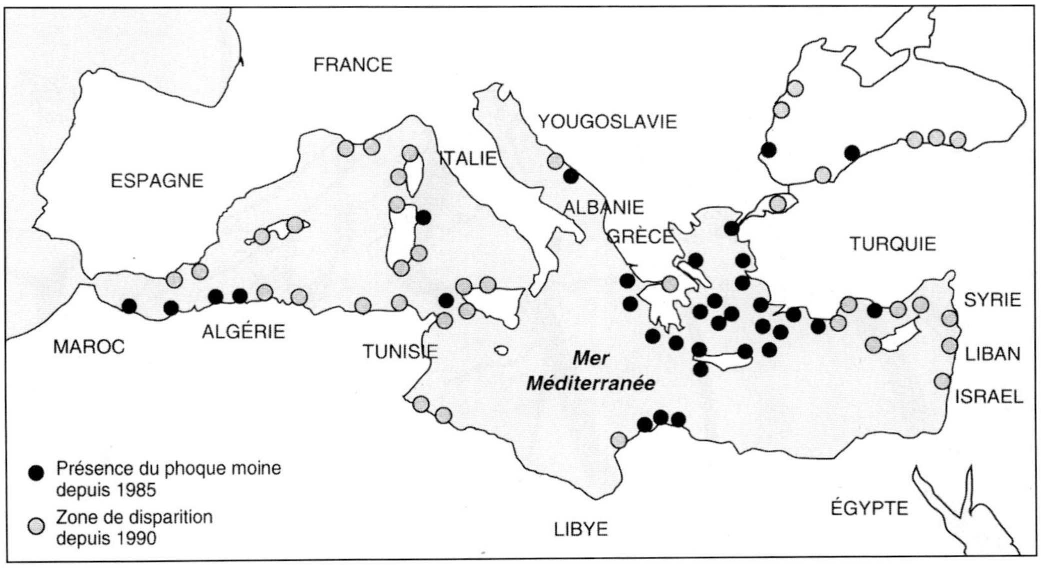

Distribution du phoque moine en **Méditerranée**. (D'après Marchesseaux et Muller, in Ramade F., *Conservation des écosystèmes méditerranéens*, Economica, 1990, p. 31)

l'Est. Ce dernier reçoit les eaux de la mer Noire qui s'y écoulent par le détroit des Dardanelles en Turquie.

Malgré sa surface relativement faible par rapport aux zones océaniques de l'hydrosphère, il s'agit d'une mer profonde due à sa nature tectonique. En effet, elle se trouve à la rencontre des plaques Afrique et Europe, la première remontant vers le Nord. Aussi relève-t-on une profondeur de 3 550 m au large de la Sicile dans la mer Tyrrhénienne et de 4 800 m dans la fosse la plus profonde située dans la mer ionienne, au Sud-Ouest du Péloponèse.

L'existence de plaques actives se traduit aussi par un important volcanisme dans le bassin occidental (Iles éoliennes, Etna et Vésuve) et oriental – volcanisme égéen comme aux Iles Santorin. ◆ **caractéristiques écologiques de la ~** : la Méditerranée se caractérise par une salinité de l'ordre de 38 p. 1 000, plus élevée que la normale océanique, par suite de l'importance de l'évaporation due au climat et de la faiblesse des apports d'eau fluviale, enfin de l'étroitesse du détroit de Gibraltar qui commande les apports des masses d'eau moins salées de l'océan Atlantique.

Elle s'est d'ailleurs trouvée séparée de ce dernier à la fin de l'ère Tertiaire (époque dite messinienne) et a alors connu un quasi-assèchement.

La flore et la faune méditerranéennes comportent de nombreuses espèces des mers tempérées chaudes. À titre d'exemple peuvent être cités chez les poissons : thons, espadons, Scorpaenidés, mérous, murènes, et chez les Invertébrés : corail rouge, murex, pinnes, spondyles.

Parmi les espèces marines méditerranéennes les plus menacées figure le phoque moine dont la population mondiale ne comptait plus au début des années 1990 qu'environ 350 individus, présents surtout dans la partie orientale du bassin, essentiellement dans les eaux des Iles grecques de la mer Égée (voir Figure page précédente).

La Méditerranée est une mer peu productive par suite de sa pauvreté en éléments minéraux nutritifs. Les principales zones de pêcheries maritimes sont donc situées dans les régions deltaïques, peu nombreuses, là où les eaux continentales lui amènent un apport important d'éléments minéraux nutritifs (phosphates et nitrates) : deltas de l'Ebre, du Rhône, du Pô et du Nil en particulier.

Sur le plateau continental méditerranéen existent cependant, en dehors de ces zones, des habitats d'étendue certes limitée, de productivité biologique extrêmement élevée : les herbiers littoraux de posidonies (*Posidonia oceanica*), grande Angiosperme de l'ordre des Hélobiales, propre aux mers tempérées chaudes qui peut constituer de véritables récifs barrières dont la structure géomorphologique rappelle celle des récifs coralliens. Ces habitats littoraux se caractérisent en période estivale par une activité photosynthétique de ces herbiers marins méditerranéens proche de celle des écosystèmes des forêts tropicales. Ils présentent en outre une richesse spécifique de leurs peuplements de poissons comparable, voire supérieure, à celle que l'on trouve dans des milieux similaires en zone tropicale.

Les lagunes méditerranéennes, bien réparties sur le littoral du bassin, occupent plus d'un million d'hectares et représentent aussi des écosystèmes de haute productivité biologique. Elles jouent un rôle important dans le cycle vital de nombreuses espèces d'animaux marins de grande importance pour les pêcheries côtières.

Les zones humides littorales méditerranéennes représentent des sites de grande importance pour l'hivernage ou la reproduction de nombreuses espèces d'oiseaux d'eau et sont de ce fait inscrites à la convention Ramsar.

La Méditerranée est aussi traversée par un ensemble de voies migratoires de grande importance pour l'avifaune eurosibérienne ; outre le couloir occidental (Gibraltar) et le

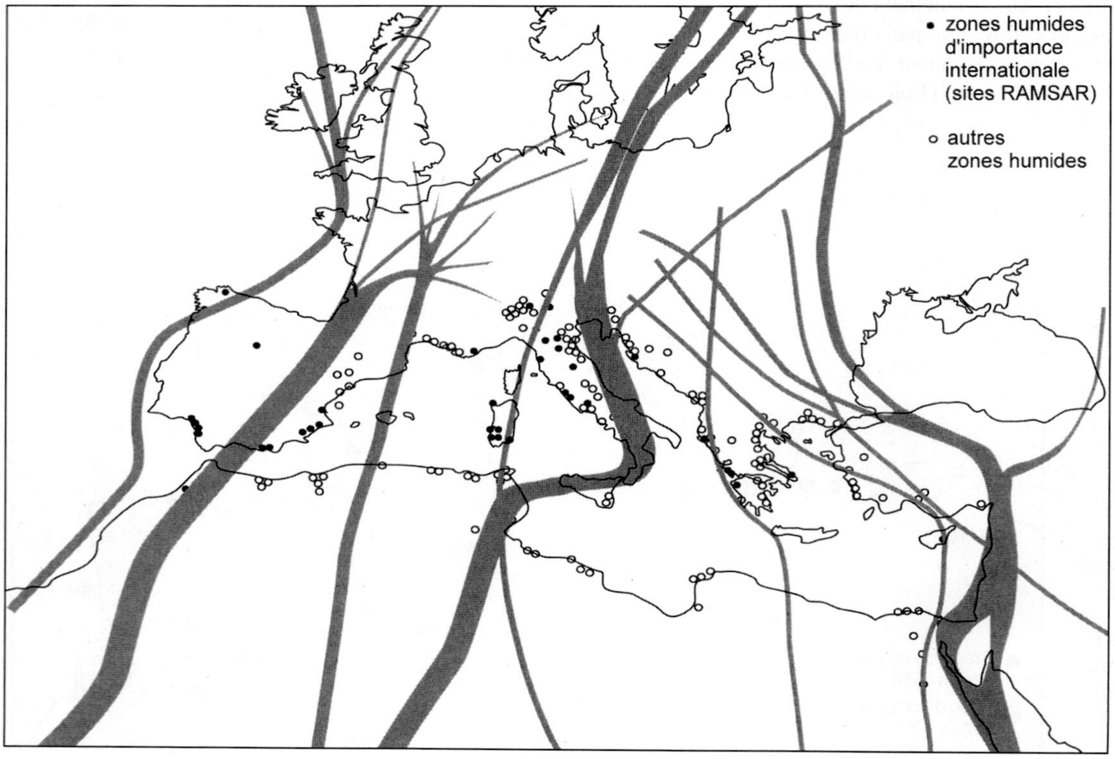

Principales voies de migration des oiseaux en **Méditerranée** (D'après ICBP, mais modifié, in Ramade F., *Conservation des écosystèmes méditerranéens*, PNUE-Economica, 1997, p. 40)

couloir oriental (vallée du Nil) existent aussi deux voies centrales importantes, l'une par la péninsule italienne et la Tunisie, l'autre de la Grèce à la Cyrénaïque en Libye.

◆ **conservation de la ~** : mer fermée, entourée par un ensemble de pays très peuplés et dont certains souffrent de l'explosion démographique, la Méditerranée demeure une des mers les plus menacées du monde.

Urbanisation, afflux touristique effréné, industrialisation, conjuguent leurs effets pour induire une pollution désastreuse des eaux marines, sans omettre celle due à l'intense trafic pétrolier qui y règne.

La convention de Barcelone adoptée en 1976 par l'ensemble des pays riverains à l'incitation du Programme des Nations Unies pour l'Environnement et, renforcée depuis lors, a pour objet d'endiguer la montée croissante des pollutions et autres dégradations de cette mer dont la protection est devenue vitale pour l'économie et le développement de l'ensemble des pays concernés.

Le Plan d'Action spécial du PNUE pour la Méditerranée (PAM), lancé en 1975, dans lequel est inclus le « Plan Bleu » qui a pour objet de faire des prospectives sur l'état de l'environnement, est destiné à assurer la protection à la fois de la partie marine et des zones terrestres des pays riverains dans l'ensemble du bassin.

méditerranéen(-ne), adj. (*mediterranean*). Caractérise les divers paramètres abiotiques ou biotiques propres aux milieux continentaux ou aquatiques de la région biogéographique correspondante.

◆ **écosystèmes ~** (*mediterranean ecosystems*) : les écosystèmes terrestres méditerranéens se rencontrent sur une surface couvrant un total de 2,3 millions de km^2 qui correspond à l'aire recouverte par les diverses zones que compte cette province biogéographique, depuis le Portugal et le Maroc atlantique jusqu'à ses limites orientales situées aux confins de la province anatolo-touranienne. Les écosystèmes méditerranéens possèdent des caractéristiques qui leur sont très spécifiques. Ils étaient originellement constitués par des forêts sclérophylles d'arbres feuillus (chênes essentiellement) et plus localement ainsi qu'en montagne par des forêts de Conifères comportant diverses espèces endémiques de la région et parfois localisées à des aires très restreintes à l'heure actuelle.

Fortement dégradés depuis le début du Néolithique, ils ont été transformés sur de vastes surfaces en formations végétales arbustives dénommées maquis sur terrains siliceux et garrigues sur terrains calcaires. À la limite des provinces biogéographiques désertiques qui leur succèdent vers le sud et l'est, on rencontre des steppes méditerranéennes propres aux plateaux d'Anatolie et de Syrie, ainsi que dans la région située à la limite septentrionale du Sahara (steppes à alfa du Sud tunisien par exemple).

Les écosystèmes méditerranéens présentent une grande biodiversité et un nombre important d'endémiques. Ils comportent quelques 25 000 espèces de Phanérogames.

L'endémisme est souvent très important. La Grèce compte par exemple sur environ 100 000 km^2 plus de 600 espèces de plantes endémiques. Il existe aussi un certain nombre de Vertébrés endémiques surtout dans les nombreuses îles propres aux divers archipels méditerranéens. Il en est *a fortiori* de même pour les Insectes et les autres Invertébrés. (***Voir aussi Biodiversité, Endémisme, Protection de la nature***)

◆ **province biogéographique ~** (*mediterranean biogeographical province*) : province biogéographique constituée par l'ensemble des écosystèmes terrestres de ce type existant sur le pourtour de la Méditerranée. Elle se caractérise, en sus du très fort endémisme évoqué cidessus, par la présence de plusieurs *hot spots* de biodiversité situés principalement dans les montagnes du Maghreb, dans la plupart des massifs de la Péninsule

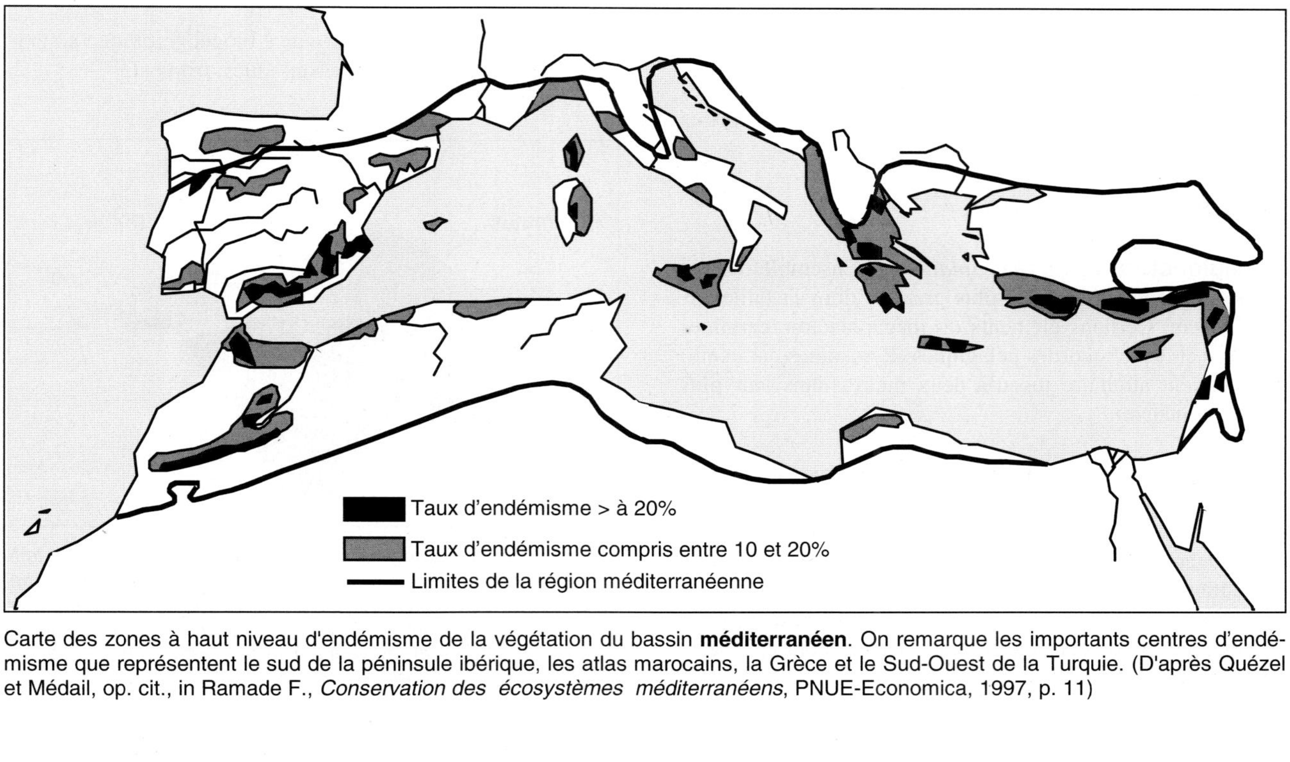

Carte des zones à haut niveau d'endémisme de la végétation du bassin **méditerranéen**. On remarque les importants centres d'endémisme que représentent le sud de la péninsule ibérique, les atlas marocains, la Grèce et le Sud-Ouest de la Turquie. (D'après Quézel et Médail, op. cit., in Ramade F., *Conservation des écosystèmes méditerranéens*, PNUE-Economica, 1997, p. 11)

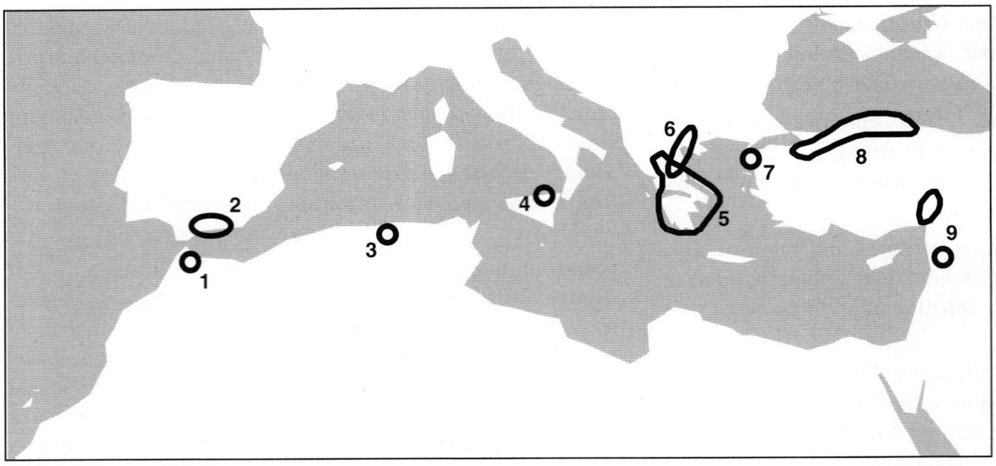

Exemple d'endémisme **méditerranéen** : les sapins de montagne. On constate la faible surface de la plupart des zones cerclées qui représentent les aires approximatives d'endémisme des espèces suivantes : 1- *Abies maroccana*; 2- *A. pensapo*; 3- *A. numidica*; 4- *A. nebrodensis*; 5- *A. cephalonica*; 6- *A. borisregii*; 7- *A. equitrojani*; 8- *A. bornemullieriana*; 9- *A. cilicica*. (D'après Lemée, op. cit., in Ramade F., *Conservation des écosystèmes méditerranéens*, PNUE-Economica, 1997, p. 15)

ibérique, dans les archipels méditerranéens, en Grèce, et dans les massifs montagneux et certains plateaux de Turquie et du Proche-Orient.

méduse(s), n. f. (*jellyfishes*). Formes sexuées des Cnidaires qui se rencontrent dans les classes des Hydrozoaires et des Scyphozoaires. Chez ces derniers, la forme méduse est prédominante dans le cycle vital. Certaines d'entre elles, dites méduses acalèphes, peuvent atteindre une taille considérable, l'ombrelle pouvant dépasser deux mètres de diamètre.

mégafaune, n. f. (*megafauna*). Ensemble des animaux de grande taille, représentés dans une zoocœnose par les Vertébrés en milieu terrestre mais également, en milieu océanique, par certains méga-Invertébrés (grands Céphalopodes – dont certains peuvent dépasser 10 m de long, ou encore méduses acalèphes de diamètre supérieur à 2m). ***(Voir aussi Océan)***

mégaflore, n. f. (*megaflora*). Ensemble des plantes de grande taille, visibles à l'œil nu et à distance, constitué essentiellement par les arbres et les arbustes.

mégaloplancton, n. m. (*megaloplankton*). Ensemble des espèces de grande taille constituant le zooplancton, prises par définition au-dessus de 10 mm de longueur.

mégalopolis, n. f. Voir Ville.

mégaplancton, n. m. (*megaplankton*). Ensemble des espèces zooplanctoniques les plus grandes dont la taille excède 20 cm. Certains éléments du mégaplancton, certaines méduses et des Urocordés pélagiques (Pyrosomes par exemple) peuvent atteindre jusqu'à deux mètres dans leur plus grande dimension!

Megapodidae, n. sc. Famille de Galliformes de grande taille inféodés aux habitats forestiers, propres à l'Australie, la Nouvelle-Guinée et le Sud-Ouest du Pacifique tropical. Les Mégapodes ont une écologie de la reproduction très particulière. Ils n'incubent pas leurs œufs mais les déposent dans des tumulus faits d'un mélange d'humus et de feuilles mortes dont la chaleur dégagée par la fermentation joue le rôle d'incubateur naturel.

Megascolecidae, n. sc. Famille de vers de terre dans lesquels on rencontre les espèces constituant les géants de cette classe d'Annélides. Certains Mégascolécides australiens atteignent plus de 2 mètres de longueur totale! ***(Voir aussi Lombric)***

mégatherme(s), adj. (*megatherm*). Désigne des espèces végétales et animales inféodées à des biotopes très chauds, tropicaux, dont la moyenne des températures du mois le plus froid excède toujours 18 °C.

mégathermique, adj. (*megathermic*). Désigne un organisme mégatherme.

méiobenthos, n. m. (*meiobenthos*). Organismes benthiques dont la taille est comprise entre 0,1 mm et 1mm.

méiofaune, n. f. (*meiofauna*). Organisme vivant dans les interstices des sédiments sablonneux de diamètre compris entre 0,1 mm et 1 mm.

Mélanésie (*Melanesia*). Province biogéographique constituée par les îles du Pacifique Sud-Ouest tropical.

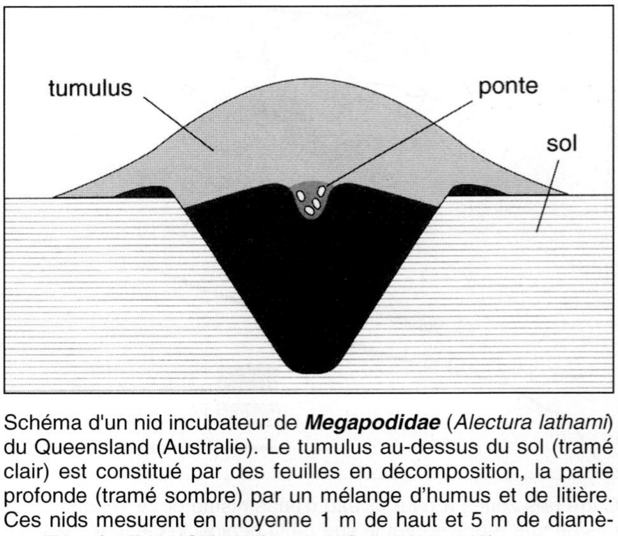

Schéma d'un nid incubateur de ***Megapodidae*** (*Alectura lathami*) du Queensland (Australie). Le tumulus au-dessus du sol (tramé clair) est constitué par des feuilles en décomposition, la partie profonde (tramé sombre) par un mélange d'humus et de litière. Ces nids mesurent en moyenne 1 m de haut et 5 m de diamètre. (D'après Frith, *Scient. Amer.*, août 1959, p. 148)

mélanisme, n. m. (*melanism*). Phénomène se traduisant par l'apparition d'une pigmentation noire chez les animaux. Il est généralement marqué chez les écotypes vivant dans des zones climatiquement très ensoleillées, par rapport aux populations situées plus au nord de l'aire de répartition de l'espèce considérée. On distingue aussi un mélanisme insulaire qui caractérise les écotypes ou les espèces inféodés à des îles. ◆ ~ **industriel** (*industrial melanism*) : phénomène de pigmentation noire apparu chez certains insectes vivant sur les écorces des arbres dans des zones exposées à une forte pollution atmosphérique.

Le cas le plus connu est celui de *Biston betularia*, un papillon de la famille des Géométrides, dont les ailes, normalement de couleur grisâtre avec des taches blanches, le rendent mimétique des lichens qui croissent sur les écorces des bouleaux. Ses populations sont de couleur noire (forme *carbonaria*) dans les zones des Midlands en Angleterre. Il s'agit d'une adaptation à la couleur noirâtre des troncs d'arbres sur lesquels il se pose. Cette dernière est elle-même provoquée par les dépôts sur les écorces de matières carbonées polluant l'atmosphère. Il a été démontré que ce phénomène adaptatif résulte de la sélection naturelle, les papillons de couleur noire échappant beaucoup plus facilement que les individus normaux à leurs prédateurs quand ils sont posés sur des troncs noircis par la pollution! ***(Voir aussi Évolution)***

Mélastomatacées, n. sc. Famille de Dicotylédones de l'ordre des Myrtales, comportant près de 5 000 espèces de plantes herbacées et arborescentes, surtout présentes en Amérique du Sud. ***(Voir aussi Invasion)***

mélèze(s), n. m. (*larch*, Am. : *tamarak*) (n. sc. : *Larix* sp.). Genre de *Pinaceae* qui présente la particularité exceptionnelle chez les Conifères de perdre ses feuilles à l'automne. Ce genre dont la répartition est holarctique comporte plusieurs espèces qui croissent à basse altitude dans la Taïga sibérienne et nord américaine ou dans les étages montagnards et subalpins dans les montagnes de moyenne latitude. ◆ ~ ***decidua*** : très résistante au froid, cette espèce de résineux est propre aux zones de montagnes européennes où elle se rencontre jusqu'à la limite supérieure de l'étage alpin mais peut descendre à basse altitude en Europe centrale et orientale. En France, les plus grandes forêts de mélèzes subsistantes s'observent à l'heure actuelle dans l'Embrunois et le Queyras. ***(Voir aussi Larix)***

mélezin, n. m. (*larch forest*). Forêt constituée par un boisement pur ou dominant de mélèzes.

mélliphage, adj. (*meliphagous*, *honey-eater*). Désigne une espèce se nourrissant de miel. Il existe de nombreux Vertébrés à sang chaud ayant un tel régime, en particulier une famille entière d'Oiseaux, celle des *Melliphagidae*, propres à l'Ancien Monde tropical et chez les Mammifères les ratels (*Melivorus*) d'Afrique subsaharienne. Il en est de même des ours dont la melliphagie est notoire bien qu'ils aient un régime alimentaire très diversifié.

melliphagie, n. f. (*meliphagy*). Mode de nutrition fondé sur la consommation de miel.

mellivore, adj. (*melivorous*). Synonyme de melliphage.

Melobesia, n. sc. Algues rouges (Rhodophycées) propres aux parties les plus profondes de la zone euphotique en milieu marin, certaines espèces croissant jusqu'à la limite supérieure de la zone dysphotique.

Melosira, n. sc. Genre de Diatomées communes dans les eaux continentales.

Mendel, Gregor, Johann (1822- 1884). Célèbre moine autrichien qui fonda au XIXe siècle les bases de la génétique moderne en croisant diverses variétés de pois (lisses-ridés par exemple) et en dénombrant la proportion des différents phénotypes obtenus dans la descendance. Il publia ses résultats en 1865 dans les compte-rendus de la réunion de la *Naturforschung Verein* (Société de Sciences Naturelles) de Brünn et cela plusieurs décennies avant les travaux de De Vries, Correns et Tchermack.

mendélien(ne), adj. (*mendelian*). Désigne tout ce qui en génétique se rapporte aux lois de Mendel. ◆ **hérédité** ~ (*mendelian inheritance*) : ségrégation et assortiment des caractères phénotypiques dans une descendance qui s'effectuent conformément aux lois de Mendel.

Mélèzes (*Larix decidua*) à la limite supérieure de l'étage subalpin. Cette espèce constitue des boisements localement importants dénommés mélezins, en particulier dans le sud des Alpes. (Réserve naturelle du val d'Escreins, PNR du Queyras, Hautes Alpes). (Cliché F. Ramade)

mer, n. f. (*sea*). Désigne en biogéographie une étendue d'eaux océaniques plus ou moins fermée, à tout le moins séparée par les masses continentales ou par un chapelet d'îles de l'ensemble des eaux libres océaniques, et dont la surface est plus faible que celle d'un océan. (***Voir aussi Océan***) ◆ **pollution des** ~ : voir Océan, Pollution.

Mercalli, Giuseppe (1815-1914). Professeur de sciences naturelles italien qui a étudié les séismes dans l'Italie péninsulaire et établit la première échelle d'intensité sismique en 1897. Celle-ci est aujourd'hui supplantée par celle de Richter. (***Voir aussi Richter***)

Mercantour, parc national du (*Mercantour National Park*). Créé en 1978, ce parc national s'étend sur 68 500 ha, à la frontière de l'Italie, dans les Alpes du Sud où il est limitrophe du parc national Delle Alpi Maritime, sur le versant italien.

Il préserve un ensemble de biotopes orophiles d'un grand intérêt écologique et il est le site d'une réintroduction du bouquetin, autrefois présent dans ces milieux de prairies alpines et de forêts de mélèzes de l'étage subalpin, mais qui fut par le passé exterminé par les chasseurs.

Depuis 1992 des loups – espèce autrefois exterminée en France – venus sans doute d'Italie, s'y sont réinstallés et s'y reproduisent, plus d'une vingtaine d'individus étant sédentarisés dans cette aire protégée. Malheureusement, une véritable attitude hystérique propre aux chasseurs locaux et aux éleveurs, relativement à cette espèce pourtant protégée, rend pour l'instant très difficile sa protection. Celle-ci est à tout le moins mal assurée par les pouvoirs publics, un rapport à la Chambre des députés ayant fin 1999... tout simplement suggéré leur destruction dans la plupart des zones d'élevage, « ignorant » les conventions internationales signées par notre pays et qui accordent à cette espèce, ainsi qu'à l'ours un statut de conservation prioritaire!

La vallée des Merveilles, célèbre pour ses pétroglyphes de la fin du Paléolithique, est aussi incluse dans l'enceinte du Parc. (***Voir aussi Parc National***)

mercure, n. m. (*mercury*). Élément de numéro atomique Z = 80 et de masse atomique Ar = 200,6 dont le corps simple est un métal d'une densité de 13,6 qui constitue, en dehors du francium, le seul métal liquide à la température ordinaire. Cet élément soulève de graves préoccupations en matière de protection de l'environnement par suite de sa forte toxicité pour la plupart des êtres vivants. ◆ **acétate de phényl** ~ (*phenyl-mercury acetate*) : fongicide organomercuriel d'usage important dans l'industrie du papier. ◆ **cycle biogéochimique du** ~ (*mercury biochemical cycle*) : seul métal volatil, le mercure effectue *pro parte* son cycle biogéochimique via l'atmosphère. Les sources naturelles de mercure sont constituées par le volcanisme et certaines roches ignées. Bien qu'il soit totalement dépourvu de propriétés biogènes et même très toxique pour les êtres vivants, il peut être incorporé dans la biomasse.

En milieu aquatique, le mercure est transformé en méthylmercure par les bactéries benthiques et ultérieurement en diméthylmercure volatil, qui passe dans l'atmosphère et va

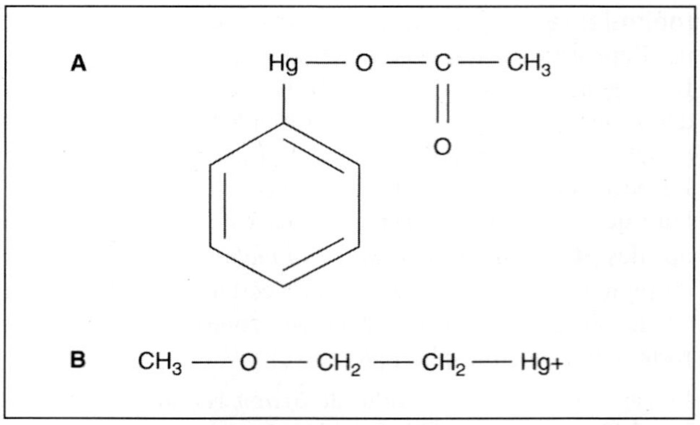

Formule chimique de quelques fongicides organomercuriels : acétate de phényl**mercure** (**A**) et méthoxyéthylmercure (**B**).

être ensuite ramené dans les eaux et les sols par les précipitations. Il contamine de la sorte les réseaux trophiques et y subit une bioamplification. De fortes concentrations sont atteintes car, en l'absence de régulation, il est absorbé sans limitation, les animaux ayant en outre des difficultés à éliminer cet élément de leur organisme.

Ce fait explique la présence naturelle de fortes concentrations en mercure chez des poissons océaniques superprédateurs vivant au grand large, situés au sommet de longues chaînes trophiques (voir Tableau).

Teneur en mercure de poissons superprédateurs prélevés dans des zones océaniques reculées
(D'après Armstrong, *Mercury in The aquatic environment*, NRCC, n° 16739, 1979)

Espèces	Concentration en mercure (en ppm/ poids frais)
Espadon (*Xiphias gladius*)	1,08
Thon rouge (*Thunnus thynnus*)	0,89
Thon jaune (*Thunnus albacares*)	0,62
Thon Skipjack (*Euthynnus pelamis*)	0,21
Requin du Pacifique (*Squalus sp.*)	0,70
Flétan (*Hippoglossus hippoglossus*)	0,80

Les principales voies d'excrétion, outre la voie urinaire sont les poils et les plumes de sorte que le dosage dans les phanères permet d'évaluer le degré de contamination des oiseaux et des mammifères. ◆ **méthoxyéthyl** ~ (*methoxy ethyl mercury*) : fongicide organomercuriel utilisé dans l'enrobage des semences pour protéger les jeunes plantules contre les attaques de champignons phytopathogènes, agents de la fonte des semis. ◆ **pollution par le** ~ (*mercury pollution*) : les principales causes de pollution par cet élément résultent de ses usages industriels, comme pesticide, et aussi des combustions du charbon et du pétrole. Plusieurs milliers de tonnes de mercure sont ainsi annuellement rejetées dans l'atmosphère. L'industrie de la soude par recours à des électrodes au mercure est aussi la source de rejet de ces éléments. L'exploitation de gîtes aurifères est aussi une cause de pollution des eaux par le mercure. Les chercheurs d'or clandestins qui ont recours au procédé à

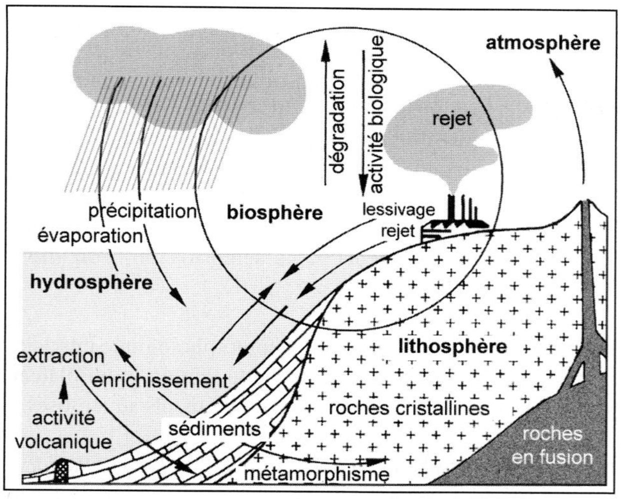

Cycle biogéochimique du **mercure**. (D'après Goldwater, in Ramade F., *Écologie appliquée*, Ediscience international, 5e éd., 1995, p. 291)

l'amalgame pour l'extraire ont déjà provoqué une contamination significative de nombreux tributaires de l'Amazone. Il en est de même en Guyane française où la contamination des poissons menace la santé publique, en particulier chez les Amérindiens ichtyophages. Cette contamination est particulièrement préoccupante dans le lac de barrage de Petit Saut, où l'ennoiement de la forêt dans le fond des vallées du bassin versant de la rivière Sinamary a favorisé la formation de méthylmercure dans les sédiments. Les fongicides organomercuriels constituent aussi une source de pollution diffuse par cet élément. Outre leur usage en agriculture qui existe encore dans de nombreux pays, ils sont également utilisés dans l'industrie du papier – en particulier l'acétate de phénylmercure et le méthoxyéthylmercure. De nombreuses rivières du Canada et de Scandinavie ont été polluées de ce fait par les rejets de papeteries de sorte que, depuis les années 1970, les poissons pêchés dans les lacs de 80 districts suédois étaient interdits de consommation car leur concentration en mercure excédait les CMA dans l'alimentation humaine!

méristème, n. m. (*meristem*). Organe végétal situé en diverses régions des plantes supérieures et constitué de cellules non différenciées, siège d'actives divisions cellulaires. Les méristèmes apicaux localisés à l'extrémité des tiges, des branches ou des racines jouent un rôle essentiel dans leur croissance.

méristique, adj. (*meristic*). Se dit d'un caractère morphologique associé à la métamérie d'un animal. Le nombre de

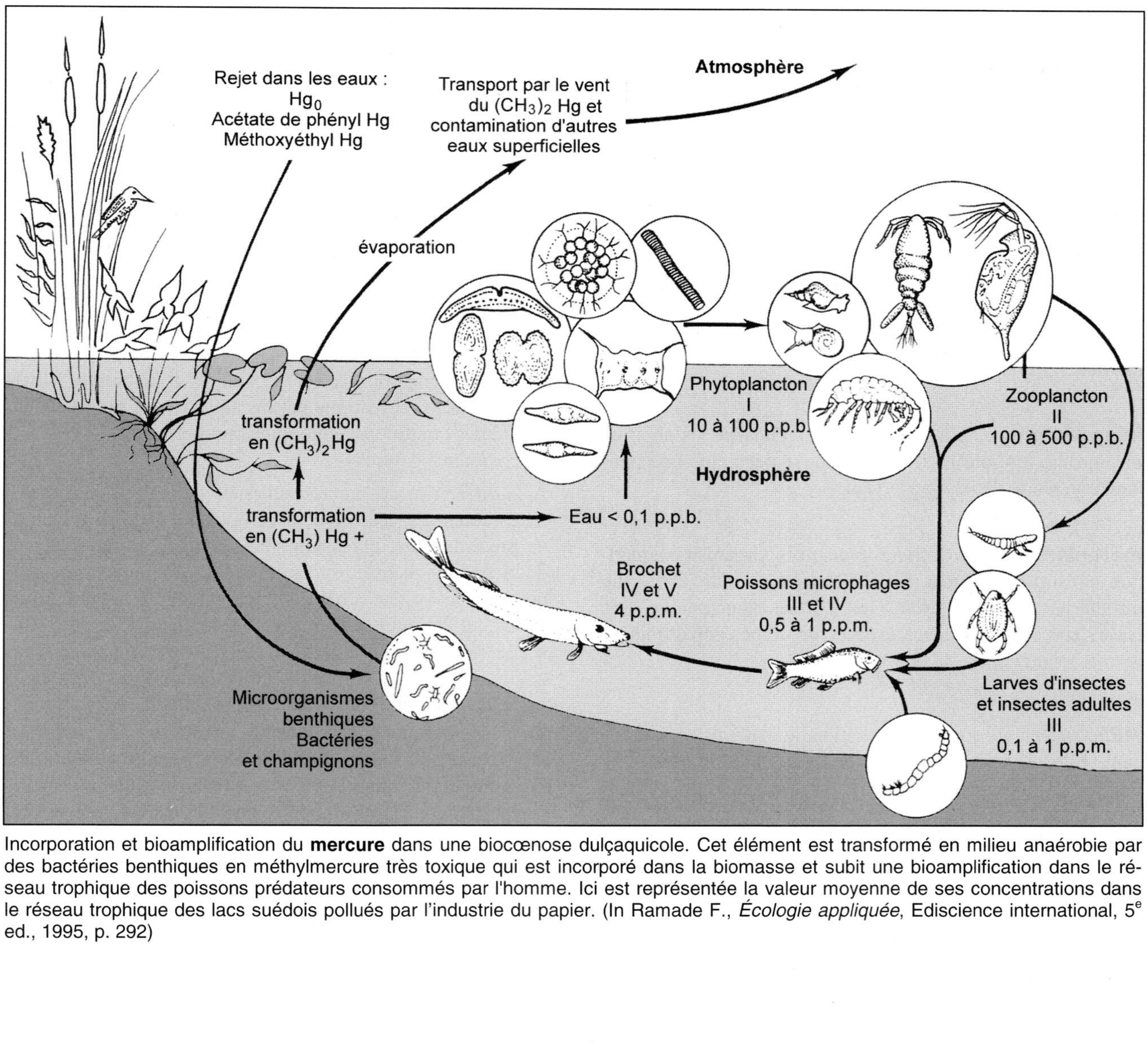

Incorporation et bioamplification du **mercure** dans une biocœnose dulçaquicole. Cet élément est transformé en milieu anaérobie par des bactéries benthiques en méthylmercure très toxique qui est incorporé dans la biomasse et subit une bioamplification dans le réseau trophique des poissons prédateurs consommés par l'homme. Ici est représentée la valeur moyenne de ses concentrations dans le réseau trophique des lacs suédois pollués par l'industrie du papier. (In Ramade F., *Écologie appliquée*, Ediscience international, 5e ed., 1995, p. 292)

segments du corps d'un insecte représente par exemple un caractère méristique.

merle(s), n. m. Oiseaux de la famille des Turdidés, éléments dominants du peuplement des Passériformes des habitats forestiers tempérés. ◆ ~ **migrateur** (n. sc. *Turdus migratorius*) (*robin*) : espèce d'Amérique du Nord tempérée qui s'est avérée particulièrement vulnérable à la pollution des sols par les pesticides car elle se nourrit de façon prépondérante de vers de terre. ◆ ~ **noir** (n. sc. : *Turdus merula*) (*black bird*) : espèce commune en Europe. Le régime alimentaire de cette espèce est surtout fondé sur la consommation d'Oligochètes terricoles, lombrics en particulier.

méromicticité, n. f. (*meromixis*). Conditions de stratification propres aux lacs méromictiques. Outre la grande profondeur (méromicticité bathymétrique), la méromicticité peut aussi provenir de la différence de salinité qui crée en profondeur un gradient de densité empêchant le mélange et la circulation verticale des masses d'eau. Cette méromicticité est dénommée *ectogénique* quand l'apport d'eau salée (ou douce dans les lacs salés désertiques) provient d'une source extérieure et *crénogénique* quand il est amené en profondeur (eaux hydrothermales surgissant au fond d'un lac de cratère ou ayant traversé des couches d'évaporites par exemple). Un autre type de méromicticité est dit *morphogénique*, il s'observe dans des lacs situés au fond de creux (cratères, dolines) et donc protégés des vents. ***(Voir aussi Méromictique)***

méromictique, adj. (*meromictic*). Désigne des lacs caractérisés par une stratification permanente de leurs eaux profondes. De façon générale, cet état s'observe dans les biotopes limniques de grande profondeur, ce qui entrave la circulation annuelle verticale. Il se crée alors une couche d'eaux stagnantes et anoxiques dénommée monimolimnion par opposition aux couches qui les surmontent soumises à l'homogénéisation printanière et automnale. ***(Voir aussi Stratification, Thermique)***

méropélagique, adj. (*meropelagic*). Qualifie les organismes qui ne font partie de la biocœnose pélagique que pendant une phase de leur cycle vital.

méroplancton, n. m. (*meroplankton*). Organisme aquatique constituant normal du plancton, mais qui n'effectue qu'une partie de son cycle vital à l'état planctonique. Les larves zoé de nombreuses espèces de crabes appartiennent au méroplancton.

MES (*suspended solid*). Abréviation de matières en suspension. Elle désigne l'ensemble des particules minérales et (ou) organiques présentes dans une eau naturelle ou polluée. Elles comportent souvent dans les cours d'eau des particules de nature argilo-humiques provenant de l'érosion des sols mais également bien d'autres constituants en particulier d'origine biologique. Elles représentent une cause essentielle de turbidité de l'eau.

La pollution par les MES se traduit par une diminution de la lumière donc un effet sur la production primaire des eaux, une modification du pouvoir adsorbant et une augmentation du pouvoir de colmatage lorsqu'il s'agit de particules fines, avec entre autres de sévères conséquences pour la respiration des animaux aquatiques par suite du colmatage de leurs branchies. En outre, lorsque les MES sont constitués par des particules minérales de grande dureté comme le sable, elles deviennent des agents actifs de corrosion. ***(Voir aussi Turbidité)***

mesa, n. f. (*mesa*). Formation géomorphologique tabulaire de taille intermédiaire entre une butte témoin et un plateau constituée de strates horizontales de sédiments superposés.

mésange(s), n. f. (*tit*). Oiseaux de la famille des *Paridae,* surtout inféodés aux régions tempérées et froides de l'Ancien Monde. Il existe plusieurs genres de mésanges appartenant à des sous-familles différentes. La mésange charbonnière, *Parus major*, est une espèce ubiquiste très commune dans l'ensemble de l'Europe, de l'Atlantique à l'Oural. ***(Voir aussi Paridae, Parus)***

mésique, adj. (*mesic*). Désigne un biotope caractérisé par une valeur moyenne des facteurs hygrométriques et pluviométriques.

mésobenthos, n. m. (*mesobenthos*). Organismes benthiques vivant à des profondeurs moyennes comprises entre 200 m et 1 000 m de profondeur.

mésoclimat, n. m. (*mesoclimate*). Conditions climatiques différentes des conditions régionales qui se manifestent sur une étendue de quelques kilomètres de diamètre et sur une hauteur de 100 à 200 m. ***(Voir aussi Climat, Ville)***

mésocosme(s), n. m. (*mesocosm*). Dispositifs expérimentaux clos, de taille moyenne, situés en plein air, destinés à l'étude des processus écologiques fondamentaux et de plus en plus à celle des effets des polluants sur les écosystèmes.
Un mésocosme consiste en la création d'un biotope artificiel, aquatique et lentique par exemple, qui se rapproche au mieux des conditions écologiques propres à un type donné d'écosystème naturel.

À la différence des microcosmes de laboratoire, aussi élaborés soient-ils, les mésocosmes possèdent la particularité de présenter une dimension spatio-temporelle reproduisant de façon plus réaliste les conditions environnementales propres aux écosystèmes réels. Ils présentent en particulier l'avantage d'être construits dans le milieu naturel et de ce fait d'être exposés à la variabilité des facteurs climatiques, laquelle ne peut être reproduite en laboratoire. En écotoxicologie, on distingue en première approximation des mésocosmes *terrestres* et des mésocosmes *aquatiques*. On subdivise ces derniers en deux types : 1) des mésocosmes lentiques qui sont homologues d'un écosystème limnique – mares, étangs et lacs ; 2) des mésocosmes lotiques qui simulent un cours d'eau.

Les mésocosmes présentent un intérêt expérimental évident car ils se situent à une échelle beaucoup plus réaliste et représentative des conditions écologiques réel-

Vue générale d'une installation expérimentale de **mésocosmes** lentiques sur le campus d'Orsay, conçue et réalisée par le Laboratoire d'Écologie et de Zoologie de l'Université de Paris-Sud. (Cliché F. Ramade)

les que les microcosmes utilisés dans les expérimentations de laboratoire sur les polluants. À l'opposé, la complexité de tels dispositifs expérimentaux est considérable et leur reproductibilité plus faible que pour les dispositifs de laboratoire.

◆ ~ **aquatiques** (*aquatic mesocosms*) : un exemple de tels dispositifs est donné par les mésocosmes lentiques réalisés à l'université de Paris-Sud (Orsay). Ces derniers consistent en des micromares de 12 m^3 de volume d'eau et profondes de 1 m dans lesquelles a été reconstituée une communauté macrophytique par introduction de *Typha latifolia* et de Myriophylles. Par ailleurs, l'apport spontané par voie aérienne ensemence les mésocosmes avec des algues phytoplanctoniques et filamenteuses ainsi qu'avec les constituants principaux du zooplancton. En outre des limnées (Mollusques Gastéropodes) et des poissons (*Carassius auratus*), ont été introduits dans ces biotopes artificiels tandis que les insectes aquatiques les ont peuplés spontanément par voie aérienne. Ces mésocosmes permettent aussi l'introduction de microenceintes dans lesquelles peuvent être confinées des populations d'Invertébrés ou de Vertébrés (poissons) destinés à effectuer des expériences *in situ* d'ex-

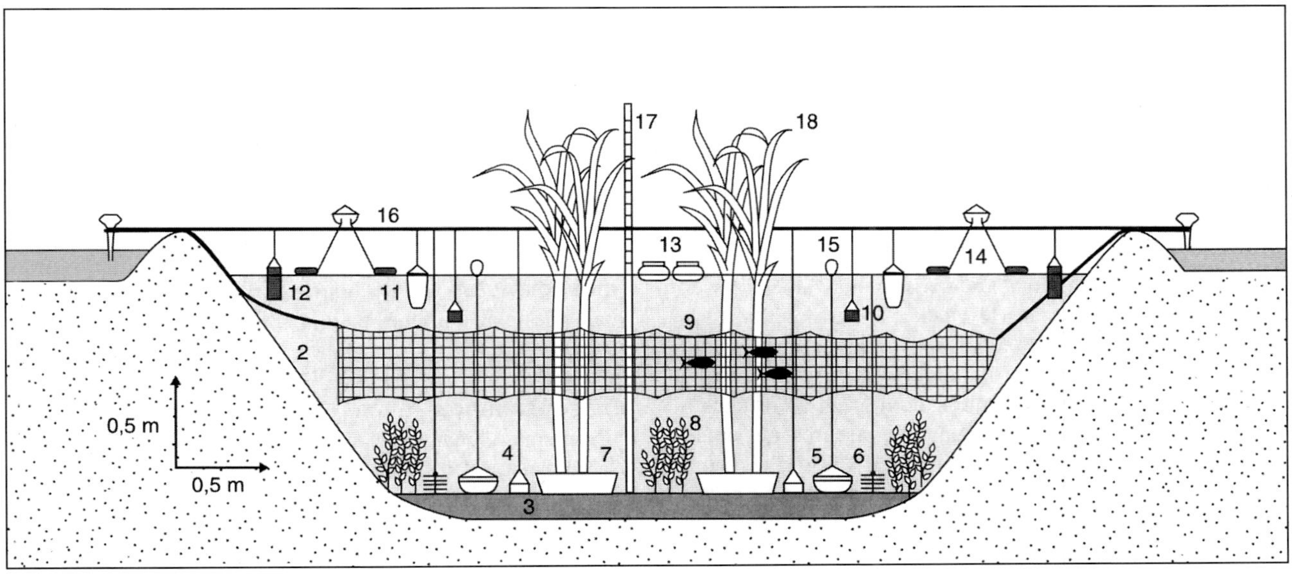

Coupe dans un **mésocosme** lentique correspondant au cliché ci-dessus montrant l'agencement d'ensemble et les divers dispositifs expérimentaux qui sont introduits dans ces derniers. 1) Sol. 2) Film de PVC. 3) Sédiments. 4) Containers remplis de sédiments. 5) Boîtes en plexiglass renfermant des *Asellus aquaticus* (crustacé isopode). 6) Substrat artificiel pour l'échantillonnage des Macroinvertébrés benthiques. 7) Récipient dans lequel sont implantés les *Typha*. 8) *Elodea canadensis*. 9) Carassins (*Carassius auratus*) confinés dans une bourriche anglaise. 10) Support de lames pour l'échantillonnage du périphyton. 11) Boîtes en plexiglass partiellement immergées renfermant des limnées (*Lymnea* palustris). 12) Cylindres en PVC pour l'échantillonnage des limnées libres. 13) Boîtes flottantes renfermant des limnées pour le suivi de leur croissance et de leur reproduction. 14) Pièges à émergence flottants. 15) Flotteurs. 16) Câbles tendus en travers des mésocosmes pour fixer des dispositifs expérimentaux. 17) Règle graduée pour la mesure du niveau de l'eau. 18) *Typha angustifolia*. (D'après un dessin original de Lagadic, in Caquet, Lagadic et Ramade, op. cit., 1996, p. 129)

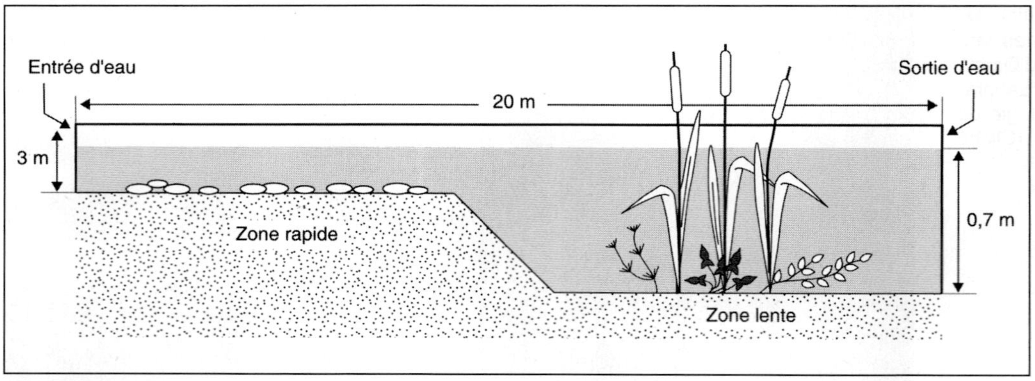

Schéma en section longitudinale d'un **mésocosme** lotique de l'INERIS. Le tramé au-dessus du dispositif figure le filet de protection destiné à empêcher la prédation éventuelle des oiseaux d'eau sur les animaux aquatiques. (D'après Thybaud et al., in Vindimian, 1999)

position à des polluants. Certains mésocosmes d'un dispositif expérimental ayant par exemple pour objet l'évaluation de l'impact potentiel pour l'environnement aquatique d'un produit chimique nouveau sont ensuite contaminés de façon aléatoire par des concentrations prédéterminées de polluants des eaux tandis que dans la même expérimentation d'autres sont conservés comme témoin de référence.

Les résultats obtenus grâce à de tels dispositifs montrent que l'on obtient une représentation plus fidèle du comportement des polluants en particulier dans leur transfert réciproque entre l'eau et les sédiments ainsi que dans les réseaux trophiques. Ils permettent aussi une évaluation plus réaliste de leurs effets potentiels sur les communautés aquatiques.

Des mésocosmes lotiques, tels ceux de l'INERIS, ont aussi été réalisés et simulent en échelle réduite un cours d'eau.

Parmi les diverses applications des mésocosmes aquatiques, ils ont donné lieu à des investigations destinées à vérifier si dans les conditions normales d'utilisation de certains composés chimiques à usage dispersif, la pollution indirecte des écosystèmes aquatiques qui en résultait ne se traduisait pas par un dépassement dans de tels habitats du NOEL (niveau sans effet) tel qu'il est par exemple édicté par les directives de la CEE.

◆ **~ terrestres** : ils ont été initialement mis en œuvre par Odum et Jenkins (1970) pour des recherches d'écologie fondamentale sur des forêts pluvieuses tropicales de Porto Rico où des arbres ont été enveloppés d'un manchon en matière plastique afin d'étudier le fonctionnement de ces communautés.

Ces mésocosmes consistent en des systèmes aménagés en plein air ou construits dans lesquels : 1) des conditions de confinement sont imposées aux flux d'énergie, d'eau et (ou) d'air et aux peuplements qu'ils renferment. 2) L'exposition à un produit chimique polluant ou non ou un autre facteur défavorable est contrôlée soit par des barrières physiques soit par tout autre dispositif expérimental. 3) L'usage de tels dispositifs expérimentaux est centré sur l'étude des processus écologiques et l'interaction de constituants à l'intérieur du système testé. En réalité, ce type de méthodologie est moins bien adapté, par sa conception même, à l'expérimentation écotoxicologique par suite des conditions artificielles induites par le confinement. ***(Voir aussi Bioessai, Écotoxicologie, Enclos, Microcosme, Polluants)***

mésofaune, n. f. (*mesofauna*). Ensemble des animaux de taille millimétrique et centimétrique. Ils représentent en nombre la majorité des espèces que compte le règne animal.

Mésogée (*Mesogea*). Ancien océan qui s'étendait au Secondaire depuis l'actuel Sud de l'Espagne jusqu'à la partie orientale de l'Asie, en recouvrant toute l'aire occupée par l'actuelle Méditerranée et atteignant l'Asie centrale.

mésohalin, adj. (*mesohaline*). Désigne un biotope d'eaux saumâtres dont la salinité est comprise entre 5 et 20 p. 1 000.

mésohalobe, adj. (*mesohalobous*). Désigne un organisme planctonique vivant dans des eaux saumâtres dont la salinité est comprise entre 5 et 20 p. 1 000.

Mésolithique, n. m. (*Mesolithic*). Période de la préhistoire qui marque la fin du Paléolithique et fait donc la transition avec le Néolithique.

mésopélagique, adj. Désigne les eaux marines du large situées à la partie inférieure de la zone euphotique. ◆ **organisme ~** (*mesopelagic organism*) : organisme marin vivant dans l'étage mésopélagique. ◆ **zone ~** (*mesopelagic zone*) : zone de l'océan correspondant aux eaux dont la profondeur est comprise entre 50 et 100 m.

mésophile, adj. (*mesophilous*). Désigne une espèce ou une communauté croissant dans un biotope au sol neutre et présentant des conditions moyennes de température et d'humidité.

mésophyte, n. f. (*mesophyte*). Plante adaptée à des conditions mésophiles.

mésoplancton, n. m. (*mesoplankton*). Ensemble des organismes planctoniques dont la taille est comprise entre 1 et 5 mm.

mésopsammon, n. m. (*mesopsammon*). Ensemble des organismes vivant dans l'espace interstitiel d'un biotope sablonneux. ***(Voir aussi Méiofaune)***

mésosaprobe, adj. (*mesosaprobic*). Désigne une eau présentant une pollution significative par des organismes fermentescibles et dont la DBO est par suite assez élevée, comprise entre 4 et 7 mg/l. ***(Voir aussi DBO, MOF)***

mésosaprobie, n. f. (*mesosaproby*). Organisme vivant dans des eaux présentant une pollution par des matières organiques fermentescibles dont le taux d'oxygène dissous est déjà réduit et qui présentent donc un niveau assez élevé de décomposition de cette matière organique.

mésoseston, n. m. (*mesoseston*). Ensemble des particules du seston dont la taille est comprise entre 100 et 500 µm.

mésosphère, n. f. (*mesosphere*). Couche de la haute atmosphère située au-dessus de la stratosphère entre 60 km et 120 km d'altitude.

mésothéliome, n. m. (*mesothelioma*). Affection pulmonaire de nature tumorale qui est provoquée par l'inhalation de fibres d'amiante.

mésothermal, adj. (*mesothermal*) ◆ **climat ~** (*mesothermal climate*) : climat typique des moyennes latitudes (35 à 50 degrés), qui caractérise par exemple l'Europe atlantique. Selon la classification de Köppen, il s'agit de climats où les précipitations sont régulières et abondantes et où les températures sont comprises entre – 3 °C et 18 °C pour le mois le plus froid et la température moyenne supérieure à 10 °C pour le mois le plus chaud de l'année.

mésotherme, adj. (*mesothermic*) et n. f. (*mesotherm*). Plante qui se développe sous des climats tempérés dont la température moyenne annuelle est de l'ordre de 15 °C.

mésothermophile, adj. (*mesothermophilous*). Désigne un organisme se développant dans les conditions climatiques propres aux régions tempérées.

mésotrophe, adj. (*mesotrophic*). Désigne un milieu aquatique dont la teneur en éléments minéraux nutritifs est de valeur moyenne.

Mésozoïque, n. m. (*Mesozoic*). Ère géologique correspondant au Secondaire (– 250 à – 65 millions d'années). ***(Voir aussi Secondaire)***

messicole, n. f. (*cropland weed*) et adj. (*messicolous*). Plante adventice annuelle qui croît dans les champs de céréales. Le bleuet ou le coquelicot en étaient des espèces répandues avant qu'ils ne soient quasiment éradiqués par l'usage des herbicides en grande culture.

métabiose, n. f. (*metabiosis*). Échange bénéfique de facteurs de croissance entre espèces différentes présentes dans un même biotope.

métabole, adj. (*metabolous*). Désigne un type de développement impliquant une métamorphose.

métabolisme, n. m. (*metabolism*). Phénomène physiologique qui contrôle le flux de l'énergie et le cycle de la matière chez un organisme. On distingue un anabolisme, qui désigne l'ensemble des phénomènes d'assimilation, et un catabolisme qui concerne les différents processus propres à l'excrétion des déchets associés à la circulation de la matière.

métabolite, n. m. (*metabolite*). Substance produite par le métabolisme.

métaclimax, n. m. (*metaclimax*). Désigne une communauté climacique qui est en état instable.

métagenèse, n. f. (*metagenesis*). Phénomène d'alternance des générations asexuées et sexuées au cours du cycle vital d'une même espèce animale.

métal(-aux), n. m. ◆ **~ lourds** (*heavy metals*) : terme désignant l'ensemble des métaux toxiques de forte masse atomique, plomb ou mercure par exemple. ◆ **~ toxiques** (*toxic metals*) : ensemble constitué par les métaux lourds ainsi que les autres éléments métalliques de plus faible masse atomique mais également de forte toxicité tels l'aluminium, le cuivre, le zinc, le cadmium ou l'arsenic par exemple. ◆ **~ trace** (*trace metals*) : métaux existant dans les sols et les eaux à l'état de faibles concentrations, certains étant des oligoéléments biogènes souvent doués de propriétés hormétiques, d'autres étant sans aucun intérêt pour les êtres vivants et souvent très toxiques : le cobalt, le zinc. ***(Voir aussi Cadmium, Hormétique, Mercure, Plomb)*** ◆ **pollution par les ~** : voir Métal correspondant. ◆ **spéciation des ~** : à la différence des substances organiques, dont l'état chimique est bien défini, les métaux comme tous les éléments présentent un polymorphisme chimique dépendant à la fois de leur forme (par exemple chrome bivalent ou hexavalent) et du composé minéral ou organique dans lequel ils sont incorporés. En conséquence, la spéciation des métaux présente une grande importance en écotoxicologie et, de façon plus générale, dans les sciences de l'environnement car à concentration équivalente en métal élémentaire, l'écotoxicité d'un métal donné peut varier de plusieurs ordres de magnitude en fonction de l'espèce chimique qui est la sienne. Ainsi, selon que le plomb se trouve sous forme de nitrate ou au contraire à l'état de plomb tétra-méthyle, sa toxicité pour

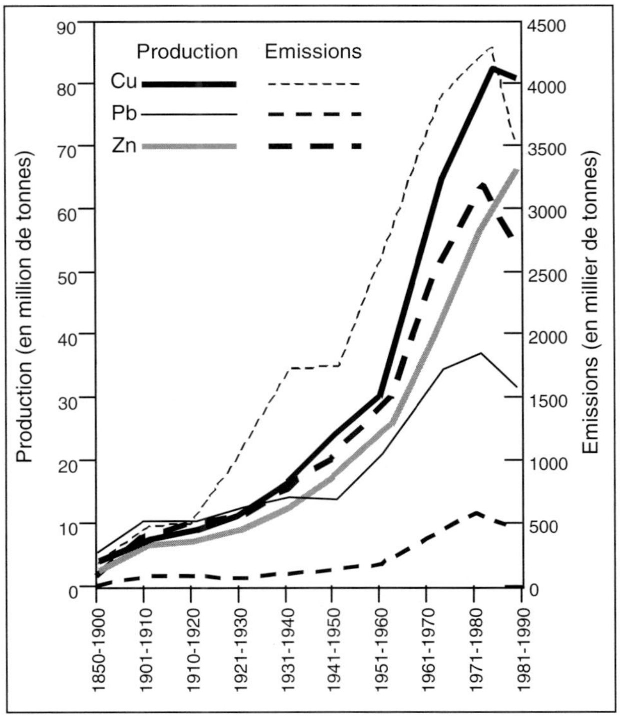

Variation de la production mondiale et des émissions de quelques **métaux** trace dans l'atmosphère, de 1850 à nos jours. On constate que les rejets de cuivre, de zinc et de plomb ont suivi les variations de la production métallurgique afférente. (D'après Nriagu, op. cit., 1996, p. 223)

les Copépodes du plancton marin varie de 1 à 10 000! Il en est de même du mercure ou de l'arsenic. Bien que seule une fraction très faible des formes inorganiques de ces éléments – tout au plus 0,1% – soit spontanément méthylée dans les eaux naturelles, les conséquences écotoxicologiques de cette transformation qui exalte considérablement leur nocivité sont importantes en matière de santé humaine. De même, la toxicité des métaux varie considérablement selon qu'ils sont liés, adsorbés à des matières en suspension ou au contraire à l'état soluble, phénomène qui se produit souvent quand par exemple une rivière aux eaux polluées chargées de matières en suspension se déverse dans un lac aux eaux pures. De la même façon la toxicité de l'aluminium présent dans les constituants inorganiques des sols tels les argiles sera inexistante ou élevée selon que le pH sera supérieur ou inférieur à 5,8. En effet, il est quasiment insoluble au-dessus de cette valeur alors qu'au-dessous, sa solubilité croît très rapidement avec l'acidification. ***(Voir aussi Chrome, Mercure, Plomb)***

métalimnion, n. m. (*metalimnion*). Zone d'un lac comprise entre l'épilimnion et l'hypolimnion au niveau de laquelle la température décroît rapidement en fonction de la profondeur (thermocline). ***(Voir aussi Stratification)***

Metallogenium, n. sc. Ferrobactériale oxydant le fer et présentant une activité optimale dans des eaux de pH compris entre 4,5 et 3,5. Elle joue donc un rôle pionnier dans la succession microbiologique que l'on observe par exemple dans les eaux ferrugineuses car elle ouvre la voie à une autre bactérie au rôle majeur dans le cycle biogéochimique du fer et du soufre en milieu aquatique, *Thiobaccilus ferrooxidans*, dont l'activité se situe à des pH égaux ou inférieurs à 3,5. ***(Voir aussi Fer, Soufre, Sulfobactéries)***

métallophyte, n. f. (*metallophyte*). Plante confinée à des biotopes dont les sols sont très riches en métaux toxiques.

métallothionéine(s), n. f. (*metallothionein*). Protéines riches en acides aminés soufrés qui possèdent la propriété de s'associer à de nombreux métaux toxiques tant chez les végétaux que les animaux. Cette particularité a été interprétée comme un processus de défense des organismes contre les métaux toxiques présents dans les divers milieux terrestres et aquatiques. Une bonne corrélation paraît en effet exister entre les concentrations des métaux présents dans les biotopes (cas du cadmium ou du zinc par exemple) et celle en métallothionéines observées dans les organes, en particulier dans le foie des animaux étudiés.

métallurgie, n. f. (*metallurgy*). Activité industrielle ayant pour objet d'extraire les métaux de leur minerai et de les travailler pour la production de pièces de mécanique et autres utilisations. Les usines métallurgiques extrayant les métaux sont source d'une très forte pollution de l'environnement en l'absence de technologies adéquates pour s'en prémunir. Si à l'heure actuelle la sidérurgie a considérablement réduit ses rejets contaminant l'atmosphère, il existe toujours de fortes sources de pollution par les usines extrayant des métaux non ferreux. Celles-ci consistent en émission de SO_2, de cadmium, de mercure et d'arsenic, sans omettre la pollution fluorée inhérente aux usines qui produisent de l'aluminium par électrolyse de l'alumine.

métamérie, n. f. (*metamerism*). Caractère propre à divers phyla d'Invertébrés dans lesquels existe une division du corps en un ensemble de segments de structure identique.

métamorphisme, n. m. (*metamorphism*). Phénomène par lequel des roches sont transformées dans leur texture et leur composition par une exposition à de hautes pressions et (ou) de hautes températures dans les couches profondes de la lithosphère avec, dans certains cas, apport de matériaux exogènes (métasomatisme).

métamorphose, n. f. (*metamorphosis*). Phénomène propre au développement postembryonnaire de certains Invertébrés caractérisé par de profondes transformations anatomiques et organogénétiques qui accompagnent le passage de la vie larvaire à la vie adulte. La métamorphose s'effectue au cours d'un stade nymphal intermédiaire entre les larves et les adultes. ***(Voir aussi Larve, Nymphe)***

métapopulation, n. f. (*metapopulation*). Population constituée par un ensemble de sous-populations, en équilibre métastable. En effet, cet équilibre résulte de l'existence de migration de propagules venant ou allant vers les sous-populations situées dans la partie périphérique de l'aire occupée par la métapopulation prise dans son ensemble. Cette émigration compense les éventuels échecs de reproduction d'une sous-population qui bénéficie de cet afflux d'individus migrants, liée à l'interconnexion des sous-populations constituant la métapopulation. ***(Voir aussi Population)***

Metarhizium. Nom scientifique de champignons entomopathogènes du groupe des *Fungi imperfecti*, qui ont été utilisés avec succès dans la lutte biologique contre les larves de hannetons et autres espèces apparentées qui dévorent les racines de nombreuses plantes cultivées.

Métathériens, n. sc. (*Metatherians*). Sous-classe de Mammifères constituée par les marsupiaux. ***(Voir aussi Marsupiaux)***

Métazoaires, n. sc. (*Metazoa*). Règne vivant constitué par l'ensemble des animaux. ***(Voir aussi Animalia)***

météore, n. m. (*meteor*). **1.** En astrophysique, corps extraplanétaire dont la pénétration dans l'atmosphère provoque la formation d'une traînée lumineuse. **2.** En aéronomie ou en météorologie, phénomène atmosphérique se produisant peu fréquemment et d'une grande intensité : aurore boréale ou cyclone par exemple.

météorique, adj. (*meteoric*). Désigne en météorologie tout phénomène atmosphérique.

météorite, n. m. (*meteorite*). Objet céleste de masse fort variable qui percute la terre. Il a été établi qu'à plusieurs reprises depuis le début de l'ère primaire, des météorites très volumineux, certains de la taille d'astéroïdes, ont heurté la Terre provoquant à chaque reprise une véritable catastrophe écologique globale.

Le plus récent d'entre eux a été celui de la Tungatcha, tombé en Sibérie au début du XXe siècle et qui a détruit la taïga sur plusieurs dizaines de kilomètres de rayon.

De nombreux impacts de gigantesques météorites existent en particulier sur le bouclier canadien ; le plus grand situé à l'emplacement du lac Manicouagan, fait plus de 100 km de diamètre.

météorologie, n. f. (*meteorology*). Discipline dont l'objet est de prédire les climats à court terme. **(*Voir aussi Climatologie*)**

météorologique(s), adj. (*meteorologic*). Qui se rapporte à la météorologie. ◆ **phénomènes ~** (*meteorological phenomenons*) : phénomènes concernant l'atmosphère en rapport avec les climats.

méthane, n. m. (*methane*). Gaz trace naturellement présent dans l'atmosphère et existant sous forme de considérables gisements dans la lithosphère. Outre les fermentations de matières organiques dans les sédiments et les sols humides, le métabolisme digestif des ruminants et des termites constitue une importante cause biogéochimique naturelle de production de méthane.

Depuis le début de l'ère industrielle, on assiste à une tendance à l'accroissement de la teneur atmosphérique du méthane qui suit de façon homothétique celle de la population humaine. Cette croissance était de l'ordre de 1,8 ppb(v) au début des années 1990. Elle est attribuée aux pertes survenues dans les champs d'exploitation d'hydrocarbures et surtout à l'augmentation des surfaces cultivées en rizières et l'intensification des rendements dans la culture du riz ainsi qu'à l'augmentation du cheptel domestique induit par la croissance démographique. **(*Voir aussi Serre*)**

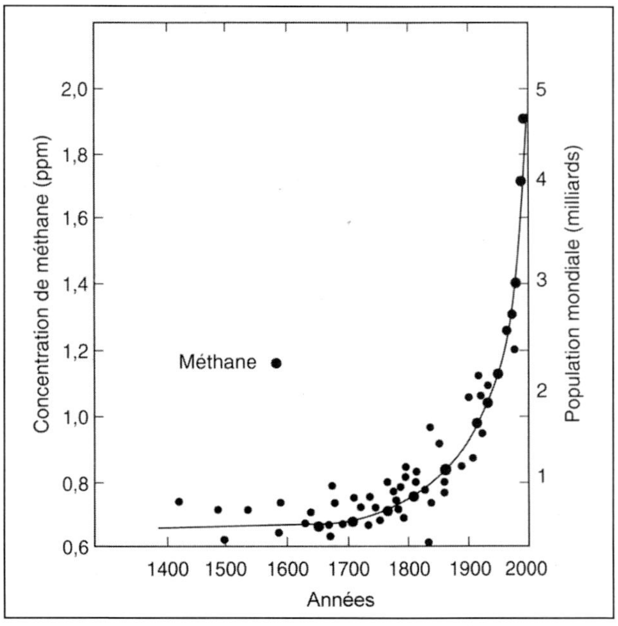

Croissance comparée de la teneur atmosphérique en **méthane** (points) et de la population mondiale (trait continu) depuis le Moyen-Age. (In Mégie, op. cit.,1989, p. 78)

méthanogène(s), adj. ◆ **fermentations ~** (*methanogenic fermentations*) : fermentations produisant du méthane. Certaines bactéries anaérobies des sols des genres *Methanosarcina* ou *Clostridium* sont très actives dans la production de ce gaz.

méthanogenèse, n. f. (*methanogenesis*). Processus de fermentation anaérobie au cours duquel les bactéries méthanogènes produisent du méthane à partir des matières organiques contenues dans certains sols ou sédiments.

méthémoglobinémie, n. f. (*methemoglobinemy*). Maladie liée à l'ingestion de quantités trop importantes de nitrates contenus dans les aliments et l'eau de boisson. Cette maladie résulte de la nitrosation entérique des nitrates. Elle se caractérise par une anémie liée à la fixation de l'ion NO_2^- sur l'hémoglobine. Elle peut être mortelle chez les jeunes enfants.

méthode, n. f. ◆ **~ d'Allen** (*Allen's method*) : méthode d'évaluation de la production secondaire d'une espèce donnée. Celle-ci est fondée sur le suivi dans le temps de l'évolution dans une population donnée du nombre d'individus constituant une cohorte ainsi que de leur poids individuel. **(*Voir aussi Allen*)** ◆ **~ des bouteilles** (*light and dark bottles method*) : méthode utilisée pour évaluer la production primaire du phytoplancton. Elle consiste à descendre, à une profondeur donnée, deux bouteilles de même volume renfermant une concentration identique de phytoplancton qui provient d'un même échantillon d'eau de mer ou lacustre, prélevé au préalable. Une des bouteilles possède des parois entièrement transparentes aux longueurs d'onde visibles, celles de l'autre sont opaques. La mesure de la production primaire nette se fait soit en mesurant la différence de production d'oxygène après un certain temps d'incubation entre les deux flacons, soit par l'usage de ^{14}C. Une concentration donnée de carbonate marqué au ^{14}C a été ajoutée dans chacune d'entre elles. La différence de rapport ^{12}C /^{14}C avant et après l'expérience permet de calculer la quantité de carbone fixée par le phytoplancton. **(*Voir aussi Productivité primaire*)** ◆ **~ de Winkler** (*Winkler's method*) : méthode chimique d'évaluation de la teneur en oxygène dissous dans l'eau. Elle consiste à doser par titrimétrie, la quantité d'iode libérée par réaction permanganique, celle-ci étant proportionnelle à la teneur en oxygène. Cette méthode est actuellement abandonnée au profit de méthodes électrochimiques fondées sur l'usage d'électrodes permettant la mesure du potentiel Redox.

méthoxène, adj. (*metoxenous*). Désigne un parasite passant par des hôtes différents au cours de son cycle vital.

méthylisocyanate (MIC), n. m. Composé chimique intermédiaire obligé dans la synthèse de la plupart des pesticides du groupe des carbamates. Doué d'une considérable toxicité (DL 50 de l'ordre de 0,01 mg/kg), le MIC a été utilisé comme gaz de combat pendant la Première Guerre mondiale. Il s'agit d'un composé volatil, inflammable et explosif au contact de l'eau.

C'est une fuite accidentelle de ce gaz qui fut à l'origine, en novembre 1984, de la catastrophe de Bhopal, aux Indes, où une usine de l'Union Carbide fabriquait des insecticides carbamates, en particulier du carbaryl et de l'aldicarbe. ***(Voir aussi Bhopal)***

méthylmercure, n. m. (*methylmercury*). Voir Mercure.

micelles, n. f. (*micelles*). Particules de sol constituées par une association complexe d'humus et d'argile, dont la surface est chargée électronégativement. ***(Voir aussi Sol)***

micro-aérobie, adj. (*micro-aerobic*). Désigne un microbiotope dans lequel la concentration en oxygène est inférieure à celle présente dans l'air normal.

micro-aérophile, adj. (*micro-aerophilous*). Concerne des micro-organismes se développant dans des milieux pauvres en oxygène.

microbien(ne), adj. (*microbial*). Désigne ce qui se rapporte aux micro-organismes. ◆ **écologie** ~ (*microbial ecology*) : domaine de l'écologie qui concerne l'étude des bactéries et autres micro-organismes dans les habitats et les écosystèmes. ◆ **boucle** ~ (*microbial loop*) : voir Boucle.

microbiologie, n. f. (*microbiology*). Science qui étudie les micro-organismes.

microbiologique, adj. (*microbiological*) ◆ **qualité** ~ (*microbiological quality*) : désigne le degré de pureté bactériologique des boissons et des produits destinés à l'alimentation humaine.

microclimat, n. m. (*microclimate*). Climat particulier à une fraction restreinte d'un biotope ou propre à un microhabitat donné.

microclimatique, adj. (*microclimatic*). Désigne les conditions climatiques qui caractérisent des biotopes de faible étendue présentant des caractéristiques topographiques ou autres particularités, de sorte que ces conditions climatiques diffèrent significativement du climat général propre à la région considérée.

microcosme, n. m. (*microcosm*). On dénomme sous ce terme un terrarium ou un aquarium dont on contrôle les facteurs physicochimiques ambiants et qui peut être utilisé pour des recherches écophysiologiques ou physiotoxicologiques – par exemple pour évaluer l'effet de polluants. Ce type d'installation est utilisé pour effectuer des expériences *in vitro* sur des organismes entiers, Végétaux, Invertébrés ou Vertébrés. Malgré une excellente reproductibilité des résultats obtenus, les recherches effectuées avec ce type de dispositif sont trop éloignées des conditions propres aux écosystèmes naturels pour permettre une prédictabilité satisfaisante des phénomènes étudiés. ***(Voir aussi Écotoxicologie, Enclos, Mésocosme)***

micro-endémique, n. m. et adj. (*microendemic*). Désigne une espèce endémique dont l'aire de répartition couvre une surface très restreinte. Dans certains cas extrêmes, tels certaines espèces de Broméliacées, cette répartition n'occupe à peine que quelques ares.

micro-évolution, n. f. (*microevolution*). Forme d'évolution résultant de changements discrets dans des populations qui s'additionnent sur des durées importantes. Elle conduit à des changements considérables entre ces populations ayant initialement des liens de parenté étroits et par rapport au groupe ancestral dont elles sont issues. La sélection naturelle est à l'origine de ces changements. Le terme de micro-évolution est souvent pris comme synonyme d'évolution néodarwinienne. ***(Voir aussi Évolution)***

microfaune, n. f. (*microfauna*). Animaux de petite taille invisibles à l'œil nu.

microflore, n. f. (*microflora*). Désigne de façon partiellement impropre les organismes non animaux des sols : bactéries et mycélium de champignons édaphiques.

microfossile, n. m. (*microfossile*). Fossile de taille microscopique.

microhabitat, n. m. (*microhabitat*). Habitat de très faible étendue et spécialisé. L'intervalle compris entre certaines parties de l'écorce d'un arbre et son tronc constitue un excellent exemple de microhabitat.

microlécithe, adj. (*microlecithous*). Type d'œuf dépourvu de réserves vitellines. Tel est par exemple le cas des œufs de Mammifères.

Micronésie (*Micronesia*). Ensemble d'archipels du Pacifique central et occidental constitué par une poussière de petites îles, souvent d'atolls.

micronutriment, n. m. (*micronutrient*). Élément nutritif nécessaire à très faible concentration. ***(Voir aussi Oligoéléments)***

micro-organisme(s), n. m. (*microorganism*). Organismes de taille microscopique essentiellement représentés au plan systématique par des Procaryotes (ancien règne des *Monera-Archea*, Eubactéries, Actinomycètes et autres êtres vivants apparentés) mais aussi par divers groupes du règne des champignons (*Fungi*). La majorité d'entre eux sont hétérotrophes et appartiennent à la catégorie fonctionnelle des décomposeurs. ***(Voir aussi Microbiologie)***

microphage, adj. (*microphagous*). Qui s'alimente de très petites proies ou de particules alimentaires de très faible taille. De très nombreux ordres, voire embranchements, de Métazoaires aquatiques sont de régime alimentaire microphage. Parmi ces derniers, nous citerons les Urocordés, les Bryozoaires, les Ectoproctes, les Mollusques Lamellibranches et divers ordres d'Annélides.

microphile, adj. (*microphilic*) (syn. : sténotherme). Désigne une espèce se développant dans un étroit intervalle de températures.

microplancton, n. m. (*microplankton*). Désigne les éléments du phytoplancton marin dont la taille est comprise entre 1 mm et 50 μ. ***(Voir aussi Plancton)***

micropolluant(s), n. m. (*micropolluant*). Polluant présent à faible concentration dans l'environnement. La plupart des micropolluants appartiennent au groupe des polluants xénobiotiques caractérisés par des effets toxicologiques importants même s'ils sont présents dans l'environnement à des concentrations de l'ordre de – voire inférieures à – la ppb. ***(Voir aussi Polluants, Xénobiotiques)***

microsère, n. m. (*microsere*). Stade d'une succession selon un gradient spatial qui se manifeste sur une très faible surface, à l'échelle d'un microhabitat. Ce type de succession conduit rarement à un état stable.

microtherme, adj. (*microthermic*). Désigne un organisme inféodé à des milieux froids avec des températures moyennes comprises entre 6 °C pour les mois les plus froids et 10-20 °C pour les mois les plus chauds. ***(Voir aussi Oligotherme, Sténotherme)***

microtox, n. m. Test de toxicité destiné à avoir une évaluation écotoxicologique préliminaire de la qualité d'une eau de surface. Il consiste à mesurer la diminution de l'intensité de la bioluminescence émise par une bactérie marine (*Photobacterium phosphoreum*) en présence d'un milieu pollué. ***(Voir aussi Bioessai, Toxicité)***

Microtus, n. sc. Nom scientifique du genre des Rongeurs auquel on rattache les campagnols. ***(Voir aussi Campagnols)***

mictique, adj. (*mictic*). **1.** Désigne les modalités de circulation verticale des eaux dans un biotope limnique. **2.** Chez certains Invertébrés, désigne les formes sexuées du cycle vital.

miel, n. m. (*honey*). Substance produite par l'action de certaines sécrétions salivaires des femelles d'Hyménoptères Apoïdes (ouvrières dans le cas des espèces sociales) à partir du nectar qu'elles butinent sur les fleurs, et avec laquelle elles nourrissent leurs larves. Outre l'abeille domestique (*Apis mellifica*) de l'Ancien Monde qui est la principale espèce utilisée en apiculture, diverses espèces du genre *Mellipona* avaient aussi été domestiquées par les Mayas et les Incas dans l'Amérique précolombienne. ***(Voir aussi Abeille)***

miellat, n. m. (*honey dew*). Sécrétion mielleuse, riche en glucose, produite par les pucerons et les cochenilles par excrétion à partir de la sève élaborée des végétaux qu'ils sucent dans les vaisseaux du liber. Il se débarrassent ainsi de l'excès de glucose contenu dans la sève élaborée par rapport aux autres nutriments organiques dont ils ont besoin. On constate souvent sur le miellat rejeté par les pucerons attaquant des arbres ou arbustes le développement de fumagine causée par la prolifération d'un champignon Ascomycète sur cette substance.

migrateur(s), n. m. (*migrator*). Animaux qui effectuent des migrations. Les principaux groupes systématiques où existent des espèces migratrices sont les Vertébrés à sang chaud (Oiseaux, tant chez les espèces tempérées que tropicales et Mammifères). Chez ces derniers, on rencontre un certain nombre d'espèces migratrices chez les Cheiroptères (chauve-souris) et chez les Ongulés, alors que les Mammifères marins sont tous migrateurs.

Les poissons présentent un très grand nombre d'espèces qui effectuent des migrations d'amplitude variée mais souvent importante.

Chez les Invertébrés, le phénomène est plus rare, en particulier dans les groupes terrestres, mais on connaît toutefois diverses espèces de Lépidoptères, *Noctuidae*, *Danaidae*, capables de migrer sur de grandes distances.

migration(s), n. f. (*migration*). Phénomènes de déplacements de populations entières de diverses espèces de Vertébrés et dans certains cas d'Invertébrés, entre deux zones géographiques distinctes, ou entre deux habitats différents d'une même espèce qui peuvent être fort éloignés l'un de l'autre. ◆ **périodicité des ~** : on distingue divers types de migrations en fonction de leur périodicité :

– des migrations *journalières* qui consistent chez les espèces animales concernées à se déplacer entre l'habitat leur servant pour le repos et celui de nourrissage ;

– des migrations *saisonnières*, souvent altitudinales ;

– des migrations *annuelles* qui consistent souvent en des déplacements importants conduisant à des changements d'empire biogéographique entre aire de reproduction et aire d'hivernage.

Importance des déplacements. De nombreuses espèces d'Oiseaux migrateurs qui nichent dans les pays tempérés ou dans les écosystèmes arctiques vont hiverner en Afrique (cas du Traquet motteux par exemple) ou en Asie tropicale.

La sterne arctique, qui se reproduit dans toutes les zones boréales de l'hémisphère Nord va hiverner au-delà de la convergence antarctique. Elle effectue donc chaque année un déplacement de l'ordre de 40 000 à 55 000 km entre ses aires de reproduction et d'hivernage (voir figure page suivante).

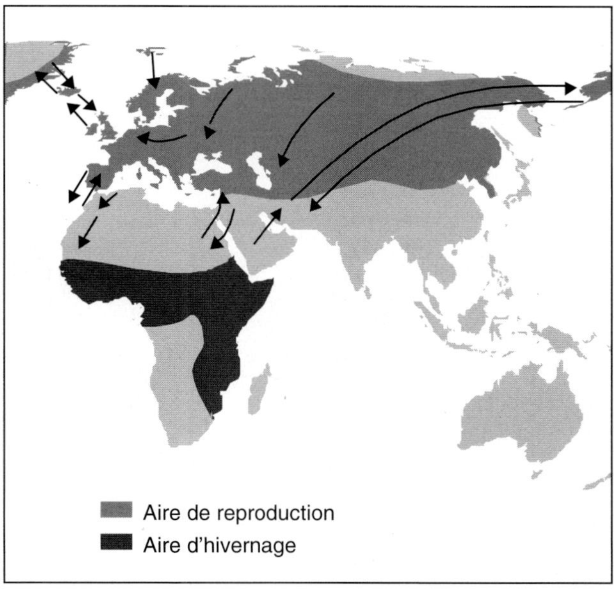

Voies de **migration** d'une espèce avienne paléarctique présentant une vaste aire de répartition géographique : le traquet motteux (*Oenanthe oenanthe*). (In Dorst, *Les migrations des Oiseaux*, Payot, 1956, p. 102)

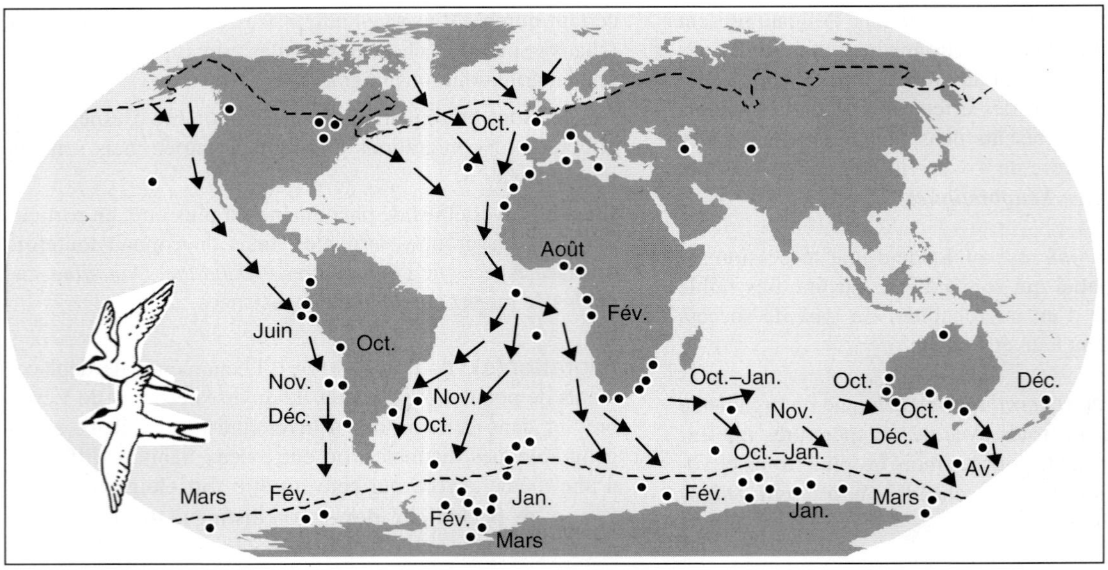

Voies de **migration** de la sterne arctique. (D'après Wallace in Ramade F., *Écologie fondamentale*, Ediscience international, 2e ed., 1994, p. 180)

Quoique moins communes de nos jours, les populations de Mammifères sauvages peuvent aussi effectuer des migrations.

Les gnous, en Afrique orientale, migrent chaque année entre le Kenya et la Tanzanie en fonction de l'alternance des pluies saisonnières. Les caribous effectuent de même d'importantes migrations dans le grand Nord canadien, sur plus de 1 500 km de distance.

En milieu aquatique, de nombreuses espèces de poissons effectuent aussi des migrations de grande ampleur entre leurs frayères et leur zones de croissance et de maturation. Ainsi les saumons atlantiques (*Salmo salar*) sont des migrateurs *anadromes*. Ils viennent se reproduire sur le cours supérieur des rivières d'Europe (et aussi d'Amérique du Nord) puis vont achever leur développement en mer dans une zone de l'Atlantique comprise entre l'Islande et le Groenland. À l'opposé, les anguilles sont des migrateurs dits *catadromes* : elles effectuent leur développement dans les rivières d'Europe et vont se reproduire dans l'Atlantique Ouest-tropical, dans la mer des Sargasses. (***Voir aussi Anadrome, Catadrome, Gnou, Saumon***)

Milankovitch ◆ théorie de ~ (*Milankovitch theory*) : théorie explicative des glaciations établie par cet astronome au cours des années 1920 et publiée en 1930 sous le titre *Mathematical Climatology and Climatic Changes*.

Cet auteur a fondé son argumentation sur le fait que les variations de l'orbite terrestre provoquent des fluctuations cycliques assez importantes de l'insolation aux hautes latitudes.

On sait que cette orbite présente des fluctuations périodiques : ellipticité de période 100 000 ans, oblicité de période 41 000 ans et précession des équinoxes de période 23 000 ans. Les fluctuations climatiques observées au cours de ces derniers 500 000 ans sont effectivement concentrées autour de trois pics dont la période correspond aux valeurs précé-

Gnous en **migration** dans la réserve naturelle de Masaï Mara, au Kenya. (Cliché F. Ramade)

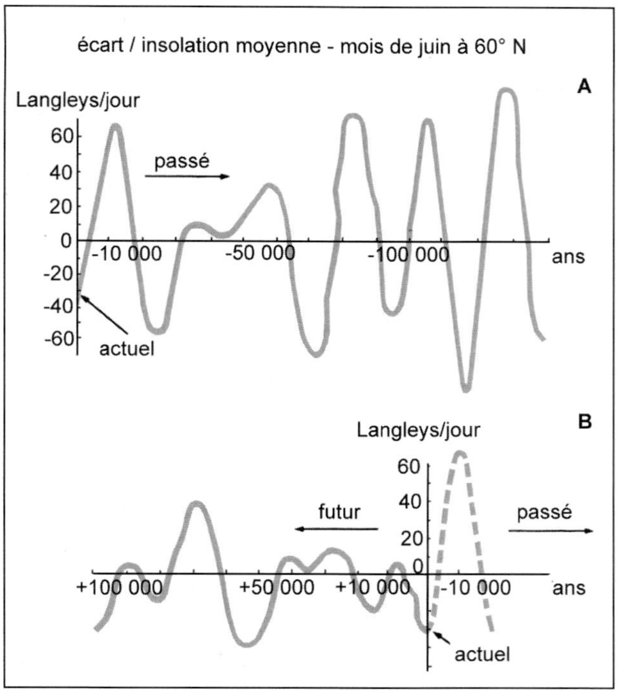

Théorie de **Milankovitch**. Écarts de l'insolation moyenne pour 60° de latitude Nord, calculés en tenant compte des diverses fluctuations propres aux paramètres de l'orbite terrestre. En **A** sont figurés les écarts ayant eu lieu au cours des derniers 150 000 ans, en **B** ceux prévus pour les prochains 100 000 ans. On constate que, après avoir atteint un minimum du cycle actuel au cours du prochain millénaire, elle va croître à nouveau, aucune période glaciaire n'étant prévisible pendant les 50 000 prochaines années. (In Labeyrie J., *L'homme et le climat*, Denoel, 1985, p. 196)

dentes. La composition de ces trois cycles est responsable des variations d'intensité du flux reçu à la surface de l'écosphère. Il apparaît que lorsque les intensités atteintes aux hautes latitudes de l'hémisphère boréal diminuent jusqu'à plus de 10% au-dessous de leur valeur moyenne, les inlandsis se développent et la Terre entre dans une nouvelle période glaciaire.

La critique majeure faite à cette théorie tenait en ce que la baisse du flux solaire aux hautes latitudes boréales s'accompagnait d'une hausse de valeur égale aux latitudes symétriques australes. Or les périodes glaciaires se manifestent simultanément dans les deux hémisphères. La découverte du *Great oceanic conveyor* au milieu des années 1980 a apporté la solution à cette question. Le refroidissement de ce courant dont le secteur critique et l'origine se trouvent dans l'Atlantique Nord explique la perturbation climatique globale que l'on observe car il commande l'ensemble des échanges de chaleur océan-atmosphère.

Cette théorie « astronomique » des glaciations quaternaires a été largement confirmée par les recherches effectuées depuis la fin des années 1970.

Au cours des 150 derniers millénaires, les fluctuations de l'intensité du flux solaire à 60 ° Nord, calculées à partir des paramètres de l'orbite terrestre, présentent une excellente corrélation avec les variations paléoclimatiques effectivement mises en évidence au cours de cette période. On peut donc conclure que les modifications cycliques de la position de la terre par rapport à son orbite moyenne sont bien la cause des variations observées du climat du globe ainsi que le soutient la théorie de Milankovitch. (***Voir aussi Atlantique, Glaciaire***)

mildiou, n. m. (*mildew*). Maladies cryptogamiques affectant diverses espèces de végétaux cultivés en particulier la vigne et la pomme de terre. Le mildiou de la vigne (n. sc. *Plasmopara viticola*) fut importé d'Amérique au XIXe siècle. Celui de la pomme de terre (n. sc. *Phytophtora infestans*) fut au XIXe siècle la cause de tels ravages dans cette culture vers 1845 qu'il s'ensuivit en Europe une disette dans plusieurs pays voire même une véritable famine en Irlande. Celle-ci provoqua la mort de plus d'un million de personnes et l'exode vers les États-Unis de plus de deux millions d'habitants de ce pays.

milieu naturel, n. m. (*natural habitat*). Terme utilisé en géographie physique pour désigner des entités géographiques ayant des caractéristiques écologiques communes. À certains égards, le terme de milieux naturels est généralement pris à une acception qui est équivalente à celle de macrohabitats, c'est-à-dire d'habitats couvrant de vastes surfaces. (***Voir aussi Écosystème, Habitat***)

Millsonia anomala. Nom scientifique d'une espèce de vers de terre dominante dans les sols des savanes d'Afrique occidentale.

mimétique, adj. (*mimic*). Désigne un organisme qui ressemble à un autre être vivant dont il est éloigné au plan taxonomique ou encore à un objet inerte. (***Voir aussi Mimétisme***)

mimétisme, n. m. (*mimicry*). Phénomène de coévolution ayant conduit des espèces animales à prendre la morphologie (homomorphie) et les critères de coloration (homochromie) d'autres espèces appartenant à des familles, voire des groupes taxonomiques distincts parfois fort éloignés du leur, voire avec le substrat abiotique, pour se protéger de leur prédateurs.

Un premier type de mimétisme est dénommé *batésien*. Un des cas les plus classiques en est celui de diverses familles de Lépidoptères qui sont mimétiques de Danaïdes car ces derniers s'alimentent au détriment de végétaux renfermant des alcaloïdes très toxiques. De la sorte, les Oiseaux insectivores ou tout autre prédateur évitent de capturer ces papillons qu'ils confondent avec les Danaïdes car ils savent que les Danaïdes sont inconsommables.

Un autre exemple de mimétisme batésien est donné par diverses mouches de la famille des Syrphidés qui sont mimétiques de guêpes ou de bourdons lesquels sont beaucoup moins attaqués par des prédateurs insectivores car pourvus d'un aiguillon à venin (ce qui n'est pas le cas des Syrphidés).

Un autre type est le mimétisme *mullérien*. Dans ce dernier, un grand nombre d'espèces toxiques ou venimeuses se ressemblent entre elles. (***Voir aussi Batésien, Mullérien***)

Minamata, maladie de (*Minamata disease*). Grave affaire de pollution qui s'est produite au Japon au cours des années 1950 à la suite du rejet dans la mer intérieure, dans la Baie de Minamata, d'effluents industriels pollués par des dérivés du mercure.

Les études écotoxicologiques entreprises montrèrent que les familles de pêcheurs furent intoxiquées par l'absorption de

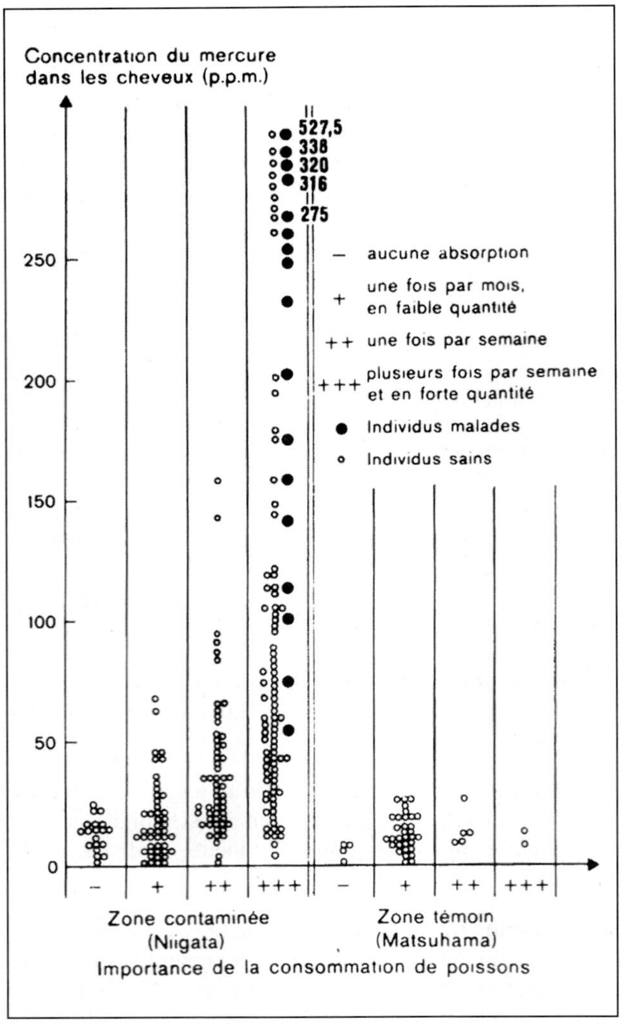

Corrélation entre l'importance du poisson dans le régime alimentaire d'individus d'une population affectée par la maladie de **Minamata** et l'intensité de la contamination mercurielle de leur organisme évaluée par la teneur en mercure de leurs cheveux. (D'après Ui, in Ramade F., *Écologie appliquée*, Ediscience international, 5e ed., 1995, p. 295)

méthylmercure qui s'était concentré dans les chaînes trophiques marines. Ce dernier provenait des effluents d'une usine de chlorure de vinyle de la firme Chisso Chemical qui rejetait ses eaux usées contaminées par des résidus de catalyseurs mercuriels dans la Baie de Minamata.

Par suite d'une réaction secondaire, il se formait dans les réacteurs chimiques du redoutable méthylmercure, lequel présente la particularité lorsqu'il est absorbé de se concentrer dans le système nerveux central.

Une étude de la contamination mercurielle des habitants des zones contaminées démontra une excellente corrélation entre l'importance de leur consommation de poisson et le degré de l'imprégnation mercurielle de leur organisme.

En conséquence, plus de 300 personnes atteintes d'une intoxication mercurielle périrent dans les trois décennies qui suivirent le désastre et plus de 3 000 autres furent atteintes de séquelles nerveuses graves. (***Voir aussi Mercure***)

Mindel, n. m. (*Mindel*). Période glaciaire quaternaire qui a duré environ 90 000 ans entre – 310 000 et – 220 000.

minérales, adj. ◆ **ressources ~** : voir Ressources.

minéralisation, n. f. (*mineralization*). Processus biogéochimique consistant en la transformation des matières organiques en substances minérales, essentiellement des sels minéraux au travers de divers processus de dégradation. Ces derniers ont lieu tant en milieu oxydant que réducteur. (***Voir aussi Décomposition, Cycle de la matière, Pédogenèse, Sol***)

minéralomasse, n. f. (*mineralomass*). Ensemble de la masse d'éléments minéraux nutritifs présente dans un écosystème c'est-à-dire dans la biomasse et dans les horizons du sol occupés par les racines des végétaux.

minérotrophique, adj. (*minerotrophic*) (syn.: photolithotrophe). Organismes ayant une nutrition minérale. Il s'agit des végétaux et de diverses bactéries auto- ou chimiotrophes.

mineuse(s), n. f. (*leafminer*). Nom donné à des chenilles de Lépidoptères qui se développent à l'intérieur du parenchyme foliaire des végétaux en respectant l'épiderme. Elles creusent ainsi des galeries sinueuses dénommées mines par les entomologistes.

minimale, adj. ◆ **aire ~** : voir Courbe aire-espèce.

minimum, loi du. Voir Liebig.

Miocène, n. m. (*Miocene*). Étage de l'ère Tertiaire compris entre – 23 millions d'années et – 5 millions d'années. Le climat initialement chaud a connu un sérieux refroidissement au milieu du Miocène conduisant progressivement aux glaciations quaternaires.

MIOM. Abréviation de mâchefer d'incinération d'ordures ménagères. Il s'agit d'un matériau qui correspond selon la composition des ordures à 25% ou 30% de la masse initiale incinérée et à 10% environ en volume. On peut en déduire que l'incinération ne peut en aucun cas être présentée comme la solution définitive des problèmes de gestion des déchets urbains compte tenu de l'importance de la masse résiduelle voire du volume que cela représente encore.

mirage, n. m. (*mirage*). Illusion optique réfléchissant les objets situés à l'horizon, due aux couches d'air surchauffées au voisinage du sol en zone désertique.

Mississippi (*Mississippi*). Cours d'eau constitué par le Mississippi et son principal affluent le Missouri, situé dans la partie centrale des États-Unis, qui représente le plus grand système fluvial du monde. Sa longueur est d'environ 6 000 km, drainant un bassin versant de 3,2 millions de km^2 avec un débit moyen de 17 000 $m^3 \cdot sec^{-1}$. Depuis 1927, date de graves inondations, ont été entreprises la construction de digues et la canalisation de ce gigantesque hydrosystème fluvial, près de la moitié des 3 780 km du Mississippi proprement dit étant déjà canalisée. Ces aménagements ont été en fait à l'origine des inondations catastrophiques des années 73, 82 et 93. Chaque amélioration des digues, si elle conduit à une meilleure protection des crues moyennes, a aggravé les conséquences des crues exceptionnelles. Celles-ci provoquent de nos jours des inondations désastreuses là où elles étaient rares autrefois c'est-à-dire en amont des zones endiguées, le débordement se produisant en effet quand le débit du cours d'eau endigué atteint son écoulement maximum. Les dommages causés par la catastrophe de 1973 s'étaient élevés à 425 millions de dollars, ceux des inondations de 1993 ont dépassé les 14 milliards de dollars! ***(Voir aussi Hydrosystème, Inondation)***

mistral, n. m. (*mistral*). Vent violent qui apparaît dans le Sud-Est de la France lorsqu'une dépression océanique affecte la moitié Nord du pays alors que prédominent en Méditerranée des conditions anticycloniques.

Par suite de la forte évaporation qu'il provoque dans les écosystèmes terrestres de Provence et de Languedoc (où son homologue est dénommé tramontane), le mistral joue un rôle non négligeable dans les caractéristiques abiotiques de ces milieux. Son intensité et sa fréquence expliquent aussi la présence de formes végétales adaptées aux vents intenses qui soufflent sur les crêtes des montagnes de Provence.

mixolimnion, n. m. (*mixolimnion*). Couche d'eau située au-dessus du monimolimnion dans un lac méromictique. Cette couche présente les changements de stratification dus aux périodes d'homogénéisation automnales et printanières. ***(Voir aussi Méromictique)***

mixotrophe, adj. (*mixotrophic*). Etre vivant pouvant se développer à la fois comme autotrophe et comme hétérotrophe ; c'est par exemple le cas de divers Protistes.

modèle, n. m. ◆ **~ climatique** (*climatic model*) : voir Climats. ◆ **~ de Lotka et Volterra** : voir Lotka. ◆ **~ de MacArthur** : voir MacArthur. ◆ **~ de Motomura** : voir Motomura. ◆ **~ de population** (*population model*) : représentation mathématique de la dynamique d'une population. Depuis les premiers modèles de type logistique, des modèles de plus en plus élaborés ont été développés, intégrant à la fois les facteurs de fluctuation endogènes et les facteurs écologiques extrinsèques, y compris les effets de la prédation et aussi des maladies dans les modèles les plus réalistes. ***(Voir aussi Isocline, Logistique, Lotka)*** ◆ **~ de Preston** : voir Preston.

moder, n. m. (*moder*). Type d'humus acide caractérisé par un ralentissement de la dégradation de la matière organique. Il en résulte la formation d'une litière épaisse et d'un horizon A_1 dans lequel la matière organique humifiée riche en acides fulviques est mal dispersée dans les matériaux minéraux. Les moders sont aussi caractérisés par une pédofaune où pullulent les Collemboles, tandis qu'elle est pauvre en Oligochètes, en particulier en Lombricides, et constituée surtout d'*Enchytraeidae*. ***(Voir aussi Humification, Humus, Mor)***

modification, n. f. (*change, modification*). Changement de l'environnement provoqué par des causes parfois endogènes mais le plus souvent extrinsèques. Tel est le cas de plus en plus fréquent des dégradations résultant de la pollution de l'air, des eaux et des sols par un nombre croissant de contaminants ubiquistes. ◆ **~ climatiques** (*climatic changes*) : voir Climat, Pollution atmosphérique, Serre, effet de.

modulaire, adj. ◆ **organisme ~** (*modular organism*) : être vivant dont la forme change de façon régulière au cours de son cycle vital. Ces organismes sont constitués de sous-unités qui se reproduisent de façon clonale, leur forme de base étant très dépendante de la nature des facteurs environnementaux (par exemple le nombre de branches d'un arbre). Les plantes représentent des exemples classiques de tels organismes, mais il en est de même de certains animaux, en particulier des madrépores et autres invertébrés coloniaux.

MOF (*FOM*). Abréviation de Matières Organiques Fermentescibles. Ce sigle désigne l'ensemble des matières organiques d'origine biologique présentes dans les biotopes aquatiques, à ne pas confondre avec les molécules organiques de synthèse dont beaucoup constituent de redoutables polluants des eaux par suite de leur toxicité et (ou) de leur persistance. Les matières organiques fermentescibles sont formées par l'ensemble des glucides, lipides, protides et acides nucléiques rejetés dans les eaux de surface par des effluents urbains ou par des industries agroalimentaires, des exploitations agricoles ou encore des industries dont les matières premières sont d'origine biologique (industrie du papier, tanneries par exemple). Elles se présentent soit à l'état soluble pour les petites molécules telles les glucides simples (holosides) ou acides aminés par exemple, soit à l'état colloïdal pour les protides et autres macromolécules biologiques, soit encore à l'état particulaire. La teneur d'un effluent pollué ou d'une eau naturelle en MOF se mesure indirectement par sa DBO. ***(Voir aussi Boues activées, DBO, DCO, Stations d'épuration)*** ◆ **conséquences écologiques de la pollution des eaux par les ~** : le rejet de MOF dans les eaux continentales et littorales constitue la première cause de pollution des eaux car elle a pour origine les rejets considérables d'origine domestique qui est le fait à la fois de l'habitat isolé et des grandes agglomérations urbaines qui ne disposent pas de capacités suffisantes de traitement des effluents pollués ou dont les performances des stations d'épuration sont insuffisantes pour réduire de façon satisfaisante la charge des effluents en matières organiques. En réalité, à peu d'exceptions près, les cours d'eau propres aux divers pays développés présentent tous à l'heure actuelle une charge en MOF anormalement élevée. Le déversement dans un cours d'eau d'un émissaire dont les eaux sont chargées de MOF provoque une perturbation écologique considérable tant au plan des facteurs abiotiques qu'à celui de la biocœnose propre à ce dernier. Alors qu'en amont du point de rejet dans la rivière les eaux étaient pures et claires, la décharge de l'effluent chargé de MOF provoque une augmentation considérable de la turbidité tandis que l'apport massif de substances organiques nutritives dissoutes ou en suspension dans l'eau induit un accroissement considérable de la DBO et donc un effondrement de la teneur en oxygène dissous dû à la prolifération des bactéries aérobies. En conséquence, le peuplement de téléostéens d'eaux douces et non polluées disparaît entièrement de même que celui des invertébrés propres aux eaux ayant une teneur normale en

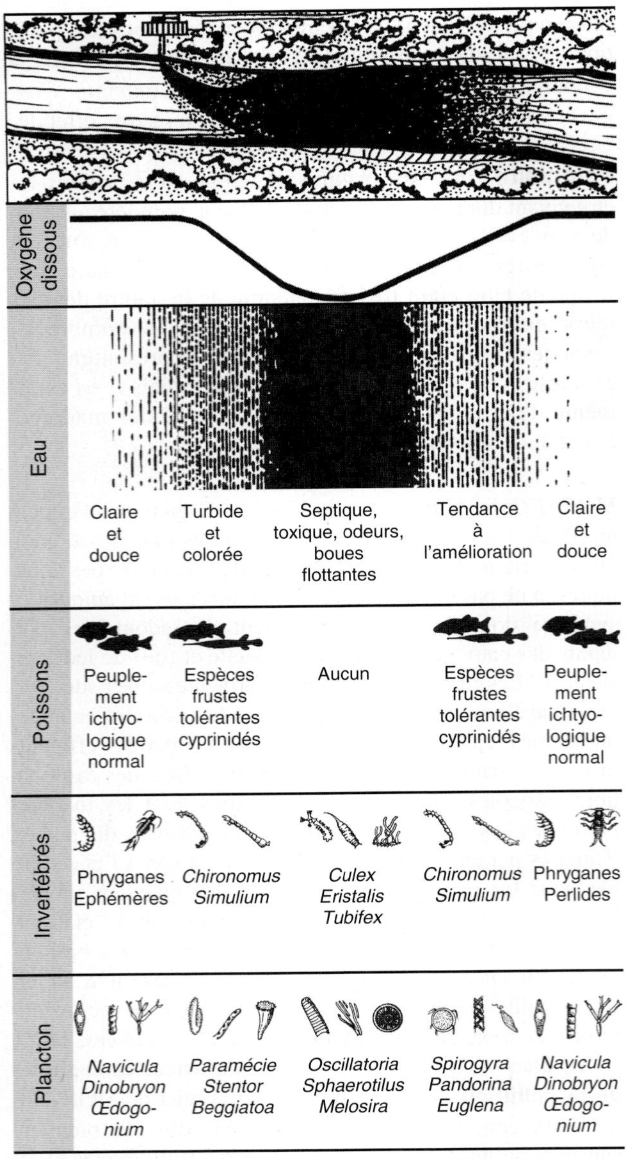

Perturbations biocœnotiques induites par le rejet d'un effluent urbain chargé de **MOF** dans une rivière. (D'après Eliasen, in Ramade F., *Écologie appliquée*, Ediscience international, 5e ed., 1995, p. 255)

oxygène dissous. Dans le même temps, le peuplement d'invertébrés benthiques, profondément bouleversé, se caractérise par une diminution considérable de la richesse spécifique et par la dominance de quelques espèces pollutolérantes bio-indicatrices de la surcharge des eaux en MOF (Chironomides, Simulies, Tubificides et Éristalides). Tandis que les champignons saprophytes, les protozoaires et les bactéries coloniales prolifèrent avec maintien de quelques espèces d'algues vertes et de Diatomées (*Melosira* par exemple) inféodées aux milieux aquatiques riches en matières organiques fermentescibles. ***(Voir aussi Bioindicateurs, Champignons, Eaux, épuration des, Saprobies)***

moisissure(s), n. f. (*mold, mould*). Mycélium de champignons, généralement des Ascomycètes (*Mucor, Penicillium* par exemple) qui se développent sur un milieu organique, sur des organes végétaux ou des aliments mal conservés.

Mojave, désert de (*Mojave desert*). Désert du Sud-Ouest des États-Unis, qui occupe la partie centrale de la Californie et s'étend jusqu'à la frontière mexicaine. Le désert de Mojave constitue l'extension septentrionale du désert de Sonora et fait partie au plan écologique de la province biogéographique correspondant aux déserts sonoriens chauds.

Une Liliacée adaptée à l'hyperaridité : *Dasylirion sp.* dans le désert de **Mojave**, Californie. (Cliché F. Ramade)

moléculaire, adj. ◆ **horloge** ~ (*molecular clock*) : chronologie fondée sur la théorie neutraliste de l'évolution. Cette dernière postule que le taux de mutation resterait constant au cours du temps. Ainsi, le degré de différence dans l'identité génétique entre deux espèces peut être utilisé pour mesurer le temps qui s'est écoulé depuis le moment où elles ont divergé. De nombreuses discordances, voire incohérences, apparues au cours des années 1990 entre l'âge de certains fossiles déterminé par l'usage des horloges moléculaires et les datations absolues réalisées à partir de procédés physiques montrent que cette méthodologie doit être utilisée avec beaucoup de discernement et conduisent même à s'interroger sur sa validité en règle générale. ◆ **tamis** ~ (*molecular sieve*) : voir Zéolite.

mollisol, n. m. (*mollisol*). **1.** Partie superficielle d'un permafrost qui dégèle pendant la période estivale. **2.** Désigne dans la terminologie pédologique définie par l'USDA un type de sol qui correspond aux tchernozems dans la classification européenne.

molluscicide, n. m. (*molluscicide*) (syn. : malacocide). Composé utilisé pour éliminer les Mollusques. On distingue deux grands groupes de ces pesticides :

– les composés utilisés pour détruire les Pulmonés terrestres (escargots, limaces), susceptibles de causer des dommages en horticulture. Il s'agit, en particulier, de divers diméthylcarbamates et surtout d'appâts au métaldéhyde.

– les composés dits *antifouling* : en milieu marin, on utilise des composés à vaste spectre d'action comme les organo-stanniques (tributylétain par exemple) qui empêchent les larves pélagiques de Mollusques Lamellibranches – et aussi les algues – de se fixer sur la coque des navires.

Mollusques, n. m. (*Mollusca*). Embranchement d'Invertébrés de grande importance écologique. Les Mollusques sont des Métazoaires cœlomates triploblastiques dont le développement embryonnaire est caractérisé par une segmentation spirale. On les divise en trois classes : les Lamellibranches, les Gastéropodes et les Céphalopodes.

Les adultes sont dépourvus de toute structure squelettique, à l'exception des plumes ou « os » des Céphalopodes. Cependant les deux autres classes, Gastéropodes et Lamellibranches, possèdent une coquille qui renferme un corps mou.

L'écologie des Mollusques est très variée, la plupart des espèces sont marines. Il existe aussi des Mollusques d'eau douce et même une sous-classe de Gastéropodes, les Pulmonés, qui comporte de nombreuses espèces terrestres.

molybdène, n. m. (*molybdenum*). Élément de numéro atomique Z = 42 et de masse atomique Ar = 96, dont le corps simple est un métal. C'est un oligo-élément chez les végétaux car il intervient dans la constitution de la nitrate-réductase.

molysmologie, n. f. (*molysmology*). Discipline des sciences de l'environnement dont l'objet est l'étude des pollutions et de leurs effets.

Monera, n. sc. (*Monera*). Règne vivant constitué par les organismes les plus primitifs : les Procaryotes (Bactéries et Cyanophycées).

monimolimnion, n. m. (*monimolimnion*). Couche d'eau profonde propre à un lac méromictique, située au-dessous du chimiocline, souvent salée en permanence et dans laquelle la teneur en soluté est supérieure à celle des eaux moins profondes, enfin de forte densité.

monitoring, n. m. Voir Surveillance permanente de l'environnement.

Monocotylédones, n. f. (*Monocotyledons*). Classe de Végétaux Phanérogames caractérisés par un seul cotylédon au germe. Les Monocotylédones possèdent la particularité d'avoir des feuilles aux nervures parallèles. Il existe dans cette classe des ordres de végétaux très importants pour l'homme comme les Graminées dans lesquelles on dénombre les plantes alimentaires venant au premier rang de la production agricole mondiale.

monoculture, n. f. (*monoculture*). Mode d'agriculture consistant à ne planter qu'une seule espèce ou un tout petit nombre d'espèces végétales sur de très vastes surfaces. La monoculture est toujours la source de graves déséquilibres écologiques car elle favorise à l'extrême la pullulation des espèces de ravageurs qui trouvent dans cette dernière une alimentation en quantité illimitée. À l'opposé, la nature même de la monoculture défavorise le cycle vital des insectes auxiliaires qui attaquent les insectes nuisibles aux plantes cultivées.

monœcique, adj. (*monoecious*) (syn. : monoïque). Désigne une plante bisexuée ayant des fleurs mâles et femelles séparées sur le même sujet.

monogame, adj. (*monogamous*). Désigne les espèces animales chez lesquelles les couples sont permanents.

monogamie, n. f. (*monogamy*). Mode de reproduction animale dans lequel se forme un couple stable et prolongé.

Monogènes, n. sc. (*Monogena*). Groupe de Trématodes essentiellement ectoparasites des branchies des poissons et des Amphibiens. **(*Voir aussi Trématodes*)**

monogyne, adj. (*monogynous*). Désigne toute société d'insectes dans laquelle n'existe qu'une reine féconde (cas des abeilles par exemple).

monoïque, adj. (*monoic*). Désigne une plante dont tous les individus sont bisexués, portant à la fois des organes reproducteurs de chacun des deux sexes (gamétanges ou gamétocystes, selon qu'il s'agit d'un végétal supérieur ou inférieur). **(*Voir aussi Dioïque, Pollinisation*)**

monomictique, adj. (*monomictic*). Qualifie un lac ne présentant qu'un stade annuel de circulation des eaux et de mélange avec les couches profondes. Il s'agit de lacs subpolaires ou situés en très haute montagne, dans lesquels la température des eaux est toujours inférieure à 4 °C.

monophage, adj. (*monophagous*). Qui se nourrit aux dépens d'une seule espèce ou d'un seul type d'aliment issu de cette dernière.

monophagie, n. f. (*monophagy*). Type d'alimentation fondé sur la consommation d'une seule espèce de plante chez les animaux herbivores ou une seule espèce de proie chez les carnivores.

monophylétique, adj. (*monophyletic*). Désigne un groupe d'espèces descendant d'un ancêtre commun.

Monotrèmes, n. m. (*Monotremata*). Ordre de Mammifères très primitifs qui pondent des œufs et sont dépourvus de dents. Leurs principaux représentants actuels sont l'ornithorynque d'Australie du Nord-Est et les échidnés qui se rencontrent dans cette région (Queensland) et en Nouvelle-Guinée.

monotypique, adj. (*monotypic*). Qualifie tout taxon qui ne possède qu'un seul taxon immédiatement inférieur, ainsi un genre monotypique est un genre dont il n'existe qu'une seule espèce, une famille monotypique est une famille ne possédant qu'un seul genre, etc.

monoxène, adj. (*monoxenous*). Qualifie une espèce parasite faisant son cycle vital dans un seul hôte.

mont, n. m. ◆ ~ **Agung** : voir Agung. ◆ ~ **Batur** : voir Lac Batur. ◆ ~ **Everest** : voir Himalaya. ◆ ~ **Kenya** : voir Laurisylve. ◆ ~ **St Helens** : voir Saint Helens. ◆ ~ **St Michel** : voir Marée, Sable. ◆ ~ **Tambora** : voir Tambora.

montagne, n. f. (*mountain*). Biotope constitué par les zones au relief accentué. Au plan écologique, les montagnes renferment des écosystèmes très particuliers car ils présentent un ensemble de caractéristiques climatiques et pédologiques qui les différencient des écosystèmes de plaines situées aux mêmes latitudes. En outre, les montagnes peuvent constituer de véritables îles continentales lorsqu'elles sont situées – comme les hautes montagnes tropicales – dans des régions où les écosystèmes de plaines sont tout à fait différents, ce qui isole les peuplements orophiles comparables. ◆ **forêts de ~** (*montain forests*) : forêts orophiles, croissant au-dessous de la limite supérieure de la croissance des arbres laquelle se situe à une limite altitudinale décroissant depuis l'équateur jusqu'aux hautes latitudes. Certaines forêts, situées dans des montagnes équatoriales, aujourd'hui détruites par la coupe excessive, dépassaient 4 000 m d'altitude comme celle de la Sajama en Bolivie, éradiquée au cours des années 1940.

monticole, adj. (*monticolous*). Désigne tout être vivant inféodé aux biotopes montagneux.

montmorillonite, n. f. Voir Smectite.

Montpellier ◆ **école de ~** : école de phytosociologie fondée à Montpellier par Emberger et Braun-Blanquet.

Montréal, protocole de. Convention internationale adoptée en 1987 dont le but est d'aboutir à l'arrêt total de production des CFC et des halons, gaz inertes doués d'une grande stabilité chimique qui détruisent la « couche » d'ozone stratosphérique. La mise en œuvre de cette convention a permis de réduire de façon importante la production de CFC dans le monde qui a décru de quelque 1,1 million de tonnes en 1984 à 250 000 en 1995 ; De même pour les halons, la production mondiale a baissé de 200 000 t en 1986 à 25 000 t en 1994. Néanmoins, cette convention a autorisé les pays du Tiers monde à continuer à produire des CFC jusqu'en 1999 et prévoyait qu'ensuite elle devrait diminuer progressivement dans ces pays et s'arrêter en 2010. En pratique, alors que la production de ces gaz devait plafonner dans ces pays au niveau de 1995-1996, elle a continué à s'accroître. Ainsi elle y avait déjà été multipliée par 2,5 entre 1985 et 1995. **(*Voir aussi Chine, Chlorofluorocarbones, Halons*)**

monument(s), n. m. ◆ **~ nationaux** (*national monuments*) : catégorie d'aires protégées qui se caractérise par une surface plus faible que celle qui définit un parc national et peut renfermer éventuellement des monuments et (ou) un site historique. Les monuments nationaux font partie de la catégorie III des Aires protégées selon leur définition établie par l'UICN pour les Nations unies. ◆ **~ naturels** (*natural monuments*) : paysage ou type d'écosystème particulier présentant des caractéristiques esthétiques ou géologiques exceptionnelles.

monuron, n. m. (*monuron*). Herbicide du groupe des urées substituées.

mor, n. m. (*mor*). Type d'humus acide se développant sur des terrains cristallins. Le mor se caractérise par une accumulation de litière non décomposée et par la formation d'un humus brut qui se dépose à la limite de l'horizon B sans être mélangé au matériel minéral édaphique. Ce phénomène résulte de la rareté de la pédofaune, en particulier de la quasi-absence de vers de terre dans de tels sols. **(*Voir aussi Humus*)**

Moracées, n. sc. (*fig trees, bread fruit trees*). Famille de végétaux arborés de l'ordre des Urticales (sous-classe des Hamamélidées) essentiellement tropicale, produisant un latex et dont les parois cellulaires sont souvent minéralisées. Le fruits sont des inflorescences avec un réceptacle charnu souvent comestible. Les *Ficus* représentent le genre le plus important appartenant à cette famille. **(*Voir aussi Figuier*)**

moraine, n. f. (*moraine*). Formation géologique constituée par des matériels – blocs de rochers, graviers, argiles – arrachés par l'érosion glaciaire et repoussés de ce fait vers le front du glacier (moraine frontale) ou sur les bords de ce dernier (moraine latérale).

morue, n. f. (*cod*) (n. sc. *Gadus morhua*). Poisson atlantique de très grande importance économique. La morue a été victime d'une surpêche au cours de la période 1950-1980 qui a conduit à une régression, voire à un effondrement, de la plupart de ses stocks atlantiques, en particulier celui du grand banc de Terre-Neuve.

mortalité, n. f. ◆ **taux de ~** (*mortality rate*) : proportion du nombre d'individus morts dans un intervalle donné par rapport à la population totale. En démographie et, de façon générale, en démoécologie, le taux de mortalité s'exprime en pour mille par an chez les espèces à forte longévité.

morte(s), adj. ◆ **eaux ~** (*dead zone*) : zone d'eaux calmes situées dans les parties latérales d'un écosystème lotique ou encore là où les fonds sont rocheux et où l'accumulation de blocs peut créer en aval des retenues où l'eau stagne. Le terme s'applique aussi aux eaux des bras-morts. **(*Voir aussi Fleuve, Lotique*)**

mosaïque, n. f. (*mosaic*). Type de répartition spatiale des individus d'une population ou encore de divers biotopes.

moteur(s) à explosion, n. m. (*internal combustion engine, 2-, 4-stroke engine*). Moteurs dans lesquels le carburant est introduit dans une chambre de combustion et où l'énergie chimique contenue dans ce dernier est transformée en énergie mécanique par une déflagration qui actionne le piston. Les deux principaux types de moteurs à explosion sont le moteur à essence et le moteur diesel. Chacun d'entre eux peut fonctionner selon un cycle à deux temps (*2-stroke engine*), aujourd'hui peu utilisé, sauf sur des moteurs de faible cylindrée, ou selon un cycle à 4 temps (*4-stroke engine*). Les moteurs à essence sont dits à allumage commandé car la déflagration du mélange air-essence est provoquée dans le cylindre par une étincelle électrique. Dans les moteurs diesels, dits à combustion interne, le carburant est injecté dans une chambre de combustion et s'enflamme spontanément par suite de la température élevée atteinte par l'air renfermé dans cette dernière grâce au fort taux de compression propre à ce type de moteur. ◆ **pollution par les ~** : les divers moteurs à explosion présentent une forte potentialité de pollution. Ils produisent en effet des hydrocarbures imbrûlés et des oxydes d'azote en quantité importante (en outre du CO pour les moteurs à essence). Les diesels, s'ils ne produisent pas de CO, génèrent en revanche, outre les contaminants précédents, des oxydes de soufre et surtout des particules noires riches en hydrocarbures polycycliques cancérogènes (benzopyrènes par exemple). ◆ **dépollution des émissions des ~** : la solution actuellement adoptée pour réduire les émissions polluantes des moteurs à essence est celle du pot catalytique. Celle-ci présente l'avantage d'avoir contraint les pétroliers à produire une essence sans plomb car ce métal empoisonne le catalyseur desdits pots. ***(Voir aussi Automobile, Échappements, Émission, Pollution atmosphérique, Pot catalytique)***

motivation, n. f. (*motivation*). Terme d'éthologie désignant un changement de comportement chez un individu qui n'est induit ni par un stimulus extérieur ni par un changement intrinsèque de son seuil de réponse à un stimulus.

Motomura, modèle de (*Motomura model*). Modèle de distribution d'abondance également dénommé log-linéaire. Ce modèle part du principe que, dans un peuplement ou une communauté, chaque espèce s'attribue une fraction constante de la quantité de nourriture disponible.

Dans ces conditions, il est possible de calculer l'algorithme de la distribution à partir des considérations suivantes : si k est la fraction de ressource utilisée, la répartition des ressources consommées par les espèces de rang successif : 1, 2, 3, ... , i, ... , S sera donnée par la suite :

$$k, k(1-k), k(1-k)^2, \dots k(1-k)^{i-1} \dots k(1-k)^{S-1}$$

On déduit de cette suite l'expression du nombre d'individus *ni* de l'espèce de rang i, en fonction du nombre total d'individus N du peuplement :

$$n_i = N k (1-k)^{i-1} \qquad (1)$$

Cette expression peut encore s'écrire

$$n_i = n_1 C^{i-1} \qquad (2)$$

où

$$N \# n_1/k \quad \text{et} \quad C = 1 - k$$

La distribution de Motomura caractérise les peuplements des milieux dont les conditions écologiques sont très contraignantes.

Dans cette distribution, un nombre limité d'espèces dominantes occupe la majorité de l'hypervolume niche et s'approprie la majorité des ressources disponibles, laissant ce qu'il reste aux espèces moins efficaces dans la compétition interspécifique, de sorte qu'il s'établit une forte hiérarchie d'abondance.

À la grande fréquence d'un tout petit nombre d'espèces dominantes s'oppose la rareté de la majorité des espèces qui constituent le peuplement.

Le diagramme rang-fréquence est linéaire et sa pente d'autant plus grande que la richesse spécifique est faible. ***(Voir aussi Distributions d'abondance, Rang-fréquence)***

mouche(s), n. f. (*fly*). Insectes de l'ordre des Diptères dont beaucoup d'espèces présentent une importance médicale ou vétérinaire. ◆ **~ de Curaçao** (*American screw worm*) (n. sc. *Cochliomya hominivorax*) : espèce de mouche endoparasite propre à l'ensemble des États bordant le golfe du Mexique, dont les asticots se développent dans l'organisme des bovins. Ils causent des abcès sous-cutanés, endommageant le cuir et provoquant un déficit de croissance ou de production laitière chez les animaux infestés. L'espèce a été éradiquée, entre autres au Texas, grâce à la lutte autocide. ***(Voir aussi Lutte autocide)*** ◆ **~ domestique** (n. sc. *Musca domestica*) (*house fly*) : espèce très commune dans les pays tempérés qui pullule sur les tas de fumier au voisinage des fermes ou des installations d'élevage intensif. ◆ **~ méditerranéenne des fruits** (*Mediterranean fruit fly*) (n. sc. *Ceratitis capitata*) : espèce très nuisible pour les cultures fruitières qui a été introduite d'Afrique tropicale dans la région méditerranéenne et a depuis envahi de nombreux pays à climat tempéré chaud. ◆ **~ Tsé Tsé** : voir Tsé Tsé.

mouette(s), n. f. (n. sc. : *Larus sp.*) (*gull*). Oiseaux de mer de l'ordre des Lariformes dont certaines espèces comme la mouette rieuse (n. sc. : *Larus ridibundus*) sont devenues an-

Colonie de **mouettes** tridactyles (*Rissa tridactyla*) dans la réserve nationale naturelle de Duncansby Head en Écosse. (Cliché F. Ramade)

thropophiles et se sont mises à pulluler de ce fait, profitant en particulier des décharges d'ordures ménagères incontrôlées. ◆ ~ **tridactyle** (*kittiwake*) (n. sc. : *Rissa tridactyla*) : espèce de mouette qui niche en grandes colonies sur les falaises maritimes de l'Atlantique Nord et va se nourrir en haute mer.

mouflons, n. m. ◆ ~ **de Dall** (*bighorn sheep*) (n. sc. : *Ovis dalli*). : espèce d'Ovidé d'Amérique propre aux montagnes rocheuses ◆ ~ **à manchette** (*wild sheep*) (n. sc. : *Ammotragus laevia*) : espèce d'Ovidés propre à certaines montagnes méditerranéennes.

mouillabilité, n. f. (*wettability*). Propriété d'un matériau de se laisser pénétrer par l'eau ou d'un liquide aqueux d'imbiber un corps.

mouillant, adj. ◆ **agent** ~ (*wetting agent*) : substance tensio-active ajoutée à une préparation chimique, afin de favoriser la formation d'une suspension dans l'eau : « bouillie » pour des traitements pesticides sur des plantes cultivées par exemple.

mouille, n. f. (*pool*). Structure hydromorphologique propre au profil d'un cours d'eau, essentiellement au niveau du rhithron, dont la granulométrie du lit est fine (sables et limons), la profondeur supérieure à sa valeur moyenne sur l'ensemble de la section considérée, et parfois importante, et l'écoulement lent. **(*Voir aussi Seuil*)**

moule(s), n. f. (*mussel*) (n. sc. *Mytilus sp*). Lamellibranches marins vivant fixés sur les substrats durs, en particulier sur les rochers de l'étage médiolittoral. Les moules constituent d'excellents bioindicateurs de pollution marine par suite de leur régime microphage qui les contraint de filtrer de très grands volumes d'eau pour trouver leur nourriture. Elles absorbent de ce fait de grandes concentrations de polluants présents dans les eaux, qu'elles bioaccumulent dans leur organisme. **(*Voir aussi Mytilus*)** ◆ ~ **de bouchot** (*Mytilus edulis*) : espèces de moule commune de distribution paléarctique sur l'ensemble des côtes tempérées de l'hémisphère boréal. ◆ ~ **d'« Espagne »** (*Mytilus galloprovincialis*) : espèce de moule de grande taille propre aux zones côtières méditerranéennes. ◆ ~ **zébrée** (*Zebra mussel*) (n. sc. : *Dreissena polymorpha*) : moule dulçaquicole originaire de la région de la Caspienne introduite dans les biotopes aquatiques d'Europe occidentale, puis accidentellement, dans les grands lacs nord-américains en 1985. Cette espèce s'est mise à proliférer dans les États de l'Est américain, puis s'est rapidement répandue sur l'ensemble du territoire des États-Unis. Elle y exerce une compétition catastrophique sur les espèces autochtones de Mollusques Lamellibranches ainsi que sur le phytoplancton. On a par exemple constaté dans le lac Érié une baisse de 90% de la densité des Diatomées entre 1988, date d'introduction de cette espèce dans ce lac, et 1990. **(*Voir aussi Invasion*)**

moussage, n. m. (*foaming*). Phénomène d'apparition de mousses à la surface d'un effluent pollué en cours de traitement.

mousse(s), n. f. (*moss*). Végétaux cryptogames appartenant à l'embranchement des Bryophytes dont ils constituent l'une des deux classes, l'autre étant constituée par les Hépatiques. On compte environ 15 000 espèces connues, propres aux biotopes terrestres et aquatiques. Il existe plusieurs ordres de mousses. Beaucoup d'espèces sont des hygrophytes, donc propres aux milieux humides : rochers ombragés suintants, bords de cascades, rives des cours d'eau par exemple. Elles sont reviviscentes passant d'un état quiescent quand elles sont sèches à un état physiologiquement actif quand elles sont hydratées et cela en un temps très bref. Celles des régions tempérées et boréales présentent une forte eurythermie. ◆ ~ **aquatiques** (*aquatic mosses*) : un nombre important de mousses sont des hydrophytes, donc inféodées aux biotopes aquatiques. Il s'agit soit de pleustophytes, soit de rhizophytes vivant immergés dans les eaux. Dans les mousses pleustophytes se rangent les Sphaignes, constituant essentiel des communautés des tourbières acides dont on compte environ 300 espèces dans le monde. Elles sont considérées comme devant être érigées en une sous-classe particulière de mousses par suite de leurs caractéristiques morphologiques très spéciales. Le genre *Hypnum*, lui, se rencontre dans des biotopes marécageux où il représente l'un des groupes d'organismes prépondérants des tourbières neutres et basiques. D'autres espèces vivent immergées dans les cours d'eau et se classent parmi les végétaux dominants du crenon et du rhithron. Tel est le cas des genres *Fontinalis*, *Amblostegium*, *Rhynchostegium*, *Cinclidotus*, etc.

Roches humidifiées en permanence en bordure d'une cascade, couvertes d'un épais feutrage de **mousses** aquatiques (*Cratoneurum sp.*) (réserve naturelle du Val d'Escreins, Vars, Hautes-Alpes). (Cliché F. Ramade)

La plupart des mousses propres aux milieux lotiques présentent l'aptitude de bioconcentrer dans leurs tissus les polluants des eaux persistants. En conséquence, *Fontinalis antipyretica*, et diverses autres espèces de mousses rhizophytes sont utilisées dans le monitoring de la pollution des eaux courantes. **(*Voir aussi Bryophytes, Fleuve, Tourbière*)** ◆ ~ **terrestres** (*terrestrial mosses*) : elles présentent un ensemble de caractéristiques écologiques communes. Certaines d'entre elles sont terricoles, et généralement sciaphiles, croissant au sol des forêts voire de prairies naturelles, d'autres sont épiphytes. Elles jouent un rôle important dans la formation des sols, constituant avec les lichens des organismes pionniers capables de coloniser des roches nues. Elles interviennent aussi de façon déterminante dans la formation de l'humus sur les sols jeunes par l'apport de litière qu'elles assurent. Elles constituent de bons bioindicateurs de pollution atmosphérique car elles sont capables de bioconcentrer de nombreux polluants atmosphériques persistants tant minéraux (métaux toxiques) qu'organiques (organochlorés par exemple).

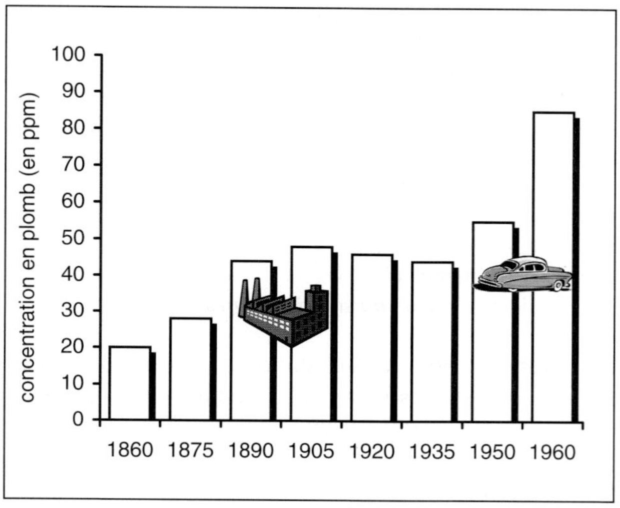

Exemple d'utilisation des **mousses** terrestres comme bioindicateurs de pollution atmosphérique. Évolution de la teneur comparée en plomb de mousses conservées dans les herbiers du Museum de Uppsala, récoltées entre 1860 et 1960, avec celle de spécimens actuels, mettant en évidence une brutale élévation de la teneur en plomb à partir des années 1920, liée à l'usage des alkylplombs comme additifs des essences. (D'après Ruhling et Tyler, in Ramade F., *Écologie appliquée*, Ediscience international, 5e ed., 1995, p. 172)

mousson, n. f. (*monsoon*). Régime climatique propre aux régions tropicales et subtropicales de l'Ancien Monde, caractérisé par une période annuelle sèche et des températures modérées alternant avec une période « estivale » chaude et humide.

moustique(s), n. m. (*mosquito*). Diptères Nématocères de la famille des *Culicidae* dont les femelles adultes sont hématophages et se nourrissent du sang des Mammifères et autres vertébrés. Les larves aquatiques sont inféodées au eaux stagnantes. Elles sont pour la plupart de régime phytoplanctonophage. Parmi les principales espèces de moustiques vecteurs de graves affections parasitaires, nous citerons *Anopheles maculipennis*, qui transmet le paludisme, *Aedes aegypti*, agent vecteur de la fièvre jaune ou encore *Culex fatiguans*, qui véhicule l'éléphantiasis. **(*Voir aussi Paludisme, Vecteur*)**

mouton(s), n. m. (*sheep*) (n. sc. *Ovis aries*). Cette espèce est probablement le premier herbivore qui a été domestiqué par l'homme, il y a plus de 9 000 ans. Originaire de Mésopotamie, elle fut ensuite introduite en Europe. Le mouton descendrait d'une sous-espèce sauvage encore non identifiée d'*Ovis ammon*. De nos jours, la sous-espèce sauvage qui en est la plus voisine est le mouflon de Corse (*Ovis aries musimon*). Le mouton mérinos est le produit du croisement d'une race de mouton domestique de la région d'Arles en Provence, avec le mouflon. Dans les Îles britanniques se rencontrent diverses races de moutons retournés à l'état sauvage, dont le plus remarquable est le mouton de Soay, propre à l'archipel de St Kilda en Écosse. À Chypre, se rencontre une petite sous-espèce de mouton sauvage (*Ovis aries ophion*). **(*Voir aussi Ovins*)**

mue, n. f. (*molt*) (syn. : exsuviation). Processus physiologique propre aux Arthropodes par lequel un individu renouvelle son exosquelette en éliminant l'ancien sous une forme dénommée exsuvie. Au plan démoécologique, cette phase de la vie de ces organismes s'accompagne d'une surmortalité due aux accidents, l'insecte par exemple n'arrivant pas toujours à s'extraire de son ancienne exsuvie et surtout par suite de leur plus grande vulnérabilité aux prédateurs.

mulch, n. m. (*mulch*). Terme d'agriculture désignant le dépôt de paille au pied des arbres cultivés pour faire un apport de matière organique au sol et diminuer l'évaporation.

mull, n. m. (*mull*). Type d'humus doux, très fertile, dans lequel la matière organique décomposée est rapidement transformée en acides humiques et dispersée de façon homogène dans l'horizon supérieur du sol. Les mulls se forment sur des sols neutres ou basiques. **(*Voir aussi Humus*)**

Muller, Fritz (1831-1897). Entomologiste allemand qui découvrit le type de mimétisme dénommé mullérien en son honneur. **(*Voir aussi Mimétisme*)**

Muller, Hermann, Joseph (1890-1967). Généticien américain qui découvrit en 1927 l'action mutagène des rayons X, ce qui lui valut la même année le prix Nobel de médecine.

mullérien, adj. (*mullerian*). Type de mimétisme fondé sur une similarité d'apparence entre deux espèces inconsommables ou prédatrices qui prennent des colorations et (ou) des formes avertissantes identiques. Elles signalent ainsi aux prédateurs potentiels qu'elle sont dangereuses à ingérer, chacune tirant bénéfice de l'aspect dissuasif de l'autre car tout prédateur se méfiera de l'autre s'il a déjà consommé une fois l'une de ces espèces. **(*Voir aussi Batésien, Mimétisme*)**

multipare, adj. (*multiparous*). Espèce dont les femelles se reproduisent plus de deux fois au cours de la vie. ***(Voir aussi Itéropare, Sémelpare)***

multiparité, n. f. (*multiparity*). Propriété des femelles se reproduisant à plusieurs reprises au cours de leur vie. ***(Voir aussi Itéroparité)***

multiplication asexuée, n. f. (*asexual reproduction*). Processus de multiplication des animaux, caractérisé par l'existence de phénomènes de bourgeonnement (gemmiparité) et de scission (scissiparité) qui conduisent en l'absence de reproduction sexuée à la formation d'un grand nombre de descendants à partir d'un seul organisme maternel.

Musacées, n. sc. Famille de Monocotylédones tropicales de l'ordre des Zingibérales comptant une quarantaine d'espèces dont le bananier et le plantain sont les représentants les plus connus. ***(Voir aussi Bananier, Heliconiacées, Zingibérales)***

musaraigne, n. f. (*shrew*) (n. sc. *Sorex sp*). Mammifère insectivore commun à l'ensemble de la région paléarctique.

Musca domestica, n. sc. Voir Mouche domestique.

muscicole, adj. (*muscicolous*). Organisme qui vit dans les mousses.

Mussel Watch. Vaste programme de monitoring de la pollution des eaux littorales tant Pacifique qu'Atlantique initié aux États-Unis au milieu des années 1970 par Goldberg en utilisant comme bioindicateur des moules et des huîtres. Dénommé *Mussel Watch*, ce programme développé sous l'égide de la *Scripps Institution of Oceanography* (La Jolla, Californie) et de l'EPA américaine a consisté à collecter à partir de 1976 des échantillons de ces espèces dans 107 localités côtières une fois par an.

Le *Mussel Watch* a été incorporé ultérieurement dans un programme plus vaste de surveillance permanente de l'environnement, le *National Status and Trends Program*, lequel, à partir du milieu des années 1980, a adjoint au *Mussel Watch* proprement dit un programme de prélèvement et d'analyse des sédiments.

Les parties molles de ces Mollusques furent analysées pour la teneur en hydrocarbures, composés organochlorés, métaux lourds, éléments radioactifs. Pendant la phase pilote de ce programme, le coût de prélèvement de chaque échantillon s'est élevé à 1 000 $, l'analyse de chaque série de métaux lourds à 50 $, et de chaque série de polluants organiques à 1 000 $.

Les résultats obtenus montrent que la plupart des contaminants sont répartis de façon plutôt uniforme le long du littoral des États-Unis avec toutefois quelques zones localisées, plus particulièrement contaminées par des sources d'émissions industrielles concentrées. Le principe de ce programme a été ultérieurement repris par l'Union Européenne et appliqué à sa façade atlantique. ***(Voir aussi Boindicateurs, Monitoring, National status and Trends Program)***

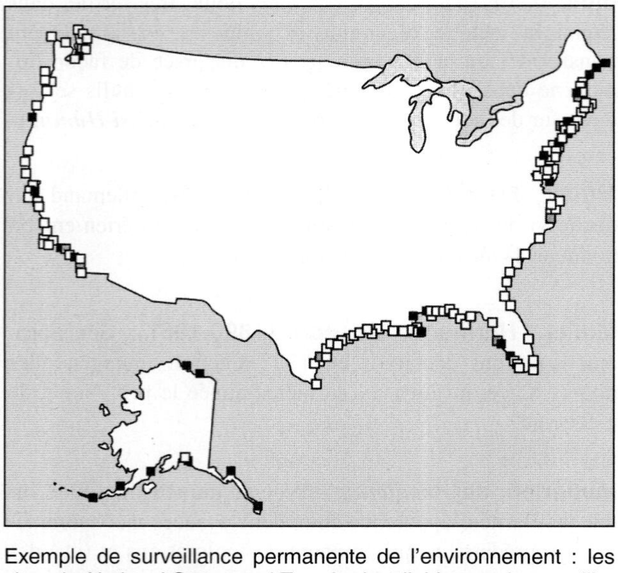

Exemple de surveillance permanente de l'environnement : les sites du *National Status and Trends*, dont l'objet est de surveiller la contamination des eaux littorales marines des États-Unis par les polluants persistants. Ce programme est une extention du ***Mussel Watch***, lancé au milieu des années 1970 par Goldberg pour l'évaluation de la qualité des eaux littorales en se fondant sur la moule comme indicateur biologique. (D'après *National Status and Trends*, in Caquet et Rivoal, op. cit., 1999, p. 341)

Mustellidae, n. sc. Famille cosmopolite de Carnivores (Fissipèdes) comportant de nombreuses espèces de taille moyenne ou petite telles les belettes, fouines, putois, visons, blaireaux, etc. ***(Voir aussi Fissipèdes)***

mutagènes, adj. ◆ **substances ~** (*mutagenic compounds*) : substances susceptibles de provoquer des mutations. ***(Voir aussi Cancérigène)***

mutagenèse, n. f. (*mutagenesis*). Processus par lequel sont induites des mutations dans les cellules somatiques ou (et) germinales des êtres vivants.

mutagénicité, n. f. (*mutagenicity*). Propriété qu'ont certaines substances chimiques ou certains rayonnements tels les radiations ionisantes d'être mutagènes. ◆ **test de ~** (*mutagenicity test*) : test permettant de déterminer si une substance est mutagène. Il existe un grand nombre de tests de mutagénicité. Ces derniers peuvent être divisés en deux groupes.

Le premier concerne les tests destinés à mettre en évidence des mutations géniques. Il s'agit de tests fondés sur l'usage de micro-organismes comme le test d'Ames.

Le second concerne des cellules d'Eucaryotes et cherche à mettre en évidence des mutations chromosomiques comme le test du *micronucleus* ou les tests sur des cultures de cellules *in vitro*.

mutation, n. f. (*mutation*). Phénomène se traduisant par des modifications défavorables du code génétique porté par l'ADN chromosomique. On distingue des mutations géniques qui se traduisent par l'altération d'un gène ou de plusieurs gènes, et des mutations chromosomiques, dont les

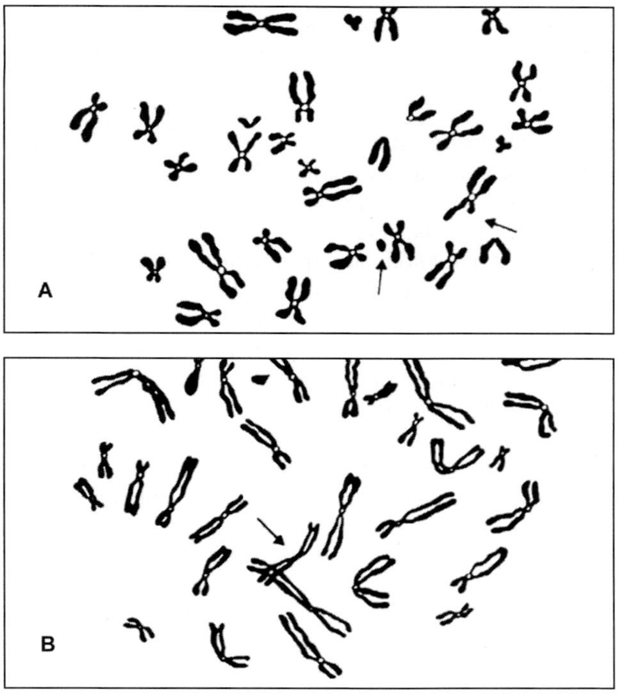

Mutations chromosomiques induites par l'intoxication chronique au mercure dans les lymphocytes humains. On distingue sur ces schémas, marqués par des flèches, en A) des cassures chromosomiques et des extrafragments et en B) des chromosomes dépourvus de centromère. (D'après Skerfving, in Ramade F., *Écologie appliquée*, Ediscience international, 5e ed., 1995, p. 298)

conséquences sont encore plus graves, qui se caractérisent par des cassures chromosomiques (délétions), avec ou sans translocations, conduisant à l'apparition d'extrafragments chez certains chromosomes.

mutualisme, n. m. (*mutualism*). Phénomène d'association bénéfique entre deux espèces vivantes. Celle-ci peut être facultative (protocoopération) ou obligatoire, auquel cas on la dénomme symbiose. **(*Voir aussi Symbiose*)**

mycélium, (*mycelium*). Masse de filaments enchevêtrés qui constitue la partie végétative d'un champignon.

mycétocytes, n. m. (*mycetocytes*). Cellules constituant les mycétomes.

mycétome, n. m. (*mycetoma*). Tissu présent chez divers Invertébrés, en particulier chez les Insectes, qui renferme des champignons symbiotiques sous forme de filaments mycéliens et parfois de levures.

mycétophage, adj. (*mycetophagous*). Désigne un animal se nourrissant de champignons. Certaines familles d'Insectes correspondent à des espèces mycétophages strictes (Diptères Mycétophilides par exemple).

mycétophagie, n. f. (*mycetophagy*). Régime alimentaire fondé sur la consommation de champignon.

mycétophile, adj. (*mycetophilous*) (syn. : fongicole). Qualifie une espèce qui vit dans des champignons.

mycologie, n. f. (*mycology*). Branche de la cryptogamie dont l'objet est l'étude des champignons.

mycoplasmes, n. m. (*mycoplasma*). Organismes procaryotes dépourvus de membrane plasmique qui sont considérés comme de très petites bactéries. Certaines espèces sont pathogènes pour les plantes et les animaux, d'autres saprophytes.

mycorhizes, n. f. (*mycorrhiza*). Champignons symbiotiques des racines des arbres forestiers et de nombreuses autres espèces végétales pérennes, qui jouent un rôle essentiel dans la nutrition minérale de ces derniers en favorisant l'absorption racinaire des éléments minéraux nutritifs.

On distingue trois types de mycorhizes : les externes, dites péritrophes, formant un manchon autour des racines, les internes intercellulaires dites ectotrophes et les internes qui envoient leurs extrémités mycéliennes à l'intérieur même du cytoplasme des cellules racinaires, dites entotrophes. **(*Voir aussi Symbiose*)**

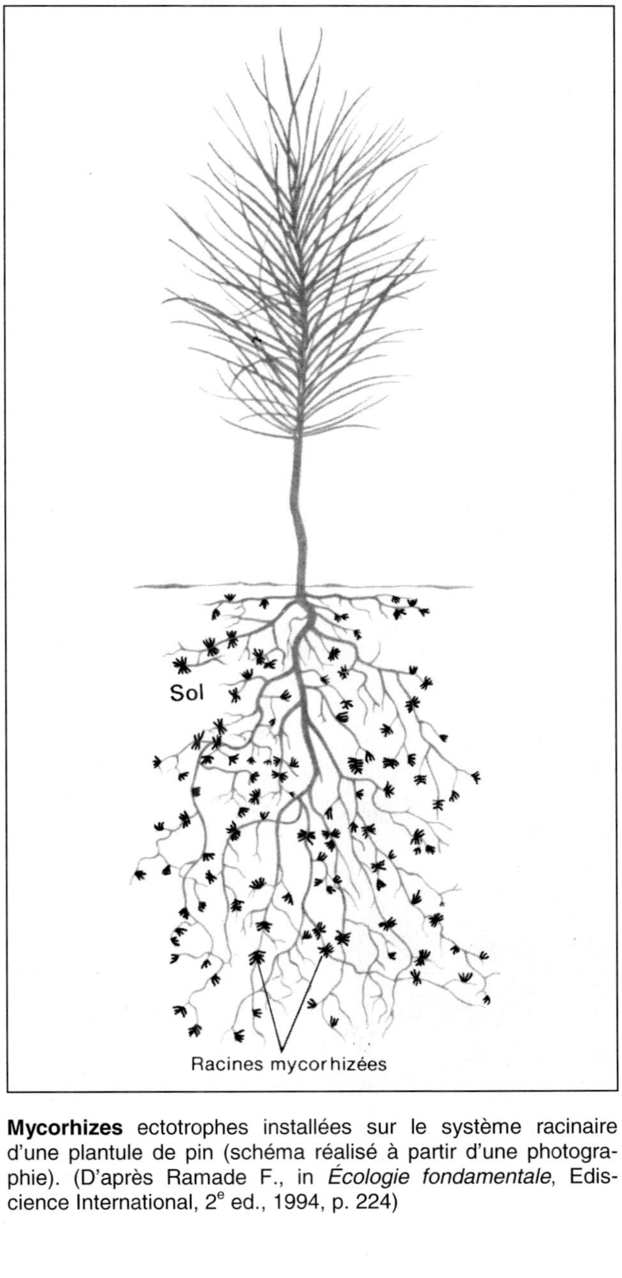

Mycorhizes ectotrophes installées sur le système racinaire d'une plantule de pin (schéma réalisé à partir d'une photographie). (D'après Ramade F., in *Écologie fondamentale*, Ediscience International, 2e ed., 1994, p. 224)

mycose, n. f. (*mycosis*). Affection causée par des champignons pathogènes de l'homme ou d'autres espèces de Vertébrés.

mycotoxine(s), n. f. (*mycotoxin*). Toxine produite par les champignons. Parmi les plus connues, citons les aflatoxines, produites par *Aspergillus flavus*, aux redoutables propriétés cancérogènes, l'amanitine, de l'Amanite phalloïde, qui est une hépatotoxine mortelle, ou encore la muscarine, une neurotoxine hallucinogène produite par la fausse oronge ou amanite tue-mouche, *Amanita muscaria*. **(*Voir aussi Phycotoxine*)**

mycotrophie, n. f. (*mycotrophy*). Phénomène de nutrition végétale fondé sur la symbiose entre une plante et un champignon qui assure le transfert des éléments minéraux des sols vers celle-ci, comme par exemple dans les associations mycorhiziennes. **(*Voir aussi Mycorhizes*)**

myiases n. f. (*myiasis*). Maladies causées par des larves de Diptères qui se développent en parasites sous-cutanés ou viscéraux. La mouche de Curaçao (*Cochliomyia hominivorax*) a causé des ravages dans les élevages de bovins des États riverains du Golfe du Mexique. En Europe, le varon (*Hypoderma bovis*) cause une myiase très nuisible aux jeunes bovins.

Myocastor coyopus (*coypu*). Nom scientifique du ragondin d'Amérique du Sud. Cette espèce a été introduite en Europe méridionale et pullule dans les zones humides du Nord de la Méditerranée, en particulier en Camargue. **(*Voir aussi Ragondin*)**

Myriapodes, n. m. (*Myriapoda*). Groupe d'Arthropodes caractérisé par un corps pourvu d'un grand nombre de segments. Il s'agit d'un groupe artificiel sans signification phylogénique, les Chilopodes (mille-pattes) constituant une classe de Chélicérates prédateurs, tandis que les Diplopodes, autre classe importante de ce groupe, pourvus de pièces buccales broyeuses, sont herbivores ou détritiphages.

Myriapode Géophilomorphe du genre *Himantharium*. Ces Chilopodes, dénommés vulgairement mille-pattes, possèdent un corps extraordinairement allongé, pourvu de plus de cent segments. (Cliché F. Ramade)

myrmécocorie, n. f. (*myrmecocory*). Processus de dispersion des graines de certaines espèces de plantes par les fourmis.

myrmécophage, adj. (*myrmecophagous*). Désigne une espèce se nourrissant de fourmis. Il existe des ordres entiers de Vertébrés qui sont myrmécophages. Parmi les mammifères, il faut citer la plupart des Xénarthres (tatous, tamanoirs), dont les Pholidotes (pangolins) africains sont des équivalents écologiques. De même, de nombreuses familles d'Oiseaux, en particulier tropicales, comme les *Formicariidae* et dans les pays tempérés divers *Picidae* (pic-verts, torcol) présentent un régime alimentaire à dominante ou même strictement myrmécophage.

myrmécophagie, n. f. (*myrmecophagy*). Désigne le comportement alimentaire des animaux myrmécophages.

myrmécophile, adj. (*myrmecophilous*). Particularité qu'ont diverses espèces de vivre en commensalisme ou mutualisme avec des fourmis. Ces dernières dans bien des cas s'occupent de subvenir à leur alimentation. Parmi bien d'autres exemples, on peut citer celui du Lépidoptère *Lycaena arion*, dont les chenilles sont amenées à un stade précis de leur cycle vital dans une fourmilière où elles achèvent leur développement larvaire, nourries par les ouvrières. Les espèces myrmécophiles possèdent souvent des glandes tégumentaires dont les sécrétions sont attractives pour les ouvrières de fourmis qui les ingèrent.

myrmécophilie, n. f. (*myrmecophily*). Particularité écologique propre aux animaux ayant une interaction positive avec les fourmis.

myrmécophyte, n. f. (*myrmecophyte*). Végétal ayant présenté une coévolution avec certains genres de fourmis qui favorise leur dispersion et(ou) leur développement. Ainsi, les colonies de diverses espèces de fourmis tropicales se développent dans les énormes épines de certaines espèces d'*Acacia* myrmécophytes.

myrmécotrophe, adj. (*myrmecotrophic*). Qualifie une plante ou un animal produisant de la nourriture pour les fourmis.

myrmécoxénique, adj. (*myrmecoxenous*). Désigne une plante, telle certains Acacia, dans laquelle diverses espèces de fourmis installent leurs colonies et qui lui procurent de façon directe ou indirecte une forte proportion – ou la totalité – de son alimentation.

Myrtacées, n. sc. Famille de l'ordre des Myrtales, renfermant en particulier les *Eucalyptus* qui sont les arbres dominants dans l'ensemble du continent australien où l'on en dénombre plus de 600 espèces. Ils sont caractérisés par des fleurs dont le périanthe constitue une enveloppe coriace qui s'ouvre par la chute d'un capuchon. Ils sécrètent tous des substances aromatiques, essentiellement terpéniques. Les *Eucalyptus* constituent l'essentiel des peuplements arborés forestiers australiens là où les précipitations permettent leur développement – à l'exception des régions tropicales du Nord-Est de ce continent où croissent des forêts pluvieuses

Les eucalyptus constituent de loin le genre d'arbres le plus important de la famille des **Myrtacées**. Ici est figuré un boisement ouvert *d'Eucalyptus bleeseri* dans le parc national de Kakadu (Territoire du Nord, Australie). (Cliché F. Ramade).

tropicales – ainsi que des boisements ouverts propres aux zones semi-arides du continent, certaines espèces pouvant croître là où les précipitations sont inférieures à 250 mm/an. La résistance à la sécheresse de nombreuses espèces d'Eucalyptus, jointe à leur aptitude à croître dans des sols très pauvres, les a fait utiliser à vaste échelle dans l'ensemble des régions tropicales et méditerranéennes du monde pour le reboisement. (***Voir aussi Eucalyptus***)

Myrtales, n. sc. Ordre de Dicotylédones, de la sous-classe des Rosidées, essentiellement tropicales qui compte plus de 10 000 espèces. On le subdivise en deux grandes familles, l'une et l'autre à ovaire infère : les Myrtacées, (représentées par la myrte en Méditerranée et surtout par les Eucalyptus) et les Mélostomatacées (également tropicales et représentées surtout par des plantes buissonnantes). (***Voir aussi Eucalyptus, Myrtacées***)

Mysticètes, n. m. (*Mysticeta*). Sous-ordre de Cétacés qui réunit l'ensemble des baleines à fanon. Une autre caractéristique anatomique très visible des Mysticètes tient en la possession de deux évents. Les mysticètes sont surtout zooplanctonophages ou consomment des poissons de petite taille. (***Voir aussi Baleines, Cétacés, Odontocètes***)

mytiliculture, n. f. (*mytiliculture*). Branche de la conchyliculture concernant l'élevage des moules.

Mytilus (*Mussel*). Nom scientifique du genre auquel appartiennent les moules des mers boréales. ◆ ~ ***edulis*** : moule dite de Bouchot, espèce commune des rivages marins d'Europe. ◆ ~ ***galloprovincialis*** : nom scientifique de la moule d'Espagne, espèce présente en réalité sur l'ensemble des zones littorales méditerranéennes. (***Voir aussi Moule***)

Myxines, n. f. (*hagfishes*). Vertébrés Agnathes appartenant à la sous-classe des *Hyperotreti* et constituant l'ordre des Myxiniformes. Elles présentent une morphologie analogue à celle des autres Agnathes, les lamproies. Leur peau sécrète un abondant mucus.

Les Myxines sont des poissons benthiques qui occupent une place prépondérante en tant que nécrophage dans les réseaux trophiques des écosystèmes benthiques profonds. Elles se nourrissent exclusivement de cadavres de poissons et d'autres grands Vertébrés marins, y compris ceux de baleines.

Elles font depuis quelques années l'objet d'une surpêche car outre leur consommation humaine, en particulier en Extrême-Orient, leur peau est très prisée en peausserie.

myxomatose, n. f. (*myxomatosis*). Redoutable épizootie affectant les populations de lapins, causée par le virus de *Sanarelli*. La myxomatose a été introduite d'Amérique du Sud où elle est endémique chez les *Sylvilagus*, qui sont des porteurs sains car entièrement résistants à cette affection.

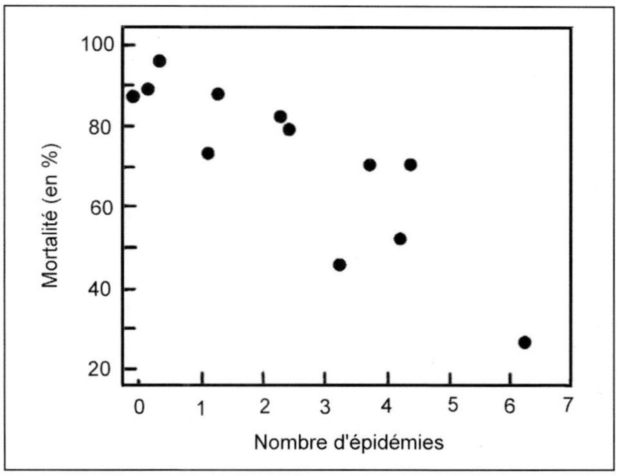

Gradation des épidémies de **myxomatose** avec diminution progressive de virulence se traduisant par un déclin des taux de mortalité provoqués par le virus de *Sanarelli* chez les lapins au cours des épidémies successives. (D'après Fenner et Ratcliffe *Myxomatosis*, Cambridge University Press, 1965)

En revanche, le lapin d'Europe y est très sensible, la mortalité survenant en quelques jours dans une population jamais exposée au préalable.

Cette maladie provoqua en France, en 1953, une hécatombe dans les populations de lapins (*Oryctolagus cuniculus*). Elle fit périr 99,5% de la population de lapins, mais ensuite, des souches mutantes atténuées du virus de *Sanarelli* apparurent, donnant un taux de mortalité de plus en plus faible à chaque gradation épidémique.

Cela provient de ce que les souches atténuées, même lorsqu'elles induisent un certain taux de mortalité ne provoquent pas une mort rapide des individus. Comme l'affection est transmise par des piqûres de puces ou de moustiques, ces insectes ont plus de chance de piquer un lapin malade portant la souche atténuée et donc de disséminer cette dernière. En effet, la souche virulente provoque la mort en seulement trois jours, contre plusieurs semaines – lorsqu'elle survient – pour la souche atténuée.

À l'heure actuelle, l'affection, quoique toujours endémique en Europe chez les populations sauvages de lapins, ne cause plus qu'une mortalité réduite lors de nouvelles épidémies. Les effectifs de cette espèce se sont donc reconstitués mais à un niveau de densité nettement plus faible que ceux observés antérieurement à l'introduction de cette maladie.

Myxomycètes, n. sc. (*slime moulds*). Classe de *Fungi inperfecti* constituée par des champignons inférieurs, certains pathogènes et nuisibles aux plantes cultivées.

Myxosporidies, n. sc. Classe de Protozoaires appartenant au phylum des Cnidosporidies, comportant diverses espèces parasites de poissons.

nacré, adj. ◆ **nuage ~** : voir Nuage.

namatophile, adj. (*namatophilous*). Qualifie une espèce propre aux biotopes torrenticoles et aux ruisseaux aux eaux agitées.

namatophyte, n. f. (*namatophyte*). Plante inféodée aux biotopes aquatiques torrenticoles.

nanofossile, n. m. (*nanofossil*). Fossile d'organismes planctoniques de taille microscopique. Les Coccolitophorides, constituants de la craie dont la taille est de l'ordre de 5 à 50 µm, sont des exemples de tels fossiles.

nanoplancton, n. m. (*nanoplankton*). Organismes planctoniques dont la taille est comprise entre 2 et 20 µ. Celui-ci est constitué d'algues phytoplanctoniques.

nanoseston, n. m. (*nanoseston*). Particules dont la taille est comprise entre 2 et 20 µ.

nappe, n. f. Voir Phréatique.

NASA (*National Aeronautics and Space Administration*). Cette organisation joue un rôle technique essentiel dans la surveillance de l'environnement planétaire et dans divers programmes de recherche en écologie par la mise en œuvre de satellites spécialisés dans la télédétection, tels les fameux Landsat.

natalité, n. f. (*natality*). Désigne la production de jeunes individus par une population. ◆ **taux de ~** (*birth rate*) : rapport du nombre de naissances au cours d'un intervalle de temps donné au nombre total d'individus de la population. Chez les espèces à faible potentiel biotique comme l'Homme, le taux de natalité est exprimé en pour mille par an. Il atteint environ 50 p. 1 000 dans de nombreux pays du Tiers monde.

natif(-ve), adj. (*native*) (syn. : autochtone). Désigne une espèce qui se rencontre naturellement dans une aire géographique ou un écosystème donné par opposition aux espèces introduites.

National Audubon Society. Organisation non gouvernementale américaine, initialement spécialisée dans la protection des oiseaux, qui représente à l'heure actuelle avec près de 500 000 membres l'une des principales associations de protection de la nature et de l'environnement de l'homme aux États-Unis.

National Status and Trends Program. Programme de *monitoring* écotoxicologique des eaux côtières des États-Unis qui a été lancé en 1984. Il se fonde sur le « *Mussel Watch* » auquel a été adjoint le « *Benthic Surveillance Project* » dont l'objet est d'étudier et de surveiller la contamination des sédiments littoraux par des polluants persistants ainsi que plus récemment l'analyse des foies de poissons pour déterminer à l'aide de biomarqueurs la relation entre la contamination et les effets biologiques des xénobiotiques. **(*Voir aussi Mussel Watch, Surveillance permanente de l'environnement*)**

naturalisé, adj. (*naturalized*). Désigne une espèce introduite qui s'est adaptée aux communautés autochtones au point de se comporter comme une espèce spontanée et parfois même de façon invasive. **(*Voir aussi Acclimatation*)**

nature, n. f. (*nature*). Terme utilisé de façon banale pour désigner l'ensemble des systèmes écologiques et des habitats continentaux ou marins peu altérés par l'homme. **(*Voir aussi Protection de la nature*)** ◆ **équilibre de la ~** (*balance of nature*) (syn. : équilibres naturels, parfois pris comme synonyme d'équilibres biologiques, lesquels se réfèrent de façon plus restrictive à l'homéostasie des populations, des peuplements et des communautés) : concept considérant qu'un écosystème et ses divers constituants pris isolément présentent une stabilité depuis les populations jusqu'à leur biocœnose prise dans son ensemble. De plus, ce concept implique qu'il existe une tendance spontanée de retour à l'équilibre de l'écosystème dans le cas des fluctuations naturelles et normales des facteurs environnementaux liés par exemple aux variations climatiques de faible amplitude. En revanche, cette stabilité peut être compromise par diverses dégradations anthropiques ou par des modifications naturelles catastrophiques (glaciations par exemple). **(*Voir aussi Écosystème, Équilibre biologique, Homéostasie, Résilience*)**

naturel (-le), adj. (*natural*). Désigne tout ce qui concerne la nature. ◆ **gaz ~** (*natural gas*) : hydrocarbures gazeux de faible poids moléculaire, essentiellement méthane (CH_4), et aussi éthane (C_2H_6), propane (C_3H_8) et butane (C_4H_{10}) qui se rencontrent piégés dans les pores de roches réservoir en gisements isolés ou associés à du pétrole. ◆ **immunité** ~ (*natural immunity*) : immunité héréditaire par opposition à l'immunité acquise spontanément par exposition à l'organisme pathogène ou par vaccination. ◆ **monument** ~ : voir Monument, Protection de la Nature. ◆ **réserve** ~ : voir Protection de la Nature, Réserves. ◆ **sélection** ~ (*natural selection*) : voir Évolution.

nauplius, n. m. (*nauplius*). Larves de Crustacés Entomostracés marquées par des appendices céphaliques de grande taille. Les jeunes larves de Copépodes sont par exemple de ce type.

nautique, adj. ◆ **mile** ~ (*nautical mile*) : unité de distance utilisée en navigation qui correspond à l'arc fait par un angle d'une minute sur un méridien terrestre. Cela correspond au rapport 10 000 km/5 400' soit 1 852 mètres.

Navicula, n. sc. Diatomées propres aux eaux continentales des zones boréales et tempérées de l'hémisphère Nord.

navire, n. m. ◆ ~ **pétrolier** : voir Pétrolier. ◆ ~ **porte-container** : voir Porte-container.

néarctique, adj. (*nearctic*). Région biogéographique correspondant à l'ensemble de l'Amérique du Nord tempérée et boréale, soit la surface couverte par les États-Unis, le Canada, l'Alaska et le Nord du Mexique réunis. (***Voir aussi Biogéographie***)

nébulosité, n. f. (*cloudiness*, *nebulosity*). Caractérise la nature de la couverture nuageuse du ciel au plan qualitatif et quantitatif. Elle se mesure selon une cotation arbitraire en 1/8 de voûte céleste couvert par des nuages. La durée d'ensoleillement annuelle, inversement proportionnelle à la nébulosité, en constitue aussi une mesure indirecte. (***Voir aussi Nuage***)

nécromasse, n. f. (*necromass*). Masse totale de matière organique morte présente dans un écosystème. (***Voir aussi Sapromasse***)

nécrophage, n. m. (*scavanger*) et adj. (*necrophagous*). Désigne les espèces animales se nourrissant de cadavres.

nécrophagie, n. f. (*necrophagy*). Pratique alimentaire des espèces nécrophages.

nécrophore(s), n. m. (*burying beetle*) (n. sc. *Necrophora*). Genre de Coléoptères nécrophages commun en Europe dont les adultes creusent un nid souterrain et donnent des soins aux jeunes tout au long de leur croissance.

nectarifère, adj. (*nectariferous*). Désigne une espèce produisant du nectar.

Nectariniidae, n. sc. Famille de Passériformes des régions tropicales de l'Ancien Monde dénommés vulgairement soui-mangas. Les *Nectariniidae* sont des oiseaux au bec allongé qui butinent les fleurs en pratiquant un vol stationnaire. Ils représentent l'équivalent écologique des colibris dans les écosystèmes paléotropicaux. (***Voir aussi Trochilidés***)

nectarivore(s), adj. (*nectarivorous*). Espèce animale se nourrissant du nectar des fleurs. Les Lépidoptères adultes, des familles d'Oiseaux, telles celles des colibris (*Trochilidae*) ou des *Nectariniidae*, certaines familles de chauve-souris tropicales, sont des nectarivores.

nectobenthique, adj. (*nektobenthic*). Qui appartient au nectobenthos.

nectobenthos, n. m. (*nektobenthos*). Désigne les espèces nectoniques qui vivent dans les eaux profondes proches de la surface des sédiments marins.

necton, n. m. (*nekton*). Terme désignant l'ensemble des animaux aquatiques capables de nager vigoureusement et donc indépendants des courants pour leurs déplacements à grande distance.

Les poissons, les mammifères marins et les céphalopodes pélagiques constituent l'essentiel du necton océanique. Dans les écosystèmes dulçaquicoles, outre les poissons, les grands insectes se rangent aussi dans le necton des eaux continentales. (***Voir aussi Océan, Pêcherie***)

négatif(ve) adj. ◆ **interaction** ~ : voir Interaction. ◆ **feedback** ~ : processus par lequel un système contrecarre une perturbation exogène et tend à retourner vers un état d'équilibre antérieur.

neige, n. f. (*snow*). Phénomène météorologique résultant de la formation par condensation de la vapeur d'eau atmosphérique de cristaux bidimensionnels à symétrie radiaire hexaxiale. ◆ **la ~ en tant que facteur écologique** (*snow as an ecological factor*) : la neige constitue, dans les régions boréales et dans l'étage alpin des montagnes, un facteur écologique majeur qui conditionne l'ensemble des communautés végétales et animales propres aux écosystèmes orophiles et (ou) à ceux de toundra et de taïga propres à ces régions. Les espèces vivantes et les communautés adaptées à la neige sont dites *chionophiles*.

Là où la couverture neigeuse est importante, les arbres prennent un port columnaire, ce qui évite l'accumulation de la

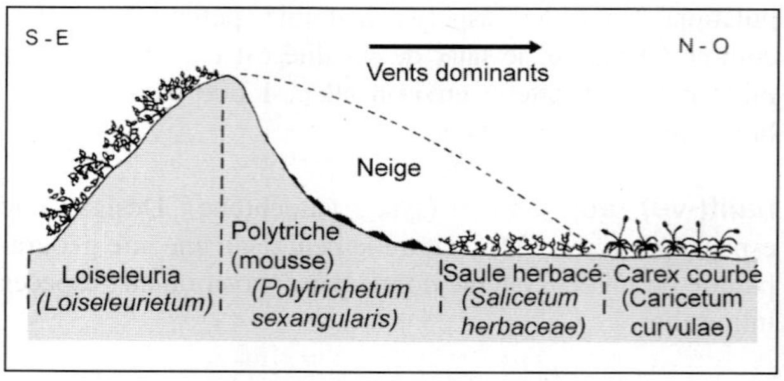

Association végétale chionophile se développant dans les combes à **neige** dans les Alpes. (D'après Ozenda, *Les végétaux dans la biosphère*, Doin, 1982, p. 164)

Action de la **neige** sur la végétation. Aulnes verts partiellement recouverts de neige. Adaptation à ce type de conditions climatiques : les branches flexibles de cet arbuste se courbent sous le poids de la neige dans le sens de la pente. L'accumulation de cette dernière favorise les avalanches par suite de cette adaptation. (Cliché F. Ramade)

neige et la rupture des branches. À l'opposé, beaucoup d'arbustes ont de longues branches souples qui plient sans se rompre en se couchant à l'horizontale sous le poids de la neige.

La couverture neigeuse exerce une influence favorable sur la végétation et la faune des zones arctiques et montagnardes car elle constitue un manteau de protection contre les froids extrêmes.

En particulier, les plantes herbacées ou buissonnantes (Chamaephytes, Chasmophytes), les petits mammifères et même les oiseaux trouvent une protection contre le froid en s'enfouissant sous le manteau neigeux. Il a été montré qu'au-dessus de sa surface les températures de l'air peuvent être au-delà de – 20 °C, à l'opposé, à la base de ce manteau, celle de l'air situé à l'interface avec le sol est légèrement au-dessus de 0 °C. ***(Voir aussi Columniforme, Taïga)***

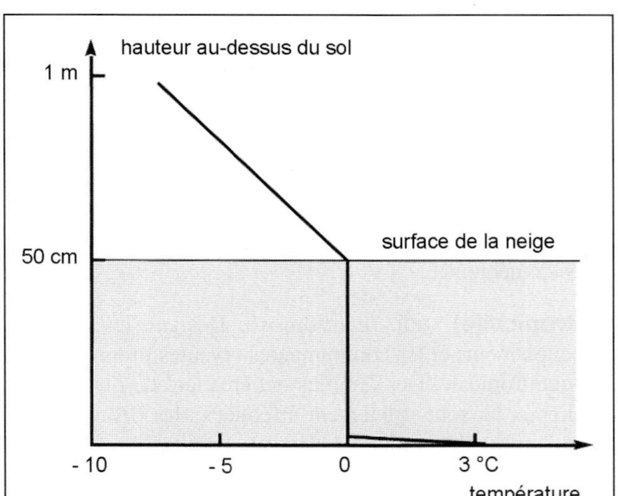

Diagramme montrant la variation de température au-dessus et au-dessous de la couche de **neige**.

◆ ~ **marine** (*marine snow*) : terme utilisé en écologie marine pour désigner la pluie ininterrompue de pelotes fécales produites par le zooplancton herbivore qui tombe dans les profondeurs de la zone aphotique contribuant à un apport incessant de carbone organique dans cette zone. Cette matière organique, transformée au cours de sa descente par l'activité bactérienne, sert de nourriture au benthos profond.

Nématocères, n. m. (*Nematocera*). Sous-ordre de Diptères primitifs caractérisés par des larves pourvues de pièces buccales broyeuses et dont les adultes possèdent de longues antennes pluriarticulées. Les moustiques, les simulies ou encore les tipules appartiennent à cet ordre.

nématocide, n. m. (*nematocide*). Pesticide utilisé pour détruire les Nématodes ravageurs des cultures ou parasites des animaux.

nématocœnose, n. f. (*nematocoenosis*). Ensemble des peuplements de Nématodes présents dans un biotope donné.

Nématodes, n. m. (*Nematoda*). Embranchement d'Invertébrés constitué par des vers ronds au corps fusiforme, non segmenté, pourvu d'une cuticule élastique. Les Nématodes se rencontrent dans les divers compartiments de la biosphère depuis les grandes fosses océaniques jusqu'aux limites supérieures de la zone alpine en haute montagne. Beaucoup de Nématodes sont parasites, en particulier des animaux à sang chaud. Certains d'entre eux, en particulier diverses filaires, peuvent provoquer de graves maladies de l'homme comme l'onchocercose oculaire ou l'éléphantiasis.

nématofaune, n. f. (*nematofauna*). Ensemble des Nématodes présents dans un type d'écosystème ou une zone biogéographique donnée.

Némertiens, n. sc. (*Nemerta*). Phylum mineur d'Invertébrés marins au corps aplati et pourvus d'une trompe qui vivent dans les sédiments marins. Ils présentent des affinités avec les Plathelminthes.

nénuphar, n. m. (*water lily*) (n. sc. : *Nymphea*). Espèce de plante hydrophytique, propre aux milieux limniques d'Europe tempérée, dont les feuilles flottent à la surface des eaux.

néodarwinisme, n. m. (*neodarwinism*). Théorie de l'évolution, reprenant les idées de Darwin, mais modernisée pour tenir compte du rôle des mutations dans la transformation des espèces.

Neogastropoda, n. sc. Ordre de Gastéropodes Prosobranches renfermant quelque 5 000 espèces essentiellement prédatrices ou saprophages. Les *Conus* par exemple appartiennent à cet ordre. ***(Voir aussi Gastéropodes)***

Néogée, n. f. (*Neogea*). Région biogéographique constituée par l'ensemble du Nouveau Monde.

Néogène, n. m. (*Neogene*). Période du Cœnozoïque correspondant à la dernière partie du Tertiaire, comprise entre – 23 millions d'années et –1,75 million d'années.

Néognathes, n. sc. Super-ordre d'oiseaux réunissant l'ensemble des Carinates, oiseaux modernes pourvus d'ailes fonctionnelles.

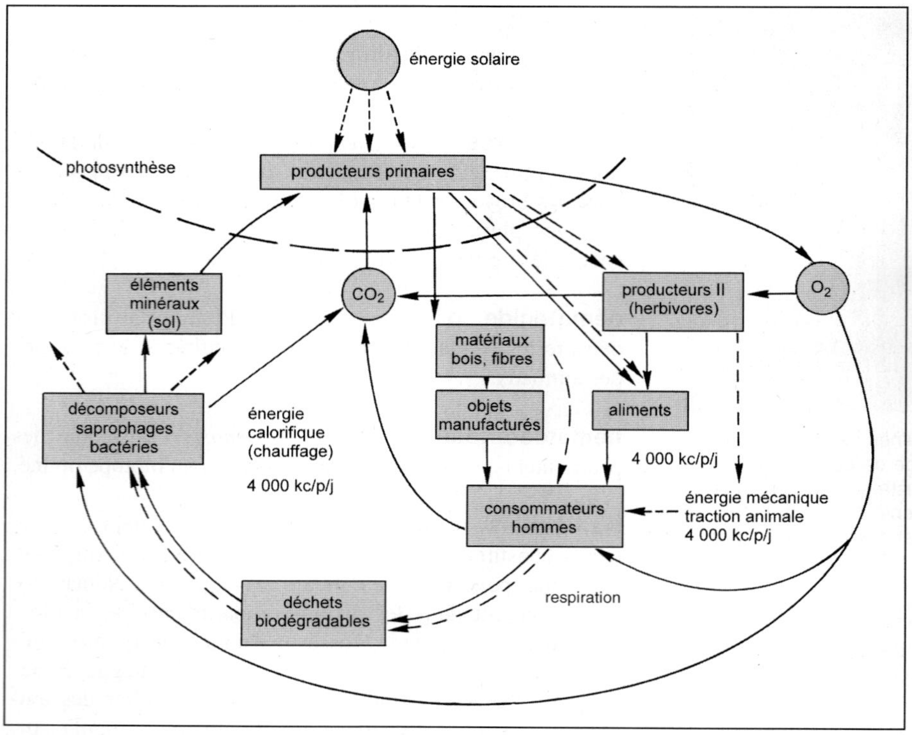

Flux de l'énergie et circulation de la matière dans une population **néolithique**. Dans la société néolithique, bien que l'ensemble du flux de l'énergie ne soit pas perturbé puisqu'elle dépend entièrement du flux solaire, on remarque une plus forte intensité de l'usage de la productivité biologique permise par la modification du fonctionnement de l'écosystème due à la pratique de l'agriculture. Estimée à quelque 3 000 kcal/personne/jour au Paléolithique, la consommation d'énergie s'élève à 12 000 kcal/personne/jour dans une civilisation néolithique de développement moyen. (In Ramade F., *Écologie appliquée*, Ediscience international, 5e ed., 1995, p. 22)

Néolithique, n. m. (*Neolithic*). Période protohistorique qui a succédé au Paléolithique voici environ 10 000 ans. Plus que par la pratique de la pierre polie, le fait marquant, révolutionnaire, qui caractérise le Néolithique par rapport aux cultures paléolithiques antérieures de chasseurs-collecteurs, tient en la découverte par l'homme de l'agriculture et de l'élevage.
Ces techniques mettent à la disposition des populations humaines qui les pratiquent de bien plus grandes quantités d'énergie alimentaire pour un même investissement énergétique initial. En conséquence, alors qu'il faut compter environ 10 km^2 par personne dans une culture paléolithique, quelques hectares suffisent pour nourrir une personne, même dans les civilisations néolithiques les plus primitives.

néonatal, adj. (*newborn*). Désigne le stade de développement larvaire suivant l'éclosion ou la mise bas chez les espèces vivipares.

Néoptères, n. sc. Sous-classe d'insectes Ptérygotes chez lesquels les ailes sont repliées au-dessus du corps au repos – par opposition aux Paléoptères, tels les libellules et autres Odonates par exemple, chez lesquels les ailes demeurent perpendiculaires au thorax au repos. Les Néoptères peuvent être divisés en deux groupes : les plus primitifs, les Hétérométaboles (Éphéméroptères, Blatoptères et Orthoptères par exemple) et les Holométaboles qui regroupent les plus évolués des insectes actuels (Coléoptères, Lépidoptères, Hyménoptères, Diptères en particulier). **(*Voir aussi Hétérométaboles, Holométaboles, Insectes*)**

Néornithes, n. sc. Sous-classe d'oiseaux renfermant l'ensemble des 9 600 espèces que compte la biosphère à l'heure actuelle. Les Néornithes se divisent en quatre super-ordres. Le premier, celui des Paléognathes, est actuellement représenté par les Ratites. Les trois autres : Schizognathes (Galliformes), Desmognathes (Ansériformes par exemple) et Aegithognathes (Apodiformes, Passériformes) constituent l'ensemble des Néognathes qui réunit la quasi-totalité des oiseaux actuels, les Passériformes comportant à eux seuls plus de la moitié des espèces existantes.

néosoptiles, n. f. (*neosoptiles*). Type de plumes propres aux oisillons, caractérisées par une longue hampe terminée par quelques filaments duveteux.

néoténie, n. f. (*neoteny*). Phénomène caractérisé par le fait que des individus atteignent la maturité sexuelle alors qu'ils n'ont pas achevé leur développement, celui-ci restant bloqué au stade larvaire. **(*Voir aussi Pédogenèse*)**

néoténine, n. f. (*neotenin*). Hormone contrôlant le développement postembryonnaire des insectes et sécrétée par des glandes endocrines rétrocérébrales, les *Corpora allata*.

néoténique, adj. (*neotenic*). Désigne les organismes doués de néoténie.

néotropical(e), adj. (*neotropical*). Désigne les espèces, les peuplements et les communautés vivantes propres à l'Amérique tropicale. Des familles entières tant de plantes que d'animaux lui sont strictement inféodées : les Broméliacées ou encore les Héliconiacées chez les Angiospermes, des familles telles celles des colibris (*Trochilidae*) chez les Oiseaux voire des ordres comme les Xénarthres (paresseux, tatous) chez les Mammifères. ◆ **région ~** (*neotropical region*) : région biogéographique correspondant à l'ensemble des zones tropicales du Nouveau Monde, c'est-à-dire aux territoires compris entre le Mexique et le Nord de l'Argentine. **(*Voir aussi Biogéographie*)**

néotype, n. m. (*neotype*). Désigne en taxonomie le spécimen à partir duquel est faite la description d'une espèce lorsque le type a été perdu par le Muséum où il avait été déposé, ou encore lorsqu'une espèce est redécrite car la description initiale était imprécise, ce qui a conduit à la suppression du type par la Commission Internationale de Nomenclature. **(*Voir aussi Type*)**

Népenthacées, n. sc. Famille de plantes carnivores de l'ordre des Népenthales propres aux forêts pluvieuses tropicales de l'Ancien Monde, essentiellement des régions malgaches et asiatiques. Ce sont des végétaux parfois rampants mais correspondant en général à des lianes ayant jusqu'à 30 m de longueur et encore épiphytes. Leurs feuilles qui peuvent atteindre un mètre de long chez certaines espèces sont profondément modifiées. Leur limbe est réduit et le pétiole est en partie transformé en un phytotelme, espèce d'outre pouvant atteindre jusqu'à 30 cm de haut, remplie d'eau de pluie et de sécrétions attractives ainsi que de protéases capables de digérer les proies. Cette outre possède un « couvercle » formé par une transformation du limbe qui se referme sur les insectes ou autres petits Invertébrés venant se poser dans cette dernière. **(*Voir aussi Phytotelme*)**

Népenthales, n. sc. Ordre de Dicotylédones, de la sous-classe des Dilleniidées, qui est constituée de trois familles de plantes, toutes insectivores : les Droséracées, les Népenthacées et les Sarracéniacées.

Outre de *Sarracenia sp.* Ces plantes insectivores, de l'ordre des **Népenthales**, propres à l'Amérique du Nord et tropicale, capturent les insectes grâce à leurs organes foliaires transformés en outre. (Cliché F. Ramade)

néritique, adj. (*neritic*). Désigne les régions océaniques proches des côtes. ◆ **province** ~ (*neritic province*) : région de l'océan qui s'étend du rivage jusqu'à la limite du talus continental. Son étendue varie donc beaucoup selon la géomorphologie régionale. Lorsque la côte est acore, sa limite vers le large, ne se situe pas au-delà de quelques kilomètres du littoral. Au contraire, là ou le plateau continental descend en pente très douce vers le large elle peut approcher voire dépasser 200 miles nautiques ce qui explique pourquoi les autorités internationales ont fixé à cette distance la limite de la ZEE (zone d'exclusivité économique) des pays riverains. **(*Voir aussi Océan, ZEE*)**

net(te), adj. ◆ **production** ~ (*net production*) : désigne la production effective faite par un écosystème de matière vivante primaire (végétale) ou secondaire (animale). Elle correspond à la différence entre la production brute et les pertes dues à la respiration. ◆ **productivité** ~ (*net productivity*) : voir Écosystème, Productivité.

neurobiologie, n. f. (*neurobiology*). Discipline dont l'objet est l'étude du système nerveux central, plus particulièrement du cerveau.

neurotoxine, n. f. (*neurotoxin*). Substance naturelle d'origine biologique, souvent – mais pas toujours – de nature protéique, qui présente une forte toxicité, généralement sélective, pour le système nerveux. Parmi les exemples classiques de neurotoxines, on peut citer la bufotoxine, la lathrodectine ou encore la tétrodotoxine qui en constituent des exemples notoires parmi bien d'autres. **(*Voir aussi Toxine*)**

neurotoxique(s), n. m. (*neurotoxic*). Désigne les substances neurotropes d'origine naturelle ou de synthèse douées d'une forte toxicité, souvent sélective, pour le système nerveux. Comme exemples classiques de neurotoxiques, on peut citer la nicotine ou la bufotoxine parmi les substances naturelles et, parmi les composés organiques de synthèse, les insecticides de contact tels les carbamates, les organophosphorés ou encore les gaz innervants. **(*Voir aussi Bufotoxine, Carbamates, Insecticides, Nicotine, Organophosphorés*)**

neuston, n. m. (*neuston*). Ensemble des organismes pélagiques flottants à la surface des milieux aquatiques ou immédiatement au-dessous de cette dernière.

neustonique, adj. (*neustonic*). Qui se rapporte au neuston.

neustophagie, n. f. (*neustophagy*). Régime alimentaire fondé sur la consommation d'organismes neustoniques.

neutralisme, n. m. (*neutralism*). Désigne l'absence d'interactions entre deux espèces qui appartiennent à une même communauté.

neutrophile, adj. (*neutrophilous*). Désigne une plante ou un animal ne pouvant se développer que dans des sols ou des eaux de pH voisin de la neutralité.

névé, n. m. (*firn*). Neige qui s'est transformée, prenant une consistance plus dense et granuleuse, ce qui constitue une étape de transition vers la glace des glaciers. ◆ ~ **permanent** (*permanent firn*) : névé qui s'est accumulé pendant l'hiver dans une combe et y persiste pendant la belle saison, *a fortiori* sur un glacier. ◆ ~ **temporaire** (*temporary firn*) : névé de plus basse altitude qui fond à la fin du printemps ou au début de l'été.

Névroptères, n. m. (*Nevroptera*). Voir Planipennes.

niche écologique, n. f. (*ecological niche*). Le terme de niche écologique, créé par Grinell en 1917, a été en fait vulgarisé par Elton (1927). La niche écologique peut se définir de la façon la plus simple comme *la place et la spécialisation d'une espèce à l'intérieur d'un peuplement*.

Elle correspond à l'ensemble des paramètres qui caractérisent les exigences écologiques (climatiques, alimentaires, reproductives, etc.) propres à une espèce vivante et qui la différencient des espèces voisines d'un même peuplement.

Une confusion fréquente est faite entre niche écologique et habitat. Ce dernier correspond aux emplacements particuliers où l'espèce considérée se rencontre en quelque sorte à son « adresse ». La niche, elle, représente la fonction de l'espèce dans un écosystème, sa « profession » en quelque sorte pour reprendre la célèbre analogie d'Odum.

Dans tout écosystème, il est fréquent que de nombreuses espèces se rencontrent dans un même habitat voire occupent des microhabitats très voisins sinon identiques. En revanche, une étude détaillée de leur biologie confirme qu'elles occupent chacune une niche écologique bien distincte.

En réalité, le principe d'exclusion réciproque, largement démontré expérimentalement, qui exprime qu'une niche écologique donnée ne peut être occupée que par une seule espèce, n'est jamais pris en défaut par l'étude des espèces affines qui constituent les peuplements naturels.

◆ **étendue de la ~** (*niche width*) (syn. : gradient de niche) : désigne l'intervalle de tolérance concernant la dimension considérée de la niche.

◆ **exemple de discrimination des niches écologiques de deux espèces d'un même peuplement : le cas des cormorans**. Il existe sur les côtes d'Europe deux espèces de cormorans :le grand cormoran (*Phalacrocorax carbo*) et le cormoran huppé (*P. aristotelis*). Ces deux espèces occupent le même habitat : les grandes falaises rocheuses maritimes où elles nichent côte à côte et pêchent dans les mêmes eaux. On pourrait donc penser qu'elles occupent une même niche écologique. En réalité, il n'en est rien. On a pu montrer qu'elles possèdent chacune un régime alimentaire qui leur est propre. La lecture du tableau ci-après montre qu'en réalité la dimension alimentaire des niches écologiques de ces deux espèces est très différente, l'une consommant essentiellement des ammodytes et des Clupéidés, l'autre des Pleuronectes et des crevettes.

Dimension alimentaire de la niche écologique des cormorans

Espèces capturées	Régime en pourcentage de la ration alimentaire totale — Grand Cormoran	Cormoran huppé
Ammodytes	0	33
Clupéidés	1	49
Pleuronectes	26	1
Crevettes	33	2
Gobiidés	17	4
Labridés	5	7
Autres	17	4

Ce cas particulier fournit une vérification dans les conditions naturelles du principe d'exclusion réciproque de Gause.

Un nombre important de recherches dévolues à l'étude des nombreux paramètres susceptibles de délimiter les niches écologiques de chaque espèce en présence dans un même peuplement a amplement confirmé le principe énoncé par Gause :

une espèce ⇔ une niche écologique.

Il existe de nombreux cas où la délimitation de la niche écologique est très subtile de sorte qu'un examen superficiel pourrait laisser penser que la même niche écologique est occupée par plusieurs espèces. L'étude détaillée de la délimitation de la niche de chacune des espèces concernées a montré qu'il n'en était rien.

Nous citerons comme exemple le cas de pigeons de Nouvelle-Guinée, à régime frugivore, qui vivent en bandes plurispécifiques et se rencontrent sur les mêmes arbres dont ils consomment les même fruits.

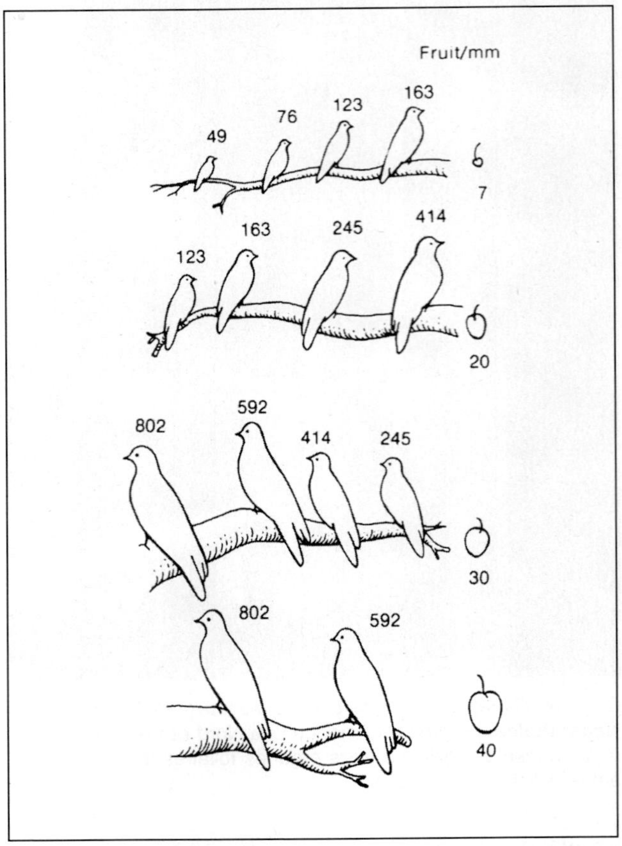

Séparation des **niches** écologiques dans un même peuplement de pigeons frugivores de Nouvelle-Guinée. Les espèces correspondant aux poids moyens des individus indiqués sont les suivantes : 49 g, *Ptilinopus nanus* ; 76 g, *P. pulchellus ;* 123 g; *P. superbus ;* 163 g, *P. ornatus ;* 245 g, *P. perlatus*; 414 g, *Ducula rufigaster;* 592 g, *D. zoeae* ; 802 g, *D. pinon.* (D'après Diamond, op. cit., in Ramade F., *Écologie fondamentale*, Ediscience international, 2e ed., 1994, p. 260)

Il a été montré qu'en réalité la niche alimentaire de chaque espèce était distincte de celle des autres espèces affines. Les petites mangent les plus petits fruits et les plus grandes (genre *Ducula*) les fruits les plus gros, un gradient de taille s'établissant en fonction des espèces de pigeons frugivores. En outre, il existe une dimension spatiale à la niche de chacune des espèces concernées, les plus légères (*Ptilinopus*) s'établissant à l'extrémité des branches et les plus lourdes le plus près du tronc, les espèces de plus grande taille ne pouvant se poser au-dessous d'un certain diamètre des branches car elles les font plier!

Il est possible de représenter quantitativement la dimension alimentaire de la niche écologique en figurant la fréquence des aliments (ou des proies) consommés sous forme d'histogrammes. Ces derniers s'ajustent en règle générale sur une courbe de Gauss.

Les travaux de Pianka ont ainsi démontré que la discrimination des niches alimentaires de lézards du genre *Ctenotus* vivant en sympatrie dans de mêmes habitats se faisait par le choix de la taille des proies.

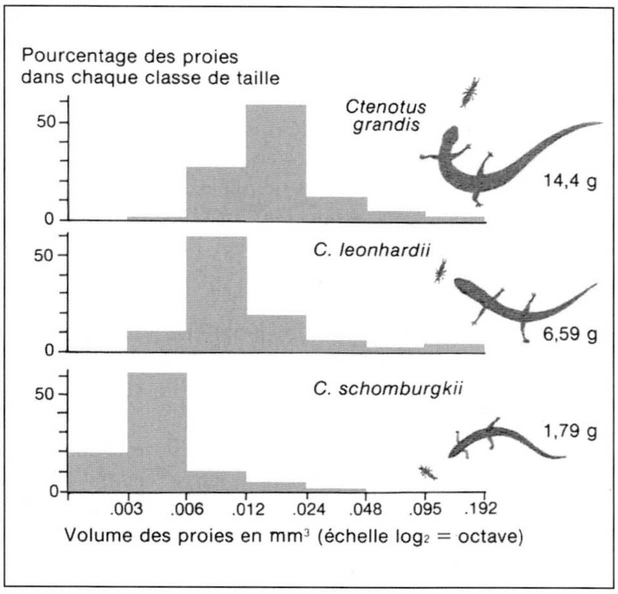

Représentation des **niches** alimentaires sous forme d'histogrammes de fréquence chez trois espèces d'une même guilde de lézards termitiphages (*Ctenotus*) des déserts australiens. On constate une bonne ségrégation des niches malgré un recouvrement partiel, chaque espèce ayant son propre préférendum de taille des proies consommées. (D'après Pianka, in Ramade F., *Écologie fondamentale*, Ediscience international, 2e éd., 1994, p. 263)

◆ **l'hypervolume niche (ou niche multidimensionnelle)** : la nature du régime et celle des spécialisations alimentaires ne constituent qu'une des nombreuses dimensions de la niche écologique, certes fondamentale, car elle correspond au partage de la ressource la plus importante – la nourriture – à l'intérieur d'un même peuplement (niche trophique).

Il existe par ailleurs bien d'autres dimensions de la niche : temporelle, spatiale, etc.

Hutchinson a, en conséquence, proposé de représenter la niche d'une espèce comme un hypervolume à n dimensions.

La figure ci-après donne une représentation géométrique de l'hypervolume niche dans un espace à trois dimensions

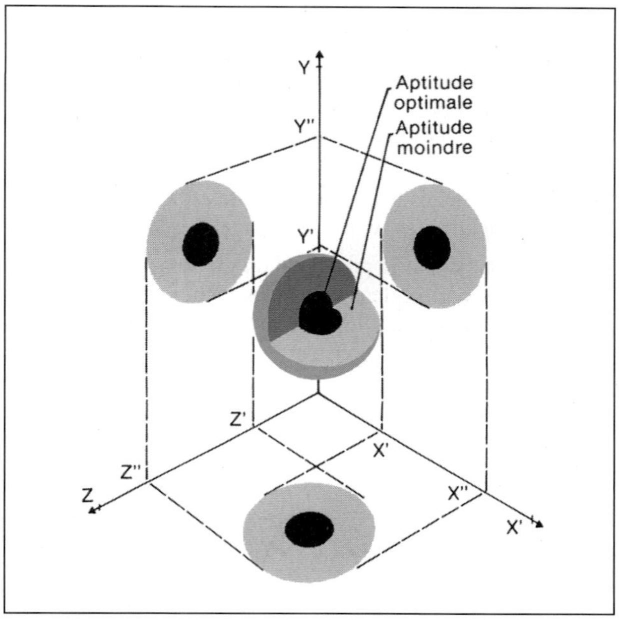

Représentation de l'hypervolume **niche** d'Hutchinson. (In Blondel et Bourlière, *Terre et Vie*, vol. 3, 1979, p. 350)

avec une zone centrale d'aptitude maximale et une zone périphérique d'aptitudes moindres.

◆ **effet de la compétition sur l'étendue de la niche :**

Effet de la compétition interspécifique. On constate que la niche réelle occupée par les populations des différentes espèces constituant un même peuplement présente toujours

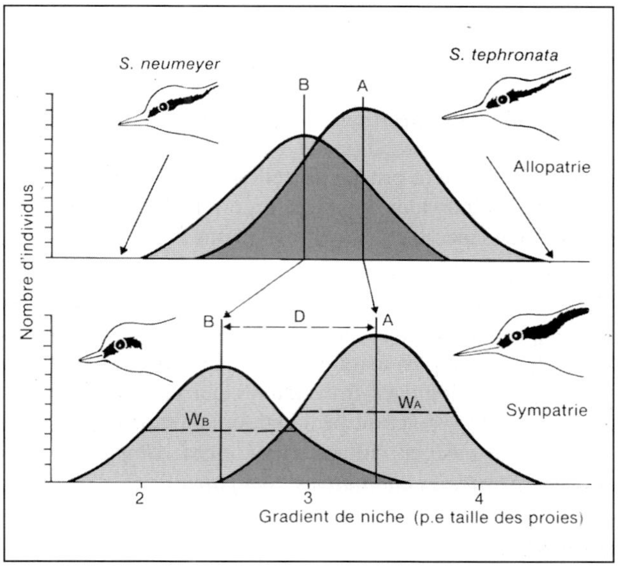

Effet de la compétition interspécifique sur l'étendue et le positionnement de la **niche** occupée. Ici est représentée la niche de deux espèces voisines de sittelles d'Europe orientale et du Proche Orient : *Sitta tephronata* et *S. neumeyer*. On constate un phénomène de glissement des niches et un rétrécissement de ces dernières lorsque les espèces sont sympatriques, ce qui minimalise la compétition. Dans le même temps, s'observe un changement phénotypique, les espèces étant plus ressemblantes en allopatrie qu'en sympatrie. (Schéma établi d'après des données de Vaurie et de Whittaker, in Ramade F., *Écologie fondamentale*, Ediscience international, 2e ed. 1994, p. 266)

une étendue (amplitude) plus faible que celle de la niche potentielle. La compétition interspécifique a deux effets sur la niche de chacune des espèces concernées : elle provoque une diminution de l'étendue de la niche et en même temps un phénomène de glissement de niches. Ainsi quand deux espèces affines sont allopatriques, on constate que l'amplitude de leurs niches respectives est plus forte que lorsqu'elles sont sympatriques (voir figure page précédente).

De même, la sympatrie provoque un glissement (divergence des niches). En effet, les optima des niches se trouvent rapprochés dans le cas d'allopatrie alors qu'ils divergent lorsque les deux espèces coexistent dans un même peuplement en réaction de chacune des populations des deux espèces sympatriques à réduire la compétition interspécifique.

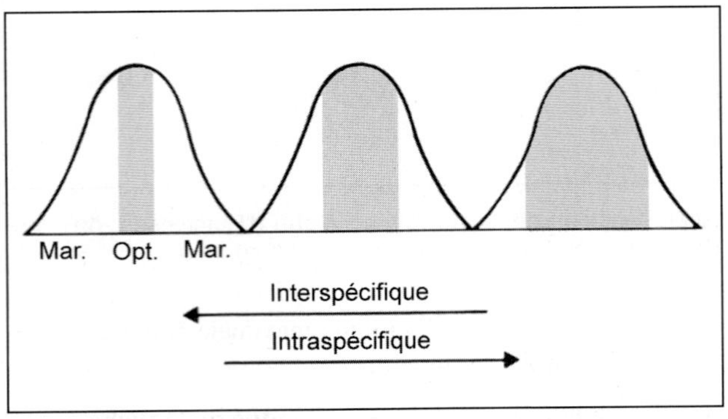

Influence de la compétition sur l'étendue de la **niche**. L'accroissement de la compétition interspécifique tend à diminuer l'étendue de la niche occupée par la population concernée, tandis que celui de la compétition intraspécifique provoque une augmentation de cette dernière pouvant aller jusqu'à l'occupation de la totalité de la niche potentielle. (D'après Odum, op. cit., in Ramade F., *Écologie fondamentale*, Ediscience international, 2e ed., 1994, p. 265)

Effet de la compétition intraspécifique. Dans le cas de la compétition intraspécifique, on constate au contraire une tendance à l'augmentation de l'étendue de la niche dont l'amplitude devient proche de celle de la niche potentielle. En effet, les individus subissant les effets d'une surpopulation ont tendance à utiliser au maximum les ressources disponibles.

C'est en particulier le cas de l'espèce humaine qui, par suite de l'explosion démographique, a tendance à occuper des terres de plus en plus marginales qu'elle défriche malgré les dommages écologiques irréversibles qui en résultent pour les sols dont la structure pédologique est trop fragile pour supporter la mise en culture. ***(Voir aussi Allopatrie, Ressources, Stratégies adaptatives, Sympatrie)***

nicheur(-se), adj. (*nesting*). **1.** Désigne un oiseau ou une autre espèce animale qui construit son nid. **2.** Désigne une espèce qui niche dans une aire biogéographique donnée.

nickel, n. m. (*nickel*). Élément de numéro atomique Z = 28 et de masse atomique Ar = 58,7 dont le corps simple est un métal blanc, brillant, inoxydable. Ses minerais ne se rencontrent que dans un nombre limité de sites géologiques. Il est utilisé pour la fabrication d'alliages en particulier d'aciers inoxydables, comme catalyseur dans l'industrie chimique et pour la fabrication de pigments. Il s'agit d'un élément doué de propriétés hormétiques : c'est un oligoélément mais il devient toxique à d'assez faibles concentrations, en particulier pour les organismes aquatiques, audessus d'une ppm dans l'eau. ◆ **pollution de l'environnement par le ~** : l'extraction de nickel a été la cause de graves dommages à l'environnement. En Ontario au Canada, l'usine de Sudbury, qui traite des cupronickels pyriteux extraits d'un gisement mis en exploitation à la fin du XIXe siècle, a provoqué par ses émanations de SO_2 une pollution atmosphérique catastrophique ayant conduit à la destruction de 200 000 ha de forêts de conifères autour de ce site métallurgique. En outre, la contamination des sols par les retombées de poussières de ce métal toxique a éliminé toute végétation pérenne aux alentours du site. En Nouvelle Calédonie, quoiqu'à une échelle plus restreinte, les mines à ciel ouvert causent des dommages considérables à la végétation autochtone et une pollution des eaux littorales consécutive à l'érosion des sites d'extraction dénudés qui entraîne dans l'océan des quantités considérables de matières en suspension, néfastes pour les récifs coralliens. ***(Voir aussi Métal,*** SO_2**)**

nicotine, n. f. (*nicotin*). Alcaloïde dont la formule comporte un noyau pyrole, contenu dans les diverses espèces de Solanées originaires d'Amérique tropicale du genre *Nicotiana*. Outre *N. tobaccum*, dont les feuilles servent à la confection du tabac à fumer, deux autres espèces sont cultivées pour la production de nicotine, *N. sylvestris* et *N. glauca*, qui renferment dans leurs feuilles des concentrations bien plus fortes que *N. tobaccum*. En effet, la nicotine est aussi un redoutable neurotoxique pour l'ensemble des animaux. Elle présente une action sélective sur certaines synapses cholinergiques du cerveau dénommées de ce fait nicotiniques. Douée de puissantes propriétés insecticides, la nicotine a été utilisée à ce titre à vaste échelle en agriculture jusqu'au développement des insecticides de synthèse. Son principal inconvénient tient en sa volatilité qui lui confère certes un effet fumigant qui accroît son efficacité contre les insectes ravageurs mais qui expose aussi les travailleurs agricoles à une intoxication par inhalation. ***(Voir aussi Insecticides, Neurotoxique)***

nid, n. m. (*nest*). Édifice construit par diverses espèces animales en général destiné à abriter les œufs et (ou) les jeunes pendant la période de reproduction et de développement postembryonnaire. Les nids peuvent être des édifices pérennes très élaborés dans le cas des colonies d'insectes sociaux de même que chez certaines espèces aviennes.

nidicole, adj. (*nidicolous*). Désigne les jeunes de divers groupes de Vertébrés dont l'état de développement embryonnaire à la naissance est inachevé et qui nécessite des soins continus des parents.

nidification, n. f. (*nidification, nesting*). Processus écoéthologique par lequel les femelles (ou les deux membres d'un couple) d'une espèce animale ou encore la caste des ergates (ouvriers) dans les colonies d'insectes sociaux édifient un nid, généralement au début de la période de reproduction. ***(Voir aussi Société)***

nidifuge, adj. (*nidifugous*). Désigne un jeune de Vertébrés dont l'état de développement à la naissance est avancé et qui peut de ce fait quitter son nid aussitôt après l'éclosion ou la parturition.

Nil (*Nile*). Le plus long fleuve du monde, avec un cours de 6 695 km. Il prend sa source dans les monts Moufumbiro, au Ruanda.

Le Nil est actuellement exposé à de nombreuses perturbations écologiques. Dans la partie supérieure de son bassin versant, en Éthiopie, mais aussi dans la partie équatoriale de son cours, la déforestation provoque une diminution de l'apport d'eau au fleuve et accroît les régimes de crue. En aval, la construction du barrage d'Assouan s'est accompagnée de la formation d'une immense retenue d'eau, le lac Nasser, ce qui entraîne une perte par évaporation importante du débit, ce lac étant situé au milieu d'un des déserts les plus torrides du monde, le désert de Nubie.

Par ailleurs, la construction du barrage d'Assouan a totalement modifié l'écologie de la vallée du Nil, dont les crues assuraient depuis le temps de l'antique Égypte la fertilité légendaire par dépôt de limons riches en éléments minéraux nutritifs.

Depuis l'achèvement du barrage, les limons sont retenus en amont de sorte que les sols de la vallée sont fossiles. En conséquence les agriculteurs égyptiens sont contraints d'utiliser des quantités considérables d'engrais chimiques pour maintenir leur fertilité. ***(Voir aussi Barrage d'Assouan)***

nilas, n. m. (*nilas*). Terme de glaciologie désignant une couche de glace de mer mince et élastique qui se déforme sous l'effet des vagues et de la houle.

nimbostratus, n. m. (*nimbostratus*). Nuage stratiforme épais et de couleur grise, de basse altitude et qui est à l'origine de précipitations plus ou moins continues.

Nimbostratus et pluie (Dunett Head, Easter-Ross, Écosse). (Cliché F. Ramade)

nimbus, n. m. (*nimbus*). Nuage situé dans la basse troposphère généralement en strate dense (nimbostratus), gris, chargé d'eau et généralement à l'origine des précipitations durables.

nitratation, n. f. (*nitratation*). Étape de la nitrification marquée par l'oxydation des nitrites en nitrates. ***(Voir aussi Azote)***

nitrate(s), n. m. (*nitrate*). Sels minéraux de l'acide nitrique, les nitrates sont des éléments minéraux nutritifs tant pour les organismes autotrophes terrestres qu'aquatiques. ◆ **pollution par les ~** : les activités humaines sont la cause d'un rejet de nitrates en excès dans les divers compartiments de la biosphère. Les combustions sont la source d'importantes quantités de nitrates qui se forment dans l'atmosphère à partir de l'oxyde nitreux et du peroxyde d'azote formés par ces dernières. Ultérieurement, ces oxydes se transforment spontanément en anhydride nitrique qui donne, en se combinant avec l'ammoniac présent dans l'air, du nitrate d'ammonium. Comme il existe un excès d'acide nitrique produit, ce dernier est ramené au sol par les précipitations contribuant de ce fait au phénomène des pluies acides.

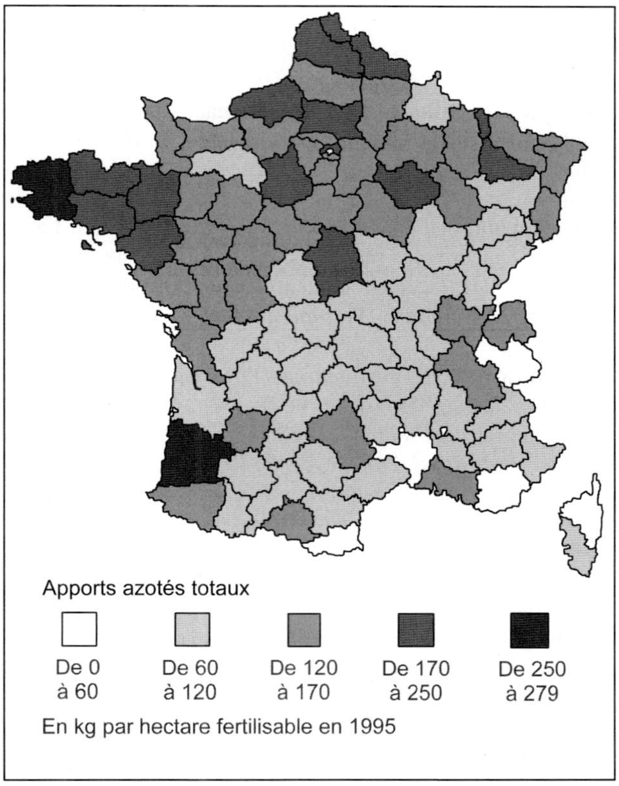

Carte montrant les apports de **nitrates** par l'agriculture dans les divers départements français. Les nombres figurent des apports azotés totaux – minéraux plus organiques – en 1995 (exprimés en kg par ha). (In IFEN, op. cit., 1998, p. 270)

Dans les sols, l'abus d'engrais azotés constitue une cause majeure de pollution de la biosphère par les nitrates. En effet, la fumure minérale conduit à incorporer aux sols des quantités d'engrais nitrés considérables pouvant atteindre dans certains pays environ 500 kg/ha/an. Outre que cet abus d'engrais nitrés peut conduire à l'incorporation d'un excès de nitrates dans les végétaux cultivés, il est surtout la cause d'une importante pollution des eaux continentales dans les zones d'agriculture intensive.

Dans les milieux aquatiques, la pollution des eaux par les nitrates, outre la surfertilisation azotée en agriculture, résulte du rejet d'effluents domestiques chargés de matières organiques fermentescibles par les agglomérations urbaines

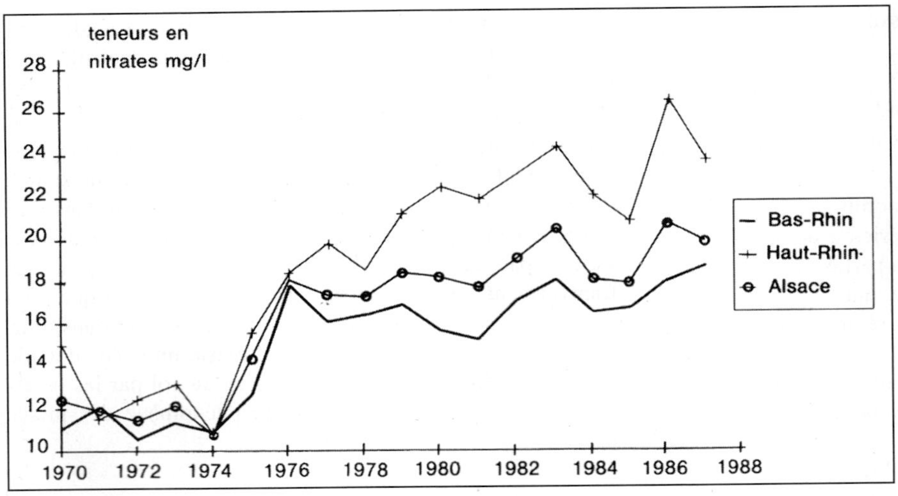

Exemple de pollution croissante par les **nitrates** des eaux des nappes phréatiques utilisées pour l'alimentation des réseaux d'adduction. Évolution de la teneur moyenne en nitrates dans les puits d'alimentation en eau potable de la nappe d'Alsace entre 1970 et la fin des années 1980. (D'après Guillemin et Roux, *Pollution des eaux souterraines en France*, BRGM ed., n°23, 1994, p. 119)

et certaines industries agroalimentaires ainsi que celle due au lisier produit par les élevages industriels. Dès à présent, les nappes phréatiques et parfois les eaux superficielles de nombreuses régions d'Europe occidentale, en particulier en France, renferment des taux de nitrates excédant les 50 mg/l d'anion nitrate soit l'équivalent en azote nitrique qui est le maximum autorisé dans l'eau de boisson par l'OMS. La situation est encore plus sérieuse si l'on applique aux eaux d'alimentation des réseaux d'adduction la norme européenne soit 25 mg/l d'anion nitrate. ***(Voir aussi Azote, cycle de l')***

nitrification, n. f. (*nitrification*). Phénomène par lequel les micro-organismes des sols et des eaux transforment l'azote atmosphérique et l'ammoniac contenu dans les biotopes en nitrates. ***(Voir aussi Azote, cycle de l')***

nitritation, n. f. (*nitritation*). Synonyme de nitrosation.

nitrite(s), n. m. (*nitrite*). Sels de l'acide nitreux (ion NO_2), les nitrites se forment lorsque les conditions sont réductrices. Ils présentent une certaine toxicité pour les êtres vivants, y compris certaines bactéries anaérobies.
Leur présence dans l'eau de boisson et certains aliments soulève de sérieux problèmes d'hygiène publique car ils sont capables de transformer l'hémoglobine en méthémoglobine, ce qui provoque une redoutable anémie chez les jeunes enfants. Ils peuvent aussi former dans le tube digestif des nitrosamines par réaction avec certaines amines provenant du catabolisme microbien des acides aminés présents dans le tube digestif de l'homme.

Nitrobacter, n. sc. Genre de bactéries nitrifiantes croissant dans les sols.

nitrophile, adj. (*nitrophilous*). Désigne un végétal qui exige pour son développement des sols riches en nitrates.

nitrophilie, n. f. (*nitrophily*). Propriété des végétaux nitrophiles qui les conduit à se développer dans des sols riches en nitrates.

nitrophyte, n. f. (*nitrophyte*). Espèce végétale se développant dans les sols riches en nitrates. Les orties, les *Rumex* (oseille sauvage) constituent de bons exemples de plantes nitrophiles.

nitrosamine(s), n. f. (*nitrosamine*). Substances organiques douées de propriétés cancérogènes. Elles sont susceptibles de se former spontanément par suite de l'action réductrice des bactéries commensales anaérobies dans le tube digestif des individus dont le régime alimentaire renferme un excès de nitrates. Cette formation résulte de la réaction avec les amines provenant du catabolisme microbien des acides aminés contenus dans l'alimentation.

nitrosation, n. f. (*nitrozation*). Phénomène de transformation de l'ammoniac en nitrite au cours du cycle de l'azote qui est le fait de divers micro-organismes en particulier de *Nitrosomonas denitrificans*. ***(Voir aussi Azote, cycle de l')***

Nitrosocystis oceanus, n. sc. Bactérie autotrophe marine fixatrice de l'azote atmosphérique.

Nitrosomonas, n. sc. Genre de bactérie des sols jouant un grand rôle dans le cycle biogéochimique de l'azote car elle est capable de se comporter comme un agent de la nitrosation de l'ammoniac qui provient de la minéralisation des matières organiques azotées en le transformant en nitrites. ***(Voir aussi Azote)***

nival, adj. (*nival*). Désigne ce qui concerne la neige en tant que facteur écologique. ◆ **étage ~** (*nival, snow zone*) : zone de haute montagne à partir de laquelle s'observe un enneigement permanent. Ce dernier correspond à la zone éolienne et marque en altitude la limite supérieure de la biosphère continentale.

nivation, n. f. (*nivation*). Phénomène de modification de l'aspect du sol et de l'altération du relief par la neige.

nivéal, adj. (*winter flowering*). Désigne une plante qui fleurit en période hivernale.

niveau, n. m. (*level*) ◆ **~ d'alarme** (*danger level*) : seuil de concentration d'un polluant à partir duquel existe un danger pour la population exposée. ◆ **~ de base** (*background level*) : concentration à laquelle se rencontre une substance dans les zones reculées qui, de ce fait, n'est pas ou fort peu modifiée par les activités humaines. ***(Voir aussi Pollution diffuse)*** ◆ **~ de crue** (*flood level*) : niveau atteint par un fleuve en crue. ◆ ~ **des marées** (*tidal level*) : hauteur maximale atteinte par la marée. ◆ ~ **sans effet** (*no effect level : NOEL*) : dose ou concentration d'une substance toxique pour laquelle aucune perturbation écotoxicologique et (ou) physiotoxicologique n'est décelable, y compris au degré d'organisation cellulaire. ◆ ~ **trophique** (*trophic level*) : voir Réseau trophique.

nivéoglacial, adj. (*niveoglacial*). Désigne l'influence simultanée de la neige et du gel.

nivicole, adj. (*nivicolous*) (syn. : chionophile). Qui est propre aux biotopes enneigés. Diverses espèces végétales et animales telles le saule nain ou le Collembole *Isotoma nivalis* sont nivicoles et se rencontrent dans les biocœnoses des combes à neige.

NO_2 (*nitrogen dioxide*) (nom chimique : peroxyde d'azote). Ce gaz de couleur jaune orangé est un constituant normal de l'atmosphère. Dans les conditions naturelles, il s'y rencontre à l'état de traces inférieures à 10^{-9} ppb(v). Il y est produit dans les conditions naturelles par les éclairs et par l'oxydation spontanée du N_2O rejeté dans l'air par les bactéries du cycle de l'azote. Mais il est surtout d'origine anthropique dans la biosphère actuelle, car il est produit par les combustions, en particulier des combustibles fossiles, mais également lors des incendies de végétation – la majorité de ces derniers étant également le fait de l'homme. Une source importante de production de NO_2 est représentée par les gaz d'échappement des moteurs à explosion – à essence ou diesel. Ces derniers produisent de l'oxyde azotique NO qui s'oxyde spontanément et vite en NO_2 au contact de l'air selon la réaction :

$$NO + 1/2\ O_2 \rightarrow NO_2$$

C'est le NO_2 qui confère au dôme de pollution surmontant par beau temps les grandes villes sa couleur orangée. Par réaction avec les produits d'oxydation des hydrocarbures imbrûlés, il est à l'origine de la formation des peroxyacylnitrates (PAN) dans les atmosphères urbaines exposées à des smogs photochimiques.

Dans les atmosphères non polluées, sa concentration naturelle est estimée de l'ordre de 0,1 ppb(v) dans l'air continental et de 0,01 ppb(v) dans l'air océanique. La production naturelle est le fait à la fois de micro-organismes et d'origine géochimique (éclairs). On estime qu'elle est comprise entre 12 et 28 millions de tonnes par an, de fortes incertitudes subsistant donc sur sa valeur exacte. La production anthropogénique due à l'usage des combustibles fossiles est estimée à 21 millions de tonnes par an, production à laquelle il convient d'ajouter celle due à la combustion de la biomasse (incendies de forêts et de savanes) et qui est mal évaluée, allant de 9 à 40 millions de tonnes selon les auteurs.

Au cours des dernières décennies, la teneur de l'air urbain en NO_2 est restée stable, voire a eu tendance à augmenter dans les pays industrialisés en dépit de l'installation de pots catalytiques sur les moteurs à essence, alors qu'elle a eu tendance à décroître pour la plupart des autres aéropolluants. En effet, les résultats bénéfiques de cet équipement ont été compensés par l'accroissement de la circulation en ville, par la diésélisation du parc automobile, ainsi que par l'augmentation du trafic de véhicules utilitaires et des poids lourds, lesquels influencent aussi la pollution de l'air des villes. À Paris par exemple, la circulation des véhicules utilitaires sur le périphérique intérieur contribuerait pour la moitié de la pollution de l'air urbain. En France, on relevait en moyenne en 1995 entre 11 et 93 µg/m^3 d'air dans les sites proches de grands axes de circulation et entre 15 et 64 µg/m^3 de NO_2 dans le centre des grandes villes. La pollution de l'air urbain par le NO_2 exerce un effet néfaste sur la santé des populations urbaines. Le NO_2 exerce un effet immunodépresseur et accroît la prévalence et l'intensité de l'asthme. Outre ses effets néfastes sur l'ensemble des animaux, il est aussi phytotoxique pour les plantes supérieures dont il ralentit la croissance et diminue la productivité. Cependant les lésions foliaires ne s'observent qu'à de fortes concentrations, supérieures à 1 ppm(v), jamais atteintes dans les conditions environnementales observables. En réalité, ses effets écotoxicologiques les plus redoutables tant chez les animaux que chez les végétaux proviennent de son rôle dans la formation des PAN. (***Voir aussi Azote, NOx, PAN, Smog***)

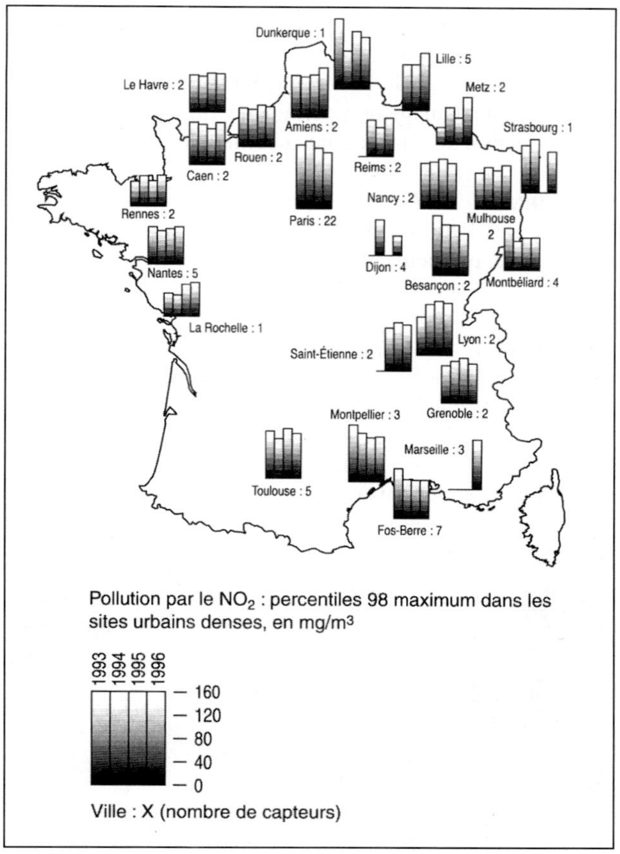

Concentration en **NO_2** des agglomérations françaises en 1996. Les histogrammes figurent les taux en µg • m^{-3} qui correspondent au percentile 98 maximum soit les valeurs les plus élevées mesurées du percentile 98 parmi les divers sites de mesure de l'agglomération; le percentile 98 correspond lui-même à la valeur dépassée par 2% des moyennes horaires de l'année. Le nombre au regard de chaque agglomération correspond au nombre de sites de mesure. (D'après IFEN, op. cit., 1998, p. 65)

NOAA (*National Oceanic and Atmospheric Administration*). Organisme fédéral américain chargé de la recherche aéronomique et océanographique.

noble, adj. ◆ **pourriture** ~ (*noble rot*) : attaque cryptogamique des grappes de raisins blancs en cours de mûrissement qui est le fait de *Botrytis cinerea*. Cette dernière est nécessaire préalablement à certaines vinifications destinées à la production de vins liquoreux comme le Sauternes.

Noctiluca, n. sc. Genre d'algues unicellulaires marines de la classe des Péridiniens, pourvues d'un flagelle en forme de tentacule, qui peuvent rendre les eaux marines phosphorescentes lors de pullulations.

Noctuidae, n. sc. (*cutworms, armyworms*). Famille de Lépidoptères Hétérocères nocturnes ou crépusculaires dont on dénombre un grand nombre d'espèces (plus de 1 500 pour la seule faune d'Europe occidentale) et dont les chenilles sont généralement de régime polyphage. Certaines espèces constituent d'importants ravageurs des cultures. Divers genres de noctuelles peuvent migrer sur de vastes étendues grâce à leur vol rapide et soutenu.

Adulte de ***Noctuidae*** (*Catocala sp.*). Les noctuelles sont des Lépidoptères au vol puissant, capables de migrer sur de grandes distances. (Cliché F. Ramade)

nocturne, n. m. (*nocturnal*). Espèce présentant une activité pendant la nuit. Des groupes systématiques entiers possèdent un tel rythme nycthéméral en particulier chez les Oiseaux – et pas seulement les rapaces Strigiformes – ainsi que chez de nombreux sous-ordres d'Insectes.

nodosité, n. f. (*root nodule*). Modification des racines de divers végétaux qui se traduit par une hypertrophie des tissus, se produisant sous l'action de bactéries symbiotiques (cas des *Rhizobium* fixatrices de l'azote chez les Légumineuses). ***(Voir aussi Azote, Symbiose)***

nodules, n. m. ◆ ~ **bitumineux** (*tar balls*) : structures minérales présentes à la surface de vastes régions de l'océan mondial qui correspondent à l'agglomération des fractions les moins volatiles des hydrocarbures provenant de la pollution, répandue par les pétroliers. Les nodules bitumineux se rencontrent de façon prépondérante dans les eaux qui correspondent aux routes maritimes empruntées par le trafic pétrolier mondial. ◆ ~ **polymétalliques des grands fonds marins** : voir Manganèse.

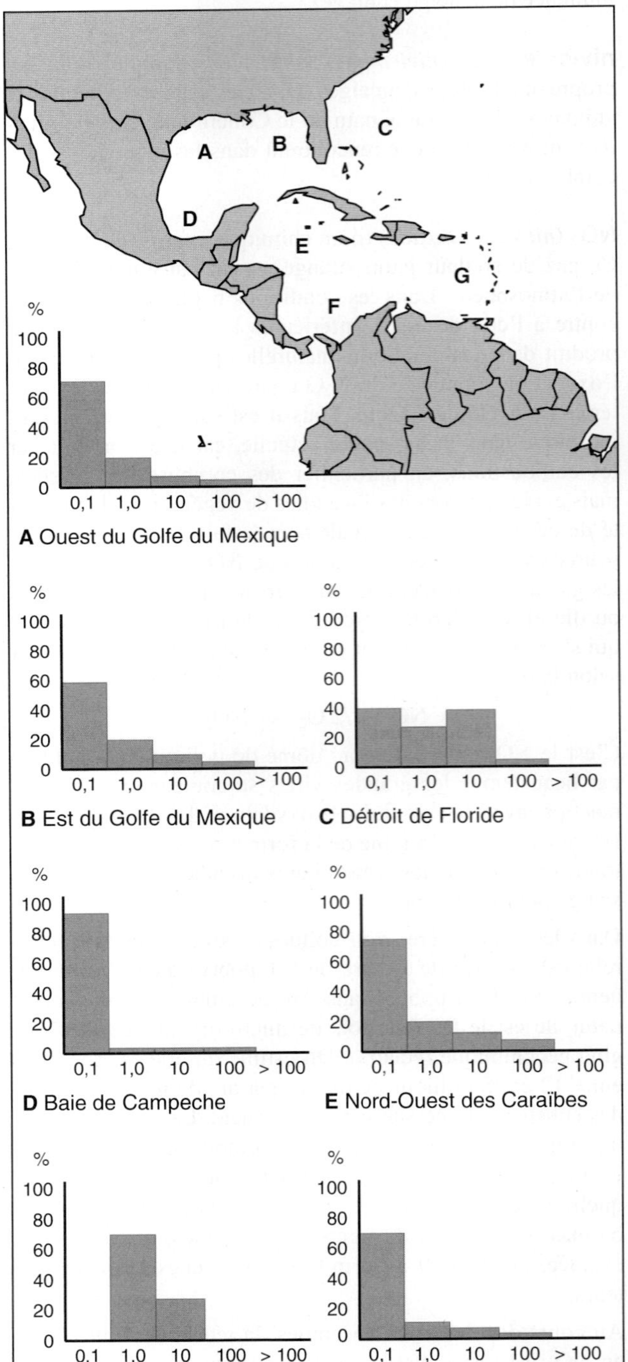

Carte de la mer des Caraïbes figurant la densité des **nodules** bitumineux dans les eaux de surface, exprimée en mg/m^2 de surface océanique. La plus ou moins grande abondance de ces nodules permet d'évaluer l'intensité de la pollution chronique par le pétrole d'une zone océanique déterminée. (D'après PNUE, op. cit., 1989, p. 65)

NOEL (*No Effect Level*). Voir Niveau.

nomade(s), n. m. (*nomads*). Groupes humains de cultures primitives, en général des ethnies entières, qui pratiquent le nomadisme.

nomadisme, n. m. (*nomadism*). Forme d'élevage propre aux peuples primitifs qui consiste à se déplacer avec les troupeaux en fonction du rythme des saisons, afin de disposer en permanence d'herbe verte et donc de profiter au maximum de la production des pâturages naturels.

nombre, n. m. (*number*) ◆ ~ **de Froude** : voir Froude.

nomenclature, n. f. (*nomenclature*). Système à la base de toute dénomination scientifique des espèces vivantes appliquée aux taxa. Les nomenclatures botaniques et zoologiques ont été normalisées par les Commissions Internationales de Nomenclature respectives, celle de botanique et de zoologie. ◆ ~ **binomiale** (*binomial nomenclature*) : système inventé par Linné afin de dénommer les espèces vivantes et sur lequel est fondé l'ensemble de la taxonomie. Chaque unité spécifique est désignée en latin par un nom de genre suivi d'un adjectif qui qualifie l'espèce. Exemples : *Homo sapiens*, *Sequoia gigantea*, *Boletus edulis*. ***(Voir aussi Linnaeus, Taxonomie)***

nomocœnose, n. f. (*nomocoenosis*). Terme créé par Daget pour désigner des communautés ou des peuplements dont la fréquence des espèces qui les composent s'agence selon une distribution log-normale. ***(Voir aussi Preston)***

nomophile, adj. (*nomophilous*). Désigne les conditions écologiques ou les espèces caractéristiques de pâturages.

non cible, organisme, n. m. (*non target organism*). Être vivant inoffensif et parfois même utile à l'homme qui est affecté par un biocide utilisé intentionnellement pour éliminer un ravageur des cultures comme les insecticides par exemple ou encore pour lutter contre un agent pathogène de l'homme et (ou) des animaux domestiques tels les antibiotiques. ***(Voir aussi Équilibre biologique, Pesticides)***

nonylphénol polyéthoxylates, n. m. (*nonylphenol polyethoxylates*). Composés du groupe des alkyl-phénols polyéthoxylates dont ils représentent 80% de la production mondiale, le reste correspondant aux octyl-phénols. Ils sont utilisés comme constituants de certains détergents, dans des cosmétiques, comme additifs anti-oxydants dans des peintures, etc. Introduits sur les marchés au début des années 1940, ils étaient encore fabriqués, au milieu des années 1990, à raison de 300 000 t/an dans le monde, se classant au deuxième rang parmi les détersifs non-ioniques.

Peu hydrolysables par voie abiotique, leur biodégradation totale est limitée à la formation de métabolites assez stables. Ces produits primaires de dégradation se retrouvent dans les eaux de rejets de stations d'épuration et leurs constituants lipophiles vont se retrouver dans les boues et les sédiments où ils s'accumulent.

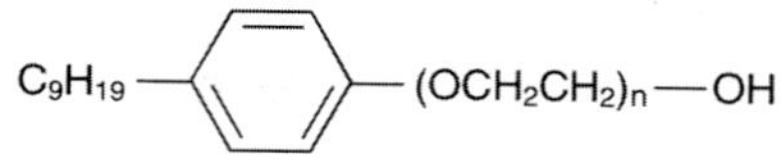

1

(NPPE)

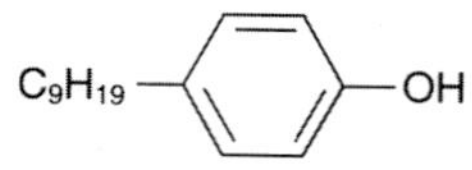

2

(4-NP)

1) Formule générale des détersifs du groupe des **nonylphénol-polyéthoxylates** (NPPE). 2) Formule de l'un de leurs produits de dégradation courants, le 4-nonylphénol (4-NP).

La toxicité aiguë des nonylphénols polyéthoxylés peut être assez forte pour certains invertébrés aquatiques. Ils possèdent aussi un certain pouvoir algicide et algistatique. Ils présentent en outre un effet œstrogénomimétique en particulier chez les poissons avec possibilité d'effets féminisants chez les mâles. La prise en compte des possibilités d'effets similaires chez les Mammifères et l'Homme a conduit à leur interdiction dans l'Union européenne dès l'an 2 000 pour leurs usages comme détersifs domestiques et industriels. ***(Voir aussi Biodégradabilité, Détergents)***

normale, adj. ◆ **loi** ~ (*normal distribution law*) : désigne en statistique la loi de distribution de densité d'une variable normale dont la courbe représentative est celle de Gauss. ***(Voir aussi Courbe)***

Nostoc, n. sc. Genre de Cyanophycées des eaux continentales capables de fixer l'azote atmosphérique.

Notogée, n. f. (*Notogea*). Continent disparu au cours du Secondaire, au Crétacé, provenant lui-même de la séparation de l'ancien Gondwana. La Notogée s'est divisée il y a 100 millions d'années en plusieurs fragments : l'Antarctique, la Nouvelle-Zélande et l'Australie, la Nouvelle-Guinée et une partie de l'Amérique du Sud.

notogéen, adj. (*notogean*). Qui appartient à la Notogée. ◆ **empire** ~ : empire biogéographique constitué par la Nouvelle-Guinée, l'Australie, la Tasmanie, la Nouvelle-Zélande, divers petits archipels limitrophes, ainsi que la province patagonienne à l'extrémité australe de l'Amérique du Sud. ***(Voir aussi Biogéographie)***

notonecte, n. f. (*water boatman*) (n. sc. *Notonecta*). Genre d'Insectes aquatiques de l'ordre des Hétéroptères Cryptocérates, au régime prédateur, qui vivent dans les eaux calmes, milieux lentiques et rives de cours d'eau lents.

Notostracés, n. sc. Ordre primitif de Crustacés dulçaquicoles.

Nototheniidae, n. sc. (*cod icefishes*). Poissons de l'océan Glacial Antarctique de l'ordre des Perciformes dont la plupart des espèces présentent un degré élevé de sténothermie et d'oligothermie. Leur sang renferme une glycoprotéine douée de propriétés antigel qui leur permet de vivre dans des eaux dont la température est inférieure à 0°C.

Nouvelle-Calédonie (*New Caledonia*). Île du Pacifique Sud-Ouest tropical qui présente une très grande richesse en espèces végétales et animales endémiques. En particulier, la Nouvelle-Calédonie constitue le centre de différenciation et de dispersion des Araucariacées. La déforestation y a été considérable : il ne subsiste par exemple que quelques pourcents de l'écosystème de forêts sèches qui couvrait autrefois une partie importante de la côte orientale de l'île. En conséquence de nombreuses espèces endémiques sont déjà éteintes et une espèce avienne endémique, le Kagou, inféodé aux forêts primaires, figure sur la liste rouge de l'UICN.

Nouvelle-Guinée (*New Guinea*). Île équatoriale située à l'est de l'Archipel indonésien, qui couvre une surface de 750 000 km^2, représentant un véritable micro-continent. Elle appartient à la région biogéographique notogéenne et présente de nettes influences australiennes, liées à sa proximité avec ce continent dont elle n'est séparée que par le petit détroit de Torres. La Nouvelle-Guinée présente une grande biodiversité combinée à un fort endémisme. On y rencontre de nombreuses familles, *a fortiori* un grand nombre d'espèces végétales et animales endémiques. Le caractère montagneux de l'île, qui atteint de hautes altitudes, certains sommets dépassant 5 000 m (Mt Karstens), contribue à une grande variété d'écosystèmes depuis les forêts pluvieuses équatoriales de plaine jusqu'à des formations alpines comparables dans leur physionomie au paramo des Andes tropicales. (***Voir aussi Australie, Malaisienne, Notogéenne***)

Nouvelle-Zélande (*New Zealand*). Archipel du Pacifique du Sud-Ouest, comportant deux îles principales, celle du Nord et celle du Sud, l'une et l'autre de nature essentiellement volcanique.

La Nouvelle-Zélande, qui s'est séparée des autres continents voici environ 100 millions d'années et qui est éloignée de plus de 2 000 km du continent le plus voisin, l'Australie, présente de nombreuses particularités écologiques, en particulier un important endémisme tant de ses communautés végétales qu'animales. Aucune espèce de Mammifères (sauf trois chauve-souris qui avaient colonisé ces îles par voie aérienne) n'existait en Nouvelle-Zélande avant l'arrivée des Européens.

Les grands Herbivores étant absents, d'énormes Oiseaux terrestres aptères et végétariens de la famille des *Dinornithidae,* dont les gigantesques Moa, avaient occupé la niche écologique laissée vacante par suite de l'absence de Mammifères dans ces îles. L'absence de prédateurs terrestres avait aussi permis l'évolution de nombreuses espèces d'oiseaux aptères dont un grand râle, le *Notornis mantelli*, dont quelques centaines d'individus subsistent dans le Parc national de Fjördland (île du Sud), ainsi qu'un perroquet terrestre, *Strigops habroptilus*, également confiné aux forêts des réserves de l'île du sud. Les populations de ce dernier ont été considérablement réduites par la déforestation et les mammifères carnivores introduits.

En l'absence d'intervention humaine, les écosystèmes primitifs de Nouvelle-Zélande étaient surtout forestiers et constitués essentiellement de forêts de Podocarpacées, sauf en montagne et dans la partie sud-est de l'île du Sud qui était couverte d'immenses forêts de *Notofagus*. ◆ **énergie géothermique en ~** (*geothermal energy*) : par suite de l'abondance des sites volcaniques actifs, la Nouvelle-Zélande est pourvue d'un important thermalisme : le site de Wairakai près de Rotorua, abrite une des plus puissantes centrales électriques géothermiques du monde avec une puissance électrique installée excédant 400 MW (El) en régime com-

Forêt relique de Podocarpacées dans la réserve de Pureora (Ile du Nord, **Nouvelle-Zélande**. (Cliché F. Ramade)

Forêt primitive de *Nothofagus* et lac Te Anau dans le parc national de Fjordland, en **Nouvelle-Zélande** (Ile du Sud). (Cliché F. Ramade)

mercial. ***(Voir aussi Géothermie)*** ◆ **introduction d'espèces en ~** (*species introduction*) : par suite de son isolement et de son haut taux d'endémisme, la Nouvelle-Zélande a particulièrement pâti des introductions d'espèces.

Plusieurs espèces endémiques d'oiseaux ont été éradiquées par les premiers occupants de ces îles, les Maoris, qui les colonisèrent probablement dès le XIe siècle et anéantirent les Moas et la totalité des diverses autres espèces faisant partie de l'ordre disparu des Dinornithides. On estime que ces premiers habitants de la Nouvelle-Zélande firent disparaître la vingtaine d'espèces de ces oiseaux qui lui étaient propres, dont la taille allait de celle d'une dinde à celle de l'autruche, voire plus pour le plus grand d'entre eux, le Moa, qui atteignait 3 m de haut et pesait plus de 250 kg! De nombreuses autres espèces aviennes endémiques furent éradiquées ultérieurement par suite de l'introduction par les Européens des rats et de petits carnivores. Celle du lapin et du chamois ont causé de véritables désastres dans la végétation autochtone.

Diverses espèces végétales indésirables, comme les ajoncs, introduites d'Europe, ont aussi fortement concurrencé la flore locale. Surtout, la pratique de la sylviculture industrielle a conduit les sociétés forestières à détruire une grande partie des forêts autochtones de Podocarpacées, de très grande richesse spécifique, pour les remplacer par des plantations monospécifiques et équiennes d'un Conifère importé, le *Pinus radiata* qui couvre par endroits dans l'île du Nord des surfaces de plus de 200 000 hectares d'un seul tenant! Cette gestion forestière, motivée par la seule recherche du profit à court terme est à l'origine d'un immense désastre écologique lié à une perte de biodiversité clandestine certes, mais de dimension considérable. En date très récente, en début 2000, les autorités ont décidé de replanter des *Kauri*, espèces de Podocarpacées géantes, qui ont été quasiment éradiquées par l'exploitation forestière. ***(Voir aussi Endémisme, Introduction, Kauri)***

Novius cardinalis, n. sc. (syn. : *Rodalia cardinalis*). Espèce de Coccinelle originaire d'Australie qui fut introduite en Europe à la fin du siècle dernier pour lutter contre un redoutable ravageur des cultures, la cochenille australienne, qui y avait été introduite. L'efficacité de prédation de cette espèce est telle que la cochenille fut éradiquée de la totalité des arbres fruitiers qu'elle attaquait. ***(Voir aussi Lutte biologique)***

NO_x. Formule générale des oxydes d'azote. Ils se forment lors des combustions, leur degré d'oxydation dépendant des conditions d'aération du foyer ou du mélange air carburant. Dans les moteurs à essence ou diesel, la production dépend de la charge. Elle est modérée par les charges moyennes et atteint son maximum à forte charge (accélérateur à fond). On désigne sous ce symbole la somme du NO et du NO_2. Le temps de demi-vie dans l'air du NO est bref car il s'oxyde rapidement en NO_2 lequel est prépondérant dans les atmosphères polluées. Alors que la teneur en la plupart des aéropolluants de l'air urbain a diminué, celle des NO_x est restée stable voire a eu tendance à augmenter dans les pays industrialisés au cours des deux dernières décennies. ***(Voir aussi Azote, NO_2, Pollution de l'air)***

noxologie, n. f. (*noxology*). Néologisme désignant la discipline des Sciences de l'environnement dont l'objet est l'étude des nuisances.

noyau(x), n. m. ◆ **~ d'Aitken** : voir Aitken. ◆ **~ de condensation** (*freezing nuclei*) : cristaux microscopiques de glace ou de divers minéraux en suspension dans les nuages dont la température est inférieure à 0°C, autour desquels se produit la condensation de la vapeur d'eau.

nuage(s), n. m. (*cloud*). Formation atmosphérique correspondant à de grandes masses d'eau, de vapeur ou à l'état d'aérosols. Dans certains nuages de haute altitude, la vapeur d'eau est présente sous forme de microcristaux de glace (cirrus par exemple).

On distingue quatre grandes familles de nuages : les nuages à développement vertical (divers types de cumulus), ceux en couches horizontales stratifiées (stratus et cirrus), ceux qui combinent développement vertical et horizontal (stratocumulus, altocumulus, cirrocumulus, etc.), enfin les nuages générant des précipitations (nimbostratus, cumulonimbus). ◆ **~ nacrés** (*nacred clouds*) : cirrostratus se formant à haute altitude, entre 18 à 25 km dans la stratosphère, aux hautes latitudes. Dans l'Antarctique, certains d'entre eux, chargés de polluants organiques persistants, en particu-

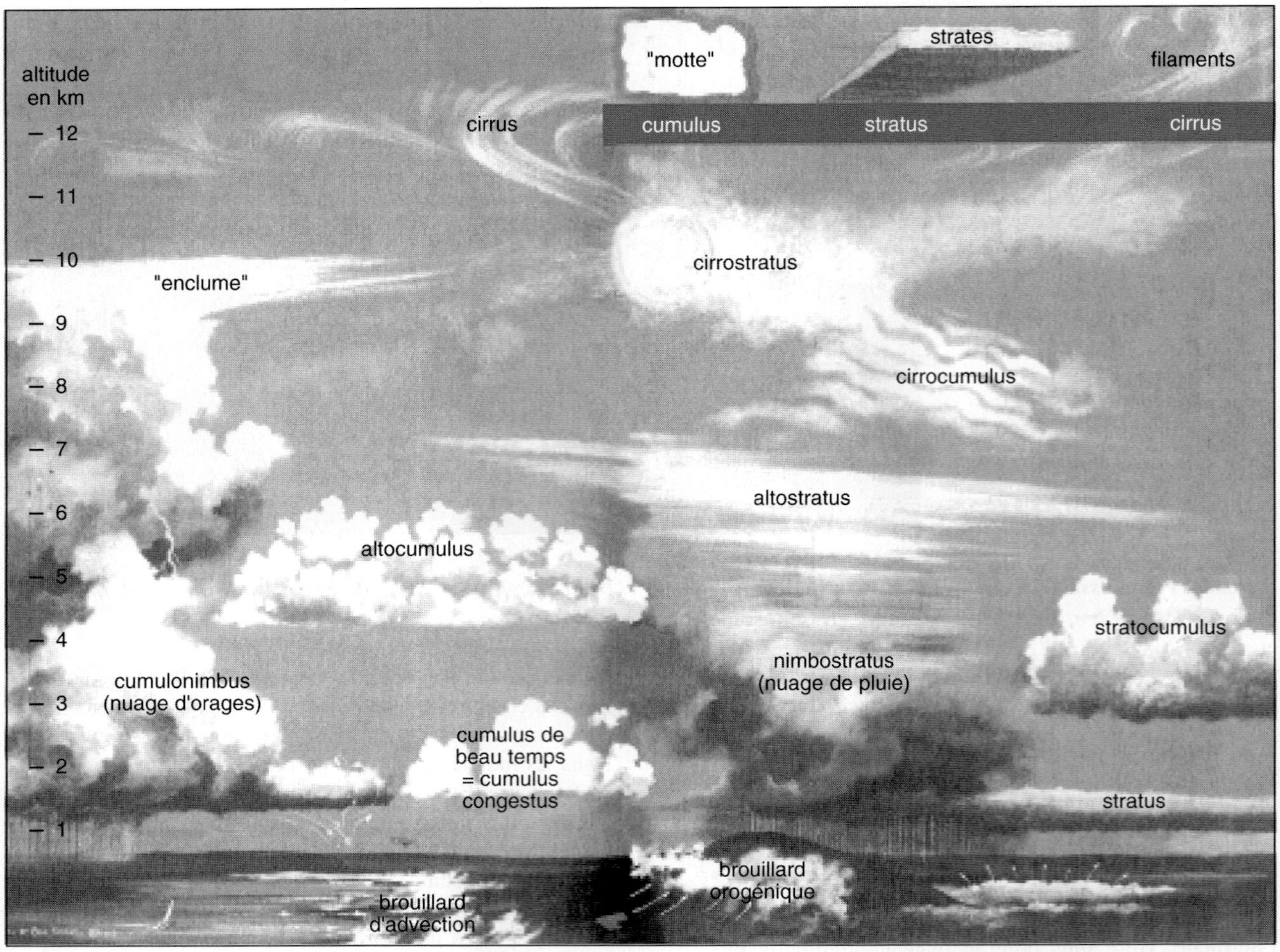

Schéma des principaux types de **nuages**. (D'après Schaefer et Day, *A Guide to the atmosphere*, Boston, Houghton Mifflin, 1981, p. 364-365)

lier de CFC, jouent un rôle important dans la destruction de l'ozone stratosphérique au début du printemps. ***(Voir aussi Ozone)***

nuageuse, adj. ◆ **couverture** ~ (*cloud cover*) : désigne la nature et l'importance de la nébulosité en un lieu donné. Elle se mesure en bioclimatologie par 1/8 de la voûte céleste, et aussi de façon indirecte avec un instrument, l'héliopyrographe, qui détermine la durée pendant laquelle le soleil brille, par exemple en brûlant avec une lentille convergente le papier enregistreur.

La densité de la couverture nuageuse, qui absorbe une fraction variable mais parfois importante du flux solaire par suite de l'écran qu'elle crée entre la troposphère et la surface du sol joue un rôle important dans l'ajustement des conditions climatiques. Dans certaines zones équatoriales comme à Bornéo, son épaisseur et sa permanence sont telles que la quantité annuelle d'énergie solaire arrivant au sol est à peine égale à celle reçue dans la région parisienne, pourtant située à 49° de latitude Nord! ***(Voir aussi Climat, Climatique, Serre, effet de)***

nuciculture, n. f. (*nuciculture*). Culture des cocotiers et des autres espèces d'Arécacées d'importance agroalimentaire comme celle du palmier à huile. ***(Voir aussi Arécacées, Cocotier, Palmier)***

nucivore, adj. (*nucivorous*). Désigne un animal qui se nourrit de noix.

nucivorie, n. f. (*nucivory*). Régime alimentaire des animaux nucivores.

nucléaire, adj. (*nuclear*). Désigne tout ce qui se rapporte au noyau de l'atome. ◆ **énergie** ~ (*nuclear energy*) : l'énergie nucléaire peut provenir de deux processus physiques différents : l'énergie de *fission* obtenue par la fission de l'uranium 235 ou du plutonium 239, provoquée par la collision avec un neutron d'un atome de ces isotopes, initialement utilisée pour la production d'armements et l'énergie de *fusion*, qui consiste en la réaction de fusion d'atomes d'hydrogène – en réalité de deutérium ou de tritium – qui en sont les isotopes lourds, laquelle produit des atomes de nombre atomique supérieur en libérant de l'énergie.

L'énergie nucléaire a été maîtrisée pour la première fois à Chicago, en 1942, avec la divergence du premier réacteur opérationnel construit par E. Fermi. Cependant, le premier plan d'un réacteur nucléaire, qui était modéré à l'eau lourde, avait été breveté par F. Joliot-Curie dès 1938.

La maîtrise de l'énergie nucléaire s'est concrétisée pendant la Deuxième Guerre mondiale avec le projet Manhattan qui conduisit à la première guerre atomique, en août 1945.

Depuis la fin des années 1960, l'énergie nucléaire a donné lieu à une utilisation sans cesse accrue pour la production d'électricité. ***(Voir aussi Centrales nucléaires, Énergie)*** ◆ **armements** ~ : voir Armements. ◆ **centrales** ~ : voir Centrale, Énergie. ◆ **déchets** ~ (*nuclear wastes*) : l'industrie nucléaire produit des quantités importantes de déchets sinon en volume du moins en activité radioactive. À titre d'exemple, les réacteurs nucléaires en service produisent de nos jours une quantité annuelle de déchets dépassant le milliard de curies pour les seuls radiostrontium et radiocésium pris isolément! On distingue plusieurs types de déchets nucléaires qui sont générés tout au long du cycle du combustible. Ces derniers peuvent se regrouper en trois catégories : les *produits de fission*, résultant de la désintégration des isotopes fissiles de l'uranium et du plutonium. Ils sont nombreux et présentent un maximum de radio-isotopes autour des masses atomiques 90 et 130 (krypton 85, strontium 90, ruthénium 106, iode 131, césium 137 par exemple); les *produits d'activation*, résultant de l'irradiation neutronique des matériaux constitutifs des réacteurs (tritium, manganèse 54, cobalt 60), les *matières fissiles* (uranium 235 et plutonium 239 en particulier). Ces déchets se présentent sous forme d'effluents liquides et, pour les matériaux contaminés (gants, instruments usagés, etc.), sous forme solide.

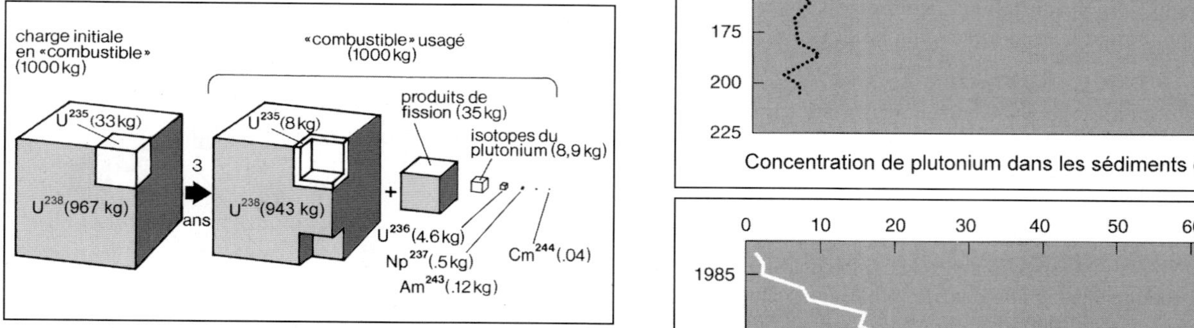

Nature des déchets **nucléaires** produits dans un réacteur REP par la fission d'une tonne d'uranium 235 au plan qualitatif et quantitatif. Les Transuraniens Np-neptunium, Am, américium, et Cm, curium, sont des éléments lourds générés par l'activation de l'uranium et des éléments de nombre atomique supérieur qui en résultent au cours du séjour des éléments combustibles dans le réacteur. (D'après Cohen, op. cit., in Ramade F., *Dictionnaire encyclopédique des pollutions,* Ediscience international, 2000, p. 329)

On distingue usuellement, en fonction de leur degré de radioactivité, des déchets de haute activité, de moyenne activité et de faible activité. Les deux premières catégories doivent être stockées en des lieux où elles ne peuvent contaminer l'environnement et doivent même – pour les déchets de haute activité – être surveillées en permanence. Divers accidents survenus dans l'ex-URSS ont mis en évidence les redoutables problèmes liés à ces stockages, celui de Kytshym dans l'Oural qui eut lieu à la fin des années 1950, représenta une véritable catastrophe écologique d'ampleur comparable à celle de Tchernobyl. En 1993, à Tomsk, est advenu un accident de même nature, heureusement d'impact nettement plus limité.

Une solution concrète à ce risque d'accidents désastreux propre aux effluents liquides de haute activité a été initialement mise au point par le CEA en France, à Marcoule. Elle consiste à extraire les radionucléides qu'ils renferment et à les vitrifier, ce qui les rend inertes au plan chimique et insolubles dans l'eau. Ces déchets nucléaires sont conditionnés sous forme de cylindre d'environ 1 m de haut qui sont stockés dans des locaux ventilés en permanence. Les déchets de moyenne activité sont enrobés dans des matériaux inertes et coulés dans des containers en béton. Ces derniers sont placés dans des décharges contrôlées en permanence dont le substrat est étanche et recouverts d'une couche de terre, ce stockage étant réversible.

Les effluents liquides de faible activité sont eux rejetés après dilution dans les eaux superficielles et la mer à des

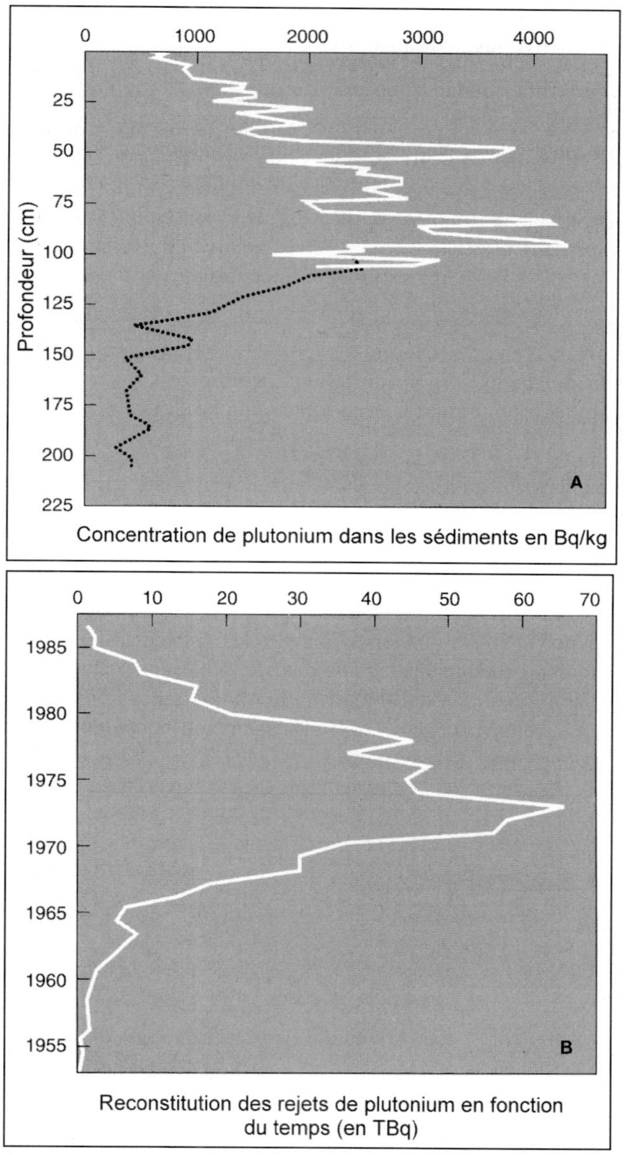

Évaluation des rejets en mer de plutonium ($^{239,240}Pu$) contenu dans les effluents liquides renfermant des déchets **nucléaires** de faible activité déversés dans la mer d'Irlande par l'usine de retraitement de combustibles irradiés de Sellafield (ex-Windscale) entre 1955 et 1985. **A**) Accumulation de plutonium dans les sédiments de Maryport en fonction de la profondeur (en Bq/Kg de sédiments); **B**) Reconstitution des rejets en mer en fonction des années (exprimés en TBq par an). On constate que les rejets ont atteint un maximum assez élevé au début des années 1970 et ont été réduits ultérieurement dans des proportions spectaculaires grâce à une forte amélioration des coefficients de décontamination. (D'après Kershaw et al., op. cit., in Ramade F., *Écologie appliquée*, Ediscience international, 5e ed., 1995, p. 353)

concentrations qui ne doivent pas présenter en principe un danger pour les populations humaines. Les usines de retraitement européennes de La Hague en France et Windscale en Angleterre ont, au cours des dernières décennies, diminué en valeur absolue et dans des proportions importantes la radioactivité ainsi introduite dans le milieu marin. Pour cela, les coefficients de décontamination ont été augmentés parfois de plusieurs ordres de magnitude par recours en particulier à de nouvelles zéolites. ◆ **stockage des déchets** ~ (*nuclear wastes disposal*) : comme il est impossible de détruire les déchets radioactifs, la seule façon de les neutraliser est de les isoler dans des enceintes ou des sites géologiques stables, le temps nécessaire pour que la décroissance radioactive les neutralise. Ces durées peuvent être très longues. En effet, lorsque l'on considère des produits de fission comme le césium 137 dont la période est de 30,2 ans, la durée nécessaire pour que l'activité baisse d'un million de fois est de 20 périodes de décroissance (2^{-20} = 1/1 048 576). Cela signifie que les déchets renfermant ce redoutable radionucléide doivent être isolés quelque 600 ans de la biosphère.

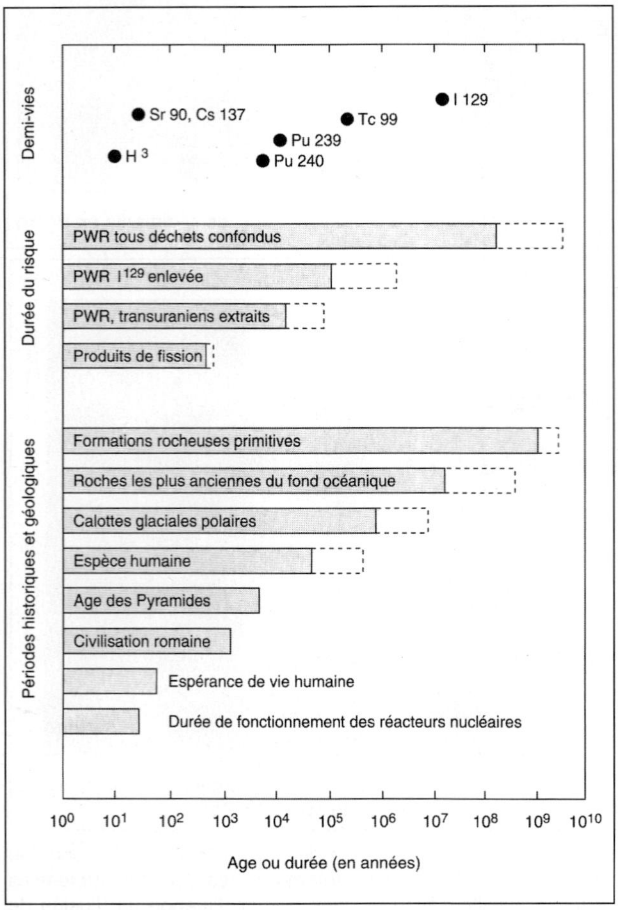

Durée de stockage des divers types de déchets produits par l'industrie **nucléaire**. On voit que la durée nécessaire pour l'inactivation des produits de fission est comparable à celle qui nous sépare de l'époque romaine. En ce qui concerne les transuraniens, les durées de stockage sont de l'ordre des périodes géologiques, par exemple celle de l'ère Quaternaire. En haut du schéma sont représentées les périodes de quelques radionucléides produits par l'industrie nucléaire. (D'après Rochlin, in Ramade F., *Écologie appliquée*, Ediscience international, 5e ed., 1995, p. 351)

Que dire alors de certains transuraniens comme le curium ou l'américium dont la période est supérieure au millier d'années ou encore du plutonium 239 dont cette dernière est de 24 000 ans? Ici les durées pendant lesquelles les déchets doivent être isolés de la biosphère atteignent celles des périodes géologiques. Actuellement, le seul moyen dont on dispose pour éliminer ces déchets hautement radioactifs est de les vitrifier et de les enfouir dans des roches stables comme des gisements de sel de l'époque secondaire, donc à l'écart des phréatiques ou encore dans des schistes et autres dépôts de roches réputées étanches.

Ce type de stockage en couches profondes se pratique depuis déjà de nombreuses années aux États-Unis, confrontés aujourd'hui encore au conditionnement de colossales quantités de déchets produites à l'apogée de la Guerre froide par les installations nucléaires militaires. En Allemagne, le centre de stockage de Gorleben a été mis en service par suite de la présence de mines désaffectées de sel gemme déposé à l'ère mésozoïque. En France, dans l'attente d'un centre de stockage souterrain retardé par des contestations plus politiques que rationnelles et *a fortiori* scientifiques..., les déchets sont stockés dans des installations de surface. Gérés par l'ANDRA, ces centres de stockage des déchets radioactifs se répartissent en plusieurs centaines de sites et se rencontrent pratiquement dans tous les départements. ***(Voir aussi Déchet, Énergie)***

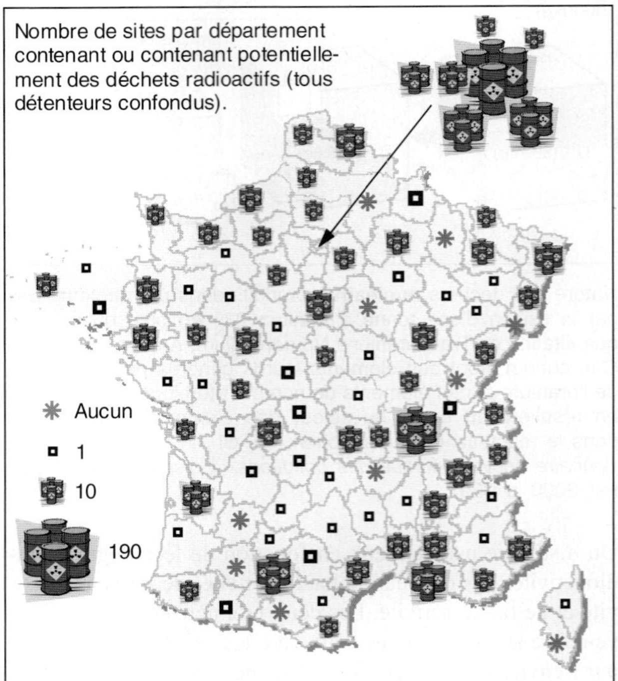

Localisation des centres de stockage des déchets **nucléaires**. (D'après ANDRA, 1997, in IFEN, op. cit. 1999, p. 199)

◆ **explosion** ~ : voir Armements. ◆ **hiver** ~ (*nuclear winter*) : catastrophe climatique qui résulterait d'une guerre nucléaire. Dès la fin des années 1970, un ensemble de recherches ont mis en évidence que les conséquences écologiques d'une guerre nucléaire, même réputée limitée, seraient infiniment plus désastreuses qu'il ne l'avait été postulé au préalable. Il fut en effet démontré que les quantités de poussières stratosphériques injectées par les explosions et les in-

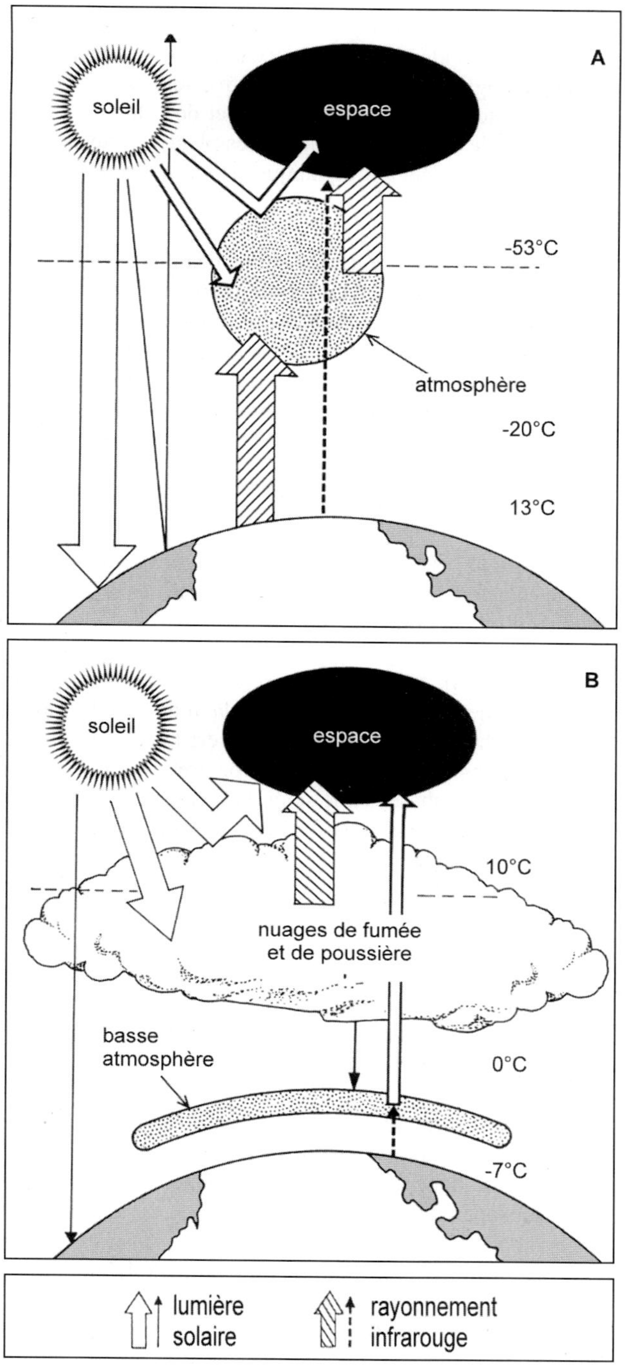

Bilan thermique de la surface terrestre avant (**A**) et après (**B**) une guerre nucléaire. En **a**), le rayonnement solaire échauffe la surface terrestre dans des conditions normales. Celle-ci réfléchit vers l'espace le rayonnnement infra-rouge produit par son échauffement qui élève de ce fait par absorption la température des basses couches de l'atmosphère (effet de serre); en conséquence, les températures moyennes au sol sont de l'ordre de 15 °C. En **b**), les quantités de fumée et de poussière produites par une guerre nucléaire s'accumulent dans la haute troposphère et diminuent considérablement le flux solaire accédant au sol tandis qu'augmente beaucoup la proportion de celui-ci réfléchie vers l'espace. L'absorption de ce flux par les particules présentes dans la haute troposphère échauffe cette dernière qui réémet vers l'espace un rayonnement infra-rouge. En conséquence, les températures au niveau de la troposphère atteignent 10 °C (contre – 53 °C dans les conditions normales) tandis que celles au niveau du sol tombent à une valeur moyenne de – 7 °C. (D'après O'Greene et al., *Nuclear winter*, P. Press et B. Blackwell eds, Oxford,1985, p. 62 et 63)

cendies déclenchés par la conflagration obscurciraient à un tel point l'atmosphère que le flux solaire au sol diminuerait suffisamment pour provoquer un refroidissement considérable des moyennes et hautes latitudes de l'hémisphère boréal.

Dans un scénario « de référence » d'une guerre de 5 000 mégatonnes, les températures estivales tomberaient nettement au-dessous de 0 °C même en plein été sur de vastes surfaces de l'hémisphère Nord.

Les conséquences de l'incendie des puits de pétrole du Koweit pendant la guerre du Golfe ont apporté une certaine confirmation aux prévisions fondées sur des modèles climatiques, des conséquences sur les températures globales d'une telle guerre. Pendant plus de trois mois, les températures du Nord du golfe persique furent, en 1991, inférieures de plus de 20 °C à leur valeur normale. En conclusion, une guerre nucléaire – même « limitée » – constituerait une catastrophe écologique à l'échelle de l'ensemble de la biosphère. Les basses températures atteintes pendant la période estivale au moment où les plantes sont en pleine activité physiologique provoquerait la destruction par le gel de l'ensemble des formations végétales tempérées. En outre, selon certains modèles climatiques, la baisse de température serait aussi fatale aux forêts tropicales. Par ailleurs, la destruction

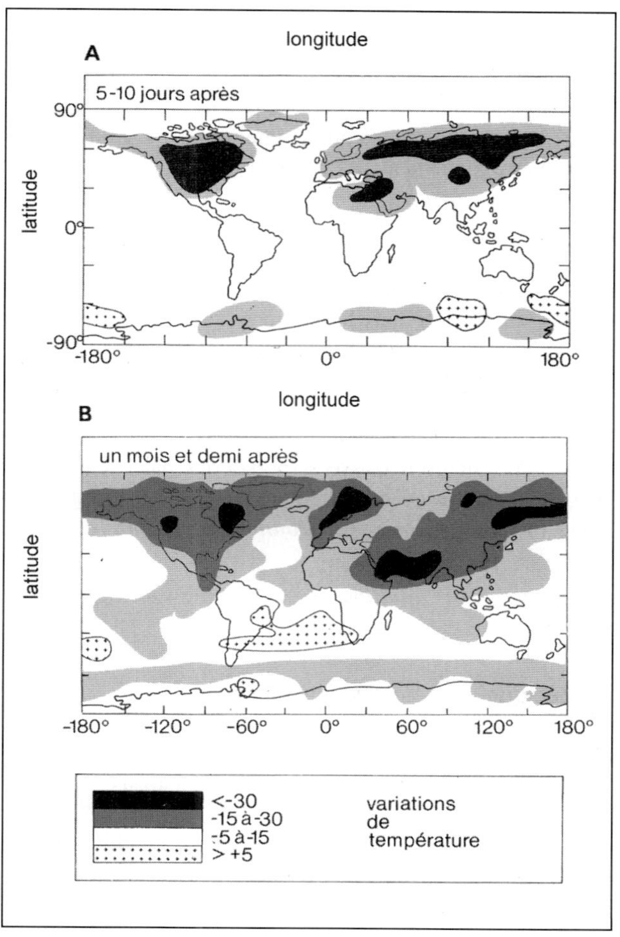

Modifications des températures globales résultant d'une guerre **nucléaire** de 5 000 Mt. On observe une forte chute des températures estivales sur l'hémisphère Nord pouvant dépasser – 20 °C dans le cas du modèle ci-dessus. (In Ramade F., *Les catastrophes écologiques*, McGraw-Hill, 1987, p. 280)

de la couche d'ozone, due aux explosions serait telle pour la végétation terrestre – même si la baisse de température était moindre que celle prévue par les modèles – qu'elle suffirait à faire disparaître la végétation continentale, par suite de l'accroissement considérable du flux ultraviolet au sol qui en résulterait. ***(Voir aussi Armements, Ozone, Serre, effet de)*** ◆ **réacteurs ~** (*nuclear reactor*) : voir Centrale nucléaire.

Nudibranches, n. m. (*Nudibranchia*). Ordre de Gastéropodes marins dépourvus de coquille dont certaines espèces sont pélagiques.

nuée ardente, n. f. (*glowing cloud*). Nuage de gaz et de laves incandescentes qui descend à grande vitesse (plus de 500 km /h) sur les flancs d'un volcan en éruption. C'est une telle nuée ardente qui détruisit Pompéi lors de la célèbre éruption du Vésuve, en 79, ou encore celle qui fut produite par l'éruption de la montagne Pelée et anéantit Saint Pierre de la Martinique en 1902. Ce volcan était situé à 15 km de cette ville, mais l'onde de choc se déplaçant à près de 2km/sec souffla littéralement la ville avant même que la nuée ardente ne l'atteigne, incinérant ses ruines.

nuisance(s), n. f. (*nuisance*). Désigne toute dégradation de l'environnement ayant pour conséquence d'induire une gêne pour les personnes qui la subissent. À la différence des pollutions, les nuisances ne provoquent pas nécessairement d'effet néfaste sur la santé humaine et (ou) au plan écologique. Toutefois, elles sont perçues à juste titre par ceux qui y sont exposés comme une modification défavorable de l'environnement.

On peut citer en exemple les *nuisances esthétiques* provoquées par un urbanisme indigent qui peut altérer gravement la qualité des paysages en zone touristique et (ou) présentant un riche patrimoine architectural, la dispersion d'emballages plastiques dans la nature ou encore les *nuisances sonores* (bruits de voisinage ou bruit lié à la circulation ou encore à des activités industrielles, à des intensités inférieures au seuil de lésions physiologiques) ; enfin des *nuisances olfactives* dues au dégagement d'odeurs nauséabondes par diverses installations classées (porcheries par exemple) ou encore des stations d'épuration des eaux usées d'origine urbaine. ***(Voir aussi Bruit, Environnement, Pollution)***

nullipare, adj. (*nulliparous*). Femelle de Mammifère n'ayant jamais été gestante.

numérique, adj. Voir Réponse numérique.

nunatak, n. m. (*nunatak*). Masse de rochers émergeant dans les zones polaires à la surface d'un islandsis.

nutation, n. f. (*nutation*). Mouvement de rotation effectué par l'extrémité d'une tige au cours de la croissance d'un végétal.

nutrilite, n. m. Voir Nutriment.

nutriment(s), n. m. (*nutrient*). Terme néologique désignant les divers éléments minéraux nutritifs indispensables à la physiologie des organismes autotrophes. Les phosphates, les nitrates, les sels de potassium et de calcium constituent autant de nutriments majeurs des plantes vertes terrestres et du phytoplancton aquatique. ***(Voir aussi Écosystèmes, Productivité)***

nutrition, n. f. (*nutrition*). Ensemble des phénomènes trophiques des êtres vivants. La nutrition correspond à la totalité des processus physiologiques concernant l'absorption et l'assimilation des nutriments. Chez les animaux par exemple, la nutrition concerne la prise de l'aliment, l'ingestion, la digestion et l'anabolisme. ***(Voir aussi Alimentaire, Chaîne, Réseau trophique)***

nutritive(s), adj. ◆ **substance ~** : voir Nutriment.

nycthéméral, adj. ◆ **rythme ~** (*nycthemeral cycle*) : rythme caractérisant les variations d'activité des organismes au cours d'une période de 24 h.

nycthémère, n. m. (*nycthemere*). Période de 24 h qui caractérise l'alternance du jour et de la nuit. On distingue dans le nycthémère la photophase qui est la période diurne et la scotophase qui est la période nocturne. La durée relative de ces deux phases varie selon la latitude et en fonction de la période de l'année sauf à l'équateur où elle est de 12 heures pour chacune d'elle. À Paris par exemple, leur durée relative varie du simple au double entre les solstices d'hiver et d'été. ***(Voir aussi Photopériode, Rythme nycthéméral)***

nyctinastie, n. f. (*nyctinasty*). Mouvement d'un organe végétal déclenché par l'alternance nycthémérale : par exemple, ouverture des fleurs diurne et fermeture nocturne chez certaines plantes, ou l'opposé.

nyctipériodique, adj. (*nyctiperiodic*). Désigne une espèce végétale dont la floraison exige une photopériode courte et qui s'effectue donc aux périodes de l'année où la durée de la nuit est supérieure à celle du jour.

Nymphalidae, n. sc. Importante famille de Lépidoptères Rhopalocères, essentiellement inféodés aux écosystèmes tropicaux. Les genres *Charaxes* en Afrique subsaharienne et *Morpho* en Amérique tropicale comptent un grand nombre d'espèces. Les *Morpho*, aux ailes souvent d'une couleur bleu métallique sont particulièrement recherchés par les collectionneurs avec pour conséquence une pression excessive de prélèvement sur les espèces les plus rares. ***(Voir aussi Lépidoptères, Papilionidae)***

nymphe, n. f. (*nymph*). Écophase du développement postembryonnaire des insectes holométaboles, qui représente un stade de repos au cours duquel s'effectue la métamorphose. Celle-ci se caractérise par des transformations organogénétiques conduisant à l'élaboration de l'individu adulte. Les chrysalides de Lépidoptères constituent un exemple bien connu de telles nymphes.

O

oasis, n. f. (*oasis*). Biotope situé en zone désertique autour d'un point d'eau ou dans des dépressions où les nappes phréatiques sont proches de la surface. On trouve aussi des oasis dans les parties inférieures de la plaine d'inondation de certains cours d'eau où peuvent parfois se former, même au Sahara, de petites zones humides situées dans des cuvettes dans lesquelles s'accumulent les eaux collectées sur de très vastes bassins versants.

Les oasis, outre les particularités écologiques qui leurs sont propres, présentent une grande importance comme escale pour diverses espèces d'oiseaux eurosibériens qui hivernent en zone tropicale.

obligatoire, adj. (*obligatory*). Désigne la réponse univoque et inconditionnelle à une variation d'un facteur écologique ou d'une caractéristique biotique d'origine intrinsèque. ◆ **parthénogenèse** ~ (*obligatory parthenogenesis*) : mode de reproduction dans lequel n'existe jamais de phase de reproduction bisexuée. ***(Voir aussi Facultatif, Parthénogenèse)***

obligé, adj. (*obligate*) ◆ **facteur** ~ (*obligate factor*) : facteur écologique dont la présence est indispensable pour qu'une espèce donnée puisse se développer dans son habitat.

occlus, adj. ◆ **front** ~ (*occluded front*) : situation météorologique dans laquelle une partie de l'arrière d'un front chaud se trouve englobée par un front froid. Ces situations donnent souvent lieu à des tempêtes accompagnées de pluies violentes. ***(Voir aussi Front, Perturbation)***

occlusion, n. f. (*occlusion*). Rencontre d'un front chaud avec un front froid conduisant à la formation d'un front occlus.

occupation de l'espace, n. f. (*land use*). Terme désignant les diverses modalités par lesquelles l'homme moderne fait usage des espaces naturels, en particulier à des fins agricoles ou encore pour des aménagements industriels et (ou) urbains.

OCDE (Organisation pour la Coopération et le Développement Économique) (*OECD*). Organisation internationale réunissant les pays d'Europe et d'Amérique du Nord ayant une économie de marché – à l'exclusion de la plupart des anciens pays dits socialistes et (ou) provenant de l'éclatement de l'URSS – ainsi que le Japon. Le siège de l'OCDE est au château de la Muette, près de Paris.

L'OCDE a développé, depuis le début des années 1970, des programmes concernant la protection de l'environnement. Cette organisation fait également des évaluations régulières des coûts et des bénéfices économiques des politiques de protection environnementales et, de façon plus générale, de conservation de la nature et de ses ressources, en particulier des investissements effectués par les divers pays membres pour la lutte contre les pollutions.

Elle s'intéresse aussi à l'établissement de réglementations internationales concernant la protection de l'environnement. Enfin, elle édite à intervalles réguliers un document faisant le point sur l'état de l'environnement dans le monde.

océan, n. m. (*ocean*). L'océan mondial avec une surface de 362 millions de km^2, soit plus de 71% de la surface totale de la Terre, constitue la partie prépondérante de la biosphère, à la fois en surface et en volume. En outre, l'océan est profond (3 730 m en moyenne). Alors que seulement 2% des terres émergées excèdent 3 000 m d'altitude, 77% de la surface océanique est au-dessous de 3 000 m de profondeur.

Compte tenu de l'énorme volume qu'il représente, il joue un rôle majeur dans l'ajustement et l'homogénéisation des climats terrestres, amenant par le jeu des courants marins des masses d'eaux chaudes aux hautes latitudes qu'il réchauffe, tandis que les courants froids modèrent les températures de zones côtières équatoriales.

Les eaux marines sont en effet animées de perpétuels déplacements tant verticaux qu'horizontaux. Cependant, les différences de densité font que les masses d'eau ainsi juxtaposées ou superposées ne se mélangent que peu ou pas là où elles sont en contact.

Certains grands courants tels le *gulf stream*, jouent un rôle majeur non seulement en milieu océanique mais aussi pour le contrôle des climats des régions continentales qu'ils longent.

Au voisinage de certaines côtes existent aussi d'importants mouvements verticaux ascendants dénommés « *upwellings* » par les Anglo-saxons. Ces *upwellings* amènent dans les eaux superficielles – dans la zone euphoti-

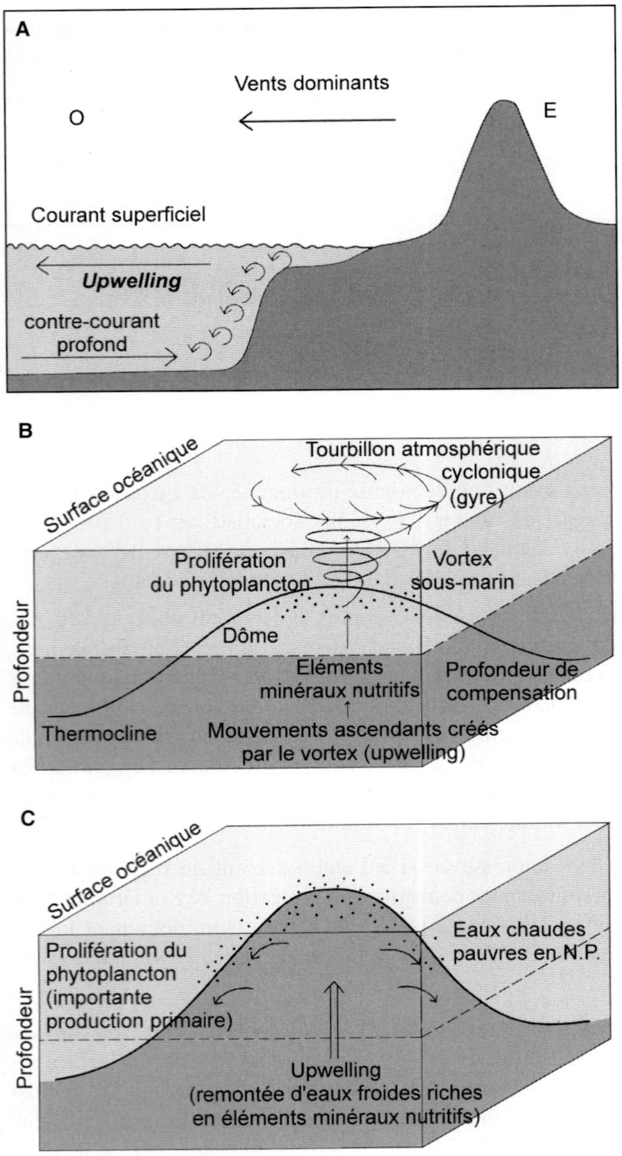

Mécanismes de formation d'un *upwelling*. En **A** est figuré un *upwelling* côtier, tel celui qui se forme dans l'**océan** pacifique sur le talus continental du Pérou; en **B**) et **C**) une remontée d'eaux profondes engendrée sur le plateau continental par un gyre. En **B**, la présence d'un tourbillon cyclonique (gyre) induit un vortex sous-marin qui engendre une remontée des eaux profondes par mouvements ascendants de ces dernières (*upwellings*). Le dôme d'eaux profondes, froides et riches en nutriments, ainsi créé va finir par atteindre la surface (en **C**). Il va se constituer alors, à la limite entre eaux froides et eaux chaudes périphériques, un front au niveau duquel la prolifération du phytoplancton stimule une forte productivité secondaire.

que – des eaux profondes chargées en sels minéraux nutritifs, en particulier en phosphates, provoquant la prolifération du phytoplancton dans ces zones qui présentent de ce fait une très forte productivité biologique.

L'océan mondial présente une remarquable stabilité de ses caractères physico-chimiques, entre autres de sa salinité dont le taux en surface est constant et égal en moyenne à 35 p. 1 000.

Il en est de même de ses températures qui varient fort peu en milieu marin, même dans les couches superficielles et

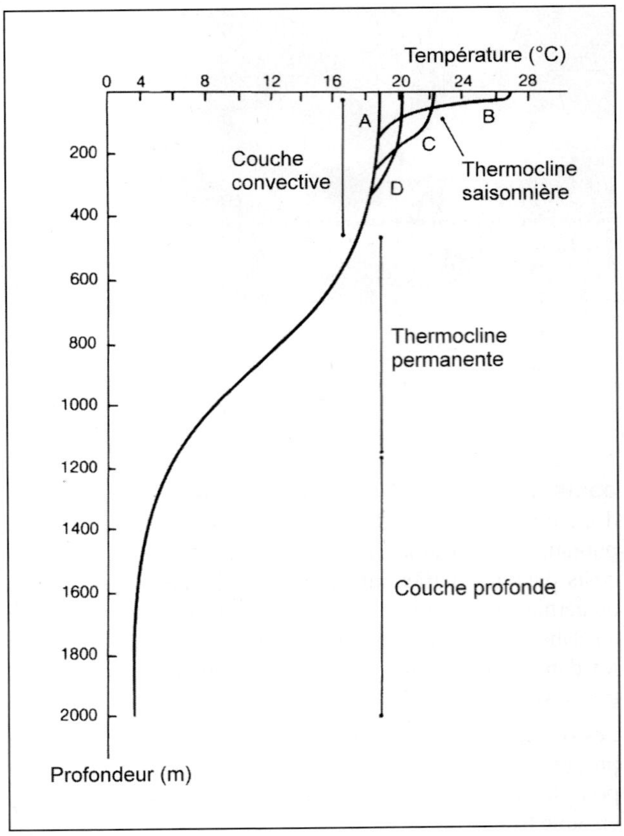

Variation des températures dans l'**océan** en fonction de la profondeur. **A**. En avril. **B**. En août. **C**. En décembre. **D**. En février. (D'après Peres, op. cit., in Ramade F., *Écologie fondamentale*, Ediscience international, 2e ed., 1994, p. 499)

qui demeurent remarquablement constantes au-dessous de la thermocline permanente (de l'ordre de 4 °C, sauf aux hautes latitudes où elle tombe à 2 °C).

◆ **zonation de l'océan** : l'océan mondial peut se subdiviser horizontalement en deux grandes « provinces » : la *province néritique*, qui correspond approximativement aux limites du plateau continental c'est-à-dire aux eaux de profondeur inférieure à 200 m, et la *province océanique* qui s'étend au-delà et représente les eaux du grand large.

On distingue par ailleurs un *domaine pélagique*, constitué par les masses d'eaux libres et un d*omaine benthique* qui correspond au fond de l'océan, quelle que soit sa profondeur, et représente l'interface hydrosphère-lithosphère (en pratique sédiments ou substrat rocheux -eaux).

Zonation verticale de l'océan. La lumière est rapidement absorbée dans l'eau quand la profondeur s'accroît. En première approximation l'absorption du flux lumineux répond à l'équation suivante :

$$\Phi_p = \Phi_0 \, e^{-kP}$$

où Φ_0 est le flux solaire à la surface de l'océan, Φ_P celui à la profondeur P et k une constante d'absorption dépendant de la longueur d'onde de la lumière. Dans les eaux transparentes, c'est le bleu qui est le moins absorbé et le vert dans les eaux turbides, d'où leur couleur respective.

En conséquence, une première subdivision verticale des écosystèmes océaniques, essentielle au plan écologique,

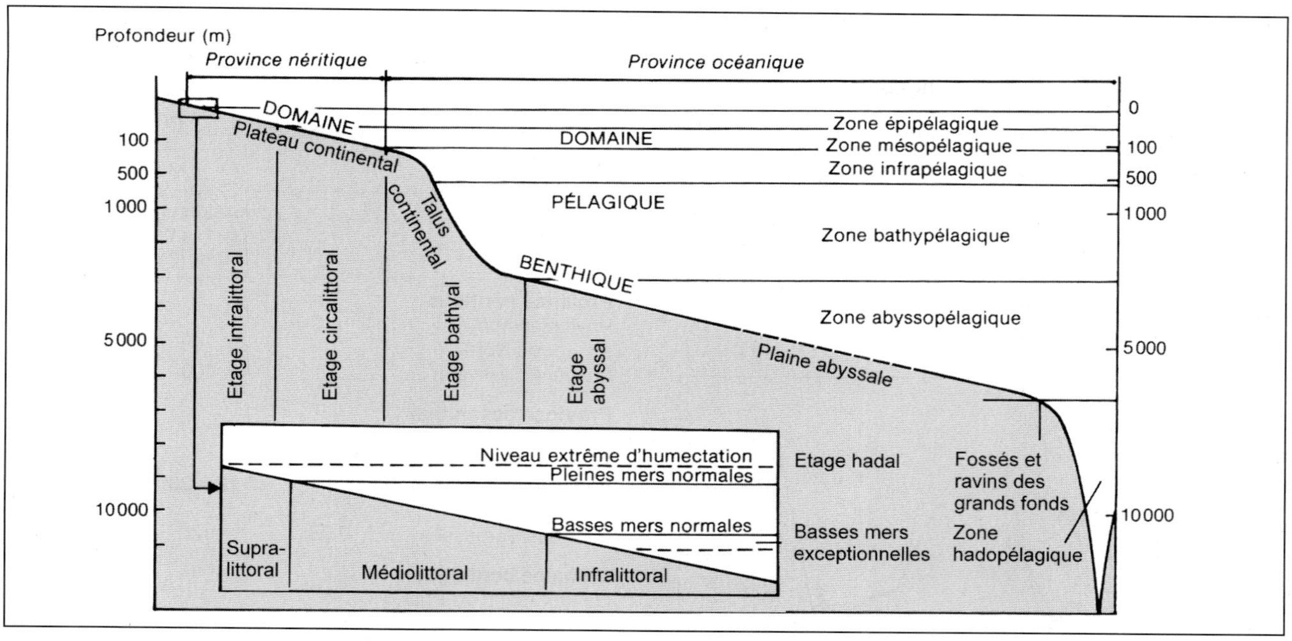

Zonation verticale et horizontale de l'**océan**. On distingue une province néritique et une province océanique. Dans chacune d'entre elles doivent être séparés le milieu pélagique (eaux libres) et le milieu benthique (interface eau-substrat) avec pour l'un et pour l'autre leurs étages respectifs. (D'après Peres, *Précis d'océanographie biologique*, op. cit., in Ramade F., *Écologie fondamentale*, Ediscience international, 2e ed., 1994, p. 503)

consiste à distinguer deux grandes régions : la *zone euphotique*, qui correspond en première approximation aux 100 premiers mètres en moyenne, dans laquelle la lumière pénètre et où se concentre en conséquence toute l'activité photosynthétique des organismes autotrophes marins. Au-delà, on entre dans la *zone aphotique*, toutes les eaux plus profondes étant plongées en permanence dans l'obscurité.

Entre ces deux zones existe une mince couche intermédiaire, la *zone dysphotique*, tout au plus de quelques dizaines de mètres, où la lumière est de faible intensité, tombant au-dessous de la valeur du seuil de compensation pour la photosynthèse des algues les plus sciaphiles. En réalité, la limite entre zones euphotiques et aphotiques se situe à une profondeur variable allant d'une trentaine de mètres pour les eaux turbides des zones limitantes esturiennes à 200 mètres dans les eaux bleues tropicales du grand large les plus pures.

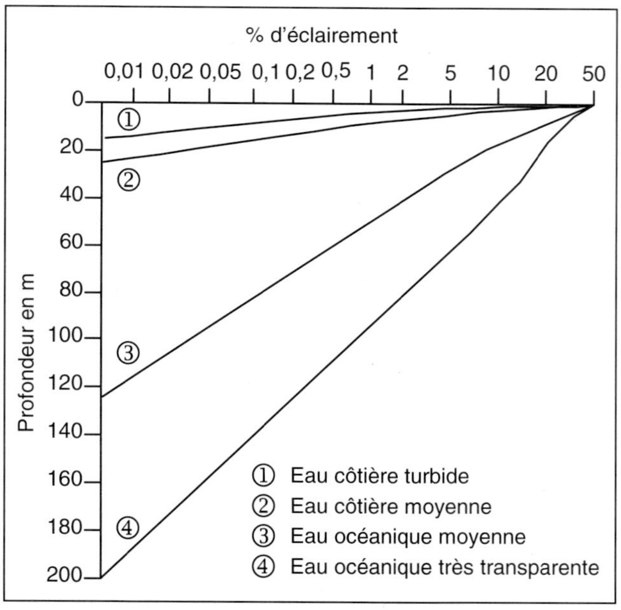

Variation de la transmission de la lumière dans l'**océan** en fonction de la profondeur et de la transparence des eaux. (D'après Jerlov in Peres, *Précis d'océanographie biologique*, 1976, Puf, p. 15)

En fonction de la profondeur, on subdivise le domaine benthique en *étages* et le domaine pélagique en *zones*. On rencontre depuis le rivage jusqu'aux plus grandes profondeurs marines les étages supralittoral, médiolittoral, infralittoral, circalittoral, bathyal, abyssal et hadal. Dans le domaine pélagique, on distingue les zones épipélagique, mésopélagique, infrapélagique, bathypélagique, abyssopélagique et hadopélagique.

Zonation horizontale de l'océan. En ce qui concerne la zonation horizontale des milieux océaniques, les faibles variations de température observées au cours du cycle annuel dans la zone euphotique où se concentre la majorité de la biomasse océanique, conjuguées à l'absence de barrières physico-chimiques entre les diverses régions que l'on y rencontre, rend souvent difficile, parfois même impossible sur de vastes étendues marines, l'individualisation d'écosystèmes océaniques bien délimités.

Il existe cependant quelques exceptions. Dans la province néritique, on peut en particulier citer les récifs coralliens, les biocœnoses benthiques des plateaux continentaux des mers arctiques et antarctiques, ainsi que les herbiers d'algues macrophytiques ou encore de phanérogames marines des mers tempérées et chaudes. De même dans la province océanique, les eaux bleues tropicales, les eaux glacées des mers polaires et en milieu benthique, les écosystèmes des sources hydrothermales abyssales – une des très grandes découvertes océanographiques de la fin du XXe siècle – ainsi que ceux de l'étage hadal constituent autant d'écosystèmes particuliers ayant leurs caractéristiques propres.

◆ **productivité de l'océan** : en réalité, au même titre que la luminosité et plus encore que la température, la teneur des eaux en phosphates et nitrates constitue le facteur limitant primordial du développement de la biomasse océanique. En effet on constate de façon générale que la teneur des eaux marines en ces éléments est des plus faibles, de l'ordre de quelques mg/m^3 d'eau pour les phosphates et de quelques dizaines de mg/m^3 pour les nitrates.

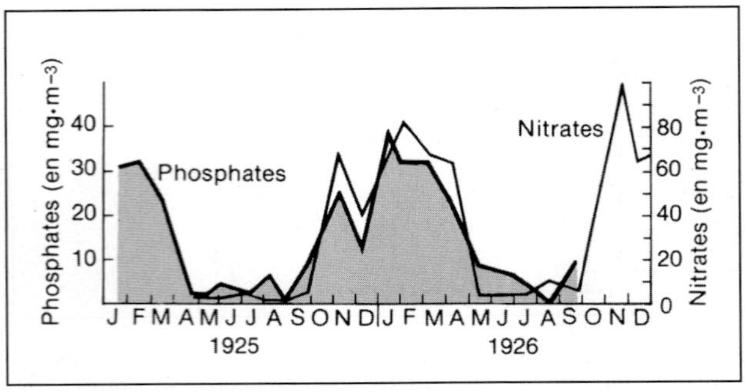

Variation de teneur des eaux de l'**océan** en nitrates et phosphates (cas de la Manche). (D'après Harvey, in Clarke, *Elements of Ecology*, John Wiley & Sons, 1967, p. 289)

Productivité primaire en milieu océanique			
Ecosystème	**Biomasse en g de C/m^2**	**Productivité primaire**	
		Moyenne	
		quotidienne (en mg de C/m^2/j)	**annuelle (en g de C/m^2/an)**
Province néritique			
Phytoplancton en mer du Nord (moyenne estivale)	2	200	100
Province océanique			
Domaine pélagique			
Phytoplancton (Pacifique équatorial)	1	10 à 200	35
Phytoplancton (mer des Sargasses)	0,05	n.d.	n.d.
Domaine benthique			
Herbier marin de Phanérogames tropicales	600	n. d.	1 000
Herbier tempéré d'algues macrophytes	400	2 000	350
Récifs coralliens	250	n. d.	500-3 000

Cela explique la distribution de la productivité océanique dont les valeurs maximales s'observent toujours sur le plateau continental en particulier dans les zones d'*upwellings* ou sur les côtes où existent des deltas ou estuaires de grands fleuves.

Par ailleurs, des recherches effectuées à la fin de la dernière décennie suggèrent que, pour d'importantes zones pélagiques de la province océanique, à tout le moins dans l'océan austral, le fer, tout autant que les phosphates, pourrait être un facteur limitant de la productivité primaire océanique. Sa concentration conditionnerait la biomasse bactérienne autotrophique qui joue un rôle important dans le recyclage et la disponibilisation des éléments minéraux nutritifs – y inclus du phosphore. Des expériences effectuées en date récente dans une zone subantarctique du sud de l'océan Pacifique ont consisté à introduire artificiellement dans les eaux de surface du fer inorganique dissous sur des centaines de km^2. En conséquence, on a noté une augmentation significative de l'abondance du phytoplancton diatoméen et de la productivité primaire. Ceci représente une démonstration directe que le fer, au moins dans cette région pélagique du Pacifique austral, est bien le facteur limitant de la production biologique.

Pourquoi les mers polaires sont-elles si productives? Le rôle essentiel que jouent les éléments minéraux nutritifs dans la productivité des eaux marines permet de comprendre un fait paradoxal en apparence : les océans Glaciaux Arctique et Antarctique, malgré la faiblesse de leur température, voisine de 0 °C, voire légèrement inférieure à cette valeur, renferment l'une des biomasses et l'une des productivités les plus élevées de l'océan mondial. L'explication en est simple : la fonte du pack de glace au printemps engendre un courant de surface, lequel provoque indirectement une remontée des eaux profondes chargées en éléments minéraux nutritifs au niveau des plateaux continentaux arctiques et antarctiques. Il en résulte une extraordinaire prolifération du phytoplancton en début et en fin de belle saison et donc celle de nombreuses espèces d'Invertébrés et de Vertébrés qui s'en nourrissent de façon directe et indirecte.

De façon générale, on constate que les plus fortes productivités des biocœnoses océaniques s'observent, quelle que

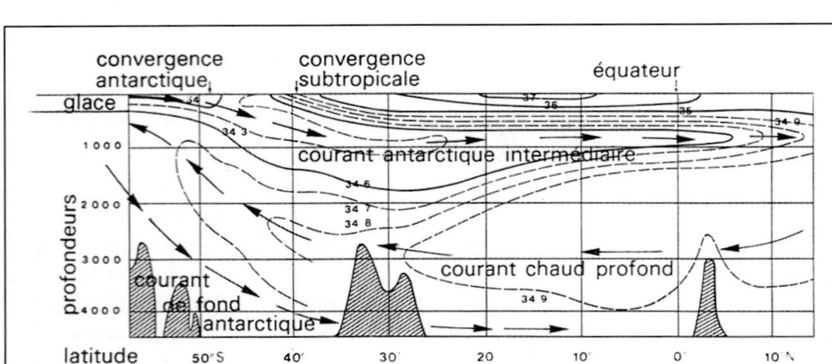

Formation d'un courant ramenant en surface les eaux profondes chargées d'éléments minéraux nutritifs dans les franges de l'**océan** Antarctique par contre-réaction au courant froid superficiel antarctique. (D'après Deacon, in Hardy, *The world of Plancton*, Collins, Londres, 1971, p. 23)

Importance des zones côtières deltaïques dans la productivité biologique de l'**océan** mondial. Distribution de la productivité biologique de l'Adriatique en fonction de l'apport des eaux fluviales. On remarque une densité planctonique maximale dans les eaux côtières des deltas les plus riches en phosphates et autres nutriments. (D'après d'Ancona et al., in Ramade F., *Écologie fondamentale*, Ediscience international, 2e ed., 1994, p. 504)

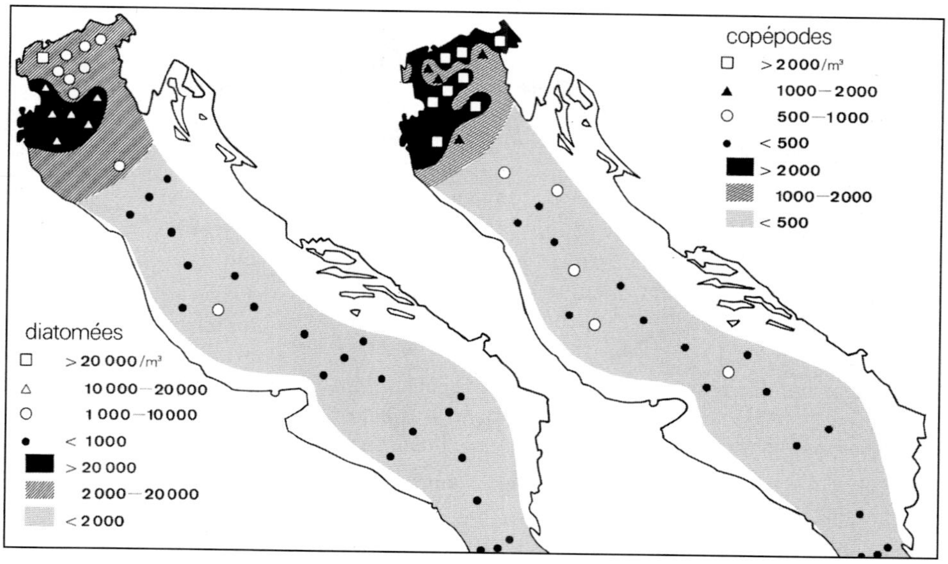

soit la latitude, dans la province néritique, donc sur le plateau continental, en particulier dans le domaine benthique. (***Voir aussi Biosphère pour la carte de la productivité primaire du milieu océanique***)

Les eaux côtières des zones estuariennes ou deltaïques figurent parmi les plus productives de l'hydrosphère.

Les productivités maximales sont atteintes dans les herbiers littoraux de phanérogames marines et surtout dans les écosystèmes de récifs coralliens où existe en outre un recyclage parfait des éléments minéraux nutritifs qui maintient de hautes productivités.

En effet, les fleuves amènent dans l'océan des eaux qui ont lessivé les terres émergées et qui sont donc chargées en éléments minéraux nutritifs. Aussi n'est-il pas étonnant que les eaux marines situées en zone estuarienne figurent parmi les régions océaniques dont la biomasse et la productivité sont maximales.

À l'opposé, dans la province océanique, la productivité est faible car les teneurs en éléments nutritifs indispensables sont très basses. Tel est en particulier le cas des eaux bleues tropicales, qui renferment une biomasse très faible et représentent en conséquence l'équivalent de déserts marins, malgré la richesse spécifique et la diversité considérable de leurs peuplements.

Dans le domaine pélagique, la production primaire est essentiellement assurée par le phytoplancton marin. Celui-ci est constitué par des Diatomées, des Dinoflagellés et des Coccolithophorides qui en représentent les groupes dominants, ainsi que par de nombreuses autres familles de Phytoflagellés phytoplanctoniques.

Écosystèmes pélagiques marins. À l'exception de quelques zones localisées telles la mer des Sargasses, le phytoplancton constitue en milieu marin l'unique groupe de producteurs primaires des écosystèmes pélagiques. Cette production primaire présente d'importantes variations dans les diverses zones océaniques selon la disponibilité en éléments minéraux nutritifs dans les eaux considérées. Elle est généralement faible, voire très faible, dans la province pélagique, généralement inférieure à 0,2 g de C/m^2/j. Elle atteint en règle générale 2,5 g de C/m^2/j dans les zones d'upwelling et jusqu'à 4 g de C/m^2/j, dans l'upwelling du Benguela, au large de la Namibie.

La production secondaire est assurée dans les zones pélagiques par le transfert d'énergie des organismes phytoplanctoniques vers les zooplanctontes herbivores, puis vers les consommateurs des niveaux trophiques supérieurs.

Les organismes zooplanctoniques sont surtout constitués par des Crustacés de faible taille (où prédominent les Copépodes). Cependant, dans l'océan Glacial Arctique, le zooplancton herbivore dominant est représenté par une espèce de crevette, (*Euphausia superba*) qui constitue le krill dont se nourrissent les grands baleinoptères.

Le zooplancton carnivore est représenté par de nombreux groupes d'Invertébrés. Outre de nombreuses familles de Copépodes et autres Crustacés pélagiques, il comporte des Chaetognathes, des Annélides (*Tomopteris* par exemple), voire des Mollusques pélagiques et divers Cnidaires (Siphonophores, Méduses acalèphes). Les biomasses zooplantoniques sont faibles dans les eaux océaniques du large, souvent comprises entre 10 et 25 g pour 1 000 m^3 d'eau marine et peut atteindre 1 600 g pour 1 000 m^3 d'eau dans des upwellings de forte productivité phytoplanctonique.

Les niveaux trophiques supérieurs sont occupés par les grands organismes nectoniques : Céphalopodes, poissons planctonophages et prédateurs, Cétacés.

La productivité secondaire des biocœnoses pélagiques dépend de la production phytoplanctonique et de l'efficacité des réseaux trophiques marins. Au niveau du zooplancton, elle se chiffre à peine en mg de C/m^2/j et est souvent de l'ordre du 1/20e au 1/10e de celle du phytoplancton. Au sommet des pyramides trophiques nectoniques, on trouve que la productivité primaire en poissons d'importance économique pour les eaux de la province pélagique est très faible, comprise entre 1g et 2,5 g pour 1 000 g de phytoplancton consommé.

En conséquence, bien que la province océanique, là où se rencontre l'essentiel du domaine pélagique, représente 92% de la surface de l'océan mondial, elle n'assure que 4% des prises de poissons des pêcheries maritimes!

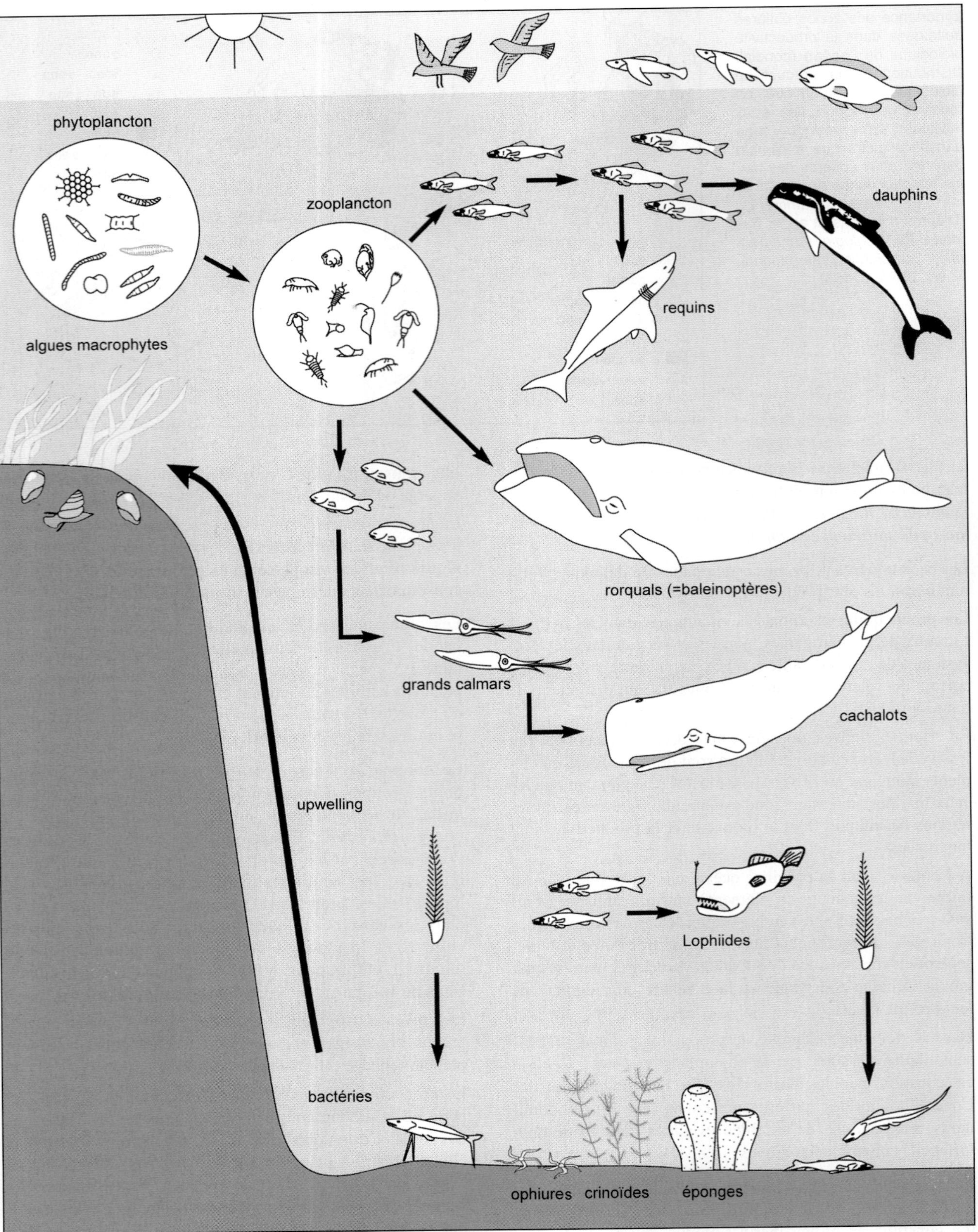

Les divers types de réseaux trophiques propres à l'**océan** mondial.

En réalité, le rendement des réseaux trophiques océaniques est de façon générale très faible en ce qui concerne la productivité secondaire utilisable par l'homme. Cela est d'autant plus vérifié que l'essentiel des activités halieuthiques concerne des espèces situées à des niveaux élevés des réseaux trophiques.

Les *Clupeidae* (hareng, sardines, anchois, etc.) figurent au tout premier rang des espèces de poissons d'intérêt économique par suite de leur productivité secondaire élevée. Cependant, l'analyse des transferts d'énergie dans la chaîne alimentaire d'un poisson pélagique, le hareng, pourtant placé assez bas dans la pyramide trophique, montre que le ren-

Rendement des transferts d'énergie dans l'**océan** : cas de la chaîne alimentaire du hareng en mer du Nord. (D'après Tett, in Ramade F., *Écologie fondamentale*, Ediscience international, 2e ed., 1994, p. 509)

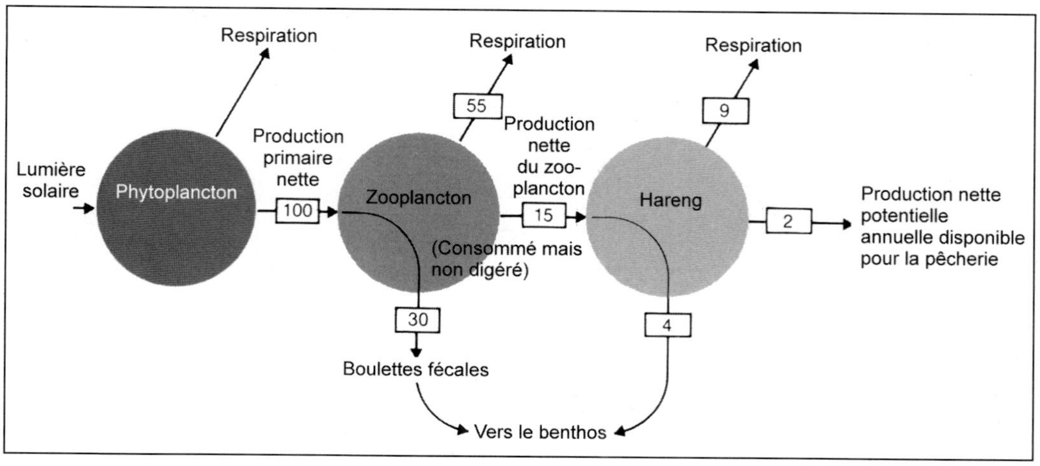

dement énergétique est relativement faible. Bien que le hareng soit situé au sommet d'une chaîne trophique relativement courte, les études de la production nette potentielle disponible pour ses pêcheries montre qu'elle n'atteint, en mer du Nord, que 2% de la production primaire nette.

L'efficacité écologique maximale des poissons pélagiques est atteinte par l'anchois du Pérou (*Engraulis ringens*) car il est zooplanctonophage à l'état larvaire et phytoplanctonophage aux stades plus âgés de son cycle vital, donc situé au sommet d'une chaîne alimentaire très courte.

À l'opposé, l'efficacité écologique de superprédateurs pélagiques comme le thon, l'espadon, le marlin, etc., est dérisoire.

En effet, ces grandes espèces carnivores sont situées au sommet de chaînes trophiques longues du type :

Phytoplancton → Zooplancton → *Clupeidae* → *Scombridae* → Thon

dont le rendement énergétique (et son équivalent exprimé en biomasse de thon produite par unité de surface et unité de temps) est de l'ordre de 10^{-5} par rapport à la production primaire nette.

Écosystèmes benthiques. Dans le domaine benthique de la province néritique, la production primaire dépend en premier lieu de diverses algues macrophytiques présentant une zonation précise en fonction de l'éclairement. De la surface vers la limite de la zone dysphotique se succèdent – en première approximation – algues vertes (Chlorophycées), algues brunes (Phéophycées) et algues rouges (Rhodophycées).

Dans certaines zones littorales, les végétaux dominants ne sont pas des algues mais de grandes Phanérogames marines : *Poseidonia*, *Zostera*, *Cymodocaea* et sur les côtes tropicales, *Thalassia*, constituant des *herbiers* installés aussi bien sur substrat meuble que sur substrat dur.

En Méditerranée, les herbiers de *Posidonia oceanica* présentent une grande biodiversité, le nombre d'espèces de poissons excédant par exemple celui des herbiers analogues des mers tropicales.

Les biomasses moyennes sont considérables atteignant en moyenne une vingtaine de tonnes à l'hectare. Ces herbiers assurent une très forte productivité primaire estimée en moyenne à 2 200 $g \cdot m^{-2} \cdot an^{-1}$ de matières végétales sèches.

Le long des côtes de l'océan Pacifique croissent, dans les zones tempérées des deux hémisphères, des peuplements d'algues macrophytes constitués essentiellement par une Phaeophycée géante : *Macrocystis pyrifera* dont le thalle atteint plusieurs dizaines de mètres de longueur. Sur le littoral californien, les biomasses de *Macrocystis*, qui peuvent atteindre une quarantaine de $t \cdot ha^{-1}$, sont à la base d'un réseau trophique complexe de consommateurs.

Les **récifs coralliens** qui représentent des écosystèmes strictement inféodés aux mers tropicales constituent, par les surfaces qu'ils couvrent, le plus important des écosystèmes benthiques bien individualisés. Ils s'étendent en effet dans la province néritique sur une surface totale de 600 000 km^2, loin devant les herbiers de Phanérogames marines (200 000 km^2).

La productivité biologique des récifs coralliens figure au tout premier rang de l'ensemble des écosystèmes de la biosphère. Elle est estimée comprise entre 500 et 3 000 g de $C \cdot m^{-2} \cdot an^{-1}$, avec une moyenne de l'ordre de 2 000 g de $C \cdot m^{-2} \cdot an^{-1}$.

Un dernier type d'écosystème néritique est constitué par les **mangroves** littorales propres aux basses côtes tropicales.

Il s'agit en réalité d'écosystèmes amphibies, mi-terrestres mi-marins, puisque la production primaire y est essentiellement assurée par des arbres comme les palétuviers, capables de se développer dans les vases littorales donc en milieu salé. Leur productivité primaire est aussi très élevée excédant 2 000 $g \cdot m^{-2} \cdot an^{-1}$ de matières sèches.

Un autre type d'écosystème benthique correspond aux milieux situés à l'interface sédiments-eaux libres au fond de la plaine abyssale et des grandes fosses marines. Ces milieux, quoique peu productifs, revêtent un grand intérêt écologique. Ils sont dépourvus de producteurs sauf au voisinage des sources thermales marines où existent des bactéries chimio-autotrophes.

En conséquence, le réseau trophique est essentiellement sapro-détritiphage. Les organismes se nourrissent de la pluie continuelle de matière organique morte : boulettes fécales zooplanctoniques et excréments du necton, éventuellement cadavres d'animaux. Ces organismes saprophages entretiennent des réseaux trophiques complexes de prédateurs. ***(Voir aussi Mangrove, Pêcheries, Plancton, Récifs coralliens)***

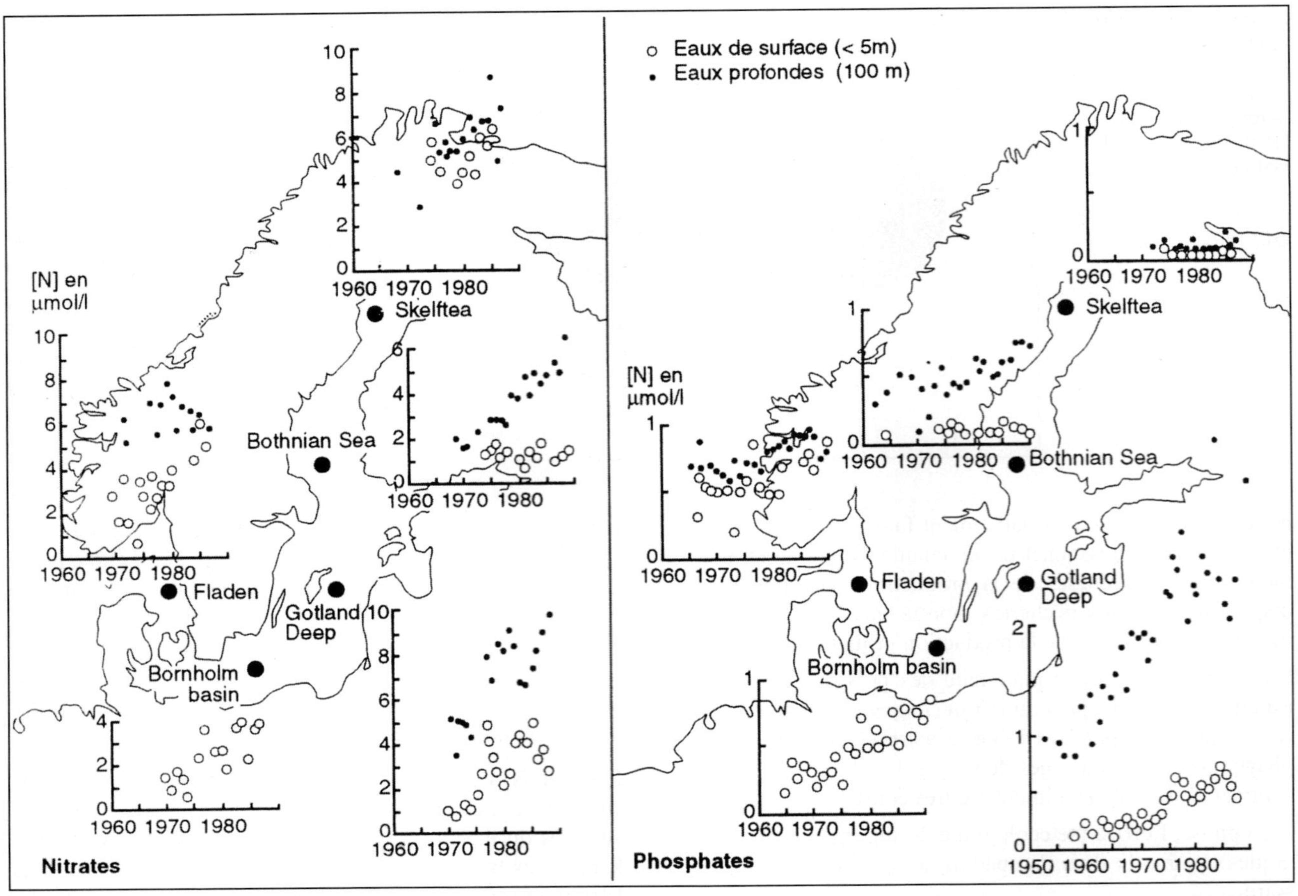

Augmentation continue de la teneur en nitrates et phosphates des eaux littorales de la mer du Nord et de la mer Baltique due aux pollutions telluriques au cours des dernières décennies. L'évolution des concentrations exprimées en moles/litre est indiquée pour les divers sites de prélèvement marqués par un cercle noir. (D'après Rosenberg et al., *Ambio*, 1990, vol. 19, n° 3)

◆ **pollution des océans** : la pollution des océans est le résultat d'un grand nombre de rejets de type très différents. Il faut tout d'abord distinguer une pollution directe, provenant du déversement accidentel et parfois volontaire de divers effluents chargés de composés minéraux ou organiques toxiques.

À cela s'ajoute une pollution indirecte liée aux apports telluriques charriés par les cours d'eau, ou amenés par les précipitations dans les zones les plus reculées de l'océan mondial. On peut distinguer cinq grands types de sources de pollution de l'océan :

– ***Matières organiques fermentescibles*** : elles proviennent d'effluents urbains des villes riveraines et des apports par les eaux fluviales. Ces dernières sont la cause d'une grave dystrophisation des eaux littorales.

Ce type de rejet est particulièrement préoccupant dans des mers fermées comme la Méditerranée, où la plupart des grandes villes ne disposent pas de station d'épuration digne de ce nom. Ainsi, Marseille a rejeté sans aucune épuration une quantité de matières organiques fermentescibles de 1,5 million d'équivalent habitant, jusqu'en 1989, dans les eaux de la célèbre côte des Calanques. À cette date a été alors mise en service son usine de retraitement des eaux urbaines dont l'efficacité, avec un taux d'épuration de l'ordre de 50%, n'est pourtant pas satisfaisante.

– ***Éléments et composés minéraux*** : ils proviennent de diverses sources mais il existe en général une relation entre l'importance des rejets et la densité des populations littorales.

1. Des rejets de sels minéraux nutritifs d'origine agricole ou d'effluents urbains (nitrates, phosphates) causent de graves dystrophisations sur les côtes des pays industrialisés, en particulier aux alentours des zones estuariennes.

De nombreuses marées « rouges », « brunes » ou « vertes » ont été rapportées depuis le début des années 1980, à la fois des côtes Nord américaines de l'Atlantique, dans la mer des Caraïbes, dans la mer du Nord, et dans la Baltique, sur le littoral atlantique d'Europe occidentale (Bretagne en particulier), en Méditerranée, enfin sur le littoral du Pacifique, en Chine et au Japon.

2. Des métaux divers, en particulier mercure, cadmium, plomb, cuivre, et d'autres éléments toxiques également d'origine tellurique.

– ***Composés organiques de synthèse*** : il en existe un grand nombre dont certains figurent parmi les contaminants exerçant une action dont les conséquences écotoxicologiques se manifestent à l'échelle globale. Leur introduction dans le milieu océanique provient en grande partie de leur transfert atmosphérique.

Les composés organochlorés, insecticides et PCB, se rencontrent depuis plusieurs décennies dans l'ensemble de l'hydrosphère. À ces derniers doivent être ajoutés d'autres polluants organiques persistants : les dioxines et les polychlorobenzofurans qui eux se forment dans des réactions

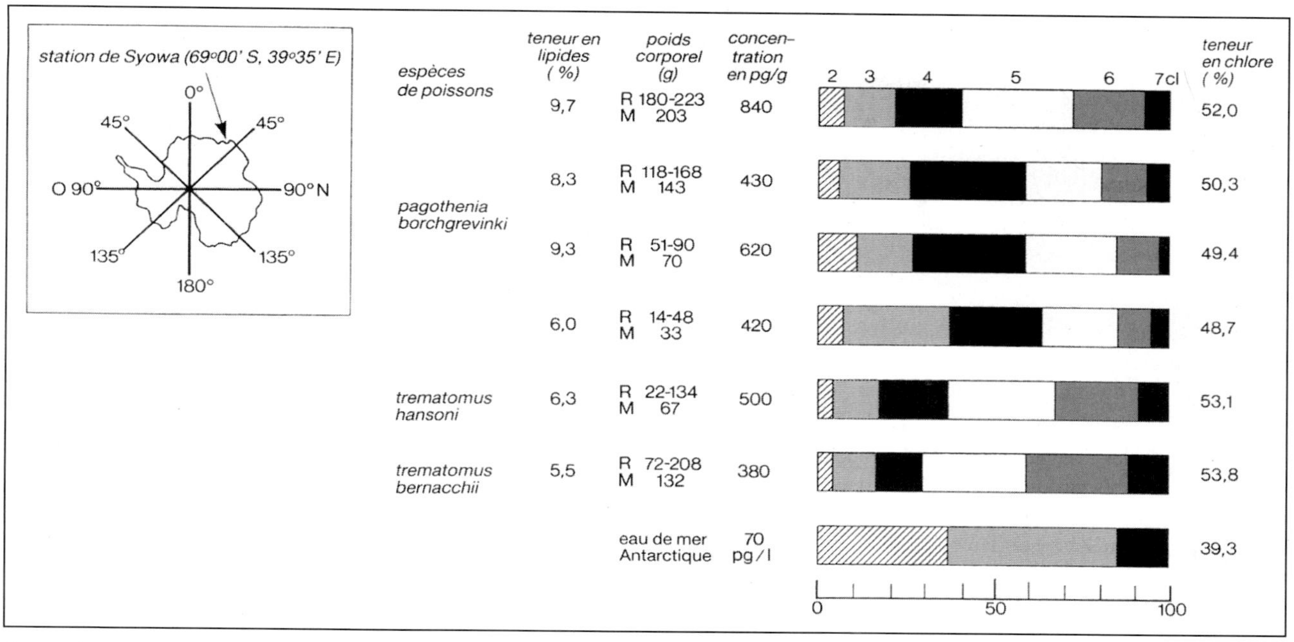

Contamination par les PCB des réseaux trophiques de l'**océan** glacial antarctique : cas des poissons antarctiques benthiques de la famille des *Nototheniidae* près de la station de recherche japonaise de Syowa Bay. Le diagramme représente la proportion relative des divers PCB, caractérisés par le nombre de chlores dans leur molécule, détectés dans l'eau de mer et dans l'organisme de ces poissons prélevés dans la zone littorale de la station de Syowa. On remarque une plus forte bioaccumulation des PCB riches en chlore par rapport à l'eau de mer lié à leur métabolisation très lente. (R = extrêmes, M = moyenne). (D'après Subramanian et al., *Arch. Env. Cont. Toxicol.*, vol. 12, 1983, n°6, p. 621 et 623)

secondaires à partir de divers composés organochlorés. Des traces en ont été trouvées même dans l'organisme de poissons prédateurs et de cétacés capturés dans les zones les plus reculées du Pacifique tropical!

L'extension de la contamination par ces composés a été démontrée avec la mise en évidence de PCB dans la biomasse de poissons benthiques qui vivent dans le plateau continental antarctique.

– ***Hydrocarbures*** : liés essentiellement au transport pétrolier, parfois aux accidents liés à l'exploitation de puits *off shore*, ils constituent une source permanente de pollution des océans.

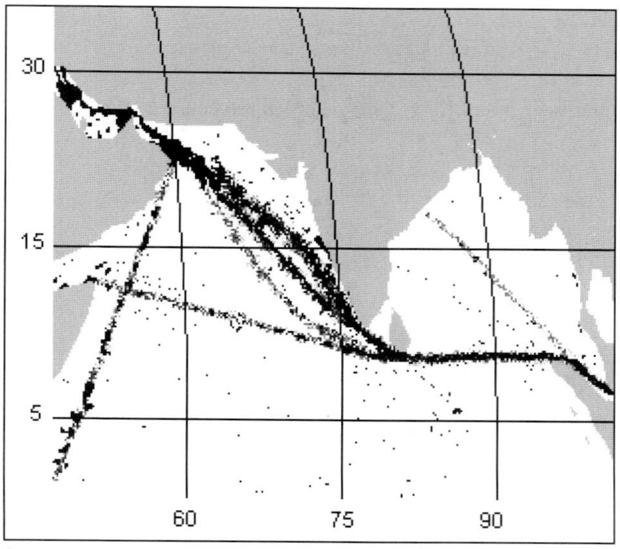

Dessin réalisé à partir de vues satellitaires de l'**océan** Indien montrant la pollution des eaux marines par le trafic pétrolier (D'après Gupta et Kureishy, op. cit., p. 120)

Bien qu'il existe des écarts selon les sources dans l'estimation des quantités rejetées, celles-ci sont certainement supérieures à 3 millions de tonnes par an, ce qui est tout à fait considérable si l'on songe qu'une tonne de pétrole peut recouvrir 12 km^2 d'océan! En outre, il existe des différences d'écotoxicité, liées à la fois au type d'hydrocarbures rejetés et aux conditions écologiques – températures en particulier – propres aux zones océaniques contaminées. Ainsi, les 33 000 t de pétrole « perdues » par l'*Exxon Valdez* en 1989 sont équivalentes au plan de l'impact écologique au naufrage de l'*Amoco Cadiz*, compte tenu à la fois des basses températures des eaux de la région contaminée et des conditions courantologiques ayant conduit à polluer 600 km de la côte Sud de l'Alaska. De même, le naufrage de *l'Erika* au large du Morbihan en décembre 1999, qui n'aurait « perdu » dans les eaux de l'Atlantique « que » 15 000 t de fuel lourd n°2 dont l'écotoxicité est la pire de tous les carburants, dépasse nettement, au plan de l'impact écotoxicologique, le naufrage de l'*Amoco Cadiz* qui avait déversé 220 000 t de pétrole brut sur les côtes d'Armor! ***(Voir aussi Hydrocarbure, Marées noires, Pétrole)***

– ***Pollution radioactive*** : on peut distinguer deux causes distinctes : l'une, toujours actuelle, due aux rejets provenant de l'industrie nucléaire, aujourd'hui encore fort limitée et une autre remontant à plusieurs décennies et à laquelle il a été heureusement mis un terme, due aux essais d'engins nucléaires principalement dans diverses îles de l'océan Pacifique, en particulier dans l'archipel d'Eniwetok où les États-Unis firent exploser entre 1945 et 1960, sur le site de l'atoll de Bikini plusieurs centaines de mégatonnes de bombes A et H. Les essais français effectués dans l'atmosphère à Muruoa Fangatofa entre 1962 et 1974 portèrent sur des quantités très réduites en proportion des essais américains antérieurs.

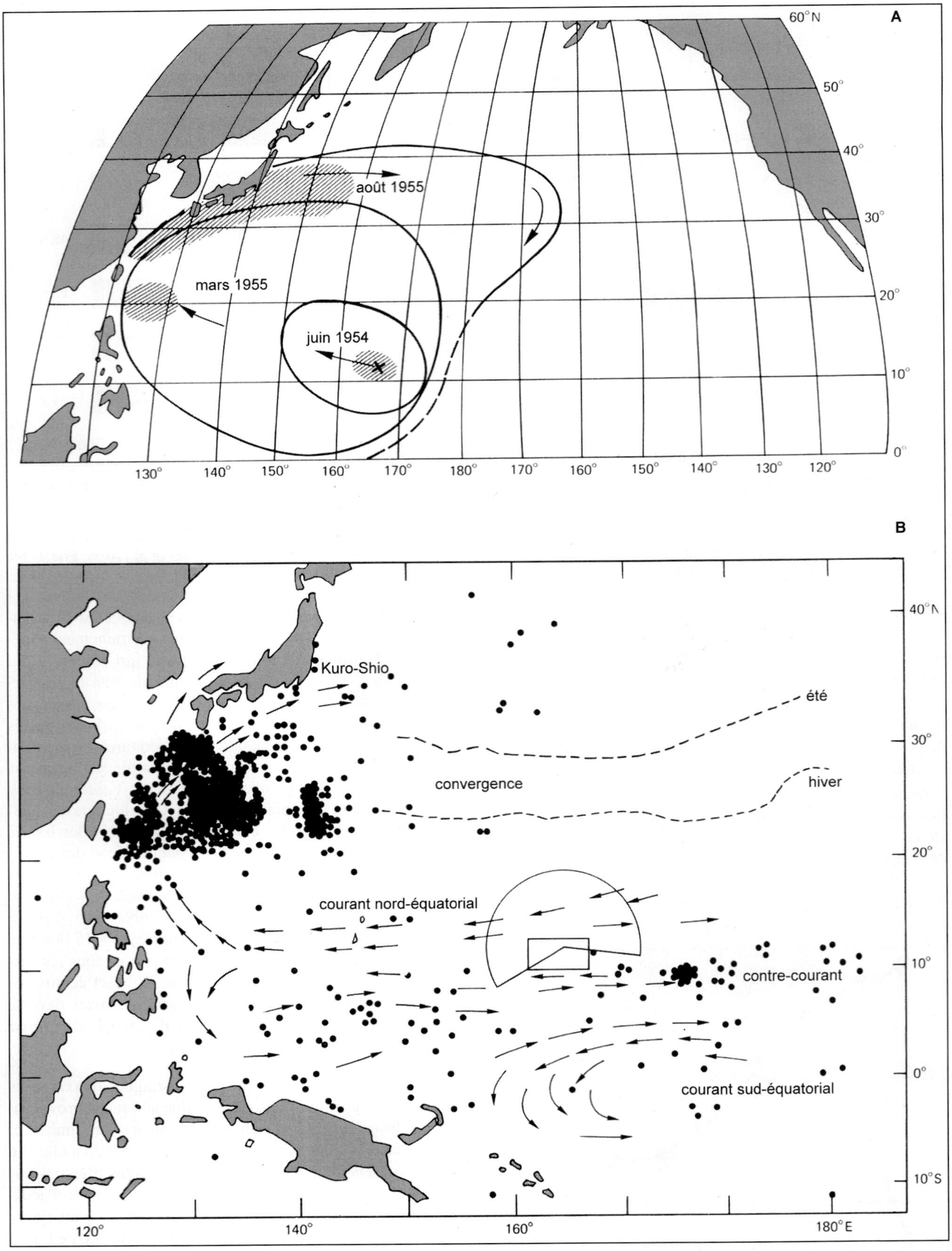

Pollution de l'**océan** Pacifique par les retombées des expériences nucléaires américaines sur le site de Bikini, dans l'archipel d'Eniwetok en 1954. La croix sur la carte en A figure l'emplacement du polygone de tir de Bikini. Remarquer l'extension progressive des zones contaminées. Les hachures figurent le déplacement des zones de retombées maximales. En B) sont figurées les zones de pêcheries où furent capturés des poissons fortement radioactifs. Il existe une rigoureuse corrélation entre les zones océaniques exposées aux plus fortes retombées et celles où fut observée la contamination maximale de la biomasse marine. (D'après Miyaque, in Ramade F., *Écologie appliquée*, Ediscience international, 5e ed., 1995, p. 346)

Ces essais d'engins dits de « dissuasion » ont provoqué une importante pollution radioactive de certaines zones du Pacifique par les produits de fission libérés dans l'environnement – persistant aujourd'hui encore à Eniwetok par exemple – ainsi qu'une contamination de nombreuses espèces de poissons d'importance halieuthique. Cela contraignit les autorités japonaises à l'apogée des essais, dans les années 1950, à passer systématiquement au compteur Geiger les poissons débarqués dans les ports de pêche hauturière du pays. Aujourd'hui encore, quelques préoccupations subsistent relativement à la pollution radioactive potentielle due aux séquelles de la guerre froide par suite de l'immersion dans la mer Blanche, sans aucune mesure de radioprotection, des sous-marins nucléaires ex-soviétiques déclassés.

La pollution de l'océan due à l'industrie nucléaire résulte de deux causes : les rejets d'effluents dilués par les centrales nucléaires et surtout de ceux des usines de retraitement de combustibles irradiés, enfin de l'immersion de déchets de faible et moyenne activité.

La pollution des eaux littorales par ces rejets a donné parfois lieu à des phénomènes de bioamplification dans les réseaux trophiques.

À titre d'exemple, dans les années 1950 et 1960, l'usine de retraitement de Windscale (aujourd'hui Sellafield) en Angleterre, qui rejetait divers effluents dilués renfermant des produits de fission contamina la mer d'Irlande avec du ruthénium 106. Celui-ci eut pour conséquence des phénomènes de bioconcentration dans des algues rouges (*Porphyra umbilicalis*), qui servent à fabriquer du pain d'algue consommé par plusieurs dizaines de milliers de personnes. Il fut démontré que cette bioconcentration conduisait à une exposition des individus concernés à des doses d'irradiation pouvant excéder la CMA de ce radionucléide dans l'alimentation humaine. Il existe aussi divers autres exemples de bioamplification du strontium 90 et du césium 137 en milieu marin. ***(Voir aussi Déchet, Nucléaire, Pollution radioactive, Ruthénium)***

océanicité, n. f. (*oceanicity*). Influence exercée par le milieu océanique sur le climat des zones continentales riveraines.

océanien, adj. ◆ **empire ~** (*oceanian empire*) : désigne l'une des grandes subdivisions biogéographiques de la biosphère correspondant à l'ensemble des îles du Pacifique tropical.

océanique, adj. (*oceanic*). Qui se rapporte à l'océan.

océanodrome, adj. (*oceanodromous*). Organisme qui migre uniquement à l'intérieur de la province océanique, c'est-à-dire dans les eaux du large.

océanologie, n. f. (*oceanology*). Discipline dont l'objet est l'étude des océans et des mers du globe.

octane, n. m (*octane*). Hydrocarbure aliphatique saturé en C_8 qui présente une grande résistance à l'autodétonation lorsqu'il est mélangé à de l'air. ◆ **indice d'~** (*octane rating*) : indice mesurant la résistance à l'autodétonation d'une essence lorsque ce carburant est comprimé. Le rendement thermodynamique d'un moteur est d'autant meilleur – donc la consommation plus faible – que son taux de compression est plus élevé, ce qui implique l'emploi de carburants à haut indice d'octane, généralement d'au moins 95 dans les moteurs modernes.

Jusqu'à une date récente, cet indice était augmenté en ajoutant aux supercarburants des antidétonants du groupe des alkyl-plombs tel le plomb-tétraéthyle. La nécessité de supprimer le plomb des essences, pour monter des pots catalytiques afin de diminuer la pollution atmosphérique, a conduit à l'adoption d'essences sans plomb. Dans celles-ci, l'indice d'octane est accru par addition d'alcool, d'hydrocarbures aromatiques, d'esters et d'autres antidétonants comme des dérivés organomanganiques. ***(Voir aussi Plomb, Pot catalytique)***

octanol-eau, n. m. ◆ **coefficient de partage ~** : rapport de concentration d'un composé organique dissous à saturation dans le n-octanol et dans l'eau. Symbolisé par K_{ow}, il mesure le degré d'hydrophobie (ou de lipophilie) d'une substance. En pratique, compte tenu de la grande amplitude de valeurs obtenues, on le figure sous forme logarithmique (Log_{10} K_{ow}). Il existe une corrélation directe entre la valeur de ce coefficient et le facteur de concentration auquel un composé lipophile se trouve bioconcentré dans une chaîne trophique. ***(Voir aussi Bioamplification, DDT, K_{ow})***

Octopodes, n. sc. (*octopoda*). Sous-classe de Mollusques Céphalopodes qui réunit les pieuvres, les calmars et les seiches. ***(Voir aussi Céphalopodes, Mollusques)***

Odocoileus, n. sc. Nom de genre de Cervidés d'Amérique du Nord tempérée qui présentent une affinité avec les cerfs et les daims. ◆ ***~ hemionus*** : nom scientifique du cerf mulet, espèce répandue dans tout l'ouest de l'Amérique du Nord, depuis les zones non tropicales du Mexique jusqu'au Canada, à l'exclusion des régions arcti-

Femelle de cerf-mulet (***Odocoileus hemionus***) (parc national Lassen Volcanic, Californie, États-Unis). (Cliché F. Ramade)

ques. ◆ ~ ***virginicus*** : nom scientifique du daim de Virginie, espèce dont l'aire biogéographique est plus étendue que celle du cerf mulet, se rencontrant dans l'ensemble de l'Amérique du Nord à l'exclusion des régions tropicales. Inféodée aux habitats forestiers, elle est plus fréquente dans l'est de ce continent où elle constitue la grande espèce de Mammifères la plus chassée. Ces deux espèces d'*Odocoileus* ont donné lieu à des travaux approfondis de démoécologie qui ont contribué à établir les fondements de cette discipline.

Odonates, n. m. (*Odonata*). Ordre d'Insectes primitifs (Paléoptères), constitué d'espèces de grande taille, dont les larves de régime prédateur – de même que les adultes – vivent généralement au fond des biotopes aquatiques cachées à la surface des sédiments. On distingue deux sous-ordres, celui des Libellules vraies (Anisoptères) et celui des Demoiselles (Zygoptères). ***(Voir aussi Anisoptères, Zygoptères)***

Odontocètes, n. m. (*Odontoceta*). Groupe de Mammifères constitué par l'ensemble des Cétacés à dents : cachalots, dauphins, marsouins. ***(Voir aussi Cladogramme, Océan)***

Oedogonium, n. sc. Bactéries aquatiques intervenant de façon significative dans la dégradation des matières organiques.

œstrogène(s), n. m. et adj. (*oestrogen*). Hormones sexuelles stéroïdes, naturelles ou synthétiques, sécrétées par les gonades des Vertébrés, qui contrôlent la croissance et l'activité de leur appareil reproducteur ainsi que leurs caractères sexuels secondaires. Elles sont également produites, quoique en moindre quantité, par les surrénales et le placenta. Diverses catégories de polluants de l'environnement (nombreux organochlorés par exemple) présentent des effets œstrogènes avec, en divers cas, de redoutables conséquences pour de nombreux peuplements animaux qui leur ont été exposés dans la nature. Ces derniers soulèvent aussi de nos jours de sérieuses préoccupations relativement à leur impact éventuel sur les populations humaines ingérant en permanence avec l'eau et les aliments de faibles concentrations de ces contaminants doués de tels effets œstrogènes. Diverses données épidémiologiques confirment le rôle de divers polluants xénobiotiques doués de propriétés œstrogéno-mimétiques dans l'augmentation de prévalence de divers cancers. ***(Voir aussi Endocrine, Hormone)***

œstrogénomimétique(s), adj. (*oestrogenomimetic*). Désigne des substances naturelles ou de synthèse douées de propriétés œstrogènes. De nombreux polluants organiques, en particulier des composés organochlorés (PCB, divers insecticides de ce groupe tels le DDT), des détersifs (nonylphénols polyéthoxylés) agissent sur les récepteurs des

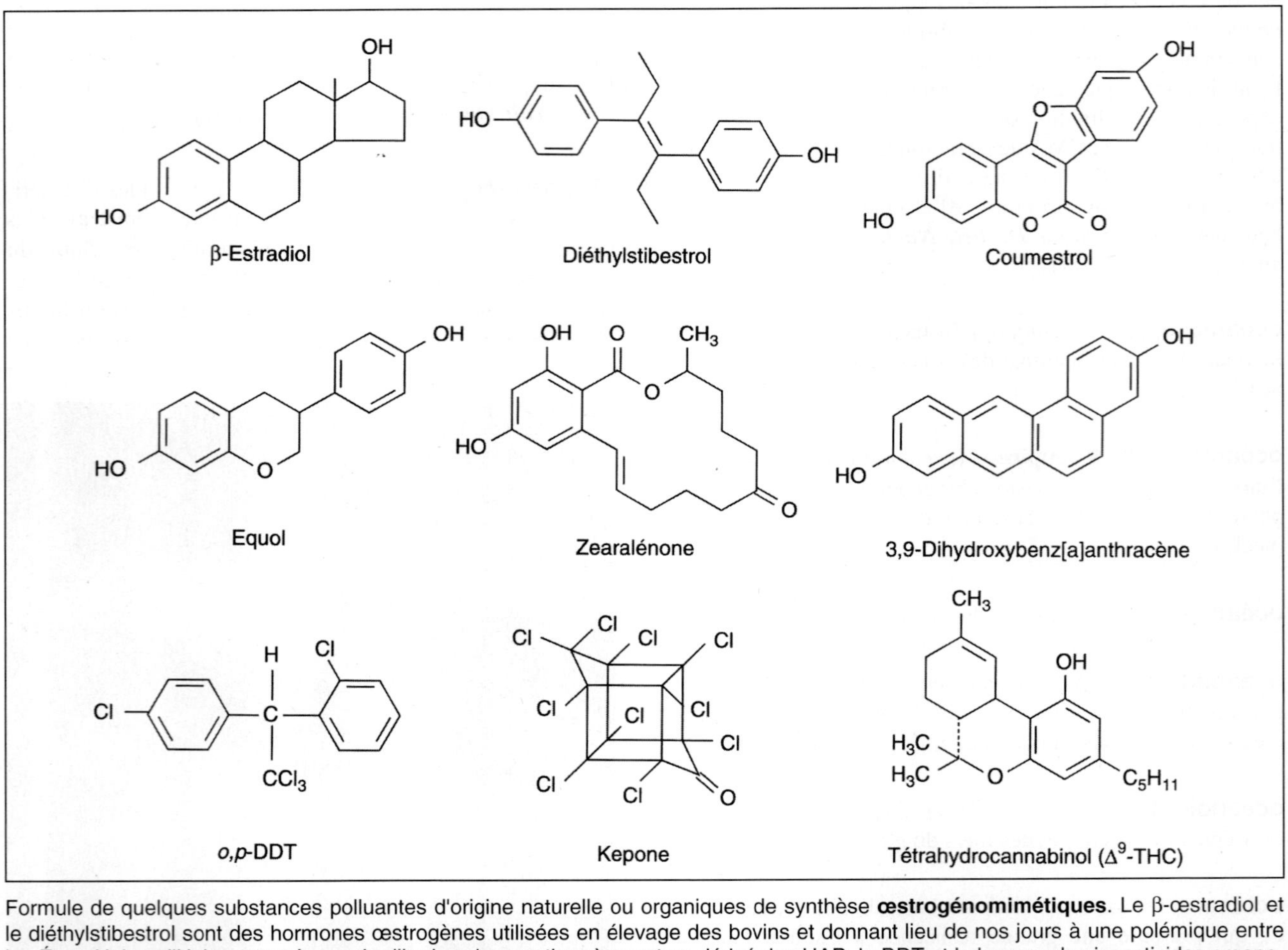

Formule de quelques substances polluantes d'origine naturelle ou organiques de synthèse **œstrogénomimétiques**. Le β-œstradiol et le diéthylstibestrol sont des hormones œstrogènes utilisées en élevage des bovins et donnant lieu de nos jours à une polémique entre les États-Unis et l'Union européenne, le dihydroxybenzanthracène est un dérivé des HAP, le DDT et le kepone des insecticides organochlorés, le THC un stupéfiant constituant la substance active du hachich. (In Ramade F., *Dictionnaire encyclopédique des pollutions*, Ediscience international, 2000, p. 341)

hormones œstrogènes induisant des effets de ce type. Les substances œstrogénomimétiques sont donc responsables d'altération de la reproduction tant chez les Invertébrés que chez les Vertébrés. Outre une interférence bien connue avec la reproduction des oiseaux, elles agissent aussi sur la fécondité et la fertilité des mammifères. Ainsi, il a été démontré que le DDT induisait chez les femelles de rat une activité œstrogénique en stimulant les muqueuses utérines et vaginales et en réduisant la LH sérique. Des effets analogues ont été mis en évidence chez diverses espèces d'Invertébrés. Ces substances œstrogénomimétiques peuvent aussi provoquer une diminution de fécondité des mâles avec parfois perte des caractères sexuels secondaires. ***(Voir aussi DDT, Nonylphénols polyéthoxylates, Organochlorés)***

œuf, n. m. (*egg*). Stade initial du cycle vital des espèces vivantes, l'œuf renferme le zygote constitué par la fusion des gamètes mâles et femelles.
Chez les animaux, outre sa signification embryogénique, l'œuf représente une écophase correspondant à une forme de durée.
Les œufs d'invertébrés sont généralement entourés d'une seule enveloppe de nature protéique dénommée chorion.
Chez les Vertébrés, les œufs d'oiseaux et de nombreux Reptiles sont au contraire pourvus d'une coquille calcifiée, parfois très résistante. Il convient de noter que l'exposition à certains polluants, aux propriétés œstrogénomimétiques, perturbe le dépôt du calcium dans la coquille des oiseaux ce qui les fragilise d'où échecs de couvaison plus nombreux. ***(Voir aussi DDT, Œstrogénomimétique)***

off-shore, adj. Désigne les zones océaniques situées au large. ◆ **forages, puits ~** (*offshore wells*) : activités d'extraction pétrolière situées en mer. Actuellement, ces dernières s'effectuent en routine jusqu'à 200 m de profondeur, soit la limite du plateau continental, et des équipements pilotes forant en mers profondes sont en cours d'essai. Les accidents survenus sur des têtes de puits sous-marins ont été à l'origine de marées noires figurant parmi les plus désastreuses par l'importance des quantités de pétrole libérées et donc de l'étendue de la pollution océanique qui en est résultée. ***(Voir aussi Ixtoc-One)***

OGM (*GMO*). Abréviation d'organismes génétiquement modifiés (syn. : organismes transgéniques). Organismes auxquels on a transféré un ou plusieurs gènes étrangers c'est-à-dire appartenant à une autre espèce. Actuellement, les OGMs trouvent un nombre croissant d'applications dans divers domaines : la recherche médicale d'abord (par exemple, des souris transgéniques permettent d'étudier des pathologies comme certains cancers) ; la recherche pharmaceutique (organismes fabriquant des molécules d'intérêt thérapeutique, par exemple l'insuline, ou encore des vaccins comme celui de l'hépatite B qui sont produits par des bactéries transgéniques ou des « bananes-vaccins », bananes transgéniques fabriquant un antigène). Enfin et surtout, l'agriculture est le domaine privilégié d'utilisation des OGMs par lesquels ont été obtenus des cultivars (variétés de plantes cultivées aux rendements plus élevés et (ou) résistantes à certains ravageurs, ou encore résistantes aux herbicides). Ces gènes de résistance permettent de traiter la variété concernée avec un phytocide contre les plantes adventices lesquelles, par compétition avec la plante cultivée, diminuent les rendements de la culture.

◆ **problèmes d'impact potentiel des OGM sur l'environnement** : si les OGMs de laboratoire, sous réserve qu'aucun ne s'en échappe, ne soulèvent pas *a priori* de problème écologique, il n'en va pas de même pour les OGMs cultivés dans la nature, qu'il s'agisse de champs expérimentaux ou *a fortiori* de cultures industrielles.

Dès à présent, il existe divers cultivars génétiquement modifiés de maïs, soja, colza, coton, etc. qui couvrent des surfaces croissantes et déjà considérables sur la plupart des continents, en particulier de soja et de maïs. Ainsi, en 2000, ces deux plantes représentaient à elles seules respectivement 52,6% et 26% des superficies cultivées en OGMs dans l'ensemble du monde devant le coton (9,4%) et le colza (8,4%). Les États-Unis étaient en tête avec quelque 28,6 millions d'hectares, soit 70% de la surface totale mondiale plantée en OGMs, suivis de l'Argentine avec quelque 5,8 millions d'hectares, puis la Chine (1,3 million d'hectares).

Néanmoins, même en se tenant en dehors de la polémique liée au problème de l'agriculture transgénique, force est de reconnaître que la réalisation de cultures de plantes génétiquement modifiées à grande échelle est prématurée car de nombreuses recherches paraissent encore nécessaires pour évaluer de façon satisfaisante l'impact de ces OGMs sur les écosystèmes.

Parmi les risques liés à leur usage à grande échelle, celui de l'éventuelle hybridation des plantes transgéniques avec des plantes ordinaires appartenant à la même famille s'est déjà concrétisé avec le croisement d'un cultivar de colza transgénique porteur d'un gène de résistance aux herbicides avec une plante adventice des cultures, la navette. Il s'agit d'un risque de nature générale s'il existe dans la nature une espèce autochtone sauvage taxonomiquement proche de l'espèce cultivée génétiquement transformée.

Parmi les autres risques liés à l'usage des variétés transgéniques figure la commercialisation d'OGMs synthétisant un insecticide, comme le maïs de Monsanto résistant à plusieurs de ses ravageurs principaux : la pyrale (*Pyrosta nubilalis*) et les noctuelles (*Sesamia sp.*) dont les chenilles dévorent sa tige, grâce à l'introduction du gène qui synthétise la toxine thermostable du *Bacillus thuringiensis* (BT), un puissant insecticide bactérien. Ici les préoccupations des environnementalistes au plan écotoxicologique sont de deux ordres : l'éventualité de toxicité à long terme pour le consommateur humain, car les effets toxicologiques de cet insecticide naturel restent discutés ainsi que l'éventualité de destruction inutile d'insectes non cible – la destruction d'autres insectes n'étant pas exclue bien que cette problématique soit très générale et concerne aussi l'usage à vaste échelle des insecticides chimiques. Cette éventualité s'est déjà matérialisée avec la mortalité de la chenille d'un spectaculaire papillon *Danaidae* d'Amérique du Nord, le monarche, intoxiquée par la consommation de pollen de plantes transgéniques ayant incorporé le gène de cette toxine.

À l'opposé, la culture de cultivars transgéniques résistant à des herbicides universels tels le glyphosate (*Roundup*®), et le transfert du gène concerné à des plantes adventices fait

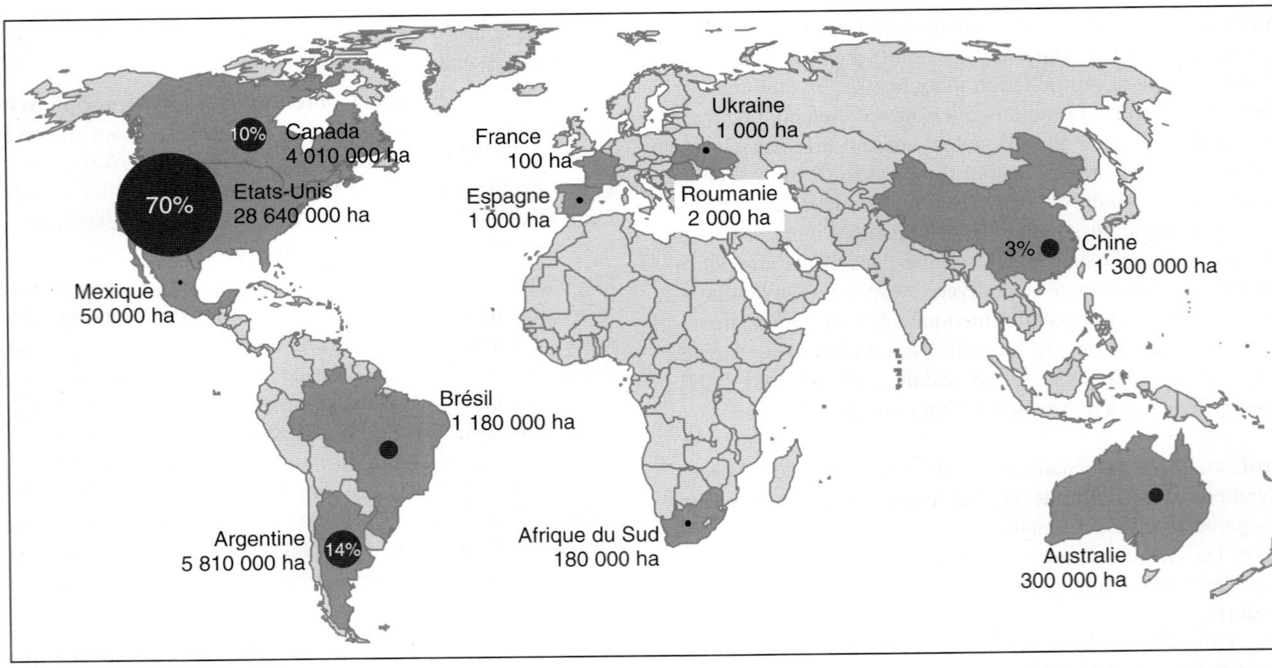

Surfaces des cultures transgéniques dans les divers pays du monde. Une nouvelle réglementation a certes interdit au Brésil l'usage des **OGMs** mais des semences introduites illégalement d'Argentine et d'ailleurs seraient toujours utilisées dans les États du Sud de ce pays. Les pourcentages figurent la proportion d'OGM utilisés par rapport au total des surfaces cultivées dans les diverses espèces végétales où existent des variétés transgéniques (maïs et soja principalement). (Source Union Européenne, 1997, in *Le Monde*, supplément du 20 octobre 2000, p. 21)

que ces mauvaises herbes ne pourraient plus être éliminées si elles se répandaient dans l'espace rural, danger d'autant plus grand que l'hybridation avec des espèces sauvages autochtones conduit aussi celles-ci à résister à tous les herbicides connus.

Un autre problème écologique lié à la transgenèse tient en ce que les OGMs renferment deux gènes bactériens de résistance aux antibiotiques qui servent de gènes marqueurs de clonage. Ces derniers sont introduits dans l'OGM via les plasmides bactériens dans lesquels on a inséré le gène d'intérêt recherché (par exemple gène contrôlant la synthèse de l'insecticide bactérien du BT afin de permettre la sélection des bactéries génétiquement modifiées en présence du premier antibiotique). La résistance au second antibiotique permet de sélectionner les cellules végétales ayant intégré le caractère recherché (ici synthèse de la toxine insecticide du BT). Les antibiotiques les plus utilisés à cette fin sont la streptomycine, la kanamycétine et aussi, chez le maïs, l'ampicilline. Il s'ensuit une probabilité aujourd'hui encore fort mal évaluée de passage intempestif de ces gènes dans des souches de nombreuses espèces bactériennes présentes dans les sols voire de celles du tube digestif de l'homme.

Par ailleurs, les OGMs sont ensemencés au détriment des nombreuses variétés existantes de plantes cultivées (exemple du maïs ou du riz) et représentent une atteinte à la biodiversité des végétaux importants pour la production agricole qui risque de conduire à la disparition d'une fraction majeure, voire de l'essentiel du patrimoine génétique en cultivars, des principales espèces végétales d'importance alimentaire et donc de leurs gènes, potentiellement intéressants pour l'avenir (par exemple gènes de résistances à certaines maladies, de rusticité, d'adaptation aux conditions climatiques régionales ou locales – qui peuvent s'avérer déterminantes lors d'épisodes météorologiques défavorables). En effet, le monopole de fait détenu par quelques firmes internationales du secteur agroalimentaire ayant breveté leurs cultivars transgéniques conduirait inéluctablement à la quasi-disparition, voire à l'extinction, des variétés traditionnelles rustiques comme cela s'observe déjà *pro parte* dans de nombreuses régions du monde.

◆ **problèmes d'hygiène publique relatifs à l'usage des OGMs** : l'emploi des OGMs soulève également diverses questions potentielles de santé publique pour lesquelles on ne dispose pas pour l'instant de réponse définitive.

En sus de la diffusion présomptive de souches de bactéries pathogènes résistantes aux antibiotiques, déjà évoquée, ces questions se rapportent à l'usage de produits alimentaires renfermant des traces de toxine du BT ou encore des nutriments modifiés par des transgènes enzymatiques. En effet, un autre type de gènes, non encore évoqué, est introduit dans certains OGMs. Il s'agit de gènes destinés à inhiber d'autres gènes en bloquant leur processus normal d'expression avec pour conséquence la suppression de l'enzyme cible. Ainsi, ont été réalisés des OGMs de pommes de terre dont les synthétases granulaires ont été inhibées afin de produire un amidon de constitution physico-chimique particulière destinée à l'industrie. De même, ont déjà été commercialisées des semences de tomates transgéniques restant fermes plus longtemps grâce à une inhibition de leur glycuronase. Il reste à démontrer que les modifications biochimiques collatérales induites ne diminueraient pas la qualité diététique des végétaux ainsi transformés.

Une des dernières questions évoquées pour justifier l'application du principe de précaution relativement à l'usage des

OGMs tient en ce que certains peuvent renfermer des substances, en particulier protéiques, douées de propriétés allergisantes. Cette question de pouvoir allergisant interfère en réalité avec une problématique très générale, celle du niveau de risque dans l'alimentation. On estime au minimum que 2% des adultes et 6% des enfants présentent dans toute population une allergie alimentaire à un ou plusieurs des huit groupes d'aliments connus pour être potentiellement allergéniques. Même si les végétaux génétiquement modifiés ne sont pas *a priori* plus allergisants que d'autres sources alimentaires, les normes de sécurité alimentaire concernant les cultivars génétiquement modifiés devront être très strictes. Cette exigence est d'autant plus fondée que la production protéagineuse intéresse plus particulièrement la création de plantes trangéniques. En effet, le risque d'allergogenèse paraît nettement plus élevé avec les protéines qu'avec bien d'autres substances naturelles d'origine végétale : ainsi, l'on a pu mettre récemment en évidence un pouvoir allergénique important et ignoré de protéines contenues dans la graine de tournesol. En outre, la présence d'inhibiteurs protéiques et de protéines particulières, les lectines, chez les OGMs incorporant la résistance aux insectes phytophages implique l'absorption de ces dernières par le métabolisme des individus ingérant ces aliments issus de plantes génétiquement modifiées avec risque d'altérations immunitaires et donc d'allergisation.

◆ **problèmes socio-économiques liés à l'utilisation des OGMs** : l'intérêt de l'utilisation des OGMs en agriculture est par ailleurs contesté car le rapport bénéfice-risque paraît en définitive défavorable pour le consommateur, voire pour l'agriculteur lui-même. En réalité, les firmes multinationales semencières ont lourdement investi dans les recherches sur les OGMs et ont breveté les cultivars transgéniques obtenus. Elles espèrent, sous la pression de leurs actionnaires, des bénéfices rapides en retour, d'où leur empressement à mettre sur le marché des OGMs sans que toutes les garanties écologiques requises soient bien établies, leur but étant de remplacer les variétés actuelles par les variétés brevetées. L'affaire dite de « Terminator » a aussi montré de façon caricaturale les dangers que représenteraient pour l'agriculture des pays tant industrialisés qu'en voie de développement les OGMs rendus volontairement stériles, afin que les exploitants soient contraints de racheter les semences aux firmes détentrices des brevets. On pourrait à l'opposé observer que cette technologie présente l'avantage d'empêcher – par la nature même des OGMs produits – le transfert involontaire des gènes de résistance à des espèces sauvages.

Enfin, les multinationales vendant les OGMs sont en train de changer radicalement le monde agricole, tout autant dans les pays du Tiers monde que dans les pays développés : en effet, les agriculteurs sont tenus par des contrats, pour obtenir les semences, qui les obligent également à acheter d'autres produits de la firme. Ainsi, les OGMs résistant aux herbicides sont couplés à la vente de l'un des herbicides fabriqués par la même firme, rendant de plus en plus dépendants des groupes agrochimiques concernés les exploitants qui ne seraient plus maîtres de leurs pratiques agricoles.

Ces diverses considérations ont conduit pour l'instant les pouvoirs publics français à adopter une position prudente en prenant un moratoire sur la culture des OGMs – tout en autorisant les importations de maïs et de soja transgénique d'origine américaine. En date récente, la stricte application de ce moratoire a conduit à détruire plusieurs centaines d'hectares de colza accidentellement contaminés par environ 1% de graines transgéniques. À l'opposé, la position de l'Union européenne est plus nuancée, l'inéluctable argument de l'augmentation de productivité étant toujours la justification technocratique de mesures libérales qui s'avèrent hélas dans la quasi-totalité des cas désastreuses pour l'environnement, mais souvent après un long temps de latence. Il convient néanmoins de remarquer l'obligation faite par Bruxelles d'étiquetage de l'origine transgénique des aliments destinés à la consommation humaine constitués entièrement ou partiellement par des OGMs ou des substances extraites de ces derniers. ***(Voir aussi Bacillus thurigiensis, Glyphosate, Transgenèse)***

-oidea. Suffixe n'ayant pas de valeur normative en taxonomie, utilisé pour désigner le rang de la superfamille dans la nomenclature zoologique.

Oïdium, n. sc. Groupe de maladies phytopathogènes provoquées par des champignons Ascomycètes de la famille des Erisyphacées. En règle générale, les *Oïdium* voient leur développement favorisé par des temps secs, ce qui est plutôt rare pour ce type d'affections des végétaux.

Oiseaux, n. m. (*birds*). Classe de Vertébrés dits Sauropsidés car descendants des Reptiles, selon toute vraisemblance des Dinosauriens. Apparus au Jurassique, voici environ 150 millions d'années, les Oiseaux représentent le groupe de Vertébrés qui, par ses radiations évolutives, a réussi à coloniser le plus grand nombre de milieux : terrestre, océanique et aérien. La classe des Oiseaux renferme environ 9 600 espèces et 30 000 sous-espèces aujourd'hui décrites. ***(Voir aussi Néornithes, Passériformes, Ratites, Sphénisciformes)*** ◆ **effets des pollutions sur les ~** : les oiseaux sont particulièrement affectés par la pollution diffuse de la biosphère, en particulier par les pesticides, les métaux toxiques et les hydrocarbures. Les effets de la pollution par les pesticides persistants se sont exercés bien au-delà des seules zones agricoles où ils ont été employés, menaçant des espèces se reproduisant dans l'Arctique Nord américain comme l'aigle à tête chauve, ou encore des oiseaux marins se nourrissant dans des eaux littorales contaminées, tels les pélicans de l'Ouest et du Sud des États-Unis.

Les oiseaux insectivores paient également un lourd tribut aux épandages de pesticides par suite de la contamination de leur nourriture. Ces épandages causent chez ces derniers une mortalité directe par intoxication et indirecte par suite du manque de nourriture en période d'élevage des jeunes. Ces épandages ont aussi provoqué de fortes mortalités chez les oiseaux granivores.

La pollution de l'océan par les hydrocarbures est également une cause importante de mortalité chez les oiseaux de mer et diverses espèces d'oiseaux d'eau migrateurs qui hivernent en zone littorale.

On estimait dans les années 1980 que la pollution de l'océan par le pétrole était la cause de la mort d'un million d'oiseaux marins chaque année dans le seul Atlantique

Nord! ◆ ~ **à guano** (*guano bird*) : ensemble d'espèces d'oiseaux marins, surtout de cormorans et de fous dont les grandes colonies de la côte du Pérou et du Chili produisent de telles quantités de guano que ce dernier a donné lieu à une exploitation commerciale en l'utilisant comme engrais. ◆ ~ **de mer** (*sea bird*) : oiseaux adaptés à la vie en milieu océanique. Les principaux ordres d'oiseaux de mer sont représentés par les Procellariiformes (pétrels, albatros), certains Pélécaniformes (fous, pélicans), les Ansériformes (bernaches, canards marins), les Lariformes (mouettes, goélands) et les Alciformes (pingouins, macareux, guillemots).

En réalité, les seuls oiseaux réellement adaptés aux conditions écologiques propres à la vie océanique sont les Procellariiformes : ils sont les uniques membres de cette classe de Vertébrés capables de boire l'eau de mer car ils possèdent des glandes leur permettant d'éliminer le sel. En revanche, les autres espèces sont en réalité des oiseaux inféodés au milieu terrestre car la présence d'eau douce leur est nécessaire et qui vont se nourrir en mer. Ils ne peuvent de ce fait s'éloigner en permanence de plus de quelques centaines de kilomètres des côtes. À l'opposé, les Procellariiformes passent l'essentiel de leur vie en haute mer ne venant à terre qu'au moment de la reproduction. ◆ ~ **rapaces** (*raptors, raptorial birds*) : oiseaux prédateurs ou nécrophages (vautours), qui se répartissent en deux ordres : les Accipitériformes (aigles, faucons, etc.) ou rapaces diurnes et les Strigiformes (hiboux, chouettes) ou rapaces nocturnes. ***(Voir aussi DDT, Pétrole, Prédation, Rapace et les ordres cités)***

Oléacées, n. sc. Famille de Phanérogames dicotylédones ligneuses, de l'ordre des Scrophulariales, arbustives ou arborescentes dont l'olivier (*Olea europea*) représente l'espèce la plus connue car très répandue dans l'ensemble du Bassin méditerranéen. Les Oléacées sont surtout représentées par des espèces tropicales particulièrement nombreuses dans la région indo-malaise. ***(Voir aussi Olivier)***

Oleo-Ceratonion, n. sc. Association végétale propre aux milieux de faible altitude du Sud et de l'Est de la Méditerranée, caractérisée initialement par des forêts d'oliviers et de caroubiers (*Ceratonia siliqua*).

Vue de la forêt d'oliviers d'Amphissa dans la région de Delphes (Grèce). Dans l'Ouest et le Sud du Bassin méditerranéen, on rencontre de nos jours à l'emplacement des formations végétales primitives qui constituaient l'association de l'***Oleo-Ceratonion*** de vastes étendues couvertes par des vergers d'oliviers. (Cliché F. Ramade)

oligocalcique, adj. (*oligocalcic*). Désigne une eau naturelle acide, pauvre en bicarbonate de calcium.

Oligocène, n. m. (*Oligocene*). Période du Tertiaire qui s'est étagée entre l'Éocène et le Miocène (– 38 et – 24,6 millions d'années). L'Oligocène a été une période au climat chaud, quoique marquée par une tendance à la décroissance des températures qui s'est poursuivie au cours de l'étage suivant, le Miocène.

Oligochètes, n. m. (*Oligochaeta*). Classe d'Annélides marquée par le petit nombre de soies que porte les parapodes chez ces animaux – par opposition aux polychètes dont les segments sont abondamment pourvus de soies. Les Oligochètes vivent surtout dans les écosystèmes terrestres ou dulçaquicoles. Il existe cependant quelques espèces marines.

Les Oligochètes du groupe des Lombricides jouent un rôle écologique majeur dans la pédogenèse et dans la vie des sols. Ce sont les vers de terre qui incorporent la matière organique des sols de façon efficace grâce à leur intense activité de fouissage et d'ingestion de sol. ***(Voir aussi Lombric)***

oligoéléments, n. m. (*oligoelements*). Éléments minéraux indispensables aux êtres vivants en quantités très faibles, leur absence dans les sols (pour les végétaux) ou dans l'alimentation animale provoquant des carences mortelles.

oligohalin, adj. (*oligohaline*). Désigne les milieux d'eaux douces et les organismes qui leur sont inféodés.

oligomictique, adj. (*oligomictic*). Désigne un milieu lacustre dont les eaux sont toujours chaudes, supérieures à 4° C à toutes les profondeurs, ce qui rend peu probable les épisodes de stratification. Celle-ci est toujours occasionnelle, voire rare et peu marquée.

oligophage, adj. (*oligophagous*). Désigne le régime alimentaire des espèces pratiquant l'oligophagie.

oligophagie, n. f. (*oligophagy*). Désigne le fait qu'une espèce animale ne consomme qu'un tout petit nombre d'espèces végétales ou de proies, donc un régime alimentaire très spécialisé, le cas extrême étant la monophagie.

oligophotique, adj. (*oligophotic*). **1.** Désigne la zone d'un biotope aquatique qui correspond à la limite inférieure de la zone euphotique et à la zone dysphotique. **2.** Organisme qui se développe sous de faibles éclairements. ***(Voir aussi Sciaphile)***

oligosaprobe, adj. (*oligosaprobic*). Désigne des eaux naturelles ayant une faible teneur en MOF et ayant de ce fait une DBO faible, inférieure à 2,5 mg/l.

oligosaprobie, n. f. (*oligosaproby*). Communauté aquatique qui se développe dans des eaux douces pauvres en matières organiques fermentescibles.

oligotherme, adj. (*oligothermic*). Désigne une espèce inféodée à des biotopes caractérisés par de basses températures.

oligotrophe, adj. (*oligotrophic*). Désigne des milieux dulçaquicoles, un lac par exemple, pauvres en éléments minéraux.

oligotrophie, n. f. (*oligotrophy*). Mode de nutrition, caractérisé par un régime très spécialisé.

oligotrophique, adj. (*oligotrophic*). Désigne un biotope terrestre ou aquatique qui est pauvre en nutriments et qui n'autorise de ce fait qu'une faible production primaire.

olivier, n. m. (n. sc. *Olea europea*). Espèce d'Oléacée arborescente pouvant atteindre 15 m de haut, très répandue dans l'ensemble du Bassin méditerranéen dont l'aire de répartition représente l'un des critères les plus précis de délimitation du domaine qui couvre cette région biogéographique. L'olivier sauvage, encore dénommé oléastre, se rencontre encore dans quelques biotopes de Méditerranée. Cette espèce, dont la longévité excède probablement deux millénaires, a été cultivée de longue date, initialement dans la partie orientale de son bassin. Les vergers d'oliviers cultivés à une échelle industrielle couvrent aujourd'hui de vastes surfaces d'un seul tenant dans plusieurs pays méditerranéens. ***(Voir aussi Méditerranéen)***

Oliviers sauvages (Oléastres) (*Olea europea*) dans la réserve naturelle de l'Albufera des Grau à Minorque (Baléares, Espagne). (Cliché F. Ramade)

Ombellifèrales, n. sc. (*Umbellales*) (syn. : Araliales). Ordre de Dicotylédones dialypétales et caliciflores de la sous-classe des Rosidées. Il renferme deux familles : les Ombellifères (= Apiacées) et les Araliacées. La première est représentée essentiellement par des plantes herbacées boréales et comportant beaucoup d'espèces tempérées, la seconde par des arbres et arbustes pour la plupart tropicaux, le lierre en étant une des rares espèces tempérées.

Ombellifères, n. f. (syn. : *Apiaceae*) (*Umbels*) (vern. : ombellifères). Famille de Rosidées renfermant plus de 1 500 espèces de plantes, généralement herbacées, dont

Le buplèvre (*Bupleurum*) est une grande espèce ligneuse d'**Ombellifères** propres aux garrigues méditerranéennes. (Cliché F. Ramade)

beaucoup sont odoriférantes et souvent toxiques (ciguë par exemple). Quelques-unes d'entre elles sont cultivées telles la carotte, le céleri ou le cerfeuil.

ombrogène, adj. (*ombrogenic*). Désigne un système qui génère des pluies. ◆ **tourbières ~** (*ombrogenous peatland*) : tourbière se développant dans des biotopes dont le seul apport d'eau est celui dû aux précipitations. ***(Voir aussi Tourbière)***

ombrophile, adj. (*ombrophilous*). Désigne des espèces ou des communautés qui exigent de fortes précipitations, régulièrement réparties au cours du cycle annuel, pour se développer. Tel est le cas des végétaux des forêts pluvieuses équatoriales et tropicales.

ombrophilie, n. f. (*ombrophily*). Propriété caractérisant les êtres vivants ombrophiles, c'est-à-dire adaptés à vivre dans des biotopes marqués par des pluies régulières et abondantes.

ombrophobe, adj. (*ombrophobous*). Plante qui ne peut se développer dans des biotopes au climat pluvieux.

ombrophobie, n. f. (*ombrophoby*). Propriété des plantes ombrophobes.

ombrophyte, n. f. (*ombrophyte*). Plante se développant dans les habitats pluvieux.

ombrothermique(s), adj. (*ombrothermic*). Système de représentation quantitative des deux variables principales au plan climatique, qui combine températures et précipitations.
◆ **diagrammes ~** (*ombrothermic diagrams*) : établis par Gaussen, ces diagrammes ont pour objet de représenter simultanément les variations de température et de pluviométrie au cours du cycle annuel en un lieu donné. (***Voir aussi Climat***)

ombrotrophique, adj. (*ombrotrophic*). Désigne un organisme autotrophe qui tire l'essentiel de ses nutriments des eaux pluviales (cas des lichens par exemple).

ombrotyphique, adj. (*ombrotiphic*). Désigne un organisme qui vit dans des collections d'eau temporaires formées par la fusion des neiges ou par les précipitations.

omnivores n. m. et adj. (*omnivorous*). Espèce dont le régime alimentaire est à la fois fondé sur la consommation de végétaux et de proies. De tels animaux possèdent une position intermédiaire dans les chaînes alimentaires car ils sont à cheval sur deux, voire plusieurs, niveaux trophiques.

omnivorie, n. f. (*omnivory*). Désigne les espèces à régime omnivore.

OMS (*WHO, World Health Organization*). Sigle de l'Organisation Mondiale de la Santé, agence des Nations unies spécialisée dans la protection de la santé humaine, dont le siège est à Genève.

Onagriacées, n. sc. (*sundrop, willow herb*). Famille de Dicotylédones de l'ordre des Myrtales constituée surtout de plantes herbacées et buissonnantes des régions tempérées et subtropicales. Elle compte environ 700 espèces dont le *Fuschia* est une espèce ornementale très répandue.

onchocercose, n. f. (*onchocerciasis*). Maladie parasitaire de l'homme qui sévit en Afrique tropicale depuis le Sénégal jusqu'au Soudan et causée par une filaire, *Oncocerca volvulus,* dont les larves se localisent en particulier dans l'humeur vitrée provoquant une affection dénommée cécité des rivières en Afrique de l'Ouest. Cette maladie est contractée au moment de la piqûre par des Diptères Nématocères (*Simulium damnosum*), qui inoculent les microfilaires dans les vaisseaux lymphatiques.

Ondatra zibethica, n. sc. (*musk rat*). Nom scientifique d'une espèce de rongeur nord-américaine introduite en Europe, inféodée aux milieux limniques, qui creuse des terriers dans les berges des lacs et des étangs.

ONF (Office National des Forêts). Désigne l'établissement public à caractère industriel et commercial qui a en charge en France la gestion des forêts domaniales et communales.

L'action de ce dernier a été l'objet de nombreuses critiques de la part des associations de conservation de la nature au cours des dernières décennies. Ces critiques concernent surtout la pratique de l'enrésinement systématique, des essences exotiques de Conifères étant plantées en lieu et place de magnifiques boisements climaciques de feuillus. Les ouragans de la fin décembre 1999 ont démontré l'inanité de telles pratiques pour la gestion durable de la forêt. Mais l'image négative de l'ONF parmi l'ensemble des Associations de conservation de la nature de notre pays tient aussi à la faiblesse voire le peu d'intérêt qu'a porté jusqu'à une date récente cet organisme à la préservation dans le long terme de la structure et du fonctionnement des écosystèmes forestiers et donc de leur biodiversité. La faiblesse des engagements de cet organisme dans de telles entreprises est incontestable en dépit des propos tenus en ce sens par ses responsables, sans cesse démentis par une réalité dont la seule finalité tient en l'intensification de la production ligneuse. On en voudra pour preuve qu'à peine 1 pour 1 000 de la surface forestière gérée par l'ONF a un statut d'aire protégée reconnu par la réglementation internationale. Pis encore, la loi sur les parc nationaux ayant confié à cet organisme la gestion des forêts situées dans les aires protégées, son action se traduit par la pratique de coupes parfois effectuées dans la zone centrale de ces parcs ainsi que dans des réserves naturelles strictes. En témoignent par exemple les coupes dites de régénération réalisées voici quelques années dans les séries artistiques de Fontainebleau, ou en date plus récente, l'émotion soulevée par la tentative de « régénération » d'une forêt relique de pins cembro pluriséculaires, celle d'Orgères dans le parc national de la Vanoise ! Parmi les griefs faits par les associations de conservation à cet organisme figurent l'absence de politique volontariste de création de nouvelles réserves naturelles forestières intégrales d'étendue significative, la construction abusive de pistes d'exploitation extrêmement perturbatrices pour la faune dans des massifs boisés de vieilles forêts spontanées telles celles qui sont établies dans le domaine vital des ours des Pyrénées. Par ailleurs, les associations de protection de la nature déplorent une certaine convergence des positions de cet organisme avec celles des associations cynégétiques et un laxisme évident dans l'attribution des concessions de chasse qui se traduit généralement par une pression cynégétique excessive, pratiquement aucune forêt domaniale n'ayant de plus reçu le statut de réserve de faune, même particulière. Dans l'Est de la France, la gestion cynégétique là encore confiée aux chasseurs au travers des affouragements et agrainages excessifs favorise des surdensités d'herbivores qui entravent la régénération naturelle.

Que dire alors de l'opposition farouche au projet de création d'un parc national à Fontainebleau qui a été l'attitude de ses représentants, en 1999, dans la commission mixte organismes publics-associations-experts scientifiques qui avait à donner son avis sur ce projet ?

Néanmoins, ces diverses critiques doivent être tempérés par suite de directives encore récentes dont l'objet a précisément pour but d'amender les lacunes voire les errements précités. Ainsi, une circulaire datée de décembre 1998 a pour objet de créer des réserves biologiques dites dirigées et des réserves biologiques intégrales afin de mettre en réserve au moins un type d'habitat représentatif de la diversité forestière de notre pays. (***Voir aussi Biodiversité, Forêt, Reboisement, Sylviculture***)

Ongulés, n. m. (*Ungulata*). Groupe hétérogène de Mammifères dans lequel sont incluses les diverses espèces d'herbivores appartenant à l'ensemble des familles de Mammifères Euthériens à régime herbivore.

Oniscoidea, n. sc. (*wood lice*). Sous-ordre de Crustacés Isopodes adaptés à la vie terrestre, fréquents dans la litière forestière; certaines espèces présentent un potentiel de bioconcentration des polluants organiques persistants, ainsi que de divers métaux toxiques. **(*Voir aussi Bioindicateurs, Isopodes*)**

ontogénie, n. f. (*ontogeny*). Cycle vital d'un individu incluant le développement embryonnaire.

oophage, adj. (*oophagous*). Désigne le type d'alimentation propre aux animaux qui pratiquent l'oophagie.

oophagie, n. f. (*oophagy*). Particularité d'une espèce qui se nourrit en consommant des œufs. Elle est le fait de nombreux insectes entomophages, qui se développent en parasitoses d'autres insectes. Tel est par exemple le cas de beaucoup d'Hyménoptères Chalcidiens ou Proctotrypoïdes. **(*Voir aussi Entomophage*)**

Ophidiens, n. sc. (*Ophidians*). Ordre de Reptiles qui réunit l'ensemble des serpents. **(*Voir aussi Serpent*)**

ophidophage, adj. (*ophidophagous*). Désigne une espèce se nourrissant de serpents.

ophidophagie, n. f. (*ophidophagy*). Type d'alimentation fondé sur la consommation de serpents.

ophiure(s), n. f. (*bristel star*). Échinodermes dont certaines espèces peuvent vivre dans des eaux marines littorales très polluées.

Ophiuroidea, n. sc. (*ophiurian*). Classe d'Échinodermes comptant plus de 2 000 espèces, munis de bras pourvus de soie. Ils se rencontrent dans le milieu benthique depuis l'étage médio-littoral jusqu'au fond des abysses. **(*Voir aussi Échinodermes*)**

Opilionides, n. sc. (*harvestmen*) (vern. : faucheux). Chélicérates au corps globuleux provenant de la coalescence du céphalothorax et de l'abdomen, reconnaissables à leurs pattes extraordinairement allongées et filiformes. On en connaît près de 5 000 espèces, réparties en une trentaine de familles. Ils sont prédateurs et se nourrissent de petites proies – surtout d'autres Chélicérates mais aussi de vers – et sont également saprophages.

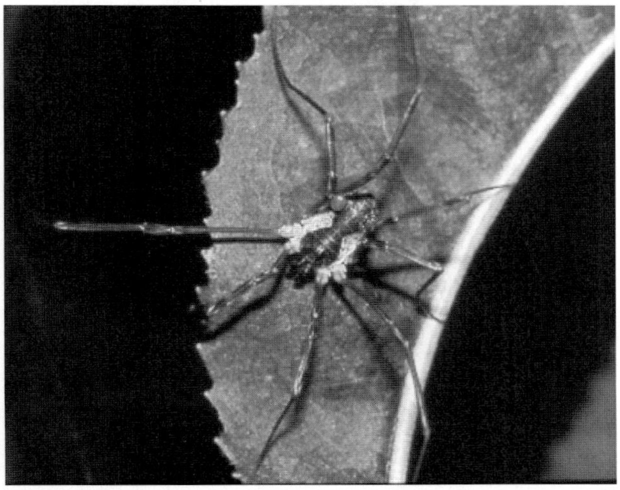

Opilionide (espèce indéterminée du groupe des Palpatores). (Cliché F. Ramade)

Opisthobranches, n. sc. (*Opisthobranchia*). Sous-classe de Mollusques Gastéropodes, comportant plus de 2 000 espèces d'escargots spécifiquement marines et benthiques, vivant essentiellement dans la zone littorale de la province néritique. Le principal ordre est celui des Nudibranches, vulgairement dénommés « limaces de mer ». **(*Voir aussi Gastéropodes, Nudibranches, Prosobranches*)**

opportunisme, n. m. (*opportunism*). Comportement propre aux espèces opportunistes. Il s'accompagne en général d'importantes fluctuations numériques en fonction du temps dans les populations des espèces qui le pratiquent.

opportuniste(s), adj. ◆ **espèces ~** (*opportunistic species*) : espèces qui tirent profit de milieux éventuellement favorables.

optimal(e), adj. ◆ **densité ~** (*optimum density*) : densité de population pour laquelle le développement et les performances écophysiologiques des individus sont maximaux. Il existe en effet, pour de nombreuses espèces vivantes, une réponse non monotone à la densité. Dans ces conditions, on constate que, dans une première phase, l'augmentation de densité se traduit par un effet de groupe favorable jusqu'à une densité optimale au-delà de laquelle se manifeste un effet de masse défavorable dû à un accroissement de la compétition interspécifique. **(*Voir aussi Allee, principe de, Effet de groupe*)**

optimum, n. m. ◆ **~ écologique** (*ecological optimum*) : valeur des facteurs limitants pour laquelle un individu, une population ou une communauté présente une réponse écologique maximale.

Opuntia, n. sc. Genre de cactées originaires d'Amérique tropicale. Introduites dans le Queensland, en Australie au début du siècle, deux espèces d'*Opuntia* (*O. inermis* et *O. stricta*) envahirent plus de 20 millions d'hectares de cultures rendant ces dernières impropres à toute exploitation. Elles furent éliminées par une méthode de lutte biologique consistant en l'introduction d'un petit Lépidoptère, *Cactoblastis cactorum*, dont les chenilles dévorent les pousses de ces cactus et les font périr. **(*Voir aussi Australie, Introduction*)**

orage, n. m. (*thunderstorm*). Phénomène météorologique caractérisé par de fortes précipitations accompagnées d'éclairs.

Orchidacées, n. sc. (*orchids*). Famille de Monocotylédones, essentiellement tropicale, qui renferme l'ensemble des orchidées. Elle comporte plus de 25 000 espèces, toutes représentées par des plantes herbacées, pé-

Gymnadenia conopea est une espèce d'**Orchidacées** propre à l'étage subalpin des montagnes européennes. (Cliché F. Ramade)

rennes, rhizomateuses, dont un très grand nombre d'espèces épiphytes.

Les orchidées ont la particularité de présenter une symbiose avec des mycorhizes entotrophes, toutes constituées par des *Fungi imperfecti* du genre *Rhizoctonia*.

Par ailleurs, elles dépendent toutes d'insectes Hyménoptères pour leur pollinisation, l'entomogamie étant la règle dans cette famille. Le pollen est porté par des étamines particulières, les pollinies, dont le pédoncule basal se détache quand l'insecte adéquat visite une fleur et se fixe sur le vertex de l'insecte qui va ensuite les promener sur d'autres fleurs. Dans les cas où ce phénomène de coévolution plante - insecte a atteint son maximum de complexité, l'Hyménoptère ne butine pas la fleur : une extraordinaire adaptation fait que les mâles de beaucoup d'Hyménoptères sont attirés par la plante qui émet une odeur mimant celle des phéromones sexuelles de la femelle de l'espèce d'Hyménoptère considérée et il tente de s'accoupler avec la fleur. ***(Voir aussi Hyménoptères, Pollinisateurs, Symbiose)***

Orchidales, n. sc. Ordre de Monocotylédones de la sous-classe des Liliales. Il comporte quatre familles de plantes herbacées, toutes mycotrophiques, la plus importante étant de loin celle des orchidées.

ordination, n. f. (*ordination*). Méthode mathématique permettant en écologie de classer des données numériques par ordre d'affinité ou de fréquence.

Ordovicien, n. m. (*Ordovician*). Étage de l'ère primaire qui couvre la période – 500 à – 430 millions d'années. Au cours de cette période et à cheval avec le début du Silurien, eut lieu une importante ère glaciaire qui a affecté des zones continentales aujourd'hui tropicales (glaciation ordo-silurienne du Sahara). L'Ordovicien a été marqué par la prolifération des Trilobites et le début de celle des Graptolithes.

ordre, n. m. (*order*). Subdivision taxonomique de hiérarchie comprise entre la classe et la famille.

ordures ménagères, n. f. (*garbages*). Déchets provenant de l'activité domestique humaine. Elles représentent un sérieux problème d'environnement dans les grandes agglomérations modernes. En effet, la « production » d'ordures ménagères a tendance à s'accroître. Ainsi, en France, quelque 25 millions de tonnes/an d'ordures ménagères sont collectées. Cette production quotidienne d'ordures est de l'ordre d'un kilo par habitant en moyenne et peut approcher dans certaines cités des pays industrialisés les 2 kg/j/h. Dans notre pays, le record est détenu par les habitants de Paris avec 491 kg/an/h, la moyenne française s'élevant à 352 kg/an/h en 1995, en progression de 2% par an dans les années 1990 (ADEME). Les déchets organiques fermentescibles interviennent pour 29% dans leur composition, suivis par les papiers et cartons (25%), puis les verres (13%).

En conséquence, étant donné les volumes considérables que doivent gérer quotidiennement les collectivités locales, la décharge banale ne permet plus de répondre à la demande. En tout état de cause, pour des raisons de contrôle des pollutions, l'Union Européenne a interdit les décharges d'ordures ménagères à partir de 2002.

La solution de l'incinération qui tend à se développer rapidement depuis deux décennies est un pis-aller car elle transfère vers l'atmosphère sous forme de pollution chimique une pollution « physique » à effets lents qui provoque la contamination des nappes phréatiques par les décharges plus ou moins contrôlées. Les produits de combustion rejetés par les incinérateurs renferment un grand nombre de

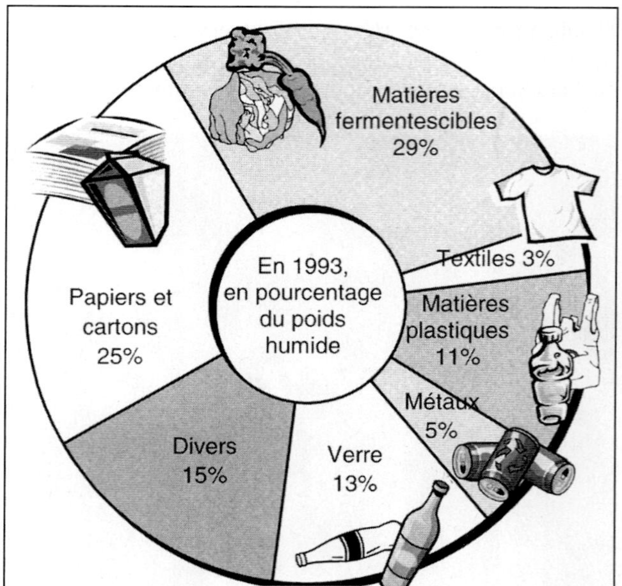

Composition moyenne des **ordures** ménagères collectées en France. (D'après ADEME, 1996)

composés gazeux ou particulaires hautement toxiques (dont des dioxines). En outre, toute une série de composés organiques stables comme les PCB sont peu ou mal dégradés, de sorte que les incinérateurs les dispersent dans l'environnement au lieu de les neutraliser. Enfin, l'incinération génère d'importantes quantités de cendres et mâchefers représentant 30% en masse des quantités initiales d'ordures incinérées, qui doivent être gérées comme des déchets chimiques spéciaux et stockés dans des décharges de catégorie I.

Le compostage souvent préconisé pour le traitement des ordures brutes n'est pas non plus une solution car il conduit à produire une matière organique renfermant divers métaux toxiques (cadmium, mercure, zinc) qui contaminent les sols cultivés de façon quasi irréversible à l'échelle humaine.

La seule solution « écologiquement » acceptable pour le traitement des ordures ménagères serait le tri préalable et le recyclage de tout ce qui peut l'être (métaux, papiers, cartons, verre). On arriverait ainsi à réduire de 80% le volume des déchets. On pourrait alors effectivement faire suivre le tri d'un compostage du 20% restant qui, alors, conduirait à la production d'un compost biologiquement sain. ***(Voir aussi Décharge, Déchet, Incinérateur)***

organique(s), adj. (*organic*). Désigne ce qui se rapporte aux organismes. ◆ **charge ~** (*organic loading*) : quantité ou concentration de matière organique, en particulier de MOF, contenue dans une eau naturelle ou polluée. ◆ **détritus ~** (*organic detritus*) : débris de matière organique provenant d'organismes morts ou de fragments de ces derniers, essentiellement litière végétale ou tronc d'arbres, cadavres et excrétas d'animaux. ***(Voir aussi Décomposeur, Litière, Saprophage)*** ◆ **matières ~** (*organic matter*) : voir Matières. ◆ **matières ~ fermentescibles** (*fermentescible organic matter*) : voir MOF. ◆ **pollution ~** (*organic pollution*) : pollution causée par les rejets d'égout domestique ou industriel chargé de matières d'origine biologique. La charge organique des eaux est à l'origine de la DBO et en partie de la DCO de ces dernières. ***(Voir aussi Eau, Effluent, MOF, Pollution, Ville)***

organisme(s), n. m. (*organism*). Terme biologique désignant tout être vivant individualisé et autonome. On distingue en particulier selon le type de biotope auxquels ils sont inféodés des organismes terrestres, amphibies et aquatiques. ◆ **~ bioindicateurs** (*bioindicator organisms*) : organismes végétaux, animaux ou appartenant à un autre des grands règnes vivants ayant des particularités écophysiologiques ou autres qui permettent de les utiliser comme signaux d'alerte précoce relativement à une altération physico-chimique ou biologique du milieu d'origine anthropique. Il existe un grand nombre d'organismes bioindicateurs selon le cas de la qualité de l'air, des sols, des eaux, auquel on a fait recours, en particulier pour l'établissement des indices biotiques. ***(Voir aussi Bioindicateurs, Indices)*** ◆ **~ génétiquement modifié** : voir OGM. ◆ **~ sentinelle** (*sentry organism*) : espèce végétale ou animale ou encore groupe d'individus qui pour des raisons génétiques ou pathologiques présentent une très forte pollusensibilité à un groupe de polluants ou à un toxique donné. Leur réaction constitue un signal d'alerte précoce à une croissance d'une pollution avant que celle-ci n'atteigne les niveaux de concentration efficace sur l'ensemble du peuplement affecté. ***(Voir aussi Bioindicateurs)***

organismique, adj. (*organismic*). Désigne des systèmes biologiques complexes qui présentent toutes les propriétés analogues à celles d'un seul organisme.

organochlorés, n. m. (*organochlorines*). Famille de composés organiques de synthèse obtenus par chloration de divers hydrocarbures insaturés. ◆ **insecticides ~** (*organochlorine insecticides*) : de nombreux insecticides organochlorés ont été synthétisés à partir des années 1940 et demeurent dans certains cas toujours en usage à l'heure actuelle. On distingue parmi les principaux d'entre eux le DDT, le lindane, et le groupe des cyclopentadiènes chlorés (aldrine, dieldrine, heptachlore, chlordane, endosulfan etc.) (voir figure page suivante).
Ces insecticides, doués d'une grande persistance car non biodégradables, possèdent des temps de demi-vie qui excèdent souvent 10 ans dans les sols. Cette persistance, jointe à une quasi-absence de biodégradabilité (sauf pour le lindane) fait que ces composés se comportent comme de redoutables contaminants des sols et des biotopes aquatiques. Leur redoutable toxicité à long terme, conjuguée au pouvoir œstrogénomimétique de beaucoup d'entre eux, a conduit à leur interdiction d'usage dans la plupart des pays industrialisés, souvent dès le début des années 1970 et parfois même avant dans certains pays. ◆ **~ PCB** (*PCB*) : les polychlorobiphényles sont des molécules voisines du DDT par leur structure moléculaire. Ils représentent une catégorie de produits d'usage industriel largement utilisés à partir des années 1930, en particulier dans l'industrie électrique. Quoiqu'interdits dans la plupart des pays industrialisés, ils soulèvent toujours de préoccupants problèmes d'environnement par suite de leur stabilité, leurs propriétés écotoxicologiques étant comparables à celles du DDT et autres insecticides organochlorés persistants. ***(Voir aussi DDT, Dieldrine, Heptachlore, Lindane, PCB)*** ◆ **~ chlorofluorocarbones** : voir CFC. ◆ **solvants ~** (*organochlorinated solvents*) : substances de faible poids moléculaire de vaste usage, autant dans l'industrie qu'en milieu domestique, pour dissoudre des substances hydrophobes. ***(Voir aussi Solvant)***

organomercuriel(s), adj. et n. m. (*organomercury compounds*). Composés organiques renfermant du mercure dans leur molécule. Certains d'entre eux peuvent se former spontanément dans les biotopes naturels, en particulier dans les milieux limniques. Ainsi, le méthylmercure et beaucoup plus rarement l'éthylmercure peuvent être produits par l'action de bactéries anaérobies dans les vases benthiques des lacs et des cours d'eaux pollués par ces substances. ***(Voir aussi Fongicide)***

organophosphorés, adj. ◆ **insecticides ~** (*organophosphorous compounds*) : substances organiques de synthèse douées de propriétés insecticides et généralement dérivées de l'acide orthophosphorique. La majorité de ces substances sont des thiophosphates ou des orthophosphates. L'un des insecticides de ce groupe qui a fait l'objet d'un vaste usage, le parathion, aujourd'hui encore utilisé, figure parmi les plus toxiques pour les Vertébrés. À l'oppo-

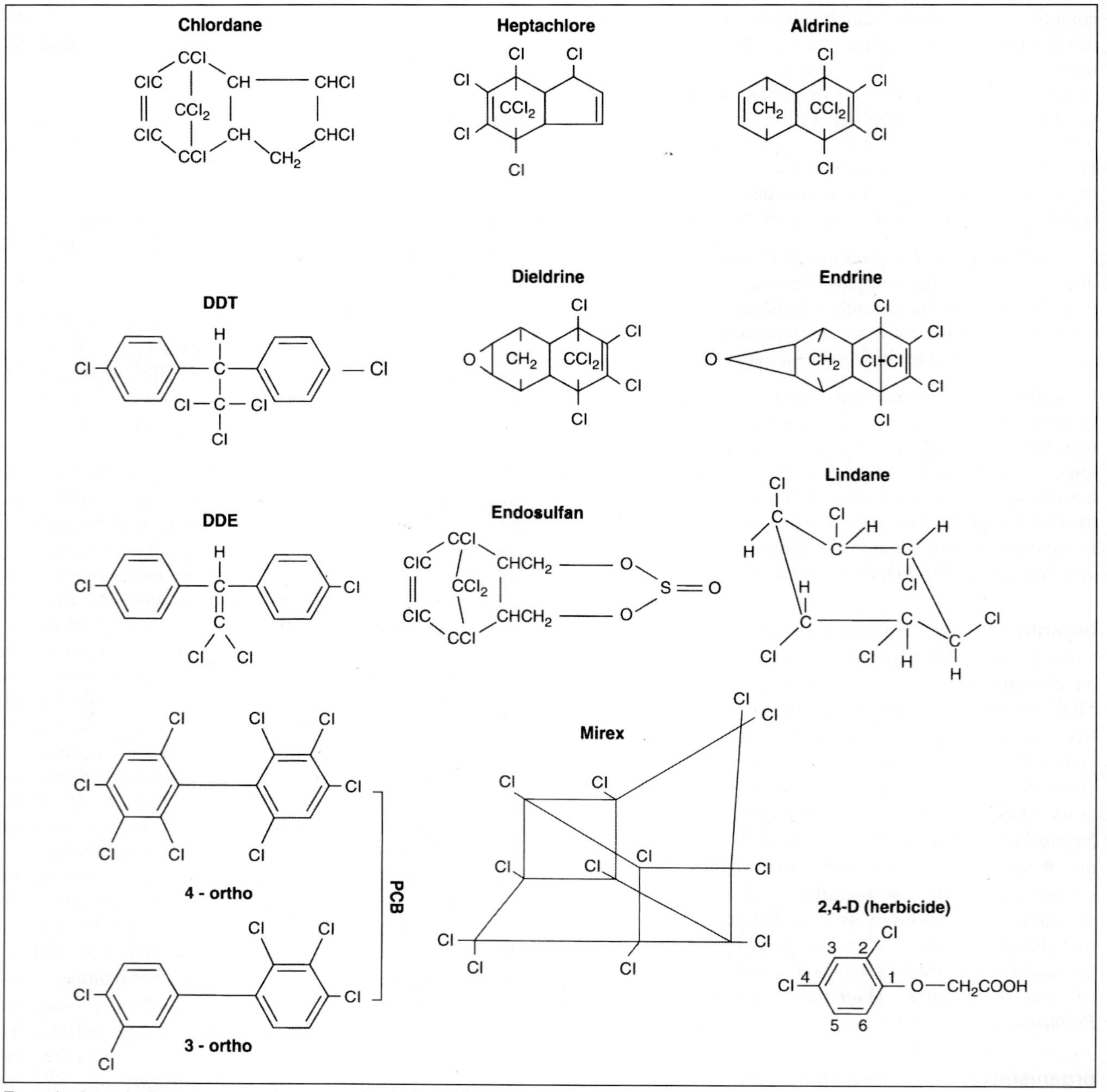

Formule des principaux groupes de composés **organochlorés**.

sé des substances telles le malathion présentent une très faible toxicité pour les Vertébrés. Certains d'entre eux comme le fénitrothion ou encore le téméphos (Abate®) sont encore utilisés dans le traitement de biotopes aquatiques pour détruire les insectes vecteurs d'affections parasitaires comme les moustiques.

Les insecticides organophosphorés sont tous des composés neurotoxiques doués de propriétés anticholinestérasiques. Ils provoquent la paralysie de la jonction neuromusculaire des Vertébrés et agissent aussi sur leur système nerveux central et sur celui des autres phyla d'Invertébrés. Quoique facilement hydrolysables en règle générale et souvent biodégradables, ils peuvent provoquer, par suite de leur forte neurotoxicité, une importante mortalité dans la faune aquatique, en particulier lors de pollutions accidentelles des eaux ainsi que lors du traitement des écosystèmes dulçaquicoles pour éliminer les Culicides ou autres insectes vecteurs. Lors de l'accident Sandoz dans le Rhin en 1986, ils ont été aussi à l'origine d'une pollution fort heureusement transitoire de la nappe d'Alsace. **(*Voir aussi Acétylcholinestérases, Armements, Insecticides, Parathion, Rhin, Téméphos*)**

organotrophe, n. m. (*organotroph*) et adj. (*organotrophic*). Organisme qui obtient son énergie métabolique à partir de matières organiques. Les organotrophes sont confondus à tort avec les hétérotrophes. En effet, certaines bactéries phototrophes, tout en étant capables de photosynthèse, sont organotrophes. **(*Voir aussi Phototrophe*)**

orme, n. m. (*elm tree*) (n. sc. *Ulmus campestris*). Arbre de l'ordre des Fagales, qui fait l'objet depuis plusieurs décen-

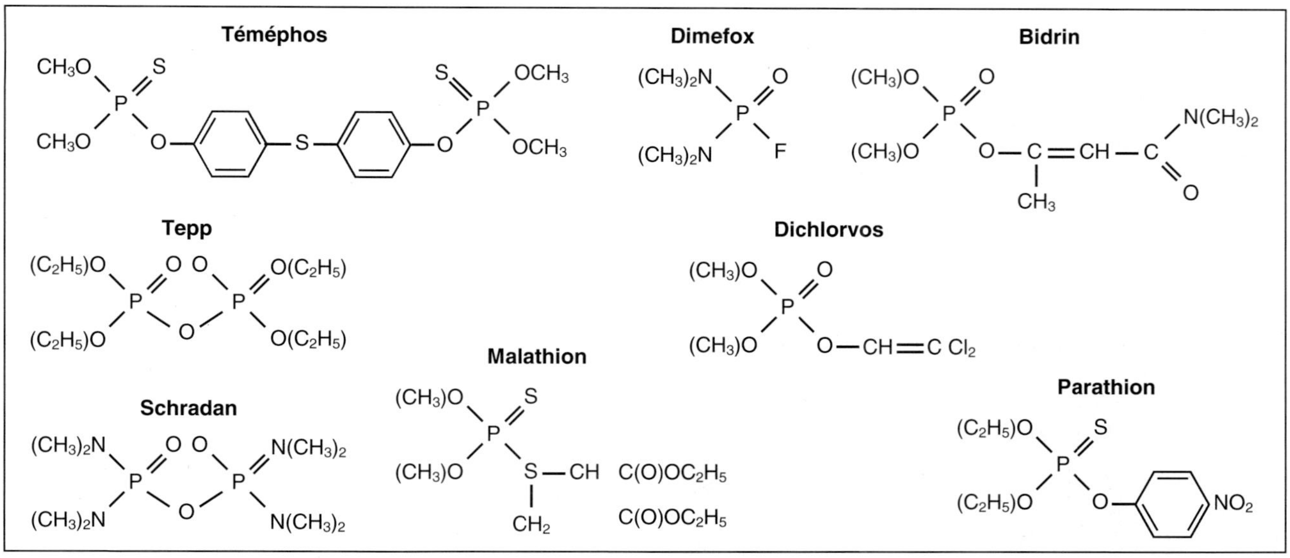

Formule de quelques substances appartenant aux quatre grandes familles d'armes chimiques **organophosphorées**. (D'après Ramade F., *La Recherche*, mars 1990)

nies, tant en Amérique du Nord qu'en Europe, d'un dépérissement résultant d'une affection causée par un champignon phytopathogène, *Ceratostomella ulmi*. Cette affection est elle-même favorisée par les attaques d'un petit Coléoptère xylophage, le scolyte de l'orme.

ornithochorie, n. f. (*ornithochory*). Processus de dissémination des graines de diverses espèces végétales par les oiseaux.

ornithocoprophile, n. m. (*ornithocoprophilous*). Désigne des espèces d'Invertébrés inféodées au guano présent dans les nids d'oiseaux ou aux alentours.

ornithologie, n. f. (*ornithology*). Branche de la zoologie dont l'objet est l'étude de la zoologie et de l'écologie des oiseaux.

ornithophage, adj. (*ornithophagous*). Qui se nourrit d'oiseaux.

ornithophagie, n. f. (*ornithophagy*). Type d'alimentation fondé sur la consommation d'oiseaux.

ornithophile, adj. (*ornithophilous*). Désigne la particularité de certaines espèces végétales d'attirer les oiseaux butineurs de nectar tels les colibris en Amérique et les *Nectariniidae* (soui-mangas) dans l'Ancien Monde tropical.

ornithophilie, n. f. (*ornithophily*). Propriété des plantes ornithophiles.

ornithorhynche, n. m. (*Platypus*). Mammifère primitif, de l'ordre des Monotrèmes (famille des *Ornithorhynchidae*), propre à l'Australie du Nord-Est. Pourvu d'un bec et pondant des œufs, il vit dans les ruisseaux et rivières, surtout dans les forêts tropicales du Queensland.

Orobanchacées, n. sc. (vern. : orobanches). Plantes parasites achlorophyliennes (ordre des Scrophulariales), aux feuilles scalariformes qui se développent en croissant sur les racines d'une plante hôte. Les exsudats racinaires de cette dernière déclenchent la germination des graines de l'espèce d'orobanche parasite (phénomène de facilitation).

orogenèse, n. f. (*orogenesis*). Phénomène qui caractérise l'orogénie.

orogénie, n. f. (*orogeny*). Ensemble des processus tectoniques qui conduisent à la surrection d'une chaîne montagneuse.

orogénique, adj. (*orogenic*). Désigne les processus de formation des chaînes de montagnes.

orographique, adj. (*orographic*). Qui se rapporte aux facteurs écologiques liés au relief. On parlera par exemple d'un climax orographique (ou oroclimax) pour désigner une communauté dont l'évolution est conditionnée par le relief. En climatologie, on dénomme brouillards ou pluies orographiques les précipitations liées à l'ascension convective des masses d'air chaudes et humides sur les flancs des montagnes, conduisant à leur condensation ultérieure due à leur refroidissement sous l'effet de l'altitude.

orohylique, adj. (*orohylile*). Propre aux habitats ou aux communautés forestières des étages subalpins et alpins.

orophile, adj. (*orophilous*). Désigne des êtres vivant dans des milieux de montagnes et donc adaptés aux conditions écologiques propres à l'altitude.

orophilie, n. f. (*orophily*). Propriété des espèces qui se développent en altitude.

orophyte, n. f. (*orophyte*). Plante inféodée aux stations d'altitude de l'étage alpin.

orthogenèse, n. f. (*orthogenesis*). Tendance évolutive qui reste constante pendant une longue période conduisant directement des organismes ancestraux à leurs descendants.

Orthoptères, n. m. (*Orthoptera*). Ordre d'Insectes hétérométaboles qui se subdivise en deux sous-ordres : les Ensifères (grillons, sauterelles) et les Cœlifères (criquets). Il présente une grande importance écologique par suite de l'impact désastreux de certains ravageurs importants qu'il comporte. Tel est en particulier les cas des diverses espèces de criquets migrateurs. ***(Voir aussi Criquet)***

Criquet d'Égypte (*Anacridium aegyptium*). Cet **Orthoptère** Cœlifère, voisin au plan taxinomique du criquet pèlerin, est commun dans toute la région méditerranéenne. (Cliché F. Ramade)

oscillations, n. f. ◆ ~ **climatiques** (*climatic fluctuations*) : variations de conditions climatiques de grande amplitude à l'échelle séculaire ou millénaire.

Oscillatoria. Nom scientifique d'un genre de Cyanobactéries filamenteuses dont certaines espèces prolifèrent dans les eaux continentales eutrophisées et *a fortiori* dystrophisées. ◆ ***~ rubescens*** : espèce d'*Oscillatoria* de couleur rougeâtre qui pullule dans certaines conditions d'eutrophie, constituant de ce fait un bioindicateur positif de dystrophisation des lacs. ***(Voir aussi Dystrophisation)***

osmorégulation, n. f. (*osmoregulation*). Phénomène par lequel les animaux vivant dans des eaux saumâtres et euryhalines maintiennent constante la pression osmotique de leurs fluides intérieurs face aux variations de celle du milieu ambiant.

L'osmorégulation se rencontre aussi chez tous les organismes d'eau douce qui doivent constamment s'opposer à l'entrée d'eau dans leur organisme. Ce processus s'effectue par des vacuoles pulsatiles chez les unicellulaires ou des cellules spécialisées chez les Métazoaires.

osmose, n. f. (*osmosis*). Processus physico-chimique par lequel une substance dissoute traverse une membrane dite hémiperméable en diffusant dans le sens du compartiment où elle se trouve à moindre concentration. La pression osmotique que met en évidence ce phénomène résulte de la solution d'électrolytes et (ou) de molécules organiques, les deux étant simultanément présentes dans les liquides intérieurs des organismes vivants. Ce phénomène, de grande importance biophysique, joue un rôle physiologique essentiel au niveau cellulaire. ◆ ~ **inverse** (*reverse osmosis*) : processus industriel utilisé dans la dessalinisation de l'eau de mer et pour l'épuration d'eaux résiduaires contaminées par des métaux toxiques.

osmotique, adj. ◆ **pression** ~ (*osmotic pressure*) : pression générée par le phénomène d'osmose.

osmotrophe, adj. (*osmotrophic*). Type de nutrition dans lequel les organismes s'alimentent uniquement par absorption de substances dissoutes.

Ostracodes, n. m. (*Ostracoda*). Groupe de Crustacés Entomostracés, adaptés aux eaux continentales, pourvus d'une espèce de carapace bivalve qui enferme le corps des individus.

ostréiculture, n. f. (*ostreiculture*). Élevage des huîtres.

oued, n. m. (*oued*). Nom arabe devenu d'usage commun en hydrologie et désignant un cours d'eau temporaire propre aux régions méditerranéennes et désertiques.

ouragan, n. m. (*hurricane*). Terme généralement utilisé pour désigner des cyclones ou des tempêtes d'origine subtropicale accompagnés de vents d'intensité voisine de celle relevée lors du passage de cyclones. Ainsi, lors des deux ouragans qui dévastèrent la France à la fin décembre 1999, des vents atteignant voire dépassant localement 200 km/h furent observés, ce qui les fait entrer dans le domaine des vitesses relevées lors de cyclones. ***(Voir aussi Cyclone, Tornade)***

ours, n. m. (*bear*) (n. sc. *Ursus*). Genre de Mammifère se rencontrant dans les divers écosystèmes forestiers du monde depuis l'équateur jusqu'à la forêt boréale de Conifères.

L'ours dit d'Europe (*Ursus arctos*) dont le grizzly n'est qu'une sous-espèce Nord américaine (*Ursus arctos horribilis*), vit par exemple dans toute la zone paléarctique tempérée et boréale. Toutefois, l'espèce est particulièrement menacée en Europe occidentale, plus particulièrement en France. Dans notre pays, l'ours des Pyrénées, quoique protégé, ne compte plus que huit individus, toujours en butte aux persécutions des chasseurs locaux, comme en atteste l'assassinat par l'un d'entre eux de l'ours Melba en 1997, qui avait été acheté à grand frais à la Slovénie par le Ministère de l'environnement, sa réintroduction ayant coûté quelque 4 MF. Par ailleurs, cette espèce voit son domaine vital

Ours noir d'Amérique (*Ursus americanus*) (parc national de Yellowstone, Wyoming). (Cliché F. Ramade)

menacé par la construction de pistes pour l'exploitation forestière et par divers aménagements tels le scandaleux chantier de la route du Somport.

Il est assez évident que seule la création d'une réserve forestière de surface suffisante, sans routes accessibles aux véhicules à moteur, et peut-être l'introduction d'individus permettant d'accroître la variabilité génétique de l'isolat autochtone, permettrait de sauver de l'extinction la population relictuelle de cette espèce.

outarde(s), n. f. (*bustard*). Oiseaux de l'ordre des Otidiformes, inféodés aux savanes et aux steppes de l'Ancien Monde.

ouvert(e), adj. (*open*). Terme utilisé en phytoécologie pour désigner des formations végétales où la composante arbustive ou arborée est discontinue ou éparse. ◆ **boisement ~** (*open woodland*) : désigne une communauté forestière aux frondaisons espacées, dont résulte une discontinuité de la canopée par opposition aux écosystèmes forestiers *sensu stricto* où elles sont jointives (forêts fermées). ◆ **communauté ~** (*open community*) : formations végétales dont les espèces ligneuses, en particulier les arbres sont espacés ou absents. ***(Voir aussi Savane, Steppe)***

ouvrier(-re), n. m. (*worker*). Individu stérile qui, dans une colonie d'insectes sociaux, assume l'ensemble des tâches de construction, de collecte des aliments et de soins aux œufs et aux jeunes. Il sont des deux sexes chez les termites et uniquement des femelles chez les Hyménoptères sociaux.

overfishing. Terme anglais désignant la surpêche. Celle-ci consiste en des prélèvements excessifs dans les stocks de poisson conduisant parfois à la fermeture par les instances internationales de toute activité de pêche d'une espèce pouvant être de grand intérêt économique, afin d'essayer de reconstituer les stocks après leur effondrement. ***(Voir aussi Pêcherie)***

Ovibos moschatus (*musk ox*). Nom scientifique du bœuf musqué, espèce d'Ongulé Artiodactyle Bovidé appartenant à la sous-famille monotypique des *Ovibovinae* propre aux zones boréales de l'Amérique du Nord, du Groenland et de l'Eurasie, qui présente une grande résistance aux conditions climatiques défavorables des hautes latitudes.

ovins, n. m. (*sheeps*) et adj. (*ovine*). Ensemble des races de mouton domestique. C'est de loin l'espèce animale la plus élevée dans le monde. Elle compte au total plusieurs milliards d'individus.

De nombreuses races ovines sont actuellement menacées par suite de l'exclusivité donnée en zootechnie à celles réputées les plus rentables. Ainsi, on comptait dans les années 1980 plus de 40 races de moutons méditerranéennes qui étaient déjà menacées d'extinction. Les ovins en surdensité exercent une action particulièrement destructrice sur le couvert végétal. En effet, outre leur fort grégarisme qui conduit à une pression de broutage considérable, ils arrachent les touffes de plantes avec leurs racines, ce qui empêche la régénération du couvert végétal.

Troupeau de moutons et marques de surpâturage dans la réserve naturelle du Val d'Escreins près du col de Serenne (Vars, Hautes-Alpes). Les **ovins** par suite de leur comportement grégaire et du surpâturage qu'il favorise exercent une pression extrêmement défavorable sur le couvert végétal des terrains de parcours, plus particulièrement en montagne où les sols sont facilement érodés. (Cliché F. Ramade)

Le surpâturage soulève à ce titre un problème sérieux dans la plupart des parcs nationaux français dont la vocation première semble de plus en plus d'être non point tant la conservation de la nature que l'élevage des ovins. Ainsi, plus de 100 000 moutons paissent dans le parc national du Mercantour contre moins d'un millier au moment de sa création en 1978. Le surpâturage qui en résulte menace la biodiversité végétale de cette aire protégée où les populations de plusieurs espèces de plantes endémiques pour la France y sont menacées. ***(Voir aussi Mouton, Surpâturage)***

ovipare, adj. (*oviparous*). Désigne les animaux dont la reproduction implique la ponte d'œufs par les femelles. Le terme est aussi utilisé par les écologistes végétaux pour désigner des plantes du groupe des Préspermaphytes (Cycadales, gingko), dont l'ovule est abandonné par l'organisme maternel et peut être fécondé à l'extérieur de ce dernier, au sol par exemple.

oviparité, n. f. (*oviparity*). Propriété caractérisant les organismes ovipares.

ovovivipare, adj. (*ovoviviparous*). Désigne les animaux présentant une forme primitive de viviparité dans laquelle l'œuf est retenu dans les voies génitales femelles et y effectue son développement embryonnaire.

ovoviviparité, n. f. (*ovoviviparity*). Propriété des organismes ovovivipares.

Oxalis cernua, n. sc. Plante herbacée rampante, originaire d'Afrique du Sud, introduite accidentellement dans les années 1960 dans le bassin méditerranéen qu'elle a depuis entièrement envahi.

oxycline, n. f. (*oxycline*). Zone de transition brusque dans un biotope limnique séparant les eaux superficielles bien oxygénées et les eaux profondes ayant un déficit en cet élément, voire même réductrices. L'oxycline correspond dans une certaine mesure à la limite entre la zone euphotique dans laquelle se produit la photosynthèse et donc un dégagement d'oxygène et les zones profondes dépourvues d'activité autotrophe mais en revanche enrichies en composés réducteurs par suite de la sédimentation des matières organiques mortes. Il va donc toujours exister dans un lac, en particulier en période estivale, une grande différence entre la teneur en oxygène dissous dans les eaux superficielles et au voisinage des sédiments. Dans la couche superficielle, épilimnétique, qui correspond souvent à la zone euphotique, la photosynthèse dégage pendant la belle saison des quantités importantes d'oxygène. Au contraire dans l'hypolimnion, la stratification thermique des eaux, qui contrarie les échanges chimiques entre les zones superficielles et profondes, va conduire à une faible teneur en O_2 dissous dans l'hypolimnion voire à un état anoxique des eaux de ces couches profondes. À une certaine profondeur, il va donc se former une oxycline, couche au niveau de laquelle s'observe un fort gradient de variation de concentration de l'O_2 dissous avec saturation au-dessus et généralement anoxique au-dessous. Cette oxycline est superposée à une chimiocline car la variation des conditions oxydoréductrices de part et d'autre de cette dernière modifie considérablement l'état de bien d'autres constituants chimiques des eaux. (***Voir aussi Anaérobiose, Chimiocline, DBO, Eutrophisation, Stratification***)

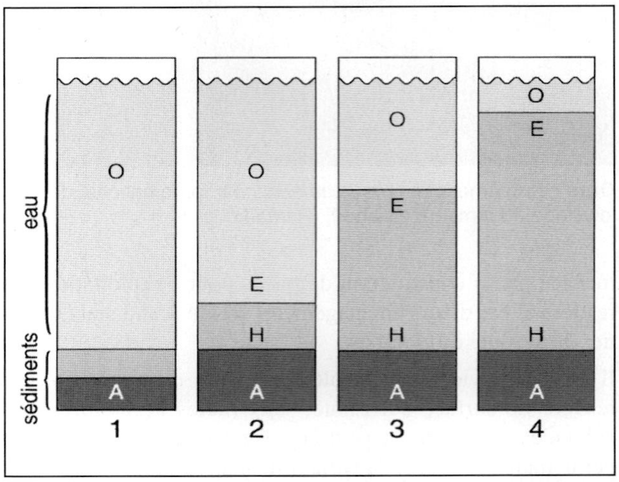

Représentation de la variation de la teneur en oxygène dissous dans la colonne d'eau dans un biotope lentique en fonction de la profondeur. L'**oxycline**, absente des lacs oligotrophes tend à être de moins en moins profonde en fonction du niveau d'eutrophisation. (1) Lac oligotrophe. (2) Lac mésotrophe. (3) Lac eutrophe. (4) Lac dystrophe. A = zone anoxique, O = zone oxique, E = position estivale de l'oxycline, H = position hivernale de l'oxycline.

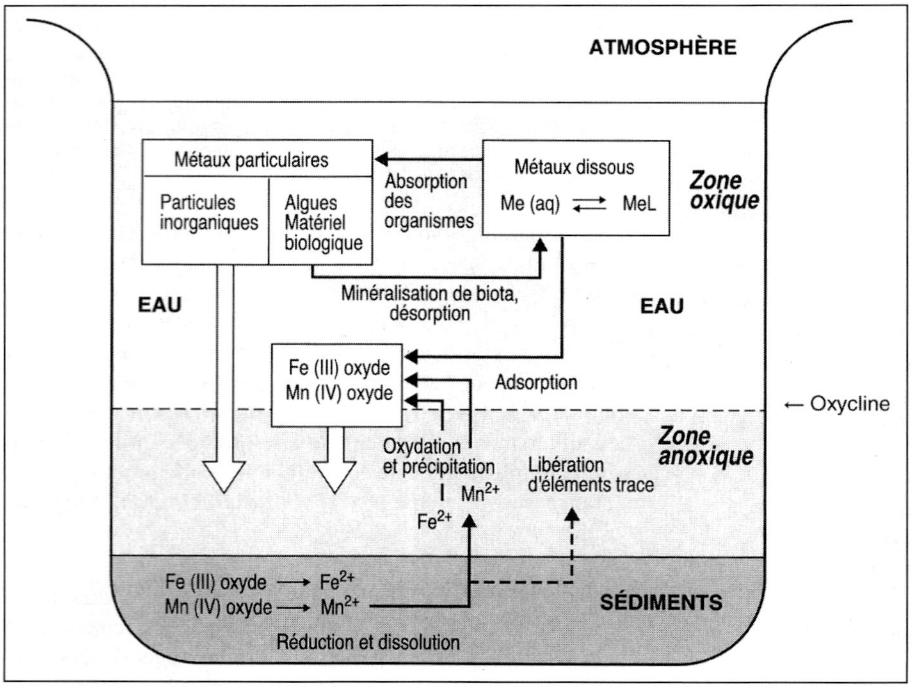

Schéma en coupe verticale d'un lac figurant l'**oxycline** qui délimite la zone anoxique située en profondeur au-dessous de celle-ci et la zone oxique comprise entre l'oxycline et la surface de l'eau. L'oxycline constitue une limitante critique en ce qui concerne la distribution du fer, du manganèse et des divers autres éléments trace car elle intervient de façon déterminante dans les échanges se produisant entre les couches profondes anoxiques de l'eau et les couches supérieures situées au-dessus d'elle. Dans la zone anoxique, le fer et le manganèse des sédiments passent sous forme réduite et soluble ; en revanche, quand ces formes dissoutes passent au-dessus de l'oxycline, elles sont oxydées et précipitent à l'état particulaire. (D'après Sigg et Stumm, *in* Stumm et Morgan, *Aquatic chemistry*, 1996, p. 658)

oxydabilité, n. f. (*oxidability*). Aptitude avec laquelle peuvent être oxydées les matières organiques et les autres contaminants constituant la charge en matières polluantes, d'un biotope aquatique. **(*Voir aussi DBO, DCO, MOF*)**

oxydant(s), n. m. (*oxidant*). Espèce chimique susceptible d'accepter un ou plusieurs électrons et donc de réaliser une oxydation. Un oxydant est conjugué à un réducteur, formant un couple redox. Un oxydant est d'autant plus puissant que le potentiel standard de son couple redox est plus élevé. De nombreux oxydants jouent un rôle important dans la biogéochimie de l'atmosphère, des eaux naturelles, et des sols ainsi que dans la pollution de l'air, des eaux ou encore dans l'épuration des eaux usées.

Il est notoire que l'atmosphère est fortement oxydante, sa teneur en oxygène est de 21% en volume alors qu'il suffit de 13% de ce gaz dans l'air pour que les combustions s'entretiennent spontanément. En outre, l'air renferme des espèces chimiques beaucoup plus oxydantes que l'oxygène, en particulier l'ozone, gaz trace dont la teneur est fortement accrue par suite de la pollution atmosphérique en zones urbaines et rurales. **(*Voir aussi DBO, Ozone, Qualité de l'air*)**

oxydation, n. f. (*oxidation*). Historiquement, l'oxydation d'une espèce chimique a d'abord désigné la combinaison de cette espèce avec l'oxygène ou le prélèvement d'hydrogène à cette espèce. Aujourd'hui, l'oxydation se définit plus largement comme une perte d'électrons. Les espèces subissant une oxydation sont des réducteurs. L'oxydation d'un réducteur est toujours couplée à la réduction par celui-ci d'un oxydant. **(*Voir aussi Oxydant, Oxydoréduction, Réducteur, Redox, Réduction*)** ◆ **~ de la matière organique** : dans les biotopes aquatiques, l'oxydation est due à l'intervention de diverses espèces chimiques accepteuses d'électrons (oxydants), en particulier l'oxygène, les ions nitrate NO_3^-, les oxydes de manganèse MnO_x, les hydroxydes ferriques $Fe(OH)_3$ ou encore les ions sulfate SO_4^{2-}. ◆ **bassin d'~** (*oxidation pond*) : dispositif jouant un rôle essentiel dans les installations de traitement biologique des eaux polluées par des matières organiques fermentescibles. Le principe général consiste à introduire les matières organiques fermentescibles dans une enceinte ou un bassin dans lequel existe une couche de sédiments et dans lequel les bactéries aérobies de la colonne d'eau vont utiliser par voie oxydative les substances biochimiques présentes dans l'effluent comme nutriments. En réalité, les algues autotrophes jouent aussi un rôle important dans ce dispositif en utilisant les éléments minéraux nutritifs et en libérant de l'oxygène, ce qui participe à maintenir les conditions oxydantes de la colonne d'eau. **(*Voir aussi MOF, Station d'épuration*)**

oxyde(s), n. m. (*oxide*). Formes inorganiques d'éléments combinées à l'oxygène. ◆ **~ d'azote** (*nitrogen oxide*) : voir NO_x. ◆ **~ de carbone** : voir CO. ◆ **~ de fer** (*iron oxide*) : le sesquioxyde de fer (Fe_2O_3) est un constituant important des sols, en particulier dans les régions méditerranéennes et tropicales, auxquels il confère une couleur rouge ou ocre caractéristique. ◆ **~ de soufre** (*sulfur oxide*) : voir SO_2.

oxydisol, n. m. (*oxisol*). Terme de pédologie, synonyme de ferrallites. Ce type de sol est propre à de nombreux biotopes tropicaux. Ils se rencontrent sur des affleurements de roches basiques dont ils constituent l'ultime terme d'altération. Ici, même les argiles sont totalement dégradées donnant des oxydes libres (hématite, gibbsite) qui s'accumulent dans un horizon B_0 dit oxydique. **(*Voir aussi Ferralitique, Latérite*)**

oxydoréduction, n. f. (*oxydoreduction*). Une réaction d'oxydoréduction ou réaction redox est une réaction de transfert d'électron(s) entre le réducteur, donneur d'électron (s) d'un couple redox et l'oxydant, accepteur d'électron(s) d'un autre couple redox. La force relative de deux oxydants ou de deux réducteurs est établie en comparant les potentiels redox standard des deux couples. L'oxydant du couple dont le potentiel redox est le plus élevé est le plus fort et inversement pour le réducteur. ◆ **potentiel d'~** (*oxidoreduction potential, redox potential*) ou **potentiel redox** : voir Redox.

oxygène, n. m. (*oxygen*). Élément de numéro atomique Z = 8 et de masse atomique Ar = 16, dont le corps simple est le dioxygène O_2 (également nommé oxygène moléculaire), gazeux dans les conditions naturelles. ◆ **cycle biogéochimique de l'~** (*oxygen biogeochemical cycle*) : le cycle de cet élément est le complément de celui du carbone ; l'absorption d'oxygène par les écosystèmes résultant de la respiration, processus antagoniste de la photosynthèse, compense le dégagement de cet élément par la production primaire de leur communauté végétale (ou phytoplanctonique en milieu marin). (Voir Figure page suivante.)

Au cours des époques géologiques, le cycle de l'oxygène a été longtemps déséquilibré, la photosynthèse – donc le dégagement d'oxygène – ayant été supérieure à la respiration des communautés. De la sorte, l'accumulation d'oxygène atmosphérique constitue la contrepartie de la quantité de carbone fixée sous forme de combustible fossile dans la lithosphère. Ce processus explique la présence dans l'atmosphère actuelle d'une concentration en O_2 correspondant à 21% de la composition totale en gaz atmosphériques, soit 200 000 fois plus forte que sa teneur abiotique originale. Une partie importante de l'oxygène initialement dégagé dans l'atmosphère a été fixée sous forme d'oxydes dans les couches superficielles de la lithosphère.

Des discussions subsistent à l'heure actuelle pour savoir si l'essentiel de l'oxygène a été initialement dégagé par l'activité phytoplanctonique ou par celle des premiers végétaux terrestres. On a pu calculer que le *turn over* de l'oxygène atmosphérique est de 1 000 ans.

Le cycle de l'ozone apparaît comme un paracycle de l'oxygène dépendant uniquement d'un processus abiotique : dissociation de la molécule d'O_2 sous l'effet des UV dans la stratosphère. **(*Voir aussi Atmosphère, Biosphère, Ozone*)** ◆ **~ dissous** (*dissolved oxygen*) : quantité d'oxygène présente dans l'eau à l'état dissous. Celle-ci est toujours faible de sorte que la teneur en oxygène dissous constitue dans les écosystèmes limniques et marins un facteur limitant. La concentration de l'oxygène dissous dans une eau naturelle dépend de plusieurs facteurs écologiques abiotiques : température, pression atmosphérique, pression partielle de vapeur d'eau. Enfin dans un biotope aquatique donné, la solu-

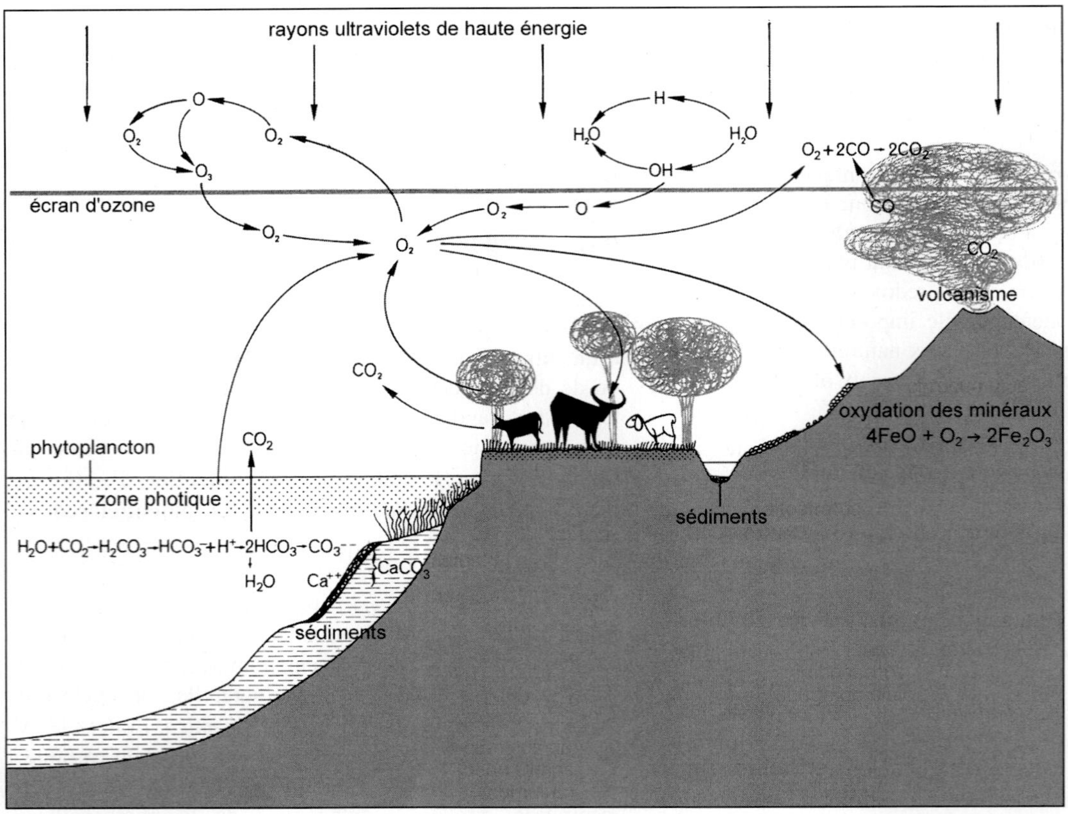

Cycle biogéochimique de l'**oxygène**. (D'après Cloud, op. cit., in Ramade F., *Écologie fondamentale*, Ediscience international, 2e ed., 1994, p. 337)

bilité potentielle de l'oxygène va être réduite par d'autres facteurs écologiques tels la salinité et la charge en matières organiques fermentescibles (DBO), dont l'essentiel résulte de la pollution des eaux – et est donc d'origine anthropique.

En tenant compte de ces paramètres physiques et du facteur chimique déterminant dans les biotopes aquatiques, c'est-à-dire la teneur en sel dissous caractérisée au mieux par celle en anion chlorure, on obtient le tableau suivant de la teneur en O_2 dissous.

Dissolution de l'oxygène à saturation dans une eau en fonction de la température et de la concentration en anion chlorure (à la pression normale soit 760 mm de Hg)

Température (en °C)	Teneur en Cl^- (en $g.l^{-1}$) 0	4	8	12	16	20	35 (eau de mer moyenne)
	Teneur en oxygène dissous en mg/l						
0	14,5	13,9	13,3	12,6	12,0	11,3	11,0
5	12,7						
10	11,3	10,8	10,4	9,9	9,5	9,0	9,0
15	10,1						
20	9,1	8,8	8,5	8,1	7,8	7,4	6,96
25	8,2						
30	7,5	7,3	7,0	6,7	6,4	6,1	5,6

L'action de divers paramètres diminuant cette teneur est susceptible de provoquer des effets écophysiologiques nocifs sur les zoocœnoses des milieux aquatiques. Cette teneur dépend en premier lieu de la température, de la salinité, de l'agitation et dans les eaux polluées de la charge en matières organiques fermentescibles d'origine anthropique. (***Voir aussi DBO, DCO***)

oxytaxie, n. f. (*oxytaxis*). Réponse d'un organisme aquatique mobile à une différence (gradient) ou à un changement de concentration en oxygène dissous.

Oya-Shivo. Courant froid d'origine subpolaire du Nord Pacifique. Il prend naissance dans la mer de Bering et se dirige vers le sud-ouest en longeant l'archipel des Kourilles, Sakhaline et enfin la côte orientale des îles japonaises d'Hokkaido et de Hondo. Cela explique le climat anormalement froid pour sa latitude de la moitié septentrionale du Japon. (***Voir aussi Kouro-Shivo***)

oyat, n. m. (*marram grass*) (n. sc. : *Ammophila arenaria*). Graminée pionnière arénophile capable de se développer directement sur du sable vif. De ce fait, l'oyat a été utilisé de façon extensive depuis le siècle dernier pour fixer les dunes mouvantes.

ozonation, n. f. (*ozonization*). Traitement d'épuration des eaux par diffusion d'ozone. Celle-ci permet l'élimination de certains micropolluants résiduels et de divers agents pathogènes : virus et bactéries sans présenter les inconvénients liés à l'usage de la chloration. (***Voir aussi Potabilisation***)

ozone, n. m. (*ozone*). Molécule de formule chimique O_3. Il s'agit d'un gaz trace qui présente son maximum d'abondance dans la moyenne stratosphère. En réalité, l'ozone se rencontre à de très faibles concentrations dans l'atmosphère. La colonne d'ozone réduite, c'est-à-dire la hauteur d'ozone à la pression d'une atmosphère, soit de l'ordre

Schéma du cycle de l'ozone dans la stratosphère (alternance formation-dégradation) dans les conditions normales (à gauche) et de la destruction de cette molécule par les aéropolluants chlorés (à droite). (D'après Dupas, in Ramade F., *Les catastrophes écologiques*, McGraw-Hill, 1987, p. 237)

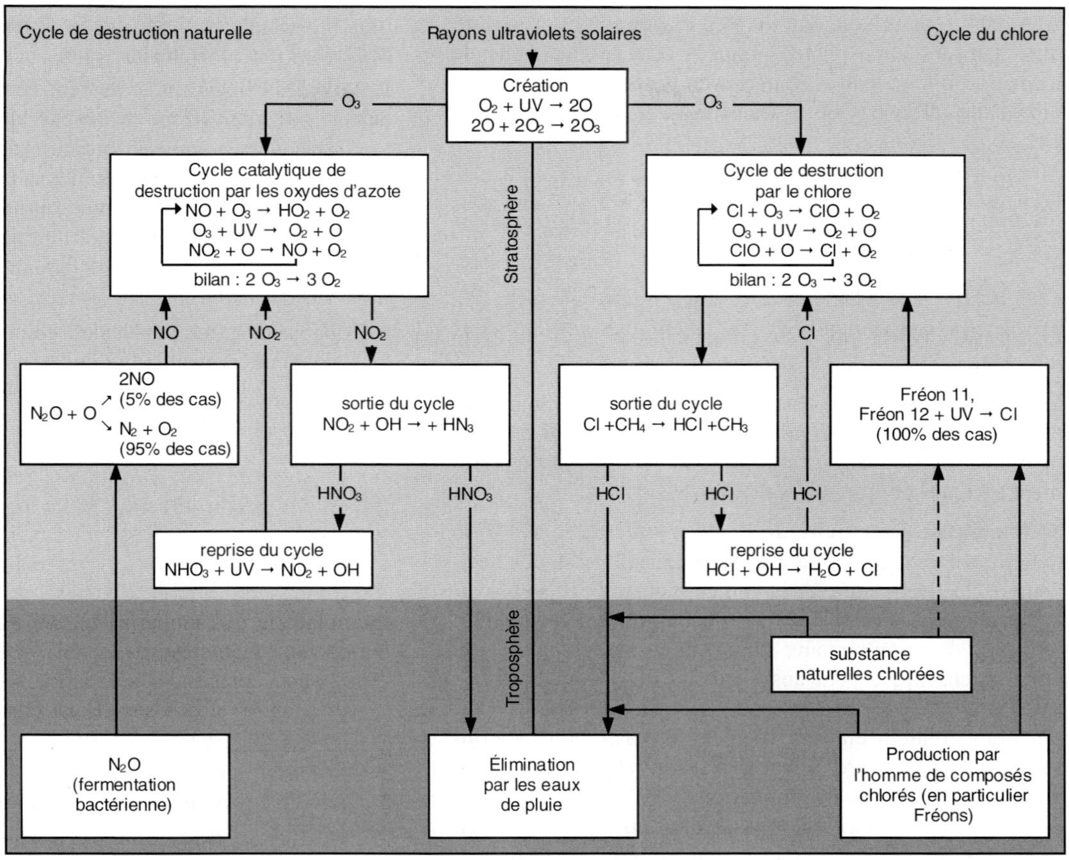

d'un kg/cm^2, serait à peine de 3 mm en moyenne. Malgré sa très faible concentration atmosphérique, l'ozone joue un rôle majeur dans l'écosphère en arrêtant le rayonnement ultraviolet solaire, permettant en conséquence l'existence de la vie à la surface des continents émergés.

L'ozone se forme dans la haute stratosphère par réaction de l'oxygène moléculaire avec les rayons ultraviolets selon la réaction :

$$O_2 + h\nu \longrightarrow 2\,O^{2-} \quad (1)$$

$$O_2 + O^{2-} \longrightarrow O_3 + 1{,}1 \text{ eV} \quad (2)$$

◆ **~ stratosphérique** (*stratospheric ozone*) : ozone surtout présent dans la moyenne et haute stratosphère entre 20 et 40 km d'altitude où il constitue un écran – improprement dénommé « couche » – protégeant les écosystèmes terrestres contre les rayonnements ultraviolets et absorbant la totalité de ceux dont la longueur d'onde est inférieure à 340 mμ.

◆ **~ troposphérique** (*tropospheric ozone*) : terme désignant l'ozone présent dans les basses couches de la troposphère, jusqu'au voisinage immédiat du sol. Dans les conditions normales, dans les atmosphères exemptes de pollution, la teneur en ozone troposphérique est faible et n'excède pas quelques ppb au niveau de la mer. Même sur des côtes tropicales reculées – plage des atolls du Pacifique ou dans des zones désertiques – recevant un flux UV intense, on relève au maximum des concentrations de 10 à 15 ppb.

À l'opposé, des concentrations excédant 100 ppb se mesurent couramment dans les atmosphères urbaines polluées, voire en zones rurales exposées à une contamination de l'atmosphère.

Dans la basse troposphère, cet accroissement de la teneur en ozone par la pollution atmosphérique résulte en particulier de la présence d'hydrocarbures imbrûlés et d'oxydes d'a-

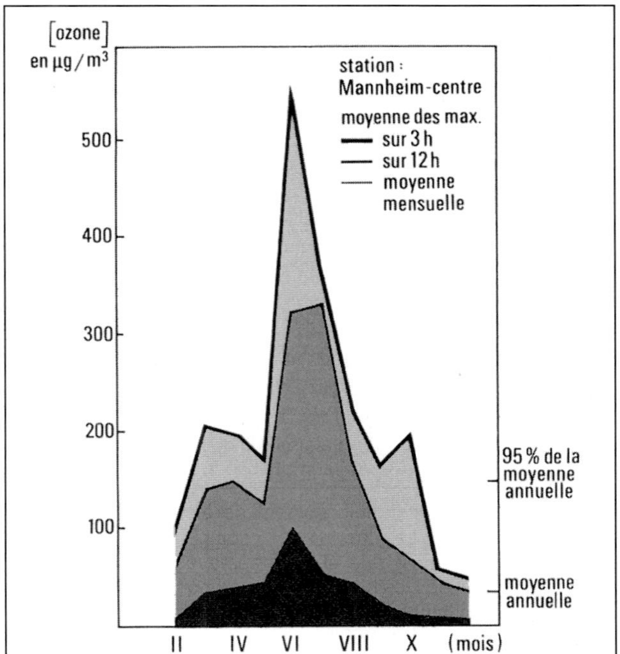

Variation au cours du cycle annuel de la teneur de l'air urbain en **ozone** dans le centre de Manheim (ex-RFA). On constate que le maximum est atteint en juin, à l'époque de l'année où l'ensoleillement est maximal. (D'après Becker et al., in Guderian, *Air Pollution by Photochemical oxidants*, Springer Verlag, 1985, p. 42)

zote dans l'air urbain. En sus des réactions (1) et (2), on note dans les atmosphères polluées d'autres réactions de formation d'O_3 à partir de peroxyde d'azote(NO_2), de monoxyde de carbone (CO) et des hydrocarbures, en particulier CH_4 :

$$NO_2 + h\nu\ (> 3,1\ eV) \longrightarrow NO^{\cdot} + O^{\cdot} \quad (3)$$

réaction suivie de la formation d'ozone selon (2)

$$CO + 2O_2 \longrightarrow CO_2 + O_3 \quad (4)$$

$$CH_4 + 4O_2 + h\nu \rightarrow CH_2O + H_2O + 2O_3 \quad (5)$$

Le formaldéhyde formé peut entrer dans un nouveau cycle d'oxydation produisant à nouveau de l'ozone.

L'ozone formé réagit ensuite avec les aéropolluants et donne des polluants secondaires dont les PAN, par réaction de radicaux peroxyacyles avec le NO_2 qui sont particulièrement toxiques pour les êtres vivants.

◆ **toxicité et écotoxicité de l'~** : par suite de sa très forte toxicité par inhalation, de graves intoxications aiguës accidentelles peuvent survenir en milieu industriel. Elles provoquent un effet dépressif sur le fonctionnement respiratoire puis un œdème pulmonaire suivi d'un état comateux. L'exposition chronique peut aussi conduire à une insuffisance respiratoire. L'exercice physique peut induire dans les populations urbaines un essoufflement anormal, voire une insuffisance respiratoire, même à d'assez faibles niveaux de pollution par l'ozone troposphérique, de l'ordre de 80 ppb. Il a été démontré aux États-Unis que les hospitalisations, en particulier pour crises d'asthme aigu, augmentent fortement avec l'accroissement de la teneur en ozone de l'air urbain. L'accroissement est de 10% pour une hausse de 50 ppb.

Au plan écotoxicologique, l'ozone troposphérique est particulièrement dangereux pour les écosystèmes terrestres par suite de sa forte toxicité tant pour les plantes que pour les animaux.

Les végétaux exposés à l'ozone présentent des lésions foliaires caractérisées par une coloration argentée et par une nécrose des cellules du parenchyme palissadique du limbe foliaire. Il a pu être calculé que l'ozone provoque à lui seul à l'agriculture américaine des dommages s'élevant à plusieurs milliards de $ par an.

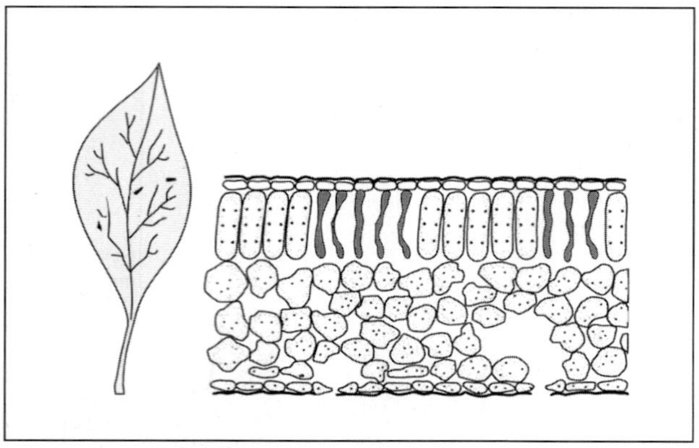

Lésions foliaires causées chez un phanérogame par l'exposition à l'**ozone**. (D'après Guderian, op. cit., in Ramade F., *Précis d'écotoxicologie*, Masson, 1992, p. 104)

◆ **« trou » dans la couche d'~** (*ozone hole*) : les divers aéropolluants rejetés par l'homme dans l'atmosphère, tels des oxydes d'azote, les CFC et autres halons sont capables de dégrader l'ozone stratosphérique.

Les oxydes d'azote interviennent certes de façon naturelle dans le cycle de l'ozone stratosphérique de même que d'autres substances comme le bromure de méthyle. Cependant celui-ci, quoique formé naturellement dans l'océan, à raison d'environ 50 millions de tonnes/an (de même que le chlorure de méthyle et de diméthyle) est libéré en grande quantité par l'activité humaine. En effet, cette substance est utilisée à vaste échelle.

À l'opposé d'autres substances, comme les CFC ou les halons, sont entièrement le fait de l'action de l'homme.

Les réactions de base qui conduisent à la destruction de l'ozone stratosphérique sont les suivantes :

$$NO + O_3 \longrightarrow NO_2 + O_2 \quad (6)$$

$$NO_2 + O \longrightarrow NO + O_2 \quad (7)$$

d'où

$$O_3 + O \longrightarrow 2\ O_2 \quad (8)$$

Ces réactions de destruction par les CFC, par exemple avec le fréon 11 sont les suivantes :

$$CFCl_3 \longrightarrow CFCl_2 + Cl. \quad (9)$$

$$Cl. + O_3 \longrightarrow ClO + O_2 \quad (10)$$

Des réactions de dégradation analogues s'observent avec des dérivés organobromés, tels le bromure de méthyle.

Par suite de l'introduction de ces divers polluants dans la stratosphère, il est apparu au milieu des années 1980 un « trou » dans l'ozone stratosphérique antarctique, les concentrations en ce gaz pouvant baisser de 80% dans la stratosphère au cours du printemps austral.

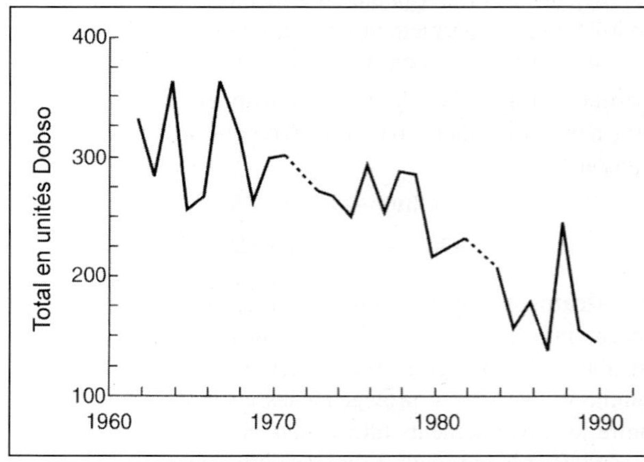

Décroissance de la teneur en **ozone** stratosphérique dans l'Antarctique entre 1960 et 1990. (D'après NOAA, in PNUE *Environmental Data Report*, 1992, p. 10)

Fait plus préoccupant, la tendance générale depuis le début des années 1960 est à la baisse continue de la teneur en ozone stratosphérique non seulement de l'atmosphère antarctique mais de l'ensemble de la stratosphère globale à l'exception des latitudes tropicales. La baisse moyenne pour l'ensemble du monde a été de 5% entre 1979 et 1995 et de 7% pour les moyennes latitudes.

De même un autre « trou », certes de moindre importance, est apparu aux latitudes subarctiques et arctiques de l'hémisphère boréal depuis le début des années 1990. Il s'agit là

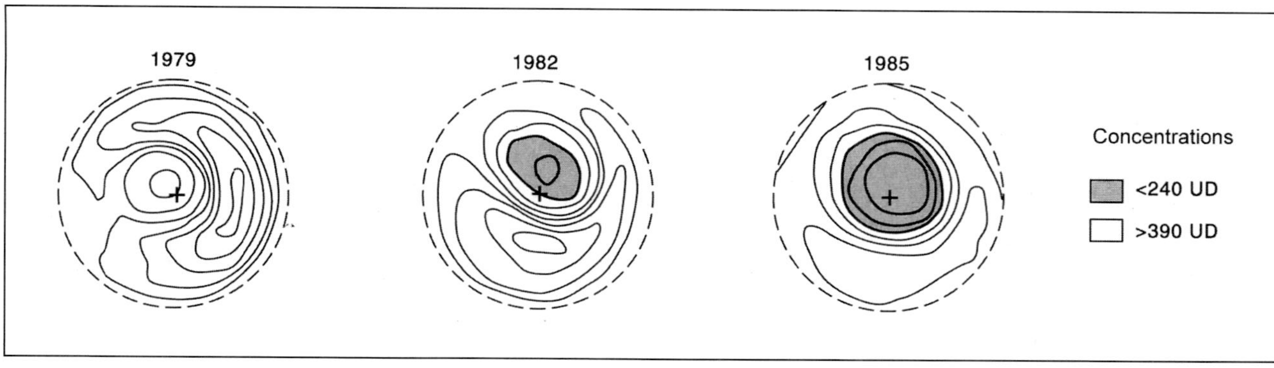

Accroissement entre 1979 et 1985 du « trou » d'**ozone** dans l'atmosphère Antarctique, observée au printemps austral. Les concentrations sont exprimées en unités Dobson (UD) (une UD correspond à 10 µm d'épaisseur d'ozone dans une atmosphère réduite). (D'après NOAA, in PNUE, *Environmental Data Report*, 1989, p. 10)

d'un grave problème d'environnement et même, à terme, d'écologie globale quand on songe que la plupart des végétaux terrestres sont encore plus sensibles que les animaux à tout accroissement du flux d'UV au niveau du sol.

Des recherches effectuées à l'aide de diverses technologies (ballons sonde, lidar) ont montré que cette diminution de la teneur en ozone stratosphérique pouvait être en grande partie corrélée avec les rejets dans l'atmosphère de divers composés dégradant l'ozone, en particulier les CFC.

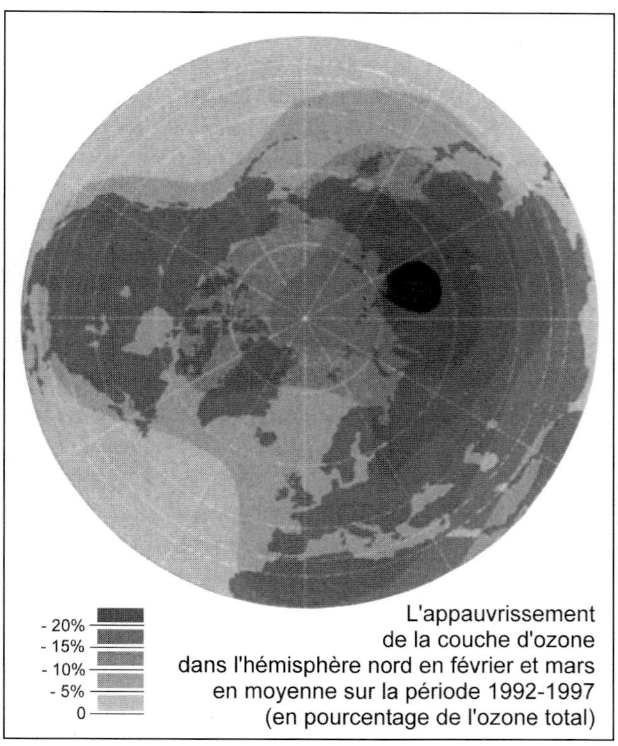

Formation du « trou » d'**ozone** observé au printemps boréal dans la stratosphère arctique et diminution de la concentration de ce dernier calculée sur la période 1992-1997. (D'après OMM, in PNUE, *Environmental Data Report*, 1998)

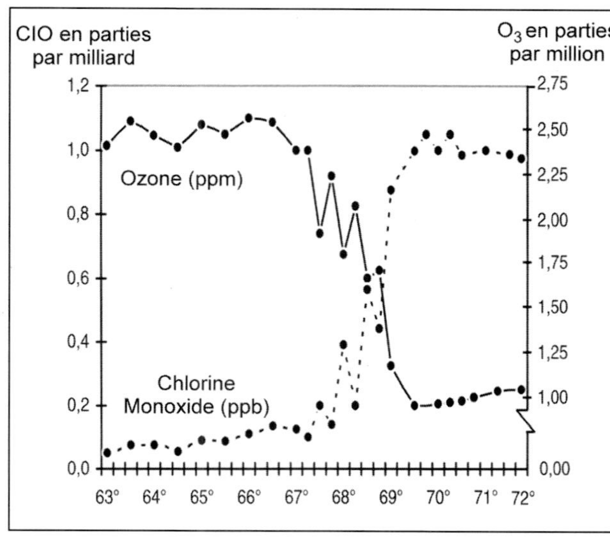

Variation de la concentration en **ozone** et en monoxyde de chlore (ClO) dans la stratosphère des hautes latitudes australes. On constate la forte baisse de la teneur en ozone au-delà de 67° de latitude, c'est-à-dire du cercle polaire antarctique, qui correspond à la formation du « trou » d'ozone au printemps austral 1987 ainsi que la corrélation de cette diminution de la concentration en O_3 avec l'accroissement de celle en ClO dans la stratosphère antarctique qui est l'agent de la destruction de l'ozone. (D'après Anderson J., Université de Harvard, in Shea, op. cit., 1988, p. 10)

La démonstration d'une relation très significative entre la teneur en oxyde de chlore de l'atmosphère antarctique, elle-même directement liée à sa teneur en CFC et de la diminution de l'ozone stratosphérique dans cette dernière au printemps austral a conduit à l'adoption en 1987 du protocole de Montréal. Celui-ci a pour but – à l'horizon 2010 – une interdiction totale des chlorofluorocarbones et des dérivés organobromés analogues (halons par exemple) responsables de la destruction de la couche d'ozone. ***(Voir aussi Air, Atmosphère, Chlorofluorocarbones, Halons, Montréal, Ultraviolet)***

pacage, n. m. (*pasture*). Terrain de parcours pour les herbivores domestiques.

Pacifique ◆ **ceinture de feu du ~** (*Pacific Fire Belt*) : zone de subduction tectonique résultant de la collision de l'immense plaque tectonique pacifique avec les plaques continentales qui la jouxtent. Les volcans actifs et (ou) les zones d'intense sismicité se succèdent de façon quasi continue au niveau des franges continentales périphériques de cet océan depuis la Nouvelle-Zélande jusqu'à la pointe extrême de l'Amérique du Sud. ***(Voir aussi Océan, Plaque)*** ◆ **océan ~** (*Pacific Ocean*) : couvrant le tiers de la surface planétaire, l'océan Pacifique constitue la plus vaste étendue de l'hydrosphère. En conséquence, en plus de son importance au plan de l'écologie marine, il intervient de façon déterminante dans la régulation des climats globaux, par suite de son rôle prépondérant dans les échanges d'énergie entre l'océan et l'atmosphère. Les phénomènes d'El Niño et les conséquences catastrophiques qui en ont résulté tout autour du globe dans les années 1980 puis 1990 (sécheresses, pluies diluviennes, cyclones) en ont apporté une démonstration spectaculaire. ◆ **région ~** (*Pacific region*) : zone biogéographique correspondant aux divers archipels tropicaux et subtropicaux de l'océan Pacifique. Outre les îles Hawaï, Fidji et Samoa, elle englobe l'ensemble de la Micronésie, de la Macronésie et de la Polynésie française, et quelques autres archipels de moindre étendue.

pack, n. m. ◆ **~ de glace** (*ice pack*) : terme désignant la banquise océanique et les glaces provenant de sa fragmentation situées à la limite de cette dernière.

pagophile, adj. (*pagophilous*). Désigne les espèces qui vivent au pied des pentes des collines et autres biotopes au relief accentué.

pagophyte, n. f. (*pagophyte*). Plante croissant dans les biotopes de bas de pente.

pagure(s), n. m. (*hermit crab*). Crustacés Décapodes de la famille des *Paguridae*, taxonomiquement voisins des crabes, vulgairement dénommés bernard-l'ermites, qui se développent dans la coquille vide d'un Gastéropode marin. De nombreuses espèces tropicales sont terrestres et vivent dans la zone supralittorale du domaine néritique.

paisson, n. m. (*mast*) (syn. : glandée). Ensemble des produits forestiers : fruits, graines, et autres productions végétales, consommées par le bétail lors du pacage en forêt.

paléarctique, n. m. et adj. (*palearctic*). Empire biogéographique qui couvre toutes les régions tempérées et boréales de l'Eurasie et de l'Afrique septentrionale. La zone paléarctique, outre tout le Maghreb et les parties littorales de la Libye et de l'Égypte, englobe toute l'Europe et l'ensemble de l'Asie, à l'exception des parties tropicales de cette dernière. ***(Voir aussi Biogéographie)***

paléobiologie, n. f. (*paleobiology*). Branche de la biologie concernant l'étude des organismes vivants fossiles.

paléobotanique, n. f. (*paleobotany*). Domaine de la paléontologie consacré à l'étude des végétaux fossiles.

Paléocène, n. m. (*Paleocene*). Époque géologique marquant le début du Tertiaire, qui se situe chronologiquement entre – 65 à – 53 millions d'années.

paléoclimat(s), n. m. (*paleoclimate*). Climats propres aux périodes géologiques du passé.

Pagure terrestre (*Coenobita clypeatus*). Cette espèce, comme de nombreux autres pagures tropicaux, est inféodée aux zones jouxtant l'étage supralittoral situées sur des côtes plates aux plages sablonneuses (réserve naturelle de Petite Terre, Guadeloupe). (Cliché F. Ramade)

paléoclimatologie, n. f. (*paleoclimatology*). Branche de la climatologie ayant pour objet l'étude des climats caractéristiques des diverses époques géologiques. L'usage des méthodes isotopiques permettant par exemple la détermination des paléotempératures a fait faire des progrès considérables à cette discipline qui auparavant se fondait sur des indices d'origine paléoécologique liés à la nature de fossiles de plantes et (ou) d'animaux connus pour être adaptés à un type climatique précis. Il a ainsi pu être établi qu'au début de l'Oligocène, des arbres à pain poussaient en Provence et des Palmiers au Spitzberg, indice de climat tropical ou subtropical selon le cas.

paléoécologie, n. f. (*paleoecology*). Discipline dont l'objet est l'étude des conditions écologiques qui ont caractérisé la biosphère, l'environnement des organismes fossiles et les écosystèmes auxquels ils étaient inféodés ainsi que leur évolution tout au long des périodes géologiques, depuis les origines mêmes de la vie sur la Terre, au début des temps archéozoïques, il y a environ 4 milliards d'années.

En réalité, la paléoécologie fait la synthèse des données de la paléontologie (paléobotanique et paléozoologie), ainsi que de celles de la biogéochimie pouvant apporter des informations à la fois au plan du fonctionnement des anciens écosystèmes et aussi sur les paléoclimats.

Au cours des trois dernières décennies, la paléoécologie a connu des développements considérables grâce aux progrès de la paléoclimatologie qui ont permis une reconstitution précise des climats passés depuis le début des périodes phanérozoïques!

Enfin, pour les périodes plus récentes, en particulier le Quaternaire, les études paléoécologiques ont fait de grands progrès par un recours systématique à la dendrochronologie, à la palynologie et à l'anthracologie, qui ont permis de mieux comprendre l'évolution des communautés végétales et animales ainsi que celle de l'atmosphère terrestre. (***Voir aussi Anthracologie, Biosphère, Dendrochronologie, Palynologie***)

paléoenvironnement, n. m. (*paleoenvironment*). Ensemble des paramètres écologiques, physico-chimiques et biotiques, caractéristiques d'une aire géographique ou d'un habitat donné à une période géologique passée.

Paléogène, n. m. (*Paleogene*). Période marquant la première phase de l'ère Tertiaire. Elle correspond à l'ensemble Paléocène–Éocène et Oligocène (– 65 à – 23 millions d'années). (***Voir aussi Tertiaire***)

paléogéographie, n. f. (*paleogeography*). Étude de la disposition ancienne des continents. Au cours des périodes géologiques et depuis le début de la formation même des continents voici 3,9 milliards d'années, la masse continentale a fusionné et s'est fragmentée plusieurs fois de façon cyclique avant de refusionner. La dernière a débuté au Permien avec la division du Pangea en deux grandes masses (Gondwana et Laurasia) qui se sont elles-mêmes dissociées ultérieurement donnant les continents actuels. Ces phénomènes ont revêtu une importance chorologique fondamentale car ils sont à l'origine de l'isolement biogéographique de nombreux groupes végétaux et animaux et de leurs radiations évolutives ultérieures en autant d'unités taxonomiques distinctes.

L'étude des fossiles de végétaux – et d'animaux – a apporté des informations essentielles au développement de la **paléoclimatologie**. Ainsi, la découverte de feuilles (A) et de fruits fossiles d'arbre à pain dans un gisement du milieu du Crétacé au Groenland, ici comparés à un échantillon actuel (B), avait permis d'affirmer, bien avant que l'on ne puisse déterminer de façon absolue les paléotempératures, que cette région connaissait alors un climat tropical. (Cliché F. Ramade)

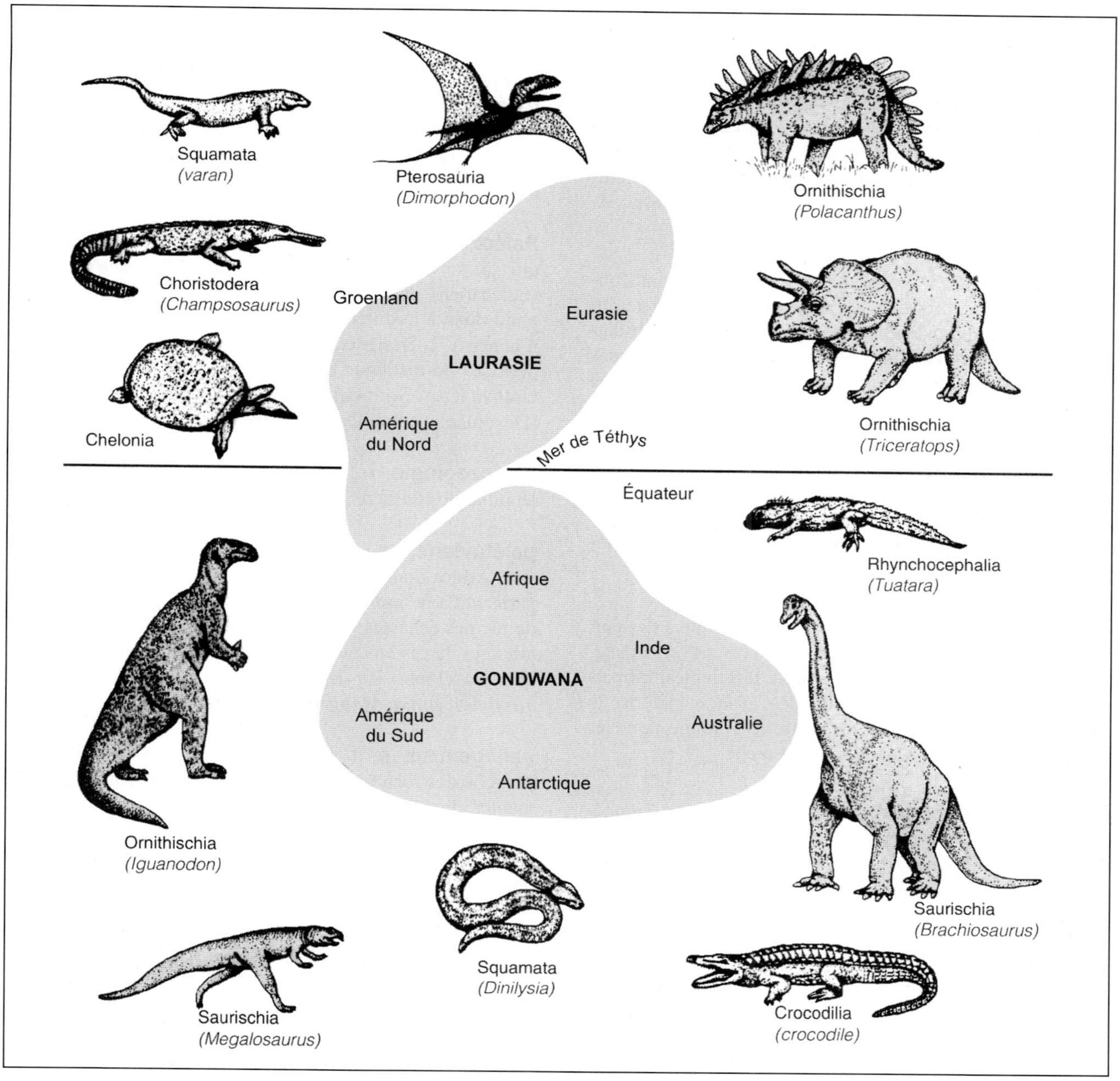

Paléogéographie des continents au début du Crétacé. On constate que l'emplacement des continents à cette époque, quoique caractérisé par la séparation de la Laurasie et du Gondwana, était marqué par l'existence d'un pont entre ces deux grandes masses continentales, ce qui explique la distribution cosmopolite des dinosaures sauropodes du genre *Brachiosaurus* au Mésozoïque par exemple. (D'après Kurten, in Stanley, *Earth and Life through time*, Freeman, 1986, p. 179)

paléolatitude(s), n. f. (*paleolatitude*). Ancienne latitude à laquelle se trouvait une zone déterminée de la surface terrestre à une époque géologique donnée. Le paléomagnétisme est l'une des méthodologies permettant d'évaluer celle-ci. Ainsi, il a pu être déterminé qu'au moment de la glaciation ordo-silurienne, voici environ 435 millions d'années, le Sahara occidental occupait l'emplacement actuel de l'Antarctique!

paléolimnologie, n. f. (*paleolimnology*). Discipline dont l'objet est l'étude de l'histoire des lacs et autres écosystèmes aquatiques lentiques à partir de l'analyse des sédiments tant au plan paléoécologique qu'écotoxicologique. L'étude des assemblages de microfossiles de Diatomées, de crustacés planctoniques et de Chironomides permet de reconstituer les variations de pH, de degré trophique de la salinité des eaux lacustres au cours de périodes qui peuvent remonter jusqu'à la fin du Tertiaire pour les lacs de faille les plus anciens. En outre, l'analyse chimique des sédiments permet de déterminer l'histoire de la contamination du biotope lacustre considéré. (***Voir aussi Lac, Limnologie, Pluies acides, Pollution des eaux***)

Paléolithique, n. m. (*Paleolithic*). Période de la préhistoire de l'humanité dite de la pierre taillée. Elle s'est écoulée depuis les origines du genre *Homo*, voici 2,5 millions d'années, jusqu'au début du Néolithique, il y a environ 10 000 ans. Il faut toutefois noter qu'à l'heure actuelle subsistent encore quelques groupes humains aborigènes, vivant dans des zones reculées, qui sont restés au stade « culturel » paléolithique.

paléomagnétisme, n. m. (*paleomagnetism*). Propriété qu'ont certains matériaux, lorsqu'ils sont chauffés jusqu'à fusion, de conserver ultérieurement l'orientation du champ magnétique dans lequel ils se sont refroidis, permettant ainsi de déterminer l'emplacement du pôle à l'époque où ils ont été produits (roches volcaniques par exemple).

paléontologie, n. f. (*paleontology*). Discipline dont l'objet est l'étude des formes de vie propres aux périodes géologiques passées. La paléoécologie, qui a connu un substantiel développement au cours des toutes dernières décennies en représente un important sous-ensemble. ***(Voir aussi Échelle, Géologie, Paléoécologie)***

Paléophytique, n. m. (*Paleophytic*). Période de l'histoire de la biosphère qui correspond au temps ayant séparé l'apparition des premières algues unicellullaires photosynthétiques et celle des premiers végétaux supérieurs (Gymnospermes) au cours de l'ère primaire.

paléosol, n. m. (*paleosoil*). Sol vestigial formé à des épisodes climatiques antérieurs à l'époque présente et caractérisé par des conditions de pédogenèse différentes: climats plus froids, plus chauds, plus humides, ayant caractérisé le Quaternaire moyen ou inférieur, voire le Tertiaire pour les plus anciens qui subsistent à l'heure actuelle.

paléotempérature(s), n. f. (*paleotemperature*). Températures propres à une période géologique donnée caractérisant un biotope terrestre ou aquatique. Elles sont estimées par la méthode isotopique du $\delta\,^{18}O$ qui a permis de les déterminer jusqu'au milieu du Crétacé, il y a plus de 100 millions d'années. ***(Voir aussi Isotopique)***

paléotropical(e), adj. (*paleotropical*). Caractéristique écologique des écosystèmes tropicaux propre aux périodes géologiques passées. ◆ **région ~** : entité biogéographique correspondant aux divers empires tropicaux de l'Ancien Monde.

Paléozoïque, n. m. (*Paleozoic*). **1.** Période géologique qui s'est écoulée depuis la fin de l'Antécambrien (Édiacarien) jusqu'à la fin de l'ère primaire. Elle correspond donc à la durée de cette ère (– 545 à – 250 millions d'années). **2.** Désigne aussi les roches formées durant cette période. On distingue un Paléozoïque inférieur (Cambrien, Ordovicien, Silurien) et un Paléozoïque supérieur (Dévonien, Carbonifère et Permien).

paléozoologie, n. f. (*paleozoology*). Domaine de la paléontologie consacré à l'étude des animaux fossiles.

palétuvier(s), n. m (*mangle tree*). (n. sc. : *Rhizophora sp.*). Arbres dominants des écosystèmes de Mangroves, appartenant à la famille des *Rhizophoraceae*. Ils sont pourvus de racines-échasses – comme la plupart des autres espèces arborées de ces biocœnoses amphibies – qui leur permettent de se développer sur des substrats vaseux peu stables. ***(Voir aussi Avicennia, Mangrove, Sonneretia)***

palingenèse, n. f. (*palingenesis*). Processus de fusion partielle des roches métamorphiques conduisant à des migmatites et, si le phénomène s'amplifie, à des magma.

palladium, n. m. (*palladium*). Élément de numéro atomique Z = 46 et de masse atomique Ar = 106,4 dont le corps

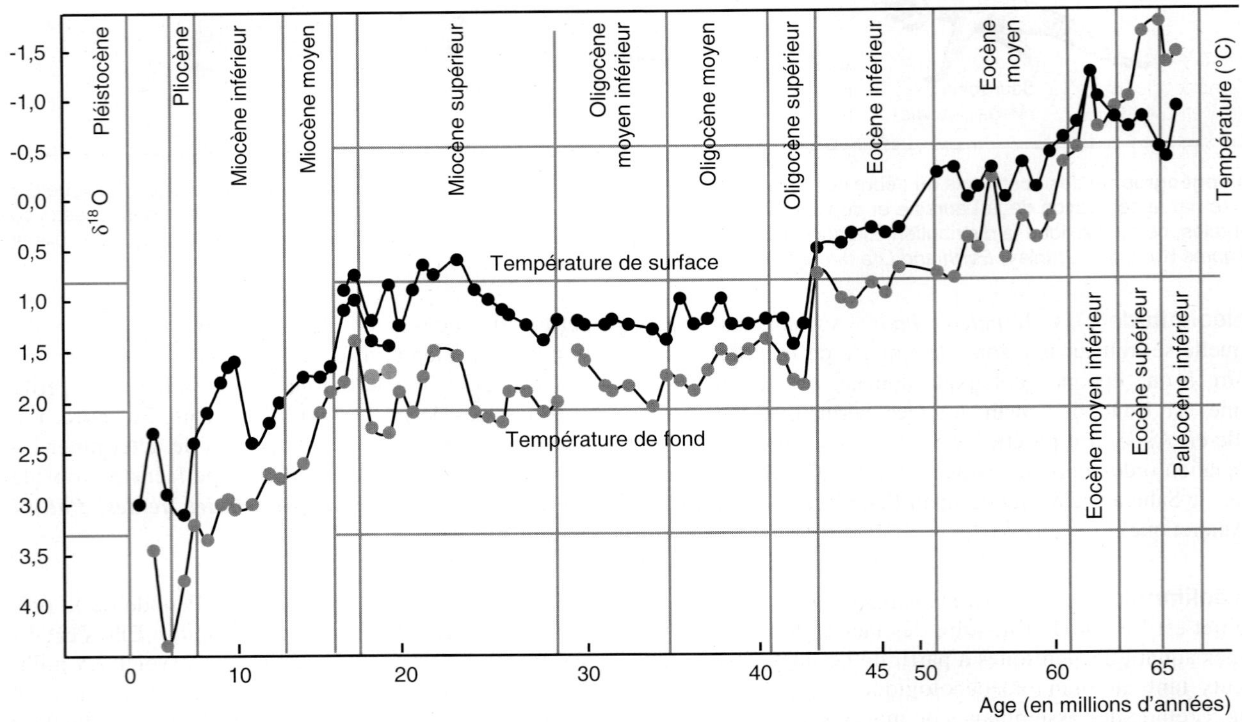

Variation de la température moyenne superficielle de la Terre depuis le milieu du Crétacé, déterminée à l'aide de la méthode du $\delta\,^{18}O$.

Palétuvier (*Rhizophora mangle*). On remarque les racines-échasses qui permettent à ces arbres de se fixer sur des substrats meubles – dans des vasières littorales (réserve naturelle du Grand Cul-de-sac marin, Guadeloupe). (Cliché F. Ramade)

simple est un métal. Le palladium a de nombreuses applications en métallurgie spéciale et en électronique. En outre, il constitue l'un des catalyseurs utilisés dans la construction des pots catalytiques destinés à épurer les gaz d'échappement des véhicules à moteur. **(*Voir aussi Pot catalytique*)**

Palmacées, n. sc. (*palm trees*). Synonyme d'Arécacées. Voir Arécacées, Palmier.

palmeraie, n. f. (*palm-grove, palmery*). Plantation de palmiers. Les palmeraies peuvent couvrir des surfaces étendues. C'est par exemple le cas de celles de palmiers dattiers dans les oasis sub-sahariennes et sahariennes. Ainsi, la palmeraie de Gabes, en Tunisie, compte plus de 350 000 arbres. Celles de palmiers à huile en Malaisie ou en Indonésie peuvent couvrir plus d'un millier d'hectares d'un seul tenant.

palmier(s), n. m. (*palm tree*). Végétaux de la classe des Monocotylédones, à port arborescent, appartenant à la famille des Arécacées. En réalité, malgré l'allure d'arbre de la plupart d'entre eux, leur « tronc » présente la structure d'un stipe cylindrique car il ne forme pas du bois. Il existe environ 2 500 espèces de palmiers dans le monde, arborées dans leur grande majorité. Cependant un certain nombre d'entre elles sont arbustives, d'autres encore sont des lianes (*Calamus sp.* par exemple dont on fait le rotin à partir des tiges).

Cette famille est essentiellement tropicale ou méditerranéenne. Le palmier dattier (*Phoenix dactylifera*) est cultivé depuis le Maroc jusqu'à l'Irak. Les palmiers sont particulièrement abondants dans la strate arborée du sous-bois des forêts tropicales. Plusieurs espèces sont cultivées à vaste échelle dans les régions tropicales, telles le Cocotier (*Cocos nucifera*), aujourd'hui cosmopolite dans l'ensemble de la bande comprise entre ± 20° de latitude de part et d'autre de l'équateur, ou encore le palmier à huile (*Elaeis guinensis*). Quelques espèces se rencontrent dans les régions tempérées chaudes comme en Nouvelle-Zélande où le sous-bois renferme quelques espèces de Palmacées, la plus australe étant *Rhopalostylos sabina* qui atteint 40° de latitude Sud. Le palmier nain (*Chamaerops humulis*) est un petit arbuste qui remonte dans la partie la plus septentrionale du bassin méditerranéen, en Provence, où il se rencontre jusqu'à 43° de latitude Nord. **(*Voir aussi Arécacées, Arécales*)**

Palmier dattier (*Phoenix dactylifera*). Palmeraie de Gabes en Tunisie. (Cliché F. Ramade)

palolo, n. m. (*palolo*). Nom vernaculaire d'une espèce d'Annélide polychète, *Eunice viridis*, propre aux récifs coralliens du Pacifique du Sud-Ouest tropical. Elle présente une phénologie marquée par un essaimage, les adultes des deux sexes se rassemblant en nombre immense au moment de la fraie dans les eaux superficielles. Cet essaimage a lieu à une époque très précise, aux environs de minuit et huit jours après la pleine lune d'octobre et de novembre aux îles Samoa, et après celle de novembre et de décembre aux îles Fidji. Les populations de ces îles les pêchent alors en grande quantité pour les consommer. **(*Voir aussi Épitoquie*)**

palsa, n. m. (*palsa*). (syn. : pelsa). Structure géomorphologique propre aux régions subarctiques dans les zones de permafrost, située dans des dépressions marécageuses et constituée par une petite butte au centre de laquelle se trouve un noyau de glace.

paludéen, adj. (*paludean*). (syn. : palustre). Désigne ce qui concerne les marais.

paludicole, adj. (*paludicolous*). Espèce adaptée à des biotopes marécageux.

paludification, n. f. (*paludification*). Processus de transformation de terres palustres en marécages ou lagunes salées, lié à une hausse du niveau de la nappe phréatique.

paludisme, n. m. (*paludism*). Affection parasitaire de l'homme aux conséquences redoutables qui sévit dans la quasi-totalité des zones tropicales du monde et affecte plusieurs centaines de millions d'individus.

Le paludisme, transmis par la piqûre d'une espèce de moustique, *Anopheles maculipennis*, résulte de l'infestation des hématies par des Protozoaires parasites du genre *Plasmodium* (Hématozoaires).

La malaria est la forme la plus grave de cette affection. Elle peut être mortelle par défaut de traitement.

La lutte contre le paludisme, initialement coordonnée par l'OMS, s'était fixée pour but, au début des années 1950, l'éradication de la maladie par élimination des *Anopheles* grâce aux traitements insecticides systématiques à la fois des gîtes larvaires et des lieux d'habitation. Après quatre décennies de lutte chimique à outrance, un constat d'échec définitif a été fait. Le DDT et autres insecticides organochlorés, longtemps utilisés, n'ont pas éliminé les moustiques devenus résistants à la totalité d'entre eux. En outre, leur usage a induit une pollution diffuse généralisée aux conséquences écotoxicologiques très défavorables qui ont conduit à leur interdiction dans les pays développés. Il en a été de même pour les insecticides organo-phosphorés qui leur succédèrent (Abate et Dursban en particulier).

Il semble acquis que l'éradication de la malaria impliquerait une toute autre stratégie. Élimination, certes, des moustiques des locaux d'habitation, laquelle limite l'usage des pesticides et ne présente pas de conséquences écologiques néfastes pour les milieux naturels voisins, et surtout traitement systématique des populations exposées à des antipaludéens afin d'éliminer les réservoirs de virus et de ce fait rompre le cycle du parasite. Malheureusement, le niveau dérisoire des financements de la santé publique des pays du Tiers monde, la priorité donnée maintenant en Afrique par l'OMS à la pandémie du sida et, de façon générale, un certain désintéressement des agences internationales spécialisées et des firmes pour le problème du paludisme, rendent peu probable une campagne globale efficace contre cette grave parasitose. (***Voir aussi Moustique, Téméphos***)

palustre, adj. (*palustrine*). Qui se rapporte aux écosystèmes marécageux.

palynologie, n. f. (*palynology*). Science dont l'objet est de déterminer les pollens des angiospermes et des gymnospermes ainsi que les spores des Ptéridophytes, des Bryophytes, des algues et des champignons actuels ou fossiles. De ce fait, la palynologie constitue un outil irremplaçable pour identifier les climats du passé. Elle apporte une contribution significative à la taxonomie et à bien d'autres disciplines comme l'allergologie. Les profils polliniques établis à partir de prélèvements de sédiments effectués dans des tourbières ou au fond de lacs permettent en effet au travers de la connaissance de la nature précise des biotopes et des peuplements végétaux qui existaient à une période déterminée de reconstituer les conditions paléoécologiques, en particulier paléoclimatiques, propres à une époque déterminée.

→

Utilisation de la **palynologie** à la reconstitution des climats du passé : diagramme général pollinique de trois régions du monde de latitude différente : Colombie, Macédoine et Hollande. Ce diagramme couvre les derniers 140 000 ans depuis l'interglaciaire Riss-Würm jusqu'à la période actuelle (Holocène). On remarque l'absence de végétation arborescente en Hollande pendant les épisodes glaciaires, voire la formation de déserts polaires abiotiques, de même que la forte régression des forêts en Macédoine aux périodes les plus froides. En revanche, les fluctuations sont beaucoup plus faibles dans les forêts orophiles de Colombie, situées près de l'équateur. (D'après Van der Hammen et al., in Labeyrie, *L'homme et le climat*, Le Seuil, 1993, p. 184)

pampa, n. f. (*pampa*). Steppe graminéenne située dans le Sud de l'Argentine, caractérisée par des peuplements végétaux et animaux comportant diverses espèces endémiques de ce type d'écosystème. Parmi ces dernières, on notera la présence de Ratites, les nandous, ainsi que des tinamous, oiseaux primitifs, seuls représentants de l'ordre des Tinamiformes.

PAN, n. m. (*PAN*). Abréviation de peroxyacylnitrates. Catégorie de polluants atmosphériques du groupe des photo-oxydants. Les PAN sont des polluants dits secondaires car ils se forment dans les atmosphères urbaines à partir de polluants primaires : oxydes d'azote et hydrocarbures.

La séquence de réactions qui dans les atmosphères polluées conduisent à la synthèse des PAN est la suivante :

$$O_2 \rightarrow 2\,O^{2-}$$

$$O^{2-} + O_2 \rightarrow O_3$$

Ozone

$$O_3 + R\text{–}CH_3 \rightarrow R\text{–}C(O)\text{–}O\text{–}O\text{–}$$

Peroxyacyle

$$R\text{–}C(O)\text{–}O\text{–}O\text{–} + NO_2 \rightarrow R\text{–}C(O)\text{–}O\text{–}O\text{–}NO_2$$

Peroxyacyle Peroxyacylnitrate

où R est un radical aliphatique, aromatique ou hétérocyclique.

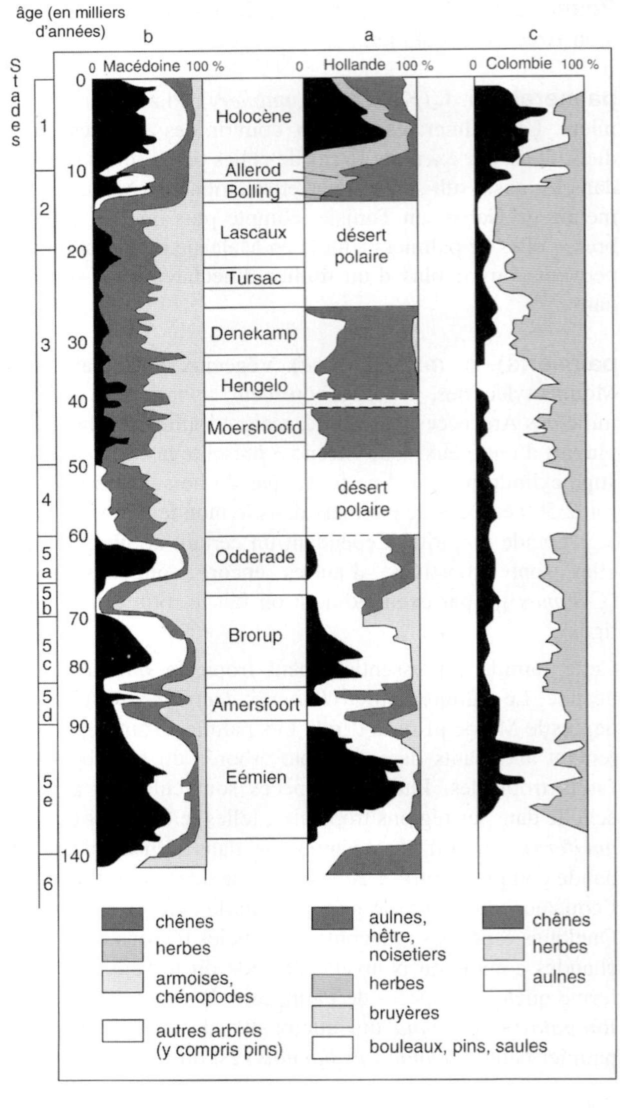

Les premiers membres de la série aliphatique sont :

– le peroxyacétylnitrate : (R = CH_3–)

– le peroxypropionylnitrate : (R = CH_3–CH_2–)

– le peroxybutyrylnitrate : (R = CH_3–CH_2–CH_2–)

Il existe en outre des homologues aromatiques tels les peroxybenzoylnitrates dont la phytotoxicité et le pouvoir irritant pour les muqueuses des animaux est encore plus intense que celui des PAN.

Les PAN représentent de redoutables contaminants de l'air au plan écotoxicologique. Ils possèdent une très forte toxicité pour les végétaux dont ils attaquent le parenchyme palissadique des feuilles. Les seuils de phytotoxicité des PAN pour les plantes sont très faibles, de l'ordre de la ppb.

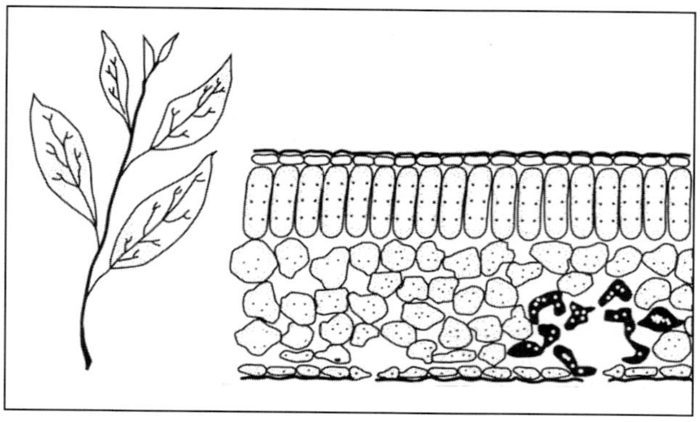

Coupe dans une feuille ayant subi une exposition à des concentrations phytotoxiques de **PAN**. On remarque une nécrose des cellules stomatiques. (D'après Brandt, in Ramade F., *Précis d'écotoxicologie*, Masson, 1992, p. 104)

Dans certaines régions du monde dont l'atmosphère est fortement contaminée par des photo-oxydants (ozone plus PAN), comme la Californie ou la Floride, les plantes cultivées subissent des dommages considérables. Déjà au milieu des années 1980, on estimait aux États-Unis que les photo-oxydants provoquaient annuellement une perte de 3 milliards de dollars pour l'agriculture américaine. ***(Voir aussi Pollution de l'air)***

panache, n. m. ◆ **~ de cheminée** (*smoke plume*) : gaz et (ou) poussières rejetés dans l'air par une cheminée, dont les caractéristiques physiques (vitesse ascensionnelle, orientation, surface couverte) dépendent à la fois de la nature des rejets et des conditions météorologiques locales. ◆ **~ magmatique** (*magma plume*) : masse de matériaux en fusion de consistance visqueuse remontant dans une cheminée volcanique. ◆ **~ de turbidité** (*turbidity plume*) : masse d'eaux turbides, chargées de limons ou de matières en suspension, liée à une pollution se diffusant dans un lac ou dans les eaux littorales.

panda, n. m. ◆ **grand ~** (*giant panda*) (n. sc. *Ailuropoda melanoleuca*) : cette rare espèce de Fissipède (famille des *Procyonidae*), découverte en Chine par le père David à la fin du XIXe siècle, est très connue du grand public car elle constitue l'emblème d'une importante association internationale de conservation de la nature, le WWF.

Le grand panda figure toujours au rang des espèces menacées malgré tous les efforts entrepris pour sa protection. Son aire de distribution géographique est en effet restreinte à certaines forêts de bambous, plantes qui constituent sa nourriture exclusive, propres aux zones d'altitude des montagnes du Kansu et du Si Chuan, en Chine méridionale. La régression incessante de ces zones boisées sous le fait de la pression humaine croissante sur ces écosytèmes orophiles rend problématique la survie de ses populations naturelles. Il semble que seules des mesures de préservation *ex situ* soient actuellement capables d'assurer la survie de cette espèce.

Pandanacées, n. sc. Famille primitive de Monocotylédones, de l'ordre des Arécidales, représentée par des arbres des régions tropicales de l'Ancien Monde, capables de croître sur des terrains très infertiles, voire sur le sable vif des plages.

pandémie, n. f. (*pandemy*). Maladie épidémique qui se propage à l'échelle de tout un continent voire de l'ensemble du monde. Ainsi on peut citer l'épidémie de choléra El Tor, qui prit naissance chez des pélerins contaminés à La Mecque par la source de ce nom au milieu des années 1960. Cette pandémie dura une quinzaine d'années et fit le tour du globe, sévissant dans la plupart des pays à l'exception de ceux de l'OCDE. Il en est *a fortiori* de même de celle du sida qui a débuté à la fin des années 1970 et qui, pour l'instant, ne présente aucun signe de stabilisation.

Pangea, n. m. (*Pangea*). Ancien continent unique qui rassemblait l'ensemble des terres émergées à la fin de l'ère primaire.

pangolin(s), n. m. (*pangolin*) (n. sc. : *Manis sp.*). Mammifères de l'ordre des Pholidotes, lequel ne comporte qu'une seule famille, celle des *Manidae*, qui est monogénérique, caractérisée par un corps couvert d'écailles dermiques. Il existe quatre espèces de pangolins, inféodées aux forêts tropicales et aux savanes boisées de l'Afrique subsaharienne. Leur régime est myrmécophage (et termitophage). ***(Voir aussi Pholidotes)***

panmictique, adj. (*panmictic*) ◆ **population ~** : terme de génétique désignant une population dont les individus échangent librement leurs gènes.

Panos Institute. Association à but non lucratif dont le siège est à Londres et dont l'objet est d'évaluer l'état de l'environnement et la relation entre l'utilisation des ressources naturelles et le développement durable.

panspermie, n. f. (*panspermia*). Théorie selon laquelle l'origine de la vie dans la biosphère n'est pas endogène mais provient de l'apport de spores situées dans l'univers, qui auraient été introduites dans l'océan mondial peu après sa condensation.

Panthalassa, n. m. (*Panthalassa*). Océan unique entourant la masse continentale à la fin de l'ère primaire.

Pantopodes, n. sc. (*Pantopoda*). Voir Pycnogonides.

pantropical, adj. (*pantropical*). Désigne un type de distribution géographique qui concerne des groupes taxonomiques présents dans l'ensemble des régions tropicales de la biosphère.

Papaveracées, n. sc. Famille de Dicotylédones comportant essentiellement des plantes herbacées dont certaines espèces comme le coquelicot (*Papaver rhoeas*) étaient des adventices très communes des cultures avant l'usage systématique des herbicides qui les ont fait quasiment disparaître des plaines céréalicoles.

Le pavot à opium et l'œillette sont aussi des espèces très connues de cette famille. La culture de la première est réglementée à des fins pharmaceutiques. Cette culture, surtout illicite, se pratique à grande échelle en Asie du Sud-Est où de vastes zones de forêts tropicales ont été déboisées dans ce but en Birmanie et en Thaïlande et maintenant en Amérique latine, afin d'alimenter le marché de la morphine et de l'héroïne.

papeterie, n. f. (*pulp mill*). Usine produisant des fibres de cellulose et du papier. Ces installations présentent un potentiel polluant très considérable surtout sous forme d'effluents liquides. Elles rejettent une DBO, une DCO et une quantité de MES record – une papeterie moyenne atteignant pour ces paramètres des rejets de quelque 500 000 équivalent-habitant – à laquelle s'ajoute une pollution chimique. Cette dernière est liée aux lessives noires de papeteries (sulfites) et, pour encore beaucoup d'unités anciennes dans le monde, à des rejets de fongicides organomercuriels utilisés pour protéger les produits bruts des attaques de champignons cellulolytiques. En France, ce type d'industrie a été parmi les premiers ayant fait l'objet de « Contrats de branche » avec le Ministère de l'environnement afin de réduire la pollution des eaux. (***Voir aussi DBO, DCO, Mercure***)

papier, n. m. (*paper*). La production du papier ainsi que sa consommation soulève divers problèmes préoccupants concernant à la fois l'écologie des ressources naturelles et l'écotoxicologie, tant en amont au niveau des papeteries, qu'en aval à celui de la gestion des papiers et des cartons usagés ainsi que de leur éventuel recyclage. La consommation mondiale de papier connaît une croissance continue. En 2000, elle s'élevait déjà à 300 millions de tonnes et cette consommation atteindrait 400 millions de tonnes en 2010. Cette demande considérable et croissante s'accompagne d'une surexploitation des ressources forestières, plus particulièrement d'une coupe accrue des forêts boréales de conifères. Dès à présent, on exploite au Canada et en Eurosibérie des forêts situées à de hautes latitudes où la croissance des conifères boréaux est si lente qu'il faut par exemple plus d'un siècle pour qu'un tronc de pin sylvestre atteigne 15 cm de diamètre, taille minimale requise en papeterie. De même, les forêts de conifères tempérées de l'Ouest des États-Unis, en particulier dans les États de Washington et de l'Oregon, ou encore celles de Colombie britannique au Canada, sont mises en coupe rase *pro parte* pour la production papetière. Le même processus s'observe en Sibérie, en particulier dans sa partie orientale, où les compagnies forestières japonaises ont obtenu d'importantes concessions d'abattage. (***Voir aussi Déforestation, Forêt, Recyclage, Taïga***)

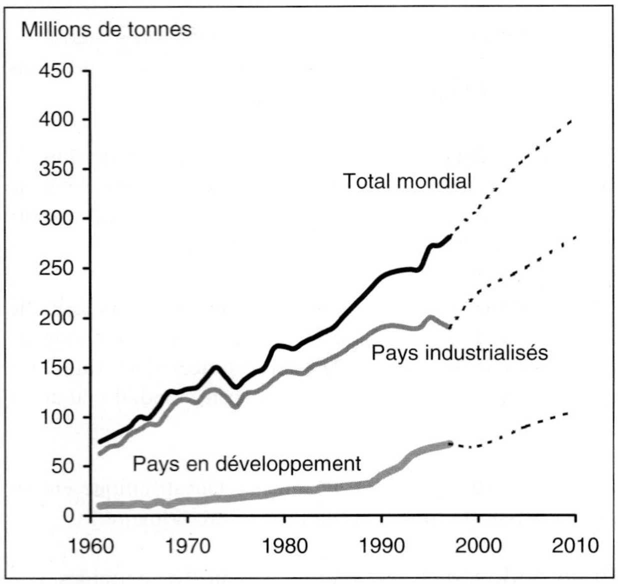

Accroissement de la consommation de **papier** dans le monde, dans les pays industrialisés et dans ceux en voie de développement depuis 1961 et prévisions jusqu'en 2010. (In Abramowitz et Mattoon, *Worldwatch Paper*, n° 149, 1999, p. 10)

Papilionacées, n. sc. Terme botanique sans signification systématique, utilisé pour désigner un groupe de plantes de la famille des Fabacées (légumineuses) qui correspond à la sous-famille des Faboidées. Il renferme la majorité des espèces végétales de cette famille et de nombreuses plantes cultivées (pois, fèves, lentilles, haricots, arachides, luzernes, trèfles par exemple). Il comporte aussi divers arbres d'ornements comme les *Sophora* et les robiniers. (***Voir aussi Fabales***)

Papilionidae, n. sc. (*butterflies*). Famille de Lépidoptères du sous-ordre des Rhopalocères, renfermant de grandes espèces, parfois très spectaculaires, de papillons diurnes. Les Ornithoptères de la région indo-malaise figurent parmi les plus grandes espèces de cette famille, certaines comme *Ornithoptera Victoria regis* atteignant 30 cm d'envergure.

Vue d'un adulte de ***Papilionidae***, *Papilio machaon*, l'une des plus grandes espèces européennes de cette famille. (Cliché F. Ramade)

papyrus, n. m. (n. sc. : *Cyperus papyrus*). Cypéracée amphibie tropicale de grande taille pouvant atteindre 3 m de haut. Elle constitue la végétation dominante des marais dits de ce fait à papyrus. Cette espèce se rencontre depuis le cours moyen du Nil jusqu'à la région des Grands Lacs en Afrique Centrale. Les marais à papyrus présentent une production primaire record de l'ordre de 90 tonnes de ms · ha^{-1} · an^{-1}. Ils possèdent aussi une forte productivité secondaire en poissons et hébergent de ce fait d'importantes colonies d'oiseaux d'eau ichtyophages. (***Voir aussi Macrophytes***)

parabiose, n. f. (*parabiosis*). Association de deux espèces d'insectes coloniaux dans un même nid sans qu'il y ait de mélange entre le couvain des deux populations qui cohabitent.

parabiosphérique, adj. (*parabiospheric*) ◆ **zone ~** : désigne les zones contiguës à la biosphère où des êtres vivants peuvent pénétrer mais où la vie n'est pas possible en permanence. Les banquises polaires et la zone nivale des hautes montagnes, ainsi que la haute troposphère constituent la zone parabiosphérique. (***Voir aussi Biosphère***)

paraclimax, n. m. (*paraclimax*). Modification d'une biocœnose sous l'action humaine qui conduit à un nouvel état métastable de cette dernière dénommé paraclimax. Tel est le cas des prairies naturelles de nombreuses régions d'Europe atlantique qui ont été créées après défriche de feuillus et que le pacage des bovins a maintenu dans leur état. De même, bien des forêts de Conifères méditerranéennes constituent un paraclimax forestier car elles sont le résultat de la destruction des forêts primitives de chênes par la hache et le surpâturage suivi de l'action récurrente de l'incendie.

parade, n. f. ◆ **~ nuptiale** (*courtship display*) : acte comportemental propre à de nombreux groupes animaux tant chez les Invertébrés que les Vertébrés, qui caractérisent et favorisent le rapprochement des sexes au début de la période de leur cycle vital où s'effectue la reproduction.

Les parades nuptiales sont particulièrement élaborées dans des groupes aussi éloignés que les araignées ou les oiseaux. Elles atteignent chez ces derniers le maximum de complexité chez des espèces solitaires comme les *Paradiseidae* de Nouvelle-Guinée et du Nord-Est de l'Australie.

Les parades nuptiales sont aussi très complexes chez des Oiseaux grégaires comme les grues ou chez certains *Tetraonidae* et autres familles où existent des systèmes de Lek complexes. Ces derniers sont caractérisés par la présence de territoires de parade réutilisés chaque année, où toute la population se rassemble au moment de la saison de reproduction. (***Voir aussi Lek***)

paradigme, n. m. (*paradigm*). Théorie ayant une portée universelle.

paradisier(s), n. m. (syn. : oiseau de paradis) (n. sc. *Paradiseidae*) (*bird of paradise*). Famille d'Oiseaux passériformes, voisins au plan systématique des Oriolidés, inféodés à une partie de la région notogéenne (Nouvelle-Guinée et îles voisines), caractérisés par un très grand dimorphisme sexuel, les mâles étant pourvus d'un plumage extraordinaire, aux couleurs métalliques, avec des plumes de forme complexe tandis que les femelles sont ternes et de port insignifiant. Les *Paradiseidae* présentent des parades nuptiales élaborées, les mâles se livrant à des exhibitions de leur plumage et à des « ballets » très spécifiques.

paragenèse, n. f. (*paragenesis*). Processus géologique conduisant à l'association de minéraux en conjonction avec des phénomènes biogéochimiques.

paralimnion, n. m. (*paralimnion*). Partie la plus périphérique de la zone littorale d'un écosystème limnique comprise entre la rive et la partie la plus profonde atteinte par les plantes aquatiques enracinées.

paralique(s), adj. (*paralic*). **1.** Désigne des sédiments accumulés dans la partie terrestre d'une zone côtière par incursion temporaire des eaux marines. **2.** Terme d'écologie désignant des biotopes aquatiques exposés au confinement et donc marqués par une forte variation de leur salinité au cours du cycle annuel (euryhalinité). Ce dernier peut provenir d'un apport insuffisant d'eau par un tributaire dans le cas d'un bassin endorhéique ou, dans le cas des lagunes littorales, du fait que ces dernières ne sont en communication avec la mer que par un étroit pertuis. Dans un cas comme dans l'autre, il s'ensuit un renouvellement des eaux insuffisant pour compenser les pertes par évaporation pendant la saison sèche. ◆ **écosystèmes ~** (*paralic ecosystems*) : désigne les divers types d'écosystèmes lagunaires, qu'ils soient continentaux ou littoraux. Le confinement et la grande variabilité des niveaux d'eau qui en découle, entraî-

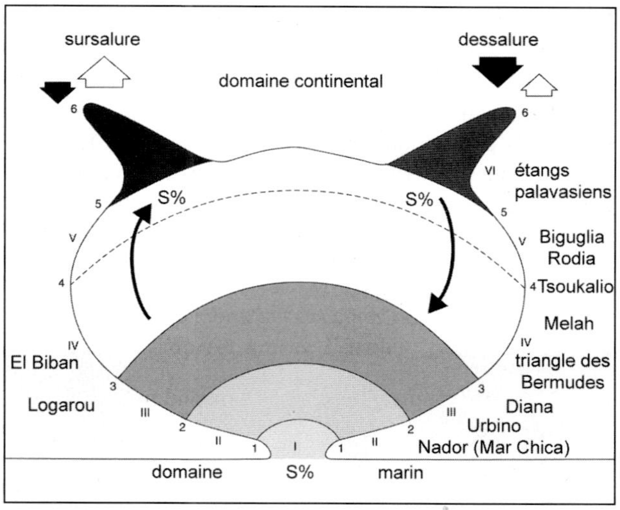

Schéma général définissant la structure et la typologie des écosystèmes **paraliques**, ici à partir du cas des lagunes littorales méditerranéennes. Les chiffres romains (de I à VI) représentent la zonation biologique définissant l'échelle de confinement (en chiffres arabes). S = salinité, en ‰. Les noms d'étangs ou de lagunes correspondent à des biotopes méditerranéens de degré de confinement varié. (D'après Perthuisot et Guelorget, *Le domaine paralique : expressions géologiques, biologiques et économiques du confinement*, Presses de l'École Normale Supérieure, 1983, vol. 16, p. 55)

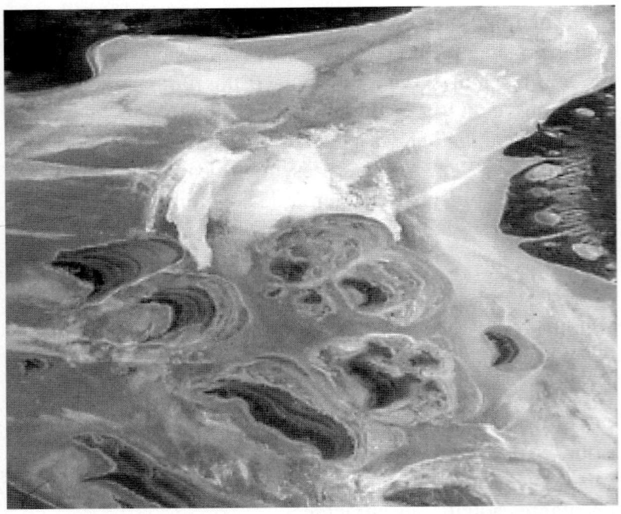

Vue aérienne du lac Minigwall en Australie occidentale. De tels biotopes **paraliques** continentaux sont situés au centre de cuvettes endorhéiques puis s'assèchent entièrement en période d'aridité prolongée. En conséquence, leur surface se couvre d'efflorescences salines correspondant à des dépôts d'évaporites de composition chimique variée, d'où la diversité de leur couleur très apparente sur ce cliché, quoique dominée par les efflorescences salines blanches. (Cliché F. Ramade)

nent une grande euryhalinité avec surconcentration de sel pendant la période estivale pouvant même conduire au phénomène du salant (cristallisation du sel sur les rives).

Les écosystèmes paraliques se rencontrent essentiellement dans les régions à climat méditerranéen ou désertique. Outre les lagunes côtières, ils sont représentés par des lacs salés propres aux grands bassins désertiques tels les chotts du Nord du Sahara et leurs homologues des autres zones arides du monde : grands lacs salés de l'Utah, lac Eyre et autres lacs temporaires d'Australie occidentale, lac Balkach du Kazakhstan, etc.

Les biocœnoses paraliques sont constituées d'espèces végétales et animales dites euryhalines, présentant une adaptation particulière à de considérables variations dans la teneur en sel des eaux. ***(Voir aussi Lagune, Salant)***

paramécies, n. f. (*paramecium*) (n. sc. *Paramecium sp.*). Protozoaires ciliés fréquents dans les eaux chargées de matières organiques fermentescibles.

paramo, n. m. (*paramo*). Écosystème orophile propre aux montagnes d'Amérique tropicale, depuis le Costa Rica jusqu'aux Andes boliviennes. Les paramos sont caractérisés par la présence de grandes plantes semi-ligneuses, au port en rosette, de la famille des Composées, les *Espeletia*. Ces dernières sont les homologues des *Senecio* et *Lobelia* arborescents des hautes montagnes d'Afrique.

Paramo de la Sierra Nevada de Merida (Venezuela). On distingue de nombreux buissons d'*Espeletia*, composée arbustive à port en touffe adaptée aux conditions climatiques rigoureuses de ces écosystèmes orophiles. (Cliché I. Garay, in Ramade F., *Écologie fondamentale*, Ediscience international, 2e ed., 1994, pl. III, 5, p. 60)

parapatrique, adj. (*parapatric*). Désigne les espèces dont les aires de distribution géographiques se jouxtent sans se superposer. ◆ **spéciation** ~ (*parapatric speciation*) : voir Spéciation.

paraphylétique, adj. (*paraphyletic*). Désigne un taxon incluant certains des descendants d'un ancêtre commun.

paraquat, n. m. (*paraquat*). Herbicide du groupe des Bipyridillium utilisé comme défanant, et aussi comme désherbant de la vigne. Ce pesticide a donné lieu à de nombreuses intoxications accidentelles. Absorbé par voie buccale, il provoque des lésions pulmonaires irréversibles (fibrose et alvéolite).

parasexualité, n. f. (*parasexuality*). Sexualité primitive propre aux Procaryotes dans laquelle n'existe pas de sexes différenciés et *a fortiori* de fécondation.

parasite, n. m. (*parasite*). Organisme qui se développe aux dépens d'une autre espèce dénommée espèce hôte. La plupart des parasites sont dits stricts car inféodés à une ou plusieurs espèces hôtes déterminées. On distingue des *ectoparasites* qui vivent fixés à la surface du corps de leur hôte et des *endoparasites* qui se développent à l'intérieur de ce dernier, soit dans le tube digestif, soit dans certains organes ou dans le milieu intérieur : sang, lymphe, cavité générale par exemple (parasites viscéraux).

En règle générale, soit les parasites se développent dans un seul hôte (parasites monoxènes), ils font alors souvent un cycle comportant une phase libre et une phase parasitaire, soit leur développement implique un passage obligé entre deux, voire trois hôtes successifs (parasites hétéroxènes), avec ou sans phase libre.

Par suite des aléas liés à la rencontre des hôtes et à l'existence de phases libres dans le milieu terrestre ou aquatique (parfois les deux), les parasites ont développé au cours de leur évolution des stratégies leur permettant d'assurer le succès de leur reproduction malgré des conditions écologiques défavorables. L'une comporte des adaptations morphologiques – et comportementales – facilitant leur pénétration dans le (ou les) hôte(s) successif(s), l'autre tient en l'acquisition d'un potentiel biotique considérable par un développement prodigieux des organes reproducteurs et souvent de l'aptitude à la multiplication asexuée (bourgeonnement et scissiparité).

Il existe des gradations dans les degrés d'adaptation à la vie parasitaire. Chez les parasites externes, généralement hématophages, qui vivent en permanence sur leur hôte, la morphologie et l'anatomie sont peu modifiées et similaires à celles d'animaux libres, taxonomiquement voisins. Les endoparasites, qui sont le résultat d'une évolution plus longue (parasites viscéraux), sont souvent marqués par une « dégénérescence parasitaire », la plupart des organes en dehors de l'appareil digestif et les gonades ayant disparu. Le cas extrême est celui de certains Crustacés parasites (Copépodes *Monstrilidae*, Sacculines), chez lesquels il ne subsiste quasiment plus que l'appareil reproducteur. ◆ ~ **secondaire** (*secundary parasite*) : parasite se développant à l'intérieur d'un autre parasite. **(*Voir aussi Hyperparasite*)**

parasiticide, n. m. (*parasiticide*). Substance destinée à détruire les parasites.

parasitisme, n. m. (*parasitism*). Association étroite entre deux espèces vivantes dont l'une dénommée l'hôte héberge la seconde qui vit à ses dépens au plan trophique. ◆ ~ **de nidification** (*brood parasitism*) : type de parasitisme dans lequel les femelles d'une espèce pondent dans le nid d'une autre espèce de sorte que la couvaison et l'élevage du (ou des) jeune(s) sont assurés par le couple hôte. Dans certains cas, tels celui des coucous et divers Ictérides, le jeune de l'espèce parasite rejette hors du nid ou tue directement les jeunes de l'hôte. Dans d'autres cas, il y a cohabitation entre les jeunes de l'espèce parasitaire et ceux de l'hôte. Ce type de parasitisme est le fait de familles entières d'oiseaux (Cuculidés, Ictéridés par exemple). **(*Voir aussi Inquilinisme*)**

parasitoïde, adj. (*parasitoid*). Organisme qui se développe à l'intérieur d'un hôte en dévorant progressivement ses organes. Chez les insectes, des sous-ordres entiers d'entomophages vivent en parasitoïdes à l'état larvaire, en particulier chez les Hyménoptères (Térébrants) et les Diptères (tachinaires et familles voisines).

Ces familles d'insectes parasitoïdes jouent un rôle déterminant dans la régulation des populations d'Arthropodes et autres Invertébrés terrestres, en particulier de nombreuses espèces d'insectes.

Ainsi, il a été montré que, chez certaines espèces d'insectes nuisibles aux cultures, les parasitoïdes peuvent éliminer 95% des individus d'une génération avant que ces derniers n'atteignent l'âge adulte.

parasitologie, n. f. (*parasitology*). Science qui étudie le parasitisme. Au cours des dernières décennies, il a été démontré, de façon de plus en plus approfondie, le rôle majeur des conditions écologiques dans le contrôle des cycles des parasites consacrant *ipso facto* l'importance déterminante de l'écologie parasitaire dans cette discipline.

parasitose(s), n. f. (*parasitosis*). Affection pathogène causée par des parasites. Le paludisme ou encore la bilharziose figurent parmi les parasitoses à caractère endémique qui sévissent aujourd'hui encore dans le monde. **(*Voir aussi Parasite*)**

parasolier, n. m. (*umbrella tree*) (n. sc. *Musanga sp.*). Arbre des forêts tropicales de l'Ancien Monde se développant dans les clairières naturelles (emplacements de chablis) ou artificielles. Il joue un rôle essentiel comme espèce pionnière dans la régénération spontanée de ces écosystèmes et la reconstitution des boisements détruits.

parataxon, n. m. (*parataxon*). Classification artificielle concernant des organismes à affinité douteuse ou des produits d'êtres vivants ou de leur activité dont les origines sont indéterminées : *Fungi imperfecti* (champignons dont les formes sexuées, permettant de déterminer leurs affinités taxonomiques, sont inconnues), empreintes de dinosaures, spores de végétaux fossiles primitifs, etc.

Parathétys, (*central european sea*). Mer tertiaire constituant une branche de l'ancienne Thétys. Elle occupait au Miocène une zone partant du niveau actuel du Nord-Ouest des Alpes et s'étendait jusqu'à l'emplacement actuel de la mer d'Aral. **(*Voir aussi Thétys*)**

parathion, n. m. (*parathion*) (thiophosphate de diéthyle et paranitrophényle). Cet ester phosphorique est un insecticide très puissant mais aussi de haute toxicité pour les Vertébrés par suite de ses propriétés anticholinestérasiques. Sa DL 50 pour le rat est de 8 mg/kg. Il provoque une paralysie rapide en agissant sur les synapses neuromusculaires (et aussi sur celles du système nerveux central). Par suite de sa forte toxicité pour les Mammifères, il a donné lieu a de nombreux accidents parmi les ouvriers agricoles effectuant des traitements des cultures avec cet insecticide. **(*Voir aussi Insecticides*)**

paratomie, n. f. (*paratomy*). Forme de multiplication asexuée consistant en une séparation du (ou des) organisme (s) fils de l'organisme maternel, produit par le bourgeonnement et après l'achèvement du développement de l'organisme fils. **(*Voir aussi Architomie*)**

paratype, n. m. (*paratype*). Désigne en taxonomie un individu provenant de la même station que celle dont est originaire le type de l'espèce et à partir duquel est réalisé un complément de sa description. **(*Voir aussi Type*)**

parc national, n. m. (*national park*). Zone naturelle ou peu modifiée par l'homme, bénéficiant d'un statut de protection spécifique, qui ressort de la catégorie II selon la classification et la réglementation internationale des aires protégées établies par l'UICN pour les Nations unies.

Les parcs nationaux sont des territoires de surface étendue dans lesquels toute exploitation des ressources naturelles minérales ou biologiques est interdite (*a fortiori* la chasse), ainsi que tout aménagement industriel ou d'infrastructures routières – exceptées celles permettant l'accès aux sites naturels remarquables que le parc protège et dont l'impact doit être toutefois réduit au strict minimum. De même, l'exploitation agricole est interdite mais un pastoralisme extensif y est toléré sous réserve qu'il préexistait à la création du parc et que cette exploitation ne soit pas mise à profit pour accroître son intensité.

En revanche, la vocation touristique est l'un des objectifs reconnus des parcs nationaux et cette réglementation prévoit que, dans la zone périphérique de ces derniers, des aménagements (constructions d'hôtels et de terrains de camping) soient prévus pour accueillir les visiteurs. Cependant, la réglementation des Nations unies précise que le nombre annuel de visiteurs doit être plafonné à la « capacité limite d'accueil du milieu », pour éviter une érosion humaine des différents biotopes protégés que provoque immanquablement une surfréquentation touristique.

◆ **historique des parcs nationaux** : les premiers parcs nationaux remontent à la deuxième moitié du XIXe siècle. La première aire protégée ayant donné un parc national fut la réserve de Mariposa grove, en Californie, créée en 1864 par John Muir, un célèbre naturaliste américain, pionnier du mouvement moderne de conservation de la nature. Cette réserve devint quelques années plus tard le parc national de Yosemite.

Cependant, le premier d'entre eux fut historiquement le parc national de Yellowstone, dans le Wyoming, aux États-Unis, créé en 1872. Ce parc fut établi afin de protéger de l'extinction les derniers bisons des États-Unis menacés d'extermination – puisqu'il n'en subsistait plus alors que 360 situés à l'intérieur du territoire de ce parc – contre plus de 30 millions à l'arrivée des Européens sur le continent américain !

Le Yellowstone avait déjà aussi pour objet de préserver d'exceptionnelles richesses naturelles tant écologiques que géologiques – entre autres les extraordinaires champs de geysers – propres à ce territoire.

Cascade dans le **parc national** de Yosemite en Californie. Ce parc fut initialement créé pour protéger des sequoias géants menacés par des coupes abusives dont certains spécimens sont visibles sur les crêtes, sur cette photo. (Cliché F. Ramade)

Éruption du geyser « Old Faithful » dans le **parc national** de Yellowstone. L'une des raisons majeures qui furent à l'origine de la création de ce parc national a tenu en l'existence de la plus extraordinaire concentration de champs de geysers existant au monde. (Cliché F. Ramade)

Ces diverses considérations conduirent en 1872 le Congrès américain à lui conférer un statut de protection très stricte tout en en faisant une aire protégée ouverte à tous les citoyens des États-Unis « *as a public park of pleasure ground and for the benefit of the people* » « comme un parc public destiné à la récréation et pour le bénéfice du peuple » comme le stipule l'acte constitutif original de ce parc national.

Au cours de la première moitié du XXe siècle, de nombreux parcs nationaux furent établis dans les divers territoires de l'ancien empire britannique, en particulier en Afrique et en Asie du Sud. Ultérieurement, après leur indépendance, les nations concernées continuèrent à créer de nouvelles aires protégées à un rythme soutenu. C'est toutefois après la Deuxième Guerre mondiale que le rythme de création des parcs nationaux et des autres aires protégées analogues connut une importante accélération, laquelle n'a commencé à fléchir qu'au cours des années 1990.

Il convient de noter que la France a connu un certain retard en ce domaine, même par rapport à ses voisins. Ainsi le parc national suisse dans l'Engadine, vit le jour dès 1914. Le premier parc national espagnol, celui d'Ordessa, fut créé en 1918 et le premier parc italien, celui du Gran paradiso, en 1922. Mais il fallut attendre 1963 pour que le premier parc français, celui de la Vanoise, soit créé.

◆ **nombre et superficie des parcs nationaux** : en 1998, dernière date de publication de la liste des Nations unies des parcs nationaux et réserves analogues, l'UICN recensait au total dans le monde 13 321 aires protégées, couvrant 614 millions d'hectares dont 2 013 parcs nationaux d'une surface cumulée de 189 millions d'hectares.

Vue de l'Alps de la Schiura à la limite supérieure de la forêt dans le **parc national** suisse. Créé en 1914 dans l'Engadine, celui-ci représente historiquement le premier parc national d'Europe continentale. (Cliché F. Ramade)

Parc national de la Vanoise : alpage près du village du Monal avec vue en arrière-plan du Mont Pourri. Ce parc est aujourd'hui soumis à une pression touristique excessive aussi bien en zone périphérique que centrale. Celle-ci se traduit par un afflux de visiteurs excédant ses capacités limites d'accueil. (Cliché F. Ramade)

◆ **statut des parcs nationaux** : la situation et le statut réel des parcs nationaux présentent de fortes disparités d'un pays à l'autre dans le monde. Si, dans l'ensemble, dans les pays anglo-saxons et germaniques (au sens large), la situation est satisfaisante en ce qui concerne leur gestion et la mise en œuvre réelle des mesures de protection, elle est beaucoup plus nuancée dans les autres pays industrialisés, en particulier en zone méditerranéenne et aussi dans les anciens pays dits socialistes. C'est aussi le cas de la France qui n'a hélas jamais brillé par la qualité des réalisations de ses pouvoirs publics dans le domaine de la protection de la nature, et devient de plus en plus, à certains égards en matière de conservation, le mauvais élève de la classe européenne (on en verra par exemple pour preuve l'insuffisance notoire des propositions gouvernementales françaises à Bruxelles relatives au réseau Natura 2000).

Dans le Tiers monde, la situation est extrêmement inégale. La principale menace à laquelle sont exposés les parcs nationaux est tout simplement leur invasion et leur défriche par des paysans sans terre dans les régions les plus exposées aux conséquences de l'explosion démographique.

Même dans des zones encore relativement peu peuplées d'Amérique latine, en particulier au Brésil et au Venezuela, la construction de routes provoque l'invasion des zones protégées par un sous-prolétariat qui braconne, coupe la forêt ou la détruit pour la mettre en culture, voire exploite illégalement les gisements d'or et de pierres précieuses. Ces comportements illégaux s'avèrent désastreux pour les peuples aborigènes, comme les Indiens d'Amazonie dont plusieurs groupes ethniques ont déjà été anéantis. Le cas actuel des Yanomamis, au Brésil et au Venezuela, exposés à l'envahissement de leurs terres traditionnelles par les chercheurs d'or et l'exploitation des divers autres gîtes minéraux est, à bien des égards, exemplaire.

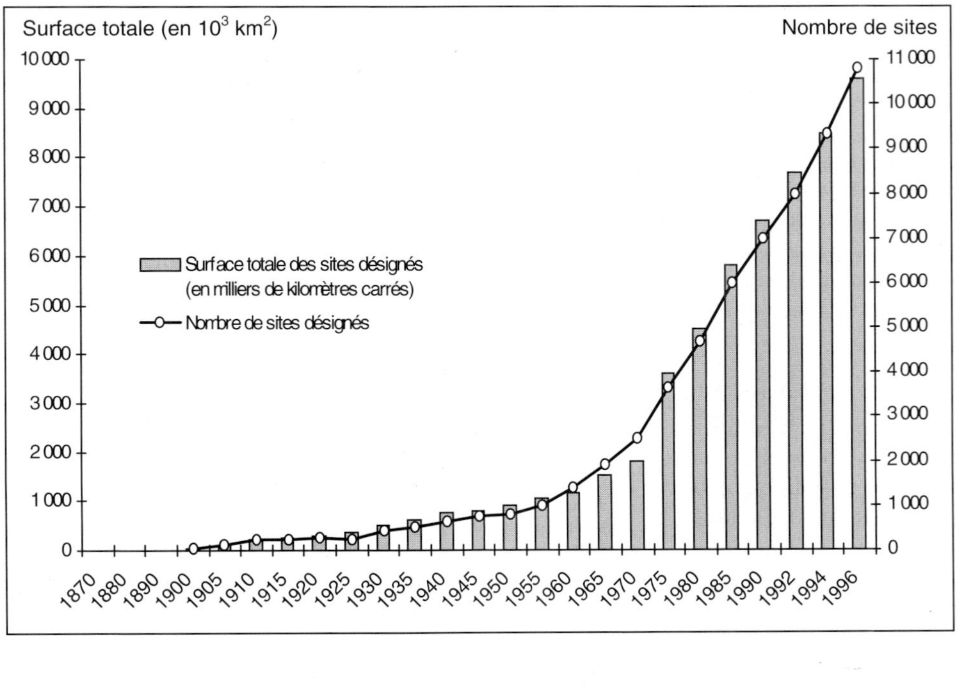

Croissance au cours du XXe siècle du nombre et de la surface des **parcs nationaux** et autres aires analogues dans le monde. Les valeurs figurées représentent le nombre et la surface des aires protégées relatifs à la période désignée. Ce diagramme ne tient pas compte de la catégorie VI d'aires protégées (aires de ressources gérées), certes la plus basse au plan des mesures de protection qu'elle assure, créée par l'UICN en 1994 et qui, de ce fait, n'était pas comptabilisée dans les données antérieures à cette date. En 1996, on dénombrait au total dans le monde 12 754 aires protégées dont 1 995 de catégorie VI, qui couvraient 13 203 millions d'hectares (dont 3 598 millions d'hectares de catégorie VI). (D'après WCMC-UICN, op. cit., 1998, mais modifié)

De façon générale, en dehors de leur colonisation illégale et leur défriche pour la mise en culture qui conduisent à la destruction totale des écosystèmes protégés, le braconnage et le pâturage ou la coupe illégale des boisements représentent les principales causes de dégradation des parcs nationaux du Tiers monde. L'opinion internationale s'est par exemple émue à la fin des années 1980 du massacre des éléphants alimenté par le trafic de l'ivoire dans les parcs nationaux d'Afrique subsaharienne.

Dans les pays industrialisés, les principales menaces auxquelles sont confrontés les parcs nationaux lorsque leur gestion est défaillante sont la surfréquentation touristique qui dégrade le couvert végétal, empêche la régénération des boisements et peut perturber gravement la faune. En outre, un risque majeur auquel sont exposés les parcs nationaux des pays industrialisés tient en la pollution de l'environnement, surtout atmosphérique.

En Europe, le parc national de Krknose, dans les Monts des Géants de l'ancienne Tchécoslovaquie, a été classé par l'UICN dès 1984 parmi les douze parcs nationaux les plus menacés du monde par suite des conséquences des pluies acides qui ont détruit sur pied la moitié de ses 40 000 ha de forêts de Conifères. De même en Suède, deux parcs nationaux, parmi les plus importants du pays, sont menacés de destruction par les précipitations acides tant en ce qui concerne les écosystèmes de forêt qui en constituent la partie terrestre, que les nombreux lacs qu'ils renferment et qui ont déjà perdu toute leur ichtyofaune.

Enfin, l'une des dernières causes de dégradation des parcs nationaux, tant dans les pays développés que dans le Tiers monde, réside dans la présence d'exploitations minières. En général, il s'agit de gisements dont la mise en valeur avait commencé avant la création de la zone protégée.

Toutefois, l'extension de ces mines préexistantes ou l'ouverture pure et simple de nouvelles exploitations dans des parcs nationaux ont été signalées dans des pays très divers, dont certains réalisent par ailleurs une excellente gestion de leurs aires protégées. Ainsi, en Australie, le plus grand parc national du pays, celui de Kakadu, dans le territoire du Nord, est aussi le site de la plus grande mine d'uranium à ciel ouvert du monde.

◆ **parcs nationaux et recherche scientifique** : parmi les diverses missions assignées aux parcs nationaux, figure leur rôle dans la recherche, plus particulièrement en écologie, dans les autres sciences biologiques et, de façon plus générale, dans le domaine des sciences de l'environnement. En effet, il est indispensable pour la compréhension des processus écologiques fondamentaux et pour la recherche biologique en général, non seulement de conserver les espèces vivantes mais aussi de préserver dans chaque province biogéographique du monde des surfaces suffisantes d'écosystèmes naturels ou peu modifiés par l'homme.

Seules les aires protégées, plus particulièrement les parcs nationaux qui, par définition, doivent couvrir des surfaces étendues, offrent de telles opportunités.

En réalité, cette vocation privilégiée de recherche est dévolue à une catégorie spéciale d'aires protégées, les réserves de biosphère. Il convient cependant de souligner que beaucoup d'entre elles sont incluses dans des parcs nationaux préexistants ou représentent une surface prépondérante de ces derniers. **(*Voir aussi Biodiversité, Protection de la Nature, Réserve*)**

◆ **~ marin** (*marine park*) : parc national destiné à préserver des écosystèmes et (ou) des espèces marines menacées, généralement dans la province néritique.

parc naturel régional, n. m. (*protected landscape area*). Zone de paysage protégé (catégorie V de la classification des Nations unies).

En France, un réseau assez important de parcs naturels régionaux a été établi au cours du dernier quart de siècle : les principaux sont les parcs naturels régionaux d'Armorique, de Camargue, de Corse, du Haut Languedoc, des Landes, de Gascogne, de Lorraine, du Livradois-Forez, du Lubéron, du Morvan, du Vercors, des volcans d'Auvergne, du Queyras et des Vosges du Nord.

Malgré une surface excédant les 200 000 hectares pour la plupart d'entre eux et qui pourrait de ce fait faire illusion, force est de reconnaître que, dans la plupart des cas, ces « aires protégées » (sur le papier) sont dans notre pays trop souvent plus destinées à donner bonne conscience aux hommes politiques au pouvoir quant à leur action en faveur de la protection de la nature que d'assurer une réelle mission de conservation. L'exemple du marais poitevin qui a continué à être asséché alors qu'il possédait un statut de parc naturel afin de convertir les surfaces récupérées en champs de maïs est là pour rappeler l'absence de volonté des responsables politiques régionaux ou nationaux de faire réellement jouer, à ce type d'aire protégée, le rôle pour lequel elle a été conçue. Que dire alors du bétonnage et du bitumage qui ont continué en bien des régions et se sont même accentués, la création du parc y stimulant la promotion immobilière!

Quoique dénommé parc national, celui des Cévennes possède en réalité un statut de parc naturel régional (présence humaine, exploitation agricole et même... chasse dans sa partie centrale) qui l'a fait déclasser en catégorie V par l'UICN.

parcimonie, n. f. (*parsimony*). Terme devenu d'usage courant au cours de la dernière décennie en biologie et plus particulièrement en taxonomie moléculaire. Il désigne le fait que, parmi l'infinité d'hypothèses qui peuvent expliquer un ensemble de données biologiques, ou autres, il en est toujours une qui est la plus simple, c'est-à-dire qui explique la relation entre les données de la façon la plus « économique ». Simplicité, économie et parcimonie sont des concepts très étroitement corrélés et relèvent aussi bien d'un même corpus théorique qui demande aujourd'hui encore à être mieux précisé. À ce titre, la notion même de parcimonie fait toujours l'objet d'un débat tant parmi les philosophes qu'entre les scientifiques.

parental, adj. ◆ **investissement ~** (*parental investment*) : désigne en éthologie un acte propre au comportement des parents qui augmente le nombre ou la survie de leur descendance.

parenté, n. f. ◆ **phylétique ~** (*phylogenetic relationship*) : degré de proximité phylogénique d'un ensemble d'espèces données. **(*Voir aussi Phylogénie*)**

Paridae. Nom scientifique d'une famille de passereaux insectivores constituée par les diverses espèces de mésanges. Celle-ci est essentiellement de distribution paléarctique, sauf quelques genres, tels ceux de la sous-famille des *Panurinae* (mésanges à moustache), présentant des affinités tropicales.

Parmelia, n. sc. Genre de lichens foliacés renfermant de nombreuses espèces épiphytes. Les *Parmelia* présentent une sensibilité moyenne au SO_2 et autres polluants atmosphériques. (***Voir aussi Lichens***)

paroi, n. f. (*wall*). Désigne en géomorphologie un versant abrupt et rocheux d'une montagne.

parr, n. m. Nom anglais du tacon, jeune saumon âgé de moins de deux ou trois ans, avant l'âge auquel il subit la smoltification. (***Voir aussi Smolt, Tacon***)

partage, n. m. ◆ **~ de l'espace** (*allocation of space*) : processus par lequel les populations des espèces ayant un comportement territorial s'attribuent une fraction de l'habitat disponible. La compétition intraspécifique module selon son intensité le partage de l'espace. Ainsi, il a été souvent observé que la dimension du territoire d'un individu ou d'un couple d'oiseaux est directement liée à la densité.

Dans les colonies d'oiseaux de mer où l'espace est particulièrement réduit compte tenu de la nature très particulière de l'habitat (falaises rocheuses côtières), l'espace que s'attribue chaque individu est souvent déterminé par la distance à laquelle il peut donner un coup de bec aux voisins sans quitter sa couvée! ◆ **~ des ressources** (*resources allocation*) : voir Niche écologique. ◆ **coefficient de ~ n-octanol/eau** : voir K_{ow}.

parthénocarpie, n. f. (*parthenocarpy*). Développement d'un fruit sans fécondation préalable de la fleur.

parthénogenèse, n. f. (*parthenogenesis*). Phénomène de reproduction sexuée en l'absence de mâles. On distingue plusieurs types de parthénogenèse. En fonction de sa fréquence dans une même espèce, il existe une parthénogenèse accidentelle, facultative et obligatoire.

Selon la nature du sexe de la descendance, on distingue une parthénogenèse *arrhénotoque* dans le cas où les femelles donnent sans fécondation des mâles, *thélytoque*, dans le cas où les femelles ne produisent que des femelles, enfin *deutérotoque* dans le cas où les femelles peuvent produire sans fécondation une descendance des deux sexes.

La *parthénogenèse arrhénotoque* est très fréquente chez les Hyménoptères, en particulier chez les Aculéates sociaux (guêpes, fourmis, abeilles, bourdons, etc.). Ici la femelle, au moment du vol nuptial, stocke le sperme dans un réceptacle séminal et peut à volonté féconder ou non les œufs et produire des femelles ou des mâles, ce qui intervient dans la régulation du nombre d'individus des différentes castes de la colonie.

La *parthénogenèse thélytoque* qui se rencontre dans de nombreux groupes d'Invertébrés est souvent indéfinie. On connaît diverses familles ou ordres d'Invertébrés dans lesquels n'existent que des femelles, les mâles – non fonctionnels – étant rarissimes voire totalement absents. C'est par exemple le cas de certains Rotifères ou de diverses familles d'insectes.

La *parthénogenèse cyclique*, très commune dans diverses familles d'insectes ou de Crustacés (pucerons, Cladocères par exemple), est le résultat de l'existence de parthénogenèse *deutérotoque*. Elle consiste en une alternance de générations bisexuées et parthénogénétiques au cours du cycle annuel, contrôlée par divers facteurs écologiques abiotiques.

particulaire, adj. **1.** (*particulate*). Qui se rapporte aux particules. **2.** (*single-grain*). Désigne en pédologie et en géologie une structure constituée de particules coalescentes liées ou non par un ciment par opposition aux structures organo-minérales ou pétrographiques homogènes. (***Voir aussi Sol***) ◆ **sol ~** : sol dont les particules sont individualisées, non agglomérées, par opposition aux sols dits en agrégats ou les particules sont unies par un ciment argilo-humique. (***Voir aussi Porosité, Sol***)

particule(s), n. f. (*particle*) ◆ **~ atmosphériques** (*aerosols, atmospheric particules*) : dénommées également poussières et, de façon impropre, « aérosols » par certains experts de la pollution atmosphérique, les particules sont constituées par des fragments de matériaux solides d'origine le plus souvent minérale mais aussi organique dont le diamètre est inférieur à 100 µ (en effet au-dessus de cette taille les particules solides introduites dans l'air retombent très rapidement auprès de leur source d'émission). Les particules sont introduites par l'homme ou par les phénomènes naturels dans l'atmosphère terrestre.

Les diverses particules dispersées dans l'air peuvent se classer par ordre de taille décroissante en trois catégories distinctes :

– les *grosses particules sédimentables*, dont la taille est supérieure à 2,5 µ, et de valeur moyenne de 20 µ. Ces particules se localisent dans les basses couches de la troposphère, au-dessous de 3 000 m et retombent rapidement (tout au plus en quelques jours) dans les environs de leur source d'émission.

– les *particules semi-fines*, sédimentables, de taille comprise entre 2,5 µ et 0,1 µ. Cette dernière dimension correspond à la limite inférieure au-delà de laquelle la sédimentation est impossible par suite du mouvement brownien, qui leur confère une accélération supérieure à celle de la gravitation. Les particules de 1 µ de diamètre sont importantes au plan météorologique car elles constituent des noyaux de condensation très efficaces pour la vapeur d'eau.

– les particules *inframicroscopiques* constituant les éléments les plus petits des poussières atmosphériques de diamètre inférieur à 0,1 µ. Leur taille peut descendre au-dessous de 10 Angström. On les dénomme souvent *particules d'Aitken*. Leur diamètre moyen est de 300 Angström.

Introduites dans la stratosphère moyenne, les particules insédimentables y ont un temps moyen de séjour de deux ans à 18 km d'altitude.

On considère que la majorité (en masse) des particules rejetées par l'homme dans l'atmosphère ont un diamètre compris entre 0,1 et 20 μ. Elles jouent un rôle très important dans les principaux phénomènes atmosphériques et interfèrent avec les climats. Cela résulte de leur pouvoir de diffusion et de réflexion des radiations lumineuses. ***(Voir aussi Poussières)*** ◆ **~ élémentaires** (*elementary particules*) : désigne les constituants élémentaires de la matière. On distingue des leptons (particules légères comme l'électron par exemple) et des hadrons, particules lourdes constituant le noyau. ***(Voir aussi Radioactivité)*** ◆ **~ radioactives** : voir Radiation. ◆ **~ du sol** : voir Porosité, Sol. ◆ **densité en ~** (*particle density*) : masse des particules de sol présentes par unité de volume.

parturition, n. f. (*parturition*). Phénomène de mise bas par une femelle gestante de Mammifère.

Parus (*tit*). Nom scientifique du principal genre d'Oiseaux de la famille des mésanges. ***(Voir aussi Mésange, Paridae)***

passe, n. f. (*inlet*). **1.** Bras de mer étroit qui met en communication une lagune littorale ou une baie fermée avec la mer. **2.** Chenal par lequel les eaux d'un lagon corallien communiquent avec la mer. ◆ **~ migratoire** : voir Ascenseur, Échelle à poissons.

Passereaux, n. m. (*Passerines*). Dénommés également Oiseaux chanteurs, les Passereaux constituent le plus important ordre actuel d'oiseaux. Cela résulte à la fois du nombre d'espèces qu'il comporte, de l'abondance de leurs populations et de leur dominance dans les peuplements aviens. ***(Voir aussi Passériformes)***

Passériformes, n. m. (*Passeriforms*). Nom scientifique de l'ordre d'Oiseaux auquel appartiennent les Passereaux, le plus moderne de cette classe de Vertébrés. Ils sont caractérisés par un crâne ægithognathe, une disposition des doigts des pattes dite anisodactyle (trois doigts vers l'avant et un vers l'arrière). Encore dénommés Oiseaux chanteurs, les Passériformes présentent en effet le maximum de différenciation et de complexité de leur appareil vocal (larynx et syrinx). Cet ordre renferme 70 familles et représente à lui seul 57% du nombre total d'espèces d'Oiseaux vivant dans la biosphère à l'heure actuelle. ***(Voir aussi Néornithes, Oiseaux)***

Passifloracées, n. sc. (*passion flowers*). Famille de la sous-classe des Dilléniidées et de l'ordre des Violales, comportant près de 1 000 espèces de lianes propres aux forêts pluvieuses tropicales d'Amérique et d'Afrique. Le fruit de la passion ou grenadille (*Passiflora edulis*), originaire du Brésil, est la plante sans doute la plus connue de cette famille. Introduite en Europe, *Passiflora coerulea* est cultivée pour ses grandes fleurs bleues ou violettes. ***(Voir aussi Violales)***

passive, adj. ◆ **absorption ~** (*passive absorption*) : type d'absorption d'une substance non biogène ou d'un polluant toxique par diffusion ou tout autre processus physique sans intervention du métabolisme. ◆ **dispersion ~** (*passive dispersal*) : processus de dispersion des individus qui s'effectue sans dépense d'énergie de leur part (par opposition à la dispersion active qui requiert une activité motrice des animaux). L'entraînement de certains Arthropodes (petits insectes, araignées, acariens par exemple) par le vent ou encore pour ceux-ci et d'autres animaux parfois de grande taille, comme certains Mammifères, par des bois flottés, correspond à une dispersion passive. Le terme s'applique *a priori* pour les germoplasmes dans le règne végétal : graines de plantes à fleur ou spores de Cryptogames. ◆ **immunité ~** (*passive immunity*) : type d'immunité obtenu par une injection d'anticorps à un animal domestique ou à un homme, par opposition à l'immunité active qui est le résultat d'un processus intrinsèque d'immunisation à un agent infectieux.

Pasteur ◆ **effet ~** (*Pasteur effect*) : passage d'un micro-organisme du métabolisme anaérobie à l'aérobiose quand la concentration de l'atmosphère atteint 1% de sa valeur actuelle en oxygène. Cette concentration est par suite dénommée point de Pasteur. Bien que cela soit encore sujet à controverse, les paléoécologues considèrent actuellement que cette valeur aurait été atteinte au Protérozoïque, il y a environ 2 milliards d'années.

pastoralisme, n. m. (*pastoralism*). Activité combinant élevage et vie nomade, apparue chez certains peuples dès le début du Néolithique. Le pastoralisme existe dans les régions steppiques tempérées ou tropicales ainsi que dans les grands massifs montagneux, en définitive partout où les précipitations ou les températures sont insuffisantes pour permettre l'agriculture. Il implique obligatoirement des déplacements associés au rythme des saisons : migrations alternatives nord-sud dans les zones tropicales et subtropicales en fonction du régime des pluies ou des basses vallées vers les alpages d'altitude dans les régions montagneuses. De nos jours, le pastoralisme est encore largement pratiqué au Sahel, dans les steppes d'Asie centrale, ainsi que chez les peuples himalayens et andins. ***(Voir aussi Nomadisme)***

patagonienne, adj. ◆ **province ~** (*patagonian province*) : province biogéographique constituée par l'extrémité australe de l'Amérique du Sud et les archipels associés comme les Falklands et la Nouvelle Géorgie. Elle présente des affinités floristiques et faunistiques avec la Nouvelle-Zélande et fait partie comme elle de l'empire biogéographique notogéen.

pathogène, adj. (*pathogen, pathogenic*). Désigne les agents vecteurs d'affections parasitaires ou microbiennes ainsi que les effets qui en résultent. ◆ **phyto ~** (*phytopathogen*) : organisme (en général un champignon parasite ou un virus) susceptible d'être la cause de maladies des végétaux.

pathogenèse, n. f. (*pathogenesis*). Processus qui conduit à la manifestation d'une pathologie.

pathogénicité, n. f. (*pathogenicity*). Degré d'aptitude d'un organisme à provoquer une maladie chez son hôte.

patobionte, n. m. (*patobiont*) et adj. (*patobiontic*). Désigne un organisme inféodé à la litière des forêts dans laquelle il effectue la totalité de son cycle vital.

patrilocal, adj. (*patrilocal*). Désigne en éthologie une structure d'un groupe animal où l'organisation sociale est conditionnée par l'existence d'un noyau de mâles demeurant en permanence sur un territoire.

patrimoine, n. m. ◆ ~ **génétique** (*genetic inheritance, resources*) : pris au sens strict, ce terme désigne la totalité du pool de gènes que renferme l'ensemble des populations d'une espèce vivante donnée. En pratique, le concept de patrimoine génétique est souvent pris à un sens beaucoup plus large et englobe la totalité des espèces vivantes situées dans une même entité écologique. Pris à cette acception, le terme de patrimoine génétique devient synonyme de biodiversité (diversité spécifique). ◆ **menaces sur le ~ génétique** : elles sont de nos jours multiformes et proviennent de nombreuses causes, toutes d'origine anthropique. Le patrimoine génétique des espèces de plantes cultivées et d'animaux domestiques est actuellement menacé par la pratique d'une sélection fondée sur la seule recherche de cultivars ou de races d'animaux domestiques ayant les rendements maximum pour le type de production végétale ou animale concernée.

Il en est résulté une perte de patrimoine génétique inquiétante au cours des dernières décennies. Ainsi alors qu'il existe en France plus de 2 000 variétés autochtones de pommier, 95% de la production de pommes est assurée par seulement quatre variétés dont trois américaines! Il existe des cas où la perte de diversité génétique a été encore plus considérable : la totalité de la production américaine de soja est assurée par un certain de nombre de cultivars sélectionnés à partir de seulement quelques plants importés de Chine au XIXe siècle ! La situation pourrait conduire à une véritable catastrophe génécologique dans un avenir qui n'est plus lointain si la commercialisation de variétés de plantes cultivées de type OGM (et cela est tout autant vrai pour les animaux domestiques clonés) venait à se faire sans aucune entrave à l'échelle mondiale.

En ce qui concerne les races d'animaux domestiques, la situation est tout aussi grave si l'on songe que, de nos jours, l'essentiel de l'élevage est assuré en Europe par moins de 6 races bovines. Dans le même temps, sur 145 races que l'on y dénombre, 114 sont estimées menacées de disparition. De même, sur 49 races de mouton propres au bassin méditerranéen, une trentaine est menacée d'extinction.

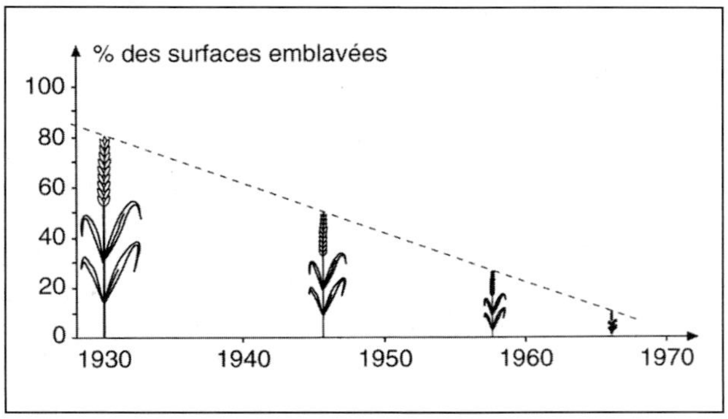

Exemple de l'appauvrissement du **patrimoine** génétique en variétés de plantes cultivées : réduction et quasi-disparition des variétés indigènes de blé en Grèce au cours de ce siècle. (D'après UICN, 1980, op. cit., p. 8)

Le baudet du Poitou constitue un exemple devenu classique de l'appauvrissement du **patrimoine** génétique dans le domaine de l'élevage. Il figure parmi les nombreuses races domestiques autochtones ayant frôlé l'extinction et dont certaines se sont même déjà éteintes. Lorsque les premières mesures ont été prises pour la sauver, voici une vingtaine d'années, il ne subsistait plus au monde que quelques dizaines d'individus de cette race d'âne. (Cliché F. Ramade)

Cette perte de patrimoine génétique constitue en soit une véritable catastrophe dans le long terme pour l'agriculture et l'élevage. En effet, la présence des gènes de résistance à diverses maladies ou encore l'adaptation à des facteurs climatiques ou environnementaux peuvent être un jour ou l'autre indispensables au sélectionneur.

Les pertes de patrimoine génétique liées à l'extinction d'espèces sauvages résultent en général de la destruction de divers types d'écosystèmes, en particulier des forêts pluvieuses tropicales, et sont d'une ampleur bien plus importante que celles des espèces domestiquées par l'homme. Elles concernent non plus des centaines mais des millions d'espèces végétales et animales sauvages dont beaucoup disparaissent avant même que l'on ait pu déterminer leur intérêt économique, souvent même avant qu'elles n'aient été décrites par les scientifiques! ***(Voir aussi Biodiversité, OGM)*** ◆ ~ **naturel** (*natural heritage*) : désigne l'ensemble des écosystèmes peu ou pas modifiés par l'homme ainsi que l'ensemble de la biodiversité qui leur est associé. ◆ **sites du ~ mondial de l'UNESCO** : voir Protection de la nature.

patrocline, adj. (*patriclinal*) ◆ **hérédité ~** (*patriclinal heredity*) : forme d'hérédité dans laquelle les descendants tirent davantage du génotype paternel que maternel.

pâturage, n. m. (*grassland, pasture*). **1.** Formation herbacée naturelle (steppe, savane, toundra) ou artificielle (prairie subspontanée sur défriche de forêt ou ensemencée) utilisée pour la pâture des herbivores domestiques. **2.** Activité consistant à faire paître des herbivores domestiques.

pauciflorie, n. f. (*pauciflory*). Particularité d'une plante de ne produire qu'un petit nombre de fleurs.

Paurométaboles, n. m. (*paurometabole*) et adj. (*paurometabolous*). Désigne un groupe d'Invertébrés dépourvus de métamorphose chez lesquels le passage des stades larvaires au stade adulte se fait de façon progressive sans modifications écophysiologiques brutales. S'oppose aux Holométaboles chez lesquels existent des métamorphoses.

pavage, n. m. (*pavement*). Affleurement rocheux ou formation superficielle caillouteuse, de faible pente, résultant du décapage de la couche de sol par action du vent ou de l'érosion hydrique.

pays, n. m. ◆ ~ **en voie de développement** (*developping country*) : voir Développement, PVD.

paysage, n. m. ◆ ~ **protégé** (*protected landscape*) : désigne une aire bénéficiant d'un statut de protection par suite du caractère historique et (ou) esthétique des espaces ruraux qu'elle représente.

Les zones de paysage protégé constituent la catégorie V du statut international des aires protégées édicté par l'UICN pour les Nations unies. (***Voir aussi Parc naturel***) ◆ **écologie du ~** (*landscape ecology*) : domaine de l'écologie s'intéressant aux milieux hétérogènes occupant une échelle géographique étendue. Il s'agit par essence de systèmes complexes dont l'hétérogénéité a été dans la plupart des cas accrue par l'action de l'homme.

L'étude des écocomplexes, groupement d'écosystèmes à une échelle « régionale », qui se mesurent en centaines voire milliers de kilomètres, constitue l'échelle spatiale propre au domaine d'investigation de cette discipline.

P/B. Désigne le rapport productivité sur biomasse. Voir Productivité, Respiration, Stratégies, Succession.

PBI (Programme Biologique International). Programme de recherche mondial destiné à faire progresser la connaissance de la structure et du fonctionnement des écosystèmes qui a été lancé en 1967 et a duré jusqu'au milieu des années 1970.

PCB (*PCB*). Abréviation de polychlorobiphényles. Composés organochlorés qui sont des mélanges de biphényles à divers degrés de chloration (de 4 à 8 chlores par molécule). De structure moléculaire comparable à celle du DDT, les PCB sont doués d'une très forte stabilité chimique, résistant en particulier à la chaleur. Ils ont été utilisés en conséquence à vaste échelle comme fluide protecteur dans de nombreuses industries à partir de 1924, en particulier en électrotechniques (transformateurs, condensateurs) comme isolant et ignifugeant dans l'industrie des peintures, comme agent fluidifiant, dans celle des matières plastiques, comme additif des huiles de coupe en métallurgie, etc.

Bien que les premières mesures d'interdiction de ces substances aient été prises aux États-Unis à la fin des années 1970, leur usage a continué à croître, la production mondiale ayant atteint 1,5 million de tonnes en 1989. Depuis lors, sept autres pays de l'OCDE dont la France ont réduit ou interdit leur usage. En 1990, les seuls transformateurs de l'EDF renfermaient encore environ 100 000 tonnes de ces substances. Ils représentent des polluants ubiquistes de l'environnement, se rencontrant même dans les eaux littorales de l'océan glacial antarctique tant en milieu pélagique que benthique. Leur forte stabilité moléculaire leur confère une persistance considérable dans l'environnement : dans une eau de pH 8,4 leur temps de demi-vie à 20 °C dépasse le siècle !

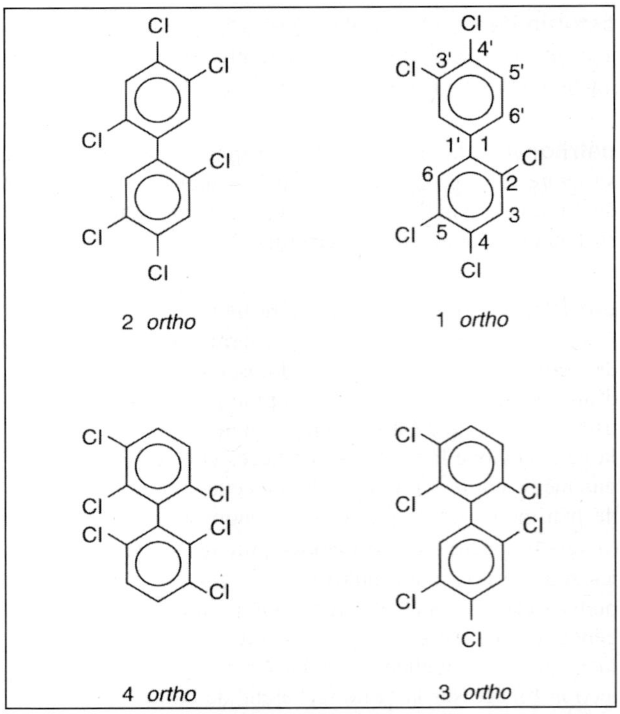

Formule chimique de quelques molécules du groupe des **PCB**.

Les PCB sont la source de très graves problèmes écotoxicologiques : malheureusement et, à l'image du DDT, ils peuvent se bioaccumuler à des taux considérables dans la biomasse et donner lieu à une bioamplification importante dans les réseaux trophiques.

Ainsi, dans divers types de biocœnoses aquatiques contaminées par des PCB, on a relevé des facteurs de concentration de l'ordre du million, voire de la dizaine de millions. L'analyse du réseau trophique des goélands des Grands Lacs Nord-américains a par exemple mis en évidence que le facteur de concentration des PCB est de $24,8 \cdot 10^6$ par rapport à l'eau, la teneur en PCB atteignant 124 ppm dans les œufs de ces goélands contre à peine 0,005 ppb dans l'eau de ces lacs!

Par suite de leur persistance dans l'environnement, leurs effets sur les communautés des biotopes contaminés peuvent s'exercer des décennies après l'arrêt de leur usage. Ainsi, il a par exemple été démontré que la pollution de l'écosystème du lac Léman par ces substances contaminait de façon permanente la biomasse piscicole. On a pu montrer que même en cas d'arrêt définitif de toute nouvelle introduction de PCB dans le biotope lémanique à partir de 1985, c'est seulement en 2010 que la concentration maximale en PCB aurait été atteinte dans l'organisme des poissons carnivores situés au sommet de la pyramide écologique de cet écosystème lacustre et ne commencerait qu'ensuite à décroître.

À l'image de ce qui a été mis en évidence chez divers insecticides organochlorés, l'intoxication à long terme due aux

Exemple de bioamplification des polluants dans la biocœnose aquatique des Grands Lacs Nord américains : cas des **PCB** dans le réseau trophique des goélands. (D'après un document conjoint EPA et Environnement Canada, mais modifié, in Ramade F., *Dictionnaire encylopédique des pollutions*, Ediscience international, 2000, p. 213)

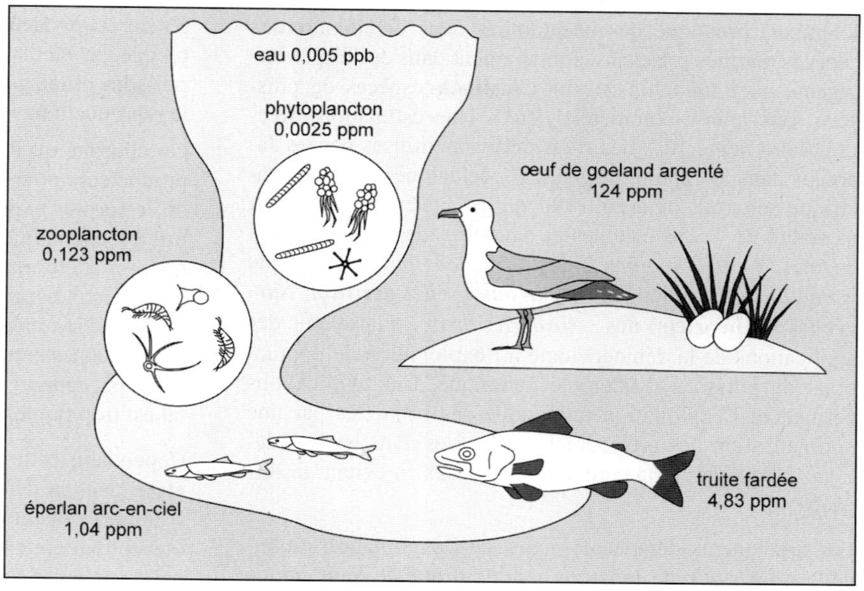

PCB exerce des effets stérilisants chez les Vertébrés tant terrestres qu'aquatiques. En conséquence, de nombreuses espèces aviennes mais aussi des mammifères comme les phoques de la mer du Nord et de la Baltique, les bélougas du Saint-Laurent ou encore les loutres d'Europe occidentale, ont présenté d'importantes réductions de leurs effectifs par suite de leur exposition permanente aux PCB – via leur réseau trophique. ***(Voir aussi Bioamplification, Océan, Organochlorés)***

PCDD (*PCDD*). Abréviation de polychlorodibenzodioxine. Voir Dioxine.

PCDF (*PCDF*). Abréviation de polychlorodibenzofurannes. Ces substances se forment lors de combustions incomplètes de composés organochlorés, en particulier dans les incinérateurs de déchets ménagers ou industriels. Elles présentent une forte toxicité pour les divers êtres vivants et une forte persistance dans l'environnement. On retrouve actuellement des traces de ces substances dans l'organisme d'animaux marins capturés au centre du Pacifique, fort loin de toute côte habitée. ***(Voir aussi Furanne)***

PCP (*PCP*). Abréviation de pentachlorophénol. Formule brute : C_6Cl_5OH. Molécule douée de propriétés fongicides, très active contre les champignons lignivores (mérule par exemple). Elle a donné lieu de longue date à un très vaste usage dans la protection des bois ouvrés : meubles, boiseries, bois de construction, traverses de chemin de fer, poteaux téléphoniques etc.

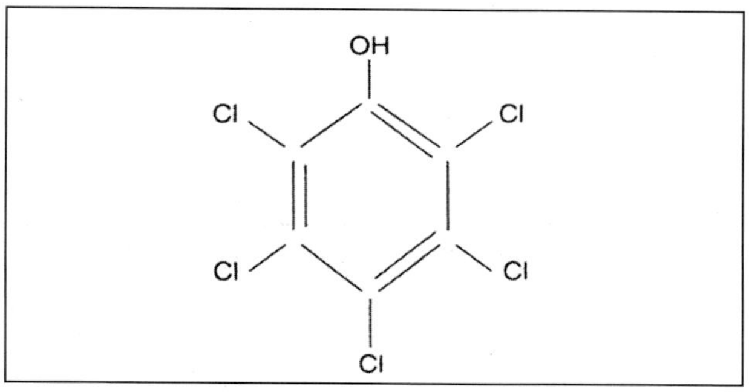

Formule chimique du **PCP** (pentachlorophénol).

Compte tenu de son vaste spectre d'action, le PCP a été la cause de graves problèmes de pollution des eaux. Il inhibe la photosynthèse des plantes et se comporte comme un redoutable poison respiratoire chez les Vertébrés à sang chaud. Cela a conduit à son remplacement dans ces usages, à la fin des années 1980, par des produits fongicides de substitution ayant un moindre impact écotoxicologique.

PCT (*PCT*). Abréviation de polychloroterphényles. Il s'agit de substances analogues aux PCB et présentant des propriétés chimiques et écotoxicologiques comparables.

PCV (*PVC*). Abréviation de polychlorovinyles. Matières plastiques dont l'usage est très répandu aussi bien comme matériau de construction dans l'habitat que dans l'industrie (tube pour l'adduction d'eau mais aussi bouteilles pour des liquides alimentaires). La production mondiale de PCV excède 10 millions de tonnes par an. ***(Voir aussi Chlorure de vinyle)***

pebble culture. Terme des anthropologues anglo-saxons désignant les premières activités de fabrication d'outils au Paléolithique inférieur (entre – 2,5 millions d'années et – 500 000 ans par rapport à l'époque actuelle). Ces activités ont consisté en la taille grossière d'une face d'une pierre pour la rendre tranchante.

pêche(s), n. f. (*fishing*). Activité économique ou de loisir ayant pour objet la capture de poissons appartenant à des populations naturelles océaniques ou des eaux continentales.

Les prélèvements dus à la pêche soulèvent de sérieux problèmes écologiques tant dans les écosystèmes d'eaux continentales que marins. Ces derniers tiennent à la surpêche et aussi aux dommages causés aux biotopes exploités par certaines techniques de prélèvement. En effet, les chaluts ravagent les fonds et bouleversent les microhabitats propres aux biocœnoses benthiques. Depuis quelques années, l'usage de filets dérivants (dont certains mesurent plus de 50 km de longueur) provoque des hécatombes dans de nombreuses espèces marines prises involontairement dans ces dispositifs gigantesques (dauphins, tortues marines, espèces de poissons sans intérêt commercial, etc.). Une estimation effectuée sur à peine 10% des filets dérivants utilisés par les Japonais dans la capture des calmars pélagiques du Nord Pacifique montrait déjà en 1990 qu'ils avaient provoqué la mortalité de 1 758 baleines et dauphins, de 3 064 oiseaux de mer, 81 956 requins bleus, 253 288 thons et plus de 3 millions de castagnoles! ***(Voir aussi Filet dérivant, Surpêche)*** ◆ **théorie(s) des ~** (*fisheries theory*) : ensemble des applications de la démoécologie à l'exploitation de populations de poissons d'intérêt économique. Ces applications permettent l'exploitation rationnelle des pêcheries par une optimalisation des prélèvements effectués dans les populations, ce qui assure la pérennité des stocks en évitant la surpêche.

Les fondements démoécologiques de l'exploitation rationnelle d'un stock de poissons marins d'intérêt économique reposent sur une connaissance de la relation quantitative existant entre l'effectif des parents et celui des descendants dans l'espèce considérée (courbes de Ricker). La conservation des stocks implique que les prises soient effectuées de sorte à laisser un effectif de descendants au moins égal à celui de la population de géniteurs. En effet, quel que soit l'effectif de la génération de reproducteurs, la population sera en équilibre si le nombre de descendants atteignant l'âge de se reproduire est égal à celui des parents.

En l'absence d'exploitation, l'intersection de la droite R et de la courbe C est la capacité limite du milieu K. La tendance naturelle des effectifs d'une population est de s'ajuster sur cette valeur. Quand la population de poissons est exploitée, la récolte E = ab correspond au nombre total de poissons d'une génération capturés et bc le stock laissé pour la reproduction.

On constate qu'il existe un effectif de la population de reproducteurs pour lequel la productivité est maximale, donc où le surplus exploitable est le plus fort. Sur le diagramme pris en exemple dans la figure ci-après, le plus grand surplus est atteint pour E_2 = a' b' = 82% du nombre de descendants féconds produits par une classe d'âge. On remarque aussi que le rendement est d'autant plus grand que le nombre de jeunes entrant dans le stock de reproducteurs est plus élevé par rapport à celui des adultes, sauf si le stock parental est trop faible.

Cependant, cette estimation ne constitue qu'une première étape dans la détermination des modalités de prélèvement. Il importe ensuite d'évaluer à partir de quel âge les individus entrent dans les classes reproductives car il est irrationnel de prélever des individus juvéniles.

Pour cela on détermine une taille de recrutement (t_r) à partir de laquelle une classe d'âge entre dans le stock reproducteur, une taille de la première capture (t_c), estimation de l'âge à partir duquel la pêche peut être effectuée sans compromettre la reproduction donc la pérennité du stock. Enfin, on détermine une taille – donc un âge – critique (t_k) pour

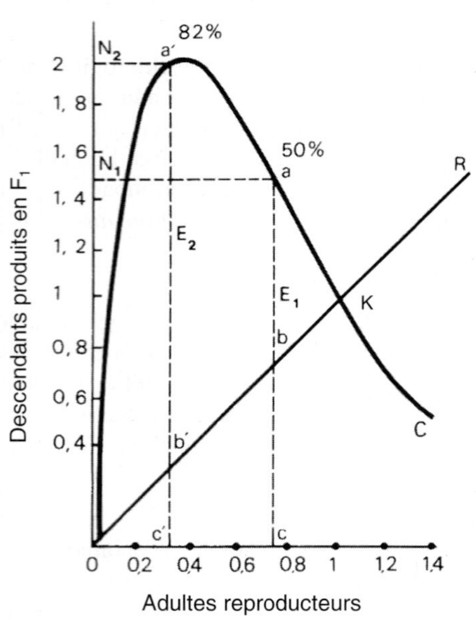

Théorie des **pêches** : fondements démoécologiques de l'exploitation rationnelle d'une population de poissons. Les stocks ne peuvent se maintenir que si les prélèvements effectués sont inférieurs ou égaux au segment E = ab = ca – cb porté sur une droite parallèle à l'axe des ordonnées. L'exploitation rationnelle du stock consiste à ajuster l'effectif des reproducteurs pour la valeur à laquelle E est de valeur maximale. (D'après Ricker, mais modifié, in Smith, *Ecology and Field Biology*, 1966, p. 417)

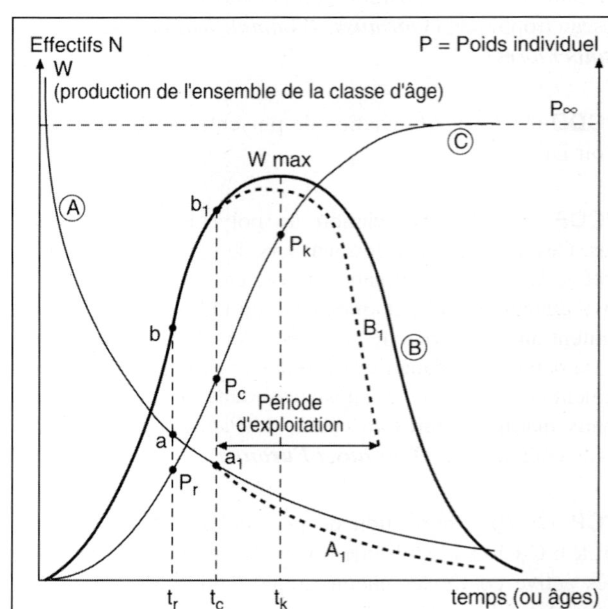

Théorie des **pêches** : fondements biométriques de l'estimation de la taille optimale des prises. Les courbes permettent d'estimer les principaux paramètres sur lesquels se fonde l'estimation de la taille optimale des prises. **A**) Évolution du nombre d'individus appartenant à une même classe d'âge en fonction du temps. **B**) Évolution pondérale du poids d'une classe d'âge en fonction du temps. **C**) Évolution de la taille et du poids individuel en fonction du temps (t_r = taille de recrutement, t_c = taille de la première capture, t_k = taille critique) – à chacune de ces tailles correpond un âge moyen des individus constituant la population, ce qui permet au travers de la sélection du maillage des filets de déterminer l'âge minimal de capture et donc de ne prélever que dans les classes d'âge reproductives en laissant aux jeunes le temps d'arriver à maturité et d'entrer à leur tour en période reproductive. (D'après Gulland, mais modifié, in Ramade F., *Écologie des ressources naturelles*, Masson, 1981, p. 188)

Rôle du maillage des filets dans l'optimalisation des prises. On constate qu'avec un effort de **pêche** correspondant à un prélèvement de 90% du stock, on capture un poids de poisson égal à celui obtenu en ne prélevant que 30% du stock. En effet, avec un maillage plus petit, les poissons de faible taille deviennent prépondérants de sorte qu'on épuise le stock de reproducteurs, les prélèvements s'effectuant alors que les individus n'ont pas encore atteint la taille de recrutement. (D'après Russel, in Graham, op. cit., mais modifié, in Ramade F., *Écologie appliquée*, Ediscience International, 5e ed., 1995, p. 440)

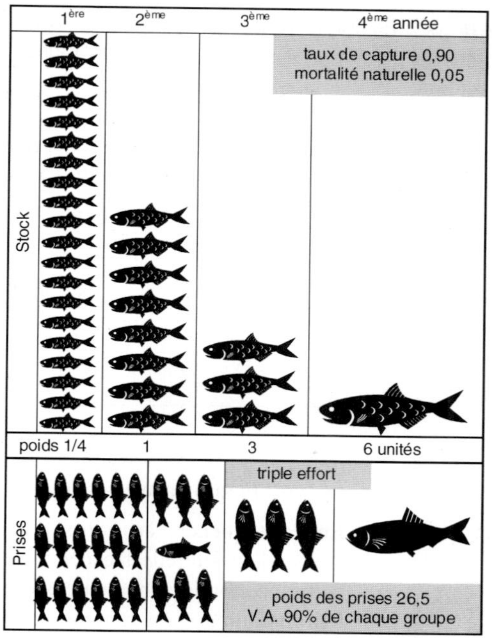

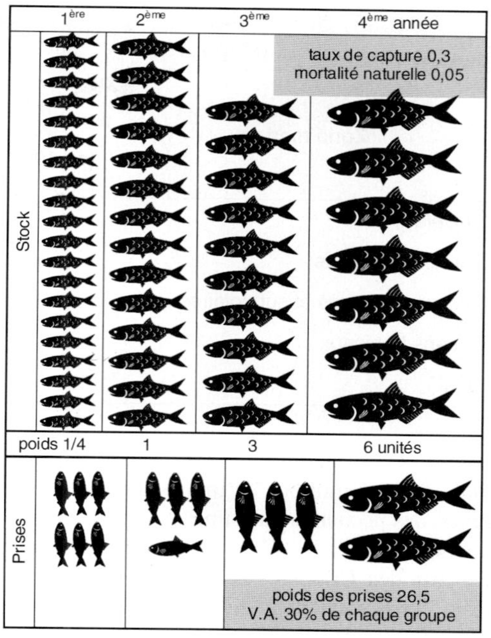

laquelle la productivité de la classe d'âge considérée est maximale et à laquelle devrait être en théorie effectué d'un coup le prélèvement de la proportion maximale de la population qui peut être exploitée sans épuiser le stock.

En réalité, il existe une période d'exploitation qui commence à l'âge de la première capture, âge minimal des individus capturés avec le maillage adopté qui est déterminé en fonction de la connaissance de la taille de première capture.

L'ajustement se fait donc en définitive par le maillage des filets car une taille moyenne correspond à un âge moyen, de sorte que la taille de capture représente la seule référence pratique qui permet de réguler l'âge de capture.

Il apparaît que le rendement pondéral de l'exploitation d'un stock de poisson est optimalisé en ajustant le maillage des filets à la taille correspondant à la productivité secondaire maximale de la population considérée. Les maillages serrés conduisent à des rendements plus faibles et provoquent une surexploitation du stock. ***(Voir aussi Allen, Halieutique, Pêcherie, Ricker)***

pêcher, n. m. (*peach tree*) (n. sc. *Prunus persica*). Arbuste de l'ordre des Rosales et de la famille des Amygdalacées. Originaire de Chine, il a été introduit en Europe puis dans les autres régions tempérées du monde où il constitue une espèce majeure en arboriculture fruitière. Il existe deux grands groupes de variétés de pêchers cultivés. Le premier, dont la chair n'est pas adhérente au noyau, comporte les pêchers *sensu stricto*, à l'épicarpe velouté et les nectarines à épicarpe lisse. Le second, dont la chair est adhérente au noyau, est surtout représenté par les brugnons dont l'épicarpe est lisse.

pêcherie(s), n. f. (*fishery*). Terme désignant l'ensemble des activités halieuthiques relatives à une espèce de poisson donnée d'intérêt économique (hareng, thons par exemple) ou à un type de pêche relevant de la même technique : chalutage, pêche à la senne, pêche de crevettes (quelle que soit l'espèce), etc. ◆ **~ d'anchois péruviens** : voir Anchois, Overfishing. ◆ **~ à la baleine** : voir Baleine, Cétacés.

◆ **~ maritimes** (*marine fisheries*) : ensemble des activités de pêche concernant les espèces océaniques tant d'Invertébrés que de Vertébrés exploitées par l'homme. Bien qu'environ 840 espèces ou unités systématiques soient exploitées dans l'océan mondial, une dizaine d'entre elles assurent plus des trois-quarts des prises.

Les principales espèces de poissons d'intérêt économique appartiennent seulement à quelques ordres : Clupéiformes (hareng, sardine, anchois), Gadiformes (morue, églefin, lieu), Pleuronectiformes (plie, sole, flétan et autres poissons plats), Perciformes (dorade, merlu, bar), Scombriformes (maquereaux, thons, espadons, etc.). Il faut y ajouter aussi divers Invertébrés, essentiellement des Céphalopodes et des Crustacés.

L'ensemble de l'océan mondial fait aujourd'hui l'objet d'une intense activité de pêche commerciale. Toutes les zones halieuthiques en lesquelles la FAO a subdivisé les océans et mers du globe sont aujourd'hui exploitées et plusieurs d'entre elles soumises à un *overfishing* permanent.

Il a été établi, dès les années 1970 que le maximum de production secondaire exploitable des pêcheries mondiales est de l'ordre de 120 millions de tonnes par an (voir Tableau page suivante).

En réalité, ce maximum de 120 millions de tonnes représente la limite extrême de productivité halieutique de l'océan. Il suppose l'exploitation d'espèces qui ne le sont pas actuellement et donc la mise en valeur de pêcheries non conventionnelles ainsi qu'une optimisation des prises pour éviter la surpêche et permettre la remontée des effectifs d'espèces actuellement surexploitées. Pour les pêcheries conventionnelles, il est estimé que le rendement maximum supportable des populations naturelles d'animaux marins se situe à un niveau de prises tout au plus égal à 90 millions de tonnes par an.

Les prises de poissons ont connu une forte croissance depuis la fin de la Deuxième Guerre mondiale jusqu'à la fin des années 1980. Par la suite, l'augmentation des prises s'est ralentie et plafonne même depuis cette époque malgré un considérable accroissement de l'effort de pêche et des moyens techniques de capture. En 1989, une des années re-

Productivité et maximum de production exploitable des pêcheries maritimes
(D'après Tett, 1977, in F. Ramade, *Ecologie des ressources naturelles*, Masson, 1981)

Zone marine	Production primaire (en 10^9 t de C/an)	Nombre moyen de niveaux trophiques	Rendement potentiel en animaux d'intérêt halieutique (en 10^6 t/an)	Maximum exploitable par pêcherie (en 10^6 t/an)
Upwelling	0,12	2-3	70	50
Domaine néritique	3,6	3-4	110	55
Océans tempérés et subpolaires	11,3	4-5	36	15
Océans tropicaux	6,3	5	3	1
Total	21,3	4	219	121

cord de la période 89-99, sur un total de production mondiale de 99,6 millions de tonnes d'animaux aquatiques, les prises des pêcheries maritimes étaient d'environ 85 millions de tonnes dont les 90% étaient représentés par des poissons, 5% par des Crustacés et 3,5% par des Céphalopodes, le reste correspondant à divers autres groupes d'Invertébrés marins. La différence par rapport au total, soit près de 15 millions de tonnes, était représentée par les prises de poissons d'eau douce et essentiellement par l'aquaculture et par la conchyliculture.

L'accroissement de prises observé depuis 1993 (110 millions de tonnes en 1997) est uniquement dû à celui de l'aquaculture en eaux douces et littorales et non à une augmentation des prises dans les populations sauvages. Tout au contraire et signe de prélèvements excessifs des pêcheries maritimes, ces derniers ont baissé au début des années 1990 puis sont remontés en 1994 aux environs de 86 millions de tonnes et ont depuis lors plus ou moins stagné à ce niveau. Cela n'a rien d'étonnant car les spécialistes de la productivité halieutique considèrent que le maximum de rendement supportable des animaux marins exploités par les pêcheries mondiales est compris entre 70 et 90 millions de tonnes par an (voir Figure page ci-contre).

En conséquence, au cours de la période 1970-2000, les stocks de nombreuses espèces de poissons marins d'importance économique majeure se sont effondrés par suite de leur exploitation anarchique voire de leur pillage.

Ainsi au cours des années 1990, dans la ZEE des Kerguelen qui est sous autorité française, les flottilles de divers pays, dont certains européens, ont quasiment anéanti le stock de légines, un grand poisson benthique, propre aux eaux marines subantarctiques, de la famille des *Nototheniidae*, les prélèvements ayant excédé 100 000 t/an avant même que la marine nationale ne puisse intervenir.

Un autre facteur souvent méconnu de pillage arbitraire – et en pure perte – des ressources halieutiques de l'océan résulte de ce que de nombreux chalutiers et divers autres bâtiments spécialisés rejettent à la mer une partie importante de leurs prises ou la majeure fraction de la biomasse d'animaux marins collectés. Ainsi, les crevettiers sont responsables de la mort annuelle de plus de 5 millions de tonnes de

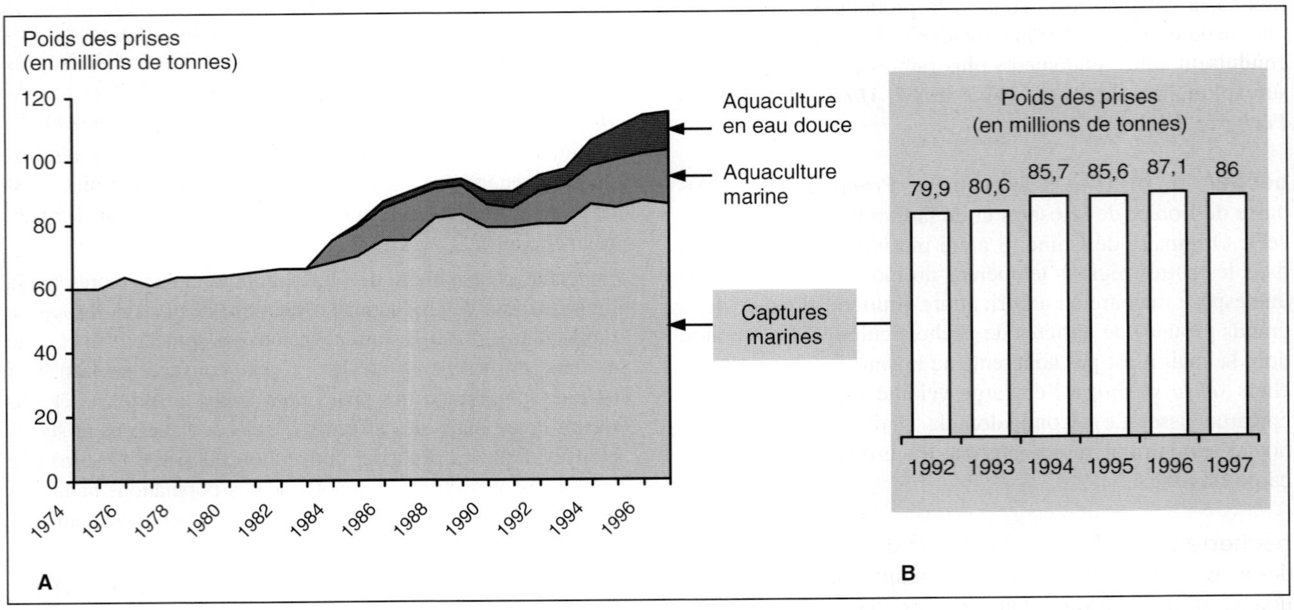

Variation des prises des **pêcheries** mondiales au cours des dernières décennies et des captures de poissons marins dans les années 1990. On constate une stagnation, voire un recul de ces dernières, lié à la surpêche de la plupart des espèces ayant la plus grande importance économique ; le maintien de la croissance de la production halieuthique mondiale est assuré par la croissance de la production aquacole qui masque le plafonnement, voire la baisse, des prises des pêcheries maritimes. (D'après FAO, op. cit., 1999, mais modifié)

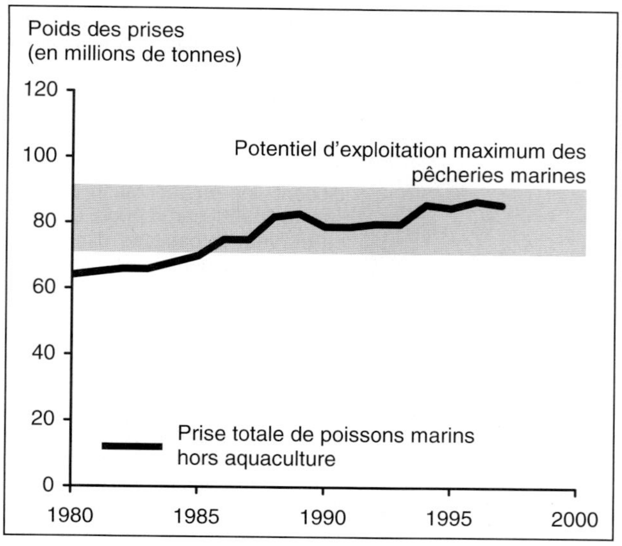

Variation des prises totales des **pêcheries** maritimes au cours des deux dernières décennies. On constate que ces dernières sont inférieures à 90 millions de tonnes par an demeurant dans l'intervalle, en tramé sur le schéma, compris entre 70 et 90 millions de tonnes de prises annuelles, ce qui correspond à l'estimation statistique du rendement maximal supportable par les stocks d'animaux marins exploités. (D'après World Resources, op. cit., 1993, p. 183, mais modifié)

poissons de taille médiocre qu'ils rejettent en pure perte. De même, les flotilles asiatiques pêchant les requins n'en prélèvent généralement que les ailerons et renvoient à l'eau le reste, c'est-à-dire l'essentiel de la biomasse de ces poissons. Même les bâtiments de pêche généraliste – chalutiers par exemple – ne commercialisent qu'une fraction parfois minoritaire de leurs prises, éliminant du circuit de conditionnement de nombreuses espèces tout à fait comestibles mais qui ne sont pas familières au consommateur occidental. Que dire alors du massacre aveugle que représente l'usage des filets dérivants lesquels conduisent à la capture indistincte de toutes les espèces de taille supérieure au maillage de ces derniers, y compris un nombre impressionnant d'animaux marins protégés : phoques, dauphins et autres cétacés, albatros et bien d'autres espèces d'oiseaux de mer.

Chalutier rentrant au port. De nombreux Laridés suivent le bâtiment attirés par le rejet à la mer d'une partie des prises constituée par les individus de diverses espèces que les pêcheurs considèrent comme non commercialisables dans le contexte actuel des **pêcheries** maritimes. (Cliché F. Ramade)

La conjonction de ces divers facteurs qui caractérise l'« exploitation » anarchique des ressources vivantes océaniques s'est traduite dans l'Atlantique du Nord-Est dès le début du XXe siècle par la surpêche des espèces de poissons ayant la plus grande valeur commerciale et par voie de conséquence dont les stocks ont été l'objet de prélèvement excessif. Ultérieurement, la surpêche des principales espèces de grande importance halieutique s'est étendue à tout l'Atlantique Nord. En mer du Nord, le flétan était déjà surexploité dès 1905, le merlu au large de la Grande-Bretagne et de l'Irlande dès 1920, suivi par l'effondrement des populations de carrelets, de morues et de flétans de l'Islande dans les années 1930. On situe en 1955 le début de la surpêche des stocks de morue du grand banc de Terre Neuve qui était virtuellement épuisé au milieu des années 1960 suivi de ceux d'églefin. Depuis trois décennies, la totalité des stocks de morues, d'églefins et de merlus de l'Atlantique Nord a été progressivement épuisée, seuls les poissons plats donnant encore lieu à des prises significatives malgré un net déclin depuis le début des années 1990.

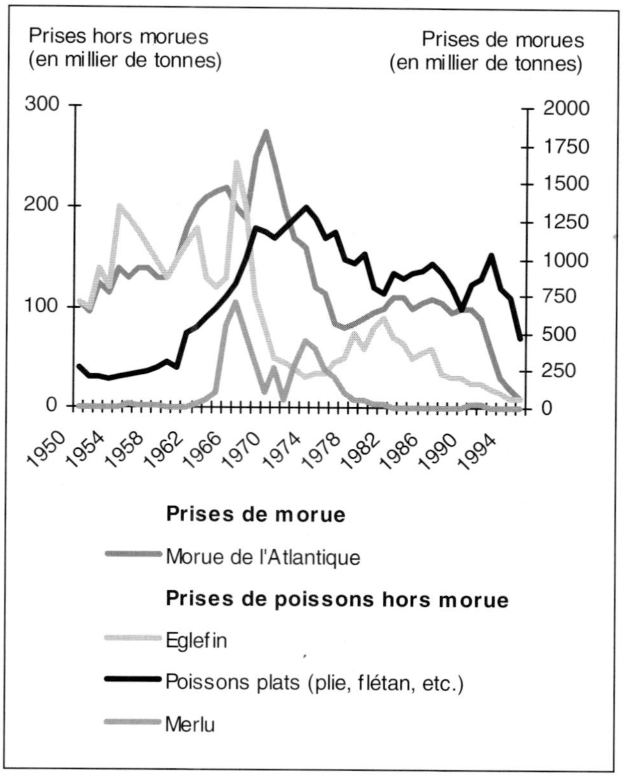

Exemple de la surexploitation des **pêcheries** maritimes : évolution des prises dans le secteur Nord-Ouest de l'Atlantique au cours de la deuxième moitié du XXe siècle. On constate une tendance générale au déclin voire un effondrement des prises en ce qui concerne la morue, le merlu et l'églefin, ce qui témoigne d'une surpêche généralisée des stocks. (D'après FAO, in WRI, op. cit., 1998, p. 196)

En réalité, depuis le début des années 1980, on constate que cette surpêche généralisée s'est progressivement étendue à l'ensemble de l'océan mondial y inclus dans les zones les plus reculées et les plus inhospitalières telles l'océan glacial antarctique.

Elle se traduit depuis quelques décennies par le fait qu'un nombre croissant des secteurs halieuthiques en lesquels la

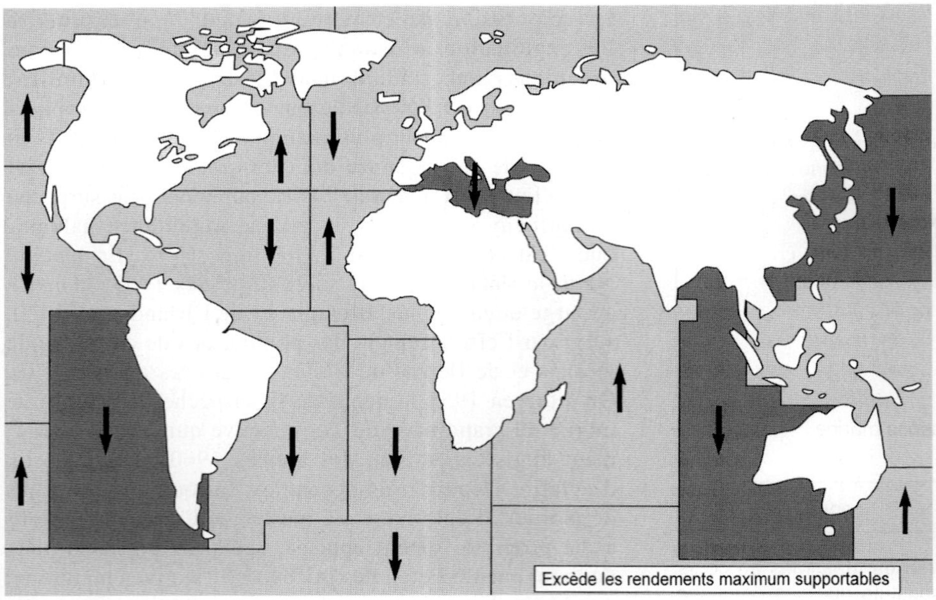

Principales régions de **pêcheries** maritimes mondiales délimitées par la FAO. Les zones figurées en tramé sombre représentent celles où l'ensemble des animaux marins d'intérêt économique sont surexploités. Les flèches vers le haut indiquent une augmentation des prises en 1990 par rapport à 1989, celles vers le bas une diminution. On constate que, dans quatre régions, les prises diminuent à cause de la surpêche. Ailleurs, la FAO estimait dès 1991 que l'on était arrivé au maximum supportable et que tout acccroissement de l'effort de capture conduirait à l'effondrement des stocks. La tendance observée alors s'est maintenue et a même empiré dans les secteurs occidentaux de l'Afrique et de l'océan Indien où elle s'est inversée, les prises ayant depuis les années 90 tendance à décroître. (D'après FAO, 1991, p. 179)

FAO a subdivisé l'océan mondial voient leurs prises décroître. La tendance négative dans ces secteurs s'est amplifiée au cours des années 1990, indice du pillage en règle auxquelles sont soumises les ressources vivantes océaniques. La situation est en un sens pire que l'on ne le suppose à la seule lecture des statistiques des pêcheries maritimes mondiales car la mise en œuvre d'engins de pêche de plus en plus performants masque le déclin du rendement des stocks. **(*Voir aussi Halieutique, Overfishing, Surpêche, ZEE*)**

pédalfer, n. m. (*pedalfer*). Terme de la nomenclature des sols de l'USDA (Ministère américain de l'agriculture) désignant des sols zonaux se formant sous climat humide et caractérisés par un lessivage complet des carbonates avec accumulation dans l'horizon B d'oxyde de fer et d'alumine. Il est donc l'équivalent d'un podzol dans la nomenclature européenne. **(*Voir aussi Sol, USDA*)**

pédiment, n. m. (*pediment*). Glacis constitué par de gros débris d'érosion (blocs rocheux) qui s'entassent au pied de falaises, propre à un relief isolé (inselberg), en zone désertique.

pédiophile, adj. (*pediophilous*). Désigne une espèce qui est inféodée aux hauts plateaux.

pédiophyte, n. f. (*pediophyte*). Plante propre aux communautés végétales des zones de hauts plateaux.

pédoclimax, n. m. (*pedoclimax*). Climax résultant non pas de l'action du climat mais de la structure pédologique des sols sur lesquels est installée la communauté considérée.

pédofaune, n. f. (*pedofauna*). Désigne la faune du sol, constituée par l'ensemble des divers groupes d'animaux épigée, hypogée et endogée. **(*Voir aussi Pédologie, Sol*)**

pédoflore, n. f. (*pedoflora*). Flore inféodée à la strate muscinale des sols, ainsi que celle associée aux racines des arbres et autres végétaux pérennes. **(*Voir aussi Pédologie, Sol*)**

pédogenèse, n. f. (*pedogenesis*). Processus écologique conduisant à la formation des sols. **(*Voir aussi Pédologie, Sol*)**

pédologie, n. f. (*pedology*). Science ayant pour objet l'étude de la genèse, de la structure et de l'évolution des sols. Elle a été inventée au XIXe siècle par un célèbre géologue russe, Dokoutchaev, qui fut le premier à entrevoir l'influence physico-chimique majeure qu'exercent les facteurs climatiques et la végétation sur le substrat rocheux. **(*Voir aussi Dokoutchaev, Phytosociologie, Sol*)**

pédologique(s), adj. (*pedological*). Qui concerne les sols et leur transformation par l'action des facteurs écologiques. ◆ **altération** ~ (*pedological alteration*) : dégradation, voire destruction, des sols due à des facteurs spontanés et surtout à l'action de l'homme. ◆ **structures** ~ (*pedological structures*) : désigne les divers types de structure des sols. **(*Voir aussi Porosité, Sol*)**

pedon, n. m. (*pedon*). **1.** Concept pédologique, se substituant à celui de profil, qui correspond à un volume élémentaire de sol renfermant l'ensemble des horizons superposés. Le pedon définit les caractères généraux d'un sol à partir de deux horizons diagnostics principaux : un epipedon, qui correspond aux couches les plus superficielles, humifères, et un horizon profond qui est soit d'altération (B) soit illuvial (B'). **2.** Ensemble des organismes qui vivent à la surface des sédiments d'un biotope aquatique.

pédosphère, n. f. (*pedosphere*). Partie de la biosphère continentale constituée par les sols et les organismes édaphiques qui leur sont associés.

peintures, n. f. ◆ ~ **antisalissures** (*antifouling paints*) : peintures utilisées sur la coque des navires afin d'éviter que les algues et divers Invertébrés marins sessiles (moules, balanes, anatifes, etc.) ne viennent se fixer sur cette dernière, diminuant de la sorte ses performances hydrodynamiques, accroissant le poids des navires donc leur consommation de carburant, enfin augmentant la corrosion. Ces peintures sont à base de dérivés métalliques, cuivre et, depuis quelques temps, étain sous forme de dérivés organo-staniques. Ces derniers composés présentent des effets écotoxicologiques redoutables, en particulier le tributyl-étain (TBT) et le triphényl-étain (TPT). Outre leur considérable toxicité aiguë pour les Invertébrés marins, qui se manifeste dès la ppb dans l'eau, voire au-dessous de cette concentration, ils induisent de graves perturbations dans le développement des Mollusques Lamellibranches dans les bassins conchylicoles, en particulier dans la morphogenèse de la coquille et la croissance des huîtres. Ceci a justifié l'interdiction progressive dans l'Union européenne de ces peintures renfermant ces composés organo-staniques.

pélagique(s), adj. (*pelagic*) ◆ **domaine** ~ (*pelagic zone*) : désigne dans un écosystème aquatique, en particulier en milieu océanique, la zone constituée par les eaux libres par opposition au milieu benthique qui est à l'interface eau-sédiment (ou eau-substrat). ◆ **organismes** ~ (*pelagic organisms*) : espèces végétales ou animales propres au domaine pélagique. On les subdivise en deux groupes « fonctionnels », le plancton et le necton. Le premier est constitué par des organismes de taille variée, mais souvent petite voire microscopique, dont les déplacements sont déterminés par ceux des masses d'eau dans lesquelles ils vivent. Le necton correspond à l'ensemble des espèces animales capables de se déplacer à contre-courant et à grande vitesse donc indépendantes des mouvements des masses d'eau. **(*Voir aussi Necton, Océan, Plancton*)**

pélagophile, adj. (*pelagophilous*). Qualifie un organisme se développant dans la zone superficielle des océans.

pélagophyte, n. f. (*pelagophyte*). Végétal croissant à la surface des océans comme par exemple les sargasses.

pelagos, n. m. (*pelagos*). Ensemble de la faune pélagique.

Pélécaniformes, n. m. (*Pelecaniforms*). Ordre d'Oiseaux dans lequel on classe les pélicans, les cormorans, les fous (*Sulidae*) et les anhingas.

Pelecanus. Nom scientifique du genre auquel appartiennent les pélicans. Autrefois répandues dans toute l'Europe méditerranéenne, les deux espèces européennes de pélicans, *P. onocrotalus* et *P. crispus*, sont aujourd'hui restreintes à quelques colonies situées dans la région balkanique, en particulier en Grèce et en Roumanie.

Pélécypodes, n. m. (*Pelecypoda*). Désigne l'ensemble des Mollusques Lamellibranches. **(*Voir aussi Lamellibranches*)**

pèlerin, adj. ◆ **faucon** ~ : voir Faucon. ◆ **requin** ~ (*peregrine shark*) (n. sc. : *Cetorhinus maximus*) : le plus grand des Sélaciens et des « poissons » actuels après le requin-baleine. Le requin pèlerin, qui peut atteindre 12 m de long, est une espèce planctonophage qui présente une convergence écomorphologique avec les grands Cétacés mangeurs de plancton : les baleinoptères. C'est une espèce pélagophile qui effectue des migrations complexes dans diverses zones océanographiques. **(*Voir aussi Requin*)**

pélican, n. m. Voir *Pelecanus*.

Pélican blanc d'Australie, *Pelecanus conspicillatus*, sur la Western Alligator River, parc national de Kakadu, Territoire du Nord, Australie. (Cliché F. Ramade)

pelleterie, n. f. (*fur trade*). Activité consistant à utiliser les peaux de divers Vertébrés, surtout de Mammifères, pour l'artisanat de l'habillement ou de la chaussure.

Fondée sur l'exploitation d'espèces sauvages, la pelleterie est à l'origine de la raréfaction et, dans certains cas, de la quasi-extinction de nombreuses espèces animales. La chasse effrénée à laquelle donnèrent lieu les félins tachetés dans les années 1950 et 1960 fut à l'origine d'une importante convention internationale, celle de Washington, qui a réglementé le commerce des espèces vivantes en danger. Il en est actuellement de même pour les crocodiles qui sont victimes d'un intense trafic à partir de l'Amérique latine. **(*Voir aussi CITES*)**

pélochthophile, adj. (*pelochthophilous*). Qualifie une espèce inféodée aux biotopes constitués par les vasières littorales ou autres étendues de boues propres aux zones ripicoles des cours d'eau et des écosystèmes limniques.

pélochthophyte, n. f. (*pelochthophyte*). Plante inféodée aux sols boueux ou vaseux.

pélophage, adj. (*pelophagous*). Désigne les animaux qui se nourrissent des matières organiques contenues dans les sédiments ou déposées à la surface de ces derniers. **(*Voir aussi Déposivore, Limophage*)**

pélophile, adj. (*pelophilous*). Désigne une espèce propre aux biotopes argileux.

pélophyte, n. f. (*pelophyte*). Plante croissant sur des sols ou des sédiments argileux.

pélosol, n. m. (*pelosoil*). Sol peu évolué et peu altéré se formant sur terrains sédimentaires argileux sous climat tempéré humide. Il se caractérise par un horizon humique épais surmontant un horizon B à prismes ou polyèdres.

pelote, n. f. ◆ ~ **de réjection** (*regurgitation pellet*) : les oiseaux rapaces ont l'habitude d'ingérer des morceaux de leur proie renfermant des fragments de peau ou de plumes et des os de petite taille. Ces parties indigestes du bol alimentaire ne transitent pas dans le tube digestif mais sont rejetées par voie orale après passage dans le jabot – où une prédigestion a eu lieu – sous forme de pelote dans laquelle poils, plumes, ou encore cuticule chez les espèces insectivores sont agglomérés. L'étude de ces pelotes est très utile aux écologistes pour déterminer aux plans qualitatif et quantitatif le régime alimentaire des rapaces.

pelouse, n. f. (*lawn*). Formation végétale constituée par des touffes rases de graminées et autres plantes herbacées vivaces, en rosette ou cespiteuses. ***(Voir aussi Prairie, Steppe)***

pelsa, n. m. Voir Palsa.

Penaeidae, n. sc. Les Pénéidés constituent une famille de crevettes (crevettes roses) donnant lieu à une importante activité halieuthique et, depuis quelques années, d'aquaculture littorale. La principale espèce au plan économique, *Penaeus duorarum,* est très exploitée dans l'ensemble de l'Atlantique tropical et subtropical.

pénéplaine, n. f. (*peneplain*). Plaine présentant des mouvements de terrains dus à ce qu'elle résulte de l'érosion et de la planation d'une ancienne chaîne de montagne ou à tout le moins d'une zone plissée.

pénéplanation, n. f. (*peneplanation*). Phénomène de formation d'une pénéplaine.

pénétrance, n. f. (*penetrance*). Proportion d'individus d'un génotype donné dont le phénotype exprime ce génotype dans des conditions environnementales précises. Si tous les individus portant par exemple une mutation létale meurent prématurément dans ce contexte, on dit que le gène létal présente une pénétrance complète. Cette dernière peut être modifiée par l'existence de gènes suppresseurs ou modificateurs dans le reste du génome ou encore de changements dans l'environnement qui, dans un cas comme dans l'autre, peuvent empêcher l'expression du phénotype normalement associé à un génotype donné. L'expressivité d'un gène décrit précisément le degré auquel un génotype donné est exprimé par le phénotype correspondant dans l'ensemble des individus de la population qui le possède.

pénicilline, n. f. (*penicillin*). Antibiotique de vaste spectre d'action découvert par Flemming et produit par *Penicillium notatum*.

Penicillium notatum, n. sc. Espèce de champignon de la classe des Ascomycètes donnant fréquemment des moisissures sur les aliments mal conservés, par exemple sur le pain gardé en atmosphère trop humide.

péninsulaire, adj. (*peninsular*). Qui se rapporte à une péninsule.

péninsule, n. f. (*peninsula*). Bande de terre étroite s'avançant en mer. Elle présente de ce fait des conditions climatiques particulières qui différencient ses biotopes des conditions écologiques propres aux zones continentales voisines.

Pennatulacés, n. f. (*sea pen*). Ordre de Cnidaires Octocoralliaires se développant à la fois dans les mers tropicales et dans les mers froides sur substrats meubles. Elles présentent un polymorphisme colonial. La colonie comporte un polype axial allongé autour duquel s'organisent des polypes secondaires dimorphes, certains spécialisés comme les siphonozoïdes qui pompent l'eau de mer pour maintenir la turgescence de la colonie.

Pennsylvanien, n. m. (*Pennsylvanian*). Étage du Carbonifère supérieur, compris entre – 325 et – 295 millions d'années. Il est l'équivalent stratigraphique en Amérique du Nord du Silésien en Europe, à l'exception de la partie inférieure de cet étage.

pentachlorophénol, n. m. Voir PCP.

pente, n. f. (*slope*). Terme de géomorphologie désignant tout élément de la surface du sol qui n'est pas horizontal. ◆ ~ **d'un cours d'eau** (*river slope*) : paramètre écologique essentiel dans un écosystème lotique. Elle contrôle en effet diverses caractéristiques et facteurs écologiques fondamentaux pour l'ensemble de l'hydrosystème fluvial en particulier l'intensité du courant donc l'énergie hydraulique qui va façonner les caractères géomorphologiques de ses divers biotopes, mais aussi conditionner d'autres facteurs limitants en milieu aquatique comme la teneur en O_2 dissous, etc. La pente constitue donc le paramètre écologique primordial dont dépend la structure et le fonctionnement de l'ensemble d'un hydrosystème fluvial. En conséquence, la pente exerce un effet direct sur la nature des communautés lotiques. Dans le crenon, où elle est souvent de l'ordre de 1% voire dépasse cette valeur moyenne, c'est elle qui détermine par exemple le degré de rhéophilie des Invertébrés crénicoles. Elle contrôle, au travers de l'érosion, la formation de matériaux sédimentaires dans la zone de production et leur transfert vers la zone de stockage. Enfin à l'opposé, de sa plus ou moins grande faiblesse dépendent les phénomènes de méandrage et d'alluvionnement dans la plaine d'inondation et dans la zone deltaïque. ***(Voir aussi Fleuves, Hydrosystème, Rhéophilie)*** ◆ ~ **externe** (*reef slope*) : partie extérieure d'un récif située au-delà de la carène récifale, en direction du large. On la dénomme aussi talus récifal. ***(Voir aussi Récif)***

perchis, n. m. (*pole stand*). Dénomme en sylviculture une étape successionnelle d'un boisement dans lequel le diamètre des arbres est compris entre 5 cm et une vingtaine de centimètres. ***(Voir aussi Futaie, Gaulis)***

Perciformes, n. m. (*Perciforms*). Important ordre de poissons Téléostéens, comptant plus de 7 000 espèces, qui se rencontre dans toutes les zones biogéographiques du monde. Il est caractérisé par la présence de deux nageoires dorsales. Les Perciformes renferment de nombreuses espèces abondantes, voire dominantes, dans certains peuplements ichtyens d'eaux douces voire marins. Certaines espèces sont de grande importance halieuthique telles les dorades (*Sparidae*), les bars (*Serranidae*) ou encore les muges (*Mugilidae*).

percolation, n. f. (*percolation*). Phénomène par lequel l'eau pénètre et traverse les pores du sol pour atteindre la roche-mère et ultérieurement, en traversant les couches géologiques sous-jacentes, la nappe phréatique.

perdrix, n. f. (*partridge*). Oiseaux de l'ordre des Galliformes propres aux régions tempérées et méditerranéennes de l'Ancien Monde. Il existe en France trois espèces. La perdrix grise (*Perdix perdix*) vit dans la moitié Nord-Ouest du pays. Elle est relativement fréquente dans les grandes plaines à céréales. La perdrix rouge (*Alectoris rufa*) se rencontre dans la moitié Sud-Est et la bartavelle (*Alectoris graeca*), dans les Alpes du Sud et les montagnes méditerranéennes, dans les pierriers de moyenne altitude.

pérenne, adj. ◆ **espèce ~** : (*perennial species*) : espèce végétale herbacée capable d'effectuer plusieurs cycles vitaux, donc de longévité supérieure aux espèces bisannuelles.

pergélisol, n. m. (*permafrost*). Couche de sols et ou de roches perpétuellement gelés en profondeur. Dans les zones de toundra arctiques, les pergélisols sont surmontés d'une couche de mollisol généralement épaisse de quelques décimètres, qui subit des alternances de gel et de dégel en fonction de la saison. **(*Voir aussi Mollisol, Permafrost*)** ◆ **~ actif** (*active permafrost*) : type de pergélisol ayant subi par le passé, à des épisodes climatiques plus chauds, des alternances de gel et de dégel et qui a retrouvé son état initial. ◆ **~ discontinu** (*discontinuous permafrost*) : pergélisol situé de façon occasionnelle en profondeur, à la limite sud des zones arctiques, là où les températures moyennes annuelles sont comprises entre – 5 °C et –1 °C.

perhalicole, adj. (*perhalicolous*). Désigne une espèce vivant dans des sols salés.

périanthe, n. m. (*perianth*). Structures protectrices entourant la partie interne, reproductive, de la fleur. Il est généralement constitué par le calice, les sépales et la corolle de pétales.

péricarpe, n. m. (*pericarp*). Paroi du fruit des végétaux issus des enveloppes de l'ovaire. Le péricarpe comporte l'épicarpe, le mésocarpe et l'endocarpe, enveloppe interne de consistance membraneuse ou épaisse et lignifiée.

Péridiniens, n. m. (*Peridinians*). Protistes autotrophes, du groupe des Dinoflagellés, qui figurent parmi les constituants majeurs du phytoplancton marin. Certains d'entre eux sécrètent de redoutables phycotoxines. **(*Voir aussi Phycotoxines*)**

périgée, n. m. (*perigee*). Point où l'orbite d'un objet céleste est le plus rapproché de la terre.

périglaciaire, adj. (*periglacial*). Désigne des structures géomorphologiques formées par le vent et le dégel dans les zones situées au voisinage de glaciers ou d'ancien islandsis.

périgynie, n. f. (*perigyny*). Disposition des pièces florales (sépales, pétales et étamines) au même niveau que l'ovaire.

périhélie, n. m. (*perihelion*). Point de l'orbite d'un objet céleste le plus rapproché du soleil.

périlithon, n. m. (*perilithon*). Couche de micro-organismes, d'algues et de petits métazoaires adhérents à la surface des rochers immergés dans un biotope limnique.

périmètre, n. m. ◆ **~ de captage** (*adduction zone*) : zone dans laquelle s'effectuent les infiltrations qui alimentent une nappe captée pour alimenter un réseau d'adduction d'eau potable. ◆ **~ de protection** (*protective zone*) : **1.** Limites marquant la frontière d'une aire protégée. **2.** Zone établie pour protéger une aire de captage de sources utilisées pour l'adduction d'eau desservant une agglomération ou un ensemble de communes limitrophes.

période, n. f. (*period*). Durée d'un cycle dans le cas des phénomènes écologiques de nature périodique. ◆ **~ d'un isotope** (*isotope half life*) : temps nécessaire pour que se désintègre la moitié d'une masse initiale d'un isotope radioactif d'un élément. ◆ **~ de gestation** (*gestation period*) : durée s'écoulant chez une femelle de Mammifère, et de façon plus générale chez un Vertébré vivipare entre la fécondation et la parturition. Cette dernière varie de quelques semaines chez les petites espèces à 22 mois chez l'éléphante.

périodicité, n. f. (*periodicity*). Durée de récurrence d'une période. **(*Voir Alternance, Cycle, Rythme*)**

périodique, adj. (*periodic*) ◆ **~ fluctuation** (*periodic fluctuation*) : désigne tout processus écologique concernant des populations ou des entités biocœnotiques plus complexes qui présentent une période constante et qui se renouvellent avec régularité. **(*Voir aussi Fluctuations*)** ◆ **table ~** (*periodic table*) : table de classification des éléments établie par le célèbre physico-chimiste russe Mendeleïv au siècle dernier.

péripatrique, adj. ◆ **spéciation ~** (*peripatric speciation*) : variation de la spéciation allopatrique prenant lieu dans des populations situées à la frange de l'aire de distribution géographique d'une espèce considérée et qui sont de ce fait plus susceptibles d'êtres exposées à un isolement et à une dérive génétique que les populations situées dans la partie centrale de cette aire de distribution.

périphyton, n. m. (*periphyton*). Organisme aquatique tant autotrophe (Diatomées par exemple) qu'hétérotrophe (Protistes, petits Invertébrés) vivant fixé à la surface des substrats immergés qu'ils soient minéraux (rochers lisses) ou biologiques (plantes aquatiques ou amphibies).

périphytophage, adj. (*periphytophagous*). Qui se nourrit de périphyton.

Périssodactyles, n. m. (*Perissodactyla*). Ordre de Mammifères Ongulés dans lequel on place les familles des chevaux et autres espèces apparentées (ânes, zèbres, etc.), des rhinocéros et des tapirs.

permafrost, n. m. (*permafrost*). Sol éternellement gelé propre aux régions polaires et aux toundra subarctiques. En général, la zone gelée descend en profondeur de plusieurs centaines de mètres. On a pu détecter sa limite jusqu'à 600 m sur la pente septentrionale de l'Alaska et elle atteint même 1 400 m dans le Nord-Est de la Sibérie. Avec un volume d'eau (sous forme de glace) estimé à 300 000 km^3, les permafrost renferment 0,86% du volume total d'eau douce contenu dans l'écosphère. ***(Voir aussi Mollisol, Pergélisol)***

perméabilité, n. f. (*permeability*). Degré de possibilité de pénétration et d'établissement d'une espèce étrangère dans un peuplement ou une communauté existante.

perméable, adj. (*permeable*). Désigne une roche ou un minéral qui laisse passer l'eau.

Permien, n. m. (*Permian*). Période géologique qui se place à la fin du Primaire (– 295 à – 250 millions d'années). Outre un épisode de glaciation, le Permien a été marqué par le début de la dissociation du continent unique, le Pangea, qui rassemblait alors toutes les terres émergées de la biosphère.

Pérou ◆ **courant du ~** (syn. : courant de Humbolt) : voir Humbolt. ◆ ***upwelling* du ~** : l'*upwelling* du Pérou, animé par le courant superficiel du Pacifique tropical qui circule dans les conditions normales en permanence d'est en ouest, représente le plus puissant *upwelling* du monde. Il est à l'origine d'une considérable productivité secondaire, exploitée par les pêcheries côtières, essentiellement de l'anchovetta ou anchois du Pérou. ***(Voir aussi Anchois, El Nino)***

peroxyacylnitrates, n. m. Voir PAN.

peroxydase(s), n. f. (*peroxydase*) (abrév. : Gpx). Enzymes anti-oxydantes majeures qui interviennent dans les cellules vivantes pour détruire les substances chimiques réactives à l'oxygène. Parmi ces dernières, les glutathion-peroxydase jouent un rôle physiologique majeur. Elles catalysent la réaction :

$$ROOH + 2\,GSH \rightarrow ROH + H_2O + GSSG$$

Les glutathion-peroxydases sélénium dépendantes (SeGPx) sont inhibées par des métaux toxiques (Cd, Pb par exemple) et par divers composés organiques.

Chez les plantes, il existe diverses peroxydases dont une ascorbate peroxydase présente dans les chloroplastes.

Les peroxydases font partie des diverses enzymes du stress oxydant et constituent des biomarqueurs d'exposition aux polluants xénobiotiques toxiques. ***(Voir aussi Biomarqueur)***

peroxyde nitrique, n. m. Voir NO_2.

perpélique, adj. (*perpelic*). Désigne des organismes inféodés à des sols très riches en argiles.

perpsammique, adj. (*perpsammic*). Désigne un organisme inféodé à des sols très sablonneux, voire à des sables purs. L'oyat est un exemple de plante perpsammique utilisée par suite de cette particularité écologique à la fixation des dunes. ***(Voir aussi Oyat)***

persistance, n. f. (*persistence*). Capacité d'une substance, liée à sa stabilité chimique, qui lui permet de demeurer non dégradée à l'intérieur d'un biotope terrestre ou aquatique pendant une durée considérable pouvant largement excéder la décennie, parfois même le siècle. De nombreux composés organochlorés possèdent par exemple une grande persistance. ***(Voir aussi Biodégradation)***

perte, n. f. (*loss*) ◆ **~ de charge** (*pressure loss*) : perte de pression d'eau observée dans un réseau d'adduction et liée en particulier à l'importance des prélèvements en amont. ◆ **~ d'une rivière** : désigne en hydrogéologie l'infiltration totale d'un cours d'eau dans un réseau karstique avec résurgence ultérieure vers l'aval. Le trou du Toro dans lequel s'engouffre la Garonne est la première perte historiquement identifiée par usage de traceur, en l'occurrence par coloration de l'eau à l'aide de fluorescéine.

perturbation, n. f. (*disturbance*). Altération provoquant d'importants changements de la valeur des facteurs écologiques abiotiques et (ou) biotiques dont résultent de profondes modifications de la structure d'un écosystème et donc, généralement, un bouleversement du fonctionnement, voire un effondrement, du système écologique concerné. Les changements de climats (période de sécheresse ou de plus fortes précipitations) affectent plus particulièrement les écosystèmes continentaux. Les périodes de refroidissement climatique intense, *a fortiori* de glaciations, perturbent, elles, profondément l'ensemble de la biosphère. De façon générale, les perturbations écologiques se traduisent par un effet négatif sur l'homéostasie et donc sur la santé de l'écosystème affecté. ***(Voir aussi Anthropisation, Déforestation, Désertification, Écosystème, Incendie, Pollution)*** ◆ **~ atmosphérique** (*atmospheric perturbation*) : système cyclonique complexe se déplaçant de l'ouest vers l'est dans l'hémisphère boréal et de l'est vers l'ouest dans l'hémisphère austral. La genèse d'une dépression provient de l'apparition d'une onde cyclonique qui, par suite de diverses raisons, en particulier d'une décharge plus puissante de l'air polaire, va perturber l'écoulement des masses d'air. Les masses d'air chaud et froid vont amorcer un mouvement tourbillonnaire (cyclone extra-tropical) dont le résultat va être d'amplifier la progression de l'air froid vers les basses latitudes et la remontée des masses d'air chaud vers les régions polaires. Au fur et à mesure que le phénomène cyclonique s'accroît, une dépression se creuse à la crête de l'ondulation du « front polaire » avec formation d'un *front froid* dans la partie où les masses d'air froid avancent en direction de l'air chaud et un *front chaud* là où se produit le déplacement inverse.

En un lieu donné, le passage de ce front est caractérisé par la succession de formations nuageuses caractéristiques et l'occurrence alternative d'épisodes de précipitations et de

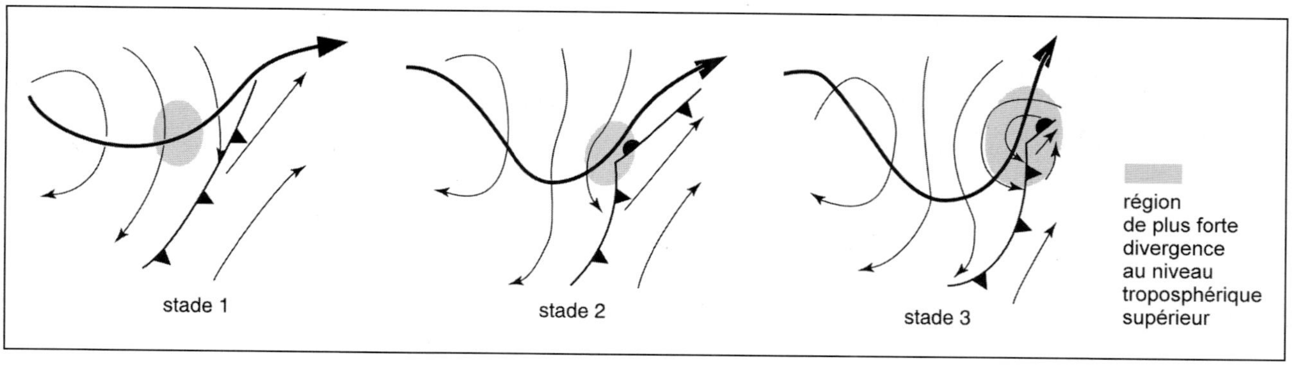

Processus dynamique de formation d'une **perturbation** atmosphérique tel qu'il se déroule à la partie supérieure de la troposphère. Initialement, se génère une onde cyclonique qui est à l'origine de la formation d'un front et d'une dépression atmosphérique. La flèche en gras indique la direction de déplacement de l'onde et les flèches fines celle des vents. (D'après Parker et al., *Meteorology Source Book*, McGraw-Hill, 1987, p. 178)

ciel plus ou moins découvert. Lorsque le front froid finit par rattraper le front chaud, il se produit un front occlus dans lequel l'air chaud est rejeté en altitude, ce qui produit la dégénérescence de la dépression. Les phénomènes dépressionnaires qui intéressent l'Europe prennent naissance dans l'Atlantique Nord et durent de 3 jours à une semaine. ***(Voir aussi Cyclone, Front, Nuage)***

pessière, n. f. (*spruce grove*). Nom d'un boisement d'épicéas.

pessimal, adj. (*pessimal*). Désigne ce qui est le moins favorable (au contraire d'optimal). Ce terme d'écologie, aujourd'hui peu employé, désigne par exemple les valeurs d'un facteur écologique situées près de la limite inférieure de l'intervalle de tolérance. ***(Voir aussi Shelford)***

peste, n. f. (*plague*). Affection bactérienne particulièrement grave provoquée par *Yersiniella pestis*. Les rongeurs constituent le réservoir de cet agent pathogène, l'infestation de l'homme s'effectuant par des piqûres de puces ayant vécu sur un animal affecté. En effet, lorque les rats sont atteints par cette maladie, ils meurent en masse et les puces infestées se portent alors sur l'homme qu'elles contaminent. ◆ **~ bovine** (*rinderpest*) : affection virale introduite à la fin du XIXe siècle en Éthiopie lors de la colonisation italienne de ce pays, qui provoqua une considérable mortalité des Ongulés, buffles, antilopes et girafes, dans l'ensemble des savanes d'Afrique de l'Est. L'épidémie ne prit fin qu'au début des années 1960. ◆ **grande ~** (*great plague*) : épidémie de peste qui sévit au XIVe siècle de façon récurrante dans toute l'Europe provoquant un effondrement de sa population. Ainsi, elle fit 22 millions de morts en seulement deux ans (entre 1348 et 1350) provoquant en cet intervalle une baisse du quart de la population européenne. Les effectifs de la population européenne étaient au début du XVe siècle inférieurs de 40% à leur valeur du début du XIVe ! ***(Voir aussi Démoécologie, Fluctuation, Régulation)***

pesticides, n. m. (*pesticides*). Terme d'origine anglo-saxonne, passé de nos jours dans le langage courant, provenant du mot anglais *pest* qui signifie ravageur, espèce nuisible. Les pesticides sont des substances chimiques minérales ou organiques de synthèse utilisées à vaste échelle contre les ravageurs des cultures, les animaux nuisibles et les agents vecteurs d'affections parasitaires ou microbiologiques de l'homme et des animaux domestiques.

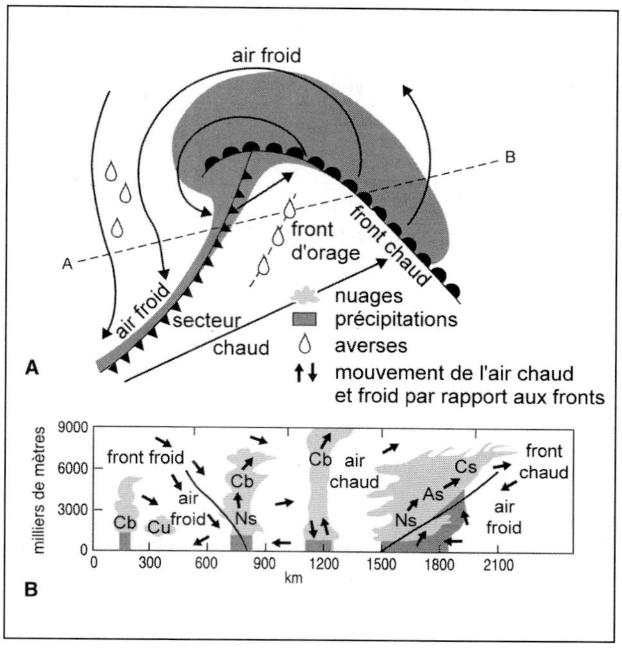

Schéma d'une **perturbation** se traduisant par le passage d'une dépression et des formations nuageuses associées aux fronts marqués par des précipitations qui caractérisent son passage. **A**) Carte météorologique à la surface du sol. **B**) Section verticale selon la ligne AB dans le diagramme A. Cs = cirrostratus, As = altostratus, Ns = nimbostratus, Cb = cumulonimbus. La flèche figure le sens de déplacement de la dépression. (D'après Parker et al., *Meteorology Source Book*, McGraw-Hill, 1987, p. 174)

◆ **principaux groupes de pesticides** : on distingue des *insecticides* utilisés contre les insectes nuisibles ; des *acaricides* qui détruisent les acariens ; des *nématicides* employés contre les Nématodes phytoparasites ; des *hélicides* qui détruisent les Gastéropodes pulmonés nuisibles aux cultures (limaces par exemple) ; des *rodonticides* qui tuent les Rongeurs ; des *fongicides* utilisés contre les champignons phytopathogènes (ou vecteurs de mycoses animales ou humaines) ; des *herbicides* qui détruisent les plantes adventices des cultures et de façon plus générale toute végétation jugée indésirable, dont

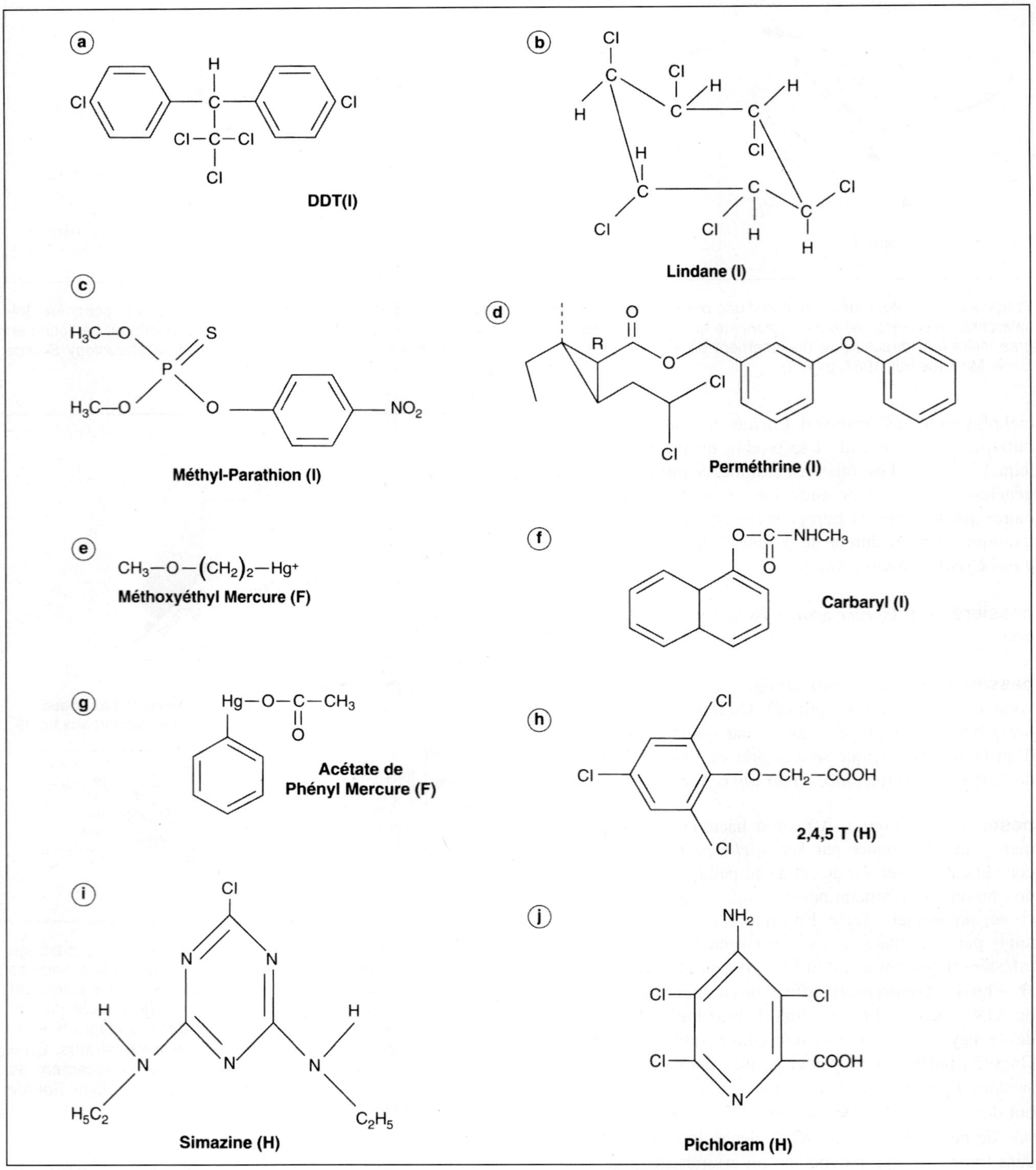

Formule chimique des principaux groupes de **pesticides**. F = fongicide, H = herbicide, I = insecticide.

les défoliants qui sont plus spécialement actifs contre la végétation ligneuse (broussailles, arbres).

◆ **production et consommation de pesticides** : la production mondiale de pesticides a connu une croissance considérable depuis la fin de la Deuxième Guerre mondiale. Une tendance au ralentissement de l'accroissement s'observe depuis les années 1990 dans les pays développés. Elle est liée en partie à la découverte de substances plus actives nécessitant donc des tonnages plus faibles, plusieurs générations de substances de spectre de plus en plus sélectif et d'activité de plus en plus grande s'étant succédées au cours des quatre dernières décennies. Cela résulte aussi des graves problèmes écologiques et de toxicologie de l'environnement de l'homme soulevés par certaines catégories de ces substances qui a conduit à leur interdiction (cas des insecticides organochlorés dans la plupart des pays développés par exemple).

Ainsi, certains pays comme la Hollande et en date plus récente les États-Unis ont mis en œuvre une politique volon-

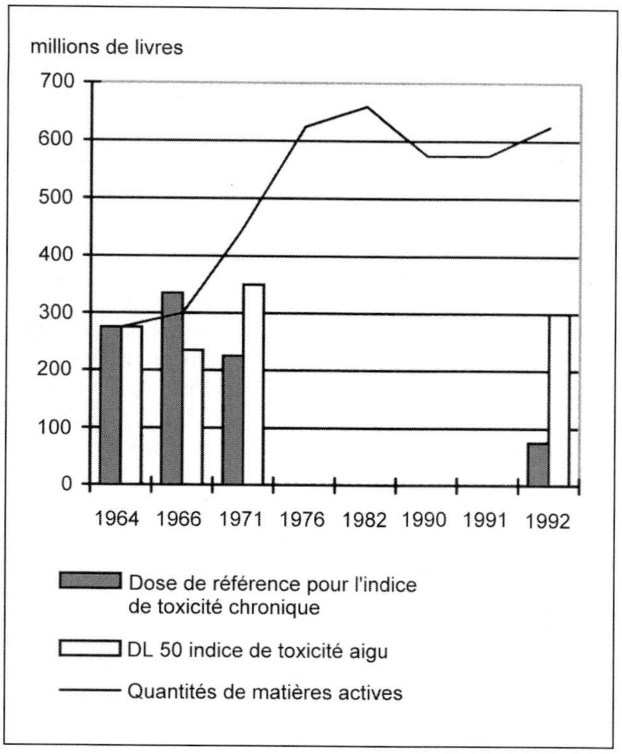

Variation de la consommation de **pesticides** par l'agriculture aux États-Unis entre 1960 et 1992 et des risques environnementaux associés. La dose de référence pour l'indice de toxicité chronique correspond au tonnage équivalent des quantités réellement employées, en supposant que toutes les substances aient une toxicité chronique de référence identique. La quantité de référence pour la DL 50 correspond au tonnage équivalent si toutes les substances avaient la même toxicité aiguë que celle prise comme référence. (D'après USDA, op. cit., 1997, in Caquet et Ramade, rapport ELISA, Union Européenne)

tariste de diminution des quantités de pesticides utilisées. Par ailleurs, cette stagnation, voire cette baisse de la consommation observée dans certains pays s'accompagne d'une diminution du risque environnemental à long terme tant pour les écosystèmes que pour la santé publique.

À l'opposé, la France continue à se placer dans le peloton de tête des utilisateurs. Elle se classe au cinquième rang en Europe avec une consommation moyenne de 3,2 kg/ha, cette dernière continuant même à s'accroître. Avec une production annuelle de 85 000 t, notre pays figure par ailleurs au troisième rang mondial après les États-Unis et le Japon.

Il faut aussi souligner que, à l'échelle mondiale, la consommation de pesticides continue à s'accroître à un rythme supérieur à la croissance de la production agricole. Cette croissance résulte d'une augmentation continue de leur usage dans les pays en voie de développement, plus particulièrement au Brésil, en Chine et aux Indes. Ces pays continuent à utiliser massivement les substances anciennes, de toxicité et d'impact environnemental élevé. Ainsi l'Inde est dès à présent le premier producteur mondial de DDT... interdit dans la plupart des pays de l'OCDE.

◆ **écotoxicité des pesticides** : malgré leur nom faisant entrevoir une certaine spécificité, les pesticides ont généralement un vaste spectre d'action qui dépasse largement le groupe taxonomique auquel appartiennent les espèces déprédatrices contre lesquelles ils sont destinés à lutter. Aussi

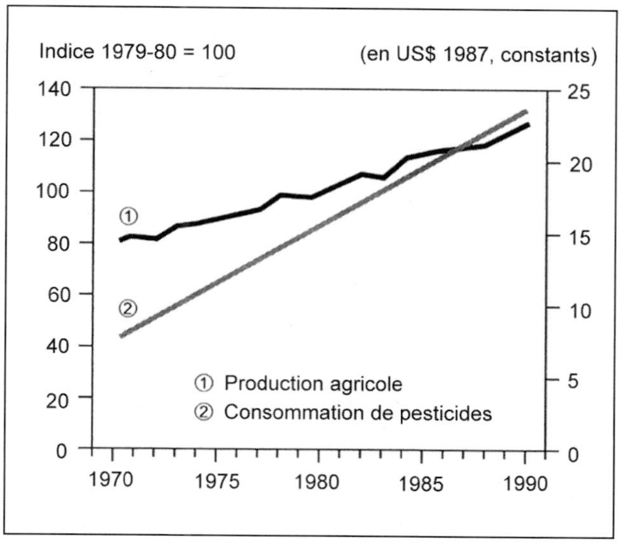

Variation comparée de la croissance de la production agricole et de la consommation de **pesticides** dans le monde, entre 1970 et 1990. On constate que les quantités de pesticides utilisées ont crû plus vite que les rendements. (D'après FAO, in WRI, op. cit., 1994, p. 113)

les toxicologues de l'environnement considèrent en règle générale qu'il s'agit en réalité de biocides.

Certains pesticides possèdent une très forte toxicité aiguë qui se traduit par des DL 50 très faibles, parfois de l'ordre ou inférieure au mg/kg et des CL 50 inférieures au µg/l dans l'eau ou dans l'air. D'autres présentent une forte persistance, associée à une forte toxicité chronique (à long terme) souvent liée à un K_{ow} important, ce qui peut faciliter leur bioamplification dans les réseaux trophiques. ***(Voir aussi Bioamplification, K_{ow}, Organochlorés)***

◆ **pollution par les pesticides** : une autre particularité des pesticides, qui leur confère un important impact potentiel sur l'environnement, outre que l'on en utilise des tonnages considérables, tient en la redoutable toxicité de certains d'entre eux qui les apparente aux armes chimiques, ou encore pour d'autres, à leur forte écotoxicité due à leur persistance dans les eaux et les sols.

Cette persistance se compte souvent en années – non seulement pour divers insecticides mais aussi pour les produits de dégradation de certains herbicides – voire en décennies.

En outre, ils représentent le seul groupe de substances potentiellement polluantes que l'on disperse volontairement dans les écosystèmes terrestres : cultures, prairies, forêts, voire biotopes aquatiques (lutte contre les vecteurs d'affections pathogènes). En France par exemple ils sont utilisés sur plus de 20 millions d'hectares, aux États-Unis sur plus de 250 millions d'hectares. Ils sont donc à l'origine d'une pollution diffuse des écosystèmes terrestres et aquatiques tant continentaux que littoraux et cela d'autant plus que, par suite du jeu des facteurs biogéochimiques, la majorité des matières actives dispersées n'atteint pas les cultures ou autre cible et se disperse dans l'atmosphère bien au-delà des zones traitées. On observe donc une pollution atmosphérique par les pesticides dans des zones parfois fort éloignées des régions d'utilisation. Cette pollution est plus particulièrement apparente par temps de brouillard, y compris dans certaines zones urbaines entourées de zones de cultures industrielles intensives.

En définitive, l'impact environnemental des pesticides ne peut être résumé, contrairement à une idée aujourd'hui encore trop répandue, par la relation :

pesticide → ravageur ± quelques effets « secondaires »

(où → signifie « agit sur »), mais par la relation suivante :

pesticide → ensemble de l'écosystème

La pollution des eaux par les pesticides demeure un problème préoccupant à la fois par suite de son impact potentiel sur les aptitudes piscicoles des eaux continentales mais aussi en ce qui concerne l'approvisionnement des réseaux d'adduction. Une préoccupation particulière est apparue quant à la présence de quantités croissantes de divers pesticides dans des nappes phréatiques. La réglementation relative à l'alimentation en eau potable a donc été contrainte d'établir des normes très strictes concernant les principaux pesticides, les CMA pour la plupart d'entre eux étant de l'ordre du µg/l, voire nettement en dessous, pour les plus toxiques.

La pollution accidentelle des écosystèmes aquatiques par les pesticides a pu conduire à de véritables catastrophes écologiques. Ainsi celle du Rhin a par deux fois provoqué des mortalités massives dans la faune de ce fleuve. En 1969 déjà, un tonneau d'endosulfan, tombé en aval de Bingen, fit périr tous les poissons du fleuve (plusieurs dizaines de millions) sur plus de 600 km entre cette localité et son delta. De même, l'accident Sandoz, en 1986, provoqua une forte mortalité en aval de Bâle sur plus de 300 km, à la suite du déversement accidentel dans le Rhin d'importantes quantités d'insecticides organo-phosphorés et de fongicides organo-mercuriels. Des sinistres comparables ont par exemple eu lieu aux États-Unis sur le Mississippi et la Savannah river.

La pollution des écosystèmes d'eaux continentales par les traitements pesticides présente aussi un impact important sur les biocœnoses aquatiques et sur l'avifaune piscivore. Les traitements forestiers aériens ont par exemple provoqué au cours des années 1960 et 1970 dans l'Est du Canada une considérable régression des populations de saumons, en particulier au New Brunswick.

La pollution des sols se traduit par une contamination des écosystèmes terrestres, en particulier des réseaux trophiques des oiseaux rapaces; cependant, des phénomènes de bioconcentration sont aussi observés avec diverses substances sur des insectivores ou des animaux occupant une position intermédiaire dans la pyramide écologique. Ces phénomènes ont conduit avec les insecticides organochlorés à une considérable raréfaction des oiseaux rapaces et ichtyophages dans la période 1950-1980. Les séquelles de ce phénomène sont aujourd'hui encore perceptibles dans les populations de nombreuses espèces aviennes. Cela résulte du fait

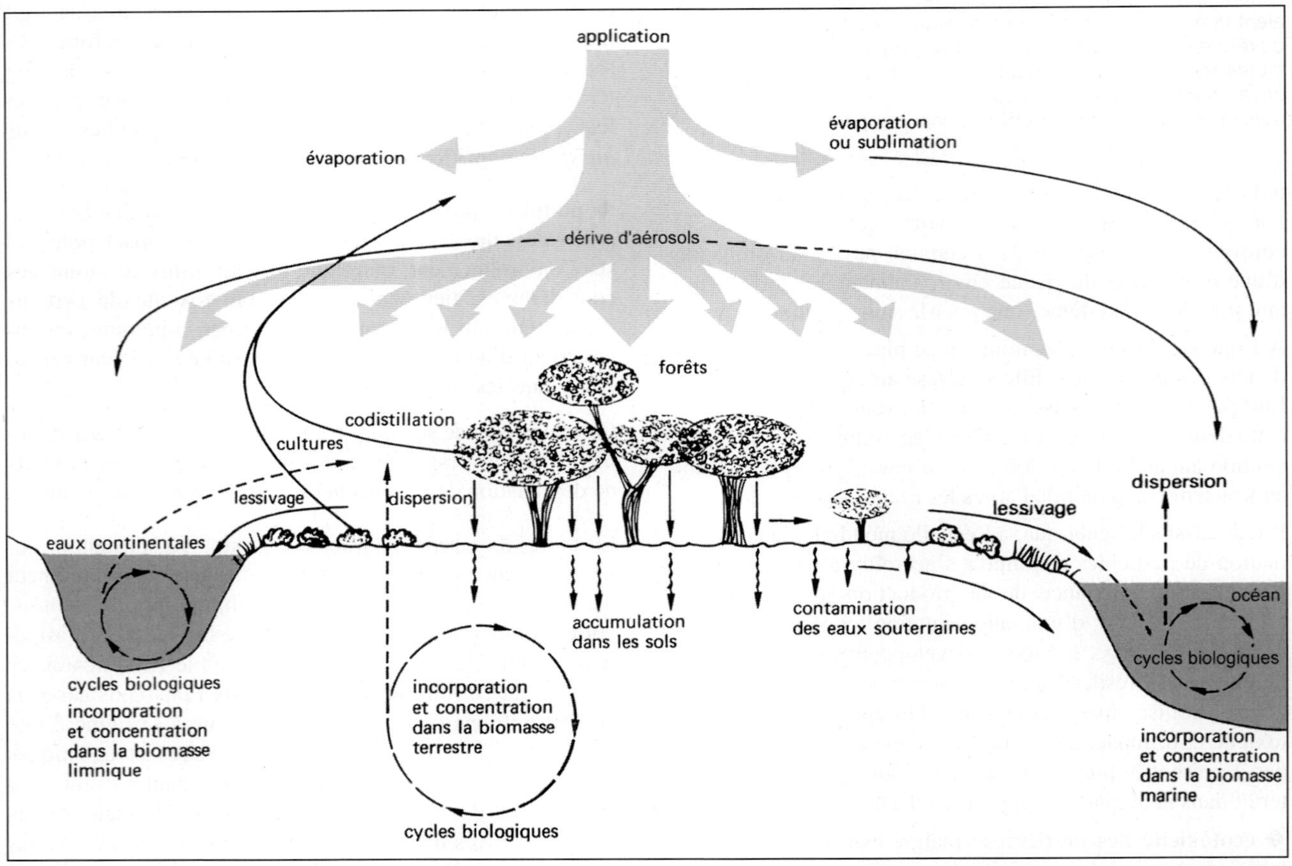

Modalités de pollution de la biosphère par les traitements **pesticides**. Une proportion importante des produits n'atteint pas la zone traitée, se sublime dans l'air et fait l'objet d'un transport dans les zones les plus reculées. En milieu continental, il se produit aussi une incorporation à la biomasse terrestre ou limnique, de même que dans les zones marines littorales (D'après Ramade F., *Écologie appliquée*, Ediscience international, 5e ed., 1995, p. 200)

Planche XVII

1

2

3

4

Planche XVII

1. Vue de falaises marines dans la réserve naturelle du cap Formentor (Majorque, Baléares). La **Méditerranée** possède la particularité de renfermer de nombreuses îles qui en fait le second archipel du monde. L'insularité est à l'origine de nombreux centres d'endémisme, certaines de ces îles représentant aussi d'importants centres de biodiversité, comme ici aux Baléares. (Cliché F. Ramade)

2. Rives de la **Méditerranée** à Chypre : la côte d'Aphrodite. Cette mer fermée doit sa couleur bleu turquoise à son oligotrophie dont résulte une faible productivité en dehors des eaux situées dans des zones deltaïques dont la teneur en nutriment est élevée à la suite des apports telluriques. (Cliché F. Ramade)

3. Montagne de l'Ora Levka dans l'ouest de la Crête (province de Chania). Malgré une déforestation massive dont elles ont été victimes – très visible sur ce cliché – et dont les débuts remontent aux plus anciennes époques protohistoriques, les massifs montagneux des grandes îles **méditerranéennes** constituent des *hot spots* de biodiversité et des centres d'endémisme exceptionnels. (Cliché F. Ramade)

4. **Mimétisme** par homochromie chez des Thomisides (*Thomisus sp.*) (araignées crabes). On remarque la forte homochromie avec les fleurs sur lesquelles les individus de chaque espèce sont embusqués. (Cliché F. Ramade)

Planche XVIII

1. Lac Rotoiti et volcan Tangariro vus de la réserve forestière de Rotopunamu dans le parc national du Tangariro en **Nouvelle-Zélande** (île du Nord). L'arbre à gauche du cliché est un *Podocarpus* qui constitue le genre dominant des forêts primitives de ces îles. (Cliché F. Ramade)

2. Cirro-stratus lenticulaire : ce type de **nuage** résulte de la présence de vents violents dans la haute troposphère. (Cliché F. Ramade)

3. Les cirrus et les stratus représentent un type de **nuages** à développement horizontal, les premiers présentant un aspect filamenteux ou en mèches, les seconds formant des couches continues qui leur confèrent un aspect stratiforme. Ici un voile de cirrus formé par l'effet des vents soufflant en altitude sur les traînées de condensation résultant du rejet des gaz de combustion par les réacteurs d'aéronefs commerciaux volant dans la haute troposphère. (Cliché F. Ramade)

4. Vue d'un parc de réacteurs **nucléaires** de type REP (centrale nucléaire de Belleville-sur-Loire). (Cliché T. Caquet)

Planche XVIII

1

2

3

4

Planche XIX

1. Vue aérienne d'un récif frangeant sur la côte sud de Moorea, archipel de la Société, Polynésie française. Le Pacifique présente la plus grande surface de récifs coralliens de l'ensemble de l'**océan** mondial. (Cliché B. Salvat)

2. Vue aérienne de la glace de mer dans l'**océan** glacial arctique en mer de Lincoln. Malgré la faible température des eaux, les océans glaciaux présentent une forte productivité biologique due à la présence d'importants *upwellings* en bordure des plateaux continentaux. (Cliché F. Ramade)

3. Plage de Nairiri sur la côte sud de Tahiti. La Polynésie française constitue l'un des territoires les plus étendus de l'empire biogéographique **océanien**. À ce dernier sont en particulier associés dans la province néritique propre à l'océan pacifique tropical le plus grand nombre et la plus grande surface de récifs coralliens de la biosphère. (Cliché F. Ramade)

4. Plantation d'**oliviers** dans le sud de l'Espagne en Andalousie dans la région de Loja, près de Grenade. Ce type d'agriculture, quoique relativement extensive, présente l'inconvénient de laisser le sol en partie dénudé, ce qui favorise l'impact de l'érosion éolienne, toujours présente dans ces zones au climat semi-aride. (Cliché F. Ramade)

Planche XIX

1

2

3

4

Planche XX

1. Vue du champ de geysers de Fairehole dans le **parc national** de Yellowstone. La création de ce parc en 1872, le premier des temps modernes, fut en particulier justifiée par les extraordinaires manifestations de géothermalisme que l'on peut y observer. (Cliché F. Ramade)

2. Le **parc national** suisse, fondé en 1914, représente historiquement la première aire protégée de ce type créée en Europe continentale. (Cliché F. Ramade)

3. Vue de la Grande Casse dans le **parc national** de la Vanoise. Créé en 1963, ce parc a permis une reconstitution des effectifs de quelques grandes espèces de Vertébrés alpins spectaculaires, en particulier du bouquetin (*Ovis aries*) et de l'aigle royal, autrefois disparus ou devenus très rares dans cette région des Alpes françaises. (Cliché F. Ramade)

4. Gazelles de Thomson dans une savane du **parc national** d'Amboseli (Kenya). Ce dernier représente une des plus anciennes et des plus remarquables aires protégées de l'Afrique subsaharienne. (Cliché F. Ramade)

Planche XX

1

2

3

4

Planche XXI

1. Vue aérienne d'un écosystème **paralique**, le lac Ballard, en Australie occidentale. Situé dans un bassin endoréique, à l'image des autres écosystèmes de ce type qui se rencontrent dans cette région, ce lac est généralement desséché et couvert d'efflorescences salines colorées. (Cliché F. Ramade)

2. Lac des Adirondacks acidifié par les **pluies acides**. Les lacs de cette région de l'État de New York, dont le pH est souvent inférieur à 4,5, ont perdu la quasi-totalité de leur vie animale et sont même parfois devenus azoïques. (Cliché F. Ramade)

3. Forêts dépérissant sous l'effet des **pluies acides** dans les Adirondacks (État de New York). On remarque les conifères du second plan qui présentent une défoliation plus ou moins accusée, certains étant même morts sur pied. (Cliché F. Ramade)

4. Raffinerie de **pétrole** à Lavera dans la région industrielle de Fos-Berre près de Marseille. (Cliché F. Ramade)

Planche XXI

1

2

3

4

Planche XXII

1. Panneau interdisant la consommation des poissons d'un lac de l'État de New York. Les autorités responsables de l'hygiène publique de cet État ont dû procéder à cette interdiction à la suite de la **pollution** des eaux par des composés organiques persistants. (Cliché F. Ramade)

2. **Pollution** des eaux continentales : rejets de lessives noires d'une papeterie dans une rivière du Sud-Ouest de la France. (Cliché F. Ramade)

3. Barrage flottant installé sur une rivière de la région parisienne, l'Yvette, pour contenir la **pollution** de ses eaux par des déchets solides. (Cliché F. Ramade)

4. **Pollution** atmosphérique générée par l'incendie sauvage d'emballages usagés dans une zone industrielle de la région de Marseille. (Cliché F. Ramade)

5. **Pollution** atmosphérique produite par une usine d'électrochimie de l'alumine de l'Alcan près de Chicoutimi (Québec, Canada). (Cliché F. Ramade)

Planche XXII

1

2

3

4

5

Planche XXIII

1. *Sequoia sempervirens* sur le littoral du parc national des Redwoods. Ce parc national a été créé en 1968 pour protéger les derniers *Sequoia sempervirens* de la côte de Californie menacés d'éradication par les coupes à blanc des compagnies forestières bénéficiant de la concession d'exploitation de ces forêts publiques américaines. (Cliché F. Ramade)

2. Forêt pluvieuse tropicale près du col des Mamelles dans le parc national de la Guadeloupe. La **protection** des forêts pluvieuses tropicales constitue l'un des plus grands défis soulevés par la conservation de la biodiversité car celles-ci représentent à la fois le type de biome le plus vulnérable et le plus menacé par les destructions dues à l'action de l'homme de tous ceux qui existent dans la biosphère continentale. (Cliché F. Ramade)

3. Otarie (*Arctocephalus solieri*) dans la réserve de Kuma Kuma Whero (Nouvelle-Zélande, île du Sud). La **protection** des otaries à fourrure a permis de sauvegarder la plupart de ces espèces menacées d'extermination par le commerce de la pelleterie au début du XXe siècle. (Cliché F. Ramade)

4. Zèbres de Grevy (*Equus grevyi*) dans le parc national de Samburu au Kenya. Une des fonctions majeures de la **protection de la nature** tient en la conservation de la biodiversité *in situ*. Le rôle de ce parc a été entre autre chose de sauvegarder cette espèce considérée en un temps en danger d'extinction et qui figure toujours parmi les espèces de Mammifères classées vulnérables et ne doit sa survie qu'à l'existence d'une petite population relique subsistant dans quelques aires protégées de ce pays. (Cliché F. Ramade)

5. Flamants roses (*Phoenicopterus ruber antiquorum*) dans la réserve naturelle nationale de Camargue. Cette sous-espèce, dont l'aire d'extension géographique occupe une vaste aire située au sud de la région paléarctique, depuis le Maroc jusqu'à l'Irak, a été préservée grâce à la **protection** dont elle bénéficie grâce à diverses réserves créées en Camargue où se reproduit une fraction importante de sa population nicheuse mondiale. (Cliché F. Ramade)

Planche XXIII

1

2

3

4

5

Planche XXIV

1. ***Quercus*** *suber* (chênes lièges) pluriséculaires dans le parc national du Coto Donana (Andalousie, Espagne).

2. Vue sous-marine d'un massif de madrépores dans le **récif** frangeant de Moorea. (Cliché B. Salvat)

3. Boisement de ***Quercus*** *pubescens* dans la forêt domaniale de la Sainte-Baume (Var). (Cliché F. Ramade)

4. Vue d'un **récif** frangeant avec le platier et dans le fond la crête récifale (Moorea, Polynésie française). (Cliché F. Ramade)

Planche XXIV

1

2

3

4

Vue du lac des Peyssons dans les Pyrénées andorranes. Ce lac de montagne, pauvre en nutriments, est de type oligotrophe. (Cliché F. Ramade)

que les pesticides persistants sont toujours largement utilisés dans les pays du Tiers monde, tous situés en zone intertropicale, où se situe l'aire d'hivernage de la plupart des oiseaux des pays tempérés et boréaux de l'hémisphère Nord.

◆ **effets des pesticides sur la santé humaine** : l'usage des pesticides se traduit par une exposition professionnelle de travailleurs de l'industrie chimique et de l'agriculture conduisant à des intoxications accidentelles aiguës et à une intoxication chronique due à l'inhalation et au contact cutané de ces substances. Par ailleurs, l'incorporation des pesticides dans les chaînes trophiques de l'homme contamine les aliments par des résidus de substances qui, à tout le moins, ne sont pas favorables à la santé des consommateurs. En outre, on a pu observer fréquemment des phénomènes de bioamplification comme dans celui de la chaîne alimentaire conduisant des productions animales (lait, viande) au lait de femme, ce qui soulève le problème de l'innocuité du lait maternel pour les enfants en bas âge.

Un récent rapport de l'EPA a mis en évidence que 146 pesticides sur un total de 231 étudiés se sont avérés cancérogènes en expérimentation animale et présentent donc éventuellement un tel risque pour l'homme. Des études épidémiologiques ont démontré l'existence d'un lien entre l'exposition aux insecticides organochlorés et la prévalence de divers cancers, en particulier ceux du sein, du poumon, du pancréas, ainsi que de lymphomes et de leucémies. Il en est de même en ce qui concerne l'induction de lymphomes par exposition à des herbicides tels le 2,4-D.

D'autres recherches ont été entreprises au sujet de l'impact potentiel des pesticides sur le système immunitaire des Vertébrés homéothermes, plus particulièrement de l'homme. De nombreux travaux concernant divers insecticides organochlorés, organo-phosphorés, des carbamates, et des pesticides métalliques minéraux ou organiques, cupriques, ont montré sur des Mammifères de laboratoire des effets immunodépresseurs ou immunosuppresseurs. Ainsi, le DDT, la dieldrine et les insecticides apparentés diminuent la résistance aux infections virales et le DDT provoque une baisse de la production d'anticorps chez les Mammifères et les Oiseaux. Le parathion diminue la production d'anticorps et de lymphocytes T. Outre une sensibilité accrue à l'infection, ces effets immuno-dépresseurs des pesticides peuvent jouer un rôle dans le risque de cancérogenèse : on a pu prouver par des études épidémiologiques que les exploitants agricoles sont plus exposés que la population normale à la maladie d'Hodgkin, aux leucémies, aux myélomes multiples et aux mélanomes, affections qui sont toutes des cancers du système immunitaire. ***(Voir aussi Cancérogène, Fongicide, Herbicide, Insecticide, Lait, Mercure, Œstrogénomimétique, Organochlorés, Reproduction)***

pétale, n. m. (*petal*). Partie colorée, généralement de forme oblongue, de la corolle d'une fleur d'Angiosperme.

pétalodie, n. f. (*petalodia*). Rétraction des étamines et (ou) du carpelle d'une fleur sous forme de lames colorées qui miment les pétales d'une fleur.

pétaloïde, n. m. (*petaloid*). Organe floral qui par sa forme et (ou) sa coloration mime un pétale. Les bractées colorées des *Poinsetia* représentent par exemple des pétaloïdes.

pétiole, n. m. (*petiole, leaf stalk*). Partie basale et souvent cylindrique de la plupart des feuilles qui relie le limbe foliaire à la tige.

pétrification, n. f. (*petrification*). Phénomène de fossilisation qui résulte de l'imprégnation par divers sels minéraux (carbonates, silicates, pyrites selon le cas) d'un organisme mort, ce qui le transforme en fossile.

pétrifié, adj. (*petrificated*). Désigne un matériau biologique ou un être vivant qui a été minéralisé, étape indispensable à tout processus de la fossilisation. ◆ **arbre ~** (*petrificated tree*) : arbre mort sur pied qui a été fossilisé souvent par imprégnation de silice, parfois de calcaire.

pétrocalcique, adj. ◆ **horizon ~** (*petrocalcic horizon*) : horizon très induré constitué par une concrétion de carbonates de calcium qui ne peut être traversé par les racines des plantes ou les instruments aratoires.

pétrogenèse, n. f. (*petrogenesis*). Ensemble des processus géochimiques et (ou) biogéochimiques conduisant à la formation des roches.

pétrographie, n. f. (*petrography*). Branche de la géologie dont l'objet est l'étude des roches.

pétrogypsique, adj. ◆ **horizon ~** (*petrogypsic horizon*) : horizon superficiel ou subsuperficiel cémenté par des concrétions de gypse qui rendent insolubles les fragments secs de ce dernier.

pétrole, n. m. (*oil*). Roche carbonée liquide, constituée par un mélange complexe d'hydrocarbures naturels aliphatiques, aromatiques et hétérocycliques auxquels s'ajoutent de nombreuses impuretés organiques et minérales. Dès le stade de l'extraction, le pétrole est cause d'une importante pollution de l'environnement (voir Tableau page suivante).

Le milieu marin est exposé, dès l'extraction, aux pollutions résultant des accidents qui surviennent aux têtes de puits *off shore* auxquels s'ajoutent les nombreux sinistres de navires pétroliers, cause de redoutables « marées noires ».

Les raffineries de pétrole constituent aussi des installations industrielles qui sont la source, de façon concomitante, d'une importante pollution atmosphérique et des eaux littorales et continentales, en particulier par des hydrocarbures aromatiques polycycliques (HAP) ainsi que par divers autres composés organiques dont des mercaptans. En outre, elles rejettent de considérables quantités de SO_2 dans l'atmosphère car pour produire l'énergie nécessaire au raffinage, elles brûlent *in situ* les fuels lourds les plus riches en soufre qui sont invendables...

Enfin, en aval, les usages du pétrole figurent parmi les principales causes de pollution de l'air et des eaux continentales à la fois du fait de l'émission des divers produits gazeux par les foyers industriels et domestiques et par suite de la combustion des carburants dans les moteurs (en particulier oxydes de soufre et d'azote et hydrocarbures imbrûlés dont les

Principales pollutions provoquées par les hydrocarbures			
Activité	**Cause de pollution**	**Milieu pollué**	**Nature du polluant**
Extraction	Fuite de puits	Océan	Pétrole brut
Transport	Naufrage de tankers Rupture de pipe-lines	Océan Cours d'eau	Pétrole brut, produits raffinés
Raffinage	Rejets d'effluents liquides dans les eaux de surface et d'effluents gazeux dans l'atmosphère	Atmosphère Eaux continentales Mer	SO_2, divers composés organiques, mercaptans, HAP, phénols, etc.
Utilisation	Combustions incomplètes, déversements accidentels lors de remplissages ou de vidanges, suintements d'huile de carters, etc.	Atmosphère Eaux continentales et littorales Sols	Hydrocarbures imbrûlés, HAP, NO_X, SO_X, carburants, lubrifiants

redoutables HAP). À cela s'ajoutent les pollutions liées aux pertes accidentelles (ou parfois volontaires) – dues aux déversements lors des remplissages des réservoirs d'hydrocarbures, ou de vidanges, en particulier de lubrifiants – qui finissent par contaminer les nappes phréatiques.

◆ **consommation de pétrole** : le pétrole demeure aujourd'hui encore la principale source d'énergie devant le charbon et le gaz naturel bien qu'elle ait connu un fort ralentissement de sa croissance à la suite des deux « chocs pétroliers » des années 1970. La production mondiale de pétrole, après une période de stagnation qui a suivi ces derniers, a eu tendance à reprendre sa croissance dans les années 1980. Elle a atteint en 1999 quelque 3,41 milliards de tonnes. Cet accroissement de la consommation s'est produit dans un contexte d'instabilité chronique des prix. Aux hausses considérables de prix qu'a connu le pétrole depuis le premier choc pétrolier de 1973 a succédé une forte baisse dans la décennie suivante du fait de la dévaluation du dollar et de la stagnation – toute relative – de la demande grâce au développement d'énergies de substitution. Au cours des années 1990, de fortes hausses ont alterné avec des dépressions soudaines. Entre 1999 et 2000, on est passé de moins de 10 $ à 35 $ le baril, ce qui constitue aux yeux de certains experts les prémices d'un troisième « choc pétrolier ». L'occurrence de ce dernier semble inéluctable dans un avenir proche si l'on prend en considération la croissance soutenue et irréfrénable de la demande mondiale d'énergie, stimulée par les pays en voie d'industrialisation. Cette instabilité du prix de l'énergie a ralenti le développement du nucléaire, lequel n'assure qu'environ 5% de l'énergie primaire consommée à l'échelle globale.

◆ **pollution de l'océan par le pétrole** : par suite à la fois de son extraction et de son transport maritime, le pétrole constitue le principal polluant des eaux marines. Plus d'un milliard de tonnes par an de pétrole transitent par la voie maritime.

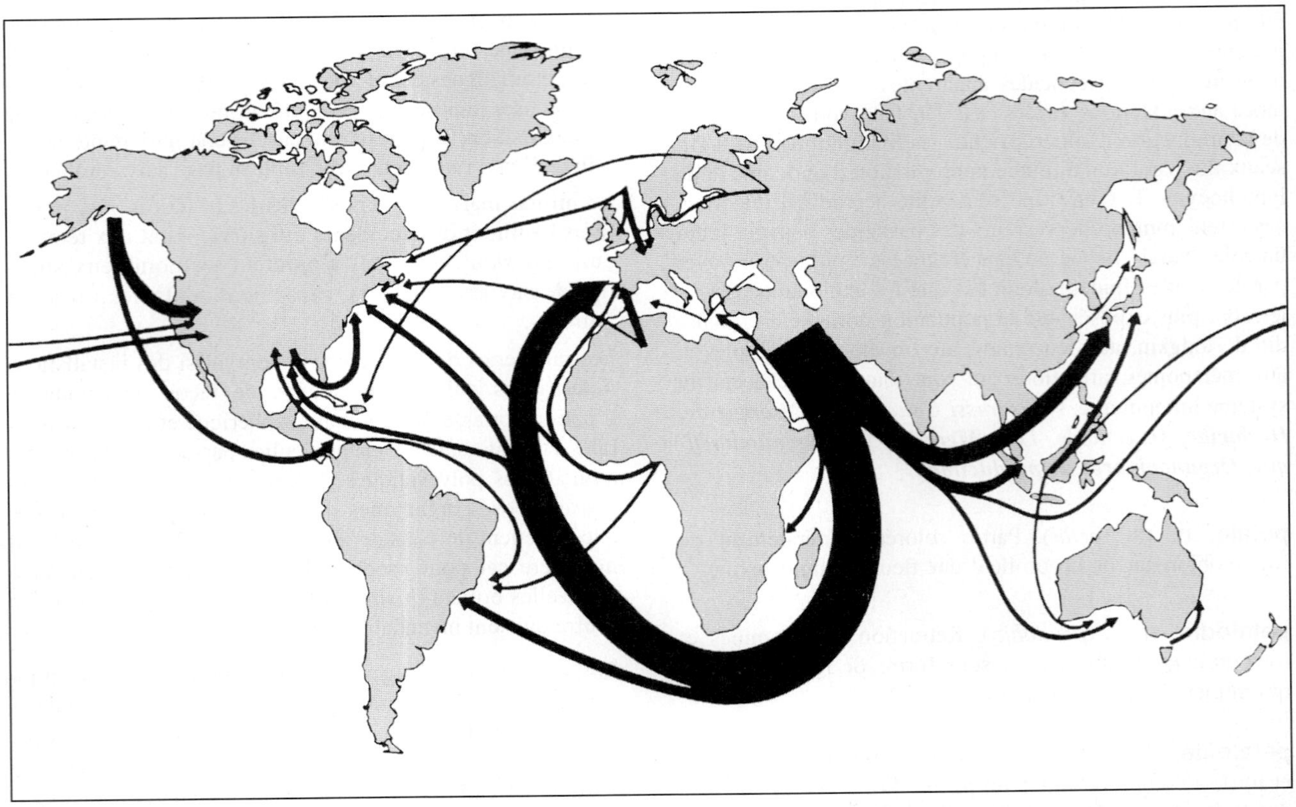

Principales voies de transport maritime du **pétrole**. (In Ramade F. *Écologie appliquée*, Ediscience International, 5e ed., 1995, p. 246)

Les principales causes de pollution des océans résultent des accidents survenus à des puits *off shore* ou à des pétroliers et, de façon plus générale, du transport maritime des hydrocarbures. Les accidents concernant des têtes de puits sous-marines et les déversements accidentels ou volontaires liés à la navigation des tankers créent une pollution aiguë et chronique de vastes zones pélagiques. Notons cependant que l'impact des accidents pétroliers ne dépend pas seulement des tonnages déversés mais des conditions écologiques locales : courantologie, température des eaux, météorologie, types de biotopes contaminés... et de la nature des hydrocarbures répandus, comme le naufrage de l'*Erika* en a apporté encore récemment une excellente illustration.

Ainsi, bien que la « marée noire » de l'*Exxon Valdez* en Alaska, en mars 1979, ne provoqua le déversement « que » de 35 000 t de pétrole, elle eut malgré cela un impact écologique beaucoup plus grave que celui de l'*Amoco Cadiz* par exemple car elle affecta une vaste zone littorale pourvue d'une côte très indentée avec de profondes baies et estuaires, et de nombreux îlots dans la zone du détroit de Valdez. Le pétrole se déposa sur des plages de parcs nationaux pourvues d'une riche faune ainsi que sur de nombreuses frayères et dans des estuaires de rivières exceptionnellement productives en saumons. En outre, étant donné les basses températures des eaux et de l'air dans les zones concernées, l'autoépuration due à l'évaporation et à divers processus physico-chimiques fut beaucoup plus réduite et lente qu'à de plus basses latitudes.

Par ailleurs, la nature des hydrocarbures déversés joue un rôle essentiel dans l'importance de l'impact écotoxicologique de la marée noire sur les écosystèmes marins côtiers contaminés. Ainsi, on peut dès à présent affirmer que la « marée noire » de l'*Erika*, survenue au large du Morbihan en décembre 1999, qui a libéré officiellement 15 000 t d'un fuel particulièrement dangereux, le fuel lourd n°2, est au moins de la même importance quant aux dommages écolo-

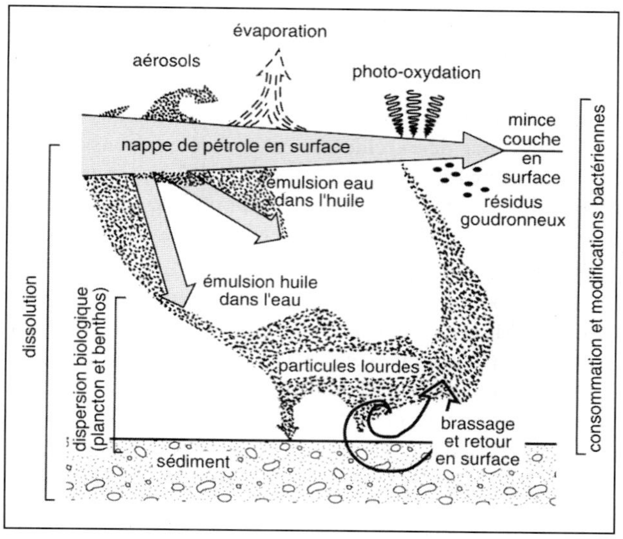

Transformations physico-chimiques et destinée des hydrocarbures contenus dans une flaque de **pétrole** brut rejeté à la surface de l'océan. (D'après Clark et Mac Leod, in Lacaze, *Pollution pétrolière du milieu marin*, Masson, 1980, p. 29)

giques causés, que celle due aux 220 000 t de brut libérées dans la Manche par le naufrage de l'*Amoco Cadiz* en mars 1978. Soit dit incidemment, certaines sources indépendantes considèrent qu'environ 30 000 tonnes auraient été relarguées par l'*Erika* avant et après son naufrage et antérieurement au pompage de l'épave soit près du double de la valeur avancée par les autorités chargées de gérer la « crise »... Quoiqu'il en soit, comme la moitié du tonnage d'un pétrole brut standard s'évapore à nos latitudes dans la journée qui suit une marée noire et que le fuel lourd n°2 renferme les 90% des HAP contenus dans la quantité initiale de brut dont ce fuel est extrait, on peut estimer que les 15 000 t officiellement perdues par l'*Erika* équivalent à une

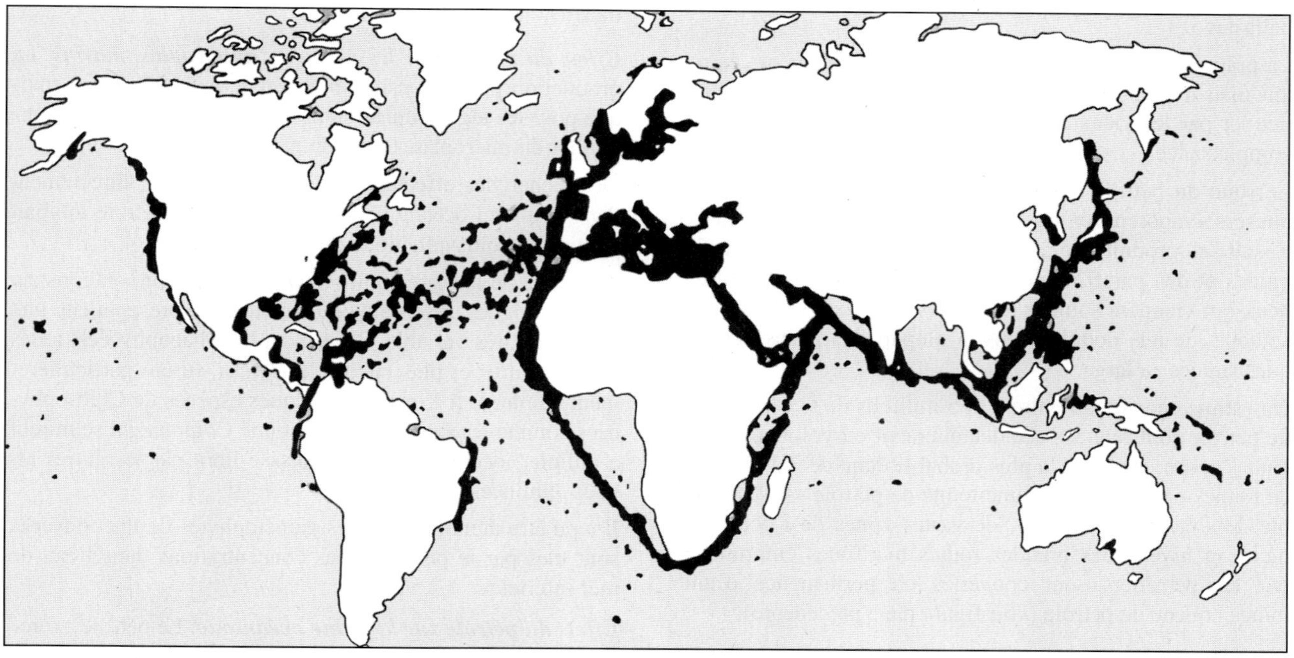

Distribution de la pollution de l'océan mondial par le **pétrole**. Cette carte est établie à partir de photographies satellitaires permettant de détecter les zones de l'océan mondial où les eaux superficielles sont souillées par des hydrocarbures (D'apès OCDE, in Ramade F., *Écologie appliquée*, Ediscience international, 5e ed., 1995, p. 286)

marée noire de 300 000 t de brut en équivalent écotoxicologique!

Les plus graves marées noires qui se sont produites ne résultent cependant pas de naufrages de tankers mais ont été provoquées par des accidents (ou des destructions dues à des faits de guerre) survenus à des têtes de puits sous- marines. Le premier de ces sinistres survint près de Santa Barbara où un puits *off shore* déversa en 1966 environ 40 000 tonnes de pétrole sur les plages de Californie méridionale.

La marée noire provoquée par le puits d'*Ixtoc One*, dans le Golfe du Mexique, qui déversa dans la mer des Caraïbes quelque 500 000 tonnes en 1979-1980, engendra une très grave pollution du littoral du Texas et causa de graves dommages aux pêcheries de crevettes de cette zone.

Cependant, les deux plus graves marées noires jamais observées furent provoquées par l'Irak qui détruisit intentionnellement les puits iraniens de Nowruz en 1983, pendant la guerre avec l'Iran. Ces puits libérèrent, pendant plus de 18 mois, plus d'un million de tonnes de pétrole dans les eaux du golfe. Quoique les estimations divergent, le déversement délibéré par ce même pays d'un pipe-line du Koweit, en février 1990, dans les eaux du golfe rejeta également de l'ordre de 500 000 t de pétrole. Ces deux marées noires furent la cause d'une véritable catastrophe écologique pour l'ensemble des écosystèmes marins et côtiers du Nord du golfe persique qui furent tous affectés par ce désastre.

Une autre cause de pollution des mers, elle chronique, par le pétrole, est liée à la pratique du « dégazage ». Après que les pétroliers aient déchargé leur cargaison, leurs soutes, qui renferment encore plus de 1% du total transporté, doivent être nettoyées, en particulier pour l'élimination des gaz, ainsi que des résidus d'hydrocarbures liquides qu'elles renferment. Elles sont en effet remplies de méthane et autres hydrocarbures gazeux très explosifs car mélangés à de l'air. Après remplissage avec de l'eau de mer pour effectuer ce dégazage et ce nettoyage, cette eau souillée de pétrole est rejetée à la mer au large des côtes, opération dénommée déballastage.

La pratique du *load on top* réduit considérablement ces rejets mais n'est pas systématiquement mise en œuvre, en particulier par les vieux bâtiments naviguant sous pavillon de complaisance.

Lorsque du pétrole est rejeté à la mer, dans une première phase s'évaporent les fractions volatiles, les plus toxiques. Ensuite se produit une agglomération des hydrocarbures liquides et des paraffiniques sous forme de nodules bitumineux qui viennent souiller les plages. On observe, à l'heure actuelle, de tels nodules dans la plupart des zones océaniques situées au large.

On estime en effet qu'entre 2 et 5 millions de tonnes par an de pétrole sont rejetées accidentellement ou volontairement dans l'océan, la valeur la plus probable étant de 3,5 millions de tonnes par an. Comme une tonne de pétrole est susceptible de s'étaler sur 12 km^2, de vastes zones de l'océan situées au niveau des grandes routes maritimes empruntées par les pétroliers sont couvertes en permanence d'une mince couche de pétrole (voir figure page précédente).

Cependant, à la suite des mesures prises par les pays industrialisés, les quantités rejetées ont décru grâce à une plus stricte surveillance des voies maritimes au voisinage des côtes, ce qui a diminué l'incidence des accidents. La surveillance des dégazages illicites et la vulgarisation du *load on top* se sont développées à la suite de la nette tendance au renchérissement important du pétrole observée au cours des trois dernières décennies.

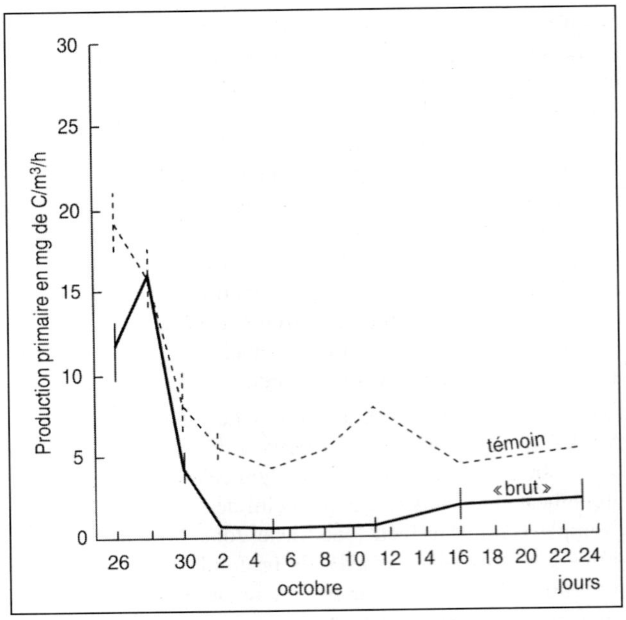

Inhibition de l'activité photosynthétique du plancton par une pollution pétrolière contrôlée des eaux marines. Cette expérience a été réalisée *in situ* en contaminant avec 1 g/m^2 de **pétrole** brut du Koweit la surface contenue dans des enceintes disposées sur un ponton au large de l'estuaire de la Rance. (D'après Lacaze, *La pollution pétrolière du milieu marin*, Masson, 1978, op. cit.)

◆ **conséquences écologiques de la pollution de l'océan par le pétrole** : la pollution de l'océan par le pétrole exerce des effets écotoxicologiques désastreux et parfois catastrophiques, en cas d'accidents, sur les écosystèmes marins.

Effets du pétrole sur les végétaux autotrophes marins. La production primaire est atteinte car le pétrole est très toxique pour les algues unicellulaires du phytoplancton, en particulier du microplancton et du nanoplancton.

Des recherches effectuées à la fois *in vitro* et directement dans le milieu océanique ont montré que le pétrole inhibait l'activité photosynthétique du phytoplancton.

À la suite de la marée noire du *Torrey-Canyon*, on constata que les algues macrophytiques littorales présentaient une sensibilité très variable. Cependant les Phaeophycées, telles les laminaires et plus encore les *Fucus*, furent particulièrement atteintes. À l'opposé, quelques espèces de Chlorophycées comme les *Enteromorpha* et une *Colpomenia* se mirent à pulluler, occupant la place laissée libre par les autres algues éliminées par le pétrole.

Il a pu être démontré que les gamétophytes de Phéophycées sont tués par le pétrole à des concentrations dans l'eau de mer inférieures à 2,5 ppb!

Effets du pétrole sur la faune océanique. Le pétrole exerce une action désastreuse sur l'ensemble des peuplements animaux des écosystèmes océaniques tant Invertébrés que Vertébrés. Le zooplancton, en particulier les larves pélagiques de poissons de grande importance économique, sont également très affectées par la pollution due au pétrole.

À la suite de la marée noire du *Torrey-Canyon*, les larves de pilchard disparurent des zones de la Manche contaminées.

Par suite de la pollution par les nodules bitumineux, certaines espèces de poissons sont devenues inconsommables car elles avalent ces nodules et prennent un goût de pétrole qui les rend invendables même à un faible taux de contamination.

La faune benthique littorale est très affectée par les marées noires.

S'il est vrai que les peuplements nectoniques, en particulier les bancs de poissons, peuvent dans une certaine mesure échapper aux effets aigus d'une pollution en fuyant la zone contaminée, celle-ci peut avoir néanmoins des effets néfastes sur les espèces concernées car elle affectera les œufs et les larves planctoniques et même démersales de ces espèces lorsque leurs frayères ou nurseries sont situées en zone littorale.

L'impact du pétrole est lui direct et immédiat sur le zooplancton et sur les nombreuses espèces d'Invertébrés de petite taille ou sessiles propres au milieu benthique, en particulier aux étages circalittoraux et sublittoraux *a fortiori* à ceux de la zone de balancement des marées.

Lors du naufrage du *Torrey-Canyon*, toutes les espèces d'Invertébrés inféodées aux substrats durs telles les patelles et *Haliothis* ainsi que les littorines, subirent d'importantes pertes.

La pollution par l'*Amoco Cadiz* des côtes bretonnes provoqua une mortalité massive chez les Invertébrés benthiques et de la zone intertidale. Par suite de l'importance des tonnages rejetés à la côte et de la courantologie locale, les fonds marins furent contaminés jusqu'à des profondeurs excédant 100 mètres.

On put déterminer que les populations de Crustacés Amphipodes de l'étage circalittoral, les *Ampeliscidae*, qui jouent un rôle important dans les réseaux trophiques des poissons benthiques, perdirent plus de 90% de leur effectif.

Les Mollusques bivalves (*Cardium, Venus verrucosa, Solen, Mactra*, etc.) de l'étage médiolittoral furent particulièrement affectés. Dans la baie de Lannion, on dénombra sur dix kilomètres de plage quelque 7,5 millions de *Cardium edule* morts, 5 millions de *Mactra corallina*, 3,5 millions de *Solenidae* et 2 millions d'autres Lamellibranches.

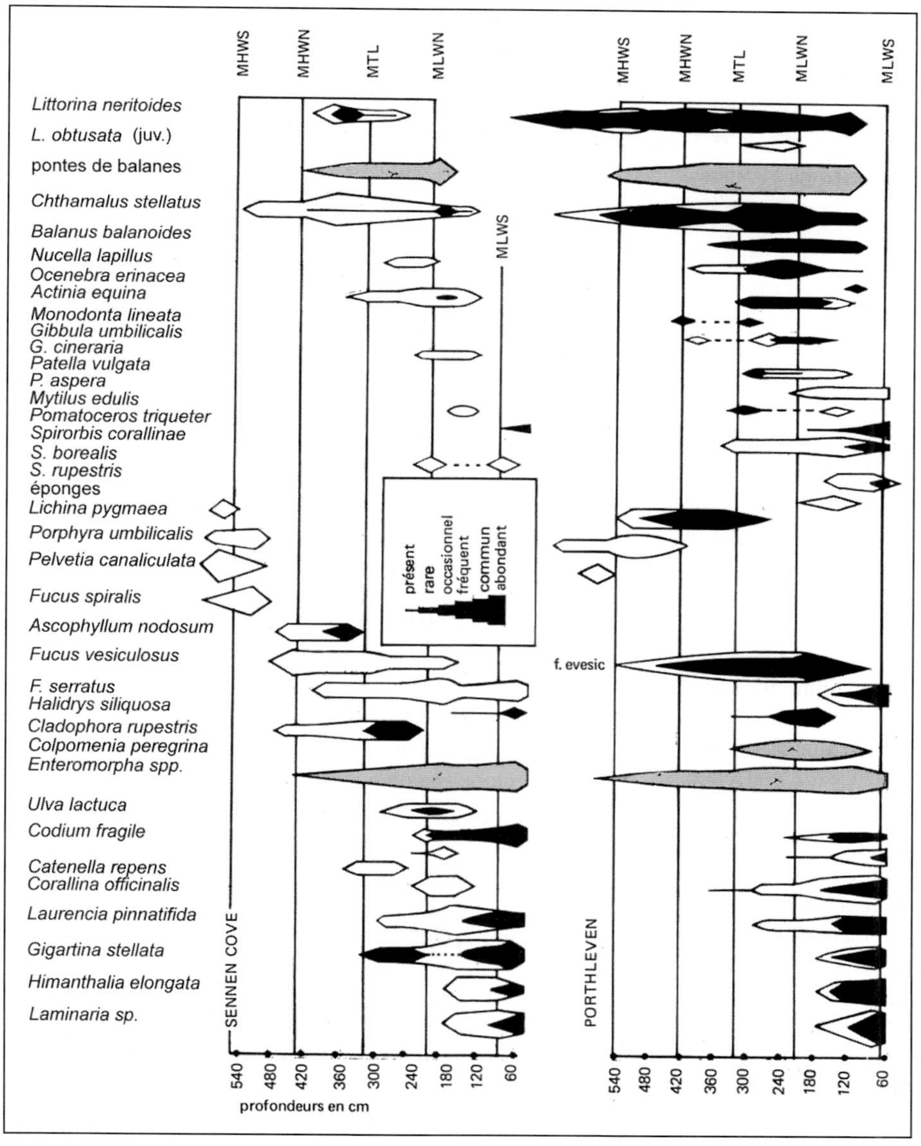

Effets sur la faune et la flore littorales de la pollution par le **pétrole** lors de la marée noire du *Torrey Canyon*. Ici sont comparées les communautés d'algues et d'Invertébrés de la zone intertidale de deux criques de Cornouailles, dans le Sud-Est de l'Angleterre : Porthleven et Sennen Cove. La largeur des histogrammes indique l'abondance de la population de chaque espèce à une profondeur donnée avant la marée noire (contour général) et après cette dernière (zone de l'histogramme figurée en noir). Les Invertébrés (des *Littorina* aux éponges) occupent la moitié supérieure du schéma : *Lichina pygmaea*, au centre, est un lichen marin ; les algues (de *Porphyra umbilicalis* à *Laminaria sp.* sont figurées dans la moitié inférieure. MTL = niveau moyen des marées, MHWS = niveau maximal des hautes mers de vives eaux, MHWN = niveau des marées hautes normales, MLWN = niveau des marées basses normales, MLWS = niveau minimal des basses mers de vives eaux. (D'après Nelson-Smith, in Ramade F., *Écologie appliquée*, Ediscience international, 5e ed., 1995, p. 282)

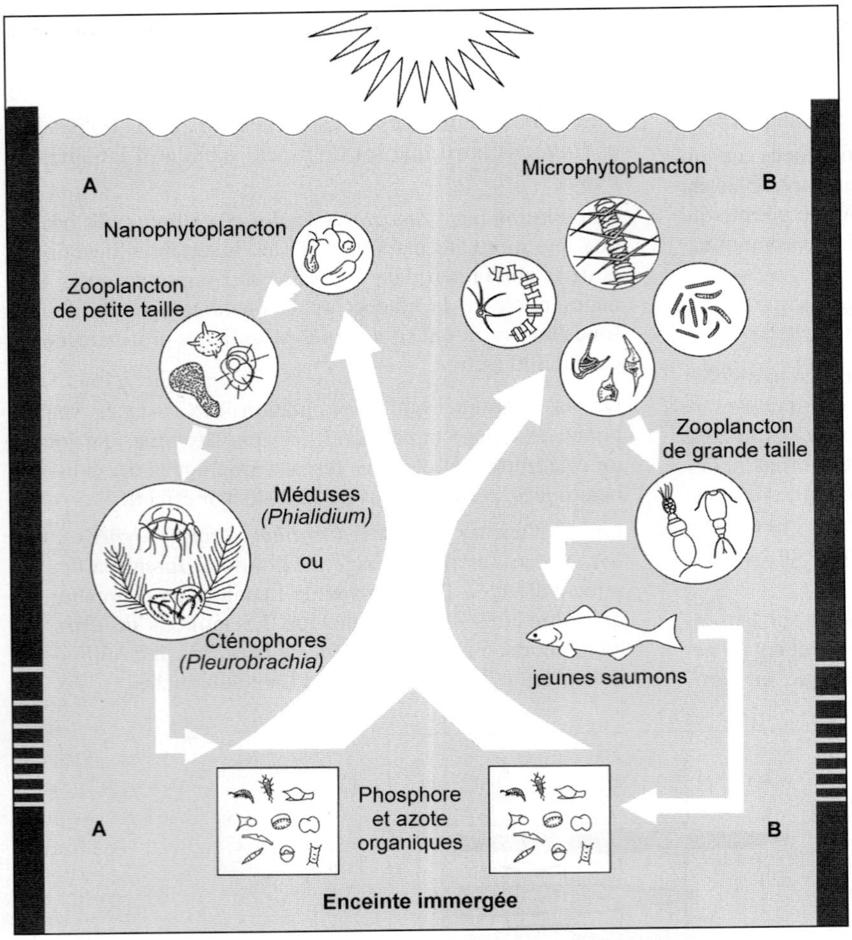

Étude expérimentale *in situ* des effets du **pétrole** sur la structure et le fonctionnement des réseaux trophiques marins pris dans leur ensemble, dans le cadre du programme CEPEX entrepris en Colombie britannique, par la mise en œuvre des plus vastes enceintes aquatiques jamais édifiées. On remarque un racourcissement des réseaux trophiques dans les eaux contaminées (**A**) et la substitution aux saumons et autres superprédateurs de Cténaires, *Pleurobrachia*, situés au sommet de chaînes trophiques courtes. (D'après Lacaze, in Ramade F., op. cit., 1992, p. 244)

Lors des marées noires provoquées par les Irakiens au cours des deux guerres du Golfe (en 1982-1983 lors du bombardement des puits de Nowruz, puis 1991 lors de l'opération « *Desert storm* »), le pétrole contamina de riches herbiers de Phanérogames marines et les récifs coralliens situés dans la région de Bahrein et sur le littoral saoudien, provoquant une destruction massive des récifs.

De même les frayères littorales furent également très affectées ainsi que les plages où viennent se reproduire les tortues vertes, *Chelonia mydas*, espèce en voie de raréfaction considérée comme vulnérable à l'échelle mondiale.

Action du pétrole sur les oiseaux et les Mammifères marins : les mêmes marées noires, et de façon tout aussi insidieuse, la contamination chronique de l'océan par le pétrole font aussi des hécatombes dans les populations d'oiseaux littoraux et aquatiques migrateurs. Ce fut plus particulièrement le cas des marées noires du Golfe persique qui survinrent au moment où de nombreuses espèces est-européennes et asiatiques hivernaient dans cette zone.

Les populations de dugongs (Mammifères marins de l'ordre des Siréniens) propres à cette région qui comptaient parmi les plus importantes du monde, connurent également une importante mortalité provoquée par ces marées noires. Les Oiseaux et Mammifères marins sont en effet très sensibles à la pollution pétrolière.

Au moment de la catastrophe de l'*Exxon Valdez*, des centaines de la rare loutre de mer furent intoxiquées et beaucoup périrent, en particulier sur le littoral du parc national de Katmaï, qui fut contaminé par cette marée noire laquelle provoqua aussi la mort de plus d'un million d'oiseaux de mer!

De façon systématique, ces derniers paient un lourd tribut à la pollution de l'océan par le pétrole. Lorsqu'un oiseau se pose sur une flaque de pétrole, celui-ci dissout les graisses qui enduisent son plumage et le rendent étanche à l'eau de mer en constituant entre les plumes un matelas d'air qui l'isole. L'oiseau dit « mazouté » voit alors son corps entrer directement au contact de l'eau de mer dont la température est parfois proche de 0 °C et il meurt de froid. En outre, les oiseaux mazoutés essaient de débarrasser leur plumage du pétrole avec leur bec et de ce fait s'intoxiquent car ils en avalent. Il a été aussi démontré que les œufs contaminés par le pétrole amené par le plumage pollué des parents sont exposés à l'embryotoxicité de cette substance; 20 μg de fuel lourd n° 2 déposés sur un œuf d'eider suffisent à provoquer la mort de l'embryon.

Pour l'ensemble de l'Atlantique Nord, on a estimé les pertes, dans les années 1970, à environ un million d'oiseaux marins par an. De même, on estimait au début de la décennie suivante qu'entre 150 000 et 450 000 de ces oiseaux périssaient chaque année en Manche et dans l'Atlantique du Nord-Est. Lors du récent naufrage de l'*Erika*, on a pu estimer qu'environ 200 000 oiseaux de mer avaient déjà péri fin avril alors que les effets de cette marée noire continuaient à se manifester épisodiquement, une polémique subsistant sur la nature des flaques en circulation. Pour certains, elles proviennent des côtes rocheuses non encore nettoyées, pour d'autres du fuel subsistant dans les soutes de l'épave en attente de pompage.

Le cas de la colonie de macareux moines des îles Scilly est exemplaire. Alors qu'elle comportait 100 000 individus de cette espèce au début du XXe siècle, on n'en dénombrait plus que 100 à la suite du naufrage du *Torrey-Canyon* en 1967. Les effectifs ne se sont pas reconstitués depuis lors.

◆ **réserves mondiales de pétrole** : fait paradoxal, la civilisation moderne a fondé sa stratégie énergétique sur la ressource à la fois la plus rare et la plus mal répartie : le pétrole.

En effet, la théorie du cycle de production d'une matière première minérale permet d'évaluer qu'elles sont les réserves ultimes (à découvrir) – Q_∞ – et pas seulement les réserves prouvées de cette ressource.

L'application au pétrole de cette théorie a fait évaluer entre 1 000 et 1 500 milliards de barils le Q_∞ de ce combustible fossile (pétrole conventionnel c'est-à-dire terrestre et *off shore* à moins de 200 m de profondeur).

Alors que les réserves prouvées correspondent à environ 130 milliards de tonnes, le Q_∞ correspond à environ 250 milliards de tonnes. Fait préoccupant, depuis quelques années, le taux de découverte de nouvelles réserves est inférieur au taux d'extraction et la mise en évidence de gisements géants tend inexorablement à décroître. Les spéculations sur les gisements de la Caspienne font illusion car ils ne représentent qu'une faible fraction des taux de consommation des années futures. Compte tenu de l'évolution prévisible de la demande, la production mondiale de pétrole devrait culminer d'ici 2005-2010 puis commencer à décliner, et l'ère utile du pétrole en tant que combustible s'achèvera avant le milieu du XXIe siècle. ***(Voir aussi Énergie, Environnement, Pollution)***

pétrolier(s), n. m. (*tanker*). Navires conçus spécialement pour le transport du pétrole. Les pétroliers ont connu une course au gigantisme au cours de la période 1950-1973 qui conduisit à la construction de bâtiments de plus de 400 000 tonnes. Il en est résulté une croissance considérable des risques de catastrophes écologiques avec celle des tonnages d'hydrocarbures transportés. ◆ **accidents de ~** (*tanker wreckage*) : les statistiques du transport maritime montrent qu'au cours des trois dernières décennies, il ne s'est pas passé en moyenne une semaine sans que ne survienne quelque part dans le monde un accident à un tanker. L'accident le plus important jamais recensé fut le naufrage de l'*Atlantic Empress* qui rejeta 290 000 tonnes de pétrole en 1979 au large du Brésil, suivi de l'*ABT Summer* qui « perdit » en 1991 quelque 270 000 tonnes sur les côtes de l'Angola. Toutefois, la tendance générale serait à la diminution à la suite de mesures de surveillance plus strictes de la navigation. Mais, en ce qui concerne notre pays, les accidents, tout en étant d'importance moindre – en tonnage d'hydrocarbures répandus – que voici quelques décennies, présentent tout de même une récurrence régulière. Si l'on garde en mémoire les « marées noires » désastreuses du *Torrey-Canyon* et de l'*Amoco Cadiz* (cette dernière ayant déversé 220 000 tonnes de pétrole sur les côtes bretonnes en mars 1978), la façade atlantique française située face au couloir de circulation le plus emprunté du monde par ces navires est victime depuis une trentaine d'années de marées noires répétées, consécutives à des naufrages de tankers.

Pétrolier de 250 000 t à quai au terminal de Fos-sur-mer. (Cliché F. Ramade)

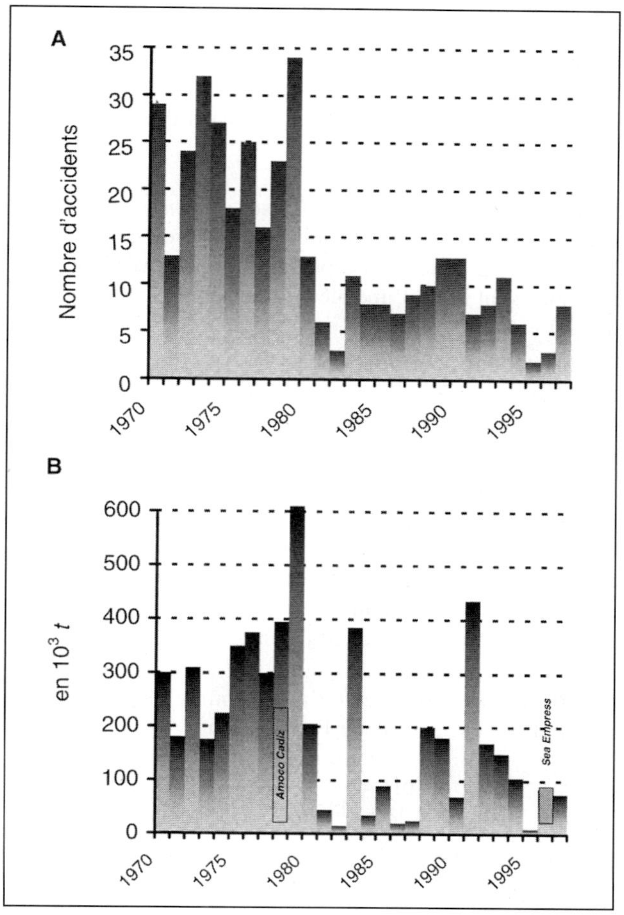

Nombre d'accidents survenus à des **pétroliers** (**A**) (correspondant à des marées noires dues à un déversement supérieur à 700 tonnes) et quantité annuelle de pétrole déversée dans l'océan (**B**). (D'après *International Tankers Professional Organization*, in IFEN, op. cit., 1999, p. 176)

Outre les deux précités, se sont succédés au cours du dernier quart de siècle l'*Olympic Bravery*, le *Bohlen* (1976), le *Tanio* (1980), l'*Amazone* (1988) et *last but not least* ... l'*Erika* (1999). ***(Voir aussi Amoco-Cadiz, Erika, Exxon Valdez, Marées noires, Pétrole, pollution par le, Torrey-Canyon)***

peuplement(s), n. m. (*community*). Ensemble des populations des espèces appartenant souvent à un même groupe taxonomique, qui présentent une écologie semblable et occupent le même habitat.

On parlera par exemple du peuplement d'oiseaux insectivores de la forêt de Fontainebleau, du peuplement d'arbres d'une forêt tropicale, ou encore du peuplement d'Ongulés d'une savane africaine.

Les peuplements peuvent être eux-mêmes subdivisés en sous-unités : les guildes. Ces dernières sont constituées par des populations d'espèces d'un même genre ou de genres voisins qui exploitent une même ressource. ***(Voir aussi Communautés, Guilde, MacArthur)***

peupleraie, n. f. (*poplar stand*). Plantation de peupliers. Considérablement développées au cours des trois dernières décennies dans les vallées alluviales, souvent à l'emplacement d'anciennes prairies palustres. Elles sont constituées de boisements purs de peupliers d'Italie, cet arbre présentant une croissance très rapide et étant donc réputé rentable. Malheureusement, l'enracinement superficiel de ces arbres les rend très vulnérables aux chablis comme l'ont démontré les deux ouragans des 26 et 27 décembre 1999 qui ont en France causé de véritables désastres dans de telles plantations.

peuplier(s), n. m. (*poplar*) (n. sc. : *Populus sp.*). Arbre feuillu très utilisé en sylviculture car de croissance rapide. Le peuplier d'Italie est l'espèce la plus cultivée. Tous les individus sont issus d'une même souche multipliée par bouturage!

Les plantations de peupliers exercent un effet microclimatique important. Ces arbres ont une forte évapotranspiration et assèchent les terrains où ils croissent.

Bien que cette aptitude soit mise à profit pour éliminer l'excès d'eau de sols palustres, les plantations de peupliers peuvent exercer, comme celles d'eucalyptus, un effet défavorable sur les zones humides voisines en diminuant leur aptitude à retenir l'eau pendant la période estivale et en diminuant donc l'approvisionnement des nappes phréatiques et le débit des eaux superficielles de la zone concernée.

pH, n. m. (*pH*). Mesure de l'acidité ou de l'alcalinité d'un milieu. Le pH se définit par l'expression :

$$pH = \frac{1}{\log_{10}[H^+]}$$

Comme l'eau pure est très faiblement dissociée, on trouve en appliquant la loi d'action de masse et en prenant $[H_2O] = 1$ que :

$$[H^+] \cdot [OH^-] = 10^{-14}$$

Dans une eau pure, $[H^+] = [OH^-]$.

Le pH à la neutralité aura donc pour valeur 7, celui d'une solution dont tous les ions sont acides 0 et celui d'une solution entièrement alcaline 14. ◆ ~ **des eaux naturelles** (*natural water pH*) : le pH des eaux continentales varie beaucoup en fonction de la nature de la roche-mère sur laquelle sont installés les écosystèmes limniques considérés.

Sur roches cristallines très acides, on peut relever des pH inférieurs à 5, en revanche sur terrains karstiques, on observe des eaux très alcalines ayant un pH qui peut atteindre 10. Cependant, en règle générale, dans les conditions naturelles, même sur terrains géologiques acides, il est rare que le pH soit inférieur à 6 et les eaux continentales possèdent en règle générale un pH légèrement supérieur à la neutralité.

Dans des conditions pédologiques exceptionnelles, on peut observer des eaux très acides. Dans les pays tempérés et froids, tel est le cas des tourbières à sphaignes dont les eaux sont saturées en acides organiques, en particulier fulviques, qui leur confèrent une couleur rouille. L'eau de ces tourbières acides a un pH compris entre 3,5 et 4,5. Seuls, quelques végétaux et de rares animaux adaptés à de telles acidités peuvent s'y développer. Dans les régions tropicales, l'alternance d'inondation et d'exondation de certaines zones humides littorales conduit à la transformation des sédiments en sols alunés qui renferment de l'acide sulfurique. L'eau de ces marécages peut atteindre des pH extrêmement bas de l'ordre de 2,5, stérilisant définitivement les biotopes concernés. Dans l'océan, le pH des eaux est constant, de l'ordre de 8 à 8,4 en surface et de 7,4 à 7,8 en profondeur. ◆ ~ **des sols** (*soils pH*) : il s'agit en réalité du pH de l'eau interstitielle, contenue dans les pores des sols. Celui-ci dépend en grande partie de la nature de la roche-mère. Le pH des sols peut varier de 3 à 10 selon le type de sol considéré. Les pluies acides abaissent fortement ce pH sur sol cristallin. ***(Voir aussi Eau, Pluies acides, Sol)***

Phaeophycées, n. f. Voir Phaeophytes.

Phaeophytes, n. f. (*Phaeophyta*). Nom scientifique de l'embranchement d'algues auquel appartient la classe des Phaeophycées (algues brunes). Quelque 2 000 espèces sont actuellement décrites et constituent le groupe taxonomique d'algues dominant dans de nombreuses communautés macrophytiques littorales. Elles représentent l'essentiel des prélèvements des goémoniers.

phagotrophe, adj. (*phagotrophous*). Désigne les animaux qui consomment des aliments de grande taille que leur dentition fragmente en grandes particules. Certains prédateurs avalent même leur proie entière ce qui est un cas extrême de phagotrophie. Ils s'opposent aux organismes microphages qui se nourrissent de particules microscopiques.

phagotrophie, n. f. (*phagotrophy*). Type de nutrition des animaux phagotrophes.

Phalacrocorax. Nom scientifique du genre auquel appartiennent les cormorans, oiseaux plongeurs à régime ichtyophage qui nichent dans des falaises maritimes mais se rencontrent aussi fréquemment au bord des eaux calmes continentales, où ils nichent en grandes colonies dans des ripisylves. Il existe trois espèces de cormorans en Europe : le grand cormoran (*P. carbo*) (*cormorant* en anglais), le cormoran huppé (*P. aristotelis*) (*shag*), enfin le cormoran pygmée (*P. pygmaea*) (*pygmy cormorant*). Les deux premières espèces se rencontrent sur les côtes de l'ensemble du continent et parfois en hiver dans les eaux intérieures. La dernière est propre à certains lacs et zones estuariennes d'Europe orientale.

Le grand cormoran est une espèce actuellement en expansion grâce aux mesures de protection dont elle bénéficie, en particulier dans les pays d'Europe Nord-occidentale. Elle devient également de plus en plus fréquente dans les eaux intérieures où elle niche en grandes colonies, et suscite diverses plaintes, pas toujours fondées, des pisciculteurs. Ses populations côtières s'alimentent surtout de gobies, de crevettes et des poissons plats, celles des eaux continentales de diverses espèces de poissons d'eau douce.

Le cormoran huppé, plus maritime que le précédent, consomme surtout des lançons et des Clupéides. Le cormoran pygmée, beaucoup plus rare, est inféodé aux eaux continentales d'Europe balkanique où il niche sur les rives des lacs, des marais et dans les zones deltaïques telles les bouches du Danube. ***(Voir aussi Cormoran)***

phanéritique, adj. (*phaneritic*). Désigne une roche cristalline dont les cristaux sont visibles à l'œil nu.

Phanérogames, n. f. (*Phanerogams*). Ensemble des végétaux supérieurs se reproduisant avec des fleurs qui donnent des graines. ***(Voir aussi Spermatophytes)***

phanérophyte(s), n. f. (*phanerophyte*). Espèces végétales dont les formes de survie à la mauvaise saison sont les bourgeons lesquels sont situés sur les branches à une hauteur supérieure à 25 cm. Les phanérophytes comprennent l'ensemble des plantes ligneuses de type arbre et arbuste. ***(Voir aussi Raunkiaer)***

Phanérozoïque, n. m. (*Phanerozoic*). Période géologique caractérisée par le plein développement et la diversification des espèces vivantes. Le Phanérozoïque correspond à la période ayant commencé au Cambrien, au début du Primaire et qui s'étend jusqu'à nos jours.

phase, n. f. (*phase*). Désigne l'un des états de la matière : solide, liquide ou gazeux. Certains physiciens considèrent que les plasmas, gaz portés à très haute température, correspondent aussi à une phase particulière de la matière. ◆ **~ d'écoulement de crue** (*channel-phase runoff*) : période pendant laquelle la crue se retire de la plaine d'inondation.

phasme(s), n. m. (*stick-insect*). Insectes de l'ordre des Dictyoptères, au corps allongé, généralement aptère, qui miment souvent une brindille.

phénétique, n. f. (*phenetic*). Néologisme désignant la branche quantitative de la taxonomie encore dénommée taxonomie numérique. ◆ **notion ~ de l'espèce** (*phenetic species concept*) : selon cette dernière, un ensemble d'êtres vivants est considéré comme constituant une espèce distincte quand son indice de similarité – ou à l'opposé de différence – phénotypique, par rapport à l'espèce la plus proche, excède un certain seuil. On notera que ce concept purement biométrique ne prend en compte ni l'existence d'une barrière reproductive faisant que les deux groupes considérés ne sont pas panmictiques, ni le fait que leurs niches écologiques peuvent se superposer. ***(Voir aussi Espèce, Niche, Spéciation)***

Phénix (*Phenix breeder*). Réacteur surgénérateur de 250 MW de puissance électrique qui a fonctionné de façon continue de 1973 à 1990. Quoique réputé expérimental, Phénix constituait déjà un pilote de taille industrielle dont le fonctionnement a été très satisfaisant compte tenu de la période assez longue pendant laquelle il a été en activité. Après une interruption, il a été décidé de le remettre en service à des fins expérimentales à la suite de l'arrêt définitif de celui de Creys-Malville en 1998.

phénocopie, n. f. (*phenocopy*). Variation morphologique non génétique provoquée par une modification de l'influence des facteurs environnementaux, qui produit un effet mimétique d'une mutation génique connue.

phénol(s), n. m. (*phenol*). Molécules organiques naturelles ou de synthèse pouvant être douées de forte toxicité pour les organismes aquatiques.

phénoliques, adj. ◆ **hydrocarbures ~** (*phenolic hydrocarbons*) : composés aromatiques produits par les plantes dont beaucoup possèdent des propriétés microbiennes.

phénologie, n. f. (*phenology*). Étude de l'influence du temps et des conditions écologiques, entre autres climatiques, sur la succession des diverses phases du cycle vital d'une espèce, en particulier d'une plante supérieure.

phénophase, n. f. (*phenophasis*). Phase morphologique d'une larve d'Invertébré ou d'une plante adaptée à un type donné de facteurs limitants.

phénotype, n. m. (*phenotype*). **1.** Désigne les caractéristiques morphologiques, anatomiques et physiologiques d'un organisme donné qui sont l'expression observable de son génotype. En effet, des individus issus d'une même lignée peuvent avoir le même génotype mais présenter des phénotypes distincts en conséquence de l'interaction des gènes avec des conditions environnementales différentes d'un individu à l'autre. **2.** En génétique écologique, ce terme est parfois pris à une acception plus limitée et désigne les formes d'une espèce vivante présentant des adaptations morphologiques à des conditions environnementales situées aux limites de l'intervalle de tolérance de l'espèce considérée. ***(Voir aussi Adaptation, Biodiversité, Génotype)***

Phéophycées, n. f. Voir Phaeophytes.

phéromone, n. f. (*pheromone*). Substance biochimique sécrétée par des glandes exocrines chez les Arthropodes et d'autres phyla d'Invertébrés, qui joue un rôle essentiel dans leur vie de relation, en particulier dans la reproduction (phéromones sexuelles).

philopatrique, adj. (*philopatric*). Désigne un individu ou une population d'une espèce donnée prise dans son ensemble qui présente une forte propension à rester dans la même zone, donc peu apte à envahir de nouveaux biotopes favorables.

philoprogénique, adj. (*philoprogenetive*). (syn. : prolifique). Espèce produisant un grand nombre de descendants.

phloème, n. m. (*phloem*). Tissu conducteur de la sève élaborée, propre aux plantes vasculaires. Encore dénommé tissu libérien, le phloème a pour rôle de redistribuer dans le végétal les substances organiques élaborées dans les feuilles par photosynthèse.

Phoca sibirica, n. sc. Voir Baïkal.

Phoenix, n. sc. Genre de palmier propre aux régions méditerranéennes, au Sahara et aux zones désertiques du Moyen-Orient. ◆ ~ ***dactylifera*** est le palmier-dattier, espèce cultivée dans ces régions depuis le Maroc jusqu'à l'Est de l'Irak.

Pholidotes, n. m. (*Pholidota*). Ordre de Mammifères propres à l'Afrique subsaharienne, dénommés vulgairement pangolins. Ils sont représentés par une seule famille monogénérique à régime essentiellement myrmécophage ou termitiphage. **(*Voir aussi Pangolin*)**

phoque(s), n. m. (*seal*). Mammifères marins appartenant à l'ordre des Pinnipèdes. Une seule espèce, *Phoca sibirica*, propre au lac Baïkal, est inféodée aux eaux douces. Il existe une dizaine de genres de phoques dans le monde et dix espèces font partie de la faune européenne. Cependant seulement trois espèces se rencontrent de façon sédentaire actuellement en Europe occidentale : le phoque veau marin (*Phoca vitulina*), le phoque marbré (*Pusa hispida*) et le phoque gris (*Halychoerus grypus*). Cette dernière espèce a été pourchassée par les pêcheurs qui la considéraient à tort comme un concurrent. Classée comme vulnérable voici quelques décennies, sa protection en Grande-Bretagne et autres pays limitrophes a permis la reconstitution spectaculaire de sa population.

Tous les phoques sont actuellement protégés dans l'Union Européenne et les États Scandinaves, et l'importation de peaux de phoques d'autres régions est interdite à la suite d'actions d'organisations de conservation comme Greenpeace contre la chasse au phoque au Canada et au Groenland.

Par suite d'un phénomène de pollution dont les effets se sont conjugués à une pandémie virale, les phoques de la Baltique et de la mer du Nord ont connu une forte mortalité à la fin des années 1980. Il a pu être montré que les échecs de reproduction des phoques de la Baltique provenaient de la forte contamination de cette mer par les PCB.

◆ ~ **moine** (*monk seal*) (n. sc. : *Monachus monachus*) : ce phoque de grande taille inféodé à la Méditerranée et à la côte atlantique jusqu'en Mauritanie représente une des espèces de cet ordre les plus menacées du monde. Il n'en subsiste qu'environ 300 individus à l'heure actuelle. Un programme de conservation est mis actuellement en œuvre par l'Union Européenne pour essayer de sauver l'espèce. Le statut du phoque moine des îles Hawaii (*Monachus shaunislandi*) n'est guère moins préoccupant. Quant au phoque moine des Caraïbes (*M. tropicalis*) il a le triste privilège de figurer dans la liste des espèces éteintes et a disparu probablement au milieu du XXe siècle. **(*Voir aussi Méditerranée*)**

Phoques gris (*Halichoerus grypus*) dans la réserve naturelle de Duncansby Head (Caithness, Écosse). La pollution des eaux de la Baltique et de la mer du Nord par divers composés organochlorés a affecté leur fécondité et provoqué une importante régression des populations de cette espèce. (Cliché F. Ramade)

phorésie, n. f. (*phoresy*). Phénomène par lequel un Invertébré peut se faire transporter par une espèce capable de voler dépourvue de toute affinité systématique avec son « passager ». La phorésie est très répandue chez les acariens mais existe aussi chez certains insectes.

Phormidium, n. sc. Genre de Cyanophytes se développant sur les fonds vaseux des biotopes dulçaquicoles.

phosgène, n. m. (*phosgene*) ($COCl_2$). Composé gazeux utilisé comme intermédiaire pour la synthèse de nombreuses substances chimiques en particulier de matières plastiques. C'est un gaz de très grande toxicité – il a d'ailleurs été utilisé comme gaz de combat pendant la Première Guerre mondiale. Il a donné lieu dans le monde à plusieurs graves accidents de pollution dans des régions industrielles.

phosphamidon, n. m. (*phosphamidon*). Insecticide organophosphoré qui a été utilisé à vaste échelle en Amérique du Nord dans le traitement des forêts contre les pullulations de la chenille tordeuse des conifères.

phosphates, n. m. (*phosphates*). Sels de l'acide orthophosphorique qui représentent des éléments minéraux nutritifs essentiels pour les végétaux autotrophes. La teneur en phophates des eaux et des sols constitue de ce fait le facteur déterminant de leur fertilité. (***Voir aussi Phosphore***) ◆ **~ dans les eaux** : dans les écosystèmes aquatiques, les phosphates constituent le facteur déterminant de leur productivité car c'est dans la quasitotalité des cas le type de nutriments présent en plus faible quantité. Dans les eaux continentales, les taux de phosphates excèdent rarement une cinquantaine de µg/l. Dans le milieu marin, ces taux sont généralement inférieurs à 10 µg/l. (***Voir aussi Océan***) ◆ **engrais phosphatés** (*phosphate fertilizers*) : utilisés à vaste échelle pour obvier à l'exportation de phosphates à l'extérieur des terres cultivées avec la récolte, les engrais phosphatés (superphosphates) sont généralement des sels solubles de l'acide orthophosphorique. Les plus utilisés d'entre eux sont le phosphate d'ammonium et le phosphate de calcium. Leur usage est la source de diverses pollutions. Les impuretés qu'ils renferment, constituées en particulier de métaux et de métalloïdes toxiques (arsenic, antimoine, cadmium, zinc, mercure, etc.), représentent dans le long terme une cause préoccupante de pollution des sols. Les phosphates sont à la source de la dystrophisation des eaux. En effet le lessivage les introduit dans les eaux superficielles dans lesquelles ils vont provoquer une pullulation des végétaux macrophytes et du phytoplancton. (***Voir aussi Dystrophisation, Eutrophisation, Métal lourd, Sols, pollution des***)

phosphore, n. m. (*phosphorus*). Élément de numéro atomique Z = 15 et de masse atomique Ar = 31. Le phosphore minéral est assez rare dans la lithosphère dont il ne constitue en masse qu'environ 0,1% de sa composition élémentaire. Il figure au tout premier rang des éléments biogènes de très grande importance écologique. Le phosphore représente en effet l'un des composants essentiels de la matière vivante dans laquelle il se rencontre à un taux relativement élevé. Il est en particulier indispensable à l'édification des nucléotides et donc des acides nucléiques ainsi que des adénylates énergétiques (ATP, ADP et AMP). Comme il n'existe en règle générale qu'en faible concentration tant dans les sols que dans les milieux aquatiques, il représente un facteur limitant primordial dans de nombreux écosystèmes dont il conditionne *ipso facto* la productivité.

◆ **cycle du ~** (*phosphorus cycle*) : le stock de phosphore minéral disponible pour les êtres vivants est entièrement contenu dans la lithosphère. Il s'y trouve essentiellement dans les roches ignées comme les apatites et des dépôts sédimentaires (phosphorites par exemple). Ce phosphore minéral est mis en circulation par dissolution dans l'eau interstitielle des sols et ensuite introduit par lessivage dans les eaux continentales. Tant dans les écosystèmes terrestres qu'aquatiques, le phosphore est absorbé par les végétaux autotrophes qui le transforment en phosphates organiques. Ces derniers passent ensuite dans les réseaux trophiques de consommateurs puis de décomposeurs.

Les phosphates organiques restitués aux sols et aux sédiments par les déchets végétaux, les cadavres et les excrétas des animaux sont attaqués par les organismes saprophages et finalement les micro-organismes décomposeurs pour être retransformés en orthophosphates minéraux.

Le phosphore est introduit dans les écosystèmes aquatiques continentaux par le ruissellement. Les fleuves l'amènent ultérieurement dans les océans perpétuellement fertilisés par leurs apports d'eaux continentales riches en phosphates minéraux solubles et particulaires, ces derniers étant charriés avec les alluvions. Ces apports permettent donc la prolifération des algues marines et du phytoplancton ce qui explique pourquoi les eaux marines littorales et, de façon générale, celles du plateau continental sont les plus productives de tout l'océan.

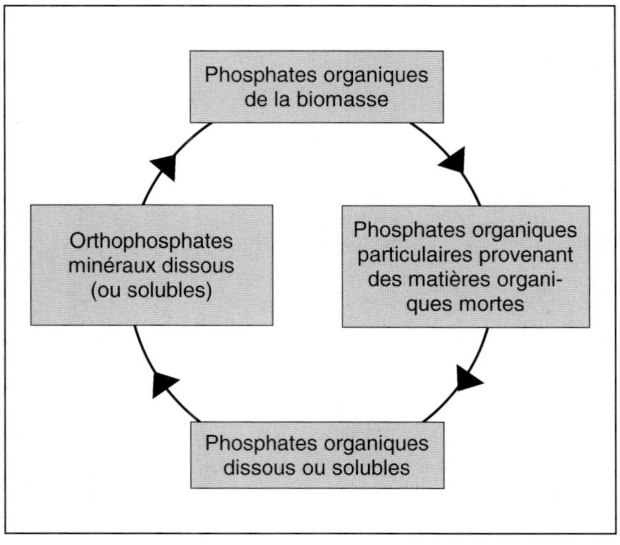

Cycle du **phosphore** en milieu aquatique. On constate que cet élément passe alternativement de la forme minérale à la forme organique et de l'état de phosphates insolubles à celui d'orthophosphates solubles dans l'eau. (In Ramade F., *Écologie fondamentale*, Ediscience international, 2e ed., 1994, p. 350)

Dans les eaux continentales, on assiste, au cours du cycle annuel, à une alternance des formes insolubles ou dissoutes du phosphore. Le maximum de concentration est atteint au printemps, période de l'année où les besoins en phosphore de la biocœnose sont les plus élevés (à l'image de ce que l'on observe avec les nitrates des eaux). En effet, le phosphore accumulé dans les sédiments benthiques, en particulier dans les vases lacustres, est libéré dans la colonne d'eau au moment de l'inversion printanière quand se produit l'homogénéisation thermique de la masse d'eau qui fait suite à la stratification hivernale. Ultérieurement, l'activité du phytoplancton et de la végétation aquatique pendant la période printanière et estivale provoque une diminution de la teneur en phosphore contenue dans les eaux de la zone épilimnétique.

À l'opposé, en milieu marin, la teneur en phosphore des eaux devient minimale au milieu du printemps car la prolifération phytoplanctonique pompe la majorité des faibles concentrations de phosphore présentes dans les eaux de la zone euphotique qui se trouvent alors stockées dans la biomasse autotrophique.

Malheureusement, le cycle du phosphore est incomplet et ouvert à l'échelle de la biosphère. En effet si dans les écosystèmes terrestres non perturbés par l'action de l'homme, le cycle s'effectue de façon optimale, il n'en est pas de même en milieu marin. Par suite de la sédimentation incessante de la matière organique au fond des abysses, en particulier des squelettes de poissons riches en phosphore car non consommés par les détritiphages et les bactéries, cet élément s'accumule sans cesse au fond des océans dont 85 % de la surface totale correspond, rappelons-le, à l'étage abyssal! Les phosphates ainsi déposés dans les grands fonds marins sont retirés de la circulation biosphérique et ne peuvent plus être recyclés.

À une faible échelle de temps, on peut certes considérer que le cycle du phosphore n'est pas entièrement ouvert car une partie des phosphates organiques est ramenée à terre par les oiseaux de mer (guano) et aussi par les poissons migrateurs

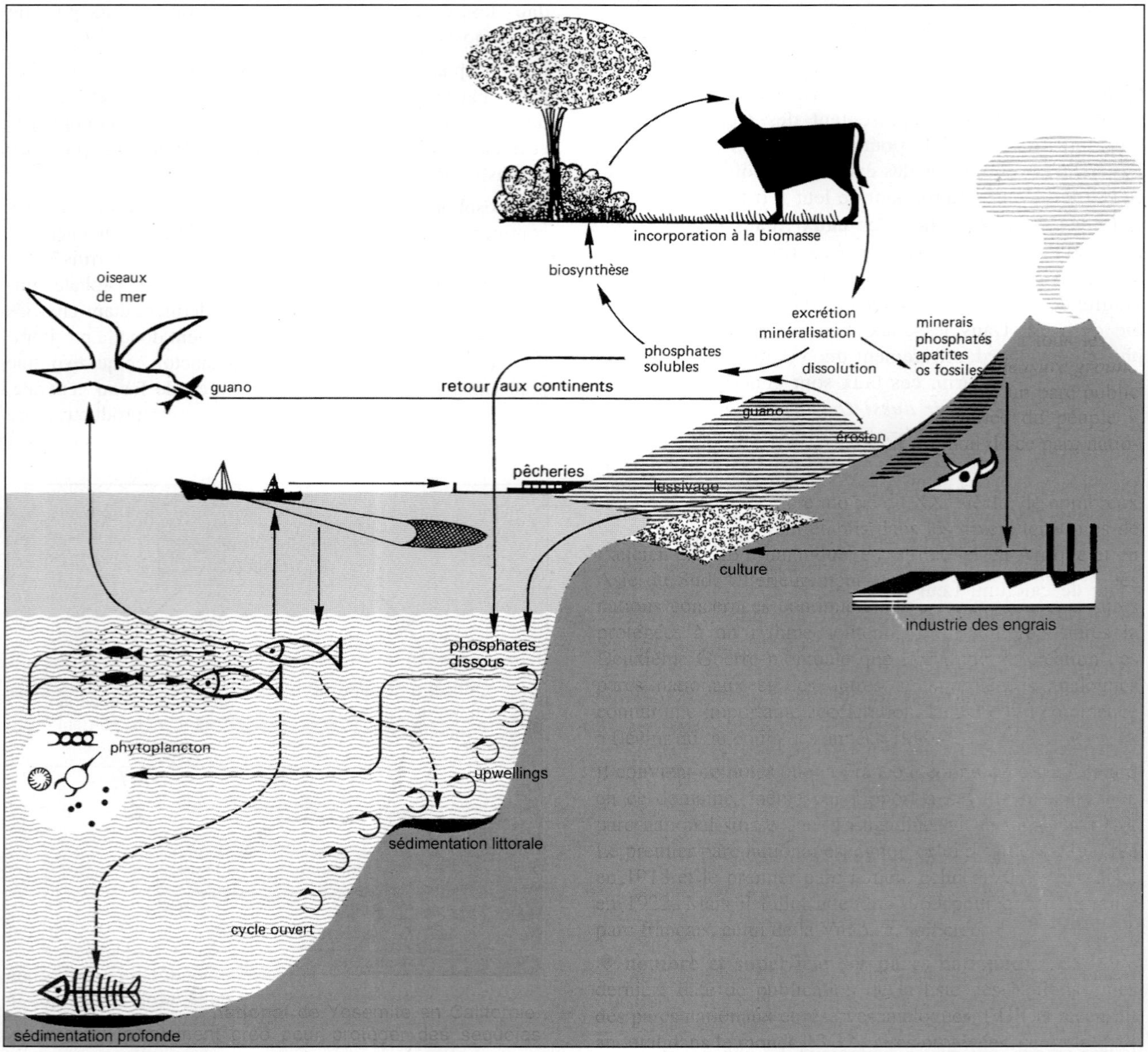

Schéma général du cycle biogéochimique du **phosphore**. (D'après Ramade F., *Dictionnaire des pollutions*, Ediscience international, 2000, p. 388)

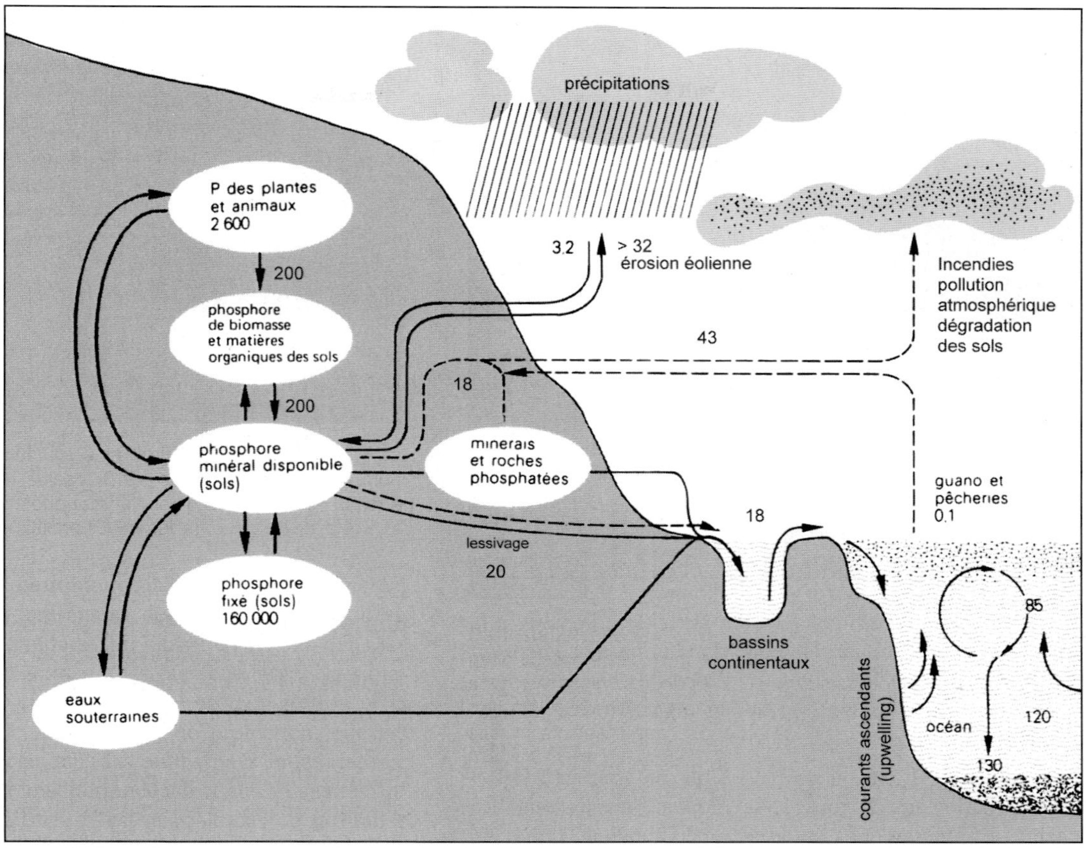

Principaux flux de **phosphore** dans la biosphère. Les nombres figurent 10^6 tonnes d'équivalent-phosphore. (D'après Smith et coll. et Richey, in Ramade F., *Écologie appliquée*, 5e ed., Ediscience international, 1995, p. 192)

naturel

produit par l'homme

anadromes qui, après s'être développés en mer, viennent périr en rivière et enfin par les pêcheries océaniques.

Cependant, ce recyclage est très incomplet ; en outre, l'homme moderne est venu accroître le déséquilibre du cycle biogéochimique du phosphore par l'usage qu'il fait des phosphates solubles, surtout comme engrais (mais aussi comme adjuvant des détersifs), soit au total 18 millions de tonnes d'équivalent phosphore par an qui sont entraînées par le cycle de l'eau vers l'océan. À cela s'ajoutent les quantités de phosphore particulaire ou soluble provenant de l'érosion accrue des sols causée par les mauvaises pratiques agricoles et la déforestation, ce phosphore étant entraîné par les fleuves vers la mer.

Au plan quantitatif, des incertitudes subsistent dans l'estimation des valeurs absolues des flux et des stocks propres au cycle biogéochimique du phosphore. En milieu continental, on évalue à 160 000 millions de tonnes d'équivalent phosphore les quantités de phosphates contenues dans les sols et à 2 600 millions de tonnes d'équivalent phosphore celles contenues dans la biomasse terrestre. Le cycle entre le phosphore des sols et la biomasse correspond à un flux de 200 millions de tonnes par an.

Par ailleurs, existe un transfert vers l'atmosphère de phosphore particulaire dû à la fois à des apports naturels (estimés à plus de 32 millions de tonnes par an) et anthropiques (d'au moins 43 millions de tonnes par an) par suite de l'érosion éolienne, de l'incendie des formations végétales (savanes et forêts), de certaines cultures après la récolte, enfin par suite de certaines pollutions chimiques.

Le cycle de l'eau joue un rôle essentiel dans le cycle biogéochimique du phosphore qui est fondamentalement de nature sédimentaire, le sens général de sa circulation allant des continents vers l'océan. Les causes naturelles de lessivage des terres émergées apportent 20 millions de tonnes d'équivalent phosphore par an aux océans auxquelles s'ajoutent au moins 18 millions de tonnes par an d'origine anthropique dus à l'usage croissant d'engrais phosphatés par l'agriculture moderne et dans une moindre mesure des détersifs.

Dans l'hydrosphère, on estime que la biomasse marine renferme 85 millions de tonnes d'équivalent phosphore, le flux de cet élément des eaux vers cette dernière étant de 120 millions de tonnes par an. La sédimentation introduit quant à elle 130 millions de tonnes par an dans les vases abyssales ce qui traduit l'ouverture de ce cycle. La différence entre le flux vers la biomasse océanique et le flux qui va vers les sédiments correspond à une partie des apports telluriques qui sont ainsi extraits de la biosphère et fossilisés.

En définitive, les 100 à 150 000 tonnes de phosphore ramenées annuellement aux continents par l'avifaune marine, les poissons anadromes et les pêcheries océaniques sont loin de compenser les dizaines de millions de tonnes de phosphates qu'introduisent chaque année dans l'hydrosphère les activités humaines qui accroissent *ipso facto* le déséquilibre du cycle du phosphore.

Bien qu'à l'échelle des temps géologiques, le cycle de cet élément soit fermé, car les phénomènes de surrection des chaînes de montagnes ramènent les dépôts fossiles de phosphates à la surface de continents, on peut conclure que l'action de l'homme moderne se traduit par une amplification considérable du déséquilibre naturel du cycle biogéochimique du phosphore.

◆ ~ **32** (*phosphorus 32*) : produit d'activation se formant dans certaines conditions dans les réactions nucléaires,

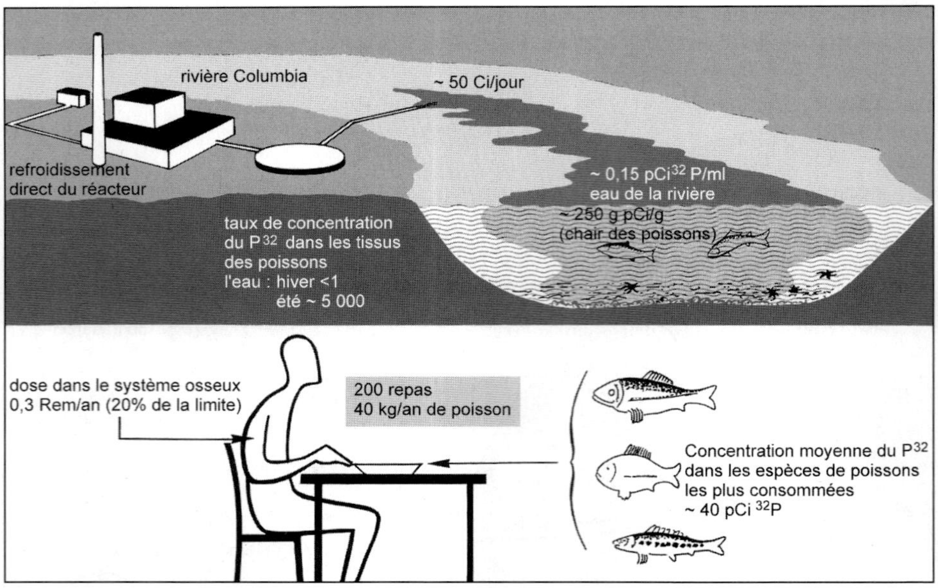

Schéma général figurant la bioamplification du **phosphore** 32 dans les réseaux trophiques de la rivière Columbia dans laquelle se déversaient les effluents de l'usine plutonigène de Hanford. (D'après Foster et al., 1971, op. cit., in Ramade F. *Écologie appliquée*, Ediscience international, 5e ed., 1995, p. 358)

le ^{32}P constitue un dangereux radionucléide à la suite, à la fois de sa période courte (1 mois) donc un rayonnement intense et du fait qu'il est doué de propriétés biogènes puisque le phosphore est un constituant majeur des molécules d'acides nucléiques.

Des études effectuées aux États-Unis montrèrent très tôt que ce radioélément pouvait se bioamplifier le long des chaînes trophiques. Les autorités américaines de radioprotection durent, dès les années 1950, prendre des mesures règlementaires pour protéger les populations consommant des poissons de la rivière Columbia, dans l'État de Washington, qui recevait les effluents dilués de l'usine plutonigène de Hanford.

Les *Salmonidae* présentaient en effet un facteur de concentration moyen de 4 000 pour le phosphore 32 qui pouvait excéder aussi 100 000 dans les espèces situées au sommet de la pyramide trophique de ce fleuve. **(*Voir aussi Cycles biogéochimiques, Dystrophisation, Engrais, Sols, pollution des*)**

phosphorescence, n. f. (*phosphorescence*). Émission de lumière par un minéral ou un être vivant. **(*Voir aussi Bioluminescence, Fluorescence*)**

photique, adj. ◆ **zone** ~ (*photic zone*) : zone superficielle d'un écosystème aquatique dans laquelle pénètre la lumière par opposition à la zone profonde dite aphotique où règne une obscurité permanente. **(*Voir aussi Euphotique*)**

photo-apériodique, adj. (*photoaperiodic*). Désigne des plantes dont la floraison est indépendante de la photopériode. **(*Voir aussi Héméropériodique, Nyctipériodique, Photopériode*)**

photo-autotrophe(s), adj. (*photoautotrophic*). Terme général désignant les organismes capables d'activités photosynthétiques. **(*Voir aussi Phototrophe*)**

photobiologie, n. f (*photobiology*). Branche de la biologie qui étudie les relations entre la lumière et les êtres vivants.

photochimique(s), adj. ◆ **pollution** ~ (*photochemical pollution*) : certains polluants de l'air ou des eaux sont susceptibles d'êtres transformés sous l'effet des rayons ultraviolets de la lumière solaire en contaminants secondaires beaucoup plus nocifs que les polluants initiaux.

L'ozone troposphérique par exemple est un polluant photochimique qui se forme dans les atmosphères urbaines polluées par dissociation de la molécule d'oxygène. Ultérieurement, ce dernier conduit à la formation de PAN de toxicité redoutable parmi les polluants photochimiques. En milieu aquatique, il faut citer les produits formés par photooxydation du pétrole, très toxiques pour le plancton marin. **(*Voir aussi Aéropolluant, Ozone, PAN*)** ◆ **smog** ~ (*photochemical smog*) : voir Smog. ◆ **transformations** ~ (*photochemical changes*) : désigne des phénomènes se traduisant par des transformations moléculaires induites par un apport exogène d'énergie, celui de la lumière solaire.

photodégradation, n. f. (*photodegradation*). Processus photochimique susceptible de provoquer, en particulier, la décomposition d'une substance polluante. La photodégradation constitue un mécanisme assez fréquent de neutralisation de divers contaminants organiques tant en milieu terrestre que dans les eaux superficielles. Elle conduit à dégrader de nombreux composés de grande stabilité moléculaire, tels que des organochlorés en particulier les PCB ou encore les dioxines. C'est aussi le cas de divers polymères, constituants des matières plastiques comme les PCV par exemple, qui se fragilisent et prennent une consistance pulvérulente à la moindre pression à la suite d'une exposition prolongée à la lumière solaire. Cette propriété est actuellement mise à profit pour la production de matières plastiques réputées dégradables. **(*Voir aussi Détoxication, Dioxine, Organochlorés, PCB, PCV*)**

photodissociation, n. f. (*photodissociation*). Décomposition d'une molécule sous l'effet des radiations lumineuses. Ainsi, l'eau sous l'influence d'une radiation ultraviolette de haute énergie se décompose selon la réaction suivante :

$$H_2O \rightarrow OH_{\cdot} + H_{\cdot}$$

La photodissociation de l'oxygène dans la stratosphère sous l'effet du rayonnement UV est à l'origine de la formation de la « couche » d'ozone. ***(Voir aussi Ozone)***

photogenèse, n. f. (*photogenesis*). Processus physico-chimique ou biologique produisant de la lumière. C'est par exemple le cas de la bioluminescence. ***(Voir aussi Bioluminescence)***

photohétérotrophe, adj. (*photoheterotrophic*). Désigne une catégorie d'organismes phototrophes qui utilisent des composés organiques comme source de carbone. ***(Voir aussi Phototrophe)***

photohétérotrophie, n. f. (*photoheterotrophy*) Propriété des organismes photohétérotrophes.

photo-inhibition, n. f. (*photoinhibition*). Ralentissement ou arrêt d'un processus physiologique chez les êtres vivants déclenché par la lumière. Tel est par exemple le cas de la germination des graines chez les végétaux ou de l'activité chez un animal nocturne.

photo-interprétation, n. f. (*photointerpretation*). Analyse de l'ensemble des données obtenues par voie multispectrale en photographie aérienne et satellitaire en vue de l'établissement d'une carte relative à telle ou telle donnée environnementale : sécheresse, incendies de forêt, pollution océanique, etc. Actuellement, le traitement d'image informatique constitue un préalable catégorique à la photo-interprétation. ***(Voir aussi Télédétection)***

photolithotrophe, adj. (*photolithotrophic*). Désigne les organismes autotrophes chlorophylliens, capables de se développer à partir d'eau, d'éléments minéraux et d'énergie lumineuse. ***(Voir aussi Autotrophe, Éléments minéraux nutritifs, Photosynthèse)***

photolyse, n. f. (*photolysis*). Hydrolyse provoquée par la lumière. La photolyse de l'eau peut se produire spontanément sous l'effet des rayonnements ultraviolets dans l'atmosphère. Chez les végétaux autotrophes, ce processus s'accomplit grâce à l'action catalytique de la chlorophylle. La photolyse conduit dans ce cas à la libération d'oxygène dans l'atmosphère.

La photolyse constitue par ailleurs un processus physico-chimique très important d'inactivation et de dégradation de divers polluants. Elle intervient par exemple de façon significative dans la destruction des dioxines, des pesticides comme les insecticides carbamates, organophosphorés ou des pyréthrines. ***(Voir aussi Détoxication, Organophosphorés, Photodissociation, Pyréthroïdes)***

photonastie, n. f. (*photonasty*). Mouvement de parties aériennes d'un végétal stimulé par une variation d'intensité lumineuse.

photo-oxydants, n. m. (*photo-oxidants*). On désigne sous ce vocable général l'ensemble des polluants secondaires atmosphériques formés dans les atmosphères urbaines et (ou) industrielles exposées à des smogs photochimiques. Ces substances résultent de réactions de photo-oxydation de polluants primaires ou catalysées par ces derniers, dans lesquelles intervient un apport d'énergie par les rayonnements

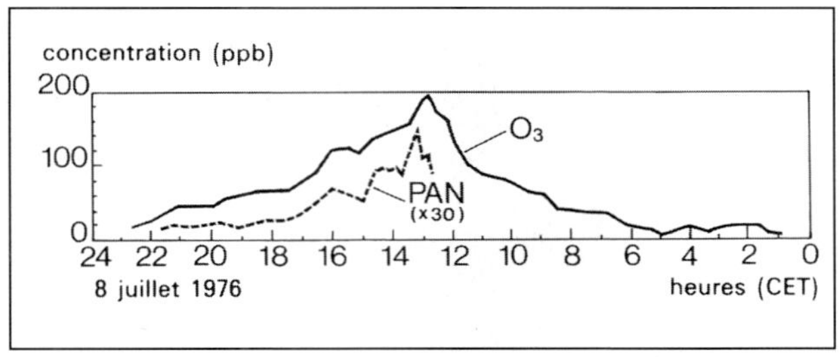

Variation de la teneur de l'air en deux types de **photo-oxydants** majeurs : l'ozone et les peroxyacylnitrates (PAN) au cours du cycle nycthéméral à la station d'étude de la pollution atmosphérique de l'Université de Bonn. On constate que le pic de pollution a lieu en milieu de journée au moment où l'intensité du rayonnement solaire, dont découlent les réactions photochimiques, est à son maximum. (D'après Becker et al., in Ramade F., *Les catastrophes écologiques*, McGraw-Hill, 1987, p. 189)

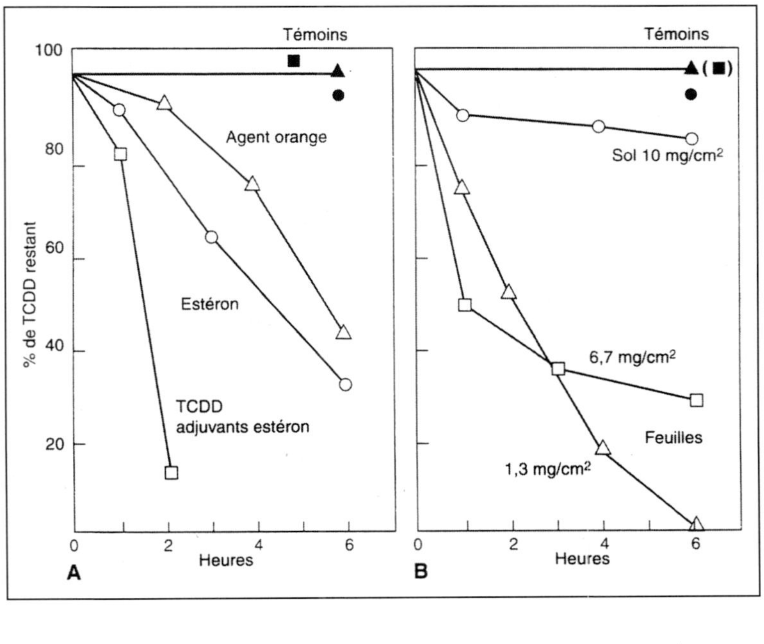

Processus de **photolyse** d'une dioxine. Ici est comparée la vitesse de dégradation de la TCDD exposée ou non à la lumière solaire. En (**A**) est figurée, en fonction du temps, la dégradation de la TCDD contenue dans un dépôt de 2,4,5-T en formulation défoliante (estéron ou agent orange) et la TCDD ajoutée isolément à l'estéron lorsqu'elle est exposée à la lumière. En (**B**), est représentée la dégradation de la TCDD contenue dans l'agent orange exposé au soleil après avoir été répandu à la surface du sol et des feuilles à des concentrations différentes. Signification des symboles : **A**) Δ agent orange, O estéron, □ adjuvant de l'estéron + TCDD ; **B**) □ agent orange à raison de 6,7 mg/cm^2 sur les feuilles; Δ idem à raison de 1,3 mg/cm^2 ; O estéron idem à raison de 10 mg/cm^2 sur le sol. Les symboles équivalents en noir correspondent au témoin maintenu à l'obscurité. (D'après Crosby et Wong, in Ramade F., *Dictionnaire encyclopédique des pollutions*, Ediscience international, 2000, p. 392)

UV solaires qui permettent diverses réactions endergoniques. Les principaux photo-oxydants sont l'ozone troposphérique et les PAN. **(*Voir aussi Ozone, PAN, Smog*)**

photopériode, n. f. (*photoperiod*). Alternance du jour et de la nuit au cours du rythme nycthéméral, soit lors d'un cycle de 24 heures. Elle comporte deux phases : la photophase (période diurne) et la scotophase (période nocturne). La durée relative du jour et de la nuit, propre au cycle circadien, varie selon la latitude. Elle est constante et de 12 h pour chacune des phases à l'équateur.

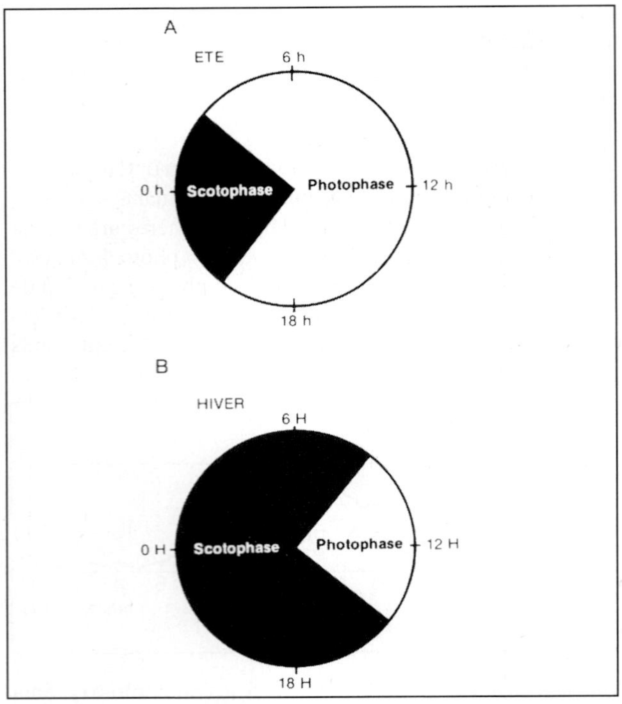

Valeur de la **photopériode** (durée relative du jour et de la nuit) à Paris, aux solstices d'hiver et d'été. (D'après Ramade F., *Écologie fondamentale,* Ediscience international, 2e éd., 1994, p. 77)

La durée du jour et inversement celle de la nuit s'accroissent ou diminuent selon la saison quand on s'éloigne de l'équateur, l'écart entre hiver et été étant d'autant plus accentué que l'on s'élève en latitude. **(*Voir aussi Nycthéméral, Rythme*)**

photopériodisme, n. m. (*photoperiodism*). Réaction d'un être vivant aux variations du rythme nycthéméral et de durée de la lumière solaire selon les saisons. Ce phénomène joue un rôle fondamental dans le déterminisme de processus écophysiologiques essentiels tels la prise de nourriture, la reproduction, les migrations, la diapause ou encore l'hibernation chez certains Mammifères.

photophase, n. f. (*photophasis*). Durée correspondant à la phase diurne au cours d'un cycle nycthéméral.

photophile, adj. (*photophilic*). Désigne un organisme qui se développe en pleine lumière. **(*Voir aussi Héliophile*)**

photophobe, adj. (*photophobic*). Désigne un organisme qui fuit la lumière. **(*Voir aussi Sciaphile*)**

photophore, n. m. (*photophore*). Organe où se localisent les structures bioluminescentes chez un animal.

photorespiration, n. f. (*photorespiration*). Phénomène parasite de la photosynthèse des plantes en C_3 qui tient en une réoxydation du substrat intermédiaire formé dans le cycle de Calvin par fixation du CO_2 atmosphérique. Il se traduit par une perte nette de production photosynthétique donc du rendement de conversion du CO_2 en matières organiques.

photosensibilité, n. f. (*photosensitivity*). Propriété de certaines molécules ou d'êtres vivants particuliers d'être détruits par la lumière solaire.

photosynthèse, n. f. (*photosynthesis*). Phénomène dont l'importance écologique est capitale. La photosynthèse représente l'un des processus écologiques fondamentaux car elle est à l'origine de la quasi-totalité de la production primaire de la biosphère et aussi de celle de l'oxygène dans l'atmosphère terrestre.

La photosynthèse s'effectue chez les végétaux autotrophes uni- ou pluricellulaires à l'intérieur d'organites, les chloroplastes, dont certaines structures membranaires renferment les molécules de chlorophylle. Celle-ci capte une partie de l'énergie solaire pour la transformer en énergie biochimique au travers des réactions photosynthétiques.

La réaction générale de la photosynthèse peut s'écrire :

$$nCO_2 + 2\,nH_2O + \text{énergie lumineuse} \xrightarrow{\text{chlorophylle}} [C(H_2O)]_n + \frac{n}{2}O_2 + nH_2O$$

On distingue deux phases majeures dans la photosynthèse :

– la première dite *phase lumineuse* capte l'énergie contenue dans les radiations rouges du flux solaire et effectue à partir de cette dernière la photolyse de l'eau avec dégagement d'oygène et formation de molécules énergétiques (ATP) avec l'énergie ainsi récupérée.

– la seconde dite *phase obscure* se traduit par la fixation du CO_2 atmosphérique et la formation de glucose et d'acides aminés au cours d'une série de réactions qui constituent le cycle de Calvin. À l'intérieur de ce cycle, l'énergie stockée pendant la phase lumineuse est utilisée à la réduction du CO_2 et à la synthèse de diverses molécules organiques simples.

Il existe selon les espèces végétales, deux types de réactions photosynthétiques selon la nature d'un métabolite intermédiaire formé au cours de cette phase.

On distingue des plantes dites en C_3 et des plantes en C_4. Les premières fabriquent un glucide intermédiaire à trois carbones par action d'une enzyme, la ribulose diphosphate carboxylase (Rubisco) sur un précurseur à cinq carbones, le ribulose biphosphate avec fixation de CO_2.

Dans les plantes en C_4 existe un composé précurseur à quatre carbones. Par ailleurs, il existe une différence de localisation anatomique entre les cellules à chlorophylle et celles où est localisée la Rubisco ce qui empêche l'oxygène d'entrer en compétition avec le CO_2 sur son cycle de fixation et de provoquer des pertes d'énergie par réaction d'oxydation par la Rubisco (photorespiration).

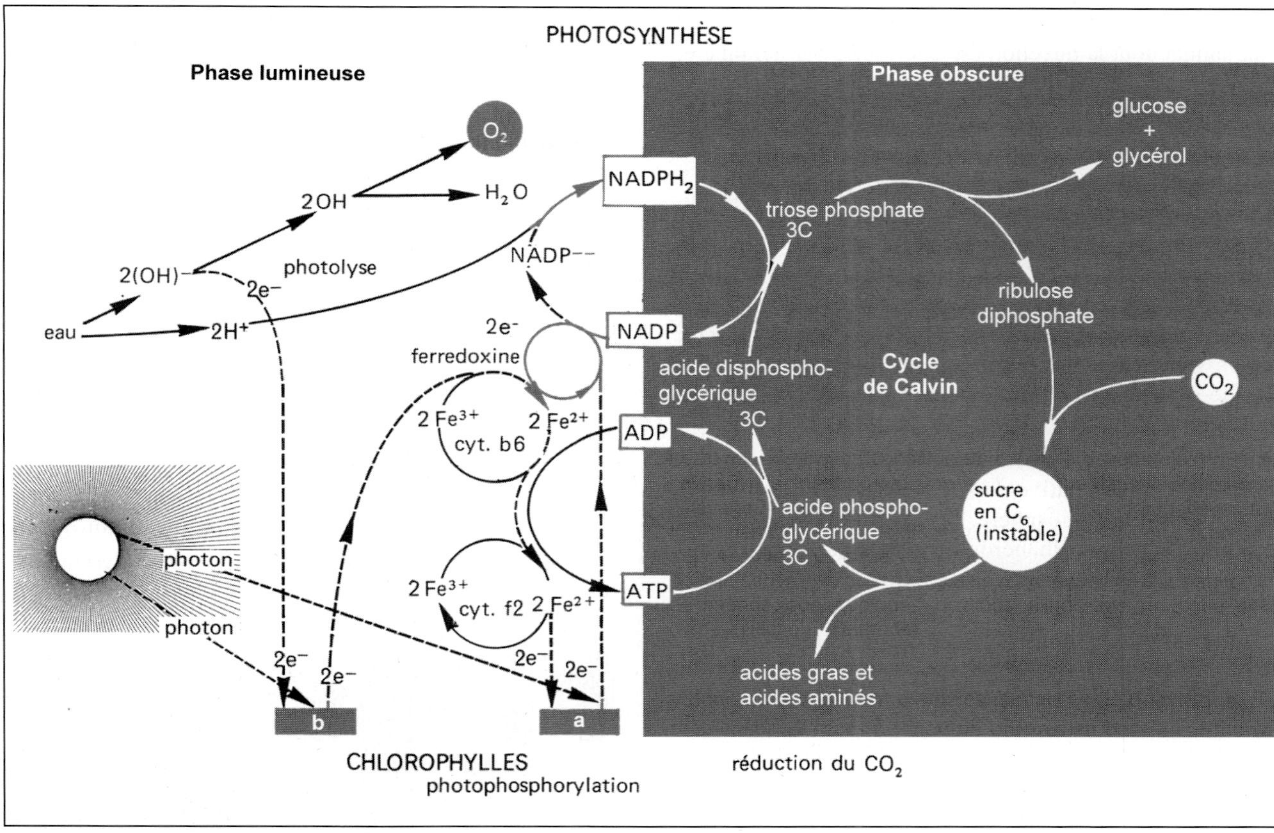

Schéma général de la **photosynthèse**. (In Ramade F., *Écologie fondamentale*, Ediscience international, 2e ed., 1994, p. 24)

L'intensité de la photosynthèse dépend des facteurs abiotiques et en premier lieu de l'intensité de la lumière. On distingue des plantes héliophiles (ce qui est en particulier le cas des plantes en C_4) et des plantes sciaphiles, dont l'intensité de la fixation atteint très vite un plateau en fonction de la luminosité. Le seuil de compensation de la photosynthèse se situe à des intensités lumineuses beaucoup plus faibles chez les plantes sciaphiles, d'à peine quelques dizaines de lux pour les plus adaptées à la pénombre contre le millier de lux pour les plus héliophiles.

La teneur en CO_2 est aussi un facteur déterminant. Le seuil de compensation de la photosynthèse est atteint pour 150 ppm de ce gaz avec les plantes en C_3 et environ 100 ppm avec les plantes en C_4. ***(Voir aussi Compensation, point de, Plantes en C_3, C_4, Production primaire, Productivité des écosystèmes)***

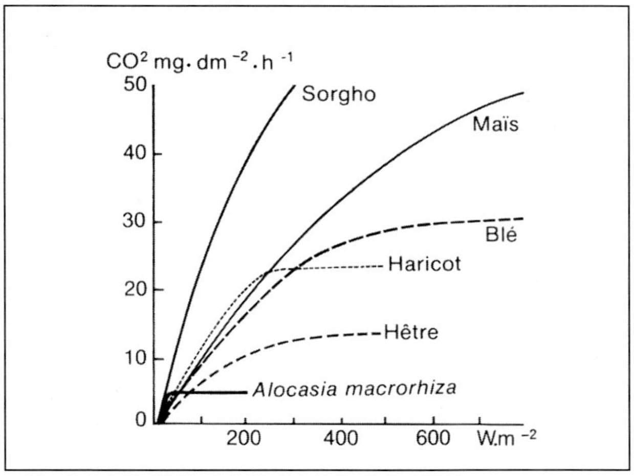

Influence de l'intensité de la lumière sur l'importance de la **photosynthèse**. Ici est figurée l'importance relative de la fixation photosynthétique exprimée en carbone organique produit par cm² de surface foliaire et par heure en fonction de l'intensité du flux solaire, pour diverses espèces végétales héliophiles du sorgho au haricot et sciaphiles (*Alocasia macrorhiza*). Le hêtre occupe une position intermédiaire. (D'après Lemée, op. cit., in Ramade F., *Écologie fondamentale*, Ediscience international, 2e ed., 1994, p. 74)

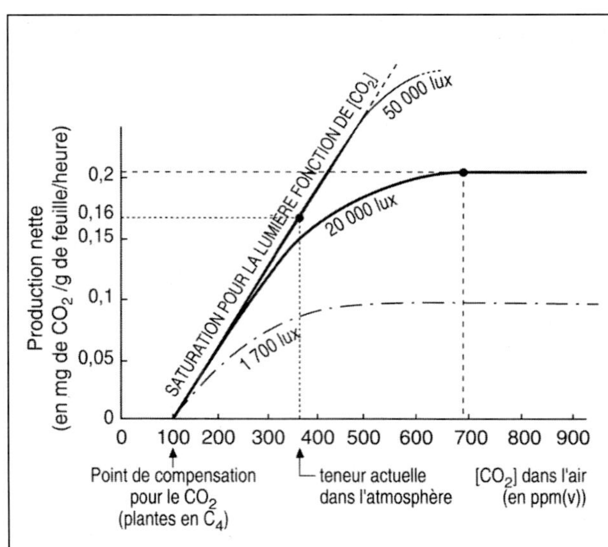

Influence de la teneur en CO_2 sur l'intensité de la **photosynthèse**.

phototactisme, n. m. (*phototactism*). Réaction motrice d'un animal dont la direction est déterminée par la lumière. On parle de phototropie positive si l'animal est attiré par la lumière et au contraire de phototropie négative s'il est lucifuge.

phototaxie, n. f. (*phototaxy*). Propriété des animaux doués de phototactisme.

phototrophe(s), adj. (*phototrophic*). Désigne les organismes doués de phototrophie. On peut distinguer deux grands groupes parmi les organismes aquatiques capables de réaliser la photosynthèse, également dénommés phototrophes.

Le premier, le plus important par le nombre d'espèces et la prépondérance relative de son activité dans la production primaire de la biosphère, est constitué par des eucaryotes autotrophes (Phanérogames et algues macrophytes, algues unicellulaires phytoplanctoniques dans les eaux continentales et océaniques) et par des procaryotes (Cyanophycées = cyanobactéries, bactéries *Prochloraceae*). Tous les organismes de ce groupe se caractérisent par la présence de chlorophylle a et de deux photosystèmes dits I et II. Ici l'énergie captée doit être transférée obligatoirement dans la chlorophylle P680-P690 du photosystème II dont la capacité d'absorption lumineuse est située dans les radiations rouges, de longueur d'onde comprise entre 680 et 700 mµ. En réalité, les radiations photosynthétiquement actives (RPA) sont comprises entre 400 mµ et 700 mµ et la présence de divers pigments accessoires (caroténoïdes, chlorophylle b, phycobilines, xanthophylles) participe à la captation de l'énergie lumineuse incidente dans la bande du visible. Par ailleurs, ces organismes phototrophes utilisent l'eau comme donneur d'électrons qu'ils photolysent pour se procurer le pouvoir réducteur nécessaire pour la fixation du CO_2 avec pour corollaire dégagement d'oxygène.

Le second groupe d'organismes autotrophes est propre aux biotopes aquatiques et représenté par les bactéries phototrophes dites anoxygéniques. Elles possèdent des pigments photosynthétiques particuliers : bactériochlorophylles qui absorbent la lumière dans le proche infrarouge (entre 700 et 1 000 mµ) et certains caroténoïdes qui leurs sont propres. Ces bactéries phototrophes sont dépourvues de photosystème II et sont donc incapables de photolyser l'eau. Elles sont de ce fait conduites à utiliser des donneurs d'électrons plus réduits (soit inorganiques : composés du soufre, H_2, fer II, ou encore divers composés organiques de faible poids moléculaire). ***(Voir aussi Bactérie, Photosynthèse, Sulfobactéries)***

phototrophie, n. f. (*phototrophy*). Propriété spécifique des organismes autotrophes à utiliser la lumière solaire comme source primordiale et unique de leur énergie métabolique. Celle-ci est possible grâce au processus de la photosynthèse. ***(Voir aussi Autotrophie, Hétérotrophie, Photosynthèse)***

phototropisme, n. m. (*phototropism*). Réponse d'orientation d'un être vivant en direction de la lumière.

photovoltaïque, adj. ◆ **cellule** ~ (*photovoltaic cell*) : dispositif à base de diodes fabriquées avec des semiconducteurs cadmium-sélénium ou actuellement de silicium qui permet la conversion directe de l'énergie lumineuse en électricité. Les « piles solaires » ou photopiles sont fondées sur l'utilisation de tels équipements pour la captation de l'énergie solaire. Elles atteignent actuellement un rendement de conversion supérieur à 10%.

Malgré un coût élevé, de grands progrès ont été faits dans la fabrication de tels dispositifs, dont le prix a baissé d'un facteur 50 entre 1970 et le début des années 1990. Cependant, le prix actuel du kWh installé est encore nettement supérieur à celui des sources d'électricité classiques ce qui limite le développement à vaste échelle de telles installations. Elles sont néanmoins de plus en plus utilisées pour l'alimentation autonome de bâtiments situés en des lieux isolés, donc éloignés du réseau électrique conventionnel, en particulier là où le vent n'est pas assez régulier pour utiliser une éolienne, ou si la puissance nécessaire est faible (cas des relais téléphoniques le long des autoroutes par exemple). ***(Voir aussi Silicium, Solaire)***

Vue de détail de cellules solaires **photovoltaïques** au silicium. (Cliché F. Ramade)

phragmitaie, n. f. (*reed bed*). Voir Roselière.

Phragmites (*reeds*). Nom scientifique des roseaux, plantes amphibies croissant dans la zone littorale des écosystèmes lentiques, ainsi que sur les rives des cours d'eau lents. ***(Voir aussi Roseau)***

phréaticole, adj. (*phreaticolous*). Désigne une espèce qui vit dans les eaux souterraines. ***(Voir aussi Phréatophile)***

phréatique, adj. Désigne tout ce qui concerne les eaux souterraines. ◆ **nappe** ~ (*aquifer*) : formation hydrogéologique consistant en des nappes d'eau souterraine donc synonyme d'aquifère dans la terminologie française. Ces nappes jouent un rôle essentiel dans le cycle de l'eau en milieu continental car elles représentent un volume beaucoup plus important que celui des eaux de surface. De ce fait, elles interviennent de façon prépondérante pour réguler le débit des cours d'eau. En effet, elles accumulent l'excès des précipitations pendant les saisons humides et les restituent aux sources en saison sèche. Les nappes phréatiques ont un taux de renouvellement variable qui dépend de la profondeur à laquelle elles se trouvent. Certaines, très profondes, sont fossiles et peuvent remonter au secondaire. À l'heure actuelle, les nappes sont très sollicitées, surtout dans les régions semi-arides, pour les divers besoins anthropiques, en particulier pour l'irrigation des cultures. Dans certaines régions du monde, il en est résulté une baisse sensible de leur niveau au cours des dernières décennies. Ainsi, aux États-Unis, dans les plaines de l'Ouest, la grande nappe aquifère d'Ogalalla a baissé de 30 m depuis la fin des années 1960. ◆ **principaux types de nappes ~** : on distingue trois types principaux : des nappes libres étendues, contenues dans des aquifères continus ou discontinus (propres en particulier aux systèmes karstiques), des nappes semi-captives et des nappes captives, localisées, de volume limité, dont il existe plusieurs variantes mais qui possèdent en commun le fait d'être contenues dans un réservoir aquifère dont le toit est imperméable. Le renouvellement de ces nappes est généralement lent, certaines d'entre elles étant même fossiles. ◆ **pollution des nappes ~** (*aquifer pollution*) : la pollution constitue une menace majeure pour les nappes phréatiques. Elle résulte de diverses sources de contamination. L'une d'entre elles, devenue ubiquiste, est la pollution par les lixiviats des décharges réputées « contrôlées » – en fait trop souvent incontrôlées – de déchets urbains et des industries chimiques.

Une autre cause de contamination des nappes résulte des pollutions diffuses, en particulier de celles liées à l'usage des pesticides et des fertilisants en agriculture.

Les teneurs en nitrates des nappes phréatiques augmentent sans cesse dans les pays industrialisés par suite de la surfertilisation azotée des cultures. Par ailleurs, on peut détecter jusqu'à 50 pesticides différents dans certaines nappes phréatiques en particulier des composés très dangereux comme l'aldicarbe et cela à des concentrations excédant parfois les CMA dans l'eau de boisson.

Dans certains sites, des décharges de déchets chimiques « contrôlées » ou clandestines libèrent dans les nappes de façon permanente des substances cancérogènes qui conduisent à une redoutable contamination des eaux souterraines et les rendent inutilisables pour l'alimentation d'un réseau d'adduction urbain ! À l'heure actuelle, bien qu'il existe un nombre croissant de cas où l'on a réussi à dépolluer de façon efficace et à un coût acceptable des nappes de relativement faible volume, la dépollution de ces dernières reste en règle générale économiquement, sinon techniquement, irréalisable. (***Voir aussi Dépollution***) ◆ **protection des nappes ~** : comme les phénomènes naturels d'autoépuration nécessitent des décennies, des siècles voire des millénaires

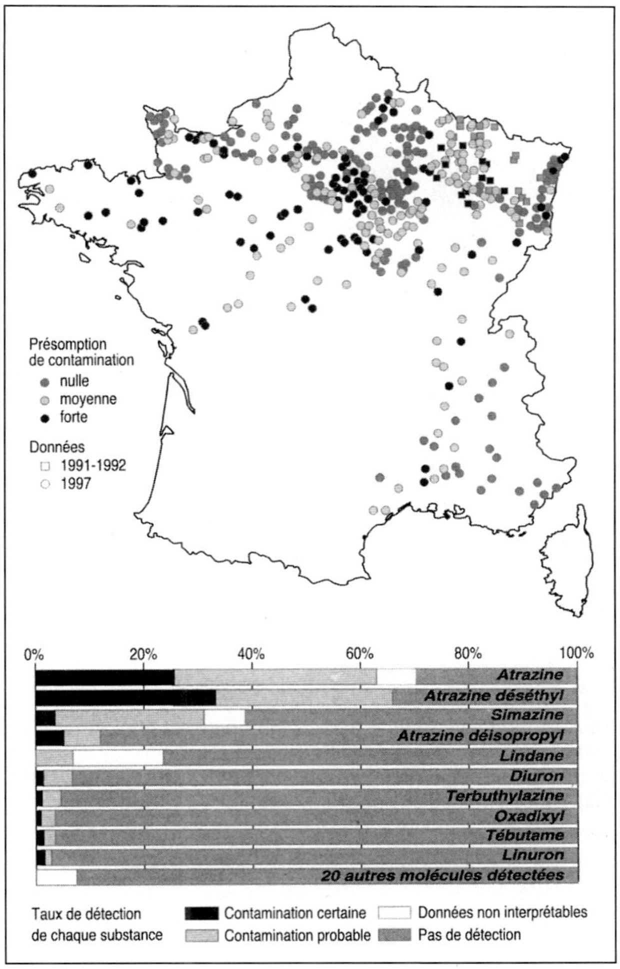

Pollution des nappes **phréatiques** par les pesticides en France. (D'après IFEN, op. cit., 1998, p. 22)

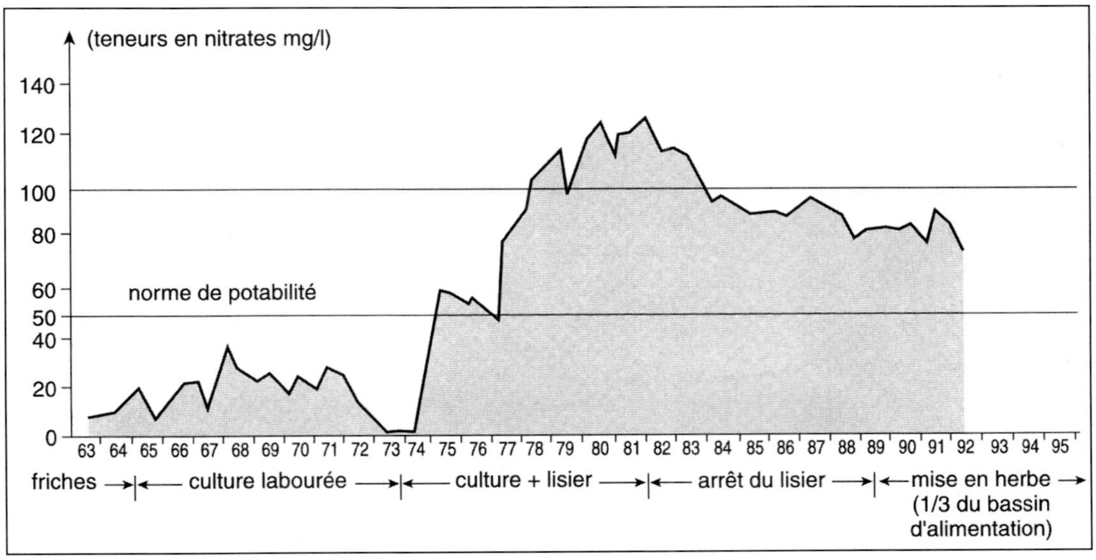

Exemple de l'influence des usages agricoles des sols sur la pollution de la nappe **phréatique** par les nitrates (source de Lincourt, nappe du Dogger). (D'après Guillemin et Roux, op. cit., p. 185)

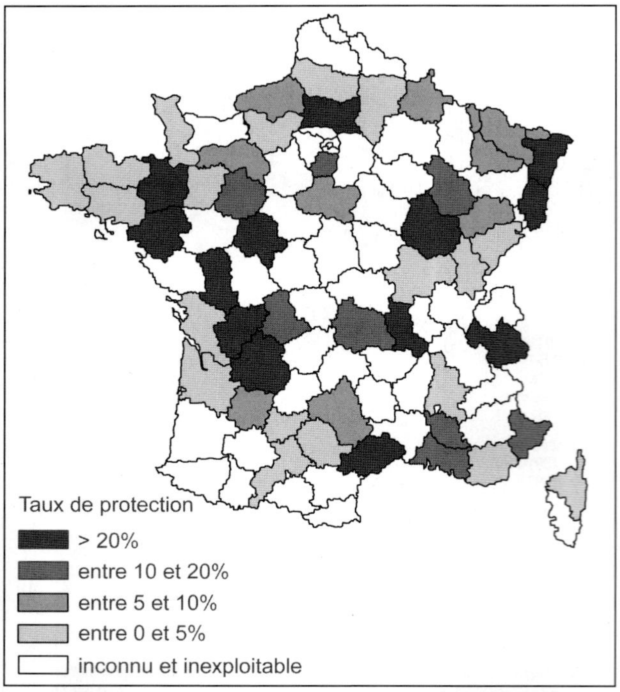

Taux de protection des captages des nappes **phréatiques** en France selon les départements. (D'après Guillemin et Roux, op. cit., in Ramade F., *Dictionnaire encyclopédique des pollutions*, Ediscience international, 2000, p. 395)

pour qu'une nappe contaminée puisse retrouver sa pureté originelle, les problèmes évoqués ci-dessus soulèvent l'inéluctable question de la prévention de la pollution des nappes phréatiques et plus particulièrement celle de la protection des aires de captage. Celle-ci implique une gestion simultanée de l'occupation des sols et de la mise en œuvre des objectifs de qualité des eaux souterraines. La corrélation entre la nature des usages agricoles, en particulier le recours intensif aux fertilisants, et l'importance de la pollution diffuse des nappes, est bien documentée. À cela s'ajoute l'impact potentiel de tout projet d'implantation de zone industrielle ou autre type d'activité *a priori* polluante. Tout aménagement – qu'il soit en projet ou préexistant – devrait faire l'objet d'une analyse de risques environnementaux et, si nécessaire, être accompagné de la réalisation de dispositifs de protection des nappes en particulier de systèmes d'étanchéisation pour contrôler les eaux d'infiltration, mesure qui devrait être impérative dans le cas des décharges de classe I. ***(Voir aussi Aquifère, Artésien, Eau, Nitrate, Pollution)***

phréatobie(s), n. m. (*phreatobia*). Organisme inféodé aux eaux souterraines.

phréatobiologie, n. f. (*phreatobiology*). Discipline dont l'objet est l'étude de la biologie des eaux souterraines.

phréatologie, n. f. (*phreatology*). Discipline dont l'objet est l'étude des eaux souterraines.

phréatophile, adj. (*phreatophilous*). Désigne un être vivant qui se développe dans les nappes souterraines.

phréatophyte, n. f. (*phreatophyte*). Végétal se développant en absorbant en permanence l'eau de la couche d'imbibition d'une nappe phréatique proche de la surface.

Phrygane(s), n. m. (*caddis fly*). Voir Trichoptères.

phycobionte, n. m. (*phycobiont*). Algue ou cyanobactérie représentant le composant autotrophe d'un lichen.

phycocyanine, n. f. (*phycocyanin*). Pigment du groupe des chromoprotéines, à noyau tétrapyrrolique, extrait des Cyanophycées.

phycoérythrine, n. f. (*phycoerythrin*). Pigment rouge produit par les Rhodophycées. ***(Voir aussi Rhodophytes)***

phycologie, n. f. (*phycology*). Discipline qui a pour objet l'étude des algues et autres thallophytes.

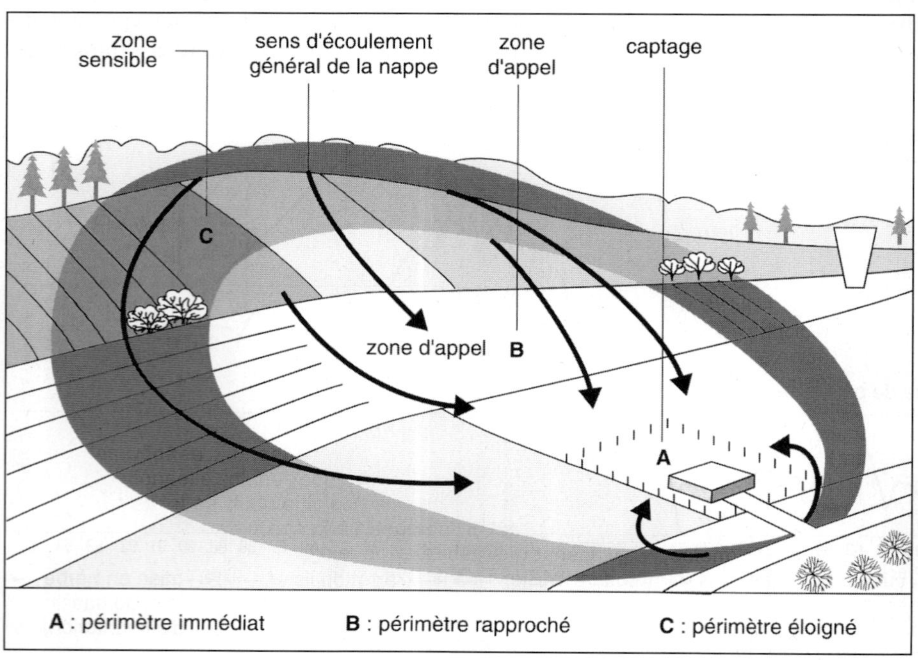

Mise en place d'un périmètre de protection d'un captage alimenté de façon diffuse par une nappe **phréatique**. La protection du périmètre de captage proprement dit (**A**) ne constitue qu'un pis-aller. Non seulement la protection du périmètre rapproché (**B**) mais aussi celle du périmètre éloigné (**C**) s'imposent afin de s'assurer que la nappe ne sera pas l'objet d'une pollution clandestine par les produits chimiques utilisés en agriculture. (D'après Guillemin et Roux, op. cit., in Ramade F., *Dictionnaire encyclopédique des pollutions*, Ediscience international, 2000, p. 396)

phycotoxine(s), n. f. (*phycotoxin*). Toxines produites par diverses espèces phytoplanctoniques. Elles sont susceptibles de contaminer les Mollusques bivalves planctonophages, surtout les moules mais aussi, quoique moins fréquemment, les palourdes, tellines, et même à un moindre degré les coquilles Saint-Jacques. En revanche, les huîtres sont rarement affectées. Elles se manifestent plus particulièrement lors d'épisodes d'eaux colorées qui affectent de plus en plus souvent en été diverses zones littorales de l'Europe occidentale suite à un apport excessif de nutriments d'origine tellurique. On distingue des toxines diarrhéiques telles celles produites par les Péridiniens du genre *Dinophysis* et des neurotoxines paralysantes produites par *Alexandrinum minutum* et d'autres espèces. Ces toxines, thermostables, ne sont pas détruites par la cuisson des coquillages. (***Voir aussi Marées, Pollution des eaux***)

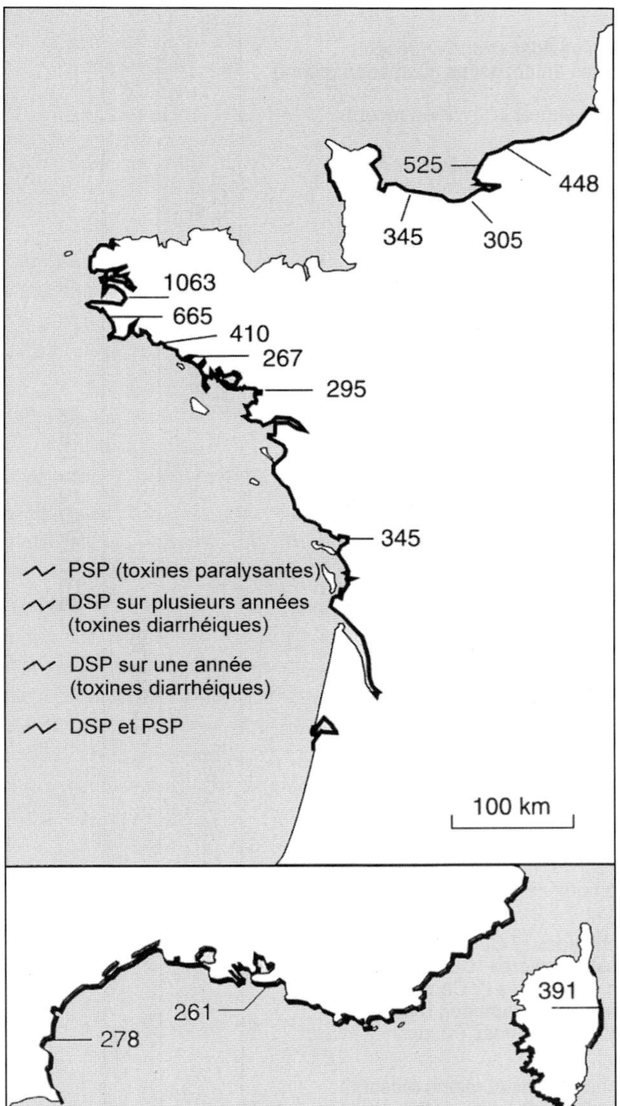

Principales zones des rivages atlantiques et méditerranéens français où se sont observés des phénomènes récurrents d'eaux colorées (marées dites « rouges » par exemple) résultant d'une prolifération de Dianophycées ou autres algues phytoplanctoniques sécrétant des **phycotoxines** contaminant de nombreuses espèces de mollusques bivalves dont la consommation devient dangereuse. À droite des zones de production conchylicole est figuré le nombre de jours cumulés pendant lesquels les exploitations ont été fermées pour éviter les intoxications de consommateurs de coquillages au cours de la période 1984-1996 (seules sont figurées les fermetures excédant 260 jours). (D'après IFREMER, in IFEN, op. cit., 1998, p. 50)

phylétique, adj. (*phyletic*). Qui se rapporte à la phylogénie ou au phylum pris en tant que tel. ◆ **évolution** ~ (*phyletic evolution*) : changements évolutifs dans une lignée résultant d'une adaptation graduelle aux changements des conditions environnementales. ◆ **gradualisme** ~ (*phyletic gradualism*) : théorie considérant que la macro-évolution procède de la micro-évolution. Cette dernière agit de façon graduelle et plus ou moins permanente sur de longues périodes de temps. Ces changements graduels conduiront éventuellement à un stade où les descendants d'une population ancestrale divergeront au point de donner une espèce, un genre ou un taxon nouveau d'ordre supérieur.

phyllodie, n. f. (*phyllody*). Anomalie morphogénétique des organes floraux par suite de laquelle ils prennent un aspect de feuille, ce qui est un symptôme de certaines affections phytopathogènes.

phyllophage, adj. (*phyllophagous*). Désigne une espèce se nourrissant de feuilles.

phylloxéra, n. m. (n. sc. : *Phylloxera vastatrix*). Insecte Homoptère du groupe des pucerons, inféodé aux plantes du genre *Vitis*. Originaire d'Amérique du Nord, le phylloxéra, introduit en Europe vers 1860, provoqua la quasi-destruction du vignoble européen. Cet insecte effectue un cycle vital complexe chez les vignes américaines marqué par une alternance de générations parthénogénétiques et bisexuées doublé d'un développement de générations successives sur les feuilles (femelles gallicoles) et sur les racines (femelles radicicoles). Les individus parthénogénétiques vivent à l'intérieur de tumeurs végétales provoquées par la piqûre du parenchyme foliaire (galles) ou des tissus racinaires (nodosités).

À l'opposé, le phylloxéra ne s'attaque qu'aux racines sur la vigne européenne. Il y provoque la formation de tumeurs, les tubérosités, qui se nécrosent et font périr la plante. Sur

Galles de **phylloxéra** sur une feuille de vigne américaine (*Vitis rupestris*). (Cliché F. Ramade)

les vignes américaines au contraire, le phylloxera ne donne que des nodosités racinaires sans danger pour ces espèces.

La lutte contre le phylloxéra a consisté à greffer les variétés de vignes européennes sur des souches de vignes américaines résistantes à ce parasite. ***(Voir aussi Introduction, Ravageurs)***

phylogenèse, n. f. (*phylogenesis*). Ensemble des processus évolutifs qui conduisent à l'apparition de phylum ou de taxons nouveaux d'ordre inférieur.

phylogénie, n. f. (*phylogeny*). Étude des origines évolutives d'un groupe d'êtres vivants établie par diverses métho-

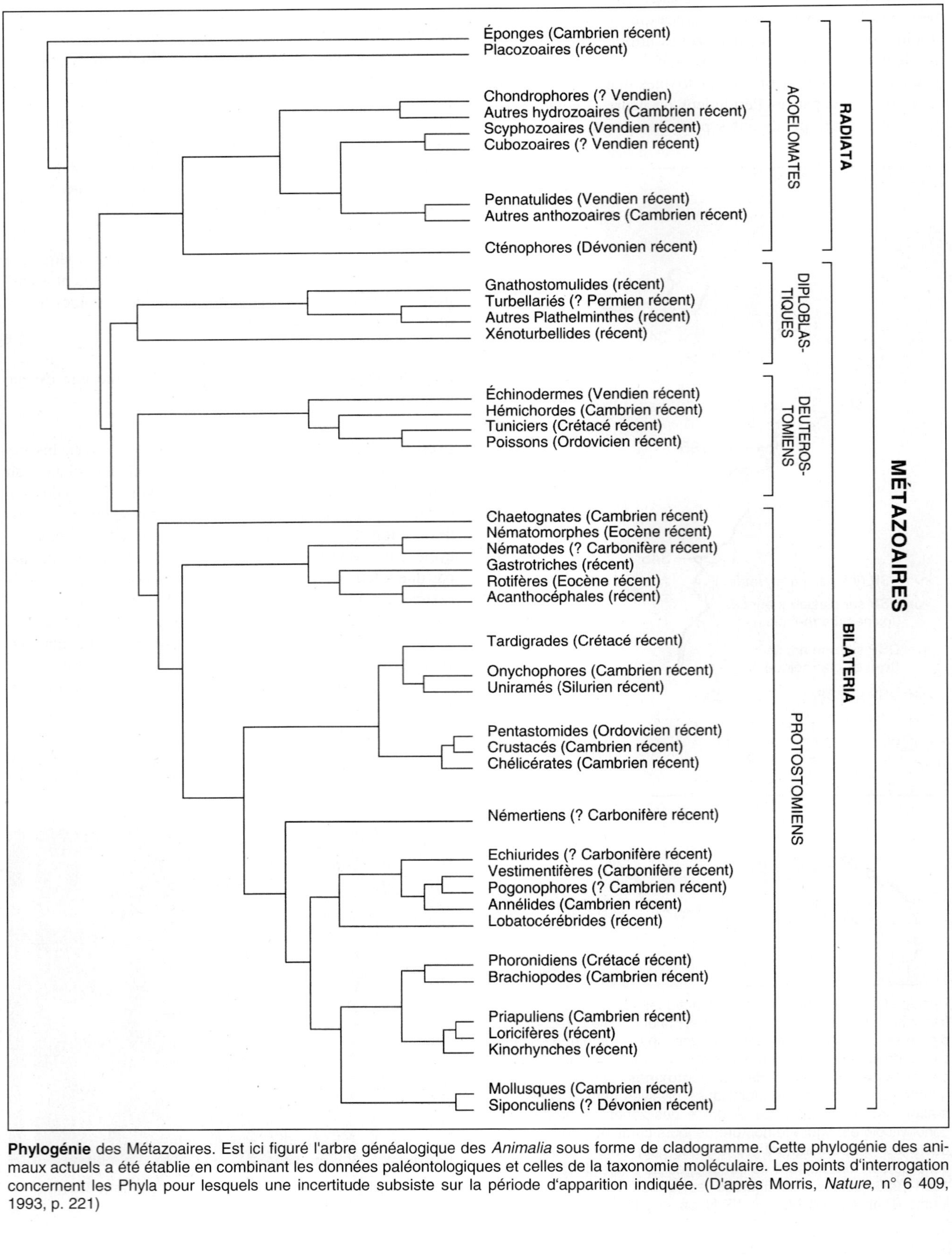

Phylogénie des Métazoaires. Est ici figuré l'arbre généalogique des *Animalia* sous forme de cladogramme. Cette phylogénie des animaux actuels a été établie en combinant les données paléontologiques et celles de la taxonomie moléculaire. Les points d'interrogation concernent les Phyla pour lesquels une incertitude subsiste sur la période d'apparition indiquée. (D'après Morris, *Nature*, n° 6 409, 1993, p. 221)

des fondées sur l'anatomie, la paléontologie, les affinités sérologiques et, en date plus récente, la comparaison de la structure moléculaire des ADN qui permet d'établir, de façon absolue, le degré de parenté génétique de deux lignées d'êtres vivants.

La construction des arbres phylogéniques se fait en reliant entre eux deux à deux les groupes qui présentent la distance génétique la plus faible et ainsi de suite jusqu'à ce que l'on remonte au type commun ancestral. ***(Voir aussi Cladogramme)***

phylogénique, adj. (*phylogenic*). Qui se rapporte à la phylogénie. ◆ **systématique ~** (*phylogenic systematics*) : branche de la taxinomie étudiant les êtres vivants et les regroupant à partir de leurs affinités évolutives. ***(Voir aussi Cladistique)***

phylum, n. m. (*phylum*). Terme de taxonomie synonyme d'embranchement.

physionomie, n. f. (*physionomy*). Aspect général d'une plante prise isolément ou d'une formation végétale. Chez les animaux, le terme est rarement utilisé. ***(Voir aussi Habitus)***

Physopodes, n. m. (*Physopoda*). Voir Thysanoptères.

phytoalexine, n. f. (*phytoalexin*). Substance naturelle toxique pour les champignons que produisent les plantes supérieures lorsqu'elles sont attaquées par une maladie cryptogamique.

phytobenthos, n. m. (*phytobenthos*). Ensemble des végétaux vivant au fond des biotopes aquatiques.

phytochimie, n. f. (*phytochemistry*). Branche de la chimie dont l'objet est l'étude des substances naturelles produites par le métabolisme des plantes.

phytochrome, n. m. (*phytochrome*). Pigment végétal qui initialise la croissance, la germination, la floraison lorsqu'il est activé par les radiations rouges. À l'opposé, en l'absence de lumière rouge, ce pigment est désactivé ou disparaît. Le phytochrome est l'intermédiaire qui régit les activités physiologiques de la plante contrôlées par le photopériodisme.

phytocide, n. m. (*phytocid*). Substance chimique tuant les plantes et utilisée comme désherbant ou défoliant. ***(Voir aussi Herbicides)***

phytoclimatologie, n. f. (*phytoclimatology*). Branche de la climatologie qui étudie l'action du couvert végétal sur le climat.

phytocœnose, n. f. (*phytocoenosis*). Terme désignant l'ensemble de la communauté végétale présente dans une biocœnose. ***(Voir aussi Association, Phytosociologie)***

phytodécontamination, n. f. (*phytodecontamination*). Procédé de bioremédiation consistant à effectuer une dépollution des sols ou des eaux par recours à des végétaux capables de dégrader les polluants, en particulier par l'effet rhizosphère ou à les extraire des sols en les accumulant dans leur biomasse. Il consiste à cultiver des végétaux adéquats et, dans le cas où il s'agit d'une phytoextraction, à ensuite les récolter, à les stocker dans des décharges voire même à les incinérer éventuellement et à gérer les résidus comme des déchets de classe 1. ***(Voir aussi Bioremédiation, Phytodégradation, Phytoextraction)***

phytodégradation, n. f. (*phytodegradation*). Processus consistant à utiliser les plantes en parallèle avec les microorganismes de la rhizosphère pour accélérer la dégradation des polluants xénobiotiques organiques (pesticides, hydrocarbures dont les HAP par exemple).

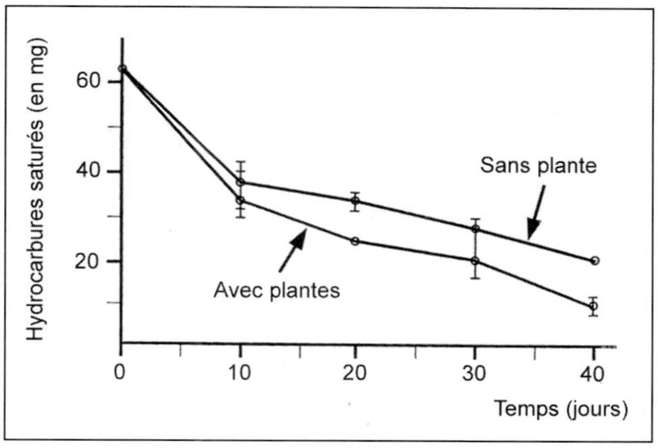

Emploi de la **phytodégradation** pour la dépollution des sols : comparaison de la vitesse de dégradation des hydrocarbures saturés par un sol cultivé en maïs ou dénudé (témoin). (D'après Chaineau et al., 1999)

phytoextraction, n. f. (*phytoextraction*). Les polluants sont de façon générale absorbés des sols ou des eaux contaminés par le jeu de la translocation radiculaire et vont s'accumuler dans l'organisme végétal. Certaines espèces, au système racinaire très développé, présentant une aptitude particulière à la concentration de certains éléments et parfois de certains composés organiques, possèdent une potentialité importante de phytoextraction des contaminants présents dans l'environnement. Cette capacité d'hyperaccumulation est bien connue pour de nombreux métaux toxiques. D'autres travaux ont montré que certaines plantes peuvent accumuler dans leurs tubercules, voire dans leurs parties aériennes, des composés organiques lipophiles, comme par exemple les insecticides organochlorés. La phytoextraction est actuellement mise à profit pour la décontamination de certains sols pollués par des métaux ou des polluants organiques persistants. ***(Voir aussi Phytoremédiation)***

Phytoflagellés, n. m. (*Phytoflagellata*). Classe de Protistes ayant une biologie complexe. Beaucoup d'espèces sont autotrophes mais il en existe un certain nombre susceptible de passer rapidement de l'autotrophie à l'hétérotrophie selon les conditions de milieu. ***(Voir aussi Protistes, Protozoaires)***

phytogéocœnose, n. f. (*phytogeocoenosis*). Terme parfois utilisé en biogéographie pour désigner une phytocœnose et les conditions physicochimiques propres au biotope auquel elle est inféodée.

phytogéographie, n. f. (*phytogeography*). Étude de la distribution géographique des végétaux. Cette dernière correspond à celle des grands empires biogéographiques. Cependant, les botanistes désignent souvent les provinces phytogéographiques par une nomenclature propre et la délimitation de ces dernières peut présenter dans certains cas des différences avec celle des provinces biogéographiques. **(*Voir aussi Biogéographie, Zoogéographie*)**

phytogramme, n. m. (*phytogram*). Diagramme représentant la position d'une espèce végétale dans une phytocœnose.

phytohormone, n. f. (*phytohormone*). Substances naturelles – également dénommées auxines – ou de synthèse qui contrôlent ou agissent sur la croissance des plantes.

Phytolaccacées, n. sc. Famille primitive de l'ordre des Centrospermales (Caryophyllidées). Elle comporte environ 200 espèces de végétaux arborés ou arbustifs, d'origine tropicale. Une d'entre elles, *Phytolacca dioica*, a été introduite comme arbre d'ornement dans la région méditerranéenne.

phytomasse, n. f. (*phytomass*). Synonyme de biomasse. Voir Biomasse.

phytoneuston, n. m. (*phytoneuston*). Partie du neuston constituée par des organismes végétaux.

phytopathogène, adj. (*phytopathogen*). Désigne un agent vecteur des maladies des plantes et ses effets. Il s'agit de façon très générale d'affections cryptogamiques mais aussi, quoique dans une moindre mesure, virales ou bactériennes. **(*Voir aussi Champignon, Fongicide*)**

phytopédologie, n. f. (*phytopedology*). Branche de la pédologie étudiant le rôle du couvert végétal dans la genèse et l'évolution des sols. **(*Voir aussi Pédologie*)**

phytophage, adj. (*phytophagous*). Désigne les Invertébrés dont le régime alimentaire est de type herbivore. Ce terme s'emploie souvent chez les entomologistes.

phytopharmacie, n. f. (*phytopharmacy*). Discipline dont l'objet est l'étude des substances permettant de lutter contre les ravageurs et les maladies des végétaux : insecticides, herbicides, fongicides, acaricides, etc., dénommés sous le terme général de pesticides.

phytoplancton, n. m. (*phytoplankton*). Terme désignant l'ensemble des organismes unicellulaires autotrophes du plancton marin et limnique. En milieu océanique, les groupes dominants du phytoplancton sont constitués par des Diatomées, des Péridiniens et des Coccolithophorides. Dans les écosystèmes limniques, les Diatomées sont largement dominantes, suivies des Péridiniens, de Chlorophycées unicellulaires, de Chrysophycées et de Xanthophycées. Parmi les nombreux autres groupes d'autotrophes présents dans le plancton, on peut citer en particulier les Cyanophycées, qui ont l'aptitude de fixer l'azote atmosphérique et de le transformer en nitrates.

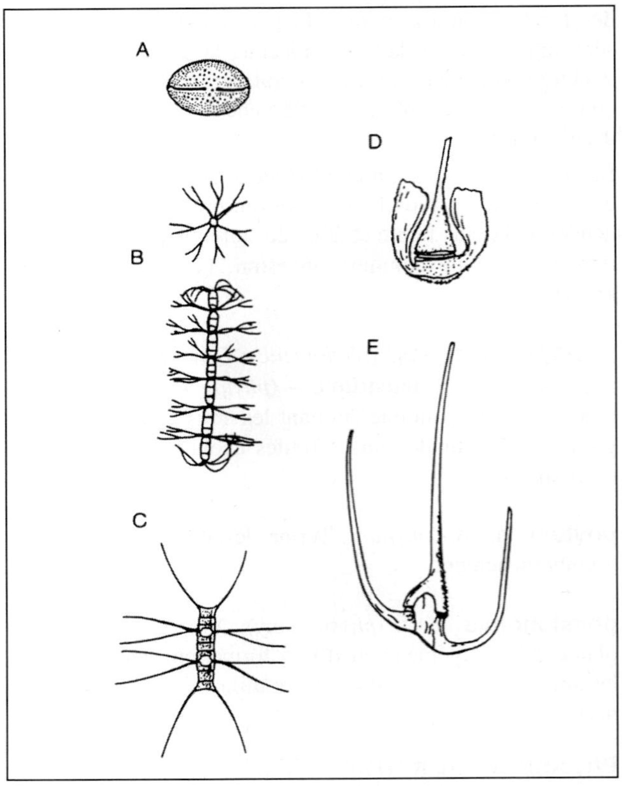

Quelques organismes autotrophes constituants majeurs du **phytoplancton** marin. **A**) *Navicula praetexta*, **B**) *Corethron histrix*, **C**) *Chaetoceros lorenzianus* (Diatomées), **D**) *Ceratium platycorne*, **E**) *Ornithocerox splendidus* (Dinoflagellés). (D'après Peres et Riedl, in Ramade F., *Écologie fondamentale*, Ediscience International, 2e ed., 1994, p. 508)

En fonction de la taille des organismes qui le constituent, on distingue dans le phytoplancton : le macroplancton (cellules mesurant jusqu'à 300 μ), le microplancton (de taille comprise entre 50 μ et 20 μ), le nanoplancton (taille comprise entre 20 μ et 1μ), enfin l'ultraplancton (de taille inférieure à 5 μ). En première approximation, le microplancton est retenu dans les mailles de filets fins à plancton tandis que le nanoplancton passe au travers de ces dernières. Le bactérioplancton est la composante principale de l'ultraplancton, il est surtout constitué de bactéries phototrophes anoxygéniques ou oxygéniques et explique la productivité primaire d'eaux de moyenne profondeur dépourvues d'algues planctoniques. ◆ **effet des pollutions sur le ~** : le phytoplancton est très sensible à la pollution des eaux tant des biotopes aquatiques continentaux que marins. Dans les eaux continentales, la dystrophisation, les pluies acides, de nombreux polluants xénobiotiques, en particulier les herbicides et autres pesticides et divers autres micropolluants de synthèse réduisent son abondance, sa biodiversité et son activité. En milieu marin, dans les eaux de la zone néritique, la pollution tellurique par les apports excessifs de nutriments, divers xénobiotiques organiques, et la pollution des eaux marines par le pétrole constituent les principaux types de polluants perturbant l'activité phytoplanctonique. Parmi les effets les plus sérieux au plan écotoxicologique figure

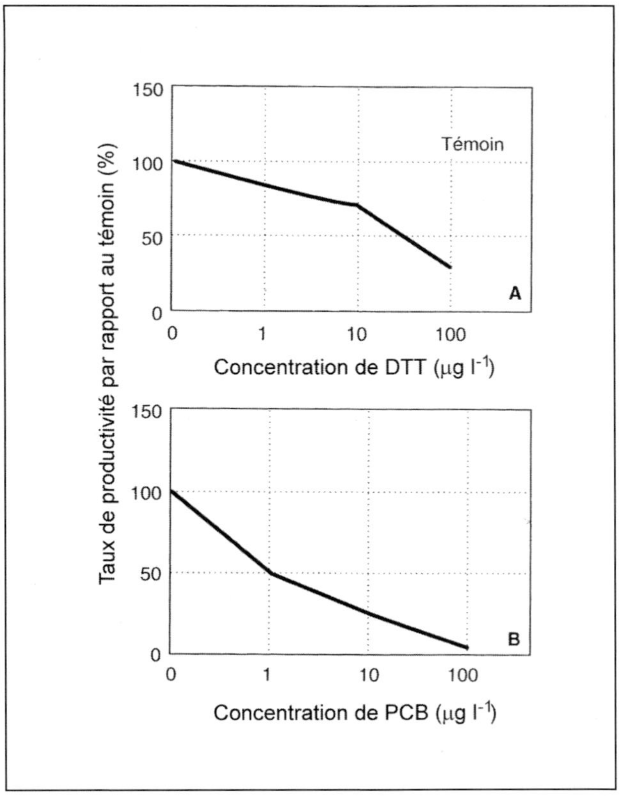

Influence de concentrations croissantes de DDT sur la productivité primaire d'un échantillon de **phytoplancton** de la mer Caspienne (**A**) et de PCB sur celle d'un échantillon de phytoplancton de la Méditerranée (**B**). On constate une réduction de 25% de cette productivité à une concentration de DDT de 1 µg/l (= 1 ppb) et de 50% avec 1 µg/l de PCB. (D'après Patin, in Clark, op. cit., 1994, p. 93)

l'action potentielle de certains micropolluants toxiques comme les composés organochlorés sur la productivité des écosystèmes lacustres et surtout océaniques. ***(Voir aussi Dystrophisation, Herbicide, Océan, Pétrole, Pluies acides)***

phytopleuston, n. m. (*phytopleuston*). Ensemble des espèces végétales flottant à la surface des eaux dans des biotopes limniques. ***(Voir aussi Pleustophytes)***

phytoremédiation, n. f. (*phytoremediation*). Technique de dépollution consistant en l'utilisation de végétaux supérieurs pour traiter les environnements contaminés (eaux, sédiments et sols) afin d'immobiliser puis d'extraire les contaminants qu'ils renferment. En pratique, la phytoremédiation comporte une phase initiale de stabilisation de la pollution qui est fixée grâce au tapis végétal planté à cette intention. Les végétaux pollutolérants vont procéder à une dégradation (phytodégradation) *in situ* des polluants organiques (pesticides, hydrocarbures par exemple) en particulier au niveau de la rhizosphère. La volatilisation d'autres éléments (sélénium, mercure par exemple) est accélérée par ces plantes. Enfin, la biomasse végétale effectue une extraction des contaminants stables – inorganiques – éléments traces (Cd, Ni, Zn, etc.) voire de polluants organiques persistants (PCB par exemple).

phytosanitaire(s), adj. ◆ **produits** ~ (*pesticides*) : terme utilisé dans les professions agricoles pour désigner les diverses matières actives pesticides et leurs diverses formulations utilisées contre les ravageurs et les plantes adventices des cultures. ◆ **traitements** ~ (*pesticides spraying*) : désigne la dispersion de pesticides sur les plantes cultivées. Ces traitements se font en règle générale par *pulvérisation* de « bouillies » consistant en des suspensions ou des émulsions dans l'eau des matières actives pesticides stabilisées grâce à divers adjuvants. Les traitements se pratiquent aussi par *poudrage* lorsque les substances sont diluées dans une poudre inerte servant à leur dispersion. D'autres traitements se font par épandage de granulés imprégnés de pesticides ou encore par dispersion aérienne de solutions huileuses de certains insecticides (*ultra low volume*). Cette méthode est surtout employée contre les insectes vecteurs d'affections pathogènes tropicales. ***(Voir aussi Pesticides)***

phytosociologie, n. f. (*phytosociology*). Branche de l'écologie dont l'objet est la description de la structure des phytocœnoses, l'analyse des groupements végétaux à partir desquels sont définies des *associations végétales*, ainsi que l'étude de l'évolution dans le temps des communautés végétales.

Il existe plusieurs écoles de phytosociologie. La plus importante de nos jours est celle de Braun-Blanquet, dite Montpelliero-Zurichoise.

Toute étude phytosociologique commence par l'analyse de la végétation qui permet d'établir un inventaire floristique à partir duquel peuvent être mis en évidence des groupements végétaux.

L'école de Braun-Blanquet a fait de la *fidélité* le caractère discriminant le plus important dans l'étude des groupements végétaux. Une association végétale est caractérisée par les espèces qui lui sont fidèles, c'est-à-dire qui marquent une plus grande abondance (préférence) que dans les autres groupements où elle peut se rencontrer.

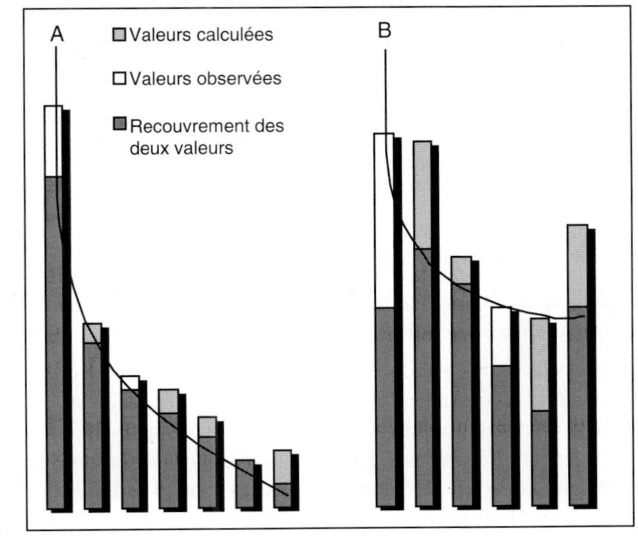

Fondement de la **phytosociologie** : analyse de la distribution de présence des espèces dans un peuplement. Les classes sont figurées par rang d'abondance décroissante dans deux types d'associations végétales : **A**) *Caricetum fuscae*, **B**) *Caricetum curvulae*. (D'après Guinochet, *Phytosociologie*, Masson, Paris, 1973)

Schéma figurant la différence entre espèces de plantes caractéristiques d'une phytocœnose (en noir) et compagnes (en blanc). (D'après Duvigneaud, op. cit., in Ramade F., *Écologie fondamentale*, Ediscience international, 2e ed., 1994, p. 290)

Par ordre de fidélité décroissante à un groupement on distingue des espèces exclusives, électives, préférentes, indifférentes et accidentelles.

Braun-Blanquet dénomme *caractéristiques* ces espèces fidèles à un groupement. Les espèces caractéristiques sont généralement peu fréquentes voire rares et par leur présence révèlent la spécificité écologique du biotope considéré.

Cette notion d'espèce caractéristique est un concept statistique (il n'y a pas de tout ou rien). Il s'agit de taxa sténœciques qui, dans un contexte bioclimatique et édaphologique donné, apparaissent comme les espèces de la communauté végétale étudiée les plus étroitement liées au biotope considéré. Les espèces non caractéristiques d'un groupement sont dénommées des compagnes. ◆ **nomenclature et classements phytosociologiques** : l'*association végétale* constitue l'unité fondamentale qui caractérise l'organisation de chaque phytocœnose, cette dernière étant constituée par une mosaïque d'associations. On peut définir une association comme « un groupement floristique statistiquement homogène qui possède au moins une espèce caractéristique et présente une composition originale d'espèces dont certaines, les caractéristiques, lui sont particulièrement liées, les autres étant qualifiées de « compagnes » ».

L'association constitue donc une entité systématique et représente à certains égards par rapport à la biocœnose ce que l'espèce est à l'individu.

Dans la nomenclature des groupements végétaux, l'association est désignée par le nom d'une ou de deux espèces dominantes ou caractéristiques, le nom de genre étant suivi du suffixe *-etum* et celui de l'espèce mis au génitif. Ainsi, le *Quercetum coccifera*e est l'association végétale méditerranéenne du chêne kermès. Lorsque l'on utilise deux espèces, le nom de genre de la première est suivi du suffixe *-eto*. Exemple : *Gnaphaleto-Sedetum candollei*, association des combes à neige pyrénéennes.

Les associations sont réunies en unités supérieures, selon un ordre systématique qui suit l'ordre taxonomique.

Au-dessus de l'association, on distingue l'alliance, l'ordre et la classe. L'*alliance* est désignée par le suffixe *-ion* accolé au nom de genre et suivi de l'espèce ou des deux espèces les mieux représentées ou localisées dans l'unité. Ainsi, le *Quercion ilicis* est l'ensemble des associations voisines où le chêne vert est particulièrement abondant.

Les alliances ayant une parenté floristique sont à leur tour réunies en *ordre* désigné selon la même procédure par le suffixe *-alia* : par exemple, le *Quercetalia pubescentis* correspond aux boisements de chênes pubescents des étages méditerranéens et supraméditerranéens.

Enfin, les ordres sont eux-mêmes réunis en *classes* désignées par le suffixe *-etea*. Ainsi, le *Querco fagetea sylvaticae* désigne les phytocœnoses de forêts feuillues des régions d'Europe tempérée.

À l'opposé, on peut dans certains cas avoir besoin de distinguer des *sous-associations*. Celles-ci sont désignées par le nom de l'association auquel est accolé celui de l'espèce différentielle suivi du suffixe *-etosum* : par exemple le *Rosmarineto-Lithospermum Quercetosum cocciferae* est une sous-association des garrigues méditerranéennes où le chêne kermès est bien représenté. ***(Voir aussi Cartographie de la végétation, Phytocœnose, Végétation, analyse de la)***

phytotelme, n. f. (*phytotelmata*). Petite collection d'eau occupant une cavité située à la surface ou à l'intérieur d'une plante, par exemple à la base des feuilles de Broméliacées épiphytes ou dans les outres de Népenthacées. ***(Voir aussi Népenthacées)***

phytotelmique, adj. (*phytotelmic*). Désigne les organismes qui vivent sur des plantes dans des phytotelmes.

phytotoxicité, n. f. (*phytotoxicity*). Toxicité pour les végétaux d'un polluant donné et de façon plus générale d'une substance chimique.

phytotoxine, n. f. (*phytotoxin*). Toxine d'origine végétale.

phytotoxique, adj. (*phytotoxic*). Se dit d'un élément ou d'une substance présentant une toxicité pour les végétaux supérieurs.

phytotron, n. m. (*phytotron*). Dispositif expérimental utilisé en écophysiologie végétale pour étudier des végétaux dans des conditions où sont contrôlés les divers facteurs écologiques physiques.

pic(s), n. m. (*woodpecker*). Oiseaux forestiers ou de boisements ouverts, de régime insectivore, appartenant à l'ordre des Piciformes. Beaucoup d'espèces de pics sont myrmécophages.

Picea, n. sc. (*spruce*). Nom scientifique des épicéas. Conifères très répandus dans les zones tempérées et Boréales (voir Figure page suivante). *Picea excelsa* est la seule espèce présente en Europe, qui constitue d'importantes forêts dans l'étage subalpin ainsi que dans la taïga scandinave. ***(Voir aussi Conifères, Taïga)***

Picidae, n. sc. Famille d'Oiseaux arboricoles et insectivores essentiellement tropicale.

pied de vache, n. m. (*cattle terrace*). Dégradation du sol en zone de relief selon les lignes de courbes de niveau ou en très faible pente. Elle se présente comme des replats de largeur et de hauteur décimétriques car générées par le passage incessant des troupeaux.

piège(s), n. m. (*trap*). Dispositif destiné à capturer certaines espèces animales, le plus souvent des Vertébrés, mais aussi des Invertébrés, en particulier des insectes – ou des crustacés en milieu marin. Ils sont utilisés en écologie pour des recherches qualitatives ou quantitatives pour évaluer la structure de diverses communautés. Ils servent aussi en démoécologie pour faire des estimations des effectifs des populations lorsque les évaluations absolues de ces dernières sont impossibles à réaliser. ***(Voir aussi Piégeage)***

piégeage, n. m. (*trapping*). Méthode d'estimation des effectifs d'une population animale très utilisée en démoécologie. Elle consiste à effectuer deux séries de captures à l'aide de pièges adéquats à intervalle de temps suffisamment rapprochés pour que mortalité et natalité puissent être considérées comme négligeables.

Soit C_1 les effectifs capturés lors de la première campagne et C_2 ceux pris à la seconde, on peut considérer que la probabilité de capture p est identique compte tenu des conditions préalables posées.

Si N est l'effectif de la population à estimer, on aura les relations :

$$C_1 = pN \quad (1)$$

$$C_2 = p(N - C_1) = p\,(N - pN) \quad (2)$$

On peut déduire p de l'expression (1) ($p = C_1/n$), d'où la valeur estimée de N :

$$N = \frac{C_1^2}{C_1 - C_2}$$

piémont, n. m. (*piedmont*). Région de faible déclivité située au pied d'une chaîne de montagnes. Elle se caractérise par l'accumulation de matériaux détritiques produits par l'érosion des zones en amont.

pierre, n. f. ◆ **cercle de** ~ (*patterned ground, stone circle*) : formation superficielle de pierres disposées de façon approximativement circulaire – mais aussi en polygones – résultant de la fragmentation de roches sous-jacentes dans les zones subarctiques exposées à l'action alternée du gel et du dégel. ***(Voir aussi Régolite, Sol polygonal)***

pierrier, n. m. (*scree*). Versant d'une montagne sur lequel se sont accumulés, en général sur de fortes pentes, des amas de débris rocheux et des pierres provenant de l'érosion de falaises qui le surplombent.

piézomètre, n. m. (*piezometer*). Dispositif permettant de mesurer le niveau de l'eau d'une nappe phréatique par rapport à la cote 0 (soit son altitude), dénommé niveau piézométrique, en un point donné situé à la surface (partie supérieure) du réservoir aquifère. Il s'agit d'un ouvrage de petit diamètre, analogue à un tube manométrique, ouvert en un point p au-dessus d'une colonne de sable dans lequel est mesurée la hauteur de la colonne d'eau par rapport à un plan de référence.

piézométrique, adj. (*piezometric*). Désigne ce qui caractérise la pression hydrostatique en un point donné d'une nappe aquifère. ◆ **niveau** ~ (*piezometric level*) : altitude du niveau de l'eau rencontrée sous la surface du sol dans un puits ou un sondage atteignant l'aquifère le plus près de la surface. Dans le cas d'un aquifère à nappe libre, ce niveau correspond à l'altitude (élévation au-dessus du niveau de la mer) atteinte par la surface de l'eau de la nappe.

La situation est plus complexe dans le cas d'un aquifère à nappe captive, qui s'est accumulée au fond d'un synclinal ou autre cuvette, et qui est emprisonnée entre deux formations dont les roches constituant respectivement le substratum et le toit sont imperméables et dont les bords affleurent en surface. Ici, à la pression hydrostatique due à la différence de niveau s'ajoute celle due au poids de la colonne de terrains surmontant le toit de l'aquifère (pression dénommée géostatique). Cette dernière est égale à 0,25 fois la hauteur en mètres des couches géologiques supérieures (soit 2,5 kg/cm^2 tous les 10 m de hauteur de terrains). Il se produit une décompression annulant cette dernière charge lorsque l'on perce avec l'installation piézométrique le toit de l'aquifère. L'altitude à laquelle se stabilise l'eau dans le piézomètre est le niveau piézométrique qui représente ici la différence de charge entre la zone d'alimentation de l'aquifère à nappe captive et le point où est installé le piézomètre.

Boisement de ***Picea mariana*** dans les Laurentides (Québec, Canada). Les épicéas constituent souvent les arbres dominants des forêts boréales de conifères. (Cliché F. Ramade)

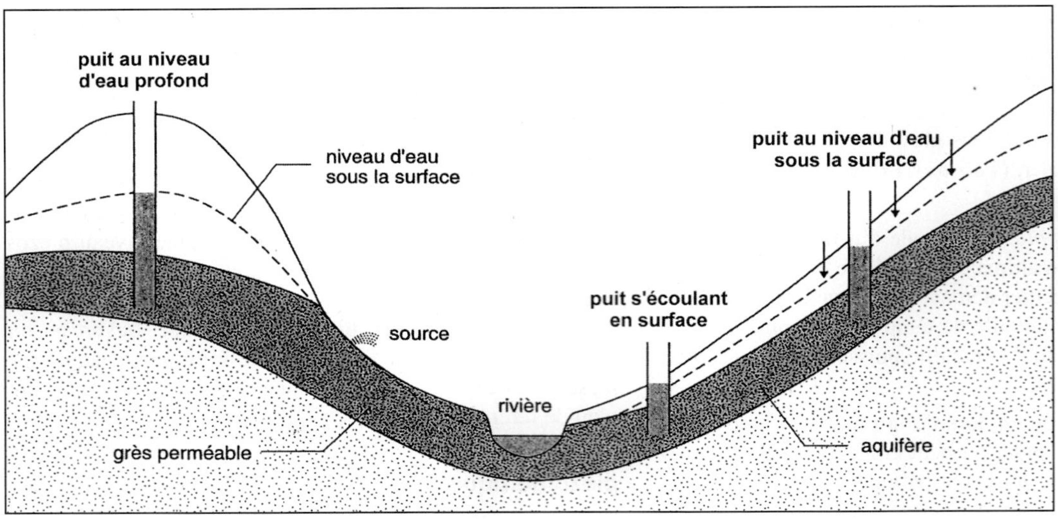

Coupe verticale montrant les niveaux **piézométriques** de la nappe en des puits forés en divers points d'un aquifère. (D'après Siever et Press, op. cit., in Ramade F., *Dictionnaire encyclopédique des sciences de l'eau,* Ediscience international, 1998, p. 461)

(***Voir aussi Piézomètre***) ◆ **surface** ~ (*piezometric surface*) : ensemble des niveaux piézométriques mesurés dans un plan horizontal en divers points surmontant un aquifère. À l'image des cartes du relief dites topographiques, constituées par l'établissement des courbes de niveau, la représentation de la surface piézométrique permet d'établir des cartes piézométriques constituées par l'ensemble des courbes dites hydro-isohypses joignant les points de même niveau piézométrique d'un aquifère donné.

pigeon(s), n. m. (*pigeon*). Oiseaux de l'ordre des Columbiformes à régime granivore ou frugivore. Les pigeons possèdent des glandes associées à leur jabot qui produisent une sécrétion lactée avec laquelle ils nourrissent leur jeunes.

pile, n. f. ◆ ~ **à combustible** (*fuel cell*) : dispositif permettant la production directe d'énergie électrique par réaction d'un comburant et d'un combustible, par exemple hydrogène et oxygène. ◆ ~ **solaire** (*solar cell*) : voir Photovoltaïque, Silicium.

pin(s), n. m. (*pine*) (n. sc. *Pinus sp.*). Genre de Conifères de la famille des Pinacées, très répandus dans l'ensemble du monde, depuis la taïga jusqu'aux écosystèmes tropicaux. Les pins renferment de nombreuses espèces pyrophytiques, dont la dispersion est favorisée par le passage récurrent de l'incendie. Il s'agit souvent d'espèces pionnières qui apparaissent au début des stades forestiers d'une succession progressive, précédant de plusieurs décennies l'implantation des feuillus ou des espèces de Conifères climaciques. Ils sont, de ce fait, utilisés dans les opérations de reboisement, car capables de s'installer sur des sols très pauvres voire squelettiques. Ainsi, le pin noir d'Autriche a été employé à vaste échelle pour le reboisement des montagnes du Sud de la France dévastées par l'érosion au siècle dernier. (***Voir aussi Conifères, Pinacées, Pinus, Successions***)

Pinacées, n. sc. Famille d'arbres dans laquelle on réunit l'ensemble des espèces de pins.

pinacle, n. m. **1.** (*stack*). Terme de géomorphologie désignant un rocher escarpé haut de quelques dizaines de mètres. **2.** (*coral knoll*). En océanographie, récif corallien isolé de petite taille.

pinède, n. f. (*pine stand*). Boisement constitué par un peuplement pur de pins.

pinène, n. m. (*pinene*). Terpène produit par les sécrétions résineuses des Conifères. Il a été démontré que ces derniers exercent une attraction sélective sur diverses espèces d'insectes xylophages, tels les Scolytides qui identifient leur conifère hôte au travers du spectre d'exhalaison de terpènes (osmodiagrammes).

pingo, n. m. (*pingo*). Petite colline en forme de dôme qui se constitue dans des zones de permafrost. Il s'agit d'une butte de quelques mètres à une cinquantaine de mètres de haut et de 30 à 600 m de diamètre, dont le centre est rempli par un noyau de glace.

Boisement de **pins** d'Alep (*Pinus halepensis*) en Provence (environs de Cassis, Bouches du Rhône). L'extension de cette espèce pyrophyte et très xérophile dans ses jeunes stades a été favorisée par le passage répété des incendies donc par l'action de l'homme. (Cliché F. Ramade)

Pinna nobilis (*giant clam*). Nom scientifique de la nacre géante de Méditerranée (encore dénommée jambonneau). Cette espèce inféodée aux herbiers de posidonies peut atteindre 80 cm de long et dépasser l'âge de dix ans. Elle est actuellement classée comme vulnérable par suite de la régression de ses populations liée à la dégradation des herbiers littoraux de *Posidonia* en Méditerranée.

Pinnipèdes, n. m. (*Pinnipedia*). Ordre de Mammifères marins aux membres antérieurs et postérieurs transformés en nageoires, dans lequel on classe les phoques, les morses et les otaries. **(*Voir aussi Phoque*)**

pinnule, n. f. (*pinnulae*). Ramification secondaire d'une feuille de fougère.

pinson(s), n. m. (*finch*). Passereaux de la famille des Fringillides, inféodés à des habitats forestiers. ◆ **~ de Darwin** (*Darwin's finches*) : Passériformes *Geopsizidae*, endémiques des îles Galapagos, qui, en l'absence de compétiteurs, ont occupé toutes les niches écologiques terrestres disponibles dans cet archipel et de ce fait suivi les diverses radiations évolutives afférentes. **(*Voir aussi Déplacement de caractères, Radiation*)**

Pinus. Nom scientifique des pins. ◆ ***~ halepensis*** : nom scientifique du pin d'Alep, espèce très commune sur sols calcaires dans l'ouest de la province biogéographique méditerranéenne, tant dans sa partie européenne qu'au Mahgreb. Le *Pinus brutia* en est l'espèce vicariante dans la partie orientale du bassin. ◆ ***~ longivea*** (*bristle cone pine*) : espèce de pin croissant dans les Montagnes Rocheuses de l'Utah et dans la Sierra Nevada en Californie, qui représente l'être vivant ayant la plus grande longévité dans la biosphère actuelle, certains sujets encore sur pied ayant près de 5 000 ans d'âge. Ces arbres se développent à la limite supérieure de la forêt dans des conditions climatiques extrêmes marquées par des hivers très rigoureux et une saison sèche estivale de plusieurs mois. ◆ ***~ ponderosa*** : pin de l'ouest américain qui a été acclimaté en Europe à des fins sylvicoles. ◆ ***~ sylvestris*** (*scotch pine*) : espèce de pin dont l'aire de répartition géographique, très vaste, couvre toute la zone paléarctique, s'étendant des montagnes de la Méditerranée à la Sibérie orientale. **(*Voir aussi Conifères, Pin, Successions*)**

pionnier(ère), adj. (*pionnier*). Désigne un organisme capable de s'installer sur un sol dénudé, voire sur la roche-mère, au début d'une succession écologique. Sous toutes les latitudes, les lichens, certaines graminées et quelques Dicotylédones très frustres figurent parmi les végétaux pionniers. **(*Voir aussi Espèce, Successions*)**

pisciaire, adj. (*pisciary*) (syn. : piscicole). Voir Piscicole.

piscicide, n. m. (*piscicide*). Substance utilisée pour éliminer des poissons indésirables d'un biotope lotique ou lacustre. Des substances naturelles comme la roténone extraites des racines de Légumineuses néotropicales (*Derris*, *Lonchocarpus*), douées d'un effet neurotoxique immobilisant rapidement les poissons ont été utilisées de longue date par des peuples aborigènes d'Amazonie pour la pêche en rivière. Certains piscicides de synthèse, doués d'activité spécifique, ont été mis au point, comme les lampricides utilisés pour réduire les populations de lamproies qui infestaient les grands lacs Nord-américains. **(*Voir aussi Grands lacs, Lamproie*)**

Boisement de *Pinus longivea* dans le parc national de Bryce Canyon (Utah, États-Unis). Ces **pins** présentent une croissance très lente car ils se développent dans des conditions écologiques très défavorables. Le sujet situé près de l'enfant, au premier plan, est âgé d'une cinquantaine d'années. (Cliché F. Ramade)

piscicole, adj. (*piscicolous*). Qui se rapporte aux poissons ou à la pisciculture.

pisciculture, n. f. (*pisciculture*). Technique d'élevage des poissons d'eau douce destinés à la consommation. La grande concentration de poissons dans des volumes d'eau limités et l'usage d'aliments concentrés font que les piscicultures peuvent être la source d'une certaine pollution des eaux par des matières organiques fermentescibles. À l'opposé, les piscicultures exigent de l'amont des eaux pures et sont, bien entendu, sensibles à toute pollution accidentelle ou diffuse, en particulier d'origine agricole. D'autre part, l'artificialisation de plus en plus grande de l'alimentation des poissons, en particulier avec des farines animales dont l'affaire de la « vache folle » a pourtant montré la nocivité, agit sur les qualités organoleptiques et diététiques des productions. Par exemple, on a pu montrer que les bars nourris avec certaines farines végétales accumulent dans leur tissu adipeux un acide gras végétal qu'ils ne peuvent métaboliser et de piètre valeur alimentaire pour le consommateur humain.

piscivore, adj. (*piscivorous*) (syn. : ichtyophage, pisciphage). Désigne une espèce qui se nourrit de poissons.

piscivorie, n. f. (*piscivory*) (syn. : ichtyophagie). Mode de nutrition des animaux piscivores.

pisolithe, n. f. (*pisolith*). Concrétion calcaire de très faible taille que l'on trouve dans certaines roches sédimentaires.

pistil, n. m. (*pistil*). Organe creux de la fleur des angiospermes qui renferme les ovaires.

pithécanthrope, n. m. (*pithecanthrope*) (n. sc. : *Homo erectus*). Espèce du genre *Homo* qui est l'ancêtre de l'homme moderne. Les pithécanthropes ont laissé la place voici plus de 200 000 ans à l'*Homo sapiens*.

placage, n. m. (*veneer*). Terme de géomorphologie qui désigne un dépôt sédimentaire de faible épaisseur et d'étendue médiocre.

place vide, n. f. (*gap*). Désigne en écologie un type de biotope ou d'habitat nouveau qui s'est créé par suite d'un changement environnemental récent et qui offre donc une opportunité de niches écologiques non occupées pour d'éventuelles espèces colonisatrices.

placette, n. f. ◆ **~ d'échantillonnage** (*sampling plot*) : petite surface de forêt ou de prairie naturelle utilisée pour faire un échantillonnage dans les recherches synécologiques.

plafond, n. m. ◆ **~ d'un permafrost** (*permafrost table*) : partie supérieure d'un pergélisol.

plage, n. f. (*beach*). Formation littorale constituée de matériaux fins ou de galets propres aux côtes plates. Les plages constituent un élément essentiel de l'écotone océan-continent. Elles comportent à la fois une partie qui est du domaine des écosystèmes terrestres et la partie supérieure de l'écosystème océanique constituée par l'étage supralittoral jusqu'à la limite extrême d'humectation des sables par les marées de vives eaux.

Les plages de sable constituent un biotope très particulier peuplé d'une zoocœnose spécifique constituant la faune interstitielle, composée de nombreuses espèces de petits métazoaires appartenant à des embranchements variés. Cette faune se développe dans l'eau contenue dans les interstices compris entre les graviers ou les grains de sable. Par ailleurs, de nombreuses espèces d'Invertébrés : Mollusques, Annélides, Crustacés, creusent des galeries dans le sable.

Les plages figurent parmi les biotopes les plus exposés aux nombreuses dégradations environnementales dues à l'action de l'homme. Outre le prélèvement de matériaux pour la construction qui conduit à leur destruction pure et simple, elles peuvent être érodées et également détruites dans le long terme par divers aménagements littoraux qui en modifient la courantologie. Enfin, les plages sont particulièrement exposées aux pollutions d'origine telluriques et marines, en particulier celles dues au pétrole.

plagioclimax, n. m. (*plagioclimax*). Concerne le stade d'équilibre stable d'une succession végétale qui a été perturbée par une action humaine. Ainsi, les landes à bruyères de l'Europe atlantique sont un plagioclimax résultant de la déforestation, suivie ou non de la pratique du pâturage extensif par divers herbivores domestiques. Dans ce cas, et dans d'autres, l'arrêt de l'action humaine ne permet pas un retour à la communauté climatique primitive. Certains écologues restreignent à ce cas le terme de plagioclimax et réservent celui de paraclimax aux cas où l'action de l'homme induit un équilibre métastable, avec retour progressif vers le climax primitif de la communauté concernée si cette action cesse. ***(Voir aussi Climax, Dysclimax, Paraclimax, Succession)***

plagiotropisme, n. m. (*plagiotropism*). Réaction d'orientation de certaines plantes sous l'action des forces de gravité.

plaine, n. f. (*plain*). En géomorphologie, on dénomme ainsi une vaste étendue continentale sans relief, le plus souvent sédimentaire, dans laquelle le drainage est superficiel. ◆ **~ abyssale** (*abyssal plain*) : vaste étendue plate qui couvre le fond des océans, au niveau de l'étage abyssal à une profondeur moyenne de 4 000 m. La plaine abyssale correspond à 80% de la surface océanique totale. ◆ **~ alluviale** (*alluvial plain*) (syn. : plaine d'inondation) : plaine résultant de l'accumulation d'alluvions consécutives aux crues. ◆ **~ d'inondation** (*flood plain*) : située dans le secteur inférieur d'un hydrosystème fluvial, elle jouxte la zone potamique de l'écosystème lotique correspondant. C'est bien évidemment à son niveau que les crues influent de la façon la plus importante au plan écologique dans la réalisation de la structure et dans le fonctionnement des biocœnoses de l'hydrosystème fluvial.

Les inondations interviennent de façon déterminante dans la composition spécifique et la structure des communautés peuplant les divers habitats de la plaine alluviale. Elles contrôlent à la fois la distribution spatiale des biocœnoses ripariennes, en particulier des ripisylves, et leurs fluctuations temporelles. Leur influence sur la structure des communautés ripariennes y est maximale. Ainsi, l'étude faite par Pautou sur des groupements végétaux de la plaine alluviale du haut Rhône a montré que la distribution des groupements végétaux dans cette dernière est conditionnée par trois facteurs : la différence d'altitude dont dépend l'influence des inondations, cette dernière étant d'autant plus forte que la dénivelée est plus faible, la teneur en matières organiques des horizons superficiels des sols, enfin les apports d'eaux pluviales à la nappe phréatique. Leur durée sélectionnera les espèces végétales – et animales – en fonction de la plus ou moins grande hygrophilie de ces dernières, mais la période de l'année où elles se produisent intervient aussi de façon déterminante. De manière générale, les inondations contribuent dans la plaine alluviale à la productivité primaire des hydrosystèmes fluviaux à la fois par exportation de débris végétaux et par importation de nutriments intervenant de façon corrélative sur la structure des réseaux trophiques de la plaine alluviale. Les crues sont la seule cause de la circulation très particulière des nutriments dans les écosystèmes fluviaux. Les éléments minéraux nutritifs s'y déplacent de façon spiralée de l'amont vers l'aval mais aussi en passant alternativement du cours d'eau dans la plaine alluviale d'inondation et réciproquement. ***(Voir aussi Fleuve, Hydrosystème, Ripisylve)***

plan, n. m. (*plan*) ◆ **~ d'action spécial pour la Méditerranée (PAM)** : voir Méditerranée. ◆ **~ de faille** (*fault plane*) : plan correspondant aux deux faces de glissement au niveau de rupture d'une faille. ***(Voir aussi Faille)*** ◆ **~ de gestion** (*management plan*) : désigne dans le domaine de la protection de la nature un schéma de zonation dans un parc national et autre aire protégée analogue qui définit diverses zones dans lesquelles est précisé le type d'activité qui y est autorisé (et celles ou toute activité est interdite). ◆ **~ d'occupation des sols** : voir POS. ◆ **~ de stratification** (*bedding plan*) : terme de stratigraphie désignant le plan de contact de deux strates sédimentaires.

Planaires, n. f. (*Planaria*). Plathelminthes de la classe des Turbellariés. Les planaires appartiennent au groupe des Turbellariés Triclades (tube digestif à trois branches). Elles constituent un groupe dominant parmi les peuplements de macroinvertébrés benthiques propres aux habitats d'eaux douces stagnantes.

planation, n. f. ◆ **surface de ~** (*planation surface*) : désigne en géomorphologie une surface d'érosion ou encore le stade final d'un processus érosif concernant un ensemble de couches sédimentaires plissées.

plancton, n. m. (*plankton*). Terme général désignant l'ensemble des organismes aquatiques autotrophes ou hétérotrophes peu mobiles, voire incapables de mouvements propres, qui vivent dans les masses d'eaux libres lacustres ou marines et dépendent des mouvements des courants verticaux et horizontaux pour leurs déplacements et donc pour leur distribution. Ils s'opposent de ce fait aux organismes du necton qui eux, grâce à leur mobilité propre, sont indépendants des courants.

En fonction de la taille, on distingue sept catégories d'organismes planctoniques :

– Le *picoplancton*, de taille inférieure au μ, constitué par des bactéries et des virus.

– L'*ultraplancton*, de taille comprise entre 1 μ et 5 μ, constitué de bactéries et de petites espèces de Flagellés phytoplanctoniques.

– Le *nanoplancton* (de 5 à 50 μ) qui comprend la plupart des Phytoflagellés, des Coccolithophorides (Flagellés à exosquelette calcaire), des Diatomées, des Dinoflagellés, des Ciliés et les plus petites larves d'Invertébrés.

– Le *microplancton* (de 50 μ à 1 mm) qui ne renferme plus que les Diatomées comme phytoplanctontes, la majorité de la population de Copépodes et une part du méroplancton.

– Le *mésoplancton* (de 1 à 5 mm) et le *macroplancton* (de 5 mm à 5 cm), qui ne comportent que des groupes zooplanctoniques.

– Le *mégaloplancton* (> 5 cm) dont certains représentants : Siphonophores, méduses acalèphes, Pyrosomes peuvent dépasser un mètre de long!

Le problème de la flottabilité est important aussi bien pour le phytoplancton que pour les petits zooplanctontes, par définition incapables de se déplacer activement dans l'eau. Les phytoplanctontes doivent se maintenir au-dessus de la profondeur de compensation tandis que les zooplanctontes doivent se trouver dans les couches d'eau où ils peuvent trouver leur nourriture. La densité des organismes planctoniques est légèrement supérieure à 1. Dans ces conditions, le plancton doit lutter contre l'enfoncement graduel dans les couches d'eau profondes. Cela se réalise par deux types d'adaptation : le maintien d'un équilibre hydrostatique et l'accroissement des forces de frottement.

Le rapport surface/volume, très élevé chez le phytoplancton et les petits zooplanctontes, augmente beaucoup ces forces. En outre, diverses adaptations morphologiques contribuent à les accroître chez les zooplanctontes et les plus grands organismes du phytoplancton. Elles consistent en un aplatissement du corps, parfois combiné à l'apparition d'expansions foliacées ainsi que l'allongement des appendices, le développement de longues épines, spicules ou filaments chez divers Métazoaires (Crustacés en particulier) et chez de nombreuses Diatomées et Protozoaires.

Parfois plusieurs individus s'associent en colonie dont la forme spirale freine la chute. La résistance à l'enfoncement résulte aussi d'une diminution de densité obtenue par diverses adaptations : amincissement du test ou de la coquille, vacuolisation du cytoplasme, apparition de bulles muqueuses (Gastéropodes) ou de flotteurs (Cnidaires).

◆ **structure du plancton** : on distingue trois grands groupes d'organismes planctoniques : le *bactérioplancton*, qui est essentiellement constitué de bactéries dont beaucoup sont autotrophes, le *phytoplancton*, qui est constitué par l'ensemble des organismes unicellulaires eucaryotes et photosynthétiques – essentiellement des algues unicellulaires ou filamenteuses – et le *zooplancton*, terme qui désigne l'ensemble de la communauté des Invertébrés planctoniques à laquelle sont associés les alevins et les jeunes larves pélagiques de nombreuses espèces de poissons.

En date récente, des travaux effectués dans les eaux mésopélagiques et bathypélagiques de la province océanique ont montré que dans tous les océans du globe, le picoplanton était beaucoup plus abondant qu'on ne le présumait et intervenait de façon plus importante qu'on ne l'avait jusque là estimé dans la productivité primaire des eaux océaniques.

Dans les écosystèmes marins, le phytoplancton comporte principalement des Diatomées, des Dinoflagellés (en particulier des Péridiniens) et des Coccolithophorides. Dans les écosystèmes limniques, le phytoplancton comporte principalement des Diatomées, des Chlorophycées et des Cyanobactéries.

Dans l'océan, le zooplancton est d'une considérable biodiversité mais les organismes dominants sont représentés par des microcrustacés – surtout des Copépodes.

Dans les eaux continentales, le zooplancton est surtout constitué par des Crustacés Cladocères et Copépodes ainsi que par des Rotifères.

Tant en milieu marin que lacustre, il faut ajouter une troisième catégorie planctonique, moins apparente que les précédentes, celle dénommée *bactérioplancton*. Cette dernière correspond à l'ensemble des bactéries et autres microorganismes présents dans la colonne d'eau. Elle constitue la totalité du picoplancton lequel correspond à l'ensemble des organismes planctoniques dont la taille est inférieure à 1 μ. Les recherches effectuées au cours de la dernière décennie ont permis de découvrir que le picoplancton présentait une importance capitale pour le fonctionnement des écosystèmes marins et limniques. **(*Voir aussi Cladocères, Copépodes, Lac, Necton, Phytoplancton, Rotifères, Zooplancton*)**

◆ **broutage du plancton** : voir Zooplancton.

◆ **successions saisonnières du plancton** : les divers groupes planctoniques présentent des variations dans leur composition spécifique et leur abondance au cours du cycle annuel ou encore dans un gradient spatio-temporel de variation d'un paramètre ou facteur physico-chimique. En règle générale, on constate que dans les communautés planctoniques, tant terrestres que marines, il existe une succession d'abondance, le pic de biomasse du phytoplancton se produisant au printemps et précédant toujours celui du zooplancton.

Il existe aussi une succession à l'intérieur de chacun de ces peuplements. Ainsi, les Diatomées sont dominantes au début et à la fin de la saison végétative dans les écosystèmes limniques mais elles sont remplacées ultérieurement par des Chlorophycées puis des Cyanophycées au cours de la belle saison; elles présentent à nouveau un pic d'abondance à l'automne. De même, dans le zooplancton, on peut observer d'importantes variations de l'abondance relative des espèces constituant sa communauté au cours du cycle annuel. Dans le cas du phytoplancton, les diverses variations observées au cours de la succession saisonnière sont liées à l'action simultanée et décalée de facteurs abiotiques (température, teneur en nutriments) et biotiques (broutage du zooplancton herbivore).

En ce qui concerne le zooplancton, outre les facteurs abiotiques, la réponse numérique à l'abondance relative du phytoplancton constitue un des facteurs essentiels qui conditionne ses fluctuations saisonnières tant au plan de sa composition spécifique que de son abondance relative (voir Figure ci-contre).

En milieu océanique, il existe aussi une disjonction spatiale entre le maximum d'abondance du phytoplancton et dans la répartition des zones où s'observe le maximum d'abondance du phytoplancton et celle du zooplancton. Cette disjonction est elle-même liée à la réponse numérique que présente le second face à la prolifération du premier. **(*Voir aussi Eutrophisation, Océan, Phytoplancton, Successions, Zooplancton*)**

planctonique,adj. (*planktonic*). Qui appartient au plancton.

planctonivore, adj. (*planktonivorous*). (syn. : planctonophage). Désigne un animal se nourrissant de plancton.

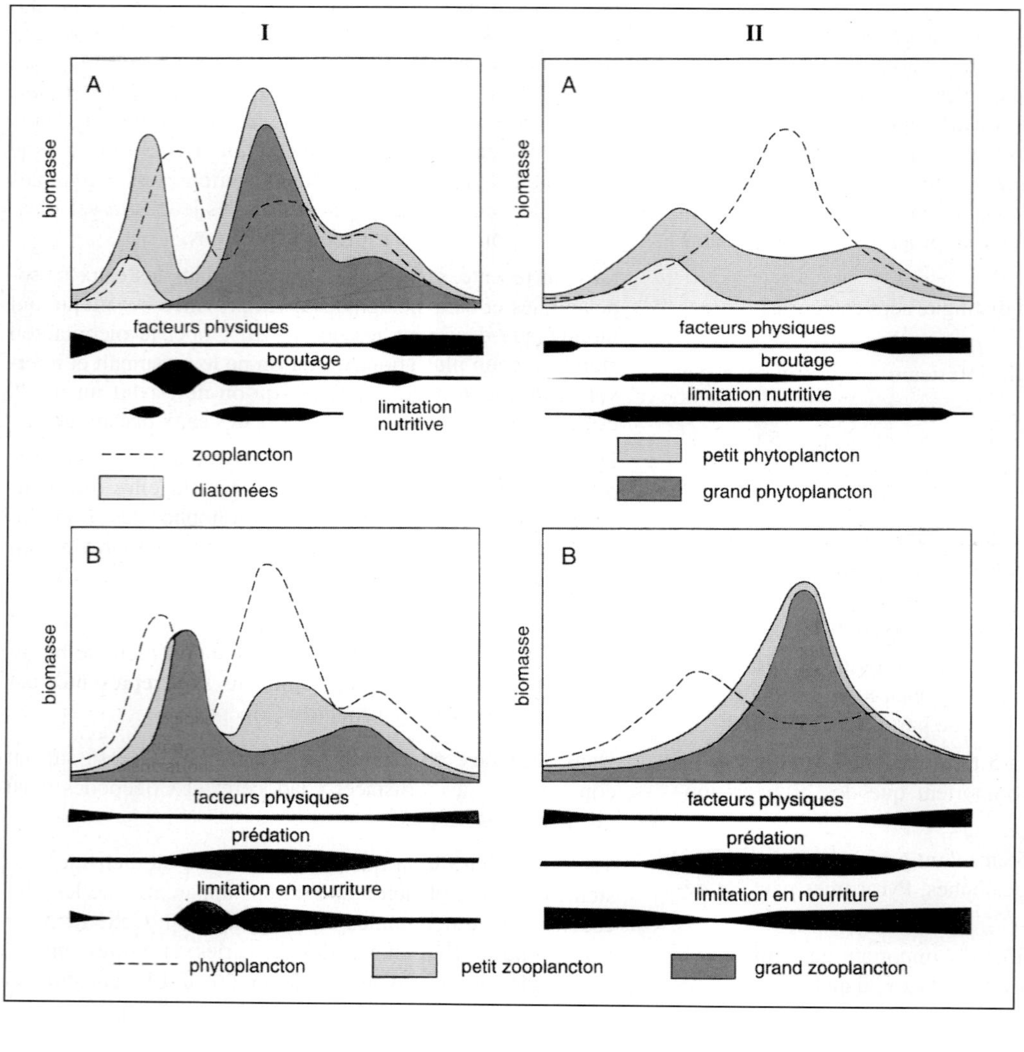

Rôle des facteurs écologiques qui contrôlent la succession dans le **plancton** au cours du cycle annuel mis en évidence dans le cas de deux types de lacs stratifiés : lac eutrophe (I), lac oligotrophe (II). **A**) Cas du phytoplancton. **B**) Cas du zooplancton. Sont représentées en abcisse les périodes d'intervention et l'ampleur des fluctuations saisonnières des facteurs limitants déterminants pour la succession. (D'après Sommer, Gliwitz, Lampert et Duncan, *Arch. Hydrobiol.*, vol. 106, 1986, p. 459, mais modifié)

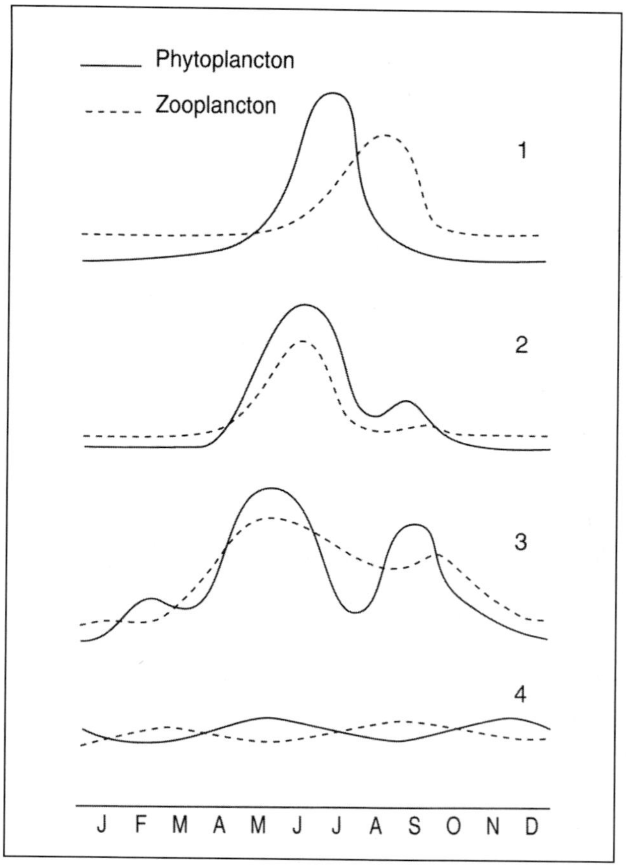

Variations saisonnières d'abondance des peuplements planctoniques (phyto**plancton** et zooplancton. 1) Océan glacial arctique. 2) Mer de Behring au large. 3) Province océanique en zone tempérée. 4) Province océanique en zone intertropicale (hors zone d'*upwelling*). (D'après Peres, *Précis d'océanographie biologique*, PUF, 1976, p. 41)

planctonologie, n. f. (*planktonology*). Branche de la biologie dont l'objet est l'étude du plancton.

planctonophage, adj. (*planktonophagous*). Désigne un animal prédateur du plancton. De nombreux organismes planctonophages sont eux-mêmes partie du zooplancton (zooplancton carnivore). Même chez les Copépodes, constituant dominant du zooplancton herbivore en milieu marin, plus de la moitié des espèces sont planctonophages; certains des organismes planctonophages du mégaplancton étant des carnivores secondaires. Par ailleurs, de nombreux stades juvéniles et adultes de poissons sont également planctonophages, en particulier chez les *Clupeidae* (sardines, anchois, harengs par exemple).

planctonte, n. m. (*plankter*, *planktont*). Organismes constituant le plancton. On distingue des phytoplanctontes et des zooplanctontes.

planctophile, adj. (*planktophilous*). Désigne un organisme du plancton ou tirant profit de ce dernier.

planctophyte, n. f. (*planktophyte*). Plante appartenant au plancton. Les sargasses constituent un exemple de tels végétaux.

planctotrophe, adj. (*planktotrophic*). Désigne une espèce planctonophage.

Planipennes, n. sc. Anciennement dénommé Névroptères. Ordre d'Insectes holométaboles à pièces buccales broyeuses, pourvus de deux paires d'ailes membraneuses, qui compte plus de 4 500 espèces décrites. Certaines familles de cet ordre, comme les *Chrysopidae*, sont d'efficaces auxiliaires des cultures car ils sont prédateurs de pucerons. Les fourmilions (*Myrmeleonidae*) capturent les fourmis dans des pièges constitués par des entonnoirs de sable au fond desquels la larve s'enfouit.

Adulte de fourmilion (*Palpares libelluloides*). Ces insectes prédateurs de fourmi à l'état larvaire constituent une famille dominante de **Planipennes**, les *Myrmeleonidae*. (Cliché F. Ramade)

planogamète, n. m. (*planogamete*). Gamète doué d'une motilité propre. Concerne la plupart des spermatozoïdes.

planosol, n. m. (*planosol*). Stade de l'évolution des sols apparaissant sous climat contrasté et caractérisé par la formation d'un horizon albique, décoloré, reposant directement sur un horizon B argileux.

plant, n. m. (*seedling*). Jeune plante issue directement d'une graine ou semis de pépinière destinée au repiquage ou venant d'être repiquée.

Plantae, n. sc. Terme scientifique désignant le règne végétal. Il réunit l'ensemble des êtres vivants pluricellaires autotrophes capables de réaliser la photosynthèse grâce à la possession de chlorophylle. Il s'oppose en un sens aux *Ani-*

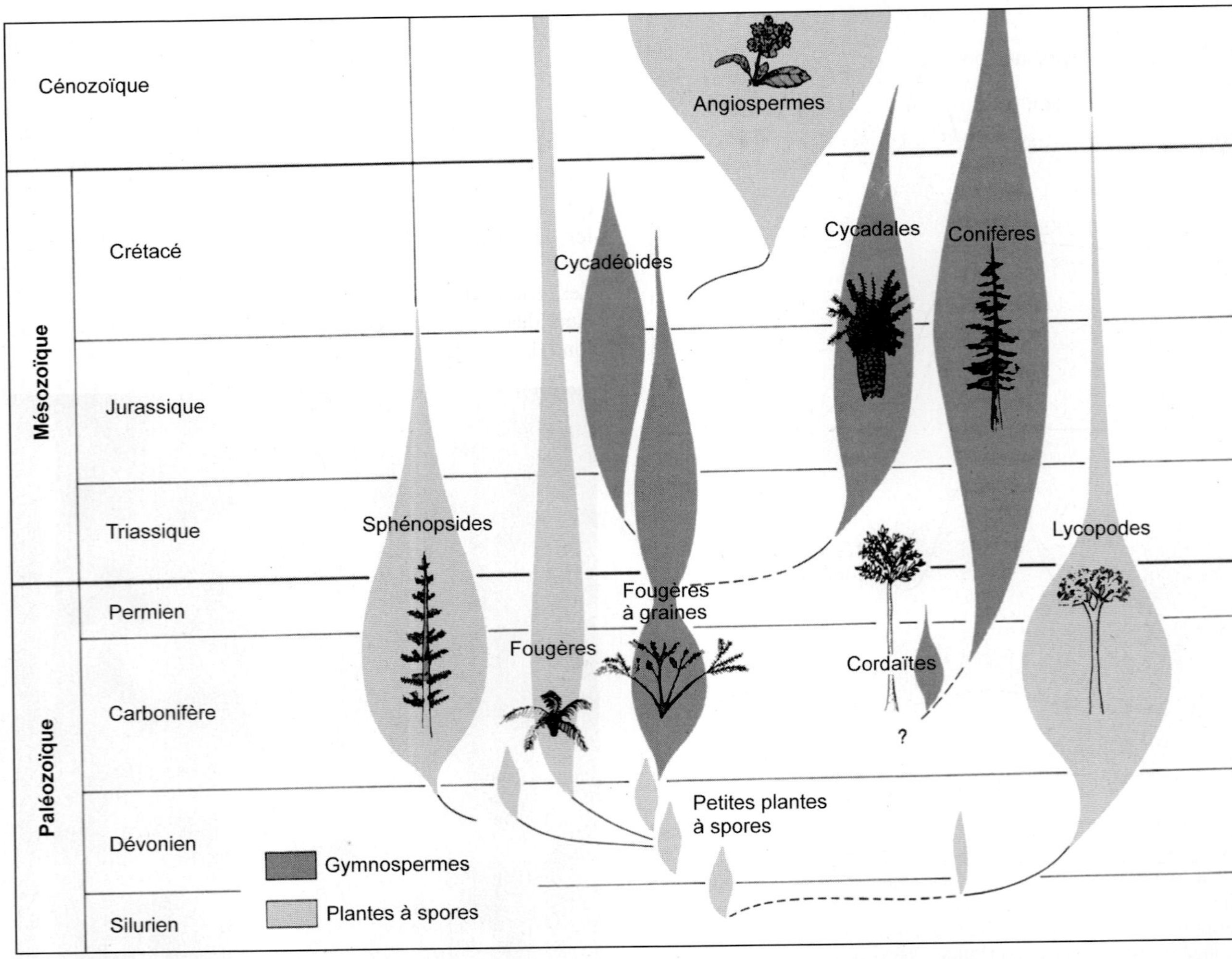

Arbre phylogénique des différents groupes du règne des ***Plantae***. (D'après Stanley, *Earth and Life throughout times*, Freeman, 1986, p. 410)

malia qui représentent eux le règne animal, constitué par l'ensemble des animaux pluricellulaires (Métazoaires). Il convient de noter que les champignons, autrefois inclus dans le règne végétal, constituent un règne particulier, les *Fungi*, dont les plus récentes recherches de phylogénie moléculaire ont montré qu'il présentait une parenté avec les *Animalia*. ◆ **classification des ~** : en première approximation, on subdivise le règne des plantes en deux grands groupes : les Cryptogames, ensemble des végétaux primitifs dépourvus de fleurs et les Phanérogames, plantes supérieures dont la reproduction s'effectue au travers d'organes floraux spécialisés. Il s'agit en réalité d'une division artificielle car les Cryptogames constituent un groupe polyphylétique. Les principaux embranchements de plantes sont les Thallophytes, les Bryophytes, les Ptérydophytes et les Spermatophytes (plantes à fleurs). Les trois derniers embranchements sont réunis en un sous-règne, celui des Archégoniates. Celui-ci se caractérise par un gamétange de type particulier, l'archégone, dans lequel est inclus le gamète femelle. Par ailleurs, par opposition aux Tallophytes, les Archégoniates possèdent des tissus très structurés, dénommés parenchymes, eux-mêmes réunis en organes différenciés qui constituent un appareil dénommé *cormus*, beaucoup plus complexe que le thalle (d'où le terme de Cormophytes également donné à ce sous-règne). Les Archégoniates ont également été subdivisés en deux sous-ensembles en fonction de leur niveau d'organisation : d'une part les Cryptogames vasculaires, constitués par les Bryophytes et les Ptéridophytes et de l'autre les Phanérogames (= Spermatophytes) qui sont les plantes supérieures (Gymnospermes et Angiospermes).

La figure ci-dessus représente l'arbre cladistique du règne végétal. Les algues unicellulaires eucaryotes du phytoplancton sont aujourd'hui classées dans un autre règne, celui des *Protoctista* qui englobe aussi les Protistes hétérotrophes. ***(Voir aussi Protoctista, Règne)***

Plantago. Nom scientifique de genre des plantains. ◆ ***~ lanceolata*** : plante adventice des cultures, très commune en Europe occidentale. Pollutolérante au SO_2, son abondance plus grande dans les zones péri-urbaines traduit une pollution de l'air par ce gaz.

plantation, n. f. **1.** (*planting*) Activité consistant à effectuer des semis, planter de jeunes plants ou des arbres. **2.** (*plantation*). Champ planté avec des cultures alimentaires ou terrain planté d'arbres (pépinière par exemple).

plante(s), n. f. (*plant*). On réunit sous ce terme l'ensemble des végétaux terrestres et aquatiques autotrophes pluricellulaires. ◆ **~ en C_3, C_4** (*C3, C4 plant*) : on distingue deux types de photosynthèse dits en C_3 ou en C_4 chez les plantes supérieures selon qu'existe dans le cycle de Calvin une phase de photorespiration induite par une enzyme, la Rubisco (ribulose biphosphate carboxylase) ou que cette dernière fait défaut.

Chez les plantes dites en C_3, pendant la phase initiale de fixation du CO_2, se forme comme intermédiaire de synthèse du glucose une molécule en C_6 par réaction d'un précurseur, le ribulose biphosphate (composé en C_5) avec le CO_2 :

$$\text{ribulose biphosphate} + CO_2 \xrightarrow{\text{Rubisco}} \text{composé en } C_6$$

Cette réaction est catalysée par la Rubisco.

Ultérieurement, cette molécule en C_6 se décompose en deux molécules en C_3 qui vont ensuite conduire à la synthèse des glucides et autres molécules biochimiques de base dans le cycle de Calvin.

Dans les conditions naturelles, l'oxygène est en compétition avec le CO_2 sur le site actif de la Rubisco. Il donne avec celle-ci une réaction parasite qui conduit à la formation d'un sucre en C_3, une molécule en C_2 et du CO_2. Ce dernier est ensuite recyclé dans un processus réactionnel dont le bilan énergétique est défavorable.

Cette réaction, parfois nommée à tort *photorespiration*, car il s'agit en fait d'une oxydation sans utilité pour la plante qui n'apporte pas une contrepartie en énergie cellulaire, se traduit par une perte de rendement de la photosynthèse, quelque 25% du carbone contenu dans l'intermédiaire en C_3 étant rejeté sous forme de CO_2 sans avoir pu être transformé en un sucre simple.

À l'opposé, chez les plantes en C_4, la capacité de la Rubisco de fonctionner comme une oxydase est réduite de sorte que le rendement photosynthétique est plus élevé.

Cela résulte de ce que, dans ce cas, la chlorophylle est contenue dans des cellules ayant une localisation anatomique différente de celle qui renferme la Rubisco.

Il existe une molécule précurseur en C_4, donc différente de celle des plantes en C_3, sur laquelle se fixe le CO_2, qui joue le rôle de pompe à CO_2. Cette molécule passe ensuite dans d'autres cellules où se trouve la Rubisco. La molécule en C_4 perd alors un carbone et donne l'intermédiaire en C_3 qui est repris dans le cycle de Calvin comme précédemment mais en l'absence d'oxygène, ce qui exclut les pertes par photo-oxydation.

Ce type de photosynthèse confère aux plantes en C_4 un double avantage par rapport à celles en C_3 :

– il leur permet d'avoir en définitive un rendement photosynthétique plus élevé ;

– les plantes en C_4 peuvent fonctionner à de plus faibles teneurs en CO_2 dans l'atmosphère, leur seuil de compensation étant à environ 100 ppm contre 150 ppm pour les plantes en C_3.

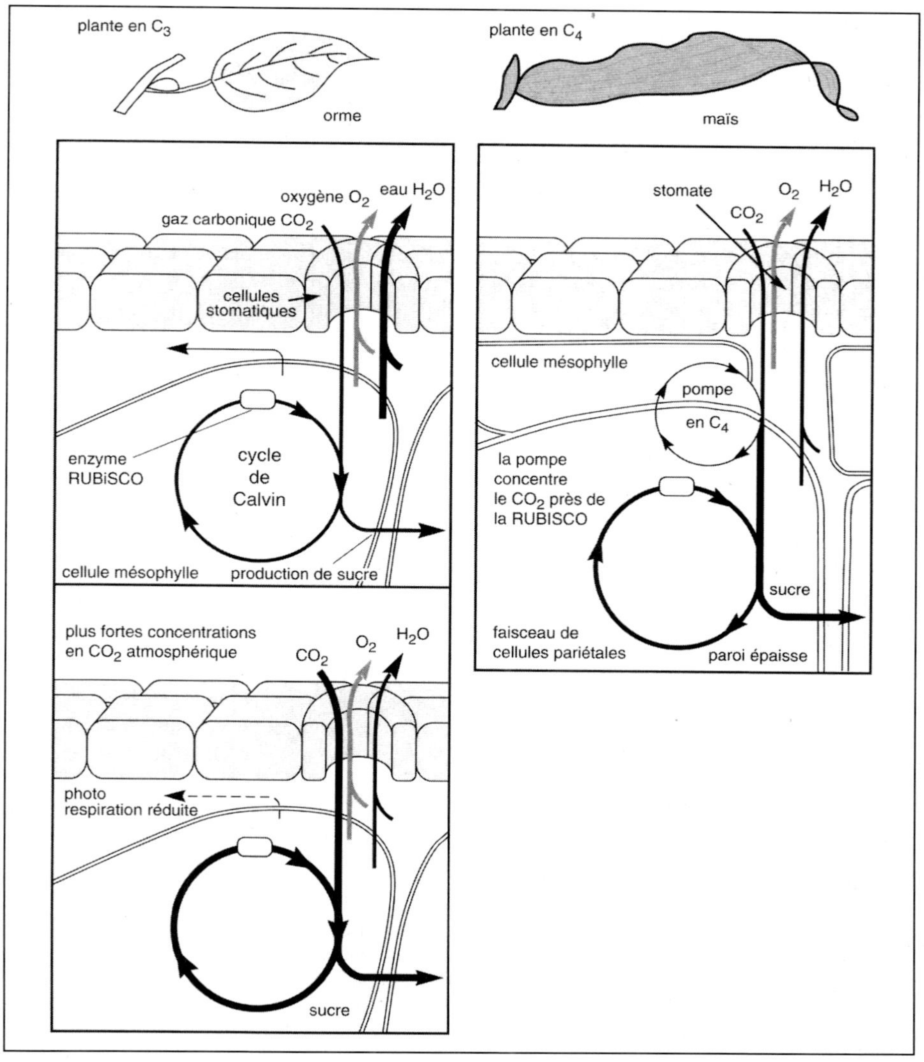

Schéma des mécanismes de la photosynthèse chez les **plantes** en C_3 et en C_4. (D'après Bazzaz et Fajer, *Scient. Am.*,1992, 266 (1) : 20)

Les plantes en C_4 atteignent leur optimum de rendement photosynthétique à de faibles concentrations de CO_2 atmosphérique, ce qui signifie entre autres que leur biomasse ne peut jouer le rôle de « puits » pour les quantités croissantes de CO_2 rejetées par l'homme dans l'atmosphère.

Le cycle en C_4 apparaît en définitive comme un mécanisme de protection contre l'oxygène. On pense que ces plantes sont apparues à la fin du Carbonifère quand l'atmosphère a atteint un taux proche de l'actuel.

Il n'est est pas de même pour les plantes en C_3 pour lesquelles l'optimum de rendement photosynthétique est atteint à l'opposé pour des teneurs en CO_2 proches de quatre fois la teneur actuelle de l'air (1 200 ppm).

Les plantes en C_4 sont essentiellement des espèces tropicales : le maïs, le sorgho, le mil, la canne à sucre sont parmi les plus connues des plantes cultivées de ce type. Il n'y a pas de corrélation entre la position phylogénique d'un végétal et le fait qu'il possède une photosynthèse de l'un ou de l'autre type.

On rencontre des espèces en C_4 chez les fougères, certains Conifères, diverses plantes succulentes (Cactées, Euphorbiacées), chez les Graminées, les orchidées, diverses Chénopodiacées halophiles, etc. Au total, une vingtaine de familles de plantes vasculaires sont en C_4.

La supériorité du cycle en C_4 sur le cycle en C_3 est surtout manifeste aux températures excédant 30 °C et en air sec. En effet, la sécheresse provoque une réduction des échanges

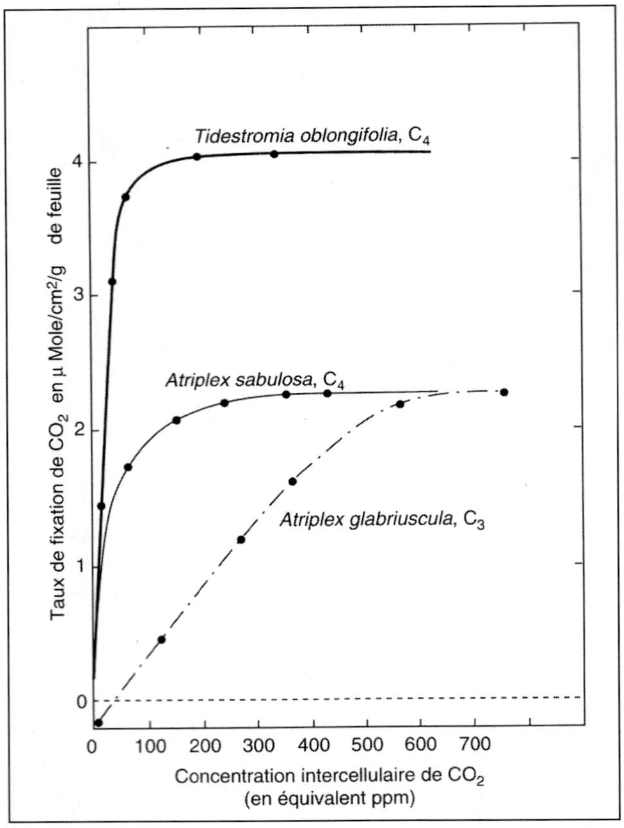

Efficacité comparée de la photosynthèse chez des **plantes** en C_3 et en C_4. Les concentrations de CO_2 figurées sont intratissulaires et ne correspondent donc pas à la teneur atmosphérique. (D'après Björkman, in Marcelle Ed., *Biological control of photosynthesis*, W. Junk, 1975, p. 14)

gazeux par fermeture des stomates, ce qui handicape les plantes en C_3. Cela explique pourquoi les plantes en C_4 sont pour la plupart propres aux régions intertropicales des continents. ◆ ~ **CAM** (abréviation de *Crassulacean acid metabolism*) : ce terme désigne un type de photosynthèse particulier, découvert initialement chez les plantes de la famille des Crassulacées mais qui se rencontre en fait chez bien d'autres espèces de plantes inféodées aux biotopes arides – *a fortiori* désertiques – appartenant à de nombreuses familles végétales.

Ce type de photosynthèse est caractérisé par une disjonction des phases lumineuse et obscure. La partie initiale et fondamentale du cycle de Calvin, la fixation du CO_2, s'y effectue la nuit, car c'est alors que les stomates de telles plantes sont ouverts, ce qui limite l'évapotranspiration. Cette fixation est réalisée par synthèse d'acides organiques, d'où le nom de ce type de photosynthèse. Pendant la journée, alors que les stomates sont fermés, le CO_2 ainsi fixé est incorporé dans les étapes suivantes du cycle photosynthétique. (***Voir aussi Crassulacées, Photosynthèse***) ◆ ~ **cultivées** : voir Agriculture, Cultivar, Variétés. ◆ ~ **herbacées** (*herbaceous plants*) : plantes à bref cycle de développement, annuelles ou bisannuelles, dépourvues de tissus ligneux. ◆ ~ **ligneuses** (*woody plant*) : plantes vivaces, voire très longévives, buissonnantes, arbustives ou arborées, dont la tige et les branches sont constituées de tissus ligneux. ◆ ~ **mère** (*stock plant*) : plante à partir de laquelle sont prélevées des boutures pour des plantations de la même espèce. ◆ ~ **vasculaires** (*vascular plants*) : ensemble des plantes évoluées qui possèdent des vaisseaux du bois et du liber, les premiers renfermant la sève brute et les seconds la sève élaborée.

plantule, n. f. (*plantlet*). Jeune plante provenant de la germination de la graine et qui se développe encore à partir des réserves cotylédonaires.

planula, n. m. (*planula*). Larve libre de Cnidaires de forme allongée et pourvue d'une ciliature. (***Voir aussi Cnidaires***)

plaque(s), n. f. ◆ ~ **continentale** (*continental plate*) : zone de la lithosphère constituée par des plaques qui forment les continents car elles émergent au-dessus du niveau moyen de l'océan, par opposition aux plaques océaniques qui en constituent le fond.

On distingue sept grandes plaques « continentales » qui correspondent partiellement aux continents actuels mais peuvent comporter des zones océaniques étendues et cinq plaques océaniques. ◆ **tectonique des ~** (*plates tectonics*) : les plaques ne sont pas statiques mais en perpétuel mouvement. Au fond des océans, elles peuvent s'écarter dans des zones particulières, les dorsales, entre lesquelles se creusent des dépressions, les rifts océaniques, avec phénomène de volcanisme sous-marin.

À l'opposé, lorsque les plaques océaniques viennent heurter les plaques continentales, elles s'engagent sous ces dernières donnant lieu à des phénomènes de subduction qui provoquent l'érection des chaînes de montagnes et simultanément – à cause des énormes contraintes mécaniques qui en résultent – des séismes et des éruptions volcaniques.

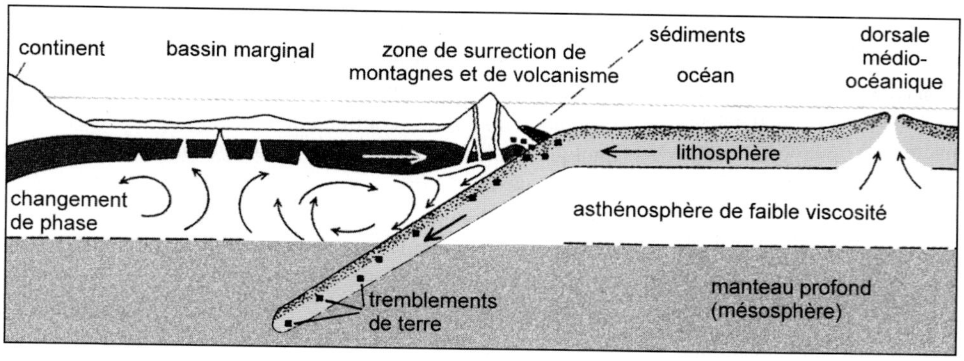

Interprétation de la tectonique des **plaques** et de la genèse des éruptions volcaniques. (D'après Toköz, op. cit., in Ramade F., *Les catastrophes écologiques*, McGraw-Hill, Paris, 1987, p. 65)

Il existe aussi des zones de collision entre plaques continentales. Dans l'Ancien Monde, la plus importante est celle où se rencontrent les plaques indo-australienne et eurasienne provoquant la surrection de l'Himalaya. En Europe, la genèse de l'arc alpin résulte de la remontée de la plaque Afrique et de sa collision avec la plaque eurasienne.

La Ceinture de feu du Pacifique, la plus grande zone de subduction de la planète, résulte de la collision de l'immense plaque Pacifique et de diverses plaques périphériques avec les plaques continentales qui entourent cet océan. ***(Voir aussi Catastrophe naturelle, Séisme, Volcanisme)***

plasmide, n. m. (*plasmid*). Boucle d'ADN isolée d'un chromosome bactérien. Celui-ci peut être introduit dans les cellules d'une plante ou d'un Métazoaire afin de les modifier génétiquement.

Plasmodium. Nom scientifique du genre de Protozoaires Coccidiomorphes qui causent le paludisme.

plasticité, n. f. ◆ ~ **phénotypique** (*phenotypic flexibility*) : aptitude d'une espèce végétale ou animale à s'adapter physiologiquement (et morphologiquement) à des conditions écologiques situées aux limites de son intervalle de tolérance pour les facteurs considérés.

plastique(s), adj. ◆ **matières** ~ (*plastics*) : composés organiques de synthèse (plus rarement provenant de substances naturelles), présentant une grande malléabilité et une très forte résistance aux agents physico-chimiques propres au milieu aérien ou aquatique. Parmi les principales catégories chimiques utilisées figurent les polychlorovinyles, les polyéthylènes, les polystyrènes, les polyesters (dérivés des phtalates par exemple), les polyacryliques, et les polyuréthanes. Par suite de leur inaltérabilité, les matières plastiques usagées soulèvent de sérieux problèmes d'environnement car elles s'accumulent dans l'espace rural et dans les milieux naturels moins marqués par l'action de l'homme, où elles sont la cause de considérables nuisances esthétiques. D'autre part, malgré leur relative inertie chimique, elles sont souvent fabriquées à partir de monomères qui peuvent présenter de sérieux risques de toxicité aiguë ou de cancérogénicité ce qui soulève de redoutables problèmes d'hygiène du travail (cas du chlorure de vinyle par exemple).

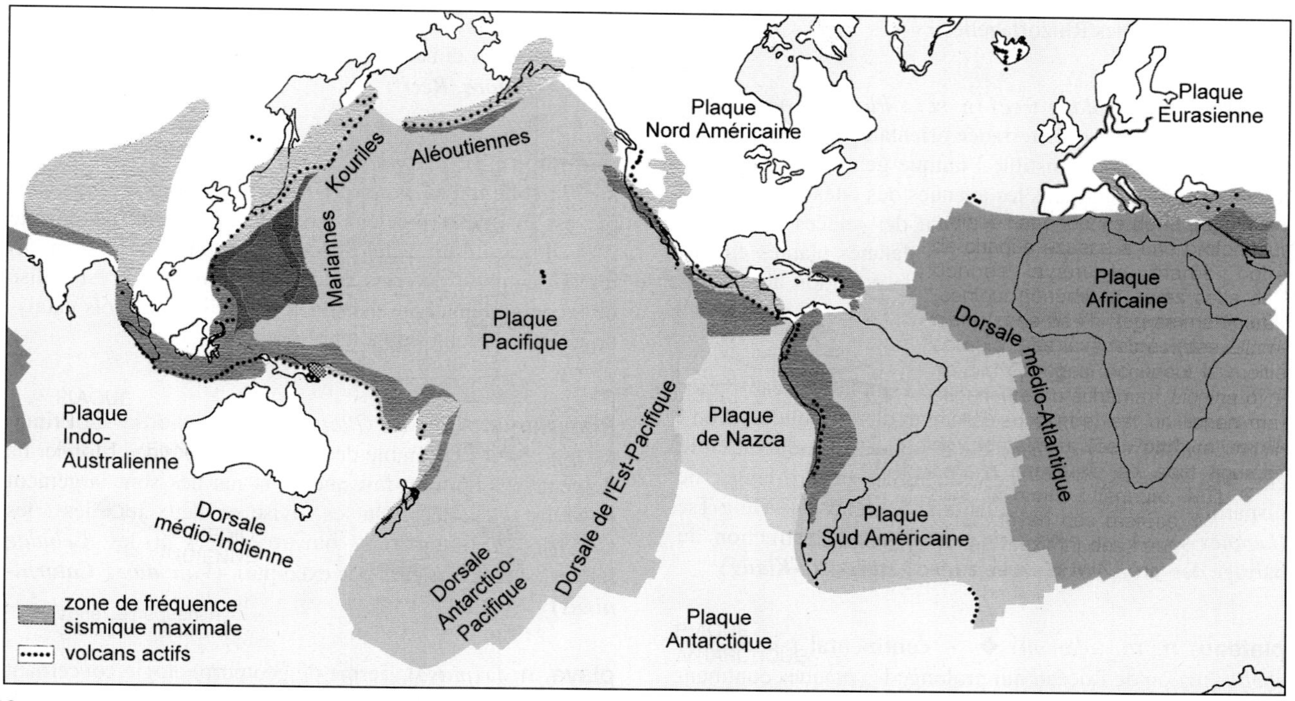

Carte tectonique du globe figurant les principales **plaques**, les zones de subduction, les volcans actifs et les régions de sismicité maximale. (In Ramade F., *Les catastrophes écologiques*, McGraw-Hill, 1987, p. 66-67)

En outre, on en trouve maintenant dans les parties centrales des océans, elles flottent même dans les zones les plus reculées de ces derniers. On a ainsi observé, voici déjà plusieurs décennies, des fragments de polystyrène dérivant dans les mers australes au-delà de la convergence antarctique. Les matières plastiques constituent une cause de mortalité pour les Vertébrés marins, certaines espèces de grande voracité les ingérant en les confondant avec des proies. Ainsi les sachets en polyéthylène qui flottent entre deux eaux causent la mort de nombreuses tortues marines *(Caretta caretta)* qui les prennent pour des méduses dont elles se nourrissent. De même, certains poissons avalent les boules de polystyrène expansé, etc. ◆ **pollution de l'air due aux ~** : bien qu'inertes, les plastiques sont une source significative de pollution atmosphérique. Celle-ci résulte de deux causes : certains plastiques se dépolymérisent et peuvent introduire dans l'air des locaux individuels ou collectifs des vapeurs de monomère lorsque ce dernier est volatil (cas du formol présent dans les habitations dont les parquets ont été vitrifiés). La seconde cause résulte des combustions incomplètes. En ce sens l'incinération ne résout que partiellement le problème de la pollution de l'environnement car les matières plastiques dégagent d'importantes quantités de divers gaz très toxiques et cela d'autant plus que la combustion de leur molécule sera partielle d'où les risques d'asphyxie lors d'incendie de locaux refermant de tels matériaux ou des PCV qui dégagent dans l'atmosphère de l'acide chlorhydrique. En France par exemple, 40% des 100 000 tonnes de bouteilles plastiques en PCV ont été incinérées en 1997 dégageant quelque 31 000 tonnes d'acide chlorhydrique! ***(Voir aussi Atmosphérique, Pollution de l'air à l'intérieur des locaux, Qualité de l'air)***

plastogamie, n. f. (*plastogamy*). Coalescence du cytoplasme d'organismes unicellulaires sans fusion des noyaux et conduisant à la formation d'un plasmodium. Ce phénomène s'observe par exemple chez divers *Protoctista*, en particulier chez des Rhizoflagellés.

platane, n. m. (*plane tree*) (n. sc. : *Platanus orientalis*). Arbre originaire de Méditerranée orientale, de la famille des Platanacées, dont il constitue l'unique genre, qui est planté le long des routes et dans les avenues des cités européennes au climat tempéré. Depuis le début des années 1980, une maladie cryptogamique attaque les platanes plantés en Europe méditerranéenne, favorisée par la pollution atmosphérique urbaine qui affaiblit ces arbres.

plataniste(s), n. m. (*Platanista*). Dauphins d'eau douce inféodés aux grands fleuves d'Asie et d'Amérique du Sud : Yang-Tse, Gange, Amazone et Orénoque. Plusieurs d'entre eux sont considérés comme vulnérables ou en danger de disparition. Ainsi, les populations de celui du Yang-Tse (*Lepotes vexillifer*) sont menacées par la construction du barrage des Trois Gorges. ***(Voir aussi Yang-Tse-Kiang)***

plateau, n. m. (*plateau*) ◆ **~ continental** (*continental shelf*) : région de l'océan qui prolonge les plaques continentales en milieu marin. Le plateau continental dont la profondeur moyenne est de 120 m s'étend vers le large jusqu'à une profondeur excédant rarement 200 m au-delà de laquelle se produit la rupture de pente du talus continental. Celle-ci marque la limite de la plaque continentale.

L'étendue du plateau continental, très variable, s'étage entre quelques miles pour les côtes accores à plus de 200 miles dans les cas extrêmes.

Comme le plateau continental reçoit les eaux des fleuves qui s'y déversent dans les zones esturiennes et deltaïques et qu'en outre il est le siège des remontées d'eaux profondes dans les zones d'*upwelling*, il possède la plus grande productivité biologique de l'ensemble de l'océan mondial.

Cela a conduit les organisations techniques des Nations unies à définir dans le traité de la mer une zone d'exclusivité économique (ZEE) qui s'étend jusqu'à 200 miles nautiques au large, qui est très généralement la limite extrême du plateau continental, et donne l'exclusivité d'exploitation des ressources marines au pays à laquelle elle appartient. ***(Voir aussi Océan, ZEE)***

plateforme, n. f. (*platform*). Étendue de terrain située en contrebas d'une masse continentale.

Plathelminthes, n. m. (*Platyhelminthes*). Phylum d'Invertébrés acœlomates comprenant trois classes : les Turbellariés, animaux libres et principalement aquatiques, les Trématodes et les Cestodes, parasites. ***(Voir aussi Douves, Planaires, Ténias)***

platier, n. m. (*reef flat*). Partie d'un récif corallien caractérisée par l'absence de relief et la faible profondeur d'eau. Dans sa partie antérieure, la plus rapprochée de la carène récifale, on y observe de nombreuses colonies de Madrépores qui en tapissent le fond et sont situés près de la surface, certains d'entre eux pouvant même émerger à marée basse. Quand on s'éloigne de la crête récifale et que l'on se rapproche du lagon, le platier est jonché de colonies mortes (horst corallien), sa base étant constituée par un pavage de débris récifaux cimentés par des concrétions calcaires. ***(Voir aussi Acropora, Récif)***

platine, n. f. (*platinium*). Élément de numéro atomique Z = 78 et de masse atomique Ar = 195,1 dont le corps simple est un métal précieux gris blanc, ductile, de densité 21,4. Il s'agit d'un métal inoxydable à toutes les températures qui catalyse diverses réactions chimiques. Il est utilisé de façon systématique dans la construction des pots catalytiques des véhicules à moteur thermique.

Platyrhiniens, n. m. (*Platyrrhini*). Sous-ordre de Primates qui réunit l'ensemble des singes du Nouveau Monde. Ils doivent leur nom au fait que leurs narines sont largement ouvertes et écartées. On les divise en deux familles : les *Callitrichidae* (tamarins, ouistitis, etc.) et les *Cebidae* (atèles, singes hurleurs par exemple). ***(Voir aussi Catarhiniens)***

playa, n. f. (*playa*). Terme de géomorphologie concernant une plaine située dans un bassin entouré de montagnes et qui est souvent inondée par le ruissellement provenant des pentes adjacentes. Elle est de la sorte recouverte par des dépôts de sédiments fins provenant des apports alluviaux afférents à l'érosion hydrique des zones de relief avoisinantes.

Plécoptères, n. m. (*Plecoptera*) (vern. : perles). Ordre d'insectes hétérométaboles, dont les larves aquatiques vivent dans des cours d'eau bien oxygénés : torrents ou rivières aux eaux pures, dont la famille la plus importante est celle des *Perlidae*. Par suite de leurs exigences en oygène dissous, les larves de Plécoptères constituent d'excellents bioindicateurs de qualité des eaux continentales. ***(Voir aussi Bioindicateurs)***

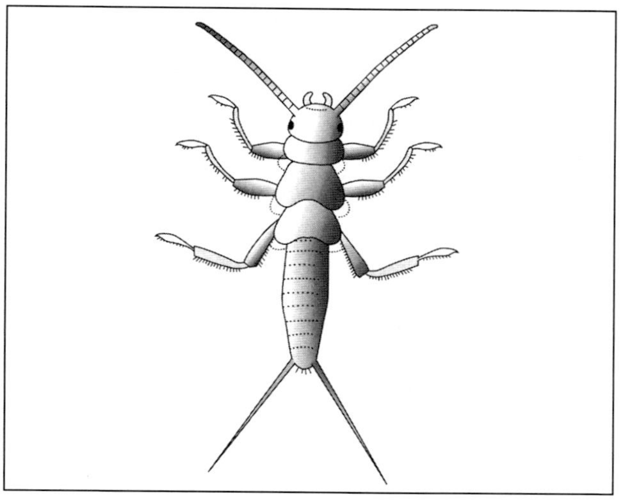

Larve de **Plécoptère** Perlide (*Perla sp.*).

pleine mer, n. f. (*high tide*). Terme synonyme de marée haute. ***(Voir aussi Marée)***

pléiohalin, adj. (*pleiohaline*). Désigne des eaux saumâtres de salinité moyenne comprise entre 10 et 18 $g \cdot l^{-1}$.

pléiomorphe, adj. (*pleiomorphic*). Désigne un organisme présentant d'importantes différences morphologiques au cours des divers stades de son cycle vital.

pléiotope, adj. (*pleiotopic*). Désigne une espèce capable de se développer dans des biotopes variés.

pléiotopie, n. f. (*pleiotopy*). Caractère propre aux espèces pléiotopes.

pléiotrope, adj. (*pleiotropic*). Désigne les gènes dont l'expression se caractérise par plus d'un phénotype apparemment indépendant.

pléiotropie, n. f. (*pleiotropy*). Situation dans laquelle un gène est responsable de nombreux effets phénotypiques apparemment indépendants.

pléioxène, adj. (*pleioxenous*). Désigne un parasite qui n'est pas spécifique d'un hôte ou qui possède plusieurs hôtes successifs au cours de son cycle vital.

pléioxénie, n. f. (*pleioxeny*). Propriété des espèces pléioxènes.

Pléistocène, n. m. (*Pleistocene*). Période marquant le début de l'ère Quaternaire, qui s'est étagée entre – 1,75 million d'années et – 10 000 ans. ◆ **refuges ~** (*pleistocene refugium*) : zones qui ont servi de refuge aux communautés thermophiles pendant les périodes d'intense glaciation qui ont marqué le Quaternaire. Celles-ci sont assimilées aux centres d'endémisme existant actuellement dans les régions tropicales et méditerranéennes continentales. ***(Voir aussi Endémisme, Protection de la Nature)***

pléiston, n. m. (*pleiston*). Ensemble des organismes aquatiques qui vivent à l'interface air-eau en flottant sur l'eau et qui dépendent entièrement du vent pour leur déplacement. C'est par exemple le cas de diverses méduses siphonophores comme les *Vellela* ou encore des argonautes. ***(Voir aussi Neuston, Pleuston)***

pléométrose, n. f. (*pleometrosis*). Fondation d'une colonie d'insectes sociaux par plusieurs femelles agissant de façon coopérative.

pléomorphe, adj. (*pleomorphic*). Organisme présentant une variation importante de morphologie au cours de son cycle vital selon les conditions écologiques dans lesquelles il se développe.

pléophage, adj. (*pleophagous*). Désigne un organisme qui possède une grande variété de régimes alimentaires.

plésiomorphe, adj. (*plesiomorphic*). Désigne un organisme présentant des caractères primitifs qui sont partagés par divers groupes d'organismes biologiques et qui sont hérités d'un ancêtre commun.

Pleuronectiformes, n. m. (*Pleuronecta, flat fishes*) (vern. : pleuronectes). Ordre de poissons de grande importance économique qui réunit toutes les espèces de poissons plats : flétan, sole, turbot, plie, limande, etc.

pleuston, n. m. (*pleuston*). Organisme aquatique vivant à l'interface eau-atmosphère. Dans les biotopes dulçaquicoles, des insectes tels les *Gerris* ou encore les Coléoptères Gyrinides en constituent des représentants abondants dans tous les habitats lentiques même peu étendus.

pleustonique, adj. (*pleustonic*). Qui se rapporte au pleuston.

pleustophytes, n. f. (*pleustophytes*). Plantes supérieures aquatiques qui flottent librement à la surface de l'eau. Les Lemnacées par exemple sont des pleustophytes. ***(Voir aussi Lemna)***

pli, n. m. (*fold*). Terme de géomorphologie désignant des strates sédimentaires déformées par les mouvements tectoniques.

Pliocène, n. m. (*Pliocene*). Dernière période de l'ère Tertiaire, le Pliocène s'est étagé entre – 5 millions et – 1,75 million d'années.

plissement, n. m. (*folding*). Processus tectonique conduisant à la formation de plis.

plomb, n. m. (*lead*). Élément de numéro atomique Z = 82 et de masse atomique Ar = 207,2 dont le corps simple est un métal gris bleuâtre, mou et ductile de densité 11. Le plomb est un métal lourd, très toxique pour les êtres vivants en particulier pour les Vertébrés homéothermes. ◆ **cycle biogéochimique du ~** : de tous les métaux lourds et autres éléments toxiques contaminant la biosphère, le plomb constitue actuellement au même titre que le cadmium ou l'arsenic et devant le mercure le plus préoccupant de ces polluants. Alors que le jeu des phénomènes biogéochimiques entraîne annuellement depuis les continents dans l'océan 180 000 tonnes de plomb, près de 3 millions de tonnes par an sont extraites de la lithosphère par les activités minières. Il représente en conséquence l'élément non biogène dont l'homme a le plus perturbé le cycle biogéochimique, l'indice de perturbation étant de 16.

Dans les conditions naturelles, le plomb est émis dans l'atmosphère principalement par volcanisme et, dans une moindre mesure, par l'érosion éolienne, les autres sources (surtout feux de végétation et embruns marins) prises ensemble sont inférieures à mille tonnes par an. Les flux naturels de plomb vers l'atmosphère sont donc estimés au total, à l'échelle globale, à un apport de 22 000 tonnes par an à comparer aux 350 000 tonnes par an dues à la pollution atmosphérique. Ceci signifie que la civilisation moderne met en circulation le plomb en quantité supérieure de plus d'un facteur 10 à celle mise en jeu par les processus physicochimiques naturels. Qu'ils soient naturels ou anthropogéniques, les rejets de plomb dans l'atmosphère se font essentiellement sous forme de particules. Celles d'origine technologique, produites généralement à haute température, sont de diamètre nettement inférieur à un μ. En conséquence, elles sont transportées à grande distance, fort loin des zones industrialisées comme en atteste leur mise en évidence dans les glaces de l'inlandsis groenlandais. En revanche, les particules d'origine naturelle, de plus grand diamètre, sont transportées à plus faible distance.

Le retour du plomb de l'atmosphère aux écosystèmes terrestres et aquatiques s'effectue essentiellement par dépôts des particules contenues dans l'atmosphère. Dans les écosystèmes terrestres, les particules de plomb se déposent à la surface du sol et se mélangent aux couches superficielles. De nombreux travaux ont montré l'importance du rôle de la pollution atmosphérique dans la contamination des sols par le plomb, même dans des zones éloignées des régions industrialisées. Ainsi, il a été mis en évidence que l'essentiel du plomb contenu dans les sols de Norvège provient des retombées dues à la pollution atmosphérique, les couches superficielles étant beaucoup plus riches en plomb dans le Sud de ce pays que les couches profondes.

En milieu marin, la plupart du plomb est apportée par dépôt de particules atmosphériques à l'exception des zones littorales, en particulier estuariennes, où l'apport d'eaux continentales polluées peut être important. Le cycle biogéochimique du plomb est donc ouvert puisque l'étude de la teneur en plomb des eaux abyssales montre qu'il n'existe aucune remobilisation de cet élément à partir des sédiments profonds. ◆ **pollution par le ~** : les principales causes de

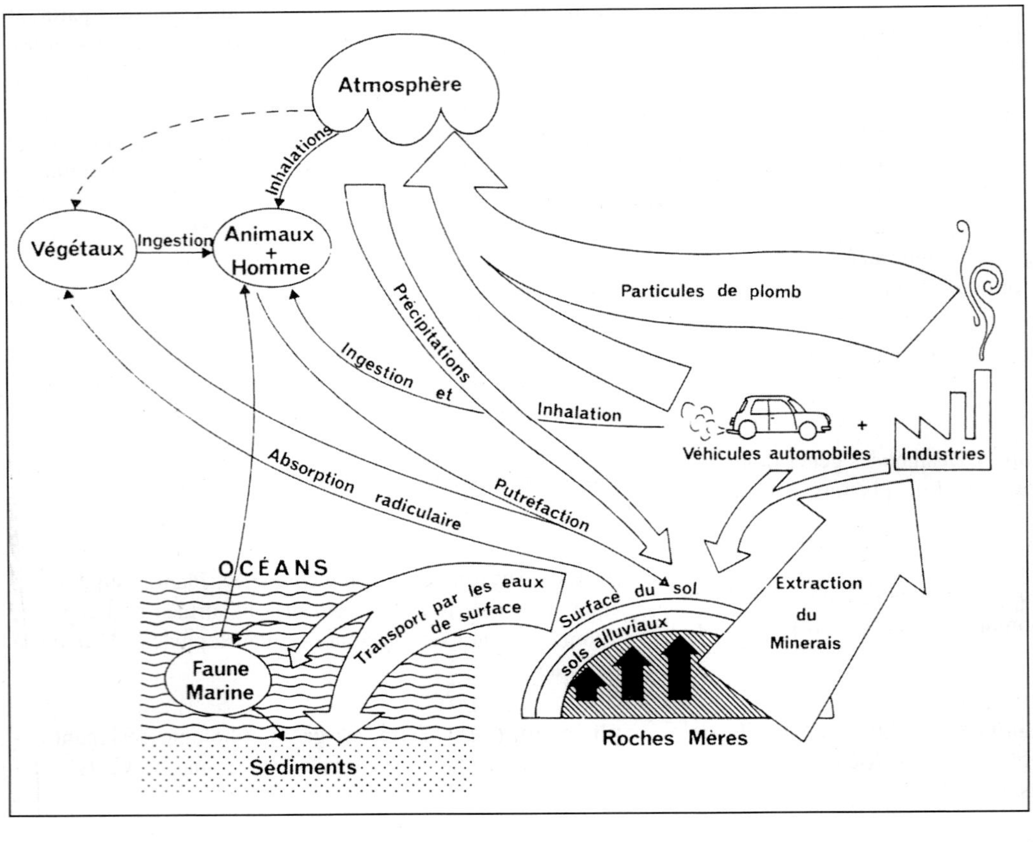

Cycle biogéochimique du **plomb**. (D'après Jenkins C., *Terre et Vie*, 1975, tome XXIX, n°3)

pollution de l'air par le plomb proviennent de son usage comme additif des essences sous forme d'alkylplomb, ainsi que de diverses activités industrielles liées surtout à la métallurgie de cet élément, en particulier la récupération d'accumulateurs. En Europe, on a pu estimer que chaque véhicule fonctionnant à l'essence aux alkylplombs rejetait chaque année en moyenne 1 kg de plomb particulaire dans l'atmosphère essentiellement sous forme de particules insédimentables. À ces émissions doivent être ajoutées celles de la métallurgie des métaux non ferreux. Au total, les émissions anthropogènes de plomb dans l'atmosphère étaient estimées à plus de 400 000 tonnes par an au milieu des années 1990. Les retombées consécutives à cette pollution diffuse à vaste échelle de l'atmosphère par cet élément ont provoqué une contamination décelable même dans les zones les plus reculées de l'hémisphère boréal comme le grand Nord de la Scandinavie, voire les glaces des régions arctiques.

En milieu urbain, l'usage des additifs au plomb dans les carburants était à l'origine de 90% de la pollution de l'air par le plomb au milieu des années 1990. Néanmoins on a observé au cours de la dernière décennie une baisse significative en pourcentage liée à l'interdiction progressive des carburants plombés dans les pays développés. En France par exemple, la baisse a été de 67% entre 1990 et 1995. ◆ **toxicologie du ~** : l'exposition permanente au plomb à des doses modérées provoque une redoutable affection qui peut être mortelle, le saturnisme, caractérisée par une anémie et une atteinte du système nerveux central. ***(Voir aussi Saturnisme)*** ◆ **~ de chasse** (*lead shot*) : l'usage du plomb pour les projectiles de chasse (en alliage avec l'antimoine, métalloïde lui-même très toxique) provoque un grave problème pour la conservation de la sauvagine car les oiseaux avalent ces plombs tombés au fond des marais et contractent le saturnisme. ***(Voir aussi Saturnisme)*** ◆ **~ dans l'essence** : la nécessité d'accroître l'indice d'octane des essences – ce qui améliore le rendement thermodynamique des moteurs à allumage commandé – a conduit à incorporer dans ces dernières, dès le début des années 1920, des adjuvants antidétonants, à base de dérivés alkylés du plomb, en particulier de plomb tétraéthyle, utilisés de manière croissante jusqu'au début des années 1970. Depuis lors, des mesures de plus en plus généralisées d'interdiction de ces ad-

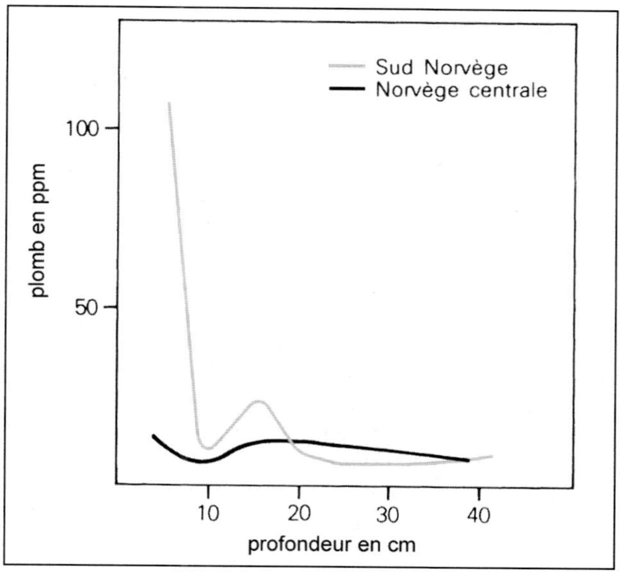

Variation comparée de la teneur en **plomb** des sols du centre et du Sud de la Norvège. (D'après Steines op. cit., in Ramade F., *Écologie appliquée*, Ediscience international, 5e ed., 1995, p. 117)

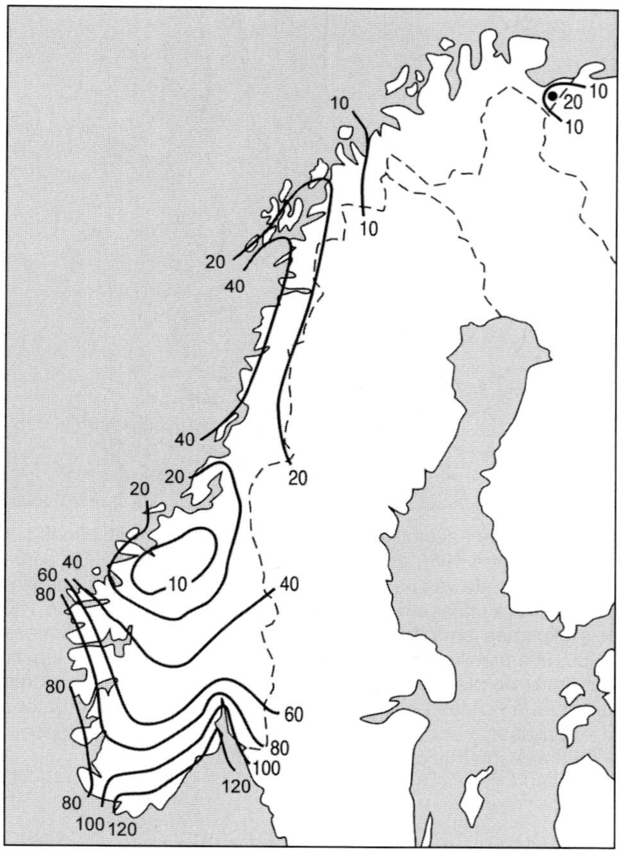

Teneur en **plomb** des sols de Norvège. On constate que cette dernière est maximale dans le Sud du pays, ce qui montre le rôle des retombées atmosphériques dues à l'usage des essences au plomb et de la pollution de l'air par diverses activités métallurgiques, la densité de la population de ce pays et celle des diverses activités industrielles décroissant progressivement quand on se dirige vers les régions septentrionales. Les nombres figurent des ppm (mg par kg) rapportés au poids sec de sol. (D'après Steines, op. cit. 1987, p. 118)

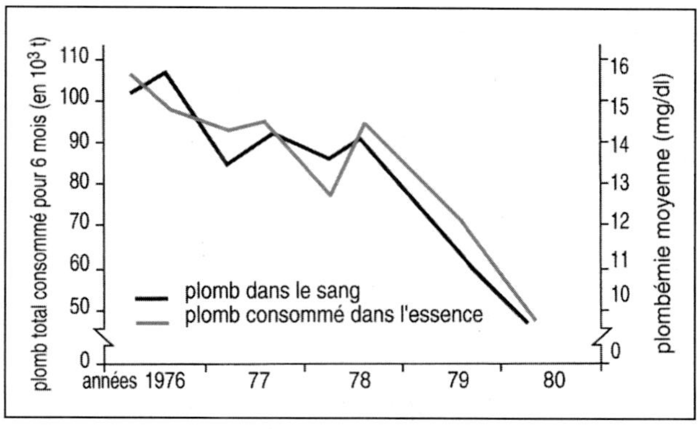

Régression du taux de **plomb** dans le sang des citadins américains (plombémie) corrélativement à l'élimination progressive de l'essence au plomb aux Etats-Unis. (D'après EPA, *Environmental Quality*, 1984, in Ramade F., *Écologie appliquée*, Ediscience international, 5e ed., 1995, p. 116)

ditifs ont été prises dans les pays développés, car le plomb est un poison pour les pots catalytiques dont l'usage a été rendu obligatoire dans l'ensemble des pays de l'OCDE. Dans l'Union Européenne, il a été interdit dans tous les pays, la France ayant été l'un des derniers pays à le faire (depuis seulement janvier 2000). Cependant, la plupart des États en dehors de la zone OCDE, dont la totalité des pays en voie de développement, continuent à utiliser des alkyl plombs dans leur essence. Le rôle majeur de l'usage des carburants plombés dans la contamination des citadins par le plomb a été démontré aux États-Unis par la corrélation entre la diminution de la plombémie des populations urbaines et celle de la quantité de carburants plombés consommés. Cela a aussi permis d'estimer que l'usage d'essences au plomb était responsable de 40 à 60% de la plombémie totale des citadins! (Voir figure page 639.) **(*Voir aussi Saturnisme*)**

Plombaginacées, n. sc. Famille de plantes de la sous-classe des Caryophylidées comportant plus de 400 espèces de plantes surtout herbacées et halophiles (*Limonium* des sansouïres méditerranéennes par exemple).

plotophyte, n. f. (*plotophyte*). Plante aquatique flottante pourvue de flotteurs et autres structures de flottation.

pluies, n. f. (*rains*). Phénomène résultant de la condensation de la vapeur d'eau atmosphérique et de sa précipitation à la surface des continents et des océans sous forme liquide. Les pluies résultent de perturbations atmosphériques et sont produites par certains types de nuages : les nimbostratus et les cumulonimbus dans le cas des orages. Elles jouent un rôle important dans le transfert des polluants atmosphériques vers le sol ou la surface des eaux. **(*Voir aussi Pluviométrie, Précipitations*)** ◆ **~ acides** (*acid rains*) : phénomène caractérisé par la présence dans les eaux de pluies d'acides forts à des concentrations anormalement élevées avec pour conséquence des pH très bas, pouvant être inférieurs à 3 dans des cas extrêmes alors que, dans les conditions naturelles, le pH des pluies dans les milieux continentaux en l'absence de pollution atmosphérique est voisin de la neutralité et en tout cas supérieur à 6 comme en témoignent les archives glaciaires.

Mécanisme de formation des pluies acides. Elles résultent de la pollution de l'air par les oxydes de soufre produits par l'usage de combustibles fossiles (charbon, fuels, gazole) riches en soufre ainsi que par les oxydes d'azote qui se forment lors de toute combustion à partir de l'azote contenu dans l'air. Ces oxydes se transforment dans l'atmosphère spontanément et rapidement en acide sulfurique et nitrique qui acidifient les précipitations.

Les principales réactions qui conduisent à la formation d'acidité forte à partir de ces oxydes sont les suivantes :

$$SO_2 + H_2O \Rightarrow H_2SO_3 \quad (1)$$

$$H_2SO_3 + 1/2\ O_2 \Rightarrow H_2SO_4 \quad (2)$$

$$2\ NO_2 + 1/2\ O_2 + H_2O \Rightarrow 2\ HNO_3 \quad (3)$$

$$NO_2 + SO_2 + H_2O \Rightarrow H_2\ SO_4 + NO \quad (4)$$

Dans les régions reculées, éloignées de toute agglomération urbaine, on constate qu'en moyenne 72% de l'acidité forte des pluies provient de l'anion sulfurique et 28% de l'anion nitrique. Dans les zones urbaines des pays industrialisés s'observe en outre, dans certains cas, une forte proportion d'acide chlorhydrique dans les pluies (25% de l'acidité forte des précipitations dans la région parisienne). Ce dernier est produit par la combustion incomplète de certaines matières plastiques dans les incinérateurs d'ordures municipaux.

L'acidification des pluies consécutive à la pollution atmosphérique a en fait commencé dès la fin du XIXe siècle dans certaines régions d'Europe, en rapport avec la croissance de

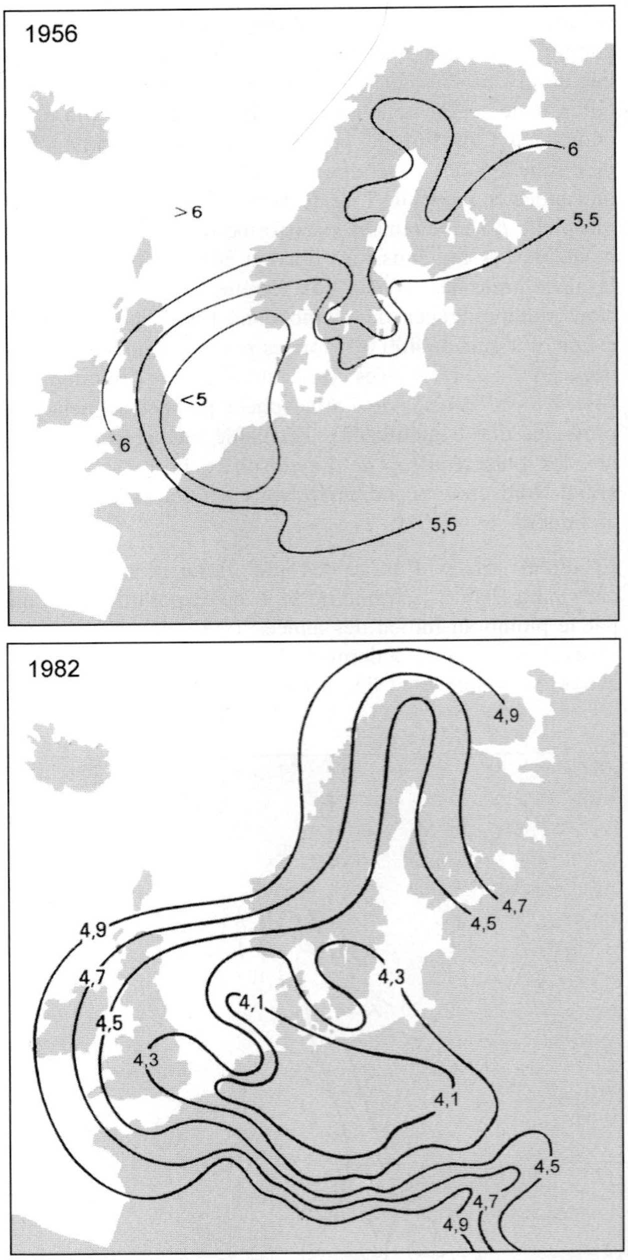

Pluies acides : accroissement de l'acidité des précipitations sur l'Europe entre 1955 et 1982 (en moyenne annuelle). On constate que, sur de vastes surfaces, la baisse a été en trois décennies de deux unités pH soit un accroissement de l'acidité de 100 fois exprimée en valeur absolue. Depuis le milieu des années 1980, une stabilisation, voire dans certaines régions une légère remontée du pH, s'est observée à la suite de diverses mesures prises à la fin des années 80 destinées à limiter les émissions d'aéropolluants acidifiantes. (In Ramade F., *Écologie appliquée*, Ediscience international, 5e ed., 1995, p. 102)

la consommation du charbon due à l'essor de l'industrie, comme en atteste l'étude des peuplements de Diatomées de certains lacs. Celle-ci s'est toutefois accélérée à partir du milieu du XXe siècle. On a observé depuis le début des années 1950 et jusqu'au milieu des années 1980 une forte augmentation de l'acidité des pluies et autres précipitations dans les diverses régions industrialisées du monde, en particulier en Europe, en Amérique du Nord et plus récemment en Chine. Toutefois, depuis la fin des années 1980, l'adoption, dans les pays de l'OCDE, de mesures de prévention de la pollution atmosphérique par les agents qui constituent des sources d'acidité forte (désulfuration des fumées, adoption de pots catalytiques sur les automobiles) a conduit à un plafonnement et localement à un début de décroissance de cette dernière, en particulier en Europe.

Effets des pluies acides sur les écosystèmes dulçaquicoles. L'acidification des biotopes aquatiques revêt des conséquences toujours désastreuses lorsque ceux-ci sont situés sur un substrat de roches naturellement acides; en effet, ceci implique que leurs eaux sont oligocalciques donc naturellement peu tamponnées. En conséquence, l'acidification des eaux naturelles par les précipitations a provoqué de véritables catastrophes écologiques. Tel est en particulier le cas de nombreux lacs situés sur un socle ancien constitué de terrains cristallins (granites, gneiss par exemple) tant dans le nord-est de l'Amérique du Nord qu'en Europe centrale et septentrionale. Les eaux de ceux-ci ont subi de ce fait une baisse de pH considérable, tombant souvent à des valeurs inférieures à 5. Il en a été de même des torrents et rivières situés sur ce type de substrat rocheux, comme cela s'est en particulier observé en Scandinavie et dans l'ensemble des régions de l'Est de l'Amérique du Nord.

L'acidification des eaux s'avère désastreuse pour la faune aquatique car elle provoque la mise en solution de l'aluminium qui est un élément très toxique pour l'ensemble des êtres vivants. Il en résulte une raréfaction considérable du plancton, puis des macro-invertébrés et des poissons.

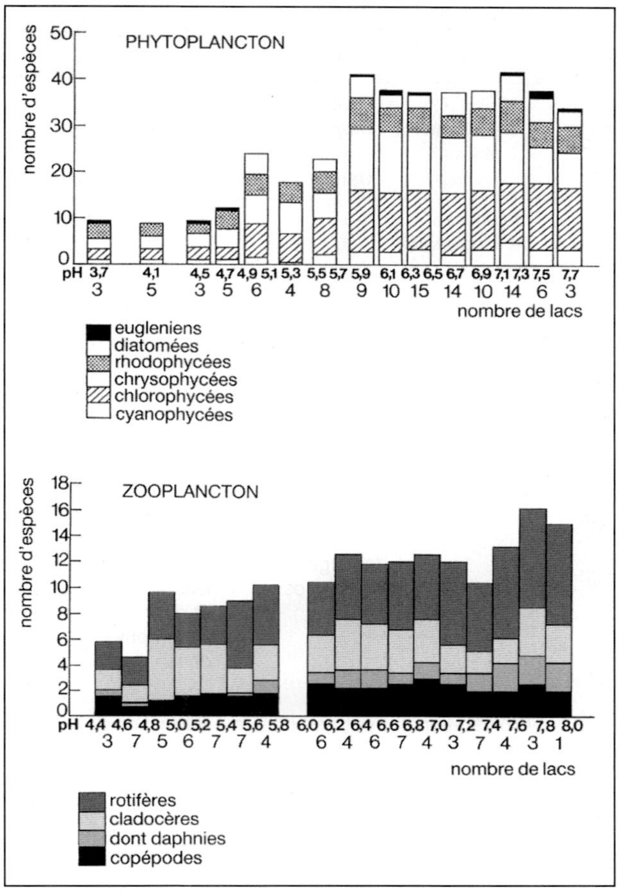

Effet de l'acidification des lacs par les **pluies acides** sur la composition spécifique et la diversité de leur peuplement planctonique. (D'après Almer et al., in Ramade F., *Les catastrophes écologiques*, McGraw-Hill, 1987, p. 199)

Parmi les Téléostéens d'eau douce, les Salmonidés sont particulièrement affectés. En conséquence, de très nombreux lacs et cours d'eau en Europe du Nord, au Canada, dans le Nord-Est des États-Unis et maintenant dans quel-

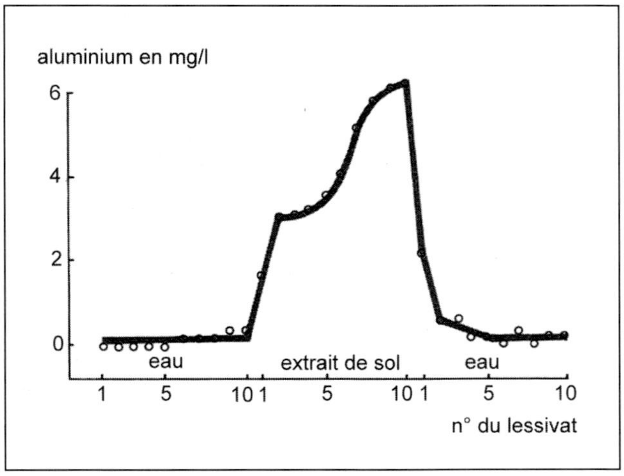

Mise en solution des sels d'aluminium toxiques par l'acidification des eaux par les pluies **acides**. Ici est figurée la dissolution de l'aluminium contenu dans une colonne d'alumine en fonction de diverses solutions de sol d'acidité croissante pour les extraits de sol de n° 1 à 10. On voit qu'au pH 4,5 (n° 10), la solubilité atteint 6 mg/l alors qu'elle est quasi nulle dans de l'eau pure à pH 7. (In Ramade F., *Les catastrophes écologiques*, McGraw-Hill, 1987, p. 208)

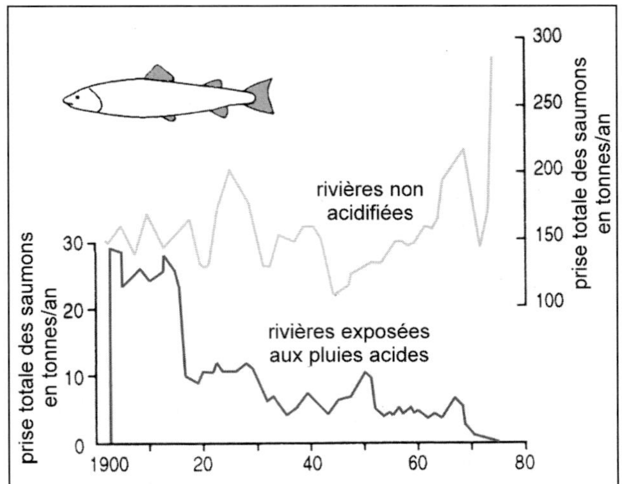

Diminution des prises de saumons dans les rivières de Norvège exposées aux **pluies acides** en comparaison des prises faites dans des cours d'eau exempts d'acidification. (D'après Henriksen, in Mason, *Biology of Fresh Water Pollution*, 1995, p. 152)

Effet de l'acidification des eaux naturelles sur les biocœnoses
(D'après divers auteurs, in Ramade F., *Les catastrophes écologiques*, McGraw-Hill, Paris, 1987, p. 200)

pH	Décompo-seurs	Végétaux macrophytes et algues filamenteuses	Phyto-plancton	Zooplancton	Mollusques	Autres Invertébrés	Amphibiens	Poissons
6,5	Multiplication de *Mougeotia*			Accroissement des Rotifères acido-tolérants	Raréfaction de certains Bivalves et Pulmonés			Ralentissement de la croissance et de la reproduction des truites de lac*
6					Disparition de divers Bivalves et Gastéropodes		Perturbation de la reproduction des Salamandres	Déclin des populations de truites arc-en-ciel et de Brook
5,5		Augmentation d'abondance des algues filamenteuses	Raréfaction importante des Diatomées et des Chlorophycées	Raréfaction des *Daphnia*, des Copépodes et disparition de certaines espèces planctoniques		Arrêt de la reproduction de nombreuses espèces d'Ephéméroptères et des Ecrevisses		Extinction des populations de truites arc-en-ciel, raréfaction des truites de lac et de Brook
5	Prolifération des champignons aquatiques	Feutrage dû à la prolifération des Cyanophycées et d'algues vertes filamenteuses	Réduction de la biomasse du phytoplancton	Forte réduction de la productivité du zooplancton	Disparition de la plupart des Bivalves et des Pulmonés	Accroissement de certains insectes : larves de Chironomides et d'Odonates, disparition des sangsues		Disparition de la truite de Brook, du Doré**, fort déclin du saumon atlantique
4,5	Ralentissement du métabolisme des bactéries aérobies	Déclin de certains hydrophytes (*Potamogeton* par exemple)	Disparition de Diatomées			Disparition des Ephéméroptères		Disparition des *Percidae*
4,2							Disparition des Anoures	Disparition du brochet
4	Ralentissement considérable de l'activité photosynthétique de l'ensemble des autotrophes aquatiques							Disparition de la perche-soleil***
3,5	Ralentissement considérable de l'activité bactérienne				Disparition totale des Mollusques	Disparition totale des écrevisses	Disparition totale des Amphibiens	Disparition totale des poissons

* *Salvelinus namayacush.*
** Doré : nom québecquois du Walleye (*Stizostaedion vitreum*), un Percidé commun dans le Nord des Etats-Unis et au Canada.
*** *Lepomis gibbosus* (*Centrarchildae*).

ques zones des Montagnes Rocheuses ont perdu toute leur faune piscicole. Ainsi dans l'Ontario, au cours des années 1980, la moitié des 40 000 lacs recensés étaient déjà dépourvus de poissons. De même, dans les provinces atlantiques du Canada, l'acidification des rivières a provoqué la quasi-disparition du saumon dans de nombreux cours d'eau. Même dans l'Est de la France, en particulier dans les Vosges, on a assisté à une importante régression des peuplements de truites qui peut être corrélée avec l'accroissement de la teneur des eaux en aluminium due à la baisse de leur pH.

Effets des pluies acides sur les écosystèmes forestiers. Les pluies acides exercent aussi un effet drastique sur la productivité primaire des écosystèmes terrestres. Les recherches faites aussi bien en Europe qu'en Amérique du Nord ont mis en évidence une corrélation incontestable entre ce phénomène et le dépérissement des forêts.

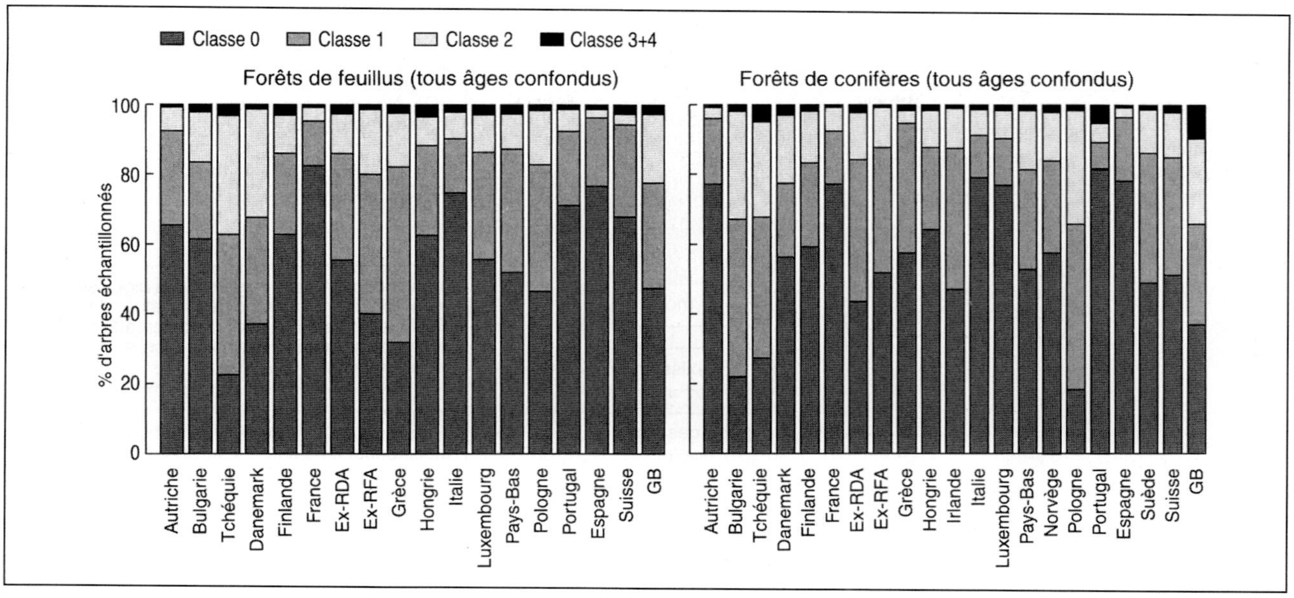

Proportion des surfaces forestières en conifères et en feuillus atteintes par le dépérissement dû aux **pluies acides** et autres polluants dans les forêts européennes au début des années 1990. *Classe 0*, aucune défoliation (perte foliaire < 10%) ; *classe 1*, défoliation légère mais niveau d'alerte atteint, perte foliaire entre 11 et 25% ; *classe 2*, défoliation modérée, perte foliaire entre 26 et 60% ; *classe 3*, défoliation sévère, entre 61 et 99% ; *classe 4*, arbres morts. (D'après PNUE, op. cit., 1991, p. 81)

Le dépérissement des forêts, dont l'extension a pris des dimensions inquiétantes en Europe et dans l'Est des États-Unis et du Canada provient essentiellement de pluies acides, même si ce phénomène résulte, tout au moins dans certaines zones et *pro parte*, de la pollution de l'air par les photo-oxydants et (ou) le SO_2.

En Allemagne, on estime que plus de la moitié des forêts sont atteintes de dépérissement à des degrés variés. En Suisse, la plupart des forêts de la partie Nord-Ouest du pays présentent aussi un préoccupant phénomène de dépérissement, ce qui soulève de graves problèmes de protection des sols en montagne sur les pentes ainsi déboisées. De façon générale, on a assisté en Europe à un accroissement de la gravité du phénomène entre le début des années 1980 et celui des années 1990. Plus récemment, une évaluation de l'état des forêts européennes concernant plus de 30 pays estimait qu'en 1996, 25% des arbres présentaient une défoliation supérieure à 25% et que le dépérissement s'était accru au cours des 20 dernières années.

Les effets des pluies acides sur les écosystèmes forestiers, essentiellement sur leur production primaire, sont complexes. Ils résultent d'un ensemble de perturbations se manifestant au niveau foliaire, racinaire, à celui de la physiologie des arbres exposés.

Leur manifestation la plus visible est le jaunissement des feuilles, suivi d'une chute de ces dernières en proportion plus ou moins importante selon la gravité du phénomène. Cette défoliation est directement responsable d'une baisse de l'activité photosynthétique.

On a mis en évidence un accroissement de la perte par lessivage d'ions nutritifs (Ca^{2+}, Mg^{2+}, K^+) au niveau de la biomasse foliaire d'autant plus important que la baisse de pH est plus forte.

Une autre cause de diminution de productivité des forêts exposées aux pluies acides résulte de l'accroissement du lessivage des éléments minéraux nutritifs des sols combiné

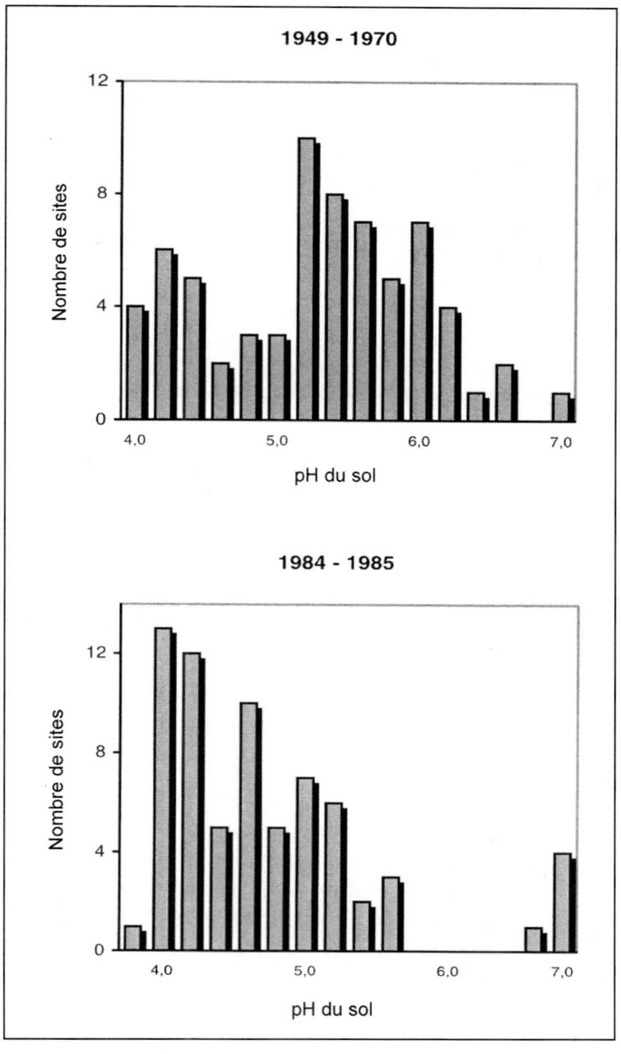

Acidification des sols suédois entre 1950 et 1985 par suite des **pluies acides**. (D'après PNUE, 1991, p. 49)

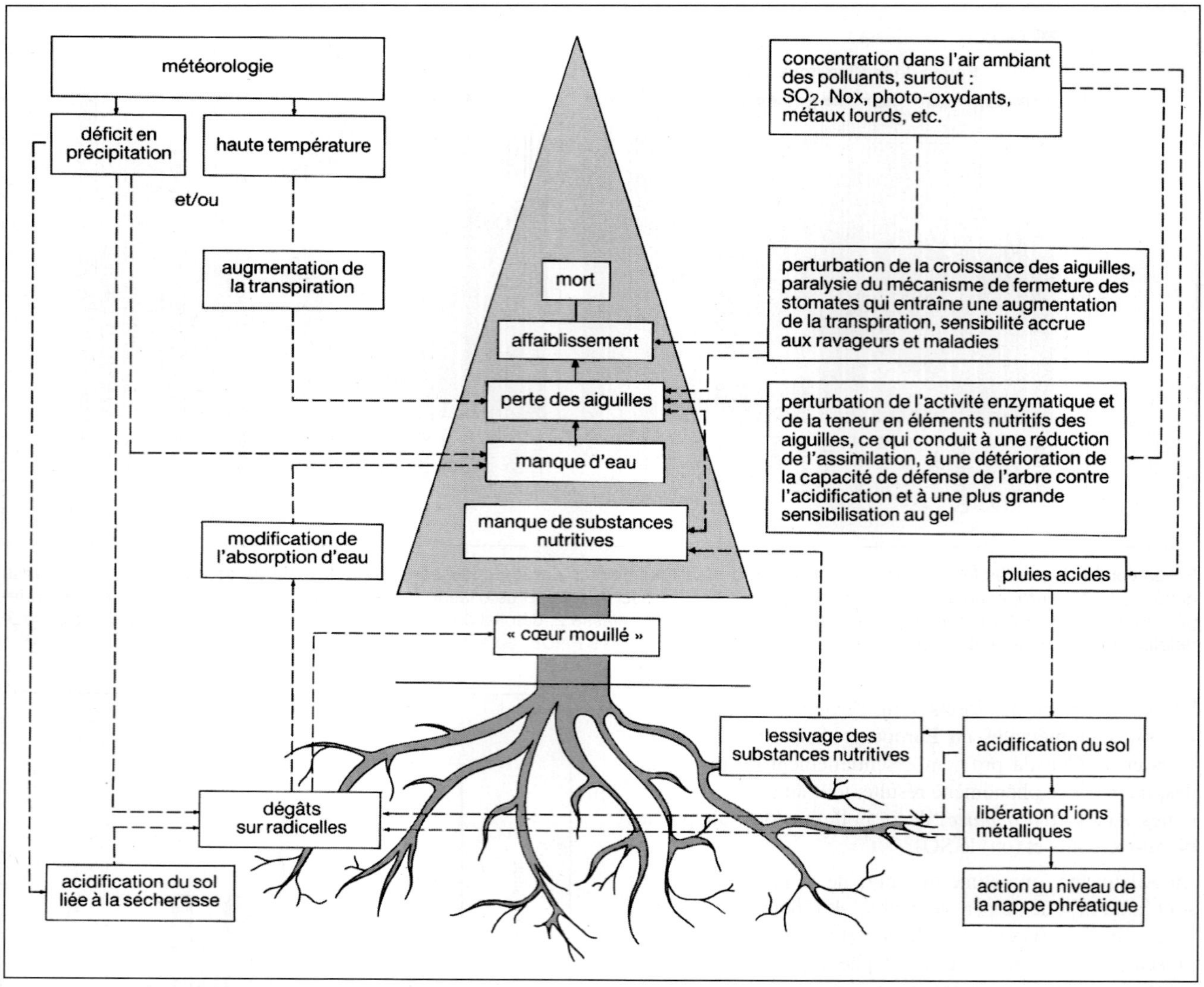

Schéma général récapitulant les divers effets physiopathologiques résultant de l'exposition des arbres aux **pluies acides** et autres aéropolluants toxiques dont la conjonction est à l'origine du dépérissement des forêts. (D'après Ministère de l'Environnement, in Ramade F., *Dictionnaire encyclopédique des pollutions*, Ediscience international, 2000, p. 412)

à une baisse d'activité des microorganismes nitrifiants. Par exemple, le bilan global du cycle de l'azote se traduit par une diminution des quantités d'azote nitrique disponibles dans les sols forestiers, en particulier de type podzolique, où des pertes nettes très importantes en calcium, magnésium et potassium ont été mises en évidence à des pH égaux ou inférieurs à 3,5.

Par ailleurs, les pluies acides agissent de façon négative sur toute une série d'espèces de Mycorhizes des principaux arbres des forêts tempérées.

Enfin, une autre cause de l'action des pluies acides sur la productivité des forêts résulte de l'action toxique de l'aluminium mis en solution par l'acidification des sols. Des travaux effectués en Suède ont révélé une importante baisse du pH des sols situés sur terrains cristallins entre les années 1950 et les années 1980 (voir figure page 643). Il a été montré en effet qu'au-dessous d'un pH de 5,5, la solubilité de l'aluminium croît rapidement. Or cet élément est très toxique pour les radicelles des végétaux, des arbres en particulier. Les déficiences du système racinaire nécrosé par les sols d'aluminium toxiques, vont se traduire par une diminution de l'absorption des sels minéraux nutritifs et de l'eau, donc par une moindre croissance des arbres poussant sur des terrains acides.

En conclusion, l'action des pluies acides sur les écosystèmes forestiers est complexe car elle est la résultante des actions directes évoquées ci-dessus qui provoquent une perturbation physiologique des arbres de gravité croissante. Puis apparaissent des actions indirectes se traduisant en particulier par une augmentation de la sensibilité des arbres aux attaques d'insectes et aux maladies. Ainsi, les attaques massives de Coléoptères Scolytides, de redoutables xylophages, observées en 1998-1999 sur plus de 50 000 ha dans le parc national de Bavière en Allemagne proviennent de l'affaiblissement physiologique des arbres ayant un taux de défoliation important du fait des pluies acides. ◆ ~ **chimiques** (*chemical rains*) : terme créé par homologie aux pluies acides qui désigne le transfert par les précipitations de contaminants organiques de l'atmosphère vers les sols et les eaux. L'apport de PCB ou d'insecticides persistants ou de solvants chlorés par les précipitations qui tombent dans des zones reculées, éloignées de tout centre industriel, constituent autant d'exemples de pluies chimiques. On a pu de la sorte évaluer à 7 tonnes par an l'apport de PCB au Lac Érié par les précipitations. ◆ **intensité des ~** : voir Pluviométrie. ◆ **répartition des ~** : voir Pluviométrie, Précipitations.

plumage, n. m. (*feather coat, plumage*). Désigne l'ensemble des plumes qui recouvrent le corps des oiseaux ainsi que leurs modalités d'agencement. Le plumage d'un oiseau comporte en effet jusqu'à 25 000 plumes disposées de façon très précise selon des tractus dénommés ptérylies. Il existe plusieurs plumages au cours de la vie d'un oiseau qui se succèdent au cours de son développement, séparés par des phases de mue où les plumes âgées tombent. Ces plumages s'échelonnent depuis le premier stade, juvénile, nidicole, où les oisillons ont le corps nu (la plupart des familles d'Oiseaux ayant des jeunes dits altriciaux, au développement embryonnaire incomplet au moment de l'éclosion), jusqu'au stade adulte. On peut donc rencontrer chez certaines espèces jusqu'à quatre types de plumage successifs : celui des oisillons au nid, juvéniles de première, seconde, voire troisième année et adulte. **(*Voir aussi Oiseaux*)**

plumasserie, n. f. (*feather trade*). Commerce des plumes qui se développa au XIXe siècle avec la pratique des décorations vestimentaires et en chapellerie à partir de plumes d'oiseaux exotiques. La plumasserie, heureusement fort peu en vogue de nos jours, fut la cause de la considérable raréfaction de nombreuses familles d'Oiseaux au début du siècle. Aujourd'hui encore, l'ibis rouge de Guyane (*Guara rubra*) et quelques autres espèces sont menacées par suite de l'usage de plumes pour réaliser des sous-verre.

plume(s), n. f. (*feather*). Phanères couvrant le corps des Oiseaux. On distingue des plumes de couverture (les tectrices), les grandes plumes caudales (rectrices) et les rémiges, plumes alaires constituant l'essentiel de la surface portante des ailes. En outre, existent les plumes de duvet, jouant un rôle dans l'isolement thermique. Les plumes ne sont pas disposées régulièrement à la surface du corps des oiseaux mais implantées au niveau de tractus dénommés ptérylies laissant de larges espaces où la peau est nue (aptéries).

Au plan écotoxicologique, les plumes constituent un site d'accumulation privilégié des éléments toxiques absorbés par les oiseaux avec leur alimentation tels le mercure ou le cadmium.

pluriannuel(le), adj. (*pluriannual*). Désigne une plante herbacée ou ligneuse dont le cycle vital s'effectue en plusieurs années et qui meurt après la floraison.

pluripare, adj. (*pluriparous*). **1.** Désigne une femelle de Mammifère qui donne plusieurs jeunes au cours d'une même parturition. **2.** (syn. : multipare) Femelle de Mammifère ayant donné plusieurs parturitions au cours de sa vie. **(*Voir aussi Itéropare*)**

plurivoltine, adj. (*plurivoltinic*). Désigne une espèce animale ayant plusieurs générations par an.

pluteus, n. m. (*pluteus*). Larve pélagique de certains Échinodermes surtout d'oursins et parfois d'ophiures.

plutoniques, adj. ◆ **roches ~** (*plutonic rocks*) : désigne les roches cristallines constituant le socle ancien des continents.

plutonium, n. m. (*plutonium*). Radioéléments artificiels qui se forme dans les réacteurs nucléaires à partir d'uranium 238 ou des autres isotopes par capture neutronique. L'isotope le plus important, le plutonium 239 (celui qui a des applications militaires) se forme par la réaction suivante :

$$^{238}U + n \rightarrow {}^{239}Pu$$

Un réacteur électronucléaire de 900 MW (el) de type REP fabrique quelque 5 kg de plutonium par jour (soit l'équivalent d'une bombe type Hiroshima).

Le plutonium est récupéré dans les usines de retraitement de combustibles irradiés car il peut lui-même servir de combustible nucléaire aussi bien dans des réacteurs à neutrons lents que dans des surrégénérateurs.

En effet, il possède l'avantage sur l'uranium 235 de donner en moyenne 2,4 neutrons par fission ce qui favorise le bilan de surrégénération.

Comme le plutonium 239 a une période de 24 500 ans et qu'il est un émetteur de rayonnement α, il constitue un déchet nucléaire dangereux et présente un important risque de radiocontamination pour l'environnement lorsqu'il est contenu dans des déchets nucléaires. **(*Voir aussi Nucléaire, Surrégénérateur*)**

Pluvial, n. m. (*Pluvial*). Période du début de l'Holocène marquée par un climat pluvieux. De façon générale, désigne des périodes géologiques marquées par une forte pluviométrie.

pluviolessivage, n. m. (*leafleaching*). Phénomène de lessivage par les pluies des parties aériennes des végétaux terrestres, en particulier des arbres : feuillage, branches et troncs. Ce phénomène induit des lésions foliaires chez les plantes, en particulier sur la végétation arborée exposée aux pluies acides. **(*Voir aussi Pluies acides*)**

pluviolessivat(s), n. m. (*leafleachate*). Produits du pluviolessivage. Leur composition est déterminée à la fois par la nature des précipitations et par celle des dépôts secs atmosphériques, enfin par la dissolution par les pluies de composants des tissus épidermiques des plantes. Leur étude revêt de façon générale une importance particulière dans l'étude de l'impact écotoxicologique de ce phénomène.

pluviométrie, n. f. (*pluviometry, rain gauging*). Ensemble des précipitations (pluie, grêle et neige) qui tombent sur une aire géographique et au cours d'une période de temps donnée, généralement pendant le cycle annuel.

La pluviométrie constitue un facteur écologique fondamental dans les écosystèmes terrestres car elle conditionne avec la température la structure et la productivité primaire de ces derniers. Elle présente d'importants écarts à la surface des continents. Les hauteurs d'eau apportées par les précipitations annuelles varient considérablement depuis les tropiques humides où elle peut localement excéder 10 m par an (plus de 14 m à Tcherapundji, en Assam, sur les contreforts du Sud-Est de l'Himalaya) jusqu'aux déserts hyperarides où

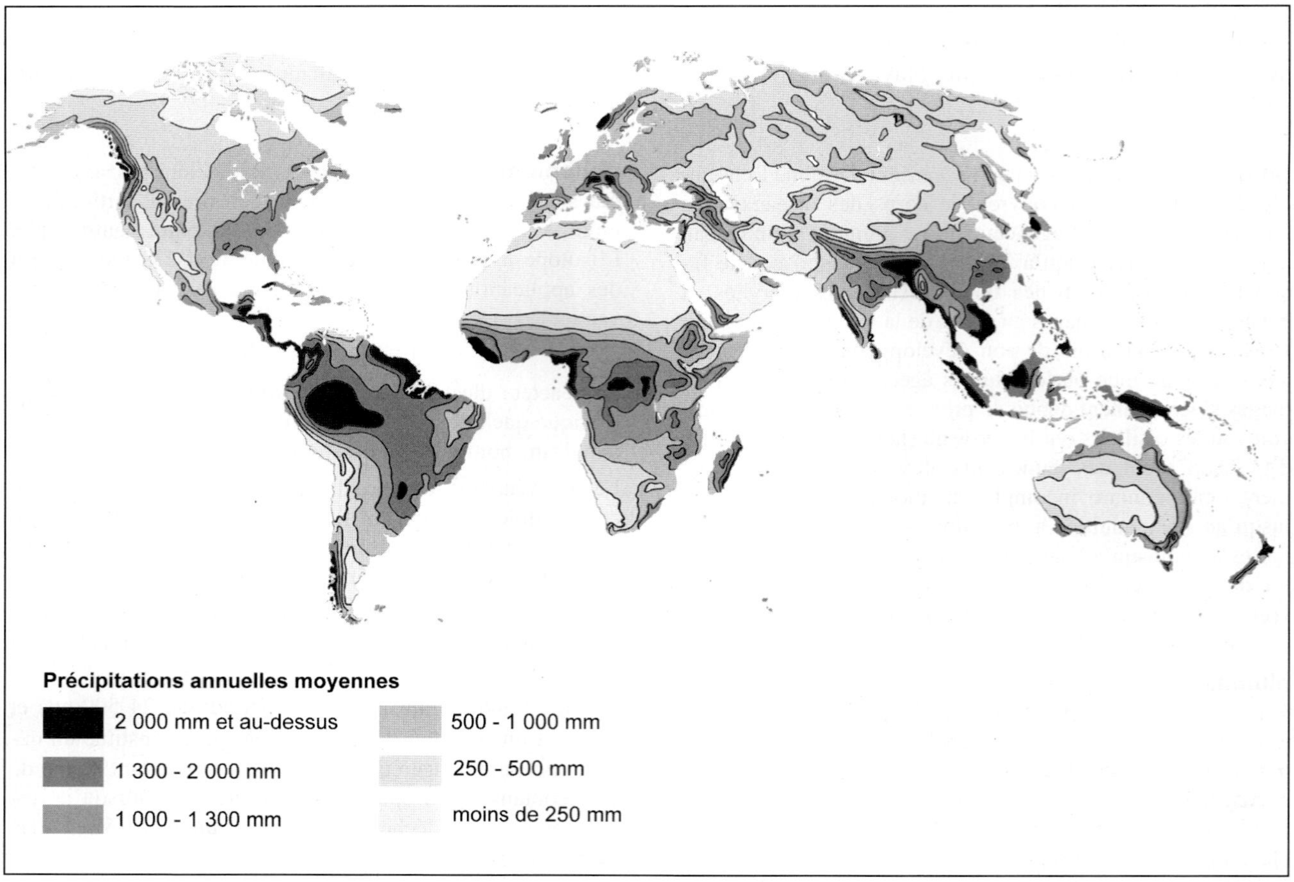

Carte de distribution de la **pluviométrie** exprimée en millimètres d'eau par an dans le monde.

il peut s'écouler plusieurs années, voire des décennies, sans pluie. (***Voir aussi Précipitations***)

pluviophile, adj. (*pluviophilous*). (syn. : ombrophile). Désigne une espèce qui se développe dans des conditions d'abondante pluviométrie.

pluviophobe, adj. (*pluviophobous*) (syn. : ombrophobe). Désigne une espèce qui ne tolère pas une forte pluviométrie.

pluviosité, n. f. (*pluviosity*). Abondance plus ou moins grande des pluies dans un biotope ou une aire géographique donnée.

pneumatophore, n. m. (*pneumatophore*). **1.** Organe propre à certaines algues de la classe des Phaeophytes ainsi qu'à divers Invertébrés marins tels les méduses et autres Cnidaires qui leur permettent de flotter dans les eaux superficielles. Les pneumatophores ont la particularité d'être gonflés non par de l'air mais par un mélange d'azote et de traces de monoxyde de carbone, comme cela a été mis en évidence tant chez des méduses (*Physalia*) que chez des algues brunes (*Fucus* par exemple). **2.** Ce terme désigne aussi des racines ayant des expansions aériennes mettant en communication avec l'air, par des pores, les lacunes remplies d'air du système racinaire d'arbres des mangroves, en particulier du genre *Sonnerretia* ou des *Taxodium* des forêts marécageuses du Sud-Est des États-Unis.

pneumatosphère, n. f. (*pneumatosphere*). Atmosphère primitive de la Terre après la condensation du système solaire. Cette atmosphère, dépourvue d'oxygène était constituée principalement de CO_2 et de méthane. (***Voir aussi Atmosphère***)

pneumoconiose, n. f. (*pneumoconiosis*). Maladie causée par l'accumulation dans les poumons de poussières minérales ou organiques, fréquente en particulier chez les mineurs et aussi chez certains exploitants agricoles remuant fréquemment du foin en local clos.

PNUE (Programme des Nations Unies pour l'Environnement) (*UNEP*). Cette organisation multilatérale, créée en 1973 à la suite de la conférence de Stockholm sur l'environnement de l'homme, a son siège à Nairobi au Kenya, et possède plusieurs antennes importantes ailleurs dans le monde, en particulier à Genève.

L'objectif principal du PNUE est de conseiller les gouvernements des pays membres de l'ONU sur les problèmes d'environnement. Il a aussi pour mission d'effectuer une surveillance permanente de l'environnement mondial et de coordonner les actions internationales dans ce domaine. Il est à l'origine de la Conférence de Rio sur l'environnement et le développement dont le but a été d'augmenter la prise de conscience des hommes politiques sur la relation entre protection de l'environnement et développement durable.

Le PNUE a établi en particulier plusieurs programmes prioritaires concernant les régions du monde où existe la plus grande urgence en matière de protection de l'environnement, tel le Plan d'action pour la Méditerranée (PAM), structure permanente dont le siège est à Athènes.

Poa. Nom scientifique d'un genre de Graminées dont certaines espèces ont une valeur fourragère, tandis que d'autres telles *Poa bulbosa*, dédaignées du bétail, envahissent les steppes surpâturées du Moyen-Orient et d'Asie centrale. **(*Voir aussi Steppe*)**

Poacées, n. sc. Voir Graminées.

Poales, n. sc. (syn. : Cypérales). Ordre de Monocotylédones de la sous-classe des Commélinidées, de très grande importance botanique car la principale famille qu'il renferme est celle des Graminées (Poacées). Elle comporte aussi la famille des Cypéracées. **(*Voir aussi Graminées, Cyperaceae*)**

Podocarpacées. Nom scientifique d'une famille de Conifères propres aux régions tropicales et subtropicales de l'ensemble de la biosphère. Diverses espèces du genre *Podocarpus* correspondent à un étage forestier altitudinal propre à l'ensemble des montagnes tropicales du monde. En Nouvelle-Zélande, ils constituaient avec d'autres espèces de cette famille du genre *Dacrydium* les arbres dominants des écosystèmes forestiers primitifs de plaine. Malheureusement, ils ont été en grande partie détruits et couvrent aujourd'hui, même dans un état dégradé, moins de 20% de la surface forestière totale de cet archipel!

podzol, n. m. (*podsol*). Type de sol lessivé qui se forme sous les climats froids et humides, de préférence sur substrat acide. Les podzols sont caractérisés par un horizon A_0 épais de type mor, un horizon A_2, cendreux, décoloré et sans structure, enfin un horizon B dit spodique, enrichi en éléments organiques et minéraux, marqué par une accumulation d'oxydes de fer et d'acides fulviques. Dans certains cas extrêmes, caractérisés par un climat très humide ou par la présence de nappe permanente près de la surface (podzols hydromorphes), les sels de fer et d'autres minéraux donnent à la base de l'horizon B un horizon B_3 consistant en un concrétionnement très dur, l'*Alios*. Ce dernier rend les sols imperméables en profondeur et favorise la stagnation de l'eau, ce qui conduit à leur quasi-stérilisation. **(*Voir aussi Alios, Sol*)**

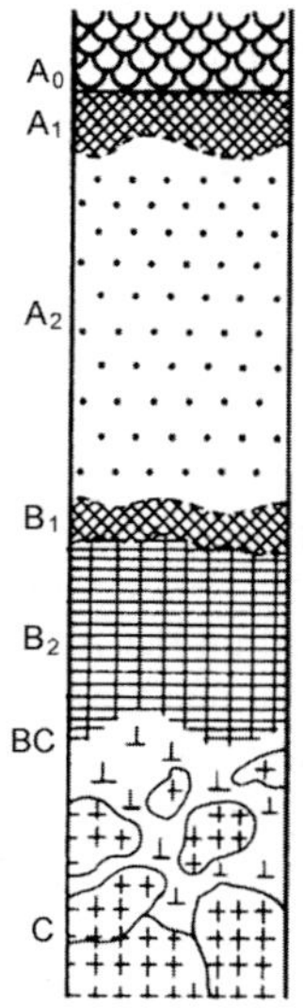

Structure pédologique d'un **podzol**. (In Ramade F., *Écologie fondamentale*, Ediscience international, 2e ed., 1994, p. 137)

podzolisation, n. f. (*podzolization*). Processus d'altération des sols tempérés qui conduit à leur transformation en sols lessivés podzoliques. Il a été démontré que les pratiques d'enrésinement systématique qui ont été mises en œuvre dans de nombreux pays développés, en particulier en France par les propriétaires forestiers privés et l'ONF, en vertu d'une conception étriquée, à court terme, de la rentabilité économique, peu soucieuse d'un développement durable, conduisent souvent à l'acidification des sols et à leur podzolisation. **(*Voir aussi Pédologie*)**

pœcilandrie, n. f. (*poecilandry*). Phénomène caractérisant une espèce dont les mâles sont polymorphes, les différences morphologiques pouvant être très importantes d'un individu à l'autre.

pœcilogynie, n. f. (*poecilogyny*). Phénomène caractérisant une espèce dont les femelles sont polymorphes.

pœdogenèse, n. f. (*poedogenesis*). Phénomène par lequel un animal atteint sa maturité sexuelle et se reproduit avant d'avoir achevé son développement larvaire. La pœdogenèse se rencontre essentiellement dans divers ordres d'Invertébrés. Cependant, des cas de pœdogenèse sont aussi connus chez les poissons et les Amphibiens (axolotl par exemple).

poids, n. m. ◆ ~ **corporel** (*body weight*) : poids des individus vivants d'une espèce donnée. Il constitue un paramètre de grande importance en écologie car sa connaissance est nécessaire à l'évaluation de la productivité secondaire d'une population animale et de celle d'un peuplement ou d'une zoocœnose. ◆ ~ **frais** (*wet weight*) : désigne le poids d'une plante ou d'un animal tel qu'il est à l'état vivant. ◆ ~ **sec** (*dry weight*) : poids d'un organisme entièrement deshydraté. En écotoxicologie, les teneurs en polluants des êtres vivants sont généralement rapportées au poids sec.

poïkilohalin, adj. (*poikilohaline*) (syn. : euryhalin). Désigne une espèce tolérant de grandes variations de salinité.

poïkilotherme, adj. (*poikilothermal*). Désigne les animaux à sang froid, dépourvus de régulation thermique, dont la température corporelle suit passivement celle de leur environnement. **(*Voir aussi Homéotherme*)**

poïkilothermie, n. f. (*poikilothermy*). Propriété caractérisant les organismes poïkilothermes d'avoir leur métabolisme commandé par la température du milieu externe.

point, n. m. ◆ **~ de compensation** (*compensation level*) : niveau d'intensité lumineuse ou de teneur en CO_2 atmosphérique auquel l'intensité de la photosynthèse et de la respiration s'équilibrent. **(*Voir aussi Photosynthèse*)** ◆ **~ de congélation** (*freezing point*) : température à laquelle se solidifie un liquide. Il définit le 0° dans le cas de l'eau pure dans les conditions normales. En météorologie et en écologie, ce dernier présente une importance considérable en ce qui concerne les eaux naturelles et les biotopes aquatiques. Par suite de la présence de 35% de sel dissous, le point de congélation de l'eau de mer subit un abaissement dit cryoscopique et a pour valeur – 2,5 °C. ◆ **~ d'éclair** (*ignition point*) : température à laquelle un mélange d'air et d'une substance chimique volatile en proportion stœchiométrique et à la pression normale s'enflamme spontanément provoquant en conséquence une déflagration. ◆ **~ de flétrissement** (*wilting coefficient, wilting point*) : teneur en eau des sols à partir de laquelle les forces de succion vasculaire des plantes n'arrivent pas à compenser la tension capillaire de l'eau dans les sols. **(*Voir aussi Sol*)** ◆ **~ de fusion** (*fusion point*) : température à laquelle un corps passe de l'état solide à l'état liquide dans les conditions normales. ◆ **~ géodésique** (*bench mark, geodesic position*) : point géographique inclus dans le relevé géodésique général d'un territoire (par exemple par l'IGN en France) dont les coordonnées latitudinales, longitudinales et altitudinales sont déterminées avec la précision maximale. ◆ **~ de rosée** (*dew point*) : voir Rosée. ◆ **~ triple** (*triple junction*) : 1) en géologie, terme de tectonique désignant le point géographique où se rencontrent trois plaques lithosphériques ; 2) en physique, point d'intersection des diagrammes décrivant les trois états d'une substance chimique (solide, liquide et gazeux) en fonction de la température et de la pression. Par exemple, le point triple de l'eau correspond à la température de 0,01 °C et à la pression de 6,1 millibars.

pointe, n. f. (*point*) ◆ **~ de crue** (*flood crest*) : niveau le plus élevé atteint par une crue dans la plaine d'inondation. Les limites extrêmes des pointes de crue définissent le lit majeur d'un cours d'eau. **(*Voir aussi Fleuve, Inondation*)** ◆ **~ de terre** (*headland*) : avancée d'une langue de terre dans une masse d'eau.

pointement, n. m. (*volcanic outcrop*). Terme de géologie désignant une intrusion avec affleurement de roches volcaniques dans un massif de roches sédimentaires.

poirier, n. m. (*pear tree*) (n. sc. : *Pyrus communis*). Arbre cultivé de l'ordre des Rosales appartenant à la famille des Malacées. Son fruit, dénommé poire (piridion) est composé, comportant un faux-fruit – une induvie – et un vrai fruit constitué par les carpelles. Le parfum de poire est essentiellement constitué par un ester, l'acétate d'amyle.

poison, n. m. (*poison*). Nom vulgaire donné de façon générale à toute substance toxique inorganique ou organique et, qu'elle soit d'origine minérale ou biologique, présentant une toxicité pour l'homme. **(*Voir aussi Neurotoxique, Organophosphoré, Toxique, Venin*)**

poisson(s), n. m. (*fish*). Terme désignant un groupe de Vertébrés aquatiques réunissant plusieurs classes, dont les principales sont les Agnathes (lamproies, myxines), les Chondrichthyens (Sélaciens), les Dipneustes et les Osteichthyens (poissons osseux), encore dénommés Téléostéens.

Les poissons ont colonisé tous les milieux aquatiques quel que soit leur degré de salinité. Ils constituent le plus important groupe de Vertébrés avec environ 30 000 espèces connues. Les poissons jouent un rôle important dans le fonctionnement des écosystèmes aquatiques dont ils constituent souvent des espèces dominantes ou des espèces-clefs.

Les poissons sont malheureusement très sensibles dans l'ensemble à l'action des polluants des eaux, en particulier à ceux qui provoquent la consommation de l'oxygène dissous et à toute une série de polluants toxiques. ◆ **~ blancs** (*coarse fishes*) : terme vulgaire utilisé par les pêcheurs à la ligne pour désigner l'ensemble des Cyprinides et autres familles voisines. **(*Voir aussi Lac*)** ◆ **effets des polluants des eaux sur les ~** : ils soulèvent de graves préoccupations écotoxicologiques car la plupart des éléments et composés organiques contaminant les eaux continentales et littorales présentent une toxicité importante pour ce groupe de Vertébrés. Parmi les pollutions diffuses des eaux, celles dues aux pesticides, en particulier aux insecticides, sont susceptibles d'agir de façon désastreuse sur les populations de poissons propres à ces biotopes, en particulier sur les alevins et les jeunes larves à des concentrations très basses. Certains insecticides comme l'endrine ou la dieldrine présentent une CL 50 pour les Salmonides de l'ordre de la ppb. Elle peut être inférieure à 0,1 ppb pour de nombreux poissons avec les pyréthroides de synthèse (deltaméthrine par exemple). ◆ **reproduction des ~** : dans les écosystèmes aquatiques – tant océaniques que d'eaux continentales – les populations des diverses espèces de poissons sont organisées en communautés complexes avec une ségrégation des niches parfois subtile. En milieu marin, peu d'espèces constituant les peuplements ichtyologiques sont réellement sédentaires, la reproduction impliquant des changements d'habitats parfois importants pour les écophases successives qui sont propres au cycle vital des poissons. Ainsi, les sites de frayères, ceux où s'effectue la maturation des juvéniles, enfin ceux où prend place la reproduction, sont souvent fort éloignés les uns des autres. Ainsi, dans les mers tropicales, beaucoup d'espèces vivant au large vont avoir leurs nurseries dans les mangroves littorales.

De même, dans les hydrosystèmes fluviaux, même tempérés, les diverses espèces constituant le peuplement présentent une différenciation spatiale de la niche complexe, en particulier en ce qui concerne les sites où sont implantées les frayères. Chaque espèce de Téléostéens d'eau douce met à profit la grande diversité d'écotopes disponibles. Ainsi dans le secteur en tresse d'un fleuve, on observe que les sites de reproduction présentent une forte spécificité, ce qui explique la présence dans une même section du fleuve d'une diversité spécifique élevée. (Voir Figure page suivante) ◆ **test ~** (*fish test*) : bioessai sommaire d'évaluation de la toxicité d'un effluent consistant à plonger une espèce de téléostéen d'eau douce servant de référence et déterminer le nombre de minutes de survie n de l'espèce considérée. L'indice de toxicité de l'eau est donné par la relation : $\tau = 100/n$. **(*Voir aussi Fleuve, Lac, Océan, Pêcherie, Téléostéens*)**

Exemple d'exploitation des sites de reproduction propres aux diverses espèces constituant le peuplement ichtyologique d'un secteur en tresse d'un écosystème fluvial, le Haut-Rhône français. On constate que diverses guildes de **poissons** se consituent relativement à la dimension « facteurs de reproduction » de la niche et utilisent la grande diversité d'écotopes existants : chenaux actifs ou abandonnés, anciens méandres, zones pourvues ou non de végétation aquatique nécessaire aux espèces phytophiles. (D'après Roux et Copp, in Amoros et Petts, op. cit., 1999, p. 161)

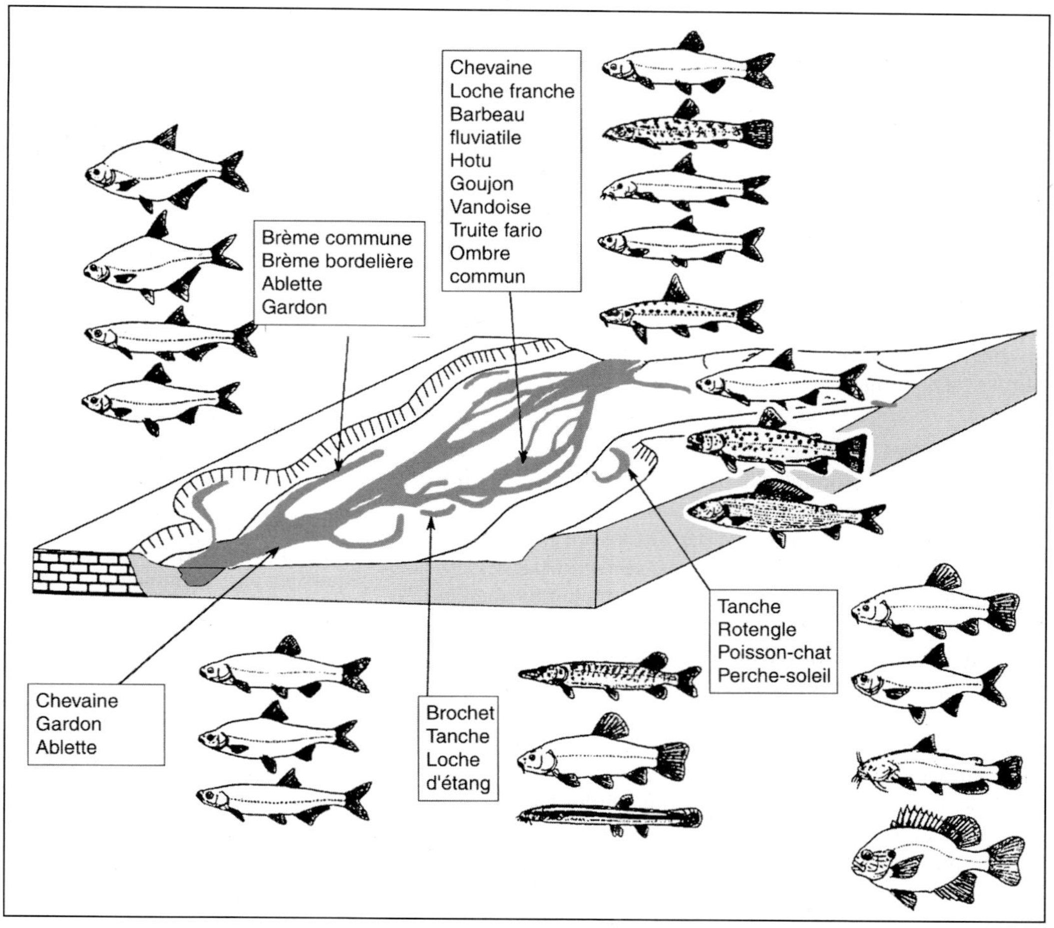

polaire, adj. ◆ **climat** ~ (*polar climate*) : climat caractérisé par l'absence de période de l'année où il ne gèle pas. Ainsi, dans l'Antarctique, la moyenne du mois de janvier en Terre-Adélie, qui est le moins froid de l'année, est inférieure à – 20 °C! ◆ **front** ~ (*polar front*) : zone où s'affrontent les masses d'air froides propres aux hautes latitudes et celles chaudes d'origine tropicale. ***(Voir aussi Front, Perturbations)*** ◆ **régions** ~ (*polar areas*) : zones situées au-delà du cercle polaire arctique généralement occupées par des écosystèmes de toundra puis plus au Nord par les calottes glaciaires polaires.

polarité, n. f. (*polarity*). Terme de biologie désignant une disposition orientée de façon axiale de certaines structures dans une cellule ou un organe, les extrêmes étant disposés à chacun des pôles. On peut citer par exemple l'opposition entre micromère et macromère au cours de la segmentation de certains œufs fécondés.

polder, n. m. (*polder*). Terme d'origine hollandaise désignant une étendue de terre littorale qui a été récupérée sur la mer par construction de digue suivie d'assèchement, généralement dans des zones d'estuaire ou de lagunes côtières ou encore une baie fermée. L'utilisation agricole des terres ainsi récupérées implique un lavage préalable à l'eau douce pour éliminer le stock de sel contenu dans les sédiments.

poldérisation, n. f. (*polderization*). Transformation d'une zone littorale en polder.

pôle(s), n. m. (*pole*). **1.** Désigne en biologie les deux extrémités opposées d'une cellule. **2.** En astronomie, points situés à l'intersection de l'axe de rotation de la terre avec sa surface. **3.** En géographie physique, ce terme est parfois utilisé au sens de zones polaires.

poléophile, adj. (*poleophilous*). Désigne une espèce adaptée aux biotopes urbains, par exemple le pigeon des villes ou le moineau domestique.

polissage, n. m. (*abrasion*). Phénomène d'érosion provoqué par divers facteurs. ◆ ~ **éolien** (*eolian abrasion*) : polissage des roches provoqué par de fines particules corrosives transportées par le vent. ◆ ~ **glaciaire** (*glacial abrasion*) : phénomène d'abrasion des roches d'une vallée glaciaire provoqué par les fortes pressions de la glace et des minéraux morainiques qu'elle transporte.

pollen, n. m. (*pollen*). Produit sexuel des plantes à fleur élaboré par les étamines lors de méioses subies par des cellules mères situées dans les sacs polliniques. Le pollen est constitué par une microspore qui produit le gamétophyte mâle au moment de sa germination. Ce dernier est l'homologue du spermatozoïde chez les animaux.

pollinie, n. f. (*pollinia*). Organe propre aux fleurs d'orchidées, constitué par une masse de pollen agglomérée correspondant au contenu d'un sac pollinique situé à l'extrémité d'un caudicule. Les pollinies sont pourvues à leur base d'un bursicule glutineux qui les colle sur la tête des insectes qui viennent butiner. Ces derniers assurent ainsi la pollinisation de ces plantes en visitant leurs fleurs.

pollinifère, adj. (*polliniferous*). Qui porte le pollen.

polliniphage, adj. (*polliniphagous*). Désigne un animal qui se nourrit de pollen.

pollinique, adj. ◆ **analyse ~** (*pollinic analysis*) : étude des pollens fossiles contenus dans des carottes sédimentaires provenant de biotopes limniques qui permettent d'établir les paléoclimats.

pollinisateurs, n. m. (*pollinators*). Animaux qui assurent par leurs activités floricoles la pollinisation de divers ordres de plantes. La plupart des plantes cultivées sont zoogames et fécondées en grande majorité par des insectes. Le principal groupe d'insectes pollinisateurs est constitué par les Hyménoptères *Apoidea* qui réunissent l'ensemble des abeilles *sensu lato* tant solitaires que sociales. L'abeille domestique est un pollinisateur efficace des plantes cultivées, cependant toute une série d'espèces de végétaux appartenant en particulier à l'ordre des Légumineuses ne peuvent pas être fécondés par les abeilles domestiques et le sont par divers *Apoidea* sauvages, solitaires ou sociaux. Les luzernes par exemple ne peuvent être pollinisées que par les bourdons. Il existe des arbres fruitiers tropicaux, comme le durian, qui ne sont pas fécondés par des insectes mais par des chauve-souris nectarivores. De nombreux arbres des forêts tropicales sont uniquement pollinisés par des oiseaux ou des chauve-souris nectarivores. ***(Voir aussi Bourdons, Hyménoptères, Orchidacées, Saguaro)***

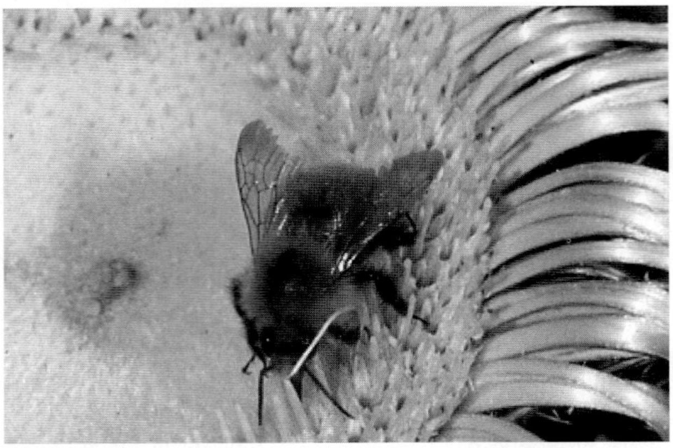

Bourdon butinant. Les Hyménoptères constituent le plus important ordre d'insectes **pollinisateurs** des plantes à fleur. (Cliché F. Ramade)

pollinisation, n. f. (*pollination*). Phénomène de fécondation des plantes par le pollen. On distingue plusieurs types de pollinisation : l'*autogamie* correspond au cas où une plante dite monoïque – car elle présente à la fois des fleurs mâles ou femelles – s'autoféconde. En règle générale, c'est-à-dire dans le cas des plantes hétérogames, incapables de fécondation croisée ou encore dioïques (dont certains sujets sont mâles d'autres femelles), le pollen peut être transporté par divers agents extérieurs : le vent (*anémogamie*), des insectes (*entomogamie*), ce qui est le cas le plus fréquent, et de façon plus générale par des animaux (*zoogamie*).

polluant, n. m. (*pollutant*). On désigne sous ce terme toute substance naturelle ou d'origine strictement anthropogénique que l'homme introduit dans un biotope donné dont elle était absente ou encore dont il modifie et augmente la teneur (dans l'eau, l'air ou les sols selon le biotope) lorsqu'elle y est spontanément présente.

De même, agit comme polluant toute modification d'un processus physique qui conduit à accroître les flux d'énergie ou les niveaux de radiations dans l'environnement. Enfin, par extension du terme, on considère parfois comme polluant biologique toute espèce allochtone introduite dans un écosystème éloigné de son aire d'origine.

Il importe de souligner, à l'opposé d'une idée fort répandue, qu'un polluant n'est pas nécessairement toxique pour les êtres vivants même si la majorité des substances chimiques dispersées par l'homme dans l'environnement sont intrinsèquement biocides. Ainsi, les phosphates épandus sur les terres de culture d'un bassin versant ou introduits directement dans les eaux naturelles par suite de l'usage de détergents phosphatés, constituent de redoutables polluants bien qu'ils soient non seulement dépourvus de toxicité, mais en outre indispensables au fonctionnement des écosystèmes concernés. Cela résulte des considérables perturbations écologiques que peut induire l'accroissement de leur concentration dans les eaux naturelles où ils sont amenés directement ou par le lessivage des terres émergées. À l'opposé, la présence d'une substance toxique dans un biotope terrestre ou aquatique n'est pas nécessairement liée à une pollution. Tel est le cas des nombreuses toxines ou autres poisons produits par des micro-organismes, des plantes ou des animaux qui sont naturellement présents dans des écosystèmes non modifiés par l'homme.

Une autre confusion est souvent faite entre polluant et nuisance. Il en est ainsi du bruit qui, en règle très générale, perturbe l'environnement de l'homme à des fréquences et des intensités de sons non traumatiques, sans effet physiologique néfaste pour les populations exposées – hors milieu professionnel. On doit parler dans ce cas non pas d'une pollution mais d'une nuisance sonore. Il en est de même de la nuisance olfactive, des mauvaises odeurs causant souvent un dérangement et une gène considérable (environs d'une usine d'équarrissage par exemple) sans pour autant présenter la moindre toxicité. ***(Voir aussi Nuisance, Pollution)***
◆ **classification des ~** : voir Pollution.

pollurésistance, n. f. (*pollutolerance*). Aptitude d'une espèce à être résistante à un polluant.

pollurésistant(e), adj. (*pollutolerant*). Désigne des espèces dont certaines populations, voire la totalité d'entre elles, peuvent résister sans dommages physiotoxicologiques apparents à l'exposition aiguë ou permanente à de fortes concentrations d'un polluant.

pollusensibilité, n. f. (*pollusensitivity*). Terme d'écotoxicologie qui désigne le degré de sensibilité à tel ou tel polluant d'un organisme isolé ou d'une espèce dans son ensemble.

pollusensible, adj. ◆ **espèce** ~ (*pollusensitive species*) : espèce présentant une sensibilité particulière à tel ou tel type de polluant voire à la plupart d'entre eux.

pollution(s), n. f. (*pollution*). Fort utilisé de nos jours, le terme de pollution recouvre bien des acceptions et qualifie une multitude d'actions qui dégradent l'environnement. Ce vocable désigne sans aucune ambiguïté les effets de l'ensemble des composés toxiques libérés par l'homme dans la biosphère. À l'opposé, son emploi paraît moins évident au profane lorsqu'il concerne le rejet dans l'environnement de substances naturelles, voire biogènes, mais qui peuvent exercer une action perturbatrice dans les écosytèmes pollués du fait que l'homme en modifie de façon importante leur concentration. Tel est par exemple le cas du gaz carbonique (CO_2) rejeté dans l'atmosphère par suite des combustions ou encore des nitrates et des phosphates introduits dans les eaux continentales par suite de leur usage systématique comme engrais en agriculture.

◆ **définition des pollutions** : la définition la plus précise du terme de pollution a été donnée par le premier rapport du Conseil sur la Qualité de l'Environnement de la Maison Blanche (1965) :

« La pollution » dit ce rapport « est une modification défavorable du milieu naturel qui apparaît en totalité ou en partie comme un sous-produit de l'action humaine, au travers des effets directs ou indirects altérant les critères de répartition des flux de l'énergie, des niveaux de radiation, de la constitution physico-chimique du milieu naturel et de l'abondance des espèces vivantes. Ces modifications peuvent affecter l'homme directement ou au travers des ressources agricoles, en eau et en produits biologiques. Elles peuvent aussi l'affecter en altérant les objets physiques qu'il possède ou les possibilités récréatives du milieu ».

◆ **principales causes de pollution** : depuis l'apparition des premières cités, au début du Néolithique, les sources de pollution n'ont fait que croître en nombre et en importance. Initialement, ces dernières étaient d'origine strictement microbienne et résultaient de l'absence d'élimination des eaux usées urbaines. Les métallurgies primitives furent aussi la source de pollutions, certes localisées. Cependant, ce n'est qu'à l'aube de la civilisation industrielle, au milieu du XVIIIe siècle, que les phénomènes de pollution prirent une importance significative qui, depuis, est allé en s'accroissant de façon exponentielle jusqu'à nos jours.

La ***production d'énergie*** vient largement en tête des innombrables sources de pollution propres à la civilisation industrielle moderne. L'usage des combustibles fossiles et, en date plus récente, celui de l'énergie nucléaire constituent une importante cause de production d'agents polluants et cela depuis le stade même de l'extraction jusqu'en aval à celui de l'élimination des déchets.

Particulièrement illustratif est l'usage du pétrole, source de graves pollutions des eaux océaniques et du littoral depuis son extraction – au niveau des puits sous-marins *off shore* – sans omettre les redoutables et hélas trop fréquentes « marées noires », jusqu'aux raffineries et à l'utilisation dans les divers carburants.

La consommation énergétique mondiale de combustibles fossiles – de 12,8 milliards de tonnes d'équivalent charbon en 2000 – constitue une cause primordiale de contamination de l'air par un grand nombre de gaz et de composés particulaires, parfois très toxiques, produits par les combustions. Le principal d'entre eux, le CO_2, est ainsi rejeté à raison de plus de 25 milliards de tonnes par an dans l'atmosphère, les oxydes de soufre et d'azote à raison de plusieurs centaines de millions de tonnes.

Les ***pollutions par les industries***, en particulier métallurgiques et chimiques, représentent une cause essentielle de pollution, non seulement au niveau des usines mais aussi à celui de l'utilisation des substances produites qui conduit généralement à une pollution diffuse dont l'importance peut être considérable tant au plan des quantités dispersées dans l'environnement qu'à celui des conséquences écotoxicologiques.

Que dire des molécules organiques de synthèse dont près de 120 000 espèces chimiques différentes sont commercialisées à l'heure actuelle et dont le nombre s'accroît d'un millier environ par an sans que l'on connaisse pour la majorité d'entre elles leur impact environnemental potentiel ?

Les ***pollutions par l'agriculture*** moderne sont aussi devenues une cause importante de contamination des sols et des eaux par suite de l'usage systématique des engrais chimiques et des pesticides dont certains présentent une telle toxicité qu'ils s'apparentent aux armes chimiques. Les pollutions agricoles présentent la particularité d'être diffuses, les engrais et pesticides étant répandus sur de vastes surfaces. Ainsi, aux États-Unis, environ 250 millions d'hectares de terres cultivées et de prairies font l'objet de plusieurs traitements annuels avec divers pesticides, quelque 1 200 composés chimiques y étant homologués pour de tels usages! Au cours des années 1990, environ 270 000 t par an de pesticides (produits purs) étaient utilisés dans ce même pays.

◆ **classification des pollutions** : donner une classification des pollutions présente toujours un aspect arbitraire, plusieurs critères pouvant être utilisés. Une des façons les plus simples de procéder consiste à combiner la nature de l'agent polluant et le type de milieu contaminé de façon prépondérante (voir Tableau page suivante).

◆ **modalités de circulation des polluants dans la biosphère** : la pollution de l'environnement est un phénomène complexe qui ne se limite jamais à l'aspect en apparence ponctuel de l'émissaire d'égout se déversant dans une rivière ou du panache d'une cheminée d'usine qui s'élève dans l'air. Dans la plupart des cas, les polluants ainsi dispersés aboutissent fort loin de leur point de rejet par le jeu de la circulation atmosphérique et (ou) du cycle de l'eau.

Dès le début des années 1950, les essais d'armes nucléaires dans l'atmosphère avaient permis de constater que la pollution radioactive prise par les courants de circulation de la haute troposphère faisait le tour du globe en deux semaines passant d'un hémisphère dans l'autre!

Les chances de transfert d'un contaminant à grande distance sont d'autant plus grandes qu'il est introduit plus haut dans l'atmosphère. Le temps moyen de séjour croit rapidement avec l'altitude, d'à peine une semaine vers 3 000 m, il s'élève à un mois à 10 km et à 3 ans dans la stratosphère vers 30 km d'altitude (voir Figure page suivante).

Classification des principaux types de polluants ou de nuisances

Type de pollutions (ou de nuisances)	Nature du polluant		Milieu affecté		
			Air	Eau	Sol
I. Physiques	Radioactive	Radionucléides (rayonnements)	+	+	+
	Thermique	Chaleur	+	+	
	Nuisance sonore	Bruits et vibrations à basse fréquence	+		
II. Chimiques					
		Dérivés gazeux du carbone et hydrocarbures liquides	+	+	+
		Détersifs		+	
		Matières plastiques		+	+
		Pesticides et autres composés organiques de synthèse	+	+	+
		Dérivés du soufre	+	+	+
		Dérivés de l'azote	+	+	+
		Métaux toxiques	+	+	+
		Fluorures	+		+
		Particules solides (« aérosols »)	+		
		Matières organiques fermentescibles		+	+
III. Biologiques					
	Contamination microbienne des milieux inhalés ou ingérés			+	+
IV. Nuisances esthétiques					
	Dégradation des sites et des paysages par l'urbanisation sauvage Implantation d'industries ou d'infrastructures lourdes dans des écosystèmes naturels ou peu modifiés		+		+

Tout polluant, même solide, finit par être introduit dans l'air à partir du moment où il se trouve à l'état de particules de faible diamètre. Ainsi, le plomb est néanmoins injecté en grande quantité dans l'atmosphère sous forme de particules insédimentables (diamètre égal ou inférieur à un μ) par suite de l'usage des alkyl plombs comme additifs des essences.

Par ailleurs, il s'effectue un transfert important des polluants de l'atmosphère vers les sols, les eaux continentales et les océans. Le phénomène de transfert des aéropolluants vers les sols puis les eaux continentales est particulièrement important en ce qui concerne les pollutions industrielles mais aussi avec les pollutions diffuses. Par

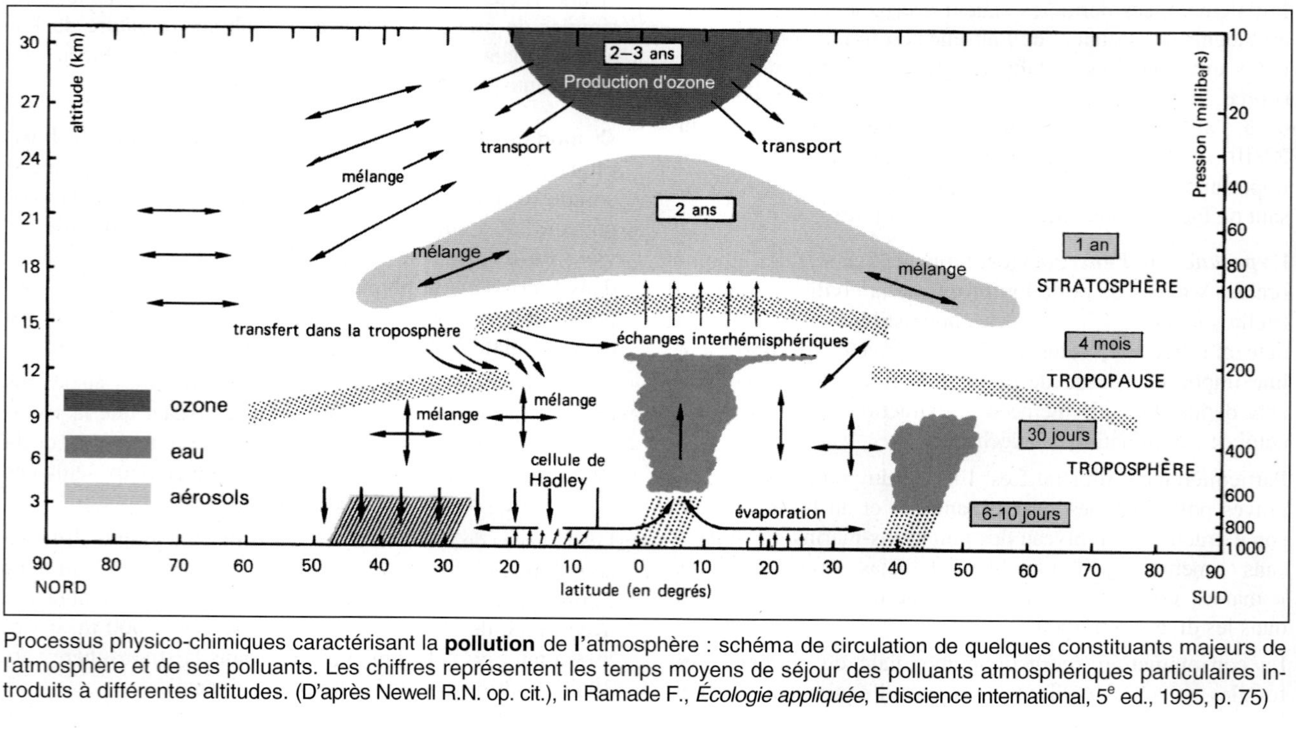

Processus physico-chimiques caractérisant la **pollution** de l'atmosphère : schéma de circulation de quelques constituants majeurs de l'atmosphère et de ses polluants. Les chiffres représentent les temps moyens de séjour des polluants atmosphériques particulaires introduits à différentes altitudes. (D'après Newell R.N. op. cit.), in Ramade F., *Écologie appliquée*, Ediscience international, 5e ed., 1995, p. 75)

suite du jeu du cycle hydrologique et compte tenu, en outre, des rejets directs dus aux apports d'effluents urbains et industriels, il ne faut pas s'étonner de l'état de pollution chronique des cours d'eau propres aux divers pays industrialisés, en particulier du nôtre. En définitive, le cycle de l'eau amène dans les zones littorales marines et même dans l'océan au large la plupart des polluants produits en milieu terrestre.

Les polluants ne vont pas demeurer dans l'air, les sols ou les eaux mais passer ultérieurement dans les êtres vivants qu'ils vont contaminer. Ils peuvent ainsi parfois provoquer d'importantes diminutions des populations des espèces exposées soit par mortalité immédiate ou différée, soit par stérilisation des individus.

La contamination des végétaux se fait par translocation foliaire ou par absorption radiculaire, celle des animaux par la voie alimentaire (ingestion), transcutanée, ou transbranchiale dans les cas des polluants des eaux, et respiratoire pour les polluants atmosphériques.

Certaines substances subissent des phénomènes de bioconcentration, puis de bioamplification dans les chaînes alimentaires. Le premier terme désigne le fait qu'un contaminant présent dans un biotope donné peut s'accumuler dans un organisme exposé à des concentrations supérieures à celles auxquelles il se rencontre dans le milieu externe. Le phénomène de bioamplification tient en ce que la concentration d'un polluant dans les êtres vivants d'un même réseau trophique augmente au fur et à mesure que l'on s'élève dans les chaînes alimentaires. Le processus de bioamplification, aujourd'hui fort bien connu, se rencontre avec divers éléments et de nombreux composés organiques de synthèse non biodégradables.

Un exemple fort démonstratif, mis en évidence dès le milieu des années 1960, en a été donné par l'étude de la pollution des réseaux trophiques littoraux de la mer du Nord par la dieldrine, un insecticide organochloré très persistant. Cette contamination se traduisait par un facteur de concentration supérieur à 100 000 entre les eaux marines et les oiseaux ichtyophages situés au sommet de la pyramide écologique.

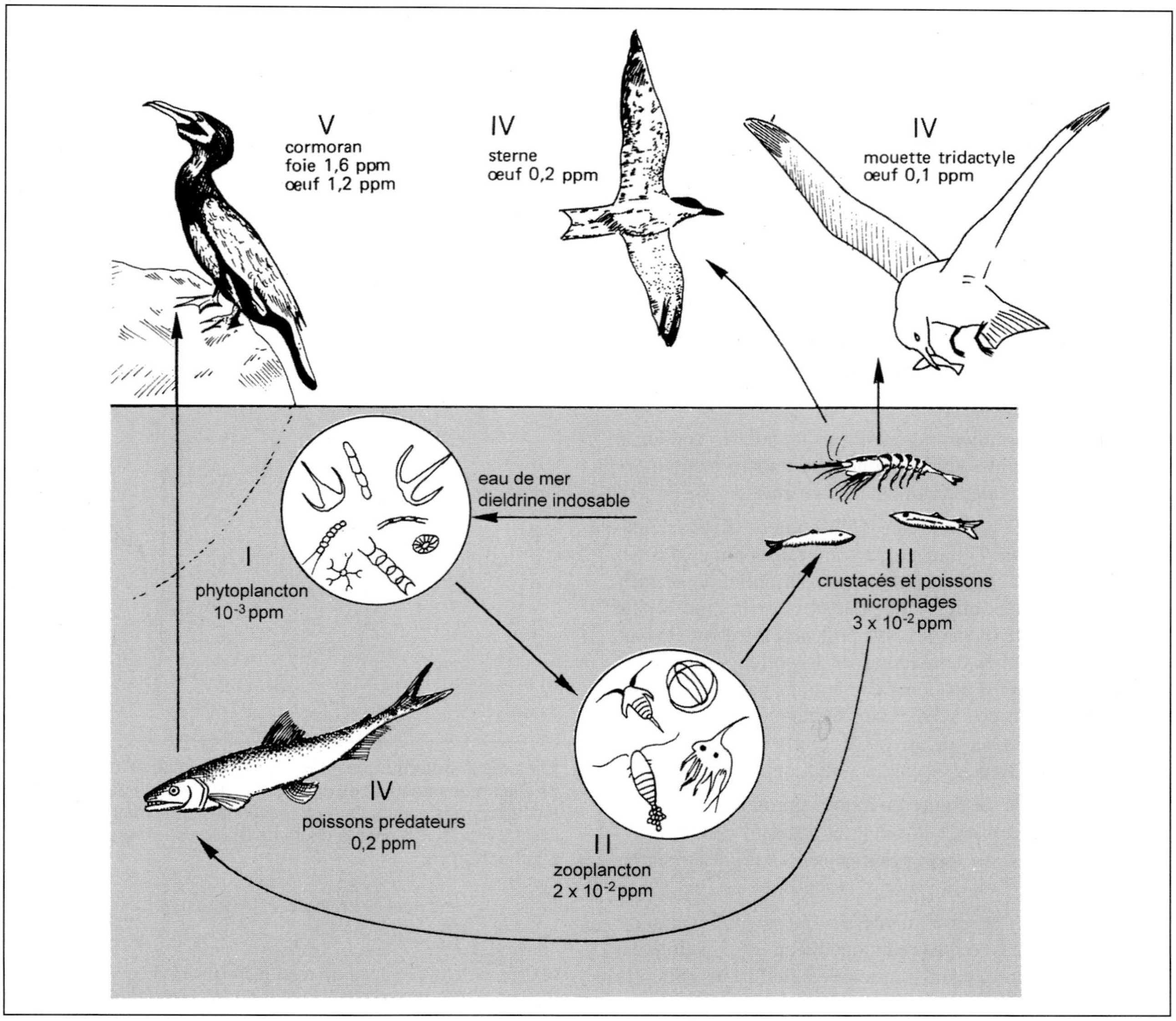

Bioamplification de la dieldrine, source de **pollution** organochlorée, dans les réseaux trophiques de la mer du Nord. Les chiffres romains indiquent les divers niveaux trophiques de la pyramide écologique. (D'après Ramade F., *Écologie appliquée*, Ediscience international, 5e ed., 1995, p. 79)

De tels phénomènes ont aussi été observés avec certains métaux toxiques (cadmium et mercure par exemple) : la maladie de Minamata, provoquée par une pollution des eaux de la mer du Japon par des rejets de mercure, a résulté d'un considérable phénomène de bioamplification de cet élément dans les chaînes trophique des animaux marins servant de nourriture aux populations riveraines. (***Voir aussi Bioamplification, DDT, Mercure, Organochlorés***)

◆ **conséquences écologiques des principaux types de pollution** : qu'ils concernent l'air, les sols ou les eaux, les phénomènes de pollution présentent une convergence d'effets et de conséquences écotoxicologiques.

Effets sur les populations et les écosystèmes. En règle générale, selon l'importance et la nature de la contamination, les effets se manifestent au niveau de quelques populations, voire sur celles de la totalité des espèces sensibles, à celui d'un écosystème tout entier et même dans certains cas sur l'ensemble de la biosphère.

On dénomme *indicateurs biologiques* de pollution des espèces particulièrement sensibles à un contaminant, qui servent en quelque sorte d'« organismes sentinelles » et révèlent une dégradation d'un milieu par un polluant donné par leur raréfaction dans la communauté affectée, avant même que ses effets n'aient atteint des dimensions préoccupantes.

Comme exemple de tels indicateurs biologiques de pollution, on peut citer, parmi de nombreuses espèces végétales ou animales, en milieu aquatique, les Diatomées ou les larves d'Éphémères qui constituent d'excellents exemples de bioindicateurs dont la régression indique une atteinte par une pollution organique ou par certains agents chimiques. Dans les biotopes terrestres, les lichens épiphytes, dont certaines espèces sont éliminées à des concentrations de SO_2 dans l'air inoffensives pour les autres espèces végétales, représentent une catégorie importante de bioindicateurs de pollution atmosphérique. (***Voir aussi Bioindicateurs, Lichen***)

La pollution des milieux terrestres et aquatiques conduit à des bouleversements biocœnotiques qui transforment entièrement la structure des communautés vivantes.

Il advient en règle générale une diminution de diversité spécifique, le polluant éliminant un nombre important d'espèces tandis que les espèces tolérantes à la pollution se mettent à pulluler. Ces effets des polluants sur la biodiversité des peuplements exposés les plus pollusensibles ont été particulièrement étudiés dans le cas de la pollution des cours d'eau due au rejet d'effluents contaminés par des substances chimiques ou des MOF. Dans certains cas, l'étude des variations de l'indice de diversité fournit une estimation quantitative de l'importance de la pollution.

À titre d'exemple, la figure ci-contre représente l'étude de la pollution des eaux de la Seine en prenant comme référence son impact sur le peuplement de Diatomées benthiques.

Ce phénomène s'observe même lorsque le polluant n'est pas toxique : le cas le plus remarquable en est constitué par la dystrophisation des lacs. Celle-ci résulte d'une pollution par des éléments minéraux nutritifs indispensables à la vie : phosphates et nitrates, dont le rejet dans les eaux continentales provoque une prolifération des algues et un bouleversement de la communauté phytoplanctonique. De nombreuses espèces se raréfient considérablement ou disparaissent alors que d'autres, rares ou absentes dans les eaux pures, comme la Cyanophycée *Oscillatoria rubescens*, se mettent à pulluler dans ces lacs dystrophisés. (***Voir aussi Dystrophisation***)

L'usage de certains insecticides en agriculture, tels le DDT, a engendré au cours de la période 1950-1980 une telle contamination des chaînes trophiques terrestres et dulçaquicoles que, en sus d'une forte contamination du réseau trophique de l'homme, de nombreuses espèces d'oiseaux rapaces ou piscivores furent conduites aux franges de l'extinction. (***Voir aussi DDT, Lait***)

La pollution atmosphérique conduit aussi à des perturbations biocœnotiques qui peuvent prendre les dimensions de véritables catastrophes écologiques. La déforestation, par l'effet conjugué des pluies acides et des photo-oxydants gazeux (ozone, PAN), fournit un exemple impressionnant de tels effets des polluants.

Dans certaines zones d'Europe et d'Amérique du Nord exposées à des pluies de pH inférieur à 4,5, d'immenses surfaces de forêts de conifères sont de nos jours atteintes par un dépérissement qui se traduit par une défoliation des arbres puis la mort de ces derniers. Dans le même temps, les lacs acidifiés par ces précipitations perdent toute vie animale. (***Voir aussi Pluies acides***)

Un autre exemple de perturbations biocœnotiques de dimensions catastrophiques est fourni par la pollution de l'océan par le pétrole. Les marées noires conduisent en effet à une mortalité importante du plancton, des nombreuses espèces d'Invertébrés marins et des communautés alguales qui vivent dans les zones benthiques littorales.

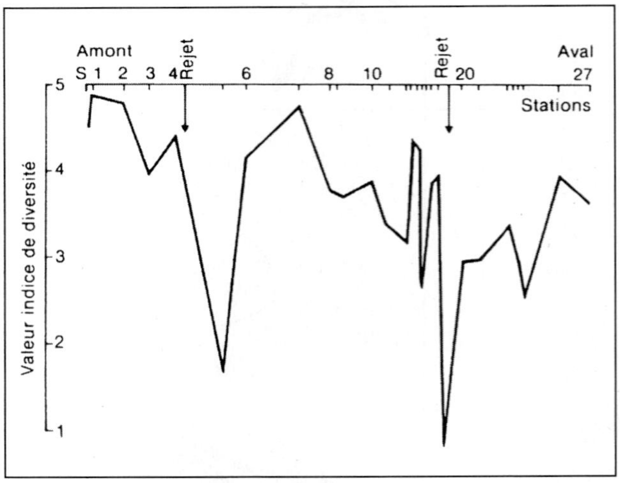

Effets de la **pollution** des eaux sur la diversité du peuplement de Diatomées benthiques de la Seine en fonction de points d'échantillonnage distribués en 27 stations situées entre l'amont et l'aval de Paris. On note la chute de l'indice de diversité de Lyod, Zadd et Karr :

$$d = \frac{3,32}{N}\left[N \log N - \sum_{i=1}^{S} n_i \log n_i\right]$$

relevée en chaque point de rejet d'émissaire d'égout. On constate un chûte brutale de l'indice au niveau des stations 4 et 19, où débouchent des émissaires d'égout ayant une forte charge polluante. (D'après Costes, in Verneaux, op. cit., in Ramade F., *Dictionnaire encyclopédique des sciences de l'eau*, Ediscience international, 1998, p. 165)

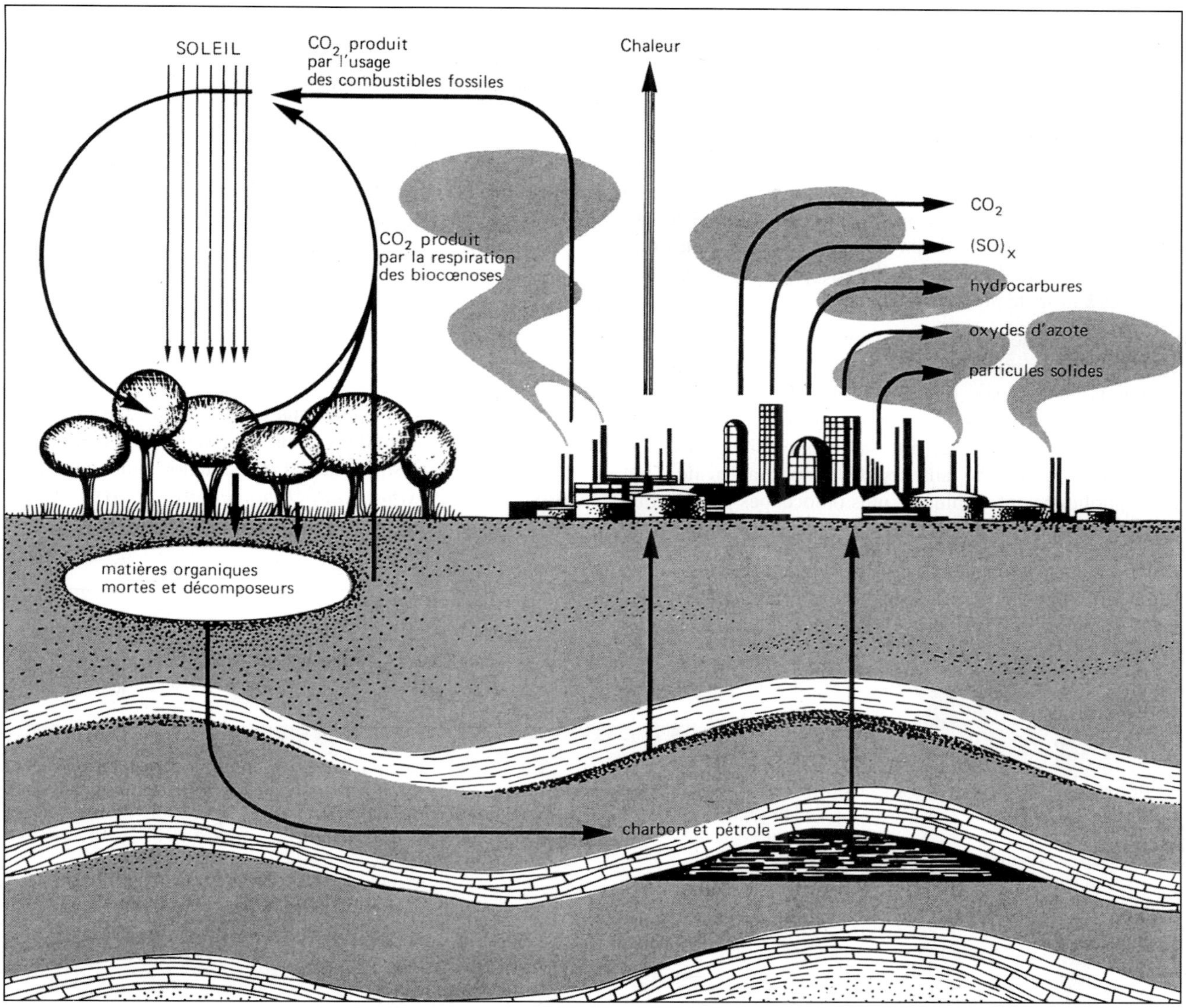

Perturbation des cycles biogéochimiques par la **pollution** atmosphérique. Le CO_2 et, accessoirement, les hydrocarbures rejetés par les combustions perturbent de plus en plus le cycle du carbone par retour dans l'atmosphère du carbone qui en avait été extrait par la production primaire et stocké sous forme de combustibles fossiles au cours des temps géologiques. Ces mêmes combustions perturbent le cycle de l'azote et du soufre par rejet dans l'air d'oxydes d'azote (NO_x) et de soufre (SO_x). (D'après Singer, in Ramade F., *Écologie appliquée*, Ediscience international, 5e ed., 1995, p. 92)

Par ailleurs, la pollution chronique de l'océan par les hydrocarbures provoque chaque année la mort de plusieurs millions d'oiseaux de mer. ***(Voir aussi Pétrole)***

Effets des pollutions sur les cycles biogéochimiques. La pollution de l'air et des eaux se traduit aussi par la perturbation de certains cycles biogéochimiques à une échelle planétaire.

La pollution atmosphérique induite par l'usage des combustibles fossiles provoque un bouleversement des cycles du soufre et de l'azote au niveau de la biosphère toute entière. En outre, les cycles de l'azote et du phosphore sont perturbés par suite de l'usage des engrais chimiques en agriculture, et de plus, pour ce dernier élément, par les détersifs.

L'injection de quantités considérable de CO_2 dans l'atmosphère, consécutive à l'usage des combustibles fossiles a aussi profondément perturbé le cycle du carbone.

Elle se traduit par un accroissement de la teneur de ce gaz dans l'air à raison de 1,5 ppm par an. Au rythme actuel d'accroissement, sa concentration atmosphérique pourrait doubler d'ici un demi-siècle, passant de 370 à 700 ppm.

L'augmentation d'effet de serre qui en résulterait provoquerait un réchauffement climatique d'une telle ampleur que les températures terrestres atteindraient leur valeur moyenne du Crétacé, voici 100 millions d'années à l'époque des Dinosaures! ***(Voir aussi*** CO_2***, Serre, effet de)***

La pollution de la stratosphère par certains composés organohalogénés tels les CFC – qui sont en outre des gaz de serre – interfère avec le cycle géochimique de l'ozone dont la couche diminue avec, pour conséquence, un accroissement potentiel du rayonnement ultra-violet à la surface terrestre. ***(Voir aussi Chlorofluorocarbone, Ozone)***

◆ **les pollutions, de l'environnement à l'homme** : la pollution de l'environnement provoque une exposition des populations humaines par inhalation, par ingestion des aliments, plus rarement par contact cutané, à un nombre considérable de substances toxiques.

Indépendamment du tabagisme, la pollution de l'air urbain se traduit par une croissance des cas de bronchites chroniques et de cancers des voies respiratoires.

La pollution des aliments par certains contaminants mutagènes et carcinogènes constitue aussi une cause de préoccupation pour les hygiénistes. La nourriture de l'homme est contaminée par un grand nombre de composés minéraux et organiques doués de telles propriétés, sans omettre les divers additifs incorporés délibérément dans notre nourriture dont le moins que l'on puisse dire est qu'il ne sont pas nécessaires à la santé du consommateur!

L'eau dite potable l'est de moins en moins, contaminée par divers polluants organiques, en particulier PCB, pesticides et engrais qui polluent de plus en plus les nappes phréatiques. Même la pollution par les nitrates est susceptible de provoquer la formation de nitrosamines carcinogènes dans le tractus digestif! Par ailleurs, les responsables de l'hygiène publique sont de plus en plus préoccupés par la croissance du nombre de substances polluantes douées d'une action œstrogénomimétique. L'existence de phénomènes de bioconcentration rend particulièrement préoccupante l'absorption de certains aliments contaminés par ces divers polluants.

Ainsi, la consommation des poissons des lacs Érié et Ontario et de bien d'autres biotopes lentiques a-t-elle dû être interdite aux États-Unis par suite de la bioamplification de polluants toxiques persistants, en particulier de composés organochlorés dans leurs chaînes alimentaires.

De même, la bioamplification du DDT et des PCB dans la chaîne alimentaire de la femme :

sols → herbages → bovins ↗ lait ↘ / ↘ viande ↗ Femme (Homme) → lait

a atteint de tels niveaux dans de nombreux pays que ces substances excèdent dans le lait maternel les concentrations maximales admissibles dans l'alimentation humaine. (***Voir aussi DDT, Dioxines, Lait, Organochlorés, PCB***)

◆ **pollution atmosphérique** (*atmospheric pollution*) : voir Atmosphère.

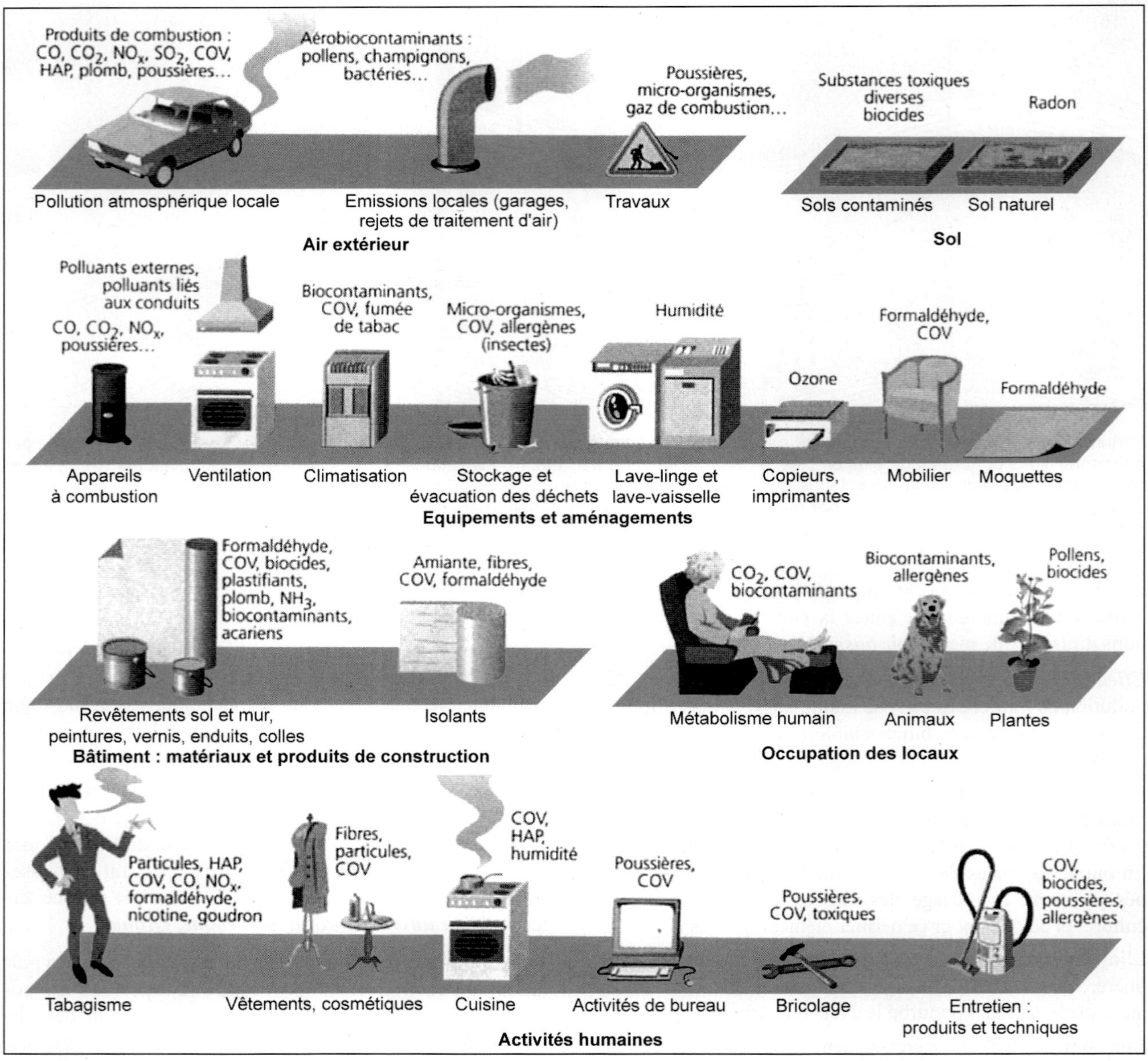

Diverses causes et divers types de **pollution** de l'air dans les habitations et les locaux collectifs. (D'après IFEN, op. cit., 1999, p. 68)

◆ **pollution de l'air à l'intérieur des locaux** (*indoors pollution*) : cette forme de pollution atmosphérique préoccupe de plus en plus les hygiénistes. Si une partie de cette pollution liée au tabagisme peut théoriquement être facilement éliminée, il n'en est pas de même de toute une série de causes de contamination de l'air des habitations provenant de bien d'autres sources de pollution, certaines exogènes, d'autres endogènes à ces dernières.

La pollution de l'extérieur provient de la circulation routière, des chauffages et autres émissions locales d'aéropolluants. À cela s'ajoute la pollution émise par les sols des sites contaminés et celle des émanations de radon provenant du substrat rocheux.

Les causes endogènes sont nombreuses : les équipements et aménagements, outre les gaz produits par les foyers des divers appareils à combustion, les ventilations qui amènent des polluants externes ou liés aux conduits, les climatiseurs, le formaldéhyde émanant du mobilier et (ou) des moquettes, les allergènes dus aux insectes (blattes par exemple) ou aux acariens. Une autre catégorie de polluants de l'air des habitations d'origine endogène provient des bâtiments et matériaux, produits de construction, peintures, enduits, colles, plastiques, isolants qui dégagent du formol, des composés organiques volatils (COV), sans omettre l'amiante et autres fibres. L'occupation des locaux contamine aussi l'atmosphère via les biocontaminants produits par les occupants auxquels s'ajoutent les biocontaminants et les allergènes des animaux de compagnie. Enfin, la dernière cause de dégagement d'aéropolluants endogènes de l'air des habitations tient aux activités humaines : outre le tabagisme, l'usage de produits d'entretien, le bricolage, les activités de bureau, de cuisine et, à un moindre degré, les vêtements et les cosmétiques, en constituent les principales sources (voir Figure page ci-contre).

Parmi les polluants majeurs, outre la fumée de tabac déjà citée, il faut mentionner l'amiante qui soulève de nos jours de difficiles problèmes à la fois épidémiologiques et économiques liés au coût de son élimination.

Une autre cause de pathologie chronique due à la pollution de l'air des habitations résulte de la contamination par les nombreux aéroallergènes produits par les acariens et les insectes domestiques ainsi que par les animaux domestiques, les chats étant en particulier très allergisants. Ces aéropolluants qui conjuguent leurs effets avec le tabagisme passif sont une cause importante de déclanchement de l'asthme chez les enfants et d'aggravation de celui des adultes.

Par ailleurs, des préoccupations sont apparues récemment relativement aux COV et au dégazage de certains constituants des matériaux plastiques, tels le formol ou le NH_3. En ce qui concerne le radon, bien que le problème soit circonscrit aux régions de terrains anciens, il n'existe pas de norme en France mais l'Union européenne suggère comme limite une radioactivité de 400 Bq/m^3 d'air dans les habitations. ***(Voir aussi Air, Amiante, Asthme, Atmosphère, Radon)***

◆ **pollution diffuse** (*non point source pollution*) : pollution résultant d'une multitude de sources d'émissions voire d'une dispersion dès l'origine du contaminant incriminé sur de vastes surfaces (cas des produits chimiques utilisés en agriculture par exemple).

◆ **pollution ponctuelle** (*point source pollution*) : pollution localisée résultant de l'émission en un site précis d'effluents pollués souvent en quantités massives. Un émissaire d'égout ou une cheminée d'usine constituent des exemples classiques de ce type de pollution.

◆ **pollution des eaux** (*water pollution*) : voir Dystrophisation, Eau, Qualité. ◆ **pollution de l'océan** : voir Océan, Pétrole. ◆ **pollution radioactive** (*radioactive pollution*) : voir Césium, La Hague, Nucléaire, Radiation, Radioécologie, Radio-isotope, Réacteur, Retombée, Tchernobyl. ◆ **pollution des sols** (*soil pollution*) : voir Sol. ◆ **pollution thermique** : voir Thermique.

pollutolérance, n. f. (*pollutolerance*). Degré de tolérance d'une espèce à un polluant.

pollutolérant(e), adj. (*pollutolerant*). Désigne des espèces dont certaines populations, voire la totalité d'entre elles, peuvent tolérer sans dommages physiotoxicologiques apparents l'exposition aiguë ou permanente à de fortes concentrations d'un polluant.

polyandrie, n. f. (*polyandry*). Système de reproduction dans lequel une femelle s'accouple successivement avec plusieurs mâles. Quoique assez rare chez les Vertébrés, il se rencontre chez certains Oiseaux (coucou par exemple) ou Mammifères (singes du genre *Alouatta* par exemple).

polycalique, adj. (*polycalic*). Désigne des insectes sociaux dont la colonie comporte un réseau de nids renfermant chacun une reine et issus d'une même fondatrice, les individus des divers nids coopérant en constituant une même société. Chez certaines colonies polycaliques de fourmis, on a pu dénombrer jusqu'à plus de trois cents reines.

polycarpe, adj. (*polycarpic*). Désigne une espèce végétale produisant des fruits ou des spores à plusieurs reprises au cours de son cycle vital (synonyme d'itéropare chez les animaux).

Polychètes, n. sc. (*Polychaeta*, vern. : *bristelworms*). Classe d'Annélides caractérisés par un corps métamérisé avec de nombreux segments pourvus de soies ayant souvent une fonction natatoire. Il existe un grand nombre d'espèces essentiellement marines ayant une importance écologique significative en milieu océanique. Il s'agit d'Annélides à sexes séparés mais la multiplication asexuée y est la règle chez beaucoup d'espèces, la formation d'individus sexués se faisant souvent au travers de phénomènes de schizogamie. La majorité des Polychètes appartiennent à des biocœnoses benthiques bien que certains genres soient pélagiques voire planctoniques (*Tomopteris* par exemple). ***(Voir aussi Annélides, Oligochètes, Palolo, Schizogamie)***

polychlorobiphényle(s), n. m. Voir PCB.

polychlorovinyle, n. m. Voir PCV.

polyclimax, n. m. (*polyclimax*). Climax différents se rencontrant de façon jointive dans une même zone géographique et résultant de l'influence locale d'autres facteurs que les facteurs climatiques (édaphoclimax par exemple).

polyculture, n. f. (*polyculture*). **1.** En agronomie, on dénomme ainsi un type de production combinant dans une même exploitation agricole la culture simultanée de plusieurs espèces de plantes. **2.** En pisciculture, ce terme désigne l'élevage concomitant de plusieurs espèces de poissons.

polycyclique, adj. (*polycyclic*). **1.** Caractéristique d'une espèce d'Invertébrés présentant une alternance de générations bisexuées et parthénogénétiques ayant lieu à plusieurs reprises au cours du cycle annuel. **2.** En géomorphologie, le terme est utilisé pour désigner un relief ayant subi plusieurs cycles d'érosion au cours des époques géologiques.

polydomique, adj. (*polydomic*). Colonies d'insectes sociaux comportant plusieurs nids interconnectés.

polyembryonnaire, adj. (*polyembryonic*). Désigne une espèce qui présente un développement caractérisé par une polyembryonie.

polyembryonie, n. f. (*polyembryony*). Phénomène d'embryogenèse caractérisé par une multiplication de l'embryon préalablement à la gastrulation et donc à l'organogenèse. Un seul œuf peut de la sorte donner formation à un « boudin morulaire » qui se fragmente ensuite en plusieurs centaines d'individus.

Découverte chez les Chalcidiens par Marchal, à la fin du XIXe siècle, la polyembryonie se rencontre de façon très fréquente dans le sous-ordre des Hyménoptères Térébrants, en particulier chez les Braconides, les Chalcidiens et les Proctotrypoïdes. Chez la plupart des espèces de ces familles, un seul œuf peut ainsi produire plusieurs centaines de larves ce qui leur confère, conjointement à l'oophagie de certaines d'entre elles, un grand intérêt dans la lutte biologique contre les ravageurs des cultures. La polyembryonie s'observe de façon erratique dans divers embranchements de Métazoaires. **(*Voir aussi Lutte biologique*)**

polyéthisme, n. m. (*polyethism*). Spécialisation fonctionnelle des divers individus chez les insectes sociaux conduisant à une division du travail dans la colonie. Selon le groupe systématique, on peut avoir un polyéthisme morphologique conduisant à un polymorphisme des castes qui peut être très complexe dans certaines espèces de fourmis par exemple ou un polyéthisme d'âge, ce qui est le cas dans les sociétés d'abeilles où chaque ouvrière va au cours de sa vie assumer successivement toutes les tâches nécessaires à la vie de la colonie, les plus âgées étant les butineuses.

polygame, adj. (*polygamous*). Qui se rapporte à la polygamie.

polygamie, n. f. (*polygamy*). Système de reproduction dans lequel un seul mâle féconde plusieurs femelles. Il s'accompagne souvent, chez les Mammifères, de la constitution préalable de harems ce qui donne lieu à de violents combats entre mâles rivaux.

polygénique, adj. (*polygenic*). Caractère héréditaire dont la manifestation est contrôlée par plusieurs gènes.

Polygonacées, n. sc. Famille de Dicotylédones de l'ordre des Centrospermales, surtout constituée de plantes herbacées souvent à port rampant, comptant diverses espèces des régions tempérés (*Polygonum*, *Rumex* par exemple). On compte dans cette famille quelques plantes cultivées : oseille (*R. acetosella*), rhubarbe (*Rheum officinale*) et sarrasin (*Fagopyrum esculentum*).

polygyne, adj. (*polygynous*) (syn. : polygame). Désigne une espèce où les mâles sont polygynes.

polygynie, n. f. (*polygyny*). **1.** Type de reproduction dans lequel un mâle s'approprie plusieurs femelles, se constituant ce que les écoéthologistes appellent des « harems ». Les phoques par exemple pratiquement la polygynie. **2.** Désigne des sociétés d'insectes dans lesquelles cohabitent plusieurs reines. Ainsi dans certaines colonies de fourmis, une même fourmilière peut compter plusieurs dizaines de reines. **(*Voir aussi Polygamie*)**

polyhalin, adj. (*polyhaline*). Désigne un biotope dans lequel la salinité atteint des concentrations élevées : milieux lagunaires d'eaux saumâtres, excédant 20 p. 1 000, et eaux marines.

polyhédrose(s), n. f. (*polyhedrosis*). Maladie à virus à ADN des insectes, caractérisée par la formation d'inclusions cristallines polyhédriques dans les noyaux ou le cytoplasme des cellules atteintes. Plusieurs polyhédroses ont été utilisées avec succès dans la lutte biologique contre divers insectes ravageurs des cultures ou des forêts, par exemple le *Smithiavirus pithyocampae* dans la lutte contre les chenilles processionnaires du pin.

polyhybride, n. m. (*polyhybrid*). Individu résultant d'un polyhybridisme.

polyhybridisme, n. m. (*polyhybridism*). Hybridation entre géniteurs dont les génotypes respectifs diffèrent profondément.

polylectique, adj. (*polylectic*). Désigne les espèces d'abeilles ou d'autres groupes d'animaux nectarivores qui butinent un grand nombre d'espèces de plantes à l'opposition des espèces monolectiques qui sont inféodées à une seule espèce ou à des espèces très voisines.

polymictique, adj. (*polymictic*). Lac dépourvu de stratification thermique car ses eaux sont homogénéisées en permanence par des courants verticaux. **(*Voir aussi Stratification*)**

polymorphisme, n. m. (*polymorphism*). Variabilité de caractères morphologiques, physiologiques, et génétiques concernant des individus et des populations d'une même espèce d'origine différente. ◆ ~ **colonial** (*colonial polymorphism*) : polymorphisme se rapportant à la diversité morphologique (et fonctionnelle) des divers types d'individus constituant une même colonie chez les Invertébrés. Ainsi, sur une même colonie de Cnidaires Siphonophores, on peut rencontrer cinq types différents de polypes qui se forment lors de processus de multiplication asexuée – par gemmiparité – à partir d'un individu souche. De même, à l'intérieur d'une colonie d'insectes sociaux, il existe une autre forme de polymorphisme colonial qui tient en l'existence de différentes castes. Ainsi, chez les colonies de fourmis ou de termites, on rencontre des individus sexués (mâles et femelles fonctionnels), des ouvriers et des soldats (ouvriers de grande taille mais ayant une morphologie spécifique due entre autres à des phénomènes d'allométrie). ◆ ~ **génotypique** (*genotypic polymorphism*) : désigne la variabilité des caractères liés au génotype. Le polymorphisme génétique résulte de l'existence à l'intérieur d'une même population de plusieurs allèles pour un gène donné. Il se traduit par le fait que se côtoient à l'intérieur de cette population des individus qui s'entrecroisent, appartenant à deux ou plusieurs formes distinctes par leur morphologie ou par des caractères physiologiques plus subtils. La variation des taches colorées propre à la coquille de certains escargots, la couleur des yeux dans l'espèce humaine, constituent des exemples classiques de polymorphisme génétique. Celui-ci constitue par ailleurs une mesure de l'importance élémentaire de la biodiversité, celle qui concerne les différences entre individus. Quand on imagine qu'il peut exister, à l'intérieur d'une même population d'une espèce gonochorique, plusieurs milliers de gènes polymorphes, on prend la mesure de la variabilité génétique qui en résultera. Cette variabilité peut être déterminée quantitativement dans telle ou telle espèce vivante, par diverses méthodologies, entre autres par l'étude des variations de structure de l'ADN mitochondrial. ◆ ~ **morphologique** (*morphological polymorphism*) : le plus facile à observer, désigne la propriété de certaines espèces de présenter de grandes variations dans la forme (et la coloration) des individus qui la composent. Si ces dernières sont associées à l'ensemble des individus de populations de zones présentant des conditions écologiques particulières, ces types morphologiques correspondront à des écotypes. ◆ ~ **physiologique** (*physiological polymorphism*) : le polymorphisme peut également concerner des caractères physiologiques qui se traduisent par des différences biochimiques entre individus de populations d'origine différente. Il existe de la sorte des polymorphismes métaboliques, enzymatiques, sérologiques.

Polynésie (*Polynesia*). Ensemble d'archipels d'origine géomorphologique volcanique et corallienne, situés dans le centre du Pacifique intertropical. La Polynésie française est constituée par les archipels des îles de la Société, des Marquises, des Tuamotu, des Gambier et des îles australes.

polynésienne, adj. (*polynesian*). Désigne ce qui se rapporte au plan biogéographique à la Polynésie. ◆ **province** ~ (*polynesian province*) : province biogéographique constituée par les îles du Pacifique tropical. Elle représente un ensemble comportant un grand nombre d'écosystèmes insulaires s'étendant des îles Hawaii jusqu'aux Kermadec dans le Sud-Ouest du Pacifique, constitué par des îles généralement de petite taille.

polynie, n. f. (*polynia*). Désigne en glaciologie une ouverture d'eaux libres dans la glace de mer ou dans une banquise permettant le passage des navires. ◆ ~ **côtière** (*coastal polynia*) : polynie située entre la banquise et la côte. ◆ ~ **récurrente** (*recurrent polynia*) : polynie se formant chaque année au même endroit.

polyoestrus, n. m. (*polyoestrus*). État des femelles de Mammifères ayant plusieurs cycles reproducteurs au cours d'une même saison reproductive.

polype, n. m. (*polyp*). Individu au corps mou propre au phylum des Cnidaires. Il est sessile, solitaire ou constituant élémentaire d'une colonie. Il présente typiquement une forme cylindrique avec une couronne de tentacules entourant l'orifice oral.

polyphage, adj. (*polyphagous*). (syn. : euryphage, omnivore). Qui consomme une grande variété d'aliments ou d'espèces servant de nourriture.

polyphagie, n. f. (*polyphagy*). Caractère des animaux polyphages.

polyphénisme, n. m. (*polyphenism*). Existence dans une population de différences phénotypiques liées à une spécialisation écophysiologique qui ne sont pas d'origine génétique.

polyphylétique, adj. (*polyphyletic*). Groupe systématique hétérogène comportant deux ou plusieurs lignées d'origine généalogique distincte.

polyphyodontie, n. f. (*polyphyodonty*). Désigne la particularité qu'ont divers ordres de Mammifères de posséder plus d'une dentition au cours de leur vie.

Polypiers, n. m. (*Madreporaria*). Cnidaires coloniaux désignés aussi sous le terme général de Madrépores. Ils sont constitués par un grand nombre de polypes identiques issus d'une même larve, *Halcampa*, fondatrice de la colonie. ***(Voir aussi Madrépores, Récif corallien, Scleractinia)***

polyploïde, adj. (*polyploid*). Désigne une cellule, un organe ou un individu possédant un assortiment chromosomique supérieur à 2 N chromosomes.

polyploïdie, n. f. (*polyploidy*). Caractère des organismes polyploïdes.

polysaprobe, adj. (*polysaprobial*). Désigne soit un biotope aquatique fortement pollué par des matières organiques fermentescibles, soit une espèce aquatique capable de se développer dans une eau ayant une forte charge en DBO.

polysaprobie, n. f. (*polysaprobien*). Organisme capable de vivre dans des eaux très polluées par des matières organiques et de ce fait très pauvres en oxygène dissous. ***(Voir aussi DBO, Pollution des eaux)***

polysperme, adj. (*polyspermous*). Désigne un fruit qui renferme plusieurs graines.

polyspermie, n. f. (*polyspermy*). **1.** En biologie, se rapporte à un type de fécondation dans lequel un seul ovule est pénétré par plusieurs spermatozoïdes. **2.** En botanique, caractère d'un fruit polysperme.

polystyrène, n. m. (*polystyrene*). Matière plastique qui, sous forme de sphérules expansées agglomérées entre elles, est fort utilisée dans les emballages alimentaires et comme matériau d'isolement.

polytherme, adj. (*polythermic*). Désigne les espèces adaptées à des biotopes de température élevée.

polythétique, adj. (*polythetic*) ◆ **méthode ~** : méthode d'étude des populations consistant en la combinaison de tous les critères et attributs qui permettent de faire des subdivisions dans la population et, au contraire, des individus ou des groupes affines.

polytope, adj. (*polytopic*). Désigne une espèce ou une autre unité systématique présente dans deux ou plusieurs aires biogéographiques distinctes.

polytopisme, n. m. (*polytopism*). Propriété d'une espèce ou autre unité systématique présente dans deux ou plusieurs aires biogéographiques distinctes.

polytrophie, n. f. (*polytrophy*). Synonyme de polyphagie. Voir Polyphagie.

polytypisme, n. m. (*polytypism*). Désigne le degré de polymorphisme d'une espèce en relation avec la diversité des habitats où peuvent se rencontrer ses populations.

polyvinyle, n. m. Voir PCV.

polyvoltin(e), adj. (*polyvoltine*). Terme général qui désigne les espèces d'Invertébrés, plus spécialement les insectes, au développement homodyname, qui présentent plusieurs générations par an.

polyxène, adj. (*polyxenic*). Désigne les espèces parasites dont le cycle de développement s'effectue dans plusieurs hôtes successifs appartenant à des espèce différentes.

pomme de terre, n. f. (*potato*). (n. sc. : *Solanum tuberosum*). Plante cultivée de la famille des Solanacées, originaire des hauts plateaux andins de Bolivie et du Pérou. Elle représente actuellement la cinquième plante alimentaire du monde, par ordre décroissant des tonnages annuels récoltés.

pommier, n. m. (*apple tree*) (n. sc. : *Malus communis*). Arbre de l'ordre des Rosales et de la famille des Malacées qui constitue la principale culture fruitière dans les régions tempérées du monde. Il a été domestiqué probablement dès le début du Néolithique et était déjà très répandu au temps de la Grèce classique où existaient alors de nombreuses variétés. L'arôme de la pomme est un mélange d'éthanol, de géraniol, d'acétaldéhyde et de divers esters.. Il existe un très grand nombre de cultivars de cette espèce, plus de 2 000 ayant été répertoriés pour la seule France métropolitaine!

pomologie, n. f. (*pomology*). Discipline dont l'objet est l'étude des cultures fruitières.

pompe solaire, n. f. (*solar pump*). Dispositif mis au point par Masson et Girardier, utilisant, dans un cycle thermomécanique, l'énergie solaire pour actionner une pompe destinée à l'adduction d'eau et (ou) l'irrigation. Ce genre d'équipement pour lequel l'entretien est quasi inexistant présente des débouchés potentiels importants dans les zones semi-arides du Tiers monde, là où font défaut les devises nécessaires pour acheter des dérivés pétroliers et (ou) lorsque l'éloignement rend difficile

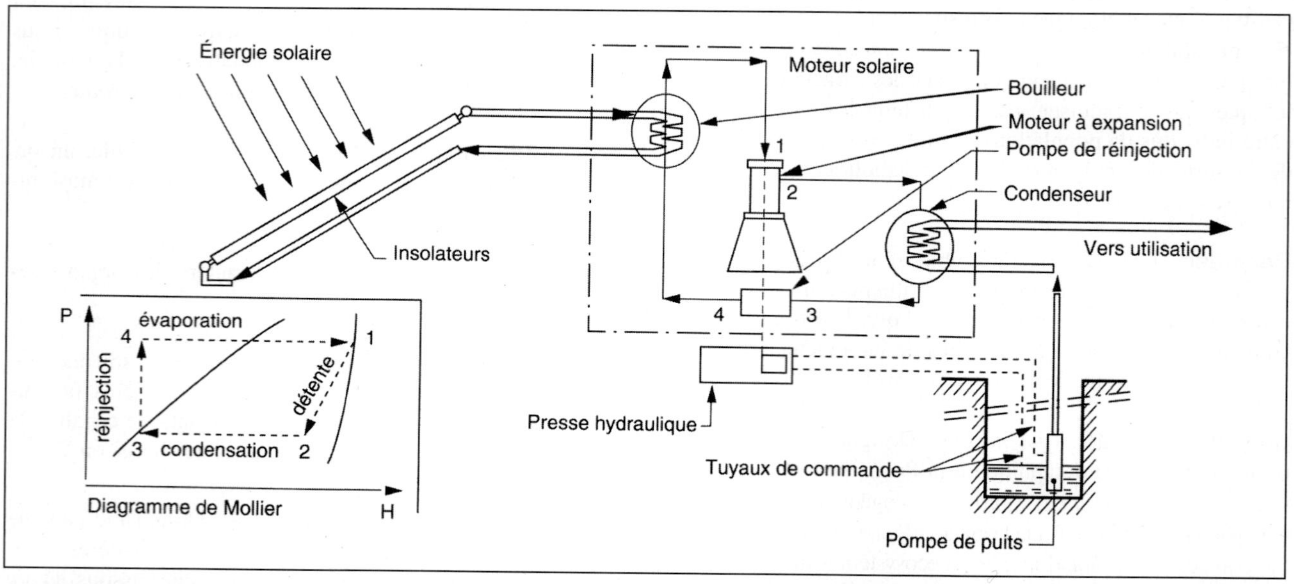

Schéma de **pompe** solaire et de son cycle de fonctionnement. (D'après SOFRETES, in Actualité et documents, *L'énergie solaire*, juin 1979, p. 30)

l'usage de pompes actionnées par un moteur à explosion par suite des difficultés d'approvisionnement en combustibles et pièces de rechange.

ponctué(e), adj. ◆ **évolution ~** (*punctuated equilibrium evolutionary theory*) : théorie selon laquelle l'évolution ne serait pas continue au cours des temps géologiques mais serait au contraire caractérisée par de brèves périodes de changements rapides. Ces épisodes au cours desquels les radiations évolutives explosent – donnant naissance à des phyla ou des classes nouvelles et *a fortiori* à un spectaculaire accroissement de la biodiversité – alterneraient avec de longues périodes de stabilité pendant lesquelles peu de changements auraient lieu.

ponte, n. f. (*egg laying*). Acte d'expulsion des œufs de l'oviducte par une femelle. ◆ **période de ~** (*egg laying period*) : période pendant laquelle les femelles pondent. ◆ **taille de la ~** (*clutch size*) : ensemble des œufs pondus dans un nid.

pontique, adj. (*pontic*). Qualifie une espèce inféodée aux grands fonds marins.

pontophile, adj. (*pontophilous*). Caractère ou être vivant propre aux grands fonds marins.

pool de gènes, n. m. (*genes pool*). Ensemble du capital génétique propre à une population ou à une espèce. (***Voir aussi Patrimoine***)

poophile, adj. (*poophilous*). Qui est propre aux prairies.

population(s), n. f. (*population*). Ensemble des individus appartenant à une même espèce et occupant une même fraction de biotope et qui échangent librement entre eux leurs gènes dans les processus reproductifs. ◆ **croissance des ~** (*population growth*) : voir Démographie. ◆ **~ minimale viable** (*minimum viable population*) (abrev. : PMV) : concept très utilisé en biologie de la conservation qui définit un seuil minimum à l'effectif d'une population naturelle d'une espèce afin qu'elle puisse échapper à l'extinction dans le long terme. À l'opposé, si son effectif est inférieur à ce seuil, l'extinction de l'espèce est inéluctable. Il existe en réalité de grandes différences dans l'effectif de la PMV selon la position taxonomique et aussi dans les conditions écologiques propres aux habitats occupés par la (ou les) population(s) de l'espèce considérée. (***Voir aussi Extinctions***) ◆ **densité des ~** (*population density*) : les populations présentent selon les espèces ou les biotopes des variations de densité. La densité d'une population naturelle exprimée en nombre d'individus ou mieux en biomasse, ne peut tomber au-dessous d'une valeur minimale, et, à l'opposé, excéder une valeur maximale. Il est assez évident que l'on ne pourra rencontrer des densités de seulement 20 araignées par hectare ou à l'opposé de 10 000 cerfs par km^2 de forêt !

On constate que la densité observée dépend de façon générale de la masse des individus et, chez les populations animales, de leur place dans les réseaux trophiques. La densité d'une population sera d'autant plus faible – toutes choses égales par ailleurs – que la position de l'espèce dans les chaînes alimentaires est plus élevée. (***Voir aussi Densité***)

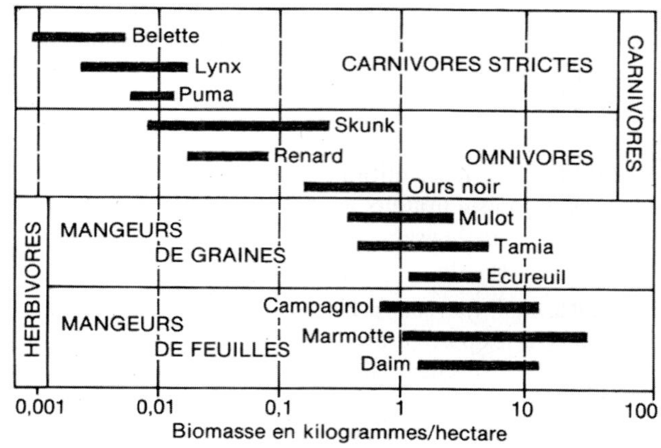

Densités relatives exprimées en biomasse des **populations** des principales espèces de Mammifères constituant le peuplement d'une forêt caducifoliée nord-américaine. (D'après Odum, op. cit., in Ramade F., *Écologie fondamentale*, Ediscience international, 2e ed., 1994, p. 149)

◆ **description d'une ~** (*population analysis*) : l'étude quantitative de son abondance et de structure s'effectue à l'aide de variables dites descripteurs, qui concernent soit les individus soit des sous-unités spécifiques que l'on peut distinguer dans la population étudiée. Les descripteurs d'individus concernent la taille et l'âge des individus. Si la taille est facile à déterminer, il n'en est pas de même de l'âge hormis les cas très particuliers des populations humaines, ou de celles d'animaux domestiques dont on tient des « *herd books* ». Une population se caractérise aussi par des descripteurs démoécologiques constitués par un ensemble de paramètres spécifiques : essentiellement taux de natalité, de mortalité, taux de croissance, espérance moyenne de vie et sex-ratio. ◆ **dynamique des ~** (*population dynamics*) : ensemble des processus liés au rôle antagoniste de la natalité et de la mortalité qui conditionnent l'expansion, l'équilibre ou le déclin d'une population. (***Voir aussi Démoécologie, Démographie, Pyramide, TFT, TNR***) ◆ **fluctuations des ~** : voir Fluctuation. ◆ **génétique des ~** (*population genetics*) : étude des variations héréditaires existant dans une population d'êtres vivants. Elle implique généralement une estimation de la fréquence de gènes, de l'influence des mutations, de la sélection et de la migration sur ces fréquences dans les populations naturelles. ◆ **régulation des ~** (*population regulation*) : ensemble des mécanismes abiotiques et biotiques qui ajustent les effectifs des populations naturelles à une valeur située au niveau de celle de la capacité limite du milieu. (***Voir aussi Isocline, Logistique, Lotka, Prédation, Régulation***)

porc, n. m. (*boar, pig*). Voir *Suidae*.

porcins, n. m. (*swine, pigs*). Terme désignant l'ensemble des races de porcs domestiques, ainsi que ceux qui vivent en semi-liberté dans diverses régions tempérées ou tropicales du monde. (***Voir aussi Suidae***)

pores, n. m. (*pores*). Interstices existant dans les sols entre les agrégats particulaires, qui permettent la circulation de l'eau et des gaz dans ces derniers. ◆ **volume des ~** : voir Porosité. **(*Voir aussi Agrégat, Complexe absorbant, Sol*)**

Porites. Nom scientifique d'un genre de Madrépores très fréquent dans les récifs coralliens de la région indopacifique.

Porolithon. Nom scientifique d'un genre d'algue calcaire, qui constitue des « trottoirs » à la limite de l'étage médiolittoral des côtes rocheuses.

porosité, n. f. (*porosity*). Paramètre qui mesure le volume constitué par les pores d'un sol par rapport au volume total. Si D est la densité réelle des constituants solides du sol et D' la densité apparente du sol (rapport entre le poids sec du sol et son volume) la porosité P aura pour valeur :

$$P = \frac{D - D'}{D} \cdot 100$$

En moyenne, D est de l'ordre de 2,65 tandis que D' est compris entre 1 et 2.

Selon les sols, la porosité est comprise entre 30% (sols à texture fine et structure massive) et 70% (sols à texture équilibrée et structure en agrégats).

La porosité représente un paramètre physique très important car elle conditionne l'aération ainsi que la capacité de rétention d'eau d'un sol qui est en partie liée à la porosité. Elle va donc jouer un rôle déterminant dans la nature de la végétation qui peut croître sur les sols et en particulier, au plan agronomique, sur leur fertilité. Elle conditionne aussi la nature et l'abondance de la faune endogée.

On distingue en fait deux types de porosité :

– La *macroporosité*, qui correspond aux pores les plus grossiers dont la taille excède 10 µ. Cette dernière contrôle l'écoulement de l'eau de gravitation amenée par les pluies et

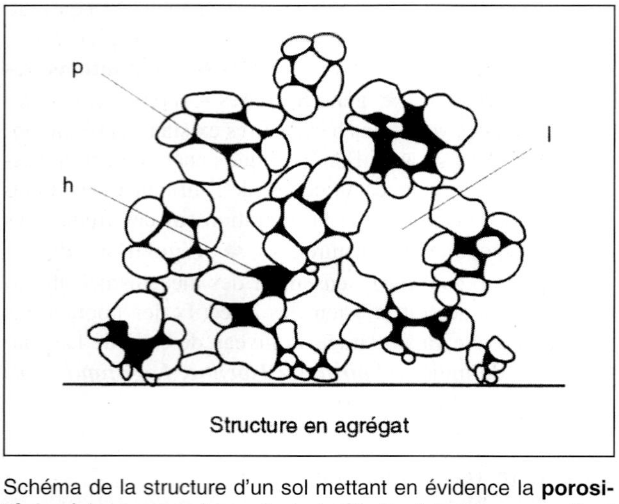

Schéma de la structure d'un sol mettant en évidence la **porosité** due à la structure lacunaire qui délimite des pores permettant une circulation de l'eau et des gaz. l = espaces lacunaires correspondant aux pores du sol, p = particules minérales, h = ciment constitué par les colloïdes floculés du complexe argilo-humique. (D'après Duchaufour, *Abrégé de Pédologie*, Masson, 1991, mais modifié, p. 58)

autres précipitations ainsi que la circulation des gaz dans les sols après leur essuyage. Elle détermine donc également l'aération des sols c'est-à-dire leur capacité à renfermer de l'air. La valeur de la macroporosité dépend de la structure des sols et elle atteint sa valeur maximale pour ceux en agrégats.

– La *microporosité*, qui correspond aux pores les plus fins (dits capillaires) dont la taille est inférieure à 10 µ. Elle détermine la capacité de rétention de l'eau par le sol. Elle est conditionnée par la texture des sols avec une valeur maximale pour les sols argileux qui représentent ceux dont la texture est la plus fine. **(*Voir aussi Rétention, Sol, Structure, Texture*)**

Port-Cros, parc national de (*Port-Cros National Park*). Ce parc national, créé en 1965, protège l'île de ce nom, située au large d'Hyères. Il représente le seul parc national marin français car, à la surface constituée par la partie terrestre s'ajoute une surface marine protégée de 600 ha, située autour de l'île principale et de l'îlot de la Gabinière qui fait aussi partie de ce parc.

La partie terrestre est couverte sur terrain siliceux par un maquis à euphorbes arborescentes et ailleurs par un boisement sclérophylle méditerranéen et avec des pins d'Alep. La partie marine protège un remarquable récif-barrière de *Posidonia* et une population – hélas déclinante – de *Pinna nobilis,* la grande nacre qui est une espèce d'Invertébrés marins classée vulnérable par l'UICN.

Une des causes essentielles de dégradation de cette dernière provient de la surfréquentation touristique par les navires de plaisance qui arrachent avec leurs ancres les herbiers de *Posidonia* ou les détruisent par rejet d'ordures qui s'accumulent dans les fonds marins.

porte-container, n. m. (*container carrier*). Navire destiné au transport des containers maritimes dont il existe deux types, l'un de 20 tonnes, l'autre de 32 tonnes. Un nombre croissant d'accidents conduisant à la perte en mer de colis renfermant des substances hautement toxiques ou dangereuses, est lié à l'accroissement du nombre de bâtiments de ce type naviguant dans le monde. En France, au cours des années 1990, plusieurs sinistres ayant eu lieu lors de tempêtes ont conduit à la chute dans les eaux marines d'une partie de la cargaison, au rejet sur les plages de fûts renfermant de redoutables polluants toxiques tels du phosgène, des barils de cyanures ou d'arsénicaux. On a même pu relever en 1994 une contamination des plages de toute la façade atlantique, des Landes jusqu'à la Normandie, par des détonateurs perdus par ce type de bâtiment lors d'une tempête. Ces accidents soulèvent, à l'image des marées noires récurrentes, le problème du contrôle de l'état des bâtiments transportant des cargaisons dangereuses à proximité des côtes de l'Union Européenne, pour se limiter à notre continent.

portée, n. f. (*litter*). Nombre de jeunes produits par une femelle de Mammifères au cours d'une gestation.

porte-graines, n. m. (*seed plant*). (syn. : semencier). Arbre adulte assurant la dissémination des graines qui permettront la pérennité du boisement.

POS (Plan d'Occupation des Sols) (*land-use plan*). Il s'agit d'un document d'urbanisme, révisable tous les 10 ans et qui contraint les municipalités à définir une affectation d'usage à chaque parcelle cadastrale que comporte son territoire administratif. Les POS n'ont pas *a priori* vocation d'urbaniser ou d'« équiper » systématiquement les communes au travers du développement de ZAC. Ils ont une mission de préservation des activités agricoles, de la qualité du paysage et des milieux naturels d'intérêt écologique, qu'il s'agisse de biotope ou d'un patrimoine floristique ou faunistique de grande importance. Aussi les POS ont-ils également pour mission de pouvoir assurer le maintien en zone agricole (NA) ou non constructible (NC) d'une partie du territoire de la commune concernée.

Posidonia oceanica. Nom scientifique des posidonies. Grandes Phanérogames marines de la famille des Zosteracées qui donnent d'importants herbiers voire des « récifs-barrières » dans les zones néritiques méditerranéennes. **(*Voir aussi Caulerpa, Herbiers, Méditerranée*)**

positif(ve), adj. ◆ ***feedback*** **~** : voir *Feed-back*.

postchloration, n. f. (*postchlorination*). Procédé de traitement des eaux d'alimentation des réseaux d'adduction qui se place en fin des processus de purification. Il permet de sécuriser l'élimination totale des pathogènes tout en évitant la formation de chloramines et d'halométhanes. **(*Voir aussi Potable*)**

postclimax, n. m. (*postclimax*). Phytocœnose dont la structure reflète une expression de conditions plus favorables, propres à des biotopes de meilleure exposition, que celle de la moyenne d'une région géographique donnée.

postcultural, adj. (*postcultural*). Désigne le stade de transition de la biocœnose qui suit l'abandon de la culture sur une parcelle.

postindustriel(le), adj. ◆ **société ~** (*postindustrial society*) : terme employé par les écologistes pour désigner une société future qui fonderait son développement non sur une croissance quantitative mais sur un système appliquant les modèles écologiques aux affaires humaines afin d'assurer un développement durable. Ce système s'appuierait sur une stratégie visant à accroître la qualité de la vie des hommes et non pas à permettre la survie précaire d'une population humaine misérable et en proie à l'explosion démographique, maintenue au niveau de subsistance.

pot, n. m. ◆ **~ catalytique** (*catalytic converter*) : dispositif dont l'objet est de réduire voire d'éliminer la plupart des polluants gazeux soulevant de redoutables problèmes de pollution atmosphérique en particulier dans les villes : hydrocarbures imbrûlés, CO et oxydes d'azote ainsi que ceux relatifs aux pluies acides. Leur installation est obligatoire aux États-Unis depuis 1975 et dans l'Union Européenne sur les automobiles à moteur à essence depuis 1992. Les diesels ne sont pas encore contraints de posséder ce type de dispositif alors qu'ils sont *de facto* à l'heure actuelle les véhicules les plus polluants. Fait méconnu, il ne s'agit pas d'un procédé nouveau, le premier brevet ayant été déposé par un Français, Frenkel en 1909. Le principe consiste à oxyder le CO, les hydrocarbures imbrûlés – et les particules carbonées dans le cas du diesel – et à réduire l'oxyde d'azote. Les premiers sont éliminés en mélange pauvre par des catalyseurs monovoie tandis que le NO nécessite des catalyseurs multivoies. ◆ **constitution d'un ~ catalytique** : il consiste en un boîtier métallique dont les éléments actifs du catalyseur sont des métaux précieux et certains oxydes déposés sur un support à l'intérieur de ce dernier.

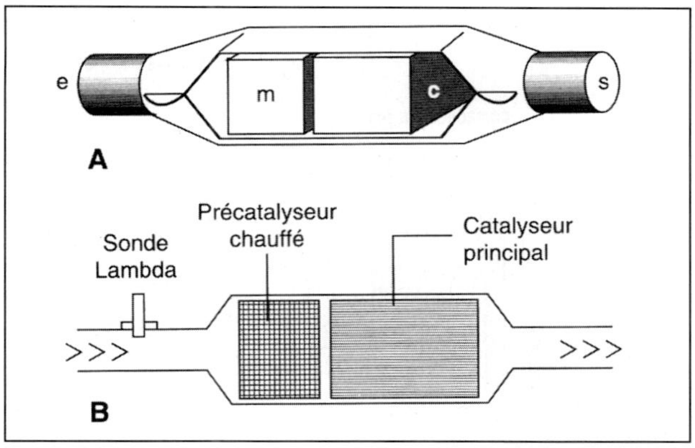

Schéma de construction d'un **pot** catalytique. **A**) Conception générale : e, s = entrées de gaz, m = support monolithique, c = canaux. **B**) Dispositif catalyseur avec précatalyseur chauffé à froid. (D'après Arques P., op. cit., p. 152)

Le support peut être en céramique ou métallique. Les éléments actifs sont constitués d'un revêtement d'alumine qui accroît la surface active et fixe l'oxygène. Sur ce revêtement est déposée une couche de métal précieux (1 à 2 g) doué de puissantes activités catalytiques :

– platine ou platine-palladium, catalyseur d'élimination des hydrocarbures imbrûlés et du CO par oxydation,

– rhodium qui élimine l'oxyde d'azote,

– palladium.

Le rendement des pots catalytiques multifonctionnels est élevé et conduit à éliminer, à la température optimale de fonctionnement du moteur 80% du CO, 85% du NO et 90% des hydrocarbures imbrûlés. Le principal problème auquel il a fallu apporter une solution technique est celui du démarrage quand le pot est froid alors que les émissions d'hydrocarbures imbrûlés sont maximales. **(*Voir aussi Échappement, Émission, Hydrocarbure,*** NO_X**)**

potabilisation, n. f. (*purification of water suppling distribution networks*). La pollution fréquente des eaux d'alimentation des réseaux d'adduction exige le traitement des eaux de surface voire des nappes phréatiques. Cela se réalise dans des usines situées en tête du réseau d'adduction où sont mis en œuvre divers traitements physico-chimiques permettant l'épuration totale de l'eau tant au plan bactériologique que chimique. Les traitements réalisés permettent d'éliminer la plupart des contaminants toxiques, complétés par passage sur des charbons actifs afin d'éliminer les micropolluants organiques (pesticides, PCB par exemple) non dégradés par les réactions précédentes. Enfin, le traitement s'achève par une ozonisation et (ou) une chloration afin d'éliminer tous les germes pathogènes des eaux destinées à

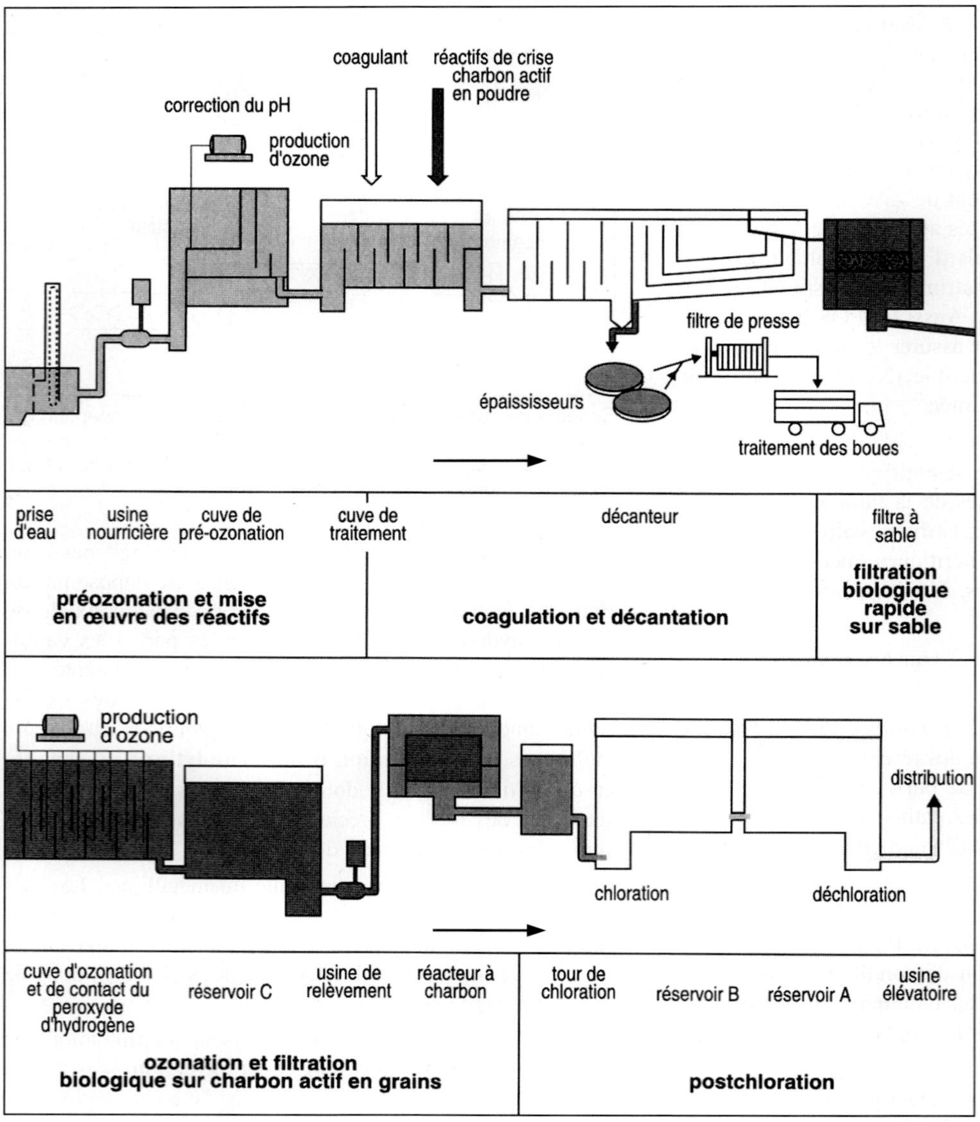

Schéma général de fonctionnement d'une usine de **potabilisation** épurant les eaux destinées à alimenter en eau potable un réseau d'adduction urbain. Ici est figuré le principe général du procédé propre à l'usine de Choisy-le-Roi, dans la région parisienne, qui est la plus grande station de ce type fonctionnant dans notre pays. La flèche désigne le sens de la circulation de l'eau.

la consommation humaine. En date plus récente, ont été inaugurées des unités de production d'eau potable, fondées sur un procédé purement physique, la nanofiltration, qui permet d'éliminer à la fois les micro-organismes pathogènes et les polluants. ***(Voir aussi Potabilité, Qualité des eaux, Stations d'épuration, Traitement, Ultrafiltration)***

potabilité, n. f. (*safe drinking water quality, potableness*). Qualité d'une eau tant au plan aseptique que chimique permettant sa consommation sans risque par les populations humaines. ◆ **normes de ~** (*safe drinking water standards*) : il existe des normes nationales, européennes et émanant d'organisations multilatérales comme l'OMS qui définissent la potabilité. Selon les normes françaises, une eau n'est potable que si elle renferme plus de 4 mg d'oxygène dissous par litre, si sa demande biochimique d'oxygène est inférieure à 5 mg/l, enfin si sa charge microbiologique est inférieure à 50 coliformes par cm^3. En outre, l'eau ne doit pas renfermer de micropolluants toxiques au-delà de concentrations maximales admissibles définies par l'Union Européenne. Par exemple, la teneur en ion nitrique ne doit pas excéder 50 mg/l pour les eaux potables. ***(Voir aussi Qualité des eaux)***

potable, adj. ◆ **eau ~** (*safe drinking water*) : eau de qualité suffisante pour être utilisée comme eau de boisson par les populations humaines. La pollution croissante des eaux rend en réalité de plus en plus aléatoire l'approvisionnement des réseaux d'adduction des agglomérations, en particulier par suite de l'ubiquité des polluants xénobiotiques. Par ailleurs, le quart de la population mondiale, dans les pays du Tiers monde, ne dispose toujours pas aujourd'hui d'un accès à l'eau potable, surtout à cause de sa pollution microbiologique. ◆ **production d'eau ~** : voir Potabilisation.

potamique, adj. (*potamic*). Qui se rapporte aux fleuves.

potamocole, adj. (*potamocolous*). Désigne une espèce inféodée aux cours d'eau, c'est-à-dire au segment inférieur des rivières et des fleuves.

potamodrome, adj. (*potamodromous*). Désigne une espèce ne migrant qu'à l'intérieur des eaux douces.

potamologie, n. f. (*potamology*). Discipline dont l'objet est l'étude physique et géochimique des cours d'eau.

potamon, n. m. (*potamon*). Terme désignant en hydrobiologie la zone correspondant à la partie inférieure d'un cours d'eau, la section fluviale, celle où la pente est plus faible que 0,5 p. 1 000 et donc où le courant est le plus lent. **(*Voir aussi Fleuve, Hydrosystème, Lotique*)**

potamophile, adj. (*potamophilous*). Désigne un organisme inféodé aux cours d'eau.

potamoplancton, n. m. (*potamoplankton*). Plancton propre au cours inférieur des fleuves.

potamotoque, adj. (*potamotokous*) (syn. : anadrome). Désigne les espèces de poissons migrateurs qui se reproduisent en rivière et effectuent leur croissance en mer. Les aloses, les esturgeons ou encore les saumons sont des exemples connus de tels migrateurs. **(*Voir aussi Migration*)**

potassium, n. m. (*potassium*). Élément de numéro atomique Z = 19 et de masse atomique Ar = 39 dont le corps simple est un métal alcalin. Il est indispensable aux êtres vivants car il joue un rôle primordial dans le maintien de l'équilibre ionique tant au niveau de la cellule qu'à celui des organismes vivants. Chez les végétaux, le potassium constitue un élément nutritif essentiel qui peut faire défaut dans les sols car seuls quelques minéraux (feldspaths, mica par exemple) en renferment une proportion appréciable. De plus, la majorité du potassium est piégée par le complexe argilo-humique de sorte qu'au plus 2% du total contenu dans les sols est disponible pour les végétaux car sous forme soluble. Il s'ensuit que l'adjonction d'engrais potassiques aux terres cultivées est toujours indispensable pour maintenir leur fertilité. ◆ **~ 40** (*potassium 40*) : isotope naturel du potassium de période 1,3 milliard d'années, responsable d'une proportion importante de la radioactivité naturelle des êtres vivants.

potentiation, n. f. (*potentiation*). Phénomène d'exaltation de la toxicité de deux polluants lorsqu'un même organisme est exposé simultanément à ces derniers. Ainsi, le pipéronyl butoxide ajouté en proportion égale à une pyréthrine peut multiplier de plusieurs dizaines de fois le pouvoir insecticide de cette dernière. La synergie est souvent confondue à tort avec la potentiation alors que, prise au sens strict, elle est une simple addition d'effets. **(*Voir aussi Antagonisme, Synergie*)**

potentiel, n. m. ◆ **~ biotique** (*biotic potential*) : désigne l'aptitude maximale de multiplication d'une espèce vivante. Le taux intrinsèque d'accroissement naturel d'une population est l'expression statistique du potentiel biotique. **(*Voir aussi Démographie, Exponentielle, Population*)** ◆ **~ d'oxydoréduction** : voir Oxydoréduction, Redox.

potentiométrique, adj. (*potentiometric*). Synonyme de piézométrique. ◆ **surface ~** : voir Piézométrique.

potomètre, n. m. (*potometer*). Instrument qui permet de mesurer l'absorption de l'eau par les plantes et de façon indirecte l'évapotranspiration.

pou(x), n. m. (*louse*). Insectes hétérométaboles de l'ordre des Anoploures. Ils sont tous ectoparasites et hématophages. Le pou de corps (*Pediculus corporis*) est l'agent vecteur d'une grave maladie épidémique de l'homme, le typhus exanthématique, qui est causé par une Rickettsie.

poudrage, n. m. (*dusting*). Procédé de traitement pesticide consistant à pulvériser sur la culture la préparation antiparasitaire sous forme d'une poudre, la matière active étant diluée dans du talc ou tout autre substance adjuvante inerte.

pourridié, n. m. (*root rot*). Maladie cryptogamique causée par diverses espèces de champignons, principalement *Armillariella mellea* en Europe occidentale. Elle attaque les racines généralement d'arbres en mauvais état physiologique dont elle provoque la nécrose du système racinaire.

poussée, n. f. ◆ **~ phytoplanctonique** (*phytoplanctonic bloom*) : prolifération du phytoplancton survenant au printemps dans les mers et les lacs des moyennes latitudes. **(*Voir aussi Lac, Océan, Phytoplancton*)**

poussières, n. f. (*dust*) ◆ **~ d'origine volcanique** (*volcanic dust*) : matériaux pyroclastiques, dont une fraction importante est non sédimentable, introduits dans l'atmosphère par les éruptions volcaniques. Une fraction des poussières volcaniques atteint la stratosphère et provoque des effets climatiques (refroidissement) résultant de l'absorption par ces poussières du rayonnement solaire. ◆ **~ industrielles** (*industrial dust*) : désigne l'ensemble des émissions particulaires produites par les diverses industries, en particulier celles provenant des combustions et de la métallurgie. Il a été estimé qu'en l'absence de dispositifs antipollution, les rejets de poussières (sous la forme de particules sédimentables) atteignent en moyenne 350 t/ha/an dans les zones d'industries lourdes – ce qui est entre autres le cas des anciennes installations sidérurgiques des pays dits d'Europe de l'Est dont les équipements obsolètes étaient dépourvus quasi systématiquement de dispositifs antipollution. **(*Voir aussi Particule*)**

pouzzolane, n. f. (*pozzolana*). Roche volcanique produite par le Vésuve et utilisée depuis l'époque romaine pour la fabrication de certains mortiers ou ciments.

pozzine, n. f. (*pozzin*). Tourbière de montagne située en bas de pente où les Phanérogames finissent par s'installer en fin de succession et par y édifier des tumulus (tourbière bombée) séparés par des chenaux.

ppb (*part per billion*). Sigle désignant en écotoxicologie la partie par milliard, soit 10^{-9}. De nombreux polluants des écosystèmes terrestres ou aquatiques exercent déjà une action néfaste à des concentrations de l'ordre voire inférieures à ces valeurs. **(*Voir aussi ppm*)**

ppm (*part per million*). Sigle utilisé en écotoxicologie et en chimie de l'environnement pour désigner la partie par million soit 10^{-6}.

ppt (*part per trillion*). Désigne en écotoxicologie la partie par trillion soit 10^{-12} (c'est-à-dire le picogramme d'un polluant par kg).

P/R. Désigne le rapport Productivité sur Respiration. (***Voir aussi Autotrophie, Hétérotrophie, P/B, Respiration***)

prairie, n. f. (*meadow*) (syn. : herbages en agriculture). On dénomme sous ce terme tout écosystème de formation herbacée, qu'il soit naturel ou résultant de l'action de l'homme. La « prairie » Nord américaine est une steppe spontanée homologue des steppes eurosibériennes. De nombreuses prairies dites « naturelles », en particulier en Europe atlantique, sont en réalité des formations végétales paraclimaciques qui résultent de la défriche des forêts par l'homme. ◆ ~ **marécageuse** (*marshy meadow*) : prairie temporairement inondée située à la limite d'un écosystème lentique et contiguë à la zone limosale de ce dernier. ◆ ~ **tempérées** : voir Steppe.

pratinicole, adj. (*pratinicolous*). Espèce inféodée aux prairies naturelles et de façon générale aux écosystèmes de formation herbacée.

préadaptation, n. f. (*preadaptation*). Adaptation d'une population ou d'une espèce qui est apparue spontanément dans une zone dite préadaptative et qui s'est avérée de façon fortuite très favorable à la colonisation d'un autre type de biotope par les organismes considérés, permettant de ce fait une nouvelle radiation évolutive.

préboréal, n. m. (*preboreal*). Age géologique marquant le début de l'Holocène ou période postwürmienne. Il s'est achevé en – 9 600 et a été marqué tant en Europe qu'en Amérique septentrionale par une rapide remontée des forêts vers le nord.

Précambrien, n. m. (*Precambrian*). (syn. : Antécambrien). Ère géologique qui correspond à l'ensemble du temps qui s'est écoulé entre la condensation de la planète (– 4,55 milliards d'années) et le début de l'ère primaire (– 545 millions d'années). Il se divise en trois éons, l'Azoïque (– 4,55 à – 4 milliards d'années); le Cryptozoïque (de – 4 à – 2,5 milliards d'années) et le Protérozoïque (de – 2,5 milliards d'années à – 545 millions d'années). Ces éons se superposent respectivement aux trois périodes « stratigraphiques » suivantes : l'Hadéen, l'Archéen et l'Algonkien. (***Voir aussi Biosphère, Édicarien, Géologique, Protérozoïque***)

précession, n. f. (*precession*). Mouvement de rotation de l'axe des pôles selon un axe perpendiculaire au plan de l'écliptique. ◆ ~ **des équinoxes** (*equinoxial precession*) : rétrogradation du point vernal, point d'intersection de l'équateur avec l'écliptique au jour de l'équinoxe de printemps. (***Voir aussi Saison***)

préchloration, n. f. (*prechlorination*). Procédé de traitement des eaux consistant à traiter les eaux destinées à l'alimentation d'un réseau d'adduction en début du processus. Cette méthode est généralement abandonnée de nos jours car elle induit des réactions secondaires conduisant à la formation maximale de chloramines et d'haloformes. (***Voir aussi Potabilisation***)

précipitable, adj. ◆ **eau** ~ (*precipitable water*) : quantité totale d'eau contenue dans une colonne atmosphérique qui peut être condensée sous forme de pluie.

précipitation(s), n. f. (*precipitation*). Terme désignant les diverses formes par lesquelles se font les apports d'eau à la surface de l'écosphère, qu'il s'agisse de pluie, de grêle, de neige ou de condensation de brouillards. (***Voir aussi Pluie, Pluviométrie***)

préclimax, n. m. (*preclimax*). Désigne le stade de la succession qui précède le climax.

précoce, adj. (*precocious*). Désigne un phénomène qui apparaît très tôt au cours du cycle de développement d'un individu, du cycle annuel d'une espèce ou d'un peuplement voire d'une communauté dans le cas des successions écologiques. ◆ **jeunes** ~ (*precocial juveniles*) : désigne les jeunes des diverses espèces de Mammifères et d'Oiseaux qui naissent les yeux ouverts et le corps déjà couvert d'un plumage ou d'un pelage et qui, dès la naissance, sont capables de courir et de se nourrir par eux-mêmes. (***Voir aussi Altricial***)

précurseur, adj. (*precursor*) ◆ **composé** ~ (*precursor compound*) : substance utilisée en chimie organique comme composé intermédiaire intervenant dans la synthèse d'une molécule donnée. Il s'agit parfois de polluants potentiels redoutables comme par exemple le MIC responsable du désastre de Bhopal. ◆ **séisme** ~ (*precursor seism*) : secousses sismiques ayant un même épicentre, prémonitoire d'un séisme majeur.

prédateur, n. m. (*predator*). Animaux dont le régime alimentaire est fondé sur la consommation de proies. Il s'agit donc de carnivores. ◆ ~ **prudent** (*prudent predator*) : il est évident qu'une population de prédateurs qui surexploite la (ou les) population(s) de ses proies se condamne tôt ou tard à périr d'inanition. Dans la nature le comportement de fuite

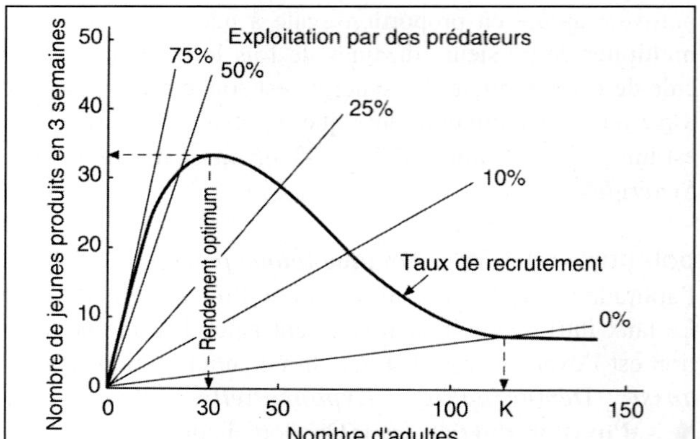

Variation de la production de jeunes dans une population expérimentalle (guppy en aquarium) exploitée. On constate que le maximum possible de proies capturées est de 33 pour une population d'adultes de 30 individus. Un **prédateur** « prudent » qui exploiterait cette population maintiendrait son taux de capture au voisinage de la proportion optimale (33/63 soit environ 50%), ce qui autorise l'optimum de prise sans épuisement du stock. (D'après Gulland, in Rickleffs, *Ecology*, Nelson, 3e ed., 1990, p. 621)

Lionne s'apprêtant à dévorer sa **proie** : un gnou entouré de vautours de Ruppell. Ces derniers, de régime sarcophage, vivent aux dépens des grands prédateurs des savanes africaines. (Réserve de Masaï Mara, Kenya). (Cliché F. Ramade)

ne suffit pas à expliquer le fait qu'il existe un équilibre moyen entre les effectifs des populations de carnivores et de celles d'herbivores dont ils se nourrissent. On constate par exemple que le ratio du nombre de pumas à celui de cerfs mulets dans les Montagnes Rocheuses est de 1/500-600 équivalent de 1/900 en biomasse. La notion de population de prédateur « prudent » s'est donc imposée comme concept théorique de démoécologie.

La prudence d'exploitation d'une population de proies par les populations de prédateurs désigne un comportement de capture qui se traduit par le maintien des effectifs de la population de la proie au niveau permettant le maximum de production de jeunes par unité de temps. Cela autorise en conséquence la capture du nombre maximum de proies sans déclin de la population exploitée par l'espèce prédatrice.

prédation, n. f. (*predation*). Activité de capture des proies à laquelle se livrent tous les animaux à régime carnivore. La prédation est un phénomène qui joue un rôle significatif dans la régulation des effectifs tant de la population de proies que dans celle de prédateurs. En effet, il a été observé que les prédateurs n'éliminent pas les populations de leurs proies (sinon ils disparaîtraient à leur tour) et, à l'opposé, qu'ils jouent un rôle positif dans la régulation des effectifs de ces populations en éliminant les animaux en excès, en particulier les jeunes et les adultes déficients ou malades.

On constate qu'il existe une proportion sensiblement constante, en un lieu donné, du nombre de prédateurs par rapport à celui de proies potentielles et que seule une fraction minoritaire des proies est capturée par les prédateurs au cours du cycle annuel.

L'éradication des prédateurs s'accompagne dans la nature d'une augmentation initiale de la population de proies suivie de son effondrement après que son effectif ait dépassé la capacité limite du milieu. Ainsi dans l'Arizona, l'élimination des prédateurs du cerf mulet du plateau de Kaibab pendant le premier tiers du XXe siècle produisit après une augmentation initiale importante de la population de cerfs l'effondrement de cette dernière. Cette pullulation due à l'éradication des prédateurs s'accompagna aussi de dommages

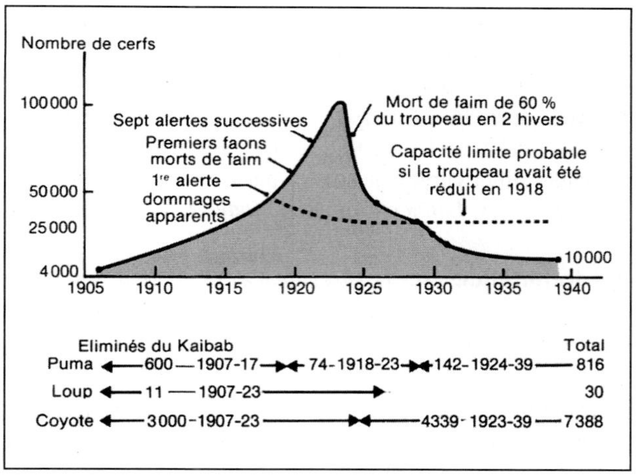

Influence de la **prédation** sur les fluctuations des effectifs de cerfs-mulets, mise en évidence par l'éradication des prédateurs du Plateau de Kaibab dans l'Arizona. L'élimination à partir de 1907 de tous les prédateurs se traduisit par une prolifération de la population de cerfs. Les dommages qu'ils causèrent à la végétation suscitèrent une première alerte en 1918. L'effectif de cerfs culmina à plus de 100 000 individus en 1923 puis s'écroula en deux hivers. (D'après Leopold, in Odum, op. cit., 1959)

irréversibles à la végétation. Cette expérience involontaire « grandeur nature » apporta la preuve du rôle positif de la prédation dans le maintien des effectifs de la population de la proie.

Dans les agroécosystèmes, la prédation joue aussi, conjointement au parasitisme, un rôle important dans la régulation des effectifs des populations d'insectes ravageurs. La des-

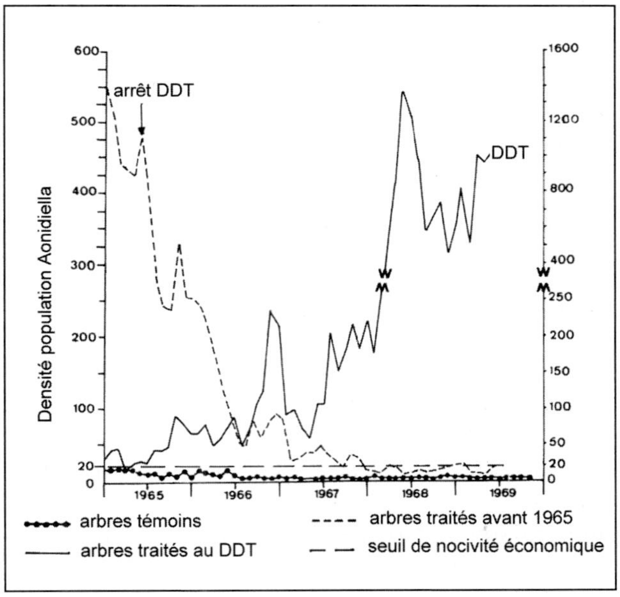

Démonstration du rôle de la **prédation** dans le contrôle des effectifs des populations d'insectes ravageurs des cultures. L'usage des insecticides, ici le DDT, en éliminant les coccinelles, se traduit par une pullulation des cochenilles dans les vergers de citrus due à la rupture d'équilibre biologique, consécutive à l'élimination des prédateurs qui en résulte. Au contraire, l'arrêt du traitement fait retomber la population de cochenilles à un niveau très bas car les prédateurs se multiplient. (In Huffaker, *Biological Control*, op. cit., in Ramade F., *Écologie appliquée*, Ediscience international, 5e ed., 1995, p. 221)

truction des prédateurs par les traitements insecticides provoque une explosion des populations de ravageurs par rupture des équilibres biologiques (voir figure page précédente). ◆ **analyse de la ~** (*predation analysis*) : elle tient en la réalisation de modèles mathématiques de la relation proie-prédateur, ultérieurement validée par les données de terrain. (***Voir Isoclines, Lotka et Volterra, Modèles de populations***)

prédominance, n. f. (*prevalence*). Importance relative des zones où se rencontre une espèce donnée dans son aire de distribution géographique.

prédominant(e), adj. ◆ **arbre ~** : terme de sylviculture désignant l'arbre de taille maximale dans un bosquet ou une parcelle forestière. ◆ **espèce ~** (*predominant species*) : espèce d'abondance maximale dans une phytocœnose.

préemption, n. f. ◆ **~ de niche** (*niche preemption*) : phénomène propre aux types de peuplements dans lesquels chaque espèce exploitant une ressource en commun avec les autres appartenant à une même guilde, en prélève une proportion importante en laissant une moindre part à celle qui la suit en rang d'abondance décroissante. (***Voir aussi, Motomura, Niche***)

preening, n. m. Comportement des oiseaux consistant à prélever la sécrétion de leur glande uropygienne avec leur bec et d'en enduire leur plumage afin de l'imperméabiliser.

preferendum, n. m. (*preferendum*). Terme désignant la valeur d'un facteur écologique pour laquelle la réponse d'un individu, d'une population, d'une espèce ou d'une communauté donnée est optimale. Ainsi, à titre d'exemple, on dénommera *thermopreferendum* la valeur de la température pour laquelle la croissance, la reproduction ou toute autre fonction écophysiologique sera maximale. De la même façon, le *photopreferendum* correspond à la valeur de l'intensité lumineuse pour laquelle une réponse écologique donnée sera la plus intense chez les individus d'une espèce donnée. *L'hygropreferendum* représente la teneur en hygrométrie atmosphérique optimale pour un organisme terrestre. Dans la nature, les espèces vivantes ont tendance à occuper en premier lieu le domaine de leur niche écologique proche de leurs préférendums respectifs. (***Voir aussi Shelford***)

préférentielle, adj. ◆ **espèce ~** (*preferential species*) : espèce présente dans plusieurs biocœnoses mais qui se rencontre à une fréquence plus élevée dans l'une d'entre elles.

préfloraison, n. f. (*aestivation*). Disposition florale anticipant la disposition des organes floraux au moment de l'ouverture de la fleur.

préfoliation, n. f. (*praefoliation*). Voir Vernation.

préglaciaire, adj. (*preglaciary*). Période précédant la venue d'une glaciation. Tel a été par exemple le cas du début du Quaternaire dans la période comprise entre le début du Pléistocène il y a – 1,75 et – 0,9 million d'années qui a marqué le début des glaciations propres à cette période géologique.

prélèvement, n. m. (*exploitation*). Collecte de matériel biologique destiné à l'exploitation d'une espèce végétale ou animale sauvage ou à des fins économiques ou pour des recherches scientifiques. ◆ **~ d'échantillons** (*sampling*) : capture ou recueil d'individus d'une population ou d'un peuplement pour étude écologique.

préparc, n. m. (*prepark*). Zone périphérique d'un parc national dans laquelle la construction d'immeubles destinés à accueillir les touristes et les activités agricoles traditionnelles sont autorisées.

présence, n. f. (*presence*). Désigne l'existence d'une espèce donnée dans un habitat donné. ◆ **~ absence** (*presence-absence*) : critère utilisé très fréquemment en écologie pour caractériser la structure d'une communauté.

préservation, n. f. (*preservation*) ◆ **~ de l'environnement** (*environmental conservation*) (syn. : protection de l'environnement) : ensemble des mesures et des actions destinées à protéger l'environnement. de l'homme. ◆ **~ de la nature** (*nature conservancy*) : mise en œuvre des diverses règlementations et mesures concrètes nécessaires pour protéger les écosystèmes naturels ou peu modifiés par l'homme et leur biodiversité. (***Voir aussi Protection de la Nature***)

pression, n. f. (*pressure*). Facteur écologique important en milieu aquatique qui mesure la force exercée par unité de surface par la colonne d'eau à une profondeur donnée. Il faut rappeler que 10 m d'eau correspondent à une pression d'une atmosphère, et que les organismes des abysses marins subissent donc à 4 000 m une pression de 400 atmosphères! ◆ **~ partielle** (*partial pressure*) : notion concernant un gaz en mélange. La pression partielle d'un gaz se définit comme la pression qu'il exercerait s'il occupait seul le volume du mélange. Si P_i est la pression partielle, P la pression totale, on démontre aisément que :

$$P_i = x_i \cdot P$$

où x_i est la fraction molaire du gaz dans le mélange, rapport du nombre de moles du gaz au nombre total de moles. Ainsi, la pression partielle du CO_2 dans l'air est actuellement égale à 370 ppm en volume. ◆ **~ de sélection** (*selective pressure*) : désigne l'action des facteurs biotiques et abiotiques contraignants sur le génotype d'une population.

Preston, modèle de (*Preston model*). Modèle mathématique décrivant une distribution d'abondance propre à une communauté équilibrée. Dans un tel cas, la majorité des espèces présente une abondance moyenne, un petit nombre d'entre elles étant soit très fréquentes soit très rares.

Le modèle de Preston est dit aussi Log-normal car le nombre d'espèces varie en fonction de son abondance selon une loi de ce type :

$$S_r = S_0 e^{-(aR)^2}$$

où S_r est le nombre d'espèces contenues dans l'octave de rang r, S_0 est le nombre d'espèces dans l'octave modal R_0 pris comme origine, et a est une constante en première approximation égale à 0,2.

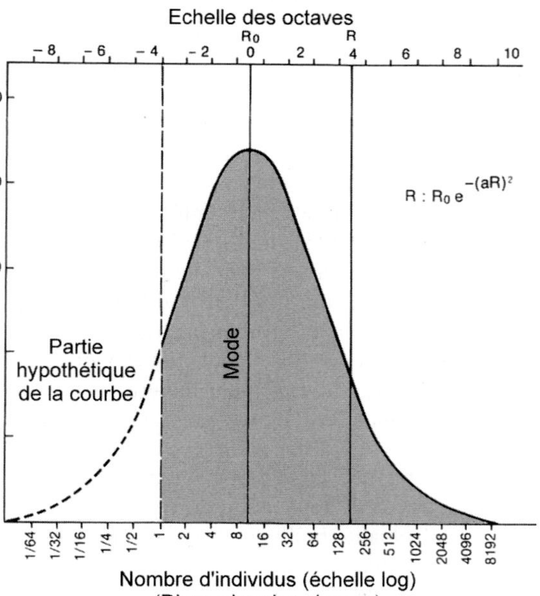

Courbe représentative d'une distribution log-normale de **Preston**. Le nombre d'individus par lequel une espèce est représentée est figuré par son Log_2 de sorte que les classes d'abondance correspondent à une échelle exprimée en octaves (en musique, la fréquence d'une note prise dans un octave donné est le double de la note équivalente prise dans l'octave précédent). R_0, mode de la courbe normale, est dit octave modal. (D'après Rickleffs, op. cit., in Ramade F., *Écologie fondamentale*, Ediscience International, 2e ed., 1994, p. 275)

Dans les peuplements ayant une distribution de type log-normal, on constate que la courbe représentative de cette dernière présente un aspect tronqué avec une zone « fantôme » correspondant aux espèces rares qui ne sont pas représentées dans tous les prélèvements. Une pollution, ou tout autre cause de « stress » d'un écosystème, provoque un « écrasement » de la courbe et son décalage vers la droite dû à l'augmentation d'abondance des espèces pollutoléran-

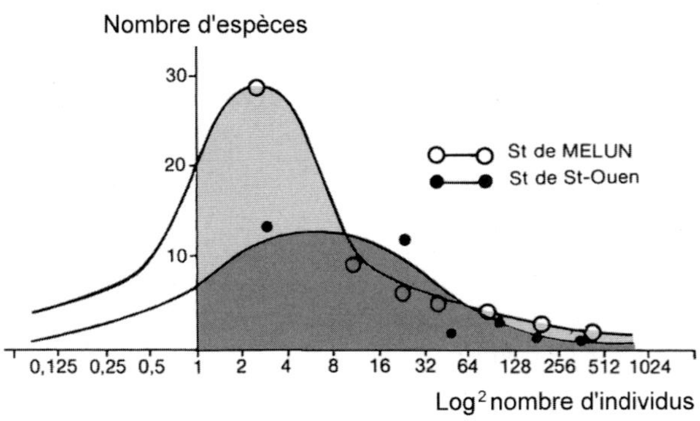

Exemple de distribution de **Preston**. Ici est effectuée une comparaison de communautés de Diatomées benthiques, en des stations du cours de la Seine prises en amont (eaux peu polluées) et en aval de Paris (eaux très polluées). On remarque la partie « fantôme » de la courbe correspondant aux espèces les plus rares qui ne se rencontrent qu'occcasionnellement dans les prélèvements. (D'après Costes, mais modifié, in Ramade F., *Écologie fondamentale*, Ediscience, 2e ed., 1994, p. 276)

tes (Figure ci-dessous). ***(Voir aussi Distributions d'abondance, Courbe, rang-fréquence)***

prétraitement, n. m. (*pretreatment*). Traitement préliminaire des eaux usées comportant principalement le dégrillage, le dessablage et la décantation des effluents.

préverna l, adj. (*prevernal*). Désigne un organisme qui se développe de façon précoce au tout début du printemps.

prévisibilité, n. f. (*predictability*). Désigne le fait que les conséquences écologiques d'un changement des conditions naturelles – ou dues à une manipulation – induit dans un milieu ou une communauté particulière soient prévisibles au plan qualitatif voire quantitatif à partir des lois écologiques générales, en particulier des modèles mathématiques de populations ou de communautés.

prévision, n. f. ◆ ~ **des effets** (*effects prediction*) : démarche ayant pour objet d'évaluer les effets écologiques d'une pollution et, de façon plus générale, de toute modification d'un milieu naturel due à l'action de l'homme. La prévision des effets a conduit à un important effort de recherche conceptuelle et méthodologique depuis le début des années 1970, à la suite des obligations législatives faites dans les pays industrialisés de procéder à une étude d'impact environnemental pour toute opération d'aménagement urbain ou industriel au-dessus d'un certain seuil défini par le montant des investissements engagés. Il en est de même dans le domaine des pollutions où les réglementations nationales et internationales (Directives de l'Union Européenne), par exemple, prévoient une étude d'impact potentiel au plan écotoxicologique sur des espèces de référence et sur les divers écosystèmes susceptibles d'être exposés par les produits chimiques nouveaux ou encore par une pollution radioactive accidentelle dans le domaine de l'industrie nucléaire. ***(Voir aussi Mésocosme)***

primaire, adj. ◆ **ère** ~ (*primary era*) (syn. : paléozoïque) : période des temps géologiques qui s'est étagée entre – 545 millions d'années et – 250 millions d'années. L'ère primaire, qui a suivi le Précambrien, correspond à la première partie de l'éon Phanérozoïque. Elle a été marquée par un extraordinaire foisonnement évolutif qui a conduit à l'apparition et la diversification de nombre d'embranchements d'êtres vivants pluricellulaires, en particulier les plantes terrestres, les Insectes et les Vertébrés tant dans les océans qu'à la surface des continents. Un des événements paléoécologiques majeurs du Primaire s'est caractérisé par l'apparition des plantes vasculaires et leur colonisation des milieux terrestres. Commencée selon toute probabilité à l'Ordovicien, vers – 480 millions d'années, cette dernière a conduit à l'apparition et au développement des premiers écosystèmes terrestres. ◆ **forêt** ~ (*primary forest*) : terme désignant une forêt qui n'a jamais été exploitée par l'homme donc synonyme de forêt vierge. ◆ **production** ~ (*primary production*) : voir Biosphère, Écosystème, Production. ◆ **succession** ~ (*primary succession*) : séquence de biocœnoses se développant dans un biotope nouvellement formé et dépourvu de formes vivantes. C'est par exemple le cas de la colonisation par la végétation de champs de laves produits par une éruption volcanique. ***(Voir aussi Successions)***

Primates, n. m. (*Primates*). Ordre de Mammifères caractérisés par un grand développement du télencéphale, qui atteint chez ces derniers le maximum de complexité par rapport aux autres Vertébrés supérieurs. Les Primates sont capables de voir les couleurs, ce qui est exceptionnel chez les Mammifères. Le fort développement de leur cerveau se traduit par des comportements évolués et une vie sociale complexe, même chez les plus primitifs d'entre eux. L'immense majorité des espèces de Primates est inféodée aux forêts tropicales. On les divise en deux principaux sous-ordres : les Prosimiens ou Strepsirhiniens (Tarsiers et Lémuriens) et les singes vrais ou Haplorhiniens. Ces derniers se divisent en deux groupes : les singes à queue et les singes supérieurs, sans queue. On divise les singes à queue en Catarhiniens et Platyrhiniens. Ils diffèrent entre autres caractères anatomiques par le fait que les premiers ont des narines étroites et rapprochées tandis que les seconds ont des narines larges et écartées. Les Platyrhiniens sont propres à l'Amérique tropicale (famille des *Cebidae* et des *Callitrichidae*), les Catarhiniens à l'Ancien Monde (*Cercopithecidae*). Les *Hominidae*, famille qui réunit les gorilles, les chimpanzés, l'orang-outang et l'homme sont avec les *Hylobatidae* (gibbons) les seuls singes dépourvus de queue et ceux dont le cerveau présente le maximum de développement. ***(Voir aussi Catarhinien, Hominidae, Homme, Platyrhinien)***

Singe vert, *Cercopithecus aethiops*, dans le parc national de Samburu, Kenya. Cette espèce, de la famille des *Cercopithecidae*, est dominante parmi les autres **Primates** Catarhiniens propres aux savanes d'Afrique de l'Est. (Cliché F. Ramade)

primatologie, n. f. (*primatology*). Branche de la zoologie qui a pour objet l'étude des Primates.

principe, n. m. (*principle*) ◆ **~ d'Allee** : voir Allee. ◆ **~ d'exclusion compétitive** : voir Gause. ◆ **~ de précaution** (*precautionary principle*) : principe qui préconise aux pouvoirs publics, en particulier aux divers acteurs politiques, industriels et scientifiques ayant un rôle dans tout ce qui interfère avec l'environnement et (ou) l'hygiène publique, de n'autoriser le recours à une nouvelle technologie que dans la mesure où elle n'aura pas d'effet différé, clandestin ou immédiatement apparent pouvant mettre en danger la santé humaine et (ou) les équilibres écologiques globaux. Il prescrit par exemple d'intervenir pour réduire les niveaux d'un polluant potentiellement dangereux voire d'interdire son usage, lorsqu'il s'agit d'une substance chimique manufacturée, avant même que les effets écotoxicologiques néfastes ne se manifestent. L'application de ce principe a pris une dimension d'actualité brûlante avec des questions aussi diverses que la dégradation de l'ozone stratosphérique par les CFC, la maladie de la vache folle, et plus récemment avec la polémique sur les OGM. ***(Voir aussi Chlorofluorocarbones, ESB, OGM, Ozone, Serre, effet de)***

Priscoen, n. m. (*Priscoan*). Terme synonyme d'Hadéen. Période géologique correspondant à l'éon Azoïque compris entre – 4,6 et – 4 millions d'années. ***(Voir aussi Hadéen)***

probit, n. m. (*probit*). Méthode statistique largement utilisée en toxicologie de l'environnement car elle permet de déterminer les diverses constantes caractéristiques des effets biologiques d'un polluant, en particulier les doses (DL) et les concentrations létales (CL). Celle-ci a pour base mathématique une anamorphose consistant en un changement de fonction qui permet de transformer une fonction logistique en une régression linéaire.

Supposons que l'on étudie l'évolution d'un phénomène dont la fonction représentative y correspond à la proportion (= au pourcentage) de réponse des individus d'une population aux diverses valeurs prises par un facteur écologique donné x dans un écosystème. Il est assez évident que l'ajustement des points expérimentaux sur la courbe théorique afférente sera plus facile à réaliser s'ils correspondent à une régression linéaire qu'à une courbe sigmoïde par exemple.

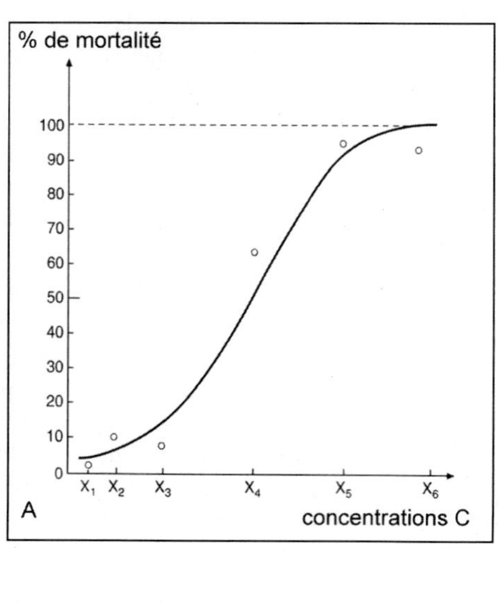

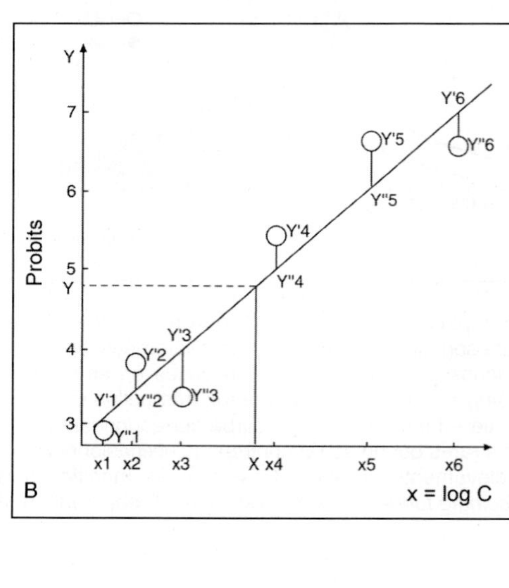

Exemple d'application de la transformation de **probits** à la représentation de la réponse d'une espèce donnée à un polluant toxique en fonction de sa concentration dans le biotope considéré (eaux par exemple). En **A** est figurée la courbe sigmoïde, en **B** la droite de régression Log-concentration-probit, dite droite Lc-P, sur laquelle s'ajustent les points expérimentaux. Cette méthode permet par exemple de déterminer aisément la CL 50 pour le polluant considéré. (D'après Ramade F., *Précis d'écotoxicologie*, Masson, 1992, p. 54 mais modifié)

Pour de nombreux phénomènes écologiques concernant une population ou une entité écologique d'ordre supérieur (communauté par exemple), la relation entre la proportion (ou pourcentage) y de réponse à un facteur écologique x, et ce facteur pris comme variable est de la forme suivante :

$$x \to E(y) = \frac{\pi(x-\mu)}{\sigma} \qquad (1)$$

où π est la fonction de répartition de la loi normale réduite $E(y)$ correspondant donc à une fonction logistique. La courbe de répartition des points x, $E(y)$ est une sigmoïde.

Si nous remplaçons $E(y)$ par la variable z définie par :

$$\pi(z) = E(y) \qquad (2)$$

on peut écrire :

$$x \to E(y) = \frac{\pi(x-\mu)}{\sigma} = \pi(z) \qquad (3)$$

Comme la fonction π est strictement croissante et ne prend donc pas deux fois la même valeur, on aura la relation :

$$z = \frac{(x-\mu)}{\sigma} \qquad (4)$$

Diverses recherches ont permis de vérifier que, pour de nombreux facteurs écologiques, la transformation de probit conduisait à des relations $z = k(u)$ linéaires dans lesquelles u est une fonction de x.

La théorie de la régression linéaire permet alors de déterminer la droite qui s'ajuste le mieux avec les points expérimentaux de coordonnée (μ_i, Z_i).

Pour éviter les signes négatifs pour les proportions de réponses inférieures à 0,5 (soit des pourcentages de réponse inférieurs à 50%), on ajoute 5 aux valeurs de la fonction pour déterminer la valeur en unité de probits.

En définitive, les probits varient dans un intervalle compris entre $-\infty$ (0%) et $+\infty$ (100%), le probit de 5 correspondant à une valeur de 50%.

Il arrive souvent qu'un double changement de variable et de fonction s'impose lorsque les valeurs individuelles étudiées s'ajustent sur une distribution log-normale. Cela est en particulier le cas en écotoxicologie où les doses létales individuelles d'un polluant donné pour une plante ou un animal suivent une telle loi. Ici, nous aurons $u = h(x)$ où h est la fonction logarithme, ce qui conduit à la relation (3).

Dans ce cas, il est donc nécessaire de figurer non pas la valeur arithmétique, mais le logarithme de la variable pour effectuer la transformation en probit. On obtient de la sorte des fonctions $u \to z$ linéaires.

Proboscidiens, n. m. (n. sc. *Proboscidea*). Ordre de Mammifères apparu au début du Cœnozoïque représenté à l'époque actuelle par les éléphants d'Afrique et d'Asie et jusqu'à une date encore récente à l'échelle géologique par les mammouths. On considère actuellement que les derniers représentants de cette espèce pourraient avoir disparu il y a environ 6 000 ans. ***(Voir aussi Éléphant, Mammouth)***

procaryotes, n. m. (*prokaryotes*). Organismes unicellulaires dépourvus de noyau et d'organites intracytoplasmiques. Les Bactéries et les Cyanophycées sont les principaux groupes de Procaryotes existant dans la biosphère actuelle. L'ensemble des procaryotes constitue le plus primitif des règnes vivants, celui des *Monera*, qui est apparu le premier au cours de l'évolution paléoécologique. À l'heure actuelle, les *Monera* sont divisés en deux règnes distincts entre lesquels se répartissent les Procaryotes : les *Archea* et les *Eubacteria*.

procédé, n. m. (*process*) ◆ ~ **biologique** (*biological process*) : procédé de traitement des eaux polluées par des lits microbiens activés. ***(Voir aussi Boues activées, Stations d'épuration)*** ◆ ~ **d'oxydation** (*oxydation process*) : méthode d'épuration des effluents pollués fondée sur une oxydation préalable des matières organiques fermentescibles dans des bassins d'oxydation dans lesquels de l'air est insufflé ou dans lesquels les effluents sont oxygénés par une vigoureuse agitation mécanique.

Procellariiformes, n. m. (*Procellariiforms*). Ordre d'Oiseaux marins dans lequel se classent les pétrels, les puffins et les albatros. Ils représentent avec les Sphénisciformes (manchots) les seuls Carinates capables de vivre en permanence dans l'océan au large – en dehors de leur période de reproduction qui se fait à terre, en général sur des côtes ou des îlots inhabités.

Les Procellariiformes présentent une adaptation écophysiologique remarquable à leur biotope. Ce sont les seuls Oiseaux marins capables de boire de l'eau de mer. Des glandes situées en arrière du bec excrètent les cristaux de sel en les projetant par les orifices des narines! ***(Voir aussi Albatros, Sphénisciformes)***

Les pétrels constituent un groupe important de **Procellariiformes**, le seul ordre d'oiseaux de mer réellement adaptés à la vie océanique. Ici pétrel fulmar (*Fulmarus glacialis*) au nid dans la réserve de Duncansby Head, Easter Ross, Écosse. (Cliché F. Ramade)

processus, n. m. ◆ ~ **adaptatif** (*adaptative process*) : mécanisme conduisant à une réaction adaptative d'une entité écologique (individu, population ou communauté) à une modification des facteurs de l'environnement. ◆ ~ **écologiques fondamentaux** (*fundamental ecological processes*) : phénomènes écologiques qui assurent le fonctionnement des écosystèmes et de la biosphère. Les cycles biogéochimiques constituent un excellent exemple de tels processus. ◆ ~ **évolutif** (*evolutive process*) : mécanisme par lequel s'effectue l'évolution. ***(Voir aussi Évolution)***

producteurs, n. m. (*producers*). Désigne l'aspect fonctionnel de tout groupe d'êtres vivant dans un écosystème. ◆ ~ **primaires** (*primary producers*) : ensemble des organismes autotrophes de la biosphère, essentiellement les plantes vertes en milieu terrestre, le phytoplancton et les algues macrophytes dans l'océan. ◆ ~ **secondaires** (*secundary producers*) : ensemble des organismes *hétérotrophes,* essentiellement les animaux, la biomasse produite par les décomposeurs étant très faible rapportée à l'unité de surface malgré le fait que leur *turn over* rapide corresponde à une productivité considérable.

production, n. f. (*production*). Terme désignant l'ensemble de la matière vivante produite par les diverses catégories écologiques d'êtres vivants. Elle s'évalue par la quantité de biomasse produite pendant une période donnée. ◆ ~ **brute** (*gross production*) : désigne la production primaire ou secondaire initiale avant qu'elle ne soit partiellement consommée par le métabolisme des autotrophes ou des hétérotrophes. ◆ **efficacité de la ~** (*production efficiency*) (E_p) : rapport entre l'énergie transformée en biomasse (P) et la quantité d'énergie assimilée par un organisme ou un système écologique donné (A) :

$$E_p = \frac{P}{A} \cdot 100$$

(Voir aussi Énergie, flux de l', Productivité)

◆ ~ **nette** (*net production*) : production primaire ou secondaire ou encore celle d'un niveau trophique donné correspondant à la différence entre la production brute (P_b) et la respiration (R) : $Pn = Pb - R$. ◆ ~ **primaire** (*primary production*) : biomasse végétale produite par unité de surface. ◆ ~ **secondaire** (*secundary production*) : biomasse animale produite par unité de surface. ***(Voir aussi Biosphère, Écosystème, Productivité)***

productivité, n. f. (*productivity*). Désigne en écologie la quantité de biomasse produite par unité de surface et unité de temps, ce qui est équivalent de la production par unité de temps.

La productivité primaire s'exprime en tonnes de matières sèches produites par hectare et par an ou par la fixation de carbone organique par photosynthèse exprimée en grammes de carbone par m^2 et par an. La productivité secondaire s'exprime en kilogrammes de matières sèches animales produites par hectare et par an. ◆ ~ **des grands écosystèmes** (*major ecosystems productivity*) : leur productivité primaire est essentiellement conditionnée dans les milieux terrestres par la pluviométrie et les températures moyennes. Elle est également bien corrélée avec la biomasse sur pied moyenne par unité de surface de ces écosystèmes. La productivité primaire atteint son maximum dans les écosystèmes de forêts pluvieuses tropicales où elle présente une valeur moyenne de 2 200 g de matières sèches par m^2 et par an. suivies des forêts tropicales de mousson (1 600 g/m^2/an). Ensuite viennent les forêts tempérées de conifères (1 300 g/m^2/an), puis

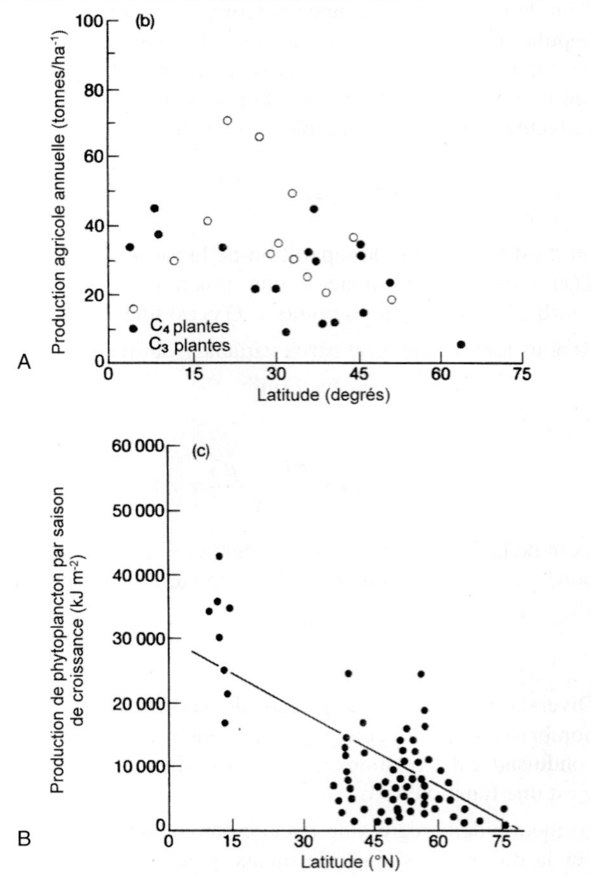

Variation de la **productivité** nette en fonction de la latitude. En (**A**), cas des agroécosystèmes, en (**B**) cas des lacs. (A. D'après Cooper. B, d'après Brylinski and Man in Begon, Harper et Townsend, *Ecology*, Blackwell, Oxford, 1986, p. 633)

les forêts caducifoliées, tempérées (1 200 g/m^2/an). Elle est minimale dans les écosystèmes désertiques (90 g/m^2/an) et les toundra boréales (140 g/m^2/an).

Elle présente des valeurs intermédiaires (de 600 à 900 g/m^2/an) dans les autres types de biomes (formation herbacée : steppes et savanes).

Dans l'océan, la productivité primaire est maximale dans les eaux les moins pauvres en éléments minéraux nutritifs (phosphates et nitrates) : herbiers littoraux de phanérogames marines, zones d'estuaires et récifs coralliens.

La productivité primaire du milieu pélagique (eaux libres superficielles) atteint les valeurs les plus élevées dans les zones d'*upwellings* et dans les régions océaniques arctiques et antarctiques où les teneurs en phosphates sont maximales (voir figure page ci-contre).

À l'opposé, les eaux bleues tropicales, très pauvres en éléments minéraux nutritifs, qui couvrent d'immenses étendues de l'océan au large, dans les régions comprises entre les deux tropiques, sont de véritables déserts marins.

La *productivité secondaire* varie de quelque kg/ha/an à 200 g/ha/an dans les biomes terrestres et entre quelques dizaines de kg et 150 kg/ha/an dans l'océan, à l'exception des herbiers et des récifs coralliens où elle dépasse 500 kg/ha/an. ◆ **rapport ~/biomasse (P/B)** (*productivity/biomass ratio*) : rapport entre la productivité primaire d'un écosystème et la biomasse de matière végétale présente. Ce

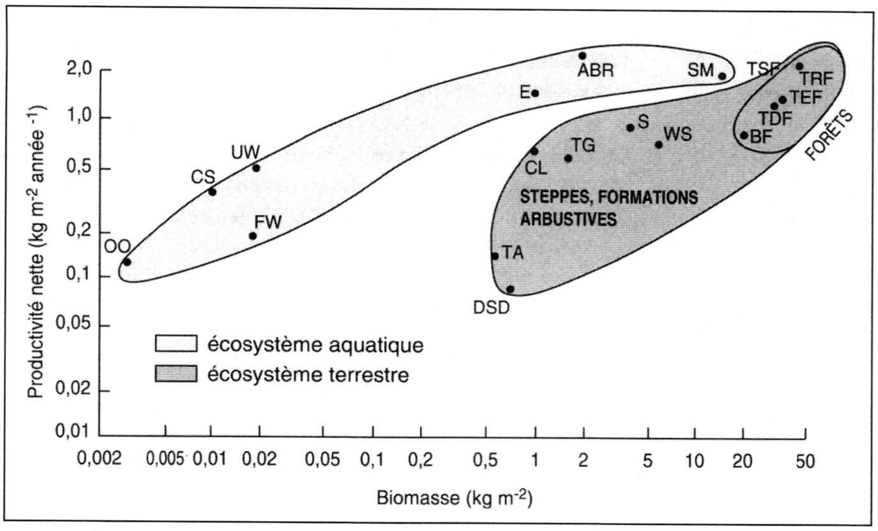

OO : océan au large (eaux pélagiques)
CS : plateau continental
UW : zones d'upwelling
ABR : herbiers littoraux et récifs coralliens
E : estuaires
FW : lacs et fleuves
SM : marais, lagunes
TRF : forêts pluvieuses tropicales
TSF : forêts tropophiles
TEF : forêts tempérées sempervirentes
TDF : forêts caducifoliées tempérées
BF : forêts boréales
WS : boisements ouverts
S : savanes
TG : steppes
CL : terres cultivées
TA : toundra
DSD : semi-déserts et déserts

Corrélation entre la biomasse sur pied moyenne de producteurs primaires et la **productivité** nette des divers écosystèmes terrestres et aquatiques. (In Begon et al., op. cit., 1986, p. 651)

rapport, élevé dans un écosystème juvénile, tend vers 0 dans un écosystème climacique où toute la production primaire sera consommée par l'ensemble du réseau trophique.

◆ **rapport ~/respiration** : rapport entre la productivité et la respiration d'une biocœnose (P/R). Ce rapport tend vers 1 au fur et à mesure que la structure de la communauté se rapproche de celle du climax. ***(Voir aussi Biome, Biosphère, Écosystème, Forêt, Océan, Récif corallien, Savane, Steppe)***

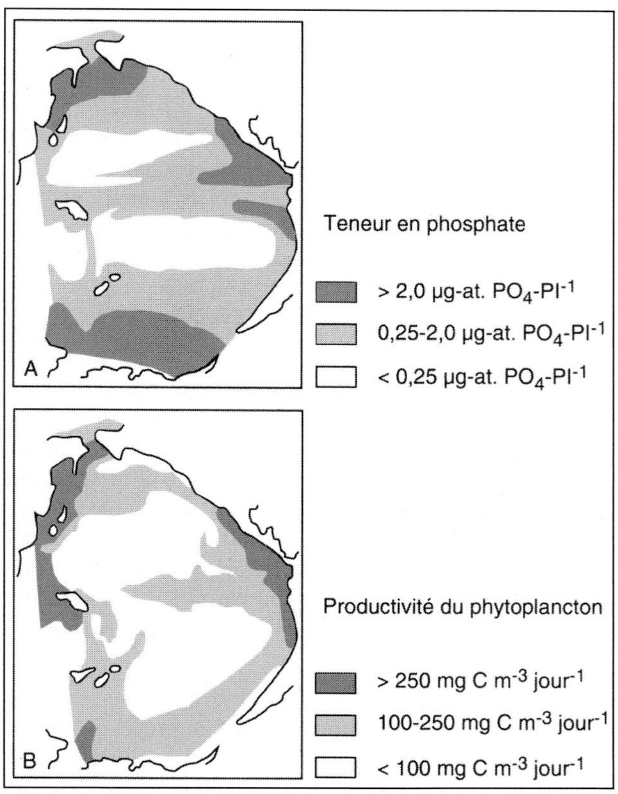

Corrélation entre les teneurs moyennes en phosphates des eaux marines et la **productivité** primaire nette du phytoplancton dans le Pacifique. (D'après Barnes et Hughes, *Introduction to marine Ecology*, Oxford, Blackwell, 1986)

produits, n. m. ◆ ~ **chimiques** (*chemicals*) : terme désignant toutes les substances chimiques fabriquées par l'industrie. On estime qu'à l'heure actuelle existent environ 120 000 molécules chimiques faisant l'objet d'un usage commercial et qui sont donc souvent dispersées volontairement ou non dans l'ensemble de la biosphère. Cette pollution est volontaire dans le cas des pesticides et autres produits chimiques d'usage agricole nécessairement dispersif et involontaire pour tous ceux qui font l'objet d'un usage courant et qui se trouvent libérés dans la nature avec leurs emballages usagés ou par leur décharge intempestive. ◆ ~ **dangereux** (*hazardous compounds*) : produits chimiques doués d'une très forte toxicité et qui, de ce fait, ne peuvent être traités en décharge comme les autres types de déchets. La seule solution pour ces derniers est l'incinération, mais il n'existe pas actuellement un nombre d'installations adéquates pour répondre aux besoins.

proépisématique, adj. (*proepisematic*). Caractère ou trait génétique propre aux espèces sociales qui permet la reconnaissance des individus appartenant à une même colonie.

profil, n. m. ◆ ~ **démographique** (*demographic profile*) : désigne l'aspect de la pyramide des âges d'une population. ***(Voir aussi Pyramide)*** ◆ ~ **d'un cours d'eau** (*river profile*) : on distingue au point de vue topographique dans un cours d'eau le profil en travers qui décrit la variation de profondeur selon une section tranversale, normale au sens du courant et un profil en long qui correspond à la variation d'altitude en fonction de la distance à la source. Le profil en long d'un cours d'eau est toujours concave mais il n'est jamais régulier. Il présente des variations de pente qui sont à l'origine d'une alternance de seuils et de mouilles. Le courant est rapide dans les premiers et calme dans les seconds ***(Voir aussi Mouille, Seuil)*** ◆ ~ **d'un sol** (*soil profile*) : aspect de l'ensemble des différentes couches distinctes (= horizons) superposées que l'on observe dans une coupe verticale de sol depuis la surface jusqu'à la roche-mère. ***(Voir aussi Horizon, Pédologie, Sol)*** ◆ ~ **photosynthétique** (*photosynthetic profile*) : variation de l'intensité de la photosynthèse en fonction de la profondeur dans un écosystème limnique ou marin. En effet, dans les biotopes aquatiques, la profondeur constitue avec la turbidité le principal facteur contrôlant l'intensité de la production photosynthétique dans la colonne d'eau puisque de ces derniers dépend l'intensité lumineuse. De façon générale, on considère que le point de compensation est atteint lorsque le flux lumineux est égal à 1% de sa valeur à la surface. **(*Voir aussi Dystrophisation, Lac*)**

profonde, adj. ◆ **zone ~** (*profundal zone*) : désigne dans un grand lac la zone dans laquelle la lumière ne pénètre pas. La limite de celle-ci est souvent située au-dessous de la thermocline de sorte qu'elle aussi correspond *de facto* à la zone hypolimnétique (hypolimnion). **(*Voir aussi Lac*)**

profondeur, n. f. (*depth*). Paramètre écologique caractérisant les biotopes aquatiques. La profondeur peut se subdiviser en plusieurs facteurs écologiques, en particulier la pression hydrostatique et la luminosité. ◆ **~ de compensation** (*compensation depth*) : profondeur à laquelle l'intensité de la photosynthèse et de la respiration des organismes autotrophes sont équivalentes. ◆ **~ de gélification** (*frost level*) : profondeur à laquelle un sol subarctique reste gelé en permanence.

progamie, n. f. (*progamy*). Caractères ou processus biologiques prévalents avant la fécondation.

progamique, adj. (*progamic*). Désigne ce qui se rapporte à la progamie.

progenèse, n. f. (*progenesis*). Caractérise une population dont les individus se reproduisent de façon précoce avant d'atteindre l'âge adulte. Les individus qui présentent ce phénomène sont dits pédogénétiques.

progéniture, n. f. (*progeny*). Ensemble des jeunes produits par une femelle de Vertébré à sang chaud.

proglaciaire, adj. (*proglaciary*). Processus géomorphologique prenant lieu sur le front ou dans la zone périphérique d'un glacier.

Programme Biologique International (*IBP*). Voir PBI.

Programme des Nations Unies pour l'Environnement (*UNEP*). Voir PNUE.

progressive, adj. ◆ **série, succession ~** : voir Succession.

proie, n. f. (*prey*). Espèce animale, généralement herbivore mais également carnivore, qui sert de nourriture à des prédateurs. ◆ **relation ~ prédateur** (*prey-predator relationship*) : en démoécologie, de très nombreuses recherches ont été consacrées à la relation quantitative entre proies et prédateurs. Si la population de la proie est nécessaire au prédateur, il a été aussi montré que l'activité de prédation intervient pour maintenir à un niveau optimal les effectifs de la proie (concept de prédateur « prudent » et de proie « efficace »). **(*Voir aussi Chaîne trophique, Lotka et Volterra, Prédateur, Prédation, Régulation*)**

prolifération, n. f. (*proliferation, prolification*). Désigne en biologie la multiplication accélérée d'un type cellulaire ou d'organismes d'une population déterminée.

promiscuité, n. f. ◆ **~ sexuelle** (*sexual promiscuity*) : forme de rapprochement des sexes chez les animaux qui est soit une forme de polyandrie soit une forme de polygynie dans laquelle les individus copulent indistinctement sans que des liens stables s'établissent entre les couples. C'est par exemple le cas des coucous et de diverses autres espèces aviennes.

propagule, n. f. (*propagule*). **1.** Désigne toute part d'un organisme produite par multiplication asexuée (scissiparité) ou reproduction sexuée susceptible de donner un nouvel individu après s'être séparé de l'organisme maternel. **(*Voir aussi Scissiparité*) 2.** Terme de démoécologie désignant la fraction minimale d'une population nécessaire pour coloniser un nouvel habitat. **(*Voir aussi Métapopulation*)**

Propanil, n. m. (*Propanil*). Herbicide du groupe des amides (N-dichlorophénylpropionamide) très employé comme désherbant des rizières, mais également actif sur de nombreuses mono- et dicotylédones adventices des cultures.

propolis, n. m. (*propolis*). Sécrétion de glandes ventrales des abeilles, de nature cireuse, avec laquelle elles emballent divers déchets et les cadavres de petits animaux ayant fait effraction dans la colonie et tués par les ouvrières.

propriorécepteur, n. m. (*proprioreceptor*). Organe sensoriel permettant d'évaluer la position des êtres vivants dans un biotope hétérogène.

propulseur, n. m. (*propellant*) ◆ **gaz ~ d'aérosol** (*aerosol propellant*) : substance gazeuse réputée inerte utilisée pour pulvériser des aérosols en milieu domestique. Les CFC ont longtemps été utilisés dans ce but. Les problèmes de pollution stratosphérique posés par ces substances les ont fait interdire et elles ont été remplacées par de l'air comprimé ou du butane selon le cas. **(*Voir aussi CFC*)**

Prosobranches, n. sc. (*Prosobranchia*). Sous-classe de Mollusques Gastéropodes relativement primitifs. Ils sont caractérisés par une coquille spiralée, un manteau s'ouvrant au-dessus ou à proximité de l'orifice buccal et un opercule fixé au pied obturant la coquille quand l'animal est au repos. Les Prosobranches comptent plusieurs ordres d'escargots marins, d'eau douce ou terrestres. Les patelles et les littorines (« bigorneaux ») figurent parmi les représentants les plus connus de ces derniers. **(*Voir aussi Gastéropodes*)**

prospective(s), n. f. (*prospect*). Prévisions sur l'évolution quantitative d'un phénomène ou d'un processus. ◆ **~ démographiques** (*demographic prospects*) : prévision d'évolution dans le temps des effectifs d'une population humaine. **(*Voir aussi Démographie*)**

protandrie, n. f. Voir Protérandrie.

Protéacées, n. sc. (vern. : *protea, firewheel tree*). Famille de Protéales de distribution essentiellement australe qui s'observe en Afrique du Sud et en Australie. Néanmoins, on en rencontre en Amérique centrale et en Asie tropicale du Sud-Est avec un maximum de radiation évolutive et donc de richesse spécifique. Les Protéacées constituent la principale famille de Protéales avec plus de 1 200 espèces. Elle renferme plusieurs genres multispécifiques comme les *Banksia*, les *Grevillea*, les *Leucadendron* et les *Protea*.

Protéales, n. sc. Ordre de Dicotylédones de la sous-classe des Rosidées caractérisées par une inflorescence complexe. Les Protéales sont surtout inféodées à l'hémisphère austral et d'origine certainement ancienne.

protection de la nature, n. f. (*nature conservancy*). La protection de la nature a pour objet d'assurer la conservation des écosystèmes peu ou pas modifiés par l'homme, c'est-à-dire à la fois le maintien de l'intégrité des biotopes ainsi que de la diversité biologique qui leur est propre – donc celle de la totalité des espèces vivantes et de façon plus générale du patrimoine génétique et biocœnotique qu'ils renferment.

◆ **historique** : l'idée moderne de conservation de la nature a émergé au cours de la seconde moitié du XIXe siècle. Il s'agissait à l'époque de conserver des espèces ou des forêts primitives menacées de disparition.

Ainsi furent crées en 1853 quelques petites réserves forestières (dénommées « séries ») dans la hêtraie de Fontainebleau. De même, aux États-Unis, l'un des pionniers mondiaux de la conservation de la nature, John Muir, fit mettre en réserve, en 1864, les séquoias géants plurimillénaires du *Mariposa Grove* en Californie, à partir duquel fut établi en 1890, par extension aux territoires avoisinants, le parc national de Yosemite. Cependant, l'an Un de la conservation de la nature des temps modernes se situe incontestablement en 1872 avec la création du parc national de Yellowstone dans le Wyoming.

Bien que le plus ancien parc national d'Europe fut celui de Stora Sjöfallet créé en 1907 en Suède, suivi en 1914, en Europe continentale, par la création du parc national suisse, les premières mesures de protection de la nature prises sur notre continent concernèrent initialement des espèces menacées et furent bien antérieures au XIXe siècle. Ainsi, dès le XIVe siècle, le roi de Pologne, Jagello, avait déjà mis en réserve les zones forestières où subsistait l'auroch ou urus, ancêtre du bœuf domestique, menacé de disparition, lequel s'éteignit malgré cela au XVIIe siècle.

C'est également au XIXe siècle que remontent les premières sociétés de protection de la nature. Si, en France, l'actuelle SNPN (Société Nationale de Protection de la Nature), fondée en 1854 sous le titre initial de Société d'Acclimatation, peut se targuer d'être la doyenne des organisations non gouvernementales modernes œuvrant dans le secteur de la conservation, la *Royal Society for Birds Preservation*, créée en 1886, constitue sans doute la plus ancienne des associations du monde dont l'objet initial et exclusif concernait un des objectifs primordiaux de la conservation de la nature : la protection d'espèces vivantes menacées de disparition. **(*Voir aussi Parc national*)**

◆ **pourquoi protéger la nature?** On pourrait se demander ce qui justifie la protection de la nature. Une telle question mérite une réponse circonstanciée, de bons esprits, de nombreux hommes politiques au pouvoir et la plupart des technocrates considérant aujourd'hui encore – en dépit de la Convention de Rio sur la préservation de la diversité biologique et divers autres conventions et traités internationaux concernant ces problèmes – que cette dernière représente au mieux un luxe pour pays développés et trop souvent une utopie qui ne peut germer que dans l'esprit d' « écologistes farfelus » !

En réalité, il existe de nombreuses raisons qui justifient de nos jours la mise en œuvre urgente de mesures efficaces de conservation de la nature et de ses ressources, en particulier celle de la biodiversité. Pourquoi doit-on se préoccuper de la protection des espèces végétales et animales et de l'ensemble de leurs habitats? La réponse à cette question est complexe car de nature à la fois scientifique, en particulier écologique, économique et éthique.

Justifications scientifiques de la protection de la conservation. Les raisons scientifiques sont multiples. De trop nombreuses espèces vivantes ont déjà été anéanties avant qu'aucun biologiste n'ait eu le temps de les étudier, parfois même de seulement les décrire. Ce problème est plus que jamais d'actualité si l'on songe à l'accélération avec laquelle l'homme actuel fait disparaître les espèces vivantes, à tel point que l'on a pu parler de la sixième extinction pour désigner la vague de destruction de la biodiversité dont la seule responsabilité incombe à l'homme moderne!

Alors que la science a décrit environ 1,7 million d'espèces, les taxonomistes estiment que les forêts vierges tropicales en renfermeraient à elles seules au minimum un nombre triple. Certains ont même avancé des valeurs bien supérieures

Vue du sous-bois d'une forêt pluvieuse tropicale dans le parc national de Corcovado (Costa Rica). Ces forêts renferment la plus grande diversité biologique de l'ensemble de la biosphère et une majorité d'espèces non encore connues par la science, ce qui constitue une justification majeure de leur **protection**. (Cliché F. Ramade)

allant jusqu'à plus de 20 millions d'espèces pour les seules forêts pluvieuses tropicales. Des estimations plus récentes ont réduit la valeur probable de la biodiversité globale mais fixent néanmoins le nombre total d'espèces peuplant la biosphère aux alentours d'une dizaine de millions!

Dans ces conditions, on peut affirmer catégoriquement que la majorité des espèces vivantes actuellement dans la biosphère restent encore à être décrites par la science. En outre, comme on estime que les forêts tropicales perdront 90% de leur surface d'ici le milieu du XXIe siècle, si rien n'est fait pour stopper leur destruction effrénée, il est possible d'estimer à plusieurs millions le nombre d'espèces vivantes que l'homme fera disparaître d'ici là.

Au strict point de vue scientifique, les conséquences de l'extinction accélérée d'un aussi grand nombre d'espèces seront catastrophiques au plan taxonomique et pour la compréhension de l'évolution, mais aussi pour d'autres domaines de la recherche scientifique fondamentale ou appliquée. Certaines espèces rares, douées de particularités biologiques remarquables, peuvent permettre des avancées spectaculaires dans la compréhension de nombreux processus biologiques.

Justifications écologiques de la conservation. La signification écologique des espèces vivantes ne peut ainsi être ignorée et constitue un argument majeur pour leur préservation.

De nombreuses espèces jouent un rôle clef dans la structuration des communautés vivantes et dans la pérennité des habitats naturels où elles vivent. De plus, certaines espèces menacées sont indispensables à la survie d'autres espèces avec lesquelles elles sont associées par des liens d'interdépendance obligatoire. Qu'adviendrait-il par exemple de divers arbres des forêts pluvieuses tropicales qui sont uniquement pollinisés par certaines espèces de chauve-souris si celles-ci venaient à disparaître?

Enfin, un autre aspect du rôle écologique irremplaçable des espèces vivantes, qui justifie leur conservation, tient en leur intervention dans le maintien des processus écologiques fondamentaux. Dans certains cas, l'extinction d'une seule espèce, qui interfère avec les mécanismes homéostasiques d'un écosystème, peut perturber les cycles biogéochimiques et induire de ce fait une altération irréversible de l'écosystème tout entier. On imaginerait sans peine les dysfonctionnements du cycle de l'eau induits par la disparition d'une espèce d'arbre constituant l'essentiel des peuplements forestiers d'un bassin versant.

Justifications économiques de la conservation. Le rôle économique majeur que jouent actuellement de nombreuses espèces animales et végétales sauvages dans le monde et leurs potentialités encore plus considérables en matière agronomique ou industrielle représentent un argument décisif en faveur de leur protection.

Comme le soulignait l'UICN dès 1980, la sauvegarde de la diversité spécifique est un gage d'avenir et un investissement nécessaire pour maintenir et améliorer la production agricole, forestière, celle des pêcheries, pour garder des options ouvertes en ce domaine pour le futur – c'est-à-dire parer aux changements défavorables qui pourraient survenir dans l'environnement. Compte tenu de leur intense sélection, les variétés modernes de plantes cultivées et les races d'animaux domestiques les plus « performantes » ont perdu leurs caractères de rusticité et donc de résistance à une pullulation intempestive d'un ravageur des cultures ou à une épizootie. Il est donc indispensable de conserver non seulement les variétés traditionnelles mais les espèces sauvages voisines afin de pouvoir en cas de besoin introduire les caractères de résistance dans les cultivars ou les races domestiques hautement sélectionnées.

Cette sauvegarde du fond génétique mondial nécessite la conservation non seulement de spécimens mais aussi de populations assez nombreuses d'espèces voisines si l'on désire assurer avec efficacité leur conservation.

De nombreux exemples mettent en évidence le rôle considérable que revêt la conservation d'espèces sauvages pour l'amélioration des plantes cultivées et des animaux domestiques. Il y a quelques années, les cultures de manioc, essentielles à l'alimentation de nombreuses populations des pays tropicaux, étaient ravagées en Afrique par une maladie cryptogamique. Le croisement des variétés cultivées de cette espèce avec une espèce sauvage voisine, *Manihot glaziovii*, qui avait été préservée de la disparition, permit de sauvegarder cette culture et même d'augmenter de façon importante le rendement de celle-ci. De même, le mouton mérinos, très adapté aux pâturages xériques et à la vie dans des milieux arides, a été obtenu par croisement du mouton avec le mouflon.

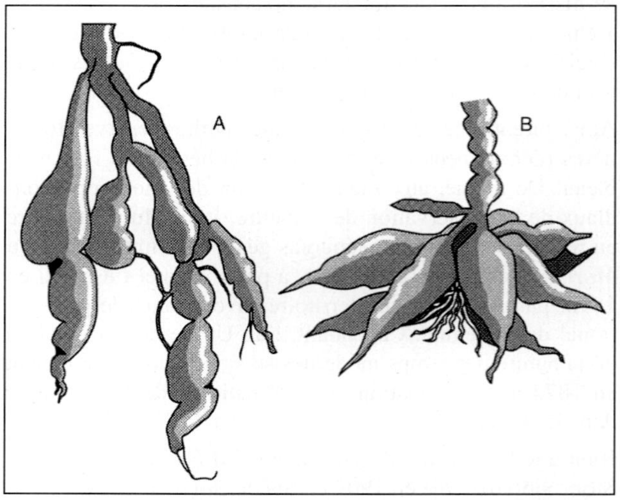

Importance de la **protection** des espèces sauvages menacées d'extinction dont proviennent les plantes utilisées en agriculture. Ici est figuré le manioc cultivé (*Manihot Sativa*) (**A**) et le manioc sauvage (*Manihot Glaziovii*) (**B**). Cette dernière espèce a permis de sauvegarder le manioc domestique menacé par plusieurs maladies cryptogamiques et d'améliorer sa productivité.

Cependant, la préservation des espèces domestiquées et de leurs parentés sauvages ne constitue qu'une des facettes de l'importance économique de la conservation. Étant donné les potentialités de développement économique à la fois immenses et inexplorées que recèle l'exploitation de la flore et de la faune sauvage, la protection des espèces menacées apparaît aujourd'hui comme un impératif catégorique.

La recherche de produits chimiques et médicinaux parmi les milliers d'espèces végétales et animales sauvages a déjà permis des découvertes retentissantes et recèle des potentialités économiques encore plus considérables tant au plan des industries pharmaceutiques qu'à celui de l'élevage ou de l'agriculture.

Si les écosystèmes représentatifs des divers biomes ne sont pas protégés efficacement, on peut être certain que des substances aussi efficaces que le pyrèthre ou la pénicilline disparaîtront de la Terre avant même d'avoir été découvertes. Le cas de la vincoblastine constitue, parmi tant d'autres, un exemple illustratif de cette assertion. Cette substance – un des plus puissants médicaments anticancéreux connus – a été découverte chez deux espèces de pervenches de Madagascar (*Cataranthus roseus* et *C. coriacens*) croissant dans les lambeaux relictuels de l'immense forêt, dont la destruction est en grande partie achevée, qui couvrait autrefois toute la partie orientale de Madagascar.

Aux États-Unis, la valeur annuelle des médicaments extraits de principes actifs de plantes – généralement tropicales – est de plusieurs milliards de dollars. Cela laisse songeur lorsque l'on pense que seulement 1% de la flore connue du Brésil a fait l'objet d'investigations pour découvrir dans ses plantes d'éventuels principes médicamenteux!

Il est de même surprenant de constater le nombre fort réduit d'espèces domestiquées, la plupart l'ayant été dès le début du Néolithique. Depuis cette époque, pratiquement aucune espèce importante de plante cultivée ou d'animaux domestiques ne sont apparues.

On imaginera donc sans peine les possibilités qui restent à explorer. Les antilopes africaines présentent par exemple une valeur zootechnique supérieure à celle des bovins même indigènes de ce continent car elles sont capables de mieux utiliser pour leur nourriture les espèces végétales des savanes et parce qu'elles sont beaucoup plus résistantes que les zébus aux nombreuses maladies parasitaires propres à ce continent. La conservation de ces espèces est d'autant plus importante que certaines d'entre elles, telles l'*Oryx dammah,* l'addax (*Addax nasomaculatus*) ou encore l'élan de Derby (*Taurotragus Derbianus*) figurent sur la liste rouge des espèces menacées de l'UICN!

Oryx beisa dans le parc national de Samburu, au Kenya. Cette espèce est capable d'exploiter des pâturages semi-arides inutilisables par le bétail domestique et présente en outre une résistance considérable à des maladies, telles la trypanosomiase des bovins qui entrave l'élevage de ces derniers. Sa **protection** s'avère donc d'une grande importance pour l'avenir de l'élevage extensif dans les zones tropicales exposées à des sécheresses récurrentes. (Cliché F. Ramade)

Dans un autre domaine, voici quelques années, un poisson rare d'Amérique tropicale menacé de disparition, *Choristoma estor*, s'est avéré être l'espèce la plus adaptée pour l'empoissonnement des lacs de barrage de cette région du monde à des fins piscicoles!

Bien d'autres espèces animales tropicales offrent de sérieuses potentialités zootechniques. Ainsi, la tortue géante d'Amazonie, *Podocnemis expansa*, atteignant le poids de 50 kg à l'âge adulte, pourrait s'élever facilement sur les rives d'étangs ou de bras-morts des cours d'eau avec une productivité de quelque 500 kg de viande par hectare et par an. Cette dernière doit être comparée avec celle de l'élevage bovin en pâturage extensif d'un rendement moyen inférieur à 20 kg $\cdot$ ha^{-1} $\cdot$ an^{-1} obtenu au prix d'une destruction irréversible de la forêt amazonienne.

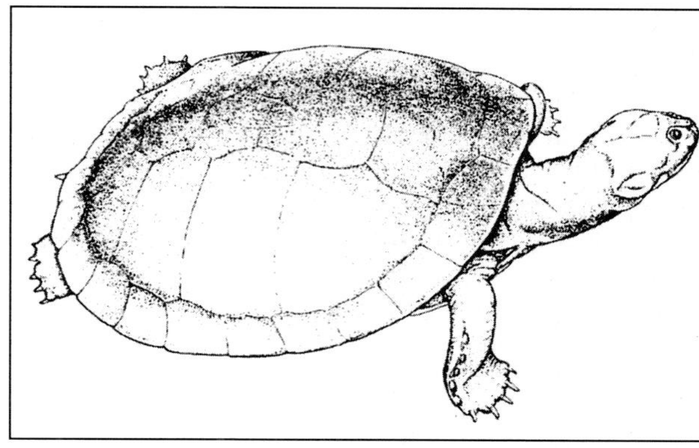

La tortue géante d'Amazonie, *Podocnemis expansa*, est une espèce qui s'est considérablement raréfiée au cours des dernières décennies alors que sa **protection** serait amplement justifiée par ses considérables potentialités zootechniques. (D'après Wilson, op. cit., in Ramade F., *Écologie appliquée*, Ediscience international, 5e ed., 1995, p. 533)

Justifications culturelles et éthiques de la conservation. Le rôle immense joué par l'observation de la nature, de la flore et de la faune sauvage dans l'émergence des civilisations humaines, dans celle de bien des philosophies et des cultures tant orientales qu'occidentales, l'irremplaçable qualité esthétique de bien des milieux naturels ou peu anthropisés ainsi que de leurs espèces vivantes, constituent un autre argument impérieux en faveur de leur conservation.

Enfin, des considérations d'ordre purement éthique justifient la protection de la nature. De quel droit l'espèce humaine pourrait-elle s'arroger le pouvoir de faire disparaître d'immenses écosystèmes et de commettre le plus épouvantable génocide de tous les temps en provoquant en quelques décennies l'anéantissement de millions d'espèces vivantes, fruit de plusieurs centaines de millions d'années d'évolution?

◆ **mise en œuvre de la conservation de la nature** : la protection des écosystèmes uniques et (ou) menacés ainsi que de ceux que l'homme a jusqu'à présent peu ou pas modifiés, la préservation des espèces vivantes en danger, exigent la mise en œuvre rapide de mesures de conservation judicieuses, fondées sur des bases scientifiques bien établies.

La sauvegarde des espèces menacées. Prévenir l'extinction des espèces en danger implique l'établissement d'une hiérarchie des urgences d'intervention. La priorité sera accordée aux espèces menacées sur toute leur aire de répartition ainsi qu'à celles appartenant à des familles ou genres monospécifiques. De façon générale, plus la perte génétique potentielle est grande, plus tôt devront être prises les mesures préventives de sauvegarde (voir Tableau).

ampleur de la perte ↑ / imminence de la perte →	rares	vulnérables	menacés
Familles	4	2	1
Genres	7	5	3
Espèces	9	8	6

ordre prioritaire supérieur
ordre prioritaire intermédiaire
ordre prioritaire inférieur
1 — 9 ordre prioritaire proposé

Tableau figurant la hiérarchie d'urgence pour la mise en œuvre de mesures de **protection** concernant des espèces menacées. (In Ramade F., *Écologie appliquée*, Ediscience international, 5e ed., 1995, p. 543)

Par ailleurs, la prévention de l'extinction d'espèces menacées nécessite une stratégie de protection *in situ* (jardins botaniques et zoos) et *ex situ* dans des parcs nationaux et réserves analogues (voir figure en haut à droite de cette page). En effet, les caractères adaptatifs des espèces vivantes ne peuvent être conservés avec certitude que si ces dernières sont placées dans les conditions environnementales propres à leurs biotopes d'origine. La proportion d'espèces sauvegardées selon ces deux types de conservation est inégale. Dans le premier cas (1), l'homme constitue en quelque sorte une arche de Noé des temps modernes qui ne peut héberger qu'une faible proportion de la biodiversité globale. Dans le second cas (2), la proportion d'espèces sauvées de l'extinction est plus importante. Néanmoins, une stratégie de la conservation concernant l'ensemble des écosystèmes exploités par l'homme (3) est la seule capable d'assurer la pérennité du nombre maximum d'espèces vivantes.

La conservation des écosystèmes constitue un impératif catégorique pour la mise en œuvre efficace de la protection de la nature; en effet, il est illusoire de protéger des espèces vivantes si

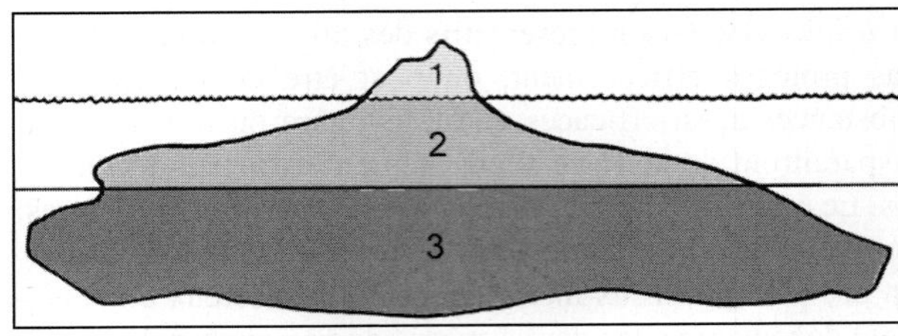

Efficacité relative des diverses mesures de **protection**. La conservation *ex situ* (**1**) – en jardin botanique et en zoo – ne peut permettre de protéger que la partie visible de l'iceberg qui symbolise la diversité spécifique totale de la biosphère. Les zones protégées (**2**) sont beaucoup plus efficaces mais seule une planification environnementale appliquée à l'ensemble des écosystèmes utilisés par l'homme (**3**) permettrait de protéger la totalité de la biodiversité de la biosphère. (D'après UICN, 1980, in Ramade F., *Écologie appliquée*, Ediscience international, 5e ed., 1995, p. 544)

l'on ne maintient pas dans le même temps l'intégrité des écosystèmes auxquels elles sont inféodées. Celle-ci est fondée tout d'abord sur la constitution d'un réseau mondial de parcs nationaux et autres aires protégées analogues.

Une des premières mesures qui s'impose, à l'échelle globale, aux organisations internationales ayant pour mission de développer la conservation de la nature est de mettre en réserve au moins un échantillon représentatif de chaque type d'écosystème existant dans les pays concernés. On en est encore fort loin si l'on songe que sur 180 provinces biogéographiques présentes à la surface des continents, un quart d'entre elles sont aujourd'hui encore dépourvues de réserves.

Les écosystèmes uniques, ceux que l'homme a peu ou pas altérés – et de ce fait menacés compte tenu de la croissance incessante des causes de perturbation à l'heure actuelle – enfin ceux qui présentent une grande importance pour les espèces migratrices, doivent faire l'objet de mesures prioritaires de protection.

La localisation des aires protégées dans les divers types d'écosystèmes doit se faire en déterminant les sites les plus ri-

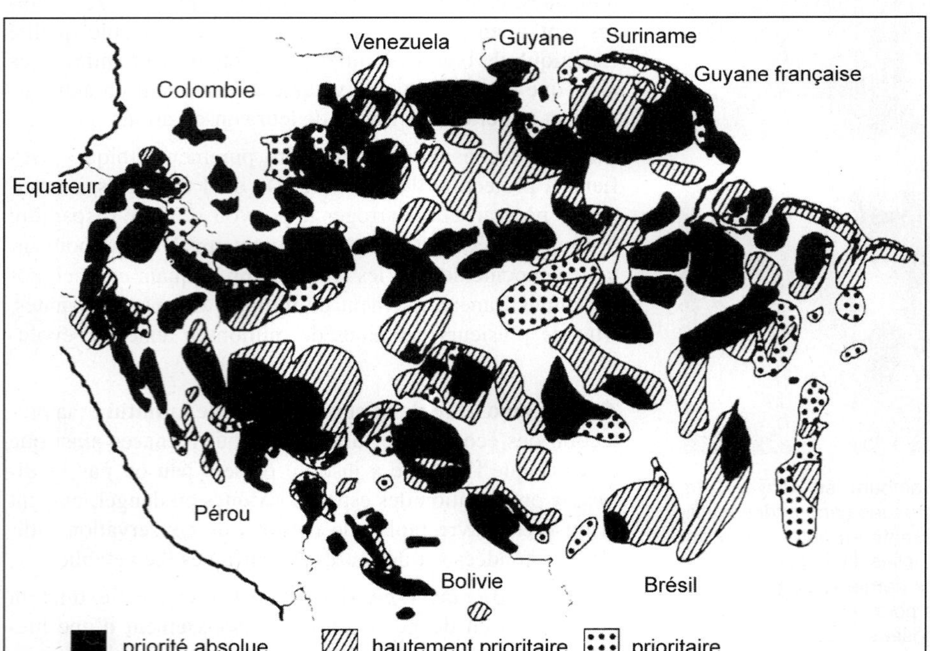

Hiérarchie d'urgence pour la localisation des sites dont la **protection** est prioritaire, destinés à l'établissement de nouvelles aires protégées en Amérique tropicale. Celle-ci est établie par référence aux zones d'endémisme et de biodiversité maximum. (D'après Rylands, in *Trends in Ecology and Evolution*, 1990, 5 (8) : 241)

ches en espèces – dénommés les « *hot spots* » de biodiversité – *a fortiori* les centres d'endémisme dont la richesse taxonomique est particulièrement élevée.

Enfin, la superficie d'une aire protégée doit toujours être suffisante pour assurer la pérennité des populations des plus grandes espèces qui y vivent. Un exemple fort démonstratif de ce problème est fourni par la conservation de l'ours en France, la surface du domaine vital des individus de cette espèce vivant dans le parc national des Pyrénées étant notoirement insuffisante pour assurer leur protection.

◆ **définition et caractères généraux des principaux types de zones protégées du monde** : la règlementation internationale élaborée par l'UICN pour les Nations unies a défini plusieurs catégories d'aires protégées. À l'heure actuelle, il en existe 6 types dont le statut de protection qu'il accorde aux écosystèmes concernés va en décroissant de la catégorie I à la catégorie VI.

– *La catégorie I* est constituée par les *réserves naturelles intégrales*. Il s'agit d'écosystèmes remarquables présentant une importance nationale ou internationale dont la vocation majeure est la recherche scientifique. Ces réserves renferment des habitats fragiles et des espèces – parfois même des communautés entières – menacées d'extinction. Les perturbations artificielles, l'accès du public, *a fortiori* le tourisme, y sont interdits, afin de s'assurer que les processus écologiques fondamentaux puissent s'y perpétuer. En France la partie centrale de la réserve naturelle de Camargue correspond par exemple à une telle zone protégée.

– *La catégorie II* est constituée par les *parcs nationaux*. Il s'agit de territoires relativement étendus, constitués par un ou plusieurs types d'écosystèmes contigus, peu ou pas transformés par les activités humaines. Les communautés vivantes, les habitats et les sites géomorphologiques y présentent un intérêt scientifique, éducatif, et récréatif exceptionnels et ils renferment des paysages de grande valeur esthétique.

Les pouvoirs publics doivent prendre dans les parcs nationaux toutes mesures destinées à empêcher ou éliminer sur toute leur surface toute exploitation ou occupation constituant une entrave à la conservation au plan écologique. L'agriculture, la chasse, les aménagements tels les barrages et toute autre construction, de quelque nature que ce soit, doivent être strictement proscrits pour qu'un parc national puisse bénéficier du label international.

En revanche, le tourisme dans les parcs nationaux est autorisé, voire encouragé, à des fins récréatives, éducatives et culturelles, sous la stricte réserve qu'il ne mette pas en péril la conservation des écosystèmes concernés.

– La *catégorie III* concerne les *monuments nationaux*. Ces derniers correspondent dans leur statut aux parcs nationaux, mais il s'agit d'entités de plus faible surface, à la limite quelques hectares. À leur intérêt purement écologique, s'ajoute souvent une valeur culturelle en particulier historique.

– La *catégorie IV* est constituée par les *réserves de nature gérées* (encore dénommées *aires de gestion des habitats et des espèces*). Elles impliquent une intervention active et permanente concernant leur gestion. Elles correspondent au type d'aires protégées autrefois dénommées réserves particulières car, à la différence des réserves naturelles intégrales (catégorie I), où l'absolue totalité du (ou des) écosystème(s) inclus(s) dans le périmètre de la réserve est protégée, une certaine forme d'exploitation est ici tolérée concernant un type de ressource biologique bien précis, le reste étant strictement protégé. Ainsi, elles peuvent constituer une zone indispensable au maintien d'un peuplement animal particulier (réserve de faune) mais où le couvert végétal (pâturage ou boisement) sera exploité. À l'opposé, elles peuvent aussi protéger un écosystème forestier dont la flore présente des caractéristiques exceptionnelles, mais où la chasse sera permise. Une intervention humaine peut être nécessaire pour le maintien ou la restauration de tels habitats afin que perdurent les conditions optimales à la pérennité de la biodiversité qu'ils renferment.

– La *catégorie V* est constituée par les *paysages terrestres ou marins protégés*. La vocation des zones appartenant à cette catégorie est assez large du fait de la grande diversité des paysages semi-naturels et plus généralement anthropisés appartenant à cette catégorie d'aires protégées dans le monde. Les parcs naturels régionaux français ou les *National parks* britanniques appartiennent à cette catégorie.

La vocation touristique de ces zones est prépondérante. Leur protection, outre un ensemble de sévères contraintes en matière d'aménagement architectural et urbanistique, implique une planification rigoureuse de l'espace pour assurer la conservation des paysages, le maintien des formes traditionnelles d'exploitation agro-sylvo-pastorales qui les ont façonnés de longue date, ainsi que la pérennité du type architectural propre à l'habitat et des modes de vie souvent « traditionnels » de leurs habitants.

– La *catégorie VI*, fort peu contraignante, correspond aux *réserves de ressources naturelles gérées*. Ils s'agit en général de zones étendues, d'accès généralement difficiles, dans lesquelles les ressources naturelles biologiques « sauvages » (flore et faune, ou encore minérales) sont exploitées à des fins d'autosubsistance et (ou) commerciales. Ce type d'aire présente une grande importance dans bien des régions du Tiers monde où les territoires concernés sont exposés à une pression croissante sur leurs ressources naturelles du fait d'une colonisation par des populations humaines démunies. Il s'impose donc de contrôler leur défrichement illégal éventuel et d'établir des règles d'exploitation qui ne menacent pas la pérennité des espèces végétales ou animales exploitées.

À ces catégories doivent être ajoutés les deux types d'aires protégées établies par l'UNESCO : les réserves de biosphère, et les sites du patrimoine mondial.

Les *réserves de biosphère* constituent une catégorie d'aires protégées, particulièrement importante pour la protection de la nature, et ont été créees dans le cadre du programme MAB de l'Unesco à partir de 1974, afin de conserver au moins une aire représentative de chaque écosystème majeur existant dans le monde et pour constituer un réseau de réserves de biosphère.

Les finalités des réserves de biosphère sont multiples. Elles ont pour objet principal la recherche scientifique en sus des objectifs classiques de conservation de la biodiversité, des processus écologiques fondamentaux et, de façon plus générale, d'écosystèmes témoins servant de jalons pour le suivi de leur évolution dans le temps. Elles constituent en particulier des aires de choix, spécialement favorables à la surveillance permanente de l'environnement.

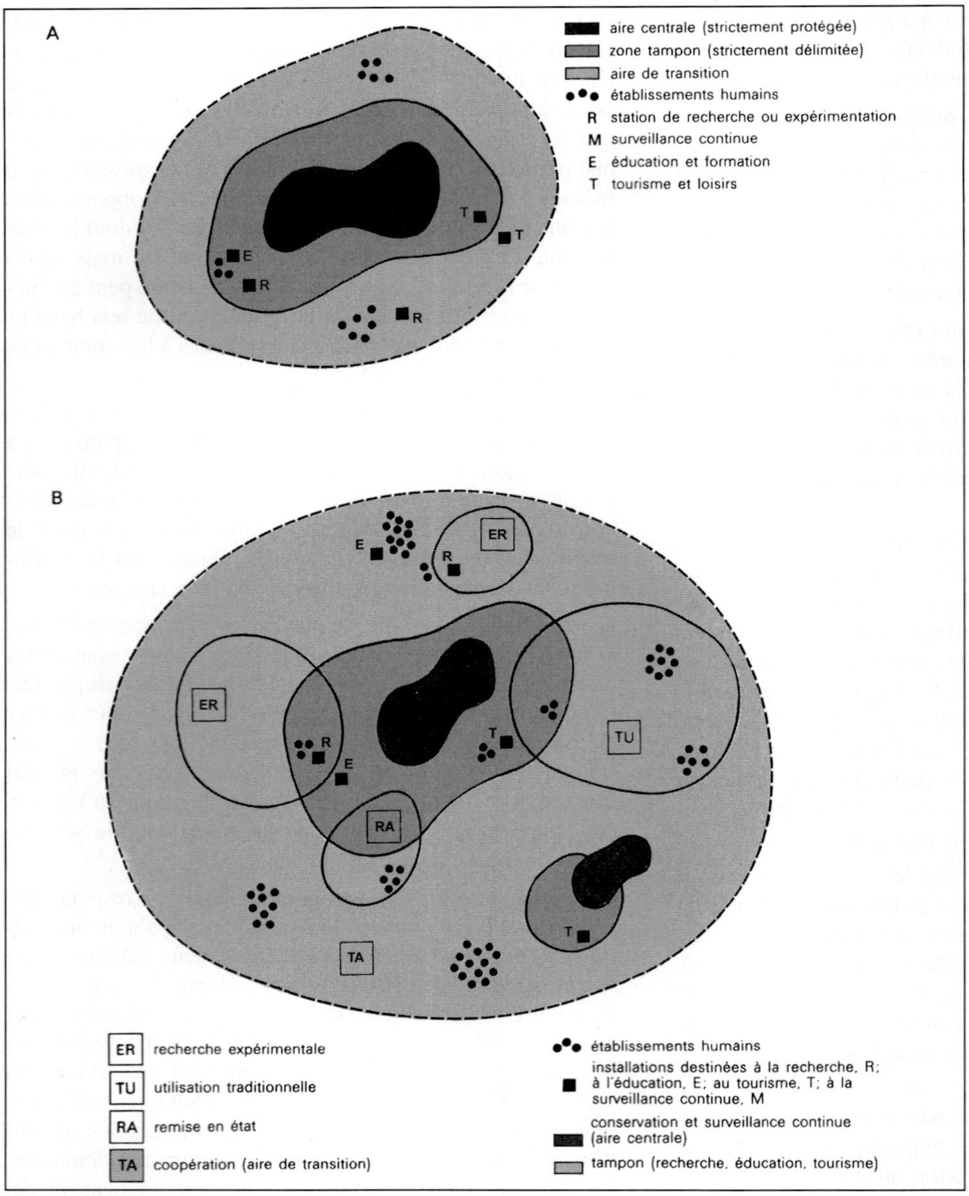

Schéma d'aménagement d'une réserve de biosphère. On distingue une aire centrale, strictement protégée, une zone tampon dont le degré de **protection** est moindre, destinée à la recherche, à l'éducation et au tourisme, enfin une zone périphérique qui est une aire de transition. **A**. Principe général de zonation. **B**. Système de réserves plus complexe renfermant plusieurs aires d'usage particulier et deux noyaux en réserve naturelle intégrale. (D'après Batisse, 1983, *Nature et Ressources*, UNESCO ed., 32 (3), 1986)

Enfin, une des dernières spécificités des réserves de biosphère tient en la zonation concentrique du territoire protégé. À la partie centrale dont l'objectif est la conservation la plus stricte s'ajoute une partie intermédiaire dont la finalité est la gestion et l'utilisation rationnelle des ressources naturelles qu'elle renferme et enfin une partie périphérique qui englobe des zones cultivées. Ainsi tolèrent-elles une certaine forme d'exploitation humaine dans la mesure où cette dernière ne met pas en danger la pérennité des milieux naturels protégés.

Enfin les *sites du patrimoine mondial* de l'UNESCO comportent divers monuments et zones naturelles de valeur esthétique et culturelle universelle faisant partie du patrimoine de l'humanité. Ces derniers participent aussi à la conservation des écosystèmes dans la mesure où des sites culturels – architecturaux ou non – renferment des habitats naturels et des espèces de grande importance pour la conservation (à titre d'exemple, le parc national de Kakadu, en Australie, qui renferme plusieurs milliers de peintures aborigènes et représente aussi un site du patrimoine mondial).

◆ **accroissement des aires protégées** : à l'échelle mondiale, la création de parcs nationaux et autres réserves analogues a connu au cours des dernières décennies un essor important, en particulier depuis les années 1950 et il se poursuit aujourd'hui bien qu'un certain ralentissement se soit manifesté à la fin de la dernière décennie. En 1998, l'UICN estimait à 12 754 le nombre total d'aires protégées dans le monde qui couvraient une surface cumulée de 1 3 203 millions d'hectares. (***Voir aussi Parcs nationaux***)

La tendance générale, en rapport avec les objectifs reconnus par les plus hautes organisations internationales compétentes en matière de conservation de la biodiversité, pourrait paraître satisfaisante. Cependant, la situation est beaucoup plus complexe et en réalité moins favorable qu'elle n'apparaît au premier abord, la gestion des parcs nationaux et autres réserves analogues soulevant des problèmes aussi divers que difficiles et pas seulement dans les pays en voie de développement.

À l'exception des nations anglo-saxones et scandinaves, les aires protégées ne sont généralement pas considérées avec un état d'esprit favorable par les populations locales qui les perçoivent comme une entrave à l'exploitation qu'elles faisaient traditionnellement de la flore et de la faune sauvage.

Cet état de fait est quasi systématique dans les pays du Tiers monde, en particulier en Afrique et en Amérique latine, mais aussi dans bien des pays méditerranéens dont le nôtre. En outre, dans beaucoup de ces pays, les parcs nationaux et autres réserves analogues sont perçus comme destinés à l'usage de touristes étrangers sans contrepartie pour les populations locales. De ce fait, le braconnage, la coupe illégale du bois et parfois même l'exploitation frauduleuse des minéraux précieux y sévissent trop souvent.

En Amérique tropicale, l'installation de chercheurs d'or constitue une cause de plus en plus fréquente de dégradation des aires protégées. Ce fait ne concerne pas seulement les pays en voie de développement quand on songe que l'un des obstacles majeurs et inavoué à la création d'un grand parc national en Guyane française tient en l'existence de divers filons aurifères qui soulèvent des convoitises aussi nombreuses que diverses dans les territoires concernés par ce projet.

Par ailleurs, l'un des autres problèmes majeurs afférents aux aires protégées tient en leur surface insuffisante pour assurer dans le long terme la conservation de la biodiversité qu'elles renferment; ceci est particulièrement vérifié pour les populations de Mammifères de grande taille, dont le domaine vital excède en surface le territoire du parc proprement dit et occupe une surface importante de la zone limitrophe. Tout en étant sédentaires au plan écologique c'est-à-dire inféodées à la région, ces populations migrent donc régulièrement en dehors du parc, ce qui les rend plus vulnérables en particulier au braconnage.

La pollution de l'environnement constitue aussi une sérieuse menace pour certaines zones protégées. De nombreux exemples démontrent les immenses dommages qui peuvent en résulter pour la biodiversité végétale et (ou) animale des zones exposées. Ainsi, les précipitations acides ont détruit au cours des années 1980 plusieurs centaines de milliers d'hectares de forêt de conifères, en particulier la totalité des 40 000 hectares boisés en ces essences que comportait le parc national de Krkonose situé dans l'ancienne Tchécoslovaquie.

De même, les cours d'eau et autres habitats aquatiques de diverses aires protégées d'Amérique et d'Afrique tropicales sont contaminés par le mercure rejeté par diverses exploitations aurifères le plus souvent illégales.

En Ukraine, une grande partie de la réserve de faune de Dnieprovsko-Teterevskoe qui couvre actuellement plus de 500 000 hectares fait l'objet d'une forte pollution radioactive. En effet, elle se trouve à l'intérieur du périmètre d'interdiction créé à la suite de l'accident de Tchernobyl!

Enfin, dans les régions d'anciennes civilisations (Europe, Bassin méditerranéen, Extrême-Orient) les aires protégées soulèvent d'autres problèmes concernant leurs modalités de gestion. Ici, bien des parcs nationaux et réserves analogues ne protègent pas des écosystèmes naturels mais des milieux souvent profondément modifiés par l'action de l'homme, parfois depuis les débuts du Néolithique. Les paysages méditerranéens, ceux du *Lake District* en Angleterre, les Highlands écossais mais aussi les alpages des chaînes alpines ou pyrénéennes, possèdent au travers de leur grande dissemblance le point commun d'avoir été façonnés au cours des siècles, voire des millénaires, par diverses activités humaines. Le développement de l'écologie du paysage, qui connaît un renouveau depuis le début des années 1980 et dont l'objet est d'étudier les interactions au plan spatiotemporel entre le paysage et ses composantes à la fois naturelles et biocœnotiques, possède, parmi d'autres spécificités, un champ d'application privilégié en ce qui concerne la gestion de telles aires protégées, précisément marquées de longue date par l'action de l'homme. Fait paradoxal, leur maintien en l'état est très important pour la préservation de leur biodiversité car cette dernière est généralement supérieure à ce qu'elle serait s'ils étaient occupés par les habitats primitifs plus homogènes, auxquels ils ont succédé. En effet, les modifications d'origine humaine y ont été lentes et progressives. Elles se sont traduites par la constitution d'une mosaïque d'habitats dont la richesse spécifique est nécessairement supérieure à celle de l'unique biocœnose qui les peuplait à l'origine.

Il apparaît que si l'on supprime cette action, ces milieux anthropisés vont retourner vers l'écosystème primitif dont ils dérivent. Ils correspondent en réalité à un stade intermédiaire de la succession écologique qui, après un temps variable, se comptant généralement en siècles pour atteindre son stade ultime, conduit à ces écosystèmes originels. Ainsi, une lande bretonne maintenue hors pâturage et sans incendie fait retour en quelques décennies à une forêt d'arbres à feuilles caduques (hêtraie par exemple). De même, une garrigue méditerranéenne, en l'absence de passage récurrent du feu, donnera à terme un boisement de chênes verts dont la biodiversité végétale sera plus faible que la garrigue à laquelle il a succédé. La présence de troupeaux dans une sansouïre camarguaise, sous réserve que la pression de pâturage soit modérée, permet de la même façon une plus grande diversité floristique et une plus grande richesse de l'avifaune que lorsqu'elle est mise en défens.

La protection de tels paysages nécessite une identification précise des processus historiques qui conditionnent la structure actuelle des communautés considérées. C'est à partir de la connaissance des influences passées et présentes que peut être déterminé le type de gestion qui assurera la préservation du maximum de biodiversité propre à ces communautés.

En définitive, la gestion d'aires protégées concernant des paysages modelés par l'action anthropique ne peut être réalisée qu'en s'assurant que soient maintenus le (ou les) facteur(s) artificiel(s) du(s) à l'action humaine qui ont conféré à leurs écosystèmes leur physionomie et leur biodiversité actuelles. ***(Voir aussi Biodiversité, Réserve naturelle)***

protérandrie, n. f. (*proterandry*). Mode de parthénogenèse successive dans lequel les individus sont d'abord mâle puis femelle. Ce cas est prédominant dans ce type de reproduction sexuée. Il se rencontre par exemple chez les Mollusques Lamellibranches comme les huîtres.

protérogynie, n. m. (*proterogyny*). Mode de parthénogenèse successive dans lequel les individus sont d'abord femelle puis mâle. Tel est par exemple le cas de tuniciers pélagiques comme les salpes.

Protérozoïque, n. m. (*Proterozoïc*). Éon correspondant à la seconde période du Précambrien (– 2,5 milliards d'années à – 545 millions d'années). Elle a été marquée par l'apparition d'oxygène dans l'atmosphère terrestre et par la croissance de sa concentration, elle-même amplifiée par l'apparition d'algues phytoplanctoniques eucaryotes.

Protistes, n. m. (*Protista*). Voir *Protoctista*.

proto-atlantique, n. m. (*proto-atlantic*). Océan Atlantique primordial qui a commencé à se former au début du Trias à la suite de la dissociation du Pangea. ***(Voir aussi Japetus)***

proto-coopération, n. f. (*proto-cooperation*). Forme primitive non obligatoire de mutualisme. ***(Voir aussi Mutualisme, Symbiose)***

Protoctista, n. sc. Règne vivant constitué par l'ensemble des organismes unicellulaires eucaryotes autrefois réunis sous le terme de Protistes – bien que certains spécialistes de la taxonomie et de l'évolution classent dans les *Protoctista* des organismes pluricellulaires. Les spécialistes de la taxinomie moléculaire considèrent qu'il s'agit d'un groupe artificiel et proposent aujourd'hui de démembrer les *Protoctista* en plusieurs règnes distincts mais aucun consensus n'existe à l'heure actuelle sur le nombre et la nature des clivages à effectuer.

Ce règne occupe une position intermédiaire entre les Procaryotes et les végétaux ou animaux pluricellulaires. En réalité ils se définissent surtout de façon négative, par exclusion. Ce ne sont pas des animaux puisqu'ils ne se développent pas à partir d'une blastula, ce ne sont pas des végétaux qui se développent à partir d'un embryon, ce ne sont pas des champignons – qui eux se développent à partir de spores – et ce ne sont pas des *Monera* puisque ce sont des organismes eucaryotiques. Ils présentent en commun la particularité de posséder un vrai flagelle constitué par 9 + 2 undulipodes.

Les *Protoctista* peuvent être soit autotrophes – et donc à affinités végétales – on parle alors de Protophytes, soit hétérotrophes ayant donc des affinités avec les Métazoaires, et on les dénomme alors Protozoaires. Il existe aussi des familles qui présentent les deux aptitudes et deviennent soit autotrophes soit hétérotrophes en fonction des conditions trophiques locales. On classait autrefois dans les Protophytes les Protistes autotrophes ou ambivalents et dans les Protozoaires tous les Protistes hétérotrophes. De nombreux ordres de Protozoaires sont parasites et soulèvent de sérieux problèmes d'hygiène publique ou de protection des animaux domestiques. ◆ **classification des ~** : il existe plusieurs phyla de *Protoctista*. Certains auteurs tels Margulis et Schartz en ont distingué pas moins de 27 embranchements.

La plupart de ces derniers étaient regroupés dans les anciennes classifications dans les cinq phyla majeurs suivants :

– Les *Rhizoflagellés* (Amibes et Flagellés) dans lesquels on rencontre à la fois des organismes hétérotrophes et des phytoflagellés, qui représentent des constituants importants du phytoplancton aquatique tant des eaux continentales qu'océaniques. Bien que la majorité des Rhizoflagellés soit constituée d'espèces libres, on y trouve aussi de nombreux ordres qui renferment de redoutables parasites comme les Trypanosomes, vecteurs chez l'homme de la maladie du sommeil en Afrique subsaharienne ou de celle de Chagas en Amérique tropicale. D'autres sont symbiotiques comme les Flagellés de la panse rectale des Termites qui permettent à ces insectes de digérer le bois.

– Les *Actinopodes* – Radiolaires par exemple – entièrement marins.

– Les *Sporozoaires* : ils comportent quatre classes : les Grégarinomorphes, les Coccidiomorphes, les Babésioïdes et les Sarcosporidies. On compte parmi eux de redoutables agents de parasitoses dont les *Plasmodium*, Hématozoaires vecteurs du paludisme ou encore des Babésioïdes comme par exemple les piroplasmes transmis par les piqûres de tiques.

– Les *Microsporidies*, parasites d'Invertébrés et de Poissons.

– Les *Ciliés* abondants à l'état libre dans les eaux naturelles, continentales ou marines. Certains ordres sont symbiotiques de divers groupes animaux, comme les Ophryoscolecides de la panse des Ruminants.

(Voir aussi Ciliés, Fungi, Métazoaires, Monera, Plantae, Protozoaires, Trypanosomes)

Protophytes, n. f. (*Protophyta*). Terme créé par Copeland pour désigner l'ensemble des Protistes autotrophes, ayant une activité photosynthétique par opposition aux Protozoaires qui sont eux hétérotrophes. ***(Voir aussi Protozoaires)***

Protoptère, n. m. (*Protoptera*). Espèce de poissons africains capable de résister à la dessication en s'enfouissant dans la vase à l'approche de la saison sèche.

prototrophe, adj. (*prototrophic*). Qualifie un être vivant capable de produire les composés biochimiques nécessaires à son métabolisme à partir de dérivés organiques du carbone et de substances minérales dont il tire son énergie. ***(Voir aussi Chimioautotrophe)***

Protozoaires, n. m. (*Protozoa*). Protistes hétérotrophes, à affinités animales, qui constituent un ensemble de *phyla* appartenant au règne des *Protoctista*. ***(Voir aussi Protoctista)***

province biogéographique, n. f. Voir Biogéographie et Océan.

provincialité, n. f. (*provinciality*). Terme désignant les espèces dont l'assemblage caractérise une province biogéographique donnée en particulier celles d'entre elles qui lui sont endémiques.

pruche, n. m. (*hemlock*). Nom vernaculaire québecquois désignant des conifères néarctiques du genre *Tsuga*. ◆ **~ du Canada** (*eastern hemlock*) : nom vernaculaire du *Tsuga canadensis*. ◆ **~ orientale** (= du Pacifique) (*Pacific hemlock, western hemlock*) : nom vernaculaire du *Tsuga heterophylla*.

prucheraie, n. f. (*hemlock stand*). Boisement constitué de *Tsuga*.

prudent, adj. ◆ **prédateur ~** (*prudent predator*) : voir Prédateur.

prunier(s), n. m. (*plum tree*). Arbres de l'ordre des Rosales et de la famille des Amygdalées appartenant au genre *Prunus* qui réunit diverses espèces à drupes charnues. Il existe en Europe une espèce sauvage, le prunellier *Prunus spinosa*, qui est voisine de l'espèce cultivée. ◆ **~ domestique** (*plum tree*) (n. sc. *Prunus domestica*) : espèce « collective » introduite en France à la Renaissance. Il en existe un grand nombre de variétés cultivées en Europe dont certaines pour la production d'eau de vie.

psammatophile, adj. (*psammatophilous*). Désigne des organismes qui vivent sur les côtes de sable dans la bande sablonneuse des plages à la limite de la zone d'humectation par les marées.

psammique, adj. (*psammic*). Qualifie tout ce qui se rapporte aux sables. ◆ **espèce ~** (*psammic species*) : désigne une espèce vivant dans le sable.

psammobionte, adj. (*psammobiontic*). Désigne des organismes vivant dans les interstices d'un milieu sablonneux ou fixés sur les particules de sable.

psammofaune, n. f. (*psammofauna*). Faune inféodée aux substrats sableux ou aux plages.

psammolittoral, adj. (*psammolittoral*). Désigne une côte sablonneuse.

psammon, n. m. (*psammon*). Communauté d'espèces animales qui vivent dans l'eau interstitielle contenue dans les sables des plages, des fonds littoraux ou du lit des rivières.

psammophile, adj. (*psammophilous*). Désigne des espèces vivantes inféodées à des biotopes dunaires.

psammophyte, n. f. (*psammophyte*). Végétaux se développant sur des terrains sablonneux, voire sur du sable vif (Oyat par exemple).

psammosère, n. m. (*psammosere*). Stade d'une succession écologique de type xérarchique s'effectuant sur des sols sablonneux. ***(Voir aussi Sère, Succession)***

pseudaposématique, adj. ◆ **coloration ~** (*pseudaposematic colouring*) : coloration propre à des espèces comestibles qui prennent l'aspect d'espèces agressives ou toxiques pour échapper à leur prédateur. ***(Voir aussi Mimétisme batésien)***

pseudépisématique, adj. ◆ **caractère ~** (*pseudepisematic character*) : désigne des structures anatomiques comme les tentacules pêcheurs des baudroies, qui imitent à leur extrémité la forme d'un petit poisson et qui servent de leurre pour attirer les proies.

pseudergate, n. m. (*pseudergate*). Individu sexué qui prend dans une colonie d'Hyménoptères sociaux les aspects d'un ouvrier.

pseudoclimax, n. m. (*pseudoclimax*). Climax aberrant résultant d'une valeur atypique des facteurs écologiques ou anthropiques.

pseudocopulation, n. f. (*pseudocopulation*). Phénomène écoéthologique par lequel un mâle d'insecte floricole tente de s'accoupler avec une fleur qui présente un mimétisme avec la femelle de l'insecte considéré dans certaines de ses pièces florales. Celles-ci peuvent imiter par exemple la forme et la couleur de l'abdomen. De ce fait, le mâle transfère le pollen d'une fleur à une autre et permet ainsi la pollinisation.

pseudogamie, n. f. (*pseudogamy*). Phénomène de développement d'un ovule par stimulation liée à la pénétration du spermatozoïde mais sans amphimixie. Il s'observe dans certaines espèces d'Angiospermes et chez les Nématodes du genre *Rhabditis* par exemple. Il est aussi dénommé gynogenèse en biologie animale.

pseudogley, n. m. (*pseudogley*). Type de sols hydromorphes dont le lessivage des parties supérieures conduit à une accumulation d'argile dense, imperméable dans l'horizon profond, avec stagnation de l'eau et donc ennoyage de la partie inférieure. Cette dernière prend de ce fait un aspect marbré similaire à celui d'un gley.

psilopaedique, adj. (*psilopaedic*) (syn. : altricial, nidicole). Désigne les jeunes d'oiseaux qui naissent à un état de développement embryonnaire inachevé, en particulier dépourvus de plumes et aux yeux non encore bien développés. ***(Voir aussi Nidifude, Ptilopaedique)***

psilophyte, n. f. (*psilophyte*). Végétal inféodé aux écosystèmes de savanes.

Psittaciformes, n. sc. (*Psittaciforms*). Ordre d'Oiseaux regroupant les perroquets, les cacatoès, les aras et les perru-

Les cacatoès figurent parmi les plus grands représentants de l'ordre des **Psittaciformes**. Ici, cacatoès blanc (*Cacatua sanguinea*) dans le parc national de Kakadu, Territoire du Nord, Australie. (Cliché F. Ramade)

ches qui ne comporte qu'une famille, celle des *Psittacidae*. Il s'agit d'espèces d'oiseaux grimpeurs, pour la plupart inféodées aux écosystèmes de forêts tropicales, aux pattes zygodactyles, ce qui est une adaptation classique à la vie arboricole chez les oiseaux.

De régime frugivore, ils possèdent un puissant bec qui leur permet de briser les parois lignifiées et très dures de certains fruits. Ils présentent un cerveau très développé par rapport à la plupart des autres ordres d'oiseaux. Ils nichent dans des cavités creusées dans les troncs ou les branches des arbres décrépis. Leurs jeunes sont nidicoles.

Psocoptères, n. m. (*Psocoptera*). Ordre d'Insectes ailés, hétérométaboles, aux pièces buccales broyeuses dont les principaux représentants sont les psoques.

psoque(s), n. f. (*psocid, bark lice*). Insecte ailé appartenant à l'ordre des Psocoptères, qui vit dans la litière des sols et sur les parties aériennes des arbres.

Psychidae, n. sc. (*Psychids*). Famille primitive de Lépidoptères dans laquelle existe un fort dimorphisme sexuel, les mâles adultes ont l'aspect de papillons normaux. Les femelles au contraire présentent un phénomène de pédogenèse. Elles revêtent un aspect larvaire, c'est-à-dire de chenille et sécrètent autour de leur corps un fourreau souvent constitué de fragments de végétaux agglomérés.

psychophile, adj. (*psychophilous*). Désigne une espèce végétale dont la pollinisation est le fait de Lépidoptères diurnes.

psychosocial, adj. ◆ **stress ~** (*psychosocial stress*) : stimulus lié à la surpopulation, susceptible de causer des affections pathologiques provenant de relations négatives (agressivité) entre individus.
Chez les Rongeurs par exemple, des altérations corticosurrénaliennes ont ainsi été mises en évidence lorsqu'ils sont élevés en surdensités.
Le phénomène concerne aussi bien les populations animales qu'humaines où les mauvaises relations sociales sont à l'origine de troubles psychosomatiques.

psychromètre, n. m. (*psychrometer*). Instrument servant à mesurer l'hygrométrie atmosphérique. ◆ **~ à fronde** (*whirling psychrometer*) : variante de cet appareil avec laquelle on détermine l'humidité relative de l'air.

psychrophile, adj. (*psychrophilic*). Désigne les espèces vivantes qui se développent aux basses températures.

psychrophilie, n. f. (*psychrophily*). Caractère des microorganismes dont l'optimum de croissance est situé audessous de 15 °C.

psychrophyte, n. f. (*psychrophyte*). Plante croissant dans des habitats très froids, subpolaires ou alpins.

psychrosphère, n. f. (*psychrosphere*). Ensemble des couches d'eaux froides océaniques situées sous la thermocline dont la température est à 4 °C sauf aux limites des plateaux continentaux arctiques et antarctiques où elle est inférieure à cette valeur. La psychrosphère correspond donc à l'essentiel du volume de l'océan mondial.

psychrosténotherme, n. m. et adj. (*psychrostenotherm*) (syn. : sténotherme, oligotherme). Désigne des organismes sténothermes des milieux froids.

psychrotrophe. 1. adj. (*psychrotrophic*). Désigne les êtres vivants se développant dans des biotopes où il ne gèle pas mais où les températures sont inférieures à 6 °C. **2. n. m.** (*psychrotrophe*). Organisme vivant inféodé à un milieu dont la température est comprise entre 0 et 6 °C.

Ptéridophytes, n. sc. (*Pteridophyta*). Terme de systématique botanique qui désigne l'ensemble des végétaux constituant l'embranchement communément dénommé Cryptogames vasculaires. Il est constitué par les fougères et les autres végétaux voisins. Il se caractérise par la présence d'un rhizome et de tissus conducteurs de la sève. Le cycle vital est caractérisé par l'alternance de phases à multiplication asexuée et à reproduction sexuée. Les plants feuillés (sporophytes) produisent des spores qui germent dans le sol donnant un prothalle (gamétophyte) qui va produire des gamètes femelles (oosphère) contenues dans un archégone qui sera fécondé par un spermatophyte libre et mobile.
Les Ptéridophytes ont constitué les végétaux dominants à l'ère Paléozoïque, en particulier au Carbonifère où ils ont généré d'immenses dépôts carbonés.
On les divise en quatre classes : les Psilophytes, les Lépidophytes, les Sphénopsidés (ou Calamophytes) et les Filicopsidés ou Ptérophytes. ***(Voir aussi Filicophytes, Fougères)***

Pterodromma. Nom scientifique d'un genre de pétrel renfermant plusieurs espèces rares ou menacées dont le pétrel des Bermudes *Pterodromma cahow*. Cette espèce fut conduite aux limites de l'extinction, au début des années 1970, par suite de la pollution de l'océan par les composés organohalogénés.

Ptérophytes, n. sc. (*Pterophyta*) (syn. : Filicophytes). Classe de Ptéridophytes qui réunit l'ensemble des fougères.

Ptéropodes, n. m. (*Pteropoda*). Groupe de Gastéropodes pélagiques dont plusieurs espèces se rencontrent de façon fréquente dans le plancton marin. ***(Voir aussi Océan, Plancton)***

Ptérygotes, n. m. (*Pterygota*). Ensemble des insectes supérieurs, pourvus d'ailes bien développées, par opposition aux Aptérygotes, primitifs et aptères.

ptilopaedique, adj. (*ptilopaedic*) (syn. : nidifuge). Désigne les jeunes oiseaux qui naissent dans un état de développement achevé : les yeux ouverts, le corps couvert de plumes et qui sont capables de courir dès l'éclosion, par opposition aux jeunes oisillons nidicoles dits psilopaediques qui sont encore dans un état embryonnaire à l'éclosion. ***(Voir aussi Altricial, Nidifuge)***

pubescent, adj. (*pubescent*). Végétal dont les parties aériennes sont couvertes d'une fine pilosité. ◆ **chêne ~** : voir *Quercus*.

Puccinia graminis, n. sc. Champignon phytopathogène, de l'ordre des Urédinales, vecteur de la rouille du blé. Cette espèce de Basidiomycète fait son cycle entre les *Berberis* et les Graminées du genre *Triticum* et espèces voisines. (***Voir aussi Phytopathogènes, Urédinales***)

puce(s), n. f. (*flea*). Insectes de l'ordre des Aphaniptères (= Siphonaptères) dont les adultes sont pourvus de pièces buccales piqueuses à régime hématophage. Les larves, vermiformes et détritiphages, vivent dans les anfractuosités des parquets ou dans la litière de la tanière des Mammifères. Chaque espèce de puce est inféodée à une espèce déterminée de Mammifère. Ainsi, *Pulex irritans* est la puce de l'homme. Sa piqûre est très vulnérante mais elle n'est pas un vecteur d'affections pathogènes. À l'opposé, il existe deux espèces de puces des rats : *Nosopsyllus fasciatus* et *Xenopsylla chaeopis*, la seconde étant l'agent vecteur de la peste. (***Voir aussi Siphonaptères***)

puceron(s), n. m. (*leaflouse*) (n. sc. : *Aphidae*). Superfamille d'insectes Homoptères dans lesquels existent de nombreuses espèces nuisibles aux cultures herbacées et aux arbres fruitiers. L'une d'entre elles, le phylloxéra de la vigne, provoqua la quasi-destruction du vignoble européen au siècle dernier. Une autre espèce introduite également des États-Unis, le puceron lanigère du pommier (*Eriosoma lanigera*), fut, en un temps, un véritable fléau pour l'arboriculture en Europe.
En date plus récente, au cours des années 1970, la pullulation des pucerons des céréales conduisit les céréaliculteurs à pratiquer systématiquement des traitements aphicides sur ces cultures – pratique qui se poursuit depuis lors – ce qui induit d'importantes ruptures d'équilibres biologiques par destruction d'une part importante des entomocœnoses d'insectes auxiliaires des cultures de céréales. (***Voir aussi Homoptères, Phylloxéra***)

puffin(s), n. m. (*shearwater*). Groupe d'oiseaux pélagiques, de l'ordre des Procellariiformes qui peuvent vivre en permanence dans l'océan au large c'est-à-dire dans la province océanique – comme toutes les espèces de cet ordre – car ils peuvent boire l'eau de mer. Ils ne reviennent à terre que pendant la période de reproduction et nidifient dans des terriers.

puits, n. m. (*shallow well*). Forage creusé verticalement dans le sol pour atteindre la nappe phréatique afin de disposer d'eau à des fins domestiques ou agricoles. ◆ ~ **artésien** (*artesian well*) : voir Artésien. ◆ ~ **filtrant** (*filtering well*) : puits destiné à récupérer l'eau à l'intérieur d'une strate de consistance sablonneuse et qui, de ce fait, obturerait les crépines en tête de réseau. ◆ ~ **d'injection** (*injection well*) : puits utilisé pour injecter des résidus chimiques et autres déchets dans des couches géologiques profondes. (***Voir aussi Aquifère, Forage***)

pullulation, n. f. (*outbreak*). Terme vulgaire utilisé pour désigner l'explosion des populations d'une espèce animale.

Pulmonés, n. m. (*Pulmonata*). Ordre de Gastéropodes capables de respirer directement dans l'air grâce à la présence d'un poumon. Tous les Gastéropodes terrestres et un nombre important d'espèces d'eau douce appartiennent à l'ordre des Pulmonés.

pulvérisation, n. f. (*spraying*). Technique permettant la projection sous forme de fines gouttelettes d'un liquide ignifuge ou d'une préparation pesticide en phase aqueuse dénommée « bouillie ».

puma, n. m. (*cougar, mountain lion*) (n. sc. : *Felis concolor*). Espèce de Fissipède propre à l'Amérique du Nord tempérée ainsi qu'à l'Amérique tropicale. Le puma, soumis à une chasse effrénée, a connu une très forte réduction de son aire de distribution géographique au cours du XXe siècle. En particulier, la sous-espèce de Floride (*Felis Concolor coryi*) a été quasiment exterminée, de 30 à 50 individus subsistant actuellement dans la nature.

puna, n. m. (*puna*). Type de steppe alpine occupant les hauts plateaux andins, marqué par la présence de plantes pérennes en coussinet, adaptation aux vents souvent violents à ces altitudes.

pupaison, n. f. (*pupation*). Phénomène de nymphose marquant chez les Diptères la transformation de la larve en une nymphe et de l'élaboration du puparium qui la renferme.

puparium, n. m. (*puparium*). Enveloppe dans laquelle est enfermée la nymphe chez les Diptères Brachycères et certains Hyménoptères. Chez les Brachycères, elle est clérifiée car elle provient du durcissement de la dernière exsuvie larvaire et elle est constituée par un cocon de soie chez les Hyménoptères.

pupe, n. f. (*pupa*). Désigne le type de nymphe incluse dans un puparium.

pupipare, adj. (*pupiparous*). Désigne une espèce d'insecte vivipare dont les femelles produisent des pupes prêtes à éclore. La glossine est un exemple d'insecte pupipare.

pupivore, adj. (*pupivorous*). Qui se nourrit de pupes.

purification, n. f. (*purification*). Processus permettant la potabilisation des eaux. (***Voir aussi Potabilisation***)

putréfaction, n. f. (*putrefaction*). Processus de décomposition de matières organiques mortes dans des conditions anaérobies, qui conduit au dégagement de méthane, de H_2S et d'ammoniac.

putrescibilité, n. f. (*putrescibility*). Désigne l'aptitude des matières organiques mortes à être facilement transformées par des fermentations anaérobies.

putrescible, adj. (*putrescible*). Désigne tout matériel organique susceptible d'être minéralisé par voie microbiologique.

puy, n. m. (*volcanic plug*). Terme de vulcanologie désignant des volcans éteints dont les cratères ne sont pas érodés.

puzta, n. f. (*puzta*). Écosystème de formation herbacée se développant dans des plaines à climat sec de Hongrie qui correspond à la partie la plus occidentale du biome constitué par les steppes d'Eurosibérie.

PVD (Pays en Voie de Développement) (*Developing Countries*). Ce terme, assez euphémique si l'on prend en considération le groupe de pays comptant les nations les moins avancées, celles du Quart monde, réunit en définitive des États dont le développement effectif est des plus variables. Peut-on réellement comparer la Chine (mais fait-elle réellement encore partie des PVD ?) avec la Bolivie ou encore avec le Mozambique ou la Somalie ?

Cependant, les PVD possèdent en commun un ensemble de problèmes d'environnement inexistants dans les pays industrialisés ou qui y présentent un degré de gravité plus faible. On est certes très au fait de la faiblesse de l'activité économique des PVD, ou encore de la quasi-absence d'hygiène publique avec, pour conséquence, une immense misère et des conditions de vie abominables pour le plus grand nombre. On est cependant moins averti des catastrophiques problèmes de dégradation de l'environnement auxquels ils sont confrontés, dont beaucoup sont une résultante de l'effrayante explosion démographique propre à la plupart d'entre eux. Déforestation, érosion des sols, destruction effrénée de la biodiversité, pénurie en eau tant au plan qualitatif que quantitatif, et dans un nombre croissant d'entre eux, désertification, y sévissent de façon chronique. De plus, autre fait qui est aussi souvent méconnu, les diverses pollutions y sont en croissance constante et y atteignent parfois des niveaux désastreux. La pollution des eaux affecte la plupart des PVD et y atteint un niveau comparable à celui connu dans les pays occidentaux. Elle est déjà considérable dans la plupart des grandes métropoles de l'Afrique subsaharienne. En outre, la pollution de l'atmosphère y sévit de façon croissante et celle du sol s'y rencontre localement par suite d'un usage incontrôlé des pesticides et parfois... de dépôts clandestins de déchets chimiques. ***(Voir aussi Chine, Développement, Environnement, Rapport Bruntland, Rio)***

PWR (*Pressurized Water Reactor*). Désigné en France par le sigle de REP (réacteurs à eau pressurisée), ce type de réacteurs nucléaire fonctionne avec de l'uranium enrichi comme combustible et de l'eau ordinaire à la fois comme fluide ralentisseur de neutrons et comme fluide caloporteur. Les réacteurs électronucléaires de type PWR utilisent de l'uranium faiblement enrichi à 3,4%. Ils représentent actuellement la filière de loin la plus utilisée dans le monde, en particulier en France. ***(Voir aussi Centrales, Nucléaire, Réacteur)***

pycnocline, n. f. (*pycnocline*). Zone propre aux écosystèmes aquatiques, située au niveau de la thermocline et marquée par une rapide variation de densité de l'eau en fonction de la profondeur.

Pycnogonides, n. m. (*Pycnogonida*). Classe de Chélicérates marins, encore dénommés Pantopodes, dont le corps est composé d'un céphalothorax (*Prosoma*) étroit et d'un abdomen (*Opisthosoma*) abortif, et pourvus de quatre paires de pattes démesurées (animaux tout en pattes). Ces dernières renferment des organes, en particulier les gonades, qui ne peuvent tenir dans l'abdomen vestigial. Les Pycnogonides vivent sur les algues et sont aussi très souvent commensaux d'Hydrozoaires ou d'Actinies.

pygargue, n. m. (n. sc. *Halietus*). Genre d'oiseaux ichtyophages propre aux eaux intérieures et côtières marines. Les pygargues sont des aigles pêcheurs situés au sommet de longs réseaux trophiques et de ce fait particulièrement exposés à la bioamplification des polluants organiques persistants dans ces derniers. La plupart des espèces de ce genre avaient subi un fort déclin de leurs populations – avant même que la contamination à vaste échelle des écosystèmes aquatiques par ces substances ne vienne compromettre leur pérennité – par suite de la régression de leurs habitats et surtout de leur destruction dans certaines régions par les chasseurs, voire les pêcheurs, qui les considèrent comme des concurrents. ◆ **~ à tête blanche** (*Halietus albicilla*) : emblême des États-Unis d'Amérique, cette espèce d'aigle ichtyophage a été conduite aux bords de l'extinction dans la deuxième moitié du XXe siècle par suite de la forte contamination de son réseau trophique par les composés organochlorés, polluants organiques persistants. Ainsi, il ne subsistait au monde au début des années 1970 qu'environ 1 500 individus de cette espèce dont l'aire de distribution géographique initiale couvre pourtant l'ensemble de l'Amérique du Nord.

Pygargue à tête blanche (*Halietus albicilla*). Emblême des Etats-Unis d'Amérique, cette espèce d'aigle ichtyophage a été conduite aux bords de l'extinction dans la deuxième moitié du XXe siècle par suite de la forte contamination de son réseau trophique par les composés organochlorés, polluants organiques persistants. (Cliché F. Ramade)

pyrale(s), n. f. (*worm*). Lépidoptères de la famille des *Pyralidae* dont les chenilles de certaines espèces constituent d'importants ravageurs des cultures ou des forêts. ◆ ~ **du maïs** (*corn borer*) (n. sc. : *Pyrosta nubilalis*) : espèce introduite d'Europe en Amérique dont elle est devenue un redoutable ravageur de cette plante après s'y être adaptée et dont l'écotype dévastateur de cette culture a ensuite été réintroduit en Europe. Cette espèce a été récemment à l'origine d'une polémique relative aux OGM. En effet, la firme Monsanto a commercialisé une variété transgénique de maïs dans laquelle a été incorporé un gène bactérien, *Bacillus thuringiensis*, qui code la synthèse de la toxine thermostable produite par ce micro-organisme et douée de puissantes activités insecticides. En conséquence, des discussions se sont élevées relativement à l'éventuelle toxicité de cette substance qui est obligatoirement contenue dans le maïs et ses produits dérivés utilisés dans l'alimentation humaine.

pyramide(s), n. f. (*pyramid*). La pyramide constitue une forme de représentation graphique fort utilisée en écologie pour figurer de façon diagrammatique divers processus concernant des populations ou des communautés. ◆ ~ **des âges** (*age pyramid*) (syn. : pyramide démographique) : elle consiste à figurer chaque classe d'âge d'une population sous forme de rectangles superposés de même largeur mais de longueur proportionnelle au nombre d'individus qu'elle renferme. Les mâles sont figurés par convention à gauche et les femelles à droite de l'axe des âges, les deux sexes différant par leur espérance moyenne de vie et donc par la structure d'âge de leurs effectifs. L'aspect de la pyramide représente le profil démographique de la population. Selon que la population aura une natalité supérieure à la mortalité ($R > 0$), égale ($R = 0$) ou inférieure ($R < 0$) à cette dernière, elle sera en expansion, stable ou déclinante.

La pyramide aura selon chacun de ces cas un aspect normal, vaguement rectangulaire ou inversé (voir Figure en haut à droite).

Dans le premier cas (A), le nombre d'individus juvéniles, constituant la classe dénommée pré-reproductive excèdera celui des adultes (classe reproductive) qui est lui-même supérieur à celui des individus âgés (dits aussi séniles) (classe post-reproductive). Dans le second cas (B), le nombre d'individus est égal dans chaque classe d'âge. La population est alors stable – ou stationnaire car il s'agit en fait d'un équilibre dynamique. On démontre que dans ces conditions l'âge moyen des individus constituant la population concernée est égal à $e_m/2$ où e_m est l'espérance moyenne de vie à la naissance. Enfin, dans le troisième cas (C), le nombre d'individus juvéniles est inférieur à celui d'adultes lui-même plus faible que celui d'individus âgés, en période post-reproductive.

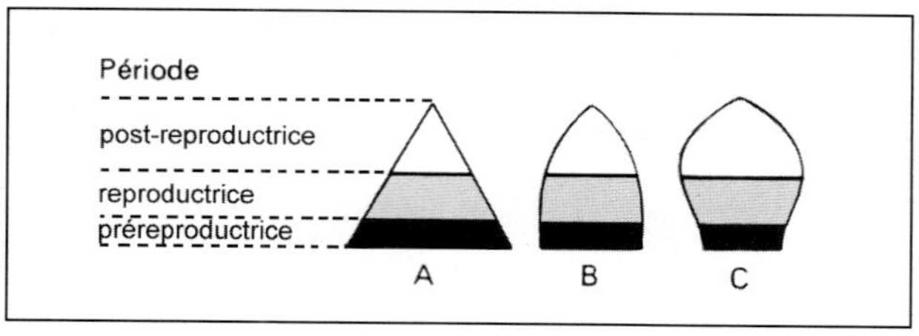

Comparaison des **pyramides** des âges d'une population en expansion (A), stable (B) ou déclinante (C). (D'après Bodenheim, in Ramade F., *Écologie fondamentale*, Ediscience international, 2e ed. 1994, p. 158)

L'aspect des pyramides démographiques varie beaucoup dans les populations humaines. Dans les pays dits en voie de développement, les pyramides démographiques sont du premier type et le nombre d'individus juvéniles, âgés de moins de 20 ans, excède souvent à lui seul la moitié de l'effectif total de la population. Dans les pays développés, où la transition démographique est achevée, la population y est stabilisée et présente une pyramide du type (B). Les pyramides du troisième type se rencontrent fréquemment dans la nature. Elles décrivent soit des populations d'Invertébrés en fin de belle saison – par exemple dans les colonies d'insectes sociaux telles les abeilles qui à l'automne ne produisent plus de larves. Ce type de pyramide est aussi hélas de plus en plus fréquent chez de nombreuses espèces végétales et animales menacées d'extinction par suite de leur prélèvement excessif – lié à une cueillette ou une chasse effrénée, ou encore à la destruction de leur habitat par l'action de l'homme. ***(Voir aussi Démographie)*** ◆ ~ **des concentrations** (*concentrations pyramid*) : utilisées en écotoxicologie, elles permettent de caractériser le niveau moyen de contamination des organismes présents aux divers niveaux d'un réseau trophique contaminé. Elles sont établies en figurant sous forme de rectangles superposés de même lar-

Pyramides démographiques. Exemple de pyramide du cerf-mulet. En **A**, représentation simplifiée. En **B**, figuration des mortalités dans les différentes classes d'âge. (D'après Taber et Dasman, in Ramade F., *Écologie fondamentale*, Ediscience international, 2e ed., 1994, p. 158)

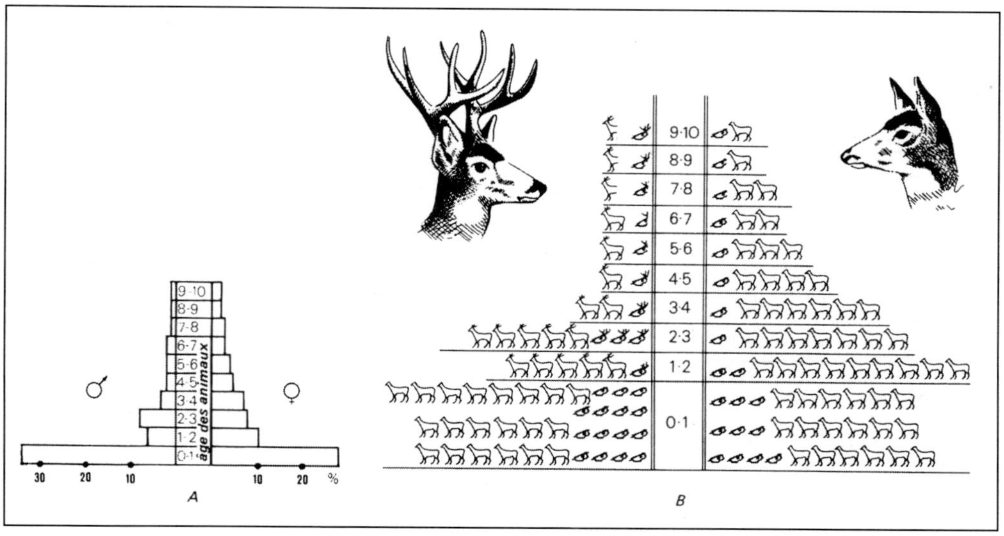

geur chaque niveau trophique classé du plus bas (végétaux autotrophes, niveau I), au plus élevé (carnivores secondaires, voire superprédateurs). La longueur de chaque rectangle est proportionnelle au Log_{10} de la concentration moyenne d'un polluant observée au niveau trophique considéré. Selon que l'on aura un simple transfert, une bioamplification ou, au contraire, une absorption de plus en plus faible du contaminant considéré lorsque l'on s'élève dans le réseau trophique, la « pyramide » des concentrations aura un aspect rectangulaire, normal ou inversé (voir figure ci-contre). (***Voir aussi Bioamplification, Bioconcentration, Écotoxicologie, Pollution***)

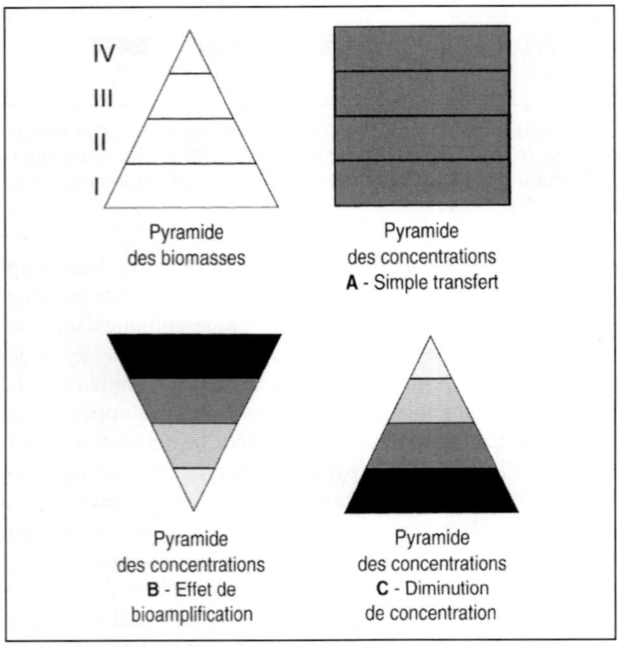

Comparaison de la **pyramide** des biomasses d'un réseau trophique donné et de celles des concentrations pour des polluants présentant diverses valeurs du facteur de transfert. (**A**) $F_t = 1$ (simple transfert) ; (**B**) $F_t > 1$ (bioamplification) et (**C**) $F_t < 1$ (décroissance). (In Ramade F., *Écologie appliquée,* Ediscience international, 5e ed., 1995, p. 84)

◆ **~ des nombres, des biomasses et des énergies** (*numbers, biomass, energy pyramids*) : utilisées en synécologie, elles adoptent le même principe de figuration que dans les pyramides précédentes pour représenter respectivement selon le cas le nombre d'individus, la biomasse ou le

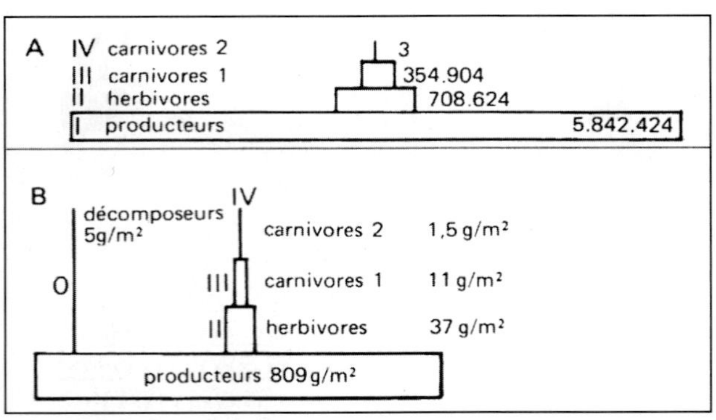

Figuration des **pyramides** des nombres (**A**) et des biomasses (**B**) dans le cas d'une communauté de prairie tempérée. (D'après Odum, *Fundamental of Ecology,* Saunders, 1971, p. 63 et 65)

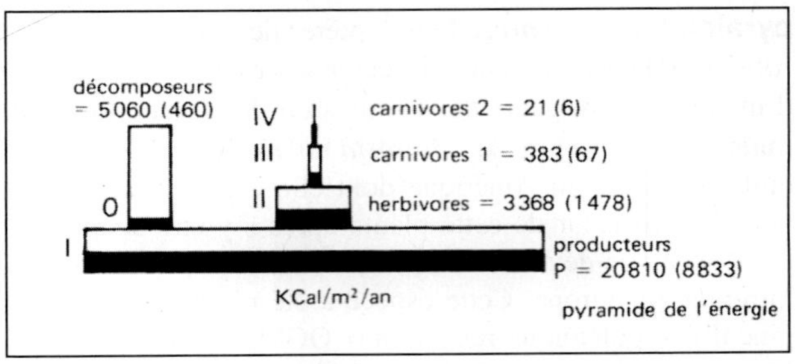

Figuration des **pyramides** des énergies dans le cas d'une communauté de prairie tempérée. Ici le flux de l'énergie transitant dans chaque niveau trophique est exprimé en kcal $\cdot$ m^{-2} $\cdot$ an^{-1}. La partie noire figure pour chaque niveau trophique la fraction du flux d'énergie perdue par la respiration et l'excrétion. (D'après Odum, op. cit., 1971, p. 65)

flux de l'énergie existant dans chaque niveau trophique d'un écosystème.

En règle très générale, ces pyramides ont un aspect normal. Toutefois, dans le cas des réseaux trophiques aquatiques planctoniques, on peut observer un aspect inversé de celle de la biomasse car au printemps la prédation du zooplancton est accentuée de sorte que la biomasse sur pied de phytoplancton est inférieure à celle du zooplancton herbivore. (***Voir aussi Démoécologie, Écosystème, Énergie***)

pyranomètre, n. m. (*pyranometer*). Appareil permettant de mesurer le rayonnement solaire direct sur une surface horizontale.

Pyrénées occidentales ◆ parc national des ~ (*Western Pyrenean National Park*) : parc national créé en 1967, dont la partie centrale couvre une surface de 45 700 ha. Situé à la frontière espagnole, il s'étend d'est en ouest depuis le Port Vieux jusqu'au gave d'Ansabère, englobant plusieurs massifs et vallées d'un exceptionnel intérêt écologique tels ceux du Vignemale, du pic du midi d'Ossau, de Néouvielle et la haute vallée d'Aspe par exemple.

Ce parc protège un remarquable ensemble vivant avec de nombreuses espèces végétales et animales rares, voire menacées. Parmi ces dernières figurent le Gypaète barbu et les derniers ours de notre pays dont la population relictuelle ne comptait plus que huit individus en 1999.

La construction en cours dans la vallée d'Aspe, depuis le début de la dernière décennie, d'une route à grande circulation destinée à acheminer le trafic routier de fret grâce à un tunnel routier évitant d'emprunter le col du Somport, constitue un des scandales majeurs pour la France, en matière de protection de la nature et de l'environnement de l'homme et *ipso facto* de développement durable. Outre les effets prévisibles de la pollution de l'air due à la circulation routière sur la végétation du parc située dans cette vallée encaissée, le dérangement apporté par les véhicules à moteurs, en particulier les poids lourds, compromettrait encore plus les efforts de sauvetage et de reconstitution de la population relique d'ours de notre pays. Par ailleurs, il est inadmissible qu'un tel projet ait été envisagé sans prendre en compte l'existence d'une voie ferrée électrifiée désaffectée dont la remise en état, moins coûteuse que la route, permettrait d'acheminer ce fret sans pollution, avec une perturbation beaucoup plus faible de cette zone protégée. En dépit du drame

Parc national des **Pyrénées** occidentales. Vue du Pic d'Ansabère dans la haute vallée d'Aspe. (Cliché F. Ramade)

du tunnel du Mont Blanc, survenu en avril 1999, les pouvoirs publics de notre pays n'ont toujours pas décidé d'annuler définitivement l'ouverture de cette route en vallée d'Aspe, qui coupe littéralement en deux ce parc national, par une zone exposée à une inadmissible pollution atmosphérique en dépit des propos réitérés du gouvernement relatifs à l'urgence d'un rééquilibrage des transports de fret international entre la route et le fer ! ***(Voir aussi Pollution atmosphérique, Transport)***

pyrèthre, n. m. (*Pyrethrum*). Plante de la famille des Composées qui sécrète un ensemble de substances douées d'une puissante activité insecticide dénommées pyréthroïdes. Découvertes par les anciens Perses, les propriétés insecticides du pyrèthre ont donné lieu à une culture à vaste échelle de *Pyrethrum coccineum*, l'espèce ayant la plus haute production de ces insecticides naturels. La découverte des pyréthroïdes de synthèse a arrêté l'extension de sa culture. Elle se poursuit néanmoins à cause de l'absence totale de toxicité pour les animaux à sang chaud de ces puissants insecticides. Cette innocuité pour l'homme a permis l'utilisation de ces substances sur les étals de boucherie afin de les protéger des mouches!

pyréthrine(s), n. f. (*pyrethrin*). Insecticide naturel d'origine végétale extrait des Composées du genre *Pyrethrum*. Les pyréthrines sont des mélanges complexes d'esters de deux acides, l'acide chrysanthémique et l'acide pyréthrique, avec deux alcools, la pyréthrolone et la cinérolone.

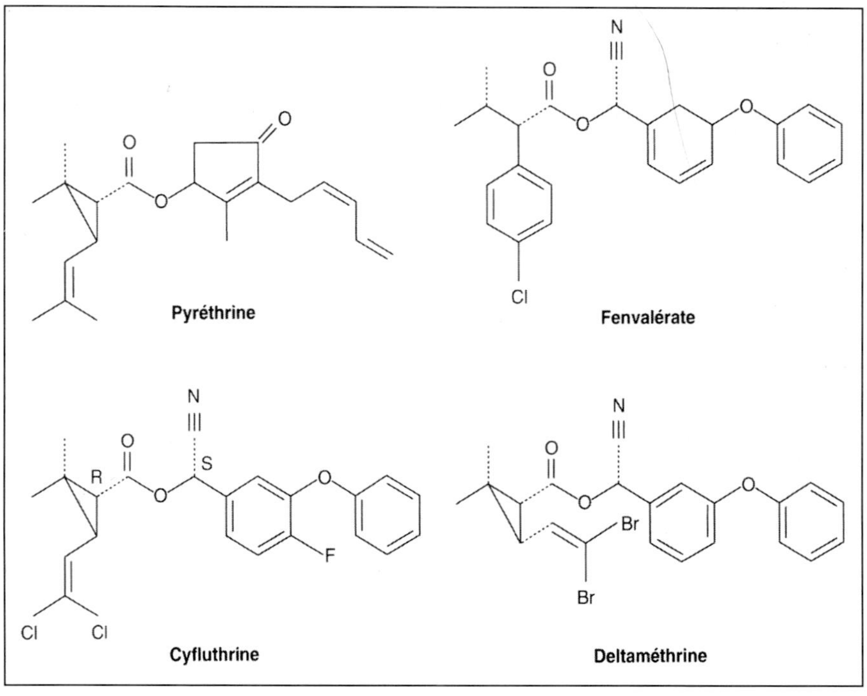

Formule d'une pyréthrine et de quelques **pyréthroïdes** insecticides de synthèse de structure moléculaire homologue.

pyréthroïdes, n. m. (*pyrethroids*). Groupe d'insecticides synthétiques chimiquement analogues aux pyréthrines naturelles dont ils dérivent. Ils possèdent en commun un squelette moléculaire renfermant un noyau cyclopropane. Leur molécule est stabilisée par l'addition de radicaux halogénés, chlorés, bromés (Deltaméthrine) ou fluorés, (Cyperméthrine, Cyfluthrine) (voir Figure page précédente).

Les pyréthroïdes présentent une stabilité moléculaire nettement plus grande que celle des pyréthrines naturelles qui sont facilement hydrolysables et photolabiles.

Dénués de toxicité par contact ou par ingestion chez les vertébrés homéothermes, dont ils ne traversent pas la barrière intestinale, les pyréthroïdes présentent néanmoins une très forte toxicité pour les poissons et autres vertébrés à sang froid. Leur CL 50 dans l'eau pour les Téléostéens est souvent de l'ordre voire inférieure à 0,1 ppb! Par suite de cette redoutable toxicité pour les poissons et de façon plus générale pour les Invertébrés et les Vertébrés poïkilothermes aquatiques, la pollution accidentelle d'eaux naturelles continentales par ces substances peut revêtir de redoutables conséquences pour les communautés dulçaquicoles. On a par exemple observé de très fortes mortalités chez les poissons et les Crustacés d'eau douce de rivières africaines contaminées par des pyréthroides de synthèse à la suite de traitements insecticides effectués contre les Glossines? ***(Voir aussi Deltaméthrine, Insecticide)***

pyrhéliomètre, n. m. (*pyrheliometer*). Instrument de mesure du rayonnement solaire incident.

pyrites, n. f. (*pyrits*). Ensemble de minéraux constitués par des sulfures métalliques, dont l'extraction est à la base de la métallurgie de la plupart des métaux non ferreux.

pyroclastiques, adj. (*pyroclastic*). Désigne les matériaux d'origine volcanique projetés dans l'atmosphère lors des éruptions. Les cendres, les ignimbrites et les tufs volcaniques appartiennent à cette catégorie.

pyroclimax, n. m. (*pyroclimax*). Climax qui se forme dans des successions anthropogéniques dues à l'usage répété du feu. La biocœnose climacique est en particulier constituée par des espèces végétales adaptées au passage du feu.

pyrolyse, n. f. (*pyrolysis*). Procédé de destruction par les hautes températures de substances chimiques polluantes provenant soit de résidus de fabrication, soit d'effluents complexes réduits sous forme de déchets solides. Les résidus souillés par des dioxines ou encore les PCB se détruisent actuellement par pyrolyse dans des installations spécialisées dans l'élimination des déchets chimiques.

pyrométasomatique, adj. (*pyrometasomatic*). Terme de pétrographie concernant une roche qui s'est formée au contact de roches plutoniques à hautes températures avec intrusion dans cette dernière d'émanations originaires du magma.

pyrophile, adj. (*pyrophilous*). Caractère d'une plante ou de tout autre organisme qui est inféodé aux biotopes récemment incendiés.

pyrophobe, adj. (*pyrophobic*). Désigne les organismes qui sont incapables de se développer sur des sols dont la structure physico-chimique a été modifiée par l'incendie. Une plante pyrophobe sera par exemple une espèce qui ne peut se réinstaller sur un sol ayant subi le passage du feu.

pyrophyte, n. f. (*pyrophyte*). Espèce végétale adaptée au passage du feu. Parmi les arbres pyrophytes, nous citerons le pin d'Alep, le chêne kermès ou le chêne liège en région méditerranéenne, les *Rhus* et les *Coenothus* dans le chaparral californien, ou encore les *Combretum* et les *Commephora*, qui sont des arbres très résistants au feu des savanes africaines.

pyroxène, n. m. (*pyroxene*). Silicates minéraux constituants les roches plutoniques basiques appartenant au groupe des feldspaths. Leur formule générale est Si_2O_6AB où A est usuellement du magnésium, du fer, du calcium ou du sodium et B du magnésium, du fer ou de l'aluminium. L'augite, aluminosilicate de calcium et de magnésium, en représente une variété commune.

pyroxylophile, adj. (*pyroxylophilous*). Qualifie une espèce qui se développe sur les bois et les troncs d'arbres incendiés. C'est en particulier le cas de certains champignons et aussi de diverses espèces d'insectes.

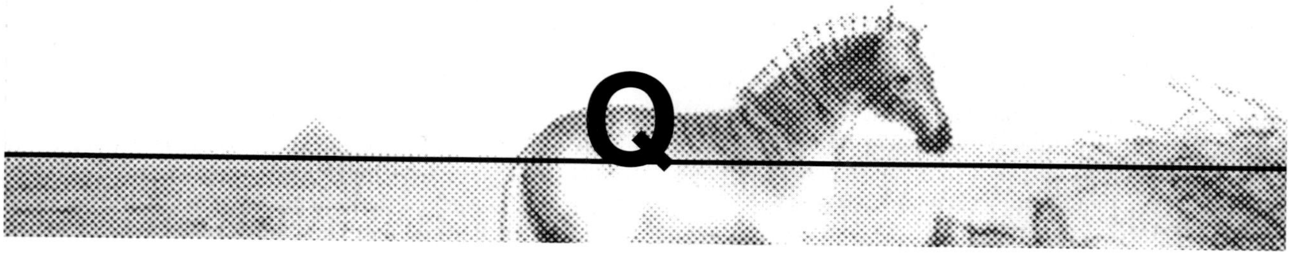

Q

Q_{10}, Mesure de l'élévation de la vitesse d'une réaction biochimique provoquée par une élévation de température de 10 °C. Elle a pour valeur :

$$Q_{10} = \frac{V_{T+10}}{V_T}$$

où V_T est la vitesse de réaction à la température T et V_{T+10} celle à une température de 10 °C supérieure. En règle générale, le Q_{10} est un peu différent de 2,2.

quadrat(s), n. m. (*quadrat*). Désigne une aire de forme carrée et de surface préalablement déterminée qui sert de base d'échantillonnage dans les recherches écologiques sur les biocœnoses terrestres. ◆ ~ **principal** (*major sampling quadrat*) : désigne, en analyse de la végétation, le quadrat qui renferme toutes les espèces dominantes et le plus grand nombre des autres espèces constituant la phytocœnose étudiée. ◆ **méthode des ~** (*quadrat method*) : consiste, en règle générale, à répartir au hasard par diverses techniques de tirage aléatoire les quadrats dans lesquels seront faits les prélèvements de flore ou de faune à la surface du biotope étudié.

quagga, n. m. (n. sc. : *Equus quagga quagga*). Espèce éteinte de zèbre, propre à l'Afrique australe, dont l'aire de répartition était circonscrite aux États du Cap et d'Orange. Elle fut massacrée à grande échelle à partir du milieu du XIXe siècle pour son cuir exporté en quantité considérable et utilisé pour confectionner des sacs à grains! L'espèce disparut vers 1880. ***(Voir aussi Extinction)***

Dessin du zèbre **Quagga**, extrait d'une gravure du XIXe siècle. (D'après Dorst J., *Avant que Nature ne meure*, Delachaux et Niestlé, 1995, p. 424)

qualité, n. f. ◆ ~ **de l'air** (*air quality*) : la pollution de l'atmosphère a connu à l'échelle globale une importante détérioration au cours des 30 dernières années. Si la croissance de certains contaminants, en particulier dans les grandes agglomérations des pays développés et dans leurs zones périphériques, a été enrayée voire a régressé, dans le cas des particules ou du SO_2 par exemple, elle continue à se maintenir à des niveaux très élevés, stagnant comme dans le cas des NO_X, et a même tendance à augmenter pour certains micropolluants atmosphériques comme les PAN et les HAP. Par ailleurs, les progrès observés dans les pays développés pour certaines catégories d'aéropolluants sont insuffisants pour éliminer les risques environnementaux afférents, qu'ils concernent les populations humaines ou les écosystèmes. Ainsi, dans le cas du SO_2, il est estimé que les émissions en Amérique du Nord devraient encore diminuer de 70% pour que les pluies acides retombent à des niveaux supportables par les écosystèmes aquatiques et forestiers affectés!

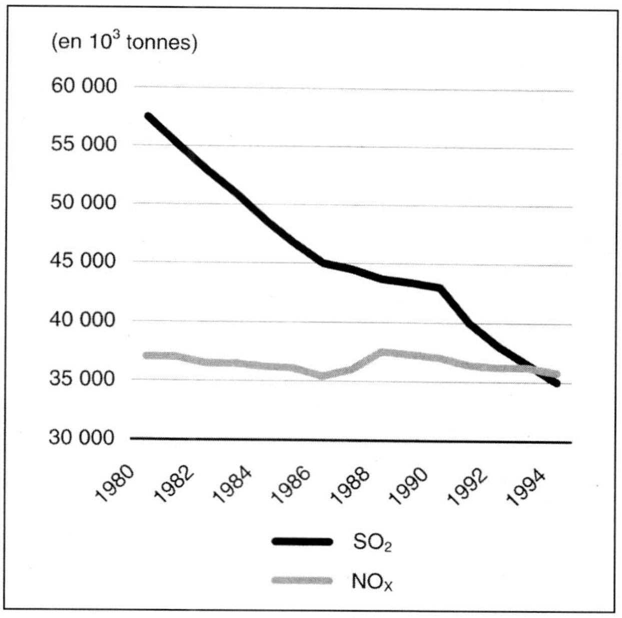

Variations de la **qualité** de l'air au cours de la dernière décennie : fluctuation dans le temps des rejets de SO_2 et de NO_X dans l'atmosphère, dans les pays de l'OCDE entre 1980 et 1994. (D'après OCDE, in *World Resources*, op. cit., 1998, p. 181)

La dégradation de la qualité de l'air continue à augmenter voire s'accélère dans les pays en voie de développement – *a fortiori* dans ceux nouvellement industrialisés – dont la Chine, où la pollution atmosphérique atteint de nos jours dans ses grandes cités des sommets inégalés. Par ailleurs, même dans divers pays comptant parmi les plus avancés, dont la France, on continue à assister à la croissance de certains micropolluants tels les HAP ou d'autres liés aux smogs photochimiques comme les photo-oxydants (les redoutables PAN par exemple).

Les législations nationales dans les pays de l'OCDE et de l'Union européenne ont établi des lois et réglementations qui définissent des normes minimales de qualité de l'air urbain. En France, il a fallu attendre décembre 1996 pour que le législateur accorde enfin à l'air que l'on respire une attention similaire à celle accordée à l'eau que l'on boit. Néanmoins, les premiers décrets d'application de la dite loi sur l'air ont seulement été adoptés en mai 1998.

Les normes européennes ont été établies par plusieurs directives adoptées entre 1980 et 1992. Ces dernières ont été complétées par une directive cadre en 1996 (1996/62 : CE) qui propose une diminution des seuils antérieurement fixés pour les polluants majeurs (particules, SO_2, NO_x, ozone, plomb) et par diverses directives dites filles établissant des valeurs limites et des seuils d'alerte pour 13 nouveaux contaminants de l'air urbain antérieurement non réglementés : CO, HAP, benzène et divers métaux toxiques dont l'arsenic, le cadmium et le mercure. Ces directives ont été *pro parte* déjà adoptées ou sont en cours de promulgation.

Les normes européennes pour les polluants majeurs sont fondées sur des valeurs limites ou seuils selon le cas. En ce qui concerne l'ozone, ces normes établissent une série de seuils correspondant à un impact écotoxicologique et sanitaire (pour les populations exposées) croissant : seuil pour la protection de la végétation, seuil pour la protection de la santé publique, seuil d'alerte pour la végétation. Pour les autres aéropolluants, elles définissent des valeurs guides pour l'année, correspondant au seuil à ne pas dépasser par la moyenne des valeurs journalières, une valeur guide par journée qui ne doit pas être dépassée par 50% des valeurs journalières (valeur médiane) et une valeur limite pour la pollution de pointe qui ne doit pas être atteinte plus de 2% du temps (le percentile 98 est la valeur dépassée par 2% des moyennes horaires de l'année) (voir Tableau). En ce qui concerne le SO_2, des valeurs limites ont été établies pour l'hiver, période pendant laquelle les émissions sont plus fortes par suite des chauffages au fuel des habitations.

De façon générale, on constate que la qualité de l'air est la plus mauvaise en hiver en ce qui concerne la pollution particulaire et par le SO_2. En revanche, les pics de NO_x et d'ozone sont atteints par beau temps calme et ensoleillé, donc en règle générale en été, l'ensoleillement provoquant l'apparition de *smogs* oxydants. On constate par ailleurs que les teneurs maximales en SO_2 sont relevées dans les zones industrielles. Celles en NO_x et en particules sont atteintes dans les zones situées près de grands axes routiers par suite du rôle des véhicules à moteurs en général et des diesels pour les fumées noires. Enfin, la pollution par l'ozone est plus ubiquiste, des valeurs élevées pouvant être atteintes en altitude et en zones rurales. ***(Voir aussi NO_x, Ozone, Particules, Smog, SO_2)***

Qualité de l'air et santé publique. De nombreuses études épidémiologiques ont montré que la dégradation de la qualité de l'air des villes influait sur la mortalité et la morbidité des populations urbaines. Ainsi, dès 1952, on attribuait 4 000 décès au grand *smog* de Londres qui sévit pendant une semaine en décembre de cette année. En période plus récente, en France, divers organismes de surveillance de la santé publique ont établi – sur la période 1985-1996 – que la pollution acido-particulaire était directement responsable de 260 à 350 décès par an à Paris et de 30 à 50 à Lyon. Les effets sur la morbidité sont encore plus considérables. Ces recherches épidémiologiques ont mis en évidence le rôle particulièrement nocif des fumées noires des véhicules diesel sur les hospitalisations dues à des crises d'asthme aigu.

La situation est pire dans les pays en voie d'industrialisation. Le record mondial de pollution atmosphérique en importance, étendue et nombre de personnes affectées est détenu par la Chine. On estime que 320 millions de personnes vivant en milieu urbain y présentent des symptômes pathologiques induits par les aéropolluants. La pollution de l'air y provoque 178 000 décès par an soit 11% de la mortalité urbaine recensée dans ce pays!

Réseau de surveillance de la qualité de l'air. La plupart des pays développés ont mis en place des réseaux de surveillance de la qualité de l'air ; en Californie, Los Angeles

Normes de qualité de l'air établies par l'Union Européenne

	Aéropolluants (concentration en µg/m³)			
Valeur limite ou seuil	**Particules**	**SO_2**	**NO_X**	**Ozone**
Seuil pour la protection des plantes	nd	nd	nd	65
Valeur guide pour l'année	50 (40 à 60)	50 (40 à 60)	50	110*
Valeur guide pour la journée	125 (100 à 150)	125 (100 à 150)	135	180**
Valeur limite moyenne annuelle	80	80	nd	nd
Valeur limite pour l'hiver	130	180	nd	nd
Seuil d'alerte (valeur limite en pollution de pointe)	250	350	200	360***

* Seuil pour la protection de la santé humaine (valeur moyenne sur une heure).
** Seuil d'information de la population.
*** Seuil d'alerte à la population (valeur moyenne sur une heure).

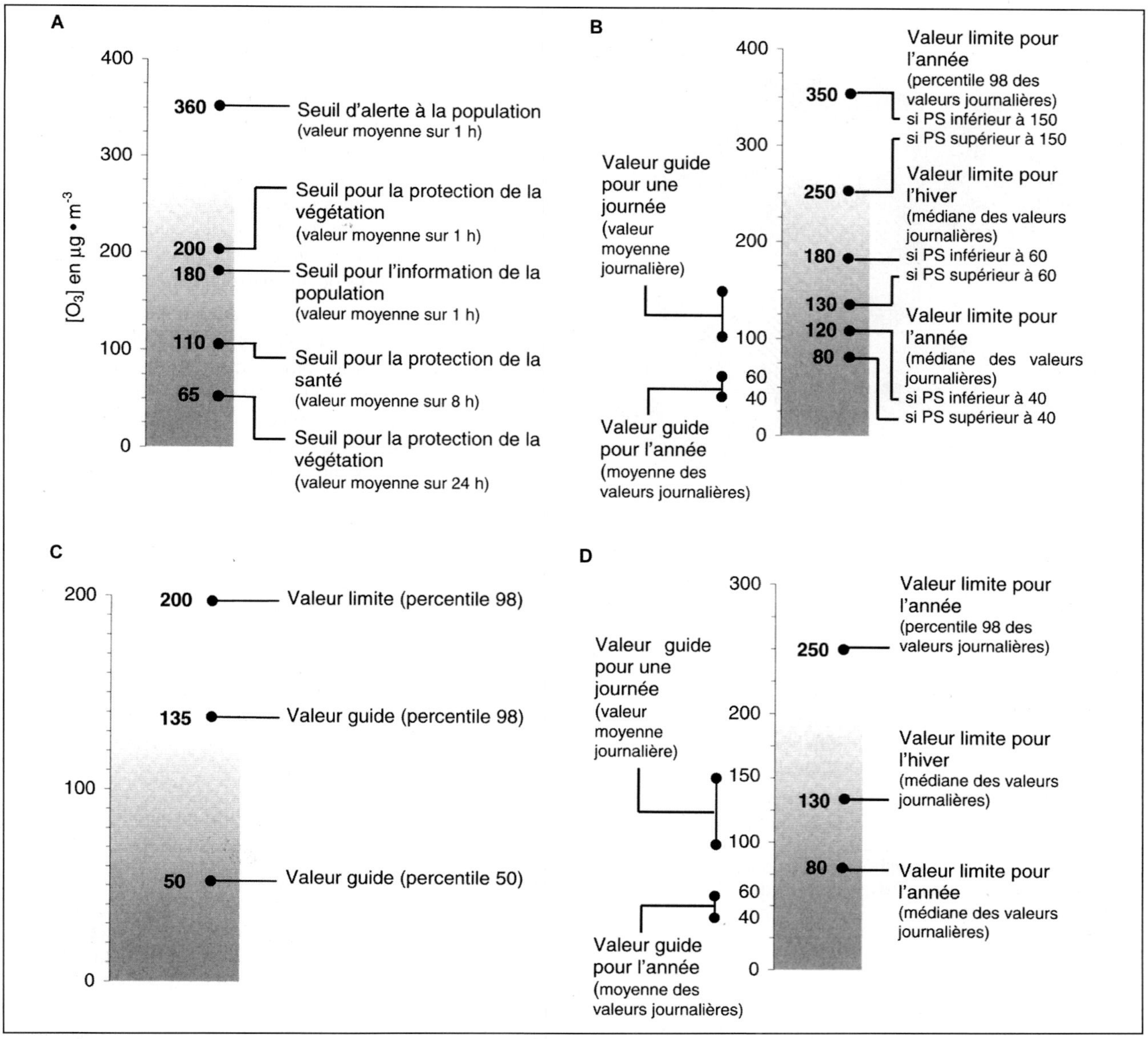

Diagramme figurant les normes européennes relatives à la **qualité** de l'air : **A**) pour l'ozone ; **B**) pour le SO_2. (Les valeurs du SO_2 sont interdépendantes de celles de particules en suspension - PS) ; **C**) pour le NO_2 (les percentiles sont calculés à partir des valeurs moyennes horaires prises sur toute l'année); **D**) pour les particules en suspension (les percentiles sont calculés à partir des valeurs moyennes journalières). Les nombres figurent des µg · m^{-3} d'air. (D'après IFEN, *L'environnement en France*, 1999, A) p. 62, B) p. 63, C) et D) p. 65)

s'est équipé d'un tel réseau dès les années 1960, contrainte il est vrai par les dommages causés à cette époque par le terrible *smog* photochimique qui y sévissait plus de 250 jours par an! En France, un tel réseau initié au cours des années 1970, s'est progressivement étendu à l'ensemble du territoire. Fin 1997, le dispositif national de mesure de la qualité de l'air disposait de 1930 instruments dont 1 735 analyseurs automatiques installés en 600 stations ainsi que 195 préleveurs de fumées noires et de plomb. À l'heure actuelle, il est subdivisé en réseaux urbains, au nombre de 33, qui couvrent l'ensemble des agglomérations de plus de 100 000 habitants.

Les données obtenues permettent, depuis 1992, d'établir un indice quotidien de qualité de l'air pour les grandes métropoles. Cet indice allant de 1, excellent, à 10, exécrable, a été élaboré par un groupe d'experts (ATMO) et il est depuis lors utilisé en particulier par AIRPARIF, le réseau de surveillance de la qualité de l'air installé pour l'Ile de France, mais aussi par la plupart des réseaux des autres grandes agglomérations nationales. Son inconvénient majeur est de ne considérer que les 4 types de polluants majeurs (SO_2, NO_X, particules et O_3). En revanche, d'autres contaminants très toxiques tels les HAP, les COV, voire les redoutables PAN, pourtant analysés en Californie depuis les années 1960, ne sont toujours pas pris en compte!

Enfin, il s'impose de ne pas confondre l'échelle de qualité de l'air définie par ATMO avec les niveaux d'alerte concernant de graves dégradations de la qualité de l'air qui ont été mises en œuvre à plusieurs reprises au cours des dernières années en particulier le 14 janvier 1997 à Lyon et à Marseille ou encore en Île de France le 30 septembre 1997 avec des taux alarmants de NO_X.

◆ **~ des eaux** (*water quality*) : elle correspond à un ensemble de critères physico-chimiques qui définissent le degré

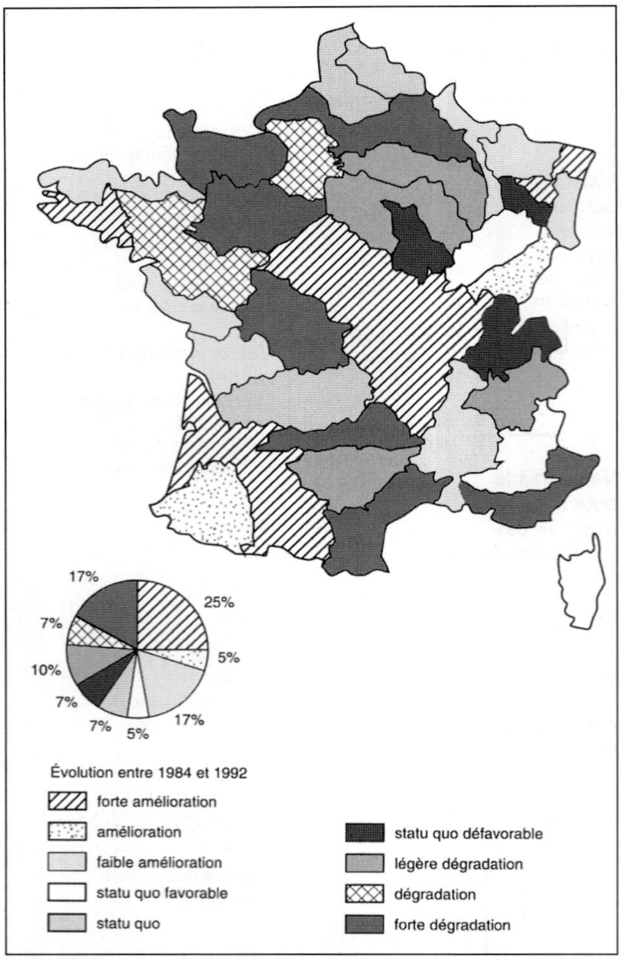

Carte de l'évolution de la **qualité** des eaux dans les 41 bassins fluviaux français. (D'après IFEN, Ministère de l'Environnement, 1995)

de pureté des eaux et en conséquence leur aptitude aux divers usages alimentaires, domestiques, agricoles ou industriels. En fonction d'un degré croissant de pollution, les pertes d'usage concerneront en premier lieu la potabilité, puis l'aptitude des eaux de rivière à permettre le développement normal de la faune (tout d'abord salmonicole et astacicole puis dans un gradient croissant de dégradation provoquant la régression puis la disparition de l'ensemble des ressources biologiques aquatiques). On notera ensuite l'impossibilité d'utilisation pour la baignade avec pour conséquence des pertes économiques au plan du tourisme, la perte d'usage agricole relative tant à l'utilisation des eaux pour abreuver les animaux domestiques qu'à un degré ultérieur pour l'irrigation. Enfin, il en résulte une perte d'usage industriel tout d'abord pour les industries agro-alimentaires et ensuite pour la possibilité d'emploi des eaux pour les divers processus de fabrication tant dans les industries chimiques que métallurgiques et autres types d'activités de production. Enfin, la perte de qualité des eaux s'accompagne de nuisances esthétiques tant au plan visuel (eaux « sales ») qu'olfactif (mauvaises odeurs parfois même nauséabondes).

De grands écarts existent dans la qualité des eaux selon les pays et à l'intérieur d'un même pays selon les régions. De façon générale, dans les pays industrialisés, la qualité décroît de l'amont vers l'aval au fur et à mesure que les biotopes aquatiques sont le réceptacle des déversements cumulés d'effluents pollués ou de contaminants associés à des pollutions diffuses. Néanmoins dans des pays développés, comme le nôtre, les pertes de qualité et donc d'usage des eaux se traduisent essentiellement par des conséquences socio-économiques. Fort heureusement, les conséquences sanitaires peuvent être pour l'instant considérées comme minimes. La cuisson de poissons de rivière pouvant s'être développés dans des eaux bactériologiquement dangereuses, élimine les risques alimentaires.

En définitive, par ordre décroissant de conséquences, la perte de qualité des eaux affecte l'homme de la façon suivante :

potabilité → usages pour l'élevage → plantes cultivées
→ ressources biologiques aquatiques
→ usages récréatifs et industriels

Qualité des eaux de baignade (*bathing waters quality*). L'évaluation systématique de la qualité sanitaire des eaux de baignade est apparue comme une urgente nécessité à la suite de la croissance des affections telles les colibacilloses, les hépatites virales et autres pathologies transmises par la contamination microbienne des eaux au cours des années 1960. Les dispositions législatives ont été renforcées à l'échelle européenne par la directive 76/160/CEE du 8 décembre 1975.

Les normes européennes prévoient qu'une eau utilisée pour la baignade doit être caractérisée par :

1) une teneur inférieure à 10 000 coliformes totaux (CT) et à 2 000 coliformes thermotolérants (CRT) par 100 ml avec

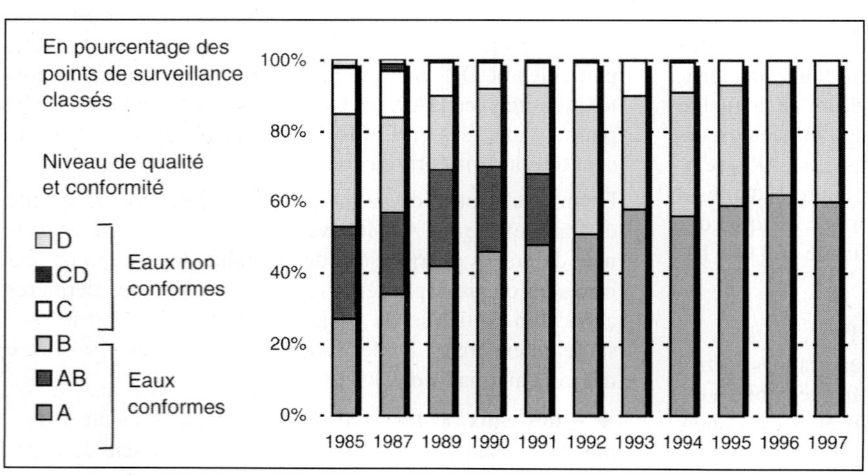

Évolution de la **qualité** des eaux de baignade en France entre 1985 et 1997. On remarque une augmentation significative de cette dernière malgré la persistance de quelques « points noirs » particulièrement rebelles. (D'après Secrétariat d'État à la Santé, in IFEN, op. cit., 1999, p. 44)

pour nombres guides respectivement 500 CT et 100 CTR par 100 ml ; 2) une teneur en streptocoques fécaux inférieure à 100 par 100 ml; 3) une absence impérative de salmonelles (0 germe par litre).

Depuis 1992, les classes de qualité sont définies en France en référence avec les prescriptions européennes. Elles sont au nombre de quatre établies selon les critères suivants :

– *Classe A*. Eaux de bonne qualité : 80% des résultats en coliformes totaux et 90% des résultats en streptocoques fécaux sont inférieurs ou égaux à la valeur guide.

– *Classe B*. Eaux de qualité moyenne : valeurs mesurées inférieures aux concentrations maximales édictées par les normes en vigueur mais non respect des valeurs guides.

– *Classe C*. Eaux pouvant être temporairement polluées : la fréquence de dépassement des valeurs impératives est comprise entre 5% et 33% des cas.

– *Classe D*. Eaux de mauvaise qualité : dépassement des valeurs impératives dans plus de 33% des cas. Le classement en D deux années consécutives entraîne l'interdiction du site concerné pour la baignade.

On a constaté dans notre pays une amélioration significative de la qualité sanitaire des eaux de baignade depuis le début des années 1980. La conformité globale des sites de baignade en eau douce étaient en 1982 de l'ordre de 68% et elle dépassait 85% en 1995. Pour les plages et autres sites de baignade dans les eaux marines, 70% étaient conformes en 1980 et 90% en 1995.

Qualité des eaux de boisson (*drinking water quality*). L'utilisation de l'eau pour la consommation humaine est la plus sensible à la perte de qualité car cette dernière présente un redoutable impact potentiel au plan sanitaire. En conséquence, la législation stipule (article 19 du code de la Santé publique) que « quiconque offre au public de l'eau en vue de l'alimentation humaine... doit s'assurer que cette eau est propre à la consommation ». Un décret du Ministère de la Santé en date du 3/01/1989 met en application la directive de l'Union Européenne 80/778/CEE relative aux eaux destinées à la consommation humaine et a précisé les valeurs limites admissibles pour ces dernières (voir page suivante le tableau résumant les principaux paramètres de qualité des eaux retenus dans ce décret). Cette directive est elle-même au plan technique assez voisine des recommandations de l'OMS concernant les normes de potabilité des eaux.

À l'exception du cas des nitrates bien documenté, dont la présence dans les eaux réputées potables résulte des pollutions diffuses d'origine agricole, des pertes de qualité des eaux destinées à la boisson ont pu être relevées – quoique de façon erratique – consécutives à la présence de pesticides. Dans certaines régions d'Europe et d'Amérique du Nord, des quantités excessives de plomb ont aussi été observées par suite des pluies acides sur substrats cristallins. Cependant les risques les plus fréquents, aujourd'hui encore, sont de nature microbiologique (présence de coliformes, de streptocoques fécaux, de salmonelles ou encore d'entérovirus).

Qualité des eaux de rivière (*river water quality*). Comme les cours d'eau sont les premières victimes des déversements d'effluents pollués d'origine domestique et industrielle ainsi que de la contamination par des pollutions diffuses, les pays développés ont été conduits, voici déjà plusieurs décennies à définir des objectifs de qualité pour les eaux de surface et classer, en fonction de ces derniers, les divers tronçons d'une rivière et de façon plus générale d'un écosystème fluvial. Les normes retenues ici se réfèrent à l'aptitude du biotope lotique à protéger la vie aquatique, et de façon plus générale à maintenir le potentiel de productivité biologique en particulier piscicole, de la rivière. On ne soulignera jamais assez, à ce sujet, le rôle méconnu mais efficace qu'a joué dans un pays comme le nôtre le « pêcheur-électeur » dans l'adoption de mesures contraignantes pour la protection des eaux. Celles-ci ont finalement conduit à la création des Agences financières de bassin, ultérieurement dénommées Agences de l'eau, qui se sont rapidement attachées à définir des critères de qualité pour les eaux de rivière (grille de référence de 1971). Ultérieurement, au niveau européen, la directive 78/659/CEE, promulguée en date du 18 juillet 1978 a concerné la qualité des eaux douces ayant besoin d'être protégées ou améliorées pour être aptes à la vie des poissons.

En France, les grilles standard de qualité des eaux de surface ont été améliorées et complétées au cours des années 1990 par les Agences de l'eau.

À partir de ces grilles fondées sur des critères physico-chimiques et microbiologiques, les cours d'eau français sont classés en fonction de leur degré de pollution en quatre catégories principales correspondant à autant de classes de qualité :

– *Classe 1A*. Eaux d'excellente qualité considérées comme exemptes de pollution, aptes à satisfaire tous les usages possibles même les plus exigeants.

– *Classe 1B*. Eaux de bonne qualité quoique légèrement moindre que celles de la classe précédente. Elles peuvent néanmoins satisfaire tous les usages et ne requièrent qu'un traitement simple pour l'approvisionnement en eau potable d'un réseau d'adduction urbain.

– *Classe 2*. Eaux de qualité passable, suffisante pour l'irrigation et les usages industriels possibles mais des traitements sévères sont requis pour la potabilisation, l'utilisation est tolérable pour abreuver les animaux domestiques. Les poissons y vivent normalement mais leur reproduction peut être perturbée. La baignade est interdite mais les loisirs liés à l'eau sont possibles lorsqu'ils ne nécessitent que des contacts exceptionnels avec elle.

– *Classe 3*. Eaux de qualité médiocre, juste aptes au refroidissement d'installations thermiques et à la navigation. L'usage est tolérable pour l'irrigation des cultures mais l'utilisation est impossible pour l'élevage, la baignade et *a fortiori* les réseaux d'adduction d'eau potable. La vie piscicole peut subsister dans ces eaux, mais devient aléatoire en période de faibles débits ou de fortes températures, par exemple.

– *Hors catégorie*. Forte pollution, eaux dépassant la valeur maximale tolérée en classe 3 pour un ou plusieurs paramètres. Elles sont considérées comme inaptes à tout usage à l'exception de la navigation fluviale et peuvent constituer une menace pour la santé publique et l'environnement.

Concentrations maximales admissibles en constituants naturels ou polluants des eaux de boisson selon les normes de l'Union Européenne		
Paramètres	**Expression des résultats**	**Valeurs limites de qualité**
Organoleptiques		
Couleur	mg/l échelle Pt/CO	15
Turbidité	Unité de Jackson	2
Odeur	Taux de dilution 2	0 (à 12°C)
Saveur	Idem	0 (idem)
Physicochimiques propres aux eaux naturelles		
pH	Unités pH	$6{,}5 \leqslant pH \leqslant 9$
Chlorures	mg/l Cl	200
Sulfates	mg/l SO_4	250
Magnésium	mg/l Mg	50
Sodium	mg/l Na	150
Chimiques relatifs à des substances indésirables		
Nitrates	mg/l NO_3	50
Nitrites	mg/l NO_2	0,1
Ammonium	mg/l NH_4	0,5
DCO (au $KMnO_4$)	mg/l O_2	5
Hydrogène sulfuré	mg/l	Non détectable organoleptiquement
Agents de surface (réactifs au bleu de méthylène)	mg/l (lauryl-sulfate)	0,2
Cuivre	mg/l Cu	1
Zinc	mg/l Zn	5
Fluor	mg/l F	0,7 à 1,5
Argent	mg/l Ag	0,01
Relatifs aux substances toxiques		
Arsenic	µg/l As	50
Cadmium	µg/l Cd	5
Cyanures	µg/l CN	50
Chrome total	µg/l Cr	idem
Mercure	µg/l Hg	1
Plomb	µg/l Pb	50
Hydrocarbures aromatiques polycycliques (somme : fluoranthène + benzo-3,4 fluoranthène + benzo-11-12 fluoranthène + benzo-3,4 pyrène + benzo-1,12 pérylène + indéno (1,2,3 cd) pyrène	µg/l	0,2
Microbiologiques		
Coliformes totaux	100 ml	0
Streptocoques fécaux	idem	0
Salmonelles	5 l	0
Staphylocoques pathogènes	100 ml	0
Entérovirus	10 l	0
Pesticides		
Par composé individualisé sauf pour :	µg/l	0,1
– Aldrine	µg/l	0,03
– Dieldrine	µg/l	0,03
– HCB	µg/	0,03
Total pesticides	µg/ll	0,5
Relatifs aux eaux adoucies livrées à la consommation humaine		
Dureté	Degrés français	< 15
Alcalinité	Idem	< 2,5

L'application de ces classes de qualité à l'ensemble du réseau hydrographique français permet d'avoir une estimation générale du niveau de pollution de nos cours d'eau. Ce bilan national de la qualité des eaux est établi tous les quatre ans par les Agences de l'eau à partir de mesures effectuées mensuellement dans la totalité des stations d'un réseau de monitoring. Actuellement ces mesures se fondent de façon croissante sur un nouveau réseau de surveillance en continu des paramètres (turbidité, conductivité, température, oxygène dissous, pH, etc.) défini dans les grilles de qualité des eaux.

Évolution de la qualité des eaux superficielles. Dans l'ensemble des pays développés et entre autres en France, la qualité des eaux courantes a eu tendance à s'améliorer au cours des trois dernières décennies en ce qui concerne la pollution microbiologique – vecteur potentiel de graves épidémies d'origine entérique – et la charge polluante des cours d'eau en matières organiques fermentescibles. Cette dernière a significativement diminué grâce à un incontestable effort d'équipement en stations d'épuration urbaines et de la part des industries concernées. En revanche, la qualité des eaux s'est certainement dégradée ou a stagné – à tout le

Grille standard multi-usage d'appréciation globale de la qualité des eaux. (D'après Agences de l'eau)

	1A	1B	2	3
Conductivité à 20° (µS/cm)	≤ 400	400 à 750	750 à 1 500	1 500 à 3 000
Température (°C)	< 20	20 à 22	22 à 25	25 à 30
pH	6,5 à 8,5	6,5 à 8,5	6 à 9	5,5 à 9,5
MES (mg/l)	≤ 30	≤ 30	≤ 30	30 à 70
O_2 dissous (mg/l)	> 7	5 à 7	3 à 5	Milieu aérobie
O_2 dissous en pourcentage de saturation	> 90%	70 à 90	50 à 70	À maintenir en permanence
DBO_5 (mg/l)	≤ 3	3 à 5	5 à 10	10 à 25
Oxydabilité (mg/l)	≤ 3	3 à 5	5 à 8	
DCO (mg/l)	≤ 20	20 à 25	25 à 40	40 à 80
NH_4 (mg/l)	≤ 0,1	0,1 à 0,5	0,5 à 2	2 à 8
NO_3 (mg/l)			< 44	44 à 100
N total (Kjeldahl, mg/l)	≤ 1	1 à 2	2 à 3	
Fe (mg/l)	≤ 0,5	0,5 à 1	1 à 1,5	
Mn (mg/l)	≤ 0,1	0,1 à 0,25	0,25 à 0,50	
F (mg/l)	≤ 0,7	0,7 à 1,7	0,7 à 1,7	> 1,7
Cu (mg/l)	≤ 0,02	0,02 à 0,05	0,05 à 1	> 1
Zn (mg/l)	≤ 0,5	0,5 à 1	1 à 5	> 5
As (mg/l)	≤ 0,01	≤ 0,01	0,01 à 0,05	> 0,05
Cd (mg/l)	≤ 0,001	≤ 0,001	≤ 0,001	> 0,001
Cr (mg/l)	≤ 0,05	≤ 0,05	≤ 0,05	> 0,05
CN (mg/l)	≤ 0,05	≤ 0,05	≤ 0,05	> 0,05
Pb (mg/l)	≤ 0,05	≤ 0,05	≤ 0,05	> 0,05
Se (mg/l)	≤ 0,01	≤ 0,01	≤ 0,01	> 0,01
Hg (mg/l)	≤ 0,0005	≤ 0,0005	≤ 0,0005	> 0,0005
Phénols (mg/l)		≤ 0,001	0,001 à 0,05	0,05 à 0,5
Détergents (mg/l)	≤ 0,2	≤ 0,2	0,2 à 0,5	> 0,5
SEC (mg/l)	≤ 0,2	0,2 à 0,5	0,5 à 1	> 1
Coliformes (Num. 100 ml)	≤ 0,50	50 à 5 000	5 000 à 50 000	
Esch. coli (Num. 100 ml)	≤ 0,20	20 à 2 000	2 000 à 20 000	
Strep. Fec (Num. 100 ml)	< 20	20 à 1 000	1 000 à 10 000	
Ecart de l'indice biotique par rapport à l'indice normal	1	2 ou 3	4 ou 5	6 ou 7

moins – quant aux pollutions chimiques en particulier en ce qui concerne les substances xénobiotiques avec des conséquences souvent clandestines mais néanmoins redoutables au plan écotoxicologique.

La situation présente n'est cependant en aucun cas satisfaisante. Dans le cas de la France, on constate par exemple que les objectifs de qualité, définis voici une vingtaine d'années (en 1978) au niveau départemental pour chaque cours d'eau et par tronçon de rivière, ont été moyennement atteints. Pis encore, le dernier bilan national de la qualité des eaux, fait apparaître que si certains points noirs ont disparu, cette dernière a tendance à se « niveler par le milieu », les sections de rivières de très bonne qualité ayant présenté une nette raréfaction. Cela résulte surtout de l'accroissement des pollutions diffuses et de la dystrophisation, laquelle provient d'ailleurs en partie de certaines pollutions. Autre donnée défavorable, si le bilan en question a certes montré que la qualité des eaux s'est améliorée en France dans la moitié des 41 bassins versants du pays il a, à l'opposé, mis en évidence une dégradation dans le tiers d'entre eux. (***Voir aussi Bioindicateurs, MOF, Pollution***)

◆ **qualité des sols** : la pollution des terres cultivées en métaux toxiques par l'usage des engrais et des autres pratiques de fertilisation, par les pesticides et par les polluants organiques persistants amenés par voie atmosphérique – et éventuellement par l'eau d'irrigation – est source de graves préoccupations quant à l'impact de cette accumulation sur la fertilité des sols dans le long terme.

On connaît dès à présent en diverses régions viticoles des parcelles de vignobles, ayant reçu pendant des décennies des traitements fongicides contre le mildiou à base de bouillie bordelaise, dont la teneur en cuivre des sols est telle que l'on atteint les seuils de phytotoxicité pour certaines plantes cultivées.

Moins vulgarisée mais toutefois préoccupante demeure l'accumulation dans les horizons superficiels des sols d'insecticides persistants voire d'herbicides et de leurs produits de dégradation qui sont phytotoxiques ou sont susceptibles de passer dans les productions végétales par translocation radiculaire. En outre, la pollution des sols par des polluants organiques persistants a par exemple soulevé, en date encore récente, les questions de contamination des productions animales (lait et viandes) par les retombées de dioxines générées par des incinérateurs d'ordures.

Le problème de la pollution des sols par les métaux toxiques a conduit la plupart des pays de l'OCDE à adopter des normes de qualité relatives à la teneur maximale des sols en ces éléments. Ces mesures ont souvent été justifiées par la pratique d'épandre les terres cultivées de boues de station d'épuration (voir Tableau page suivante).

Les pollutions industrielles contribuent aussi de façon croissante à la contamination des sols. Les apports par voie atmosphérique de métaux toxiques (cadmium, plomb), de

Normes relatives aux teneurs maximales dans les sols des principaux métaux toxiques édictées par l'Union européenne et divers pays de l'OCDE (en mg/kg de sol en poids sec)									
Pays	**Cd**	**Cr**	**Co**	**Cu**	**Hg**	**Ni**	**Pb**	**Se**	**Zn**
Union Européenne	3	200	nd	140	1,5	75	300	nd	300
Canada	3	750	40	150	0,8	150	375	2	600
France	2	150	nd	100	1	50	100	10	300
Grande-Bretagne	3	400	nd	135	1	75	300	3	300
Hollande	0,8	100	20	36	0,3	35	85	nd	140
Suède	0,4	30	nd	40	0,3	30	40	nd	75
Suisse	0,8	75	25	50	0,8	50	50	nd	200

PCB ou de dioxines – déjà évoqués plus haut – contribuent de façon parfois importante à la diminution de la qualité des sols. Par ailleurs, les décharges industrielles « contrôlées » ou sauvages de déchets chimiques ont conduit en divers pays à des situations qui sont extrêmement critiques à l'échelle régionale. En conséquence, alors qu'elle était par le passé limitée aux anciennes zones industrielles désaffectées, la contamination des sols par les activités industrielles résulte également des pollutions diffuses. En outre, elle provient aussi de nos jours des installations en fonctionnement ainsi que des activités connexes, en particulier des dépôts – et décharges de déchets chimiques – ainsi que des fuites dans des épandages de tels produits. ***(Voir aussi Décharge, Dioxine, Incinérateur, Insecticide, PCB, Sol)***

quantique, adj. ◆ **évolution** ~ (*quantum evolution*) (syn. : spéciation quantique) : type d'évolution propre à une petite population qui s'isole d'une importante population ancestrale et qui va être de ce fait sujette à l'effet fondatrice et à la dérive génétique. Elle se produit classiquement quand une propagule de telle origine va migrer dans un nouvel environnement présentant un nombre important de niches inoccupées ce qui favorise dans ces circonstances de rapides changements phénotypiques et génotypiques. ***(Voir aussi Fondatrice, Ponctué)***

quantitatif(-ve), adj. (*quantitative*). Désigne tout ce qui concerne la numération ou la mesure de paramètres écologiques concernant les populations, les communautés ou les écosystèmes tant au plan abiotique que biotique (mesure de la productivité par exemple). ◆ **génétique** ~ (*quantitative genetics*) : étude de l'héritabilité et de la réponse à la sélection de traits génétiques variant de façon continue et ayant une hérédité polygénique. ◆ **trait** ~ (*quantitative trait*) : trait ayant une variabilité continue dans une population et révélant les *loci* de nombreux gènes.

quartz, n. m. (*quartz*). Minéral constitué de silice pure (SiO_2) présent dans de nombreuses roches cristallines acides mais qui intervient également dans la constitution de roches métamorphiques ou sédimentaires, en particulier des grès, qui sont faits de grains de quartz agglomérés. Le sable, constituant minéral de base des sols, est composé de grains de quartz disjoints provenant de la décomposition de la roche-mère.

Quaternaire, n. m. (*Quaternary*). Période géologique correspondant à l'époque actuelle, laquelle appartient à l'ère Cénozoïque. En première approximation, elle couvre les deux derniers millions d'années environ de l'histoire de la biosphère (de – 1,75 million d'années à nos jours). Le Quaternaire a été marqué par la récurrence de glaciations qui ont commencé voici environ un million d'années et se sont provisoirement achevées il y a environ 12 000 ans à la fin du dernier épisode glaciaire, celui du Würm.

Au plan géologique, le Quaternaire se divise en deux périodes : le Pléistocène qui couvre tout l'intervalle depuis la fin du Tertiaire jusqu'à celle du Würm et l'Holocène qui est la période interglaciaire actuelle.

Également caractérisé par l'émergence de l'espèce humaine et l'invasion progressive de tous les continents émergés par cette dernière, le Quaternaire a été marqué par de grands bouleversements paléoécologiques. Ces derniers, outre les conséquences des glaciations sont liés à l'apparition de l'*Homo erectus* puis de l'*Homo sapiens* ainsi qu'à l'explosion démographique et technologique de ce dernier. L'espèce humaine représente de ce fait aujourd'hui l'un des facteurs biogéochimiques majeurs dans l'écosphère. Par ailleurs l'homme est la cause unique du dernier épisode d'extinctions massives d'espèces vivantes, qui a commencé à la fin du Pléistocène et se poursuit actuellement par suite des dévastations qu'il provoque dans les écosystèmes naturels en particulier dans les forêts pluvieuses tropicales. ***(Voir aussi Extinction, Glaciation)***

Queensland. État du Nord-Est de l'Australie présentant une importance écologique exceptionnelle. En effet, on y rencontre des forêts pluvieuses tropicales qui constituent selon les paléoécologistes la zone d'origine des Angiospermes au début du Crétacé. Les parcs nationaux de Palmerston (voir cliché ci-contre), Cape Tribulation et plus encore Daintree représentent à cet égard des sites majeurs de la conservation de la biodiversité pour les Phanérogames à l'échelle globale. Par ailleurs, le Queensland possède dans sa partie littorale la Grande Barrière de corail qui longe ses côtes sur plus de 1 500 km, laquelle représente le plus étendu des écosystèmes coralliens de la biosphère. ***(Voir aussi Australie, Biodiversité, Grande Barrière de corail)***

Quercetum, n. sc. ◆ ~ *ilicis* : association végétale méditerranéenne caractérisée par des boisements de chênes verts.

◆ ~ ***pubescentis*** : association végétale méditerranéenne caractérisée par des boisements de chênes pubescents.

Quercus (*oaks*). Nom scientifique de genre des Chênes. ◆ ~ ***coccifera*** : nom scientifique du chêne Kermès, un arbuste des garrigues doué de propriétés pyrophytiques. ◆ ~ ***ilex*** (*holm oak*) (vern. : chêne yeuse) : nom scientifique du chêne vert, espèce des forêts sclérophylles méditerranéennes climaciques. ◆ ~ ***pubescens*** : nom scientifique du chêne pubescent, un chêne méditerranéen qui croît dans les sols profonds et bien arrosés. ◆ ~ ***robur*** : nom scientifique du chêne pédonculé, aussi dénommé chêne rouvre dont il existe plusieurs sous-espèces et qui est une espèce dominante de nombreuses forêts de feuillus en Europe. ◆ ~ ***suber*** : nom scientifique du chêne liège, espèce méditerranéenne inféodée aux terrains siliceux.

Chênes pubescents, ***Quercus** pubescens*, dans la forêt domaniale de la Sainte-Baume (Var). (Cliché F. Ramade)

quiescence, n. f. (*quiescence*). État d'arrêt temporaire du développement d'un Invertébré provoqué par la venue de conditions écologiques défavorables : refroidissement, sécheresse excessive par exemple. L'activité d'un organisme en quiescence reprend immédiatement après le retour des paramètres abiotiques concernés dans la gamme de valeur favorable, comme une remontée de la température dans la gamme correspondant au domaine d'activité de l'espèce considérée.

quiescent(e), adj. (*quiescent*). Désigne un organisme ou une espèce en état de quiescence. Les espèces quiescentes sont dites homodynames car elles ne présentent pas d'arrêt de développement obligatoire au cours de leur cycle vital. Elles sont aussi généralement plurivoltines car elles possèdent de ce fait plusieurs générations par an, jusqu'à plusieurs dizaines chez certaines espèces tropicales à développement rapide comme les pucerons par exemple.

Vue d'une forêt pluvieuse tropicale primitive du **Queensland**, dans le parc national de Palmerston. On considère que ces forêts occupent la zone de l'ancien Gondwana où seraient apparues les premiers Angiospermes. (Cliché F. Ramade)

quotient pluviothermique, n. m. (*pluviothermal coefficient*) : voir Emberger. ◆ ~ **respiratoire** (*respiratory ratio*) (Q_R) : rapport entre la quantité de CO_2 rejetée par un organisme ou une communauté à la quantité d'oxygène absorbée. Ce rapport permet d'évaluer le degré d'hétérotrophie – ou d'autotrophie – d'un système écologique. Il permet aussi, chez les organismes hétérotrophes, d'évaluer la nature des substrats utilisés dans la respiration. Ainsi, $Q_R = 1$ pour les glucides, 0,8 pour les lipides et il est égal à 0,7 pour les acides aminés.

q_x. En démoécologie, représente le symbole normalisé du taux de mortalité dans une classe d'âge x. Il correspond au rapport entre le nombre d_x d'individus survivants à l'âge x et qui sont morts à l'âge x + 1 et le nombre d'individus 1_x existant à l'âge x :

$$q_x = d_x / 1_x$$

La classe d'âge pour laquelle q_x est maximale module l'allure générale de la courbe de survie. (***Voir aussi Survie, Table de survie***)

r ◆ **stratège** ~ : voir Stratégies démographiques.

races(s), n. f. (*breed*). Terme désignant une (ou des) population(s) appartenant à une espèce animale qui présente (nt) des particularités morphologiques et (ou) physiologiques particulières qui différencient ses phénotypes de ceux des individus appartenant à d'autres populations de la même espèce. En réalité, le terme de race est approprié à un seul cas, celui des animaux domestiques qui sont le fruit d'une sélection effectuée par l'homme en fonction de critères relatifs aux finalités pour lesquelles on élève la race considérée. À titre d'exemple, la plupart des races bovines ou ovines, sont constituées par les divers types de bovins ou de moutons initialement originaires d'une région donnée dans laquelle cette race a été empiriquement sélectionnée au cours des temps. Dans tous les autres cas, le terme de race est impropre car il concerne en réalité des écotypes, voire des sous-espèces. ◆ ~ **domestiques** (*domestic breeds*) : ce terme désigne les diverses races d'animaux que l'homme a créées par sélection à partir de populations sauvages depuis le début du Néolithique. **(*Voir aussi Animal*)** ◆ ~ **humaines** (*human races*) : bien que d'usage courant, ce terme doit être considéré comme infondé car il s'applique précisément à des populations d'une espèce particulière, l'*Homo sapiens*, qui doivent en réalité être identifiées à des écotypes. En effet, à la différence des animaux domestiques qui sont le fruit d'une sélection orientée pour des traits génétiques particuliers, les divers groupes humains sont apparus spontanément. Ils sont le fruit d'une évolution qui a été conditionnée par un isolement génétique relatif et une adaptation à une pression de sélection particulière liée aux conditions environnementales propres à la zone biogéographique où se localisait à l'origine le groupe de populations humaines concerné, constituant autant d'écotypes. Par le passé, ce que l'on dénomme en définitive race humaine s'est vu attribuer une position systématique variable, le célèbre Haeckel lui-même n'avait-il pas distingué plus de vingt espèces humaines ?

Les anthropologues ont réuni classiquement en trois « grands races » les divers groupes de populations humaines qui se sont différenciés dans des aires biogéographiques déterminées avant que n'interviennent au cours des temps modernes d'importants phénomènes migratoires :

– la « grand race » *mongoloïde* qui correspond à l'ensemble des ethnies dénommées vulgairement « race » jaune qui, initialement peuplaient toute la partie orientale de l'Asie mais aussi l'ensemble des Amériques, les Amérindiens étant aussi du même groupe au plan anthropologique.

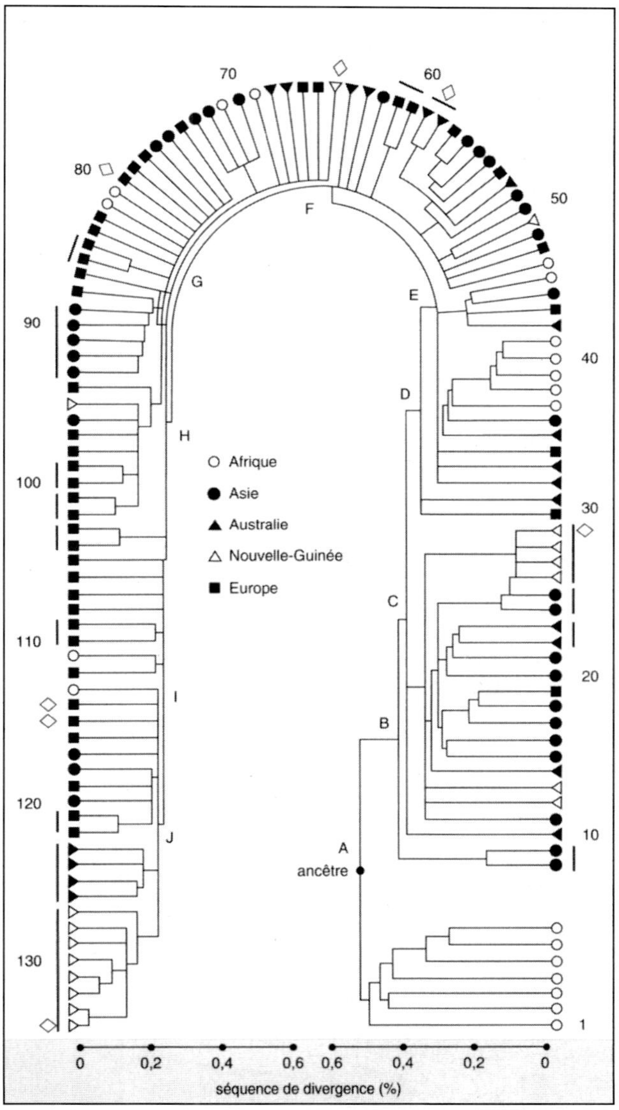

Cladogramme établissant les relations de parenté génétique des diverses « **races** » et groupes humains, établi à partir de la comparaison de l'ADN mitochondrial de 134 échantillons de ces divers groupes. (D'après Cann R., in Lewin, *La Recherche*, vol. 22, 1991, p. 1 250)

– la « grand race » *europoïde* (ou *caucasienne*) correspond aux diverses ethnies qui constituent la « race » blanche et peuplent l'ensemble de l'Asie du Sud et de l'Ouest, l'Afrique mineure et l'Europe.

– la « grand race » *négroïde* qui correspond aux divers groupes humains noirs occupant à l'origine l'ensemble de l'Afrique subsaharienne.

Les études de distance génétique faites à partir du DNA mitochondrial suggèrent que dans l'espèce *Homo sapiens*, les groupes humains africains sont les plus éloignés des populations appartenant à toutes les autres ethnies, y compris les aborigènes australiens malgré l'importante différence phénotypique apparente de ces derniers par rapport à tous les autres hommes. Cette donnée biologique fondamentale que nous apporte la génétique moléculaire démontrerait une origine africaine de notre espèce.

En revanche la distance génétique entre les europoïdes et les mongoloïdes est faible, ce qui prouve que les diverses populations qui les composent sont génétiquement très proches. La divergence entre ces deux groupes remonterait probablement à moins de 50 000 ans sauf pour les aborigènes australiens qui sont les plus éloignés de l'ensemble des autres ethnies constituant cette « grand race ».

racinaire, adj. (*radicular*). Désigne ce qui est propre aux racines des végétaux.

racine, n. f. (*root*). Partie souterraine des plantes vasculaires ayant à la fois pour rôle de fixer le végétal dans le sol et de prélever dans ce dernier l'eau et les éléments minéraux nutritifs indispensables pour son métabolisme mais également de rejeter des excrétas dans le sol. ◆ ~ **échasse** (*stilt-root*) : type de racines propres à certains arbres se développant sur des sols peu consistants ou dans des vases littorales (arbres des mangroves), qui sont ramifiées et diverticulisées en direction du substrat ce qui leur permet de s'ancrer solidement dans ces derniers. **(*Voir aussi Mangrove, Palétuvier, Rhizophora*)**

rad, n. m. (*rad*). Unité de radiobiologie correspondant à une dose de rayonnement de 100 ergs par gramme de tissu végétal ou animal exposé à une irradiation.

radeau des cimes, n. m. (*canopy raft*). Dispositif expérimental conçu par F. Hallé, constitué par une montgolfière capable de se poser en douceur sur la canopée des forêts tropicales et permettant de la sorte l'exploration d'une région fondamentale de ces écosystèmes qui était quasiment inaccessible encore récemment. **(*Voir aussi Forêts tropicales*)**

radiation(s), n. f. ◆ ~ **adaptatives** (*adaptive radiations*) : désigne une explosion évolutive avec divergence rapide à partir d'un unique ancêtre, consécutive à la colonisation d'un spectre d'habitats diversifiés. Elle résulte des divergences adaptatives que l'on observe à l'intérieur d'un même groupe d'êtres vivants en fonction du type de niche écologique qu'ils occupent.
Les peuplements d'oiseaux vivant dans des îles reculées constituent d'excellents exemples de radiations évolutives. Tel est le cas des *Geopsizidae* des Galapagos ou des *Drepanidae* des îles Hawaï. **(*Voir aussi Darwin, Galapagos, Geopsizidae, Hawaï*)** ◆ ~ **ionisantes** (*ionizing radiations*) : rayonnements qui provoquent une ionisation des molécules situées sur leur trajectoire. On distingue trois principaux types de radiations ionisantes, chacune étant associée à des types différents de particules :

– Les rayons α qui sont constitués par des atomes d'hélium ionisés. Ce sont des rayonnements peu pénétrants qui ne peuvent traverser que quelques dizaines de μ de matière.

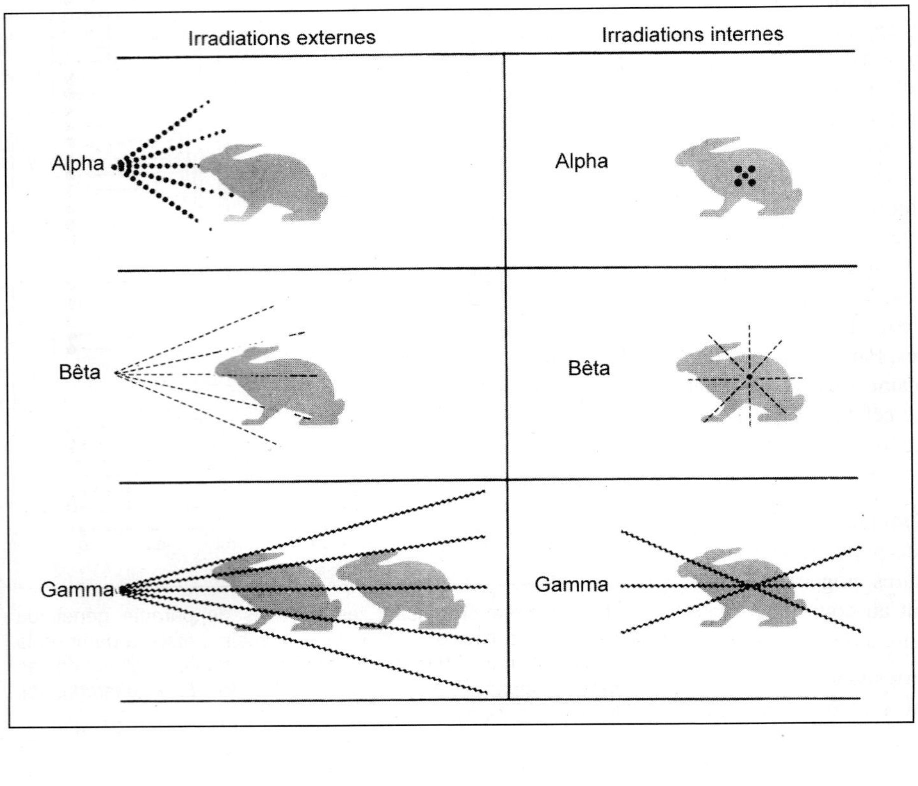

Pénétration des principaux types de **radiations** dans les tissus des êtres vivants. On constate que les rayons γ sont les plus pénétrants, pouvant traverser plusieurs mètres de matière pour les plus énergétiques d'entre eux, puis viennent les rayons ß, capables de traverser plusieurs centimètres de matériel biologique. En revanche, les α sont fort peu pénétrants, ce qui ne signifie pas pour autant qu'ils soient les moins nocifs. (D'après Odum, op. cit., 1959, mais modifié, in Ramade F., *Écologie appliquée*, Ediscience international, 5e ed., 1995, p. 320)

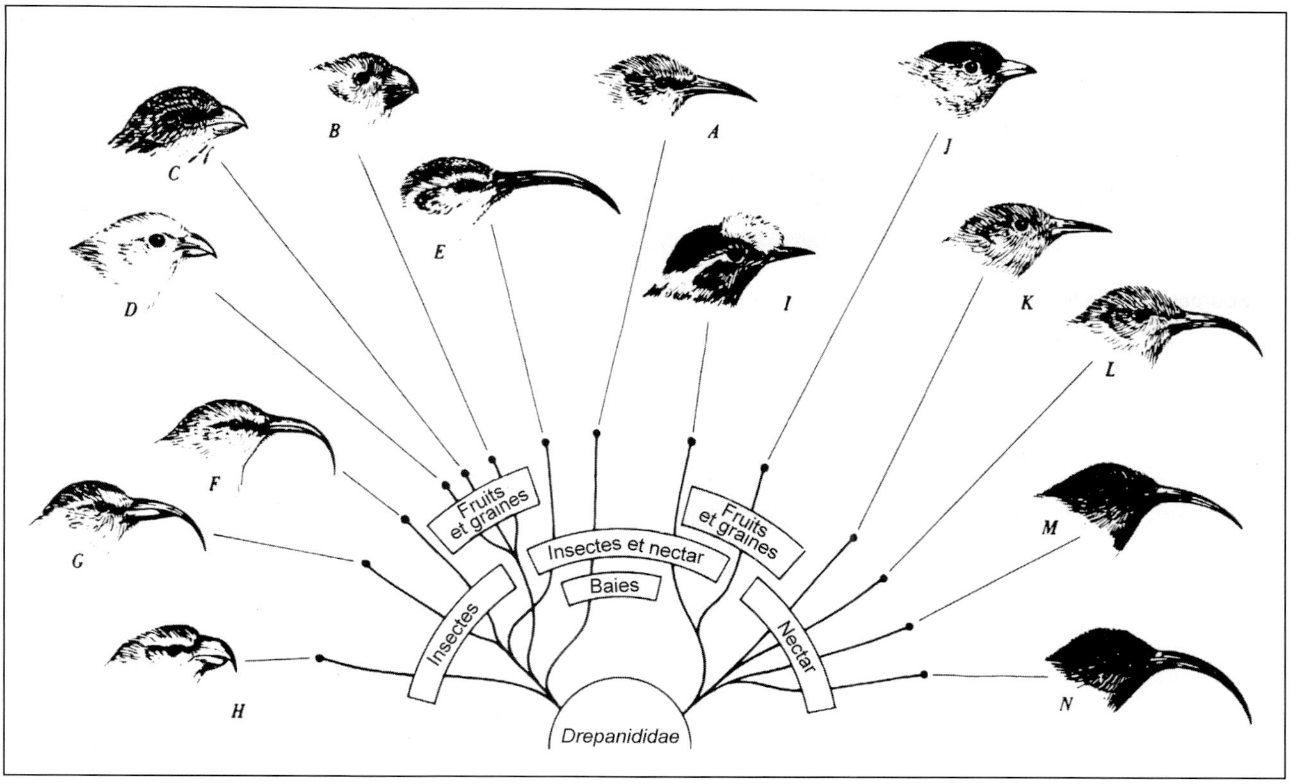

Exemple de **radiation** évolutive : les *Drepanididae* des îles Hawaï. **A**. *Loxops virens*, insectivore et végétarien. **B**. *Psittorostra kona*, granivore (éteint). **C**. *P. cantans*, entomophage et végétarien inféodé au conifère *Freycinetia arborea* : cette espèce longtemps considérée comme éteinte a été redécouverte pendant les années 1940. **D**. *P. psittacea,* granivore. **E**. *Hemignathus obscurus*, insectivore et nectarivore. **F**. *H. lucidus* et **G** *H. wilsoni*, entomophages; **H**. *Pseudonestor xanthophrys* qui se nourrit exclusivement de coléoptères *Cerambycides*. **I**. *Palmera dolei*, insectivore et nectarivore qui butine l'Ohio (*Metrosideros*) ; ces deux Drépanididés furent longtemps considérés comme éteints. **J**. *Ciridops anna*, frugivore et granivore. **K**. *Himatione sanguine* qui se nourrit du nectar de l'Ohio et de chenilles. **L**. *Vestoria coccinea* de même régime alimentaire que K mais moins éclectique. **M**. *Drepanis funera*, nectarivore éteint. **N**. *Drepanis pacifica*, nectarivore éteint. Au total, sur 14 espèces de Drépanididés, 3 sont aujourd'hui éteintes et 3 raréfiées à l'extrême et en danger de disparition. De façon générale, toutes ces espèces sont menacées d'extinction par suite de la destruction des forêts autochtones qui constituent leur unique habitat. (D'après divers auteurs, in Smith, *Ecology and Field Biology*, Harper and Row, 1966, p. 469)

– Les rayons β qui correspondent à des électrons, et peuvent traverser plusieurs dizaines de centimètres de matériaux organiques.

– Les rayons γ qui sont des rayonnements électromagnétiques d'ondes associées à des photons de très haute énergie et de plus faible longueur d'onde que les rayons X. Très pénétrants, les rayons γ nécessitent de très fortes épaisseurs de plomb pour être arrêtés (plusieurs mètres pour les plus pénétrants d'entre eux). ◆ **effets biologiques des ~** (*biological effects of radiations*) : aux fortes doses, l'irradiation aiguë provoque la mort et, à plus faibles doses, la stérilisation des individus exposés. Chez l'homme, la DL 50 après une semaine est de l'ordre de 400 rems (soit 4 Sieverts) et la dose radiostérilisante de 100 rems (1 Sievert).

Les radiations ionisantes sont mutagènes et cancérogènes. Leur action au niveau cellulaire est cumulative.

Les populations humaines sont exposées à un risque de mutagenèse résultant de la radioactivité naturelle auquel s'ajoute l'irradiation due aux diverses sources artificielles de radiations. Actuellement, la principale source technologique d'exposition des populations humaines aux radiations demeure, et de beaucoup, la radiologie médicale.

Cependant une polémique subsiste sur les effets des faibles doses, inférieures à une dizaine de rems soit encore 0,1 Sievert. Pour certains experts, il existerait un seuil dont l'intensité de l'ordre du rem excéderait d'environ dix fois les doses normales d'irradiation naturelle – environ 100 millirems – au-dessous duquel n'existerait aucun effet. Pour d'autres, toute irradiation aussi faible soit-elle induit des effets mutagènes cumulables.

On dispose cependant actuellement de données épidémiologiques qui suggèrent que les effets des très faibles doses, si tant est qu'ils existent, devraient être considérés comme négligeables.

Ainsi, voici quelques années déjà, la Commission BEIR a pu affirmer qu'au-dessous du rem par an, il était impossible de déceler une différence significative dans le taux d'incidence des cancers par rapport à une population humaine témoin non exposée à un supplément de radiations d'origine technologique. Néanmoins, en l'absence de preuve absolue, la Commission Internationale de Protection Radiologique s'est fondée sur l'hypothèse la plus conservatrice d'une linéarité des effets et de l'absence de seuil pour établir les normes de radioprotection. **(*Voir aussi Rayonnement*)**

radicelle, n. f. (*rootlet*). Partie terminale des racines auxquelles est dévolu le rôle absorbant de l'eau et des sels minéraux.

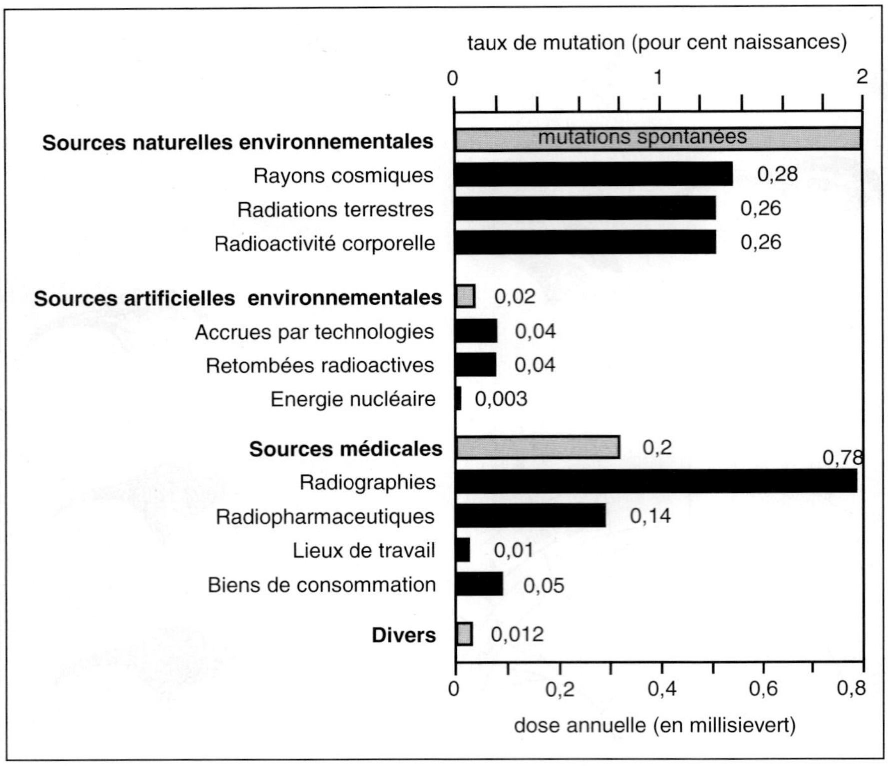

Doses annuelles d'irradiation auxquelles sont exposés les habitants des États-Unis par suite de leur exposition aux diverses **radiations** ionisantes et taux de mutation moyen qui en résulte. En noir est figuré le taux d'irradiation résultant de l'exposition aux diverses sources et en tramé le taux de mutation correspondant. Les nombres représentent soit les doses d'irradiation soit les taux de mutation afférents. (D'après EPA, in Ramade F., *Dictionnaire encyclopédique des pollutions*, Ediscience international, 1999, p. 464)

radicivore, adj. (*radicivorous*). Espèce qui se nourrit des racines des végétaux. De nombreuses familles d'insectes à vie hypogée sont de régime radicivore.

radicule, n. f. (*radicle*). Partie de l'embryon des plantes qui donne la racine au moment de la germination.

radioactif, adj. (*radioactive*). Désigne tout état de la matière caractérisé par une émission spontanée de radiations ionisantes. ◆ **déchets** ~ (*radioactive wastes*) : voir Déchets, Nucléaire.

radioactivité, n. f. (*radioactivity*). Propriété de certains isotopes de se désintégrer en émettant divers rayonnements. La radioactivité est la source de trois types de rayonnements : les rayons α, β et γ ainsi que dans certains cas des neutrons. La quantité de radioactivité se mesure en curie, unité qui est la quantité de radioactivité produite par la désintégration d'un gramme de radium en une seconde. Les très faibles quantités de radioactivité se mesurent en becquerels. ***(Voir aussi Becquerel, Curie)***

radiobiologie, n. f. (*radiobology*). Discipline de la Biologie dont l'objet est l'étude des effets des radiations ionisantes sur les êtres vivants depuis le niveau moléculaire jusqu'à celui de l'organisme pris tout entier. ***(Voir aussi Radiation, Rayonnement)***

radiocarbone, n. m. (*radiocarbon*). Isotope radioactif du carbone (^{14}C). Sa période est de 5 730 ± 30 ans. ◆ **datation au** ~ (*radiocarbon dating*) : méthode de datation des organismes ou des fragments d'organismes fossiles. Elle se fonde sur le fait qu'au cours de leur vie, les plantes et indirectement les animaux via leur alimentation présentent un rapport $^{14}C/^{12}C$; constant dans leur tissu et identique à sa valeur dans l'atmosphère (ou encore une concentration constante en ^{14}C par unité de poids sec par suite de l'équilibre entre métabolisme et décroissance radioactive). Lorsque l'organisme meurt, son ^{14}C ne sera plus renouvelé de sorte que sa concentration va progressivement décroître dans la matière organique du fossile. La comparaison entre l'activité résiduelle du ^{14}C dans cette matière organique morte avec les activités actuelles chez les organismes vivants permettra une datation précise du vestige fossile considéré. Comme la genèse du ^{14}C est conditionnée par l'intensité du bombardement neutronique de l'azote dans la haute atmosphère, l'activité solaire n'étant pas entièrement constante, de petites variations existent dans le rapport $^{14}C/^{12}C$ dans l'air. Des corrections ont été possibles pour les derniers 7 800 ans à partir de séries de cernes de *Pinus longivea* concernant cette durée.

radioécologie, n. f. (*radioecology*) (*radiation ecology*). Discipline constituant un sous-ensemble de la radiobiologie qui a pour objet l'étude des effets des radiations ionisantes sur les systèmes écologiques. Un domaine important de la radioécologie concerne l'étude de la pollution de l'environnement par les radionucléides produits par l'industrie nucléaire et de ses éventuelles conséquences écologiques. Celle-ci se préoccupe des éventuels processus de bioaccumulation et de bioamplification des radionucléides dans les réseaux trophiques terrestres et aquatiques, en particulier de ceux qui concernent les chaînes alimentaires de l'homme. ◆ **dose d'irradiation** (*radiation dose*) : un autre objet de la radioécologie d'importance considérable pour la radioprotection des populations consiste à déterminer les doses moyennes d'irradiation auxquelles l'homme est exposé dans les conditions naturelles ou par suite de l'utilisation de l'énergie nucléaire.

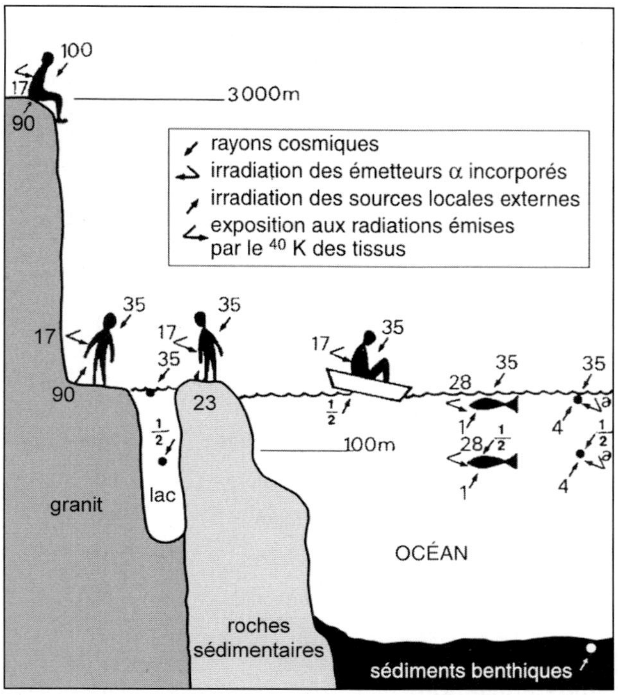

Doses moyennes d'exposition de l'homme aux diverses sources naturelles de radiation ionisante exprimées en millirems par an. (D'après Polikarpov, op. cit., in Ramade F., *Écologie appliquée*, Ediscience international, 5e ed., 1995, p. 332)

Il a été démontré que l'exposition aux radiations varie beaucoup d'intensité dans les écosystèmes terrestres ou aquatiques. Elle est maximale sur sols cristallins riches en métaux radioactifs et en altitude par suite de la moindre épaisseur de l'atmosphère. À 3 000 m d'altitude, l'irradiation annuelle est de 207 millirems et à peine de 52 millirems sur terrain sédimentaire au niveau de la mer.

En milieu continental, l'irradiation moyenne de l'homme due à la radioactivité naturelle est estimée à 100 mrems par an.

Dans les biotopes aquatiques, l'exposition des êtres vivants à l'irradiation est plus faible car l'eau absorbe efficacement ces dernières. Elle n'est en moyenne que de 30 mrems à une profondeur de 100 m. (***Voir aussi Radiation***)

radioélément, n. m. (*radioelement*). Isotope radioactif d'un élément. Voir Radio-isotope.

radio-isotope(s), n. m. (*radioisotope*). Isotopes radioactifs des éléments qui s'opposent à leurs isotopes stables. Depuis l'hydrogène, avec le tritium, on connaît des radio-isotopes pour la totalité des éléments constituant le tableau de Mendeleiev. Ainsi, par exemple, le carbone possède un radio-isotope, le carbone 14 (période 5 730 ans) et deux isotopes stables, le carbone 12, de loin le plus abondant dans l'univers et le carbone 13, encore dénommé carbone lourd.

Radiolaires, n. m. (*Radiolaria*). Protistes de l'embranchement des Actinopodes pourvus d'un test siliceux, dont la plupart sont des espèces pélagiques. On en connaît des fossiles datant du Cambrien et ils présentent un rôle stratigraphique important dans divers étages du Secondaire et du Tertiaire. ◆ **vase de** ~ (*radiolarian ooze*) : sédiments meubles renfermant plus de 30% de tests de Radiolaires accumulés dans la plaine abyssale au-dessous de 4 500 m qui est la profondeur de compensation des carbonates. Ils se rencontrent dans les zones équatoriales des océans Indien et Pacifique.

radiolarite, n. f. (*radiolarite*). Roche siliceuse compacte constituée principalement de tests de radiolaires.

radiomimétique, adj. ◆ **substance** ~ (*radiomimetic compound*) : substance mutagène dont les effets miment ceux de l'irradiation en provoquant des cassures chromosomiques par exemple. Divers dérivés nitrés, les substances chimiostérilisantes, telles que l'Apholate ou le Métépa, sont douées de propriétés radiomimétiques.

radionucléides, n. m. (*radionuclids*). Désigne les atomes d'éléments radioactifs, qu'ils soient naturels ou artificiels. (***Voir aussi Radio-isotope***)

radioprotection, n. f. (*radioprotection*). Mesures et organisations ayant pour objet de protéger les diverses populations contre les rayonnements ionisants. La Commission Internationale de Protection Radiologique (CIPR) a une telle mission. Elle a défini des normes de radioprotection qui concernent à la fois les populations dans leur ensemble et les personnes exposées par leurs activités professionnelles à une irradiation. Pour l'ensemble des populations humaines, la dose maximale tolérable d'irradiation a été fixée à 170 mrems par an soit 0,17 milliSievert. Pour les « individus isolés », en fait les personnes habitant au voisinage d'installations nucléaires, cette dose a été fixée à 0,3 rem, soit

Principaux radio-isotopes d'importance écologique

Radio-isotope	Période	Radiations émises		
		α	β	γ
Constituants de la biomasse				
Carbone (^{14}C)	5 730 ans		+	
Tritium (^{3}H)	12,4 ans		+	
Phosphore (^{32}P)	14,5 jours		+++	
Soufre (^{35}S)	87,5 jours		+	
Calcium (^{45}Ca)	160 jours		++	
Sodium (^{24}Na)	15 heures		+++	+++
Potassium (^{40}K)	$1,3 \cdot 10^9$ ans		++	++
Fer (^{59}Fe)	45 jours		++	+++
Iode (^{131}I)	8 jours		++	++
Produits de fission et autres radio-isotopes libérés par l'industrie nucléaire				
Strontium (^{90}Sr)	27,7 ans		++	
Césium (^{137}Cs)	30 ans		++	+
Ruthénium (^{106}Ru)	1 an		+	
Plutonium (^{239}Pu)	24 000 ans	++++		++
Gaz rares produits par les réacteurs nucléaires				
Argon (^{41}Ar)	2 heures		++	
Krypton (^{85}Kr)	10,4 ans		+	
Xénon (^{133}Xe)	5 jours		+++	

3 milliSieverts. Enfin pour celles travaillant dans l'industrie nucléaire à 5 rems mais les normes stipulent que la dose tolérable est de 3 rems soit 30 milliSieverts pour la moyenne des travailleurs exposés aux rayonnements dans une installation donnée.

radiorésistance, n. f. (*radioresistance*). Terme désignant l'aptitude de certains organismes à supporter des doses de radiations considérablement supérieures à celles normalement tolérées par les autres végétaux ou animaux. Ainsi, alors que chez les Arthropodes les DL 50 sont de quelques milliers ou dizaines de milliers de rems, le scorpion *Vejovis confusus* a une DL 50 record de 160 000 rems!

radiosensibilité, n. f. (*radiosensitivity*). Niveau de sensibilité aux radiations d'un organisme vivant. On observe de façon générale une augmentation de la radiosensibilité au fur et à mesure que l'on s'élève dans l'échelle d'évolution des espèces vivantes. En fonction des doses reçues, on distingue un effet stérilisant puis, à plus fortes doses, des effets létaux.

La radiosensibilité des espèces vivantes varie de façon générale en fonction de leur position taxonomique.

Les organismes primitifs (Procaryotes) sont les plus radiorésistants, la DL 50 des virus et des bactéries étant de l'ordre du million de rems. À l'opposé, les plus évolués (Oiseaux et Mammifères) sont les plus radiosensibles, leur DL 50 est généralement inférieure au millier de rems (chez l'homme par exemple, elle est de l'ordre de 500 rems, soit 5 Sievert, après une semaine). Il existe toutefois des exceptions. Ainsi, bien que les Arthropodes soient des Invertébrés assez évolués, ils présentent néanmoins une importante radiorésistance, la DL 50 atteignant près de 100 000 rems chez divers insectes, 140 000 rems pour le scorpion *Androctonus*, voire même 160 000 rems pour *Vejovis confusus*.

Chez les végétaux, les Gymnospermes, en particulier les conifères, quoique moins évolués que les végétaux Angiospermes, sont les plus radiosensibles, leur DL 50 étant souvent de l'ordre de 500 à 900 rems, soit à peine plus que la moyenne des Mammifères! ***(Voir aussi Radiorésistance)***

Dose provoquant 100% de stérilisation chez diverses espèces d'Arthropodes
(D'après divers auteurs *in* F. Ramade, *Eléments d'écologie. Ecologie appliquée.* Ediscience international, 5e ed. 1995, p. 331)

Insectes	Ordre	Dose en Sieverts stérilisant 100% des individus
Icerya purchasi	Homoptère (cochenille)	15
Mouche domestique	Diptère	40
Callitroga hominivorax	Idem	50
Drosophila melanogaster	idem	160
Habrobracon sp.	Hyménoptère	75
Anobium punctatus	Coléoptère	80
Lyctus sp.	Idem	320
Tyroglyphus farinae	Acarien	500
Vejovis confusus	Scorpionide	> 800

radiostérilisation, n. f. (*radiosterilization*). Phénomène de stérilisation des espèces vivantes provoqué par l'exposition à des radiations ionisantes. Les doses radiostérilisantes ont dans l'ensemble tendance à diminuer – de même que les doses létales d'irradiation – à mesure que l'on s'élève dans l'échelle d'évolution des espèces vivantes. Ainsi ces doses sont généralement supérieures à 5 000 rems chez les insectes et autres Arthropodes (soit 50 Sievert) (voir Tableau), elles sont de l'ordre d'une centaine de rems (soit du Sievert) chez les Oiseaux et les Mammifères.

La radiostérilisation est employée dans la lutte contre les insectes ravageurs afin de protéger les céréales entreposées. Elle consiste à disposer un irradiateur devant les grains en train de s'écouler dans un silo au moment de son remplissage. Elle a été aussi mise en œuvre dans la lutte autocide contre la mouche de Curaçao, dont la larve est un redoutable parasite des bovins dans le sud des États-Unis et dans le pourtour du golfe du Mexique. Elle consiste en un élevage massif de ces insectes, suivi

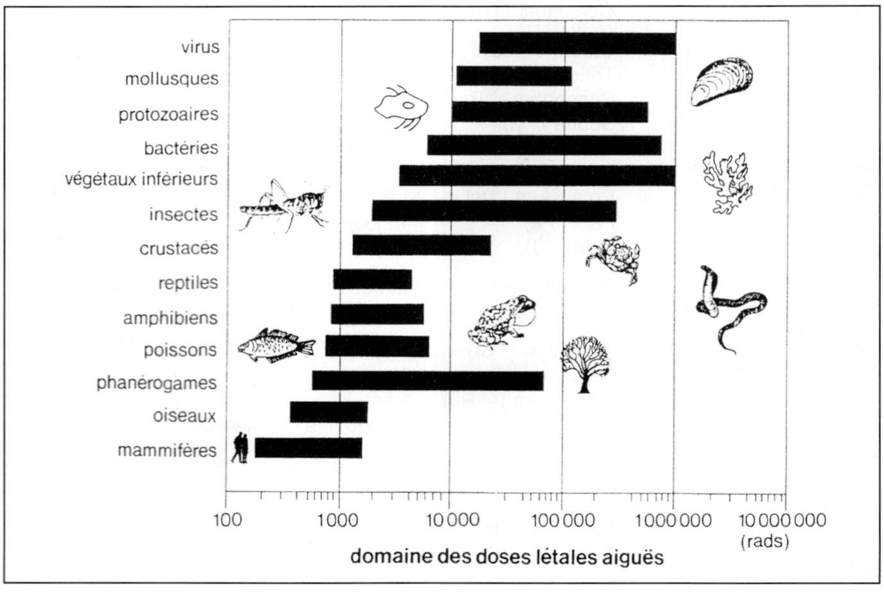

Échelle de **radiosensibilité** des espèces vivantes. Les doses d'irradiation sont exprimées en rads. (D'après Whicker et Schultz in Ramade F., *Les catastrophes écologiques*, McGraw-Hill, Paris, 1987, p. 283)

de lâcher des mâles radiostérilisés au préalable. L'accouplement de ces individus avec des femelles, lesquelles ne s'accouplent qu'une fois avant la ponte, conduit rapidement à l'élimination totale de la population de cet insecte parasite. (***Voir aussi Rayonnement***)

radiotoxicité, n. f. (*radiotoxicity*). Mécanisme physiotoxicologique par lequel les radiations ionisantes provoquent de graves désordres chez les organismes irradiés, voire leur mort. La radiotoxicité est le résultat de la formation *in situ* dans les cellules irradiées de radicaux libres et de peroxydes très toxiques.

radiotracking, n. m. Technique utilisée en écoéthologie pour suivre un animal dans ses déplacements dans son domaine vital et ses migrations. Elle consiste à fixer un radioémetteur sur un appendice (oreille par exemple) ou sur le corps de l'animal. Les progrès de la miniaturisation en électronique permettent de nos jours la pratique du radiotracking sur de petits passereaux de la taille des fauvettes par exemple.

radium, n. m. (*radium*). Élément de numéro atomique Z = 88 et de masse atomique Ar = 226 dont le corps simple est un métal radioactif très rare qui fut découvert par P. et M. Curie. Sa période, qui est de 1 620 ans, sert de définition de l'unité de radioactivité le curie (Ci). Un curie est la radioactivité émise par la désintégration d'un gramme de radium soit celle de $3,7 \times 10^{10}$ atomes par seconde.

radon, n. m. (*radon*). Élément de numéro atomique Z = 86 et de masse atomique Ar = 222 dont le corps simple est un gaz rare radioactif produit par la désintégration du radium.

Il s'agit d'un émetteur α présent en plus grande abondance dans les régions sises sur terrains anciens cristallins, en particulier granitiques, qui renferment des éléments de la série de l'uranium et divers actinides. Le radon soulève de sérieux problèmes de radioprotection dans les mines souterraines d'uranium mais aussi dans les habitations installées sur certains terrains granitiques particulièrement riches en actinides. En outre, il peut se dissoudre dans les eaux naturelles destinées à l'alimentation des réseaux d'adduction à des concentrations excessives.

Le radon contenu dans l'air des locaux et dans les eaux de boisson contribue en moyenne pour 34% à l'irradiation totale de l'organisme due aux radioéléments naturels. Il a été classé par le CIRC de Lyon parmi les cancérogènes pulmonaires en 1987. ◆ ~ **dans l'air des habitations** : en France, la teneur moyenne de l'air des habitations en radon est de 66 Bq/m^3. Elle varie en règle générale de 10 Bq/m^3 à 300 Bq/m^3. Les régions où les concentrations sont les plus élevées sont le Massif Central et le Massif Armoricain. Selon l'IPSN, 60 000 maisons, généralement construites en granit, dépassent les 1 000 Bq/m^3 d'air. Aux États-Unis, il est estimé que l'irradiation des individus par le radon constitue de beaucoup la principale cause intrinsèque de l'irradiation de l'ensemble de la population, il y représente en effet à lui

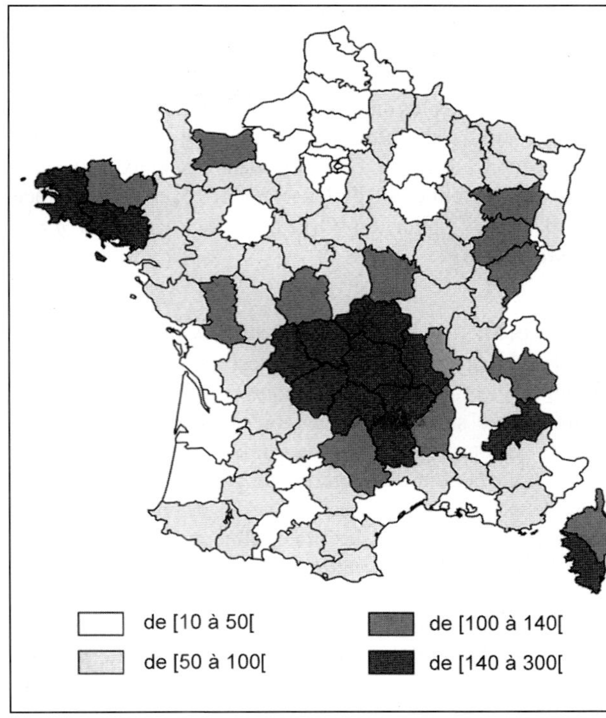

Concentration en **radon** en France dans l'air des habitations (en Bq/m^3) calculée en moyenne par département et correspondant à l'exposition moyenne des populations observées en 1997. (D'après IPSN, in IFEN, op. cit., 1999, p. 69)

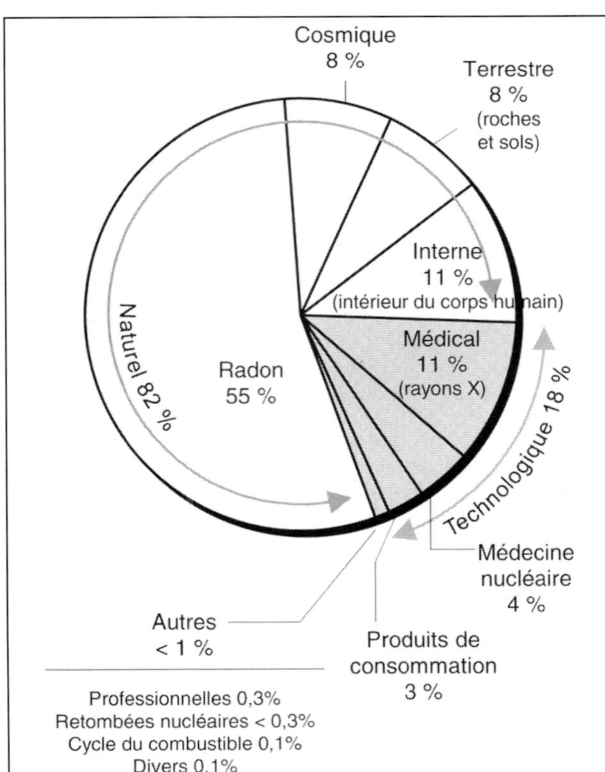

Principales causes d'irradiation des populations observées aux États-Unis. On constate que le **radon** représente à lui seul 67% de la totalité des causes d'irradiation naturelle et 55% de l'ensemble des causes d'irradiation cumulée – y inclus celles d'origine technologique qui, cela doit être souligné, ne représentent que 18% de ce même total. (D'après *National Council on Radiations Protection*, in Hill, op. cit., 1997, p. 295)

seul 55% de l'irradiation totale des individus y compris les causes d'origine technologique. ◆ ~ **dans les eaux naturelles** : il représente le radionucléide d'origine naturelle le plus fréquent dans les eaux des réseaux d'adduction et celui qui s'y rencontre aux plus fortes concentrations. Aux États-Unis, les concentrations en radon dans les eaux naturelles vont d'une moyenne de 10 $pCi \cdot l^{-1}$ pour les eaux de surface à $2 \cdot 10^6$ $pCi \cdot l^{-1}$ pour le puits d'un particulier. ***(Voir aussi Radionucléides)***

raffinerie(s), n. f. ◆ ~ **pétrolières** (*oil plants*) : installations dans lesquelles le pétrole brut est traité par distillation, pyrogénation et cracking catalytique pour la production de carburants, de solvants ou de molécules servant à la synthèse de ces derniers, de naphta qui est la matière première de base pour la chimie organique de synthèse, de matériaux (asphalte par exemple). Les raffineries figurent parmi les installations industrielles les plus polluantes. Elles génèrent aussi des quantités importantes de SO_2 rejetées au loin par d'imposantes cheminées car elles brûlent sur place les fuels lourds les plus riches en soufre, qui sont invendables, afin de produire l'énergie nécessaire au raffinage du pétrole. L'odeur alliacée qui règne à leur voisinage provient, elle, du dégagement dans l'atmosphère de mercaptans volatils, le soufre présent dans le pétrole brut étant surtout contenu dans les homologues supérieurs des composés de ce type qu'il renferme. Elles rejettent aussi d'importantes quantités de HAP, dont elles constituent, après les moteurs diesel et avec les centrales thermiques au charbon ou au fuel, la source majeure d'émissions dans l'atmosphère. Les raffineries sont aussi la source d'une importante pollution potentielle des eaux continentales littorales par divers polluants organiques très toxiques, en particulier par des phénols. ***(Voir aussi HAP, Pétrole, SO_2)***

Rafflésiacées, n. f. Famille de plantes parasites dépourvues de chlorophylle vivant sur les racines d'arbres des forêts pluvieuses tropicales d'Asie du Sud. Le *Rafflesia arnoldi* de Sumatra est l'une des plus grandes fleurs actuelles, la corolle qui se développe à la surface du sol atteignant plus d'un mètre de diamètre.

ragondin, n. m. (*coypu*) (n. sc. : *Myocastor coypu*). Rongeur hystricomorphe appartenant à la famille des *Myocastoridae*, inféodé aux biotopes lentiques : étangs, marécages et autres eaux stagnantes. D'assez grande taille, car il peut atteindre près d'un mètre de la pointe du museau à l'extrémité de la queue, le ragondin a été introduit en Europe et en Amérique du Nord afin d'être élevé pour la pelleterie. Il s'est ultérieurement échappé des élevages et a envahi un grand nombre de biotopes dulçaquicoles de la zone holarctique. ***(Voir aussi Myocastor)***

Ragondin (*Myocastor coypu*) au bord d'un fossé (mas de la Capelière, réserve naturelle nationale de Camargue). (Cliché F. Ramade)

ramicole, adj. (*ramicolous*). Qui est propre aux rameaux et aux extrémités des végétaux ligneux.

rampant, adj. (*creeping*) ◆ **port** ~ (*creeping growth*) : désigne une plante dont la tige se développe horizontalement au contact du sol. C'est souvent le cas des végétaux herbacés qui croissent en montagne à la limite de la zone nivale tel le saule herbacé (*Salix herbacea*) ou encore l'Éricacée *Loizelleuria procumbens* des combes à neige.

Ramphastidae, n. sc. Famille de Piciformes néotropicaux, de régime frugivore, inféodée aux forêts pluvieuses

Vue du complexe pétrolier de Port de Bouc (Bouches du Rhône). Les **raffineries** sont source d'une pollution chronique des eaux et de l'atmosphère, non seulement par les hydrocarbures mais par divers composés gazeux du soufre et de l'azote. (Cliché F. Ramade)

tropicales d'Amérique latine, constituée par les diverses espèces de toucans et de toucanets.

Ramsar. Convention internationale sur la protection des zones humides adoptée en 1971. Il existe actuellement plus de 600 sites de la convention de Ramsar dans le monde. Ils correspondent à des réserves naturelles dont le statut de conservation est plus ou moins strict, qui ont pour objet de protéger des habitats aquatiques surtout palustres ou lagunaires mais qui comportent aussi des rivages lacustres. Ces derniers présentent en particulier une grande importance comme sites de reproduction de certaines espèces d'oiseaux aquatiques, comme étapes ou zones d'hivernage en période de migration. (***Voir aussi Convention, Protection de la nature, Réserves, Zones humides***)

Ranales, n. sc. (syn. : Ranunculales). Voir Ranunculales, Renonculacées.

rang, n. m. (*rank*) ◆ **diagramme ~ fréquence** (*relative abundance value curve*) : diagramme représentant la distribution d'abondance des espèces constituant un peuplement.

Afin de disposer d'une méthode d'analyse de la diversité écologique plus détaillée qu'un simple indice, il a été mis au point une représentation graphique de la diversité d'un peuplement ou d'une communauté prise dans son ensemble, obtenue en figurant sous forme d'histogramme la répartition de la fréquence relative des espèces qu'ils comportent.

La représentation graphique d'une distribution de fréquence des espèces constituant un peuplement donné s'obtient en figurant en ordonnées la fréquence relative de chaque espèce et en abscisse son rang dans le classement par ordre d'abondance décroissante, de la plus commune à la plus rare. Comme la fréquence de certaines espèces est faible, voire dérisoire, on a recours à une représentation logarithmique afin de pouvoir faire figurer les espèces rares.

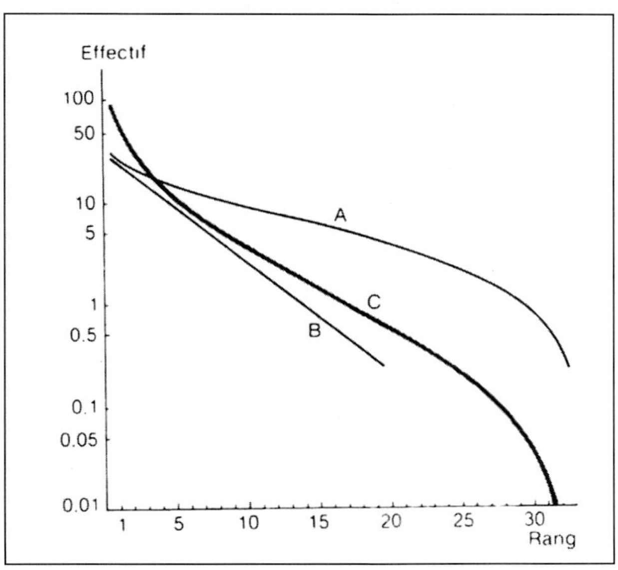

Principaux types de diagrammes **rang-fréquence**. **A**) Modèle de MacArthur. **B**) Modèle de Motomura (Log-linéaire). **C**) Modèle de Preston (Log-normal). (In Ramade F., *Écologie fondamentale*, Ediscience international, 2e ed., 1994, p. 272)

La distribution ainsi obtenue peut être soit décrite empiriquement, soit rapportée à un modèle mathématique de distribution d'abondance. Dans un cas comme dans l'autre, on obtient une représentation statistique de la distribution d'abondance, par calcul de l'ajustement optimal des fréquences mesurées dénommée *diagramme rang-fréquence*.

Il existe plusieurs modèles mathématiques de distribution rang-fréquence. Les plus utilisés et ceux qui correspondent à la description de la structure de la majorité des peuplements et des communautés existantes dans les écosystèmes tant terrestres qu'aquatiques, sont ceux de MacArthur, Motomura et Preston. (***Voir aussi MacArthur, Motomura, Preston***)

Ranidae, n. sc. Famille d'Amphibiens Anoures qui réunit la majorité des grenouilles. Les *Ranidae* présentent une nette régression de leurs populations dans l'ensemble du monde depuis une trentaine d'années. Bien que les causes de ce déclin soient multiples, y compris des prélèvements excessifs liés à la consommation humaine, les pollutions interviennent de façon importante dans ce phénomène.

La grenouille rousse, *Rana temporaria*, est l'une des espèces de ***Ranidae*** les plus communes de la faune de France. (Cliché F. Ramade)

Outre la pollution des eaux et des biotopes terrestres ripicoles par les pesticides, certains auteurs ont évoqué le rôle de la régression de la couche d'ozone due à la pollution de la stratosphère par les CFC avec pour conséquence un accroissement déjà perceptible du flux UV en surface du sol dont les effets néfastes se manifesteraient sur les têtards et les grenouilles adultes. Parmi les autres hypothèses, on citera aussi la pollution diffuse par des polluants doués d'effets œstrogénomimétiques, comme le DDT et les PCB, qui perturberait leur reproduction. En revanche, l'existence d'une pandémie due à un agent pathogène, dont l'existence n'est certes pas contestable, ne paraît pas pouvoir expliquer la régression. (***Voir aussi DDT, Grenouille, Œstrogénomimétique***)

ranker, n. m. (*ranker*). Sol qui s'est développé dans des pelouses alpines (ranker alpin) ou dans les forêts de l'étage subalpin, sur roche-mère dure, siliceuse, dont l'horizon A repose souvent sans intermédiaire sur l'horizon C (absence d'horizon B). Les rankers dits subalpins (ou encore cryptopodzoliques) se forment généralement dans des stations non forestières. Ils s'agit de sols évolués, pourvus d'un important horizon humifère A1B, pouvant atteindre jusqu'à 80 cm d'épaisseur, souvent marqués par une forte brunification. Ce type de sol est très fréquent en montagne où l'horizon C peut même disparaître de sorte qu'il a l'aspect d'une semelle noire, humifiée, qui se décolle facilement de la roche mère sous-jacente non altérée. **(*Voir aussi Sols*)**

Ranunculales, n. sc. (*Ranunculales*). Ordre de Dicotylédones primitives de la sous-classe des Magnoliidées renfermant de nombreuses espèces de plantes herbacées et pérennes. Il est bien représenté, en particulier par la famille des Renonculacées, en Europe tempérée et méditerranéenne. **(*Voir aussi Renonculacées*)**

rapace(s), n. m. (*raptor*). Terme désignant les oiseaux prédateurs. Il existe en réalité divers ordres d'Oiseaux dont toutes les familles ou seulement quelques-unes sont de mœurs rapaces. Les deux principaux ordres sont les rapaces nocturnes (Accipitériformes = Falconiformes) et les rapaces diurnes (Strigiformes).

On rencontre aussi quelques familles d'oiseaux rapaces chez les Lariformes (certains labbes), chez les Coraciadiformes (martins-chasseurs de diverses régions tropicales) et chez les Passériformes comme les pie-grièches (famille des *Laniidae*).

Raphidae, n. sc. Famille de Columbiformes aptères de grande taille, propre aux îles Mascareignes, désignés sous le terme général de Drontes (dodo de l'île Maurice et de la Réunion, solitaire de l'île Rodriguez). Ces oiseaux, pouvant peser plus de vingt kilos furent massacrés par les navigateurs et furent victimes des introductions d'animaux exotiques tels les rats. Le dodo de l'île Maurice s'éteignit au XVIIe siècle, celui de la Réunion et le Solitaire de Rodriguez au XVIIIe siècle. **(*Voir aussi Dodo*)**

rapides, n. m. (*rapids*). Secteur d'un fleuve où la forte pente est combinée à des affleurements de blocs rocheux. Il en résulte à la fois un courant et des turbulences intenses ce qui rend la navigation dangereuse.

rapport(s), n. m. ◆ ~ **Bruntland** : voir Bruntland. ◆ ~ **C/N** (*C/N ratio*) : il existe un rapport constant dans la biomasse entre ces éléments selon le type d'organisme considéré. Il est par exemple de 6 à 8 pour le phytoplancton et de 4 à 5 pour le zooplancton. De même, ce rapport entre la teneur en carbone organique et en azote présente une valeur constante dans les sols ainsi que dans les sédiments et les matières en suspension des biotopes aquatiques où il est de 8,5 en moyenne. ◆ ~ **N/P** (*N/P ratio*) : dans la biomasse animale, il est estimé à une valeur moyenne de 16 en nombre d'atomes et à 7 en masse. Ce rapport est de grande importance en milieu aquatique en ce qui concerne l'azote et le phosphore minéral car il conditionne la productivité des eaux. On estime sa valeur optimale à 15 pour 1 en proportion atomique dans les écosystèmes océaniques.

rare, adj. (*rare*). Désigne une espèce végétale ou animale dont le nombre total d'individus constituant sa population globale est faible, et qui ne se rencontre qu'en des sites géographiques peu nombreux et de surface généralement réduite. Le plus grand nombre de telles espèces s'observe dans les centres d'endémisme.

raréfaction, n. f. (*rarefaction*). Processus démoécologique d'origine intrinsèque et le plus souvent extrinsèque conduisant à la diminution d'abondance d'une population ou d'une espèce prise dans son ensemble. ◆ **méthode de la** ~ (*rarefaction method*) : méthode permettant de déterminer la relation existant entre la diversité spécifique et la taille d'un échantillon en éliminant au hasard des individus d'un échantillon.

rareté, n. f. (*rarity*). Propriété de nombreuses espèces végétales ou animales d'être représentées par des populations très peu nombreuses. La notion peut paraître contingente car la limite entre espèces rares et espèces d'abondance moyenne est *a priori* subjective. Aussi, divers écologues ont eu recours à un critère quantitatif pour définir la rareté des espèces. Gaston a par exemple proposé de considérer comme rares les espèces qui constituent le dernier quartile dans la distribution d'abondance relative d'un peuplement, d'une communauté ou d'un système écologique d'ordre supérieur. On peut distinguer deux formes de rareté chez les espèces vivantes. La première concerne les taxa qui peuvent se rencontrer en un assez grand nombre d'habitats géographiquement éloignés mais qui présentent toujours une densité de population très faible. À l'opposé, il existe des taxa très sténo-œciques et inféodées à des niches écologiques elles-mêmes peu fréquentes. Dans ce cas, ces espèces peuvent avoir dans leur habitat une forte densité mais ne se rencontrent qu'en un très faible nombre de biotopes. Il est certain que les espèces concernées peuvent être particulièrement vulnérables étant donné le nombre très limité de zones où se rencontrent leurs populations, un seul dans les cas les plus critiques, de sorte qu'un accident écologique – climatique ou autre – peut mettre en danger l'espèce considérée, voire la conduire aux franges de l'extinction. **(*Voir aussi Biodiversité, Extinction*)**

rat(s), n. m. (*rat*). Rongeurs simplicidentés dans lesquels existent des espèces anthropophiles jouant le rôle de réservoir de virus pour un grand nombre d'affections parasitaires et microbiennes de l'homme. Tel est en particulier le cas du surmulot (*Rattus norvegicus*) qui a envahi le monde entier à partir de son aire de distribution géographique originelle, profitant des transports maritimes. ◆ ~ **musqué** (*musk rat*) (n. sc. : *Ondatra zibethica*) : espèce de rongeurs aquatiques nord-américaine qui a été introduite en Europe occidentale pour sa fourrure. Après s'être échappée des élevages, elle a envahi de nombreux écosystèmes lentiques d'Europe atlantique. Le rat musqué construit des nids souterrains en creusant dans les digues des canaux et est devenu de la sorte une espèce indésirable.

ration, n. f. ◆ ~ **alimentaire** (*band day*) : quantité d'aliments nécessaire quotidiennement aux animaux domestiques.

Ratites, n. m. (*Ratites*). Sous-classe d'Oiseaux terrestres, tels l'autruche, dépourvus de bréchet et incapables de voler, qui renferme diverses espèces réparties dans les régions tropicales du monde. Les émeus d'Australie, les casoars de la région notogéenne, les nandous et les tinamous d'Amérique du Sud, les kiwis de Nouvelle-Zélande, constituent les principaux groupes de Ratites. (***Voir aussi Casuariformes, Rhéiformes, Struthioniformes***)

Raunkiaer ◆ **classification des feuilles de** ~ : cet auteur a distingué, en fonction de la taille, 6 classes de feuilles : leptophylles (< 25 mm^2), nanophylles (25 – 225 mm^2), microphylles (225 – 2 025 mm^2), mésophylles (2 025 – 18 225 mm^2), macrophylles (18 225 – 164 025 mm^2), mégaphylles (> 164 025 mm^2). ◆ **classification des formes de vie de** ~ : classification établie pour distinguer les diverses formes adaptatives des végétaux à la survie à des conditions climatiques défavorables. Celle-ci distingue plusieurs types en fonction de la hauteur à laquelle se trouvent les organes, bourgeons en particulier, assurant la survie de l'individu ou de la population pendant la période hivernale. Raunkiaer distinguait de la sorte des Phanérophytes, végétaux ligneux (arbres et arbustes), dont les organes pérennes sont situés à plus de 25 cm au-dessus du sol (qui est la hauteur moyenne de la neige dans les pays tempérés froids), des Chamaephytes, plantes ligneuses buissonnantes dont les bourgeons sont au-dessus du sol mais à moins de 25 cm de la surface de ce dernier, des Hémicryptophytes, plantes herbacées pérennes dont les bourgeons sont à la surface du sol mais enfouis au milieu de la touffe, des Géophytes dont les formes de survie, bulbes par exemple, sont souterraines, enfin des Thérophytes, dont la seule forme de survie est la graine. Ces catégories sont pluriannuelles sauf les Thérophytes, à brève période végétative – quelques mois à peine. (***Voir aussi Arbuste, Buisson, Buissonnant, Stratification***)

ravage, n. m. (*yard*) (terme québequois). Secteur d'une forêt où se rassemblent des Cervidés pour passer l'hiver. ◆ ~ **d'élan** (*moose yard*) : piste que trace un élan dans la forêt après les premières chutes de neige en cassant les branches basses afin de pouvoir échapper à la poursuite des loups.

ravageurs, n. m. (*pests*). Désigne les diverses espèces animales : insectes, acariens, nématodes, certains rongeurs, qui se comportent en destructeurs des cultures ou encore les champignons et micro-organismes qui sont des agents vecteurs d'affections pathogènes des végétaux cultivés. (***Voir aussi Pesticides***)

ravin, n. m. (*gully*). Dépression de terrain aux bords abrupts ou gorge, soit d'origine tectonique, soit creusée par l'érosion hydrique.

ravinement, n. m. (*gully erosion, gullying*). Creusement de rigoles voire de fossés profonds sur des sols en pente ravagés par l'érosion hydrique.

rayon, n. m. Voir Rayonnement.

rayonnement(s), n. m. (*radiation*). Désigne toute radiation électromagnétique énergétique. ◆ ~ **ionisants** (*ionizing radiations*) : voir Radiation. ◆ ~ **solaire** (*solar radiation*) : désigne le flux d'énergie radiative émis par le soleil. Le rayonnement solaire atteint une intensité de l'ordre de 2 cal/cm^2/min à la limite supérieure de l'atmosphère.

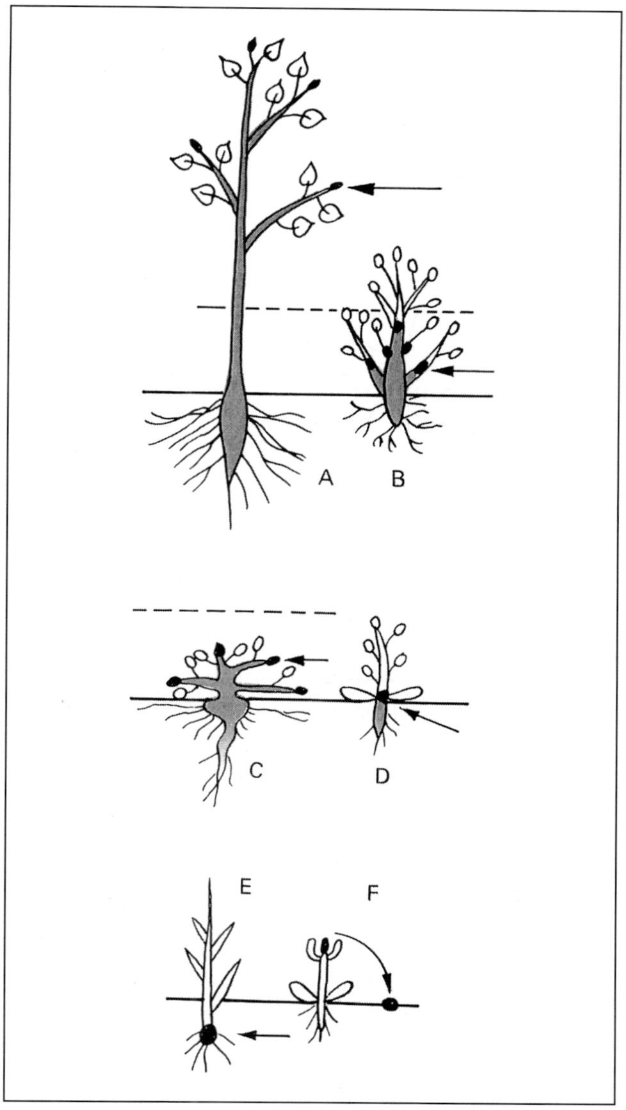

Classification des formes de vie de **Raunkiaer**. **A**) Phanérophytes (arbres, arbustes, plantes ligneuses buissonnantes avec des bourgeons situés à plus de 25 cm au-dessus du sol). **B**) et **C**) Chamaephytes (plantes ligneuses dont les bourgeons sont à moins de 25 cm au-dessus du sol). **D**) Hémicryptophytes (plantes vivaces dont la partie bourgeonnante est à la surface du sol). **E**) Géophytes (plantes vivaces avec bulbe ou rhizome souterrain). **F**) Thérophytes (plantes annuelles survivant à la saison défavorable uniquement sous forme de graines). Les tissus assurant la pérennité du végétal sont figurés en noir, les parties ligneuses en gris. Le pointillé figure la hauteur moyenne de la neige (25 cm). (In Ramade F., *Écologie fondamentale*, Ediscience international, 2e ed., 1994, p. 277)

Une partie de ce rayonnement est absorbée par l'atmosphère surtout celle correspondant aux rayons X, qui ne pénètrent pas au-delà d'une centaine de kilomètres d'altitude, aux rayons UV B et C. Cette absorption est aussi très forte à l'autre extrémité du spectre dans l'infrarouge. Au niveau du sol, 99% de cette énergie est concentrée dans une bande spectrale de longueur d'onde comprise entre 0,2 μ et 4 μ, dont près de la moitié dans le visible.

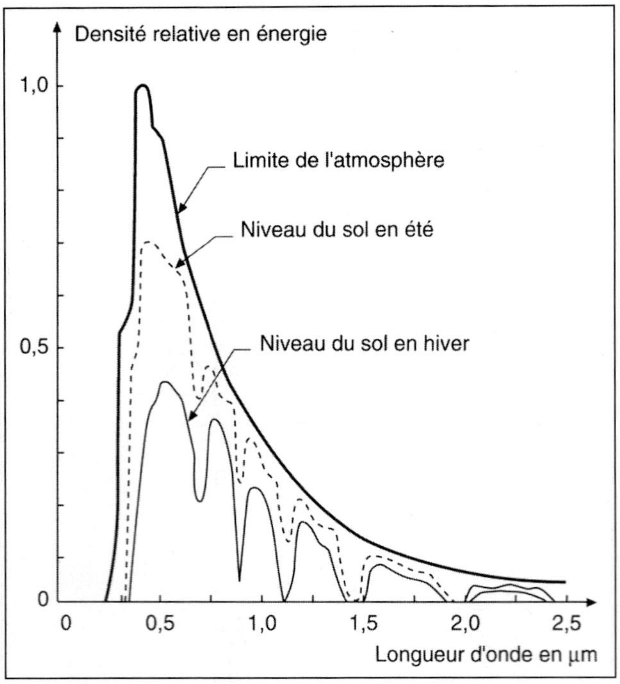

Densité énergétique relative du spectre du **rayonnement** solaire à la limite supérieure de l'atmosphère et au sol (en hiver et en été) à 52° de latitude Nord (c'est-à-dire à la latitude moyenne de l'Europe occidentale). (In Brinksworth, *Direct use of solar energy*, in Lenihan et Fletcher, *Energy, Ressources and the Environment*, Blackie, Londres, 1978, p. 101)

L'intensité du rayonnement solaire varie selon l'altitude. Il atteint sa valeur maximale à la limite supérieure de l'atmosphère, quelque 48% de l'énergie contenue dans son flux total étant absorbée par celle-ci. ***(Voir aussi Flux, Langley, Solaire)*** ◆ ~ **thermique** (*thermal radiation*) : désigne les radiations, situées dans l'infrarouge, qui transportent l'énergie calorifique. ◆ ~ **visible** (*visible radiation*) : désigne les radiations perçues par l'œil humain. Leur bande spectrale est comprise entre 400 mµ (limite de l'ultraviolet) et 700 mµ, limite inférieure de l'infrarouge. ◆ **gamme (spectre) des** ~ (*radiations spectrum*) : désigne la bande spectrale de l'ensemble des rayonnements électromagnétiques depuis les ondes radio jusqu'aux rayonnements γ aux plus courtes longueurs d'onde.

raz de marée, n. m. (*tidal wave*). Vague gigantesque provoquée par une forte dépression cyclonique, un ouragan ou un tsunami. Certains raz de marée ont généré des vagues de plus de 30 m de haut noyant toute la zone côtière et provoquant des dommages catastrophiques dans la zone affectée. Celui qui suivit l'explosion du volcan Krakatoa, dans le détroit de la Sonde en 1883, provoqua sur les rivages de l'archipel indonésien la mort de plus de 40 000 personnes! ***(Voir aussi Tsunami)***

RBMK. Type de réacteur nucléaire développé dans l'ex-Union soviétique. Celui qui causa l'accident de Tchernobyl appartenait à ce modèle.

Ces réacteurs sont de type graphite-eau bouillante, le graphite servant de ralentisseur de neutrons et l'eau légère de fluide caloporteur. Ils présentent une configuration de vide dite positive c'est-à-dire que leur réactivité augmente quand

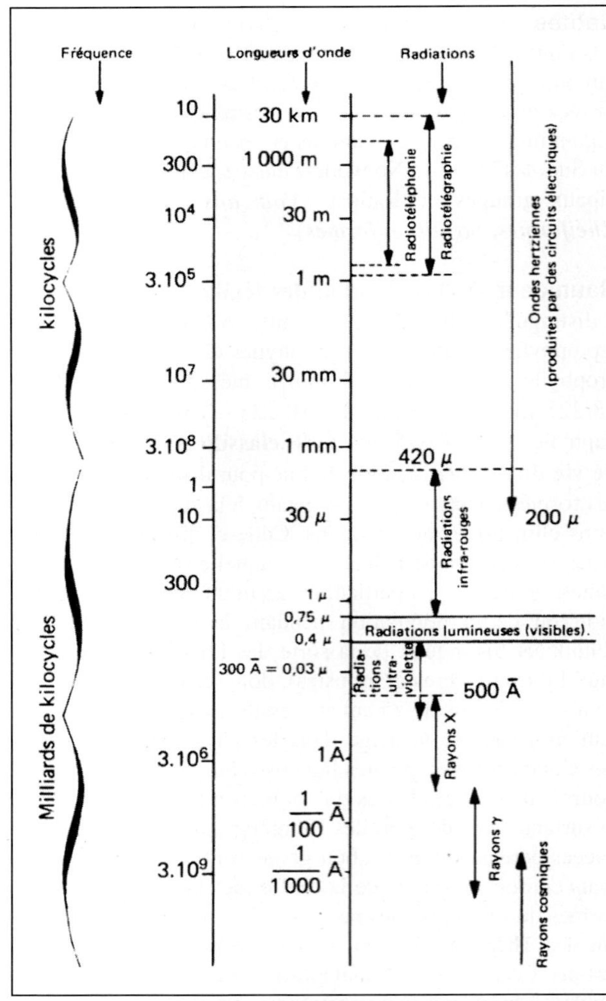

Gamme des **rayonnements**. (In Ramade F., *Écologie appliquée*, Ediscience international, 5e ed., 1995, p. 319)

leur température s'accroît avec pour conséquence un risque d'explosion thermodynamique en cas de panne de refroidissement. C'est d'ailleurs ce qui fut la cause de l'accident de Tchernobyl. ***(Voir aussi Centrales, Tchernobyl)***

réacteurs nucléaires, n. m. ◆ ~ **à l'eau légère pressurisée (= REP)** (*pressurized water reactor = PWR*) : filière de réacteurs nucléaires électrogènes la plus utilisée à l'heure actuelle dans le monde en particulier en France où les dernières unités mises en service, comme celle de Civeaux, possèdent une puissance de 1 450 MW(el). De tels réacteurs fonctionnent avec de l'uranium enrichi à 2,3% comme combustible nucléaire (quelque 140 tonnes dans le cœur d'un réacteur de centrales de type Civeaux) et utilisent de l'eau légère pressurisée à 150 bars, à la fois comme ralentisseur de neutrons et comme fluide caloporteur. L'énergie calorifique provenant du réacteur produit de la vapeur d'eau au niveau du générateur de vapeur, laquelle alimente le circuit secondaire qui actionne le turbogénérateur. Compte tenu de la température assez basse de la source chaude de ces réacteurs (320 °C) et des autres filières électronucléaires en service commercial, le rendement thermique de ce type d'installation est assez faible ce qui implique l'évacuation de quantités gigantesques de chaleur à faible température au niveau du circuit de refroidissement. La pol-

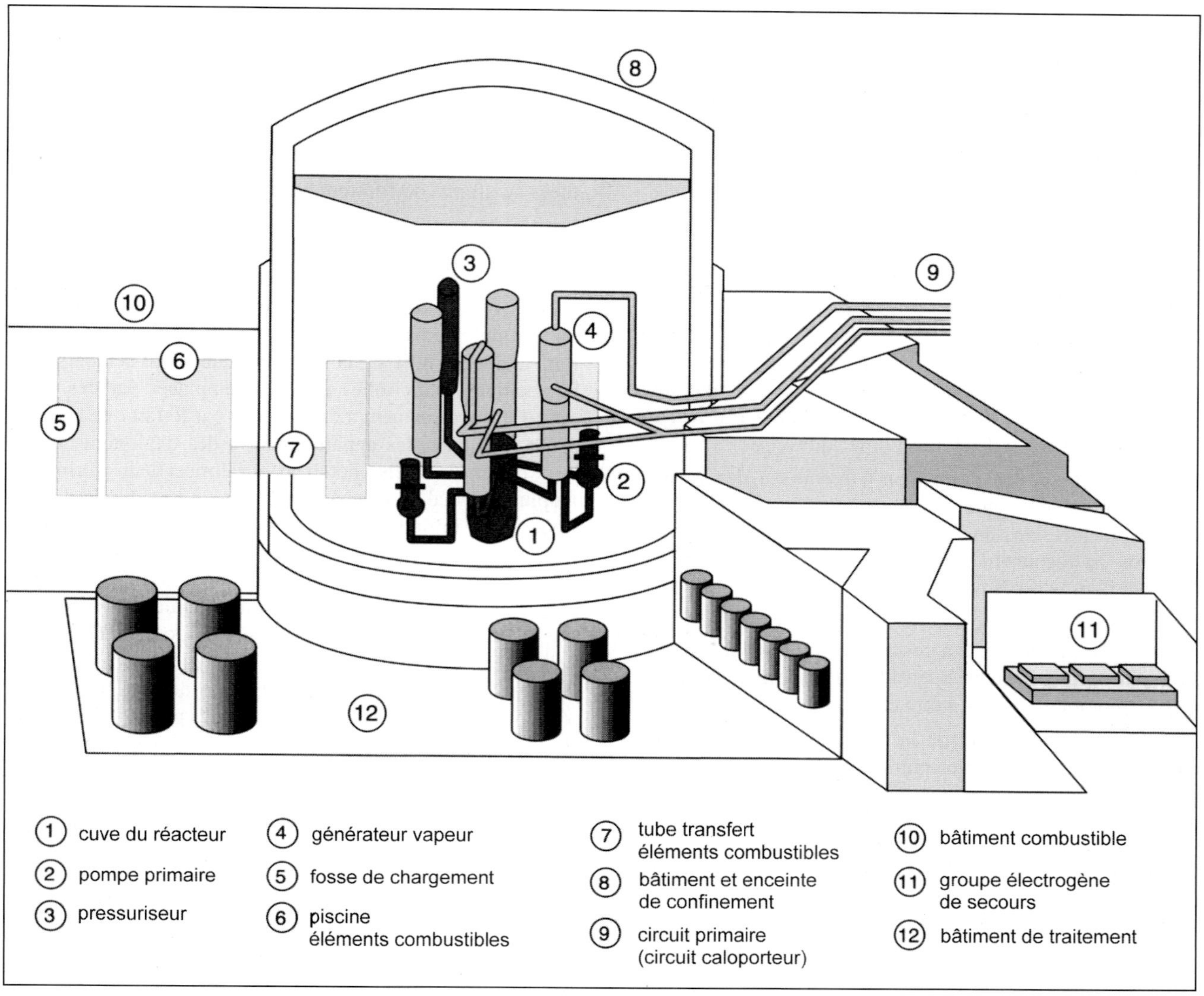

Schéma général de construction d'un **réacteur** à l'eau légère pressurisée de type REP (PWR) de 1 450 MW (el) (centrale de type Civeaux). (D'après Document EDF)

lution thermique potentielle résultant de telles installations rend donc nécessaire de les doter d'aéroréfrigérants.

Les réacteurs de type REP sont aussi à l'origine d'une pollution des eaux par rejet d'effluents radioactifs dilués. Cette dernière résulte de ce que le circuit primaire qui renferme plusieurs centaines de tonnes d'eau légère (H_2O) additionnée de borate afin de faciliter le ralentissement des neutrons doit être renouvelé à intervalles réguliers.

En effet, ce circuit se contamine par des produits d'activation (tritium en particulier) ainsi que par des produits de fission et de la matière fissile libérés par suite de l'occurrence de ruptures de gaines renfermant les éléments combustibles. Cette eau du circuit primaire, après avoir été décontaminée au maximum, est rejetée dans les cours d'eau dans les limites de radioactivité édictées par la réglementation sur la pollution radioactive. Celle-ci implique que les rejets d'un réacteur REP, après dilution des effluents, ne doivent pas excéder 20 pCi · l^{-1} d'émetteurs $\alpha\beta$, $\beta\gamma$ et γ pur sauf pour le tritium (rejeté majoritairement sous forme d'eau tritiée HTO) dont la concentration ne doit pas excéder 2 000 pCi · l^{-1}. (***Voir aussi Aéroréfrigérant, Centrale, Nucléaire***)

réaction, n. f. ◆ ~ **d'alerte à un prédateur** (*mobbing*) : comportement de défense propre aux animaux grégaires. Il consiste en un harcèlement d'un prédateur accompagné souvent de cris particuliers qui est le fait du groupe entier lorsqu'il se sent menacé. ◆ ~ **d'un sol** (*soil reaction*) : on dénomme ainsi en pédologie le degré d'acidité ou d'alcalinité d'un sol. ◆ ~ **d'un peuplement végétal** (*plant reaction*) : aptitude des espèces végétales constituant les peuplements pionniers et intermédiaires d'une succession à modifier efficacement le biotope afin de favoriser le développement des stades ultérieurs du sère. ◆ ~ **nucléaire** (*nuclear reaction*) : réaction concernant le noyau des atomes. ◆ **temps de** ~ (*reaction time*) : terme de géomorphologie désignant le temps nécessaire à un système pour réagir à un changement des conditions externes impliquant de nouvelles contraintes.

réadaptation, n. f. (*readaptation*). Processus écophysiologique par lequel une espèce végétale ou animale s'acclimate à un nouveau biotope dans lequel elle a été introduite alors qu'il est géographiquement éloigné et (ou) présente des conditions environnementales très différentes de son biotope originel.

réalisée, niche (*realized niche*) (syn. : niche occupée). Voir Niche écologique.

reboisement, n. m. (*afforestation*). Pratique de sylviculture ayant pour objet de reconstituer la couverture forestière précédemment détruite par la coupe, le surpâturage, l'incendie, l'érosion des sols ou tout autre cause de déforestation.

Le reboisement doit être effectué en tenant compte de façon scrupuleuse des principes de l'écologie forestière. La solution idéale serait de reconstituer le climax détruit.

Dans certains cas, malheureusement assez fréquents, la dégradation des sols due à l'érosion et (ou) à leur altération pédologique, interdit de planter directement la (ou les) espèce(s) dominante(s) des forêts climaciques.

Dans de telles circonstances, on a recours à des espèces d'arbres pionnières qui peuvent s'installer sur des sols squelettiques et dans un second temps, quand un minimum d'humus est reconstitué, plusieurs décennies plus tard, on réintroduit les espèces climaciques.

Malheureusement, la foresterie moderne, obnubilée par la recherche des rendements à court terme, a souvent tendance à remplacer les boisements détruits par des espèces étrangères aux biotopes reboisés, voire exotiques.

En Europe, depuis la fin de la Seconde Guerre mondiale, une pratique de l'enrésinement systématique s'est mise en place. On a ainsi planté de vastes surfaces avec des épicéas ou des espèces de Conifères introduites telles le « sapin » Douglas (*Pseudotsuga menziezii*), dans les piémonts, voire en plaine, dans des zones antérieurement occupées par des forêts de feuillus.

Reboisement en conifères en Écosse. À l'image des autres pays industrialisés, la *Forestry Commission*, organisme public responsable des forêts en Grande-Bretagne a pratiqué une politique d'enrésinement systématique, en particulier en Écosse, en ayant recours comme partout ailleurs à des espèces exotiques. (Cliché F. Ramade)

Parfois même, il ne s'est pas seulement agi d'un reboisement de friches abandonnées par l'agriculture dans les régions rurales dites « désertifiées » par suite de la déprise agricole, mais de la coupe délibérée de forêts d'arbres à feuilles caduques afin de leur substituer des résineux au nom de la « rentabilité », comme l'invoquait l'ONF en France en date encore récente pour justifier ces aberrations écologiques. Ailleurs, en région méditerranéenne, des plantations d'*Eucalyptus* ont pour les mêmes raisons été substituées aux forêts de conifères autochtones.

Dans notre pays, cet enrésinement systématique a été *a fortiori* le fait des exploitants forestiers privés cherchant à valoriser au plus court terme possible leur patrimoine. Ainsi, est-on arrivé à des situations aussi scandaleuses que celle par exemple du parc naturel régional du Morvan dans lequel ont été coupés 80% de la surface totale en boisements subclimaciques caducifoliés pour les remplacer par des Douglas. Cet enrésinement a été favorisé par le fait que les trois quarts des parcelles appartiennent à des exploitants forestiers privés, lesquels cherchent à valoriser leur patrimoine au plus vite malgré l'impact désastreux à long terme de pratiques aussi infondées pour la biodiversité et la productivité durable des écosystèmes forestiers ainsi artificialisés à l'extrême. En outre on ne saurait jamais assez souligner le scandale – étant donné la charte des parcs naturels régionaux – que représente ce type de plantation de Douglas qui saccagent littéralement les paysages de ces régions forestières par ces étendues uniformes, tristes et laides que constituent ces « champs d'arbres » sombres représentés par ces plantations de sapins Douglas ou de tout autre étendue monospécifique de conifères. En date récente, la nature a apporté une remarquable démonstration des arguments avancés par les écologues depuis des décennies contre ces pratiques d'enrésinement aberrantes. Les ouragans du 26 et 27 décembre 1999 ont ravagé dans le parc naturel régional du Morvan la totalité de ces boisements de Douglas dont la grande majorité a été purement et simplement détruite. De façon plus générale, ces tornades ont abattu sur l'ensemble du territoire national plus de 240 millions d'arbres provoquant la destruction d'une surface de forêt équivalente à 500 000 hectares. On ne soulignera jamais assez que l'essentiel de ces surfaces de boisements détruites par ces ouragans correspondent à des plantations de conifères monospécifiques et équiennes dont beaucoup sont des essences exotiques introduites.

Dans d'autres régions du monde où les Sociétés forestières sont peu concernées par la conservation des boisements, et auxquelles les États ont souvent attribué la concession d'exploitation, s'observent les mêmes pratiques de destruction de magnifiques forêts primitives, suivie de la plantation en ligne d'une espèce de conifère choisie pour sa « rentabilité » c'est-à-dire pour sa croissance rapide.

Ainsi, en Nouvelle-Zélande, on a pu assister à l'éradication de forêts vierges de Podocarpacées, remplacées aussitôt par des plantations monospécifiques de *Pinus radiata* importés d'Asie orientale. Dans l'île du Nord existe de la sorte une « forêt » artificielle de 200 000 ha d'un seul tenant de tels pins...

En diverses régions tropicales dont les forêts ont été dévastées, on a reboisé en *Pinus caribensis*, cas extrême de quasi-annihilation de la biodiversité si l'on compare ces plantations monospécifiques à l'extraordinaire richesse spécifique des anciennes forêts de mousson ou pluvieuses qui croissaient sur ces mêmes biotopes.

Reboisement en eucalyptus dans le Nord du Portugal (Serra de Valongo, près de Porto). (Cliché F. Ramade)

Dans les régions à climat méditerranéen mais aussi tropicales, on assiste actuellement à un reboisement systématique avec des *Eucalyptus*, non seulement des zones anciennement déboisées mais aussi de forêts existantes qui sont remplacées après coupe par ces espèces exotiques.

Ainsi, au Mahgreb et dans la péninsule ibérique mais aussi maintenant, quoique à une échelle moindre, dans le reste de l'Europe méditerranéenne, on plante diverses espèces *d'Eucalyptus* ce qui soulève de nombreuses interrogations quant à l'avenir des écosystèmes forestiers entièrement artificiels ainsi créés. **(*Voir aussi Sylviculture*)** ◆ **impact écologique des reboisements artificiels** : la reconstitution ou le remplacement de boisements spontanés climaciques ou subclimaciques par des conifères, ou autres essences exotiques ou écologiquement inadaptées, effectués sans discernement, peuvent provoquer de graves perturbations écologiques dans les écosystèmes forestiers artificiels ainsi créés.

L'enrésinement est, de façon très générale, une cause d'acidification des sols, par suite de la nature même des aiguilles de conifères.

Le remplacement des forêts de feuillus ou les reboisements effectués à leur ancien emplacement par des conifères provoquent donc d'importantes transformations pédologiques. Celles-ci se traduisent par la formation d'humus acides de type moder puis mor, là où existaient des sols pourvus d'un humus neutre de type mull. De la sorte, il se produit sous conifère une transformation de la structure des sols dont le lessivage, provoqué par l'acidité croissante, conduit à la podzolisation, d'où baisse progressive de leur fertilité.

Dans le cas de l'introduction d'*Eucalyptus*, ces derniers conduisent à la formation d'humus infertile. Par suite des conditions climatiques propres aux régions d'introduction, on constate que la litière de ces arbres ne se décompose que très lentement car les feuilles renferment divers terpènes et tanins qui ralentissent considérablement leur dégradation par les micro-organismes décomposeurs. Cette décomposition est aussi rendue difficile par le petit nombre d'Invertébrés des sols qui acceptent de consommer cette litière.

Un autre inconvénient écologique de l'enrésinement ou du reboisement effectué avec une même espèce d'arbres et des sujets du même âge résulte de la sensibilité extrême de ces plantations monospécifiques et équiennes à des attaques de ravageurs.

Bien des plantations d'épicéas ou d'autres conifères ont ainsi été la proie de pullulations de Coléoptères xylophages (Scolytides par exemple) à l'occasion de conditions climatiques devenues défavorables mais auxquelles les formations climaciques auraient résisté sans difficulté.

De même, d'importants dommages ont été observés au Maghreb, dommages causés aux plantations d'*Eucalyptus* par des Coléoptères Cérambycides, les *Phoracantha*, espèce introduite accidentellement d'Australie, dont les larves xylophages attaquent les troncs et les branches de ces arbres.

Enfin, les plantations de ces conifères ou *Eucalyptus* introduits empêchent, par suite de leur densité et de la pénombre concomitante qui règne dans le sous-bois, l'apparition d'une stratification de la végétation avec formation d'une strate arbustive et herbacée dont la présence est essentielle pour le maintien de la biodiversité des écosystèmes forestiers. On assiste ainsi à l'émergence d'un peuplement « forestier » constitué d'une seule espèce d'arbres – celle que l'on cultive – et à la quasi-disparition de tout le reste des constituants de la phytocœnose forestière. Cette uniformisation, voire cette extermination quasi délibérée de la biodiversité, est parfois accrue par l'utilisation de phytocides employés pour détruire toute végétation adventice susceptible de ralentir la croissance de ces plantations de conifères. Ainsi, on ne recule pas à recourir au 2,4,5 T, ce défoliant devenu tristement célèbre depuis la guerre du Vietnam, dans ce type de sylviculture artificialisé à l'extrême. **(*Voir aussi Enrésinement, Forêt*)**

récalcitrant(e), adj. ◆ **graine** ~ (*recalcitrant seed*) : graine de faible pouvoir de germination qui ne peut survivre à la dessication de sorte qu'elle doit germer immédiatement dès qu'elle tombe au sol. C'est par exemple le cas de celle des arbres des forêts pluvieuses tropicales, ce qui explique la difficulté de régénération de ces forêts lorsqu'elles font l'objet de coupes rases sur de vastes surfaces d'où une exposition intense du sol dénudé au soleil et mort subséquente des graines.

récapitulation phylogénique, n. f. (*phylogenic recapitulation*). Principe énoncé par Haeckel selon son célèbre adage « l'ontogénie récapitule la phylogénie ». Il énonce un fait d'observation selon lequel au cours du développement embryonnaire, un animal passe par des stades morphologiques analogues aux stades évolutifs ancestraux : par exemple présence de fentes branchiales chez le jeune embryon humain qui rappellent le type ancestral ichtyen dont sont issus tous les Vertébrés tétrapodes.

recensement, n. m. (*census*). Estimation des effectifs d'une population. (***Voir aussi Démographie***)

récent(e), adj. ◆ **période** ~ (*recent time*) : désigne la période géologique actuelle, l'Holocène. (***Voir aussi Holocène, Quaternaire***)

réceptivité, n. f. (*receptivity*). Propriété des parties florales femelles qui leur permettent d'être pollinisées.

récessif, adj. (*recessive*). Désigne dans une paire d'allèles celui qui, en présence d'un gène dominant, n'est pas exprimé chez les individus hétérozygotes.

recharge, n. f. (*refilling*). Concerne dans le cycle biogéochimique de l'eau la phase dans laquelle les nappes phréatiques se renouvellent pendant la saison des pluies.

récif(s) corallien(s), n. m. (*coral reef*). Ils représentent les plus anciens, les plus diversifiés et les mieux localisés des écosystèmes océaniques et constituent à bien des égards le seul type de biome marin bien individualisé et confiné aux zones les plus chaudes de l'océan mondial. Les récifs coralliens sont apparus au début de l'ère primaire (Archéocyathes du Cambrien), il y a plus de 500 millions d'années.

◆ **répartition des** ~ : les Madrépores qui constituent aujourd'hui le groupe dominant de coraux hermatypiques et les autres constituants des biocœnoses récifales sont des espèces sténothermes exigeant des eaux chaudes dont la température excède toujours 18 °C ce qui explique leur stricte localisation aux régions marines intertropicales.

En outre, les coraux exigent des eaux très transparentes donc dépourvues de particules en suspension, d'où leur absence des zones côtières marquées par le déversement de grands fleuves qui chargent le plateau continental d'eaux turbides comme c'est le cas de part et d'autre des deltas de l'Amazone, du Niger ou du Congo.

◆ **organisation des** ~ : on distingue quatre types de biotopes de structure physique distincte dans les récifs coralliens, conditionnés par la nature du substrat sur lequel ils sont installés : les récifs frangeants, les récifs barrière, les récifs plate-forme et les atolls.

La plus grande construction jamais édifiée par des êtres vivants est la Grande Barrière de corail australienne qui s'étend sur plus de 2 000 km et atteint par place plus de 70 km de largeur.

Chaque récif comporte toujours deux parties principales : le platier et la pente externe. La région littorale marque la transition entre le récif et la terre, le glacis externe entre le « tombant » du récif et le reste du milieu marin. La région située en arrière du platier vers la terre est constituée par un lagon dont le fond, de nature sableuse, est occupé par un herbier de Phanérogames marines.

Au-delà de l'herbier s'observent des colonies mortes correspondant au horst corallien puis, en avant, les colonies vivantes de la couronne récifale qui constituent le récif au

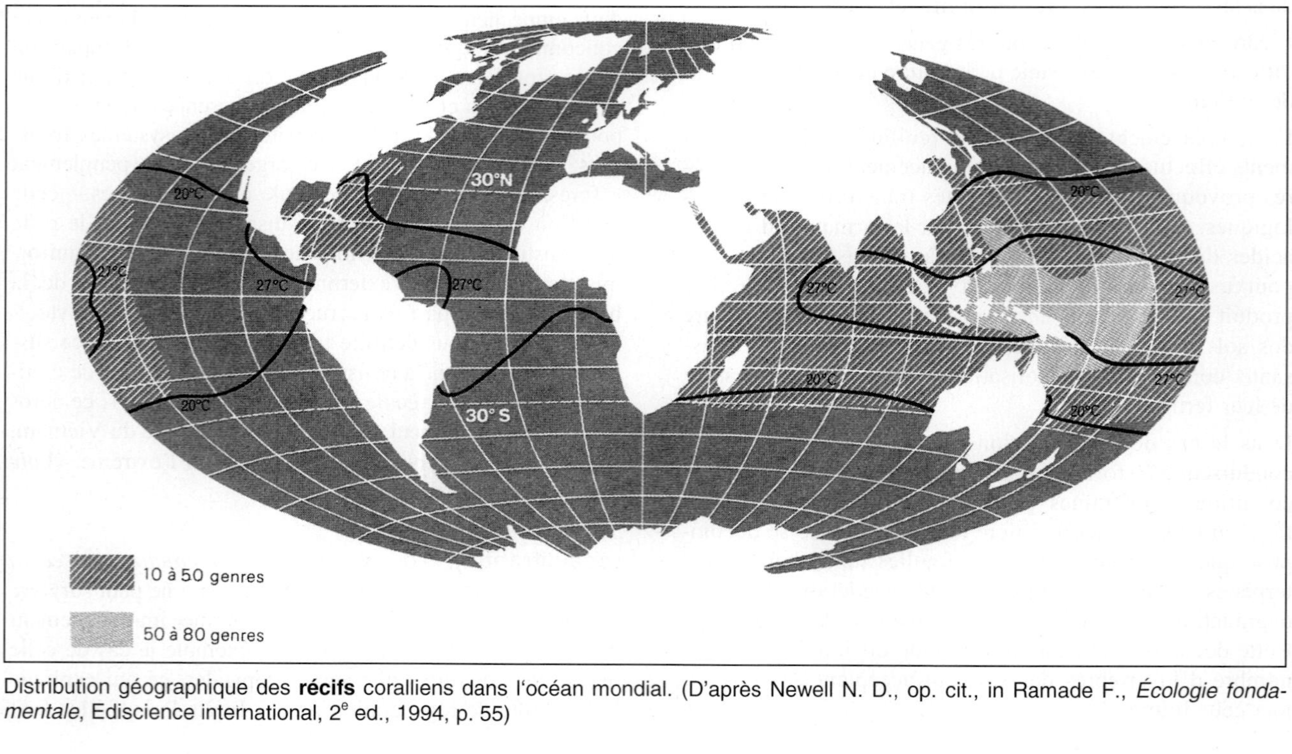

Distribution géographique des **récifs** coralliens dans l'océan mondial. (D'après Newell N. D., op. cit., in Ramade F., *Écologie fondamentale*, Ediscience international, 2e ed., 1994, p. 55)

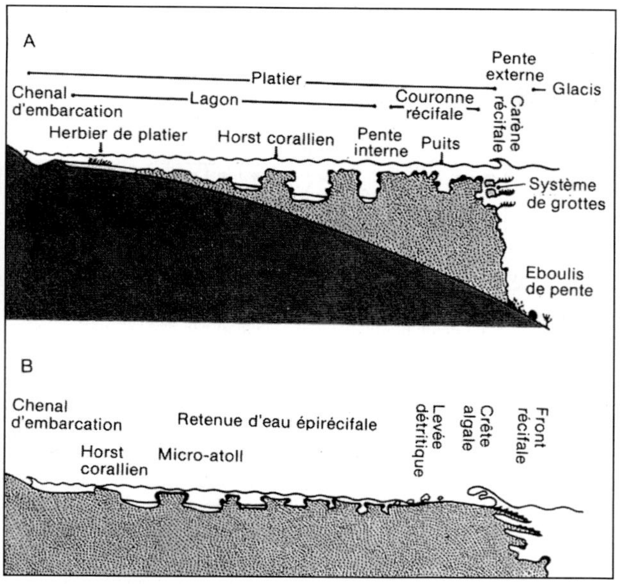

Coupe dans un **récif** frangeant montrant la structure générale de deux biotopes récifaux. **A**. Récif intermédiaire. **B**. Atoll. (D'après Schumacker in Ramade F., *Écologie fondamentale*, Ediscience international, 2e éd., 1994, p. 513)

sens strict. Au niveau du front externe de la couronne récifale s'effectue la croissance de la colonie vers le large.

Des chenaux existent dans cette couronne qui permettent l'échange d'eau entre le lagon et la mer. Dans le cas des atolls, la structure générale reste la même mais, par suite de la nature du substrat (un îlot qui s'est enfoncé dans la mer par subsidence, ou encore un ancien volcan effondré), le récif prend une structure d'aspect en couronne, le lagon en occupant le centre.

Dans tous les atolls de la région Indo-Pacifique et aussi sur des récifs barrière ou plate-forme, la surface du platier au niveau du front récifal constitue une crête algale revêtement compact très dur qui émerge à basse mer.

◆ **peuplements des récifs** : les coraux hermatypiques bâtisseurs des récifs ont la particularité d'élaborer le substrat solide du biotope, en calcaire corallien. Ce dernier n'est autre que l'exosquelette sécrété par l'ectoderme interne des polypes qui constituent la colonie, encore dénommée polypier.

La majorité des coraux hermatypiques appartient à la sous-classe des Anthozoaires Hexacoralliaires (madrépores). Celle-ci comporte plusieurs centaines d'espèces, les principaux genres à l'échelle mondiale étant les *Acropora* (203 espèces), *Fungia* (46 espèces) et *Porites* (36 espèces). Parmi les autres genres importants, on peut citer les *Pocillopora*, les *Montastrea* et les *Agaricia*.

Chaque colonie comporte un nombre considérable de polypes identiques issus d'une larve planula unique qui se fixe et donne le Madrépore par multiplication asexuée.

À coté de ces groupes interviennent de façon mineure d'autres Cnidaires : des Octocoralliaires comme le corail bleu (*Heliopora coerulea*), et le *Tubipora musica* et des Hydrocoralliaires (*Millepora*). Ces derniers peuvent constituer d'importantes colonies dans les zones superficielles éclairées des récifs.

Il existe une zonation précise des espèces constituant le récif, conditionnée par l'intensité des courants, l'agitation de la mer, enfin la profondeur de l'eau. Les espèces situées sur le front du récif doivent résister aux contraintes hydrodynamiques et croissent avec difficulté sous forme de petites colonies en coussinet. La face supérieure des éperons coralliens qui se forment dans cette zone sous l'effet de l'érosion due à la houle se recouvre d'algues rouges encroûtantes des genres *Porolithon* et *Melobesia* qui élaborent la crête alguale large d'une cinquantaine de mètres.

◆ **algues symbiotiques des ~** : les écosystèmes coralliens sont le siège d'un réseau de symbioses très élaborées qui va des producteurs primaires jusqu'à de nombreux consommateurs constituant le peuplement animal des récifs.

Les Zooxanthelles symbiotiques jouent un rôle essentiel dans le fonctionnement des écosystèmes coralliens. Elles se rencontrent dans tous les coraux hermatypiques mais aussi dans d'autres espèces importantes des peuplements récifaux comme des Mollusques bivalves tels les *Tridacna*

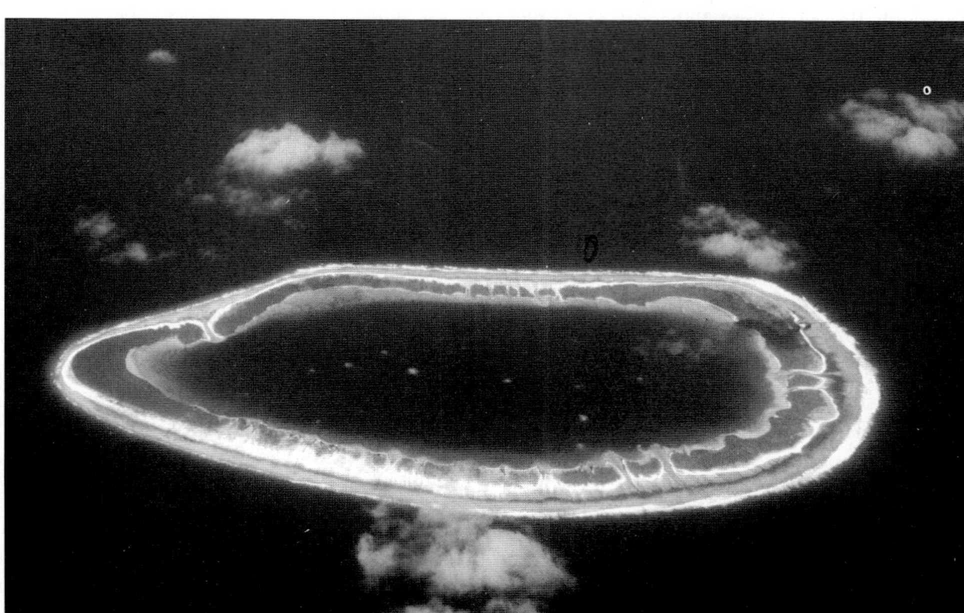

Vue aérienne d'un atoll en Polynésie française. Ce type de **récif** représente le stade ultime au plan géomorphologique de l'évolution de ce type d'écosystème. (Cliché B. Salvat)

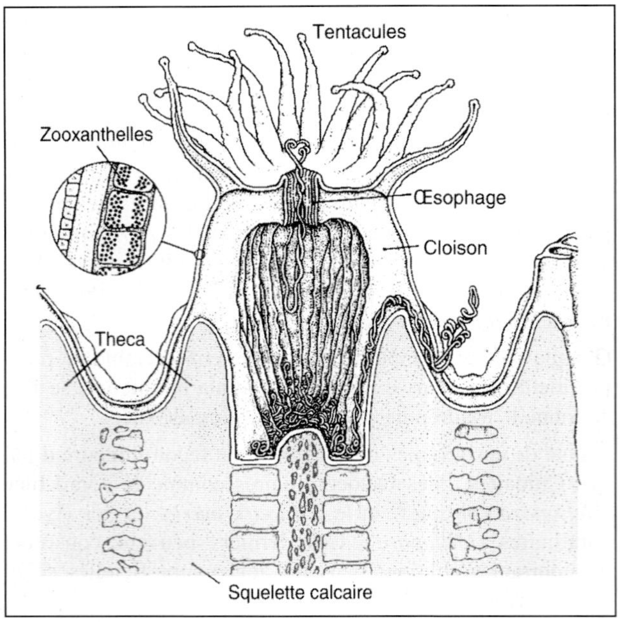

Coupe agrandie dans une colonie de Madréporaires, Hexacoralliaires bâtisseurs des **récifs**, montrant la disposition d'un polype, constituant élémentaire de la partie vivante et rôle du zooxanthelle dans l'écophysiologie des Madrépores. (D'après Goreau et Goreau in Ramade F., *Écologie fondamentale*, Ediscience international, 2e ed., 1994, p. 228)

(bénitiers) et les *Hippopus*, mais aussi chez de nombreuses espèces d'Octocoralliaires comme les Gorgones, chez des Actinies, des Scyphozoaires, etc.

Toutes les Zooxanthelles symbiotiques des Madrépores appartiennent à une seule espèce : *Gymnodinium microadriaticum* qui est un Dinoflagellé autotrophe. Ces dernières vivent dans le cytoplasme des cellules endodermiques des polypes constituant la colonie. Elles profitent de la stabilité de leur milieu intérieur, et, en particulier, de l'apport d'éléments minéraux nutritifs que leur assure le milieu intracellulaire. À l'opposé, les polypes bénéficient de la synthèse de nutriments : glucides, lipides, acides aminés synthétisés par les algues. En outre, par le jeu de la photosynthèse, les Zooxanthelles accélèrent l'absorption du CO_2 dissous dans l'eau de mer jouant le rôle de pompe pour ce composé, ce qui favorise la précipitation du calcaire dans l'exosquelette.

La production de calcaire stimulée par cette symbiose est considérable, elle a été estimée en moyenne à 15 kg $\cdot$ m^2 $\cdot$ an^{-1} de récif par les chercheurs du CRIOBE à Moorea.

Il existe en outre chez les Hexacoralliaires hermatypiques d'autres algues symbiotiques qui se développent dans les pores du squelette calcaire des coraux. Il s'agit de Chlorophycées filamenteuses du genre *Ostreobium*.

En biomasse, les algues symbiotiques représentent la majorité de la substance vivante présente dans un récif corallien. En effet, les polypes correspondent à 25% de la biomasse totale d'une colonie de Madrépores, les Zooxanthelles 5% et les Chlorophycées sciaphiles qui vivent dans la partie superficielle de l'exosquelette calcaire 70%.

Les polypes des Madrépores se comportent en premier lieu en consommateurs primaires : ils se nourrissent aux dépens des substances biochimiques produites par leurs algues

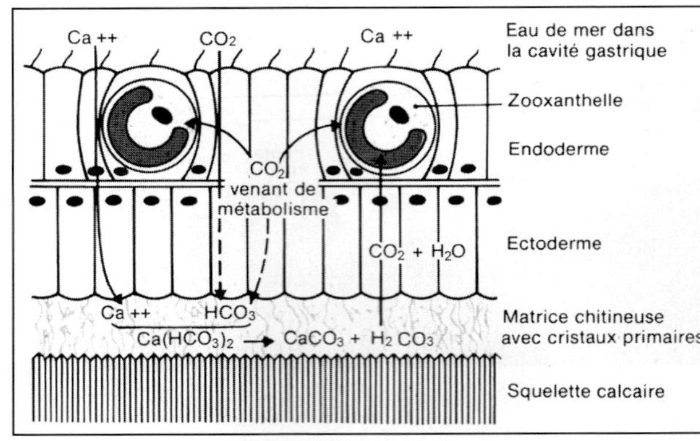

Disposition des zooxanthelles symbiotiques (*Gymnodinium*) dans les tissus des polypes et rôle de ces dernières dans le métabolisme du CO_2 conduisant à l'élaboration de l'exosquelette calcaire de la colonie de madrépore et *ipso facto* à l'édification du **récif**. (In Ramade F., *Écologie fondamentale*, Ediscience international, 2e ed., 1994, p. 515)

symbiotiques intracellulaires avec un complément de nutrition animale fourni par les animalcules et les particules organiques qu'ils capturent avec leurs tentacules. ***(Voir aussi Gymnodinium)***

◆ **productivité des** ~ : la productivité primaire des récifs coralliens, très élevée, les place au premier rang de tous les écosystèmes marins avec les herbiers côtiers de Phanérogames marines. On estime qu'elle atteint plus de 25 g de m.s./j/m^2. À cela, il faut ajouter celle du phytoplancton présent dans les eaux libres et aussi la productivité primaire des Phanérogames qui croissent au fond des eaux du lagon, en arrière du platier.

Cependant, des incertitudes subsistent sur la valeur réelle de la production primaire nette. En effet, cette dernière est pour certains spécialistes en grande partie consommée par la respiration des colonies et les pertes de matière organique dans le lagon, pour d'autres, la productivité nette serait très importante, de l'ordre de 3 000 g de carbone/m^2/an. Rapporté à la productivité primaire brute, le rendement de conversion photosynthétique des récifs coralliens atteint la valeur très élevée de 5,8%, chiffre qui excède celui, pourtant élevé, de l'agriculture intensive.

Cette production primaire est utilisée par un réseau trophique complexe de consommateurs : Invertébrés et poissons dont, certains circulent entre les divers habitats de l'écosystème.

Cette zoocœnose de consommateurs est d'une très grande richesse spécifique. Parmi les poissons – mais aussi certains Invertébrés – existent des genres, voire des familles entières, qui se nourrissent en broutant les polypes avec leur pièces buccales adaptées : *Chaetodontidae* (poisson-papillon), *Scaridae* (poisson-perroquet), *Acanthuridae* (poisson-chirurgien), *Pomacanthidae* (poisson-ange) *Pomacentridae* (poisson-demoiselle). Les *Balistidae*, communs dans les récifs, consomment eux d'autres Invertébrés, en particulier des oursins, qui représentent un groupe dominant des peuplements d'Invertébrés épigés récifaux.

La productivité secondaire en poissons des récifs coralliens est elle-même considérable. Les pêcheries côtières récifales figurent parmi les plus productives du monde. Les rendements des prises sont estimés en moyenne à une vingtaine de tonnes par km^2 de récif par an.

Vue sous-marine d'un **récif** en Polynésie française. Le poisson aux mandibules allongées visible au premier plan (*Forcipiger flavissimus*) appartient à la famille des *Chaetodontidae* (poisson-papillon) dont les diverses espèces broutent les polypes des coraux. L'autre individu est un poisson-ange (*Pomacanthus sp.*, famille des *Pomacanthidae*) qui broute les éponges et autres Invertébrés sessiles récifaux. (Cliché C. Rives, M. Cedri)

◆ **conservation des ~** : bien qu'une surface importante d'entre eux soit située dans des zones reculées de l'océan mondial, les récifs coralliens sont exposés à de nombreuses menaces à l'heure actuelle.

Sur les côtes où existe une présence humaine importante, la pollution par les rejets d'eaux usées de petites agglomérations ou d'installations touristiques, celle résultant des apports telluriques liés à l'agriculture, peuvent provoquer la mort des récifs.

Par ailleurs dans les pays du Tiers monde, mais aussi dans les divers DOM-TOM français, se produit un véritable pillage des espèces animales des récifs qui sont vendues par les populations locales aux touristes, voire exportées vers les pays industrialisés où fragments de coraux, nacres, cônes, cassis, trombes voire bénitiers et autres mollusques spectaculaires des récifs sont vendus à des fins ornementales.

C'est d'ailleurs à la diminution des populations de trombes, prédateurs des étoiles de mer géantes *Acanthaster* qui elles-mêmes se nourrissent de polypes, qu'a été parfois attribuée la prolifération de cette espèce observée dans diverses régions du monde dans la période 1970-1985.

Dans certains cas, l'extraction de sable corallien comme matériau de construction conduit à leur destruction pure et simple. À cela s'ajoute des mortalités massives moins bien expliquées. Ainsi dans la Grande Barrière australienne, il a été attribué à la prolifération des *Acanthaster* dans les années 1980 le dépérissement des coraux observés.

Depuis la fin des années 1980 a été observée en de nombreuses régions océaniques une mortalité massive des coraux précédée de leur blanchissement. Cette dernière a été observée tant dans les colonies indo-pacifiques, en particulier en Polynésie française, que dans celles de l'Atlantique tropical.

Ce dernier phénomène résulte de l'expulsion des Zooxanthelles par les polypes lorsqu'ils sont pour des raisons variées en état physiologique déficient.

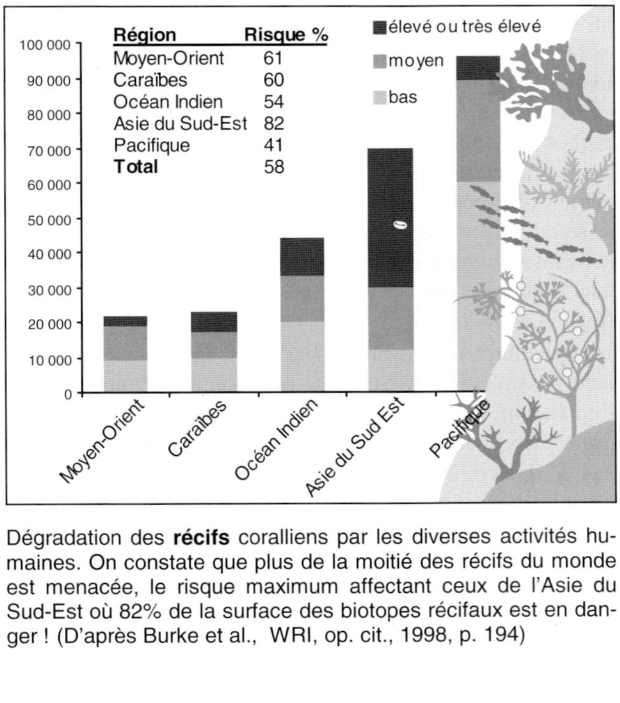

Dégradation des **récifs** coralliens par les diverses activités humaines. On constate que plus de la moitié des récifs du monde est menacée, le risque maximum affectant ceux de l'Asie du Sud-Est où 82% de la surface des biotopes récifaux est en danger ! (D'après Burke et al., WRI, op. cit., 1998, p. 194)

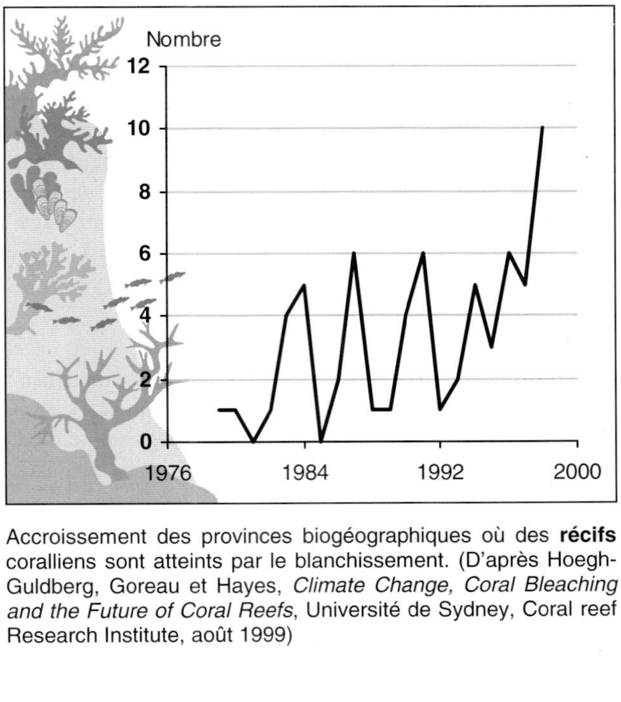

Accroissement des provinces biogéographiques où des **récifs** coralliens sont atteints par le blanchissement. (D'après Hoegh-Guldberg, Goreau et Hayes, *Climate Change, Coral Bleaching and the Future of Coral Reefs*, Université de Sydney, Coral reef Research Institute, août 1999)

Il semblerait que la hausse importante de la température superficielle de l'océan observée depuis la fin des années 1980 soit en cause car les Madrépores, quoique vivant dans des milieux chauds, sont très sténothermes et ne tolèrent pas une hausse de température supérieure à 2 °C.

En outre, ce réchauffement peut être à l'origine d'un déficit en éléments minéraux nutritifs lié à une diminution corrélative des *endo-upwellings* propres à ces milieux littoraux. Un déficit en nutriments dû à un affaiblissement général des *upwellings* causé par El Niño a aussi été envisagé.

Cependant la pollution des eaux littorales pourrait aussi intervenir dans ce phénomène observé tant dans les colonies Indo-Pacifiques que dans celles de l'Atlantique tropical.

Enfin une dernière menace, très préoccupante pour les récifs coralliens, serait une hausse rapide du niveau des mers liée aux changements climatiques globaux. Pour certains experts, la vitesse de montée des eaux serait suffisante pour faire périr les colonies des platiers en les submergeant à des profondeurs trop importantes. Pour d'autres, la remontée des eaux s'effectuerait assez lentement de sorte qu'elle serait compensée au cours des décennies à venir par la croissance de l'exosquelette calcaire. **(*Voir aussi Atoll, Écosystème, El Niño, Grande Barrière de corail, Madrépores, Polype*)**

réciproque, adj. (*reciprocal*) ◆ **altruisme ~** (*reciprocal altruism*) : échange d'actes d'altruisme entre individus. ◆ **principe d'exclusion ~** (*reciprocal exclusion principle*) : voir Gause, Niche écologique.

recolonisation, n. f. (*recolonization*). Désigne le repeuplement d'un biotope dont la communauté a été éradiquée par des espèces autochtones ou exotiques. Les cas extrêmes de recolonisation concernent des milieux qui ont été rendus totalement abiotiques par une éruption volcanique ou par une pollution qui a détruit la totalité des espèces végétales et (ou) animales (cas de forêts entièrement détruites par les défoliants par exemple).

recouvrement, n. m. (*coverage*). Désigne en phytosociologie la proportion de la surface totale d'une station couverte par une espèce végétale donnée. ◆ **~ de générations** (*generation overlapping*) : coexistence des parents et de leurs descendants en âge de se reproduire dans une même population. ◆ **échelle de ~** (*cover scale*) : échelle définie par l'école phytosociologique de Braun-Blanquet, destinée à l'évaluation du pourcentage du degré de couverture végétale du sol. Elle comporte six classes : + < 1%; de 1 à 5%; de 6 à 25%; de 26 à 50%; de 51 à 75% ; de 76 à 100%. **(*Voir aussi Phytosociologie*)**

recrutement, n. m. (*recruitment*). Terme utilisé en halieutique pour désigner le fait qu'une cohorte d'un stock donné d'une espèce de poisson exploitée entre dans sa première année de reproduction.

rectangulaire, adj. ◆ **spéciation ~** (*rectangular speciation*) : type de spéciation caractérisé par l'apparition soudaine de nouvelles espèces après une longue période d'immobilisme ou de peu de modification dans la branche phylétique considérée. Cela explique la rareté des intermédiaires dans les séries fossiles et la difficulté à trouver les chaînons manquants.

rectification, n. f. Aménagement du tracé des fleuves destiné à éviter les inondations qui résultent du débordement lors des crues. Ces aménagements consistent en un raccourcissement du cours d'eau doublé de l'édification de digues. Le Danube, le Rhin, le Rhône et bien d'autres fleuves de notre continent ont ainsi été rectifiés dès la première moitié du XIXe siècle, de même que le Mississippi dont la longueur a été réduite de 240 km entre 1929 et 1942.

Le raccourcissement consécutif à la rectification des cours d'eau accroît la pente de ces derniers, ce qui présente dans un premier temps un effet favorable car l'incision du fond due à l'érosion en augmente la profondeur de sorte que son lit s'enfonce. Cependant, il résulte de ces aménagements des effets pervers : érosion des berges qui atteignait 900 000 m^3 par an pour le Mississippi au cours des années 1940 et sédimentation accrue en aval, abaissement du niveau des nappes.

Enfin, une autre conséquence redoutable de la rectification est de transmettre plus rapidement vers l'aval les pics de crue aggravant de ce fait les inondations. Ce phénomène a pris des proportions dramatiques en Europe depuis le début des années 1990 comme l'ont montré les inondations de la Meuse, du Rhin et plus récemment de l'Oder et aussi en Amérique avec les inondations catastrophiques du Mississippi en 1993. **(*Voir aussi Danube, Endiguement, Mississippi, Rhin*)**

recyclage, n. m. (*recycling*). Désigne le processus naturel ou technologique par lequel un élément ou un composé minéral, organique, de synthèse ou encore biochimique, n'est pas détruit par le métabolisme au niveau de l'individu ou des biocœnoses, ni rejeté dans l'environnement après usage, mais repris dans le cycle de la matière du système naturel ou technologique considéré. ◆ **~ de l'eau** (*recirculating water economy*) : la dégradation croissante de la qualité des eaux et des quantités disponibles, tant pour les usages industriels que domestiques ou agricoles, a conduit depuis le milieu des années 1960 à développer des techniques de recyclage. Ces dernières sont de plus en plus utilisées en milieu industriel et consistent à récupérer les eaux usées provenant d'un processus de production. Dans les acieries, un tel procédé a permis de réduire la consommation d'eau par tonne d'acier produite de 300 m^3 à un m^3. Des gains de même ordre ont aussi été obtenus en papeterie où l'on est passé de 400 m^3 par tonne à un m^3 par tonne. Globalement, aux États-Unis par exemple, les taux de recyclage de l'eau dans l'industrie ont cru d'un facteur 5 à 10 selon le cas entre 1954 et 2000.

En agriculture, le recyclage de l'eau d'irrigation est également possible. Il consiste en la construction d'une mare ou d'un bassin de retenue dans lequel s'accumulent les eaux ayant ruisselé dans les champs et que l'on réutilise par pompage à partir de ces derniers. ◆ **~ de la matière** (*elements recycling*) : désigne en synécologie la circulation des divers éléments biogènes à l'intérieur d'un écosystème ou à l'échelle de la biosphère prise dans son ensemble. **(*Voir aussi Cycles biogéochimiques*)** ◆ **~ des matières premières** (*raw material recycling*) : depuis les années 1970, les pro-

Variation des taux de recyclage de l'eau par l'industrie américaine depuis le début des années 50 jusqu'en 2000 (D'après Worldwatch Institute, 1995)					
Année	Papier et produits assimilés	Industries chimiques	Charbon et pétrole	Métallurgie	Ensemble des activités industrielles
1954	2,4	1,6	3,3	1,3	1,8
1964	2,7	2,0	4,4	1,5	2,1
1968	2,9	2,1	5,1	1,6	2,3
1973	3,4	2,7	6,4	1,8	2,9
1978	5,3	2,9	7,0	1,9	3,4
1985	6,6	13,2	18,3	6,0	8,6
2000 (prévisions)	11,8	28,0	32,7	12,3	17,1

blèmes soulevés par le rejet de déchets chimiques et de façon plus générale par les résidus domestiques et industriels dans les écosystèmes terrestres et aquatiques ont pris de telles dimensions qu'il est devenu indispensable de ne plus recourir à la décharge.

Ils s'impose que les pays industrialisés et ceux en voie de développement augmentent le recyclage s'ils veulent éviter de se trouver un jour confrontés à des dommages écotoxicologiques irréversibles provoqués par les nuisances et les pollutions.

À cela s'ajoute, à plus long terme, la question inquiétante pour l'avenir de la civilisation technologique de l'épuisement des ressources en matières premières minérales, par essence non renouvelables, puisqu'il s'agit de stocks accumulés dans la lithosphère pendant toute la durée des périodes géologiques.

Au rythme actuel d'extraction, il est par exemple évident que les réserves de certains métaux comme l'argent, le chrome, le cobalt, l'étain, le tungstène, le vanadium, voire le cuivre, ou encore des minéraux comme la cryolithe ou les phosphates s'épuiseraient pour certains d'entre eux en quelques décennies et tout au plus en deux siècles.

Il en est de même de l'uranium dont les réserves mondiales ne survivraient pas plus d'une cinquantaine d'années à l'extension à l'ensemble des pays industrialisés d'un programme électronucléaire d'ampleur comparable à celui de notre pays (d'où les recherches sur la surrégénération).

La question se pose même pour des matériaux apparemment très communs mais dont la production est néanmoins fondée sur l'exploitation de ressources épuisables comme le verre (à cause de l'énergie nécessaire à sa fabrication), les matières plastiques (faites à partir du pétrole) ou encore le papier (destruction des forêts).

Il apparaît donc aujourd'hui indispensable d'assurer la récupération et le recyclage des métaux et autres matières premières contenus dans les déchets domestiques et les activités industrielles.

Bien que ce dernier soit partiellement effectué en ce qui concerne les métaux nobles dans les industries concernées, le recyclage même au niveau des entreprises, où il paraîtrait plus aisé à organiser, ne s'effectue que de façon très partielle, et il est, en certains cas, inexistant.

À titre d'exemple, près de la moitié de l'argent utilisé en photographie est perdu dans les égouts car de très nombreuses petites officines photographiques et les photographes amateurs, ne le récupèrent pas. De même, d'importantes quantités de plomb sont dispersées dans la nature par des installations vétustes de récupération des accumulateurs usagés, causant une grave pollution des sols situés à proximité.

Dans certains cas, comme celui des piles au cadmium ou au mercure, ou dans celui de divers appareils électroniques grand public qui renferment certains de ces éléments, le rejet dans l'environnement s'accompagne en outre de pollutions considérables.

De même, l'aluminium dont la fabrication est grosse consommatrice d'énergie n'est actuellement que très partiellement récupéré alors que son recyclage nécessite de 10 à 30 fois moins d'énergie que son extraction du minerai.

Une fraction importante des pertes en matières premières résulte de la mise en décharge des ordures ménagères, ce qui rend de plus en plus impérieuse la nécessité d'une collecte sélective : papier, plastiques, verres, métaux non ferreux, emballages métalliques usagés, etc.

Cette lenteur de mise en œuvre du recyclage est d'autant plus inadmissible que de nombreux avantages en sus de l'économie de ressources naturelles sont à en attendre.

Le recyclage en est encore à ses premiers pas même dans des pays aussi industrialisés que le nôtre. Les emballages d'aluminium, les bouteilles plastiques, le verre et même le papier ne sont que très partiellement recyclés en France !

En Europe d'importants écarts existent dans les taux de recyclage d'un pays à l'autre mais, dans l'ensemble, le recyclage ne couvre pas la moitié des matières premières minérales mises en circulation. *(**Voir aussi Déchet, Ressources***

Economies et avantages environnementaux obtenus par le recyclage de divers matériaux (D'après PNUE, « Environmental Data Report », 1991, p. 340)				
Avantages	Economie ou réduction potentielle (%)			
	Aluminium	*Acier*	*Papier*	*Verre*
Consommation d'énergie	90 à 97	47-74	23-74	4-32
Pollution de l'air	95	85	74	20
Pollution des eaux	97	76	35	–
Déchets de mines	–	97	–	80
Consommation d'eau	–	40	58	50

Taux de recyclage et d'utilisation du papier et du carton dans divers pays du monde (en 1997)
(In Abramovitcz J. et Mattoon A. T., op. cit., 1999, p. 39)

Pays	Total récupéré (en 1 000 tonnes)	Exportation (en 1 000 tonnes)	Importation (en 1 000 tonnes)	Taux de récupération (en %)	Taux d'utilisation (en %)
Monde	128 725	16 460	–	43	44
Allemagne	11 279	2 739	918	72	59
Canada	3 110	688	2 088	47	24
Chine	8 760	4	1 618	27	38
Corée (Rép. de)	4 530	53	926	66	72
Finlande	607	49	84	35	
France	4 270	750	998	41	49
Japon	16 546	312	362	53	54
Italie	2 734	53	926	31	49
Suède	1 323	193	559	66	72

naturelles) ◆ ~ **du papier** (*paper recycling*) : la consommation de papier est en constante expansion tant dans les pays développés que dans ceux en voie d'industrialisation. De l'ordre de 150 millions de tonnes en 1977 pour l'ensemble du monde, elle s'est élevée à 300 millions de tonnes en 1997 et on estime qu'elle atteindra 400 millions de tonnes en 2010. Cette consommation, tant par sa valeur absolue que par son taux de croissance, est incompatible avec une utilisation durable des forêts boréales de conifères qui assurent l'essentiel de la production mondiale de pâte à papier de nos jours. Il apparaît donc que le recyclage du papier est devenu une impérative urgence pour sauvegarder les forêts.

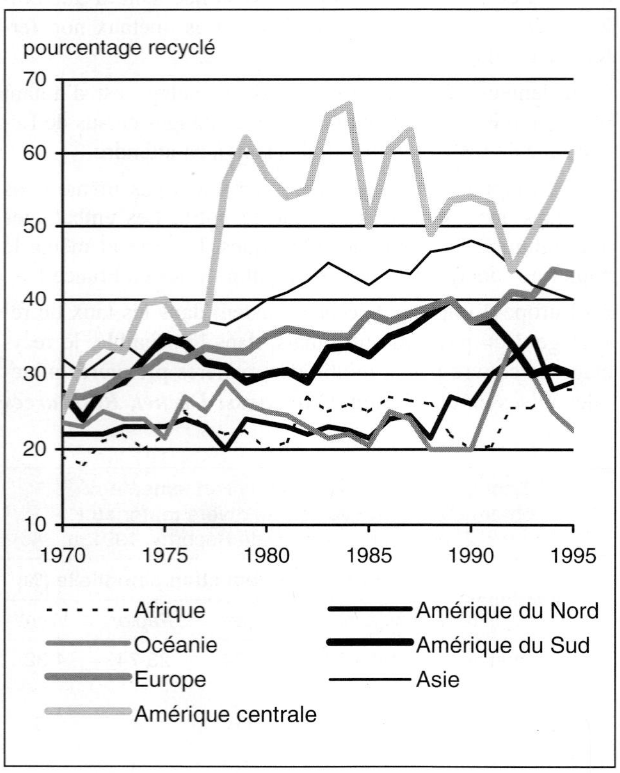

Evolution du taux de **recyclage** du papier dans les divers continents. Le taux de recyclage est ici figuré en pourcentage par rapport à la production totale de papier et carton. (D'après FAO, in World Resources, op. cit., 1998, p. 164)

Malgré des progrès notables accomplis au cours des deux dernières décennies, le taux de recyclage est notoirement insuffisant, atteignant à peine 43% à l'échelle mondiale (voir Tableau). On constate qu'il existe de fortes disparités selon les pays, l'Allemagne venant en tête avec 72% de taux de recyclage, l'Italie se classant à l'opposé au bas de l'échelle dans les pays industrialisés suivie certes par la Chine avec seulement 27%. (***Voir aussi Déchets, Papier, Ressources naturelles***)

Red data books. Voir Livres rouges.

redondance, n. f. (*redundancy*). Propriété propre aux biocœnoses de posséder, en règle générale, plusieurs espèces peu abondantes qui occupent des niches écologiques voisines de celles d'espèces dominantes. De la sorte, si les populations de l'une de ces dernières espèces viennent à se raréfier, les espèces redondantes se mettent à se multiplier, remplaçant l'espèce dominante.

Un tel exemple d'espèce redondante peut être donné par le lièvre dont la niche écologique est très voisine de celle du lapin. À l'apogée de l'épidémie de myxomatose, alors que les lapins avaient quasiment disparu, les lièvres s'étaient mis à pulluler exploitant les ressources laissées disponibles par l'effondrement des populations de lapins de Garenne.

redox, n. m. (*redox*) ◆ **potentiel** ~ (Eh) : capacité relative d'une espèce chimique (atome, ion ou molécule) de donner ou d'accepter des électrons d'une autre espèce chimique. Le potentiel redox est exprimé en volts. Les plus fortes valeurs correspondent aux oxydants les plus puissants et les plus faibles aux plus forts réducteurs. ◆ **couple** ~ (*redox pair*) : un couple redox est constitué d'un oxydant et d'un réducteur contenant un même élément à des degrés (nombres) d'oxydation différents.

Exemples : Fe^{3+}/Fe^{2+} (élément fer aux degrés d'oxydation III et II respectivement), MnO^{4-}/Mn^{2+} (élément manganèse aux degrés d'oxydation – VII et + II resp.), CH_3OH/CH_4 (élément carbone aux degrés d'oxydation + II et – IV resp.). ◆ **demi-réaction d'un couple** ~ (*half reaction of a pair*) : un oxydant et un réducteur constituant un couple redox sont reliés par une demi-réaction formelle d'échange d'électrons, réaction généralement écrite par convention dans le sens de la réduction :

$$\alpha\,\text{Ox} + n\,e^- \rightarrow \beta\,\text{Red}$$

pour n électrons échangés entre Ox et Red.

Cette équation peut éventuellement faire intervenir le solvant et ses ions (H_2O, H^+ ou OH^- suivant le pH du milieu). ◆ **potentiel d'un couple** ~ : le potentiel redox d'un couple ou potentiel de Nernst E est par définition égal à la différence de potentiel entre une cellule contenant le couple étudié et l'électrode standard à hydrogène (ESH), dont le potentiel est égal par convention à zéro. Dans les conditions standard (oxydant et réducteur ayant une activité égale à 1), on parle de potentiel standard qu'on note E^0. Plus le potentiel standard d'un couple est élevé, plus l'oxydant du couple est fort, plus le réducteur est faible. On hiérarchise la force des différents couples redox en comparant leur potentiel standard.

Dans le cas général, le potentiel du couple dans des conditions quelconques d'activité est donné par la formule de Nernst :

$$E = E^0 + \frac{RT}{nF}\ln\frac{(Ox)^\alpha}{(\text{Red})^\beta} \text{ ou } E = E^0 + 2{,}3\frac{RT}{nF}\log\frac{(Ox)^\alpha}{(\text{Red})^\beta}$$

avec : R = 8,314 J/mol/K (constante des gaz parfaits) ; F = 96 485 Coulombs/mole d'électrons (Faraday) ; n = nombre d'électrons échangés entre l'oxydant et le réducteur ; α et β = coefficients stœchiométriques de ces derniers dans la demi-réaction redox.

À 25°C, 2,3 RT/nF vaut 0,059.

Les activités valent :

– espèce dissoute diluée : activité = concentration,

– espèce solide : activité = 1,

– espèce gazeuse : activité = pression partielle dans l'atmosphère au-dessus de la solution.

Si les ions de l'eau interviennent, ils apparaissent dans la formule de Nernst.

La valeur du potentiel redox présente une grande importance au plan biogéochimique tant dans les biotopes aquatiques que pour les sols. **(*Voir aussi Acidité, Oxydation, Sol*)**

réduction, n. f. (*reduction*). Phénomène caractérisé par un gain d'électrons par un atome, un ion ou une molécule. Ainsi, une perte d'oxygène ou l'addition d'hydrogène dans une espèce chimique correspondent à une réduction. Les phénomènes de réduction sont fréquents dans les sols et les eaux en particulier dans les sédiments anoxiques où s'effectue une réduction du fer ferrique (Fe^{3+}) en fer ferreux (Fe^{2+}). **(*Voir aussi Oxydation*)**

réductionnisme, n. m. (*reductionism*). Théorie épistémologique qui présuppose que la connaissance de la structure et des mécanismes de fonctionnement des éléments constitutifs les plus simples d'une entité biologique permet d'expliquer par additivité les propriétés de l'ensemble. S'oppose au holisme.

Redwood(s). Nom vernaculaire (américain) du *Sequoia sempervirens*. Cette espèce de séquoia, inféodée à la côte californienne et du sud de l'Oregon représente le plus grand arbre vivant à l'heure actuelle puisque certains sujets (aujourd'hui abattus) atteignaient 135 m de haut. **(*Voir aussi Sequoia*)** ◆ **parc national des** ~ (*Redwoods National Park*) : parc national créé en 1968 dans le nord de la Californie dans la zone littorale située au sud de Crescent City pour protéger les derniers grands séquoia côtiers que les Sociétés forestières coupaient alors à un rythme soutenu.

réflexe conditionné, n. m. (*conditioned reflex*). Terme d'éthologie désignant un réflexe qui a été acquis par l'accoutumance à une stimulation répétée. Les réflexes conditionnés ont été étudiés initialement par le célèbre physiologiste I. Pavlov, prix Nobel de médecine pour ses travaux sur la digestion. Cet auteur avait mis en évidence dans les années 1920 que, si l'on faisait entendre à un chien un son précis au moment où on lui présentait de la nourriture, ce dernier produisait une sécrétion gastrique et que, après une certaine habituation, cette dernière avait lieu au seul stimulus auditif avant même qu'il ne perçoive la nourriture.

réflexion, n. f. ◆ **coefficient de** ~ (*reflexion coefficient*) : coefficient mesurant la fraction de l'énergie solaire incidente qui est réfléchie vers l'espace par l'atmosphère.

réflexivité, n. f. (*reflexivity*). Propriété de l'atmosphère, ainsi que de la surface du sol et de l'océan, de réfléchir le rayonnement solaire vers l'espace. Elle est la cause du phénomène de l'albedo.

reflux, n. m. (*falling tide*) (syn. : jusant). Désigne la marée descendante.

réfraction, n. f. (*refraction*). Déviation de la lumière ou de tout autre rayonnement à l'interface de deux milieux différents.

réfrigérant, n. m. ◆ **aéro** ~ (*cooling tower*) : voir Aéroréfrigérant, Centrales nucléaires.

refuge, n. m. **1.** (*refuge*). Site dans lequel une fraction d'une population de proies peut se retirer afin d'échapper à ses prédateurs. **2.** (*refugium*, plur. : *refugia*). Zone dans laquelle les biocœnoses thermophiles ou psychrophiles se réfugient pendant les périodes glaciaires pour les premières et celles de réchauffement climatique pour les secondes. **(*Voir aussi Endémisme*)**

reg, n. m. (*reg*). Biotope désertique constitué par des plaines couvertes de cailloux parsemant une surface de lits de roches nues.

regain, n. m. (*aftermath*). Repousse de l'herbe dans une prairie après une fauche.

régénération, n. f. (*regeneration*). Propriété qu'ont de nombreux organismes végétaux et animaux de reconstituer une partie manquante (appendice, organe) lorsque celle-ci a été perdue accidentellement ou spontanément. La régénération s'effectue par bourgeonnement. Elle est le fait de cellules latentes qui ont gardé leurs potentialités embryonnaires. **(*Voir aussi Gemmiparité*)** ◆ ~ **de la végétation**

(*vegetation regeneration*) : désigne la reconstitution du couvert végétal à la suite de sa destruction naturelle ou du fait de l'homme.

régime, n. m. ◆ ~ **alimentaire** (*diet*) : type d'alimentation propre à une espèce animale. On distingue usuellement des régimes herbivores et carnivores. Cependant, dans les réseaux trophiques terrestres et aquatiques, de nombreuses espèces, dites omnivores, occupent une position intermédiaire. Par ailleurs, dans les biotopes aquatiques, il existe toute une série d'espèces saprophages qui consomment non pas des êtres vivants mais de la matière organique morte en suspension dans l'eau (animaux suspensivores). **(*Voir aussi Réseaux trophiques*)** ◆ ~ **pluviométrique** (*pluviometric regime*) : type de répartition des précipitations au cours du cycle annuel. **(*Voir aussi Pluviométrie*)**

région, n. f. (*area*). Désigne une zone géographique qui constitue une subdivision d'un empire biogéographique. **(*Voir aussi Biogéographie*)**

régional(e), adj. (*regional*). Désigne ce qui concerne les particularités écologiques d'une région prise au sens géographique. On parlera par exemple du climat, de la pédologie ou de la flore régionale. ◆ **mer** ~ (*regional sea*) : désigne dans la terminologie du PNUE les mers incluses dans une masse continentale. Ce dernier a établi un Programme des Mers régionales dont le but essentiel est de lutter contre leur pollution. Ce programme concerne, en particulier, la mer des Caraïbes, la Méditerranée, la mer Rouge, le golfe Persique et diverses zones plus localisées de l'océan Indien et Pacifique. ◆ **parc naturel** ~ : voir Parc naturel régional.

règle, n. f. ◆ ~ **d'Allen** : voir Allen. ◆ ~ **de Gause** : voir Gause.

règne(s), n. m. (*kingdom*). Désigne l'unité taxonomique la plus vaste propre aux êtres vivants. L'ensemble des organismes peuplant la biosphère peut se répartir en plusieurs règnes et non deux (règnes végétal et animal) comme cela fut longtemps enseigné. Les données de la biologie cellu-

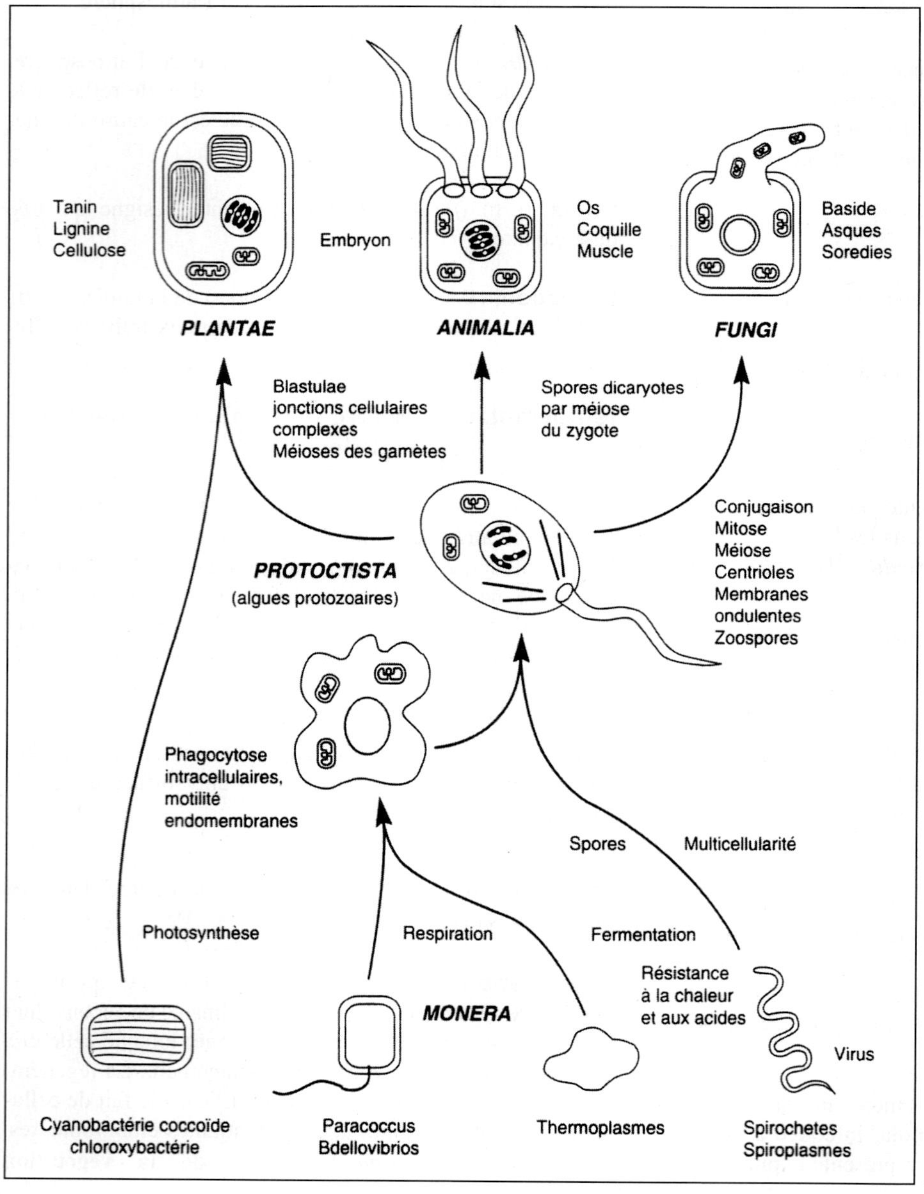

Modèle schématisant les origines et l'évolution des cellules d'Eucaryotes par symbioses ayant conduit à la différenciation des quatre **règnes** d'êtres vivants supérieurs à partir des *Monera*. (D'après Margulis L., *Symbiosis*, San Francisco, Freeman ed., 1980, p. 4)

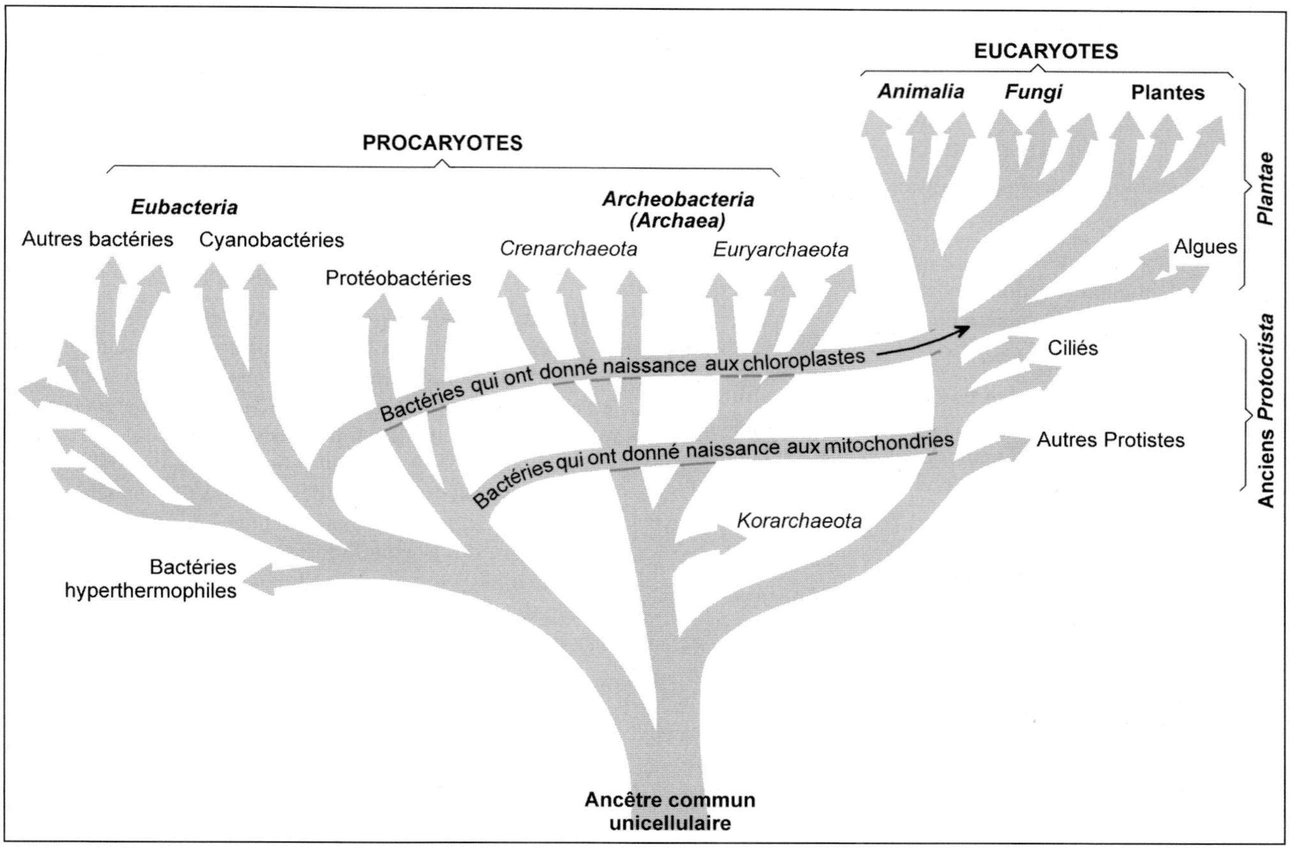

Arbre phylétique des **règnes** vivants. Ici sont figurées, à partir de l'hypothèse d'une souche cellulaire ancestrale unique, les diverses radiations évolutives qui ont conduit à la diversification des règnes actuels. On distingue dans la partie gauche les Procaryotes (anciens *Monera*) subdivisés en deux règnes, les *Archea* et *Eubacteria*. De ces derniers sont issus les Eucaryotes, selon la théorie endosymbiotique, par symbiose avec une bactérie ayant donné les mitochondries. Par ailleurs, les Eucaryotes autotrophes proviendraient de la symbiose d'une cellule hétérotrophe avec une cyanobactérie s'étant transformée en chloroplaste. Chez les Eucaryotes unicellulaires, autrefois réunis en Protistes (ancien règne des *Protoctista*), les spécialistes distinguent actuellement plusieurs règnes, mais ils ne s'entendent pas sur les coupures à faire entre les anciens *Protoctista* donc sur le nombre exact de règnes en lequel on doit les subdiviser. Enfin, les trois autres règnes sont les *Plantae* (à droite du schéma), constitués par l'ensemble des algues pluricellulaires et des plantes vasculaires, les Champignons (*Fungi*) et les Animaux (*Animalia*). (D'après *Scient. Amer.*, mais modifié)

laire combinées à celles de la paléontologie ont permis d'établir que l'on pouvait répartir le monde vivant en au moins cinq règnes.

Ce sont : les *Monera* (ensemble des Procaryotes : Cyanophycées, bactéries et groupes apparentés), les *Protoctista* (Protistes, ensemble des organismes eucaryotes unicellulaires), les *Fungi* (champignons), les *Plantae* (ensemble des végétaux pluricellulaires) et les *Animalia* (animaux).

L'ensemble des organismes eucaryotes dérivent d'une symbiose qui se serait établie entre des *Monera*, dont les organites cellulaires majeurs, les mitochondries et les chloroplastes, ces derniers provenant probablement d'une cyanobactérie originelle représentent les vestiges les plus évidents.

Au cours de l'évolution apparurent successivement les *Monera*, les *Protoctista* et les *Fungi*, enfin les *Plantae* et les *Animalia*. Des recherches plus récentes de phylogénie moléculaire ont montré que les *Monera* devaient être scindées en deux règnes distincts : les *Archea*, qui sont apparentées aux plus anciens êtres vivants cellulaires connus apparus au début de l'Archéen, et les *Eubacteria*. Elles conduisent en outre à subdiviser les *Protoctista* en plusieurs règnes distincts – sur les clivages et le nombre desquels subsistent des discussions. Ces recherches ont aussi mis en évidence une affinité incontestable entre les *Fungi* et les *Animalia*. **(*Voir aussi Animalia, Biosphère, Plantae, Symbiose, Taxonomie*)**

régolite, n. m. (*regolith*). Couche de roches transformée et altérée par l'érosion ou encore dans les zones subarctiques par l'action alternée du gel et du dégel, qui surmonte le substrat rocheux inaltéré. Cette dernière, très faible dans les biotopes désertiques, peut dépasser une centaine de mètres dans les régions équatoriales à forte pluviométrie.

régosol, n. m. (*regosol*). Sol inorganique peu évolué résultant de la décomposition d'un substrat constitué d'une roche tendre.

régression, n. f. (*regression*). ◆ **analyse de** ~ (*regression analysis*) : désigne en statistique la dépendance d'une variable d'une autre variable indépendante. La plus simple et celle dont l'emploi est le plus banal est la régression linéaire :

$$y = a + bx \quad (1)$$

utilisée en particulier dans les analyses de corrélation du même nom. Des polynomes plus complexes, faisant partie de la même famille – dont la ligne droite est un cas particulier – peuvent être utilisés dans l'analyse de régression propre à certains processus écologiques, en particulier la régression quadratique :

$$y = a + bx + cx^2 \quad (2)$$

et plus exceptionnellement la régression cubique :

$$y = a + bx + cx^2 + dx^3 \quad (3)$$

D'autres types de régression non linéaires sont utilisés pour l'analyse quantitative des données en écologie en particulier celle de la croissance exponentielle :

$$y = ce^{ax}$$

◆ **~ de la végétation** (*vegetation regression*) : destruction de la végétation par le surpâturage, l'incendie, la coupe des boisements et sa colonisation ultérieure par des communautés végétales moins développées. ***(Voir aussi Déforestation)***

régressive, adj. Voir Série régressive.

régularité, n. f. (*regularity*). **1.** Type de distribution d'une population dans laquelle les individus sont disposés de façon uniforme à la surface de leur habitat. **2.** Terme parfois utilisé pour désigner le fait que dans un peuplement ou dans une communauté, les populations de chaque espèce présentent un nombre voisin sinon égal d'individus. ***(Voir aussi Diversité, Dominance)***

régulateur, adj. et n. m. ◆ **~ de croissance** (*growth regulator*) : substance utilisée sur divers types de plantes cultivées en particulier les céréales, destinée à renforcer les tiges pour prévenir la verse. ◆ **facteurs ~** (*regulating factors*) : facteurs écologiques dépendant de la densité qui de ce fait contribuent à la régulation des populations. ◆ **organisme ~** (*regulator organism*) : organisme qui maintient ses conditions internes (par exemple osmolalité) à une valeur différente de celles propres à son biotope.

régulation, n. f. ◆ **~ des populations** (*population regulation*) : mécanismes par lesquels les effectifs d'une population végétale ou animale sont contrôlés de sorte qu'ils ne peuvent pas excéder sinon même atteindre pendant une période de temps quelque peu prolongée la capacité limite du milieu.

La régulation des populations est le fait des deux types de facteurs : abiotiques et biotiques.

Les premiers, abiotiques, sont dits indépendants de la densité car ils provoquent un taux de mortalité déterminé pour une valeur donnée, quels que soient les effectifs.

Les seconds sont au contraire dépendants de la densité car leur action sur la population dépend de ses effectifs : la disponibilité de nourriture, l'intensité de la prédation et la mortalité par maladie en sont des exemples bien connus.

Les facteurs abiotiques sont aussi dénommés en démoécologie des facteurs catastrophiques.

En effet, c'est seulement dans des circonstances exceptionnelles que les facteurs climatiques (grands froids ou sécheresses extrêmes par exemple) sont susceptibles de limiter les effectifs d'une population de plantes ou d'animaux.

Ainsi, lors des grands froids de 1956, près de 90% de la population de mésanges des forêts de Bourgogne périrent. De même chez les populations végétales, la sécheresse du Sahel provoqua dans les années 1970 la mort de plus de la moitié des arbres des savanes du Nord du Sénégal.

Les facteurs dépendants de la densité exercent une action plus fine au niveau de la régulation des effectifs. Ils interviennent de façon concomitante pour ajuster ceux d'une population donnée au niveau de la capacité limite du milieu.

Le rôle de la *prédation* et du *parasitisme* sont bien connus en ce sens. La relation prédateur-proie montre que le taux de prédation est rarement constant mais varie en fonction de la densité de la proie (réponse fonctionnelle), cette dernière régulant de la même façon la densité des effectifs du prédateur au travers de la quantité de nourriture disponible. Les études de populations naturelles et celles des modèles théoriques ont ainsi permis de comprendre le caractère cyclique et périodique des fluctuations des effectifs d'une population naturelle d'herbivores en fonction de celle de son prédateur et réciproquement.

L'un des exemples les plus classiques est celui des fluctuations des populations de lièvre variable et de lynx dans le Grand Nord canadien qui présentent une fluctuation cyclique de période décennale. Les pics et les minima des effec-

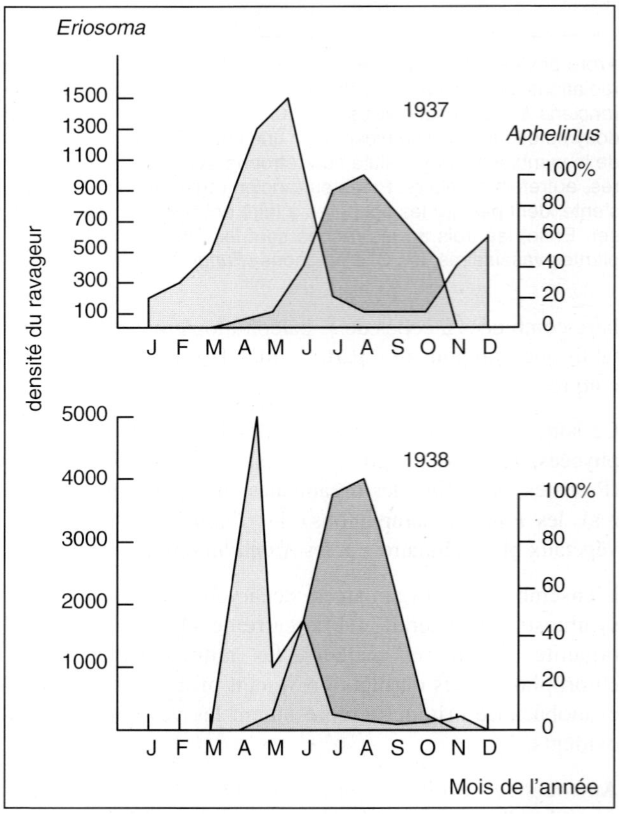

Variation des effectifs du puceron lanigère du pommier (*Eriosoma lanigera*) et de son parasite (*Aphelinus mali*) au cours du cycle annuel, mettant en évidence la **régulation** de la population de ce ravageur par cet entomophage. La courbe en tramé clair représente les fluctuations de densité des populations du ravageur, celle en tramé sombre la variation du taux de parasitisme de ce puceron par *Aphelinus mali.* (D'après Bodenheimer, op. cit., in Ramade F., *Écologie fondamentale*, Ediscience international, 2e ed., 1994, p. 204)

tifs des deux espèces s'observent avec une période de dix ans. Ceux du lynx sont décalés d'environ sept mois par rapport à ceux du lièvre variable. Cet intervalle correspond au temps nécessaire pour que l'accroissement du nombre de proies permette aux populations de lynx de présenter un meilleur succès de reproduction grâce à l'augmentation de nourriture disponible et inversement dans les périodes de raréfaction du lièvre variable. On observe de même une régulation des effectifs des populations de lemmings par les prédateurs en Alaska, les effectifs des seconds étant liés par une réponse numérique aux premiers.

Chez les insectes, dont le potentiel biotique est très considérable, les femelles de nombreuses espèces phytophages pondant un millier d'œufs voire plus, la prédation et le parasitisme jouent un grand rôle dans la fluctuation des effectifs. De nombreuses familles d'insectes, dites entomophages, vivent en parasites internes d'autres insectes (ou de chélicérates) dont ils dévorent progressivement les tissus (parasitoïdes) provoquant la mort de leur hôte.

Ainsi a-t-on pu montrer que les fluctuations des effectifs d'un ravageur du pommier, le puceron lanigère, en fonction du temps, sont étroitement corrélées à celles d'*Aphelinus mali*, un Chalcidien parasite de cette espèce.

Les *maladies* constituent le dernier facteur important de régulation des effectifs des populations. Elles peuvent représenter un facteur catastrophique lors d'épidémie ou agir de façon plus régulière lorsqu'une zoonose ou une affection des végétaux existe à l'état endémique. Le cas de la myxomatose a montré, chez les lapins, les effets drastiques que peuvent présenter des affections épidémiques sur les populations affectées.

De façon générale, on constate que s'effectue une évolution avec le temps, tant dans le cas des maladies que dans celui des parasitoses. L'hôte s'adapte au parasite et devient résistant à ce dernier, d'où baisse des taux de mortalité jusqu'à ce qu'un équilibre s'établisse dans les populations hôtes victimes de l'affection. (***Voir aussi Compétition, Fluctuations cycliques, Myxomatose, Parasitisme, Prédation***)

régurgitation, n. f. (*regurgitation*). Désigne chez les Vertébrés à sang chaud le nourrissage des jeunes par les parents, par rejet des aliments prédigérés contenus dans leur poche gastrique. ◆ **pelote de** ~ (*rejection pellet*) : mélange de peau, de poils et d'os rejetés par les rapaces après avoir digéré leur proie.

réintroduction n. f. ◆ ~ **d'espèces** (*species reintroduction*) : la disparition d'un nombre croissant de plantes et d'animaux de leur aire d'origine a conduit depuis plusieurs décennies les naturalistes à réintroduire diverses espèces dans les régions où elles sont éteintes. Ainsi depuis 1950, plusieurs dizaines d'espèces ont été réintroduites ou leurs populations renforcées. Plus de 700 opérations de réintroduction ont été entreprises dans le monde depuis le début des années 1970.

Historiquement, la première opération de réintroduction en 1837-1838 fut celle du grand tétras disparu d'Écosse et réimplanté dans la région de Perth à partir d'individus en provenance de Suède.

En ce qui concerne les Mammifères, on peut citer la réintroduction en Suisse du bouquetin, en 1906, espèce dont ne subsistait plus dans les Alpes qu'une population rélictuelle en Italie, dans la réserve de chasse du Gran Paradiso.

Le vautour-fauve représente la première des espèces aviennes disparues de notre pays et dont la réintroduction a été effectuée avec succès dans le parc national des Cévennes. En date plus récente, celle du gypaète barbu a été effectuée en Autriche et entreprise dans les Alpes françaises (où des lâchers ont été faits dans les années 90 en coordination entre le parc national du Mercantour et celui des Alpi Marittimi du côté italien), de même que celle du grand tétras dans les Cévennes.

Parmi les Mammifères, le lynx figure comme la première espèce dont la réintroduction a été effectuée avec succès en France, dans les Vosges, malgré l'opposition de certains habitants locaux, concrétisée par la destruction de plusieurs animaux par des vandales – action qui ne contribue certai-

Vue de l'aire de **réintroduction** du vautour fauve, située sur la frange du Causse Méjean qui domine le canyon de la Jonte dans le parc national des Cévennes. (Cliché F. Ramade)

nement pas à améliorer l'image de marque des chasseurs dans l'opinion publique.

À l'opposé, contrairement à une opinion répandue dans le monde rural et les milieux de la chasse, le retour du loup dans le parc national du Mercantour puis dans les Alpes du Dauphiné n'est pas dû à une réintroduction mais à une colonisation spontanée des niches écologiques vacantes à partir de propagules des populations italiennes présentes dans l'ensemble de la chaîne apennine.

Ailleurs dans le monde, l'une des plus spectaculaires opérations de réintroduction a été celle de l'Oryx d'Arabie (*Oryx algazel*). Cette espèce a été sauvée de l'extinction, due à une chasse effrénée, par des zoologistes américains grâce à l'importation de quelques individus en Arizona dans les années 1950. Il a été depuis réintroduit en Oman et en Arabie saoudite (parc national de Taef) dans les années 1980 où ses effectifs se sont rapidement accrus.

La réintroduction de plantes disparues semble paradoxalement plus difficile. Parmi celles qui ont réussi figure le Bois de senteur blanc (*Ruizia cordata*), espèce de la Réunion, dont le bouturage au jardin botanique de Brest a permis de multiplier les quelques pieds relictuels qui en subsistaient. Des milliers de plants ont été réimplantés à partir de ce dernier dans des zones de l'île inaccessibles aux chèvres.

La réintroduction d'une espèce d'une région où elle a disparu nécessite une étude préalable et approfondie de faisabilité. Il est en particulier nécessaire de connaître son statut réel dans l'aire envisagée, la date et les causes de sa disparition, les modifications des biotopes qui ont éventuellement eu lieu depuis sa disparition, les caractéristiques biologiques de la zone choisie pour la réintroduction, enfin l'attitude des populations locales.

Le choix des individus destinés à l'opération doit être étudié avec soin de même que les conditions techniques du lâcher et du suivi scientifique de l'opération, y compris des interventions de soutien. **(*Voir aussi Biodiversité, Extinction, Protection de la nature*)**

rejecta, n. m. (*rejecta*). Terme désignant les divers déchets produits par le métabolisme d'une espèce animale : faeces, urine, desquamation des phanères (chez les Vertébrés supérieurs), exsuvies (chez les Reptiles ou les Arthropodes).

rejet, n. m. ◆ ~ **de faille** (*displacement fault*) : glissement des deux compartiments d'une faille l'un par rapport à l'autre dans un sens vertical ou oblique selon le cas. ◆ ~ **de taillis** (*coppice shoot*) : pousses produites à partir d'un bourgeon dormant par la base du tronc ou par les racines après un recépage.

relation, n. f. ◆ ~ **diversité-stabilité** : voir Diversité. ◆ ~ **fonctionnelle** : voir Fluctuation des populations, Prédation, Réponse. ◆ ~ **numérique** : voir Fluctuation des populations, Prédation, Réponse.

relative,adj. ◆ **abondance** ~ (*relative abundance*) : désigne l'importance du nombre d'individus d'une espèce appartenant à un peuplement donné par rapport à l'effectif total du peuplement.

Si p_i est l'abondance relative de l'espèce i, n_i l'effectif de sa population et N le nombre total d'individus des diverses espèces constituant le peuplement, nous aurons :

$$P_i = \frac{n_i}{N}$$

(*Voir aussi Abondance*) ◆ **humidité** ~ : voir Humidité.

relaxation, n. f. ◆ **temps de** ~ (*relaxation time*) : temps nécessaire pour qu'un processus géomorphologique conduise à un nouvel équilibre à la suite d'un changement des contraintes physiques et éventuellement géochimiques propres à l'environnement de la structure considérée. L'échelle de ces temps varie de quelques décennies à plusieurs centaines de milliers d'années selon la nature du processus considéré.

relevé floristique, n. m. (*floristic list*). Méthode de phytosociologie ayant pour but de déterminer dans une station préalablement choisie la composition spécifique et le recouvrement de la communauté végétale concernée, cela dans le but de déterminer la nature des groupements végétaux et donc de l'association correspondante.

relief, n. m. (*relief, topography*). Ensemble des variations d'altitude et des irrégularités de niveau qui caractérisent la surface du sol dans une région donnée. ◆ ~ **karstique** (*karstic topography*) : voir Karst. ◆ ~ **résiduel** (*residual relief*) : structure géomorphologique correspondant à une ancienne topographie modifiée par l'érosion.

relique, n. f. (*relict*). Entité écologique correspondant à un milieu, une population, une espèce ou un peuplement qui représentent les survivants vestigiaux d'habitats ou de groupes taxinomiques autrefois beaucoup plus nombreux et couvrant une aire géographique plus étendue. Leur raréfaction est généralement la conséquence d'importants changements climatiques et environnementaux naturels. De nos jours, elle est aussi de plus en plus artificielle et due à l'action de

Exemple de plante **relique** : *Carline acaulis* (Astéracée) dans une station du plan d'Aups en bordure de la forêt domaniale de la Sainte Baume (Var). Cette plante constitue une relique boréo-alpine de la période würmienne dans un tel biotope de faible altitude (725 m) et présentant par ailleurs de nombreuses caractéristiques méditerranéennes. (Cliché F. Ramade)

l'homme soit directement au travers de la chasse ou de la pêche abusive chez les animaux ou des prélèvements effrénés chez les plantes soit encore – et le plus souvent – la conséquence de la destruction des écosystèmes. Ces habitats, ces espèces ou peuplements reliques se rencontrent dans des zones dénommées refuges qui correspondent à des aires géographiques ou des habitats isolés. ***(Voir aussi Biodiversité, Protection de la nature, Refuge)***

rem, n. m. (*rem*). Unité d'irradiation qui fait intervenir non seulement la quantité d'énergie reçue par le tissu irradié mais aussi la notion d'efficacité biologique relative (EBR) qui tient compte de la nature du rayonnement. Elle correspond à la dose de 1 rad (soit une irradiation de 100 ergs par gramme de tissu vivant) débitée sous forme de rayons X accélérés sous 320 KV ou de rayons γ d'énergie équivalente. Pour les autres types de radiations, elle fait intervenir l'EBR. Ainsi, pour un neutron lent, l'EBR est égale à 10 (donc pour ce dernier, 1 rem = 10 rads). Actuellement, cette unité est remplacée par le Sievert (1 Sievert = 100 rems). ***(Voir aussi Sievert)***

rémanence, n. f. ◆ ~ **des anti-parasitaires** (*pesticides remanence*) : désigne la persistance des traitements utilisés dans la lutte contre les ravageurs des cultures. Recherchée dans le cas des insecticides et des fongicides, une rémanence importante présente l'inconvénient d'exercer une action persistante au-delà de la période de culture et accroît donc le potentiel de pollution de l'environnement des substances incriminées.

remblaiement, n. m. (*accretion*). Processus de sédimentation résultant du dépôt des matériaux solides transportés par un cours d'eau sur les rives provoquant à terme le rehaussement de son lit.

« remembrement » agricole, n. m. (*land reallocation*). Procédure ayant pour objet de réunir, en un ou quelques grands champs, les nombreuses parcelles de faible surface d'une même exploitation agricole.

Effectué sans discernement pendant plusieurs décennies, le remembrement a causé en France et dans quelques autres pays d'Europe occidentale de sérieux désordres écologiques. Il a eu aussi un effet désastreux sur les paysages bocagers, par suite de l'élimination de toute végétation arbustive et de la constitution d'immenses parcelles d'un seul tenant complètement dénudées après la récolte. En outre, la pratique systématique du remembrement a rendu triste et laid l'espace rural autrefois diversifié et hétérogène que représente le bocage, dont la forêt linéaire, constituée par les haies plantées d'arbres rompait la monotonie.

L'arasement des haies et des talus provoque des effets très défavorables sur l'intensité du vent et sur le cycle de l'eau provoquant une aridification à l'échelle microclimatique.

Les parcelles remembrées présentent en général des conditions microclimatiques plus défavorables que les parcelles plus petites entourées de haies et de talus. Le vent y est nettement plus intense, « l'effet de haie » ayant disparu. Par ailleurs, l'évaporation y est plus forte, liée à la plus grande intensité du vent, mais aussi à une modification du bilan radiatif. L'arasement des talus contribue aussi à la perturbation du cycle de l'eau, en particulier en favorisant le ruissellement au détriment de l'infiltration.

Par ailleurs, la destruction des haies exerce un effet très défavorable au plan biocœnotique pour l'ensemble des zoocœnoses propres aux pays bocagers. Ainsi, la destruction de la végétation spontanée qui croît sous ces dernières diminue beaucoup l'importance des populations d'insectes auxiliaires, qui y bouclent souvent leur cycle annuel après la récolte de la culture, de sorte que les proliférations de ravageurs sont favorisées par cette destruction. ***(Voir aussi Agriculture, Haie, Vent)***

remontée, n. f. ◆ ~ **d'eaux froides profondes** (syn. : *upwelling*) : voir Courant, Océan, *Upwelling*. ◆ ~ **des poissons vers l'amont** (*run*) : phénomène de migration de poissons anadromes vers les frayères situées dans la partie la plus élevée du cours d'eau. ***(Voir aussi Migrations, Saumons)***

remote sensing. Voir Télédétection.

renard(s), n. m. Genre de Canidés propre à la région olarctique. ◆ ~ **roux** (*red fox*) (n. sc. *Vulpes vulpes*) : cette espèce propre à l'Eurasie tempérée classée parmi les « nuisibles » est en réalité un remarquable régulateur des populations de rongeurs terrestres qui constituent la base de son régime alimentaire. Il est estimé qu'un renard roux consomme plusieurs milliers de campagnols chaque année. Il a été décimé en France, voici quelques années, par les campagnes d'empoisonnement, inefficaces et non sélectives de surcroît, entreprises sous l'impulsion des autorités compétentes et effectuées avec zèle par les associations de chasse dans le but d'éliminer la rage sylvatique. L'usage d'appâts imprégnés d'un vaccin buccal a résolu remarquablement ce problème alors que la campagne d'éradication des renards précitée avait échoué lamentablement tout en décimant les populations de nombreuses espèces de petits carnivores sauvages que la législation française anachronique et anti-écologique dans l'esprit et dans la lettre qualifie aujourd'hui encore de « nuisibles ». ◆ ~ **polaire** (*polar fox*) (n. sc. *Alopex lagopus*) : espèce de renard adaptée aux conditions écologiques propres aux régions subarctiques. La taille de ses oreilles, très réduite – observation qui conduisit Allen à énoncer sa fameuse règle écophysiologique – traduit l'adaptation de cette espèce à un climat très froid.

rendement(s), n. m. (*yield*). ◆ ~ **final** (*constant final yield*) : rendement des prélèvements dans une population exploitée en équilibre, où les prélèvements contrebalancent exactement la différence entre la natalité, la mortalité et la croissance des individus. ***(Voir aussi Pêche)*** ◆ **loi des ~ décroissants** (*law of diminishing returns*) : cette loi, initialement établie par les agronomes, montre que la relation entre l'apport d'engrais chimiques aux cultures et l'accroissement des rendements obtenus ne sont pas proportionnels.

Il faut par exemple multiplier par 2,85 l'apport de phosphates pour augmenter d'une unité les rendements de la culture du maïs! De même, en ce qui concerne la fumure azotée, on constate que si l'on apporte 40 kg /ha de nitrates, on augmente les rendements de 50%. Mais si l'on passe à 80 kg/ha

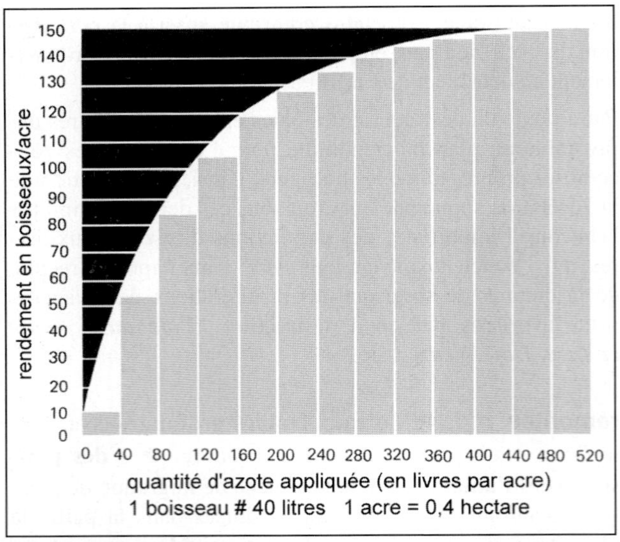

Diagramme illustrant la loi des **rendements** décroissants. Le doublement des quantités d'engrais apportées fait croître en progression arithmétique les rendements. (D'après Pratt, in Ramade F., *Écologie appliquée*, Ediscience international, 5e ed., 1995, p. 186)

l'augmentation ne sera que de 20%, un nouvel accroissement de 40 kg/ha, soit au total de 120 kg/ha ne produira un incrément de rendement que de 11%, etc. ◆ ~ **d'assimilation** (*assimilation yield*) : il mesure l'efficacité d'absorption par un organisme animal des aliments ingérés. Il correspond au rapport entre la quantité d'énergie contenue réellement assimilée et celle contenue dans une quantité donnée d'aliments qui est ingérée. (***Voir aussi Assimilation, Coefficient d'***) ◆ ~ **écologique** (*ecological yield*) : rendement de conversion de l'énergie dans un réseau trophique. Il s'évalue par le rapport entre l'énergie contenue dans la totalité des organismes d'un niveau trophique donné et la quantité d'énergie solaire absorbée par les producteurs primaires par unité de surface de l'écosystème considéré. ◆ ~ **de conversion photosynthétique** (*photosynthetic conversion yield*) : rapporté à l'énergie lumineuse incidente, le rendement photosynthétique des systèmes végétaux est relativement faible. Il atteint de façon exceptionnelle quelque 6% chez certaines Cyanophycées comme les Spirulines mais est généralement beaucoup plus faible. Seule une très faible fraction de l'énergie incidente est convertie en substances biochimiques. À la surface des continents, l'énergie incidente disponible pour les végétaux est de 17,5 à 35 $W/m^2/j$ en moyenne et la production photosynthétique brute moyenne est de 12 g de carbone/m^2 et par jour ce qui correspond à une énergie moyenne fixée de 0,158 W/m^2. Il est donc possible de calculer que le rendement global de la photosynthèse est compris entre $0{,}158/17{,}5 \cdot 100$ et $0{,}158/35 \cdot 100$ soit entre 0,45 et 0,9%! (***Voir aussi Photosynthèse, Production primaire***) ◆ ~ **de conversion photoénergétique** (*photoenergetic conversion yield*) : désigne le rapport entre l'intensité de l'énergie solaire incidente et la quantité d'énergie produite par un système de transformation du flux solaire en un autre type d'énergie. Dans le cas des piles photovoltaïques, ce rendement est actuellement de l'ordre de 10% mais pourrait être accru jusqu'à 25% selon les dernières données technologiques. (***Voir aussi Photovoltaïque, Silicium***) ◆ ~ **d'utilisation durable d'une ressource** (*sustainable yield*) : caractérise le taux optimal de prélèvement d'une ressource renouvelable, qui établit un équilibre entre les quantités utilisées de cette ressource et la nécessité de conserver une quantité suffisante de biomasse sur pied pour assurer son renouvellement afin d'assurer une utilisation durable. ◆ ~ **trophique** : voir Rendement écologique.

rendzine, n. f. (*rendzina*). Sols se formant sur roches-mères calcaires par décomposition de ces dernières. Ce sont des sols calcimagnésiques riches en calcaire actif et en humus, caractérisés par l'absence d'horizon B. L'horizon A, très humifère, ayant jusqu'à 15% de matières organiques est posé directement sur l'horizon C.

Les types les plus fréquents sont les rendzines humifères et les rendzines grises ou blanches qui se forment sur pelouses xérophiles installées sur des calcaires tendres très purs ou de la craie.

Ils s'agit de sols assez fréquents en zones méditerranéennes qui sont pauvres en argiles car ces dernières sont entraînées le long de la pente ou s'infiltrent dans les fissures du karst sous-jacent.

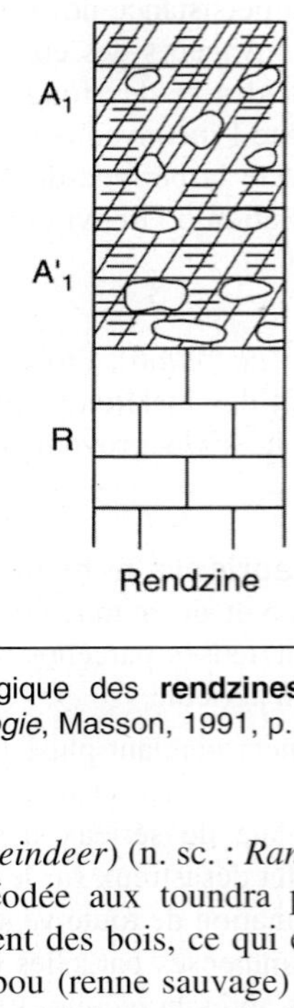

Structure pédologique des **rendzines**. (D'après Duchaufour, *Abrégé de pédologie*, Masson, 1991, p. 186)

renne, n. m. (*reindeer*) (n. sc. : *Rangifer tarandus*) Espèce de Cervidé inféodée aux toundra paléarctiques, dont les deux sexes portent des bois, ce qui est plutôt exceptionnel. Dénommés caribou (renne sauvage) au Canada et en Alaska, les rennes ont été domestiqués dans l'Ancien Monde et ils sont aujourd'hui encore élevés à vaste échelle en Laponie. Ils s'y nourrissent des graminées et des lichens de la toundra, en particulier d'une espèce qui y est très abondante, *Cladonia rangifera*, dite de ce fait le lichen des rennes.

Renonculacées, n. f. (*buttercup, larkspur*, etc.). Famille de Dicotylédones de la sous-classe des Magnolidées appartenant à l'ordre des Ranunculales. Elle comporte plus de 2 000 espèces de plantes essentiellement tempérées et à port herbacé dominant. Outre le genre *Ranunculus*, multispécifique (boutons d'or), on citera parmi bien d'autres les hellebores, les anémones, les Delphinium et les clématites.

renouvelables, adj. ◆ **ressources** ~ (*renewable resources*) : voir Ressources naturelles.

renouvellement, n. m. ◆ ~ **des espèces** (*species renewal*) : susbtitution dans une biocœnose au cours des processus évolutifs, de nouvelles espèces à celles qui s'éteignent. ◆ ~ **des fonds océaniques** (*ocean floor spreading*) : production du plancher océanique par suite de l'écartement de deux plaques contiguës. ◆ ~ **d'une ressource** (*resources renewal*) : processus par lequel une ressource biologique se trouve reconstituée par le jeu des phénomènes de production primaire ou secondaire. ◆ **temps de** ~ (*renewal time*) : temps nécessaire pour que le volume total des eaux d'un lac soit renouvelé par le jeu de l'écoulement. **(*Voir aussi Résidence*)**

Rensch ◆ **lois de** ~ (*Rensch laws*) : cet écologue a établi plusieurs « lois » concernant les populations animales :

1. Dans des climats froids, les populations d'une espèce mammalienne ou avienne présentent des portées ou des couvées plus importantes que celles des populations de la même espèce sous climat plus chaud.

2. Dans les climats froids, les Oiseaux ont des ailes plus courtes et les Mammifères une fourrure plus épaisse que celle des populations des mêmes espèces situées au sud de leur aire de répartition géographique.

3. La coquille est de couleur sombre dans les Gastéropodes terrestres sous des climats froids et claire chez ceux vivant sous des climats chauds.

4. L'épaisseur de la coquille des Gastéropodes terrestres est la plus importante dans les biotopes fortement ensoleillés et arides. **(*Voir aussi Allen*)**

renversement, n. m. ◆ ~ **des eaux** (*overturn*) : phénomène d'inversion thermique survenant au début de l'hiver et à celui de l'été dans les lacs tempérés se traduisant par une circulation verticale et un brassage des eaux suivi d'un nouvel état de stratification. ◆ ~ **stratigraphique** (*stratigraphic overturn*) : processus tectonique conduisant à une inversion des strates les plus anciennes surmontant les plus récentes.

réorganisation, n. f. (*reorganization*). Désigne, en pédologie, les transformations subies par les matières organiques mortes dans le sol qui sont immobilisées pendant un temps de durée variable.

réoxygénation, n. f. (*reoxygenation*). Processus de redissolution de l'oxygène dans l'eau se produisant spontanément dans les zones d'un cours d'eau où le courant est plus vif ou dans divers types d'installations de traitement des eaux polluées.

répartition, n. f. ◆ ~ **des classes d'âge** (*age class distribution*) : proportion relative des diverses classes d'âge constituant une population. Selon qu'en première approximation les classes juvéniles, adultes ou séniles seront prépondérantes, on aura affaire à une population en expansion, stable ou déclinante. **(*Voir aussi Pyramides*)** ◆ ~ **contagieuse** (*contagious distribution*) (syn. : en agrégat) : type de répartition hétérogène des individus d'une même population à la surface de leur habitat, ces derniers étant rassemblés en groupes. Ce phénomène se rencontre chez les espèces grégaires. Il s'observe aussi chez les plantes par exemple dans des peuplements forestiers spontanés où l'emplacement des jeunes arbres est conditionné par l'emplacement des arbres porte-graines. ◆ ~ **en damier** (*checkboard distribution*) : type de répartition spatiale dans laquelle les espèces appartenant à un même peuplement, occupent des fragments entremêlés de l'habitat. ◆ ~ **discontinue** (*disjunct distribution*) : désigne une aire de distribution géographique qui est fragmentée en plusieurs aires dites secondaires. Ainsi, les Protéacées constituent une famille de Phanérogames propre à l'Australie et l'Afrique du Sud. ◆ ~ **géographique** : voir Biogéographie. ◆ ~ **au hasard** (*random distribution*) : type de répartition spatiale dans lequel les individus d'une même population se répartissent de façon aléatoire à la surface du biotope. ◆ ~ **des populations** : voir Populations. ◆ ~ **homogène** (*regular distribution*) : type de répartition spatiale dans laquelle les individus d'une même population sont répartis de façon régulière à la surface du substrat ou du biotope. En dehors des plantations faites par l'homme en sylviculture par exemple, ce type de répartition est très rare dans la nature. Il s'observe par exemple dans la répartition des cellules larvaires à la surface des rayons d'une ruche ou dans celles du nid des autres espèces d'hyménoptères sociaux. ◆ ~ **spatiale** : modalité de répartition à l'intérieur d'un biotope des individus constituant une population d'une espèce déterminée. **(*Voir aussi Populations*)** ◆ ~ **spatio-temporelle** (*space-time distribution*) : désigne les variations de l'aire de distribution d'une espèce vivante en fonction du temps.

répétabilité, n. f. (*repeatability*). Identité ou forte similarité des observations successives obtenues en utilisant les mêmes procédures expérimentales sur un même matériel biologique en laboratoire ou sur les mêmes systèmes écologiques étudiés *in situ*.

replat, n. m. (*bench*). Structure géomorphologique consistant en une zone plate ou de faible pente comprise entre deux versants.

réplique, n. f. (*aftershock*). Secousse sismique secondaire faisant suite au séisme majeur. Les répliques peuvent se prolonger pendant des semaines dans certaines circonstances. Ainsi, à la suite du séisme qui détruisit en Italie la ville d'Assise en 1997, ces dernières furent ressenties pendant près d'un mois. **(*Voir aussi Séisme*)**

réponse, n. f. ◆ ~ **fonctionnelle** (*functional response*) : terme créé par Holling (1955) qui désigne les variations du nombre de proies consommées par un prédateur quand la densité des populations de la proie considérée augmente. Cette réponse peut aussi se mesurer par l'accroissement de la proportion de proies consommées par rapport au nombre d'individus des autres espèces constituant le régime alimentaire d'un prédateur. On constate qu'il existe trois types de réponse. La première correspond au cas où il y a – dans un

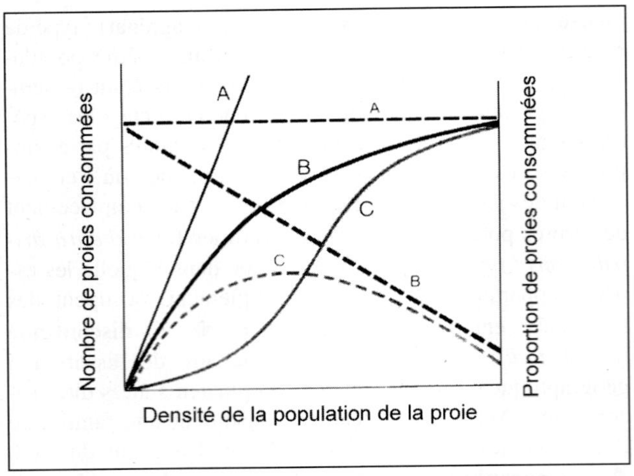

Exemples de **réponses** fonctionnelles. On distingue plusieurs types de réponse : linéaire avec une proportion constante des proies consommées (type A), avec un taux de consommation décroissant en fonction de l'augmentation de densité des proies (type B), de type logistique plutôt caractéristique des Vertébrés (type C). Les courbes en pointillé correspondent à la proportion de proies consommées. Les courbes en trait continu correspondent au nombre de proies consommées en fonction de la densité. (D'après Ramade F., *Écologie fondamentale*, Ediscience international, 2e ed., 1994, p. 208)

certain domaine – une simple réponse linéaire proportionnelle à l'accroissement des proies. La seconde correspond à une loi des rendements décroissants, la proportion de proies consommées diminuant quand leur nombre augmente. La troisième correspond à une loi de type logistique. ◆ ~ **numérique** (*numerical response*) : désigne l'accroissement du nombre d'individus d'une population d'un prédateur en réponse à l'accroissement du nombre d'individus d'une de ses espèces de proies. ◆ ~ **totale** (*total response*) : somme des réponses de l'ensemble des prédateurs à l'accroissement du nombre de proies.

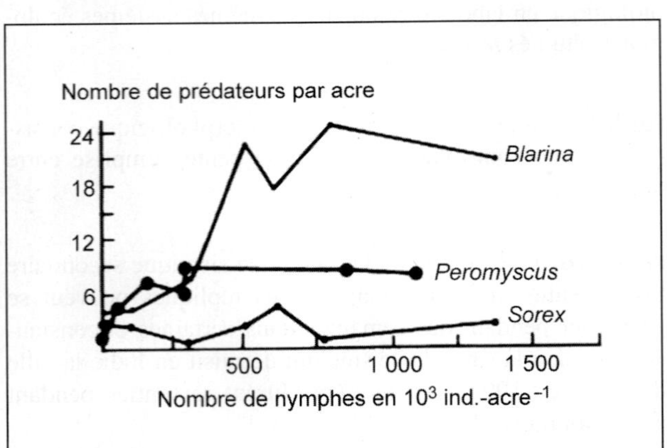

Réponse numérique de prédateurs de la tenthrède du pin au Canada. Deux espèces d'insectivores (*Sorex* et *Blarina*) et un rongeur (*Peromyscus*). (D'après Holling, in Ramade F., *Écologie fondamentale*, Ediscience international, 2e ed., 1994, p. 209)

reproductibilité, n. f. (*reproductibility*). Identité ou forte similarité des résultats obtenus sur un même matériel biologique à partir d'expériences effectuées par des laboratoires distincts mettant en œuvre les mêmes protocoles ou sur des sites expérimentaux d'emplacements différents mais faisant recours aux mêmes dispositifs.

reproductif, adj. (*reproductive*). Désigne ce qui se rapporte à la reproduction. ◆ **effort** ~ (*reproductive effort*) : mesure de la quantité d'énergie et (ou) de la proportion du budget énergétique alloué à la reproduction par un individu ou une population. Ce dernier inclus à la fois le flux d'énergie nécessité par la gamétogenèse, le rapprochement des sexes et chez de nombreuses espèces animales par la nidification et le soin aux jeunes. On constate que les stratèges r (plantes annuelles, rongeurs par exemple) qui ont un potentiel biotique élevé consacrent une part importante de leur budget énergétique à l'effort de reproduction. Au contraire, les stratèges K, espèces de grande longévité et à faible effort de reproduction, ne consacrent qu'une part minoritaire de leur budget énergétique à cet effort de reproduction. Ainsi, les campagnols, petits rongeurs terricoles, consacrent 55% de leur budget énergétique à leur effort de reproduction contre seulement 3% chez le grand rorqual bleu. ***(Voir aussi Stratèges K, Stratèges r, Stratégies démographiques)*** ◆ **isolement** ~ (*reproductive isolation*) : absence d'échange de gènes entre deux sous-populations d'une même métapopulation initiale ou entre écotypes ou sous-espèces voisines résultant de l'action de facteurs environnementaux ou de différences sous contrôle génétique. Le fait qu'un groupe d'individus se trouve génétiquement isolé de la population principale, par suite de ce phénomène, favorise sa dérive génétique.

reproduction, n. f. (*reproduction*). Phénomène par lequel les êtres vivants donnent une descendance qui perpétue l'espèce. On distingue deux types de reproduction : la première dénommée *reproduction végétative* en botanique et *multiplication asexuée* en zoologie, est caractérisée par le fait que la production d'individus-fils se fait par des phénomènes de bourgeonnements dans lesquels n'intervient pas la sexualité. Au contraire, la *reproduction sexuée* est un processus très différent dont l'objet est tout autant de produire la descendance que d'assurer le brassage des gènes indispensables au maintien de la diversité génétique de la population considérée. ◆ **effort de** ~ (*reproductive effort*) : voir Reproductif. ◆ ~ **en captivité** (*captive breeding*) : mode de reconstitution des effectifs utilisé dans la conservation *ex situ* pour les espèces en danger d'extinction. (*Voir aussi Extinction, Protection*) ◆ **effets des polluants sur la** ~ : de nombreux polluants xénobiotiques, dont les pesticides, agissent sur le fonctionnement des gonades et provoquent souvent une diminution de potentiel biotique des populations animales tant d'Invertébrés que de Vertébrés.

Les recherches effectuées relativement à l'effet des insecticides sur la reproduction des insectes montrent que les effets ne sont pas univoques. Les faibles doses, infralétales, stimulent la fécondité tandis que les doses plus élevées, sublétales, provoquent une stérilisation partielle de la population dont le taux va en s'accroissant avec les doses d'exposition.

Chez les Vertébrés, de nombreux pesticides ont montré un effet stérilisant. Ainsi, chez les poissons, outre les insecticides, certains herbicides tels l'aminotriazole, sans présenter de toxicité aiguë significative, provoquent une destruction

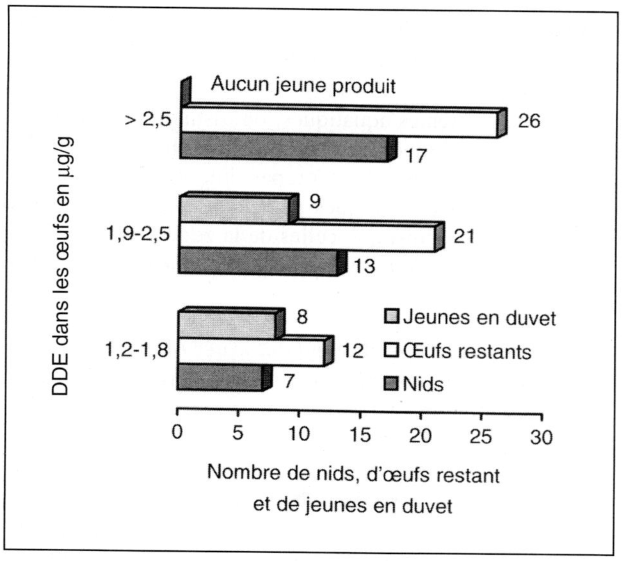

Corrélation entre la teneur en DDE des œufs et les échecs de **reproduction** des pélicans bruns de Caroline du Sud. On remarque l'absence totale de succès de couvaison dans les nids dont les œufs renferment plus de 2,5 µg/g de DDE, le métabolite du DDT. (D'après Blus et al., op. cit., in Ramade F., *Dictionnaire encyclopédique des pollutions*, Ediscience international, 2000, p. 487)

des ovaires. Chez les Oiseaux, de nombreuses études ont mis en évidence une diminution du succès de reproduction des populations des espèces étudiées au travers d'une baisse intrinsèque de fécondité (diminution du nombre d'œufs pondus par femelle et du spermogramme chez les mâles). Cette baisse est souvent accompagnée d'échecs de couvaison, liés à la fragilisation des coquilles due à un défaut de calcification, qui conduit à l'écrasement des œufs au nid par les adultes. Ce phénomène a été amplement analysé dans le cas des composés organochlorés, en particulier des PCB et du DDT et autres insecticides de ce groupe.

L'analyse des processus physiotoxicologiques et écotoxicologiques par lesquels les composés organohalogénés en particulier agissent sur le potentiel biotique des Oiseaux et des Mammifères a montré qu'ils résultent, de façon plus générale des effets œstrogénomimétiques de ces polluants – y compris sur l'espèce humaine – avec en ce qui la concerne des conséquences épidémiologiques prévisibles très préoccupantes.

On a aussi pu montrer qu'au-delà même des effets œstrogénomimétiques, de nombreux polluants toxiques perturbent les fonctions reproductrices au travers d'effets neurotropes qui, initialement situés au niveau du système nerveux central et plus précisément du cortex cérébral, vont perturber les équilibres endocriniens des hormones contrôlant la reproduction. Cette action neuro-endocrienne est descendante et se manifeste par une perturbation fonctionnelle de l'axe cortico-hypothalamo-hypophysaire qui contrôle la sécrétion des gonado-stimulines. ***(Voir aussi DDT, Insecticides, Organochlorés, Œstrogénomimétique)***

reptation, n. f. (*creeping*). Mode de locomotion propre à certains Vertébrés qui consiste à se déplacer sur le substrat

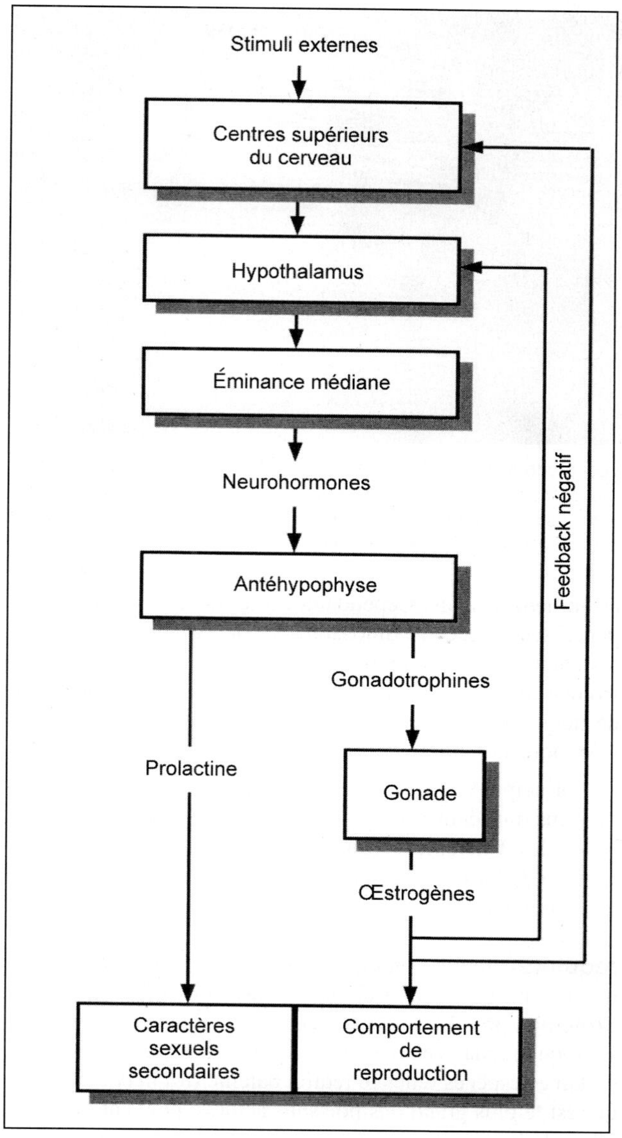

Schéma de l'axe cortico-hypothalamo-hypophysaire montrant le contrôle des hormones sexuelles qu'il exerce sur la **reproduction** par l'intermédiaire de la modulation de la sécrétion des gonado-stimulines.

en l'absence de membres (cas des serpents par exemple) ou sans faire intervenir ces derniers.

Reptiles, n. m. (*Reptilia*). Classe de Vertébrés amniotes, poïkilothermes, à la peau couverte d'écailles, dont les représentants actuels sont caractérisés par une disposition parasagittale des membres et une queue pourvue de nombreuses vertèbres.

Les Reptiles sont, dans la plupart des cas, ovipares et pondent des œufs dont la coquille est en général uniquement constituée par une membrane chorionique. Cependant, les Crocodiliens possèdent des œufs calcifiés dont la coquille est très dure.

Les Reptiles ont constitué la classe de Vertébrés dominante dans la biosphère pendant toute l'ère mésozoïque, marquée par la prépondérance des dinosaures qui étaient très probablement des homéothermes. Certes, la plupart des espèces de Dinosauriens étaient de toute évidence des sténothermes

Les crocodiles représentent les **Reptiles** actuels dont la taille est la plus grande, certains sujets atteignent près de 10 m de long. Ici un *Crocodilus niloticus* sur les rives de la rivière Ewaso nyero (parc national de Samburu, Kenya). (Cliché F. Ramade)

de milieux chauds. Cependant, ont aussi été mises en évidence des espèces de dinosaures « polaires » qui peuplaient les hautes latitudes à partir du milieu du Crétacé où un refroidissement du climat global a commencé avec apparition de neige en période hivernale sur les zones de relief dans l'Arctique et l'Antarctique.

Les principaux ordres actuels de Reptiles sont les Ophidosauriens qui réunissent les lézards (au sens large) et les serpents, les Chéloniens (tortues) et les Crocodiliens. (***Voir aussi Chéloniens, Dinosaures, Lacertiens, Ophidiens, Sauropodes***)

requin(s), n. m. (*shark*). Poissons appartenant à la classe des Chondrichthyens qui ont épousé toutes les radiations évolutives possibles pour le necton pélagique.
Bien que la majorité des requins soient des superprédateurs, certaines espèces telles le requin baleine (*Rhincodon typus*), qui est le plus grand des poissons actuels, pouvant dépasser 18 m de long et peser 40 t., ont un régime planctonophage. Parmi les grands prédateurs qui peuvent attaquer l'homme (famille des *Carcharhinidae*) certains, comme le *Carcharodon carcharias* (grand requin blanc) peuvent atteindre 10 m de long. La plupart des requins sont aujourd'hui menacés par suite de l'exploitation par les pêcheries asiatiques de ces espèces dont la consommation (en particulier des ailerons), va croissant dans tout l'Extrême-Orient. (***Voir aussi Chondrichthyens***)

réseau(x), n. m. ◆ ~ **d'assainissement** (*sewage system*) : réseau destiné à assurer la récupération des eaux usées d'origine urbaine et (ou) industrielle. ◆ ~ **hydrographique** (*hydrographic system, network*) : réseau constitué par l'ensemble des affluents d'un cours d'eau principal. Dans certains cas, il peut exister une communication entre deux réseaux hydrologiques. Tel est par exemple le cas du système Orénoque-Amazone, l'un se déversant dans l'autre et réciproquement en fonction du cycle annuel. ◆ ~ **trophiques** (*trophic web*) : ce terme désigne l'ensemble des relations trophiques existant à l'intérieur d'une biocœnose entre les diverses catégories écologiques d'êtres vivants constituant cette dernière : les producteurs, les consommateurs animaux et les décomposeurs. Un réseau peut aussi se définir comme la résultante de la totalité des chaînes alimentaires unissant les diverses populations des espèces que comporte une biocœnose.

Dans les écosystèmes aquatiques, on distingue usuellement des réseaux trophiques benthiques, qui concernent l'interface eau-sédiment tant des biotopes dulçaquicoles que marins et les réseaux trophiques pélagiques propres aux eaux libres des océans ainsi que celles de la zone limnétique des lacs. (***Voir aussi Chaînes trophiques, Écosystèmes, Trophique***)

réserve(s), n. f. ◆ ~ **en eau** (*soil water reserve*) : quantité d'eau disponible présente dans un sol correspondant aux pressions capillaires inférieures au point de flétrissement. Elle correspond à la hauteur d'eau exprimée en millimètres qui peut être transformée en vapeur par l'évapotranspiration des plantes. (***Voir aussi Sol***) ◆ ~ **permanente d'un aquifère** : correspond à la quantité totale d'eau non renouvelable contenue dans un aquifère. Elle est déterminée dans un aquifère à nappe libre par le niveau de la surface piézométrique minimale moyenne. Dans une nappe captive, elle correspond en pratique au volume total du réservoir aquifère. ◆ ~ **rechargeable souterraine exploitable** : volume d'eau économiquement extractible, soit annuellement dans le cas d'un aquifère rechargeable soit de façon définitive lorsqu'il s'agit d'une nappe fossile. Cette réserve s'exprime en m^3 d'eau par km^2 de surface de nappe phréatique. ◆ ~ **hydrique du sol** : voir Sol. ◆ ~ **naturelles** (*nature reserves*) : terme général désignant toute partie d'écosystème terrestre ou aquatique bénéficiant d'un statut de protection partielle ou totale. Il existe plusieurs catégories de réserves. Selon la réglementation des Nations unies, les *réserves naturelles intégrales* (catégorie I) bénéficient du statut de protection maximale, leur accès étant strictement ouvert aux seuls scientifiques et gestionnaires de ce type d'aires protégées. Les *réserves de nature gérées* (encore dénommées aires de gestion des habitats et des espèces, catégorie IV) impliquent une intervention active et permanente concernant leur gestion. Elles correspondent au type d'aires protégées autrefois dénommées réserves particulières (réserve de gestion de faune, de flore, ou encore forestière). Elles sont ouvertes au public et l'exploitation de certaines ressources biologiques y est autorisée (exploitation de la forêt pour une zone en réserve de chasse ou à l'opposé pêche artisanale ou récréative dans une réserve protégeant des habitats de zone humide par exemple). Enfin, les *réserves* de catégorie VI, dites *de gestion des ressources naturelles* accordent une protection aux biotopes et aux habitats, mais l'exploitation des ressources naturelles biologiques y reste entièrement autorisée sous la réserve d'une exploitation fondée sur des principes de maintien de la productivité biologique garante de la durabilité de l'exploitation des ressources concernées. De façon générale, en Europe du Sud occidentale et dans l'ensemble du Bassin méditerranéen, la couverture de réserves naturelles est très insuffisante au regard des impératifs de conservation de la biodiversité. Cette carence est plus particulièrement préoccupante en ce qui concerne les zones humides : rives des cours d'eau, lacs, marécages et lagunes littorales. Enfin, un dernier type de réserves naturelles, de statut distinct des précédentes, est constitué par les réserves de biosphère de l'UNESCO. (***Voir aussi Biodiversité, Conservation, MAB, Protection de la nature, Zones humides***)

réservoir(s), n. m. ◆ ~ **d'aquifère** (*groundwater reservoir*) : formation hydrogéologique présentant une configuration, des dimensions particulières et une structure déterminée qui est constitué par une roche poreuse (sable, grès, calcaires fissurés) dans laquelle s'accumule l'eau gravitaire constituant la nappe. ◆ ~ **de barrage** (*dam reservoir*) : retenue d'eau créée par la construction d'un barrage dans la partie étroite d'un fleuve. Les lacs de barrage présentent un impact écologique parfois important sur les milieux aux dépens desquels ils ont été édifiés. Au moment de leur mise en eau, ils ennoient des surfaces parfois importantes de vallées fluviales aux terres fertiles ou encore de forêts. Par ailleurs les réservoirs ne sont pas exactement comparables au plan écologique à un lac naturel qui serait situé sous la même latitude. De façon générale, les réservoirs ont des eaux oligotrophes de sorte que leur productivité halieuthique est faible. Elle augmente cependant au cours des décennies avec l'apport d'alluvions qui introduisent dans leurs eaux des éléments minéraux nutritifs. ◆ ~ **global** (*global reservoir*) : désigne dans les cycles biogéochimiques un compartiment ou un sous-compartiment de la biosphère renfermant une partie du stock d'eau ou d'un élément donné. Ainsi, l'hydrosphère prise dans son ensemble, ou encore l'eau des calottes glaciaires, ou encore celle contenue dans les cours d'eau et les lacs, correspondent à autant de réservoirs pour cet élément. Il en est de même de l'atmosphère pour les divers composés gazeux des éléments biogènes (CO_2, NH_3, NO_x, SO_2, etc.). La biomasse en tant que telle, ou certains de ses sous-ensembles, constitue également un réservoir global. ◆ ~ **hydraulique** (*irrigation reservoir*) : terme désignant des réservoirs de faible volume construits, en général, pour l'irrigation ou la régularisation du cours d'une rivière dans une vallée exposée à des inondations périodiques. Ce type de construction s'est multiplié en Europe, en particulier en France, au cours des dernières décennies, au voisinage des agglomérations urbaines. Son objet essentiel, quoique généralement inavoué, est très souvent de rendre constructibles des terrains inondables afin de favoriser diverses opérations de promotion immobilière. ◆ **comblement des** ~ (*reservoir siltation*) : par suite de l'érosion des sols, les réservoirs constitués par les barrages se comblent à une vitesse anormale. Le phénomène est très important dans le Tiers monde où des lacs de barrage construits pour l'irrigation des terres présenteront une durée de vie beaucoup plus courte que celle prévue à l'origine. Cette durée pourra être abrégée d'un facteur 10 dans les cas extrêmes. En Égypte, le lac Nasser formé par la mise en service du grand barrage d'Assouan, se comble à une vitesse accélérée due à la déforestation de son bassin versant en Afrique de l'Est. Sa durée de vie est estimée à un siècle soit trois fois moins que les prévisions d'origine. Certains réservoirs ne demeureront fonctionnels que pendant à peine quelques décennies (voir Tableau).

Vitesse de comblement des réservoirs de barrages

Pays	Nom de la retenue	Apport annuel de sédiments (en 10^3 t)	Temps de comblement (années)
Egypte	Grand barrage d'Assouan	139 000	100
Pakistan	Mangla	3 700	75
Philippines	Ambuklao	5,8	32
Tanzanie	Matumbulu	19,8	30
	Kisongo	3,4	15

En France, la retenue de Serre-Ponçon, dans les Alpes de Haute Provence, se comble à raison de 3 millions de m^3 par an à la suite de l'apport de matériaux alluviaux dus à l'érosion hydrique de son bassin versant, ce qui diminuera de moitié la durée de vie utile de ce barrage.

Vue du **réservoir** du barrage de Serre-Ponçon dans les Hautes-Alpes. Ce réservoir se comble de façon plus rapide qu'on ne l'avait initialement prévu car il est situé dans l'une des régions de France les plus exposées à l'érosion hydrique. On voit sur cette figure les stigmates du surpâturage et de la déforestation sur les flancs de montagnes qui marquent le bassin versant. (Cliché F. Ramade)

résidence, n. f. ◆ **temps moyen de** ~ (*average residence time*) : temps nécessaire pour que disparaisse une quantité (ou concentration) initiale d'un polluant ou d'une substance naturellement présente dans un biotope ou dans un compartiment donné de la biosphère (atmosphère, eaux ou sols). **(*Voir aussi Renouvellement*)**

résidu(s), n. m. (*waste*). Désigne des déchets solides ou liquides d'origine industrielle, agricole ou domestique. **(*Voir aussi Déchets*)**

résiduaire(s), adj. ◆ **eaux** ~ (*wastewater*) : eaux usées d'origine urbaine ou industrielle.

résiduel(le), adj. (*residual*). ◆ **relief** ~ (*residual relief*) : voir Relief. ◆ **valeur** ~ (*residual value*) : désigne en statistique une variabilité des données qui ne peut être interprétée par un test statistique particulier. Les valeurs résiduelles – différences entre les données observées et calculées – permettent souvent à l'écologue de percevoir le rôle des facteurs environnementaux.

résilience, n. f. (*resilience*). Désigne l'aptitude de toute communauté et de tout écosystème pris dans son ensemble à survivre à des altérations et des perturbations dans leur structure et (ou) leur fonctionnement et de retrouver après la disparition de ces dernières un état comparable à la situation initiale. La résilience des biocœnoses est généralement due soit à une reconstitution des effectifs *in situ* à partir de certains individus issus de sous-populations des espèces constituant la biocœnose ayant survécu à la perturbation, soit par immigration de propagules venant d'écosystèmes analogues et plus ou moins éloignés.

résine(s), n. f. (*resin*). Substance riche en hydrocarbures terpéniques et aromatiques sécrétée par les conifères. ◆ ~ **échangeuses d'ions** (*ion exchange resin*) : substances ayant la capacité de fixer des ions indésirables présents dans l'eau, en échange d'une partie de leurs propres ions, moins nocifs ou inoffensifs. La matrice de la résine n'est pas altérée par ce processus. Lorsque tous les ions de la résine ont été échangés, celle-ci doit être régénérée, à l'aide d'une solution qui va libérer les ions prélevés et les remplacer par les ions initiaux.

La mise en œuvre de ces résines consiste à faire passer l'eau à traiter à travers un lit ou une colonne constitués de billes ou gel de résine.

Les résines échangeuses d'ions sont des matrices polymères sur lesquelles des groupes acides ou basiques sont greffés ; ces groupes sont ionisés et associés à des ions interstitiels qui sont les ions échangeables, dont on sature initialement la résine. Une résine échangeuse de cations est dite cationique, une résine échangeuse d'anions est dite anionique.

La nature chimique d'une résine détermine le type d'ion pouvant être retiré et donc les applications possibles de cette résine.

Les résines cationiques à acide fort, de matrice polystyrène ou divinylbenzène sulfoné, sont utilisées pour adoucir une eau dure (échange des ions Na^+ de la résine contre les ions calcium et magnésium de l'eau), dans le cadre industriel ou domestique. La résine est régénérée avec une saumure de chlorure de sodium. Elles sont aussi utilisées pour l'eau potable et le traitement des eaux usées. Des résines analogues avec pour ion échangeable H^+, sont utilisées pour la déminéralisation et la déalcalinisation des eaux, dans un but de dépollution, de purification (par exemple dans l'industrie électronique), etc.

Les résines à acide faible sont utilisées pour la déalcalinisation de l'eau.

Les résines anioniques à base forte (polystyrène à ammonium quaternaire et ion Cl^-) servent à la déminéralisation de l'eau et au traitement des eaux usées. Parmi elles, certaines retirent sélectivement les nitrates de l'eau potable, d'autres éliminent spécifiquement le bore. Les résines à base forte et matrice acrylique déminéralisent les eaux chargées en acides organiques. Celles à base faible servent surtout à la neutralisation des acides forts dans l'eau et dans le traitement des eaux usées.

Plus généralement, les résines échangeuses d'ions permettent de retirer les ions de divers métaux toxiques (cadmium par exemple) et (ou) précieux (argent, or) présents dans les bains ou effluents de diverses industries dans un but de dépollution et (ou) de recyclage. **(*Voir aussi Eaux, épuration des, Potabilisation*)**

résineux, n. m. (*conifers*). Terme de sylviculture désignant les diverses espèces de conifères. **(*Voir aussi Conifères*)**

résinifère, adj. (*resiniferous*). Désigne une espèce sécrétant de la résine.

résistance, n. f. ◆ ~ **du milieu** (*environmental resistance*) : désigne l'opposition des divers facteurs limitants à l'accroissement d'une population. Cette résistance croît au fur et à mesure que la densité augmente.

Au plan démoécologique, la variation de la résistance du milieu en fonction du temps a été représentée par diverses expressions. L'hypothèse la plus simple consiste à supposer que cette dernière est de type linéaire. Dans ce cas, la résistance du milieu a pour expression (K – N) /K. Une population qui répond à une telle loi de résistance voit ses effectifs évoluer selon une courbe sigmoïde. **(*Voir aussi Logistique*)** ◆ ~ **à la sécheresse** : voir Sécheresse. ◆ ~ **aux températures extrêmes**: voir Température. ◆ ~ **aux polluants** (*pollutants resistance*) : phénomène d'adaptation physiologique qui permet aux organismes exposés de supporter des concentrations de toxiques dans l'eau, l'air ou les sols bien supérieures à celles qui provoquent la mort des individus de sensibilité normale. On a pu montrer que dans certaines populations naturelles tant végétales qu'animales existent aussi des phénomènes de tolérance voire de résistance aux polluants : souches phytoplanctoniques résistantes aux PCB ou encore Annélides polychètes résistant à des métaux lourds dans des sédiments d'estuaires pollués par des rejets miniers ou de métallurgie non ferreuse.

La pollution des écosystèmes continentaux et marins étant un phénomène récent, les pools de gènes n'ont donc pas été sélectionnés au cours de l'évolution en réponse à un polluant quel qu'il soit. Aussi, l'on doit s'attendre à observer une très importante variabilité génétique dans les populations naturelles. De celle-ci découle l'aptitude d'apparition dans les populations exposées des souches devenues résistantes à un xénobiotique toxique.

◆ ~ **aux pesticides** (*pesticides resistance*) : ce phénomène est aujourd'hui fort répandu et dans quelques cas, heureusement encore limités, un sérieux problème pour l'agriculture et l'hygiène publique, mais tous les ravageurs ne deviennent pas résistants à tous les pesticides. En réalité, ce phénomène, et plus particulièrement celui de la résistance aux insecticides, constitue le cas le mieux étudié d'adaptation de populations naturelles de diverses espèces à une catégorie de polluants de l'environnement.

Depuis plusieurs décennies, l'usage en agriculture des produits dits « phytosanitaires » affecte la quasi-totalité des zones de culture, même dans le Tiers monde. À l'échelle globale, on peut considérer que la grande majorité des 15 millions de km^2 de terres cultivées sont régulièrement exposés aux pesticides même dans les pays du quart monde! Face à une telle pression de sélection, il n'est pas étonnant d'observer depuis un demi-siècle une incessante croissance du nombre d'espèces d'insectes résistantes aux insecticides, de champignons phytopathogènes résistants aux fongicides, et de plantes adventices résistantes aux herbicides.

◆ ~ **aux insecticides** : elle constitue de beaucoup le type le plus répandu d'adaptation d'une population naturelle à un polluant et celui qui a été de fort loin le plus étudié.

En 1965, on dénombrait 182 espèces d'insectes et d'acariens résistantes aux insecticides. En 1970, cette valeur s'élevait à 250 espèces et elle approchait 600 espèces au milieu des années 1990.

À la différence des phénomènes de tolérance, la résistance aux insecticides (ou à tout autre polluant toxique) s'accompagne d'un spectaculaire accroissement des DL50, de sorte que les souches résistantes sont capables de supporter sans aucun trouble des concentrations de l'insecticide plusieurs dizaines, centaines, voire milliers de fois supérieures à celles causant 100% de mortalité dans les populations naturelles sensibles selon le cas.

Il est actuellement démontré que toute espèce d'insecte exposée en permanence à des doses sublétales – et *a fortiori* létales – d'insecticide développera à tout le moins une tolérance à celui-ci à des doses qui causeraient des dommages physiologiques à toute population de la même espèce n'ayant jamais été exposée à cette substance.

Il existe de nombreux processus par lesquels une population d'insectes peut développer une résistance aux insecticides et des populations différentes de la même espèce peuvent développer divers mécanismes génétiques de résistance à un même insecticide.

Toutefois cette résistance est très généralement corrélée soit à l'existence de gènes susceptibles de dégrader l'insecticide soit à l'insensibilité des cibles cellulaires de l'action toxique de l'insecticide. Ainsi fut mise en évidence dès le début des années 1950 l'existence d'une enzyme, la DDT-déhydrochlorinase, capable de métaboliser le DDT responsable de la résistance à cet insecticide. Ultérieurement, il a été montré que la résistance croisée au DDT et aux pyréthroïdes était due à l'insensibilité du canal sodium des neurones des insectes devenus résistants.

De façon générale, on constate que l'apparition de la résistance répond aux règles générales suivantes :

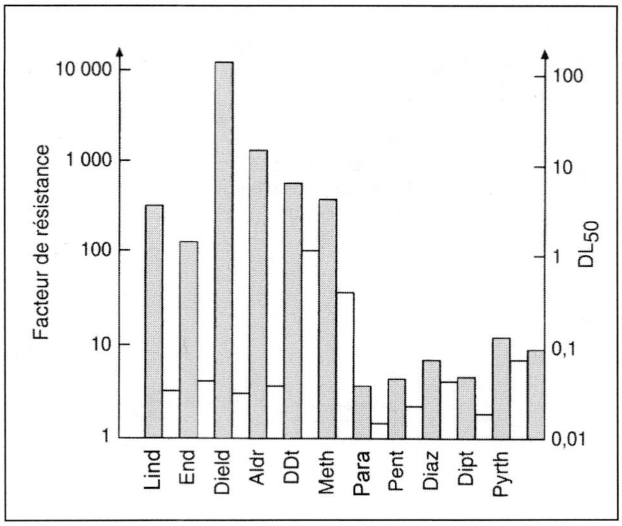

Spectre de **résistance** aux insecticides d'une souche de mouche domestique présentant une tolérance croisée aux organochlorés et aux esters phosphoriques. Ici sont figurés en ordonnées à droite les facteurs (= coefficient) de résistance, à gauche les DL 50 par contact exprimées en mg · cm^{-2} de substrat. Lind = lindane, End = endrine, Aldr = aldrine, Meth = méthoxychlore, Para = parathion, Diaz = diazinon, Dipt = dipterex, Pyrth = pyréthrine. (D'après Ramade F., op. cit., in « Précis d'écotoxicologie », Masson, 1992, p. 114)

1) les gènes dominants de résistance se répandent plus rapidement dans une population que les gènes récessifs ;

2) plus court est l'intervalle de temps entre générations successives, plus rapide est l'apparition de la résistance, une quinzaine de générations étant nécessaire à son apparition dans une population naturelle;

3) plus une espèce est mobile, plus lente sera l'apparition de la résistance le brassage dû à l'émigration diminuant la fréquence des gènes de résistance dans la population exposée.

Dans tous les cas, les phénomènes de résistance proviennent d'une adaptation au polluant toxique due à divers mécanismes : changement de comportement, diminution de la vitesse de pénétration du toxique, insensibilité de la cible cellulaire au toxique, augmentation de la vitesse de dégradation donc d'inactivation du toxique. Tel est par exemple le cas de la résistance des *Musca domestica* au DDT où existe une parfaite corrélation entre le coefficient de résistance et l'induction de l'enzyme DDT-déhydrochlorinase qui transforme le DDT en DDE, non insecticide. De même, la résistance aux insecticides organophosphorés est corrélée à l'apparition d'estérase hydrolysant ces composés. Ainsi il a été mis en évidence une corrélation hautement significative entre la fréquence de l'allèle Est-$2^{0,64}$ associé au gène Est 3^{A} qui code une estérase extrêmement active et la résistance au Chlorpyrphos de populations naturelles de *Culex pipiens*.

◆ ~ **aux herbicides** (*herbicides resistance*) : apparue un peu plus tard que la résistance aux insecticides, la résistance aux herbicides a connu un développement important depuis le milieu des années 1970. À l'heure actuelle, on connaît au total près de 200 espèces de plantes adventices des cultures résistantes aux principales familles chimiques de ces pesti-

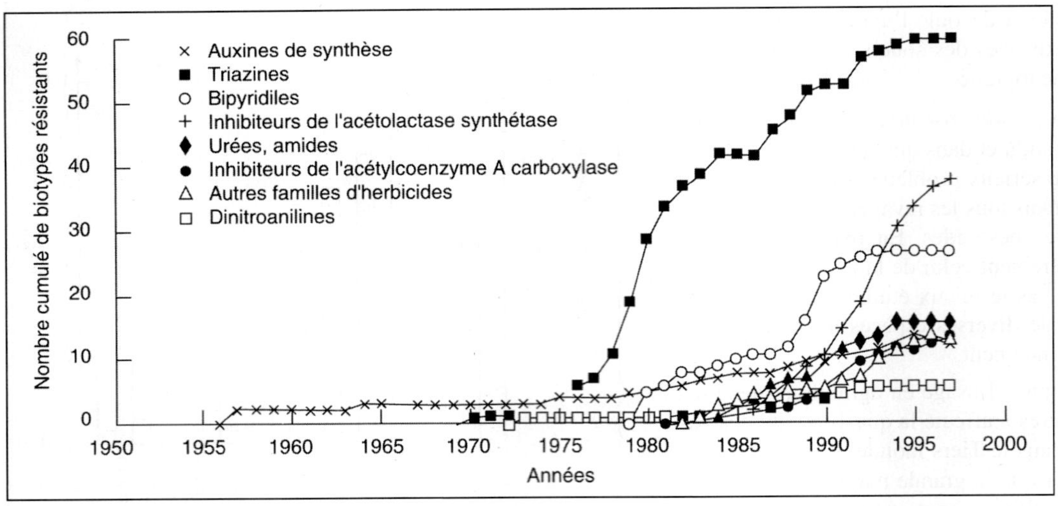

Croissance de la **résistance** des plantes adventices des cultures aux principales familles chimiques d'herbicides. (D'après Heap, 1997, in Caquet, op. cit., 1999)

cides. Les mécanismes de résistance sont souvent liés à l'apparition de processus rapides de détoxication. Ces derniers sont prépondérants pour les herbicides qui agissent en inhibant l'acétolactate synthétase ou l'acétylcoenzyme A.

◆ ~ **croisée** (*cross resistance*) : phénomène par lequel une population d'une espèce donnée d'organismes résistante à une famille chimique de substances biocides devient spontanément résistante à un autre groupe de tels toxiques sans avoir jamais été en contact avec ces derniers.

Les cas de résistance croisée sont bien connus chez des souches de bactéries résistantes aux antibiotiques et soulèvent à l'heure actuelle de redoutables problèmes thérapeutiques, certaines souches de bacille de Koch ou de staphylocoque doré étant devenues résistantes à la quasi-totalité des familles chimiques d'antibiotiques connus!

Le phénomène est également très bien documenté pour les pesticides. Dans le cas des insecticides par exemple, le fait qu'une souche d'insecte (ou de toute autre espèce exposée à un pesticide) devienne résistante à un insecticide s'accompagne non seulement du développement d'une résistance aux matières actives du même groupe chimique mais aussi à d'autres groupes d'insecticides. On est donc conduit à établir un spectre de résistance aux insecticides d'une souche résistante. Dans les cas extrêmes, on a pu identifier des souches d'insectes nuisibles (mouche domestique par exemple) devenues résistantes à plusieurs dizaines d'insecticides différents. (Voir Figure page précédente.)

◆ ~ **multixénobiotiques** (*multixenobiotic resistance*) : on a constaté depuis longtemps qu'en certains sites très pollués survivaient divers organismes qui présentaient une résistance générale aux toxiques. Ce phénomène résulte d'une multirésistance des populations des espèces considérées à de nombreux contaminants appartenant à des groupes chimiques différents.

Il a été démontré que cette multirésistance résulte d'un système de gènes dit MXR de vaste spectre d'action permettant la dégradation et (ou) de réduire l'accumulation des polluants dans les organismes exposés. Il a été aussi mis en évidence que ce système MXR présente une parenté avec un système de détoxication universel chez les êtres vivants, le système MDR, qui a été observé chez les poissons, dans l'espèce humaine et existe même chez les bactéries et les Phanérogames.

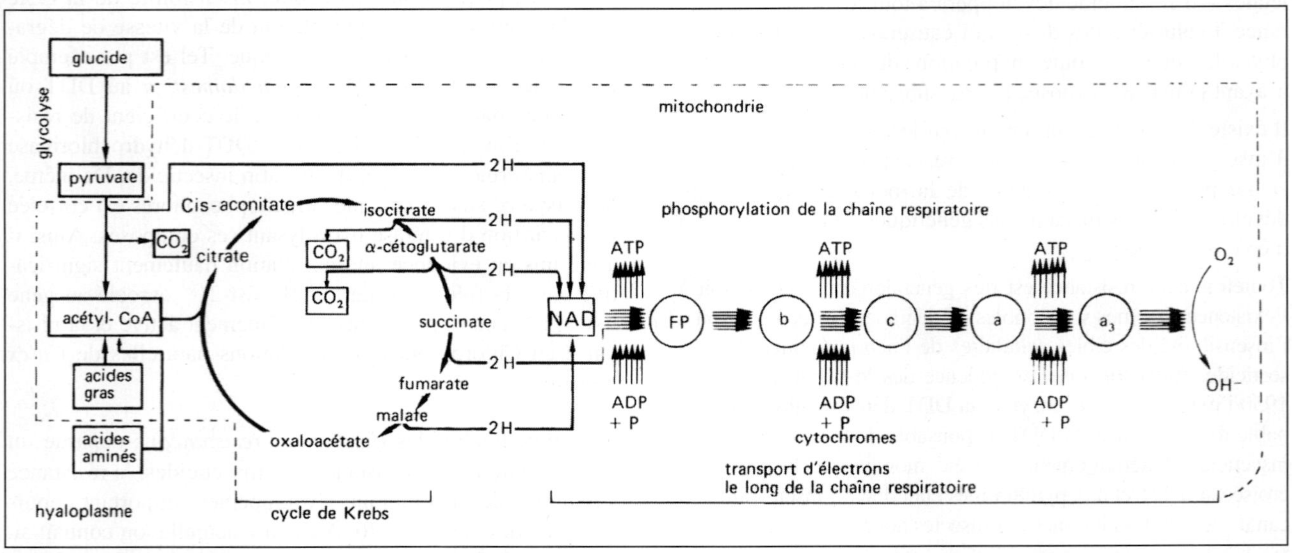

Schéma de la **respiration** au niveau cellulaire. (D'après Lehninger, in Ramade F., *Écologie fondamentale*, Ediscience international, 2e ed., 1994, p. 304)

◆ **coefficient de** ~ *(resistance coefficient)* : rapport (C_R) de la CL50 d'un toxique pour une population résistante ($CL50_{(R)}$) à la CL50 d'une souche sensible ($CL50_{(S)}$) de la même espèce.

On aura :

$$C_R = \frac{CL50_{(R)}}{CL50_{(S)}}$$

◆ **spectre de** ~ (*resistance spectrum*) : histogramme des DL 50 ou des CL50 d'une population d'une espèce donnée pour une famille de substances biocides : antibiotiques, insecticides ou herbicides par exemple. (***Voir aussi Pesticides***)

résorption, n. f. ◆ ~ **de la vésicule vitelline** (*yolk resorption*) : processus physiologique propre aux jeunes de Vertébrés ovipares consistant en la digestion lytique des réserves contenues dans la vésicule vitelline après l'éclosion que cette dernière soit externe ou interne. Chez les alevins de poissons qui peuvent vivre plusieurs semaines aux dépens de ces réserves, cette vésicule peut être de grande taille relativement à celle du corps.

respiration, n. f. (*respiration*). Phénomène antagoniste de la photosynthèse dont l'objet est de produire l'énergie nécessaire aux cellules vivantes par oxydation d'un substrat biochimique, en dernière analyse le glucose avec production d'ATP.

La respiration est un processus biologique fondamental qui représente un des agents essentiels du cycle du carbone dans la biosphère car elle absorbe de l'O_2 et dégage du CO_2 dans l'atmosphère, effectuant l'inverse de la photosynthèse dont elle constitue le processus complémentaire dans le bouclage du cycle du carbone.

Le couplage de ces deux cycles constitue une boucle homéostasique qui assure la constance des stocks de carbone et d'oxygène dans la biosphère – en l'absence de perturbation anthropique.

Au plan énergétique, la photosynthèse fixe la lumière solaire sous forme de composés biochimiques et la respiration « brûle » ces derniers en produisant de l'énergie cellulaire sous forme d'ATP tant chez les autotrophes que chez les hétérotrophes.

Au cours de l'évolution d'un écosystème, on constate que la respiration de la communauté augmente au fur et à mesure que sa biomasse se développe et que l'on se rapproche de l'état climacique. La productivité nette, différence entre production brute et respiration, tend vers zéro. En conséquence, les écosystèmes climaciques, en particulier les forêts primaires tropicales, telles celles d'Amazonie, ne produisent pas d'oxygène, contrairement à ce que l'on voit aujourd'hui encore parfois écrit dans une certaine presse. En effet tout l'oxygène dégagé par la photosynthèse d'une communauté à maturité est reconsommé par la respiration des hétérotrophes et des autotrophes. (***Voir aussi Carbone, Oxygène, Photosynthèse, Productivité, Succession***)

ressac, n. m. (*surf*). Agitation désordonnée de la surface de la mer provoquée par une interférence entre la houle et une côte rocheuse indentée.

ressaut, n. m. (*scarp*). Terme de géomorphologie désignant un brusque changement de pente sur un versant.

ressources, n. f. ◆ ~ **biologiques** (*biological resources*) : elles correspondent à l'ensemble des ressources indispensables à l'homme qui sont renouvelables par essence car résultant de la productivité primaire et secondaire des écosystèmes. Ce terme concerne essentiellement les ressources produites par l'agriculture et l'élevage, mais aussi celles d'origine forestière et les pâturages naturels, enfin les stocks de poisson d'importance halieuthique. ◆ ~ **en matières premières** : ensemble des substances minérales mais aussi des productions végétales et (ou) animales indispensables aux activités industrielles et aussi à l'agriculture (cas des phosphates et autres engrais minéraux extraits des gisements afférents). (***Voir aussi Ressources naturelles***) ◆ ~ **hydriques** (*water resources*) : voir Eau. ◆ ~ **minérales** : ensemble des éléments, métaux et métalloïdes ainsi que des sels, engrais et autres substances inorganiques, des matériaux de construction indispensables aux activités humaines. (***Voir aussi Ressources naturelles***) ◆ ~ **naturelles** (*natural resources*) : on dénomme ressources naturelles les diverses ressources minérales ou biologiques nécessaires à la vie de l'homme et donc à l'ensemble des activités économiques propres à la civilisation industrielle.

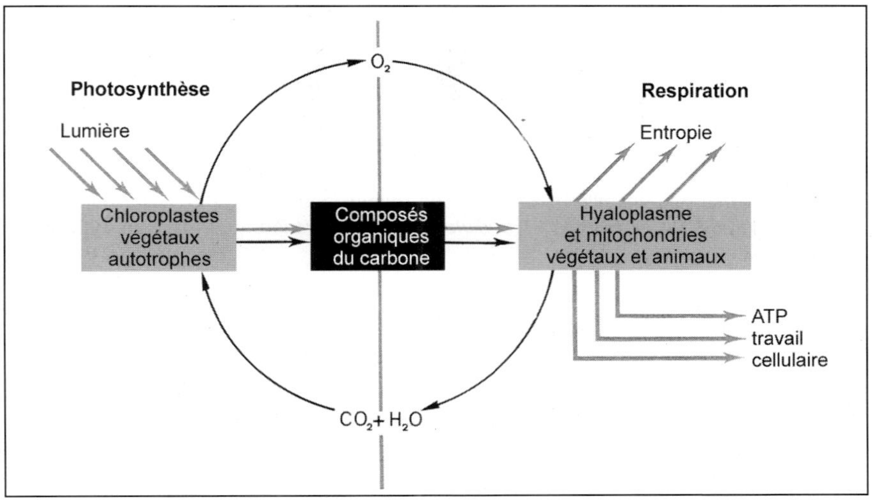

Diagramme mettant en évidence le rôle antagoniste de la **respiration** et de la photosynthèse dans le fonctionnement des écosystèmes. Cette complémentarité génère une boucle homéostasique qui assure la régulation des cycles du carbone et de l'oxygène dans la biosphère. (D'après Ramade F., *Écologie fondamentale*, Ediscience international, 2e éd., 1994, p. 304)

Les ressources naturelles peuvent être subdivisées en deux groupes distincts :

– Les *ressources non renouvelables*. Elles sont constituées par les matières premières minérales : métaux, métalloïdes, minéraux d'usage varié, combustibles fossiles, matières fissiles : uranium 235. Ces ressources proviennent de gisements qui se sont constitués au cours de l'histoire géologique de la Terre et correspondent à un stock épuisable par essence. Il en est de même des espaces naturels puisque la surface des divers types d'écosystèmes est par essence constante comme d'ailleurs celle de la biosphère toute entière.

– Les *ressources renouvelables* peuvent en principe être exploitées sans épuisement car elles se régénèrent en permanence. On peut distinguer dans ces dernières l'eau, les sols (terres cultivables) et les ressources dites *biologiques*, car constituées par des communautés vivantes exploitées par l'homme : forêts, pâturages, pêcheries maritimes, biodiversité (espèces animales et végétales) dans laquelle les agronomes incluent ce qu'ils dénomment les ressources génétiques c'est-à-dire l'ensemble des variétés de plantes cultivées et des races d'animaux domestiques.

Il convient cependant de souligner que de telles ressources ne peuvent être considérées comme inépuisables que dans la mesure où le taux de prélèvement est inférieur à la productivité nette disponible c'est-à-dire au taux auquel ces ressources se régénèrent. Il s'agit là d'une condition impérative à l'utilisation durable de telles ressources et donc à la sauvegarde des conditions de vie des générations futures. ◆ ~ **non renouvelables** (*non-renewable resources*) : voir Ressources naturelles. ◆ ~ **renouvelables** (*renewable resources*) : voir Ressources naturelles. ◆ **l'épuisement des** ~ (*resources depletion*) : en ce début de XXIe siècle, il s'agit de l'une des questions les plus préoccupantes pour l'avenir de l'humanité.

On constate en effet que la tendance ininterrompue, depuis l'aube même de la civilisation humaine, a été que, parallèlement à la croissance du nombre d'hommes – qui a pris au cours du dernier siècle l'allure d'une véritable explosion démographique – on assiste à une raréfaction croissante des ressources nécessaires à la vie même des populations humaines.

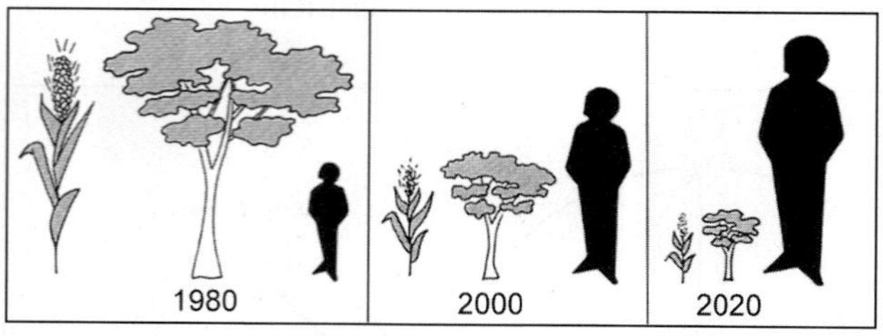

Évolution inverse des effectifs humains et des **ressources** disponibles. (D'après UICN, *Stratégie mondiale de la Conservation*, 1980)

On peut donc s'interroger sur la durabilité de la forme de notre civilisation technologique, voire même sur l'avenir de notre espèce, quand on prend en considération l'inadéquation du tétranome : population-ressources-environnement-développement, car sous l'effet conjugué de la croissance exponentielle du nombre d'hommes et de la destruction des ressources naturelles, se pose la lancinante question du développement durable.

Une étude attentive des principaux types de ressources renouvelables indispensables à l'humanité montre qu'aucune d'entre elles, depuis le début des années 1950, n'a été reconstituée à son niveau initial ou même n'a commencé à être restaurée en fonction de sa disponibilité pour l'homme.

Non seulement la situation s'est considérablement détériorée pour les ressources minérales – en particulier énergétiques – épuisables par essence, mais même les ressources biologiques réputées renouvelables sont exploitées avec une telle intensité qu'elles n'ont plus le temps de se reconstituer, qu'il s'agisse de forêts, de pêcheries ou de pâturages naturels, parmi les ressources les plus essentielles. En effet, les prélèvements humains sont d'une telle importance que non seulement la productivité (les intérêts) mais la biomasse sur pied nécessaire pour le maintien de la ressource (le capital) sont consommées à une vitesse accrue.

Il en va de même pour l'eau et les sols, pourtant par essence recyclables ou regénérables car ils sont le résultat d'un processus dynamique. En réalité, les eaux de surface et maintenant les nappes phréatiques sont souvent polluées, l'usage qui en est fait ressemblant plus à une exploitation minière qu'à celui d'une ressource recyclable. En outre, compte tenu de la croissance démographique, les disponibilités en eau sont déjà devenues insuffisantes dans 55 pays du Tiers monde. Dès à présent, elles ne peuvent plus répondre aux besoins en irrigation nécessaires pour pouvoir nourrir tout homme qui naît en sus de la population déjà existante dans chacun de ces pays !

Quant aux sols, leur érosion due aux mauvaises pratiques culturales, à la déforestation et au surpâturage fait que, dans les prochaines 40 années, l'homme va perdre 30% des terres cultivables de la planète tandis que dans le même temps le nombre d'hommes, pourtant globalement déjà mal nourris à l'heure actuelle, serait presque doublé!

Par ailleurs, le rythme d'exploitation des ressources biologiques est tel que déforestation, désertification, épuisement des pêcheries marines, anéantissement de la biodiversité tant animale que végétale sont omniprésents sur la totalité des continents ou des océans.

D'autre part, et en corollaire des dégradations précédentes, la biodiversité connaît une érosion accélérée, la vitesse de disparition des espèces vivantes s'accroissant de façon incessante, en particulier à la suite de l'éradication des forêts tropicales.

En ce qui concerne les combustibles fossiles et les matières premières minérales, la situation est tout aussi préoccupante.

Les ressources en pétrole et en gaz naturel ne permettront pas, au rythme actuel d'exploitation, de répondre aux besoins au-delà du milieu du XXIe siècle alors que l'on ne dispose encore d'aucune énergie de substitution dont l'usage peut être réellement étendu à l'ensemble d'une humanité promise à dépasser 10 milliards d'hommes!

Pour certains métaux ou minéraux, la situation est réellement préoccupante, la durée des réserves exploitables pour des métaux tels que le chrome, le cobalt, le tungstène ou encore l'argent et le platine, ou pour des minéraux tels le

Exemple de surexploitation des **ressources** en eau : cas des 22 pays riverains de la Méditerranée. On constate que, pour beaucoup d'entre eux, au sud et à l'est du bassin, le taux d'exploitation approche ou égale les 100% des ressources hydriques disponibles. En réalité, la situation est dans certains cas pire qu'elle n'apparaît ici puisqu'une partie de l'eau provient de nappes phréatiques fossiles, dont l'épuisement est donc inéluctable. (D'après PNUE, Plan d'Action pour la Méditerranée, op. cit., 2000, p. 21)

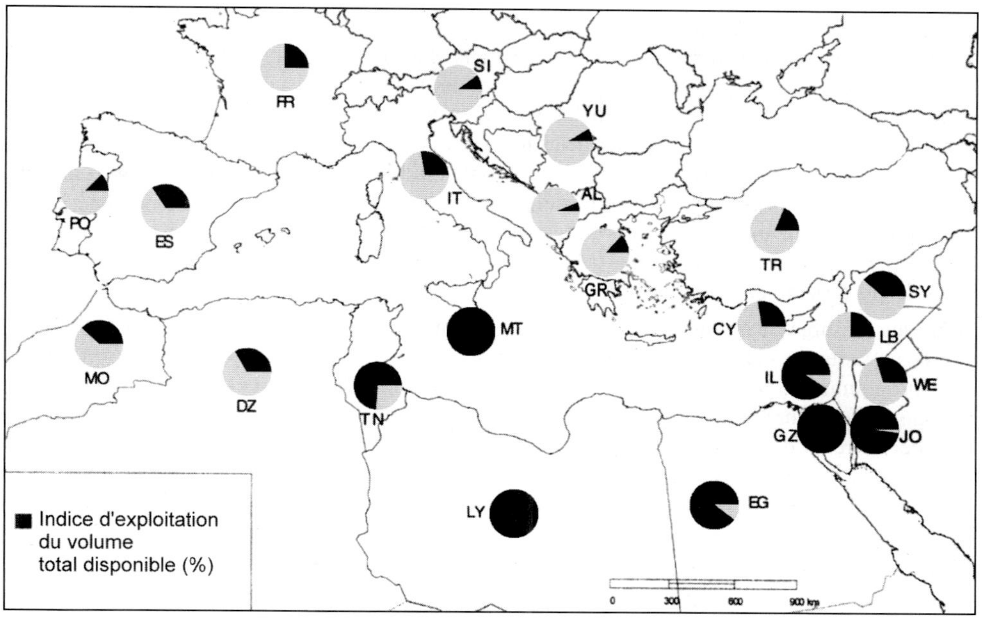

spathfluor, est inférieure au siècle, parfois à quelques décennies. On a pu également calculer que les réserves totales disponibles pour ces matières premières minérales, quoique plus importantes, n'excèderaient pas deux siècles ! Néanmoins, de nouvelles technologies et un développement systématique du recyclage permettraient d'allonger considérablement ces durées comme l'a montré par exemple le remplacement du chrome par des matières plastiques pour la construction des pare-chocs dans l'industrie automobile. De même, le remplacement des appareils photographiques argentiques par la photographie numérique réduirait considérablement la consommation d'argent par l'industrie photographique. En revanche, on demeure démuni dans les cas d'usages fatalement dispersifs comme l'utilisation des engrais phosphatés en agriculture. ◆ **utilisation durable des** ~ (*sustainable use of natural resources*) : l'importance de la consommation, voire du gaspillage, des ressources naturelles a incité des groupes de scientifiques, des organisations internationales à but non lucratif et même, en date plus récente, celles dépendant des Nations unies, à s'interroger sur la nécessité d'assurer une utilisation rationnelle et donc la conservation des ressources naturelles pour que l'humanité puisse connaître un développement durable.

Ainsi, l'UICN a publié, dès 1980, une « Stratégie mondiale de la conservation pour un développement durable » à l'usage des agences spécialisées de l'ONU telles que le PNUE, la FAO et l'OMS.

Ultérieurement, en 1987, le rapport Bruntland sur l'Environnement et le Développement durable a repris ces questions capitales en focalisant la réflexion sur les aspects économiques du problème.

Malheureusement, bien que les mesures à prendre et les technologies à mettre en œuvre pour assurer la conservation des ressources naturelles pour les générations futures soient dès à

Réserve en principaux métaux. On constate que sur la base des taux d'utilisation des dernières décennies, les **ressources** en certains métaux stratégiques seraient épuisées au cours du prochain siècle en l'absence de recyclage ou de technologies de substitution. Le tramé clair figure la durée théorique d'utilisation des réserves et leur date d'épuisement si la consommation s'était stabilisée à sa valeur de 1975 sans développement du recyclage et (ou) de technologies de substitution, le tramé sombre la durée des réserves et leur date d'épuisement si la demande continue à croître au rythme observé au début de la dernière décennie (taux figurés à gauche). (D'apres US Bureau of Mines, *Mineral trends and Forecasts,* in Ramade F., *Écologie appliquée*, Ediscience international, 5e ed., 1995, p. 468)

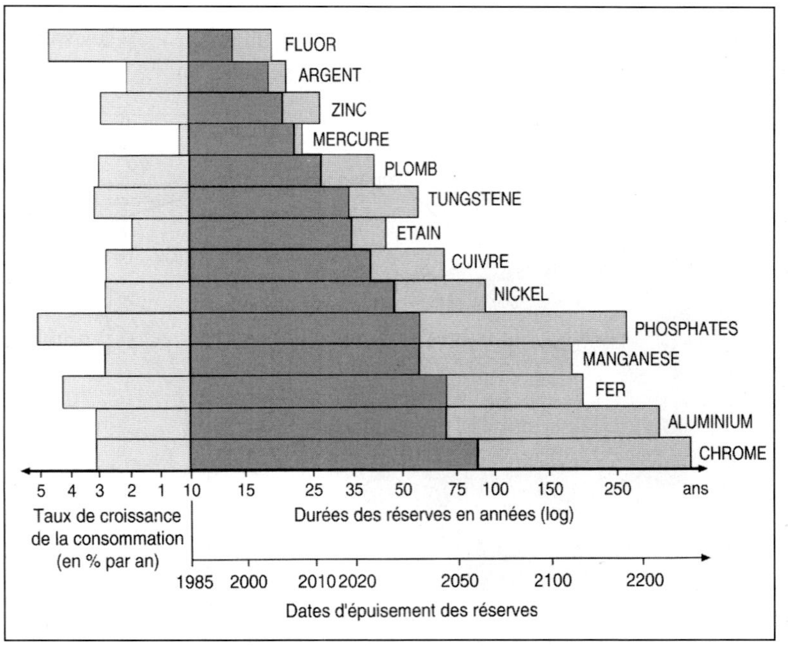

présent connues dans la plupart des cas, il manque toujours la volonté politique au niveau des États de procéder aux changements radicaux qui s'imposent, comme l'échec de la conférence de Rio en 1992 en a apporté hélas la démonstration. Nous en voudrons pour preuve les obstacles répétés à la mise en œuvre des conventions sur la biodiversité, pourtant adoptées sans trop de réticences, et *a fortiori* de celles sur les climats qui conduirait pourtant à économiser les combustibles fossiles par l'application des mesures destinées à diminuer les rejets de gaz de serre dans l'atmosphère.

Parmi les mesures incontournables dictées par la conservation des ressources naturelles, il faut citer la mise en œuvre d'un programme urgent à l'échelle mondiale de limitation des naissances pour stabiliser la population humaine puis la faire décroître au niveau compatible avec la pérennité de la biosphère et avec un développement économique satisfaisant pour l'ensemble des hommes.

De même, alors que l'adoption de conventions internationales en matière de protection des eaux ou des sols et d'économie de l'énergie s'impose en priorité, aucun de ces sujets n'a été sérieusement abordé par les organisations internationales qui ont organisé la conférence de Rio et par celles qui sont issues des conventions alors adoptées. ***(Voir aussi Conservation, Développement, Protection de la nature)***

ressuyage, n. m. ◆ ~ **d'un sol** (*soil drying out*) : processus par lequel un sol perd son eau de gravitation après une forte pluie.

ressuyé, adj. (*dryed*). Qui a subi un ressuyage.

restauration, n. f. ◆ ~ **des écosystèmes** (*ecosystems reclamation*) : interventions humaines variées dont le but est de reconstituer des écosystèmes terrestres ou aquatiques dégradés, voire entièrement détruits par l'homme. ◆ ~ **de la végétation** (*revegetation*) : technique de reconstitution de la couverture végétale sur des terrains ou infrastructures qui ont été dénudés par des travaux de génie civil (par exemple engazonnement et plantation d'arbustes sur les talus et les dépendances autoroutières).

résurgence, n. f. (*resurgence*). Source résultant du retour à l'air libre d'une « perte » d'un cours d'eau superficiel en amont qui a été englouti dans les fissures et fentes d'un réseau karstique. Un exemple classique de telles résurgences est la fontaine de Vaucluse ou encore la source de la Garonne au trou du Taureau. ***(Voir aussi Karst)***

rétention, n. f. ◆ ~ **de l'eau dans les sols** (*soil water retention*) : phénomène physico-chimique par lequel l'eau d'imbibition est retenue dans les lacunes des sols. Il dépend à la fois de la porosité, elle-même liée au volume des lacunes par rapport au volume total de sol, et de phénomènes de capillarité dépendant de la dimension moyenne des pores du sol. ***(Voir aussi Humidité, Porosité, Sol)*** ◆ ~ **des nutriments** (*nutrients retention*) : phénomène par lequel des matériaux nutriments ou matières organiques sont fixés et retenus dans un sol, dans les sédiments ou encore au niveau d'un écotone entre un écosystème aquatique et terrestre. Dans ce dernier cas, cette rétention se manifeste par l'assimilation des éléments minéraux nutritifs par les végétaux hydrophytiques, hélophytiques ou terrestres de l'écotone et leur accumulation dans la biomasse ou encore dans les sédiments sous forme de matière organique morte. ***(Voir aussi Écotone, Hydrosystèmes, Sédiments)***

retenue(s), n. f. Voir Barrage, Réservoir. ◆ **bassin de** ~ : voir Bassin.

retombées, n. f. (*fallouts*) ◆ ~ **radioactives** (*radioactive fallouts*) : transport par voie atmosphérique de substances dissoutes dans les précipitations et sous forme particulaire qui renferment des radioisotopes provenant soit de tests d'armements nucléaires à l'air libre, soit d'accidents survenus à des installations nucléaires.

Les essais de bombes A et H dans l'atmosphère effectués dans la période 1945-1971, se sont traduits par une contamination par les retombées radioactives tant de l'océan que de l'ensemble des écosystèmes terrestres.

Ces retombées ne furent pas distribuées de façon homogène mais présentèrent un pic au niveau des cercles polaires austral et boréal – conséquence des particularités de la circulation en cellules des masses d'air troposphériques (voir Figure ci-dessous). Il en est résulté une pollution des eaux et des sols qui a eu pour conséquence une contamination des réseaux trophiques aquatiques et terrestres.

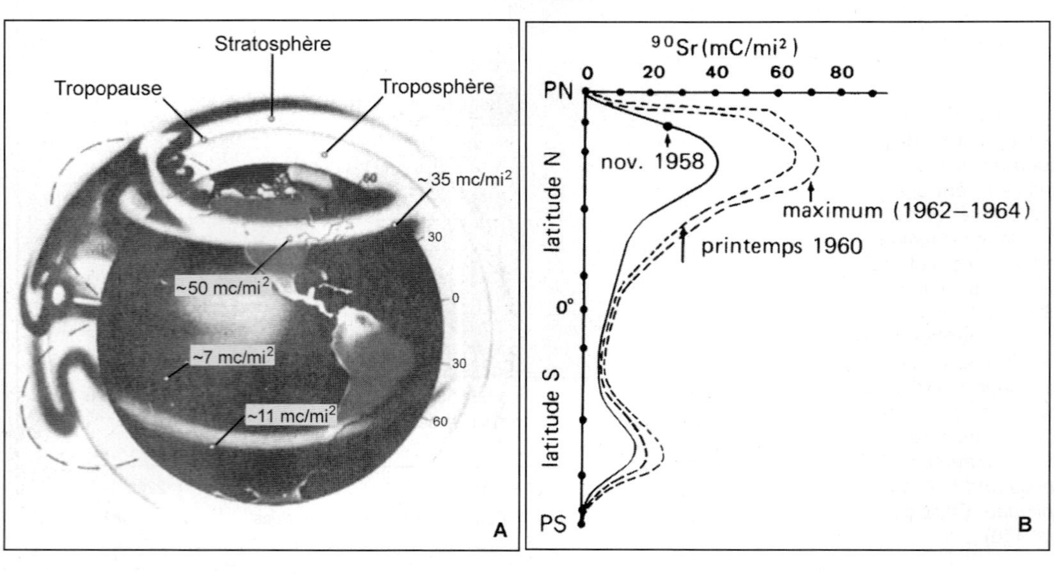

Retombées radioactives des expériences nucléaires sur l'ensemble du globe. En **A** sont figurées les modalités de retombées à l'échelle globale, en **B**, le cas du ^{90}Sr en fonction de la latitude. (D'après Langham, in Fowler « Radioactive fallout », Elsevier, 1965, p. 8 et 9, in Ramade F., *Écologie appliquée*, Ediscience international, 5e ed., 1995, p. 81)

Cette dernière a, entre autres, provoqué une bioamplification de la concentration en redoutables radio-isotopes (^{90}Sr et ^{137}Cs par exemple) dans le réseau trophique de l'homme. ***(Voir aussi Armements, Cellules, Eniwetok, Nucléaire, Radioécologie, Tchernobyl)***

retour, n. m. (*homing*). Désigne en éthologie le phénomène par lequel un oiseau ou un autre animal migrateur retrouve son nid ou son territoire ou encore sa frayère natale (pour les poissons) et, de façon générale, le lieu précis d'où il est parti.

retrait, n. m. ◆ ~ **de la mer** (*wave backwash*) : retour de la vague vers l'estran après qu'elle ait déferlé. ◆ ~ **du sol** (*soil shrinkage*) : contraction du sol en période de sécheresse.

retraitement, n. m. ◆ ~ **des combustibles nucléaires** (*nuclear fuels reprocessing*) : procédé physico-chimique par lequel les combustibles irradiés dans un réacteur nucléaire sont traités dans des usines spéciales afin de récupérer la matière fissile qui n'a pas été « brûlée » ainsi que celle qui s'est formée par capture neutronique au cours du séjour en réacteur des éléments combustibles (plutonium par exemple). ***(Voir aussi Nucléaire)***

rétroaction, n. f. (*feedback*). Voir *Feed-back*.

rétrovirus, n. m. (*retrovirus*). Virus à ARN dont le mécanisme d'infestation des cellules implique l'intervention d'une transcriptase inverse laquelle permet l'incorporation de son ADN au génome de l'hôte.

réverbération, n. f. (*reverberation*). Réflexion de la lumière sur un substrat tel la neige ou le sable.

réviviscence, n. f. (*reviviscence*). Processus physiologique marquant la reprise d'activité après imbibition par de l'eau de pluie chez les Végétaux inférieurs et certains Invertébrés primitifs capables de survivre en anhydrobiose. Elle est fréquente chez les Bryophytes et chez certaines fougères telles les *Platycerium*. ***(Voir aussi Anhydrobiose)***

« Révolution verte », n. f. (*Green Revolution*) : Nom donné à l'introduction dans les pays du Tiers monde de nouvelles variétés de riz et de blé à haut rendement qui a connu un grand succès à partir des années 1960.

Les variétés de riz furent dénommées riz des Philippines, par suite de la localisation de l'Institut International de recherche sur le riz dans ce pays, et celles de blé, blé mexicain, parce que sélectionnées dans ce pays. Il s'agit de variétés à tiges courtes et de ce fait capables d'accepter de fortes teneurs d'engrais sans verser.

Malgré tout ce qui en fut dit à l'époque, la « Révolution verte » n'a pas révolutionné grand chose en ce qui concerne la malnutrition dans le monde car la vitesse à laquelle des progrès sont faits dans l'intensification des rendements des cultures dans le Tiers monde est insuffisante par rapport à celle de l'explosion démographique, de sorte qu'à l'heure actuelle le nombre d'hommes exposés aux carences alimentaires est, en valeur absolue, plus élevé que jamais et excède déjà largement celui qui existait au début de la dite « Révolution verte ». ***(Voir aussi Agriculture, Démographie, Développement)***

Reynolds, nombre de (*Reynolds number*). Nombre sans dimension qui permet de définir quantitativement la nature de l'écoulement de l'eau dans un canal ouvert :

$$Ry = \frac{\rho Vd}{\upsilon}$$

où ρ est la densité de l'eau, Vd la vitesse du courant à la profondeur d et υ la viscosité. Le nombre de Reynolds correspond donc au rapport entre force d'inertie et viscosité. Lorsque ces dernières l'emportent sur les forces d'inertie, l'écoulement est laminaire ; à l'opposé, il est dit turbulent. Dans un cours d'eau, en règle très générale, l'écoulement est turbulent. ***(Voir aussi Fleuve, Lotique)***

Rhamnacées, n. sc. (*buckthorn, deerbush*). Famille de plantes de l'ordre des Rhamnales, généralement ligneuses et se présentant sous forme d'arbustes épineux. Elle comporte plus de 900 espèces propres aux régions tempérées chaudes et tropicales. Les *Rhamnus sp.* et les *Coenothus*, sont propres aux formations végétales arbustives propres aux régions méditerranéennes.

Rhamnales, n. sc. Ordre de Rosidées, renfermant des plantes généralement ligneuses et arbustives et qui comporte trois familles: les Leéacées, les Rhamnacées, et les Vitacées, cette dernière étant de grande importance économique puisqu'elle renferme les vignes cultivées. ***(Voir aussi Vigne, Vitacées)***

Rhéiformes, n. sc. (*Rheiformes*). Ordre monogénérique de Ratites représentés par les Nandous d'Amérique du Sud.

rhéocrène, n. f. (*rheocrene*). Type de source qui jaillit au bas d'une pente ou d'un talus et qui, de ce fait, présente un fort courant à son origine. ***(Voir aussi Limnocrène)***

rhéologie, n. f. (*rheology*). Science qui étudie la nature et le rôle du courant dans les eaux naturelles et son influence sur les matériaux présents dans les biotopes aquatiques ou encore d'origine technologique. ***(Voir aussi Limnologie)***

rhéophile, adj. (*rheophilous*). Désigne des espèces végétales ou animales adaptées à vivre dans de forts courants.

rhéophilie, n. f. (*rheophily*). Aptitude qu'ont les organismes rhéophiles à vivre dans de forts courants d'eau.

rhéophobe, adj. (*rheophobous*). Désigne une espèce qui ne tolère pas le courant.

rhéophobie, n. f. (*rheophoby*). Caractère des organismes qui ne peuvent vivre dans un courant d'eau.

rhéophyte, n. f. (*rheophyte*). Végétal aquatique capable de se développer dans des eaux animées de forts courants.

rhéotaxie, n. f. (*rheotaxis*). Phénomène par lequel un être vivant croît (plante) ou s'oriente (animal) dans le courant. Elle est positive si l'espèce va dans le sens du courant et négative si elle s'oriente en sens inverse.

rhéotrophe, adj. (*rheotrophic*). Désigne un type de biotope lentique marécageux – tourbière – essentiellement alimenté par un courant d'eau continu et peu intense.

Rhin (*Rhine*). Long de 1 320 km et d'un débit moyen de 2 200 $m^3 \cdot sec^{-1}$, le Rhin représente l'un des plus grands fleuves d'Europe. Il draine un bassin versant de 130 000 km^2 où se rencontrent, entre autres, 20% des industries chimiques mondiales et dont 20 millions d'habitants dépendent entièrement pour leur alimentation en eau. Il a subi depuis le début du XIXe siècle des travaux d'« aménagement » qui l'ont raccourci de 100 km et isolé des nombreuses prairies marécageuses et des ripisylves luxuriantes que comportait sa plaine d'inondation. Il en est résulté, en combinaison avec une urbanisation croissante de ses rives et une mauvaise gestion de son bassin versant, un accroissement de la fréquence des inondations. Ces dernières ont pris des dimensions catastrophiques en 1995, année où elles se sont traduites par l'évacuation forcée de 20 000 personnes en Hollande et de 1,6 milliard de DM de dommages en Allemagne.

Le Rhin dont le bassin versant est un des plus densément industrialisés et urbanisés du monde a fait l'objet à plusieurs reprises de graves accidents de pollution, en particulier en juin 1969 où un tonneau d'un puissant insecticide organochloré, l'endosulfan, tombé dans le fleuve en aval de Bingen fit périr tous les poissons sur plus de 600 km. De même, le 1er novembre 1986, l'incendie des entrepôts de la firme Sandoz à Schweizerhalle près de Bâle renfermant divers produits chimiques toxiques dont de nombreux pesticides, provoqua aussi la mort de la faune piscicole sur 300 km et contamina temporairement la nappe phréatique de la plaine d'Alsace. En réalité, l'état qualitatif des eaux de ce fleuve est surtout dégradé par une contamination chimique chronique qui a fait disparaître la totalité de sa faune salmonicole. Un plan international de réhabilitation écologique du Rhin a été lancé en 1982 prévoyant en France et en Allemagne la reconstitution de 15% de la surface de sa plaine d'inondation et destiné à améliorer la qualité de ses eaux en contrôlant de façon plus stricte les sources de pollution, dans le but de recréer ses populations de saumons. ***(Voir aussi Fleuve, Hydrosystèmes fluviaux)***

rhinocéros, n. m. (*rhinoceros*). Mammifères appartenant à l'ordre des Périssodactyles et à la famille des *Rhinocerotidae*, dont la plupart des espèces sont menacées d'extinction.

Rhinocéros blanc (*Ceratotherium simum*) (réserve de Meru, Kenya). Le massacre des populations de rhinocéros est lié à de prétendues vertus médicinales attribuées à leur corne par les populations asiatiques. (Cliché F. Ramade)

En effet, celles-ci sont de plus en plus raréfiées du fait d'un braconnage et d'une contrebande effrénés dont la justification tient aux pseudo-vertus médicinales attribuées à leur corne. Le prix moyen au kilogramme de cette dernière dépassait 2 500 $ US à la fin des années 1990!

Ainsi la sous-espèce septentrionale du rhinocéros blanc (*Ceratotherium simum cottoni*) ne comporterait plus qu'une trentaine d'individus, tous dans le parc national de la Garamba au Congo, encore que cette évaluation soit très présomptive par suite des troubles sévissant dans la région des grands lacs, depuis 1994. La sous-espèce typique (*C. s. simum*) plus abondante est surtout bien représentée en Afrique du Sud, en particulier dans les réserves du Kwazulu.

Le rhinocéros noir (*Diceros bicornis*), qui a toujours été l'espèce africaine la plus nombreuse avec une vaste aire de répartition géographique couvrant la plus grande part de l'Afrique subsaharienne ne comporte plus que 4 000 individus au total.

Le rhinocéros de Java (*Rhinoceros sondaicus*) ne compte plus qu'une cinquantaine d'individus, tous situés dans la réserve d'Udjong Kulong à l'Ouest de cette île, alors que son aire ancienne couvrait toute l'Asie du Sud-Est jusqu'aux Indes.

Le rhinocéros de Sumatra (*Didermoceros sumatrensis*) compte quelques centaines d'individus occupant une aire de

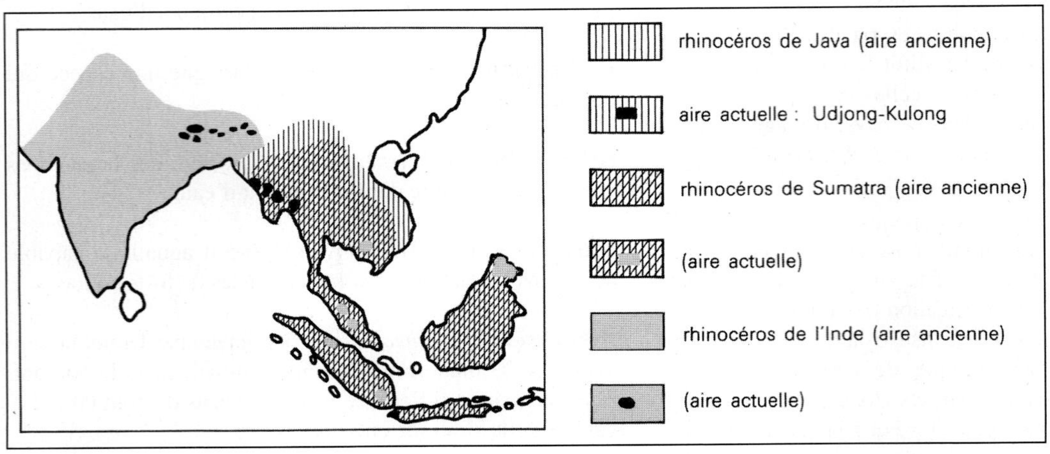

Aires de distribution ancienne et actuelle des trois espèces de **rhinocéros** d'Asie. (D'après Ramade F., *Écologie appliquée*, Ediscience international, 1995, p. 416)

distribution encore étendue (Indonésie, Malaisie, Cambodge, Sud-Est de la Thaïlande).

Enfin le rhinocéros de l'Inde (*Rhinoceros unicornis*), qui se rencontrait autrefois dans presque toute l'Asie tropicale, n'est plus localisé aujourd'hui que dans quelques réserves de l'Est de l'Inde et du Népal, avec une population totale rélictuelle estimée de l'ordre de 1 500 individus en 2001. ***(Voir aussi Extinction)***

rhithron, n. m. (*rhitron*). Zone correspondant à la partie supérieure d'un cours d'eau (ruisseaux et petites rivières) avec une pente supérieure à 2 p. 1 000, donc avec des eaux rapides et bien oxygénées.

rhitroplancton, n. m. (*rhitroplankton*). Plancton inféodé au rhithron.

Rhizobium, n. sc. Genre de bactérie qui vit en symbiote strict de diverses espèces de Légumineuses à l'intérieur de nodosités racinaires. ◆ ***~ leguminosarum*** : espèce de *Rhizobium* inféodée à diverses espèces de légumineuses cultivées telles la luzerne par exemple.

rhizocarpés, adj. (*rhizocarpous*). Désigne des végétaux produisant des fleurs et des fruits à la fois sur leurs parties aériennes et souterraines.

rhizogenèse, n. f. (*rhizogenesis*). Processus d'élaboration des racines au cours du développement des plantes.

rhizomateux, adj. (*rhizomatous*). Désigne un organisme qui a une forme de rhizome ou un végétal dont le système racinaire est pourvu de ces derniers.

rhizome(s), n. m. (*rhizome*). Organes végétaux souterrains qui constituent des formes de réserve et par lesquels les plantes peuvent se multiplier de façon asexuée.

rhizophage, adj. (*rhizophagous*). Désigne un animal qui se nourrit de racines.

rhizophagie, n. f. (*rhizophagy*). Désigne une forme d'alimentation phytophage fondée sur la consommation de racines.

Rhizophora. Nom scientifique du genre dans lequel on réunit les espèces de palétuviers au sens strict. ◆ ***~ apiculata*** : espèce de palétuvier dominante dans les mangroves d'Asie du Sud-Est. ◆ ***~ mangle*** (*red mangle*) : espèce de palétuvier, appelée aussi mangrove rouge, dominante dans les mangroves d'Amérique tropicale. ***(Voir aussi Mangrove, Palétuvier)***

Rhizophoracées, n. f. (*mangrove trees*). Famille d'arbres tropicaux correspondant aux divers genres de Palétuviers qui sont dominants dans les écosystèmes de mangroves tropicales. Cette famille, comme la plupart des autres espèces d'arbres des mangroves, est caractérisée par la possession de racines-échasses qui leur permettent de se fixer solidement sur les fonds meubles propres aux biotopes de mangroves. Leurs fruits, très pointus et déjà embryonnés, se plantent dans la vase et donnent directement une jeune pousse.

Rhizopodes, n. m. (*Rhizopoda*). Classe de Protozoaires appartenant à l'embranchement des Rhizoflagellés qui réunit les amibes nus et les Thécamébiens ou amibes testacés.

rhizosphère, n. f. (*rhizosphere*). Zone particulière du sol dans laquelle s'exerce l'influence du système racinaire des plantes. Les végétaux, en particulier les Phanérogames, exercent une action favorable sur les micro-organismes du sol par libération de substances organiques et minérales à partir de leurs débris morts (litière) à la surface du sol et aussi par d'abondantes sécrétions d'exsudats racinaires. En effet, les racines libèrent des glucides, des acides aminés, des phénols, des vitamines, des enzymes etc. dont l'action est favorable à la microflore édaphique.

On a pu démontrer que la rhizosphère est beaucoup plus favorable aux micro-organismes des sols que la zone située en dehors de l'influence des racines. Ainsi, on trouve en moyenne 90 fois plus de bactéries nitrifiantes, 50 fois plus de bactéries ammonifiantes, une flore microbienne totale 21 fois plus abondante et 10 fois plus de champignons dans la rhizosphère du blé que dans les régions du sol extérieures à celle-ci! ***(Voir aussi Sol)***

Rhododendron (*rhododendron*). Nom scientifique d'un genre d'Éricacées arbustives propres aux montagnes de l'Ancien Monde. En Europe occidentale, il en existe deux espèces principales, *Rhododendron ferugineum*, adaptée aux terrains acides donc silicicoles et *Rhododendron hirsutum*, propre aux sols neutres ou basiques, calcicoles.

Rhodophycées, n. f. Voir Rhodophytes.

→

Vue rapprochée d'un palétuvier (*Rhizophora mangle*) mettant en évidence leur fructification allongée. Ces arbres appartiennent à la famille des **Rhizophoracées** qui regroupe la majorité des espèces constituant le peuplement arboré des mangroves.

Rhodophytes, n. f. (*Rhodophyta*). Classe d'algues benthiques caractérisée par la présence d'un pigment rouge, dont beaucoup d'espèces sont adaptées à de faibles éclairements.

Certaines familles de Rhodophytes, telles les Mélobésiées, croissent en zone benthique profonde, à la limite de la zone dysphotique où l'intensité lumineuse est au niveau du seuil de compensation de lumière.

Une Rhodophyte d'eaux douces, *Lemanea*, présente une forte aptitude à bioconcentrer les métaux toxiques. Elle est de ce fait utilisée comme bio-indicateur de contamination des biotopes lotiques par ces éléments.

Rhône, n. m. (*Rhone*). Fleuve d'origine alpine prenant sa source en Suisse au glacier du même nom. Le Rhône est le plus important des fleuves français avec un débit moyen de 1 500 $m^3 \cdot sec^{-1}$. Son régime hydrologique est à prépondérance glaciaire, marqué par des hautes eaux estivales dues à la fonte des neiges ou automnales et par un étiage hivernal. Toutefois, son débit, dans la partie inférieure de son cours, est influencé par les apports d'affluents dont la zone de production est sous influence climatique méditerranéenne avec crues automnales et printanières.

Il a fait l'objet dès la fin du XVIIIe siècle de divers aménagements et a été canalisé sur une partie importante de son cours. Ultérieurement, la construction de nombreux barrages hydroélectriques a transformé ce fleuve en une succession de plans d'eau depuis la retenue de Génissiat près de la frontière suisse jusqu'au barrage de Tarascon, en amont d'Arles. Le Rhône possède sur ses rives un grand nombre d'installations nucléaires qui correspondent à la quasi-totalité du cycle de combustibles ainsi qu'un grand nombre de sites chimiques, source potentielle à la fois de contamination chronique du fleuve par des micropolluants et de pollutions accidentelles. ***(Voir aussi Barrage, Fleuve, Poisson)*** ◆ **delta du ~** : le Rhône se jette dans la Méditerranée au niveau d'un vaste delta correspondant à la Camargue. Cette région couvre une surface de plus de 100 000 ha. Elle est caractérisée par une très faible altitude, aucun point de la partie comprise entre les deux bras du fleuve n'étant à une altitude supérieure à 2 m à l'exception des dunes littorales. Cette zone deltaïque est caractérisée par une mosaïque d'écosystèmes limniques, pour la plupart de nature paralique, présentant un gradient de salinité croissant vers la mer. Ces lagunes littorales, comme tous les biotopes de ce type, y jouent un rôle important pour la reproduction de diverses espèces de poissons d'importance halieutique. Les terres émergées étaient essentiellement constituées par des steppes salées, dénommées localement sansouïres, dont il subsiste encore de vastes étendues servant de pâture aux chevaux et aux taureaux de la race locale. Elles ont été de façon croissante défrichées pour leur mise en valeur agricole, plus particulièrement par suite du développement de la riziculture. Le rejet des eaux du Rhône dans la mer au niveau de son delta exerce un rôle majeur dans la productivité des eaux marines littorales de ce secteur de la Méditerranée. ***(Voir aussi Camargue)***

rhoophile, adj. (*roophilous*). Désigne une espèce ou une spécificité écologique propre aux biotopes particuliers que constituent les petits ruisseaux.

Rhopalocères, n. sc. (*Rhopalocera*). Sous-ordre de Lépidoptères dont le nom provient du fait que leurs antennes sont renflées en massue à l'extrémité. Il réunit l'ensemble des espèces de papillons diurnes. Les principales familles de Rhopalocères sont les Papilionides, les Piérides, les Nymphalides, les Satyrides, les Lycaenides et les Hespérides. ***(Voir aussi Lycaenidae, Papilionidae)***

rhourd, n. m. (*rhourd*). Grande dune saharienne d'aspect pyramidal qui peut atteindre 200 m de haut.

Rhynchotes, n. m. (*Hemiptera*). Groupe d'Insectes hétérométaboles, pourvus d'un rostre qui leur permet d'aller puiser leur nourriture dans les vaisseaux des plantes pour les espèces herbivores, dans les tissus animaux ou les capillaires sanguins chez les espèces prédatrices ou hématophages.

Vue du **Rhône** à Donzère. Autrefois parsemé de rapides, ce fleuve a fait l'objet de la construction systématique de barrages qui l'ont transformé en une succession de plans d'eau. (Cliché F. Ramade)

On distingue deux ordres de Rhynchotes : les Hétéroptères (punaises au sens large) et les Homoptères (cigales, cicadelles, pucerons, cochenilles, etc.), tous phytophages, dont de nombreuses espèces sont des ravageurs des cultures. ***(Voir aussi Hétéroptères, Homoptères, Phylloxéra)***

rhyolithe, n. f. (*rhyolith*). Roche volcanique acide dont la composition minéralogique et chimique est proche de celle des granites.

rhytine de Steller, n. f. (*Steller's sea cow*) (n. sc. *Hydromamalis stelleri*). Espèce de Sirénien géant, atteignant 9 m de long, découvert sur les rives de la mer d'Okhotsk en 1741 par Berring. Elle a été exterminée par les chasseurs de phoques russes avant même la fin du XVIIIe siècle. ***(Voir aussi Siréniens)***

richesse, n. f. ◆ ~ **spécifique (taxonomique)** (*species richness*) : désigne le nombre d'espèces présentes dans un écosystème donné ou dans une aire préétablie de ce dernier. On distingue la richesse totale S qui est le nombre total d'espèces présentes dans un biotope ou une station donnée et une richesse moyenne $\bar{S}$, nombre moyen d'espèces présentes dans les échantillons d'un peuplement étudié. La richesse totale, sauf dans les cas où peut être réalisé un dénombrement absolu, se calcule à partir de la courbe aire-espèce dont elle constitue la valeur asymptotique. La richesse moyenne apporte des informations intéressantes sur l'homogénéité (ou l'hétérogénéité) de la distribution spatiale des espèces constituant le peuplement étudié. ***(Voir aussi Aire, Biodiversité)*** ◆ ~ **stationnelle** (*within habitat richness*) : désigne le nombre total d'espèces végétales présentes dans une station. ◆ ~ **totale** (*total richness*) : nombre total S d'espèces présentes dans un biotope. Il s'oppose à la richesse moyenne qui est le nombre moyen d'espèces *S* présentes dans un échantillon.

Richter, Charles, Francis (1900-1985). Géophysicien américain qui a inventé, en 1927, l'échelle d'intensité sismique qui porte son nom. ◆ **échelle de** ~ (*Richter scale*) : l'échelle de Richter actuelle provient d'une révision en 1935 de la première échelle sismique faite par Richter en collaboration avec le géophysicien B. Gutenberg. Elle détermine le degré d'intensité d'un tremblement de terre. Elle est graduée de 0 à 10 en fonction de l'amplitude mesurée au sismographe directement liée à l'importance de l'énergie mise en jeu par le séisme. C'est une échelle logarithmique, l'accroissement d'intensité du séisme variant d'un facteur dix d'un degré au suivant sur cette échelle. Ainsi, un tremblement de terre de magnitude 7 est 10 000 fois plus intense qu'un autre de magnitude 3.

La lecture du tableau ci-dessous montre que le nombre de séismes décroît rapidement quand la magnitude augmente. Ainsi on enregistre en moyenne 800 000 séismes par an de magnitude inférieure à 4 contre seulement 4 de magnitude supérieure ou égale à 7,4 sur l'échelle de Richter. ***(Voir aussi Séisme, Tectonique des plaques)***

Ricinus communis (*castor oil plant*). Nom scientifique du ricin, une Euphorbiacée cultivée pour sa graine qui renferme une huile servant de matière première utilisée dans l'industrie pharmaceutique et dans celle des matières plastiques pour fabriquer une fibre synthétique, le rilsan. La ricine contenue dans l'albumen est une substance naturelle aux propriétés toxicologiques, voisines de celles de l'ammanitine.

Ricker ◆ **courbe de** ~ (*Ricker curve*) : méthode d'analyse de la dynamique d'une population fondée sur la connaissance de la relation liant l'effectif ou la densité des descendants (F_1 = y) à celle des parents (F = x). Une droite de pente égale à 1 va diviser la courbe représentative de cette fonction en deux domaines, le supérieur où un excédent de jeunes est produit ce qui permet l'exploitation du stock par une pêcherie par exemple et l'inférieur où la reproduction de la génération F est insuffisante de sorte que la population déclinera. ***(Voir aussi Pêches)***

ride(s), n. f. (*ripple*). Ondulations à petite échelle dues à des dépôts de sable ou de vase qui se forment dans la partie riparienne d'un biotope aquatique à la limite et au niveau de l'écotone eau-susbtrat émergé, par l'action du courant, du vent ou des vagues. Leur hauteur est toujours inférieure à une vingtaine de cm et la longueur d'onde est au plus de

Magnitude des tremblements de terre sur l'échelle de Richter, énergies mises en jeu et fréquence relative

Caractères des conséquences dans les zones habitées	Magnitude approximative	Nombre annuel de séismes	Energies libérées en ergs
Destructions pratiquement totales	⩾ 8	0,1 à 0,2	$> 10^{25}$
Dommages très importants	⩾7,4	4	$\geqslant 4 \cdot 10^{24}$
Dommages étendus, rails de chemin de fer tordus	7,0-7,3	15	$0{,}04 - 0{,}2 \cdot 10^{24}$
Dommages importants aux immeubles	6,2-6,9	100	$5{,}5 - 23 \cdot 10^{21}$
Légers dommages aux immeubles	5,5-6,1	500	$1 - 27 \cdot 10^{19}$
Mouvements ressentis par tous les habitants de la zone affectée	4,9-5,5	1 400	$3{,}6 - 5{,}7 \cdot 10^{17}$
Mouvements ressentis par de nombreuses personnes	4,3-4,8	4 800	$1{,}3 - 27 \cdot 10^{16}$
Mouvements ressentis par quelques personnes	3,5-4,2	30 000	$1{,}6 - 75 \cdot 10^{15}$
Mouvements non perceptibles mais détectés par les sismographes	2,0-3,4	800 000	$4 \cdot 10^{9} - 9 \cdot 10^{13}$

50 cm. ◆ ~ **des courants** (*current ripples*) : rides asymétriques et allongées se formant sous l'effet des courants, tant en milieu limnique que marin et qui se déplacent dans le sens de ces derniers. ◆ ~ **de plage** (*ripple marks*) : rides parallèles qui apparaissent sur les plages marines ou lacustres par l'action des mouvements d'eaux de fond générés sous l'effet des vagues. ◆ ~ **d'oscillation** (*oscillatory ripples*) : système de rides symétriques généré dans les eaux marines littorales par le mouvement alterné des courants au-delà de la zone de déferlement des vagues.

rideau, n. m. ◆ ~ **abri** (*shelter belt*) (syn. : haie) : arbres plantés en bande pour protéger une parcelle du vent, de la neige et d'autres facteurs climatiques pouvant gêner la culture. ◆ ~ **vert** (*leaved strip*) : arbres plantés en bordure d'autoroute, d'une voie d'eau ou de tout autre aménagement linéaire.

rift, n. m. (*rift*). Zone de faille dont les miroirs délimitent une profonde vallée qui apparaît à la jonction de plaques continentales qui sont en train de s'écarter. ◆ ~ **africain** (*African rift*) : zone de faille qui correspond à la disjonction entre la plaque africaine et la plaque somalienne. ◆ ~ **océanique** (*oceanic ridge*) : zone de faille correspondant à l'affrontement de deux plaques lithosphériques sous-marines située souvent dans la partie centrale des océans. Elle est le site de tremblements de terre et d'un intense volcanisme à l'origine de la différenciation d'écosystèmes dont la biocœnose se développe grâce à l'existence de micro-organismes autotrophes chimiosynthétiques, type de production primaire disparu ou devenu d'importance mineure partout ailleurs dans la biosphère contemporaine. ***(Voir aussi Hydrothermalisme, Smoker)***

Rio, conférence de (*Rio Conference*). Cette Conférence des Nations unies sur l'Environnement et le Développement s'est tenue en juin 1992 dans cette ville du Brésil, à l'occasion du 20e anniversaire de la Conférence de Stockholm sur l'environnement de l'homme. Il s'agissait d'une Conférence gouvernementale en marge de laquelle s'est tenue une réunion mondiale des ONG sur le même thème. Plus de 20 000 personnes assistèrent à cette manifestation dont les résultats apparaissent bien maigres avec le recul de la dernière décennie au regard de l'urgence des problèmes concernés et alors que la crise écologique globale atteint depuis déjà des années des dimensions catastrophiques pour l'ensemble de la planète.

Ce dit « sommet de la terre » a été marqué par l'adoption de quelques conventions internationales, en particulier sur les climats, sur la conservation de la diversité biologique et sur la désertification. Ces conventions ont été élaborées en de tels termes que leur inefficacité était déjà prévisible avant même qu'elles ne soient adoptées. Ainsi, seule la convention sur la biodiversité a connu un timide début d'application. Quant à celle sur les climats, la conférence de Kyoto puis celle de La Haye en 2000 ont mis en évidence l'absence de volonté de beaucoup de pays, en premier lieu les États-Unis, de réduire leur consommation de combustibles fossiles afin de limiter les rejets de CO_2 et autres gaz à effet de serre. Les discussions se sont noyées dans de grotesques propositions sur l'attribution aux États de quotas d'émission de CO_2 et de « droits à polluer » négociables entre États excédentaires et États surconsommateurs de combustibles fossiles, tels les États-Unis, ardents défenseurs de ce système de quotas, puisqu'ils ne veulent pas réduire leur consommation de pétrole et de charbon.

Un autre « détail » tout à fait symptomatique de la volonté d'éviter d'aborder les problèmes essentiels sous-jacents à la conférence de Rio : la démographie a été soigneusement marginalisée et quasiment ignorée dans les débats, aucune convention sur ce sujet crucial n'ayant *a fortiori* été envisagée! Ce fut également le cas pour des ressources naturelles aussi essentielles pour l'avenir de l'humanité que les sols ou l'eau pour lesquelles l'idée même d'une convention n'a pas été évoquée! ***(Voir aussi Bruntland, Stockholm)***

Le lac Nakuru dans la vallée du **rift** au Kenya représente l'un des nombreux lacs et autres biotopes limniques et (ou) paraliques qui jalonnent cette vaste zone tectonique qui s'étend depuis le Malawi jusqu'à l'Éthiopie. (Cliché F. Ramade)

riparien, adj. (*riparian*). Se rapporte aux espèces ou à toute autre caractéristique écologique propre aux rives des biotopes d'eaux continentales qu'ils soient lentiques ou lotiques. ◆ **zone** ~ (*riparian zone*) : désigne dans un écosystème limnique la partie située à la limite des rives qui est occupée par une végétation amphibie ou hydrophytique. **(*Voir aussi Lac*)**

ripicole, adj. (*ripicolous*). Désigne une espèce ou une communauté peuplant les rives d'un cours d'eau. ◆ **végétation ou faune** ~ (*ripicolous vegetation, fauna*) : désigne la flore ou la faune propre aux rives d'un cours d'eau. **(*Voir aussi Fleuve*)**

ripiphile, adj. (*ripiphilous*). Synonyme de ripicole.

ripisylve(s), n. f. (*ripisylvae*). Désigne des écosystèmes forestiers qui croissent le long des fleuves tant dans des régions tempérées que tropicales. Elles sont dénommées forêts galeries dans les régions où les précipitations sont insuffisantes (steppes tempérées ou savanes tropicales et *a fortiori* zones arides) car les arbres constituent en général un rideau le long du cours d'eau, la végétation arborée ne pouvant guère s'y développer qu'en bordure de l'eau.

Les ripisylves représentent un des écosystèmes les plus importants des hydrosystèmes fluviaux. Leur développement, déjà significatif dans le secteur en tresse d'un cours d'eau, atteint son maximum d'ampleur au niveau de la plaine d'inondation. Elles constituent avec l'écosystème lotique proprement dit un écotone majeur tant dans la structure que dans le fonctionnement de ces hydrosystèmes. La composition spécifique des ripisylves dépend de leur localisation géographique. Dans les régions tempérées de la zone holarctique, elles comportent selon le stade de la succession diverses espèces de feuillus. En Amérique du Nord, en particulier dans la majeure partie du bassin du Missouri-Mississippi, on observe principalement des saules (*Salix sp.*), des peupliers (*Populus deltoides*), des érables (*Acer rubrum* et *negundo*), des ormes américains (*Ulmus americanus*), accompagnés d'une dizaine d'autres espèces. En Europe, les ripisylves comportent des saules (*Salix* sp.) puis des peupliers (*Populus sp.*), aux stades pionniers de la succession forestière (dans les premières décennies suivant la formation de bancs alluviaux), des aulnes (*Alnus glutinosa*), des frênes (*Fraxinus excelsior*), divers ormes (*Ulmus sp.*). Le stade climacique en Europe moyenne est constitué par la chénaie-frênaie à *Ulmus minor* et n'est atteint au minimum qu'après deux siècles dans le cas de la ripisylve rhénane. De façon générale, la richesse spécifique des ripisylves au stade climacique est considérable. On dénombre dans celles du Rhône ou du Rhin une cinquantaine d'espèces d'arbres auxquelles s'ajoutent des lianes et diverses espèces de végétaux arbustifs et de nombreuses autres plantes ligneuses ou herbacées. ◆ **adaptations des ~ aux facteurs hydrologiques** : l'installation et le développement des ripisylves impliquent un ensemble d'adaptations aux facteurs écologiques très particuliers qui caractérisent l'écotone écosystème lotique-plaine d'inondation. Les arbres qui les constituent doivent être capables de croître dans des milieux dont l'exhaussement lié aux dépôts alluvionnaires lors des inondations peut être considérable, ce qui implique une croissance rapide des racines pour compenser l'enfoncement. Par ailleurs, les arbres doivent être résistants aux contraintes physiques liées aux inondations récurrentes. En réalité, les ripisylves ne constituent jamais des communautés pérennes car il existe un taux de déracinement significatif des arbres en période de crue. ◆ **rôle des ~ dans le fonctionnement des hydrosystèmes fluviaux** : les ripisylves jouent un rôle majeur dans la structuration des écosystèmes lotiques. En l'absence d'intervention humaine, l'accumulation des troncs d'arbres déracinés par les crues qui s'accumulent dans la zone riparienne des fleuves et obstruaient autrefois une partie significative de leur section modifient considérablement les biotopes aquatiques. Ces troncs créent des microhabitats et favorisent les dépôts de sable et de limons augmentant la diversité et l'hétérogénéité spatiale du cours d'eau.

Vue d'une **ripisylve** propre à un cours d'eau tropical : la forêt galerie de la rivière Ewaso nyiro dans une zone de savanes soudaniennes (parc national de Samburu, Kenya). (Cliché F. Ramade)

Par ailleurs les ripisylves jouent un rôle majeur en ce qui concerne la régulation du flux de l'énergie et du cycle de la matière dans les hydrosystèmes fluviaux. Leur apport de matières végétales mortes essentiellement feuilles mais aussi branchages et gros débris ligneux tels les troncs, ainsi que des fruits et des graines surtout dans les cours d'eau de forêts pluvieuses tropicales représente un facteur essentiel pour les réseaux trophiques fluviaux. Certains genres appartenant à diverses familles de poissons d'eau douce d'Amazonie ont par exemple un régime strictement ou majoritairement frugivore! L'importation de matières organiques allochtones provenant de la ripisylve assure une partie importante de la nutrition des peuplements de macro-invertébrés benthiques des cours d'eau. Par ailleurs, la ripisylve joue un rôle de filtre pour les particules minérales et les nutriments entre le cours d'eau et la plaine d'inondation. Il a été démontré qu'elle régule en particulier le cycle du phosphore et de l'azote dans l'hydrosystème fluvial. Les conditions anoxiques qui prévalent au niveau de sédiments de la ripisylve favorisent l'ammonification et la dénitrification. En outre, les arbres absorbent une partie des nutriments pour leur propre croissance, en particulier des nitrates, ce qui contribue à réduire la teneur de ces derniers dans les eaux de la nappe sous-alluviale. ◆ **la destruction des** ~ : ces dernières ont été en grande partie éradiquées dans la quasi-totalité des fleuves des pays développés à la suite de la rectification de leur cours jointe aux endiguements et aux canalisations. Aux dommages directs de ces ouvrages s'est ajouté le fait essentiel que la forêt restée sur pied a été exposée à l'assèchement consécutif à l'abaissement du niveau de la nappe provoqué par ces aménagements. L'extraction de matériaux (granulats) du lit des rivières présente aussi un impact désastreux sur les ripisylves rélictuelles en abaissant parfois de plusieurs mètres le niveau de la nappe sous-alluviale. **(*Voir aussi Fleuve, Hydrosystème fluvial*)**

risque(s), n. m. (*risk*) ◆ ~ **majeurs** (*major environmental hazard*) : on désigne sous ce terme les phénomènes naturels et les accidents technologiques présentant un risque catastrophique. Parmi ces derniers, un certain nombre d'installations classées pour la protection de l'environnement (ICPE) présentent un danger considérable (incendies, explosions et/ou pollution) et elles ressortent de la Directive européenne dite « Seveso ». Sur 67 000 ICPE dénombrées en France en 1996, environ 1 000 sont considérées comme potentiellement dangereuses et 397 ressortent de la directive de Seveso. Parmi ces dernières figurent les installations nucléaires et un plus grand nombre d'installations de l'industrie chimique. ◆ **communes à** ~ (*hazardous urban industrial area*) : on désigne sous ce terme les communes qui sont soumises à des risques technologiques, ce qui est le cas en France de 25% d'entre elles, soit 9 000, dont 4 616 présentent un risque pour la population. ◆ **estimation des** ~ (*risk assessment*) : méthode(s) ayant pour objet d'évaluer l'impact potentiel d'un accident environnemental lié à une pollution catastrophique. À l'heure actuelle, ces dernières se fondent essentiellement sur la combinaison de modèles de diffusion tels celui de Mc Kay ainsi que de méthodes statistiques permettant d'évaluer l'effet potentiel sur la santé des populations humaines exposées. ◆ **sites industriels à** ~ (*hazardous industrial plants*) : il s'agit des installations classées relevant de la directive de Seveso. **(Voir *aussi Bhopal, Seveso*)**

Riss, n. m. (*Riss*). Période glaciaire du Pléistocène qui correspond au troisième des quatre grands épisodes de glaciation dans lesquelles on peut diviser au plan stratigraphique le Quaternaire. Elle s'est étagée entre – 200 000 et – 130 000 ans avant le présent. **(*Voir aussi Glaciation*)**

Rissa tridactyla (*Kittiwake*). Nom scientifique de la mouette tridactyle. Cette espèce niche sur les parois de falaises maritimes en très grandes colonies, certaines pouvant compter plusieurs centaines de milliers d'individus en Europe du Nord-Ouest.

ritualisation, n. f. (*ritualization*). Processus éthologique se traduisant par une modification des critères comportementaux et leur utilisation ultérieure de façon stéréotypée pour la communication entre individus.

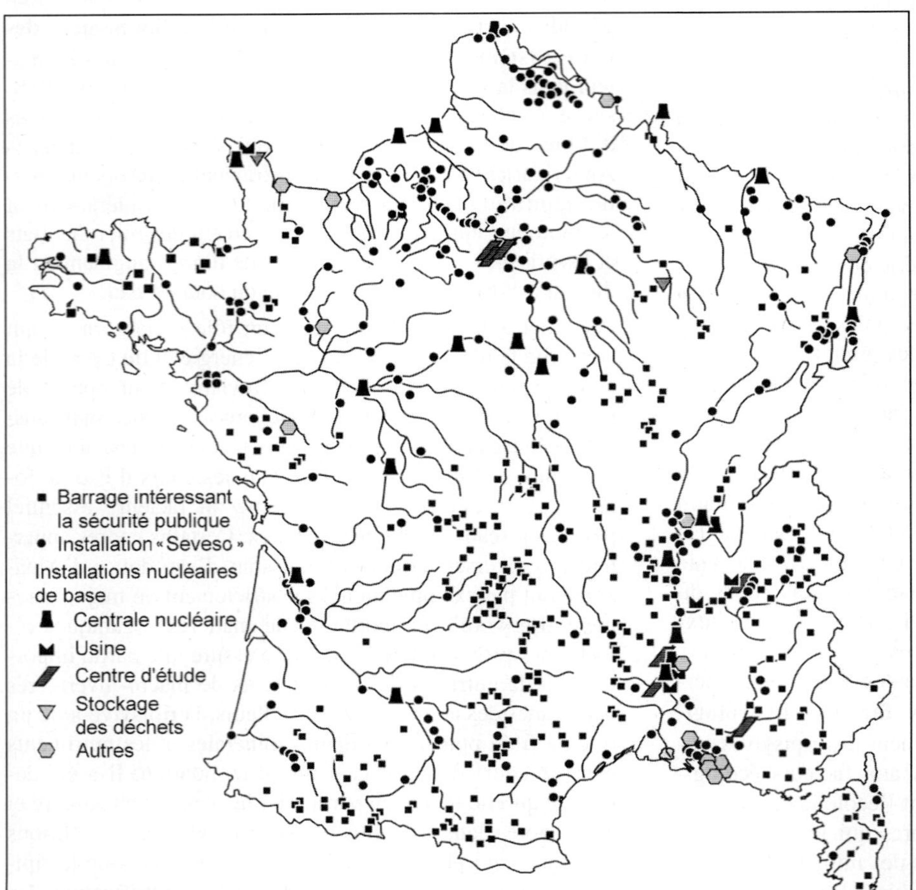

Carte des installations industrielles présentant un **risque** important pour l'environnement et (ou) pour les populations riveraines. (D'après IFEN, op. cit., 1999, p. 254)

rivage, n. m. (*shore*). Zone marquant la limite entre un écosystème terrestre et aquatique. Il s'agit donc d'un écotone au plan écologique. ◆ ~ **marin** (*seashore*) : terme désignant de façon plus précise la partie du rivage qui concerne la zone de balancement des marées. ◆ **ligne de** ~ (*strand line*) : limite entre la terre et les eaux propre à une côte marine ou aux rives lacustres. Cette dernière est soumise à des variations dues aux transgressions ou aux régressions marines ou encore à un changement du niveau de l'eau d'un lac.

rive, n. f. (*bank*). Zone marquant la limite entre un cours d'eau ou un biotope lentique et les terres émergées adjacentes. Dans le cas des cours d'eau et des réservoirs de barrage, leur limite varie en fonction du niveau de l'eau. On dénomme *marnage* cette fluctuation saisonnière ou aléatoire (en fonction de l'usage de l'eau dans le cas d'un lac de barrage par exemple) de l'emplacement des rives. La morphologie des rives varie beaucoup selon la nature du biotope aquatique concerné et la nature géologique des terrains sur lesquels elles sont établies. Elles sont généralement en pente douce et de nature sablonneuse (apport dû à l'érosion) ou alluviale selon le substrat. ◆ ~ **escarpée** (*steep bank*) : dans les défilés et même en plaine, les rives peuvent prendre l'aspect de falaises. Lorsque ces dernières sont constituées de matériaux meubles (marnes, argiles, mollasses), elles servent de site de nidification à de nombreuses espèces d'oiseaux solitaires et souvent coloniaux, généralement inféodés aux milieux aquatiques, qui y creusent leur nid sous forme de galeries horizontales : martins-pêcheurs, hirondelles de rivage, diverses espèces d'Ansériformes, par exemple. **(*Voir aussi Marnage, Réservoir*)**

riverain(e), adj. (*riparian*). Désigne ce qui est propre aux rives des biotopes d'eaux continentales. ◆ **zone** ~ : voir Lac, Riparien.

rivière, n. f. (*river*). Section d'un cours d'eau correspondant à la zone du rhithron. De ce fait, elle possède une pente moyenne et encore suffisante pour permettre une bonne oxygénation des eaux. Au niveau des rivières la présence d'une importante végétation immergée de macrophytes et d'un abondant périlithon fait que la production primaire y est importante et le rapport P/R est supérieur à 1. Ce terme est aussi utilisé pour désigner des cours d'eau de faible longueur et de débit moyen modeste. **(*Voir aussi Fleuves, Hydrosystème, Lotique*)** ◆ ~ **karstique** (*karstic river*) : rivière dont le cours est établi sur des calcaires compacts et qui circule donc sur un relief karstique. En réalité, elle s'intègre dans un système de circulation d'eau souterrain complexe dénommé réseau karstique. **(*Voir aussi Karstique*)** ◆ ~ **souterraine** (*undergroud river*) : voir Karst.

riz, n. m. (*rice*) (n. sc. *Oryza sativa*). Plante cultivée originaire d'Asie du Sud qui représente aujourd'hui, avec le blé, la principale plante vivrière dans le monde.

rizicole, adj. (*rizicole*). Qui se rapporte à la riziculture.

riziculture, n. f. (*riziculture*). Désigne la culture du riz.

rizière, n. f. (*rice field*). Champ emblavé en riz. Les rizières sont généralement associées à la pratique d'une agriculture d'irrigation sauf pour le riz de montagne qui peut croître à sec. La consommation d'eau est considérable, de l'ordre de 40 000 m^3/ha pour chaque récolte. L'usage croissant de pesticides dans les rizières, en particulier d'insecticides et d'herbicides – le désherbage se faisant de moins en moins à la main, même dans le Tiers monde soulève des problèmes croissants de pollution des eaux, avec pour conséquence une décroissance des ressources animales aquatiques; la situation est particulièrement dommageable dans les pays d'Asie où existe un couplage traditionnel entre riziculture et pisciculture en rizière.

En date récente, l'utilisation d'un désherbant total, le diméthénamide, préalablement au semis a provoqué en Camargue une forte mortalité dans les peuplements d'Invertébrés et de Vertébrés poïkilothermes aquatiques vivant dans les canaux d'irrigation et de drainage des rizières.

Cultures de **rizières** en terrasses dans le centre de Java. (Cliché F. Ramade)

robinier, n. m. (*black locust*) (n. sc. *Robinia pseudacacia*). Espèce de Légumineuse arborée pouvant dépasser 20 m de haut, introduite de l'Est des États-Unis en Europe au XVIIIe siècle. Capable de se développer sur des sols dégradés voire squelettisés, cette espèce a été utilisée à vaste échelle pour le reboisement dans certains États d'Europe centrale et orientale.

roche, n. f. ◆ ~ **mère** (*parent rock*) : désigne en pédologie le substratum rocheux sur lequel un sol s'est formé. Sa partie supérieure, fracturée par les facteurs de pédogenèse, correspond à l'horizon C, la partie inaltérée située au contact immédiat de ce dernier à l'horizon R. ◆ ~ **réservoir** (*reservoir rock*) (syn. : roche magasin) : formation géologique présentant une configuration des dimensions et une structure déterminée, qui est constituée par une roche poreuse dans laquelle s'accumulent des hydrocarbures liquides dans le cas des gisements de pétrole ou de l'eau gravitaire dans le cas des réservoirs d'aquifères. ***(Voir aussi Aquifère, Nappe, Réservoir)***

Rodalia cardinalis, n. sc. (syn. : *Novius cardinalis*). Coccinelle originaire d'Australie qui a donné lieu à la fin du XXe siècle à la première tentative réussie de lutte biologique contre un insecte nuisible à des cultures. En effet, son introduction en Californie par Riley permit d'éradiquer la cochenille australienne (*Pericerya purchasi*) qui, à la suite de son introduction accidentelle aux États-Unis ravageait les vergers d'agrumes. ***(Voir aussi Lutte biologique)***

rodonticide(s), n. m. (*rodenticide*). Pesticides utilisés pour détruire les rongeurs. On distingue parmi ces derniers diverses substances appartenant à plusieurs groupes chimiques. Le phosphure de zinc, l'antique « mort aux rats », utilisé comme appât, a rapidement laissé la place à de nouvelles familles chimiques.

Les principaux rodonticides actuellement utilisés appartiennent au groupe des dérivés de la coumarine. Ce sont des substances douées de propriétés anticoagulantes dues à ce qu'ils agissent par un effet antivitaminique K et qu'ils fragilisent les parois vasculaires. En conséquence, chez un rat ou tout autre rongeur qui passe au travers d'un pertuis étroit, la compression corporelle suffit pour provoquer une hémorragie interne fatale. Il en est de même lorsque les animaux se blessent en se battant. Parmi les dérivés de la coumarine, on peut citer la bromadiolone, le coumafène, le coumatétralyl et le difénacoum. La chlorophacinone, bien que d'une autre famille chimique – c'est un dérivé de l'indanedione – est un produit anticoagulant qui présente aussi un fort pourvoir antivitaminique. La DL 50 pour les rats de ces diverses substances est souvent de quelques mg par kg.

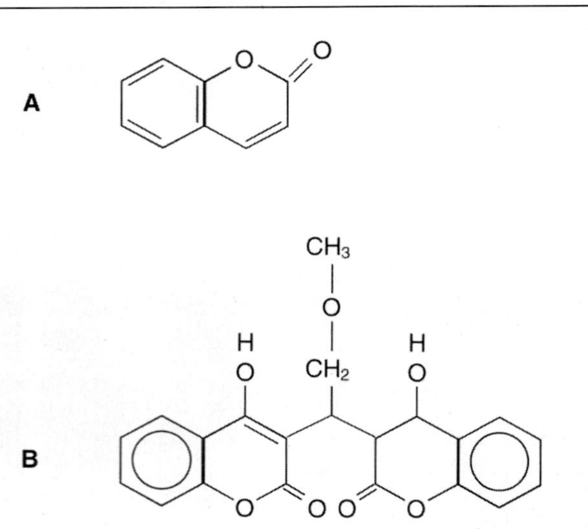

Rodonticides : **A**) Formule de la coumarine. **B**) Formule d'un rodonticide du groupe de la coumarine, le coumétarol.

En date plus récente a été introduit le scilliroside, glucoside extrait de la plante *Scilla maritima*, qui provoque chez les rongeurs un arrêt cardiaque. Sa DL 50 pour le rat est d'à peine 0,4 mg/kg. Il est utilisé contre les populations de surmulots devenues résistantes aux dérivés anticoagulants.

Les rodenticides sont aussi employés pour lutter contre des proliférations de campagnols des champs (*Microtus sp.*) et de rongeurs aquatiques comme le ragondin, le rat-musqué ou le campagnol amphibie. Ces procédés d'éradication ont un impact redoutable sur l'ensemble des réseaux trophiques car ils conduisent à la mort de rapaces et de carnivores à la suite de phénomènes de transfert et de bioamplification de ces substances dans les chaînes alimentaires et devraient être bannis. Que dire alors de l'autorisation de les employer non pas en appâts mais en pulvérisation (40 kg/ha) qui a été donnée en France, en particulier en Franche-Comté pour la bromadiolone, par les autorités compétentes dans l'Est de la France, provoquant de fortes mortalités dans les peuplements mammaliens et aviens. En particulier, de véritables hécatombes de milans royaux ont été observées à la fin des années 1990.

Roentgen, n. m. (*Roentgen*). Ancienne unité de dose d'irradiation correspondant en radiologie à une exposition à des rayons X accélérés sous 360 kV avec un débit de dose de 100 ergs par gramme de tissu.

romarin, n. m. (*rosemary*) (n. sc. *Rosmarinus officinalis*). Plante buissonnante de la famille des Labiées, commune sur sol calcaire dans les garrigues méditerranéennes.

Romer Alfred Sherwood (1894-1973). Célèbre paléontologue américain qui a apporté une contribution importante à l'étude de l'évolution des Vertébrés. ◆ **règle de ~** (*Romer's rule*) : les conséquences de l'action de nombreux changements évolutifs sont de permettre aux espèces de maintenir leur mode de vie plutôt que de s'adapter à un nouveau.

rond de sorcière, n. m. (*fairy ring*). Champignons à chapeau, issus d'un même mycélium, disposés selon un cercle dans une prairie.

Rongeurs, n. m. (*Rodentia, Rodents*). Ordre de Mammifères, le plus important de cette classe de Vertébrés par le nombre d'espèces, évalué à environ 1 700. Les Rongeurs sont caractérisés en particulier par un diasthème à leur mâchoire séparant les incisives des prémolaires. Ils possèdent une particularité écophysiologique dénommée cœcotrophie : ils consomment, après un premier transit intestinal, leurs fèces (boules cœcotrophes) qui correspondent à une phase initiale de leur digestion. Ce sont des animaux généralement de petite taille présentant un très fort potentiel biotique (généralement stratèges r).

Au plan écologique, ils se rencontrent dans tous les écosystèmes terrestres et sont, selon le cas, inféodés à des habitats arboricoles, terricoles ou semi-aquatiques. Beaucoup d'espèces sont adaptées à la vie dans les biotopes arides, d'autres, à l'opposé, aux forêts pluvieuses tropicales, plus particulièrement d'Amérique où les peuplements rodentologiques présentent une forte biodiversité. On les divise en trois sous-ordres : les Sciuromorphes (écureuils, castors), les Myomorphes (rats, souris, gerboises, hamsters, etc.) et les Hystricomorphes (porcs-épics, cobayes).

rookerie, n. f. (*rookery*). Colonie de manchots ou de phoques présente sur les rivages des mers australes. **(*Voir aussi Manchot, Sphénisciformes*)**

rorquals, n. m. (*whales*) (n. sc. : *Baleinoptera sp.*). Genre de Cétacés Mysticètes qui renferme les plus grandes espèces de baleines – et aussi d'animaux – qui aient jamais existé dans la biosphère.

Le géant du groupe, le grand rorqual bleu (*blue whale*) (n. sc. : *B. musculus*) peut atteindre 35 m de long et peser 150 t. Le rorqual commun (*fin whale*) (n. sc. : *Baleinoptera physalus*) peut mesurer 25 m de long et peser 80 t ! La chasse effrénée à laquelle ces deux espèces furent soumises a été la cause de leur raréfaction considérable.

On estime aujourd'hui à 2 000 individus environ la population australe de grands rorquals, contre 200 000 au début du XXe siècle avant que ne commence la chasse à ces baleines. **(*Voir aussi Baleine*)**

En revanche, le plus petit des rorquals, le rorqual de Minke, qui mesure à peine 6 m de long, a vu ses effectifs augmenter dans l'océan glacial antarctique au cours des dernières décennies car il a bénéficié de la diminution de la compétition interspécifique à laquelle les grands rorquals l'exposaient. **(*Voir aussi Baleine, Cétacés*)**

Rosacées, n. sc. Famille d'Angiospermes appartenant à l'ordre des Rosales dans laquelle on compte plus de 2 000 espèces dont de nombreuses plantes cultivées. La plupart des arbres fruitiers des pays tempérés appartiennent à cette famille et se répartissent en deux sous-familles principales, les Malacées (pommier, poirier, cognassier) et les Amygdalacées (abricotier, cerisier, prunier, pêcher), parfois érigées en familles distinctes.

Rosales, n. sc. Ordre de Rosidées comptant 24 familles de plantes surtout herbacées mais dans laquelle on compte aussi diverses familles et genres arborescents.

rose, n. f. ◆ ~ **des vents** (*wind rose*) : représentation diagrammatique des directions et de l'intensité des vents en un lieu donné au cours du cycle annuel.

roseau(x), n. m. (*catail, reed*). Espèces de végétaux hélophytes de la classe des Monocotylédones qui croissent dans la zone limosale des écosystèmes limniques. Adaptés à la vie amphibie, ils sont capables de supporter une période d'exondation. Les peuplements de roseaux présentent toujours une très forte productivité primaire. **(*Voir aussi Phragmites*)**

rosée, n. f. (*dew*). Phénomène de condensation nocturne de la vapeur d'eau sur les extrémités refroidies des plantes. La rosée est susceptible en certaines zones du monde de constituer un apport d'eau significatif aux sols et donc aux végétaux. Sur la côte de Californie septentrionale et du Sud de l'Oregon, il a été ainsi déterminé que la rosée qui ruisselle sur le feuillage des forêts de *Sequoia sempervirens,* plongées pendant la belle saison dans un brouillard permanent, apporte à ces écosystèmes une quantité d'eau équivalente à deux à trois fois celle due aux précipitations annuelles. ◆ **point de** ~ (*dew point*) : température à laquelle la concentration en vapeur d'eau devient saturante lorsqu'une masse d'air est refroidie à pression constante. Tout abaissement, même minime, de cette température se traduit par la condensation d'une partie de cette vapeur d'eau et donc la formation de rosée (ou, dans l'atmosphère, de brouillard).

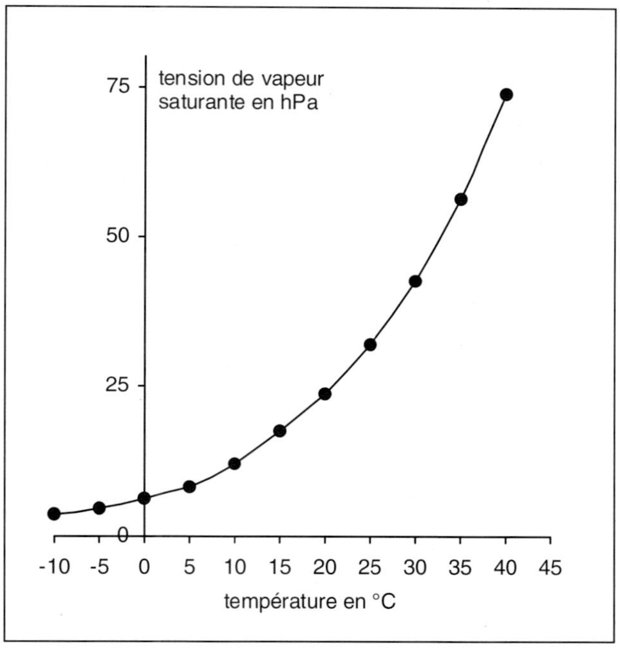

Diagramme montrant la relation entre l'hygrométrie absolue de l'air et la température du point de **rosée**.

En réalité, le point de rosée correspond à un couple de valeurs température-concentration en vapeur d'eau atmosphérique pour laquelle on atteint la saturation à la pression normale (voir figure). **(*Voir aussi Brouillard, Hygrométrie, Pluviométrie, Précipitations*)**

roselière, n. f. (*reedbed*). Étendue couverte de roseaux (*Phragmites sp.*) croissant dans les écosystèmes palustres ainsi que dans la zone riparienne des lacs. Les roselières constituent des habitats essentiels pour de nombreuses espèces aviennes propres aux zones humides. En Europe, le héron pourpré, la mésange à moustache ou encore le busard des roseaux leur sont particulièrement inféodés. L'aptitude des Phragmites a absorber les nutriments et les micropolluants présents dans les eaux a conduit à les utiliser en

Vue en bordure d'une **roselière** – ici une phragmitaie – servant d'abri à de nombreux canards hivernant sur la rive Nord-Est de l'étang de Vaccarès. Situé au centre de la réserve naturelle de Camargue, cet étang est marqué par la présence de roselières qui s'étendent sur les rives de sa partie septentrionale, où les salinités sont les plus faibles et dont l'extension a été favorisée par son dessalement au cours des années 1990. (Cliché F. Ramade)

créant dans des installations de lagunage des roselières artificielles afin de compléter le traitement secondaire des eaux. ***(Voir aussi Lagunage, Phragmites, Roseaux)***

Rosidées, n. sc. Importante sous-classe de Dicotylédones renfermant plus de 60 000 espèces de plantes réparties en 114 familles et 18 ordres, les principaux étant ceux des Euphorbiales, des Fabales, des Myrtales, des Rosales et des Sapindales.

Rosmarineto-lithospermum, n. sc. Association végétale dont le romarin constitue avec une Borraginacées *Lithospermum fruticosum*, une des espèces caractéristiques de cette association végétale qui représente un des stades sériaux de l'évolution des garrigues méditerranéennes.

Rossby, n. m. ◆ **ondes de** ~ (*Rossby waves*) : ondulations propres au vortex circumpolaire qui apparaissent dans la moyenne et dans la haute troposphère, dont la longueur d'onde est de 2 000 km. De ces ondes dépend en particulier la formation des dépressions en avant desquelles se forme un front. Dans l'hémisphère Nord, elles accompagnent les masses d'air polaire descendant aux moyennes latitudes selon un flux orienté vers le Sud-Est, ce qui caractérise par exemple les dépressions atlantiques.

rotation, n. f. ◆ ~ **des cultures** (*crop rotation*) : désigne la nature successive des cultures sur une parcelle de terre cultivée. ◆ ~ **forestière** (*felling cycle*) (syn. : cycle de révolution) : temps séparant deux coupes successives dans un même boisement.

Rotifères, n. m. (*Rotifera*). Embranchement d'Invertébrés qui renferme les plus petits Métazoaires existants. Les Rotifères sont des animaux strictement aquatiques propres aux écosystèmes limniques ou marins. Dans les eaux lacustres, ils représentent un des groupes dominants du zooplancton. Ce sont des organismes microphages dont l'orifice buccal est entouré d'un organe rotateur servant dans la prise de la nourriture d'où le nom donné à ce phylum. Les Rotifères ont une reproduction parthénogétique de type indéfini ou cyclique. ***(Voir Lac, Parthénogenèse, Zooplancton)***

rouilles, n. f. (*rusts*). Nom vernaculaire de champignons de l'ordre des Urédinales dont certaines espèces causent de graves affections phytopathogènes aux plantes cultivées. ***(Voir aussi Puccinia)***

rouissage, n. m. ◆ ~ **du lin** (*flax rettery*) : procédé consistant à plonger les bottes de tiges de lin dans un cours d'eau ou une mare afin que les fibres soient mises à nu par la putréfaction de l'ensemble des constituants organiques fermentescibles de cette plante. Le rouissage a pu être la cause d'une importante pollution de cours d'eau par suite de l'augmentation considérable de DBO induite par ce procédé.

rouleau, n. m. (*roller*). Houle déferlante pouvant donner lieu à la formation d'une barre qui est due au mouvement d'enroulement des vagues quand leur crête est orientée de façon parallèle à la côte. ***(Voir aussi Vagues)***

Royal Commission on Environmental Pollution. Organisme public britannique dont le rôle et les prérogatives sont comparables à ceux de la Direction de la Prévention des pollutions et nuisances du Ministère de l'environnement français.

Royal Society for Nature Conservation. Organisation non gouvernementale britannique qui est équivalente à la Société Nationale de Protection de la Nature française par son histoire et son rôle, parmi les diverses organisations philanthropiques s'occupant de conservation en Grande-Bretagne.

Royal Society for the Protection of Birds. Créee en 1886, cette organisation – la doyenne des sociétés de protection de la nature britannique – continue de jouer un grand rôle dans la protection des oiseaux en Grande-Bretagne et ailleurs dans le monde. Elle a réussi en particulier à réintroduire le balbuzard-pêcheur en Écosse au cours des dernières décennies et a sauvé de l'extinction les populations britanniques de nombreuses espèces d'autres rapaces.

Rozenzweig, règle de (*Rosenzweig's rule*). Règle de nature empirique stipulant que, dans une communauté, il existe une relation linéaire entre le logarithme de la productivité primaire nette et celui de l'évapotranspiration effective. (***Voir aussi Productivité***)

r-sélection, n. f. (*r-selection*). Processus démoécologiques qui conduisent à la dominance des espèces stratèges r dans une communauté. (***Voir aussi Stratégies***)

rubéfaction, n. f. (*rubrification*). Terme de pédologie désignant la formation de cristaux d'hématite conférant aux sols une couleur rouge dans les régions à climat chaud ou à climat contrasté présentant une saison sèche. Ce processus se rencontre dans les sols fersiallitiques et ferralitiques. (***Voir aussi Altération, Ferralitique, Latérites***)

Rubiacées, n. f. Importante famille d'Angiospermes Dicotylédones, de l'ordre des Rubiales, comportant plus de 6 500 espèces essentiellement tropicales. Elle est représentée par des végétaux herbacés dans les pays tempérés et ligneux, généralement arbustifs, dans les régions tropicales. Certaines Rubiacées fabriquent des alcaloïdes et des iridoïdes. Le caféier par exemple est une Rubiacée. (***Voir aussi Caféier***)

Rubiales, n. sc. Ordre d'Astéridées comportant deux familles : les Rubiacées et les Théligonacées, constituées de plantes herbacées dans les régions tempérées et ligneuses en milieu tropical, élaborant des substances iridoïdes.

rubicole, adj. (*rubicolous*). Désigne une espèce qui vit dans des ronciers.

rudéral(e), adj. (*ruderal*) ◆ **plantes ~** (*ruderal plants*) : désigne des espèces végétales qui croissent dans l'espace rural, dans les friches ou au bord des chemins. S'applique de façon plus générale à toute entité propre à des sites habités ou très perturbés.

rugosité, n. f. (*roughness*). Paramètre caractérisant la résistance à l'écoulement qu'opposent les parois d'un cours d'eau en fonction de leur structure physique en particulier. Cette dernière sera minimale dans une section de cours d'eau installée sur un substrat argileux dont les parois sont lisses et deviendra très forte au niveau du crénon ou dans la partie supérieure du rhithron lorsque le lit et les parois des berges sont constitués de matériaux grossiers, voire de blocs charriés par le courant, ou encore dans des secteurs envahis par la végétation aquatique. La rugosité s'estime par l'indice de Manning qui tient compte de la section du cours d'eau, de la nature du substrat et de la vitesse du courant. (***Voir aussi Vitesse***)

ruisseau, n. m. (*creek*). Cours d'eau de faible taille situé dans l'étage du rhithron. Le courant est encore assez intense dans de tels biotopes dont les eaux sont en conséquence bien oxygénées.

ruisselet, n. m. (*brook*). Petit ruisseau au courant vif dans lequel les apports telluriques sont par essence plus importants que dans des secteurs plus en aval d'un biotope lotique. (***Voir aussi Crenon, Rhithron***)

ruissellement, n. m. (*runoff*). Phénomène hydrogéologique par lequel les pluies s'écoulent à la surface du sol. Le ruissellement représente l'un des trois paramètres fondamentaux avec l'évaporation et l'infiltration qui conditionnent le cycle de l'eau dans les écosystèmes continentaux. Il contribue au tout premier rang à l'alimentation des cours d'eau, et représente un facteur antagoniste de l'infiltration. La déforestation, en accroissant de façon très considérable le ruissellement au détriment de l'évapotranspiration et de l'infiltration, provoque une désastreuse perturbation du cycle de l'eau. Elle augmente l'importance des crues et donc la fréquence des inondations, en conséquence de l'accroissement du ruissellement qui résulte de cette dernière. Dans le même temps, elle réduit l'approvisionnement des nappes phréatiques et provoque donc d'importantes variations du débit des sources. Il en résulte une augmentation de la fréquence et de l'intensité des périodes d'étiage des cours d'eau. Dans les agroécosystèmes, le ruissellement est la cause d'un entraînement des produits chimiques utilisés en agriculture dans les eaux continentales voisines. Il représente à ce titre une source potentielle importante de contamination des cours d'eau surtout en zone d'agriculture intensive. Il est de plus l'agent de l'érosion hydrique des sols.

Le ruissellement est également à l'origine d'importantes pollutions clandestines chroniques ou aiguës et accidentelles des eaux courantes ou stagnantes à partir du lessivage des substances rejetées sur les chaussées par les véhicules à moteur ou encore de surfaces de friches industrielles, voire d'installations classées en activité où sont stockés des déchets. (***Voir aussi Cycle de l'eau, Déforestation, Erosion, Pollution des eaux***)

rumen, n. m. (*rumen*). Partie antérieure de l'estomac de certains Mammifères Ongulés dans laquelle s'effectue une digestion de la cellulose grâce à la présence de ciliés symbiotiques capables de l'hydrolyser. (***Voir aussi Ruminants, Symbiose***)

Ruminants, n. m. (*Ruminantia*). Mammifères Ongulés à régime herbivore appartenant à l'ordre des Artiodactyles. Les Ruminants possèdent un estomac complexe renfermant plusieurs poches consécutives dans lesquelles s'effectue une prédigestion des végétaux ingérés. La panse des ruminants renferme des Protozoaires ciliés symbiotiques grâce auxquels les Ruminants sont capables de digérer la cellulose. Cette symbiose leur permet d'utiliser des aliments peu nutritifs comme les pailles de céréales.

rumination, n. f. (*rumination*). Phénomène propre à la digestion des ruminants, qui conduit à une remontée dans la cavité buccale des aliments sommairement broyés qui ont séjourné dans le rumen et ce qui permet de les réingérer dans ce dernier après une nouvelle mastication.

rupestre, adj. (*rupestral*). Désigne toute entité écologique propre aux parois rocheuses.

rupicole, adj. (*rupicolous*). Désigne une espèce inféodée aux parois rocheuses.

rupture, n. f. ◆ ~ **de pente** (*knickpoint*) : terme de topographie désignant la ligne située sur un versant de montagne où la pente change brutalement.

rural, adj. (*rural*). Qui se rapporte à la campagne – par opposition à urbain. ***(Voir aussi Agriculture, Urbain)***

rusticité, n. f. (*hardiness*). Aptitude d'une race domestique à pouvoir se développer et répondre aux besoins de l'élevage dans des biotopes où les conditions environnementales sont difficiles : climats froids ou arides, pacages de faible qualité fourragère par exemple.

rustique, adj. (*hardy*). Désigne une plante ou un animal capable de vivre dans des conditions difficiles.

rut, n. m. (*rutting*). Terme d'éthologie désignant la période d'excitation précédant l'accouplement chez les Mammifères. Le terme est plus spécifique des Cervidés et autres Ongulés.

Rutacées, n. sc. Famille de l'ordre des Rutales, renfermant environ 1 500 espèces dont les divers *Citrus* cultivés; ce sont des plantes pour la plupart ligneuses et arbustives, qui sécrètent diverses essences volatiles éthérées. L'ensemble des agrumes fait partie de la sous-famille des Aurantioidées.

Rutales, n. sc. (syn. : Sapindales). Ordre de Dicotylédones Rosidées renfermant une quinzaine de familles surtout tropicales dont les principales sont celles des Sapindacées et des Rutacées.

ruthénium 106, n. m. (*ruthenium 106*). Radionucléide formé par la fission de l'uranium 235. Ce radioélément est susceptible de donner une bioaccumulation dans les réseaux trophiques marins.

Le ^{106}Ru rejeté dans la mer d'Irlande avec les effluents dilués de l'usine de retraitement de combustibles irradiés de Windscale, en Angleterre fut l'objet d'une bioconcentration par une algue rouge, *Porphyra umbilicalis*, utilisée localement dans l'alimentation humaine.

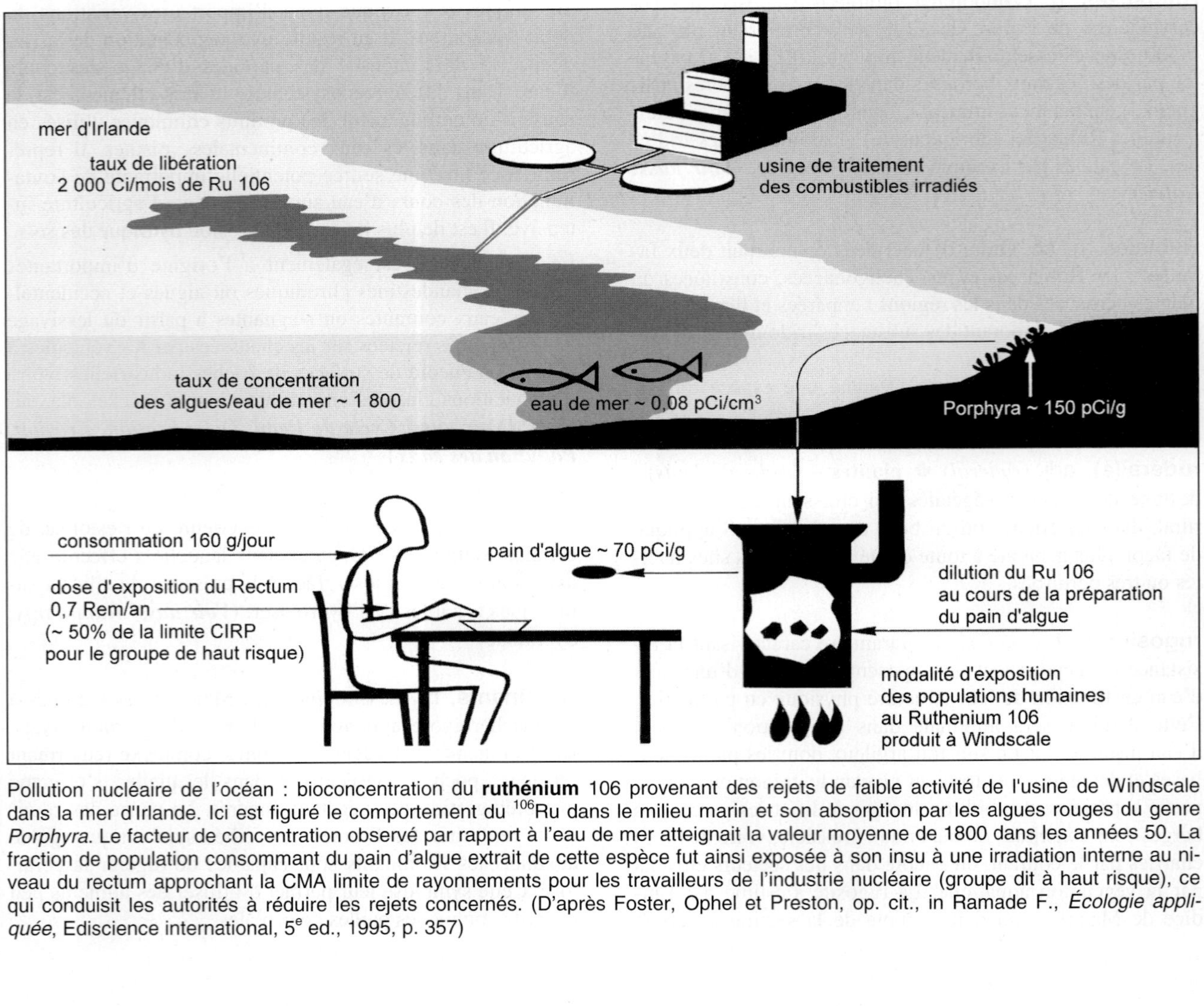

Pollution nucléaire de l'océan : bioconcentration du **ruthénium** 106 provenant des rejets de faible activité de l'usine de Windscale dans la mer d'Irlande. Ici est figuré le comportement du ^{106}Ru dans le milieu marin et son absorption par les algues rouges du genre *Porphyra*. Le facteur de concentration observé par rapport à l'eau de mer atteignait la valeur moyenne de 1800 dans les années 50. La fraction de population consommant du pain d'algue extrait de cette espèce fut ainsi exposée à son insu à une irradiation interne au niveau du rectum approchant la CMA limite de rayonnements pour les travailleurs de l'industrie nucléaire (groupe dit à haut risque), ce qui conduisit les autorités à réduire les rejets concernés. (D'après Foster, Ophel et Preston, op. cit., in Ramade F., *Écologie appliquée*, Ediscience international, 5e ed., 1995, p. 357)

Ainsi, dans les années 1950, plus de 25 000 personnes ayant absorbé du pain d'algue fabriqué avec les Rhodophytes récoltées dans cette zone furent exposées à des doses d'irradiation excédant les CMA définies pour les populations humaines. (***Voir aussi Océan***)

rythme, n. m. ◆ ~ **circadien** (*circadian rythm*) : biorythme caractérisé par une périodicité d'environ 24 h s'observant tant chez les végétaux que chez les animaux et qui persiste même si les individus sont placés expérimentalement dans des conditions de photopériode différentes (nuit ou jour continu). L'alternance veille-sommeil, ou encore celle d'ouverture et fermeture des feuilles chez certaines plantes, sont autant d'exemples de rythmes circadiens. ◆ ~ **nycthéméral** (*nycthemeral rythm*) : rythme caractérisé par l'alternance du jour et de la nuit. Cette période peut être expérimentalement fixée à une durée différente de celle du jour terrestre dans certaines recherches de chronobiologie. (***Voir aussi Photopériode***)

S

sable(s), n. m. (*sand*). Matériau minéral particulaire, constituant important des sols et des sédiments limniques ou marins, généralement constitué de grains de quartz. La taille correspondant à la limite inférieure des particules de sable varie selon les classifications granulométriques. Dans la classification pédologique internationale, également adoptée en France, les sables correspondent aux particules dont la taille est comprise entre 20 μ et 2 mm. Dans la classification américaine des sols établie par l'US Department of Agriculture, le domaine granulométrique occupé par les particules de sable est compris entre 50 μ et 2 mm. Enfin, dans la classification granulométrique britannique (échelle d'Udden-Wentworth, les sables correspondent aux particules minérales de diamètre compris entre 62,5 μ et 2 mm. **(*Voir aussi Argiles, Limon, Sol*)** ◆ ~ **bitumineux** (*tar sands*) : sables ou grès imprégnés d'hydrocarbures très visqueux qui peuvent en être extraits par chauffage et constituent une source de pétrole brut. ◆ ~ **mouvants** (*quicksands*) : **1.** Sables constitués de grains de faible diamètre associés à des argiles et fortement gorgés d'eau qui, à l'état normal, se présentent sous une phase solide (gel). En revanche, sous l'effet d'une surpression, liée au passage d'un promeneur, il se produit un changement de phase et ils passent à un état de liquide visqueux qui provoque l'enlisement de la personne ou de l'animal qui s'est aventuré sur ces derniers. Il s'agit là d'un phénomène de thixotropie. Des bancs de sables mouvants peuvent se former facilement dans la zone intertidale des côtes basses soumises à une grande amplitude de marées – cas de la baie du Mont Saint-Michel par exemple – mais aussi en milieu continental en période de crue dans la zone potamique des cours d'eau. **2.** Dans les biotopes désertiques, désigne les sables entraînés par l'érosion éolienne qui constituent par exemple les dunes de sable vif. ◆ ~ **verts** (*green sands*) : sables contenant de la glauconie qui représentent souvent d'importants réservoirs aquifères. **(*Voir aussi Artésien*)**

sablonneux, adj. (*sandy*). Terme de pédologie désignant un horizon constitué au moins à 80% de sable grossier.

sabulicole, adj. (*sabulicolous*) (syn. : arénophile). Qui est inféodé à des biotopes sablonneux.

Saccharum officinarum. Nom scientifique de la canne à sucre, Graminée Andropogonoïde de la famille des Poacées, originaire du Sud-Est asiatique, dont on ne connaît pas la souche sauvage. Cette plante en C_4 est actuellement cultivée partout dans le monde où les températures moyennes excèdent 18 °C.

Plants de canne à sucre en fleur (***Saccharum officinarum***), à La Réunion près de St Benoit. (Cliché F. Ramade)

Elle atteint en moyenne 2 à 3 m de haut et ses tiges, de 2 à 5 cm de diamètre, renferment jusqu'à 20% de saccharose. C'est la plante cultivée qui possède le plus fort taux de conversion photosynthétique. Celui-ci est de l'ordre de 8,4% de l'énergie solaire transportée dans les longueurs d'onde photosynthétiquement actives. En conséquence, cette plante possède le record de productivité nette, laquelle s'élève à une cinquantaine de tonnes de matières sèches par hectare et par an. **(*Voir aussi Canne à sucre*)**

sagebrush, n. m. Steppe subaride tempérée qui couvre des centaines de millions d'hectares dans l'Ouest de l'Amérique du Nord. Son nom provient de celui de la plante dominante de cet écosystème, une composée buissonnante ligneuse, *Artemisia tridentata*. **(*Voir aussi Artemisia*)**

Sagitta, n. sc. (*arrow worm*). Genre d'Invertébrés planctoniques de l'ordre des Chaetognathes, très abondants dans les eaux superficielles de l'Atlantique Nord, prédateurs des Copépodes et autres microcrustacés du zooplancton.

sagittaire, n. f. (*arrow leaf*) (n. sc. : *Sagittaria sagittaefolia*). Plante aquatique amphibie qui présente un étonnant polymorphisme foliaire, les feuilles immergées étant en forme de ruban allongé, celles qui flottent à la surface de l'eau arrondies et les aériennes lancéolées.

saguaro, n. m. (*organ pipe cactus, saguaro*) (n. sc. *Carnegia gigantea*). La plus grande espèce de Cactacées du monde. Certains individus de saguaro peuvent atteindre plus de 25 m de haut. Ce cactus géant, propre aux déserts sonoriens chauds, croît dans le Sud de l'Arizona et le Nord du Mexique. Il possède une écologie très particulière car il a subi une coévolution avec une espèce de chauve-souris (*Leptonycteris curasoae*) qui en assure la pollinisation. Par ailleurs, diverses espèces animales ont une relation de commensalisme avec cette espèce car elles nidifient dans des trous creusés dans sa tige. C'est par exemple le cas du pic de Gila et de la chouette des Elfes (*Micrathene whitneyi*) qui niche dans les nids de pic de Gila abandonnés! ***(Voir aussi Cactacées)***

Saguaro (*Carnegia gigantea*), la plus grande des Cactacées vivantes, constitue l'espèce dominante de nombreuses phytocœnoses des déserts sonoriens chauds (nord du Mexique, sud de l'Arizona).

Sahara (*Sahara*). Le plus étendu des déserts et l'un des plus arides du monde. Il couvre plus de 10 millions de km^2. Il s'étend sans discontinuité de l'Atlantique à la mer Rouge, sur plus de 6 000 km, avec son maximum d'extension entre les 15° et 32° de latitude Nord. Ce désert a connu des alternances de phases climatiques arides ou plus humides qui se sont succédées sur une brève période de temps au cours du Quaternaire récent. La dernière phase d'aridification a commencé il y a environ 7 000 ans.

La rapidité avec laquelle le Sahara a connu des changements écologiques d'une telle ampleur n'a pas permis l'évolution d'une flore diversifiée aussi adaptée aux conditions désertiques que celle que l'on observe dans d'autres zones arides du monde, comme celle des déserts australiens ou de l'Amérique du Nord. ***(Voir aussi Désert, Érémologie)***

Sahel (*Sahel*). Zone étendue d'ouest en est tout au long de la frange méridionale du Sahara. La région sahélienne se définit par la bande dont les précipitations sont comprises entre 500 mm par an et 100 mm par an, disposée assez régulièrement entre 10 ° et 20 ° de latitude Nord. Elle est caractérisée par une aridité décroissante du nord vers le sud et aussi par des précipitations de caractère irrégulier qui peuvent varier de plus de 100% par rapport à la moyenne annuelle, des périodes bien arrosées alternant avec des phases de sécheresse. ◆ **sécheresses du ~** : les dernières grandes sécheresses du Sahel ont eu lieu au début des années 1970

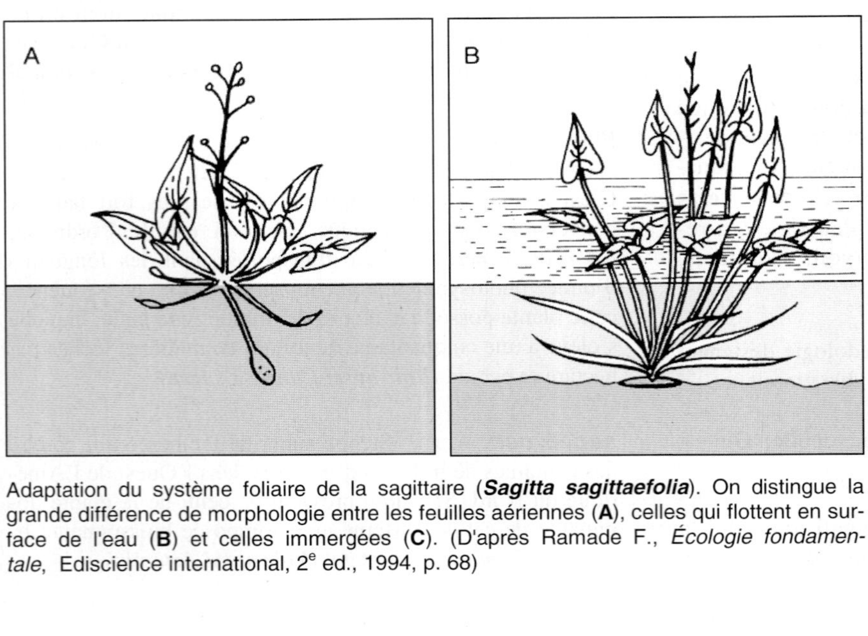

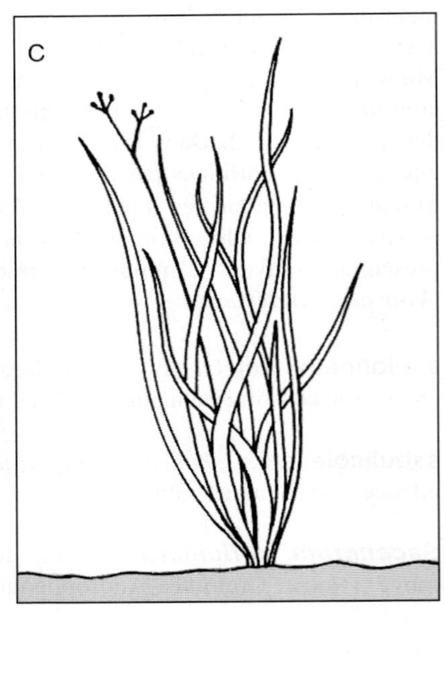

Adaptation du système foliaire de la sagittaire (***Sagitta sagittaefolia***). On distingue la grande différence de morphologie entre les feuilles aériennes (**A**), celles qui flottent en surface de l'eau (**B**) et celles immergées (**C**). (D'après Ramade F., *Écologie fondamentale*, Ediscience international, 2e ed., 1994, p. 68)

et dans la période 1981-1984. Cependant, quelque 24 épisodes d'aridité étaient déjà connus dans le passé récent, une période de sécheresse d'intensité comparable à l'actuelle ayant même été observée au début de ce siècle. L'impact écologique des derniers épisodes d'aridité a été néanmoins d'intensité bien supérieure à ceux du passé et s'est traduit par une désertification croissante de la frange Nord de la région.

Celle-ci a certes résulté en partie des facteurs climatiques naturels mais a été largement amplifiée par l'action de l'homme liée à l'explosion démographique qu'a connu cette région au cours du dernier demi-siècle. Le triplement en moins de 40 ans de la population sahélienne, constituée en majorité de pasteurs nomades, a eu pour résultat un triplement du cheptel d'herbivores domestiques. Il en est résulté un surpâturage qui a été accentué par la raréfaction du couvert végétal (et réciproquement). La moitié des arbres des savanes sahéliennes du Sénégal périrent sur pied au cours de l'avant dernière grande sécheresse.

Il en a été de même de la pratique des cultures vivrières qui, dans la limite nord de la zone, où elles peuvent être effectuées quand les précipitations sont suffisantes, a provoqué une désastreuse érosion éolienne favorisant la désertification au cours du dernier épisode d'aridité.

Une mortalité importante de la végétation arbustive et arborée a été observé lors de ces épisodes de forte sécheresse. Ainsi, lors de la sécheresse du début des années 70, on a pu relever chez un arbre dominant, *Guiera senegalensis*, une mortalité sur pied affectant jusqu'à 60 % des individus selon la station. L'impact sur les savanes sahéliennes a été tel que, dans la partie jouxtant le Sahara, le désert a pu gagner jusqu'à 40 km/an vers le sud. (***Voir aussi Désertification***)

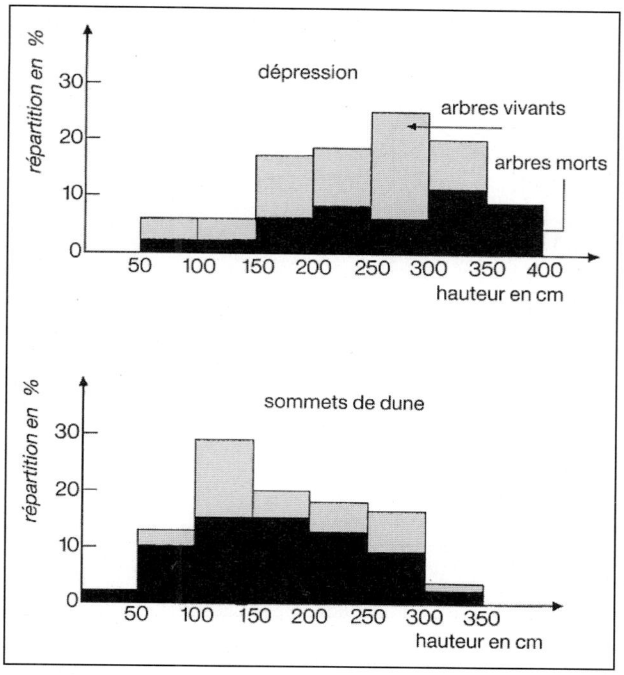

Histogramme de fréquence de la mortalité de l'espèce dominante d'arbres (*Guiera senegalensis*) lors de la sécheresse du **Sahel** en 1972-73, exprimée en fonction de la taille des sujets. (D'après Poupon et Bille, Revue d'Écologie-Terre et Vie, vol. 28, 1974, p. 69)

Saint-Helens, mount. Volcan de l'État de Washington, aux États-Unis, qui a connu une éruption cataclysmique en 1980, cause d'une véritable catastrophe écologique. Celle-ci culmina le 18 mai lorsque les 1 200 derniers mètres de la montagne furent pulvérisés dans l'atmosphère par une ex-

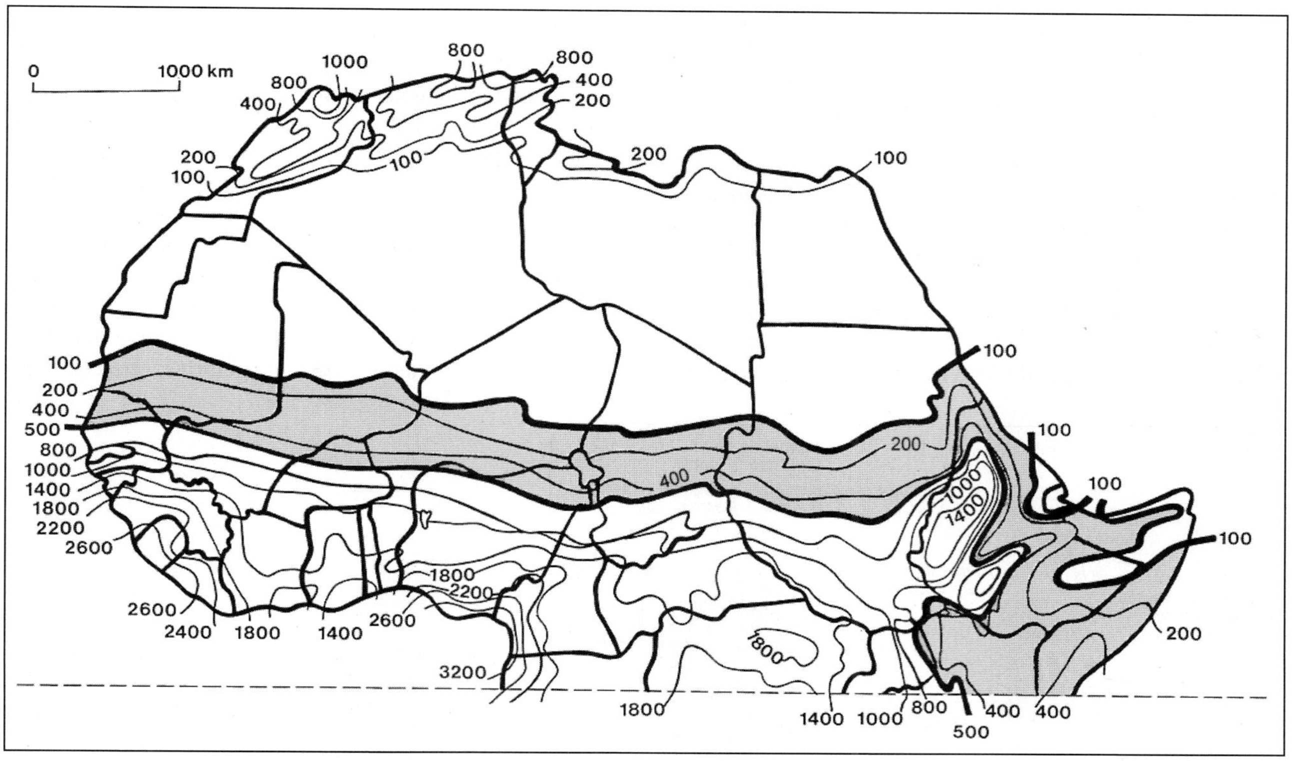

Carte du **Sahel**. On constate que celui-ci occupe en latitude toute la zone comprise entre la frange Sud du Sahara et la limite Nord des savanes dites soudaniennes. (D'après Ramade F., *Les catastrophes écologiques*, McGraw-Hill, 1987, p. 149)

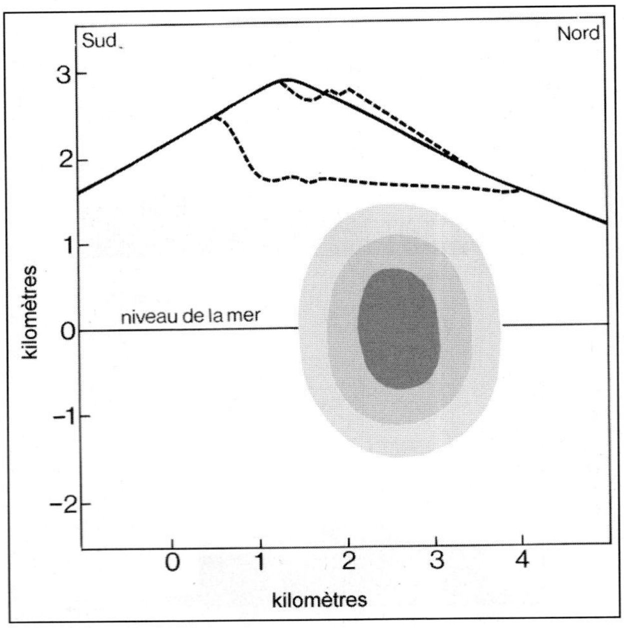

Vue de côté et par dessus du mont **St-Helens** avant et après l'éruption du 18 mai 1980. Il est à noter que les 1 200 derniers mètres du volcan ont été pulvérisés en quasi-totalité par cette éruption. (D'après Decker et Decker, op. cit., 1981, p. 56)

plosion. L'éruption qui s'en suivit dévasta une forêt primitive de conifères sur plus de 50 000 ha. Les arbres situés jusqu'à 15 km du cratère, dont certains dépassaient 50 m de haut, et dont le tronc faisait jusqu'à 3 m de diamètre, furent soufflés par l'onde de choc et tous ceux situés jusqu'à 30 km furent défoliés et périrent sur pied! La nuée ardente qui s'échappa des flancs nord-est du volcan carbonisa toute la partie de la forêt située dans cette direction jusqu'à 18 km du point zéro. Surveillée en permanence par l'*US Geological Survey*, cette éruption volcanique cataclysmique fut la première à avoir été observée en direct, un avion étant situé à la verticale du cratère au moment même de son explosion. ***(Voir aussi Éruption, Volcan)***

Sainte-Baume ◆ **forêt de la** ~ (*Sainte-Baume forest*) : Réserve forestière domaniale, située en Provence, à environ 30 km à l'est de Marseille sur le versant Est de la montagne de la Sainte-Baume. Elle protège une ancienne forêt de hêtres qui constitue une relique post-würmienne. Malgré son altitude relativement basse, de l'ordre de 700 m, on y rencontre de nombreuses plantes et insectes alpins, de sorte que cette forêt correspond à une île continentale boréale située en milieu méditerranéen. ◆ **montagne de la** ~ (*Sainte-Baume range*) : chaîne montagneuse orientée est-ouest. Sur le versant Nord de cette montagne croît une hêtraie relique du même nom. Les conditions microclimatiques de l'Ubac se traduisent en particulier par une pluviométrie nettement plus forte et des températures plus faibles que dans les biotopes environnants. Celles-ci permettent le maintien de plantes reliques alpines et (ou) boréales.

Vue du versant Nord de la montagne de la Sainte-Baume. (cliché F. Ramade)

saison, n. f. (*season*). **1. Cosmographie** : période de l'année comprise entre un solstice et un équinoxe. L'existence des saisons résulte de ce que, lors du cycle de révolution annuel de la Terre autour du Soleil, la hauteur du soleil dans le ciel et la durée relative du jour et de la nuit varient selon la latitude par suite de l'inclinaison de cette dernière sur l'axe de l'écliptique (voir figure page 805). **2. Climatologie** : particularités climatiques associées à une saison donnée. ◆ ~ **des pluies** (*rainy, wet season*) : saison au cours de laquelle surviennent les précipitations dans les régions intertropicales et (ou) dans celles soumises à un climat de mousson. ◆ ~ **sèche** (*dry season*) : période de l'année dépourvue de précipitations. ◆ ~ **végétative** (*growing sea-*

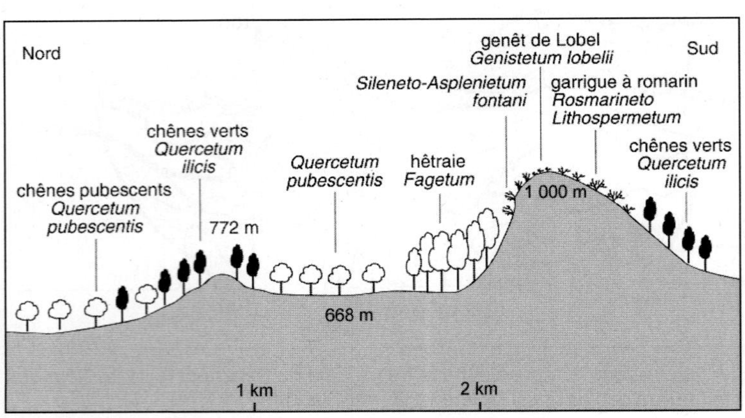

Transect nord-sud dans la montagne de la **Sainte-Baume** montrant les diverses formations végétales et les altitudes correspondantes. On remarque que la hêtraie se localise sur l'Ubac, là où les conditions climatiques lui sont plus favorables. (D'après Lacoste et Salanon, *Éléments de Biogéographie*, Nathan, Paris, 2e éd, 1999, p. 102)

son) : période de l'année où les conditions thermiques et (ou) pluviométriques permettent le développement des végétaux.

saisonnalité, n. f. (*seasonality*). Caractère climatologique marqué par des saisons accentuées.

saisonnier(s), adj. ◆ **rythmes** ~ (*seasonal rythms*) : désigne des phénomènes écologiques dont la périodicité est conditionnée par le cycle des saisons.

salant, adj. ◆ **marais** ~ (*salt marsh*) : zone lagunaire littorale dans laquelle on produit du sel par évaporation contrôlée de l'eau de mer. ◆ **phénomène du** ~ (*brine deposition*) : caractérise la précipitation du sel et sa cristallisation lorsque sa teneur dans l'eau d'une lagune côtière ou d'un bassin endorhéique aride atteint environ 350 g/l. ***(Voir aussi Paralique)***

salé, adj. (*saline*) (syn. : salin). Désigne un biotope terrestre ou aquatique renfermant des quantités significatives de sel. ◆ **lacs** ~ (*salt lakes*) : lacs situés dans des cuvettes ou bassins endorhéiques sous climat semi-aride ou aride. On considère qu'un lac est salé quand ses eaux présentent une teneur en sel excédant 3 p. 1 000. Si les apports d'eau reçus par les précipitations sont égaux à la profondeur moyenne du lac, il s'établit un équilibre avec une salinité constante. Cet équilibre existe en règle générale pour les lacs endorhéiques profonds. Dans certains cas, la salinité peut atteindre des valeurs considérables. Elle atteint 230 p. 1 000 au lac Urmia et 298 p. 1 000 dans la mer Morte. Les lacs salés à chlorure de sodium dominant sont majoritaires, représentant 52% des biotopes salés lacustres, suivis par les lacs salés à carbonate de sodium (22%) puis par les lacs sulfatés (18%) et magnésiens (8%). La « mer » Caspienne dont la salinité moyenne est de 13 g/l représente, avec une surface de 374 000 km^2 non pas une mer mais le plus vaste lac salé du monde. ***(Voir Aussi Lac, Magnésium, Paralique, Sodium)*** ◆ **sol** ~ (*saline soil*) : sol renfermant de fortes concentrations de chlorure de sodium. ***(Voir aussi Solonetz, Solontchack)***

salicornes, n. f. (n. sc. : *Salicornia sp.*). Plantes halophiles de l'ordre des Chénopodiacés qui croissent sur des terrains sursalés et propres aux rivages marins d'Europe occidentale. On distingue deux genres : *Salicornia* et les *Arthrocnemum*. La salicorne glauque, *A. glaucum*, est inféodée aux sansouïres basses des zones littorales méditerranéennes. Le genre *Salicornia*, multispécifique, est de distribution géographique vaste. ***(Voir aussi Camargue, Halophytes, Sansouïre)***

salin, adj. (*saline*). Qui se rapporte au sel en tant que facteur écologique.

salinisation, n. f. (*salinization*). Phénomène par lequel un sol devient sursalé. La salinisation résulte, en règle très générale, de l'usage de l'irrigation sur des sols mal drainés et sous climat semi-aride (voir figure page suivante).

En effet, il survient dans de telles conditions une remontée de l'eau de la nappe phréatique, qui affleure les horizons superficiels avec pour conséquence une évaporation constante et dépôt de sel en surface du sol. Les principaux sels impliqués dans le processus sont les carbonates, chlorures et sulfates de sodium et de calcium ainsi que divers sels de magnésium. Par suite des conditions climatiques arides et de l'action des fortes concentrations de sel, il se produit une dégradation pédologique des sols.

Dans un premier temps se forment des *solontchacks* (sols à efflorescences blanches), puis dans une seconde phase, ces derniers se transforment en *solonetz* (sols à efflorescences brunes). À ce stade, les sols perdent définitivement toute fertilité car l'humus est détruit par les carbonates alcalins qui se forment spontanément sous l'effet conjugué des facteurs climatiques et de l'accumulation de sel – d'où la couleur brunâtre car les produits de dissolution de l'humus restent en surface.

Dégradation des terres cultivées par la salinisation dans divers pays au cours de la dernière décennie

Pays	Surface irriguée (en 10^3 ha)	Accroissement (en %)	Pourcentage atteint par le sel
Egypte	2 474	– 12	40
Soudan	1 700	– 2	20
Etats-Unis	19 830	19	25
Chine	45 420	6	15
Indes	39 800	18	27
Iran	5 730	– 3	30
Irak	1 750	11	50
Pakistan	15 320	13	40

La salinisation affecte des surfaces irriguées de plus en plus considérables tant dans l'Ancien Monde qu'en Amérique (voir Tableau). En Californie, dans l'Imperial Valley, près de la moitié des surfaces mises en culture grâce à l'irrigation ont déjà été ruinées par le sel. Il en est de même dans les périmètres irrigués des États d'Asie centrale de l'ancienne URSS, dans tout le Moyen-Orient et aussi dans certaines régions d'Australie. ***(Voir aussi Pédologie, Sol, Solonetz, Solontchacks, Soloth)***

←

Salicornes (*Salicornia fruticosa*) dans une sansouïre (steppe salée) de Camargue. Ces Chénopodiacées halophiles couvrent de vastes surfaces dans les zones deltaïques méditerranéennes. (Cliché F. Ramade)

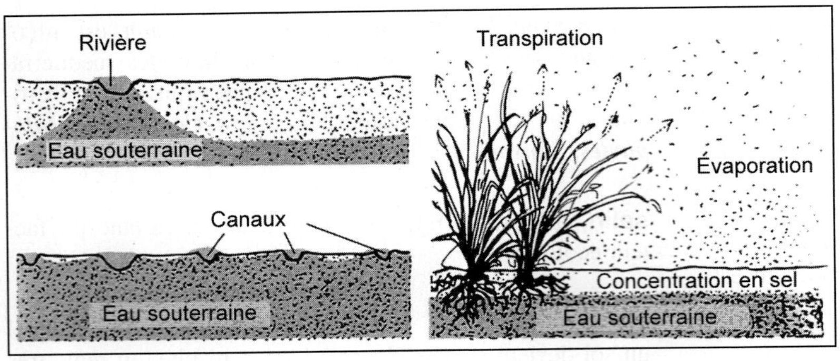

Mécanisme de **salinisation** des terres irriguées. Par suite d'un mauvais drainage, la nappe phréatique stagne près de la surface et il en résulte une remontée du sel dans les couches superficielles par évaporation, l'irrigation étant précisément justifiée dans des zones semi-arides mises en culture. (In Ramade F., *Écologie appliquée*, Ediscience international, 5e ed., 1995, p. 391)

salinité, n. f. (*salinity*). Facteur écologique constitué par la teneur en sel (ClNa) des eaux ou des sols. Dans de nombreux écosystèmes, la salinité est un facteur limitant. L'excès de sel dans les sols empêche le développement d'une végétation normale, seules quelques plantes halophiles étant capables d'y croître. À l'opposé, la carence en sel des sols peut entraver le développement de certaines populations animales. On a ainsi pu mettre en évidence que la déficience en chlorure de sodium s'accompagnait de très faible densité de population de campagnols dans les prairies naturelles. ◆ **classification des écosystèmes aquatiques selon leur ~** : en milieu aquatique, on distingue des écosystèmes euryhalins (syn. : poïkilohalins) dont la teneur en sel varie beaucoup au cours du cycle des saisons et qui correspondent aux biotopes lagunaires (encore dénommés paraliques) et à l'opposé des écosystèmes sténohalins (syn.: homoiohalins) dans lesquels la concentration en sel est constante. Parmi les écosystèmes sténohalins, on distingue le cas des eaux marines dont la teneur moyenne en sel, élevée, de 35 p.1 000, correspond aux écosystèmes polyhalins. À l'opposé, les eaux douces possèdent une faible teneur en sel (écosystèmes oligohalins). La limite entre les eaux douces et saumâtres est fixée à 3 p. 1 000 au plan écologique par les limnologistes et à 5 p. 1 000 pour les agronomes car les plantes cultivées les plus tolérantes au sel peuvent supporter, pour l'irrigation, des eaux de salinité légèrement inférieure à cette valeur. En général, les eaux douces continentales présentent une teneur en sel inférieure à 0,2 p. 1 000. La salinité moyenne des eaux douces superficielles (lacs, cours d'eau et autres biotopes dulçaquicoles continentaux) a pour valeur 120 mg/l à l'échelle globale. Les eaux saumâtres qui constituent les écosystèmes aquatiques mésohalins présentent une salinité intermédiaire entre les eaux douces et marines comprise entre 3 et 20 p. 1 000 qui est la salinité des mers fermées les moins salées comme la Baltique par exemple. A ce titre, la Caspienne, avec une salinité moyenne de 13 p. 1 000, constitue en fait non pas une mer mais le plus vaste lac d'eaux saumâtres du monde. ***(Voir aussi Halophytes, Paralique, Saumâtre, Sodium, Sol)***

salissures, n. f. (*fouling*). Développement d'algues et de mollusques sessiles sur les coques de navires et autres objets artificiels immergés en milieu aquatique et plus particulièrement marin. Leur élimination ou à tout le moins leur réduction s'effectue par recours à des peintures dites *antifouling* qui comportent en règle générale comme substance biocide des organo-stanniques comme le TBT ou encore des dérivés cupriques – qui sont moins actifs. Il en résulte une pollution par ces métaux des eaux portuaires et des zones avoisinantes qui a soulevé de redoutables problèmes pour la conchyliculture. ***(Voir aussi Peintures antisalissures, TBT)***

Salix* sp.** (*willow*). Nom scientifique des saules. Famille renfermant de nombreuses espèces arborées, arbustives et plus rarement buissonnantes propres à divers écosystèmes tempérés et boréaux de la zone holarctique. Arbres très exigeants en eau, les saules sont capables d'assécher des sols marécageux. ◆ ***~ herbaceum : très petite espèce de saule ayant l'aspect d'une plante au port rampant propre à l'étage alpin et aux toundra paléarctiques.

Salmo. Nom scientifique du genre de Salmonides auquel appartiennent les truites et le saumon d'Europe. ◆ ***~ fario*** : nom scientifique de la truite de rivière. ◆ ***~ irideus*** (syn. : *Oncorhynchus ~*) (*rainbow trout*) : nom scientifique de la truite arc-en-ciel, espèce d'origine américaine introduite dans de nombreux lacs de montagne et cours d'eau d'Europe. ◆ ***~ salar*** : nom scientifique du saumon atlantique (*atlantic salmon*). Cette espèce propre à toute l'Europe, depuis le Nord de la Péninsule ibérique jusqu'en Laponie, est un migrateur anadrome. Les frayères sont situées dans la partie supérieure des cours d'eau là où le courant est assez intense et la température assez fraîche pour assurer une bonne oxygénation de l'eau. Les alevins éclosent au printemps. Ils donnent après une quarantaine de jours des larves dénommées tacons (*parrs* pour les Anglo-saxons). La croissance lente en eau douce est de durée variable ; elle peut être d'une année, en général de deux à trois ans, parfois quatre, et exceptionnellement cinq (sauf dans les eaux scandinaves septentrionales où elle nécessite au moins six ans, généralement plus). Au bout de ce temps, quand ils ont atteint une longueur de 10 à 20 cm, les tacons se transforment en *smolts*. Ils subissent une métamorphose leur faisant prendre une couleur argentée, souvent à la fin de la deuxième année passée en rivière, et vont descendre vers la mer et rejoindre dans le Nord-Ouest de l'Atlantique une zone de nourrissage où ils effectueront la majeure partie de leur croissance. Après un an, les jeunes saumons atteignent 50 à 65 cm de long et un poids moyen de 2,5 kg, après deux ans de 70 à 90 cm et 6 kg et après 3 années de 90 à 105 cm, avec un poids moyen de 10 kg.

Après 2 à 5 ans passés en mer (généralement 3 ans), ils atteignent leur maturité sexuelle. Celle-ci s'accompagne de modifications morphologiques et physiologiques importantes. Les mandibules des mâles prennent la forme d'une espèce de bec. Par ailleurs, les individus adultes ne se nourrissent plus au moment de la reproduction et deviennent euryhalins c'est-à-dire capables de supporter d'importantes variations de salinité quand ils franchissent la zone d'estuaire.

Les diverses phases du cycle vital du saumon atlantique (***Salmo** salar*). **A**) Alevin. **B**) Parr. **C**) Smolt. **D**) Mâle adulte. **E**) Femelle. On remarque la déformation de la mandibule des mâles adultes qui ne se nourrissent pas pendant la migration reproductrice.

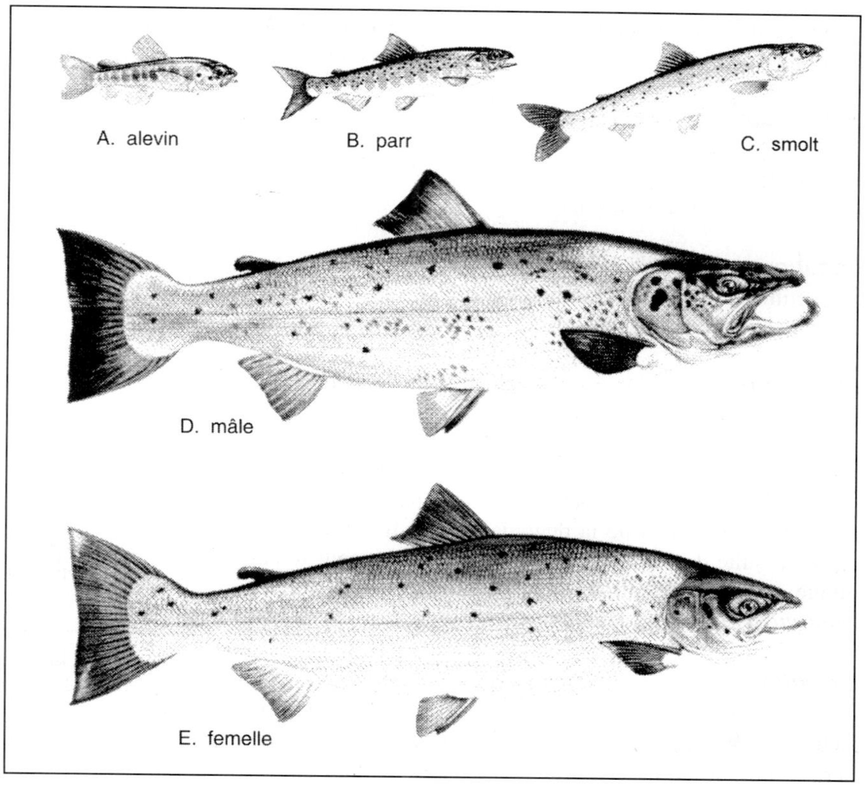

Ils migrent alors vers les côtes et retrouvent leur rivière natale en se repérant au niveau des estuaires par voie chémoréceptive. Ils la remontent pour atteindre dans le cours supérieur les zones de frayère où s'effectue l'émission des produits sexuels en période hivernale et le cycle recommence. La majorité des individus meurent après la fraie. Seul un petit nombre de femelles (environ 5%) et quelques très rares mâles sont capables de redescendre le cours d'eau et de rejoindre la mer. Après une période de restauration d'un à deux ans, ils effectueront une nouvelle migration. Seulement 1 p. 1 000 des femelles effectuent une troisième fraie. **(*Voir aussi Migration, Tacon*)**

salmonelloses, n. f. (*salmonellosis*). Affections entériques véhiculées par des eaux exposées à une pollution microbienne consécutive aux rejets de fosses d'aisance et certains aliments. Elles peuvent être causées par deux genres de bactéries différents : les *Salmonella* et les *Shigella*, ces dernières ayant une forte prévalence dans les régions tropicales. *Salmonella typhi*, la plus virulente des bactéries de ce genre, est l'agent de la typhoïde. D'autres *Salmonella* sont aussi pathogènes et causent des affections désignées sous le terme général de paratyphoïdes, en particulier *S. paratyphi*. Les animaux hébergent diverses salmonelloses dont certaines sont transmissibles à l'homme.

salmoniculture, n. f. (*salmoniculture*). Pisciculture des saumons et de façon plus générale des Salmonidés. Elle a connu un considérable développement au cours des dernières décennies et exige de disposer de quantités considérables d'eaux froides et bien oxygénées. De ce fait, la salmoniculture a trouvé des sites particulièrement favorables dans les *loch* écossais et dans les fjord norvégiens au fond desquels ont été installés des barrages ou des enceintes dans lesquels sont placés les poissons en élevage. L'apport d'importantes quantités d'aliments, les *rejecta* consécutifs à la forte densité en poissons, peut être la cause d'une eutrophisation des biotopes lacustres utilisés par la salmoniculture intensive.

Salmonidés, n. m. (*Salmonids*) (n. sc. : *Salmonidae*). Famille de poissons en majorité constituée d'espèces d'eau douce dont les principaux représentants sont les truites et les saumons (genres *Salmo* et *Oncorhynchus*), les ombles (genre *Salvelinus*) et les corégones (genre *Coregonus*). Leur caractère morphologique distinctif est la présence de deux nageoires dorsales dont la seconde, dite molle, se présente sous forme d'un petit appendice lobé et saillant. Les Salmonidés sont inféodés aux régions tempérées et subarctiques de l'hémisphère boréal. Ce sont tous des poissons de grande valeur économique donnant généralement lieu à des pêcheries commerciales et maintenant à une exploitation aquacole croissante pour certaines espèces. **(*Voir aussi Saumon, Truite*)**

Salpes, n. f. (*Salpida*). Urocordés planctoniques et coloniaux (Thaliacés) caractérisés par un hermaphrodisme protérogyne, les individus étant d'abord femelles puis mâles. Ils possèdent une aptitude à la multiplication asexuée, bourgeonnant des paquets d'individus identiques qui se séparent de l'organisme maternel et sont libérés dans le milieu pélagique. **(*Voir aussi Urocordés*)**

salses, n. f. Terme originaire du Languedoc désignant des lagunes salées littorales.

salsodique, adj. ◆ **sol** ~ (*salsodic soil*) : sol riche en sodium sous diverses formes inorganiques (chlorure, sulfate, carbonate) qui se forme dans des conditions de drainage insuffisant. ***(Voir aussi Solonetz, Solontchack, Soloth)***

Salsolacées, n. f. Voir Chénopodiacées.

salsugineux, adj. (*salsuginous*). Qui est propre aux habitats d'eaux saumâtres ou salées.

saltation, n. f. (*saltation*). Mode de locomotion propre aux animaux qui se déplacent de façon occasionnelle ou uniquement par sauts successifs.

saltigrade, adj. (*saltigrade*). Désigne le mode de déplacement des animaux qui se déplacent par sauts.

saltus, n. m. (*saltus*). Terme créé par les phytosociologues méditerranéens pour désigner des formations végétales arbustives, provenant de la dégradation des forêts climaciques par suite de l'action de l'homme, utilisées pour le pâturage extensif des troupeaux d'animaux domestiques. ***(Voir aussi Garrigue, Maquis)***

Salvelinus. Nom scientifique du genre de Salmonidés auquel appartiennent les ombles, poissons inféodés aux eaux lacustres. ◆ ~ ***alpinus*** : nom scientifique de l'omble chevalier, propre au lac Léman et aux autres grands lacs alpins. ◆ ~ ***fontinalis*** : nom scientifique de l'omble de fontaine. ◆ ~ ***nayamacush*** (*lake trout*) : nom scientifique de la « truite de lac », espèce propre aux Grands Lacs Nord américains qui, en réalité, est un omble au plan systématique. ***(Voir Aussi Omble)***

Salvinia, n. sc. Fougères aquatiques de petite taille, pourvues de rhizomes, du groupe des Filicopsides, qui se développent à la surface des eaux calmes dans les biotopes limniques tropicaux. Introduites dans des régions dont elles ne sont pas originaires, ces fougères prolifèrent dans les lacs de barrages devenant une nuisance considérable.

San Andreas, faille de (*San Andreas fault*). Très grand système de faille qui s'étend en Californie dans une direction approximative nord-sud, depuis le Comté de Sonoma, au nord de San Francisco, jusqu'à la Basse Californie, dans le Nord-Ouest du Mexique. Outre cette ville, Sacramento et Los Angeles, sont également situées au niveau de cette faille. Cela explique les préoccupations des autorités de cet État concernant le risque majeur de catastrophe lié à l'activité de cette faille, si un tremblement de terre de l'ampleur de celui qui détruisit San Francisco en 1906 devait survenir de nouveau, ce qui paraît à long terme inéluctable. ***(Voir aussi Faille, Séisme)***

Sandoz, accident (*Sandoz disaster*). Survenu dans la nuit du 31 octobre 1986, cet accident a été le résultat de l'incendie d'un entrepôt de cette firme industrielle à Schweizerhalle, près de Bâle, renfermant 1 500 t de pesticides variés. Le déversement par les pompiers de volumes énormes d'eau qui se chargèrent de substances toxiques, en l'absence de bacs de rétention, provoqua une considérable contamination des eaux du Rhin par des insecticides organophosphorés et par un fongicide, le silicate d'éthoxyéthylmercure.

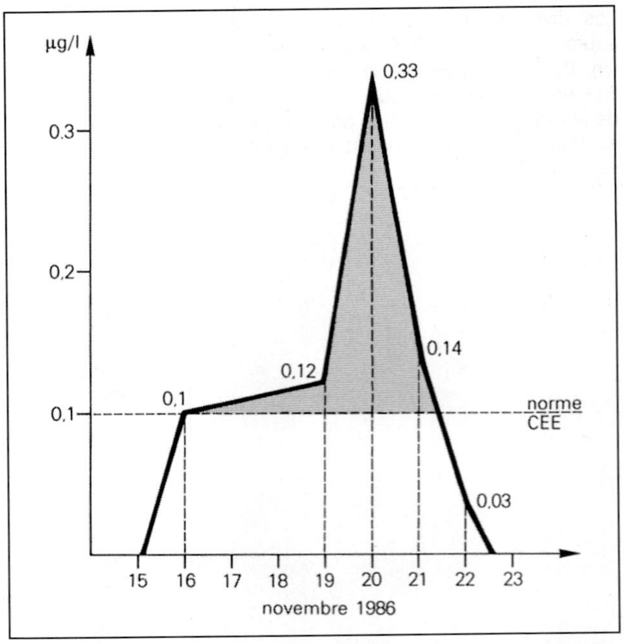

Pollution de la nappe phréatique d'Alsace par le propétamphos à la suite de l'accident **Sandoz** du 31 octobre 1986. (D'après *L'état de l'environnement*, Ministère de l'Environnement, 1987, in Ramade F., *Écologie appliquée*, Ediscience international, 5e ed., 1995, p. 249)

La pollution s'étendit sur plusieurs centaines de kilomètres en aval, affectant même temporairement la nappe phréatique de la plaine d'Alsace, au niveau du captage de Jebsheim, avec un ester phosphorique insecticide, le Propétamphos. Elle provoqua la destruction des pêcheries d'Alsace, en particulier la mort de plusieurs millions d'anguilles. Néanmoins, l'accident a eu lieu fort heureusement en fin de période automnale, au moment où beaucoup d'espèces sont en dormance. De surcroît, les hautes eaux hivernales du Rhin facilitèrent la décontamination de ce fleuve, de sorte que les dommages causés dans le long terme à l'écosystème aquatique furent moindres qu'on ne le craignait initialement.

sangsue(s), n. f. Voir Hirudinés.

sansouïre(s), n. f. Steppes littorales salées propres aux zones deltaïques méditerranéennes, caractérisées par une végétation halophytique constituée par des plantes buissonnantes basses, en particulier des salicornes (*Arthrocnemum* et (ou) *Salicornia* selon les conditions topographiques et édaphiques) et de diverses plantes herbacées dont les plus caractéristiques sont les saladelles (*Statice sp.*). On distingue des sansouïres hautes où dominent les *Arthrocnemum fruticosum* et des sansouïres basses, toujours inondées en période hivernale. Leur couvert végétal dominant est constitué par des *Arthrocnemum glaucum* et la salinité moyenne du sol y est plus importante. ***(Voir Camargue, Salicornes)***

Santalales, n. sc. Ordre de *Rosidae* comprenant des plantes arborescentes mais aussi un ensemble d'espèces hémiparasites et parasites (chlorophylliennes), comportant environ 2 000 espèces réparties en une dizaine de familles en particulier celle du gui (Loranthacées). ***(Voir aussi Loranthacées)***

sapin(s), n. m. (*fir*). (n. sc. *Abies sp.*). Conifères propres à l'étage subalpin et aux taïga holarctiques. Le sapin blanc (*Abies alba*) en Euro-Sibérie et le sapin baumier (*Abies balsamea*) en Amérique du Nord-Est constituent les essences dominantes dans d'importants boisements de conifères dans cette zone biogéographique. (***Voir aussi Abies***)

Sapindaceae, n. sc. (*golden rain tree*). Famille de Dicotylédones de l'ordre des Rutales refermant plus de 1 500 espèces propres aux régions tropicales, surtout ligneuses. Le litchi (*Litchi sinensis*), arbuste sempervirent originaire d'Extrême-Orient, encore appelé noisetier de Chine, est l'une des espèces ligneuses cultivées de cette famille. (***Voir aussi Rutales***)

saponaire, n. f. (n. sc. : *Saponaria officinalis*) (*soap plant*). Plante de la famille des Caryophyllacées. Par suite de sa teneur en saponines, elle a été utilisée de longue date pour le lavage, des étoffes en particulier.

saponine(s), n. f. (*saponin*). Glucosides produits par diverses plantes, en particulier la saponaire, douées de capacités détersives car elles ont la propriété de former des solutions colloïdales dans l'eau et de mousser.

Sapotaceae, n. sc. (*star apple, Sapodilla*). Famille de plantes essentiellement arbustives et arborées, de l'ordre des Ébénales, renfermant plus de 800 espèces surtout tropicales dont certaines sont laticifères ou produisent des fruits cultivés. Le sapotillier (*Achras sapota*), originaire des Antilles, est aujourd'hui cultivé pour son fruit, la sapotille, dans l'ensemble des régions tropicales.

saprobie, n. f. (*saprobien*). Association d'organismes aquatiques vivant dans des eaux riches en matières organiques fermentescibles. ◆ **indice des ~** (*saprobien index*) : cet indice, conçu au début du XXe siècle par Kolkwitz et Marston, fut le premier dont l'objet a été d'établir une échelle d'estimation du degré de pollution organique des eaux. En fonction du degré d'oxydation de la matière organique et dans un gradient allant de l'état le plus réduit à l'état le plus oxydé, ces auteurs distinguaient des polysabrobies, stade auquel on observe des fermentations anaérobies dans le biotope lotique pollué, des α-mésosaprobies, dans lequel l'état d'oxydation augmente, des β-mésosaprobies, enfin des oligosaprobies qui correspondent aux eaux naturelles peu ou pas chargées de matières organiques fermentescibles et qui, de ce fait, présentent un taux d'oxygène dissous voisin ou égal à la saturation. Chaque zone est caractérisée par la présence de bioindicateurs relatifs au niveau de la DBO des eaux. (***Voir aussi Bioindicateurs, DBO, MOF, Qualité des eaux***)

saprobionte, n. m. (*saprobiont*) (*pro parte* syn. de saprophage). Organismes qui vivent dans des milieux en décomposition, litières et horizons supérieurs des sols ou sédiments des écosystèmes aquatiques.

saprolithe, n. f. (*saprolithe*). Zone d'altération de grande épaisseur, saturée d'eau et tâchetée, située dans les sols ferralitiques à la base de l'horizon B dans lequel s'accumule de la kaolinite de néoformation et de la gibbsite.

sapromasse, n. f. (*sapromass*). Masse constituée par l'ensemble de la matière organique morte présente dans les biotopes terrestres ou aquatiques. (***Voir aussi Biomasse, Minéralomasse***)

sapropèle(s), n. m. (*sapropel*). Sédiment noirâtre constitué par un dépôt de matières organiques agglomérées ou de vases riches en matières organiques s'accumulant dans le fond de lacs peu profonds ou de marécages, dans des conditions anaérobies. Desséchés, ces sapropèles prennent un aspect sombre, noirâtre, après un certain temps d'enfouissement dans les sédiments qui se forment au fond des lacs et autres biotopes lentiques eutrophisés (ou dystrophisés) dont les couches profondes sont désoxygénées et donc en anaérobiose. Des dépôts de sapropèles dans des lacs, des lagunes et en zone littorale marine ont été considérés comme pouvant être à l'origine de la formation de pétrole.

sapropélique, adj. (*sapropelic*). Désigne des organismes inféodés aux boues riches en matières organiques en décomposition.

sapropélite, n. f. (*sapropelite*). Roche carbonée formée par l'accumulation d'algues et de matières organiques en décomposition en conditions anoxiques dans des vases lacustres ou dans des zones marines côtières.

saprophage(s), adj. (*saprophagous*). Désigne les animaux qui se nourrissent de matières organiques mortes. Dans les écosystèmes terrestres, ces derniers constituent une proportion importante de la faune du sol et de la litière – les vers de terre représentant aussi une partie majeure, voire majoritaire, de la biomasse animale de ces écosystèmes. Font aussi partie des saprophages les animaux coprophages et nécrophages présents dans tous les biotopes terrestres. Dans les écosystèmes aquatiques continentaux, une proportion importante des consommateurs animaux saprophages sont représentés par des détritivores qui consomment les fragments végétaux allochtones tombés dans l'eau, en provenance de la végétation riparienne ou amenés par les crues à partir des écotones de la plaine alluviale ou encore d'origine endogène et provenant de la végétation hélophytique et (ou) hydrophytique. Il en est de même en milieu marin, en particulier en milieu benthique où les chaînes trophiques saprophagiques sont un élément essentiel des réseaux trophiques benthiques. Les organismes marins saprophages constituent des peuplements diversifiés et complexes constitués d'animaux détritiphages. Certains sont nécrophages, se nourrissant de cadavres d'animaux ; d'autres sont déposivores et consomment les particules organiques qui se déposent à la surface des sédiments. D'autres encore, dénommés limophages, consomment les matières organiques contenues dans les vases benthiques. Dans le milieu pélagique, il existe aussi de nombreux saprophages, surtout constitués de suspensivores, qui se nourrissent de la matière organique contenue dans le seston. Les réseaux trophiques abyssaux sont quasi uniquement constitués d'organismes saprophages car ils sont dépourvus de producteurs primaires – à l'exception de bactéries chimiosynthétiques surtout présentes au niveau des écosystèmes de sources thermales océaniques. Les écosystèmes des eaux profondes et du milieu benthique océanique tirent l'essentiel de leur flux d'énergie de la pluie perpétuelle de particules de matières organiques, en particulier de boulettes fécales du plancton, ainsi que des grands organismes morts qui tombent de la zone euphotique, superficielle, de l'océan. On y rencontre des groupes entiers de poissons saprophages comme les myxines qui dévorent les cadavres de grands animaux marins – y compris ceux de Cétacés. À l'opposé, il existe dans le milieu marin et, de façon plus générale, dans tous les écosystèmes aquatiques, des organismes microphages dénommés saprobies, surtout des constituants de la boucle bactérienne, qui consomment uniquement les matières organiques dissoutes dans l'eau. **(*Voir aussi Chaînes trophiques, Coprophage, Réseaux trophiques, Seston*)**

saprophagie, n. f. (*saprophagy*). Régime alimentaire fondé sur la consommation de matières organiques en décomposition.

saprophile, adj. (*saprophilous*). Désigne une espèce inféodée à des substrats riches en matières organiques en décomposition (humus par exemple).

saprophilie, n. f. (*saprophily*). Propriété des espèces vivant dans des matières organiques en décomposition.

saprophyte, n. m. et adj. (*saprophyte*). Végétal qui se développe dans des sols riches en matières organiques mortes dont ils tirent leurs nutriments. **(*Voir aussi Champignons saprophytes*)**

saprophytophage, adj. (*saprophytophagous*). Désigne un animal qui se nourrit de matières végétales mortes.

saproplancton, n. m. (*saproplankton*). Peuplement planctonique propre à des eaux riches en matières organiques en décomposition.

saprotrophe, adj. (*saprotroph*). Désigne un organisme qui se nourrit de matières organiques mortes.

saprotrophie, n. f. (*saprotrophy*). Type de nutrition animale fondée sur la consommation de matières organiques mortes.

saprozoïque, adj. (*saprozoic*). Qualifie une forme de nutrition animale fondée sur la consommation de matière organique présente dans l'eau sous forme dissoute ou colloïdale.

sarcophage, adj. (*sarcophagous*). Qui se nourrit de la chair d'animaux vivants ou morts.

sardine(s), n. f. (*sardine*). Genre de *Clupeidae* présentant une grande importance économique pour les pêcheries maritimes de nombreuses régions littorales. ◆ ~ **du Pacifique** (n. sc. : *Sardinops coerulea*) : cette espèce a donné lieu à une intense exploitation commerciale sur le littoral pacifique des États-Unis et de la Colombie britannique dans la période 1930-1950 jusqu'à ce que les effectifs de ses stocks s'effondrent définitivement sous l'effet conjugué de la surpêche et d'une légère baisse de température moyenne du

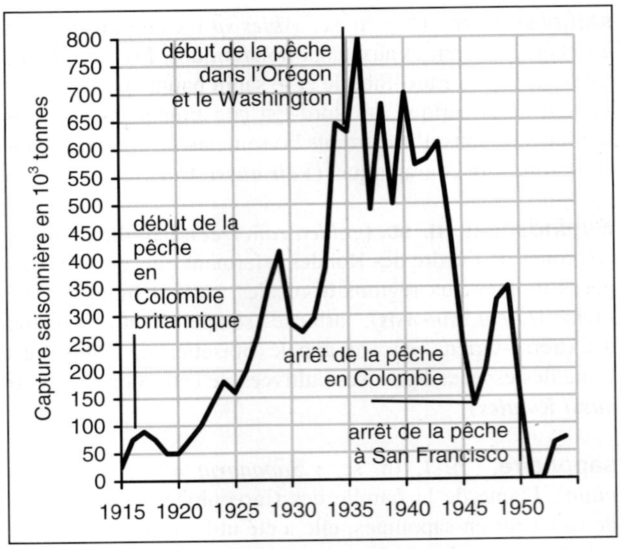

Variation des prises de **sardines** du Pacifique montrant la surpêche de cette espèce. (D'après Dasman, in Ramade F., *Écologie appliquée*, Ediscience international, 5e ed., 1995, p. 441)

courant froid de Californie qui a rendu le milieu marin moins favorable à son développement. **(*Voir aussi Overfishing*)**

sargasse(s), n. f. (*gulfweed*) (n. sc. : *Sargassum sp.*). Algues pélagiques géantes, de la classe des Phéophycées, qui croissent dans la mer du même nom. ◆ **mer des** ~ (*Sargasso Sea*) : mer située dans l'Atlantique Ouest tropical, au large de l'archipel des Antilles au nord et à l'ouest de ce dernier. Elle correspond à une zone de calme océanique délimitée par la boucle majeure du *gulf stream*, le courant des Canaries et celui du Nord Atlantique qui longe vers le sud la côte orientale des États-Unis. C'est une mer chaude (18 °C) et de salinité relativement élevée (36,5 à 37 pour mille).

sarin, n. m. (*sarin*). Gaz de combat fluorophosphoré mis au point par les laboratoires de l'arme chimique nazie peu avant la Deuxième Guerre mondiale et qui est l'un des plus puissants agents anticholinestérasiques connus.

Il appartient au groupe des armes chimiques dites innervantes car il provoque une paralysie quasi immédiate des Vertébrés en bloquant la jonction neuromusculaire. **(*Voir aussi Armements, Gaz*)**

satellite, n. m. Voir Télédétection. ◆ **espèce** ~ (*satellite species*) : espèce rare, d'occurence dans une biocœnose irrégulière, qui est exposée à des extinctions localisées suivies par une recolonisation périodique des biothopes concernés.

saturation, n. f. ◆ ~ **d'une communauté** (*community saturation*) : phénomène qui se traduit par l'existence d'un nombre maximum d'espèces pouvant coexister à l'échelle d'un habitat donné par suite de l'occupation de la totalité des niches disponibles. Il résulte des interactions négatives liées à la compétition interspécifique. **(*Voir aussi Niche*)** ◆ ~ **en oxygène** (*oxygen saturation*) : valeur maximale de la concentration en oxygène atteinte à une température donnée. (*Voir aussi DBO, Oxygène*) ◆ **flux de** ~ (*saturated flow*) : écoulement de l'eau de gravitation dans un sens latéral et vertical dans un sol qui est temporairement saturé. (*Voir aussi Sol*) ◆ **point de** ~ (*saturation point*) : valeur de l'intensité lumineuse à partir de laquelle la photosynthèse atteint son taux maximum établissant de la sorte une limite supérieure à la productivité primaire. (***Voir aussi Photosynthèse, Productivité primaire***)

saturé, adj. Désigne le fait que la concentration d'une substance atteint la capacité maximale de dissolution ou de rétention dans un milieu donné. ◆ **air** ~ (*saturated air*) : air renfermant la teneur maximale en vapeur d'eau qu'il peut contenir à une température donnée. ◆ **sol** ~ (*waterlogged soil*) : désigne un biotope terrestre naturel ou une terre cultivée qui, par suite d'une irrigation incontrôlée ou du manque de drainage, renferme un excès d'eau qui empêche le développement des plantes.

saturnisme, n. m. (*saturnism*). Affection mortelle résultant de l'intoxication à long terme des Vertébrés par le plomb. Elle se traduit par une anémie résultant de l'inhibition de la lévulinodéshydrogénase qui intervient dans la synthèse de l'hémoglobine, ainsi que par de graves troubles neurologiques.

Le saturnisme peut provoquer la mort des sujets qui en sont affectés si leur exposition au plomb persiste. Cette affection constitue de nos jours un problème non négligeable de toxicologie de l'environnement, outre sa cause principale qui résulte de l'intoxication chronique par l'exposition au plomb en milieu industriel. Il existe aussi une exposition indirecte des populations locales liée à la métallurgie du plomb. ◆ ~ **des oiseaux d'eau** (*waterfowl saturnism*) : comme les oiseaux aquatiques, plus particulièrement les canards et autres Anatidés, ils vivent dans des zones marécageuses dont le fond est occupé par des sédiments meubles. Ils ont tendance à avaler les plombs de chasse qui tombent au fond des marais et des étangs. En effet, les oiseaux ont besoin de grains de silex et autres minéraux durs dans leur gésier afin de broyer leur nourriture. L'ingestion de ces projectiles est d'autant plus fréquente que la pression de chasse est plus forte : on a mesuré en Camargue jusqu'à plus de 3 millions de plombs par hectare!

En conséquence, dans de nombreux pays, jusqu'à 70% de la population de certaines espèces d'Anatidés peuvent renfermer au moins un plomb dans le gésier. Il en résulte un saturnisme clandestin faisant parfois des hécatombes dans certaines populations d'Ansériformes. Des espèces de cygne rare, *Cygnus cygnus* en Europe, *Olor columbianus* en Amérique du Nord, sont aussi victimes de cette pollution par les plombs de chasse.

saule(s), n. m. (*willow tree*). Arbres de la famille des Salicacées qui vivent dans des biotopes très humides : zones marécageuses et prairies inondables. (***Voir aussi Salix***)

saumâtre, adj. (*brackish*). Désigne une eau ou un biotope aquatique dont la salinité, souvent variable selon la saison, est intermédiaire entre celle des eaux douces et des eaux salées au sens strict. En limnologie, les eaux naturelles saumâtres se définissent comme celles dont la salinité est comprise entre trois pour mille et vingt pour mille. (***Voir aussi Paralique, Salinité***)

saumon(s), n. m. (*salmon*) (n. sc. *Salmo sp.*). Poissons migrateurs effectuant leur cycle vital entre les eaux continentales et le milieu océanique, se rencontrant dans tous les cours d'eau non pollués de l'ensemble des régions tempérées froides et subarctiques de l'hémisphère Nord.

Dans l'Atlantique Nord, il n'existe qu'une seule espèce, *Salmo salar* (dénommé vulgairement saumon atlantique), en revanche dans le Pacifique se rencontrent plusieurs espèces du genre *Oncorhynchus*, en particulier les saumons Coho, Keta et Kisutch. (***Voir aussi Salmo, Salmonidés***)

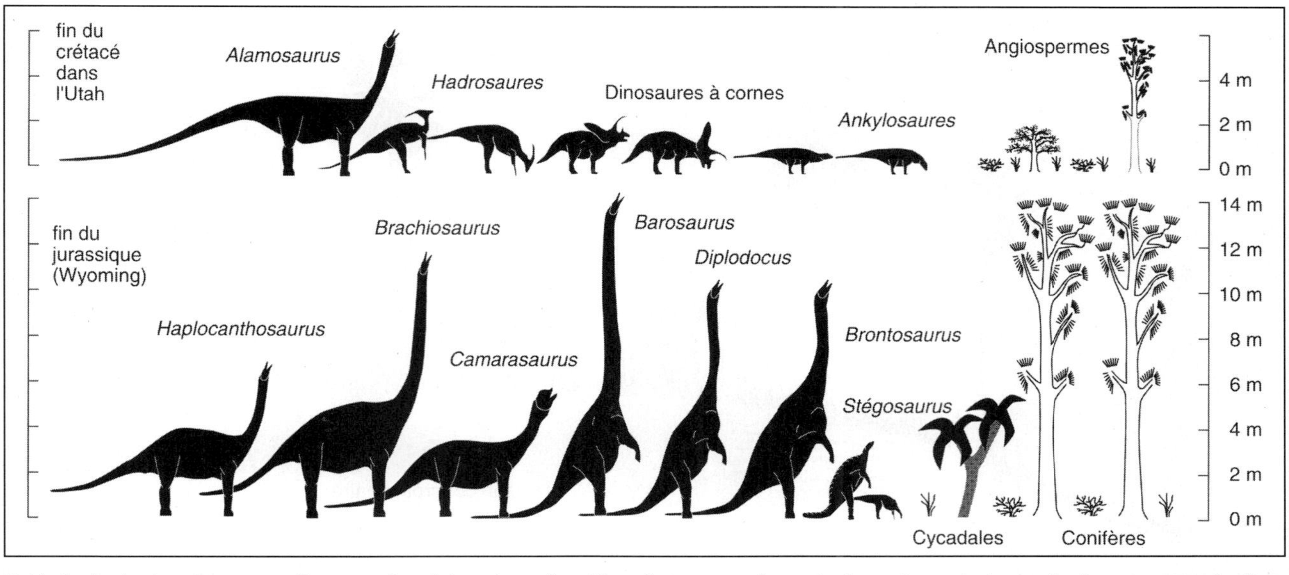

Paléoécologie des dinosaures **Sauropodes**. Ici sont représentées diverses espèces du Jurassique ainsi que d'autres groupes de dinosaures du Crétacé. Les Sauropodes n'étaient pas amphibies, contrairement à une affirmation très répandue, mais broutaient les branches hautes, voire la cime des Conifères et autres grands Gymnospermes d'alors. Ce type de régime aurait favorisé l'émergence des Angiospermes qui auraient peu à peu supplanté ces derniers et expliquerait la disparition progressive des Sauropodes, remplacés au Crétacé par des Cératopsides et autres espèces herbivores broutant des plantes arbustives ou herbacées. (D'après Bakker, *Dinosaurs Heresies*, Morrow, NY, 1986, p. 177)

sauriens, n. m. (*saurians*). Terme sans valeur taxinomique précise qui désigne l'ensemble des Reptiles au corps allongé pourvus de pattes.

Sauropodes, n. m. (*Sauropoda*). Reptiles dinosauriens géants du groupe des *Saurichtya*, qui ont vécu pendant la période Jurassique et le début du Crétacé. Ils représentent les plus grands animaux terrestres ayant jamais peuplé la biosphère. Certains individus du genre *Brachiosaurus* pesaient probablement jusqu'à 80 tonnes et ont joué un rôle paléoécologique essentiel dans l'évolution de la biosphère continentale (voir figure page précédente).

On considère que leur régime alimentaire, fondé sur la consommation des branches des grands Gymnospermes de l'époque, est à l'origine de la diversification des plantes à fleurs. En effet, la pression de broutage qu'ils auraient exercée sur les peuplements de ces derniers aurait réduit leur dominance et permis aux jeunes Angiospermes qui sont apparus au début du Crétacé d'occuper des niches spatiales rendues vacantes par la diminution de densité de ces derniers – tant des plantes adultes que des plantules. **(*Voir aussi Dinosaure*)**

sauvage, adj. (*feral*). Désigne un animal domestique qui est retourné à l'état sauvage ou encore une espèce animale non domestiquée. **(*Voir aussi Domestication*)**

sauvegarde, n. f. ◆ ~ **des écosystèmes** (*ecosystems preservation*) : voir Conservation, Protection de la nature. ◆ ~ **des espèces menacées** (*threatened species survival*) : désigne l'ensemble des mesures prises pour assurer la survie des espèces végétales ou animales en danger de disparition. **(*Voir Aussi Biodiversité, Conservation, Protection de la Nature*)**

savane(s), n. f. (*savannah*). Écosystèmes de formations herbacées, qui se rencontrent dans toutes les régions intertropicales du monde et dont les communautés végétales sont toujours caractérisées par la présence d'une strate herbacée continue constituée par un tapis graminéen dominant.

Les savanes succèdent aux forêts ombrophiles après un stade de transition progressive marqué par l'existence de forêts sèches tropophiles (forêts de mousson), souvent caducifoliées, parfois de forêts sclérophiles ou de boisements ouverts d'épineux, et plus rarement de façon brutale, sans stade intermédiaire, partout où les précipitations deviennent inférieures à 1 200-1 400 mm/an.

Dans d'autres cas, une forêt galerie prolonge vers les régions plus arides la forêt hygrophile car les conditions édaphiques et hygrométriques propres aux rives des cours d'eau sont plus favorables, les plateaux étant occupés par des formations de savanes.

Les savanes climaciques croissent partout où les précipitations sont insuffisantes pour permettre le développement d'écosystèmes de forêts tropicales.

Cependant, l'homme a souvent détruit la forêt par l'incendie et (ou) la coupe, favorisant de la sorte l'apparition de savanes au détriment de forêts primitives tropophiles, voire humides.

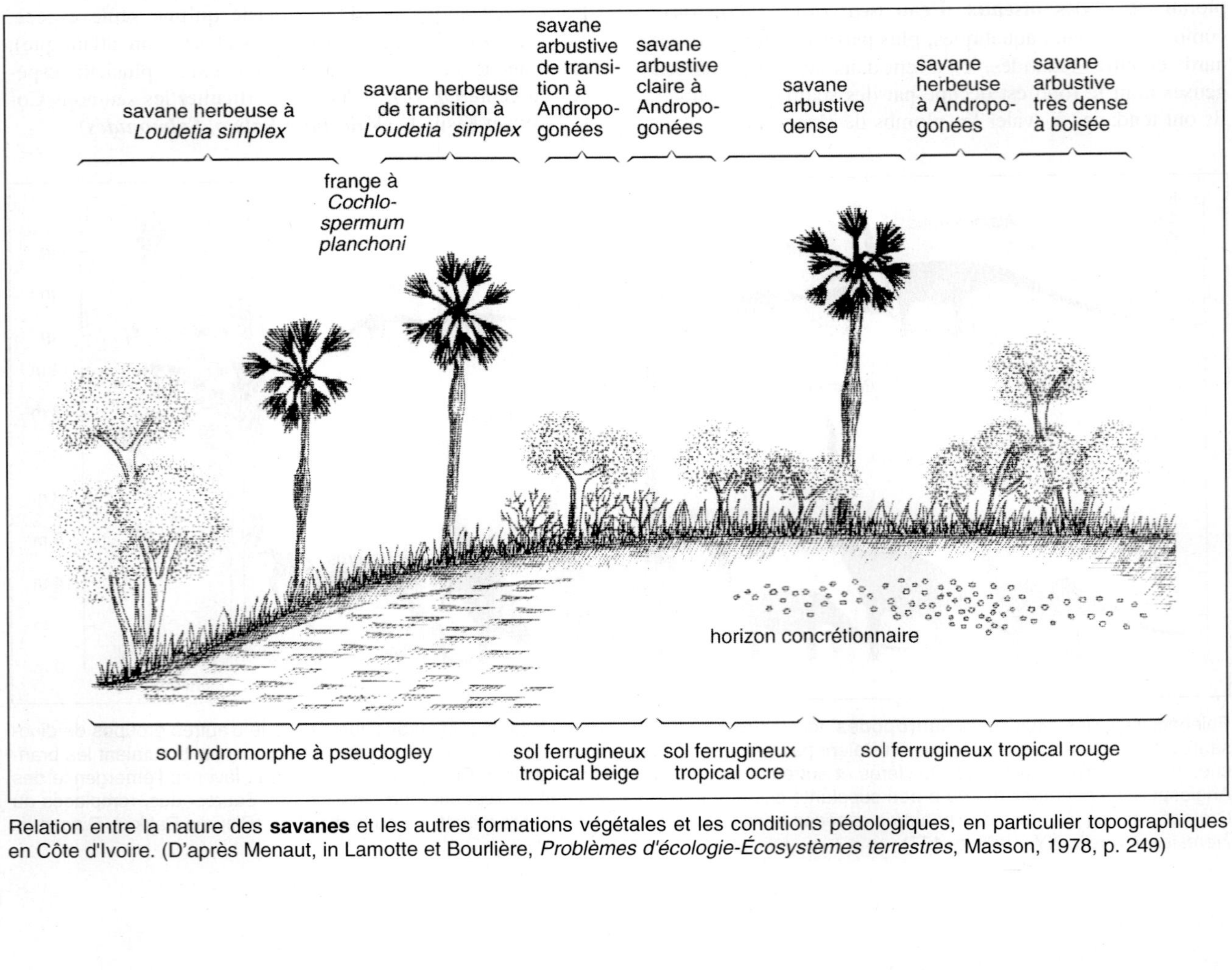

Relation entre la nature des **savanes** et les autres formations végétales et les conditions pédologiques, en particulier topographiques en Côte d'Ivoire. (D'après Menaut, in Lamotte et Bourlière, *Problèmes d'écologie-Écosystèmes terrestres*, Masson, 1978, p. 249)

Zonation des **savanes** en Afrique.

1 Forêt ombrophile
2 Savane guinéenne
3 Savane soudanienne
4 Savane sahélienne
5 Désert
6 Steppe méditerranéenne
7 Forêt méditerranéenne
▲ Montagnes
L Lac

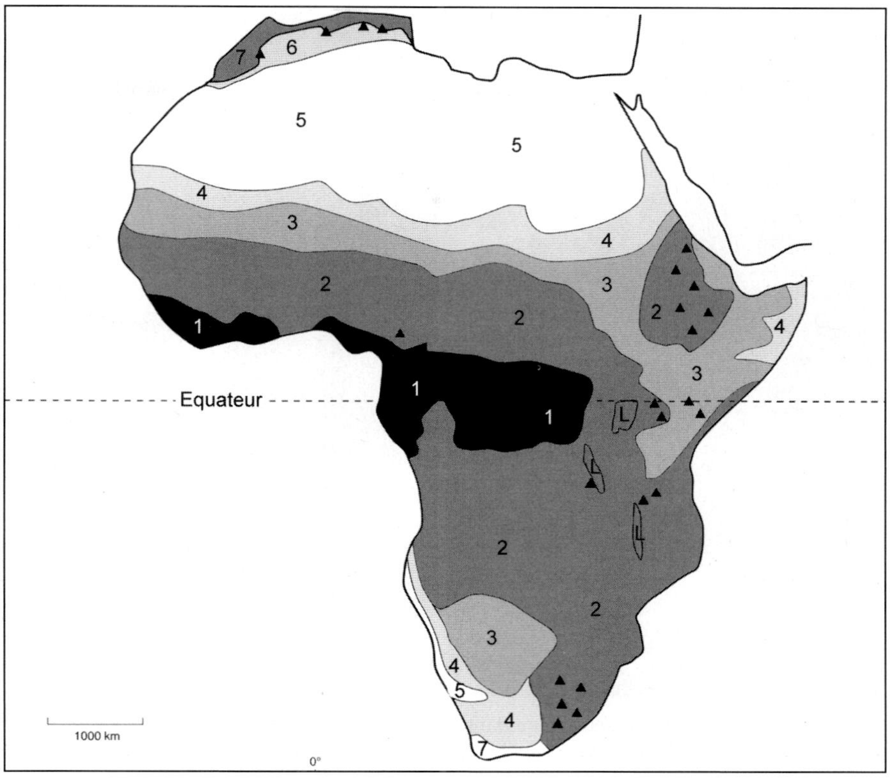

On distingue plusieurs types de savanes en fonction de la nature de leur phytocœnose, elle-même dépendante de l'intensité des précipitations annuelles.

En Afrique occidentale par exemple, celles-ci se succèdent avec une remarquable régularité du sud vers le nord. On y rencontre dans un gradient de pluviométrie décroissante des savanes arborées, dites *guinéennes*, là où les précipitations annuelles excèdent 1 200 mm. Elles se caractérisent par la présence de diverses espèces d'arbres : Palmiers (*Borassus aethiopum*) dominants, mais aussi des Dicotylédones (*Combretum, Commephora*) qui forment un peuplement dispersé au milieu d'un tapis herbacé continu.

Lorsque les pluies annuelles sont inférieures à cette valeur et jusqu'aux environs de 600 mm, on rencontre des savanes dites *soudaniennes*, où la couverture arborée est plus rare et adaptée à une saison sèche dont la durée va s'accroissant vers le nord, peuplées par d'autres espèces de palmiers et par des acacias.

Enfin, au-dessous de 600 mm croissent les savanes *sahéliennes* dites arbustives là où les pluies annuelles sont les plus importantes et qui prennent une physionomie steppique lorsque l'on se dirige vers le désert, lequel leur succède de façon progressive quand on remonte en latitude.

Ces savanes sont nettement plus pauvres en végétaux ligneux que le type soudanien, les épineux étant prédominants dans les espèces arbustives.

De façon générale, l'abondance des espèces arborescentes puis arbustives décroît dans les savanes au fur et à mesure que l'on s'éloigne de l'équateur.

L'essentiel de la strate herbacée est constitué par une ou deux espèces dominantes de Graminées pérennes ayant environ un mètre de haut à maturité – plus de 2 m dans le cas de l'herbe à éléphant (*Pennisetum purpureum*). Outre ce dernier genre, le peuplement graminéen est constitué selon le cas *d'Andropogon, Loudetia, Themeda, Aristida, Hyparrhenia* et *Imperata*.

L'abondance des plantes herbacées en saison humide permet en Afrique la multiplication de nombreuses espèces

Nombre d'espèces et productivité secondaire des herbivores dans une savane d'Afrique centrale
(D'après Bourlière et Hadley, 1970)

Localisation	Type d'habitat	Nombre d'espèces	Productivité (en kg/ha/an)
GR de Tarangire (Tanzanie)	Savane ouverte à Acacia	14	11
Parc national de Kafue (Zambie)	Savane arborée	19	13
Parc national de la Kagera (Ruanda)	Savane à Acacia	12	33
Parc national de Nairobi (Kenya)	Savane ouverte	17	57
Parc national de Serengeti (Tanzanie)	Savane arbustive et ouverte	15	63
Parc national de la Reine Elisabeth (Ouganda)	Savane arbustive et ouverte.	11	120
	La même surpâturée	11	278-325
Parc national Albert (Congo)	Savanes arbustives et ouvertes sur-fréquentées	11	236-248

Savane soudanienne à palmiers-daum dans le parc national de Meru (Kenya). On distingue au second plan un troupeau d'éléphants autrefois très abondants dans de tels habitats. (Cliché F. Ramade)

d'herbivores (éléphants, girafes) et divers Ongulés de grande taille (buffles, zèbres, antilopes).

La biomasse mammalienne y atteint des densités égalées nulle part ailleurs au monde, même dans les formations équivalentes d'Asie du Sud.

La physionomie du couvert végétal des savanes tropicales a été modifiée par l'usage ancestral du feu fait par les groupes humains aborigènes. La pratique de l'incendie allumé chaque année au cours de la saison sèche, très répandue parmi les peuples de pasteurs et d'agriculteurs sédentaires qui vivent dans ces zones, a provoqué de profondes modifications pédologiques ainsi que de la structure des phytocœnoses en favorisant les espèces pyrophytiques adaptées à résister au passage du feu.

Même là où les populations autochtones étaient de culture paléolithique (Indiens d'Amérique du sud, aborigènes australiens), la pratique de l'incendie annuel destiné à favoriser la repousse d'herbe verte dont se nourrissent les herbivores servant de gibier à ces tribus de chasseurs a aussi joué un rôle important dans l'extension des savanes au détriment des forêts climaciques, bien avant l'arrivée des Européens.

Ainsi, il a été observé dans le Nord de l'Australie (Terre d'Arnhem), que les aborigènes pratiquaient une rotation des

Zèbres et gnous dans une **savane** de la réserve nationale de Masai Mara (Kenya). (Cliché F. Ramade)

A) Passage du feu dans une **savane** arborée à palmiers rôniers (*Borassus aethiopum*) de Côte d'Ivoire et B) repousse de Graminées en début de saison des pluies. (Clichés Lamotte-Lamto, in Ramade F., *Écologie appliquée*, 5e ed., 1995, p. 389, pl. XVIII)

A

B

surfaces incendiées dans les savanes arborées en brûlant environ 35% de leur terrains de chasse chaque année. De la sorte, ils obtiennent le maximum de densité de kangourous, leur gibier principal.

De nombreux écosystèmes de savane considérés comme climaciques sont en réalité le résultat d'une succession régressive résultant de l'action de l'homme. De vastes surfaces de savanes tropicales sont secondaires et d'origine dite édapho-anthropique. Elles résultent en général du défrichement de la forêt suivi d'un abandon du sol quand il est épuisé là où les conditions climatiques moins favorables rendent difficile la régénération spontanée du boisement primitif. La déforestation résultant de la défriche pour la mise en culture peut de la sorte substituer à un climax forestier des savanes secondaires après abandon des cultures. Ainsi, dans le Nord de l'Amazonie, comme par exemple dans les Llianos du Venezuela, les savanes qui s'étendent à la limite de la forêt sont anthropiques et proviennent de l'incendie répété des formations végétales par les Indiens puis par les Européens qui ont colonisé ces régions. Il en est de même en de nombreuses régions d'Afrique subsaharienne.

Néanmoins, là où les précipitations sont les plus importantes, le retour vers l'écosystème forestier climacique peut avoir lieu. Ainsi, en Afrique, les travaux de recherche effectués au Lamto, en Côte d'Ivoire, ont montré que la mise hors feu de la savane guinéenne conduisait à une transition rapide vers le climax forestier. ***(Voir aussi Biome, Biosphère)*** ◆ ~ **boisée** (*woodland savannah*) : savane dans laquelle le couvert arboré est important, parfois dénommée savane-parc. Les espèces ligneuses prépondérantes sont des arbres et des arbustes à feuilles caduques bien que l'on y rencontre aussi des espèces sempervirentes – palmiers mais aussi Dicotylédones.

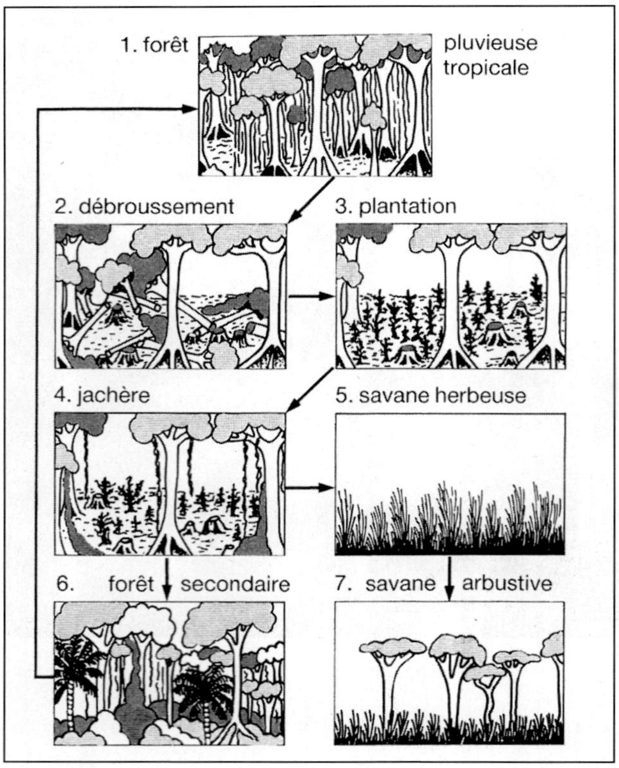

Successions biocœnotiques dans une zone de **savane** guinéenne résultant de l'usage du feu par les agriculteurs itinérants. (D'après Dorst, op. cit., in Ramade F., *Les catastrophes écologiques*, McGraw-Hill, 1987, p. 108)

saxicoles, adj. (*saxicolous*). Désigne une espèce végétale adaptée à croître sur des rochers ou dans des éboulis.

Saxifraga, n. sc. Genre de plantes dont beaucoup d'espèces sont saxicoles et psychrophiles qui croissent dans l'étage subalpin et alpin dans l'ensemble des montagnes de la région holarctique.

Saxifragacées, n. sc. Famille de Dicotylédones dialypétales de l'ordre des Rosales, renfermant environ 500 espèces de plantes herbacées propres aux biotopes tempérés et froids, fréquentes dans les zones montagneuses d'Europe.

saxitoxine, n. f. (*saxitoxin*). Toxine sécrétée par des Péridiniens du phytoplancton océanique appartenant au groupe des Dinoflagellés. Ingérées par des Mollusques, ces espèces provoquent l'accumulation de cette toxine dans les tissus de ces derniers, ce qui les rend très dangereux pour la consommation humaine.

Comme ces Péridiniens pullulent surtout en période estivale, cela explique (avec également des raisons d'ordre épidémiologique et aussi l'occurrence éventuelle d'autres phycotoxines) l'interdiction dans les pays méditerranéens de la consommation des moules et des huîtres en été. ***(Voir aussi Phycotoxines, Salmonelloses)***

scatophage, adj. (*scatophagous*) (syn. : coprophage). Se dit d'une espèce dont l'alimentation résulte de l'ingestion d'excréments. Des familles entières d'Invertébrés sont scatophages et jouent de ce fait un rôle important en favorisant le recyclage des éléments minéraux nutritifs contenus dans la matière organique morte. Ainsi, les Coléoptères *Scarabaeidae* du groupe des bousiers sont inféodés aux excréments de telle ou telle espèce de Mammifères qu'ils enfouissent dans le sol afin d'en nourrir leurs larves. ***(Voir aussi Coprophage)***

scatophagie, n. f. (*scatophagy*). Régime alimentaire fondé sur la consommation d'excréments.

Schimper, Adreas, Franz, Wikhem (1856-1901). Écologue et botaniste allemand connu pour ses travaux d'écophysiologie et de biogéographie. Son ouvrage « *Plantzen Geographie auf physiologischer Grundlage* » établit une classification basée sur les adaptations écophysiologiques.

schiste(s), n. m. (*shale*) ◆ ~ **argileux** (*clayish shales, slaty clay*) : schistes constitués par des argiles métamorphisées et de ce fait parfaitement étanches à l'eau. De telles couches géologiques, par suite de l'imperméabilité, sont considérées comme de bons sites potentiels pour le stockage des déchets chimiques ultimes, renfermant des substances très dangereuses ainsi que des déchets nucléaires. ◆ ~ **bitumineux** (*oil shales*) : schistes renfermant des hydrocarbures dont on peut extraire par traitement thermique un mélange de composition voisine du pétrole brut. De grands gisements de tels schistes existent en Amérique du Nord, au Canada dans l'Athabasca et aux États-Unis dans la formation de la *Green River* au Wyoming. ◆ ~ **marneux** (*marly schales*) : schistes constitués par des marnes métamorphisées. Ils possèdent de ce fait une assez bonne étanchéité quoique inférieure à celle des schistes argileux. ◆ ~ **moyen** (*average shale*) : schiste ayant une composition chimique standard prise comme référence dans les études d'implantation d'une décharge souterraine destinée au stockage de déchets chimiques dangereux. ***(Voir aussi Décharge, Déchet)***

Schistosoma. Nom scientifique d'un genre de Trématodes parasites, agents vecteurs des bilharzioses, redoutables affections parasitaires de l'homme et de certains Ongulés sauvages qui sévissent dans les régions tropicales. Il existe trois espèces principales pathogènes pour l'espèce humaine : *S. Haematobium*, agent de la bilharziose vésicale, *S. mansoni*, agent de la bilharziose intestinale et *S. intermedium*. ***(Voir aussi Bilharzioses)***

schistosomiase, n. f. Voir Bilharzioses.

schizogamie, n. f. (*schizogamy*). Phénomène de multiplication asexuée par scissiparité, de grande importance chez les Annélides Polychètes. La schizogamie se traduit chez un individu souche, dit agame, par la formation d'un stolon dans sa partie postérieure. Ce stolon est constitué par un ensemble d'individus de sexe mâle ou femelle selon le cas. La fragmentation du stolon libère les individus sexués qui, généralement lors d'un phénomène d'essaimage réunissant des quantités considérables d'individus, rejoignent les eaux marines de surface où ils relarguent leurs produits sexuels. ***(Voir aussi Palolo, Scissiparité)***

schorre, n. m. (*schorre*). Zone côtière correspondant à la partie supérieure de l'étage médiolittoral et la partie inférieure de l'étage supralittoral, constituée par des vasières colonisées par la végétation halophile. Sur les côtes d'Europe occidentale, ce sont essentiellement des graminées *Spartina townsendii* et *Atropis maritima*. Elles constituent des touffes isolées dans les parties les plus basses qui finissent par devenir contiguës par extension. Ces touffes se peuplent de nouvelles espèces dans leur partie centrale peu à peu surélevée par le dépôt et l'accumulation de vase. ***(Voir aussi Slikke)***

sciaphile, adj. (*sciophilous*). Espèce végétale qui ne peut se développer qu'à l'ombre de la végétation et, de façon plus générale, partout où le flux lumineux est atténué. ***(Voir aussi Héliophile, Lumière)***

sciaphilie, n. f. (*sciophily*). Propriété d'un végétal qui croît à l'ombre.

sciaphylle, adj. (*sciophyllous*). Désigne un végétal possédant des feuilles adaptées aux faibles lumières, situées sur les branches ou les parties basses de la plante.

sciaphyte, n. m. (*sciophyte*). Végétal adapté à de faibles luminosités.

scirpe(s), n. m. (*scirpus*). Genre de végétaux hélophytes, de la famille des Cypéracées, qui se développent en bordure des zones humides ou dans des prairies inondées situées dans la partie haute de la zone riparienne.

scissipare, adj. (*scissiparous*). Désigne un organisme se multipliant par scissiparité.

scissiparité, n. f. (*scissiparity*). Phénomène de multiplication asexuée propre à divers phylums d'Invertébrés, caractérisé par le fait qu'un organisme se fragmente en deux ou plusieurs parties qui reconstituent un animal entier soit après la séparation (architomie) soit avant la séparation de l'organisme maternel (paratomie).

Scleractinia, n. sc. (syn. : Madréporaires). Ordre d'Anthozoaires Hexacoralliaires qui réunit la grande majorité des coraux hermatypiques dont les colonies dénommées polypiers édifient un volumineux exosquelette calcaire constituant le substrat des récifs coralliens. Quelque 2 500 espèces en ont été décrites, toutes sténothermes polythermes, les récifs ne se développant que dans certaines mers chaudes dans une bande de latitude comprise entre 30° Nord et Sud. ***(Voir aussi Récif)***

sclérophylle, n. m. et adj. (*sclerophyllous*). Végétal dont le feuillage est constitué de feuilles dont l'épiderme épaissi est recouvert d'un enduit cireux qui limite l'évaporation foliaire. ◆ **végétation** ~ (*sclerophyllous vegetation*) : type de communauté végétale buissonnante, arbustive et (ou) forestière constituée par des végétaux sclérophylles. Elle se rencontre dans l'ensemble des provinces biogéographiques méditerranéennes du monde. ***(Voir aussi Méditerranéen)***

sclérophyllie, n. f. (*sclerophylly*). Caractère des végétaux sclérophylles.

scolytes, n. m. (*bark beetles*). Nom vernaculaire des Coléoptères de la famille des Scolytides. Certaines espèces constituent d'importants ravageurs de l'épicéa et autres essences forestières résineuses et d'autres d'essences feuillues. Les pullulations de ces insectes qui peuvent affecter des millions d'hectares en Amérique du Nord sont favorisées par la politique d'enrésinement systématique menée par les responsables des forêts dans de nombreux pays. Celle-ci conduit à implanter des conifères dans des zones écologiquement défavorables aux espèces considérées ce qui les rend vulnérables aux attaques de ces ravageurs. Le scolyte de l'orme joue un rôle important dans une maladie cryptogamique de cet arbre due à *Ceratostomella ulmi*, introduite aux États-Unis puis en Europe, qui cause le dépérissement de ces végétaux. ***(Voir aussi Ceratostomella, Xylophage)***

Scolytidae, n. sc. (*bark beetle*). Famille de Coléoptères xylophages qui creusent des galeries entre l'écorce et le bois des arbres résineux ou feuillus dont ils se nourrissent. Ces insectes sont particulièrement nocifs pour les boisements de conifères qui souffrent d'un déficit hydrique ou de tout autre cause écophysiologique d'affaiblissement. L'une des conséquences majeures de la défoliation des boisements de conifères par les pluies acides a été de favoriser les pullulations de Scolytides par suite de la perturbation de la circulation de l'eau dans les arbres. Depuis 1998, est ainsi apparue une redoutable invasion par ces xylophages des peuplements d'épicéas du parc national de Bavière affectant plus de 50 000 hectares de ce dernier. En réalité, on constate de façon très générale que le dépérissement des forêts par les précipitations acides engendre une déforestation liée beaucoup plus aux attaques des arbres par ces ravageurs – et des maladies cryptogamiques – que par l'action toxique directe de ce phénomène. ***(Voir aussi Xylophage)***

Scombridae, n. sc. Famille de poissons dont les maquereaux constituent les principales espèces exploitées par les pêcheries maritimes.

scorpion(s), n. m. (*scorpions*) (n. sc. : *Scorpionides*). Ordre de Chélicérates au corps divisé en deux tagmes, le prosoma et l'opisthosoma, pourvus d'un crochet et d'une glande à venin à l'extrémité de ce dernier. Les scorpions

Scorpion dévorant sa proie, une grande sauterelle (parc national de Corcovado, Costa Rica). (Cliché F. Ramade)

sont des Arthropodes terrestres, nocturnes, prédateurs, certains arboricoles ou, à l'opposé, hypogés. Ils comptent environ 1 500 espèces, essentiellement propres aux forêts pluvieuses tropicales, d'autres étant inféodées aux biotopes arides voire érémophiles, en particulier les *Androctonus* du Sahara qui figurent parmi les plus venimeuses de ces espèces d'Invertébrés et même de l'ensemble du règne animal.

scotophase, n. f. (*skotophase*). Phase du rythme nycthéméral correspondant à la période nocturne (ou obscure dans les dispositifs expérimentaux). S'oppose à la photophase qui en est la phase lumineuse. ***(Voir aussi Photophase, Rythme nycthéméral)***

scotophile, adj. (*skotophilic*). Désigne une espèce se développant dans l'obscurité.

Scrophulariacées, n. f. Importante famille de Dicotylédones gamopétales de la sous-classe des Astéridées, appartenant à l'ordre des Tubiflorales. Elle comporte plus de 3 000 espèces, surtout herbacées, caractérisées par des fleurs soudées pourvues d'un large labelle à la corolle. Représentées uniquement par des plantes herbacées en Europe, cette famille comporte cependant diverses espèces lianoïdes voire arborées dans certaines régions tempérées chaudes du monde (*Pawlonia* de Chine par exemple) et *a fortiori* dans les forêts tropicales. Certaines Scrophulariacées sont parasites ou hémiparasites. comme les *Rhinanthus* des prairies alpines et bien d'autres genres tropicaux. ***(Voir aussi Tubiflorales)***

Scyphozoaires, n. m. (*Jellyfishes*). Classe de Cnidaires renfermant l'ensemble des grandes Méduses acalèphes présentes dans le plancton océanique, dont certaines espèces peuvent atteindre 2 m de diamètre.

sebkha, n. f. (*sabkah*). Vastes étendues plates entourant une lagune côtière, fréquentes sur les rivages du golfe Persique, caractérisées par l'accumulation en surface d'évaporites dominées par les carbonates et les sulfates. ***(Voir Aussi Évaporites)***

Secchi ◆ disque de ~ : voir Disque.

sécheresse, n. f. (*drought*). Phénomène caractérisé par la venue d'une période sans précipitations de durée anormale. Il a été démontré à la suite de la sécheresse séculaire de l'année 1976 en Europe occidentale, que les épisodes d'aridité intense étaient associés à des anomalies d'échanges thermiques océan-atmosphère, les températures de surface de l'Atlantique Nord ayant été anormalement basses pendant toute la durée de cet épisode climatique.
Cette observation a été confirmée lors des phénomènes d'El Niño du début des années 1980 puis des années 1990, qui ont concerné non seulement la région Pacifique mais aussi tout l'océan Indien, et qui ont été marqués par une désastreuse sécheresse non seulement au Sahel mais aussi en Afrique australe, en Australie et en Indonésie. Dans cette dernière région du monde, les incendies catastrophiques de forêts tropicales de 1983-84 et de 1997-98 ont été favorisés par une sécheresse exceptionnelle liée à un intense El niño,

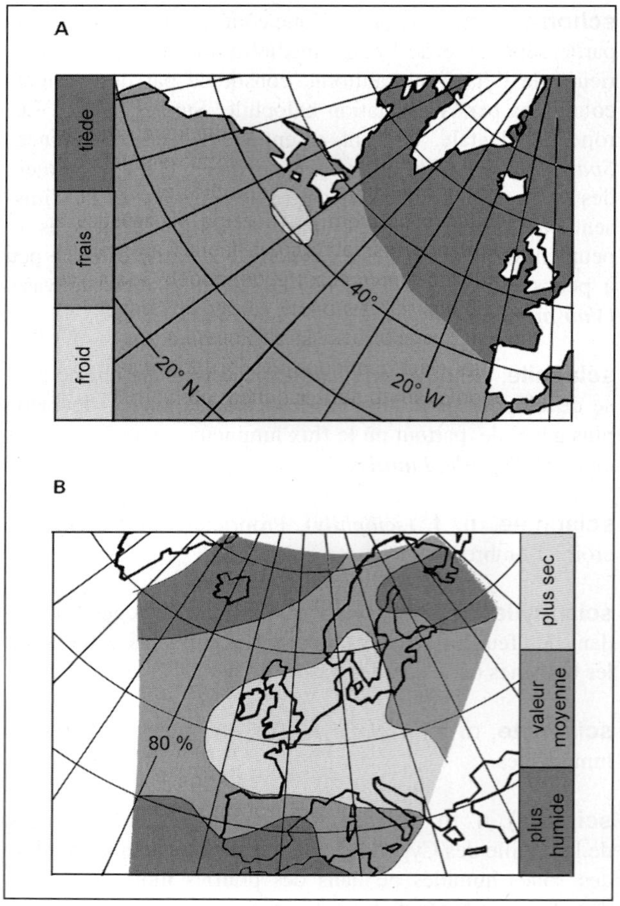

Anomalies thermiques des eaux superficielles de l'Atlantique, associées à la grande **sécheresse** de 1976 (**A**) et déficit de précipitations au mois de février suivant (**B**) (référence à la moyenne 1931-1960). (D'après Ramade F., *Les catastrophes écologiques*, McGraw-Hill, 1987, p. 161)

celui de la fin des années 1990 ayant été le plus accentué qui ait eu lieu depuis que ce phénomène est suivi en permanence par les institutions scientifiques internationales.

◆ **adaptation à la** ~ (*drought adaptation*) : les êtres vivants dans des biotopes arides présentent diverses adaptations morphologiques, physiologiques et, chez les animaux, éthologiques, qui leur permettent de survivre dans des conditions écologiques particulièrement défavorables.

Adaptation à la sécheresse chez les plantes. L'adaptation à la sécheresse implique l'existence de diverses particularités morphologiques ayant pour rôle de limiter les pertes d'eau par évaporation.
La plus fréquente est la *sclérophyllie*, marquée par la présence d'un vernis de consistance dure recouvrant les feuilles ; dans de nombreux cas, même les feuilles sont très épaisses et en forme de raquette, ce qui limite leur rapport surface/volume, ou alors elles sont remplacées par des phyllodes. Il arrive même que les feuilles soient absentes, phénomène dénommé *aphyllie*, les cellules du parenchyme chlorophyllien étant alors situées sur les tiges. Le degré ultime d'adaptation morphologique des végétaux à la sécheresse est constitué par l'*acaulie* (absence de tige), la plante prenant alors un aspect subsphérique ou ovoïde par suite de la transformation du pied, comme cela s'observe chez de nombreuses Cactacées. Une autre adaptation à la sécheresse tient en l'implantation systématique

Plante aphylle (*Fouquiera arizonica*) adaptée à la **sécheresse** prolongée, dans le désert de Mojave (Californie) aux États-Unis. On remarque l'absence de feuilles, les tiges renfermant le parenchyme chlorophyllien. (Cliché F. Ramade)

des stomates au fond de profondes dépressions et en leur fermeture pendant la journée ce qui diminue les pertes par évaporation.

Le système racinaire est souvent très développé chez les végétaux désertiques, la biomasse de racines étant généralement supérieure à celle des parties aériennes, le système racinaire pénétrant très en profondeur dans le sol pour trouver le maximum d'humidité, voire d'éventuelles nappes phréatiques (édaphisme).

Dans le même temps, d'autres adaptations morphologiques accroissent la réserve d'eau qui est stockée dans les tissus des plantes déserticoles (*succulence*). Ce phénomène est général chez les cactées mais aussi les Aizoacées, les Crassulacées et les Euphorbiacées propres aux écosystèmes arides.

Euphorbe arborescente succulente, adaptée à des épisodes prolongés de **sécheresse**, dans la vallée du Rift, au Kenya. (Cliché F. Ramade)

Au plan physiologique, l'adaptation des plantes à la sécheresse comporte, outre une limitation de l'évaporation, une augmentation des réserves hydriques. Il existe aussi un type de photosynthèse très particulier, découvert chez les Crassulacées, dans lequel il y a un découplage entre phase lumineuse et phase obscure. Cette dernière, qui exige des échanges gazeux avec l'atmosphère (absorption de CO_2 et rejet d'O_2), s'effectue la nuit, au moment où les températures sont les plus basses, ce qui limite les pertes d'eau par évaporation stomatique. (***Voir aussi Aizoacées, Cactacées, Crassulacées, Désert, Euphorbiacées, Température***)

Adaptation à la sécheresse chez les animaux. La résistance à la sécheresse s'accompagne aussi chez les animaux de diverses adaptations écophysiologiques et comportementales.

Les rongeurs des déserts récupèrent l'eau des aliments et la recyclent dans leur organisme. Alors qu'un surmulot perd, par ses fèces, les 14 g d'eau contenue dans 100 g de grains de blé, un rat kangourou en retiendra 90% dans son organisme par réabsorption intestinale.

Il en est de même de la vapeur d'eau respiratoire qui n'est pas exhalée mais repasse dans le sang au niveau des fosses ethmoïdes des rongeurs déserticoles. Celles-ci, très complexes et pourvues d'une riche vascularisation, augmentent la surface d'échange avec l'air, ce qui favorise la récupération de l'eau.

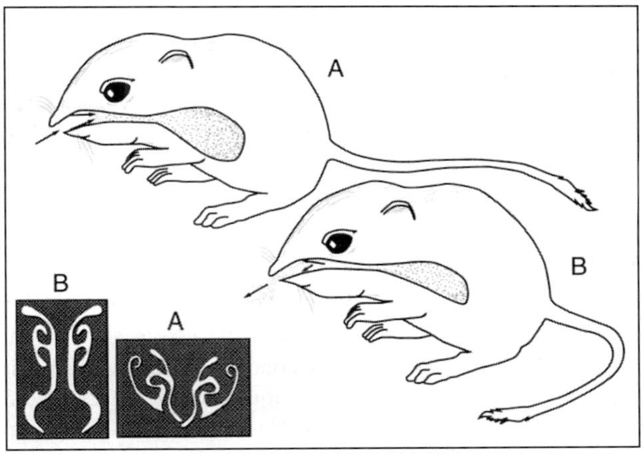

Adaptation écophysiologique d'un rongeur déserticole (rat kangourou) à la **sécheresse**. Les fosses ethmoïdes présentent une disposition permettant la réabsorption sanguine de la vapeur d'eau contenue dans l'air expiré (**A** : inspiration, **B** : expiration). (D'après Ricklefs, *Ecology*, Nelson, 1990, 3e ed., p. 75)

Chez de nombreux Invertébrés vivant dans des biotopes ou des microclimats arides (cas des larves d'insectes qui se développent dans des bois ouvrés très pauvres en eau), une modification anatomique, dénommée cryptonéphridisme, permet la récupération de l'eau contenue dans les fèces par l'intermédiaire des tubes de Malpighi qui viennent en contact étroit avec le rectum.

Chez les Mammifères déserticoles existent aussi d'autres phénomènes adaptatifs comme la production d'eau métabolique. Il est en effet bien connu que la combustion des lipides produit plus d'eau par unité de masse que celle des glucides. Ce phénomène est mis à profit par les Camélidés (chameaux et dromadaires), dont les bosses adipeuses « fondent » quand ils sont soumis à une diète hydrique.

Enfin, les animaux des milieux arides se protègent contre une perte excessive d'eau par évaporation en restant pendant la journée enfouis dans les parties les plus profondes de leur terrier et en étant actifs la nuit, stratégie qui va de pair avec la résistance à la température. **(*Voir aussi Cryptonéphridisme, Désert, Température*)**

sécodonte, n. m. (*secodont*). Désigne un type de dents jugales, de type trituberculé, propres aux Mammifères Fissipèdes, caractérisées par des tables d'usure en forme de croissant. **(*Voir aussi Bunodonte, Hypsodonte, Lophodonte, Sécodonte*)**

secondaire, n. m. et adj. (*secondary*) ◆ **boisement** ~ (*secundary woodland*) : végétation arbustive ou arborée qui s'est reconstituée spontanément par une succession naturelle ou à la suite d'une plantation sur le site d'une ancienne forêt qui a été défrichée pour la mise en culture, en pâturage, en prairie artificielle ou encore pour la construction de bâtiments. ◆ **ère** ~ (*Secundary Era*) (syn. : Mésozoïque) : division des temps géologiques qui s'est écoulée entre – 250 millions d'années et – 65 millions d'années. L'ère secondaire a été marquée par des événements paléoécologiques d'importance capitale pour l'évolution de la biosphère.

La formation de dépôts considérables de calcaire au Jurassique, puis de craie, au Crétacé, a eu pour conséquence une diminution importante du taux de CO_2 atmosphérique, donc de l'effet de serre, avec pour corollaire un abaissement important des températures terrestres qui a été particulièrement marqué dans la deuxième moitié du Crétacé.

Un autre phénomène paléoécologique capital, qui a caractérisé le Secondaire, fut l'apparition des Angiospermes au début du Crétacé qui aurait été favorisée par l'action de broutage exercée par les Dinosaures Sauropodes sur les groupes végétaux plus anciens.

Au plan paléozoologique, le Secondaire a été marqué par l'apparition des Oiseaux au Jurassique, avec les Archéopteryx, et l'apogée puis l'extinction des Dinosaures en milieu terrestre, celles des Ammonites et des Rudistes dans les océans. **(*Voir aussi Mésozoïque, Sauropodes*)** ◆ **forêt** ~ (*secundary forest*) : forêt qui s'est régénérée spontanément après une coupe ou un incendie dû à l'homme. La plupart des forêts tempérées et une surface croissante de forêts tropicales sont de nos jours secondaires. **(*Voir aussi Forêts*)** ◆ **hôte** ~ (*secondary host*) : hôte qui héberge un stade larvaire et (ou) asexué propre au cycle vital d'un parasite ou d'un agent pathogène. ◆ **production** ~ (*secundary production*) : désigne la production de matière vivante animale dans les écosystèmes. Cette dernière se caractérise par un rendement de conversion énergétique variable d'un groupe zoologique à l'autre selon les particularités écophysiologiques des espèces considérées mais qui est toujours faible. La loi de Lindeman montre en effet qu'au mieux le rendement moyen de transfert d'énergie entre niveaux trophiques est de 10%, de sorte que la productivité secondaire des réseaux trophiques exploités par l'homme est en général de l'ordre de 1%, sauf dans le cas des animaux domestiques où les animaux d'élevage sont des herbivores. **(*Voir aussi Biosphère, Écosystème, Productivité*)** ◆ **succession** ~ (*secondary succession*) : série progressive de communautés dans des écosystèmes dont la biocœnose climacique a été perturbée ou entièrement éliminée. **(*Voir aussi Succession*)**

secteur, n. m. (*sector*). Territoire de surface variée mais qui ne renferme qu'un seul type de biotope sur lequel est effectuée l'étude d'un peuplement.

sectoriel, adj. (*sectorial*). Qui se rapporte au secteur. ◆ **diversité** ~ (*sectorial diversity*) : indice de diversité calculé à l'échelle du secteur, dénommé également diversité γ (symbole H_γ).

sédentaire, adj. (*sedentary*). Désigne en écologie animale : **1.** Une espèce d'Invertébrés fixés au substrat (sessiles). **2.** Une population d'espèces ne présentant pas de migration et vivant donc en permanence dans une portion d'écosystème donné.

sédiment(s), n. m. (*sediment*). Dépôts de matériel meuble d'origine minéralogique ou biogénique, de nature très variée. Leur composition dépend à la fois de la nature pétrographique du substrat et, dans les biotopes aquatiques continentaux ou esturiens, de celle des bassins versants et de la structure de leur couvert végétal, les uns et les autres à l'origine des apports telluriques.

On distingue des sédiments terrigènes, d'origine tellurique, qui prédominent en milieu limnique et marin côtier – sauf dans les cas de dystrophisation – et des sédiments biogènes, qui caractérisent le milieu océanique en dehors de la province néritique.

On différencie par ailleurs des sédiments d'origine allochtone et autochtone. Les premiers proviennent de l'érosion hydrique du bassin versant et des rives, laquelle apporte une contribution majeure à la sédimentation dans le cas d'un cours d'eau. S'y ajoutent dans certaines régions, de façon significative, les apports dus à l'érosion éolienne. D'autres sédiments sont d'origine autochtone. Ces derniers sont de nature minérale, constitués par la précipitation de carbonates ou d'évaporites ainsi que d'origine biogène, provenant des débris organiques (fragments végétaux et animaux aquatiques et algues du phytoplancton). Ces derniers apports sont prédominants dans les biotopes océaniques abyssaux et peuvent être importants en milieu lacustre. Enfin d'autres sédiments sont d'origine authigène et résultent de transformations chimiques subies *in situ* par les minéraux constituant le lit du biotope considéré. ◆ **chasse des** ~ (*muds clearing*) : l'envasement dans les réservoirs de barrage conduit à effectuer périodiquement une vidange de ces derniers permettant la chasse des sédiments bloqués par la retenue. Cette opération, réalisée à intervalle en général trentenaire, présente un impact souvent néfaste pour les communautés situées en aval. En effet, elle introduit une DBO excessive qui peut induire une désoxygénation d'un tronçon important du cours d'eau, en aval du barrage. Elle augmente aussi considérablement la charge en MES qui peut asphyxier les animaux aquatiques en colmatant leurs branchies et peut introduire une pollution chimique en mettant en circulation des polluants toxiques qui s'étaient accumulés dans les sédiments. (***Voir aussi DBO, Granulométrie, MES, Particule, Sable, Sol***) ◆ **structure des ~** (*sediment structure*) : les sédiments sont constitués par des matériaux minéraux et organiques de taille très variable. On distingue six grandes catégories de constituants : les blocs, les pierres, les cailloux, les graviers, les sables et les vases, auxquelles il faut ajouter des structures physico-chimiques de très faible taille représentées par des molécules colloïdales qui ont la particularité de floculer et de passer réversiblement en pseudo-solution dans l'eau. (***Voir aussi Particules, Sol***)

sédimentaire, adj. (*sedimentary*). Désigne tout ce qui se rapporte aux sédiments. ◆ **charge ~** (*sedimentary load*) : quantité de sédiments transportés par un écosystème fluvial exprimée en t · km^{-2} · an^{-1}. Elle dépend de la densité du drainage, laquelle est contrôlée par plusieurs facteurs abiotiques, essentiellement le relief (pente), la nature du substrat rocheux et le binôme climat-végétation. Il existe une forte corrélation entre l'intensité des précipitations, l'importance et la nature du couvert végétal et la charge sédimentaire. Cette dernière est maximale pour les écosystèmes steppiques car les précipitations y sont plus abondantes que dans des zones arides et l'érosion hydrique y est très forte, car le couvert végétal est de faible densité, voire discontinu, ce qui favorise un ruissellement intense au moment des pluies. À l'opposé, malgré des précipitations importantes, voire très considérables, la charge sédimentaire des cours d'eau situés dans des zones de biomes forestiers est faible car le boisement annihile l'énergie cinétique de la pluie et donc le ruissellement. Les bassins versants d'écosystèmes fluviaux sis dans des zones de biomes steppiques présentent donc les plus fortes charges sédimentaires. Les records sont détenus par les cours d'eau situés dans des régions exposées au surpâturage, ou à une mise en valeur agricole intempestive, favorisant l'érosion des sols. Le fleuve jaune (Hoang Ho) en Chine du Nord constitue avec le Brahmapoutre – mais à un degré moindre pour ce dernier – l'hydrosystème fluvial ayant le record de charge sédimentaire, car son bassin versant est situé pour l'essentiel dans les zones steppiques dont le substrat est constitué par les terres à lœss – sédiments très fins d'origine périglaciaire donc très sensibles à l'érosion hydrique (et éolienne). En conséquence, ce fleuve présente une charge sédimentaire impressionnante qui peut atteindre en période de crue jusqu'à 300g · l^{-1} ! Le dépôt de ces sédiments en aval, dans la plaine d'inondation a eu pour conséquence un exhaussement du lit de ce fleuve, avec formation de digues naturelles, par la suite constamment renforcées par les populations locales. De nos jours, le Hoang Ho coule à une hauteur moyenne supérieure de plus de 8 mètres à celle de sa plaine alluviale. Aussi, la rupture des digues qui le contiennent a-t-elle été à plusieurs reprises la cause d'inondations cataclysmiques au cours de la période historique, celles de 1931 ayant provoqué sans doute plus de 2 millions de morts.

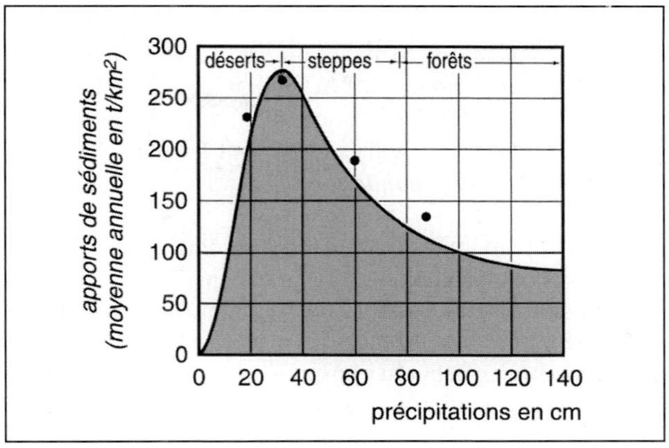

Variation de la charge **sédimentaire** dans un bassin versant en fonction de l'intensité des précipitations. (D'après Langbein et Stumm, in Ramade F., *Les catastrophes écologiques*, McGraw-Hill, 1987, p. 158)

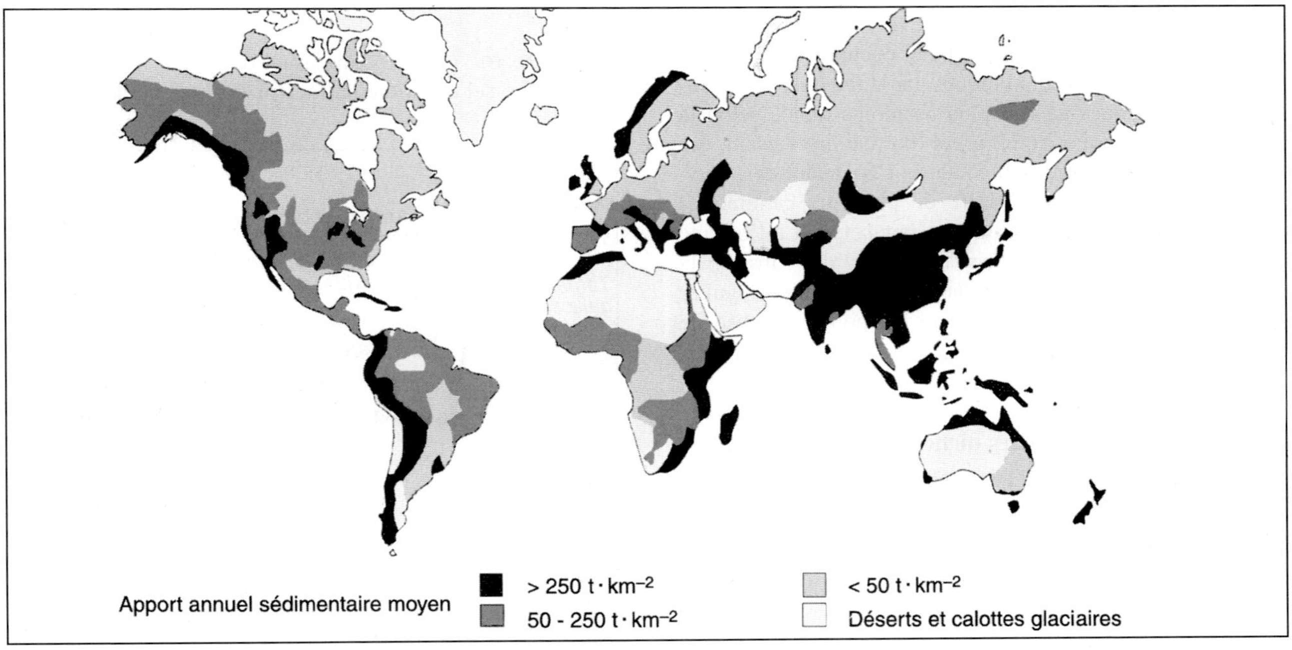

Carte du monde représentant l'importance relative de la charge **sédimentaire** transportée annuellement dans les principaux bassins fluviaux, exprimée en apport sédimentaire moyen annuel en tonnes · km^{-2}. (D'après Douglas, in Turner et al. (Eds), *The Earth as transformed by Human action*, Cambridge University Press, 1990, p. 216)

◆ **cycle** ~ (*sedimentary cycle*) : phases d'érosion successives qui façonnent une roche ou un dépôt sédimentaire. Ces derniers se caractérisent par l'extraction à chaque phase des minéraux les plus labiles de sorte qu'au terme de la maturation ultime des cycles, seuls subsisteront les plus résistants. ***(Voir aussi Érosion, Inondation)***

sédimentation, n. f. (*sedimentation*). Phénomène propre aux écosystèmes aquatiques qui se caractérise par le dépôt de sédiments au fond des eaux. La sédimentation joue un rôle majeur dans certains cycles biogéochimiques dits sédimentaires comme celui du phosphore ou encore du calcium. Elle intervient aussi dans certains cycles à phase gazeuse comme celui du carbone ou du soufre.

En ce qui concerne la pollution des eaux, la sédimentation peut apparaître *a priori* comme un phénomène favorable puisqu'elle intervient apparemment dans les processus de décontamination des écosystèmes aquatiques. En réalité, une durée parfois séculaire est nécessaire pour que la sédimentation élimine des contaminants minéraux (métaux lourds) ou organiques, des biotopes aquatiques. En effet, tant que les contaminants, après arrêt des rejets, ne sont pas enfouis à une profondeur suffisante dans les couches sédimentées, les échanges physico-chimiques sédiments-eau et les phénomènes de bioturbation les remettent en circulation dans les eaux marines ou continentales polluées. ***(Voir aussi Dystrophisation)*** ◆ **vitesse de** ~ (*sedimentation pace*) : elle varie beaucoup en fonction de l'importance du flux et de la charge sédimentaire des cours d'eau concernés. On a pu noter dans l'Alberta, en zone de céréaliculture intensive donc exposée à l'érosion de sols steppiques mis en culture, des dépôts de limons atteignant un centimètre par jour en moyenne en période de crue. Aux États-Unis, une crue de l'*American River* en 1935 à provoqué de considérables dépôts de matériaux alluvionnaires constitués d'un mélange de sable et de graviers ayant généré un exhaussement du niveau moyen du sol compris entre 0,9 m et 1,2 m.

La construction de barrages accélère la vitesse de sédimentation dans la section du cours d'eau occupée par le réservoir car les sédiments sont bloqués par la retenue. Cet envasement des retenues va être plus ou moins rapide selon la nature minéralogique et le relief du bassin versant qui conditionnent la charge sédimentaire. Cependant des vitesses de sédimentation de l'ordre de plusieurs centimètres voire décimètres par an ne sont pas rares et sont à l'origine de l'envasement accéléré des réservoirs de barrage, la chasse des sédiments effectuée à intervalle régulier (décennal par exemple) ne suffisant par pour neutraliser le phénomène de comblement. ***(Voir aussi Envasement, Réservoir, Sédiment)***

ségrégation, n. f. ◆ ~ **des niches écologiques** (*niche segregation*) : ensemble des processus par lesquels des espèces d'un même peuplement délimitent leur niche écologique de sorte qu'il n'y ait aucun recouvrement avec celle de la (ou des) espèce(s) écologiquement la(les) plus voisine(s). ***(Voir aussi Niche écologique)***

seif, n. m. Dune de sable de forme linéaire, se rencontrant dans les déserts chauds, qui présente une faible incurvation aux deux extrémités dans le sens des vents dominants. Cette structure géomorphologique se forme quand le vent souffle alternativement dans des sens opposés en première approximation.

seisme, n. m. (*seism, earthquake*). Phénomène géologique dénommé vulgairement tremblement de terre qui résulte de la subduction de plaques continentales sous des plaques océaniques.

Les séismes figurent parmi les catastrophes naturelles dont les conséquences sont les plus désastreuses tant par les pertes en vies humaines que par les dommages économiques qu'ils causent.

En réalité, les séismes n'ont pas le même impact dans les pays développés que dans le Tiers monde (à intensité égale).

Le non respect des normes de construction anti-sismiques, l'absence de planification environnementale, accroissent considérablement leurs conséquences dans les pays réputés en voie de développement. L'impact catastrophique du séisme de Mexico, en 1986, qui fit plus de 15 000 morts dans un quartier populaire de cette ville, résulta en grande partie du fait que les habitations détruites avaient été construites sur une faille active sans mesure particulière de précaution. À l'opposé, celui d'Osaka, en 1995, ne fit « que » 5 000 morts bien que d'intensité comparable, et celui de San Francisco en 1990 fit à peine quelques centaines de morts. ***(Voir aussi Richter, Tectonique des plaques)***

séismonastie, n. f. (*seismonasty*). Mouvement spontané des végétaux provoqué par des chocs sur une partie de ces derniers. Un cas bien connu est celui des feuilles de sensitive dont les folioles se replient au moindre contact des feuilles avec un corps étranger.

séismotaxie, n. f. (*seismotaxy*). Déplacement d'un organisme animal dans un sens déterminé par une vibration mécanique ou un choc sur le substrat.

sel(s), n. m. (*salt*). Terme usuel désignant le chlorure de sodium. Le sel constitue un facteur écologique de première

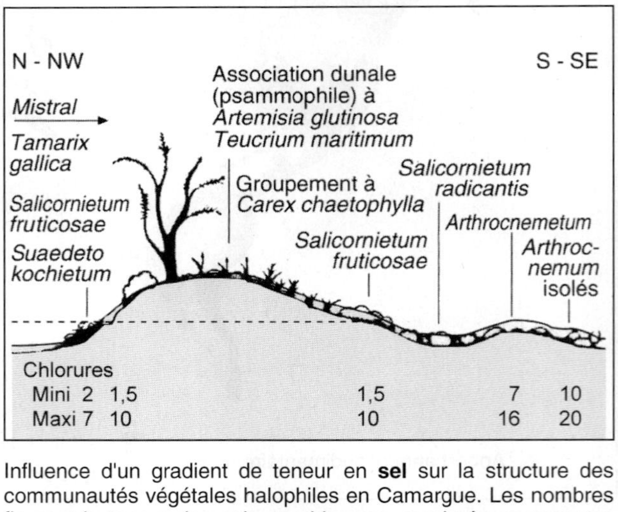

Influence d'un gradient de teneur en **sel** sur la structure des communautés végétales halophiles en Camargue. Les nombres figurent la teneur des sols en chlorures, exprimée en pourcentage dans l'eau interstitielle. (In Ramade F., *Écologie fondamentale*, Ediscience international, 2e ed., 1994, p. 122)

importance dans certains biotopes terrestres ou aquatiques. Son excès détermine la nature des biocœnoses qui peuvent se développer dans de tels écosystèmes car sa concentration représente un facteur limitant de première importance. Sa concentration dans les sols, au-delà d'environ 5 p. 1 000, interdit le développement de la plupart des espèces végétales et de toute espèce de plante cultivée.

En bordure des lagunes littorales sursalées, on observe une succession de groupements végétaux conditionnée par le gradient de teneur des sols en sel.

Par suite de leur inféodation à des salinités précises dans l'espace et dans le temps, les plantes halophytes se répartissent toujours en groupements « concentriques » bien définis autour des dépressions salées continentales ou littorales. **(*Voir aussi Halophyte*)** ◆ **glandes à** ~ (*salt glands*) : glandes propres à certains oiseaux de mer, en particulier aux Procellariiformes, situées au-dessus du bec, dont le rôle est d'excréter le sel, ce qui leur permet de boire l'eau de mer. De tels organes se rencontrent aussi chez les Reptiles. **(*Voir aussi Salinité, Sodium*)** ◆ ~ **minéraux nutritifs** : voir Éléments minéraux nutritifs, Nutriment.

Sélaciens, n. sc. (*sharks, rays*) (syn. : Chondrichthyens). Classe de poissons cartilagineux dont le squelette peut être calcifié mais n'est pas ossifié. Ils possèdent plusieurs fentes branchiales, cinq en général, qui sont ouvertes à l'extérieur à la différence des Téléostéens où elles sont protégées par un opercule. Les Sélaciens possèdent une bouche ouverte en grande fente transverse à la face inférieure de la tête. Elle est généralement pourvue de dents triangulaires acérées qui se renouvellent par déhiscence. La plupart des espèces, carnivores, sont de redoutables prédateurs (le grand requin blanc, *Carcharinus carcharias*, atteint plus de 10 m de long) ; mais certaines familles comme celle des Cétorhinides chez les requins et les Mobulides (*Manta*) chez les raies, sont planctonophages. À l'opposé des Téléostéens, les Sélaciens sont à fécondation interne. L'ovoviviparité est assez répandue chez ces poissons.

Les Sélaciens sont divisés en deux sous-classes, les Holocéphales et les Élasmobranches qui renferment la majorité des quelque 800 espèces actuellement décrites. Ils sont l'objet d'une intense exploitation halieutique et la plupart des espèces de raies et de requins sont actuellement victimes de la surpêche. La situation est particulièrement préoccupante pour de nombreux requins dont les ailerons sont très recherchés par la gastronomie orientale. **(*Voir aussi Téléostéens*)**

Selaginellales, n. sc. Classe de Ptéridophytes inférieurs de la classe des Lycopsides, voisins des Lycopodes, constituant l'ordre des Sellaginellales, dont les représentants actuels sont les sélaginelles. Il s'agit de plantes de petite taille au port rampant.

sélection, n. f. (*selection*). Processus résultant de l'avantage reproducteur d'un phénotype par rapport aux autres phénotypes analogues dans une même population. La sélection détermine la contribution relative des différents génotypes que possèdent les individus d'une population et qui se propagent dans cette dernière. La probabilité relative de survie et de reproduction d'un phénotype donné dans une population est dénommée « *fitness* ». ◆ ~ **de l'habitat** (*habitat selection*) : processus par lesquels une espèce s'inféode à un habitat déterminé dans un écosystème. ◆ ~ **dépendante de la densité** (*density dependant selection*) : désigne en démoécologie un mécanisme de limitation naturelle des effectifs d'une population déterminé par les facteurs densité-dépendants. Un de ces derniers qui intervient de façon déterminante est la compétition interspécifique résultant de l'insuffisance de la nourriture disponible. **(*Voir aussi Démoécologie*)** ◆ ~ **directionnelle** (*directional selection*) : sélection naturelle ou artificielle qui favorise les phénotypes situés à l'une des extrémités de l'échelle de distribution ce qui conduit à la sélection du caractère concerné. ◆ ~ **dirigée** (*directed selection*) : voir Spéciation, Sympatrique. ◆ ~ **K** : voir Stratégies adaptatives. ◆ ~ **naturelle** : processus qui résulte de l'existence d'un différentiel entre les taux de mortalité et le succès reproducteur de deux groupes d'individus situés à l'intérieur d'une même population. Il a pour conséquence de se traduire dans la génération suivante par une représentation numériquement supérieure de la descendance issue de l'un des deux groupes, qui par suite de son avantage sélectif présente un taux intrinsèque d'accroissement naturel supérieur. La sélection naturelle occupe une place centrale et déterminante dans la théorie de l'évolution. **(*Voir aussi Évolution*)** ◆ ~ **r** : voir Stratégies adaptatives. ◆ **coefficient de** ~ (*selection coefficient*) : mesure de l'avantage ou au contraire de la déficience relative de fitness d'un génotype comparé à un autre génotype dans une population. Si s = 100 cela signifie qu'un individu sur 100 d'un génotype considéré est inapte à se reproduire. ◆ **différentiel de** ~ (*selection differential*) : différence quantitative entre la valeur moyenne d'un caractère phénotypique dans une population donnée et sa valeur moyenne dans les individus sélectionnés pour produire la génération suivante. ◆ **pression de** ~ (*selection pressure*) : pression exercée par les contraintes environnementales (abiotiques et – ou – biotiques) au travers de la sélection naturelle et de l'évolution. En conséquence une faible pression de sélection se traduit par peu de changements évolutifs et inversement. ◆ **réponse à la** ~ (*selection response*) : si dans une population un caractère quantitatif est sélectionné, la réponse à la sélection observée R a pour valeur :

$$R = \hat{A}_0 - \hat{A}_p$$

différence entre la valeur moyenne du caractère dans la descendance $\hat{A}_0$ et la valeur moyenne de ce caractère dans la population parentale avant la sélection $\hat{A}_p$.

sélective, n. f. ◆ **espèce** ~ (*selective species*) : désigne en phytosociologie une espèce végétale qui est associée en règle générale à un type donné de phytocœnose (classe 4 de l'échelle de fidélité).

sélénium, n. m. (*selenium*). Élément de numéro atomique Z = 34 et de masse atomique Ar = 79 dont le corps simple est un métalloïde. Il est utilisé en métallurgie, en électronique pour la préparation de verres spéciaux, ainsi que pour celle de pigments. Fait paradoxal, malgré une forte toxicité pour les Vertébrés homéothermes, le sélénium est un élément biogène doué de propriétés hormétiques car il est de façon générale indispensable aux êtres vivants à faibles doses, mais devient toxique à partir de certaines concentrations. Il intervient en particulier dans la constitution de la glutathion peroxydase et de certains enzymes du groupe des superoxydes dismutases. On a observé de nombreux problèmes écotoxicologiques au cours des dernières décennies dus à la mobilisation du sélénium des sols par des altérations écologiques ou parfois à la pollution des eaux par ce dernier. En Californie, la contamination de la Réserve de Kesterton par cet élément a provoqué une forte mortalité dans l'avifaune aquatique avec apparition de malformations tératologiques dans la descendance des oiseaux contaminés par voie alimentaire. En Chine, au cours des années 1980, la remobilisation du sélénium dans des sols riches en cet élément, à la suite de conditions climatiques marquées par une sécheresse anormale, a provoqué une grave intoxication de populations locales et la mort de plusieurs milliers de personnes intoxiquées par la consommation de plantes cultivées dans lesquelles cet excès de sélénium était passé par translocation radiculaire.

sélénodonte, adj. (*selenodont*). Désigne un type de dents jugales, propres à des Mammifères herbivores, caractérisées par des tables d'usure en forme de croissant. ***(Voir aussi Bunodonte, Hypsodonte, Lophodonte, Sécodonte)***

sélénophyte, n. f. (*selenophyte*). Plante adaptée ou tolérante à de hautes teneurs des sols en sélénium et utilisée de ce fait comme bioindicateur de ce type de sols.

sélénotropisme, n. m. (*selenotropism*). Réponse dans l'orientation d'un animal à la lumière lunaire. L'essaimage de certaines espèces d'Annélides Polychètes comme les palolos (*Eunice fuscata*) du Pacifique tropical est commandé par un sélénotropisme.

sématique, adj. (*sematic*). Caractère morphologique et (ou) chromatique propre à une espèce animale servant de signal ou avertissant d'un danger une autre espèce, généralement un prédateur potentiel. Le mimétisme fait largement appel à de tels caractères. ***(Voir aussi Mimétisme)***

sémelpare, adj. (*semelparous*). Désigne une espèce vivante qui ne se reproduit qu'une seule fois dans sa vie après avoir atteint l'âge adulte et périt en général peu après. Il existe de nombreuses espèces végétales et animales sémelpares. Il s'agit en général d'espèces annuelles. ***(Voir aussi Itéropares, Stratégies adaptatives)***

sémelparité, n. f. (*semelparity*). Désigne le fait qu'un être vivant est sémelpare. La sémelparité est en règle très générale l'apanage d'espèces à brèves périodes de vie. Chez les végétaux, elle se rencontre donc chez les thérophytes, comme la plupart des Graminées annuelles et chez les animaux dans de nombreux groupes d'Invertébrés. Elle est en particulier largement prépondérante dans la classe des Insectes. On connaît des cas de sémelparité chez des espèces vivantes douées d'une forte longévité. Ainsi les agaves et certains bambous ont une longévité séculaire mais périssent peu après avoir fleuri et donné leurs graines. ◆ **~ différée** (*delayed semelparity*) : type de sémelparité caractérisé par un long délai entre le moment où une plante ou un animal présentant ce type de reproduction achève sa croissance et le moment où prendra lieu l'unique phase de reproduction de son existence. Chez les plantes, les agaves, les bambous ou encore les yuccas sont dans ce cas. Chez les animaux, les saumons ou les anguilles présentent aussi ce type de sémelparité. ***(Voir aussi Itéroparité, Stratégie adaptative)***

semence(s), n. f. (*seed*). Terme utilisé en agronomie pour désigner une graine ou un autre organe végétal utilisé pour donner une plante. Le terme est par analogie utilisé en zootechnie pour désigner le sperme des mâles reproducteurs des diverses races d'animaux domestiques. ◆ **banque de ~** (*seed bank*) (syn. : banque de germiplasmes) : local ou champ destiné à maintenir une collection de graines ou autres organes végétatifs concernant des espèces sauvages et (ou) des variétés de plantes cultivées constituées afin de préserver le patrimoine génétique végétal. ***(Voir aussi Biodiversité, Graine)*** ◆ **enrobage des ~** (*seed dressing*) : technique agronomique consistant à entourer les graines destinées à être ensemencées par une gaine en matière minérale inerte imprégnée de pesticides (généralement un insecticide et un agent anti-fongique) destinées à protéger la jeune plantule des attaques de ravageurs ou de champignons phytopathogènes agents de la fonte des semis. ***(Voir aussi Fongicides, Pesticides)***

semencier, n. m. (*seed tree*) (syn. : porte-graines). Arbre assurant la régénération dans un boisement naturel ou qui est utilisé dans une exploitation sylvicole pour produire des semences. ***(Voir aussi Sylviculture)***

semi-désert, n. m. (*semi-desert*). Biotope semi-aride où les précipitations sont inférieures à 200 mm/an et qui présente une grande variabilité inter-annuelle. ***(Voir aussi Désert, Thornwaite)***

semi-espèce, n. f. (*semi-species*). Population qui présente des caractères intermédiaires entre ceux d'un écotype et ceux d'une espèce bien différenciée. Il s'agit d'individus chez lesquels il n'existe plus qu'un flux d'échange très réduit de gènes avec le reste des populations de l'espèce considérée. Il s'agit en fait d'un processus d'isolement non encore achevé qui correspond à un stade avancé de la spéciation.

semi-naturel(le), adj. (*semi-natural*) ◆ **boisement ~** (*semi-natural woodland*) : forêt qui a été exploitée de longue date et dans laquelle la futaie est jardinée, ou – à un degré d'intervention humaine supérieur – dans laquelle on a replanté après la coupe la même essence qui dominait dans le peuplement climacique. ◆ **communauté ~** (*semi-natural community*) : type de biocœnose qui a subi de longue date l'action de l'homme au travers de l'exploitation du couvert végétal – en particulier par l'élevage extensif. Il en est résulté la formation de paraclimax comme par exemple les landes à bruyère de l'Europe atlantique; de même, bien des pelouses sèches des plaines européennes possèdent une grande biodiversité des peuplements herbacés ou pérennes, liée à de nombreuses adaptations des végétaux telles le port en rosette ou encore l'existence de plantes épineuses qui les prémunit du broutage par le bétail.

semi-perméable, adj. (*semi-permeable*) ◆ **membrane** ~: membrane qui ne laisse passer que de petites molécules dissoutes dans l'eau ou dans tout autre solvant, à la limite seulement celui-ci. De telles membranes sont utilisées dans l'osmose inverse afin de dessaler l'eau de mer ou d'épurer des eaux renfermant des métaux toxiques et coûteux (sels d'argent par exemple). ***(Voir aussi Osmose)***

sempervirence, n. f. (*sempervirence*). Propriété qu'ont de nombreuses espèces végétales (conifères, diverses espèces ligneuses sclérophylles), de conserver leur feuillage pendant la mauvaise saison, chaque feuille pouvant avoir une longévité de plusieurs années. ***(Voir aussi Végétation)***

sempervirente(s), adj. ◆ **espèce** ~ (*evergreen species*) : espèce dont le feuillage ne tombe pas à l'approche de la saison défavorable (lorsqu'elle existe), les feuilles pouvant vivre plusieurs années. Elles s'opposent aux espèces végétales caducifoliées dont le feuillage tombe chaque année à l'approche de la mauvaise saison (hiver, ou encore saison sèche dans les régions tropicales). ◆ **végétation** ~ (*sempervirent vegetation*) : type de formation végétale constituée par des espèces aux feuilles persistantes. La plupart des écosystèmes forestiers méditerranéens et les formations dégradées qui leur ont succédé (garrigues et maquis) sont de ce type.

Senecio, n. sc. Composées herbacées ou arbustives se rencontrant dans la quasi-totalité des écosystèmes terrestres de l'Ancien Monde. ◆ ~ **arborescent** (*tree groundsel*) : arbustes de l'ordre des Astérales, propres à l'étage alpin des hautes montagnes d'Afrique tropicale. Chaque montagne possède sa propre espèce endémique : *S. kenyodendron* au mont Kenya, *S. aberdarensis* dans l'Aberdare, *S. simienensis* au mont Simiène (Éthiopie), etc. Les *Espeletia* du paramo des montagnes tropicales de la chaîne andine en constituent les équivalents écologiques. ***(Voir aussi Espeletia, Paramo)***

sénéçons, n. m. Voir *Senecio*.

sénescence, n. f. (*senescence, aging*). Phénomène biologique caractérisant le vieillissement des individus.

sénilité, n. f. (*senility*). Condition caractérisant la phase dégénérative due au vieillissement. Désigne aussi la phase postreproductive.

sensibilisation, n. f. (*sensitization*). Probabilité selon laquelle un stimulus particulier produira une réponse éthologique déterminée si l'animal est exposé à ce dernier de façon répétée.

sensibilité, n. f. (*sensitivity*) ◆ ~ **aux polluants** (*pollutants sensitivity*) : les êtres vivants présentent un vaste spectre de sensibilité aux polluants. On distingue en première analyse des espèces résistantes dites pollutolérantes et des espèces sensibles dites pollusensibles. La sensibilité de certaines espèces à des contaminants xénobiotiques peut être considérable. Ainsi la CL 50 d'insecticides du groupe des pyréthroïdes de synthèse pour les Téléostéens dulçaquicoles est généralement de l'ordre de 0,1 ppb (soit 0,1 $\mu g \cdot l^{-1}$), de même la métamorphose de *nauplii* de Copépodes en adultes peut être inhibée par des concentrations de composés organochlorés dans l'eau du même ordre de grandeur. Dans un autre domaine, on a pu montrer qu'une dioxine, la TCDD, peut induire des hépatomes chez la truite arc-en-ciel à des concentrations dans l'eau de l'ordre de la dizaine de ppt. Dans les biotopes terrestres, des organismes autotrophes tels les lichens ne peuvent croître dans une atmosphère renfermant plus d'une vingtaine de ppb de dioxyde de soufre par exemple. ***(Voir aussi Bioindicateurs, Écotoxicologie, Résistance)***

sensible, adj. ◆ **période** ~ (*sensitive period*) : période pendant laquelle un jeune animal est réceptif, au plan éthologique, à l'acquisition d'un comportement donné. ◆ **souche** ~ (*susceptible strain*) : désigne une population particulière d'insectes ou d'autres ravageurs qui présente une sensibilité normale aux pesticides.

sépales, n. m. (*sepals*). Désigne en botanique les pièces florales extérieures de couleur généralement verte constituant le calice des fleurs d'Angiospermes.

septique, adj. (*septic*). Désigne un milieu dans lequel se produisent des fermentations anaérobies ou qui est contaminé par des germes pathogènes. ◆ **zone** ~ (*septic zone*) : désigne la partie d'un cours d'eau située immédiatement en aval d'un point de rejet d'effluent chargé de matières organiques fermentescibles dans laquelle s'observe une importante désoxygénation des eaux, le milieu pouvant devenir réducteur et source d'une prolifération bactérienne. ***(Voir aussi Pollution des eaux, Saprobie)***

séquestrant, adj. ◆ **agent** ~ (*sequestrating agent*) (syn. : agent chélatant) : composé capable de retenir un cation métallique présent dans l'eau. ***(Voir aussi Chélate, Ligand)***

Séquoia(s), n. sc. Gymnospermes de la famille des Taxodiacées apparus dès les débuts de l'ère Secondaire qui sont avec une Myrtacée australienne, *Eucalyptus regnans*, les plus grands végétaux ayant jamais existé dans la biosphère. Ils représentent à certains égards des fossiles vivants dont subsistent deux genres à l'heure actuelle : *Sequoia* et *Sequoiadendron*. En Asie de l'Est (Chine tempérée et Japon) se rencontre un genre apparenté, *Metasequoia*, qui présente la particularité, à l'image des mélèzes, de perdre ses feuilles pendant la mauvaise saison. Le gigantisme des séquoias a suscité très tôt les convoitises des sociétés forestières. Dès la deuxième moitié du XIXe siècle, les coupes abusives des séquoias en Californie avaient conduit à créer, en 1864, le première réserve naturelle des États-Unis, le *Mariposa Grove*, destinée à protéger un boisement de séquoias de taille exceptionnelle qui constitua le noyau du futur parc national de Yosemite créé ultérieurement en 1890. Le parc national des Redwoods, créé à la fin des années 1960, a eu de même pour objet de protéger les séquoias côtiers. Ces derniers étaient victimes de coupes rases anarchiques de compagnies privées forestières à qui les pouvoirs publics américains avaient rétrocédé des concessions d'exploitation de ces forêts croissant sur des terres propriétés nationales de l'état fédéral (*National State Forest*).

Sequoia *sempervirens* dans le parc national des Redwoods (Californie). Cette espèce dont certains sujets, aujourd'hui abattus, atteignaient 135 m de haut, constitue le plus grand végétal actuel. (Cliché F. Ramade)

◆ ~ **géant** (*giant sequoia*) (n. sc. : *Sequoiadendron giganteum*) : espèce propre aux moyennes altitudes des sierras californiennes, qui constitue la plus gigantesque créature vivante du monde. Certains sujets vivant de nos jours, dont l'âge est de l'ordre de 3 500 ans, possèdent une biomasse sur pied qui excède 1 500 tonnes.

Tronc du **sequoia** (*Sequoiadendron giganteum*) dit « Général Sherman », dans le parc national des sequoias (Californie). Agé d'environ 3 500 ans, cet arbre qui atteint 9,8 m de diamètre à la base dépasse 100 m de haut, pèse plus de 1 500 tonnes et représente la plus gigantesque créature vivante existant dans la biosphère contemporaine. (Cliché F. Ramade)

◆ ~ ***sempervirens*** (*redwoods*) : espèce de séquoia croissant dans les régions côtières du Nord de la Californie. Certains sujets peuvent dépasser 120 m de haut. ◆ **parc national des** ~ (*Sequoia National Park*) : parc national situé dans la Sierra Nevada en Californie qui a été créé en 1890 pour protéger les plus remarquables boisements de *Sequoiadendron giganteum* alors menacés de coupe par des sociétés forestières privées de l'Ouest des États-Unis. ***(Voir aussi Déforestation, Gymnospermes, Parc national, Taxodiacées)***

sérac, n. m. (*serac*). Pilier de glace se formant sur un glacier au niveau des zones de rupture de pente.

sère, n. m. (*sere*). Terme désignant un stade successionnel donné dans une série écologique. ***(Voir aussi Succession)***

Serengeti, parc national du (*Serengeti National Park*). Parc national situé dans le Nord-Ouest de la Tanzanie, frontalier avec la réserve de Masaï Mara au Kenya. D'une surface de 1,476 million d'hectares, ce parc protège un des plus importants peuplements d'Ongulés et autres grands Mammifères propres à l'Afrique tropicale. Compte tenu de son altitude relativement élevée, les écosystèmes du Sérengeti ont des caractéristiques intermédiaires entre celles d'une savane soudanienne et d'une steppe tempérée. Le tapis graminéen est largement dominant, les ligneux étant fort peu abondants par endroits (comme d'ailleurs dans la réserve voisine de Masaï Mara, au Kenya, qui en constitue la partie septentrionale au plan écologique).

sérial, adj. ◆ **stade** ~ (*serial stage*) : désigne dans une succession un stade particulier de cette dernière. ***(Voir aussi Sère, Succession)***

série, n. f. ◆ ~ **chronologique** (*stratigraphic sequence*). **1.** Désigne sous ce terme en géologie une séquence stratigraphique constituée de diverses couches de constitution pétrographique homogène et correspondant à une période chronologique s'étant déroulée sans discontinuité dans la sédimentation. **2.** Unité stratigraphique qui se place entre le système et l'âge. ◆ ~ **progressive** (*progressive successional sequence*) : série propre à une succession autogénique, caractérisée par des biocœnoses de plus en plus diversifiées et une biomasse de plus en plus importante. ◆ ~ **régressive**

(*regressive successional sequence*) : série propre à une succession allogénique, marquée dans le temps par des biocœnoses de plus en plus appauvries en espèces et une biomasse de plus en plus réduite. ◆ ~ **de remplacement** (*replacement serie*) : dispositif d'expérimentation sur la compétition interspécifique dans lequel le rapport de densité des deux espèces varie tandis que la densité totale reste constante. ***Voir aussi Succession***)

serir, n. m. (*serir*). Terme de géomorphologie désignant une formation propre aux régions sahariennes qui décrit dans des plaines un placage sédimentaire constitué par des dépôts de sable et de gravier, amené par un chott en crue dans sa zone de tressage.

serpent(s), n. m. (*snakes*). Ordre de Reptiles appartenant à la classe des Ophidosauriens, caractérisés par l'absence de membres, bien que les plus primitifs d'entre eux, les *Boidae*, présentent des vestiges de ceinture pelvienne. Leur longueur peut atteindre 10 m chez l'Anaconda, le géant du groupe inféodé à l'Amazonie.

Ils se caractérisent par une langue fourchue, la présence d'un poumon unique et d'une paire d'organes copulateurs (hemipennis) chez les mâles. Ils sont, en majorité, pourvus de glandes et de crochets à venin, dont la position dans la cavité buccale peut être antérieure (crotales, cobras, vipère) ou médiane (*Colubridae* par exemple). Leur reproduction est de type ovipare ou ovovipare selon les familles. Au plan écologique, les serpents peuvent être inféodés à des biotopes terrestres – soit vivant au sol soit arboricoles – ou aquatiques, certains même uniquement marins (cas des *Hydrophiidae*, famille des serpents de mer). Tous sont de régime carnivore, certains d'entre eux étant ophidophages comme le cobra royal (ou hamadryade) d'Asie du Sud-Est. (***Voir aussi Reptiles***)

serpentine, n. f. (*serpentine*). Roche silico-magnésique provenant de la dégradation de minéraux plutoniques, pyroxènes et olivines. Les serpentines sont également riches en cuivre et en divers autres métaux. Compte tenu de leur composition chimique, les sols installés sur des serpentines renferment de fortes concentrations de métaux toxiques de sorte que seules certaines espèces de végétaux, spécialement adaptées et tolérantes à ces éléments toxiques, peuvent s'y développer.

serre, n. f. ◆ **effet de** ~ (*greenhouse effect*) : phénomène géophysique par lequel les couches inférieures de l'atmosphère retiennent les radiations infrarouges, augmentant de ce fait la température de l'air au voisinage du sol.

L'effet de serre provient de la présence dans l'air de divers gaz traces qui absorbent les radiations infrarouges : vapeur d'eau, gaz carbonique, méthane et ozone en particulier. Cette absorption des radiations calorifiques est ainsi dénommée parce que les basses couches de l'atmosphère se comportent exactement dans ce phénomène comme la vitre d'une serre qui retient la chaleur dans l'enceinte de cette dernière.

Il résulte de l'effet de serre que la température superficielle de la Terre est nettement supérieure à ce qu'elle devrait être

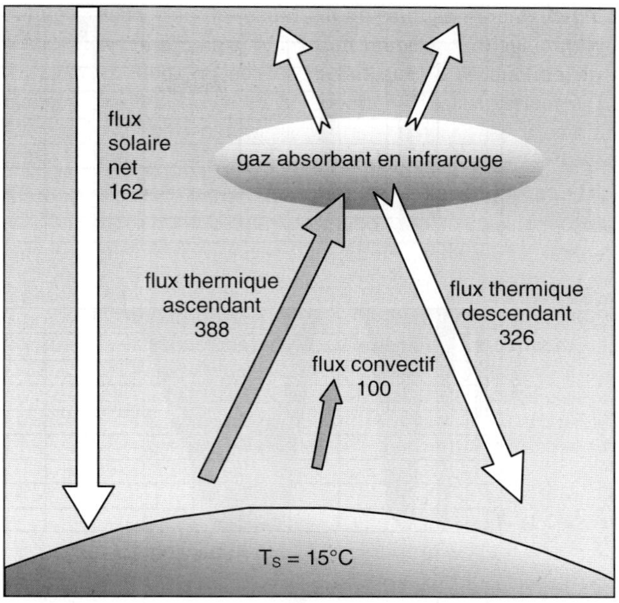

Schéma expliquant le mécanisme de l'effet de **serre**. Le rayonnement solaire incident accédant à la surface terrestre (flux solaire net) est rerayonné vers l'espace sous forme d'infra-rouges (flux thermique ascendant). Ces derniers, absorbés par les basses couches de l'atmosphère qui sont opaques aux longueurs d'onde comprises entre 700 mμ et 30 μ, sont réémis vers la surface (flux thermique descendant), ce qui élève la température de l'atmosphère au voisinage du sol. Les pertes d'énergie sont dues au flux ascendant réémis vers l'espace et au flux convectif qui fait monter dans les hautes couches de la troposphère les masses d'air chauffées au voisinage du sol. L'effet de serre résulte de la différence entre la somme flux ascendant plus flux convectif et flux descendant. Il sera d'autant plus important que cette différence est faible. (Les flux sont figurés en watt/m^2). Ts = température superficielle moyenne de la Terre. (D'après Courtin, Mckay et Pollack, *La Recherche*, n° 243, mai 1992, p. 545)

si l'air était entièrement transparent aux radiations infrarouges. On a pu calculer que dans cette dernière hypothèse, la température d'émission de la surface terrestre (T_e) devrait être de – 18 °C (255 K), or la température superficielle effective T_s est de + 15 °C (soit 288 K). Cette différence de 33 °C résulte de la présence de ces gaz de serre dans l'atmosphère, responsables d'un coefficient de serre C_s ayant pour valeur :

$$C_s = T_s/T_e = 1,13$$

L'homme accroît l'effet de serre à travers l'injection dans l'atmosphère de CO_2 et d'autres gaz de serre. Au rythme actuel de rejet de gaz carbonique dans cette dernière, le doublement de la teneur de l'air en ce gaz s'effectuera d'ici le milieu du XXIe siècle – si rien n'est fait d'ici là pour en réduire les émissions.

Avec environ 6,5 milliards de tonnes en équivalent carbone par an en 2000, les rejets de CO_2 liés à l'usage des combustibles fossiles constituent la plus importante source anthropogène de gaz de serre à l'atmosphère, mais le déboisement propre aux pays du Tiers monde représente aussi une source significative, dont la valeur est comprise entre 1,5 et 3 milliards de tonnes en équivalent carbone par an selon les estimations actuelles.

En conséquence, la teneur en CO_2 de l'atmosphère s'accroît actuellement à un rythme de 1,5 ppm/an par suite de ces diverses sources anthropogènes d'émission.

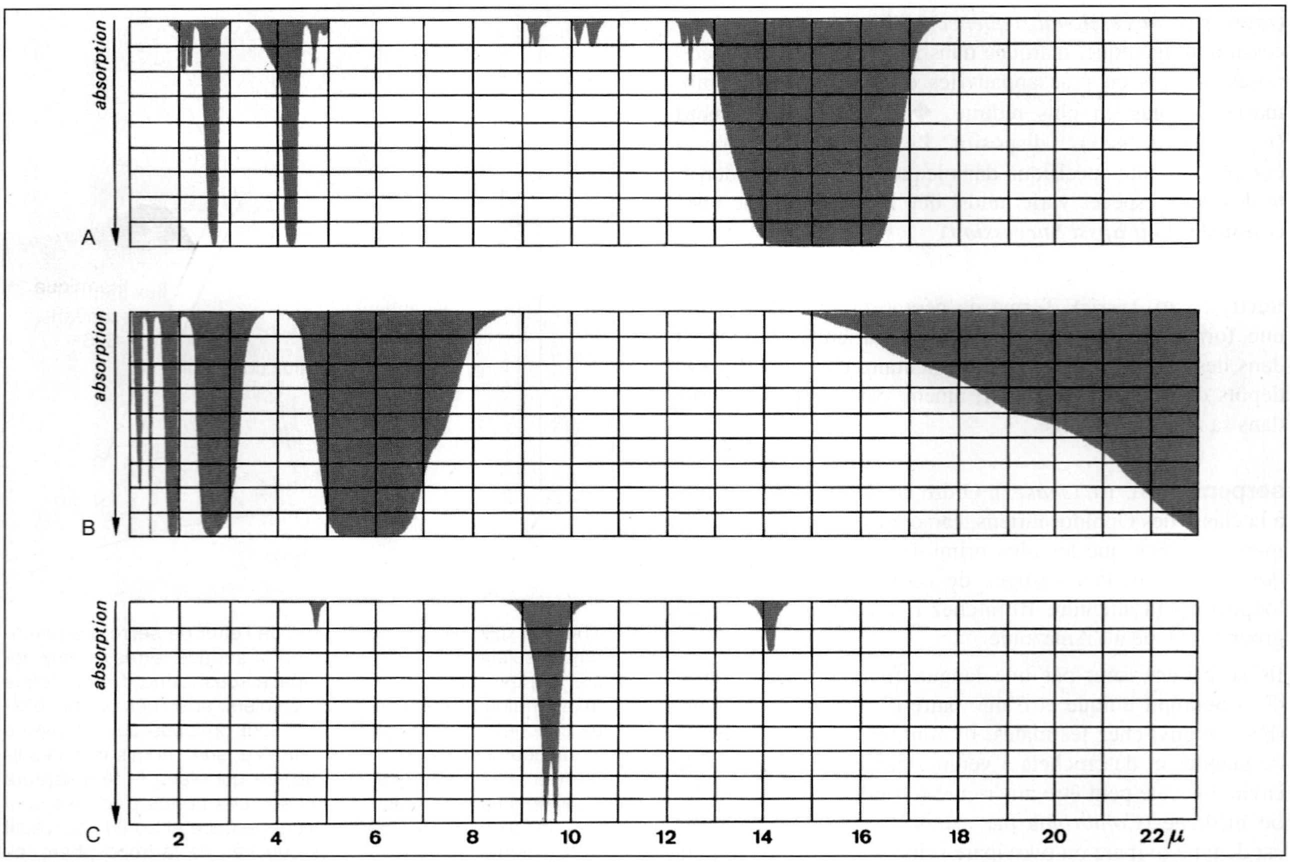

Spectre d'absorption des radiations infra-rouges par quelques gaz de **serre** importants. On constate que le CO_2 (A) absorbe dans la « fenêtre », comprise entre 8 μ et 16 μ, laissée libre par la vapeur d'eau (B), complétant de ce fait l'absorption de l'IR par l'atmosphère. (C). Ozone. (D'après Plass, op. cit., in Ramade F., *Écologie appliquée*, Ediscience international, 5e ed., 1995, p. 126)

À cela doivent être ajoutées d'autres sources de gaz de serre dues aux pollutions : ozone troposphérique, N_2O dû à la dénitrification des engrais utilisés dans les cultures, enfin méthane (CH_4), dont la teneur croît sensiblement au rythme de la croissance démographique puisque les principales sources de ce gaz sont dues à l'élevage et à l'agriculture (rizières en particulier).

En définitive, on considère que les gaz de serre autres que le CO_2 apportent une contribution à la hausse des températures terrestres équivalentes à au moins 50% de celle due à ce dernier.

◆ **changements climatiques globaux dus à l'accroissement de l'effet de ~** : la pollution atmosphérique conduisant en définitive à l'accroissement significatif de la concentration des gaz de serre, elle est de ce fait susceptible au cours des prochaines décennies de provoquer un réchauffement généralisé des climats dû à une augmentation des rejets de gaz de serre dans l'atmosphère.

Les données climatiques relatives aux variations de la température moyenne superficielle terrestre à l'échelle globale ont mis en évidence une nette augmentation de cette dernière, de l'ordre de 0,7 °C, depuis le milieu du XIXe siècle. Ce réchauffement très significatif s'est traduit, entre autres, par un spectaculaire recul des glaciers alpins et ailleurs dans les autres régions du monde et par une régression de la banquise arctique. Il présente aussi une très nette corrélation avec l'accroissement de l'effet de serre survenu dans cette période, résultant de l'augmentation de la teneur de l'atmosphère en gaz de serre, en particulier du plus abondant d'entre eux, le CO_2. Par suite de ses activités, l'espèce humaine a provoqué, en à peine plus d'un siècle, une élévation aussi importante de la concentration atmosphérique en ce gaz que celle qui s'est effectuée en deux milliers d'années à la fin de la dernière glaciation !

L'augmentation actuelle et future de l'effet de serre, liée à la pollution atmosphérique par ces gaz, soulève donc dès à présent de redoutables questions pour les activités humaines. Elle implique une estimation aussi précise que possible de l'accroissement à venir des températures moyennes terrestres et des autres conséquences climatiques qui leur sont associées.

Seuls les modèles informatiques de climats permettent de quantifier des phénomènes aussi complexes et cela d'autant plus que des boucles de contre-réaction interviennent, ne serait-ce que parce que l'accroissement de la teneur en vapeur d'eau dans l'atmosphère augmente la nébulosité, laquelle a tendance à diminuer les températures au niveau du sol.

D'autre part, les quantités d'énergie contenues dans l'océan sont considérables et jouent un rôle essentiel sur les climats en milieu continental. Les phénomènes récurrents d'El Niño ont montré au cours des toutes dernières décennies l'impact majeur de l'océan sur les climats continentaux. Le phénomène est par ailleurs d'autant plus complexe que les temps de réponse thermique dans l'atmosphère sont beaucoup plus courts que dans l'océan. Par ailleurs, la question à laquelle sont confrontés les modélisateurs est de prévoir à l'échelle régionale – et pas seulement globale – les change-

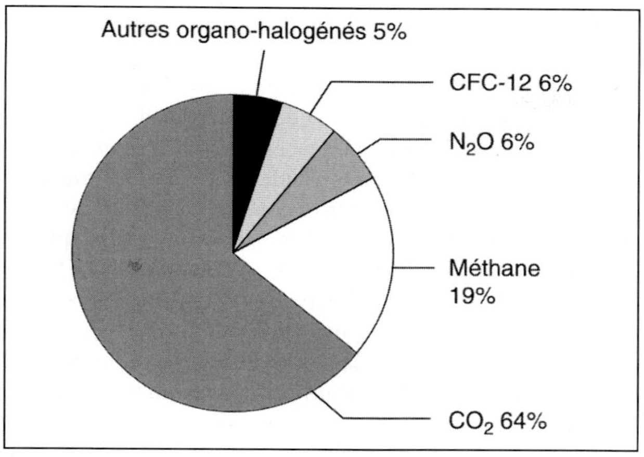

Proportion relative en pourcentage de la contribution des divers gaz de **serre** à la hausse des températures terrestres. (In Houghton et al., op. cit., 1996, p. 25)

ments climatiques dus à l'effet de serre. Ces derniers concernent non seulement les températures mais aussi les précipitations et aussi l'occurrence de phénomènes météorologiques désastreux tels les ouragans et les tornades ou encore l'occurrence d'épisodes de sécheresses catastrophiques. Il existe de nos jours de nombreux modèles essayant de prévoir les conséquences climatiques de la pollution de l'atmosphère par ces gaz de serre. Selon le cas, pour un doublement de ces derniers, ils prévoient une augmentation de la température moyenne globale de 1,5 °C à 4,5 °C. Dans tous les cas, il s'agit d'un accroissement conséquent si l'on songe que la température moyenne superficielle de la Terre est de 15 °C!

Malgré les divergences existant entre les divers modèles actuels, un ensemble de conclusions peuvent être tirées. Le réchauffement serait maximum aux hautes et moyennes latitudes. Par ailleurs, le régime des précipitations serait modifié. En particulier, il se manifesterait par une aridification du climat entre 30 et 50° de latitude Nord et dans les régions tropicales de l'hémisphère austral, dans un contexte de pluviométrie moyenne globale accru.

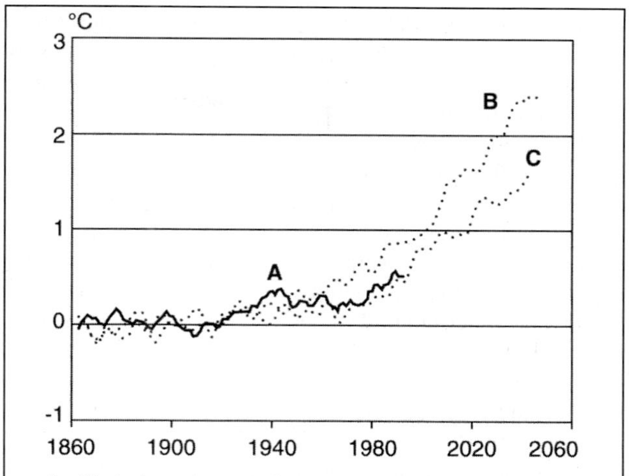

A Variations de températures moyennes observées depuis 1860
B Augmentation de température prévue
C Augmentation de température prévue en tenant compte des rejets de sulfate

Prévision à partir de modèles climatiques de l'accroissement de température moyenne superficielle terrestre d'ici 2050 en supposant une augmentation à 570 ppm de la teneur en CO_2 atmosphérique, le principal gaz de **serre** d'ici cette date. On constate que si l'on tient compte de la hausse concomitante des aérosols de sulfates, on arriverait à une hausse de 1,8°C, ce qui est considérable. (D'après Mitchell et al., *Nature*, op. cit., 1995, n° 640, p. 502)

Les conséquences de ces changements climatiques seraient très nombreuses. On assisterait à un bouleversement des climats en Amérique du Nord et en Europe tempérée, la Suède pouvant par exemple connaître à la fin du XXIe siècle un climat méditerranéen. La fréquence des cyclones et leur intensité serait accrue en particulier dans le Sud-Est de l'Amérique du Nord. Les effets de ces changements climatiques sur la biodiversité seraient considérables car rien ne prouve que les communautés végétales et animales pourraient s'adapter à des changements si rapides.

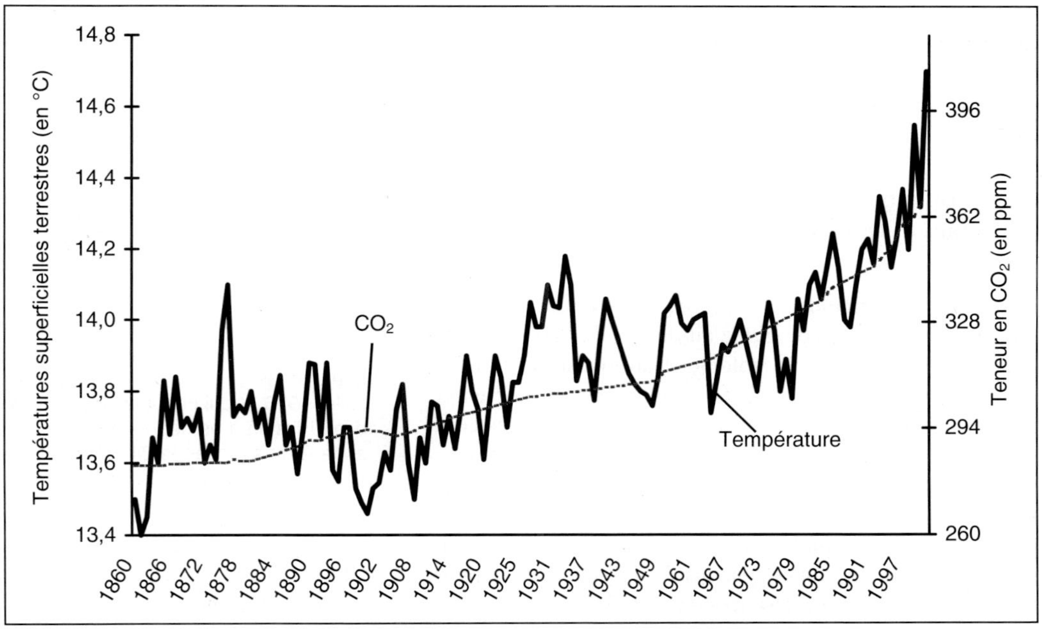

Corrélation entre les variations des températures superficielles terrestres depuis 1860 et la hausse concomitante de l'effet de **serre** consécutive à celle de la teneur en CO_2 atmosphérique. (In Karl et Trenberth, *Scient. Amer.*, vol 281, 1999, n° 6, p. 64)

Les effets sur la production agricole seraient contradictoires car si la hausse de température permettait de repousser vers le nord la limite des cultures, et accélérerait la croissance des végétaux cultivés, à l'opposé l'aridification des zones de l'hémisphère boréal où les sols sont les plus favorables à la culture de céréales aurait des conséquences désastreuses sur leur rendement. Une autre conséquence, due à l'accroissement de l'effet de serre, elle automatiquement négative, tient en la hausse prévisible et déjà en cours du niveau des océans. Dans un premier temps, cette dernière sera limitée à la dilatation thermique de l'eau, mais elle pourrait approcher voire dépasser le mètre. Faut-il rappeler que des pays comme la Hollande ont déjà 40% de leur surface au-dessous du niveau de la mer ? De même, d'immenses deltas comme celui du Gange ou du Mékong ont une altitude moyenne de 3 m sur la majorité de leur surface. En Europe, le delta du Rhône, en Camargue, est à une altitude moyenne de 60 cm, si l'on excepte son système dunaire littoral! Cependant, si la tendance au réchauffement climatique se manifestait dans les prochains siècles, le phénomène de hausse du niveau de la mer prendrait une amplitude cataclysmique à cause de la fonte des banquises continentales (inlandsis) arctique et surtout antarctique. Dès à présent, le phénomène est considéré comme amorcé. Ainsi dans l'été antarctique a été observé en terre de Larsen en 1997 la formation de deux icebergs monstrueux, le plus grand dépassant 5 000 km^2! La fusion du tiers du volume des inlandsis provoquerait une hausse du niveau de la mer qui serait de l'ordre d'une trentaine de mètres. Faut-il rappeler par exemple qu'à Paris, l'île de la Cité n'est qu'à 25 m d'altitude? ***(Voir aussi Climats, CO_2)***

sessile, adj. (*sessile*). Désigne les espèces animales incapables de se déplacer car elles vivent fixées à la surface d'un substrat inerte ou vivant (algues macrophytes, ou encore autre espèce animale de plus grande taille). Des classes voire des embranchements entiers d'Invertébrés aquatiques sont sessiles. Parmi ces derniers, les exemples les plus connus sont les Mollusques bivalves, les Bryozoaires Ectoproctes et Entoproctes, ou encore divers ordres d'Annélides Polychètes tubicoles.

seston, n. m.. (*seston*). Particules de matière organique parfois absorbée sur un substrat inorganique, en suspension dans l'eau de mer. Le terme pourrait être étendu aux écosystèmes dulçaquicoles.

sestonophage, adj. (*sestonophagous*). Désigne une espèce animale marine se nourrissant de seston.

seuil, n. m. **1. Écologie** (*threshold*) : discontinuité dans la valeur d'un facteur écologique au-dessus de laquelle prend place une réponse écophysiologique au niveau de l'individu, démoécologique à celui des populations et biocœnotique quand on se place à celui des peuplements et des communautés. **2. Hydrobiologie** (*riffle*) : structure hydromorphologique se rencontrant dans un cours d'eau surtout au niveau du rhithron, dont le matériel pétrographique du lit est grossier, la profondeur relativement faible et l'écoulement turbulent entraînant parfois la présence de rapides voire de chutes. ***(Voir aussi Mouille, Profil)***

Seveso (*Seveso*). Accident industriel, aux dimensions catastrophiques, qui survint en Italie dans la banlieue de Milan en juillet 1976. Celui-ci fut provoqué par l'explosion d'un réacteur chimique dans lequel on fabriquait du trichlorophénol dans une usine pharmaceutique de la firme ICMESA appartenant au groupe Givaudan. Comme des dioxines se forment dans une réaction secondaire au cours de cette synthèse, ces dernières furent dispersées dans l'atmosphère, en particulier environ 2 kg de la redoutable TCDD, qui contaminèrent plusieurs milliers d'hectares situés aux alentours de cette installation industrielle. Plusieurs centaines de gros animaux domestiques (bovins et chevaux) périrent pour avoir consommé des fourrages contaminés par ces retombées chimiques. Il fut décidé avec quelque retard d'évacuer environ 15 000 personnes vivant dans la zone la plus polluée. ◆ **directive** ~ : directive établie par la Communauté européenne en décembre 1981, à la suite de l'accident du même nom, et reprise par le Ministère de l'Environnement français. Elle prescrit le recensement des principales installations industrielles présentant un risque de nature catastrophique. Elle édicte aussi un ensemble de mesures de sûreté dans un but de prévention, qui concernent en particulier la maîtrise de l'urbanisation avec l'établissement de périmètres de protection autour des installations industrielles à haut risque, mais aussi la communication à l'administration par l'exploitant de la nature et des tonnages des produits dangereux ainsi que de leurs conditions de stockage. Par ailleurs, elle prescrit un ensemble de dispositions à mettre en œuvre pour assurer la protection des populations riveraines en cas d'accident grave. Une nouvelle directive dite « Seveso II » a été promulguée par l'Union Européenne en décembre 1996. Cette dernière reprend les dispositions de la précédente. Elle réaffirme la nécessité de déclarer les éléments susceptibles d'être la cause d'accident dans les installations concernées et elle comporte de nouvelles dispositions qui, en particulier, font obligation d'un rapport de sécurité détaillé fourni tous les cinq ans aux pouvoirs publics compétents. ***(Voir aussi Installations classées, Risques)***

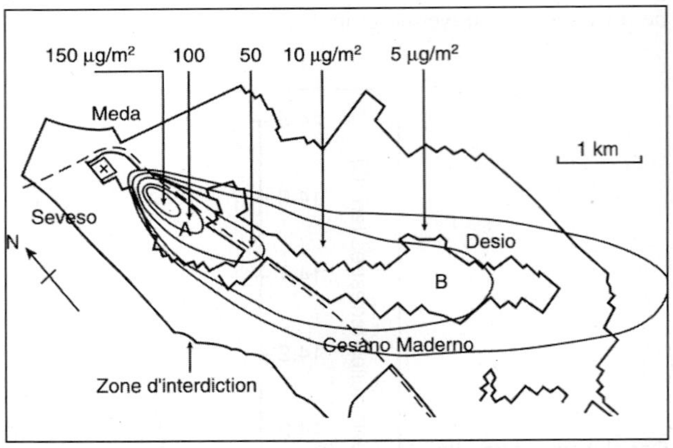

Zones environnant **Seveso** qui ont été affectées par les retombées de dioxine (TCDD en particulier) lors de l'accident du 10 juillet 1976 et qui conduisit les autorités à définir des périmètres d'interdiction. Les dépôts de TCDD (en µg/m^2) sont estimés. La zone A fut évacuée le 24 juillet 1976 et la zone B fut décontaminée ultérieurement. (D'après Warner, in Elson, op. cit., 1989, p. 58)

Sevin®, n. m. (= carbaryl) (*Sevin*). Formule : 1 naphtyl N-méthyl carbamate. Insecticide de contact du groupe des carbamates très utilisé contre divers insectes phyllophages nuisibles aux cultures. (***Voir aussi Insecticide***)

sexe, n. m. (*sex*). Ensemble des caractères phénotypiques (morphologiques, anatomiques et physiologiques) et génotypiques correspondants qui sont propres aux mâles, aux femelles et (ou) aux individus hermaphrodites de chaque espèce.

sex-ratio, n. m. (*sex-ratio*). Rapport entre le nombre de mâles et celui de femelles existant dans une population d'une espèce animale. Il constitue un paramètre démoécologique de grande importance.

Chez les espèces gonochoriques (à sexe séparé), le *sex ratio* est dans la plupart des cas de l'ordre de 1. Mais il existe cependant des variations. Il est généralement légèrement supérieur à un à la naissance chez la plupart des Vertébrés où la mortalité des jeunes de sexe mâle excède celle des femelles de sorte que l'on assiste à une inversion à l'âge adulte, les femelles devenant légèrement plus nombreuses que les mâles (cas de l'espèce humaine).

Il tend vers zéro chez les espèces parthénogénétiques thélytoques dans lesquelles on ne connaît dans certains cas que des individus femelles. (***Voir aussi Démoécologie***)

sexuel(le), adj. ◆ **dimorphisme** ~ (*sexual dimorphism*) : voir Dimorphisme. ◆ **sélection** ~ (*sexual selection*) : sélection par un sexe de caractères spécifiques dans l'individu de l'autre sexe, usuellement effectuée au travers des comportements liés à la parade nuptiale et conduisant au choix du partenaire. (***Voir aussi Démoécologie***)

sexupare, adj. (*sexupare*). Terme désignant les femelles de pucerons à reproduction sexuée et ovovivipares, c'est-à-dire qui produisent directement des jeunes individus souvent déjà à maturité sexuelle sans passer par le stade œuf.

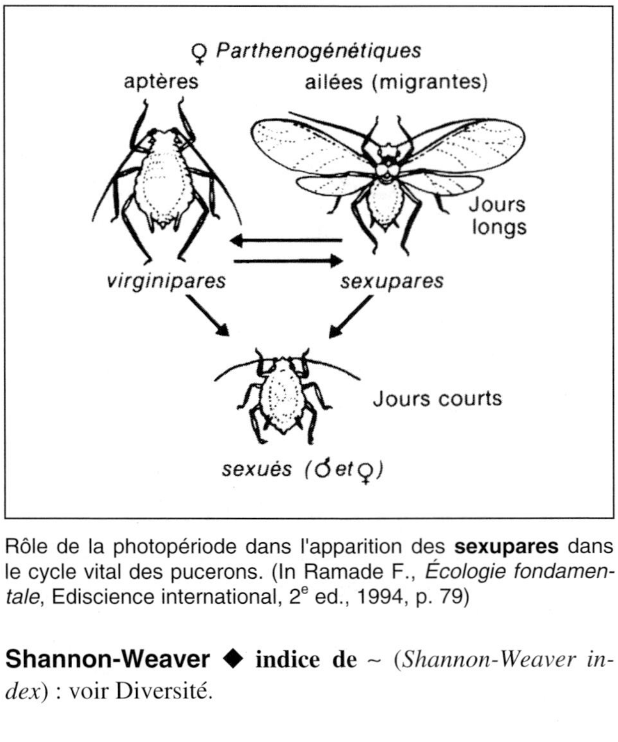

Rôle de la photopériode dans l'apparition des **sexupares** dans le cycle vital des pucerons. (In Ramade F., *Écologie fondamentale*, Ediscience international, 2e ed., 1994, p. 79)

Shannon-Weaver ◆ **indice de** ~ (*Shannon-Weaver index*) : voir Diversité.

Shelford Victor, Ernst (1877-1968). Écologue américain qui a eu le mérite d'analyser le rôle des zoocœnoses dans les successions. Il est l'auteur de plusieurs ouvrages académiques devenus des classiques en écologie : « *Naturalist's Guide to America* » (1926), « *Laboratory and Field Ecology* » (1926) et « *The Ecology of North America* » (1963). ◆ **loi de** ~ (*Shelford's law of tolerance*) : établie par V. Shelford, cette loi, dite aussi loi de tolérance, stipule qu'il existe pour tout facteur écologique un intervalle de valeur dit *intervalle de tolérance* pour lequel l'activité physiologique d'un organisme est possible et dont les valeurs des bornes supérieures et inférieures dépendent de l'espèce vivante considérée.

En deçà et au-delà de ces bornes existe un domaine où l'espèce entre en léthargie, puis ensuite une valeur du facteur pour laquelle la mort survient par défaut ou par excès du facteur considéré.

On dénomme *euryœcique* une espèce ayant un large intervalle de tolérance pour le (ou les) facteur(s) écologique(s) limitant(s) et *sténœcique* une espèce chez laquelle ce même intervalle est étroit. (***Voir aussi Niche écologique***)

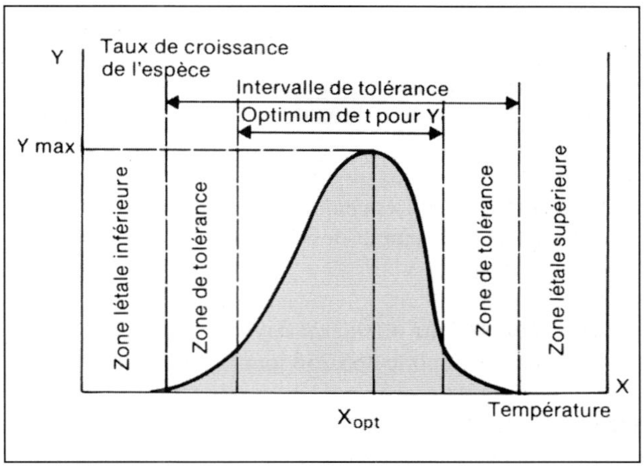

Représentation graphique de la loi de tolérance de **Shelford**. X_{opt} = valeur optimale du facteur du préférendum. (D'après Ramade F., *Écologie fondamentale*, Ediscience international, 2e ed., 1994, p. 65)

Sibérie (*Siberia*). Région septentrionale de l'Asie qui couvre essentiellement des écosystèmes de taïga et de toundra. Elle est parcourue par plusieurs grands fleuves orientés sud-nord, figurant parmi les plus importants du monde : l'Ienisseï, la Lena et l'Ob.

L'exploitation des ressources naturelles minérales et biologiques de la Sibérie a donné lieu à un véritable gaspillage et des dévastations considérables du temps de l'ancienne Union soviétique. Certaines zones de taïga soumises voici 50 ans à une exploitation forestière ne sont par exemple toujours pas reconstituées.

Par ailleurs, les fleuves ont été exposés à de graves pollutions des eaux. Ainsi, la partie inférieure du cours de la Lena est devenue un véritable dépotoir nucléaire à la suite de rejets volontaires ou accidentels des installations militaires de retraitement des combustibles irradiés situées sur le versant oriental de l'Oural. De même, la pollution des eaux par des effluents urbains industriels sévit par places. Même le lac Baïkal, le plus volumineux de tous les lacs du monde, puisqu'il renferme 8% du total des eaux douces superficielles de la planète, est l'objet de préoccupations liées aux rejets de diverses installations industrielles en particulier de papeteries.

Il ne semble pas, loin de là, que la situation se soit améliorée depuis que la Russie s'adonne aux vertus de la mondialisation. Ainsi, des concessions étendues ont été accordées sans aucun contrôle à des sociétés forestières japonaises pour exploiter les forêts de Sibérie orientale ce qui laisse songeur quand on connaît la façon dont elles ont déjà éradiqué les forêts pluvieuses tropicales indonésiennes, en particulier à Sumatra et à Borneo. De même, un véritable pillage de l'ivoire des défenses fossiles de mammouths de Sibérie a été organisé en direction des pays d'Extrême-Orient, lesquels possèdent un important artisanat traditionnel de l'ivoire. Enfin, des safaris en hélicoptère, moyennant de substantiels paiements en devises fortes, sont organisés dans diverses réserves et parcs nationaux de la partie Pacifique de la Sibérie, au mépris du statut international de conservation dont bénéficient ces aires protégées.

sibérien, adj. ◆ **anticyclone** ~ (*Siberian high*) : zone de hautes pressions continentales stable située sur l'ensemble de la Sibérie en période hivernale. Ces hautes pressions sont renforcées par la très basse température de l'air dont résulte une augmentation de sa densité à la surface des plaines sibériennes.

siccideserta, n. m. (*siccideserta*). Terme de biogéographie désignant l'ensemble des écosystèmes constitués par les déserts chauds.

sidéral, adj. ◆ **jour** ~ (*sideral day*) : durée du jour solaire (chaque année comporte 365,256 jours solaires).

sidérophile, adj. (*siderophilous*). Désigne une espèce croissant sur des sols ou dans tout autre biotope riche en fer.

sidérotrophe, adj. (*siderotrophic*). Biotope aquatique dont les sédiments et les eaux sont riches en fer soluble (et) ou dissous.

sierozem, n. m. (*sierozem*). Sol se formant sous des climats tempérés froids et semi-arides sur terrains basiques.

Sierra Club. Organisation non gouvernementale américaine très influente dans l'Ouest des États-Unis, dont est issu, à la fin des années 1960, le mouvement des Amis de la Terre (*Friends of the Earth*) lequel a depuis essaimé dans la plupart des pays développés du monde.

sievert, n. m. (*sievert*) (symb. : Sv). Unité de radiobiologie qui exprime l'intensité d'irradiation d'un matériel biologique.

Cette unité prend en compte le fait que des rayonnements de type différent mais de même énergie n'auront pas nécessairement des effets biologiques identiques. Pour cela, elle fait appel à un coefficient d'efficacité biologique relative (EBR), calculé pour chaque type de rayonnement. Par exemple, elle tient compte du fait qu'un rayon α ou un neutron auront un effet plus important à énergie égale qu'un rayon γ. Ainsi, un neutron lent possède par exemple une EBR de 10, ce qui signifie qu'une irradiation de un gray avec ce type de particules sera, au plan des effets biologiques qu'elle induit, équivalente à une irradiation de 10 grays par rayons γ « moyens ». En effet, pour ces derniers rayonnements, on a attribué par convention à leur EBR qui est prise comme référence, une valeur égale à 1.

Le sievert est égal à une dose d'irradiation administrée à un être vivant, correspondant à un type de radiations ayant une EBR de 1, et ayant une intensité énergétique de 1 joule par kg de tissus. Cette dose est équivalente à 100 rems. Pour une radiation ayant une EBR de 10, on aura donc 1 sievert = 10 gray. ***(Voir aussi Gray, Radiation, Radiobiologie, Rem)***

sigmoïde, n. f. (*sigmoid*). Courbe représentative de la fonction logistique. Elle est également dénommée courbe en *S* par suite de sa forme et aussi courbe logistique. ***(Voir aussi Logistique)***

silicate, n. m. (*silicate*). Minéral constitutif de nombreuses roches plutoniques ou ignées.

silice, n. f. (*silica*). Oxyde de silicium (SiO_2), la silice est un composé très abondant dans divers minéraux. Elle représente l'unique constituant des quartz auxquels divers sels à l'état de traces confèrent des colorations variées. Elle est aussi le principal minéral des grès.

En présence d'eau, la silice est légèrement soluble et donne un acide faible, l'acide silicique, de sorte que les terrains riches en silice sont toujours acides – et peu fertiles – leur complexe absorbant étant de ce fait insaturé.

La silice est absorbée par les végétaux, les tiges de Graminées en renferment par exemple des proportions non négligeables. De même, la frustule des Diatomées et le test des Radiolaires sont de nature siliceuse. ***(Voir aussi Frustule, Silicium, Test)***

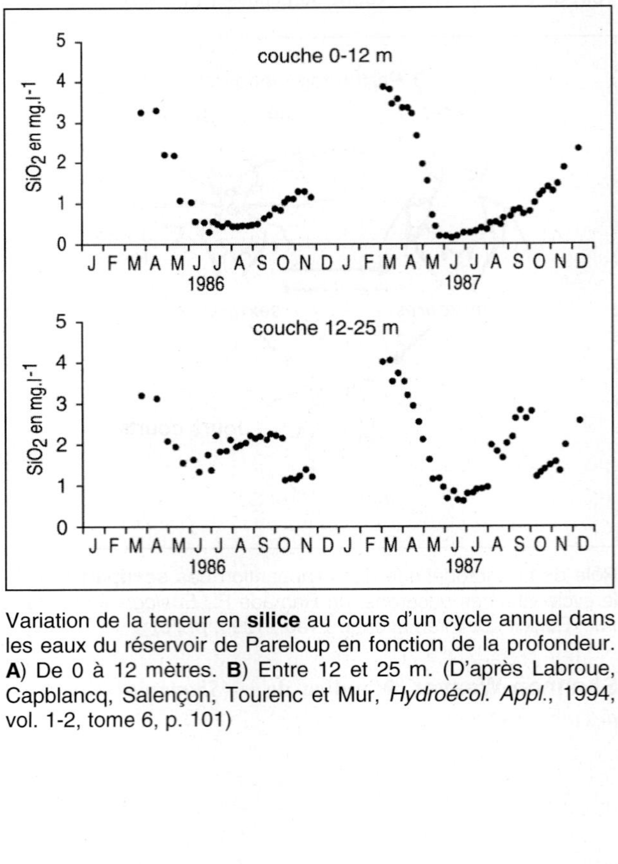

Variation de la teneur en **silice** au cours d'un cycle annuel dans les eaux du réservoir de Pareloup en fonction de la profondeur. **A**) De 0 à 12 mètres. **B**) Entre 12 et 25 m. (D'après Labroue, Capblancq, Salençon, Tourenc et Mur, *Hydroécol. Appl.*, 1994, vol. 1-2, tome 6, p. 101)

Planche XXV

1

2

3

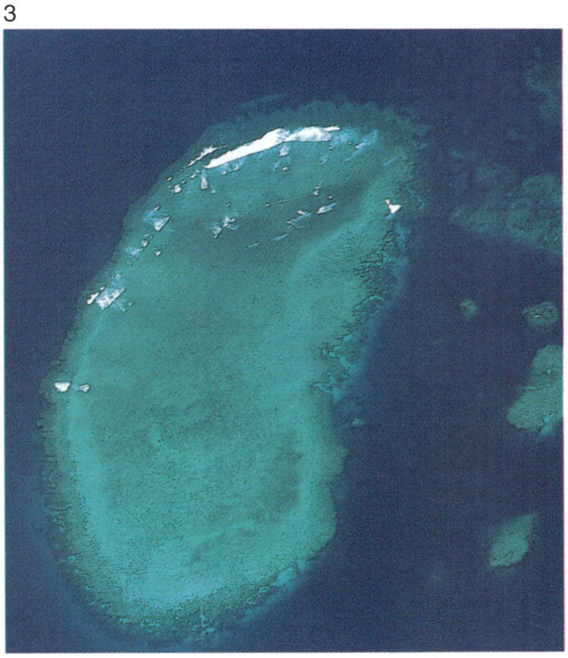

4

5

6

7

Planche XXV

1. Frange **récifale** de l'atoll de Marutea. On distingue nettement sur le cliché les chenaux qui mettent le lagon en communication avec la mer. (Cliché B. Salvat)

2. Atoll d'Anuraro en Polynésie française. Les atolls constituent au plan géomorphologique le type de **récif** le plus complexe. (Cliché B. Salvat)

3. Vue aérienne d'un platier des *Ribbon reefs* dans le parc national de la Grande Barrière de corail. (Cliché F. Ramade)

4. Vue de détail d'un platier avec de nombreux polypiers du genre *Acropora* émergeant à basse mer sur un récif de la Grande Barrière de corail (Australie, Queensland). (Cliché M. Pichon)

5. Poisson perroquet (*Scaridae*) sur un platier d'un **récif corallien** en Polynésie française. (Cliché B. Salvat)

6. Madrépores émergeant à basse mer sur un **récif** de la Grande Barrière de corail (Australie, Queensland). (Cliché M. Pichon)

7. Dégradation des **récifs coralliens** due à des apports telluriques de particules terrigènes, ici dans une zone littorale à Tahiti par érosion des sols consécutive à la mise en culture de la zone littorale. (Cliché B. Salvat)

Planche XXVI

1. Vue du **Rhône** au niveau du barrage de Tarascon. L'aménagement hydroélectrique des grands fleuves transforme ces derniers en une succession de biotopes lentiques propices à l'eutrophisation de ces cours d'eau. (Cliché F. Ramade)

2. **Réservoir** de barrage : vue d'un lac de retenue dans la vallée de San Joaquin en Californie centrale. La pénurie croissante d'eau a conduit à multiplier ce type d'installations dans les zones où existe une saison sèche prolongée. Elles augmentent certes de façon significative la disponibilité en eau en accumulant les apports des crues mais ont l'inconvénient de se combler plus ou moins rapidement là où existe une importante érosion hydrique des sols, comme ici avec des rives en forte pente. (Cliché F. Ramade)

3. **Ripisylve** de l'Orénoque au sud de Puerto (Amazonas, Venezuela). (Cliché F. Ramade)

4. Vue aérienne d'une **ripisylve** : la forêt galerie de la rivière Athi dans le sud-est du Kenya. (Cliché F. Ramade)

5. Cours inférieur du **Rhône** au sud d'Arles. On distingue sur les rives de ce fleuve une importante ripisylve dont certains arbres dominants sont pluricentenaires. (Cliché F. Ramade)

6. **Rizières** en terrasses au centre de Java, près de Tasikmalaya. (Cliché F. Ramade)

Planche XXVI

1

2

3

4

5

6

Planche XXVII

1. Antilopes topis (*Damaliscus korrigum*) et zèbres de Grant (*Equus burchelli böhmi*) dans une **savane** tropicale de la réserve naturelle de Masaï Mara au Kenya. Ce type de biomes couvre une dizaine de millions de kilomètres carrés en Afrique subsaharienne où il s'est étendu *pro parte* au détriment de forêts tropicales détruites par l'usage anthropogène du feu depuis des temps immémoriaux. (Cliché F. Ramade)

2. Troupeau de gnous (*Conochaetes taurinus*) en migration dans une **savane** arbustive d'Afrique de l'Est (réserve naturelle de Masaï Mara, Kenya).

3. Girafes réticulées (*Giraffa reticulata*) dans une **savane** arborée du parc national de Meru (Kenya). (Cliché F. Ramade)

4. Utilisation de l'énergie **solaire** par la conversion électrique. Panneaux de cellules photovoltaïques alimentant en électricité un bâtiment de la réserve naturelle nationale de Camargue. (Cliché F. Ramade)

Planche XXVII

1

2

3

4

Planche XXVIII

1. Antilopes pronghorn (*Antilocapra americana*) dans la réserve naturelle de Montana bison range. Cette espèce est inféodée à la prairie nord-américaine qui est une **steppe** tempérée (Montana, États-Unis). (Cliché F. Ramade)

2. **Steppe** semi-aride à *Artemisia tridentata* de l'Idaho dans l'ouest des États-Unis. (Cliché F. Ramade)

3. Les lichens constituent des organismes résultant d'une **symbiose** entre des champignons et des algues unicellulaires. Ici, vue de Lichens crustacés (*Rhizocarpon sp.*) se développant sur un rocher (La Clusaz, Haute-Savoie). (Cliché F. Ramade)

4. Stade avancé d'une **succession** hydrarchique : tourbière bombée à sphaignes dans l'Ardenne belge près de Liébin. (Cliché F. Ramade)

5. Lichens fruticuleux du genre *Usnaea* sur une branche d'épicéa (forêt de la Motte, La Clusaz, Haute-Savoie). (Cliché F. Ramade)

6. **Succession** hydrarchique : tourbière en Laponie finnoise, ici au stade initial de son évolution successionnelle. On distingue des masses de végétation constituée en grande partie de Cypéracées, se développant au milieu du marais. (Cliché F. Ramade)

Planche XXVIII

1

2

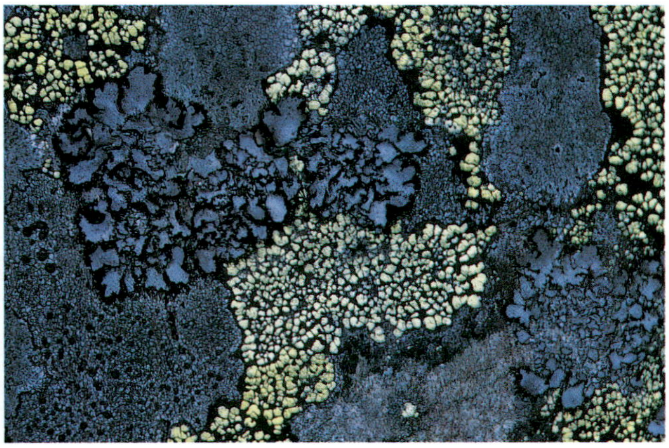

3

4

5

6

Planche XXIX

1. Ouvrage de correction du **torrent** du Chagnon (Vars, Hautes-Alpes). (Cliché F. Ramade)

2. **Toundra** de montagne dans le parc national de Pallas-Ounas (Finlande). (Cliché F. Ramade)

3. Plante insectivore *Drosera rotundifolia*. Les Droséracées sont des Dicotylédones de l'ordre des Népentales inféodées aux **tourbières** propres à l'Europe tempérée et boréale. (Cliché T. Caquet)

4. Vue aérienne de la **taïga** en Alaska, dans la région du Yukon. (Cliché F. Ramade)

5. **Tourbière** acide dans les Pyrénées (cirque des Peyssons, Andorre).

Planche XXIX

1

2

3

4

5

Planche XXX

1. Vue du dôme **urbain** de pollution atmosphérique. Ce cliché, pris de la tour Eiffel par une belle journée d'hiver, met en évidence la teinte jaune orangé de l'atmosphère dans laquelle s'accumulent les aéropolluants gazeux et les particules dont la dispersion est quasi bloquée en l'absence de vent. (Cliché F. Ramade)

2. **Ville** de Hong-Kong vue de l'île Victoria. Plus que bien d'autres, cette immense conurbation, qui compte près de 7 millions d'habitants s'entassant sur quelques centaines de kilomètres carrés, cumule la totalité des graves problèmes environnementaux propres au milieu urbain : pollution atmosphérique, approvisionnement en eau, gestion des effluents domestiques et des ordures ménagères, etc. (Cliché F. Ramade)

3. Vue d'ensemble des parois de la caldera de Santorin avec, au centre, l'île de Nea Kameni qui correspond au cône secondaire de ce **volcan**. L'explosion colossale de ce dernier voici probablement 3 740 ans est considérée à l'origine du déclin de la civilisation minoenne. (Cliché F. Ramade)

4. Vue de la montagne Pelée prise de descente sur le Morne rouge. L'explosion de ce **volcan** en 1902 provoqua la destruction totale de la ville de Saint-Pierre (Martinique). (Cliché F. Ramade)

5. Lac de cratère du **volcan** Irazu (parc national de l'Irazu, Costa Rica). (Cliché F. Ramade)

6. Cône **volcanique** de la Fournaise. On distingue au premier plan un petit cratère secondaire dénommé Formica Leo (La Réunion). (Cliché F. Ramade)

Planche XXX

1

2

3

4

5

6

Planche XXXI

1. Élans (*Alces alces*) au bord de la rivière Hayden, dans le parc national du **Yellowstone**. (Cliché F. Ramade)

2. Vue du champ de geysers de Midway dans le parc national du **Yellowstone**. (Cliché F. Ramade)

3. Solfatare et volcans de boue de *Devis caldron* dans le parc national de **Yellowstone**. Le volcanisme constitue un facteur biogéochimique naturel de première importance pour le cycle de divers éléments biogènes, en particulier celui du soufre. (Cliché F. Ramade)

4. Crystal lake dans la vallée de **Yosemite** (parc national de Yosemite, Californie).

Planche XXXI

1

2

3

4

Planche XXXII

1. Marais riverain du lac de Neuchâtel présentant une importante Phragmitaie dans sa zone littorale. Ce type de **zone humide** présente une productivité biologique et une biodiversité importante pour des biotopes tempérés et sert de frayère pour diverses espèces de poissons des eaux continentales (Suisse). (Cliché F. Ramade)

2. Bernaches dans la réserve naturelle des marais de Tichwell (Norfolk, Angleterre). La côte du Norfolk présente une grande importance pour la préservation de l'avifaune aquatique car on y rencontre de nombreuses **zones humides** dont beaucoup sont protégées. (Cliché F. Ramade)

3. Canards morillons (*Aythia fuligula*) hivernant sur l'étang de Vaccarès dans la réserve naturelle nationale de Camargue. Les **zones humides** situées le long des grandes voies de migrations jouent un rôle capital dans la conservation des populations des nombreuses espèces constituant l'avifaune aquatique des zones tempérées. (Cliché F. Ramade)

4. Galeries de Coléoptères **xylophages** dans le tronc d'un hêtre mort (forêt d'Issaut, Pyrénées-Atlantiques). (Cliché F. Ramade)

5. **Yuccas** dans le désert de Mojave près de Baker (Californie, États-Unis). (Cliché F. Ramade)

Planche XXXII

1

2

3

4

5

Éruption du geyser *Old faithful* dans le parc national de Yellowstone. Les nombreux champs de geyser de ce parc traduisent l'existence d'un volcanisme dû à la proximité de la surface de la zone magmatique (Wyoming, États-Unis). (Cliché F. Ramade)

silicicole, adj. ◆ **plante** ~ (*silicolous plant*) : plante acidophile qui est de ce fait inféodée aux terrains siliceux.

silicium, n. m. (*silicon*). Métalloïde très répandu dans la lithosphère dont il représente 20,6% de la composition en masse. Cependant, le silicium ne se rencontre qu'en très faible proportion relative dans la matière vivante et des discussions subsistent pour savoir s'il représente réellement un élément biogène. ◆ ~ **amorphe** (*amorphic silicium*) : matériau très utilisé pour la fabrication de piles photovoltaïques qui convertissent directement la lumière solaire en énergie électrique. Ce matériau a permis une baisse drastique – d'un facteur 50 en une quinzaine d'années – du coût du kWh d'énergie solaire installé.

Les rendements de conversion sont actuellement de l'ordre de 10% mais diverses recherches laissent entrevoir la possibilité de tripler ces derniers, ce qui permettrait d'accélérer la promotion de l'énergie solaire. **(*Voir aussi Énergie, Photovoltaïque, Solaire*)**

silicose, n. f. (*silicosis*). Grave affection pathogène résultant de l'inhalation de particules de silice, fréquente chez les mineurs. Elle résulte d'une fibrose du parenchyme pulmonaire très invalidante et parfois mortelle.

silurien, n. m. (*silurian*). Étage de l'ère primaire qui a couvert la période allant de – 430 à – 408 millions d'années. Au plan paléoécologique, le Silurien s'est caractérisé par l'apogée des Graptolithes dans le plancton océanique ainsi que par celle des Trilobites en milieu benthique. Le premier fossile de plante terrestre bien conservé, du genre *Cooksonia* remonte au Silurien moyen. Cependant, de nouvelles données paléoécologiques acquises au cours des années 1990 ont apporté des preuves paléontologiques que les cryptogames terrestres étaient déjà bien différenciés et que l'apparition des premières plantes à la surface des continents émergés est antérieure et remonterait probablement au milieu voire au début de l'Ordovicien. **(*Voir aussi Ordovicien, Paléoécologie*)**

simazine, n. f. (*simazin*). Composé du groupe des triazines très utilisé comme herbicide de préémergence sur les cultures du maïs et aussi en arboriculture. Bien qu'elle soit pratiquement dépourvue de toxicité aiguë pour les Vertébrés homéothermes, elle est présumée potentiellement cancérogène. Assez persistante dans les sols où elle subsiste plusieurs mois, la simazine soulève quelques préoccupations écotoxicologiques au même titre que l'atrazine. Malgré une plus faible solubilité dans l'eau que cette dernière, elle peut être relarguée dans les eaux superficielles et dans les nappes phréatiques. Après l'atrazine, elle figure donc en tête des pesticides se rencontrant avec la plus grande fréquence dans les eaux naturelles en Europe occidentale et aussi dans celles des réseaux d'adduction. Sa CMA dans l'eau potable est limitée à 2 µg/l. **(*Voir aussi Herbicides, Triazines*)**

similitude, n. f. ◆ **coefficient de** ~ (*similarity coefficient*) : coefficient de large usage en écologie dont l'objet est de comparer entre eux des peuplements ou des communautés à partir de données numériques relatives à l'abondance des espèces dénombrées dans des échantillons ou des quadrats. **(*Voir aussi Czekanowski*)**

Simpson, coefficient de (*Simpson coefficient*). Coefficient de dominance d'usage courant en biocœnotique. **(*Voir aussi Dominance*)**

simulies, n. f. (*black flies*). Diptères Nématocères dont les adultes sont hématophages et se nourrissent du sang des Mammifères. Les larves, aquatiques, de régime alimentaire prédateur et microphage, vivent dans les rapides des cours d'eau en prédateurs microphages. Les larves de simulies s'attachent au substrat à l'aide d'un faisceau de fils de soie. Elles sont pourvues d'une paire d'appendices buccaux en forme d'éventail constitués de pièces sétiformes, elles-mêmes dotées de microtriches et qui correspondent à des éventails de premier, deuxième et troisième ordre. Ces éventails péribuccaux sont revêtus d'un matériau gluant grâce auquel elles capturent les particules alimentaires amenées par le courant dont elles se nourrissent. Les simulies adultes sont des agents vecteurs de graves parasitoses, en particulier en Afrique tropicale de l'onchocercose oculaire. Cette affection provoquée par un ver parasite, *Oncocerca volvulus*, concerne potentiellement des dizaines de millions d'hommes. Elle est à l'origine de la cécité des rivières chez les sujets très parasités. Elle a considérablement régressé au cours des dernières décennies à la suite d'une vaste campagne de lutte anti-simulidienne lancée par l'OMS. **(*Voir aussi Onchocercose, Simulium*)**

Siphonaptères, n. m. (syn. : Aphaniptères). Ordre d'Insectes holométaboles ectoparasites et hématophages à l'état adulte qui renferme les diverses familles de puces. **(*Voir aussi Peste, Puce*)**

Siréniens, n. m. (*Sirenians, sea cows*). Ordre de Mammifères marins ou estuariens possédant deux mammelles pectorales, de régime herbivore. Il comporte actuellement deux familles les *Trichechidae*, dénommés vulgairement lamantins, dont il existe trois espèces et les *Dugongidae* (Dugongs) qui est une famille monotypique. Ces animaux aux déplacements lents qui vivent dans des eaux côtières peu profondes constituent aussi les deux seuls genres de Siréniens actuels. Le géant de cet ordre, la rhytine de Steller, a été exterminé par les chasseurs avant même la fin du XVIIIe siècle.

Les Siréniens figurent tous aujourd'hui parmi les espèces de Mammifères classées vulnérables sur les Livres Rouges des espèces menacées par suite de la prédation qu'ils subissent et des nombreuses pollutions auxquelles ils sont exposés. Ceux de la mer des Caraïbes, plus particulièrement sur la côte de Floride, sont victimes des hélices des nombreux bateaux à moteurs, du fait du développement de la navigation de plaisance sur les côtes de cet État et de façon générale dans l'ensemble du golfe du Mexique. Les marées noires provoquées par les conflits militaires dans le Golfe persique ont provoqué entre 1980 et 1992 une forte mortalité dans les populations de lamantins de cette zone qui comptaient à la fin des années 1970 parmi les plus importantes du monde. **(*Voir aussi Marées noires, Rhytine*)**

site(s), n. m. (*site*). Emplacement géographique d'un lieu où est effectuée une étude écologique. ◆ ~ **de la Convention du Patrimoine Mondial de l'UNESCO** (*World Heri-*

tage Convention) : type de zones protégées créé par l'UNESCO en 1980, qui font partie du patrimoine historique d'intérêt mondial souvent conjuguées à des milieux naturels ou des paysages anthropisés d'une exceptionnelle beauté. (***Voir aussi UNESCO***)

slikke, n. f. (*slikke*). Terme désignant les biotopes littoraux situés dans la zone intertidale, au niveau de l'étage médiolittoral, constitués par les vasières nues découvertes à marée basse. (***Voir aussi Schorre***)

smectite(s), n. f. (*smectite*). Type minéralogique d'argiles dont la structure comporte trois couches de feuillets : deux couches tétraédriques de silice alternant avec une troisième dioctaédrique qui est constituée d'aluminium. Autrefois dénommées montmorillonites, les smectites jouent un rôle essentiel dans la fertilité des sols car elles s'associent avec les constituants de l'humus pour former leur complexe absorbant argilo-humique. (***Voir aussi Humus, Sol***)

smog, n. m. Terme anglais constitué de l'association du mot *smoke* (fumée) et *fog* (brouillard). Il s'agit de brouillard se formant par temps calme dans des conditions d'inversion de température et résultant de l'accumulation de particules et gaz polluants dans les basses couches atmosphériques.
Il en existe deux types : les *smogs oxydants* dits encore photochimiques qui se forment dans les atmosphères ensoleillées et chaudes et les *smogs acides* qui eux prennent naissance par temps froid et humide et qui conduisent à la formation de micro-gouttelettes (aérosols) chargées d'acide sulfurique et nitrique provenant de la transformation des oxydes de soufre et d'azote rejetés par les combustions. Les smogs prennent naissance dans des atmosphères urbaines polluées par les produits de combustions des foyers domestiques et industriels ainsi que par la circulation des véhicules à moteur, éventuellement d'autres rejets particulaires et gazeux produits par certaines industries (métallurgie par exemple). Ils exigent aussi pour se développer une atmosphère calme et la plupart du temps des conditions d'inversion de température.

Lors d'épisodes de smogs intenses, l'accumulation d'aéropolluants dans l'atmosphère arrive à de telles concentrations que les seuils de toxicité peuvent être atteints, à tout le moins pour les sujets sensibles ou à la santé déficiente.

Ainsi, lors du grand smog de Londres en 1952, des teneurs en SO_2 de 1,32 ppm furent atteintes alors que la concentration « normale » dans l'air de cette ville était de 0,1 ppm. On dénombra en quatre jours, du 5 au 9 décembre, plus de 4 000 morts, ce qui incita les pouvoirs publics britanniques à prendre le *Clean Air Act* qui réglementa de façon drastique l'usage des combustibles fossiles en Grande-Bretagne. (***Voir aussi Brouillard, Inversion thermique***) ◆ ~ **acides** (*acid smogs*) : type de smogs qui se forment dans les atmosphères urbaines de régions à climat froid et humide. Ils se caractérisent par la formation spontanée dans l'air d'aérosols d'acide sulfurique dus à l'oxydation du SO_2 catalysée par certaines particules métalliques en suspension dans les atmosphères urbaines polluées. ◆ ~ **oxydants** (*photo chemical smogs*) : type de smog qui se forme surtout dans les régions à climat ensoleillé (région méditerranéenne, Californie). Dans ce cas, le flux lumineux amène un très intense rayonnement UV qui conduit à la formation spontanée d'ozone catalysée par certains aéropolluants. Ultérieurement, ce dernier oxyde les hydrocarbures imbrûlés avec formation de peroxyacyles qui réagissent avec le NO_2 donnant des PAN.

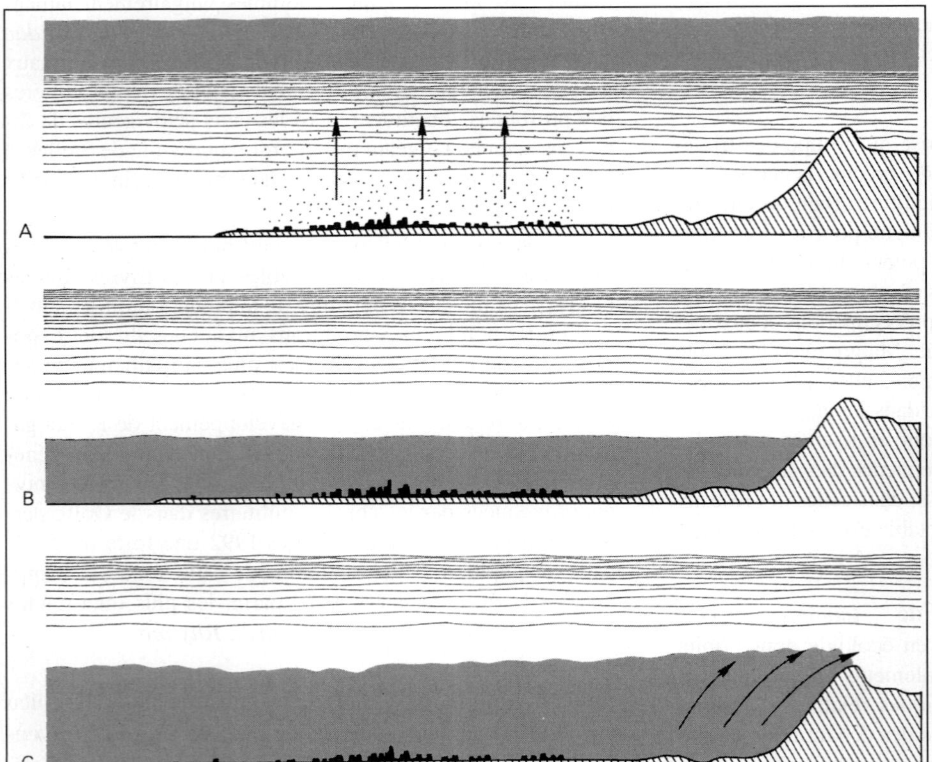

Rôle de l'inversion de température dans la formation des **smogs**. Ici est figurée l'évolution de ce phénomène dans le bassin de Los Angeles où il s'est observé pendant plus de cent jours par an avant que de strictes mesures de contrôle de la pollution atmosphérique ne réduisent considérablement son incidence. En **A**), dans les conditions normales, la température décroît avec l'altitude ; les masses d'air chaud s'élèvent et dispersent les polluants émis au sol. En **B**), quand l'inversion s'établit, la masse d'air froid s'enfonce en coin sous la masse d'air chaud, et les polluants gazeux et particulaires s'accumulent dans la couche d'inversion (en tramé sur le dessin). En **C**), le changement des conditions météorologiques, en particulier l'apparition de vent, dissipe la masse d'air froid. (D'après Mac Dermott, in Ramade F., *Écologie appliquée*, Ediscience international, 5e ed., 1995, p. 147)

Maximum de concentration en polluants atmosphériques relevés lors de smogs à Los Angeles			
Polluants	Intervalle normal de concentration		Valeur maximale (pic de pollution)
Jour de smog en ppm	Jour normal en ppm	Maximum observé en ppm	
SO_2	0,15 – 0,7	0,15 – 0,7	2,49
Aldéhydes	0,05 – 0,6	0,05 – 0,6	1,87
CO	8,00 – 60,00	5,00 – 50,00	72
Hydrocarbure	0,2 – 2,00	0,1 – 2,00	4,66
NO + NO_2	0,25 – 2,00	0,05 – 1,3	2,65
Oxydants	0,2 – 0,65	0,10 – 0,35	0,75
Ozone	0,20 – 0,65	0,05 – 0,3	0,90

La ville de Los Angeles située dans une région qui bénéficiait d'à peine 50 jours de temps couvert par an quand les premiers migrants européens la fondèrent, était plongée pendant 250 jours dans le smog à l'apogée de la pollution de son atmosphère dans les années 1970. On a alors pu déceler dans l'air de cette ville des concentrations maximales d'ozone et d'oxydes d'azote excédant largement les niveaux induisant une intoxication chronique (voir Tableau ci-dessus).

Cette pollution a depuis diminué de façon significative tant dans cette ville que dans l'ensemble de la Californie par suite de mesures draconiennes destinées à réduire la fréquence des smogs, en particulier l'abandon des essences plombées et le montage obligatoire de pots catalytiques sur les véhicules à moteur thermique.

De nos jours, toutes les villes méditerranéennes sont victimes de smogs oxydants. Tel est en particulier le cas d'Athènes où la situation est tellement désastreuse que l'on a dû réglementer la circulation automobile depuis la fin des années 1980 avec alternance des plaques d'immatriculation impaires et paires les jours correspondants!

Cependant Mexico est la métropole dans le monde où le phénomène atteint les dimensions les plus catastrophiques. Dans cette mégalopole située au fond d'une cuvette, qui compte plus de 20 millions d'habitants, l'atmosphère est tellement polluée qu'elle excède en permanence les CMA pour l'homme des principaux aéropolluants.

smoker. Terme d'origine américaine désignant de petits évents volcaniques relarguant des effluents chargés de nombreux métaux certains toxiques dans les eaux abyssales au niveau des dorsales océaniques. Ils sont à l'origine des biotopes propres aux écosystèmes des sources hydrothermales marines.

smolt, n. m. Saumon âgé en règle générale de deux ou trois ans qui a subi une métamorphose qui le prépare à l'avalaison pour la migration en mer vers son aire de nourrissage. (***Voir aussi Salmo***)

SNPN. Voir Société Nationale de Protection de la Nature.

SO_2, n. m. (*sulfur dioxide*). L'anhydride sulfureux est un gaz formé par l'oxydation du soufre. Il est produit dans les conditions naturelles par le volcanisme et aussi dans l'atmosphère par l'oxydation spontanée du H_2S et des sulfures de méthyle et de diméthyle formés par diverses fermenta-

Vue de la ville d'Athènes prise de la colline du Parthénon. On remarque la forte réduction de visibilité liée au **smog** photochimique. L'importance de la pollution atmosphérique, chronique dans cette ville, a contraint les autorités depuis la fin des années 1980, à imposer la circulation alternée des véhicules automobiles (plaques impaires/paires). (Cliché F. Ramade)

tions dans les écosystèmes limniques et l'océan. En l'absence de toute pollution, il se rencontre dans la troposphère à l'état de traces infinitésimales comprises entre 0,01 et 0,2 ppb. ◆ **pollution de l'air par le ~** : la majorité du SO_2 rejetée actuellement dans l'atmosphère en milieu continental provient de la pollution de l'air produite par l'usage des combustibles fossiles.

La plupart des produits pétroliers (gazole, fuels) ainsi que le charbon renferment des teneurs variables mais souvent importantes de soufre. Ainsi le fuel lourd n°2, brûlé dans les foyers industriels, renferme légalement plus de 2% de soufre. La teneur des charbons est en règle générale de 1 à 2% mais elle peut atteindre 5% en particulier dans les lignites.

En conséquence, au début des années 2000, l'ensemble des activités humaines rejetaient annuellement dans l'atmosphère terrestre environ 250 millions de tonnes de SO_2, dont 66% provenant de l'usage des charbons, 25% des fuels et le reste de diverses autres sources technologiques, en particulier de la métallurgie des métaux non ferreux fondée sur des minerais pyriteux (le traitement de 1 000 tonnes de pyrite cuivreuse libérant par exemple 600 t de ce gaz dans l'atmosphère). Ces rejets présentent une tendance continue à l'accroissement.

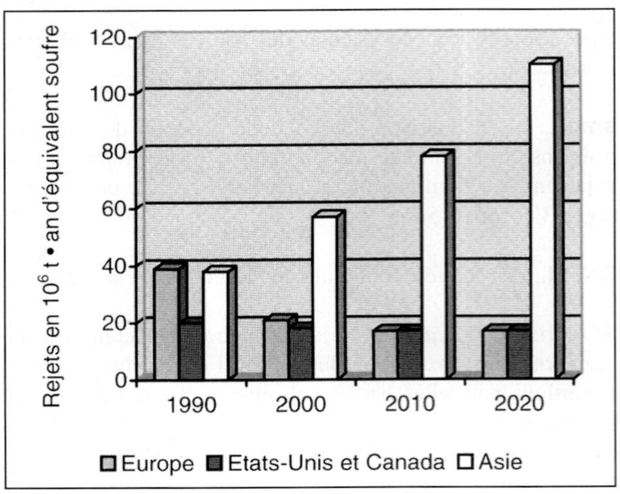

Prévision de l'évolution des émissions de **SO_2** pour les régions industrialisées du monde. On voit qu'elles se stabiliseront dans les pays de l'OCDE tandis qu'elles augmenteront considérablement en Asie. (D'après Downing et al., op. cit., 1997, p. 11)

◆ **effets écotoxicologiques du ~** : il s'agit d'un gaz toxique pour l'ensemble des êtres vivants à la fois dans les expositions aiguës et à long terme.

Effets sur les Cryptogames : le SO_2 est très toxique pour les champignons. Il est notoire qu'au voisinage des villes les attaques des plantes cultivées par les maladies cryptogamiques sont moins fréquentes qu'en atmosphère non polluée.

Les lichens, organismes résultant de la symbiose entre algues et champignons, sont d'une très grande sensibilité au SO_2, de sorte qu'ils constituent d'excellents bioindicateurs de pollution atmosphérique par ce gaz. Aucun lichen ne peut vivre en permanence dans une atmosphère renfermant plus de 35 ppb de SO_2. Par ordre de sensibilité croissante, on trouve les lichens crustacés, les lichens foliacés et les lichens fruticuleux.

Les relevés des groupements de lichens épiphytes ont permis d'établir des cartes de la pollution atmosphérique par le SO_2. Le centre des villes présente toujours de telles concentrations de ce gaz qu'il constitue des déserts pour les lichens, puis au fur et à mesure que l'on se dirige vers la périphérie, les peuplements lichénologiques se diversifient, les espèces de plus en plus sensibles au SO_2 pouvant s'installer en conséquence de la diminution en sa teneur.

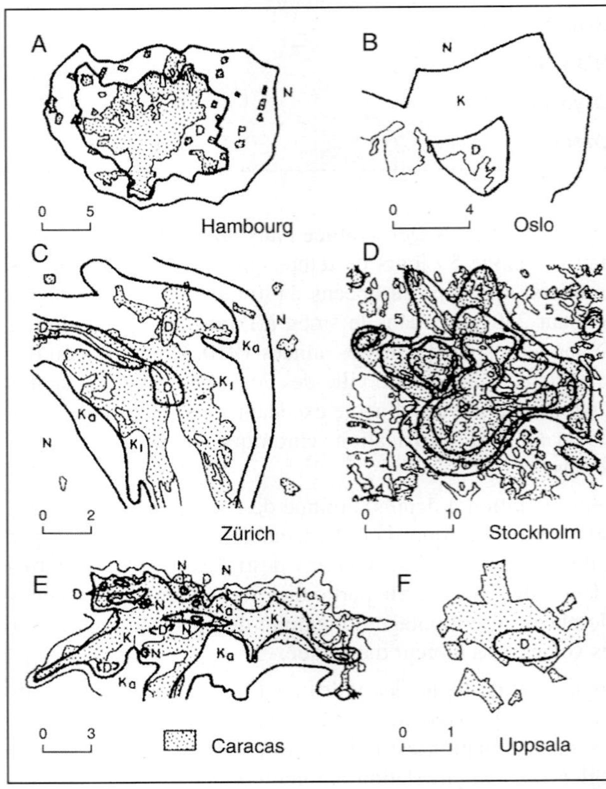

Corrélation entre l'intensité de la pollution de l'air des villes par le **SO_2** et la raréfaction du peuplement de lichens en milieu urbain. D = désert de lichens, Ki = zone où la communauté est très appauvrie, K_a = zone où les lichens sont plus abondants mais la richesse spécifique encore faible, P = zone où le peuplement normal est en voie de reconstitution, N = zone normale. Pour la figure D, 1 = D, 2 = Ki, 3 = Ka, 4 = P, 5 = N. (D'après Laundon in Ferry et al., *Air pollution and Lichens*, The Athlone Press University of London, 1973, p. 114)

Un indice de pureté atmosphérique (IPA) a été proposé pour évaluer la qualité moyenne de l'air en un lieu donné. Cet indice est fondé sur les relevé des phytocœnoses de lichens. ***(Voir aussi Bioindicateurs, IPA, Lichen)***

Effets sur les Phanérogames : les végétaux supérieurs sont également très sensibles au SO_2. Parmi les arbres, les espèces les plus vulnérables sont les conifères : aucun pin ne peut croître dans une atmosphère renfermant plus de 80 ppb de ce gaz.

Il a été démontré que des concentrations aussi faibles que 10 ppb présentent déjà un impact physiotoxicologique qui se traduit par une diminution de la production primaire. Les arbres à feuilles caduques sont également sensibles au SO_2 mais dans une moindre mesure que les conifères car ils renouvellent leur feuillage chaque année.

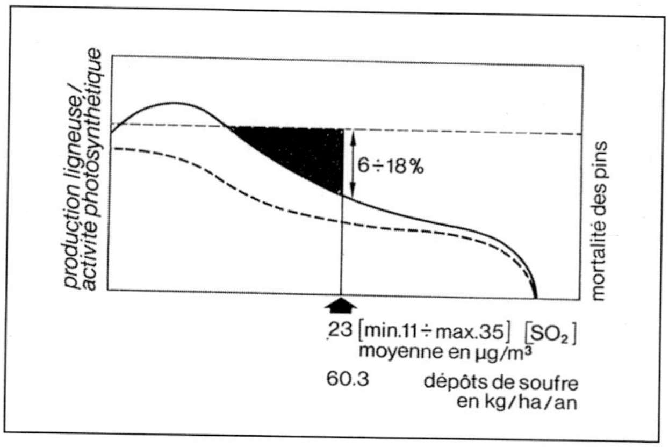

Influence de la teneur de l'air en SO_2 sur la productivité primaire d'un boisement de pins sylvestres. On constate qu'une concentration de 8 ppb(v) provoque déjà une baisse de 12% de la productivité ligneuse. (D'après Grodzinsky et al., in Ramade F., *Les catastrophes écologiques*, McGraw-Hill, 1987, p. 206)

Chez les plantes cultivées, les Composées et les Légumineuses sont les plus sensibles, ce qui a justifié des procès entre agriculteurs et firmes industrielles rejetant du SO_2 dans l'atmosphère. À l'opposé, le maïs et la vigne sont relativement pollutolérants. ◆ **mode d'action du** ~ : le SO_2 agit chez les végétaux en détruisant le parenchyme foliaire. Il s'attaque dans les cellules aux chloroplastes avec passage de la chlorophylle dans le cytoplasme. Les lésions foliaires sont caractéristiques, avec destruction des tissus internervaires ce qui donne aux feuilles atteintes un aspect squelettisé, les tissus affectés prenant une teinte brun-rougeâtre. La chlorophylle est détruite selon la réaction :

$$\text{Chlorophylle a} \rightarrow \text{Phaeophytine a} + Mg^{2+}$$

Des recherches effectuées avec du SO_2 marqué ont montré que les plantes se débarrassaient du $^{35}SO_2$ en le transformant en acides aminés soufrés avec formation de ^{35}S-Cystéine par exemple. Ces composés sont ensuite minéralisés en sulfates excrétés par les racines. Cependant une partie des acides aminés est aussi incorporée dans les protéines synthétisées par le végétal.

Chez les lichens, l'exposition à des concentrations excessives de SO_2 se traduit par une accumulation considérable de soufre dans le thalle, proportionnelle à la concentration dans l'air de ce gaz. Ainsi, des *Parmelia saxatilis* situés à 6 km sous le vent d'une zone contaminée renferment dans leur thalle 2 870 ppm de soufre, cette teneur tombe à 640 ppm à 14 km et à 225 ppm à 34 km de la zone considérée. (***Voir aussi Bioindicateurs, Smog***)

Effets sur les animaux : le SO_2 provoque une irritation bronchique avec hypersécrétion des cellules muqueuses. Il diminue l'élasticité pulmonaire et chez l'homme peut provoquer par exposition à long terme, la bronchite chronique. Bien que la cause principale de cette affection soit le tabagisme, on a pu montrer que, dans les villes très polluées, elle survient chez des non fumeurs et qu'en outre il existe un phénomène de synergisme avec le tabac.

La teneur critique dans l'air pour la santé humaine du SO_2 a été évaluée à 2 ppm. Cependant, certains toxicologues estiment que la CMA devrait être fixée à 0,1 ppm, une exposition prolongée à ces concentrations ayant une action décelable sur le fonctionnement pulmonaire.

sociabilité, n. f. (*sociability*). Désigne le degré d'association d'une espèce dans une communauté donnée.

social(-aux), adj. Désigne tout ce qui se rapporte aux sociétés animales. ◆ **comportement** ~ (*social behaviour*) : désigne toute interaction directe entre individus d'une même population n'étant pas directement liée à la sexualité. ◆ **dominance** ~ (*social dominance*) : domination physique d'un individu sur les autres ayant pour origine et étant entretenue par un comportement agressif à l'intérieur de la population. ◆ **insectes** ~ (*social insects*) : espèces d'Insectes vivant en sociétés organisées et très hiérarchisées, généralement pérennes. On estime que certaines termitières ou fourmilières sont des sociétés de longévité séculaire. Les Insectes sociaux se répartissent en deux ordres, les Isoptères ou termites, dont toutes les espèces connues sont sociales, et les Hyménoptères où des familles aux espèces sociales se rencontrent de façon erratique dans le sous-ordre des Vespoïdes (guêpes et fourmis) et dans celui des Apoïdes (abeilles sociales au sens large et bourdons), parmi d'autres familles solitaires.

société(s), n. f. (*society*). **1.** Groupe d'organismes d'une même espèce animale associés entre eux par des liens obligatoires au travers d'une organisation hiérachique prédéterminée. Celle-ci se traduit par l'existence d'un système complexe de castes, dont les individus qu'elles comportent se distinguent par les fonctions qui leur sont dévolues au sein de la société et qui sont différents, souvent de façon considérable, par leur morphologie. **2.** Désigne en écologie végétale une entité constituant une catégorie

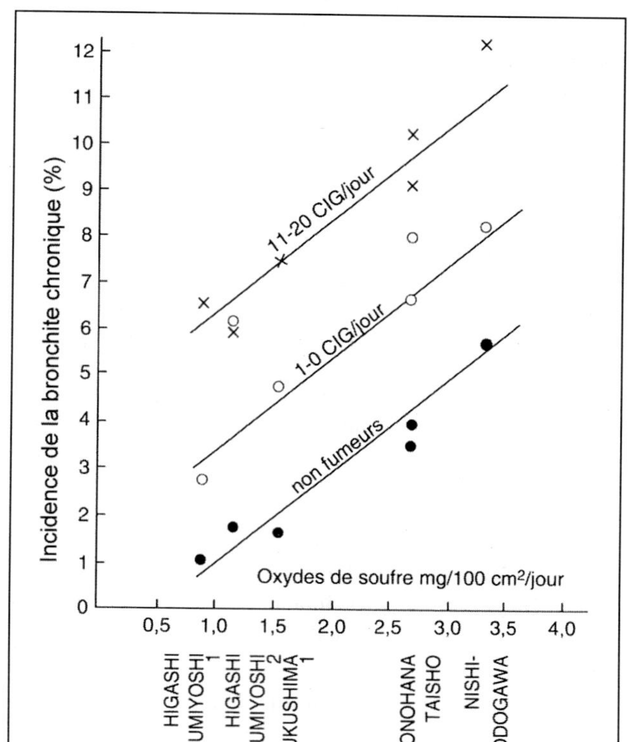

→

Corrélation entre la teneur de l'air urbain en SO_2 et l'incidence de la bronchite chronique chez les habitants de diverses villes japonaises. (D'après Nishiwaki, in Ramade F., *Écotoxicologie*, Masson, 1979, p. 153)

particulière dans la classification de la végétation. (***Voir aussi Phytosociologie***)

Société Nationale de Protection de la Nature (SNPN). Créée en 1854 sous le titre de Société Nationale d'Acclimatation, cette organisation non gouvernementale française (loi 1901) reconnue d'utilité publique, est sans doute la plus ancienne société au monde de conservation de la nature et de protection de l'environnement de l'homme. Son premier Président fut Geoffroy Saint-Hilaire, un des fondateurs de l'anatomie comparée et Professeur au Muséum national d'Histoire naturelle.

Initialement, la SNPN a spécialisé son action dans la conservation des espèces menacées et cela bien longtemps avant que le terme de biodiversité ne devienne à la mode, suscitant la vocation tardive de certains chercheurs en écologie qui, dans notre pays, considéraient pourtant il y a peu de temps encore avec beaucoup de condescendance tout ce qui concernait l'écologie appliquée à la conservation, en particulier celle des espèces menacées d'extinction.

Depuis la fin des années 1960, à la suite de la Conférence de l'UNESCO sur la conservation de la biosphère à l'organisation de laquelle certains de ses responsables, en particulier l'un de ses anciens Présidents, le Professeur François Bourlière, un pionner de l'écologie tropicale, avaient largement contribué, la SNPN a beaucoup étendu son champ d'activité, y compris dans le domaine qu'elle a contribué à faire émerger, celui de l'écologie des ressources naturelles, et dans celui de la conservation pour le développement durable.

La SNPN intervient directement et de façon permanente par ses propres initiatives et par le canal de ses membres actifs ayant des responsabilités académiques comme un stimulant aux recherches scientifiques pertinentes en biologie de la conservation. Elle y contribue aussi directement au travers des investigations menées en permanence et à son instigation dans ses propres réserves, activités scientifiques qui font partie – soulignons le – des charges statutaires qu'elle a fixées à ses aires protégées et qui ont été introduites avec l'aval du Ministère de tutelle.

Parmi de nombreux scientifiques, qui ont largement participé, au cours du XXe siècle, à assurer la notoriété de la SNPN et l'autorité qui est la sienne en ce qui concerne les applications de la biologie à la conservation de la nature et de sa biodiversité, il s'impose parmi d'autres de citer le Professeur Théodore Monod, récemment disparu à plus de 98 ans, qui a longtemps été le doyen d'âge de son conseil et de l'Académie des Sciences. Théodore Monod, titulaire au Museum National d'une chaire, en réalité d'écologie marine bien avant la lettre, fut aussi l'un des derniers naturalistes voyageurs qui ont contribué à faire connaître la biodiversité de vastes biomes bien avant que ce thème ne devienne prioritaire à l'échelle globale au travers de conventions internationales. Esprit universel, car également philosophe, écrivain et explorateur, Théodore Monod – peu de gens le savent – fut aussi l'un des fondateurs de l'érémologie, la science des déserts, tant dans ses dimensions biologiques que géologiques.

La SNPN a joué en France un rôle de pionnier dans le domaine des aires protégées en créant, dès 1927, la réserve naturelle nationale de Camargue qu'elle gère depuis 1976 pour le compte du Ministère de l'environnement. Elle créa aussi en 1936 la réserve de Néouvielle, aujourd'hui incluse dans la zone périphérique du parc national des Pyrénées Occidentales et, un peu plus tard, celle du Lausannier aujourd'hui située dans le parc national des Écrins. Enfin, plus récemment, en 1984, elle a créé la réserve naturelle du lac de Granlieu, en Loire atlantique, près de Nantes. La SNPN a également été une des sociétés fondatrices de l'Union Internationale pour la Conservation de la Nature et de ses Ressources (UICN), actuellement dénommée Alliance Mondiale pour la Nature, organisation scientifique internationale, créée par l'UNESCO en 1948, dont l'objet est la mise en œuvre de la conservation de la nature et de ses ressources.

Elle est aussi directement impliquée dans des actions concernant la protection de la nature et de l'environnement de l'homme, non seulement dans l'ensemble de la France métropolitaine et des DOM-TOM, mais aussi à l'échelle mondiale. Elle a toujours pris en avance des positions de progrès sur des questions aussi importantes relativement à la crise écologique globale que la démographie, le développement et le contrôle des pollutions globales. Elle s'est vigoureusement opposée au non-respect par notre pays de conventions internationales qu'il a pourtant signées concernant la protection de la nature et de l'environnement de l'homme, faisant à plusieurs reprise recours contre les pouvoirs publics auprès de la cour de justice européenne, entre autres en date encore récente au sujet de la loi Verdeille ou de l'ouverture de la chasse en dehors de périodes définies par les directives européennes. Elle a aussi lancé des campagnes mondiales pour la protection de la biodiversité (comme celle intitulée « Amnistie pour les Éléphants » qui a été reprise ensuite par un nombre considérable d'associations) ou à une échelle nationale pour la protection des carnivores et des oiseaux migrateurs.

La SNPN publie trois journaux : la « Revue d'écologie – Terre et vie », qui est la revue de recherche en écologie la plus cotée du monde francophone, « Le Courrier de la Nature », la revue de conservation de la nature dont le niveau scientifique est reconnu comme le meilleur des journaux français spécialisés dans le domaine et, pour le Ministère de l'environnement, le bulletin « Zones humides Info ». (***Voir aussi Camargue, Ivoire, UICN, Zones humides***)

Society for the Promotion of Nature Reserves. Organisation non gouvernementale britannique dont l'objet est de développer le réseau de réserves naturelles de Grande-Bretagne.

sociobiologie, n. f. (*sociobiology*). Étude intégrée des bases biologiques du comportement social. Fondée sur le postulat que tout comportement possède des bases adaptatives, elle considère que les systèmes sociaux sont avant tout des adaptations écologiques. Son but est de donner une explication du comportement social fondée sur la biologie moderne, en particulier sur la théorie de l'évolution.

socioéconomique, adj. (*socioeconomical*). Désigne la relation existant entre les facteurs sociologiques et économiques.

La dimension socioéconomique des réglementations concernant la lutte contre les pollutions et l'arrêt du gaspillage des ressources naturelles, mal interprétée dans les pays industrialisés, exerce généralement une action défavorable sur les décisions destinées à améliorer la qualité de l'environnement.

Le poids des habitudes des citoyens des pays développés, *a fortiori* des entreprises industrielles privées, spontanément enclines à négliger les impératifs de protection environnementale pour maximiser les profits – comme l'affaire de l'*Erika* l'a encore hélas récemment démontré –, l'incompréhension qu'ont les décideurs des effets bénéfiques, au plan économique, des politiques de l'environnement où ils voient à tort une menace pour l'emploi, expliquent l'effet négatif de cette dimension sociologique sur la mise en œuvre de telles politiques. ***(Voir aussi Développement)***

sodique, adj. (*sodic*) ◆ **sol** ~ (*natric soil*) : sol dont la structure pédologique est conditionnée par sa teneur en sodium. Les principaux types de sols sodiques sont les solonetz, les solontchacks et les soloths. ***(Voir aussi Pédologie, Sol)***

sodisation, n. f. (*sodication*). Accroissement du taux de sodium échangeable d'un sol dû à diverses modifications physico-chimiques. Il en résulte une défloculation des argiles et une obturation des pores du sol qui entravent la circulation de l'eau. Cette imperméabilisation a pour conséquence une perte totale de la valeur agricole des sols concernés.

sodium, n. m. (*sodium*). Élément de numéro atomique Z = 11 et de masse atomique Ar = 23 dont le corps simple est un métal alcalin, très fréquent dans la lithosphère dont il représente 2,49% de la composition en masse et 1,1% de la composition élémentaire de l'océan.

Le sodium est indispensable aux êtres vivants chez lesquels il participe à l'équilibre ionique des cellules. Cependant quand sa concentration croît dans les sols au-delà de quelques pour mille, il devient rapidement toxique pour la plupart des espèces végétales exception faite des plantes halophiles qui lui sont adaptées.

Le sodium constitue l'élément prépondérant dans les sols salés, saturés en sels solubles qui se forment dans toutes les zones mal drainées sous climats secs ou encore dans certains biotopes littoraux sans relief soumis à l'invasion des eaux marines et à un confinement (milieux paraliques). Les végétaux halophiles présentent diverses adaptations leur permettant de pallier les concentrations excessives en sodium et autres métaux alcalins et alcalino-terreux. Chez les animaux, le sodium est un élément indispensable dont la carence se traduit par des troubles corticosurrénaliens. La carence en sodium des sols interfère directement avec l'abondance des populations de certaines espèces de mammifères. Il a par exemple été démontré que la densité des populations d'un campagnol, *Microtus pensylvanicus*, dépendait de la teneur en sel des sols. ◆ **pollution par le** ~ : les rejets de sodium dans les eaux continentales peuvent soulever de redoutables problèmes de pollution. En France, le cas des mines de potasse d'Alsace a été à l'origine d'un sévère contentieux avec les autres pays riverains du Rhin situés en aval car cette firme industrielle a rejeté pendant des décennies des quantités considérables de sel provenant de la désodisation de la sylvinite, un chlorure double de sodium et de potassium qui constitue le minerai le plus commun de ce dernier élément. Jusqu'à 7 millions de tonnes par an de chlorure de sodium furent ainsi rejetés dans le Rhin jusqu'au début des années 1980 par notre pays qui de ce fait n'honorait pas une convention internationale sur la protection des eaux de ce fleuve qu'il avait pourtant signée. Cela souleva de nombreuses protestations, en particulier en Hollande, dont de nombreuses communes utilisent l'eau du Rhin pour alimenter leurs réseaux d'adduction urbains après traitement. En date récente, l'État français a perdu devant la cour de justice européenne un procès intenté par la Hollande à la suite de cette affaire.

Les sols cultivés peuvent aussi être pollués par le sodium lorsque les eaux d'irrigation sont légèrement salées (certaines plantes cultivées tolèrent jusqu'à près de 5 g par litre de sel) ou encore par un mauvais drainage des terres irriguées sous climat aride qui provoque une remontée de sel. Ce dernier va s'accumuler dans les horizons superficiels et provoquer la destruction du complexe argilo-humique provoquant la formation de sols à efflorescences brunes complètement stériles. ***(Voir aussi Salinisation, Salinité, Sel, Sol)***

soja, n. m. (*soybean*) (n. sc. *Glycine maxima*). Plante de la famille des Légumineuses, originaire de Chine tropicale qui constitue actuellement la principale culture protéagineuse dans le monde. Elle couvre de vastes surfaces en Asie mais aussi en Amérique tempérée chaude (sud des États-Unis et du Brésil). Elle représente avec une production de 108 millions de tonnes en 1990 la huitième culture alimentaire du monde par l'importance des tonnages produits.

Malheureusement cette culture, lorsqu'elle est pratiquée de façon industrielle comme aux États-Unis ou au Brésil, provoque de la même façon qu'une autre plante sarclée, le maïs, une considérable érosion des sols. Par ailleurs, elle a été l'objet d'une forte érosion génétique ; l'ensemble des variétés américaines par exemple descend seulement de quelques pieds amenés de Chine au siècle dernier!

sol(s), n. m. (*soil*). Les sols représentent un constituant essentiel des écosystèmes continentaux. L'ensemble des sols, dénommé *pédosphère*, correspond à l'un des compartiments majeurs de la biosphère, qui résulte lui-même de l'interaction entre l'atmosphère et les couches les plus superficielles de la lithosphère.

La formation des sols est le résultat d'un processus biogéochimique complexe dans lequel interviennent de nombreux facteurs abiotiques et biotiques qui agissent de façon concomitante. Cette interdépendance est parfaitement mise en évidence par le tryptique : climat, sol, végétation. En effet, la formation des sols implique l'action initiale de facteurs climatiques qui vont dégrader et dissoudre la roche-mère permettant l'installation progressive de la végétation dont la litière sera progressivement transformée en humus par l'action conjuguée des animaux de la pédofaune et de nombreuses espèces de champignons saprophages et de microorganismes décomposeurs. ***(Voir aussi Interaction)*** ◆ ~ **latéritiques** : voir Latérites.

◆ ~ **podzoliques** : voir Podzols. ◆ ~ **polygonal(aux)** (*polygonal soil*) : sols des régions arctiques constitués par une mosaïque de polygones de dimension individuelle décimétrique ou métrique. Ils sont constitués par un sol de texture fine, délimité par des pierres qui se sont disposées naturellement de la sorte sous l'effet mécanique de l'alternance du gel et du dégel. ◆ ~ **salés** : voir Salinisation, Solonetz, Solontchack.

◆ **caractères physicochimiques des sols** : les principaux facteurs édaphiques abiotiques sont représentés par la texture et la structure des sols, leur hygrométrie, leur pH et leur teneur en éléments minéraux nutritifs.

Tous les sols comportent deux fractions distinctes, l'une minérale, l'autre organique, intimement mélangées en un complexe organo-minéral.

Texture des sols. Elle dépend de la nature des fragments de roche-mère ou de minéraux, provenant de sa décomposition, que renferme la fraction minérale.

L'analyse granulométrique permet de distinguer des *éléments grossiers* : cailloux (> 20 mm) et graviers (de 2 mm à 20 mm), des *éléments fins* : sables (entre 2 mm et 20 μ), la limite inférieure de ces derniers étant aussi de 50 μ dans certaines classifications de la granulométrie et limons (entre 20 μ, ou 50 μ, et 2 μ), enfin argiles (< 2 μ).

Les proportions relatives d'éléments fins permettent de classer la texture des divers types de sol en donnant une représentation graphique, sous forme de triangle des sols (voir Figure ci-dessous). **(*Voir aussi Granulométrie, Sable*)**

Elle revêt une très grande importance agronomique car elle définit le degré de rétention et de restitution de l'eau par les sols donc leur aptitude à être mis en culture.

Structure des sols. L'architecture édaphique dépend de l'état des particules qui les constituent. Lorsque les plus fines, colloïdales, sont floculées, elles forment des agrégats en cimentant les éléments de grande taille entre lesquels existent des lacunes, ou pores qui permettent la circulation de l'eau et des gaz. À l'opposé, si les particules fines sont dispersées, elles ne délimiteront pas de système lacunaire. Les sols du premier type sont dits en agrégats, ceux du second particulaires.

La *porosité* représente un paramètre édaphique essentiel qui combine texture et structure et peut se définir comme la proportion du volume des lacunes par rapport au volume total. De celle-ci dépend la rétention et la circulation de l'eau et des gaz dans les sols. Elle décroît lorsque l'on passe de structures en agrégats très lacunaires vers des structures de plus en plus particulaires. **(*Voir aussi Agrégat, Pédologique, Porosité*)**

Eau dans les sols. La capacité de rétention de l'eau dans les sols dépend donc de leur porosité. Encore dénommée humidité (hygrométrie), elle se mesure en pourcentage de la quantité d'eau contenue dans un sol par rapport à son volume total. La capacité de rétention des molécules d'eau par les particules des sols constituant les parois des lacunes dépend de leur teneur en limons et argiles, la surface disponible pour la rétention d'eau, qui est un phénomène capillaire,

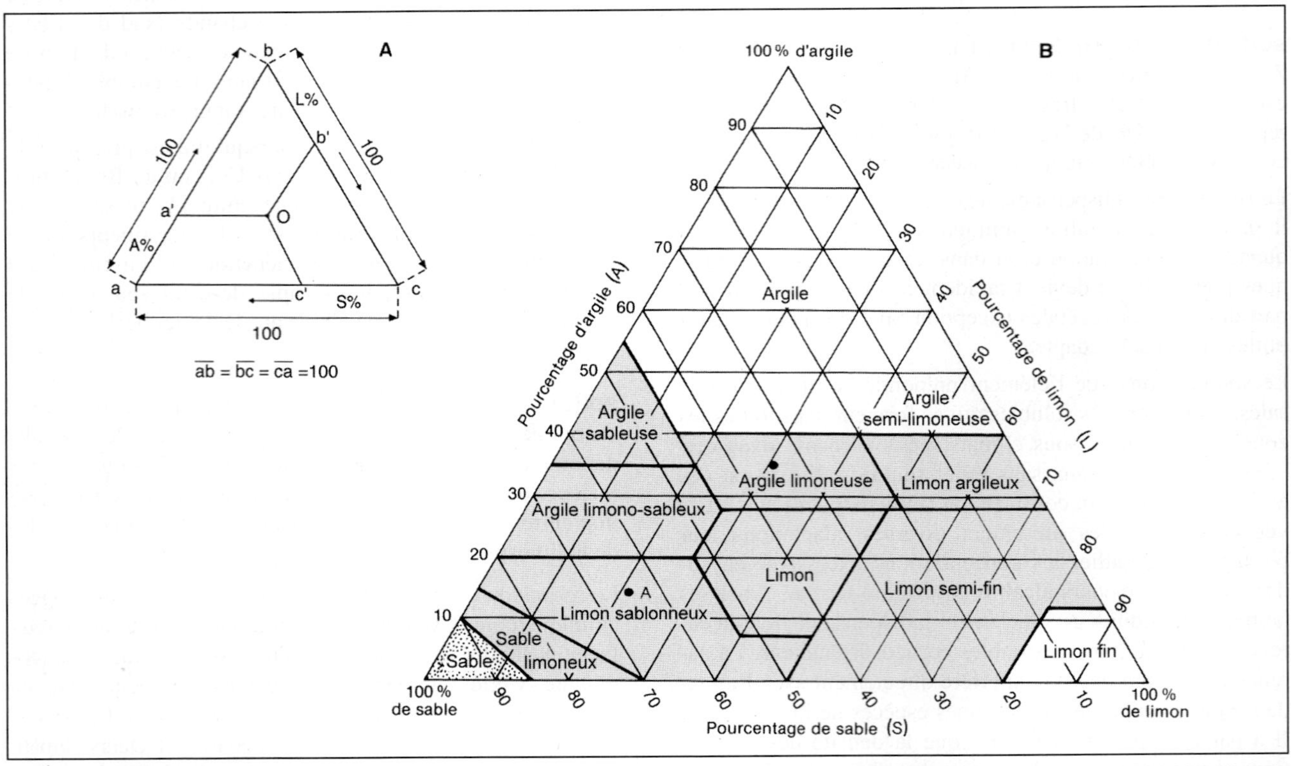

Le triangle des **sols**. **A**) Principe de représentation selon un triangle équilatéral d'un phénomène comportant trois variables dont la somme est de valeur constante. Cela permet de figurer ces dernières dans un plan. En effet, si la valeur des trois variables est représentée par un pourcentage, la somme des distances aux trois côtés d'un point situé à l'intérieur du triangle a pour valeur la longueur d'un côté. On a S + L + A = 100 dans l'exemple présent. Les flèches indiquent le sens de lecture des pourcentages. **B**) Application du principe de la représentation en coordonnées triangulaires à la texture des sols. Sont figurées sur les côtés du triangle, respectivement les teneurs en sable, limon et argile, en pourcentage. On voit que pour le point A, la teneur en sable est de 62%, celle en limon de 22% et celle en argile de 16%. (D'après USDA, in Ramade F., *Écologie fondamentale*, Ediscience international, 2e ed., 1994, p. 113)

étant d'autant plus grande que la taille des particules est plus faible. Les particules de grande taille adsorbent l'eau à leur surface, les argiles au contraire absorbent l'eau à l'intérieur de leur réseau cristallin retenant celle-ci avec une très grande force capillaire.

La disponibilité de l'eau pour les plantes n'est pas directement liée au seul volume total de rétention de l'eau par les sols correspondant à la somme des cavités qu'il referme par unité de volume. Elle dépend aussi de la taille des pores qui conditionne la force de rétention capillaire à laquelle l'eau est soumise.

Ainsi, un sol sablonneux retient mal l'eau car les forces capillaires y sont réduites (pores trop grands), en revanche un sol argileux absorbe beaucoup d'eau mais par des forces capillaires très fortes de sorte qu'une fraction importante de cette eau ne peut être pompée par les racines des végétaux.

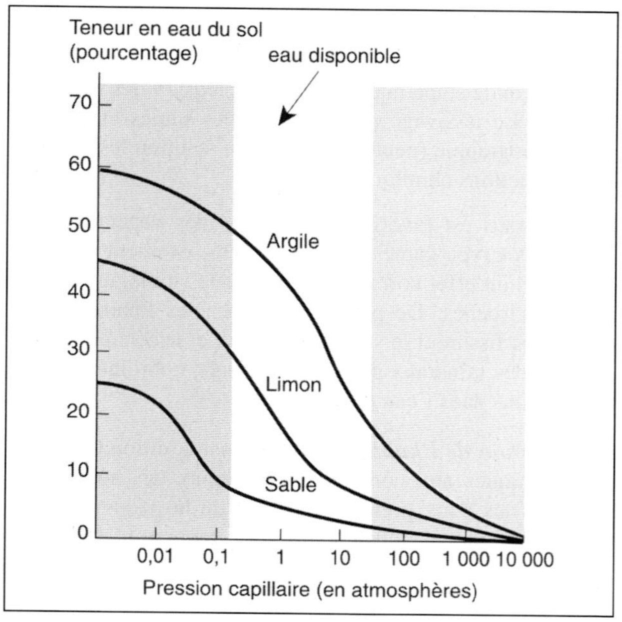

Variation de la disponibilité de l'eau en fonction de la pression capillaire et selon la nature du **sol**. (D'après Brady, in Ramade F ., *Écologie fondamentale*, Ediscience international, 2e ed., 1994, p. 115)

Lorsqu'un sol est saturé d'eau après une pluie, il présente sa capacité maximale de rétention. Une partie va s'en écouler spontanément vers le bas par drainage : c'est l'eau dite de gravitation qui alimente les nappes phréatiques.

L'eau fixée au sol par une pression capillaire supérieure à un minimum de 1/10me d'atmosphère représente la *capacité* de rétention du sol dite *au champ*, une fraction importante de cette eau, qui constitue l'eau disponible, peut être extraite par les végétaux par aspiration jusqu'à une quinzaine d'atmosphères.

Quand le sol a perdu toute son eau de capillarité de pression inférieure à cette valeur, les végétaux atteignent leur point de flétrissement. À ce stade, l'humidité de l'air et du sol sont en équilibre.

L'eau résiduelle associée aux sols dite d'*hygroscopicité* est retenue aux particules par des forces de capillarité atteignant plusieurs milliers d'atmosphères. Elle ne peut en être extraite que par dessiccation. Il en est de même de l'eau liée à certaines molécules hydratées.

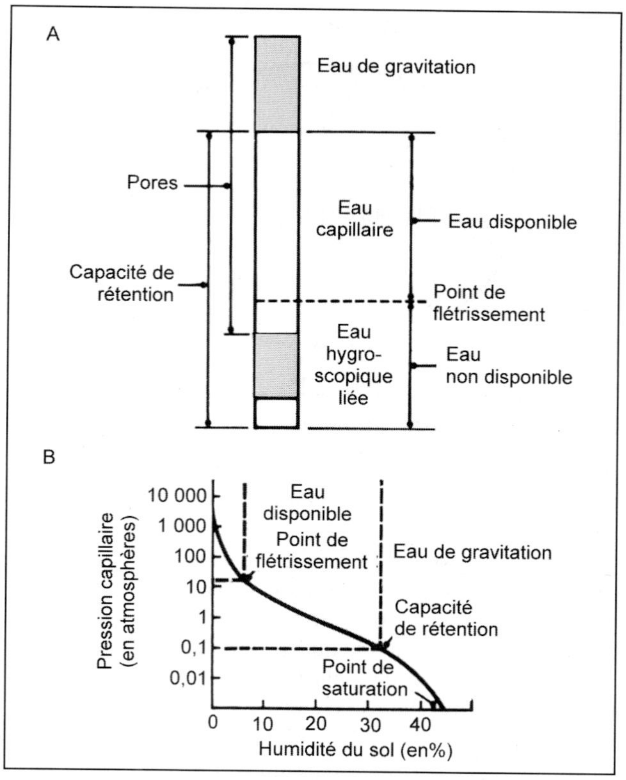

Forces de rétention de l'eau des **sols**. L'eau disponible correspond aux forces comprises entre la pression atmosphérique et une pression de 14 atmosphères qui est la force capillaire maximale des végétaux. (D'après Brady, in Ramade F., op. cit., 1994, p. 115)

La proportion d'eau disponible, exprimée en pourcentage, correspond à la différence entre la capacité de rétention au champ et l'humidité contenue dans le sol au point de flétrissement. Elle varie beaucoup selon le type de sol. Maximale chez les sols limoneux où elle est de l'ordre de 25%, elle est plus faible chez les sols sablonneux, qui manquent de capacité de rétention capillaire et se drainent facilement (pores trop larges) et chez les sols argileux dont les pores très nombreux mais de très petite taille, malgré une capacité au champ élevée, conduisent à des forces de rétention capillaire considérables, supérieures à 15 atmosphères.

pH des sols. Ce dernier concerne en réalité l'eau interstitielle. Selon sa valeur, on distingue des sols acides, neutres ou basiques. Les premiers se forment sur roche-mère acide, les autres sur roche-mère sédimentaire riche en éléments alcalino-terreux c'est-à-dire là où existe une forte proportion de sels de calcium et (ou) de magnésium.

Le pH du sol dépend essentiellement de la teneur relative en CO_2 et en sels de calcium., ainsi que de celle en acides organiques produits par la biodégradation bactérienne des détritus végétaux. Il revêt la plus grande importance pour la nature des organismes qui peuplent un biotope terrestre. Selon la plus ou moins grande amplitude de pH toléré, on distingue des organismes euryioniques ou sténo-ioniques et, parmi ces derniers, des acidophiles (plantes silicicoles par exemple) et des neutrophiles ou basophiles (plantes calcicoles).

Le facteur essentiel qui contrôle le pH des sols tient en l'existence d'une fraction colloïdale qui régule les échanges d'ions entre les particules et la phase aqueuse.

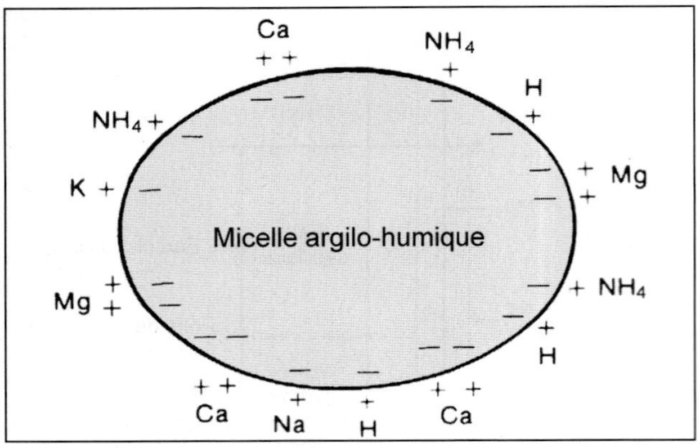

Représentation schématique d'une micelle du complexe absorbant du **sol**. Les cations sont retenus par les charges électronégatives périphériques des micelles. (In Ramade F., *Écologie fondamentale*, Ediscience international, 2e ed., 1994, p. 116)

Cette fraction est constituée de micelles électronégatives résultant de l'association de particules argileuses aux composés humiques insolubles produits par la décomposition de la matière organique morte qui constitue le *complexe absorbant argilo-humique* des sols. Celui-ci, représenté par l'ensemble de ces micelles, libère des anions et des cations des métaux biogènes (Ca^{2+}, Mg^{2+}, K^+, etc.).

L'ensemble des cations susceptibles d'êtres échangés à la surface des micelles correspond à la *capacité d'échange* des sols laquelle conditionne le pH édaphique. Lorsque cette capacité est saturée, la suspension de sol prend une réaction alcaline, d'où le terme de *bases échangeables* des sols conféré à ces cations.

Nous aurons la relation :

$$\text{Argile } K^+ + [\, H^+ + OH^- \,] \Leftrightarrow \text{Argile } H^+ + K^+ + OH^-$$

Les colloïdes du complexe argilo-humique possèdent en outre un considérable pouvoir tampon par suite de leur propriété d'acides faibles.

Selon la proportion d'ions métalliques fixés par rapport à la capacité d'échange maximale, le complexe argilo-humique est dit *saturé* ou plus ou moins *désaturé*. La désaturation se mesure par l'importance de la teneur en ions H^+ par rapport à la totalité des ions fixés au complexe. ***(Voir aussi Bases échangeables)***

Éléments minéraux dans les sols. Le *phosphore* présent dans les sols à l'état de phosphates constitue généralement un facteur limitant par suite de sa faible concentration.

L'***azote*** sous forme nitrique représente avec les phosphates l'élément dont la disponibilité est la plus importante pour les végétaux autotrophes. Les décomposeurs sont capables de minéraliser rapidement l'azote organique et la rendent disponible sous forme de nitrates par l'intermédiaire des bactéries du sol.

Le ***potassium*** constitue aussi un élément nutritif essentiel pour les végétaux car seulement un petit nombre de minéraux en renferment des quantités appréciables.

Le ***calcium*** est un élément biogène. Bien qu'il ne soit pas un constituant de l'architecture des cellules des êtres vivants, il intervient dans celles-ci en neutralisant les acides organiques. Il est cependant indispensable chez les animaux à la constitution des tests et des coquilles d'Invertébrés, ainsi qu'à celle du squelette des Vertébrés. Le calcaire édaphique joue un rôle capital dans la répartition de nombreuses espèces végétales. Les plantes sont dites indifférentes, calcicoles ou calcifuges selon leur plus ou moins grande exigence en calcium.

Le ***magnésium*** représente après le calcium l'élément métallique le plus abondant chez les végétaux par suite de sa présence dans la molécule de chlorophylle. Il n'est jamais en concentration insuffisante dans les sols par suite de sa présence dans de nombreux minéraux en particulier dans les argiles du groupe des smectites qui constituent le complexe argilo-humique. En revanche, il peut se rencontrer en excès dans les sols dolomitiques ou sur des serpentines et provoquer alors des carences calciques. ***(Voir aussi Azote, Phosphore)***

Formation des sols (pédogenèse). Elle résulte de l'action conjuguée des facteurs abiotiques et biotiques. Cette formation commence par la fragmentation de la roche-mère suivie d'une seconde étape marquée par la corrosion des minéraux présents. Le lessivage provoqué par les pluies et favorisé par la topographie (pente) va mettre en solution les produits de ces réactions chimiques.

Le processus est favorisé par l'action des végétaux pionniers. Des Cryptogames, tels les lichens, exercent par leurs sécrétions un effet corrosif intense sur les minéraux constitutifs des roches. De plus, les racines des Phanérogames pionnières fissurent le substrat rocheux et accélèrent la dissolution des minéraux par leurs exsudats, conjointement au CO_2 dissous dans l'eau d'imbibition.

La ***formation de l'humus*** s'effectue par addition de matières organiques aux constituants minéraux des sols. Alors que dans les deux premières phases de la pédogenèse les facteurs abiotiques jouaient un rôle important, cette troisième phase est, quant à elle, entièrement contrôlée par des facteurs biotiques.

La formation de l'humus résulte de l'action conjointe de la pédofaune et des micro-organismes décomposeurs des sols : champignons et bactéries. La matière organique incorporée aux sols provient essentiellement de la litière constituée de feuilles mortes, de brindilles ainsi que des branches et des troncs morts dans les forêts. Les fèces des Herbivores contribuent aussi, mais dans une moindre mesure, à cet apport de matière organique. Par le jeu de la photosynthèse, les plantes apportent beaucoup plus de matière au sol qu'elles n'en prélèvent. Il en est de même de certains micro-organismes qui transforment l'azote de l'air en nitrates.

La première phase de la formation de l'humus est sous la dépendance de nombreuses espèces animales épigées ou endogées. Les Invertébrés saprophages jouent un rôle pionnier dans la formation de l'humus en fragmentant la matière végétale morte. Certains ordres d'Insectes, tels les termites, jouent un rôle majeur dans les pays tropicaux car ils sont capables de digérer le bois. Par son activité, la faune du sol (pédofaune) disperse dans les profondeurs du sol la matière organique morte et ramène en surface ses excréments qui renferment les produits de digestion de la litière.

Parmi les groupes taxinomiques majeurs constituant la pédofaune, on dénombre des Arthropodes, en particulier de nombreuses familles d'Insectes, des Chélicérates comme les

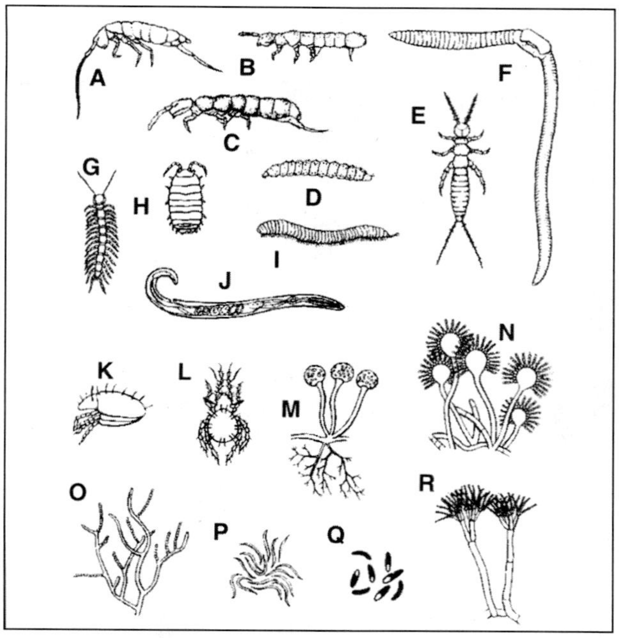

Principaux représentants de la pédofaune et de la flore de décomposeurs (bactéries, champignons) constituant les peuplements saprophages des **sols**. **A**. **B**. **C**. Collemboles des genres *Tomocerus, Isotoma* et *Folsomia*. **D**. Larve de Bibionide (Diptères). **E**. Diploure. **F**. Lombric (Annélide Oligochète). **G**. *Lithobius* (Chilopode). **H**. *Glomeris* (Diplopode). **I**. Iule (Diplopode). **J**. Nématode. K, **L**. Acariens Oribatides, *Belba* et *Oribatridia*. **M**. Champignon Phycomycète (*Rhizopus*). **N** et **R**. Ascomycètes (*Aspergillus* et *Penicillium*). **O**. Streptomycète. **P**. Bactérie cellulolytique (*Cytophaga*). **Q**. Bactérie anaérobie fixatrice de l'azote (*Clostridium*). (D'après Duvigneaud, op. cit., in Ramade F., *Écologie fondamentale*, Ediscience international, 2e ed., 1994, p. 126)

Acariens Oribatides, des Annélides Oligochètes, des Mollusques et des Crustacés Isopodes (cloportes).

Par leur biomasse, les Oligochètes du groupe des Lombrics (vers de terre) et par leur nombre, les Arthropodes constituent les éléments essentiels de la pédofaune. Les lombrics représentent par leur biomasse, mais aussi par leur activité mécanique et leur métabolisme, les agents majeurs de l'humification. On estime qu'il existe en Europe une biomasse moyenne de 500 kg/ha de vers de terre mais celle-ci peut dépasser 1 000 kg/ha dans des sols forestiers riches en matière organique et même atteindre 2 800 kg/ha dans certaines prairies tempérées et plus de 3 000 kg dans des savanes tropicales!

Comme chaque lombric consomme quotidiennement trois fois son poids de matière organique mélangée à de la terre, on estime que les Oligochètes de la pédofaune peuvent consommer par hectare en une saison 5 tonnes de matière organique mélangée à 50 tonnes de terre. En moyenne, ils produisent chaque année 42 t/ha de réjections. Le rôle des lombrics, outre leur place intermédiaire dans la dégradation de la matière organique en amont des bactéries, est de disperser cette dernière dans l'ensemble des couches superficielles des sols, conduisant à un humus de type mull caractérisé par une bonne homogénéisation de cette matière organique.

Quand les sols sont acides, les lombrics sont moins nombreux. Ici la pédofaune est marquée par la prédominance des Arthropodes, en particulier des Collemboles qui produisent un humus de type moder, dit coprogène, caractérisé par les déjections globuleuses des Invertébrés saprophages qui fragmentent la litière. Comme la décomposition de cette dernière est moins rapide, elle s'accumule et devient le siège d'un important développement fongique.

Enfin dans les sols acides, très pauvres, installés sur roches granitiques (pH inférieur à 5,5) ou encore sous des formations végétales acidifiantes, la rareté des animaux saprophages conduit à la production d'humus de type mor, dit mycogène, dont la formation est essentiellement le fait de l'action des champignons qui arrivent à représenter jusqu'à 15% de la masse totale de litière. (*Voir aussi Humus*)

◆ **cartographie et classification des sols** : il existe un grand nombre de types de sols de sorte que leur classification constitue un des problèmes les plus complexes auxquels les pédologues sont confrontés.

Plusieurs classifications ont été proposées. Elles peuvent faire appel à des critères chimiques, climatiques, « génétiques » c'est-à-dire s'appuyant sur leur origine et leur évolution, enfin écologiques, qui intègrent l'ensemble des facteurs abiotiques et biotiques les caractérisant.

Une des classifications les plus simples consiste à distinguer les sols en fonction de leur degré d'évolution.

– sols peu évolués dits *azonaux*, de structure proche de celle de la roche mère;

– sols évolués, *zonaux* (podzols, tchernozems, sols ferralitiques par exemple) ;

– sols dits *intrazonaux* dont l'évolution est marquée par des facteurs écologiques autres que ceux intervenant usuellement (dépendant des climats et êtres vivants) : topographie, rôle du substrat rocheux (sols hydromorphes par exemple).

La classification climatique des sols présente l'avantage de permettre facilement leur cartographie (voir figure page suivante) car il existe une très bonne corrélation entre climats, nature des biomes et types de sols. (*Voir aussi Pédologie*)

◆ **dégradation des sols** : de nos jours existe un nombre important de causes de dégradation des sols cultivables tant dans les pays industrialisés que dans ceux du Tiers monde.

Dans l'ordre d'importance décroissante, on constate en moyenne mondiale que 35% des dégradations observées sont dues au surpâturage, 30% à la déforestation, 28% aux mauvaises techniques agricoles, 7% à la surexploitation des sols et 1% à l'industrialisation.

Outre l'érosion éolienne et hydrique, ces causes de dégradation se traduisent par divers autres types d'altération des sols :

– *physiques* (compaction due à un mauvais usage des machines agricoles, persistance de l'eau causée par une mauvaise irrigation, subsidence résultant d'oxydation de la matière organique ou de drainages mal conçus).

– *chimiques* (excès de lessivage ou d'évaporation euxmêmes liés à une mise en valeur agricole intempestive combinée à l'usage de techniques agronomiques mal adaptées, mauvais usage des engrais minéraux, acidification, enfin pollution par les pesticides ou les engrais).

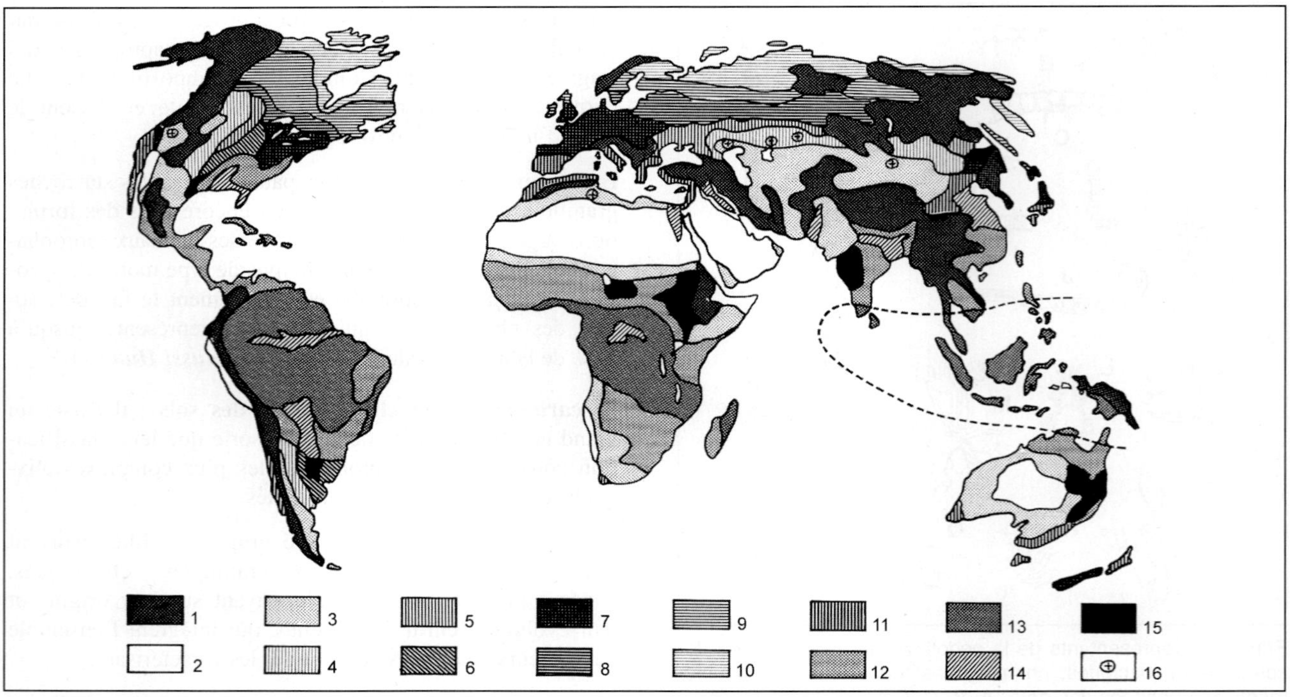

Carte de répartition des principaux types de **sols** à la surface des continents. **1**) Sols de montagne. **2**) Sols désertiques. **3**) Sols péridésertiques (sierozems, gris et bruns, semi-arides, isohumiques tropicaux, etc.). **4**) Sols châtains des steppes. **5**) Sols noirs des steppes (tchernozems). **6**) Sols de prairie (brunizems). **7**) Sols bruns forestiers tempérés. **8**) Sols podzoliques lessivés (forêts mixtes). **9**) Podzols des taïga boréales. **10**) Sols de toundra et tourbeux boréaux. **11**) Sols ferralitiques méditerranéens et subtropicaux. **12**) Ultisols des zones tropicales humides ou sols ferrugineux des zones tropicales sèches. **13**) Sols ferralitiques des forêts pluvieuses tropicales. **14**) Sols hydromorphes (gleys, etc.). **15**) Sols intrazonaux vertiques. **16**) Sols intrazonaux sodiques. (D'après Duchaufour, *Précis de pédologie*, Masson, 1977, p. 132)

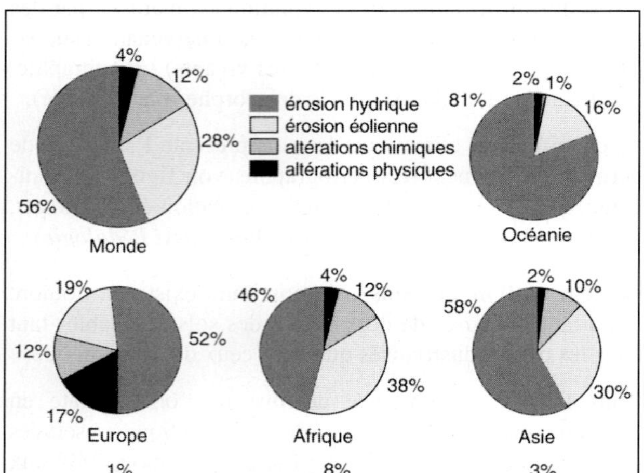

Principales causes de dégradation des **sols** en moyenne mondiale et dans les divers continents. On constate la prédominance des divers types d'érosion éolienne et hydrique. (D'après FAO, 1990)

En définitive, selon les régions du monde, l'importance relative de ces types de dégradation variera sensiblement, chacun d'eux apportant sa contribution au phénomène général de dégradation. La FAO notait au début des années 1990 qu'à l'échelle mondiale, 56% de la dégradation des sols provenait de l'érosion hydrique, 28% de l'érosion éolienne, 12% d'altérations chimiques et 4% d'altérations physiques.

◆ **érosion des sols** : voir Érosion. ◆ **horizons, profil des sols** : voir Pédologie.

◆ **pollution des sols** : elle résulte de nombreuses causes. La principale est liée à l'agriculture. Il s'agit d'une pollution diffuse due à l'usage des produits chimiques : engrais et pesticides. Elle concerne de très vastes surfaces dans le monde car ces substances sont utilisées sur des millions de km^2 tant dans les pays industrialisés que dans ceux en voie de développement.

Les engrais chimiques tels les superphosphates introduisent dans les sols des quantités non négligeables de métaux et de métalloïdes toxiques qui s'accumulent dans les couches cultivées, les plus superficielles.

Par ailleurs certains pesticides, en particulier les organochlorés, mais aussi les produits de dégradation d'autres insecticides, de fongicides et même d'herbicides, peuvent également persister dans les sols. Tel est le cas de certaines triazines dont l'usage sur le maïs peut rendre l'usage de ces sols contaminés inaptes à toute autre culture que cette plante.

Une autre cause de pollution des sols cultivés due à des polluants persistants et actuellement en inquiétante croissance tient en l'épandage sur les terres agricoles des boues résiduaires des stations d'épuration.

Teneur des engrais phosphatés en métaux toxiques	
Elément	**Teneur en ppm**
Arsenic	2 à 12
Cadmium	50 à 170
Chrome	66 à 243
Cuivre	4 à 79
Nickel	7 à 32
Plomb	7 à 92
Vanadium	20 à 180
Zinc	50 à 1 430

Les pollutions industrielles peuvent également contaminer les sols et contribuent de façon croissante à leur pollution. Les apports de PCB, de dioxines, d'HAP ou encore de métaux toxiques (cadmium, plomb) par voie atmosphérique ont déjà été évoqués plus haut.

Par ailleurs, les décharges industrielles « contrôlées » ou sauvages de déchets chimiques ont conduit en divers pays à des situations qui sont extrêmement critiques à l'échelle régionale. Par le passé limitée aux anciennes zones industrielles désaffectées, la contamination des sols par les activités industrielles résulte donc également, de plus en plus, des pollutions diffuses. En outre, elle provient aussi de nos jours des installations en fonctionnement ainsi que des activités connexes, en particulier des dépôts – et décharges de déchets chimiques – ainsi que des fuites dans des épandages de tels produits. Par ailleurs, l'infiltration de substances polluantes constitue un des risques majeurs de contamination des sols provoqué par les activités industrielles. En France, l'inventaire réalisé en 1996 recensait 895 sites industriels pollués, la plus forte densité se trouvant dans le Nord Pas de Calais, suivi de Rhône-Alpes puis de l'Ile de France. ***(Voir aussi Décharge, Dioxine, Insecticide, PCB, Pollution)*** ◆ **solution de sol** (*soil solution*) : solution des divers constituants édaphiques hydrosolubles, tant inorganiques qu'organiques, dissous dans l'eau instertitielle des sols.

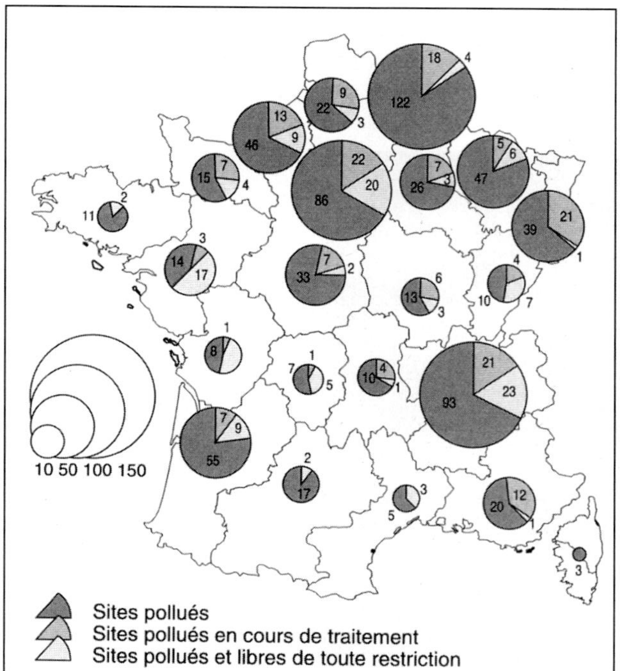

Carte des sites de **sols** pollués par les activités industrielles en France. Le diamètre des cercles est proportionnel au nombre de sites pollués par région, lequel est figuré à gauche, au-dessous des cercles en légende et ventilé à l'intérieur de chacun d'entre eux. (D'après Ministère de l'environnement, in IFEN, op. cit. 1999, p. 331)

solaire, adj. (*solar*). Qui se rapporte au soleil. ◆ **cellules** ~ (*solar cells*) : équipements constitués de cellules photovoltaïques au silicium destinées à capter l'énergie solaire. ***(Voir aussi Photovoltaïque)*** ◆ **constante** ~ (*solar constant*) : le soleil est une étoile située sur sa séquence principale, période pendant laquelle elle « brûle » son hydrogène en régime stable. En conséquence, le flux solaire, à quelques très faibles variations près, est constant, à tout le moins à l'extérieur de l'atmosphère.

Il n'en va pas de même au niveau du sol où il peut être atténué, en dehors des fluctuations de la couverture nuageuse liée aux phénomènes météorologiques, par des phénomènes planétaires tels une période de volcanisme intense qui obscurcit l'atmosphère. La constante solaire mesurée à la limite supérieure de l'atmosphère a pour valeur 1,395 erg/cm^2/s soit environ 2 cal/cm^2/min de surface normale aux rayons soit encore 1,396 kW/m^2. ◆ **énergie** ~ (*solar energy*) : elle représente la plus importante des sources d'énergie naturelle. Le flux solaire incident à la surface de la Terre présente une valeur colossale, environ 9 500 fois supérieure à la quantité totale d'énergie utilisée par l'humanité à la fin des années 1990.

Inépuisable à l'échelle de la durée de la civilisation humaine, il présente l'avantage d'être disponible – avec certes d'importantes variations – sur l'ensemble de la planète. Par ailleurs, l'utilisation de l'énergie solaire ne peut être la source d'aucune pollution chimique et d'une pollution thermique très limitée puisqu'elle se transforme intégralement et vite – de façon naturelle – en énergie thermique à la surface de la terre.

Cependant, il ne faut pas méconnaître les obstacles qui s'opposent à son utilisation. Ces derniers résultent du fait qu'elle est diluée. En France par exemple, le flux solaire moyen au sol est de 180 W/m^2 (moyenne annuelle tenant

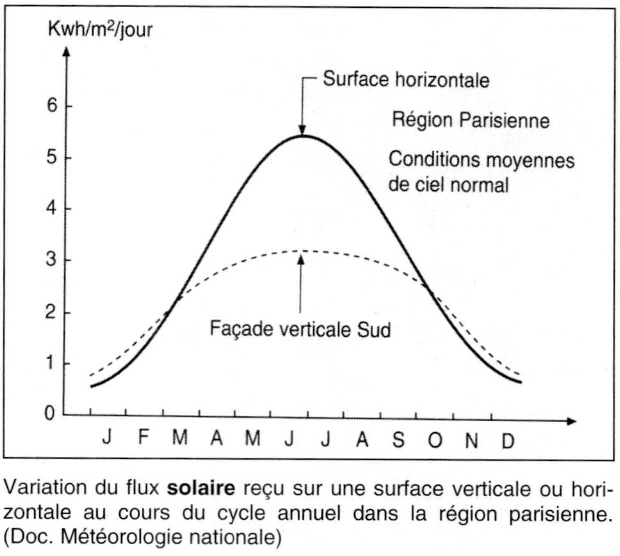

Variation du flux **solaire** reçu sur une surface verticale ou horizontale au cours du cycle annuel dans la région parisienne. (Doc. Météorologie nationale)

compte de l'alternance jour-nuit). Dans la région parisienne, elle varie entre moins de 1 kWh(th)/j/m^2 en hiver et 5,5 en été.

Cela implique en conséquence de grandes surfaces de captation : si l'on voulait par exemple produire toute l'énergie dont nous avons besoin en France avec des capteurs solaires ayant un rendement net de conversion de 10%, il faudrait recouvrir le pays de 20 000 km^2 de telles installations. À titre de comparaison, la surface bâtie ne couvre que 5 000 km^2. Autrement dit, les toits des habitations seraient loin de pouvoir satisfaire à la demande d'espace associée à ce type de source d'énergie.

Autre inconvénient de l'énergie solaire, elle fait défaut quand on a précisément besoin d'énergie c'est-à-dire la nuit ainsi qu'en hiver, aux moyennes et hautes latitudes!

Toutefois, en dépit de telles limitations, l'énergie solaire offre d'importantes possibilités. On peut la mettre en œuvre selon plusieurs procédés : conversion thermique directe, thermomécanique, thermoélectrique et photovoltaïque.

La ***conversion thermique*** directe permet la construction d'habitations chauffées directement par le soleil (architecture solaire), la fabrication de chauffe-eau, de climatiseurs solaires, ou encore le dessalement de l'eau de mer.

La ***conversion thermomécanique*** permet la production d'énergie mécanique directe par usage d'un cycle d'évaporation, dilatation et condensation d'un fluide caloporteur (butane par exemple). Les pompes solaires en sont la principale application. (***Voir aussi Pompe solaire***)

La ***conversion thermoélectrique*** consiste à fabriquer de l'électricité par un processus thermodynamique en collectant le rayonnement solaire par un champ de miroirs qui le renvoie sur un miroir parabolique situé au sommet d'une tour ou de tout autre type d'édifice élevé surplombant le champ de miroirs collecteurs. Celui-ci chauffe une chaudière par convergence du faisceau. Le précurseur de ce type de centrale-tour a été le four solaire de Font Romeu-Odeillo, construit en France à la fin des années 1960, suivi de Themis dans les années 1970, abandonné depuis par l'EDF pour cause de non-rentabilité. La plus importante centrale électrique utilisant ce procédé a été construite dans le désert de Mojave en Californie. Elle possède une puissance installée de 120 mW (el).

D'autres dispositifs thermodynamiques ont été imaginés à partir de surfaces captatrices fonctionnant comme collecteurs thermiques. Ici, il n'est pas nécessaire de concentrer le rayonnement ce qui est un avantage par rapport aux centrales-tours.

Cependant la conversion thermodynamique présente l'inconvénient d'utiliser le rayonnement direct par ciel dégagé, ce qui limite sa mise en œuvre aux climats méditerranéens ou désertiques.

On peut néanmoins se demander, au plan même de la stratégie d'utilisation, dans le cas de cette « filière » énergétique, s'il est rationnel de concentrer l'énergie solaire diluée par essence, pour la redistribuer à nouveau vers des utilisateurs dispersés au lieu de tirer parti de sa propriété naturelle qui est précisément d'être « décentralisée ».

La ***convertion photovoltaïque*** fournit une réponse à la question précédente car elle permet une production décentralisée d'électricité en zone rurale, là où la densité de l'habitat est faible. En outre elle fonctionne même à partir du rayonnement solaire diffus donc par temps couvert.

Les photopiles au silicium produites en routine par l'industrie atteignent à l'heure actuelle un rendement net de conversion de l'ordre de 10% (la limite théorique de ce pro-

Le four **solaire** de Font Romeu-Odeillo, précurseur des centrales solaires à tour. (Cliché F. Ramade)

cédé est de 23% ce qui autorise encore des progrès à venir dans la réduction des surfaces collectrices). Elles coûtaient à la fin des années 1990 environ 50 000 F le kW (el) installé ce qui est encore environ 10 fois plus cher que le kWh nucléaire installé et 25 fois celui des centrales thermiques classiques (à ne pas confondre avec le coût du kW(h) qui inclut celui de la source d'énergie – pétrole par exemple – et rend l'électricité au charbon ou au fuel plus chère que le nucléaire). Cependant, elles offrent aux particuliers l'avantage de n'être source d'aucune pollution et de ne nécessiter que fort peu d'entretien. Elles connaissent une extension de leur usage dans l'équipement de stations-relais de télécommunications par exemple et même pour l'alimentation électrique d'habitations isolées. En revanche, la construction de centrales solaires de grande puissance fondées sur ce procédé semble actuellement peu réaliste et contraire à la nature même des avantages qu'offre l'usage de ce type de ressource en énergie diffuse, donc décentralisée par essence. Il serait absurde de concentrer la production de cette dernière pour la redistribuer à l'aide d'un réseau car elle convient à la production *in situ*! ***(Voir aussi Énergie, Photovoltaïque, Pompe solaire, Silicium)***

◆ **flux** ~ : il constitue l'unique source d'énergie de l'écosphère. C'est lui qui conditionne par son intensité et sa durée les températures superficielles terrestres et donc les climats. Il varie en un lieu donné en fonction du cycle nycthéméral, c'est-à-dire de la durée relative du jour et du cycle annuel – selon le rythme des saisons.

Par ailleurs, l'intensité du flux solaire dépend de la latitude. La durée du jour, l'incidence des rayons et donc l'intensité du flux solaire au sol varient d'autant plus selon la période de l'année en fonction de la latitude que l'on s'éloigne de l'équateur.

Quasiment constant au niveau de l'équateur, ses variations saisonnières vont en s'amplifiant vers les pôles où elles atteignent leur maximum. Il est nul au pôle six mois de l'année puisque le soleil est en dessous de l'horizon tandis qu'il reste constant d'avril à octobre, le soleil ne se couchant pas pendant les six mois de la belle saison.

Le cercle polaire correspond au lieu géométrique des points où une fois par an, au solstice d'été, le soleil ne se couche pas et où une fois par an, au solstice d'hiver, il ne se lève pas.

Le tropique est le lieu géométrique des points où une fois par an le soleil atteint le zénith. À l'équateur, le soleil est zénithal aux équinoxes et à son minimum aux solstices. Entre tropiques et équateur, s'observent chaque année deux passages au zénith à des dates situées de façon symétrique par rapport au solstice d'été (voir Figure ci-contre).

Le flux solaire incident accède à la surface terrestre après avoir traversé l'atmosphère. Au cours de cette traversée se produisent des phénomènes d'absorption, de réflexion et de diffusion du rayonnement de sorte qu'une partie de ce dernier est dissipée avant d'atteindre le sol.

Si Φ_0 désigne le flux solaire à l'extérieur de l'atmosphère, le flux solaire au sol Φ est donné par la relation :

$$\Phi = \Phi_0 e^{-(\alpha_a + \alpha_d + \alpha_s)m}$$

où α_a est le coefficient d'absorption du rayonnement par l'atmosphère, α_d le coefficient de diffusion, α_s le coefficient de réflexion (phénomène de l'albedo dû en particulier à la présence de nuages), et m la cosécante de l'angle zénithal, c'est-à-dire l'angle que fait le soleil par rapport à la verticale du lieu.

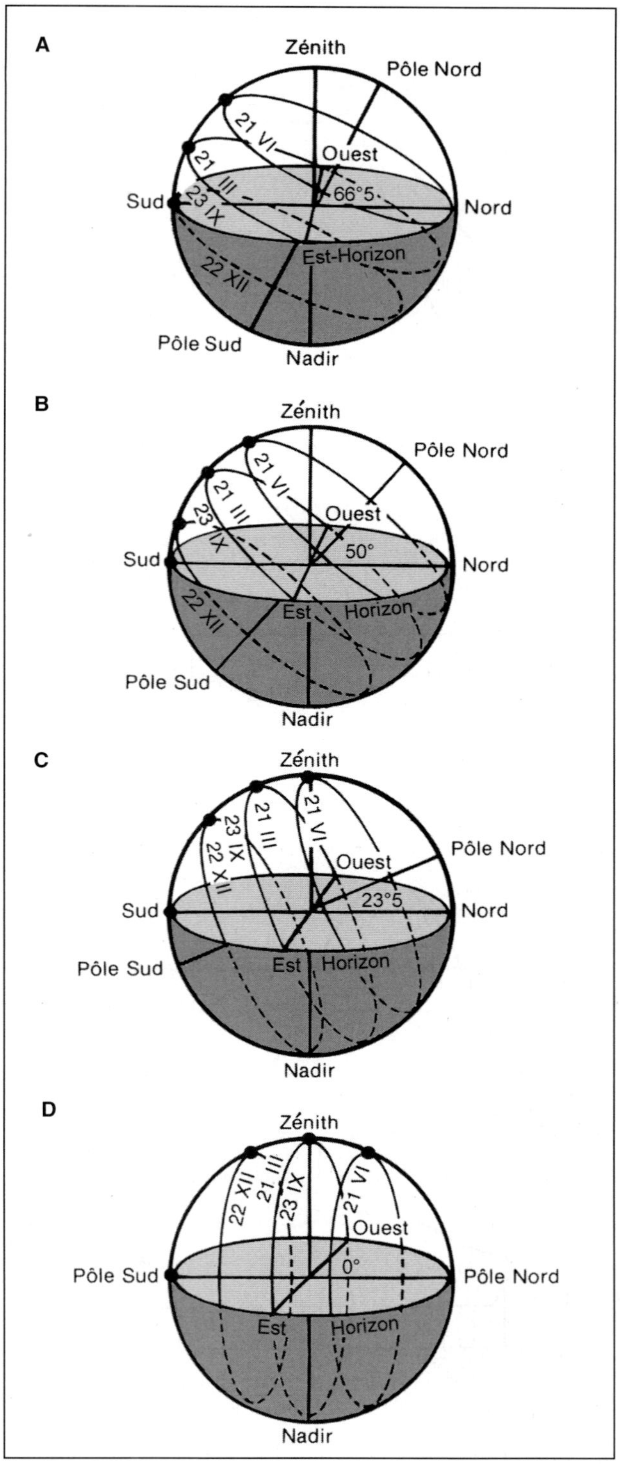

Variation annuelle de la trajectoire **solaire** apparente sur la voute céleste et de la durée du jour selon la latitude. **A**. Au cercle polaire. **B**. À 50 m de latitude Nord. **C**. Au tropique du Cancer. **D**. À l'équateur. (D'après Herrmann, in Ramade F., *Écologie fondamentale*, Ediscience international, 2e ed., 1994, p. 26)

Le flux solaire instantané et annuel varie selon la latitude puisque la hauteur du soleil dans le ciel décroît quand on se rapproche des pôles.

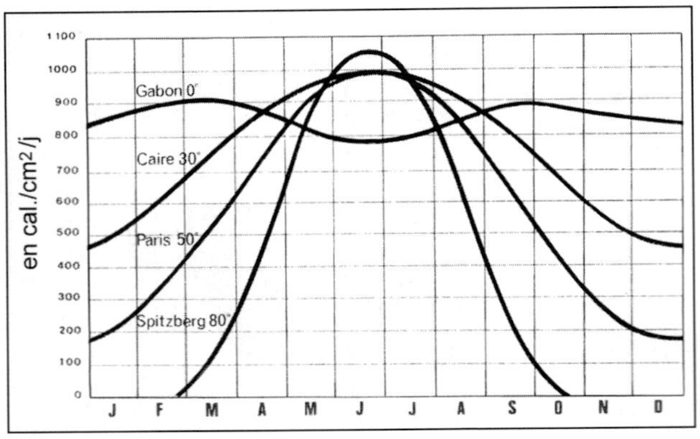

Variation de la quantité quotidienne d'énergie apportée par le flux **solaire** à diverses latitudes au cours du cycle annuel. En ordonnées, sont figurées les quantités totales d'énergie reçues quotidiennement sur une surface horizontale toute l'année à diverses latitudes. (D'après Gates, op. cit., in Ramade F., *Écologie fondamentale*, Ediscience international, 1994, p. 352)

L'*intensité du flux solaire en un lieu donné* dépend de la durée du jour, de l'incidence des rayons et de l'absorption atmosphérique. Si H est la hauteur du soleil au-dessus de la voûte céleste, I l'intensité du rayonnement direct et D la composante du rayonnement diffus, qui dépend des caractéristiques de l'atmosphère (poussières, nébulosité, teneur de l'air en vapeur d'eau), le flux solaire au sol Φs sera donné par la relation :

$$\Phi_s = I \sin H + D$$

Toutes choses égales par ailleurs, on voit que Φ_s est maximum pour $H = 90$ ° c'est-à-dire quand il est au zénith.

Il est donc évident que la quantité totale de flux solaire reçue par unité de surface terrestre sera maximale dans une bande comprise entre les deux tropiques avec son maximum à l'équateur.

Les valeurs les plus importantes du flux solaire au sol atteignent environ un kW (th) · m^{-2}.

Fait apparemment paradoxal, le flux solaire quotidien (somme de l'énergie reçue au sol en 24 h) atteint sa valeur maximale au cercle polaire au solstice d'été où elle excède celle à l'équateur, car sa position relativement basse dans le ciel est compensée par une durée du jour de 24 h.

Flux solaire au sol. L'analyse du partitionnement du flux solaire accédant à la limite de l'atmosphère terrestre montre que plus de la moitié de ce dernier n'accède pas à la surface de la biosphère. On trouve que 25% du flux solaire qui atteint l'atmosphère est directement réfléchi vers l'espace par celle-ci : 19% directement à la suite d'une réflexion par les nuages, 6% par le fait des particules en suspension dans l'air et par les brouillards. Par ailleurs, 3% de cette énergie est absorbée par l'ozone stratosphérique, 5% par les nuages, 17% par la vapeur d'eau, les poussières, les brouillards et les autres gaz troposphériques. En définitive, seulement 56% du flux solaire incident arrive au voisinage du sol. Mais à ce niveau se produiront d'autres pertes par réflexion de l'ordre de 9% (albedo) au niveau des basses couches de l'atmosphère (6%) et par la surface du sol (3%). En conclusion, 47% du flux solaire incident accède réellement à la surface du sol où il est absorbé.

Fait à souligner, la quantité d'énergie apportée par les rayonnements de diverses longueurs d'ondes contenus dans le spectre solaire est inégale et il existe une différence considérable entre le spectre énergétique du flux solaire accédant à la limite supérieure de l'atmosphère et celui qui arrive au niveau du sol. Une absorption considérable des radiations de courtes longueurs d'ondes (ultraviolet) a lieu dans la haute atmosphère, surtout dans la stratosphère, au

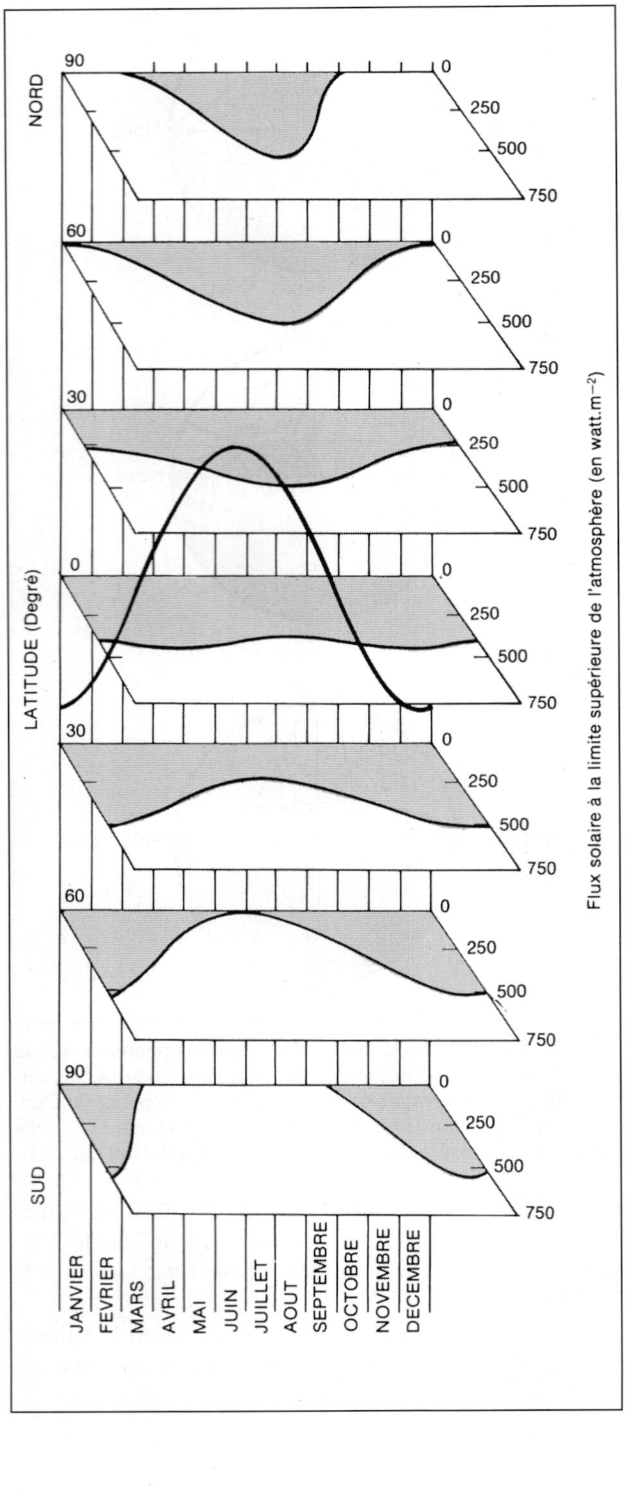

Variation de l'intensité du flux **solaire** au cours du cycle annuel et à diverses latitudes. (D'après Oort, op. cit., in Ramade F., *Écologie fondamentale*, Ediscience international, 2e ed., 1994, p. 27)

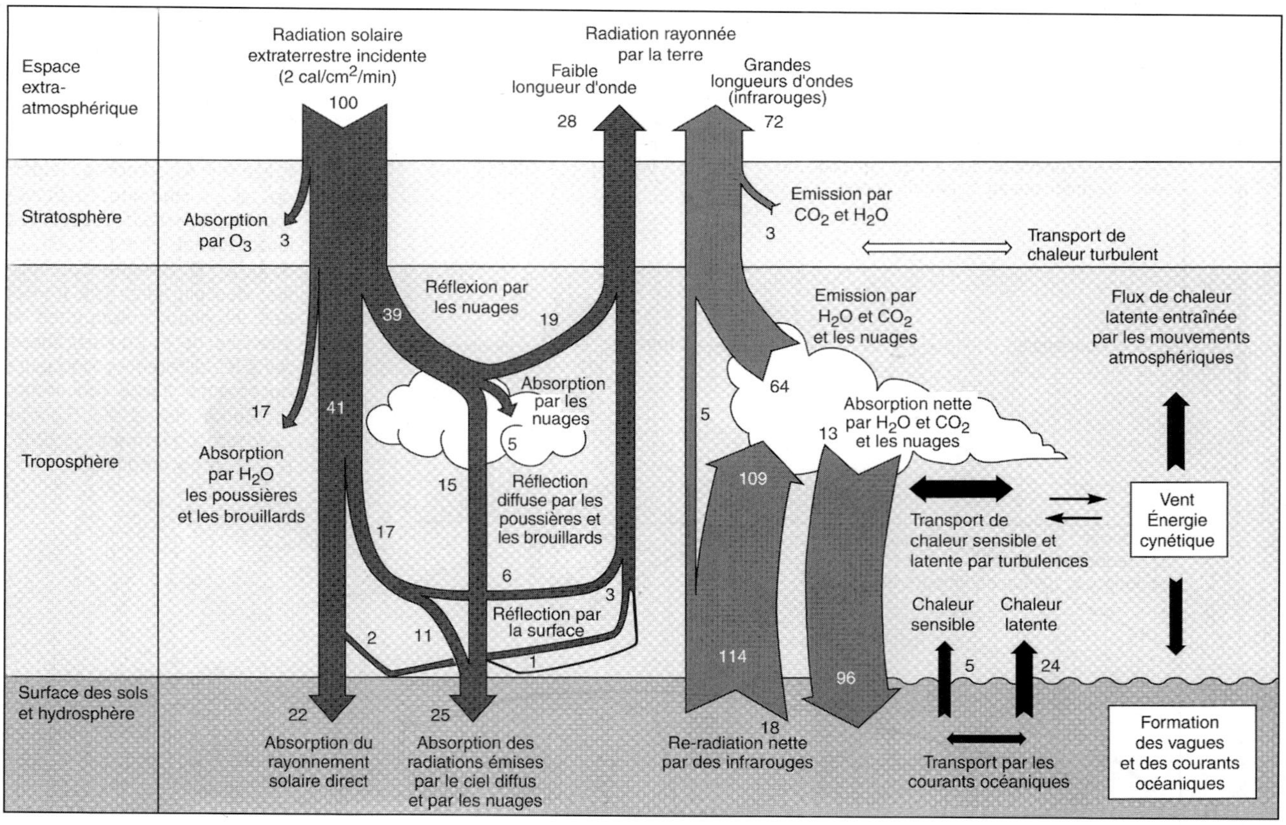

Schéma du bilan énergétique du flux **solaire** à la surface de l'écosphère. Le flux qui accède au sol est amputé des quantités qui sont réféchies, absorbées ou diffusées au cours de la traversée de l'atmosphère. Celles-ci animent les mouvements atmosphériques et les courants océaniques. Les nombres représentent le partitionnement du flux de l'énergie solaire incidente exprimé en pourcentage, par exemple 17% de la radiation solaire incidente est absorbé par la vapeur d'eau atmosphérique (H_2O sur la figure), les poussières et les brouillards. (D'après Graedel et Crutzen, op. cit., p. 46 mais modifié, in Ramade F., *Écologie fondamentale*, Ediscience international, 2e ed., 1994, p. 353)

niveau de la couche d'ozone. Cependant, les couches supérieures de l'atmosphère absorbent aussi dans une forte proportion les rayonnements infrarouges, au-delà d'une longueur d'onde excédant le mμ. En définitive, près de la moitié de l'énergie totale contenue dans le flux solaire accédant à la surface du sol ou des eaux est transportée dans la lumière visible soit une étroite bande spectrale contenue entre 400 mμ et 700 mμ (voir Figure page suivante).

L'absorption du rayonnement solaire direct ou émis par le ciel diffus et les nuages sert comme source de chaleur en particulier pour l'évapostranspiration de la biomasse végétale. Ces radiations absorbées par la surface de l'océan et des terres émergées sont reémises sous forme d'infrarouges vers l'espace.

L'absorption de ces dernières par la vapeur d'eau, le CO_2 et les autres gaz de serre maintient au niveau des basses couches troposphériques une quantité d'énergie significative (effet de serre) qui se traduit par des températures superficielles supérieures à celles que l'on observerait en l'absence de gaz de serre dans l'atmosphère.

Une partie significative du flux solaire incident à la surface des continents et des océans estimée à près de la moitié sert comme énergie auxiliaire pour le fonctionnement des écosystèmes. Cette énergie, purement physique, assure les échanges de matière et le transfert des nutriments entre les constituants des écosystèmes. Elle permet la circulation des fluides (air, eaux continentales et océaniques) et les transferts d'énergie et de matière entre les constituants inertes des écosystèmes et la biomasse. Une fraction non négligeable de la chaleur apportée par le flux solaire à la surface des écosystèmes terrestres sert à l'évaporation des plantes et permet *ipso facto* le fonctionnement de la biomasse végétale. On peut par exemple calculer que, dans une prairie, la fraction du flux solaire absorbée par l'évapotranspiration des plantes est 35 fois supérieure par unité de surface et de temps à celle fixée par photosynthèse.

À l'opposé, seulement une faible fraction des 40% du flux solaire incident à la surface de la biosphère qui reste disponible pour les autotrophes est réellement utilisée par les organismes photosynthétiques et contribue au fonctionnement des plantes vertes dans les écosystèmes continentaux, des algues et du phytoplancton dans l'océan. En effet, seules les longueurs d'onde situées dans le rouge (entre 610 mμ et 990 mμ) et dans le bleu (400 mμ à 500 mμ) sont absorbées par la chlorophylle et les autres pigments (voir Figure page suivante). En outre, les rendements de la conversion photosynthétique sont bas, au mieux de l'ordre de 10% de l'énergie reçue par les plantes dans le spectre visible. En définitive, le rendement photosynthétique effectif calculé en pourcentage du flux solaire incident converti en biomasse (énergie biochimique) par les organismes chlorophylliens est faible. À l'échelle globale, on estime que, selon les types d'écosystèmes, ces rendements sont généralement compris entre 0,1% et 1,6% selon le type d'écosystème avec une

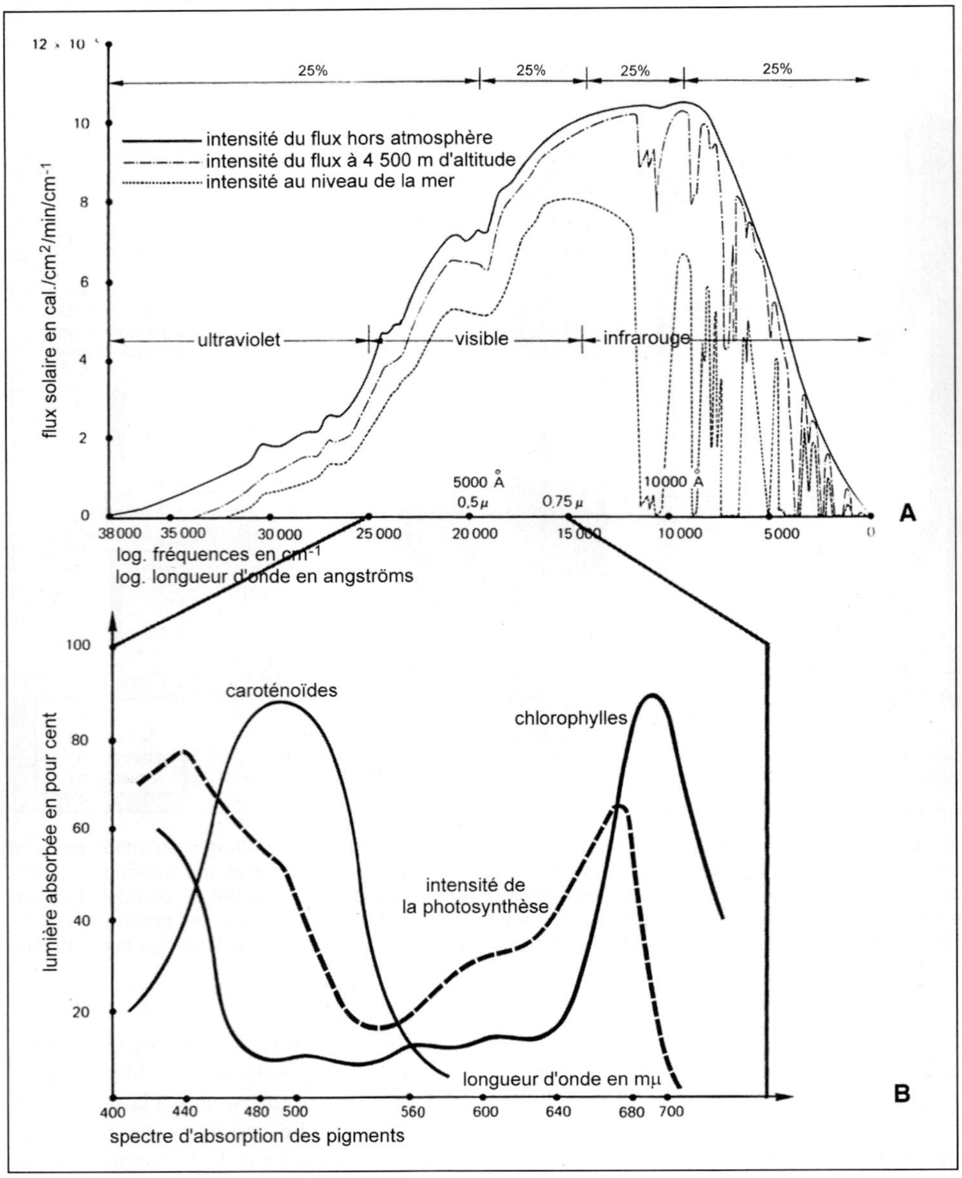

Comparaison entre le rayonnement **solaire** à l'extérieur de l'atmosphère et à la surface de la biosphère avec la fraction du flux afférent qui est absorbée par la photosynthèse (en **A**). (D'après Geiger, op. cit., in Ramade F., *Écologie fondamentale*, Ediscience international, 2e ed., 1994, p. 354). En **B**) Spectre d'absorption des pigments (en tramé) des végétaux autotrophes et intensité de la photosynthèse dans les différentes longueurs du spectre visible (en tirets). (In Berkaloffet et al., *Biologie cellulaire*, Hermann, 1966, p. 141, mais modifié)

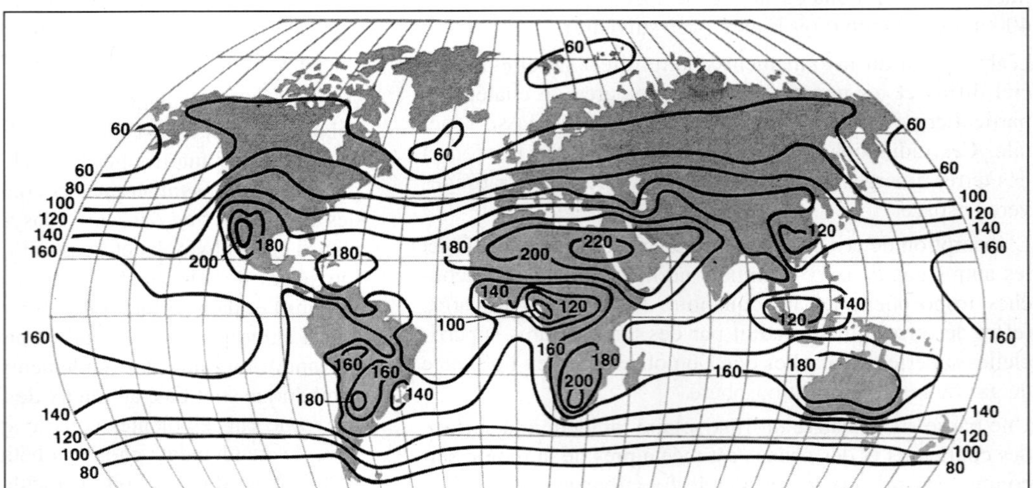

Carte de la répartition du flux **solaire** à la surface de la biosphère exprimée en Langley par an (soit 1,32 watt/m^2) (1 Langley = 1 cal · cm^{-2}). (D'après Budyko, in Sellers, *Physical climatology*, University of Chicago Press, 1965, p. 25)

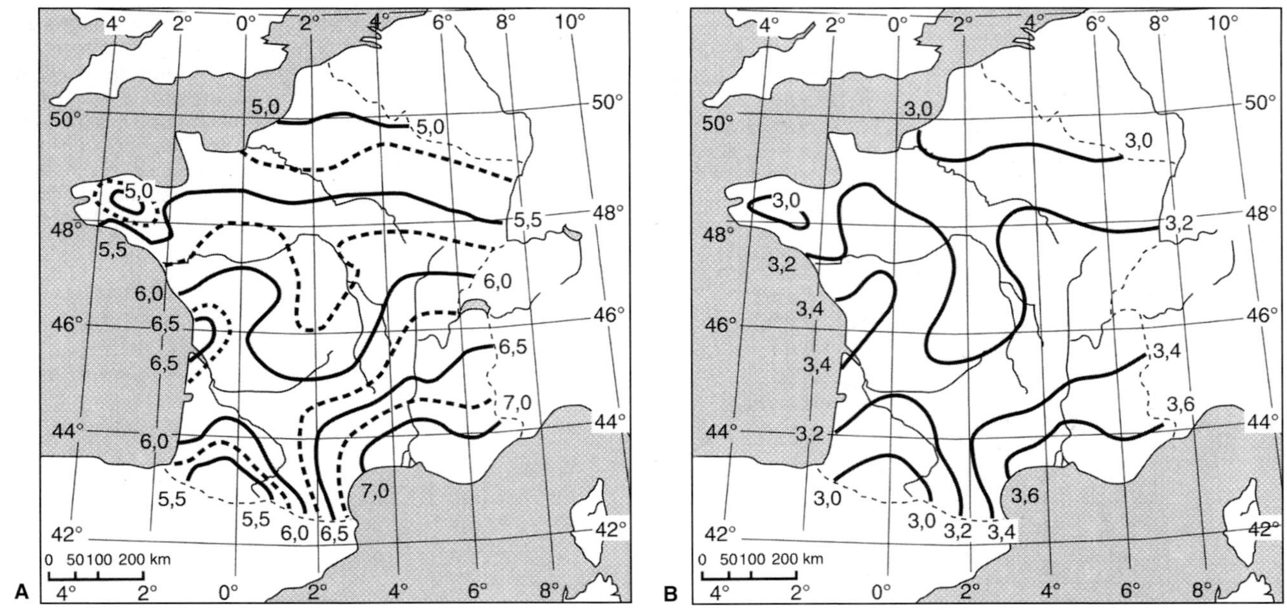

Distribution du flux **solaire** en France. **A**) Flux solaire quotidien exprimé en KW/h (th par m^2) au mois de juillet. On remarque une plus forte amplitude des écarts entre le nord et le sud du pays pendant la période estivale. Cela résulte de la quasi-absence de couverture nuageuse dans les parties méditerranéennes du pays en été alors que la nébulosité reste marquée pendant la belle saison sur le reste du territoire national de climat atlantique. Ces écarts expliquent entre autres le fait que l'usage des chauffe-eau solaires soit demeuré limité aux départements méridionaux de notre pays. **B**) Idem au mois de janvier. (In « L'énergie solaire », Actualité Service, n° 298, 1977)

moyenne mondiale d'à peine environ 0,8% du flux solaire incident accédant à la surface de la biosphère qui est transformé par les autotrophes en biomasse.

Le flux solaire au sol, calculé pour l'ensemble de la surface terrestre, est d'une valeur théorique de 236 W · m^{-2} (en moyenne annuelle). Quand le soleil est zénithal et par atmosphère très transparente, il peut atteindre un maximum de 1,2 kW · m^{-2}.

L'intensité du flux solaire moyen annuel variera beaucoup, en réalité, à la surface de la biosphère car elle dépend à la fois de la latitude et des conditions météorologiques locales. L'absorption du flux solaire par la couverture nuageuse et sa réflexion par la surface, qui elle-même dépend de la nature de l'écosystème considéré, vont jouer un rôle déterminant dans l'ajustement de sa valeur. Les intensités réelles du flux solaire moyen varient de 290 W/m^2 à l'équateur à 93 W/m^2 aux pôles (voir Figure ci-contre). En France, la densité moyenne varie de 220 W/m^2 dans l'extrême Sud à 140 W/m^2 dans le Nord (voir Figure ci-dessus).

De façon générale, il est nettement supérieur dans les zones désertiques situées aux alentours des 30° de latitude qu'à l'équateur.

Un des cas extrêmes qui montre l'importance des conditions climatologiques au sol est représenté par Bornéo. Cette île, pourtant à cheval sur l'équateur, est généralement recouverte d'une épaisse couverture nuageuse de sorte que le flux solaire moyen annuel au niveau du sol y est à peine équivalent à celui reçu dans la région parisienne par 49° de latitude Nord!

◆ **rayonnement** ~ (*solar radiation*) : désigne le spectre de longueur d'onde atteignant la limite supérieure de l'atmosphère et le sol. On constate qu'à la surface de l'écosphère, environ la moitié du rayonnement solaire est contenue dans les longueurs d'onde du visible, la totalité de l'énergie contenue dans le spectre s'étalant dans une bande comprise entre 380 mμ et environ 3 μ. ***(Voir aussi Rayonnement)***

En effet, les radiations ultraviolettes sont en grande partie absorbées par la couche d'ozone (et même en totalité pour les UV A et B), tandis que l'infrarouge l'est par cette dernière et surtout par la troposphère de sorte que les radiations incidentes de longueur d'onde supérieures à 3 μ n'accèdent pas à la surface du globe au niveau de la mer.

◆ **satellites** ~ (*solar satellites*) : instruments d'observation destinés à étudier le soleil en particulier dans les bandes spectrales absorbées par l'atmosphère. ***(Voir aussi Énergie)***

Solanacées, n. sc. Famille de Dicotylédones gamopétales de l'ordre des Tubiflorales, comptant plus de 2 300 espèces. Elle renferme de nombreuses espèces cultivées, dont certaines sont de très grande importance alimentaire comme la pomme de terre mais aussi la tomate, l'aubergine et le poivron. Beaucoup d'entre elles renferment dans leur feuillage des alcaloïdes toxiques et sont parfois cultivées dans ce but (cas de la belladone ou du tabac par exemple). ***(Voir aussi Pomme de terre, Tabac)***

solanine, n. f. (*solanin*). Alcaloïde présent dans les tiges et le feuillage des pommes de terre.

Solanum tuberosum (*potato*). Nom scientifique de la pomme de terre. Espèce de Solanacée originaire des hauts plateaux andins qui a été ultérieurement acclimatée aux zones de plaine. Elle représente de nos jours une des plus importantes cultures alimentaires du monde. Elle se classe au quatrième rang par ordre d'importance représentant à elle seule 7,5% du tonnage annuel total de la production agricole mondiale. ***(Voir aussi Blé, Maïs, Riz)***

solarisation, n. f. (*solarization*). Inhibition de la photosynthèse produite par l'exposition des plantes à un flux lumineux très intense.

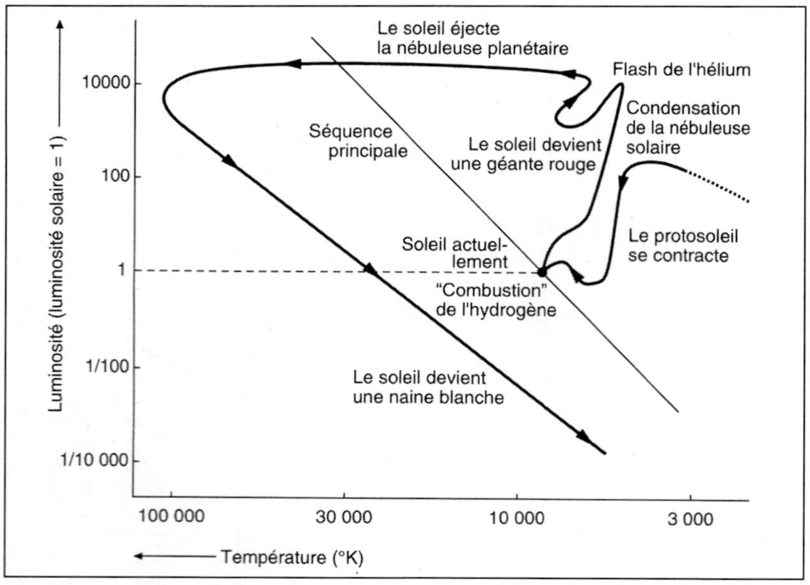

Diagramme température-luminosité d'une étoile de la masse du **soleil**. La ligne diagonale sur laquelle est situé le soleil actuel correspond à une droite qui représente les diverses valeurs du couple luminosité-température pour lesquels un objet stellaire est, en fonction de sa masse, dans sa séquence principale. (D'après Kaufmann, *Stars and Nebula*, Freeman, 1978, p. 138)

soleil, n. m. (*sun*). Le soleil est l'étoile autour de laquelle s'est formé notre système planétaire. Elle appartient à la classe stellaire G2 (étoiles jaunes), dont la durée de vie sur la séquence principale est de l'ordre de 10 milliards d'années. (Voir figure ci-dessus)
Les astrophysiciens ont calculé que le soleil, âgé actuellement de 4,7 milliards d'années, fonctionnera encore environ 5 milliards d'années sur sa séquence principale. Cette valeur ne représente cependant pas l'espérance de vie restante de la biosphère, d'autres facteurs rendant cette dernière moins longue, en particulier la teneur limite en CO_2 de l'atmosphère. **(*Voir aussi Écosphère, Gaia*)**

solfatare, n. m. (*solfatara*). Structure géologique qui se rencontre dans les zones volcaniques et se caractérise par l'émission de vapeur d'eau à haute température chargée d'hydrogène sulfuré.

solifluxion, n. f. (*solifluction*). Phénomène géologique marqué par le glissement de matériaux solides peu consistants le long d'une pente sans qu'ils soient entraînés par de l'eau.

solonetz, n. m. (*solonetz*). Sol salin intrazonal de type alcalin lessivé qui se forme dans des biotopes arides au drainage insuffisant. Ils sont caractérisés par l'accumulation en surface d'efflorescences brunes dues à la formation d'alcalis qui dissolvent l'humus. Les argiles sodiques dispersées et partiellement dégradées migrent et constituent un horizon B, dit natrique, constitué par des colonnes revêtues d'un dépôt foncé constitué de matières organo-minérales. **(*Voir aussi Salinisation*)**

solontchack, n. m. (*solontchack*). Sol salin à complexe calcique ou sodique propre aux écosystèmes paraliques ou aux biotopes à drainage insuffisant sous climat aride dans lesquels prédomine l'évaporation. Les solontchack sont marqués par la présence d'efflorescences salines blanches dues à la cristallisation du sel en surface. **(*Voir aussi Sol*)**

soloth, n. m. (*soloth*). Type de sols intrazonaux propres aux zones arides. Ce sont des sols alcalins dégradés caractérisés par une acidification superficielle avec formation d'un humus de type moder acide et d'un horizon natrique lui-même altéré.

solstice, n. m. (*solstice*). Période de l'année où le soleil paraît stationnaire dans le ciel quand on l'observe à la même heure pendant plusieurs jours. En réalité, il correspond au moment de l'année où la déclinaison du soleil s'inverse, c'est-à-dire au 21 décembre (solstice d'hiver) et au 21 juin (solstice d'été).
La hauteur du soleil dans le ciel est maximale au solstice d'été avec pour valeur :

$$H_{max} = 90° - L + 23° 26'$$

et minimale au solstice d'hiver :

$$H_{min} = 90° - L - 23° 26'$$

où L est la latitude du lieu considéré. **(*Voir aussi Solaire*)**

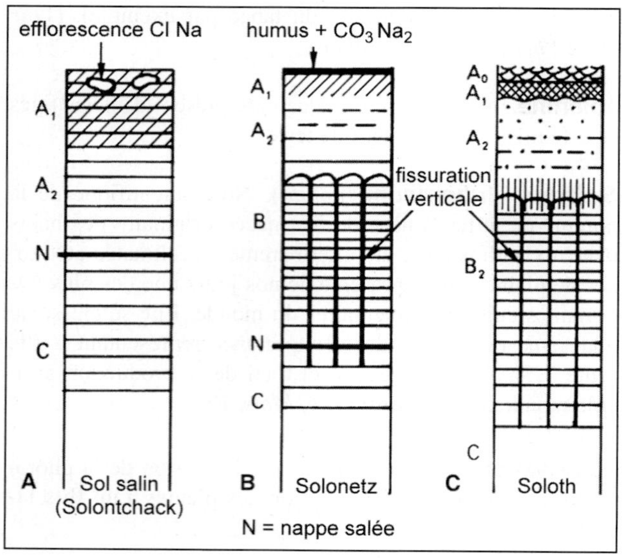

Schéma des divers types de sols salins. **A**. Solontchack (sols à efflorescences blanches). **B**. **Solonetz** (sols dégradés à efflorescences brunes). On remarque en surface l'humus dissous par les carbonates alcalins. **C**. Sol dégradé de type **soloth**. (D'après Duchaufour, in Ramade F., *Écologie appliquée*, Ediscience international, 5e ed., 1995, p. 391)

solubilité, n. f. (*solubility*). Aptitude d'une substance à se dissoudre dans un solvant. Elle se définit comme la quantité de matière maximale d'un corps chimique pouvant être dissoute par litre d'un solvant donné. L'hydrosolubilité est un paramètre écologique majeur car elle conditionne le comportement de la totalité des espèces chimiques tant dans le milieu intérieur des organismes que dans les biotopes. Elle constitue aussi une caractéristique écotoxicologique essentielle, car elle va conditionner le comportement des polluants dans les biotopes aquatiques et terrestres.

soluté, n. m. (*solute*). Substance dissoute dans un solvant. Dans les eaux naturelles se rencontrent divers solutés, ioniques ou moléculaires, issus de la dissolution des roches, du lessivage des sols, des gaz atmosphériques, de la biomasse, des activités humaines, ainsi que de nouvelles espèces produites par les réactions des précédentes : réactions chimiques, photochimiques, biochimiques en phase aqueuse ou adsorbées sur des particules solides. Les concentrations de ces solutés sont variables, suivant les eaux considérées et au cours du temps. Elles résultent des multiples échanges entre les eaux et les autres réservoirs (sols, atmosphère, biomasse) et des diverses réactions, pour lesquelles la cinétique retarde souvent la mise à l'équilibre thermodynamique. Le tableau ci-après fournit les concentrations moyennes des principaux solutés, classés par élément chimique, dans les eaux continentales et marines.

solution, n. f. (*solution*). Mélange homogène, en général liquide, dans lequel l'un des constituants (le solvant) est très majoritaire devant les autres (les solutés). Les eaux naturelles – continentales, océaniques, gouttelettes atmosphériques –constituent des solutions aqueuses. ◆ ~ **aqueuse** (*aquous solution*) : solution d'un soluté hydrosoluble minéral ou organique dans l'eau. ◆ ~ **de sol** (*soil solution*) : voir Sol. ◆ ~ **saline** (*saline solution*) : solution renfermant des sels inorganiques dissous en concentration variable. Tel est en particulier le cas des eaux naturelles continentales et océaniques qui en réalité présentent toujours une charge complexe – et parfois importante pour les eaux saumâtres et marines de substances minérales dissoutes. ◆ ~ **tampon** (*buffer solution*) : solution constituée par un mélange d'un acide fort et d'un sel d'acide faible et de base forte ou réciproquement, permettant d'ajuster le pH à une valeur constante même en cas d'ajout d'acide ou de base, selon le cas, à cette solution. **(*Voir aussi Solubilité, Solvant*)**

solvant(s), n. m. (*solvent*). Liquide pouvant dissoudre divers corps chimiques. Un solvant dissout les espèces avec lesquelles il peut former des liaisons faibles (ou liaisons physiques), ce qui dépend à la fois de la structure chimique du solvant et de celle des espèces à dissoudre selon le principe « qui se ressemble s'assemble » (*like dissolves like* en anglais). Un solvant est dit polaire s'il possède un moment

Concentrations des principaux solutés dans les mers et les rivières
(D'après Sigg, Stumm et Behra, op. cit., 1992, mais modifié)

Soluté	– log c (mers)	– log c (rivières)	Soluté	– log c (mers)	– log c (rivières)
H_2O	– 1,74	– 1,74	$HPO_4^{2-} + MgPO_4^-$	5,3	
He	8,8		$SO_4^{2-} + NaSO_4^-$	1,55	3,92
Li^+	4,6		Cl^-	0,26	3,66
$Be(OH)^+$	9,2		Ar	6,96	
$H_3BO_3 + B(OH)_4^-$	3,39		K^+	1,99	4,23
HCO_3^-	2,64	3,0	$Ca^{2+} + CaSO_4$	1,99	3,42
$N_2 + NO_3$	1,97		$HAsO_4^{2-}$	7,3	
$H_2O + O_2$	– 1,74	– 1,74	SeO_3^{2-}	8,6	
$F^- + MgF^+$	4,17	5,3	Br^-	3,08	
Ne	8,15		Kr	8,6	
Na^+	0,33	3,57	Sr^{2+}	4,05	
$Mg^{2+} + MgSO_4$	1,27	3,77	$I^- + IO_3^-$	6,3	
$Al(OH)_4^-$	7,1		Ba^{2+}	6,8	
H_4SiO_4	4,15	3,8			

Soluté	Eau des rivières, eaux de surface moyenne – log c	Lac de Zurich – log c	Eau de mer – log c
HCO_3^-	3,0 (± 0,6)	2,9	2,6
Ca^{2+}	3,4 (± 0,9)	2,9	2,0
H^+	6,5 – 8,5	7,6 – 8,4	8,1
H_4SiO_4	3,7 (± 0,5)	4,4	4,1
Mg^{2+}	3,8 (± 1,0)	3,6	1,3
Cl^-	3,7 (± 1,0)	4,1	0,3
Na^+	3,6 (± 1,0)	4,1	0,3

dipolaire électrique permanent, et protique s'il possède un ou plusieurs atomes d'hydrogène labiles (ou liés à un atome électronégatif F, O ou N). C'est le cas de l'eau, du diméthylformamide, du diméthylsulfoxyde. L'eau, fortement polaire, est un solvant puissant pour toutes les molécules polaires dites de ce fait hydrophiles. Un solvant n'ayant pas ces propriétés est dit apolaire et aprotique respectivement. C'est le cas de nombreux solvants organiques, tels l'hexane, le benzène, le tétrachlorure de carbone (totalement apolaires par symétrie), le toluène (très peu polaire). Les molécules apolaires sont peu ou pas solubles dans l'eau donc hydrophobes – et lipophiles. ***(Voir aussi Hydrosolubilité, Liposolubilité)*** ◆ ~ **chlorés** (*chlorinated solvents*) : molécules organochlorées constituées par des dérivés du méthane, de l'éthane ou de l'éthylène. Il s'agit principalement des composés suivants : CCl_4 : tétrachlorure de carbone ; CCl_2H_2 : dichlorométhane (dérivés du méthane); $CCl_3–CH_3$: 1,1,1, trichloréthane (dérivés de l'éthane); $CCl_2=CH_2$: 1,1, dichloréthylène ; $CHCl=CCl_2$: trichloréthylène, $CCl_2=CCl_2$ tétrachloréthylène encore dénommé perchloréthylène (dérivés de l'éthylène), tétrachloréthane, $CHCl_2–CHCl_2$. Les solvants chlorés sont responsables d'une pollution clandestine mais non négligeable de certaines eaux de surface, voire ce qui est plus inquiétant d'importantes nappes phréatiques. Cette question est d'autant plus préoccupante que ces solvants possèdent tous une toxicité à long terme élevée qui se traduit par des effets pathogènes en particulier du système nerveux (effets neurotoxiques) ainsi que des atteintes hépatiques voire rénales. ***(Voir aussi Eau, Hydrophile, Hydrophobe, Lipophile, Micelles, Solubilité, Soluté, Solution, Solvatation)***

solvatation, n. f. (*solvatation*). Association entre le soluté et les molécules de solvant, retenues par des liaisons faibles (liaisons physiques) de type ion-dipôle, dipôle-dipôle (Van der Waals) ou liaisons hydrogène, suivant la nature du soluté et du solvant. La solvatation, à la différence de la solvolyse, n'est pas une réaction chimique puisque le soluté conserve son intégrité. La solvatation est appelée hydratation dans le cas où le solvant est l'eau.

soma, n. m. (*soma*). Ensemble des cellules d'un organisme pluricellulaire qui n'ont aucune fonction reproductive, par opposition au germen qui est constitué par ces dernières. Au cours du développement embryonnaire survient très tôt dans les processus ontogénétiques la ségrégation respective des cellules constituant le soma et le germen. Le soma représente la partie de l'organisme qui est directement sous l'influence des facteurs environnementaux, les mutations qui peuvent survenir sous l'action de ces derniers ne peuvent donc influencer la descendance. À l'opposé, la relative indépendance du germen relativement à l'action des facteurs écologiques justifie a priori la nature non lamarckienne de l'évolution.

somatique, adj. (*somatic*). Désigne ce qui se rapporte au soma.

sonar, n. m. (*sonar*). Dispositif homologue du radar fondé sur l'émission d'ultrasons qui permet de déterminer la distance d'un obstacle. De nombreuses espèces de Vertébrés aquatiques, les chauve-souris en milieu terrestre, sont capables de s'orienter par un sonar biologique (phénomène de l'écholocation).

sonde ◆ **ballon** ~ : voir Ballon-sonde. ◆ **province biogéographique de la** ~ (*Sundaland*) : province biogéographique incluant Sumatra, la péninsule malaise, Bornéo et l'île de Palauan.

Sonneretia, n. sc. Genre d'arbres des mangroves tropicales, vivant dans les parties les moins basses de ces dernières. Ils se caractérisent par la possession de pneumatophores qui assurent l'aération de leurs racines lesquelles sont immergées la plupart du temps. ***(Voir aussi Mangrove)***

sonorien(s), adj. (*sonorian*) ◆ **déserts** ~ (*sonorian deserts*) : ensemble d'écosystèmes désertiques propres au Nord du Mexique et au Sud-Ouest des États-Unis, plus particulièrement en Californie, en Arizona, au Nouveau-Mexique et à l'Ouest du Texas. ***(Voir aussi Désert)***

sorgho, n. m. (*sorghum*) (n. sc. : *Sorghum*). Plante cultivée présentant une grande résistance à la sécheresse et, de ce fait, un grand intérêt pour la pratique des cultures vivrières dans les pays du Tiers monde à climat semi-aride.

soufre, n. m. (*sulphur*). Élément de numéro atomique Z = 16 et de masse atomique Ar = 32. Son corps simple est un métalloïde solide dans les conditions normales. Il est abondant à l'état natif dans certains dépôts volcaniques et diverses roches sédimentaires, en particulier dans les gypses qui sont des sulfates de calcium hydraté. Le soufre est aussi un élément constitutif des pyrites, sulfures métalliques constituant les minerais principaux de nombreux métaux non ferreux. Il existe aussi localement des gisements évaporitiques de sulfates alcalins. Le soufre représente un impor-

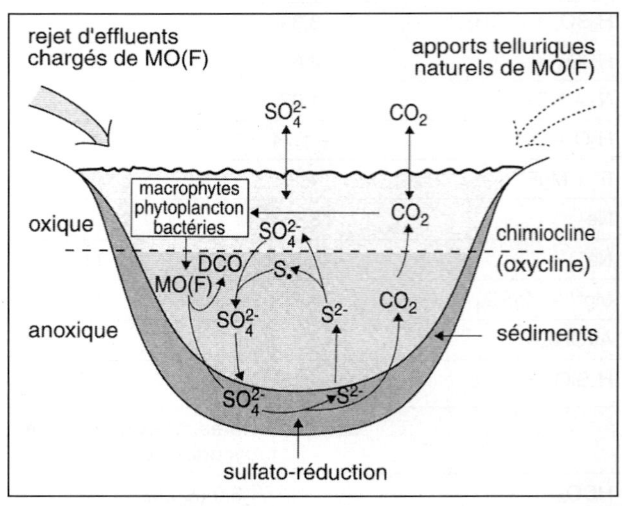

Cycle biogéochimique du **soufre** en milieu aquatique. Ici est figuré le cas d'un écosystème limnique. L'oxycline dont la surface se confond avec celle de la chimiocline marque la limite entre les eaux profondes (et les sédiments) où le déficit d'oxygène, voire l'anoxie, se traduisent par la prépondérance de la sulfatoréduction et les eaux superficielles situées au-dessus de l'oxycline où s'effectue la sulfo-oxydation. Noter aussi le couplage entre le cycle du soufre et du carbone, l'hétérotrophie avec minéralisation de la matière organique marquant l'hypolimnion tandis que l'autotrophie (phototrophie) domine dans l'épilimnion.

tant élément biogène. En effet, il intervient dans la constitution de certains acides aminés : cystine, cystéine et méthionine, donc des protéines. ◆ **cycle biogéochimique du ~** (*sulphur biogeochemical cycle*) : le cycle du soufre est considéré comme équilibré en l'absence d'action humaine c'est-à-dire que les stocks et les flux sont sensiblement constants dans et entre les divers compartiments de la biosphère. En particulier, il existe une relation d'équivalence entre les quantités dissoutes dans les eaux courantes et celles rejetées dans l'atmosphère d'une part et d'autre part, celles qui retournent à la surface du sol et sont sédimentées dans les écosystèmes aquatiques et l'océan.

Dans les conditions naturelles, trois types de phénomènes biogéochimiques introduisent diverses formes du soufre dans l'atmosphère : la formation d'embruns marins ; les fermentations dans les sols marécageux, dans les vases benthiques des zones humides et dans les sédiments marins littoraux et abyssaux ; le volcanisme. La formation d'embruns marins, lorsque l'océan est agité, introduit des sulfates sous forme particulaire dans l'atmosphère.

La seconde source d'apports de soufre à l'atmosphère est constituée par des fermentations – essentiellement en milieu aquatique – qui découlent de processus biogéochimiques complexes, fondamentalement marqués par l'intervention de diverses bactéries soit sulfato-réductrices soit sulfo-oxydantes.

Dans les eaux et les sédiments anoxiques interviennent des bactéries hétérotrophes réductrices appartenant en particulier aux genres *Desulfovibrio* et *Desulfatomaculum*. Leur action sulfato-réductrice se traduit par une oxydation anaérobie des acides organiques depuis l'acide formique (en C_1) jusqu'à l'acide myristique (en C_{14}). Elle conduit à la formation de H_2S selon une série de réductions dissimilatrices des sulfates, cinq protéines intervenant dans la chaîne de réduction qui conduit des sulfates aux sulfures :

$$SO_4^{2-} + ATP \rightarrow APS^{2-} \rightarrow SO_3^{2-} + AMP \rightarrow S_3O_6^{2-} \rightarrow S_2O_3^{2-} \rightarrow S^{2-} \quad (1)$$

où APS est l'adénylsulfate.

Dans les eaux profondes, le H_2S réagit avec le fer des sédiments et donne des précipités de sulfure ferreux qui forment des couches noirâtres. Dans les biotopes palustres aux eaux peu profondes, il se produit des dégagements d'H_2S de même que dans les milieux paraliques et dans les vases marines littorales. Par ailleurs, en milieu océanique, il a été démontré que les eaux du domaine pélagique au large produisent du $SHCH_3$ (sulfure de méthyle) et du $S(CH_3)_2$ (sulfure de diméthyle) qui se dégagent dans l'atmosphère.

À l'opposé existent dans les milieux aquatiques des bactéries phototrophes sulfo-oxydantes. Ces dernières, anoxygéniques, utilisent divers substrats soufrés comme donneurs d'électrons. Il s'agit des bactéries pourpres non sulfureuses telles les *Chromatiaceae* et *Ectothiorhodospiraceae* qui utilisent le soufre S°, le H_2S, et le $S_2O_3^{2-}$ ou encore parmi les bactéries vertes comme les *Chlorobiaceae* qui utilisent également les composés précédents. Par ailleurs, les *Chloro-*

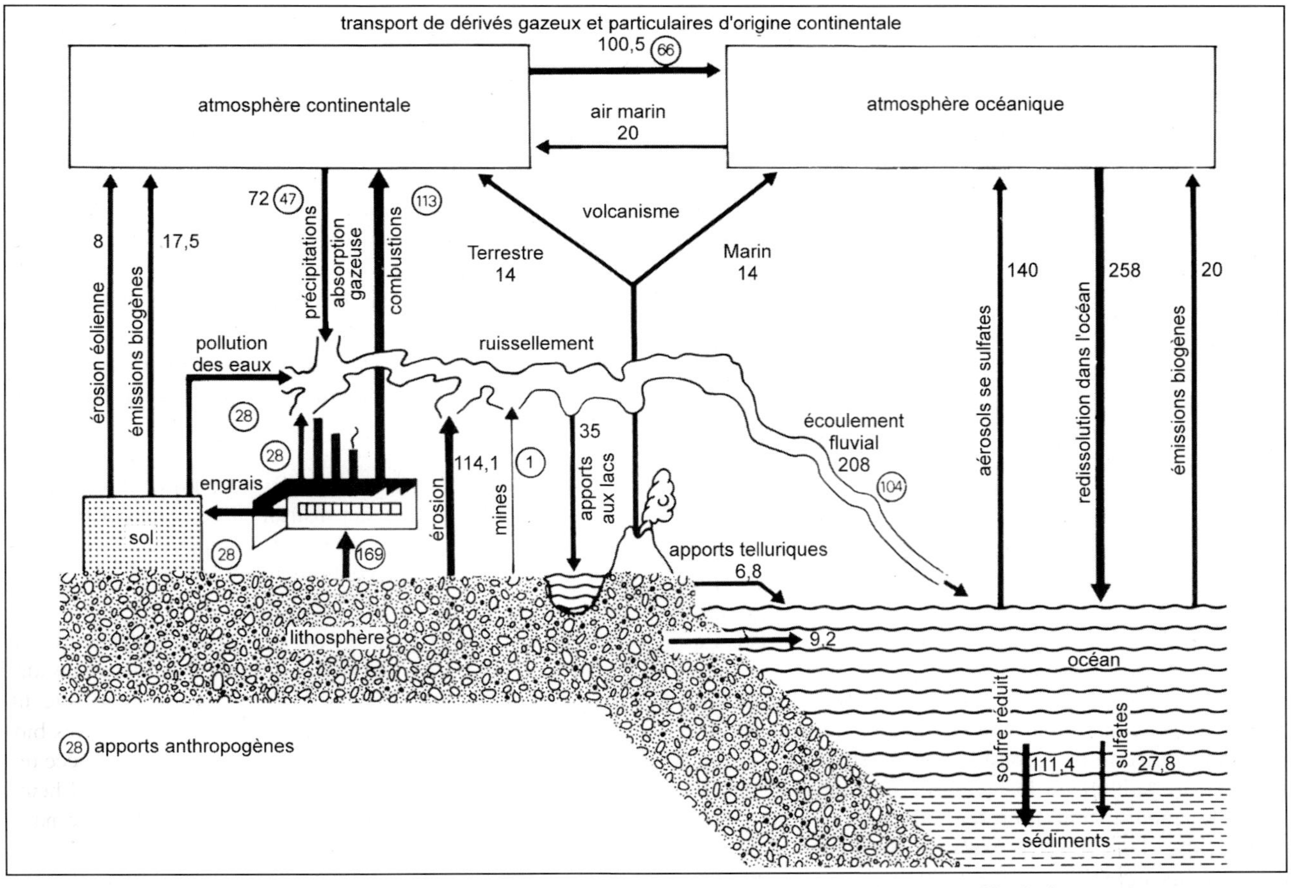

Cycle biogéochimique du **soufre** dans la biosphère. Les nombres expriment des millions de tonnes d'équivalent soufre par an ; ceux qui sont cerclés correspondent aux émissions anthropogènes. (D'après Ivanov, Scope, in Ramade F., *Écologie appliquée*, Ediscience international, 5e ed., 1995, p. 163)

flexaceae sont susceptibles d'utiliser le H_2S comme donneur d'électrons en sus de divers composés organiques, à l'image de toutes les précédentes. Dans les eaux et à la surface des vases anoxiques, ces bactéries vont oxyder le cathion sulfure produit par la minéralisation de la matière organique et la sulfato-réduction. Il arrive dans des biotopes palustres ou limniques peu profonds que la sulfatoréduction dans les sédiments puisse conduire le H_2S à envahir toute la colonne d'eau. Dans ce cas, les bactéries phototrophes pourpres pullulent et vont retransformer par oxydation le sulfure en sulfate. Elles bloquent ainsi la diffusion du H_2S de l'hypolimnion, aux eaux anoxiques vers les couches supérieures oxygénées et contribuent par leur action à l'homéostasie du cycle du soufre dans ces milieux aquatiques tout en éliminant l'excès de H_2S aux effets biocides.

Le volcanisme est aussi une cause de dégagement de SO_2 dans l'atmosphère d'importance cependant inférieure à celle des dérivés gazeux du soufre provenant des fermentations. On estime au total que le volcanisme dégagerait en moyenne 28 millions de tonnes de soufre (sous forme principalement de SO_2) dans l'atmosphère contre environ 40 millions de tonnes par les fermentations. ***(Voir aussi Bactérie, Chimiocline, Lac, Oxycline, Paraliques, Phototrophe)*** ◆ **le bouclage du cycle biogéochimique du** ~ : dans l'atmosphère, les divers dérivés gazeux du soufre introduits de la surface des écosystèmes terrestres et aquatiques vont être transformés par oxydation en acide sulfurique puis en sulfates par réaction avec les divers cations présents sous forme gazeuse ou particulaire (ammoniac, particules de calcite essentiellement). Les aérosols formés ainsi que les particules de sulfates provenant des embruns vont être dissous dans l'eau atmosphérique ou devenir sédimentables par attraction électrostatique et de ce fait sont ramenés à la surface par les précipitations.

On considère par ailleurs que les apports telluriques de sulfates des continents à l'océan par le jeu du cycle de l'eau compensent ceux d'embruns marins et de dérivés gazeux de soufre à l'atmosphère ce qui équilibre le bilan continents-hydrosphère. ◆ **action de l'homme sur le** ~ : le cycle du soufre a été profondément perturbé par les actions anthropogènes. Celles-ci résultent essentiellement de l'usage des combustibles fossiles qui conduit au rejet dans l'atmosphère de plus de 115 millions de tonnes d'équivalent soufre par an sous forme de SO_2 auxquelles il convient d'ajouter la production de ce gaz par le grillage des pyrites (extraction des métaux non ferreux). Au total, en ce début de XXIe siècle, les rejets totaux de soufre gazeux d'origine anthropogène dans l'atmosphère peuvent être estimés de l'ordre de 125 millions de tonnes par an ! En définitive la pollution de l'atmosphère terrestre par le SO_2 correspond à des rejets nettement supérieurs aux quantités de soufre gazeux introduites par les processus biogéochimiques naturels dans l'atmosphère de sorte que le cycle biogéochimique du soufre est l'un des plus perturbés par l'action de l'homme. Les pluies acides constituent une des manifestations les plus évidentes de cette perturbation du cycle biogéochimique du soufre résultant de la technologie moderne dont les effets se manifestent non seulement avec une gravité particulière dans les écosystèmes limniques situés sur des terrains cristallins mais à l'échelle du fonctionnement de la biosphère toute entière. ***(Voir aussi Redox, Sulfates, Sulfures)***

soui-mangas, n. m. Voir *Nectariniidae.*

source(s), n. f. (*spring*). Structure géologique dans laquelle une nappe phréatique ou encore un réseau hydrologique souterrain correspondant à des structures karstiques ou à des infiltrations dans des roches cristallines fissurées vient se déverser à la surface. ◆ ~ **artésienne** (*artesian spring*) : source correspondant à un bassin artésien et de ce fait jaillissant avec une pression importante à la surface. ◆ ~ **de faille** (*fault spring*) : source disposée au niveau d'un miroir de faille, donc à la jonction entre deux plans de faille. ◆ ~ **hydrominérale** (*mineral spring*) : source dont les eaux sont chargées de substances minérales dissoutes par suite de son passage dans des filons salinifères. ◆ ~ **hydrothermales marines** (*hydrothermal marine spring*) : structures hydrogéologiques où des eaux infiltrées au voisinage de zones volcaniques sous-marines reviennent en surface chargées de divers sels dissous. Elles sont à l'origine d'écosystèmes très particuliers peuplés de communautés sténothermes de milieux chauds, les températures de l'eau dépassant les 200 °C à proximité des évents. Ces dernières se sont développées autour de communautés de producteurs bactériens chimiosynthétiques qui sont à l'origine de réseaux trophiques animaux dont l'équivalent des herbivores sont des Invertébrés filtreurs bactériophages : moules géantes, et Annélides Polychètes tubicoles du genre *Alviniella* par exemple. ◆ ~ **karstique** (*karstic spring*) : source jaillissant à la sortie d'un massif calcaire et donc caractérisée par des eaux chargées en bicarbonate de calcium. ◆ ~ **salée** : source dont les eaux sont chargées en chlorure de sodium et de ce fait impropres à la consommation humaine et animale. ◆ ~ **sulfureuse** (*sulphurous spring*) : source dont les eaux sont chargées en sulfures. En règle générale, de telles eaux se rencontrent dans des régions où existe un volcan actif ou à tout le moins un volcanisme résiduaire. ◆ ~ **thermale** (*thermal spring*) : source résultant de phénomènes d'hydrothermalisme, donc produite par la circulation hydrothermale dans des filons riches en substances minérales et en métaux. ◆ ~ **vauclusienne** (*crevice spring*) : résurgence de rivière souterraine marquée par la présence d'un siphon naturel. ***(Voir aussi Phréatique)*** ◆ **zone des** ~ (*springs area*) : partie la plus en amont d'un écosystème lotique, qui correspond au crenon. ***(Voir aussi Crenon, Fleuve, Hydrosystème, Lotique)***

sous-solage, n. m. (*subsoiling*). Pratique agronomique consistant à briser avec un instrument aratoire adéquat une couche concrétionnaire ou les parties superficielles de la roche-mère pour mettre en culture un sol peu profond.

spatule, n. f. (*spoonbill*) (n. sc. : *Spatula clypeata*). Oiseau de l'ordre des Ciconiformes propre aux zones humides littorales d'Europe de l'Ouest. Cette espèce constitue un bon indicateur de changements anthropogènes dans les biotopes auxquels elle est inféodée. En France, cette espèce qui avait disparu en tant qu'oiseau nicheur présente à l'heure actuelle une assez importante colonie dans la réserve naturelle du lac de Granlieu, près de Nantes.

spécialisation, n. f. (*specialization*). Degré d'adaptation d'un être vivant à son habitat. Les espèces ayant une forte spécialisation sont dites sténœciques, ce qui signifie que leur niche écologique est étroite et qu'elles sont adaptées à vivre dans un environnement marqué par une forte compétition interspécifique. ***(Voir aussi Niche)***

spécialiste, n. m. (*specialist*). En écologie, ce terme désigne un organisme inféodé à des habitats particuliers et (ou) qui utilise un type bien défini de ressources (alimentaires ou autres). À l'opposé, on distingue des espèces dites généralistes, qui occupent une niche large et qui sont dites euryœciques.

spéciation, n. f. (*speciation*). Mécanisme par lequel se différencient les espèces vivantes. La spéciation résulte de la séparation d'un groupe d'organismes vivants provenant d'une même population d'origine en une unité évolutive indépendante qui ne peut plus se recroiser avec sa population et, *a fortiori*, son espèce d'origine, par suite de l'accumulation de différences génétiques consécutives à l'isolement et au différentiel de pression sélective qui s'en est suivi. ◆ ~ **allopatrique** (*allopatric speciation*) : type de spéciation qui se produit lorsque deux populations d'une même espèce sont séparées par une barrière biogéographique qui fait qu'elles ne peuvent plus échanger leurs gènes. ◆ ~ **parapatrique** (*parapatric speciation*) : type de spéciation caractérisé par la différenciation de deux espèces à partir d'écotypes présents dans un même habitat mais qui occupent progressivement des niches écologiques différentes. Ce type de spéciation se produit lorsque, en dépit d'un flux de gène potentiel entre deux populations parapatriques, l'isolement reproducteur et la différence de pression de sélection sont suffisants pour qu'une spéciation soit possible entre ces groupes placés dans une situation de semi-isolement. ***(Voir aussi Métapopulation, Sympatrique)*** ◆ ~ **stasipatrique** (*stasipatric speciation*) : mode de différenciation d'une espèce qui se produit dans de rares circonstances à l'intérieur de populations apparemment sympatriques. Il s'agit d'un processus rapide de spéciation qui s'effectue dans de petites populations qui se reproduisent sans être isolées spatialement ou génétiquement. ◆ ~ **sympatrique** (*sympatric speciation*) : type de spéciation qui résulte d'un phénomène d'isolement de certains éléments d'une métapopulation qui se séparent du reste, à partir de modalités qui ne sont pas liées à une barrière géographique. Il se manifeste donc initialement à l'intérieur de populations d'une même espèce occupant la même distribution géographique mais qui vont diverger en se localisant dans un habitat particulier. Il existe aussi des cas où cette spéciation est le résultat de divergences physiologiques entre deux populations d'une même espèce. Dans ce cas, les divergences sont dues à des différenciations dans le cycle vital comme chez certaines populations d'Insectes où cohabitent deux espèces apparemment semblables mais néanmoins distinctes (isolement reproductif) car les populations de la première vont faire leur cycle vital avec une reproduction en période estivale tandis que l'autre aura deux périodes de reproduction, l'une printanière l'autre automnale. On parlera ici d'un isolement écologique et non géographique.

Dans certains cas, il existe d'autres causes de spéciation sympatrique comme celles liées, chez les animaux, à l'apparition de comportements différents, concernant par exemple la reproduction : parade nuptiale et rapprochement des sexes, ou encore de nidification. Il apparaîtra ici une barrière reproductive entre le groupe d'individus qui pratiquera par exemple un type particulier de parade nuptiale et le reste de la métapopulation initiale. Ces cas sont fréquents non seulement dans la plupart des groupes de Vertébrés mais aussi chez les Invertébrés. Ainsi, chez diverses familles de papillons, en particulier chez celle des tordeuses, il existe des genres dont les espèces diffèrent uniquement par le fait que les femelles d'une espèce donnée émettent une substance attractive sexuelle distincte de celle émise par les autres espèces voisines!

Enfin, chez les Végétaux, un isolement reproductif, source de spéciation sympatrique entre populations d'une même espèce, peut résulter de causes biochimiques conduisant à une incapacité du pollen de certains individus de germer sur les stigmates.

spécifique, adj. (*specific*). Désigne ce qui appartient de façon stricte à un individu, à une espèce, à un biotope ou un écosystème déterminé. ◆ **rétention** ~ (*specific retention*) : quantité totale d'eau retenue par capillarité et attraction moléculaire dans un sol ou une roche par rapport à la totalité de l'eau renfermée.

spectres biologiques, n. m. Voir Raunkiaer.

spéléologie, n. f. (*speleology*). Science dont l'objet est l'étude des grottes et autres cavités souterraines. Il s'agit d'une discipline composite qui intéresse la géomorphologie, l'hydrogéologie, les disciplines biologiques non réductionnistes et en particulier l'écologie.

spermaceti, n. m. (*spermaceti*). Substance lipidique contenue dans le muffle des cachalots.

spermatogenèse, n. f. (*spermatogenesis*). Processus biologique par lequel un organisme élabore les produits sexuels mâles.

spermatophore(s), n. m. (*spermatophore*). Structure anatomique de forme globuleuse, aux parois protéiques dans laquelle les spermatozoïdes sont emballés chez de nombreux groupes d'Invertébrés, en particulier chez les Insectes, et introduits dans les voies génitales femelles au moment de l'accouplement.

Spermatophytes, n. f. (*Spermatophyta*). Embranchement du règne végétal constitué par l'ensemble des plantes à graines.

spermatozoïde, n. m. **1.** (*spermatozoon*). Gamète mâle des animaux. **2.** (*spermatozoid, antherozoid*). S'utilise aussi pour le gamète mâle flagellé des plantes inférieures en synonymie avec le terme d'anthérozoïde.

spermophile(s), n. m. (*chipmunk*). Rongeurs terricoles des steppes tempérées de l'ensemble de la région holarctique (voir figure page suivante). Le spermophile (ou souslik) d'Europe (*Citellus citellus*) était autrefois répandu dans l'ensemble des steppes d'Europe centrale et orientale (Ukraine et Sud-Ouest de la Russie). ***(Voir aussi Steppe)***

Spermophile (*Citellus richardsoni*), rongeur terricole, propre à la partie Nord-Ouest des États-Unis et au Sud-Ouest du Canada, ici dans le parc national du Grand Teton (Wyoming). (Cliché F. Ramade)

Sphagnetum, n. sc. Associations végétales propres aux tourbières à sphaignes. (***Voir aussi Tourbière***)

sphagnicole, adj. (*sphagnicolous*). Désigne une espèce animale ou végétale inféodée aux tourbières.

Sphagnum, n. sc. Voir Sphaignes.

sphaigne(s), n. f. (*sphagnum*) (n. sc. : *Sphagnum sp.*). Cryptogames du groupe des Bryophytes constituant une sous-classe de Bryopsidés (mousses au sens large), les Sphagnales, inféodés aux milieux aquatiques marécageux, qui ne comprend qu'un seul genre, *Sphagnum*, dans lequel on dénombre plus de 300 espèces. Les sphaignes sont inféodées aux tourbières et autres biotopes d'eaux stagnantes acides. Elles jouent un rôle essentiel dans la formation de la tourbe. (***Voir aussi Successions hydrachiques, Tourbière***)

Sphénisciformes, n. m. (*Sphenisciforms*, vern : *penguins*). Ordre d'Oiseaux primitifs, dénommés manchots, propres à l'hémisphère austral, présentant une adaptation remarquable à la vie océanique grâce à leurs ailes antérieures transformées en nageoires. Ce sont en réalité les seuls oiseaux adaptés à la nage en pleine eau. On compte trois genres de manchots (*Spheniscus*, *Aptenodytes* et *Pygoscelis*) qui renferment au total 17 espèces, surtout inféodées aux régions subantarctiques et antarctiques. (***Voir aussi Bergmann, Manchot***)

Sphénopsides, n. m. (*Sphenopsida*). Classe de Ptéridophytes inférieurs comportant trois ordres, les Sphénophylalles, les Hyénales et les Equisétales. Les deux premiers, fossiles, sont entièrement éteints; le troisième est constitué par les Calamitales du Carbonifère et par les Équisétacées (prêles) actuelles.

Sphingides, n. m. (*Sphingids, hawk moths*). Famille de Lépidoptères dont la plupart des espèces sont nocturnes. Les adultes, pourvus d'une longue trompe pouvant dépasser plusieurs fois la longueur de leur corps, butinent les fleurs en pratiquant un vol stationnaire. Ils constituent de ce fait un équivalent écologique des colibris ou des *Nectariniidae*. (***Voir aussi Colibri, Nectariniidae, Soui-manga***)

sphingophile, adj. (*sphingophilous*). Désigne un végétal pollinisé par des Sphingides et autres Lépidoptères nocturnes.

Spinisylvae, n. sc. Écosystèmes correspondant à des forêts sèches tropicales constituées d'arbres sclérophylles ou épineux qui croissent à la limite des savanes.

spirogyre(s), n. f. (*spirogyra*). Algues vertes d'eau douce, filamenteuses, du genre *Spirogyra*, remarquables par la grande efficacité de leur conversion photosynthétique dont le rendement peut excéder 5% de l'énergie solaire reçue dans le visible.

spissatus, n. m. ◆ **cirrus** ~ : type de nuage cirriforme épaissi qui apparaît grisâtre même quand on l'observe en direction du soleil.

Manchot empereur (*Aptenodytes frosteri*). Cette espèce, la plus grande de l'ordre des **Sphéniciformes** – les mâles atteignant la cinquantaine de kilos – niche dans l'Antarctique jusqu'à plus de 70° de latitude Sud. Les mâles assurent seuls l'incubation de l'œuf unique en plein hiver austral et par des températures souvent situées au-dessous de –60°C. L'oiseau visible au second plan à gauche est un manchot Adélie (*Pygoscelis adeliae*). (Cliché P. Jouventin)

spodique, adj. (*spodic*). Désigne un horizon pédologique dans lequel la matière organique s'est accumulée avec des oxydes d'aluminium et souvent de fer de façon amorphe.

spodosol, n. m. (*spodosol*). Dans la classification des sols de l'*US Department of Agriculture*, désigne des sols illuviaux dans lesquels s'est formé un horizon spodique. De tels sols se forment dans des climats tempérés, chauds et humides, là où le substrat est formé de matériaux grossiers, et souvent sous boisement de conifères.

Spongiaires, n. sc. (*Porifera*). Embranchement de Métazoaires diploblastiques très primitifs, dépourvus d'organes différenciés, qui réunit l'ensemble des éponges. Elles sont apparues au cours de la dernière période de l'Antécambrien, le Vendien. Il s'agit d'organismes essentiellement marins, quelques espèces vivant dans les eaux douces, telles les spongilles.

Ils se subdivisent en trois classes : les éponges calcaires (Calcarosponges), les éponges siliceuses (Hexactinellides) et les éponges cornées (Desmosponges).

Douées d'une très grande capacité de régénération, les éponges peuvent se reproduire par bourgeonnement et reconstituer un individu complet à partir de fragments de taille millimétrique.

sporange, n. m. (*sporangium*). Organe propre aux végétaux inférieurs dans lequel se forment les spores au cours de la phase de reproduction asexuée du cycle vital.

spore, n. m. (*spore*). Cellule isolée ou formation cellulaire assurant la dissémination d'une espèce bactérienne, de certains Protozoaires, d'un champignon ou d'un végétal inférieur.

sporée, n. f. (*sporea*). Ensemble des spores émis par un végétal. Chez les champignons, la couleur de la sporée est un critère important au plan taxonomique.

sporogonie, n. f. (*sporogonium*). Structure productrice de spores chez les Bryophytes.

sporophyte, n. f. (*sporophyte*). Individu produisant les spores, qui provient toujours de l'œuf dans le cycle vital des végétaux inférieurs.

SPOT, n. m. Abréviation de Système Probatoire d'Observation de la Terre. Il s'agit d'un système de satellite français d'observation utilisé pour la télédétection environnementale. Il est doué d'un canal de haute résolution en analyse multispectrale permettant une définition à l'échelle métrique. ***(Voir aussi Télédétection)***

SST. Abréviation désignant les avions supersoniques de transport.

stabilité, n. f. ◆ **des colloïdes** ~ (*colloids stability*) : désigne l'aptitude d'une molécule colloïdale à demeurer dans l'eau dans un état de solvatation donc sans précipiter. ◆ **~ de la colonne d'eau** (*water column stability*) : caractérise la constance des paramètres physico-chimiques de la colonne d'eau dans un lac ou tout autre milieu lentique. ◆ **~ des écosystèmes** (*ecosystems stability*) : voir Homéostasie. ◆ **~ des peuplements** (*community stability*) : caractérise la pérennité dans le temps de la composition spécifique et de l'abondance des espèces que comporte un peuplement. Cette dernière s'observe dans le cas des biocœnoses climaciques et persiste aussi longtemps qu'une perturbation ne viendra pas modifier significativement les valeurs des principaux facteurs écologiques propres à l'écosystème considéré. ◆ **~ des populations** (*population stability*) : voir Population. ◆ **théorie évolutive du rôle de la ~ des environnements** (*time stability hypothesis*) : il est un fait d'observation courante que les biotopes stables en milieu océanique (grands fonds marins, récifs coralliens) et aussi – quoique de façon moins constante – en milieu terrestre (cas des forêts pluvieuses tropicales, des lacs anciens d'Afrique et d'Asie), présentent une grande biodiversité. On retrouve de façon quasi systématique cette diversité biologique très élevée dans tous les écosystèmes dont les facteurs écologiques majeurs (température, précipitations en milieu terrestre) sont restés constants ou n'ont varié que très lentement et à l'échelle des périodes géologiques, même si, en certains cas, les conditions environnementales peuvent paraître contraignantes (cas des eaux marines de l'Antarctique par exemple). Il en a donc été déduit que la différenciation des espèces et leur évolution seraient essentiellement favorisées par la stabilité des facteurs écologiques caractérisant les biotopes sur des durées prolongées de temps. Cette stabilité permettrait une différenciation maximale liée à la colonisation de toutes les niches disponibles grâce à un partage des ressources de plus en plus élaboré. Dans le même temps, la stabilité des biotopes sur de longues durées limite les fluctuations des populations donc les risques d'extinction, contribuant de ce fait à l'accroissement de la biodiversité. Si cette théorie paraît justifiée sur les longues durées, d'échelle géologique, elle paraît plus contestable sur de plus brèves périodes de temps. En effet, on connaît des écosystèmes variables présentant une grande biodiversité et des communautés peu diversifiées dans des environnements stables, mais certes contraignants. Il semble que sur des échelles spatiales et/ou temporelles plus courtes, d'autres facteurs telle l'hétérogénéité du milieu jouent un rôle déterminant dans l'importance de la biodiversité. ***(Voir aussi Biodiversité, Évolution)***

stable, adj. ◆ **distribution d'âge** ~ (*stable age distribution*) : proportion d'individu des diverses classes d'âge d'une population croissant à un taux constant de sorte que la pyramide des âges conserve la même forme au cours du temps. ◆ **isotope** ~ (*stable isotope*) : désigne le (ou les) isotope(s) non radioactif(s) d'un élément.

stade, n. m. ◆ **~ de développement** (*growth stage*) : phase propre au développement embryonnaire ou postembryoniare d'un organisme végétal ou animal. ◆ **~ larvaire** (*larval instar*) : phase du développement larvaire d'un insecte ou de tout autre Invertébré chez lequel la croissance larvaire n'est pas continue. C'est en particulier le cas de l'ensemble des Métazoaires de l'embranchement des Arthropodes qui ont une croissance par mues successives. ◆ **~ paléoclimatique** (*paleoclimatic stage*) : épisode géologique marqué par un climat donné qui se caractérise par des dépôts sédimentaires et une séquence fossilifère en particulier pollinique.

stagnant(es), adj. ◆ **eaux** ~ (*still waters*) : désigne les milieux aquatiques dont les eaux se renouvellent lentement et qui constituent l'ensemble des écosystèmes lentiques par opposition aux eaux courantes (écosystèmes lotiques). ***(Voir aussi Lac, Lentique, Zones humides)***

stagnicole, adj. (*stagnicolous*). Désigne tout ce qui se rapporte aux espèces inféodées aux eaux stagnantes.

stagnoplancton, n. m. (*stagnoplankton*). Plancton inféodé aux eaux stagnantes en particulier à celles situées au niveau de la végétation flottante dans la zone riparienne des biotopes limniques.

stalactite(s), n. f. (*stalactite*). Concrétions de carbonate de calcium, auxquelles sont associées diverses impuretés qui se forment au plafond des grottes et de toute autre cavité karstique par suintement d'eaux chargées en bicarbonate de calcium. ***(Voir aussi Suintement)***

stalagmite(s), n. f. (*stalagmite*). Concrétions homologues des stalactites mais qui se forment au sol des grottes par dépôt de carbonate de calcium contenu dans les gouttes d'eau tombant au sol après avoir suinté du plafond de cavités naturelles karstiques. ***(Voir aussi Suintement)***

stase, n. f. (*stasis*). Phase du cycle vital ou d'un cycle biogéochimique pendant laquelle ne s'effectue aucun changement. La diapause chez les Invertébrés, la formation de tourbe dans le cycle du carbone, constituent des exemples de stases.

stasigenèse, n. f. (*stasigenesis*). Phénomène biologique dans lequel une lignée évolutive persiste dans le temps sans connaître de diversification et donc de changement évolutif. Les « fossiles vivants », tels les nautiles ou les cœlacanthes, sont la résultante d'une stasigenèse.

stasipatrique, adj. (*stasipatric*). Voir Spéciation.

stasophile, adj. (*stasophyle*). Synonyme de stagnicole.

stasophyte, n. f. (*stasophilous*). Végétal propre aux eaux stagnantes.

station, n. f. ◆ ~ **d'épuration des eaux usées** (*sewage treatment plant*) : installation destinée à purifier des eaux usées d'origine urbaine ou industrielle avant de les rejeter dans le milieu récepteur, en général un cours d'eau, ou sur le littoral. ***(Voir aussi Eau, Épuration)***

stationnel, adj. (*stationnal*). Désigne l'ensemble des facteurs écologiques qui caractérisent une station. ◆ **sol** ~ : sol dont l'évolution est conditionnée par les conditions locales, par exemple nature de la roche-mère de composition physico-chimique anormale ou encore hydrologie particulière de la station concernée.

Stefan, loi de (*Stefan's law*). Cette loi permet de calculer l'élévation de température produite à l'équilibre dans un système pour un accroissement de l'énergie reçue.

Si Q est la quantité initiale reçue par la système et T sa température à l'équilibre, l'accroissement de température t produit par une augmentation de l'énergie reçue par le système q sont liés par la relation de Stephan :

$$\frac{Q+q}{Q} = \left(\frac{T+t}{T}\right)^4$$

Si q est petit par rapport à Q, et t petit par rapport à T, l'expression se simplifie sous la forme :

$$t = \frac{qT}{4Q}$$

Appliquée à la surface terrestre, la loi de Stephan, permet de calculer l'augmentation moyenne de la température superficielle de la Terre produite par la pollution thermique résultant du rejet dans l'écosphère de basses calories produites par l'usage des combustibles fossiles et de l'énergie nucléaire.

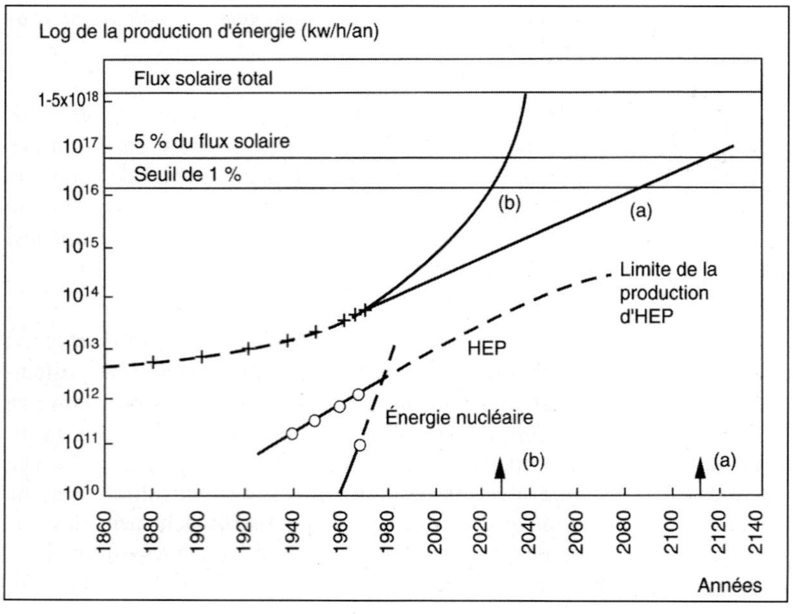

Influence de la pollution thermique de l'environnement sur l'équilibre thermique de l'écosphère. La loi de **Stefan** permet de calculer que la prolongation d'un doublement de la consommation d'énergie tous les 14 ans par la civilisation technologique conduirait à atteindre un rejet équivalent à 5% du flux solaire supplémentaire au début du XXIe siècle. (D'après Chapman, *New Scientist*, 1970, 47, p. 645)

Si Q est le flux solaire total et T la température moyenne terrestre (exprimée en °K), sachant que le flux solaire est de $9 \cdot 10^{20}$ Kcal/an et la température moyenne superficielle de la Terre de 15 °C (soit 288 K), si l'on estime en l'an 2000 à $1{,}7 \cdot 10^{17}$ Kcal/an l'apport énergétique total à l'écosphère dû à la civilisation technologique, on peut calculer que l'élévation physique de la température moyenne de la surface terrestre qui en est résultée serait à peine de 0,013 degré. Cette valeur est négligeable par rapport à la hausse de température consécutive à l'accroissement de la teneur atmosphérique en gaz de serre dû à l'action de l'homme, qui approcherait 1 °C ! Cependant, on a pu déterminer que si l'on extrapolait les tendances à l'accroissement de la consommation d'énergie observées au début des années 1970, on aurait atteint dans la deuxième moitié du XXIe siècle les limites de l'équilibre thermique de l'écosphère, les apports de chaleur dus à la civilisation technologique ayant dépassé 5% de la valeur actuelle du flux solaire. ***(Voir aussi Énergie, Serre, effet de, Thermique, pollution)***

sténobenthique, adj. (*stenobenthic*). Désigne une espèce marine ou lacustre ne pouvant vivre que dans une étroite gamme de profondeurs.

sténobionte, adj. (*stenobiontic*). Désigne un organisme ne tolérant que de strictes conditions de biotope, donc un habitat uniforme et stable.

sténœcie, n. f. (*stenoecy*). Propriété caractérisant les niches écologiques étroites.

sténœcique, adj. (*stenoeocious*) ◆ **espèce** ~ : espèce présentant un étroit intervalle de tolérance pour l'ensemble des facteurs écologiques propres à son habitat.

sténohalin, adj. (*stenohaline*). Désigne un biotope ou un organisme qui ne subit que de faibles variations d'ampleur de salinité.

sténohygrique, adj. (*stenohygric*). Désigne une espèce ne tolérant qu'un étroit intervalle d'hygrométrie atmosphérique.

sténo-ionique, adj. (*stenoionic*). Désigne des conditions de milieu où la teneur en sel est quasi constante. ◆ **espèce** ~ : espèce ne supportant que de faibles variations en sel du milieu.

sténophage, adj. (*stenophagous*). Qui exige un type d'alimentation très spécialisé.

sténophotique, adj. (*stenophotic*). Désigne un organisme ne se développant que dans une étroite marge d'intensité lumineuse.

sténotherme, adj. (*stenothermous*). Désigne des organismes qui ne peuvent tolérer que de faibles variations de température de leur environnement. ◆ **espèce** ~ (*stenothermous species*) : espèce ayant un faible intervalle de tolérance pour la température. On distingue des espèces sténothermes des milieux chauds (sténothermes polythermes) et des espèces sténothermes des milieux froids (sténothermes oligothermes).

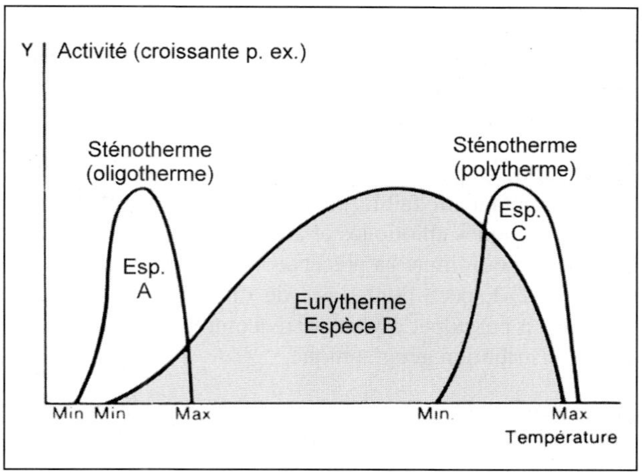

Courbe de Shelford d'organismes eurythermes, **sténothermes** oligothermes et sténothermes polythermes. (D'après Ramade F., *Écologie fondamentale*, Ediscience international, 2e ed., 1994, p. 66)

Les espèces végétales et animales des forêts tropicales dans lesquelles les intervalles de température moyenne sont à peine de l'ordre du degré entre le mois le plus froid et le plus chaud de l'année constituent de bons exemples de sténothermes polythermes. Beaucoup d'arbres et autres végétaux propres à ces forêts et de façon générale aux écosystèmes tropicaux, « gèlent » – si l'on peut dire – à des températures généralement de l'ordre de 8 °C! Le cocotier (*Cocos nucifera*) représente chez les Phanérogames un excellent exemple de ce type puisqu'il ne supporte pas des températures inférieures à 11 °C et ne peut se développer en réalité que dans des biotopes où les températures ne tombent jamais au-dessous de 15 – 16 °C!

Les organismes aquatiques sont aussi, de façon très générale, des sténothermes. En effet, l'eau possède une forte capacité calorifique et donc une grande inertie thermique. Elle « tamponne » de ce fait les fluctuations quotidiennes voire saisonnières.

Les espèces propres aux récifs coralliens, en particulier les Madrépores, sont des sténothermes polythermes qui ne supportent pas une hausse d'à peine quelques degrés. Les cas extrêmes de sténothermes des milieux chauds sont constitués par les organismes des sources thermales. Ainsi, au parc national de Yellowstone, *Oscillatoria filiformis*, une cyanophycée qui se développe dans les eaux des vasques se remplissant lors des éruptions des geysers, présente son optimum thermique à 85,2 °C!

À l'opposé, parmi les sténothermes oligothermes, on peut citer en milieu terrestre le Collembole, *Isotoma nivalis*, qui se développe au Spitzberg, à la surface des névés pendant la belle saison. Son intervalle de tolérance est étroit, compris entre – 9 °C et 12 °C, son thermopréférendum étant de seulement 4 °C. En milieu aquatique, les sténothermes oligothermes les plus extrêmes sont des poissons de la famille des *Nototheniidae*, propres au plateau continental antarctique, dont le thermopréférendum est de l'ordre de 0 °C, la température létale inférieure (mort par le froid) étant de – 2,5 ° C et la mort par la « chaleur » se produisant à 8 °C! ***(Voir aussi Eurytherme, Shelford, Thermopréférendum, Tolérance)***

sténothermie, n. f. (*stenothermy*). Désigne la particularité qu'ont certaines espèces vivantes de posséder un intervalle de tolérance étroit pour la température des biotopes où elles vivent. ***(Voir aussi Eurythermie)***

sténotope, adj. (*stenotopic*) (syn. : sténotopique). **1.** Espèce présentant un faible intervalle de tolérance aux facteurs écologiques abiotiques et autres conditions environnementales ce qui limite sa présence à un nombre restreint de biotopes. **2.** Espèce dont l'aire de distribution est étroite. S'oppose à eurytope, espèce se rencontrant dans une vaste aire de distribution géographique.

sténoxène, adj. (*stenoxenous*). Parasite inféodé à une seule espèce hôte ou à un tout petit nombre d'espèces hôtes.

steppe(s), n. f. (*grassland*). Dans les pays tempérés, se sont constitués des écosystèmes de formations herbacées, là où les précipitations sont insuffisantes pour permettre la croissance des arbres. Ils couvrent d'immenses surfaces dans l'hémisphère boréal. La prairie nord-américaine constitue un excellent exemple de ce type de biome marqué par la prédominance du tapis graminéen.

Les sols des steppes présentent de grandes différences par rapport à leurs homologues forestiers des mêmes latitudes établis sur une même roche-mère. Ils sont en particulier plus riches en humus que les sols forestiers correspondants. Par suite de la brièveté de la saison végétative chez les plantes herbacées, il s'ensuit une importante accumulation de matières organiques de sorte que l'humification prend le pas sur la minéralisation, donnant une teinte sombre aux sols, d'où le terme de tchernozem (= chernozem), ce qui signifie en russe terres noires.

Comme en outre, par suite du climat, l'évaporation est supérieure aux précipitations, l'absence de lessivage conduit au dépôt de sels minéraux nutritifs, en particulier calcium et potassium, dans les couches superficielles.

Les types de sols formés, tchernozem et, là où le climat devient semi-aride, brunizem, figurent parmi les plus fertiles de la planète par suite de cette richesse en humus concomitante à une forte teneur en éléments minéraux nutritifs disponibles.

La végétation des steppes est caractérisée par la dominance de diverses espèces de Graminées vivaces, pourvues d'un appareil racinaire profond et ramifié. Ces espèces peuvent avoir un port en touffe (*Stipa*), ou s'étendre en surface par émission de stolons (*Cynodon*) ou encore de type cespiteux avec bourgeons situés à la base de la touffe (*Agropyron*).

Malgré la présence d'une seule strate végétale, la richesse spécifique et la diversité des communautés végétales steppiques est très élevée. On note en particulier, malgré la dominance des Graminées dans le tapis herbacé, l'abondance des Composées et des Fabacées comme les astragales par exemple (on dénombre dans le seul genre *Astragalus* plus de 1 500 espèces propres aux steppes d'Asie centrale).

La biomasse végétale des steppes dépend beaucoup des précipitations moyennes. Elle varie de 7 à 50 t de matière sèche/ha avec une valeur moyenne de 20 t/ha, la productivité primaire nette moyenne étant de 5 t/ha/an (entre 1 et 15 t de matière sèche/ha/an).

La faune mammalienne compte de nombreuses espèces de rongeurs terricoles : chiens de prairie en Amérique du Nord (*Cynomys sp.*), spermophiles en Eurasie.

Les steppes tempérées étaient aussi autrefois le terrain de prédilection d'immenses troupeaux d'herbivores, bisons et antilopes Pronghorn en Amérique du Nord, chevaux, hémiones et antilopes saïga en Eurosibérie.

La « prairie » Nord américaine dans le parc national de Wind Cave (South Dakota). La prairie est une **steppe** graminéenne tempérée où dominent des espèces vivaces du genre *Festuca*. Elle est aujourd'hui entièrement défrichée ou modifiée par l'élevage extensif des bovins. Quelques rares zones vierges en réserve subsistent dans les États du Dakota, du Wyoming et du Montana ainsi que dans l'Alberta au Canada. Ici dans le parc national de Wind Cave, elle supporte l'un des plus grands troupeaux de bisons, reconstitué à partir des rares survivants des massacres du XIXe siècle. (Cliché F. Ramade)

Exemples de graminées pérennes des **steppes** : (a) annuelles (thérophyte) ; (b) vivaces à stolons (*Cynodon*) ; (c) vivaces cœspiteuses (*Stipa*). (D'après Dasman, in Ramade F., *Écologie fondamentale*, Ediscience international, 2e ed., 1994, p. 482)

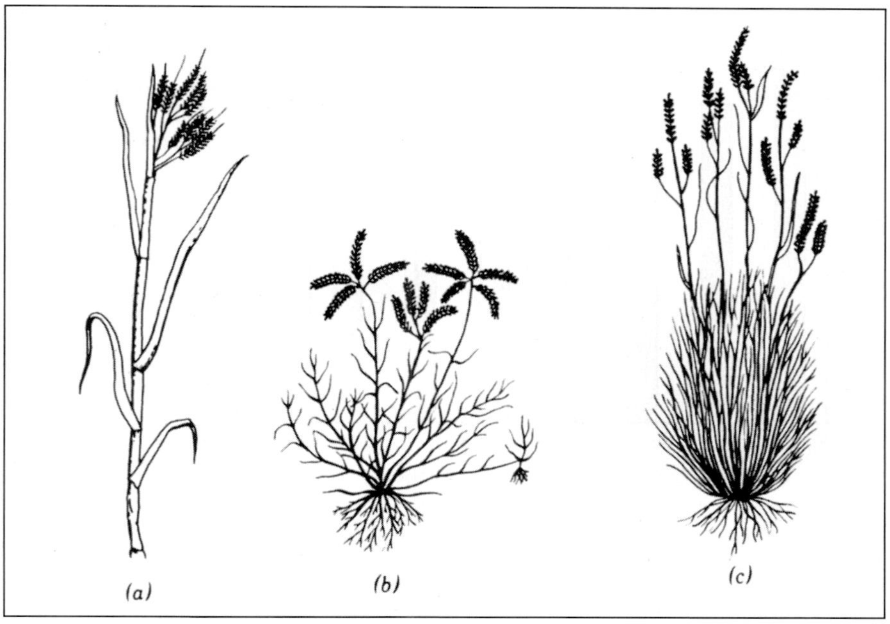

Des formes équivalentes au plan écologique se rencontraient en Australie (kangourous) et en Afrique australe tempérée (zèbres quagga et damalisques). Cette grande faune est depuis longtemps disparue – sauf encore en quelques régions d'Australie – les steppes tempérées étant de longue date utilisées par l'homme pour la pratique du pâturage extensif des animaux domestiques ou systématiquement défrichées pour la culture des céréales.

◆ **défrichement et mise en culture des** ~ : la grande fertilité des tchernozems et des sols bruns propres aux steppes tempérées a conduit à leur quasi total défrichement dans l'ensemble du monde, essentiellement pour la pratique à vaste échelle de la céréaliculture.

Ainsi, en Russie d'Europe, la seule zone de steppes encore à l'état primitif est la réserve de Tsentralno-Tchernozemy au sud de Koursk qui couvre moins de 5 000 ha dont seulement 1 400 ha sont considérés comme réellement non altérés et à la limite du Kazhakstan, la réserve de la Basse Volga qui couvre en tout et pour tout 40 000 ha – sur un total de plusieurs millions de km^2 de steppes que compte ce pays…

Aux États-Unis, la quasi-totalité de la surface initiale occupée par la « prairie » a été défrichée et convertie en champs de blé ou de maïs. Il en a d'ailleurs été de même dans le Tiers monde pour bien d'autres biotopes de steppes – comme celles des hauts plateaux malgaches – et aussi

Une espèce caractéristique des **steppes** : chiens de prairie (*Cynomys ludovicianus*) dans le parc national de Windcave (South Dakota) (à gauche). Ces rongeurs, taxonomiquement voisins des marmottes, constituaient de grandes colonies comportant des milliers d'individus. Celles-ci consistaient en d'énormes nids souterrains débouchant à l'extérieur par des cônes de matériaux rejetés par leur activité de creusement, connectés par un réseau complexe de galeries que les Européens dénommèrent « villes » de chiens de prairie (à droite). Les dommages que causent l'élaboration de tels édifices dans les cultures de céréales conduisirent à leur quasi-extermination par les « pionniers ». (Cliché F. Ramade)

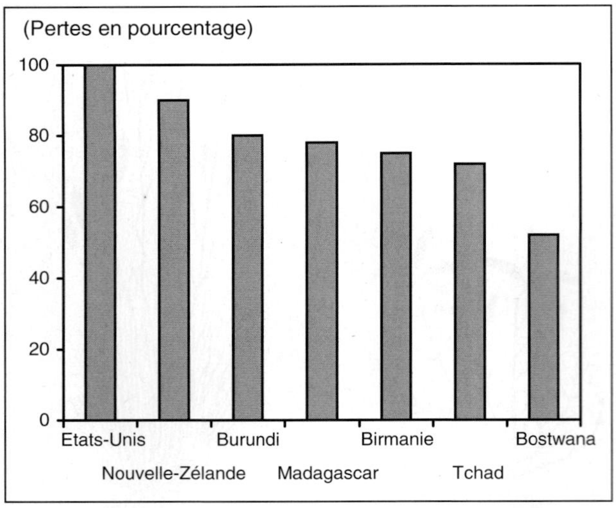

Pertes de surface en **steppes** et savanes depuis le début du XIXe siècle dans quelques zones du monde où ces types d'écosystèmes couvrent des surfaces importantes rapportées à leur superficie totale. (D'après *World Resources*, WRI, op. cit., 1992, p. 129)

de savanes tant en Afrique qu'en Asie tropicale (voir Figure ci-dessus).

Celles qui n'ont pas été défrichées, car de moindre valeur agricole pour des raisons climatiques ou pédologiques, sont largement exploitées souvent de longue date par l'élevage extensif, tout au moins dans l'Ancien Monde, et quasi systématiquement surpâturées à l'heure actuelle.

La surexploitation des sols steppiques de l'hémisphère Nord et de leurs équivalents austraux beaucoup moins étendus, en particulier la pampa argentine et le veld sud-africain, s'est hélas souvent traduite par une dégradation irréversible de ces écosystèmes par l'érosion éolienne et (ou) hydrique avec hélas souvent pour conséquence leur désertification. ***(Voir aussi Érosion, Pédologie, Prairie, Tchernozem)***

steppique, adj. (*steppe like*). Désigne ce qui concerne les steppes.

Stercorariidae, n. sc. (*skuas*) (vern. : labbes). Famille de l'ordre des Lariformes. Voisins des mouettes et des goélands, les labbes sont de régime prédateur et saprophage. Certains d'entre eux parasitent d'autres oiseaux de mer en les forçant en vol à relâcher leur proie. ***(Voir aussi Labbes)***

Sterculiacées, n. sc. Famille de végétaux Dicotylédones dialypétales, de l'ordre des Malvales, dans laquelle on rencontre de nombreuses espèces arborescentes ou arbustives des forêts tropicales. Le kolatier cultivé en Afrique, dont la noix renferme un stimulant voisin de la caféine, ou encore le cacaoyer (*Theobroma cacao*), appartiennent à cette famille. ***(Voir aussi Cacaoyer)***

sterne(s), n. m. (*tern*). Oiseaux de l'ordre des Lariformes de régime ichtyophage qui vivent dans les zones côtières et pour quelques espèces (guifettes par exemple) dans les eaux intérieures. Les sternes effectuent des migrations sur de grandes distances. Le record de migration est détenu par la sterne arctique (*sterna paradisea*) qui se reproduit dans les zones holarctiques et va hiverner pendant l'été austral dans l'océan glacial au-delà de la convergence antarctique. ***(Voir aussi Migrations)***

stéroïde(s), n. m. et adj. (*steroid*). Substances biochimiques constituées par des alcools hétérocycliques qui interviennent dans la composition de divers dérivés lipidiques en particulier des lécithines. De nombreuses hormones des Vertébrés, en particulier les hormones féminines œstrogènes et la testostérone, appartiennent au groupe des stéroïdes; il en est de même de diverses hormones présentes chez les Invertébrés. ***(Voir aussi Œstrogène, Œstrogénomimétique)***

sterrhophile, adj. (*sterrhophilous*). Qualifie une espèce inféodée aux landes.

sterrhophyte, n. f. (*sterrophyte*). Végétal propre aux biotopes de landes.

stigmate, n. m. (*stigma*). Organe floral constitué par la partie terminale du carpelle, dont la surface papilleuse et visqueuse assure la réception et la rétention du pollen.

stipe, n. m. (*stipes*). Terme de mycologie désignant le pied des formes sexuées (carpophores) des champignons à chapeau. ***(Voir aussi Basidiomycètes, Champignon, Fungi)***

stochastique(s), adj. ◆ **facteurs** ~ (*stochastic factors*) : désigne les facteurs aléatoires, dus au hasard, qui peuvent déterminer l'évolution (expansion ou déclin) d'une population au cours du temps. ***(Voir aussi Démoécologie, Population)*** ◆ **modèle** ~ (*stochastic model*) : modèle tenant compte de la probabilité d'occurrence des processus de sorte que, pour un jeu de paramètres donnés introduit dans le modèle, il existe un certain nombre de réponses possibles.

stock, n. m. (*stock*). Terme utilisé en écologie des pêches pour désigner l'ensemble des individus d'une même population qui effectuent leur cycle vital simultanément dans les mêmes zones marines.

Stockes, n. m. ◆ **loi de** ~ : loi donnant la vitesse V de sédimentation d'une particule assimilée à une sphère en fonction de son rayon r, de sa densité ρ et des caractères physi-

Sterne pierregarin (*Sterna hirundo*) en vol. (Cliché F. Ramade)

ques du milieu environnant (densité ρ' et viscosité dynamiques μ).

On aura la relation :

$$V = 2/9\ g \cdot r^2\ (\rho - \rho')\ \mu^{-1} \cdot F^{-1}$$

où g est l'accélération de la pesanteur, F est un coefficient correcteur, V s'exprimant en $m \cdot sec^{-1}$, g en $m \cdot sec^{-2}$, r en m, ρ et ρ' en $kg \cdot m^{-3}$, μ en $kg \cdot m^{-1} \cdot sec^{-1}$.

Stockholm, Conférence de (*Stockholm Conference*). Organisée par les Nations unies en 1972, cette conférence fut historiquement la première manifestation mondiale dont l'objet exclusif était la protection de l'environnement de l'homme. Elle eut le mérite de rassembler pour la première fois sur un tel thème des scientifiques, des représentants d'organisations non gouvernementales et enfin des hommes politiques responsables de nombreux pays. La création du programme des Nations unies pour l'Environnement en fut l'une des conséquences immédiates. ***(Voir aussi PNUE, Rio)***

stolon, n. m. (*stolon*). **1.** En botanique, désigne une tige aérienne arquée ou rampante différenciant de point en point dans le sol des racines et des bourgeons qui génèrent un nouveau plant. **2.** En zoologie, désigne chez certains Invertébrés, la production par gemmiparité, généralement à l'extrémité postérieure du corps, d'un strobile qui se subdivise avant ou après le bourgeonnement, en un certain nombre de zooïdes qui donneront chacun un individu complet, après séparation de l'organisme maternel. ***(Voir aussi Gemmiparité, Scissiparité)***

stolonifère, adj. (*stoloniferous*). Qui porte des stolons.

stolonisation, n. f. (*stolonization*). Processus morphogénétique conduisant à la formation de stolons.

stomate(s), n. m. (*stomata*). Organe végétal s'ouvrant à la face inférieure des feuilles et qui permet les échanges gazeux de ces dernières avec l'air.

strate, n. f. (*stratum, layer*). Subdivision marquant l'étagement vertical d'une phytocœnose. Le nombre de strates est maximal dans les écosystèmes forestiers, en particulier dans les forêts ombrophiles tropicales où la stratification est complexe (souvent six strates) quoique moins apparente que dans des écosystèmes moins diversifiés. ◆ ~ **arborée** (*upper tree stratum*) : strate composée par les arbres adultes dont la partie supérieure constitue la canopée d'une forêt. ◆ ~ **arborescente** (*lower tree stratum*) : strate composée par les arbres en cours de croissance, de taille intermédiaire, de l'ordre de 10 à 20 m en moyenne. ◆ ~ **arbustive** (*shrub stratum*) : ensemble des arbustes et des plantes ligneuses buissonnantes, dont la hauteur est comprise entre 7 m et 1 m. ◆ ~ **herbacée** (*herbaceous layer*) : ensemble des plantes du sous-bois, de taille égale ou inférieure à 1 m. ◆ ~ **muscinale** (*moss layer*) : couche de Cryptogames recouvrant le sol dont la taille est généralement inférieure à 15 cm. ***(Voir aussi Stratification)***

stratège(s), n. m. (*strategist*). Désigne toute entité écologique présentant un type de stratégie adaptative donné aux conditions écologiques dans lesquelles s'est développée une biocœnose.

Au niveau des populations, on distingue deux types majeurs de stratèges démographiques :

– les *stratèges de type r*, qui sont des espèces de faible taille à haut potentiel biotique, qui peuplent en général des écosystèmes juvéniles;

– les *stratèges de type K*, espèces de grande taille et à faible potentiel biotique, qui se rencontrent dans les écosystèmes à maturité.

(Voir aussi Stratégies adaptatives)

stratégies adaptatives, n. f. (*adaptative strategies*). Caractéristique d'un type d'adaptation d'une population ou d'une communauté vivante à des conditions environnementales particulières. Au niveau des populations, on parlera de stratégies démographiques, à celui des biocœnoses de stratégies cœnotiques. ◆ ~ **cœnotiques** (*coenotic adaptative strategies*) : on distingue des stratégies de type *i*, correspondant aux stratégies des communautés pionnières (homologues des stratégies *r* pour les populations), et des stratégies de type *s* (homologues du type *K*) qui, elles, à l'opposé, sont propres aux communautés à maturité, climaciques.

Les stratégies de type *i* concernent des communautés de faible richesse spécifique, dont l'organisation spatiale est rudimentaire et dont les niches sont euryœciques, le stock d'éléments minéraux est intrabiotique, les cycles vitaux courts, les espèces constituant la biocœnose sont des stratèges *r*, la

Principaux caractères adaptatifs des stratèges de type r et K

Caractères	Stratèges r	Stratèges K
Biotope	Hétérogène, variable	Stable, prévisible
Croissance	Rapide	Lente
Espérance de vie	Faible	Forte
Nombre de reproductions	Sémelparité	Itéroparité
Densité des populations	Très variable	Proche de K constante
Renouvellement des populations	Rapide	Lent
Fluctuations des populations	Importantes	Faibles
Régulation des populations	Indépendante de la densité	Dépendante de la densité
Compétition	Faible	Intense, mais limitée par l'ajustement des niches
Mode de dispersion	Espèces mobiles	Espèces sédentaires. Stabilité spatiale
Taille des individus	Faible	Forte
Stratégie énergétique	Flux consacré à la reproduction	Flux consacré au développement en biomasse adulte

Modèle de développement d'un écosystème : comparaison des stratégies cœnotiques propres aux stades pionniers (stratèges *r*) et climaciques (stratèges *s*)
(D'après Odum 1969, mais modifié)

Caractères de l'écosystème	Stades pionniers (stratèges *r*)	Stades climaciques (stratèges *s*)
Structure de la communauté		
Richesse spécifique	Faible	Forte
Diversité spécifique	Faible	Forte
Diversité biochimique	Faible	Forte
Stratification, hétérogénéité spatiale	Mal organisée	Bien organisée
Contenu total en matière organique	Faible	Important
Stock des sols minéraux nutritifs	Extrabiotique	Intrabiotique
Caractères biologiques		
Spécialisation des niches	Peu accentuée	Très étroite
Taille des organismes	Faible, variable	Forte, plus constante
Cycles vitaux	Simples et courts	Complexes et longs
Pression de sélection		
Stratégies démographiques	Adaptées, à croissance rapide (sélection *r*)	Adaptées au contrôle homéostasique (sélection *K*)
Production	Quantité	Qualité

Caractères de l'écosystème	Stades pionniers (stratèges *r*)	Stades climaciques (stratèges *s*)
Cycles des éléments biogènes		
Cycles biogéochimiques	Ouverts	Fermés
Taux d'échange des sels minéraux nutritifs entre biotope et biocoenose	Rapide	Lent
Rôle de la matière organique morte dans le cycle des éléments	Faible	Important
Flux de l'énergie		
Rapport Production brute/Respiration	Supérieur ou inférieur à 1	Tend vers 1
Production brute/Biomasse s. pied	Fort	Faible
Biomasse entretenue/Energie circulante	Faible	Fort
Productivité nette	Forte	Faible
Réseaux trophiques	Linéaires, à prédominance herbivore	Ramifiés, à prédominance détritivore
Homéostasie générale		
Symbiose interne	Peu développée	Très développée
Conservation des éléments biogènes	Faible	Forte
Stabilité	Faible	Forte
Entropie	Forte	Faible
Information	Faible	Forte

pression de sélection favorise la quantité, les cycles biogéochimiques imparfaits (ouverts), le taux d'échange des éléments minéraux rapide, le flux de l'énergie est d'un rapport P/R > 1, le rapport P/B est fort, de même que la productivité nette, les réseaux trophiques sont simples, linéaires, la symbiose est faible de même que l'homéostasie générale donc la stabilité de la communauté.

Chez les communautés stratèges *S*, la richesse spécifique est forte, la stratification très structurée, le stock d'éléments minéraux est intrabiotique, les niches sont très spécialisées (sténœcie), la taille moyenne des espèces végétales et animales constituant leurs communautés est importante, les cycles vitaux sont complexes et longs, les espèces qui les composent sont des stratèges *K*, la production favorise la qualité plutôt que le nombre, les cycles des éléments sont fermés, le flux de l'énergie est caractérisé par un rapport P/R tendant vers 1, avec un rapport P/B faible, une productivité nette faible voire nulle, des réseaux trophiques complexes, la symbiose interne est très développée, l'homéostasie donc la stabilité de la communauté est forte (voir Tableau ci-dessus). (***Voir aussi Homéostasie, Rapports, Succession***) ◆ ~ **démographiques** (*demographic adaptative strategies*) : les stratégies de type *r* sont propres à des populations d'espèces vivant dans des communautés juvéniles peuplant des biotopes en début de succession écologique ; à l'opposé, les stratégies de type *K* concernent les populations d'espèces peuplant des écosystèmes climaciques (voir tableau page précédente). (***Voir aussi Stratège***)

stratification, n. f. ◆ ~ **des eaux** (*natural waters stratification*) : dans les lacs et dans l'océan s'observe une stratification des eaux. Celle-ci est généralement de nature thermique, mais elle concerne aussi divers facteurs chimiques lesquels peuvent aussi être parfois à l'origine de cette stratification.

Quelles qu'en soient les causes, on constate que les eaux situées à des profondeurs différentes constituent des lames se superposant sans se mélanger, les échanges verticaux s'effectuant avec une lenteur extrême et nécessitant pour le renouvellement des eaux profondes des durées parfois considérables. Elles atteignent par exemple des temps moyens de séjour se chiffrant en années, parfois en décennies pour les lacs profonds (12 ans en moyenne dans le cas du lac Léman par exemple), en siècles pour les eaux abyssales, voire en millénaires pour les grandes fosses marines.

Dans la plupart des biotopes aquatiques, on constate qu'une stratification thermique s'établit aussitôt que les eaux présentent une certaine profondeur, empêchant l'homogénéisation sous l'effet des turbulences des couches superficielles induites par le vent. Les eaux les plus froides occupent les couches les plus profondes (puisque l'eau présente son maximum de densité à 4 °C) et les eaux les plus chaudes, la

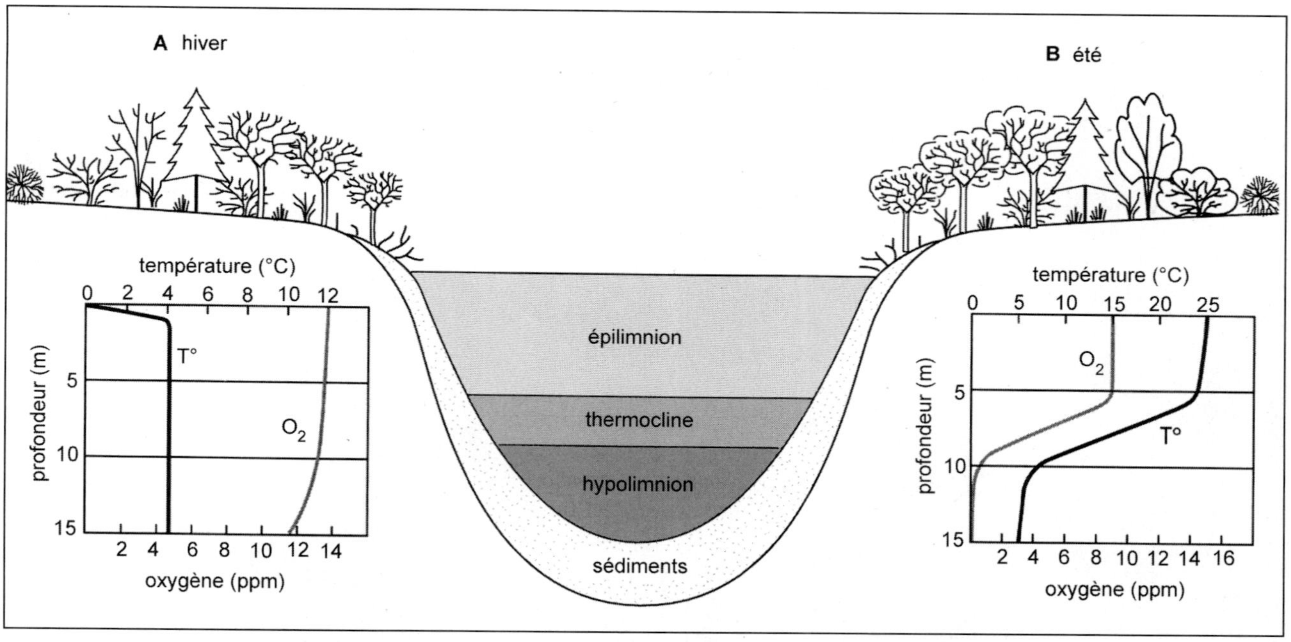

Stratification thermique des écosystèmes limniques. Schéma montrant les principales caractéristiques physicochimiques propres à un lac stratifié. **A**) Stratification hivernale. **B**) Stratification estivale. (D'après Deevey, in Krebs, *Ecology*, Harper Collins ed., 1994, p. 471)

zone la plus proche de la surface. Dans le cas des lacs tempérés, on distinguera donc pendant la belle saison une zone superficielle d'eaux chaudes, dénommée épilimnion, une couche intermédiaire de faible épaisseur qui constitue une thermocline car la température y présente une rapide variation en fonction de la profondeur, le métalimnion, enfin, une couche d'eaux froides profondes, l'hypolimnion, comprise entre la thermocline et le fond du lac. Il se produit dans les lacs sous les climats tempérés un phénomène d'homogénéisation des températures aux équinoxes, suivi d'une inversion des températures car, en hiver, les eaux lacustres sont les plus froides en surface tandis que celles du fond restent à 4 °C.

La stratification peut concerner également des facteurs chimiques. Par exemple, il existe souvent une oxycline dans les lacs eutrophes (dont découle la présence d'une chimiocline) qui sépare les eaux superficielles saturées en oxygène des eaux profondes désoxygénées. De même, dans l'océan et dans certains lacs, il existe des lames d'eau de salinité différente, dues à l'évaporation en surface surtout dans les régions intertropicales. Cette stratification est à l'origine du courant de circulation thermohaline globale. Les phénomènes de stratification jouent par ailleurs un rôle majeur dans la biogéochimie des polluants des eaux et en particulier les échanges entre les sédiments et la colonne d'eau d'une part et entre les couches superficielles et profondes de l'autre. (***Voir aussi Dystrophisation, Inversion, Lac, Océan, Oxycline, Thermocline***) ◆ ~ **de la végétation** (*vegetation stratification*) : dans les écosystèmes terrestres, et plus particulièrement forestiers existe une stratification de la végétation. Dans les forêts tempérées, la stratification, généralement bien marquée, permet de distinguer des strates arborée, arbustive, herbacée et muscinale. Cette stratification est complexe et difficile à observer dans les écosystèmes de forêts pluvieuses tropicales, car elle est en grande partie masquée par les lianes et les épiphytes. Néanmoins, on peut distinguer généralement six strates dans les forêts ombrophiles à leur stade ultime de développement climacique. (***Voir aussi Écosystème, Forêt, Strate***)

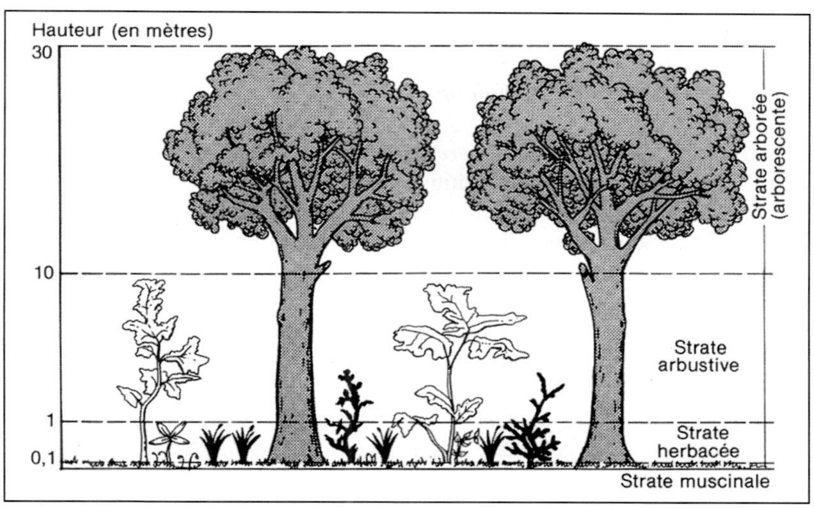

Stratification de la végétation dans une forêt tempérée. (D'après Fenarolli et Giacommini, in Ozenda, *Les végétaux dans la biosphère*, Doin, 1982, p. 224)

Les stratocumulus représentent un type de nuages **stratiformes** qui se constituent à basse altitude par suite de l'existence simultanée de courants ascendants et descendants dus à la convection. (Cliché F. Ramade)

stratiforme, adj. (*stratiform*). Qui est disposé en couches. Désigne en particulier des types de nuages tels les cirrocumulus et les stratocumulus. ***(Voir aussi Nuage)***

stratigraphie, n. f. (*stratigraphy*). Science dont l'objet est l'étude des dépôts de roches sédimentaires constituant la croûte terrestre.

stratigraphique, adj. (*stratigraphic*). Qui se rapporte à la stratigraphie.

stratocœnose, n. f. (*stratocoenosis*). Communauté propre à une strate dans un écosystème forestier.

stratocumulus, n. m. (*stratocumulus*). Type de nuages étendus en couches horizontales stratifiées, situés à de basses altitudes. Leur formation résulte de l'existence de cellules convectives qui provoquent dans le nuage l'apparition de zones épaisses ou étroites par suite de l'existence de mouvements ascendants et descendants dus aux phénomènes convectifs. ***(Voir aussi Cumulus, Nimbostratus, Stratus)***

stratopause, n. f. (*stratopause*). Limite supérieure de la stratosphère, à la frontière de cette dernière avec la mésosphère vers 50 km d'altitude. ***(Voir aussi Mésosphère)***

stratosphère, n. f. (*stratosphere*). Région de l'atmosphère située entre 12 et 50 km d'altitude (sauf aux basses et hautes latitudes où sa limite inférieure est respectivement vers 18 km à l'équateur et à 8 km au pôle) donc à la limite supérieure de la troposphère dont elle est séparée par une zone limitante dénommée tropopause. La stratosphère est une région importante de l'écosphère car elle protège les organismes vivant à la surface des continents à la fois des rayonnements ultraviolets excessifs arrêtés par la couche d'ozone et de certains rayonnements électromagnétiques.

Quoique les mouvements verticaux soient très lents dans la stratosphère, de l'ordre du centimètre à la seconde, cette dernière

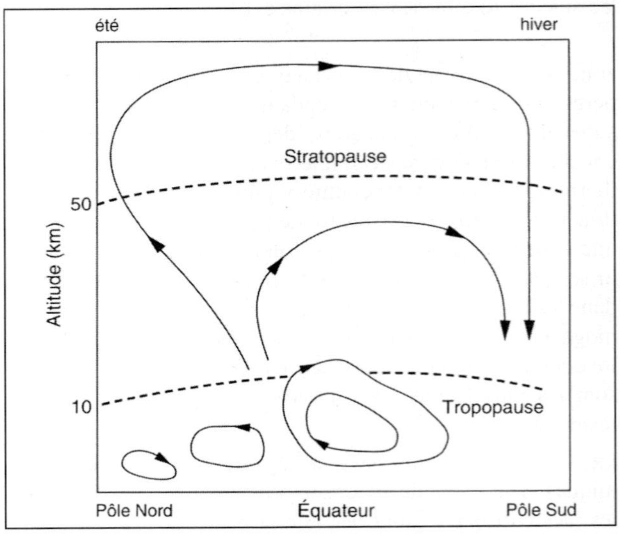

Schéma de circulation des masses d'air dans la **stratosphère**. Les courants concernent ici la période de l'été boréal, une inversion se produit pendant l'été austral. (D'après Mégie, op. cit., in Ramade F., *Précis d'écotoxicologie*, Masson, 1992, p. 23)

est néanmoins animée de mouvements. Il existe deux courants stratosphériques en latitude, l'un qui amène les masses d'air des moyennes latitudes vers le pôle opposé, l'autre qui remonte vers le pôle de l'hémisphère considéré puis passe dans la mésosphère et ramène les masses d'air vers la stratosphère de l'hémisphère opposé. De tels courants stratosphériques sont la cause de la pollution de l'atmosphère antarctique par les CFC introduits dans l'air au niveau des zones tempérées de l'hémisphère Nord. ***(Voir aussi Ozone)***

stratus, n. m. (*stratus*). Ils constituent l'une des trois principales familles de nuages. Les stratus sont des nuages dépourvus de cellule convective, constituant une couche étendue et peu épaisse, généralement comprise entre 0,5 et 1 km, mais s'étendent en dimension horizontale sur plus de dix kilomètres et peuvent couvrir des centaines de kilomètres. Le terme désigne aussi plus spécifiquement les nuages de ce type qui se rencontrent à basse altitude, au voisinage du sol, dans le premier kilomètre. Les altostratus se forment vers 5 à 6 km d'altitude et les cirro-stratus à une dizaine de kilomètres près de la limite supérieure de la troposphère. ***(Voir aussi Cirrus, Cumulus, Nuages)***

Streptomyces, n. sc. Micro-organismes du groupe des Actinomycètes présents dans les eaux et les sols qui peuvent être, dans certains cas, pathogènes.

stress, n. m. (*stress*). État de dysfonctionnement d'un système biologique induit par des perturbations intempestives, épisodiques ou permanentes, généralement dues à l'action de l'homme. Les pollutions par exemple constituent une des causes essentielles de stress des écosystèmes terrestres ou aquatiques. ◆ ~ **chimique** (*chemical stress*) : état de stress d'un être vivant induit par son exposition à un polluant chimique toxique ◆ ~ **oxydant** (*oxidative stress*) : perturbation physiologique consécutive à l'exposition d'un organisme à un toxique se traduisant par la production de composés chimiques réactifs à l'oxygène. Les organismes possèdent plusieurs systèmes enzymatiques de défense antioxydants : les peroxydases, les catalases et les superoxydes dismutases (SOD). Ces derniers constituent autant de biomarqueurs de détection du stress oxydant. ◆ **protéines de** ~ (*stress proteins*) : il a été observé chez de nombreux êtres vivants qu'un choc thermique ou l'exposition à des toxiques, en particulier des métaux lourds, induit la synthèse de p-glycoprotéines liées à la résistance à ces stresseurs. Les protéines de stress ont été mises en évidence entre autres chez des Vertébrés, des Annélides, des Mollusques, des Insectes. On en distingue trois types, celles dites de choc thermique (hsp), induites aussi par divers autres facteurs, d'autres dites glucose régulées (grp), un troisième groupe étant constitué par celles qui sont induites par un agent stressant spécifique comme par exemple un métal toxique (métallothionéines). ***(Voir aussi Biomarqueur, Métallothionéine, Perturbation)***

Strepsiptères, n. sc. (*Strepsiptera*). Ordre d'insectes holométaboles, parasites internes d'autres insectes, d'Hyménoptères en particulier. Les femelles sont larviformes, les mâles adultes, ailés, vivent libres.

Grand duc de Virginie (*Bubo virginianus*). Ces hibous, les plus grands oiseaux de l'ordre des **Strigiformes**, sont caractérisés par les « aigrettes » de plumes proéminentes qui surmontent leurs orbites. (Cliché F. Ramade)

Strigiformes, n. m. (*Strigiforms*). Ordre d'Oiseaux rapaces appelés vulgairement Nocturnes, qui réunit l'ensemble des chouettes et des hiboux. Ces derniers diffèrent des chouettes par la présence d'une aigrette de plumes ou « oreilles » surmontant l'orbite oculaire.

strobile, n. m. (*strobile*). **1.** En botanique, désigne une inflorescence en forme d'épi ou de cône formée de fleurs et de bractées fixées sur un axe central. **2.** En zoologie, production d'un appendice par bourgeonnement qui conduit à la formation de nouveaux individus par reproduction asexuée. ***(Voir aussi Gemmiparité, Scissiparité)***

strobilisation, n. f. (*strobilisation*). Processus conduisant à la formation d'un strobile.

stromatolithe(s), n. f. (*stromatolith*). Dépôts calcaires fossiles laissés par les Cyanophycées depuis les temps les plus reculés de l'histoire géologique. Les stromatolithes

Formation de **stratus** à basse altitude dans une vallée alpine (massif des Aravis, Haute-Savoie). (Cliché F. Ramade)

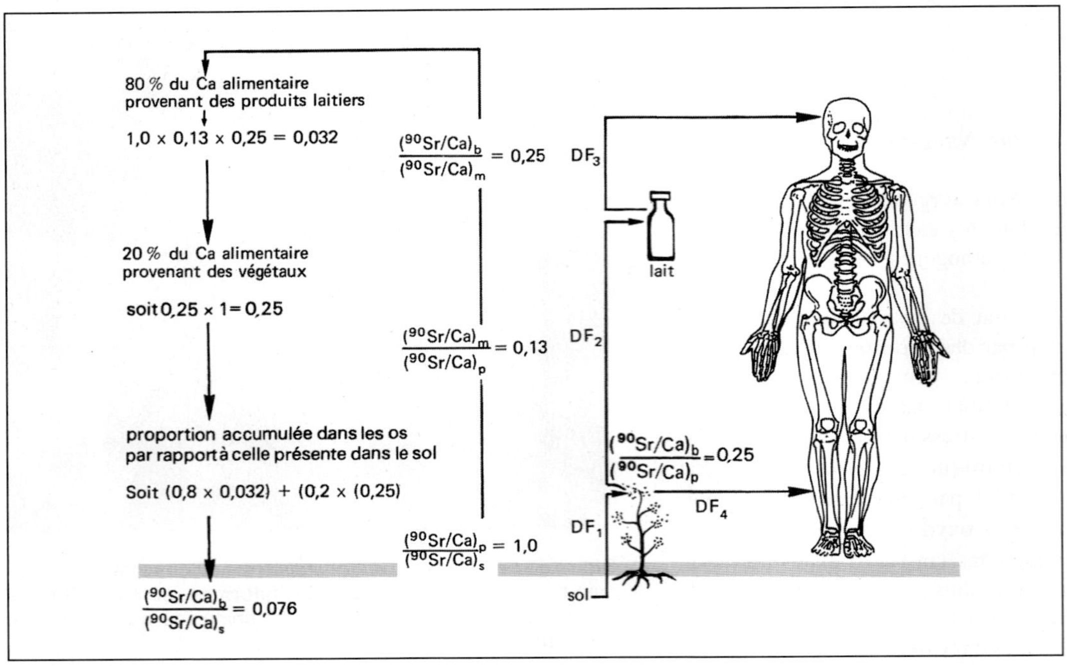

Contamination du réseau trophique de l'homme par le **strontium** 90 polluant les sols. b = corps, DF = facteur de concentration, m = lait, p = plante. (D'après Langham et Fowler, *Radioactive fallout*, Elsevier, 1965, p. 11)

existent depuis l'Antécambrien, certaines d'entre elles étant âgées de plus de trois milliards d'années.

strombolien, adj. (*strombolian*). Type d'éruption volcanique caractérisé par l'émission explosive de matériel pyroclastique alternant avec des coulées de laves. (***Voir aussi Volcan, Volcanisme***)

strontium 90, n. m. (*strontium 90*). Redoutable radio-isotope produit par la fission de l'uranium et du plutonium, dont la période est de 27 ans. Le radiostrontium présente une aptitude à se fixer et à s'accumuler dans les os car il possède des propriétés chimiques voisines de celles du calcium. Il contamine la chaîne alimentaire de l'homme plus particulièrement au travers de la consommation du lait. (***Voir aussi Radioécologie***)

strophisme, n. m. (*strophism*). Type de tropisme propre aux végétaux se traduisant par une torsion dorsi-ventrale au cours de la croissance des pédoncules floraux ou des feuilles.

structure, n. f. ◆ ~ **d'âge** : voir Démoécologie. ◆ ~ **des peuplements** : composition spécifique, biodiversité et diversité des peuplements tant au plan qualitatif que quantitatif. (***Voir aussi Diversité, Fréquence, Rang***) ◆ ~ **des sols** : désigne l'agencement des particules organominérales des horizons supérieurs des sols. On en distingue deux types principaux : la structure en agrégats (ou en grumeaux) dans laquelle les particules colloïdales sont floculées et la structure particulaire dite cohérente dans laquelle les colloïdes du complexe argilo-humique sont défloculées avec pour conséquence la disparition des pores. (***Voir aussi Porosité, Sol***) ◆ ~ **de la végétation** : voir Phytosociologie, Végétation.

Struthioniformes, n. sc. (*Struthioniformes*). Ordre monotypique de Ratites dont la seule espèce est l'autruche d'Afrique (*Struthio camelus*) qui est le plus grand des oiseaux vivants actuels. Inféodées aux savanes et aux steppes arides, les autruches, autrefois répandues à l'ensemble de l'Afrique et de la péninsule arabique, présentent de nos jours une aire de distribution géographique réduite à certaines régions de l'Afrique subsaharienne, plus particulièrement dans sa partie orientale et centrale. Ce sont des animaux phytophages et polygames, les femelles vivant en groupes. (***Voir aussi Ratites***)

stygobie, adj. (*stygobious*). Désigne un organisme strictement inféodé aux cours d'eau souterrains et de façon générale aux eaux des réseaux karstiques. (***Voir aussi Troglobie***)

stygofaune, n. f. (*stygofauna*). Ensemble de la faune aquatique propre aux eaux souterraines. (***Voir aussi Karst, Troglobie***)

Mâle d'autruche d'Afrique dans le parc national de Meru (Kenya). Cette espèce constitue l'unique représentant de l'ordre monogénérique des **Struthioniformes**.

stygon, n. m. (*stygon*). Biotopes constitués par les eaux souterraines (par homologie au crenon ou au rhithron par exemple).

stygophile, adj. (*stygophilous*). Désigne tout organisme qui vit dans des eaux souterraines mais peut également se rencontrer, de façon facultative, dans un milieu aquatique épigé. ***(Voir aussi Troglophile)***

sub-alpin, adj. (*subalpine*) ◆ **étage** ~ (*subalpine zone*) : zone climatique située dans les montagnes des régions de moyennes latitudes, caractérisée par la présence de forêts de conifères. Leur limite supérieure s'élève quand on descend en latitude. Ces forêts sont apparentées aux forêts boréales de conifères dont elles sont l'équivalent écologique et représentent des taïga de montagne.

sub-atlantique, adj. (*subatlantic*). Désigne un épisode climatique froid qui a sévi après l'optimum thermique à l'âge du bronze.

sub-boréal, adj. (*sub-boreal*). Désigne une région biogéographique dont le climat est proche des conditions boréales, quoique moins rigoureux. ◆ **épisode climatique** ~ (*subboreal climatic episode*) : épisode climatique plus sec et plus froid qui a fait suite à l'optimum thermique de l'Holocène qui a précédé l'épisode sub-atlantique. ***(Voir aussi Sub-atlantique)***

sub-buissonnant, adj. (*subshrubby*). Désigne un végétal de taille plus petite que celle d'un buisson dont les parties basales sont ligneuses et dont les tiges qui irradient dans toutes les directions voient leurs extrémités se dessécher pendant la mauvaise saison. ***(Voir aussi Buisson, Raunkiaer)***

subclimax, n. m. (*subclimax*). Étape d'une succession progressive qui précède le stade climacique.

subduction, n. f. (*subduction*). Phénomène tectonique par lequel une plaque s'enfonce au-dessous d'une autre plaque dans la zone où elles entrent en contact. ◆ **zone de** ~ (*subduction zone*) : zone où deux plaques s'affrontent avec subduction d'une d'entre elles. ***(Voir aussi Plaque, Tectonique)***

subéraie, n. f. (*cork oak grove*). Nom donné en France méditerranéenne à un boisement ou à une forêt de chênes-lièges.

subglaciaire, adj. (*subglaciary*). Qui est au-dessous et (ou) sur le front d'un glacier. On parlera par exemple d'eau subglaciaire ou de dérive subglaciaire.

subhydrophile, adj. (*subhydrophilous*). Espèce inféodée à des biotopes supportant des immersions temporaires par des eaux douces. Elle se rencontre par exemple dans les parties terrestres les plus basses de la plaine d'inondation des cours d'eau. ***(Voir aussi Fleuves)***

sublétal, adj. (*sublethal*). Désigne en toxicologie de l'environnement les doses ou concentration d'un polluant qui sont à la limite inférieure de celles causant une intoxication aiguë de sorte que la majorité des individus exposés à ces doses ou à ces concentrations survivent. ***(Voir aussi Infralétal, Létal)***

sublimation, n. f. (*sublimation*). Phénomène d'évaporation directe, sans passer par l'état intermédiaire (eau liquide) de la neige ou de la glace et de façon générale d'un solide volatil. ***(Voir aussi Évaporation)***

sublittoral(e), adj. (*subtidal, infralittoral*) ◆ **zone** ~ : **1.** Zone d'un écosystème limnique située immédiatement audessous de la zone littorale, au-delà de la limite inférieure des racines de la végétation macrophytique. **2.** Désigne en écologie marine toute la zone comprise entre la limite inférieure de l'étage médiolittoral et la limite du plateau continental (environ 200 m), ou encore la limite inférieure de la zone euphotique. Dans ce dernier cas, elle correspond approximativement à la somme des étages infralittoral et circalittoral. ***(Voir aussi Océan)***

submergé, adj. (*submersed*). Désigne un corps inerte (rocher par exemple) ou un organisme sessile qui se trouve entièrement recouvert sous une masse d'eau.

subsidence, n. f. (*subsidence*). Concerne un phénomène géologique caractérisé par l'enfoncement progressif d'une zone continentale littorale ou d'une île volcanique. ◆ **théorie de la** ~ (*subsidence theory*) : théorie expliquant la formation des atolls coralliens par la subsidence d'une île volcanique tropicale, les récifs compensant par leur croissance l'enfoncement du substrat. ***(Voir aussi Récif)***

subsistant(e), adj. (*extant*). Désigne un taxon – espèce par exemple – appartenant à un groupe systématique dont une partie importante, voire la plupart des représentants sont aujourd'hui éteints. ***(Voir aussi Extinction)***

substance, n. f. (*substance*). Matière qui au plan chimique peut être un élément ou un corps composé, de nature inorganique ou organique. ◆ ~ **allélopathique** (*allelopathic substance*) : substance sécrétée en général par les racines de certains végétaux et qui inhibe la germination des graines d'autres espèces présentes dans la même phytocœnose. ***(Voir aussi Allélopathie, Télétoxie)*** ◆ ~ **minérale nutritive** : voir Nutriment.

substitution, n. f. ◆ **ressource de** ~ (*substitutable resource*) : ressource naturelle qui peut satisfaire à certains besoins en remplacement d'une autre ressource.

substrat, n. m. (*substratum*). Socle rocheux sur lequel repose un biotope terrestre ou aquatique. ◆ ~ **artificiel** (*artificial substrate*) : support minéral ou en matière plastique disposé à une profondeur variable dans les eaux naturelles afin d'étudier leur colonisation au plan quantitatif par les communautés aquatiques.

substratohygrophile, adj. (*substratohygrophilous*). Désigne des espèces croissant sur des substrats généralement forestiers humectés en permanence. Elles sont plus particulièrement abondantes dans les forêts de brouillard tropicales exposées à des précipitations quotidiennes. Les planaires terrestres constituent de bons exemples de tels organismes.

subsuperficiel, adj. ◆ **courant** ~ (*subsurface flow*) : écoulement de l'eau à une faible profondeur au-dessous de la surface du sol.

sub-tropical, adj. (*sub-tropical*). Région et (ou) type de climat qui présente des caractères tropicaux, quoique moins chauds pendant les mois hivernaux, des moyennes latitudes de l'hémisphère correspondant.

succession, n. f. ◆ ~ **écologique** (*ecological succession*) : malgré leur apparente stabilité, les écosystèmes sont en perpétuel changement. En effet, dans la longue durée, les conditions écologiques, en particulier climatiques, ne sont pas stables. Il arrive aussi parfois que pour des causes variées (incendie, éruption volcanique par exemple), une communauté vivante soit entièrement et quasi instantanément détruite.

De ce fait, les biocœnoses doivent constamment s'adapter aux fluctuations des facteurs écologiques voire à leur perturbation soudaine, qu'elles soient naturelles ou provoquées par l'action de l'homme.

On dénomme *succession écologique* les biocœnoses qui vont se succéder dans un même biotope initial lorsque se produit un tel changement dans la valeur des facteurs du milieu. Quand une perturbation conduit à faire disparaître en totalité une communauté, on constate que dans les années qui suivent, de nouveaux peuplements se réinstallent sur le biotope provisoirement libre. Ces derniers sont constitués d'espèces pionnières, plantes annuelles en général, ainsi que des animaux de petite taille et à croissance rapide. Ultérieurement s'installeront des végétaux vivaces puis ligneux, d'abord des espèces arbustives puis des arbres.

Ainsi en quelques décennies – où quelques siècles selon le type d'écosystème considéré – la biocœnose va évoluer en s'enrichissant en espèces végétales et animales de longévité de plus en plus grande vers un stade dénommé *climax*. Celui-ci correspond à un état d'équilibre déterminé par les conditions « moyennes » caractérisant les facteurs écologiques propres au biotope considéré.

Le climax n'est donc pas un état statique de la biocœnose mais un équilibre métastable – en perpétuelles variations – même si celles-ci ne sont pas immédiatement apparentes par suite de la lenteur des changements qui peuvent affecter les facteurs climatiques par exemple. ◆ ~ **lacustre** (*lacustrine succession*) : étapes de la vie d'un lac au cours de laquelle il passe successivement par tous les stades trophiques depuis l'état juvénile, oligotrophe, jusqu'au stade final eutrophe voire hypereutrophe. **(*Voir aussi Eutrophisation, Lac, classification*)**

◆ **exemples de succession** : la reconstitution d'une forêt climacique, à l'emplacement d'un champ abandonné, constitue un exemple classique de succession écologique.

Ce type de succession dit *autogénique*, car il se produit spontanément, a été étudié en détail aux États-Unis à l'emplacement de champs de coton abandonnés.

Un premier stade de la succession se caractérise par l'envahissement du champ par des mauvaises herbes : Graminées thérophytes et Composées (*Erigeron*) la première année, puis *Aster* l'année suivante, et plantes herbacées pérennes à partir de la troisième année.

Ultérieurement, des plantes vivaces s'installent peu à peu, en particulier des Graminées cœspiteuses (*Andropogon*) qui deviendront dominantes et constitueront une prairie subspontanée.

Après une quinzaine d'années apparaissent des végétaux ligneux buissonnants et des arbustes, jeunes pins (*Pinus taeda*) par exemple. Ce stade, dénommé fruticée, se transforme rapidement en un boisement ouvert. Il conduit en une cinquantaine d'années à une forêt dense de pins.

Puis, sous ces derniers, s'installent progressivement les espèces caducifoliées : chênes (*Quercus alba* et *Q. falcata*) et noyers (*Carya*) qui représentent les espèces dominantes du climax. Celles-ci vont progressivement supplanter les pins et donneront en 150 à 200 ans une forêt mixte climacique de feuillus.

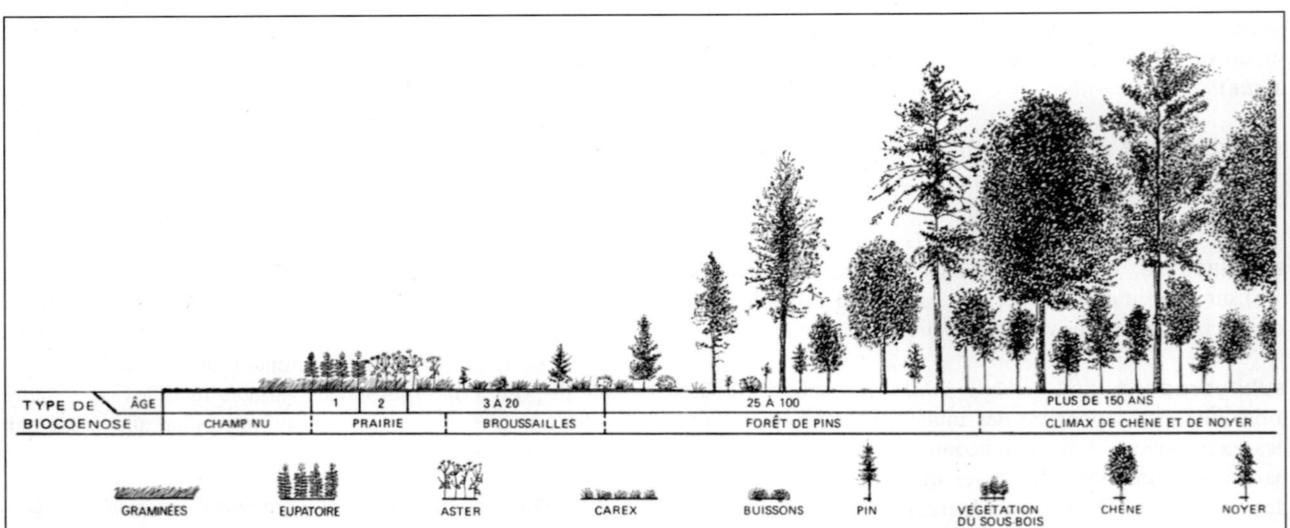

Exemple de **succession** progressive. Reconstitution d'un climax forestier caducifolié à partir d'un champ abandonné dans le Sud-Est des États-Unis. (D'après Woodwell, in Ramade F., *Écologie fondamentale*, Ediscience international, 2e ed., 1994, p. 389)

La séquence complète des stades comportant chacun une biocœnose particulière évoquée dans l'exemple précédent s'appelle une *série* ou *sère*. Les communautés transitoires constituent les *stades pionniers* puis *intermédiaires* par opposition au *climax* qui constitue la biocœnose propre à l'ultime stade évolutif.

◆ **principaux types de successions** : on peut classer les successions selon diverses modalités.

On distingue, en fonction de la nature des processus qui sont à leur origine plusieurs types de successions qui peuvent être regroupés en :

– *successions autogéniques* qui résultent d'actions biotiques s'exerçant à l'intérieur de l'écosystème et se manifestent, par exemple, dans le cas précédent. Ces actions conduisent la communauté vers un état de maturité dont la structure et les peuplements sont de plus en plus complexes et qui forment une *série* dite *progressive*.

– *successions allogéniques* qui résultent, à l'opposé, de l'action de facteurs perturbateurs extérieurs, produisent des *séries régressives* dont les divers stades évolutifs conduisent à des peuplements de plus en plus appauvris.

Un exemple de ces deux types de successions est fourni par l'évolution de la végétation méditerranéenne sous l'influence de l'incendie.

La régression des forêts méditerranéennes sous l'action de l'incendie conduit à une succession (ou série) régressive du type :

forêt de chênes → garrigue (ou maquis) → pelouse xérique → sol nu

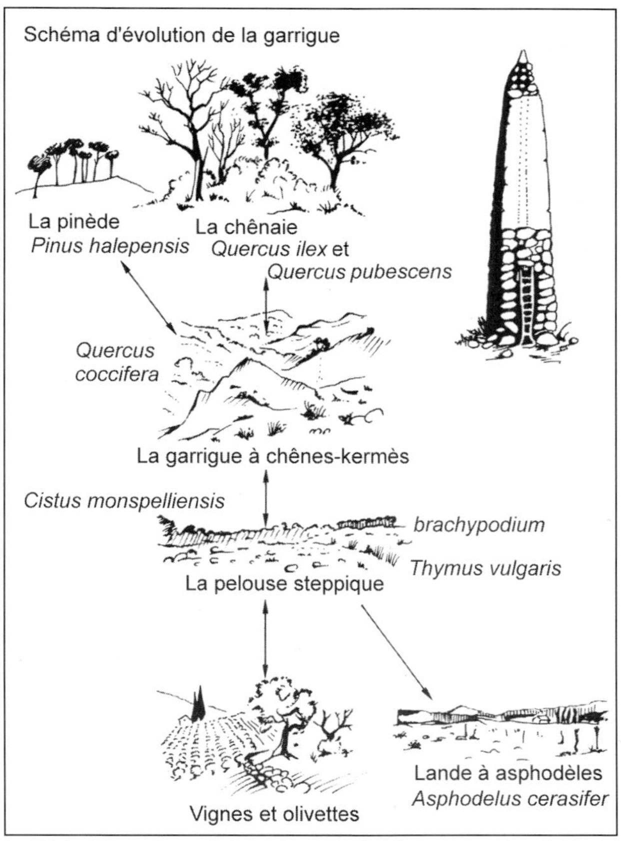

Si l'action du feu est moins fréquente, il s'établit un dysclimax de pins d'Alep par suite d'une série progressive qui va conduire à la formation d'une garrigue à cistes, puis à celle d'une pinède et même, si l'incendie ne revient pas, au retour à la forêt climacique de chênes.

Une autre distinction importante concerne *successions primaires* et *successions secondaires*. Les premières se rapportent à l'établissement d'une biocœnose sur un biotope récemment formé : l'eutrophisation d'un lac provenant de la régression d'un glacier, la colonisation par la végétation d'une dune de sable vif par exemple. Les successions secondaires concernent les phénomènes de reconstitution d'un climax sur un biotope perturbé par exemple régénération d'une forêt après un incendie.

Enfin une autre distinction importante concerne la différence entre *successions hydrarchiques* qui se produisent en milieu aquatique (formation d'une tourbière par exemple) et les *successions xérarchiques*, propres aux milieux terrestres : colonisation par la végétation d'une dune de sable ou d'une coulée de lave éteinte par exemple.

Les divers types de succession ici évoqués sont linéaires. Il convient toutefois de noter qu'il existe aussi des successions cycliques comme celles introduites par la récurrence de l'incendie dans les landes bretonnes. ***(Voir aussi Landes)***

◆ **successions anthropogéniques** : l'action de l'homme sur les écosystèmes se traduit en règle générale par une dégradation des communautés qu'il modifie accidentellement, et plus généralement, qu'il exploite. Elle conduit donc toujours à l'induction de séries régressives.

Kuhnholtz-Lordat a identifié trois étapes successives :

Sylva → *Saltus* → *Ager*

dans le phénomène général de régression des communautés anthropisées, à partir de forêts initialement climaciques, lors de ses travaux sur la dynamique des écosystèmes méditerranéens.

Depuis le Néolithique, partout où les écosystèmes climaciques sont des forêts (*Sylva*), l'homme a lentement transformé celles-ci en boisement ouvert et en formations ligneuses très dégradées (*Saltus*), utilisées pour le pâturage des troupeaux. Ultérieurement, lorsque les conditions pédologiques le permettaient, l'homme a défriché ces sols et les a mis en culture, pour répondre à la croissance démographique qui impliquait une intensification de la production de nourriture.

On a de la sorte assisté au cours des dix derniers millénaires à un appauvrissement progressif des communautés, passant

←

Exemple de **succession** régressive : la dégradation des forêts méditerranéennes climaciques de chênes et leur transformation en garrigue puis en pelouses steppiques ou en cultures selon le schéma Sylva • Saltus • Ager. Les flèches indiquent la réversibilité de la succession. Le maintien épisodique du feu conduit à un dysclimax de *Pinus halepensis* (pinède). La cheminée de verrier figurée à droite du dessin illustre une des causes majeures de la destruction de ces chênaies au début des temps modernes : la fabrication du charbon de bois pour alimenter les fours des verriers. (D'après Harant et Jarry, op. cit., in Ramade F., *Écologie appliquée*, Ediscience international, 5e ed., 1995, p. 387)

du *climax* dont la richesse et la diversité spécifique sont maximales à un *Saltus* déjà appauvri, puis à l'*Ager*. Dans ce dernier stade, seulement quelques espèces cultivées (et une végétation adventice de moins en moins nombreuse) constituent la totalité du peuplement végétal de la communauté, les animaux étant essentiellement représentés par les espèces d'Insectes ravageurs des cultures et l'homme.

Dans un tel écosystème, simplifié à l'extrême, la pyramide trophique est profondément modifiée au profit d'une seule espèce, l'homme, qui cherche a obtenir de l'*Ager* le rendement maximal de production alimentaire (c'est-à-dire de l'agriculture via les agroécosystèmes qu'il a délibérément substitués aux écosystèmes climaciques).

◆ **dynamique de la structure et du fonctionnement de l'écosystème au cours d'une succession** : une série progressive va se caractériser par de profondes modifications biocœnotiques qui vont interférer sur le fonctionnement de toute la communauté.

L'accroissement progressif du nombre d'espèces s'accompagne de celui de la biomasse de la communauté toute entière.

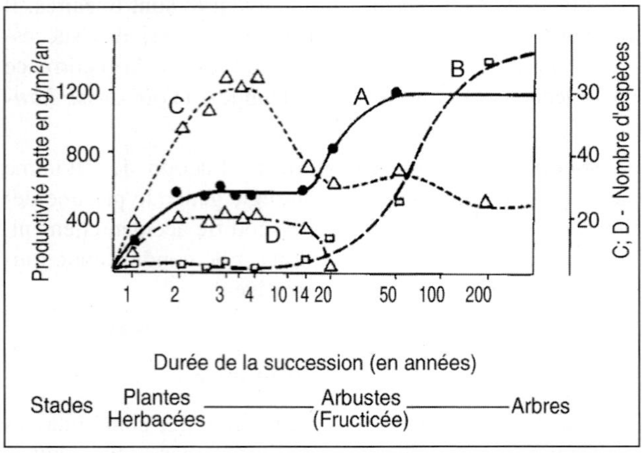

Variation de richesse spécifique totale de la phytocœnose (**C**), de biomasse (**B**) et de productivité primaire nette (**A**) ainsi que celle des espèces végétales inféodées aux peuplements pionniers (**D**) au cours d'une **succession** conduisant à une forêt climacique de chênes dans l'est des États-Unis. (D'après Holt, in Whittaker, cité in Ramade F., *Écologie fondamentale*, Ediscience international, 2e ed., 1994, p. 402)

La productivité primaire brute va d'abord augmenter rapidement puis se stabiliser. Mais au fur et à mesure que la communauté se développe, sa respiration va elle aussi augmenter de sorte que la productivité nette, différence des deux, va progressivement tendre vers zéro.

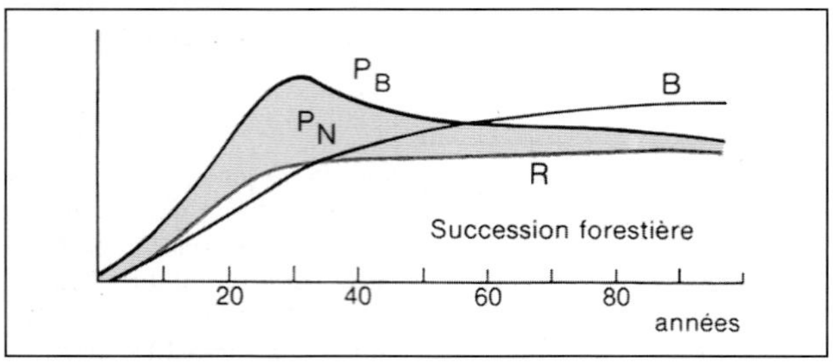

Variation de la productivité (P_B et P_N), de la respiration (R) et de la biomasse (B) au cours d'une **succession** forestière. P_B = productivité brute, P_N = productivité nette. (D'après Odum, op. cit., in Ramade F., *Écologie fondamentale*, Ediscience international, 2e ed., 1994, p. 407)

Les forestiers connaissent bien ces variations de productivité ligneuse au cours du temps et les prennent en considération pour fixer le moment de la coupe qui se place à l'époque où culmine la production de matière sèche par les arbres.

On peut donc en conclure que, dans une succession, les stades pionniers présentent une faible diversité, des peuplements peu structurés, mais une productivité nette importante qui permet l'accumulation progressive de biomasse.

En revanche, quand le climax est atteint, la biomasse ne s'accroît plus car toute la production disponible est utilisée par les consommateurs animaux (et les décomposeurs) de sorte que la productivité nette est nulle.

Le rapport production/respiration tend vers 1 et celui productivité sur biomasse vers 0 lorsque l'on se rapproche du climax.

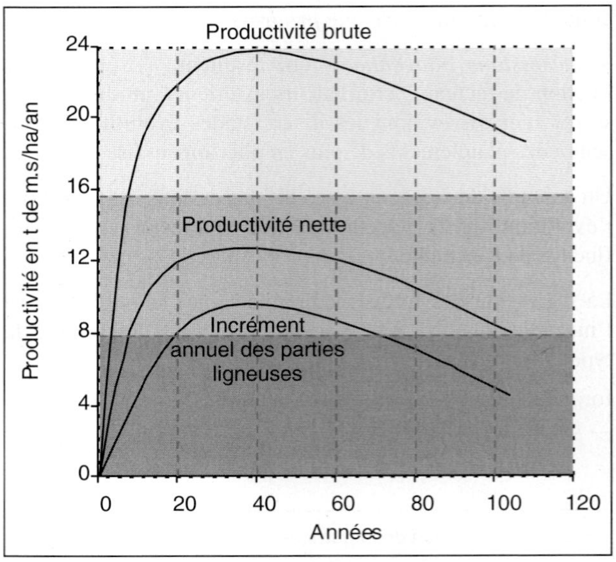

Variation de la production primaire exploitable dans une **succession** forestière en fonction du temps : la courbe supérieure correspond à la productivité brute, l'intermédiaire à la productivité nette totale (litière + parties ligneuses) et la courbe inférieure à l'accroissement des plantes ligneuses. (D'après Duvigneaud, in Ramade F., *Écologie fondamentale*, Ediscience international, 2e ed., 1994, p. 407)

Il est donc absurde d'écrire comme on le voit encore de nos jours, que les forêts vierges, telles celles d'Amazonie, sont le « réservoir d'oxygène de la planète ». En réalité, ces écosystèmes climaciques ne dégagent pas d'oxygène car tout celui produit par photosynthèse est reconsommé par la respiration des autotrophes et des hétérotrophes de l'écosystème considéré. **(*Voir aussi Productivité*)**

succion, n. f. (*suction*). Phénomène de nature capillaire par lequel les plantes absorbent par leurs racines l'eau d'imbibition des sols et la font monter jusqu'à l'extrémité des tiges. Les forces de succion végétales sont suffisantes pour que les racines puissent pomper de l'eau contenue dans la porosité des sols jusqu'à des pressions capillaires de l'ordre d'une quinzaine d'atmosphères, ce qui permet à la sève de monter jusqu'aux extrémités des cimes des arbres les plus gigantesques. ◆ **pression de** ~ (*suction pressure*) : pression capillaire exercée dans la plante par les forces de succion. Cette dernière atteint au maximum 15 atmosphères. **(*Voir aussi Humidité, Sol*)**

succulence, n. f. (*succulency*). Propriété de certaines plantes propres aux zones semi-arides et à la plupart des plantes érémophiles de posséder une hypertrophie de leurs parties aériennes (tiges et feuilles quand elles existent) dans lesquelles elles accumulent des réserves d'eau. **(*Voir aussi Cactacées, Sclérophyllie*)**

succulente(s), n. f. (*succulent*). Désigne des plantes présentant une succulence. Les Cactacées, plantes déserticoles par excellence sont toutes des succulentes. La succulence se rencontre également dans certaines familles adaptées aux conditions désertiques appartenant à d'autres ordres d'Angiospermes comme les Agavacées ainsi que de nombreuses Crassulacées et certaines Euphorbiacées.

suffrutescent, adj. (*suffruticose*). Désigne des plantes pérennes, ligneuses à leur base, mais herbacées dans leurs parties supérieures et qui, de ce fait, ne meurent pas pendant la mauvaise saison, la partie basale bourgeonnant quand les conditions redeviennent favorables.

Suidae, n. sc. (*pigs*). Famille de Mammifères Artiodactyles de taille moyenne, qui réunit les divers porcs *sensu lato* existant dans l'Ancien Monde. Elle compte au total cinq genres et neuf espèces. Le géant d'entre eux, l'*Hylochoerus meinhertzageni* approche les 300 kg. À l'opposé, les adultes du sanglier pygmée de l'Assam (*Sus sylvanius*), le nain de la famille, pèsent de 6 à 9 kg. La totalité des races de porcs domestiques dérivent du sanglier, *Sus scrofa*, espèce occupant une vaste aire de distribution géographique qui couvre l'ensemble de l'empire paléarctique jusqu'au Japon à l'Est, et atteint au Sud, la péninsule indochinoise et même Sumatra. À la différence des autres Artiodactyles, les *Suidae* sont des monogastriques sauf chez le babiroussa de Célèbes (*Babyrousa babyrussa*), dont l'estomac cloisonné permet à cette espèce de subsister avec un régime alimentaire essentiellement végétarien. Les *Suidae* sont des animaux grégaires qui cherchent leur nourriture en groupe. Leur remarquable plasticité écologique permet à beaucoup d'entre eux de s'adapter à des conditions environnementales variées. Les pécaris représentent l'équivalent écologique des *Suidae* en Amérique tropicale, mais sont érigés en une famille distincte, celle des *Tayasuidae*, qui ne comporte que deux espèces. **(*Voir aussi Artiodactyles, Bovidés, Cervidés, Ruminants*)**

suie(s), n. f. (*soots*). Particules carbonées émises par les chaufferies en particulier celles fonctionnant au charbon et plus encore aux fuels. ◆ ~ **acides** (*acid smuts*) : suies chargées d'anhydride sulfurique rejetées surtout par les chaufferies industrielles aux fuels lourds. **(*Voir aussi Fuel*)**

suintement, n. m. (*seepage*). Phénomène d'écoulement lent et continu dû à des infiltrations d'eau à l'intérieur de cavités naturelles en particulier dans un réseau karstique. Le suintement est à l'origine de la formation des stalactites et de stalagmites dans les grottes et les gouffres.

sulfates, n. m. (*sulphates*). Les sulfates constituent la forme biogéochimique la plus commune du soufre dans les milieux terrestres, dans les eaux continentales ou océaniques, ainsi que dans les sédiments dont le potentiel Redox, même s'il est négatif, est suffisamment élevé pour permettre l'oxydation des sulfures. Les sulfates figurent aussi parmi les sels les plus abondants des embruns marins.

Ils se forment en permanence dans l'atmosphère par oxydation de dérivés gazeux du soufre qui conduit dans une première étape à la formation d'acide sulfurique. La production croissante de SO_2 consécutive à la combustion des charbons et des pétroles riches en soufre a considérablement accru l'importance de ce phénomène qui se produit spontanément dans l'atmosphère terrestre avec le SO_2 rejeté par le volcanisme ou celui formé par l'oxydation du H_2S ou encore des sulfures de méthyles et de diméthyles qui sont rejetés par divers processus biogéochimiques naturels, agents moteurs du cycle du soufre en l'absence de toute perturbation anthropique. Les rejets de SO_2 par les combustions ont considérablement accru la formation d'acide sulfurique dans l'atmosphère jouant un rôle majeur dans le phénomène des pluies acides.

L'anion sulfurique formé réagit ensuite avec divers cations métalliques et le NH_3 contenus dans l'air normal ou pollué par des émissions d'origine anthropique donnant en particulier des microcristaux de sulfate d'ammonium dans la haute troposphère et même dans la basse stratosphère.

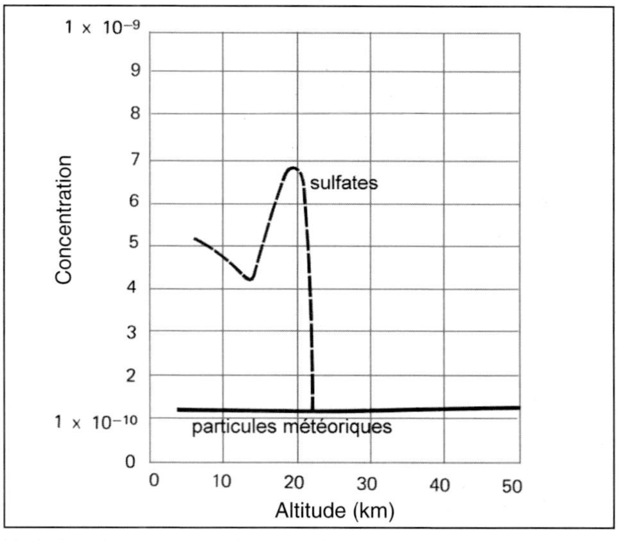

Variation du taux de **sulfates** et de particules météoriques dans l'atmosphère en fonction de l'altitude. (D'après Varney et McCormack, op. cit., p. 49)

La formation dans la stratosphère de ces cristaux, de large surface en rapport à leur faible masse – puisqu'ils ont une structure bidimentionnelle comme ceux de la glace – contribue de façon majeure aux baisses de température à la surface de la Terre constatées après les éruptions volcaniques de première magnitude. Ce refroidissement provient de la forte absorption du rayonnement solaire incident provoquée par ces microcristaux de sulfate. L'atténuation du flux solaire au sol qu'ils engendrent s'avère en réalité nettement plus importante que celle résultant des fines cendres volcaniques injectées par les mêmes éruptions dans la stratosphère. Cette démonstration du rôle des sulfates d'origine volcanique dans l'impact climatique du volcanisme a été faite pour la première fois lors de l'éruption d'El Chichon au Mexique en 1984-85 et amplement confirmée par l'étude de la formation d'aérosols stratosphériques de sulfates lors de l'éruption du Pinatubo, aux Philippines en 1990-1991. (***Voir aussi Embruns, Pluies acides, Sulfurique, Volcanisme***)

sulfato-réductrices, adj. ◆ **bactéries** ~ (*sulfato-reducing bacteria*) : micro-organismes anaérobies se développant dans les sédiments des biotopes lentiques lorsque le milieu devient anoxique. Les principales espèces des genres *Desulfovibrio* et *Pseudomonas* constituent des agents importants du cycle biogéochimique du soufre dans les écosystèmes lentiques continentaux et littoraux.

sulfites, n. m. (*sulphites*). Sels de l'acide sulfureux H_2SO_3. Ces derniers se forment spontanément dans l'atmosphère par réaction de cet acide avec des cations par les réactions :

$$SO_2 + H_2O \rightarrow H_2SO_3$$
$$SO_3^{2-} + M^{2+} \rightarrow MSO_3$$

sulfobactéries, n. f. (*sulfobacteria*). Classe de Bactéries qui fonde son métabolisme sur l'oxydation des dérivés minéraux réduits du soufre. On distingue des sulfobactéries hétérotrophes (*Thiobaccilus* et *Sulfatomaculum* parmi d'autres genres) et phototrophes (bactéries pourpres : *Chromatiaeae*, *Ectothiorhospiraceae*, ou vertes : *Chlorobiaceae*) qui jouent toutes un rôle important dans le cycle biogéochimique du soufre. (***Voir aussi Bactérie, Phototrophie, Soufre***)

sulfures, n. m. (*sulfides*). Dérivés inorganiques réduits du soufre. Les sulfures sont présents dans les vases benthiques marines, lacustres et des autres biotopes lentiques, voire dans les sédiments des cours d'eau lorsque règnent des conditions anoxiques. Ils jouent un rôle majeur en milieu aquatique non seulement dans le cycle biogéochimique du soufre mais aussi en interférant avec celui de nombreux métaux, en particulier du fer. Le cycle biogéochimique de cet élément présente dans les écosystèmes aquatiques un couplage fondamental avec celui du soufre via les sulfures et avec intervention des matières organiques présentes dans l'eau et les sédiments. De façon générale, les transformations biogéochimiques afférentes constituent le phénomène dénommé diagenèse. Un des points de départ majeur de celui-ci est le sulfure de fer dont l'oxydation est à la base de toute une série de réactions d'oxydo-réductions cycliques où alternent les formes sulfate et sulfure.

On distingue une réaction d'initiation :

$$FeS_2(s) + O_2\ (aq) \rightarrow Fe^{2+}\ (aq) + SO_4^{2-} + H^+\ (\text{acidité})\ (1)$$

suivies de réactions cycliques :

$$Fe^{2+}\ (aq) + O_2\ (aq)\ (\text{bactéries}) \rightarrow Fe^{3+}\ (aq)\ (2)$$

$$Fe^{3+}\ (aq) + FeS_2(aq) \rightarrow Fe^{2+}\ (aq) + SO_4^{2-} + H^+\ (\text{acidité})\ (3)$$

Tandis que le sulfure est oxydé en sulfate, le Fe^{2+}, soluble, est libéré et oxydé en Fe^{3+} qui se complexe avec de la matière organique. Au cours des processus de dystrophisation des eaux lacustres, le fer réduit s'accumule sous forme de SFe dans les sédiments conférant à ces derniers leur couleur noirâtre. (***Voir aussi Bactérie, Dystrophisation, Fer, Phototrophes, Soufre***)

sulfurique, adj. (*sulphuric*) ◆ **acide, anion** ~ (*sulphuric acid*) : acide fort qui se forme dans l'air de façon spontanée par oxydation du SO_2 ou par réaction de ce dernier avec le peroxyde d'azote. Ces mécanismes sont à la base du phénomène des pluies acides. (***Voir aussi Pluies acides***)

Supérieur, n. m. ◆ **lac** ~ : situé à la limite entre les États-Unis et le Canada, à 47° 33' de latitude Nord et 83° 40' de longitude Ouest, le lac Supérieur constitue le plus vaste lac du monde avec une surface moyenne de 82 800 km^2. Profond de 406 m, son volume moyen est de 12 230 km^3 mais présente à un intervalle pluridécennal des variations significatives liées aux fluctuations de son niveau. Il s'agit d'un lac glaciaire au bilan excédentaire dont le temps moyen de résidence des eaux, fort long, est estimé à plus de 180 ans, ce qui contribue à sa vulnérabilité aux phénomènes d'eutrophisation. Quoique moins affecté que les autres grands lacs par les pollutions et autres causes d'altération écologique (car il est le plus vaste et en même temps ses zones riveraines sont beaucoup moins peuplées), le lac Supérieur est tout de même sujet aux mêmes causes de dégradations environnementales que ces derniers. (***Voir Eutrophisation, Grands lacs***)

superorganisme, n. m. (*superorganism*). Ensemble d'individus qui se rassemblent et coordonnent leur activité présentant de ce fait une organisation fonctionnelle. Ainsi, les individus qui constituent un superorganisme contribuent par exemple ensemble à un système de reproduction et à une hérédité commune. Tel est le cas des groupes sociaux qui peuvent exister dans une même espèce. (***Voir aussi Social***)

superparasitisme, n. m. (*superparasitism*). Parasitisme d'un parasite par une autre espèce parasite. Ce terme est synonyme d'hyperparasitisme car on peut rencontrer des degrés supérieurs avec trois parasites imbriqués l'un dans l'autre. (***Voir aussi Parasitisme***)

suprafoliaire, adj. (*suprafolious*). Qualifie un organisme vivant à la surface supérieure des feuilles.

supralittoral, adj. (*supralittoral*). Étage situé au-dessus du niveau moyen des marées hautes et compris entre ce dernier et la limite supérieure extrême d'humectation des marées hautes de vives eaux.

suprapélos, n. m. (*suprapelos*). Peuplement d'organismes aquatiques vivant ou nageant au-dessus des vases benthiques mais dépendant entièrement de ces dernières au plan trophique.

suprapsammon, n. m. (*suprapsammon*). Ensemble des organismes aquatiques vivant au-dessus de fonds sablonneux mais dépendant entièrement de ces derniers pour leur nourriture.

surber, n. m. (*surber*). Appareillage utilisé en écologie aquatique pour effectuer des prélèvements quantitatifs dans un cours d'eau. Un surber est constitué par une surface d'échantillonnage délimitée par un cadre métallique, ayant une valeur standardisée de 0,1 m^2 à la base de laquelle est fixé, verticalement à son plan, un filet dans lequel les animaux sont capturés.

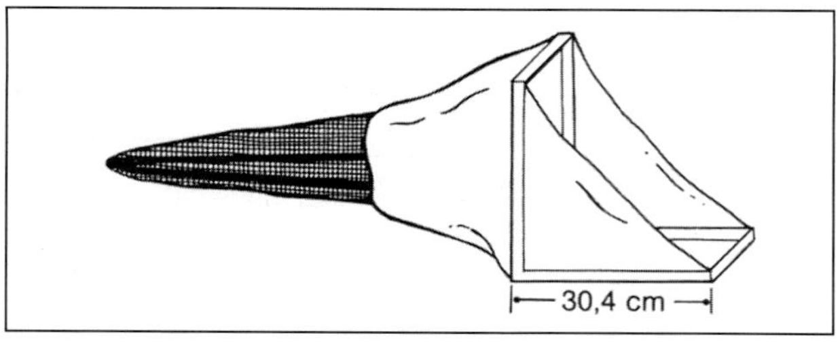

Filet de **Surber** utilisé pour le prélèvement de la macrofaune benthique des cours d'eau.

Les prélèvements sont effectués en plaçant le cadre en contact avec le fond de l'eau et en agitant la surface et les pierres immergées de sorte que les Invertébrés qui vivent du benthos sont dérangés. Ils se laissent alors dériver, par une réaction de fuite, et sont piégés au fond du filet qui se place spontanément dans le sens du courant.

surexploitation, n. f. (*overexploitation*) ◆ ~ **des ressources naturelles** : exploitation par l'homme des ressources naturelles biologiques – donc en principe renouvelables – à une intensité incompatible avec leur utilisation durable. La surpêche, la déforestation, le massacre de la faune sauvage par une pression de chasse exagérée constituent des exemples catastrophiques et hélas très actuels d'une telle surexploitation. Cette dernière a lieu de façon très générale quand les prélèvements effectués par l'homme sur des populations naturelles végétales ou animales excèdent leur productivité biologique primaire ou secondaire.

Dans ce cas, ces derniers font décroître la biomasse de géniteurs et conduisent à vivre sur le capital (et non sur les « intérêts » c'est-à-dire la productivité utilisable) de la ressource naturelle considérée.

Le terme est aussi utilisé pour les sols cultivés. Il désigne une utilisation intensive des terres sans apports compensatoires d'engrais et de matières organiques humigènes. En conséquence, un épuisement de la fertilité des sols se produit, marqué par une baisse des rendements et parfois par leur altération pédologique. ***(Voir aussi Développement durable, Ressources naturelles)***

surface(s), n. f. ◆ ~ **cultivable(s)** : voir Terres cultivables. ◆ ~ **terrestre** (*earth surface*) : voir Écosphère. ◆ **inversion de** ~ (*surface inversion*) : inversion de température due à la déperdition de chaleur de la surface du sol par voie radiative lors des nuits claires. ◆ **ruissellement de** ~ (*surface run off*) : phénomène de ruissellement consécutif à la saturation du sol lors de fortes et soudaines précipitations. ***(Voir aussi Érosion, Ruissellement)***

surfusion, n. f. (*super cooling*). Phénomène par lequel une substance reste à l'état liquide dans un domaine de température où elle devrait se solidifier.

surpâturage, n. m. (*overgrazing*). Phénomène marqué par une dégradation du couvert végétal qui résulte d'un excès de broutage par les animaux domestiques. Le surpâturage survient chaque fois que la densité des herbivores domestiques excède une certaine valeur correspondant à la capacité limite des pâturages naturels exploités en élevage extensif. Le surpâturage s'accompagne de nombreux autres effets néfastes : diminution de la productivité des terrains

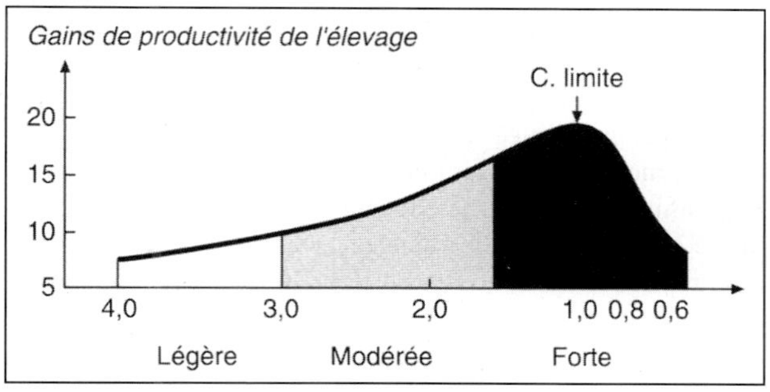

Variation de rendement d'un pâturage en fonction de sa charge pastorale. On remarque l'effondrement des rendements quand la capacité limite est dépassée, c'est-à-dire quand le nombre d'animaux par unité de surface devient supérieur à la production primaire des formations herbacées exploitées, ce qui est la cause même du **surpâturage**. (D'après Simmons, in Ramade F., *Écologie des ressources naturelles*, Masson, 1981, p. 281)

de parcours, invasion de ces derniers par des espèces végétales toxiques ou non consommées par les animaux domestiques. De plus, il est à l'origine d'une importante érosion des sols de nature hydrique ou éolienne – dans les zones de savanes ou de steppes à saison sèche prolongée. ***(Voir aussi Steppe)***

surpêche, n. f. (*overfishing*). Voir *Overfishing*, Pêcheries.

surpopulation, n. f. (*overpopulation, overcrowding*). Phénomène lié à l'augmentation de densité d'une population à des niveaux excédant la disponibilité en ressources naturelles : terres cultivables, eau, énergie, matières premières indispensables pour répondre aux besoins économiques de cette population, voire, dans certains cas, une densité de la population au-delà des niveaux nécessaires pour assurer sa survie.

Des pays comme le Bangladesh, le Pakistan, Haïti, de nombreux États de l'Inde, voire diverses nations d'Afrique subsaharienne considérées à tort comme « sous-peuplées », par bien des économistes, des démographes et (ou) sociologues – profondément ignorants de l'écologie et des contraintes qu'elle implique – constituent des exemples parmi bien d'autres de surpopulation.

En Afrique, des pays comme l'Égypte, avec 68,4 millions d'habitants en l'an 2000 qui s'entassent sur les quelque 35 000 km^2 de la vallée du Nil, possèdent une densité écologique approchant 2 000 habitants au km^2 et non pas de 68 habitants par km^2 valeur de sa densité brute, le reste du pays étant essentiellement un désert hyperaride inutilisable par l'homme! Il en est de même de nombreux pays d'Asie tels le Bangladesh ou Java, qui atteignent ou excèdent largement les 1 000 habitants au km^2 sur l'ensemble de leur territoire.

Au Bangladesh, des zones du delta inférieur du Gange, couvertes d'une jungle inhabitée au siècle dernier, comptent de nos jours plus de 800 habitants au km^2! On assiste de ce fait dès à présent à de véritables conflits provoqués par l'émigration clandestine et une véritable invasion pacifique de pays voisins par des multitudes affamées de paysans sans terre venant de zones surpeuplées.

L'Inde, voisine du Bangladesh, pourtant déjà elle-même surpeuplée (tout est relatif!) avec plus d'un milliard d'hommes, est exposée à de tels problèmes et un véritable conflit chronique se poursuit depuis plusieurs années à la frontière avec son voisin qui ne fait rien pour mettre un terme à son explosion démographique et où la polygamie est encore d'usage courant. La contraception y est de plus battue en brèche par la montée des intégristes musulmans qui menacent de mort (voire assassinent) les gynécologues pratiquant le planning familial! Une barrière de 3 000 km de long a déjà été construite dans les années 1980 par le gouvernement indien pour tenter d'arrêter ce flot d'immigrants bangladeshis!

Conséquence inquiétante parmi bien d'autres de cette surpopulation, dès la fin des années 1980, quelque 55 pays du Tiers monde avaient déjà atteint un tel niveau de densité démographique que la ressource en eau y faisait défaut de sorte que tout homme qui venait s'ajouter à l'effectif existant y était déjà en trop. En effet, ces pays ne disposent plus des quantités d'eau indispensables pour répondre aux besoins d'irrigation qu'implique l'augmentation de production agricole elle-même nécessaire pour nourrir toute bouche supplémentaire. En bien des cas, la population existante est elle-même dès à présent victime de la malnutrition. Par ailleurs, la carence des ressources en eau est déjà la source de conflits larvés, voire ouverts, dans d'autres régions du monde, en particulier au Proche-Orient. Les problèmes de l'approvisionnement en eau sont une source permanente de tension, souvent méconnue entre Israël et les pays voisins comme les discussions avec la Syrie sur le statut du plateau du Golan l'ont à nouveau récemment mis en évidence. Moins bien médiatisées mais néanmoins peut-être encore plus préoccupantes sont les fortes tensions entre la Turquie et les pays situés en aval (Syrie, Irak) à la suite de la construction par celle-ci du barrage Atatürk sur l'Euphrate. ***(Voir aussi Démoécologie, Démographique, Développement durable)***

surrégénérateur, n. m. (*breeder*). Type de réacteurs dans lesquels les réactions nucléaires produisent plus de matière fissile qu'elles n'en consomment d'où le terme de surrégénération donné à ce phénomène. Ces réacteurs peuvent ainsi prolonger dans d'importantes proportions l'ère utile des réserves d'uranium exploitables.

La surrégénération résulte du fait que le flux neutronique excédentaire prenant naissance dans la partie centrale du cœur provoque des réactions d'activation par captures neutroniques. Celles-ci s'effectuent dans la périphérie où est disposée de la matière dite fertile. Il y a de la sorte production de matière fissile en excédent par rapport à celle qui est consommée.

Deux types de surrégénérateurs sont ou ont été envisagés et (ou) ont déjà donné lieu à des expérimentations de pilotes industriels.

Le premier type, aujourd'hui abandonné, fonctionne avec du thorium comme matière fertile, et de l'^{233}U comme matière fissile selon la réaction :

$$^{232}Th + n \rightarrow {}^{233}U$$

Les seconds fonctionnent avec de l'uranium 238 comme matière fertile et du plutonium comme matière fissile – ce qui est particulièrement intéressant au plan neutronique pour la surrégénération, le ^{239}Pu donnant en moyenne 2,4 neutrons par fission selon la réaction de surrégénération suivante :

$$^{238}U + n \rightarrow {}^{239}Pu$$

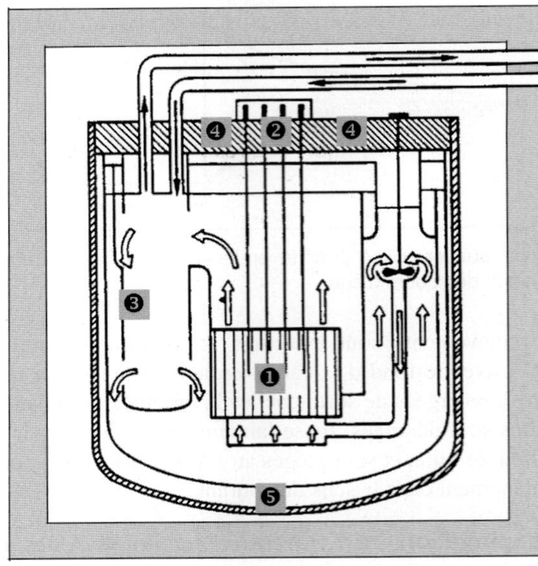

Schéma d'un **surrégénérateur** refroidi au sodium (type Superphénix). (Document EDF)

De nos jours, les seuls surrégénérateurs en service appartiennent à la filière plutonigène et sont refroidis au sodium.

Il n'en existe que quatre unités expérimentales dans le monde. Celles de Superphénix à Creys-Malville en France, d'une puissance installée de 1 400 MW électrique et qui ayant connu un fonctionnement intermittent depuis la fin des années 1980 à la suite de divers incidents techniques, a été définitivement arrêtée en 1998. Le réacteur Phénix, mis en route en 1973 et redémarré après l'arrêt de Superphénix, est le seul surrégénérateur fonctionnant encore dans notre pays à titre expérimental. ***(Voir aussi Centrale, Réacteur nucléaire)***

sursaturation, n. f. (*supersaturation*). Solution dans laquelle la teneur en soluté dissous excède le point de précipitation. L'état de sursaturation relativement au complexe carbonates- bicarbonates est à l'origine du phénomène de formation des concrétions calcaires (stalactites par exemple) dans les cavités karstiques et du dépôt de tartre dans les canalisations d'un réseau d'adduction. ***(Voir aussi Carbonate, Karstique, Remplissage, Réseau)***

surveillance, n. f. ◆ **~ permanente de l'environnement** (*environmental, biological monitoring*) : activité de recherche et (ou) de contrôle dont l'objet est de suivre dans le temps les changements éventuels des principales caractéristiques environnementales, biologiques et en particulier écologiques, propres à une zone géographique ou un type d'habitat déterminé.

Elle peut concerner les caractéristiques abiotiques propres à un écosystème (suivi des concentrations de tel ou tel polluant par exemple), ainsi que ses paramètres biotiques (étude des fluctuations des populations des espèces propres à un peuplement donné).

survie, n. f. ◆ **courbes de** ~ (*survivorship curves*) : courbes représentant l'évolution du nombre d'individus dans une population en fonction de son âge. Toutefois, au lieu de figurer le temps en valeur absolue, on représente les âges en valeur relative c'est-à-dire en pourcentage de la longévité potentielle atteinte par les individus ayant un âge déterminé. Le nombre initial d'individus dont on établit la courbe de survie est fixé arbitrairement à 1 000. Pour obvier à la difficulté de représentation graphique des espèces ayant une forte mortalité juvénile, on représente le nombre de survivants à un âge donné sous forme logarithmique.

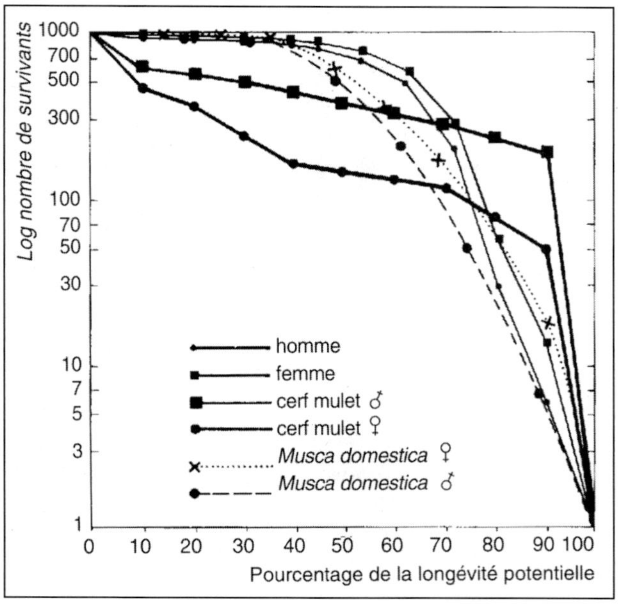

Schéma général de construction d'une courbe de **survie**. L'effectif initial est fixé arbitrairement à 1 000 individus exprimé en unité Log_{10}, les âges en pourcentage de la longévité potentielle, ce qui permet de comparer des espèces ayant des longévités très différentes, ici : l'Homme, le cerf-mulet et la mouche domestique. (D'après Taber et Dasman, op. cit., in Ramade F., *Écologie fondamentale*, Ediscience international, 2e ed., 1994, p. 153)

Il existe trois types de courbes de survie. Le premier correspond aux espèces dont l'ensemble des individus ont une espérance de vie élevée, le taux de mortalité devenant important chez les individus âgés (cas de l'espèce humaine ou de nombreuses espèces d'Insectes à l'état adulte). Le second correspond aux espèces dont le taux de mortalité est sensiblement constant à tous les âges (Rotifères, mais aussi certains Vertébrés, l'aspect des courbes de survie n'étant pas lié au groupe taxonomique). Enfin, le dernier type correspond aux espèces ayant un taux de mortalité très fort chez les jeunes et allant ensuite en s'atténuant (huîtres par exemple). ***(Voir aussi Démoécologie, Pyramide des âges, Tables de survie)*** ◆ **taux de** ~ : voir Taux.

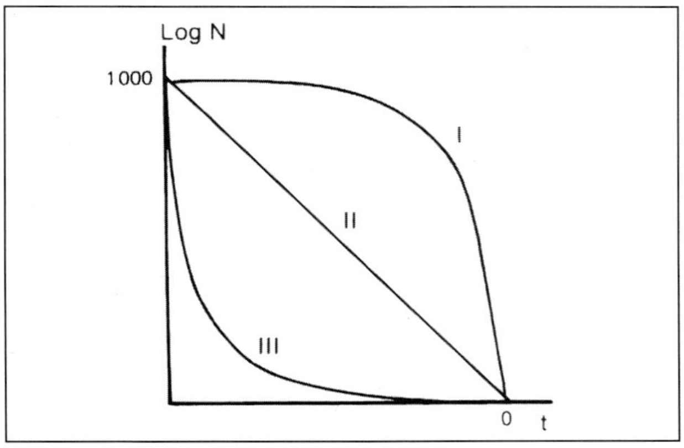

Principaux types de courbes de **survie**. (In Ramade F., *Écologie fondamentale*, Ediscience international, 2e ed., 1994, p. 153)

suspension, n. f. ◆ **matières en** ~ (MES) (*suspended solids*) : particules en suspension dans des eaux naturelles ou polluées. Dans le premier cas, il peut s'agir de sédiments, dans le second, d'effluents chargés de matières solides minérales et (ou) organiques d'origine industrielle ou urbaine.

suspensivore, adj. (*suspensivorous*). Qualifie les organismes animaux sessiles, planctoniques ou même nectoniques qui se nourrissent de particules en suspension dans l'eau. Ils ingèrent de ce fait des matières organiques mortes, des êtres vivants microscopiques, en particulier des algues du phytoplancton ou des protozoaires, en même temps que des substances minérales sans valeur alimentaire. La dimension moyenne des particules ingérées n'est pas liée à la taille des individus mais à celle de l'appareil servant à l'absorption et à la filtration des particules.

Sylva, n. sc. Stade désignant le climax forestier dans les écosystèmes méditerranéens et les forêts tempérées caducifoliées, aboutissement ultime d'une succession progressive. ***(Voir aussi Succession)***

sylvicole, adj. (*silvicolous*). Désigne tout ce qui est inféodé aux habitats forestiers.

sylviculture, n. f. (*forestry, sylviculture*). On désigne actuellement sous ce terme l'ensemble des applications des connaissances relatives aux essences forestières, ainsi que des méthodologies et des techniques qui en découlent, liées à l'exploitation et à l'utilisation rationnelle des forêts.

À l'image de l'agronomie, dont la finalité pour la production agricole est l'obtention des rendements maximaux, la sylviculture s'efforce d'obtenir le maximum de productivité forestière (production de bois par hectare et par an). On a donc assisté au cours du dernier siècle à une transformation des objectifs de la sylviculture, les autres finalités de la forêt ayant été occultées dans l'esprit des divers technocrates qui en sont responsables dans la plupart des pays développés du monde, obnubilés qu'ils sont par la seule recherche unidimensionnelle de l'accroissement de la production ligneuse.

Depuis fort longtemps, la sylviculture européenne a fondé son activité sur l'exploitation de forêts naturelles. Tant dans les forêts de plaine que dans celles de montagne, la pratique en vigueur était celle de la coupe sélective de sujets arrivés à maturité, la structure des boisements étant plurienne. Toutes les classes d'âges coexistaient sur une même parcelle forestière ainsi que les diverses espèces quand le boisement était plurispécifique. Un exemple classique de telles pratiques sylvicoles était donné par la futaie jardinée de hêtres et de sapins propre à la limite supérieure de l'étage montagnard de nombreux biotopes alpins d'Europe occidentale.

Principaux types de **sylviculture** définis par les modes d'exploitation des forêts. **A** et **B**, coupes rases avec réponse spontanée des conifères indigènes en **A**, avec remplacement des essences climaciques de feuillus par plantation de conifères exotiques en **B**; **C**, coupes d'éclaircissement ménageant une structure d'âge plurienne; **D**, coupes sélectives (type fûtaie jardinée). (In Ramade F., *Écologie des ressources naturelles*, Masson, 1981, p. 240)

Depuis lors, de nouvelles formes d'exploitation forestière se sont substituées aux précédentes, suivant en cela les pratiques sylvicoles développées outre-Atlantique.

L'exploitation des forêts sous forme de coupes rases suivies de replantation s'est rapidement imposée depuis quelques décennies, malgré tous les inconvénients que l'on peut attendre des boisements artificiels monospécifiques et équiennes sur lesquels se fonde cette activité. En outre, celle-ci s'est accompagnée d'un enrésinement frénétique.

Depuis plusieurs années, se développe l'ultime degré d'artificialisation des forêts « aménagées » par la sylviculture dite contemporaine, productiviste par essence, qui n'a cure des impératifs concernant la conservation de la biodiversité des écosystèmes forestiers. Ces « aménagements » tiennent en un remplacement systématique des essences forestières spontanées par des espèces exotiques : sapin Douglas (*Pseudotsuga menziezii*) en particulier, divers épicéas et aussi *Pinus radiata* dans les pays tempérés ou encore diverses espèces d'Eucalyptus dans les pays méditerranéens et tropicaux. Les deux ouragans qui ont balayé à ses moyennes latitudes l'Europe occidentale à la fin de 1999 ont démontré l'inanité de telles pratiques anti-écologiques par nature. Les plantations de conifères ont subi des dommages considéra-

Sylviculture intensive fondée sur le recours à des espèces exotiques exploitées en plantations équiennes. Reboisements en eucalyptus dans la Serra de Vallongo (au Nord de Porto, au Portugal). (Cliché F. Ramade)

bles, sans commune mesure avec les chablis qui ont affecté les boisements de feuillus autochtones. Ainsi, en France, la grande majorité des 500 000 hectares de forêts et les quelque 250 millions d'arbres déracinés concernent des plantations de conifères en grande partie exotiques. 80 % des boisements propres aux forêts du parc naturel régional du Morvan, constitués de sapins Douglas plantés après coupes rases des boisements de feuillus climaciques – contrairement, soit dit en passant, au statut des parcs naturels régionaux qui prévoit la protection des paysages – ont subi des ravages catastrophiques. Il en a été de même des massifs vosgiens et des forêts de conifères de la façade atlantique, en particulier des plantations de pins maritimes dans les Landes. On peut espérer qu'une pareille déroute aidera les responsables des forêts de notre pays à enfin comprendre le bien fondé des arguments des écologues qui s'épuisent depuis plusieurs décennies à démontrer les méfaits de ces pratiques sylvicoles prétendument « modernes ».

En un sens se concrétise ce qu'avait déjà écrit Jean Dorst en 1965 : « *la tendance actuelle de la foresterie moderne* », écrivait-il, « *est de considérer la forêt comme une exploitation d'arbres utile à l'homme, un champ d'arbres comme il y a ailleurs un champ de blé : les uns et les autres sont artificiels aux yeux du biologiste qui assiste à la disparition de communautés naturelles au sujet desquelles les statistiques peuvent entretenir l'illusion* ».

Les inconvénients de l'enrésinement, et de façon plus générale de la monoculture artificielle forestière, sont nombreux au plan écologique : appauvrissement des communautés végétales et animales forestières, sensibilité accrue des arbres aux maladies et aux ravageurs de ces plantations équiennes et monospécifiques, podzolisation par acidification des sols induite par la litière très particulière des aiguilles qui donne des humus bruts de type mor, sans omettre la bien plus grande sensibilité à l'incendie des boisements de conifères par rapport à ceux de feuillus.

Plantation monospécifique en conifères de la *Forestry Commission* britannique à l'emplacement de peuplements autochtones de feuillus. Ce type de **sylviculture**, dont la seule finalité a été pendant plusieurs décennies l'intensification de la production ligneuse fondée sur un enrésinement frénétique, n'a pas été hélas en Europe, et il s'en faut même de beaucoup, la spécificité du seul ONF. (Cliché F. Ramade)

Le reboisement en eucalyptus du Sud de l'Europe s'accompagne d'inconvénients similaires. La litière d'eucalyptus est toxique pour de nombreux microorganismes. Elle ne se décompose que très lentement et s'accumule au sol sans être envahie par une strate herbacée par suite de sa toxicité. Elle constitue en outre un substrat favorable pour l'incendie en période de sécheresse estivale.

Par ailleurs, la forte densité des arbres empêche totalement le développement des strates inférieures dans ces boisements artificialisés à l'extrême, quelle que soit l'essence utilisée, avec pour effet immédiat une réduction dramatique de la biodiversité, la pauvreté des communautés végétales et des zoocœnoses propres à ces plantations étant affligeante. ***(Voir aussi Enrésinement, Reboisement)***

symbiose, n. f. (*symbiosis*). Elle constitue la forme la plus évoluée des interactions positives entre espèces. La symbiose représente la forme de mutualisme la plus achevée. Elle tient en un phénomène d'association obligatoire et donc permanente entre les organismes qui la pratiquent et se traduit, dans les cas les plus évolués, qui sont aussi les plus fréquents, par le fait qu'une des espèces héberge à l'intérieur de son organisme l'autre espèce du couple de symbiotes (endosymbiose), par opposition aux cas moins évolués où les deux organismes restent extérieurs l'un à l'autre (exosymbiose). Il existe un très grand nombre d'associations symbiotiques entre végétaux et micro-organismes, entre deux espèces de végétaux, entre une espèce de plante et une espèce animale, entre un protiste et un animal, ou encore entre deux espèces animales. ◆ **~ entre algues et champignons** : les lichens sont des Cryptogames qui constituent un autre exemple de symbiose d'importance écologique très considérable, résultant de l'association d'un champignon et d'une algue. Dans chaque cas, il est possible d'associer à un thalle d'origine cryptogamique des cellules alguales ou gonidies. L'algue symbiotique est soit une Chlorophycée soit une Cyanophycée. Il a été possible de décomposer les lichens en leurs deux espèces symbiotiques ou au contraire d'en faire la « synthèse » *in vitro* en réunissant les cultures séparées de l'algue et du champignon. ***(Voir aussi Lichen)*** ◆ **~ entre micro-organismes et végétaux** : toute une série de types d'associations symbiotiques concerne un micro-organisme et une plante. Un des cas les plus notoires est celui des bactéries fixatrices de l'azote du genre *Rhizobium* qui sont associées aux Légumineuses vivant dans des nodosités qui se forment sur les racines de ces plantes. Les mycorhizes dont le rôle est essentiel dans les écosystèmes forestiers sont des champignons symbiotiques des diverses espèces d'arbres qui permettent à ces derniers d'absorber plus facilement les nutriments présents dans les sols. ***(Voir aussi Cycle de l'azote)*** ◆ **~ entre un champignon et un animal** : chez les termites et chez les fourmis existent des espèces champignonnistes ayant développé une exosymbiose avec ces champignons basidiomycètes. La symbiose entre les fourmis du genre *Atta*, propres à l'Amérique tempérée chaude et tropicale et les champignons du genre *Leucocoprinus* a par exemple été étudiée avec beaucoup de détails. Ces espèces cultivent les champignons sur les meules constituées de fragments de feuilles récoltées par les ouvrières à l'extérieur de la colonie. Le mycélium sert de nourriture à l'ensemble des individus de la colonie. ***(Voir aussi Champignonnistes, Fourmi, Termite)*** ◆ **~ entre un protiste autotrophe et un animal** : le cas des zooxanthelles symbiotiques des récifs coralliens représente aussi un remarquable exemple de symbiose dont l'existence conditionne tout le fonctionnement d'un écosystème.

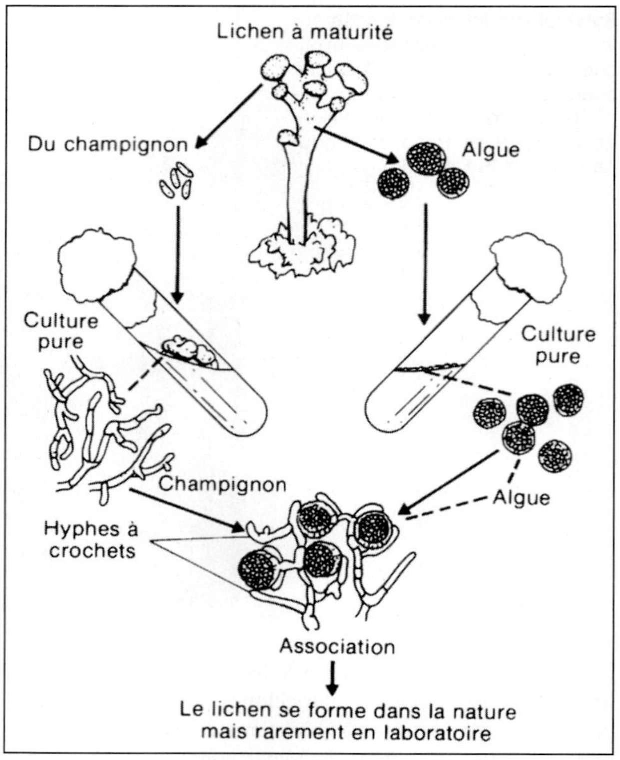

Schéma des expériences de « synthèse » d'un lichen, organisme qui est le produit d'une **symbiose** entre un organisme autotrophe unicellulaire et un champignon. La séparation et la mise en culture isolée de l'algue symbiotique et du champignon peut être suivie de l'expérience réciproque : culture simultanée de ces deux types d'organismes qui s'associent spontanément et reconstituent un thalle de lichen. (D'après Clarke, op. cit., in Ramade F., *Écologie fondamentale*, Ediscience international, 1994, p. 225)

Les polypes constituant les colonies de Madrépores bâtisseurs des récifs coralliens renferment dans leurs tissus endodermiques une algue unicellulaire dénommée zooxanthelle qui appartient au groupe des Dinoflagellés : *Gymnodinium microadriaticum*. Ces endosymbiotes unicellulaires jouent un rôle essentiel dans le fonctionnement des écosystèmes coralliens en apportant aux polypes diverses substances indispensables qu'elles produisent par photosynthèse : glucides, acides aminés et autres nutriments. Ceci explique la productivité primaire élevée de ces récifs. À l'opposé, les polypes fournissent à ces symbiotes les nutriments dont ils ont besoin. De même les bovins possèdent dans leur panse des Ciliés symbiotiques de l'ordre des Ophryoscolécides qui métabolisent la cellulose en la transformant en glucides de faible poids moléculaire, ce dont profite leur hôte. ***(Voir aussi Ciliés, Gymnodinium, Récif, Ruminants)***

symbiote, n. m. (*symbiont*). Organisme symbiotique.

symbiotrophe, adj. (*symbiotrophic*). Qualifie un organisme tirant sa nourriture d'une relation symbiotique.

sympatrie, n. f. (*sympatry*). Désigne la coexistence de deux espèces taxonomiquement voisines dans une même aire de distribution géographique et dans les mêmes habitats à l'intérieur de cette dernière. La sympatrie s'accompagne d'un glissement des niches écologiques occupées, phénomène qui conduit à minimiser la concurrence interspécifique entre les espèces concernées. Elle se caractérise aussi par un déplacement de caractères produit par une coévolution phénotypique qui tend à accroître les différences morphologiques entre les deux espèces sympatriques. À l'opposé, les formes allopatriques de ces mêmes espèces présentent une plus grande similitude de leurs phénotypes. **(*Voir aussi Allopatrie, Gradient de niche, Niche écologique*)**

sympatrique, adj. (*sympatric*). Désigne des populations d'espèces d'un même groupe taxonomique qui partagent la même aire de distribution géographique. **(*Voir aussi Allopatrie, Niche écologique, Peuplement*)** ◆ **spéciation ~** (*sympatric speciation*) : type de spéciation s'effectuant dans une population donnée en l'absence d'isolement géographique, les espèces sœurs évoluant à partir de propagules demeurant dans la même aire de dispersion que la descendance du même dème dont elles sont issues. **(*Voir aussi Allopatrique*)**

symphile, adj. (*symphilous*). Désigne une espèce animale qui bénéficie de la symphilie avec une espèce de fourmi ou de termite selon le cas.

symphilie, n. f. (*symphily*). Association positive entre une espèce d'insectes et une colonie d'insectes sociaux, les individus de la première bénéficiant du gîte et du couvert de la seconde.

Il ne s'agit pas d'une relation de commensalisme, l'espèce symphile ayant des sécrétions qui sont attractives pour l'espèce-hôte. Ainsi, certaines fourmis hébergent dans leur fourmilière une chenille de Lycaenide (*Lycaena arion*) qui y effectue son développement et que les fourmis soignent comme leur propre couvain.

synanthrope, adj. (*synanthrope*) (syn. : anthropophile). Désigne un animal qui vit en contact avec l'homme. Le pigeon des villes, le moineau ou encore la souris domestique représentent parmi bien d'autres des exemples de telles espèces.

synanthropique, adj. (*synanthropic*). Qualifie une espèce végétale ou animale généralement associée à l'habitat humain. L'ortie, l'oseille ou encore certaines hirondelles sont de ce type.

syndrome, n. m. (*syndrome*). Ensemble des paramètres qui caractérisent le dysfonctionnement d'un système complexe. ◆ **~ chinois** (*chinese syndrome*) : expression triviale utilisée par les spécialistes de la sûreté nucléaire pour désigner le cas où, à la suite d'un accident, un réacteur nucléaire privé de refroidissement pourrait fondre ses enceintes de confinement en béton et répandre sa radioactivité dans l'environnement. ◆ **~ d'insularité** (*insularity syndroma*) : les communautés insulaires présentent des différences importantes par rapport aux communautés homologues situées dans des zones continentales présentant des conditions écologiques équivalentes. On dénomme syndrome d'insularité le fait que ces communautés possèdent un moindre nombre d'espèces pour une même surface de biotope et que les espèces de faible taille sont proportionnellement plus abondantes en milieu insulaire qu'en milieu continental. Une autre caractéristique de ce syndrome est la tendance à la sédentarité qui peut conduire jusqu'à la régression d'organes de la locomotion (oiseaux devenus aptères), une moindre fécondité des populations insulaires, enfin une raréfaction des prédateurs tant en nombre d'espèces que d'individus. Celle-ci résulte de leur position sur les chaînes trophiques qui implique un domaine vital étendu plus difficile à trouver sur des îles de surface limitée.

synechtrie, n. f. (*synechtry*). Forme de parasitisme propre aux sociétés de fourmis dans laquelle certains hôtes se nourrissent aux dépens de la colonie.

synécologie, n. f. (*synecology*). Domaine de l'écologie dont l'objet est l'étude des écosystèmes et des systèmes écologiques d'ordre supérieur y compris la biosphère dans son ensemble. **(*Voir aussi Écologie*)**

synérèse, n. f. (*synaeresis*). Processus de délitement des argiles par perte de l'eau des pores.

synergie, n. f. (*synergy*). Désigne en écotoxicologie le fait que deux contaminants présents simultanément dans un même biotope ajoutent leur action toxique pour les espèces pollusensibles. Pris au sens strict, le terme de synergie désigne une simple addition des effets toxiques, proportionnelle à la quantité relative de chacune des deux substances absorbées, à la différence de la potentiation qui démultiplie la toxicité. **(*Voir aussi Potentiation*)**

syntopique, adj. (*syntopic*). Désigne des populations d'espèces qui occupent un même biotope, vivant en étroite proximité et pouvant de ce fait s'entrecroiser lorsqu'elles sont taxonomiquement très voisines.

syntype, n. m. (*syntype*). Désigne en systématique tout spécimen d'une série d'individus dans lequel aucun holotype n'a été désigné. **(*Voir aussi Holotype*)**

synusie, n. f. (*synusia*). Communauté d'espèces peuplant un microhabitat et présentant de ce fait des exigences écologiques très voisines.

synzoochorie, n. f. (*synzoochory*). Plante dont les graines sont dispersées par un ensemble d'animaux.

Syrphidae, n. sc. (*hover flies*). Famille de Diptères Brachycères dont les larves sont d'importants Insectes auxiliaires des cultures car elles sont prédatrices de pucerons. Les Syrphidés, dont les adultes sont floricoles, possèdent aussi la particularité de pratiquer un vol sur place ce qui est assez peu fréquent chez les Insectes.

syrtidophile, adj. (*syrtidophilous*). Désigne les espèces qui vivent sur les bancs de sable émergés le long des cours d'eau ou des rivages.

syrtidophyte, n. f. (*syrtidophyte*). Plante inféodée aux bancs de sable émergés.

systématique, n. f. (*systematics*). Voir Taxonomie.

système(s), n. m. ◆ **écologie des** ~ (*system ecology*) : branche de l'écologie théorique qui étudie les structures biologiques complexes en les assimilant à des compartiments dépendant les uns des autres dans leur fonctionnement. De leurs interactions, et de l'intégration de ces parties, émergent des propriétés globales spécifiques du système et non de ses composants. La démarche de l'écologie des systèmes se base sur l'assimilation des structures écologiques à un ensemble de constituants unitaires liés par des flux d'énergie et de matière où par des interactions entre individus d'une population lesquelles représentent l'objet le plus simple de son domaine de recherche. Elle se fonde sur diverses théories mathématiques telles celle des graphes, de l'information et, bien sûr, de la cybernétique. ◆ ~ **International d'Unités (SI)** : système d'unités adapté lors de la 11e Conférence Générale des Poids et Mesures, en 1960. Il comporte sept unités fondamentales : le mètre (m, unité de longueur), le kilogramme (kg, unité de masse), la seconde (s, unité de temps), l'ampère (A, unité d'intensité électrique), le kelvin (K, unité de température thermodynamique), le candela (Ca, unité d'intensité lumineuse) et la mole (molécule-gramme, unité de susbtance chimique contenue dans un volume donné). ◆ **modélisation des** ~ (*system modelling*) : description du fonctionnement d'un système par recours à des fonctions mathématiques décrivant les interactions entre ses composants. ◆ ~ **Probatoire d'Observation de la Terre** (abrev. : SPOT) : voir SPOT.

2,4,5-T. Nom commun de l'acide 2,4,5-trichlorophénoxyacétique. Ce composé est utilisé essentiellement comme désherbant dans certaines cultures, en particulier tropicales comme la canne à sucre, comme débroussaillant en zone rurale, et comme défoliant en sylviculture afin d'éliminer les jeunes arbustes d'essences feuillues dans les plantations de conifères. Il en est parfois résulté de sérieux problèmes de pollution des eaux par suite du ruissellement dans les zones forestières ainsi traitées. L'usage du 2,4,5-T en sylviculture s'est traduit dans certaines régions par une pollution des eaux de surface voire souterraines. En effet, en milieu aquatique pauvre en oxygène dissous et *a fortiori* réducteur, cette substance devient peu ou pas biodégradable et va présenter une forte persistance.

Le 2,4,5-T utilisé en mélange 50-50 avec le 2,4-D a constitué le tristement célèbre « agent orange » utilisé dans la période 1965-1973 par l'armée américaine au cours de la seconde Guerre du Vietnam. Plus de 50 000 t de cette substance utilisée comme arme chimique contre l'environnement furent ainsi répandues sur les forêts continentales et les mangroves de ce pays. Quelque 1,5 million d'hectares d'écosystèmes de forêts pluvieuses tropicales furent ainsi détruits de façon irréversible. De nos jours encore, près de 30 ans après la fin de ce conflit, les boisements affectés ne se sont pas reconstitués. Cependant, les mangroves littorales du delta du Do-Naï et du Mékong ont été en partie restaurées grâce à une intervention active par plantation de graines de palétuviers et autres arbres des mangroves.

Son usage à vaste échelle par l'armée américaine pendant la guerre du Vietnam a en outre soulevé de considérables problèmes de toxicologie de l'environnement car il a provoqué une contamination étendue par des dioxines, en particulier par la redoutable TCDD, présente à l'état d'impureté dans le 2,4,5-T, technique alors utilisée. Il en est résulté une redoutable pollution des sols et de graves contaminations des populations civiles exposées aux épandages de défoliants. En conséquence, une fréquence anormale d'hépatomes fut observée chez les individus ayant été au contact des dioxines et d'anomalie tératologique dans la descendance des femmes gestantes contaminées. Par ailleurs, ce problème de contamination de l'environnement par les PCDD lié à l'usage de cette substance et de façon plus générale des herbicides dérivés de l'acide phénoxyacétique est apparu beaucoup plus fréquent et ubiquiste qu'on ne l'avait présupposé. En effet, il a été montré que des dioxines se formaient dans la combustion incomplète de résidus végétaux ayant été exposés au 2,4,5-T et même lors de la combustion d'ordures ménagères ou de déchets industriels renfermant divers composés organochlorés brûlés dans des incinérateurs. ***(Voir aussi Armements, 2,4-D, Défoliant, Dioxine, Incinérateur, PCDD, Vietnam)***

tabac, n. m. (n. sc. : *Nicotiana sp.*) (*tobacco*). Plantes de la famille des Solanacées qui renferment dans leurs feuilles un puissant alcaloïde neurotrope, la nicotine. Le tabac à fumer est produit par *Nicotiana tobaccum*. D'autres *Nicotiana*, nettement plus riches en nicotine, ont été cultivés pour produire cette substance utilisée en un temps comme insecticide. ***(Voir aussi Tabagisme)***

tabagisme, n. m. (*smoking habit*). Terme désignant le type de toxicomanie liée à la prise de tabac, très généralement sous forme de fumée. La dépendance au tabac provient de la nicotine, alcaloïde aux effets neurotropes contenu dans les feuilles des végétaux du genre *Nicotiana*.

Le tabagisme doit être classé au plan pathologique parmi les conséquences de la prise de substances psychotropes au même titre que celles résultant de l'absorption de stupéfiants (opium et dérivés par exemple) ou de psychodysleptiques (LSD). En effet, la dépendance au tabac – en fait à la nicotine – résulte de l'existence dans le cerveau des mammifères de neurones cholinergiques sensibles à cette substance (récepteurs dénommés de ce fait nicotiniques). Cela explique l'installation d'une dépendance chez les sujets fumeurs. Malheureusement, la fumée de tabac renferme par ailleurs plusieurs milliers de molécules toxiques différentes telles l'acroléine qui est mutagène et pis encore des HAP dont le redoutable benzo(a) pyrène qui est considéré comme le premier responsable des cancers de la gorge et du poumon chez les fumeurs. ◆ **conséquences du ~ sur la santé humaine** : le tabagisme constitue à l'heure actuelle un véritable fléau au plan de l'hygiène publique tant dans les pays les plus avancés que dans ceux en voie de développement où son extension a pris les dimensions d'une véritable pandémie. Il existe de nos jours plus de 1,1 milliard de fumeurs dans le monde dont 800 millions dans les pays développés, où 42 % des hommes et 25% des femmes fument. Fait préoccupant, le tabagisme féminin est en croissance régulière. De même, le nombre de fumeurs s'accroît rapidement dans les pays en voie de développement. Ainsi, en Chine, la fabrication de cigarettes a triplé en 15 ans. En 2000, l'OMS estimait que la fumée de tabac provoquait la mort de 4 mil-

Table de survie de la mouche domestique
(D'après F. Ramade, 1967, in *Ecologie fondamentale*, Ediscience international, 2e ed., 1994, p. 151)

Intervalle (en jours)	Nombre d'individus				Taux de mortalité dans l'intervalle (1 000 qx)		Espérance moyenne de vie restante (en jours) (e_x)		Déviation en % Longévité potentielle	
	vivants en début d'intervalle (lx)		morts en cours d'intervalle (dx)							
	mâle	femelle	mâle	femelle	mâle	femelle	mâle	femelle	mâle	femelle
0 – 8	1 000	1 000	16	37	16	37	22,4	27,8	0	0
8 – 14	984	983	34	59	34,5	61,2	14,7	21,1	18,6	14,5
14 – 20	950	904	238	141	250	146	9,1	16,1	32,6	25,5
20 – 26	712	763	511	244	717	312	5,1	12,4	46,5	36,4
26 – 32	201	519	155	215	771	252	4,5	10,7	60,5	47,3
32 – 38	46	388	40	131	869	554	3,4	7,3	74,4	58,2
38 – 44	6	173	6	91	1 000	526	3	5,8	88,4	69,1
44 – 50	0	82	0	60	–	731	0	4,6	100	80,0
50 – 56		22				1 000				90,9
56 – 62		0								100

lions de personnes par an dans le monde et que ce nombre atteindrait 10 millions en 2030. Dans les pays développés, au moins 25% de la population masculine meurt prématurément par suite du tabagisme. Fait plus préoccupant, des études – tous sexes confondus – faites par le NIH britannique sur un échantillon stratifié de 34 000 personnes ont démontré qu'un fumeur sur deux mourra du tabac.

Source d'un nombre considérable d'affections cardiovasculaires, de cancers des voies aérodigestives, mais aussi du foie et de la vessie et de graves maladies bronchopulmonaires (dont la bronchite chronique et sa séquelle majeure l'emphysème), il provoque la mort de 120 000 personnes par an en Grande-Bretagne, d'environ 65 000 en France, et de plus de 600 000 aux États-Unis. Dans ce total figure un nombre significatif de victimes par tabagisme passif en particulier par cancer du poumon ou de la gorge – qui n'ont jamais fumé, mais qui ont été « enfumées » par leurs proches. ***(Voir aussi Asthme, Bronchite, Cancérogenèse, HAP, Nicotine, Tabac)*** ◆ **impact du ~ sur l'environnement** : le tabac est également la source de nombreux accidents, surtout d'incendies de locaux d'habitation et professionnels. Tout aussi important, voire plus, au plan de son impact environnemental, le tabagisme participe directement et indirectement à la déforestation. Son rôle dans le déclenchement des incendies de forêts par suite des jets de cigarettes allumées par les promeneurs ou les automobilistes est amplement démontré. On estime que 80 % des incendies de forêt proviennent dans la région méditerranéenne de fumeurs imprudents.

Il convient en outre d'ajouter à ce bilan catastrophique que le tabagisme contribue par un autre point à la déforestation. Comme de plus en plus de tabac consommé dans les pays développés est produit dans le Tiers monde, et comme il faut déboiser un hectare pour sécher au feu de bois la production de dix hectares de tabac dit de Virginie, la contribution de cette culture au déboisement des pays à climat tropical de mousson, dont les forêts sont particulièrement vulnérables, est plus importante qu'on ne l'imaginerait. ***(Voir aussi Pollution de l'atmosphère)***

tables de survie, n. f. (*survival tables*). Représentation des données statistiques très utilisée en démoécologie pour figurer la cinétique d'une population. Les tables de survie sont établies en dressant des colonnes dans lesquelles sont notés dans l'ordre, de façon conventionnelle, un certain nombre de paramètres démographiques. Ce sont de gauche à droite l'intervalle d'âge x (exprimé en jours, mois ou années selon la longévité de l'espèce considérée), le nombre d'individus vivants l_x, exprimé pour mille, dénombré au cours de l'intervalle de temps x, le nombre d'individus morts dans l'intervalle d_x, le taux de mortalité au cours de l'intervalle 1 000 q_x, enfin l'espérance moyenne de vie restante pour les individus ayant atteint le début de l'intervalle e_x. Enfin, on peut y adjoindre une colonne supplémentaire figurant les déviations exprimées en âge par rapport à la longévité potentielle pour chaque intervalle d'âge.

Le tableau ci-dessus figure à titre d'exemple la table de survie de la mouche domestique.

tachinaires, n. m. (*tachinids*). Diptères Brachycères de la famille des Tachinides dont les larves vivent en parasitoïdes de diverses espèces d'insectes dont certaines constituent de redoutables ravageurs des plantes cultivées et des forêts.

tachytélie, n. f. (*tachitely*). Type d'évolution se faisant à l'intérieur d'un groupe d'êtres vivants à une vitesse nettement supérieure à celle de l'évolution normale, dite de ce fait tachytélique.

tacon, n. m. (*smolt*). Nom commun des jeunes saumons qui vivent en rivière et âgés de moins de trois ans. En effet, les tacons se métamorphosent en smolts, en général après deux ou trois ans passés en rivière, parfois quatre, et rarement cinq. Ces derniers vont descendre leur cours d'eau natal et migrer vers l'océan au printemps pour rejoindre leur zone de nourrissage, située dans l'Atlantique Nord-occidental, entre l'Islande et le Groenland, où ils achèveront leur croissance et deviendront adultes. ***(Voir aussi Salmo salar)***

Vue de la **taïga** dans le nord de la Finlande, au-delà du cercle polaire (parc national de Pallas-Ounas). (Cliché F. Ramade)

taïga, n. f. (*Northern conifer forest*). Le terme de taïga désigne l'immense forêt boréale de conifères qui représente l'un des biomes majeurs de l'hémisphère Nord. Elle recouvre le bouclier sibéro-canadien sur une dizaine de millions de km^2 et s'étend en moyenne entre les 45e et 60e degrés Nord. Cependant, elle dépasse par endroits le Cercle polaire en Alaska, en Scandinavie et même en Sibérie.

◆ **caractéristiques écologiques générales de la ~** : la taïga croît dans des zones où les précipitations sont assez faibles, comprises entre 250 et 700 mm, mais étalées sur l'ensemble de l'année avec toutefois un maximum hivernal (la faible évapotranspiration compense l'apparente insuffisance de ces dernières quand on considère leurs valeurs minimales).

La respiration réduite des feuilles persistantes pendant la mauvaise saison, le froid conduisant à un quasi-arrêt du métabolisme, permet aux conifères de supporter un hiver rigoureux malgré le faible apport d'eau. Des pins sylvestres peuvent ainsi croître en Laponie jusqu'à 70 ° Nord! D'autres espèces de conifères, comme les mélèzes, perdent leurs feuilles à l'approche de la mauvaise saison.

La taïga exige pour croître un minimum de deux mois consécutifs sans gelée et d'un mois où les moyennes sont supérieures à 10 °C.

La forêt boréale de conifères se développe sur des sols d'origine glaciaire peu épais et très lessivés (podzols). La décomposition lente de la matière organique, la pauvreté en azote, phosphore, calcium et autres éléments minéraux nutritifs, conduit à l'accumulation dans le sol d'un humus brut (mor) très acide, colonisé par le mycélium de champignons qui couvre d'un feutrage très épais les racines des Conifères avec lesquels ils forment une association symbiotique de type mycorhizienne.

La biomasse sur pied de la taïga est généralement comprise entre 60 et 400 t/ha avec une valeur moyenne de 200 t/ha, sa productivité primaire nette est faible, de l'ordre de 8 t/ha.

◆ **structure de la végétation de la ~** : la composition spécifique de la taïga a été conditionnée par le contexte paléoécologique lié aux climats passés et au climat actuel. La diversité spécifique de la taïga est toujours faible.

En Europe, les espèces dominantes sont d'est en ouest le pin sylvestre (*Pinus sylvestris*) puis l'épicea (*Picea excelsa*). On rencontre en Sibérie d'autres espèces d'épiceas et de pins, des sapins et des mélèzes (*Picea obovata, Abies sibirica, Larix sibirica)* puis plus à l'est encore (*Larix dahurica, Pinus pumila*).

Là où les chutes de neige sont les plus importantes, les arbres prennent un aspect columniforme pour résister au poids dû à son accumulation qui peut briser les branches.

Épiceas à port columniforme, adaptation aux fortes chutes de neige, dans la **taïga** du parc national de Jasper, Alberta (Canada). (Cliché F. Ramade)

En Amérique du Nord, le climax est constitué de diverses espèces de pins et d'épicéas, en Colombie britannique et en Alaska, de sapins et de mélèzes, de l'est des Rocheuses jusqu'au Labrador, de pins et des pruches du Canada (*Tsuga canadensis*) autour des Grands Lacs. La diversité spécifique y est toujours faible.

Vers le sud, une forêt mixte de conifères et de feuillus fait la transition avec les forêts caducifoliées tant en Amérique du Nord qu'en Eurasie. À sa limite Nord, la taïga devient discontinue. Elle se fragmente, donnant des îlots dans la partie Sud de la toundra ainsi que des galeries le long des vallées fluviales. En plaine, il arrive néanmoins que la limite avec la toundra soit subite et marquée, à l'image de ce que l'on observe en montagne aux confins des étages subalpins et alpins donnant ce que les écologues anglo-saxons dénomment la *tree-line*.

Il faut aussi noter que l'on retrouve la taïga dans les Alpes et dans les autres montagnes tempérées de l'hémisphère Nord où elle correspond aux forêts de conifères de l'étage subalpin. Pins à crochet, épicéas, mélèzes, pins cembro en constituent le peuplement arboré.

◆ **zoocœnose de la ~** : la faune des taïga ressemble à celle des forêts caducifoliées. Les Invertébrés et petits Rongeurs hivernent sur place. Les oiseaux migrent vers le sud. Les grands herbivores comme les élans (*Alces alces*) et les rennes (*Rangifer tarandus*) se nourrissent de bourgeons, d'écorces et de lichens corticoles et épigés. La densité en grands Cervidés y est faible : on compte par exemple un élan pour 200 ha en Suède.

Les ours, au régime omnivore, jouent un rôle écologique important dans ce biome lorsqu'ils ne sont pas victimes d'une chasse effrénée : ours brun (*Ursus arctos*) en Eurosibérie, ours noir (*Ursus americanus*) et grizzly (*Ursus arctos horribilis*) en Amérique du Nord.

La forêt boréale de conifères héberge aussi un peuplement typique de carnivores : loups, gloutons, lynx, renards, visons, martres, etc.

Les insectes phytophages et xylophages peuvent aussi pulluler dans la taïga. Ainsi, la chenille tordeuse des conifères (*Choristoneura fumiferana*), dénommée par les Québécois tordeuse de l'épinette, cause de temps en temps des défoliations massives aux forêts de sapins beaumiers et d'autres conifères Nord-américains. On a aussi observé des pullulations occasionnelles et dévastatrices de Coléoptères Scolytides qui peuvent être associées à des épisodes de sécheresse exceptionnels.

◆ **problèmes de conservation de la ~** : l'exploitation intensive de la forêt boréale de conifères, destinée surtout à la production de pâte à papier, pose de très sérieux problèmes de conservation des ressources naturelles propres à ce type d'écosystème.

En Amérique du Nord et aussi en Sibérie, la tendance à la déforestation est manifeste. Elle résulte du fait que la taïga est un écosystème forestier peu productif compte tenu des conditions écologiques hostiles dans lesquelles croissent ces forêts boréales, le rythme actuel de coupe correspondant en bien des régions à une surexploitation de la production ligneuse.

On constate que la biomasse sur pied de la taïga, tant en Amérique du Nord qu'en Sibérie, a beaucoup décru au cours du XXe siècle. Au Canada, elle est estimée égale à peine au tiers de sa valeur initiale, avant que les Européens ne l'exploitent, l'essentiel de la destruction ayant eu lieu au cours des cinquante dernières années.

La pratique des concessions forestières explique le peu de souci de sa conservation qu'ont les sociétés qui en bénéficient. Au Canada, alors que la loi prévoit que la forêt doit être exploitée en damiers sur des lots de 80 hectares, il est courant de voir un mince rideau d'arbres en bordure des routes au-delà duquel la coupe rase a été pratiquée systématiquement de sorte que la déforestation, s'étend à perte de vue.

En outre, la pratique du flottage du bois, qui concerne aussi la taïga eurosibérienne, conduit à une dégradation de la qualité des eaux naturelles des rivières et autres biotopes lotiques utilisés à cette fin. La surexploitation de la forêt boréale de conifères est aujourd'hui systématique dans l'ensemble de l'aire holarctique concernée.

Bois flottés sur la rivière Peribonka (Québec, Canada). Les forêts boréales de conifères dans la **taïga** sont de nos jours très souvent surexploitées pour la production de pâte à papier. (Cliché F. Ramade)

La dévastation des extraordinaires forêts vierges de conifères des îles de la Reine-Charlotte en Colombie britannique a soulevé une indignation internationale au cours des années 1980 et 1990 à la suite des protestations des Indiens aborigènes Haïda.

En Sibérie, l'ancien régime soviétique a laissé « exploiter » de la façon la plus anarchique la taïga, les arbres coupés restant parfois à pourrir en bordure des routes par manque de coordination entre les services forestiers et ceux des transports. Les choses sont loin de s'être améliorées depuis lors, les nouvelles autorités de la Russie ayant concédé à des compagnies forestières japonaises l'exploitation de vastes surfaces de forêts boréales de conifères dans la partie extrême orientale de la Sibérie.

Aux limites nord de la taïga sibérienne, où la croissance des arbres est très lente, les possibilités de régénération ne sont même pas assurées. Ainsi a-t-on pu constater que des parcelles de vastes surfaces déboisées voici plusieurs décennies ne présentaient toujours aucune trace de reprise.

En Scandinavie, au contraire, les pratiques de sylviculture reposent sur des principes plus rationnels, fondées sur les enseignements de l'écologie forestière.

En Laponie par exemple, les Finnois, ne pratiquent pas de coupes rases et assurent au boisement une structure démographique comportant des arbres qui appartiennent à plusieurs classes d'âge (structure dite plurienne par les forestiers). Ils laissent en place au moment de la coupe trois classes d'âge, un arbre adulte par hectare, plusieurs sujets d'âge moyen, enfin les sujets jeunes. De la sorte, le sol n'est jamais dénudé, le couvert végétal se régénère beaucoup plus vite qu'après une coupe rase et la structure plurienne assure une meilleure protection contre les attaques de ravageurs. **(*Voir aussi Biome, Écosystème, Productivité*)**

taille, n. f. ◆ ~ **corporelle** (*body size*) : paramètre biotique souvent sous-estimé sinon méconnu, la taille corporelle présente une signification écologique de toute première importance. En effet, elle conditionne fortement la place d'un organisme et sa fonction dans une biocœnose.

Celle des individus constituant les populations d'une espèce donnée déterminera la position de cette dernière dans la communauté, car elle jouera un rôle important dans la nature de son régime alimentaire. Par exemple, la place d'un prédateur dans un réseau trophique dépend de sa taille corporelle ou, à l'opposé, la vulnérabilité d'une proie à un prédateur d'une espèce donnée.

L'intensité de son métabolisme, ou encore l'étendue de son territoire, l'importance de ses pontes, constituent aussi autant de critères qui dépendront directement de la taille d'une espèce vivante.

Il a été démontré par les physiologistes puis par les écologues que, si l'on tient compte de l'ensemble des facteurs contraignants intrinsèques et extrinsèques, en particulier de la nature de la niche écologique occupée, il existe pour chaque espèce une taille optimale. Celle-ci apparaît comme le résultat d'un compromis dans la partition de l'énergie absorbée par les individus entre l'effort de reproduction maximum et celle qui est consacrée à la croissance. Cette taille optimale est aussi adaptée à la maximalisation du flux d'énergie qu'un organisme peut obtenir de son habitat.

Le nombre des organismes constituant une biocœnose est lié à la taille de l'espèce. Les plus petits sont situés à la base de la pyramide écologique et dispersés dans le biotope, à l'opposé les organismes de taille supérieure sont regroupés et souvent situés aux niveaux supérieurs des réseaux trophiques (à l'exception des végétaux).

Tant dans le règne végétal qu'animal, on constate au plan taxonomique que la distribution de la taille des espèces vivantes se répartit en première approximation selon une loi normale, les espèces de très petite taille de même que celle de grande taille étant moins abondantes que celles de taille moyenne. Ainsi, chez les Métazoaires, le mode de cette courbe (c'est-à-dire la taille des espèces de la classe la plus abondante), est compris entre 0,5 cm et 1 cm (voir Figure). **(*Voir aussi Biocœnose, Flux de l'énergie*)**

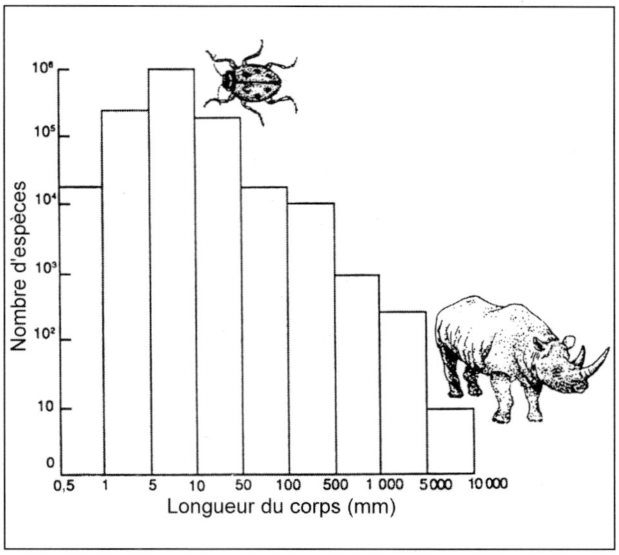

Diagramme d'abondance relative des espèces animales en fonction de leur **taille** dans les biocœnoses terrestres. (D'après May, in Hunter, op. cit., 1996, p. 36)

◆ ~ **efficace d'un écosystème** (*ecosystem effective size*) : bien que la dimension spatiale d'un écosystème soit un paramètre essentiel pour assurer sa durabilité, certains écosystèmes sont dits d'une taille efficace car, au travers de la structure physique fine de leurs habitats, cela leur permet d'être plus importants au plan fonctionnel que la valeur absolue de leur surface ne le laisserait penser. De tels écosystèmes offrent le maximum de possibilité de survie des espèces de prédateurs ou de proies, en limitant l'amplitude des fluctuations de leurs populations respectives. ◆ ~ **efficace d'une population** : la taille efficace d'une population naturelle correspond à la mesure du nombre d'individus génétiquement distincts qui contribuent par leur reproduction à l'effectif de la génération suivante. La connaissance de cette taille permet aussi de prédire la perte de variabilité génétique consécutive à la dérive génétique ainsi que l'accroissement du degré de consanguinité des générations suivantes. **(*Voir aussi Biodiversité, Génétique*)** ◆ **optimalisation de la ~ d'une espèce** : l'étude d'une espèce de Crustacé Cladocère dominante dans le zooplancton d'eau douce, *Daphnia pulex,* fournit un exemple très démonstratif de la prédation « taille sélective ».

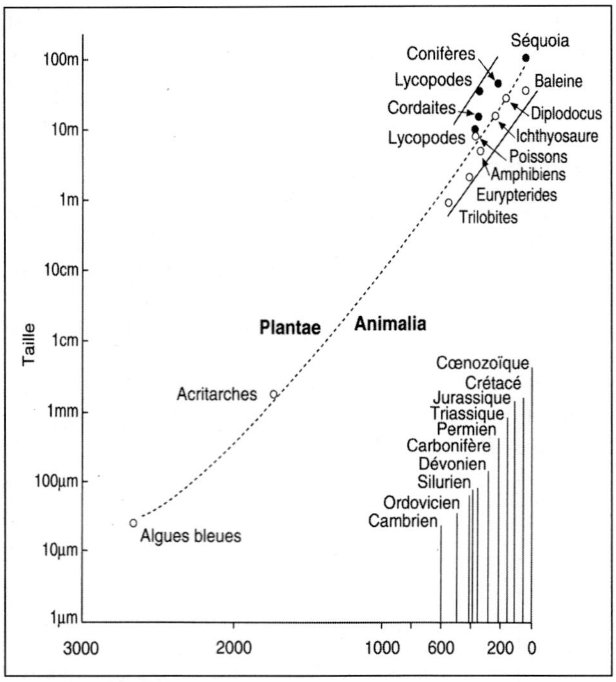

Tendance à l'accroissement de la **taille** au cours de l'évolution de la biosphère. La plus grande espèce ayant jamais existé, le grand rorqual bleu (jusqu'à 135 t), est apparue le plus récemment au cours du Tertiaire. Elle excède par son poids le plus grand des Dinosaures (*Brachiosaurus*) qui pesait 80 t et vivait au début du Crétacé (– 135 millions d'années). (D'après Calow, « Life Cycles », *Science paperback*, Chapman and Hall, 1978, p. 57)

Cette espèce possède des individus ou des clones de grande taille qui paraissent avantagés dans la compétition intraspécifique, leur plus grande taille leur donnant une plus grande efficacité dans la recherche de la nourriture. En outre, elles ont par unité de masse des besoins métaboliques moindres, toutes choses égales par ailleurs, car leur rapport surface/volume est plus faible. En revanche, elles sont défavorisées par la prédation qu'exercent les poissons planctonophages qui consomment préférentiellement les grands individus. Il s'établit ainsi sous le double effet de ces facteurs sélectifs antagonistes une taille optimale des individus de populations de *Daphnia pulex* directement liée à la pression de prédation.

De la même façon, la différence de taille existant entre individus appartenant à une même guilde ne peut généralement s'expliquer que par la compétition interspécifique, qui conduit à un ajustement de la taille des diverses espèces à un optimum imposé par la nature de la niche occupée. **(*Voir aussi Prédation*)**

taillis, n. m. (*coppice*). Stade de la succession forestière constitué par de jeunes sujets dont le tronc mesure une dizaine de centimètres de diamètre. **(*Voir aussi Forêt, Sylviculture*)**

talus, n. m. (*scree slope*). Structure géomorphologique consistant en une accumulation de matériaux constitués par des fragments de roches grossiers accumulés au bas d'une pente. ◆ ~ **continental** (*continental slope*) : pente externe de la plaque continentale située à la limite du plateau continental. Il s'étend depuis la limite inférieure du plateau continental jusqu'à la plaine abyssale, vers 3 500 m de profondeur.

talweg, n. m. Lieu des points présentant la plus basse altitude au fond d'une vallée.

Tambora. Volcan de l'île de Sumbawa, dans l'archipel de la Sonde, dont l'explosion en 1815 a constitué la plus grande éruption volcanique cataclysmique de l'histoire.

Ce volcan, dont l'altitude excédait 4 000 m ne faisait plus que 2 200 m de haut après son éruption, les deux derniers kilomètres vers le sommet ayant été pulvérisés dans l'atmosphère par son explosion. Quelque 150 milliards de m^3 de matériaux pyroclastiques furent projetés dans l'atmosphère dont près de 100 millions de tonnes atteignirent la stratosphère.

Ces cendres et aérosols stratosphériques provoquèrent un tel refroidissement climatique dans l'hémisphère Nord, que l'année 1816 fut dénommée « l'année sans été ». Les récol-

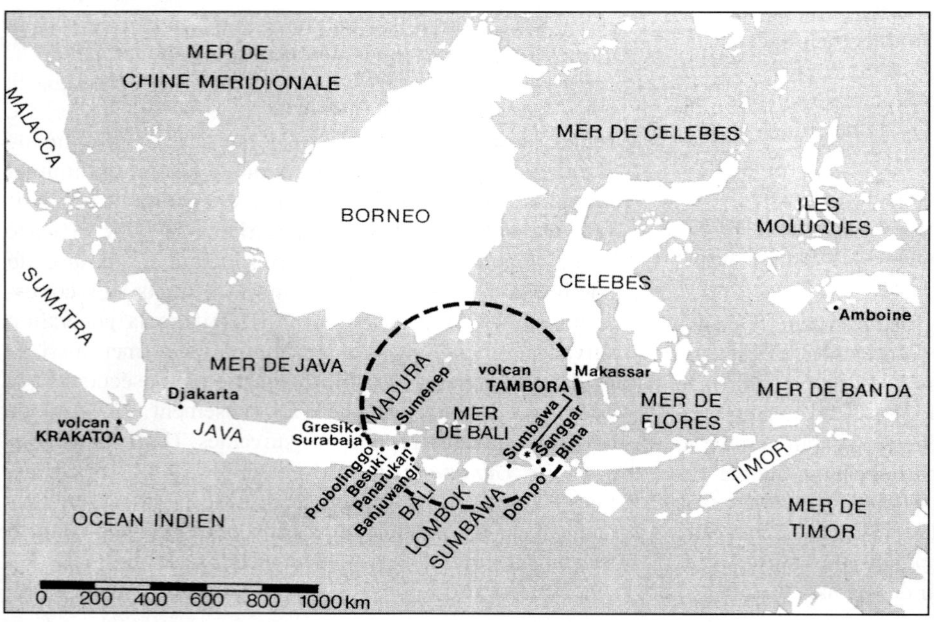

Carte de l'Indonésie figurant l'emplacement du volcan **Tambora**. Le cercle de 400 km de rayon entoure la zone où les retombées de cendres furent maximales. (D'après Stothers, op. cit., in Ramade F., *Les catastrophes écologiques*, McGraw-Hill, 1987, p. 70)

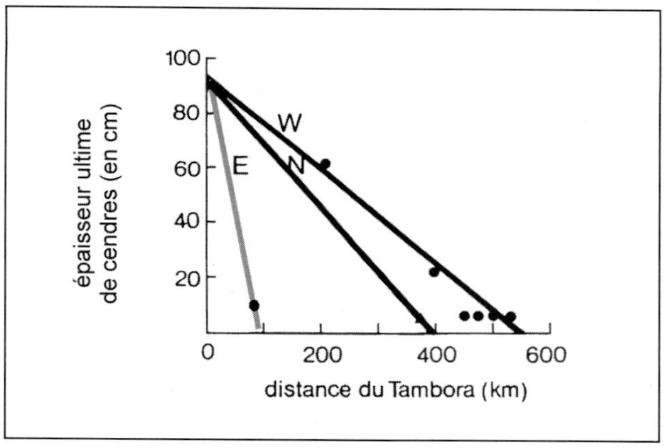

Épaisseur du dépôt total de cendres produites par l'éruption du **Tambora**. Les hauteurs sont figurées en direction de l'ouest, du nord et de l'est. (D'après Stothers, op. cit., in Ramade F., *Les catastrophes écologiques*, McGraw-Hill, 1987, p. 71)

tes gelèrent dans l'Est des États-Unis et dans certaines régions d'Europe provoquant en France en particulier une terrible disette. La baisse de la température moyenne globale provoquée par cette éruption a été estimée à 0,8 °C au minimum. ***(Voir aussi Poussières, Volcanisme)***

tamis, n. m. (*sieve*) ◆ ~ **moléculaire** : voir Zéolite.

Tamise (*Thames*). Fleuve du Sud de l'Angleterre qui a présenté dès le XVIIIe siècle un degré de pollution considérable en corollaire de la précocité de l'histoire industrielle et de l'urbanisation qu'a connu ce pays. En 1820, Londres comptait déjà 1 250 000 habitants et déversait directement ses égouts sans traitement dans la Tamise! Dès 1882, une commission royale sur la pollution des fleuves avait été nommée par suite des odeurs pestilentielles qui se dégageaient du fleuve en été. Cependant, en dépit de la construction d'un émissaire rejetant très en aval les eaux usées, il fallut attendre 1919 pour que la première station d'épuration soit mise en service pour traiter les effluents urbains de l'agglomération londonienne. À partir du début des années 1960, la *Thames Valley Water Authority* fut créée et les efforts d'épuration entrepris depuis lors se sont traduits par une considérable amélioration de la qualité des eaux comme en atteste la recolonisation du fleuve par la flore et la faune qui l'avaient déserté de longue date. L'amélioration de l'ichtyofaune a été par exemple spectaculaire, des saumons ayant même recommencé à remonter cette rivière. ***(Voir aussi Restauration des écosystèmes)***

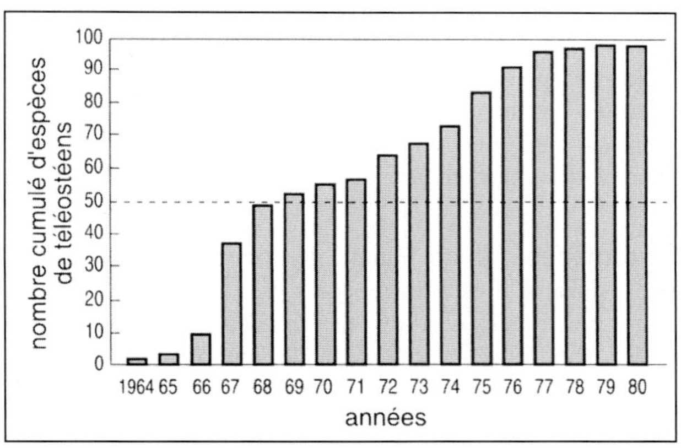

tampon, n. m. ◆ **zone** ~ (*buffer zone*) : voir Zone.

tanins, n. m. (*tannins*). Composés polyphénoliques produits par la plupart des végétaux qui possèdent des propriétés antiseptiques. Ils diminuent la digestibilité donc la biodégradation des protéines dans les sols ou les eaux en se liant à ces dernières.

Tansley, Sir Arthur George (1871-1955). Professeur de botanique et d'écologie à l'Université d'Oxford, il a le mérite, parmi d'autres travaux remarquables, d'avoir créé le concept même d'écosystème en 1935. Il fut aussi en 1913 l'un des fondateurs de la *British Ecological Society*, la doyenne des Sociétés savantes de cette discipline, dont il fut le premier Président. Il est l'auteur de nombreux ouvrages, en particulier « *Practical Plant Ecology* » (1923), « *The British Islands and their vegetation* » (1939) et « *Britain's greeen mantle* » (1949). Il joua aussi un grand rôle dans l'émergence de la biologie de la conservation dont il fut l'un des pionniers.

taphrophile, adj. (*taphrophilous*). Qualifie une espèce inféodée aux habitats aquatiques constitués par les fossés.

taphrophyte, n. f. (*taphrophyte*). Plante poussant dans des fossés.

Tardigrades, n. m. (*Tardigrada*). Phylum mineur d'Invertébrés lié aux Arthropodes dont les représentants vivent dans les mousses et la litière des forêts, dans les anfractuosités des rochers et des écorces, etc.

tare, n. f. (*defect*). Désigne chez les animaux des déficiences génétiques se traduisant par des mutations sublétales voire létales qui affectent telle ou telle fonction végétative de l'organisme ou encore le système nerveux central ou un autre organe de relation.

Tasmanie, île de (*Tasmania*). Ile située dans le Sud-Est de l'Australie au climat tempéré humide, qui possédait une flore et une faune endémiques tout à fait exceptionnelles. Une partie significative de ses forêts a été détruite afin de les convertir en pâturages à la suite de l'introduction des moutons et du développement de leur élevage à grande échelle par les colons européens.

Le thylacine, ou loup marsupial, disparu du continent australien, y subsistait encore dans la première moitié du XXe siècle, mais cette espèce est considérée aujourd'hui comme éteinte, exterminée précisément par les éleveurs à cause de son activité prédatrice sur les moutons – en fait fort limitée. ***(Voir aussi Australie, Marsupiaux)***

←

Restauration de la faune piscicole de la **Tamise** au cours des dernières décennies, en conséquence des mesures de lutte contre la pollution des eaux du bassin versant, due surtout aux rejets d'effluents urbains de l'agglomération londonienne. Après un rapide accroissement de la biodiversité du peuplement de poissons, on a assisté au cours des deux dernières décennies à une tendance au plafonnement de la richesse spécifique, preuve d'un retour vers une qualité normale des eaux. (D'après Andrews, in Ramade F., *Précis d'écotoxicologie*, Masson, 1992, p. 218)

taux, n. m. (*rate*) ◆ ~ **de croissance des populations** (*rate of demographical increase*) : rapport de l'incrément démographique annuel à l'effectif total d'une population. Si N_0 est l'effectif au temps t_0 et N celui au temps t, nous aurons :

$$R=\frac{(N-N_0)}{N(t-t_0)}=\frac{\Delta N}{N\Delta t} \qquad (1)$$

◆ ~ **de fertilité totale (TFT)** (*total fertility rate*) : ce taux mesure le nombre moyen de jeunes viables produits par une femelle au cours de sa vie. Une population est stable lorsque ce taux est de l'ordre de 2 (dans une espèce dont le sex ratio est normal). (***Voir aussi Démographie, Fertilité***)

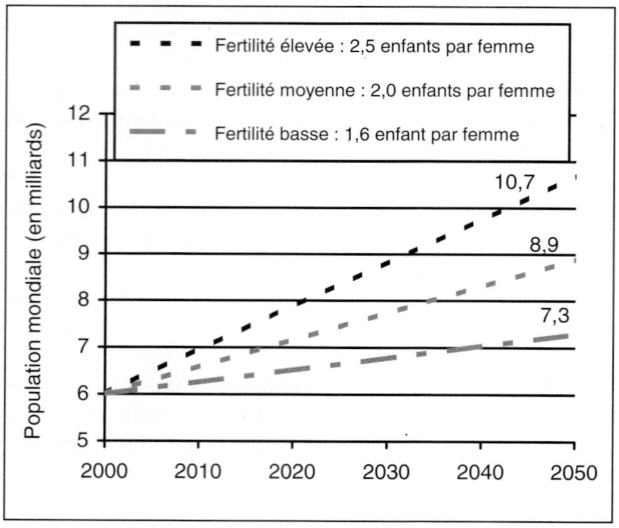

Croissance de l'effectif total de la population mondiale en fonction de la valeur du **taux** de fertilité totale (TFT). Sont représentées ici les trois hypothèses des Nations unies. Si le TFT se maintenait au cours du XXIe siècle à la valeur qu'il avait à la fin des années 1990, soit une moyenne de 3 enfants par femme, on estime que la population mondiale atteindrait 24 milliards d'individus à la fin de ce siècle. (D'après *Population Reference Bureau*, 1999, mais modifié)

◆ ~ **intrinsèque d'accroissement naturel** (*absolute rate of demographic increase*) : désigne le taux théorique instantané d'accroissement des effectifs r dans une population en expansion. Dans l'équation (1), r est la limite de R quand $\Delta t \to 0$. (***Voir aussi Exponentielle***) ◆ ~ **de mortalité** (*mortality rate*) : proportion d'individus d'une population mourant dans un intervalle de temps déterminé (l'année en général). ◆ ~ **de natalité** (*natality rate*) : proportion d'individus d'une population naissant dans un intervalle de temps déterminé (l'année en général). ◆ ~ **net de reproduction (TNR)** (*net reproductive rate*) : mesure le nombre total de femelles produit en moyenne par une femelle d'une population donnée au cours de sa vie. Une population est stable lorsque ce taux est égal à un. Ainsi, en ce qui concerne la population mondiale, l'effectif ultime auquel elle se stabilisera variera beaucoup selon que la date où ce taux sera atteint est la plus proche (hypothèse démographique basse pour la population humaine) ou à l'opposé la plus éloignée (hypothèse haute). Les effectifs démographiques de l'humanité se stabiliseraient selon le cas dans la deuxième moitié du XXIe siècle ou à la fin du XXIIe siècle, avec un effectif ultime variant de 10 milliards d'individus dans le premier cas et près de 20 milliards dans le second. (***Voir aussi Démographie, TFT, TNR***) ◆ ~ **de survie** (*survival rate*) : probabilité moyenne pour un individu en début d'un intervalle d'âge de rester en vie à la fin de cet intervalle.

Taxacées, n. sc. Famille de Gymnospermes de l'ordre des Coniférales dont le seul représentant européen, et aussi le plus connu, est l'if (*Taxus baccata*) qui est fréquent dans le sous-bois de diverses forêts mixtes climaciques d'Europe. Il se retrouve même dans des montagnes d'Indonésie donc de l'empire biogéographique indomalais. Très exploité en particulier par l'ébénisterie, l'if s'est considérablement raréfié dans l'ensemble de son aire de distribution géographique. Des recherches effectuées à la fin des années 1980 et dans les années 1990 ont montré que l'if élaborait deux substances naturelles aux puissantes propriétés anticancéreuses, le taxotère et le taxol.

Au total, les Taxacées comportent une vingtaine d'espèces réparties en cinq genres dont *Torreia*, présent dans l'Est des États-Unis, et *Pseudotaxus* et *Amentotaxus*, chinois, et *Austrotaxus*, endémique strict de Nouvelle Calédonie. (***Voir aussi Conifère, Gymnospermes***)

taxidermie, n. f. (*taxidermy*). Activité consistant à naturaliser des spécimens de Vertébrés, en particulier Mammifères et Oiseaux. Elle soulève de nos jours de sérieux problèmes de protection de la biodiversité lorsqu'elle concerne des espèces protégées. Pour éviter les fraudes, la législation interdit la taxidermie d'individus réputés « trouvés morts » au bord d'une route, appartenant à des espèces menacées.

La taxidermie peut être aussi à l'origine d'un trafic important, effectué par des commerçants peu scrupuleux, en particulier dans divers pays du Tiers monde – mais aussi industrialisés – en contravention avec la convention de Washington sur le commerce des espèces en danger.

taxie, n. f. (*taxis*). Particularité physiologique (végétaux) ou comportementale (animaux) par laquelle un être vivant va se diriger dans le sens d'un gradient physique.

La taxie est positive lorsque l'organisme se dirige vers les valeurs croissantes du facteur physique concerné et négative lorsqu'il va dans le sens opposé. On parlera par exemple d'une phototaxie négative pour les animaux qui fuient la lumière, ou encore d'une thermotaxie lorsque la réaction taxique est provoquée par la chaleur, etc.

taxocœnose, n. f. (*taxocoenosis*). Désigne à l'intérieur d'une biocœnose l'ensemble des espèces appartenant à un même groupe systématique. L'ensemble des oiseaux Passériformes ou encore des plantes de l'ordre des Astéracées présents dans une communauté donnée constituent par exemple des taxocœnoses.

Taxodiacées, n. sc. Famille de Coniférales qui comporte une quinzaine d'espèces réparties en dix genres, la plupart monospécifiques, d'arbres de grande, voire très grande taille, ayant localement une grande importance écologique, dont beaucoup sont propres à l'Extrême-Orient. Elle comporte en particulier les *Sequoia* d'Amérique du Nord, les

Metasequoia d'Extrême Orient, les *Cryptomeria japonica* (cèdres du Japon), les *Cunninghamia* et les *Glyptostrobus* de Chine. Cette famille a eu une biodiversité et une extension beaucoup plus importante, cosmopolite, dès le milieu du Crétacé et au début du Tertiaire.

taxon, n. m. (*taxon*). Groupe taxonomique (systématique) de rang varié constitué par l'ensemble des entités qui répondent à des caractéristiques communes. Un taxon est constitué par la réunion des diverses populations et, si c'est le cas, d'unités taxonomiques de rang supérieur, dont l'ensemble présente des caractéristiques suffisamment distinctes des autres groupes voisins pour qu'il soit érigé en un groupe taxonomique séparé.

taxonomie, n. f. (*taxonomy*) (variante orthographique : taxinomie). Discipline dont l'objet est de créer et de faire progresser la classification des êtres vivants. Elle a en définitive pour objet tant au plan théorique qu'appliqué de décrire la diversité biologique et de l'ordonner au travers d'un système analytique dénommé classification.

Fondée par le célèbre Linné, la taxonomie moderne fait non seulement appel à des critères morphologiques et anatomiques irremplaçables, puisque ces derniers permettent souvent une identification aisée et rapide des espèces prélevées dans un biotope donné, mais aussi à des critères écologiques, physiologiques et biochimiques. La hiérarchie qu'elle a établie présente de nos jours une finalité utilitaire pour que les spécialistes des diverses disciplines biologiques disposent d'une nomenclature précise des divers règnes d'organismes qui peuplent la biosphère. En effet, la taxonomie possède aujourd'hui comme finalité essentielle d'établir une parenté phylogénique qui traduit la diversification évolutive du vivant.

Aujourd'hui, la taxonomie fait de plus en plus recours à des techniques de biologie moléculaire qui permettent de déterminer de façon absolue le degré de parenté génétique entre les espèces et les groupes systématiques d'êtres vivants. ◆ ~ **cladistique** (*cladistic taxonomy*) : domaine de la taxinomie qui a pour objet de déterminer les filiations entre divers groupes d'êtres vivants et par voie de conséquence leur phylogénie. ◆ ~ **évolutive** (*evolutionary taxonomy*) : domaine de la taxonomie dont l'objet est de mettre en évidence, au travers des affinités sytématiques de divers êtres vivants appartenant à un même groupe taxinomique, l'histoire de l'évolution de ce dernier. ***(Voir aussi Cladogramme, Darwinisme, Évolution, Génétique évolutive, Paléontologie, Phylogénie)***

taxonomique, adj. (*taxonomic*). Désigne ce qui se rapporte à la taxonomie. ◆ **groupes ~** (*taxonomic categories*) : subdivisions systématiques fondamentales allant des entités les plus vastes vers des unités taxonomiques de plus en plus petites. Au fur et à mesure que l'on descend dans la hiérarchie de cette échelle, les organismes appartenant à un même groupe présentent de plus en plus de caractères morphologiques, physiologiques et écologiques en commun, donc une parenté de plus en plus grande.

La hiérarchie de ces groupes actuellement acceptée par l'ensemble des biologistes correspond dans ses grandes lignes à celle établie empiriquement par Linné mais les travaux de paléontologie puis de génétique des populations ont montré qu'elle reflétait avant tout le résultat des processus évolutifs :

Règnes
  Phyla (synonyme d'embranchement en zoologie, de division en botanique)
    Classe
      Ordre
        Famille
          Genre
            Espèce

On peut distinguer des subdivisions à chaque niveau taxonomique défini par les groupes précédents. Ainsi on distinguera au niveau de la famille des superfamilles, des sous-familles, et au-dessous de ce niveau des infrasubdivisions telles la tribu en laquelle les zoologistes subdivisent divers groupes animaux comme la classe des Insectes et les autres Arthropodes. ***(Voir aussi Darwinisme, Évolution, Génétique évolutive, Phylogénie)***

TBS, n. m. Abréviation du tétrapropylènebenzènesulfonate. Il s'agit d'un détersif non biodégradable qui a causé une pollution considérable des eaux continentales jusqu'au milieu des années 1970, époque à partir de laquelle la nouvelle réglementation européenne en matière de biodégradabilité a considérablement restreint son usage. ***(Voir aussi ALS, Détergent)***

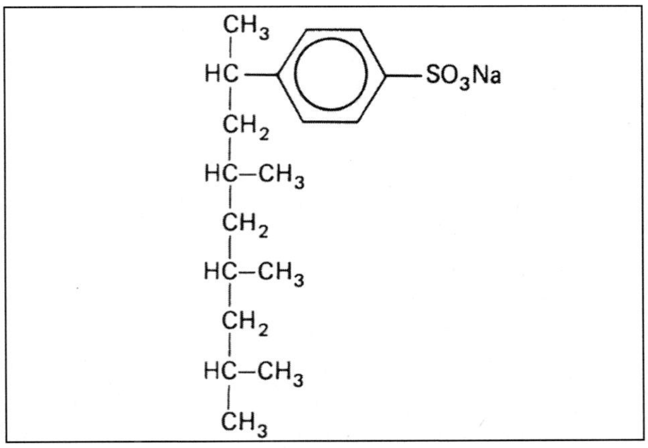

Formule d'un détergent du groupe des **TBS**. (D'après Ramade F., *Écologie appliquée*, Ediscience international, 5e ed., 1995, p. 248)

TBT, n. m. Abréviation de tétrabutylétain. Substance utilisée comme matière active des peintures antisalissures auxquelles on a recours dans l'entretien naval afin d'empêcher le dépôt de salissures (algues, mollusques bivalves sessiles, cirripèdes) qui à la longue vont entraver l'avancée du bâtiment dans l'eau. Cette substance s'est avérée présenter des effets connexes redoutables au plan écotoxicologique sur l'environnement marin littoral. En effet, elle empêche les larves véligères de mollusques bivalves – moules et huîtres (le naissain) – de se fixer sur le substrat et à concentrations plus faibles, inférieures à 0,1 ppb, le TBT provoque un ralentissement de la croissance des huîtres, accompagné de malformations de leur coquille. ***(Voir Peinture antisalissure)***

TCDD, n. f. Voir Tétrachloro-dibenzodioxine.

Tchernobyl (*Chernobyl*). Catastrophe nucléaire qui s'est produite dans l'ancienne URSS, au Nord de l'Ukraine, près de la frontière de la Biélorussie, le 26 avril 1986, dans une centrale nucléaire équipée de réacteurs de type RBMK (graphite-eau lourde-uranium enrichi).

Elle a été provoquée par toute une série d'erreurs de manipulation qui conduisirent ce jour là, alors que le réacteur n° 4 de cette centrale était en essai, à le faire redémarrer après un arrêt intempestif alors que toutes les sécurités avaient été délibérément neutralisées par l'équipe de quart! Comme ce type de réacteur a un coefficient de vide positif (c'est-à-dire que la réactivité neutronique croît avec la température), le redémarrage brutal de ce dernier provoqua une explosion thermodynamique, la puissance ayant cru de plusieurs centaines de fois en une seconde environ.

Cette explosion arracha la dalle de couverture du réacteur qui, privé de refroidissement par suite des dommages causés au circuit, prit feu en libérant une partie importante de sa radioactivité – tous les éléments volatils à la température atteinte soit environ 1 500 °C ayant été libérés dans l'atmosphère.

On considère que l'équivalent en produits de fission de plusieurs bombes de type Hiroshima fut ainsi libéré dans l'environnement, surtout dans les heures qui suivirent l'explosion, mais aussi dans la semaine qui fut nécessaire pour maîtriser le réacteur et colmater les fuites à l'aide de matériaux divers projetés par hélicoptère sur le toit béant de ce dernier.

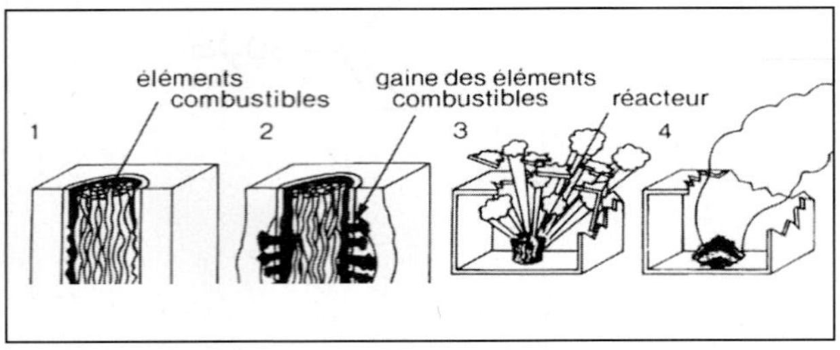

Scénario de l'accident de **Tchernobyl**. La montée subite en puissance du réacteur a dégradé les éléments combustibles (**2**) et provoqué, par suite de la vaporisation soudaine de l'eau des tubulures, l'arrachement de la dalle (**3**) qui couvre l'enceinte; privé de refroidissement, le réacteur a pris immédiatement feu (**4**). (D'après Ramade F., in *Les catastrophes écologiques*, McGraw-Hill, 1987, p. 256)

◆ **conséquences pour les populations humaines de l'accident de ~** : officiellement, 35 personnes parmi les sauveteurs qui participèrent à la maîtrise du sinistre périrent immédiatement ou par la suite de l'irradiation à laquelle elles furent exposées. Cependant, environ 1 500 personnes appartenant également à ces derniers ainsi qu'aux populations vivant à proximité de la centrale furent sévèrement irradiées et 200 000 habitants du nord de l'Ukraine – mais aussi jusqu'à Kiev et en Biélorussie – reçurent des doses nettement supérieures aux normes définies par les autorités internationales de radioprotection. On ignore aujourd'hui encore le nombre de victimes ayant péri par suite des effets cancérogènes induits dans l'échantillon de population exposé aux plus fortes doses d'irradiation, bien qu'il faille tenir pour hautement fantaisistes les chiffres de 50 000 morts par cancers avancés récemment par des journalistes lors du 15e anniversaire de cette catastrophe. Il est assez évident que le nombre de victimes de l'accident est bien supérieur à 35 quand on songe que des dizaines de milliers de liquidateurs de la centrale ont été exposés dans les semaines et les mois qui suivirent à des doses d'irradiation sans rapport avec les normes édictées par la CIPR pour les travailleurs de l'industrie nucléaire. Un accroissement considérable de cancers de la thyroïde, dû au fait que la consommation de lait ne fut pas immédiatement interdite, a été observé surtout chez les enfants vivant dans les zones contaminées. En revanche, il ne semble pas s'être observé un net accroissement des leucémies ce qui peut être mis en rapport avec le fait que peu de strontium 90 a été émis par l'accident.

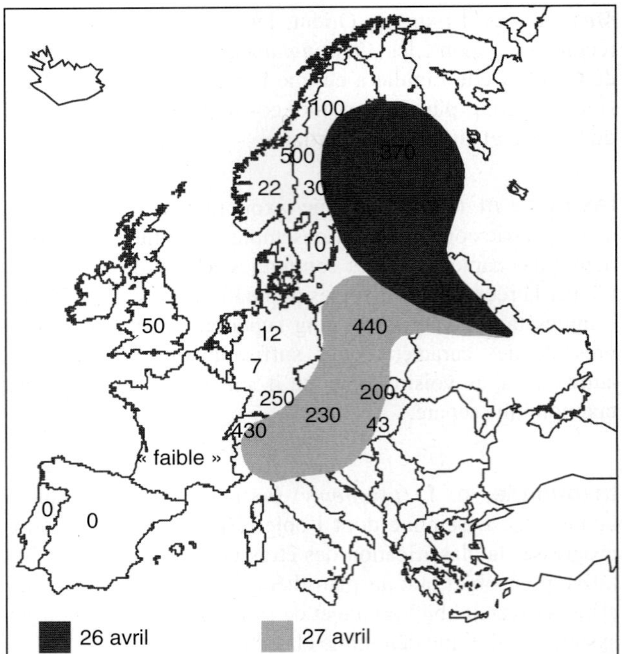

Distribution des retombées radioactives consécutives à l'accident de **Tchernobyl** : débit de dose consécutif au passage du nuage radioactif sur l'Europe (exprimé en microRem par heure). (D'après Beninson et Lindell, OMS, in Ramade F., *Les catastrophes écologiques*, McGraw-Hill, 1987, p. 258)

L'importance des retombées radioactives sur l'Europe orientale et septentrionale fut suffisante pour contraindre à détruire des dizaines de milliers de tonnes de lait dans les pays concernés.

Ultérieurement, dans le Nord de la Suède, des milliers de rennes qui avaient ingéré de fortes concentrations de césium 137, avec leur nourriture contaminée par les retombées radioactives durent être abattus, leur chair étant devenue de ce fait inconsommable par l'homme. Aujourd'hui encore ces animaux, ainsi que les élans abattus par les chasseurs dans les « points chauds » de contamination subsistant en Suède et en Finlande, font l'objet d'un contrôle de radiocontamination avant d'être déclarés ou non consommables.

En France, la partie orientale du pays fut affectée, certes marginalement, bien que dans quelques cas localisés dans le

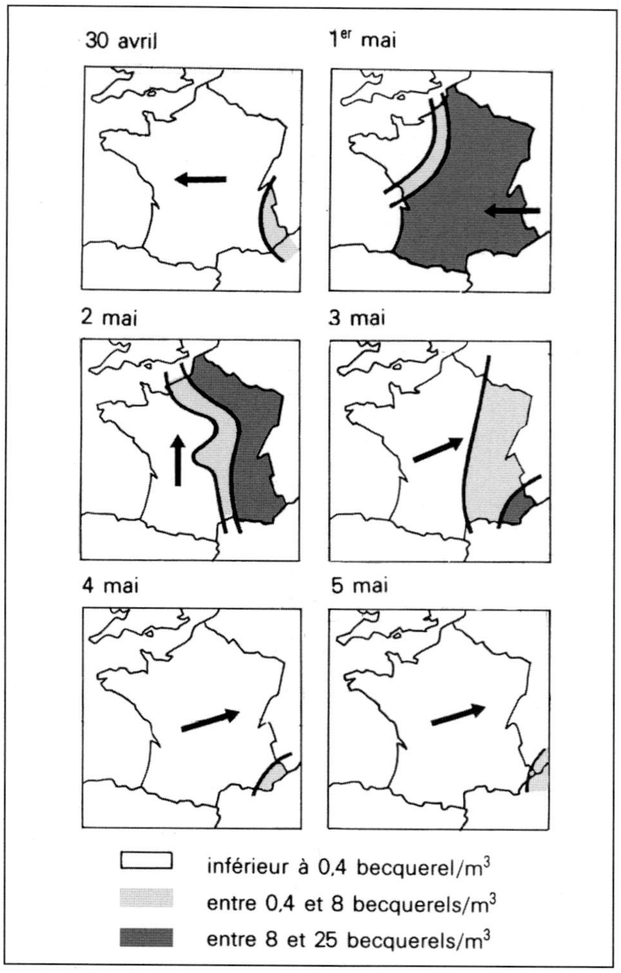

Passage du nuage de **Tchernobyl** sur la France. (D'après SCPRI, in Ramade F., *Écologie appliquée*, Ediscience International, 5e ed., 1995, p. 361)

Sud-Est, les CMA pour l'iode 131 et le césium 137 furent dépassées. Ces dépassements concernèrent des échantillons de lait ainsi que des champignons récoltés dans les Alpes Maritimes et du thym provenant de diverses zones de l'Est de la Provence.

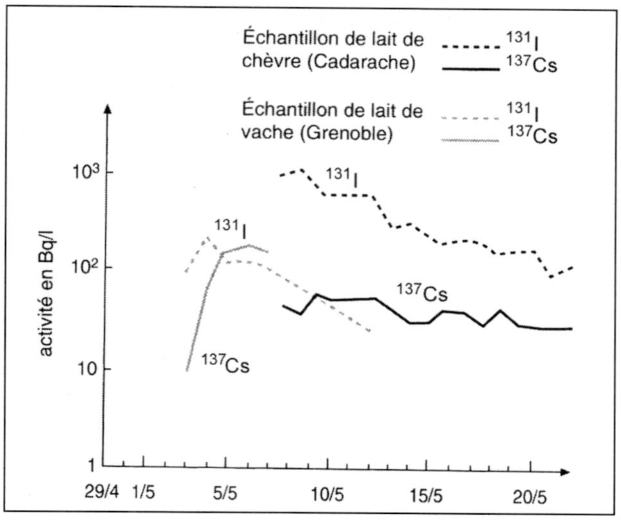

Variation de la teneur du lait en ^{131}I et en ^{137}Cs dans des échantillons du Sud-Est de la France : Grenoble (vache) et Cadarache (chèvre) à la suite du passage du nuage de **Tchernobyl**. (D'après CEA-IPSN, op. cit., in Ramade F., *Les catastrophes écologiques*, McGraw-Hill, 1987, p. 259)

À proximité de la centrale, un périmètre d'interdiction de 30 km de rayon fut rapidement instauré autour du site sinistré. Toute la population qui y vivait, soit 135 000 personnes, en particulier les 20 000 habitants de la ville de Pripiat, furent évacués. Aujourd'hui encore, aucune date d'abrogation de ce périmètre n'est envisageable à cause de la contamination persistante des terres cultivables et même du bois que l'on pourrait couper dans les forêts. L'utilisation du bois mort comme combustible pose en effet un problème de radioprotection, la contamination des arbres étant importante comme le met en évidence la détection du césium 137 dans les cernes d'accroissement et l'écorce des arbres (Voir Figure page suivante).

D'importants « *hot spots* » de contamination radioactive subsistent encore près de quinze ans après ce désastre, déterminés par référence aux concentration en ^{137}Cs. Ils sont essentiellement situés en Biélorussie, dans le nord de l'Ukraine et dans l'ouest de la Russie.

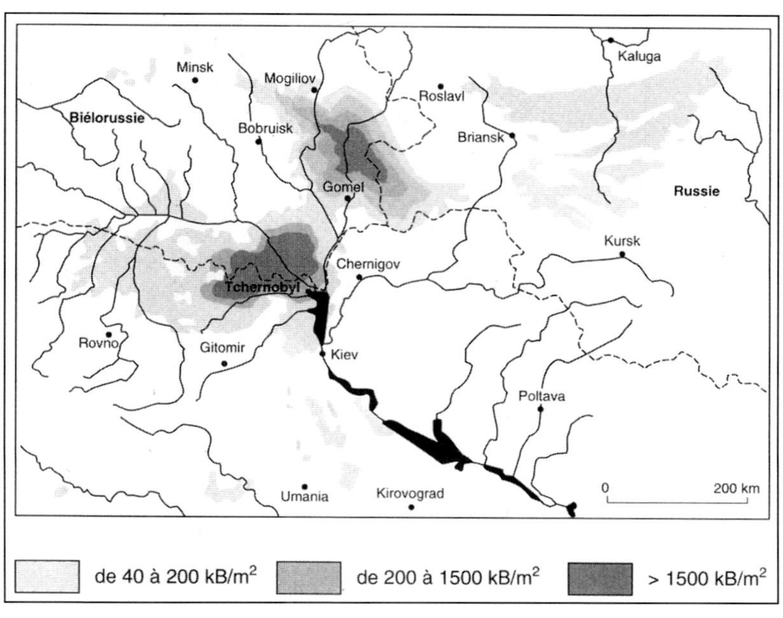

Distribution des retombées radioactives de ^{137}Cs dans l'ouest de l'ex-URSS, consécutive à l'accident de **Tchernobyl**. Les activités sont données en Curies (1 Ci = $37 \cdot 10^9$ Bq). On remarque que, pour ce seul radioélément, les retombées excèdent 200 Kbq/m² sur 28 000 km² et même 1 500 Kbq/m² sur quelques *hot spots* dont certains dépassent une superficie de 3 000 km². (D'après Nénot et Coulon, op. cit., in Ramade F., *Écologie appliquée*, Ediscience international, 5e ed., 1995, p. 361)

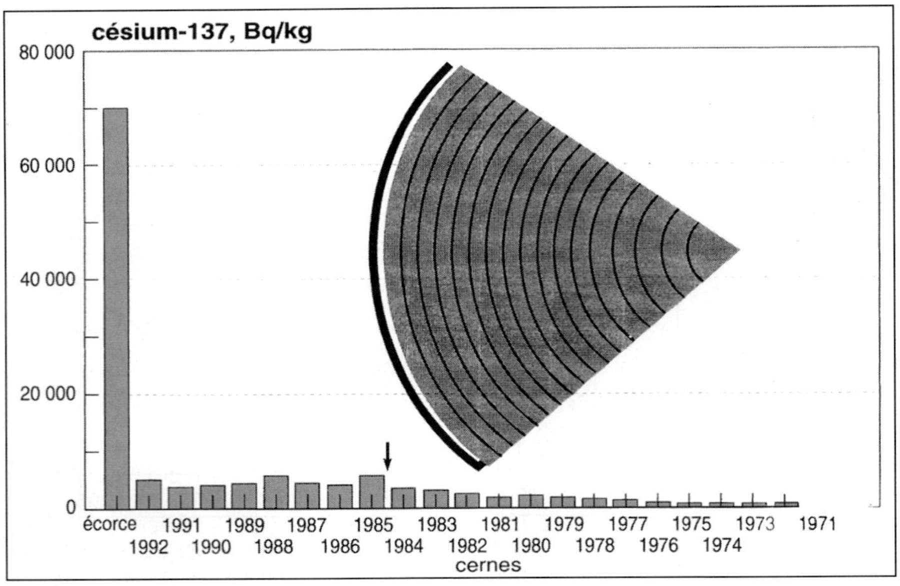

Contamination par le ^{137}Cs des cernes de bois de pin provenant de la région de **Tchernobyl**. On constate un accroissement significatif de la concentration dans les cernes formés à partir de 1986. (D'après CEA-IPSN, Laboratoire de Radioécologie, Cadarache, document non publié)

◆ **effets sur les écosystèmes** : aux alentours de la centrale et à l'intérieur de la zone d'interdiction, des milliers d'hectares de forêts de pins furent détruits par les importantes doses d'irradiation qu'ils avaient subies.

Bien que l'essentiel des études effectuées ait été consacré en majorité aux écosystèmes terrestres, en particulier en ce qui concerne les effets sur les productions agricoles et l'élevage ainsi que sur la santé des populations exposées, cette catastrophe a aussi présenté un impact parfois considérable sur les écosystèmes aquatiques propres aux eaux continentales. Si les cours d'eau et les biotopes lentiques ukrainiens et biélorusses furent les plus affectés, il n'en subsiste pas moins que l'impact de l'explosion de ce réacteur électrogène a aussi présenté des effets décelables en Europe occidentale, y compris en Grande-Bretagne et en France. En effet, les quantités de radioactivité – libérées directement, rappelons-le, dans la basse troposphère, à la différence des explosions d'armes nucléaires où une part majoritaire des produits de fission sont introduits dans la stratosphère – furent considérables. Elles ont été estimées être au minimum équivalentes à dix fois celles d'une bombe de type Hiroshima, libérant des quantités comprises entre 50 millions et 200 millions de curies, en particulier plusieurs dizaines de millions de curies du redoutable ^{137}Cs dans l'atmosphère.

Bien que la France ait été moins affectée que les régions européennes sises plus à l'est par le passage du nuage radioactif – lequel compte tenu de la distance et du temps écoulé depuis le jour de l'accident avait perdu une bonne part de son pouvoir contaminant – la pollution des biotopes aquatiques continentaux induite par les retombées a été parfaitement décelable, excédant de plusieurs ordres de grandeur celle provoquée en date plus ancienne par les retombées des

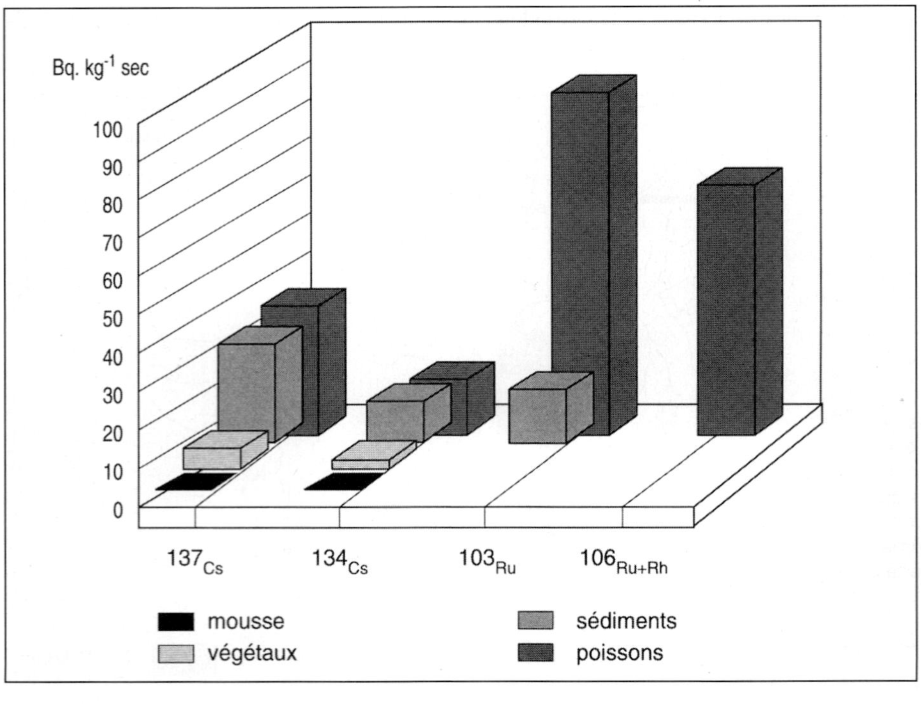

Contamination des milieux aquatiques par les retombées de **Tchernobyl**. Ici est figurée la teneur en radioactivité provenant des radionucléides majeurs libérés par cet accident dans la Garonne en amont de Golfech, avant que cette centrale ne soit construite. On remarque que les mousses aquatiques (*Cinclidotus riparius*) constituent d'excellents bioindicateurs de pollution par les radionucléides qu'elles bioconcentrent de façon considérable. (D'après Baudin, Lambrecht et Pally, *Hydroécol. Appl.*, 2 (3) : 216, 1991)

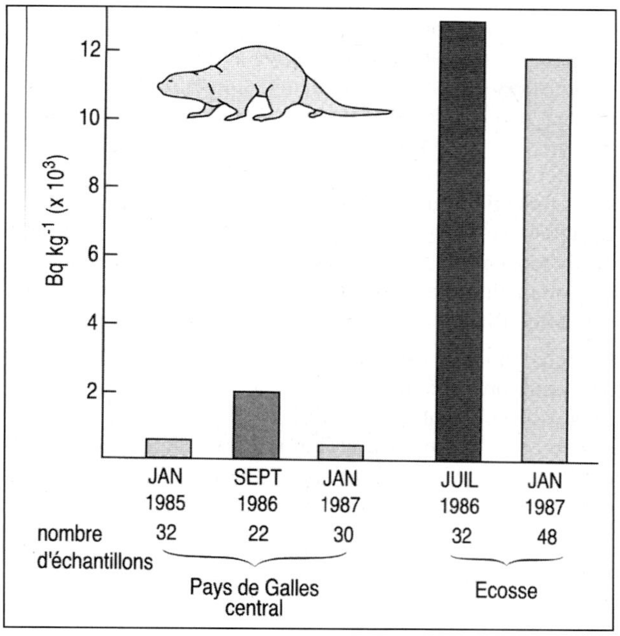

Mesure de la radioactivité totale des épreintes de loutre prélevées en Écosse avant et après l'accident de **Tchernobyl** dans le comté de Galloway et au Pays de Galles, peu affecté par les retombées de l'accident. On constate l'accroissement important de la contamination des animaux après le passage du nuage dans le Sud-Est de l'Écosse. (D'après Mason, op. cit., 1995, p. 208)

expériences nucléaires dans l'atmosphère. Ainsi, des travaux effectués par le département de radioécologie de l'IPSN au CEA de Cadarache ont mis en évidence une contamination des eaux de surface situées dans l'Ouest du pays – et pas seulement dans le Sud-Est comme on le trouve trop souvent écrit même si cette région fut la plus exposée (voir Figure page ci-contre).

En Grande-Bretagne, le passage du nuage radioactif a également beaucoup plus affecté le Nord-Est de l'île, essentiellement l'Écosse, que le Sud-Est (Pays de Galles par exemple). L'étude comparative de la contamination des loutres à partir de prélèvements de leurs épreintes (excréments) met en évidence des différences spectaculaires dans la contamination des poissons dont se nourrit cette espèce propre aux réseaux trophiques des cours d'eau du Sud-Est de l'Écosse (province de Galloway) par rapport à ceux du Pays de Galles.

En Suède, où le passage du nuage radioactif eut lieu peu après l'accident, ce qui fut la cause des plus fortes retombées radioactives relevées à l'extérieur du territoire de l'ex-URSS, les eaux continentales présentèrent une contamination parfois importante des animaux aquatiques à régime prédateur en particulier de ceux situés au sommet de la pyramide trophique.

Seule contrepartie positive de ce désastre, une partie importante du territoire inclus dans le périmètre d'interdiction (200 000 hectares) établi autour de Tchernobyl a été incorporée... à la réserve de Dneprovsko-Teterevskoe, dans laquelle la faune a considérablement augmenté par suite de l'absence totale de chasse dans cette zone autrefois extérieure à la réserve. Néanmoins, des recherches faites dans les populations animales sauvages d'altérations génétiques résultant d'exposition à des quantités anormales de radiations ont montré que ces dernières étaient fréquentes et parfois importantes. Ainsi, des déficiences du gène du cytochrome b dans l'ADN mitochondrial de diverses espèces de Rongeurs sauvages ont montré que des altérations sans précédent de ce gène ont eu lieu dans tous les taxons animaux étudiés, confirmant le fait que Tchernobyl représente un désastre radioécologique d'ampleur monumentale. **(*Voir aussi Centrale, Nucléaire, Réacteur*)**

Tchernozem, n. m. (*black earth*). Sol mélanisé qui se forme sous des climats tempérés dans les régions dont les précipitations sont inférieures à 500 mm par an, propre à la plupart des zones steppiques de l'Ancien et du Nouveau Monde.

Ces sols, très riches en humus, sont caractérisés par un épais horizon A, de plusieurs décimètres, voire de plus d'un mètre de profondeur, de couleur noire (d'où leur nom qui signifie en russe terres noires), dans lequel l'humus, dispersé de façon homogène grâce à une abondante pédofaune, s'est accumulé par suite de la lenteur de la décomposition de la litière.

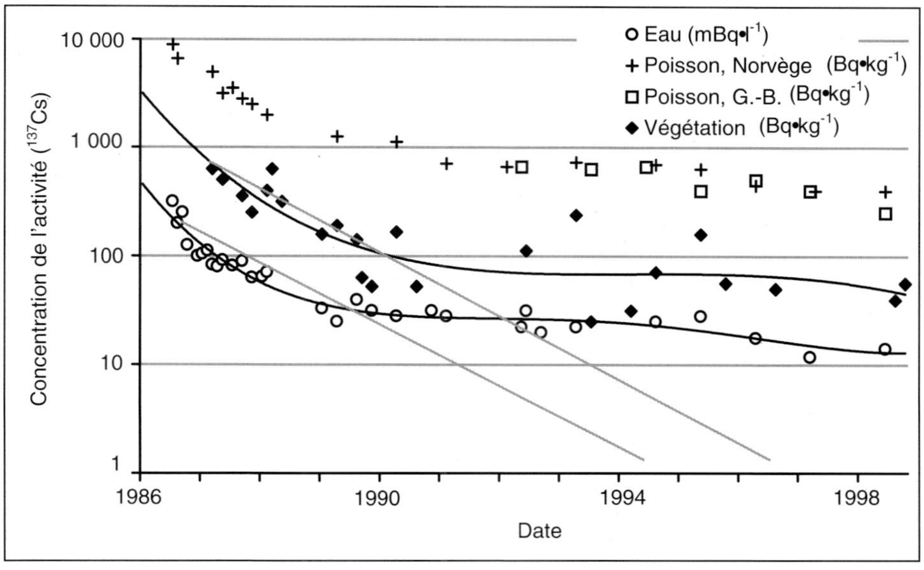

Diminution de la contamination radioactive de l'environnement aquatique en Grande-Bretagne et en Norvège due à l'accident de **Tchernobyl**. On constate que la concentration en ^{137}Cs a baissé d'un facteur trente dans l'eau et la végétation en Grande-Bretagne et de plus de dix fois dans les poissons en Norvège. (D'après Smith et al., *Nature*, vol. 405, 11 mai 2000, p. 13)

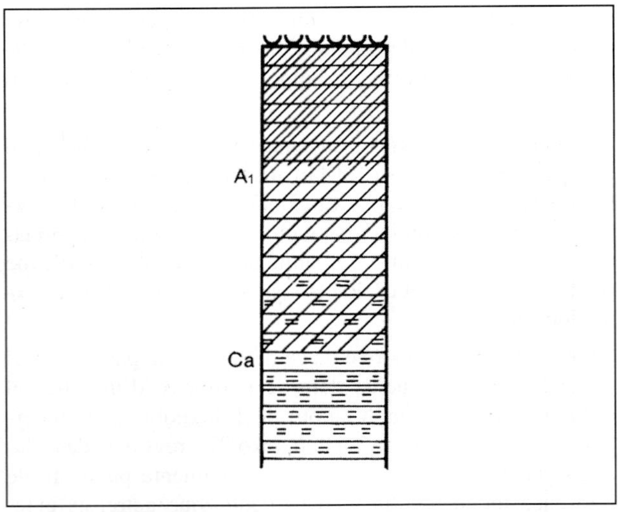

Schéma de la structure d'un **tchernozem**. (D'après Duchaufour, *Précis de Pédologie*, Masson, 1977, in Ramade F., *Écologie fondamentale*, Ediscience international, 1994, p. 137)

Cet horizon, entièrement décarbonaté, est d'une structure grumeleuse irrégulière assurant une très bonne aération. Sa capacité d'échange est élevée, le complexe absorbant est saturé en calcium et magnésium. Enfin, il possède une forte réserve d'eau en saison sèche.

L'horizon B est généralement absent ou très peu développé, le A reposant directement sur un horizon C constitué par un loess peu altéré dans lequel s'observent des traînées de précipitations calcaires dans les fissures. On y observe aussi de nombreux terriers d'animaux hypogés, comblés par de l'humus, dénommés crotovina. ◆ **usages agricoles des ~** : de structure très stable, les tchernozem conviennent particulièrement bien après défrichage à la culture des céréales. Cependant, compte tenu de la nature des climats continentaux sous lesquels ils se sont formés, la période de labour est courte liée à la brièveté du printemps sous ces climats. Elle est comprise entre la fin du dégel quand la terre s'est ressuyée et la dessication des couches superficielles. Ces sols sont donc propices à la formation de soles de labour. La conjugaison de leur structure limoneuse et de l'aridité estivale les rend assez vulnérables à l'érosion éolienne. En outre, les pratiques de l'agriculture industrielle moderne les exposent à une forte érosion hydrique qui a causé des ravages dans ce type de sols tant aux États-Unis qu'en Euro-Sibérie au cours du dernier demi-siècle. ***(Voir aussi Sol)***

TEC (Tonne d'Équivalent Charbon). Unité arbitraire d'équivalence énergétique. À titre d'exemple, une tonne de pétrole vaut 1,5 TEC, un gramme d'uranium 235 quelque 3 TEC!

technologie(s), n. f. ◆ **~ antipollution** (*pollution control technology*) : ensemble des techniques ayant pour objet de réduire les émissions de polluants dans l'eau, l'air et les sols. On peut les diviser en deux grands groupes : les technologies ayant pour but d'épurer les rejets d'effluents liquides ou gazeux pollués, soit sur le site même où ils sont produits, soit plus vers l'aval : les installations de contrôle de la pollution de l'air, celles relatives aux effluents liquides très toxiques produits dans certaines usines chimiques ou autres installations industrielles, ainsi que celles qui concernent les stations d'épuration des eaux urbaines. Les secondes se rapportent à la neutralisation et à la destruction des déchets industriels et urbains, comme par exemple les ordures ménagères. ◆ **~ propre** (*clean technology*) : technologie de production ayant pour finalité de réduire, voire d'éviter totalement la pollution de l'environnement dans une fabrication ou mieux dans un type d'industrie donnée. De telles techniques impliquent une modification complète de la séquence du processus incluant une réduction de la consommation d'énergie nécessaire par unité de produit fini sortant de l'installation.

Cette technologie est aussi fondée sur le développement de nouveaux procédés qui réduisent la pollution de l'eau et de l'air, voire obvient à ces dernières ; enfin elle implique un traitement efficace de la pollution résiduelle qui peut éventuellement subvenir. ***(Voir aussi Déchet, Eau, épuration des, Pot catalytique, Recyclage)***

technologique, adj. (*technological*). Voir Environnement.

teck, n. m. (n. sc. *Tectona grandis*) (*teak*). Le bois de cet arbre d'Asie du Sud était très abondant autrefois, servant à de vastes usages (par exemple traverses de chemins de fer, poteaux télégraphiques ou autres). Surexploités, les tecks ont quasiment disparu de nombreux pays asiatiques. C'est en particulier le cas de la Thaïlande. Autrefois principal producteur de teck, ce pays est aujourd'hui contraint d'en importer ainsi que d'autres essences tropicales car ses forêts ont été entièrement détruites. ***(Voir aussi Tectona)***

tecnophage, adj. (*tecnophagous*). Désigne un individu qui se nourrit de ses propres œufs.

tecnophagie, n. f. (*tecnophagy*). Particularité propre aux individus se nourrissant de leurs œufs. Les femelles fondatrices de colonies de fourmis peuvent pratiquer la technophagie dans le cas de fondation par séclusion.

Tectona grandis, n. sc. (*teak*). Nom scientifique du teck. Arbre d'Asie du Sud, de la famille des Verbénacées, apprécié pour la qualité de son bois d'une grande dureté. ***(Voir aussi Teck)***

tectonique des plaques, n. f. (*plates tectonics*). Domaine des sciences de la Terre qui étudie les mouvements des plaques continentales et océaniques et leur rôle dans la genèse des chaînes de montagnes et des diverses zones où existent des plaques actives dans le monde. La tectonique des plaques a été découverte par le célèbre savant allemand Wegener, qui fut le premier à imaginer la dérive des continents à partir d'une observation de la similitude du contour des côtes de l'Afrique occidentale et de celles du Brésil.

En effet, les sept plaques continentales et les cinq plaques océaniques majeures ne sont pas fixes mais se déplacent les unes par rapport aux autres.

Au fond des océans, les plaques peuvent s'écarter dans des zones abyssales particulières, les dorsales, entre lesquelles vont se creuser des dépressions, comme le rift médio-

Atlantique, donnant naissance à des phénomènes de volcanisme sous-marin. Au niveau de ces failles océaniques s'écoule un flot de laves tandis qu'à leur voisinage s'observent des phénomènes associés au volcanisme comme la formation des sources hydrothermales marines.

Lorsque les plaques océaniques viennent heurter les plaques continentales, elles s'engagent sous ces dernières; ces phénomènes de subduction, correspondant à la collision des plaques, donnent naissance aux chaînes de montagnes. Ils s'accompagnent simultanément de séismes et d'éruptions volcaniques.

Il existe aussi des zones de collision des plaques continentales. Dans l'Ancien Monde, elles correspondent essentiellement à la rencontre de la plaque indo-australienne qui se dirige vers le nord-est avec la plaque eurasienne, provoquant la surrection de l'Himalaya. En Europe, la rencontre entre la plaque africaine et la plaque eurasienne est à l'origine de la genèse de l'arc alpin.

La ceinture de feu du Pacifique constitue la principale zone de subduction du globe; elle résulte de la collision de l'immense plaque Pacifique avec diverses plaques continentales qui entourent cet océan. La majorité des volcans actifs du globe et les deux tiers des séismes les plus violents jamais enregistrés ont eu lieu dans cette zone. Quelques tremblements de terre récents attestent de l'intense activité sismique associée à cette ceinture : celui qui ravagea la province du Tang Shan en 1976, celui de Mexico en 1986 enfin celui qui détruisit la région d'Osaka Kobe au Japon en 1995 témoignent de cette activité... sans omettre le tremblement de terre qui détruisit Tokyo, en 1923, faisant 400 000 victimes. ***(Voir aussi Pacifique, Plaque, Séisme, Volcanisme)***

télédétection, n. f. (*remote sensing*). Techniques fondées sur l'usage de satellites pour l'étude des grandes caractéristiques géographiques et écologiques des zones continentales et océaniques de la biosphère.

L'utilisation de la télédétection pour des recherches écologiques a commencé au milieu des années 1970 avec les satellites Landsat, complémentée dans les années 1980 par le satellite spot français doté d'une meilleure résolution.

La télédétection en photographie multispectrale, aujourd'hui complétée par des analyses au radar qui permettent d'observer la surface du sol par temps couvert, a permis de faire des progrès considérables dans la connaissance des écosystèmes terrestres et océaniques.

Actuellement, la combinaison de la photographie dans certaines longueurs d'onde spécifiques et du calibrage effectué au sol permet de prévoir par exemple quelle sera la récolte en céréales d'un pays, d'évaluer l'extension d'une maladie des forêts, ou encore la pollution des eaux marines par les hydrocarbures dans les zones du grand large.

La télédétection est de ce fait devenue un outil essentiel dans la recherche écologique et son utilisation s'accroît au fur et à mesure que ses techniques s'affinent. On envisage par exemple dans un proche avenir de pouvoir évaluer la productivité primaire de tous les types d'écosystèmes terrestres à partir de photos satellitaires (voir Figure page suivante).

téléoptile, n. m. (*teleoptile*). Type de plume allongée avec une touffe duveteuse à l'extrémité propre aux jeunes oiseaux au nid.

Téléostéens, n. m. (*Teleostei*). Classe dans laquelle on place l'ensemble des poissons osseux, également dénommés Ostéichthyens, qui représentent les plus évolués de ce groupe de Vertébrés. Elle renferme de loin le plus grand nombre d'espèces. En particulier, la quasi totalité des poissons d'eau douce appartiennent à cette classe à l'exception des lamproies et de certains poissons tropicaux primitifs tels les Dipneustes. ***(Voir aussi Poissons)***

télétoxie, n. f. (*teletoxy*). Phénomène par lequel des plantes d'une espèce donnée peuvent empêcher le développement d'autres plantes en sécrétant par leurs racines ou par leurs feuilles des substances toxiques aux autres végétaux. Ainsi, les noyers émettent par leur feuillage de la juglone, substance qui inhibe la croissance des plantes herbacées au pied de ces arbres. ***(Voir aussi Allélopathie)***

tellurique, adj. (*telluric*). Désigne tout ce qui est d'origine terrestre et continentale, en particulier les matériaux terrigènes ou les polluants amenés par le jeu du cycle de l'eau des continents vers l'océan.

télolécithe, adj. (*telolecithal*). Type d'œufs pourvus d'importantes réserves situées au niveau de leur pôle végétatif, par exemple ceux des Oiseaux.

télotaxie, n. f. (*telotaxy*). Mouvement d'un animal déclenché à distance par un stimulus et non pas en contact direct avec la source de ce dernier. Le mouvement en direction de la source de stimulation est alors coordonné par le type d'organe des sens impliqué.

téméphos, n. m. (*temephos*). Insecticide organophosphoré, encore dénommé Abate®, très employé dans la lutte contre les larves de moustiques et autres insectes aquatiques vecteurs d'affections parasitaires. Sa toxicité aiguë est quasi nulle pour les Vertébrés homéothermes. En revanche, il est toxique pour la faune de macroinvertébrés aquatiques et pour les poissons et pose de ce fait de difficiles problèmes écotoxicologiques lorsqu'il est utilisé à très vaste échelle. ***(Voir aussi Abate, Organophosphorés)***

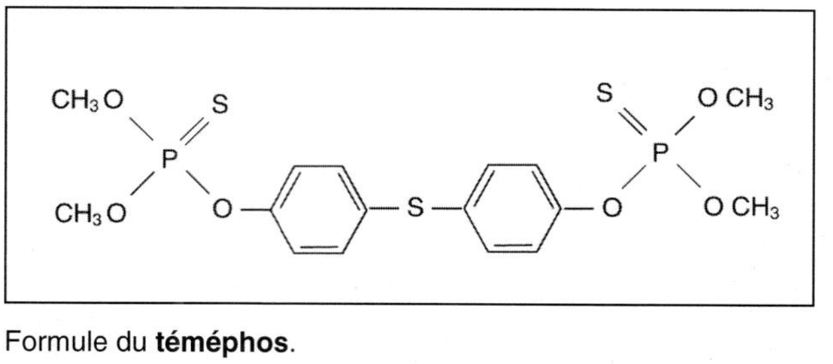

Formule du **téméphos**.

température, n. f. ◆ ~ **d'émission** (*emission temperature*) : température à la surface d'un objet ayant les propriétés d'un corps noir. En l'absence de gaz de serre qui absorbent les radiations calorifiques, la surface terrestre se com-

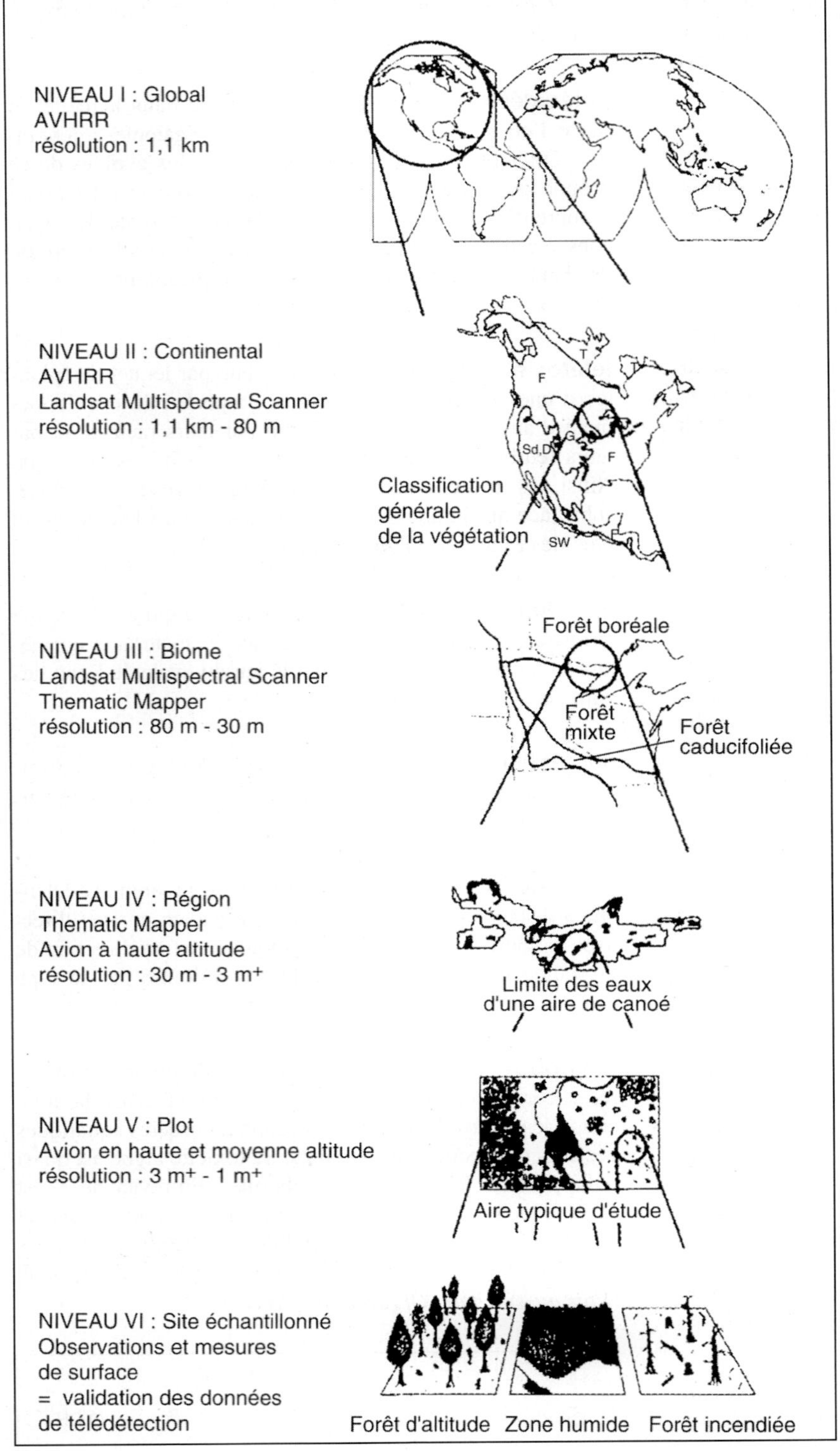

RELATION ENTRE ÉCHELLE D'ÉTUDE et RÉSOLUTION SPATIALE

Échelles d'approche de la **télédétection** et validation des données. L'échelle d'approche conditionne le type de détecteur utilisé, la résolution nécessaire étant d'autant plus forte que la surface étudiée est plus faible (ici illustrée dans le cas des satellites Landsat américains).
Le détecteur AVHRR (résolution au niveau du sol variant de 1,1 km à 80 m suivant l'application recherchée) est utilisé à des échelles globale (I) ou continentale (II). Pour des études au niveau d'un biome (III) (quelques centaines de km), on a recours à des détecteurs multispectraux de type MSS (*Multispectral Scanner*) ou TM (*Thematic mapper*), ayant une résolution de 80 m à 30 m. À l'échelle régionale (IV), c'est-à-dire de quelques dizaines de kilomètres, sont utilisés les détecteurs TM embarqués sur des aéronefs volant à très haute altitude. Enfin au niveau stationnel, on a recours à la photographie aérienne classique à partir d'avions volant à haute ou moyenne altitude (résolution comprise entre 3 m et 0,1 m). En VI, sont figurées les observations et les mesures effectuées au niveau du sol, sur le site d'échantillonnage, indispensables pour valider et calibrer les données acquises par télédétection. (D'après Estes et Constantino, in Rambler, Margulis et Fester, *Global Ecology*, Academic Press, 1989, p. 103)

porterait comme un corps noir. Dans cette hypothèse, on peut calculer que la surface terrestre aurait une température d'émission de 255 K, soit – 18 °C (alors qu'elle est de 288 K soit + 15 °C). Cette différence de température d'émission grâce à laquelle la vie est possible est liée à la présence de divers gaz de serre. (***Voir aussi Serre, effet de***) ◆ **~ historiques** (*historical temperatures*) : voir Isotopique, Paléotempérature. ◆ **inversion de ~** (*temperature inversion*) : voir Inversion, Smog. ◆ **~ létale** (*lethal temperature*) : température au-delà de laquelle survient la mort par le froid ou par la chaleur des individus d'une espèce végétale ou animale donnée. (***Voir aussi Shelford, Sténothermie, Tolérance***) ◆ **variations de ~ à la surface de la terre** : voir Changements climatiques, Climat, Glaciaire.

tempéré(s), adj. ◆ **biomes ~** (*temperate biomes*) : désigne l'ensemble des biomes qui se rencontrent sous les latitudes tempérées, ces derniers sont essentiellement représentés par les « prairies » tempérées qui sont des steppes et par les forêts tempérées, qui sont constituées par des biomes de forêts caducifoliées. ◆ **climat ~** (*temperate climate*) : climat marqué par des températures et des précipitations moyennes intermédiaires ainsi que par des écarts modérés entre les périodes les plus froides et les plus chaudes du cycle annuel. ◆ **forêts ~** : voir *Aestiisylvae*, Caducifolié, Forêt. ◆ **régions ~es** (*temperate regions*) : aires biogéographiques situées à des latitudes moyennes surtout importantes dans l'hémisphère Nord caractérisées par une période estivale assez longue et une période hivernale marquée par des températures plutôt douces et exceptionnellement très froides. (***Voir aussi Biome, Climat, Köppen***)

tempête, n. f. (*gale*). Phénomène naturel, généralement caractérisé par des vents violents associés à des pluies diluviennes, qui peuvent en certaines circonstances prendre des dimensions catastrophiques comme les coulées de boues qui sont entraînées par des trombes d'eau vers des vallées habitées. En mer, une tempête correspond à un vent de force 10 sur l'échelle de Beaufort soit de 89 à 110 km/h. (***Voir aussi Cyclone, Ouragan***) ◆ **~ de sable** (*sand storm*) : phénomène dû à l'érosion éolienne par temps de vent violent qui soulève des quantités considérables de sable dans l'atmosphère. (***Voir aussi Érosion***) ◆ **~ de verglas** (*ice storm*) : tempête au cours de laquelle les précipitations, qu'il s'agisse de gouttes d'eau ou de gouttelettes de bruine, se transforment en verglas au contact du sol ou des arbres et autres objets gelés.

temps, n. m. ◆ **~ de demi-vie** (*half life time*) : temps nécessaire pour que la moitié d'une quantité ou d'une concentration d'un polluant disparaisse du biotope ou d'un organisme qu'il contamine.

Dans le cas d'un radionucléide, le temps de demi-vie (T_e) ne doit pas être confondu avec la période physique (T_p) ou la période biologique (T_b) – laquelle correspond à celui de l'isotope stable –, auxquelles il est relié par la relation :

$$\frac{1}{T_e} = \frac{1}{T_p} + \frac{1}{T_b}$$

◆ **~ écologique** (*ecological times scale*) : désigne l'échelle de temps nécessaire pour que des changements écologiques puissent être perceptibles. Cette dernière varie depuis quelques années à quelques centaines de milliers d'années selon la nature du phénomène écologique considéré. L'exemple de l'évolution d'un hydrosystème fluvial (mosaïque d'écosystèmes aquatiques et terrestres inondables) met bien en évidence cette variabilité de l'échelle des temps écologiques pour que les habitats lotiques et ripariens, et à l'opposé de l'échelle spatiale l'ensemble du bassin versant, atteignent un état d'équilibre. ◆ **~ évolutif** (*evolutive time*) : durée à l'échelle des périodes géologiques nécessaire pour que l'évolution soit perceptible. ◆ **~ géologiques** (*geological times*) : chronologie de l'histoire de la Terre, définie en référence aux épisodes et événements géologiques majeurs qui l'ont jalonnée. (***Voir aussi Échelles, Géologique***) ◆ **~ de latence** (*time lag*) : durée séparant une modification de valeur d'un facteur écologique de la manifestation induite dans le système écologique concerné.

Tenebrionidae, n. sc. (*Tenebrionids, ground beetles*). Famille de Coléoptères sciaphiles qui vivent dans des milieux secs. Beaucoup d'espèces de Ténébrionides sont érémophiles. Ces insectes possèdent un dispositif anatomique spécial, dénommé cryptonéphridisme qui leur permet de recycler entièrement l'eau contenue dans leurs aliments, ce qui constitue une remarquable adaptation écophysiologique à la vie déserticole.

Ténias, n. m. (*tape worms*). Vers parasites de la classe des Cestodes dont les adultes se développent dans le tube digestif de certains mammifères et oiseaux. Leur cycle est généralement digène avec un hôte principal qui héberge l'adulte par exemple et un hôte secondaire où se développe la larve. Le ver solitaire du porc fait par exemple son cycle entre le porc et l'homme. Il existe cependant diverses espèces dont l'écologie parasitaire est encore plus complexe avec des cycles à trois hôtes comme le Bothriocéphale, le géant des ténias à l'état adulte qui peut dépasser 15 m de long dans l'intestin de l'homme et dont les hôtes secondaires sont successivement un copépode puis un poisson. (***Voir aussi Cestodes***)

Téosinthe, n. f. (*teosintha*). Nom d'un genre de Graminées sauvages du Mexique, du Guatemala et du Honduras, dont est issu le maïs cultivé. (***Voir aussi Maïs***)

TEP (Tonne d'Équivalent Pétrole). Voir TEC.

téphigramme, n. m. (*tephigram*). Diagramme décrivant les variations verticales des propriétés physiques de l'atmosphère. Ainsi seront par exemple figurées la température ou l'hygrométrie en fonction de la pression.

téphra, n. m. (*tephra*). Ensemble des matériaux pyroclastiques rejetés par un volcan sans égard pour la taille, la forme ou la composition physico-chimique de ces derniers. Le terme exclut néanmoins les émissions gazeuses et est pris au sens des matériaux retombant au sol.

téphritique, adj. (*tephritic*). Désigne les cendres et autres matériaux solides rejetés par une éruption volcanique.

téphrochronologie, n. f. (*tephrochronology*). Méthode de datation géologique fondée sur la stratification des couches de cendres volcaniques.

tératogène, n. m. (*teratogenic*). Désigne une substance toxique provoquant des malformations embryonnaires. Certains polluants, tels les dioxines, sont pourvus de telles propriétés.

tératogenèse, n. f. (*teratogenesis*). Processus pathologique conduisant à l'apparition de malformations des embryons au cours de l'incubation ou de la gestation.

Térébelliformes, n. sc. (*Terebellida*). Ordre d'Annélides Polychètes renfermant plus de 1 000 espèces, toutes tubicoles et pourvues d'un panache de tentacules autour de l'orifice oral leur servant à la fois à la collecte des particules alimentaires et à la construction du tube. (***Voir aussi Polychètes***)

Teredo (*Limpet*). Nom scientifique du taret. Cette espèce appartient à un genre de Mollusques xylophages qui creuse dans les bois immergés des galeries où il s'installe et dans lesquelles il se nourrit aux dépens de ce matériau.

termite(s), n. m. (*termite*). Insectes sociaux appartenant à l'ordre des Isoptères. Ce sont des hétérométaboles présentant des caractères primitifs qui les apparentent aux blattes, lesquelles appartiennent à un ordre voisin celui des Blattoptères. Il existe de nombreuses familles de termites, essentiellement tropicales.

Les termites sont capables de digérer la cellulose et la lignine grâce à des flagellés symbiotiques qui se développent dans leur panse rectale. Ils jouent un rôle écologique majeur dans les écosystèmes tropicaux car ils assurent le recyclage de la matière organique morte et constituent une étape de sa minéralisation, en décomposant la cellulose et la lignine de la litière et du bois mort.

termitière, n. f. (*termite mound*). Nid construit par les ouvriers d'une colonie de termites. La plupart des espèces édifient des nids épigés, construits par agglomération de grains de sable et d'argile cimentés par leurs sécrétions salivaires. Certaines termitières peuvent atteindre une très grande taille. Celles de *Bellicositermes* en Afrique subsaharienne ou encore les termitières cathédrales de *Nasutitermes* en Australie peuvent atteindre plusieurs mètres de haut. De nombreuses espèces de termites construisent des termitières arboricoles, fixées à la base des troncs ou sur les branches. D'autres encore sont souterraines.

Termitière cathédrale de *Nasutitermes* en Australie du Nord (région de Darwin). (Cliché F. Ramade)

termitophile, adj. (*termitophilous*). Désigne des espèces animales qui vivent au contact des termites, souvent à l'intérieur même des termitières.

terpènes, n. m. (*terpens*). Voir Terpénoïdes.

terpénoïdes, n. m. (*terpenoids*). Substances du groupe des hydrocarbures insaturés, comportant les terpènes et diverses molécules qui en dérivent, caractérisées par des doubles liaisons conjuguées (diènes), très volatiles spontanément, produites par diverses espèces végétales. Les Conifères en particulier élaborent en grandes quantités de nombreux types de molécules appartenant à ce groupe chimique. On estime que les forêts de Conifères et quelques autres groupes végétaux élaborant de telles substances (Myrtacés, en particulier Eucalyptus) rejettent dans l'atmosphère terrestre plus de 60 millions de tonnes de terpènes par an.

terra rossa, n. f. (*terra rossa*). Désigne en pédologie un type de sol propre aux régions méditerranéennes provenant de la décomposition des calcaires et caractérisé par une accumulation d'oxydes ferriques.

terrasses, n. f. (*terraces*). Constructions destinées à stabiliser les sols par des banquettes de terre ou des murs afin d'empêcher leur érosion. ◆ ~ **alluviale** (*alluvial terrace*) : terrasse due au dépôt de sédiments dans les parties hautes de la plaine d'inondation lors des crues. ◆ ~ **climatique** (*climatic terrace*) : terrasse résultant de l'altération du substrat rocheux sous une couche végétale de couverture. ◆ ~ **fluviatile** (*stream terrace*) : terrasse dominant la plaine d'inondation et qui correspond à un ancien lit à une époque où le niveau de la mer était plus élevé. ◆ ~ **tectonique** (*tectonic terrace*) : terrasse dont la formation résulte de mouvements du sous-sol au niveau d'une faille par exemple. ◆ **cultures en ~** (*contour farming*) : cultures réalisées sur des sols en forte pente stabilisés par la construction de terrasses. Elles ont été pratiquées dès la plus haute antiquité en Méditerranée et en Extrême-Orient où les rizières en terrasses sont très répandues, en particulier en Indonésie et aux Philippines, en conséquence de la raréfaction des terres cultivables due à la surpopulation (voir Figure page ci-contre).

Très fréquentes autrefois dans le sud de la France, surtout en Provence et en Languedoc, et aussi dans la vallée du Rhône, ces cultures sont aujourd'hui en voie d'abandon par suite de la quantité considérable de travail humain non mécanisable exigé par l'entretien des murs de soutènement des terrasses. Elles ont été utilisées dans toute la Méditerranée septentrionale depuis des temps reculés pour diverses cultures vivrières (céréales, protéagineux) mais aussi pour l'arboriculture (amandiers, abricotiers en particulier). Elles subsistent cependant en France, aujourd'hui encore, dans divers vignobles produisant des vins d'appellation réputée. **(*Voir aussi Érosion des sols*)**

terre(s), n. f. ◆ ~ **cultivables** (*arable lands*) : terres dont la structure pédologique permet la défriche et l'utilisation agricole permanente sans altération de leur structure ou diminution de leur fertilité.

En moyenne, 11% de la surface des continents correspond à des terres cultivables. Cependant, le pourcentage de terres cultivables varie beaucoup d'une région du monde à une autre.

Vergers en **terrasses** en Catalogne méridionale (province de Valence, Espagne). (Cliché F. Ramade)

Dans les zones boréales, les basses températures et la nature podzolique des sols empêchent leur mise en culture. Plus du tiers des terres émergées sont désertiques et dans les zones tropicales il existe d'importantes limitations dues à ce que les sols, en majorité ferralitiques, se transforment rapidement en latérites lorsqu'ils sont défrichés.

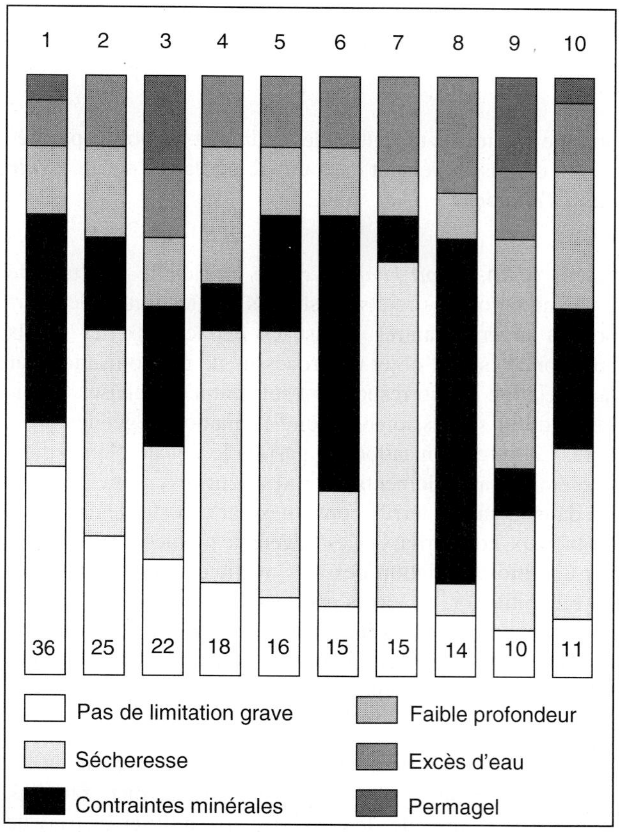

Proportion de **terres** cultivables à la surface de chaque continent. 1. Europe. 2. Amérique centrale. 3. Amérique du Nord. 4. Asie du Sud. 5. Afrique. 6. Amérique du Sud. 7. Australie. 8. Asie du Sud-Est. 9. Asie du Nord et du centre. 10. Monde. Les nombres figurent leur pourcentage par rapport à la surface totale. (D'après UICN, 1980)

◆ ~ **cultivées** (*cultivated lands*) : environ 15 millions de km^2 de terres sont aujourd'hui cultivés dans le monde. À l'opposé d'une opinion encore trop répandue, on peut affirmer que, à l'heure actuelle, la quasi-totalité des terres cultivables du globe ont déjà été défrichées. Pis encore, une fraction significative des terres mises en culture devrait être transformée en pâturages extensifs ou reboisée par suite de leur extrême sensibilité à l'érosion. Cette donnée remet à sa juste place les spéculations optimistes, voire utopiques, de certains démographes, économistes ou encore sociologues, profondément ignorants en matière d'écologie, sur les possibilités de résoudre par un accroissement des surfaces cultivées la crise alimentaire liée à

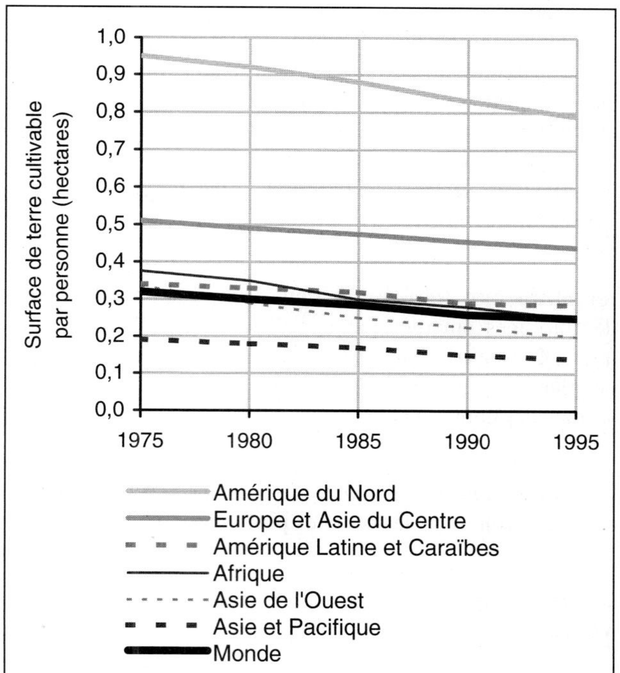

Variation de la surface de **terre** cultivable disponible par habitant dans le monde entre 1975 et 1995. (D'après PNUE, *Global Environment 2000*, op. cit., p. 5)

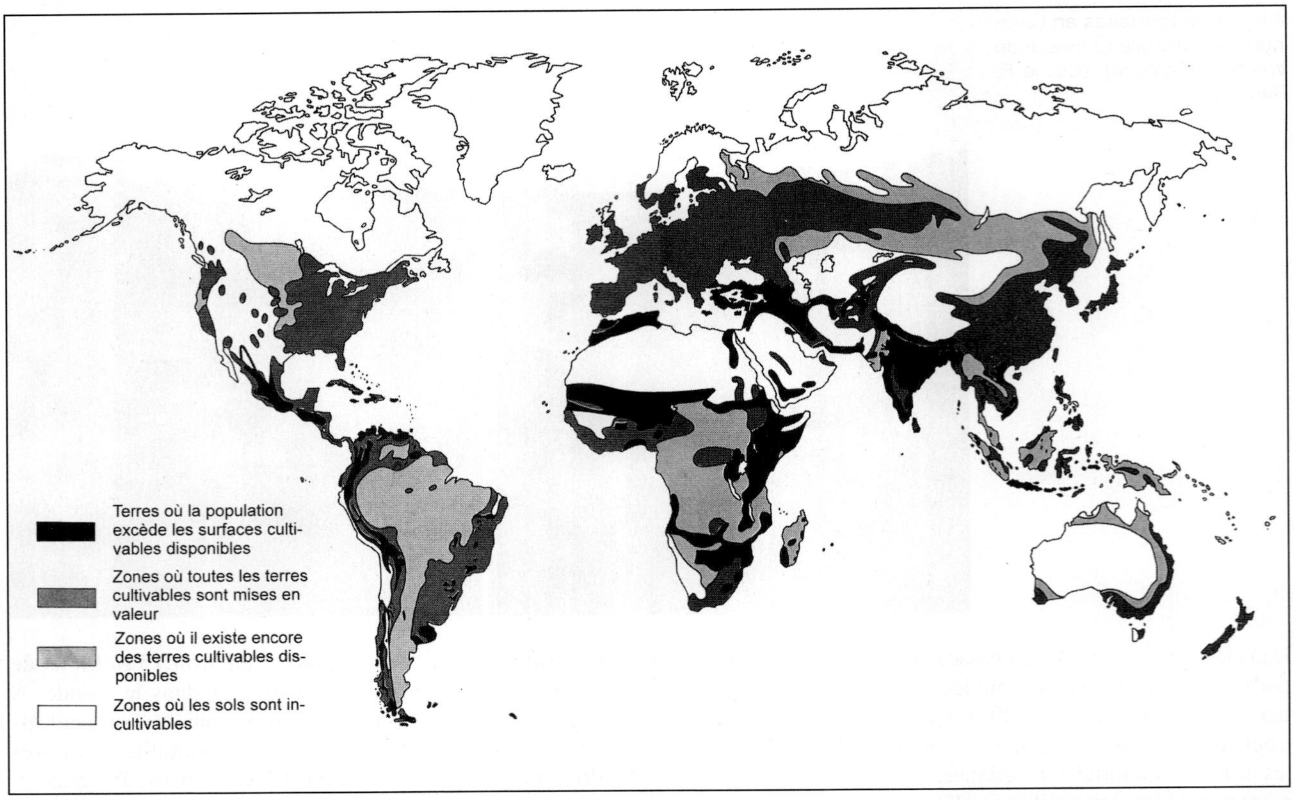

Carte montrant la distribution des **terres** cultivées et cultivables dans le monde. Diverses régions comptent déjà des effectifs supérieurs à la capacité de production agricole. L'importance apparente des régions créditées de terres cultivables non encore défrichées ne doit pas faire illusion, celles-ci ne constituant en réalité qu'une faible partie de leur surface totale : ainsi seulement 3% de l'Amazonie sont défrichables pour la mise en culture ! (D'après Ramade F., *Écologie appliquée*, Ediscience international, 5e ed., 1995, p. 477)

l'explosion démographique de l'humanité et même de répondre de façon durable dans les siècles à venir à l'augmentation du nombre de bouches à nourrir. Alors que le taux actuel de croissance démographique, s'il était maintenu au niveau qu'il a connu en 2000, ferait doubler la population mondiale au cours des prochaines cinquante années, le rythme présent d'érosion des sols fera perdre 30% du total des terres cultivées de la planète d'ici 2040 si rien n'est fait pour mettre un terme à ce désastreux phénomène! ***(Voir aussi Démographie, Développement, Ressources naturelles)***

terrestre, adj. (*terrestrial*). Qui se rapporte ou qui vit dans des biotopes émergés par opposition aux milieux aquatiques. ◆ **biome ~** (*terrestrial biome*) : biome continental peuplant les grandes subdivisions biogéographiques à la surface des continents.

terricole, adj. (*terricolous*). Désigne une espèce qui vit en surface et (ou) dans les couches profondes des sols.

terrier, n. m. (*burrow, hole*). Nid creusé dans le sol par un Vertébré.

terrigène, adj. (*terrigenous*). Désigne toute substance sédimentaire de nature minérale ou biologique provenant des couches supérieures des terres émergées. Ainsi, on dénomme sédiments terrigènes les sédiments apportés par l'érosion du bassin versant dans un lac ou dans l'océan. ***(Voir aussi Tellurique)***

terril, n. m. (*spoil heap*). Colline artificielle résultant de l'accumulation des rejets de stériles par les mines de charbon et diverses autres industries extractives. Les terrils abandonnés sont l'objet de processus de recolonisation par la végétation qui correspondent souvent à des phases transitoires de la succession vers une formation végétale forestière. Cette recolonisation est parfois le fait de plantes pollutolérantes aux éléments toxiques dont divers métallophytes dans le cas de terrils constitués par des stériles de mine de métaux non ferreux. Ces végétaux permettent d'envisager une bioremédiation des sols artificiels ainsi constitués. La réhabilitation de terrils est actuellement entreprise dans de nombreuses régions industrielles d'Europe où les activités minières ont été abandonnées car ils présentent un intérêt récréatif incontestable.

territoire, n. m. (*territory*). Espace que s'approprie un individu, un couple ou un petit groupe, généralement familial, d'une espèce animale donnée, afin d'y nidifier et (ou) de s'assurer l'exclusivité de l'usage des ressources alimentaires disponibles.

L'habitat d'une espèce animale peut être fragmenté en une mosaïque de zones de reproduction et (ou) de collecte de la nourriture. Lorsque la nourriture ou les sites nécessaires à la

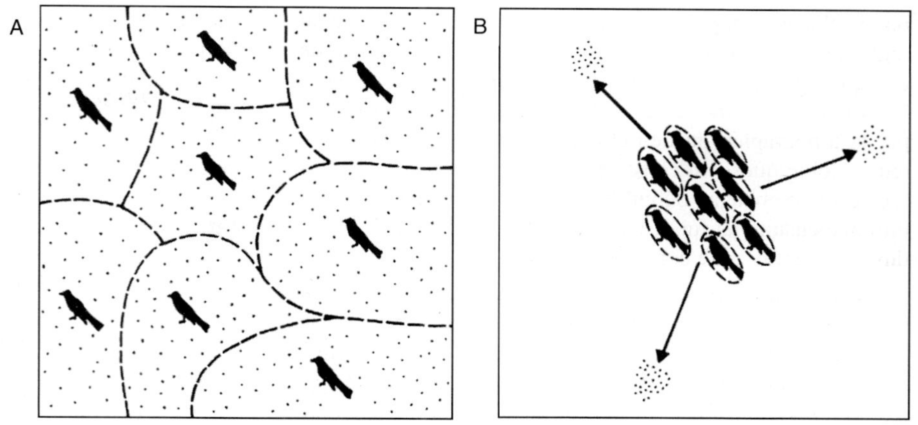

Comparaison des comportements territoriaux (en **A**) et grégaires (en **B**) dans l'exploitation des ressources par une population avienne. La constitution d'un **territoire** est mieux adaptée à l'exploitation de ressources réparties de façon homogène sur un biotope. En revanche, le comportement grégaire favorise la localisation et la répartition des ressources distribuées de façon localisée et erratique. (D'après Horn et Wilson, in Ramade F., *Écologie fondamentale*, Ediscience international, 2e ed., 1994, p. 177)

nidification sont dispersés de façon relativement homogènes, la possession d'un territoire peut être avantageuse pour les individus d'une population car la ressource peut alors être défendue plus efficacement.

Bien qu'il atteigne son maximum de fréquence et de complexité chez les Mammifères et les Oiseaux, le comportement territorial se rencontre aussi chez les autres classes de Vertébrés, et même chez des Invertébrés, en particulier chez les Insectes où il est particulièrement développé chez les espèces sociales (fourmis, abeilles, termites par exemple).

La taille et la forme du territoire varient de façon considérable dans le règne animal. La taille est très faible dans les colonies d'Oiseaux marins où l'espace disponible sur les sites côtiers propices aux colonies est limité. Chez les passe-

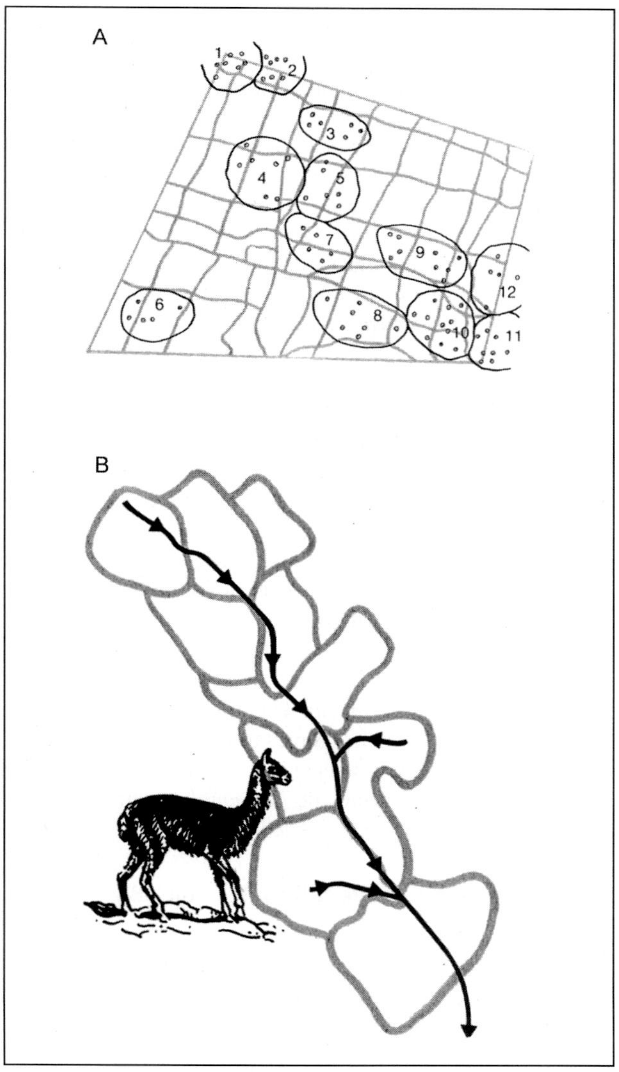

Forme du **territoire**. **A**) Rossignol. **B**) Vigogne. (A, d'après Blondel ; B, d'après Smith, in Ramade F., *Écologie fondamentale*, Ediscience international, 2e ed., 1994, p. 178)

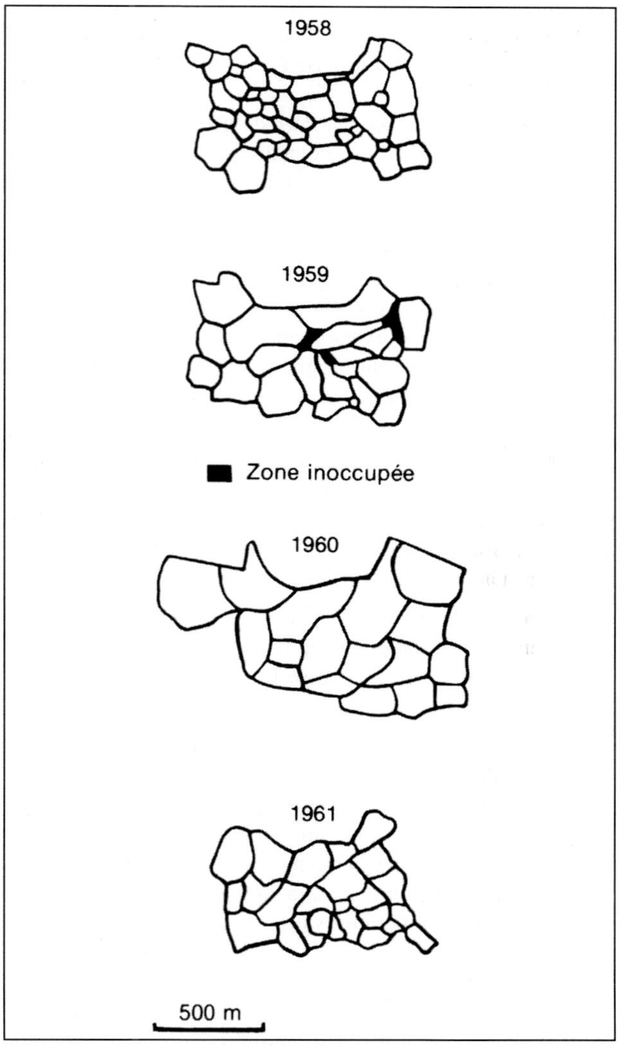

Variation de la surface du **territoire** du grouse d'Écosse en fonction de la densité de la population. (D'après Watson et Miller, op. cit., in Ramade F., *Écologie fondamentale*, Ediscience international, 2e ed, 1994, p. 192)

reaux, elle est comprise entre quelques ares et un hectare en règle très générale. Chez les grands Mammifères, elle va de quelques dizaines d'hectares à plusieurs dizaines de km^2. La forme et la surface du territoire sont aussi déterminées par la topographie du lieu et conditionnées par divers facteurs écologiques. On constate en règle générale que la surface est maximale au début de la période de reproduction et diminue ensuite au fur et à mesure que de nouveaux individus occupent la zone considérée.

La surface du territoire et sa distribution spatiale varient selon l'intensité de la compétition intraspécifique et de façon inverse avec l'intensité de cette dernière. De même, la disposition du territoire dans un système de parade collective (lek) dépend chez les oiseaux de la position de l'individu dans la hiérarchie de dominance. **(*Voir aussi Lek, Niche*)**

territorial, adj. (*territorial*). Désigne ce qui est relatif au territoire. ◆ **comportement ~** (*territoriality behaviour*) : voir Territorialité.

territorialité, n. f. ◆ **comportement de ~** (*territoriality behaviour*) : comportement des espèces dont les individus constituent et occupent un territoire en permanence, ou en période de reproduction, qu'ils défendent contre tout intrus de la même espèce. **(*Voir aussi Territoire*)**

Tertiaire, n. m. (*Tertiary*). Période géologique constituant la première phase de l'ère cœnozoïque, qui a débutée il y a – 65 millions d'années à la fin du Crétacé et s'est achevée il y a – 1,75 million d'années au début du Quaternaire.

Le Tertiaire a été marqué au plan paléoécologique par le dépôt de grandes quantités d'hydrocarbures dans les sédiments des mers peu profondes ainsi que par l'explosion évolutive, et donc la diversification, de la classe des Mammifères. Ces derniers ont progressivement occupé toutes les niches écologiques disponibles, laissées libres par la disparition des Dinosaures à la fin du Secondaire.

Le Tertiaire s'est aussi caractérisé par les multiples radiations évolutives épousées par les plantes à fleurs, par les Cnidaires qui sont devenus les organismes dominants des écosystèmes coralliens, et par les oiseaux dont le nombre d'espèces a atteint son apogée au Miocène.

Initialement très chaud, à l'Éocène, quand les bananiers croissaient en Alaska et les palmiers au Spitzberg, le climat global qui avait commencé à se refroidir au milieu du Crétacé, voici environ 100 millions d'années s'est considérablement refroidi au cours du Tertiaire.

Malgré quelques épisodes de réchauffement passagers, la tendance générale a été en effet à une importante baisse des températures. La banquise antarctique s'est constituée au début de l'Oligocène il y a environ 36 millions d'années, puis la fin du Pliocène a été à nouveau marquée par une forte baisse des températures jusqu'à ce que s'amorcent les glaciations qui ont marqué l'ère suivante, celle du Quaternaire. **(*Voir aussi Ère, Quaternaire*)**

test(s), n. m. ◆ **~ de mutagénicité** : voir Génotoxicité, Mutagenèse. ◆ **~ de toxicité** (*toxicity test*) : tests destinés à évaluer la toxicité aiguë et à long terme d'une substance considérée. **(*Voir aussi Bioessai, Toxicité*)** ◆ **~ poisson** (*fish test*) : test de toxicité effectué sur telle ou telle espèce de poisson prise comme référence, qui consiste à déterminer un indice de toxicité C_t d'une eau polluée ou d'un effluent après dilution, en déterminant le temps n en minutes nécessaire pour provoquer la mort des individus de l'espèce considérée : Ct = 1/100 n. **(*Voir aussi Poisson*)**

têtard, n. m. (*tadpole*). Nom général donné aux larves d'amphibiens. Les têtards sont généralement planctonophages jusqu'à leur métamorphose.

Tethys, n. f. Ancien océan, dénommé aussi Mésogée, qui s'étendait depuis l'Atlantique jusqu'au Pacifique au début du Mésozoïque et séparait les deux supercontinents du Laurasia et du Gondwana. **(*Voir aussi Gondwana, Laurasia, Mésozoïque, Secondaire*)**

tétrachloréthylène, n. m. (*EthyleneTetraChloride* ou *tetrachlorethylene*). Solvant utilisé à vaste échelle dans l'industrie électronique et les teintureries et considéré comme potentiellement cancérogène.

tétrachlorodibenzodioxine (TCDD), n. f. Voir Dioxine.

Tetranychidae, n. sc. Acariens de l'ordre des Thrombidiformes, parasites des végétaux cultivés, surtout ligneux, dénommés vulgairement araignées rouges.

Tétraodontiformes, n. sc. (*Tetraodontiforms*). Ordre de poissons marins tropicaux dont beaucoup d'espèces sont inféodées aux récifs coralliens et possèdent une neurotoxine, la tétrodotoxine, de toxicité extrême, provoquant rapidement la paralysie chez les sujets qui ingèrent de ces poissons. Les principales familles propres à cet ordre sont les *Balistidae*, les *Ostracionidae*, les *Tetraodontidae* et les *Diodontidae*. Ces derniers sont très appréciés des Japonais qui les consomment crus sous le nom de Fugu, avec un risque d'accident mortel, quoique ces derniers soient devenus rares (une vingtaine de cas par an).

tétraodotoxine, n. f. Neurotoxine produite par des poissons, inféodés aux récifs coralliens de l'ordre des Tétraodontiformes. La consommation de ces poissons provoque une paralysie quasi irréversible car elle induit un blocage de la jonction neuromusculaire des Vertébrés. **(*Voir aussi Neurotoxine*)**

Tetraonidae, n. sc. Oiseaux de l'ordre des Galliformes, généralement de grande taille, propres aux écosystèmes forestiers ou steppiques des biomes tempérés et boréaux de l'hémisphère Nord. Les principaux genres de *Tetraonidae* sont représentés par les tétras, les lagopèdes et les gélinottes.

tétrapropylènebenzènesulfonate. Voir TBS.

Tétras, n. sc. Genre de *Tetraonidae* de grande taille propre aux forêts et aux steppes d'Eurasie et d'Amérique du Nord. ◆ **~ centrocerque** (*sage grouse*) (n. sc. : *Centrocercus urophasianus*) : espèce inféodée aux steppes à armoise (*Artemisia tridentata*) des plateaux de l'Ouest des États-unis, dont la reproduction est marquée par l'existence de leks rassemblant parfois des milliers d'individus.

◆ ~ **lyre** (petit coq de Bruyère) (*black grouse*) (n. sc. : *Lyrurus tetrix*) : espèce propre aux forêts de l'étage subalpin et aux taïga du Nord de l'Eurasie. ◆ **grand ~** (grand coq de Bruyère) (*Capercaillie*) (n. sc. : *Tetrao urogallus*) : espèce de grande taille dont la distribution géographique est semblable à celle du petit tétras mais qui, à sa différence, présente un comportement plus solitaire. ***(Voir aussi Réintroduction)***

Teuthoidea, n. sc. Ordre dans lequel sont réunis les calmars, Mollusques céphalopodes qui vivent dans l'océan en milieu pélagique. Certaines espèces de très grande taille sont inféodées aux eaux profondes de l'étage bathypélagique.

texture, n. f. (*texture*). Facteur écologique physique lié à la nature des matériaux qui constituent un sol (proportion relative de cailloux, graviers, sables, limons et argiles). ***(Voir aussi Porosité, Sol)***

TFT (Taux de Fertilité Totale) (*Total Fertility Rate*). Désigne le nombre moyen de jeunes produits par une femelle au cours de sa vie. Dans une espèce dont le sex-ratio est équilibré, le TFT pour lequel la population est stable est de 2, en fait légèrement supérieur à cette valeur car tous les individus adultes ne se reproduisent pas. Ainsi, dans les populations humaines, le TFT pour lequel la population est stable varie de 2,15 à 2,4 selon les pays. ***(Voir aussi Démographie, Taux, Transition démographique)***

Thalassia, n. sc. Genre de grandes phanérogames marines, de la famille des Zostéracées, propres à l'étage infralittoral de toutes les mers chaudes du globe.

Thalassiosira. Nom scientifique de Diatomées marines figurant parmi les genres dominants dans le phytoplancton marin de l'Atlantique Nord.

thalasson, n. m. (*thalasson*). Terme général désignant le biotope océanique pris dans son ensemble.

thalassotoque, adj. (*thalassotokous*). Qualificatif synonyme de catadrome qui désigne les cycles migratoires des poissons qui se reproduisent en mer et effectuent leur croissance en rivière (comme l'anguille). ***(Voir aussi Catadrome, Migration)***

thalle, n. m. (*thallus*). Organe végétatif de forme souvent aplatie et foliacée, dépourvu de racine ou de tige et propre aux lichens et autres végétaux inférieurs.

thallium, n. m. (*thallium*). Élément de numéro atomique Z = 81 et de masse atomique Ar = 204,4 dont le corps simple est un métal utilisé dans divers alliages. Les divers composés du thallium sont extrêmement toxiques, certains de ses sels ont été utilisés en un temps comme insecticides avant d'être interdits par suite de leur dangerosité.

Thallophytes, n. m. (*Thallophytes*). Eucaryotes réunissant les Végétaux primitifs dont les cellules sont assemblées en structures relativement simples dénommées thalles. Ces structures peuvent être filamenteuses mais sont le plus souvent, en particulier chez les algues macrophytes, réunies intimement en un tissu parenchymateux. Le thalle lui-même présente un début de différenciation anatomique sous forme d'« organes » comme la tige, le stipe, les « frondes » ou les flotteurs. La reproduction se fait par des spores et des gamètes produits respectivement par des sporocystes ou des gamétocystes. Chez certaines algues primitives, les filaments sont agglomérés en un faux tissu dénommé plectenchyme qui se rencontre aussi chez les champignons. On distingue trois embranchements de Thallophytes : les Phéophytes (algues brunes), les Rhodophytes (algues rouges) et les Chlorophytes (algues vertes). Aux Thallophytes sont aussi apparentés les lichens qui représentent un groupe hétérogène réunissant un ensemble d'organismes autotrophes résultant de la symbiose entre des champignons et des cyanophytes ou des algues. Enfin, les champignons, autrefois également classés dans les Thallophytes, sont considérés aujourd'hui comme constituant un règne vivant particulier, distinct des plantes, celui des *Fungi*. ***(Voir aussi Fungi, Lichen, Plantae, Protoctista, Règne)***

thamnocole, adj. (*thamnocolous*). Désigne une espèce inféodée aux habitats arbustifs et (ou) buissonnants.

thamnophile, adj. (*thamnophilic*). Désigne une espèce thamnocole.

thanatocœnose, n. f. (*thanatocoenosis*). Terme de paléontologie désignant un assemblage de fossiles constitué par les restes d'organismes réunis après leur mort par le jeu de la courantologie par exemple.

thanatomasse, n. f. (*thanatomass*). Masse formée par l'ensemble de la matière végétale et animale morte ainsi que par les rejecta des animaux. Elle correspond à l'ensemble de la matière organique en cours de décomposition dans les biotopes terrestres ou aquatiques mais qui n'est pas encore minéralisée. ***(Voir aussi Décomposeurs, Écosystème)***

thanatose, n. f. (*thanatosis*). Terme d'éthologie désignant les animaux qui simulent la mort en cas de danger.

thanatosphère, n. f. (*thanatosphere*). Désigne l'ensemble des matériaux sédimentaires qui ont été formés par décomposition et transformation des matières organiques mortes au cours de l'histoire de la biosphère. Les immenses gisements de combustibles fossiles, en particulier de charbon, un grand nombre de roches sédimentaires, entre autres les calcaires et la craie, font partie de la thanatosphère. ***(Voir aussi Biosphère, Écosphère)***

Thar, désert de (*Thar desert*). Désert situé aux Indes dans le Pendjab qui couvre environ 300 000 km^2, mais qui est sans cesse en expansion depuis des décennies. Il constitue une remarquable démonstration des processus de désertification liés au surpâturage et à la déforestation. En effet, ce désert s'étend à l'emplacement d'une ancienne forêt tropicale de mousson qui constituait une jungle inaccessible au début de l'ère chrétienne! ***(Voir aussi Désert, Désertification)***

Theacées, n. sc. (syn. : *Cameliaceae*). Famille de Théales dont beaucoup d'espèces sont propres à la région biogéographique sino-japonaise, constituée par des végétaux ligneux sempervirents arbustifs ou arborés. Le théier et les camélias en sont les représentants les plus connus.

Théales, n. sc. Ordre de Dicotylédones Dialypétales thalamniflores appartenant à la sous-classe des Dilléniidées. Il comporte 18 familles et un grand nombre d'espèces.

Thécodonte(s), n. m. et adj. (*thecodont*) (n. sc. *Thecodontia*). Ordre de Reptiles archéosaures de la fin du Permien et du Trias que l'on considère comme à l'origine des Dinosaures, des Ptérosaures et des Crocodiliens. ◆ **denture ~** : désigne un type de denture dans lequel les dents sont situées au fond d'alvéoles.

théier, n. m. (*tea*) (n. sc. : *Thea sinensis*). Arbuste de la famille des Théacées, originaire de Chine, dont les feuilles desséchées (thé vert) et fermentées (thé noir) sont largement utilisées comme boisson stimulante dans le monde. Cette dernière doit ses propriétés à un alcaloïde, la théophylline, dont les effets physiologiques sont voisins de ceux de la caféine.

Culture de **théier** (Java près de Puncak). (Cliché F. Ramade)

thélygène, adj. (*theligenic*). Désigne le fait que des femelles produisent une descendance de sexe femelle.

thélygénie, n. f. (*theligeny*). Particularité qu'ont, dans divers groupes animaux, certaines femelles de produire une descendance dont les individus sont majoritairement voire uniquement de sexe femelle. ***(Voir aussi Amphogénie, Arrhénogénie)***

thélytoque, adj. (*thelitoquous*). Désigne ce qui se rapporte à la thélytoquie.

thélytoquie, n. f. (*thelitoquy*). Type de parthénogenèse obligatoire dans laquelle les femelles ne produisent exclusivement que des individus de sexe femelle. ***(Voir aussi Arrhénotoquie, Deutérotoquie)***

Themeda. Nom scientifique d'un genre de Graminée souvent dominant dans les groupements végétaux propres aux savanes africaines.

théorie, n. f. ◆ **~ de Milankovitch** : voir Milankovitch. ◆ **~ des peuplements insulaires** : voir MacArthur.

Therapsides, n. m. (*Therapsida*). Groupe de Reptiles apparus à la fin du Primaire, au Permien, et dont sont issus les Mammifères. Ils possédaient une denture hétérodonte, une cavité crânienne élargie et des membres disposés de façon parsagittale par rapport au corps (comme d'ailleurs les dinosaures). ***(Voir aussi Dinosaures)***

thermique, adj. ◆ **équateur ~** (*thermic equator*) : lieu géométrique des points de la surface terrestre dont la température moyenne annuelle est la plus élevée. ***(Voir aussi Climat)***

◆ **pollution ~** (*thermal pollution, calefaction*) : dégradation des conditions de milieu consécutive à une élévation trop importante de la température par rejet dans le milieu de chaleur d'origine technologique, liée à l'usage des combustibles fossiles et, en date plus récente, au développement de l'industrie nucléaire. On distingue une pollution thermique de l'air due à l'échauffement de l'atmosphère et une pollution thermique des eaux. ◆ **pollution ~ de l'atmosphère** (*atmospheric thermal pollution*) : voir Stephan, loi de. ◆ **pollution ~ des eaux** (*water calefaction*) : cette pollution est la conséquence du rejet d'eaux chaudes par les circuits de refroidissement des centrales électriques et, plus exceptionnellement, d'autres installations industrielles.

La plupart des organismes aquatiques, adaptés à un milieu dont les variations de température sont faibles, ne supportent pas une brusque élévation de cette dernière.

En rivière, on considère qu'un ΔT supérieur à 10 °C est insupportable pour l'ichtyofaune. En hiver et dans les zones de frayères, la tolérance des poissons à une élévation de température peut être beaucoup plus faible selon les espèces ou l'écophase considérée.

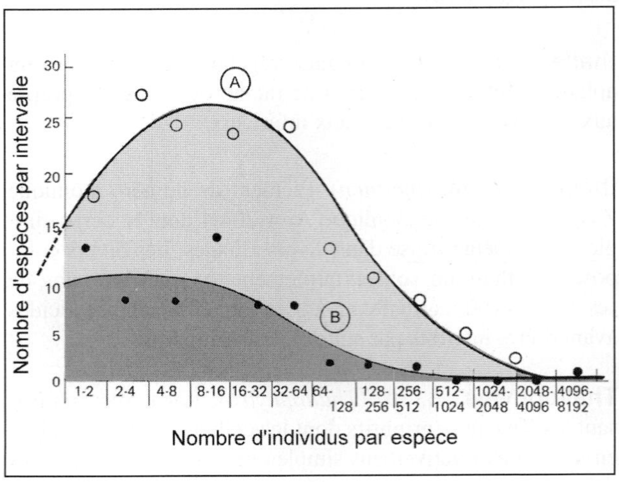

De façon générale, la pollution thermique abaisse beaucoup la biodiversité des écosystèmes aquatiques.

Les cours d'eau y sont particulièrement sensibles par suite du volume relativement faible des masses d'eau dans lesquelles s'effectue le rejet de calories excédentaires.

On a pu montrer que pour une élévation de température des eaux de 10 °C, le nombre d'espèces de Diatomées d'un fleuve était divisé par 2,5.

Par ailleurs, l'élévation de la température moyenne d'un cours d'eau provoque une substitution dans la phytocœnose. Les Diatomées sont remplacées par les algues vertes au-dessus de 25 °C, puis les Cyanophycées se substituent à ces dernières au-dessus de 32 °C.

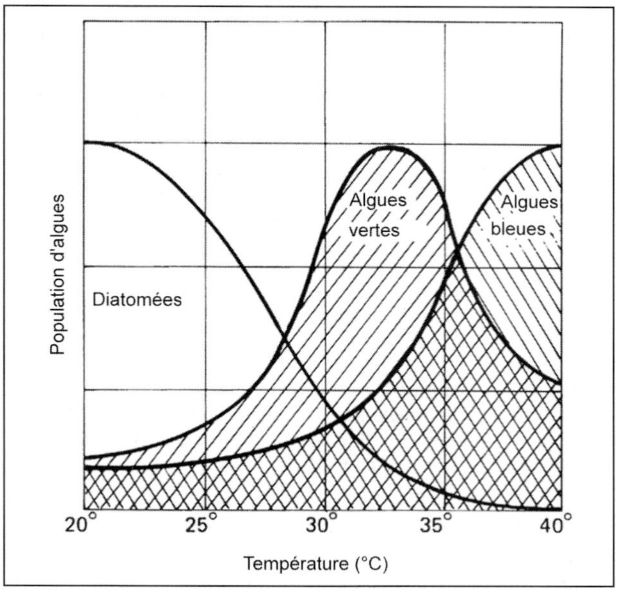

Succession dans les peuplements alguaux des eaux continentales consécutive à la pollution **thermique**. (D'après Wright et coll., op. cit., in Ramade F., *Écologie appliquée*, Ediscience international, 5e ed., 1995, p. 307)

Les Invertébrés et les Vertébrés aquatiques sont affectés de façon variable mais en général importante par la pollution thermique des eaux.

Tel est en particulier le cas du zooplancton dans son ensemble et aussi de Macroinvertébrés pollusensibles tels les Éphéméroptères, les Perlides et les Trichoptères, qui jouent un rôle important dans la nutrition des poissons nobles.

La situation est encore pire pour les Invertébrés marins qui sont plus sténothermes que les Métazoaires d'eau douce. Tel est en particulier le cas des madrépores et autres organismes récifaux qui ont été ravagés à Porto Rico ou aux îles Hawaï aux alentours des sites d'implantation côtiers de centrales électriques refroidies à l'eau de mer.

Les poissons sont aussi très affectés par la pollution thermique des eaux, l'acclimatation montrant vite ses limites. Les frayères sont les premières victimes de cette pollution car de nombreuses espèces de poissons, en particulier de *Percidae* et surtout de *Salmonidae*, exigent de faibles températures des eaux pour l'incubation de leurs œufs et aux jeunes stades de leur développement (alevins en particulier).

Le cas extrême est celui de la lotte (*Lota lota*) qui demande une température de l'eau inférieure à 1,5 °C. De même, de nombreux Corégones lacustres exigent aussi pour l'incubation de leurs œufs des températures comprises entre 0 °C et 3 °C.

De façon générale, les Salmonidés sont particulièrement sensibles à la pollution thermique. Cette dernière perturbe aussi indirectement l'écologie des poissons carnivores au travers de la réduction de la biomasse d'Invertébrés zooplanctoniques et benthiques, donc de la nourriture disponible.

La pollution thermique des cours d'eau peut aussi faire disparaître leurs populations de poissons migrateurs. La barrière thermique représentée par le gradient d'échauffement anormal des eaux constitue en effet un obstacle insurmontable aux poissons, tels les saumons ou les aloses par exemple, dont les adultes viennent se reproduire en rivière ou dont les jeunes tentent de descendre le cours d'eau pour rejoindre leurs zones de nourrissage en mer. (***Voir aussi Migrateurs, Saumons***)

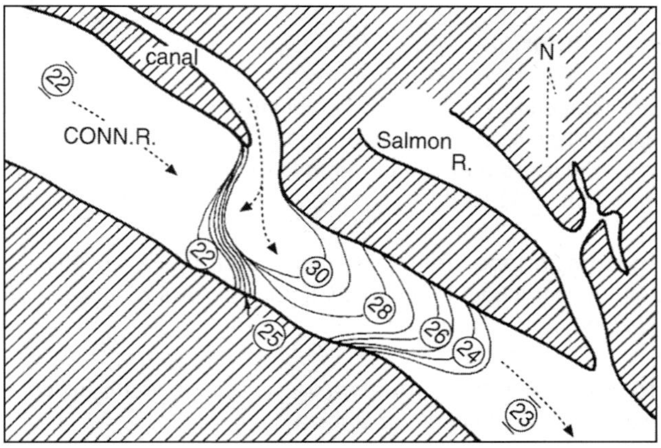

Barrière constituée par la pollution **thermique** due aux rejets du circuit de refroidissement de la centrale nucléaire de Connecticut Yankee. La variation de 8 °C observée en aval du canal de décharge des eaux chaudes constitue un gradient thermique susceptible d'empêcher les migrateurs anadromes comme les aloses de remonter le cours d'eau afin de rejoindre leurs frayères. (D'après Merriman, in Ramade F., *Écologie appliquée*, Ediscience international, 5e ed., 1995, p. 315)

◆ **pollution ~ de l'écosphère** (*ecosphere thermal pollution*) : appliquée à l'écosphère, la loi de Stephan permet de calculer quelle est l'augmentation moyenne de la température superficielle de la Terre produite par la pollution thermique résultant du rejet dans l'écosphère de basses calories dues à l'usage des combustibles fossiles et de l'énergie nucléaire.

On a pu ainsi déterminer que l'élévation de la température moyenne de la surface terrestre qui a résulté en l'an 2000, du rejet de chaleur dans l'environnement consécutif à l'usage de l'énergie artificielle par l'ensemble de l'humanité serait à peine de 0,013 degré. Cette valeur est négligeable

◄

Effet de la pollution **thermique** : conséquence d'une élévation de température de 10 °C d'un cours d'eau sur la distribution d'abondance de son peuplement de Diatomées. Cette élévation diminue de 2,5 fois le nombre d'espèces de Diatomées dans l'écosystème. **A**. Rivière non polluée. **B**. Même cours d'eau exposé à des rejets d'eau chaude. (D'après Patrick et coll., op. cit., in Ramade F., *Écologie appliquée*, Ediscience international, 1995, p. 307) par rapport à la hausse de température consécutive à l'accroissement de la teneur atmosphérique en gaz de serre due à l'action de l'homme, qui est actuellement de l'ordre de 1 °C.

Cependant, on a pu estimer que si l'on extrapolait la tendance à l'accroissement de la consommation d'énergie observée au début des années 1970 , on aurait atteint dans la deuxième moitié du XXIe siècle les limites de l'équilibre thermique de l'écosphère, les apports de chaleur dus à la civilisation technologique ayant dépassé 5% de la valeur du flux solaire. Dans les données actuelles relatives à l'accroissement de la consommation mondiale d'énergie, cette limite serait atteinte au cours du XXIIe siècle. (***Voir aussi Stephan***)

thermocline, n. f. (*thermocline*). Zone située à une profondeur variable dans un lac ou dans l'océan, qui est caractérisée par une variation brutale de la température des eaux. À son niveau, la chute de température peut être de 1 °C par mètre!
La thermocline délimite deux couches constituées par des eaux de températures très différentes et qui se mélangent très difficilement. En limnologie, la couche superficielle des eaux lacustres, située au-dessus de la thermocline est dénommée épilimnion, la profonde hypolimnion. (***Voir aussi Lac, Océan, Stratification***)

thermodurique, adj. (*thermoduric*) (syn. : thermorésistant). Caractérise des micro-organismes capables de vivre à des températures élevées, approchant ou dépassant 100 °C (jusqu'à près de 200 °C pour les bactéries des sources thermales marines où l'eau des grands fonds est à des pressions excédant 250 bars)!

thermogenèse, n. f. (*thermogenesis*). Processus physiologique par lequel les animaux homéothermes produisent de la chaleur.

thermographe, n. m. (*thermograph*). Appareil qui sert à enregistrer la température ambiante.

thermohalin(e), adj. ◆ **circulation** ~ (*thermohaline circulation*) : type de circulation verticale océanique liée aux variations de température et de salinité des masses d'eau. Lorsque les eaux de surface se refroidissent ou lorsque dans les régions tropicales elles ont tendance à s'évaporer, elles deviennent plus denses et coulent, engendrant de ce fait des courants de convection ascendants qui remontent vers la surface des eaux plus chaudes ou moins salées. (***Voir aussi Courant***)

thermohalogramme, n. m. (*thermohalogram*). Diagramme combinant la représentation de la valeur de la température et de la teneur en sel dans un biotope aquatique.

→

Exemple de **thermohalogramme**, celui d'une moule tropicale (*Perna perna*). Ce diagramme figure les taux de survie (en pourcentage) des larves de cette moule pour diverses combinaisons du couple température-salinité de l'eau. (D'après Romero et Moreira, in Ramade F., *Écologie fondamentale,* Ediscience international, 2e ed., 1994, p. 111)

thermohygrogramme, n. m. (*thermohygrogram*). Diagramme combinant les valeurs des températures et de l'hygrométrie auxquels est exposée une espèce dans un biotope terrestre.

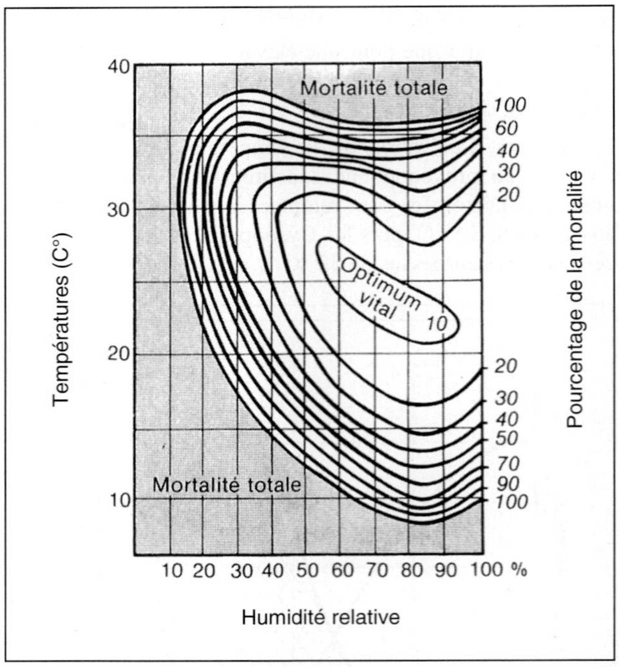

Thermohygrogramme d'un insecte nuisible, le carpocapse du pommier, dont la chenille se développe dans son fruit. (D'après Shelford, in Ramade F., *Écologie fondamentale*, Ediscience international, 2e ed., 1994, p. 102)

thermopériodisme, n. m. (*thermoperiodism*). Phénomène marqué par des fluctuations cycliques et périodiques de la température ambiante, généralement liées au rythme saisonnier. (***Voir aussi Cycle annuel, Diapause, Photopériode***)

thermophile, adj. (*thermophilic*). Désigne un organisme vivant ayant une affinité pour les milieux chauds.

thermophilie, n. f. (*thermophily*). Propriété des espèces dont l'optimum écologique est à des températures élevées.

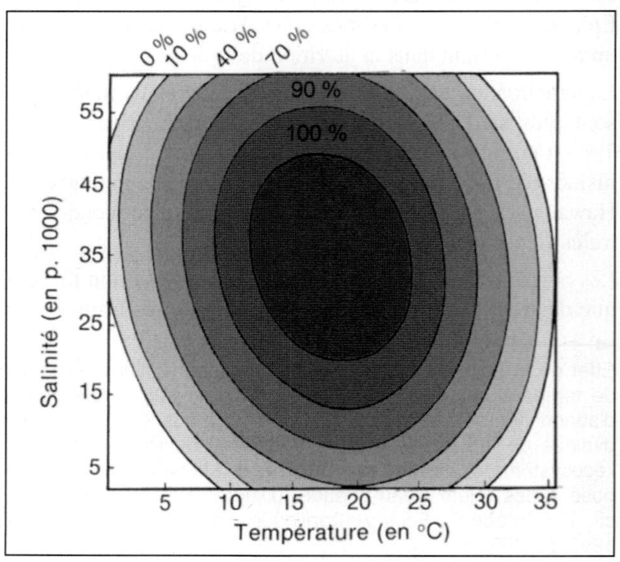

thermophyte, n. f. (*thermophyte*). Plante se développant à de fortes températures. Les plantes des biotopes désertiques constituent un exemple de thermophytes.

thermopluviogramme, n. m. (*thermopluviogram*) (syn. : thermo-ombrogramme). Diagramme combinant températures et précipitations. ***(Voir aussi Diagrammes ombrothermiques)***

thermopréférendum, n. m. (*thermopreferendum*). Température pour laquelle la réponse écologique d'une espèce végétale ou animale est maximale (par exemple, celle où, pour une espèce végétale donnée, la photosynthèse aura un rendement maximum ou encore celle pour laquelle la production d'œuf d'une espèce animale sera la plus importante). ***(Voir aussi Préférendum)***

thermorésistance, n. f. (*thermoresistance*). Propriété de certains micro-organismes à résister à de hautes températures pouvant excéder 100 °C.

thermorésistant, adj. (*thermoresistant*). Désigne les organismes doués de thermorésistance. ***(Voir aussi Thermodurique)***

thermosphère, n. f. (*thermosphere*). Zone de la haute atmosphère au-delà de 80 km d'altitude englobant en particulier la ionosphère dans laquelle la température s'élève considérablement par suite de l'échauffement dû au rayonnement solaire. Le maximum est atteint vers 500 km avec plus de 300 °C. ***(Voir aussi Atmosphère)***

thermosténotherme, adj. (*warm stenothermal*). Synonyme de sténotherme polytherme.

thermotactisme, n. m. (*thermotactism*). Réaction locomotrice d'un animal déterminée par la chaleur.

thermotaxie, n. f. (*thermotaxis*). Taxie déterminée par un écart de température.

thérophyte, n. f. (*therophyte*). Plante herbacée annuelle ayant un cycle de reproduction de la graine à la graine très bref, de quelques mois, voire en certains cas de quelques semaines. La plupart des Graminées cultivées et la majorité des espèces végétales propres aux biocœnoses désertiques sont des thérophytes. ***(Voir aussi Raunkiaer)***

thigmotactisme, n. m. (*thigmotactism*). Changement dans la direction de locomotion provoqué par un stimulus de contact avec le substrat.

thigmotaxie, n. f. (*thigmotaxis*). Taxie correspondant à un stimulus tactile.

thinicole, adj. (*thinicolous*). Qualifie une espèce inféodée aux biotopes dunaires ou sablonneux.

thinophyte, n. f. (*thinophyte*). Plante inféodée aux milieux dunaires.

Thiobacillus, n. sc. Genre de Sulfobactériacées jouant un rôle majeur dans le cycle biogéochimique du soufre. ◆ ~ ***ferooxidans*** : bactérie intervenant de façon essentielle à la fois dans les cycles biogéochimiques du fer et du soufre.

thixotropie, n. f. (*thixotropy*). Propriété de certaines argiles de donner en mélange avec l'eau un gel qui devient un liquide très visqueux par agitation ou sous l'effet d'une surpression et à l'opposé de se solidifier au repos, cela de façon indéfiniment réversible. ***(Voir aussi Sables mouvants)***

thon(s), n. m. (*tunny*). Grandes espèces de poissons superprédateurs pélagiques, appartenant à l'ordre des *Scombriformes*, ayant une importance halieuthique considérable. La surpêche de certains d'entre eux comme le thon bleu atlantique, voire le germon, compromet grandement l'utilisation durable des pêcheries de ces espèces. ***(Voir aussi Overfishing)***

Thornwaite ◆ **indice de ~** (*Thornwaite's index*) : cet indice I_h a pour valeur :

$$I_h = \frac{(100e - 60d)}{ETp}$$

où *ETp* est l'évapotranspiration potentielle, *e* l'eau de précipitation excédentaire en période humide et *d* le déficit d'eau en période sèche.

Les vrais déserts correspondent à des indices de Thornwaite inférieurs à – 40 et les déserts hyperarides à – 57.

Les vrais déserts se rencontrent essentiellement dans les zones intertropicales. En effet, ils ont leur maximum d'extension entre les 15e et les 30e degrés de latitude. Ils se caractérisent par une biomasse totale fort réduite, généralement inférieure à 20 t/ha et une productivité primaire inférieure ou égale à 10 g/m^2 et par an. Entre 20 et 50 mm de précipitations par an, la végétation est très clairsemée et la vie animale faible. Lorsque l'indice de Thornwaite s'approche de – 40, la richesse floristique et faunistique s'élève rapidement et devient même assez élevée dans les semi-déserts et ceci d'autant plus que les conditions d'aridité y existent depuis de longues périodes à l'échelle géologique – cas des déserts Sonoriens du Sud-Ouest de l'Amérique du Nord ou de ceux de l'Australie par exemple. ***(Voir aussi Désert)***

Three Miles Island. Accident survenu en 1977 à une centrale nucléaire de la côte Est des États-Unis qui conduisit à la destruction du réacteur. Il a constitué la plus sévère alerte nucléaire due aux usages pacifiques de l'atome qui soit jamais survenue dans un pays occidental. ***(Voir aussi Nucléaire, Tchernobyl)***

thremmatologie, n. f. (*thremmatology*). Discipline étudiant les animaux vivant dans des conditions de domesticité et les plantes cultivées.

Thysanoptères, n. sc. (*Thysanoptera*, vern. : *thrips*). Ordre d'insectes piqueurs, phytophages, appartenant au groupe des hétérométaboles, qui représentent les plus petits Invertébrés de cette classe. Leur taille moyenne est généralement de l'ordre du millimètre. On les divise en deux groupes : les Térébrants, dont les femelles possèdent un oviscapte en forme de tarière et les Tubulifères chez lesquels ce dernier est tubulaire.

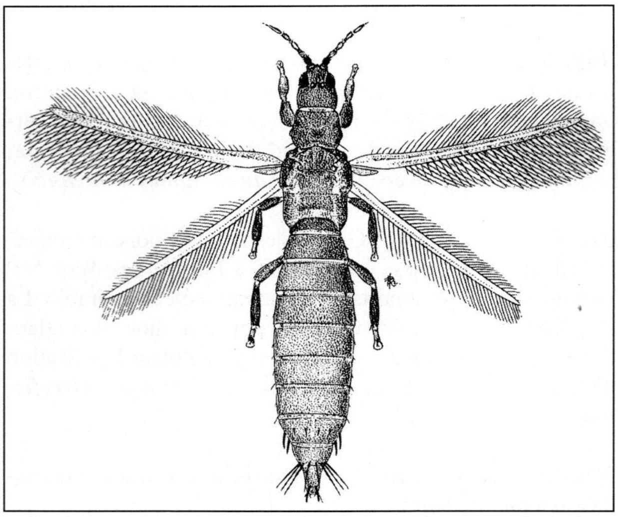

Schéma général d'un **Thysanoptère** Tubulifère. (D'après A. Bournier, op. cit., 1983)

Beaucoup d'espèces sont de distribution cosmopolite, leur petite taille favorisant leur dispersion par le vent. Certaines constituent de redoutables ravageurs des cultures en particulier des plantes en serre.

Tibet. Plateau situé au nord de l'Himalaya qui présente les caractéristiques écologiques d'un désert froid.

Tiers monde, n. m. (*Third World*). Terme créé initialement par les politologues pour désigner l'ensemble des nations ne faisant partie ni des pays industrialisés occidentaux ni de l'ancien bloc dit socialiste, y compris la Chine.

Ces pays constituent en réalité un ensemble très hétérogène marqué par un degré de sous-développement variable mais souvent important.

Ils sont affectés de façon majeure par la crise écologique globale, exposés à la fois à l'explosion démographique et à ses séquelles : déforestation, désertification, érosion des sols, pollution bactérienne des eaux, épidémies, etc. Par ailleurs, ils présentent un retard catastrophique en ce qui concerne l'état de leur peuple sur des questions fondamentales comme l'éducation et l'hygiène publiques, sans omettre des questions aussi essentielles pour le progrès humain que la liberté d'expression ou le droit des femmes... Le drame du SIDA en Afrique illustre parfaitement, parmi bien d'autres, les désastres auxquels peut conduire l'arriération des sociétés en question dans des domaines aussi essentiels pour le développement des peuples. Enfin, ils sont concernés au tout premier plan par les problématiques actuelles relatives à la relation conservation-développement durable. ***(Voir aussi Développement durable, Environnement)***

tigre, n. m. (*tiger*) (n. sc. *Panthera tigris*). La plus grande espèce de Fissipèdes existant dans la biosphère contemporaine. Son aire de distribution géographique couvrait autrefois de vastes surfaces en Extrême-Orient, en Asie du Sud ainsi que dans la région de la mer Caspienne et en Asie centrale. Aujourd'hui, cette espèce s'est considérablement restreinte. Elle consiste essentiellement en des fragments de son ancienne aire Sud-asiatique et extrême orientale. Le tigre, avec une population mondiale rélictuelle de l'ordre de 2 000 individus figure parmi les grandes espèces de Mammifères les plus menacées d'extinction. Sa sous-espèce septentrionale, le tigre de Sibérie (*P. tigris amurensis*) compte de nos jours, au total, moins de trois cents individus vivants, essentiellement confinés dans la réserve de biosphère de Sikhote-Alin dans la province maritime de la Sibérie, au nord de Vladivostok.

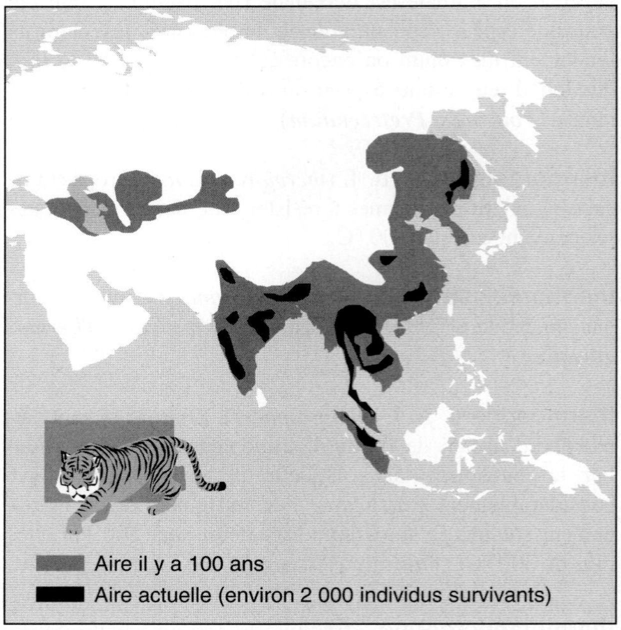

Aire de distribution géographique du **tigre** il y a un siècle et à l'heure actuelle (fin des années 1990). La population actuelle survivante est estimée de l'ordre d'à peine 2 000 individus. (In Miller, *Living in the Environment*, Wadsworth ed., Belmont, California, 1998, p. 422)

Parmi les principales menaces auxquelles cette espèce est confrontée figurent la chasse effrénée, essentiellement entretenue par la commercialisation de diverses parties de son corps dotées de vertus médicinales par la pharmacopée orientale (dents, pénis en particulier), ainsi que la destruction des habitats forestiers auxquels elle est inféodée. ***(Voir aussi Extinction)***

Tinamiformes, n. sc. (*Tinamiforms*). Ordre d'oiseaux primitifs de la sous-classe des Ratites. Ils se rencontrent depuis le sud du Mexique jusqu'en Patagonie. Bien que terrestres, ils sont capables de voler à la différence des autres Ratites qui sont aptères – ou dont les ailes ne sont pas fonctionnelles. ***(Voir aussi Ratites)***

tique(s), n. f. (*tick*). Ordre d'Acariens hématophages ectoparasites de Vertébrés terrestres, vecteurs de nombreuses affections parasitaires ou microbiennes de l'homme et des animaux domestiques. Les rickettsioses, les piroplasmoses et plus récemment une grave spirochétose en extension, la maladie de Lyme, sont par exemple transmises par des tiques.

TNR (taux net de reproduction) (*net reproductive rate*). Désigne le nombre moyen de femelles viables produit par une femelle au cours de sa vie. Une population humaine est stable pour un TNR égal à 1. En fonction de la date où cette valeur sera atteinte, l'effectif ultime de l'humanité connaîtrait des variations importantes. Le maintien dans l'avenir du TNR moyen actuel, soit 1,55 fille par femme, conduirait à une population mondiale excédant 20 milliards d'habitants en 2100. ***(Voir aussi Démographie, Taux net de reproduction)***

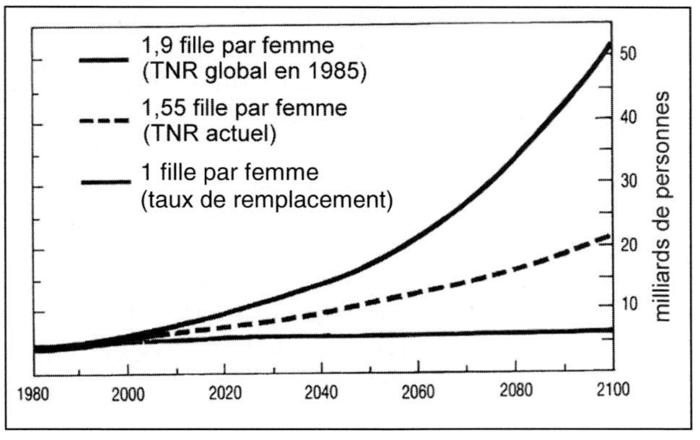

Prévision de croissance démographique de l'humanité en fonction de diverses valeurs du **TNR** au cours du XXIe siècle. (D'après Kent, Population Reference Bureau, op. cit., in Ramade F., *Les catastrophes écologiques*, McGraw-Hill, 1987, p. 31)

tolérance, n. f. (*tolerance*). Désigne dans une succession le fait qu'une espèce soit indifférente à l'installation d'une nouvelle espèce. ***(Voir aussi Shelford)*** ◆ **~ aux polluants** (*pollutants tolerance*) : phénomène par lequel des espèces végétales ou animales peuvent augmenter leur capacité à supporter des concentrations anormalement élevées de métaux ou d'autres toxiques dans l'air, les sols ou les eaux. ***(Voir aussi Résistance)***

tombolo, n. m. (*tombolo*). Structure géomorphologique constituée par des dépôts sédimentaires de matériaux fins par le jeu de la courantologie littorale qui finit par réunir à la terre ferme une île située à proximité d'un rivage. ***(Voir aussi Lido)***

topoclimat, n. m. (*topoclimate*). Climat local, *a fortiori* microclimat, déterminé par des conditions particulières liées au relief.

topodème, n. m. (*topodeme*). Groupe de populations se reproduisant en panmixie dans une aire géographique particulière.

toposéquence, n. f. (*toposequence*). Gradient de sols se succédant selon un transect donné dont la nature est conditionnée par les facteurs topographiques.

tordeuses, n. f. (*budworm*). Nom général donné à diverses espèces de Lépidoptères appartenant au sous-ordre des *Tortricoidea* dont les chenilles se développent dans les pousses des végétaux ligneux dont elles provoquent le dépérissement.

tornade, n. f. (*tornado*). Terme assez général désignant des phénomènes météorologiques caractérisés par des vents très intenses également dénommés ouragans ou cyclones selon leur intensité, provoquant d'importants dommages aux forêts et aux activités humaines. Les tornades causent des chablis qui sont considérés comme étant à l'origine des processus normaux de régénération des forêts vierges tropicales voire tempérées. ***(Voir aussi Cyclone, Ouragan)***

torpeur, n. f. (*torpor*). Phénomène léthargique caractérisé par l'inhibition de l'ensemble des activités sensorielles et motrices d'un animal généralement accompagné d'une diminution de la respiration. Elle résulte de conditions environnementales extrêmes – froid ou chaleur excessive par exemple – qui placent l'animal aux extrémités de son intervalle de tolérance pour le facteur considéré. ***(Voir aussi Shelford)***

torrent, n. m. (*stream*). Biotope aquatique correspondant à la section d'un cours d'eau située dans la zone des sources et donc la partie supérieure du bassin versant dénommée crenon en écologie limnique. Les torrents sont caractérisés par diverses spécificités de leurs facteurs écologiques. Outre l'intensité du courant, qui implique de la part des organismes qui y vivent une adaptation à ce facteur contraignant dénommée rhéophilie, ils se différencient des autres biotopes dulçaquicoles par une très forte oxygénation des eaux (saturation) et par la faiblesse des températures, beaucoup d'entre eux étant situés en haute montagne, à la limite de la zone nivale. ***(Voir aussi Rhéophile)***

torrenticole(s), adj. (*torrenticolous*). (syn. : crénicole). Qualifie les espèces qui vivent dans des biotopes aquatiques marqués par un fort courant. Les organismes torrenticoles sont marqués par des adaptations morphologiques qui leur permettent de résister à l'intensité du courant : feuilles laciniées et attache très solide au substrat chez les plantes aquatiques et corps aplati ou fusiforme chez les Invertébrés. De façon générale, on désigne l'ensemble de ces adaptations à la vie torrenticole par le terme de rhéophilie.

Les animaux torrenticoles qui vivent dans des eaux saturées en oxygène dissous sont très sensibles à tout facteur provoquant une baisse de l'oxygénation des eaux.

Exemples de rhéophilie chez des insectes **torrrenticoles**. **A**) Larve de Diptère Blépharocéride. **B**) Larve de Coléoptère Pséphénide. **C**) Larve de Trichoptère Hydropsychide et **D**) nasse lui servant de filet pour la capture des proies. (In Ramade F., *Dictionnaire encyclopédique des sciences de l'eau*, Ediscience international, 1998, p. 568)

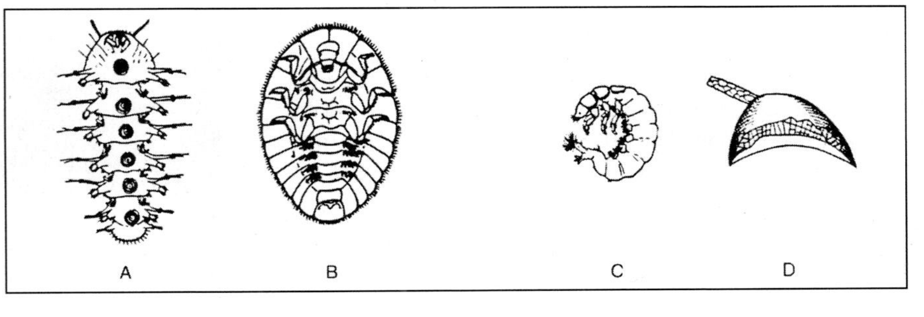

◆ **faune ~** (*stream fauna*) : faune propre aux torrents. **(*Voir aussi Crénicole, Crenon, Rhéophilie, Torrent*)**

torrentiel, adj. (*torrential*). Désigne un type de régime d'un cours d'eau caractérisé par des épisodes de fort débit alternant avec des basses eaux.

Torrey-Canyon. Pétrolier qui sombra près des îles Scilly en Angleterre en mars 1987, libérant dans les eaux de la Manche quelque 55 000 t de pétrole, ce qui provoqua la première marée noire catastrophique qu'ait jamais connu l'Europe occidentale.

Des effets écologiques désastreux en résultèrent, en particulier pour les peuplements alguaux et animaux des côtes rocheuses de la Cornouaille et des Côtes du Nord en Bretagne. Ces effets furent amplifiés par l'usage de 15 000 t de détersifs utilisés pour disperser le pétrole mais qui s'avérèrent plus nocifs pour le plancton et la faune benthique que les hydrocarbures eux-mêmes.

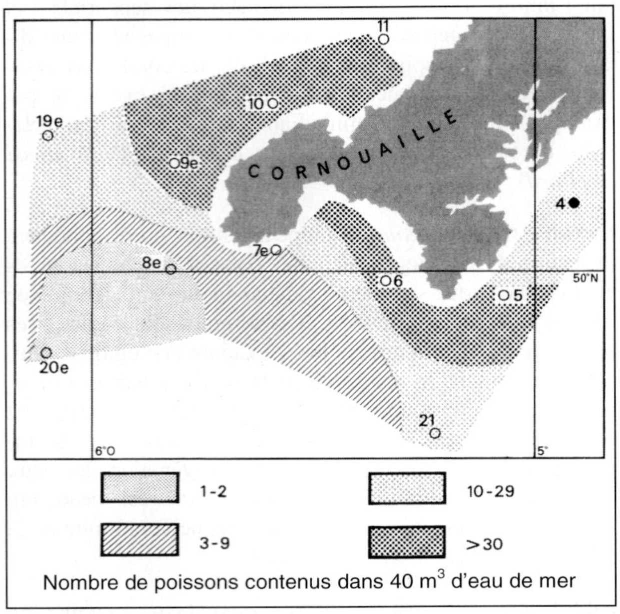

Influence de la pollution par le pétrole de la Manche occidentale due au naufrage du ***Torrey canyon*** sur les populations de larves planctoniques de pilchards (*Arengus pilchardus*), un poisson exploité par les pêcheries locales. (D'après Nelson-Smith, in Ramade F., *Écologie appliquée*, Ediscience international, 5e ed., 1995, p. 281)

Les peuplements pélagiques furent aussi affectés dans la partie occidentale de la Manche et dans le Sud du détroit de Bristol où s'observera en particulier une forte mortalité des alevins de pilchard (*Arengus pilchardus*), poisson important au plan économique pour les pêcheries de Bretagne et de Cornouaille. **(*Voir aussi Amoco-Cadiz, Marée noire, Pétrole*)**

tortue(s), n. f. (*tortoise, turtle*). Reptiles de la classe des Chéloniens, qui constituent de véritables fossiles vivants puisqu'ils existaient déjà au Secondaire. Les tortues peuvent se diviser au plan écologique en deux groupes : les tortues terrestres et les tortues marines.

Parmi les tortues terrestres, les espèces endémiques de petites îles telles les tortues éléphantines des îles Galápagos ou d'Aldabra, dans l'océan Indien, mais aussi certaines espèces très localisées d'Afrique et de Madagascar comme les *Geochelone* sont particulièrement vulnérables.

En Europe méditerranéenne, le statut de la tortue d'Herman qui se rencontre entre autres en France est également critique au point que son élevage a été entrepris afin de sauver l'espèce.

Il en est de même de certaines tortues marines, dans certaines zones de leur vaste aire de distribution géographique. Ainsi *Chelonia mydas*, la tortue verte, s'est considérablement raréfiée en Méditerranée et le Golfe persique qui héberge la moitié de la population mondiale de cette espèce a vu les plages où elle se reproduit polluées par la marée noire intentionnellement provoquée par l'Irak au cours de la Guerre du Golfe en février 1991. Il en est de même de la tortue caret, *Caretta caretta*, dont l'un des sites de nidification résiduel en Méditerranée orientale, les plages de l'île de Zakyntos en Grèce, est menacé par le développement touristique et la pollution des eaux marines, en particulier par des sachets plastiques avec lesquels les tortues s'étouffent en les avalant car elles les confondent avec des méduses qui figurent parmi leurs proies usuelles. **(*Voir aussi Méditerranée*)**

toundra, n. f. (*tundra*). Elle correspond au biome qui occupe les zones comprises entre la limite naturelle des arbres vers les pôles et les régions parabiosphériques arctiques et antarctiques.

En pratique, la toundra est presque entièrement boréale par suite de la rareté des terres émergées dans l'hémisphère austral au-delà de 45 ° Sud.

Elle occupe surtout des territoires situés au-delà du cercle polaire, dans l'Ancien Monde, mais descend au-dessous de 60 ° Nord en Alaska et au Labrador.

La toundra est constituée par une mosaïque de biocœnoses dont la composition floristique est conditionnée par les facteurs climatiques et édaphiques.

La brièveté de la saison végétative (60 jours en moyenne) et la faiblesse des températures estivales (toujours inférieures à 10 °C) constituent les principaux facteurs limitants. Par suite de la longue période hivernale et de la rigueur des températures, les sols des toundra dénommés *permafrosts* sont gelés en permanence en profondeur. Seules les couches

Tortue d'Aldabra (*Geochelone gigantea*). À l'image de la plupart des autres espèces de Chéloniens terrestres, cette tortue éléphantine est en danger d'extinction. (Cliché F. Ramade)

Toundra arbustive à *Betula tortuosa* près de la limite septentrionale de la taïga, en Laponie finnoise. (Cliché F. Ramade)

superficielles sur quelques décimètres ou mètres formant un mollisol, dégèlent pendant l'été. Une telle structure pédologique empêche le drainage des eaux de fonte superficielles et provoque la genèse de formations géomorphologiques particulières propres aux régions arctiques.

Ce sont en particulier les *sols polygonaux*, les drumlins ou les *palsas* – petits tumulus de terre qui se forment au milieu de prairies marécageuses, qui se localisent là où les sols mal drainés et l'absence d'écoulement permettent à l'eau de stagner en été.

De nombreuses tourbières se rencontrent dans les parties basses des biotopes de toundra. ***(Voir aussi Tourbière)***

◆ **les biocœnoses des ~** : la composition de la phytocœnose est peu diversifiée. Elle varie localement en fonction des paramètres édaphiques, des précipitations et selon la latitude.

La *toundra arbustive* se localise dans le sud et dans les zones les moins froides. Ici, bouleaux, saules nains et bruyères dominent.

Ailleurs, se rencontre la *toundra herbacée,* dont les plantes dominantes de la phytocœnose sont des Graminées, des *Carex* et des lichens en particulier du genre *Cladonia*. Ces derniers constituent la nourriture de base des rennes.

Parmi les espèces animales caractéristiques des toundra peuvent être cités divers rongeurs herbivores, en particulier les lemmings, et certains campagnols, les lièvres variables, ainsi que quelques Ongulés. Les rennes en représentent l'espèce dominante. Ils migrent au sud, dans la taïga, pendant la mauvaise saison.

Un autre Ongulé des toundras est le bœuf musqué (*Ovibos moschatus*). Cette espèce, autrefois abondante, s'est raréfiée considérablement par suite de la chasse effrénée dont elle a été trop longtemps victime.

Parmi les prédateurs, le renard polaire (*Alopex lagopus*), les loups et, chez les oiseaux, la chouette harfang, la buse pattue et le grand labbe (*Stercorarius skua*), se nourrissent essentiellement des nombreux rongeurs qui peuvent pulluler pendant la belle saison, en particulier les lemmings.

De façon très générale, les communautés des toundra présentent les caractéristiques d'un type d'écosystème juvénile. Elles sont pauvres en espèces, peu diversifiées, les espèces constituant leurs divers peuplements ayant des caractères euryœciques (niche écologique très étendue) et une stratégie démographique de type r (petite taille, forte fécondité).

En corollaire, les toundra sont des écosystèmes instables dont les espèces dominantes présentent des fluctuations d'effectifs explosives, le cas des « invasions » de lemmings étant par exemple fort bien documenté.

◆ **productivité des ~** : cette dernière est faible par suite des conditions climatiques défavorables tenant en la durée considérable de la période de gel continu (8 à 9 mois). La biomasse elle-même est comparable ou à peine supérieure à celle des déserts, avec une moyenne de 6 t/ha bien qu'elle puisse atteindre 30 t/ha dans la toundra arbustive.

En conséquence, la production primaire nette est faible, de l'ordre de 1,4 t/ha et par an en moyenne, quoiqu'elle soit supérieure à celle des milieux désertiques. Le rapport P/B y est également élevé, ce qui est une conséquence du caractère juvénile de ce type d'écosystème. ***(Voir aussi Lemming, Lichen, Renard polaire, Renne)***

tourbe, n. f. (*peat*). Il s'agit en réalité d'un type d'humus inachevé, formé dans des sols hydromorphes, saturés en eau de façon quasi permanente, donc en état toujours anoxique. Il s'ensuit un ralentissement considérable du cycle du carbone avec décomposition incomplète des matières végétales, seule la cellulose étant dégradée.

Les taux d'humification sont faibles, une partie des produits de dégradation étant transformés en acides fulviques solubles qui confèrent aux eaux des tourbières acides une teinte rouille.

L'absence d'oxygène et dans de nombreux cas la forte acidité, défavorable à l'activité biologique, expliquent la quasi-absence de la faune et la grande pauvreté de la flore bactérienne et cryptogamique. En conséquence, la matière organique incomplètement dégradée s'accumule souvent sur plusieurs mètres, les épaisseurs atteintes pouvant dépasser 10 mètres.

Exploitation de **tourbe** dans le Caithnes, Easter Ross (Highlands, Écosse). (Cliché F. Ramade)

On distingue deux types de tourbes :

– Les *tourbes* dites *eutrophes* s'édifient dans les fonds de vallée, là où la nappe phréatique affleure en permanence et sont constituées à partir d'une végétation de carex et de roseaux et autres angiospermes macrophytiques. Il s'agit de tourbes formées dans un milieu neutre, donc dans des eaux eucalciques.

– Les *tourbes acides* se forment surtout en montagne (et dans les tourbières situées dans les taïga et les toundra arctiques), aux dépens des eaux de pluie qui s'accumulent dans des dépressions sur sols acides.

Dans un cas comme dans l'autre, seules les couches les plus superficielles sont partiellement humifiées, lors des périodes d'assèchement qui en permettent l'aération.

Les tourbes sont le résultat d'une décomposition très lente et incomplète de la matière organique en milieu anaérobie. L'humification est faible, ici la lignine subsiste, la masse conservant une structure fibreuse.

Le rapport C/N reste élevé, dépassant 30 dans le cas des tourbes acides, pauvres en cendres. Elles représentent à ce titre un combustible proche du charbon, malgré leur forte teneur en eau qui en diminue beaucoup la valeur calorifique. Elles sont depuis longtemps exploitées de la sorte dans les divers pays du Nord-Ouest de l'Europe.

Le rapport C/N est en revanche inférieur à 20 dans les tourbes eutrophes, riches en cendres, dont les couches superficielles, mieux humifiées et minéralisées, peuvent être cultivées après assèchement.

tourbière(s), n. f. (*peat bog*). Écosystèmes d'eaux stagnantes caractérisés par un ralentissement du cycle du carbone qui empêche, ou à tout le moins ralentit considérablement, la minéralisation des matières organiques mortes.

Les tourbières représentent un type de biotopes palustres dans lesquels se déroule une succession écologique particulière. On y distingue successivement des associations végétales constituées d'espèces croissant dans les eaux libres puis la formation de végétation flottante (tourbière à sphaignes), enfin au dernier stade, la prairie marécageuse est comblée et colonisée peu à peu par la végétation terrestre (« tourbière bombée »).

On distingue d'une part des tourbières acides, dites à sphaignes – les plus fréquentes – dans lesquelles le pH de l'eau est très bas, inférieur à 4,5 et parfois même de 3,5, et de

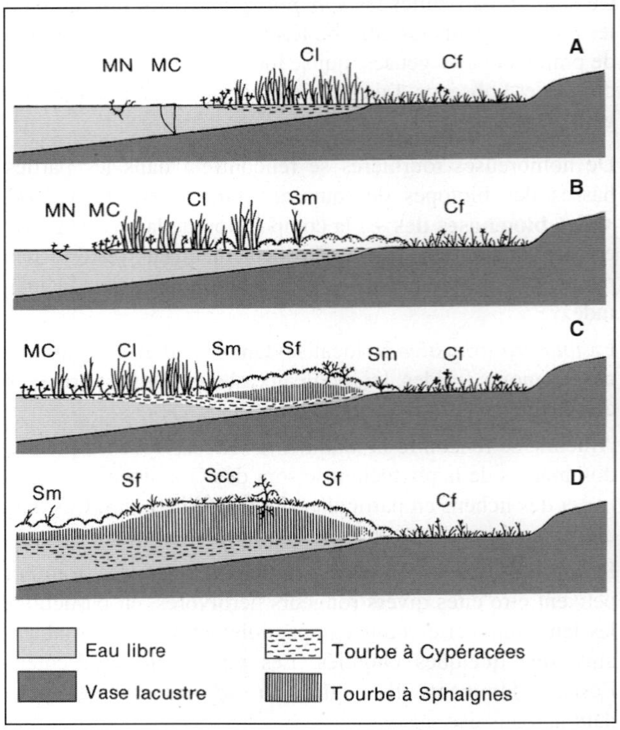

Succession écologique dans une **tourbière**. Installation et évolution d'une tourbière dans un biotope palustre. A) Stade initial, B) Stade de tourbière flottante. C) Stade de tourbière bombée. D) Stade de comblement final. Cl : tourbière flottante à *Carex lasiocarpa* (association végétale du *Caricetum lasiocarpae*). Cf : *Caricetum fusci.* MC : groupement à *Menyanthes* et *Comarum.* MN : association d'eaux libres à nénuphars et *Myriophyllum.* Scc : *Scirpetum caespitosi.* Sf : *Sphagnetum fusci* (tourbière à sphaignes). Sm : *Sphagnetum medii* (stade initial de la tourbière à sphaignes). (D'après Lemée. In Ramade F., op. cit., 1994, p. 390)

Tourbière acide dans les Pyrénées (Andorre). (Cliché F. Ramade)

l'autre des tourbières eutrophes aux eaux eucalciques, neutres ou basiques, propres aux fonds de vallées dont la végétation est riche en carex et dont le pH est supérieur à 6.

Les tourbières acides se caractérisent par la faible richesse spécifique, peu d'espèces végétales et animales étant capables de supporter des pH aussi bas qui provoquent la mise en solution de sels d'aluminium très toxiques pour les êtres vivants.

La forte acidité des eaux et (ou) l'alternance d'exondation et d'immersion pendant la période estivale conduit à la formation d'un matériau noirâtre, la tourbe, très riche en carbone et utilisé à ce titre comme combustible de fort longue date dans de nombreuses régions d'Europe occidentale. **(*Voir aussi Tourbe*)**

◆ ~ **basse** (*fen*) : type de tourbière immergée surmontant une nappe phréatique affleurant à la surface du sol. Il s'agit de tourbières neutres ou alcalines dites eutrophes, situées dans des fonds de vallée.

◆ ~ **bombée** (*bog*) : tourbière acide où la matière organique est acide et pauvre en nutriments, se développant sous climat pluvieux et froid. Elle est constituée par des sphaignes et ultérieurement vers la fin de la succession hydrarchique par des Éricacacées. **(*Voir aussi Succession*)**

◆ ~ **de source** (*spring mire*) : écosystème de tourbières très particulières qui se forment en coiffant l'émergence d'une source. Ces tourbières sont de caractère rhéotrophique en dépit de leur aspect bombé qui résulte de la pression exercée sur la biomasse de matière végétale et de tourbe qui recouvre la zone d'émergence par l'eau souterraine, débouchant au niveau de la source.

Tournefort, Joseph Pitton de (1656-1708). Professeur aux Jardins du Roy, ce célèbre botaniste fut un précurseur de Linné au travers de sa nomenclature et classification des végétaux, proposée en 1700 dans son « *Institutiones Res Herbariae* ». Il ramena de ses voyages en Orient diverses plantes et décrivit en particulier les azalées et les rhododendrons.

toxaphène, n. m. (*toxaphen*). Composé insecticide provenant d'un camphène chloré, qui fait partie du groupe des cyclopentadiènes chlorés, aujourd'hui interdits d'usage. **(*Voir aussi Chlordane, Organochlorés*)**

***Toxic Substances Control Act* (TSCA).** Réglementation fédérale américaine qui précise les conditions dans lesquelles toute substance toxique, potentiellement dangereuse pour l'environnement, doit être homologuée, utilisée et neutralisée après usage afin d'éviter les risques de pollution.

toxicité, n. f. (*toxicity*). Particularité propre à diverses substances dont l'absorption a pour effet de perturber le métabolisme des êtres vivants provoquant des troubles physiologiques pouvant aller jusqu'à la mort des individus exposés. En fonction de l'intensité et de la rapidité des effets, on distingue une toxicité aiguë, sub-aiguë et à long terme, parfois dénommée improprement chronique, résultant de

Tourbière à sphaignes (ici Associations du *Sphagnetum medii*) dans les Ardennes belges. (Cliché F. Ramade)

l'exposition permanente et prolongée à de faibles concentrations d'un toxique. ◆ **mesure de la ~** : on évalue la toxicité à l'aide de divers paramètres. Ces derniers sont principalement la DL 50 et la CL 50 respectivement dose et concentration provoquant 50% de mortalité au bout d'un temps donné d'exposition dans un échantillon de population d'une espèce donnée. **(*Voir aussi CL50, DL50, Écotoxicologie*)** ◆ **tests de ~** : voir Bioessai.

toxicologie, n. f. (*toxicology*). Discipline biologique dont l'objet est l'étude des modalités de contamination des êtres vivants par les substances toxiques, celles de leurs mécanismes d'action au plan physiologique (métabolisme et modalités des effets au niveau des cellules et des organes cibles), enfin des conséquences qui en résultent dans les expositions aiguës ou à long terme pour les organismes exposés. Contrairement à une opinion répandue, la toxicologie concerne certes les populations humaines et l'hygiène publique, mais aussi les divers groupes d'êtres vivants tant dans les règnes végétal qu'animal. ◆ **~ de l'environnement** (*environmental toxicology*) : étude des substances toxiques présentant un risque de pollution de l'environnement. Il s'agit en particulier de recherches effectuées à un niveau réductionniste, y compris biochimique, avec une finalité souvent biomédicale. Cela différencie la toxicologie de l'environnement, dont l'objet concerne l'étude des effets des polluants et les modalités de la contamination de l'homme par ces derniers, de l'écotoxicologie dont le but spécifique est l'étude des polluants dans les écosystèmes et de leurs conséquences écologiques. **(*Voir aussi Écotoxicologie*)**

toxine(s), n. f. (*toxin*). Substance d'origine naturelle bactérienne, mycologique, végétale ou animale généralement protéique, qui présente une toxicité pour tel ou tel groupe d'être vivant, voire pour la majorité d'entre eux. Dans le règne animal, les neurotoxines figurent parmi les plus redoutables, certaines pouvant présenter une action paralysante foudroyante à des concentrations de l'ordre de la ppb ou inférieure à la ppb. D'autres comme l'ammanitine sont de puissants hépatotoxiques. Diverses toxines sont susceptibles de contaminer les aliments dont les aflatoxines aux redoutables effets cancérogènes, ou encore la toxine botulique. En milieu aquatique, les Cyanophycées et les Dinoflagellés sont susceptibles de produire des toxines redoutables qui peuvent dans certains cas passer dans les eaux. **(*Voir aussi Aflatoxines, Botulisme, Neurotoxine, Phycotoxine*)**

toxique(s), n. m. et adj. (*toxic*). Substance naturelle ou de synthèse, minérale ou organique, présentant une nocivité pour les êtres vivants, pouvant être absorbée par voie foliaire ou racinaire chez les plantes, par inhalation, ingestion ou contact chez les animaux, qui provoque une intoxication des organismes affectés en perturbant telle ou telle fonction vitale et pouvant provoquer la mort.

Cette absorption peut s'effectuer en dehors de tout contexte faisant intervenir le milieu naturel, dans le cas des drogues inhalées ou ingérées par certaines populations humaines, mais résulte plus généralement de la contamination de l'environnement par des polluants toxiques – en réalité dans l'immense majorité des cas.

Les neurotoxiques comme par exemple la plupart des insecticides modernes – qui sont synthétisés à vaste échelle – constituent, de beaucoup, les plus redoutables causes d'intoxication pour les animaux et sont responsables des plus fréquentes intoxications humaines. Les insecticides organophosphorés doués de propriétés inhibitrices des synapses cholinergiques ou encore les pyréthroïdes de synthèse sont parfois la cause de mortalités massives de poissons et autres animaux aquatiques à la suite de pollutions accidentelles des eaux. Chez les végétaux, les toxiques ayant les effets potentiellement les plus redoutables sont ceux qui détruisent le système photosynthétique.

Il convient aussi de préciser que certains contaminants biocides ne sont pas des polluants primaires mais résultent de la réaction de certains polluants entre eux (cas des PAN par exemple). **(*Voir aussi Écotoxicologie, Polluants, Pollution*)**

trace, n. f. ◆ **élément ~** (*trace element*) : métal ou métalloïde se trouvant à l'état de faibles concentrations dans les milieux naturels, en particulier dans les eaux et les sédiments. Il s'agit très souvent de substances biogènes et (ou)

Traînées de condensation : voiles de cirro-stratus (*contrails*) produits par la condensation dans la haute troposphère de la vapeur d'eau contenue dans les gaz d'échappement des réacteurs d'avion. On remarque que les traînées de condensation, initialement très étroites, s'étalent progressivement sous l'effet des vents d'altitude et finissent par donner un voile de cirro-stratus très étendu. (Cliché F. Ramade)

douées de propriétés hormétiques de sorte que leur rôle dans le fonctionnement des écosystèmes est beaucoup plus important que ne le laisserait penser les valeurs absolues de leur teneur dans les sols, les eaux ou les organismes. ***(Voir aussi Élément, Hormétique)***

traînée de condensation, n. f. (*contrail*). Formation nuageuse apparaissant en haute altitude, à la limite de la troposphère, qui résulte de la traînée due à la condensation de la vapeur d'eau produite par la combustion à la sortie du réacteur des avions. Elle est constituée de microcristaux formant un nuage qui prend rapidement l'aspect de cirrostratus. Leur abondance aux environs des grands aéroports se traduit par des modifications climatiques, essentiellement de la nébulosité, car ces traînées se transforment progressivement sous l'effet des vents soufflants à ces altitudes en d'importants voiles de cirrostratus qui finissent par couvrir une part significative de la voûte céleste par beau temps (voir Figure page ci-contre).

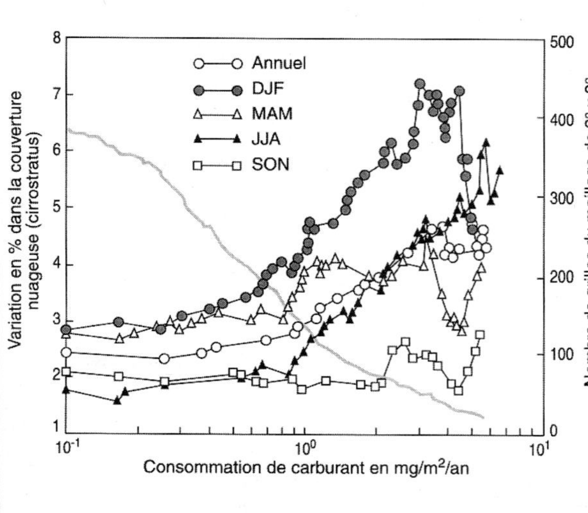

Accroissement des **traînées** de condensation, se traduisant par la formation d'un voile de cirrostratus, provoqué par la circulation aérienne intercontinentale sur l'Atlantique Nord. Le diagramme figure la corrélation entre l'accroissement de la couverture nuageuse de cirrus et la consommation de carburant par les aéronefs volant au-dessus de 8 km d'altitude. Les cercles figurent des moyennes annuelles, les autres symboles des moyennes trimestrielles. DJF = décembre à février, MAM = mars à mai, JJA = juin à août, SON = septembre à novembre. (D'après Boucher, *Nature*, op. cit., 1999, p. 30)

L'intensité de la circulation aérienne commerciale sur certaines voies très empruntées comme l'Atlantique Nord entre l'Europe de l'Ouest et les États-Unis ou sur le Pacifique entre ce même pays et les pays de l'Extrême-Orient tempéré (Japon et Corée en particulier) provoquent un important accroissement de la nébulosité sur de vastes zones océaniques et continentales. On s'interroge donc sur les effets climatiques de cet accroissement de la couverture nuageuse due à ces traînées de condensation. ***(Voir aussi Cirrostratus, Pollution atmosphérique)***

trait, n. m. (*trait*). Caractère usuellement sous contrôle génétique et par suite susceptible d'être exposé à la sélection naturelle. ◆ **~ démographique** (*demographic trait*) : caractéristique particulière propre à la démographie d'une population donnée. ◆ **~ génétique** (*genetic trait*) : caractère ou groupe de caractères héréditaires particuliers possédés par un individu, une population, une espèce ou toute autre unité taxonomique. Ce terme est aussi utilisé pour désigner des caractères phénotypiques transmis par des géniteurs d'une race domestique ou dans un groupe humain (par exemple la couleur des yeux ou encore l'anémie falciforme).

traitement, n. m. ◆ **~ biologique des eaux** (*water biological treatment)* : voir Eau, Stations d'épuration. ◆ **~ de l'eau du réseau d'adduction** (*drinking water treatment*) : voir Potabilisation. ◆ **~ des eaux résiduaires** (*wastewater treatment*) : voir Eau, stations d'épuration. ◆ **~ des boues** (*sludges treatment*) : traitement destiné à réduire, voire à éliminer, les boues résiduaires des stations d'épuration. ***(Voir aussi Boues, Digesteur, Stations d'épuration)*** ◆ **~ pesticides** (*pesticides treatment*) : traitement ayant pour objet de pulvériser des antiparasitaires sur des cultures. ***(Voir aussi Pesticides)*** ◆ **~ secondaire, tertiaire** (*secundary, tertiary treatment*) : voir Eau, stations d'épuration.

tramontane, n. f. (*tramontana*). Vent froid et sec soufflant du Nord en hiver ou aux équinoxes propre au Languedoc et au Roussillon.

transect, n. m. (*transect*). Coupe faite selon un plan virtuel perpendiculaire à la surface du sol selon lequel est réalisé un échantillonnage de la végétation ou de tel ou tel animal. ◆ **~ altitudinal** (*altitudinal transect*) : concerne un transect effectué dans une zone de relief où l'on cherche à déterminer par exemple les fluctuations de composition de la biocœnose en fonction de l'altitude. ◆ **~ bathyal** (*bathyal transect*) : transect effectué selon une ligne sur le fond de l'océan afin de procéder à un échantillonnage.

transfert, n. m. (*transfer*) ◆ **~ d'énergie** : voir Écosystème, Énergie, Lindeman. ◆ **~ d'un soluté** (*solute transfer*) : passage d'un soluté de la solution à un organisme ou à un autre compartiment d'un écosystème aquatique, par exemple de l'eau vers les sédiments (ou inversement). ◆ **facteur de ~** (*transfer coefficient*) : rapport entre la concentration moyenne d'un polluant dans les organismes d'un niveau trophique donné avec celle que l'on observe dans les organismes du niveau trophique immédiatement inférieur. ***(Voir aussi Bioamplification)***

transfrontière, adj. (*transboundary*). Désigne un phénomène ou un processus – par exemple une altération de l'environnement – qui se manifeste au-delà des frontières du pays où ce dernier est apparu. ◆ **pollution ~** (*transboundary pollution*) : pollution d'origine atmosphérique, plus rarement des eaux, qui vient contaminer des pays éloignés de celui qui l'a émise.

Un exemple très démonstratif en est donné par les pluies acides qui exercent leurs effets nocifs en Scandinavie, la majorité des précipitations acides qui affectent les pays de cette région d'Europe n'étant pas une production locale mais exportée par des pays européens situés à l'ouest et au sud de cette zone. (***Voir aussi Pluies acides, SO_2***)

transgenèse, n. f. (*transgenesis*). Processus par lequel sont obtenus des organismes transgéniques. La transgenèse conduit à introduire des gènes provenant d'organismes n'ayant aucune parenté taxonomique et appartenant même à des règnes différents (cas de l'introduction d'un fragment d'ADN bactérien dans une plante supérieure par exemple). Les méthodes et les techniques de la transgenèse connaissent une sophistication et une utilisation en croissance incessante pour l'obtention d'OGM aux applications très variées : vaccins, plantes cultivées à haut rendement et résistantes aux insectes ravageurs et (ou) à des herbicides, actuellement réalisation de races d'animaux domestiques génétiquement modifiées, présentant une supériorité zootechnique par rapport aux races normales.

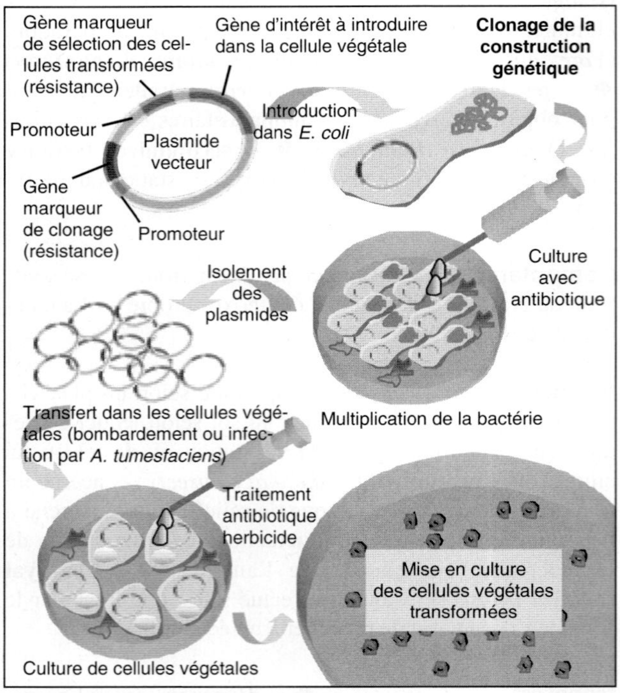

Exemple de **transgenèse** végétale : l'incorporation à une variété de plante cultivée du gène codant un insecticide bactérien, la toxine thermostable de *Bacillus thuringiensis*. La fabrication de l'OGM implique le recours à deux gènes de résistance aux antibiotiques. Le premier permet de maintenir la construction génétique dans la bactérie (en l'occurrence *E. coli*), qui renferme le gène intéressant qui contrôle la synthèse de l'insecticide. Le second gène de résistance à un antibiotique permet la sélection des cellules végétales souche de l'OGM recherché. (D'après Casse F., *La Recherche*, n° 137, janvier 2000, p. 37)

◆ **méthode de la ~** : elles consiste en l'introduction du gène dans les cellules végétales concernées par bombardement avec des microbilles qui transportent le gène portant le caractère recherché. Ensuite sont sélectionnées en cultures *in vitro* les cellules végétales cibles par association préalable à ces dernières d'un gène de résistance aux antibiotiques grâce auquel on élimine les cellules végétales qui ne sont pas devenues transgéniques par exposition de la culture de l'antibiotique considéré. (***Voir aussi OGM***)

transgénique, adj. (*transgenesis*). Désigne ce qui se rapporte à la transgenèse. ◆ **organisme ~** (*transgenic organism*) : organisme qui a été modifié par insertion d'un fragment d'ADN étranger, provenant d'une espèce pouvant être taxonomiquement très éloignée, afin d'obtenir l'expression d'un trait ou phénotype qui ne s'observe pas dans les conditions naturelles chez l'organisme en question. (***Voir aussi OGM***)

transgression, n. f. ◆ **~ marine** (*marine transgression*) : avancée de la mer à l'intérieur des terres résultant d'une hausse du niveau de la mer dont les causes peuvent être diverses.

transition, n. f. Terme désignant en biologie un processus dynamique conduisant au passage d'une phase donnée à l'état ultérieur. En écologie, le terme est utilisé pour divers phénomènes concernant la dynamique des populations, des peuplements et des biocœnoses par exemple au cours des phénomènes successionnels. ◆ **~ démographique** (*demographic transition*) : phénomène par lequel une population passe d'une phase de croissance à une phase de stabilisation dite néomalthusienne par compensation de la baisse de la mortalité par une baisse de la natalité permise par la pratique de la limitation de naissances.

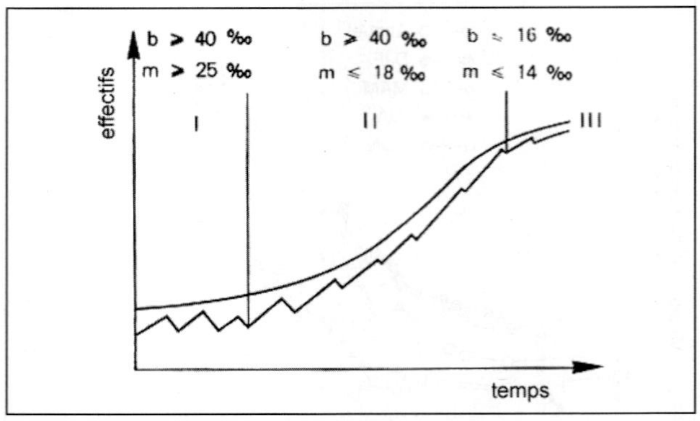

Courbe montrant les diverses phases de l'évolution d'une population vers sa stabilisation caractérisant le phénomène de **transition** démographique : I) période malthusienne, II) période de croissance démographique, III) période néomalthusienne où la baisse du taux de mortalité est compensée par celle du taux de natalité due à l'usage extensif de la contraception. (D'après Meneghetti mais modifié, in Ramade F., *Écologie appliquée*, Ediscience international, 5e ed., 1995, p. 48)

La transition démographique implique une réduction des taux nets de reproduction, nombre total de filles qu'engendre une femme au cours de sa vie (TNR), vers une valeur proche de l'unité. Cependant, par suite de l'aspect déséquilibré de la pyramide démographique d'un pays exposé à l'explosion démographique, un temps de latence plus ou moins long séparera le moment où le TNR de 1 (soit un TFT de 2) sera atteint et celui où la population ne s'accroîtra plus.

C'est à cause de l'incertitude sur la date à laquelle sera atteinte cette valeur du TNR dans les populations propres aux diverses régions qu'il est difficile de prévoir à quel niveau se stabilisera l'effectif total de l'humanité. Si l'on se place dans l'hypothèse démographique moyenne des Nations unies, établie au début des années 1980, mais qui n'a pas connu depuis lors de modification significative, le TNR moyen de l'ensemble de la population humaine atteindrait la valeur 1 vers 2075. Dans ce cas, la population mondiale continuerait à croître tout au long du XXIe siècle et se stabiliserait vers 2100 à un effectif estimé compris entre 10 et 11 milliards d'individus.

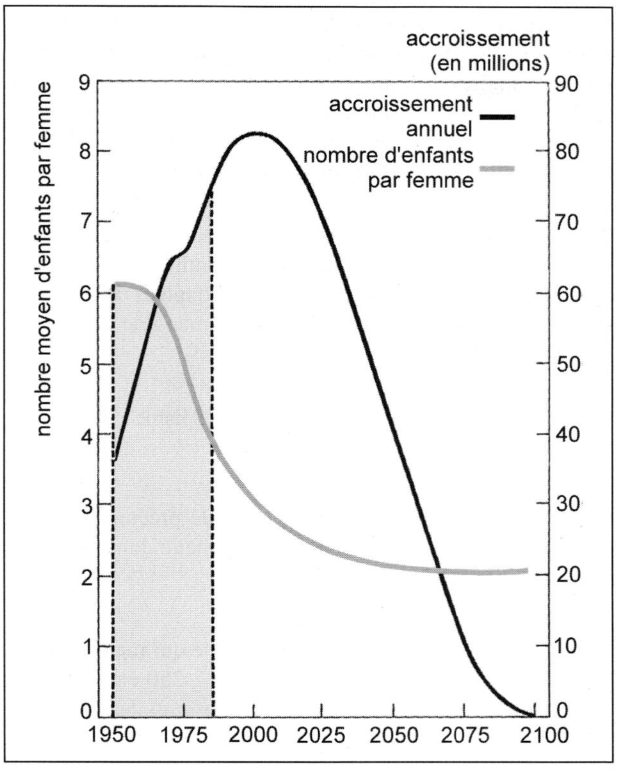

Variation du TFT et de l'accroissement annuel des effectifs de l'humanité jusqu'à sa stabilisation démographique montrant la période de **transition** démographique qui sépare l'amorce de diminution de la fertilité des classes d'âge reproductives jusqu'à la stabilisation ultime. (D'après Bourgeois-Pichart, in Ramade F., *Les catastrophes écologiques*, McGraw-Hill, 1987, p. 40)

Notons toutefois qu'il s'agit de valeurs surestimées si l'on se place dans le cas où la pandémie de SIDA continue à s'accroître au rythme qu'elle connaît à l'heure actuelle. À l'opposé, cet effectif est au contraire nettement sous-estimé dans le cas où perdureraient les résistances à la diffusion du planning familial – et à l'amélioration de la condition de la femme dans les sociétés concernées – encore considérables dans diverses régions du monde. Ces résistances sont même systématiques dans les populations musulmanes qui comptent pourtant plus d'un milliard d'individus vivant pour la plupart dans des pays où les ressources naturelles disponibles ne permettent déjà plus de satisfaire les besoins des populations existantes. ***(Voir aussi Démographie, TFT, TNR)***

translocation, n. f. (*translocation*) ◆ ~ **chromosomique** (*chomosomic translocation*) : désigne le fait qu'un fragment de chromosome puisse changer de position à la suite d'une rupture et s'échanger par exemple avec un chromosome différent ou encore qu'il puisse se séparer de sa chromatide et devenir un extra-fragment, phénomène induit par exemple par certaines substances mutagènes. En écophysiologie végétale, la translocation chromosomique signifie que des substances sont absorbées du sol par le système radiculaire des plantes et passent dans les parties aériennes de ces dernières.

◆ ~ **radiculaire** (*radicular translocation*) : phénomène d'absorption des substances minérales ou organiques contenues dans les sols par les végétaux via leur passage dans la circulation de la sève brute.

translucidus, n. m. (*translucidus*). Type de nuages se présentant sous la forme d'une mince strate au travers de laquelle peuvent être observés le soleil, la lune, voire d'autres objets célestes brillants.

transparence, n. f. ◆ ~ **des eaux** (*water transparency*) : épaisseur de la couche d'eau que peut traverser le rayonnement solaire incident. La transparence (et son inverse la turbidité) se mesure à l'aide du disque de Secchi dans les écosystèmes aquatiques. La transparence est l'expression de nombreuses caractéristiques écologiques propres aux eaux naturelles ou polluées. ***(Voir aussi Dystrophisation, Secchi, Turbidité)***

transpiration, n. f. (*transpiration*). Phénomène par lequel un végétal perd de la vapeur d'eau par évaporation au niveau de ses stomates ou un animal au niveau de ses glandes sudoripares cutanées. ◆ **évapo** ~ (*evapotranspiration*) : désigne spécifiquement la combinaison de l'évaporation et de la perte d'eau par les parties aériennes des végétaux qui est l'agent moteur de la circulation de la sève chez les plantes vasculaires. ◆ **efficacité de la** ~ (*transpiration efficiency*) : rapport de la production primaire nette à la perte d'eau par évapotranspiration qui donne une mesure de l'efficacité de l'utilisation de l'eau par une plante. Se mesure en grammes par litre d'eau évaporée. ***(Voir aussi Évaporation, Lysimètre)***

transport(s), n. m. (*transportation*). Technologie caractérisant le déplacement de voyageurs et de fret par des engins mécaniques d'usage individuel ou collectif. On distingue des transports routiers, ferroviaires, aériens, par voie d'eau ou maritimes. ◆ ~ **de matières en suspension** (*suspended load carry over*) : phénomène par lequel des particules solides, en particulier celles rejetées par des effluents urbains ou industriels, circulent de l'amont vers l'aval d'un cours d'eau. ◆ **impact environnemental des** ~ (*transportations environmental impact*) : les divers modes de transport exercent un impact variable mais toujours significatif sur l'environnement. Le plus important, toutes choses égales par ailleurs, est de beaucoup celui des transports routiers. La consommation d'espace de la route est de loin le plus considérable. Une autoroute de 120 m de large est nécessaire pour transporter l'équivalent en voyageurs et beaucoup moins en fret qu'une voie ferrée de 12 m de large!

La pollution atmosphérique et celles des milieux aquatiques induites par les véhicules à moteur est aussi d'une ampleur considérable de sorte que les réseaux de transports routiers constituent souvent un facteur potentiel important de la dégradation de la qualité de l'air et des eaux tant superficielles que souterraines.

La circulation des véhicules de transport terrestre à moteurs thermiques, celle des avions au voisinage des aéroports sont la source d'une importante pollution atmosphérique. Cependant, prises en totalité, les émissions de l'aviation civile restent faibles de nos jours encore par rapport à celles des transports terrestres. Des recherches ont été récemment entreprises en ce qui concerne les effets des rejets d'oxyde d'azote et d'autres produits de combustion des réacteurs d'avion dans la haute troposphère.

De façon générale, la part des transports terrestres dans la pollution atmosphérique est importante voire prépondérante, par rapport aux autres sources de pollution de l'air dans les pays développés, les véhicules de transport terrestre représentant 95 % de la contribution totale des transports à cette pollution. En France par exemple, les transports représentent plus de la moitié des émissions de particules, d'oxyde d'azote et de CO.

Le ruissellement des précipitations à la surface de la voirie déverse de redoutables polluants, en particulier d'hydrocarbures aliphatiques, aromatiques et polycycliques, de nombreux métaux toxiques et autres polluants xénobiotiques. En conséquence, la charge de pollution apportée par un violent orage peut soulever des problèmes désastreux pour le fonctionnement d'une station d'épuration dans le cas où une séparation des flux par le réseau d'assainissement n'a pas été prévue.

Par ailleurs, les grandes quantités d'oxydes d'azote rejetées par les véhicules à moteur produisent une charge en nitrates considérable au voisinage des grandes agglomérations où la circulation routière est intense. Cette dernière peut introduire autant d'ion nitrique dans les eaux superficielles que l'usage des engrais azotés en agriculture! ◆ **consommation d'énergie par les ~** : les divers modes de transports constituent un poste important de la consommation d'énergie des pays industrialisés. En France par exemple 52% du pétrole consommé l'est par les transports. La route est de loin le système le plus gaspilleur d'énergie. Cela est particulièrement évident dans le cas des transports routiers de fret : le fer électrifié consomme 7 fois moins d'énergie par tonne au km !

Par ordre de consommation énergétique d'importance croissante par unité-km transportée, on trouve le fer, la voie d'eau, l'avion et la route. (***Voir aussi Atmosphère, Échappements, Smog, Traînée***)

transuraniens, n. m. (*transuranians*). Radionucléides qui correspondent aux divers éléments de masse atomique supérieure à celle de l'uranium.

travertin, n. m. (*sinter, travertine*). Roche calcaire, de couleur grise ou jaunâtre, poreuse, creusée de vacuoles, qui se dépose dans certaines sources.

Trématodes, n. m. (*Trematoda*). Classe d'Invertébrés acœlomates appartenant à l'embranchement des Plathelminthes. Les Trématodes sont des vers plats, toujours parasites, dont le cycle vital, complexe, comporte en général deux voire trois hôtes. Certaines espèces comme la douve du foie ou les schistosomes sont la cause de graves affections parasitaires de l'homme, respectivement la distomatose hépatique et la bilharziose. (***Voir aussi Bilharziose***)

Trematomus, n. sc. Genre de poissons de la famille des *Nototheniidae* vivant dans les zones benthiques du plateau continental antarctique. Ces espèces adaptées à des eaux très froides, inférieures à 0 °C (l'eau de mer gèle à – 2,5 °C) sont d'une grande sténothermie.

tremblement de terre, n. m. Voir Séisme, Tectonique des plaques.

triallate, n. m. (*triallate*). Herbicide de préémergence du groupe des carbamates utilisé à vaste échelle dans les cultures de céréales et de légumineuses.

Trias, n. m. (*Trias*). Période géologique qui marque le début de l'ère Secondaire et se situe entre – 250 et – 203 millions d'années.

triazines, n. f. (*triazines*). Groupe d'herbicides très utilisés en grande culture, en particulier dans celle du maïs, dont la solubilité relativement importante et la dégradation plus lente que celle des autres pesticides de ce type soulèvent divers problèmes de toxicologie de l'environnement et ce d'autant plus qu'ils sont considérés comme potentiellement cancérogènes.

Les principales triazines au plan de l'intensité de l'usage sont l'atrazine, la simazine et la prométryne, la première étant en tonnage le pesticide le plus utilisé en Europe. En conséquence, la pollution des eaux superficielles et des nappes phréatiques par l'atrazine fait que ce composé excède souvent dans l'eau les CMA déterminée pour l'eau de boisson par l'OMS. Ainsi, en diverses régions de l'Union européenne (plaine du Pô en Italie, bassin de la Garonne, Bretagne en France par exemple), les concentrations dans l'eau de boisson excèdent la valeur de 2 ppb qui est la norme édictée par la directive européenne concernée! En conséquence, elle y a été interdite à partir de 2003. (***Voir aussi Atrazine, Herbicides, Phréatiques, pollution des***)

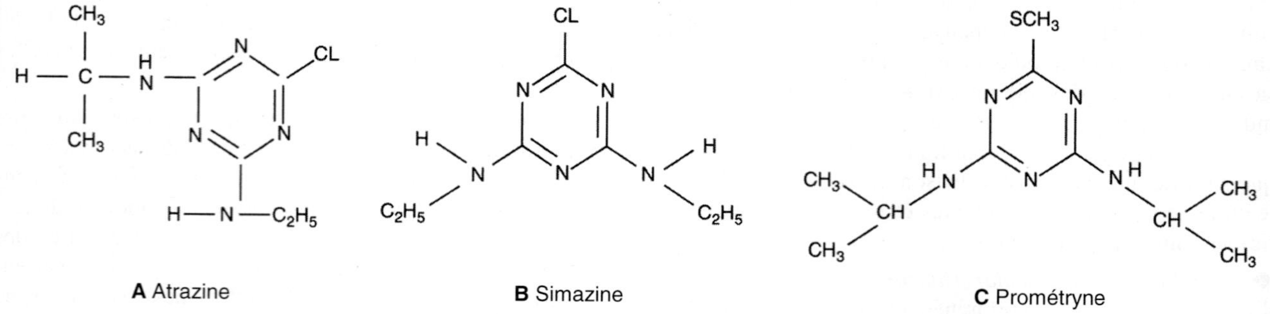

A Atrazine **B** Simazine **C** Prométryne

Formules de quelques herbicides du groupe des **triazines**. **A**. Atrazine. **B**. Simazine. **C**. Prométryne.

tribu, n. f. (*tribe*). Niveau taxonomique dans la classification des animaux qui est intermédiaire entre la sous-famille et le genre.

trichogramme(s), n. m. (*Trichogramma*). Hyménoptères du groupe des Chalcidiens, très souvent parasites oophages de nombreuses espèces d'insectes. De ce fait, ces Chalcidiens sont très largement utilisés dans la lutte biologique contre les insectes ravageurs des cultures.

Trichoptères, n. m. (*Trichoptera, Caddis-flies*). Ordre d'insectes désigné sous le nom vernaculaire de phryganes. Leurs larves sont toutes aquatiques et propres à des cours d'eaux ou à des biotopes lentiques aux eaux pures et leurs adultes sont aériens.

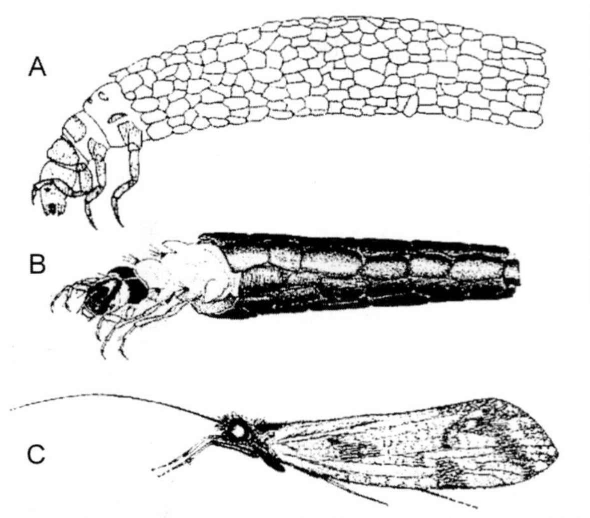

Larves et adultes de **Trichoptères** à fourreau. **A**. Famille des *Limnephilidae* (*Limnephilus sp.*). **B**. Famille de *Phryganeidae* (*Trichostegia sp.*). **C**. Adulte de *Trichostegia* (D'après Hickin, op. cit., in Ramade F., *Dictionnaire encyclopédique des sciences de l'eau*, Ediscience international, 1998, p. 660)

Tridacna. Nom scientifique des bénitiers, Mollusques Lamellibranches géants propres aux récifs coralliens dans l'ensemble du monde.

triœcique, adj. (*trioecious*). Désigne une plante ayant à la fois des pieds mâle, femelle et hermaphrodite.

tripton, n. m. (*tripton*). Matière minérale ou organique morte présente sous forme de particules fines en suspension dans les eaux marines.

tritium, n. m. (*tritium*). Isotope lourd de l'hydrogène de masse atomique relative Ar = 3. Le tritium ^3H est radioactif avec une période de 12,4 ans. Bien qu'il s'agisse d'un isotope naturel, le tritium est aussi produit en quantités importantes par les réacteurs nucléaires à l'eau légère pressurisée (type dit PWR). Le rejet d'effluents dilués renfermant cet élément est autorisé à des teneurs inférieures à 75 Bq par litre d'effluent.

triton(s), n. m. (*newt*). Amphibiens Urodèles de la famille des *Salamandridae*, entièrement inféodés aux milieux aquatiques, à la différence des anoures dont les adultes sont terrestres. Les tritons sont des animaux à fécondation interne mais sans accouplement, la femelle étant fécondée en introduisant elle-même le spermatophore dans son cloaque. **(*Voir aussi Amphibiens, Urodèles*)**

Trochilidae, n. sc. (*humming birds*). Nom scientifique de la famille d'oiseaux de l'ordre des Apodiformes à laquelle appartiennent les colibris. **(*Voir aussi Colibris*)**

troglobie, adj. (*troglobie*). Désigne une espèce strictement inféodée au domaine des grottes et des fentes karstiques à l'intérieur desquelles elle passe la totalité de sa vie et y effectue donc l'ensemble de son cycle vital sans jamais remonter à la surface du sol. Ce terme désigne tout autant les organismes aquatiques cavernicoles que ceux appartenant au compartiment terrestre d'un système karstique. **(*Voir aussi Stygobie*)**

troglophile, adj. (*troglophilous*). Désigne une espèce cavernicole, généralement hygrophile, qui effectue son cycle vital dans des cavités souterraines mais peut aussi se rencontrer dans des biotopes superficiels situés à l'extérieur d'un réseau karstique.

trogloxène(s), adj. (*trogloxenous*). Désigne une espèce le plus souvent propre à des biotopes aquatiques qui peut aussi se rencontrer comme hôte occasionnel dans les eaux souterraines de grottes ou autre biotope propre à un réseau karstique. Ce sont généralement des espèces ayant une grande valence écologique (dites de ce fait euryœciques), qui peuvent s'installer dans ces habitats souterrains et y vivre pendant une période assez longue.

Trois Gorges ◆ **barrage des ~** : voir Yang-Tse-Kiang.

trombe, n. f. (*vortex*). Phénomène météorologique caractérisé par la formation, à la base d'un cumulonimbus, d'une colonne verticale de faible diamètre – quelques mètres à peine – consistant en un puissant courant d'air tourbillonnaire, mu par un mouvement spiral ascendant de caractère cyclonique aspirant les objets au niveau du sol à son passage et causant des dégâts considérables, la vitesse du vent pouvant dépasser 500 km/h au centre du vortex.

tronçon, n. m. ◆ **~ du cours inférieur** (*lower reach*) : section la plus basse d'un écosystème lotique. ◆ **~ du cours supérieur** (*upper reach*) : section d'un cours d'eau situé très en amont, au niveau de la zone des sources. **(*Voir aussi Fleuve, Hydrosystème*)**

trophallaxie, n. f. (*trophallaxy*). Échange de nourriture qui s'effectue entre individus d'une même caste à l'intérieur d'une colonie d'insectes sociaux.

trophique, adj. (*trophic*). On qualifie en écologie par ce vocable tout ce qui concerne la circulation des nutriments dans les écosystèmes et de ce fait celle des aliments dans une zoocœnose. ◆ **cascade ~** (*trophic cascade*) : phénomène résultant de l'action d'un prédateur dominant situé près du sommet de la pyramide écologique sur l'abondance et la distribution de l'ensemble des espèces animales et indirectement végétales que comporte la communauté concernée. Il en résulte une modification de l'abondance relative des diverses espèces de la biocœnose ainsi que du flux de l'énergie dans l'ensemble de celle-ci. Dans les cas extrêmes, on peut montrer que la prédation par les oiseaux ichtyophages est capable d'influer la distribution des algues. (***Voir aussi Cascade***) ◆ **chaîne ~** (*trophic chain*) : liaison trophique linéaire en laquelle on peut réunir dans le réseau trophique d'une communauté toute espèce végétale, ou autre organisme autotrophe, avec une espèce de superprédateur située au sommet de la pyramide écologique.

En milieu terrestre, une chaîne trophique classique est de type :

niveaux trophiques			
I	II	III	IV
Producteurs	Consommateurs		
Plante	Herbivore →	Carnivore 1 →	Carnivore 2 →
Graminée →	Bovin →	Cougar →	Vautour →

et en milieu aquatique :

I	II	III	IV	V
Producteurs	Consommateurs			
Végétal →	Herbivore →	Carnivore 1 →	Carnivore 2 →	Carnivore 3 →
Phytoplancton →	Zooplancton →	Poisson microphage →	Poisson macrophage →	Oiseau piscivore →
Diatomées →	Copépodes →	Equille →	Hareng →	Cormoran →

(***Voir aussi Chaîne trophique, Écosystèmes***) ◆ **niveaux ~** (*trophic levels*) : on désigne sous ce terme les diverses étapes caractérisant la circulation de la matière dans les biocœnoses (voir ci-dessus).

On distingue de façon usuelle le niveau des producteurs autotrophes, les végétaux, dont les nutriments sont les éléments minéraux nutritifs, le niveau des herbivores, qui se nourrissent strictement de végétaux, les carnivores de premier ordre, qui consomment strictement des herbivores, les carnivores de deuxième ordre, consommateurs des précédents.

Enfin, il existe aussi des animaux omnivores qui peuvent consommer indifféremment des végétaux ou des proies animales, ce phénomène joint au fait que les animaux d'un niveau trophique donné sont généralement polyphages complique beaucoup les relations trophiques dans une biocœnose donnée et relativise sinon invalide le concept de chaîne trophique. Le nombre de niveaux que comporte une chaîne trophique est très variable selon le type de communauté considéré.

Dans les écosystèmes terrestres, de nombreuses chaînes trophiques de consommateurs comportent trois niveaux (cas par exemple des végétaux des prairies alpines consommés par les marmottes qui constituent elles-mêmes la nourriture principale de l'aigle royal dans l'ensemble de l'arc alpin, ou encore des savanes tropicales avec la chaîne trophique : graminées, antilopes, lions). Un nombre significatif de chaînes trophiques terrestres comporte quatre niveaux. Tel est le cas, dans les biocœnoses forestières, de la chaîne trophique des insectes phyllophages comme la phalène du chêne, consommée par des mésanges elles-mêmes proies de rapaces diurnes tels l'épervier.

Dans les écosystèmes aquatiques, les chaînes trophiques comptent en règle générale quatre à cinq niveaux trophiques (voir Figure ci-dessous).

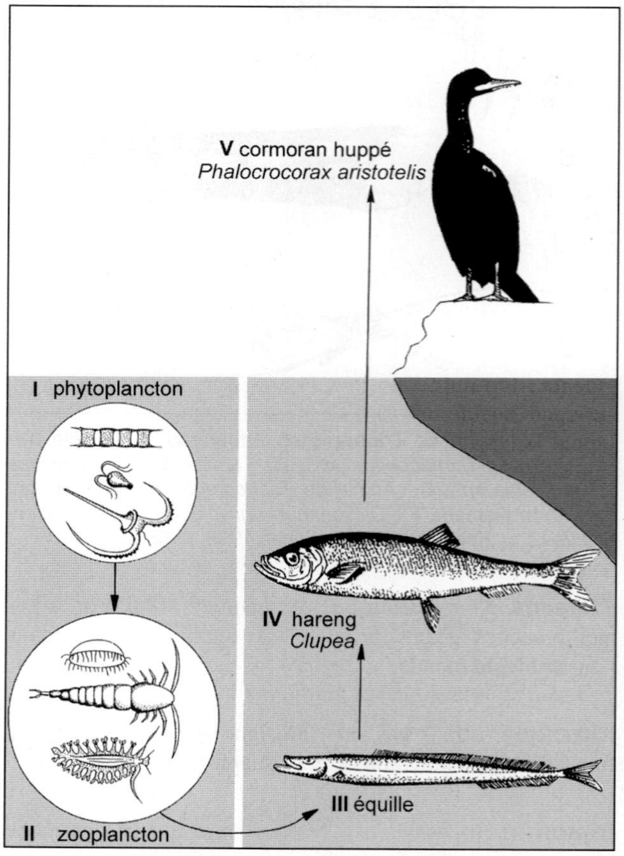

Exemple de chaîne **trophique** en milieu aquatique. Les chiffres représentent le niveau trophique de chaque organisme. (D'après Ramade F., *Écologie fondamentale*, Ediscience international, 1993, p. 308)

On en dénombre parfois même six lorsque des superprédateurs, thons, marlins, Odontocètes, voire grands oiseaux piscivores se placent au sommet de la pyramide écologique. Ce cas est en particulier celui des chaînes trophiques de type : phytoplancton (I), zooplancton herbivores (II), zooplancton carnivores (III), poissons carnivores microphages (IV), poissons carnivores macrophages (V), grands superprédateurs (VI). (***Voir aussi Chaîne, Écosystème, Océan, Réseaux***) ◆ **pyramides ~** : voir Pyramides écologiques.

◆ **réseaux** ~ (*trophic web*) : la structure générale des relations trophiques qui sont propres à une biocœnose fait que plusieurs espèces d'herbivores consomment éventuellement une même espèce de plante et que plusieurs espèces de plantes peuvent être consommées par une même espèce d'herbivores. Il en est *a fortiori* de même au niveau des Carnivores car de nombreuses espèces prédatrices sont polyphages et vivent d'espèces proies situées à divers niveaux trophiques. De façon générale, la stricte monophagie est plutôt rare chez les espèces occupant les niveaux intermédiaires et supérieurs des pyramides écologiques. On rencontrera donc dans les écosystèmes non pas des chaînes mais des réseaux trophiques.

Le concept de réseau trophique s'applique aux divers stades que comporte l'échelle de complexité croissante propre à toute biocœnose depuis celui de la population d'une espèce déterminée, jusqu'à la communauté prise dans son ensemble.

Ainsi, au niveau des espèces des consommateurs animaux, on constate que le réseau trophique sera d'autant plus complexe que le degré de polyphagie de l'espèce considérée est élevé. En outre, un autre facteur intervient pour augmenter la complexité du réseau qui tient en ce que très souvent, les diverses écophases possèdent chacune un spectre particulier de proies. La figure ci-dessous illustre à titre d'exemple le réseau trophique des populations de harengs en mer du Nord.

Au niveau supérieur d'organisation, celui des peuplements pris dans leur ensemble, un degré de complexité supplémentaire résulte du fait qu'il existe plusieurs types de réseaux trophiques.

Parallèlement aux réseaux trophiques de consommateurs évoqués plus en détail ci-dessus, se rencontrent des réseaux trophiques parasitaires (voir Figure page suivante) qui sont constitués par un ensemble d'organismes vivant les uns en parasites des précédents (parasites secondaires, voire même tertiaires). Les individus de ces différentes espèces sont emboîtés les uns dans les autres comme des poupées japonaises à l'intérieur du même hôte.

Enfin, existent aussi des réseaux trophiques dits de décomposeurs (ou saprophagiques) constitués par des organismes qui se nourrissent de matières organiques mortes : vertébrés charognards et invertébrés détritivores. Dans les écosystèmes terrestres, ces derniers, tels les vers de terre et de nombreux insectes de la faune édaphique, sont majoritairement saprophages, parfois mycophages. Dans les écosystèmes aquatiques, d'importants réseaux trophiques saprophagiques sont fondés sur la consommation de particules de matières organiques mortes et de bactéries en suspension dans l'eau ou contenues dans les sédiments benthiques.

Au stade le plus élevé, celui de la biocœnose prise dans son ensemble, ces trois types majeurs de réseau trophique sont

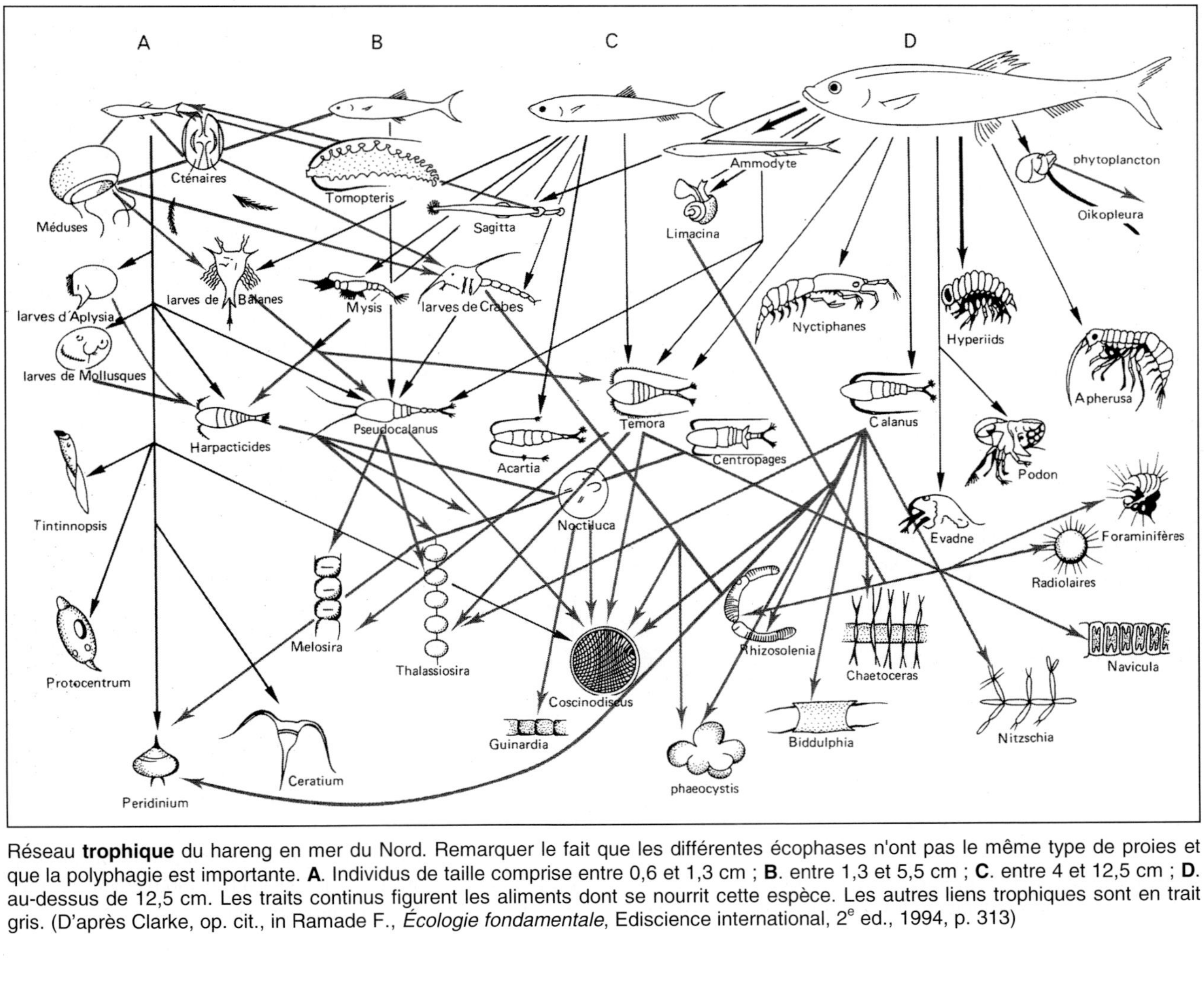

Réseau **trophique** du hareng en mer du Nord. Remarquer le fait que les différentes écophases n'ont pas le même type de proies et que la polyphagie est importante. **A**. Individus de taille comprise entre 0,6 et 1,3 cm ; **B**. entre 1,3 et 5,5 cm ; **C**. entre 4 et 12,5 cm ; **D**. au-dessus de 12,5 cm. Les traits continus figurent les aliments dont se nourrit cette espèce. Les autres liens trophiques sont en trait gris. (D'après Clarke, op. cit., in Ramade F., *Écologie fondamentale*, Ediscience international, 2e ed., 1994, p. 313)

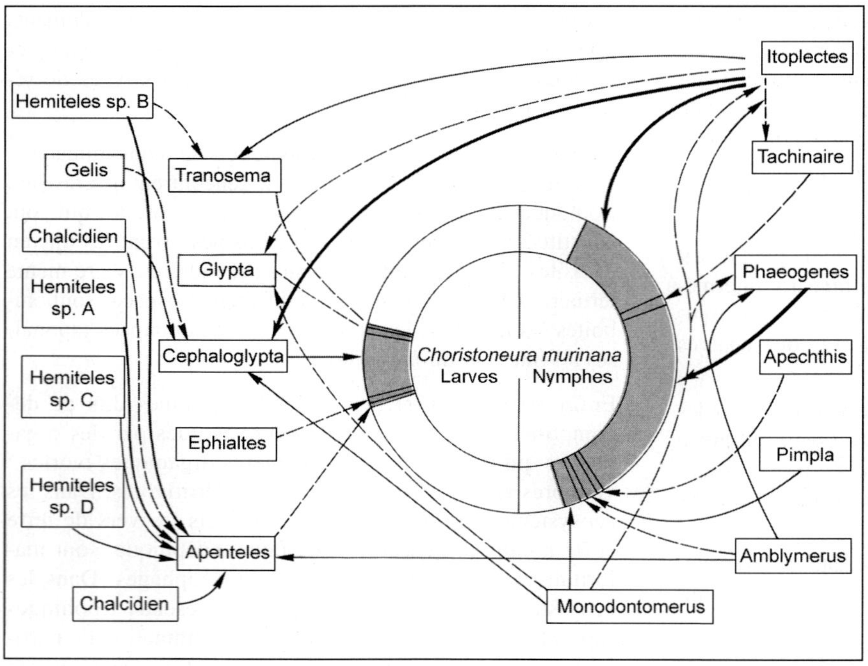

Exemple de réseau **trophique** dit parasitaire. Autour d'une chenille de Lépidoptère se nourrissant de pousses de sapin (*Choristoneura murinana*) est installé un complexe entomocœnotique constitué de chaînes trophiques parasitaires. Dans les deux demi-cercles sont figurés en pointillé pour les chenilles et les nymphes les taux de parasitisme des diverses espèces entomophages vivant au détriment soit des chenilles soit des chrysalides de cette espèce. Les traits interrompus représentent des taux de parasitisme inférieurs à 1%, les traits fins continus des taux compris entre 1 et 5%, les traits moyens entre 5 et 10% et les traits épais des taux de parasitisme supérieurs à 10%. Dans la colonne de droite, sont indiqués des parasites primaires qui sont des Ichneumonides (*Pimpla* p.e.), des Chalcidiens (*Monodontomerus* et *Amblymerus*), des Braconides (*Apanteles*). Dans la colonne la plus à gauche sont figurés des parasites secondaires (hyperparasites) tels les *Hemiteles* par exemple. (In Ramade F., *Écologie fondamentale*, Ediscience international, 2e ed., 1994, p. 311)

eux-mêmes interconnectés et sont les agents moteurs des processus écologiques fondamentaux – flux de l'énergie et cycle de la matière – propres au fonctionnement de tout écosystème.

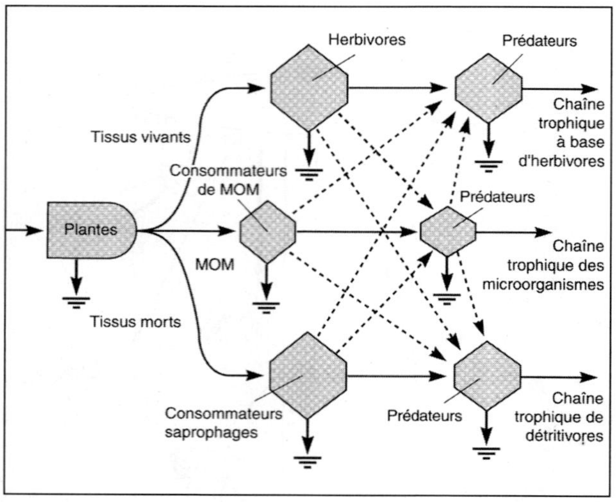

Schéma général unissant les divers types de réseaux **trophiques** dont l'ensemble constitue le réseau trophique de la biocœnose considérée (MOM = matière organique morte). (D'après Odum, op. cit., in Ramade F., *Écologie fondamentale*, Ediscience international, 2e ed., 1994, p. 312)

Par ailleurs, les réseaux trophiques, relativement simplifiés lors des stades pionniers d'une succession, deviennent d'autant plus complexes tout au long d'une écocline que l'on a affaire aux biocœnoses d'écosystèmes qui ont atteint un stade de maturation plus avancé. Le maximum de différenciation trophique s'observe au stade climacique (stratège S). ***(Voir aussi Biocœnose, Chaîne, Écosystème, Réseau)***

trophobiose, n. f. (*trophobiosis*). Phénomène par lequel les insectes sociaux échangent les informations qui assurent la cohésion de la colonie et la régulation des castes. Le terme désigne aussi les échanges de nutriments entre deux organismes symbiotiques.

trophotropisme n. m. (*trophotropism*). Réaction trophique déterminée par la présence de nourriture.

tropical, adj. ◆ **climats ~** (*tropical climates*) : désigne les climats propres aux régions intertropicales du globe. Ces derniers sont assez variés allant de climats perhumides à des climats désertiques, avec comme intermédiaires les climats de mousson marqués par une alternance de saison des pluies et de saison sèche dont la durée a tendance à s'accroître au fur et à mesure que l'on se rapproche des tropiques. ***(Voir aussi Forêt tropicale)*** ◆ **écosystème ~** (*tropical ecosystem*) : désigne les divers types d'écosystèmes situés dans la zone intertropicale. ◆ **zone ~** (*tropical zone*) : zone située entre les latitudes de 15° et 23°26' dans les deux hémisphères.

tropique, n. m. (*tropic*). Lieu géométrique des points à la surface de la Terre situé à la latitude de 23° 26' qui marque la déclinaison maximale du soleil sur sa trajectoire apparente au cours du cycle annuel. On dénomme tropique du Cancer, le tropique boréal et tropique du Capricorne, le tropique austral, car le soleil se trouve au solstice d'été dans l'une ou l'autre de ces constellations du zodiaque selon l'hémisphère.

tropisme(s), n. m. (*tropism*). Processus physiologiques qui se traduisent par le développement (croissance) des végétaux ou le déplacement des animaux dans un sens déterminé allant dans la direction d'un gradient d'un facteur physique précis. Ainsi, on parlera de *phototropisme* positif quand il y a déplacement d'un être vivant vers la lumière, géotropisme quand la croissance ou le mouvement se font dans le sens de la gravité terrestre, etc.

tropopause, n. f. (*tropopause*). Région marquant la limite entre la troposphère et la stratosphère. Elle est située à une altitude de 18 km à l'équateur, de 12 km aux moyennes latitudes et d'à peine 8 km aux pôles. (***Voir aussi Atmosphère***)

tropophile, adj. (*tropophilous*). Désigne une espèce vivant dans un environnement marqué par d'importantes variations de température d'éclairement et d'humidité.

tropophyte, n. f. (*tropophyte*). Plante se développant dans des conditions mésophiles une partie de l'année et xérique le reste du cycle.

troposphère, n. f. (*troposphere*). Zone de l'atmosphère constituée par les couches les plus denses situées au voisinage du sol depuis sa surface jusqu'à la tropopause. Les phénomènes météorologiques ont uniquement pour siège la troposphère qui est hétérogène au plan thermique et par sa teneur en vapeur d'eau et constamment animée de mouvements verticaux et horizontaux qui correspondent à la circulation générale atmosphérique. (***Voir aussi Atmosphère***)

tropotaxie, n. f. (*tropotaxis*). Déplacement linéaire d'un animal vers son objectif alors qu'il reçoit deux stimulus simultanés; ceci s'explique par le fait qu'il possède plusieurs récepteurs sensoriels de sorte qu'il peut percevoir et comparer les stimuli reçus des deux cotés de son corps.

trou, n. m. ◆ ~ **à neige** (*ice cave*) : voir Glacière. ◆ ~ **d'aération** (*ventilation hole*) : trou creusé par un animal afin de pouvoir venir respirer à l'extérieur du milieu dans lequel il vit, à travers l'écorce pour certains insectes xylophages, au travers de la glace chez les Pinnipèdes. ◆ ~ **de fonte** (*thaw hole*) : trou qui apparaît dans la banquise, sur la glace de mer au printemps. ◆ ~ **de sortie** (*emergence hole*) : orifice creusé par les insectes phytophages ou xylophages au travers des tissus des parois ou de la plante-hôte ou de l'écorce après leur métamorphose.

troupeau, n. m. (*herd*). Groupe d'herbivores domestiques ou sauvages qui, par suite de leur grégarisme, se rassemblent et vivent ensemble. Au plan éthologique, il existe tant chez les troupeaux des sous-espèces sauvages que domestiques une structuration du groupe avec établissement de hiérarchisation entre individus et souvent une certaine assistance mutuelle en ce qui concerne la protection des jeunes. Ainsi, chez les troupeaux de bœufs musqués, les mâles entourent le troupeau des femelles, les jeunes étant au centre en cas d'attaque de prédateurs.

truite(s), n. f. (*trout*). Poissons de la famille des Salmonidés inféodés aux cours d'eau et aux lacs aux eaux pures de l'ensemble de la région holarctique. Deux espèces sont autochtones en Europe, la truite de rivières (*brown trout*), *Salmo fario*, et la truite de mer (*sea trout*), *Salmo trutta*, qui vit dans les zones d'estuaire, considérée actuellement comme un écotype de la précédente. Certaines « truites » nord-américaines appartiennent en fait à d'autres genres de Salmonidés : ainsi la *lake trout* est en fait un Omble (*Salvelinus namayacush*) et la truite arc-en-ciel est un *Oncorhynchus*. Les truites exigeant des eaux bien oxygénées sont particulièrement sensibles à la pollution par des matières organiques fermentescibles. (***Voir aussi Salmo, Salmonidés***)

trypanosome(s), n. m. (*trypanosome*) (n. sc. : *Trypanosoma sp.*). Protozoaires parasites appartenant à l'embranchement des Rhizoflagellés, qui vivent dans le sang et la lymphe de leur hôte et sont les agents de nombreuses et graves affections parasitaires de l'homme et des animaux domestiques ainsi que de la faune sauvage d'Ongulés en Afrique subsaharienne.

Leurs agents vecteurs sont des Diptères hématophages du genre *Glossina* qui inoculent les parasites au moment de la piqûre avec leur salive.

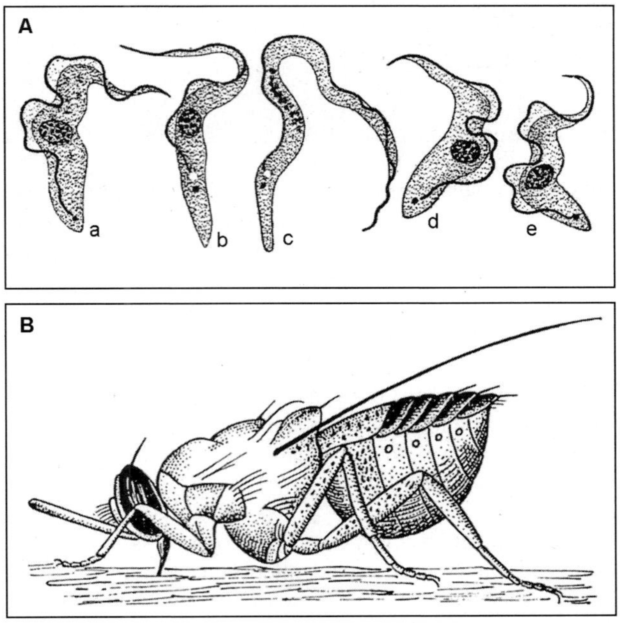

A) Schéma de divers stades du cycle vital du **trypanosome** *Trypanosoma gambiense*, responsable de la maladie du sommeil de l'homme : a) forme sanguine chez l'homme, b) forme dans l'intestin moyen et c) dans l'intestin antérieur de la glossine, d) et e) formes infestantes dans les glandes salivaires de cet insecte. **B**) Glossine, *Glossina palpalis*, Diptère hématophage qui est l'agent vecteur de cette redoutable affection parasitaire en Afrique subsaharienne, ici, avec l'abdomen distendu au cours d'un repas de sang. (D'après divers auteurs in Grassé, op. cit., A) vol I, p. 653, B) vol II, p. 722)

La mouche tsé-tsé est par exemple le vecteur de la redoutable maladie du sommeil. D'autres glossines infestent avec d'autres espèces de *Trypanosoma* les animaux domestiques et certaines antilopes.

En Amérique du Sud, *Schizotrypanum cruzi*, agent vecteur de la maladie de Chagas, est transmis à l'homme par de grandes punaises hématophages du genre *Triatoma*.

trypanosomiase(s), n. m. (*trypanosomiasis*). Graves affections parasitaires causées par les trypanosomes.
La maladie du sommeil est une trypanosomiase causée par *Trypanosoma gambiense* en Afrique et y représente un véritable fléau qui a, en un temps, interdit l'implantation permanente de l'homme dans diverses zones où l'affection est endémique. La *nagana* est une trypanosomiase affectant le bétail qui empêche l'élevage dans diverses régions d'Afri-

Buffles à un point d'eau dans le parc national de **Tsavo** (Kenya). (Cliché F. Ramade)

que subsaharienne. Au Brésil, la maladie de Chagas qui affecte des millions de personnes est aussi provoquée par une autre espèce, *Schizotrypanum cruzi*. ***(Voir aussi Glossine, Tse-Tse)***

Tsavo, parc national du (*Tsavo National Park*). Parc national dont la surface excède 20 000 km^2 et qui est situé dans la partie Sud-Est du Kenya. Ce parc était autrefois célèbre par ses immenses troupeaux d'éléphants aujourd'hui raréfiés par le braconnage lié à la contrebande de l'ivoire (voir Figure ci-dessus).

tsé tsé, mouche, n. f. (*tse tse fly*) (n. sc. : *Glossina sp.*). Genre de Diptères d'Afrique intertropicale dont plusieurs espèces sont des vecteurs de graves affections parasitaires : les trypanosomiases, dont la maladie du sommeil.

Celle-ci a pour agent vecteur *Glossina palpalis*, espèce dont les larves vivent dans les troncs d'arbres creux de la forêt riveraine des cours d'eau. Cette espèce a la particularité d'être vivipare c'est-à-dire que les femelles produisent des larves matures qui se métamorphosent immédiatement après la naissance.

La lutte contre les trypanosomiases est mise en œuvre par la réalisation de traitements insecticides contre les glossines. Malheureusement, compte tenu des particularités écologiques propres à ses gîtes larvaires, l'usage des insecticides entraîne souvent une pollution des eaux riveraines des biotopes forestiers où se reproduit cette espèce qui a parfois conduit à de désastreuses conséquences écotoxicologiques pour les écosystèmes aquatiques. En effet les pyréthroïdes de synthèse utilisés contre ces insectes présentent une extraordinaire toxicité pour divers Invertébrés d'eau douce, en particulier les crustacés, ainsi que pour les poissons. Pour y obvier, est développée depuis quelques années une méthode de lutte fondée sur l'usage de pièges dans lesquels est placée une substance attractive associée à un puissant insecticide. ***(Voir aussi Trypanosome, Trypanosomiase)***

Tsuga, n. sc. (*hemlock*) (vern. français canadien : pruche). Genre de Conifères propre à l'Amérique du Nord tempérée et boréale et qui caractérise en règle générale le stade climacique. ◆ ~ ***canadensis*** (*eastern hemlock*) (vern. : pruche orientale) : arbre dominant des boisements de conifères de l'Est du Canada. ◆ ~ ***occidentalis*** (*western hemlock*) (vern. : pruche occidentale) : espèce vicariante de la précédente de l'Ouest du Canada et du Nord-Ouest des États-Unis.

tsunami, n. m. (*tidal surge*). Raz de marée gigantesque provoqué par un séisme, une éruption volcanique sous-marine ou encore par un glissement de terrain massif survenant sur les flancs d'un canyon sous-marin. Tant que la vague, de longue période, reste dans les zones des eaux du large, elle est peu perceptible bien qu'elle puisse se déplacer à une vitesse excédant 700 km/h. En revanche, à l'approche de la côte, elle entre en résonance avec le fond, prenant une hauteur monstrueuse qui peut dépasser 30 m, détruisant de vastes zones côtières affectées par son déferlement (voir Figure page ci-contre). Certains tsunamis ont fait plusieurs dizaines de milliers de morts comme celui qui dévasta les côtes de l'Indonésie occidentale et centrale après l'explosion du volcan Krakatoa, dans le détroit de la Sonde, en 1883.

tube, n. m. (*tube*). Enveloppe solide, constituée d'une matière protéique à laquelle sont agglomérées des particules minérales et parfois des détritus organiques dont s'entourent de nombreuses espèces d'Invertébrés dulçaquicoles et marins, plus rarement terrestres (cas des femelles de Lépidoptères psychides par exemple). Il s'agit d'espèces généralement sessiles, mais aussi parfois mobiles, comme dans le cas des phryganes à fourreau. De nombreux Annélides Polychètes sont dits de ce fait tubicoles, en particulier tous ceux appartenant à l'ordre des Sabelliformes.

tubicole, adj. (*tubicolous*). Désigne la caractéristique de certains Invertébrés, surtout marins, de fabriquer un tube en matière dure qui entoure leur corps et le protège. C'est par exemple le cas de nombreux Annélides Polychètes sessiles.

Tubifex, n. sc. Genre de Tubificides qui peuvent croître dans des eaux extrêmement polluées par des matières organiques fermentescibles et qui peuvent donc survivre malgré des taux d'oxygène dissous très faibles. En réalité, les *Tubifex* possèdent un pigment voisin de l'hémoglobine dissous dans leur hémolymphe qui leur permet d'absorber plus facilement de faibles traces d'oxygène dissous dans les eaux.

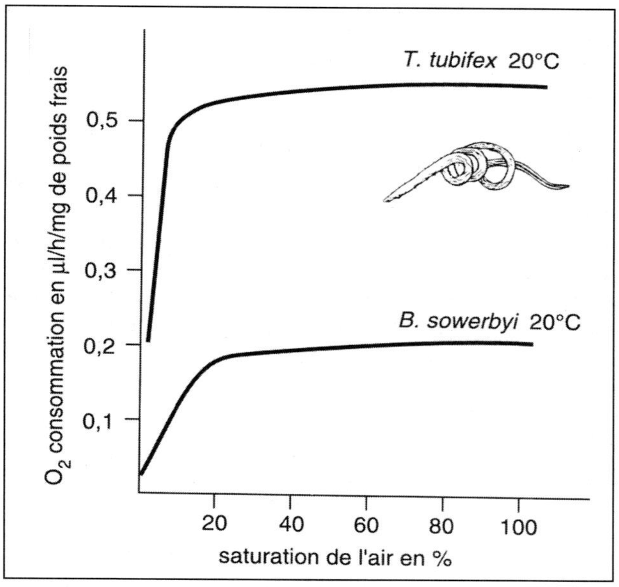

Comparaison de la fixation d'oxygène à partir de divers taux de dissolution dans l'eau en comparaison de la saturation par rapport à sa teneur atmosphérique chez deux espèces de Tubificides : ***Tubifex tubifex*** et *Branchiura sowerbyi.* (D'après Aston, in Mason, op. cit., 1995, p. 84)

Ils constituent de ce fait, lorsqu'ils pullulent, d'excellents bio-indicateurs de la pollution des eaux par des rejets de matières organiques fermentescibles. ***(Voir aussi Bioindicateur)***

Tubificidae, n. sc. Famille d'Annélides Oligochètes propre aux eaux continentales.

Tubiflorales, n. sc. Ordre de Dicotylédones gamopétales de la sous-classe des Astéridées, qui comporte plus de 22 000 espèces réparties dans 20 familles. Les principales d'entre elles sont les Solanacées, les Scrophulariacées, les Borraginacées et les Lamiacées. ***(Voir aussi Astéracées, Astérales, Lamiacées, Scrophulariacées, Solanacées)***

Tubulidentés, n. m. (*Tubulidentata*). Ordre de Mammifères ne renfermant qu'une espèce, l'Oryctérope africain, insectivore, se nourrissant essentiellement de termites et de fourmis, caractérisé par des dents pourvues de tubes dans la dentine.

tuf, n. m. (*sinter*). Synonyme de travertin. Voir Travertin.

tungstène, n. m. (*tungsten, wolfram*). Élément de numéro atomique Z = 74 et de masse atomique Ar = 183,8 dont le corps simple est un métal. Il est très utilisé pour les alliages spéciaux et pour les filaments de lampe à incandescence par suite de sa grande résistance mécanique et thermique. ◆ **carbure de ~** : matériau corrosif et très résistant utilisé pour la fabrication d'outils en métallurgie et aussi comme matériau dans certaines constructions spéciales. Son contact cutané est susceptible de provoquer des dermatoses allergiques. De même, l'inhalation de poussières peut induire des rhinites, voire de l'asthme.

Tuniciers, n. m. (*Tunicata*). Nom commun d'un groupe de Métazoaires pourvus d'une Chorde, représenté par les Ascidies, les Salpes, les Pyrosomes et les Doliolides, et les Appendiculaires dont les larves ont vaguement un aspect de têtards ce qui les fait classer au voisinage des Vertébrés.
Il s'agit d'organismes solitaires ou coloniaux, sessiles dans le cas des Ascidies, lesquelles sont inféodées au milieu ben-

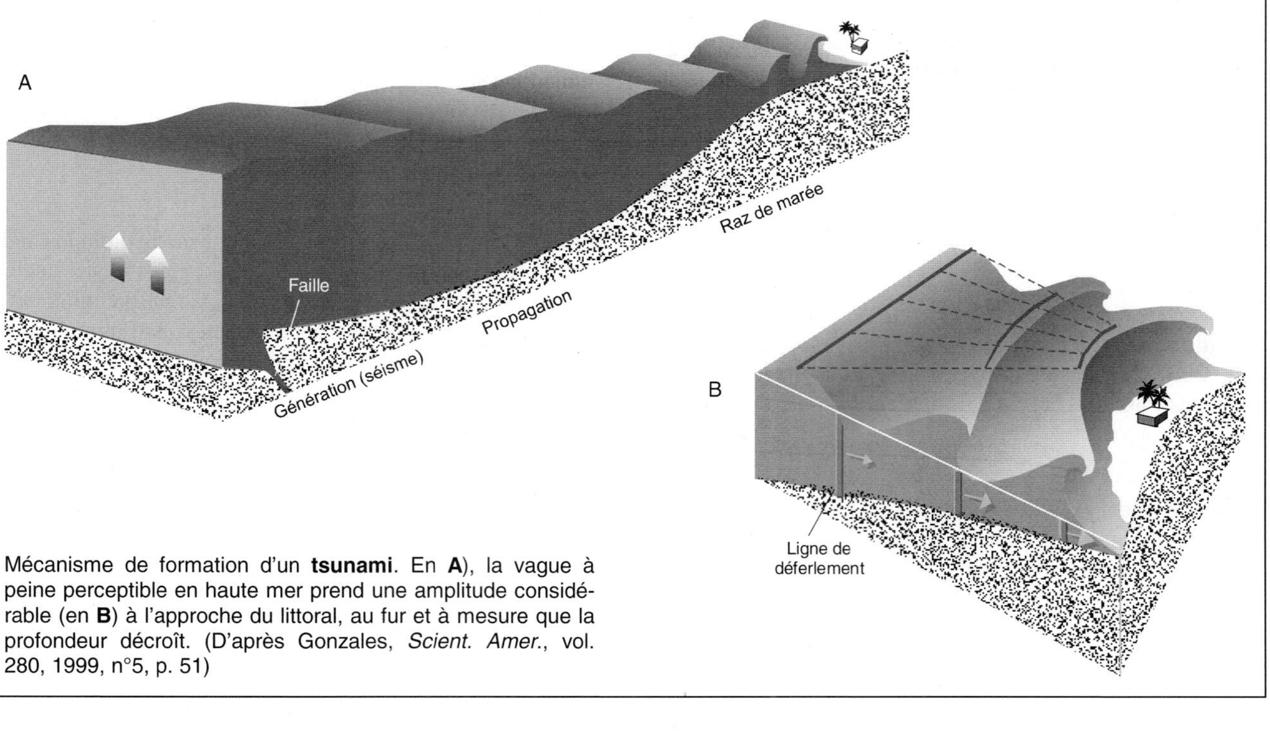

Mécanisme de formation d'un **tsunami**. En **A**), la vague à peine perceptible en haute mer prend une amplitude considérable (en **B**) à l'approche du littoral, au fur et à mesure que la profondeur décroît. (D'après Gonzales, *Scient. Amer.*, vol. 280, 1999, n°5, p. 51)

thique et vivent fixées sur des substrats rocheux ou des organismes vivants : algues ou autres animaux marins fixés de grande taille.

Les autres groupes de tuniciers, Pyrosomes, Doliolides et Salpes sont coloniaux et planctoniques, appartenant au mégaloplancton. **(*Voir aussi Ascidies, Urocordés*)**

Turbellariés, n. m. (*Turbellaria*). Classe de Plathelminthes libres essentiellement inféodés aux eaux douces et marines. Les Planaires en représentent l'un des groupes dominants en particulier dans les eaux continentales.

turbidité, n. f. (*turbidity*). Diminution de transparence d'un fluide causée par la présence de fines particules en suspension liquides ou solides dénommées aérosols dans le cas d'un gaz. ◆ **~ atmosphérique** (*atmospheric turbidity*) : diminution de transparence de l'atmosphère d'intensité variable, causée par le rejet dans l'air d'aérosols ou de particules solides. Pour une même concentration massique des particules, l'opacité – mesure de l'absorption de la lumière – va varier selon à la fois la dimension des particules, celles de taille submiscroscopique étant très absorbantes, et la nature de la substance injectée. L'opacité se mesure par un coefficient dénommé profondeur optique, inverse du logarithme de la lumière incidente. Ainsi les fumées noires causées par les combustions de matières carbonées ou les incendies possèdent une profondeur optique très élevée. ◆ **~ des eaux** (*waters turbidity*) : diminution de transparence des eaux causée par la présence de sédiments et autres matières en suspension ainsi que de la plus ou moins grande abondance du plancton. Ces particules proviennent en général d'apports telluriques dus au ruissellement dans les parties émergées du bassin versant mais aussi de l'érosion des berges dans un cours d'eau, ou encore du déversement des fleuves dans les eaux marines au niveau des zones estuariennes ou deltaïques. En sus de ces causes naturelles, la turbidité des eaux continentales et littorales est accrue par l'érosion des sols du bassin versant, par la déforestation et (ou) les mauvaises pratiques agricoles ainsi que, très fréquemment, par les rejets d'effluents urbains et industriels pollués. **(*Voir aussi Érosion, MOF, Pollution*)**

turbulence, n. f. (*turbulence*). Mouvement de diffusion chaotique de masses d'air ou d'eau s'effectuant de façon aléatoire et provoqué par un gradient thermique et (ou) – dans le cas des biotopes aquatiques – par l'agitation superficielle due au vent.

turbulent, adj. ◆ **mélange ~** (*turbulent mixing*) : mélange de masses d'air ou d'eau résultant de mouvements irréguliers dans l'atmosphère ou à l'intérieur d'un biotope aquatique.

turgescence, n. f. (*turgescence*). État physiologique d'une cellule qui a absorbé de l'eau et en a rempli les vacuoles cytoplasmiques par osmose.

turgidité, n. f. (*turgor*). Rigidité des organes (feuilles, tiges) et des parties non ligneuses des végétaux prises dans leur totalité, liée à la pression hydrostatique exercée sur les parois cellulaires. **(*Voir aussi Fanaison, Flétrissement*)**

turn over, n. m. ◆ **~ des espèces** : remplacement, au cours de l'évolution, des espèces éteintes par de nouvelles espèces en une aire et une époque donnée. ◆ **~ d'une population** : fraction de l'effectif d'une population qui est gagnée ou perdue au cours d'un cycle de durée déterminée, par exemple en une année. ◆ **taux de ~** (*turn over rate*) : évaluation du flux d'un élément dans son cycle biogéochimique. Ce taux se mesure en faisant le rapport entre le flux de sortie (ou d'entrée) dans un compartiment de l'écosystème considéré, ou de la biosphère s'il s'agit du cycle global, et le stock du même élément dans le compartiment considéré. ◆ **durée du ~** (*turn over time*) : inverse du taux de *turn-over*. C'est la mesure du temps nécessaire pour qu'un élément nutritif remplisse ou au contraire se vide d'un réservoir donné de l'un des compartiments de l'écosystème. **(*Voir aussi Cycles biogéochimiques, Forêt*)**

tychocœne, adj. (*tychocoene*) (syn. : préférentielle). Désigne des espèces qui, tout en présentant une certaine ubiquité, se développent préférentiellement dans un type de biocœnose donné.

tycholimnique, adj. (*tycholimnic*). Désigne une espèce se développant normalement dans les milieux benthiques des biotopes d'eaux calmes mais qui peut aussi se rencontrer dans la colonne d'eaux libres.

tychopélagique, adj. (*tychopelagic*). Désigne une espèce faisant partie du benthos marin ou lacustre mais qui peuvent aussi se rencontrer dans le milieu pélagique.

tychoplancton, n. m. (*tychoplankton*). Groupe systématique ou espèce du plancton qui n'en sont pas des composants permanents mais se rencontrent occasionnellement dans ce dernier. **(*Voir aussi Méroplancton*)**

tychopotamique, adj. (*tychopotamous*). Désigne une espèce se développant dans les milieux lentiques qui peut s'individualiser sur les bords d'un fleuve, voire d'un cours d'eau rapide.

type, n. m. (*type, specimen*). Désigne en taxonomie l'individu original constituant le spécimen d'après lequel une espèce a été décrite. Compte tenu de la variabilité inhérente à une population, les règles actuelles prévoient que plusieurs paratypes issus d'un même prélèvement soient associés à ce dernier pour obvier à cette difficulté et aussi de disposer de références additionnelles dans l'éventualité où le type serait détruit. **(*Voir aussi Holotype, Lectotype, Paratype*)** ◆ **~ de végétation** : voir Végétation.

Typha latifolia, n. sc. (*cattail*). Nom scientifique d'une espèce de roseau, dénommée vulgairement massette, très fréquente dans l'ensemble de l'Europe et caractérisée par des feuilles larges et épaissies. Les *Typha latifolia* possèdent une aptitude à bioconcentrer les polluants mé-

Massettes ***Typha latifolia*** dans une roselière propre à la zone riparienne d'un étang. Des parties les plus proches de la rive vers celles jouxtant les eaux libres, on note la présence d'une ceinture successive de *Carex*, de Phragmites puis de *Typha*. (D'après Haslam, op. cit., in Ramade F., *Dictionnaire encyclopédique des sciences de l'eau*, Ediscience international, 1998, p. 665)

talliques présents dans les sédiments. (***Voir aussi Typhacées***)

Typhacées, n. f. (vern. : *red mace*). Famille de Monocotylédones inféodée à la zone littorale des milieux lentiques. Elle présente une grande importance écologique car elle constitue l'un des éléments dominants des peuplements végétaux de ces habitats.

Typhlodroma, n. sc. Genre d'Acariens Thrombidiformes prédateurs. Ce genre régule de façon efficace d'autres Acariens, dénommés vulgairement araignées rouges, de la famille des Tétranychides, qui constituent d'importants ravageurs des cultures. (***Voir aussi Acariens***)

typhoïde, n. f. (*thypoidis*). Grave affection bactérienne entérique causée par *Salmonella typhi*. Sa cause essentielle dans le monde est l'eau de boisson provenant de puits ou d'un réseau d'adduction bactériologiquement insalubre. Dans les pays industrialisés, les Mollusques (moules et huîtres) récoltés dans la nature ou provenant d'exploitations conchylicoles mal surveillées peuvent aussi être une cause de contamination.

typhon, n. m. (*typhoon*). Nom donné aux cyclones tropicaux de très grande violence en Asie du Sud-Est. (***Voir aussi Cyclone, Ouragan***)

typologie(s), n. f. (*typology*). Classifications des divers types d'écosystèmes fondées sur telle ou telle particularité de leur fonctionnement ou de la structure de leur communauté. En écologie limnique par exemple, une typologie classique est la classification des principaux types lacustres établie à partir de leur état trophique (oligotrophie-eutrophie), lui-même initialement fondé sur la distinction entre les divers types planctoniques.

ubac, n. m. (*ubac*). On désigne sous ce terme en géographie et climatologie les versants des vallées les moins ensoleillées qui correspondent aux flancs des montagnes orientés vers le nord dans l'hémisphère boréal. ***(Voir aussi Adret)***

ubiquiste, adj. (*ubiquitous*). Désigne tout composant de l'environnement abiotique ou biotique pouvant se rencontrer dans des types de milieux ou des zones géographiques variés. ◆ **espèce ~** (*ubiquitous species*) : ce terme désigne des espèces vivantes capables de coloniser des habitats très variés et qui de ce fait ne présentent aucune inféodation à un type de biotope donné. ***(Voir aussi Endémique)***

Uca, n. sc. Genre de crabe propre aux biotopes littoraux saumâtres des régions subtropicales et tropicales dont les mâles possèdent des pattes antérieures très dissymétriques. Ils sont vulgairement dénommés crabes violonistes par suite des mouvements des pinces des mâles de ces espèces au cours des parades nuptiales.

UICN (Union Internationale pour la Conservation de la Nature et de ses Ressources) (*IUCN*). Dénommée aujourd'hui Union Mondiale pour la Nature, l'UICN, a été créée en 1948 à Fontainebleau par l'UNESCO où elle a fêté avec éclat son 50e anniversaire en octobre 1998. Son siège est situé à Gland, près de Nyon, en Suisse.

Elle a été initialement conçue par ses créateurs comme une Organisation scientifique non gouvernementale dont l'objet est l'application des sciences biologiques et en particulier de l'écologie à la conservation de la nature.

L'UICN a modifié considérablement ses objectifs initiaux et son statut au cours des années 1980 avec la prise de conscience, dont elle a été l'artisan majeur, de la liaison étroite existant entre utilisation rationnelle et conservation des ressources naturelles d'une part et de l'autre l'objectif d'un développement durable pour l'ensemble de l'humanité.

La Stratégie mondiale de la conservation publiée en 1980 avait pour objet de jeter les bases des principales mesures à mettre en œuvre dans le domaine de la protection de la nature pour assurer ce développement durable, idées qui ont été reprises en 1987 dans le dit « rapport Bruntland » sur l'environnement et le développement. Ultérieurement, elle inspira à bien des égards la conférence des Nations Unies sur l'environnement et le développement, tenue à Rio en 1992.

Malgré le mérite d'avoir initié de telles actions, l'UICN a présenté au cours des dernières décennies une dérive par rapport à ses objectifs initiaux,et aussi, à sa structure. Ses actions sont de nos jours essentiellement ou à tout le moins en grande partie orientées vers l'écodéveloppement dans le Tiers monde.

En outre, malgré son statut formel d'Organisation Non Gouvernementale, l'UICN qui compte plus de 60 États-Membres sur un total de plus de 120 représentés par des Organisations, voit ses actions de plus en plus contrôlées par les Gouvernements, les organisations gouvernementales ayant actuellement dans les Assemblées Générales, de par ses nouveaux statuts, autant de voix que les ONG membres de cette Union!

Toutefois, l'UICN bénéficie toujours d'un réseau de scientifiques de réputation internationale, membres de diverses institutions universitaires et autres organismes de recherche, qui s'étend à l'échelle mondiale. Ce réseau lui confère un rôle d'interlocuteur privilégié des grandes organisations multilatérales et des États en matière d'expertise dans le domaine d'écologie appliquée à la mise en œuvre de la conservation de la nature et de ses ressources.

L'UICN est en particulier en charge du Congrès mondial des parcs Nationaux, elle gère conjointement avec le PNUE et le WWF le Centre du Monitoring de la Conservation à Cambridge et Kew, dont le rôle est d'établir, de tenir à jour et de gérer des banques de données des diverses aires protégées du monde ainsi que sur la biodiversité globale, en particulier sur les espèces vivantes en danger de disparition.

L'UICN a établi le statut des Nations unies des parcs nationaux et autres aires protégées analogues, dont elle tient à jour une liste critique publiée à intervalles réguliers, ajoutant de nouvelles aires ou supprimant celles qui ne correspondent plus à la réglementation internationale.

L'UICN participe également à l'établissement des grandes conventions des Nations unies concernant la protection des Ressources naturelles et de l'Environnement global (Antarctique, droit de la Mer). En date plus récente, elle a joué un rôle majeur dans l'élaboration de la Convention Internationale sur la Diversité Biologique, adoptée à la Conférence de Rio, en 1992 et entérinée depuis par une centaine d'États au suivi et à l'application de laquelle elle participe étroitement. ***(Voir aussi Conventions, PNUE, UNESCO)***

UKAEA. Sigle de L'*United Kingdom Atomic Energy Authority*, organisme équivalent du CEA en France.

Ulex, n. sc. (*broom*). Nom scientifique du genre auquel appartiennent les ajoncs. Il s'agit d'une Légumineuse inféodée aux habitats de landes dans les pays tempérés de l'Ancien Monde.

uligineux, adj. (*uliginous*). Terme désignant les habitats constitués par les boues de zones marécageuses ou des sols détrempés en permanence ainsi que des espèces qui leur sont inféodées.

ultisol, n. m. (*ultisol*). Sol parvenu au terme de son évolution pédologique compte tenu des conditions géologiques et climatiques propres à sa localisation géographique.

ultrabasique, adj. (*ultrabasic*). Désigne une roche magmatique pauvre en silice et riche en composés ferromagnésiens.

ultradien, adj. (*ultradian*). Caractérise un rythme circadien rapide de durée inférieure à vingt heures.

ultrafiltration, n. f. (*ultrafiltration*). Technique de filtration permettant de retenir des « particules » colloïdales contenues dans l'eau dont la taille est égale ou supérieure à 1 à 15 nm (10^{-9} m) selon la technique utilisée.

ultrananoplancton, n. m. (*ultrananoplankton*). Organismes planctoniques de taille inférieure à 2 μ.

ultraplancton, n. m. (*ultraplankton*). La plus petite fraction de plancton marin par classe de taille. Il est constitué par les organismes de taille inférieure à 5 μ, c'est-à-dire la plupart des bactéries et des plus petites espèces de flagellés. **(*Voir aussi Plancton*)**

ultrasaprobe, adj. (*ultrasaprobic*). Désigne un milieu limnique fortement pollué par des matières organiques fermentescibles dont la DBO est comprise entre 1g/l et 60 g/l! **(*Voir aussi DBO, MOF, Saprobie*)**

ultraviolet, n. m. (*ultraviolet radiation*). Rayonnement contenu dans la lumière solaire de courte longueur d'onde, inférieure à 400 mμ, qui est donc en dehors des limites des rayonnements violets visibles, d'où leur nom.

On distingue trois types d'UV, les UV A de plus grande longueur d'onde, allant de 400 à 340 mμ, les UV B de longueur d'onde comprise entre 340 et 100 mμ, enfin les UV C étant compris entre 100 mμ et 0,1 mμ. les autres rayons UV de plus courte longueur d'onde sont absorbés dans l'atmosphère en particulier par la couche d'ozone.

Comme tout rayonnement énergétique, les UV sont dangereux pour les êtres vivants et cela d'autant plus que leur longueur d'onde est plus courte. Ils sont bactéricides et causent des lésions aux parties aériennes des végétaux à des intensités à peine supérieures au flux maximum que l'on peut mesurer dans les conditions naturelles au niveau du sol.

Le flux UV cause chez les sujets exposés sans protection, au bord de mer ou en montagne des brûlures de la peau, les « coups de soleil ». L'exposition excessive à la lumière solaire est aussi susceptible d'induire des cancers de la peau par suite de l'irradiation ultraviolette qu'elle provoque. **(*Voir aussi Ozone*)**

uncinus, n. m. (*uncinus*). Type de cirrus caractérisé par des filaments en forme de virgule. **(*Voir aussi Cirrus, Nuage*)**

undulatus, n. m. (*undulatus*). Variété de nuages stratiformes présentant des couches ondulées. On parlera par exemple de strato-cumulus ou de cirro-cumulus undulatus. **(*Voir aussi Nuage*)**

UNESCO. Organisme international dont le sigle est l'abréviation de *United Nations for Education, Science and Culture Organization.*

Fondé en 1946, l'UNESCO, dont le siège est à Paris, a joué très tôt un rôle majeur dans la prise de conscience internationale des problèmes propres à l'environnement de l'homme et à la crise écologique globale.

Son département des Sciences écologiques créa, dès le début des années 1960, le Programme Biologique International (PBI) dans le cadre duquel furent menées de très importantes recherches synécologiques. L'UNESCO organisa aussi dans ce cadre en 1968 la conférence mondiale sur la protection et l'utilisation rationnelle de la biosphère et de ses ressources. Ce même Département organisa en 1970 le programme MAB (*Man and Biosphere*). La principale réalisation du MAB, à l'initiative de Michel Batisse, fut la création d'un réseau mondial de Réserves de Biosphère à partir de 1974 dont le rôle majeur, outre la conservation d'écosystèmes témoins dans chaque province biogéographique du monde, fut de stimuler dans ces derniers des recherches sur la compréhension des processus écologiques fondamentaux et en écologie appliquée. **(*Voir aussi Protection de la nuture*)**

Unio, n. sc. (vern. : *fresh water clam*). Genre de Lamellibranche des eaux douces propre aux cours d'eaux lents des pays tempérés d'Europe. Cette espèce assez pollusensible exige des eaux de bonne qualité pour son développement.

Union Européenne. Fédération des États démocratiques d'Europe ayant succédé à la Communauté Économique Européenne (CEE) après le Traité de Maastricht en 1994. Elle intervient, entre autres choses, dans toutes les questions de protection environnementale, non seulement au niveau européen mais dans l'ensemble du monde via la mise en œuvre de diverses conventions internationales comme par exemple celles sur le droit de la mer (relativement à l'exploitation rationnelle des pêcheries maritimes), celles sur la diversité biologique ou encore les nombreuses conventions concernant la lutte contre les pollutions. Elle joue aussi un rôle important dans la recherche européenne sur les sciences de l'environnement au travers d'une commission spécialisée dans ce domaine sise à Bruxelles, la DG11. ◆ **directives en-**

vironnementales de l'~ : la Commission de l'Union Européenne (ex Communautés Européennes) a mis au point depuis le milieu des années 1970 toute une série de directives concernant la protection de la nature et de l'environnement de l'homme. Parmi les plus importantes, on peut citer la directive de 1979 relative à l'évaluation de l'impact environnemental potentiel de tout produit chimique nouveau, celle établissant des CMA pour les milieux ingérés : eau de boisson et aliments, celle relative aux émissions d'aéropolluants par les véhicules à moteur, enfin, celle qui concerne la protection des oiseaux migrateurs et qui soulève les ineffables problèmes franco-français liés au comportement irresponsable des chasseurs pour tout ce qui concerne la protection des espèces animales.

unipare, adj. (*uniparous*). Désigne une espèce de Mammifère n'ayant qu'un jeune par portée.

unité, n. f. (*unit*) ◆ ~ **biostratigraphique** (*biostratigraphic unit*) : unité stratigraphique constituée par des dépôts fossilifères correspondant à un ensemble de caractéristiques paléoécologiques précises et contemporains des sédiments constituant la ou les strates considérées. ◆ ~ **de concentration** : diverses unités de concentration sont utilisées de façon courante en écologie et en sciences de l'environnement. Ces unités sont figurées dans le tableau ci-après. ◆ ~ **phytosociologique** (*phytosociological unit*) : désigne les diverses entités de complexité croissante dans lesquelles sont réunies les associations végétales. ◆ ~ **stratigraphique** (*stratigraphic unit*) : couche ou ensemble déterminé de couches permettant d'établir une classification géochronologique. ◆ ~ **systématique** (*systematic unit*) (syn. : unité taxonomique) : terme désignant en biocoenotique des entités taxinomiques d'importance variable : famille, genre ou espèce. Cette notion permet d'intégrer dans des relevés des individus dont le niveau de détermination est plus ou moins précis. ◆ **système international d'~** (*International Units System*) (abrév. : SI) : système d'unités universel, concernant en particulier toutes les activités scientifiques et techniques. Il est basé sur sept unités fondamentales et un ensemble d'unités dérivées. Les unités fondamentales sont le mètre (m) pour la longueur, le kilogramme (kg) pour la masse, la seconde (s) pour le temps, l'ampère (A) pour l'intensité électrique, le kelvin (K) pour la température thermodynamique, la candela (cd) pour l'intensité lumineuse et la mole (mol) pour la quantité de matière.

Les principales unités dérivées ayant une importance en écologie et en sciences de l'environnement sont données par le tableau page suivante.

univoltin(e), adj. (*monovoltin*). Terme désignant les espèces d'Arthropodes qui présentent une seule génération au cours de leur cycle annuel.

univore, adj. (*univorous*) (syn. : monophage). Qui ne consomme qu'une seule espèce de proie.

upwelling, n. m. Courants verticaux océaniques qui produisent au niveau du plateau continental une remontée des eaux profondes chargées de sels minéraux nutritifs. Les zones d'upwelling possèdent en conséquence une très forte productivité primaire et représentent les régions océaniques où se concentrent les plus importantes pêcheries commerciales. ***(Voir aussi Courant, Océan)***

Principales unités de concentration utilisées de façon courante en écologie et en sciences de l'environnement relativement aux compartiments atmosphériques (phase gazeuse) et hydrosphérique (phase dissoute)

Nom	Symbole	Unité	Définition
Atmosphère (phase gazeuse)			
Pression partielle (Pascal)	p_i	atm, bar, Pa	Force/Unité de surface 1 atm = $1{,}013 \cdot 10^5$ Pa
Partie par million	ppm	ppm(v)	Concentration volumique en ppm = $(Ci/C) \cdot 10^{-6}$ où Ci et C correspondent respectivement à la molalité de l'espèce chimique i et C à celle de l'air à la pression et à la température normale (ou encore observée). 1 ppm(v) = 10^{-6} atm + $2{,}46 \cdot 10^{13}$ molécules $\cdot$ cm^{-3} = 40,9 (PM)µg $\cdot$ m^{-3} (sous pression d'une atm et à 25°C)
Partie par milliard	ppb	ppb(v)	= $(Ci/C) \cdot 10^{-9}$
Hydrosphère (solution)			
Molarité	M, mM, µM	$mol \cdot l^{-1}$	Nombre de moles d'une espèce chimique par litre de solution
Molalité	m, mm, µm		Nombres de moles d'une espèce par kg d'eau (ou de tout autre solvant), la concentration dans cette échelle ne dépend ni de la pression ni de la température (les océanologues emploient comme unité la mole $\cdot$ kg^{-1} d'eau de mer)
Equivalent par litre	$eq \cdot l^{-1}$	$eq \cdot l^{-1}$	Unité de charge par litre de solution (soit 96 500 coulombs par litre)
Fraction molaire	x_i		Nombre de moles d'une espèce chimique par rapport au nombre total de moles dissoutes
Partie par million	ppm	ppm	Concentration massique = 10^{-6} soit un mg/l de substance dissoute
Partie par milliard	ppb	ppb	Concentration massique = 10^{-9} soit un µg/l de substance dissoute

Principales unités dérivées dans le SI			
Quantité dérivée	**Nom de l'unité**	**Symbole de l'unité**	**Dimensions de l'unité**
Surface	mètre carré		m^2
Volume	mètre cube		m^3
Densité	kilogramme par mètre cube		$kg \cdot m^3$
Fréquence	hertz	Hz	s^{-1}
Concentration	mole par mètre cube		$mol \cdot m^3$
Vitesse	mètre par seconde		$m \cdot s^{-1}$
Accélération	mètre par seconde par seconde		$m \cdot s^{-2}$
Force	newton	N	$m \cdot kg \cdot s^{-2}$
Pression	pascal	Pa	$N \cdot m^{-2}$
Energie	joule	J	$N \cdot m$
Puissance	watt	W	$J \cdot s^{-1}$
Charge électrique	coulomb	C	$A \cdot s$
Différence de potentiel	volt	V	$w \cdot A^{-1}$
Résistance électrique	ohm	Ω	$V \cdot A^{-1}$
Capacité	farad	F	$C \cdot V^{-1}$
Radioactivité	becquerel	Bq	s^{-1}
Irradiance (flux de l'énergie)	watt par mètre carré		$W \cdot m^{-2}$
Conductivité thermique	watt par mètre kelvin		$W \cdot m^{-2} \cdot K^{-1}$
Capacité calorifique molaire	joule par mole kelvin		$J \cdot m^{-2} \cdot K^{-1}$

uranifère, adj. (*uraniferous*). Désigne des terrains ou des gisements minéraux qui renferment de l'uranium.

uranium, n. m. (*uranium*). Métal de numéro atomique Z = 92, correspondant à l'élément de plus forte masse atomique naturellement présent dans l'univers. L'uranium naturel est un mélange d'isotopes constitué essentiellement d'uranium de masse atomique Ar = 238 avec des traces (0,7%) d'uranium 235, le seul radioélément naturel qui soit fissile. Un autre radio-isotope, l'uranium 233, également fissile, se forme artificiellement dans des réacteurs nucléaires surrégénérateurs fonctionnant au Thorium comme matière fertile par capture neutronique de ce métal. On a la réaction :

$$^{232}\mathrm{Th} + n \rightarrow {}^{233}\mathrm{U}$$

◆ **enrichissement de l'~** (*uranium isotopic enrichment*) : opération fondée sur divers procédés consistant à enrichir en uranium 235 fissile un échantillon d'uranium naturel, afin d'obtenir une plus haute densité énergétique du combustible nucléaire et donc de diminuer considérablement le volume du réacteur. Initialement le procédé a été utilisé à des fins militaires dès 1944 aux États-Unis afin de produire l'uranium 235 nécessaire à la fabrication de la bombe atomique. Le seul procédé actuellement employé à une échelle industrielle est l'enrichissement par diffusion à travers des membranes poreuses spéciales du seul composé gazeux de l'uranium, son hexafluorure, UF_6. En France, l'usine de Tricastin produit tout l'uranium enrichi nécessaire pour faire fonctionner les centrales nucléaires de l'EDF.

◆ **mines d'~** (*uranium mines*) : l'extraction minière de l'uranium soulève d'incontestables problèmes d'environnement. En effet, comme les taux en uranium des gisements sont très faibles, rarement de l'ordre du pour cent et souvent de l'ordre du pour mille, l'extraction de ce métal implique le déplacement d'énormes volumes de roches qui bouleversent le paysage, à l'image d'autres types d'extraction minière (voir figure page ci-contre). Par ailleurs, le traitement du minerai implique une pollution des eaux de surface qui sont acidifiées et dans lesquelles sont en outre rejetées des concentrations élevées en Actinides qui contaminent les réseaux trophiques aquatiques. Enfin, les mineurs d'uranium sont exposés à un risque professionnel dû à l'inhalation d'air contaminé par un gaz rare radioactif, le radon. L'irradiation interne qui en résulte augmente beaucoup les risques de cancer du poumon chez les mineurs fumeurs par synergisme avec la fumée de tabac, ainsi que l'ont démontré des enquêtes épidémiologiques effectuées aux États-Unis dans les années 1970. (***Voir aussi Radon***)

◆ **réserves d'~** (*uranium reserves*) : l'estimation des réserves mondiales d'uranium varie beaucoup selon le coût estimé économiquement acceptable de l'extraction, lui-même lié au prix des autres combustibles fossiles. Un consensus général fixe les réserves actuellement extractibles – en l'absence de surrégénération – à un ordre de grandeur de niveau comparable, en équivalent énergie, à celui des réserves de pétrole. (***Voir aussi Centrale, Combustible, Nucléaire, Surrégénérateur***)

urbain(e), adj. ◆ **milieu ~** (*urban environment*) : également dénommé de façon trop extensive écosystème urbain, le milieu que constituent les villes présente des caractéristiques très particulières tant aux plans micro- et mésoclimatiques qu'à celui du flux de l'énergie et du cycle de la matière par rapport à ce qui caractérise les écosytèmes réels.

Le flux de l'énergie y est artificiel de façon prépondérante, tandis que l'essentiel des matières, qu'il s'agisse de l'alimentation ou des matériaux nécessaires aux activités industrielles y est importé.

La concentration des industries et des habitats dans le milieu urbain favorise la pollution atmosphérique due à la circulation des véhicules à moteur et aux combustions dans les divers foyers domestiques et industriels. ◆ **dôme de pollution atmosphérique ~** (*urban dust dome, cities dust dome*) : au cours de la journée, l'émission d'aéropolluants provoque par temps calme, conjointement avec la production de chaleur artificielle due à la concentration de l'usage d'énergie artificielle, la formation d'un dôme de pollution atmosphérique en forme de coupole gigantesque recouvrant la zone urbaine. Celui-ci atteint la limite de la troposphère et se caractérise par une accumulation de contaminants particulaires et gazeux. Il présente une couleur orangée caractéristique due à la présence de fortes

Mine **d'uranium** à ciel ouvert de Ranger, en bordure du parc national de Kakadu dans l'ouest de la Terre d'Arnhem. (Territoire du Nord, Australie). (Cliché F. Ramade)

concentrations en peroxyde d'azote par rapport à celle de l'air non pollué. L'existence de ce dôme favorise les précipitations orageuses, l'intensité des orages sur les villes industrielles, à forte pollution atmosphérique étant toujours plus forte que dans la campagne environnante. Les autres particularités mésoclimatiques urbaines tiennent en une plus faible transparence atmosphérique due à la pollution de l'air marquée en particulier par des brouillards (smogs) plus fréquents que dans les zones rurales avoisinantes, un plus faible rayonnement UV au niveau du sol qui en résulte, des vents moins forts dus au rôle des constructions. ◆ **pollution des eaux ~** : les rejets par les émissaires d'égouts des effluents liquides domestiques d'origine urbaine constituent une source majeure de pollution des eaux continentales et littorales.

Dans les pays industrialisés, la DBO moyenne par habitant dans les villes est souvent de nos jours de l'ordre de 80 g/habitant/j. Ceci correspond, pour une agglomération comme celle de Paris, à un rejet quotidien de l'ordre de 2 millions de m^3 d'eaux usées, qui doivent être impérativement traitées pour éviter que les fleuves dans lesquels elles se déversent ne soient transformés en d'immenses égouts à ciel ouvert.

Le rejet d'un effluent urbain pollué par des MOF constitue partout dans le monde une cause répandue et prépondérante de dégradation de la qualité des eaux de surface. Un rejet d'égout induit une dégradation considérable, tant de la qualité physico-chimique des eaux que de la biocœnose aquatique. Les peuplements d'algues et autres organismes autotrophes sont éliminés et remplacés, sur la section d'un cours d'eau polluée par des organismes pollutolérants. De même, la zoocœnose est très affectée, avec la disparition du peuplement piscicole et des macroinvertébrés inféodés aux eaux de bonne qualité. L'intervention des processus naturels d'autoépuration ne permet la restauration de la qualité des eaux qu'à une distance vers l'aval d'autant plus grande que le rejet de l'effluent urbain est plus important, se chiffrant en kilomètres, voire en dizaines de kilomètres selon le cas.

Le traitement des effluents urbains dans des stations d'épuration, bien qu'il ait connu un net accroissement au cours des deux dernières décennies, ne contribue aujourd'hui encore que de façon incomplète, en règle générale, à l'élimination des polluants présents dans les milieux aquatiques continentaux. En effet, le taux de réduction de la pollution organique, même s'il atteint, voire dépasse, 80%, laisse subsister une DBO élevée quand on prend en considération les volumes gigantesques d'effluents urbains d'origine domestique rejetés. En outre, un vaste spectre de polluants xénobiotiques souvent d'origine industrielle ne sont pas éliminés ou seulement partiellement par ce type de station. Enfin, le mélange des eaux de ruissellement des précipitations sur la voirie avec les effluents urbains, fréquent à l'heure actuelle dans un grand nombre de stations réduit de façon parfois désastreuse les taux d'épuration effectifs. Par ailleurs, en l'absence de traitement tertiaire, ou si ce dernier n'est que partiel, il subsiste un risque d'eutrophisation des cours d'eau dans lesquels se déversent les rejets d'effluents réputés épurés des stations de traitement des eaux usées urbaines. La pollution résiduelle affecte donc toujours, dans de nombreux pays, de façon significative les eaux de surface. (***Voir aussi Eau, MOF, Pollution, Smog, Ville***)

urbanisation, n. f. (*urbanization*). Processus par lequel se constitue et s'accroît une ville par concentration de l'habitat mais aussi des activités secondaires, tertiaires, etc.

Un corollaire essentiel de l'urbanisation tient aussi en l'intensification de la densité routière et autres infrastructures de transports que cela implique.

Dans de nombreuses conurbations américaines, Los Angeles par exemple, le réseau routier représente plus de 30% de la surface totale de l'agglomération urbaine!

L'impact écologique de l'urbanisation est très considérable tant par ses conséquences environnementales, en particulier en ce qui concerne les pollutions, que par la dégradation des zones rurales périurbaines dont les sols sont progressivement transformés en béton et en bitume du fait de l'extension de l'agglomération. Dans la région parisienne par exemple les surfaces bétonnées ou bitumées dépassent quelque 3 000 km^2.

◆ **perturbation du cycle de l'eau par l'~** : la diminution de l'infiltration, corollaire de l'urbanisation consécutive à l'imperméabilisation des chaussées et des zones construites, et la diminution de l'évapotranspiration due à l'éradication de la végétation remplacée par le béton ou l'asphalte ont pour conséquence une profonde perturbation du cycle de l'eau à l'échelle régionale. Ainsi, il a pu être montré dans l'Ontario qu'en zone rurale, avant urbanisation d'un territoire à couverture mixte culture-espaces boisés, le ruissellement n'atteignait que 10% de la valeur des précipitations annuelles, l'évapotranspiration 40% et l'infiltration dans les nappes phréatiques 50% de ces dernières. Après urbanisation, la somme de l'évaporation et de l'évapotranspiration est tombée à 25% et l'infiltration à 32%. À l'opposé, le ruissellement a atteint 43% de l'apport annuel des précipitations soit une augmentation de 4,3 fois.

◆ **besoins en eau liés à l'~** : l'urbanisation soulève de considérables problèmes d'approvisionnement en eau et d'adduction. La croissance démographique qui stimule l'hypertrophie des villes dans de nombreux pays du Tiers monde, à climat aride, de même que l'incessante urbanisation des régions ayant peu de ressources en eau de divers pays développés comme l'Ouest des États-Unis ou encore les rives septentrionales du Bassin Méditerranéen soulèvent des difficultés croissantes.

Ainsi, en Amérique du Nord, le Colorado, après avoir traversé quatre États de l'Ouest américain (Colorado, Utah, Arizona et Californie), est réduit à un mince filet d'eau dans la partie inférieure de son cours, au Mexique, où il débouche dans la mer de Valdez.

Au Maghreb, plusieurs grandes villes depuis le Maroc jusqu'à la Tunisie souffrent d'une pénurie d'eau chronique. En France, une polémique s'est récemment élevée au sujet du prélèvement d'eau du canal du Bas-Rhône-Languedoc pour alimenter la communauté urbaine de Barcelone qui, avec ses quelque 4 millions d'habitants, est confrontée à une insuffisance croissante de son approvisionnement en eau. (***Voir aussi Ressources, Ville***)

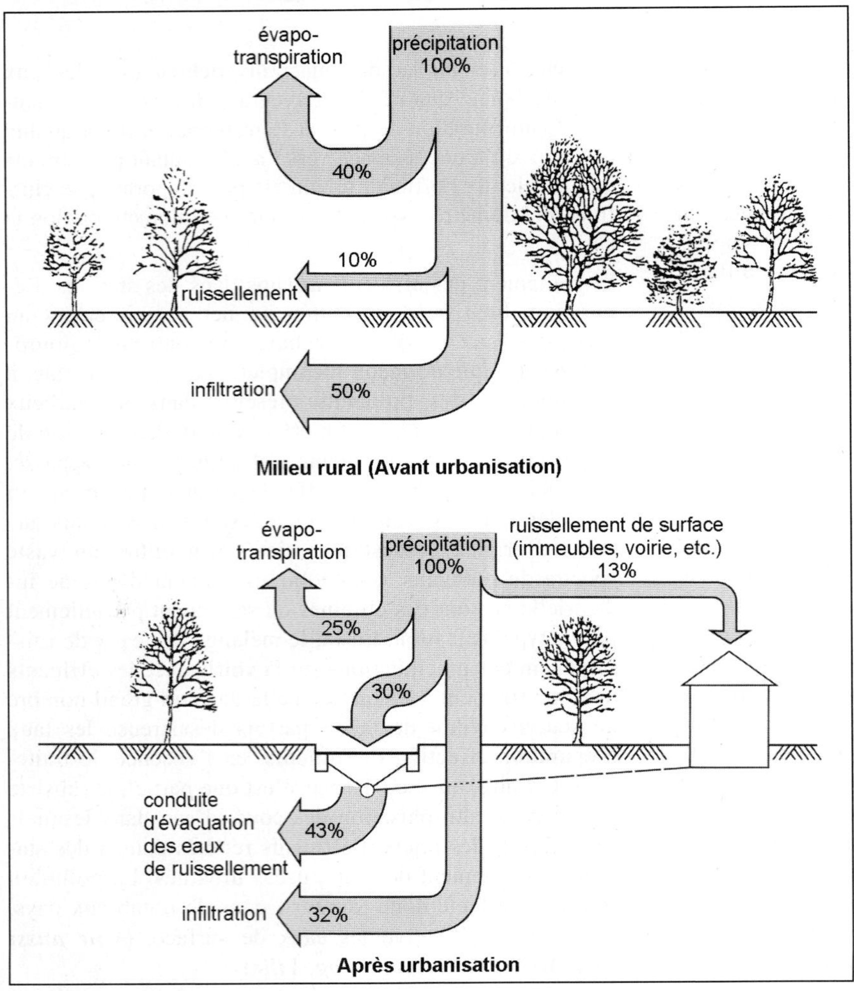

Perturbation du cycle de l'eau provoquée par l'**urbanisation** dans l'Ontario au Canada. Cette dernière résulte de la modification des principaux paramètres majeurs de ce cycle : évaporation, infiltration et ruissellement, ce dernier étant considérablement accru par suite du bétonnage et du bitumage de la surface du sol dans les zones urbaines. (D'après OCDE, op. cit., in Ramade F., *Dictionnaire encyclopédique des sciences de l'eau*, Ediscience international, 1998, p. 670)

Urédinales, n. sc. (vern. : *rusts*). Ordre de Champignons phytopathogènes Basidiomycètes, au cycle vital complexe, dans lesquels se rangent les « rouilles » des plantes cultivées comme *Puccinia graminis*. (***Voir aussi Rouilles***)

urée(s), n. f. (*urea*). Composé de formule $CO(NH_2)_2$. L'urée est un dérivé catabolique provenant de la dégradation des protéines par diverses espèces animales. Elle peut constituer un composant important des rejets d'effluents chargés de matières organiques fermentescibles, en particulier dans le lessivage des lisiers provenant des élevages industriels. En milieu anoxique, elle donne de l'ammoniaque qui constitue un redoutable polluant des eaux. ◆ ~ **substituées** : groupe d'herbicides de synthèse (Diuron, Monuron, Linuron, etc.). Ces pesticides constituent de redoutables polluants potentiels des eaux car ils présentent une toxicité importante pour les algues phytoplanctoniques, inhibant leur croissance à des concentrations dans l'eau égales ou inférieures à la ppb. En outre, certains d'entre eux peuvent présenter une capacité de bioamplification dans les réseaux trophiques des poissons (cas du diuron par exemple) et revêtent de façon générale une toxicité incontestable pour les Téléostéens d'eau douce. (***Voir aussi Diuron, Herbicide***)

uréotélie, n. f. (*ureotely*). Type de catabolisme azoté propre aux animaux uréotéliques.

uréotélique, adj. (*ureotelic*). Désigne les animaux dont l'excrétion des catabolites protéiques se fait par production d'urée. Ce sont les Mammifères, les Amphibiens et les Poissons.

uricotélique, adj. (*uricotelic*). Désigne un type de catabolisme protéique dont l'excrétion se fait sous forme d'acide urique.

urine, n. f. (*urine*). Liquide excrété par divers groupes animaux dont la concentration ionique est liée aux conditions écophysiologiques dans lesquelles vivent les individus et (ou) les espèces considérées. Ainsi chez le rat kangourou, espèce propre aux déserts hyperarides de l'Amérique du Nord, la concentration en ions est 18 fois plus forte que dans l'espèce humaine!

Urocordés, n. m. (*Urochordata*). Embranchement formé par des Invertébrés marins pourvus d'une chorde et donc voisins des Vertébrés dans lequel on rencontre diverses classes d'organismes benthiques et pélagiques.

Ils sont aussi appelés Tuniciers car leur corps est revêtu d'un tégument constitué en grande partie d'une macromolécule de nature cellulosique.

Les principales classes d'Urocordés sont : les Ascidies, les Pyrosomes, les Doliolides, les Salpes et les Appendiculaires. À l'exception des Ascidies qui sont benthiques, les autres sont représentées par des espèces planctoniques, certaines comme les appendiculaires étant des organismes dominants du zooplancton. (***Voir aussi Tuniciers***)

Urodèles, n. sc. (*Urodela*). Sous-classe d'Amphibiens dont les adultes sont pourvus d'une queue très développée (alors que les Anoures sont acaudes). Ils sont représentés principalement par les tritons et les salamandres. Les premiers sont strictement aquatiques. Les secondes, bien qu'également inféodées à des milieux lentiques présentent des espèces dont les adultes vivent dans des biotopes hygrophiles de forêts humides. (***Voir aussi Amphibiens, Anoures***)

Cliché de salamandre commune (*Salamandra salamandra*). Les salamandres sont des **Urodèles** terrestres inféodés aux habitats forestiers (forêt de Liébin, Ardennes belges). (Cliché F. Ramade)

urophile, adj. (*urophilic*). Désigne une espèce inféodée à des milieux riches en ammoniac.

Ursidae, n. sc. Famille de Mammifères de l'ordre des Fissipèdes qui réunit l'ensemble des ours. On y compte sept espèces réparties en cinq genres essentiellement boréaux à l'exception de l'ours à lunettes (*Tremarctos ornatus*) propre aux montagnes andines depuis le Vénézuela jusqu'à la Bolivie.

Ursus (*bears*). Nom scientifique des ours. Genre de Mammifères fissipèdes propres à l'hémisphère boréal. ◆ ~ ***americanus*** : espèce propre à la région néarctique dénommé vulgairement Barribal aux États-Unis. ◆ ~ ***arctos*** : nom scientifique de l'ours d'Europe. Cette espèce, autrefois très commune en Eurasie, est aujourd'hui considérée en Europe comme vulnérable et localement en danger de disparition comme en France où moins de dix individus relictuels sont menacés par le comportement irresponsable des chasseurs locaux et, de façon plus générale, par l'incompréhension totale de la nécessité de sa protection, dont font preuve les habitants des vallées voisines du parc national des Pyrénées occidentales et autres réserves annexes où vivent encore les derniers représentants de cette espèce. ◆ ~ ***arctos horribilis*** : nom scientifique du grizzly d'Amérique. Cette espèce s'est considérablement raréfiée aux États-Unis où la population totale (hors Alaska) est inférieure à 500 individus. (***Voir aussi Ours, Pyrénées***)

Urtica dioica (*nettle*). Nom scientifique de l'ortie. Plante nitrophile et urticante, commune au voisinage des lieux où est parqué le bétail en Europe tempérée.

Urticacées, n. sc. (*nettles*). Famille de Dicotylédones comptant plus de 700 espèces. Ce sont essentiellement des plantes herbacées pourvues de poils urticants comme les Orties qui se rencontrent surtout dans les régions tempérées et les montagnes tropicales.

Urticales, n. sc. Ordre de Dicotylédones de la sous-classe des Hamamélidacées renfermant plusieurs familles dont certaines sont très importantes dans les écosystèmes forestiers tempérés et tropicaux. Il comporte six familles : les *Barbeyidaceae*, les *Ulmaceae*, les *Cannabaceae*, les *Moraceae*, les *Cecropiaceae* et les *Urticaceae*.

USDA. Abréviation de *United States Department of Agriculture*. Administration fédérale américaine équivalente de notre Ministère de l'agriculture. Elle est dotée de vastes prérogatives en matière de conservation des sols (lutte contre l'érosion en particulier) et, de façon plus générale, pour tout ce qui concerne la protection de l'environnement rural – non seulement des zones cultivées – mais aussi de celles en pâturages naturels (*rangeland*).

usine, n. f. (*factory*) ◆ ~ **de retraitement de combustibles irradiés** (*nuclear fuels reprocessing plant*) : installations industrielles dans lesquelles les combustibles usagés sont retraités après un certain temps passé dans le réacteur, afin d'en extraire les matières fissiles : uranium 235 résiduel et plutonium formés pendant leur séjour en pile.
Ces installations où se trouvent rassemblée la majorité de la radioactivité provenant des produits de fission, d'activation neutronique et de la matière fissile, représentent de beaucoup les installations les plus polluantes – au plan potentiel – de tout le cycle du combustible nucléaire.

En Grande-Bretagne, l'usine de Sellafield (ex-Windscale) a donné lieu à une polémique liée à d'éventuelles conséquences sur l'hygiène publique de la contamination radioactive qu'elle a provoquée dans les populations civiles avoisinantes.

En France, le site de La Hague, qui retraite les combustibles irradiés non seulement de nos centrales électronucléaires mais ceux d'autres pays ne disposant pas d'une telle installation, constitue la plus importante cause de pollution radioactive de l'Atlantique oriental, de la Manche et de la mer du Nord par des effluents dilués. Cependant, les émissions ont été jusqu'à présent contenues dans les limites prescrites par les organisations internationales de protection radiologique, malgré diverses polémiques qui ont eu lieu au cours de la précédente décennie. (***Voir aussi La Hague, Nucléaire, Ruthénium***)

Usnea, n. sc. Genre de lichen fruticuleux épiphyte pourvu d'un thalle filamenteux constituant un indicateur biologique de la qualité de l'air car il est particulièrement sensible aux SO_2 et autres aéropolluants.

Ustilaginales, n. sc. (*smut*). Ordre de Champignons Basidiomycètes à archéobasides, comportant plus de mille espèces phytopathogènes, agents des charbons et des caries de végétaux sauvages ou cultivés, surtout des céréales et de la canne à sucre. Le charbon du maïs (*Ustilago zeae*) peut causer par exemple de graves dommages dans les cultures de cette plante.

uvala, n. m. Structure karstique constituée par une dépression ayant parfois plus d'un km de long et résultant de la coalescence de plusieurs dolines.

Vaccinium, n. sc. Genre d'Éricacées buissonnantes propres aux écosystèmes boréaux et à l'étage subalpin. ◆ ~ ***myrtillus*** : nom scientifique de la myrtille. Dénommée bleuet au Québec, cette espèce y fait l'objet de culture pour la production de sa baie.

vadose(s), adj. ◆ **eaux** ~ (*vadose water*) : ensemble des eaux souterraines provenant de l'infiltration des précipitations atmosphériques récentes.

vagile, adj. (*vagile*). Se dit de l'aptitude qu'ont certaines espèces d'Invertébrés peu mobiles de se déplacer en rampant à la surface de leur substrat. S'oppose à sessile. ***(Voir aussi Sessile)***

vagilité, n. f. (*vagility*). Capacité inhérente de mouvement propre à tout être vivant, qui n'est pas associée à la présence d'appendices locomoteurs différenciés. Elle se retrouve dans de nombreux groupes systématiques d'Invertébrés – intrinsèquement peu doués pour la locomotion, comme les oursins par exemple – soit chez les individus adultes, soit par le fait des larves planctoniques entraînées par le courant au-delà du lieu de ponte s'il s'agit d'espèces sessiles. De même, chez les plantes, ce terme désigne alors la possibilité d'expansion de tout végétal au travers des graines qui peuvent être transportées à grandes distances par le vent ou en flottant à la surface des eaux.

vaginicole, adj. (*vaginicolous*). Désigne une espèce vivant à l'intérieur des gaines foliaires ou dans des étuis ou des tubes qu'elle peut sécréter elle-même : cas des phryganes à fourreau ou des Annélides tubicoles.

vague(s), n. f. (*wave*). Mouvements des eaux de surface provoqués généralement par le vent, exceptionnellement par des éruptions volcaniques et (ou) des séismes sous-marins (tsunamis). Il s'agit d'un phénomène hydrodynamique caractérisé par la propagation d'une onde dite progressive à la surface des eaux, dont la période et l'amplitude sont généralement constantes au moins dans un bref intervalle de temps. La hauteur des vagues peut être significative dans les grands lacs et elle joue un rôle écologique évident dans l'ensemble des écosystèmes lentiques quelle que soit leur profondeur.

Une vague se caractérise par un ensemble de paramètres physiques, en particulier l'amplitude A qui est la distance verticale par rapport à la surface ; la distance h, entre le creux et la crête de la vague; la longueur d'onde L qui se définit comme la distance entre deux crêtes; la fréquence ϖ, le nombre de crêtes par unité de temps; la cambrure γ, la période P, et la vitesse V_v (ou célérité) de la vague avec

$$V_v = \frac{L}{P},$$

enfin le nombre d'onde *K* c'est-à-dire le nombre de vagues par unité de longueur.

On distingue deux types de vagues : 1) les vagues qui correspondent à des ondes progressives qui se déplacent continuellement dans l'espace et le temps en un point donné, ce qui est le cas général dans les océans au large et sur la plupart des zones marines littorales. 2) dans les biotopes lacustres, certaines vagues correspondent à des ondes stationnaires où les oscillations se font sans déplacement horizontal des crêtes avec formation de nœuds et de ventres, les oscillations s'effectuant autour d'un point nodal dont l'emplacement est au centre du lac. Ce phénomène, dénommé *seiche*, survient lorsqu'un vent violent cesse subitement après avoir provoqué une forte hausse du niveau de l'eau sur les rives du lac situées sous le vent.

Dans les eaux marines côtières, l'amplitude de déferlement des vagues dans l'étage supralittoral joue un rôle important dans l'ajustement des conditions écologiques propres à la

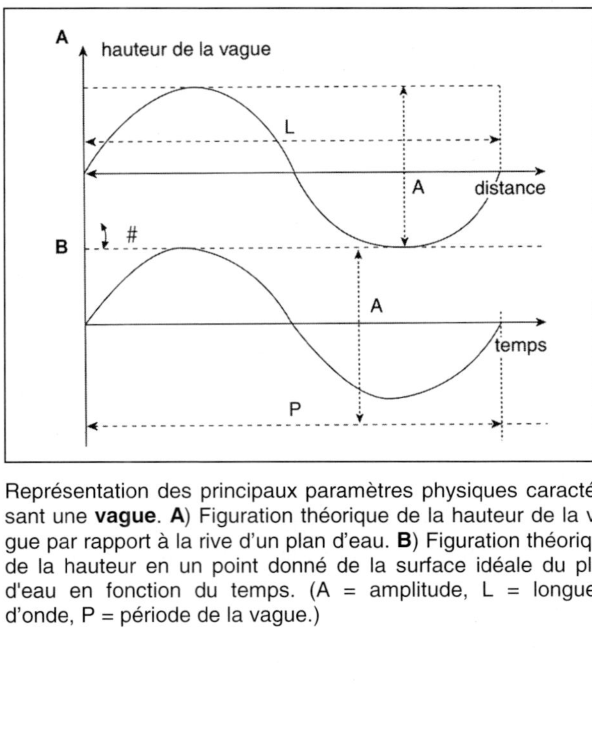

Représentation des principaux paramètres physiques caractérisant une **vague**. **A**) Figuration théorique de la hauteur de la vague par rapport à la rive d'un plan d'eau. **B**) Figuration théorique de la hauteur en un point donné de la surface idéale du plan d'eau en fonction du temps. (A = amplitude, L = longueur d'onde, P = période de la vague.)

Vagues déferlantes sur la carène d'un récif frangeant, ici sur le littoral près de St Leu (Île de La Réunion). (Cliché F. Ramade)

zone intertidale. Il en est de même des variations de l'importance et de la fréquence de l'agitation des eaux côtières en fonction des conditions océanographiques locales et du relief du littoral. Les biologistes marins font la distinction entre les communautés benthiques fixées sur substrat dur en mode battu, où l'agitation des eaux est intense par opposition aux biotopes d'eaux calmes. ◆ ~ **de chaleur** (*heat wave*) : période de temps très chaud due à l'arrivée de masses d'air chaud sur une région donnée. ◆ ~ **déferlante** : vague dont la crête bascule sous la poussée des vagues postérieures ou sous l'action d'un vent violent. Le phénomène, dit de la barre, résulte de l'existence permanente dans les eaux côtières d'une énorme vague déferlante. Il se rencontre surtout le long de certaines côtes tropicales, pourvues ou non d'un récif frangeant. Il se caractérise par la présence permanente d'une houle déferlante stationnaire dans une zone souvent située à quelques encablures du rivage. La barre offre un obstacle à la navigation des navires de faible tonnage. ◆ ~ **de fond** (*ground swell*) : vague provoquée par un séisme sous-marin qui est à l'origine des tsunamis. ***(Voir aussi Tsunami)*** ◆ ~ **de froid** (*cold wave*) : désigne la venue brutale d'une forte baisse de température de caractère exceptionnel en regard des caractéristiques climatiques normales de la zone considérée. À titre d'exemple, lors de la vague de froid de février 1956, les minima demeurèrent pendant 3 semaines au-dessous de – 15 °C dans l'arrière-pays languedocien et provençal. ◆ **énergie des** ~ (*waves power*) : cette dernière correspond à une énergie dérivée de l'énergie cinétique du vent. Elle pourrait être éventuellement captée pour la production d'électricité. Cependant, outre la valeur relativement faible de ce gisement (moins de 1 % de l'énergie éolienne directe) et les difficultés technologiques que présente son captage, les installations nécessaires à celui-ci constitueraient une entrave physique inadmissible à la navigation côtière.

valence, n. f. ◆ ~ **écologique** (*ecological valence*) : degré d'amplitude de la niche écologique d'une espèce. Cette valence sera d'autant plus importante que l'intervalle de tolérance d'une espèce considérée aux facteurs écologiques limitants sera plus étendu. En conséquence, une espèce de forte valence écologique pourra se développer dans des biotopes dont les facteurs écologiques pourront subir d'importantes variations, ou encore coloniser des écosystèmes présentant des différences importantes dans les conditions environnementales moyennes des facteurs écologiques qui les caractérisent (espèce dite euryœcique). À l'opposé, une espèce de faible valence écologique ne pourra vivre que dans un type d'habitat bien précis, aux conditions environnementales stables, caractérisées par de faibles variations des facteurs écologiques limitants, car elle présente un intervalle de tolérance très étroit à ces facteurs (espèce dite sténœcique).

Dans les écosystèmes terrestres, les espèces propres aux biotopes continentaux à climat froid ou encore désertiques présentent en général une grande valence écologique tandis que celles qui sont propres aux écosystèmes de forêts tropicales sont sténoœciques.

Parmi les espèces aquatiques, la valence écologique est particulièrement faible pour celles qui sont thermophiles : Invertébrés et Végétaux des sources thermales ou des mers tropicales, dans un cas ou dans l'autre sténothermes polythermes. Il en est de même des espèces psychrophiles, inféodées aux eaux froides, telles celles des mers polaires ou encore des espèces crénophiles propres aux torrents de montagne. À l'opposé, beaucoup d'espèces de la zone riparienne des écosystèmes lentiques voire de la zone limnétique des lacs présentent en général, toutes proportions gardées, une valence écologique assez importante. Par ailleurs, on constate en règle générale que les espèces euryœciques sont pollutolérantes tandis que les espèces sténoœciques sont pollusensibles. ***(Voir aussi Bioindicateurs, Intervalle de tolérance, Pollutolérant, Shelford)***

Valérianacées, n. sc. Famille cosmopolite de Dicotylédones Astéridées de l'ordre des Dipsacales, qui comporte plusieurs centaines d'espèces, surtout herbacées. Beaucoup d'entre elles sécrètent des huiles essentielles volatiles.

valeur, n. f. (*value*) ◆ ~ **calorifique** (*calorific value*) : énergie contenue par unité de masse dans un nutriment déterminé, exprimée en joule. ***(Voir aussi Énergie, Énergétique, Productivité)*** ◆ ~ **reproductive** (*reproductive value*) :

durée de la période reproductive d'une femelle à un âge donné. Désignée par V_x, cette durée à un âge donné x est liée à l'espérance moyenne de vie restante à cet age l_x et à la fécondité b_x par la relation :

$$V_x = \frac{e^{rx}}{l_x} \int_x^{\infty} e^{-rt} b_t l_t dt$$

où r est le taux intrinsèque d'accroissement naturel et b_t la fécondité par femelle à l'âge t.

La valeur reproductive est utilisée en démoécologie pour évaluer la contribution potentielle, des individus des différentes classes d'âge, à l'effectif de la génération suivante. (***Voir aussi Démoécologie, Tables de survie, Taux***)

vallée, n. f. (*valley*). Structure géomorphologique caractérisée par une dépression allongée, généralement creusée dans le substrat rocheux par l'érosion due à un cours d'eau. ◆ **~ en U** (*U-shaped valley*) : vallée dont la morphologie a été déterminée par l'érosion glaciaire. ◆ **glacier de ~** (*valley glacier*) : glacier confiné entre les marges abruptes d'une vallée se déroulant vers l'aval comme un long ruban étroit.

valorisation, n. f. ◆ **~ des déchets** (*wastes valorization*) : démarche ayant pour objet de diminuer les quantités de déchets agricoles, domestiques ou industriels à stocker, à mettre en décharge ou à éliminer d'une façon ou d'une autre. Le recyclage de nombreux objets rejetés par le consommateur après usage constitue la démarche la plus noble pour diminuer les pollutions, tout en économisant l'utilisation des ressources naturelles peu ou pas renouvelables. La collecte sélective constitue à cet égard le procédé le plus efficace pour assurer cette valorisation comme l'apport direct par les usagers dans les déchetteries. Malheureusement, en ce domaine, comme de façon générale pour tout ce qui concerne la gestion et le traitement des déchets, la position de la France n'est pas enviable par rapport à l'ensemble de l'Europe, y compris nos voisins méditerranéens. (***Voir aussi Déchet, Déchetterie, Recyclage***)

vanadium, n. m. (*vanadium*). Élément de numéro atomique Z = 23 et de masse atomique Ar = 50,9 dont le corps simple est un métal. Il est très utilisé en métallurgie pour fabriquer des aciers spéciaux et autres alliages ayant une forte résistance mécanique et (ou) à la corrosion, ainsi que dans l'industrie chimique.

Il s'agit d'un élément biogène, doué de propriétés hormétiques qui intervient dans la constitution de la molécule de divers enzymes, en particulier chez certaines algues et dans deux embranchements d'Invertébrés : les Échinodermes et certains Urocordés. (***Voir aussi Hormétique***)

Vanoise, parc national de la (*Vanoise National Park*). Créé en 1963, le parc national de la Vanoise est historiquement le premier parc national français. D'une surface de 52 830 ha, il protège un ensemble d'écosystèmes orophiles essentiellement pelouses alpines et quelques forêts de conifères de l'étage subalpin caractéristique des Alpes septentrionales.

À la suite des mesures de protections mises en œuvre, les populations de chamois ont connu un accroissement considérable tandis que les bouquetins, qui avaient été éliminés par les chasseurs, s'y sont rapidement réimplantés, dans les toutes premières années qui suivirent sa création, à partir de la population du parc national voisin, celui du Gran Paradiso en Italie. De même les aigles royaux se sont stabilisés à six couples, ce qui correspond aux potentialités de la zone protégée compte tenu de la surface de leur territoire.

Néanmoins, ce parc national a été exposé à plusieurs reprises à des tentatives rampantes de « grignotage » ou de diminution du statut de conservation des espèces les plus remarquables qui y croissent. En 1970 déjà, une campagne d'opinion internationale avait été lancée pour que ne soit pas construite sur son domaine une importante station de sports d'hiver. Au début des années 1970, des aménagements certes plus modestes, consistant en remontées mécaniques, ont été entrepris sur la commune de Bonneval les Arcs. Enfin, en date encore très récente, l'ONF – qui, de façon paradoxale, voire bizarre, s'est vu attribuer la « gestion » des forêts dans les parcs nationaux – envisage de couper une

Bouquetins dans le parc national de la **Vanoise**. (Cliché I. Foldi, in Ramade F., *Écologie appliquée*, Ediscience international, 5e ed., 1995, p. 556)

forêt de pins cembro pluri-séculaires sous le prétexte à tout le moins surprenant de régénération ! ***(Voir aussi Parc national)***

varan(s), n. m. (*monitor lizard*) (n. sc. : *Varanus*). Reptiles Lacertiens de grande taille, inféodés aux écosystèmes désertiques et forestiers tropicaux, de régime prédateur. ◆ **~ de Komodo** (*V. komodensis*) (*Komodo dragon*) : le plus grand varan existant, qui atteint entre 2 et 3 m de long et jusqu'à 200 kg à l'état adulte. Il s'agit d'un redoutable prédateur capable de dévorer des Mammifères de la taille d'une chèvre. Cette espèce est endémique de l'île de Komodo située en Indonésie, entre Sumbawa et Flores, dans l'archipel de la Sonde.

variabilité, n. f. (*variability*). Phénomène propre à une population ou à un même groupe d'individus se traduisant par la présence de variations morphologiques et (ou) physiologiques ou pouvant apparaître par suite de changements environnementaux au cours du développement de ces individus ou dans leur descendance.

variation(s), n. f. ◆ **~ individuelle** (*individual variation*) : ensemble des différences existant entre individus d'une même espèce, d'une même population voire entre descendants des mêmes parents. Cette variabilité phénotypique traduit la variabilité génotypique, les individus d'une population naturelle étant dans la quasi-totalité des cas hétérozygotes. ◆ **~ climatiques** (*climatic variations*) : fluctuations du climat observées dans une région donnée, à l'échelle de quelques années ou décennales. Ces variations peuvent être liées soit à la variabilité naturelle des climats, soit à des changements s'installant dans la durée, ce qui est actuellement le cas par suite de l'injection sans cesse accrue par l'homme de gaz de serre dans l'atmosphère. ***(Voir aussi Climat)***

variété(s), n. f. (*variety*). Terme autrefois utilisé en botanique pour désigner une unité systématique de rang inférieur à l'espèce. En réalité, il s'agit d'une entité qui a la signification d'une sous-espèce voire d'un écotype. ***(Voir aussi Écotype)*** ◆ **~ cultivées** (*crops*) : terme désignant les cultivars sélectionnés pour la culture, soit par des procédés empiriques mis en application depuis la plus haute antiquité, soit par des méthodes génétiques modernes de sélection variétale. ***(Voir aussi Cultivar)*** ◆ **classe de ~** (*variety class*) : terme utilisé dans les tables de détermination des indices biotiques de qualité des eaux pour désigner le nombre total de taxons de macro-invertébrés aquatiques présents dans un échantillon, Σt. Celui-ci prend en considération toutes les espèces, même si elles ne sont représentées que par un seul individu. ***(Voir aussi Indices biotiques, Qualité)***

varve, n. f. (*varve*). Dépôt de sédiments glacio-lacustres constitué de couches laminaires de matériaux de texture très fine (limons et argiles) présentant des bandes alternativement sombres et claires.

vase(s), n. f. (*mud*). Sédiments meubles déposés au fond des biotopes aquatiques. ◆ **~ benthiques** : vases localisées sur le fond des biotopes d'eau douce ou marins. S'oppose aux vases estuariennes ou de la zone de balancement des marées qui se trouvent, elles, alternativement inondées et exondées en fonction du niveau des eaux.

vasicole, adj. (*vasicolous*). Désigne un organisme qui se développe dans les vases marines littorales ou d'autres biotopes aquatiques de structure analogue, lacustre par exemple.

vasière, n. f. (*mud flat*). Étendue de vase située au niveau des étages supra- et médiolittoraux, découverte à basse mer sur les rivages marins de très faible pente, ainsi qu'en zones estuariennes ou deltaïques.

vauclusienne(s), adj. ◆ **sources ~** (*vauclusian springs*) : biotopes lotiques constitués par des émergences de nappes aquifères de type résurgence situées dans des karsts. Un si-

Estuaire et **vasières** découvertes à marée basse dans la baie d'Anchorage, en Alaska. Outre une productivité biologique remarquable et un rôle essentiel comme aire de nourrissage pour de nombreuses espèces d'oiseaux migrateurs, les vasières jouent un rôle majeur dans plusieurs cycles biogéochimiques gazeux ou sédimentaires, en particulier dans celui du soufre. (Cliché F. Ramade)

Vautours de Rüppel (*Gyps ruppellii*) dans le parc national d'Amboseli, au Kenya. (Cliché F. Ramade)

phon enrichi par la nappe souterraine alimente la source. Elles tirent leur nom d'une formation de ce type très fameuse : la Fontaine de Vaucluse dont le siphon descend à une centaine de mètres de profondeur. **(*Voir aussi Karst, Source*)**

vautour(s), n. m. (*vulture*). Oiseaux de l'Ancien Monde appartenant à la famille des *Vulturidae* (ordre des Accipitériformes) au régime alimentaire nécrophage (voir Figure ci-dessus). Les vautours d'Amérique (condors par exemple) appartiennent à une autre famille, celle des *Cathartidae*, qui est reliée phylogéniquement à l'ordre des Gruiformes, leur similarité avec les vrais vautours résultant d'un phénomène de convergence écomorphologique. **(*Voir aussi Accipitériformes*)**

Vavilov, Nikolai, Ivanovich, (1887-1943). Botaniste et généticien russe qui a imaginé au travers de longs voyages en Éthiopie, en Asie et en Amérique centrale, l'idée de centre de biodiversité et de dispersion des végétaux, bien longtemps avant que cette problématique ne devienne l'un des thèmes centraux de la recherche en écologie contemporaine. Il considérait que ces centres étaient bien ceux d'où les espèces d'un groupe systématique concernées étaient originaires. Il ramena un grand nombre de spécimens de ses voyages, y compris une immense collection de graines qu'il pensait pouvoir utiliser pour étudier et créer de nouvelles variétés cultivées. Membre de l'Académie d'Agriculture de l'URSS, il en fut exclu par Lyssenko et fut déporté au goulag où il mourut en 1943. (Voir Figure page suivante)

vecteur, n. m. (*carrier, vector*). ◆ **agent** ~ (*vector agent*) : dénomme les diverses espèces animales qui véhiculent des affections parasitaires, microbiennes ou virales de l'homme et des animaux. Les Arthropodes, en particulier les insectes, sont les principaux agents vecteurs de nombreuses affections, dont certaines sont la cause de graves pandémies (paludisme, trypanosomiase, peste par exemple). Certains virus sont dénommés arbovirus car ils sont la cause d'affections virales transmises précisément par la piqûre d'Arthropodes, en particulier d'insectes. La fièvre jaune, un arbovirus transmis par le moustique *Aedes aegypti*, une affection voisine de la syphilis (apparue dans les années 1980 aux États-Unis) la fièvre de Lyme, qui est une spirochétose véhiculée par les tiques, le typhus exanthématique, une grave rickettsiose transmise par le pou de corps, constituent autant d'exemples des redoutables affections épidémiques dont les vecteurs sont des Arthropodes. **(*Voir aussi Onchocercose, Paludisme, Trypanosomiase*)**

végétal(es), n. m. et adj. (*plant*). Nom commun donné à l'ensemble des plantes vertes cryptogames vasculaires et phanérogames. ◆ **formes** ~ (*plant life forms*) : on désigne sous ce terme les divers types écomorphologiques de végétaux terrestres et aquatiques. **(*Voir aussi Raunkiaer*)**

végétatif(ve), adj. (*vegetative*). Qui concerne les processus de croissance et d'entretien des organismes végétaux et animaux. ◆ **état** ~ (*vegetative state*) : stade du cycle vital d'une plante dans lequel la multiplication se fait par voie asexuée. ◆ **reproduction** ~ (*vegetative reproduction*) (syn. : propagation végétative) : forme de reproduction s'effectuant par multiplication asexuée. Production par bourgeonnement de stolons, de rhizomes, de bulbes ou de tubercules chez les plantes, phénomènes de gemmiparité et de scissiparité chez les animaux.

végétation, n. f. (*vegetation*). Terme désignant l'ensemble des végétaux peuplant un habitat ou une aire biogéographique donnée, aussi bien dans les formes végétales dominantes (végétation arborée, arbustive ou herbacée), que prise au sens du (ou des) groupe(s) taxonomique(s) dominant(s). ◆ ~ **aquatique** (*aquatic vegetation*) : ensemble des algues macrophytiques et des végétaux (cryptogames et phanérogames) peuplant un biotope aquatique donné. **(*Voir aussi Algues, Macrophytes, Plante*)** ◆ ~ **arbustive** (*open woodland*) : désigne des formations végétales constituées par des arbres isolés ou en petits bosquets au milieu d'un tapis végétal à prédominance herbacée. On parlera par exemple d'une savane arborée par opposition à une savane arbustive dont la végétation ligneuse est représentée par des arbustes. ◆ **analyse de la** ~ (*vegetation analysis*) : étude quantitative d'une ou des communautés végétales permettant de définir des unités de végétation précises dénommées groupements

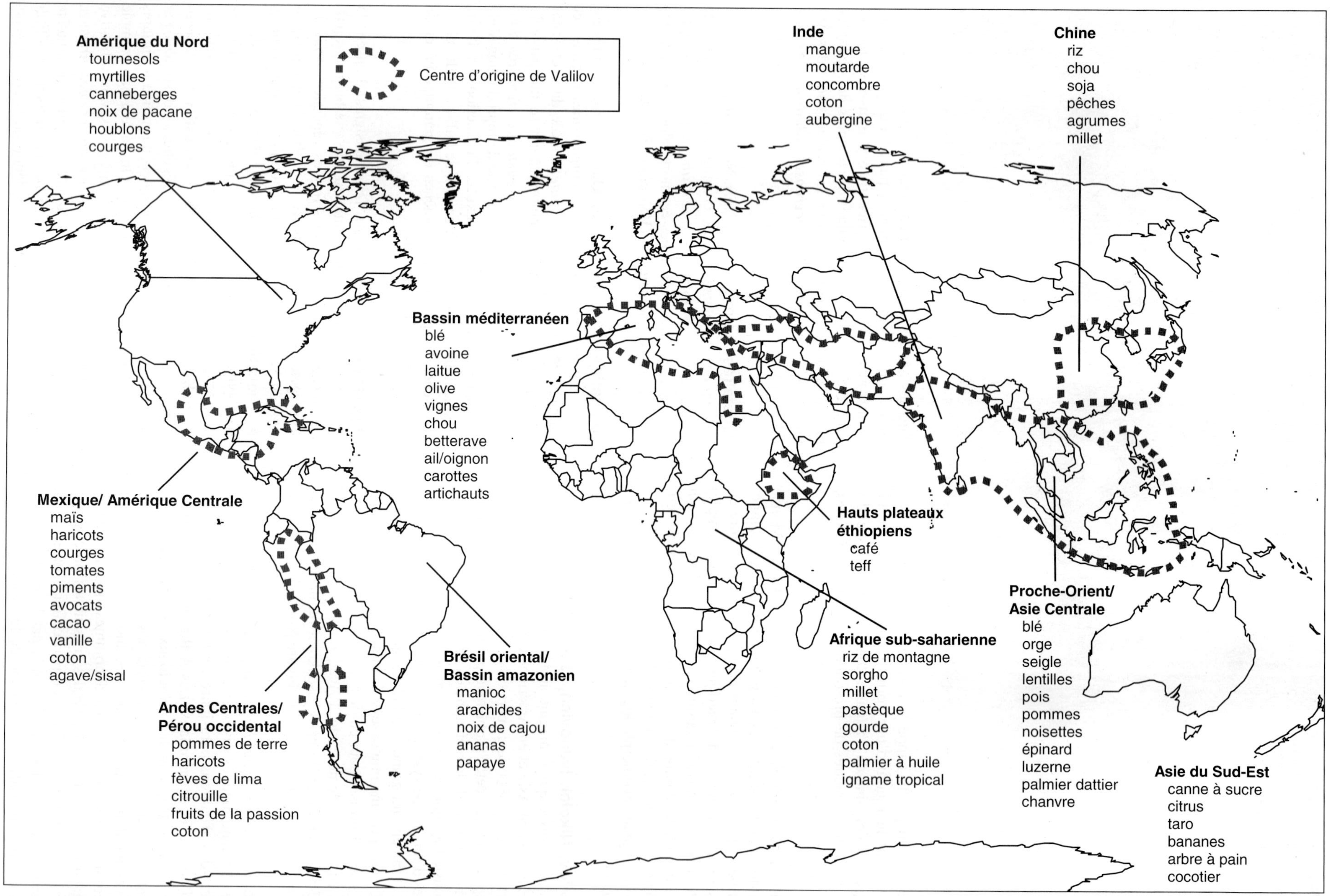

Carte des centres d'origine des plantes cultivées tels que **Vavilov** les a définis. (D'après Vavilov, in Tuxill, *Worldwatch Paper*, n° 148, sept. 1999, p. 20-21)

végétaux. Elle implique un échantillonnage préalable des parcelles de terrains afin de choisir des quadrats sur lesquels le peuplement à étudier est homogène. On détermine ensuite sur ces derniers les courbes aire-espèce qui permettent de définir le nombre de prélèvements nécessaires pour obtenir une représentation de la composition floristique statistiquement significative. La réalisation de l'inventaire floristique, grâce aux relevés floristiques, permet d'identifier ensuite des groupements floristiques par lesquels on caractérise les associations végétales distinctes. ***(Voir aussi Phytocœnose, Phytosociologie)*** ◆ **cartographie de la ~** (*vegetation mapping*) : technique permettant de figurer la distribution spatiale de la végétation sur un territoire d'étendue variable. Plusieurs types de cartographie coexistent. Les cartes de la végétation *existante* décrivent l'image du tapis végétal à un temps *t*. Les cartes de la végétation *potentielle* figurent ce que serait la nature du couvert végétal climacique de la zone concernée en l'absence d'action humaine. Enfin les cartes *phytosociologiques* représentent l'état des associations végétales réellement présentes ou encore potentielles. ◆ **destruction de la ~** (*vegetation destruction*) : voir Déforestation et Désertification. ◆ **indice de ~** (*vegetation index*) : classification de la gamme de luminance de la végétation, mesurée en télédétection à partir de photographies multispectrales, qui permet d'identifier la nature du couvert végétal. ◆ **stratification de la ~** : voir Stratification. ◆ **structure de la ~** : voir Phytosociologie.

veine, n. f. (*vein*). Matériaux d'origine sédimentaire parfois liés à l'hydrothermalisme qui se déposent en une mince couche colorée entre deux strates de nature pétrographique très différente.

veld, n. m. (*veld*). Steppe subtropicale marquée par un climat chaud et sec pendant l'été et froid l'hiver, couverte par un tapis, essentiellement graminéen, qui se rencontre sur les plateaux du centre de l'Afrique australe. Le veld est homologue des écosystèmes de steppes méditerranéennes propres à l'Afrique du Nord et à l'Asie mineure.

velum, n. m. (*velum*). **1.** Membrane transparente, située à la face inférieure de l'ombrelle de certaines méduses acalèphes, qui entoure l'orifice oral. ***(Voir aussi Cnidaires, Méduse)*** **2.** Formation annexe, propre aux nuages de type cumulus ou cumulonimbus, constituée par un voile qui s'étend à la partie supérieure ou inférieure de ces derniers.

Vendien, n. m. (*Vendian*). Étage marquant la fin de l'Antécambrien (– 720 à – 545 millions d'années). Il est actuellement dénommé Édiacarien.

vénéneux, adj. (*venomous*). Désigne un organisme animal ou végétal produisant des substances toxiques agissant par contact ou par ingestion. ***(Voir aussi Toxines)***

vénézuelienne, adj. ◆ **province biogéographique ~** (*Venezuelian biogeographic province*) : région correspondant à la partie ouest du Vénézuela et aux plateaux des Guyanes, y compris la Guyane française.

venin(s), n. m. (*venom*). Poison d'origine animale, généralement (mais pas toujours) neurotoxique. De nombreux groupes d'animaux sécrètent des venins, depuis les embranchements les plus primitifs d'Invertébrés tels les Cnidaires jusqu'aux Vertébrés poïkilothermes : poissons, Amphibiens et Reptiles, surtout serpents. Certains de ces venins, en particulier ceux de certaines araignées ou de Mollusques tels les *Conus*, ou encore la bufotoxine produite par certains crapauds néotropicaux, figurent parmi les plus redoutables de tout le règne animal. ***(Voir Neurotoxique, Phycotoxine, Poison)***

vent, n. m. (*wind*). Phénomène météorologique qui constitue dans certaines conditions un facteur écologique limitant. En effet, le vent, dans certaines zones de montagnes ou littorales, est d'une intensité telle qu'il perturbe, voire empêche, la croissance des arbres. C'est par exemple à cause du

Arbres à port en drapeau dans une zone littorale, déformés par l'action sur leur couronne de **vents** du nord-est soufflant en quasi-permanence (Grande-Terre près de Mahaudière, Guadeloupe). (Cliché F. Ramade)

Genista lobelii (La Sainte Baume, Var). Cette plante buissonnante, en forme de coussinet, est adaptée aux **vents** intenses qui soufflent sur les crêtes des montagnes de Basse-Provence. (Cliché F. Ramade)

vent que la forêt n'excède guère 1 500 m d'altitude dans le Massif Central.

Le port des arbres en drapeau sur les littoraux battus par le vent ou à la limite supérieure de la forêt sur des flancs de montagne très exposés au vent, les plantes buissonnantes en coussinets dans les crêtes ou les hauts plateaux ventés traduisent une adaptation des végétaux aux contraintes exercées par le vent. ◆ **effets du ~ sur les écosystèmes aquatiques** : le vent est à l'origine de la formation des vagues à la surface des biotopes aquatiques et conditionne de ce fait les échanges horizontaux et verticaux des masses d'eau à l'intérieur des biotopes lacustres, mais aussi *a fortiori* de l'océan où il est à l'origine, via les gyres, de la plupart des *upwellings*. Dans les milieux limniques peu profonds, étangs, marais, lagunes, le vent, par suite de la proximité du fond, va induire un phénomène de résonance qui peut beaucoup augmenter l'amplitude des vagues. L'intense agitation de l'eau qui en résulte peut mettre en suspension des matériaux solides, augmentant de la sorte la turbidité due aux matières en suspension caractérisant la colonne d'eau. Cela peut diminuer de ce fait dans des proportions considérables la capacité photosynthétique de l'écosystème. À titre d'exemple, la mort des herbiers de zostères dans l'étang de Vaccarès, à la suite de son dessalement dû aux inondations du Rhône en 1993-1994, a laissé pendant plusieurs années les sédiments du fond de cette lagune entièrement dénudés d'où l'accroissement considérable de la turbidité et la baisse de l'activité photosynthétique phytoplanctonique. ***(Voir aussi Aérogénérateur, Courant, Éolienne, Océan, Vague)***

ver(s), n. m. (*worm*). Terme général désignant des Invertébrés au corps allongé, de section d'allure générale cylindrique ou aplatie qui concerne des animaux appartenant à plusieurs *Phyla* différents. Les principaux embranchements d'animaux vermiformes sont les Plathelminthes, les Nématodes et les Annélides. Néanmoins, ce vocable concerne aussi certaines larves d'insectes au corps vermiforme : asticots de Diptères Brachycères, certaines chenilles de Lépidoptères, ou encore de nombreuses larves de Coléoptères par exemple. ***(Voir aussi Annélides, Nématodes, Plathelminthes)*** ◆ **~ blanc** (*white worm*) : larves terricoles de Coléoptères *Scarabaeides* tels les hannetons ou les cétoines par exemple. ◆ **~ de terre** (*earthworm*) : voir Lombricides, Oligochètes, Sol. ◆ **~ fil de fer** (*wireworm*) : larves de Coléoptères *Elateridae*, dénommées vulgairement taupins, qui peuvent causer de redoutables dommages aux racines ou tubercules des plantes cultivées. ◆ **~ gris** (*armyworm*) : chenilles de Lépidoptères *Noctuidae*. Certaines espèces peuvent pulluler et causer de graves ravages aux cultures. ◆ **~ solitaires** (*tape worms*) : désignation générale des formes adultes, intestinales, des ténias. ***(Voir aussi Cestodes)***

verglas, n. m. (*glazed frost*). Couche de glace lisse qui se forme à la surface des substrats minéraux ou de la végétation résultant de la congélation directe de la vapeur d'eau sur ces derniers.

vermiculite, n. f. (*vermiculite*). Type d'argile présentant une forte capacité d'adsorption des cations par suite de sa structure moléculaire présentant des feuillets de silice dotés d'une structure siloxane.

vernal, adj. (*vernal*). Qui est propre au printemps. Désigne par exemple les espèces de plantes qui se développent au début de la belle saison, plus exactement vers la fin du printemps. Les géophytes de la strate herbacée des forêts caducifoliées tempérées, telles les jacinthes ou encore les anémones, qui fleurissent avant ou au tout début de la feuillaison sont des plantes vernales. Elles ont une brève saison végétative au printemps avant que le feuillage de la strate arborée ne vienne limiter par l'ombre croissante du sous-bois leurs possibilités de production photosynthétique.

vernalisation, n. f. (*vernalization*). Procédé consistant à exposer au froid des graines d'une plante cultivée en dormance afin de pouvoir la semer directement au printemps en obtenant leur floraison. La vernalisation est très utile pour l'agriculture des climats froids où il arrive que de mauvaises conditions climatiques interdisent de faire les semailles des blés d'hiver en automne. Une exposition au froid de quelques semaines permet de semer au printemps des variétés dites « d'hiver » de plantes cultivées. L'exposition à une substance chimique, la gibbérelline, permet aussi d'obtenir le même effet de vernalisation.

vernation, n. f. (*vernation*). Disposition des jeunes feuilles à l'intérieur d'un bourgeon.

versant, n. m. (*side, slope*). Désigne la pente d'une vallée à partir de laquelle s'effectue le ruissellement. ◆ **bassin ~** (*watershed*) : voir Bassin.

verte, adj. ◆ **marée ~** (*green tide*) : prolifération de Chlorophycées phytoplanctoniques se produisant occasionnellement à la belle saison dans les eaux marines côtières par suite d'une dystrophisation due aux rejets urbains excessifs ou à des élevages industriels chargés de nutriments (phosphates et nitrates). De telles marées vertes ont été observées au cours des dernières années sur le littoral d'Europe occidentale, en particulier en Bretagne. (***Voir aussi Marée, Océan***) ◆ **révolution ~** : voir Révolution.

vertical, adj. ◆ **mélange ~** (*vertical mixing*) : mélange entre les masses d'eau situées dans les couches profondes et superficielles en milieu océanique ou lacustre. (***Voir aussi Océan, Stratification***)

vertisol, n. m. (*vertisol*). Type de sol présentant une similitude avec les tchernozems mais qui en diffère par une forte teneur en argiles gonflantes (smectites) beaucoup plus élevée, excédant 40% et une teneur nettement plus faible en matières organiques de l'ordre de 2 à 3 %.

Les vertisols se forment sous climats contrastés, marqués par une alternance de phases d'humectation et de dessication prolongée. Ces dernières causent une pédoturbation mécanique due à la pénétration de l'eau en profondeur dans les fissures qui se forment en saison sèche d'où gonflement des argiles. Il en résulte un horizon A très homogène de couleur sombre.

Les vertisols possèdent une bonne structure chimique qui en font les sols les plus aptes à l'agriculture en zones tropicales. En revanche leur structure physique défavorable exige la constitution et le maintien d'un horizon superficiel riche en matières organiques pour éviter leur trop forte dessication en saison sèche et l'accumulation d'eau en période pluvieuse. (***Voir aussi Sol***)

« Verts », n. m. (*The Greens*). Terme utilisé depuis le milieu des années 1970 pour désigner un courant d'opinion politique qui s'est constitué dans la totalité des pays de l'Europe occidentale. Celui-ci se fonde sur la prise en compte prioritaire des diverses préoccupations relatives à la protection de l'environnement de l'homme, par une fraction assez minoritaire mais toujours significative de l'électorat, pouvant aller jusqu'à 15% du total des votants dans certains pays.

À l'exception de la France, où ils se sont bizarrement dénommés « écologistes », le terme de « Verts » est systématiquement utilisé pour les désigner dans la totalité des autres pays d'Europe. Ce dernier présente l'avantage d'éviter la double confusion entre science et idéologie politique d'une part et entre écologie et environnement de l'autre. Il serait en particulier difficile au plan sémantique d'attribuer l'apanage du terme écologie, science biologique, à un courant de pensée politique quel qu'il soit! Oserait-on parler de physique politique, de chimie politique et – pourquoi pas en persévérant dans cette « logique » – de « mathématiques politiques » ?

vestigial, adj. ◆ **organe ~** (*vestigial organ*) : organe atrophié, résiduel, qui subsiste chez un organisme alors qu'un processus évolutif l'a rendu obsolète. Ainsi, chez les serpents de la famille des *Boidae*, on trouve des traces de ceinture pelvienne involuée alors que ces animaux ont perdu leurs membres au cours de l'évolution.

viabilité, n. f. (*viability*). Probabilité pour qu'un œuf ou une larve donne un individu adulte.

vicariance, n. f. (*vicariance*). Désigne le phénomène par lequel, dans des conditions écologiques comparables, une espèce occupe une niche écologique identique à celle d'une

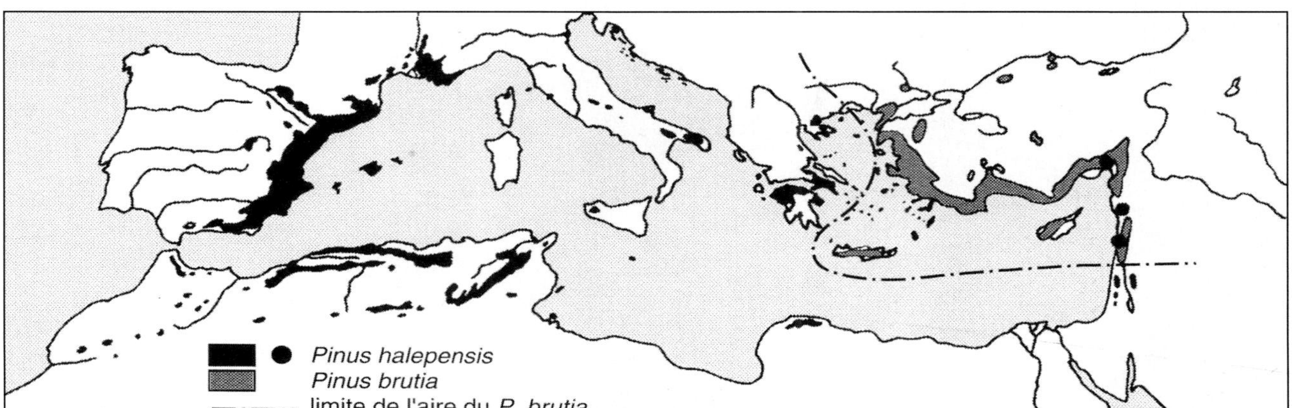

Distribution géographique du pin d'Alep et de son espèce **vicariante**, le *Pinus Brutia*, en Méditerranée. (D'après Quezel, in Pesson, *Actualités d'Ecologie forestière*, Gauthier-Villars, 1980, p. 206)

autre espèce taxonomiquement voisine mais dans une aire de répartition géographique distincte.

vicariante, adj. ◆ **espèces ~** (*vicarious species*) : espèces allopatriques occupant des niches écologiques voisines ou identiques. Le pin d'Alep (*Pinus halepensis*) en Méditerranée occidentale et le *Pinus brutia* en Méditerranée orientale, qui croissent l'un et l'autre sur des sols calcaires et exigent des conditions climatiques identiques, constituent un bon exemple d'espèces vicariantes (voir figure page précédente).

Victoria ◆ **lac ~** : lac situé en Afrique de l'Est dans la vallée du rift, frontalier entre le Kenya, l'Ouganda, le Ruanda et la Tanzanie. Ce lac tectonique est le second du monde en surface après le lac Supérieur, couvrant une surface de 69 000 km^2. Il est en revanche peu profond, atteignant au maximum 92 m. Ce lac constitue l'un des centres de radiation évolutive de la famille des *Cichlidae* et possède une richesse exceptionnelle en Téléostéens d'eau douce comptant initialement au total quelque 350 espèces en majorité endémiques.

L'introduction de la perche du Nil (*Lates nilotica*) en 1954, un poisson prédateur qui peut dépasser 2 m de long et peser plus de 200 kg, a déjà provoqué l'extinction de plus de 200 espèces de *Cichlidae* endémiques. Alors qu'en 1970, le rendement moyen des pêcheries du lac Victoria était de 58 kg/ha de poissons, tous indigènes de ce dernier, en 1990 il était de 73 kg/ha mais représenté à 98% par les espèces introduites – en quasi-totalité par la perche du Nil. En réalité, l'extinction des espèces de Téléostéens endémiques de ce lac résulte aussi d'autres graves dégradations environnementales qu'il a subies. Tout d'abord, son équilibre biocœnotique a été gravement perturbé par d'autres introductions, en particulier celle de macrophytes aquatiques indésirables et très envahissantes comme les jacinthes d'eau (*Eichhornia crassipes*) ou encore les *Salvinia*.

Par ailleurs, la population riveraine du lac a plus que quadruplé au cours des 40 dernières années par suite de l'explosion démographique des pays qui l'entourent et des déplacements des populations vers les villes qui sont édifiées sur sa frange littorale. Les rejets d'eaux usées urbaines et industrielles constituent la cause d'une désastreuse eutrophisation de ce lac, des dizaines de millions de litres d'eaux usées s'y déversant chaque jour en provenance de villes telles Kisumu, la deuxième cité du Kenya, Kampala, capitale de l'Ouganda ou encore Mwanza, en Tanzanie. À cela doivent être ajoutés les apports telluriques de nutriments, dus au lessivage des terres cultivées du bassin versant, lesquelles reçoivent de plus en plus de fertilisants. En conséquence, le lac Victoria autrefois oligo-mésotrophe et dont les eaux étaient bien oxygénées même au contact du fond est maintenant très eutrophisé, présentant même des poussées dystrophiques récurrentes. Il est en permanence anoxique au-dessous de 40 m de profondeur et totalement désoxygéné par place, lors de phénomènes de brassage qui remontent les eaux profondes, ce qui provoque des mortalités massives de poisson. Il n'est de plus pas évident que la perche du Nil, qui alimente la quasi-totalité des pêcheries commerciales du lac puisse elle-même se maintenir dans le futur, compte tenu de la dystrophisation croissante de cet écosystème limnique. ***(Voir aussi Biodiversité, Cichidae, Extinction, Introduction, Téléostéens)*** ◆ ***~ -regia*** (n. sc.) : espèce de plante flottante rhizophyte de la famille des Nymphéacées (voir cliché ci-dessous), propre aux biotopes lentiques (cours d'eaux lents et zones humides d'Amazonie) aux immenses feuilles circulaires munies d'un rebord en forme de vasque et percées d'un orifice faisant office de déversoir lors des fortes pluies. ***(Voir aussi Macrophytes)***

vidange, n. f. ◆ **~ des réservoirs de barrages** (*reservoirs draw off*) : opération généralement décennale ou de fréquence plus longue (30 ans pour les grands barrages EDF) consistant en une vidange totale de la retenue destinée à éliminer les sédiments qui l'envasent. Cette opération, lorsque les vases sont riches en matières organiques fermentescibles peut avoir des conséquences désastreuses pour la faune aquatique située dans le cours d'eau en aval. ***(Voir aussi Barrage, Réservoir)***

***Victoria** regia* : cette Nymphacée propre aux cours d'eau d'Amazonie, constitue un remarquable exemple de plante macrophyte (rhizophyte) aux feuilles flottantes. (Cliché F. Ramade)

vie, n. f. (*life*) ◆ **espérance moyenne de ~** (*average life expectancy*) : désigne la durée moyenne de la vie d'un individu d'une espèce donnée. E_m, espérance moyenne de vie à la naissance, a pour expression :

$$E_m = \frac{\Sigma X_n}{N}$$

où X_n est la durée de vie de chaque individu et N le nombre total d'individus d'une classe d'âge donnée à la naissance. ◆ **origines de la ~** (*life origins*) : voir Biosphère, Écosphère. ◆ **formes de ~** (*life forms*) : voir Raunkiaer.

viellissement, n. m. (*aging*). Processus irréversible qui caractérise le déclin des fonctions physiologiques indispensables aux êtres vivants. (***Voir aussi Sénescence***)

vierge, adj. (*virgin*). Qualifie un habitat ou un écosystème non marqué par l'action de l'homme. Aujourd'hui de tels milieux sont très rares et justifient de strictes mesures de protection au travers de la création de réserves naturelles intégrales et (ou) de réserves de biosphère. (***Voir aussi Forêt pluvieuse tropicale***)

Vietnam. Pays de l'Asie du Sud-est situé entre le 23e degré et le 8e degré de latitude Nord. Son relief montagneux, la variété de ses climats et de ses biotopes confèrent à ce pays un intérêt écologique exceptionnel. ◆ **impact environnemental de la guerre du ~** : ce pays a subi une dévastation écologique sans précédent au cours de la guerre qui s'y déroula entre 1965 et 1975. L'usage de défoliants et d'autres procédés massifs de destruction de l'environnement par l'armée américaine y fut la cause d'un véritable écocide. La quasi-totalité des mangroves situées au sud du pays et une majorité des forêts tropicales furent anéanties par la dispersion de quelque 70 000 tonnes (produits purs) de divers herbicides dont certains, tels le Pichloram, présentent un effet phytocide à des concentrations aussi faibles que 6 g/ha.

A

B

Mangroves détruites par les défoliants dans le delta du Do Naï pendant la Deuxième Guerre du **Vietnam** (**A**). Plus de vingt ans après le conflit, il n'existait aucune trace de reconstitution spontanée de ces boisements dans les zones dévastées. (**B**) Mangrove restaurée par la replantation manuelle de graines de palétuviers, méthode qui donne généralement de bons résultats. (Cliché F. Ramade)

vigne, n. f. (*grape vine*). Plantes de la famille des Ampélidacées dont la seule espèce dont les grains sont consommables est la vigne cultivée, *Vitis vinifera.*

Il existe de nombreuses espèces de *Vitis* en Amérique du Nord, mais ces dernières renferment dans leur grains une substance toxique, l'anthramylate de méthyle, qui les rend nocifs s'ils sont consommés en quantité excessive – de même que le vin qu'elles permettent de produire. Elles ont servi néanmoins depuis la fin du siècle dernier à réaliser par hybridation avec la vigne européenne diverses variétés désignées sous le terme général d'hybrides producteurs directs, aujourd'hui interdits dans notre pays. Surtout, ces espèces Nord américaines, plus particulièrement *V. rupestris* et *V. riparia*, ont permis de résoudre la crise phylloxérique en servant comme porte-greffe pour la vigne européenne car elles sont résistantes au phylloxéra. (***Voir aussi Vitacées, Vitis***)

vignoble, n. m. (*vineyard*). Zone ou ensemble de parcelles occupé par la culture de la vigne. En Europe, le vignoble a connu diverses invasions de ravageurs et de maladies. La principale, liée à l'introduction du phylloxera, a failli provoquer sa disparition dans la deuxième moitié du XIXe siècle. Actuellement, dans certaines régions du monde comme en Californie, le vignoble est victime d'un dépérissement dû à des maladies à virus inoculées aux ceps par des insectes piqueurs. (***Voir aussi Phylloxera***)

vigogne, n. f. (*Vicuna*). Mammifère de l'ordre des Tylopodes vivant dans les zones andines de l'Amérique du Sud. Il correspond aux populations sauvages des Lamas domestiqués par les anciens Incas. Menacée d'extinction dans les années 1950, l'effectif de cette espèce s'est reconstitué grâce à la création de plusieurs parcs nationaux sur les hauts plateaux andins, en particulier au Pérou.

vigueur, n. f. ◆ **~ des hybrides** : voir Hybride.

ville(s), n. f. (*city*). Les villes sont constituées depuis le début du Néolithique par le rassemblement de populations qui ne pratiquent plus l'élevage ou l'agriculture, mais dont les individus exercent d'autres activités productives plus spécialisées. Ces dernières furent initialement liées à l'artisanat puis, depuis les temps modernes, à l'industrie, bien que les échanges commerciaux aient joué le rôle initial dans le processus qui conduisit au développement des premières cités. Il s'en est suivi une spécialisation croissante dans les activités des individus (développement) tandis que le système urbain ne pouvait persister que par l'importation de nourriture de la campagne avoisinante. Le développement des activités a amplifié le phénomène d'urbanisation, depuis le début de l'ère industrielle moderne, habitat et usines se concentrant le plus souvent dans les mêmes lieux. ◆ **croissance des ~** (*cities growth*) : depuis le début de la civilisation technologique moderne, c'est-à-dire depuis la deuxième moitié du XIXe siècle, la croissance des villes, alimentée par l'exode rural, s'effectue à un rythme supérieur à celui de la croissance démographique générale. Ce phénomène, qui existe dans les pays industrialisés ayant stabilisé leurs effectifs, est encore plus rapide dans les villes du Tiers monde où l'explosion démographique provoque l'exode vers les villes d'un flux croissant de paysans sans terre.

On considère qu'en 2025 plus de 62% de la population mondiale serait citadine contre 43% en 1985 et seulement 29% en 1950 ! À cette date, onze villes auraient un effectif supérieur à 20 millions d'habitants.

◆ **écologie des ~** (*urban ecology*) : le développement de la civilisation technologique contemporaine, urbaine par essence, s'est traduit par des distorsions croissantes au fil du temps dans la structure et le fonctionnement du système humain par rapport aux modèles écologiques naturels que représentent les écosystèmes non anthropisés.

Le flux de l'énergie et la circulation de la matière fonctionnent dans le système urbain selon des modalités fort différentes de celles propres aux écosystèmes naturels.

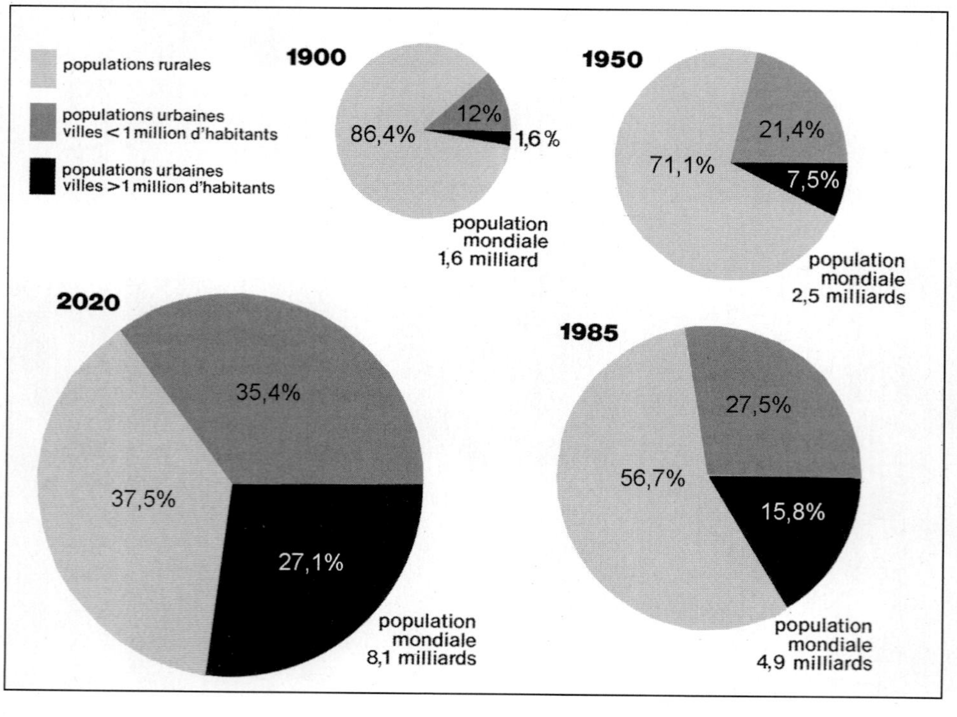

Urbanisation de la population mondiale entre 1900 et 2025. Alors qu'au milieu du XXe siècle, 86,4% de l'humanité était rurale et seulement 13,6% urbaine, cette proportion tombera à 37,5% en 2025, époque où environ les deux-tiers de l'humanité vivront donc dans des **villes**. (D'après Kent, *World Population, Fundamental of Growth*, Population Reference Bureau, Washington, 1984, p. 10)

Au flux unique entrant que constitue la lumière solaire se surajoute dans les villes un flux beaucoup plus considérable *per capita*, importé des campagnes ou de zones de production éloignées, provenant de façon directe ou indirecte de l'usage d'énergie fossile. Par ailleurs, alors que les éléments biogènes sont entièrement recyclés dans un écosystème naturel, le système urbain, lui, ne recycle que très partiellement la matière exogène qu'il importe et même empêche le recyclage des substances organiques biodégradables de s'effectuer, par suite de la pollution des milieux naturels dans lesquels il rejette des contaminants toxiques.

Ainsi, la matière circule dans le système urbain selon un schéma non pas cyclique mais linéaire de sorte que, du côté des intrants, le stock des ressources naturelles indispensables à l'humanité s'épuise tandis qu'à l'autre extrémité s'accumule une masse croissante de polluants.

La civilisation technologique produit en effet des quantités sans cesse accrues de substances non biodégradables voire indestructibles et, de surcroît, souvent douées d'une forte écotoxicité. Le système urbain est dépourvu de producteurs primaires, en outre, le flux d'énergie et celui de matières premières endogènes dont il dispose sont quasiment nuls par rapport aux besoins nécessaires à l'entretien de sa biomasse humaine et de ses structures hautement diversifiées, donc riches en information.

En conséquence, l'équilibre thermodynamique métastable qui caractérise le système urbain est obtenu par une importation incessante d'énergie et de matières exogènes, en particulier de la production biologique provenant de l'espace rural, indispensables à l'alimentation des populations qui vivent dans les villes. Le système urbain dépend – en ce qui concerne l'énergie exogène et les matières premières minérales nécessaires à ses activités industrielles – de sources d'approvisionnement qui lui sont souvent très éloignées géographiquement (pétrole importé du Moyen-Orient au Japon, cobalt du Katanga aux États-Unis par exemple).

Dans le même temps, les agroécosystèmes et les autres entités dont dépend le système urbano-industriel (économies productrices de matières premières dans le Tiers monde) se déstructurent. En effet, elles réorientent leur fonctionnement dans le sens d'une production intensifiée de biomasse ou de matières premières et vers leur exportation, tandis que leur propre développement est inhibé voire régresse.

Il s'agit là de processus auto-entretenus résultant de l'intégration de ces deux systèmes devenus interdépendants.

La ville fournit à la campagne, par une boucle de « feed back », tout ce dont elle a besoin (objets et équipements). Cela est possible grâce à son développement qui la conduit à fabriquer en particulier les divers « outils » et les produits chimiques nécessaires à l'intensification de la production agricole, ainsi que le réseau de communications indispensable à leur transport. À l'opposé, la campagne exporte ses productions agricoles en quantité croissante vers la ville qui exploite la productivité des agroécosystèmes.

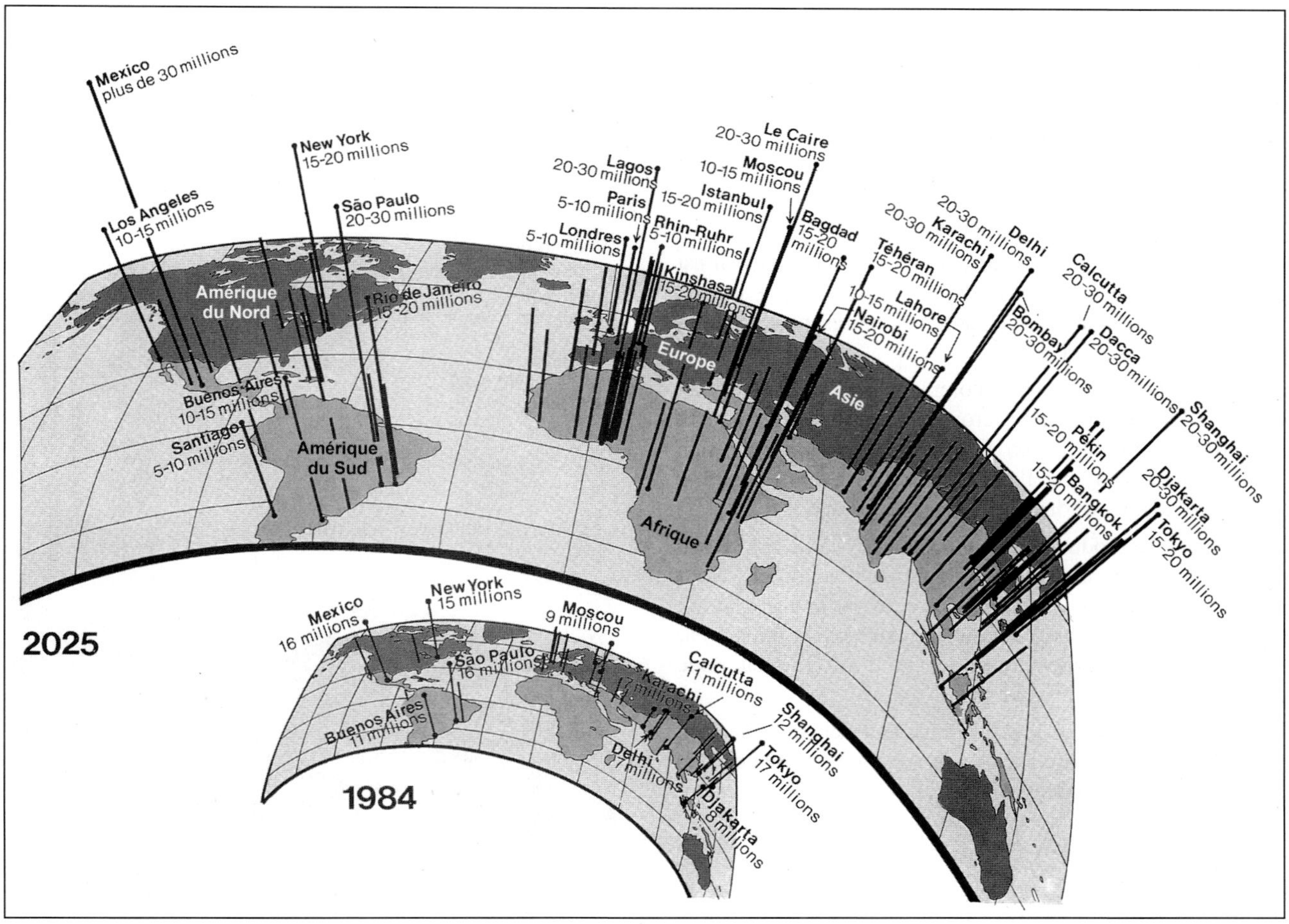

Croissance des **villes** entre 1984 et 2025. (D'après Caroll, in Ramade F., *Les catastrophes écologiques*, McGraw-Hill, 1987, p. 47)

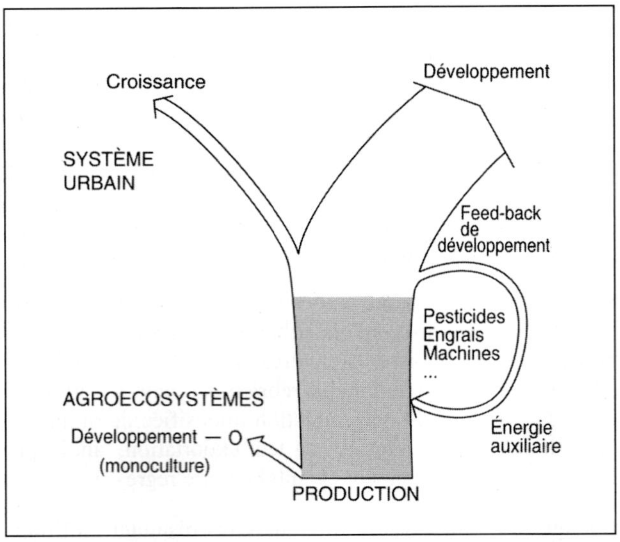

Couplage de l'écosystème que représentent une **ville** et des agroécosystèmes. Ici le premier, considéré comme climacique, exploite les seconds et les maintient dans un état peu développé (juvénile) en important l'essentiel de leur productivité. (D'après Frontier et Viale, op. cit., mais modifié)

En définitive, il se produit un couplage obligatoire entre écosystème urbain–agroécosystème. L'action du système urbain sur les agroécosystèmes conduit à les spécialiser dans une production destinée à être exportée vers la ville. Celle-ci fournit en contrepartie « l'information » nécessaire au fonctionnement des campagnes qui elle-mêmes ne pourraient subsister dans leurs structures actuelles sans cette boucle de *feed-back*.

La quasi-totalité de l'allocation d'énergie dans le système urbain est donc affectée au développement (information) tandis que celle concernant la campagne est dévolue quasi entièrement à la production de biomasse exportée vers la ville. Dans le même temps, la quantité d'énergie consacrée au développement de l'agroécosystème est pratiquement nulle.

La pérennité du développement de l'agroécosystème n'est plus assurée que par l'injection d'information par le système urbain via la boucle de *feed back* représentée par l'assistance technologique.

En conclusion, en termes écologiques, le contact ville–campagne se traduit par l'accroissement du développement (quantité d'information en termes cybernétiques) du système urbain permis par l'exploitation des agroécosystèmes *ipso facto* maintenus dans un état peu développé.

À l'opposé, la productivité de l'agroécosystème est stimulée au maximum voire hypertrophiée par l'action en retour de l'écosystème urbain avec pour contre partie une déstructuration de l'espace rural dont le cas extrême est illustré par l'extension de la monoculture (densité d'information, donc de développement minimal).

Par ailleurs, l'action de la ville va bien au-delà de cette simplification des campagnes car elle s'exerce exactement selon les mêmes modalités sur les autres écosystèmes naturels : forêt, milieux côtiers et marins, zones humides continentales, etc. constituant « l'espace ».

Le super système complexe que constitue le paysage en tant que tel est lui-même totalement modifié et modelé par le système urbain propre à la civilisation technologique, toujours dans le même sens que précédemment (uniformisation c'est-à-dire perte d'information donc de développement).

En conclusion, ces considérations théoriques conduisent à préconiser un ensemble de modifications dans la structure et le fonctionnement du système urbain, dont la mise en œuvre s'impose de façon urgente si l'on veut éviter que les processus anti-écologiques par essence sur lesquels la civilisation technologique a jusqu'à présent fondé son fonctionnement et son développement ne conduisent à une banqueroute générale de l'environnement à l'échelle globale.

◆ **pollution de l'air des ~** : la pollution atmosphérique dans les villes soulève de redoutables problèmes de santé publique et, de façon plus générale, pour l'environnement de l'homme. Elle est aussi à l'origine de diverses perturbations méso-climatiques (voir Tableau ci-dessous).

Effets mésoclimatiques de la pollution de l'air dans les villes

Facteur climatique	Comparaison de la valeur du facteur en milieu urbain par rapport à celle du milieu rural environnant
Opacité atmosphérique	
Brouillards (smogs)	
– Hiver	100% de plus
– Eté	30% de plus
Nébulosité	De 5 à 10% de plus
Particules	De 10 à 20% de plus
Précipitations	5 à 10% de plus
Rayonnements UV	
– hiver	10% de moins
– été	40% de moins
Températures moyennes	
– annuelles	0,5 à 1°C de plus
– hivernales	1 à 2,5°C de plus
Vitesse du vent	
– moyenne annuelle	20 à 30% de moins
– tempêtes	10 à 20% de moins

Vue d'un smog photochimique sur la **ville** de Paris. On discerne dans l'arrière-plan, l'église du Sacré-Cœur, masquée par l'opacité atmosphérique due à la charge de l'air en particules et en NO_2 qui absorbent fortement la lumière. (Cliché F. Ramade)

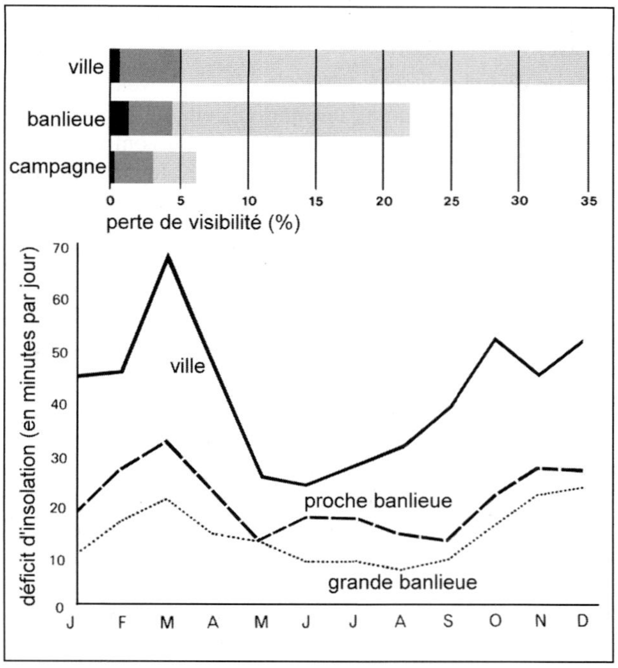

Déficit d'insolation et de visibilité dans les **villes**. En haut, perte de visibilité causée par le brouillard dans la région parisienne pendant la mauvaise saison. En tramé clair est figuré le pourcentage de la période diurne pendant laquelle la visibilité est réduite entre 400 et 1 600 m ; en tramé sombre celui où elle est comprise entre 100 et 400 m ; enfin, en noir, celle où elle est inférieure à 100 m. En bas, perte d'insolation mensuelle moyenne dans la région londonienne entre 1921 et 1950, avant que le *Clean Air Act* n'ait été promulgué et commence à produire ses effets. (D'après Lowry, op. cit., in Ramade F., *Écologie appliquée*, Ediscience international, 5e ed., 1995, p. 152)

Celles-ci résultent de la formation par temps calme d'un dôme de pollution urbain, *a fortiori* de la formation des smogs acides ou oxydants selon le climat régional lors des épisodes d'inversion de température.

Le déficit d'insolation – et de visibilité – particulièrement apparent dans les villes, résultent des effets conjugués des particules introduites par les diverses sources de pollution dans l'atmosphère et de l'existence de gaz colorés comme le NO_2 qui contribuent également à créer une diminution de l'intensité lumineuse et par ailleurs une atténuation du rayonnement UV.

Ainsi, on constate qu'en période estivale, les orages sont plus fréquents et plus intenses dans les villes que dans la campagne avoisinante (voir Figure bas de page).

Les précipitations acides, mais aussi les autres sources de pollution atmosphérique, causent par ailleurs des dommages considérables aux matériaux de construction, en particulier au patrimoine architectural. L'acidité forte des pluies provoque une désastreuse dégradation des pierres ayant servi à l'édification des monuments, celles de nature calcaire ou autre minéral alcalino-terreux étant les plus vulnérables.

Altérations du patrimoine architectural des **villes** européennes par la pollution atmosphérique : linteau et bas-relief d'une cathédrale endommagés par les précipitations acides. (Cliché F. Ramade)

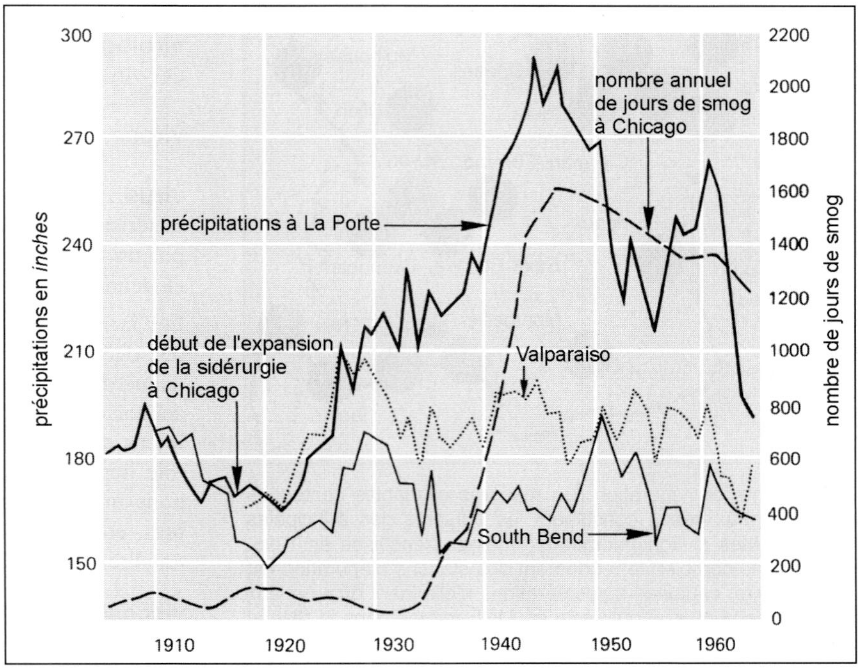

Comparaison entre l'évolution mésoclimatique de la région de Chicago dans la phase qui a suivi l'industrialisation de cette **ville** (du début du siècle aux années 1960). On constate que l'accroissement de nébulosité dans cette ville dû au développement de la sidérurgie s'est traduit par une augmentation des précipitations (La Porte). Aucun changement n'a eu lieu dans les banlieues résidentielles éloignées des zones de pollution atmosphérique (Valparaiso et South Bend). (D'après Changnon, op. cit., in Ramade F., *Écologie appliquée*, Ediscience international, 5e ed., 1995, p. 151)

À cela s'ajoute l'altération rapide des revêtements et des peintures murales due à l'action du SO_2 et de certains autres aéropolluants gazeux, celle des façades due entre autres au dépôt de particules carbonées, enfin la corrosion des grilles et autres structures métalliques, de la carrosserie des véhicules de transport individuel ou collectif, dont la vitesse s'est considérablement accrue. On estime que dans les grandes villes européennes les dégâts causés aux seuls bâtiments historiques par les aéropolluants se chiffrent déjà à plusieurs milliards de francs par an pour l'ensemble du continent européen. (***Voir aussi Dôme, Inversion, Polluants, Pluies acides, Pollution, Urbain***) ◆ **pollution des eaux dans les ~** : elle atteint des dimensions préoccupantes tant dans les pays développés que dans les grandes cités du Tiers monde où la situation est encore pire car la plupart d'entre elles sont dépourvues d'équipements d'épuration ou, quand ils existent, sont tout à fait insuffisants par rapport aux besoins.

Aujourd'hui encore, même dans plusieurs pays de l'Union européenne, et en particulier en France, le niveau de l'épuration reste insuffisant, beaucoup d'agglomérations n'étant équipées que de stations primaires de retraitement des eaux usées, certains effluents pollués par des MOF échappant même au traitement. En conséquence, le rendement de l'épuration des matières oxydables contenues dans les effluents urbains est actuellement encore très insuffisant en France, car il est en général inférieur à 70% alors qu'il excède 99% dans les États les plus avancés comme la Suède.

Aux rejets de quantités gigantesques de matières organiques fermentescibles, s'ajoutent par ailleurs ceux d'innombrables micropolluants d'origine domestique ou industrielle. En outre, les rejets domestiques contribuent de façon très significative à l'hypereutrophisation des cours d'eau par l'apport de phosphates – en particulier contenus dans les lessives.

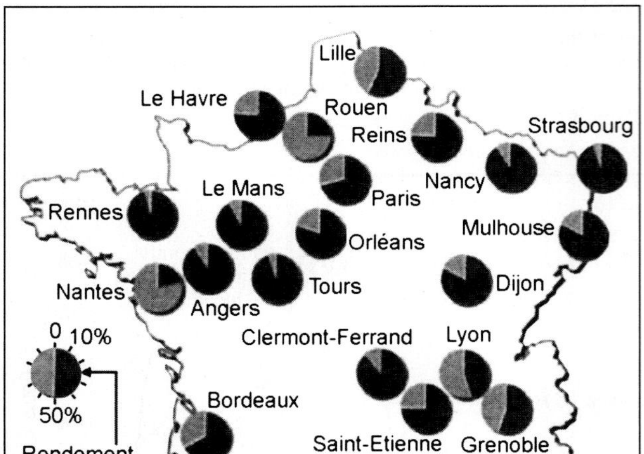

Rendements de l'épuration des matières oxydables contenues dans les eaux usées constituant les effluents des principales grandes **villes** et agglomérations urbaines françaises en 1995. On constate combien le rendement des stations d'épuration est encore limité, certaines agglomérations n'éliminant qu'au mieux la moitié de la charge polluante en MOF rejetée dans le réseau d'assainissement. (D'après IFEN, op. cit., 1999, p. 157)

D'autre part, en sus des difficultés que soulèvent ces rejets au plan de leur épuration, une autre facette relative à la pollution des eaux dans les villes concerne la conformité des eaux d'adduction. Même dans un pays développé comme la France, l'existence d'une pollution bactériologique et (ou) chimique (nitrates, pesticides, éventuellement métaux lourds) dans les eaux d'adduction soulève de considérables problèmes de conformité de l'eau des réseaux par rapport aux normes en vigueur. Ainsi, on constatait dans notre pays au milieu des années 1990 que seulement 42% de la population était alimentée par une eau conforme avec les normes européennes, alors que la majorité, soit 58%, avait à un moment ou à un autre au cours de l'année, reçu une eau non conforme relativement à sa charge en nitrates, pesticides, autres polluants chimiques ou encore par suite de sa contamination bactériologique. (***Voir aussi Eau, Épuration, Polluant, Pollution***)

Violales, n. sc. Ordre de Dicotylédones dialypétales thalamniflore de la sous-classe des Dillénidées. Il comporte quelque 24 familles, environ 5 000 espèces surtout représentées par des plantes herbacées ou arbustives, mais dans lequel existent aussi des arbres. Les principales familles sont les Bégoniacées, les Cucurbitacées, les Flacourtiacées, les Passifloracées et les Violacées.

virga, n. f. (*fall stripes*). Traînées de précipitations qui se forment à la base d'un strato-cumulus ou d'un cumulonimbus.

virginipare, adj. (*virginiparous*). Qualifie un organisme produisant par parthénogenèse thélytoque des femelles. Le cycle annuel des pucerons comporte par exemple un grand nombre de générations de virginipares qui se succèdent pendant la belle saison. Les virginipares également ovipares renferment dans leurs voies génitales des virginipares déjà développées ayant elle-mêmes d'autres virginipares en cours d'embryogenèse. (***Voir aussi Cycle, Puceron***)

virologie, n. f. (*virology*). Science dont l'objet est l'étude des virus.

virose, n. f. (*virosis*). Maladie provoquée par des virus.

virus, n. m. (*virus*). Organisme submicroscopique de caractéristiques infra-cellulaires qui infecte les bactéries, les plantes et les animaux et sont incapables de se développer en dehors des tissus de leur hôte.

Les virus sont constitués par un matériel nucléique (ADN ou ARN) entouré par une enveloppe protéique ou lipoprotéique. De nombreuses maladies à virus des végétaux et des animaux sont transmises par des insectes (arbovirus), tel est le cas de la fièvre jaune. Les affections virales jouent un rôle important dans la régulation des effectifs des populations animales, tant chez les Vertébrés que chez les Invertébrés, en particulier chez les insectes qui sont victimes de nombreuses viroses.

viscosité, n. f. (*viscosity*). Propriété physique d'un liquide résultant de sa plus ou moins grande tensio-activité. La viscosité de l'eau constitue un paramètre abiotique d'une grande importance car elle permet à de nombreux organismes aquatiques de petite taille, en particulier du zooplancton, de flotter passivement dans les masses d'eau grâce aux forces de tension capillaire qui s'exercent sur leur corps en particulier sur des appendices spécialisés à fonction sustentatoire. **(*Voir aussi Zooplancton*)**

Viscum album. Nom scientifique du gui d'Europe. Il s'agit de l'une des rares plantes épiphytes et hémiparasites propres aux écosystèmes forestiers tempérés, de la famille des Loranthacées.

visibilité, n. f. (*visibility*). **1.** Mesure de la transparence atmosphérique et de son atténuation par divers phénomènes de pollution de l'air. **2.** En éthologie, ce terme englobe l'ensemble des paramètres qui déterminent la distance à partir de laquelle un prédateur réagit à la présence d'une proie. La visibilité dépend de la taille, de la couleur et du mouvement de cette proie ainsi que de l'éclairement et de la transparence (ou de la nébulosité) du milieu.

Vitacées, n. sc. (syn. : Ampélidacées). Famille de Dicotylédones disciflores, de l'ordre des Rhamnales, qui compte 700 espèces de plantes ligneuses, souvent grimpantes, représentées principalement par des vignes (dont la vigne cultivée *Vitis vinifera*). Son centre de spéciation et de dispersion est le Nord-Est des États-Unis. **(*Voir aussi Vigne*)**

vitalisme, n. m. (*vitalism*). Théorie selon laquelle la vie aurait pour origine un principe vital distinct des processus physico-chimiques. La théorie de la panspermie qui suggère que la vie sur la Terre aurait été introduite par des germes vivants venus du cosmos est issue du vitalisme.

vitalité, n. f. (*vitality*). Résistance plus ou moins importante d'une espèce à des facteurs exogènes susceptibles de provoquer la régression de ses populations.

vitellus, n. m. (*vitellus*). Constituant des réserves nutritives des œufs. C'est en fait le noyau du zygote qui s'est hypertrophié. La couleur jaune du vitellus des oiseaux et des insectes est due à la présence de grandes quantités de lécithine.

vitesse, n. f. ◆ ~ **critique** (*critical speed*) *:* vitesse d'écoulement d'une lame d'eau au-delà de laquelle l'écoulement devient turbulent. Dans un pompage, le dépassement de cette vitesse qui correspond à un débit critique se traduit par le phénomène du puits dénoyé et une diminution du rendement c'est-à-dire du débit de l'ouvrage. ◆ ~ **du courant** (*current speed*) : dans une section de cours d'eau (ou d'un chenal si ce dernier présente des anastomoses), cette vitesse va dépendre de deux paramètres principaux : la gravité qui est l'agent moteur de l'eau vers l'aval et la friction avec les parois dont les forces exercent un ralentissement du courant. Le paramètre qui mesure la friction est la rugosité. Si les parois sont lisses, cette dernière sera minimale et la vitesse du courant forte. Si au contraire la rugosité est importante (présence de blocs immergés par exemple), la vitesse d'écoulement sera diminuée et ce d'autant plus que la pente sera faible.

L'équation de Manning donne une estimation de la vitesse moyenne de l'eau dans un chenal :

$$V = \frac{R_h^{0,66} \cdot p^{0,5}}{k_s}$$

où V est la vitesse moyenne de l'eau en m/s, R_h est le rayon hydraulique, p la pente et K_s le coefficient de Manning qui mesure la rugosité des parois. Le rayon hydraulique R_h a pour expression : $R_h = S/\omega$, rapport entre S, surface de la section en travers et ω le périmètre mouillé, ce qui correspond en première approximation à la profondeur moyenne du chenal.

Dans le cas des cours d'eau, des relations ont été établies entre la vitesse du courant et la taille des particules, la sédimentation ne se produisant qu'au-dessous d'une vitesse critique liée à la taille des particules, tandis qu'au-dessus de cette dernière s'effectue leur transport. Enfin, un autre domaine de la relation vitesse du courant-particules correspond à celui des vitesses du courant les plus rapides qui sont les agents de l'érosion au-delà d'une certaine énergie cinétique que les courants confèrent aux particules. **(*Voir aussi Fleuve, Hydrosystème*)** ◆ ~ **d'écoulement** (*flow velocity*) : vitesse effective à laquelle l'eau circule dans un aquifère. Cette vitesse a pour expression :

$$V = \frac{V_f}{n_e}$$

où V_f est la vitesse de filtration et n_e la porosité efficace de la roche réservoir. **(*Voir aussi Aquifère, Nappe*)** ◆ ~ **de filtration** : vitesse de déplacement de l'eau au travers des pores d'un sol ou d'une roche réservoir d'aquifère. **(*Voir aussi Aquifère, Porosité, Sol*)** ◆ ~ **de réaction** (*reaction rate*) : vitesse à laquelle s'effectue une réaction chimique. Cette dernière dépend de la concentration des produits de réaction et aussi de la température ambiante. **(*Voir aussi* Q_{10})** ◆ ~ **de sédimentation** (*sedimentation rate*) : elle dépend essentiellement de la densité et de la forme des particules de matières en suspension quand ces dernières sont de petit diamètre par suite de phénomènes de tensio-activité qui ralentissent voire empêchent le dépôt gravitaire. La sédimentation carbonatée ou encore les dépôts colloïdaux sont particulièrement lents par suite du faible diamètre des précipitats. La formule de Stokes, qui ne concerne que les particules de taille inférieure à 90 μ (sables fins et limons) permet de calculer leur vitesse de sédimentation. **(*Voir aussi Sédimentation, Stokes*)**

viticulture, n. f. (*viticulture*). Culture de la vigne, originaire du bassin méditerranéen. La viticulture représente aujourd'hui encore une part importante de l'occupation de l'espace rural dans ces pays.

Vitis. n. sc. (*grape vine, Boston ivy*). Nom scientifique du genre auquel appartiennent les diverses espèces de vigne. La seule espèce originaire de la Méditerranée, *Vitis vinifera*, est la vigne cultivée. Le centre de diversification des *Vitis* se situe en Amérique du Nord où existent de nombreuses espèces, en particulier dans le Nord-Est des États-Unis. **(*Voir aussi Phylloxéra, Vigne*)**

Viverridae, n. sc. (*civet, mangoose, genet*). Famille de Mammifères Fissipèdes de petite taille, pourvus d'un museau pointu et d'une longue queue, propre à l'Ancien Monde. Leur habitat est terrestre et arboricole.

vivipare, adj. (*viviparous*). Désigne une espèce dont la reproduction s'effectue par viviparité.

viviparité, n. f. (*viviparity*). Mode de reproduction caractérisé par le fait que les femelles produisent directement des jeunes dont le développement embryonnaire est achevé.

La viviparité implique la présence d'un ensemble d'organes permettant le développement de l'œuf dans l'organisme maternel, en particulier d'un utérus ainsi que d'annexes embryonnaires (amnios, allantoïde).

La viviparité vraie doit être distinguée de l'ovoviviparité qui, elle, n'est que le produit d'une rétention des œufs et de leur incubation dans l'oviducte. **(*Voir aussi Ovoviviparité*)**

vixigrégaire, adj. (*vixigregarous*). Espèce qui se rencontre en petits groupes, à l'état très dispersé, dans son aire de distribution géographique.

vocalisation, n. f. (*vocalization*). Production de sons par les Mammifères par passage de l'air au niveau des cordes vocales.

vocation, adj. ◆ ~ **des terres** (*land capability*) : concerne, en planification de l'environnement, l'usage affecté à une zone ou à un type de sol donné.

voile, n. m. ◆ ~ **de nuages** (*cloud veil*) : formation nuageuse basse recouvrant le sol mais dont la densité est faible, de sorte que l'on peut observer la silhouette des objets se profiler au travers de ces derniers.

voisinage, n. m. (*vicinity*). Terme utilisé en écologie pour désigner la présence d'individus de la même espèce qui jouxtent, dans une même population, le territoire d'un individu donné.

vol, n. m. ◆ ~ **de propreté** (*cleaning flight*) : vol effectué au début du printemps par les ouvrières d'une ruche afin de la nettoyer des déchets accumulés au cours de l'hiver. ◆ ~ **nuptial** (*wedding flight*) : vol concernant les sexués chez certains insectes sociaux au cours duquel la jeune reine est fécondée.

volatil, adj. (*volatile*). Substance ayant une forte pression de vapeur. Parmi ces dernières figurent divers polluants du groupe des composés organiques volatils. **(*Voir aussi COV*)**

volcan(s), n. m. (*volcanoes*). Structures géologiques par lesquelles les matériaux magmatiques terrestres à l'état de fusion, contenus dans l'asthénosphère, remontent et se répandent à la surface sous forme de laves. Ils sont de ce fait toujours localisés à la limite des plaques tectoniques. Il existe entre 500 et 600 volcans actifs dans l'écosphère, leur nombre variant selon la date prise comme référence à laquelle remonte la dernière éruption connue.

L'action des volcans peut être à la fois néfaste et bénéfique aux activités humaines. Ils peuvent être à l'origine de véritables catastrophes écologiques et provoquer la mort d'un grand nombre de personnes lors d'éruptions cataclysmiques. Ainsi, celle du Krakatoa dans le détroit de la Sonde en 1883 fit 40 000 morts. Celle du Tambora en 1815 fit 88 000 victimes. Ces éruptions cataclysmiques sont marquées par le rejet dans l'atmosphère de volumes gigantesques de matériaux volcaniques, cendres et autres ignimbrites. Lors de l'explosion du Tambora, ce volume atteignit quelque 150 km^3. Les retombées de cette éruption ont pu constituer une couche de plus de 5 cm de cendres à quelque 530 km du point zéro!

Au cours des deux dernières décennies, plusieurs éruptions importantes ont eu lieu – sans atteindre le paroxysme de celles précitées. Ainsi, au début des années 1990, l'explosion de l'Unzen au Japon causa la mort d'une trentaine de

Vue du **volcan** de la Montagne Pelée en Martinique. L'explosion de ce volcan en 1902 détruisit la ville de Saint-Pierre pourtant située à 10 km à vol d'oiseau de ce dernier. Il a été montré que cette ville fut rasée par l'onde de choc se déplaçant à 1,7 km seconde quelques minutes avant qu'elle ne soit atteinte par une gigantesque nuée ardente qui incinéra les ruines. (Cliché F. Ramade)

vulcanologues surpris par une nuée ardente (dont les français M. et K. Kroft). L'éruption du Pinatubo, aux Philippines, a recouvert les sols d'une épaisse couche de matériaux téphritiques sur des milliers de km^2 aux alentours de ce volcan.

Cependant, en dépit des dommages causés par les éruptions, les régions où existent des volcans actifs sont très favorables à l'agriculture car les laves ayant une composition minérale riche en nutriments minéraux se décomposent très rapidement sous l'effet des facteurs pédologiques, donnant des sols de très grande fertilité. ***(Voir aussi Krakatoa, Tambora, Volcanisme)***

volcanique, adj. ◆ **aérosols** ~ (*volcanic aerosols*) : particules de SO_2 et autres substances hygroscopiques introduites dans l'atmosphère par les éruptions volcaniques. ◆ **cendres** ~ (*volcanic ashes*) : particules solides de petite taille rejetées dans l'air par les éruptions, jusque dans la haute stratosphère pour les éruptions les plus cataclysmiques. Certaines, insédimentables, vont y demeurer pendant plusieurs années donnant aux couchers de soleil une intense couleur rougeâtre. ◆ **éruptions** ~ : voir Volcan, Volcanisme. ◆ **poussières** ~ (*volcanic dust*) : synonyme de cendres volcaniques. ◆ **roches** ~ (*volcanic rocks*) : roches produites par les volcans. Les principales sont les basaltes, les rhyolithes et les andésites. La plupart des roches volcaniques sont basiques et donnent en se décomposant des sols très fertiles. ***(Voir aussi Éruption)***

volcanisme, n. m. (*vulcanism*). Désigne ce qui est relatif à l'activité des volcans. Le volcanisme intervient de façon déterminante dans les climats terrestres. Les périodes de volcanisme intense ont en effet la particularité d'atténuer le rayonnement solaire accédant au sol, en injectant de grandes quantités de poussières et d'aérosols dans la stratosphère diminuant donc la température de la troposphère. Le volcanisme interfère de ce fait de façon significative avec le climat planétaire. L'injection de grandes quantités de particules dans la stratosphère peut modifier défavorablement le climat car elle induit, lors des éruptions de première magnitude, un refroidissement global. Ainsi, à la suite de l'éruption du Tambora, l'année 1816 fut dénommée *l'année sans été* avec une température moyenne globale qui baissa de 0,8 °C, tandis que des gelées survenues au mois de juin sur la côte est des États-Unis provoquèrent la destruction des récoltes. Ce phénomène a été directement démontré par observation de l'éruption du volcan Agung à Bali en 1963-64, par celle de l'El Chichon au Mexique dans les années 1980, et plus récemment par celle du Pinatubo aux Philippines en 1990-91 dont l'influence climatique s'est faite ressentir jusqu'au milieu de la dernière décennie.

Il existe une très bonne corrélation entre les épisodes de volcanisme, les quantités de particules injectées dans la stratosphère et la température superficielle moyenne de la Terre. L'étude de l'intensité du volcanisme dans la période 1860-1960, évaluée par les quantités annuelles de poussières introduites dans la stratosphère par les éruptions volcaniques, et la comparaison de cette intensité avec les fluctuations climatiques a mis en évidence le rôle majeur des volcans dans les épisodes de refroidissement globaux observés (voir Figure ci-dessus).

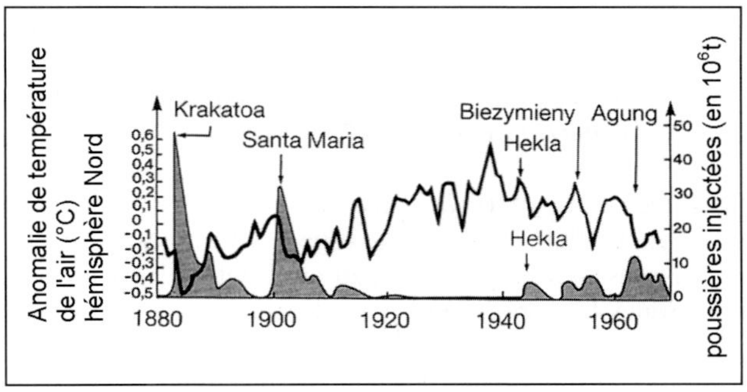

Corrélation entre l'intensité du **volcanisme** (courbe en grisé) et les températures moyennes terrestres (courbe en noir). On constate que les périodes de volcanisme s'accompagnent d'une baisse de la température moyenne de la surface terrestre. On notera aussi que la croissance des rejets de particules par l'activité humaine est pour l'instant d'un ordre de grandeur plus faible que la moyenne de l'activité volcanique. (D'après divers auteurs, in Ramade F, *Les catastrophes écologiques*, McGraw-Hill, 1987, p. 81)

Le volcanisme joue aussi un rôle essentiel dans les cycles biogéochimiques car les éruptions volcaniques injectent dans l'atmosphère des quantités considérables de divers éléments biogènes. En outre, beaucoup de roches volcaniques sont riches en phosphore, de sorte que le volcanisme constitue une source importante d'apport de cet élément à la biosphère et un facteur essentiel de son cycle biogéochimique. Les teneurs élevées en phosphates et la richesse en autres éléments minéraux, en particulier calco-magnésiques, de la plupart des laves expliquent la contribution du volcanisme à la fertilité des sols dans les régions où existent des volcans actifs.

Il existe aussi une certaine relation entre le volcanisme et le stock total de polluants atmosphériques. Il a été en particulier montré, après l'éruption du Pinatubo en 1990-1991, que le volcanisme pouvait être – de même que la pollution atmosphérique due à l'usage des combustibles fossiles – à l'origine de l'introduction de quantités importantes d'aérosols de SO_2 non seulement dans la haute troposphère mais également dans la stratosphère. Les quelque 25 millions de tonnes de SO_2 introduites par l'éruption du Pinatubo dans la stratosphère et la production d'aérosols de sulfates qui en est résultée s'est avérée la cause essentielle du refroidissement observé. Cette éruption a permis de confirmer ce qui avait déjà été entrevu lors de l'éruption du El Chichon au Mexique quelques années plus tôt, à savoir que la baisse de la température terrestre décelée après toute éruption volcanique de quelque importance résultait non point tant de l'introduction de cendres dans la stratosphère mais de celle d'aérosols de sulfates dans cette dernière. ***(Voir aussi Climat, Particule, Polluant, Pollution atmosphérique)***

volcanogène, adj. (*volcanogenic*). Désigne les sédiments ou toute autre entité résultant de l'action des volcans.

Volterra. Mathématicien qui a proposé avec Lotka en 1925 le premier modèle mathématique décrivant les fluctuations numériques des effectifs de la population d'une espèce de prédateur en fonction de celles de sa proie. Ce modèle montre que l'abondance des effectifs varie de façon cyclique, les pics de chaque espèce étant décalés. Si l'on diminue en proportion égale les effectifs des deux espèces, la population de proie atteindra un nouvel état d'équilibre avec un effectif moyen supérieur à l'initial, tandis que celui du prédateur sera au contraire plus faible. **(*Voir aussi Isocline, Lotka et Volterra, Régulation*)**

voltinisme, n. m. (*voltinism*). Terme désignant le nombre de génération annuelle qu'une espèce vivante est susceptible de présenter au cours de son cycle vital. On dénomme univoltines les espèces qui possèdent une seule génération par an et plurivoltines celles pouvant présenter plusieurs générations annuelles (cas de nombreux Invertébrés).

En règle générale, les espèces d'Invertébrés univoltines sont diapausantes, c'est-à-dire qu'elles présentent un arrêt de développement obligatoire au cours du cycle annuel. À l'opposé, les espèces plurivoltines sont dites quiescentes, c'est-à-dire qu'elles n'arrêtent leur développement que lorsque les conditions environnementales deviennent défavorables. **(*Voir aussi Diapause*)**

volubile, adj. (*voluble*). Désigne un végétal grimpant dont la pousse s'enroule au cours de sa croissance de façon spiralée autour du support. De nombreuses plantes herbacées ou ligneuses sont de ce type en particulier dans l'ordre des Fabales ainsi que la totalité des espèces de la famille des Convolvulacées (liserons).

volume, n. f. ◆ **~ d'un réservoir** (*aquifer capacity*) : volume constitué par celui de l'ensemble des pores et cavités présentes dans la roche réservoir d'un aquifère. **(*Voir aussi Aquifère, Nappe*)**

Volvocales, n. f. (*Volvocales*). Ordre d'algues unicellulaires flagellées de la classe des Chlorophytes, abondantes dans les eaux douces stagnantes, mais aussi dans les biotopes lagunaires et dans les eaux marines littorales, qui peuvent s'associer par réunion de groupes de plusieurs dizaines d'individus. **(*Voir aussi Chlorophycées*)**

Vombatidae, n. sc. (*vombat*) (vern. : « ours marsupial »). Marsupiaux Diprotodontes fouisseurs propres à l'Australie et la Tasmanie, qui peuvent dépasser un mètre de long.

Von Bertalanffy, modèle de. Ce modèle mathématique décrit la croissance en longueur d'une espèce animale. Il est de la forme :

$$L_t = L_\infty\left[1-e^{-k(t-t_0)}\right] \qquad (1)$$

où L_t représente la taille de l'organisme au temps t, L_∞ la taille limite atteinte, k (> 0) un coefficient instantané de croissance et t_0 une date de naissance fictive correspondant au temps théorique où la taille serait nulle.

Cette équation correspond à un type de croissance où cette dernière varie linéairement en fonction du temps. Si l'on différencie l'équation (1), on obtient :

$$\frac{dL}{dt} = K\,(L_\infty - L) = KL + KL_\infty \qquad (2)$$

Sous cette forme, cette expression permet de déterminer facilement le coefficient K et la valeur du L_∞ qui caractérisent la biométrie de la croissance d'une population naturelle donnée.

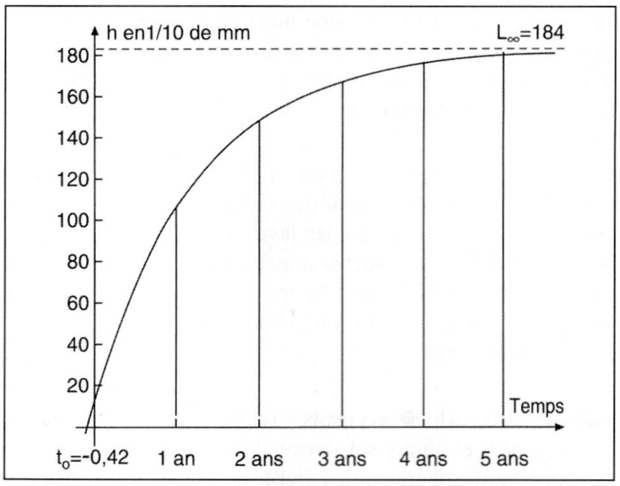

Exemple d'application du modèle de **Von Bertalanffy** à l'établissement de l'équation de croissance d'une espèce d'Invertébré marin, le Gastéropode *Littorina saxatilis*. Ici, la courbe de croissance s'aligne sur l'équation :

$$h_t = 184\,[1 - e^{0,067(t + 0,42)}]$$

(D'après Moreteau, *Cah. Biol. Mar.*, tome XXVII, p. 479)

Initialement conçue pour décrire la croissance des poissons, cette équation est très utilisée en écologie des pêches (halieuthique). Elle permet en effet de déterminer la taille limite de première capture afin d'exploiter de façon optimale les stocks de poissons. **(*Voir aussi Biométrie, Croissance*)**

Von Humbolt, Alexander (1769-1859). Éminent naturaliste allemand qui fut dès le début du XIXe siècle un pionnier de la science écologique moderne. En particulier, il eut le mérite de comprendre pour la première fois la liaison existant entre le climat et la nature des formations végétales au cours de ses voyages d'exploration naturaliste en Amérique latine. Son œuvre considérable comporte une encyclopédie dénommée « Cosmos » dans laquelle était condensé l'ensemble des connaissances de son époque sur ce qui devint ensuite les disciplines biogéographiques et écologiques. Il fut aussi l'un des promoteurs de l'idée de protection de la nature et dans le même temps, dans le domaine des sciences naturelles, rattacha fermement au concept de conservation la théorie écologique qui en constitue le fondement scientifique. C'est aussi Von Humbolt qui créa le terme de « Monument naturel » pour désigner des sites naturels remarquables au plan écologique et (ou) géologique.

vulnérabilité, n. f. ◆ **~ du milieu récepteur** (*incipient habitat vulnerability*) : désigne la sensibilité d'un écosystème aquatique ou terrestre (sols) au déversement d'un effluent pollué ou à la contamination directe par des polluants. En milieu aquatique, le degré de vulnérabilité dépendra essentiellement du débit moyen du cours d'eau ou du volume du biotope assurant la dilution de l'apport polluant de l'émissaire et aussi des caractéristiques physicochimiques – et biologiques – du milieu récepteur. On constate de façon générale que les eaux acides oligo-calciques sont plus vulnérables que des eaux courantes eucalciques. ◆ **~ d'une nappe** (*aquifer vulnerability*) : les nappes phréatiques présentent un degré de vulnérabilité aux pollu-

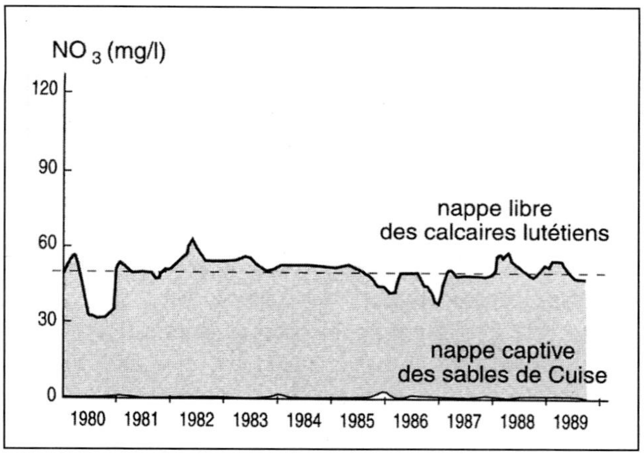

Exemple de différence de **vulnérabilité** entre nappes. Cas des nappes d'Auger Saint Vincent. En haut, nappe libre et au-dessous nappe captive superposée. Le taux de nitrates est quasi nul dans la nappe profonde captive des sables de Cuise dont le toit est imperméable tandis que la nappe libre qui la surmonte présente une pollution significative. (D'après Guillemin et Roux, op. cit., in Ramade F., *Dictionnaire encyclopédique des sciences de l'eau*, Ediscience international, 1998, p. 682)

tions potentielles qui dépend d'un ensemble de facteurs physiques et géologiques : nature des terrains qui constituent le toit de cette nappe, caractéristiques des roches (porosité, imperméabilité, présence ou absence de failles) ainsi que de la roche réservoir, l'ensemble de ces facteurs conditionnant la propagation d'un flux polluant à l'intérieur de la nappe. **(*Voir aussi Aquifère, Karst, Nappe, Pollution*)**

vulnérable, adj. (*vulnerable*) ◆ **espèce ~** : espèce qui est en danger bien qu'elle ne soit pas immédiatement en voie d'extinction. Ce terme désigne, dans la classification internationale relative à la conservation de la biodiversité, des espèces dont les effectifs peuvent paraître encore abondants, se comptant parfois en dizaines de milliers d'individus, mais dont les sites de reproduction et (ou) d'hivernage – pour les espèces migratrices – sont en voie de diminution alors qu'ils sont déjà peu nombreux et menacés de dégradation par l'action de l'homme. **(*Voir aussi Extinction*)**

Vulpes vulpes (*red fox*). Nom scientifique du renard roux, renard commun. Espèce de renard répandue dans toute la zone biogéographique holarctique. Le renard roux se rencontre depuis le Sud du cercle polaire en Eurasie jusque dans les steppes d'Asie centrale, en Amérique du Nord tempérée et au Mexique, et jusqu'en Afrique du nord, atteignant même sa limite extrême méridionale en Afrique de l'Est, au Soudan. Il a aussi été introduit en Australie.

Lors de la dernière pandémie de rage sylvatique en Europe, cette espèce a donné lieu à une campagne d'éradication animée par les organisations de chasse. Cette campagne s'est avérée tout aussi inefficace pour enrayer la diffusion de cette maladie à virus que désastreuse pour la faune de petits carnivores de France. Les appâts empoisonnés utilisés pendant longtemps ont en effet décimé non seulement les renards mais bien d'autres espèces de Fissipèdes, sans pour autant enrayer la progression de la pandémie. On lui a fort heureusement substitué, depuis quelque temps, la vaccination à l'aide d'appâts-piège, beaucoup plus efficace. **(*Voir aussi Renard*)**

Vultur, n. sc. Nom de genre de certains vautours de la famille des *Cathartidae*. ◆ ***~ gryphus*** : nom scientifique du condor des Andes. Cette espèce, la plus grande de tous les vautours tant de l'Ancien que du Nouveau Monde, atteint 1,2 m de haut et pèse jusqu'à 14 kg. **(*Voir aussi Vautour*)**

W

Wallace, ligne de (*Wallace line*). Frontière théorique séparant les régions biogéographiques indomalaise et notogéenne. ◆ **règnes de ~** (*Wallace realms*) : nomenclature des principaux empires biogéographiques. ***(Voir aussi Biogéographie)***

Walter ◆ diagramme de ~ (*Walter's diagram*) : diagramme climatique qui donne, pour un lieu donné, les valeurs climatiques saisonnières à la fois moyennes et extrêmes. Outre les moyennes quotidiennes et mensuelles de températures et de précipitations, il donne les valeurs minimales quotidiennes moyennes du mois le plus froid, les valeurs maximales quotidiennes moyennes du mois le plus chaud, les extrêmes des maxima et des minima enregistrés, les moyennes mensuelles des précipitations, enfin le nombre moyen de jours de gelée et de jours sans gelée. ***(Voir aussi Köppen)***

wapiti, n. m. (*elk*) (n. sc. : *Cervus canadensis*). Cervidé propre aux régions tempérées froides et arctiques de l'Amérique du Nord. Il représente l'espèce de cerf ayant la plus grande taille du monde car les mâles peuvent peser jusqu'à 500 kg et les femelles jusqu'à 300 kg.

Cerf **Wapiti** (*Cervus canadensis*), dans le parc national de Yellowstone, Wyoming. (Cliché F. Ramade)

warfarine, n. f. (*warfarin*). Nom commun d'un Rodenticide, dérivé de la coumarine, dont la toxicité est due à ses propriétés anticoagulantes. Il provoque de ce fait des hémorragies internes fatales aux rats et autres espèces de rongeurs qui en ont consommé. Il a été montré que la consommation de proies contaminées – ou tuées – par ce pesticide pouvait être dangereuse pour les oiseaux, en particulier par transfert de cette substance dans la chaîne alimentaire des rapaces.

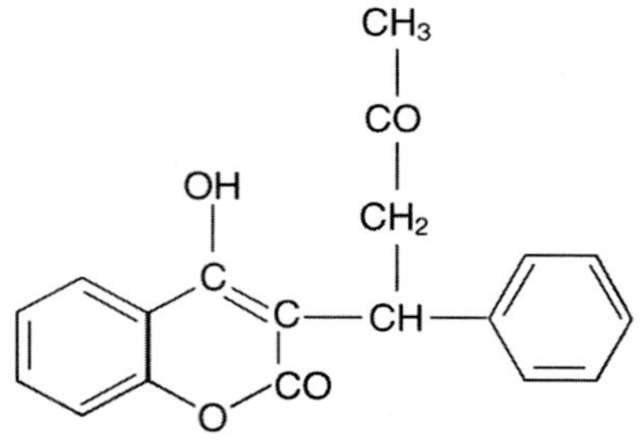

Formule du **warfarin**, un rodonticide de vaste usage, du groupe des dérivés de la coumarine.

Weber, ligne de (*Weber line*). Limite biogéographique séparant la région indomalaise entre une partie orientale et occidentale. Elle passe entre Les Moluques et les Célèbes au Nord et entre Timor et les îles Kei au Sud.

Welwitschia, n. sc. Genre monospécifique de Gymnospermes appartenant à l'ordre des Gnétales, lui-même unique constituant de la classe des Gnétophytes. *W. mirabilis* est une espèce de morphologie aberrante propre aux déserts d'Afrique australe.

Ces plantes ligneuses, adaptées à des conditions de sécheresse extrême, comportent un système racinaire de longueur extraordinaire. De port sessile, elles possèdent seulement deux longues feuilles rubanées coriaces, dépassant 2 m, qui croissent toute leur vie en s'étalant à la surface du sol. Ce sont des plantes dioïques, les pieds femelles et mâles portant leurs inflorescences en couronne au sommet de leur « tronc » (voir Figure page suivante).

WHO. Abréviation de *World Health Organization* (Organisation Mondiale de la Santé). Voir OMS.

Winteracées, n. sc. L'une des plus archaïques familles d'Angiospermes, de l'ordre des Magnoliales, qui compte une centaine d'espèces dans l'hémisphère austral.

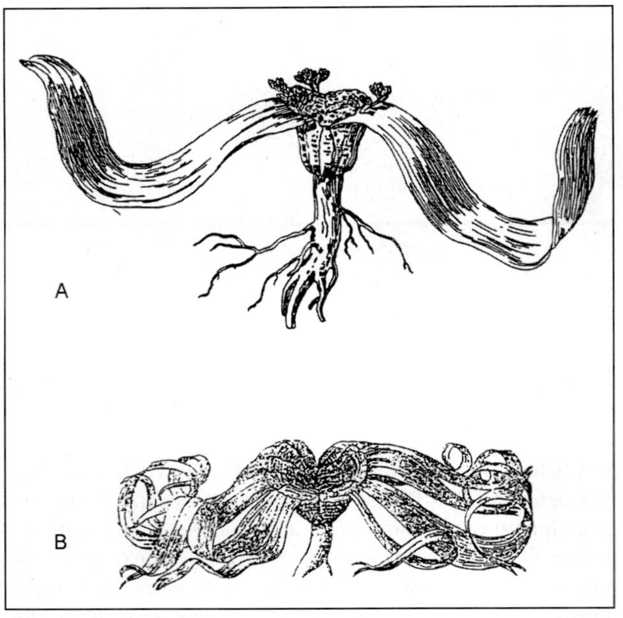

Schéma d'un plant de ***Welwitschia*** *mirabilis*. **A**) Plante adulte. **B**) Sujet âgé dont les feuilles sont lacérées par les vents de sable. (D'après Ozenda, *Les végétaux. Organisation et diversité biologique*, Dunod, 2000, p. 305)

Wisconsinien, n. m. (*Wisconsinian*). Dernier épisode glaciaire en Amérique du Nord, qui a duré de – 80 000 à –10 000. Il est l'équivalent de l'épisode würmien en Eurasie.

wolfram, n. m. (*wolfram*). Élément, également dénommé tungstène, de numéro atomique Z = 74 et de masse atomique Ar = 183,9 dont le corps simple est un métal de très grande dureté. Il est utilisé en métallurgie spéciale. (***Voir aussi Tungstène***)

Wucheria bancrofti. Nom scientifique de la filaire de Bancroft. Ce nématode parasite propre à diverses régions tropicales du globe, dont l'agent vecteur est un moustique (*Culex fatigans*), se développe dans le système lymphatique de l'homme. Il est la cause d'une grave maladie parasitaire qui se traduit par une hypertrophie œdémateuse des parties inférieures du corps (jambes et scrotum).

Les microfilaires produites par les femelles émigrent la nuit dans les capillaires sous-cutanés et contaminent ainsi les moustiques lors de leur repas de sang.

La rupture du rostre des moustiques infestés au moment de la piqûre libère les microfilaires qui pénètrent par effraction au travers de la peau dans l'organisme des individus exposés. (***Voir aussi Nématodes***)

Würm, n. m. (*Würm*). Dernier épisode glaciaire du Quaternaire. Le Würm a commencé il y a environ 70 000 ans et s'est terminé il y a 12 000 ans sous nos latitudes.

À son apogée, voici environ 20 000 ans, une partie importante de la Sibérie, tout le Nord et le centre de l'Europe ainsi que tout le Canada et le Nord-Est des États-Unis étaient couverts d'une calotte glaciaire atteignant par endroits 5 km d'épaisseur tandis que la température moyenne terrestre était inférieure de 4 °C à la température actuelle. (***Voir aussi Glaciations***)

würmienne, adj. ◆ **période ~** (*wurmian time*) : désigne la période géologique correspondant au Würm. Cette dernière a été marquée par une avancée considérable des glaciers, en particulier en Europe où ceux des Alpes atteignaient par exemple la plaine du Rhône jusqu'aux portes de l'agglomération lyonnaise actuelle comme en atteste l'existence de blocs erratiques glaciaires. (***Voir aussi Glaciations***)

WWF (*World Wide Fund for Nature*, ex *World Wildlife Fund*). Créé en 1961 afin de récolter des fonds, par recours au mécénat pour la conservation de la nature, le WWF est actuellement un organisme international de droit privé qui anime des actions de conservation des espèces et des habitats menacés dans la plupart des régions du monde.

Il comporte une section internationale, dont le siège est à Gland, près de Nyon à l'est de Genève (Suisse) ainsi que des organisations nationales présentes dans tous les pays développés et dans un certain nombre de pays du Tiers monde.

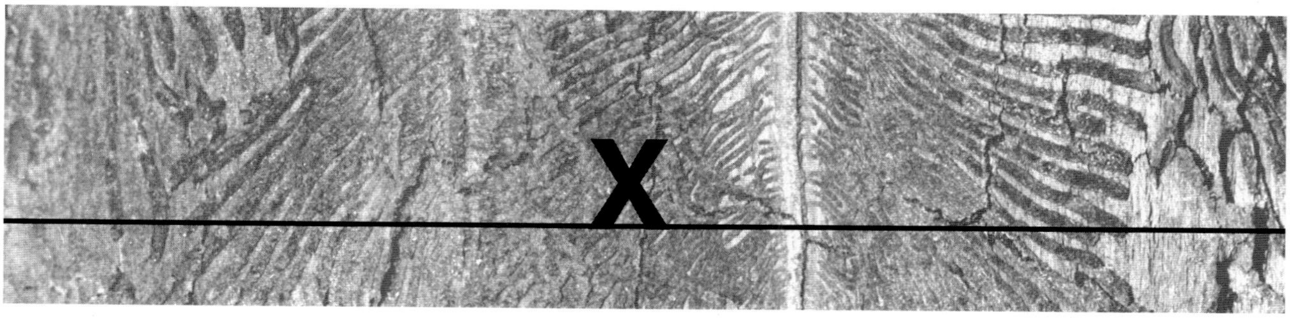

Xanthophycées, n. f. Classe d'algues, de l'embranchement des Chrysophytes, représentée essentiellement par des espèces propres aux eaux douces, certaines terrestres vivant sur les substrats humides. Les Xanthophycées doivent leur nom au fait qu'elles renferment dans leur cytoplasme d'importantes quantités de caroténoïdes en sus des pigments chlorophylliens.

Xénarthres, n. m. (*Xenarthra*). Ordre de Mammifères autrefois dénommés Édentés, actuellement inféodés aux parties tropicales et subtropicales des Amériques, dans lequel on dénombre trois sous-ordres : celui des Tatous, des Paresseux et des Fourmiliers.

xénobiotique, n. m. et adj. (*xenobiotic*). Étymologiquement, ce terme signifie « qui est étranger à la vie ». Bien que son acception ne fasse donc aucune référence à la toxicité, il est en pratique largement employé dans son usage courant pour désigner un groupe majeur de polluants, toxiques à de très faibles concentrations pour les êtres vivants. On englobe sous le terme de xénobiotiques l'ensemble des substances organiques d'origine allochtone et généralement de synthèse, contaminant les êtres vivants à l'état de traces, ainsi que les divers dérivés inorganiques de certains éléments toxiques, en particulier métaux lourds, présentant une action biologique à de très faibles concentrations, qui se traduit généralement par une toxicité élevée. Les pesticides constituent par exemple une catégorie importante de xénobiotiques. En revanche, l'utilisation de ce terme est plus contingente quand elle concerne des métaux et autres substances doués de propriétés hormétiques.

L'exposition d'un animal donné à un toxique xénobiotique s'accompagne de réactions cataboliques par lesquelles ce dernier essaie de l'éliminer et surtout de le dégrader. Pour divers éléments xénobiotiques, en particulier pour les métaux lourds, l'élimination se fait essentiellement par les voies classiques de l'excrétion urinaire et par les fèces lorsque la contamination se fait par ingestion, une fraction de ce toxique n'étant pas absorbée par l'organisme.

Néanmoins, les xénobiotiques s'insèrent en règle très générale dans le métabolisme. Chez les Invertébrés tels les Ar-

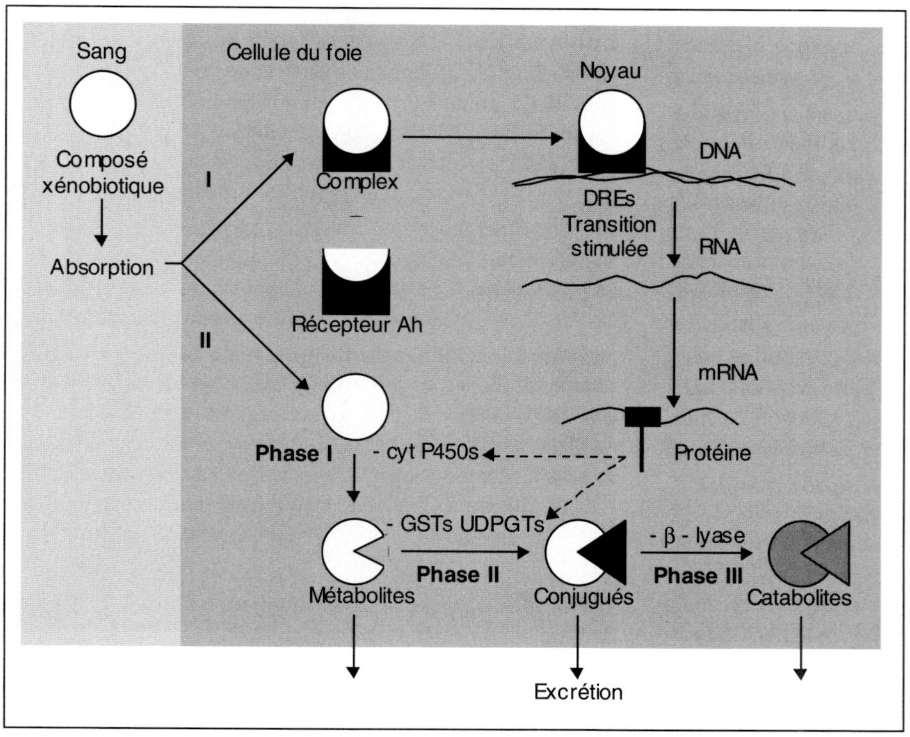

Schéma simplifié des principales voies par lesquelles les Vertébrés catabolisent les **xénobiotiques** toxiques. La voie I est celle concernant une éventuelle induction enzymatique, la voie II correspond aux mécanismes éventuels de détoxication – ou parfois au contraire d'exaltation de la toxicité. DREs = éléments de réponse aux dioxines ; cyt P450 = enzymes du groupe du cytochrome P 450 ; GSTs = glutathion-s-transférases; UDPGTs = glycuronyl transférases. (D'après Van der Oost et al., op. cit., 1996, p. 193)

thropodes, le site privilégié du catabolisme des xénobiotiques est le tissu adipeux. Chez les Vertébrés, on distingue une première série de réactions qui se produisent surtout au niveau hépatique et qui se caractérisent par une induction donnant lieu à la formation d'enzymes de biotransformation. Une seconde voie se traduit par une dégradation des substances concernées qui conduit souvent à une diminution de la toxicité voire à une inactivation totale. Cependant, il arrive pour divers contaminants traces que l'intervention de certaines enzymes conduise au contraire à la formation de dérivés intermédiaires dont la toxicité est supérieure à celle du xénobiotique initial telle la conversion du chlorure de vinyle en son homologue époxydé qui est cancérogène. **(*Voir aussi Biomarqueur, Cancérogène, Toxicité*)**

xénogamie, n. f. (*xenogamy*). Fécondation croisée chez les plantes.

xénon[133], n. m. (*xenon*). Gaz rare radioactif de période 5,27 jours, produit dans les réacteurs nucléaires par la fission de l'uranium 235. Il représente une part significative des effluents gazeux rejetés par les centrales nucléaires. **(*Voir aussi Nucléaire*)**

xérarchique, adj. (*xerarchic*). Voir Succession.

xéricité, n. f. (*xericity*). Terme synonyme d'aridité. ◆ **indice de ~** : voir Xérothermique, indice.

xéricole, adj. (*xerocolous*). Qui croît dans des conditions de forte aridité.

xérique, adj. (*xeric*) ◆ **milieux ~** (*xeric habitat*) : milieu caractérisé par une aridité persistante. ◆ **végétation ~** (*xeric vegetation*) : végétation adaptée à la sécheresse.

xérogéophyte, n. f. et adj. Désigne un végétal qui entre en période de repos végétatif pendant les périodes de sécheresse.

xérohylophile, adj. (*xerohylophilous*). Désigne des espèces inféodées aux forêts sèches.

xéromorphe, adj. (*xeromorphic*). Désigne les adaptations morphologiques à la sécheresse.

xéromorphie, n. f. (*xeromorphy*). Caractérise l'adaptation morphologique des végétaux à des milieux xériques, essentiellement aux déserts.

xéromorphose, n. f. (*xeromorphosis*). Modifications morphologiques que peut présenter une espèce de plante lorsqu'elle se développe dans des biotopes marqués par un déficit des précipitations par rapport aux formes propres à ses biotopes usuels à pluviométrie normale.

xérophile(s), adj. ◆ **espèces ~** (*xerophilous species*) : désigne les espèces vivant dans des biotopes arides.

xérophilie, n. f. (*xerophily*). Adaptation à des biotopes marqués par une sécheresse intense et prolongée.

xérophobe, adj. (*xerophobous*). Espèce ne tolérant pas la sécheresse.

xérophyte, n. f. (*xerophyte*). Espèce végétale propre aux milieux arides.

xérophytisme, n. m. (*xerophytism*). Type de végétation présentant des caractéristiques d'adaptation à des phases de sécheresse.

xérosère, n. m. (*xerosere*). Succession écologique qui débute sur une surface de roches nues, sur du sable (psammosère), sur des galets ou sur tout autre substrat sec. **(*Voir aussi Lithosère, Psammosère*)**

xérothérique, adj. (*xerotherous*). Désigne des organismes adaptés à des conditions marquées par une extrême sécheresse estivale.

xérothermique(s), adj. ◆ **indices ~** (*xerothermic index*) : indices mesurant le degré d'aridité d'un climat. Ils tiennent compte de la valeur des précipitations observées et de l'évapotranspiration potentielle dans un biotope semi-aride ou désertique. Parmi ces indices, celui de Thornwaite est l'un des plus utilisés en écologie. **(*Voir aussi Aridité, Désert, Thornwaite*)**

Xiphosura, n. sc. (*horseshoe crab*) (vern. : limules). Ordre de Chélicérates représentant de véritables fossiles vivants inféodés aux zones côtières des mers chaudes.

Galeries d'un Coléoptère **xylophage**, *Ips typographus* (Scolytidés), dans le xylème d'une écorce d'épicéa. (Cliché F. Ramade)

xylème, n. m. (*xylem*). Tissu conducteur ligneux des végétaux dans lequel circule la sève brute. Le xylème est synonyme de bois.

xylophage(s), n. m. et adj. (*xylophagous*) ◆ **espèces ~** : espèces animales qui se nourrissent de bois.

Certaines se développent à l'intérieur de l'aubier d'autres (Scolytides par exemple) entre l'écorce et le bois (voir figure page ci-contre). La grande majorité des xylophages sont des insectes de l'ordre des Isoptères (termites) et des Coléoptères (Buprestides, Cérambycides, Scolytides, en particulier). Il existe aussi quelques Lépidoptères xylophages (Cossides par exemple) et Hyménoptères (Siricides). De nombreuses espèces d'insectes xylophages sont capables de se développer dans du bois ouvré ayant un très faible taux d'hygrométrie (Coléoptères Anobiides par exemple). Chez les Mollusques, les tarets (*Teredo sp.*) se développent dans les troncs et autres matériaux ligneux immergés. ***(Voir aussi Buprestidae, Cérambycidae, Scolytidae)***

xylophagie, n. f. (*xylophagy*). Particularité écophysiologique propre aux espèces à régime alimentaire xylophage. La xylophagie implique l'existence de dispositifs permettant aux espèces lignivores de récupérer l'eau contenue dans leur aliment, car celle-ci excède rarement une teneur de 10% dans les bois, souvent nettement moins. Aux espèces xylophages sont généralement associés des micro-organismes symbiotiques permettant la digestion de la cellulose et de la lignine. Chez les termites, les symbiotes sont des flagellés présents dans leur panse rectale. Chez les Coléoptères xylophages, cette fonction est dévolue à des bactéries du mesenteron. ***(Voir aussi Symbiose, Termite)***

xylophile, adj. (*xylophilous*). Qui se développe dans le bois.

Yang-Tse-Kiang. L'un des plus grands fleuves du monde, avec un débit moyen de 35 000 $m^3 \cdot sec^{-1}$. Il prend sa source sur le versant tibétain de l'Himalaya et traverse les provinces centrales de la Chine avant de se jeter dans la mer de Chine orientale, son cours ayant une longueur totale supérieure à 5 500 km. Ce vaste fleuve possède une faune et une flore aquatiques d'une grande richesse spécifique et comportant un nombre important d'espèces endémiques, parmi celles-ci, une espèce de dauphin de la famille des Platanistes. Une forte controverse existe depuis le début des années 1990 au sujet d'un gigantesque projet d'aménagement de ce fleuve, aujourd'hui en cours de réalisation, constitué par le barrage hydroélectrique des Trois Gorges. Ce dernier représentera le plus puissant barrage édifié au monde, avec une puissance installée de 17 GW (el); soit l'équivalent de 12 centrales nucléaires de 1 450 MW(el) de type Civeaux ou encore l'équivalent annuel de l'énergie électrique produite par la combustion de 40 millions de tonnes de charbon dans des centrales thermiques de même puissance. L'impact environnemental de cet ouvrage sera à la hauteur de son gigantisme. Il ennoiera deux villes, 140 bourgades et 1 350 villages comptant au total 1,2 million d'habitants. Il sera vraisemblablement la cause ultime de la disparition de l'esturgeon de Chine dont les adultes reproducteurs ne pourront plus atteindre les zones de frayères situées en amont du barrage ainsi que de nombreuses autres espèces de Téléostéens

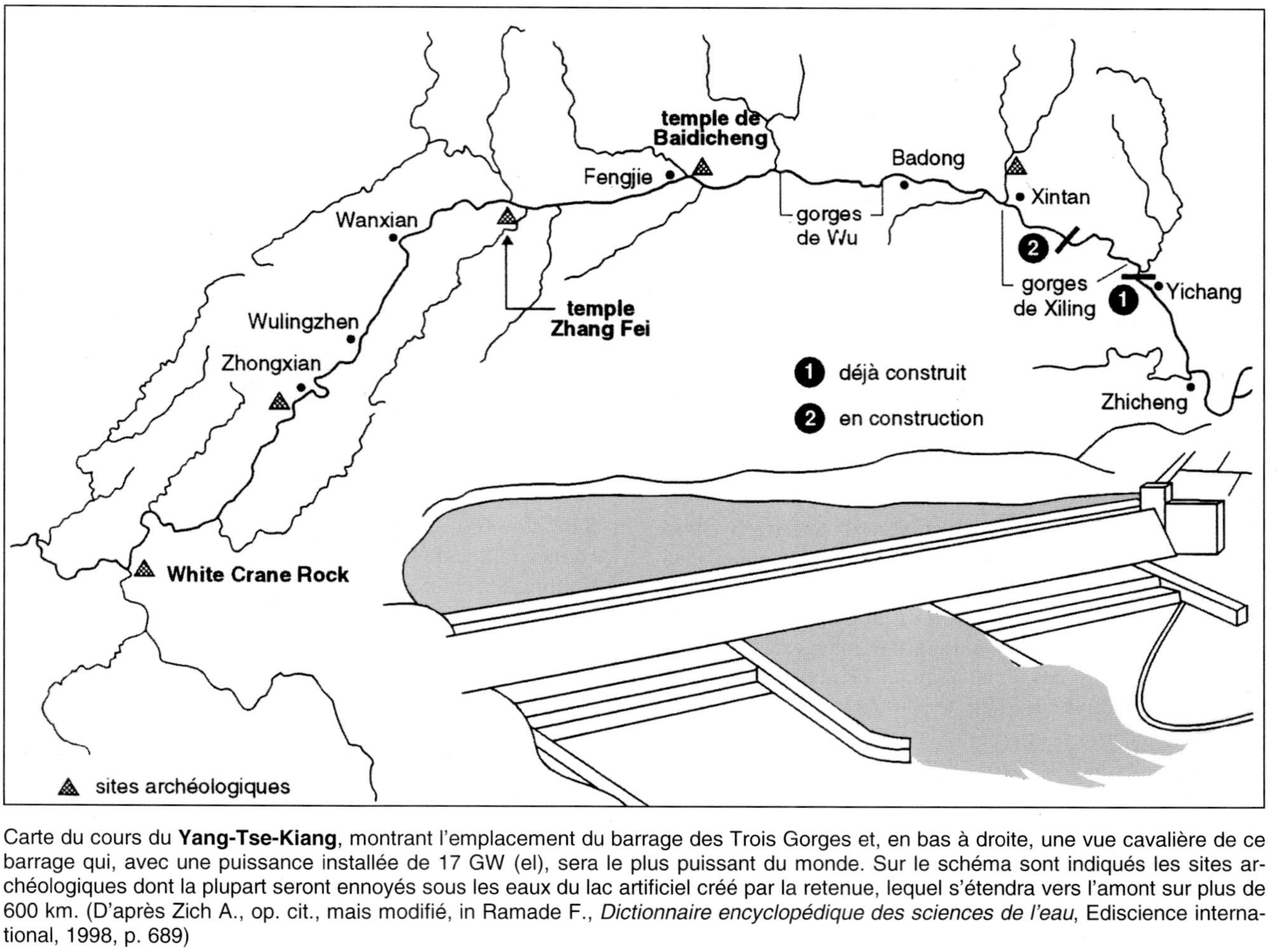

Carte du cours du **Yang-Tse-Kiang**, montrant l'emplacement du barrage des Trois Gorges et, en bas à droite, une vue cavalière de ce barrage qui, avec une puissance installée de 17 GW (el), sera le plus puissant du monde. Sur le schéma sont indiqués les sites archéologiques dont la plupart seront ennoyés sous les eaux du lac artificiel créé par la retenue, lequel s'étendra vers l'amont sur plus de 600 km. (D'après Zich A., op. cit., mais modifié, in Ramade F., *Dictionnaire encyclopédique des sciences de l'eau*, Ediscience international, 1998, p. 689)

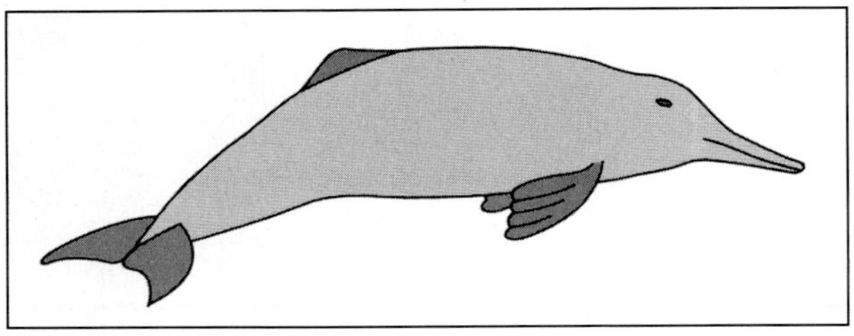

Dauphin du **Yang-Tse-Kiang** (*Lepotes vexillifer*). Cette espèce de Cétacés Odontocètes de la famille des Platanistes constitue l'une des espèces de Mammifères aquatiques les plus menacées du monde. La construction du barrage des Trois Gorges pourrait être la cause de sa disparition. (In Ramade F., *Dictionnaire encyclopédique des sciences de l'eau*, Ediscience International, 1998, p. 690)

d'eau douce endémiques de ce fleuve. Pis encore, il provoquera très probablement l'extinction du dauphin du Yang-Tse, une des espèces de Mammifères les plus menacées au monde dont la population actuelle ne compte plus qu'environ 200 individus.

Par ailleurs, le barrage engloutira des paysages fluviaux d'une qualité esthétique exceptionnelle qui figurent parmi les centres touristiques les plus fréquentés de Chine et à ce titre sera la cause d'une importante perte de devises liées au tourisme.

Enfin, il ennoiera un grand nombre de sites archéologiques pour la plupart méconnus et pour certains non encore mis à jour, d'importance exceptionnelle pour la connaissance de la préhistoire de la Chine, voire pour le patrimoine mondial.

Par ailleurs, la disparition des inondations consécutives à l'édification du barrage diminuera l'apport d'eau aux lacs du bassin versant et assèchera de nombreuses zones humides dont certaines sont des sites de reproduction ou d'hivernage de plusieurs espèces d'oiseaux en danger comme la grue de Sibérie. À l'image des effets négatifs du grand barrage d'Assouan, celui des Trois Gorges va supprimer l'apport de sédiments en période de crues aux terres cultivées inondables sises en aval ainsi qu'à la zone estuarienne, avec pour conséquence une perte de productivité des sols et des eaux concernés. Enfin, compte tenu de l'importance de l'érosion des sols due en particulier à la catastrophique déforestation des régions montagneuses du bassin versant, l'envasement rapide du réservoir pourrait réduire considérablement sa durée utile et rendre caduque la rentabilité économique de cette opération. ***(Voir aussi Barrage, Réservoir)***

Yellowstone, parc national du (*Yellowstone National Park*). Situé dans le Nord-Ouest du Wyoming, aux confins du Montana et de l'Idaho, le parc national du Yellowstone, d'une surface de 899 000 hectares, représente le plus vaste des parcs nationaux des États-Unis (Alaska exclu) et le doyen des parcs nationaux des temps modernes. Créé en 1872, ce parc était initialement destiné à protéger un remarquable ensemble de richesses géologiques, entre autres d'extraordinaires bassins de geysers. L'intense activité hydrothermale s'y manifeste aussi par la présence de vasques naturelles édifiées par des sources chaudes séléniteuses donnant lieu à de remarquables dépôts de traver-

Bassin de geysers de Norris (*Porcelain Basin*) dans le parc national de **Yellowstone** (Wyoming, États-Unis). Les variations de coloration du sol, discernables par des bandes de densité différentes, résultent de la prolifération d'algues et de bactéries thermophiles dans les zones imbibées – ou inondées en permanence – par les eaux d'écoulement des geysers. Des sulfobactéries croissent dans les zones les plus chaudes (en gris pâle sur le cliché), où les eaux peuvent excéder 90°C. (Cliché F. Ramade)

Les Terrasses de Minerve dans le parc national de **Yellowstone**. Ce parc est le site d'une importante activité de thermalisme liée à la présence d'une masse magmatique à faible profondeur. Outre de nombreux champs de geysers, on y rencontre des sources encroûtantes à l'origine de telles vasques naturelles situées dans la partie nord du parc, près de Gardiner. (Cliché F. Ramade)

tins au lieu-dit « Les Terrasses de Minerve ». La description qu'en avaient fait des trappeurs qui s'aventuraient dans cette région dès le début du XIXe, conduisit l'*US Geological Survey* à organiser en 1870 une expédition destinée à confirmer les incroyables rumeurs qui concernaient ce territoire.

Le parc national de Yellowstone préserve un remarquable ensemble vivant constitué par une mosaïque d'écosystèmes terrestres et aquatiques : forêts boréales de conifères, steppes d'altitude, toundra ainsi que de nombreux torrents, rivières, cascades et lacs. Il renferme en particulier le célèbre lac de Yellowstone de dimensions comparables à celles du lac Léman !

Les diverses collections d'eaux thermales provenant de l'écoulement des geysers ou constituées par des sources chaudes renferment une entomocœnose et une microbiocœnose alguale et bactérienne très particulière réunissant divers organismes sténothermes polythermes, certaines larves d'insectes étant capables de se développer dans des eaux excédant 50°C et des bactéries à des températures proches de 100°C.

Dans les zones du parc où existent des champs de geysers, l'extension de la forêt à la limite de ces derniers est aléatoire, les regains d'activité hydrothermale provoquant la mort des arbres par des projections d'eau chaude et surtout par suite de leur exposition à des dégagements gazeux sulfurés.

Le parc abritait aussi au moment de sa création les derniers bisons existant aux États-Unis (environ 350 individus) et contribua de ce fait à sauver les populations américaines de cette espèce qui avait été quasiment anéantie par une chasse effrénée, ses effectifs initiaux étant estimés à au moins 35 millions d'individus!

L'acte de création de ce parc stipulait qu'il serait utilisé *« as a public park of pleasure ground for the benefit and the enjoyment of the people »* .

Avec plusieurs millions de visiteurs par an, le Yellowstone est aujourd'hui le plus fréquenté des parcs nationaux du monde. Afin de conserver de vastes espaces non perturbés par la surfréquentation, nécessaires pour le maintien des grandes espèces animales qui y vivent, seulement 5% de sa surface est accessible par des routes, le reste étant parcouru par un nombre restreint de sentiers de randonnée.

Cette affluence a sans doute été la cause des immenses incendies de forêts qui ont brûlé environ 500 000 hectares

Conifères (*Pinus contorta*) tués par un regain d'activité géothermale et les émanations sulfureuses afférentes du bassin de geysers de Norris dans le parc national de **Yellowstone**. (Cliché F. Ramade)

Arbres morts dans le sous-bois de forêts boréales de conifères près du lac de **Yellowstone**. L'accumulation d'une masse ligneuse très lentement décomposée – compte tenu des conditions climatiques propres à ce parc – favorise les incendies qui apparaissent dans ces biotopes comme un processus naturel de recyclage des éléments nutritifs. (Cliché F. Ramade)

lors de l'été 1988, particulièrement sec, et que l'*US Park Service* n'a pas cherché à contrôler sauf dans les aires où cela présentait un danger, arguant du fait que l'incendie était dans ce type de boisement boréal un processus naturel de régénération de la forêt. En effet, compte tenu des conditions climatiques très rigoureuses propres à ces forêts qui correspondent en fait à une taïga d'altitude, les champignons lignivores, les bactéries et autres décomposeurs n'arrivent pas à décomposer à une vitesse suffisante les matériaux ligneux tombés au sol. En conséquence, il a été démontré que dans ce type d'écosystème forestier boréal, l'incendie fait partie intégrante des processus naturels qui assurent le bouclage des cycles biogéochimiques en minéralisant la matière organique peu ou pas biodégradable stockée dans les matériaux ligneux contenus dans le bois mort tombé au sol. **(*Voir aussi Parc national*)**

yeuse, n. f. (*holm oak*). Nom vernaculaire du chêne vert. **(*Voir aussi Chêne, Quercus*)**

Yoda, loi de (*Yoda's law*). Cette loi décrit l'effet quantitatif de la compétition intraspécifique sur la croissance des végétaux. Chez les plantes, la première manifestation de cette compétition concerne l'accès à la lumière de sorte que plus la densité est élevée moins la quantité d'énergie lumineuse disponible pour chaque plant sera grande.

La loi de Yoda a pour expression :

$$P = k\, d^{-3/2}$$

où P est le poids sec par plant, d la densité et k un coefficient dépendant de l'espèce végétale considérée. Une conséquence pratique de cette loi au plan agronomique est que l'accroissement de la densité des semis ne permet pas d'augmenter les rendements au-delà d'un seuil de densité nécessaire pour que la couverture foliaire du sol soit totale et qui varie selon l'espèce de plante cultivée. **(*Voir aussi Compétition*)**

Yosemite ◆ parc national du ~ (*Yosemite National Park*) : situé en Californie, ce parc créé en 1890 et d'une surface de 308 000 ha protège plusieurs vallées de la Sierra Nevada, en particulier la vallée de Yosemite, célèbre par les montagnes granitiques au relief arrondi par l'érosion dans laquelle elle est creusée. Le parc de Yosemite résulte initialement de l'extension du Mariposa Grove, un boisement remarquable de *Sequoia gigantea* mis en réserve en 1864 par le célèbre naturaliste américain John Muir qui s'inquiétait de la vitesse de coupe de ces arbres géants par des exploitants forestiers peu scrupuleux. **(*Voir aussi Parc national, Séquoia*)**

Vue du Half Dome, immense monolithe de granite dans le parc national de **Yosemite**. Ce parc fut initialement créé pour protéger les séquoias géants du Mariposa Grove, menacés de coupe rase vers 1864. (Cliché F. Ramade)

Yucca, n. sc. (*Yucca*). Liliacée arbustive pouvant atteindre 4 m de haut, propre aux déserts des États-Unis et du Mexique. Ce genre présente une symbiose avec un petit Lépidoptère, *Pronuba yuccasella*, dont les chenilles se développent dans la fleur et dont les papillons femelles en assurent la pollinisation.

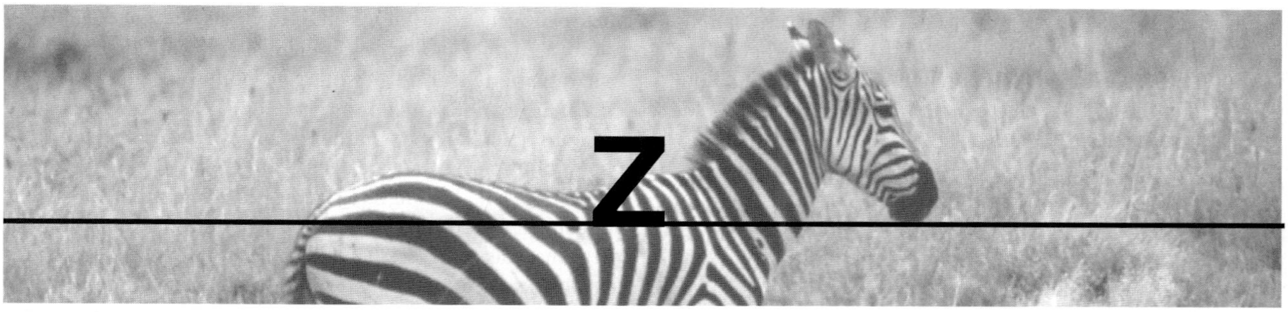

zèbre(s), n. m. (*zebra*). (n. sc. : *Zebra sp.*). Genre d'Équidé propre à l'Afrique de l'Est. Les zèbres constituent un groupe dominant des Ongulés des savanes africaines.

L'espèce la plus commune est le zèbre de Burchell et ses diverses sous-espèces, qui est encore très abondante dans l'Afrique orientale et australe, en particulier au Kenya et en Tanzanie. Les autres espèces, zèbre de Grévy (principalement au Kenya) et zèbre de Montagne en Afrique du Sud ne comptent plus que quelques centaines d'individus et sont classées parmi les espèces de Mammifères vulnérables. Le zèbre quagga est une espèce éteinte qui disparut au siècle dernier, massacrée par les chasseurs dans les provinces du Cap et du Natal où elle vivait en Afrique du Sud. ***(Voir aussi Quagga, Savane)***

Zèbre de Grant (*Equus burchelli boehmi*) dans le parc national de Tsavo (Kenya). (Cliché F. Ramade)

zébrée, adj. ◆ **moule ~** (*Zebra mussel*) (n. sc. : *Dreissena polymorpha*) : voir Moule.

ZEE (Zone d'Exclusivité Économique) (*EEZ*). Zone définie par le traité international du Droit de la Mer qui attribue une zone de 200 miles marins au large des côtes en exclusivité territoriale aux pays riverains, pour en exploiter les ressources marines minérales et vivantes.

zéolite(s), n. f. (*zeolite*). Silicates complexes d'aluminium hydratés de formule générale :

$$M_{x/n}\ Al_x\ Si_y\ O_{2(x+y)}\ (H_2O)_z$$

dans lequel M désigne un cation métallique *n* fois chargé et $(H_2O)_z$ l'eau d'hydratation. Le terme zéolite, datant du XVIIIe siècle, provient des mots grecs *zein* (bouillir) et *lithos* (pierre), et signifie donc « pierre qui bout » : en effet, ces minéraux rapidement chauffés semblent bouillir, par dégagement de vapeur d'eau. En 1988, on dénombrait déjà environ 37 zéolites naturelles et plus de 100 zéolites de synthèse. La structure d'une zéolite consiste en une charpente de tétraèdres SiO_4 partiellement remplacés par des AlO_4^-, liés par leurs sommets. L'électroneutralité est réalisée par un nombre adéquat de cations métalliques M^{n+}. Cette charpente d'aluminosilicate laisse libres des cavités communiquant entre elles par des fenêtres pour former un réseau de canaux (ou pores) mono-, bi- ou tridimensionnels. La taille (diamètres de l'ordre de quelques angströms) et la forme des cavités et pores dépendent de la zéolite considérée. Les cavités contiennent normalement les cations et les molécules d'eau. Cette structure est à l'origine des propriétés et applications des zéolites : échange de cations, tamis moléculaires et/ou adsorption de molécules, catalyse en synthèse chimique. Seules les trois premières propriétés sont mises à profit pour l'épuration des eaux.

L'échange de cations : suivant la taille de ses pores, la zéolite sera capable de fixer sélectivement certains cations, de

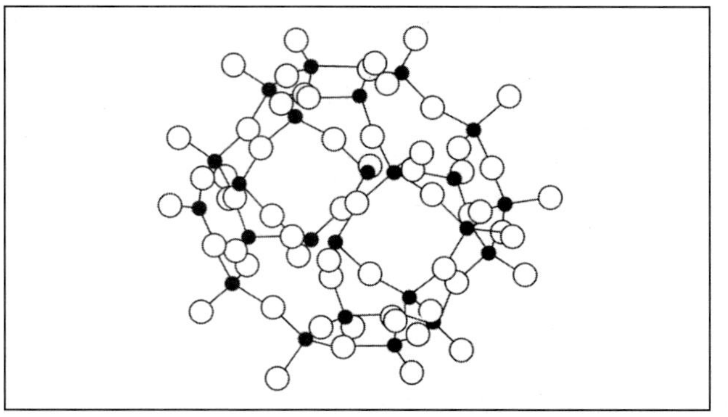

Schéma général de la structure moléculaire d'une **zéolite**. Ici arrangement tétrahédral d'Al_2O_3 et SiO_4 qui donne des cavités cuboctaédrales dans un certain nombre de zéolites. Les cercles clairs représentent des oxygènes, les points noirs des atomes d'aluminium ou de silicium. (In Cotton F. A. et Wilkinson G., *Advanced Inorganic Chemistry*, J. Wiley & Sons, 1988, p. 283)

façon réversible ou irréversible. Pour retirer divers cations (surtout les métaux lourds) d'eaux polluées, on procède par filtration de ces eaux sur des colonnes de zéolites, qui sont ensuite, soit mises en décharge, soit régénérées avec des solutions de chlorure de sodium.

Aux États-Unis, le traitement d'effluents miniers par une zéolite, la clinoptilolite, a fait passer les teneurs en plomb de 750 à 12 ppb dans les eaux. De même une autre zéolite, la béringite, permet d'éliminer Cd, Co, Cr, Cu, Fe, Mn, Ni, Pb et Zn, pour des concentrations de 1 à 250 mg/l, sa capacité d'épuration dépendant de la composition de l'eau polluée.

zinc, n. m. (*zinc*). Élément de numéro atomique Z = 30 et de masse atomique Ar = 65,3 dont le corps simple est un métal. Il s'agit d'un métal biogène doué de propriétés hormétiques. ◆ **cycle biogéochimique du ~** : il est essentiellement de nature sédimentaire, quelque 2,11 millions de tonnes par an sont entraînés par le cycle de l'eau des continents vers l'océan et 2,34 millions de tonnes par an passent dans les sédiments et sont fossilisés dans les roches qui se forment au fond de l'océan. À la surface des continents, l'érosion éolienne et le volcanisme introduisent dans l'atmosphère 150 000 tonnes de zinc par an à comparer aux 840 000 tonnes par an rejetées dans l'atmosphère par les installations métallurgiques qui traitent la blende et autres minerais zincifères, afin d'extraire ce métal. Les précipitations ramènent à la surface des continents 760 000 tonnes de zinc par an et 235 000 tonnes dans l'océan. Les processus pédogénétiques réintroduisent dans les sols 2,32 millions de tonnes par an de cet élément. ◆ **pollution de l'environnement par le ~** : outre la pollution atmosphérique due aux activités métallurgiques déjà évoquée, il existe à l'heure actuelle de nombreuses autres causes conduisant à une pollution de l'air, des eaux et des sols par le zinc. L'usage excessif des engrais chimiques du groupe des superphosphates se traduit par une concentration excessive dans certains sols cultivés, laquelle peut conduire à des phénomènes de phytotoxicité. La pollution des écosystèmes aquatiques par le zinc provient de plusieurs sources : industrielles, domestiques et agricoles. Les principales causes de pollution diffuse sont soit urbaines, résultant de la corrosion des canalisations d'adduction d'eau ainsi que des toitures en zinc par les précipitations, soit d'origine agricole due à l'usage de pesticides tels le zinèbe, et surtout l'usage des engrais phosphatés qui peuvent renfermer plus de 1 000 ppm de zinc comme impureté. L'industrie est généralement la cause de pollutions « ponctuelles » en particulier la métallurgie, les traitements de surface, mais aussi d'autres activités telles les savonneries. En sus de la métallurgie des métaux non ferreux, d'autres activités industrielles ou de transports conduisent donc à une pollution diffuse de l'atmosphère avec pour conséquence une contamination des eaux continentales ainsi que des sols dans lesquels ce métal est ramené par les précipitations. Ainsi, on trouve dans les sols situés dans des champs, au voisinage des routes, une teneur en zinc directement corrélée à l'intensité du trafic! ◆ **toxicologie du ~** : bien

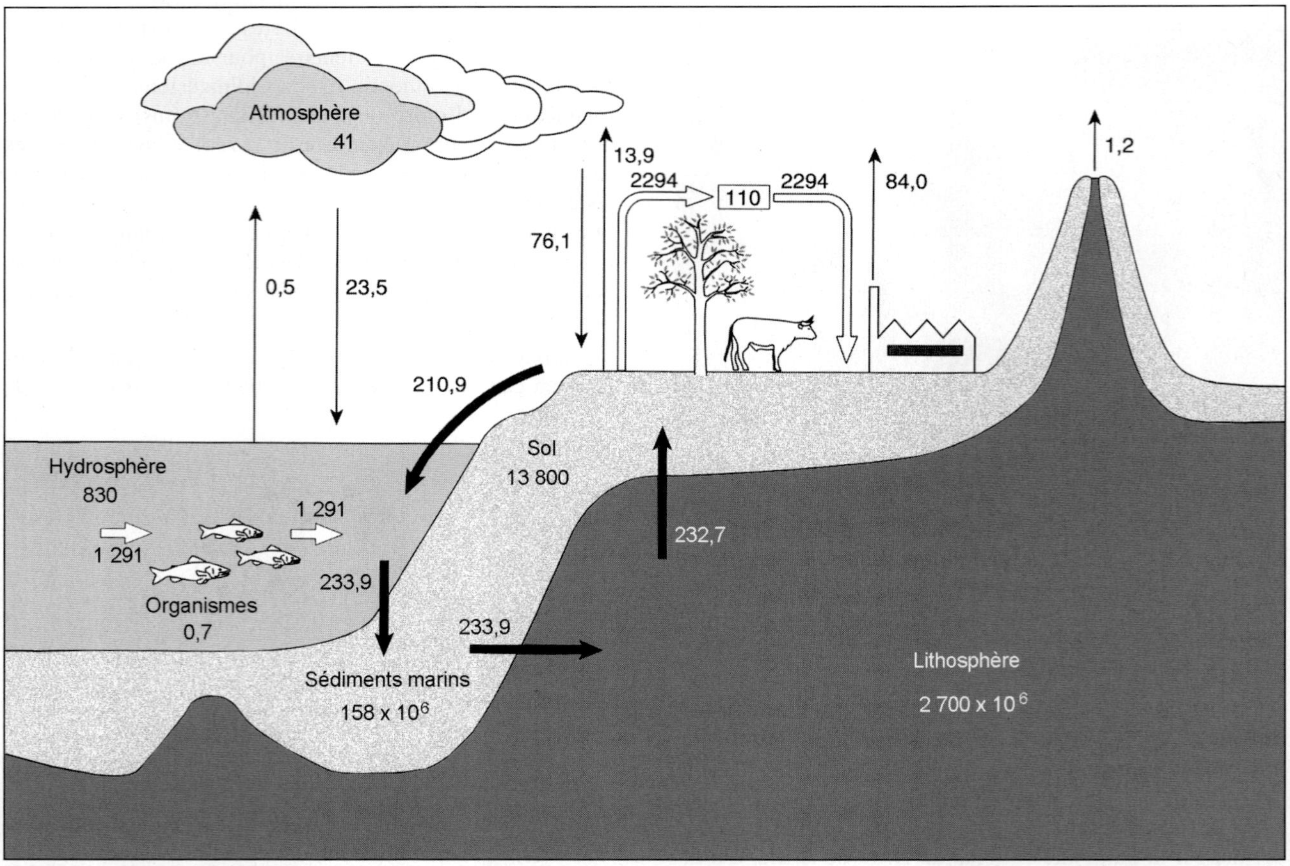

Cycle biogéochimique du **zinc** dans la biosphère. Les nombres figurent des stocks exprimés en 10^6 tonnes de zinc et des flux exprimés en 10^4 tonnes de zinc par an. (D'après Amiard et Amiard-Triquet, op. cit, in Ramade F., *Dictionnaire encyclopédique des pollutions*, Ediscience international, 2000, p. 601)

qu'il s'agisse d'un oligo-élément indispensable à de nombreux êtres vivants, il est doué de propriétés hormétiques et devient donc toxique dans les sols ou dans l'eau à des concentrations relativement faibles tout au plus égales à quelques ppm. Il inhibe la photosynthèse des plantes vertes, du phytoplancton et des algues macrophytes. Il perturbe la reproduction des Invertébrés aquatiques et des poissons et retarde leur croissance. Dans les sols, il ralentit celle des végétaux. Malgré le fait que le zinc soit un élément biogène, il présente des possibilités de bioconcentration et même d'une certaine bioamplification dans certains réseaux trophiques aquatiques. **(*Voir aussi Engrais, Hormétique, Phosphate*)**

zincophyte, n. f. (*zincophyte*). Plante qui accumule le zinc quand elle croît sur un sol zincifère.

zinèbe, n. m. (*zineb*). Nom commun du dithiocarbamate de zinc, substance fongicide donnant lieu à un assez large usage dans certaines productions agricoles, en particulier en horticulture et en arboriculture.

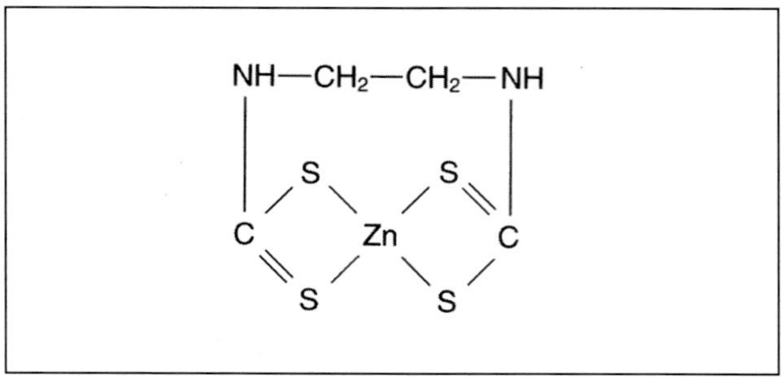

Formule du **zinèbe**.

Zingibéracées, n. sc. Famille de la sous-classe des Dillénidées comportant diverses espèces ornementales aromatiques et toniques dont les curcumas (safran des Indes) et les gingembres (*Zingiber sp.*).

Zingibérales, n. sc. (syn. : Scitaminales). Ordre de Monocotylédones Dillénidées comportant huit familles quasi exclusivement tropicales de plantes herbacées et d'arbustes de petite taille. Parmi elles, on citera les Musacées, (famille des bananiers), les Héliconiacées, les Strélitziacées et les Zingibéracées.

zirconium, n. m. (*zirconium*). Métal perméable aux neutrons utilisé dans l'industrie nucléaire pour le gainage des éléments combustibles renfermant la matière fissile.

Zoanthaires, n. sc. (*Zoantharia*). Sous-classe de Cnidaires Anthozoaires constituée par divers organismes coralliens solitaires ou coloniaux. Encore dénommés Hexacoralliares car leurs polypes comportent des cloisons hexaradiées, ils comportent en particulier l'ordre des Actinaires (anémones de mer), des Madréporaires Hexacoralliaires coloniaux qui renferment la majorité des espèces actuelles de coraux bâtisseurs de récifs, et celui des Anthipathaires (également coloniaux). **(*Voir aussi Cnidaires, Récif*)**

zoé, n. f. (*zoe*). Nom donné aux jeunes larves de crabes et autres Crustacés Décapodes. Ces écophases sont pélagiques en règle générale, alors que les adultes correspondants sont démersaux ou benthiques.

zoïde, n. m. (*zoid*). Individu produit par multiplication asexuée, en particulier chez les espèces d'Invertébrés constituant des colonies.

zonage, n. m. (*zoning*). Désigne en écologie appliquée à l'aménagement la délimitation sur un territoire donné de zones ayant une vocation particulière en matière d'urbanisme, d'équipement d'usage agricole ou au contraire de conservation. Les POS (plans d'occupation des sols), la délimitation des diverses zones d'une réserve de biosphère, l'établissement de la zone centrale et périphérique d'un parc national constituent autant d'exemples de zonage. **(*Voir aussi POS, Protection de la Nature*)**

zonal, adj. ◆ **sol ~** (*zonal soil*) : sol évolué, profond, dont le profil présente plusieurs horizons bien délimités dont le développement et la structuration ont été entièrement conditionnés par l'action des facteurs climatiques et de la végétation. Il s'oppose au sol dit stationnel, dont l'évolution est conditionnée par les conditions locales, par exemple nature roche-mère de composition physico-chimique anormale ou encore hydrologie particulière de la station concernée. **(*Voir aussi Intrazonal*)**

zonalité, n. f. (*zonality*). Caractérise l'importance relative du rôle des acteurs climatiques dans la pédogenèse, dans un type d'écosystème ou dans une station donnée. **(*Voir aussi Pédogenèse, Sol*)**

zonation, n. f. ◆ **~ des écosystèmes** : voir Biosphère, Zone.

zone(s), n. f. ◆ **~ abyssale** (*abyssal zone*) : zone située à une profondeur moyenne de 4 000 m correspondant à l'essentiel du plancher océanique dont elle couvre 90% de la surface. ◆ **~ benthique** (*benthic zone*) : région d'un biotope aquatique située à l'interface entre les eaux et le substrat. Elle comporte à la fois la lame immédiatement en contact avec ce dernier et les couches superficielles des sédiments. **(*Voir aussi Lac, Océan*)** ◆ **~ climatique** (*climate zone*) : voir Climat. ◆ **~ de décomposition active** (*active decomposition zone*) : voir Eau, Pollution. ◆ **~ deltaïque** : voir Delta. ◆ **~ d'émersion** (*emersion zone*) : s'utilise parfois en écologie marine pour désigner la zone supérieure de l'étage médiolittoral qui se trouve découverte à marée basse. ◆ **~ humides** (*wetland*) : terme général désignant tous les biotopes aquatiques aux eaux stagnantes (lentiques) peu profonds : mares, marais, marécages ou encore lagunes continentales ou littorales auxquels il faut adjoindre la zone riparienne des cours d'eau, en particulier les ripisylves, les bras morts des plaines d'inondation fluviales, la zone littorale des lacs quand celle-ci est étendue et de très faible relief et comporte de ce fait de vastes roselières ou toute autre formation hélophytique importante (voir Figure page suivante). Les zones humides constituent donc souvent des mosaïques d'écosystèmes complexes présentant de multiples connexions au niveau desquelles existent de nombreux types d'écotones.

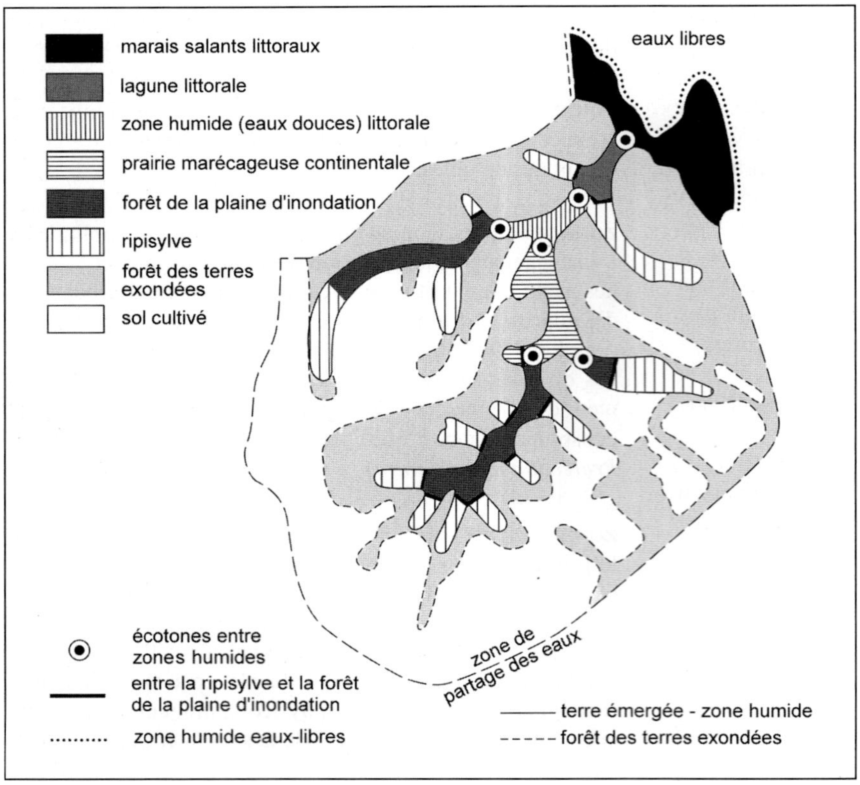

Principaux types de **zones humides** continentales et littorales ainsi que leurs écotones. Les hydrosystèmes fluviaux, dans leur zone dite de stockage, qui correspond à la plaine d'inondation de l'écosystème lotique afférent, présentent une mosaïque de zones humides constituées par des bras morts, des marais et des marécages. Il en est de même en aval, dans la partie deltaïque de l'hydrosystème où existe un grand nombre d'étangs et de lagunes. Cet entrelac de biotopes terrestres amphibies ou immergés en permanence présente dans leurs zones de contact une grande diversité d'écotones. (D'après Whigam, in Holland et al., op. cit., 1990, p. 176, mais modifié)

Rapportée à la superficie totale continentale, la proportion occupée par les zones humides d'une région donnée, par rapport à sa superficie totale, varie beaucoup en fonction de la province biogéographique concernée. En première approximation, leur maximum d'extension se situe sous les tropiques humides et surtout au-delà du 55 ° de latitude dans l'hémisphère boréal où plus de 10% de la surface sont couverts par ces dernières. ◆ **fonctions des ~ humides** : quoique longtemps méconnues, les fonctions écologiques des zones humides sont considérables. Elles concernent en

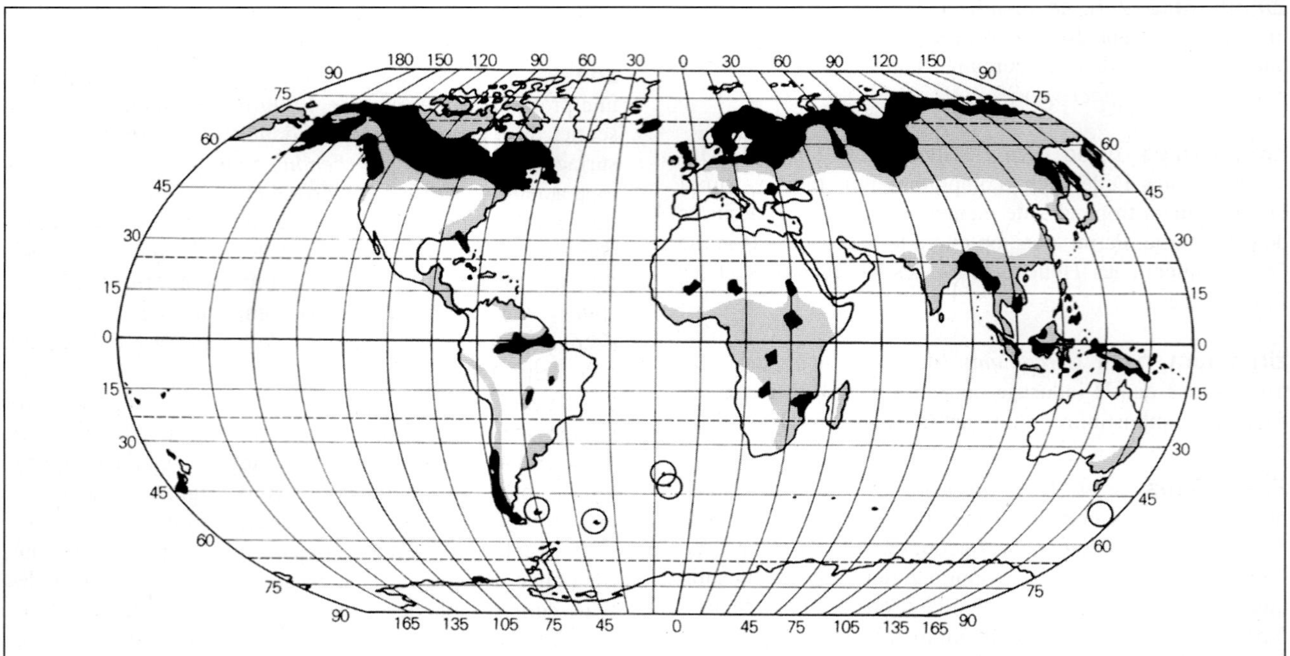

Distribution des **zones humides** et autres biotopes d'eaux continentales à la surface de la biosphère. On constate que ces dernières sont particulièrement abondantes dans l'hémisphère boréal au nord du 45° de latitude où elles représentent plus de 10% de la surface continentale. (D'après Gore, in Ramade F., *Écologie appliquée*, Ediscience international, 5e ed., 1995, p. 426)

particulier la régularisation du cycle de l'eau ainsi que l'épuration des eaux naturelles. Les zones humides contrôlent les crues et assurent la recharge des nappes aquifères. Elles stockent de façon temporaire les quantités d'eau en excès amenées par les crues et les restituent de façon lente et progressive aux systèmes fluviaux avec lesquels elles sont connectées. Elles interviennent souvent de façon déterminante dans la recharge des aquifères à nappes libres situées au-dessous par infiltration de l'eau au travers des couches du sol puis des sédiments sous-jacents. Ainsi se produit un filtrage des polluants et des éléments minéraux nutritifs par les couches supérieures du sol, de sorte que l'eau rechargeant la nappe phréatique a été épurée par une double filtration biologique et physique au travers des matériaux poreux de la couche insaturée.

La végétation des zones humides réduit la vitesse du courant et accélère le dépôt des matières en suspension.

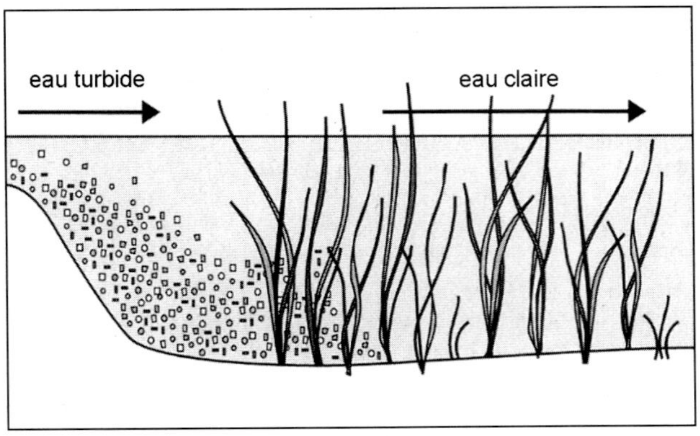

Effet de la végétation aquatique propre aux **zones humides** (hélophytes et hydrophytes) sur la rétention des sédiments et la fixation des polluants dans les vases benthiques. (D'après Skinner et Zalewski, *Fonction et valeurs des zones humides méditerranéennes*, Medwet Progr., Station Biologique de la Tour du Valat ed., Arles, 1995, p. 33)

Cela provoque donc une fixation des polluants adsorbés sur les sédiments. En outre les substances polluantes dissoutes dans l'eau en particulier les nutriments en excès, phosphates et nitrates (voir Figure ci-dessous) sont absorbées par les macrophytes de sorte que les zones humides constituent des systèmes de lagunage naturel par suite de l'effet autoépurateur du milieu qu'exerce la végétation aquatique. Cette propriété est d'ailleurs mise à profit dans les bassins de lagunage qui sont en quelque sorte des marais artificiels dont les macrophytes assurent une élimination des matières organiques fermentescibles et retiennent les nitrates et les phosphates. Cette aptitude des zones humides à la dépollution des eaux a conduit à développer l'utilisation du lagunage pour assurer l'épuration tertiaire des rejets des stations de traitement des effluents urbains. Par ailleurs, en sus de la pollution par les MOF et celle due aux sels minéraux nutritifs en excès, les zones humides peuvent aussi éliminer des polluants chimiques toxiques grâce à certaines espèces d'hélophytes qui les peuplent, telles les *Typha* ou d'hydrophytes comme les jacinthes d'eau par exemple. Ces macrophytes réalisent une phytodécontamination naturelle qui confère aussi dans une certaine mesure aux zones humides une aptitude à diminuer la pollution des eaux naturelles par des polluants chimiques persistants. (***Voir aussi Jacinthe d'eau, Lagunage, MOF, Roselière, Typha***)

La biodiversité des zones humides, tant végétale qu'animale, est considérable. Elles assurent, tant en nombre qu'en biomasse, le développement d'un grand nombre d'espèces de Cryptogames et Phanérogames aquatiques ainsi que d'Invertébrés et de Vertébrés et constituent à ce titre d'authentiques conservatoires naturels de la biodiversité. On compte par exemple dans les zones humides de la seule région méditerranéenne plus de 50 espèces d'Amphibiens dont la moitié est endémique. En outre, les divers types d'habitats qu'elles comportent hébergent un grand nombre d'espèces aviennes inféodées aux milieux aquatiques et (ou) aux rivages et représentent des zones de transit ou de séjour importantes pour les oiseaux migrateurs. À titre d'exemple, le delta de l'Evros, en Grèce, est un site d'hibernation pour quelque 300 espèces d'oiseaux paléarctiques! Elles comptent dès à présent une proportion importante d'espèces rares, en danger ou en voie d'extinction, certaines d'entre elles étant strictement inféodées à un type spécialisé de biotope aquatique, d'autres euryœciques et enfin un nombre important d'entre elles nécessitant pour leur cycle vital un passage dans certains habitats lentiques. (***Voir aussi Hydrosystème fluvial, Inondation, Migration***) ◆ **productivité biologique des ~ humides** (*wetlands productivity*) : les zones humides sont d'une productivité biologique considérable tant au niveau des communautés d'organismes aquatiques qui leur sont propres qu'à celui des peuplements d'animaux terrestres dépendant d'une façon ou d'une autre de ces écosystèmes au plan trophique (cas des oiseaux

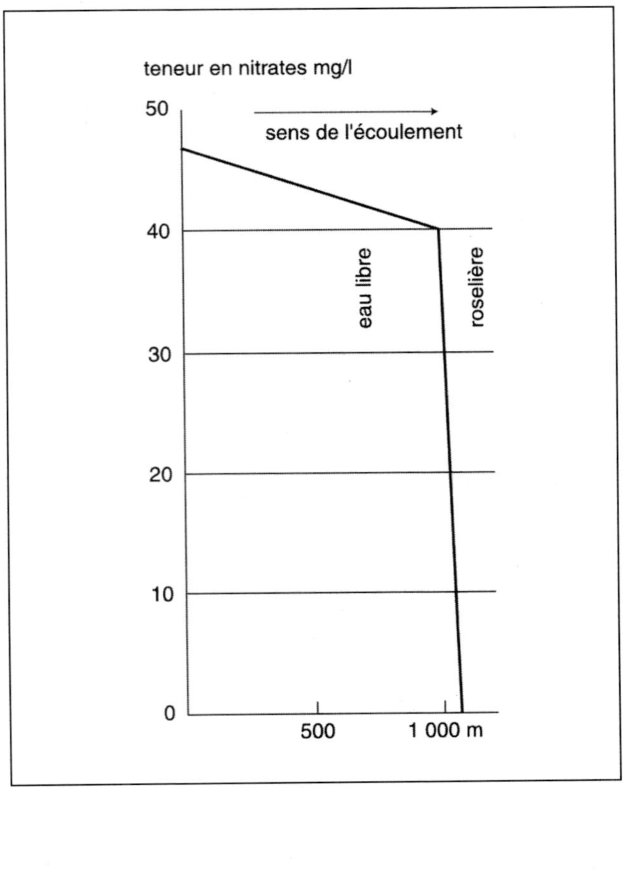

Filtration par la végétation aquatique propre aux **zones humides** (hélophytes et hydrophytes) des polluants présents dans les eaux entrant dans ces dernières. Ici, élimination des nitrates par une roselière. (D'après Skinner et Zalewski, op. cit., p. 35)

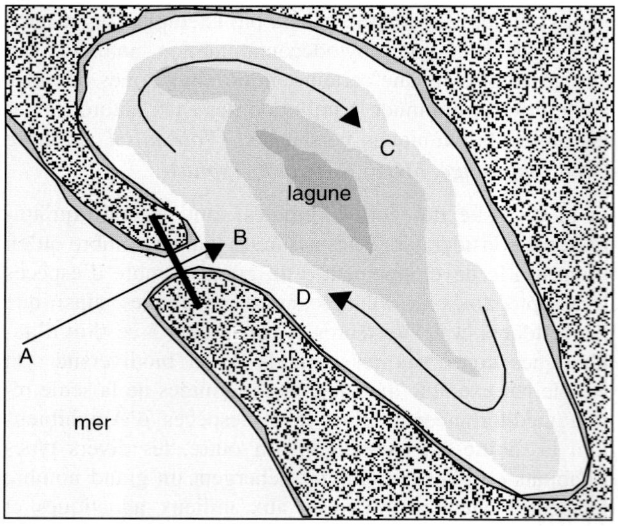

Rôle des **zones humides** littorales (lagunes d'eaux saumâtres) dans le cycle vital de diverses espèces de poissons marins d'intérêt économique. **A**) Poissons adultes reproducteurs nés en mer. **B**) Pénétration des alevins dans la lagune. **C**) Croissance des larves de poissons. **D**) Migration des jeunes adultes vers la mer où ils atteignent leur maturité sexuelle et se reproduisent. **E**) Installation de pêche au niveau du pertuis (filets ou nasses).

d'eau – Anatidés par exemple). Par ailleurs, certaines zones humides, constituées par les écosystèmes paraliques (lagunes salées), en contact avec la mer par un étroit pertuis qui permet des déplacements cycliques de diverses espèces marines entre les eaux littorales et celles des lagunes côtières jouent un rôle essentiel dans le cycle vital d'espèces marines de poissons de grande importance économique pour les pêcheries littorales. Tel est par exemple le cas des loups (*Dicentrarchus labrax*), des dorades (*Sparus auratus*) et des muges (*Mugil capito*, *M. auratus* en particulier) ainsi que de certaines espèces de Crustacés. Ces mêmes lagunes littorales sont aussi une voie de passage des jeunes anguilles, les civelles, et souvent aussi leur biotope de développement. ***(Voir aussi Anguille, Lagune, Paralique, Pêcherie)***

◆ **destruction des ~ humides** : les zones humides sont particulièrement menacées par leur assèchement pour leur mise en culture. La pratique du drainage des zones humides remonte à l'Antiquité classique et a commencé avec la civilisation romaine qui a entrepris de drainer de nombreux marais et lagunes littorales afin d'utiliser les terres ainsi récupérées pour l'agriculture. La conservation des zones humides constitue donc un des problèmes majeurs concernant la protection de la nature à l'heure actuelle. L'assèchement des biotopes palustres constitue un phénomène général dans l'ensemble du monde. Aussi n'est-il pas étonnant que les pays d'ancienne civilisation – en particulier ceux qui sont riverains de la Méditerranée – figurent au premier rang pour la proportion de leurs zones humides perdues au cours de la période historique. Ainsi, il n'en subsiste plus en Italie que 190 000 ha. Il en est de même du grand nombre de marais et lacs d'eau douce peu profonds qui constituaient une bande quasi continue dans le nord du Mahgreb jusqu'au Maroc atlantique dont l'assèchement commença dès l'époque romaine. Le lac d'Ischkeul en Tunisie reste l'un des rares vestiges d'étendue significative ayant survécu au drainage. En date récente, au cours du XXe siècle, le rythme des assèchement s'est accru. Ainsi la Tunisie a perdu en un siècle 28% de sa surface totale de zones humides. La destruction a été pire encore en Grèce où dans la seule Macédoine quelque 82% de la surface en zones humides a disparu au cours du XXe siècle. Quant à l'Espagne, elle a perdu près de 65% de sa surface en zones humides, la plupart au cours de la dernière moitié du XXe siècle. La situation est tout aussi désastreuse en dehors de la région méditerranéenne, même dans des pays ayant proclamé leur volonté de conserver leurs biotopes lentiques, dont entre autres la France, signataire de la convention de Ramsar. Le grignotage incessant du marais poitevin – qui lui a valu, en 1995, d'être déchu de son statut de parc naturel et régional – est un exemple parmi bien d'autres de l'absence de volonté politique propre à notre pays, sitôt que des mesures efficaces de protection de la nature sont requises.

Etendue des zones humides et régression de leur surface entre 1950 et 1985 dans quelques pays de l'OCDE

Pays	1950 (en km^2)	1970 (en km^2)	1980 (en km^2)	1985 (en km^2)	Pertes entre 1950 et 1985 (en %)
Canada	–	–	1 659 240	–	–
Danemark	–	–	3 400	–	–
Etats-Unis	432 000	396 000	380 000	–	12,6
Finlande	27 150	23 000	20 900	20 951	22, 8
France	–	–	2 781	2 695	–
Allemagne	2 471	1 697	1 174	1 072	56,6
Hollande	1 450	1 100	737	659	54,6
Norvège	–	20 300	20 300	–	–
Espagne	–	–	10 865	10 830	–
Suède	26 100	24 240	24 400	23 837	8,7
Turquie	–	485	–	–	–

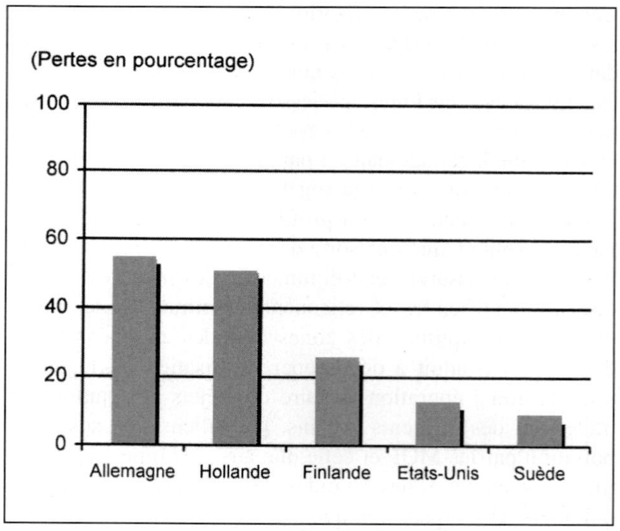

Régression des **zones humides** dans divers pays développés au cours de la deuxième moitié du XXe siècle (entre 1950 et 1990).

En Amérique du Nord, la perte de zones humides a été beaucoup plus rapide qu'en Europe. Des 87 millions d'hectares de zones humides que comptaient les États-Unis au début du XIXe siècle, il en subsistait moins d'une quarantaine dans les années 1970. Ainsi, on estime qu'entre 1883 et 1980 furent perdues, rien qu'en Floride, plus de 800 000 ha de marécages et lagunes côtières asséchés pour être transformés en terres agricoles ou être convertis en marinas... Sur 900 000 ha de mares et de marais que comptait l'Iowa originellement, il n'en subsiste plus aujourd'hui que 10 000.

À l'échelle mondiale, on estime que plus de 30% des zones humides ont déjà été détruites, en général par assèchement, pour leur « mise en valeur » agricole et que cette destruction a même eu tendance à s'accélérer au cours des toutes dernières décennies. Ainsi, entre 1950 et 1985, les pertes ont dépassé 50% de la surface initiale dans certains pays de l'OCDE pourtant signataires de la convention de Ramsar. **(*Voir aussi Assèchement, Eau, Ischkeul, Lagune, Marécage, Paralique*)**

◆ **protection des ~ humides** : elle est en particulier justifiée par le fait que leur valeur économique est considérable. Celle-ci s'exprime au travers de leur rôle dans l'approvisionnement en eau et dans la conservation des réserves phréatiques en eau ainsi que dans la production de ressources biologiques (pêcheries, oiseaux d'eau) qui constituent autant de valeurs d'usage. Par ailleurs, leur préservation s'impose pour la conservation de leur biodiversité végétale et animale. Ainsi la Convention de Ramsar stipule que sitôt qu'une zone humide héberge 1% de la population mondiale d'une espèce animale estimée en danger de disparition, cette dernière doit être mise en réserve. **(*Voir aussi Ramsar*)**

◆ **~ littorales** (*coastal zones*) : désigne les biotopes côtiers terrestres et marins. **(*Voir aussi Intertidal, Néritique, Océan*)** ◆ **~ des marées** (*tidal zone*) (syn. : zone de balancement des marées, zone intertidale) : zone marquant l'écotone continent-océan délimitée par l'amplitude maximale des marées **(*Voir aussi Océan*)** ◆ **~ marécageuse** (*marsh land, swampy area*) : voir Lentique, Marécage, Zones humides. ◆ **~ d'obduction** (*obduction zone*) : zone dans laquelle les plaques océaniques qui n'ont pas subi la subduction viennent chevaucher les plaques continentales. ◆ **~ protégées** (*protected areas*) : voir Parc national, Protection de la nature, Réserve. ◆ **~ sahélienne** (*sahelian zone*) : voir Sahel. ◆ **~ tampon** (*buffer zone*) : zone située dans la partie périphérique d'une aire protégée. Son rôle est d'assurer une transition entre la partie centrale ayant un statut de conservation strict et celle entourant l'aire protégée où les ressources naturelles sont exploitées sans restriction par les populations locales. **(*Voir aussi Protection de la nature, Réserves des biosphère*)**

zoochorie, n. f. (*zoochory*). Dispersion des graines par les animaux.

zoocœnose, n. f. (*zoocoenosis*). Désigne la communauté constituée par l'ensemble des populations des diverses espèces animales présentes dans une biocœnose, par homologie avec la phytocœnose qui correspond à celle des plantes.

zoogéographie, n. f. (*zoogeography*). Domaine de l'écologie dont l'objet est l'étude descriptive et causale de la distribution géographique des animaux. **(*Voir aussi Biogéographie, Phytogéographie*)**

zoogéographique(s), adj. (*zoogeographical*). Désigne ce qui se rapporte à la zoogéographie. ◆ **régions ~** (*zoogeographical regions*) : principales divisions que l'on peut distinguer dans la biosphère, qui se caractérisent par une composition faunistique particulière. Dans une large mesure, ces régions correspondent aux grandes subdivisions biogéographiques de la biosphère, bien que les zoologistes aient donné à certaines d'entre elles des noms différents.

Zoogloea, n. sc. Genre de bactérie hétérotrophe formant des amas visqueux dans les eaux polluées par de fortes charges de matières organiques fermentescibles (égouts par exemple) qui joue un rôle important dans la formation des flocs dans les stations d'épuration.

zoologie, n. f. (*zoology*). Discipline de la biologie dont l'objet est l'étude de la morphologie et de la structure des animaux ainsi que de leur taxonomie.

zooneuston, n. m. (*zooneuston*). Composante animale du neuston.

zoonose, n. f. (*zoonosis*). Affection de l'homme transmise par les animaux domestiques (fièvre de Malte par exemple).

zoophage, adj. (*zoophagous*) (syn. : carnivore). Désigne un organisme qui se nourrit d'animaux, donc prédateur. **(*Voir aussi Carnivore*)**

zoophile, adj. (*zoophilous*). Désigne un végétal dont la pollinisation est effectuée par des animaux.

zooplancton, n. m. (*zooplankton*). Organismes animaux du plancton. Par ordre de taille croissante, le zooplancton se répartit entre le microplancton (de 50 μ à 1 mm), le mésoplancton (de 1 à 5 mm), le macroplancton (de 5 mm à 5 cm) et le mégaloplancton (> 5 cm). Le zooplancton représente un constituant essentiel des écosystèmes aquatiques tant des communautés propres aux eaux continentales qu'océaniques. Quel que soit le type d'écosystème aquatique considéré on peut toujours le subdiviser en deux groupes fonctionnels : le zooplancton herbivore et le zooplancton prédateur. Malgré la grande variabilité qui s'observe entre les divers types d'écosystèmes aquatiques en ce qui concerne la composition et la structure de la communauté planctonique, on constate une remarquable homogénéité des groupes taxinomiques qui les composent entre écosystèmes analogues. À l'opposé, bien qu'il existe une convergence écomorphologique entre le plancton dulçaquicole et marin, d'importantes différences les séparent au plan de leur composition taxonomique.

◆ **~ des eaux douces** (*freshwater zooplankton*) : il se rencontre dans les biotopes lentiques, en particulier lacustres, et dans les biotopes lotiques, dans la zone potamique des cours d'eau, là où la vitesse du courant est très faible ce qui permet son développement.

Les principaux groupes constitutifs du zooplancton limnique (limnoplancton) sont des Crustacés Cladocères chez

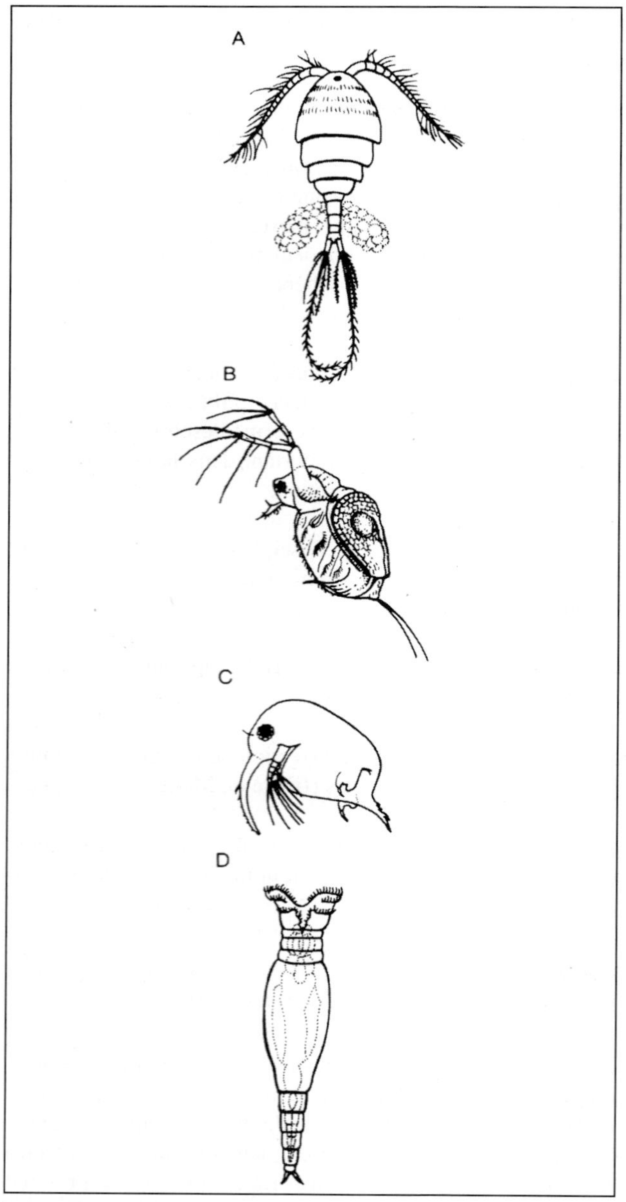

Représentation de quelques organismes dominants du **zooplancton** des eaux douces. **A**) *Macrocyclops sp.* (Copépode). **B**) *Moina micrura* (Cladocère). **C**) *Bosmina sp.* (Cladocère). **D**) *Philodina sp.* (Rotifère). (D'après Reid, op. cit., in Ramade F., *Écologie fondamentale*, Ediscience international, 2e ed., 1994, p. 491)

lesquels le genre *Daphnia* est dominant, des Copépodes (Cyclopides et Calanides) et des Rotifères. Certaines larves d'insectes pélagiques interviennent aussi de façon prépondérante dans la constitution des peuplements zooplanctoniques, en particulier les Diptères *Chaoboridae*. Enfin, il faut ajouter à ce groupe dominant les Protozoaires, à tort considérés trop souvent comme distincts des communautés du zooplancton, alors qu'ils en sont des constituants par suite de leur position trophique, et qu'ils présentent une biomasse parfois quasiment aussi importante que celle des autres groupes zooplanctoniques, enfin qu'ils constituent une part significative de l'alimentation du zooplancton prédateur.

Par ordre de taille croissante, on distingue dans le microzooplancton des Protistes Ciliés, surtout des Tintinnides qui constituent le seul ordre de Protozoaires strictement planctoniques; le mésoplancton constitué par les microcrustacés et les Rotifères planctoniques; enfin le macroplancton constitué de larves de *Chaoborinae* ainsi que d'autres grands Arthropodes.

Dans le zooplancton herbivore, les Crustacés Cladocères représentent le groupe dominant devant des Copépodes et un phylum de Métazoaires primitifs, les Rotifères. Parmi les Cladocères, les *Daphnia* constituent le genre le plus abondant à la fois par le nombre des individus et sa biomasse. Le zooplancton prédateur est constitué essentiellement d'espèces mésoplanctoniques et macroplanctoniques : grands Cladocères (*Leptodora* par exemple), Copépodes Cyclopoïdes, Rotifères (*Asplanchna* par exemple), Diptères *Chaoborinae* auxquels s'ajoutent des prédateurs occasionnels appartenant aux Copépodes Calanoïdes et dans certaines biocœnoses limniques des Crustacés Mysides.

Bien que l'on retrouve ces principaux ordres de Métazoaires dans le zooplancton fluvial encore dénommé potamoplancton, ce dernier présente des différences dans l'abondance relative des divers groupes taxonomiques qui le composent. Ce sont ici les Rotifères qui dominent. Cela résulte de ce que les Rotifères ont un taux de croissance plus rapide que celui des Crustacés du zooplancton, ce qui limite leur abondance par suite de l'écoulement du flux (contrainte inexistante dans les écosystèmes lentiques). En revanche, l'abondance relative des Crustacés planctoniques augmente dans la zone potamique des cours d'eau lents tropicaux et subtropicaux, car la température plus élevée des eaux accélère leur croissance (comme dans le Nil où les températures sont comprises entre 20 °C et 33 °C selon la saison). (***Voir aussi Bactérioplancton, Cladocères, Copépodes, Lac, Lotique, Plancton, Protozoaires, Rotifères***)

◆ ~ **marin** (*marin zooplankton*) : il présente une très grande biodiversité, sans aucune comparaison avec celle du plancton d'eau douce.

Parmi le zooplancton marin herbivore, les Crustacés en particulier les Copépodes constituent le groupe dominant ainsi que dans certains cas les Euphausiacées, dont *E. superba*, constituant le krill dont se nourrissent les rorquals dans l'océan Glacial Antarctique. Des Urocordés, les Appendiculaires, présentent aussi une grande abondance. Il s'agit d'organismes microphages, filtreurs, qui capturent en réalité toutes les particules de petite taille au travers de divers appareils de filtration. Si le phytoplancton constitue l'essentiel de leur nourriture, celle-ci peut comporter aussi des Ciliés et même de petits Métazoaires ainsi que des débris organiques.

Le zooplancton carnivore comporte un grand nombre de familles de micro- et macro-crustacés en sus desquelles existent en particulier des Cnidaires (méduses acalèphes et Siphonophores constituant du mégaloplancton, dont certains organismes peuvent dépasser 1 m voire atteindre 2 m de long). Enfin, on distingue dans cette dernière catégorie des Mollusques Gastéropodes, des Annélides pélagiques et un phylum d'organismes carnivores et zooplanctoniques donc strictement inféodés au milieu pélagique, les Chaetognathes (*Sagitta sp.* par exemple). Notons aussi qu'à coté des nombreuses familles de Copépodes herbivores (Calanoides en particulier) se rencontrent des familles entières de Copépo-

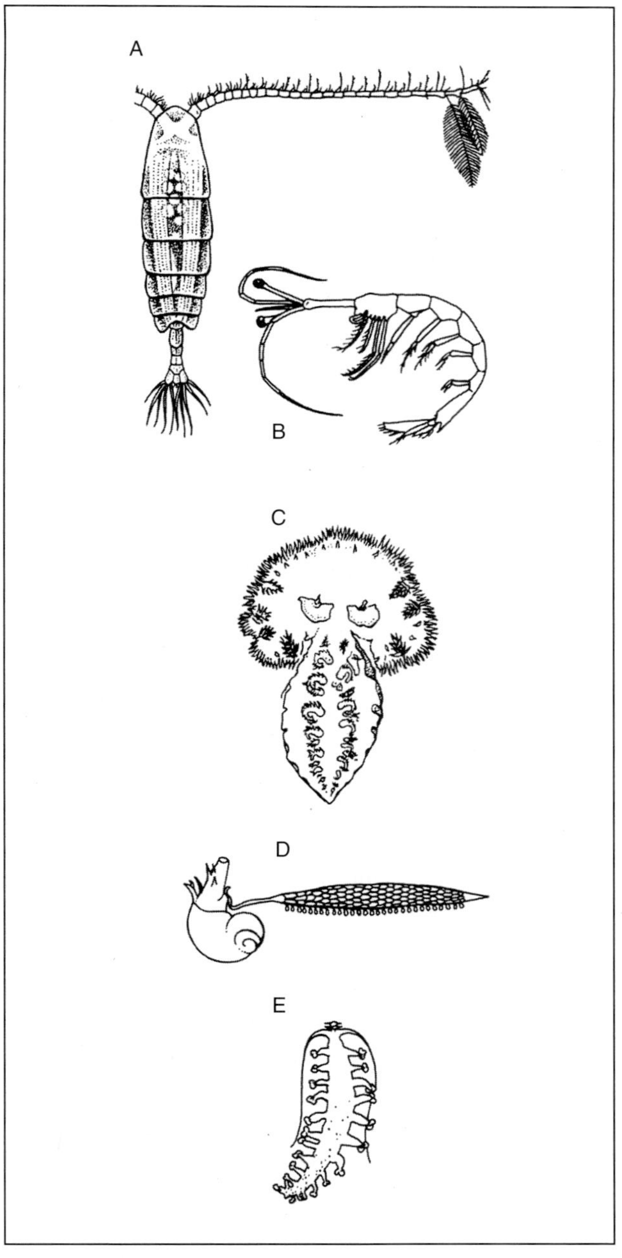

Représentation des organismes dominants du **zooplancton** marin. **A)** *Calanus helgolandicus* (Copépodes). **B)** *Lucifer acicularis* (Penaeides). **C)** *Tethys leporina* (Nudibranches), **D)** *Janthina fragilus* (Gastéropodes pleustoniques avec radeau muqueux ovigère). **E)** *Tomopteris elegans* (Polychètes). (D'après Péres, *Précis d'océanographie biologique*, 1976, PUF, p. 355)

des carnivores (en fait environ la moitié d'entre elles). Il existe aussi des Copépodes opportunistes, omnivores, comme *Acartia tonsa*, qui se comportent en filtreur phytoplanctonophage ou prédateur selon les diponibilités trophiques locales. ◆ **biodiversité du ~** : elle présente de loin une valeur maximale en milieu océanique. Néanmoins, la biodiversité du zooplancton marin présente d'importantes variations géographiques. Elle est maximale dans les mers chaudes, en particulier dans les eaux bleues tropicales, malgré leur pauvreté en nutriment qui en fait de véritables déserts marins en termes de densité des populations des diverses espèces que comportent leurs zoocœnoses. ◆ **« broutage » du ~** (*zooplankton grazing*) : ce terme, devenu d'usage commun, désigne l'activité de consommation du phytoplancton par le zooplancton herbivore. En réalité, ce terme est sans doute abusif en ce qui concerne le zooplancton, compte tenu du fait qu'aucune espèce zooplanctonique dulçaquicole n'est un herbivore strict car la plupart sont aussi détritivores et éventuellement carnivores. Par définition, on considère comme « herbivore » toute espèce zooplanctonique qui s'alimente de proies (ou de particules) de taille inférieure à 50 µ.

L'activité de « broutage » correspond à un mode de prise de l'aliment dit filtreur. Il est pratiqué peu ou prou par tous les groupes systématiques constitutifs du zooplancton.

Chez les Copépodes, dominants dans le zooplancton herbivore marin, la filtration présente une certaine sélectivité en particulier pour les grandes particules. Diverses recherches

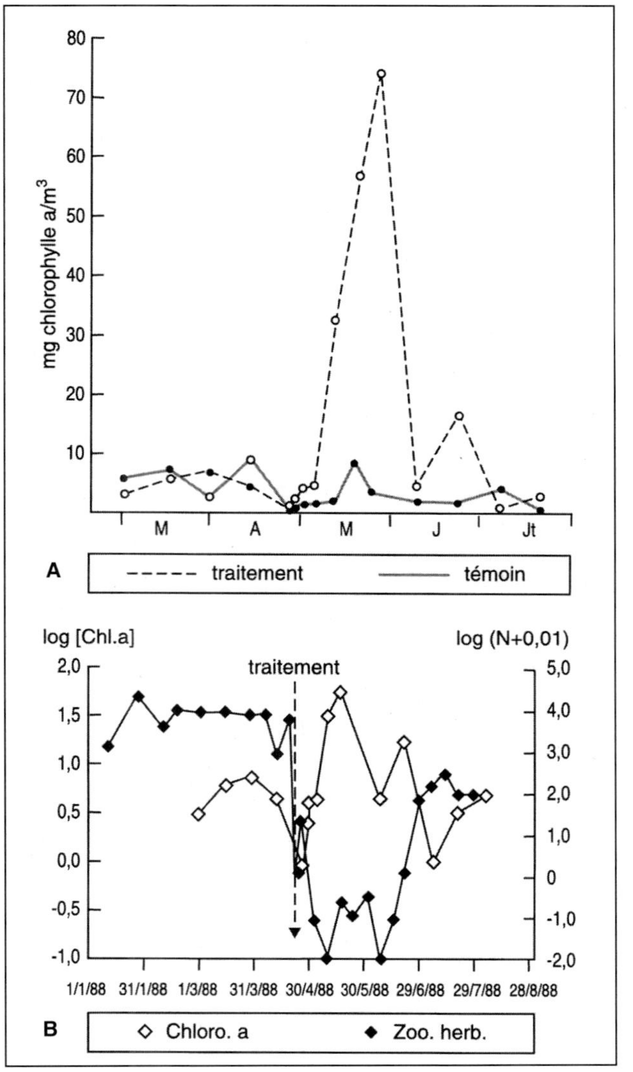

Expérimentation en mésocosme montrant l'effet de l'intensité du « broutage » du **zooplancton** sur l'abondance du phytoplancton. **A**) Comparaison de la densité phytoplanctonique évaluée par la teneur en chlorophylle a et entre mésocosme témoin et traité à un pyréthroïde de synthèse éliminant sélectivement le zooplancton brouteur. **B**) Corrélation entre la variation de la chlorophylle a et celle du zooplancton herbivore avant et après un traitement. (A, d'après Caquet, 1990; B, d'après Tidou et al. in Ramade F., *Dictionnaire encyclopédique des sciences de l'eau*, Ediscience international, 1998, p. 710)

ont montré que les Copépodes distinguent facilement les phytoplanctontes des particules inertes qu'ils rejettent quand elles entrent en contact avec l'orifice buccal. Ils consomment aussi les Diatomées filamenteuses en brisant au préalable les chaînes cellulaires. Dans les espèces propres aux milieux limniques, certains d'entre eux, tels les Diaptomides, peuvent ingérer des algues filamenteuses comme les *Synedra,* atteignant 300 μ.

Les Rotifères comportent de nombreuses espèces filtreuses herbivores dont l'appareil rotateur est pourvu d'une couronne fortement et finement ciliée. De façon générale, ils consomment des algues de taille inférieure à 20 μ du groupe des Phytoflagellés. Enfin, les Protozoaires du zooplancton consomment des proies nanoplanctoniques et picoplanctoniques (essentiellement bactéries du bactérioplancton).

Le « broutage » exerce un effet direct sur l'abondance du phytoplancton et par *feed back* négatif sur celle du zooplancton. La réponse numérique du zooplancton « brouteur » se traduit par une augmentation transitoire de sa densité due à l'accroissement du succès reproductif permis par l'abondance de la nourriture et ultérieurement par une diminution de ses effectifs par suite de la raréfaction du phytoplancton induite par le « broutage ». L'importance de l'action exercée par le zooplancton herbivore sur le phytoplancton est facilement mise en évidence par des expériences de défaunation (voir Figure page précédente). Ainsi des recherches effectuées en mésocosmes, par usage d'un traitement avec un pesticide sélectif éliminant uniquement le peuplement zooplanctonique (pyréthroïde par exemple) montre que leur disparition est immédiatement suivie d'une prolifération du phytoplancton, même en période estivale, et confirme l'importance de l'action de « broutage » sur l'abondance phytoplanctonique. ◆ **variation d'abondance saisonnière et de productivité du ~** (*zooplankton seasonal abundance and productivity fluctuations*) : il existe une disjonction spatiale et temporelle entre le développement du phytoplancton et du zooplancton tant dans les biotopes lentiques continentaux que dans l'océan. Cela résulte à la fois de la grande différence de durée de développement entre le phytoplancton (dont le cycle se fait en quelques heures ou jours) et le zooplancton (dont le cycle se fait au mieux en 4 à 6 semaines pour les Copépodes). La durée de développement, qui croît avec la taille, est encore plus grande pour les prédateurs de 3e niveau trophique et des niveaux supérieurs.

On constate donc d'importantes variations d'abondance du zooplancton en une zone océanique donnée et une disjonction dans la variation saisonnière d'abondance entre les peuplements phytoplanctoniques et zooplanctoniques. **(*Voir aussi Océan, Phytoplancton, Plancton*)**

zooplanctonique, adj. (*zooplanktonic*). Désigne tout de qui se rapporte au zooplancton.

zooplanctonte, n. m. (*zooplankter*). Terme francisé provenant de l'anglais qui est parfois utilisé par les limnologues – et les océanographes – pour désigner de façon générale tout organisme constitutif du zooplancton, quel que soit sa position taxonomique. Son homologue, celui de phytoplanctonte, se rapporte aux organismes du phytoplancton.

zoosaprophage, adj. (*zoosaprophagous*). Désigne une espèce se nourrissant d'animaux morts et autres matières organiques fermentescibles animales en décomposition.

zoosaprophagie, n. f. (*zoosaprophagy*). Caractère des espèces zoosaprophages.

zooxanthelles, n. f. (*Zooxanthellae*). « Algues » unicellulaires, de la classe des Dinophycées, qui sont en réalité des protistes de l'embranchement des Rhizoflagellés. Les zooxanthelles sont symbiotiques des madrépores et autres Invertébrés hermatypiques – bâtisseurs des récifs coralliens. Elles appartiennent toutes à une seule espèce de Dinophycées, *Gymnodinium microadriaticum.*

Ces symbiotes, localisés dans les tissus endodermiques, tirent profit du milieu intérieur du polype auquel ils apportent en contrepartie des nutriments organiques. **(*Voir aussi Gymnodinium, Récif corallien*)**

Zosteracées, n. sc. (n. vern. : *seagrass*). Phanérogames monocotylédones appartenant à la sous-classe des Alismatidées laquelle ne comporte qu'un seul ordre, celui des Hélobiales (encore dénommé Fluviales ou Najadales), qui comptent 12 espèces rhizomateuses marines.

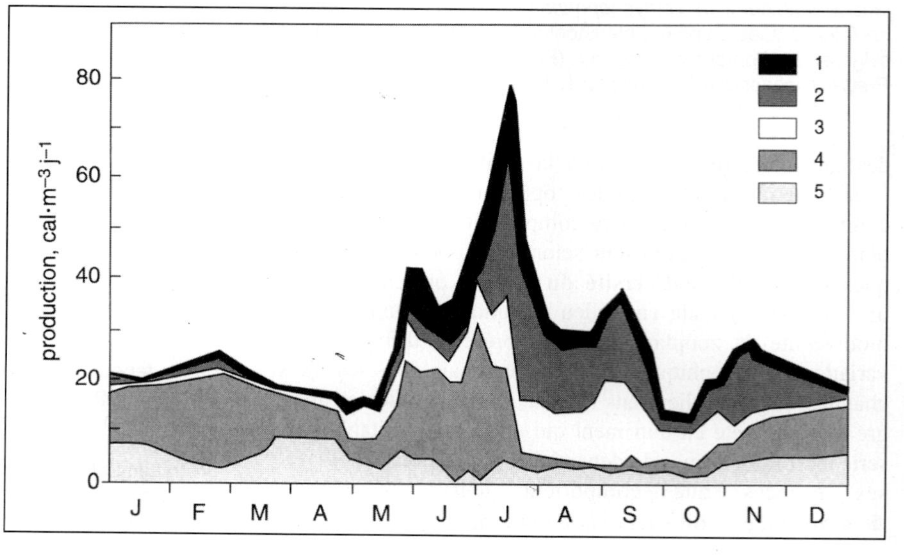

Variation saisonnière de la productivité du **zooplancton** « brouteur » dans un lac canadien. **1**) Rotifères. Cladocères : **2**) *Holopedium gibbergibberum.* **3**) *Daphnia dubia.* **4**) *Bosmina longirostris.* Copépodes : **5**) *Diaptomus minutus.* (D'après Schindler, 1972, in Pourriot et Champ, op. cit., 1982, p. 59, mais modifié)

Herbier de *Posidonia oceanica* dans le parc national de Port Cros. Cette grande **Zostéracée** inféodée aux étages médiolittoral et infralittoral, joue un rôle écologique important dans l'ensemble des eaux côtières méditerranéennes. On distingue nettement l'herbier visible par transparence sur cette photographie grâce aux taches sombres étendues qu'il fait sous la surface de l'eau. (Cliché F. Ramade)

Cette famille réunit les seules Phanérogames adaptées au milieu marin. Elles peuplent les fonds meubles des zones lagunaires et marines littorales tempérées et tropicales de l'étage médiolittoral et infralittoral jusqu'à une cinquantaine de mètres de profondeur et des zones humides lagunaires littorales ainsi que le fond des lagons dans les récifs coralliens. Parmi les principaux genres, on peut citer les *Zostera*, *Thalassia*, *Cymodocea* et *Posidonia*. (***Voir aussi Herbiers, Posidonia***)

Zostère(s), n. f. (*Zostera*) (n. sc. : *Zostera sp.*). Phanérogames marines fréquentes sur les côtes européennes. *Zostera noltii* forme d'importants herbiers dans l'étage sublittoral des côtes méditerranéennes basses; elles est capable de se développer dans des lagunes saumâtres telles les étangs de Camargue. Les inondations survenues dans le delta du Rhône en 1993 et 1994 ont provoqué un important dessalement de ces lagunes qui a montré que cette espèce est susceptible de tolérer temporairement des salinités aussi basses que 6 pour mille. Les herbiers de zoostères servent de nourriture à de nombreuses espèces d'oiseaux de rivage.

Zygnema, n. sc. Algues d'eau douce de l'ordre des Zygophycées, qui se multiplient dans les eaux riches en matières organiques fermentescibles.

Zygnématale(s), n. sc. Ordre de Chlorophytes essentiellement constitué d'espèces d'algues inféodées aux eaux douces se présentant soit sous forme de filaments unisériés comme les *Spirogyra*, soit sous forme unicellulaire comme chez les Desmides.

Zygophyllacées, n. sc. (*Lignum vitae, creosote bush*). Famille de plantes herbacées ou ligneuses, surtout buissonnantes, de l'ordre des Sapindales, propres aux écosystèmes xériques voire désertiques.

zygophyte, n. f. (*zygophyte*). Plante résultant d'un processus de reproduction sexuée.

Zygoptères, n. m. (*Zygoptera*, n. vern : damselflies). Sous-ordre d'Odonates représenté principalement par les *Agrion* et espèces voisines.

zygote, n. m. (*zygote*). Cellule diploïde formée par l'union des gamètes mâle et femelle lors de la fécondation.

zymogénique, adj. (*zymogenic*). Désigne un matériel biologique ou tout autre facteur biotique de fermentation.

Lexique anglais-français

A

abiogenesis : abiogenèse
abiotic : abiotique
abrasion : abrasion, polissage
  glacial ~ : polissage glaciaire
abscicin : abscicine
absenteism : absentéisme
absolute : absolu
  ~ humidity : humidité absolue
abundance : abondance
  ~ distribution : distribution d'abondance
abyss : abysse
abyssobenthic : abyssobenthique
abyssopelagic : abyssopélagique
acarophilous : acarophile
acarophily : acarophilie
acarophytism : acarophytisme
acaulous : acaule
acauly : acaulie
accessory : accessoire
acclimation (*aussi* acclimatization) : acclimatation
accretion : accrétion, remblaiement
accumulated : cumulé
  ~ temperatures : températures cumulées
acid : acide
  ~ dipping : bain acide
  ~ mines drainage : acidification des eaux par le drainage des mines
  ~ rains : pluies acides
  ~ smuts : suies acides
  fatty ~ : acide gras
  fulvic ~ : acide fulvique
  humic ~ : acide humique
acidity : acidité
acidophilous : acidophile
acidophily : acidophilie
acidophobic : acidophobe
acidophoby : acidophobie
acridophagous : acridophage
acrodendrophilous : acrodendrophile
acrodendrophily : acrodendrophilie
acrolein : acroléine
actinobiology : actinobiologie
activated carbon : charbon actif
active : actif(ve)
  ~ layer : couche active
  ~ limestone : calcaire actif
actophilous : actophile
actual : effectif, réel
  ~ density : densité réelle
  ~ evapotranspiration : évapotranspiration effective
actualism : actualisme
acute : aigu
adaptative : adaptatif
  ~ breakthrough : rupture adaptative
  ~ process : processus adaptatif
  ~ radiation : radiation adaptative
  ~ threshold : seuil adaptatif
adaptedness : adaptabilité
additive : additif
adduction : captage
  ~ zone : périmètre de captage, zone de captage
adelphophagy : adelphophagie
adiabatic : adiabatique
  air ~ constant : constante adiabatique de l'air
adichogamy : adichogamie
adjustment : ajustement
adsere : adsère
adventitious : adventice
  ~ organ : organe adventice
adventive : adventif
  ~ crater : cratère adventif
  ~ plant : plante adventice
adynamandrous : adynamandrique
adynamogynous : adynamogyne
aerator : aérateur
aeroallergen : aéroallergène
aerobic : aérobie
aerobiosis : aérobiose
aerochorous : aérochore
aerogamy : aérogamie
aerogenenic : aérogène
aerogenerator : aérogénérateur, éolienne
aerohygrophilous : aérohygrophile
aerohygrophily : aérohygrophilie
aerohygrophobous : aérohygrophobe
aerohygrophoby : aérohygrophobie
aeromorphosis : aéromorphose
aeronomy : aéronomie

aeropalynology : aéropalynologie
aerophilous : aérophile
aeroplankton : aéroplancton
aeropollutant : aéropolluant
aerotaxy : aérotaxie
aestivation : préfloraison
affinity : affinité
 ~ **index** : indice d'affinité
afforestation : reboisement
aflatoxin : aflatoxine
Africa : Afrique
african : africain
 ~ **-alpine** : afro-alpin
 ~ **-indian** : afro-indien
aftermath : regain, *aussi* suite (d'un événement)
aftershock : réplique (d'un séisme)
agamic : agame
agamogenesis : agamogenèse
age : âge
 true ~ : âge absolu
agent : agent
 bleaching ~ : agent blanchissant
 wetting ~ : agent mouillant
ageotropism : agéotropisme
aggradation : alluvionnement
aggregate structure : structure en agrégat
aggregative : en agrégat
aging : vieillissement, sénescence
agrarian : agraire
agriculture : agriculture
 shifting ~ : agriculture itinérante
agroecosystem : agroécosystème
agroforestry : agroforesterie
agrology : agrologie
agronomy : agronomie
aigicolous : aigicole
air : air
 ~ **conditioning** : climatisation
 ~ **quality** : qualité de l'air
airplane : avion
aken : akène
alate : ailé
albedo : albedo
albinism : albinisme
albumen : albumen
alcalinity : alcalinité
alcaloid : alcaloïde
alcohol : alcool
alder : aulne
 green ~ : aulne vert
aletophilous : alétophile
aleuron : aleurone
alfalfa : luzerne
algae : algues
algicide : algicide
algicolous : algicole
algivorous : algivore
algology : algologie
algophagous : algophage
alien : étranger, adventice
 ~ **plant** : plante introduite
 ~ **species** : espèces introduites
alkaline : alcalin
alkyl lead : alkylplomb
Allee effect : principe d'Allee
allelochemic : allélochimique
 ~ **compound** : substance allélochimique
allelogenic : aléllogénique
allelopathy : allélopathie
Allen's rule : règle d'Allen
allergen : allergène
allergogenesis : allergogenèse
allergy : allergie
allochoric : allochorique
allochronic : allochronique
 ~ **speciation** : spéciation allochronique
allochthonous : allochtone
allogamy : allogamie
allogenic : allogénique (syn. : allochtone)
allogenous : allogène
allometric : allométrique
 ~ **growth** : croissance allométrique
allometry : allométrie
allopatric : allopatrique
 ~ **species** : espèce allopatrique
allopatry : allopatrie
allopelagic : allopélagique
allophan : allophane
allophilous : allophile
alloploid : alloploïde
allopolyploidy : allopolyploïdie
allosome : allosome
allothermous : allotherme
allotrophic : allotrophe, allotrophique
allotrophy : allotrophie
allotropous : allotrope
alluvial : alluvial
 ~ **cone** : cône de déjection
alluvium : alluvion
alpestrine : alpestre
alpine : alpin
 sub-~ : sub-alpin
alsophilous : alsophile
alternation : alternance
 ~ **of generations** : alternance de générations
Altithermal : Altithermal
altitudinal : d'altitude, altitudinal
 ~ **succession** : étagement en altitude de la végétation
altricial : altricial
altruism : altruisme
alumina : alumine
Amazon river : fleuve Amazone
Amazonia : Amazonie
amazonian : amazonien(ne)
amber : ambre
ambience : ambiance
ambient : ambiante
amensalism : amensalisme
America : Amérique
amictic : amictique
amixy : amixie
ammocolous : ammocole

ammonia : ammoniac
ammophilous : ammophile
amnicolous : amnicole
Amniota : Amniotes
amoeba : amibe
Amphibia : Amphibiens (= Batraciens)
amphibiotic : amphibiotique
amphibious : amphibie
amphidromous : amphidrome
amphigean : amphigée
amphioecious : amphiœcique
amphitheater : amphithéâtre
amphitopic : amphitopique
amphitrophic : amphitrophe
amphogeny : amphogénie
ampholyte : ampholyte
amphoteric : amphotère
anabatic : anabatique
  ~ wind : vent anabatique
anabiont : anabionte
anabiosis : anabiose
anabolism : anabolisme
anadromous : anadrome
anadromy : anadromie
anaerobic : anaérobie
anaerobiosis : anaérobiose
anaerogenic : anaérogène
anagenesis : anagenèse
analogous : analogue
  ~ behavior : comportement analogue
  ~ organ : organe analogue
analogy : analogie
analysis : analyse
  correspondance factorial ~ : analyse factorielle de correspondance
anamniota : anamniotes
anchialine : anchihalin
anchor
  ~ root : racine d'ancrage
anchovy : anchois
  Peruvian ~ : anchois du Pérou
Andean : andin
androchorous : androchore
androdioecious : androdiœcique
androecious : androœcique
androgen : androgène
androgenesis : androgenèse
androgynous : androgyne
andromorphic : andromorphe
Ands : Andes
anemochorous : anémochore
anemochory : anémochorie
anemogamous : anémogame
anemometer : anémomètre
anemone : anémone
anemophilous : anémophile
anemophily : anémophilie
anemophyte : anémophyte
anemotaxy : anémotaxie
anemotropism : anémotropisme
aneuploid : aneuploïde
aneuploidy : aneuploïdie
anhydrobiosis : anhydrobiose
animal : animal
  domestic ~ : animal domestique
anionic : anionique
anisogamy : anisogamie
annual : annuel
  ~ plant : plante annuelle
anoecious : anœcique
anoxia : anoxie
anoxic : anoxique
ant : fourmi
  ~ nest : fourmilière
  legionary ~ : fourmi légionnaire
antagonism : antagonisme
Antarctica : Antarctique
antelope : antilope
anthecology : anthécologie
anthocyans : anthocyanes
anthophilous : anthophile
Anthozoa : Anthozoaires
anthracology : anthracologie
anthropic : anthropique
anthropisation : anthropisation
anthropocentrism : anthropocentrisme
anthropochory : anthropochorie
anthropogenic : anthropogène
anthropology : anthropologie
anthropomorphy : anthropomorphie
anthropophilous : anthropophile
antibiosis : antibiose
antibiotic : antibiotique
anticholinesterasic : anticholinestérasique
antifeedant : anti-appétant
antifouling paint : peinture anti-salissure
antiknock : antidétonant
  ~ additive : additif antidétonant
antimony : antimoine
antiparasital : antiparasitaire
antlers : bois (des Cervidés)
Anura : Anoures
aperiodic : apériodique
aphicid : aphicide
aphotic : aphotique
aphyllic : aphylle
aphylly : aphyllie
apiculture : apiculture
apidology : apidologie
apivorous : apivore
apneustic : apneustique
apogamy : apogamie
apogyny : apogynie
apomictic : apomictique
apomixy : apomixie
aposematic : aposématique
aposematism : aposématisme
apostatic : apostatique
apple : pomme
  ~ tree : pommier
aquaculture : aquaculture
aquariophily : aquariophilie

aquaticolous : aquacole
aquifer : aquifère, nappe phréatique
~ **capacity** : volume d'un réservoir aquifère
arable : arable
arboricolous : arboricole
Archean : Archéen
archibenthic : archibenthique
archipelago : archipel
architomy : architomie
arctic : arctique
~ **polar cycle** : cercle polaire arctique
area : aire, région, zone, secteur géographique
~ **protected** : aire protégée
arena : arène
arenaceous : arénacé
arenicolous : arénicole
arenivorous : arénivore
argillous : argileux
argillophilous : argilophile
arheic : arhéique
arhenotoquous : arhénotoque
arid : aride
aridification : aridification
arms : armes, armements
~ **race** : course aux armements
armyworm : chenille légionnaire (nom vern. des chenilles de divers genres de Lépidoptères Noctuides)
Aroids : Aracées
arrhenogeny : arrhénogénie
arrhenotoky : arrhénotoquie
arrow
~ **leaf** : sagittaire
~ **worm** : *Sagitta*
artesian : artésien
~ **basin** : bassin artésien
~ **well** : puits artésien
asbestos : amiante
asbestosis : asbestose
ascus : asque
asexual : asexué
~ **reproduction** : multiplication asexuée
ash : cendre
~ **fly** : fumeron
~ **tree** : frêne
Asia : Asie
aspen : tremble
~ **forest** : tremblaie
asphodel : asphodèle
assimilation : assimilation
association : association
biotic ~ : association biotique
astaciculture : astaciculture
asthma : asthme
Aswan dam : barrage d'Assouan
asymetric : asymétrique
atavic : atavique
atavism : atavisme
ateliosis : atéliose
Atlantic : Atlantique
atmosphere : atmosphère
atmospheric : atmosphérique
atoky : atoquie
atomic : atomique
atrazin : atrazine
attractant : appât, attractif
sexual ~ : attractif sexuel
aulophyte : aulophyte
aurora : aurore
Australia : Australie
australian : australien(ne)
austroriparian : austroriparien(ne)
authigenic : authigénique
authigenous : authigène
autochory : autochorie
autochtonous : autochtone
autoecology : autoécologie
autogamy : autogamie
autogenic : autogénique
automixy : automixie
automotive : automobile
autooecious : autoœcique
autophagy : autophagie
autosome : autosome
autotomy : autotomie
autotrophic : autotrophe, autotrophique
autotrophy : autotrophie
autoxenous : autoxène
auxin : auxine
auxotroph : auxotrophe
availability : disponibilité
available : disponible
~ **nutrient** : nutriment disponible
~ **water** : eau disponible
avalanche : avalanche
average : moyenne
~ **life expectancy** : espérance moyenne de vie
avifauna : avifaune
avoidance : évitement
axenic : axénique
axillary : axillaire
~ **bud** : bourgeon axillaire
azins : azines
azoic : azoïque
Azores : Açores

B

bacteria : bactérie
aerobic ~ : bactérie aérobie
ammonificating ~ : bactérie ammonifiante
anaerobic ~ : bactérie anaérobie
benthic : bactérie benthique
chimiosynthetic ~ : bactérie chimiosynthétique
bacterial biomass : biomasse bactérienne
bacterial loop : boucle bactérienne
bactericidal : bactériostatique
bacteriochlorophyll : bactériochlorophylle
bacterioplankton : bactérioplancton
bait : appât
balance : bilan
energy ~ : bilan énergétique
baleen : fanon

balloon : ballon
pilot ~ : ballon-sonde
Baltic : Baltique
bamboo : bambou
banana tree : bananier
band : bague
day ~ : ration alimentaire journalière
banding : baguage (des oiseaux)
bank : banc, rive
fisheries ~ : banc de pêche
sand ~: banc de sable
school ~ : banc de poissons
steep ~ : rive escarpée
bar : barre
barchan : barkhane
bark : écorce
barnacle : balane
barochory : barochorie
barophilic : barophile
barotaxy : barotaxie
barothermograph : barothermographe
barrel : baril
barrier : barrière
ecological ~ : barrière écologique
Great ~ Reef : grande barrière de corail
barium : baryum
barycentre : barycentre
barymorphosis : barymorphose
basalt : basalte
basic : basique
basicity : basicité
basin : bassin, cuvette
attraction ~ : bassin d'attraction
detention ~ : bassin de retenue
oxidation ~ : bassin d'oxydation
basiphilous : basiphile
basophilous : basophile
basophily : basophilie
basophobous : basophobe
basophoby : basophobie
bat : chauve-souris
batch : couvée
batesian mimicry : mimétisme batésien
batholith : batholithe
bathyal : bathyal
~ zone : étage bathyal
bathymetric : bathymétrique
bathymetry : bathymétrie
bathypelagic : bathypélagique
bathyplankton : bathyplancton
bauxite : bauxite
beach : plage
~ cusps : croissant de plage
bear : ours
bed : lit
activated bacterial ~ : lit bactérien activé
fluidized ~ : lit fluidisé
glacier ~ : lit glaciaire
seagrass ~ : herbier
bee : abeille
honey ~ : abeille domestique
mason ~ : abeille maçonne
beech : hêtre
~ grove : hêtraie
beet : betterave
sugar ~ : betterave à sucre
beetle : Coléoptère, scarabée
bark ~ : scolyte
burying ~ : nécrophore
carrion ~ : nécrophore
Colorado ~ : doryphore
diving ~ : dytique
dung ~ : bousier
ground ~ : ténébrion
whirligig ~ : gyrin
behaviour : comportement
agonostic ~ : comportement agonistique
Belemnoidea : bélemnites
belt : ceinture
hunger ~ : ceinture de la faim
Pacific fire ~ : ceinture de feu du Pacifique
shelter ~ : rideau d'arbres, haie
bench : replat
benthic : benthique
~ environment : milieu benthique
benthopotamic : benthopotamique
Berlese's sampler : appareil de Berlèse
bicircadian : bicircadien
biennial : bisannuelle
biflorous : biflore
bight : baie
bilharziosis : bilharziose
bioassay : bioessai
bioavailability : biodisponibilité
biocidal : biocide
biochory : biochorie
bioclimatology : bioclimatologie
biocoenology : biocœnotique
biocoenosis : biocœnose
biodegradability : biodégradabilité
biodiversity : biodiversité
biodynamic : biodynamique
biofuel : biocarburant
biogenesis : biogenèse
biogenic : biogène
~ sorting : tri biogène
biogeochemical : biogéochimique
~ cycle : cycle biogéochimique
biogeocoenosis : biogéocœnose
biogeographical : biogéographique
biogeography : biogéographie
bioherm : bioherme
bioindicator : bioindicateur
biological : biologique
~ balance : équilibre biologique
~ control : lutte biologique
biomagnification : bioamplification
biomarker : biomarqueur
biomass : biomasse
biometry : biométrie
bionomy : bionomie
biophagous : biophage

biostasy : biostasie
biotic : biotique
biotrophic : biotrophe
birch : bouleau
  ~ stand : Bétulaie
bird : oiseau
  black ~ : merle
  song-~ : passereau
birth : naissance
  ~ rate : taux de natalité
  ~ stand : Bétulaie
black : noir
  ~ bird : merle noir
  ~ grouse : petit coq de Bruyère, tétras-lyre
bleaching : blanchiment
blast furnace : haut-fourneau
bloom : efflorescence, pruine
  phytoplanctonic ~ : poussée phytoplanctonique
  water ~ : fleur d'eau
blossoming : floraison
boatman (water- ~) : notonecte
bobwhite : colin de Virginie
BOD (biochemical oxygen demand) : DBO (demande biochimique d'oxygène)
body : corps
  ~ size : taille corporelle
bog : tourbière bombée
bole : fût
bony : ivoire
Bordeaux mixture : bouillie bordelaise
boring animal : animal foreur
botany : botanique
bottleneck : chenal, goulet
bottom : fond
boulder : bloc
  ~ berm : gradin, terrasse fluviatile rocheuse
  erratic ~ : bloc erratique
brachyptery : brachyptérie
brackish : saumâtre
branchicolous : branchicole
breaking : déferlant
  ~ wave : vague déferlante
breccia : brèche
breed : race
  domestic ~ : race domestique
breeder : surgénérateur
breeding : élevage
  captive ~ : reproduction en captivité
breeze : brise
brephic : bréphique
brine : saumure
  ~ deposition : phénomène du salant
  ~ flie : Ephydride
bristelworm : Annélide Polychète
broadleaved : feuillu, caducifolié
  ~ tree : arbre à feuilles caduques
bromeliads : Broméliacées
bromine : brome
bronchitis : bronchite
brood : couvée, portée, *aussi* couvain (abeille et autres Hyménoptères sociaux)
  ~ parasitism : parasitisme de nidification
brooding : couvaison
brook : ruisselet
broom : ajonc
  witch ~ : balai de sorcière
broticolous : broticole
brotochorous : brotochore
brush : broussaille
  ~ killer : débroussaillant
bryology : bryologie
bryomadicolous : bryomadicole
bryophilous : bryophile
bud : bourgeon
  ~ burst : débourrement
budding : bourgeonnement
budworm : chenille tordeuse
buffalo : bison, buffle
buffer : tampon
bug : punaise
bumble bee : bourdon
burning : brûlage (des broussailles p. e.)
burns : brûlis
burrow : terrier
burrowing : fouisseur
bush : arbuste
bushy : arbustif
bustard : outarde
buttress : contrefort
  ~ root : racine pilier
  ~ trunk : tronc à contreforts (arbres des forêts tropicales)

C

caddis fly : Phrygane
caesium : césium
calcicolous : calcicole
calciphilic : calciphile
calciphobous : calciphobe
calcosaxicolous : calcosaxicole
calefaction : pollution thermique
calf : veau
camel : chameau
cancerogenesis : cancérogenèse
cancerogenic : cancérogène
cancerogenicity : cancérogénicité
candle : bougie
  filtering ~ : filtre à bougie
canker : chancre (phytopatho.)
cannibalism : cannibalisme
cannibalistic : cannibale
canopy : canopée, frondaison
capacity : capacité
  carrying ~ : capacité limite du milieu
  field ~ : capacité au champ
  range carrying ~ : capacité limite des pâturages
  soil exchange ~ : capacité d'échange des sols
  soil infiltration ~ : capacité d'absorption des sols
capercaillie : grand coq de Bruyère, grand tétras
capillarity : capillarité

capillary : capillaire
car : véhicule automobile
carbon : carbone
 ~ **cycle** : cycle du carbone
 ~ **monoxide** : oxyde de carbone
 activated ~ : charbon actif
Carboniferous : Carbonifère
carcinogenic : carcinogène
carcinogenesis : cancérogenèse
carcinology : carcinologie
carnivorism : carnivore
carnivorous : carnivore
carpophagous : carpophage
carrier : vecteur (de maladie)
 container ~ : porte-container
carrion : charrogne
 ~ **feeder** : charognard
case : fourreau
Caspian sea : mer Caspienne
catabolism : catabolisme
catadromous : catadrome
catail : roseau
catalytic : catalytique
 ~ **converter** : pot catalytique
catarobic : catarobique
catastrophy : catastrophe, désastre, accident
 technological ~ : catastrophe technologique, accident technologique majeur
catchment : captage
 ~ **area** : bassin hydrographique, bassin versant
caterpillar : chenille
 false ~ : fausse-chenille
 leaf miner ~ : chenille mineuse
 looper ~ : chenille arpenteuse
catharobic : catharobique
catkin : chaton (bota.)
cattail : massette, *Typha*
cattle : bovins
 ~ **terrace** : pieds de vache
cauliflory : cauliflorie
caulocarpous : caulocarpe
cave : caverne, grotte
 ice ~ : trou à neige
cavernicolous : cavernicole
cecidogenous : cécidogène
cedar : cèdre
cell : cellule (*aussi* pile)
 fuel ~ : pile à combustible
 Hadley's ~ : cellule de hadley
 solar ~ : pile solaire
cement : ciment
 ~ **factory** : cimenterie
census : recensement
chain : chaîne
 food ~ : chaîne alimentaire
 trophic ~ : chaîne trophique
chalk : craie
chamaephyte : chaméphyte
change : changement, modification
 climatic ~ : changement climatique
 global ~ : changements globaux
channel : canal, lit
 low water ~ : lit mineur
character : caractère
 ~ **convergence** : convergence de caractères
 adaptative ~ : caractère adaptatif
charcoal : charbon de bois
 activated ~ : charbon actif
chasmophilous : chasmophile
checkerboard distribution : répartition en damier
cheetah : guépard
chemicals : produits chimiques
chemoautotrophe : chimioautotrophe
chemolithotrophic : chimiolithotrophe
chemosterilant : chimiostérilisant
chemosynthesis : chimiosynthèse
chemotaxy : chimiotaxie
chemotropism : chimiotropisme
chestnut
 ~ **blight** : encre du châtaignier
 ~ **tree** : châtaignier
Chinese : chinois
 ~ **syndrome** : syndrome chinois
chionophily : chionophilie
chionophobous : chionophobe
chionophoby : chionophobie
chipmunk : spermophile
chloride : chlorure
 vinyl ~ : chlorure de vinyle
chlorination : chloration
chlorine : chlore
chlorosis : chlorose
chorology : chorologie
chromium : chrome
chromosomal aberration : aberration chromosomique
chronic : chronique
 ~ **toxicity** : toxicité chronique
chronobiology : chronobiologie
chrysalis : chrysalide
cicada : cigale
cinnabar : cinnabre
circalunadian : circalunaire
circle : cercle
 polar ~ : cercle polaire
cistus : ciste
city : ville
Cladoceran : Cladocère
cladogenesis : cladogenèse
clam : clovisse, palourde
 giant ~ : bénitier
clay : argile
 ~-humus complex : complexe argilo-humique
cleaning : nettoiement
 sewer ~ : curage des égoûts
clearcut : coupe à blanc, coupe rase
clearing : éclaircie
cleistogamy : cléistogamie
cliff : falaise
climate : climat
 continental ~ : climat continental
climatic : climatique
 ~ **changes** : changements climatiques

climatology : climatologie
clinker : mâchefer
clitochorous : clitochore
cloning : clonage
closed : fermé(e)
~ **community** : communauté fermée
~ **forest** : forêt fermée
cloud : nuage
~ **cover** : couverture nuageuse
~ **veil** : voile de nuages
glowing ~ : nuée ardente
nacred ~ : nuage nacré
club moss : Lycopode
clutch : couvée (oisillons d'un même nid)
~ **size** : taille de la couvée
coal : charbon
activated ~ : charbon actif
coalescence : coalescence
coast : côte
coastal : côtier
~ **zone** : zone littorale
coconut tree : cocotier
cod : morue
~ **icefishes** : Notothéniides (poissons de l'Océan glacial Antarctique)
coffee tree : caféier
cohort : cohorte
coking plant : cokerie
cold : froid
***Coli* test** : colimétrie
coliform : coliforme
colluvioning : colluvionnement
columnar : columnaire
commensalism : commensalisme
community : communauté (*aussi* peuplement)
compacting : compactage
competitive : compétitif
~ **exclusion** : exclusion compétitive
complex : complexe
absorbent ~ : complexe absorbant
clay-humus ~ : complexe argilo-humique
complexity : complexité
complexolysis : complexolyse
composting : compostage
compound : composé
chemical ~ : produit, substance chimique
hazardous ~ : produit, substance chimique dangereuse
nitrogen ~ : composé nitré
concrete : béton
concretion : concrétion
~ **formation** : concrétionnement
condition index : indice de condition
conditioned : conditionné
~ **reflex** : réflexe conditionné
conditioning : conditionnement
air ~ : climatisation
conifers : conifères (*aussi* résineux)
~ **afforestation** : enrésinement
connectivity : connectivité
conservancy : conservation, protection
nature ~ : conservation, protection de la nature
conspecific : conspécifique
constancy : constance
constraint : contrainte
consumer : consommateur
consumption : consommation
content : contenu
caloric ~ : contenu calorique
continental : continental
~ **divide** : ligne de partage des eaux
contingency : contingence
contour farming : cultures en terrasses
contrail : traînée de condensation
control : contrôle
~ **rods** : barres de contrôle
biological ~ : lutte biologique
demographic ~ : contrôle démographique
integrated pest ~ : lutte intégrée
pest ~ : lutte contre les ravageurs
sterile male ~ : lutte autocide
convective : convectif
~ **cooling** : refroidissement convectif
coolent : réfrigérant
cooling : refroidissement
~ **agent** : réfrigérant
~ **device** : aéroréfrigérant
~ **pond** : bassin de refroidissement
~ **tower** : aéroréfrigérant
copper : cuivre
coppice : taillis
~ **shoot** : rejet de taillis
coprobiont : coprobionte
coprolite : coprolithe
coprophagous : coprophage
coprophagy : coprophagie
coral : corail
~ **reef** : récif corallien
corallian : corallien
cork : liège
~ **forest** : suberaie
~ **oak** : chêne-liège
corn : maïs (américain)
~ **borer** : pyrale du maïs
corticolous : corticole
cosmopolitan : cosmopolite
cost : coût
energetic ~ : coût énergétique
cougar : puma
counter : compteur
Geiger ~ : compteur Geiger
coverage : recouvrement
coypu : ragondin
crab : crabe
horseshoe ~ : limule
crane : grue
crater : cratère
crayfish : écrevisse
creek : ruisseau
creeping : fluage, rampant, reptation
crenicolous : crénicole
crenophilous : crénophile
crescent : croissant

fertile ~ : croissant fertile
Cretaceous : Crétacé
Crinoid : Crinoïde
critical : critique
~ **load** : charge critique
crop : culture
~ **auxiliary organisms** : organismes auxiliaires des cultures
cross-breeding : croisement
crown : couronne
~ **of thorns** : couronne d'épines (n. sc. : *Acanthaster planci*)
crust : croûte
continental ~ : croûte continentale
desert ~ : croûte désertique
Crustacea : Crustacés
crymnophilous : crymnophile
cryophilic : cryophile
cryoplankton : cryoplancton
cryosoil : cryosol
cryptic : cryptique
cryptobiont : cryptobionte
cryptobiosis : cryptobiose
cryptobiotic : cryptobiotique
cryptofauna : cryptofaune
cryptogam : Cryptogame
cryptonephridism : cryptonéphridisme
cultivation : culture
contour ~ : culture en contour
current : courant
sea ~ : courant marin
curve : courbe
species-area ~ : courbe aire-espèce
cutworm : nom vern. angl. des chenilles de Lépidoptères Noctuides
cyanid : cyanure
cyanogenic : cyanogène
cycle : cycle
biogeochemical ~ : cycle biogéochimique
yearly ~ : cycle annuel
cyclic : cyclique
~ **populations fluctuations** : fluctuations cycliques des populations
cyclomorphosis : cyclomorphose
cyclone : cyclone
cypress : cyprès

D

dam : barrage
~ **reservoir** : réservoir, retenue de barrage
hydroelectric ~ : barrage hydroélectrique
damp
~ **air** : air humide
damping off : fonte des semis
dasmatrophy : dasmatrophie
dating : datation
~ **method** : méthode de datation
aquifer ~ : datation des nappes captives
dawn : aube, aurore
day : jour
band ~ : ration alimentaire journalière
degree ~ : degré-jour
dead zone : eaux mortes
debris fan : cône d'éboulis
decay : désintégration
radioactive ~ : désintégration radioactive
deciduous : décidue
decomposer : décomposeur
decontamination : décontamination, dépollution
deer : daim
defect : tare
deficiency : carence
defoamer : agent anti-mousse
defoliator : défoliateur
deforestation : déboisement
degazification : dégazage
degreasing : dégraissage
degree : degré
hygrometric ~ : degré hygrométrique
degritting : dégrillage
deionisation : déminéralisation
delayed : différé
deltaic : deltaïque
demand : demande
oxygen biological ~ : demande biochimique en oxygène
demoecology : démoécologie
demographic : démographique
demographical : démographique
~ **number** : effectif démographique
demography : démographie
dendritic : dendritique
dendrochronology : dendrochronologie
dendroclimatology : dendroclimatologie
dendrocolous : dendrocole
dendroecology : dendroécologie
dendrograph : dendrographe
dendrohydrology : dendrohydrologie
dendrology : dendrologie
dendrophilous : dendrophile
denitrificating : dénitrifiant
density : densité
gross ~ : densité brute
~ **dependance** : densité dépendance
dental formula : formule dentaire
dentition : denture
deoxygenation : désoxygénation
depollutant : dépolluant
deposit : dépôt, gisement
~ **feeder** : déposivore
aquifer ~ : gîte aquifère
coastal ~: dépôt côtier
dry ~ : dépôt sec
eolian ~ : dépôt éolien
ore ~ : gîte métallifère
wet ~ : dépôt humide
deposivorous : déposivore
depth : profondeur
desalination : désalinisation, dessalement
desalinization : dessalure
desaltification : désalinisation

desalting : dessalement
describer : descripteur
  ecological ~ : descripteur écologique
desert : désert
deserticolous : déserticole
desulphurization : désulfuration
detention : retenue
  ~ basin : bassin de retenue
detrital : détritique
detriticolous : détriticole
detritiphagous : detritiphage
detritivorous : détritivore
detritus : débris
deuterotokous : deutérotoque
deuterotoquy : deutérotoquie
developping countries : pays en voie de développement
Devonian : Dévonien
dew : rosée
diachronous : diachronique
diaclasis : diaclase
diadromous : diadrome
diagenesis : diagenèse
dialysis : dialyse
Diatoms : Diatomées
dichogamy : dichogamie
diclinous : dicline
diet : régime alimentaire
dietary : alimentaire
differential : différentielle
  ~ species : espèce différentielle
digestor : digesteur
dimictic : dimictique
dimorphism : dimorphisme
dioecious : dioïque
dioeocy : dioécie
diploidy : diploïdie
Diptera : Diptères
directed : dirigé
disassortive : désapparié
  ~ mating : accouplement désapparié
disaster : catastrophe, désastre
disease : maladie
  fungus ~ : maladie cryptogamique
discharge : écoulement des cours d'eau
disjunct : disjointe
  ~ distribution : distribution disjointe
disk : disque
dispersal : dispersion, dissémination
  fog ~ : dissipation du brouillard
  seeds ~ : dissémination des graines
dispersion : dissipation, dispersion
  cloud ~ : dissipation des nuages
displacement : déplacement
  niche ~ : déplacement de niche
display : parade
  courtship ~ : parade nuptiale
dissipative : dissipatif
dissolved : dissous
  ~ load : charge dissoute
  ~ organic matter : matières organiques dissoutes
  ~ solids : matières dissoutes
distribution : distribution, répartition
  ~ range : aire de répartition géographique
  age class ~ : répartition des classes d'âge
  aggregative ~ : répartition en aggrégat (= contagieuse)
  checkerboard ~ : répartition en damier
  contagious ~ : répartition en agrégat, contagieuse
  disjunct ~ : répartition discontinue
  random ~ : répartition au hasard
  regular ~ : répartition homogène
  relative abundance ~ : distribution d'abondance relative
  space-time ~ : répartition spatio-temporelle
disturbance : perturbation
  atmospheric ~ : perturbation atmosphérique
ditch : fossé
  ~ scraping : curage des fossés
diurnal : diurne
diver : plongeon
diversity : diversité
  ~ index : indice de diversité
  ecological ~ : diversité écologique
divide
  continental ~ : ligne de partage des eaux
  drainage ~ : syn. de continental
  groundwater ~ : limite de séparation d'écoulement des eaux souterraines
dodder : cuscute
dodo : dronte
dolomite : dolomie
dome : dôme
  urban dust ~ : dôme de pollution
domicolous : domicole
dormancy : dormance
downstream : aval
  ~ course : avalaison
drafting : captage
  ~ device : ouvrage de captage
draw off : vidange
  reservoirs ~ : vidange des réservoirs de barrages
drift : dérive
  spray ~ : dérive de brouillard de pulvérisation (traitement pesticides p. e.)
drilling : forage
  oil ~ : forage pétrolier
drip
  ~ irrigation : arrosage goutte à goutte
drizzle : bruine, crachin
dromedary : dromadaire
drone : faux-bourdon
droplet : gouttelette
drought : sécheresse
drying : assèchement, dessèchement
  ~ out : dessèchement sur pied
  top ~ : dépérissement terminal
  wetlands ~ : assèchement des marais
dryness : aridité
duckweed : lentille d'eau
duiker : céphalophe
dumping site : décharge
dust : poussière
  volcanic ~ : poussières volcaniques

dusting : poudrage
dynamic : dynamique (adj.)
dynamics : dynamique (n. f.)
communities ~ : dynamique des biocœnoses
dysphotic : dysphotique
dystrophic : dystrophique
dystrophication : dystrophisation
dystrophy : dystrophie

E

eagle : aigle
golden ~ : aigle royal
earth : terre
black ~ : terre noire, tchernozem
earthquake : tremblement de terre, séisme
earthworm : ver de terre, lombric
ebb : jusant, marée descendante
ebony : ivoire
ecdyesis : ecdyèse
ecdyson : ecdysone
ecesis : écèse
ecochronology : écochronologie
ecoethology : écoéthologie
ecological : écologique
~ effficiency : efficacité écologique
ecologist : écologue
ecology : écologie
genetic ~ : génécologie
system ~ : écologie des systèmes
ecomorphological : écomorphologique
ecosystem : écosystème
ecotoxicology : écotoxicologie
ectogenous : ectogène
ectoparasitism : ectoparasitisme
ectophytic : ectophyte
ectothermic : ectotherme
edaphic : édaphique
edaphology : édaphologie
edge : lisière
~ effect : effet de lisière
eel : anguille
glass ~ : civelle
sand ~ : anguille des sables, ammodyte
effect : effet
switching ~ : effet de bascule
effective : efficace
~ porosity : porosité efficace
efficiency : efficacité, efficience
assimilation ~: efficacité d'assimilation
egg : œuf
~ laying : ponte
eggshell : coquille (des œufs)
electivity : électivité
electrochemistry : électrochimie
element : élément
biogenic ~ : élément biogène
trace ~ : élément trace
elephant : éléphant
~ birds : oiseaux éléphants (Aépiornithides)
elfinwoodland : forêt des elfes
elk : wapiti (= cerf du Canada)
elkhorn coral : *Acropora*
elm : orme
eluvium : éluvion
elver : civelle
embanking : endiguement
embryogenesis : embryogenèse
emperor penguin : manchot empereur
emphysema : emphysème
enaulophilous : énaulophile
enclosure : enclos
encrestment : encroûtement
endemic : endémique
endemicity : endémicité
~ ratio : taux d'endémicité
endemism : endémisme
endergonic : endergonique
endobiont : endobionte
endocrinal : endocrine
endofauna : endofaune
endogamy : endogamie
endogenous : endogène
endogeous : endogée
endolithic : endolithique
endomycorrhiza : endomycorhize
endoparasitism : endoparasitisme
endophagous : endophage
endophagy : endophagie
endophloedic : endophlœique
endophyllous : endophylle
endorheic : endorhéique
endorheism : endorhéisme
endosymbiosis : endosymbiose
endosymbiotic : endosymbiotique
endothermic : endotherme, homéotherme
endoxylic : endoxylique
endozoochory : endozoochorie
energy : énergie
~ budget : budget énergétique
~ consumption : consommation d'énergie
~ crisis : crise de l'énergie
auxiliary ~ : énergie auxiliaire
geothermal ~ : énergie géothermique
nuclear ~ : énergie nucléaire
solar ~ : énergie solaire
tidal ~ : énergie marémotrice
engine : moteur
2, 4 strokes ~ : moteur à 2, à 4 temps
internal combustion ~ : moteur à combustion interne, moteur à explosion
enpoldering : poldérisation
enrichment : enrichissement
enterotoxin : entérotoxine
entomogamous : entomogame
entomogamy : entomogamie
entomophagous : entomophage
entomophilous : entomophile
entomophily : entomophilie
entropy : entropie
environic : environnique

environment : environnement
environmental : environnemental, qui se rapporte à l'environnement
  ~ **impact assessment** : étude d'impact sur l'environnement
eobiogenesis : éobiogenèse
eobiont : éobionte
eolian : éolien
eozoic : éozoïque
epibenthic : épibenthique
epibiont : épibionte
epibiontic : épibiontique
epibiosis : épibiose
epibiotic : épibiotique
epicolous : épicole
epidemic : épidémie
epidemical : épidémique
epifauna : épifaune
epigamic : épigame, épigamique
epigamy : épigamie
epigean : épigée
epigenic : épigène
epilimnic : épilimnique
epilithic : épilithique
epinasty : épinastie
epinekton : épinecton
epineustonic : épineustonique
epipelagic : épipélagique
epipelic : épipélique
epiplankton : épiplancton
epirhizous : épirhize
episodic : épisodique
epistasy : épistasie
epitokous : épitoque
epitoky : épitoquie
epizoic : épizoïque
epizoochory : épizoochorie
epoch : époque
equilibrium : équilibre
era : ère
eremology : érémologie
eremophilous : érémophile
eremophily : érémophilie
ergatomorphic : ergatomorphe
ergot : ergot de seigle
eroded : erodé
erosive : érosif(ve)
eruciform : éruciforme
erucivorous : érucivore
erucivory : érucivorie
estuary : estuaire
ethnobotany : ethnobotanique
ethnozoology : ethnozoologie
ethology : éthologie
eucalcic : eucalcique
euphotic : euphotique
eurybathic : eurybathe
eurybiont : eurybionte
eurybiontic : eurybiontique
euryhaline : euryhalin
euryhalinity : euryhalinité
euryhygric : euryhygrique
euryionic : euryionique
euryoxic : euryoxique
euryphagous : euryphage
euryphotic : euryphotique
eurythermous : eurytherme
eurythermy : eurythermie
eurytopic : eurytope
euryxenous : euryxène
eusaprobic : eusaprobe
eusociality : eusocialité
eustatic : eustatique
eutrophic : eutrophe
eutrophication : eutrophisation
eutrophy : eutrophie
euxinic : euxinique
even-aged : d'âge égal, équienne
evergreen : sempervirent(e), *aussi* Conifère
  ~ **plant** : plante sempervirente, plante à feuillage persistant
  ~ **species** : espèce sempervirente
evolutionary : évolutif
  ~ **biology** : biologie évolutive
  ~ **trends** : tendances évolutives
evolutionism : évolutionisme
exclosure : défens
exhaust : échappement
  ~ **fumes** : gaz d'échappement
exobiology : exobiologie
exogamy : exogamie
exogenous : exogène
exorheic : exhorhéique
exoskeleton : exosquelette
exotherm : exotherme, exothermique
exotic : exotique
explosive : explosif
  ~ **breeding** : reproduction explosive
exponential : exponentiel
  ~ **curve** : courbe exponentielle
exsuvium : exuvie
externality : externalité
exteroreceptor : extérorécepteur
extinct : éteint
  ~ **species** : espèce disparue
extrinsic : extrinsèque

F

facilitation : favorisation
factor : facteur
  ecological ~ : facteur écologique
  impairment ~ : altéragène
facultative : facultatif
fairy ring : rong de sorcière
falcon : faucon
  peregrine ~ : faucon pélerin
fall : chute
  ~ **stripes** : virga
  snow ~ : chûte de neige
  water ~ : chûte d'eau

falling
~ **stage** : baisse des eaux, décrue
~ **tide** : jusant, reflux, marée descendante
fallout : retombée
radioactive ~ : retombée radioactive
fallow : jachère, friche
false : faux
~ **colours** : fausses-couleurs
family : famille
fan : cône
alluvial ~ : cône de déjection
debris ~ : cône d'éboulis
outwash ~ (syn. d'alluvial) : cône de déjection d'un torrent
FAO (Food and Agricultural Organization) : Organisation des Nations unies pour l'Alimentation et l'agriculture
farming : mode de culture
contour ~ : cultures en courbes de niveau
fault : faille
~ **slipage** : glissement de faille
displacement ~ : rejet de faille
fauna : faune
~ **removal** : défaunation
faunistic : faunistique
faunula : faunule
feather : plume
~ **coat** : plumage
~ **trade** : plumasserie
fecundation : fécondation
cross ~ : fécondation croisée
fecundity : fécondité
feeding : alimentation
feldspar : feldspath
fell : abattis, coupe
felling : abattage, coupe d'un boisement
~ **cycle** : rotation forestière
regeneration ~ : coupe de régénération
female : femelle
fen : tourbière basse
feral : sauvage
~ **cat** : chat haret
fern : fougère
ferralitic : ferralitique
ferralitization : ferralitisation
ferrobacteria : ferrobactériales
fertility : fertilité
fertilization : fumure, fertilisation, fécondation
mineral ~ : fumure minérale
fertilizer : engrais
chemical ~ : engrais chimique
nitrogenous ~ : engrais azoté
fiber : fibre
fidelity : fidélité
field : champ
~ **capacity** : capacité au champ
fig : figue
~ **tree** : figuier
filamentous : filamenteux
filariosis : filariose
filter : filtre
~ **effect** : effet de filtre
~ **feeder organism** : organisme filtreur
carbon ~ : filtre à charbon
finch : pinson
fir : sapin
fire : feu, incendie
bush ~ : feu de brousse
forest ~ : incendie de forêts
firebreak : coupe-feu
firn : névé
fish : poisson
~ **lifter** : ascenseur à poissons
~ **stocking** : empoissonnement
fishery : pêcherie
fishing : pêche
fitness : valeur adaptative, degré d'adaptation d'un organisme ou d'une population à son environnement
flamingo : flamant
greater ~ : grand flamant rose
lesser ~ : petit flamant rose
flatfishes : poissons plats, Pleuronectes
flax : lin
~ **rettery** : rouissage du lin
flea : puce
flesh-eating : carnivore
flight : vol
cleaning ~ : vol de propreté
wedding ~ : vol nuptial
flood : crue, inondation
~ **mark** : laisse d'inondation
~ **plain** : plaine d'inondation
~ **regulation** : écrêtement des crues
~ **wave** : onde de crue
flora : flore
floral formula : formule florale
floristic : floristique
~ **list** : relevé floristique
flow : débit, écoulement
~ **discharge** : débis des cours d'eau
peak ~ : pic de crue
subsurface ~ : écoulement subsuperficiel
flower : fleur
passion ~ : fleur de la passion
fluke : douve
fluoridation : fluoration
fluoride : fluorure
fluorine : fluor
fluorosis : fluorose
fluvioglacial : fluvio-glaciaire
fly : mouche
black ~ : simulie
caddis ~ : phrygane
house ~ : mouche domestique
hover ~ : syrphe
stone ~ : perle, Perlide
tse tse ~ : mouche tse tse, glossine
flycatcher : gobe-mouche
foaming : moussage
fodder : fourrage
fog : brouillard
fold : pli
foliation : feuillaison

folding : plissement
fonctional response : réponse fonctionnelle
food : aliment
~ **chain** : chaîne alimentaire
forest : forêt
broadleaved ~ : forêt caducifoliée
closed ~ : forêt fermée (*aussi* dense)
cloud ~ : forêt de nuages
high ~ : fûtaie
monsoon ~ : forêt de mousson
northern conifer ~ : forêt boréale de Conifères
rain ~ : forêt ombrophile, pluvieuse tropicale
riverine ~ : forêt galerie
tropical ~ : forêt tropicale
forestry : sylviculture
form : forme
life ~ : forme de croissance
formalin : formol
fossil : fossile
fossilization : fossilisation
fouling : salissure
founder : fondateur
~ **effect** : effet fondateur
fox : renard
polar ~ : renard polaire
red ~ : renard roux
fragmentation : fragmentation
habitat ~ : fragmentation des habitats
litter ~ : fragmentation de la matière organique morte
frequency(ies) : fréquence
cumulative ~ : fréquences cumulées
freshwater : eau douce, dulçaquicole
~ **fishery** : dulçaquiculture
fringe : frange
capillary ~ : frange capillaire
frog : grenouille
frondescence : frondaison
frontogenesis : frontogenèse
frontolysis : frontolyse
frost : gel, *aussi* gelée blanche
~ **heaving** : foisonnement par le gel
~ **level** : profondeur de gélification
glazed ~ : verglas
heavy ~ : givre
fructicolous : fructicole
frugivorous : frugivore
fruticeta : fruticée
fruticose : fruticuleux
fry : alevin
~ **stocking** : alevinage
fucivorous : fucivore
fuel : carburant, combustible
~ **rod** : élément combustible
fossil ~ : combustible fossile
nuclear ~ : combustibles nucléaires
spent ~ : combustibles irradiés
fulvic : fulvique
fumarole : fumerolle
functional : fonctionnel
~ **response** : réponse fonctionnelle
fungicide : fongicide
fungicolous : fungicole
fungivorous : fungivore
fungus disease : maladie cryptogamique
fur : fourrure
~ **trade** : pelleterie
furan : furanne

G

gale : bourrasque, tempête
galena : galène
gall : cécidie, galle
gallery : galerie
~ **forest** : forêt galerie
gallicolous : gallicole
galligenous : galligène
game : gibier
gannet : fou de Bassan
gap : discontinuité, place vide, trouée
garbages : ordures ménagères
garden : jardin
alpine ~ : jardin alpin
botanical ~ : jardin botanique
gas : gaz
exhaust ~ : gaz d'échappement
natural ~ : gaz naturel
noble ~ : gaz rare
trace ~ : gaz trace
gasification : gazéification
gasoline : essence
gazella : gazelle
gazeous : gazeux
~ **exchanges** : échanges gazeux
gemmiparity : gemmiparité
generalist : généraliste
generation : génération
~ **time** : durée d'une génération
genetic : génétique (adj.)
~ **drift** : dérive génétique
~ **engineering** : génie génétique
~ **equilibrium** : équilibre génétique
~ **inheritance** : patrimoine génétique
~ **load** : fardeau génétique
genetically : génétiquement
~ **modified organism** : organisme génétiquement modifié (OGM)
genetics : génétique (n. f.)
evolutionary ~ : génétique évolutive
genotoxicity : génotoxicité
genotypic : génotypique
gentians : gentianes, Gentianacées
genus : genre
geobiocoenosis : géobiocœnose
geobiont : géobionte
geobotany : géobotanique
geochemistry : géochimie
geochronology : géochronologie
geodynamics : géodynamique
geographic : géographique
~ **barrier** : barrière géographique
~ **isolation** : isolement géographique

geological : géologique
~ **time scale** : échelle des temps géologiques
geology : géologie
geomorphologic : géomorphologique
geonemy : géonémie
geophagous : géophage
geophagy : géophagie
geophilous : géophile
geotaxis : géotaxie
geothermal : géothermique
~ **energy** : énergie géothermique
~ **gradient** : gradient géothermique
geothermy : géothermie
geotropism : géotropisme
giant : géant
~ **clam** : bénitier
gill : branchie
glabrous : glabre
glacial : glaciaire
~ **trough** : vallée glaciaire
glacioeustatism : glacio-eustasie
glacioisostasy : glacio-isostasie
glaciolacustrine : glaciolacustre
gleying : gleyification
glowing cloud : nuée ardente
GMO (abrev. de genetically modified organisms) : OGM (organismes génétiquement modifiés)
goat : chêvre
~ **cattle** : caprin
golden eye : chrysope (entom.), garrot à œil d'or (ornith.)
gonad : gonade
gonochorism : gonochorisme
gonochoristic : gonochorique
gorilla : gorille
grained : granulé
single-~ : particulaire
granulometry : granulométrie
granulosis : granulose
grape : raisin
~vine : vigne
grass : graminée
marram ~ : oyat
grasshopper : sauterelle
grassland : prairie, steppe, *aussi* pâturage
gravel : gravier
~ **bar** : embâcle
~ **pit** : gravière, ballastière
grazing : broutage
green
~ **alder** : aulne vert
~ **revolution** : "Révolution verte"
greenhouse : serre
~ **effect** : effet de serre
Greenland : Groenland
gregarious : grégaire
gregariousness : grégarisme
grit : gravier
~ **removal** : dégrillage
ground : sol
~ **level** : surface, niveau du sol
~ **reservoir** : réservoir d'aquifère
~ **swell** : vague de fond
~ **water** : eau souterraine, phréatique
patterned ~ : cercle de pierre
grouse : coq de bruyère, tétras
sage ~ : tétras centrocerque
sand ~ : ganga
grove : bosquet, futaie
cork oak ~ : subéraie
growth : croissance
demographic ~ : croissance démographique
exponential ~ : croissance exponentielle
population ~ : croissance des populations
~ **ring** : cerne de croissance
guild : guilde
guinean : guinéen
gulf : golfe
gulfweed : sargasse
gull : goéland, mouette
gully : ravin
~ **erosion** : ravinement
gullying : ravinement
gynandromorph : gynandromorphe
gynodiooecious : gynodioœcique
gynoecious : gynoœcique
gynogenesis : gynogenèse
gypsum : gypse

H

habit : usage
habitat : habitat (syn. écotope)
patchy ~ : habitat en damier
hadopelagic : hadopélagique
haemophagous : hématophage
hagfish : myxine
hail : grêle
halicolous : halicole
halieutic : halieuthique
halobiont : halobionte
haloform : haloforme
halomorphic : halomorphe
halophilous : halophile
~ **species** : espèce halophile
halophobic : halophobe
haloplankton : haloplancton
haplobion : haplonte
haploidy : haploïdie
haplometrosis : haplométrose
hardiness : rusticité
hardness : dureté
~ **determination** : hydrotitrimétrie
water ~ : dureté des eaux
hardpan : alios, duripan
hardy : rustique
hare : lièvre
harrier : busard
harvesting : prélèvement, récolte
~ **effort** : effort de capture
harvestman : opilion (vern. : faucheux)
hatchery : écloserie

hawaian : hawaïen
hawk : faucon
hazard : danger
major environmental ~ : risque catastrophique, risque majeur
hazardous : dangereux
~ compounds : produits dangereux
~ urban industrial area : zone urbaine industrielle à risque
heap : tas
spoil ~ : terril
heat : chaleur
~ exchanger : échangeur de chaleur
fusion ~ : chaleur de fusion
heath : bruyère
hedgerow : haie
height : hauteur
breast ~ : hauteur d'homme
crown ~ : hauteur de la couronne
heleoplankton : héléoplancton
heliofugous : héliofuge
helio-ombrogram : hélio-ombrogramme
heliophilic : héliophile
heliophilous : héliophile
heliotaxy : héliotaxie
heliothermic : héliotherme
heliotropism : héliotropisme
helioxerophilous : hélioxérophile
helmintha : helminthe
helminthology : helminthologie
helohylophilous : hélohylophile
helophilous : hélophile
heloplankton : héloplancton
hemimetabolous : hémimétabole
hemiona : hémione
hemiparasitic : hémiparasite
Hemiptera : Rhynchotes
hemlock : pruche, Tsuga
~ stand : prucheraie
herbicolous : herbicole
herbivorous : herbivore
herd : troupeau
heredity : hérédité
heritability : héritabilité
hermaphroditic : hermaphrodite
hermaphroditism : hermaphrodisme
alternative ~ : hermaphrodisme alternatif
simultaneous ~ : hermaphrodisme simultané
successive ~ : hermaphrodisme successif
hermatypic : hermatypique
hermit-crab : Bernard-l'ermite, pagure
herpetofauna : herpétofaune
herpetology : herpétologie
herring : hareng
heterodont : hétérodonte
heterodynamic : hétérodyname
heterogametic : hétérogamétique
heterogamy : hétérogamie
heterogeneity : hétérogénéité
habitat ~ : hétérogénéité du milieu
heterogynous : hétérogyne
heterometabolous : hétérométabole
heteromorphy : hétéromorphie
heteroecious : hétéroœcique
heterophagous : hétérophage
heterophylly : hétérophyllie
Heteroptera : Hétéroptères
heterospory : hétérosporie
heterostyly : hétérostylie
heterothallism : hétérothallisme
heterotrophic : hétérotrophe
heterotrophy : hétérotrophie
heteroxenous : hétéroxène
heterozygosis : hétérozygotie
heterozygous : hétérozygote
hickory : noyer d'Amérique (*Carya sp.*)
hierarchical : hiérarchique
hierarchy : hiérarchie
high : haut, élevé
highland : zone de montagne, hautes terres
hilly : accidenté
himalaian : himalayen
hippopotamus : hippopotame
Hirudina : Hirudinés
holarctic : holarctique
hole : trou, *aussi* terrier
emergence ~ : trou de sortie
thaw ~ : trou de fonte (de la glace)
holism : holisme
holistic : holistique
holm oak : yeuse
Holometabola : Holométaboles
holometabolous : holométabole
holometaboly : holométabolie
holomictic : holomictique
holopelagic : holopélagique
holoplankton : holoplancton
holozoic : holozoïque
home range : domaine vital
homeostasis : homéostasie
homeotherm : homéotherme
homeothermy : homéothermie
homing : retour (au nid)
Hominians : Hominiens
Hominids : Hominidés
homochromy : homochromie
homodont : homodonte
homogametic : homogamétique
homogamy : homogamie
homoiohaline : homoiohalin
homologous : homologue
homology : homologie
homoplasy : homoplasie
Homoptera : Homoptères
homospory : homosporie
homosymbiosis : homosymbiose
homothallous : homothallique
homothermy : homothermie
homotypy : homotypie
homozygous : homozygote
honey : miel
~ bee : abeille domestique

~ **dew** : miellat
~ **-eater** : mélliphage
hormesis : hormèse
hormetic : hormétique
horse : cheval
~ **-chestnut** : marron d'Inde
~ **-shoe** : limule
horsetail : prêle
host : hôte
housefly : mouche domestique
human : humain(e)
~ **ecology** : écologie humaine
~ **trapping** : piégeage indolore
humicolous : humicole
humidifier : humidificateur
humidity : humidité
absolute ~ : humidité absolue
humified : humifié
humin : humine
hummingbird : colibri
hunting : chasse
hurricane : ouragan, cyclone tropical
hybrid : hybride
hybridization : hybridation
hydrarch : hydrarchique
hydrobiont : hydrobionte
hydrocarbon : hydrocarbure
hydrochoric : hydrochore
hydrochory : hydrochorie
hydroclimate : hydroclimat
hydroelectricity : hydroélectricité
hydrogen : hydrogène
hydrogeology : hydrogéologie
hydrographic : hydrographique
~ **system** : réseau hydrographique
hydrologic : hydrologique
hydrological : hydrologique
~ **watershed** : bassin hydrologique
hydrology : hydrologie
hydromegathermic : hydromégatherme
hydrophilic : hydrophile
hydrophily : hydrophilie
hydrophobic : hydrophobe
hydrophoby : hydrophobie
hydroponic : hydroponique
hydrosolubility : hydrosolubilité
hydrosystem : hydrosystème
hydrotaxis : hydrotaxie
hydrothermalism : hydrothermalisme
hydrotitrimetry : hydrotitrimétrie
Hydrozoa : Hydrozoaires
hyena : hyène
hygrometry : hygrométrie
hygropetric : hygropétrique
hygrophilic : hygrophile
hylophilous : hylophile
hyperarid : hyperaride
hypermetamorphosis : hypermétamorphose
hypersaline : hypersalin
hypersaprobic : hypersaprobe
hyperthely : hyperthélie
hypha : hyphe
hyphydrogamous : hyphydrogame
hypobiosis : hypobiose
hypogean : hypogéen
hypogeous : hypogé
hypophyllous : hypophyle
hypoploidy : hypoploïdie
hyporheic : hyporhéique
hypothermy : hypothermie
hypothesis : hypothèse
hypoxia : hypoxie
hypoxic : hypoxique
hypsodont : hypsodonte

I

Iapetus : *Japetus*
ice : glace
~ **age** : glaciation, période glaciaire
~ **break up** : débâcle des glaces
~ **cap** : calotte glaciaire
~ **cave** : trou à neige, glacière
~ **jam** : embâcle
~ **pack** : banquise
~ **records** : archives glaciaires
~ **storm** : tempête de verglas
ichtyofauna : ichtyofaune
ichtyology : ichtyologie
idiobiology : idiobiologie
idiosyncrasy : idiosyncrasie
igneous : igné
iguana : iguane
illumination : éclairement
immunotoxicity : immunotoxicité
impairment factor : altéragène
impermeability : imperméabilité
imprinting : empreinte, imprégnation
inbreeding : consanguinité
incinerator : incinérateur
incompatibility : incompatibilité
increase : accroissement
mean annual ~ : accroissement moyen annuel
yearly ~ : croissance annuelle
increaser plant : plante envahissante
index : indice
biotic ~ : indice biotique
diversity ~ : indice de diversité
xerothermic ~ : indice xérothermique
indicator : indicateur
biological ~ : indicateur biologique
species ~ : espèce indicatrice
individual : individuel
individualism : individualisme
industrial : industriel
industry (-ies) : industrie(s)
inspected polluting ~ : installations classées
polluting ~ **inspectorate** : inspection des installations classées
inertia : inertie
phyletic ~ : inertie phylétique

infralethal : infralétal
infrared : infrarouge
infratidal : infralittoral
inlandsis : banquise continentale
inlet : chenal, passe
innate : inné
inquilinism : inquilinisme
insect : insecte
  stick- ~ : phasme
Insecta : Insectes
insectivorous : insectivore
insularity : insularité
insulation : isolation
integrated : intégré
  ~ pest control : lutte intégrée
interglacial : interglaciaire
interspecific : interspécifique
interstitial : interstitiel
intertidal : médiolittoral (désigne la zone de l'espace côtier compris entre la haute et basse mer)
  ~ zone : estran, zone de balancement des marées
intraspecific : intraspécifique
intrinsic : intrinsèque
inventory : inventaire
  floristic ~ : inventaire floristique
investment : investissement
  parental ~ : investissement parental
iodine : iode
ionizing : ionisant(e)
iron : fer
irradiator : irradiateur
island : île
isobar : isobare
isobath : isobathe
isogamy : isogamie
isogenic : isogénique
isohaline : isohalin(e)
  ~ curve : courbe isohaline
isohyet : isohyète
isohypsal : isohypse
isolate : isolat
isolation : isolement
  reproductive ~ : isolement reproductif
isopiptesis : isopiptèse
isopleth : isoplèthe
Isopoda : Isopodes
isopycnic : isopycne
isostasy : isostasie
isotherm : isotherme
isotopic : isotopique
  ~ thermometer : thermomètre isotopique
isolation : isolement
  ~ fractioning : fractionnement isotopique
iteroparity : itéroparité
iteroparous : itéropare
IUCN (International Union for the Conservation of Nature and Natural resources) : UICN (Union Internationale pour la Conservation de la Nature et de ses ressources (actuellement Alliance Mondiale pour la Nature)

J

jelly : gelée
jellyfish : méduse
junction : confluence, rencontre
  triple ~ : point triple
juniper : genévrier
juvenile : juvénile
  ~ water : eau juvénile

K

kangaroo : kangourou
karstic : karstique
katabatic : catabatique
katharobic : katharobique
kelp : laminaire
  giant ~ : *Macrocystis pyrifera*
kerogen : kérogène
kinesis : cinèse
kinetics : cinétique
kingdom : règne
  plant ~ : règne végétal
kittiwake : mouette tridactyle
kleptobiosis : kleptobiose
kleptoparasitism : kleptoparasitisme
knickpoint : rupture de pente
knifefish : gymnote
kymatology : kymatologie
kyst : kyste

L

laccolith : laccolithe
lacustrine : lacustre
lady bird : coccinelle
lagoon : lagon, lagune
lagoonal : lagunaire
lagooning : lagunage
lake(s) : lac
  ~ outlet : déversoir
  Great ~ : Grands Lacs
  Superior ~ : Lac Supérieur
lamarckism : lamarckisme
Lamellibranchia : Lamellibranches
lamprey : lamproie
land : terre, espace (au sens d'espace naturel)
  arable ~ : terres cultivables
  ~ bridge : pont continental
  ~ capability : vocation des terres
  ~ clearing : défrichement.
  ~ reallocation : "remembrement" agricole
  ~ use : occupation de l'espace
  ~ use plan : Plan d'Occupation des Sols
landfill : champ d'épandage, décharge
  sanitary ~ : décharge contrôlée
landscape : paysage
  ~ protected area : zone de paysages protégés
landslide : glissement de terrain
lapidicolous : lapidicole

Lapland : Laponie
lapp : lapon
larch : mélèze
 ~ **forest** : mélezin
larva : larve
larval : larvaire
larviform : larviforme
larviparous : larvipare
larvivorous : larvivore
larvivory : larvivorie
lateritic : latéritique
 ~ **soil** : sol latéritique
lateritization : latéritisation
lava : lave
lavander : lavande
law : loi
 ~ **of diminishing returns** : loi des rendements décroissants
 ecological ~ : loi écologique
 normal distribution ~ : loi normale
lawn : pelouse
layer : couche, strate de végétation
 herbaceous ~ : strate herbacée
 lower ~ : strate inférieure
 moss ~ : strate muscinale
 ozone ~ : couche d'ozone
 shrub ~, **shrubby** ~ : strate arbustive
 ~ **tree** : strate arborescente, arborée
 upper ~ : strate supérieure
 vegetation ~ : couche de végétation
leachate : lessivat
leached : lessivé
 ~ **soil** : sol lessivé
leaching : lessivage, lixiviation
lead : plomb
leaf (pl : leaves) : feuille
 ~ **fall** : chûte des feuilles
 ~ **stalk** : pétiole
leafleachate : pluviolessivat foliaire
leafleaching : pluviolessivage foliaire
leaflouse : puceron
leafminer : chenille mineuse
leech : sangsue
legionary : légionnaire
 ~ **ants** : fourmis légionnaires
legumes : légumineuses
Lemurians : Lémuriens
lentic : lentique
lenticular : lenticulaire
lestobiosis : lestobiose
lethal : létal
levee : levée
level : niveau
 background ~ : niveau de base (par exemple concentration d'un polluant dans des zones exemptes d'activités humaines)
 compensation ~ : point de compensation
 danger ~ : seuil d'alarme
 flood ~ : niveau de crue
 tidal ~ : niveau des marées
 trophic ~ : niveau trophique
levelling : arasement
liana : liane
lice : poux
lichenicolous : lichénicole
lichenology : lichénologie
lichenose : lichénique
life : vie
light : lumière
lightning : éclair
lignicolous : lignicole
lignificated : lignifié
lignivorous : lignivore
limestone : calcaire
 active ~ : calcaire actif
limicolous : limicole
limimadicolous : limimadicole
liming : chaulage
limit : limite
limiting : limitant
 ~ **factor** : facteur limitant
limivorous : limivore
limnetic : limnétique
limnic : limnique
limnicolous : limnicole
limnobiont : limnobionte
limnodophilous : limnodophile
limnological : limnologique
limnology : limnologie
limnophilous : limnophile
limnophily : limnophilie
limophagous : limophage
limpet : taret
line : ligne
 power ~ : ligne électrique
 ridge ~ : ligne de crêtes
 tree ~ : ligne des arbres
lineage : lignée
lipophilicity : lipophilie
lipophilous : lipophile
liposolubility : liposolubilité
list : liste
 floristic ~ : relevé floristique
 red ~ : liste rouge
lithodomous : lithodome
lithogenesis : lithogenèse
lithology : lithologie
lithophagic : lithophage
lithophagy : lithophagie
lithophilous : lithophile
lithophily : lithophilie
lithospheral : lithosphérique
lithotrophic : lithotrophe (syn. : minéralotrophe)
litter : litière, *aussi* portée (zool.)
liverwort : Hépatique
livery : livrée
 courtship ~ : livrée nuptiale
lixiviate : lixiviat
lizard : lézard
 monitor ~ : varan
loam : limon
lobster : langouste

claw ~ : *Heliconia* (fleurs tropicales de la famille des Héliconiacées)
lochmophilous : lochmophile
loculus : logette
locust : criquet
black ~ : robinier
migratory ~ : criquet migrateur, locuste
logistic : logistique
~ function : fonction logistique
longevity : longévité
long range : grande distance
~ pollutants transfer : transfer de polluants à grande distance
loop : boucle
microbial ~ : boucle microbienne
looper : chenille arpenteuse
lophodont : lophodonte
Lophophorata : Lophophoriens
loss : perte
pressure ~ : perte de charge
lotic : lotique
louse : pou
lucicolous : lucicole
luciferous : lucifère
lucifugous : lucifuge
lucifugy : lucifugie
luciphilous : luciphile
luciphily : luciphilie
luminometer : luminomètre
luminosity : luminosité
lunar : lunaire
~ photoperiod : photopériode lunaire
lupine : lupin
lusitanian : lusitanien
~ biogeographical province : province biogéographique lusitanienne
luxmeter : luxmètre
lysimeter : lysimètre

M

MAC (Maximum Admittable Concentration) : CMA (Concentration Maximale Admissible)
macroclimate : macroclimat
macrocosm : macrocosme
macroecosystem : macroécosystème
macrofauna : macrofaune
macroflora : macroflore
macroinvertebrate : macro-invertébré
macronutrient : macronutriment
macrophagous : macrophage
macrophagy : macrophagie
macrophyll : macrophylle
macroplankton : macroplancton
Madagascan : malgache
madicolous : madicole
Madreporaria : madrépores
mafic : mafique
magmatic : magmatique
mahogany : acajou
malacology : malacologie
Malacostraca : Malacostracés
Malaysian : malaisien
malthusian : malthusien
~ parameter : paramètre malthusien
malthusianism : malthusianisme
Mammals : Mammifères
mammalian : mammalien
mammoth : mammouth
management : gestion, *aussi* aménagement
water ~ : gestion de l'eau
mandioca : manioc
mangle tree : palétuvier
mantle : manteau
manure : fumier
~ gaz : gaz de fumier
green ~ : engrais vert
liquid ~ : lisier
mapping : cartographie
mapple : érable
marasmus : marasme
marl : marne
marling : marnage (d'un champ)
marmot : marmotte
marram grass : oyat
marsh : marais
mast : paisson
material : matériau
fissile ~ : matière fissile
mating : accouplement
matter : matière
biodegradable organic ~ : matières organiques fermentescibles
dry ~ : matières sèches
suspended ~ : matière en suspension
mayflie : éphémère
meadow : prairie
mean : moyen
~ sea level : niveau moyen de la mer
meander : méandre
mediterranean : méditerranéen
medium : moyen (s'applique à la taille)
~ medium size organism : organisme de taille moyenne
megafauna : mégafaune
megaflora : mégaflore
megaloplankton : mégaloplancton
megaplankton : mégaplancton
megatherm : mégatherme
megathermic : mégathermique
meiofauna : méiofaune
melanic : mélanique
melanism : mélanisme
melanization : mélanisation
melliphagous : mélliphage
melliphagy : mélliphagie
mellivorous : mellivore
melting : fusion
~ point : point de fusion
mendelian : mendélien
mercury : mercure
meristem : méristème

meristic : méristique
meromictic : méromictique
meromixis : méromicticité
meropelagic : méropélagique
meroplankton : méroplancton
mesic : mésique
mesoclimate : mésoclimat
mesocosm : mésocosme
mesofauna : mésofaune
Mesogea : Mésogée
mesohaline : mésohalin
mesohalobous : mésohalobe
Mesolithic : Mésolithique
mesopelagic : mésopélagique
mesophilous : mésophile
mesoplankton : mésoplancton
mesosaprobic : mésosaprobe
mesosaproby : mésosaprobie
mesothelioma : mésothéliome
mesothermic : mésotherme
mesothermophilous : mésothermophile
mesotrophic : mésotrophe
mesozoic : mésozoïque
messicolous : messicole (adj.)
metabiosis : métabiose
metabolism : métabolisme
metagenesis : métagenèse
metallothionein : métallothionéine
metallurgy : métallurgie
metamerism : métamérie
metamorphism : métamorphisme
metamorphosis : métamorphose
Metatherians : Métathériens
Metazoan : Métazoaires
meteor : météore
meteoric : météorique
meteorologic : météorologique
meteorology : météorologie
methanogenesis : méthanogenèse
methanogenic : méthanogène
methemoglobinemy : méthémoglobinémie
methyl-mercury : méthyl-mercure
metoxenous : méthoxène
micro-aerobic : micro-aérobie
micro-aerophilous : micro-aérophile
microbial : microbien(ne)
microbiological : microbiologique
microbiology : microbiologie
microclimate : microclimat
microclimatic : microclimatique
microcosm : microcosme
microendemic : micro-endémique
microfauna : microfaune
microflora : microflore
microlecithous : microlécithe
micronutrient : micronutriment
microorganism : microorganisme
microphagous : microphage
microphilic : microphile
microplankton : microplancton
micropolluant : micropolluant
microthermic : microtherme
mictic : mictique
midgets : chironomides
migratory : migrateur
mildew : mildiou
milk : lait
mill : moulin
  pulp ~ : papetterie
  steel ~ : aciérie
millipede : Diplopodes (*sensu lato*), iule
mimetic : mimétique
mimicry : mimétisme
  aggressive ~ : mimétisme aggressif
mineralization : minéralisation
mineralomass : minéralomasse
minerotrophic : minérotrophique
mire : tourbière acide
  cyclic ~ : tourbière cyclique
  spring ~ : tourbière de source
mist : brume
mistletoe : gui
mite : Acarien
  red ~ : "araignée rouge", tétranyche
mixing : mélange
  turbulent ~ : mélange turbulent
mixotrophic : mixotrophe
model : modèle
modular : modulaire
moisture : humidité
mold : moisissure, champignon filamenteux
molecular : moléculaire
Mollusca : Mollusques
molt : mue
molybdenum : molybdène
molysmology : molysmologie
monitor : moniteur
  ~ lizard : varan
monitoring : surveillance permanente
  environmental ~ : surveillance permanente de l'environnement
monoeocious : monœcique
monogamous : monogame
monogamy : monogamie
monogynous : monogyne
monoic : monoïque
monophagous : monophage
monophagy : monophagie
monophyletic : monophylétique
Monotremata : Monotrèmes
monotypic : monotypique
monovoltin : univoltin(e)
monoxenous : monoxène
monsoon : mousson
monticolous : monticole
moor : lande
moose : élan
mortality : mortalité
  ~ rate : taux de mortalité
mosaic : mosaïque
mosquito : moustique
  ~ eradication : démoustication

moss : mousse
moth : papillon de nuit
    gipsy ~ : bombyx disparate
    hawk ~ : Sphingide, sphinx
mould : moisissure
mound
    termite ~ : termitière
mountain : montagne
    ~ lion : puma
mowing : fauchage
mud : boue, vase
    ~ flat : vasière
    ~ flow : coulée de boue, lahar
    drilling ~ : boue de forage
mullerian : mullérien
multiparasitization : multiparasitisme
multiparity : multiparité
multiparous : multipare
muscicolous : muscicole
mushroom : champignon à chapeau
musk rat : rat musqué
mussel : moule
    zebra ~ : moule zébrée, dreisseine
mutagenesis : mutagenèse
mutagenic : mutagène
    ~ compounds : substances mutagènes
mutagenicity : mutagénicité
mutualism : mutualisme
myasis : myiases
mycetoma : mycétome
mycetophagous : mycétophage
mycetophagy : mycétophagie
mycetophilous : mycétophile
mycology : mycologie
Mycoplasma : Mycoplasmes
mycorrhiza : mycorhizes
mycosis : mycose
mycotoxin : mycotoxine
mycotrophy : mycotrophie
Myriapoda : Myriapodes
myrmecocory : myrmécocorie
myrmecophagous : myrmécophage
myrmecophagy : myrmécophagie
myrmecophilous : myrmécophile
myrmecophily : myrmécophilie
myrmecotrophic : myrmécotrophe
myrmecoxenous : myrmécoxénique
Mysticeta : Mysticètes
myxomatosis : myxomatose

N

namatophilous : namatophile
nanofossil : nanofossile
nanoplankton : nanoplancton
natality : natalité
native : natif
natural : naturel
    ~ habitat : milieu naturel
naturalized : naturalisé
nautical : nautique
nearctic : néarctique
nebulosity : nébulosité
necromass : nécromasse
necrophagy : nécrophagie
nectariferous : nectarifère
nectarivorous : nectarivore
needle : aiguille (de conifère p. e.)
nektobenthic : nectobenthique
nekton : necton
Nematocera : Nématocères
nematocoenosis : nématocœnose
Nematoda : Nématodes
nematofauna : nématofaune
Nemerta : Némertiens
Neogea : Néogée
Neolithic : Néolithique
neotenic : néoténique
neotenin : néoténine
neoteny : néoténie
neritic : néritique
nest : nid
nesting : nidification
    ~ species : espèce nicheuse
net : filet
    drifting ~ : filet dérivant
nettle : ortie
network : réseau
neurobiology : neurobiologie
neurotoxic : neurotoxique
neurotoxin : neurotoxine
neustonic : neustonique
neustophagy : neustophagie
neutrophilous : neutrophile
Nevroptera : Névroptères
newt : triton
nicotin : nicotine
nictinasty : nyctinastie
nidicolous : nidicole
nidifugous : nidifuge
Nile : Nil
nitrogen : azote
    ~ dioxide : peroxyde d'azote
    nitric ~ : azote nitrique
nitrophilous : nitrophile
nitrophily : nitrophilie
nitrozation : nitrosation
nivicolous : nivicole
nocturnal : nocturne
NOEC (No Effect Concentration) : concentration sans effet
NOEL (No Effect Level) : niveau (seuil) sans effet
noise : bruit
noisiness : bruyance
    ~ level : niveau de bruit
nomad : nomade
nomadism : nomadisme
nomocoenosis : nomocœnose
nomophilous : nomophile
northern light : aurore boréale
Notogea : Notogée

notogean : notogéen
noxology : noxologie
nucivorous : nucivore
nucivory : nucivorie
nuclear : nucléaire
  ~ **power plant** : centrale électronucléaire
  ~ **reactor** : réacteur nucléaire
  ~ **wastes** : déchets nucléaires
  ~ **winter** : hiver nucléaire
nucleus : noyau
  freezing ~ : noyau de condensation
nulliparous : nullipare
number : nombre
numerical : numérique
  ~ **response** : réponse numérique
nutrient : aliment, nutriment
nyctiperiodic : nyctipériodique
nymph : nymphe

O

oak : chêne
  holm ~ : chêne vert
obligate : obligé
  ~ **factor** : facteur obligé
obligatory : obligatoire
occluded : occlus
ocean : océan
  ~ **floor** : fond océanique
oceanian : océanien
oceanic : océanique
  great ~ conveyor belt : courant global de circulation thermo-haline
oceanicity : océanicité
oceanodromous : océanodrome
oceanology : océanologie
octopus : pieuvre
Odonata : Odonates
Odontoceta : Odontocètes
Oecology : écologie
oestrogen : œstrogène
œstrogenomimetic : œstrogénomimétique
oil : pétrole, huile (*aussi* essence)
  ~ **drilling** : forage pétrolier
  ~ **plant** : raffinerie pétrolière
  ~ **separation** : déshuilage
  ~ **shale** : schiste bitumineux
  crude ~ : pétrole brut
  lead free ~ : essence sans plomb
old man's beard : clématite
oligocalcic : oligocalcique
Oligochaeta : Oligochètes
oligohaline : oligohalin
oligomictic : oligomictique
oligophagous : oligophage
oligophagy : oligophagie
oligophotic : oligophotique
oligosaprobic : oligosaprobie
oligosaproby : oligosaprobie
oligothermic : oligotherme
oligotrophic : oligotrophe
oligotrophy : oligotrophie
ombrogenic : ombrogène
ombrophilous : ombrophile
ombrophily : ombrophilie
ombrophobous : ombrophobe
ombrophoby : ombrophobie
ombrothermic : ombrothermique
ombrotiphic : ombrotyphique
ombrotrophic : ombrotrophique
omnivorous : omnivore
omnivory : omnivorie
onchocerciasis : onchocercose
ontogeny : ontogénie
oophagous : oophage
oophagy : oophagie
open : ouvert
  ~ **woodland** : boisement ouvert
Ophidians : Ophidiens
ophidophagous : ophidophage
ophidophagy : ophidophagie
Ophiurian : Ophiuroïde
opportunism : opportunisme
opportunistic : opportuniste
orange agent : agent orange (défoliant utilisé pendant la Guerre du Vietnam)
orchard : verger
orchid : orchidée
order : ordre
Ordovician : Ordovicien
ore : minerai
organ : organe
  ~ **pipe cactus** : saguaro (*Carnegia gigantea*)
organic : organique
organism : organisme
  non target ~ : organisme non cible
organismic : organismique
organochlorine : organochloré
organomercury : organomercuriel
organophosphorous : organophosphoré
organotrophic : organotrophe
ornithochory : ornithochorie
ornithocoprophilous : ornithocoprophile
ornithology : ornithologie
ornithophagous : ornithophage
ornithophilous : ornithophile
orogenesis : orogenèse
orogenic : orogénique
orogeny : orogénie
orographic : orographique
orohylile : orohylique
orophilous : orophile
orophily : orophilie
orthogenesis : orthogenèse
Orthoptera : Orthoptères
oscillation : fluctuation
  cyclical ~ : fluctuation cyclique
osmosis : osmose
osmotic : osmotique
  ~ **pressure** : pression osmotique
osmotrophic : osmotrophe

osprey : balbuzard pêcheur
Ostracoda : Ostracodes
otter : loutre
outbreak : pullulation
outburst : rupture
glacier ~ : rupture de poche d'eau de fusion d'un glacier
outcropping : affleurement
outlet : émissaire, exutoire
overcrowding : surpopulation
overfishing : surpêche
overgrazing : surpâturage
overlapping : chevauchement, recouvrement, superposition
generation ~ : recouvrement de générations
niche ~ : chevauchement de niches
overpopulation : surpopulation
overstory : strate (= étage) supérieure de la végétation forestière
overturn : homogénéisation, renversement, inversion
autumn ~ : homogénéisation automnale
spring ~ : homogénéisation printanière
overwintering : hivernage
~ area : aire, zone d'hivernage
ovine : ovin
oviparity : oviparité
oviparous : ovipare
ovoviviparity : ovoviviparité
ovoviviparous : ovovivipare
owl : hibou
snow ~ : hibou harfang, harfang des neiges
ox : bœuf
domestic ~ : bœuf domestique
musk ~ : bœuf musqué
wild ~ : auroch
oxidability : oxydabilité
oxidant : oxydant
oxidation : oxydation
~ pond : bassin d'oxidation
oxide : oxyde
oxygen : oxygène
oxytaxis : oxytaxie
oyster : huître
ozon : ozone
ozonization : ozonation

P

pagophilous : pagophile
paint : peinture
antifouling ~ : peinture antisalissure
pairing : pariade, formation des couples (en période de reproduction) (terme d'ornithologie)
palearctic : paléarctique
paleobiology : paléobiologie
paleobotany : paléobotanique
paleoclimate : paléoclimat
paleoclimatology : paléoclimatologie
paleoecology : paléoécologie
paleoethnobotany : paléoethnobotanique
paleogeography : paléogéographie
paleolimnology : paléolimnologie
Paleolithic : Paléolithique
paleomagnetism : paléomagnétisme
paleontology : paléontologie
paleosoil : paléosol
Paleozoic : Paléozoïque
paleozoology : paléozoologie
palingenesis : palingenèse
palm : palme
~ tree : palmier
palmery : palmeraie
paludean : paludéen
paludicolous : paludicole
paludism : paludisme
palustrine : palustre
palynology : palynologie
pandemy : pandémie
panmictic : panmictique
panspermia : panspermie
Pantopoda : Pantopodes, Pycnogonides
paper : papier
parabiosis : parabiose
parabiospheric : parabiosphérique
paragenesis : paragenèse
paralic : paralique
parapatric : parapatrique
paraphyletic : paraphylétique
parasexuality : parasexualité
parasitic : parasitaire
parasitism : parasitisme
brood ~ : parasitisme de nidification
parasitoid : parasitoïde
parasitology : parasitologie
parasitosis : parasitose
paratomy : paratomie
parsimony : parcimonie
parthenocarpy : parthénocarpie
parthenogenesis : parthénogenèse
particle : particule
particulate : particulaire
partridge : perdrix
Passeriforms : Passériformes
Passerines : Passereaux
passion flowers : Passifloracées
pastoralism : pastoralisme
pasture : pacage, pâturage
patagonian : patagonien(ne)
pathogen : pathogène
pathogenesis : pathogenèse
pathogenic : pathogène
pathogenicity : pathogénicité
patobiont, patobiontic : patobionte
patriclinal : patrocline
pauciflory : pauciflorie
pavement : dallage, pavage
peach tree : pêcher
pear tree : poirier
peat : tourbe
~ bog : tourbière
pebble : galet
pediophilous : pédiophile
pedofauna : pédofaune

pedoflora : pédoflore
pedogenesis : pédogenèse
pedological : pédologique
pedology : pédologie
pelagic zone : domaine, zone pélagique
pelagophilous : pélagophile
Pelecaniforms : Pélécaniformes
pelophagous : pélophage
pellet : boulette, pelote
  fecal ~ : boulette fécale
  regurgitation ~ : pelote de réjection
pelochthophilous : pélochtophile
pelophilous : pélophile
peneplain : pénéplaine
peneplanation : pénéplanation
penguin : manchot
penicillin : pénicilline
peninsula : péninsule
peninsular : péninsulaire
Pennsylvanian : pennsylvanien
peregrine : pèlerin
  ~ falcon : faucon pèlerin
  ~ shark : requin pèlerin
perennial : pérenne
  ~ species : espèce pérenne
perhalicolous : perhalicole
perianth : périanthe
pericarp : péricarpe
Peridinians : Péridiniens
perigee : périgée
periglacial : périglaciaire
perigyny : périgynie
perihelion : périhélie
period : période
periodic : périodique
periodicity : périodicité
peripatric : péripatrique
periphytophagous : périphytophage
Perissodactyla : Périssodactyles
periwinkle : littorine (vern. : bigorneau)
permafrost : pergélisol
permeability : perméabilité
Permian : Permien
perpelic : perpélique
perpsammic : perpsammique
persistence : persistance
pest : ravageur, dépradateur
pesticide : produit phytosanitaire
  ~ spraying : traitement pesticide
petal : pétale
petalodia : pétalodie
petaloid : pétaloïde
petrificated : pétrifié
petrocalcic : pétrocalcique
petrogenesis : pétrogenèse
petrography : pétrographie
petrogypsic : pétrogypsique
Phaeophyta : Phaeophytes
phagotrophous : phagotrophe
phagotrophy : phagotrophie
phaneritic : phanéritique
Phanerogams : Phanérogames
Phanerozoic : Phanérozoïque
pheasant : faisan
phenetic : phénétique
phenocopy : phénocopie
phenology : phénologie
phenophasis : phénophase
phenotype : phénotype
  non-inherited ~ : accomodat
philopatric : philopatrique
philoprogenetive : philoprogénique (syn. prolifique)
phloem : liber, phloème
phoresy : phorésie
phosphorus : phosphore
photic : photique
photoaperiodic : photoapériodique
photoautotrophic : photoautotrophe
photobiology : photobiologie
photochemical : photochimique
photogenesis : photogenèse
photoheterotrophic : photohétérotrophe
photolithotrophic : photolithotrophe
photolysis : photolyse
photonasty : photonastie
photo-oxidant : photo-oxydant
photoperiod : photopériode
photoperiodism : photopériodisme
photophasis : photophase
photophilic : photophile
photophobic : photophobe
photosensitivity : photosensibilité
photosynthesis : photosynthèse
phototactism : phototactisme
phototaxy : phototaxie
phototrophic : phototrophe
phototrophy : phototrophie
phototropism : phototropisme
photovoltaic cell : cellule photovoltaïque
phreaticolous : phréaticole
phreatobia : phréatobie
phreatobiology : phréatobiologie
phreatology : phréatologie
phreatophilous : phréatophile
phycobiont : phycobionte
phycoerythrin : phycoérythrine
phycology : phycologie
phycotoxin : phycotoxine
phyletic : phylétique
phyllody : phyllodie
phyllophagous : phyllophage
phylogenesis : phylogenèse
phylogenetic : phylogénique
  ~ recapitulation : récapitulation phylogénique
  ~ relationship : parenté phylogénique
phylogeny : phylogénie
phylum : embranchement
physionomy : physionomie
Physopoda : Physopodes, Thysanoptères
phytochemistry : phytochimie
phytocid : phytocide
phytoclimatology : phytoclimatologie

phytocoenosis : phytocœnose
Phytoflagellata : Phytoflagellés
phytogeocoenosis : phytogéocœnose
phytogeography : phytogéographie
phytogram : phytogramme
phytomass : phytomasse
phytopathogen : phytopathogène
phytopedology : phytopédologie
phytophagous : phytophage
phytoplankton : phytoplancton
phytoplanktonic : phytoplanctonique
~ **bloom** : poussée phytoplanctonique
phytopathogen : phytopathogène
phytosociology : phytosociologie
phytotelmata : phytotelmes
phytotelmic : phytotelmique
phytotoxic : phytotoxique
phytotoxicity : phytotoxicité
phytotoxin : phytotoxine
piedmont : piémont
piezometer : piézomètre
piezometric : piézométrique
pilot-balloon : ballon-sonde
pine : pin
~ **stand** : pinède
scotch ~ : pin sylvestre
pionneer : pionnier
pisciary : pisciaire
piscicolous : piscicole
piscivorous : piscivore
piscivory : piscivorie
pisolith : pisolithe
pit, pitting : ponctuation (p. e. du feuillage)
plagiotropism : plagiotropisme
plague : peste
great ~ : grande peste
plain : plaine
plan : plan
land use ~ : plan d'occupation des sols
Planaria : Planaires
plane : plan
~ **tree** : platane
fault ~ : plan de faille
plankter, planktont : planctonte
plankton : plancton
planktonic : planctonique
planktonivorous : planctonivore
planktonology : planctonologie
planktonophagous : planctonophage
planktophilous : planctophile
planktotrophic : planctotrophe
planned : planifié
~ **Parenthood** : Planning familial
plant : plante, *aussi* installation industrielle, usine
~ **community** : groupement végétal
castor oil ~ : ricin
increaser ~ : plante envahisseuse
long day ~ : plante de jour long, plante héméropériodique
nuclear power ~ : centrale nucléaire
oil plant : raffinerie
power ~ : centrale électrique
seed ~ : porte-graines, semencier
short day ~ : plante de jour court, plante nyctipériodique
stone-~ : plante-pierre (plantes grasses de la famille des Aizoacées)
succulent ~ : plante grasse, succulente
thermal power ~ : centrale thermique
plantation : plantation (d'arbres p. e.)
pole ~ : perchis
planting : plantation (fait de planter)
plantlet : plantule
plasmid : plasmide
plastics : matières plastiques
plastogamy : plastogamie
Platanista : plataniste
plate : plaque
~ **tectonics** : tectonique des plaques
platform : plateforme
platinium : platine
Platyhelminthes : Plathelminthes
Platypus : ornithorhynche
Platyrrhini : Platyrrhiniens
Plecoptera : Plécoptères
pleiohaline : pléiohalin
pleiomorphic : pléiomorphe
pleiotopic : pléiotope
pleiotropy : pléiotropie
pleioxenous : pléioxène
pleioxeny : pléioxénie
pleometrosis : pléométrose
pleomorphic : pléomorphe
pleophagous : pléophage
plesiomorphic : plésiomorphe
Pleuronecta : Pleuronectes
pleustonic : pleustonique
plot : parcelle
plum-tree : prunier
plume : panache
smoke ~ : panache de cheminée
pluriannual : pluriannuel
pluriparous : pluripare
plurivoltinic : plurivoltine
plutonic : plutonique
pluviometry : pluviométrie
pluviophilous : pluviophile
pluviophobous : pluviophobe
pluviosity : pluviosité
pluviothermal : pluviothermique
pluvious : pluvieux
pneumoconiosis : pneumoconiose
poaching : braconnage
podsol : podzol
podzolization : podzolisation
poecilandry : pœcilandrie
poecilogyny : pœcilogynie
poedogenesis : pœdogenèse
poikilohaline : poïkilohalin
poikilothermal : poïkilotherme
poikilothermy : poïkilothermie
polar : polaire
~ **circle** : cercle polaire

~ **lights** : aurore polaire
polarity : polarité
polderization : poldérisation
poleophilous : poléophile
pollination : pollinisation
pollinator : pollinisateur
pollinia : pollinie
pollinic : pollinique
polliniferous : pollinifère
polliniphagous : polliniphage
pollusensitive : pollusensible
pollusensitivity : pollusensibilité
pollutant : polluant
pollution : pollution
non point source ~ : pollution diffuse
point source ~ : pollution ponctuelle
pollutolerance : pollurésistance
pollutolerant : pollurésistant
polyandry : polyandrie
polycalic : polycalique
polycarpic : polycarpe
polycyclic : polycyclique
polydomic : polydomique
polyembryonic : polyembryonnaire
polyembryony : polyembryonie
polyethism : polyéthisme
polygamous : polygame
polygamy : polygamie
polygenic : polygénique
polygynous : polygyne
polygyny : polygynie
polyhaline : polyhalin
polyhedrosis : polyhédrose
polyhybrid : polyhybride
polyhybridism : polyhybridisme
polylectic : polylectique
polymictic : polymictique
polymorphism : polymorphisme
Polynesia : Polynésie
Polynesian : polynésien
polynia : polynie
polyp : polype
polyphagous : polyphage
polyphagy : polyphagie
polyphenism : polyphénisme
polyphyletic : polyphylétique
polyphyodonty : polyphyodontie
polyploid : polyploïde
polyploidy : polyploïdie
polysaprobial : polysaprobe
polysaprobien : polysaprobie
polyspermous : polysperme
polyspermy : polyspermie
polythermic : polytherme
polythetic : polythétique
polytopic : polytope
polytopism : polytopisme
polytrophy : polytrophie
polytypism : polytypisme
polyvoltine : polyvoltin(e)
polyxenic : polyxène
pomology : pomologie
ponctuated : ponctué
pond : mare, étang
fry ~ : étang d'alevinage
impounded ~ : étang artificiel
pontic : pontique
pontophilous : pontophile
pool : mouille, vasque naturelle
poophilous : poophile
poplar : peuplier
~ stand : peupleraie
yellow ~ : tulipier
porosity : porosité
porpoise : dauphin
postchlorination : postchloration
potableness : potabilité
potamic : potamique
potamocolous : potamocole
potamodromous : potamodrome
potamology : potamologie
potamophilous : potamophile
potamoplankton : potamoplancton
potamotokous : potamotoque
potato : pomme de terre
potential : potentiel
biotic ~ : potentiel biotique
potentiometric : potentiométrique
pothole : marmite de géant
potometer : potomètre
powdery mildew : Ascomycète
power : puissance
~ plant : centrale électrique
nuclear ~ plant : centrale électronucléaire
pozzin : pozzine
pozzolana : pouzzolane
praefoliation : préfoliation
pratinicolous : pratinicole
prawn : crevette
Precambrian : Précambrien
precession : précession
prechlorination : préchloration
precocious : précoce
precursor : précurseur
predator : prédateur
predictability : prévisibilité
prediction : prévision
effects ~ : prévision des effets
preferential species : espèce préférentielle
preglaciary : préglaciaire
pressure : pression
selective ~ : pression de sélection
pressurised water reactor : réacteur à eau pressurisée
pretreatment : prétraitement
prevalence : prédominance
prey : proie
primary era : ère Primaire
primatology : primatologie
principle : principe
precautionary ~ : principe de précaution
Priscoan : Priscoen
Proboscidea : Proboscidiens

process : procédé, *aussi* processus
producer : producteur
primary, secundary ~ : producteur primaire, secondaire
product : produit
proepisematic : proépisématique
profile : profil
river ~ : profil d'un cours d'eau
profundal : profond
progamic : progamique
progamy : progamie
progenesis : progenèse
progeny : descendance, progéniture
proglaciary : proglaciaire
prokaryote : procariote
prolification : prolifération
promiscuity : promiscuité
sexual ~ : promiscuité sexuelle
propellant : propulseur
proprioreceptor : propriorécepteur
Prosobranchia : Prosobranches
prospect : prospective
protected landscape : paysage protégé
protective : protecteur
~ zone : périmètre de protection
proterandry : protérandrie
proterogyny : protérogynie
Proterozoïc : Protérozoïque
Protoctista : Protistes
Protophyta : Protophytes
Protoptera : Protoptère
prototrophic : prototrophe
Protozoa : Protozoaires
provinciality : provincialité
pruning : élagage
psammatophilous : psammatophile
psammic : psammique
psammobiontic : psammobionte
psammofauna : psammofaune
psammophilous : psammophile
pseudogamy : pseudogamie
psilopaedic : psilopaédique
Psocid : Psoque
Psocoptera : Psocoptères
psychophilous : psychophile
psychrometer : psychromètre
psychrophilic : psychrophile
psychrophily : psychrophilie
psychrotrophic : psychrotrophe
ptarmigan : lagopède
Pteridophyta : Ptéridophytes
Pteropoda : Ptéropodes
Pterygota : Ptérygotes
ptilopaedic : ptilopaedique
puffin : macareux moine
Pulmonata : Pulmonés
pulp : pulpe
~ mill : papeterie
pump : pompe
solar ~ : pompe solaire
punctuated : ponctué
pupa : pupe
pupation : pupaison
pupiparous : pupipare
pupivorous : pupivore
putrescibility : putrescibilité
Pycnogonida : Pycnogonides
pyranometer : pyranomètre
pyrethrin : pyréthrine
pyrethroid : pyréthroïde
pyrethrum : pyrèthre
pyrheliometer : pyrhéliomètre
pyrit : pyrite
pyroclastic : pyroclastique
pyrolysis : pyrolyse
pyrophilous : pyrophile
pyrophobic : pyrophobe
pyroxylophilous : pyroxylophile

Q

quality : qualité
~ ranking : classe de qualité
air ~ : qualité de l'air
water ~ : qualité des eaux
quantitative : quantitatif
Quaternary : Quaternaire
quicksands : sables mouvants

R

rabbit : lapin
radiation : rayonnement
solar ~ : rayonnement solaire
radicivorous : radicivore
radicle : radicule
radicular : racinaire
radioactive : radioactif
radioactivity : radioactivité
radiobiology : radiobiologie
radiocarbon : radiocarbone
radioecology : radioécologie
Radiolaria : Radiolaires
radiomimetic compound : substance radiomimétique
radionuclid : radionucléide
radiosensitivity : radiosensibilité
radiosterilization : radiostérilisation
radiotoxicity : radiotoxicité
raft : radeau
canopy ~ : radeau des cimes
rain : pluie
~ gauging : pluviométrie
acid ~ : pluie acide
rainbow : arc-en-ciel
rainforest : forêt pluvieuse, ombrophile
ramicolous : ramicole
rank : rang
rapid : rapide
raptor : rapace
rarity : rareté

rate : taux
  absolute intrinsic ~ of natural increase : taux intrinsèque d'accroissement naturel
  net reproductive ~ : taux net de reproduction
  mortality ~ : taux de mortalité
  survival ~ : taux de survie
  total fertility ~ : taux de fertilité totale
ratio : rapport
raw : brut
  ~ material : matière première
ray : raie, rayon
reactor : réacteur
realized niche : niche occupée, niche réalisée
rearing trough : bac d'alevinage
receptivity : réceptivité
recessive : récessif
reciprocal : réciproque
  ~ exclusion principle : principe d'exclusion réciproque
recirculating : remise en circulation, recyclage
  ~ water economy : recyclage de l'eau
reclamation : restauration
  ecosystems ~ : restauration des écosystèmes
recruitment : recrutement
rectangular : rectangulaire
  ~ speciation : spéciation rectangulaire
recycling : recyclage
  ~ warehouse : déchetterie
red-backed shrike : pie-grièche
Red Book : livre rouge
  threatened species ~ : livre rouge des espèces menacées
reductionism : réductionnisme
reductor : réducteur
redundancy : redondance
reed : roseau, phragmite
  ~ bed : roselière
reef : récif
  ~ bleaching : blanchissement des récifs
  ~ flat : platier récifal
  coral ~ : récif corallien
refilling : recharge
reflex : réflexe
  conditioned ~ : réflexe conditionné
reflexivity : réflexivité
refugium : refuge
regolith : régolite
regularity : régularité
regulator : régulateur
  ~ organism : organisme régulateur
  growth ~ : régulateur de croissance
reindeer : renne
  ~ lichen : *Cladonia*
relationship : relation
  phylogenetic ~ : parenté phylétique
relative : relatif
  ~ datation : datation relative
relict : relique
remote : éloigné
  ~ sensing : télédétection
rendzina : rendzine
renewable : renouvelable
renewal : renouvellement
reorganization : réorganisation
repeatability : répétabilité
reprocessing : retraitement
  nuclear fuels ~ : retraitement des combustibles nucléaires
reproductibility : reproductibilité
reproductive : reproductif
  ~ effort : effort de reproduction
  ~ isolation : isolement reproductif
Reptilia : Reptiles
residual : résiduel
resin : résine
  ion exchange ~ : résine échangeuse d'ions
resiniferous : résinifère
resistance : résistance
  cross ~ : résistance croisée
  cross environmental ~ : résistance du milieu
resource : ressource
  ~ allocation : allocation des ressources
  ~ depletion : épuisement des ressources
  biological ~ : ressource biologique
  sustainable use of natural ~ : utilisation durable des ressources naturelles
  substituable ~ : ressource de substitution
  water ~ : ressource hydrique
respiratory : respiratoire
  ~ ratio : quotient respiratoire
response : réponse
  functional ~ : réponse fonctionnelle
  numerical ~ : réponse numérique
revegetation : restauration de la végétation, engazonnement
rheology : rhéologie
rheophilous : rhéophile
rheophily : rhéophilie
rheophoby : rhéophobie
rheophobous : rhéophobe
rheotaxis : rhéotaxie
rheotrophic : rhéotrophe
Rhine : Rhin
rhithron : rhithron
rhizocarpous : rhizocarpé
rhizogenesis : rhizogenèse
rhizomatous : rhizomateux
rhizophagous : rhizophage
rhizophagy : rhizophagie
Rhizopoda : Rhizopodes
Rhodophyta : Rhodophytes
Rhopalocera : Rhopalocères
Rhynchota : Rhynchotes
rhyolith : rhyolithe
rhytina : rhytine
rice : riz
  ~ field : rizière
richness : richesse
  species ~ : richesse spécifique (taxonomique)
  within habitat ~ : stationnelle
ridge : crête
  mid-oceanic ~ : dorsale médio-océanique
rinderpest : peste bovine
riparian : riparien
ripicolous : ripicole

ripiphilous : ripiphile
ripisylvae : ripisylve
ripple : ride, seuil
risk assessment : estimation des risques
ritualization : ritualisation
river : cours d'eau, fleuve, *aussi* rivière
  ~ mouth : embouchure
  ~ regulation : correction des cours d'eau
riverside : berge
robin : merle migrateur
rock : roche
  parent ~ : roche-mère
Rodentia : Rongeurs
rodenticide : rodonticide
rodents : Rongeurs
roe deer : chevreuil
roller : rouleau
rookery : rookerie
roophilous : rhoophile
root : racine
  ~ nodule : nodosité
  ~ rot : pourridié
  stilt-~ : racine-échasse
rootlet : radicelle
rosemary : romarin
rot : pourriture
  noble ~ : pourriture noble (nom vern. du *Botrytis cinerea*)
Rotifera : Rotifères
roughness : rugosité
rubbish : rebuts, déchets domestiques
rubicolous : rubicole
rubrification : rubéfaction
rule : règle
runoff : ruissellement
rupestral : rupestre
rupicolous : rupicole
rural : rural
  ~ habitat : espace rural
rust : rouille
rutting : rut
rythm : rythme
  circadian ~ : rythme circadien
  nycthemeral ~ : rythme nycthéméral

S

sabkah : sebkha
sabulicolous : sabulicole
sahelian : sahélien
saline : salé, salin
salinity : salinité
salinization : salinisation
salmon : saumon
  atlantic ~ : saumon atlantique
salmonellosis : salmonellose
Salmonids : Salmonidés
Salpida : Salpes
salsodic : salsodique
  ~ soil : sol salsodique
salsuginous : salsugineux
salt : sel
  ~ marsh : marais salant
sample : échantillon
  ~ plot : placette
sampler : échantillonneur
  Berlese's ~ : appareil de Berlèse
sampling : échantillonnage
  ~ plot : placette d'échantillonnage
sand : sable
  ~ dune : dune
  ~ eel : anguille des sables, lançon, ammodyte
  ~ grouse : Ganga
  quick ~ : sables mouvants
sandstone : grès
sandy : sablonneux
sapling stand : gaulis
saponin : saponine
saprobien : saprobie
saprobiont : saprobionte
sapromass : sapromasse
sapropel : sapropèle
sapropelic : sapropélique
saprophagous : saprophage
saprophagy : saprophagie
saprophilous : saprophile
saprophily : saprophilie
saprophytophagous : saprophytophage
saproplankton : saproplancton
saprotroph : saprotrophe
saprotrophy : saprotrophie
saprozoic : saprozoïque
sarcophagous : sarcophage
saturated : saturé
saturnism : saturnisme
saurians : sauriens
savannah : savane
  woodland ~ : savane boisée
saxicolous : saxicole
saxitoxin : saxitoxine
scale : échelle
  ~ insect : cochenille
  cover ~ : échelle de recouvrement
  sismic ~ : échelle sismique
scarp : escarpement, ressaut
scatophagous : scatophage
scatophagy : scatophagie
scavanger : charognard, nécrophage
schistosomiasis : schistosomiase
schizogamy : schizogamie
school : banc de poissons
sciophilous : sciaphile
sciophily : sciaphilie
sciophyllous : sciaphylle
scirpus : scirpe
scissiparity : scissiparité
scissiparous : scissipare
sclerophyllous : sclérophylle
sclerophylly : sclérophyllie
scree : pierrier
screening : dégrillage

sea : mer
~ **anemone** : anémone de mer
~ **cow** : dugong, lamantin, sirénien en général
~ **cucumber** : holothurie
~ **fan** : gorgone
~ **sprays** : embruns marins
~ **squirt** : Ascidie
sea-bass : bar, loup
seagrass : zostères et autres Zostéracées marines
~ **bed** : herbier
seal : phoque
grey ~ : phoque gris
harbour ~ : phoque veau-marin
monk ~ : phoque moine
sealing : imperméabilisation
season : saison
dry ~ : saison sèche
wet ~ : saison des pluies
seasonal : saisonnier
seasonality : saisonnalité
secodont : sécodonte
sector : secteur
sectorial : sectoriel
secundary ~ **woodland** : boisement secondaire
sedentary : sédentaire
sediment : sédiment
land ~ : dépôt continental
sedimentary : sédimentaire
seed : graine, semence
~ **dressing** : enrobage
~ **tree** : semencier
seedling : plant
seismotaxy : séismotaxie
selenotropism : sélénotropisme
self purificating : autoépurateur
sematic : sématique
semelparity : sémelparité
semelparous : sémelpare
senelity : sénilité
sensitive : sensible
sensitivity : sensibilité
sensitization : sensibilisation
septic tank : fosse septique
sequence : série
stratigraphic ~ : série chronologique
sestonophagous : sestonophage
setteable : décantable
settling : décantation
~ **pond** : étang de décantation
~ **tank** : décanteur
sewage disposal : évacuation des eaux d'égout
sewer : égout
shad : alose
shale : schiste
shark : requin
she-oak : filaos
shear water : puffin
shell-fish culture : conchyculture
shoal : brisant
shoot : pousse, stolon
short-toed eagle : circaète
shower : averse
shrew : musaraigne
shrimp : crevette
shrub : arbrisseau, buisson
shrubbery : fruticée
shrubby : buissonnant
sub ~ : sous-buissonnant
siberian : sibérien
~ **high** : anticyclone sibérien
sibling : descendant
half ~ : demi-frère, demi-sœur
side : versant
siderophilous : sidérophile
siderotrophic : sidérotrophe
sieve : tamis
silica : silice
silicolous : silicole
silkworm : ver à soie
siltation : envasement
sinter : travertin
skua : labbe
sludge : boue
~ **ripening** : maturation des boues
smelt : éperlan
smoking habit : tabagisme
smolt : tacon
smut : charbon (phytopathol.)
snake : serpent
snow : neige
~ **cover** : enneigement
~ **howl** : harfang des neiges
sociability : sociabilité
society : société
sociobiology : sociobiologie
socioeconomical : socioéconomique
sodic : sodique
sodication : sodisation
soil : sol
~ **asphyxiation** : asphyxie des sols
~ **drying out** : ressuyage du sol
~ **improvement** : amendement
solanin : solanine
solar : solaire
~ **radiation** : rayonnement solaire
solarization : solarisation
solfatara : solfatare
solifluction : solifluxion
solubility : solubilité
solute : soluté
solvent : solvant
chlorinated ~ : solvant chloré
somatic : somatique
sonorian : sonorien
soot : suie
sorghum : sorgho
source
distant pollution ~ : source de pollution éloignée
major pollution ~ : source principale de pollution
non point pollution ~ : pollution diffuse
soybean : soja
space : espace

allocation of ~ : partage de l'espace
ecological ~ : espace écologique
sparrow : moineau
~ hawk : épervier
spawn : frai
spawning ground : frayère
specialist : spécialiste
specialization : spécialisation
species : espèce
~ survival : sauvegarde des espèces
casual ~ : espèce occasionnelle
companion ~ : espèce compagne
endangered ~ : espèce en danger
indifferent ~ : espèce indifférente
keystone ~ : espèce clef-de-voûte
threatened ~ : espèce menacée
umbrella ~ : espèce paravent
specific : spécifique
speed : vitesse
critical ~ : vitesse critique
current ~ : vitesse du courant
speleology : spéléologie
spermatogenesis : spermatogenèse
spermatozoon : spermatozoïde
sphagnicolous : sphagnicole
sphagnum : sphaigne
sphingophilous : sphingophile
spider : araignée
~ wolf : lycose
spine : épine
spinose : épineux
spiny-headed worms : Acanthocéphales
spodic : spodique
spoil heap : terril
sponge : éponge
spoonbill : spatule
sporangium : sporange
sporea : sporée
sporogonium : sporogonie
spray can : bombe aérosol
spraying : pulvérisation
spring : source
crevice ~ : source vauclusienne
fault ~ : source de faille
gushing ~ : source sulfureuse
thermal ~ : source thermale
spruce : épicéa
~ budworm : tordeuse de l'épinette
~ grove : pessière
spurge : euphorbe
squirrel : écureuil
flying ~ : dermoptère, écureuil volant
stability : stabilité
stack : pinacle, *aussi* cheminée
factory ~ : cheminée d'usine
stage : stade
growth ~ : stade de développement
stagnicolous : stagnicole
stagnoplankton : stagnoplancton
stand : peuplement (ecol.), peuplement d'arbres ou d'arbustes (sylvic.)
hemlock ~ : prucheraie
pine ~ : pinède
pole ~ : perchis
poplar ~ : peupleraie
sapling ~ : gaulis
star : étoile
bristle ~ : ophiure
starling : étourneau
stasigenesis : stasigenèse
stasipatric : stasipatrique
stasis : stase
stasophilous : stasophile
stationnal : stationnel
steel : acier
~ mill : acierie
steinbock : bouquetin
stenobenthic : sténobenthique
stenobiontic : sténobionte
stenoecy : sténœcie
stenoeocious : sténœcique
stenohaline : sténohalin
stenohygric : sténohygrique
stenophagous : sténophage
stenophotic : sténophotique
stenothermic : sténotherme
stenothermous : sténotherme
stenothermy : sténothermie
stenotopic : sténotopique
stenoxenous : sténoxène
steroid : stéroïde
sterrhophilous : sterrhophile
sticker, sticking
~ agent : adjuvant, adhésif de traitement pesticide
stigma : stigmate
sting : aiguillon
stipes : stipe
stochastic : stochastique
stoloniferous : stolonifère
stolonization : stolonisation
stomata : stomate
stone : pierre
~ circle : cercle de pierre
~-fly : perle, perlide
stork : Ciconiiforme
storm : tempête
ice ~ : tempête de verglas
sand ~ : tempête de sable
story : étage
vegetation ~ : étage de végétation
strand : estran
strategist : stratège
stratiform : stratiforme
stratigraphy : stratigraphie
stratum : strate
lower tree ~ : strate arborescente
moss ~ : strate muscinale
shrub ~ : strate buissonnante
upper tree ~ : strate arborée
stream : cours d'eau
~ fauna : faune propre aux torrents, faune torrenticole
~ piracy : capture d'un cours d'eau

~ **regulation** : correction des torrents
channel ~ : lit mineur
mountain ~ : torrent
stromatolith : stromatolithe
strombolian : strombolien
sturgeon : esturgeon
stygobious : stygobie
stygofauna : stygofaune
stygophilous : stygophile
subalpine : sub-alpin
~ **zone** : étage sub-alpin
Subatlantic : sub-atlantique
subglaciary : subglaciaire
subhydrophilous : subhydrophile
sublethal : sublétal
submergence : ennoyage
subsoiling : sous-solage
substratohygrophilous : substratohygrophile
substratum : substrat
subtidal : sublittoral
succession : succession
hydrarch ~ : succession hydrarchique
xerarch ~ : succession xérarchique
succulency : succulence
suction : succion
suffruticose : suffrutescent
sugar : sucre
~ **beet** : betterave à sucre
~ **cane** : canne à sucre
sulfato-reducing : sulfato-réducteur
sulfide : sulfure
~ **dioxide** : anhydride sulfureux
sulfur : soufre
sulphate : sulfate
sulphite : sulfite
sulphur : sulphur
sulphuric : sulfurique
sun : soleil
~ **bird** : soui-manga, Nectarinide
~ **flower** : tournesol
sundews : Droséracées
sunshine : ensoleillement
superorganism : superorganisme
superparasitism : superparasitisme
suprafolious : suprafoliaire
surf : déferlement, ressac
survival : sauvegarde
~ **table** : table de survie
threatened species ~ : sauvegarde des espèces menacées
survivorship : survie
~ **curve** : courbe de survie
suspended solids : matières en suspension
suspensivorous : suspensivore
swamp : marécage
swarm : essaim
swarming : essaimage
swelling : gonflement
clay ~ : gonflement des argiles
switching effect : effet de bascule
sylvestral : forestier
symbiont : symbiote
symbiosis : symbiose
symbiotrophic : symbiotrophe
sympatry : sympatrie
symphilous : symphile
symphily : symphilie
synaeresis : synérèse
synanthropic : synanthropique
synechtry : synechtrie
synecology : synécologie
syntopic : syntopique
synusia : synusie
synzoochory : synzoochorie
syrtidophilous : syrtidophile
system : système
~ **ecology** : écologie des systèmes
~ **modelling** : modélisation des systèmes
systematics : systématique

T

tachinid : tachinaire
tachitely : tachytélie
tadpole : têtard
tamarak (amer.) : mélèze
tank : bassin
aeration ~ : bassin d'aération
settling ~ : syn. de siltation ~
siltation ~ : bassin, étang de décantation
skimming ~ : bassin d'écumage
tanker : pétrolier
tannin : tanin
tape : ruban
~ **worm** : ténia
taphrophilous : taphrophile
tar : bitume
~ **ball** : nodule bitumineux
Tardigrada : Tardigrades
taxidermy : taxidermie
taxis : taxie
taxocoenosis : taxocœnose
taxonomic category : groupe taxonomique
taxonomy : taxonomie
cladistic ~ : taxonomie cladistique
evolutionary ~ : taxonomie évolutive
tea : thé, théier
teak : teck
technological scenario : scénario technologique
tecnophagous : tecnophage
tecnophagy : tecnophagie
Teleostei : Téléostéens
teletoxy : télétoxie
telluric : tellurique
telolecithal : télolécithe
telotaxy : télotaxie
temperate climate : climat tempéré
teosintha : téosinthe
tephigram : téphigramme
tephritic : téphritique
tephrochronology : téphrochronologie

teratogenesis : tératogenèse
teratogenic : tératogène
termite mound : termitière
termitophilous : termitophile
tern : sterne
terpen : terpène
terpenoid : terpénoïde
terrace : terrasse, banquette
alluvial ~ : terrasse alluviale
cattle ~ : pied de vache
stream ~ : terrasse fluviatile
terrestrial : terrestre
terricolous : terricole
terrigenous : terrigène
territoriality : territorialité
territory : territoire
Tertiary : Tertiaire
thalassotokous : thalassotoque
Thallophyta : Thallophytes
thallus : thalle
Thames : Tamise
thamnocolous : thamnocole
thamnophilic : thamnophile
thanatocoenosis : thanatocœnose
thanatomass : thanatomasse
thanatosis : thanatose
thaw, thawing : dégel
ice ~ : fonte des glaces
theligenic : thélygène
theligeny : thélygénie
thelitoquous : thélytoque
thelitoquy : thélytoquie
thermal : thermique
thermoduric : thermodurique
thermogenesis : thermogenèse
thermograph : thermographe
thermohalogram : thermohalogramme
thermohygrogram : thermohygrogramme
thermoperiodism : thermopériodisme
thermophilic : thermophile
thermophily : thermophilie
thermopluviogram : thermopluviogramme
thermotactism : thermotactisme
thermotaxis : thermotaxie
thicket : fourré (d'arbustes, de buissons)
thigmotactism : thigmotactisme
thigmotaxis : thigmotaxie
thinicolous : thinicole
thinning : éclaircissement (sylvic.)
thixotropy : thixotropie
thornshrub : épineux
thremmatology : thremmatologie
threshold : seuil
thunderstorm : orage
~ cloud : cumulo-nimbus
thunna : thon
tick : tique
tidal : cotidal, qui est sous l'influence des marées
~ bore : mascaret
~ range : marnage
~ surge : tsunami
~ wave : raz de marée
tide : marée
~ mark : laisse de mer
black ~ : "marée noire"
falling ~ : jusant, marée descendante
green ~ : "marée verte"
high ~ : marée haute, pleine mer
low ~ : marée basse, basse mer
red ~ : eaux rouges
tiger : tigre
timber : bille de bois, *aussi* bois (matière ligneuse)
~ rafting : flottage du bois
time : temps, *aussi* époque, période (géol.)
evolutive ~ : temps d'évolution
half life ~ : temps de demi-vie
recent ~ : période récente
tin : étain
tit : mésange
tobacco : tabac
topoclimate : topoclimat
tornado : tornade
torpor : torpeur
torrential : torrentiel
torrenticolous : torrenticole
tortoise : tortue
toxaphen : toxaphène
toxic : toxique
toxicity testing : test de toxicité
toxicology : toxicologie
environmental ~ : toxicologie de l'environnement
toxin : toxine
trade wind : alizé
tramontana : tramontane
transboundary pollution : pollution transfrontière
transgenesis : transgenèse
transgenic : transgénique
transparency : transparence
transportations : transports
transuranian : transuranien
trap : piège
trapping : piégeage
travertine : travertin
treatment : traitement
drinking water ~ : traitement de l'eau du réseau d'adduction
sludges ~ : traitement des boues résiduaires
wastewater ~ : traitement des eaux résiduaires
tree : arbre
~ creeper : grimpeau
~ line : ligne des arbres
apple ~ : pommier
ash ~ : frêne
chestnut ~ : châtaignier
elm ~ : orme
mangle ~ : palétuvier
nurse ~ : arbre pionnier
palm ~ : palmier
peach ~ : pêcher
pear ~ : poirier
plane ~ : platane
plum ~ : prunier

seed ~ : porte-graines, semencier
willow ~ : saule
Trematoda : Trématodes
trench : fosse
deep sea ~ : fosse océanique
marine oceanic ~ : grande fosse marine océanique
tribe : tribu
tributary : affluent
Trichoptera : Trichoptères
trioecious : triœcique
troglophilous : troglophile
trogloxenous : trogloxène
trophallaxy : trophallaxie
trophic : trophique
~ chain : chaîne trophique
~ web : réseaux trophiques
trophobiosis : trophobiose
tropic : tropique
tropism : tropisme
tropophilous : tropophile
tropotaxis : tropotaxie
trout : truite
trypanosomiasis : trypanosomiase
tubicolous : tubicole
tundra : toundra
Tunicata : Tuniciers
tunny : thon
Turbellaria : Turbellariés
turbidity : turbidité
turgor : turgidité
turtle : tortue
tusk : défense (de Mammifères)
twilight : crépuscule
tycholimnic : tycholimnique
tychopelagic : tychopélagique
tychoplankton : tychoplancton
tychopotamous : tychopotamique
typhoon : typhon
typology : typologie

U

ubiquitous : ubiquiste
uliginous : uligineux
ultrabasic : ultrabasique
ultradian : ultradien
ultraplankton : ultraplancton
ultrasaprobic : ultrasaprobe
umbels : Ombellifères
umbraticolous : umbraticole
umbrella
~ species : espèce paravent
~ tree : parasolier
umbrophilic : ombrophile
unburnt : imbrûlé
undehiscent : indéhiscent
underdevelopped : sous-développé
understory : strate inférieure de la végétation la plus proche du sol
UNEP (United Nation Environmental Program) : Programme des Nations unies pour l'Environnement
ungulate : ongulés
uniparous : unipare
unit : unité
univorous : univore (syn. monophage)
unleaded : sans plomb
upstream : amont
upwelling : courant ascendant, remontée d'eaux profondes
uraniferous : uranifère
urban : urbain
~ ecology : écologie urbaine, écologie de la ville
urbanization : urbanisation
urea : urée
ureotelic : uréotélique
ureotely : uréotélie
uricotelic : uricotélique
Urochordata : Urocordés
Urodela : Urodèles
urophilic : urophile

V

vagility : vagilité
vaginicolous : vaginicole
valley : vallée
value : valeur
calorific ~ : valeur calorifique
vaporimeter : évaporimètre
variability : variabilité
variety : variété
vasicolous : vasicole
vauclusian spring : source vauclusienne
vector : vecteur (de maladie)
vegetative : végétatif
veil : voile
cloud ~ : voile de nuages
vein : veine
Vendian : Vendien
veneer : placage
venezuelian : vénézuélien
venom : venin
venomous : vénéneux
vernalization : vernalisation
viability : viabilité
vicarious species : espèce vicariante
vicinity : proximité, voisinage
vine : vigne
vineyard : vignoble
virgin : vierge
virginiparous : virginipare
virology : virologie
virosis : virose
viscosity : viscosité
visibility : visibilité
vitalism : vitalisme
vitality : vitalité
viviparity : viviparité
viviparous : vivipare
vixigregarous : vixigrégaire

vocalization : vocalisation
volatile : volatil
volcanic : volcanique
  ~ **ash** : cendre volcanique
  ~ **dust** : poussière volcanique
  ~ **plug** : puy
  ~ **rock** : roche volcanique
volcano : volcan
volcanogenic : volcanogène
voles : campagnols
voltinism : voltinisme
vortex : trombe
vulcanism : volcanisme
vulcanology : vulcanologie
vulnerability : vulnérabilité
  incipient habitat ~ : vulnérabilité du milieu récepteur
vulnerable : vulnérable
vulture : vautour

W

wader : échassier, oiseau de rivage du groupe des limicoles
warbler : fauvette
warehouse : entrepôt
  recycling ~ : déchetterie
warfarin : warfarine
warm : chaud
  ~ **stenothermal** : sténotherme des milieux chauds (= sténotherme polytherme)
warming : réchauffement
  global ~ : réchauffement climatique planétaire
warning : alarme
wasp : guêpe
  mason ~ : guêpe maçonne
waste : déchet, résidu
  ~ **management** : gestion des déchets
  ~ **processing** : traitement des déchets
  domestic ~ : déchets domestiques, ordures ménagères
  nuclear ~ : déchets nucléaires
wastewater : eau résiduaire
water : eau
  ~ **authorities** : agences de l'eau
  ~ **bloom** : fleur d'eau
  ~ **boatman** : notonecte
  ~ **bug** : corises
  ~ **course** : cours d'eau
  ~ **decline** : baisse d'un aquifère
  ~ **demand** : besoins en eau
  ~ **flea** : daphnie
  ~ **hardness** : dureté des eaux
  ~ **hyacinth** : jacinthe d'eau
  ~ **lily** : nénuphar
  ~ **power** : énergie hydraulique
  ~ **resource** : ressource en eau, ressource hydrique
  ~ **shed** : bassin versant
  ~ **softening** : adoucissement des eaux
  ~ **table** : aquifère
  ~ **teinting** : coloration des eaux
  brackish ~ : eau saumâtre
  ground ~ : eaux souterraines
  hard ~ : eau calcaire
  high ~ : hautes eaux
  low ~ : basses eaux, étiage
  pore ~ : eau des pores
  pressurised ~ reactor : réacteur à eau pressurisée
  running ~ : eau courante
  safe drinking ~ : eau potable
  softened ~ : eau adoucie
  still ~ : eaux stagnantes
  waste ~ : eau résiduaire
  waste ~ processing : épuration des eaux polluées
waterfowl : oiseaux d'eau, sauvagine
watershed : bassin versant
wave : vague
  ~ **backwash** : retour de la vague, retrait de la mer
  breaking ~ : vague déferlante
  cold ~ : vague de froid
  heat ~ : vague de chaleur
  tidal ~ : raz de marée
waxwing : jaseur de Bohème (ornithol.)
weanponry : armement
weathering : altération (des roches)
web : réseau
  trophic ~ : réseau trophique
weed : mauvaise herbe, plante adventice des cultures
  cropland ~ : plante messicole, plante adventice des cultures
  ~ **cutting** : faucardage
weevil : charançon
weight : poids
  body ~ : poids corporel
  dry ~ : poids sec
  wet ~ : poids frais
well : forage, puits
  artesian ~ : puits artésien
  filtering ~ : puits filtrant
  oil ~ : puits de pétrole
wetland : zone humide
wettability : mouillabilité
wetting agent : agent mouillant
whale : baleine
whaling : pêche à la baleine
wheat : blé
WHO : OMS (Organisation Mondiale de la Santé)
width : amplitude, largeur
  niche ~ : amplitude de la niche
wildebeest : gnou
wild sheep : mouflon à manchette
willow : saule
wilting : flétrissement
wind : vent
  ~ **power** : énergie éolienne
  ~ **rose** : rose des vents
windfall : chablis
windmill : éolienne, moulin à vent
winter : hiver
  ~ **flowering plant** : plante nivéale (qui fleurit en période hivernale)
witches broom : balai de sorcières
withering : dépérissement, *aussi* fanaison
WMO (World Meteorological Organization) : Organisation Météorologique Mondiale (OMM)

wolf : loup
wolfram : tungstène
wolverine : glouton
wood : bois
~ **louse** : cloporte
~ **pecker** : pic
woody : ligneux
worker : ouvrier
world : monde
~ **Bank** : Banque Mondiale
~ **Health Organization** : Organisation Mondiale de la Santé
Third ~ : Tiers monde
worm : ver
army ~ : ver gris
arrow ~ : chaetognathe
bud ~ : chenille tordeuse
earth ~ : ver de terre
inch ~ : chenille arpenteuse
spiny-headed ~ : acanthocéphale
tape ~ : ténia
white ~ : ver blanc
wire ~ : ver fil de fer

X

xenia : xénie
xenobiotic : xénobiotique
xenogamy : xénogamie
xerarchic : xérarchiquexeric
~ **habitat** : milieu xérique
xeric : xérique
xericity : xéricité
xerocolous : xéricole
xerohylophilous : xérohylophile
xeromorphic : xéromorphe
xeromorphosis : xéromorphose
xeromorphy : xéromorphie
xerophilous : xérophile
xerophily : xérophilie
xerophobous : xérophobe
xerophytism : xérophytism
xerothermic : xérothermique
~ **index** : indice xérothermique
xerotherous : xérothérique
xylem : xylème
xylophagous : xylophage
xylophagy : xylophagie
xylophilous : xylophile

Y

yard : ravage
moose ~ : ravage d'élan
yeast : levure
yield : rendement
ecological ~ : rendement écologique
sustainable ~ : rendement d'utilisation durable
yearly cycle : cycle annuel
yolk : jaune d'œuf, vitellus
~ **resorption** : résorption de la vésicule vitelline
~ **sac** : vésicule vitelline

Z

zebra : zèbre
~ **mussel** : moule zébrée
Zoantharia : Zoanthaires
zoid : zoïde
zonality : zonalité
zone :
dead ~ : mortes eaux
intertidal ~ : zone de balancement des marées
zoning : zonage
zoochory : zoochorie
zoocoenosis : zoocœnose
zoogeographical : zoogéographique
zoogeography : zoogéographie
zoological garden : jardin zoologique
zoology : zoologie
zoonosis : zoonose
zoophagous : zoophage
zoophilous : zoophile
zooplankton : zooplancton
freshwater ~ : zooplancton d'eaux douces
grazing ~ : "broutage" du zooplancton
marine ~ : zooplancton marin
zooplanktonic : zooplanctonique
zoosaprophagous : zoosaprophage
zoosaprophagy : zoosaprophagie
zooxanthellae : zooxanthelle
zymogenic : zymogénique

Index

Les quatre index suivants ont été établis selon un classement thématique : écologie, sciences de l'environnement, biogéographie et taxonomie. Ils permettent d'appréhender d'un seul coup d'œil l'ensemble des termes propres à ces disciplines.
Véritables guides de parcours dans le dictionnaire, ils offrent au lecteur la possibilité de rechercher un terme qui n'a pas nécessairement fait l'objet d'une entrée spécifique ou de découvrir un mot nouveau.
En règle générale, les termes qui correspondent à une entrée spécifique dans le corps du dictionnaire ne sont pas suivis de numéros de page, car ceci conduirait à une prolifération inutile de chiffres. Il convient, dans ce cas, de se reporter aux entrées alphabétiques. Cependant, certains mots qui font l'objet d'une entrée échappent à cette règle du fait de leur importance ou de leur fréquence d'emploi dans les divers articles, il nous a paru souhaitable d'indiquer, autant que possible, toutes les pages qui les mentionnent. Sont également indiquées les pages pour les mots qui ne correspondent pas à des entrées spécifiques. Les chiffres romains renvoient aux planches couleurs.

Index écologie

B

C

D

E

F

G

I

J

K

L

P

Q

R

S

T

U

Index environnement

A

B

D

E

F

G

H

I

J – K

L

M

N

Q

R

S

T

U

V

W

X

Z

Index biogéographique

A

B

C

D

E

N

O

P

Q

R

S

T

U

V

Index taxonomique

B

C

D

E

F

G

H

I

J

K

L

M

Q

R

S

T

Bibliographie

Abrahamsen G., Hovland J. et Hagvar S., « Effects of artificial acid rain and liming on soil organisms and decomposition of organic matter », in Hutchinson T.C. et Havas M. (Eds.), « Effect of acid precipitations on terrestrial ecosystems », *NATO Confer. ; Ser. I : Ecology*, Plenum Press, New York et Londres, 1980, p. 341-361.

Abramovitz J., « Imperiled waters, impoverished future: the decline of freshwater ecosystems », *Worldwatch Paper*, n° 128, Worldwatch Institute, Washington, 1996, n° 128, 80 p.

Abramovitz J., « Sustaining freshwater ecosystems », in *State of the World 1996,* Brown R.L., Flavin C. et Starke L. (Eds), Worldwatch Institute Washington, Norton New York Publ., p. 60-77.

Abramovitz J.N. et Mattoon A.T., « Paper cuts: recovering the paper landscape », *Wordlwatch Paper*, Worldwatch Institute Washington, n° 149, décembre 1999, 71 p.

Allaby M., *The Environment*, MacMillan Dictionary, MacMillan Ref. Book, Londres, 3e ed., 1988 (1977), 423 p.

Allaby M., *The Concise Oxford Dictionary of Ecology*, Oxford University Press, 1994, 415 p.

Allan J.D., *Stream Ecology: structure and function of running waters*, Chapman & Hall, Londres, 1995, 388 p.

Almer B., Dickson W., Ekstrom C. et coll., « Effects of acidification on Swedish lakes », *Ambio*, vol. 3, 1974, n° 1, p. 30-36.

Ambroggi, « Water », *Scient. Amer.*, vol. 243, n° 3, 1980, p. 90-105.

Amichot M., Bergé J.B., Cuany A. et al., « Bases moléculaires, génétiques et populationnelles de la résistance aux insecticides », in Lagadic L., Caquet T., Amiard J.C. et Ramade F., (Eds.), *Utilisation des biomarqueurs pour la surveillance de la qualité de l'environnement*, Lavoisier, Paris, p. 243-263.

Amoros C., Gibert J. et Greenwood M., « Interactions entre unités de l'hydrosystème fluvial », in Amoros et Petts (Eds) *Hydrosystèmes fluviaux*, Masson, Paris, 1993, p. 169-199.

Amoros C. et Petts G.E. (Eds), *Hydrosystèmes fluviaux*, Masson, Paris, 1993, Poll. Écologie, n° 24, 300 p.

Andersin A.B., Lassig G., Parkkonen L. et Sandler M., *The decline of macrofauna of the deeper parts of the Baltic proper and the gulf of Finland*, Proc. 5th Symposium of the Baltic Marine Biologists, Kieler Meeresforsch, Suppl. 4, 1978, p. 23-52.

Andrews M.J., « Thames estuary: pollution and recovery », in Sheehan et al., *Effect of pollutants at ecosystem level*, Scope n° 22, John Wiley and Sons, 1984, chap. V, p. 195-227.

Armstrong F.A., « Mercury in the aquatic environment », in *Effect of the Mercury in the Canadian environment*, NRCC, 16739, 1979, p. 84-100.

Arques P., *La pollution de l'air : causes, conséquences, solutions*, Edisud, 1998, 207 p.

Augier H., Boudouresque C.F., « *La végétation marine de l'île de Port-Cros* », Bull. Mus. Hist. Nat., Marseille, vol. 30, 1970, p. 22-28.

Barbault R., *Écologie des populations et des peuplements*, Masson, Paris, 1981, 200 p.

Barbault R., *Écologie générale*, Masson, Paris, 1990, 269 p.

Barbault R., Blandin P et Meyer J.A., *Recherches d'écologie théorique, les stratégies adaptatives*, Maloine, Paris, 1980, 299 p.

Barbero M., Bonin G., Loisel R. et Quezel P., « Changes and disturbances of forest ecosystems caused by human activities in the western part of the mediterranean bassin », *Vegetatio*, vol. 87, 1990, p. 151-173.

Barnes R.S.K. et Hughes R.N., *Introduction to Marine Ecology*, Blackwell Scient. Publ., Oxford, 1982, 329 p.

Barnes R. et Mann K.H., *Fundamental of aquatic ecosystems*, Blackwell Scient. Publ., 1980.

Bartsch A.F. et Ingram W.M., « Stream life and the pollution of the environment », in *Biology of water pollution*, U. S. Department of Interior. F.W.P.C.A., 1967, p. 119-127.

Batisse M., « Les réserves de biosphère, élaboration et mise au point du concept », *Nature et ressources*, UNESCO, vol. 32, 1986, n° 3, p. 1-10.

Baudin J.P., Lambrecht A. et Patty M., « Utilisation des mousses aquatiques comme bio-indicateurs de contamination radioactive », *Hydroécologie Appl.*, t. 3, 991, vol. 2, p. 209-240.

Bayne B.L., Brown D.A., Burns K. et Dixon D.R., *The effects of stress and pollution on marine animals*, Praeger Spec. Stud., 1985, New York.

Bébin J., « L'épuration biologique des eaux », *La Recherche*, vol. 19, janvier 1995, n° 195, p. 22-28.

Becker H., Fricke W., Lobel J. et Schurath U, « Formation, transport and control of photochemical oxidants », in Guderian R. (Ed.), *Air pollution by photochemical oxidants*, Springer Verlag, Berlin, 1985, 346 p.

Beddington J.R. et May R.M., « The Harvesting of interacting species in a Natural Ecosystem », *Scient. Amer.*, novembre 1982, p. 42-49.

Begon M., Harper J.L. et Townsend C.R., *Ecology : individuals, populations, communities*, Blackwell Scient. Publ., Oxford, 1986, 876 p.

Begon M. et Mortimer M., *Population Ecology*, Blackwell Scient. Publ., Oxford, 1986, 220 p.

Bellan-Santini D. et Poizat C., « Les biocœnoses benthiques », in Bellan-Santini D., Lacaze J.C. et Poizat C., *Les biocœnoses marines et littorales de Méditerranée : synthèse, menaces et perspectives*, Museum National d'Histoire Naturelle Pub., 1994, p. 47-145.

Berg H., Kiibus M. et Kautsky N., « DDT and other insecticides in the lake Kariba ecosystem, Zimbabwe », *Ambio*, vol. 21, n° 156 et 157, 1992, p. 440-450.

Berger A., *Le Climat de la Terre*, De Boeck Université pub., Bruxelles, 1992, 479 p.

Bernhardt-Reversat F., Huttel C. et Lemée G., « La forêt sempervirente de Côte d'Ivoire », in Lamotte et Bourlière (Eds) : *Problèmes d'Ecologie : Structure et fonctionnement des écosystèmes terrestres,* Masson, Paris, 1978, p. 313-345.

Blondel J., « Étude des populations d'oiseaux d'une garrigue méditerranéenne », *Terre et Vie*, 1965, n° 4, p. 311-342.

Blondel J., *Biogéographie et Écologie*, Masson, Paris, 1979, 173 p.

Blondel J., *Biogéographie évolutive*, Masson, Paris, 1986, 221 p.

Blus L.J., Andre A.B. et Prouty R.M., « Relations of the brown pelican to certain environmental polluants », *Pest. Monit. Journ.*, vol. 7, 1974, n° 8, p. 181-194.

Bodenheimer F.S., *Animal ecology to day*, C. Junk, La Haye, 1958, 276 p.

Bolin B. et Cook R.B. (Eds.) *The major biogeochemical cycle and their interaction*, John Wiley & Sons, Scope n° 21, 1979, 491 p.

Bolin B., Degens E.T. Kempe S. et al., *The global carbon cycle*, John Wiley & Sons, *Scope*, n° 21, 1983, 532 p.

Bolin B., Dos B.R. Jäger J. et al., *The greenhouse effect, climatic change and the ecosystem*, John Wiley & Sons, *Scope*, n° 29, 1986 (1887), 542 p.

Bolt B.A., *Geological hazards : earthquakes, tsunami, volcanoes, avalanches, landslides, floods*, Springer Verlag, Berlin, 1975.

Bolt B.A., Anderson D.L., Boore D. et al., « Earthquakes and volcanoes », *Scient. Amer.*, Freeman, San Francisco, 1980, 154 p.

Boraiko A.A., « Storing up trouble… hazardous waste », *Nat. Geogr.*, vol. 167, 1985, n° 3, p. 318-351.

Bouché M., « Les vers de terre », *La Recherche*, vol. 15, juin 1984, n° 156, p. 796-804.

Boucher O., « Air traffic may increase cirrus cloudiness », *Nature*, vol. 397, 7 janvier 1999, n° 6714, p. 30-31.

Boudouresque C.F. et Meinesz A., *Découverte de l'herbier de Posidonies.*, Publ du Parc National de Port-Cros, Cahier n° 24, 1991, 81 p., 50 fig.

Bourdeau P., Haines J.A., Klein W. et Murti K., « Ecotoxicology and climates », *Scope*, n° 38, John Wiley and Sons, 1989, 392 p.

Bourgeois J., Tanguy P., Cogne F. et Petit J., *La sûreté nucléaire en France*, Polytechnica Pub., Paris, 1996, 298 p.

Bourlière F. et Hadley M., « Ecology of tropical savannas », *Ann. Rev. Ecol. Systematics*, T. I, n°1970, p. 125-152.

Bourlière F., « The comparative ecology of rain forest animals in Africa and Tropical America: some introductory remarks », in Meggers B.J., Agensu E.S. et Dackworth W.D., *Tropical forest ecosystems in Africa and South America*, Smithsonian Institution Press, Washington, 1973, p. 279-292.

Bourlière F., « La savane sahélienne de Fété Olé, Sénégal », in *Problèmes d'Écologie : Structure et fonctionnement des écosystèmes terrestres*, Lamotte et Bourlière éd., Masson, Paris, 1978, p. 187-229.

Bournier A., *Les Thrips, biologie, importance agronomique*, Ed. de l'INRA, Paris, 1983, 128 p.

Boyd P.W., Watson A.J., Law C.S. et al., « A mesoscale phytoplankton bloom in the polar southern ocean stimulated by iron fertilization », *Nature*, vol. 407, n° 6805, 12 octobre 2000, p. 695-702.

Brady N.C., « *Nature and properties of soils* », McMillan, New York, 8^e^ ed., 1974.

Brahic A., Hoffert M., Schaaf A. et Tardy M., *Sciences de la Terre et de l'Univers*, Vuibert Ed., 1999, 634 p.

Breuer R., *Contact with the stars, the Search for extraterrestrial life*, Freeman and C^o^, Oxford et San Francisco, 1982, 292 p.

Brinksworth B.J., « Direct use of solar energy », in *Energy resources and the environment*, Lenihan J. et Fletcher W. W. Ed., Blackie, Londres, 1975, p. 157-189.

Broecker W.S., « Man's oxygen reserves », *Science*, vol. 168, 1970, n° 3939, p. 1537-1538.

Broecker W.S., « The biggest chill », in White J.C. Ed., *Global climate change linkages*, Elsevier, 1989, p. 13-22.

Brooke M. et Birkhead T., *The Cambridge Encyclopedia of Ornithology*, Cambridge University Press », 1991, 362 p.

Brousseau P., Dunier M., Deschaux P. et al., « Marqueurs immunologiques », in Lagadic L., Caquet T., Amiard J.C. et Ramade F., (Eds.), « *Biomarqueurs en Ecotoxicologie* », Masson, Paris, 1997, p. 287-314.

Brown L.R., « Human food production as a process in the biosphere », *Scient. Amer.*, vol. 223, 1970, n° 3, p. 170-180.

Brown L.R. et Wolff E.C., « *Reversing Africa's Decline* », Worlwatch Paper, Washington, n° 60, 1984, p. 14-15 p.

Brown L.R. , Flavin C. et French H. (Eds.), « *State of the World 1998* », Worldwatch Institute Washington, Norton & Co. publ., 1998, 252 p.

Butler J.H., Battle M., Bender M.L. et al., « A record of atmospheric pollution during the twentieth century from polar firn air », *Nature*, vol. 399, 24 juin 1999, n° 6738, p. 749-755.

Calamari D., Bacci E., Focardi S., Gaggi C., Morosoni M. et Vigni M., « Role of plant biomass in the global environmental partitionning of chlorinate hydrocarbous », *Envir. Sci. Technol.*, vol. 25, 1991, n° 8, p. 1489-1495.

Calow P., *Life Cycles*, Chapman and Hall, Oxford, 1978, 164 p.

Calow P. (Ed.), *Concise Encyclopedia of Ecology*, Blackwell Science Ltd, Oxford, 1997, 152 p.

Campbell C.J.et Laherrere J.H., « The end of cheap oil », *Scient. Amer.*, mars 1998, p. 60-65.

Cann R., in Lewin, « L'origine de l'anthropologie moléculaire », *La Recherche*, vol. 22, 1991, p. 1250.

Capaldo K., Corbett J., Kasishatla P. et al., « Effects of ship emissions on sulphur acycling and radioactive climate forcing over ocean », *Nature*, vol. 400, 19 août 1999, n° 6746, p. 743-759.

Caquet T. et Lagadic L., « Conséquences d'atteintes individuelles précoces sur la dynamique des populations et la structuration des communautés et des écosystèmes », in Lagadic L., Caquet T., Amiard J.C. et Ramade F. (Eds), *Utilisation des biomarqueurs pour la surveillance de la qualité de l'environnement*, Lavoisier, Paris, 1997, p. 2654-296.

Caquet T., Thybaud E., Le Bras S., « Utilisation de mésocosmes pour l'étude du comportement et des effets biologiques des composés phytosanitaires en milieu aquatique. Application à la Deltaméthrine », *Med. Fac. Land. Univ. Gent.*, vol. 54, 1989, n° 3, p. 1049-160.

Caquet T. et Ramade F., *Indicators for the assessment of the impact of pesticides on water*, ELISA project, European Union, Dept. of Environmental Research, Tillburg, 1998, 19 p.

Caquet T. et Rivoal F., *État de l'art de la recherche sur les impacts des phytosanitaires sur la faune et la flore dans les différents compartiments de l'environnement*, Convention de recherche DGAD/SRAE/97140, Ministère de l'Environnement, 1999, 422 p.

Caquet T., Lagadic L. et Ramade F., *Recherches méthodologiques sur l'utilisation de mésocosmes adaptés à l'évaluation de l'impact potentiel de pollutions chimiques d'origine industrielle et/ou diffuse en milieu aquatique*, Rapport final Convention Rech. Agence de l'eau Seine-Normandie, n° 931177, 1996, 287 p.

Caroll A., in Fox, op.cit., p. 181.

Casse F., « Le maïs et la résistance aux antibiotiques », *La Recherche*, n° 137, janvier 2000, p. 37 (Fig).

Castany G., *Principes et méthodes de l'hydrogéologie*, Dunod, Paris, 1982, 238 p.

CEA, *Informations utiles*, Éditions de 1998 et 2000, 84 p.

CEA, *Memento sur l'énergie*, Édition 2000, juillet 2000, 78 p.

CEA-IPSN, *L'accident de Tchernobyl*, Institut de Protection et Sûreté Nucléaire, Rapport n° 2186, juin 1986, 153 p., fig, pl.

Changnon S.A., « Laporte meteorological anomaly », *Bull. Amer. Meteorol. Soc.*, vol. 49, 1968, p. 411.

Chauvet B., « The forest of Madagascar », in *Biogeography and Ecology of Madagascar*, Richard-Vindard et Battestini (Eds.), 1972, p. 191-199.

Chauvet M. et Olivier L., *La biodiversité, enjeu planétaire*, Ed. Sang de la Terre, 1993, 415 pp.

Chiras D.D., *Environmental Science*, Cummings Publ. C°, Redwoods City, Cal., 3e ed., 1991, 547 p.

Chiverton P.A. et Sotherton N.W., « The effects on beneficial arthropods of the exclusion of herbicides from cereal edges », *Journ. Appl. Ecol.*, vol. 28, 1991, p. 1027-1040.

Chivian E., Chivian S., Lifton R.J., Mack J.E., *Last aid. The medical dimensions of nuclear war*, Freeman and C°, San Francisco, 1982, 338 p.

CIPEL, « Rapports sur les études et recherches entreprises dans le bassin lémanique », campagne 1991, Commission Internationale pour la protection des eaux du Léman, Lausanne, Suisse, 1992.

Clark R.B., *Marine Pollution*, Clarendon Press Pub., Oxford, 1994, 3e ed., 172 p.

Clarke G.L., *Elements of ecology*, John Wiley, 3e ed., 1959, 534 p., fig., pl.

CNEXO, « Amoco-Cadiz–Conséquences d'une pollution accidentelle par les hydrocarbures », Actes du Colloque International organisé par le COB, Brest, novembre 1979, 881 p.

Cody M.L., « Diversity, rarety and conservation in Mediterranean climate regions », in Soule M.E., *Conservation biology : the science of rarely and diversity*, Sinaveras Pub., Sunderland, 1986, p. 122-152.

Cohen R.L., « The disposal of radioactive waste from fusion reactors », *Scient. Amer.*, vol. 236, juin 1977, n° 6, p. 21-31.

Cole L., « The ecosphere », *Scient. Amer.*, avril 1958.

Collins F.C. et Jegalian K.G., « Deciphering the code of life », *Scient. Amer.*, vol. 281, décembre 1999, n° 6, p. 51-55 .

Cook E., « Ionizing radiations », in Murdoch, *Environment, ressources, pollution*« , Sinauner Ed., 1971, p. 267.

Cook E., « Flow of energy through technological society », in *Energy, resources and the environment*, Lenihan J. et Fletcher W.W. Eds, Blackie, Londres, 1975, p. 30-62.

Cooper P.F., Hobson J.A. et Jones S., « Sewage treatment by reed bed systems », *J. Int. Water*, E. M., vol. 3, 1989, p. 60-74.

Courtin R., McKay P. et Pollack J., « L'effet de serre dans le système solaire », *La Recherche*, vol. 23, mai 1992, n° 243, p.542-549.

Cowardin L.M., Carter V., Golet F.C. et La Roe E.T., *Classification of wetlands and deep water habitats in the USA*, US Fish and Wildlife Service, Washington, 1979, FW51OBS-79/31.

Cox B. et Moore P.D., *Biogeography. An ecological and evolutionary approach*, Blackwell Scient. Public., Oxford, 5e ed., 1993, 326 p.

Crosby D.G. et Wong, « Environmental, degradation of 2,

3, 7, 8 tetrachlorodibenzo-para-dioxin (TCDD) », *Science*, vol. 195, mars 1977, p. 1337-1338.

Crutzen P.J., « Ozone depletion : ultraviolet on the increase », *Nature*, vol. 356, 12 mars 1992, n° 6365, p. 104-105.

Dasmann R.F., *Environmental Conservation*, John Wiley & Sons, New York, 1972, 3e ed., 473 p.

Davis S.D., Heywood V. et Hamilton A.C., *Centres of plant diversity, a grid and strategy for their conservation*, IUCN Publ. Unit., Cambridge, 1999, 354 p.

Décamps H., *La vie dans les cours d'eau*, Paris, PUF, 1971, 126 p.

Décamps H. et Fortuné M., in Risser, *Long Term Ecological Research*, Wiley, 1991, p. 145.

Décamps H. et Naiman R.J., « L'écologie des fleuves », *La Recherche*, vol. 20, mars 1989, n° 208, p. 310-319.

Decker R. et Decker B., « The eruption of the Mount St Helens », *Scient. Am.*, vol. 244, 1981, n° 3, p. 52-64.

Delanoë O., de Montmollin B. et Olivier L., *Conservation of mediterranean island plants. A Strategy for action*, IUCN/SSC Gland, Suisse, 1996, 106 p.

Depledge M.H., « The rational basis for use of biomarkers as ecotoxicological tool », in Fossi M.C. et Leonzio C. (Eds.), *Non destructive biomarkers in Vertebrates*, Lewis Publ., Boca Raton, Florida, 1994, p. 261-285.

Depledge M.H. et Fossy M.C., *The role of biomarkers in environmental assessment*, (2) Invertebrates, *Ecotoxicology*, vol. 3, 1994, p. 101-172.

Diamond J.M., « Distribution ecology of New Guinea Birds », *Science*, vol. 179, 1973, n°4075, p. 759-769.

Diamond J.M., « The present, past and future of human-caused extinctions », *Phil. Trans. Roy. Soc.*, 1989, B. 325, p. 469-477.

Doolittle W.F., « Uprooting the tree of life », *Scient. Amer.*, vol. 282, février 2000, n° 2, p. 72-77.

Dorst J., *Avant que nature ne meure*, Delachaux et Niestlé, 1965, 424 p.

Dorst J., *Les migrations des oiseaux*, Payot, 1956, 432 p.

Downing R., Ruman Kutty R. et Sha H.J., « An assessment model for acid deposition in Asia », *World Bank Publ.*, Washington, 1997, 60 p.

Duchaufour P., *Précis de pédologie*, Masson, Paris, 1965, 481 p.

Duchaufour P., *Abrégé de pédologie*, Masson, 1991, 289 p.

Dupas A., « Les chlorofluorocarbones produits par l'homme sont-ils une menace pour l'ozone stratosphérique ? », *La Recherche*, n° 61, novembre 1975, vol. 6, p. 970-973.

Dussart B., *Les copépodes des eaux continentales*, Boubée et Co Eds, Paris, vol. 1, 1967, 500 p.

Dussart B., *Les copépodes des eaux continentales*, Boubée et Co Eds, Paris, vol. 2, 1969, 292 p.

Duvigneaud P., *L'écologie, science moderne de synthèse*, vol. 2 : *Écosystèmes et biosphère*, Ministère de l'Éducation Nationale et de la Culture, Bruxelle, 1967, 137 p.

Duvigneaud P., *La synthèse écologique*, Doin, Paris, 1974, 296 p.

Earthwatch, *Population and natural Resources*, n°16, 1984, p. 2.

Echaubard M. et Neveu A., « Perturbations qualitative et quantitative d'un ruisseau à truites, La Couze Pavin (Puy de Dôme), dues aux pollutions agricoles et urbaines », *Ann. Stat. Biol. Besse en Chandesse*, 1975, vol. 9, p. 1-24.

Edmondson W.T., « Eutrophication in North America », in *Eutrophication : causes, conséquences, directives*, National Academy of Science, Washington, 1969, p. 124-149.

El Kassas M., « Arid and semi-arid lands : an overview », in United Nations Environment Programme, *Overview in the present subject area : land, water and desertification*, Nairobi, février 1973, 1975.

Elliot J.M., Humposh U.H. et Macan T.T., « Larvae of the British Ephemeroptera : a Key with Ecological notes », Freshwater Biological Association, Windermere, *Scient. Publ.*, n° 49, 1988, 145 p.

Elsom D., *Atmospheric pollution*, Basil Blackwell, Oxford, 1989 (1987), 366 p.

Erwin T.L., « Tropical forest canopy : the last biotic frontier », *Bull. Entomol. Soc. Amer.* (spring), vol. 19, 1983, p. 14-19.

Erwin T.L., » Tropical forest canopy, the heart of biodiversity », in Wilson (Ed.), « *Biodiversity* », National Academic Press, Washington, 1988, p. 123-129.

Estienne P. et Godard A., *Climatologie*, Armand Colin, Paris, 1979, 4e ed., 368 p.

Falkenmark M., « New ecological approach to the water cycle : ticket to the future », *Ambio*, vol. 13, 1984, n° 3, p. 152-160.

Falkenmark M., Lundquist J. et Widstrand C., *Water scarcity : an ultimate constraint in Third World development*, Tema V, Report n° 14, Dept. Water and Environmental studies, University of Unköping, 1990.

Falkenmark M. et Widstrand C., « Population and water resources : a delicate balance », *Population Bull.*, Washington, 1992, vol. 47, n° 3, 35 p.

FAO in WRI, 1991, World resources 1992-1993, Chap. 12 *Ocean and coasts*, p. 179.

FAO, « Statistiques des pêches », FAO Fishery Yearbook, vol. 84, 1999, n° 52, 703 p.

Fearnside P.M., « Amazonie : la déforestation repart de plus belle », *La Recherche*, vol. 294, janvier 1997, p. 44-47.

Fenner F. et Ratcliffe F.N., *Myxomatosis*, Cambridge University Press, 1965, 369 p.

Ferry B.W., Baddeley M.S. et Hawksworth D.L., *Air pollution and lichens*, The Athlone Press University of London, 1973, 390 p., figs.

Findley R., « Will we save our endangered forest », *Nat. Geogr.*, vol. 178, 1990, n° 3, p. 106-136.

Finlayson-Pitts B. et Pitts J.N., « Tropospheric air pollution : ozone, airborne toxics, Polycyclic Aromatic Hydrocarbons and Particles », *Science*, vol. 176, 16 mai 1997, p. 1045-1052.

Fitter R. et Manuel R., *Field guide to freshwater life*, Collins Field Guide Ser., Londres, 1986, 382 p.

Flavin C. et Tunali O., « New strategies for stabilizing the world atmosphere », *Worldwach paper*, n° 130, Worldwatch Institute, Washington, juin 1996, 84 p.

Foster R.F., Ophel L.L. et Preston A., « Évaluation of human radiation exposure », in *Radioactivity in the marine environment*, Rap. Nat. Acad. Sci, Washington, 1971, p. 240-260.

Foster R.F. et Rostenbach R.E., « Distribution of radioisotopes in the Columbia river », *Journ. Amer. Water Wks. Assoc.*, vol. 46, 1954, p.640-663.

Foulquier L., Garnier-Laplace J., Descamps B., Lambrechts A. et Pally M., « Exemples d'impact radioécologique des centrales nucléaires sur des cours d'eau français », *Hydroécol. Appl.*, t. 3, 1991, vol. 2, p. 149-208.

Fowler E.B., *Radioactive fallout : soils, plants, food, man*, Elsevier, Amsterdam, 1965, 317 p.

Fox R.W., « The world urban explosion », *National Geograph.*, Washington, vol. 166, août 1984, n° 2, p. 179-185.

Frankham R. et Ralls K., « Inbreeding leads to extinction », *Nature*, vol. 392, 2 avril 1998, p. 441-442.

Freedman B. et Hutchinson T.C., « Smelter pollution near Sudbury, Ontario, Canada, and effects on forest litter decomposition », in Hutchinson T.C. et Havas M., *Effects of acid precipitation on terrestrial ecosystems*, NATO Conf. Ser., Ser. I : Ecology, Plenium Press, 1980, p. 395-434.

Frith H.J. , « Incubator birds », *Scient. Amer.*, août 1959, p. 142-148.

Frontier S., « Interface entre deux écosystèmes : exemple dans le domaine pélagique », *Ann. Inst. Océanogr.*, 54, 1978, n° 2, p. 95-106.

Frontier S. et Pichod-Viale D., *Écosystèmes : structure, fonctionnement, évolution*, Masson, Paris, 1991, 392 p.

Fuhrman J.A., « Marine viruses and their biogeochemical and ecological effects », *Nature*, vol. 399, 10 juin 1999, p. 541-548.

Gaston K.J., *Rarity*, Chapman and Hall, Population and Community Biology series, n° 13, 1994, 205 p.

Gaston K.J. (Ed.), *Biodiversity : a biology of numbers and difference*, Blackwell Science, Oxford, 1996, 396 p.

Gates O.M., « The flow of energy in the biosphere », *Scient.Amer.*, vol. 224, 1971, n° 3, p. 88-98.

Gerlach S.A., *Marine Pollution : diagnosis and therapy*, Springer Verlag, Berlin, 1981, 218 p.

Gervais P., « Maladie asthmatique et agression chimique », *Rev. frse. Allergol.*, vol. 34, 1994, n° 5, p. 403-407.

Ginet R. et Decou V., *Initiation à la biologie et à l'écologie des eaux souterraines*, Delarge Ed., Lyon, 1977, 345 p.

Glasstone S. et Dolan P., « *The effects of nuclear weapons* », 3e ed., US Dept. of Defense and US Dept. of Energy, Castlehouse Pub. Ltd., 1980, 654 p.

Glazovsky N.F. et Mainguet M., « Le bassin de l'Aral, quelques aspects d'un désastre écologique », *Sécheresse*, vol. 3, 1992, septembre 1992, n° 3, p. 143-153.

Gleick P.H., *Water in crisis : a guide to the world's Fresh water Resources*, Oxford Univ. Press, 1993, 473 p.

Gleick P.H., *The world water 1998-1999 et 2000-2001*, Island Press, vol. 1, 2000.

Gleick P.H., « Making every drop count », *Scient. Amer.*, vol. 224, février 2001, n° 2, p. 29-33.

Goacolou J. et Echaubard M., « Influence des traitements phytosanitaires sur les biocœnoses limniques : III, le phytoplancton », *Hydrobiologia*, vol. 148, 1987, p. 269-280.

Gonzales F.I., « Tsunami », *Scient. Amer.*, vol. 280, mai 1999, n° 5, p. 44-45.

Goodland J.A. et Irwin S.A., *Amazonia : green hell to red desert*, Elsevier, New York, 1975, 156 p.

Gouyon P.H., Henry J.P. et Arnould J., *Les avatars du gène : la théorie néodarwinienne de l'évolution*, Belin Pub., Paris, coll. Regards sur la Science, 1997, 336 p.

Graedel T.E. et Crutzen P.J., *Atmospheric changes*, Freeman & C°, 1993, 446 p.

Graham M., *The Fish Gate*, Faber & Faber, Londres, 1949.

Grassé P.P., *Traité de Zoologie*, Masson, Paris, Tome I, 1952, Tome II, 1994.

Graves J. et Reavey D., *Global Environmental changes: plants, animals and communities*, Longman, Londres, 1996, 226 p.

Green G.M. et Sussman R.W., « Deforestation History of the Eastern rain forest of Madagascar from satelitte images », *Science*, vol. 248, 1990, 13 april 1990, p. 212-215.

Grenon M., *Énergie et environnement en Méditerranée*, PNUE-Economica, fascicule Plan-Bleu n°7, 1993, 300 p.

Grodzinski W., Wiener J. et Maycock P.F., *Forest ecosystems in Industrial regions*, Springer, Berlin, 1985, 275 p.

Groombridge R. (Ed.), « *Global biodiversity : status of the earth's living resources* », Report Compiled by the World Conservation Monitoring Centre (WCMC), Chapman and Hall, Londres, 1992, 585 p.

Guderian R. (Ed.), *Air pollution by photochemical oxidants*, Springer Verlag, Berlin, 1985, 346 p.

Guillemin C. et Roux J.C., *Pollution des eaux souterraines en France*, Editions du BRGM, Manuels et Méthodes, n° 23, Orléans, 1994, 260 p.

Gulland J.A., *The managment of marine fisheries*, Scientechnia Publ., Bristol, 1974, 198 p.

Guinochet M., *Phytosociologie*, Masson, Paris, 1973, 227 p.

Gullison R.E., Rice R.E. et Blundell A.G., « Marketing species conservation financial incentives can be found to conserve a species threatened by trade », *Nature*, vol. 404, 27 avril 2000, n° 6781, p. 923-924.

Gupta R.S. et Kureishi T.W., in Moore J.W. et Ramamoorthy S., *Organic chemicals in natural Waters,* t. 7 *Petroleum Hydrocarbons,* Springer Verlag, 1984, p. 115-140.

Guteridge J.M.C., Halliwell B., « The measurement and mechanisms of lipids peroxidation in biological systems », *TIBS*, vol. 15, 1990, p. 129-135.

Hammond , 1995, cité in Ramade F., Hachette, 1998, p. 84.

Hansen M.D., « Assessment of ecosystem health: evoluating and monitoring the health of large-scale ecosystems », in Rapport D.J., Gaudet C.L. et Calow P., *Evaluating and*

Monitoring the health of large-scale ecosystems, Springer, Berlin, 1995, NATO ASI Ser. I : Global Environmental changes, vol. 28, 1995, p. 195-218.

Harrison S., « Local extinction in a metapopulation context: an empirical evaluation », *Biological Journal of the Linnean Society*, vol. 42, 1991, p. 73-88.

Harrison S., « Metapopulation and conservation », in Edwards P.J., May R.M. et Webb N.R. (Eds), « Large scale ecology and conservation biology », *Symposium of the British Ecological Society*, vol. 35, 1994, p. 111-128.

Harrison S., Murphy D.D. et Ehrlich P.R., « Distribution of the bay checkerspot butterfly *Enphydryas editha bayensis* : evidence for a metapopulation model », *American Naturalist*, vol. 132, 1988, p. 360-382.

Hart M.H., « A History of the earth's atmosphere », *Sky and Telescope*, 53, avril 1977, n° 4, p. 266.

Hart M.H., « The evolution of atmosphere of the earth », *Icarus*, vol. 33, 1978, p. 23.

Hart M.H., « Habitables zones about main sequence stars », *Icarus*, vol. 37, 1979, p. 351.

Hartmann J., « Fischereiliche verandermingen in kulturbedingt eutrophierenden seen », *Schweiz. Zeits. Hydrol.*, vol. 39, 1977, p. 243-254.

Harwell M.A. et Hutchinson T.C. (Eds), « *Environmental consequences of nuclear war* », vol. 2., « *Ecological and agricultural effects* », John Wiley, New York, *Scope*, n° 28, 1985, 576 p.

Harwell M.A., Hutchinson T.C.,Cropper W.P. et Harwell C., « *Vulnerability of ecological systems to climatic effects of nuclear war* », in Harwell M.A. et Hutchinson T.C. (Eds), « *Environmental consequence of nuclear war* », *Scope*, n° 28, John Wiley & Sons, 1985, 576 p., tome II, p. 81-171.

Haslam S.A., *River Plants*, Cambridge University Press, 1978, 396 p.

Hasler A.D., « Man induced eutrophication of lakes », in Singer S.F. (Ed.), *Global Effects of Environmental Pollution*, Reidel Ed., Dordrecht, Hollande, 1970, p. 110-125.

Haub C. et Cornelius D., « 2000 World Population Data sheet », *Population Reference Bureau*, Washington, juin 2000, 16 p.

Hayes J.M., « The earliest memories of life on earth », *Nature*, vol. 384, 7 novembre 1996, p. 21-22.

Heap I.M., « The occurrence of herbicide-resistant weeds worldwide », *Pestic. Sci.*, vol. 51, 1997, p. 235-243.

Heywood V., « The mediterranean flora in the context of world biodiversity », *Ecologia Mediterranea*, vol. 21, 1995, p. 11-18.

Heywood V. et Zohary D., « A catalogue of the wild relatives of cultivated plants native to Europe », *Flora mediterranea*, vol. 5, 1995, p. 375-415.

Heywood V.H. et Watson R.T. (Eds), *Global biodiversity assessment*, Cambridge University Press, 1995, 1190 p.

Hickin N.E., *Caddis fly larvae: larvae of the British Trichoptera*, Hutchinson of London pub., 1967, 476 p.

Hill M.K., *Understanding Environmental Pollution*, Cambridge University Press, 1997, 316 p.

Hodgson B., « Alaska's big spill », *Nat. Geograph.*, vol. 177, n° 1, 1990, p. 5-43.

Hodgson B., « Can the wilderness heal ? », *Nat. Geog.*, vol. 177, n° 1, 1990, p. 4-43.

Holland M.M., Wingham D.F. et Gopal B., « The characteristics of wetland Ecotones », in Naiman R.J. et Décamps H., *The ecology and management of aquatic terrestrial Ecotones*, Parthenon Pub., Carnforth et UNESCO, Paris, MAB ser., n° 4, 1990, 316 p.

Holling C.C., « The components of predation as revealed by the study of a small mammal predation of the european pine sawfly », *Canad. Entom.*, vol. 91, 1959, p. 293-320.

Honodyski R.J. et Knanth L.P., « Life on land in the Precambrian », *Science*, vol. 263, 1994, p. 494-498.

Houghton J.T. et al., *Climate change 1995: the science of climate change*, Cambridge University Press, 1996, p.25.

Houghton J.T., Ding Y., Griggs D.J. et al., *Climate change 2001 : the scientific basis*, IPCC Report, Cambridge University Press, 2001, 880 p.

Hubert K., « Energy resources », in *Resources and Man*, Ac. Nles des Sci. U.S., Freeman ed., 1969, p. 157-242.

Hubert P., Meybeck M. et Olive P., « Etude par le tritium de la dynamique des eaux du lac Léman (Lac de Genève*)* », *C. R. Acad. Sci., Paris*, Sér. D, vol. 270, 1970, p. 1298-1301.

Hunter M.L., *Fundamentals of Conservation Biology*, Blackwell Science, Cambridge Mass. et Oxford, 1996, 426 p.

Huston M.H., *Biological diversity. The coexistence of species on changing landscapes*, Cambridge University Press, 1994, 681 p.

Hutchinson E., « The biosphere », *Scient. Amer.*, vol. 223, n ° 3, 1970, p. 44-53.

Hutchinson T.C. et Havas M. (Eds.), « *Effects of acid precipitations on terrestrial ecosystems* », Proc. Nato Conf. On effects of acid precipitation on vegetation and soils, Toronto, 1978, Plenum Press ed., New York et Londres, 1980, 654 p.

Hutchinson T.C. et Meema K.M., « Lead, Mercury, Cadmium and Arsenic in the environment », John Wiley and Sons, Chichester and New York., *Scope*, n° 31, 1987, 360 p.

Hynes H.B.N., *The biology of polluted waters*, Liverpool University Press, 1960, 202 p.

IFEN (Institut Français de l'Environnement), *L'environnement en France*, 1999, IFEN-La découverte Eds, 1998, 480 p.

Imbrie J. et Palmer-Imbrie K., *Ice Ages*, Harvard University Press, Cambridge, Mass., 1979, 224 p., p. 13.

Institut Français de l'Environnement, *L'environnement en France, 1999*, IFEN-La découverte Eds, 1998, 480 p.

Ivanov M.V., Freney J.R., « The global biogeochemical sulfur cycle », *Scope*, n° 19, John Wiley & Sons, 1983, 470 p.

Jablonski D., « Extinctions in the fossil record », in *Extinction Rates*, Lawton J.H. et May R.M. Eds, Oxford Univ. Press, 1995, p. 25-44.

Jefferies D.J. et French M.C., « Hyper and hypothyroidism in pigeons fed DDT : an explanation for the thin eggshell phenomenon », *Environ. Pollut.*, 1971, n° 1, p. 235-242.

Jenkins C., « Étude de l'imprégnation plombique du pigeon biset (*Columba livia*) vivant en milieu urbain », *Rev. d'Écologie, Terre et Vie*, t. XXIX, n° 3, 1975, p. 465-480.

Jolly A., « Madagscar, a world apart », *Nat. Geogr.*, vol. 171, février 1987, n° 2, p. 148-183.

Jordan C., *Conservation: replacing quantity with quality as a goal for global management*, John Wiley and Sons, New York, 1995, 340 p.

Jouventin P. et Weinerkirch H., « Long term changes in Sea-birds and Seals populations in the Southern Ocean », in *Antarctic Ecosystems*, Kerry et Hempd ed., Springer, Berlin, 1990, p. 208-213.

Joussaume S., *Climats d'hier et de demain*, Éditions du CNRS, 2e ed., 2000, 143 p.

Kandel R. et Courel M.F., « Le Sahel est-il responsable de sa sécheresse ? », *La Recherche*, n° 158, septembre 1984, p. 1152-1154.

Karl B.T. et Trenberth K.E., « The human impact on climate », *Scient. Amer.*, vol. 281, déc. 1999, n° 6, p. 62-67.

Kasting F., Toon O.B. et Pollack J.B., « How climate evolved on the terrestrial planets », *Scient. Amer.*, vol. 258, février 1988, n° 2, p. 46-53.

Kearny C.H., « On nuclear winter », *Science*, vol. 227, 25 janvier 1985, p. 236-237.

Keeling C.D., Whorf T.P., Wahlen M. et Van der Plich J., « Interannual extremes in the rate of rise of atmospheric carbon », *Nature*, vol. 375, n° 6533, 22 juin 1995, p. 666-670.

Kent M.M., « World population: fundamentals of growth », *Population reference bureau*, Washington, décembre 1984, 10 p.

Kerr R.A., « Doubling of atmospheric Methane supported », *Science*, vol. 226, 1984, n° 4677, p. 954-955.

Kerfoot W.C. et De Moott W.R., « Food webs dynamics : dependent chains and vaulting », in Meyers et Strickler (Eds), *Trophic interactions in aquatic ecosystems*, A Symposium # 85 Washington Westview Press, Boulder, 1985, p. 347-382.

Kerfoot W.C. et al., « Interactions among Cladoceran : food limitation and exploitative competition », *Arch. Hydrobiol. Beih. Ergeb.Limnol.*, vol. 21, 1985, p. 431-451.

Kerr R.A., « Oil and Gas estimates plummet », *Science*, vol. 245, 22 septembre 1989, p. 1330-1331.

Kessel B., « Distribution and migration of the european starling in North-America », *Condor*, vol. 55, 1953, p. 49-67.

Kershaw P.J., Woodhead D.S, Malcolm S.J. et Allington D. J., « A sedimentary history of Sellafield discharge », *J. Environ. Radioact.*, vol. 12, 1990, p. 201-241.

Labeyrie J., *L'Homme et le climat*, Denoel, 1885, 281 p.

Labeyrie V., « Modèles écologiques et aménagement de l'espace », *Experiencia*, Bâle, vol. 28, 1972, p. 616-622.

Labeyrie V., *Contraintes économiques, équilibres et activités humaines*, Économie appliquée, t. XXXVII, 1984, n° 2, p. 243-277.

Labroue L., Capblancq J., Salençon M.J., Tourenq J.N. et Mur C., « Évolution saisonnière des éléments minéraux nutritifs (P, N, Si) et de l'oxygène dissous dans le lac de Pareloup », *Hydroécol. Appl.*, tome 6, 1994, vol. 1-2, pp. 87-114.

Lacaze J.C., *Étude expérimentale de l'influence des produits pétroliers sur la production primaire de l'environnement marin*, Thèse de Doctorat Es-Sciences Université de Paris, 1978.

Lacaze J.C., *La pollution pétrolière en milieu marin*, Masson, Paris, 1980, 130 p.

Lacoste A. et Salanon R., *Éléments de Biogéographie et d'Écologie*, Nathan, Paris, 2e ed., 1999 (1969), 318 p.

Lagadic L., Caquet T., Amiard J.C. et Ramade F. (Eds), *Biomarqueurs en Écotoxicologie*, Masson, Paris, 1997, 419 p.

Lagadic L., Caquet T. , Amiard J.C. et Ramade F. (Eds), *Utilisation des biomarqueurs pour la surveillance de la qualité de l'environnement*, Lavoisier, Paris, 1998, 320 p.

Lamb P.J. et Peppler R.A., « Further case studies of tropical Atlantic surface, atmospheric and oceanic patterms associated with subsaharean drought », *Journ. of Climate*, 1992, vol. 5.

Lambert G., « Les gaz à effet de serre », *La Recherche*, vol. 23, n° 243, 1992, p. 550-557.

Lamotte M. et Bourlière F., *Problèmes d'Écologie, Écosystèmes limniques*, Masson, 1983, 284 p.

Lamotte M. et Bourlière F., *Problèmes d'Écologie, Structure et fonctionnement des écosystèmes terrestres*, Masson, 1978, 396 p.

Landis W.G. et Yu Ming Ho, *Introduction to environmental toxicology*, Lewis Publisher, CRC Press, Boca Raton, Floride, 1995, 328 p.

Langham W.H., « Biospheric contamination by radioactive fallouts », in Fowler E.B., *Radioactive fallout: soils, plants, food, man*, Elsevier, Amsterdam, 1965, p. 1-18.

Laundon J.R., « Urban lichens studies », in Ferry B.W., Baddeley M.S. et Hawksworth D.L., « *Air pollution and lichens* », The Athlone Press University of London, 1973.

Lawton J.H. et May R.M., *Extinction Rates*, Oxford University Press, 1995, 233 p.

Lear R. et Turner T., *Mangroves of Australia*, University of Queensland Press, 1977, 84 p.

Lemée G., « *Précis de Biogéographie* », Masson, 1967, 358 p.

Lenihan J. et Fletcher W.M., *Environment and man*, vol. 1 *Energy, Resources and the environment*, Blackie Pub., Londres, 1975, 194 p. ; vol. 2, *Food, Agriculture and the environment*, Blackie Pub., Londres, 1975, 130 p. ; vol. 5, *The Marine environment*, Blackie Pub., 1977, 170 p. ; vol. 6,*The Chemical environment*, Blackie Pub., 1977, 164 p.

Lethiers F., *Évolution de la biosphère et événements géologiques*, Gordon and Breach Science Publ., 1999, 321 p.

Le Treut H. et Kandel R., « Que nous apprennent les modèles du climat ? », *La Recherche*, vol. 23, 1992, n° 243, p. 572-583.

Libmann J., « Éléments de sûreté nucléaire », *Les éditions de physique*, IPSN, Orsay, 1996, 574 p.

Lieth H. et Whittaker R.H., *Primary productivity of the biosphere*, Springer-Verlag, 1975, 339 p.

Likens G.E., Bormann F.H., Johnson N.M. et al., « Effects of forest cutting and herbicide treatment on nutrient budgets in the hubbard brook watershed-ecosystem », *Ecol. Monographs*, 40, 1970, p. 23-47.

Lincoln R.J. et Boxshall G.A., *The Cambridge illustrated Dictionary of Natural History*, Cambridge University Press, 1990 (1987), 413 p.

Lorius C. et Duplessy J.C., « Les grands changements climatiques », *La Recherche*, vol. 8, nov. 1977, n° 83, p. 947-955.

Lowry W.P., « The Climate of Cities », *Scient. Amer.*, vol. 217, n° 2, août 1967, p. 15-23.

MacArthur R.H. et Wilson R.O., « An equilibrium theory of insular biogeography », *Evolution*, vol. 17, 1963, p. 373-387.

Mace G.M. et Lande R., « Assessing extinction threats : towards a reevaluation of IUCN threatened species categories », *Cons. Biol.*, vol. 5, 1991, n° 2, p. 148-157.

Mac Cormac B.M., *Introduction to the scientific study of atmospheric pollution*, Riedel Ed., Dordrecht, 1971, 169 p.

Mac Dermott W., « Air pollution and public health », *Scient. Amer.*, octobre 1961.

Mac Ginn A.P., « Safeguarding the health of oceans », WorldWatch Institute, Washington, *World Watch Paper*, n ° 145, mars 1999, 190 p.

Mairson A., « The great flood of 93 », *Nat. Geogr.*, vol. 185, 1994, n° 1, p. 42-81.

Marchand M., Conan G. et d'Ozouville L., « Bilan écologique de *l'Amoco Cadiz* », Rapport Scient. Techn., CNEX, vol. 40, 1979.

Marchessaux D. et Muller N., *Le phoque moine*, Parc National de Port Cros Pub., 1988, 4 p.

Margat J. et Vallée D., *Vision méditerranéenne sur l'eau, la population et l'environnement au XXIe siècle*, Plan Bleu/ PNUE-PAM-GWP MEDTAC publ., janvier 2000, 62 p.

Margulis L. et Lovelock J.E., « Gaia and geognosis », in *Global Ecology*, Rambler et al. Eds, Academic Press, 1989, p. 1-30.

Mariotti A., *Apports de la géochimie isotopique à la connaissance du cycle de l'azote*, Thèse de Doctorat es-Sciences, Université Paris VI, 26 avril 1982, 504 p.

Martin P.S., « Pleistocene overkill », *Nat. History*, vol. 76, 1967, n° 10, p.32-38.

Martin J.H., « Glacial-Interglacial CO_2 change. The iron hypothesis », *Paleoceanography*, n° 5, 1990, p. 1-13.

Martinelle G., « The Bromeliads of the Atlantic forest », *Scient. Amer.*, vol. 282, n° 3, mars 2000, p. 68-75.

Mason C.F., *Biology of freshwater pollution*, Longman, 1996, Harlow, 3^e^ ed., 356 p.

Mathes K. et Schultz-Berendt V.M., « Ecotoxicological Risk assessment of chemicals by measurements of nitrification combined with a computer simulation model of N-Cycle », *Toxicity assessment : an Int. Journ.*, vol. 3, 1988.

Mathes K. et Weideman G., « A baseline-ecosystem approach to the analysis of ecotoxicological effects », *Ecotox. Environ. Safety*, vol. 20, 1990, p. 197-202.

May R.M., « The search for patterns in the balance of Nature. Advances and retreats », *Ecology*, vol. 67, n° 254, 1986, p. 1115-1126.

McClatchey et al.., cité par Varney R. et McCormack B.M. *Atmospheric pollutants*, p. 16, in McCormack B.M., 1971.

McCormac B.M., *Introduction to the scientific study of atmospheric pollution*, Riedel Ed., Dordrecht, 1971, 169 p.

Mégie G., *Ozone : l'équilibre rompu*, Presses du CNRS, Paris, 1989, 259 p.

Meinesz A. et Boudouresque C.F., « Sur l'origine de *Caulerpa taxifolia* en Méditerranée », *C. R. Ac. Sci.*, Paris, Sciences de la vie, vol. 319, 1996, p. 603-613.

Meyer J.Y., « Status of *Miconia calvescens* (*Melastomataceae*), a dominant invasive tree in the society Islands (French Polynesia) », *Pacific Sci.*, vol. 50, 1996, n° 1, p. 66-76.

Meyer J.Y. et Florence J., « Tahiti's native flora endangered by the invasion of *Miconia calvescens* D.C. (*Melastomataceae*) », *Journ. Biogeogr.*, vol. 23, 1996, p. 775-781.

Miller D.R. et Robinson C.A., « Atmospheric transport of chemicals », in Bourdeau et Coll. Eds, « Ecotoxicology and Climate », *Scope*, n° 38, John Wiley, 1989, p. 44-49.

Miller T., *Living in the Environment*, Wadsworth Publ. C°, Belmont, Cal, 4^e^ ed., 1993, 496 p.

Minder L., « Der Zürichsee als Eutrophierungs phänomenen. Summarishe Ergebuisse aus fünfsig Jahren Zürichsee Forshung », *Geol. Meere. Binnengewas*, vol. 2, 1938, n° 2, p. 284-299.

Mitchell J.F.B., Johns T.C., Gregory J.M. et Tett S .F.B., « Climate response to increasing levels of greenhouse gases and sulphate arosols », *Nature*, vol. 376, n° 6540, 10 août 1995, p. 501-504.

Mojzsis S.J., Arrhenius G., Mc Keegan K.D., Harrison T. M., Nutman A.P. et Friend C.R.L., « Evidence for life on earth before 3, 800 millions years ago », *Nature*, vol. 384, 7 novembre 1996, p. 55-59.

Monod G., « L'induction du cytochrome P4501A1 », in Lagadic L., Caquet T., Amiard J.C. et Ramade F., *Biomarqueurs en Écotoxicologie*, Masson,Paris, 1997, p. 33-51.

Moran J.M., Morgan M.D. et Wiersma J.M., *Introduction to environmental Science*, Freeman, San Francisco, 1980, 658 p.

Murphy E.M., « Food and Population: a global concern », *Population Reference Bureau*, Washington, 1984, 14 p.

Murphy E.M., « World population: toward the next century », *Population Reference Bureau*, Washington, 1985, 17 p.

Murray C.N. et Kautsky H., « Plutonium and americium activities in the North sea and German coastal region », *Estuarine Coastal Mar. Sci.*, vol. 5, 1977, p. 319-328.

Myers N., « Tropical deforestation and mega-extinction spasm », in Soulé E.M. (Ed.), *Conservation Biology : the science of scarcity and diversity*, Sinauer Ass., Sunderland, Mass., 1986, p. 394-405.

Myers N., Mittermeier R.A., Mittermeier C.G., Da Fonseca G.A. et Kent J., « Biodiversity hotspots for conservation priorities », *Nature*, vol. 403, 24 février 2000, n° 6772, p. 253-858.

Naiman P.J. et Décamps M. (Eds), *The Ecology and management of aquatic terrestrial ecotones*, MAB Series, Parthenon Publishing group, Carnforth U.K., 1990, 316 p.

Nations-Unies, Department of International Economic and Social affairs, New York, Population Studies, n° 78, 1981, p. 12.

Nelson-Smith A., « The problem of oil pollution of the sea », *Adv. Marine Biol.*, vol. 8, 1970, p. 215-306.

Nénot J.C. et Coulon R., « La catastrophe de Tchernobyl, un bilan inattendu », *La Recherche*, vol. 23, septembre 1992, n° 246, p. 1070-1079.

Nepstadt D.C., Verissimo A., Alencar A. et al., « Large-scale impoverishment of amazonian forests by logging and fire », *Nature*, vol. 398, 8 avril 1999, p. 505-508.

Newell N.D., « The evolution of reefs », *Scient. Amer.*, vol. 226, 1972, n° 6, p. 59-69.

Newell R.E., « Stratospheric temperature change from Mount Agung volcanic eruption of 1963 », in MIT, *Man's impact of the global environment*, Boston, 1970, p. 105.

Newell R.E., Reichle H.G. et Seiler W., « Carbon monoxide and the burning earth », *Scient. Amer.*, vol. 261, octobre 1989, p. 58-64.

Newell R.E. et Walker G.P.L. (Eds.), « Volcanism and climate », *Journ. Volcanology and Geothermal Res.*, n° spécial, vol. 11, 1981, n° 1, p. 1-92.

Newell R.N., « The global circulation of atmospheric polluants », *Scient. Amer.*, vol. 224, 1971, n° 1, p. 32-42.

Newhouse M.L., « Asbestos », in Lenihan J. et Fletcher W, *Environment and Man*, vol. 6, *The chemical environment*, 1977, Blackie Ed., p. 121-136.

Newman A., « *Tropical Rainforest : a world survey of our most valuable and endangered habitat with a blueprint for its survival* », Facts on File Ed., New York, Oxford, 1990, 256 p.

Nisbet E., « The realms of archean life », *Nature*, vol. 405, 8 juin 2000, n° 6787, p. 625-626.

Norton B.G. (Ed), *The preservation of species : the value of biological diversity*, Princeton University Press, 1988 (1986), 306 p.

Nriagu J.O., « History of global metal production », *Science*, vol. 272, 12 avril 1996, p. 223-224.

OCDE, *The state of environment*, OECD, Paris, 1985, 120 p.

OCDE, *Control of water pollution from urban runoff*, Paris, 1986, p. 43, fig. A-2.

OCDE, *Environmental data Compendium* 1993, OECD, Paris, 1993, 322 p.

OCDE, *Environmental indicators*. OECD Core Set, Paris, 1994, 157 p.

OCDE, *Environmental indicators*. OECD Core Set, Paris, 1998

Odum E.P., *Fundamentals of Ecology*, Saunders Company, Philadelphie et Londres, 1959, 549 p.

Odum E.P., *Fundamentals of Ecology*, Saunders Company, 3[e] ed., 1971, 573 p.

Odum E.P., *Ecology and our endangered life rapport systems*, Sinauer Associates Pub., Sunderland, Massachussetts, 2[e] ed., 1993, 283 p.

Oldeman L.R., Hakkeling R.T.A. et Sombroek W.G., *World map of the status of human-induced soil degradation an explanatory note*, 2[e] ed., International soil reference and Information centre, Wageningen, The Netherlands, 1990, p. 12-14.

Oldeman L.R., Van Engelen V.W. et Pulles J.H., « The extent of human-induced soil-degradation », in Oldeman, Hakkeling, Sombroek, *World map of the status of human induced soil degradation*, 2[e] ed., 1991, Annexe 5, p. 3 et suiv.

Oort A.H., « The energy cycle of the biosphere », *Scient. Amer.*, vol. 223, 1970, p. 14-23.

Ogilvie D., « Dioxine found in the great lakes basin », *Ambio*, vol. 10, 1981, p. 38-39.

Oppenheimer M., « Global warming and the stability of the west Antarctica ice sheet », *Nature*, vol. 393, 28 mai 1998, n ° 6683, p. 325-332.

ORCA, « NOUA'S National Status and Trends Programm », in Caquet et Rivoal, op. cit. 1999, p. 351.

Ozenda P., *Les végétaux dans la biosphère*, Doin, 1982, 432 p.

Ozenda P., *Végétation du continent européen*, Delachaux et Niestlé, Lausanne, 1994, 272 p.

Ozenda P., *Les végétaux. Organisation et diversité biologique*, Dunod, 2000, 516 p.

Ozenda P. et Bovel B., *An ecological map of Europe: why and how ?*, *C. R. Acad. Sci.*, Paris, Sci. de la Vie, vol. 323, 2000, p. 983-994.

Ozima M. et Marty B., « L'origine de l'atmosphère », *La Recherche*, vol. 14, n° 141, février 1983, p. 176-184.

Pain D.J., Bavoux C. et Burneleau G., « Seasonal blood lead concentrations in marsh harriers (*Circus aeruginosus*) » from Charente-Maritime, France : relationship with the hunting season, *Biolog. Conserv.*, vol. 81, 1997, p. 1-7.

Parker S.P. Ed., *Meteorology source book*, McGraw-Hill, New York, 1988, 304 p.

Parrent S., *Dictionnaire des Sciences de l'Environnement,* Broquet Ed.., Ottawa, 1990, 748 p.

Patin S.L., in Clark , *Marine Polllution*, op.cit., 1994, p. 93.

Patrick R., « A proposed biological measure of stream conditions based on a survey of the couestoga basin, Lancaster country, Pennsylvania », *Proc. Nat. Acad. Sci. Philadelphia*, 101, 1949, p. 277-341.

Peakall D., *Animal biomarkers as pollution indicators,* Chapman and Hall, Londres, 1992, 292 p.

Pellerin-Massicotte J. et Tremblay R., « La fragilité lysosomiale en tant que biomarqueur cytologique », in Lagadic L., Caquet T., Amiard J.C. et Ramade F. (Eds), *Utilisation des biomarqueurs pour la surveillance de la qualité de l'environnement*, Lavoisier, 1998, p. 225-242.

Peres J.M., *Précis d'océanographie biologique*, PUF, Coll. Sup., 1976, 246 p.

Perthuisot J.P. et Guelorget O., *Le domaine paralique : expressions géologiques, biologiques et économiques du confinement*, Presses de l'École Normale Supérieure, 1983, vol. 16.

Perthuisot J.P. et Guelorget O., Les milieux paraliques : diversité et unité, *Bull. Ecol.*, T. 18, 1987, pp. 159-167.

Pesson P. (Ed.), *Pollution des eaux continentales*, Gauthiers-Villars, 1976, 285 p.

Pesson P. (Ed.), *Actualités d'Ecologie forestière*, Gauthiers-Villars, 1980, 580 p.

Pesson P. et Louveau J. (Ed.), *Pollinisation et production végétale*, Editions de l' INRA, 1984, 664 p.

Pianka E.R., *Evolutionary ecology*, Harper and Row, New York, 4e ed., 1988., 398 p.

Pieczynska E., « Lentic aquatic-terrestrial ecotones: Their structure, functions and importance », in Naiman et Decamps, *The ecology and management of aquatic terrestrial Ecotones*, Parthenon Pub., Carnforth et UNESCO, Paris, MAB ser., n° 4, 1990, p. 103-140.

Pinay G., Décamps M., Chauvet E. et Fustec E., « Functions of ecotones in fluvial systems », in Naiman et Décamps, *The ecology and management of aquatic-terrestrial ecotones*, UNESCO-MAB et Parthenon Publ., Paris et Carnforth, 1990, p. 141-169.

Pitts J.N., « *Photochemical air pollution* », in « *Advances in environmental Technologies* », t. 1, John Wiley & Sons, 1969, p. 289-337.

Plass G.N., « Carbon dioxide and climate », *Scient.Amer.*, vol. 201, juillet 1959, n° 1.

PNUE, *The State of the Environment, 1985*, Programme des Nations unies pour l'Environnement, Nairobie, 1985, 44 p.

PNUE, *United Nations Environment Programme : Environmental Data Report 1989.1990*, Basil Blackwell Pub., Oxford, 1989, 408 p.

PNUE, *United Nations Environment Programme : Environmental Data Report 1991.1992*, Basil Blackwell Pub., Oxford, 1991, 408 p.

PNUE, *United Nations Environment Programme : Environmental Data Report 1994*, Basil Blackwell Pub., Oxford, 1994, 408 p.

PNUE, *Global Environment outlouk 2000*, Earthscan-UNEP Publ., Londres, 1999, 398 p.

PNUE, *Global Environment 2000*, Programme des Nations unies pour l'Environnement, janvier 2000, 320 p.

PNUE-UNSTAT, *1995 Energy Statistic Yearbook*, 1997, Genève.

Polikarpov G.G., *Radioecology of aquatic organisms* ; North Holland Publishing Co. 1966, 314 p.

Postel S., *Water: rethinking management in an age of scarcity, Worldwatch paper* n° 58, Worldwatch Institute, Washington, 1984, p. 1-76.

Postel S., « Facing water scarcity », in Brown L.R. Ed., *State of the World 1993*, Norton and C°, New York, 1993, p. 22-41.

Postel S., « Water and agriculture », in Gleick P.H. (Ed.), *Water in crisis : a guide to the world's fresh water resources.*, Oxford Univ. Press, 1993, p. 56-66.

Postel S., « Dividing the waters: food security, ecosystem health, and the new politics of scarcity », *Worldwatch paper* n° 132, Worldwatch Institute, Washington, 1996, p. 1-76.

Postel S., « Growing more food with less water », *Scient. Amer.*, vol. 224, n° 2, février 2001, p. 34-37.

Poupon H. et Bille J.C., « Recherches écologiques sur la savane préforestière de fério, Sénégal : influence de la sècheresse de 1972-1973 sur la strate ligneuse », *Terre et Vie*, vol. 28, 1974, n° 8, p. 49-75.

Pourriot R. et Champ P., « Consommateurs et production secondaire », in Pourriot, Capblanc, Champ et Meyer, *Écologie du plancton des eaux continentales*, Masson, 1982, p. 49-112.

Pourriot R., Capblancq J., Champ P. et Meyer J.A., *Écologie du plancton des eaux continentales*, Masson Ed., Coll. Écologie, n° 16, 1982, 198 p.

Pourriot R. et Meybeck M. (Ed.), *Limnologie générale*, Masson, 1995, 956 p.

Power C.F. et Robertson A., « The aging of great lakes », *Scient. Amer.*, vol. 215, novembre 1966, n° 5, p. 94-104.

Power cité in Allan J.D., *Stream Ecology: structure and function of running waters*, Chapman & Hall, Londres, 1995, fig. p. 184.

Prance G., *Biological diversification in the tropics*, Columbia University Press, New York, 1982, 714 p.

Pratt C.J., « Chemical fertilizers », *Scient. Amer.*, vol. 212, 1965, n° 6, p. 62-72.

Press F. et Siever R., *The Earth*, Freeman and C°, San Francisco, 2e ed., 1978, 650 p.

Quezel P., « Biogéographie et écologie des conifères du pourtour méditerranéen », in Pesson P., *Actualité d'Écologie Forestière*, Gauthier-Villars, Paris, 1980, p. 205-255.

Quezel P. et Barbero M., « Les forêts méditerranéennes : problèmes posés par leur signification, historique, écologique et leur conservation », *Acta Botanica Malacitana*, 1990, vol. 15, p. 145-178.

Quezel P., « La flore du bassin méditerranéen : origine, mise en place, endémisme, *Ecologia Mediterranea*, vol. 21, 1995, p. 19-39.

Quezel P. et Medail F., *La région circum-méditerranéenne, centre mondial majeur de biodiversité végétale*, Sixièmes Rencontres des Agences Régionales pour l'Environnement Provence-Alpes Côte d'Azur, St. Cyr sur Mer, 14-19 novembre 1995 et Gap 16-18 novembre 1995.

Ramade F., *Écotoxicologie*, Masson, Paris, 1977, 178 p., 2e éd., 1979, 228 p.

Ramade F., *Écologie des ressources naturelles*, Masson, Paris, 1981.

Ramade F., *Les catastrophes écologiques*, McGraw-Hill, Paris, 1987, 318 p.

Ramade F., « Des pesticides aux armes chimiques », *La Recherche*, vol. 21, mars 1990, n° 219, p. 382-390.

Ramade F., « La conservation de la diversité spécifique », *Le Courrier de la Nature*, vol. 130, 1991, p. 16-33.

Ramade F., *Précis d'Écotoxicologie*, Masson, Paris, 1992, 312 p.

Ramade F., *Dictionnaire encyclopédique de l'Écologie et des Sciences de l'Environnement*, Ediscience International, Paris, 1993, 832 p.

Ramade F., « Environmental and ecotoxicological problems in the Mediterranean countries », *The Science of the Total Environment*, Suppl., 1993, p. 97-107.

Ramade F., *Éléments d'écologie – Écologie fondamentale*, Ediscience international, Paris, 2e ed., 1994, 586 p.

Ramade F., *Éléments d'écologie – Écologie appliquée*, Ediscience international, Paris, 5e ed., 1995, 632 p.

Ramade F., *La conservation des écosystèmes méditerranéens*, PNUE-Economica Paris, PAM - Plan Bleu pour la Méditerranée, n° 3, 2e ed., 1997, 208 p.

Ramade F., *Dictionnaire encyclopédique des Sciences de l'eau*, Ediscience international, Paris, 1998, 800 p.

Ramade F., *Dictionnaire encyclopédique des pollutions*, Ediscience international, Paris, janvier 2000, 700 p.

Ramanathan V., Cicerone R.J., Singh H.B. et Kiehl J.T., « Trace gaz trends and their potential role in climate change », *Journ. Geoph. Res.*, vol. 90, n° D3, 1985, p. 5547-5566.

Rambler M.B., Margulis L., et Fester R. (Eds), *Global Ecology*, Academic Press, 1989, 204 p.

RAMSAR, *La déclaration de Venise sur les zones humides méditerranéennes et la stratégie relative aux zones humides méditerranéennes*, Bureau du RAMSAR, Gland, juin 1996, 20 p.

Rapin F., Blanc P., Pelletier J.P. et al., « Impacts humains sur les systèmes lacustres : exemple du Léman », in Pourriot R. et Meybeck M. (Eds), *Limnologie générale*, Masson, 1995, p. 806-840.

Rapport D.J., Gaudet C.L. et Calow P., *Evaluating and Monitoring the health of large-scale ecosystems*, Springer, Berlin, 1995, NATO ASI Ser. I : Global Environmental changes, vol. 28, 1995, 454 p.

Rasmussen B., « Filamentous mecrofossils in a 3,235 millions years old volcanogenic, massive onephide deposit », *Nature*, vol. 405, 8 juin 2000, n° 6787, p. 676-679.

Ratcliffe D., *The Peregrine falcon*, Poyser Publ., Calton, Angleterre, 1980, 416 p.

Raup D.M., *Extinction. Bad genes or bad luck ?*, W.W. Norton and Company, New York et Londres, 1991.

Reid G.K., *Ecology of Inland Water and Estuaries*, New York, Rheinhold, 1961, 375 p.

Renberg I., Hellberg T.et Nilsson M., « Effects of acidification on diatour community as revealed by analyses of lake sediments », in Anderson and Olsson Ed., « Lake Gardsjon, an acid forest lake », *Ecological Bull.*, n° 37, Stockholm, 1985, p. 219-223.

Repetto R., « Population, Resources, Environment: an incertain future », *Population Bulletin*, vol. 42, n° 2, 1987.

Rether B., Masfaraud J.F., Keith G., Devaux A. et Monod G., « Biomarqueurs de génotoxicité chez les végétaux et les animaux », in Lagadic L., Caquet T., Amiard J.C. et Ramade F., *Biomarqueurs en Écotoxicologie*, Masson, Paris, 1997, p. 185-208.

Ribera M.A. et Boudouresque C.F., « Introduced marine plants with special reference to manoalgue : mechanisms and impact », in *Progress in Phycological Research*, Round F.E. et Chapman N.J. Eds, vol. 11, chap. 5, 1995, p. 188-268.

Richard-Vindard G. et Battestini R. (Eds), *Biogeography and Ecology of Madagascar*, Elsevier, 1972 , 765 p.

Rickleffs R.E., *Ecology*, Nelson, 1979, 966 p, 3e ed., Freeman, 1990, 900 p.

Robinson J.G. et Redford K., *Neotropical wildlife use and conservation*, University of Chicago Press, 1991, 520 p.

Rochlin G.I., « Nuclear waste disposal: two social criteria », *Science*, vol. 195, 7 janvier 1977, p. 23.

Rodin L.E. et Basilevitch N.I., *Production and mineral cycling in terrestrial vegetation*, Oliver and Boyd londres, 1967, 288 p.

Rühling A. et Tyler G., « An ecological approach to the lead problem », *Botaniska Notiser*, vol. 121, n° 3, 1968, p. 321-342.

Ryding S.O. et Rast W., *The control of eutrophication of lakes and reservoirs*, UNESCO, Paris et Parthenon Pub., Carnforth, 1989, 314 p.

Rylands A.B., « Priority areas for conservation in the Amazon », *Trends in Ecology and evolution*, vol. 5, 1990, n° 8, p. 240-241.

Safina C., « Bluefin Tuna in the West Atlantic : negligent management and the making of an endangered species », *Conserv. Biol.*, vol. 7, 1993, n° 2, p. 229-234.

Safina C., « The world's imperiled fish », *Scient. Amer.*, novembre 1995, p. 30-37.

Salvat B., « Human impact on coral reefs : Functional recommendations », EPME et MHN Éditeurs, Moorea, BP 1013, Polynésie Française, 1987, 253 p.

Shaw R.W. et Munn R.E., *Air pollution meteorology*, in Mc Cormac B.M., « Introduction to the scientific study of atmospheric pollution », Riedel Ed., Dordrecht, 1971, p. 51-96

Schnitzler-Lenoble A., « En Europe, la forêt primaire », *La Recherche*, vol. 290, sept. 1996, p. 68-72.

Shea C.P., « Protecting life on earth, steps to save ozone layer », *Worldwatch Paper*, n° 148, Worldwatch Institute, Washington, décembre 1988, p. 1-85.

Sheehan P.J., Miller D.R., Butler D.R..et Bourdeau P., « Effects of pollutants at ecosystem level », *Scope*, n° 22, John Wiley and Sons, 1984, 443 p.

Shelford V.E., « *Laboratory and field Ecology* », Willliams Publ., Baltimore, 1929.

Shiklomanov I.A., « World Freshwater Resources », in Gleick P.H. (Ed.), *Water in crisis : a guide to the world's fresh water resources*, Oxford Univ. Press, 1993, p. 13-14.

Sigg L., Stumm W. et Behra P., *Chimie des milieux aquatiques : chimie des eaux naturelles et des interfaces dans l'environnement*, Masson, Paris, 1992, 390 p.

Simmons I.G., *The Ecology of Natural Resources*, Arnold Pub., 1974, 424 p.

Singer S.F., *Global Effects of Environmental Pollution*, Reidel Ed., Dordrecht, Hollande, 1970, 218 p.

Skinner J. et Zalewski S., *Fonctions et valeurs des zones humides méditerranéennes*, Programme Medwet, Station biologique de la Tour du Valat Ed., n° 2, 1995, 78 p.

Smith J.E., *Torrey Canyon: Pollution and marine life*, Cambridge U.P., Londres, 1968, 210 p., 39 fig.

Smith J.T., Comans R.N.J., Beresford N.A. et Al., « Chernobyl's legacy in food and water », *Nature*, vol. 405, 11 mai 2000, n° 6783, p. 141.

Smith R.L., *Ecology and field biology*, Harper and Row, New York, 1ère ed., 1966, p. 166 et 703, 686 p.

Smith R.L., *Ecology and field biology*, Harper and Row, New York, 5e éd., 1996, p. 468, 802 p.

Snoeks J., Thys D. et Devos L., « Polymorphisme génétique et taxonomie des *Haplochromis* (Pisces, *Cichlidae*) du lac Kivu », *Rev. Zool. Afr.*, vol. 101, 1987, p. 293-295.

Solomon K.R., Smith K., Guest G., Yoo J.Y. et Kanshik N. K., « Use of limnocorrals in studying the effects of pesticides in the aquatic ecosystem », *Canad. Tech. Rep. Fish. Aquat. Sci.*, n° 975, 1980, p. 1-9.

Somerville L. et Walker C.H. Eds., *Pesticides effects on terrestrial wildlife*, Taylor & Francis, London, 1990, 404 p.

Soulé M. et Wilcox B.A., *Conservation Biology: an evolutionary-ecological perspective*, Sinauer Ass. Inc. Pub., Sunderland Mass, 1980, 395 p.

Soulé E.M. (Ed.), *Conservation Biology : the science of scarcity and diversity*,Sinauer Ass.,Sunderland,Mass., 1986, 584 p.

Southwick C.H. et Blood B.D., « Conservation and Management of wild Primate populations », *Bioscience*, vol. 29, 1979, n° 4, p. 233-237.

Spear P.A. et Bourdonnais D.H., « Utilisation des rétinoïdes en tant que biomarqueurs », in Lagadic L., Caquet T., Amiard J.C. et Ramade F. (Eds.), *Utilisation des biomarqueurs pour la surveillance de la qualité de l'Environnement*, Lavoisier, Paris, 1998, p. 201-224.

Spellerberg I.F., *Conservation biology*, Longman, Harlow, 1996, 242 p.

Stanley S.M., *Earth and Life Through Time*, Freeman, Washington, 1986, 689 p.

Stanley S.M., *Extinctions*, Freeman, Washington, 1987, 242 p.

Statzner B. et Highler B., « Stream hydraulics as a major determinant of benthic invertebrate zonation patterns », *Freshwater Biology*, vol. 16, 1986, p. 127-139.

Stauffer J.R. et Boltz J.M., « Description of a rock-dwelling Cichlid (*Teleostei*) from lake Malawi, Africa », *Proc. Biol. Soc. Washington*, vol. 102, 1989, n° 1, p. 8-13.

Steinhart J.S. et Steinhart C.E., « Energy use in the US food System », *Science*, vol. 184, avril 1974, n° 4134, p. 307-316.

Stothers R.B., « The great Tambora eruption in 1815 and its aftermath », *Science*, vol. 124, 1984, n° 4654, p. 1198-1199.

Taber R.D et Dasman R.F., « The dynamic of three populations of the deer *Odocoileus hemionus columbianus* », *Ecology*, vol 38, 1957, p. 233-246.

Tarradellas J., *Ecotoxicological approach of pollution studies about PCBs in the lake Geneva (Lac Léman)*, Abst. 16th Annual Symposium on the analytical chemistry of polluants, Lausanne, École Polytechnique Fédérale, 17-19 mars 1986, p. 37-38.

Tett P., « Marine production », in Lenihan et Fletcher, *The Marine Environment*, Blackie ed., 1977, p. 1-45.

Thybaud E., cité par Vindimian E., Conférence « Pollutec », Villepinte, octobre 1998.

Tidou A., Moreteau J.C. et Ramade F., « Effects of Lindane and Deltamethrin on zooplanctonic communities of experimental ponds », *Hydrobiologia*, vol. 232, 1992, p. 157-168.

Tivy J., « Environmental impact of cultivation », in Lenihan et Fletcher, *Food, Agriculture and the environment*, Blackie ed., 1975, p. 21-47.

Toksoz M.N., « The subduction of the lithosphere », *Scient. Amer.*, n°5, 233, nov. 1975, p. 88-98.

Tortell P.D., Maldonado M.T. et Price N.M., « The role of heterotrophic bacteria in iron limited ocean ecosystems », *Nature*, vol. 383, 26 septembre 1996, p. 330-333.

Trabalka J.R. (Ed.), *Atmospheric carbon dioxide and the global carbon cycle*, United States Department of Energy, Carbon dioxide research division, Rap. DOE/ER-0239, décembre 1985, 316 p.

Tuxen, *Gesellschaft Morphologie*, Junk, La Haye, 1970.

Tuxill J., « Nature's corrucopia: our stake in plant diversity », *Worldwatch Paper* n° 148, septembre 1999, p. 1-85.

Udvardy M.D.F., « A classification of the Biogeographical provinces of the world », *UICN occas. Paper*, n°18, Gland, Suisse, 1975, 49 p.

UICN, *Stratégie mondiale de la Conservation*, Gland, Suisse, 1980, 62 p.

UICN, *Plants in danger: what do we know* ?, WCMC, Kew-Cambridge, 1986, 461 p.

UICN, *1996 IUCN Red list of threatened animals*, WCMC, Cambridge, 1996, 370 p.

UICN-WCMC, *United Nation list of National Parks and Protected areas*, 1997, 411 p.

Van der Oost R., Gosksoyr A., Celander M., Heida H. et Vermeulen N.P.E., « Biomonitoring of aquatic pollution with feral eel (*Anguilla anguilla*). II : Biomarkers : pollution induced biochemical responses », *Aquat. Toxicol.*, vol. 36, 1996, p. 189-222.

Vanotte R.L. , Minshaw G.W., Cummins K.W. et al., « The river continuum concept », *Canad. Journ. Fish. Aquat. Sci.*, vol. 37, 1890, p. 130-137.

Varney R. et McCormack B.M., « Atmospheric pollutants », in McCormack, « *Introduction to the scientific study of Atmospheric pollution* », Reidel Pub., Dordrecht, 1971, p. 8-52.

Vernadsky W., *La Biosphère*, Diderot Ed., traduction de l'édition russe de 1926 avec préface de J.P. Deléage, 1997, 288 p.

Verneaux J., « Fondements biologiques et écologiques de l'étude de la qualité des eaux continentales », in Pesson P., *La pollution des eaux continentales, incidence sur les biocoenoses aquatiques*, Gauthier-Villars, 1976, p. 222-285.

Verneaux J., *Biodiversity in the assessment of freshwater quality*, in Linthurst R.A., Bourdeau P. et Tardiff R.G. (Eds), *Methods to assess the effects of chemicals on ecosystems*, John Wiley & Sons, Chichester et New York, *Scope*, n° 53, 1995, p. 97-112.

Walker C. H., Biochemical responses as indicators of toxic effects of chemical in ecosystems. *Toxicol. Lett.* vol. 64-65, 1992, p. 527-533.

Watanabe Y., Martini J.E. et Ohmoto H., « Geochemical evidences for terrestrial ecosystems 2, 6 billions years ago,» *Nature*, vol. 408, n° 6812, 30 novembre 2000, p. 574-578.

Watson A. et Miller G.R., « Territory size and aggression in a fluctuating red grouse population », *Journ. Animal Ecology*, vol. 40, 1971, p. 367-384.

Watson R.T., Zingowera M.C., Moss R.H.et Dokken D., *The regional impact of climate change: an assessment of vulnerability Special report of IPCC working group II*, Cambridge University Press, 1998, 517 p.

WCMC-UICN, *World checklist of threatened Birds*, WCMC (World Conservation Monitoring Centre), Natural History Book Service, Cambridge, 1993.

WCMC-UICN, *World checklist of threatened Invertebrates*, WCMC, Joint Nature Conservation Committee, Natural History Books Service, Cambridge, 1993.

WCMC-UICN, *IUCN Redlist of threatened animals*, WCMC, Cambridge, 1996, 378 p.

WCMC-UICN, *IUCN Redlist of threatened plants*, WCMC, Cambridge, 1998, 862 p.

WCMC-UICN, *1997 United Nations List of Protected Areas*, WCMC, Cambridge, 1998, 414 p.

WCMC-UICN, *The World list of threatened trees*, World Conservation Press, Cambridge, 1998, 650 p.

Welch P.S., *Limnology*, McGraw-Hill, 1952, 2e ed, 538 p.

White J.C., *Global changes linkages, acid rain, air quality and stratospheric ozone*, Elsevier Science Pub., New York, 1989, 262 p.

Wigley H T.M.L., Richels R. et Edmonds J.A., « Economic and Environmental choices », *Nature*, 18 janvier 1996.

Wijkman A. et Timberlake L., *Natural disasters: acts of god or acts of man ?*, Earthscan, Int. Inst. Envir. Develop., London, 1984, 146 p.

Wijkmans A. et Timberlake L., « Tempting the fury of nature: « natural disasters » are taking a huge new toll-all because human ineptitude », *International Wildlife*, vol. 15, n° 5, 1985, p. 16-19.

Wilby R. et Gibert J., « Dynamiques hydrologiques et hydrochimiques », in Amoros et Petts, *Hydrosystèmes fluviaux*, coll. Écologie, n° 24, Masson, Paris, 1993, pp. 43-59.

Wiley R.H., « The lek system of the sage grouse », *Scient. Am.*, vol. 228, 1978, p. 114-125.

Wilson E.O. (Ed.), *Biodiversity*, National Academic Press, 1988, 521 p.

Wilson E.O., *The diversity of life*, Harvard Univ. Press, 1992, 442 p. et VII pl. H.T.

Whittaker R.H. et Likens G.E., in Woodwell G.M., « The energy cycle of the biosphere », *Scient. Am.*, septembre 1970, p. 30.

Whittaker R.H. et Likens G.E., « The biosphere and man », in Lieth et Whittaker, *Primary productivity of the biosphere*, Springer-Verlag, New York, 1975, p. 303-328.

Whittaker R.H., *Communities and Ecosystems*, MacMillan ed., New York et Londres, 1975, 385 p.

Woodwell G.M., « The energy cycle of the biosphere », *Scient. Amer.*, vol. 223, 1970, n° 3, p. 45-53.

Woodwell G.M., « The carbon dioxyde question », *Scient. Amer.*, vol. 238, janvier 1978, n° 1, p. 34-43.

Woodwell G.M. ed., « The role of terrestrial vegetation in the global carbon cycle. Measurement by remote sensing », *Scope*, n° 23, John Wiley and Sons, 1984, 248 p.

Woodwell G.M., Hobbie J.E., Houghton R.A. et al., « Measurements of changes in the vegetation of the earth by satellite imagery », in *The Role of terrestrial Vegetation in the global carbon cycle*, Woodwell ed., *Scope*, n° 23, John Wiley and Sons, 1984, p. 221-240.

World Resources Institute, *World Resources 1992-1993*, Oxford University Press, 1992, 369 p.

World Resources Institute, *World Resources 1998-1999*, Oxford University Press, 1998, 369 p.

World Resources Institute, *World Resources 2000-2001, People and Ecosystems, the fraying web of life*, copublié avec le PNUD et la Banque Mondiale, Elsevier Science Ltd Pub., Oxford, septembre 2000, 390 p.

Worrest R.C. et Cadwell M.M., « Stratospheric ozone reduction, Solar Ultraviolet radiation and plant life », Springer Verlag, NATO ASI Série, Série G., *Ecological Science*, vol. 8, 1986, 374 p.

Wortman S., « Food and agriculture », *Scient. Amer.*, vol. 235, 1976, n° 3, p. 31-39.

Wright J.H., Champlin J.B.F. et Davis O.H., « The impact of environmental radiation and discharge heat from nuclear power plants », in *Environmental aspects of nuclear power stations*, AIEA, Vienne, 1971, p. 549-560.

Worldwatch Institute, State of the World 1998, Brown L.R., Flavin C. et French H. Eds, Norton Company, New York, 1998, 252 p.

Zich A., « Before the flood », *Nat.Geog.*, vol. 192, sept. 1997, n° 3, p. 2-33.

N° d'éditeur : 046670 - (II) - (0,6) - CSM 70° - TRE - CDD
Imprimé en France par C.C.I.F. 18390 Saint-Germain-du-Puy
Dépôt légal : avril 2004 - N° d'impression : 04/153
Dépôt légal de la 1re édition septembre 2002